DICTIONNAIRE

DE

PHYSIOLOGIE

PAR

H. CHARLES RICHET

PROFESSEUR DE PHYSIOLOGIE A LA FACULTÉ DE MÉDECINE DE PARIS

AVEC LA COLLABORATION

DE

MM. E. ABELOUS (Toulouse) — ALEZAÏS (Marseille) — ANDRÉ (Paris) — S. ARLOING (Lyon)
ATHANASIU (Bukarest) — BARDIER (Toulouse) — BEAUREGARD (Paris) — R. DU BOIS-REYMOND (Berlin)
G. BONNIER (Paris) — F. BOTTAZZI (Florence) — E. BOURQUELOT (Paris) — ANDRÉ BROCA (Paris)
CAMUS (Paris) — J. CARVALLO (Paris) — CHARRIN (Paris) — A. CHASSEVANT (Paris) — CORIN (Liège)
E. DE CYON (Genève) — A. DASTRE (Paris) — R. DUBOIS (Lyon) — W. ENGELMANN (Berlin)
G. FANO (Florence) — X. FRANCOTTE (Liège) — L. FREDERICQ (Liège) — J. GAD (Leipzig) — GELLÉ (Paris)
E. GLEY (Paris) — L. GUINARD (Lyon) — M. HANRIOT (Paris) — HÉDON (Montpellier)
F. HEIM (Paris) — P. HENRIJEAN (Liège) — J. HÉRICOURT (Paris) — F. HEYMANS (Gand)
H. KRONECKER (Berne) — J. IOTEYKO (Bruxelles) — PIERRE JANET (Paris) — LAHOUSSE (Gand)
LAMBERT (Nancy) — E. LAMBLING (Lille) — P. LANGLOIS (Paris) — L. LAPICQUE (Paris)
LAUNOIS (Paris) — CH. LIVON (Marseille) — E. MACÉ (Nancy) — GR. MANCA (Padoue) — MANOUVRIER (Paris)
L. MARILLIER (Paris) — M. MENDELSSOHN (Pétersbourg) — E. MEYER (Nancy) — MISLAWSKI (Kazan)
J.-P. MORAT (Lyon) — A. MOSSO (Turin) — J.-P. NUEL (Liège) — PACHON (Bordeaux) — F. PLATEAU (Gand)
E. PFLUGER (Bonn) — M. POMPILIAN (Paris) — G. POUCHET (Paris) — E. RETTERER (Paris)
P. SÉBILEAU (Paris) — C. SCHÉPILOFF (Genève) — J. SOURY (Paris) — W. STIRLING (Manchester)
J. TARCHANOFF (Pétersbourg) — THOMAS (Paris) — TRIBOULET (Paris) — E. TROUÉSSART (Paris)
H. DE VARIGNY (Paris) — E. VIDAL (Paris) — G. WEISS (Paris) — E. WERTHEIMER (Lille)

PREMIER FASCICULE DU TOME V

AVEC GRAVURES DANS LE TEXTE

PARIS

FÉLIX ALCAN, ÉDITEUR

ANCIENNE LIBRAIRIE GERMER BAILLIÈRE ET Cⁱᵉ

108, BOULEVARD SAINT-GERMAIN, 108

1900

DICTIONNAIRE

DE

PHYSIOLOGIE

TOME V

DICTIONNAIRE

DE

PHYSIOLOGIE

PAR

CHARLES RICHET

PROFESSEUR DE PHYSIOLOGIE A LA FACULTÉ DE MÉDECINE DE PARIS

AVEC LA COLLABORATION

DE

MM. E. ABELOUS (Toulouse) — ANDRÉ (Paris) — S. ARLOING (Lyon) — ATHANASIU (Paris)
BARDIER (Toulouse) — BEAUREGARD (Paris) — R. DU BOIS-REYMOND (Berlin) — G. BONNIER (Paris)
F. BOTTAZZI (Florence) — E. BOURQUELOT (Paris) — ANDRÉ BROCA (Paris)
J. CARVALLO (Paris) — CHARRIN (Paris) — A. CHASSEVANT (Paris) — CORIN (Liège) — A. DASTRE (Paris)
R. DUBOIS (Lyon) — W. ENGELMANN (Berlin) — G. FANO (Florence) — X. FRANCOTTE (Liège)
L. FREDERICQ (Liège) — J. GAD (Leipzig) — GELLÉ (Paris) — E. GLEY (Paris) — L. GUINARD (Lyon)
M. HANRIOT (Paris) — HÉDON (Montpellier) — F. HEIM (Paris) — P. HENRIJEAN (Liège)
J. HÉRICOURT (Paris) — F. HEYMANS (Gand) — J. JOTEYKO (Bruxelles) — H. KRONECKER (Berne)
P. JANET (Paris) — LAHOUSSE (Gand) — LAMBERT (Nancy) — E. LAMBLING (Lille)
LAUNOIS (Paris) — P. LANGLOIS (Paris) — L. LAPICQUE (Paris) — CH. LIVON (Marseille) — E. MACÉ (Nancy)
GR. MANCA (Padoue) — MANOUVRIER (Paris) — L. MARILLIER (Paris)
M. MENDELSSOHN (Pétersbourg) — E. MEYER (Nancy) — MISLAWSKI (Kazan) — J.-P. MORAT (Lyon)
A. MOSSO (Turin) — NEVEU-LEMAIRE (Paris) — M. NICLOUX (Paris) — J.-P. NUEL (Liège)
F. PLATEAU (Gand) — M. POMPILIAN (Paris) — G. POUCHET (Paris) — E. RETTERER (Paris)
P. SÉBILEAU (Paris) — C. SCHÉPILOFF (Genève) — J. SOURY (Paris) — W. STIRLING (Manchester)
J. TARCHANOFF (Pétersbourg) — TRIBOULET (Paris — E. TROUESSART (Paris) — H. DE VARIGNY (Paris)
E. VIDAL (Paris) — G. WEISS (Paris) — E. WERTHEIMER (Lille)

TOME V

D-F

AVEC 277 GRAVURES DANS LE TEXTE

PARIS

FÉLIX ALCAN, ÉDITEUR

ANCIENNE LIBRAIRIE GERMER BAILLIÈRE ET Cie

108, BOULEVARD SAINT-GERMAIN, 108

—

1902

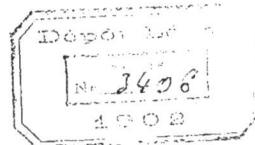

DICTIONNAIRE

DE

PHYSIOLOGIE

———————◆————————

DIGITALE. — Un certain nombre de principes actifs d'origine végétale, neutres, non azotés, et dont la plupart sont constitués par des glucosides, possèdent, à l'intensité près, sur le cœur des différentes espèces animales, aussi bien à sang chaud qu'à sang froid, une action tellement semblable qu'il est absolument avantageux, au point de vue pharmacodynamique, de grouper leur étude : et en effet, l'action de chacun d'eux pris isolément peut servir de type pour l'étude de tous les autres. Le myocarde, aussi bien que le système nerveux, système nerveux intrinsèque et système nerveux central, sont également affectés par ces substances dont les principes actifs contenus dans la digitale sont le plus habituellement choisis comme type.

Bien que ces substances aient été, depuis une soixantaine d'années surtout, l'objet d'un nombre considérable de recherches ayant donné lieu à de remarquables travaux, l'étude de leur action physiologique est plus éclaircie aujourd'hui que celle de leur composition chimique; et les physiologistes sont beaucoup plus d'accord lorsqu'il s'agit de reconnaître les effets produits chez l'homme et les animaux par la digitale que ne le sont les chimistes lorsqu'il s'agit de distinguer les principes immédiats tour à tour désignés par l'appellation de *digitaline*.

On a donné ce nom à ce que l'on a cru d'abord constituer le principe actif de la digitale. En réalité, les principes actifs contenus dans les diverses variétés de digitale sont assez nombreux; et il est même difficile, actuellement, de résumer ce sujet d'une façon claire et précise, au milieu du grand nombre de mémoires et de travaux contradictoires auxquels il a donné lieu. Dans ces dernières années, la pureté de la digitaline cristallisée, type NATIVELLE, a été mise en doute, au moins en Allemagne, et on a tenté de lui substituer, comme seul principe défini, la *digitoxine*, substance encore plus énergiquement active que la digitaline cristallisée de NATIVELLE, mais aussi inconstante dans ses effets et ne présentant certainement pas des caractères de pureté plus incontestables que ceux du produit isolé par NATIVELLE.

Qu'il y ait dans la digitale, à côté de la digitaline chloroformique cristallisable, un autre produit encore plus actif et plus toxique sur le cœur et la circulation, cela n'aurait rien d'extraordinaire; mais la digitaline cristallisée française n'en constitue pas moins un produit nettement défini, constamment identique et actif, lorsqu'on a pris soin de le préparer par des procédés convenables et de le purifier exactement.

C'est à lui que j'accorderai la plus grande importance. Elle me paraît justifiée, tant par sa prédominance au point de vue de l'action toxique et thérapeutique, que par les belles et intéressantes recherches de physiologie qu'il a inspirées à FRANÇOIS-FRANCK.

I. — Généralités. — Préparation. — Propriétés. — Les digitales appartiennent à la famille des Scrofulariacées; il en existe vingt-six espèces, mais une seule intéresse le médecin ou le physiologiste : ce sont des plantes herbacées, bisannuelles ou vivaces, à tige simple, dressée d'un vert grisâtre, à feuilles alternes, décurrentes, les inférieures rassemblées en rosettes, les supérieures de plus en plus petites, ovales ou ovales-oblongues.

Dans la variété *Digitalis purpurea* qui est la seule officinale, les feuilles inférieures, radicales, peuvent atteindre jusqu'à 30 et 40 centimètres de longueur sur 12 à 15 de largeur; le limbe s'atténue et semble former comme un long pétiole qui se raccourcit au fur et à mesure que la feuille est plus élevée sur la tige, et finit même par disparaître complètement sur les feuilles qui avoisinent la grappe florale. Ces feuilles présentent des bords crénelés dont chaque dent de la crénelure est garnie d'une glande : leur face supérieure est de couleur vert foncé, presque glabre; tandis que la face inférieure est couverte de poils simples, tomenteuse, de couleur blanchâtre, douce au toucher, parcourue par des nervures formant un relief accentué pour les nervures primaires et un réticulum assez serré et apparent par l'anastomose des nervures secondaires; l'abondance des poils donne à cette face inférieure un aspect argenté.

Les fleurs, formant une grappe terminale, s'épanouissent du mois de juin au mois d'août : leur calice est court, poilu, persistant, formé de cinq sépales égaux; la corolle, gamopétale, est irrégulièrement tubuleuse, cylindrique à la base et dilatée à l'ouverture où elle est assez distinctement bilabiée, très grande, de couleur pourprée, rarement blanc-rosé, et striée de veines et de taches rouge foncé. Ces fleurs sont pendantes, portées sur des pédicelles penchés, pubescents.

Les fruits forment une capsule biloculaire, de forme ovale, à déhiscence septicide, à calice marcescent, et renferment un grand nombre de graines très petites, d'environ 1 millimètre de longueur, de teinte brun-pâle.

Les racines sont fibreuses, peu riches en principes actifs.

La digitale pourprée croît dans les terrains secs, incultes, siliceux; on la rencontre abondamment dans les bois et sur les collines de toute l'Europe, sauf dans le Jura et les Alpes suisses. Elle manque dans les terrains calcaires.

La plante sauvage est beaucoup plus active que celle cultivée dans les jardins; mais le terrain, le climat, c'est-à-dire l'humidité, la température, l'exposition à la lumière, les variations atmosphériques, et, probablement, d'autres circonstances encore inconnues exercent une action prépondérante sur la synthèse des principes toxiques. Ces considérations sont des plus importantes au point de vue des applications à la thérapeutique. Ainsi, comme le fait remarquer Huchard, à Édimbourg, la dose usuelle de 15 grammes de feuilles en infusion est bien tolérée, tandis qu'à Londres on observe des troubles gastriques avec des quantités beaucoup moindres, quoique très élevées encore, de 4 à 8 grammes.

La variabilité de composition de la digitale est extrême : l'infusion ou la macération de poudre de feuilles peut donner des effets médicamenteux depuis la dose de 25 à 30 centigrammes; et on a pu employer, en Roumanie notamment, jusqu'à 12 et 15 grammes de poudre de feuilles sans avoir d'effets toxiques. La digitale des Vosges, récoltée dans certaines conditions déterminées, est celle qui paraît la plus constante dans son action.

Il est impossible de savoir si la toxicité de la digitale était connue des Anciens; dans tous les cas, cette plante n'était d'aucun emploi, et c'est Léonard Fucus, de Tubingue, qui lui donna, vers 1542, le nom de digitale, en raison de la forme en doigt de gant de ses fleurs, et en fit la première description botanique précise dans son ouvrage *De historia stirpium commentarii insignes*. Elle ne fut admise qu'en 1721 dans la pharmacopée de Londres, d'après Murray, et inscrite seulement à partir de 1788 dans les traités concernant les drogues simples.

Il faut en effet arriver jusqu'à Withering, en 1775, pour voir attirer l'attention des thérapeutes sur ses propriétés hydragogues; dix ans plus tard, en 1785, Withering et Cullen, frappés de l'action sédative qu'elle exerce sur le cœur, la dénomment *opium du cœur;* l'année suivante, en 1786, Schieman constate, par l'expérimentation sur les animaux, le ralentissement du cœur; en 1801, Beddoes note l'augmentation de la pression sanguine et, cette même année, Kinglake constate qu'elle exerce son action tonique à la fois sur le cœur et sur les vaisseaux. Enfin, Beau, en 1839, montre que la comparaison faite par Withering et Cullen n'est pas rigoureusement exacte, que les qualités toniques de la digitale l'emportent de beaucoup sur ses qualités sédatives; et il appelle, en conséquence, la digitale le *quinquina du cœur*. C'est à une époque très récente que l'action physiologique des principes actifs de la digitale a été élucidée, au moins en partie, grâce aux travaux de STANNIUS, de TRAUBE, de VULPIAN, de LAUDER-BRUNTON, de MÉGEVAND, de GOURVAT, mais surtout de FRANÇOIS-FRANCK.

Relativement à la composition immédiate de la digitale, les premiers essais d'analyse immédiate sont ceux de PAUCQUY, d'Amiens, en 1820. LEROYER, de Genève, isola en 1824 un principe actif auquel il donna le nom de *digitaline*, et qu'il décrit comme cristallisant très difficilement sous forme de cristaux microscopiques formés par des prismes droits à base rhombe. En 1834, LANCELOT publie un travail très documenté d'analyse immédiate inséré dans l'*Observateur de l'Indre*, et il signale, comme principe actif de la digitale, une substance *presque incolore, comme cristalline*, verdissant le sirop de violettes et ramenant au bleu le papier de tournesol rougi, soluble dans les acides et précipitant par addition d'eau en excès : c'est avec ce produit que BRETONNEAU fit ses essais d'application à la thérapeutique. HENRY, de Phalsbourg, reprit ces essais en 1837 sans arriver à des résultats plus précis.

C'est en réalité du travail de HOMOLLE et QUÉVENNE, en 1844, que datent nos premières connaissances précises relativement aux principes actifs de la digitale. Leur digitaline était une substance amorphe, mélange en proportions variables des différents principes actifs; et il était réservé à NATIVELLE d'isoler, de la digitale en 1868, un principe défini, bien cristallisé, possédant une activité constante et dont le mélange aux autres principes, plus ou moins actifs, leur imprimait une énergie variable. Depuis cette époque, un grand nombre de travaux sont venus compliquer et embrouiller, comme à plaisir, cette question déjà fort obscure : les travaux de SCHMIEDEBERG, de KILIANI, notamment, ont tenté de faire considérer la digitaline cristallisée de NATIVELLE comme un produit non défini ; et, d'autre part, des appellations différentes appliquées à une même substance extraite de la digitale sont encore venues contribuer à augmenter le chaos dans lequel il est aujourd'hui difficile de se reconnaître.

L'insolubilité de la digitaline dans la plupart des dissolvants est un gros écueil relativement à sa préparation et à sa purification; et les méthodes d'extraction jouent évidemment un rôle considérable dans la nature et la composition des produits obtenus, aussi, je crois nécessaire d'indiquer avec quelques détails les procédés d'obtention des principales sortes de digitaline, c'est-à-dire les procédés d'HOMOLLE et QUÉVENNE, de NATIVELLE, de SCHMIEDEBERG et de KILIANI.

Quelques mots auparavant sur la composition immédiate de la digitale, et pour compléter ce que j'ai dit sur la richesse des diverses parties de la plante en principes actifs. Les feuilles, les fleurs, les graines, présentent une richesse croissante, mais cette activité n'est pas due exclusivement à la digitaline; aussi les feuilles (le limbe seul) dont la composition et la richesse en principes actifs sont plus constants sont-elles seules utilisées pour la thérapeutique. Les nervures des feuilles, les tiges, les racines, sont, au contraire, fort pauvres et les proportions de principes actifs très inconstantes : on peut observer une différence de plus de 50 p. 100 entre la richesse de ces parties de la plante et celle des graines, des fleurs ou des feuilles.

Les substances ci-après ont été mentionnées comme faisant partie de la composition immédiate de la digitale : digitaline, digitoxine, digitaléine, digitonine, digitine, digitalose, digitalin, digitalide, acide digitalique, acide antirrhinique, acide digitaléique, acide tannique, inosite, amidon, sucre, cellulose, pectine, matière mucilagineuse (surtout dans les graines), matières albuminoïdes, matières colorantes, chlorophylle, huile volatile, sels minéraux.

Parmi ces nombreuses substances, quelques-unes sont constituées par un même principe immédiat désigné par des noms différents, d'autres sont dépourvues de tout intérêt, aussi bien au point de vue chimique que physiologique; d'autres enfin, quoique inactives par elles-mêmes (digitonine et certains albuminoïdes, par exemple), ont une grande importance parce qu'elles permettent la dissolution d'autres principes extrêmement actifs. Je reviendrai, après la description des principaux procédés d'extraction des principes actifs, sur la synonymie de quelques-unes des substances énumérées ci-dessus ; mais, comme il ne sera plus question de la plupart d'entre elles, j'en mentionnerai ici deux : l'acide digitalique qui joue probablement aussi un rôle efficace dans la dissolution par l'eau des glucosides actifs et l'acide antirrhinique auquel est due probablement l'odeur de la digitale fraîche.

L'acide digitalique, étudié par Pyrame, est soluble dans l'eau et l'alcool, moins soluble dans l'éther; il est solide et peut cristalliser en aiguilles de la solution alcoolique. Cet acide est altérable à l'air, surtout en présence des alcalis; il chasse l'acide carbonique des carbonates et donne des sels bien cristallisés. Les glucosides actifs, digitaline et digitaléine, étant plus facilement solubles dans des solutions aqueuses d'acides organiques que dans l'eau pure, même en présence de la digitonine et des matières albuminoïdes, il est fort probable que l'acide digitalique joue un rôle efficace à cet égard dans le traitement de la digitale par l'eau.

L'acide antirrhinique constitue un liquide huileux, volatil, incolore, soluble dans l'eau et l'alcool, doué d'une saveur désagréable et d'une odeur rappelant celle qui se dégage lorsqu'on froisse les feuilles et les tiges de la plante fraîche.

Procédés d'extraction. — I. Digitaline de Homolle et Quévenne. — On épuise par l'eau dans un appareil à déplacement un kilo de feuilles sèches de digitale grossièrement pulvérisées et préalablement humectées. La solution aqueuse est précipitée par un léger excès de sous-acétate de plomb, on filtre et on ajoute une solution de carbonate de soude jusqu'à ce qu'il ne se forme plus de précipité. Le liquide filtré est débarrassé de la chaux par l'oxalate d'ammoniaque, et des sels magnésiens par le phosphate de soude ammoniacal. La liqueur filtrée présente une réaction alcaline assez prononcée, une coloration jaune-brun-clair et possède une amertume excessive : on y verse une solution concentrée de tannin en léger excès; le précipité de tannate, filtré et essoré entre des doubles de papier à filtrer, est mélangé au mortier, encore humide, à 20 p. 100 de son poids de litharge porphyrisée. La pâte molle qui résulte de ce mélange est égouttée sur un filtre, pressée entre des doubles de papier à filtrer, et finalement, desséchée à l'étuve. On la pulvérise alors et on l'épuise par l'alcool fort. La solution alcoolique suffisamment évaporée à une douce chaleur, laisse pour résidu une masse granuleuse de couleur jaunâtre, surnagée d'une petite quantité d'eau-mère, renfermant le principe amer, en même temps que des traces de substances huileuses, de sels et de matières extractives.

On lave cette masse avec un peu d'eau distillée qui enlève les sels déliquescents entraînés sans dissoudre sensiblement de principe amer[1]. On laisse égoutter et l'on reprend par l'alcool bouillant, on ajoute du charbon animal purifié, on fait bouillir pendant quelques instants et l'on filtre; le liquide filtré est à peu près incolore. On l'abandonne à l'évaporation spontanée à l'étuve, et il se forme sur les parois du vase une couche mince de substance solide, légère, demi transparente, en même temps qu'il se dépose au sein du liquide des flocons blanchâtres, granuleux, agglomérés. Ce produit, parfaitement desséché, est pulvérisé et traité par l'éther rectifié, on laisse en macération pendant vingt-quatre heures, on porte à l'ébullition et on filtre. Cette solution éthérée, abandonnée à l'évaporation spontanée, laisse pour résidu une légère couche blanche, cristalline, formée d'une certaine proportion du principe amer, d'une trace de matière oléo-résineuse verte, d'une matière odorante rappelant l'odeur de la digitale fraîche, et d'une substance cristallisée en belles aiguilles, blanche, inodore, d'une saveur âpre mêlée d'un peu d'âcreté, insoluble dans l'eau et l'alcool, fusible au-dessus de 150° et se prenant par le refroissement en une masse jaune, cristalline, rayonnée.

Cette variété de digitaline (*digitaline amorphe insoluble dans le chloroforme*) est presque blanche, inodore, difficilement cristallisable, et *se présentant le plus souvent sous forme de masses poreuses mamelonnées ou en petites écailles*. Elle possède une amertume tellement intense qu'il suffit d'un centigramme pour communiquer une amertume prononcée à deux litres d'eau. Cependant la saveur de la digitaline solide est lente à se développer à cause de sa faible solubilité dans l'eau.

En réalité ce produit est constitué par un mélange de digitaléine, de digitine et de digitonine auxquelles vient s'ajouter une proportion variable de digitaline vraie.

II. Digitaline amorphe chloroformique (c'est-à-dire *non cristallisée, mais soluble dans le chloroforme*). — Cette variété de digitaline est obtenue par un procédé qui est une

---

1. La digitaléine qui forme la majeure partie de ce produit est, au contraire, assez facilement soluble dans l'eau, comme nous le verrons plus tard, grâce à la présence de la digitonine.

modification de celui de Homolle et Quévenne, procédé adopté par le Codex français pour la préparation de la *digitaline amorphe*.

On humecte, par contusion dans un mortier, un kilo de poudre de feuilles de digitale avec un litre d'eau et on la dispose dans un appareil à déplacement. On verse peu à peu et par petites portions, des quantités d'eau suffisantes pour obtenir 3 litres de liqueur dont la densité doit être de 1050, au minimum. Cette liqueur est précipitée par addition de 250 grammes de la solution de sous-acétate de plomb liquide à 36° B. ; le précipité est séparé par filtration, et l'excès de plomb est précipité à son tour par l'addition successive de 40 grammes de carbonate de soude cristallisé et 20 grammes de phosphate de soude ammoniacal préalablement dissous dans des quantités respectives de 100 et 150 centimètres cubes d'eau tiède; puis, le mélange est filtré de nouveau. La solution limpide est alors additionnée d'une solution de 40 grammes de tannin officinal dans 120 centimètres cubes d'eau distillée : la digitaline, la digitaléine, la digitine sont précipitées à l'état de tannates. Après filtration, le précipité est mélangé intimement, encore humide, avec 25 grammes de litharge puis 50 grammes de charbon animal purifié, finement broyé au préalable, et la masse est soumise à la dessiccation à basse température, de préférence même dans le vide et sur l'acide sulfurique concentré. Après dessiccation, le mélange est épuisé par l'alcool à 90 p. 100, la solution alcoolique est évaporée à siccité au bain-marie, le résidu d'abord épuisé par l'eau distillée est redissous dans l'alcool à 90 p. 100, la solution alcoolique est de nouveau évaporée à siccité au bain-marie; et ce dernier résidu d'évaporation est épuisé par le chloroforme. Par évaporation, la solution chloroformique abandonne la digitaline amorphe sous forme d'une masse résineuse et friable.

Cette variété de digitaline constitue une poudre d'un blanc légèrement jaunâtre, douée d'une odeur aromatique spéciale, d'une extrême amertume, neutre au papier de tournesol, *presque insoluble dans l'eau*, soluble dans l'alcool et le chloroforme, insoluble dans l'éther, soluble dans les acides dilués. Elle se ramollit à 90° et entre en fusion à 100°. Elle n'est pas précipitée de ses solutions par les sels de plomb, et forme avec le tannin un composé insoluble. Nous verrons plus tard les réactions colorées qui la caractérisent.

III. **Digitaline cristallisée** (type Nativelle). — L'épuisement par l'eau de la poudre de feuilles de digitale est insuffisant pour en séparer la majeure partie de la digitaline qui y reste à l'état de combinaison insoluble. Le procédé de Nativelle a pour but de remédier à cet inconvénient.

On dissout 250 grammes d'acétate neutre de plomb cristallisé dans un litre d'eau et, à l'aide de cette solution, on humecte un kilo de poudre de feuilles de digitale des Vosges, recueillies pendant la deuxième année d'existence de la plante et au moment de la floraison (prescription du Codex français), et dont on a eu soin de séparer les pétioles et les nervures. On passe la poudre humectée à travers un tamis de crin n° 3 pour bien assurer l'homogénéité du mélange et on laisse en contact pendant vingt-quatre heures en brassant de temps à autre. Le mélange est alors introduit dans un appareil à déplacement, convenablement tassé, et épuisé, jusqu'à disparition d'amertume, avec de l'alcool à 60 p. 100. La solution alcoolique ainsi obtenue est neutralisée à l'aide d'une solution aqueuse saturée à froid de bicarbonate de soude; puis, quand l'effervescence due au dégagement d'acide carbonique a cessé, on distille de manière à recueillir la majeure partie de l'alcool et l'on achève d'évaporer le liquide aqueux au bain-marie jusqu'à ce que son poids soit réduit à 2 kilos : on laisse refroidir, on dilue en ajoutant 2 litres d'eau et on laisse reposer. Il se forme peu à peu un dépôt poisseux, jaunâtre, très amer, renfermant la digitaline cristallisable, la digitaline amorphe et la digitine déjà visible dans la masse sous forme de cristaux aiguillés; on sépare ce dépôt après deux ou trois jours en décantant la liqueur claire surnageant qui contient la digitaléine, et on le fait égoutter sur une chausse en toile. Ce précipité est traité par l'alcool à 80 p. 100 à raison de 100 grammes par litre d'alcool. (Un kilo de poudre de feuilles de digitale des Vosges recueillies au moment de la floraison sur une plante de seconde année et bien séparées des tiges, pétioles et nervures, donne un précipité pesant environ 100 grammes) et le mélange est passé à travers un tamis en crin n° 1). Le liquide trouble qui résulte de cette opération est chauffé jusqu'à l'ébullition, et on lui ajoute une solution de

10 grammes d'acétate neutre de plomb dans 20 centimètres cubes d'eau distillée; on chauffe pendant quelques instants encore et l'on filtre. Le dépôt resté sur le filtre est lavé avec de l'alcool à 80 p. 100 pour entraîner le liquide qu'il retient, on l'essore; puis, après avoir ajouté aux liqueurs alcooliques 50 grammes de charbon animal purifié, on distille la majeure partie de l'alcool, on évapore le résidu au bain-marie de façon à chasser tout l'alcool et on rajoute la quantité d'eau nécessaire pour remplacer celle qui s'est évaporée. On laisse refroidir, on fait égoutter sur le même tamis de crin ayant servi à la division du précipité dans l'alcool à 80 p. 100, et on lave le charbon avec une petite quantité d'eau pour enlever les dernières parties de liqueur colorée. Ce charbon est ensuite complètement séché à l'étuve, en ayant soin de ne pas dépasser 100°, et on l'épuise dans un appareil à déplacement avec du chloroforme pur, jusqu'à ce que ce dissolvant passe complètement incolore. Cette solution chloroformique est distillée à siccité dans un ballon, et les dernières traces de chloroforme sont chassées par évaporation de quelques centimètres cubes d'alcool à 95 p. 100 que l'on y fait évaporer.

Le résidu de cette évaporation est formé de digitaline brute encore mélangée à des substances étrangères de consistances poisseuse et huileuse. On la dissout à chaud dans 100 grammes d'alcool à 90 p. 100, on y ajoute 2 centimètres cubes d'une solution aqueuse saturée à froid d'acétate neutre de plomb et 10 grammes de charbon animal purifié; on fait bouillir pendant dix minutes, puis on abandonne au refroidissement et au repos. On décante sur un tampon de coton, on verse le dépôt charbonneux que l'on épuise par l'alcool jusqu'à cessation d'amertume, puis, par distillation, on sépare l'alcool des liqueurs ainsi obtenues. Cette distillation laisse un résidu formé, pour la majeure partie, de digitaline qui se présente sous forme d'une masse grumeleuse, encore imprégnée d'une substance huileuse colorée et nageant dans une liqueur aqueuse : on le sépare de cette dernière par décantation, puis on le dissout au bain-marie bouillant dans 10 grammes d'alcool à 90 p. 100, en remplaçant, si cela est nécessaire, l'alcool qui a pu s'évaporer. Après refroidissement on ajoute en éther officinal la moitié du poids de l'alcool employé, on mélange exactement, puis on additionne d'un poids d'eau distillée égal à la somme du poids d'alcool et d'éther préalablement utilisés, on bouche la fiole dans laquelle on a effectué ce mélange et on agite vigoureusement. Au bout de peu de temps le mélange se sépare en deux couches : l'une, supérieure, colorée, formée d'une solution éthérée d'huile grasse; l'autre, inférieure, incolore, formée de la solution de digitaline qui cristallise presque aussitôt. On abandonne à la cristallisation dans un endroit frais pendant quarante-huit heures, on sépare la masse cristalline en filtrant sur un tampon de coton, et on lave le résidu solide avec un peu d'éther pour entraîner ce qui pouvait adhérer aux cristaux de la couche éthérée colorée. L'éther ne doit pas être séparé au préalable par décantation, car sa présence contribue à la cristallisation de la digitaline.

La digitaline ainsi obtenue est encore un peu colorée : pour l'obtenir parfaitement blanche, il est nécessaire de la purifier, au moins à deux reprises, et après l'avoir débarrassée par le chloroforme d'une petite quantité de digitine qui en altère la pureté. La digitine est en effet susceptible de cristalliser; et une proportion plus ou moins considérable se trouve mélangée à la digitaline : son insolubilité dans le chloroforme permet de l'en séparer facilement. Pour cela, après avoir bien desséché et réduit en poudre fine la digitaline obtenue précédemment, on la redissout dans vingt fois son poids de chloroforme; la dissolution, éclaircie par le repos, est filtrée sur un tampon de coton, évaporée à siccité, et les dernières traces de chloroforme sont chassées par addition d'un peu d'alcool à 95° que l'on évapore ensuite. On dissout le résidu dans 30 grammes d'alcool à 90 p. 100, on ajoute 5 grammes de charbon animal purifié, et l'on porte à l'ébullition pendant dix minutes; puis on filtre, on lave le noir animal resté sur le filtre avec un peu d'alcool à 90° bouillant et on distille l'alcool : le résidu est constitué par de la digitaline encore un peu colorée. Pour l'avoir tout à fait blanche et pure, il faut la peser dans un ballon préalablement taré, la dissoudre au bain-marie bouillant dans la quantité exactement suffisante d'alcool à 90 p. 100, déterminer par une nouvelle pesée le poids de cet alcool, puis ajouter à la solution un poids d'éther égal à la moitié du poids de cet alcool et un poids double d'eau distillée : on bouche la fiole et on agite. La digitaline se sépare bientôt de la couche hydro-alcoolique inférieure sous forme de cristaux dont on facilite la formation en exposant le ballon dans un endroit frais. Au bout de vingt-quatre heures elle est complètement séparée sous forme de cristaux aiguillés, blancs, tandis que les matières colorantes et les autres impuretés restent dans les eaux-mères. Les cristaux sont séparés par filtration sur un tampon de coton et lavés à l'éther.

Cette digitaline cristallisée se présente sous la forme de cristaux blancs, très légers, formant des aiguilles courtes et déliées groupées autour d'un axe : elle est extrêmement amère, à peu près complètement insoluble dans l'eau, facilement soluble dans l'alcool à 90 p. 100, moins soluble dans l'alcool anhydre et presque insoluble dans l'éther. Son meilleur dissolvant est le chloroforme.

Procédé de TANRET. — Cette modification a pour but d'éviter les chauffages réitérés des solutions comme dans le manuel opératoire précédent. Il offre, par conséquent, beaucoup plus de sécurité relativement à la préexistence, dans la plante, des produits qui en sont retirés ; et il enlève toute valeur à l'argument des modifications causées au produit naturel par les réactions auxquelles peuvent donner lieu son mode de séparation.

Les feuilles de digitale, grossièrement pulvérisées et dont on rejette le dernier quart pour éliminer les pétioles et les nervures, sont mélangées intimement avec leur poids d'alcool à 50 p. 100, puis épuisées par déplacement. Quand la lixiviation a été bien conduite, la plus grande partie de la digitaline a passé dant les quatre premières portions recueillies. Cette liqueur hydro-alcoolique est agitée à plusieurs reprises avec le quinzième de son volume de chloroforme ; puis, après séparation des couches liquides, on décante le chloroforme à l'aide d'un entonnoir à robinet, on ajoute de nouveau le vingtième du volume du liquide primitif de chloroforme, on agite, décante, réunit ce liquide au premier et on abandonne au repos dans un endroit frais pendant une douzaine d'heures. Un dépôt constitué, pour la majeure partie, par des composés gommeux et albumineux se sépare ; et l'on décante la partie claire surnageant qui représente environ les trois quarts du chloroforme employé : il est fortement coloré en vert brunâtre et contient la digitaline, la digitaléine, de la digitine, de la chlorophylle et des matières grasses et cireuses. On le lave avec son volume d'eau afin d'en séparer l'alcool qu'il a dissous ; puis on l'agite avec son volume d'une solution aqueuse à 40 p. 100 de tannin. Il se sépare ainsi du tannate de digitaline sous forme d'une masse emplastique qu'on recueille, malaxe avec du chloroforme pour dissoudre celui qu'elle a entraîné, puis cette masse est dissoute dans de l'alcool à 90 p. 100. On ajoute à cette solution de l'hydrate de zinc ou de plomb qui fixe le tannin, tandis que la digitaline, mise en liberté, se dissout dans l'alcool. On filtre, on décolore la solution par addition du noir animal purifié, puis on l'abandonne à l'évaporation spontanée. La digitaline cristallise, tandis que la digitaléine et la digitine restent dans les eaux-mères. Cette digitaline cristallisée est purifiée, par redissolution dans le chloroforme, puis recristallisation dans l'alcool à 90 p. 100 additionné d'éther et d'eau, comme précédemment.

Un point délicat consiste à déterminer le moment où le tannate est complètement décomposé par l'hydrate métallique : l'artifice suivant permet de le reconnaître. Une goutte de la liqueur trouble fournie par l'addition de l'hydrate métallique à la solution alcoolique du tannate est déposée avec précaution sur un papier à filtrer blanc ; le précipité forme une tache bien nette entourée d'une auréole de liquide filtré par capillarité : on touche le bord externe de cette auréole avec une baguette imprégnée d'une solution étendue de chlorure ferrique ; s'il y reste encore du tannin en dissolution, il se produit une coloration noire qui cesse de se montrer lorsque la totalité du tannin a été fixée à l'état de tannate métallique insoluble par les hydrates de plomb ou de zinc.

La digitaline cristallisée obtenue par ce procédé est absolument identique, tant par ses caractères chimiques que par son activité physiologique, à celle obtenue par le procédé précédent.

IV. Digitoxine de SCHMIEDEBERG. — Par des essais d'analyse immédiate effectués sur différents échantillons de digitalines de provenances diverses, SCHMIEDEBERG aurait acquis la conviction qu'aucune des substances ainsi dénommées, même la digitaline cristallisée de NATIVELLE, ne serait constituée par un principe absolument pur et chimiquement défini. Pour ce savant, les principes actifs de la digitale seraient au nombre de quatre : *digitonine*, analogue aux saponines ; *digitaléine*, soluble dans l'eau ; *digitaline*, insoluble ou très peu soluble dans l'eau ; et *digitoxine*, complètement insoluble dans l'eau. Les trois premières : digitonine, digitaléine, digitaline seraient des glucosides, tandis que la digitoxine aurait une constitution différente encore indéterminée [1].

D'après Schmiedeberg, chacune des différentes variétés de digitalines que l'on rencontre dans le commerce de la droguerie sont toutes plus ou moins complètement solubles dans un mélange à volumes égaux d'alcool absolu et de chloroforme, lorsqu'on les a préalablement mouillées par trituration avec un peu d'alcool absolu. L'addition d'éther à cette solution permet d'en séparer en premier lieu de la digitonine, ensuite de la digitaléine, puis de la digitaline. De nombreuses et successives précipitations fractionnées permettent d'isoler ces trois produits qui sont plutôt, au moins en ce qui concerne la digitonine et la digitaline, caractérisés par la nature de leurs produits de dédoublement. La digitonine est très peu soluble dans l'alcool absolu, ce qui la distingue de la digitaléine qui y est au contraire fort soluble.

Digitonine, digitaléine et digitaline sont facilement dédoublées, la digitonine surtout, par les influences hydrolysantes ; et la digitale même renferme un ferment particulier, déjà entrevu en 1845 par Kossmann, et qui possèderait la propriété d'effectuer ce dédoublement avec plus ou moins d'intensité.

La digitonine donne du glucose et deux premiers produits de dédoublement, la *digitorésine* et la *digitonéine* : cette dernière se dédouble elle-même en *digitogénine* et glucose.

La digitaléine donne comme produits de dédoublement par hydrolyse d'abord du glucose et de la *digitalirésine* soluble dans le chloroforme et l'éther, susbtance extrêment active au point de vue physiologique et caractérisée par l'action qu'elle exerce sur les grenouilles chez lesquelles elle détermine de violentes convulsions aussitôt suivies de paralysie musculaire. Bien que l'eau n'en dissolve qu'une quantité à peine appréciable, 1 à 2 centimètres cubes de cette solution suffisent à produire de pareils effets. A son tour, la digitalirésine se dédouble en glucose et *digitaligénine*, substance complètement inerte.

La digitaline, que l'addition d'un très grand excès d'éther précipite en dernier lieu de la solution dans le mélange à volumes égaux d'alcool absolu et de chloroforme et son insolubilité dans l'eau distingue de la digitaléine, la digitaline se dédouble également par hydrolyse en glucose et *digitalirésine*, puis, finalement, en glucose et *digitaligénine*.

Ces deux substances, digitaléine et digitaline ne semblent donc être que deux modifications allotropiques caractérisées surtout par ce fait que la digitaléine est très soluble dans l'eau et incristallisable.

Schmiedeberg aurait constaté au cours de ces recherches que la digitaline amorphe chloroformique préparée suivant le procédé que j'ai décrit précédemment et qui fournit la variété de digitaline inexactement appelée dans le commerce de la droguerie *digitaline amorphe* d'Homolle et Quévenne, Schmiedeberg aurait constaté que cette variété de digitaline est constituée : de digitaline pour la majeure partie, de digitalirésine en assez notable proportion, de digitogénine et de digitonéine.

La digitaline cristallisée de Nativelle ne serait également qu'un mélange dans lequel prédominerait de beaucoup la digitaline vraie, mais duquel on pourrait également isoler de la digitalirésine et de la digitogénine.

Je ne crois pas nécessaire de donner ici la description détaillée des procédés employés par Schmiedeberg pour réaliser l'analyse immédiate des divers échantillons de digitalines sur lesquels ont porté ses recherches, je renverrai pour cela au mémoire original publié en 1874 dans le *Recueil des travaux de l'Institut de pharmacologie expérimentale de Strasbourg* et traduit en 1895 dans les *Nouveaux Remèdes* (t. xi, p. 56). Depuis cette publication, d'assez nombreux travaux ont modifié les conclusions un peu exagérées de Schmiedeberg. Mais ses recherches l'avaient conduit à penser que les substances étudiées précédemment n'étaient pas les seules actives dans la digitale ; et il fut ainsi conduit à la découverte de la **digitoxine** dont voici, d'après lui, le mode de préparation.

On sèche et on pulvérise les feuilles de digitale, on y ajoute de l'eau et on agite jusqu'à en faire une sorte de bouillie peu épaisse qu'on exprime à l'essoreuse au bout de douze heures : on répète une seconde fois cette opération. On arrose ensuite les feuilles

1. Kiliani a nettement démontré depuis que la digitoxine était un glucoside.

essorées avec de l'alcool à 50 p. 100 ; après douze heures de macération, on les soumet à l'essoreuse, on répète cet épuisement par l'alcool à 50 p. 100, et, finalement, on humecte une dernière fois avec un peu d'eau et l'on soumet de nouveau à la force centrifuge. Les liqueurs alcooliques et cette dernière liqueur aqueuse sont réunies et on les traite par l'acétate de plomb ammoniacal jusqu'à cessation de précipité qu'on sépare au moyen du filtre. La réaction de la liqueur doit être, à ce moment, très faiblement ammoniacale. La liqueur claire est jaunâtre et d'une saveur excessivement amère ; on en sépare l'alcool par distillation et évaporation, en ayant soin que la réaction du liquide reste aussi neutre que possible. Déjà, pendant l'évaporation, il se sépare de petites plaques cristallines, minces et brillantes de digitoxine, encore mélangées à une substance brune, floconneuse. Après avoir abandonné au refroidissement et au repos, on sépare le dépôt par décantation et filtration ; on le lave sur le filtre, d'abord avec une solution étendue de carbonate de soude, puis avec de l'eau, et, après dessiccation au bain-marie, on traite la masse colorée en noir ou en gris-brun par le chloroforme jusqu'à complet épuisement. On distille le chloroforme et il reste une masse brune, plus ou moins compacte, qui renferme surtout, en outre de la digitoxine, une matière colorante spéciale, de couleur rouge-orangé, chimiquement indifférente. Pour séparer cette matière colorante, mélangée à une certaine quantité d'un corps gras, on traite la masse par de l'éther jusqu'à ce que celui-ci ne se colore plus. Cependant, pour éviter une perte de digitoxine, il est préférable, mais plus délicat, de purifier la masse par une ébullition prolongée et plusieurs fois répétée avec de la benzine rectifiée. Le résidu d'extraction par l'éther ou de l'ébullition avec la benzine doit être dissous à chaud dans l'alcool à 80 p. 100 ; la solution décolorée au noir animal purifié est, après concentration suffisante, abandonnée au repos pour obtenir la cristallisation. Après un ou deux jours, il s'est séparé une masse cristalline généralement encore de couleur jaunâtre ou rougeâtre. Si, après l'avoir séparée de l'eau-mère, on la trouve encore fortement colorée, il faut la traiter comme il a été dit ci-dessus par une solution étendue de carbonate de potasse, par l'éther et par le charbon animal. On voit alors se séparer de la solution alcoolique des cristaux généralement incolores, que l'on purifie en les lavant à plusieurs reprises avec de l'alcool absolu et en les faisant chaque fois recristalliser.

Il est extrêmement important que, pendant l'évaporation, les liqueurs alcooliques soient rigoureusement neutres. La digitoxine fournit, en effet, par hydrolyse, de la *toxirésine*, analogue (je dirais même volontiers, pour ma part, identique) à la digitalirésine ; et cet hydrolyse est particulièrement facilitée par les liquides acides : l'alcalinité des solutions donne lieu au même phénomène, mais surtout à l'entraînement d'une matière colorante dont il est ensuite presque impossible de débarrasser la digitoxine. Le lavage avec la solution alcaline (carbonate de soude ou de potasse en solution diluée) a pour but d'enlever la matière colorante rouge-orangé dont il a été question précédemment, ainsi qu'une substance analogue ou identique à l'acide chrysophanique, matières colorantes déjà signalées par Nativelle.

Pour purifier par recristallisation la digitoxine brute, le meilleur moyen est de la faire dissoudre à chaud dans de l'alcool absolu renfermant un peu de chloroforme. La solution est alors fortement concentrée au bain-marie, dans une capsule que l'on abandonne ensuite au repos sous une cloche rôdée reposant sur une plaque de verre dépoli : la digitoxine cristallise peu à peu, Schmiedeberg ajoute : si l'on emploie, comme Nativelle, de l'alcool étendu, il se dépose facilement aussi d'autres produits cristallins qui ne semblent pas pouvoir toujours être complètement éliminés par l'extraction au moyen de l'éther, ou l'ébullition avec le benzol. Lorsqu'on laisse une solution de digitoxine cristalliser dans des conditions qui permettent l'évaporation du liquide, la solution grimpe le long des parois du vase où elle se dessèche, de sorte qu'on n'obtient pas de cristaux purs, mais bien le même mélange de substances qui se trouvent dans la dissolution.

Le rendement en digitoxine pure est très faible, en dépit des plus grands soins pris pour éviter des pertes. Plus de 20 kilos de feuilles sèches n'ont pas donné plus de 2gr,50 de substance pure, dont il reste encore toutefois des quantités considérables dans les eaux-mères. Dans une fabrication régulière, en grand, le rendement serait sans doute beaucoup plus considérable.

Voici, maintenant, les caractères assignés par Schmiedeberg à chacun des principes immédiats isolés par lui.

A. *Digitoxine*. — Masse blanche ayant presque l'éclat nacré; ou fines aiguilles; ou agglomérations de plaques cristallines minces et à quatre pans, qui ne se séparent que par des cassures irrégulières. Absolument insoluble dans l'eau, à laquelle, même par l'ébullition, elle ne communique aucune amertume. Le chloroforme en dissout des quantités considérables, mais pas très vite et plus difficilement qu'il ne dissout la préparation de Nativelle. La digitoxine est peu soluble dans l'éther; plus facilement dans l'alcool absolu, à froid; très facilement soluble dans l'action absolu, à chaud. De sa solution, à chaud et concentrée dans l'alcool absolu, elle ne se sépare que lentement par cristallisation. Elle est tout à fait insoluble dans la benzine.

Lorsqu'on la fait bouillir avec de l'acide chlorhydrique dilué ou modérément concentré et qu'on alcalinise la solution aqueuse, elle ne réduit pas l'oxyde de cuivre; la digitoxine n'est donc pas un glucoside. [Comme nous allons le voir incessamment, cette assertion est complètement erronée : les travaux de Kiliani ont démontré avec la plus entière certitude que la digitoxine est un glucoside.] Elle est privée d'azote, comme le sont les autres principes actifs de la digitale étudiés ici.

Lorsqu'on chauffe la digitoxine avec de l'acide chlorhydrique concentré, il se produit, comme avec la digitaline, la coloration caractéristique d'un jaune intense tirant sur le vert, coloration que Nativelle avait observée avec sa digitaline cristallisée. L'acide sulfurique concentré dissout de très petites quantités de digitoxine en prenant une coloration brunâtre ou vert brunâtre; la coloration est brun foncé avec des quantités plus grandes et ne change pas sensiblement sous l'influence du brome.

Par l'ébullition d'une solution alcoolique avec des acides très dilués, la digitoxine donne comme principal produit de transformation la *toxirésine* dont les propriétés sont très voisines de celles de la digitalirésine. (J'ai déjà dit que je considérais ces deux produits comme identiques, et nous trouverons de nouveaux arguments en faveur de cette opinion dans les travaux de Kiliani.)

Sous l'influence de la chaleur, la digitoxine fond à environ 240° et donne un liquide incolore qui se décompose en moussant légèrement et en produisant des vapeurs si l'on continue à élever la température. Il paraît se former de la toxirésine.

B. *Digitaline*. — Masse incolore ou légèrement jaunâtre, rarement un peu brunâtre, légère et facile à pulvériser. Elle se sépare de l'alcool à 80 p. 100 sous forme de petites masses claires, réfractant assez fortement la lumière, de grosseurs diverses, en général de la grosseur de graines de pavots, serrées les unes contre les autres, le plus souvent régulièrement sphériques, plus rarement de forme verruqueuse et de consistance molle; et, lorsqu'elles sont très petites, donnant à leur dépôt dans le liquide l'apparence d'une gelée. Les solutions alcooliques de digitaline se colorent toujours pendant l'évaporation et cette coloration est partiellement fixée par la substance qui se sépare à l'état solide.

La digitaline est facilement soluble dans l'alcool et dans un mélange à volumes égaux de chloroforme et d'alcool absolu; elle est peu soluble dans l'eau froide, un peu plus soluble dans l'eau bouillante, très peu soluble dans l'éther et le chloroforme : elle ne se sépare de toutes ces solutions, même quand elles sont très concentrées, que très lentement. On peut concentrer ces solutions dans l'alcool absolu presque à consistance sirupeuse, sans voir un dépôt se former aussitôt après le refroidissement; tandis que l'alcool absolu ne la dissout à froid que très lentement. La digitaline est également soluble en notable proportion dans l'acide acétique dilué, et surtout à chaud : une partie seulement se sépare lors de la neutralisation de l'acide.

Elle est précipitée de ses solutions hydro-alcooliques par le tannin, mais non par l'acétate de plomb ammoniacal.

Une courte ébullition de sa solution alcoolique avec de l'acide chlorhydrique très étendu la dédouble facilement en glucose et *digitalirésine* elle-même susceptible de se dédoubler en glucose et *digitaligénine*. J'ai déjà attiré l'attention sur ce fait que la digitalirésine est énergiquement toxique alors que la digitaligénine est inerte.

Ce serait grâce à la présence de la digitaléine, et surtout de la digitonine, que la digitaline, fort peu soluble, passerait en dissolution dans les liqueurs aqueuses permettant de séparer de la digitale les diverses variétés de digitalines. La digitaline d'Homolle et Quévenne n'en renfermerait pas plus de 2 à 3 p. 100.

C. *Digitaléine.* — Masse poreuse, très friable, assez fortement colorée en jaune. La digitaléine est soluble dans l'eau en toute proportion; soluble dans l'alcool, même dans l'alcool absolu; fort peu soluble dans l'éther et le chloroforme.

Sa solubilité dans l'alcool absolu, dans lequel la digitonine est fort peu soluble, permet de la séparer facilement de cette dernière : l'addition d'éther à cette dissolution dans l'alcool absolu précipite d'abord la digitonine. En redissolvant dans l'alcool absolu les derniers produits de précipitation par l'éther et effectuant de nouvelles séparations fractionnées par addition d'éther, on arrive à obtenir une digitaléine dont l'ébullition en présence d'acide chlorhydrique concentré, ou d'acide sulfurique modérément étendu, ne produit plus la moindre trace de coloration rouge ou violette révélant la présence de digitonine.

La digitaléine se dédouble par hydrolyse d'abord en glucose et *digitalirésine;* finalement, en glucose et *digitaligénine.*

D. *Digitonine.* — Masse blanche, légèrement jaunâtre, amorphe, friable, facile à pulvériser, non hygroscopique, soluble dans l'eau en toute proportion, donnant une solution parfaitement transparente et moussant fortement par l'agitation. La digitonine est peu soluble à froid, plus à chaud, dans l'alcool absolu; très soluble dans l'alcool dilué; elle est insoluble dans le chloroforme, l'éther et le benzol; très soluble, au contraire, dans un mélange à volumes égaux de chloroforme et d'alcool absolu.

La solution aqueuse, diluée, précipite par le tannin, l'acétate de plomb et l'ammoniaque : l'eau de baryte précipite seulement les solutions concentrées. La précipitation par l'eau de baryte d'une solution aqueuse sirupeuse contenant un mélange de digitaléine et de digitonine permet la séparation de cette dernière. Comme les saponines, la digitonine forme avec le baryte un composé insoluble dans l'eau, composé dont on peut la séparer au moyen de l'acide carbonique.

La digitonine se dissout dans l'acide chlorhydrique concentré, ou dans l'acide sulfurique dilué de deux à trois fois son poids d'eau, en donnant une solution incolore : sous l'influence d'une ébullition prolongée, cette solution prend une coloration grenat ou rouge violacé; c'est là une des réactions les plus sensibles de la digitonine. L'acide sulfurique concentré la dissout peu à peu et se colore en rouge brun; l'addition d'un cristal de bromure de potassium rend cette coloration à peine un peu plus intense.

La digitonine se dédouble par hydrolyse, d'abord en glucose, *digitorésine,* et *digitonéine;* finalement, en glucose et *digitogénine.* La digitorésine est soluble dans l'alcool, l'éther et le chloroforme; à peine soluble dans l'eau. La digitonéine est insoluble dans l'eau, l'éther et le chloroforme; difficilement soluble dans l'alcool froid, plus soluble, surtout à chaud, dans l'alcool un peu dilué (l'alcool à 80 p. 100 est son meilleur dissolvant), très difficilement soluble aussi à froid dans le mélange à volumes égaux d'alcool absolu et de chloroforme. La digitonéine se transforme par hydrolyse en digitogénine et glucose. Elle donne avec les acides chlorhydrique et sulfurique, et à l'ébullition, les mêmes réactions colorées que la digitonine : l'acide sulfurique concentré se colore en brun-noirâtre, virant légèrement au vert : la solution est dichroïque, brune par transparence et verte par réflexion. La digitogénine se dissout très facilement dans le chloroforme, moins bien dans l'éther et dans l'alcool absolu, facilement dans l'alcool bouillant qui l'abandonne sous forme cristalline dès que la solution commence à se concentrer; elle est peu soluble dans le benzol bouillant qui permet aussi de l'obtenir à l'état cristallin; elle est tout à fait insoluble dans l'eau.

V. **Recherches de Kiliani.** — A. *Digitaline vraie.* — Les recherches de Kiliani, effectuées tout récemment, ont complété celles de Schmiedeberg et, sinon élucidé complètement la question, du moins définitivement fixé quelques points. Ces essais d'analyse immédiate entrepris sur le produit connu en Allemagne sous le nom de digitaline allemande pure pulvérisée (*digitalinum pur. pulv. germanicum*), produit obtenu par le traitement des semences de digitale, devaient amener forcément à des résultats différents de ceux obtenus par le traitement des feuilles dont la composition immédiate est différente, ainsi que l'avaient appris déjà les travaux de Homolle et Quévenne et ceux de Nativelle.

Ce qui donne un caractère d'originalité au travail de Kiliani, c'est cette observation, faite dès le début de ses recherches, qu'avec des substances comme celles qui composent les digitalines commerciales et, plus particulièrement le *digitalinum pur. pulv. germanicum*, il ne faut jamais compter sur la cristallisation fortuite après évaporation spontanée, quel qu'en soit le contenu, mais qu'il est urgent de préparer de prime abord une solution sursaturée que l'on abandonnera ensuite dans un récipient exactement clos, afin de la mettre sûrement à l'abri de l'humidité de l'air et d'empêcher l'évaporation. La sursaturation se réalise le mieux en ajoutant le dissolvant, dans des vases bien bouchés et à la température ambiante, aux substances qu'il s'agit de dissoudre et de séparer par cristallisation, jusqu'à ce que la solution arrive à consistance sirupeuse : la modification amorphe d'une substance est toujours, dans ces conditions, beaucoup plus soluble que les cristaux correspondants. L'alcool modérément dilué (à 85 p. 100) est le dissolvant de choix pour la plupart des glucosides de la digitale; il a permis à Kiliani d'obtenir à l'état cristallisé la digitonine, partie constituante principale des glucosides tirés des semences et dont le produit connu sous le nom de *digitalinum pur. pulv. germanicum* renferme au moins 45 p. 100.

Ce produit était dissous dans quatre fois son poids d'alcool à 85 p. 100 au bain-marie bouillant; la presque totalité de la digitonine cristallise par refroidissement sous forme de fines aiguilles; le reste est obtenu en évaporant les eaux-mères, reprenant le résidu de cette évaporation par 3 parties d'alcool à 85° bouillant, et ajoutant, après refroidissement, une partie de chloroforme. La partie liquide évaporée à siccité donna un résidu qui fut séché dans le vide et repris par six fois son poids d'alcool absolu bouillant. Par le repos, il se sépare un précipité visqueux, adhérent aux parois du vase, constitué par des substances inactives sur le cœur de la grenouille. La liqueur alcoolique est alors additionnée de 4 p. 100 de son poids d'eau et de son propre poids d'éther à 0,72 : il se sépare une nouvelle quantité de substances visqueuses qui entraîne un peu de la substance active sur la grenouille, mais cette dernière substance reste, pour la majeure partie, en dissolution dans la liqueur éthéro-alcoolique : elle serait identique avec la *digitaline* de Schmiedeberg, et se séparerait sous forme de granulations cristalloïdes, mais sans donner de véritables cristaux. La séparation de ces granulations s'obtient en agitant le résidu de l'évaporation de la liqueur éthéro-alcoolique avec trois fois son poids d'alcool à 20 p. 100 et en abandonnant au repos, à l'abri de l'évaporation, la solution concentrée ainsi obtenue. En agitant avec de l'éther la solution sursaturée dans laquelle se déposent ces granulations cristalloïdes, on leur enlève une substance oléo-résineuse qui les souillerait sans cette précaution. On lave finalement ces granulations, d'abord à l'alcool à 10 p. 100, ensuite à l'eau distillée, on les dessèche sur des plaques poreuses, dans le vide, et on peut les faire recristalliser dans l'alcool à 95° bouillant, au besoin avec addition d'un peu de noir animal purifié. La solution saturée à chaud se prend par le refroidissement en une pâte de granulations cristalloïdes. Kiliani a donné à ce produit le nom de digitaline vraie (*digitalinum verum*).

Pour ce savant, la digitaléine, soluble dans l'eau et active sur le cœur de la grenouille, telle que l'a décrite Schmiedeberg, n'existerait pas à l'état de principe immédiat et ne serait que le mélange de sa digitaline vraie à des produits solubles dans l'eau. Cette digitaline vraie est, en effet, très difficile à isoler des substances secondaires qui existent en grande quantité dans la drogue, et son coefficient de solubilité est influencé d'une manière étonnante par la quantité de ces impuretés facilement solubles. A l'état pur, la digitonine et la digitaline vraie sont toutes deux très difficilement solubles dans l'eau. La solubilité facile du mélange des glucosides est due tout entière à la présence concomitante de corps visqueux, absolument amorphes. Kiliani ajoute qu'il n'a jamais trouvé de digitogénine dans les échantillons de digitalines allemandes qu'il a examinés. Le *digitalinum pur. pulv. germanicum* renfermait tout au plus de 5 à 6 p. 100 de digitaline vraie. Bien que précipitable également par l'éther, la digitaline vraie se trouve en proportion si faible au milieu des glucosides bruts, et la dissolution de la totalité de ces glucosides bruts dans l'alcool la dilue si considérablement dans cette solution alcoolique, qu'elle ne précipite plus par l'éther employé en proportion voulue. Aussi est-il indispensable, pour réussir dans sa séparation, d'observer rigoureusement la marche détaillée qui vient d'être décrite.

B. *Digitoxine* β. — Au cours de ses recherches, KILIANI a confirmé ce fait déjà signalé par les premiers observateurs qui s'étaient occupé de la digitale, notamment par NATI-VELLE, que les glucosides retirés des feuilles diffèrent notablement de ceux obtenus avec les semences : les feuilles ne renfermeraient pas de digitonine ni de sa digitaline vraie, mais une substance que KILIANI a d'abord appelé β *digitoxine* en raison de ce qu'il la croyait légèrement différente de la digitoxine de SCHMIEDEBERG. Depuis, KILIANI a reconnu l'identité de ces deux produits, ainsi que l'identité existant entre ces digitoxines et la digitaline cristallisée dite française, préparée par ADRIAN, c'est-à-dire la digitaline type NATIVELLE. Il a donné pour la préparation de sa β digitoxine un procédé assez simple et qui permet d'obtenir le principe actif de la digitale sous forme cristallisée et dans un très grand état de pureté. C'est la raison pour laquelle je crois devoir terminer cette espèce de revue rétrospective des modes de préparation des digitalines par la description de ce procédé.

Les feuilles de digitale sont d'abord épuisées à deux reprises par l'eau froide, séchées aussi rapidement que possible et épuisées ensuite par l'alcool à 50 p. 100.

Ce traitement par l'eau présente le grand avantage d'enlever dans la solution aqueuse, grâce à la présence de la digitonine et probablement de quelques autres substances amorphes indéterminées, la majeure partie des produits oléo-résineux qui viennent plus tard souiller la digitaline et l'empêchent de cristalliser.

Afin d'éviter le développement des moisissures, si facile et si rapide avec les feuilles de digitale humides, l'eau est préalablement additionnée de 5 p. 100 de son poids d'alcool à 95. On laisse en macération pendant douze heures, en vase clos, une partie de feuilles avec 3 parties de ce liquide, on exprime, ce qui fournit environ 2 kil 500 d'un liquide extractif de couleur rouge-brun dans lequel existe principalement de la digitonine, ainsi que le prouve la facilité avec laquelle il forme à la moindre agitation une mousse persistante. Un kilo de feuilles séchées, après ce premier épuisement, est alors mis en macération pendant douze heures dans 3 kilos d'alcool à 50 p. 100 en agitant fréquemment. Au bout de ce temps, on exprime le liquide, on le précipite par 400 grammes de sous-acétate de plomb liquide et on filtre après deux heures de repos. Le précipité est de consistance presque mucilagineuse, extrêmement volumineux et emprisonne, même après égouttage sur filtre, une grande quantité du liquide extractif; on est obligé de l'essorer à la trompe. La liqueur filtrée est débarrassée de la majeure partie de son alcool par distillation dans le vide, à basse température : on reconnaît que la plus grande quantité de l'alcool est séparée à l'apparition de la mousse qui oblige à interrompre la distillation. Le liquide résiduaire est alors agité à plusieurs reprises avec son volume d'éther : après séparation exacte des liquides, on décante la couche éthérée, on la lave par agitation avec de l'eau distillée pour lui enlever l'alcool qu'elle a pu dissoudre, et en l'abandonnant au repos à basse température, l'éther ne tarde pas à abandonner une substance qui cristallise et dont on augmente la proportion en distillant partiellement l'éther : la solution éthérée reste colorée en vert foncé par la chlorophylle, tandis que la digitoxine se dépose presque incolore. Un kilo de feuilles fournit ainsi environ 1 gramme de substance cristallisable : c'est là, précisément, la proportion indiquée autrefois par NATIVELLE.

La purification de la substance cristalline s'effectue en la redissolvant, à la température ambiante, dans un mélange à volumes égaux d'alcool méthylique et de chloroforme (soit encore 35 parties d'alcool méthylique pour 65 parties de chloroforme, en poids) auquel on ajoute ensuite de l'éther à 0,72, jusqu'à obtenir tout au plus une légère opalescence, mais pas de précipité : en général, ce résultat est obtenu par l'addition, en éther, de la moitié du poids du mélange d'alcool méthylique et de chloroforme. La digitoxine commence presque aussitôt à se séparer sous forme de croûte cristalline constituée par de petits prismes. On peut aussi, lorsque la substance obtenue par la première cristallisation est fortement colorée, agiter avec du noir animal purifié, la solution dans le mélange d'alcool méthylique et du chloroforme, filtrer, puis ajouter l'éther : la cristallisation s'effectue encore mieux et plus rapidement.

On pourrait encore purifier le produit brut par dissolution, à plusieurs reprises, dans de l'alcool à 85 p. 100 bouillant, agitation avec du noir animal purifié de la solution bouillante et cristallisation. Par le refroidissement, il se forme des masses tuberculeuses constituées par des cristaux blancs, feuilletés. Il est nécessaire d'augmenter progressivement, au cours de ce mode de purification, la quantité d'alcool qui sert à redissoudre la substance : au début, une proportion de 5 parties d'alcool à 85° pour 1 partie de digitoxine brute suffit à réaliser la redissolution; et, à la fin, il faut ajouter jusqu'à 10 parties d'alcool pour 1 partie de substance sèche afin d'obtenir une cristallisation et une purification parfaites.

Les cristaux qui se séparent du mélange d'alcool méthylique et de chloroforme sont anhydres, tandis que ceux obtenus par recristallisation dans l'alcool à 85° contiennent une molécule d'eau. Les cristaux anhydres fondent vers 250°, tandis que les cristaux hydratés fondent vers 150°.

Kiliani a déterminé les formules et les métamorphoses subies par les différents corps qu'il a isolés de la digitale et qu'il réduit à trois : *digitonine*, inactive, n'exerçant aucune influence toxique sur le cœur; *digitaline*, très active, poison cardiaque; et *digitoxine*, très active, poison cardiaque. Toutes trois sont des glucosides : sa digitonine est soluble dans l'eau, cristallisable; sa digitaline vraie est presque insoluble dans l'eau, soluble dans l'alcool, amorphe; la digitoxine est insoluble dans l'eau, soluble dans l'alcool et le chloroforme, cristallisée. Le tableau suivant résume les dédoublements par hydrolyse de chacun de ces corps.

Digitonine ($C^{27}H^{46}O^{14}$). . . . .
$\begin{cases} \text{Dextrose } C^6H^{12}O^6. \\ \text{Galactose } C^6H^{12}O^6. \\ \text{Digitogénine } C^{15}H^{24}O^3. \end{cases}$

Digitaline ($C^{35}H^{54}O^{13}$). . . . .
$\begin{cases} \text{Dextrose } C^6H^{12}O^6. \\ \text{Digitalose } C^7H^{14}O^5. \\ \text{Digitaligénine } C^{22}H^{30}O^3. \end{cases}$

Digitoxine ($C^{34}H^{54}O^{11}$). . . . .
$\begin{cases} \text{Digitoxose } C^6H^{12}O^4. \\ \text{Digitoxigénine } C^{22}H^{32}O^4. \end{cases}$

Par oxydation chromique, la digitaline et la digitoxine fournissent un même dérivé cétonique : la *toxigénone* $C^{19}H^{24}O^3$. — Ce sont donc deux composés extrêmement voisins au point de vue de leur constitution; et cela explique leurs similitudes de réactions chimiques et physiologiques.

VI. Résumé et Conclusions. — J'ai tenu, avant de résumer les travaux antérieurs et d'exposer la manière de voir que j'ai adoptée et développée dans mon enseignement depuis 1895, à reproduire les méthodes relatives à la préparation des principales variétés de digitaline afin que le lecteur puisse juger, en toute connaissance de cause, des résultats plus ou moins comparables, plus ou moins identiques parfois même, que ces méthodes peuvent donner. Si l'on tient compte de ces comparaisons ainsi que des recherches analytiques très documentées d'Arnaud et des essais de Houdas, on arrive à conclure qu'en schématisant et synthétisant quelque peu ces résultats, il est possible de rapporter à trois groupes, trois chefs de file en quelque sorte, les principes immédiats les plus importants, par leur activité physiologique ou leur quantité, que l'analyse permet d'isoler des diverses variétés de digitale.

A. *Digitonine*. — Analogue aux saponines. Elle est inactive, comme la plupart des saponines lorsqu'elles sont extraites de plantes desséchées d'une part, et qu'elles ont subi, d'autre part, l'action altérante des réactifs nécessaires pour leur extraction ; mais il est fort probable que si l'on pouvait l'isoler directement de la digitale fraîche, sans l'intermédiaire d'aucun réactif, son action sur l'organisme animal serait bien loin d'être négligeable. Elle est soluble dans l'eau, susceptible de cristalliser dans des conditions particulières; et c'est en grande partie à sa présence qu'il faut attribuer la solubilité, dans les infusions aqueuses, des autres substances actives, insolubles ou fort peu solubles dans l'eau. Aussi, voyons-nous les diverses variétés de digitalines amorphes être d'autant plus solubles dans l'eau qu'elles renferment une proportion plus considérable de digitonine. Cette digitonine, elle-même, est d'autant plus soluble dans l'eau qu'elle est moins pure, c'est-à-dire accompagnée de produits amorphes, notamment des albuminoïdes qui se dissolvent en même temps qu'elle pendant l'action exercée par l'eau sur la digitale.

B. *Digitaléine* (Synonymie : *digitalinum verum* de Kiliani; se trouve en proportion plus ou moins considérable dans les diverses variétés de *digitalines amorphes* auxquelles elle donne une activité physiologique variable avec cette proportion). — Je crois bon de conserver pour cette substance l'appellation de digitaléine qui lui a été donnée autrefois par Nativelle : s'il est juste de reconnaître que ce produit a été nettement défini et préparé à l'état parfaitement pur par Kiliani, cela ne me semble pas une raison suffisante pour lui enlever l'appellation qui lui fut donnée par celui qui le découvrit et reconnut le premier ses principaux caractères, tant chimiques que physiologiques.

C. *Digitaline* (Synonymie : *digitoxine* de Schmiedeberg et de Kiliani; *digitaline cristallisée chloroformique*). — La même raison qui me faisait préférer précédemment le nom de digitaléine me fait préférer ici celui de digitaline. Nativelle a, le premier, c'est absolument incontestable, donné ce nom au produit cristallisé et presque chimiquement pur qu'il a retiré de la digitale. Schmiedeberg, d'abord, et surtout Kiliani, plus récemment, ont mieux défini ce produit, l'ont obtenu dans un plus parfait état de pureté, Kiliani, a donné une méthode de préparation (voir ci-dessous la méthode de préparation de sa digitoxine) certainement plus simple et plus efficace que celle de Nativelle; mais tout cela ne me parait pas une raison pour changer une dénomination que son auteur seul aurait eu le droit de changer.

C'est vouloir, comme à plaisir, porter la confusion dans une question déjà fort obscure et difficile, que de changer, sans raisons valables, les dénominations attribuées aux substances par ceux qui les ont obtenues et décrites en premier lieu. Autant il est équitable de reconnaître l'utilité et la portée des travaux de ceux qui ont perfectionné l'étude d'une substance, autant il est injuste de vouloir, par un changement inutile d'appellation, enlever tout mérite à l'auteur de la découverte qui s'est trouvé aux prises avec toutes les difficultés d'une question encore inexplorée et a ouvert, en définitive, la voie à ceux qui s'y sont engagés après lui.

L'identité existant entre les digitoxines allemandes et les digitalines cristallisées chloroformiques française, ne peut plus actuellement faire de doute; et c'est, non seulement rendre justice aux travaux, remarquables pour leur époque, de Homolle et Quévenne et de Nativelle, mais encore simplifier autant que possible la question de l'étude des principes actifs des digitales que d'adopter la classification et les dénominations que je viens d'exposer.

Maintenant, à côté de ces trois groupes de substances, digitonine, digitaléine, digitaline, existerait-il, dans les digitales, une autre substance, plus ou moins analogue à ces toxines d'une activité presque prodigieuse, telles que l'ouabaïne et la tanghinine? C'est là l'opinion de Houdas, opinion que je partagerais assez volontiers, pour ma part, bien qu'elle ne paraisse pas fondée jusqu'ici sur des preuves expérimentales inattaquables. Dans tous les cas, l'impression que me produirait cette substance, c'est qu'elle doit être éminemment altérable, à un degré encore plus accentué que les saponines, par les différents réactifs ou dissolvants neutres auxquels on est obligé d'avoir recours pour isoler les divers principes immédiats.

Je me demande même s'il ne s'agirait pas d'une substance albuminoïde, d'une albumose, comme celle que j'ai isolée il y a quelques années des oronges vénéneuses, albuminoïde dont il serait difficile de séparer complètement les produits cristallisables, et dont l'action toxique viendrait s'ajouter à celle du glucoside ou même l'exalter. Ce que j'ai vu relativement à l'action que les albuminoïdes des *Amanita muscaria et A. bulbosa* exercent lorsqu'ils sont unis à la muscarine, me parait permettre d'accorder quelque créance à cette hypothèse. Dans tous les cas, ces matières albuminoïdes me semblent jouer un rôle assez important, bien que cependant inférieur à celui de la digitonine, dans la dissolution des principes actifs insolubles dans l'eau à l'état isolé et pur. On peut trouver encore dans ce fait une explication des difficultés que l'on éprouve à isoler les différents glucosides à l'état de pureté parfaite.

Cela expliquerait, précisément, pourquoi les diverses variétés de digitalines amorphes que l'on peut se procurer dans le commerce de la droguerie et qui sont, évidemment, moins pures que les variétés de digitalines cristallisées, possèdent une activité physiologique beaucoup plus considérable que celle correspondant à la somme des proportions de digitaline pure et de digitaléine qu'elles renferment. Cela expliquerait encore cette observation, confirmée par les essais d'expérimentation physiologique de François-Franck, que certaines préparations officinales de digitale manifestent une toxicité de 9 à 12 fois

plus forte que ne le laisserait supposer la somme des quantités de digitaline et de digitaléine que l'on peut extraire du poids de feuilles qui leur correspondent. La macération
aqueuse de 1 gramme de poudre de feuilles de digitale, bien préparée, équivaut, au
point de vue toxique, à 12 ou 15 milligrammes de digitaline et digitaléine; et elle en
renferme, tout au plus, de 4 à 6 milligrammes. Peut-être faut-il aussi compter dans ce
cas avec la digitonine, dont l'activité propre se manifesterait tout en entraînant la solu-
bilisation d'autres produits actifs.

Peu importe à présent, je pense, la présence, dans la digitale, de produits autres que
ceux que je viens d'étudier, au point de vue chimique, avec les détails justifiés par leur
importance. L'action physiologique, au moins douteuse sinon tout à fait nulle, de la plupart de ces substances, comme la digitine qui ne paraît pas être un principe immédiat
bien défini, ne présente pour le physiologiste ou le thérapeute aucun intérêt.

Je crois devoir étendre cette remarque à la *digitoflavone* ($C^{15}H^{10}O^6$-H^2O, dérivée de la
phénopyrone), composé phénolique que Franz Fleischer vient d'isoler tout récemment de la digitale, en traitant par une solution diluée de soude l'éther ayant servi à
épuiser le maceratum de poudre de feuilles de digitale dans l'alcool à 50 p. 100, distillant l'éther et épuisant le résidu par le chloroforme qui laisse la digitoflavone à l'état
insoluble. Cette substance serait insoluble dans l'eau et le chloroforme, soluble dans
l'alcool et l'éther; très difficile à séparer complètement de la digitoxine.

Toutes ces substances me paraissent ne présenter qu'un intérêt bien restreint, inférieur
de beaucoup à celui que peut présenter le ou les albumoses dont je viens de parler; et il
ne me reste plus qu'à indiquer les caractères généraux des glucosides et à signaler
quelques réactions qui ont été données comme plus ou moins caractéristiques de ces
diverses substances.

Tout d'abord, la digitaline se dissout dans le chloral anhydre qui prend alors une
coloration rose passant peu à peu au rouge vineux pour devenir finalement bleu-
verdâtre.

On avait observé depuis longtemps que les divers glucosides de la digitale donnent
lieu à des colorations particulières lorsqu'on fait réagir sur eux l'acide sulfurique concentré en présence d'un oxydant, tel que le brome, le perchlorure de fer, l'acide azotique': Kiliani a donné, en 1896, les procédés d'essai suivants. Le réactif qu'il préfère est
composé de 100 centimètres cubes d'acide sulfurique concentré pur, additionnés de
1 centimètre cube d'une solution aqueuse de sulfate ferrique pur à 5 p. 100. On verse
dans un tube à essai de 4 à 5 centimètres cubes de ce réactif, et on y fait dissoudre une
parcelle du glucoside à essayer en mélangeant au besoin avec un agitateur pour favoriser la dissolution de la substance.

La *digitaléine* se colore, au début, en jaune d'or et fournit ensuite une solution rouge
qui passe au rouge-violet persistant pendant une journée : si l'on a ajouté le glucoside
en trop forte proportion, la solution reste rouge, et la couche superficielle se colore
seule en violet par agitation. Le produit de l'hydrolyse de ce glucoside, la *digitaléigénine*,
donne lieu aux mêmes colorations et se montre même plus sensible à l'action du réactif; c'est-à-dire qu'il en faut une quantité moindre pour donner une réaction colorée
aussi intense.

La *digitaline* brunit au premier moment, comme si elle était carbonisée, puis fournit
une solution de couleur rouge-brun sale. Le produit de l'hydrolyse de ce glucoside, la
digitaligénine, ne noircit pas comme la digitaline, mais fournit une coloration rouge spéciale en même temps que le liquide devient fortement fluorescent.

La *digitonine* et son produit d'hydrolyse, la *digitogénine*, ne donnent pas de coloration lorsqu'on opère sur de très petites quantités, cependant suffisantes pour donner
les réactions ci-dessus : à doses trois ou quatre fois plus fortes, elles donnent seulement
lieu à une coloration jaune peu accentuée.

La réaction fournie par la digitaline est banale, un grand nombre de substances
organiques ayant la propriété de se colorer en brun puis en rouge plus ou moins brunâtre sous l'influence de l'acide sulfurique. Une autre réaction, due à Keller, est plus
caractéristique : elle consiste à dissoudre la digitaline dans l'acide acétique, à ajouter
une goutte de perchlorure de fer, puis à verser avec précaution, dans le mélange, de
l'acide sulfurique concentré pur, de façon à superposer les couches liquides; à la sur-

face de séparation, il se produit une zone foncée et, au-dessus, dans la solution acétique par conséquent, un anneau de couleur bleu-foncé.

KILIANI a montré qu'on pouvait reconnaître simultanément la présence de la digitaléine et celle de la digitaline en modifiant ce procédé de la façon suivante : L'acide acétique et l'acide sulfurique utilisés pour cette réaction sont additionnés, chacun de leur côté, de 1 centimètre cube pour 100 de la solution aqueuse à 5 p. 100 de sulfate ferrique; on dissout quelques dixièmes de milligramme du mélange de glucosides dans 3 ou 4 centimètres cubes de l'acide acétique, puis on ajoute, avec précaution et en ayant soin d'éviter le mélange intime des liquides, un égal volume de l'acide sulfurique. Il se produit alors au niveau de la surface de séparation des deux liquides une zone de couleur très foncée; au bout de quelques minutes, se montre au-dessus une bande colorée en bleu par la digitaline et cette coloration gagne peu à peu la totalité du liquide acétique : ce phénomène s'est produit au bout d'une demi-heure environ, et quelques heures plus tard, cette coloration passe au bleu verdâtre. Quant à l'acide sulfurique de la couche inférieure, il est coloré en rouge-violacé par la digitaléine.

La réaction de LAFON est également fort sensible : elle consiste à humecter la digitaline avec une très petite quantité d'un mélange à parties égales d'acide sulfurique et d'alcool, à chauffer très légèrement, sur un bain-marie, jusqu'à apparition d'une teinte jaunâtre, puis à additionner le mélange d'une goutte de perchlorure de fer très dilué (solution à 1 p. 100 de perchlorure de fer sublimé); on obtient une magnifique coloration bleu verdâtre, dans laquelle la couleur bleue prédomine d'autant plus que la digitaline est plus pure.

La réaction indiquée par DRAGENDORFF est également assez nette, mais s'applique à des glucosides non rigoureusement purifiés, ce qui est sans doute le cas se présentant le plus fréquemment. L'acide sulfurique concentré pur fournit, au contact de la digitaléine, une coloration vert jaunâtre sale, devenant successivement jaune-brun, brun-rougeâtre, puis rose-cerise : des traces de brome, de perchlorure de fer, d'acide nitrique, ainsi que les réactifs d'ERDMANN et de FRÖHDE font passer la coloration au rouge-pourpre. La meilleure manière d'effectuer cette réaction consiste à ajouter un tout petit cristal de bromure de potassium à la solution sulfurique des glucosides.

L'acide chlorhydrique concentré fournit, à froid, une coloration vert jaunâtre avec la digitaline et avec la digitaléine; cette coloration est peut-être un peu plus intense avec la digitaline. La coloration, d'abord jaune, puis devenant peu à peu verdâtre, tarde d'autant plus à apparaître que la digitaline est plus pure : la digitaline cristallisée donne une solution qui reste un moment incolore avant de devenir jaune, puis verte. A l'ébullition, la coloration jaune-verdâtre est d'autant plus altérée que la digitaline et la digitaléine sont moins pures. La digitonine donne avec l'acide chlorhydrique une coloration jaune devenant rouge-grenat à l'ébullition; en même temps la solution mousse abondamment : avec l'acide sulfurique dilué (1 de SO⁴H² pour 2 à 3 H²O), et à l'ébullition, la coloration est aussi d'un rouge-violacé, ou violet-rose si la quantité de digitonine est très petite.

Toutes ces colorations sont d'ailleurs assez variables, suivant la pureté du produit sur lequel on les essaie. On les voit se modifier successivement à mesure que, partant des glucosides mélangés provenant d'un premier traitement de la digitale, on applique ces réactions à des produits de plus en plus purifiés et différenciés. Pour ne prendre que deux exemples, l'acide chlorhydrique donne, à froid, une coloration verte d'autant plus accentuée que les glucosides sont plus purs; et, au contraire, la coloration rouge-violacé à l'ébullition est d'autant plus nette que les produits sur lesquels on l'exécute sont moins purs. Cela se comprend facilement puisque cette réaction est due à la digitonine qui se trouve surtout dans les glucosides de premier jet. Avec l'acide sulfurique concentré, la coloration du début est variable; la digitonine donne une coloration jaune brun, la digitaléine donne une coloration brun rouge, et la digitaline semble se carboniser : l'addition du cristal du bromure de potassium provoque une coloration qui peut varier du brun-verdâtre avec la digitaline absolument pure au rouge-violacé (on l'a comparée, non sans raison, à celle des fleurs de la digitale) au rouge-pourpre vif et même au violet bleuâtre.

Au reste, comme toutes les réactions colorées, ces réactions ne peuvent être considérées comme absolument caractéristiques, même lorsqu'elles sont réalisées sur des produits rigoureusement purs. Une réaction colorée produite par des matières organiques en présence de réactifs déshydratants et oxydants est d'un déterminisme éminemment variable et ne saurait offrir la certitude des réactions colorées produites par des composés minéraux, par exemple la coloration bleu-d'azur des composés de cuivre dissous dans l'ammoniaque. Aussi, en toxicologie, est-il absolument indispensable de contrôler ces réactions colorées, qui doivent être considérées seulement comme des indications, par la constatation de propriétés plus exclusives, plus particulières à chaque substance toxique, l'action physiologique notamment.

Les réactions colorées prétendues caractéristiques des glucosides de la digitale sont précisément l'un des meilleurs exemples que l'on puisse fournir de l'infidélité de ces colorations. Les réactions de KILIANI, si nettes en présence de glucosides parfaitement purifiés, peuvent être reproduites avec la plus étroite analogie à l'aide des extraits d'écorces de *Quinquina* et de *China cuprea*, comme l'a signalé récemment A. BEITTER. D'après ce dernier observateur, cette coloration serait due à la présence de l'acide quinotannique, et le tannin de guarana la fournirait également. J'ai en effet vérifié ces faits, qui démontrent combien il faut être circonspect en matière de réactions colorées, dites caractéristiques, des alcaloïdes et des glucosides.

Voici les caractères des glucosides purs :

Digitonine. — Masse amorphe quand elle provient de l'évaporation d'une solution aqueuse ou d'une solution dans l'alcool fort; cristaux aiguillés lorsqu'elle provient de l'évaporation d'une solution dans l'alcool à 85 p. 100 : ces cristaux renferment cinq molécules d'eau et sont beaucoup plus difficilement solubles dans l'eau que la variété amorphe. Elle fond vers 225°.

Ses solutions aqueuses, précipitent par le tannin, l'hydrate de baryte, et les acétates de plomb : le tannate est soluble dans l'alcool fort et décomposable par les hydrates de zinc et de plomb.

Elle présente de très étroites analogies avec les diverses variétés de saponine, notamment avec celle que l'on peut extraire du bois de Panama.

Digitaléine. — Poudre composée de sphérules cristalloïdes, mais non cristallisés, de couleur presque complètement blanche. Insoluble dans le chloroforme, dans le benzol et dans l'éther, se gonflant dans l'eau et s'y dissolvant même dans la proportion d'un millième environ : cette solubilité est fortement accrue par la présence de la digitonine et il semble même que, de son côté, la digitaléine facilite aussi la dissolution dans l'eau de la digitonine. La digitaléine est soluble dans 100 parties environ d'alcool à 50 p. 100 et beaucoup plus soluble dans l'alcool absolu.

Quelques parcelles de digitaléine introduites dans un tube à essai avec 2 centimètres cubes de solution aqueuse de potasse à 10 p. 100 doivent fournir une solution incolore, au moins pendant quelques minutes : la présence d'impuretés (oléo-résines, autres glucosides amorphes, etc.) serait révélée par une coloration jaune immédiate.

On fait avec la digitaléine et de l'eau une pâte fine et on y ajoute, en agitant, 22 parties d'alcool amylique pour 100 parties d'eau employée, et l'on place le tout dans un flacon bouché : s'il y a de la digitonine, elle se sépare, après vingt-quatre heures, en petites masses cristallines agglomérées.

Quand elle est pure, sa solution aqueuse ne précipite pas en présence de l'acétate ou du sous-acétate de plomb. Elle empêche même la précipitation de la digitonine par ces réactifs. Elle n'est pas précipitée non plus par l'hydrate de baryte en solution.

Ses solutions aqueuses ou dans l'alcool très dilué précipitent par le tannin : le tannate est soluble dans l'alcool fort et décomposable par les hydrates de zinc et de plomb.

Digitaline. — Prismes d'aspect nacré, chatoyants, complètement insolubles dans l'eau qui ne contracte aucune amertume, même après ébullition. Comme pour la digitaléine, la présence de la digitonine (peut-être même aussi celle de la digitaléine) facilite sa dissolution dans l'eau. La digitaline est insoluble dans le benzol, peu soluble à froid dans l'alcool et l'éther, presque complètement insoluble dans l'éther exempt d'alcool, beaucoup plus soluble dans l'alcool chaud, très soluble dans le chloroforme qui en dissout lentement de grandes quantités. Les cristaux abandonnés par le chloroforme sont anhydres;

ils fondent à 245-250° : les cristaux abandonnés par l'alcool (à 85-95 p. 100) contiennent une molécule d'eau et fondent à 145°-150°

Les solutions dans l'alcool ne précipitent ni par la baryte, ni par les acétates de plomb, ni par le tannin, le tannate étant soluble dans l'alcool. Ce tannate ne se précipite que par dilution dans une grande quantité d'eau : il est décomposé par les hydrates de zinc et de plomb.

Action physiologique de la digitale. — Très discutée, au moins quant à son mécanisme, l'action physiologique de la digitale 'a été considérablement élucidée dans ces dernières années, grâce aux belles expériences de François-Franck. Ses recherches ont démontré avec la plus entière certitude que la digitaline exerce à la fois son action, mais à des degrés différents, sur le myocarde, sur son appareil nerveux, sur les vaisseaux. L'action sur le myocarde est directe, elle n'affecte pas plus spécialement un des ventricules que l'autre; et les vaisseaux pulmonaires paraissent seuls échapper à cette action directe.

A côté de l'action cardiaque et circulatoire qui domine, de beaucoup, toute son action thérapeutique ou toxique, la digitale exerce, *occasionnellement*, une action diurétique dont on peut tirer les effets les plus avantageux. Quant à son action sur l'appareil gastro-intestinal, elle est déjà, lorsqu'elle se manifeste par des symptômes attirant l'attention, l'indice d'un début d'action toxique : c'est en effet par des phénomènes violents intéressant l'estomac et les intestins que se manifestent les premiers symptômes de l'intoxication, qu'elle soit primitive ou qu'elle succède à une administration inconsidérément prolongée de la substance médicamenteuse.

L'action physiologique exercée par la digitaline d'une part, par la digitaléine d'autre part, sont, de tous points, identiques : tout au plus pourrait-on faire quelques réserves relativement à l'intensité de cette action et dire que la digitaline est, à poids égal, plus énergiquement active que la digitaléine. Mais si l'on peut dire que l'action physiologique de la digitale peut être calquée sur celle de la digitaline, elle ne lui est certainement pas absolument identique, superposable; et la différence très accentuée dans les résultats thérapeutiques obtenus, d'une part avec la digitaline, d'autre part avec les préparations galéniques de digitale, est une des meilleures et des plus incontestables preuves de l'utilité de ces préparations galéniques, en même temps que des différences, très minimes et de détail, il est vrai, dans l'action physiologique. En d'autres termes, la digitaline ne résume pas *exclusivement* l'activité de la digitale; et, en dehors de la digitonine dont l'activité, ou tout au moins l'intervention ne doit pas être négligeable, il faut compter encore avec des albuminoïdes sur le rôle desquels je viens de m'expliquer précédemment.

Comme toujours, c'est l'isolement d'un 'principe nettement défini qui a permis de pénétrer les mécanismes de l'action physiologique exercée par la digitale; et c'est l'étude de l'action exercée sur l'organisme animal par la digitaline (digitoxine allemande, digitaline cristallisée chloroformique française, voir plus haut la synonymie, page 3), qui va nous servir de type.

La digitaline est, en effet, le poison-médicament cardiaque type; et la connaissance de son action rend plus aisée la détermination de celle des autres substances du même groupe. Les diverses espèces animales sont très inégalement sensibles à l'action de la digitaline. Chez le chien, la dose mortelle est de 1 milligramme par kilo.

Chez les animaux à sang froid, l'action de la digitaline est lente, irrégulière dans la succession et la durée de ses manifestations. Malgré cela elle est identique, dans ses grandes lignes, à celles que ce poison exerce sur le cœur des mammifères. Le plus souvent, lorsque la dose injectée est efficace, on observe la mort brusque, avec le cœur en tétanos : le ventricule est inexcitable par les courants faradiques. La lenteur dans la façon dont les phénomènes toxiques se développent, la brusque apparition des accidents mortels, lorsque la dose est suffisante, font des animaux à sang froid de mauvais sujets d'expérimentation et rendent absolument indispensable la nécessité d'expérimenter sur des mammifères chez lesquels les phénomènes toxiques se déroulent plus lentement et de façon à permettre de les étudier. Mais on se heurte alors à des difficultés considérables de technique qui n'ont été résolues, au moins en grande partie, que dans ces dernières années, grâce aux travaux de Kaufmann (d'Alfort) et de François-Franck.

Il aurait été presque absolument impossible de suivre, d'une façon fructueuse, les détails de l'action physiologique de la digitaline sur le cœur et la circulation, sans que le texte fût accompagné de dessins reproduisant les principaux phénomènes de cette action et permettant de se faire une opinion basée sur des résultats précis et indiscutables. Aussi, suis-je fort reconnaissant à FRANÇOIS-FRANCK et à l'éditeur MASSON d'avoir bien voulu m'autoriser à reproduire quelques-uns des dessins et des graphiques faisant partie des recherches publiées dans ces dernières années par FRANÇOIS-FRANCK, soit dans les *Archives de physiologie*, soit dans la magistrale étude intitulée : *Analyse expérimentale de l'action de la digitaline sur la fréquence, le rythme et l'énergie du cœur*, insérée dans la *Clinique de la Charité* du professeur POTAIN. Ainsi que j'ai eu déjà l'occasion de le faire remarquer, les travaux de FRANÇOIS-FRANCK sur la physiologie du cœur et sur la digitaline ont élucidé, d'une façon indiscutable pour certains points, l'action de cette dernière ainsi que les mécanismes au moyen desquels se produit cette action; et il me paraît impossible, actuellement, d'entrer dans les détails de l'action physiologique de la digitale sur le cœur et la circulation, sans suivre, pour ainsi dire pas à pas, cette belle étude de FRANÇOIS-FRANCK. C'est à l'aide des procédés et des dispositifs expérimentaux qu'il a imaginés qu'il a pu obtenir des résultats si nets et si précis. Les figures 1 et 2 donnent une idée générale de ces dispositifs et des procédés employés pour la réalisation des expériences.

Chien à jeun, pesé, et auquel on pratique une injection de 5 à 7 milligrammes par kilo de bon curare dissous dans de l'eau tiède : l'injection doit être faite par la veine dorsale du pied si l'on veut une curarisation très rapide; dans le cas contraire, elle est pratiquée sous la peau ou dans l'épaisseur des muscles de la cuisse. Au bout de quelques minutes, lorsque la chute de l'animal dénonce l'invasion des accidents paralytiques du curare, on le fixe sur la gouttière, on pratique rapidement la trachéotomie, puis, après avoir introduit et fixé dans la trachée la canule à clapet de FRANÇOIS-FRANCK, on établit l'insufflation au moyen du soufflet actionné par le moteur à eau. On procède ensuite sans tarder à l'ouverture du thorax en suivant les prescriptions minutieusement détaillées dans les *Notes de technique opératoire et graphique pour l'étude du cœur mis à nu chez les mammifères* publiées par FRANÇOIS-FRANCK dans les *Archives de physiologie* (1891, 762; 1892, 105). Le bout central de la veine jugulaire est armé d'une canule destinée à l'injection de la solution digitalinique; on place l'animal dans la baignoire-étuve et l'on attend qu'il se soit réchauffé avant d'appliquer les appareils d'exploration. Sous l'influence du choc nerveux produit par l'ouverture du thorax et la préparation des artères et des nerfs, ainsi que des conditions physiques de réfrigération, pendant une opération qui dure de trois quarts d'heure à une heure, la température centrale de l'animal s'abaisse de plusieurs degrés et, dans ces conditions, l'excitabilité des nerfs cardio-accélérateurs s'atténue notablement et peut même arriver à disparaître tout à fait, ce qui explique l'insuccès d'un grand nombre d'expériences pratiquées sur l'ensemble des nerfs cardio-pulmonaires. Le réchauffement et le maintien de la température de l'animal pendant toute la durée de l'expérience sont donc absolument nécessaires; ils se trouvent réalisés par le dispositif reproduit dans ce dessin et qui permet de déterminer d'abord le réchauffement, puis d'empêcher le refroidissement excessif de l'animal maintenu immobile par le curare ou par la section du bulbe et soumis à l'insufflation pulmonaire, sans parler des accidents d'inhibition centrale et périphérique, dus au traumatisme, qui viennent ajouter leur influence réfrigérante à ces causes de déperdition.

La baignoire B est à double fond, son compartiment inférieur contient environ 50 litres d'eau qu'on chauffe avec un brûleur à gaz et dont la température est maintenue aux environs de 60° avec un régulateur indirect de D'ARSONVAL. Le compartiment supérieur a pour fond la paroi supérieure A du réservoir à eau qui est muni de deux orifices avec tubulure saillante pour que la vapeur puisse se dégager et ne pas être mise sous pression. On verse sur le fond de ce compartiment supérieur un ou deux litres d'eau qui dégagent une assez grande masse de vapeur, établissant ainsi, autour de l'animal, une atmosphère humide et chaude. Le chien, après avoir été opéré comme il vient d'être dit sur la table à expérience ordinaire, est déposé sur une couverture de laine tendue sur une tablette pouvant se loger dans l'étuve; le tube R du soufflet destiné à la respiration artificielle pénétrant par un orifice latéral dans l'étuve, il est facile de fermer

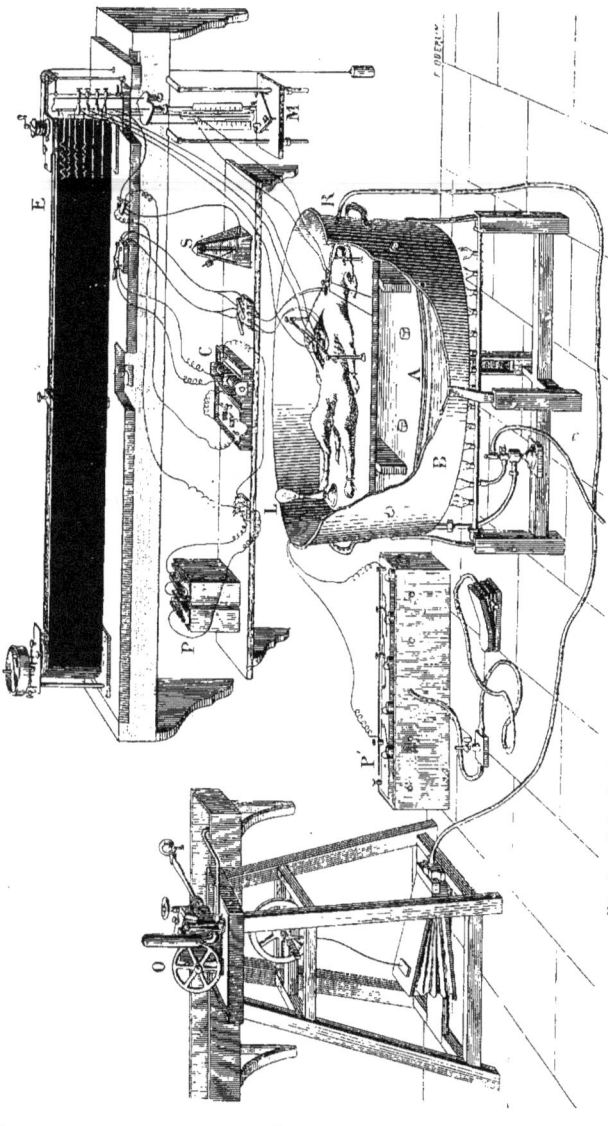

Fig. 1. — Baignoire-étuve de François-Franck pour l'étude du cœur mis à nu chez les mammifères.

B, baignoire à double fond contenant la planchette sur laquelle repose l'animal en expérience. Les appareils de transmission, sondes à ampoules élastiques, tambours explorateurs, sphygmoscopes, manomètres, etc., sont reliés par des tubes de caoutchouc à des tambours inscripteurs fixés sur un support à réglage disposé verticalement et dont les leviers, aussi courts que possible pour éviter les grands arcs de cercle, l'abandon du papier, l'enchevêtrement des styles, viennent tracer leurs excursions sur la bande de papier enfumé de l'appareil enregistreur E. La sensibilité des leviers est réalisée, non pas au moyen de leur longueur ou de la proximité du point d'action et du centre de rotation, mais par la souplesse des membranes, la faible capacité des tambours, la brièveté des tubes de transmission, la friction réduite des styles sur un papier glacé. — S, métronome électrique à demi-seconde pour l'inscription du temps : il agit par le talon de son pendule sur la membrane d'un tambour à air mis en communication avec un tambour inscripteur; celui-ci trace une ligne dentée qui sert d'abscisse et qui est interrompue par la compression du tube de transmission, au moment des excitations. — M, hémodynamomètre à mercure relié à la carotide. — C, appareil faradique à chariot, actionné par la pile P. — R, tube à insufflation pulmonaire, amenant l'air du soufflet actionné par le moteur hydraulique O. — L, lampe électrique reliée à une pile P′ que l'on fait fonctionner à volonté en y introduisant le liquide excitateur par la pression exercée sur une soufflerie à pédale placée par terre au-devant de la pile P′. Cette lampe est munie d'un manche conducteur avec contact à ressort servant à la fixer; elle permet un éclairage très intense, mobile, et n'échauffant pas les tissus. — La pression dans l'artère pulmonaire est évaluée à l'aide d'un hémodynamo-mètre dont le mercure est remplacé par une solution à 3,5 p. 100 d'oxalate neutre de soude, ou par un sphygmoscope qui ne sont pas représentés sur ce dessin. Le rapport des densités du mercure et de la solution d'oxalate de soude est, dans ces conditions, sensiblement de 1 à 13; et cette solution offre encore l'avantage de retarder la coagulation du sang.

celle-ci avec son couvercle, pendant un temps suffisant au réchauffement de l'animal : un thermomètre plongeant dans une veine cave ou introduit dans le rectum montre que la température qui s'était souvent abaissée à 35° se relève, en moins d'un quart d'heure, à 38° et 38°,5. A ce moment, on peut commencer l'expérience proprement dite, avec l'assurance que les centres auront repris leur excitabilité, comme FRANÇOIS-FRANCK s'en est souvent assuré en interrogeant les nerfs accélérateurs, vaso-moteurs, en même temps que les centres cérébraux ou médullaires.

C'est alors qu'on dispose les appareils explorateurs du cœur et des gros vaisseaux. Au cours de l'expérience, pour éviter une trop grande élévation de température, on remplace le couvercle de la baignoire par une simple couverture de laine, et on consulte de temps en temps le thermomètre rectal ou veineux. Cette baignoire-étuve peut rendre encore de grands services en devenant un appareil de surchauffage, et en permettant de réchauffer et de refroidir alternativement un animal au cours d'une même expérience, sans autre complication que son déplacement et sa réinstallation dans la baignoire-étuve.

Les pressions dans l'aorte et dans l'artère pulmonaire sont évaluées en mettant ces vaisseaux en relation, par un tube trifurqué, d'une part avec un hémodynamomètre, d'autre part avec un sphygmoscope : les sphygmoscopes doivent être placés horizontalement, de manière à ne pas exercer de pression sur les liquides. Les changements si faibles qu'on observe dans la moyenne de la pression artérielle pulmonaire sous l'influence de la digitaline rendaient difficile, et même sujet à erreur, l'emploi du manomètre à mercure; d'autre part, les manomètres élastiques ne pouvaient suffisamment renseigner, le niveau général de la courbe ne subissant que des variations négligeables. FRANÇOIS-FRANCK eut l'idée de substituer au mercure de l'hémodynamomètre une solution à 3,5 p. 100 d'oxalate neutre de soude dont la densité (1.025) est sensiblement égale au treizième de celle du mercure et qui offre, en outre, l'avantage de retarder la coagulation du sang : on obtient ainsi des courbes exactement comparatives des pressions aortiques et pulmonaires. Les oscillations des manomètres et des sphygmoscopes sont transmises à des tambours inscripteurs de capacité appropriée. La longueur des tubes de communication est aussi réduite que possible. La membrane des sphygmoscopes est d'une élasticité proportionnée aux variations de pression qu'elle doit subir. Les sphygmoscopes inscrivent très exactement les *pulsations ;* quant aux *pressions*, elles sont appréciées par les déplacements de la colonne d'air surmontant le liquide des manomètres. Pour comparer les pressions moyennes, il y a tout intérêt à supprimer le brusque déplacement des liquides dans les manomètres; on y arrive en rétrécissant le tube rempli de liquide en un point voisin de la prise de pression et situé au delà du sphygmoscope; on réalise ainsi des manomètres compensateurs présentant les avantages autrefois signalés par MAREY.

Mais les sphygmoscopes, tout comme les manomètres à mercure, ont des inconvénients : la nécessité de les remplir avec un liquide alcalin expose aux accidents de la rentrée de ce liquide dans le cœur et de sa projection dans les vaisseaux. FRANÇOIS-FRANCK leur a substitué, dans certains cas, des sondes manométriques construites sur le modèle des sondes de CHAUVEAU et MAREY, mais ayant subi certaines modifications. L'enregistrement de la pression intra-ventriculaire gauche, par exemple, peut être réalisé au moyen d'une sonde, de courbure appropriée, introduite par la veine pulmonaire supérieure gauche, chez un chien de taille suffisante. Cette sonde, en métal ou en caoutchouc durci, permet d'obtenir, avec un petit diamètre, un calibre intérieur très suffisant pour ne point gêner les transmissions et le va-et-vient d'air; on la termine par une petite carcasse métallique, en ressort d'acier fin, sur laquelle est modérément tendu un doigtier de caoutchouc soufflé qui supportera ainsi les pressions extérieures sans que ses parois opposées s'accolent. Deux sondes de ce genre, emboîtées concentriquement et à frottement doux, permettent un écartement variable, suivant la longueur du cœur des animaux, de façon que l'une fonctionne comme manomètre ventriculaire et l'autre comme manomètre auriculaire, chaque explorateur étant exactement dans la cavité correspondante. Pour le ventricule droit, la sonde est introduite par un tronc brachio-céphalique veineux.

La pression intra-auriculaire se mesure aussi très exactement par ce procédé; et on peut lui combiner l'enregistrement des pulsations ou celui des changements de volume des oreillettes à l'aide d'un dispositif identique à celui représenté dans la figure 2.

La courbe des *pulsations* ventriculaires donne, à la fois, l'indication des changements de consistance de la paroi et des changements de volume du ventricule ; elle ne renseigne que d'une manière imparfaite sur les valeurs variables de la pression intra-ventriculaire.

L'association de l'exploration manométrique à celle des pulsations extérieures fournit des notions très précises sur le fonctionnement des ventricules. On peut, tout aussi facilement, combiner l'exploration manométrique intra-ventriculaire et intra-auriculaire à l'une quelconque ou à plusieurs des autres explorations cardiaques localisées ; et c'est par la comparaison de ces divers graphiques, obtenus simultanément au cours d'une même expérience, que l'on peut préciser très exactement l'action d'une substance toxique sur les différentes propriétés fonctionnelles.

Les explorateurs ventriculaires, donnant à la fois les changements de consistance de la paroi et de volume du ventricule, indiquent les pulsations. Les explorateurs auriculaires indiquent les changements de volume des oreillettes ; la systole fournit une courbe descendante, et la diastole une courbe ascendante. Quatre tambours inscripteurs communiquent avec les explorateurs et un signal électrique marque les excitations appliquées soit au nerf vague, soit au myocarde.

Ce dispositif permet d'apprécier les changements d'état qui surviennent, aux mêmes instants, dans les deux oreillettes et les deux ventricules.

Après l'ouverture du thorax sur un chien curarisé et soumis à la respiration artificielle dans la baignoire étuve de la fig. 1, le péricarde est excisé le bord, libre des poumons, rejeté en dehors et fixé aux côtes par quelques pinces à pression, continue pour éviter leur contact avec les appareils explorareurs. Ces appareils explorateurs sont au nombre de quatre : ils se composent des deux explorateurs des pulsations ventriculaires et de deux explorateurs de changements de volume des oreillettes.

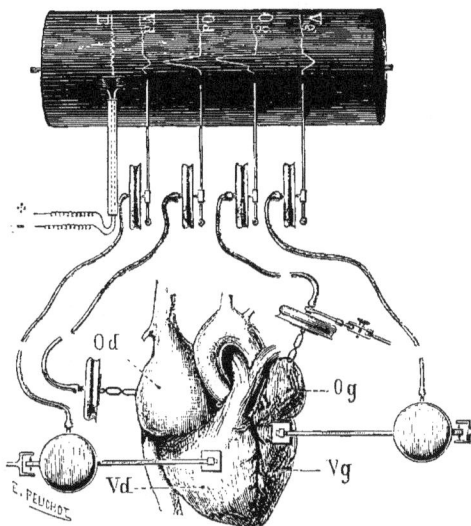

Fig. 2. — Schéma du dispositif employé pour l'étude des variations de la fréquence, du rythme et de l'énergie des oreillettes, et des ventricules.

Les explorateurs ventriculaires sont de simples tambours manipulateurs du modèle de Marey dont le levier se termine par une petite plaque à coulisse recueillant la pulsation ventriculaire en des points variables, et sur une surface d'environ un centimètre carré.

Les explorateurs auriculaires sont de petits tambours fermés par une membrane indifférente et très souple, reliée à l'oreillette par une serre-fine qui la rend absolument solidaire de la paroi. On exerce une légère traction sur la paroi de l'oreillette, de manière que celle-ci, à chaque contraction, attire à elle la serre-fine et la membrane, rappelant ainsi l'air extérieur dans le tambour explorateur et déterminant, par suite, une descente du style du tambour enregistreur : l'importance de la courbe descendante sera nécessairement en rapport avec l'importance de la systole auriculaire, et, en comparant le niveau atteint par ces tracés de *diminution de volume*, on pourra se faire une idée assez exacte de la valeur comparative des systoles auriculaires. Inversement, quand l'oreillette se relâche et se remplit de sang, sa paroi refoule la membrane indifférente du tambour explorateur, et la courbe s'élève d'autant plus haut que l'augmentation de volume de l'oreillette est, elle-même, plus considérable.

François-Franck ayant constaté que les indications des diastoles auriculaires étaient beaucoup moins satisfaisantes que celles des systoles, a perfectionné cette disposition en cherchant à concentrer sur le centre de la membrane la poussée d'une surface aussi grande que possible de l'oreillette; et il y est parvenu en coiffant la majeure partie de l'oreillette d'une sorte de cône creux, dont l'axe était représenté par la tige rigide formée par la serre-fine et dont la base s'appuyait sur la paroi auriculaire : les déplacements de toute la surface explorée se centralisaient ainsi en un point circonscrit de la membrane.

L'exploration des changements de la pression intra-ventriculaire associée à l'inscription des pulsations des ventricules permet de vérifier l'indépendance de l'énergie des impulsions ventriculaires par l'excitation des nerfs accélérateurs : l'action *cardio-tonique* se dégage ainsi de l'action *cardio-accélératrice*, et l'on voit augmenter d'une façon très notable la puissance des systoles, en même temps que l'on observe de brusques et énergiques variations de pression, sans que la fréquence et l'amplitude des pulsations ait varié proportionnellement.

Ces changements de pression intra-ventriculaire sont appréciés au moyen de sondes manométriques à ampoule élastique.

Le grand nombre de travaux, tant cliniques qu'expérimentaux, et visant tous plus particulièrement certains points de l'action thérapeutique ou toxique, n'ont pas fourni de résultats indiscutables. Les méthodes d'appréciation expérimentale étaient jusqu'alors insuffisantes et avaient permis d'arriver à des conceptions erronées, en opposition absolue les unes avec les autres, de l'action physiologique de la digitaline. Les interprétations admises par les divers physiologistes peuvent se rapporter à trois théories principales.

La première, celle de STANNIUS, rapportait les effets de la substance active à l'action qu'elle exerce sur le tissu musculaire du cœur; l'excitabilité du myocarde serait complètement abolie. La théorie de TRAUBE attribue à l'action exercée sur le fonctionnement de l'appareil nerveux cardiaque une prépondérance qui relègue au second plan l'influence exercée sur le myocarde : en admettant même, comme l'ont fait certains partisans de la théorie de TRAUBE, une action plus puissante sur les ganglions intra-cardiaques, cela ne suffit pas à interpréter complètement et exactement les phénomènes.

Enfin, la théorie de VULPIAN envisage cette action comme complexe et portant à la fois, sur le système nerveux central, sur le système nerveux intra-cardiaque et sur le myocarde.

L'ablation de la totalité du myélencéphale chez la grenouille n'empêche pas l'extrait d'inée introduit sous la peau d'arrêter le cœur; seulement cet arrêt est retardé, par suite de l'affaiblissement extrême de la circulation périphérique qui entraîne une lenteur exagérée dans l'absorption de la substance toxique. POLAILLON et CARVILLE avaient, par cette constatation, démontré que l'expérience ayant servi de point de départ à l'hypothèse de TRAUBE est inexacte ; et il fut reconnu, en effet, que la section des nerfs vagues est, presque toujours, sauf circonstances accidentelles spéciales, incapable d'empêcher l'action de la digitale sur le cœur. D'autres procédés expérimentaux sont encore capables de démontrer que, si l'influence exercée par la digitaline sur le bulbe rachidien et sur les nerfs vagues est insuffisante pour interpréter complètement le mécanisme par l'intermédiaire duquel se produit cette action, il en est de même du rôle que l'on peut attribuer aux extrémités cardiaques des nerfs vagues, c'est-à-dire aux extrémités des fibres nerveuses cardiaques fournies aux pneumogastriques par les nerfs accessoires de WILLIS. VULPIAN a montré que la digitaline, injectée dans une des veines crurales chez un chien curarisé soumis à la respiration artificielle, déterminait l'arrêt du cœur : cet arrêt se produit même après section préalable des deux nerfs pneumogastriques. GOURVAT a répété ces expériences, rapportées en détail dans sa thèse inaugurale. De même, POLAILLON et CARVILLE ont vu l'extrait d'inée déterminer l'arrêt du cœur sur des chiens chez lesquels la curarisation avait été poussée assez loin pour abolir l'action des nerfs vagues.

Il faut, toutefois, reconnaître que cet arrêt déterminé par la digitaline est plus lent et plus inconstant que sur un animal non curarisé : ainsi, il est difficile d'obtenir l'arrêt du cœur chez une grenouille complètement curarisée, et l'expérience nous a appris que le curare abolit, chez ces animaux, l'action des nerfs pneumogastriques sur le cœur; mais il y a lieu également de compter avec la lenteur de l'absorption et la diminution d'activité de la circulation périphérique chez les animaux curarisés.

L'amoindrissement du volume des ondées sanguines lancées par le cœur, chez un animal soumis à l'influence d'une dose un peu considérable de curare, amoindrissement dû autant à l'action du curare sur le cœur qu'à la vaso-dilatation des vaisseaux munis d'une tunique musculaire, peut empêcher la digitaline de se trouver en quantité suffisante dans le sang pour que son action propre sur le myocarde puisse se produire. En expérimentant avec des poisons du cœur notablement plus énergiques, upas-antiar, inée ou son principe actif strophantine, ouabaïne, tanghinine, l'arrêt du cœur est déterminé d'une façon constante et plus facilement; il n'y a plus qu'un simple retard, comme dans les expériences de Polaillon et Carville, dans la production du phénomène.

On est donc autorisé à dire avec Vulpian que si la digitaline agit sur le cœur par l'intermédiaire du système nerveux, son influence ne se produit pas *exclusivement* par une excitation des nerfs vagues, soit au niveau de leurs extrémités centrales, soit au niveau de leurs extrémités phériphériques, ni même par une influence irritante exercée sur les ganglions avec lesquels ces nerfs entrent en relation dans l'épaisseur du myocarde.

L'action exercée directement par la digitaline sur le myocarde est démontrée nettement par l'état caractéristique du ventricule chez la grenouille. La contractilité est diminuée d'abord; et quelques instants après l'arrêt, le myocarde est devenu complètement inexcitable. C'est d'ailleurs là un effet commun à tous les muscles à fibres striées dont la contractilité est abolie plus rapidement, sous l'influence de la digitaline, que si la circulation avait été purement et simplement arrêtée par ligature ou excision du cœur.

L'influence sur le système nerveux central se trouve prouvée par l'expérience de Traube qui consiste à pratiquer la section transversale de la moelle dans la région cervicale : on observe alors que la digitaline produit encore le ralentissement du pouls, mais sans augmentation de la tension artérielle, les vaisseaux se trouvant soustraits à l'action du myélencéphale (partie supérieure du bulbe rachidien et partie inférieure, contiguë, de la protubérance), centre principal des actions vaso-motrices : la vaso-constriction se produit si l'on vient à faradiser le segment inférieur de la moelle. On est ainsi conduit à considérer l'action produite par la digitaline sur les vaisseaux comme indépendante et distincte de celle exercée sur le cœur. Cette conception de l'action indépendante sur le cœur et les vaisseaux ne peut, bien entendu, être absolument rigoureuse, car il est impossible de faire abstraction des influences réciproques qu'exercent les modifications éprouvées par le myocarde sur les vaisseaux, d'une part et, d'autre part, le retentissement sur le rythme et l'énergie des contractions cardiaques des variations du calibre des vaisseaux : le cœur et les vaisseaux sont, en effet, dans des relations tellement étroites, soit directement, soit par l'intermédiaire du système nerveux, qu'on ne peut prendre au sens étroit du mot la qualification « d'action indépendante » exercée par une substance toxique sur l'un ou l'autre de ces appareils.

D'un autre côté, l'action sur les extrémités terminales intra-cardiaques se trouve prouvée par le ralentissement, empêché ou tout au moins notablement retardé par l'atropine, et par ce fait que la pression, abaissée au bout d'un certain temps, remonte et dépasse même la valeur normale si l'on vient, comme l'ont fait Carville et Gourvat, à sectionner les deux nerfs dépresseurs au milieu de la hauteur du cou. Sous l'influence de cette excitation des extrémités intracardiaques des nerfs dépresseurs, les vaisseaux des diverses régions, mais surtout ceux de la cavité abdominale se dilatent, et il en résulte une diminution de la quantité de sang lancé par chaque ondée ventriculaire dans l'aorte et toute ses branches : la presssion artérielle doit donc s'abaisser, comme lorsqu'on excite les nerfs dépresseurs par un courant faradique.

Pour ces diverses raisons, Vulpian estimait que l'on est en droit d'affirmer que les effets produits sur le cœur, tant par la digitaline que par les autres poisons du cœur, ne sont pas dus à des modifications primitives des vaisseaux; c'est-à-dire que les changements dans la force, la fréquence et le rythme des mouvements du cœur ne sont pas sous la dépendance des modifications subies par la circulation périphérique. Les autres modifications fonctionnelles, telles que les troubles gastro-intestinaux, l'algidité, la diurèse, sont encore moins facilement explicables par des altérations fonctionnelles de l'appareil vaso-moteur.

Tout cela vient d'être rigoureusement confirmé par les expériences de François-Franck; mais, avant d'entrer dans leur détail, en raison de leur importance capitale, je crois devoir dire quelques mots de certaines interprétations qui ont eu cours à un moment.

Germain Sée pensait que la digitaline exerçait une action élective sur le cœur droit, tandis que Openchowski localisait cette action élective dans le cœur gauche. Ces deux opinions sont absolument erronées; et les recherches de François-Franck ont démontré d'une façon péremptoire que si les apparences semblent confirmer l'opinion de Germain Sée, l'étude approfondie du déterminisme expérimental doit la faire rejeter.

On voit, relativement à la façon dont se produit la mort du cœur, une divergence apparente absolue suivant que l'on expérimente sur les animaux à sang chaud ou sur les animaux à sang froid. On a dit que le cœur mourait en systole chez les animaux à sang froid, en diastole chez les animaux à sang chaud, sans s'arrêter à ce qu'avait de vraiment anti-physiologique l'énonciation de deux résultats, aussi précisément opposés, inconciliables, appliqués à l'influence exercée par une même substance toxique. Les recherches de François-Franck ont encore élucidé ce point et montré qu'il ne saurait y avoir pareille divergence dans la manière dont les propriétés fonctionnelles d'un même organe sont affectées par une même substance.

La détermination précise de l'état du cœur au moment de la mort a une importance d'autant plus considérable, comme le fait justement remarquer François-Franck, que l'idée que l'on se fait du genre de mort du cœur influe nécessairement sur la conception du mode d'action physiologique d'un poison cardiaque. Si l'on envisage la mort du cœur comme l'expression maxima de l'action physiologique, on conçoit d'une façon très différente la succession des phénomènes qui l'ont précédée, suivant que l'on a vu ce cœur mourir en diastole ou en systole. La mort en diastole fait supposer soit une élongation plus complète de la fibre musculaire cardiaque, soit une élasticité plus marquée du myocarde pendant sa diastole; on est tout naturellement entraîné à attribuer l'augmentation de travail du cœur à une réplétion diastolique plus abondante, et c'est ainsi qu'a pu s'établir la théorie de l'action diastolique de la digitale, par effet passif ou actif, suivant l'opinion qu'on s'est fait de la nature du phénomène. La mort en systole évoque une série de renforcements d'action du myocarde, survenant à chacune des phases de l'action du poison, pour interpréter l'exagération évidente d'énergie du myocarde soumis à l'action de la digitaline. Les conclusions se ressentent naturellement de ces interprétations; et tandis que l'on fait de la digitaline un poison toni-cardiaque si l'on a vu le cœur mourir en systole, on en fait, au contraire, un poison diastolique si l'on a vu ou cru voir le cœur mourir en diastole.

Les expériences, aussi nombreuses que variées et ingénieusement conduites, de François-Franck ont démontré que, *chez tous les animaux*, le cœur meurt en état de tétanos; tétanos dissocié et passager, suivi de relâchement continu et plus ou moins rapide, chez les mammifères, les animaux à sang chaud; au contraire, tétanos parfait, indéfiniment prolongé, chez les animaux à sang froid. Ainsi s'explique l'apparente contradiction que je signalais tout à l'heure.

Cœur et circulation. — I. Fréquence et rythme. — La première action de la digitaline sur laquelle l'attention se trouve attirée consiste dans le ralentissement du cœur. Ce ralentissement est synchrone dans les deux ventricules et rappelle celui déterminé par de faibles excitations des nerfs vagues. Comme conséquence, il se produit une augmentation de puissance des ventricules ralentis et qui doivent agir sur une masse de sang plus considérable, accumulée pendant leur diastole prolongée. Le cœur préalablement arythmique, quelle que soit la cause de cette arythmie, est régularisé; et cette régularisation porte également sur les deux ventricules.

A cette action, que l'on pourrait dire bienfaisante de la digitaline, succède, lorsque la dose est assez élevée ou que l'absorption continue, une accélération toxique survenant simultanément dans les deux ventricules; et les systoles accélérées restent synchrones de part et d'autre. Des phases d'accélération et de ralentissement alternent dans l'empoisonnement avancé. La démonstration de ces faits a été donnée par François-Franck, au moyen de l'exploration de la pression dans chaque ventricule, combinée à l'exploration localisée des pulsations extérieures.

Puis, apparaît la phase d'arythmie digitalinique pendant laquelle on observe un asynchronisme ventriculaire apparent : une seule pulsation artérielle correspond à deux pulsations cardiaques, d'où l'hypothèse de l'hémisystole du ventricule droit. C'est là une interprétation inexacte, le synchronisme est toujours absolu et les deux ventricules ne

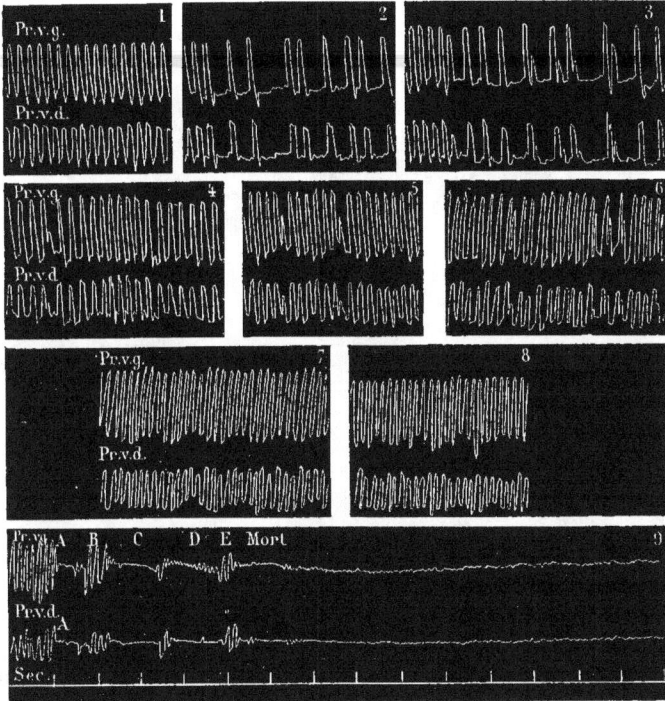

Fig. 3. — Effets successifs des doses croissantes de digitaline (HOMOLLE et QUÉVENNE) sur la fonction des deux ventricules, jusqu'à la mort.

Pr. v. g., pression dans le ventricule gauche. — Pr. v. d., pression dans le ventricule droit. — 1, tracé normal, avant la digitaline. — 2, 10 minutes après injection veineuse de 3 milligrammes de digitaline : phases d'arythmie ; ralentissement prédominant. — 3, 10 minutes après nouvelle injection de 3 milligrammes : ralentissement ; systoles redoublées, avortées, dans les deux ventricules. — 4, 2 minutes après nouvelle injection de 1 milligramme : début de l'accélération toxique ; accès de palpitations dans les deux ventricules. — 5, 5 minutes après nouvelle injection de 3 milligrammes ; renforcement de l'accélération arythmique. — 6, 5 minutes après nouvelle injection de 3 milligrammes ; exagération de la tachycardie ; systoles redoublées plus nombreuses. — 7, 5 minutes après nouvelle injection de 3 milligrammes (total : 16 milligrammes, dose mortelle) : régularisation avec plus grande fréquence. — 8, 10 minutes après la dernière injection et une demi-minute avant la mort : conservation de la régularité, de l'énergie et de la fréquence. — 9, mort subite des deux ventricules : A, C, D, accès demi-tétaniques synchrones dans les deux ventricules — B, E, reprise de quelques systoles ; et enfin, trémulation fibrillaire durant 20 à 25 secondes et aboutissant à la mort définitive en diastole, l'immobilité se produisant un peu plus tôt dans le ventricule gauche. — Synchronisme parfait et constant.

se dissocient jamais, ainsi qu'on peut le vérifier en inscrivant les pressions intra-ventriculaires au moyen de sondes appropriées à la résistance de chaque ventricule. Ce qui a donné lieu à cette hypothèse inexacte de l'hémisystole, c'est qu'une systole faible du ventricule gauche ne se trouve pas répercutée dans la carotide, tandis qu'une systole faible du ventricule droit l'est encore dans l'artère pulmonaire.

DIGITALE.

Les troubles arythmiques déterminés par la digitaline se présentent avec des types très variés. On peut observer des systoles ventriculaires rapprochées en groupe de deux, trois, quatre, ou même davantage, produisant ce que l'on a appelé le pouls géminé, bigéminé, trigéminé, etc. On voit encore des systoles ventriculaires redoublées, caractérisées par la reprise anticipée de la systole, sans pause diastolique suffisante, détermi-

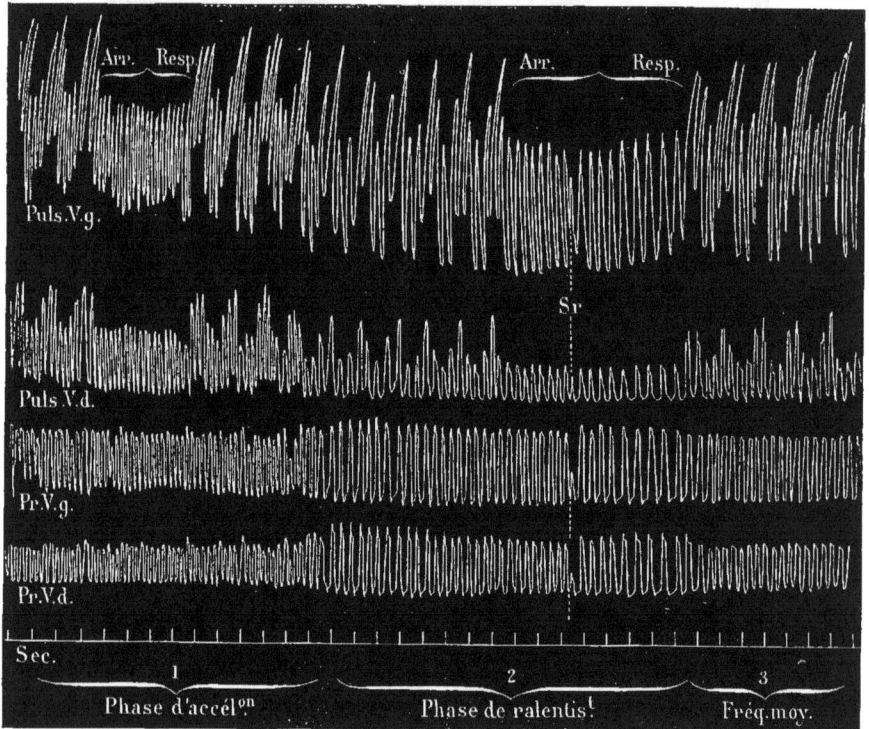

Fig. 1. — Accélération des deux ventricules produite par des doses toxiques de digitaline, alternant avec des phases de ralentissement, et synchrone dans les deux ventricules.

Chien de 15 kilos : injection veineuse de 5 milligrammes digitaline cristallisée (ADRIAN). — *Puls. V. g.* et *Puls. V. d.*, pulsations ventriculaires gauche et droite (pulsations extérieures), enregistrées simultanément à l'aide d'explorateurs indépendants (tels que ceux représentés dans la figure 2). — *Pr. V. g.* et *Pr. V. d.*, pressions ventriculaires gauche et droite (pressions intérieures), recueillies au moyen de sondes à ampoules conjuguées. — *Arr. Resp.*, courte pause de la respiration artificielle afin de mieux juger les détails des modifications produites, — *Sr.*, systoles redoublées, avortées, dans les deux ventricules. - Succession de trois périodes différentes : 1. accélération ; 2, ralentissement relatif ; 3, fréquence moyenne, montrant chacune le synchronisme parfait des pulsations et des variations de la pression dans les deux ventricules.

nant un défaut plus ou moins complet d'ondée sanguine. A une phase plus avancée, ces systoles ventriculaires redoublées se reproduisent à intervalles plus ou moins prolongés, en séries plus ou moins nombreuses, et formant alors des groupes de systoles demi-tétaniques, comme les contractions que manifesterait un muscle strié soumis à des excitations fréquentes produisant un tétanos à secousses incomplètement fusionnées (Voir fig. 17). On observe aussi ce genre de manifestations sur le myocarde dans l'intoxication chloralique. A ces troubles succèdent des intermittences complètes du cœur, plus ou moins durables, dont on peut observer aussi la réunion en séries à une période encore plus avancée de l'intoxication digitalinique : ces groupes d'intermittences peuvent être réguliers ou associés à des systoles ventriculaires avortées ou simplement rapprochées, et s'intercaler entre deux périodes de tachycardie. Tous ces troubles de rythme sont absolument et rigoureusement synchrones dans les deux ventricules. Ce synchronisme a pu être mis en doute à la suite d'expériences effectuées d'après un mode défectueux d'exploration comparative, tel que l'exploration manométrique, aortique et pulmonaire, mais il devient évident par l'emploi des méthodes perfectionnées de FRANÇOIS-FRANCK (Voir fig. 3).

II. **Énergie.** — La digitaline renforce l'énergie des systoles ventriculaires : ce renforcement se montre jusqu'aux doses fortement toxiques, à la condition, toutefois, qu'il

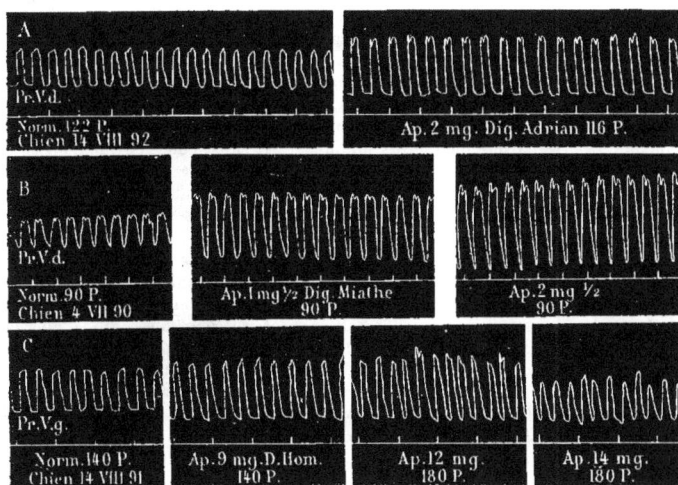

FIG. 5. — Indépendance de l'augmentation croissante de l'énergie ventriculaire et des changements de la fréquence du cœur soumis à l'action de la digitaline.

A, digitaline cristallisée (ADRIAN). — B, digitaline cristallisée (MIALHE). — C, digitaline amorphe. (HOMOLLE et QUÉVENNE). — A, cœur modérément accéléré. — B, cœur à fréquence normale. — C, cœur très fortement accéléré. — *Pr. V. d.* et *Pr. V. g.*, pressions ventriculaires droite et gauche. - L'énergie des contractions cardiaques augmente de valeur; dans tous les cas, il y a, tout à la fois, énergie plus grande de la systole et dépression diastolique plus profonde. Ce n'est qu'à la suite de très fortes doses (14 milligrammes de digitaline amorphe, équivalant, environ, à 3 ou 4 milligrammes de digitaline cristallisée) que cette énergie diminue, mais sans que la fréquence varie par rapport à la phase précédente. Cela montre en même temps que l'énergie systolique ne commence à s'atténuer que dans les dernières phases de l'intoxication digitalinique.

ne s'agisse pas de doses toxiques d'emblée; et il se manifeste quelle que soit la fréquence des contractions du cœur soumis à l'action de la digitaline.

Ici encore, le synchronisme est absolu, mais la synergie est relative. C'est là, précisément, ce qui a donné lieu aux hypothèses de spécificité d'action de la digitaline sur un ventricule plus particulièrement ou sur les artères coronaires de l'un des ventricules. Mais en analysant minutieusement les phénomènes, on ne tarde pas à s'apercevoir que la digitale est un poison du cœur *total*, et qu'elle affecte au même titre tous les éléments, nerveux ou contractiles, du cœur droit aussi bien que du cœur gauche. Mais la circulation est modifiée dans les vaisseaux, la tension se modifie, et l'un des deux ventricules doit lutter contre une résistance exagérée nécessitant un effort plus grand. La systole cardiaque doit, en effet, surmonter une augmentation considérable de résistance aortique, tandis que la résistance pulmonaire est faiblement augmentée. Déjà, à l'état normal, et en raison de ces variations de résistance, la masse du myocarde de chaque ventricule est différente ; et, puisque la digitaline exerce une action directe sur ce myocarde, il est rationnel que cette action soit plus efficace sur celui dont la masse de fibres musculaires striées est plus considérable : aussi l'action du ventricule gauche est-elle, comparativement, plus renforcée que celle du ventricule droit. Ce parallélisme, mais non cette équivalence du renforcement d'énergie dans les deux ventricules, peut se mettre en évidence par l'exploration des pressions intra-cardiaques ou par la mesure comparative de la pression dans l'aorte et dans l'artère pulmonaire.

Cette action cardio-tonique de la digitaline retentit également sur la diastole des deux ventricules. Il en résulte une augmentation de l'extensibilité diastolique ventriculaire, en opposition apparente avec le renforcement systolique. Certains physiologistes, comme STEFANI et GALLERANI, ont même admis une *action diastolique* spéciale de la digitaline sur le myocarde. Les expériences de FRANÇOIS-FRANCK sur la contre-pression péricardique nécessaire pour éteindre les contractions cardiaques, ont montré que cette interprétation était inexacte, et confirmé les observations antérieures de KAUFMANN qui attribuait les variations successives de la pression du sang veineux, au cours de l'empoisonnement graduel par la digitaline, aux changements de calibre des artérioles contractiles. En conduisant l'expérience de façon à graduer lentement les effets cardiaques de la digitaline, on constate que, la pression du sang veineux diminuant par suite d'une activité ventriculaire plus grande et d'un emmagasinement plus considérable du sang dans les artères fortement tendues, le degré de contre-pression péricardique qu'il faut atteindre pour supprimer le pouls carotidien est moins élevé que normalement. Ce résultat expérimental concorde avec ce fait d'observation que la digitale, administrée à doses thérapeutiques, régularise les rapports existant entre les pressions artérielle et veineuse.

L'expansion diastolique plus considérable n'est qu'une conséquence de la systole plus énergique : à la brusquerie et à l'énergie de la contraction suivie de l'évacuation ventriculaire plus complète qui en est la conséquence, succède une diastole plus profonde qui n'est, en quelque sorte, que la réaction de la systole renforcée. Pour des raisons analogues à celles que j'exposais précédemment, cette augmentation d'extensibilité diastolique est moindre dans le ventricule droit dont les conditions de réplétion et d'évacuation sont très différentes de celles du ventricule gauche. Un phénomène identique peut s'observer sous l'influence de l'excitation des nerfs toni-accélérateurs.

En définitive, ce qui caractérise principalement l'action de la digitaline, c'est son influence cardio-tonique sur le cœur normal et dans certains cas pathologiques. Cette augmentation d'énergie apparaît dès le début de l'action du poison : elle accompagne la phase de ralentissement, se maintient et s'accentue même à la phase d'accélération, persiste et souvent même se renforce encore à la phase d'arythmie. Mais pour cela, il est nécessaire que le myocarde soit en état à peu près parfait d'intégrité, sans quoi la digitale ne produit que des effets insuffisants : elle peut encore être inefficace, voire même nuisible, dans les cas d'affections valvulaires et aortiques tendant déjà à exagérer le travail du cœur ou lorque le myocarde est profondément dégénéré.

III. **Mort du cœur.** — Dans l'empoisonnement mortel par la digitaline, l'activité des systoles ventriculaires se trouve brusquement supprimée, mais les mouvements ondulatoires persistent durant un temps variable jusqu'à ce que s'établisse, chez les animaux à sang chaud, l'immobilité diastolique complète. Chez les animaux à sang froid, le ventricule reste contracté, vide, ridé à sa surface et presque décoloré. Cette mort subite du cœur est précédée d'une période de tachycardie renforcée, en général régulière, rigoureusement synchrone dans les deux ventricules. Tout à coup éclate un accès tétanique incomplet, très court, pendant lequel on peut constater la persistance du synchronisme, quant à la fréquence et au rythme des secousses, mais avec une synergie différente. Ensuite apparaît, d'abord à gauche, puis presque immédiatement à droite, une trémulation fibrillaire, indice de la dissociation des contractions des faisceaux musculaires, et qui se produit d'une façon indépendante dans chacun des ventricules : il s'agit bien, cette fois, d'un asynchronisme vrai. La masse myocardique commence alors à entrer en état diastolique, plus marqué à droite à cause de l'accumulation du sang veineux : le sillon interventriculaire se creuse, les trémulations s'éteignent peu à peu, et enfin la surface du myocarde prend un aspect lisse, les ventricules s'immobilisant en diastole qui n'a fait qu'augmenter.

L'accident tétanique terminal, très bref chez les mammifères, est, au contraire, très prolongé chez les animaux à sang froid. Il doit s'agir alors d'un mode de réaction particulier du myocarde; car, ainsi que nous le verrons bientôt, les influences nerveuses doivent être mises hors de cause à cette période.

La succession de ces phénomènes est, en tous points, comparable à ce que l'on voit survenir à la suite de la faradisation intense des ventricules ou de l'introduction de liquides irritants dans les artères coronaires.

L'exploration extérieure des pulsations ventriculaires localisée à des régions éloignées l'une de l'autre, combinée avec l'exploration intérieure des variations de la pression dans les deux ventricules, prouve, par la simultanéité des accidents, que les accidents subits de tétanisation incomplète sont rigoureusement synchrones dans les deux ventricules. Mais s'il y a synchronisme, il y a défaut de synergie; et le ventricule gauche cesse d'envoyer des ondées efficaces dans les artères alors que le ventricule droit alimente encore, quoique faiblement, l'artère pulmonaire. Il se produit non pas un arrêt primitif du ventricule gauche, comme on serait tenté de le dire au premier abord, mais une suppression de son activité par défaut d'alimentation : la preuve, c'est que les systoles peuvent reprendre spontanément si une circonstance amène la rentrée

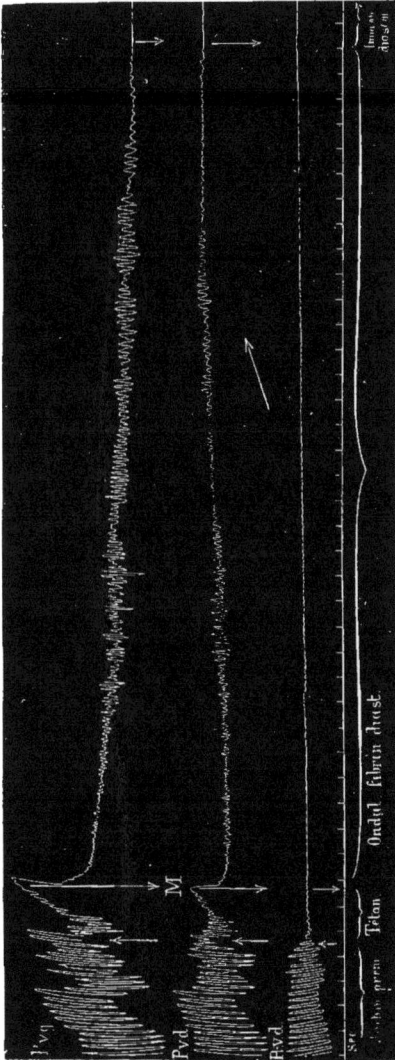

Fig. 6. — Mort subite du cœur en tétanos suivie de relâchement diastolique.

Les courbes de pulsations ventriculaires droite et gauche (P v d et P v g) montrent la simultanéité des accidents des deux côtés : après une phase de *tachycardie prémortelle*, les deux ventricules sont pris subitement d'un accès tétanique (*Tétan.*), qui s'accuse par le durcissement du myocarde avec fréquentes vibrations systoliques, mais qui ne se traduit plus que par des variations à peine perceptibles de la pression intra-ventriculaire ($Pr.$ $v.$ d), $Pr.$ $v.$ g). — Le relâchement du myocarde se produit au niveau indiqué par la flèche descendante (M) et la période d'ondulations fibrillaires s'accompagne du gonflement diastolique du ventricule droit : l'immobilité diastolique s'établit de part et d'autre, 32 ou 33 secondes après la fin du tétanos. — L'existance des mouvements ondulatoires jusqu'à l'immobilité diastolique complète. — Synergie relative : synchronisme absolu, sauf en ce qui concerne la trémulation fibrillaire post-tétanique : c'est, au cours de l'action de la digitaline, le seul moment où l'on observe un défaut de synchronisme.

du sang dans le cœur gauche. C'est l'apport sanguin qui fait seul défaut (Voir fig. 7).

La tétanisation cardiaque finale est l'expression maxima de l'action toni-ventriculaire et, en réalité, comme le dit François-Franck, l'asynergie finale est due, non pas à des

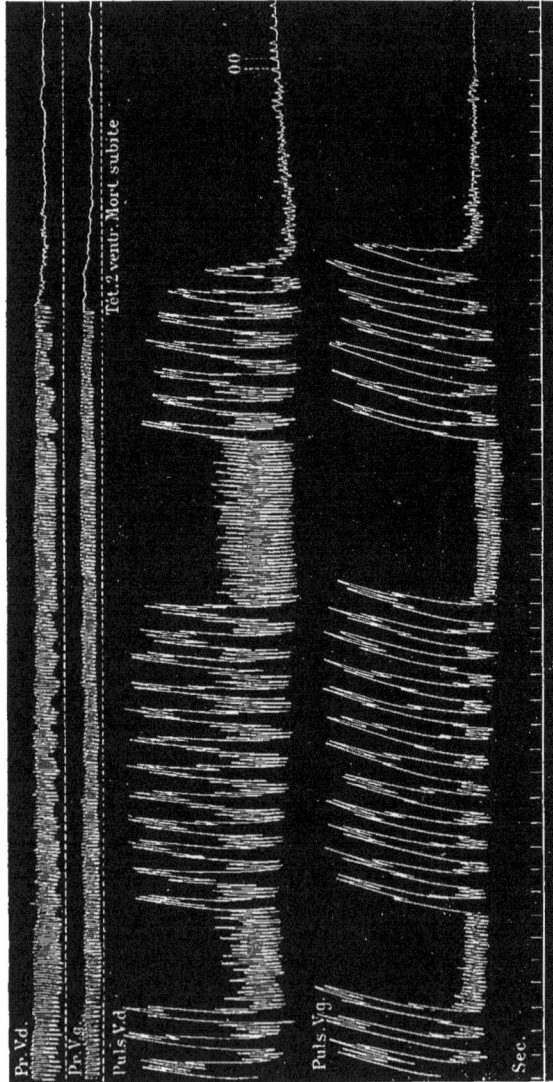

Fig. 7. — Démonstration de la mort en tétanos des deux ventricules digitalisés.

Pr. V. d. et *Pr. V. g.*, pressions intra-ventriculaires droite et gauche. — *Puls. V. d.* et *Puls. V. g.*, pulsations extérieures ventriculaires droite et gauche. Le tétanos final n'est pas démontré péremptoirement par les courbes des pulsations ventriculaires, et les mouvements produits par la respiration artificielle viennent ajouter encore à cette indécision. Au contraire, les courbes des pressions intraventriculaires prouvent la nature tétanique des accidents terminaux subits et montrent leur synchronisme parfait dans les deux ventricules. Les sondes, comprimées par la paroi musculaire qui se resserre sur elles deviennent en quelque sorte des myographes intra-musculaires et inscrivent au niveau des maxima systoliques les secousses tétaniques des deux ventricules. Les ventricules se resserrent graduellement sur les sondes; et tout à coup (*Trt. 2 rentr. Mort subite*) sont pris de tétanisation dissociée : la diastole consécutive est accélérée par des systoles auriculaires ou des soules; et le myocarde se laisse distendre davantage à droite par suite de la pression veineuse générale qui va croissant. — Le synchronisme de la demi-tétanisation finale dans les deux ventricules coïncide avec un défaut de synergie; et le ventricule gauche cesse d'envoyer des ondées dans les artères, alors que le ventricule droit alimente encore, quoique très faiblement, l'artère pulmonaire (OO).

conditions différentes de la fonction ventriculaire, mais bien à un défaut d'alimentation du ventricule gauche, dû à l'insuffisance des ondées pulmonaires lancées par le ventricule droit subissant les mêmes accidents toxiques que lui.

IV. Effets vasculaires de la digitale. Rapport des modifications de la tension avec les troubles cardiaques. — La digitaline exerce sur les vaisseaux contractiles une action constrictive intense. Deux mécanismes président à cette vaso-constriction. L'influence exercée par le système nerveux central est indéniable. J'ai déjà parlé de cette expérience qui consiste à pratiquer une section transversale de la moelle dans la région cervicale, section à la suite de laquelle on observe que 'la digitaline produit bien encore le ralentissement du pouls, mais sans augmenter la tension artérielle comme cela se produit lorsque la moelle n'est pas isolée du myélencéphale, centre principal des actions vasomotrices. Mais les variations locales du calibre des vaisseaux aortiques tendent à faire admettre une action constrictive indépendante du système nerveux central. Les circulations artificielles dans des tissus isolés de l'organisme et dont l'innervation a été supprimée par le fait même de leur séparation des centres, prouve mieux encore l'action sur l'appareil musculaire des vaisseaux. Cette intervention active des éléments contractiles vasculaires est même tout à fait démontrée par ,la suppression de l'activité des muscles vasculaires au moyen de la cocaïnisation préalable du tissu soumis à la circulation artificielle.

Cette action vasculaire périphérique montre que l'intervention du surcroît d'énergie du myocarde n'est pas indispensable pour produire l'augmentation de la tension artérielle : la résistance à la propulsion de l'ondée ventriculaire gauche se trouve par suite augmentée. Le surcroît d'énergie du myocarde vient certainement contribuer pour sa part à cette augmentation de tension artérielle; mais il était logique de se demander si le ralentissement du cœur n'était pas subordonné à cette augmentation de tension, et cette hypothèse a été, en effet, acceptée et défendue par quelques physiologistes. La tachycardie simple ou arythmique des phases toxiques pourrait même à la rigueur être subordonnée à cette augmentation de la pression artérielle, puisque, à une certaine période, comme nous le verrons bientôt, les appareils d'arrêt du cœur sont paralysés et que les accélérateurs conservent seuls leur activité. MAREY a depuis longtemps démontré que le cœur se ralentit sous l'influence d'une augmentation de pression artérielle déterminée par la compression incomplète de l'aorte abdominale, ou par la constriction d'un vaste territoire aortique réalisée, par exemple, au moyen de l'excitation des nerfs splanchniques. Ce ralentissement se produit toujours lorsque le cœur est pourvu de ses organes nerveux modérateurs; mais il fait place à une accélération lorsqu'on l'a mis dans des conditions où il est incapable de réagir par ralentissement, par exemple, lorsque l'action des appareils d'arrêt est paralysée par l'atropine.

L'analyse minutieuse des phénomènes montre cependant des différences remarquables dans ces expériences et dans celles que l'on peut réaliser à l'aide de la digitaline. Avec la digitale, l'augmentation d'énergie porte sur les deux ventricules; dans les expériences d'augmentation artificielle de tension artérielle, les deux ventricules sont effectivement ralentis, mais leur énergie n'est pas augmentée simultanément, et le ventricule gauche *seul* développe un effort systolique plus considérable, tandis que l'effort du ventricule droit diminue. Avec la digitale, l'expansion diastolique ventriculaire est proportionnée à l'augmentation d'énergie de la systole, dans l'autre cas, les diastoles du ventricule gauche sont, au contraire, moins amples. Avec une haute tension artérielle, la pression s'abaisse dans l'artère pulmonaire, tandis qu'elle s'y élève sous l'influence de la digitaline.

On pourrait, il est vrai, penser que la digitaline exerce également une action vaso-constrictive sur les vaisseaux pulmonaires. Une expérience réalisant une élévation parallèle de pression dans les réseaux aortique et pulmonaire, par exemple, la provocation simultanée d'un spasme aortique et pulmonaire déterminé par l'excitation des nerfs vaso-constricteurs, ou la compression simultanée d'une bifurcation de l'artère pulmonaire et de la portion inférieure de l'aorte, détermine des effets généraux rappelant l'augmentation simultanée d'énergie que la digitaline produit dans les deux ventricules; cependant, une différence persiste, l'expansion diastolique n'est toujours pas proportionnée à l'augmentation de vigueur de la systole et les minima diastoliques sont même moins accentués qu'à l'état normal, les ventricules résistant à la surcharge par une augmentation permanente de la tonicité de leur tissu.

D'ailleurs, si l'action vaso-constrictive exercée par la digitaline sur le réseau pulmonaire, comme sur le réseau aortique, est légitime, elle est, par contre, absolument hypothétique, et l'on ne possède jusqu'ici aucune preuve directe et irréfutable de cette action. D'autre part, la disparition de l'excitabilité des nerfs d'arrêt ne coïncide pas, d'une façon absolue et suffisante, avec cette phase de l'intoxication où le cœur réagit par accélération à l'influence exercée sur lui par l'excès de résistance : on observe, par exemple, une accélération considérable en même temps qu'une haute pression, puis un renforcement de la fréquence alors que la pression artérielle redescend, pendant la phase toxique; les tracés de François-Franck sont, à cet égard, des plus démonstratifs.

On ne peut donc subordonner les changements de fréquence et de rythme du cœur aux variations déterminées primitivement dans les deux circulations aortique et pulmonaire; et il faut admettre que la digitaline exerce sur le cœur une influence primitive, à laquelle vient s'ajouter l'intervention, à titre d'effet mécanique, du spasme vasculaire. Chacune de ces actions réagit effectivement sur l'autre, mais chacune d'elles, isolément, est insuffisante pour interpréter exactement et complètement les phénomènes.

La démonstration de cette action directe, primitive, exercée sur le cœur par la digitaline a été fournie, voici déjà longtemps, par les expériences de circulations artificielles pratiquées sur le cœur des animaux à sang froid à l'aide de sang défibriné ou de sérum chloruré. Un cœur de tortue, ainsi soustrait à toute influence extérieure d'innervation ou de résistance variable, montre toutes les phases de ralentissement, de régularisation, d'arythmie, d'accélération, comme le cœur en rapport avec le système nerveux central et les vaisseaux périphériques.

François-Franck a cherché à réaliser, dans la mesure du possible, de semblables expériences sur les animaux à sang chaud. N'ayant pu parvenir à soumettre le cœur des mammifères à une circulation artificielle, il a réussi à réduire le circuit aux vaisseaux pulmonaires-coronaires, en conservant la propre circulation de l'animal, et à rendre ainsi le cœur indépendant, non seulement du système nerveux central, mais aussi des variations de la pression artérielle : les variations de résistance vaso-motrice qui peuvent alors se produire dans ce circuit sont négligeables, en raison de leur faible importance mécanique. Le chien sur lequel était pratiquée cette expérience était installé dans la baignoire-étuve imaginée par François-Franck pour éviter le refroidissement. Son bulbe était détruit, et la respiration artificielle maintenue pendant toute la durée de l'opération. Après ligature de la veine cave supérieure, et de la veine azygos, des artères aortiques supérieures, de l'aorte à la partie inférieure, du thorax et de la veine cave inférieure, la circulation se trouve réduite au circuit pulmonaire et au circuit coronaire. La masse du sang se trouvant ainsi réduite, il faut diminuer dans une proportion adéquate la quantité de digitaline injectée, de manière à obtenir une dilution sanguine équivalente, et pratiquer des injections partielles par le tronçon cardiaque de la veine azygos, afin d'éviter le contact rapide et brutal d'une trop grande quantité de poison avec le myocarde. Le cœur était isolé du système nerveux central par la section ou la ligature des nerfs extrinsèques, précaution d'ailleurs à peu près inutile, par suite de la perte rapide d'action des centres nerveux anémiés. Les branches de l'aorte étant liées on évite ainsi la répercussion des variations de résistance du circuit aortique. Un large circuit était ménagé de l'aorte à la veine cave pour éviter une trop grande surcharge ventriculaire, les tronçons artériels et veineux pouvant, par leur extensibilité, servir de trop-plein, et le dispositif permettant d'enlever à volonté le sang digitaliné. L'expérience ne réussit qu'avec des cœurs préalablement refroidis d'une façon graduelle.

[Chien à bulbe détruit et installé dans la baignoire-étuve. Température rectale 39°. Température du sang dans le circuit aortico-cave 38°,8. Après ligature successive de la veine cave supérieure et de la veine azygos, des artères aortiques supérieures, de l'aorte à la partie inférieure du thorax et de la veine cave inférieure, la circulation se trouve réduite au circuit pulmonaire et au circuit coronaire. La masse de sang contenue dans ce double circuit et dans les cavités cardiaques étant évaluée au cinquième de la masse totale, on injecte des doses de digitale ou de digitaline correspondant sensiblement à la dose toxique normale réduite des quatre cinquièmes, de façon à obtenir une dilution sanguine à peu près équivalente. Les injections partielles sont faites par le tronçon cardiaque de la veine azygos pour éviter le contact rapide d'une trop grande quantité de digitale avec le myocarde. La respiration artificielle est continuée et les coronaires reçoivent un sang aussi oxygéné que si l'isolement relatif du cœur n'avait pas été pratiqué. Dans cette expérience, le cœur est séparé du système nerveux central par la section ou par la ligature des nerfs extrinsèques, mais cette précaution est rendue à peu près inutile par la perte rapide d'action des centres nerveux anémiés. Il ne peut subir le contre-coup de variations de résistance produites dans le circuit aortique, les branches de l'aorte étant liées. On a réservé un large circuit de l'aorte à la veine cave pour éviter

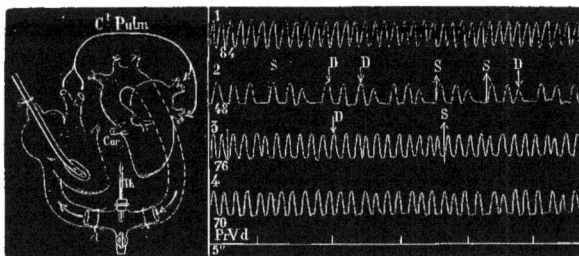

Fig. 8. — Démonstration de l'effet ralentissant produit par la digitaline en dehors de toute intervention vaso-motrice générale pouvant élever la pression.

Le cœur est réduit par des ligatures successives préalables au circuit pulmonaire et coronaire-cardiaque (*schéma de gauche*); l'aorte thoracique est réunie à la veine cave inférieure par un tube de jonction portant des tubulures pour thermomètre et pour robinet; une sonde ventriculaire fournit les courbes de pression et de fréquence. S, systoles. — D, diastoles. — *Ligne* 1, état normal, 84 systoles. *Ligne* 2, après injection par l'azygos de l'infusion aqueuse de 25 milligrammes de feuilles de digitale, ralentissement de 84 à 48 et arythmie. *Lignes* 3 *et* 4, retour à une fréquence voisine de la normale, avec quelques irrégularités (systoles géminées). — Arythmie et ralentissement durant 15 minutes : l'arythmie survient 2 minutes après l'injection.

une trop grande surcharge ventriculaire, les tronçons artériels et veineux pouvant, par leur extensibilité, servir de trop-plein, et le dispositif permettant d'enlever à volonté le sang digitaliné.

Dans ces conditions d'isolement du cœur du système nerveux et du circuit aortique, on observe la même évolution des accidents cardiaques, sous l'influence de la digitale, que si le cœur était encore capable de subir l'action nerveuse centrale et l'action des variations de résistance artérielle.

L'effet que pourrait exercer sur la fréquence et le rythme du cœur une vaso-constriction pulmonaire digitalinique est absolument négligeable, car on a vu qu'il n'y avait pas à compter avec lui dans la production des changements de la fréquence du cœur.]

Dans ces conditions, François-Franck a vu se succéder la même évolution des accidents cardiaques que l'on peut observer sur l'animal indemne : phase de ralentissement, systoles géminées et bigéminées, arythmie, reprise de fréquence, etc.

L'habile expérimentateur a, de plus, réussi à prouver, à l'aide de circulations artificielles de sang digitaliné dans des cœurs de tortue soumis à une pression d'afflux et à une résistance d'écoulement constantes, l'indépendance des variations d'énergie ventriculaire par rapport aux changements de la résistance ou à ceux de l'apport sanguin. Dans ce cas, l'augmentation d'énergie, le débit exagéré, le travail renforcé, fournis par un ventricule isolé, ne subissant aucune variation d'apport sanguin, n'ayant à surmonter qu'une résistance constante, prouve évidemment que la digitaline exerce une action primitive et directe sur le tissu neuro-myocardique. On peut donc admettre la réalité d'une action de la digitaline sur le cœur, indépendante de celle qu'elle exerce sur les vaisseaux et sur le système nerveux central.

V. Effet de la digitaline sur la fonction des oreillettes. Rapports des modifications auriculaires et ventriculaires. — Les variations de fréquence, d'énergie et de rythme des oreillettes présentent un intérêt beaucoup moins considérable. Il était pourtant intéressant de rechercher si la solidarité existe entre elles, comme nous l'avons vu pour les ventricules, et de savoir si les troubles ventriculaires sont subordonnés aux troubles auriculaires.

Sous l'influence de l'empoisonnement graduel par la digitaline, les oreillettes subissent d'abord un ralentissement avec augmentation d'énergie, puis, une accélération pendant laquelle cette énergie persiste; à une période plus avancée, apparaît une arythmie de formes très variées, en même temps que l'ampleur des systoles diminue; enfin, l'activité des systoles diminue, tendant de plus en plus vers l'état diastolique et ne constituant plus, à un certain moment, que des petites secousses inefficaces; finalement, l'arrêt se fait en diastole, sans que les oreillettes passent, comme les ventricules, par une phase prémortelle de tétanisation plus ou moins accentuée. Au contraire encore de ce qui se passe dans les ventricules, on observe une diminution de l'énergie des systoles auriculaires dès l'apparition de l'arythmie, ainsi que le défaut de synchronisme et de synergie. C'est là un exemple de plus de l'indépendance des auricules entre eux et avec les ventricules.

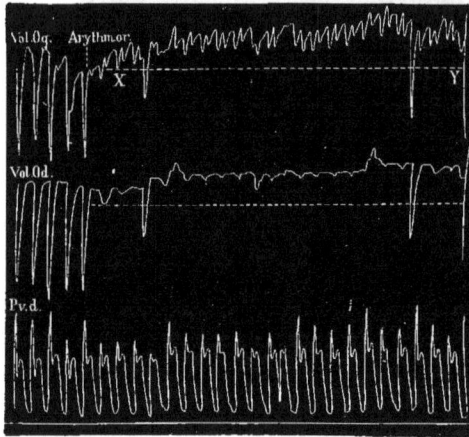

Fig. 9. — Modifications de la fréquence et du rythme des deux oreillettes sous l'influence de la digitaline à doses croissantes.

Vol. Og. et Vol. Od. Changements de volume des oreillettes droite et gauche. P. v. d. Pression intra-ventriculaire droite. — Arythm. or. début des accidents au 6ᵉ milligramme de digitaline cristallisée Duquesnel. — Brusque début de l'arythmie, simultanément dans les deux oreillettes (le plus souvent, cette arythmie débute dans l'oreillette droite, mais ne tarde pas à envahir l'oreillette gauche). En même temps que les troubles de rythme, apparaît l'effet atonique, avec tendance à l'état diastolique progressif, supprimant les systoles actives et produisant une augmentation du volume moyen au-dessus de l'abscisse XY : les deux oreillettes, incapables d'évacuer leur contenu, se laissent passivement distendre. Pendant cette période d'accidents auriculaires, les ventricules conservent leur fonctionnement à peu près régulier.

Même pendant la phase d'énergie décroissante des oreillettes, les ventricules continuent à déployer un effort plus grand qu'à l'état normal; et dès le début de l'action de la digitaline, on voit s'établir un désaccord manifeste entre les deux oreillettes : l'oreillette droite meurt d'abord et se trouve déjà arrêtée en diastole alors que la gauche donne encore des systoles.

La question de la subordination du rythme des ventricules à celui des oreillettes ne se pose même pas, puisque l'on observe constamment, dans les expériences de circulation artificielle sur le ventricule isolé d'animaux à sang froid, ou après suppression d'une oreillette par inhibition ou ligature chez les mammifères, les mêmes troubles ventriculaires que sur les animaux chez lesquels oreillettes et ventricules conservent leurs rapports normaux. D'autre part, la dissociation de rythme entre les deux oreillettes est fréquente; et l'on voit, par exemple, coïncider l'immobilité diastolique auriculaire avec une phase de tachycardie régulière ou arythmique des ventricules, ou bien, au contraire, on observe une arythmie extrême des ventricules coïncidant avec la régularité parfaite des mouvements auriculaires. En un mot tous les désaccords de rythme sont possibles.

Mais la question de la subordination de l'énergie ventriculaire aux modifications subies par le travail des oreillettes est moins facile à élucider. En leur qualité de réservoirs veineux devant faire l'office de régulateurs du courant sanguin, les oreillettes pourraient faire retentir sur la réplétion des ventricules les modifications que leur fait subir à cet égard la digitaline. L'hypothèse que le travail du cœur est réglé par l'activité des systoles auriculaires et par le degré de réplétion des oreillettes est en effet fort plausible. Or, dans un travail publié en 1890 et 1891 dans les Archives de physiologie, FRANÇOIS-

FRANCK a montré, avec tracés graphiques à l'appui, que les nerfs cardiaques modifient *parallèlement, mais indépendamment*, l'énergie des oreillettes et celle des ventricules. L'action des poisons du cœur se produit dans le même sens : leur action élective peut bien, en effet, intéresser plus particulièrement tel ou tel élément anatomique, mais non pas une région spéciale. L'enregistrement simultané des changements auriculaires et ventriculaires, au point de vue de leur énergie relative, montre, en effet, que les variations, de même que celle de fréquence et de rythme, sont, dans une certaine mesure, parallèles dans les oreillettes et les ventricules, mais réciproquement indépendantes. Ces tracés permettent de tirer les conclusions suivantes : A une certaine phase de l'ary-

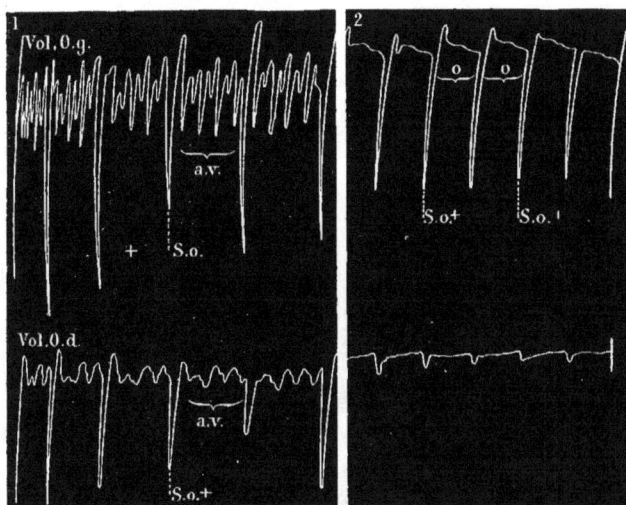

Fig. 10. — Comparaison de l'arythmie digitalinique dans les deux oreillettes.

Vol. O. g. et *Vol. O. d.*, changements de volume des oreillettes droite et gauche. — *S. o.* + fortes systoles. — *a. v.*, systoles avortées intercalées. Au 5ᵉ milligramme de digitaline cristallisée Adrian, dans la phase arythmique, les oreillettes donnent de fortes systoles séparées les unes des autres par des systoles avortées (partie 1 de la figure). A une période plus avancée de l'intoxication, les systoles avortées disparaissent, et les fortes systoles persistent seules; mais elles sont à peine marquées dans l'oreillette droite qui perd plus rapidement son activité (partie 2 de la figure). Les systoles fortes commencent par s'atténuer et l'on voit survenir, peu à peu, l'immobilisation en diastole. L'extinction des contractions est plus précoce dans l'oreillette droite; et l'on observe également une fréquence moindre des systoles avortées. L'oreillette droite meurt, en effet, la première, mais sa mort ne précède que d'un très court espace de temps celle de l'oreillette gauche.

thmie digitalinique, à une forte systole auriculaire succède une forte systole ventriculaire; l'énergie des contractions auriculaires et ventriculaires augmente parallèlement, au moins au début de l'action et avec de faibles doses ne troublant pas le rythme cardiaque; mais on observe souvent des changements en sens inverse, et l'augmentation parallèle d'énergie auriculaire et ventriculaire qui est la règle au début cesse dès l'apparition de l'arythmie; les ventricules subissent encore un renforcement d'énergie alors que l'inhibition auriculaire commence et va en s'accentuant. Les oreillettes perdent seulement les premières leur activité; et il y a indépendance complète jusqu'à la fin.

Nous sommes donc en droit de dire que l'action exercée par la digitaline sur les ventricules est une action locale, indépendante des effets inhérents à la résistance artérielle et des fonctions des oreillettes, ainsi que des troubles que ces fonctions peuvent subir.

VI. Questions théoriques. Mécanismes. — Les expériences dont il vient d'être question, ainsi que les circulations artificielles dans des ventricules isolés de tortues et celles

DIGITALE.

de circulation réduite au circuit pulmonaire-coronaire dans des cœurs de mammifères, permettent de conclure que c'est dans le tissu neuro-myocardique ventriculaire qu'il faut localiser la raison de ces variations de fréquence, de rythme et d'énergie; l'influence du système nerveux central, celle des vaisseaux, celle des oreillettes ayant été sucessivement éliminées. Il nous faut maintenant rechercher par quel mécanisme peut s'interpréter cette action.

L'action de la digitaline sur les appareils modérateurs intracardiaques est rendue

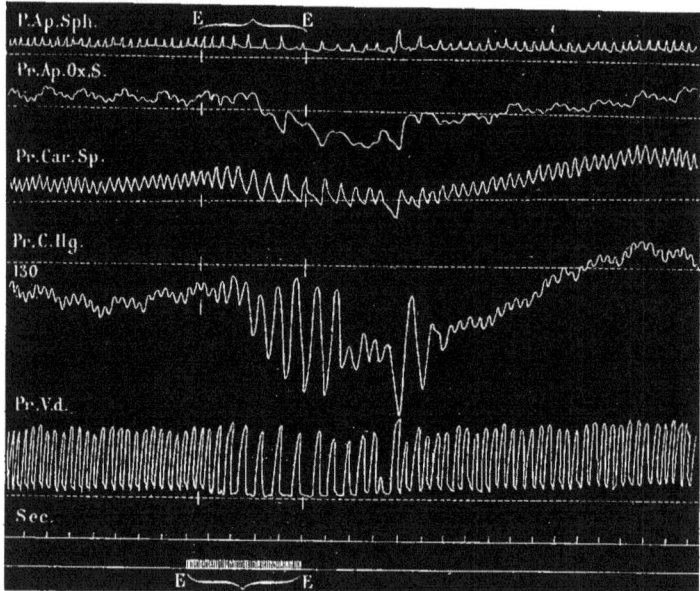

FIG. 11. — Action atonique du nerf vague sur le myocarde démontrée par la dépression diastolique ventriculaire droite.

Pr. V. d., pression intra-ventriculaire droite. — Pr. C. Hg., pression artérielle dans la carotide au manomètre à mercure. -- Pr. Car. Sp., pression artérielle dans la carotide au sphygmoscope. — Pr. Ap. Ox. S., pression artérielle dans l'artère pulmonaire au manomètre à oxalate de soude. — P. Ap. Sph., pression artérielle dans l'artère pulmonaire au sphygmoscope. — E E, excitation du bout périphérique du vague gauche. — Dépression diastolique associée à la diminution d'activité systolique et au ralentissement (combinaison des effets ralentissant et atonique). Les minima diastoliques de la courbe de pression intra-ventriculaire (Pr. V. d.) s'abaissent notablement, jusqu'à devenir taugents à une abscisse dont ils étaient assez écartés auparavant et dont ils s'éloignent ensuite graduellement après que l'action cardio-atonique, provoquée par l'excitation du vague, a cessé.

vraisemblable par l'analogie des effets qu'elle détermine avec ceux de l'excitation directe des nerfs d'arrêt; mais cette analogie n'est qu'apparente et masque des différences du plus grand intérêt. Une excitation centrifuge du nerf vague, prolongée pendant six secondes avec un courant faradique d'intensité moyenne, détermine l'espacement des systoles ventriculaires comme le fait la digitale et ce ralentissement s'accompagne d'une chute de pression dans l'aorte et l'artère pulmonaire et provoque, pendant les longues pauses diastoliques, un gonflement ventriculaire dû à l'expansion des cavités cardiaques par le sang veineux qui s'accumule sous charge croissante. Quelques différences se montrent déjà : dans les arrêts produits sous l'influence de la digitaline, les pressions artérielles tombent moins bas et leur chute est moins rapide; en raison de la résistance augmentée à la périphérie du système artériel en vertu de la même influence toxique agissant sur le cœur : pendant les pauses diastoliques, les oreillettes continuent à donner des systoles retentissant sur la courbe ventriculaire, tandis qu'elles sont supprimées pendant les arrêts diastoliques déterminés par l'excitation du nerf vague. Il est vrai que cette dernière différence est sans valeur, les oreillettes conservant souvent leur action alors que les ventricules sont inhibés et donnent des chocs diastoliques, correspondant à une variété du bruit de galop, lorsqu'on excite fortement les nerfs vagues.

Mais une différence qui imprime à l'influence exercée par la digitaline un caractère absolument spécial, tient à l'action *cardio-tonique* de la digitale, opposée à l'action *car-*

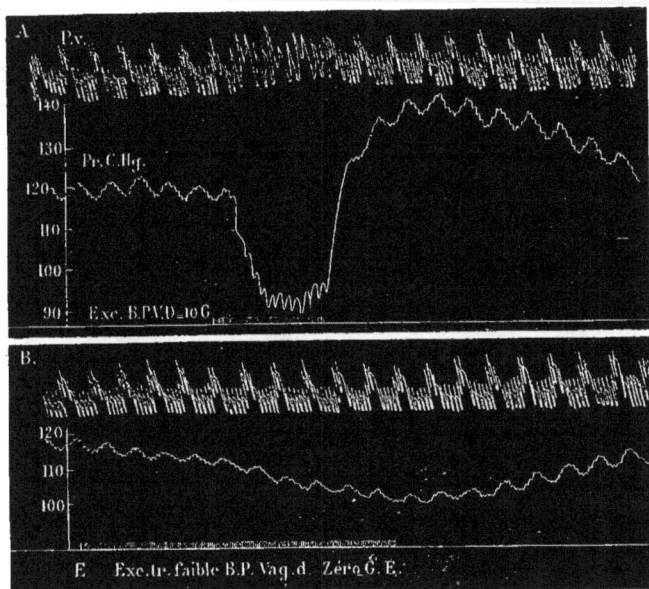

Fig. 12. — Action atonique du nerf vague démontrée par la chute de pression aortique sans ralentissement du cœur.

Chat éthérisé — En A, une première excitation, courte et assez intense (chariot à la division 10 de la bobine de Gaiffe), du bout périphérique du vague droit produit un faible ralentissement et une chute de la pression aortique de 120 à 90 millimètres de mercure (*Pr. C. Hg.*). — En B, une seconde excitation du bout périphérique du même vague droit, beaucoup plus faible, mais aussi beaucoup plus prolongée (chariot à la division 0 de la bobine de Gaiffe), ne ralentit pas le cœur, mais produit une chute notable de la pression carotidienne, de 118 à 105 millimètres de mercure. — Le ventricule gauche est devenu incapable de soutenir la pression aortique à sa valeur normale sans subir de diminution de fréquence.

dio-atonique que détermine l'excitation du nerf vague. L'énergie du myocarde est affectée en sens précisément inverse; elle est renforcée par la digitaline, tandis qu'elle est atténuée par l'excitation du nerf vague au point que la flaccidité du myocarde permet des reflux auriculo-ventriculaires transitoires par dilatation passive des ventricules : c'est surtout dans le ventricule droit que se produisent ces effets, en raison de sa surcharge veineuse plus considérable, sous forme d'insuffisances tricuspidiennes. Cette action atonique est encore prouvée par la dépression diastolique ventriculaire droite, associée à une diminution de l'activité systolique alors que le ralentissement est peu accentué, ainsi que par la chute de la pression aortique alors qu'il n'existe pas de ralentissement; car cet effet cardio-atonique de l'excitation du nerf vague ne se localise pas dans le ventricule droit, pas plus que ne s'y localise l'un quelconque des effets de la digitaline.

Le ralentissement que détermine la digitale étant associé à une augmentation d'énergie du cœur ne peut donc résulter exclusivement de l'influence modératrice exercée par les nerfs vagues. Une autre influence doit évidemment s'y associer; et, si l'on tient compte à la fois du ralentissement des contractions cardiaques, de la vaso-constriction avec élévation de la pression artérielle, de l'action stimulante sur le tissu neuro-myo-cardique ventriculaire, on est en droit de supposer que la digitaline excite simultané-ment l'activité des nerfs modérateurs et celle des nerfs toni-cardiaques par suite de l'action de contact du sang digitaliné avec leurs terminaisons. On peut observer, en effet, avec la digitaline, un effet paralytique sur l'appareil modérateur semblable à celui que détermine l'atropine, mais cet effet est plus tardif : par suite de la paralysie graduelle des appareils présidant au ralentissement, l'effet tonique se trouve dégagé et se mani-feste bientôt seul, renforcé même par la disparition de son antagoniste. Et l'expérience démontre, d'ailleurs, que l'on obtient le même effet ralentissant et toni-cardiaque que produit la digitaline à faibles doses, au moyen d'excitations simultanées, de valeurs

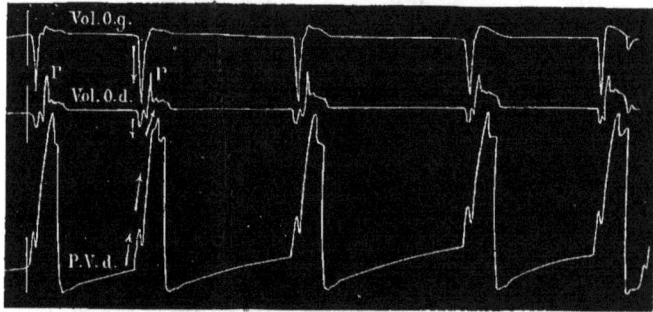

Fig. 13. — Action atonique du nerf vague démontrée par la provocation d'insuffisance tricuspidienne.

P. V. d., pression intra-ventriculaire droite. — Vol. O. d. et Vol. O. g., changements de volume des oreil-lettes droite et gauche. r., reflux tricuspidiens. — Flèche ascendante, ligne des pulsations ventriculaires. — Flèche descendante, ligne des systoles auriculaires — Pendant une phase de grand ralentissement pro-voqué par une forte excitation centrifuge du vague, chaque systole du ventricule droit ralenti, distendu et en état de résistance insuffisante, projette une ondée rétrograde r dans l'oreillette droite. Ces reflux tricuspidiens sont synchrones avec les systoles ventriculaires et immédiatement consécutifs aux systoles auriculaires. Il ne se produit pas de reflux dans l'oreillette gauche, et l'on aperçoit seulement la trace de la tension du plancher valvulaire mitral. — La digitale, au contraire, fait disparaître les dilatations cardio-atoniques et supprime les insuffisances tricuspidiennes, en raison de son action cardio-tonique.

appropriées, du bout périphérique des nerfs modérateurs (pneumogastriques) et des nerfs toni-cardiaques (accélérateurs du sympathique).

Dans le cas de la digitale, le cœur est donc ralenti par suite de l'action propre exercée par la substance toxique et non pas parce qu'il subordonne sa fréquence à la résistance à surmonter; il déploie un effort systolique plus grand, d'une part en raison de la pres-sion artérielle plus élevée qu'il lui faut surmonter, d'autre part en raison de l'action renforçante exercée directement dans l'intimité de son tissu dont la vigueur contractile se trouve accrue.

Des effets analogues peuvent être observés sous l'influence d'excitations sensitives assez intenses, sollicitant à la fois l'intervention réflexe des nerfs modérateurs cardiaques et celle des nerfs vaso-constricteurs, et provoquant la combinaison d'un ralentissement du cœur et d'un spasme vasculaire capable, par son énergie et son étendue, d'élever à un assez haut degré la tension artérielle, malgré la diminution notable de fréquence des contractions cardiaques. Dans une étude sur les *Réflexes du nerf vague*, FRANÇOIS-FRANCK a établi ces données sur des faits expérimentaux précis et montré que l'excitation centripète du nerf vague d'un seul côté, des irritations endo-aortiques et sigmoïdiennes directement provoquées par les chocs répétés d'un valvulotome, étaient capables de pro-voquer ces mêmes phénomènes. Les excitations nerveuses centrales et périphériques combinées dans les cas d'asphyxie aiguë produisent encore les mêmes effets; l'accumulation du sang désoxygéné dans les artères déterminant à la fois l'action cardio-modératrice et le spasme vasculaire énergique nécessaires.

Quant à l'accélération toxique du cœur, elle rappelle exactement, au point de vue de la tachycardie et de l'augmentation d'énergie des ventricules, l'effet cardiaque de la double vagotomie, l'accélération dite paralytique, résultant de la suppression des influences modératrices centrales. Sous l'influence de la digitaline, mais alors à doses toxiques, comme par la section des deux nerfs vagues, on voit se produire une forte accé-

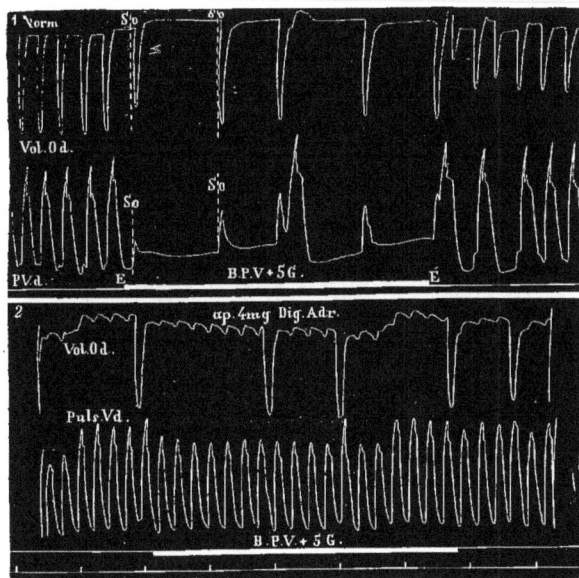

Fig. 14. — Perte de l'action cardio-modératrice du nerf vague sur le cœur accélérée par la digitaline. Chien de 18 kilos. — 1, à l'état normal, une excitation faible du bout périphérique du vague droit (chariot à la division 5 de la bobine de Gaiffe) provoque de grands arrêts diastoliques ventriculaires, un grand ralentissement avec persistance de quelques systoles auriculaires déterminant les chocs diastoliques S o. — 2, après injection veineuse de 4 milligrammes de digitaline cristallisée (ADRIAN), le cœur étant accéléré, cette même excitation reste sans effet ralentissant sur les ventricules (Puls. V. d.), ainsi que sur les oreillettes qui ont déjà subi l'action inhibitrice de la digitaline. — La perte d'action du vague se manifeste bien avant l'apparition de la grande accélération toxique (dans l'expérience à laquelle se rapporte ce tracé, l'augmentation de fréquence était seulement de un quart), mais elle n'est encore que relative, car de fortes excitations peuvent déterminer un notable ralentissement, comme au début.

lération cardiaque avec élévation de la pression artérielle, en même temps qu'une augmentation de la puissance des systoles ventriculaires. Non seulement l'influence régulatrice continue des centres se trouve supprimée, mais les influences accélératrices peuvent alors se donner un libre cours. Une excitation directe et intense des nerfs accélérateurs et toni-cardiaques détermine aussi exactement les mêmes phénomènes de tachycardie et de renforcement que l'action de la digitaline introduite brusquement et à forte dose dans la circulation : on retrouve, de plus, ici les mêmes effets d'expansion diastolique exagérée succédant aux systoles plus amples que l'on observe avec la digitale. Une seule modification bien facilement explicable, car il ne s'agit pas en réalité d'une différence, se manifeste dans ces expériences comparatives : l'excitation des nerfs toni-accélérateurs reproduit en un court espace de temps la série des effets que la digitaline met un temps relativement prolongé à dérouler; mais les nerfs excités n'agissent que pendant un temps très court, tandis que la digitaline maintient son action par la continuité même de sa présence et son contact prolongé avec les éléments anatomiques.

Il y a lieu de se demander à présent si la tachycardie digitalinique résulte de la paralysie des nerfs modérateurs, ou bien si elle est seulement le résultat de la surexcitation des nerfs toni-accélérateurs, ou encore si elle n'est pas, à la fois, la conséquence de l'affaiblissement d'activité des premiers et de l'excessive irritabilité des seconds.

Le fait du ralentissement du début n'implique pas, nécessairement, une augmentation de l'action cardio-modératrice d'origine centrale. Cette hypothèse, qui semble légitimée par cette observation que le cœur, ralenti au préalable au moyen de la digitaline, devient tachycardique après la double vagotomie, cette hypothèse est infirmée par ce fait que le cœur séparé des centres est aussi efficacement ralenti sous l'influence de doses graduelles de poison. L'action essentielle, efficace, doit donc se passer à la périphérie ; et ce ralentissement peut être subordonné à une exagération *intracardiaque* d'action modératrice déterminée par le contact du sang chargé de digitaline avec les extrémités nerveuses. Une variation d'activité dans les appareils terminaux d'un nerf n'entraîne pas, nécessairement, une variation de même sens dans la valeur des effets que peut produire l'excitation artificielle du tronc de ce même nerf. Et l'expéri-

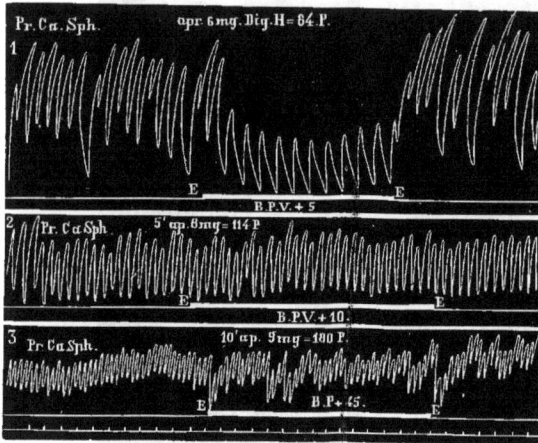

Fig. 15. — Perte graduelle de l'action ralentissante du nerf vague sur le cœur accéléré par la digitaline.

Courbes de la pression carotidienne au sphygmoscope chez un chien de 18 kilos. 1, après injection veineuse de 6 milligrammes de digitaline (HOMOLLE et QUÉVENNE) le cœur déjà ralenti subit un surcroît notable de ralentissement par excitation faible du bout périphérique du vague (chariot à la division 5 de la bobine Gaiffe). — 2, après nouvelle injection de 2 milligrammes (total 8), cinq minutes après, l'accélération s'est substituée au ralentissement (114 pulsations au lieu de 84), et une excitation plus forte ne produit plus de ralentissement (chariot à la division 10 de la bobine Gaiffe). — 3, après nouvelle injection de 1 milligramme (total 9 milligrammes, dose toxique non mortelle pour un chien de 18 kilos) : dix minutes après, la fréquence s'est élevée à 180 pulsations, et de très fortes excitations du vague (chariot à la division 45 de la bobine Gaiffe) produisent un ralentissement qui est à peine de 5 p. 100. — Tout effet ralentissant du vague disparaît plus tard dans la période d'hypertachycardie toxique.

mentation montre, en effet, que l'excitabilité centrifuge du nerf vague peut varier dans des sens différents, au cours de l'intoxication digitalinique : le ralentissement des contractions cardiaques peut coïncider avec une exagération de l'action modératrice du nerf vague aussi bien qu'avec la constance de cette action, ou, au contraire, avec une diminution de cette action frénatrice. On peut également noter une augmentation d'excitabilité sans que le cœur soit ralenti, ou une exagération de l'excitabilité malgré l'accélération digitalinique.

KAUFMANN a démontré que la perte de l'action cardio-modératrice du bout périphérique du nerf vague, ou tout au moins sa diminution, est un phénomène constant, la règle, à la période où l'accélération toxique se substitue au ralentissement, ou bien lorsqu'elle survient d'emblée, sous l'influence de fortes doses de digitaline qui n'ont pas laissé à la période de ralentissement initial le temps de se produire : il semble donc que l'accélération digitalinique soit due à la paralysie des extrémités périphériques des fibres modératrices des nerfs vagues. Mais FRANÇOIS-FRANCK a fait voir que les effets cardio-modérateurs que ne peut plus produire l'excitation directe des nerfs vagues sur leur trajet sont encore provoqués par des irritations endo-cardiaques, c'est-à-dire portant sur la périphérie même de ces nerfs, et obtenues au moyen de chocs brusques effectués sur la région sigmoïdienne de l'aorte au moyen d'une sonde introduite par la carotide droite : la réaction d'arrêt, très caractérisée, ainsi produite, survient simultanément dans les deux ventricules. Ce n'est qu'à une période beaucoup plus avancée de l'intoxication que ces réactions frénatrices disparaissent graduellement. Mais bien plus, cette suppression complète de l'action modératrice des nerfs vagues, aussi bien en dehors du cœur que dans l'intimité de son tissu, peut ne pas coïncider avec l'accélération. Enfin, l'on peut même observer une diminution de cette action frénatrice malgré le ralentissement digitalinique (fig. 16).

Les expériences que l'on peut effectuer sur les nerfs accélérateurs donnent les mêmes

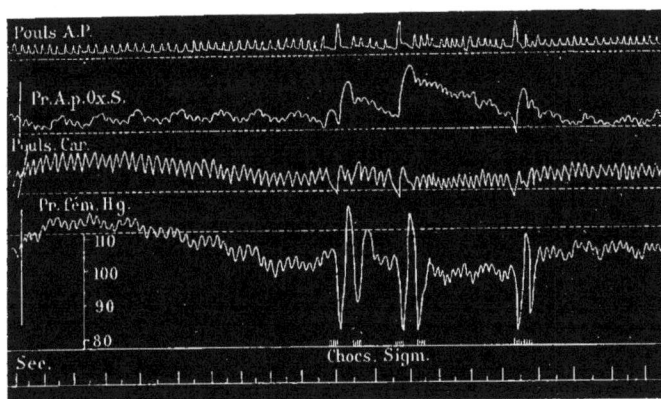

FIG. 16. — Persistance des effets cardio-modérateurs sous l'influence d'excitations endocardiaques, l'effet ralentissant de l'excitation du bout périphérique du nerf vague ayant disparu dans l'intoxication digitalinique avancée.

Chien de 24 kilos; injection veineuse de 8 milligrammes digitaline cristallisée Adrian. — *Chocs, Sigm.*, chocs brusques pratiqués sur la région sigmoïdienne de l'aorte à l'aide d'un cathéter introduit par la carotide droite. — *Pr. fém. Hg.*, pression artérielle dans la fémorale au manomètre à mercure, — *Pr. Ap. Ox. S.*, pression artérielle dans l'artère pulmonaire au manomètre à oxalate de soude. — *Pouls. Car.*, pulsations dans la carotide, — *Pouls. A. P.*, pulsations dans l'artère pulmonaire. — Brusques arrêts du cœur entraînant des effets identiques dans les pulsations de l'artère pulmonaire et de la carotide, ainsi que dans la pression aortique et dans la pression artérielle pulmonaire. A cette période de l'intoxication digitalinique, les plus fortes excitations centrifuges du nerf vague restaient sans effets modérateurs.

discordances dans les résultats : l'excitation des accélérateurs devient moins efficace à mesure que la tachycardie s'accentue.

Les mécanismes du ralentissement et de l'accélération ne sont donc pas aussi simples qu'ils le paraissent au premier abord. Il faut aussi faire des restrictions importantes au sujet du déterminisme expérimental auquel on est obligé d'avoir recours. L'excitation, par un procédé artificiel quelconque, de nerfs aboutissant à des appareils déjà surexcités peut se traduire par des phénomènes plus ou moins différents de ceux que la même excitation déterminerait sur des appareils normaux. D'autre part, un nerf artificiellement excité se conduit comme un simple conducteur et ne peut être comparé à un nerf soumis à la surexcitation fonctionnelle rendant les irritations plus efficaces ; enfin il existe bien certainement une *différence de qualité* entre les excitations artificielles et les excitations toxiques, et la continuité de l'action toxique ne peut être comparée à l'instantanéité de l'action physico-mécanique. C'est probablement dans ces conditions qu'il faut trouver, en partie tout au moins, la cause des variations précédentes.

L'assimilation des effets toni-cardiaques déterminés par les excitations des appareils accélérateurs normaux avec les effets toni-cardiaques produits par la digitaline n'en reste pas moins rigoureusement démontrée ; et, à mesure que l'action efficace des nerfs accélérateurs va croissant, celle de leurs antagonistes s'atténue.

Il nous restera à examiner tout à l'heure pour quelle part le myocarde intervient dans la série de ces modifications fonctionnelles.

Pour ce qui regarde la phase d'arythmie, l'analogie frappante qui se manifeste entre les troubles qui la caractérisent et ceux produits par l'excitation modérée du nerf vague, conduit à admettre que la digitaline agit comme un stimulant sur les terminaisons cardiaques des nerfs d'arrêt : cette stimulation aurait le caractère passager que revêt l'excitation du bout périphérique du nerf pneumogastrique directement excité ; de là, le caractère essentiellement transitoire de sa réaction. Au début, il ne se produit qu'une stimulation modérée des terminaisons intra-cardiaques du nerf vague, d'où résulte un simple ralentissement régulier ; un peu plus tard, ou avec une dose un peu plus élevée, l'excitation est plus accentuée et l'on voit apparaître les phases d'arythmie avec ralentissement ; sous l'influence de doses encore plus fortes, les excitations deviennent encore plus actives et provoquent une plus fréquente répétition des phases arythmiques ; enfin, aux doses toxiques, l'épuisement, la paralysie succède à ces excitations répétées, les terminaisons intra-cardiaques des accélérateurs sont seules encore capables de réagir, comme le montre l'excitation directe, et l'on voit survenir des phases arythmiques caractérisées par de courts accès de palpitations.

L'arythmie qui coïncidait avec l'inhibition dans les premières périodes de l'empoisonnement, coïncide ensuite avec un excès discontinu d'action du cœur à cette période où les palpitations ventriculaires reproduisent les effets d'une excitation intense des nerfs accélérateurs. Jusqu'à ce moment l'excitation se faisant sentir également sur les terminaisons intra-cardiaques, la loi de prédominance des effets modérateurs avait entraîné le ralentissement ; les appareils modérateurs se trouvant alors paralysés, les accélérateurs répondent seuls à l'excitation et l'on voit se produire la période d'arythmie avec excès continu d'action du cœur, les accès de palpitations se montrent plus fréquents, en séries presque continues, c'est la phase de tachycardie persistante ; enfin, dans la phase toxique terminale, les appareils accélérateurs sont paralysés à leur tour, comme le démontre l'impuissance à provoquer l'accélération de toutes les influences, directes ou indirectes, qui étaient restées efficaces jusqu'à ce moment, et l'on voit disparaître l'arythmie : le myocarde est alors entièrement soustrait à l'action de ses appareils modérateurs et accélérateurs et n'agit plus qu'en vertu de sa contractilité rythmique. Ses pulsations se montrent régulières, puissantes, la pression artérielle est élevée, il semble que tout rentre dans l'ordre et que l'orage soit passé ; et c'est précisément au moment de ce retour apparent à la pleine activité, de cette trompeuse *restitutio ad integrum*, que le cœur va être frappé subitement de mort (fig. 17).

On peut résumer de la façon suivante la succession de ces phénomènes : 1° Excitation, puis dépression toxique des appareils modérateurs ; 2° Excitation, suivie de dépression toxique des appareils accélérateurs qui résistent beaucoup plus longtemps que les premiers ; 3° Excitation du myocarde énervé qui ne peut subir longtemps la stimulation et meurt brusquement après un court accès de tétanos à secousses dissociées, puis subit, chez les mammifères, le relâchement de tout muscle à la fin du tétanos provoqué.

VII. Mort du cœur. — Il existe une analogie des plus frappantes entre l'arythmie et la mort brusque du cœur sous l'influence de la digitaline et les phénomènes de même nature que déterminent les excitations directes du myocarde. Les deux ventricules réagissent exactement de même au point de vue de leur synchronisme et restent associés, malgré certaines apparences contradictoires, par la synergie de leurs systoles quand on fait agir des excitations, de quelque nature qu'elles soient, en n'importe quel point de la surface du cœur.

Si l'on vient à exercer une excitation, à l'aide d'un courant induit de faible intensité et durant quelques secondes, sur l'oreillette droite, on provoque une simple réaction ventriculaire accélératrice et renforçante, régulière, sans arythmie, synchrone dans les deux ventricules. De fortes excitations, ne dépassant pas, toutefois, la limite de tolérance du cœur, déterminent une tachycardie arythmique des deux ventricules, accompagnée

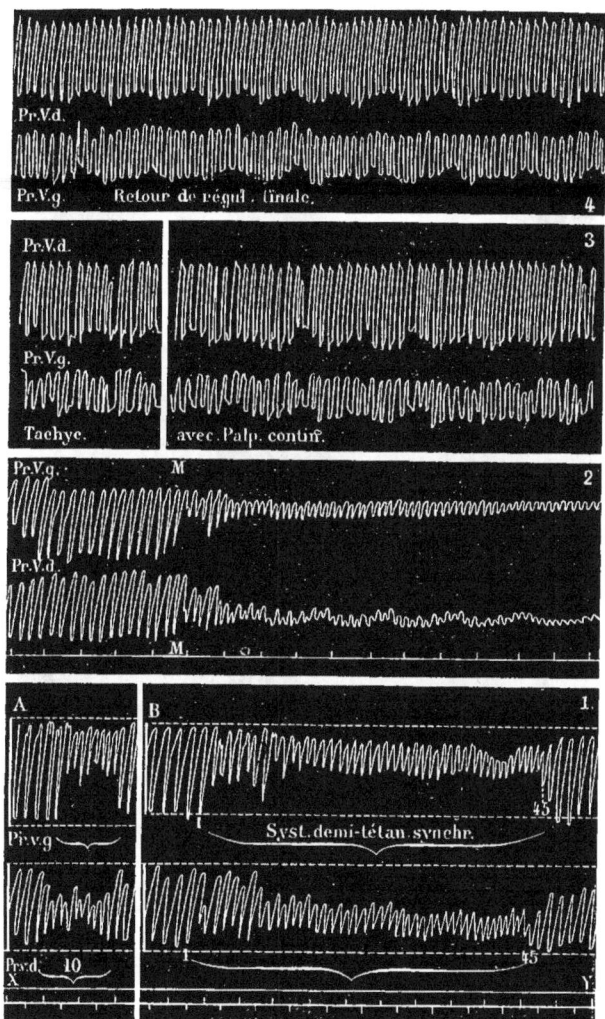

FIG. 17. — Arythmie digitalinique. Phases successives et disparition à la période ultime de l'empoisonnement.

1, systoles anticipées répétées en séries; groupe A, 10; groupe B, 45 : tétanos incomplet, chaque ventricule ne donne pas le maximum d'effort dont il est capable, ce qui amène comme conséquence une chute de la pression artérielle par défaut d'alimentation, comme si le cœur était arrêté en diastole. — 2, tachycardie prémortelle, brusquement remplacée par demi-tétanisation bi-ventriculaire à secousses dissociées, à laquelle succède la période terminale d'ondulations fibrillaires indépendantes des deux côtés. Fonctions ventriculaires suspendues en M. Quelquefois, tentatives de reprises de systoles actives comme dans la figure 3. — 3, les accès de palpitations se rapprochent et la tachycardie devient continue, les deux ventricules arythmiques restant synchrones. — 4, les deux ventricules redeviennent réguliers, tout en restant très accélérés : c'est la phase de tachycardie prémonitoire pendant laquelle la mort survient brusquement comme en 2. [Ces figures ont été interverties par suite d'une erreur et devraient se succéder dans l'ordre I, 3, 4, 2.]

d'un état de resserrement moyen des ventricules constituant un tétanos atténué, à secousses dissociées et irrégulières, comme il en apparaît souvent au cours des intoxications cardiaques avec des poisons tétanisants, et notamment avec la digitaline; puis,

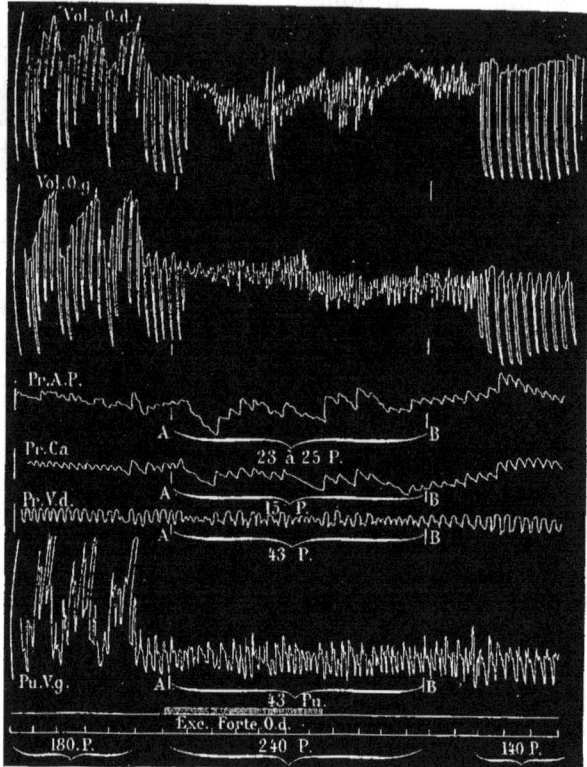

Fig. 18. — Ataxie cardiaque produite par une forte excitation de l'oreillette droite. Asynchronisme apparent des deux ventricules.

Pu. V. g., pulsations ventriculaires gauches. — *Pr. V. d.*, pression intra-ventriculaire droite, avec la sonde à ampoule élastique. — *Pr. Ca.*, pression artérielle dans la carotide, avec le sphygmoscope. — *Pr. A. P.*, pression artérielle dans l'artère pulmonaire, avec le sphygmoscope. — *Vol. O. g.* et *Vol. O. d.*, changements de volume des oreillettes gauche et droite. — Sous l'influence de l'excitation auriculaire unilatérale, les deux oreillettes subissent l'état habituel d'ataxie et les deux ventricules présentent une grande accélération arythmique avec nombreuses systoles avortées : les pulsations actives et inefficaces sont en nombre égal à droite et à gauche. Cependant la carotide ne donne que 15 pulsations et l'artère pulmonaire 23 à 25 seulement, chaque ventricule exécutant 43 systoles dans le même temps; 28 pulsations sont donc avortées au point de vue aortique (carotidien) et 18 ou 20 seulement ne retentissent pas dans l'artère pulmonaire. Cette inégalité ne résulte pas d'un défaut de synchronisme, mais provient d'une insuffisance d'alimentation ventriculaire gauche par un ventricule droit encore assez actif pour provoquer de faibles effets sur la pression dans l'artère pulmonaire à son voisinage immédiat, mais ne déployant pas un effort systolique suffisant pour faire traverser à son ondée tout le parcours du circuit pulmonaire.

l'accès terminé, les ventricules compensent la période précédente de surexcitation par un ralentissement notable. On observe aussi cet asynchronisme apparent qui peut faire croire à plusieurs systoles du ventricule droit pour une seule systole du ventricule gauche; mais ici, comme pour la digitale, l'inscription simultanée des variations de pressions et des pulsations ventriculaires montre que chaque ventricule a bien donné le même nombre de systoles, mais qu'un certain nombre de pulsations ventriculaires gauches ont avorté par suite d'une insuffisance d'alimentation par le ventricule droit, encore assez vigoureux, cependant, pour déterminer de faibles pulsations à son voisinage immédiat, dans l'artère pulmonaire, mais incapable d'un effort systolique suffisant pour faire franchir à cette ondée sanguine le circuit pulmonaire. Il y a synchronisme absolu et synergie relative, et l'assimilation avec les effets produits par la digitaline est des plus étroites.

Les excitations appliquées à l'oreillette gauche sont beaucoup plus efficaces encore que celles appliquées à l'oreillette droite, mais on n'observe qu'une différence de degré. La réaction ventriculaire est beaucoup plus intense, et l'on voit survenir facilement un état tétanique et ataxique comme celui qui résulte d'une irritation mécanique accidentelle, par exemple le pincement, la ligature, l'application d'un explorateur, l'introduc-

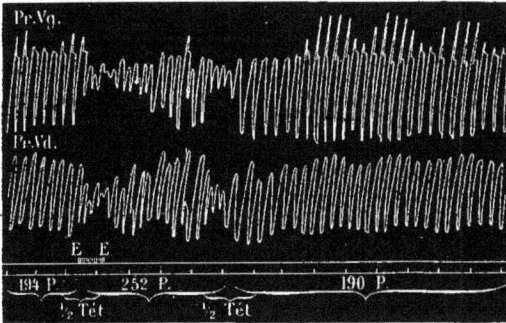

Fig. 19. — État demi-tétanique bi-ventriculaire produit par l'excitation induite
très brève et faible de l'oreillette gauche

Chien à température élevée (39°5). — Excitation induite très faible de l'oreillette gauche ayant duré à peine 8 dixièmes de seconde. Tachycardie et arythmie : la fréquence passe de 194 à 252, systoles redoublées, avortées, exactement synchrones, et ce synchronisme se poursuit dans la période de restitution où le cœur revient à sa fréquence primitive, 190. A ce moment, la synergie n'est que relative; le ventricule gauche déploie un effort systolique plus grand parce que l'alimentation pulmonaire se trouve exagérée lorsque le cœur arythmique reprend son activité. — Resserrement ventriculaire (demi-tétanos) semblable dans les deux ventricules. Comparer ces effets démi-tétaniques avec ceux que détermine la digitaline, figures 3 et 17.

tion d'une canule : aussi est-il indispensable d'atténuer cette sensibilité exagérée par la cocaïnisation préalable, ou, tout au moins, de réduire l'intensité et la durée des excitations. On peut aussi substituer une irritation traumatique à ces excitations électriques souvent trop intenses et impossibles à graduer à volonté.

En appliquant au myocarde les procédés d'exploration utilisés pour un muscle ordinaire, et en inscrivant ses *variations de consistance*, ou bien par l'exploration de la pression à l'intérieur des ventricules, on peut constater que l'état des ventricules accélérés et arythmiques consiste essentiellement en une tétanisation incomplète à secousses dissociées. La production du tétanos, chez un animal soumis à l'influence de l'atropine, de façon à supprimer toute action cardio-modératrice centrifuge ou intra-cardiaque, et dont le cœur est isolé des centres toni-accélérateurs par la section de tous les filets du sympathique, démontre que ce tétanos est bien d'origine myocardique et non pas d'origine nerveuse. Quant à la réalité de ce tétanos, elle est prouvée par le niveau élevé des secousses systoliques et par la décontraction incomplète des ventricules.

C'est en atténuant l'impressionnabilité ventriculaire au moyen de badigeonnages de cocaïne que FRANÇOIS-FRANCK a pu réaliser, chez les mammifères supérieurs, une tétanisation non suivie de mort et montrer ainsi qu'il n'y avait pas de différence dans la façon suivant laquelle le myocarde réagissait aux excitations artificielles chez les animaux à sang chaud et chez les animaux à sang froid et que la digitaline est un poison tétanisant pour le myocarde de *tous* les animaux. Le refroidissement préalable ; la chloralisation à haute dose ; utilisés par Mac William et par Gley ; l'emploi de certains animaux de préférence à d'autres, par exemple, le lapin ou les animaux nouveau-nés ; la

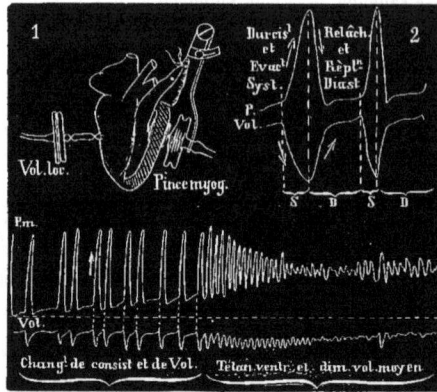

Fig. 20. — Démonstration myographique directe de la tétanie ventriculaire caractérisant la mort par la digitaline.

La paroi ventriculaire gauche est saisie entre les mors d'une pince myographique spéciale dont le schéma I permet de se rendre exactement compte : une branche de la pince, formant ressort, a été introduite par l'oreillette gauche et presse sur la paroi musculaire qui est comprimée, d'autre part, dans le point extérieur correspondant, par un bouton d'explorateur à ressort fixé à l'autre branche de la pince ; les deux branches sont serrées au degré convenable par une vis de rappel. L'appareil donne les courbes de durcissement systolique et de relâchement diastolique du myocarde. schéma 2. En même temps, on explore les changements de volume du ventricule droit au moyen d'un explorateur à air muni d'une serre-fine qui est accrochée à un point de la paroi (*Vol. loc.*) ; la membrane sans résistance de cet explorateur suit passivement les mouvements de retrait et d'expansion de la paroi : la systole attirant à elle la serre-fine et la membrane rappelle l'air extérieur dans le tambour explorateur et détermine la descente du style du tambour enregistreur, de sorte que la courbe systolique est en sens inverse de la courbe systolique de la pince myographique, schéma 2 (P, *courbe de la pince myographique du ventricule gauche* ; Vol, *courbe des changements de volume du ventricule droit* ; S, *systole* D, *diastole*). — Au moment de la mort du cœur provoquée par la digitaline les courbes myographiques et les courbes volumétriques (*P. m.* et *Vol*, partie inférieure de la figure) montrent l'état de tétanisation du myocarde associé à une diminution de volume.

Les pulsations extérieures des ventricules sont le résultat d'une combinaison entre les variations de consistance du myocarde et de réplétion des cavités. Le dispositif ci-dessus permet une appréciation plus exacte des *changements de consistance* de la paroi ventriculaire en réalisant une sorte de pince myographique permettant d'enregistrer les durcissements (gonflements produits par la contraction) et les relâchements alternatifs d'une portion limitée de cette paroi. Si les secousses finales du cœur intoxiqué par la digitaline sont des secousses tétaniques, elles doivent s'accompagner d'un gonflement plus ou moins accusé de la paroi musculaire saisie entre les mors de la pince myographique et se traduire par des vibrations s'inscrivant à un niveau plus ou moins élevé, suivant l'importance du gonflement local.

Le tracé *Pm* montre bien que cette phase de la mort du ventricule s'exprime comme le ferait la tétanisation dissociée d'un muscle strié.

En même temps, les changements de volume du ventricule droit. déterminés à l'aide d'un dispositif semblable à celui utilisé pour l'enregistrement du changement de volume des oreillettes (tambour fermé par une membrane indifférente et très souple reliée à la paroi par une serre-fine rigide), montrent qu'au moment de la phase tétanique, s'accusant par le durcissement et les vibrations musculaires. le volume moyen du ventricule droit diminue, comme on s'attend à l'observer sous l'influence de l'état de demi-resserrement systolique des ventricules tétanisés (ligne Vol).

provocation simultanée de l'influence inhibitrice du nerf vague utilisée par Vulpian et Laffont, avaient déjà atténué l'opposition paradoxale qui saute aux yeux dès les premières tentatives d'excitation par un courant faradique du ventricule de la grenouille et des ventricules d'un mammifère supérieur ; mais c'est l'emploi de la cocaïne qui a permis d'analyser rigoureusement la série des phénomènes et de les comparer étroitement à ce qui se passe dans le myocarde soumis à l'influence toxique de la digitaline.

La cocaïnisation locale d'une partie déterminée du cœur la rend réfractaire aux excitations ou, suivant l'intensité de cette cocaïnisation, atténue son excitabilité aa point que des excitations très intenses, capables auparavant de tuer brusquement le cœur, ne produisent plus qu'une action passagère très atténuée : on peut aussi pratiquer, dans le même but, la cocaïnisation générale en injectant 1 centigramme de cocaïne par kilo d'animal; ce dernier procédé est même préférable. Comme le dit fort justement François-Franck, on réalise ainsi une sorte d'acheminement à la transformation du cœur d'un mammifère en cœur d'animal à sang froid.

Cet artifice permet de dissocier la phase prémortelle de tétanisation, phénomène

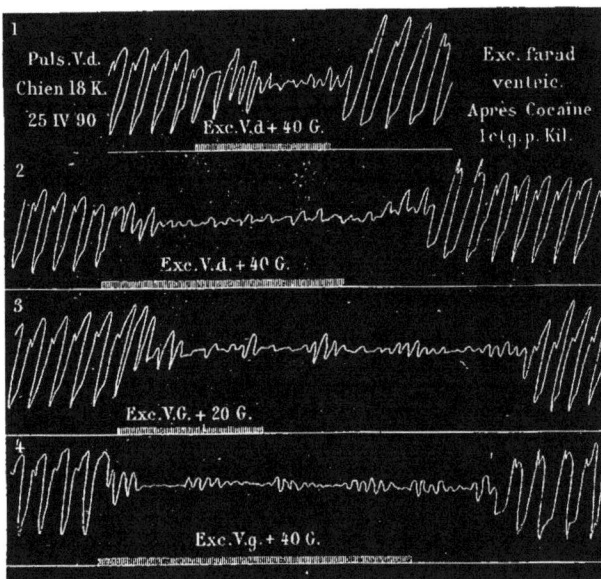

Fig. 21. — Tétanisation ventriculaire presque complète, mais transitoire, produite par l'excitation induite des ventricules dont l'excitabilité a été atténuée par la cocaïne.

L'administration aux chiens d'un centigramme par kilo de chlorhydrate de cocaïne détermine une remarquable diminution de l'excitabilité des ventricules, sous l'influence de la faradisation, et permet de leur appliquer de très fortes excitations sans les tuer et en y provoquant de grands accès de tétanos. Comparer les courbes de tétanisation des ventricules, obtenues dans ces conditions, avec celles que produit l'intoxication digitalique. — 1. Faradisation du ventricule droit, chariot à la division 40 de la bobine Gaiffe; — 2. faradisation du ventricule droit, chariot à la division 40 de la bobine Gaiffe; — 3. faradisation du ventricule gauche localisée à la région de Kronecker-Schmell, chariot à la division 20 de la bobine Gaiffe; — 4. faradisation du ventricule gauche, chariot à la division 40 de la bobine Gaiffe.

essentiellement actif, et de montrer qu'il est tout à fait distinct de la trémulation fibrillaire qui constitue un acte d'épuisement, une manifestation de péristaltisme désordonné survenant dans un muscle doué de propriétés rythmiques et qui vient de subir un épuisement intense. Le phénomène important, constant dans sa production, est la tétanisation en masse du myocarde, qu'elle soit ou non fusionnée en une contracture parfaite, et l'inefficacité de ces contractions saccadées sur le contenu sanguin des ventricules qui ne se relâchent pas suffisamment dans l'intervalle pour recevoir du sang : telle est la phase terminant la vie du cœur empoisonné par la digitaline, ainsi que l'avait déjà fait observer Claude Bernard, aussi bien que le signal de la mort imminente du cœur faradisé (fig. 22).

L'excitation interstitielle du myocarde, réalisée par une injection de liquides irritants dans les artères coronaires, est capable de produire un tétanos parfait avec fusion complète des secousses, et contracture persistante, comme celui d'un muscle strié soumis à des décharges induites fréquentes et se tétanisant progressivement, alors que les excitations superficielles ne produisent qu'un tétanos imparfait à secousses dissociées, ne se fusionnant pas en contracture soutenue : c'est à ce dernier mode d'excitation que l'action de la digitaline est comparable. L'analogie se poursuit même plus loin, car les influences qui atténuent la réactivité directe du myocarde à ces excitations superficielles, comme l'intervention du chloral, de la cocaïne, par exemple, rendent aussi le cœur moins impressionnable à l'action de la digitaline.

Cette analogie est même si parfaite que l'on pourrait superposer les courbes du téta-

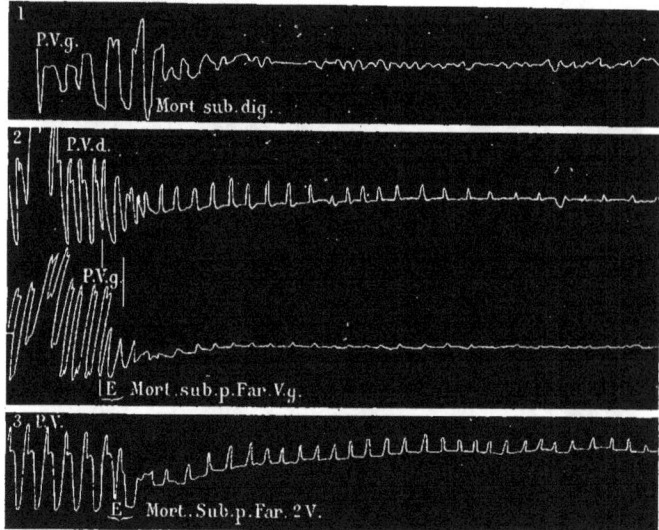

Fig. 22 — Graphiques de la mort du cœur par la digitaline et par la faradisation directe.
1, Chien empoisonné par 10 milligrammes de digitaline cristallisée ADRIAN; — **2.** faradisation totale du cœur chez un chien, marquée par la lettre E; — **3,** faradisation locale du ventricule droit chez un chat, marquée par la lettre E. — La phase toxique terminale de la courbe 1 (digitaline) est abrégée et moins marquée, à cause de la cocaïnisation préalable de l'animal.

nos dissocié des ventricules produit par la digitaline et de celui que détermine la stimulation périphérique directe par un courant faradique. La digitale n'est d'ailleurs pas le seul des poisons cardiaques avec lequel s'observe une pareille concordance; et l'assimilation avec les excitations faradiques directes est d'autant plus étroite et parfaite qu'on leur compare l'action déterminée par un principe actif plus rigoureusement purifié. La digitaline très pure, comme la strophantine d'ailleurs, manifeste une énergie toxique nettement plus accentuée que celle déterminée par les variétés de digitalines commerciales insuffisamment purifiées et renfermant encore des proportions plus ou moins considérables de digitaléine. La phase de ralentissement initial se trouve alors, sinon supprimée, du moins fort écourtée; les troubles de rythme sont moins dissociés, et la mort du cœur arrive à dose moindre, et avec des accidents tétaniques plus subits et plus précoces.

C'est là ce qui a fait dire à FRANÇOIS-FRANCK que la digitoxine (allemande) était plus active, plus toxique· que la digitaline (française), interprétation inexacte à mon avis, aussi bien en vertu de considérations chimiques que physiologiques, et qu'il serait fâcheux de laisser s'accréditer. D'autant que, appliquant déjà le *Post hoc ergo propter hoc*, on a voulu donner cette différence de toxicité, d'après les travaux de FRANÇOIS-FRANCK, comme preuve de la non-identité de la digitaline cristallisée chloroformique française avec la digitoxine allemande.

L'action de la digitaléine est celle de la digitaline, mais atténuée, gagnant en durée ce qu'elle perd en intensité, si l'on peut ainsi dire ; et permettant, cela me paraît incontestable, de mieux suivre et analyser la succession des phénomènes (Voir fig. 3).

Quoique, ainsi que je l'ai déjà fait observer, l'action toxique de la digitale en nature soit plus énergique que celle de la somme des principes actifs, digitaline et digitaléine, actuellement isolés et bien étudiés, il n'en est pas moins certain que l'évolution des phénomènes toxiques qu'elle détermine est moins rapide, les diverses phases en sont moins subintrantes et précipitées que cela ne s'observe avec la digitaline.

La tétanisation représente le summum d'action exercée par la digitaline sur le myocarde, l'intervention du système nerveux étant, à cette période, complètement supprimée par suite de sa paralysie : on observe en effet, successivement, d'abord l'augmenta-

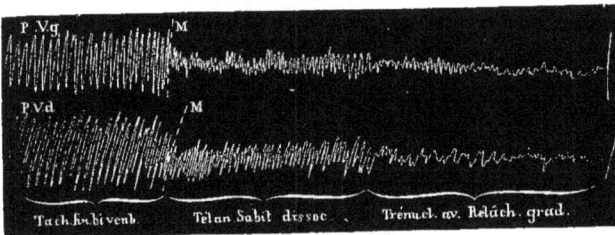

Fıg 23. — Type de la mort subite des deux ventricules tués par la digitoxine.

Les deux ventricules sont pris subitement de tétanisation à secousses dissociées après la période de tachycardie prémonitoire ; puis ils passent par la phase de trémulation ondulatoire avec relâchement graduel aboutissant à l'immobilité diastolique. — Par la comparaison de ce graphique avec ceux des figures 3 et 17, il est facile de constater que le mécanisme de l'action physiologique est toujours le même, qu'il s'agisse de digitaline amorphe, de digitaline cristallisée, ou du produit appelé par les Allemands *digitoxine* : seules, l'intensité et la rapidité d'évolution des phénomènes sont un peu différentes.

tion de la puissance systolique, puis de la tachycardie simple avec renforcement d'énergie, ensuite la tachycardie arythmique avec accès demi-tétanique, enfin la tétanisation vraie à secousses dissociées : cet accès final de tétanisation est le signal de la mort du cœur ; le poison a déjà tué le cœur au moment où apparaît la trémulation fibrillaire qui succède à ce tétanos. Le myocarde est tué comme il l'est sous l'influence des stimulants physiques ; les différences que l'on peut observer sont réductibles à des questions de doses, et l'on peut, à l'aide de doses suffisantes de digitaline très pure, foudroyer le cœur avec la même instantanéité. Le myocarde tué par la digitaline est devenu complètement inexcitable, même par les courants faradiques les plus intenses.

L'influence directe de la digitaline sur le myocarde rend compte, en outre, des accidents tétaniques observés pendant la période de tachycardie arythmique, accidents que l'intervention du système nerveux était insuffisante à expliquer. Il faut remarquer, de plus, que cette influence sur le myocarde s'exerce pendant toute la durée de l'action de la digitaline et que ce myocarde a dû avoir sa part dans la production des accidents toni-arythmiques.

FRANÇOIS-FRANCK a encore cherché, par sa très ingénieuse expérience de la séparation physiologique de la pointe du cœur, à fournir une preuve de cette action musculaire directe, indépendante, de la digitaline sur le myocarde Une constriction linéaire énergique, obtenue au moyen d'un fil fort, est appliquée transversalement au niveau du quart inférieur du ventricule d'une grenouille : on détermine ainsi la formation d'une région basale qui continue à se contracter et à se relâcher rythmiquement tandis que la région du sommet, de la pointe, reste distendue par le sang que les systoles de la région active ont projeté dans sa cavité ; et cette portion ainsi distendue ne pourra plus se contracter que si elle est soumise à des excitations, soit externes, soit internes, représentant pour elle la stimulation qu'elle cesse de recevoir de la région basale. On injecte alors sous la peau quelques dixièmes de milligramme de digitaline en solution hydro-alcoolique, et on voit au bout de quelques minutes la contracture tétanique s'établir dans la région basale du ventricule, tandis que le sommet reste distendu, le sang chargé de digitaline n'ayant pas pu y pénétrer. Si l'on vient alors à le percuter légèrement, à gratter sa surface à l'aide d'une pointe mousse, ou à le presser légèrement entre les doigts, comme pour l'exprimer, la contraction se produit, arrive à vaincre la résistance opposée par la ligature, et le sang emprisonné dans cette région du sommet se vide dans la région basale, mais pour être aussitôt remplacé par du sang chargé de digitaline provenant de la circulation générale. Dès ce moment, on voit la diastole de cette région du sommet

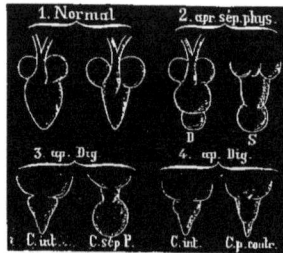

Fig. 24. — Expérience de François-Franck ; séparation physiologique de la pointe du cœur subissant l'action myocardique de la digitaline.

1. Cœur normal de la grenouille : en diastole et en systole ; — **2,** cœur après séparation physiologique de la pointe opérée au moyen d'une constriction linéaire : D, diastole de la base avec immobilité de la pointe ; S, systole de la base distendant passivement la pointe ; — **3** et **4.** cœur intact et cœur après séparation physiologique de la pointe, et sous l'influence d'une dose toxique de digitaline : 3. (*C. int.*) cœur intact présentant une contracture totale du ventricule : la base subit seule (*C. sép. P.*) cette contracture après séparation physiologique de la pointe qui reste distendue par le sang normal ; — 4. après une série d'évacuations du sang normal, la pointe ayant reçu du sang digitaliné prend l'attitude contracturée (*C. p. contr.*), et le ventricule tout entier en systole ressemble au ventricule digitaliné intact (*C. int.*), sauf au niveau du sillon creusé par la constriction linéaire préalable.

Constriction linéaire énergique, appliquée transversalement au niveau du 1/4 inférieur du ventricule : la pointe ainsi isolée ne peut plus se contracter que si elle est soumise à des excitations soit externes, soit internes, représentant pour elle la stimulation qu'elle cesse de recevoir de la portion basilaire. On provoque cette contraction par une percussion extérieure; et l'on favorise, au besoin, l'échange du sang renfermé dans la pointe avec celui contenu dans la région basilaire par une légère pression à la surface des oreillettes. En renouvelant plusieurs fois cet échange, la pointe finit par contenir un sang assez riche en substance toxique pour impressionner énergiquement les éléments anatomiques. C'est là une démonstration positive et directe de l'action tétanisante de la digitaline sur le myocarde.

séparée par la ligature s'effectuer avec moins d'énergie qu'au début et après que l'on a renouvelé à trois ou quatre reprises cet échange de sang digitaliné, la pointe est tétanisée, en état de contracture parfaite, comme le ventricule d'une grenouille normale avec laquelle il faut pratiquer une expérience comparative pour rendre les résultats encore plus frappants.

Toutefois, cette expérience n'est pas, absolument et rigoureusement, à l'abri de toute critique. Elle repose sur ce que la pointe du cœur est considérée comme dépourvue, chez la grenouille, d'organes nerveux ganglionnaires. C'est exact, mais, par un examen attentif de préparations microscopiques effectuées avec la pointe d'un cœur de grenouille, et à l'aide des procédés de Golgi et de Ramon y Cajal, on peut voir un lacis assez serré de rameaux nerveux parcourant le myocarde, s'y entre-croisant et formant, au niveau de ces entre-croisements, non pas une masse ganglionnaire, mais une agglomération évidente de cellules nerveuses qui pourraient, à la rigueur, jouer, en petit, le rôle d'un centre ganglionnaire. Toute incertitude n'est donc pas absolument écartée par ce procédé expérimental; et le but, visé par son auteur, de maintenir les relations de la pointe avec la base du cœur, sans lui permettre de s'imprégner du poison, et tout en conservant le moyen de la soumettre à la même influence que le tissu neuro-musculaire des deux tiers supérieurs du ventricule, n'est peut-être pas encore rigoureusement atteint.

Quoi qu'il en soit, cette expérience est des plus importantes, en ce qui concerne le mécanisme de l'action physiologique de la digitaline. Elle plaide dans le même sens que toutes les considérations qui tendent à faire jouer au myocarde un rôle, sinon exclusif, du moins fort important, presque prépondérant, dans l'évolution des phénomènes.

Diurèse. — L'action diurétique de la digitaline est incontestable, bien qu'elle ait donné lieu à un assez grand nombre de discussions; mais elle me paraît très efficacement favorisée par des produits qui l'accompagnent dans la digitale.

Faire de la diurèse une conséquence de l'augmentation de tension artérielle est une hypothèse plus qu'insuffisante et qui ne résiste pas à l'analyse. Les expériences, effectuées il y a déjà longtemps par Lauder-Brunton et Power, n'étaient cependant guère favorables à cette interprétation. Ces observateurs avaient montré que, sous l'influence d'une injection de digitale dans la circulation d'un chien, on notait une élévation de la pression sanguine, mais, en même temps, une diminution, voire même un arrêt de la sécrétion urinaire : les artères rénales, fort contractées, mettaient obstacle à la circulation du sang dans le rein; et l'on peut voir apparaître un faible degré d'albuminurie, comme après la ligature ou la compression de l'artère rénale. Lorsque la diurèse s'établissait, cela coïncidait avec l'abaissement de la pression artérielle; de sorte que la quantité d'urine émise est minima alors que la pression sanguine est maxima. Ces expériences ont été vérifiées à maintes reprises; et l'on savait d'ailleurs, par les observations cliniques, que l'action diurétique de la digitale se manifeste chez des sujets présentant une tension vasculaire tantôt élevée, tantôt abaissée, d'autres fois absolument normale.

D'un autre côté, la digitaline n'exerce, très probablement, aucune action sur l'épithélium rénal; elle ne s'élimine pas en nature, et jamais, il n'a été possible de la déceler dans l'urine : il est vrai que cela ne préjuge rien de l'action que ses produits de transformation pourraient exercer sur cet épithélium (V. Diurétiques).

Ce qui rend le mieux compte du mécanisme de cette diurèse, ce sont les modifications qui se produisent dans la circulation rénale, c'est l'action exercée par la digitaline sur la vitesse du courant sanguin sur l'amplitude des systoles et des diastoles : le cœur est vidé plus complètement pendant la systole dont l'énergie est accrue, il est distendu davantage pendant la diastole, qui permet la pénétration d'une plus grande quantité de sang; et il en résulte une accélération de vitesse, malgré l'augmentation de tension artérielle, et après une diminution passagère.

L'accélération du cheminement d'un liquide dans un tube poreux augmente l'intensité des phénomènes d'endosmose; et ce fait permet d'interpréter l'action diurétique que la digitaline exerce chez les individus affectés d'hydropisie ou d'œdème. Cette action était, d'ailleurs, bien connue des cliniciens, et, en 1870, Lorain disait : « On pourrait croire que les litres d'urine que la digitale a fait rendre en vingt-quatre heures sont empruntés aux tissus, tandis qu'ils appartiennent à la résorption du liquide épanché (anasarque et ascite), d'où il suit que la diurèse est plus facile chez les hydropiques qui ont du liquide en réserve. Ainsi, la digitale serait d'un effet réellement efficace et rapide dans les maladies du cœur avec anasarque et ascite. » Il ne faisait, par cette phrase, que donner plus de précision aux assertions de Withering qui avait fait la même observation près de cent années auparavant, et à celle de Vassal qui, déjà en 1809, affirmait la nécessité d'un état d'infiltration pour que l'action diurétique de la digitale se manifestât.

C'est donc à juste titre que C. Potain qualifie la digitale (et du même coup la digitaline) de « *diurétique indirect*, dont l'action consiste à faire rentrer dans la circulation, pour les éliminer par les reins, les liquides des hydropisies et des œdèmes », et que Sidney Ringer fait observer que cette résorption est *la cause et non la conséquence* de son action diurétique. Telle est également l'opinion de Huchard, qui trouve sa confirmation dans le fait, signalé par Neubauer et Vogel, de l'augmentation, parfois considérable, des chlorures, liée à la diurèse digitalinique : il n'est pas rare de voir l'élimination urinaire des chlorures atteindre 20, 30, 40, et jusqu'à 50 grammes par vingt-quatre heures, après l'administration bien appropriée de la digitale; et ces chlorures ne peuvent provenir que des liquides d'infiltration.

Je pense donc qu'il faut conclure en disant que la digitaline est un *diurétique occasionnel* qui ne déterminera cette action que lorsque les conditions physico-chimiques favorisant l'endosmose dans le liquide sanguin se trouveront réalisées. Que cette action diurétique soit facilitée, non par une augmentation, mais bien par des *variations* de la tension sanguine, cela me paraît certain et concordant avec ce mécanisme. Je crois, en effet, qu'il y a, dans les variations de pression sanguine déterminées par le spasme artériel suivi du relâchement des artérioles favorisant la diurèse (et cela quelle que soit la substance sollicitant cette diurèse) un *point critique*, analogue à celui que l'on observe dans la liquéfaction des gaz, au-dessus ou au-dessous duquel l'action diurétique est plutôt entravée.

Système nerveux. — En dehors de ce que j'ai exposé précédemment, relativement à son influence sur le système nerveux cardiaque, le système nerveux n'éprouve pas de modifications appréciables sous l'influence de la digitaline employée à doses thérapeutiques et pendant peu de temps. On constate plutôt une sédation du système nerveux central qui doit jouer un rôle efficace dans la régularisation de la circulation. Mais, si la dose est trop forte, ou bien si l'administration de doses faibles est trop longtemps prolongée, on voit survenir des phénomènes d'intolérance qui se traduisent par de l'excitation, de la susceptibilité aux bruits, des soubresauts tendineux, des mouvements tumultueux du cœur. L'atteinte supportée par le système nerveux se traduit encore par de l'inquiétude, de la pesanteur de tête, des vertiges, des hallucinations, des bourdonnements d'oreilles, de la dilatation pupillaire, de l'amblyopie, quelquefois même du délire : un indice très sensible de la saturation de l'organisme et de la démonstration que le système nerveux commence à ressentir l'influence toxique de la digitaline est le délire nocturne, analogue au délire alcoolique, et que l'administration de la digitale détermine avec une grande facilité chez les alcooliques. Toutes ces manifestations sont précédées, en général, de l'apparition brusque, on pourrait dire de l'explosion, d'une céphalalgie susorbitaire intense et particulière qui constitue l'un des symptômes les plus importants de l'intolérance : elles aboutissent, le plus souvent, à une syncope, qui est comme le signal de l'apparition des accidents graves, parfois irrémédiablement mortels.

Je m'occuperai spécialement, tout à l'heure, des accidents gastro-intestinaux qui éclatent à ce moment avec une intensité remarquable. La part du système nerveux consiste dans la paralysie du système nerveux moteur de la vie de relation, puis du système nerveux de la vie organique, que suit bientôt la perte de l'intelligence, un état comateux avec insensibilité générale. La moelle subit une diminution graduelle de son excitomotricité qui a disparu à peu près complètement, avant que les muscles ne soient atteints.

Certains phénomènes caractérisant l'action de la digitaline à doses thérapeutiques sont certainement pour une large part, sinon même entièrement, des manifestations de l'influence exercée sur le système nerveux. C'est ainsi que la vaso-constriction du début est bien plutôt un phénomène consécutif à l'excitation du sympathique (excitation des vaso-constricteurs des capillaires artériels) qu'à celle de la tunique musculaire des vaisseaux contractiles : ce n'est qu'à la période toxique, que l'élément musculaire a pu être suffisamment influencé par la digitaline pour répondre par une contracture tétanique. Ici, comme pour le cœur, il est assez difficile de dissocier les phénomènes et de déterminer exactement la part qui revient à l'élément nerveux et celle qui est l'apanage de l'élément musculaire. Cependant, l'expérience de Traube confirmée par Lauder-Brunton et A. Bernard Meyer, prouvant que la digitaline, *à petite dose*, ne produit plus d'augmentation de la tension artérielle, après section de la moelle épinière dans la région cervicale, bien que le ralentissement des contractions cardiaques se manifeste encore, cette expérience paraît bien démontrer l'intervention efficace d'une action de la digitaline sur le sympathique : si, à plus fortes doses, cette augmentation de la tension artérielle se manifeste, c'est parce qu'on a dépassé la dose thérapeutique et que l'action sur le système musculaire peut alors entrer en jeu.

Dans son étude sur l'action physiologique de la digitale, Gourvat donne comme preuve de l'action exercée par la digitaline sur les vaso-moteurs une expérience qui me paraît plutôt justifier l'interprétation précédente. Il pratique, chez un lapin, la section du sympathique au cou d'un seul côté ; il en résulte la vascularisation de l'oreille et de l'œil, la dilatation de l'artère auriculaire centrale dont les pulsations deviennent nettement isochrones avec celles du cœur, une augmentation de la température de l'oreille, de l'atrésie pupillaire par congestion de l'iris. L'animal reçoit alors une injection de digitaline, à faible dose : au bout de quelque temps, rien n'est changé du côté de la section, tandis que de l'autre côté, l'artère centrale est diminuée de volume, à peine perceptible sous le doigt ; l'oreille pâle ; la pupille dilatée. Si l'on vient alors à pratiquer une injection de digitaline dans l'oreille énervée, la vaso-constriction se produit.

Vulpian estimait que cette expérience ne prouvait pas l'action de la digitaline sur les nerfs vaso-moteurs eux-mêmes, attendu que la digitaline, apportée par la voie circulatoire dans l'oreille énervée, pouvait encore atteindre les terminaisons du cordon cervical du grand sympathique, et, par conséquent, les extrémités périphériques des fibres qu'il fournit aux vaisseaux. Cette objection est très juste et se présente immédiatement à l'esprit, mais il faut tenir compte aussi de la dose ; et ce qui me paraît le prouver, c'est le fait de la vaso-constriction par injection directe de digitaline dans l'oreille énervée. Telle dose de digitaline, capable de déterminer la vaso-constriction lorsque les fibres terminales du cordon cervical du grand sympathique sont en relation normale avec le myélencéphale, est peut-être insuffisante lorsque ce cordon est sectionné et que l'influence vaso-motrice sympathique se trouve réduite à celle exercée par les ganglions de la tunique vasculaire : il faut, dans ce cas, l'intervention de la contracture musculaire, ce que me semble produire l'injection directe de la solution de digitaline dans le tissu de l'oreille énervée.

Système musculaire. — Je n'ai pas à m'étendre beaucoup sur l'action exercée par la digitaline sur le système musculaire, après les détails fournis au sujet de son action sur le myocarde. La digitaline exerce, localement, aussi bien sur les muscles à fibres lisses que sur les muscles à fibres striées, une action tétanisante analogue à celle de la vératrine, ou mieux encore de la caféine. Le muscle meurt en état de contracture persistante, et le nerf n'est pas affecté. C'est ce que l'on peut vérifier aisément en mettant un gastrocnémien de grenouille au contact d'une solution de digitaline.

Par la voie de la circulation générale, l'action de la digitaline sur le système musculaire se traduit d'abord par de l'excitation, bientôt suivie de paralysie : le muscle meurt en état de tétanos, comme le myocarde. L'action sur les muscles à fibres lisses est plus lente et plus prolongée que sur les muscles à fibres striées. Cette influence sur les muscles lisses se traduit par les évacuations alvines, les vomissements, la fréquence des envies d'uriner (je ne dis pas la fréquence des mictions, car l'anurie est souvent à peu près complète), les contractions utérines ; tous phénomènes que l'on observe couramment au cours des intoxications. Quand on expérimente sur les grenouilles, on constate que les muscles striés perdent leur excitabilité environ huit a dix heures après la mort, lorsqu'elle a été déterminée par la digitaline, alors que cette excitabilité persiste plus de dix-huit heures lorsque la mort a été déterminée, comparativement, par excision du cœur.

De la comparaison de ces phénomènes avec ceux qui caractérisent l'action de la digitaline sur le myocarde, il résulte que ce poison exerce une *action élective sur la fibre musculaire cardiaque;* et que l'intervention de doses relativement massives est nécessaire pour que l'impression sur les autres muscles se manifeste. L'expérience montre en effet que le cœur est déjà tué et la circulation suspendue alors que les appareils nerveux (central et phériphérique), musculaire et respiratoire sont encore intacts. Cela résulte des expériences effectuées par Vulpian sur la grenouille et par Cadiat sur des roussettes (*Scyllium canicula*).

Respiration. Température. Nutrition. — La diminution du nombre des mouvements respiratoires est la règle, avec les doses faibles, thérapeutiques, de digitaline : aux doses toxiques, on observe une accélération suivie de ralentissement.

Ce ralentissement circulatoire et respiratoire concordant avec un abaissement, parfois notable, de la température, facilité par la constriction vasculaire et le resserrement des artérioles, comme dans l'expérience de Gourvat, tend à démontrer une diminution dans les échanges organiques, un ralentissement dans la dénutrition. Des expériences de Mégevand, effectuées à l'aide de la variété de digitaline portant dans le commerce la dénomination de *digitaline d'*Homolle *et* Quévenne, ont confirmé ces déductions. Sous l'influence de l'absorption, par la voie gastrique, d'un quart de milligramme de cette digitaline, Mégevand observa le ralentissement du pouls jusqu'à 60 et même 40 pulsations par minute ; la température s'abaissa de 1° à 1°5 ; il se produisit une légère diurèse aqueuse et l'urée tomba de 21 à 15 grammes par vingt-quatre heures. Ces effets se prolongèrent encore pendant quelques jours après la cessation de l'absorption de la digitaline.

Toutefois, ces effets sur la nutrition peuvent être variables, car il résulte d'expériences de Lauder-Brunton que l'élimination de l'urée et de l'acide carbonique exhalé est plus considérable qu'à l'état normal durant la période d'augmentation de la tension artérielle. Ce résultat concorde avec les expériences de Guido Cavazzini qui aurait constaté, à cette même période, une augmentation de la capacité du sang pour l'oxygène.

A l'inverse de ce qu'on observe sous l'influence de la caféine, on constate la production d'une hypothermie centrale, tandis que la température périphérique s'élèverait de quelques dixièmes de degré.

Ces résultats sont assez discordants et nécessiteraient de nouvelles recherches.

Appareil digestif. — L'appareil digestif n'est intéressé que par l'introduction brusque de fortes doses d'emblée, ou bien lorsque éclatent tout à coup les phénomènes d'intolérance succédant à une administration trop longtemps prolongée. La sécheresse de l'arrière-bouche, des nausées, des éructations, des vomissements, des coliques, de la diarrhée, sont les manifestations d'une action irritante locale en rapport avec l'élimination de la substance toxique. C'est, en effet, seulement dans ces déjections, alvines et stomacales, que l'analyse chimique permet de déceler la présence de la digitaline et de démontrer ainsi, en quelque sorte, l'effort de la *natura medicatrix* pour se débarrasser du poison. Ces phénomènes se produisent aussi bien, quelle que soit la voie d'introduction du poison : gastro-intestinale, sous-cutanée, veineuse. Les troubles gastro-intestinaux constituent toujours une manifestation grave de l'intoxication digitalinique : ils traduisent la stimulation du péristaltisme intestinal, sans hypersécrétion nécessaire, et se montrent souvent sous forme de coliques sans diarrhée, témoignant de la tétanisation des fibres musculaires lisses de l'intestin. Quant aux vomissements, ils sont caractérisés par leur ténacité et leur caractère laborieux, la violence des efforts, la douleur persistante et à caractère pongitif qu'ils produisent, ainsi que par leur tendance à reparaître spontanément après une certaine période de calme relatif.

Accumulation. Espèces réfractaires. — Je ne saurais terminer cette étude de la digitaline, faite surtout au point de vue physiologique, sans dire quelques mots de deux phénomènes plutôt susceptibles d'intéresser la pratique thérapeutique, mais qu'il faut au moins signaler.

Chez les mammifères, et surtout chez les mammifères supérieurs, on n'observe pas d'accoutumance à l'action de la digitaline. Bien mieux, il se fait une sorte d'accumulation si l'on introduit journellement dans l'organisme des doses faibles et incapables, isolément, de déterminer des accidents ; et l'on voit éclater tout à coup ces accidents d'intoxication, comme si l'on venait d'administrer brusquement, en une seule fois, une dose toxique. En administrant, par exemple, à un chien du poids de 20 kilos une quantité de digitaline de 5 milligrammes pendant plusieurs jours de suite, on voit, vers le septième où le huitième jour et sans que rien ait pu le faire prévoir, survenir tout à coup des accidents d'intoxication aussi violents et aussi subits que ceux qui résulteraient de l'introduction, en une seule fois, dans l'organisme du même animal d'une dose de 35 à 40 milligrammes de digitaline ; absolument comme si les doses journalières s'étaient ajoutées les unes aux autres, attendant par démasquer leur action que la dose toxique fût atteinte.

C'est de cette façon que, chez l'homme, l'usage prolongé de digitaline, ou de préparations de digitale, détermine tout à coup l'apparition de ces accidents d'intolérance, toujours extrêmement graves, souvent même mortels. Pour donner une idée de la gravité de ces accidents, il faut ajouter qu'il n'existe pas d'antidotes réels de la digitaline ; et rappeler que l'action élective sur le myocarde peut en déterminer la mort, par une tétanisation irrémédiable, avant que l'action de la digitaline ne se soit manifestée d'une façon évidente sur les autres appareils.

Cette accumulation de la digitaline est en rapport avec ce fait que l'expérience vérifie et sur lequel j'ai déjà attiré l'attention. La digitaline ne s'élimine que très lentement de l'organisme, et sous une forme encore inconnue, car on l'a toujours vainement recherchée dans l'urine et les diverses excrétions. Elle n'apparaît dans les déjections alvines et stomacales que lors des accidents graves d'intoxication, et parce que alors elle s'élimine en nature par les glandes de la muqueuse gastro-intestinale. Elle paraît offrir une résistance notable aux actes physico-chimiques qui s'accomplissent dans l'organisme vivant, et ne subir que très lentement les modifications qui la rendent inoffensive; de là son action médicamenteuse à longue portée.

Certains animaux sont réfractaires à l'action de la digitaline. Vulpian avait signalé le fait pour le crapaud qu'il considérait comme le seul animal vraiment réfractaire à l'action toxique de la digitale. Cette observation était d'autant plus intéressante que ce même expérimentateur avait démontré l'action du venin de crapaud sur le cœur de la grenouille dont il arrête les mouvements avant d'abolir la motricité des nerfs de la vie animale ou la contractilité des muscles des membres. Depuis, des recherches nouvelles ont permis d'envisager le rat, sinon comme absolument réfractaire, au moins comme tout particulièrement résistant. On a pensé que le sang de cet animal exerçait peut-être une action antitoxique sur la digitaline; et cette hypothèse a inspiré à Binet (de Genève) la pensée de pratiquer quelques essais de sérothérapie qui n'ont pas confirmé ces prévisions. Ses recherches ont, en effet, abouti aux résultats suivants : le sérum du sang de rat, injecté à un cobaye, n'atténue en aucune façon l'action exercée sur cet animal par la digitaline. D'autre part, le sérum de rat intoxiqué par la digitaline ne s'est pas montré toxique pour le cobaye, mais il n'a pas non plus atténué l'action toxique d'une injection subséquente de digitaline.

Dans une thèse reproduisant les recherches et les essais de Binet, L. Scofone énonce les conclusions ci-après. La digitaline ne perd pas son pouvoir toxique après macération à l'étuve avec divers tissus organiques appartenant à une espèce insensible à ce toxique (rat, couleuvre, crapaud). Le sang et le sérum des animaux insensibles à l'action de la digitaline n'exercent pas de pouvoir antitoxique vis-à-vis de cette substance. Les animaux sensibles à l'action de la digitaline ne sont pas rendus réfractaires à ce toxique par l'injection de sérum appartenant à un animal insensible à cette substance.

Il serait néanmoins intéressant de reprendre ces essais avec du sang de crapaud, ou de salamandre aquatique, dont le venin exerce sur le cœur de la grenouille une action analogue à celle du venin de crapaud.

Bibliographie. — A elle seule, la bibliographie de la digitale pourrait faire un volume : le nombre des mémoires, tant au point de vue de l'étude chimique qu'au point de vue de l'action physiologique, est tellement considérable qu'il serait aussi inutile que fastidieux d'en donner l'énumération. Je me bornerai à citer les travaux qui m'ont paru les plus importants et que j'ai mis à contribution pour la rédaction de cet article.

Withering. An account of the Foxglove and some of its medicinal Uses, Birmingham, 1785. — Sandras. De la digitale pourprée et de ses effets physiologiques et thérapeutiques (Bulletin général de thérapeutique, v, 1833). — Homolle et Quévenne (Journal de pharmacie et de chimie, vii, 1845 ; — Mémoire sur la digitaline, Paris, 1851). — Stannius. Untersuchungen ueber die Wirkung der Digitalis und des Digitalin (Archiv für physiologische Heilkunde, x, fasc. 2, 1851). — Traube. Ueber die Wirkungen der Digitalis (Canstatt's Jahresbericht, v, 1853 et Charité-Annalen, 1851). — Vulpian (B. B., (2), ii et iii, 1854, 1855 et 1856); — (Leçons sur l'appareil vaso-moteur, 1875). — Bernard (Claude). Leçons sur les effets des substances toxiques et médicamenteuses, Paris, 1857. — Legroux. Essai sur la digitale et sur son mode d'action, Paris, 1867. — Tourdes. Notes sur les différences d'action des préparations de digitale (Gaz. méd. de Strasbourg, 1867). — Goursat. Physiologie expérimentale sur la digitale et la digitaline (Thèse de Paris, 1871). — Mégevand. Action de la digitale et de la digitaline. Étude de physiologie expérimentale (Ibid., 1872). — Nativelle (Journal de pharmacie et de chimie, (4), xx et xxi, 1874 et 1875). — Schmiedeberg (Neues Repertorium für Pharmacie, 1875, et A. P. P., iii, 1875; analysé in Bulletin général de thérapeutique, 1875, lxxxviii, 454). — Guido Cavazzini. Action de la digitaline sur la circulation (Annales d'Omodeï, 1878). — François-Franck. Nouvelles recherches sur les effets de la systole des oreillettes sur la pression ventriculaire et artérielle (A. de P., 1890). — Application du procédé de cardiographie volumétrique auriculo-ventriculaire à l'étude de l'action cardio-tonique des nerfs accélérateurs du cœur (A. de P., 1890, 810). — Notes de *technique opératoire et graphique pour l'étude du cœur mis à nu chez les mammifères (A. de H.,* 1891, 762 et 1892, 105). — *Clinique médicale de la Charité. Analyse expérimentale de l'action de la digitaline sur la fréquence, le rythme et l'énergie du cœur,* 1894. — Binet (de Genève). *In thèse de* L. Scofone, Genève, 1894. — Kilian (*Archiv der Pharmacie,* ccxxx et ccxxxiii, 4, 30 juin 1895; — *Ber. Deutsch. Chem. Gesells.,* xxiv, 1895. Traduit dans les *Nouveaux Remèdes,* xi, 1895).

G. POUCHET.

DIOPTRIQUE OCULAIRE. — I. Introduction.

— Il s'agit ici non de la dioptrique en général, mais de la dioptrique de l'œil. Le mot « dioptrique » s'applique à tous les phénomènes dus à la « réfraction » de la lumière, en opposition avec la « catoptrique », qui désigne les phénomènes dus à la réflexion de la lumière.

Une première orientation sur la dioptrique oculaire s'obtient par l'expérience suivante, démontrant que les objets extérieurs forment une image renversée sur le fond de l'œil humain, ou sur le fond de l'œil d'un animal mammifère. On n'a qu'à exposer en un endroit obscur un œil énucléé de lapin albinos devant trois bougies allumées et disposées en triangle; on verra par transparence à travers la sclérotique, au pôle postérieur de l'œil, une image très petite et renversée des trois lumières. La même chose s'observe sur l'œil humain, si, à l'exemple du Père Scheiner, on enlève les membranes (opaques à cause du pigment), et si dans le trou on intercale du verre dépoli ou du papier translucide.

L'œil humain est une chambre obscure, mais pas une chambre obscure simple. L'ouverture qui donne accès à la lumière, la pupille, trop grande pour donner à elle seule des images nettes des objets visuels, est munie d'un système dioptrique collecteur qui assure la netteté des images formées au fond de la chambre noire. La chambre est noire grâce au pigment noir de la tunique moyenne de l'œil (choroïde, corps ciliaire et iris). Le système dioptrique collecteur nous est donné dans les milieux transparents de l'œil et leurs surfaces de séparation.

Une condition essentielle d'une bonne vision est que des images aussi nettes que possible des objets extérieurs se forment au fond de l'œil, sur la rétine, afin que les rayons émis par un point lumineux n'éclairent qu'un seul point de la membrane sensible. Dans l'œil des animaux supérieurs, cela est réalisé par l'application du principe de la chambre noire munie d'un système dioptrique. Nous verrons que dans l'œil composé des insectes, ce résultat semble obtenu d'après un autre principe. Il est enfin des animaux inférieurs chez lesquels cette condition d'une bonne vision n'est pas réalisée; un point de la membrane sensible y reçoit des rayons lumineux de plusieurs points objectifs.

La lumière est donc réfractée en passant à travers le milieu de l'œil, et le résultat global de cette réfraction est de faire converger les rayons homocentriques (partis d'un point lumineux), de façon à ce qu'il se forme sur la rétine des images nettes des objets visuels.

La première question qui se présente est celle de savoir où s'opère cette réfraction. D'après un principe de physique bien connu, la lumière se propage en ligne droite dans un milieu homogène; elle est déviée de la ligne droite lorsqu'elle passe d'un milieu dans un autre, contre la surface de séparation, mais seulement dans certaines circonstances : *a*) il faut que les deux milieux soient d'indices de réfraction différents, et *b*) il faut que l'incidence sur la surface de séparation ne soit pas normale.

Pour qu'une surface de séparation entre deux milieux de l'œil, autrement dit pour qu'une « surface anatomique » soit en même temps une « surface réfringente », il faut donc que les deux milieux qu'elle sépare aient des indices de réfraction différents. Passons en revue, à cet effet, les diverses surfaces anatomiques que la lumière rencontre d'avant en arrière dans l'œil. — En premier lieu, il y a la surface antérieure de la cornée séparant l'air et la substance cornéenne. Si nous déterminons les indices par rapport à l'air (en posant son indice égal à un), celui de la cornée est de 1,33 (ou 4/3). La surface antérieure de la cornée est donc une surface réfringente. Ajoutons dès maintenant que c'est elle que revient le gros de la réfraction dans l'œil. — En second lieu, nous avons la surface postérieure de la cornée, séparant la substance cornéenne d'avec l'humeur aqueuse. Nous verrons que les deux indices en question diffèrent tellement peu qu'il n'y a pas lieu de tenir compte de cette différence. Un rayon lumineux quelconque, qui a pénétré dans la cornée, passe dans l'humeur aqueuse sans se dévier. Au point de vue dioptrique, la face postérieure de la cornée n'existe pas; la surface cornéenne est suivie d'un milieu homogène, jusque dans la chambre antérieure. — Vient ensuite la surface antérieure du cristallin, séparant l'humeur aqueuse de la substance cristallinienne. Celle-ci a un 'indice supérieur à 1,33; la surface de séparation en question est donc une surface réfringente. Il en est de même de la face postérieure du cristallin, car le vitreum possède à peu de chose près un indice de 1,33. Le cristallin est donc une lentille biconvexe, plongée dans un milieu homogène moins réfringent que lui, et plus réfringent que l'air. — On voit aisément que l'effet dioptrique de chacune des trois surfaces réfringentes de l'œil est de faire converger des rayons homocentriques. En effet les deux premières sont convexes en avant; et, des deux milieux qu'elles séparent, le second est le plus réfringent. La troisième est concave en avant, mais aussi le second des deux milieux séparés par elle est moins réfringent que le premier.

Nous avons donc à envisager dans l'œil un système dioptrique assez compliqué. Comparativement à la plupart des instruments d'optique, il se complique encore de la circonstance que le dernier des milieux transparents a un autre indice que le premier, ce qui entraîne notamment une inégalité des deux distances focales principales. Il en résulte que les développements théoriques que les traités de physique donnent à la dioptrique sont généralement insuffisants pour notre but, ou bien sont trop transcendants, dans leur tendance aux généralisations. Suivant en cela tous les auteurs qui écrivent sur la matière, nous reprendrons donc le côté théorique en la prenant en quelque sorte *ab ovo*.

A la suite de Listing, Helmholtz a adapté à l'œil la théorie dioptrique de Gauss. Dans sa forme primitive, l'exposé de Gauss est trop analytique pour être à la portée de la généralité des physiologistes. Helmholtz a cherché à y remédier en transplantant la théorie davantage sur le terrain de la géométrie et des mathématiques élémentaires. Il semble cependant qu'il soit désirable d'aller plus loin encore dans cette voie, témoin ce passage écrit par Donders, un des grands maîtres de la physiologie optique : « J'avoue franchement, dit-il, que je ne suis pas à même de suivre les raisonnements de Gauss et de Bessel, que même l'étude de la dioptrique oculaire de Helmholtz présenta pour moi des difficultés. » — Un tel aveu, tombé de la plume d'un Donders, est bien significatif. Nous avons essayé de rendre la théorie encore plus abordable aux physiologistes non versés dans les mathématiques transcendantes, en nous basant davantage sur la géométrie élémentaire, qui a l'avantage de parler aux yeux.

Les connaissances théoriques nécessaires à cet effet ne dépassent guère celles des triangles semblables. Pour employer les mots de Donders, le chemin en est un peu allongé, mais il a l'avantage d'être praticable pour tout le monde. Pour cette entreprise, nous avons trouvé un guide précieux dans A. Bertin. Notre ami et collègue à Liège, Mr. Ronkar, nous a aidé beaucoup, notamment dans l'exposé des propriétés des points nodaux, et pour compléter le travail de Bertin.

Certainement, on a quelquefois trop calculé dans les questions de dioptrique oculaire, c'est-à-dire qu'on a calculé en quittant à peu près complètement le terrain expérimental. L'histoire récente de nos connaissances sur la courbure cornéenne notamment en fournit un exemple bien frappant. N'oublions pas que l'exposé doctrinal de la dioptrique oculaire, tel que nous allons le faire tout d'abord, n'est au fond qu'un *moyen d'investigation*, à côté de beaucoup d'autres, pouvant servir à élucider la dioptrique oculaire. Ce n'est donc pas à proprement parler un but, mais un moyen. Mais encore faut-il connaître ce moyen d'investigation pour juger de sa portée.

Pour l'élucidation de la plupart des questions, on pourrait se contenter de développements théoriques très simples. Évidemment, nous ne saurions nous en contenter à cette place. Ce n'est même que par la connaissance intégrale de la théorie qu'on peut juger dans quels cas et dans quelle mesure ces simplifications sont légitimes.

II. Historique. — Pour rencontrer des notions exactes sur la dioptrique oculaire, il faut ne pas remonter au delà de Kepler (1602), qui le premier développa les principes de la théorie des instruments d'optique. Avant lui, et plus tard encore, on se heurtait généralement à la difficulté, à l'impossibilité qu'on trouvait à concilier l'image renversée au fond de l'œil avec la vision droite des objets. Porta, l'inventeur de la chambre noire, croyait encore que les images se forment sur le cristallin, organe qui, pendant tout le moyen âge, était regardé comme l'organe sensible à la lumière. Le célèbre Père jésuite Scheiner (1619) développa la théorie de Kepler, et imagina nombre d'expériences qui sont encore aujourd'hui classiques, notamment la démonstration de l'image renversée au fond de l'œil humain et de celui des animaux supérieurs (voir page 58), ainsi que sa célèbre expérience démontrant l'accommodation dans l'œil (**Accommodation**, I, p. 46); il fit aussi des expériences sur les indices de réfraction des milieux de l'œil. — Nous aurions ensuite à signaler une pléiade de physiciens de la seconde moitié du XVIIIe siècle et de la première moitié du XIXe siècle, qui ont écrit des choses remarquables sur la dioptrique oculaire (Porterfield, 1759; Th. Young, 1802; Volkmann, etc.). — Le nom de Gauss (1841) restera célèbre par le développement qu'il donna à la théorie de la dioptrique en général (plan principaux, etc.). A l'exemple de Moebius, Listing (1841) appliqua la théorie de Gauss à l'œil, et y ajouta les propriétés des points nodaux. Helmholtz enfin, le grand maître de la physiologie optique, condensa en un corps de doctrine toute la dioptrique oculaire. Il est juste de citer avec le nom de Helmholtz celui de Donders, pour ses recherches nombreuses sur la dioptrique oculaire.

    III. Loi fondamentale de la réfraction. — Rappelons d'abord à grands traits les lois fondamentales de la réfraction de la lumière. Lorsqu'un rayon *ao* touche une surface de séparation *ss*, entre deux milieux (fig. 25), elle ne passe dans le second sans dévier que dans le cas d'une incidence normale à la surface. Généralement il est dévié de sa ligne droite; il se rapproche ou s'éloigne de la normale *pp'* au point d'incidence, tout en restant dans le plan de la normale et du rayon incident. Si l'angle de réfraction *r* est plus petit que l'angle d'incidence *i*, on dit que le second milieu est plus réfringent que le premier. Il n'y a pas de relation constante entre l'angle d'incidence et celui de réfraction, mais pour deux milieux donnés, il y a une relation constante entre les sinus de ces angles :

le rapport $\dfrac{\sin i}{\sin r}$ a une valeur constante, qu'on nomme indice de réfraction, et qu'on représente généralement par la lettre *n*.

On a donc $\dfrac{\sin i}{\sin r} = n$.

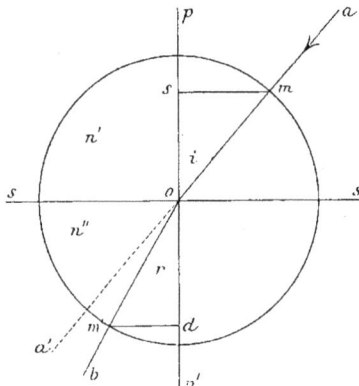

Fig. 25.

    Géométriquement, cela veut dire que si autour du point d'incidence *o* comme centre on décrit une circonférence, quelle que soit la grandeur de l'angle d'incidence, le rapport des perpendiculaires abaissées des points *m* et *m'* (où le rayon touche la circonférence) sur la normale au point d'incidence, est constant. La ligne *ms* est le sinus de l'angle d'incidence, et la ligne *m'd* est le sinus de l'angle de réfraction (les lignes *so* et *do* sont les cosinus des mêmes angles).

    Si le rayon passait du milieu le plus réfringent dans le moins réfringent, le rapport $\dfrac{\sin i}{\sin r}$ serait plus petit que l'unité; on aurait $\dfrac{\sin i}{\sin r} = \dfrac{1}{n}$. — Rappelons aussi que pour le cas d'un rayon lumineux sortant du milieu le plus réfringent, il arrive que l'angle de réfraction atteigne avant l'angle d'incidence la valeur d'un angle droit; le sinus de l'angle de réfraction alors est égal au rayon, c'est-à-dire égal à 1. Il y a réflexion totale.

    On a déterminé les indices de réfraction des substances les plus diverses par rapport à l'air notamment (ainsi que par rapport au vide et à l'eau), dont l'indice est alors pris comme unité.

    Supposons en présence deux milieux dont les indices *n'* et *n''* ont été ainsi déterminés par rapport à un autre. La physique enseigne que pour deux milieux donnés, le rapport des sinus $\left(\dfrac{\sin i}{\sin r}\right)$ est égal au rapport des vitesses de propagation de la lumière dans ces deux milieux :

$$\frac{\sin i}{\sin r} = \frac{v'}{v''} = n \, ; \qquad (\alpha)$$

v' et v'' étant les vitesses de propagation dans les deux milieux en présence.

L'indice absolu (par rapport au vide) n' d'un des deux milieux sera, v étant cette vitesse dans le vide :

$$n' = \frac{v}{v'} \, ;$$

et l'indice absolu n'' du second des deux milieux en présence sera :

$$n'' = \frac{v}{v''}.$$

Donc

$$\frac{n''}{n'} = \frac{v'}{v''} \, ;$$

et en vertu de la formule (α), nous pouvons écrire :

$$\frac{\sin i}{\sin r} = \frac{v'}{v''} = \frac{n''}{n'} = n \, ;$$

ou encore :

$$n' \sin i = n'' \sin r. \qquad (3)$$

C'est-à-dire que le produit du sinus de l'angle d'incidence et de l'indice du premier milieu est égal au produit du sinus de l'angle de réfraction et de l'indice du second milieu.

Réfraction à travers une seule surface. — 4. Points conjugués. — Soit (fig. 26) h le point milieu d'une calotte sphérique dont le centre de courbure est k, et qui sépare

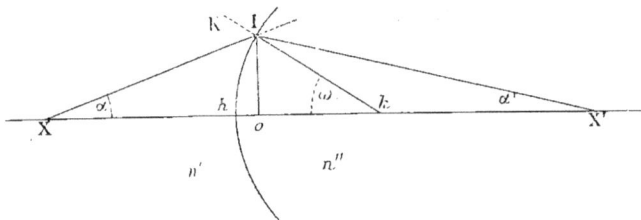

Fig. 26.

deux milieux réfringents d'indices n' et n'', et supposons $n'' > n'$. Nous appelons axe optique la ligne XX' passant par le milieu h de la calotte et par son centre de courbure k.

Un point lumineux X, placé sur l'axe optique, enverra des rayons dans tous les sens, et notamment un cône lumineux sur la calotte réfringente. L'un de ces rayons, Xh, perpendiculaire à la surface, ne se réfracte pas et passe par k; il suit la direction du rayon $h\,k$ et de l'axe. Un autre rayon XI se réfractera en IX', en se conformant d'ailleurs aux lois de la réfraction.

Il s'agit de déterminer la situation exacte du point X', dans ses rapports avec celle de X.

Le rayon de courbure kI passant par le point d'incidence est perpendiculaire au petit élément sphérique entourant le point I. Il délimite donc avec le rayon lumineux XI l'angle d'incidence XIK, et avec le rayon réfracté l'angle de réfraction X'Ik. Nous écrirons donc la formule (β du n° III) de plus haut :

$$n' \sin \text{XIK} = n'' \sin \text{X'I}k.$$

Remarque générale. — Mais dans tous les développements qui vont suivre, nous n'envisagerons que des rayons lumineux tombant sur les surfaces réfringentes très près de l'axe optique. Nous n'utilisons donc pour la réfraction qu'une petite calotte péri-axiale des surfaces réfringentes. C'est là une restriction qu'on s'impose toujours dans l'exposé de la question. Il en résulte que les angles ouverts vers la surface sont tellement petits qu'ils peuvent être confondus avec leurs sinus ou avec leurs tangentes, et *vice versa*. Si x est un tel angle, $x = \sin x = \operatorname{tang} x$.

Or nous savons que dans un triangle rectangle, le sinus d'un petit angle est égal au rapport existant entre le côté opposé (au petit angle) et l'hypoténuse; la tangente d'un petit angle est égal au rapport entre le côté opposé (à cet angle) et l'autre côté de l'angle droit. Dans ce qui suit, nous prendrons donc l'un ou l'autre de ces rapports comme mesure de certains angles. — Dans les mêmes circonstances (petitesse des angles), le cosinus devient égal à l'unité (qui est le rayon) : $\cos x = 1$.

[Dans nos figures, les angles, supposés très petits, sont néanmoins figurés assez grands, pour conserver la clarté aux figures].

Ces remarques faites pour tout ce qui suit, reprenons l'équation de plus haut. Elle peut donc s'écrire :

$$n' \; \mathrm{XIK} = n'' \; \mathrm{X'}lk \text{ (loi de Kepler).} \tag{a}$$

Mais il ressort de la figure 26 que l'angle $\mathrm{XIK} = \omega + \alpha$, et que l'angle $\mathrm{X'}lk = \omega - \alpha'$. Nous pouvons donc écrire :

$$n' \; (\omega + \alpha) = n'' \; (\omega - \alpha'), \tag{b}$$

ou encore :

$$n'\alpha + n'' \; \alpha' = (n'' - n')\omega. \tag{c}$$

Les angles α, α' et ω déterminent donc, de concert avec n' et n'', la situation du point X'. Les indices sont connus. Quant aux angles, nous allons les remplacer par leurs tangentes, conformément à ce qui est dit plus haut. A cet effet, abaissons la perpendiculaire Io sur l'axe, ce qui nous donnera les triangles rectangles nécessaires. Représentons par f' la longueur Xh, et par f'' la longueur X'h.

$$\omega = \operatorname{tang} \omega = \frac{\mathrm{Io}}{\mathrm{R} - ho}, \; \alpha = \operatorname{tang} \alpha = \frac{\mathrm{Io}}{f' + ho}, \; \alpha' = \operatorname{tang} \alpha' = \frac{\mathrm{Io}}{f'' - ho}.$$

Mais, conformément à notre convention de plus haut, le cosinus de l'angle ω, c'est-à-dire la ligne $k\,o$, devient égal au rayon (ou à l'unité), à une quantité négligeable près. Cette quantité négligeable est la petite ligne ho, qui peut donc être posée égale à zéro [1] et disparaître de nos formules.

Dès lors :

$$\omega = \frac{\mathrm{Io}}{\mathrm{R}}, \; \alpha = \frac{\mathrm{Io}}{f'}, \; \alpha' = \frac{\mathrm{Io}}{f''}.$$

En introduisant ces valeurs de ω, de α et de α' dans la formule (3), elle devient :

$$\frac{n'}{f'} + \frac{n''}{f''} = \frac{n'' - n'}{\mathrm{R}}. \tag{d}$$

Cette équation fondamentale donne pour f'', c'est-à-dire pour la situation de X', une valeur indépendante du rayon lumineux incident, c'est-à-dire indépendante de l'angle α. que ce rayon délimite avec l'axe, ou encore indépendante du point d'incidence sur la surface et de la distance Io de ce point à l'axe. On en conclut qu'après réfraction, tous les rayons partis du point X concourent en X', et *réciproquement* dans le cas où X' serait le point lumineux.

5. Points, lignes et plans conjugués. — Les points X et X', ainsi que tous les couples de points analogues, dont l'un est le point de concours des rayons émis par l'autre, sont des *points conjugués ;* l'un est l'image de l'autre. Par extension, on nomme conjugués les rayons XI et IX' et tous les rayons analogues. L'axe optique est donc conjugué à lui-même.

---

1. Autrement dit, $ho = \mathrm{R} \; (1 - \cos \omega)$; et $\cos \omega$ étant égal à 1, il faut que nous ayons $ho = 0$. Cette élimination de la distance ho de nos formules est donc une conséquence de notre réserve de plus haut, de la limitation de la surface réfringente à une petite calotte. Le résultat dioptrique est d'éviter l'aberration sphérique.

Un point Y (fig. 27), pris en dehors de l'axe optique, est dans les mêmes conditions que le point X, car la ligne Yk est la direction d'un rayon de la sphère, tout comme Xk. Le point conjugué de Y sera en Y', sur le nouvel axe; et si $kY = kX$, on aura de même $kY' = kX'$. Donc tous les points d'une petite calotte sphérique ayant pour rayon kX, ont pour conjugués les points d'une seconde calotte sphérique ayant pour rayon kX'. Ces deux calottes ont le même axe; elles sont conjuguées. Et comme elles sont très petites (nous les supposons toujours très petites), elles se confondent avec leurs plans tangents, qui sont perpendiculaires à l'axe aux points conjugués X et X'. Géométriquement, cela veut dire

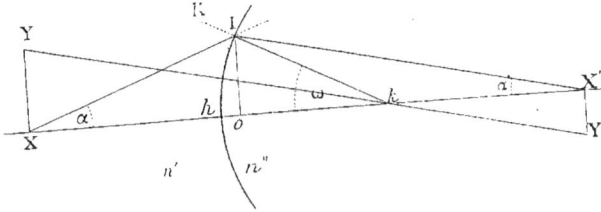

FIG. 27.

(fig. 28) que les distances Yy et Y'y' sont tellement petites qu'on peut les négliger, et supposer les points y et Y comme se couvrant, de même que les points y' et Y', tout comme nous avons déjà négligé la petite distance ho (fig. 26 et 27). Tous les points partis de y vont (fig. 28), après réfraction, concourir en y'.

Donc les plans menés perpendiculairement à l'axe par les points conjugués sont (dans une petite étendue) des *plans conjugués*. Tout point de l'un a son conjugué ou son image dans le second, sur une ligne qui passe par le centre de courbure de la surface. Les images sont semblables, renversées, et le centre de similitude est en k.

En vue d'une nomenclature qui a son importance pour les systèmes dioptriques composés de plus d'une surface réfringente, on peut nommer *nœud* ou *point nodal* ce centre de similitude k.

Le point h peut de même être nommé *point principal*. Enfin, géométriquement, nous pouvons remplacer (voir plus loin, n° 6) la petite calotte de la surface réfringente par sa tangente en h. Toujours en vue de la même nomenclature, on peut nommer *plan principal* le plan tangent à la surface réfringente au point où elle est coupée par l'axe optique.

6. Foyers principaux et plans focaux. — Si dans l'équation (d) n° 4 on fait $f' = \infty$, c'est-à-dire si le point lumineux se trouve à l'infini (ou très loin), le terme $\frac{n'}{f'}$ devient nul $\left(\frac{n'}{\infty} \right)$ et on obtient pour f'' une valeur particulière que nous désignerons par F'',

$$F'' = \frac{n'' R}{n'' - n'}. \qquad (\alpha)$$

Si l'on fait $f'' = \infty$, le terme $\frac{n''}{f''}$ s'évanouit, et il vient pour cette valeur particulière de f', et qu'on nomme F',

$$F' = \frac{n' R}{n'' - n'}. \qquad (\alpha')$$

Les points de concours pour une valeur infinie de f' ou de f'' sont dits les *foyers principaux*, ou *foyers* tout court. Il y en a deux, le premier (φ') situé dans le premier milieu, se rapporte à des rayons parallèles à l'axe optique dans le second milieu, et le second (φ''), situé dans le second milieu, se rapporte à des rayons parallèles à l'axe optique dans le premier milieu. Le foyer principal est donc le point conjugué par rapport à l'infini, et l'infini est le conjugué par rapport au foyer principal. Les distances (F' et F'') des foyers principaux à la surface (ou au plan principal), données pas les deux formules α et α (n° 6), sont les *longueurs focales* ou *distances focales principales*.

De même qu'il y a des plans conjugués en général, il y a des *plans focaux principaux*, perpendiculaires à l'axe optique aux endroits des foyers principaux. Les rayons partis d'un point quelconque de ces plans sont, après réfraction, parallèles entre eux. Supposons

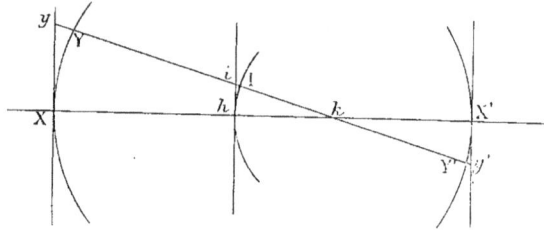

FIG. 28.

que, dans la figure 28, X soit un foyer principal. Le point *y*, situé dans le plan focal, est supposé coïncider avec Y. La surface réfringente étant sphérique, la ligne *yk* peut être envisagée comme axe principal, et après réfraction tous les rayons partis de *y* seront parallèles à *yk*.

Divisant l'une par l'autre les équations (α et α') du numéro 6, il vient :

$$\frac{\mathrm{F}'}{\mathrm{F}''} = \frac{n'}{n''}. \tag{β}$$

C'est-à-dire que *le rapport des longueurs focales est le même que celui des indices*.

De plus, *la différence des distances focales est égale au rayon de courbure de la surface*, car, en soustrayant la seconde de ces mêmes équations de la première, il vient :

$$\begin{aligned} \mathrm{F}'' - \mathrm{F}' &= \mathrm{R} \\ \mathrm{F}'' &= \mathrm{R} + \mathrm{F}' \\ \mathrm{F}' &= \mathrm{F}'' - \mathrm{R}. \end{aligned} \tag{γ}$$

7. Équation des points conjugués. — Si dans l'équation (*d*) n° 4 on divise tous les termes par le second membre, on y introduit F' et F'', car il vient :

$$\frac{n'\,\mathrm{R}}{f'\,(n'-n'')} + \frac{n''\,\mathrm{R}}{f'\,(n''-n')} = 1,$$

ou

$$\frac{\mathrm{F}'}{f'} + \frac{\mathrm{F}''}{f''} = 1. \tag{α}$$

Cette formule permet de calculer *f'* et *f''* moyennant F' et F'', alors que la formule (*d*) n° 4 ne permet ce calcul qu'à l'aide des indices de réfraction et du rayon de courbure. Elle est généralement préférée à celle-ci.

Résolue par rapport à *f'* et à *f''*, elle donne, pour calculer ces grandeurs, les expressions suivantes :

$$\left. \begin{aligned} f' &= \frac{\mathrm{F}'\,f''}{f'' - \mathrm{F}''} \\ f'' &= \frac{\mathrm{F}''\,f'}{f' - \mathrm{F}'} \end{aligned} \right\}. \tag{β}$$

Quand on trouve pour ces longueurs des valeurs négatives, cela signifie qu'il faut les porter du côté de la surface réfringente opposé à celui qui a été admis dans la figure 26.

Observations. — |α. La formule *d*, n° 4, et toutes celles qui s'en déduisent ont été obtenues en supposant que *n'*, l'indice du milieu d'où le rayon lumineux émane, est plus petit que *n''*, celui du milieu où le rayon pénètre. A l'aide d'une figure analogue à celle de la fig. 26, on peut vérifier que cette formule *d* est encore applicable, si l'on a *n* > *n''*, *f''* prenant de lui-même le signe qui convient à sa position (en avant ou en arrière de la surface réfringente).

Enfin, on peut faire voir par le même procédé que cette formule *d* (et par conséquent toutes celles qui s'en déduisent) est aussi applicable au cas où le rayon incident rencontre la concavité de la sphère, pourvu que l'on change R en — R.

b) Le point lumineux peut être le point de concours virtuel de rayons homocentriques rendus déjà convergents par une première réfraction, et se trouver en arrière de la surface réfringente; f' doit alors être pris négativement.

8. Construction des rayons émis par un point situé en dehors de l'axe optique et du plan focal. — *Images dans le cas d'un système à une surface.* — Notons, une fois pour toutes, que, puisque nous remplaçons toutes les surfaces sphériques par leurs plans tangents, il est inutile de les figurer courbes, et nous allons dorénavant les figurer par de simples droites.

Soient IJ (fig. 29) une surface réfringente, φ' et φ'' ses deux foyers, et Y un point hors de l'axe et hors du plan focal. Pour construire l'image de ce point, nous avons à notre disposition deux rayons que nous savons construire, et l'image Y' se trouve à l'intersection de ces deux rayons réfractés. L'un de ces rayons partis de Y passe par φ'. Après

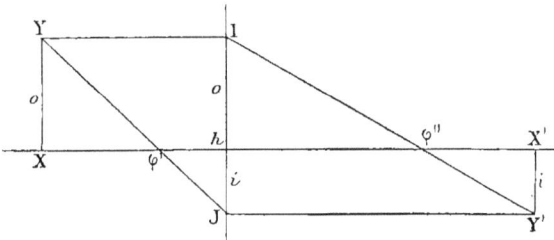

Fig. 29.

réfraction en J, il est parallèle à l'axe. Un second rayon parti de Y est parallèle à l'axe. Après réfraction en I, il passe par φ''. Y' est donc l'image (ou le conjugué) de Y. En abaissant les perpendiculaires Y'X' et YX sur l'axe, Y'X' est l'image (i) de la ligne XY ou objet (o).

b) Grandeur de l'image calculée à l'aide des distances focales principales F' *et* F''. — Soient toujours (fig. 29) $hX = f'$, $hX' = f''$, $h\varphi' = F'$ et $h\varphi'' = F''$, et posons YX $= o$, et Y'X' $= i$.

Les triangles semblables $\varphi'h$J et JIY donnent :

$$\frac{i}{i+o} = \frac{F'}{f'}.$$

Les triangles semblables hIφ'' et JIY' donnent :

$$\frac{o}{i+o} = \frac{F''}{f''}.$$

En divisant l'une de ces équations par l'autre, il vient :

$$\frac{i}{o} = \frac{F'\,f'}{F''\,f'}. \tag{2}$$

En y remplaçant successivement f' et f'' par leurs valeurs (3) du n° 7, on a aussi :

$$\frac{i}{o} = \frac{F'f''}{F''f'} = \frac{F'}{f'-F'} = \frac{f''-F''}{F''}. \tag{3}$$

9. Distances des foyers principaux et des points conjugués au centre de courbure. — *Détermination du conjugué d'un point quelconque.* — Au lieu d'exprimer la relation entre les foyers conjugués moyennant les distances de ces foyers au sommet de la surface réfringente, on peut choisir à la place de ce point principal un autre point de l'axe optique.

Géométriquement parlant, cela revient à choisir une autre origine aux ordonnées moyennant lesquelles on exprime les relations entre les points et les lignes conjugués [1]. On pourrait choisir comme origine des ordonnées n'importe quel point de l'axe optique. Le point principal s'est recommandé par la circonstance que de toutes façons il est géométriquement spécifié. En le prenant comme origine des coordonnées, les formules restent relativement simples, et elles sont maniables pour la résolution de la plupart des problèmes d'optique.

Un autre point géométriquement spécifié est le centre de courbure de la surface réfringente. Nous allons développer les formules des foyers conjugués par rapport à ce centre de courbure, ou point nodal. Au lieu de renfermer les distances des points conjugués au point principal, les formules renfermeront alors les distances focales nodales ou foco-nodales. Nous verrons que ces nouvelles formules sont absolument semblables à celles obtenues précédemment. En dioptrique oculaire, ces nouvelles formules, par rapport à k, ont des avantages pour l'étude de certaines questions, et sont souvent employées, notamment pour le calcul des dimensions des images.

Enfin, nous prendrons, pour son utilité pratique au moins, une formule dans le système où les foyers principaux sont pris comme origines des ordonnées (à l'exemple de Newton).

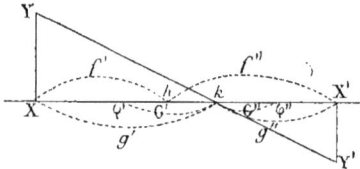

Fig. 30.

Nous pourrions reprendre l'équation fondamentale (α) n° 4 et y introduire les distances foco-nodales (distances des points conjugués au point nodal) au lieu des distances principales, et refaire des calculs analogues à ceux qui précèdent. Mais, avec nos connaissances acquises, il nous est permis de suivre une marche plus directe. Représentons (fig. 30) par G' et G'', les distances $\varphi' k$ et $\varphi'' k$, des foyers au centre de courbure, c'est-à-dire au nœud (k), et par g' et g'' les distances (X k et X' k) de points conjugués quelconques (situés sur l'axe) au même point nodal; G' et g' sont comptés dans le milieu le moins réfringent. De l'inspection de la figure 29, il résulte, en tenant compte des relations (α et α') du numéro 6.

$$G' = F' + R = F'' = \frac{n'' R}{n'' - n'}$$
$$G'' = F'' - R = F' - \frac{n' R}{n'' - n'}$$
$$(\alpha)$$

Voilà pour les distances des foyers (principaux) au nœud.

Quant aux distances des points conjugués au nœud, soient (fig. 32) XX' l'axe optique, h le point principal, k le nœud, φ' et φ'' les deux foyers principaux, Y un point lumineux quelconque situé en dehors de l'axe et en dehors du (premier) plan focal. Le point X,

1. En géométrie (analytique) on détermine l'emplacement d'un point quelconque y' (fig. 30) à l'aide de ses distances à trois lignes passant par un point o fixe, et perpendiculaires entre elles; ces trois lignes sont les axes des coordonnées. Pour nos considérations il suffit de n'envisager que la réfraction dans un seul plan, celui de la figure, attendu que nous n'envisageons que des surfaces sphériques ou des systèmes symétriques autour d'un axe. Dans ces conditions deux axes des coordonnées pris dans le plan suffisent pour déterminer la position du point dans ce plan. Les lignes $x\,y'$, et $y'\,y$ (fig. 31) sont donc les coordonnées du point y', par rapport aux axes ox et oy. Le plus souvent même nous n'aurons à envisager qu'une seule coordonnée, les points à déterminer étant situés sur une même ligne droite, que nous prenons alors pour axe unique des ordonnées. Comme origine o des coordonnées, on peut choisir n'importe quel point, mais une fois choisi, il doit

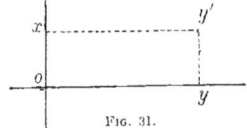

Fig. 31.

être maintenu. Il est tout naturel de prendre comme origine un point caractérisé anatomiquement ou dioptriquement. Un tel point est le sommet de la cornée. Un autre point remarquable est le nœud ou centre de courbure, et enfin les foyers principaux. Dans les trois hypothèses, on aboutit à des formules pouvant résoudre les problèmes dioptriques. On pourrait à la rigueur choisir un autre point quelconque, mais les formules obtenues ne seraient pas maniables.

pied de la perpendiculaire abaissée de Y sur l'axe, a pour conjugué le point X', dont nous savons calculer l'emplacement (n° 7). Pour trouver graphiquement Y', le conjugué Y, nous avons à notre disposition deux rayons émis par lui et que nous savons construire. L'un Yk qui passe par le centre de courbure et qui n'est pas réfracté ; l'autre YJ qui passe par le premier foyer, et qui après réfraction est parallèle à l'axe optique. Le point Y', rencontre des deux rayons, est le conjugué (l'image) de Y. — Mais la notion des plans conjugués (n° 3) simplifie encore davantage la construction de Y', conjugué de Y. Il est clair, en effet, que Y' doit se trouver sur la perpendiculaire [élevée en X' (conjugué de X, qui,

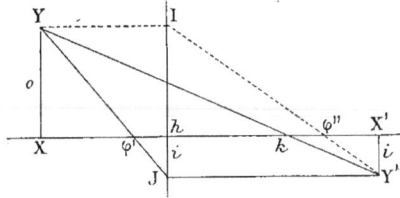

Fɪɢ. 32.

lui, est le pied de la perpendiculaire abaissée de Y sur l'axe). On n'a donc qu'à tirer le rayon Yk en ligne droite — *le rayon directeur ou axe secondaire* — et là où il coupe la perpendiculaire élevée en X' sur l'axe, se trouve le conjugué Y' de Y.

Prenons maintenant la longueur XY comme objet o; son image (renversée) i sera la ligne X'Y'. Nous voulons établir une relation entre les lignes kX ($=g'$), kX' ($=g''$), G' et G''.

Désignons la longueur X $\varphi' = f' - $ F' par l'. Les triangles semblable XY φ' et hJ φ_i d'une part, XYk et X'kY' d'autre part, nous donnent

$$\frac{o}{i} = \frac{l'}{F'} = \frac{g'}{g''}.$$

Or l' étant $g' - $ G', et F' étant égal à G'', il vient :

$$\frac{g' - G'}{G''} = \frac{g'}{g''}; \quad \text{ou} \quad g'g'' - G'g'' = g'G'';$$

et divisant les deux membres par $g'g''$, nous avons :

$$\frac{G'}{g'} + \frac{G''}{g''} = 1, \qquad (\beta)$$

équation qui permet de calculer les distances des points conjugués (situés sur l'axe) au point nodal en fonctions des distances des foyers (principaux) au même nœud. Elle est analogue à la formule (δ) du numéro 6. On en tire, en résolvant successivement par rapport à g' et à g''

$$g' = \frac{G' g''}{g'' - G''}, \quad \text{et} \quad g'' = \frac{G'' g'}{g' - G'}. \qquad (\gamma)$$

Ces formules sont parallèles à celles (ε) du n° 6.

10. Construction des images moyennant le point nodal. — Cette construction est déjà comprise dans le numéro précédent. Soit (fig. 32) h1 une surface réfringente, φ' et φ' ses foyers, k son centre de courbure. Parmi les rayons émis par le point Y, il y en a un dirigé sur le centre de courbure k; il pénètre dans le second milieu sans se dévier. Comme second rayon émis par Y, on peut choisir, soit celui qui passe par φ', soit celui (YI) qui est parallèle à l'axe. Le point Y', intersection de ces rayons, est l'image de Y, et la ligne Y'X' (i) est l'image de YX (o) ou objet.

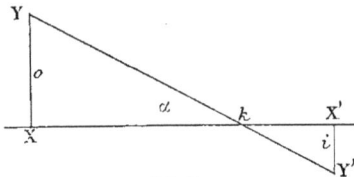

Fɪɢ. 33.

Une construction souvent employée en dioptrique oculaire utilise la notion des plans conjugués, Prenons (fig. 33) pour objet la perpendiculaire abaissée d'un point lumineux quelconque Y sur l'axe. Nous savons que l'image Y'X' de YX sera elle aussi perpendiculaire à l'axe, et que X' est l'image de X.

Dans la suite, lorsqu'il sera question d'objets et de leurs images, les objets sont censés être plans et situés perpendiculairement à l'axe.

11. Grandeurs des images calculées à l'aide des distances g' et g'' comprises entre les foyers conjugués et le centre de courbure. — Les deux triangles semblables de la figure 33 donnent :

$$\frac{i}{o} = \frac{g''}{g'}; \quad \text{d'où} \quad i = \frac{o g''}{g'} \tag{α}$$

En y remplaçant d'abord g'' puis g', par leurs valeurs (γ) données au numéro 9, on a

$$\frac{i}{o} = \frac{G''}{g' - G} = \frac{g'' - G''}{G}. \tag{β}$$

12. Équation de Newton. — Désignons (fig. 32) par l' la ligne $X \varphi' = f' - F'$ (distance du point lumineux au premier foyer), et par l'' la ligne $X' \varphi'' = f'' - F''$ (distance du conjugué du point lumineux au second foyer). Les triangles semblables $YX \varphi'$ et $J h \varphi'$ d'une part, puis $Y' X', \varphi''$ et $I h \varphi''$ d'autre part nous donnent, en désignant par o (objet) la ligne XY, et par i (image) la ligne X'Y',

$$\frac{o}{i} = \frac{l'}{F'} = \frac{F''}{l''}; \tag{α}$$

d'où

$$l' l'' = F' F''. \tag{β}$$

Cette équation (β), employée notamment pour calculer l'allongement de l'œil myope, le raccourcissement de l'œil hypermétrope, et le diamètre des cercles de diffusion sur la rétine (voyez plus loin, page 98, et l'article **Accommodation**, p. 70), est la seule que nous ayons intérêt à conserver du système où les foyers principaux sont les origines des ordonnées. Sous la forme (α), elle peut servir à calculer la grandeur des images.

Ce qui précède résout la question de la réfraction à travers un dioptre simple. Plus loin, à propos des applications de ces formules à l'œil, nous en donnerons des exemples numériques nombreux. Elles résolvent notamment la question de la réfraction dans l'œil aphaque (privé de son cristallin).

Récapitulation. — Nous avons ainsi appris à connaître sur l'axe du dioptre simple quatre points remarquables ou «*points cardinaux*» : le foyer antérieur φ', le point principal h, le point nodal k et le foyer postérieur φ''. Les distances entre ces points donnent lieu aux relations suivantes, si nous désignons $h \varphi'$ par F', $h \varphi''$, par F'', $k \varphi'$ par G' et $k \varphi''$ par G''.

$$\left. \begin{aligned} G'' &= F' = F'' - R = G' - R \\ G' &= F'' = F' + R = G'' + R \\ \frac{G''}{G'} &= \frac{F'}{F''} = \frac{n'}{n''}. \end{aligned} \right\} \tag{α}$$

Les distances de points conjugués quelconques situés sur l'axe, complées à ces points cardinaux, sont liées par les relations suivantes, si nous représentons par f' et f'' les distances au point principal, par g' et g'' les distances au point nodal, et par l' et l'' les distances aux foyers (corespondants),

$$\frac{F'}{f'} + \frac{F''}{f''} = 1 = \frac{G'}{g'} + \frac{G''}{g''}. \tag{β}$$

d'où nous avons tiré :

$$\left. \begin{aligned} f' &= \frac{F' f'}{f'' - F''} \\ f'' &= \frac{F'' f'}{f' - F'} \end{aligned} \right\} \quad \text{et} \quad \left. \begin{aligned} g' &= \frac{G' g''}{g'' - G''} \\ g'' &= \frac{G' g'}{g' - G'} \end{aligned} \right\} \tag{γ}$$

$$l' l'' = F' F''. \tag{δ}$$

La grandeur des images est donnée par les formules suivantes :

$$\frac{i}{o} = \frac{F' f'}{F'' f''} = \frac{F'}{f' - F''} = \frac{f' - F''}{F''} = \frac{g''}{g'} = \frac{G''}{g' - G'} = \frac{g'' - G''}{G''}. \qquad (\varepsilon)$$

13. Réfraction à travers deux surfaces réfringentes. — Dans les cas où, comme dans l'œil, il y a plusieurs surfaces réfringentes sphériques que la lumière traverse, on pourrait appliquer les formules précédentes successivement aux différentes surfaces prises isolément. Un objet lumineux situé dans le premier milieu forme, ou tend à former, dans le second milieu, une image (réelle ou virtuelle). Celle-ci serait alors considérée comme objet lumineux pour la seconde surface, et son image (réelle ou virtuelle) dans le troisième milieu serait l'objet lumineux pour la troisième surface, etc. On pourrait ainsi poursuivre à l'aide de constructions et de calculs successifs, la marche d'un rayon lumineux quelconque à travers le système composé. Mais les calculs seraient des plus laborieux.

On arrive plus directement au but en se servant, à l'exemple de Gauss, de points auxiliaires dans le système combiné, moyennant lesquels la poursuite d'un rayon lumineux à travers le système compliqué et les calculs nécessaires à cet effet, ne sont pas beaucoup plus compliqués que pour un dioptre réduit à une seule surface réfringente.

Le système composé d'un nombre quelconque de surfaces sphériques centrées a deux foyers, deux plans focaux, et il y a lieu d'y considérer des points et des plans conjugués. — Supposons (fig. 34) un système de surfaces réfringentes sphériques centrées, c'est-à-dire dont les centres de courbure sont situés sur une même ligne droite, qui est l'axe optique du système, et séparées par des milieux à indices n', n'', n''', etc., deux consécutifs étant tou-

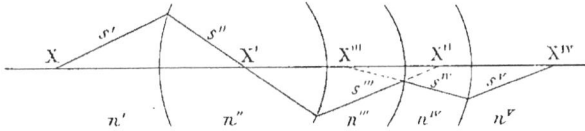

Fig. 34.

jours inégaux. Toujours nous supposons que les rayons lumineux s', s'', s''', s'''', etc., partis d'un point X de l'axe, tombent sur les surfaces réfringentes sous des angles tellement petits que les sinus et les tangentes en peuvent être posés égaux aux angles eux-mêmes. Après les réfractions successives, le rayon s', parti du point X, coupe l'axe optique en un point (réel ou virtuel) X . Imaginons ensuite un très grand nombre de rayons partis du point X, tous s'entre-croisent dans le point X^{IV}, qui est le conjugué, l'image de X. Un autre point situé sur l'axe optique, à gauche de la première surface réfringente, a de même son conjugué dans le dernier milieu.

Il y a, notamment dans le premier milieu, un point, et un seul, tel qu'au sortir de la dernière surface réfringente, les rayons qui en sont partis sont parallèles à l'axe optique. Ce point φ' est le *premier foyer (principal)*. Il y a de même dans le dernier milieu un *second foyer (principal)* φ''.

Ce qui précède s'applique aussi aux différents points d'un plan perpendiculaire à l'axe optique, à gauche de la première surface réfringente ; chacun d'eux a son conjugué dans un seul plan situé dans le dernier milieu, et perpendiculaire à l'axe optique. Un dioptre compliqué donne à considérer des *plans conjugués*, et notamment des *plans focaux (principaux)* Les rayons partis d'un plan focal principal sont, après passage à travers le système, parallèles entre eux.

Provisoirement, nous ne savons pas encore construire les rayons à travers le système. Retenons toutefois qu'au sortir du dioptre composé, les rayons partis d'un point du plan focal sont parallèles entre eux, et vice versa.

14. Notion des plans principaux. — Mais par rapport à quel point devons-nous mesurer les distances focales principales ou les distances conjuguées quelconques? Aucun des points de l'axe n'est, à ce point de vue, privilégié au même degré que le sommet de la surface réfringente unique dans le cas d'un dioptre simple, composé d'une seule surface réfringente. Mais GAUSS a démontré, et nous allons répéter sa démonstration, que, dans tout système composé, il y a sur l'axe optique un ensemble de deux points, qui, réunis, jouissent des propriétés du point principal unique d'un système simple; ce sont le *premier* et le *second point principal*. La première distance focale (F') se compte à partir du premier point focal jusqu'au premier point principal; la seconde distance focale (F'') se compte depuis le second foyer jusqu'au second point principal. Les *plans principaux*, perpendiculaires à l'axe optique à l'endroit des points principaux, jouissent de même à eux deux des propriétés du plan principal unique du système simple.

Ainsi déterminées, on peut introduire les distances focales dans les formules obtenues pour le système simple; et ces formules s'appliquent alors à la marche de la lumière à travers un système composé.

Nous allons d'abord déterminer les emplacements des points et des plans focaux, des points et des plans principaux, pour un système composé de deux surfaces, ce qui nous donnera les formules pour le cristallin; puis nous déterminerons les mêmes éléments pour un dioptre composé de trois surfaces réfringentes, ce qui est le cas de l'œil pris dans son ensemble.

Réfraction à travers deux surfaces. — **15. Plans principaux.** — Caractérisons d'abord les propriétés générales des plans principaux, puis nous déterminerons leurs emplacements dans le système.

Soient A et B (fig. 35) les deux surfaces réfringentes, séparant trois milieux différents d'indices n', n'' et n''' se suivant de gauche à droite. Ces indices sont quelconques. Mais, pour la facilité de la construction des figures, nous supposons la lentille convergente

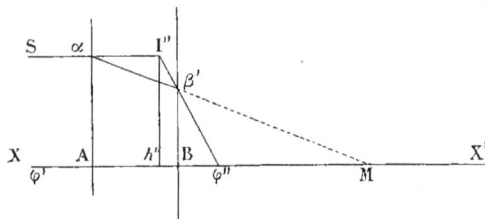

FIG. 35

(non divergente), et l'indice n'', du milieu moyen, plus grand que les deux autres. Ce sera, par exemple, une lentille biconvexe placée entre l'air et l'eau.

Soient φ' et φ'' les deux foyers du système, sur l'axe optique XX'. Nous savons que tout rayon Sα, parallèle à l'axe dans le premier milieu, converge dans le second (supposé prolongé à droite) vers un point M, le foyer de la surface A dans le second milieu. Mais avant d'y arriver, il est réfracté par la seconde surface, et converge dans le troisième milieu vers le point φ'', foyer principal du système combiné. Les directions des deux rayons à l'entrée et à la sortie du dioptre total, se rencontrent en un point I''. Abaissons de ce point une perpendiculaire I'' h'' sur l'axe, et cherchons à déterminer la position du point h''. Les triangles semblables h'' I'' φ'' et Bβ' φ'' donnent :

$$h'' \, \varphi'' = B\varphi'' \cdot \frac{h'' \mathrm{I}''}{B \, \beta'}.$$

Les triangles semblables AαM et Bβ'M donnent

$$\frac{A \, \alpha \text{ ou } h'' \mathrm{I}''}{B \, \beta'} = \frac{AM}{BM}.$$

donc,

$$h'' \, \varphi'' = B \, \varphi'' \, \frac{AM}{BM}.$$

Dans la dernière équation, les points B, φ'', A et M étant fixes, le second membre est constant (pour le système donné). Le point h'' est donc toujours à la même distance du foyer φ'', quel que soit le point où le rayon incident (parallèle à l'axe) a rencontré la surface A. Nous savions déjà que tout faisceau cylindrique de rayons parallèles à l'axe donne, en sortant du système, un cône lumineux dont le sommet est en φ''. Nous voyons aussi que le cône et le cylindre se coupent suivant un plan fixe, dont I'' h'' est la trace dans la figure. Ce plan est précisément un *plan principal*, et le point h'' est un *point principal*.

Un faisceau de rayons parallèles à l'axe optique se comporte donc, au sortir du système, comme s'il était réfracté uniquement sur le plan principal en question. Bien entendu, ce n'est pas là la marche réelle du rayon Sa à travers le système. Cette marche réelle est $S\alpha\beta'\varphi''$. Mais, dans tout ce qui va suivre, nous n'envisagerons que la marche fictive. Le résultat qui nous importe, c'est la direc-

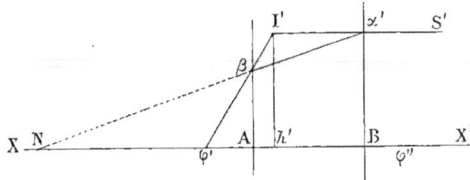

Fig. 36.

tion du rayon dans le dernier milieu, et elle est ainsi moins rigoureusement déterminée. Nous dirons donc qu'un rayon parallèle à l'axe optique dans le premier milieu, continue sa marche en ligne droite jusqu'au second plan principal, à partir duquel il est dévié, réfracté vers le second foyer φ''.

Il y a de même (fig. 36) du côté de la première surface, un autre plan principal $I'h'$ et un autre point principal h'. Un rayon $S'\alpha'$ parallèle à l'axe optique dans le dernier milieu, se réfracte dans le système comme s'il n'était pas dévié par la première surface qu'il rencontre, et comme si, à sa rencontre avec le plan principal $I'h'$, il était réfracté vers le premier foyer principal φ'.

Les surfaces réfringentes sont ainsi remplacées par les plans principaux, le premier et le second, le premier h' étant le plus proche de la première surface réfringente.

Inversement, des rayons émis par les foyers principaux (fig. 35 et 36) se comportent dans le système, comme s'ils continuaient sans dévier jusqu'au plan principal de leur côté, et comme si, à partir de là, ils continuaient parallèlement à l'axe optique.

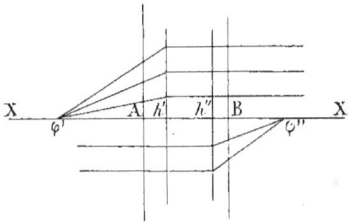

Fig. 37.

On peut donc, au point de vue de la marche des rayons parallèles à l'axe optique dans un des milieux extrêmes, ainsi qu'à celui des rayons partis des foyers φ' et φ'', (fig. 37) remplacer les surfaces réfringentes A et B par les plans principaux h' et h''.

16. Construction des images. Un plan principal est l'image de l'autre plan principal; cette image est égale à l'objet, et de plus elle est droite. — Soient (fig. 38) h' I' et h'' I'' les plans principaux de la lentille supposée, φ' et φ'' ses foyers. Nous sommes dès maintenant à même de construire l'image d'un point quelconque Y, situé dans le premier milieu, en dehors de l'axe et en dehors du premier plan focal.

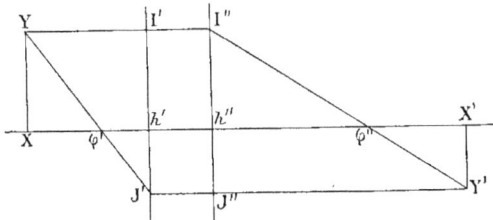

Fig. 38.

Menons le rayon YI', parallèle à l'axe, jusqu'à sa rencontre avec le second plan principal en I'', et tirons son conjugué $I''\varphi''$ à travers le second foyer φ''. Menons également le rayon $Y\varphi'J'$ à travers le premier foyer jusqu'à sa rencontre J' avec le premier plan principal. A partir de là, il sera parallèle à l'axe optique. Il rencontrera en Y' le premier rayon, et, d'après ce que nous avons vu, Y' sera le point de concours de tous les rayons émis par Y; et Y' sera l'image, le point conjugué de Y. Les plans passant par Y et Y', et perpendiculaires à l'axe, seront des plans conjugués, dont YX et Y'X' sont les traces dans le plan de la figure. Chaque point d'une de ces deux lignes a son conjugué sur l'autre ligne.

En appliquant (fig. 39) la construction précédente au point I' on trouve le point I''. En effet, le rayon sorti de I' (prolongé à rebours) et passant par φ', ainsi que SI', celui

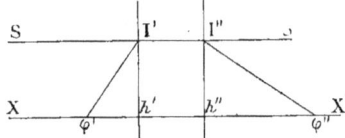

FIG. 39.

qui est parallèle à l'axe, passent tous les deux par I''. I' et I'' sont donc conjugués; I'' est l'image (virtuelle) de I' et *vice versa*. Et ces deux points conjugués se trouvant sur une parallèle à l'axe (de même que n'importe quel couple de points conjugués des plans principaux), *les plans principaux sont donc égaux et semblablement situés par rapport à l'axe*. On pourrait le voir plus directement en remarquant que les points I' et I'' sont les points de rencontre de couples de rayons conjugués. SI' passe par I', et son conjugué, I''φ'' par I''; φ'I' passe par I' et son conjugué I''S' par I''. Donc I' et I'' sont conjugués.

17. Construction des rayons émis par n'importe quel point L du plan focal. — Nous savons (n° 15) qu'au sortir du système, tous les rayons émis par un point L du plan focal sont parallèles entre eux. Or (fig. 40) il y en a un LI' qui, étant parallèle à l'axe, se réfracte en I'' vers le second foyer φ''. Le rayon conjugué de LB' sera (au sortir de la lentille), parallèle à I''φ'' et dirigé sur B'' (conjugué de B') (n° 16). Le rayon conjugué de LB' s'obtient donc en menant par B'' une parallèle (B''X') à I''φ'', les distances I'B' et I''B'' étant égales. Bien entendu, ce sont dans la lentille toujours de simples lignes de construction; seuls les fragments des rayons situés en dehors de la lentille correspondent à la réalité.

18. Construction des rayons émis par un point situé en dehors du plan focal, mais sur l'axe. — Il reste à construire (fig. 41) les rayons émis par un point X quelconque situé sur l'axe. Le rayon XB' coupe le plan focal en L. D'après la construction précédente,

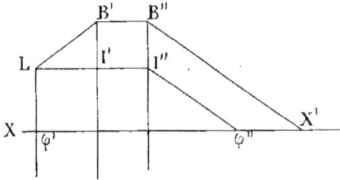

FIG. 40.

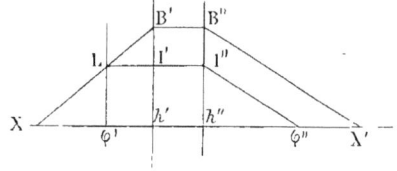

FIG. 41.

B''X' en sera le conjugué, et X' sera le point conjugué de X. Pour tracer ce rayon, à partir de B', point de rencontre avec le premier plan principal, on mène (d'après le numéro 17) une parallèle B'B'' à l'axe, et à partir du point B'' où elle rencontre le second plan principal, on mène une parallèle avec I''φ'', conjuguée de LI' qui (d'après le numéro 17) passe par le foyer principal. Le point X' où le rayon B''X' coupe l'axe, est le conjugué de X.

Nous nous servons donc provisoirement des foyers principaux comme si leur emplacement était connu.

En résumé, la règle suivante s'applique à la construction de rayons conjugués quelconques, que le point lumineux soit situé sur l'axe ou non, dans le plan focal principal ou non. Dans le dernier milieu, le rayon (réfracté) a une direction comme s'il provenait d'un point situé dans le second plan principal. Ce point est le conjugué de celui du premier plan focal sur lequel le rayon est dirigé dans le premier milieu. Ces deux points sont à égales distances de l'axe.

19. Équation des points conjugués situés sur l'axe. — Nous avons dit que dans le système composé il n'y a pas de point unique par rapport auquel on pourrait compter toutes les distances des points conjugués. Mais si, dans le système combiné, nous prenons comme distances celles qui existent entre les points conjugués et les points principaux correspondants, ainsi que les distances des foyers (principaux) aux mêmes points, nous allons démontrer qu'alors la formule fondamentale des foyers conjugués $\frac{F'}{f'} + \frac{F''}{f''} = 1$, établie pour le cas d'une seule surface réfringente, est applicable également au cas d'un système composé de deux surfaces réfringentes. Bien entendu, nous arrivons à démontrer cette proposition avant de savoir mesurer réellement ces distances.

Reprenons la figure 38, dans laquelle $h'\varphi' = F'$, $\varphi''h'' = F''$, $h'X = f'$ et $h''X' = f''$. Représentons de plus par o et i les dimensions respectives de YX et de Y'X', c'est-à-dire de l'objet et de son image.

Les triangles semblables $\varphi'J'h'$ et J'YI' donnent, en tenant compte que $h'I' = o$ (objet), $h'J' = i$ (image), et $YI' = Xh'$:

$$\frac{i}{o+i} = \frac{F'}{f'} ; \qquad (\alpha)$$

et les triangles semblables $I''h''\varphi''$ et Y'J''I'' :

$$\frac{o}{o+i} = \frac{F''}{f''} . \qquad (\beta)$$

D'où, en ajoutant ces deux équations :

$$\frac{F'}{f'} + \frac{F''}{f''} = 1, \qquad (\gamma)$$

et en résolvant par rapport à f' et à f'' :

$$f' = \frac{F'f''}{f''-F''} \ \Big\} \qquad (\delta)$$
$$f'' = \frac{F''f'}{f'-F'} \ \Big\}$$

Les équations (γ) et (δ) sont identiques à celles trouvées (n° 7) pour le dioptre simple.

Profitons encore de la figure 38 pour montrer que l'*équation de Newton*, établie p. 68 (n° 12) pour une seule surface réfringente, s'applique également au système composé de deux surfaces. Désignons par l' la distance ($X\varphi'$) entre le point lumineux X et le premier foyer, et par l'' la distance ($X'\varphi''$) entre le conjugué de X et le second foyer. En comparant les triangles qui ont leurs sommets en φ' et ceux qui les ont en φ'', on aura :

$$\frac{o}{i} = \frac{l'}{F'} = \frac{F''}{l''} ;$$

d'où

$$l'l'' = F'F'', \qquad (\varepsilon)$$

ce qui est la forme de l'équation des points conjugués par rapport aux foyers principaux.

20. Grandeur des images (exprimée à l'aide des distances focales mesurées jusqu'aux plans principaux). — Au lieu d'ajouter les deux équations α et β de plus haut (n° 19), divisons la deuxième par la première, et il vient

$$\frac{i}{o} = \frac{F''f'}{F''f''} . \qquad (\alpha)$$

En remplaçant dans cette formule successivement f' et f'' par leurs valeurs (δ) du n° 19, on a :

$$\frac{i}{o} = \frac{F'f''}{F''f'} = \frac{F'}{f'-F'} = \frac{f''-F''}{F''}, \qquad (\beta)$$

Relations identiques aux équations (β) du n° 8 pour le dioptre simple.

Ainsi, nous avons retrouvé et la construction des images et les équations fondamentales pour les points conjugués que nous avons déjà obtenues dans le cas d'une seule surface réfringente. Seulement, dans ce dernier cas, les distances F', F'', f' et f'' étaient comptées à la surface réfringente, tandis que maintenant elles sont comptées aux points

principaux. Les deux plans principaux du cas qui nous occupe sont à eux deux homologues du plan principal unique d'un dioptre simple; il y a de même deux points principaux au lieu d'un seul.

21. Points nodaux. — Avant d'aller plus loin dans la détermination des plans principaux et de leurs distances aux points conjugués, définissons une autre paire de points
fictifs très remarquables dans le système combiné.

Dans le cas d'une surface réfringente unique, le centre de courbure jouit d'une propriété qui pour certains calculs, notamment pour ceux relatifs à la grandeur des
images, fait préférer les formules renfermant les distances des foyers principaux et des
foyers conjugués prises jusqu'à ce centre de courbure. Cette propriété est qu'un rayon
dirigé sur le nœud ne subit pas de réfraction. — Aucun rayon lumineux ne peut généralement passer le dioptre à deux surfaces en ligne droite, sans se dévier, sauf celui qui suit
la direction de l'axe optique. Un autre rayon lumineux dirigé sur le centre de courbure
de la première surface d'une lentille passe bien cette surface en ligne droite, mais il ne
saurait passer la seconde surface également suivant son rayon, sauf dans le seul cas
où les deux surfaces auraient le même centre de courbure, ce qui n'est généralement pas
le cas.

Toutefois, dans tout dioptre composé, il y a deux points tels que le rayon dirigé dans
le premier milieu sur l'un de ces points (le premier), sera dans le dernier milieu
parallèle à sa première direction, *donc simplement déplacé*, et cela comme s'il provenait
du second de ces deux points. A eux deux donc, ces deux *points nodaux*[1], ou *nœuds*, jouissent de la propriété fondamentale du centre de courbure, c'est-à-dire du nœud unique
du dioptre simple. Nous allons voir de plus qu'entre les distances des foyers conjugués à ces deux nœuds, il existe les mêmes relations qu'entre les lignes G', G'', g' et g''
d'un dioptre simple.

Soit (fig. 42) XX' l'axe d'une lentille, dont les deux lignes parallèles verticales h et
h' figurent les plans principaux, et φ' et φ'' les foyers. Soit Y un point lumineux, et Y' son

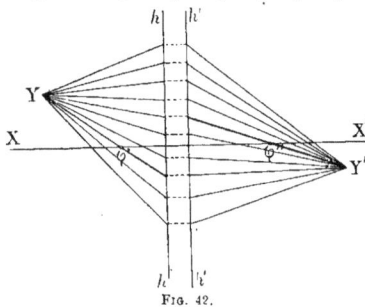

Fig. 42.

conjugué. Le point Y envoie sur le premier
plan principal un cône de rayons divergents. Le cône de rayons émergents, dont
le sommet est en Y', a sa base dans le second plan principal. Les différents rayons
partis du point Y, considérés en dehors de
la lentille, sont donc déviés par la lentille
dans deux sens, les uns à droite, les autres
à gauche relativement à leur direction
d'entrée; les extrêmes sont beaucoup déviés, les centraux de moins en moins. Il
faut donc nécessairement qu'il y en ait un
qui ne soit dévié ni à gauche ni à droite,
et qui sorte parallèlement à sa direction
d'entrée. D'après ce que nous avons dit
plus haut, il ne peut cependant pas suivre la ligne droite; il faut donc qu'il soit déplacé
latéralement, en restant parallèle à sa direction primitive.

Il est d'ailleurs visible que la portion incidente et la portion émergente de ce rayon
singulier ne peuvent pas être du même côté de l'axe. L'une et l'autre doit donc couper
l'axe. Le point de l'axe sur lequel est dirigée la portion incidente est le *premier point
nodal*, et le point de l'axe sur lequel est dirigée la portion émergente, est le *second point
nodal*. Le premier est généralement désigné par la lettre k'; le second par la lettre k''.
Soient donc (fig. 43) k' le premier, et k'' le second nœud, dans un système à deux surfaces
dont XX' est l'axe, h' et h'' les points principaux. Y est le point lumineux. Yk' est donc
la portion incidente, et Y'k'' la portion émergente du rayon singularisé.

Bien entendu, les deux portions du rayon non dévié ne rencontrent pas réellement
l'axe aux points k' et k''; mais, en dehors de la lentille, ils ont des directions comme si

---

[1]. La théorie des points nodaux a été développée par MŒBIUS pour des systèmes quelconques;
LISTING et HELMHOLTZ l'ont appliquée à l'œil.

le rayon incident était dirigé sur k' (le premier nœud) et comme si le rayon émergent provenait de k'' (second nœud).

Nous verrons un peu plus loin les emplacements exacts de k' et de k'', par rapport à h' et à h''.

A l'aide des plans principaux, et le premier point nodal étant supposé donné, nous pouvons *construire* exactement la portion émer- gente du rayon singulier. Soient (fig. 43) XX' l'axe optique d'une lentille, h' et h'' ses plans principaux. Soit Yk' le rayon que le point lumineux (Y) envoie sur le premier nœud (k'). Le point m où ce rayon rencontre le premier plan principal, on le déplace (n° 18) suivant la ligne mn, parallèle à l'axe, jusqu'en n, point du second plan principal. Et à partir de n, on tire la ligne nY', parallèle à Ym: ce sera le rayon conjugué de Ym, autrement dit la portion émergente du rayon singulier. Là où la ligne nY' coupe l'axe (en k'') sera le second point nodal.

Du parallélogramme $mnk''k'$ et du rectangle $mnh''h'$ (fig. 43) il ressort que :

$$k'k'' = mn = h'h''; \qquad\qquad (\alpha)$$

La distance entre les points nodaux est égale à la distance entre les points principaux.
Des triangles égaux $h'mk'$ et $h''nk''$ il ressort que :

$$h'k' = h''\, k''; \qquad\qquad (\beta)$$

La distance du premier point nodal au premier point principal est égale à la distance du second point nodal au second point principal.

Notons dès maintenant que les points k' et k'' sont conjugués, attendu que chacun d'eux est l'aboutissant de deux rayons dont les conjugués aboutissent à l'autre : à k' abou- tissent (fig. 43) les lignes Yk' et Xk', et à k'' les lignes Y' k'' et X' k''. Or Y'k'' est conjuguée à Yk', et X'k'' est conjuguée à Xk', l'axe optique étant conjugué à lui-même (n° 3).

Les **distances des points nodaux aux foyers principaux** correspondants, ou distances foco-nodales, ont une relation remarquable avec les distances focales principales F' et F''. Soient (fig. 44) un système à deux surfaces, h' et h'' ses points principaux, k' et k'' ses points nodaux, φ' et φ'' ses foyers. Un point lumineux Y, du premier plan focal, envoie un rayon vers k'; la ligne k''M est la direction du rayon émergent, parallèle à Yk'. Le même point Y émet un rayon YI (parallèle à l'axe), dont le conjugué I'φ'' est parallèle à k''M, et partant à Yk'; il passe par le second foyer φ''. Les triangles égaux Y $\varphi'k'$ et I'$h''\varphi''$ donnent :

$$\varphi'\, k' = \mathrm{F''}.$$

On aurait de même :

$$\varphi''\, k'' = \mathrm{F'}.$$

Les distances foco-nodales $\varphi'k'$ et $\varphi''k''$ se désignent généralement par les lettres G' et G''. On a donc :

$$\mathrm{G'} = \mathrm{F''}, \quad \text{et} \quad \mathrm{G''} = \mathrm{F'}. \qquad\qquad (\gamma)$$

C'est-à-dire la distance du premier foyer au premier nœud est égale à la seconde distance focale; et la distance du second foyer au second nœud est égale à la première distance focale, tout comme dans le cas du dioptre simple.

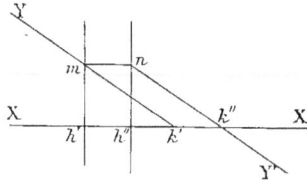
Fig. 43.

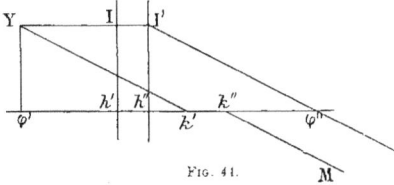
Fig. 44.

Les points nodaux se trouveront donc en partant, à partir de φ' vers φ'' une longueur égale à F'' (ce qui donne k'), et à partir de φ'' vers φ' une longueur égale à F' (ce qui donne k'').

Les points k' et k'' sont donc fixes (de même que h' et h''), et indépendants de la direction et de l'emplacement du rayon lumineux qui sert à leur construction.

De la figure 44 on tire :

$$h'k' = \varphi'k' - F' = F'' - F'.$$

Donc :

$$h'k' = h''k'' = F'' - F'. \qquad (\delta)$$

Cette dernière équation est homologue de l'équation $F'' - F' = R$ (γ, n° 6) dans le cas du dioptre simple. Elle donne un second moyen de déterminer l'emplacement de k' et de k''. Elle dit qu'à cet effet on doit porter à partir des points principaux, de gauche à droite, des longueurs égales entre elles et égales à la différence des distances focales (prises jusqu'aux points principaux).

Plus exactement, il faudrait dire que ces longueurs doivent être portées, à partir des points principaux, du côté de la distance focale la plus longue. Dans nos figures, nous avons toujours pris $F'' > F'$. Afin de rentrer dans l'hypothèse générale, voyons, à l'aide de la figure 44, l'emplacement de k' et de k'' si on fait varier les grandeurs relatives de F' et de F''. Dans l'hypothèse de la figure 44, k' est à droite de h'. Et pour trouver k'', nous portons à partir de φ'', de droite à gauche, une longueur égale à F'. Si nous faisons croître F' (en maintenant F'' constant), k'' se rapproche de plus en plus de h'' (et k' se rapproche de même de h'). Si F' devient égal à F'', k'' coïncidera avec h'' (et k' avec h'). Enfin, si F' devient plus grand que F'', k'' se trouvera à gauche de h'' (et k' de h'). Dans la dernière hypothèse, si on veut construire les points nodaux à l'aide de la formule (δ), il faut porter la longueur $F'' - F'$ à gauche des points principaux, c'est-à-dire toujours du côté de la distance focale la plus longue. — Ce résultat s'obtiendrait directement par la discussion de la formule (δ). Si $F' = F''$, la différence $F'' - F' = 0$, les distances $h'k'$ et $h''k''$ s'évanouissent; et si $F' > F''$, les longueurs $h'k'$ et $h''k''$ deviennent négatives.

Nous verrons plus loin (n° 26) que la condition pour que F' ne soit pas égal à F'', c'est que les deux indices extrêmes (n' et n''') ne soient pas égaux; nous y verrons aussi que $F' < F''$ si $n' < n'''$.

21 bis. Les équations des distances de points conjugués quelconques aux nœuds sont identiquement celles du dioptre simple. Soient (fig. 45) h' et h'' les points principaux, k' et k'' les points nodaux, X un point situé sur l'axe, plus loin du dioptre que le point focal φ', et X' le conjugué de X. Désignons la longueur $X\varphi'$ par l'; $\varphi'h' = F'$; $\varphi'k' = G'$; $Xk' = g'$ et $k''X' = g''$. Le point conjugué de Y est Y', situé sur la perpendiculaire élevée en X' sur l'axe.

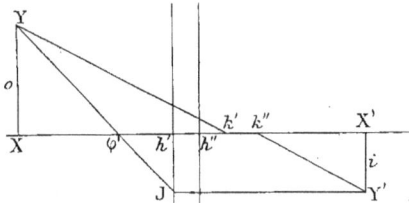

Fig. 45.

Les triangles semblables $XY\varphi'$ et $h'J\varphi'$, puis XYk' et $X'Y'k''$, donnent :

$$\frac{o}{i} = \frac{l'}{F'} = \frac{g'}{g''}.$$

Or, $l' = g' - G'$ et $F' = G''$; donc :

$$\frac{g' - G'}{G''} = \frac{g'}{g''}; \quad \text{ou} \quad g'g'' = g''G' - G''g'.$$

Divisant les deux membres par $g'g''$, on a :

$$\frac{G'}{g'} + \frac{G''}{g''} = 1. \qquad (\alpha)$$

Relation identique à l'équation β (n° 9) pour le dioptre simple. On en tire :

$$g' = \frac{G' \, g''}{g'' - G''}, \quad \text{et} \quad g'' = \frac{G'' \, g'}{g' - G'}. \tag{β}$$

22. Grandeurs des images calculées à l'aide des points nodaux. — Soient toujours (fig. 46) XX' l'axe optique d'un dioptre composé, k' et k'' ses points nodaux, et X' le conjugué de X.

Les deux triangles semblables donnent :

$$\frac{i}{o} = \frac{g''}{g'}; \quad i = \frac{og''}{g'}. \tag{α}$$

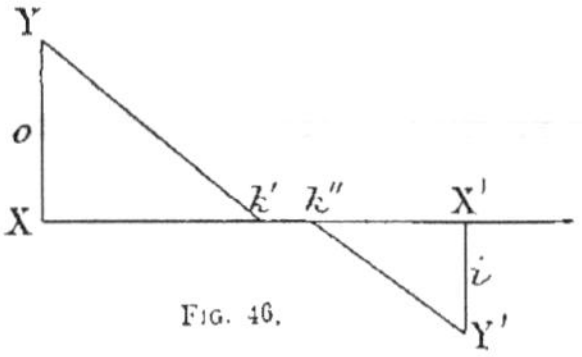

En y remplaçant d'abord g'', puis g' par leurs valeurs en fonction de G' et de G'', trouvées en dernier lieu (β), au numéro 21 *bis*, on a

Fig. 46.

$$\frac{i}{o} = \frac{G''}{g' - G'} = \frac{g'' - G''}{G'}. \tag{β}$$

Ce sont précisément les équations du n° 11, dans le cas d'un dioptre simple.

22 *bis*. Centre optique. Ses relations avec k' et k''. — Soient (fig. 47, I) A et B les deux surfaces d'une lentille, k' et k'' ses deux points nodaux. Tout rayon Yα incident, dirigé sur le point k', sort dans une direction parallèle passant par k'', et *vice versa*. En réalité il suit dans la lentille la ligne α β, qui coupe l'axe optique en o. — Un second rayon X k' (fig. II), dirigé sur k', sort de même de la lentille parallèlement à sa direction primor-

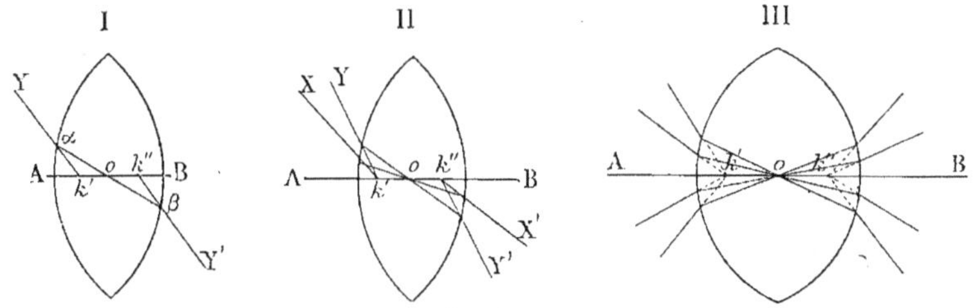

Fig. 47.

diale, et dirigé sur k''. En réalité, dans la lentille, il suit lui aussi une ligne passant par o. Tous les rayons dirigés sur k' passent par o. — Un cône de lumière qui converge vers k' donne (fig. 47, III) un second cône qui diverge à partir de k'' et *vice versa*. Mais on ne peut passer d'un cône à l'autre qu'à l'aide des deux autres cônes intérieurs ayant leurs sommets en o, et formés par la marche (réelle) des rayons dans la lentille.

Il résulte de la figure 47, II que k' est l'image de k'' et *vice versa*, puisque les rayons dirigés dans le premier milieu sur l'un semblent au sortir de la lentille provenir de l'autre. k' est le point lumineux, mais virtuel, et k'' son conjugué, son image — c'est-à-dire son image formée par la réfraction à travers toute la lentille. S'il était permis de parler de droite et de gauche, à propos de points, on pourrait dire qu'un nœud est l'image renversée de l'autre.

k' et k'' sont aussi chacun l'image de o. Mais ces images virtuelles sont formées par la réfraction à travers une seule surface réfringente. k' est l'image de o pour un œil situé dans le premier milieu et qui regarde à travers la première face le point o situé dans le milieu réfringent constituant la lentille; et k'' est l'image de o regardé à travers la seconde surface, par un œil situé dans le dernier milieu. Les trois points k', o et k'' sont conjugués : les deux points nodaux sont les images l'un de l'autre à travers la lentille tout entière; ils sont aussi les images du point o à travers chacune des surfaces de la lentille. Réciproquement le centre optique est l'image des deux points nodaux à travers les faces de la lentille.

L'emplacement du centre optique par rapport aux sommets A et B (fig. 1) des surfaces réfringentes est la suivante. Les triangles semblables (fig. 47, 1) $ok'\alpha$ et $ok''\beta$ d'une part, puis $A\alpha o$ et $Bo\beta$ d'autre part donnent (les cordes $A\alpha$ et $B\beta$ étant remplacées par les tangentes correspondantes aux points A et B) :

$$\frac{ok'}{ok''} = \frac{o\,\alpha}{o\,\beta} = \frac{o\,A}{o\,B} = \frac{A\,k'}{B\,k''} \qquad (\alpha)$$

Le centre optique partage donc l'épaisseur de la lentille et la distance entre les nœuds en parties proportionnelles; c'est donc un point fixe dans la lentille.

Cette relation servira à calculer oA et oB, c'est-à-dire l'emplacement de o sur l'axe de la lentille, lorsque Ak' et Bk'' ainsi, que l'épaisseur de la lentille, sont connus.

En effet, nous venons de voir que Ak' et Bk'' sont proportionnels à Ao et à Bo :

$$\frac{A\,k'}{B\,k''} = \frac{A\,o}{B\,o}.$$

Nous pouvons écrire cette équation sous la forme :

$$\frac{A\,k' + B\,k''}{B\,k''} = \frac{(A\,o + B\,o)}{B\,o} = d,$$

d étant l'épaisseur de la lentille.

On en tire la valeur de Bo :

$$B\,o = \frac{B\,k''}{A\,k' + B\,k''}\,d \;\Big\}$$

Celle de Ao est :

$$A\,o = d - B\,o \;\Big\} \qquad (\beta)$$

23. Points cardinaux de la lentille. — *Calcul des distances focales* F' *et* F'' *de la lentille.* — Dans tout ce qui précède nous nous sommes servis des foyers et des points principaux, ainsi que de leurs distances à la lentille, comme s'ils étaient connus. Mais nous ne savons pas encore comment les déterminer réellement; c'est ce qu'il nous reste à faire. Nous allons donc développer les formules qui servent à calculer : *a*), les distances des foyers aux surfaces de la lentille; *b*), les deux longueurs focales F' et F'' de la lentille; c'est-à-dire les distances des foyers principaux de la lentille aux points principaux, et *c*), les distances des points principaux aux surfaces réfringentes.

24. Calcul de la distance des foyers à la lentille. — La lentille biconvexe est limitée (fig. 48) par deux faces A et B, la première de rayon R' et la seconde de rayon R''. Suivant nos conventions, n'' est plus grand que n' et que n''', et n' n'est pas égal à n''. La première surface a deux foyers, l'un dans le premier milieu (à indice n'), l'autre dans le second milieu (à indice n''), et

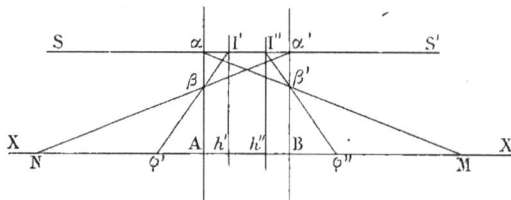

deux distances focales a_1 et a_2. La seconde surface a également deux foyers, dans le deuxième et le troisième milieu, et deux distances focales b_1 et b_2, la première dans le deuxième milieu, la seconde dans le troisième (à indice n'''). Nous avons par des formules connues (n° 6), en tenant compte de la remarque *a*, p. 64, relative au signe négatif de R, en ce qui regarde b_1 et b_2[1] :

$$a_1 = \frac{n'\,R'}{n'' - n'}, \qquad a_2 = \frac{n''\,R'}{n'' - n'} \;\Big\}$$
$$b_1 = \frac{n''\,R''}{n'' - n'''}, \qquad b_2 = \frac{n'''\,R''}{n'' - n'''} \;\Big\} \qquad (\alpha)$$

1. Toutes nos formules sont développées pour des lentilles biconvexes, afin de ne pas avoir, dans les applications au cristallin et à l'œil total, à nous préoccuper du signe des distances focales.

Enfin, désignons par d la distance AB, ou l'épaisseur de la lentille, et par Θ' et Θ'' les distances (φ' A et φ'' B, fig. 48) des deux foyers (φ' et φ'') de la lentille aux deux faces de la lentille. Nous voyons que Sα, parallèle à l'axe XX', de par la réfraction sur la première face, irait concourir en M, second foyer de la face A (dans le second milieu), mais que la seconde face le fait converger en φ'', dans le troisième milieu. Le point φ'' est donc le conjugué du point M par rapport à la seule seconde surface. En appliquant ici la formule $\dfrac{F'}{f'} + \dfrac{F''}{f''} = 1$, en ayant soin de prendre BM négativement, nous aurons :

$$ -\frac{b_1}{\mathrm{BM}} + \frac{b_2}{\mathrm{B}\varphi''} = 1 $$

d'où

$$ \mathrm{B}\,\varphi'' = \mathrm{BM}.\frac{b_2}{b_1 - \mathrm{BM}} $$

D'ailleurs (fig. 48) $\mathrm{BM} = \mathrm{AM} - \mathrm{AB} = a_2 - d$; donc

$$
\left.
\begin{aligned}
\Theta'' &= (a_2 - d)\,\frac{b_2}{a_2 + b_1 - d} \\[2mm]
\Theta' &= (b_1 - d)\,\frac{a_1}{a_2 + b_1 - d}
\end{aligned}
\right\}
\tag{β}
$$

On trouverait de même :

Les distances Θ' et Θ'' des foyers aux faces de la lentille sont donc connues.

25. Calcul des deux longueurs focales F' et F'', entre les foyers et les points principaux correspondants. — Ces deux longueurs sont (fig. 48) les lignes $\varphi'\,h'$ et $\varphi''\,h''$. Nous avons trouvé au n° 15 :

$$ h''\,\varphi'' = \mathrm{B}\,\varphi''\,\frac{\mathrm{AM}}{\mathrm{BM}}, \text{ ou } F'' = \Theta''.\,\frac{a_2}{a_2 - d}. $$

D'où en remplaçant Θ'' par sa valeur calculée au numéro précédent :

$$
\left.
\begin{aligned}
F'' &= \frac{a_2\,b_2}{a_2 + b_1 - d} \\[2mm]
F' &= \frac{a_1\,b_1}{a_2 + b_1 - d}
\end{aligned}
\right\}
\tag{α}
$$

On trouverait de même :

26. Rapport des longueurs focales F' et F'' avec les deux indices extrêmes. — Des formules α (n° 25) on tire :

$$ \frac{F'}{F''} = \frac{a_1\,b_1}{a_2\,b_2}. $$

Mais, d'après les valeurs des longueurs focales élémentaires (α, n° 24), on a :

$$ \frac{a_1}{a_2} = \frac{n'}{n''}, \text{ et } \frac{b_1}{b_2} = \frac{n''}{n'''}; $$

donc

$$ \frac{F'}{F''} = \frac{n'}{n'''}. \tag{α} $$

Les longueurs focales sont donc proportionnelles aux indices des milieux extrêmes (loi analogue à celle établie au n° 6, p. 64, pour le dioptre simple). Si donc les deux milieux extrêmes sont les mêmes (cas de la lentille dans l'air et du cristallin dans l'œil), les deux longueurs focales sont égales. Elles sont inégales dans le cas contraire.

27. Distances des points principaux aux surfaces réfringentes. — Soient x_1 et x_2 ces distances h'A et h''B (fig. 48); elles sont égales à $F' - \Theta'$ et à $F'' - \Theta''$.

Ainsi

$$ x_1 = \frac{a_1\,b_1}{a_2 + b_1 - d} - (b_1 - d)\,\frac{a_1}{a_2 + b_1 - d}; $$

HELMHOLTZ les a développées dans l'hypothèse où toutes surfaces réfringentes sont convexes du côté où vient la lumière incidente, d'où les différences que le lecteur constatera entre nos formules et celles de HELMHOLTZ, dans lesquelles entre le second rayon de courbure (R'').

d'où l'on tire :

$$x_1 = \frac{a_1\, d}{a_2 + b_1 - d}$$

On a de même :

$$x_2 = \frac{b_2\, d}{a_2 + b_1 - d}$$

$$(\mathbf{x})$$

Connaissant deux des éléments calculés aux numéros 24, 25 et 27, on peut calculer le troisième.

Divisons encore les équations $\mathbf{x}$ l'une par l'autre, il vient :

$$\frac{x_1}{x_2} = \frac{a_1}{b_1}, \text{ ou (formule } \alpha, \text{ n° 24)} \quad \frac{x_1}{x_2} = \frac{\dfrac{n'\, R'}{n'' - n'}}{\dfrac{n'''\, R'}{n''' - n'''}}.$$

$$(\beta)$$

C'est-à-dire que les distances des points principaux aux surfaces sont proportionnelles aux distances focales extrèmes des deux dioptres partiels.

28. Cas où les milieux extrèmes sont les mêmes. — Si $n' = n'''$, c'est-à-dire dans le cas du cristallin dans l'œil, et dans celui d'une lentille plongée dans l'air, toutes les relations précédentes se simplifient.

1° Les deux longueurs focales F' et F'' sont égales, conformément à l'équation $\frac{F'}{F''} = \frac{n'}{n'''}$ (n° 26);

2° Les deux points nodaux se confondent avec les points principaux, puisque (n° 21 γ),

$$G' = G'' = F' = F'';$$

3° Les distances (x' et x'') des points principaux et des points nodaux aux faces de la lentille sont proportionnelles aux rayons de ces faces. Car (n° 27), nous avons, si $n' = n''$

$$\frac{x_1}{x_2} = \frac{a_1}{b_2} = \frac{\dfrac{n'\, R'}{n'' - n'}}{\dfrac{n'''\, R''}{n''' - n''}} = \frac{R'}{R''};$$

4° On aime quelquefois à donner aux expressions de Θ', Θ'', F', F'', x_1 et x_2 (n°s 24, 25 et 27) les formes qu'elles prennent lorsqu'on y remplace a_1, a_2, b_1 et b_2 par leurs valeurs en fonction de n', n'', n''', R' et R'' ($\mathbf{x}$, n° 24). On obtient ainsi pour F' l'expression :

$$F' = \frac{n'\, n''\, R'\, R''}{n''(n'' - n''')R' + n''(n'' - n')R'' - d(n'' - n')(n'' - n''')}.$$

$$(\alpha)$$

Dans le cas où $n' = n'''$, cette valeur de F' $=$ F'', ou la distance focale unique de la lentille devient :

$$F = \frac{n'\, n''\, R'\, R''}{(n'' - n')[n''(R' + R'') - d(n'' - n')]}.$$

$$(\beta)$$

Et si on pose $\frac{n''}{n'} = n$, n étant le rapport de l'indice de la lentille à celui du milieu ambiant :

$$F = \frac{n\, R'\, R''}{(n - 1)[n(R' + R'') - d(n - 1)]}.$$

$$(\gamma)$$

Cette formule β (ainsi que celles β ou α) étant développée pour le cas de la lentille biconvexe, si on l'emploie par exemple pour calculer la distance focale de la cornée dans l'humeur aqueuse ou dans l'air, il faudra y changer R'' en − R'', conformément à la remarque du n° 7, p. 64.

Réfraction à travers trois surfaces. — **29.** Quel que soit le nombre des surfaces réfringentes d'un dioptre, nous savons (n° 13, p. 69) que, si elles sont sphériques et centrées, tout point lumineux placé devant la première a un point conjugué ou une image derrière la dernière surface. Si le point lumineux est situé sur l'axe optique, il en sera de même pour son conjugué. Si l'un des deux points conjugués s'éloigne à l'infini, le second tend vers une position limite qui est un foyer principal. Le dioptre composé a deux foyers principaux : le premier (φ') est dans le premier milieu; le second (φ'') est dans le dernier milieu. Tout comme le système à deux surfaces, le dioptre plus compliqué donne à considérer des points — et des plans — conjugués, ainsi que des foyers — et des plans focaux — conjugués. Nous allons voir que le système de plus de deux surfaces a aussi deux points et deux plans principaux, ainsi que deux points nodaux, jouissant des mêmes propriétés que les points et plans analogues du dioptre à deux surfaces.

Les surfaces réfringentes étant au nombre de trois dans l'œil, nous allons nous borner au cas de trois surfaces réfringentes, C, D et E, sphériques et centrées sur la ligne XX' (fig. 49), et séparant quatre milieux d'indices n', n'', n''' et n'''', se succédant de gauche à droite. Pour la simplicité des figures, et d'ailleurs pour nous rapprocher de l'état des choses dans l'œil, nous supposons aussi que l'effet total du système soit convergent. Les formules auxquelles nous arriverons n'en sont pas moins générales.

Les deux surfaces D et E constituent une lentille B dont nous connaissons déjà l'effet dioptrique, et que nous pouvons représenter par ses deux points principaux P' et P''; ses foyers sont N' et N'', avec des distances focales ψ' ($= N' P'$) et ψ'' ($= N'' P''$). Au devant de cette lentille B, se trouve donc une troisième surface C, représentée par son plan principal unique, qui sépare les milieux d'indices n' et n'', avec deux foyers M' et M'' (le dernier seul représenté dans la fig. 49), et deux distances focales χ' ($= C M'$) et χ'' ($= C M''$), situées bien entendu dans les milieux qu'elle sépare et supposés prolongés. Le système total se compose donc de deux systèmes partiels A (simple) et B (composé de deux surfaces).

Un rayon S K, tombant parallèlement à l'axe sur la surface A, convergerait, de par cette réfraction, vers le point M'', second foyer principal du système A dans le second milieu (d'indice n'', supposé prolongé à droite). Mais ce rayon ren-

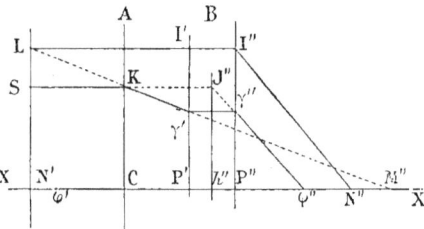

Fig. 49.

contre en γ' le premier plan principal I' du système B. D'après le n° 18, pour avoir sa direction dans le dernier milieu, c'est-à-dire pour construire dans le milieu n'''' le conjugué du rayon S K, il faut supposer le point γ' transporté parallèlement à l'axe, jusqu'en γ'', point du second plan principal du système B. C'est à partir de γ'' que le rayon réfracté se dirigera vers le second foyer principal φ'' du système total. Là où il coupe l'axe sera le foyer principal. Il s'agit seulement d'avoir la direction de ce rayon réfracté, pour avoir l'emplacement du foyer φ'' du système total. A cet effet, prolongeons le rayon K γ', maintenant incident sur le système B, prolongeons-le (conformément au n° 18) jusqu'au premier plan focal du système B, c'est-à-dire jusqu'en L, et à partir d'ici, tirons une ligne L I'', parallèle à l'axe, jusqu'à sa rencontre avec le second plan principal du système B. La ligne L I'', supposée située dans le troisième milieu, à indice n''', aura pour conjugué le rayon I'' N'', passant par le second foyer N'' du système B. Or le rayon L γ', qui part également du point L situé dans le premier plan focal du système B, en sortira parallèlement à I'' N''. Le rayon émergent part donc de γ'' et aura la direction γ'' φ'', parallèle à I'' N'', et le point φ'' sera le second foyer principal du système total.

Ce rayon émergent γ'' φ'', prolongé à rebours, rencontre en J'' la direction primitive du rayon incident S K, et ce point J'' se projette sur l'axe en un point h'', qui est le second point principal du système total.

Pour établir que le point h'' jouit dans le système total des mêmes propriétés que le point analogue du système à deux surfaces, démontrons qu'il est fixe, quel que soit l'écart entre le rayon incident et l'axe. A cet effet, désignons par F'' la distance φ'' h'' existant entre le second foyer principal du système total et le point h''. Les triangles semblables h'' φ'' J'' et P'' N'' I'' d'une part, puis C M'' K et N' M'' L d'autre part nous donnent :

$$\frac{F''}{P'' N''} = \frac{h'' J''}{P'' I''}, \quad \text{et} \quad \frac{CK}{N' L} = \frac{CM''}{N' M''}.$$

Mais $h'' J'' = C K$, et $P'' I'' = N' L$; nous avons donc :

$$\frac{F''}{P''N''} = \frac{CM''}{N'M''}.$$

Or $P'' N'' = \psi''$, $C M'' = \chi''$, $N' M'' = \chi'' + CN'$; nous aurons donc pour l'expression de F'' :

$$F'' = \psi'' \frac{\chi''}{\chi'' + CN'}. \qquad (\alpha)$$

Les points extrêmes des lignes entrant dans le second membre de cette dernière équation étant absolument fixes pour un système donné, F'' doit être constant. Et comme φ'', l'une des extrémités de F'', a un emplacement constant, h'' doit être fixe également.

h'' est donc le second point principal du système combiné, et $h'' J''$ est la trace du second plan principal dans le plan de la figure. Un cylindre de rayons parallèles à l'axe, tombant de gauche à droite sur le système à trois surfaces, donne lieu à un cône lumineux émergent dont le sommet est en φ'', et dont tous les rayons rencontrent dans le plan principal leurs conjugués du cylindre lumineux. Connaissant l'emplacement de ce plan principal, pour construire un rayon parallèle à l'axe, à travers tout le système, de gauche à droite, on le prolonge jusqu'à ce second plan principal, et à partir de là, il se dirige vers le second point focal. — Bien entendu, la direction de ces deux rayons n'est réelle qu'en dehors des deux surfaces réfringentes extrêmes. Entre les deux surfaces extrêmes, la direction du rayon est en réalité autre. Ce qui nous importe, c'est sa direction finale.

Il y a dans notre système à trois surfaces un autre point principal et un autre plan principal, à envisager pour des rayons traversant le système de droite à gauche. Pour les trouver, soit (fig. 50) un rayon $S' K'$, parallèle à l'axe dans le dernier milieu, et qui tombe (de droite à gauche) sur la troisième surface réfringente. Sa construction à travers le système B (à deux surfaces) est connue (n° 18) : nous prolongeons ce rayon jusqu'en I', point du premier plan principal du système B, d'où en vertu de la réfraction par le système B, il tend vers N', premier foyer principal du système B, foyer situé

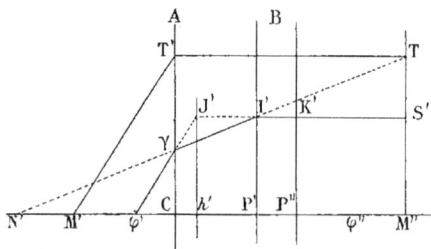

dans le milieu d'indice n'', supposé prolongé à gauche. Mais ce rayon rencontre en γ la surface du système A, et cette surface le fait converger vers l'axe, qu'il coupe dans le premier foyer φ' du système total, à trois surfaces. — Il s'agit de déterminer la direction de ce rayon dans le premier milieu à partir de γ, ce qui donnera l'emplacement du foyer φ' du système total. Supposons le rayon $I'\gamma$ prolongé à rebours jus-

qu'à sa rencontre avec le second plan focal du système A, en T, et faisons pour un moment abstraction du système B. Du point T, tirons la ligne $T T'$, parallèle à l'axe. Sa conjuguée (pour le système A) passera par le point M', premier foyer du système A. Or la ligne $T\gamma$, issue du second plan focal du système A, et cela du même point que T T', aura, dans le premier milieu, une ligne conjuguée parallèle à $T' M'$. Ce sera $\gamma \varphi'$, et φ' sera le premier foyer du système total.

Le rayon $\gamma \varphi'$, prolongé à rebours, rencontre en J' la direction du rayon incident, et ce point se projette en h' sur l'axe optique.

De nouveau, nous allons prouver que h' est constant pour tous les rayons incidents parallèles à l'axe, quel que soit l'écart entre les rayons et l'axe, c'est-à-dire que h' est le premier point principal.

En effet, si l'on désigne par F' sa distance au premier foyer principal φ', on a par les triangles semblables $h'\varphi'J'$ et $C\varphi'\gamma$ d'une part, puis P'N'I et CN'γ d'autre part :

$$\frac{F'}{C\,\varphi'} = \frac{J'h' \text{ ou } P'I'}{C\,\gamma} = \frac{P'N' \text{ ou } \psi'}{CN'}.$$

d'où :

$$F' = \psi'\,\frac{C\varphi'}{CN'}. \qquad\qquad (\beta)$$

Les points extrêmes des lignes renfermées dans le second membre de cette équation étant fixes, F' a une valeur constante; et φ', l'un des points extrêmes de F', étant également fixe, il s'ensuit que h' est toujours à la même place dans le système complet, quel que soit l'écart entre le rayon incident (dans le dernier milieu) et l'axe. Le point h' est donc le point principal nouveau. On l'appelle premier point principal, en opposition avec le second que nous avons déterminé plus haut. La ligne $h'J'$ est, dans le plan de la figure, la trace du premier plan principal du système total. Le cône lumineux émergent rencontre le cylindre lumineux incident suivant le premier plan principal. Le rayon parallèle à l'axe dans le dernier milieu se réfracte comme s'il continuait sa marche en ligne droite jusqu'à ce premier plan principal du système total, et comme si, à partir de là, il était réfracté vers le premier foyer principal.

Éliminons dès maintenant de la formule précédente (β) la ligne indéterminée $C\varphi'$. A cet effet, les triangles semblables (fig. 30) $C\varphi'\gamma$ et CM'T' d'une part, puis CN'γ et M''M'T' d'autre part donnent :

$$\frac{C\,\varphi'}{CM'} = \frac{C\gamma}{CT' \text{ ou } M''T} = \frac{CN'}{N'M'};$$

d'où l'on tire :

$$\frac{C\,\varphi'}{C\,N'} = \frac{CM'}{N'M'} = \frac{\chi'}{\chi'' + CN'}.$$

Introduisons cette valeur de $\dfrac{C\varphi'}{CN'}$ dans la formule (β) de plus haut, et il vient :

$$F' = \psi'\,\frac{\chi'}{\chi'' + CN'}. \qquad\qquad (\gamma)$$

30. **Les deux plans principaux du système à trois surfaces sont l'un l'image de l'autre, l'objet et l'image étant égaux et semblablement situés par rapport à l'axe optique.** — Combinons (fig. 31) en une seule figure la construction des deux plans principaux. En faisant arriver de droite et de gauche sur le système combiné les rayons SK et S'K', tous les deux parallèles à l'axe, à égales distances de cet axe et situés du même côté de l'axe, nous voyons immédiatement que J' et J'' sont des points conjugués, chacun étant l'aboutissant de deux rayons dont les conjugués aboutissent à l'autre point (la conjuguée de la ligne SJ' est J''φ'', et la conjuguée de φ'J' est J''S'). J' est donc l'image de J'' et vice versa. Les deux images sont du même côté de l'axe, et à égales distances de l'axe. Chaque point d'un plan

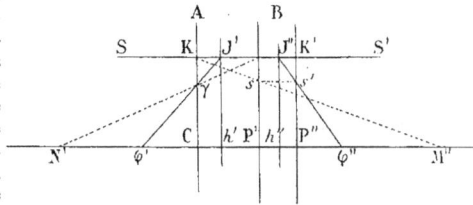

Fig. 51.

principal a de même son conjugué dans l'autre plan principal, du même côté de l'axe, et à égale distance de ce dernier.

On exécuterait aisément pour le système à trois surfaces des constructions analogues à celles des n° 17 et 18 pour la marche des rayons partis de points quelconques situés en dehors de l'axe, soit dans le plan focal, soit en dehors de lui. Le résultat serait identique, c'est-à-dire que, dans le dernier milieu, le rayon (réfracté) est dirigé sur un point du second plan principal qui est le conjugué de celui du premier plan principal sur lequel le rayon est dirigé dans le premier milieu. Ces deux points conjugués sont à égales distances de l'axe et situés du même côté de l'axe.

31. Dans le dioptre à trois surfaces lui aussi, **les deux distances focales principales sont proportionnelles aux deux indices extrêmes.** — Divisons l'une par l'autre les expressions (α) et (γ) pour F' et F'' obtenues au numéro 29, il vient :

$$\frac{F'}{F''} = \frac{\chi'}{\chi''} \cdot \frac{\psi'}{\psi''};$$

ou, en tenant compte des relations des numéros 6 ($\flat$) et 26 (α) :

$$\frac{F'}{F''} = \frac{n'}{n''} \cdot \frac{n''}{n^{\mathrm{iv}}} = \frac{n'}{n^{\mathrm{iv}}}.$$

q. e. d.

Au lieu de trois surfaces réfringentes, nous aurions pu en prendre quatre. Le système A aurait donné à considérer deux plans principaux au lieu d'un seul, et ses distances focales auraient dues être comptées à partir de ses deux points principaux. Les figures en auraient été un peu plus compliquées, mais le résultat final serait le même.

Nous avons, dans ce qui précède, étudié diverses expressions pour les distances focales mesurées jusqu'aux points principaux, et nous en avons tiré des propositions impliquant des propriétés importantes des plans principaux et des distances focales. Mais l'emplacement des plans principaux dans le système à trois surfaces nous est encore inconnu, et partant les distances focales sont encore indéterminées. Les deux expressions (α et γ, n° 29) des distances focales $F' = \dfrac{\psi'\chi'}{\chi'' + CN'}$ et $F'' = \dfrac{\psi''\chi''}{\chi'' + CN'}$ renferment bien les distances focales des deux systèmes partiels, quantités connues. Mais elles renferment aussi la longueur CN' (fig. 31), quantité qui varie avec la distance entre les deux systèmes partiels, et qu'il s'agit maintenant d'exprimer en fonction de cette dernière distance. Cette transformation nous mènera à des formules exprimant en fonction des longueurs focales des systèmes partiels, et en fonction de la distance entre les systèmes partiels, les distances suivantes (du système total) : a) les longueurs focales principales, mesurées jusqu'aux points principaux du système total, b) les distances des foyers principaux aux points principaux extrêmes des systèmes partiels, et c) les distances des points principaux du système total aux points principaux extrêmes des deux systèmes partiels. Ces formules résoudront en définitive notre problème.

32. Distances focales du système total comptées jusqu'aux points principaux du système total. — Représentons par d la distance entre le point principal unique C du système A (fig. 31) et le premier point principal P' du système B.— La ligne CN'=P'N'—d=ψ'—d. Dès lors, nos formules α et γ du n° 29 deviennent :

$$\left. \begin{array}{l} F' = \dfrac{\psi'\chi'}{\chi'' + \psi' - d} \\[2mm] F'' = \dfrac{\psi'\chi''}{\chi'' + \psi' - d} \end{array} \right\} \qquad (a)$$

34. Distances des foyers du système total aux points principaux extrêmes des deux systèmes partiels. — Ces distances sont (fig. 31) $C_{\overline{\varphi}}'$ et $\varphi''P''$. Pour trouver leur valeur en fonction de $\chi', \chi'', \psi', \psi''$ et de d, reprenons, pour ce qui regarde $C_{\overline{\varphi}}'$, la formule $F' = \psi' \dfrac{C_{\overline{\varphi}}'}{CN'}$ (formule β du n° 29). Résolue par rapport à $C_{\overline{\varphi}}'$, elle devient :

$$C_{\overline{\varphi}}' = F' \frac{CN'}{\psi'}. \qquad (\alpha)$$

Remplaçons-y F' par sa valeur trouvée dans le numéro précédent, et tenons compte que CN'=ψ'—d, elle devient :

$$C_{\overline{\varphi}}' = \frac{\chi'(\psi' - d)}{\chi'' + \psi' - d}. \qquad (\beta)$$

D'autre part, pour trouver $\varphi''P''$, les triangles semblables (fig. 51) $\varphi''P''s'$ et $\varphi''h''J''$ d'une part, puis P'sM'' et KCM'' d'autre part, donnent :

$$\frac{\varphi''\,P''}{\varphi''\,h''\ \text{ou}\ F''} = \frac{P''s'\ \text{ou}\ P's}{h''J''\ \text{ou}\ CK} = \frac{P'M''}{C\,M''},$$

ou

$$\frac{\varphi''\,P''}{F''} = \frac{P'\,M''}{C\,M''}.$$

Mais $P'M'' = \chi'' - d$, et $CM'' = \chi''$; donc

$$\varphi''\,P'' = F''\,\frac{\chi'' - d}{\chi''}. \qquad (\gamma)$$

Remplaçons F'' par sa valeur exprimée au n° 32, il vient :

$$\varphi''\,P'' = \frac{\psi''\,(\chi'' - d)}{\chi'' + \psi'' - d} \qquad (\beta')$$

35. Distances des points principaux (du système à trois surfaces) aux points principaux extrêmes des deux systèmes partiels. — Ces distances $h'C$ et $h''P''$ (fig. 51) sont, si nous les désignons par x_1 et x_2 :

$$x_1 = h'\,C = h'\,\varphi' - C\,\varphi' = F' - C\,\varphi'$$
$$x_2 = h''\,P'' = h''\,\varphi'' - \varphi''\,P'' = F'' - \varphi''\,P''.$$

Introduisons dans ces deux égalités ($x_1 = F' - C\varphi'$ et $x_2 = F'' - \varphi''P''$) les valeurs de F' et de F'' trouvées au n° 32, ainsi que les valeurs de $C'\varphi'$ et de $\varphi''P''$ trouvées au n° 34, et nous aurons :

$$\left. \begin{array}{l} x_1 = \dfrac{\chi'\,d}{\chi'' + \psi'' - d} \\[2mm] x_2 = \dfrac{\psi''\,d}{\chi'' + \psi'' - d} \end{array} \right\} \qquad (\alpha)$$

Connaissant deux des trois éléments envisagés aux numéros 32, 34 et 35, on peut calculer le troisième.

Divisant l'une par l'autre les équations α, nous avons :

$$\frac{x_1}{x_2} = \frac{\chi'}{\psi''}, \qquad (\beta)$$

c'est-à-dire que *les distances des points principaux (du système à trois surfaces) aux points principaux extrêmes des deux systèmes partiels sont proportionnelles aux distances focales extrêmes des systèmes partiels A et B.*

36. Le système à trois surfaces réfringentes a donc deux plans principaux, absolument comme le dioptre à deux surfaces. Cela veut dire que le système à trois surfaces peut être identiquement remplacé par un autre à deux surfaces. Et nous avons démontré (n°s 19 et 20) que pour ce dernier, il est permis, dans le calcul des points conjugués et des grandeurs des images, d'employer toutes les formules trouvées pour un dioptre composé d'une seule surface réfringente. Il faut seulement y introduire les distances focales principales et les distances des points conjugués jusqu'au premier et au second point principal du système total. Sous la même réserve, les formules trouvées pour le dioptre à une surface sont rigoureusement applicables au dioptre à trois surfaces, c'est-à-dire à l'œil. Ces formules sont, pour le calcul des points conjugués :

$$\frac{F'}{f'} + \frac{F''}{f''} = 1 \qquad (\alpha)$$

et

$$\left. \begin{array}{l} f = \dfrac{F'\,f'}{f'' - F''} \\[2mm] f' = \dfrac{F''\,f}{f - F'} \end{array} \right\} \qquad (\beta)$$

37. Points nodaux du système à trois surfaces. — Les raisonnements des numéros 21, 22, et 22 *bis*, relatifs aux points nodaux du dioptre à deux surfaces, partent uniquement de la notion des deux plans principaux du système à deux surfaces. Or le système à trois surfaces (ou plus) ayant également deux plans principaux, nous concluons qu'un système à trois surfaces (ou plus) a également deux points nodaux k' et k'', et les raisonnements développés aux pages 74 et suivantes au sujet des points nodaux sont rigoureusement applicables à ceux du dioptre à trois (ou plusieurs) surfaces :

1° Un rayon lumineux dirigé dans le premier milieu sur le premier point nodal est dans le dernier milieu parallèle à sa direction initiale (dans le premier milieu), et dirigé comme s'il venait du second point nodal;

2° Les deux nœuds sont les images l'un de l'autre (vus à travers tout le système);

3° La distance du premier nœud au premier foyer du système total étant représentée par G', et celle du second point nodal au second foyer par G'', on a les relations :

$$G' = F'' \text{ et } G'' = F'; \qquad (\alpha)$$

ce qui permet de trouver leur emplacement exact.

4° On a (p. 76, δ, n° 21) de même

$$k' k = k'' k'' = F'' - F';$$

ce qui permet de construire k' et k'' d'une autre manière, mais toujours en partant des distances focales principales;

5° D'après le numéro 26, nous avons aussi $\dfrac{F'}{F''} = \dfrac{n'}{n''}$: les distances focales principales sont proportionnelles aux indices des milieux extrêmes;

6° La distance entre les nœuds est égale à la distance séparant les points principaux;

7° Enfin, l'équation de Newton n° 19 est applicable au système à trois surfaces :

$$l' l'' = F' F''.$$

38. — Il y a de même dans le système composé de plus de deux surfaces un centre optique o, dont les nœuds sont les images, c'est-à-dire k' étant l'image de o vu à travers le premier système partiel (A), et k'' étant l'image de o vu à travers le second système partiel B (de droite à gauche, dans le cas de la figure 51).

Comme o est le conjugué de k' et de k'', on calculerait son emplacement exactement comme au n° 22 bis, α et β.

Quelquefois, dans les constructions et dans les calculs, on remplace k' et k'' par un centre optique unique. Pour peu qu'on tienne à quelque rigueur dans certains calculs, cela n'est pas légitime. Dans beaucoup de cas, néanmoins, on peut réellement négliger le premier nœud. Sa distance à k'' est en effet (de $0^{mm},32$ voir plus loin n° 48) infiniment petite par rapport aux distances des objets visuels à l'œil. Dès lors on n'a plus à envisager qu'un seul point jouissant des propriétés dioptriques du centre de courbure de la surface unique. Mais ce point unique, intersection de tous les rayons non réfractés, sera-ce o ou k''? Si l'on prend o, on néglige également la petite distance ok'', du centre optique au second nœud. Dans l'œil, cette distance (moins grande que $k'k''$) n'est peut-être pas suffisamment petite par rapport à la distance (16,61 millimètres voir plus loin n° 48) de l'image rétinienne à k'' pour être négligée. Si donc on se résout à ne considérer dans l'œil qu'un centre optique unique (ce qu'on fait souvent, et avec raison), il faut théoriquement prendre comme tel, non pas le point o, mais k'' (Donders).

39. Contruction des images formées par le dioptre à trois surfaces et grandeur de ces images. — Encore une fois, les constructions et les calculs donnés pour un système à deux surfaces sont directement applicables ici. C'est-à-dire qu'on a (n° 19) notamment l'équation de Newton, pour l'emplacement des images :

$$l' l'' = F' F'',$$

et pour la grandeur des images exprimée à l'aide des distances focales F' et F'', la formule :

$$\frac{i}{o} = \frac{F' f''}{F'' f'},$$

et d'après le n° 20,

$$\frac{i}{o} = \frac{F'}{F' - f'} = \frac{F'' f'}{F''},$$

enfin d'après le n° 22 pour la grandeur des images en fonction de G' et de G''.

$$\frac{i}{o} = \frac{g''}{g'}$$

et

$$\frac{i}{o} = \frac{G''}{g' - G'} = \frac{g'' - G''}{G'}.$$

Points cardinaux de l'œil. — 40. — Appliquons maintenant à l'œil les formules obtenues précédemment. A cet effet, nous utilisons les données expérimentales relatives aux indices de réfraction, aux rayons de courbure et aux distances entre les diverses surfaces réfringentes. La détermination des rayons de courbure et des distances entre les surfaces réfringentes forme l'objet de l'article **Ophtalmométrie**. Disons ici quelques mots sur les divers indices de réfraction des milieux de l'œil, et sur la manière de les déterminer.

41. Indices de réfraction des milieux de l'œil. — Le procédé classique en physique, consistant à déterminer les indices à l'aide de prismes creux, ne peut pas être employé ici, car tantôt les milieux de l'œil sont en trop petite quantité, tantôt ils sont solides.

Un procédé à l'aide duquel Chossat, Brewster, W. Krause et Helmholtz ont déterminé les indices des milieux liquides revient à donner à la substance la forme d'une lentille convexe ou concave, et à déterminer le grossissement d'un objet connu vu à travers cette lentille liquide, ou encore la distance focale de la lentille ainsi constituée. On place par exemple la substance à examiner entre l'objectif d'un microscope et un verre plan pressé contre l'objectif; elle prend ainsi la forme d'une lentille plan-concave. Comme objet à agrandir, on prend par exemple la subdivision d'un micromètre. D'autre part, on remplace la substance à examiner par de l'eau, puis par de l'air (à indices connus); de cette manière on obtient les données nécessaires pour calculer l'indice cherché. Chossat et Brewster déterminèrent la distance focale de cette lentille. Cahours et Becquerel, puis W. Krause, déterminèrent l'agrandissement obtenu. L'un et l'autre chemin mène au but. Helmholtz détermina l'agrandissement, mais en donnant au milieu la forme d'une lentille plane-convexe.

Procédé de Abbe. — Le procédé généralement préféré aujourd'hui pour les milieux de l'œil est celui d'Abbe; il permet d'opérer avec des quantités très petites de substance et même avec des solides comme la cornée et le cristallin. Il repose sur la détermination de l'angle sous lequel s'opère la réflexion totale de la lumière passant du verre dans la substance à examiner, principe employé à cet effet déjà par Wollaston.

Soient deux milieux d'indices n et v, v étant plus grand que n. Pour un rayon lumineux passant du milieu le plus réfringent dans le moins réfringent, la réflexion totale a lieu dès que l'angle d'incidence γ satisfait à l'équation $\sin \gamma = \dfrac{v}{n}$. — On arrive à cette expression de la manière suivante : Pour un rayon passant du milieu à indice v dans celui à indice n, on a la relation $n \sin r = v \sin i$. L'angle d'incidence augmentant, l'angle de réfraction devient un angle droit : il y a réflexion totale. Le sinus de l'angle de réfraction alors est égal à 1; et si nous nommons γ cette valeur limite de l'angle d'incidence, nous avons $n = v$. $\sin \gamma$.

v, l'indice le plus élevé, étant connu, il s'agit de déterminer expérimentalement γ pour connaître n, l'indice cherché.

A cet effet, Abbe emploie deux prismes rectangulaires en verre, qui juxtaposés par leurs surfaces hypoténuses, constituent une plaque en verre à faces parallèles, c'est-à-dire qui laisse passer sans déviation (angulaire) la lumière, quelle que soit son incidence. La substance à examiner est placée en une mince couche ca (grosse ligne noire, fig. 52) entre les deux prismes. Ceux-ci, avec interposition de cette substance, ne cessent de laisser passer la lumière, sauf à partir de l'angle limite γ de l'incidence sur la substance, auquel cas il y a réflexion totale. Le verre doit donc avoir un indice supérieur à celui de la substance examinée. Un rayon ps passe à travers les prismes dans la direction sr, et au sortir des prismes il passe par l'objectif L d'une lunette d'approche. L'ensemble des

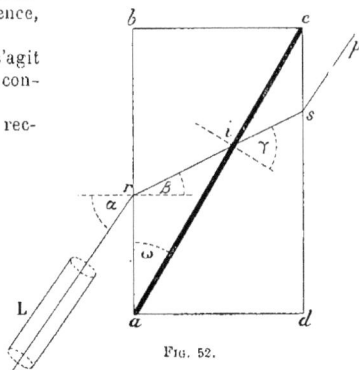

Fig. 52.

prismes peut subir une rotation autour d'un axe perpendiculaire au plan de la figure. L'indice du verre et l'angle ω sont connus; l'angle α que l'axe de la lunette forme avec la normale à la surface ab peut-être déterminé. On tourne les prismes jusqu'à ce que le rayon lumineux (de préférence homogène) ne passe plus. A ce moment l'angle γ est précisément la limite cherchée de l'angle d'incidence. On a, ω étant l'angle (connu) du prisme, et β l'angle d'incidence du rayon au sortir des prismes :

$$\gamma = \omega + \beta.$$

(Pour voir le bien fondé de cette formule, on n'a qu'à tirer par r, point d'émergence du rayon, une perpendiculaire sur $a\,c$.)

L'indice de l'air (environnant les prismes) étant 1, on obtient l'angle β par la relation :

$$\nu \sin \beta = 1 \sin \alpha; \text{ ou } \sin \beta = \frac{\sin \alpha}{\nu}.$$

On peut déterminer α; dès lors γ est connu, et on aura l'indice cherché à l'aide de la relation de plus haut :

$$n = \nu . \sin \gamma.$$

A l'aide du procédé d'Abbe, de multiples déterminations ont été faites par différents auteurs pour les milieux liquides (S. Fleischer, Hirschberg, Tscherning, etc.). Matthiessen et Aubert ont aussi déterminé ainsi les indices des milieux non liquides, cornée et cristallin.

Le tableau suivant donne les résultats obtenus par différents auteurs. En partie au moins, de légères différences entre les résultats sont attribuables à ce que les expérimentateurs ont utilisé comme source lumineuse des endroits légèrement différents du spectre : un même indice varie naturellement avec la réfrangibilité des rayons employés.

Indices de réfraction (chez l'homme), par rapport à l'air.

OBSERVATEURS.	CORNÉE.	HUMEUR AQUEUSE.	VITREUM.	CRISTALLIN COUCHE EXTERNE.	CRISTALLIN COUCHE MOYENNE.	NOYAU.
Chossat.	1,33	1,338	1,339	1,338	1,395	1,420
Brewster.	. . .	1,3366	1,3394	1,3767	1,3786	1,3839
W. Krause {max.	1,3569	1,3357	1,3569	1,4743	1,4775	1,4807
{min.	1,3331	1,3349	1,3361	1,3431	1,3523	1,4252
{moy. de 20 yeux.	1,3507	1,3420	1,3485	1,4053	1,4294	1,4541
Helmholtz.	. . .	1,3363	1,3382	1,4189	. . .	. . .
Matthiessen et Aubert.	1,377	. . .	1,3418	1,3953}moyenne 1,3967}1,396	1,4085 1,4067	1,4119} moy. 1,4093}1,4106
S. Fleischer	. . .	1,3373	1,3367	. . .	. . .	. . .
Hirschberg.	. . .	1,337	1,336	. . . . .	. . . .	. . . . .
Zehender et Matthiessen.	1,3780	1,3342	. . .	1,3860	1,4050	1,4104 (indice total 1,6544); (i. total 1,137 d'après une détermination plus récente de Matthiessen).

Il ressort de toutes les recherches que *l'indice de l'humeur aqueuse* est légèrement supérieur à celui *de la cornée*, et il en est de même de celui *du vitreum*. Néanmoins, la différence est tellement petite qu'on s'accorde à considérer ces trois indices comme égaux.

Généralement on prend dans les calculs 1,33 comme valeur de l'indice commun à ces trois milieux, bien qu'en réalité il soit un peu plus élevé.

La différence entre l'indice de réfraction de l'humeur aqueuse et celui de la cornée est telle que, si à l'exemple de TSCHERNING, on supprime la réflexion à la surface cornéenne antérieure moyennant un baquet à faces planes rempli d'eau et appliqué contre l'œil, on voit l'image catoptrique de la face cornéenne postérieure plus éclatante même que celles du cristallin. A l'air, sans cet artifice, les deux images cornéennes se couvrent plus ou moins.

La même différence entre l'indice de réfraction de la cornée et celui de l'humeur aqueuse produit un certain effet dioptrique (voir l'article **Cornée**). Mais cet effet est négligeable en présence de la réfraction totale de l'œil (voir aussi plus loin le calcul de l'effet dioptrique de la cornée dans l'air).

42. **L'indice de réfraction du cristallin** donne lieu à des considérations importantes. — Le cristallin est bien une lentille biconvexe placée dans un milieu moins réfringent que lui (et plus réfringent que l'air). Son effet dioptrique est donc celui d'une lentille convexe. Son indice se détermine le mieux par le procédé d'ABBE. Mais nous rencontrons la difficulté que cet indice augmente progressivement de la périphérie vers le noyau, tout comme la courbure des surfaces des diverses couches augmente progressivement vers le noyau. Ce fait est connu depuis longtemps, et déjà TH. YOUNG avait admis qu'en vertu de cette disposition, l'effet dioptrique du cristallin est sensiblement plus élevé que celui d'un cristallin imaginaire, qui aurait même forme que le cristallin réel et dont l'indice serait celui, non des couches moyennes, mais du noyau du cristallin réel. Cette lentille imaginaire, pour avoir même effet dioptrique que le cristallin réel, devrait avoir un indice supérieur à celui du noyau.

Pour simplifier les choses, imaginons (fig.53) un cristallin composé d'un noyau *a* et d'une partie corticale *b*, le noyau ayant un indice uniforme plus fort et une surface plus convexe que la partie corticale. Le noyau aurait un certain effet dioptrique, qui serait diminué par l'influence des parties corticales, agissant comme deux ménisques concavoconvexes; la surface de chaque ménisque concave étant plus courbée que la convexe, l'effet total des ménisques est négatif. Naturellement, si le noyau était seul, son pouvoir dioptrique serait, en vertu de sa forte courbure, plus fort que celui du cristallin entier.

Pour qu'une lentille homogène de même forme que le cristallin réel eût le même effet dioptrique que lui, elle devrait donc avoir un indice sensiblement supérieur à celui du noyau lui-même. Cet indice imaginaire, fonction et des indices et des courbures des diverses couches du cristallin, l'*indice total* du cristallin, on a essayé de le déterminer par le calcul et par l'expérimentation plus directe.

Pour ce qui est du calcul, nous ne connaissons pas suffisamment la loi suivant laquelle l'indice (réel) augmente vers le centre, pour asseoir sur cette connaissance un calcul absolument rigoureux. La réfringence du cristallin augmente d'ailleurs avec l'âge. — TH. YOUNG, posant l'indice nucléaire égal à 1,412, calcula l'indice total égal à 1,436. Des calculs analogues, basés sur les déterminations des indices de différentes couches, ont été exécutés par d'autres auteurs, et ils sont arrivés à des résultats sensiblement analogues (SENFF 1,541, ZEHENDER 1,439). — MATTHIESSEN, dans ses recherches plus récentes, obtient le chiffre de 1,437. D'après lui, la réfringence augmente rapidement dans les couches externes, moins dans les couches centrales; le noyau serait presque homogène. L'indice total serait, d'après MATTHIESSEN, égal à celui du noyau, augmenté de la différence entre l'indice du noyau et celui de la couche la plus périphérique. Cette formule simple donne des résultats ne différant de ceux obtenus à l'aide d'une formule plus compliquée qu'à partir de la troisième décimale.

BERTIN calcula l'indice total en partant de la détermination de l'endroit des images catoptriques de la face postérieure du cristallin, obtenues avec de la lumière blanche et de la lumière rouge. Résultat : 1,4451.

Enfin, HELMHOLTZ détermina l'indice total du cristallin en recherchant le grossissement sous lequel se présente un objet (de dimensions connues) vu à travers un cristallin frais.

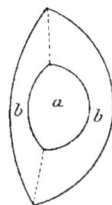

FIG. 53.

Bien que ce procédé d'expérimentation soit passible d'objections sérieuses, il conduisit à une valeur de 1,4519 dans un cas, et de 1,4414 dans un second.

Tous ces chiffres se rapprochent sensiblement entre eux, et ne sont que légèrement supérieurs à celui fourni en premier lieu par Th. Young. On pourrait donc prendre (avec Listing et Helmholtz) comme moyenne pour l'indice total la valeur de 1,45. Dans les calculs que nous allons exécuter pour l'œil moyen, nous adopterons cependant un chiffre notablement inférieur, c'est-à-dire 1,42, et voici pourquoi.

L'hypermétropie ou le déficit dioptrique résultant de l'enlèvement du cristallin (cataracté) d'yeux qu'on avait reconnus emmétropes avant le début de la cataracte, cette hypermétropie n'est jamais aussi forte qu'elle devrait l'être si l'on admettait 1,45 pour l'indice total. La valeur de 1,437, trouvée en dernier lieu par Matthiessen, semble être encore un peu forte. Du reste, cela tient aussi en partie au moins à ce qu'on évalue généralement un peu trop fortes les courbures (8 et 10 millimètres) des deux surfaces cristalliniennes (voir plus loin). Il est d'ailleurs à remarquer que les mensurations ophtalmométriques des courbures du cristallin sont encore très peu nombreuses. En admettant 1,42 pour l'indice total, nous obtenons pour le cristallin une force dioptrique qui se rapproche davantage de la réalité. Cette valeur est peut-être un peu faible; mais en l'admettant, nous pourrons prendre pour les rayons des surfaces cristalliniennes des valeurs arrondies, mais un peu plus petites qu'elles ne sont en réalité (voir n° 43). — La valeur de 1,41, adoptée par Hirschberg et par Bertin-Sans est certainement trop faible, attendu que d'après Matthiessen le noyau du cristallin a déjà un indice de 1,41.

Il est encore à remarquer que l'augmentation de la force réfringente du cristallin qui résulte de sa structure particulière, n'est pas grande par rapport à la réfraction totale. Elle n'est que celle d'une lentille convexe ayant une distance focale de près de 33 centimètres de distance focale (3 dioptries), une quantité qui certainement n'est pas négligeable; mais le même effet aurait été obtenu par une courbure un peu plus forte de l'une des deux surfaces. Aussi Tscherning fait-il remarquer que la raison téléologique de cette structure n'est pas d'obtenir cette augmentation de la force réfringente; il la cherche plutôt dans le mécanisme de l'accommodation. Tel que Tscherning entend ce mécanisme (voir l'article **Accommodation**), il exige la structure en question.

Quoi qu'il en soit de cette observation, la structure particulière du cristallin (indices et courbures des lamelles augmentant vers le noyau) a un avantage dioptrique sur lequel Hermann a appelé l'attention, à savoir la périscopie plus parfaite de l'œil (voir plus loin).

Ajoutons enfin que, d'après L. Heine, l'indice total du cristallin (suivant son axe antéro-postérieur) serait plus grand dans le cristallin accommodant, et cela au point qu'il en résulterait une augmentation de réfringence égale à celle d'une lentille de 40 centimètres de distance focale (2,50 dioptries), quantité qui entrerait sérieusement en ligne de compte pour expliquer l'accommodation. La raison de cette augmentation serait qu'au moment de l'accommodation, une substance albuminoïde moins réfringente passerait de l'équateur du cristallin vers son pôle antérieur.

Somme toute, les indices de la cornée, de l'humeur aqueuse et du vitreum ne diffèrent entre eux guère plus que les valeurs trouvées pour l'un quelconque de ces indices, déterminé chez des individus différents. Il n'y aurait donc aucun avantage à tenir compte de ces différences; on évite ainsi des complications très grandes dans le calcul des points cardinaux de l'œil. Nous attribuons donc à ces milieux un indice moyen unique de 1,33, et nous prendrons pour l'indice total du cristallin la valeur de 1,42.

Ajoutons aussi, par anticipation, que ces indices sont les mêmes dans les yeux emmétropes, myopes et hypermétropes.

46. Pour ce qui est de la détermination des *rayons de courbure* des surfaces réfringentes et des distances entre elles, nous renvoyons à l'article **Ophtalmométrie**. Nous prendrons ici les moyennes obtenues par la méthode ophtalmométrique, en ajoutant toutefois que, pour ces valeurs, il y a des différences individuelles bien plus grandes que pour les indices de réfraction. Pour la plupart des calculs, les moyennes obtenues donnent des résultats suffisamment exacts. Il y a cependant telles questions dont l'élucidation exacte exige qu'en chaque cas particulier, on détermine réellement soit les rayons réels, soit les distances réelles de courbure entre les surfaces réfringentes.

Nous établissons donc le tableau suivant des moyennes pour les rayons de courbures des différentes surfaces réfringentes, et des écarts entre elles.

Indices de réfraction et rayons de courbure dans l'œil moyen, schématique.

(Constantes optiques données par l'expérimentation.)

		LISTING.	HELMHOLTZ.	VALEURS ACCEPTÉES par nous.
Éléments donnés par l'expérimentation.	Indice de réfraction de l'humeur aqueuse (de la cornée et du vitreum) pris par rapport à l'air.	$\frac{103}{77} = 1,3377$	1,3365	1,33
	Indice total du cristallin par rapport à l'air	$\frac{16}{11} = 1,4545$	1,4545	1,42
	Rayon de courbure de la cornée.	8 mm.	8 mm.	8 mm.
	Rayon de courbure de la face antérieure du cristallin	10 mm.	10 mm.	10 mm.
	Rayon de courbure de la face postérieure du cristallin. . . .	6 mm.	6 mm.	6 mm.
	Distance de la face antérieure de la cornée à la face antérieure du cristallin	4 mm.	3,6 mm.	4 mm.
	Épaisseur du cristallin	4 mm.	3,6 mm.	4 mm.

La valeur de 8 millimètres adoptée pour le rayon de la face antérieure de la cornée est un peu plus grande que la réalité, (voir **Cornée** et **Ophtalmométrie**). Les recherches de Donders et de Mauthner lui assignent 7mm,6 à 7mm,7, et von Reuss seulement 7mm,41 (en moyenne). — En prenant l'indice cornéen et la courbure un peu plus faibles que la réalité, nous compensons notamment l'erreur que nous commettons en négligeant la faible réfraction à la face postérieure de la cornée (voir plus loin).

Mauthner donne comme valeurs extrêmes 7mm,06 et 8mm,35, von Reuss, 7 et 7mm,73. Ces différences individuelles ne sont donc pas à négliger dans certaines questions.

Il est bien entendu que c'est le rayon cornéen dans la ligne visuelle, ou dans l'aire centrale, sphérique, de la cornée, celle qui nous importe presque exclusivement à notre point de vue, puisque dans la vision normale, c'est la seule partie de la cornée qui soit utilisée. Vers la périphérie cornéenne ce rayon va en augmentant notablement et progressivement; de plus, la coubure y devient de plus en plus irrégulière.

Les rayons de courbure des deux surfaces du cristallin varient également d'un individu à l'autre, et en moyenne, ils sont un peu plus grands que ceux admis par nous comme moyennes, savoir 10 millimètres pour celui de la face antérieure, et 6 millimètres pour celui de la face postérieure. von Reuss, dont les déterminations ont été faites dans de meilleures conditions que celles de ses prédécesseurs (il employa la lumière de Drummond, pour augmenter l'éclat des images catoptriques), trouva au rayon de la face antérieure une longueur moyenne de 10mm,8 (avec des valeurs extrêmes de 9mm,37 et de 11mm,84); au rayon de la face postérieure 8mm,31 (avec des valeurs extrêmes de 7mm,11 et de 9mm,45).

Celui de la face postérieure surtout semble donc avoir généralement une longueur supérieure à celle admise par nous. Nous n'avons pas voulu nous écarter trop de la valeur admise par la généralité des auteurs. D'ailleurs Tscherning, dans un seul cas il est vrai, lui a trouvé récemment la longueur de 6mm,17. Il s'en faut du reste que les déterminations de ce genre soient très nombreuses. Enfin, n'oublions pas non plus que la réfraction à la face postérieure du cristallin n'est qu'une très petite partie de la réfraction totale de l'œil, et que l'erreur commise en prenant peut-être ce rayon de 1 à 2 millimètres trop petit, n'influe pas très sensiblement sur les résultats de nos calculs.

Quant à la profondeur de la chambre antérieure, *i. e.*, la distance de la surface cornéenne antérieure au pôle antérieur du cristallin, v. Reuss l'estime en moyenne à 3 millimètres (valeurs extrêmes 2^{mm},84 et 3^{mm},23). La valeur moyenne de 4 millimètres admise par nous semble donc être manifestement trop grande.

Pour l'épaisseur du cristallin, v. REUSS l'évalue à 3^{mm},8 (valeurs extrêmes 3^{mm},50 et 4^{mm},19). Suivant PRIESTLEY SMITH, cette épaisseur doit être environ 4 millimètres, valeur admise par nous. Le chiffre de 3^{mm},6 admis par HELMHOLTZ, est certainement trop faible.

44. Appliquons ces données expérimentales ou les *constantes optiques expérimentales de l'œil* moyen, *schématique*, à la dioptrique oculaire, moyennant les formules établies dans ce qui précède. Nous obtiendrons ainsi les *constantes optiques calculées de l'œil* moyen, *schématique*.

45. Cornée transparente. — Le rayon de courbure est de 8 millimètres, ce qui est donc la distance du centre de courbure (ou point nodal unique) au sommet de la cornée (ou point principal unique). Nous supposons le cristallin absent, c'est-à-dire la surface antérieure de la cornée suivie d'un milieu homogène à indice 1, 33. L'œil aphaque (privé de son cristallin) est dans ce cas.

Les distances focales F' et F'' de la cornée sont données par les formules α et α (n° 6), dans lesquelles nous posons n' = 1 (indice de l'air) et n'' = 1, 33.

$$F' = \frac{n' \, R}{n'' - n'} = \frac{8}{1,33 - 1} = 24^{mm},24$$

$$F'' = \frac{n'' \, R}{n'' - n'} = \frac{1,33 \times 8}{1,33 - 1} = 32^{mm},24$$

Ces valeurs de F' et de F'' satisfont aux équations $\frac{F'}{F''} = \frac{n'}{n''}$ et F'' = F' + R (β et γ, n° 6).

La longueur de l'œil, plus exactement la distance entre le sommet cornéen et la rétine étant de 24 millimètres environ (voir plus loin, n° 52), le second foyer principal de l'œil aphaque est situé à 8 millimètres en arrière de la rétine.

La force réfringente [1] de la cornée suivie d'humeur aqueuse, prise comme inverse de la première distance focale $\left(\frac{1}{F'} = \frac{1}{0,024} \right)$, est de 42 dioptries (40 D., en arrondissant).

Il ne semble pas y avoir de correspondance entre la puissance dioptrique de la cornée et la réfraction générale de l'œil; la valeur dioptrique de la cornée peut être faible dans la myopie forte, et forte dans l'hypermétropie. Elle peut différer sensiblement (de 8 dioptries) dans des yeux ayant le même état de réfraction. Le rayon cornéen est plus grand chez les sujets de forte taille (TSCHERNING). Comme le dit JAVAL, un éléphant et une souris peuvent être tous les deux emmétropes, bien que les cornées aient des courbures très différentes. Le rayon cornéen paraît augmenter un peu de l'enfance à l'état adulte (CHIBRET).

C'est le moment de rappeler (voir l'article **Cornée**) que la courbure cornéenne n'est sphérique que dans une aire centrale de la grandeur de 30° environ, soit dans le tiers de l'étendue totale de la cornée (qui est de 90° environ), qu'à partir d'ici le rayon de courbure diminue de plus en plus vers la périphérie, et que la courbure y devient assez irrégulière. Il est vrai que cette plus faible courbure de la périphérie doit agir à l'encontre de l'aberration sphérique de la cornée. Il y a lieu toutefois de remarquer (voir plus loin n° 60 *ouverture du système dioptrique de l'œil*) que dans la vision directe, la seule où il soit important d'avoir des images nettes, nous n'utilisons guère qu'une vingtaine de degrés de la partie centrale de la cornée, les rayons tombant sur la périphérie cornéenne étant écartés de l'œil par l'iris. Mais cette étendue de 20° de la partie utilisée dans la vision directe, dépasse encore sensiblement ce que les physiciens

---

1. Lorsque les deux distances focales d'un système dioptrique sont égales, on pose la force réfringente (Fr) égale à l'inverse de la distance focale Df; d'où le symbole $Fr = \frac{1}{Df}$. Mais lorsque les deux distances focales sont inégales, de laquelle des deux distances focales faut-il prendre la valeur inverse pour avoir la force réfringente? Pour des raisons qu'il serait trop long d'exposer ici, nous avons choisi la plus courte, et nous en agirons de même pour la force réfringente de chacune des surfaces du cristallin (n° 46).

entendent par partie centrale d'une surface réfringente, aux termes de la restriction faite dans la « remarque » du n° 4. Par conséquent, la réfraction cornéenne est loin d'être à l'abri de l'aberration sphérique.

Les parties périphériques de la cornée entrent au contraire en ligne de compte lorsque la pupille est anormalement dilatée, ainsi que dans la vision indirecte, et donnent lieu à des phénomènes d'astigmatisme (voir plus loin n° 62, *Périscopie de l'œil*).

Dans ce qui précède, nous n'avons pas tenu compte de la différence très petite, mais néanmoins sensible, qui existe entre l'indice de réfraction de la cornée et celui de l'humeur aqueuse. D'après Krause, l'indice de la cornée est de 1,35 et celui de l'humeur aqueuse 1,34. Il y a donc en réalité une certaine réfraction à la face postérieure de la cornée. La réfraction serait encore nulle dans la cornée, malgré une différence entre les deux indices, si les deux surfaces avaient absolument le même rayon de courbure. La cornée agirait alors à la manière d'une plaque à faces parallèles. L'égalité des rayons impliquerait que l'épaisseur de la cornée diminuât vers la périphérie. Or, le contraire est vrai si l'on prend la cornée dans son ensemble. Bien que nous ne disposions guère de déterminations du rayon de courbure de la face postérieure dans les limites de l'aire cornéenne optique, il semble cependant résulter des recherches (de W. Krause et de Tscherning notamment) qu'il est un peu plus petit que celui de la face antérieure, d'un millimètre et même un peu plus.

Théoriquement, il aurait donc fallu considérer l'œil comme renfermant quatre surfaces réfringentes, et exécuter les calculs (pour l'œil schématique) en conséquence. — On peut se rendre compte de l'erreur commise ainsi, en calculant la valeur dioptrique de la cornée prise isolément, placée dans l'humeur aqueuse (et non dans l'air). On peut en effet envisager la cornée comme plongée dans l'humeur aqueuse : en avant, elle est recouverte d'une couche continue de larmes, dont l'indice de réfraction est égal à celui de l'humeur aqueuse. Une telle cornée, d'indice 1,33, celui de l'humeur aqueuse étant 1,34 (un peu supérieur à celui de la cornée), d'une épaisseur de 1 millimètre, R' étant 8 millimètres et R'' 7 millimètres, a (formule γ, n° 28, où l'on transforme R'' en — R'') une longueur focale négative de 7m,45, donc une force réfringente de 0,13 dioptries, qu'il faudrait retrancher de la force réfringente de l'œil total. Cette valeur dioptrique est insignifiante vis-à-vis des 60 dioptries de l'œil pris dans son ensemble (voir plus loin n°s 48 et 49). L'erreur commise en la négligeant est d'ailleurs surcorrigée, en ce que nous avons admis une valeur trop grande (8 millimètres) pour le rayon de la face cornéenne antérieure.

A l'article **Cornée** (p. 448) nous avons vu que d'après Tscherning la face postérieure de la cornée aurait la courbure d'un ellipsoïde à trois axes. Les phénomènes d'astigmie qui en résulteraient seraient loin d'être négligeables. Mais il faudra attendre de plus amples informations avant de se prononcer à cet égard.

46. Points cardinaux du cristallin dans l'humeur aqueuse. — Dans l'œil, le cristallin est une lentille biconvexe plongée dans un milieu homogène. Ses distances focales sont donc égales, et les points principaux coïncident avec les points nodaux. Dans les formules il faut mettre

$$R' = 10^{mm}, \quad R'' = 6^{mm}, \quad d = 4^{mm}, \quad n' = n' = 1,33 \quad \text{et} \quad n'' = 1,42.$$

1° *Distances focales des deux surfaces du cristallin.* — Le cristallin est un système dioptrique à deux surfaces, dont chacune a deux distances focales, que nous comptons à partir des sommets des surfaces (points principaux des systèmes partiels), et que nous calculons d'après les mêmes formules que les distances analogues de la cornée. Nommons (voir n° 24) a_1 et a_2 les distances focales de la première surface, b_1 et b_2 celles de la seconde surface.

$$\left\{ \begin{aligned} a_1 &= \frac{n' R'}{n'' - n'} = \frac{1,33 \times 10}{1,42 - 1,33} = 147^{mm},78 \\ a_2 &= \frac{n'' R'}{n'' - n'} = \frac{1,42 \times 10}{1,42 - 1,33} = 157^{mm},78 \end{aligned} \right.$$

$$\left\{ \begin{aligned} b_1 &= \frac{n'' R''}{n'' - n'''} = \frac{1,42 \times 6}{1,42 - 1,33} = 94^{mm},67 \\ b_2 &= \frac{n''' R''}{n'' - n'''} = \frac{1,33 \times 6}{1,42 - 1,33} = 88^{mm},67 \end{aligned} \right\}$$

Les longueurs a_2 et b_1 sont comptées dans la substance cristallinienne; a_1 et b_2 dans l'humeur aqueuse et dans le corps vitré. On voit que a_1 et a_2 satisfont aux relations $F'' = F' + R'$ (β et γ n° 6), et il en est de même de b_1 et de b_2.

La forge réfringente de la première surface $\left(\dfrac{1}{F'}\right)$ est de 6,77 D; celle de la seconde $\left(\dfrac{1}{F''}\right)$ de 10,56 D, et, en arrondissant et en forçant un peu, 8 et 12 dioptries, dont la somme est 20 D, chiffre que nous allons trouver encore par d'autres calculs pour la réfraction du cristallin total.

Les distances focales principales F' et F'' (entre les foyers principaux du cristallin et ses points principaux (formules α, n° 25), ces deux distances étant égales (n° 28), sont :

$$F' = \frac{a_1 \, b_1}{a_2 + b_1 - d} = \frac{147,78 + 94,67}{157,78 + 94,67 - 4} = 56^{mm},31$$

$$F'' = \frac{a_2 \, b_2}{a_2 + b_1 - d} = 56^{mm},31$$

Les distances x_1 et x_2 des points principaux aux surfaces réfringentes du cristallin sont (n° 27).

$$\begin{cases} x_1 = \dfrac{a_1 \, d}{a^2 + b_1 - d} = \dfrac{147,78 \times 4}{157,78 + 94,67 - 4} = 2^{mm},38 ; \\ x_2 = \dfrac{b_2 \, d}{a_2 + b_1 - d} = \dfrac{8,67 \times 4}{157,78 + 94,67 - 4} = 1^{mm},43. \end{cases}$$

Ces deux valeurs de x_1 et de x_2 satisfont à la relation $\dfrac{x_1}{x_2} = \dfrac{R'}{R''}$ (n° 28) car $\dfrac{2,38}{1,43} = \dfrac{10}{6}$. Les deux points principaux (ou nodaux) sont distants l'un de l'autre de 0^{mm},19 seulement. Le premier se trouve à 2^{mm},38 en arrière de la surface antérieure, et le second à 1^{mm},43 en avant de la surface postérieure du cristallin. La distance du sommet cornéen au pôle antérieur du cristallin étant de 4 millimètres, le premier point principal se trouve à $4 + 2,38 = 6^{mm}$,38 en arrière du sommet cornéen, et le second est situé à $4 + (4 - 1,43) = 6^{mm}57$ en arrière du même sommet.

La force réfringente du cristallin total $\left(\dfrac{1}{F}\right)$ est de 17,76 dioptries, 20 dioptries en chiffres ronds et en forçant un peu; ce qui est la somme des forces réfringentes des deux surfaces $(8 + 12 = 20 \text{ D})$.

47. Emplacement du centre optique du cristallin. — Il nous est donné par les formules β du numéro 22 *bis*, dans lesquelles nous faisons $Ah' = x_1$ et $Bk'' = x_2$. Ao et Bo sont (fig. 47) les distances du centre optique aux deux surfaces.

$$Bo = \frac{x_2 d}{x_1 + x_2} = \frac{1,43 \times 4}{2,38 + 1,43} = 1^{mm},50$$

$$Ao = d - Bo = 4 - 1,50 = 2^{mm},50$$

Cet emplacement sert aux calculs lorsqu'on envisage un cristallin infiniment mince, qu'on suppose réduit à un plan principal unique placé dans le centre optique. On développe quelquefois la dioptrique oculaire dans cette hypothèse (voir plus loin).

48. Points cardinaux de l'œil dans son ensemble. Œil schématique. — Nous avons à combiner les deux systèmes partiels, cornée et cristallin, dont les points principaux et les distances focales nous sont connus. Il nous faut, à cet effet, connaître la distance d entre le point principal unique de la cornée et le premier point principal du cristallin ; elle est égale à la distance de la surface cornéenne au pôle antérieur du cristallin, plus la distance de ce pôle au premier point principal du cristallin ; c'est-à-dire :

$$d = 4 + 2,38 = 6^{mm},38$$

Les distances focales du premier système (cornée) sont $\gamma' = 24,24$ millimètres et $\gamma'' = 32,24$ millimètres. Les distances focales du second système (cristallin) sont $\psi' = \psi'' = 56,31$ millimètres ; les formules à employer sont identiquement les mêmes que pour la cornée, sauf que les éléments qui y entrent diffèrent.

Les distances focales principales F' et F'' de l'œil total, mesurées depuis les foyers principaux jusqu'aux points principaux de l'œil (n° 32) sont :

$$\begin{cases} F' = \dfrac{\psi' \chi'}{\chi'' + \psi' - d} = \dfrac{56,31 \times 24,24}{32,24 + 56,31 - 6,38} = 16^{mm},61 \\ F'' = \dfrac{\psi'' \chi''}{\chi'' + \psi' - d} = \dfrac{56,31 \times 32,24}{32,24 + 56,31 - 6,38} = 22^{mm},09 \end{cases}$$

Ces deux valeurs de F' et de F'' satisfont sensiblement à l'équation (n° 30) $\dfrac{F'}{F''} = \dfrac{n'}{n^{IV}} = \dfrac{1}{1,33}$

La force réfringente du système total $\left(\dfrac{1}{F'}\right)$ est de 60 dioptries.

Les distances x_1 et x_2 des points principaux de l'œil aux points principaux extrêmes des deux systèmes partiels sont (n° 35), C étant (dans la fig. 51) le sommet cornéen, et P'' le second point principal du cristallin.

$$x_1 = \frac{\chi' d}{\chi'' + \psi' - d} = \frac{6,38 \times 24,24}{32,24 + 56,31 - 6,37} = 1^{mm},88$$

$$x_2 = \frac{\chi'' d}{\chi'' + \psi' - d} = \frac{56,31 \times 6,38}{32,24 + 56,31 - 6,38} = 4^{mm},37$$

Valeurs qui satisfont à l'équation (β, n° 35) $\dfrac{x_1}{x_2} = \dfrac{\chi'}{\psi''}$.

Le premier point principal est à $1^{mm},88$ en arrière du sommet de la cornée, le second est à $4^{mm},37$ en avant du second point principal du cristallin. Le second point principal du cristallin étant à $6^{mm},57$ en arrière de la cornée, le second point principal de l'œil total est à $6,57 - 4,37 = 2^{mm},20$ en arrière du sommet cornéen. L'écart entre les points principaux n'est que de $0^{mm},32$. Enfin, le premier foyer principal se trouve à $16,61 - 1,88 = 14^{mm},73$ en avant du sommet cornéen, et le second à $22,09 + 2,20 = 24^{mm},29$ en arrière du sommet cornéen.

La longueur d'un tel œil, emmétrope (dont le foyer principal est situé sur la rétine), depuis le sommet cornéen jusqu'au plan rétinien sensible à la lumière, est donc de $24^{mm},29$.

49. Points nodaux de l'œil total. — Suivant le n° 37 (α), $G' = F''$ et $G'' = F'$. Donc G' est de $22^{mm},09$; et le foyer antérieur se trouvant à $14^{mm},73$ en avant de la cornée, k' se trouve à $22,09 - 14,73 = 7^{mm},36$ en arrière de la cornée, c'est-à-dire à $8 - 7,36 = 0^{mm},64$ en avant du pôle postérieur du cristallin, $G'' = 16^{mm},61$.

L'intervalle entre les deux points nodaux étant égal à celui qui existe entre les points principaux, c'est-à-dire $0^{mm},32$, le second point nodal se trouve à $7,36 + 0,32 = 7^{mm},68$ en arrière du sommet cornéen, et à $8 - 7,68 = 0^{mm},32$ en avant du pôle postérieur du cristallin.

Les points cardinaux de l'œil seraient donc déterminés. Nous donnons, dans la figure 57, p. 103, un dessin synoptique de leur situation, en grandeur triple environ. φ' et φ'' y sont les foyers principaux, h' le premier, h'' le second point principal, k' le premier, k'' le second point nodal.

Le tableau de la page 96 renferme les constantes optiques *calculées* de l'œil schématique, d'après différents auteurs. Nous y avons joint, en reproduisant le tableau de la page 91, les constantes optiques *données par l'expérimentation*. Par position d'un point cardinal, nous entendons (à l'exemple de HELMHOLTZ) sa distance au sommet cornéen (face antérieure).

Donnons encore le tableau suivant des *forces réfringentes* de l'œil schématique total et de ses diverses parties (valeurs arrondies).

PARTIES.	FORCES RÉFRINGENTES en dioptries.
Œil dans son ensemble.	60 D
Cornée.	40 D
Face antérieure du cristallin.	8 D
Face postérieure du cristallin.	12 D
Cristallin dans son ensemble.	20 D

La force réfringente de la cornée constitue donc les deux tiers de celle de l'œil total ; celle du cristallin n'en est que le tiers.

DIOPTRIQUE OCULAIRE.

Tableau de l'œil schématique, renfermant et les constantes optiques données par l'expérimentation, et celles calculées à l'aide des premières.

(Par position d'un point cardinal, nous entendons sa distance au sommet (de la surface antérieure) de la cornée.)

	VALEURS ACCEPTÉES ou calculées par nous.	LISTING.	HELMHOLTZ. (1880)	LANDOLT. (1883)	TSCHERNING. (1898)
Indice de réfraction de l'humeur aqueuse (de la cornée et du vitreum) par rapport à l'air (dont l'indice est égal à 1)	1,33	1,3377	1,365		1,33
Indice total du cristallin	1,42	1,4545	1,4371		1,41
Rayon de courbure (de la face antérieure) de la cornée	mm. 8,00	mm. 8,00	mm. 7,829		mm. 8,00
Rayon de courbure de la face antérieure du cristallin	10,00	10,00	10,00		10,00
Rayon de courbure de la face postérieure du cristallin	6,00	6,00	6,00	Chiffres de HELMHOLTZ.	6,00
Lieu de la face antérieure du cristallin	4,00	4,00	3,6		3,6
Épaisseur du cristallin	4,00	4,00	3,6		4,0
F' ou distance focale antérieure (de l'œil total)	16,61	15,00	15,498	mm. 13,4983	17,0
F'' ou distance focale postérieure	22,09	20,00	20,713	20,7136	22,7
Position du premier point principal	1,88	2,17	1,753	1,7532	1,6
Position du second point principal	2,20	2,37	2,106	2,1101	1,9
Position du premier point nodal	7,36	7,24	6,968	6,9685	7,3
Position du second point nodal	7,68	7,64	7,321	7,3254	7,6
Distance entre les deux points principaux (et les deux points nodaux)	0,32	0,397	0,353	0,3569	0,3
Position du premier foyer principal	14,73	12,83	13,745	13,7451	15,4
Position du second foyer principal, ou longueur de l'axe optique (interne)	24,29	22,57	22,819	22,8237	24,6
Distance focale antérieure de la cornée	24,24		23,266		24,00
Distance focale postérieure de la cornée	32,24		31,095		32,00
Distance focale antérieure de la première surface du cristallin	147,78				167,00
Distance focale postérieure de la première surface du cristallin	157,78				177,00
Distance focale antérieure de la seconde surface du cristallin	94,67				106,00
Distance focale postérieure de la seconde surface du cristallin	88,67				100,00
Distance focale (unique) du cristallin total	56,31		50,617		63,00
Position du premier point principal (et nodal) du cristallin	6,38		5,726		6,00
Position du second point principal (et nodal) du cristallin	6,57		5,924		6,2
Distance entre les deux points principaux (et nodaux) du cristallin	0,19		0,198		0,2

Éléments fournis par l'expérimentation.

Éléments de l'œil total calculés.

Éléments des diverses parties de l'œil calculés.

50. Œil réduit. — Avec les valeurs précédentes pour les constantes optiques de l'œil schématique, on est donc à même de construire et de calculer la marche d'un rayon lumineux quelconque, mais, bien entendu, seulement *avec une certaine approximation*. Nous avons vu en effet que les rayons de courbure des surfaces réfringentes, voire même les indices de réfraction, varient d'une manière sensible d'un œil normal (emmétrope) à l'autre. La nature, en effet, ne construit aucun organe d'après un schéma rigide, mécanique. Si donc on applique les constantes de l'œil schématique à un œil en particulier, on s'expose à des erreurs. Les auteurs s'accordent à admettre que, dans la plupart des questions de dioptrique oculaire, cette erreur éventuelle est négligeable. Il n'en reste pas moins des questions pour l'élucidation desquelles il serait hasardé de se servir des constantes de l'œil schématique. Dans ces cas, la seule ressource est de déterminer à l'aide de l'ophtalmomètre, pour chaque cas particulier, les rayons de courbure des surfaces et les distances entre ces surfaces.

Dans la plupart des cas où il est loisible de faire usage de l'œil schématique, on pourrait simplifier encore davantage, *réduire* l'œil schématique de la manière suivante.

La distance entre les points nodaux (et principaux) du cristallin n'étant que de $0^{mm},19$, on comprend dans quelle large mesure on pourrait, dans le développement de la dioptrique oculaire, négliger d'emblée la distance entre les deux points principaux et les points nodaux du cristallin, et n'envisager qu'un seul point nodal (et un seul plan principal) pour la lentille. Cette manière de procéder aurait simplifié notablement notre exposé. Dès la page 80, n° 29, nous aurions appliqué directement à l'œil les formules trouvées pour les lentilles. En effet, le cristallin étant représenté par son plan principal unique, situé dans le centre optique, on n'a, pour avoir le système dioptrique complet de l'œil, qu'à combiner la cornée avec le plan principal du cristallin, c'est-à-dire que les formules des lentilles seraient directement applicables à l'œil total. La première surface de l'œil total est naturellement la surface cornéenne. Quant à la seconde, on pourrait la faire passer par le centre optique, et c'est ce qu'on fait habituellement (PARENT, p. ex). Cependant, pour les raisons expliquées au n° 38, nous préférons choisir le second point nodal du cristallin. Ce second point nodal cristallinien est à $6^{mm},57$ en arrière de la surface cornéenne ; $d = 6,57$ millimètres. Les deux distances focales (égales) du cristallin, nommons les b, sont de $56^{mm},31$ ($b_1 = b_2 = 56^{mm},31$). Les distances focales de la cornée sont : $a_1 = 24^{mm},24$, et $a_2 = 32^{mm},24$.

Les formules α du n° 27 nous donnent dès lors pour l'œil total les distances x_1 et x_2 des deux points principaux jusqu'à la surface cornéenne et jusqu'au plan principal unique du cristallin :

$$x_1 = \frac{a_1\,d}{a_2 + b_1 - d} = \frac{24,24 \times 6,57}{32,24 + 56,31 - 6,57} = 1^{mm},94.$$

$$x_2 = \frac{b_2\,d}{a_2 + b_1 - d} = \frac{56,31 \times 6,57}{32,24 + 56,31 - 6,57} = 4^{mm},31.$$

Le premier point principal se trouve à $1^{mm},94$ en arrière du sommet cornéen, et le second à $4^{mm},31$ en avant du point principal unique du cristallin, c'est-à-dire à $2^{mm},06$ en arrière du sommet cornéen. La distance entre les deux n'est que de $0^{mm},12$.

Les distances focales principales sont (α, n° 25) :

$$F' = \frac{a_1\,b_1}{a_2 + b_1 - d} = \frac{24,24 \times 56,31}{32,24 + 56,31 - 6,57} = 16^{mm},65$$

$$F'' = \frac{a_2\,b_2}{a_2 + b_1 - d} = \frac{32,24 \times 56,31}{32,24 + 56,31 - 6,57} = 22^{mm},14$$

Ces valeurs satisfont assez bien notamment à la condition $\dfrac{F'}{F''} = \dfrac{n'}{n''}$, et φ' est situé à $16,65 - 1,94 = 14,71^{mm}$ en avant de la cornée, φ'' à $22,14 + 2,06 = 24^{mm},20$ en arrière de la cornée. L'axe de cet œil est de 24,20 millimètres. — Les points nodaux sont situés comme suit : k' est à $22,14 - 16,65 = 5^{mm},49$ en arrière de la cornée ; k'' est à $0^{mm},12$ derrière k', c'est-à-dire à $5^{mm},61$ derrière le sommet cornéen.

Le tableau suivant résume ces divers éléments, calculés dans l'hypothèse du cristallin réduit à son second plan principal.

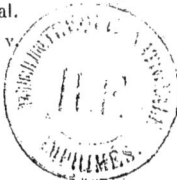

Constantes optiques de l'œil total calculées en représentant le cristallin par son second plan principal (ou nodal).

	millim.
F'.	16,65
F''.	22,14
Lieu du premier point principal	1,94
— second — —	2,06
— premier — nodal	5,49
— second — —	5,61
Écart entre les points principaux (et les points nodaux).	0,12
Lieu du premier foyer	14,62
— second — (ou longueur de l'axe optique).	24,20

On voit que ces valeurs de diffèrent pas beaucoup de celles de l'œil schématique, calculées en tenant compte des deux plans principaux du cristallin. Dans tous les cas, elles n'en diffèrent guère plus que celles calculées par les différents auteurs pour l'œil schématique ne diffèrent entre elles (voir le tableau de la page 96). Et, pour un exposé élémentaire de la dioptrique oculaire, on pourrait très bien représenter le cristallin par une seule surface réfringente, ou par une lentille infiniment mince, placée à l'endroit du second point nodal du cristallin.

Mais on peut faire un pas de plus dans la simplification. En effet, les points principaux (ainsi que les points nodaux) de l'œil total ne sont distants l'un de l'autre que de $0^{mm},32$, valeur qu'on peut évidemment négliger le plus souvent dans l'évaluation des distances focales (qui sont de 16,64 et de 22,09 millimètres). L'erreur à laquelle on s'expose ainsi n'est que de 1 à 2 p. 100, alors que, de l'avis de Knapp par exemple, l'emploi de l'œil schématique expose à des erreurs de 5 p. 100. On peut donc, sans causer d'erreur grave, supposer les deux points principaux réduits à un seul, de même que les deux points nodaux. L'hypothèse d'un seul point nodal implique celle d'une seule surface réfringente, et d'un milieu homogène remplissant tout l'œil. Le point principal unique est supposé coïncider avec le sommet de la surface réfringente unique. Le point nodal est le centre de courbure de la surface. On obtient ainsi ce que Listing a nommé l' « *œil réduit* », c'est-à-dire réduit à une seule surface réfringente.

Le rayon de courbure de l'œil réduit à une seule surface doit être égal à la différence entre les deux longueurs focales, c'est-à-dire de 5 millimètres, en partant des longueurs focales (arrondies) de l'œil schématique (22 — 16 = 5 millimètres).

En supposant cet œil réduit (fig. 54) rempli d'humeur aqueuse, avec un indice de réfraction de 1,33 ou de $\frac{4}{3}$ (indice réel de l'humeur aqueuse), le rayon de courbure étant 5 millimètres, F' sera de 15 millimètres et F'' de 20 millimètres. Le point nodal est donc

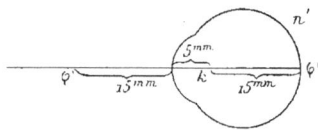

FIG. 54.

à 15 millimètres en avant de φ'', c'est-à-dire en avant de la rétine. L'axe de cet œil est de 20 millimètres.

Les distances focales de cet œil réduit diffèrent quelque peu de celles de l'œil schématique. Pour que F'' fût égal à 22 millimètres comme dans l'œil schématique, l'indice du milieu unique devrait être de 1,30, ou bien le rayon de courbure devrait être de 5,43 (à calculer d'après la formule $F'' = \frac{n''R}{n''-n'}$). Listing et d'autres ont admis en effet des valeurs un peu différentes. Mais les chiffres acceptés plus haut, ceux de l'œil réduit de Donders, se recommandent en ce qu'ils sont faciles à retenir et simplifient les calculs au point qu'on peut les exécuter de tête; ils sont d'ailleurs suffisamment rapprochés de la réalité, et généralement employés.

51. Exemples de la simplicité des calculs à l'aide de l'œil réduit de Donders. — *a)* Un rayon dirigé sur *k* coïncide avec le rayon de courbure, et passe sans réfraction. Soit *a b* (fig. 55) un objet, son image rétinienne est αβ; *k*α, la distance du point nodal à φ'' est de 15 millimètres. Pour trouver combien de fois l'image est plus petite que l'objet, nous n'avons qu'à diviser 15 par la distance *a k* de l'objet au point nodal, ou de l'objet à l'œil, la distance du point nodal au sommet cornéen (5 millimètres) étant toujours négligeable vis-à-vis de la distance de l'objet à l'œil. On procède conformément à la formule

α du n° 11 $\left(\dfrac{i}{o} = \dfrac{g''}{g'} \right)$. Un mètre, situé à 15 mètres (15000 millimètres), donne une image 1 000 fois plus petite que l'objet, c'est-à-dire d'un millimètre.

b) Si l'œil est adapté pour l'infini, l'image d'un point situé à une distance finie tend à se former derrière la rétine. Mais à quelle distance cette image tend-elle à se former derrière la rétine? En d'autres mots, quelle est la valeur de $f'' - F'' = l''$.

Suivant la formule (n° 12) $l'\ l'' = F'\ F''$, $l'' = \dfrac{F'\ F''}{l'}$.

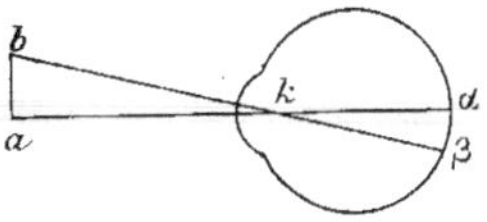

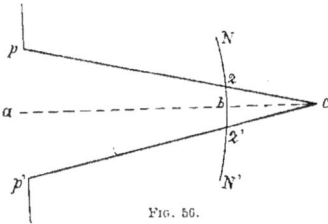

Fig. 55.

Donc pour trouver l'', nous n'avons qu'à diviser le produit $F'\ F''$, c'est-à-dire $20 \times 15 = 300$ par l', c'est-à-dire par la distance du point lumineux au foyer antérieur (cette distance exprimée en millimètres). Le point lumineux est-il à 300 millimètres de φ', alors son image est à $300 : 300 = 1$ millimètre en arrière de la rétine.

c) Cette formule (de NEWTON) donne avec la même simplicité l'allongement de l'œil myope. Un tel œil est adapté pour une distance finie; et φ'' se trouve en avant de la rétine. La rétine est le plan focal conjugué pour le *punctum remotum*. Et la distance de ce dernier à φ', est précisément la distance focale du verre correcteur, s'il est placé en φ' (ce qui n'est pas toujours le cas). Si $l' = 300$ millimètres, le *punctum remotum* est à 300 millimètres de φ'; alors l'allongement de l'œil myope est de un millimètre. | De même aussi on calcule aisément le raccourcissement de l'œil hypermétrope. Supposons un tel œil ayant besoin pour voir de loin d'un verre positif d'une certaine distance focale. La rétine est le point conjugué pour un point lumineux situé derrière l'œil, à une di-tance de φ' qui doit être prise négativement, et cette distance est précisément la longueur focale du verre correcteur. Un œil hypermétrope, qui est corrigé par un verre de 300 millimètres de distance focale (si le verre est placé en φ', ce qui n'est pas toujours le cas), est trop court de un millimètre.

d) La valeur de $l'' \left(= \dfrac{F'\ F''}{l'} = \dfrac{300}{l'} \right)$ entre dans les *calculs* si fréquents *de la grandeur des cercles de diffusion* sur la rétine, et dont la formule est donnée déjà à l'article Accommodation (p. 70). Ces calculs sont ainsi considérablement simplifiés. pp' étant (fig. 56) le diamètre pupillaire d, $ab = c$ étant la distance entre la pupille et la rétine (ou entre le pôle antérieur du cristallin et la rétine), de 18 millimètres environ, bc étant l'' ou la distance de l'image nette à la rétine, on a pour le diamètre x du cercle de diffusion l'expression

$$x = d \, \frac{l''}{l'' + c}.$$

Fig. 56.

La rigueur dans le calcul des cercles de diffusion exigerait toutefois qu'on prît pour grandeur de la pupille et pour la longueur ab les valeurs correspondantes de la pupille apparente de sortie (voir plus loin n° 60, " ouverture " du système dioptrique de l'œil). Pour une grandeur réelle de 4 millimètres de la pupille, la pupille apparente (de sortie) est de $4^{mm},18$, et cette pupille apparente (de sortie) est située à $0^{mm},08$ derrière la pupille réelle.

52. Longueur de l'œil. — Un élément essentiel en dioptrique oculaire est la longueur de l'œil, ou plutôt la distance du sommet cornéen au plan rétinien sensible à la lumière. Cette longueur est celle de l'axe optique « interne », en opposition avec l'axe « externe », qui lui est la distance du sommet cornéen au pôle postérieur du globe oculaire. L'épaisseur de la sclérotique (au pôle postérieur) étant de $1^{mm},30$, l'axe externe dépasse de cette longueur l'axe interne. Or c'est l'axe interne qui nous importe au point de vue dioptrique.

On ne peut pas déterminer cette longueur sur le vivant; on s'est donc adressé à des yeux de cadavres. Et sachant que la myopie et l'hypermétropie tiennent à une longueur anormale de l'œil, il faudrait s'adresser à des yeux reconnus emmétropes sur le vivant. Les quelques mensurations faites de cette manière (par HIRSCHBERG, WEISS et d'autres) assignent à l'axe oculaire externe (de l'œil emmétrope) une longueur qui se meut autour de 24 millimètres, chiffre approximativement égal à celui trouvé par v. JAEGER (24^{mm},3) en prenant la moyenne de 80 yeux sans se préoccuper s'ils étaient emmétropes ou non. En défalquant de cette longueur l'épaisseur de la sclérotique (1^{mm},30) au pôle postérieur de l'œil, on arrive sensiblement au chiffre de 23 millimètres pour la longueur de l'axe optique interne.

Des recherches d'un autre genre tendent à relever quelque peu au-dessus de 23 millimètres la longueur de l'axe optique interne; elles démontrent aussi que cet axe varie de 1 et même de 2 millimètres chez l'emmétrope. Il en résulte immédiatement que l'effet dioptrique des milieux de l'œil emmétrope peut varier entre certaines limites qui ne sont pas toujours à négliger.

D'une manière générale, ces dernières recherches consistent à calculer la longueur de l'axe oculaire interne sur des yeux vivants et emmétropes.

Le cas le plus simple est celui de l'œil aphaque, qui était emmétrope avant le début de la cataracte. Dans ce cas, il n'y a qu'une seule surface réfringente, dont on déterminera (par l'ophtalmomètre) le rayon de courbure, puis on calculera les constantes dioptriques, notamment les distances focales principales (comme au n° 43). Le second foyer est situé derrière le plan rétinien; la surface réfringente imprime à des rayons venus de très loin une convergence vers un point situé à une certaine distance derrière la fovea, et qui est le second foyer principal (dont la distance F'' au sommet cornéen a été calculée). On se sert de la formule de NEWTON

$$l'\, l'' = F'\, F'',$$

où l' est la distance de l'objet au foyer antérieur, l'' celle de l'image au foyer postérieur, F' et F'' les distances focales principales. Voici le raisonnement à faire. Pour que l'image d'un point lumineux tombe sur la rétine, il faut que les rayons qui partent de ce point soient rendus convergents. Et le point vers lequel ils convergent est le point lumineux, l'objet. Sa distance l' doit donc être prise négativement. Elle est égale à la distance focale du verre qui corrige l'œil aphaque, qui ramène sur la rétine le foyer principal du système combiné : œil plus verre correcteur, à la condition que ce verre soit placé dans le foyer principal antérieur de l'œil aphaque (soit à 24 millimètres au-devant de la cornée de l'œil). Exemple : soit un œil aphaque corrigé par un verre (de 11 D) à distance focale de 90 millimètres, placé à 24 millimètres en avant de la cornée.

$$l'' = \frac{F'F''}{l'} = \frac{24 \times 32}{-90} = -8^{mm},53.$$

l'' ayant une valeur négative, doit être retranché de F'' (= 32) pour avoir la longueur de l'axe optique interne :

$$32 - 8,53 = 23^{mm},47.$$

En pratique, on ne place jamais la lentille correctrice à 24 millimètres de la cornée. Admettons que ce soit à 10 millimètres, c'est-à-dire à 14 millimètres en arrière de φ'. Dans ce cas, le verre correcteur devra être plus fort que 11 D, avoir une distance focale plus courte que 90 millimètres. Il faudra alors, pour avoir l', ajouter les 14 millimètres à cette distance focale.

Des calculs de ce genre ont été publiés notamment par DONDERS, v. REUSS, WOINOW et MAUTHNER. D'après MAUTHNER, l'axe oculaire interne, calculé ainsi, pourrait varier dans les yeux emmétropes de 22 à 26 millimètres. Elle serait en moyenne de 24^{mm},94.

MAUTHNER a aussi essayé de calculer la longueur de l'axe oculaire sur l'œil muni de son cristallin, en basant ses calculs sur les constantes optiques des diverses surfaces réfringentes. Il introduisit dans ses calculs notamment les valeurs schématiques du cristallin. Mais ces valeurs schématiques ne sauraient représenter la réalité, de sorte que, de cette manière, on n'obtient que des valeurs plus ou moins rapprochées de la réalité.

Somme toute, la longueur de l'axe optique interne de l'œil emmétrope doit osciller autour de 24 millimètres, et celle de l'axe optique externe autour de 25 millimètres (peut-être autour de 25ᵐᵐ,50). — La valeur de 24 millimètres concorde presque rigoureusement avec celle de 24ᵐᵐ,14 calculée par nous pour l'œil schématique.

Les auteurs les plus classiques calculent une longueur sensiblement plus petite de l'œil schématique. HELMHOLTZ, p. ex., arrive récemment (1886) au chiffre de 22ᵐᵐ,819, en 1867 à celui de 22ᵐᵐ,23, et LISTING à 22ᵐᵐ,57. Ces auteurs ont donc admis une force réfringente trop grande du système dioptrique. L'identification des indices de la cornée et de l'humeur aqueuse, c'est-à-dire la non-observance de la faible réfraction à la surface cornéenne postérieure, y est bien pour quelque chose. Mais, en en tenant compte, on allongerait l'axe de l'œil schématique tout au plus de 0ᵐᵐ,10. D'autre part, l'indice de réfraction de l'humeur aqueuse et la courbure cornéenne ont été bien déterminés, et leurs valeurs admises ne sont pas trop fortes. Selon toutes les apparences, ainsi que nous l'avons dit, on a évalué trop haut la valeur dioptrique du cristallin. L'indice total du cristallin et les courbures de ses surfaces semblent avoir été pris trop forts.

53. Dioptrique de l'œil du nouveau-né. — Le nouveau-né est hypermétrope (la plupart du temps) ou emmétrope. Cela est dû principalement à ce que son œil est plus petit; l'axe oculaire n'a que 17ᵐᵐ,50 (d'après V. JAEGER et d'autres). Le fait que l'œil devient dans la suite emmétrope ou myope est dû principalement à son allongement progressif. Néanmoins le système dioptrique du nouveau-né diffère de celui de l'adulte. — La cornée, elle, a, dès la naissance, sa courbure définitive (notamment d'après NORDENSOHN, cité par PARENT). — Le cristallin est notablement plus convexe chez le nouveau-né; les courbures de ses deux surfaces diminuent par l'adjonction de couches équatoriales, alors que son axe antéro-postérieur reste en somme le même (BERTIN-SANS). La diminution de réfringence qui en résulte pour le cristallin est toutefois compensée par une augmentation parallèle de son indice de réfraction totale. — Chez le nouveau-né, la différence des indices des couches corticales et du noyau est moindre que chez l'adulte. Au dire d'AUBERT et MATTHIESSEN, basé sur une seule détermination, le noyau aurait chez le nouveau-né même indice que le cortex. Dans la suite, le noyau devient plus réfringent, et l'indice total augmente. — La chambre antérieure du nouveau-né est notablement moins profonde, ce qui doit augmenter proportionnellement l'effet dioptrique du cristallin.

Différences de l'œil réel avec l'œil idéal (schématique). — **54.** Il s'en faut de beaucoup que l'œil réel soit construit d'après les données idéales supposées dans ce qui précède. En premier lieu, la condition de GAUSS (utilisation des seuls rayons centraux) n'est pas du tout réalisée. En second lieu, en leur qualité de corps organisés, les milieux transparents sont loin d'être théoriquement homogènes ni réguliers.

Ce sont ces différences de l'œil réel avec l'œil idéal que nous allons passer en revue. Pour une bonne part, ces différences constituent des imperfections, des défauts dioptriques. Ces défauts sont plus nombreux et plus graves qu'on ne l'admet généralement. C'est ce qui a fait dire à HELMHOLTZ que si un constructeur s'avisait de nous fournir un instrument optique aussi imparfait que l'œil, nous serions en droit de le refuser.

Cependant, ces différences ne constituent pas toutes des défauts au point de vue de la vision, au point de vue du parti que l'individu tire de son organe visuel. C'est ainsi que le champ visuel si grand de l'œil, tout en étant défavorable au point de vue de la netteté des images d'objets très écartés de l'axe optique, est de la plus haute utilité au point de vue de l'orientation de l'individu.

55. Axe optique et ligne visuelle. *Angle α.* — Dans un système dioptrique centré, à surfaces sphériques, analogue à celui de l'œil, l'axe optique passe par les centres de courbure des trois surfaces, ainsi que par les sommets des trois surfaces réfringentes. La perfection de l'effet dioptrique est obtenue lorsque le point lumineux objectif se trouve sur l'axe optique. Si ce point s'écarte de l'axe optique au-delà d'une certaine limite, on n'est plus dans les conditions supposées dans ce qui précède; la marche des rayons lumineux diffère de ce qui est dit plus haut, et les images deviennent plus ou moins irrégulières.

Si donc le système dioptrique de l'œil était théoriquement parfait, il devrait réunir (entre autres) les deux conditions suivantes. 1° Le système devrait être centré, c'est-à-dire que les centres de courbure des trois surfaces réfringentes devraient être situés sur une même ligne droite, qui est l'axe optique. 2° Cet axe optique devrait passer par la *fovea centralis.* La netteté des images rétiniennes important surtout pour la fovea, dont le pouvoir de distinction est le plus exquis, la fovea devrait se trouver sur l'axe optique, car c'est la condition pour que l'image rétinienne de l'objet fixé soit d'une netteté théorique.

Or il est bien prouvé que ces conditions ne sont presque jamais réalisées dans les yeux réputés normaux, si tant est qu'elles le soient jamais. Le plus souvent l'axe optique de l'œil, dont la longueur a été calculée plus haut (p. 99), et dont il s'agit ici de déterminer la direction, ne passe pas par la fovea, et par conséquent le point fixé (qui forme son image dans la fovea) ne peut pas se trouver sur cet axe. Assez souvent aussi l'axe du cristallin est un peu oblique par rapport à l'axe cornéen, de sorte que les trois surfaces réfringentes de l'œil ne sont pas exactement centrées.

La définition de l'axe optique de l'œil rencontre tout d'abord quelques difficultés.

Dans le temps où l'on assimilait la courbure cornéenne à celle d'un ellipsoïde, on calculait un axe optique cornéen bien singularisé au point de vue dioptrique : c'était le grand axe de l'ellipsoïde cornéen. On sait comment on s'y prenait. On déterminait le rayon en trois endroits du même méridien, une fois à peu près au sommet, les deux autres fois un peu à côté. Et comme généralement on trouvait qu'au sommet ce rayon était plus petit que sur la périphérie, on calculait d'après ces données expérimentales incomplètes la courbe (du second ordre), l'ellipse hypothétique de la courbure cornéenne. Il se trouvait aussi que le long axe de l'ellipsoïde ainsi calculé passait généralement par les centres de courbure des deux surfaces cristalliniennes, ou au moins très près d'eux. C'était donc là l'axe optique général de l'œil total.

Or il résulte des recherches concordantes de Sulzer, Eriksen, Gullstrand, Tscherning, etc., que l'aire centrale de la cornée a une courbure non pas ellipsoïdale, mais très approximativement sphérique. Dès lors, aucun rayon de cette surface sphérique ne jouit de propriétés dioptriques singularisées, et au besoin chacun d'eux pourrait jouer le rôle d'axe optique de la cornée. Il est assez naturel de prendre comme axe optique cornéen le rayon du point cornéen central (voir **Ophtalmométrie**), et cela d'autant plus, que ce rayon passe très près ou même à travers les centres de courbure des deux surfaces du cristallin. La détermination plus exacte de cet axe optique rentre dans l'article « ophtalmométrie ». Disons dès maintenant que cet axe ne passe généralement pas par la fovea, mais touche la rétine en un point situé en dedans de la fovea, entre elle et la papille du nerf optique. Il s'ensuit immédiatement que le point de fixation, c'est-à-dire le point qui forme son image au centre de la fovea, ne se trouve presque jamais sur l'axe optique.

56. La *ligne visuelle*, ou la ligne droite qui joint le point fixé au centre de la fovea, en passant par le (ou les) centre optique, ne coïncide donc qu'exceptionnellement avec l'axe optique. — Le point fixé, dont il importe que l'image soit la plus nette possible, forme son image sur l'endroit rétinien dont le pouvoir de distinction est le plus parfait (voir **Acuité visuelle**). — Or, de cette non-congruence de l'axe optique et de la ligne visuelle, il résulte théoriquement un défaut du système dioptrique de l'œil.

Dans la figure 57, représentant une section horizontale de l'œil schématique, n est le nerf optique, f la fovea ; ap est la direction de l'axe optique de l'œil, p est le pôle dioptrique postérieur de l'œil, et le centre cornéen ou pôle dioptrique antérieur est le point où l'axe coupe la surface cornéenne antérieure. vf est la ligne visuelle (passant par les points nodaux k' et k''). Si nous avions pris l'œil réduit, la ligne visuelle serait une seule ligne droite passant par le centre optique unique. La ligne visuelle traverse donc la cornée en un point situé au côté nasal du sommet cornéen. Généralement on désigne par la lettre α l'angle délimité par l'axe optique et la ligne visuelle, et dont le sommet est au premier point nodal (ou au centre optique de l'œil si nous prenons l'œil réduit). Cet *angle* α est en moyenne de 5° (3 à 7°).

De plus, la ligne visuelle n'est généralement pas située dans le méridien horizontal de la cornée (méridien qui renferme l'axe optique). Le plus souvent elle coupe la cornée au-dessus de ce méridien, en formant avec lui un angle de 2 à 3° ; rarement elle coupe la cornée un peu en dessous de ce méridien.

Somme toute, la ligne visuelle passe néanmoins toujours par la partie optique, sphérique, de la cornée, de sorte qu'au point de vue de la réfraction dans la seule cornée, elle jouit des propriétés d'un axe optique. Mais elle ne peut pas passer par les centres de courbure des deux surfaces du cristallin. Cependant, cette dernière imperfection dioptrique ne semble pas produire des phénomènes bien sensibles, ce qui est dû en grande partie à ce que la réfraction du cristallin est en somme faible comparée à celle de la cornée.

La cornée, au moins sa partie optique, est donc asymétrique, oblique par rapport à la ligne visuelle.

Du reste, l'axe cornéen, lui non plus, ne passe généralement pas exactement par les centres de courbure des surfaces du cristallin, dont alors les axes particuliers ne coïncident pas avec celui de la cornée. L'axe cristallinien passe souvent un peu au-dessus du

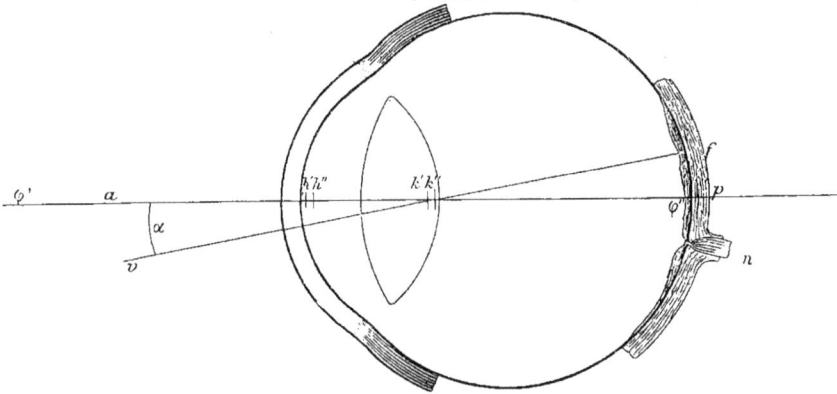

Fig. 57. — *Œil schématique.*

centre de courbure de la cornée. Mais ce *décentrage* du système dioptrique de l'œil est peu important même moins important que la non coïncidence de la ligne visuelle avec l'axe cornéen.

A l'article **Ophthalmométrie** revient le côté expérimental des diverses questions touchées ici. Nous y verrons notamment que nous ne disposons pas d'un moyen rigoureux pour déterminer la direction de la ligne visuelle. Nous y verrons aussi que l'axe optique de l'œil ne passe pas toujours par le centre cornéen.

C'est à propos de ces diverses questions surtout qu'on s'est livré à des spéculations mathématiques, que nous croyons pouvoir négliger provisoirement. Elles sont la plupart du temps basées sur l'hypothèse controuvée d'une courbure ellipsoïdale de la cornée. Elles ne pourraient s'appliquer sérieusement qu'aux cas d'astigmatisme régulier, et il ne semble pas que même sur ce terrain restreint elles aient encore conduit à des résultats pratiques tangibles.

57. Aberration sphérique de l'œil. — Lorsque, dans la réfraction à travers une ou plusieurs surfaces, la restriction de GAUSS relative aux rayons centraux n'est pas réalisée, c'est-à-dire lorsque des parties éloignées de l'axe optique servent à la réfraction, il se produit des phénomènes dits d'aberration de sphéricité, dus essentiellement à ce que les rayons passant par les parties excentriques des surfaces, sont plus fortement réfractés que les rayons centraux. Aucun œil réputé normal n'est indemne de traces sensibles de ce défaut dioptrique, surtout lorsque la pupille est large. On conçoit que le rétrécissement pupillaire doit diminuer le défaut en question, en diminuant l'ouverture du système.

La figure 58 montre les effets de l'aberration sphérique sur des rayons homocentriques, venus de très loin, et arrivant de gauche à droite sur une seule surface réfringente; les phénomènes seraient identiques avec une lentille. Les rayons éloignés de l'axe optique se réunissent en foyer sur cet axe avant les rayons centraux. Les points de croisement des rayons se distinguent par leur plus grande intensité lumineuse, qu'on peut voir, par exemple, dans un cylindre de verre massif, ou dans de l'eau (imparfaitement transparente). Les parties les plus claires du cône émergent prennent la forme d'une courbe particulière appelée « caustique ». En promenant un écran blanc perpendiculairement à la direction des rayons réfractés, on voit la section circulaire du cône réfracté; le cercle est plus lumineux à sa périphérie si l'écran est entre le foyer et la lentille; au delà du foyer, il est plus lumineux vers son centre, ainsi que cela résulte de la figure 58. Parmi les phénomènes nombreux qui permettent d'étudier l'aberration sphérique, il y a notamment les incurvations d'une ligne droite, que TSCHERNING a utilisées pour étudier l'aberration dans l'œil. Si dans la dernière expérience, on place une aiguille droite contre la lentille, dans la position p ou q de la figure 58, on voit l'ombre de l'aiguille sur l'écran, dans le cercle de diffusion. Or cette ombre n'est droite que si

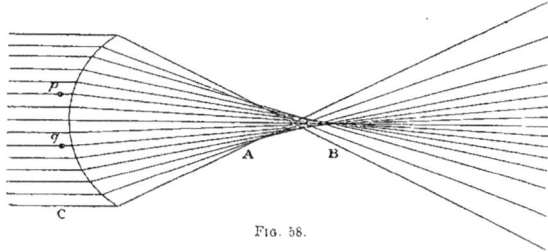

Fig. 58.

l'aiguille coïncide avec un diamètre de la lentille; autrement elle est courbe, concave ou convexe vers le milieu : convexe (III, fig. 59), si l'écran est au delà du foyer; concave (II), s'il est entre le foyer et la lentille. L'explication de ces incurvations ressort de la figure 58. En deçà du foyer, les rayons périphériques sont plus rapprochés, condensés, que les centraux; au delà ils sont plus écartés que les centraux.

On sait que par divers artifices, on peut corriger l'aberration sphérique des lentilles; les rendre aplanétiques. Alors les cercles de diffusion ont même éclat dans toute leur étendue, et l'ombre de l'aiguille est toujours droite (I, fig. 59). On peut aussi surcorriger l'aberration : alors les phénomènes sont renversés.

A l'article **Astigmatisme** (p. 799), nous avons décrit l' « aberroscope », à l'aide duquel TSCHERNING a étudié l'aberration sphérique dans l'œil humain. Il consiste en une lentille plane convexe de 52 centimètres de distance focale (pour rendre l'œil myope), et portant sur la face plane un quadrillé. Si l'on regarde à travers cette lentille un point lumineux éloigné, on verra dans le cercle de diffusion les traits périphériques droits

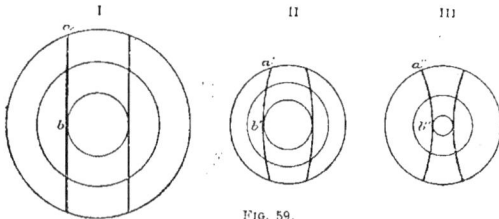

Fig. 59.

seulement si l'œil n'a pas d'aberration sphérique, ce qui est rare, et seulement avec une pupille très étroite. Généralement on les voit convexes vers le centre, ce qui indique une aberration positive, normale, la réfringence augmentant vers la périphérie. L'écran rétinien est en effet au-delà du foyer (du système œil + lentille). Rarement les lignes périphériques sont concaves vers le centre, ce qui indique une aberration négative (réfringence diminuant vers la périphérie).

Examinées avec l'aberroscope, la plupart des personnes accusent donc un certain degré d'aberration positive. Exceptionnellement l'aberration est négative, c'est-à-dire surcorrigée, probablement par l'aplatissement périphérique de la cornée. Peut-être que chez elles, la partie sphérique, optique, de la cornée est très petite. On comprend en effet que l'aplatissement périphérique de la cornée va à l'encontre de l'aberration sphérique. Néanmoins, à 3 millimètres de l'axe optique, l'aberration sphérique peut produire une myopie de 3 D (ROURE). Il semble d'ailleurs qu'à ce point de vue, le cristallin est loin d'être négligeable.

A l'article astigmatisme, nous avons vu (p. 800) que l'aberration sphérique de l'œil peut (exceptionnellement) être inégale, ou même contraire dans diverses directions du champ pupillaire. Un déplacement anormal de la pupille, fait assez fréquent, paraît souvent en être la cause.

Chose curieuse, un degré même très sensible d'aberration sphérique ne paraît pas nuire beaucoup à l'acuité visuelle. La raison en est-elle que ces gens mettent au point en accommodant de manière à ce que les bâtonnets de la rétine soient touchés par le cône lumineux de la figure 58, non pas par le foyer proprement dit, mais par un endroit de la caustique au niveau de B? En cet endroit, l'image d'un point est composée d'un centre intense, entouré d'un halo très faible, si on opère avec un éclairage total très faible — cas habituel de la vision.

58. Aberration chromatique. — L'œil n'est pas plus achromatique qu'il n'est aplanétique, et sous ces deux rapports, il le cède de loin à une lunette très ordinaire. — Cette question de l'achromasie oculaire a même une histoire mémorable. NEWTON croyait que la dispersion d'un milieu était proportionnelle à son indice de réfraction. La construction d'un objectif achromatique lui semblait donc impossible, et c'est pourquoi il adopta les télescopes catoptriques. EULER vint dire ensuite que, l'œil étant achromatique, il devait être possible de construire des lentilles achromatiques, et cette assertion erronée conduisit l'opticien DOLLOND à construire des objectifs réellement achromatiques. WOLLASTON démontra ensuite que l'œil n'est pas achromatique, en faisant voir qu'un point lumineux vu à travers un prisme, c'est-à-dire le spectre d'un point lumineux, n'est pas partout également au point pour l'œil. Lorsqu'on accommode pour l'extrémité rouge de ce spectre, l'extrémité bleue est vue diffusément, et vice-versa. — Un œil emmétrope pour les rayons rouges est myope de 1,50 dioptries environ pour les rayons violets.

FRAUNHOFER observa l'aberration chromatique de l'œil, et en détermina le degré, en observant un spectre à travers une lunette achromatique dont l'oculaire était muni d'un réticule. Lorsque la partie violette du spectre était dans le champ, pour voir nettement le réticule, il devait en rapprocher la lentille de l'oculaire plus que lorsque la partie rouge était dans le champ visuel.

TH. YOUNG évalua l'aberration chromatique de l'œil à 1,3 dioptries; FRAUNHOFER de 1,5 à 3, et HELMHOLTZ à 1,8 dioptries. Le chiffre est difficile à déterminer à cause du vague qui existe sur les limites du spectre visible.

Un point lumineux (trou percé dans un écran opaque) placé en-deçà du *punctum proximum*, paraît comme un cercle de diffusion bordé de rouge. Si l'œil est rendu myope (par l'apposition d'une lentille), le point placé au delà du *punctum remotum* paraît bordé de bleu.

Toutes les apparences dues à l'aberration chromatique se prononcent davantage si on examine à travers un verre violet, qui ne laisse guère passer que les rayons rouges et les bleus, dont la réfrangibilité diffère beaucoup.

Dans l'œil normal donc, le foyer pour des rayons violets ou bleus se trouve en avant du foyer pour les rayons rouges. L'œil est loin d'être achromatique, et la dispersion y est même un peu supérieure à ce qu'elle serait si l'œil était rempli d'eau.

Il est d'autant plus remarquable que pour des objets situés dans le terrain d'accommodation, les bords colorés ne se font généralement pas sentir, circonstance qui avait fait admettre, et qui fait encore quelquefois admettre erronément l'achromasie de l'œil.

Pour comprendre l'absence des bords colorés aux objets vus distinctement, voyons d'abord une circonstance dans laquelle les objets vus distinctement ont des bords colorés. Cela se produit lorsque la pupille est partiellement couverte par un écran. Qu'on fixe d'un œil, p. ex. le montant d'une fenêtre qui se projette sur le ciel. Regardés sans autre précaution, les bords du montant ne sont nullement colorés. Ils se colorent au contraire si on couvre partiellement la pupille : le bord du côté couvert paraît bleu, l'autre jaune. — Soit (fig. 60). A un point lumineux blanc situé dans le terrain d'accomodation. Les rayons les plus réfrangibles forment foyer en v et les rayons les moins réfrangibles plus en arrière. La figure montre déjà pourquoi un objet situé au-delà du point pour lequel l'œil est adapté, doit avoir des bords bleus, et pourquoi dans la position opposée il doit avoir des bords rouges. — Si l'œil est adapté pour le point A, la rétine se trouve dans la situation intermédiaire indiquée dans la figure 60, elle est frappée par un mélange d'à

peu près tous les rayons, mais en haut p. ex., les rayons rouges viennent du point B
du système dioptrique (d'en haut), et les rayons violets viennent du point C du système
dioptrique (d'en bas). — Couvrons maintenant la partie CO du système dioptrique (la

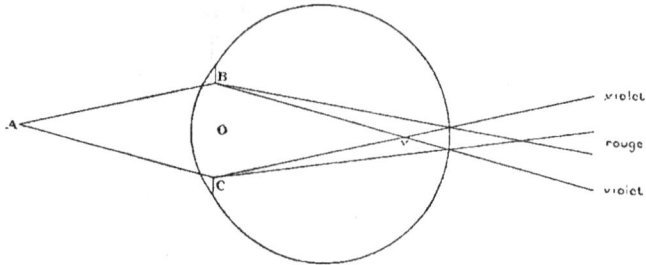

FIG. 60.

moitié inférieure de la pupille (fig. 60), alors le point rétinien supérieur ne reçoit que des
rayons rouges et le point rétinien inférieur seulement des rayons violets : en haut il se
forme sur la rétine un bord rouge, en bas un bord violet (ou bleuâtre).

Dans le cas du montant de la fenêtre, nous n'avons pas un point lumineux, mais
deux surfaces lumineuses, à droite et à gauche du montant (fig. 61). Si nous couvrons la

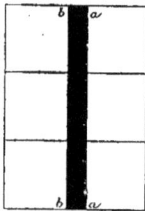

FIG. 61.

pupille de droite à gauche p. ex, seuls les points lumineux situés
contre le montant pourront apparaître colorés, et colorés seulement
contre le montant obscur, puisque les autres points colorés seront
tous neutralisés, couverts par ceux des voisins. Le bord droit du
montant, la lettre a, fig. 61, correspondant au point supérieur de
l'image rétinienne de la figure 60, doit paraître en violet ou
bleu ; et le bord gauche du montant, correspondant au point
inférieur de l'image rétinienne (fig. 60), doit paraître en rouge (ou
jaune).

Somme toute, dans la vision nette, les bords irisés des objets se
neutralisent entre eux, mais à la condition que l'axe optique passe
par l'aire pupillaire, et que les rayons soient réfractés (dans un
plan vertical, par exemple) les uns en haut, les autres en bas (et les uns à droite, les
autres à gauche), ce qui est toujours le cas dans la vision normale.

De même qu'on peut corriger l'aberration chromatique des lentilles, on peut corriger
celle de l'œil, à l'aide de lentilles combinées. Une lentille concave de flint de 20 dioptries
neutralise l'aberration chromatique de l'œil. Il faut seulement, de plus, neutraliser l'effet
sphérique total de cette lentille par une lentille achromatique positive de 20 dioptries.
HELMHOLTZ n'a toutefois pas obtenu ainsi une augmentation sensible de l'acuité
visuelle.

59. Cercles de diffusion (des images rétiniennes). — Dans bien des circonstances la
rétine ne se trouve pas dans le plan conjugué d'un objet, bien que celui-ci soit situé sur
l'axe optique ou très près. L'image de l'objet est donc diffuse, et il s'agit d'apprécier le
degré de cette diffusion, c'est-à-dire de calculer le diamètre du cercle de diffusion d'un
point. Ce calcul a été donné plus haut, p. 99 (n° 51) et surtout à l'article **Accommodation**
(p. 70-72). Nous avons déjà dit (p. 99) que, pour être rigoureux, il devrait tenir compte de
la différence entre la pupille réelle et la pupille apparente dite « de sortie » (voir plus
loin, n° 60). C'est la grandeur et l'emplacement de la pupille de sortie (et non de la
pupille réelle) qu'il faut introduire dans ces calculs.

60. Ouverture du système dioptrique de l'œil. Pupille apparente. — *L'ouverture* d'un
système dioptrique est son diamètre utile pour la réfraction des rayons partis d'un point
lumineux situé très loin, et sur l'axe optique, ou très près de cet axe. De tous les rayons
partis d'un tel point et qui tombent sur un objectif, seuls ceux qui touchent une partie
centrale de l'objectif contribuent à former l'image. Et cette partie centrale, « l'ouver-

ture » de l'objectif peut être plus ou moins grande ; les diaphragmes placés en avant de l'objectif en diminuent l'ouverture. La diminution de l'ouverture augmente la netteté des images en diminuant l'aberration sphérique.

La théorie de GAUSS suppose que l'ouverture soit très petite. Or cela n'est nullement le cas pour l'œil. — La question a une importance sérieuse pour la vision directe, ou pour l'acuité visuelle, qui baisse souvent avec la diminution de la netteté de l'image rétinienne. Nous avons dans l'iris un diaphragme qui augmente et diminue l'ouverture de l'œil. Avec une pupille petite, une plus petite zone centrale de la cornée sert à la réfraction utile.

Il y a d'abord à constater que l'ouverture de l'œil, ou plutôt celle de la cornée, est plus grande que dans n'importe quel instrument d'optique, ce qui constitue pour l'œil une cause d'infériorité à certains égards. Dans les instruments d'optique, on n'accepte guère d'ouverture supérieure à dix ou douze degrés, alors qu'avec une grandeur pupillaire de 4 millimètres (qui n'est pas excessive), l'ouverture de la cornée est de 20 degrés environ. La partie utilisée de la cornée est donc comprise dans les limites de la partie sphérique de la cornée (qui est de 30 degrés) ; mais cela n'empêche que, de par la réfraction cornéenne, nous ne soyons plus dans les conditions de la théorie de GAUSS, et que les effets de l'aberration sphérique se fassent sentir (voir plus haut, *Aberration sphérique*).

Avec une pupille fortement dilatée, l'ouverture cornéenne dépasse même la partie sphérique de la cornée, ce qui donne lieu à des phénomènes dont on n'a pas toujours tenu suffisamment compte.

Dans l'évaluation de l'ouverture cornéenne, il faut avoir égard à ce fait que nous voyons l'iris et la pupille à travers la cornée, et que la pupille ne nous apparaît ni à sa place réelle, ni avec sa grandeur réelle : elle est avancée vers la cornée et agrandie. Des rayons qui dans l'air semblent provenir d'un point de la *pupille apparente* sont issus en réalité du point correspondant de la pupille réelle ; et, *vice versa*, les rayons qui dans l'air sont dirigés sur la pupille apparente se dirigent, après réfraction sur la cornée, vers le point correspondant de la pupille réelle. C'est donc de la pupille apparente (dite d'entrée) et non pas de la pupille réelle, que dépend l'ouverture cornéenne.

On calcule aisément l'emplacement et la grandeur de la pupille apparente (d'entrée) pour une grandeur et une situation réelles données, moyennant les formules (δ et ε, n° 19) $f' = \dfrac{F' f''}{f'' - F''}$ (pour son emplacement), et $\dfrac{i}{o} = \dfrac{l''}{F''}$ (pour la grandeur). En ce qui regarde la distance, nous avons F' = 24,24, F'' = 32,24, et f'' (ici la distance de la pupille réelle à la surface cornéenne) = 4 millimètres ; ce qui nous donne pour f', c'est-à-dire pour le lieu de la pupille apparente, une valeur (négative) de 3^{mm},43. La pupille apparente est donc à 3^{mm},43 en arrière du sommet cornéen, la pupille réelle étant à 4 millimètres en arrière du même sommet. Quant à la grandeur apparente, si la pupille réelle est par exemple de 4 millimètres, nous avons o = 4 millimètres, l'' = 32 — 4 = 28 millimètres ; F'' = 32 millimètres ; ce qui nous donne une grandeur de la pupille apparente de 4^{mm},57.

Comme annexe, disons un mot d'une autre pupille apparente, et qui a une certaine importance pour le calcul des cercles de diffusion sur la rétine. Si l'on se figure l'iris et la pupille vus à travers le cristallin par un œil situé dans le corps vitré, la pupille paraîtrait également agrandie, et maintenant reculée vers le corps vitré. Mais ce système dioptrique (cristallin dans l'humeur vitrée) étant plus faible que celui de la cornée, l'agrandissement et le déplacement sont moindres. La pupille serait vue à 0^{mm},08, plus vers la rétine que la réalité, et en la supposant réellement de 4 millimètres, elle serait agrandie de 0^{mm},18. Des rayons provenant d'un point de la pupille réelle, marcheraient dans le corps vitré comme s'ils provenaient du point correspondant de cette pupille apparente (dite de sortie).

Tout comme le cône lumineux entrant dans l'œil est limité par la pupille apparente « d'entrée », de même aussi le cône lumineux réfracté, à sommet dirigé vers la rétine, est limité dans le corps vitré par la seconde pupille apparente, ou celle de « sortie ». C'est cette grandeur et l'emplacement de la pupille de sortie que, pour être rigoureux, il faut introduire dans les formules servant à calculer le diamètre des cercles de diffusion (v. l'article **Accommodation**, p. 70).

On désigne quelquefois, par erreur, du nom d'ouverture cornéenne, la *grandeur angu-*

laire de la cornée. La grandeur angulaire de la cornée est (chez l'adulte) de 85° dans le méridien horizontal, de 80° dans le méridien vertical; celle de la partie sphérique centrale est de 30° environ.

L'ouverture cornéenne influe sur l'acuité visuelle, tandis que la grandeur angulaire considérable de la cornée (bien plus grande que dans les instruments d'optique) contribue à produire la grandeur (énorme) du champ visuel.

60. Profondeur de foyer du système dioptrique de l'œil ou ligne d'accommodation. Effets du trou sténopéique. Ligne de visée. — A l'article **Acuité visuelle**, nous avons vu que deux images rétiniennes punctiformes cessent d'être vues distinctes (dans la fovea) si elles sont distantes de moins de $0,002^{mm}$, c'est-à-dire si les points lumineux objectifs se présentent sous un angle inférieur à une demi-minute. Il en résulte que si le diamètre des cercles de diffusion est un peu moindre que $0,002^{mm}$, l'image rétinienne d'un objet est perçue nettement, ou plutôt aussi nettement que possible, et qu'une diminution ultérieure des cercles de diffusion n'augmente pas la netteté de la perception. Si l'on se rapporte au tableau de la page 71 de l'article **Accommodation**, on voit que pour un œil adapté à l'infini, tous les objets situés un peu plus loin que 25 mètres sont vus avec une netteté égale; et de la figure 10 du même article, il résulte que si l'œil est adapté pour un point rapproché, des objets, situés un peu au delà ou en de çà de ce point, sont vus avec une égale netteté. La condition invariable, nécessaire et suffisante, est que le diamètre des cercles de diffusion reste un peu en dessous de $0,002^{mm}$.

Des faits du même ordre, reposant sur la même propriété de l'œil, se présentent pour n'importe quel objectif dioptrique ; ils constituent ce qu'on appelle en photographie la « profondeur de foyer » des objectifs. On peut en effet, en dedans de certaines limites, déplacer l'écran récepteur de l'image sans que celle-ci cesse d'être nette. En physiologie optique, à l'exemple de CZERMAK, le phénomène continue à être décrit sous le nom impropre de « ligne d'accommodation », car il n'a rien de commun avec l'accommodation proprement dite. La ligne d'accommodation est la longueur en dedans de laquelle tous les objets paraissent également nets. Cette ligne est d'autant plus courte que l'œil est adapté pour un point plus rapproché (voir **Accommodation**, p. 72). Elle augmente si l'ouverture du système diminue, c'est-à-dire si la pupille se rétrécit, condition qui diminue le diamètre des cercles de diffusion. Elle s'allonge considérablement si on regarde à travers un diaphragme à trou punctiforme (trou sténopéique), qui rapproche l'œil des conditions de la chambre claire simple, dont la ligne d'accommodation est en quelque sorte infiniment grande. Les personnes âgées et emmétropes ou même hypermétropes, à pupille très petite (1 millimètre et moins), peuvent quelquefois voir de très près et lire, alors qu'il n'y a plus trace d'accommodation.

Le diaphragme punctiforme permet donc de voir nettement des objets très rapprochés de l'œil, situés en deçà du *punctum proximum*. En même temps les objets vus ainsi paraissent agrandis, phénomène curieux dont HELMHOLTZ a donné l'explication. Soient SS (fig. 62) l'écran, et *ab* l'objet, situé plus près de l'œil que le punctum proximum ; l'image

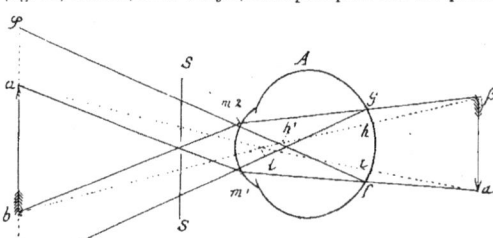

tend à se former en $\alpha\beta$. Un rayon parti de *a* se dirige en $m^1\alpha$ et touche la rétine en *f*; le rayon bm^2 va vers β, et touche la rétine en *g*. *fg* sera donc l'image rétinienne de *ab*. Elle est plus grande que celle qu'on construirait en tirant des points *a* et *b* les lignes de direction par le centre optique de l'œil. C'est qu'à l'aide de l'écran, on intercepte des cônes lumineux émis par *a* et *b* les rayons les plus rapprochés de l'axe optique. Sans l'écran, les images rétiniennes des points *a* et *b* seraient des cercles de diffusion dont les centres seraient en *i* et *h*, situés sur les rayons passant par le centre *l* de la pupille. Sans l'écran, *ih* serait l'image (diffuse) de *ab*. En regardant à travers l'écran, l'image se forme comme

Fig. 62.

si elle représentait l'objet γφ. On voit que l'image rétinienne doit augmenter avec l'éloignement entre l'écran et l'œil.

Le centre théorique du cercle de diffusion rétinien ne se trouve donc pas sur la ligne visuelle, nommée aussi ligne de direction, ligne tirée du point lumineux par le centre optique de l'œil; mais il est situé sur le rayon passant par le centre de la pupille (apparente d'entrée). On appelle ce rayon *ligne de visée* (VOLKMANN) , car c'est suivant sa direction qu'on *vise*, c'est-à-dire qu'on fait coïncider les images de deux points lumineux situés à des distances différentes, et dont un seul peut être vu distinctement, l'autre apparaissant en cercle de diffusion. Le point de concours des lignes de visées n'est pas le centre optique, mais le centre de la pupille; il est environ 3 millimètres au devant du centre optique.

TSCHERNING fait toutefois observer qu'à cause des diverses irrégularités dioptriques de l'œil, le cercle de diffusion d'un point n'a presque jamais la forme de la pupille. En visant, on fait en réalité coïncider l'image du point vu nettement avec la partie la plus éclairée du cercle de diffusion de l'autre point, et cette partie ne correspond pas au centre de la pupille. Il vaudrait donc mieux, d'après lui, faire disparaître de la terminologie l'expression inutile de « ligne de visée ».

62. Périscopie de l'œil. — A l'article **Périmétrie**, nous verrons que le champ visuel, c'est-à-dire l'ensemble des points formant image sur la rétine sensible de l'œil en repos, comprend à peu près tout l'hémisphère situé devant nous. Aucun instrument d'optique ne possède un champ visuel pareil, de 180°. C'est dire que dans la vision indirecte, aux confins surtout du champ visuel, nous sommes loin d'avoir des rayons faisant avec l'axe optique de l'œil un très petit angle, car en fait il peut atteindre la valeur d'un angle droit et plus.

La grandeur angulaire du champ visuel dépend, en ce qui regarde les conditions dioptriques, surtout de la forte grandeur angulaire (n° 60) de la cornée. Du côté du fond de l'œil, elle dépend de l'étendue dans laquelle la périphérie rétinienne est de nature nerveuse.

La question qui se pose ici, est celle de la netteté des images rétiniennes d'objets vus indirectement. On sait qu'avec une lentille par exemple, les objets placés loin de l'axe optique forment des images irrégulières, à déformations astigmiques très prononcées. Or, le fait est que, sous le rapport de la netteté des images d'objets vus indirectement, aux confins de son champ visuel, l'œil l'emporte de beaucoup sur tous les instruments d'optique. La *périscopie* de l'œil est plus parfaite que celle de n'importe quel instrument d'optique, témoin la netteté avec laquelle on voit à l'ophtalmoscope les détails de la périphérie rétinienne, netteté qui ne le cède sensiblement à celle de la vision directe qu'à l'extrême périphérie du champ ophtalmoscopique, lorsqu'on regarde des détails au-devant de l'équateur de l'œil. Et cela est d'autant plus remarquable (à un point de vue téléologique), que pour la vision indirecte, surtout à l'extrême limite du champ visuel, la netteté des images ne joue qu'un rôle visuel secondaire, en présence du faible pouvoir de distinction (acuité visuelle) de la périphérie rétinienne.

En fait de causes de cette périscopie si bonne, nous avons en premier lieu la forme géométrique de la rétine. Il se trouve que la périphérie rétinienne, elle aussi, est située sensiblement dans le plan focal principal du système dioptrique; ou plutôt (d'après MATTHIESSEN) elle est située entre les deux lignes focales de la réfraction toujours plus ou moins astigmique de la vision indirecte. D'après MATTHIESSEN, la « rétine théorique » doit être une portion de sphère, c'est-à-dire doit avoir la forme sphérique, si l'on veut que dans toute son étendue les images soient les plus nettes possible. Autrement dit, le plan focal du système dioptrique est en réalité une sphère analogue à celle de la rétine.

De là résulte qu'un œil emmétrope dans la vision directe est approximativement emmétrope également dans la vision indirecte. Ce n'est que dans les yeux fortement myopes (ectasiés au pôle postérieur), qu'on trouve (à l'ophtalmoscopie ou à la skiascopie) dans la vision indirecte une myopie moindre ou même de l'emmétropie.

Le second élément constitutif de la périscopie de l'œil est l'astigmie faible pour des rayons obliques. Cette astigmie est certainement moindre que dans les instruments d'optique, à preuve la netteté avec laquelle on voit à l'ophtalmoscope les détails de la périphérie rétinienne. Néanmoins, PARENT notamment a démontré au moyen de la skiascopie que cette astigmie existe, et qu'elle augmente avec l'angle d'écart des rayons. Avec un angle d'écart de 15° déjà, il y aurait un astigmatisme d'une demi-dioptrie, et à 45°, l'astigmie serait de 2,75 dioptries.

Nous avons dit plus haut que la périphérie de la rétine est située dans l'œil emmétrope entre les deux lignes focales — ce qui évidemment est la situation la plus favorable.

Du reste, la raison du peu d'astigmatisme dans la vision indirecte paraît être multiple. On cite notamment l'aplatissement de la périphérie cornéenne. Le facteur principal est d'après L. HERMANN la structure particulière du cristallin. Cet auteur fait observer que grâce à la structure lamellaire du cristallin (lamelles imbriquées autour d'un noyau sphérique plus réfringent que les lamelles, et les lamelles augmentant de courbure et de réfringence vers le noyau), les images rétiniennes sont bien plus nettes pour des incidences obliques des rayons lumineux que si le cristallin était homogène dans toute sa masse.

Somme toute, la périscopie si bonne de l'œil réside principalement dans la forme concave de la rétine et dans la structure particulière du cristallin.

Des essais pour déterminer le (second) point nodal dans la vision indirecte ont été faits par VOLKMANN sur l'homme vivant, et chez le lapin par LANDOLT et NUEL. Ils consistent essentiellement à mesurer les images rétiniennes (vues par transparence à travers la sclérotique) de deux points lumineux dont on connaît l'écart et la distance à l'œil.

63. Phénomènes entoptiques. — Certains détails irréguliers de structure dans les milieux transparents de l'œil peuvent produire des irrégularités dans les images rétiniennes, irrégularités qui reflètent plus ou moins ces détails de structure, qu'elles rendent ainsi visibles. C'est un genre de *phénomènes entoptiques* liés à la réfraction de la lumière dans l'œil, et leur place est naturellement ici. On donne aussi le nom de phénomènes entoptiques à des apparences lumineuses produites par des excitations de l'appareil optique moyennant des causes autres que la lumière, c'est-à-dire des influences mécaniques, électriques par exemple, pourvu que ces causes agissent dans l'œil lui-même (électricité, circulation rétinienne, etc.). Nous n'en parlerons pas. — Lorsque la cause d'excitation agit sur une partie de l'appareil nerveux située en dehors de l'œil (nerf optique, centres visuels cérébraux), on ne parle pas de vision entoptique, mais de « sensations visuelles subjectives », et de « phantasmes visuels ».

Manière d'observer les phénomènes entoptiques. — Règle générale, les détails de structure dans les milieux transparents ne produisent des irrégularités dans l'image rétinienne, ne projettent sur la rétine des ombres qui les rendent sensibles, que si l'œil n'est pas adapté pour la source lumineuse, c'est-à-dire si l'image rétinienne de l'objet lumineux est diffuse, composée de cercles de diffusion.

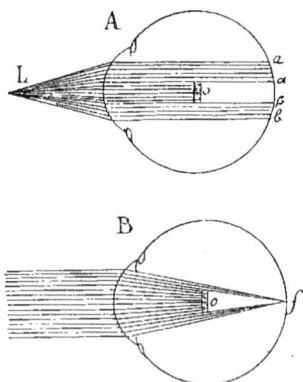

FIG. 63.

Un point lumineux situé en deçà du punctum proximum apparaît en cercle de diffusion, dont la périphérie est l'image du bord pupillaire de l'iris, et ce cercle augmente de grandeur à mesure qu'on rapproche le point lumineux. Au moment où ce dernier est au foyer antérieur de l'œil (à 14 millimètres au-devant de la cornée), les rayons sont parallèles dans le corps vitré; ils sont divergents (le cercle grandit encore) si l'on rapproche le point lumineux en deçà du foyer antérieur.

Soit (fig. 63, B) un œil adapté pour la distance du point lumineux (supposé très loin). Un petit corps opaque o, placé quelque part sur le trajet du cône lumineux réfracté, pourra bien diminuer l'intensité lumineuse du point rétinien éclairé f, mais il ne saurait jeter une ombre sur la rétine, ni paraître entoptiquement. Au contraire, si le conjugué du point lumineux L ne se trouve pas sur la rétine, si les rayon sont parallèles (fig. 63, A) ou divergents dans le corps vitré, ou encore s'entre-croisent au-devant de la rétine (œil myope), alors le corps opaque jettera une ombre sur la rétine, et pourra être vu entoptiquement.

On comprend aussi que pour observer les phénomènes entoptiques, il faut prendre un point lumineux et non un objet lumineux, car dans ce dernier cas les rayons lumineux issus d'un point couvrent plus ou moins l'ombre du corps opaque produite par un point lumineux voisin. Enfin, les corps projettent une ombre d'autant plus nette qu'ils sont situés plus près de la rétine.

Comme point lumineux, on peut se servir par exemple de fines gouttelettes de mercure sur un fond de velours noir, qui réfléchissent de la lumière, et qu'on rapproche dans le foyer antérieur de l'œil ou en deçà. On peut aussi se servir du reflet d'une bague, de fragments de craie sur fond obscur, ou encore d'un point lumineux (bougie) quelconque situé au loin, et qu'on regarde à travers une forte lentille convexe. Dans ce cas, les mouvements des apparences entoptiques sont opposés à ceux que nous allons décrire, et qui sont obtenus par un point lumineux rapproché. — Un mince trou piqué dans un écran opaque (carte de visite par exemple) joue le même rôle. Les rayons lumineux venus de n'importe où, (de droite à gauche) et qui passent ce trou (fig. 64) placé très près de l'œil (dans le foyer antérieur par exemple), se comportent

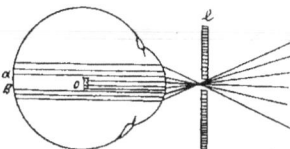

Fig. 64.

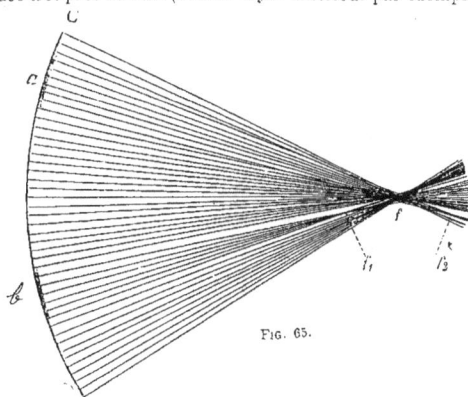

Fig. 65.

comme s'ils provenaient du trou, ou comme si ce dernier était le point lumineux.

Dans certaines circonstances, les détails vus entoptiquement ne sont pas des corps opaques, mais ils agissent comme des lentilles ajoutées à l'œil. Soit, fig. 65, en C le système dioptrique, dont une petite partie b est plus réfringente que le restant. La distance focale de cette partie est plus courte que celle du restant de la surface. Supposons la rétine placée sur le trajet du cône réfracté, mais à gauche du point f. Il se forme sur la rétine un cercle de diffusion qui ne serait homogène que si le système dioptrique était homogène. Dans le cas supposé, la section du petit cône b sera un cercle à centre plus clair et à circonférence obscure. Si la partie b du système dioptrique était moins réfringente que le restant du système dioptrique, l'image entoptique de b serait un cercle à centre relativement obscur et à circonférence plus claire. — Des cas de ce genre résultent notamment d'irrégularités de la couche des larmes à la surface cornéenne, ainsi que d'irrégularités de cette surface elle-même.

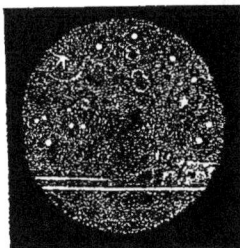

Fig. 66.

a) *Vision entoptique de la surface cornéenne.* — Dans le cercle de diffusion — image de la pupille, — on peut voir (fig. 66) des grains, des cercles clairs ou obscurs, animés d'un lent mouvement (dans le cercle), et qui sont produits par des grains et des vési-cules (d'air). Ces vésicules agissent comme de petites sphères réfringentes, et le diagramme de la fig. 65 fera comprendre pourquoi leur apparence entoptique est celle d'un cercle tantôt clair (à bord obscur), tantôt obscur (à circonférence claire). — On voit également, surtout en clignotant légèrement, des stries horizontales (fig. 66), quelquefois animées du même mouvement. Elles sont dues à des stries de larmes plus épaisses, déposées par le retrait du bord de la paupière supérieure, et dont l'action dioptrique est celle d'un prisme à surface plus ou moins concave. En clignant for-tement et en frottant l'œil à travers la paupière, on peut aussi observer de nombreuses stries horizontales parallèles qui restent fixes, et qui durent assez longtemps, même une heure et plus. Leur cause réside dans des plissements de la couche cornéenne épi-théliale (Boll).

b) Vision entoptique de la pupille. — Pendant qu'on observe le cercle de diffusion, image de la pupille, on couvre et on découvre l'autre œil. Le cercle se dilate et se rétré-cit : expression entoptique du mouvement pupillaire sous l'influence des variations d'éclairage (de l'autre œil).

c) Vision entoptique des détails de structure du cristallin. — Nous renvoyons ici à l'article **Astigmatisme** (irrégulier), p. 796 et suivantes. Le cristallin n'est pas une lentille homogène, mais il est composé de secteurs, chaque secteur (et chaque fragment de sec-teur) pouvant avoir une réfringence différente, d'où des apparences entoptiques multiples, d'abord la polyopie monoculaire, puis l'apparence compliquée d'un point lumineux, apparence variable selon le degré de rapprochement du point lumineux, et dont la figure 68, p. 796 (article **Astigmatisme**) donne un exemple; elle a été bien étudiée par Tscherning. Enfin la structure sectorale du cristallin (voir la fig. 69, p. 797, de l'article **Astigmatisme** devient visible de cette manière.

d) Vision entoptique du corps vitré. Mouches volantes. — La plupart des apparences décrites ici sont produites par des corps flottants dans le corps vitré; certaines d'entre elles peuvent aussi avoir leur siège dans le cristallin ou même dans l'humeur aqueuse et dans la cornée. Il s'agit de petits disques ronds, le plus souvent clairs et à bords sombres, d'autres fois sombres et à bords clairs, on dirait des perles. Les perles peuvent aussi s'aligner en chapelets. D'autres fois il s'agit de filaments portant quelques perles. Tantôt ces apparences sont immobiles, tantôt elles se meuvent lentement à travers le champ visuel. Il arrive qu'une de ces ombres, même fixe, se trouve près du point de fixation. Le malade veut la fixer, déplace le regard, devant lequel l'ombre fuit, d'où le nom de *mouches volantes.* Pour décider si une mouche volante est fixe dans le champ visuel, ou se meut indépendamment du regard, on regarde fixement un détail du ciel ou de la fenêtre pour avoir un point de repère. Après chaque mouvement un peu vif du regard ramené ensuite à ce point, on voit les mouches volantes mobiles animées d'un lent mouvement de translation par rapport au point de repère. Il s'agit de petits corpuscules ou de filaments suspendus dans le vitreum, les uns immobiles, les autres mobiles; ceux-ci, semble-t-il, situés près de la rétine. Il faut supposer à ces derniers une den-sité différente de celle du vitreum, d'où leurs mouvements après chaque déplacement du regard.

Les mouches volantes s'observent assez facilement. Il suffit souvent de regarder une surface uniformément éclairée (ciel, surface de neige, mur blanchi, etc.). Mais il est cer-tain, d'après ce qui est dit plus haut, que dans ces conditions un œil emmétrope ne peut guère voir que les corpuscules situés très près de la rétine, et qui jettent presque tou-jours une ombre sur la membrane. Les myopes, au contraire, voient très facilement les mouches volantes, toujours en vertu du principe posé plus haut. Un emmétrope se met dans les mêmes conditions en munissant son œil d'un verre convexe. — Mais le vrai moyen de rendre les mouches volantes sensibles est de se servir d'un point lumineux ou d'un trou percé dans un écran opaque, et qu'on place près de l'œil. De cette manière, on peut démontrer les mouches volantes dans tout œil. Elles diffèrent du reste pour chaque œil du même individu. De plus elles semblent rester constantes pendant des années.

Lorsqu'on s'y est évertué quelque temps, on finit par les voir à peu près toujours, au moins certaines d'entre elles; on en devient obsédé.

En général, on les aperçoit mieux lorsqu'elles se meuvent dans le champ entoptique; à la suite d'un déplacement du regard : les mobiles sont *après* le déplacement animées d'un mouvement réel; les autres, comme nous allons le voir, se meuvent cependant aussi dans le champ entoptique, mais *pendant* le déplacement du regard.

c) *Détermination de l'emplacement d'un globule (en avant ou en arrière de la pupille). — Mensuration exacte de la distance à laquelle ce globule se trouve au devant de la rétine.* — Soient (fig. 67) qAs la surface cornéenne, PP l'iris (plan pupillaire), RN*t* la rétine et AN l'axe oculaire.

Nous supposons d'abord le point lumineux situé sur l'axe optique et dans le foyer antérieur de l'œil. Alors la rétine est frappée par un cylindre de rayons parallèles, dont QR et ST sont les deux extrêmes. RT est donc le diamètre du cercle de

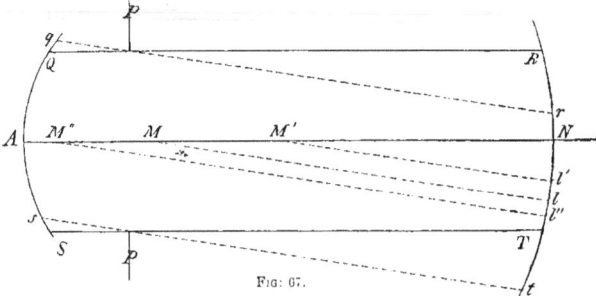

Fig. 67.

diffusion sur la rétine. Soient M″, M et M′ trois corps opaques situés sur l'axe optique, mais M dans le plan pupillaire (et approximativement au centre de la pupille), M″ en avant de la pupille et M′ en arrière de la pupille. Les trois corps opaques jetteront leurs ombres en N, à peu près au centre du cercle de diffusion.

Supposons maintenant que le regard se soit déplacé en bas, le point lumineux restant à sa place, ou que le point lumineux ait été déplacé en haut. Alors qr et st seront les rayons extrêmes du cylindre lumineux, et rt sera le diamètre du cercle de diffusion. De même que dans le cas précédent, M jettera son ombre vers le centre du cercle de diffusion (ombre fixe par rapport au cercle); M″ jette son ombre en l″ (déplacée en bas par rapport au cercle), et M′ la jette en l′ (déplacée en haut par rapport au cercle). Donc, lors des mouvements de l'œil, une mouche volante, due à un corps opaque situé dans le plan pupillaire, semble immobile dans le champ entoptique; si le corpuscule est situé en avant du plan pupillaire, la mouche se meut (dans le champ entoscopique) dans le sens du déplacement du regard; elle se déplace en sens opposé dans le cas contraire. Si,

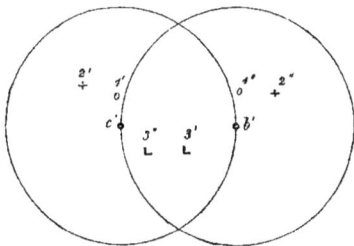

Fig. 68.

au lieu de mouvoir le regard, on déplace le point lumineux, un corps situé en avant de la pupille se meut en sens opposé du déplacement, et tout point situé en arrière de la pupille se meut dans le sens du déplacement du point lumineux.

Il y a moyen de déterminer avec une rigueur très grande la distance du globule à la rétine.

A cet effet, au lieu de supposer un déplacement du regard ou du point lumineux, prenons (à l'exemple de DONDERS) deux points lumineux, plus exactement deux trous piqués dans un carton à la dis-

tance de 2,5 à 3 millimètres, et plaçons toujours l'écran dans le plan focal antérieur de l'œil. Dans ces conditions, on voit deux champs entoptiques se couvrant à peu près de moitié, ainsi que l'indique la figure 68, et chaque corps opaque donne deux ombres entoptiques, une dans chaque champ.

L'emplacement des ombres doubles ressort de la figure 69. Celles d'un point 1 situé au centre de la pupille se projettent approximativement aux centres des deux champs entoptiques (en c′ et b′, fig. 68 et 69). Celles d'un autre point du champ pupillaire se projettent en des points plus ou moins éloignés entre eux que la distance entre les deux centres des cercles. Les ombres d'un point situé en avant de la pupille, soit 2, dans la cornée, sont 2′ et 2″ (fig. 68 et fig. 69), plus éloignées l'une de l'autre que les centres des deux champs entoscopiques. Celles (3′ et 3′) d'un point 3 situé en arrière de la pupille, sont au contraire plus rapprochées.

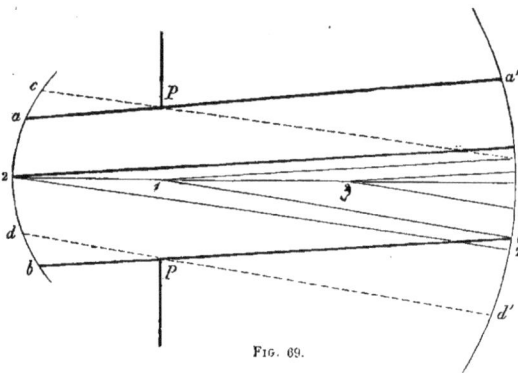

Quant à la distance exacte existant entre le globule et la rétine, on la calcule de la manière suivante. Si on désigne par d la distance entre les centres des deux champs entoscopiques, par D la distance de la pupille à la rétine, et par d' la distance de deux doubles ombres l'une de l'autre, on trouve la distance D′ du globule à la rétine, d'après la formule suivante, dont le bien fondé ressort de la figure 69 :

$$\frac{d}{D} = \frac{d'}{D'} \quad \text{ou} \quad D' = \frac{D\,d'}{d}.$$

FIG. 69.

Dans cette expression, D est connu ; c'est la distance du pôle antérieur du cristallin à la rétine ; elle est environ de 20 millimètres ; d et d' doivent être mesurés. A cet effet DONDERS et DUNCAN se servent du procédé à double vue, usité en micrométrie. Le diaphragme opaque à deux ouvertures étant placé sur la platine objective, on le regarde pendant qu'il est éclairé par le miroir du microscope (dépourvu de toutes ses lentilles). L'autre œil projette et dessine les formes sur une feuille de papier blanc. Moyennant les distances des doubles images sur le papier et la distance du papier à l'œil, ainsi que des données de l'œil schématique ou de l'œil réduit, on calcule d et d'. On peut aussi regarder à travers les deux trous sur une feuille blanche, et y marquer directement les endroits des détails du champ entoscopique (DONDERS).

Dans les conditions de l'expérience (point lumineux dans le foyer antérieur de l'œil), l'objet qui projette son ombre a les mêmes dimensions que son image rétinienne. Si le point lumineux était au delà du foyer (rayons plus ou moins convergents dans le corps vitré), l'image serait plus petite que l'objet ; et si le point lumineux était en deçà du foyer (rayons divergents dans le corps vitré), l'image serait plus grande que l'objet.

f) *Observation entoscopique des vaisseaux de la rétine.* — α) Dans un appartement obscurci, on imprime des mouvements de va-et-vient à une bougie placée à quelque distance de l'œil, pendant qu'on regarde droit devant soi, sur le mur opposé. Bientôt on voit apparaître sur le mur tout l'arbre vasculaire de la rétine, fort agrandi, les vaisseaux en sombre sur fond un peu plus lumineux. La *fovea* apparaît sans vaisseaux.— L'explication du phénomène est la suivante (H. MUELLER). En *a* (fig. 70) il se forme au fond de l'œil une image de la bougie, qui renvoie de la lumière dans toutes les directions sur le fond de l'œil. Le vaisseau *c* projette une ombre *o* sur le plan sensible de la rétine, ombre qui est perçue. Il faut un déplacement de l'ombre pour qu'elle

FIG. 70.

devienne sensible, comme en général pour la perception des objets entoscopiques. Les vaisseaux se déplacent un peu dans la même direction que la bougie.

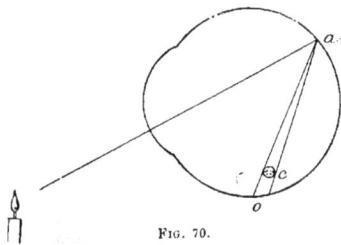

β) L'expérience peut être modifiée de la manière suivante. Dans un appartement obscur, on concentre avec une lentille convexe la lumière d'une bougie sur la sclérotique, aussi loin que possible de la cornée, et on déplace le point éclairé en imprimant des mouvements à la lentille. La lumière pénètre à travers la sclérotique et la choroïde jusqu'à la rétine, où elle constitue un point lumineux éclairant tout le fond de l'œil, comme dans le cas précédent, de sorte que les vaisseaux projettent des ombres sur le plan sensible de la rétine. Dans cette expérience, les vaisseaux se meuvent dans le même sens que le foyer éclairé sur la rétine, ainsi que du reste on le comprend aisément au point de vue dioptrique.

H. Mueller conclut de cette dernière expérience que le plan rétinien sensible à la lumière est situé plus en arrière (plus vers l'extérieur) que les vaisseaux, qui sont localisés dans les couches internes de la rétine, les gros troncs dans la couche des fibres optiques. A l'aide de calculs basés sur le déplacement de la lumière sur la sclérotique, et sur le déplacement apparent des vaisseaux correspondant à ce déplacement de la lumière, il calcula que le plan sensible de la rétine coïncide approximativement avec la couche des cônes et des bâtonnets. Dans la macula, les cônes sont à peu près de $0^{millim.},2$ à $0^{millim.},3$ en arrière des petits vaisseaux.

γ) En regardant le ciel ou une surface uniformément éclairée à travers un trou percé dans un écran opaque, auquel on imprime de petits mouvements de va-et-vient, on voit apparaître entoptiquement les *vaisseaux entourant la fovea*, celle-ci se présentant comme un petit disque avasculaire, à première vue plus ou moins granulé. La même apparence entoscopique gêne les commençants en microscopie, le reflet de l'oculaire jouant le rôle du trou éclairé. Dans ce cas, la lumière pénètre directement à travers la pupille, de façon que les vaisseaux maculaires projettent une ombre sur la couche des cônes et des bâtonnets.

Nous avons utilisé cette expérience pour discuter la question de l'unité sensible de la rétine (voir : **Acuité visuelle**). Si au lieu d'un point lumineux (trou piqué dans un écran), on développe le phénomène à l'aide d'une mince fente percée dans un écran auquel on imprime de petits mouvements perpendiculaires à la fente, seuls les vaisseaux maculaires parallèles à la fente deviennent visibles. Et dans la partie fovéale, avasculaire, du champ, le fin granulé signalé plus haut est remplacé par des lignes crénelées, festonnées, toujours parallèles à la fente *ab* (fig. 71). Après avoir acquis quelque expérience, on remplace la fente par un trou, et on lui imprime de petits mouvements circulaires.

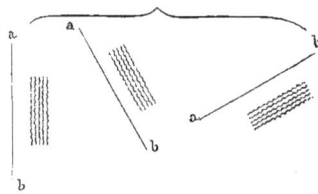

Fig. 71.

Alors les grains de la partie avasculaire se résolvent en petits cercles. Et ce sont des fragments de ces cercles qu'on développe à l'aide de la fente, successivement sur toutes ces petites circonférences, en orientant la fente dans les différents méridiens de l'œil.

Nous avons évalué à cent le nombre des petits cercles alignés ainsi suivant un diamètre de la portion avasculaire. D'après les données anatomiques, chaque cercle correspond approximativement à l'aire d'un cône de la fovea. Dans la périphérie de chaque cône, on observe donc une ombre circulaire, pour l'explication de laquelle on pourrait invoquer diverses conditions dioptriques, et notamment des ombres projetées par les gaines pigmentées des cônes.

Quoi qu'il en soit de l'explication, nous concluons que, puisque le cercle obscur de chaque cône peut-être développé sur une partie seulement de son pourtour, et puisque cette ombre peut même paraître plus ou moins large, le cône ne peut pas être l'unité sensible de la rétine ; mais dans l'aire de chaque cône (dans la fovea), il faut admettre plusieurs de ces unités, probablement 12 à 20 (voir aussi **Acuité visuelle**, p. 133).

Dans la vision habituelle, les conditions dioptriques sont telles qu'une ombre rétinienne ou l'image d'un point lumineux occupe toujours au moins l'aire de tout un cône ; de là on a conclu erronément que le cône est l'unité photo-sensible de la rétine.

Dans l'expérience avec le trou sténopéique (et non la fente), il arrive qu'on voie simultanément tous les petits cercles de la portion avasculaire du champ entoptique. Alors on constate que les cercles se disposent autour du centre, non pas en rayonnant, mais en un tourbillon analogue à celui de la figure 72. Il y a longtemps que les anatomistes ont révélé une disposition analogue des cônes autour du centre de la fovea.

FIG. 72.

g) *Circulation rétinienne vue entoptiquement.* — En regardant fixement un ciel bleu, le mieux à travers un verre bleu, on voit, dans une zône centrale du champ visuel, des points clairs apparaître pour un moment, et se mouvoir suivant des lignes sinueuses, se rapprochant du point de fixation, sans toutefois l'atteindre. Il paraît que les points apparaissant successivement suivent les mêmes chemins. Il faut supposer que les globules sanguins circulant dans les vaisseaux rétiniens peuvent se placer de manière à constituer de petites lentilles éclairant plus fortement les éléments rétiniens sensibles.

h) *Pigment jaune de la macula.* — En regardant le ciel bleu, de préférence à travers un verre bleu, on aperçoit un petit disque obscur dont le centre est le point de fixation. L'apparence paraît être due à la présence du pigment jaune dans les couches internes de la macula, pigment qui absorbe les rayons bleus.

Sous la rubrique « vision entoptique » on décrit encore une foule d'apparences visuelles résultant soit de dispositions anatomiques, soit du fonctionnement de l'œil. De ce nombre sont notamment les « houppes de HAIDINGER », visibles lorsqu'on regarde le ciel à travers un prisme de NICOL; le « phosphène d'accommodation », bande claire apparaissant dans la périphérie du champ visuel lors de l'accommodation dans une chambre obscure, et qu'on attribue au tiraillement des membranes internes par le muscle ciliaire; les cercles lumineux correspondant à l'entrée des nerfs optiques lorsqu'on déplace rapidement le regard dans une chambre obscure (tiraillement des nerfs optiques, lors de ces mouvements). Bon nombre de ces apparences n'ont rien à voir avec la dioptrique oculaire. Nous pourrions aussi décrire diverses apparences lumineuses, souvent géométriques, provoquées par certaines formes d'éclairement intermittent. Nous croyons devoir nous borner à ce qui précède, et nous terminons par l'observation générale suivante. Il semble y avoir une énorme différence entre les diverses personnes sous le rapport de la facilité qu'elles ont à observer les apparences entoptiques et les sensations visuelles subjectives. PURKINJE a été en cette question le maître incontesté. Bon nombre de phénomènes entoptiques décrits par lui n'ont pas encore été vus par d'autres, ou ne l'ont été que beaucoup plus tard, et, semble-t-il, par des personnes également privilégiées sous ce rapport. Ajoutons toutefois que l'exercice développe certainement cette faculté.

64. Physiologie comparée. Dioptrique dans la série animale. — Chez les animaux les plus hautement organisés, les yeux sont munis de milieux réfringents dont l'effet est a) de concentrer une certaine quantité de lumière sur les terminaisons du nerf optique, et b) de faire arriver cette lumière d'une certaine manière sur les diverses terminaisons du nerf optique. Dans les yeux perfectionnés, cette manière consiste à faire arriver sur une terminaison du nerf optique, ou sur chaque unité photo-sensible de la rétine, seulement les rayons partis d'un seul point lumineux.

Aussi bas dans l'échelle animale qu'on observe des yeux, on constate dans leur organisation cette double adaptation. Mais on prévoit que ces deux buts ne sont pas atteints dès l'abord avec le degré de perfection que nous trouvons chez les animaux supérieurs. De plus, nous allons voir que la nature a employé à cet effet des procédés divers; c'est-à-dire que les systèmes dioptriques n'agissent pas toujours, comme chez l'homme, à la manière d'une lentille positive, bien que ce soit là le moyen employé le plus généralement.

On divise utilement les yeux en deux catégories : 1° ceux qui ne servent à distinguer que le clair et l'obscur, et fournissent sur toute l'étendue les mêmes sensations, et 2° ceux qui servent à révéler la forme des objets extérieurs.

Les *organes visuels* de la première catégorie, *qui semblent ne donner à l'animal que des impressions lumineuses quantitatives,* se trouvent vers le bas de l'échelle. Ils consistent en un nerf dont la terminaison périphérique est entourée de pigment (méduses, échinodermes, certains vers rotateurs, etc.). Dans les yeux de cette espèce, le second des deux buts fondamentaux de tout système dioptrique semble négligé tout à fait; chaque point photo-sensible paraît être excité par tous les points lumineux de l'espace, et, une telle excitation étant donnée, il ne semble pas y avoir dans l'œil de raison pour localiser la source lumineuse dans telle ou dans telle direction de l'espace.

Mais dès ce moment, on trouve dans les corps cristalloïdes, si généralement existant dans les taches visuelles, une disposition servant à concentrer un certain nombre de rayons lumineux sur chaque point photo-sensible.

Cependant, les taches pigmentaires se creusent souvent (ou deviennent convexes). Dès lors, dans une position déterminée du corps lumineux par rapport à l'animal, tels points photo-sensibles seront excités de préférence, et c'est là un acheminement vers les yeux de la seconde espèce. — L'enfoncement de la tache pigmentaire peut se prononcer (chez beaucoup de mollusques); sa communication avec la surface du corps peut se rétrécir. Chez le Nautilus, cette ouverture est très étroite, et l'œil semble réaliser assez bien le second but des systèmes dioptriques, d'après le seul principe de la camera lucida simple — vésicule présentant à la lumière une mince ouverture. Cet œil devrait déjà être rangé dans ceux qui servent à percevoir la forme des objets.

Yeux servant à percevoir les formes. — Le principe dioptrique le plus généralement mis en pratique pour réaliser le but, est celui de la chambre claire dont l'ouverture est munie d'un système dioptrique collecteur. C'est une évolution plus prononcée de la tache visuelle *excavée*. L'œil de *Neophanta velox* (un ver) est semblable à celui du Nautile, mais l'ouverture est munie d'un globe réfringent, d'une espèce de lentille biconvexe. Chez les gastéropodes et les hétéropodes supérieurs, le cristallin est situé derrière l'iris, qui est fermé tout à fait, mais transparent au niveau du cristallin.

Les yeux simples (ou ocelles) des animaux articulés rentrent en réalité dans ce groupe.

Il suffit maintenant de l'apparition d'une fente interstitielle dans l'épaisseur de la membrane qui ferme l'œil en avant, pour qu'il y ait une chambre antérieure, et pour que le système dioptrique ressemble en somme à celui de l'homme. Ce type est réalisé à un haut degré de complication chez les mollusques céphalopodes, et chez tous les vertébrés (à l'exception de Myxine, dont l'œil est dépourvu de cristallin).

Mais le même but, de réunir sur un seul point photo-sensible les rayons lumineux émis par un seul point lumineux, est réalisé encore d'une autre façon. Au lieu de se creuser, la tache oculaire pigmentée et munie de corps cristalloïdes (qui concentrent la lumière) se soulève, et devient de plus en plus convexe. Un globule visuel pareil peut même être supporté par un pédicule. Nous avons ainsi l'œil composé, ou œil à facettes des arthropodes (insectes et crustacés), qui, lui aussi, analyse la lumière diffuse ambiante, et dirige sur un seul point sensible celle émise par un seul point lumineux, mais d'après un principe dioptrique autre que celui de la chambre obscure munie d'une lentille positive.

Les détails de structure intime qui réalisent ces divers types de systèmes dioptriques sont du ressort de l'anatomie.

Pénétrons maintenant quelque peu diverses particularités des systèmes dioptriques dans la série animale.

65. Vertébrés. — Le plan général exposé pour l'homme, est réalisé chez tous les vertébrés, à l'exception de Myxine, dont l'œil est dépourvu de cristallin (par un processus de régression), et de l'Amphioxus, dont l'œil (très atrophié) est une simple tache pigmentaire.

Cornée. — En général, la courbure de la cornée est plus petite dans les yeux petits. Le rayon cornéen est généralement plus petit que celui de la sclérotique.

D'après F. Plateau, la cornée des vertébrés aquatiques ou vivant dans l'eau et à l'air (cétacés, pinnipèdes, poissons, tortues, oiseaux aquatiques) serait à peu près plate, surtout au centre de la membrane. L'eau ayant même indice de réfraction que la cornée, il n'y a pas, chez l'animal dans l'eau, de réfraction à la surface cornéenne, quelque convexe qu'elle soit. Cette courbure n'aurait donc pas de raison d'être au point de vue dioptrique. Quant aux animaux vivant alternativement à l'eau et à l'air, l'aplatissement de leur cornée leur permettrait de voir à l'air aussi bien qu'à l'eau. Si leur cornée était convexe, la distance de la vision distincte serait dans l'air beaucoup plus courte que dans l'eau. Ces idées de Plateau semblent d'autant plus plausibles que, dans les yeux composés des arthropodes (voir plus loin), certainement les cornées (des yeux élémentaires) sont convexes chez les animaux aériens, et plates chez les aquatiques.

Cependant, l'assertion de PLATEAU quant à l'aplatissement de la cornée des vertébrés aquatiques est fortement combattue par Th. BEER (voir **Cornée**).

Chez la plupart des animaux, la courbure cornéenne a de notables irrégularités, donnant lieu à un fort astigmatisme irrégulier.

Axe cornéen; ligne visuelle; angle α. — Chez les mammifères qui semblent jouir de la vision binoculaire (carnassiers, etc.), l'axe optique de la cornée (et de l'œil dans son ensemble) s'écarte de la ligne visuelle dans une plus forte mesure encore que chez l'homme. De 5° chez l'homme, *l'angle α* est (d'après GROSSMANN et MAYERHAUSEN) de 10-15° chez les singes inférieurs, de 20-50° chez le lion et le tigre, de 28° chez le chien, de 60-65° chez le cheval et l'éléphant.

La *grandeur angulaire de la cornée* l'emporte chez tous les animaux sur celle de l'homme. De 85° environ chez l'homme (et chez les singes anthropomorphes), elle approche de 100° chez les singes inférieurs, le chat et le chien, de 120° chez le cheval, de 127° chez la souris blanche, de 106° chez la grenouille. Somme toute, elle semble être d'autant plus grande que l'œil est plus petit. Il est à peu près certain que la grandeur (angulaire) du champ visuel monoculaire augmente avec celle de la cornée. Chez la souris blanche par exemple, le champ visuel embrasse certainement beaucoup plus qu'un hémisphère.

Cristallin. — En général, le cristallin des animaux est proportionnellement (à l'œil) plus grand que celui de l'homme. Quant à son pouvoir réfringent, il dépend de l'indice de réfraction et de la courbure des surfaces. L'indice de réfraction semble être chez les mammifères et les oiseaux à peu près le même que chez l'homme, et augmenter de la périphérie vers le centre. Chez les poissons, l'indice est à peu près le même dans toute la masse; de plus il est certainement supérieur à celui de l'homme (il est de 1,6).

Pour ce qui est de la courbure, les animaux aquatiques (poissons) et ceux vivant à à l'air et à l'eau ont un cristallin plus convexe que l'homme, et souvent à peu près sphérique. Cette circonstance, jointe au plus fort indice de réfraction, rend le cristallin plus fortement réfringent, au point qu'il remplace la réfraction à la face antérieure de la cornée, nulle chez l'animal plongé dans l'eau. Mais le cristallin est aussi plus convexe dans les petits yeux en général (rongeurs), pour compenser, au point de vue dioptrique, la petitesse de l'axe oculaire.

A ce dernier point de vue s'explique peut-être que le cristallin est plus convexe chez les reptiles et les batraciens, c'est-à-dire chez les animaux à sang froid. Parmi les animaux à sang chaud, les rapaces et les carnassiers, surtout les nocturnes, se distinguent par la forte courbure (et la grandeur relative) de leur cristallin. Les plus grands herbivores (y compris l'autruche) ont un cristallin plus aplati. Lorsqu'il est aplati, généralement la face postérieure est plus convexe que l'antérieure, et cette différence est d'autant plus forte que la lentille est plus aplatie. Chez quelques autres carnassiers (chat), c'est la face antérieure qui a la plus forte courbure.

Chez les poissons, la masse du cristallin est solide, en rapport avec le mécanisme de leur accommodation, qui a lieu par déplacement du cristallin en totalité (voir **Choroïde**, p. 732).

Les distances du cristallin à la rétine et à la cornée présentent de grandes variations, et généralement l'une de ces distances est en raison directe de l'autre. Grandes chez les animaux à sang chaud d'une certaine taille, surtout s'ils ont des habitudes nocturnes (le lynx et les hiboux), elles sont petites chez les animaux aquatiques et chez tous les animaux de petite taille. Chez les poissons, le cristallin (sphérique) touche presque la cornée, et il n'est (proportionnellement à la grandeur de l'œil) pas très distant de la rétine (chez la raie de 3 millimètres, chez le brochet de 4 millimètres, chez le cabillaud de 9 millimètres). Les oiseaux, surtout les grands rapaces, se distinguent par la grande profondeur de la chambre antérieure.

L'effet de la réfraction totale de l'œil. — La question de savoir si l'œil d'un animal est emmétrope, myope ou hypermétrope, autrement dit si le foyer principal du système dioptrique est situé sur la rétine ou bien en avant ou en arrière, dépend et de l'effet dioptrique des constituants, et surtout de leur distance à la rétine. Cette réfraction a été déterminée chez les animaux les plus divers, soit à l'examen ophtalmoscopique, soit à la skiascopie.

Il se trouve que les animaux à sang chaud, au moins les grands (carnassiers, herbivores, etc), sont tous hypermétropes (de 2-3 dioptries). Les animaux fouisseurs (lapins) ne font pas même exception. Or il est à remarquer que d'après les recherches récentes, ces animaux mammifères, à l'exception du singe, ne disposent guère d'un pouvoir accommodateur sérieux (2-3 dioptries tout au plus). Cette circonstance, pas plus que l'astigmatisme cornéen, n'a guère d'inconvénient si nous admettons (voir **Vision**) que la vision chez la plupart des animaux ne sert guère à la distinction des formes (acuité visuelle), mais, à l'instar de notre périphérie rétinienne, plutôt à la perception de mouvements de corps plus ou moins gros.

Les poissons, malgré l'absence de réfraction à la surface cornéenne, et malgré le peu de distance entre le cristallin et la rétine, sont myopes. Dans l'eau, cette myopie est de 3 à 12 dioptries, et à l'air de 40 à 90 dioptries (Th. Beer). Ils sont du reste doués d'une accommodation négative, qui les adapte à des distances éloignées (voir **Choroïde**). La grenouille est dans l'eau fortement hypermétrope, et myope de 5 à 8 dioptries à l'air (Hirschberg).

66. Invertébrés. — Nous commencerons par les *yeux composés* ou *yeux à facettes* des arthropodes, pour diverses raisons. D'abord, ce sont les seuls yeux d'invertébrés qui ont été soumis à des expériences sérieuses au point de vue de la réfraction de la lumière. Pour ce qui est des yeux simples ou ocelles des arthropodes, la physiologie expérimentale ne s'en est guère occupée encore; nous devrons nous borner à tirer quelques conclusions de leur anatomie, et à les envisager à l'aide des faits établis relativement aux yeux composés. Pour ce qui est de la dioptrique des yeux des autres invertébrés, nous n'aurons guère qu'à interpréter certains détails anatomiques.

67. Yeux composés des arthropodes ou yeux à facettes. — *Anatomie.* — Le plan fondamental de l'œil composé est le suivant (fig. 73). Le nerf optique aboutit à un ganglion No dont partent radiairement des fibres nerveuses, auxquelles font suite une série d'organes disposés bout à bout et radiairement, de façon à constituer par leur ensemble un globule sphéroïdal plus ou moins complet. Ces organes sont les suivants : 1° la rétinule R, dont une formation axiale striée transversalement, le rhabdome *Rh*, semble être l'homologue des bâtonnets des vertébrés. L'ensemble de ces formations constitue la rétine; 2° le cône cristalloïde, *Cr*, et 3° la cornée C ou facette. L'ensemble ainsi composé d'une ou de quelques fibres nerveuses (peu nombreuses), de la rétinule, du cône cristalloïde et de la cornée, constitue un œil élémentaire. L'ensemble des yeux élémentaires forme l'œil total. La cornée élémentaire et le cône cristallin constituent le système dioptrique de l'œil simple.

La cornée élémentaire, vue de face, est régulièrement polygonale, le plus souvent hexagonale. Elle est séparée des voisines en ce que souvent elle a une convexité à elle, indépendante de la cornée totale (chez les animaux aériens), et par des canalicules aériens situés entre deux cornées voisines, canalicules opaques sous le microscope. Ces canalicules délimitent les cornées partielles sous forme d'hexagones réguliers, même lorsque la cornée partielle n'a pas une courbure à part (animaux aquatiques); de là le nom de facette qu'on lui a donné. La cornéule ou facette est en réalité un prisme (hexagonal) régulier, dont l'axe est perpendiculaire à la surface de l'œil; réunie à ses congénères elle constitue la cornée totale. — C'est du reste une formation épidermique chitineuse, à indice de réfraction assez élevé (près de 1,53). En réalité, il s'agit d'un cylindre composé de couches concentriques autour de l'axe, à indices

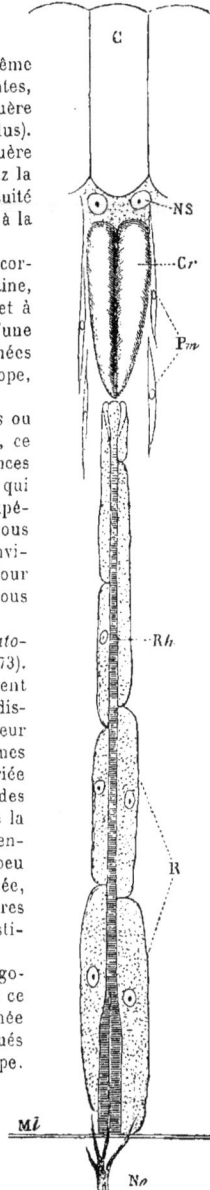

Fig. 73. — *Œil composé des Insectes.*

diminuant vers la périphérie, ainsi qu'Exner l'a démontré à l'aide de son micro-réfrac-tomètre. La surface postérieure de la facette est généralement convexe aussi.

Le cône cristallin, une formation épithéliale également, de nature chitineuse, a, lui aussi, un indice très élevé. Il a la forme d'un cône, dont la surface porte généralement des sillons longitudinaux (4 à 6). Sa base est tournée vers la cornéule, à laquelle le cône adhère dans quelques espèces (*Lampyris*, *Limulus*). La pointe peut être plus ou moins échancrée. En réalité le cône lui aussi est constitué de couches concentriques autour de l'axe, et dont l'indice de réfraction va en diminuant de l'axe vers la périphérie. Assez souvent les couches ont la disposition de la fig. 78.

Les cônes ont chacun un fourreau de pigment noir très épais disposé dans des cellules *Pm*. Il en est de même de la rétinule.

Dans l'exemple de la figure 73, la rétinule vient presque au contact du cône cristallin. Dans d'autres yeux, il y a entre le cône et la rétinule un espace notable. De là deux espèces d'yeux au point de vue dioptrique.

La rétinule peut être proportionnellement moins longue (crustacés). Son rhabdome peut avoir deux renflements terminaux, ou même consister en deux portions séparées par un interstice.

Retenons aussi que chaque rétinule, c'est-à-dire chaque œil élémentaire (ou stemma) n'est l'aboutissant que d'une seule fibre nerveuse, ou tout au plus d'un très petit nombre de fibres.

68. Dioptrique de l'œil à facettes. — J. Mueller, ayant reconnu que chaque œil élémentaire est entouré d'un fourreau pigmenté, avait émis la célèbre théorie suivante. Les yeux élémentaires sont des prismes entourés de pigment, disposés radiairement autour d'une sphère. Soient (fig. 74) *b* et *d* deux de ces prismes. Grâce à la forte convexité de l'œil total, les rayons émis par des points lumineux *a* et *c* ne pourront pénétrer que dans les facettes dont les axes sont tournés vers les points lumineux. Les rayons (*cb*), dont l'incidence est plus oblique sont réfléchis à la surface antérieure de la facette, et n'y pénètrent pas. De tous les rayons émis par le point *c*, seule la facette *d* en admet un certain nombre, etc., de sorte que dans l'œil total, l'objet visuel forme une image, mais cette image est droite.

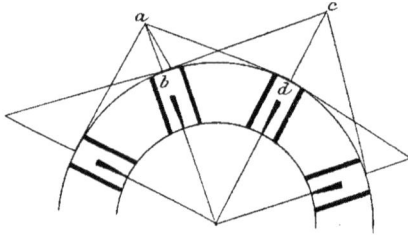

Une fois qu'ils ont pénétré dans un tel prisme, les rayons lumineux n'en pourraient plus sortir (Brücke) : ils seraient renvoyés à l'intérieur par réflexion (totale) à la surface, ou absorbés par le fourreau pigmenté. Un tel œil serait accommodé pour toutes distances.

Cette théorie, émise en 1826, régnait sans la moindre contestation, lorsqu'en 1832 Gottsche observa sous le microscope, par transparence à travers la cornée (isolée) de la mouche, pour chaque facette une image renversée des objets (fenêtre). Le fait étant facile à constater sur divers yeux d'insectes (il avait été observé déjà par Leeuwenhoek et d'autres), la théorie de Mueller tomba en discrédit, et on inclinait à admettre que chaque œil simple servait à percevoir la forme de l'objet extérieur, au moins des objets situés dans une certaine orientation par rapport à l'œil total.

Mais les recherches anatomiques prouvèrent bientôt que le nombre des fibres nerveuses (une ou quelques unes) qui se rendent à un œil élémentaire, est trop petit pour pouvoir servir à la perception d'une image d'un objet. A cela vint s'ajouter qu'en 1871, Boll observa sur les bâtonnets du triton la même image renversée des objets extérieurs, et cependant ce bâtonnet sert à la perception d'un seul point lumineux.

Cette image renversée prouve certainement que des rayons provenant d'une série de points lumineux pénètrent dans chaque facette. Mais elle se forme dans les conditions anormales de l'expérience, c'est-à-dire la cornéule, à deux surfaces terminales convexes, étant placée dans l'air. Si le cône était en place, la réfraction à la face postérieure (convexe) serait supprimée en majeure partie, et l'image ne se formerait pas, ou elle tendrait

Fig. 74.

à se former plus en arrière, mais toujours en avant de la rétinule. Nous allons du reste voir qu'une (peut-être même deux) image pareille renversée se forme réellement sur le vivant, moyennant la réfraction dans la cornéule et dans le cône cristallin, mais toujours en avant du plan rétinien sensible. L'excitation rétinienne n'a pas lieu à son niveau, mais plus en arrière, au niveau d'une autre image *droite* qui se forme dans la rétine. L'image renversée, due à la cornéule seule, n'a en quelque sorte pas plus de signification au point de vue de la vision que les images catoptriques de l'œil humain.

La question a été soumise par S. Exner à de nombreuses expériences, que nous allons analyser, et dont la conclusion globale est que la théorie de Mueller doit être maintenue, bien qu'avec certaines modifications.

69. Introduction physique à la dioptrique de l'œil composé. — Soit *abcd* (fig. 75), un cylindre dont l'indice de réfraction a une valeur maximale dans l'axe *xy*, d'où il va en diminuant vers la phériphérie. On peut donc envisager ce cylindre comme composé de couches concentriques autour de l'axe, à indices diminuant vers la phériphérie. Un rayon lumineux *xn*, parti d'un point *x* de l'axe, pénètre dans le cylindre et arrive contre une ligne de séparation *a'b'* entre deux couches dont l'externe est moins réfringente. Ce rayon s'écartera donc de la normale. Il sera successivement réfracté aux diverses surfaces de séparation, et en somme il suit une ligne courbe, se rapproche de nouveau de l'axe, puis sort du cylindre et va couper l'axe en *y*.

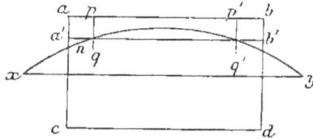

Fig. 75.

Si le cylindre est symétrique, le point *y* sera le point de concours de tous les rayons émis par *x* : ce sera le conjugué de *x*. Pour que cela soit, il faut toutefois que l'indice décroisse d'une façon spéciale depuis l'axe jusqu'à la périphérie. — De même aussi il y aurait à considérer un foyer principal, et des foyers images de points non situés sur l'axe — tout comme pour les lentilles. — Le cylindre peut aussi être tellement long qu'il y a formation de plusieurs foyers successifs des rayons émis par un point, chaque foyer devenant point lumineux pour le segment suivant. Dès lors, il se formera dans le cylindre plusieurs images consécutives, chacune étant l'objet lumineux pour la suivante.

Jusqu'ici donc, il y parallélisme complet entre la réfraction dans les lentilles et celle dans les « *cylindres emboîtés* ».

En fait de différences entre les deux cas, Exner relève les deux suivantes, s'appliquant chacune à une catégorie spéciale d'yeux à facettes.

a) Après réfraction dans une lentille, les axes principaux secondaires (lignes tirées des points lumineux d'un objet sur le centre optique) divergent. Au sortir du cylindre emboîté, ces axes peuvent être parallèles. Soit (*abcd*, fig. 76) un tel cylindre, dont le foyer principal se trouve juste dans la seconde surface terminale *cd* du cylindre. Soit aussi un objet très éloigné, dont un point Y situé sur l'axe, envoie un faisceau de rayons parallèles (lignes pleines) qui forment foyer en *y*. Les rayons partis d'un point Z de l'objet (lignes pointillées) forment de même un foyer en *z*, et *zy* est l'image renversée de ZY. Mais, au sortir du cylindre, les rayons axiaux des deux cylindres lumineux sont et restent parallèles avec l'axe du cylindre, et par conséquent suivent au loin la direction de cet axe.

b) Si (fig. 77) le foyer principal était au milieu du cylindre, les rayons homocentriques

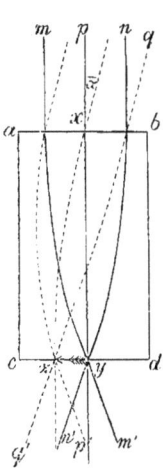

Fig 76.

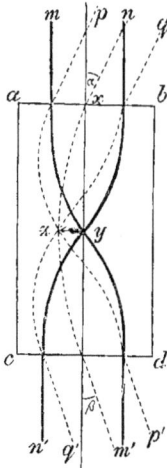

Fig. 77.

parallèles à l'axe (lignes pleines) lui seraient parallèles après la réfraction. Ceux (lignes pointillées) qui forment un angle avec l'axe du cylindre forment avec lui, au sortir du cylindre, le même angle qu'avant son entrée, et ils sont parallèles entre eux ; de plus, ils sont situés du même côté de l'axe du cylindre que les rayons incidents. — Cet effet dioptrique peut être obtenu par deux lentilles convexes identiques distantes entre elles du double de la distance focale. — Un tel cylindre est donc une lunette astronomique non grossissante, mais donnant des images droites des objets.

Un autre genre d'effet dioptrique semble être réalisé dans certains yeux d'insectes. MATTHIESSEN a fait observer qu'une pile de couches analogues à des verres de montre à faces parallèles produit l'effet d'une lentille convexe, lorsque les indices des couches diminuent dans la direction où marche la lumière, et si les concavités sont tournées vers la source lumineuse. Suivant EXNER, dans certains yeux composés (*Limulus*) cet effet d'une « loupe en étages » paraît combiné avec l'effet du cylindre emboîté, conformément à la fig. 78.

Ces principes semblent être employés dans des combinaisons diverses dans les yeux composés des arthropodes. De plus, ils y sont combinés le plus souvent avec la réfraction sphérique. Chez les arthropodes vivant hors de l'eau, la face externe de chaque facette est en effet plus ou moins sphérique. Quand aux arthropodes à mœurs amphibies, ils ont des facettes planes ou à peu près. On remarque, en effet, qu'à l'opposé de ce qui existe pour les lentilles, l'effet dioptrique des cylindres emboîtés purs (sans effet sphérique) est à peu près indépendant du milieu ambiant. La réfraction est en somme la même dans l'eau et hors de l'eau.

Dans l'œil des vertébrés, la réfraction sphérique se combine aussi dans une certaine mesure avec l'effet du cylindre emboîté. La réfraction dans le cristallin, en tant qu'elle dépend de sa structure particulière (et non de ses deux surfaces) est en réalité celle qui est décrite ici.

70. Dans l'application de ces principes dans la nature, EXNER distingue deux types d'yeux composés. Le premier type produit des *images* droites *par apposition*, à peu près conformément à la théorie de J. MUELLER. Le second produit des *images* droites, dites *par superposition;* à certains égards, son effet dioptrique est analogue à celui des vertébrés, sauf que l'image fournie est droite.

71. Yeux à images par apposition. — Le prototype choisi est l'œil de *Limulus*, parce que chez cet animal les cônes cristallins adhèrent à la cornée, et que par conséquent, on peut isoler l'appareil dioptrique dans son ensemble, et le soumettre à des expériences physiologiques. La cornée commune a une surface à peu près unie; les cônes cristallins ont une structure analogue à celle de la fig. 78, avec sommets (tronqués) tournés en arrière. La rétinule jusque tout arrive près (à $0^{mm}, 04$) du sommet du cône. Le cône et la rétinule ont une enveloppe commune de pigment.

Si l'on place sous le microscope le segment antérieur de l'œil, c'est-à-dire la cornée totale avec la forêt de cônes cristallins, ces derniers en haut, et si l'on met au point vers les sommets des cônes, on voit chaque cône sous forme d'un cercle lumineux, étroit vers la pointe, plus large ailleurs. Ces cercles se présentent sur fond obscur. Ce fond obscur n'est pas dû à l'absorption de la lumière par le pigment intermédiaire entre les cônes, car rien n'est changé au phénomène si on a enlevé le pigment au pinceau. Il est dû à ce que la lumière ne peut pas sortir d'un œil élémentaire.

Pour imiter l'état réel des choses, laissons la surface libre de la cornée (totale) en contact avec l'air, et couvrons les cônes (sous un verre couvrant) d'un liquide ayant à peu près l'indice de réfraction du sang de l'animal. Rien ne semble changé au phénomène. Toutefois, avec une certaine mise au point, on voit sur le sommet de chaque cône une image (diffuse) renversée des objets extérieurs (fenêtre). C'est évidemment l'image *xy* de la figure 76, située dans le sommet du cône, au devant de la rétine.

Voyons la marche des rayons lumineux au-delà du cône, vers la rétine. Si l'on éclaire l'œil par un seul foyer lumineux, on voit un point lumineux au sommet de chaque cône dont l'axe est approximativement parallèle à la lumière incidente et à l'axe du

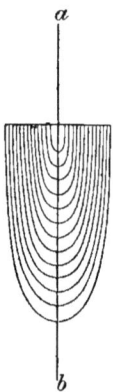

FIG. 78.

microscope. Les points lumineux focaux sont sur fond obscur. Si l'on emploie deux foyers lumineux, on voit deux points focaux au sommet de chaque cône.

Le cône agit donc comme un cylindre emboîté analogue à celui de la figure 76; le foyer coïncide approximativement avec le sommet du cône.

Si maintenant on relève le tube du microscope, de manière à le mettre au point pour des plans situés de plus en plus vers l'intérieur de l'œil, vers la rétinule, on voit, en opérant avec deux points lumineux, que chacun des deux points focaux se transforme en un petit cercle de diffusion, qui conformément à la figure 76 ne s'écartent pas, mais empiètent l'un sur l'autre, se rapprochent même, et finalement constituent un seul cercle de diffusion (d'un diamètre de $0^{mm},13$ environ). Somme toute, nous sommes dans le cas de la figure 76.

En modifiant l'écartement des deux points lumineux, ou en promenant un point lumineux dans le champ visuel, on s'aperçoit que la lumière continue à pénétrer dans le même cône aussi longtemps que la source lumineuse ne dépasse pas une aire du champ visuel de 8 degrés; si la source lumineuse dépasse cette limite, le cône devient obscur, tandis que d'autres cônes voisins s'éclairent. Suivant un calcul basé sur la courbure de l'œil total et sur les dimensions des yeux élémentaires, un même point lumineux éclaire ainsi trois yeux élémentaires alignés suivant un méridien de l'œil total (environ six yeux simples au centre du champ du microscope).

Étant admis que la rétinule est l'élément photo-sensible, on voit qu'à son niveau chaque point lumineux objectif forme un cercle de diffusion constitué par six yeux élémentaires environ; le centre de ce cercle est toutefois plus éclairé que la périphérie. Et au niveau de la rétinule totale il se forme une image très diffuse d'un objet lumineux, formée par les cercles de diffusion de tous les points lumineux de l'objet, par réfraction à travers l'œil total. L'image (utile pour l'impression nerveuse) se forme en somme d'après le principe de la théorie de Mueller, sauf qu'un point lumineux éclaire, non pas un seul œil élémentaire, mais un petit groupe d'yeux voisins. D'après Exner, cette image serait assez nette pour qu'on y puisse reconnaître les détails d'un réseau composé de barres épaisses de 13 centimètres et distantes d'autant, placé à un mètre de distance. Enfin, cette image est droite.

Le but principal du système dioptrique de l'œil à images par apposition ne semble donc pas être de former une image rétinienne, mais de concentrer le plus possible en une rétinule (ou sur quelques rétinules très voisines) la lumière provenant d'un petit champ du champ visuel, et d'en écarter la lumière provenant d'autres points.

72. Yeux à images par superposition. — Le prototype choisi est l'œil de *Lampyris* (*splendidula*) ou ver luisant, dont les cônes adhèrent à la cornée, tout comme ceux de *Limulus*. Le système dioptrique étant préparé et disposé comme il est dit plus haut, on dirait à première vue que les choses se passent identiquement les mêmes, au point de vue dioptrique, que pour l'œil de *Limulus*. En mettant le microscope au point pour un certain niveau des cônes, chaque facette constitue un cercle clair sur fond obscur. Si on met au point pour un plan situé très en arrière des cônes, à peu près dans le niveau des rétinules (qui ici sont très éloignées des sommets des cônes), on voit une image droite de l'objet (fenêtre par exemple), plus nette que l'image rétinienne de *Limulus*, et qui se prête même à la photographie. Seulement, son mode de formation est essentiellement différent.

Pour comprendre la constitution de cette image rétinienne de l'œil total, il faut de nouveau expérimenter, d'abord avec un point lumineux, puis avec deux (placés à une distance assez grande). Avec un seul point lumineux, si on met au point pour les cônes, on voit une série de cercles clairs, correspondant chacun à une facette ou à un cône. L'ensemble de ces cercles (une trentaine) occupe l'aire centrale du champ microscopique. Si l'on relève le tube du microscope, ces cercles se rapprochent, et, dans le niveau des rétinules, ils confluent en un seul : l'image rétinienne du point lumineux. Si dans cette dernière position du microscope, on avance un écran au-devant de l'œil, l'image pâlit dans toutes ses parties. En répétant cette manœuvre pendant que le microscope est mis au point pour un plan plus rapproché des cônes, on éteint successivement les divers cercles clairs, à commencer par ceux du côté où s'avance l'écran. On ferait une expérience analogue avec une lentille convexe couverte d'un écran percé de trous. Les rayons homocentriques qui ont passé à travers les facettes voisines se réunissent en un point focal rétinien. Si on déplace le point lumineux, son image rétinienne se déplace dans le même sens : à l'opposé de ce qui existe pour la lentille, cette image est droite.

Si l'on emploie deux points lumineux, et si l'on met au point pour les cônes, l'image est la même que dans le cas d'un point lumineux; on voit un groupe de cercles clairs dont chacun correspond à un cône, à une facette. Si maintenant on relève le tube du microscope, chaque cercle se dédouble, et les cercles jumeaux s'écartent de plus en plus l'un de l'autre, mais chacun d'eux se rapproche de son image rétinienne. Le faisceau lumineux émané du point (objectif) lumineux droit, après passage à travers le cône, se dévie vers le point (image) rétinien droit; le faisceau parti du point lumineux gauche, après passage à travers le même cône, tend vers le point (image) rétinien gauche. L'image rétinienne est droite. — En d'autres mots, les cônes de *Lampyris* réfractent la lumière suivant le schéma de la figure 77.

L'action dioptrique de l'œil total est illustrée par la figure 79, dans laquelle *kk* sont les facettes, dont les axes sont *oa*, *ob* etc., jusqu'à *oh*. Les rayons partis d'un point lumineux très éloigné sont parallèles (lignes pleines) et se réunissent tous, après réfraction, en un point focal B. Les rayons partis d'un autre point lumineux très éloigné, situé à gauche du premier, se réunissent de même en un point focal B', situé à gauche de B.

Cette réfraction ressemble beaucoup à celle d'une lentille convexe. Elle en diffère en ce que les images sont droites.

Chaque facette est une espèce de lunette astronomique. Chacune projette sur la rétine une image de l'objet. Et pour un seul point lumineux, les images rétiniennes formées par une trentaine environ de facettes se couvrent exactement; pour un autre point lumineux, ce sont les images formées par une autre trentaine de facettes qui se couvrent, des facettes plus ou moins nombreuses pouvant être communes aux deux trentaines.

Ajoutons enfin que, si l'on plonge le système dioptrique de *Lampyris* tout à fait dans un liquide, on change du tout au tout la réfraction à la face antérieure, très convexe, de chaque facette, et si alors on met au point pour un certain niveau des cônes, on voit une image renversée très nette des objets. C'est l'image *zy* de la figure 77, non rétinienne, analogue à celle qu'on peut voir sur les bâtonnets de vertébrés.

Une image (rétinienne) par superposition n'est donc possible que dans les yeux dont l'appareil dioptrique est séparé de la rétine par un large espace. C'est la condition nécessaire pour que des rayons lumineux homocentriques traversant plusieurs cônes voisins se réunissent en un point rétinien. Un œil dont les rétinules sont très rapprochées des sommets des cônes doit fournir une image par apposition.

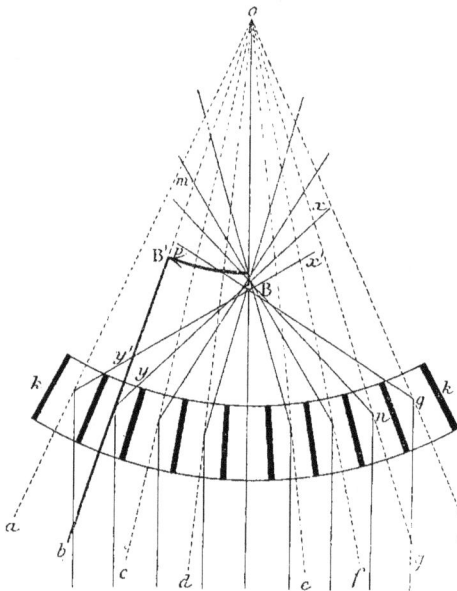

Fig. 79.

Pour avoir examiné [leurs yeux à l'aide d'une ou de deux lumières, comme il est dit plus haut, Exner cite comme arthropodes à images par superposition les suivants, en fait de Coléoptères, *Lampyris, Telephorus, Cantharis, Hydrophilus piceus, Cetonia;* puis les papillons nocturnes. Probablement beaucoup de crustacés ont des images par superposition. Mais Exner n'a pas réussi à le démontrer par l'expérience, parce que les cônes n'y adhèrent pas à la cornée, circonstance qui rend cette expérience difficile (mais non impossible).

Ont des images par apposition : *Limulus, Bombus (terrestris)*, la mouche, les libellules.

73. Rôle dioptrique du pigment entourant les cônes. — Les cônes sont toujours entourés d'un épais manteau de pigment noir. Or, dans certains yeux à images par superposition, ce pigment exécute sur le vivant, sous l'influence de la lumière, des migrations qui paraissent avoir une importance majeure au point de vue de l'adaptation de l'œil à la lumière, et qui même pourraient transformer un tel œil en un autre à images par apposition.

Le fait est que, notamment chez Lampyris exposé à la lumière, ce pigment émigre dans l'espace assez notable qui existe entre les sommets des cônes et les rétinules; dans ce déplacement, le pigment conserve sa disposition en fourreau, de sorte qu'un filet reliant le sommet du cône à la rétinule correspondante reste non pigmenté. En réalité les fourreaux de pigment, bornés aux cônes chez des animaux tenus à l'obscurité, se prolongent ou se déplacent vers l'intérieur de l'œil si l'animal est exposé à la clarté.

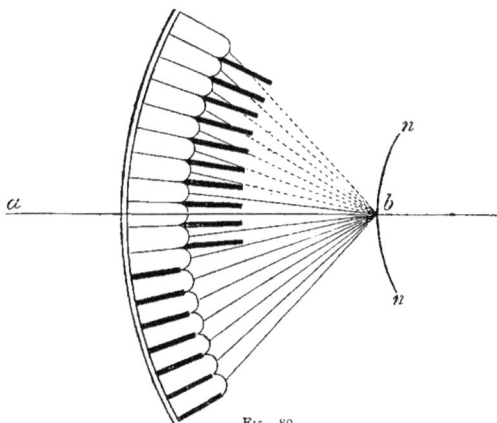

Fig. 80.

L'effet fonctionnel probable de cette migration est illustré par la figure 80, dont la partie inférieure représente l'état des choses à l'obscurité, et la partie supérieure la migration sous l'influence de la lumière. Qu'un faisceau de rayons parallèles tombe de gauche à droite sur cet œil; ils se réunissent en foyer b sur la rétine mn. Dans la partie supérieure, une partie de ces rayons sont absorbés par le pigment, et n'arrivent pas au foyer. Somme toute, à mesure que le pigment émigre vers la rétine, des facettes de moins en moins nombreuses contribuent à former l'image b, dont l'éclairage diminue à mesure. C'est une adaptation de l'œil à facettes à de forts éclairages, analogue à celle effectuée par le resserrement de la pupille chez les vertébrés. On prévoit même qu'à la suite d'une émigration maximale du pigment, seul le cône (ou les quelques cônes) dont l'axe est dirigé vers le point lumineux éclaire le point rétinien b. Dès lors, nous aurions une image par apposition, et non pas par superposition.

Cet effet de l'émigration du pigment n'est évidemment possible que pour les yeux à images par superposition, c'est-à-dire ayant un espace notable entre les sommets des cônes et la rétinule. Inversement, les yeux dans lesquels ce pigment montre des migrations, produisent probablement des images par superposition.

Exner n'a trouvé la réaction photomécanique de ce pigment que chez des arthropodes nocturnes, animaux qui y voient le jour et la nuit, car les arthropodes nocturnes ne sont pas aveugles pendant le jour, tandis que ceux à habitudes diurnes sont aveugles pendant la nuit. Il a constaté cette migration chez les animaux suivants : *Lampyris, Cantharis*, les papillons nocturnes; en fait de crustacés, chez Palemon, *Nica edulis, Sicyona sculpta, Astacus fluviatilis* (écrevisse), et la plupart des macroures (à l'exception de *Scyllarus*).

Ajoutons enfin, bien que cela ne rentre pas à proprement parler dans cet article (voir **Rétine**) que, d'après Exner, le bout postérieur des rétinules est, chez les arthropodes nocturnes, entouré d'un *tapetum* composé de trachées, tapis qui renvoie les rayons lumineux dans les rétinules.

74. De la netteté de l'image rétinienne dans l'œil composé. — Exner a trouvé que l'image rétinienne (par superposition) de *Lampyris* n'est pas très nette, beaucoup moins que celle des vertébrés. Encore moins nette est celle (par apposition) de *Limulus*. Il est possible que d'autres yeux composés en fournissent de plus nettes. De plus, ces images sont, géométriquement parlant, très dissemblables avec les objets qui leur donnent naissance.

En supposant, ce qui est conforme à une saine téléologie, que l'animal perçoive les détails contenus dans l'image rétinienne, on comprend immédiatement que la distorsion de l'image rétinienne n'entraîne néanmoins pas une perception fautive des objets, pas plus qu'un homme astigmate ne déclarera ovoïdes les objets ronds (à cause de ses images rétiniennes ovoïdes des objets ronds). Du moment que la distorsion est constante, l'interprétation des images rétiniennes sera juste. Nous ne percevons pas non plus la forme des images rétiniennes, mais seulement des excitations nerveuses qui n'ont en elles-même rien de corporel. Chez les animaux invertébrés, des mécanismes centraux instinctifs produisent cette interprétation corporelle, alors que chez l'homme l'expérience individuelle contribue largement à cette interprétation.

Cette distorsion est en grande partie due à la convexité de l'œil total, convexité qui a pour avantage sérieux d'augmenter le champ visuel de l'œil composé.

Selon toutes les apparences toutefois, l'œil composé ne sert pas au même degré que l'œil humain à la distinction des formes. Analogue à la périphérie de la rétine humaine, il semble conformé pour percevoir les mouvements des objets plutôt que la forme des objets, ainsi que du reste cela résulte des expériences que Plateau a instituées sur des arthropodes vivants. Nous renvoyons pour ces questions à l'article **Vision, Physiologie comparée.**

75. Réfraction dans les yeux simples des arthropodes et dans les yeux les plus divers des invertébrés. — Nous avons déjà relevé que l'œil simple des artropodes, et en général les yeux des invertébrés autres que ceux à facettes, n'ont encore guère été soumis à l'expérimentation physiologique au point de vue de leur système dioptrique.

Les yeux simples des arthropodes se composent d'une rétine étendue plus ou moins en membrane au fond de l'œil. Cette rétine est composée de cellules rétiniennes à striation transversale (comme celle des bâtonnets des vertébrés). Ces cellules ou bâtonnets sont placées perpendiculairement à l'étendue de la rétine; par leur extrémité profonde, elles reçoivent une (ou quelques) fibre nerveuse; dans leur extrémité libre, tournée vers l'extérieur, elles hébergent souvent un corps hyalin, qui semblerait agir dioptriquement comme le cône cristallin de l'œil à facettes. L'œil est fermé, à la surface libre, par un épaississement de la couche chitineuse (de l'épiderme) qui a la forme d'une lentille biconvexe, quelquefois presque sphérique, et qui est dans tous les cas fort réfringent. Une couche cellulaire, une espèce de corps vitré, quelquefois très mince, sépare le cristallin de la rétine.

Il est tout naturel de relever l'analogie de cet œil avec celui des vertébrés, et de supposer que le cristallin projette sur la rétine une image renversée des objets extérieurs, qui serait perçue. C'est là toutefois une pure hypothèse.

Il est à remarquer que le nombre des cellules rétiniennes est toujours relativement petit, souvent pas plus qu'une douzaine et moins (même une seule chez les chenilles), de sorte qu'il ne peut guère y avoir perception d'une image, chaque cellule rétinienne n'étant l'aboutissant que d'une seule fibre nerveuse, ou tout au plus de deux à quatre. Il se pourrait donc que chaque ocelle fonctionnât à peu près comme un œil simple, c'est-à-dire ne produisant qu'une seule espèce de sensation lumineuse; des différences qualitatives ne pourraient résulter que du concours de plusieurs yeux simples.

L'œil simple des insectes est en somme un œil peu spécialisé, propre aux embryons (chenilles), ou bien (chez l'adulte) c'est un organe accessoire. Et il ne semble pas que son fonctionnement s'élève beaucoup au-dessus de celui de la tache oculaire simple. Même chez l'araignée, où il est l'organe visuel de l'adulte, il ne semble servir (d'après les belles expériences de F. Plateau) qu'à percevoir des mouvements, la perception des formes paraissant faire défaut chez ces animaux.

76. L'œil de *Copilia* (un copépode) est bien fait pour démontrer qu'il ne suffit pas que les détails anatomiques semblent se prêter à la formation d'une image (renversée) pour qu'on puisse admettre qu'une telle image soit réellement perçue. Un cristallin (fig. 81) biconvexe ferme en avant l'œil, large espace rempli d'une masse transparente. Très loin en arrière, vers *ab*, il y a un cône cristallin, et derrière lui il y a trois rhabdomes.

En supposant que le cristallin projette sur le fond de l'œil une image renversée, celle-ci ne pourrait pas être perçue comme telle par les trois rhabdomes.

Exner a émis l'hypothèse suivante au sujet du fonctionnement de cet œil. La rétinule est entourée de fibres musculaires, qui en se contractant semblent devoir agir (à travers les deux longues traînées de tissu) sur le cristallin, l'incliner à droite et à gauche. L'image hypothétique projetée au fond de l'œil se déplacerait sur les rhabdomes, et ses différents points pourraient être perçus *successivement*. Cet œil agirait à la manière d'une série d'yeux simples, ou d'une série de taches oculaires.

77. L'appareil dioptrique des *mollusques supérieurs* mérite encore une mention spéciale. Plus que les yeux simples des arthropodes, il est construit d'après les principe de celui des vertébrés (chambre obscure munie d'un système dioptrique collecteur). Sa rétine semble être constituée franchement pour la perception de cette image; ses bâtonnets, excessivement nombreux, sont tournés vers l'extérieur.

L'œil des céphalopodes, très grand, possède (au point de vue dioptrique, sinon au point de vue de la morphologie) une cornée transparente convexe, une chambre antérieure (entourant presque tout le globe oculaire), un diaphragme iridien, derrière lequel il y a un cristallin biconvexe absolument comparable à celui des vertébrés, et muni d'un muscle ciliaire; il y a enfin un corps vitré assez volumineux.

Chez bon nombre de mollusques (*Loligopsis, Onychotenthis*, etc.) la cornée manque, de sorte que l'iris et le cristallin proéminent dans l'eau ambiante. Chez le Nautilus, avons-nous dit, le cristallin fait défaut, et l'œil est réduit à l'état de chambre obscure simple, sans lentille.

Fig. 81.

Chez la plupart des limaces, le globe oculaire est une vésicule, avec une cornée, et un cristallin globulaire remplissant presque complètement la vésicule. Il en est de même de celui des hétéropodes.

Bibliographie. — **Dioptrique proprement dite.** — Une bibliographie très étendue sur la dioptrique oculaire des vertébrés se trouve dans Helmholtz, *Optique physiologique*, traduction française par Javal et Klein, Paris, 1867. Une seconde édition (allemande) a paru de 1886 à 1896.

Parmi les travaux les plus marquants, citons les suivants : Kepler (J.). *Dioptrice, etc.* (*Augusta Vindelicorum*, 1611). — Young (Th.) (*Philos. Transact.*, 1801, i, 40). Traduction française des œuvres ophtalmologiques de Young par Tscherning, Paris, 1894. — Chossat (*Bull. Soc. philom. de Paris*, 1818, 294, et *A. C.*, 1818, viii, 217). — Brewster (D.) (*Edinb. Philos. Journ.*, 1819, n° 1, 47). — Volkmann (A. W.). *Neue Beiträge zur Physiologie des Gesichtssinnes*, Leipsig, 1836. — Gauss (C. F.). *Dioptrische Untersuchungen*, Goettingue, 1841. — Listing (J. B.). *Beiträge zur physiol. Optik*, 1845, Goettingue; — Article « Dioptrique » in *Handwörterbuch d. Physiol.*, 1851, iv, 451. — Krause (W.). *Die Brechungs indices des durchsichtigen Medien d. menschl. Auges*, Hannovre, 1853). — DONDERS (F. C.). *On the anomalies of Accom. and Refraction of the eye*, London, 1864, 38-71 (traduction allemande par O. BECKER, Vienne, 1866). — ABBE (E.). *Neue Apparate zur Bestimmung des Brechungs-u. Refractionsvermögens*, Iena, 1874. — FLEISCHER (S.). *Neue Bestimmungen der Brechungsexponenten, etc.* (Dissert., Iena, 1874). — HIRSCHBERG (I.) (In *Arch. f. Augen-u. Ohrenheilkunde*, 1874, IV). — AUBERT et MATTHIESSEN. *Dioptrik des Auges* (in *Handbuch der Augenheilkunde*, 1876, II, 409 (indices). — MAUTHNER. *Vorlesungen über die optischen Fehler d. Auges*, 1876. — MATTHIESSEN (L.). *Grundriss geschichteter Linsensysteme*, Leipzig, 1877. — v. REUSS (A.) (*v. Graefe's Arch. f. Ophthalm.*, 1877, XXIII, fasc. 4, 241). — MATTHIESSEN, ZEHENDER et JACOBSON (*Soc. ophthalm. de Heidelberg*, 1877, 91). — BERTIN (A.). *Théorie élémentaire des lentilles sphériques* (in *Ann. de Ch.*, 1878, XIII, 476). — LANDOLT (E.). Article « *Réfraction* » (in *Traité d'ophtalmologie de de* WECKER *et* LANDOLT, Paris, 1883, III, 1). — HIRSCHBERG (Indices) (in *Centralbl. f. prakt. Augenheilk.*, 1890, 7). — MATTHIESSEN (in *Beitr. z. Psychol. u. Physiol. d. Sinnesorgane*, 1891). — SULZER (D.). *La forme de la cornée humaine, etc.* (in *Arch. d'Ophtalm.*, 1891). — ERICKSEN (en langue danoise). *La forme de la cornée humaine*, 1893, cité par TSCHERNING (*Optique*, 56). — BERTIN-SANS. *Des variations des rayons de courbure avec l'âge* (in *Arch. d'Ophtalm.*, 1893, XIII, 240). — PARENT (*Compte rendu de la Soc. franç. d'opht.*, 1895 (*dioptrique élémentaire*). — GULLSTRAND. *Untersuch. über die Hornhautrefraction*, Stockholm, 1896. — HEINE (L.) (*Arch. f. Ophthalm.*, 1898, XLVI, fasc. 3, 525). — TSCHERNING. *Optique physiol.*, Paris, 1898.

Périscopie. — HELMHOLTZ. *Optique physiologique.* — VOLKMANN (*R. Wagner's Handwörterbuch d. Physiol.*, 1851, art. « *vision* », 286). — HERMANN (L.). *Du passage oblique de faisceaux lumineux à travers les lentilles, etc.* (in *Poggendorff's Ann.*, 1874, CLIII, 470 et Zurich, 1874). — PARENT. *Comment sont réfractés les rayons qui pénètrent obliquement dans l'œil* (*Recueil d'Ophtalm.*, 1882). — LANDOLT (E.) et NUEL (J. P.). *Essai d'une détermination du point nodal dans la vision indirecte* (*Ann. d'Ocul..* 1874). — SCHOEN. *Des rayons tombant obliquement sur le cristallin* (*Arch. f. Ophtalm.*, 1878, XXIV, 93). — MATTHIESSEN. *La forme géométrique de la rétine théorique* (in *Ibid.*, 1879, XXV, fasc. 4, 257).

Vision entoptique. — DE LA HIRE. *Accidents de la vue* (*Mém. Acad. sc.*, 1694, 358). — LE CAT. *Traité des sens*, Rouen, 1740, 295. — PURKINJE (I.). *Beobachtungen u. Versuche, etc.* Prague, 1823, 89 ; — (*Neue Beiträge, etc.* 1825, 115). — BREWSTER (DAVID). *On the optical phenomena etc. of muscæ volantes, etc.* (*The London and Edinburgh Philos. Magazine*, 1834, 115) ; — *Observations on the supposed vision of the Blood-vessels of the Eye* (*Ibid.*, 1848, 1). — SOITEAU. *Rech. sur les apparences visuelles sans objet extérieur, etc.* (*Ann. et Bull. Soc. méd. de Gand*, sept. 1842, vol. XI). — LISTING. *Beiträge zur physiol. Optik.*, Gœttingue, 1845. — DONDERS (F.-C.). *Over entoptische gesichtsverschijnselen, etc.* (*Nederlandsch Lancet*, 1846-1847, 345, 433, 537) ; *Het entoptisch onderzoek, etc.* (*Ibid.*, 1850-1851, 521). Voir aussi *Die Anomalien der Refr., etc.*, 1866, Vienne. — DONCAN (A.). *De corporis vitrei structura* (*Ibid.*, 1853-1854, 658). — THOUESSART. *Suite des recherches concernant la vision* (*C. R.*, XXXVI, 144, 1853). — MUELLER (H.). *Ueber die entoptische Wahrnehmung. etc.* (*Verhandl. der physical.-medic. Gesellschaft in Würtzburg*, 27 mai et 4 nov. 1854). — GIRAUD-TEULON. *Physiol. de la vision* (*Ann. d'Ocul.*, 1863, XLIX, 9). — HELMHOLTZ. *Vision entoptique* (*Physiologie optique*, Paris, 1867, 204). — NUEL (J. P.). *De la vision entoptique de la fovea, etc.* (*Arch. de Biol.*, 1884, et *Ann. d'Ocul.*, 1884). — BULL. *De la diplopie monoculaire asymétrique* (*Soc. franç. d'ophtalm.*, 1891, 209). — DARIER (A.). *De la possibilité de voir son propre cristallin* (*Ann. d'Ocul.*, 1895, 198). — TSCHERNING. *Optique physiol.*, 1898 (phénomènes entoptiques).

Invertébrés. — MUELLER (J.). *Zur vergleichenden Physiol. d. Gesichtssinnes*, Leipzig, 1826. — DE SERRES. *Mém. sur les yeux composés et les yeux simples des insectes*, 1813, Montpellier. — DUGÈS. *Observ. sur la structure de l'œil composé des insectes, etc.* (in *Ann. des sc. nat.*, 1830, (2), XX, 341). — CUVIER. *Anat. comparée*, 1845, VIII. — DE QUATREFAGES. *Mém. sur les org. des sens des Annélides* (in *Ann. des sc. nat.*, 1850, (3), XIII, 35). — GOTTSCHE (A. A. P., 1855, 406). — DOR. *De la vision chez les arthropodes* (in *Biblioth. universelle de Genève*, 1861, XII). — LEYDIG. *Das Auge der Gliederthiere*, Tübingue, 1864. — SCHULTZE (M.). *Untersuch. über die zusammengesetzten Augen d. Krebse u. Insekten*, Bonn, 1867. — BOLL (FR.) (*A. A. P.*, 1871). — EXNER (S.). *Ueber d. Sehen von Bewegungen, etc.* (in *Wiener Sitzungsberichte*, 1875, LXXI, 156). — MILNE-EDWARDS. *Leçons sur la physiol. et* *l'anat. comparées.* 1876-1877. — Leuckart. *Organologie d. Auges* (*Handbuch d. Augen-heilkunde*, II, 280, 1876). — Grenacuer (*Klin. Monatsblätter f. Augenheilk.*, 1897); — *Unter-such. über d. Sehorgan der Arthropoden*, 1879, Gœttingue. — Forel. *Sensations des insectes* (*Recueil zoolog. suisse.* 1886 et 1887). — Plateau (F.). *Rech. expérim. sur la vision chez les arthropodes* (*Bulletin Acad. roy. des sc. de Bruxelles*, 1887 et 1888). — Exner (S.). *Die Physiologie der facettirten Augen*, 1891, Leipzig et Vienne. — Beer (Th.). *L'accommo-dation de l'œil de poisson* (A. g. P., 1894, LVIII, 533).

DIOSMINE. — Principe cristallisable, extrait par Landerer du *Diosma Crenata* au moyen de l'alcool. Ce corps est insoluble dans l'eau, mais soluble dans l'alcool, l'éther, les huiles essentielles et les acides faibles.

DISSOCIATION. — On désigne sous le nom de dissociation le fait que deux corps peuvent, dans des conditions déterminées, s'unir pour en former un troisième, tandis que, les conditions extérieures restant les mêmes, le corps formé peut se décom-poser en ses composants. Ainsi à 1000°, la chaux et l'acide carbonique peuvent s'unir, suivant l'équation.

$$CaO + Co^2 = CO^3Ca,$$

et inversement, à 1000°, le carbonate de calcium se décompose en chaux et acide carbo-nique. Il en résulte que les réactions de dissociation ne seront jamais complètes, puis-qu'elles sont limitées par la réaction inverse, et qu'il s'établira un état d'équilibre entre le corps non décomposé et ses produits de décomposition, état d'équilibre variable avec les conditions extérieures. Ainsi, dans le cas que nous indiquions plus haut, la disso-ciation du carbonate de chaux s'arrête lorsque la tension de l'acide carbonique atteint une valeur déterminée pour chaque température. Cette tension est :

$$0^{mm} \text{ à } 440°$$
$$85^{mm} \text{ à } 860°$$
$$520^{mm} \text{ à } 1040°$$

Elle croît donc rapidement avec la température. Si, à un moment donné, la tension de l'acide carbonique diminue au-dessous de 520 millimètres (pour la température de 1040°), une certaine quantité de carbonate de chaux se décomposera en dégageant CO^2; inver-sement, si nous faisons arriver de l'acide carbonique à une tension supérieure à 520 millimètres, cet acide s'unira à la chaux libre pour reformer du carbonate de chaux. De là cette loi importante : *On empêche la dissociation d'un corps en le mettant en contact avec un excès de l'un des produits de sa dissociation.*

La dissociation ne s'applique pas seulement aux corps gazeux, mais également aux produits en dissolution. Ainsi, quand nous traitons le nitrate de bismuth par l'eau, il se décompose d'après l'équation :

$$(Azo^3)^3Bi + H^2O = Az OBiO^3 + 2 AzO^4H,$$

et inversement, quand nous mettons le sous-nitrate de bismuth avec de l'acide azotique, il s'y dissout en régénérant le métal bismuth d'après une réaction inverse à celle qui lui a donné naissance. Il s'agit donc ici encore d'une véritable dissociation. La condition d'équilibre sera réglée par la tension (c'est-à-dire la qualité) de l'acide azotique libre dans le mélange. Si l'on augmente la quantité d'eau, le sous-nitrate se précipite, tandis qu'il se redissout par addition d'acide azotique libre.

Dans les deux exemples qui précèdent, le corps initial et ses deux composants n'avaient pas le même état physique, et il nous était facile de constater et de mesurer le phénomène de dissociation; mais il n'en est plus ainsi lorsque le composé et ses com-posants ont tous le même état physique.

Sainte-Claire Deville et ses élèves, qui ont découvert et étudié les phénomènes de dissociation, ont pu montrer que la vapeur d'eau que l'on fait passer dans un tube chauffé s'y dissocie, bien qu'elle ressorte de ce tube sans décomposition apparente. L'oxy-gène et l'hydrogène formés dans les parties chaudes se recombinant dans les parties froides pour former de l'eau. Deville a pu mettre en évidence l'oxygène et l'hydrogène formés en les séparant grâce à leur inégale diffusibilité à travers une paroi poreuse. De même on a pu mettre en évidence la dissociation de certains corps en constatant que leur vapeur offrait un volume plus grand que leur volume normal.

Les dissolutions des sels dans l'eau semblent être ainsi en dissociation difficile à mettre en évidence; en effet, lorsqu'on évapore la dissolution, l'acide et la base primitivement mise en liberté se recombinent en régénérant le sel d'abord employé. Cette hypothèse de la présence de l'acide et de la base libres au sein de la même solution permet de comprendre comment tous les sels d'un même acide ou d'une même base ont les mêmes réactions analytiques; ce qui agirait dans ce cas, c'est, non pas le sel lui-même, mais l'acide ou la base qu'il renferme et qui se trouverait mis en liberté.

Cet état de dissociation des sels a été mis en évidence dans d'autres expériences qui ont conduit à la théorie de l'ionisation. Nous ne pouvons à cette place en faire un exposé, d'autant plus que les expériences sur lesquelles elle est fondée sont peut-être susceptibles d'une interprétation différente.

Après la tension et la dilution, la température joue le rôle le plus important dans les phénomènes de dissociation. Elle augmente la quantité de substance décomposée, et souvent d'une façon très rapide, avec de faibles augmentations de température. Ainsi l'hydrate de chloral, stable à 50°, est presque entièrement dissocié à 100°.

Enfin les ferments solubles provoquent de véritables phénomènes de dissociation, limités, comme le sont ceux-ci, par la présence d'une certaine quantité de produits formés.

Les phénomènes de dissociation sont du reste très fréquents en chimie. L'eau, l'acide chlorhydrique, l'acide sulfureux, l'acide carbonique, l'oxyde de carbone, le chlorure d'ammonium, le carbonate de chaux, la plupart des oxydes métalliques se dissocient à température élevée; à la température ordinaire, l'efflorescence des sels, la décomposition des bicarbonates, etc., suivent les lois de la dissociation; il en est de même, en présence de l'eau, pour un grand nombre de sels, pour les éthers, etc.

En physiologie, ces phénomènes prennent une importance particulière; les échanges gazeux de l'organisme, un grand nombre de phénomènes osmotiques et diastasiques sont de véritables dissociations. Ainsi nous ne pouvons nous expliquer comment le plasma sanguin, alcalin, peut donner naissance à un suc gastrique ou à une urine acides, sans admettre que le chlorure de sodium qui y était contenu se trouvait partiellement à l'état d'acide chlorhydrique et de soude (voir Sang, Estomac, Urine).

Nous devons donc envisager les phénomènes de dissociation comme inséparables de la notion de combinaison chimique, dont ils précisent la signification.

M. HANRIOT.

DIURÉTIQUES. — On appelle diurétiques les substances qui augmentent la quantité d'urine excrétée par les reins. On ne se préoccupe pas, dans cette définition, de savoir si l'élimination plus active porte uniquement sur l'eau de l'urine, ou simultanément sur l'eau de l'urine et sur les matières qui y sont dissoutes. Peut-être cette distinction est-elle d'ailleurs quelque peu subtile; car presque toujours la quantité absolue des matières dissoutes augmente avec la quantité absolue de liquide excrété.

MARSHALL a proposé d'appeler *tachyurétiques* les substances qui provoquent la polyurie immédiatement, mais qui, dans l'ensemble, n'entraînent pas, en vingt-quatre heures, une élimination d'urine plus abondante que la normale. Ainsi la nitroglycérine et les nitrites, qu'il donne pour exemple, ne modifient pas la quantité totale de l'urine en vingt-quatre heures, tandis qu'elles amènent en peu de temps une diurèse abondante, laquelle est compensée par une légère anurie survenant quelque temps après, de sorte que finalement l'équilibre est rétabli. Mais, à vrai dire, il ne semble pas que cette distinction doive être adoptée; car toutes les substances diurétiques sont en réalité tachydiurétiques, puisque la teneur du sang en eau doit rester finalement la même, et que l'équilibre est toujours en fin de compte maintenu.

Évidemment tout diurétique ne peut avoir d'autre effet que d'entraîner pendant quelque temps une élimination d'eau plus active, mais non de provoquer définitivement une concentration plus grande du sang en éléments solides. Si certains diurétiques augmentent pendant longtemps la sécrétion urinaire, ce n'est pas parce qu'ils changent la proportion normale des éléments solides du sang; mais bien parce qu'ils produisent une soif vive, de sorte que l'ingestion d'eau plus abondante entraîne une élimination plus abondante, et réciproquement.

Conditions spéciales de l'élimination de l'eau par les reins. — L'histoire des diurétiques, pour être complète, devrait porter sur les conditions normales de l'élimination de l'eau par les reins; autrement dit sur la physiologie même de l'excrétion rénale; mais nous ne pouvons entreprendre ici cette étude, et nous renverrons aux articles **Reins** et **Urine** où elle sera exposée,

Rappelons seulement quelques principes généraux.

La fonction du rein est déterminée par plusieurs conditions.

    A. L'état des glomérules.

    B. L'état des canalicules urinifères.

    C. La composition chimique du sang.

    D. La pression artérielle générale.

    E. La vitesse du passage du sang à travers le rein.

    F. La pression artérielle locale.

    G. L'innervation de la glande rénale.

On comprendra alors que l'augmentation de la sécrétion rénale peut être due à l'action de la substance diurétique sur telle ou telle de ces fonctions.

Méthodes pour l'expérimentation. — Les méthodes d'expérimentation pour l'étude des diurétiques sont multiples.

Sur les animaux on peut procéder sans vivisection ou avec vivisection.

Avec vivisection, on obtient des résultats très précis; mais la vivisection même, ou la contention de l'animal ne sont pas sans quelque inconvénient. D'abord, s'il s'agit d'un chien, d'un chat ou d'un lapin, il faut administrer des anesthésiques, ce qui modifie toujours quelque peu les conditions circulatoires et toutes les conditions nerveuses. Il faut éviter aussi le refroidissement de l'animal dans une expérience qui peut être fort longue.

Pour connaître immédiatement, et minute par minute, ce qui est souvent nécessaire, la quantité d'urine émise, il faut placer une canule dans chaque uretère. On relie les deux canules l'une à l'autre après laparotomie, et on laisse écouler ainsi l'urine goutte à goutte dans une éprouvette graduée. Dans ces conditions, on peut avoir exactement, minute par minute, la quantité d'urine émise, et on peut même en prendre le tracé graphique, voire même, par un procédé ingénieux que d'ARSONVAL a indiqué, que E. VIDAL a réalisé dans mon laboratoire (1898), faire tomber cette urine dans une grande masse concentrée d'hypobromite de soude, ce qui dégage tout l'azote de l'urée. On a ainsi volumétriquement la quantité d'azote éliminée par les reins, minute par minute.

Mais l'ouverture du péritoine et la ligature des uretères sur les canules entraîne bien souvent, par une action d'arrêt que CLAUDE BERNARD a signalée, et que j'ai constamment observée, un arrêt dans la sécrétion rénale; si bien que, pendant longtemps, parfois pendant une demi-heure, une heure, et même plus encore, on ne peut pas voir l'urine sourdre des canules. Quelquefois cet arrêt a été si prolongé et si complet que je croyais souvent à une erreur expérimentale et que je voulais vérifier si je n'avais pas commis d'erreur d'introduction des canules dans les uretères.

Enfin les animaux ainsi expérimentés sont nécessairement sacrifiés.

Mais d'autre part le cathétérisme ne donne que des résultats très incertains; et, si l'on se contente de recueillir l'urine émise, on commet parfois de très lourdes erreurs. De fait, on n'a pas pu encore résoudre d'une manière simple et précise ce petit problème de technique physiologique, qui consiste à recueillir exactement les quantités d'urine émises par les animaux en expérience, qu'il s'agisse de chats, de chiens, de lapins, ou de cobayes.

Malgré des inconvénients très réels, c'est encore la vivisection, avec l'introduction de canules dans les uretères, qui donne les meilleurs résultats.

On peut aussi expérimenter sur l'homme, et, comme très souvent l'ingestion des diurétiques n'est nullement nuisible à la santé, ce sont des expériences qu'on peut faire sur soi-même : nombre de physiologistes ont procédé ainsi, pour l'étude des effets de telle ou telle substance.

Point n'est besoin de procéder à des mictions plus fréquentes que d'ordinaire. Voici le procédé que j'ai adopté dans des expériences déjà anciennes. Soit pendant un certain laps de temps, de 1 heure à 5 heures, une certaine quantité d'urine émise, si l'on veut avoir la quantité d'urine émise par quart d'heure, il suffira de diviser le chiffre total par 16. A supposer que les jours suivants on recueille l'urine de midi à 3 heures ou de 11 heures à 3 heures ou de 2 heures à 8 heures ou de 1 heure 1/2 à 5 heures, on aura ainsi, quart d'heure par quart d'heure, un certain nombre de chiffres dont on prendra la moyenne : cette moyenne indiquera avec une approximation suffisante les quantités d'urine émises aux divers moments de la journée, pendant des périodes de 10, de 20 ou de 30 jours ou même davantage. Une fois cette constatation faite, rien ne sera plus simple que d'ingérer tel ou tel diurétique, et de voir les conséquences de cette ingestion au point de vue de la sécrétion urinaire.

Enfin, chez les malades, il y a eu de nombreuses études entreprises; mais, malgré des surveillances rigoureuses, le contrôle est parfois presque impossible, et bien souvent il y a des erreurs assez sérieuses par suite de la négligence ou de la mauvaise volonté des malades. D'ailleurs les conditions dans lesquelles agissent les diurétiques, chez les malades atteints de néphrite ou d'affections cardiaques, sont assez différentes de ce qui se passe à l'état physiologique pour que nous ne cherchions nullement à entreprendre ici l'étude des diurétiques dans les maladies.

RAPHAËL, dans des expériences faites sur soi-même (cit. de MARSHALL), a trouvé l'effet de divers diurétiques.

	AUGMENTATION POUR 100 de l'urine.		AUGMENTATION absolue.
	Le jour même.	Le lendemain.	
			cent. cubes.
1 000 grammes d'eau	100	—	812
1 000 — d'eau chargée de CO^2	73,3	—	645
1 000 — de bière.	100	— 9	815
1 000 — de vin rouge.	79	+ 4	715
1 000 — de lait.	153	—	1231
Sucre de lait (30 grammes)	33,7	— 9	305
Borate de soude (20 grammes).	13,12	+ 0,5	102
Borate de soude et 1000 grammes d'eau	174	— 8	1392
Tartrate de soude (20 grammes).	2	— 9	22
Tartrate et 1000 grammes d'eau	73,7	— 9	590
Salicylate de caféine et de soude, (0gr,5). . . .	42	— 9	380
Diurétine (0gr,5).	2	1,6	20
— (1gr,5).	14	—	130
— (3gr,0).	53	2	485

Ce genre d'expériences est assez facile, et il est regrettable qu'il n'en ait pas été fait de plus précises, et en plus grand nombre. Notamment le dosage des matériaux solides excrétés aurait un très grand intérêt.

Les expériences de MUNK (1886) ont montré qu'on peut étudier assez bien les substances diurétiques en faisant des circulations artificielles à travers le tissu des reins. Si l'on fait passer dans l'artère rénale du sang défibriné, chargé de différentes substances, on voit que ces substances augmentent la quantité du liquide qui passe dans les uretères. Le seul point litigieux est de savoir si ce liquide qui transsude à travers les uretères dans ces conditions est véritablement de l'urine, quoiqu'il soit riche en albumine. Naturellement MUNK l'assimile à l'urine, dont il aurait tous les caractères par sa teneur en sels et en urée, tandis que SCHRŒDER, non sans raison, je pense, le considère comme un exsudat qu'on ne saurait comparer à de l'urine véritable.

Quoi qu'il en soit, MUNK a vu que les substances diurétiques augmentent quelquefois la rapidité du cours du sang, dans l'artère, les capillaires et la veine du rein, par suite d'une dilatation des vaisseaux (diminution de la résistance dans les capillaires); mais ce ne serait pas là, d'après lui, la cause véritable de l'action des diurétiques. En effet, ces substances, à l'exception de la digitaline, n'agiraient que sur la glande même et non sur la circulation de la glande : c'est leur action élective sur les éléments glandulaires, qui produirait l'hypersécrétion. Avec 0^{gr},14 d'urée dans 100 grammes de sang, la sécrétion a augmenté de 1 à 4 grammes, et la rapidité du cours du sang, dans le rein artificiel, a doublé. Avec 0,8 de sucre la vitesse du sang a diminué de 2/3, mais la quantité de liquide sécrété a augmenté de 1 à 8. Avec 0,014 de caféine, la rapidité du sang a diminué, mais la quantité de liquide a augmenté de 1 à 6. MARSHALL, dans l'ensemble, a confirmé ces résultats.

Ce qu'il y a de plus intéressant dans ces expériences de MUNK, c'est qu'elles établissent bien ce que nous aurons l'occasion de montrer souvent dans le cours de ce travail, c'est que les diurétiques agissent presque toujours directement sur le tissu glandulaire du rein, et qu'il ne faut pas chercher la raison d'être de leur action dans les phénomènes médiats de circulation ou d'innervation. Dans un cas, l'addition d'une grande quantité de NaCl rendit la sécrétion 15 fois plus considérable, sans que cependant la vitesse du cours du sang se soit modifiée.

C'est par emploi méthodique de tous ces moyens divers que se peut étudier l'action diurétique des diverses substances sur l'organisme normal.

Action sur le glomérule et les canalicules urinaires. — Il est évident que l'intégrité de la glande est nécessaire à l'élimination. Quelle que soit la théorie adoptée pour la sécrétion rénale normale, qu'il s'agisse d'une élimination par le glomérule avec résorption par les canalicules, ou d'une élimination simultanée par le glomérule et les canalicules, si les appareils sont altérés histologiquement, l'élimination ne se fera plus que d'une manière insuffisante. Certains poisons agissent ainsi énergiquement sur le rein et tarissent immédiatement la sécrétion.

Dans les néphrites, il y a, au moins au début, polyurie, comme si l'épithélium des tubuli n'était plus apte à résorber les éléments aqueux que le glomérule a sécrétés.

SOBIERANSKI, dans ses études sur la caféine, a essayé d'établir que la diurèse de la caféine était due à la paralysie des éléments épithéliaux des tubuli. Il y aurait, dit-il, un double appareil de régulation ; le glomérule, qui élimine l'eau et les sels ; et les tubuli, qui concentrent l'urine. Il y aurait donc une sorte de diurèse due à l'activité plus grande du glomérule, et une autre diurèse due à l'activité moindre des tubuli, contrairement à la théorie de BOWMANN HEIDENHAIN.

Il classe alors les diurétiques en trois groupes :

α. Ceux qui agissent sur le glomérule : lorsqu'ils sont éliminés par le glomérule, cette élimination entraîne par cela même l'excrétion d'une certaine quantité d'eau ; ϐ. La caféine, la théobromine et les substances analogues qui sont diurétiques parce qu'elles paralysent la propriété absorbante des tubuli ; ϫ. L'urée qui tient le milieu entre les deux groupes précédents, activant la fonction du glomérule, et paralysant celle des tubuli (?).

Telle était d'ailleurs l'opinion de SCHRŒDER ; mais SOBIERANSKI est arrivé, au point de vue pratique, à des résultats tout à fait différents de ceux de SCHRŒDER. En injectant à des lapins, rendus polyuriques par l'injection de benzoate de caféine, une solution de bleu d'indigo, il n'a pas vu la coloration des noyaux de l'épithélium des tubuli, et il en a conclu que la caféine arrêtait la puissance de résorption de cet épithélium, puisque, chez les lapins qui n'avaient pas reçu l'injection de caféine, le bleu d'indigo colore toujours l'épithélium ; si l'on injecte l'indigo avant la caféine, on voit toujours l'épithélium fortement coloré en bleu.

DRESER a supposé que l'effet diurétique du calomel était une action de même ordre ; mais il n'a pas pu, comme il le reconnaît lui-même, en donner la démonstration expérimentale. D'ailleurs l'action du calomel comme diurétique est des plus obscures encore. Ainsi que la digitale, il est diurétique surtout sur les malades atteints de néphrite et d'affections cardiaques. On a supposé, non sans raison, qu'il agissait médialement sur la diurèse en rétablissant l'intégrité de la fonction hépatique (sécrétion d'urée et de sucre) (MASIUS, N. PATON, BOURGEON).

Diurétiques agissant par modifications de la composition chimique du sang. — C'est le groupe assurément le plus nombreux et le plus important des diurétiques.

Il est probable que la plupart des substances considérées comme diurétiques n'ont cette action diurétique que parce qu'elles modifient la composition chimique du sang.

En effet, il résulte de toutes les expériences qui ont été faites que, chaque fois qu'on augmente la quantité des matières solubles, salines ou autres, contenues dans le sang, elles tendent à être éliminées par le rein, et cela d'autant plus facilement que leur pouvoir osmotique est plus grand, autrement dit leur poids moléculaire plus faible.

Il s'ensuit que les injections d'une substance saline vont provoquer immédiatement la polyurie. Nous avons nettement constaté cet effet dans les expériences entreprises avec R. Moutard-Martin (1880), et nous avons vu que l'urée, les sels, les sucres, la glycérine, étaient toutes substances diurétiques. Nous reviendrons sur le mécanisme de l'action de ces substances. Insistons ici seulement sur un point, c'est que l'eau distillée, injectée dans le système circulatoire, n'a aucun effet diurétique.

Les expériences à cet égard sont concordantes. Kiehulf (cité par Claude Bernard) avait vu qu'en injectant 500 grammes d'eau distillée dans les veines d'un gros chien, il ne faisait pas croître l'excrétion aqueuse. Claude Bernard, injectant à un petit chien de 2500 grammes le tiers de son poids d'eau, soit 800 grammes, a vu que les sécrétions étaient d'abord peu modifiées, puis, à mesure qu'on injectait plus d'eau, elles étaient diminuées. Falck, injectant de l'eau distillée dans les veines, a d'autre part constaté que l'urine obtenue par cathétérisme augmentait de près du double (16 cc. à 37 cc.), mais qu'il se produisait de l'hématurie. La polyurie était plus accentuée quand l'eau était injectée dans l'estomac ou dans le tissu cellulaire. Picot a noté que l'injection d'eau à la dose d'un trentième du poids du corps, soit 33 grammes par kilo., tue les lapins, et, à la dose de 200 grammes par kilo, tue les chiens. Mais il ne parle pas de l'effet produit sur la sécrétion du rein.

Dans nos expériences nous avons très nettement constaté que l'injection d'eau distillée dans les veines non seulement ne produisait pas de polyurie, mais encore arrêtait la sécrétion rénale lorsqu'elle était régulièrement établie. Dans une expérience nous avons injecté d'abord une petite quantité d'eau, puis des quantités croissantes. A aucun moment de l'expérience, il ne s'est produit de diurèse. Bien plus, la sécrétion a fini par tarir complètement. Si à un chien rendu polyurique par l'injection d'eau sucrée on fait une injection d'eau distillée, on verra la polyurie diminuer, puis cesser. Un chien reçut dans les veines 200 grammes d'eau distillée tiède : en trois heures il ne sécréta que 14 centimètres cubes d'urine. Cependant, dans les quinze minutes qui avaient précédé l'injection, il avait sécrété 15 grammes d'urine. Plus tard, sous l'influence du chlorure de sodium et du sucre, on lui fit sécréter 5cc,8 par minute, c'est-à-dire en deux minutes et demie autant de liquide qu'en trois heures.

On ne peut pas supposer qu'il s'agit d'une altération des éléments glandulaires du rein par l'eau ; car il suffit de rendre au système vasculaire des substances salines ou sucrées, autrement dit osmotiques, pour voir aussitôt reparaître l'élimination aqueuse.

D'autres observateurs ont encore constaté ce même fait. Westphal (cité par Limbeck) dit que l'injection d'eau dans les veines ne produit de diurèse que longtemps après l'injection, soit pendant plusieurs heures. Limbeck a vu chez un lapin qu'une abondante injection d'eau dans les veines a suspendu la sécrétion rénale pendant deux jours.

Cet effet nul des injections d'eau dans le système veineux pour augmenter la sécrétion de l'urine contraste avec les effets des boissons aqueuses, qui sont, comme on sait, manifestement diurétiques. Mais il est à remarquer que rarement les boissons sont de l'eau distillée, ou même de l'eau simple. Le plus souvent elles sont alcooliques, comme la bière, le vin : les eaux minérales, les sirops, les tisanes, sont toutes liqueurs contenant des sels ou des sucres, c'est-à-dire des éléments aptes à être éliminés par le rein.

En injectant dans les veines des quantités considérables d'eau salée isotonique (6 à 7 grammes de NaCl par litre), Dastre et Loye sont arrivés à des résultats très intéressants au point de vue qui nous occupe ici. Ils ont pu injecter à des lapins des quantités d'eau salée égales au tiers de leur poids, ce qui diffère notablement des résultats obtenus par Picot à la suite d'injections d'eau pure. Si la vitesse d'injection n'est pas trop considérable, l'élimination se fait parallèlement à l'injection ; cette vitesse ne doit pas dépasser 3cc,05 par minute et par kilo. Dans ces conditions l'organisme ne conserve que le dixième de son poids de l'eau injectée. Le graphique qu'il donne (p. 107) est très net et montre bien :

1° Qu'il y a un mécanisme régulateur de la quantité d'eau de l'organisme ;

2° Que l'entrée en action de ce mécanisme n'est pas instantanée, que sa régularité se fait sentir à quelque distance de l'état ordinaire, après qu'une certaine augmentation de l'eau organique s'est produite.

La suractivité sécrétoire urinaire ne commence à se révéler qu'après qu'une certaine quantité de liquide a pénétré dans l'organisme (250ᶜᶜ pour des lapins de 2 kil.). Ce poids représente à peu près le poids total du sang de l'animal. Ainsi, en procédant lentement, on peut injecter au lapin une quantité d'eau salée égale à la quantité de sang que son organisme contient. Mais, la vitesse de l'injection est trop grande pour que l'activité rénale éliminatoire puisse lui être parallèle, il se fait une exsudation d'eau salée dans les séreuses et dans les tissus.

Ces expériences de lavage du sang ont été récemment employées dans la thérapeutique. A vrai dire, au lieu de faire des injections intra-veineuses, on pratiquait des injections d'eau salée dans le tissu cellulaire, et souvent à des doses considérables.

Ces injections amenaient une excrétion urinaire abondante : pourtant le mécanisme en est probablement plus compliqué que la simple modification du volume du sang. En effet, il est probable que ces injections n'agissent pas seulement sur la constitution chimique du sang, mais encore qu'elles stimulent directement le système nerveux, relèvent la pression artérielle, et, par l'intermédiaire, soit du système nerveux, soit du système circulatoire, modifient la sécrétion rénale.

Les recherches faites sur la concentration moléculaire des liquides de l'organisme ont introduit des notions très importantes sur la fonction urinaire, et par conséquent elles ont modifié notablement l'ancienne théorie des diurétiques.

Mais nous ne pouvons entrer ici dans cette étude, et pour le détail des faits nous renverrons aux articles **Isotonie** et **Osmotique** (Pression) où ils seront exposés.

Retenons seulement les points essentiels.

Soit A le degré de congélation d'un liquide ; il a été démontré que le degré de congélation est inversement proportionnel à la concentration moléculaire, autrement dit à la pression osmotique. Si, par exemple, A d'une solution de sucre à 1 p. 100 est de — 0,055, avec un pouvoir osmotique de 49,3 de Hg (Pfeiffer), nous pouvons calculer, en connaissant A d'une solution sucrée quelconque, son pouvoir osmotique. Si A de cette solution sucrée est — 0,55, son pouvoir osmotique sera de 493. de Hg.

Or le pouvoir osmotique, ou la concentration moléculaire du sang, ou le degré de congélation du sang, est égal, à — 0,55 ; tandis que, dans l'urine fortement chargée en molécules dissoutes, la concentration moléculaire varie entre — 1,3 et — 2,2. Admettons une moyenne de — 1,7 ; il s'ensuivra que les deux pouvoirs osmotiques du sérum et de l'urine seront dans le rapport de 55 à 170.

Mais il faut faire intervenir d'autres éléments que les éléments physiques simples : car dans certains cas, exceptionnels il est vrai, on note l'inversion dans ces rapports. Sans que la concentration moléculaire du sang soit notablement changée, il peut y avoir émission d'une urine très pauvre en matières solides et ayant une concentration moléculaire extrêmement faible, beaucoup plus faible que celle du sérum, soit — 0,16 (Dreser).

Dans d'autres cas, au contraire, quand l'urine est très concentrée, et qu'elle contient beaucoup de substances dissoutes, comme par exemple après une longue privation de boissons, ou après une diarrhée abondante, le point de congélation de l'urine descend à — 4,94.

A côté de ces variations considérables dans le pouvoir osmotique de l'urine, il faut établir la stabilité remarquable de celui du sang. Winter, dans de nombreuses expériences, l'a trouvée de 0,565 ; 0,55 ; 0,55 ; 0,55 ; 0,565 ; 0,57 ; 0,55 ; 0,55 ; 0,55 ; 0 55 ; dans le sérum d'animaux d'espèces différentes (chien, bœuf, lapin, cheval, mouton, porc) ; Dreser a trouvé — 0,56. Korangi, Bousquet, Hallion admettent le chiffre de — 0,56 comme moyenne de mensurations très voisines les unes des autres.

D'autre part, les injections intraveineuses, quelles qu'elles soient, ne font guère varier la concentration moléculaire du sang. Magendie avait montré il y a longtemps que les injections intra-veineuses d'eau ne changent pas le poids spécifique du sang. Leichtenstern a montré qu'un individu absorbant 7 litres d'eau a la même quantité d'hémogloline dans un volume donné de sang. HAMBURGER a établi aussi qu'après injections de sels divers dans le sang, en quelques minutes, le sang est revenu à sa pression osmotique normale (cité par DRESER).

Il faut donc de toute nécessité faire intervenir dans ces phénomènes l'activité secrétoire propre du rein; et il devient bien difficile, pour ne pas dire impossible, de considérer l'excrétion d'urine comme un simple phénomène de filtration, de dialyse due à des différences de tension osmotique, puisque aussi bien avec un liquide dont la tension est homogène — 0,55, il y a émission d'un liquide dont la tension peut varier de — 0,16 à — 4,94.

Nous devons considérer avec la plupart des physiologistes la glande rénale comme l'appareil régulateur de la quantité des sels de l'organisme et spécialement du sang, (sels ou substances diffusibles dissoutes). Si un de ces sels est en excès, il est éliminé par le rein; il est assez difficile de dire si cette élimination est due à une sécrétion rénale particulière, c'est-à-dire à une action chimique de la glande, ou à une variation du pouvoir osmotique du sang.

En effet, l'injection d'une certaine quantité de sels ou de sucre va modifier la tension osmotique du sang. Soit, par exemple, une solution de sucre à 1 p. 100, dont $\Delta = -0,055$; si à 100 grammes de sang on injecte 1 gramme de sucre, la tension osmotique du sang va varier de — 0,55, chiffre normal du sang, à — 0,605. Cette variation dans la teneur du sang sera obtenue si à un chien de 12 kilogrammes on injecte 10 grammes de sucre, quantité suffisante pour provoquer aussitôt une polyurie extrêmement abondante.

On voit par là que les moindres variations dans la tension osmotique du sang ont amené aussitôt une élimination de la substance qui est en excès; et on comprendra alors pourquoi l'injection d'eau pure, qui abaisse la tension osmotique, entraîne l'anurie plutôt que la polyurie.

Pourtant nous ne pouvons pas considérer le rein comme une membrane inerte laissant, suivant les conditions physiques du liquide sanguin, passer telles ou telles quantités d'eau; car le pouvoir moléculaire de l'urine est normalement beaucoup plus considérable que celui du sang : c'est une membrane semi-perméable : c'est une glande qui fixe certains éléments du sang, pour les éliminer ensuite; ce qui entraîne par cela même, à cause du grand pouvoir osmotique de la substance éliminée, l'élimination d'eau; l'eau allant toujours vers le liquide où la tension osmotique est la plus forte.

Autrement dit, dans la fonction rénale, il y a deux éléments (en ne tenant pas compte d'un troisième élément, quelque peu hypothétique, la résorption par les tubuli) : c'est d'abord l'élimination de la substance saline normale ou en excès; puis, en second lieu, l'élimination d'eau diffusant vers cette substance éliminée par suite du pouvoir osmotique plus fort que cette substance donne au liquide urinaire excrété.

A posteriori ces considérations sont confirmées par les faits suivants :

1° La polyurie est d'autant plus intense que l'injection a été faite à un plus grand degré de concentration (KESSLER, cité par DRESER).

2° Toute substance soluble et diffusible introduite dans le système circulatoire provoque la polyurie (MOUTARD-MARTIN et CH. RICHET), toutes réserves faites, bien entendu, des phénomènes locaux ou généraux d'intoxication.

3° Le moment de la polyurie coïncide avec le moment de l'élimination (MOUTARD-MARTIN et CH. RICHET).

Il est aussi à remarquer que la régulation dépasse quelquefois le but, comme il arrive à tout appareil régulateur. DRESER a montré que l'injection à des lapins de NaCl, qui produit de la polyurie, diminue le pouvoir osmotique de l'urine. Dans un cas l'urine avant l'injection avait $\Delta = -1,18$. Après injection de 1 gramme de NaCl, Δ devint pour l'urine $= -0,72$; puis, trois quarts d'heure après, — 0,9. Dans un autre cas, Δ, qui était, avant l'injection, — 1,46, devint — 0,96.

Par conséquent la polyurie consécutive à l'injection saline entraîne, par une sorte de paradoxe, une élimination d'eau plus grande que l'élimination du sel, ce qui semblerait directement opposé aux bonnes conditions physiologiques d'équilibre organique, puisque l'expulsion de 1 gramme de sel, en excès dans le sang, entraîne l'expulsion de 200 grammes d'eau, en excès, et par conséquent contribue encore à la spoliation plus grande d'eau du sang, et à la concentration trop considérable du sérum en sels.

Mais cette anomalie, comme le fait remarquer DRESER, n'est qu'apparente. En effet, si nous envisageons les conditions biologiques normales de l'animal, il trouvera toujours à sa disposition de l'eau pour apaiser sa soif; de sorte que le point essentiel pour l'intégrité de ses fonctions, ce n'est pas tant l'absence d'eau dans le sang que l'absence d'une substance saline en excès : car il pourra toujours réparer l'absence d'eau, par l'ingestion des boissons. Soit, pour prendre un exemple concret, un lapin de 2 500 grammes ayant à peu près 200 grammes de sang, et 2 grammes de NaCl en totalité dans son sang; si on lui injecte 1 gramme de NaCl, il faut d'abord qu'il se débarrasse de cet excès de sel, au risque de perdre par la polyurie 150 grammes d'eau, et par conséquent d'accroître encore la concentration de son sang; car il pourra bien vite, par l'ingestion d'aliments aqueux, réparer cette perte d'eau; et la régulation qui a dépassé ce but, dans les premiers moments, sera vite réalisée, par des *à coups* successifs qui ramèneront l'équilibre.

Les expériences de DASTRE et LOYE nous montrent bien que, même à égalité de tension osmotique (le liquide injecté avait la même concentration moléculaire que le sérum) l'injection d'eau produit de la polyurie, par le fait seul que la masse du sang a augmenté. Le maximum de cette augmentation de la masse du sang, compatible avec la survie de l'animal, paraît être de 25 p. 100. Au delà de cette limite, la régulation par le rein entraîne l'élimination d'eau et de sel, malgré la constance de la pression osmotique. Ils concluent alors que le régime normal (égalité entre la quantité d'eau qui entre et la quantité d'eau qui sort) décèle l'existence d'un mécanisme régulateur de la quantité d'eau dans l'organisme.

Ce mécanisme entre en jeu d'une manière parfaite lorsque la quantité d'eau salée injectée est égale à la quantité du sang du lapin avant l'expérience. Cette quantité se partage en deux portions : 25 p. 100 restent dans l'appareil circulatoire pendant tout le temps de l'expérience et ne s'éliminent que plus tard : 75 p. 100 s'entreposent momentanément dans les séreuses et dans les tissus pour s'en échapper plus tard également.

Le rôle de ces exsudations est probablement très important, au point de vue de la régulation; elles donnent à l'organisme le temps de s'adapter aux conditions nouvelles qui lui sont imposées, et remédient à la temporaire insuffisance de la fonction rénale. En injectant de grandes quantités d'urée dans le sang, j'ai pu constater que, malgré une polyurie abondante, on ne retrouvait dans l'urine, même au bout de 7 heures après l'injection, que le quart de la quantité injectée. Comme l'urée ne se détruit pas dans l'organisme, il est évident que l'urée qu'on ne retrouvait pas dans l'urine s'était accumulée dans les sérosités et dans les tissus.

Un fait intéressant qui prouve bien cette fonction éliminatrice du rein, c'est que, si l'on injecte un sel minéral toxique dans le sang, très rapidement il va se localiser dans le rein. J. Roux a fait sur ce point, dans mon laboratoire, des expériences très précises. En injectant à des lapins 6 grammes d'iodure de sodium, il a trouvé, deux heures après l'injection, dans 100 grammes de tissu, les quantités suivantes d'iodure de sodium :

	gr.
Cerveau	0,019
Foie	0,032
Sang	0,084
Muscles	0,094
Reins	1,702

Dans une autre expérience, le résultat a été analogue, quoique moins marqué.

	gr.
Cerveau	0,018
Muscles	0,047
Sang	0,107
Foie	0,137
Reins	0,280
Urine	1,014

En somme, la localisation des poisons (au moins des iodures métalliques) dans le rein est extrêmement rapide. Le rein semble avoir une affinité spéciale pour les substances toxiques, dialysables, injectées dans le sang.

Il est certain que tous ces faits ne s'appliquent qu'aux cas simples, dans lesquels ni là pression artérielle, ni l'innervation glandulaire, ni l'intoxication de la glande rénale n'interviennent; mais, ces réserves faites, on peut formuler cette première loi, qui. paraît être la plus importante, pour expliquer la fonction des diurétiques :

Le rein a pour fonction d'expulser les substances dialysables anormales du sang, que ces substances soient anormales par leur nature chimique propre, ou par leur excès. C'est donc l'appareil régulateur de la concentration moléculaire du sang. Cette élimination entraîne une élimination d'eau abondante. Par conséquent, toute substance dialysable introduite dans le sang est diurétique. De plus la régulation se fait en excès, et l'eau est éliminée en plus grande abondance que la substance anormale; mais cette spoliation d'eau entraîne la soif, et l'ingestion plus abondante des boissons répare cette perte d'eau. Ainsi se trouve assuré l'équilibre moléculaire du sang.

Il était à peine besoin de démontrer que la diurèse abondante entraîne la déshydratation, c'est-à-dire une concentration plus grande du sang. Cependant l'expérience a été faite par SCHRŒDER, qui a constaté, dans quatre expériences de diurèse provoquée par la caféine chez les lapins, une augmentation des matériaux solides contenus dans un volume de sang, de 9,32 — 9,71 — 10,05 — 11,91 p. 100.

GRIJNS a noté que la température de l'urine augmente pendant la diurèse provoquée. soit par le sucre, soit par le NaCl. Dans une expérience entre autres, la différence entre la température de l'urine et celle de l'aorte était de 0,04 (en faveur de l'aorte). Après injection d'une solution sucrée, la différence devint 0,1 et même 0,14 en faveur de l'urine. En même temps, la quantité de l'urine sécrétée augmentait, et la différence de concentration moléculaire entre l'urine et le plasma sanguin allait en diminuant. Il y aurait là un élément de calcul intéressant, encore qu'assez hypothétique à l'heure actuelle. La sécrétion d'une urine de concentration moléculaire très forte (par rapport au sérum) exige un certain travail mécanique, qui consomme de la chaleur, et ce travail mécanique deviendrait moindre quand la différence s'abaisse, de sorte qu'alors la température de l'urine augmenterait. Nous renvoyons pour cette étude à l'article Rein.

De même nous renvoyons à cet article pour ces expériences intéressantes en clinique et en pathologie expérimentale, dans lesquelles on étudie le degré de perméabilité du tissu rénal en faisant (à des cardiaques) des injections d'iodure et de bleu de méthylène (ACHARD et CASTAIGNE). Ces faits n'ont en réalité qu'un rapport indirect avec l'histoire des diurétiques proprement dits.

Influence de la pression artérielle sur la sécrétion urinaire. — On admet généralement, depuis les expériences célèbres de LUDWIG, qu'il y a parallélisme entre la pression artérielle et la sécrétion urinaire. La saignée, qui diminue la pression sanguine, diminue la quantité d'urine. L'excitation des pneumogastriques agit de même. Si la pression artérielle tombe au-dessous de 50 millim. de Hg., il n'y a plus de sécrétion (USTIMOVITCH). La digitaline, la caféine, les injections de sel agiraient par l'élévation de la pression artérielle.

Il me paraît cependant que cette influence incontestable de la pression sur la sécrétion a été quelque peu exagérée, et on peut citer nombre d'expériences établissant : 1° que la pression artérielle peut monter sans que la diurèse s'établisse; 2° que la diurèse peut exister sans que la pression artérielle s'élève.

J'ai vu dans une expérience, la pression étant de 140 millim., un écoulement de 1cc,3 d'urine par minute, sur un chien de 14 kilogrammes. Après injection de 8 grammes.e NaCl dissous dans une petite quantité d'eau, la pression tomba au bout de quarante minutes à 80 millimètres, et la quantité d'urine s'éleva à 2cc,1 par minute.

Sur un chien de 20 kilogrammes, chloralisé, l'injection de 100 grammes d'une solution concentrée de lactose fit écouler abondamment l'urine (8 grammes par minute) qui.uparavant n'était sécrétée qu'en minime quantité. La pression, qui était de 150 millimètres, n'augmenta pas.

USTIMOVITCH lui-même a vu, avec une pression de 40 millimètres seulement, un écoulement de 1cc,08 par minute, à la suite d'une injection d'urée et de NaCl.

C'est surtout LAUDER BRUNTON qui a montré l'indépendance de ces deux fonctions : la pression sanguine et la sécrétion de l'urine. Dans un premier mémoire avec PWER, il a montré que sur le chien la digitaline, malgré une énorme élévation de la pression artérielle, diminuait et même arrêtait complètement la sécrétion urinaire; ce qu'attribuait à la contraction des artères et des capillaires du rein. Avec Pye, il a obtenu des résultats analogues en expérimentant avec l'érythrophléine. D'abord la pression sanguine augmente, et plus rapidement que la sécrétion urinaire, probablement parce qu'il y a à ce moment une légère constriction des vaisseaux du rein. Mais bientôt la résistance est vaincue, et la sécrétion de l'urine augmente plus que la pression. Enfin la sécrétion devient faible, tandis que la pression continue à monter.

D'après Schrœder, la caféine n'a pas d'action quand elle élève la pression, tandis que, après une injection de caféine, si l'animal a été chloralisé, ce qui abaisse énormément la pression artérielle, alors une notable diurèse se produit ; car les centres vaso-constricteurs sont paralysés. Dans un cas où la pression tomba de 67 à 54 millimètres de mercure, la quantité d'urine alla en s'accroissant de 1 à 12.

Pfaff a montré que sur le chien de fortes doses de digitaline arrêtent la sécrétion urinaire au moment même où la pression artérielle a atteint son maximum. Sur un chat, pendant deux heures, la pression artérielle resta identique à elle-même, de 120 à 136 millimètres, et cependant la sécrétion se modifia dans des proportions considérables de 2cc,48 (par dix minutes) à 0cc,39.

Si, le plus souvent, on voit après telle ou telle injection d'une substance diurétique monter la pression artérielle, c'est par un effet concomitant, non par une relation directe de cause à effet. Beaucoup de substances diurétiques sont des stimulants du système nerveux, et conséquemment agissent en même temps sur les contractions du cœur qu'elles accélèrent, et sur les capillaires (cœur périphérique) dont elles déterminent la contraction.

Dans un tout récent travail, Bardier et Frankel ont montré qu'après l'injection de l'extrait capsulaire qui fait monter immédiatement la pression artérielle, il n'y a pas de diurèse. Au contraire la sécrétion urinaire se ralentit, ou même s'arrête, alors que la pression générale du sang a atteint son maximum. Il est vrai que cette injection détermine aussi, au début, de la vaso-constriction rénale. Il n'en est pas moins très intéressant de constater une fois de plus à quel point la pression générale du sang et la sécrétion urinaire sont deux phénomènes qui peuvent être absolument dissociés.

De fait, ce n'est pas la pression générale du sang qui importe, mais bien la pression locale, dans les artères du rein ; ou, mieux encore, la quantité de sang qui passe dans les reins. Mais la quantité de sang circulant dans les vaisseaux du rein, à telle ou telle pression, dans un moment donné, n'est pas facile à évaluer avec précision, et il faut une instrumentation assez compliquée. L'étude méthodique des diurétiques avec l'oncographe donnerait certainement des résultats plus intéressants que la comparaison, nécessairement très vague, entre la diurèse et la pression générale du sang.

Il n'est pas non plus inadmissible que les substances, qui, comme la digitale, élèvent la pression du sang, et accroissent l'énergie des battements du cœur, puissent exercer quelque action sur les liquides séreux et lymphatiques contenus dans les sérosités et dans le tissu cellulaire. On comprend alors que, quoique les artères rénales soient contractées par la digitaline, il y ait polyurie par déversement de ces liquides dans le système circulatoire. C'est en quelque sorte une injection salée qui se fait dans le sang, à la suite de la pression accrue.

Ce qui confirme dans une certaine mesure cette hypothèse, c'est que la digitale provoque la polyurie surtout dans le cas des troubles cardiaques, et des œdèmes de la néphrite. Sur l'homme sain la digitale est légèrement diurétique, comme Lauder Brunton l'a constaté sur lui-même, mais cet effet est bien moins marqué que sur les albuminuriques œdémateux. Alors on voit en quelques heures les œdèmes se résorber sous l'influence de la digitale, en même temps qu'une polyurie intense se déclare. Il s'ensuit que cet effet, parfois extraordinairement rapide, de la digitale ne peut pas être dû à l'effet direct d'une simple augmentation de pression : c'est la conséquence indirecte de l'action que la digitale exerce sur le cœur : elle amène une régularité plus grande des systoles cardiaques, avec déplétion complète du cœur droit, qui fonctionnait mal, et c'est à cette action sur un cœur malade que doit être attribuée la rapide disparition de l'œdème avec émission par l'urine des liquides accumulés dans les mailles des tissus œdématiés.

Des diurétiques par action sur le système nerveux. — Il n'est pas douteux que le système nerveux n'ait une puissante action sur la sécrétion urinaire. La démonstration en peut être donnée, moins par l'expérience directe qui est toujours quelque peu incertaine, que par de multiples observations. On sait qu'une émotion morale produit parfois de la polyurie abondante. Chez certaines hystériques, il y a aussi des crises polyuriques caractérisées par l'émission soudaine d'une urine extrêmement abondante et d'une densité très faible. Dans les maladies vésicales existe une polyurie qu'on a considérée comme réflexe. Enfin les traumatismes craniens et les affections organiques du cerveau (hydrocéphalie, méningites, etc.) amènent aussi la polyurie.

Expérimentalement CLAUDE BERNARD, puis VULPIAN, ont montré que la section du grand splanchnique, qui abaisse la pression artérielle générale, mais qui congestionne les reins, s'accompagne de polyurie. La piqûre d'un certain point du plancher du quatrième ventricule, près du centre de la glycosurie, a été démontrée par CLAUDE BERNARD être une cause de polyurie, et KAHLER a confirmé ces expériences en produisant un diabète insipide véritable, polyurie sans glycosurie, par l'injection de quelques gouttes de nitrate d'argent sur le plancher du quatrième ventricule, dans le bulbe, au niveau des corps restiformes.

D'ailleurs toutes les glandes sont influencées directement par le système nerveux : il serait donc assez étrange que le rein, dont l'importance est si grande dans la nutrition des êtres supérieurs, fît exception à la règle. La section des nerfs du rein produit des désordres graves dans la fonction urinaire, et, quoique la preuve rigoureuse fasse défaut, on ne peut attribuer ces troubles à des effets vaso-moteurs. L'exemple des glandes salivaires et des glandes sudorifères est là pour montrer que les phénomènes vasomoteurs et les phénomènes glandulaires doivent être dissociés.

L'atropine, qui agit sur les nerfs glandulaires (salive et sueur), ne paraît pas avoir d'action sur les nerfs du rein. WALTI, THOMPSON et WALRAVENS ont vu chez des lapins atropinisés persister la diurèse produite par le sucre. Mais cela prouve uniquement que l'atropine n'exerce pas sur l'épithélium rénal la même action que sur l'épithélium des glandes sudoripares ou des glandes salivaires.

Il s'ensuit donc que probablement certaines substances peuvent être diurétiques parce qu'elles agissent sur le système nerveux sécréteur de la glande rénale; mais il est, comme on le conçoit sans peine, difficile de dissocier ces trois phénomènes synergiques : présence d'une substance diffusible anormale dans le sang, élévation de la pression sanguine et de la vitesse du sang dans le rein; et stimulation des nerfs sécréto-glandulaires.

Toutefois il faut noter quelques rares expériences sur ce point.

SCHRŒDER a établi que la caféine n'agit presque pas sur la diurèse, si l'animal n'a pas reçu au préalable une certaine quantité de chloral, pour paralyser, dit-il, le système vaso-moteur. Si, au contraire, on laisse le système vaso-moteur intact, alors la caféine agit beaucoup moins efficacement comme diurétique; car elle excite la vaso-constriction du rein. En détruisant les nerfs qui se rendent à un rein, on constate que la diurèse produite par la caféine est beaucoup plus intense dans ce rein énervé. SCHRŒDER en conclut que la caféine agit de deux manières, qui ont un effet absolument opposé, d'une part en excitant le système nerveux assez pour rétrécir les vaisseaux et diminuer la circulation du sang dans le rein, d'autre part en stimulant directement la sécrétion rénale.

Pour juger jusqu'à quel point la caféine agit directement sur la sécrétion rénale, il eût été intéressant de faire la circulation artificielle du rein, de manière à éliminer toute influence nerveuse. MUNK a essayé des recherches dans ce sens; mais les résultats qu'il a obtenus sont peu démonstratifs; et l'augmentation du volume des vaisseaux rénaux observée par lui après l'action des diurétiques ne prouve pas qu'il en soit ainsi, quand le rein est *in situ*, et encore moins que cette dilatation vasculaire soit la cause efficiente de la diurèse. D'ailleurs OVERBECK avait montré que la ligature des artères rénales, même durant le court espace d'une minute et demie, suffit pour suspendre la sécrétion pendant trois quarts d'heure. La mort de l'épithélium rénal par le fait de l'anémie est donc extrêmement rapide; et l'action presque nulle de la caféine sur les reins soumis à l'action de la caféine, dans des expériences de circulation artificielle, ne prouve nullement que la caféine n'agisse pas directement sur l'épithélium rénal (SCHRŒDER).

CERVELLO et MONACO ont contesté la théorie de SCHRŒDER sur l'action vaso-constrictive de la caféine. En effet, en administrant concurremment le curare (qui ne paralyse pas les centres vasomoteurs?) et la caféine, ils ont vu que la polyurie se manifestait encore mieux que par l'emploi simultané de la caféine et du chloral. La paraldéhyde, qui ne paralyserait pas du tout les centres vaso-moteurs, permet à la caféine de produire de la polyurie si elle est associée à la caféine. Enfin le chloroforme, qui devrait agir comme le chloral, empêche l'action de la caféine de se manifester. A vrai dire les observations de Cervello et Monaco ne nous paraissent pas tout à fait justifiées; car la paraldéhyde et la curare agissent certainement, quoi qu'ils en disent, sur les centres nerveux, et, d'autre part, comme il a été bien démontré par divers auteurs et en particulier par E. Vidal, le chloroforme, même à très faible dose, altère notablement la fonction si délicate des reins.

L'action des substances anesthésiques employées pour paralyser l'action du système nerveux sur les reins, permet de savoir quels diurétiques agissent véritablement sur l'épithélium rénal. Sabbatani a pu montrer que la pilocarpine est diurétique; mais, pour que cet effet apparaisse, il faut administrer une substance qui, comme la paraldéhyde, empêche la constriction vasculaire.

Finalement on voit qu'il reste encore beaucoup à faire pour bien apprécier l'action des nerfs sur les reins. Que certains diurétiques agissent par la voie nerveuse, ce n'est pas douteux, de par les observations médicales; mais ce qui est douteux, quoique probable, c'est que cette action néro-glandulaire s'exerce directement par l'excitation de l'épithélium rénale par les nerfs, et qu'elle ne soit pas due à des phénomènes de circulation activée ou ralentie dans le parenchyme rénal. La mensuration du volume du rein avec l'observation simultanée des quantités d'urine émises, pourrait seule permettre de juger scientifiquement la question.

Ces expériences, dans lesquelles simultanément ont été notés les changements dans la diurèse et les modifications du volume du rein, ont été faites par Albanese. Il n'a étudié à ce point de vue que la caféine, le chloral et la curare. Or il a constaté que le curare, qui ne change pas le volume du rein, produit de la diurèse, tandis que le chloral, qui congestionne le rein, ne produit qu'un accroissement insignifiant dans la quantité d'urine sécrétée. Surtout l'expérience démonstrative paraît être la suivante. Si à un animal chloralisé, dont le rein est par conséquent congestionné, on injecte de la caféine, on ne verra apparaître qu'une faible modification du volume du rein, mais la sécrétion urinaire augmentera beaucoup.

Ainsi l'action des diurétiques est probablement plus compliquée qu'on le supposerait tout d'abord. Il y a des actions nerveuses, il y a des actions vasomotrices locales, il y a l'influence de la pression générale du sang; mais toutes ces causes dont il n'est pas permis de nier l'influence sont beaucoup moins efficaces que l'action directe de la substance diurétique sur l'épithélium rénal et sur la glande elle-même. C'est ce principe, encore absolument incontestable à l'heure actuelle, que nous avions admis dans nos expériences de 1880 : c'est celui que plus tard a admis Munk à la suite de ses expériences de la circulation artificielle.

Rapports de la diurèse avec l'élimination des matériaux solides de l'urine. — Ici encore les observations précises et suffisamment démonstratives font défaut. Toutefois quelques données éparses çà et là permettent de soutenir que le plus souvent les diurétiques n'élèvent pas seulement les quantités d'eau éliminées, mais encore la masse des substances contenues dans l'urine. L'urine est moins dense; mais dans la polyurie la quantité totale des matières solides est plus considérable qu'elle n'était auparavant.

Nos expériences, dans lesquelles la polyurie était provoquée par l'injection de lactose, et parfois de saccharose ou de glycose, nous ont donné les résultats suivants.

Si nous rapportons le poids de l'urée à 1 kilogramme d'animal, par vingt-quatre heures nous avons, dans 3 expériences :

	EXPÉRIENCES.		
	I	II	III
Avant l'injection (moyenne)	0,42	0,45	0,22
Après l'injection (moyenne)	1,74	0,81	0,90
Après la 1ʳᵉ injection	0,63	0,63	0,68
Après la 2ᵉ —	1,06	0,85	0,47
Après la 3ᵉ —	2,45	0,07	0,95
Après la 4ᵉ —	2,14	0,78	0,20
Après la 5ᵉ —	2,40	»	1,20

Dans une autre expérience, plus récente, j'ai constaté aussi le même phénomène. Sur un chien de 13 kilogrammes les quantités d'eau éliminée et d'azote éliminé (en urée dans l'urine) ont été par minute :

		EAU. en cc.	AZOTE en cc.
Avant l'injection.	de 3 h. 20 à 4 h. 10. . . .	0,133	0,8
Injection de 20 cc. d'une solution	de 4 h. 10 à 4 h. 20. . . .	0,600	2,9
de sucre à 25 p. 100.	de 4 h. 20 à 4 h. 35. . . .	0,283	1,1
	de 4 h. 35 à 4 h. 45. . . .	2,030	4,2
Injection de 60 cc. de la solution.	de 4 h. 45 à 5 h.	1,133	1,17
	de 5 h. à 5 h. 20.	1,075	1,22
	de 5 h. 20 à 5 h. 30. . . .	1,050	1,20
Injection de 1 cc,5 de térébenthine.	de 5 h. 30 à 5 h. 55. . . .	0,400	0,54
	de 5 h. 55 à 6 h. 10. . . .	0,166	0,30
	de 6 h. 10 à 6 h. 40. . . .	0,233	0,46

On voit que la quantité d'azote éliminé est absolument parallèle à la quantité d'eau éliminée.

Schrœder, après administration de caféine ã des lapins, a obtenu des résultats analogues.

AVANT L'INJECTION DE CAFÉINE.		APRÈS L'INJECTION DE CAFÉINE.	
VOLUME D'URINE en 20'.	MATÉRIAUX SOLIDES.	VOLUME D'URINE en 20'.	MATÉRIAUX SOLIDES.
0,34	0,027	26,94	0,473
1,29	0,121	9,2	0,423
1,13	0,119	3,45	0,231
	AZOTE.		AZOTE.
1,47	0,005	9,79	0,017
0,58	0,0012	1,52	0,017

Ainsi la diurèse provoquée soit par la caféine, soit par les sucres, entraîne aussi de l'azoturie.

Dans leurs expériences sur le lavage du sang, Dastre et Loye ont vu aussi l'élimination de l'azote augmenter avec la diurèse. Munk, dans des expériences de circulation artificielle, a vu la quantité des chlorures éliminés croître constamment avec la quantité d'eau excrétée par le rein.

J'ai cherché à voir quelle peut être l'influence d'un diurétique sur l'élimination de quelqu'une des substances normales constitutives de l'urine, le chlore par exemple, dont le dosage est relativement si facile. En injectant du nitrate de soude (10 grammes de sel par litre) dans les veines d'un chien, on peut suivre la marche de cette élimination du chlore. On voit que la durée augmente jusqu'à une certaine limite pour diminuer ensuite, et qu'il y a parallèlement une augmentation, puis une diminution dans la quantité de chlore éliminé.

2 h. 50. Début de l'injection.

	LIQUIDE ÉLIMINÉ		PROP. DE Cl	Cl ÉLIMINÉ
	absolument.	par heure.	dans 1 litre.	par heure.
2 h. 50.			2,52	
3 h. 50.	250	250	2,30	0,58
4 h. 15.	295	708	2,16	1,54
4 h. 30.	350	1 400	1,98	2,68
4 h. 45.	400	1 600	1,66	2,64
5 h. 15.	700	1 400	1,43	2,00
5 h. 45.	670	1 340	1,37	1,82
6 h. 5.	400	1 200	1,29	1,53

On voit que l'injection de nitrate de soude a augmenté énormément l'élimination du NaCl. Si la quantité de chlore éliminé par le chien en une heure se prolongeait ainsi pendant vingt-quatre heures, cela ferait une excrétion urinaire de 107 grammes de chlorure de sodium en vingt-quatre heures; c'est-à-dire d'une quantité de sel quatre fois plus grande que la quantité contenue dans l'organisme d'un chien de même poids (13 kilogrammes.)

Avec le sucre le résultat est le même qu'avec le nitrate de soude, si bien que finalement, pour peu que l'expérience ait été prolongée, tout le chlore *éliminable* a été excrété par l'urine, et l'urine n'en contient plus que des quantités extrêmement faibles. J'ai vu dans le cas d'une injection sucrée à dose très forte (injection à un chien pesant 12 kilogrammes, de 5 litres d'une solution contenant par litre 30 grammes de lactose et 30 grammes de saccharose), la teneur du chlore de l'urine descendre au chiffre presque invraisemblable de 0gr,181 par litre. Malgré cette faible teneur de l'urine en chlore les tissus contenaient encore des proportions de chlore assez notables, soit, pour 1 000 grammes de substance.

Cerveau.	1,098
Rein.	0,971
Foie.	0,825
Muscles.	0,546

ce qui représente, à peu de chose près, la moitié de la teneur normale.

De quelques diurétiques en particulier. — 1° **Substances salines minérales.** — Depuis longtemps on a employé les divers sels minéraux pour provoquer la diurèse. Dans les anciennes et modernes pharmacopées on trouve constamment l'indication des diurétiques minéraux, azotates, acétates, sulfates, borates, chlorates, iodates de potasse et de soude. Parfois même les médecins prescrivent des doses élevées de ces sels, puisqu'ils ont été jusqu'à indiquer des quantités de 20 grammes de nitrate de potasse par jour.

On peut dire hardiment que tous les sels minéraux solubles, diffusibles, et qui ne précipitent pas l'albumine sont, quels qu'ils soient, diurétiques. J'ai constaté très nettement l'action diurétique du chlorure de sodium, du ferrocyanure de potassium, du phosphate et de l'iodure de potassium. Dans quelques cas il a été facile de voir que le moment de la diurèse coïncidait avec le moment de l'élimination de la substance injectée.

Notamment avec l'iodure de sodium et le ferrocyanure de potassium le résultat a été extrêmement net. Un chien de 15 kilogrammes avait un écoulement d'urine de 3 gouttes par minute. Alors nous lui injectâmes 2 grammes d'iodure de sodium dissous dans 10 grammes d'eau. Dans la minute de l'injection, il y eut, comme toujours, un léger ralentissement, et le nombre de gouttes par minute ne fut plus que de 1; dans la deuxième minute, il fut de 7 gouttes, dans la troisième minute, de 14 gouttes; dans la quatrième minute de 13 gouttes; et à ce moment nous constatâmes la présence d'iode dans l'urine; or depuis quelque temps déjà l'urine avait dû passer dans les bassinets, les uretères et les canules, avant de pouvoir être soumise à l'examen analytique. Sur le même chien l'écoulement d'urine était de 10 gouttes par minute; dans la minute où nous injectâmes 0gr,50 de ferrocyanure de potassium, il y eut encore 10 gouttes, puis dans la seconde minute 15 gouttes, et alors nous pûmes constater la réaction du ferrocyanure.

Les expériences de tous les physiologistes concordent toutes fort bien sur ce même point. Toute injection de substance saline, soit dans le système vasculaire, soit dans le tissu cellulaire, provoque aussitôt de la diurèse. Mais on ne comprendrait pas que cette diurèse fût permanente, si elle n'entraînait pas immédiatement la soif, et par conséquent l'ingestion, provoquée par la soif, d'une certaine quantité d'eau. Soit par exemple un animal de 12 kilos ayant une émission normale d'urine de 400cc par vingt-quatre heures, l'injection de NaCl va pendant un quart d'heure décupler l'élimination d'eau. Mais, s'il ne se met pas à ingérer plus de boissons que par son régime normal, finalement, au bout de 24 heures, il n'aura pas éliminé plus d'eau qu'à l'état normal; car il s'établit une compensation entre la spoliation aqueuse accidentelle exagérée du quart d'heure de polyurie et la spoliation aqueuse totale des 24 heures. Donc il n'y aurait pas eu finalement sécrétion d'une plus grande quantité d'urine, si cette spoliation aqueuse exagérée, provoquée par l'ingestion ou l'injection de Cl, n'avait contraint l'animal à boire davantage. Si l'on a injecté du sel à un animal, on le voit, dès qu'il est détaché, se mettre avidement à boire. Schrœder a vu ainsi des lapins, animaux qui ne boivent presque jamais, se mettre à boire, aussitôt après qu'on leur avait injecté du sel. Tout le monde sait qu'une alimentation très salée provoque une soif très vive et fait boire davantage; de sorte que, si les substances salines déterminent une polyurie immédiate, cette polyurie devrait être compensée par une anurie consécutive; mais il n'en est pas ainsi; car l'animal se met à boire, et alors l'augmentation de la sécrétion urinaire est définitivement acquise parce que l'animal en buvant compense le déficit aqueux momentané qu'a entraîné la polyurie.

En résumé, si l'on prend la totalité de l'urine des vingt-quatre heures, on peut dire encore que les sels sont diurétiques, mais ils ne sont tels que parce qu'ils font boire de l'eau : et peut-être même tous les diurétiques n'agissent-ils pas autrement, pourvu qu'on envisage non plus l'émission d'urine dans les minutes ou la demi-heure qui suivent l'injection ou l'ingestion, mais l'émission totale de l'urine en 24 heures.

La soif est l'élément régulateur de l'émission d'urine. Si la proportion des sels est trop grande dans le sang, il y a soif : si elle est trop faible, ce sentiment de la soif n'existe pas. Or il est évident qu'on boit quand on a soif, et qu'on ne boit pas quand on n'a pas soif, sauf le cas de l'ingestion des boissons alcooliques, laquelle, le plus souvent, n'a rien à faire avec la soif véritable.

Un très petit nombre d'expériences ont été faites sur l'influence que les chlorures de Na ou de K exercent sur la diurèse, quand ils sont ingérés avec les aliments, à égalité de boissons ingérées. Falck et Knaupp (cités par Pugliese) avaient vu sur eux-mêmes que l'ingestion de doses élevées de NaCl n'entraînait pas de diurèse; mais ce résultat était opposé à celui des autres physiologistes qui avaient conclu que ce sel était diurétique, probablement parce qu'il forçait à une ingestion exagérée de boissons. Pugliese, chez des chiens ne pouvant absorber que la même quantité journalière d'eau, a vu que le chlorure de sodium n'a eu aucune action diurétique dans ces conditions (sauf un chien sur quatre animaux expérimentés). L'élimination d'urée augmenta, mais l'élimination d'eau resta la même (à la dose de 0^{gr},23 par kilo d'animal). Au contraire, à la même dose, le KCl eut une action diurétique très nette. Cette différence tient sans doute à ce que le KCl est un élément que le rein élimine rapidement, tandis que NaCl peut être retenu par les tissus, et n'est pas nécessairement aussi vite éliminé que l'excès de KCl, l'élimination de l'un et l'autre sel entraînant toujours une élimination d'eau plus intense.

Limbeck a étudié avec soin sur des lapins l'influence diurétique des divers sels, en ingestion alimentaire. Pour juger plus nettement des effets diurétiques, il laissait les animaux à jeun pendant trois jours : et c'est alors seulement qu'il leur donnait des sels en solution à 3 p. 100 dans l'eau, qui étaient introduits par la sonde. Ces sels étaient des sels de sodium.

Voici un tableau qui donne le résultat de ses expériences. Les chiffres indiquent la proportion d'eau éliminée par les urines, relative à la proportion d'eau introduite par la sonde, pendant les douze heures qui suivent l'injection.

	gr.
Eau	17,9
Sulfate.	1,65
Tartrate	7,2
Phosphate	8,3
Bicarbonate.	24,0
Citrate	24,5
Bromure.	25,2
Acétate.	35,1
Iodure.	41,1
Nitrate.	47,4
Chlorure.	49,3
Chlorate	70,4

Ces chiffres, d'après LIUBECK, permettent de classer ces sels en trois groupes :

1° Sels qui diminuent l'excrétion urinaire (probablement parce qu'ils provoquent une spoliation aqueuse par l'intestin). (Sulfate, tartrate, phosphate).

2° Sels qui ne provoquent qu'une légère diurèse, ne différant que peu de la polyurie provoquée par l'eau (bicarbonate, citrate, bromure).

3° Sels qui sont très fortement diurétiques (acétate, iodure, nitrate, et surtout chlorure et chlorate).

Les tisanes sucrées diurétiques agissent comme des tisanes végétales diurétiques, autant par l'eau que par les substances dites diurétiques qu'elles contiennent; et on en boit de grandes quantités, car elles n'appaisent pas la soif, précisément parce que les sels qui y sont contenus entraînent une spoliation aqueuse au moins aussi grande que l'ingestion aqueuse accompagnant l'ingestion saline. Tel est en particulier le cas des eaux minérales diurétiques, alcalines.

2° **Sucres considérés comme diurétiques.** — R. MOUTARD-MARTIN et moi, nous avons montré en 1880 que les propriétés diurétiques du lait, connues de toute antiquité, étaient dues probablement en majeure partie au sucre de lait. En effet l'injection intra-veineuse de sucre de lait détermine une polyurie intense. Elle est telle dans certains cas que la quantité d'urine émise en une minute est quarante fois plus grande que la quantité émise à l'état normal. Nous n'avons pas trouvé de substance plus apte à produire la diurèse que le sucre. Quelquefois, sur des chiens de 20 à 25 kilos, si l'on a réuni les canules des deux uretères par un seul tube, et qu'on compte les gouttes d'urine qui s'écoulent, elles tombent en telle abondance qu'on ne peut plus les bien nombrer (dans un cas 130 gouttes par minute). Le volume du liquide sécrété dépasse toujours de beaucoup le volume du liquide injecté. Ainsi un chien en une demi-heure avait éliminé 14cc d'urine. On lui fait une injection sucrée de 19cc dans la demi-heure qui suit, et il élimine 34cc d'urine, ce qui représente, déduction faite du liquide normalement sécrété, deux fois le volume du liquide injecté. Il s'ensuit que, sous l'influence de l'excrétion rénale exagérée, il se fait une véritable déshydratation de sang. Cette déshydratation explique la soif intense manifestée par les animaux auxquels on a fait une injection intra-veineuse de sucre, ou de chlorure de sodium.

Mais cette déshydratation de sang ne peut dépasser certaines limites, et l'introduction de nouvelles quantités de sucre demeure sans action. Au moment d'une nouvelle injection consécutive à plusieurs injections antérieures il y a polyurie, mais cette polyurie passagère disparaît au bout de quelques minutes, et fait place à une véritable anurie.

En poursuivant alors les injections sucrées, dans ces conditions, on voit des phénomènes assez curieux apparaître; c'est surtout une sorte de narcotisation générale de l'animal et la suppression de la diurèse. Dans ces cas le sucre passe dans les liquides intestinaux, et alors s'observe une diarrhée intense : dans les liquides diarrhéiques se constate la présence d'une grande quantité de sucre.

Comme pour les substances salines, dès qu'il y a polyurie, il y a en même temps glycosurie : autrement dit la polyurie et l'élimination de la substance diurétique coïncident.

Les boissons sucrées agissent comme le sucre en injection veineuse, et leurs effets diurétiques sont parfois très nets. Le glycose en particulier est un très puissant diurétique, et par conséquent le raisin peut être considéré comme un diurétique de premier ordre. On prescrivait jadis des cures de raisin comme cures purgatives ou laxatives; mais, si l'on ne pousse pas la consommation du raisin jusqu'à provoquer l'exosmose intestinale, et si l'on s'arrête à l'exosmose rénale, on obtient des effets diurétiques très remarquables. J'en puis donner un exemple personnel. Dans une série d'expériences entreprises pendant neuf jours, j'ai trouvé que, après le repas terminé à midi, repas pendant lequel je prenais environ 500 grammes de raisin, représentant environ 40 grammes de glycose, la sécrétion urinaire devenait extrêmement abondante, soit, de demi-heure en demi-heure, en centimètres cubes (moyenne de IX observations).

De midi à midi 30. 16
De midi 30 à 1 heure 68
De 1 heure à 1 h. 30 104
De 1 h. 30 à 2 heures. . . . 27

Même, dans quelques cas, cette quantité d'urine s'est élevée à 148^{cc} en une demi-heure, soit à un taux qui représenterait 7 200^{cc} par vingt-quatre heures. On voit que l'élimination du sucre ingéré commence environ 1 h. 5 après l'ingestion, et est absolument terminée 1 h. 45 après l'ingestion. A partir de ce moment la sécrétion reprend son taux normal (14^{cc} par demi-heure) et n'oscille que pendant d'étroites limites durant le cours de la journée. Elle se relève à 25^{cc} — 40^{cc} après le repas du soir.

Cette urine de la diurèse par ingestion de sucre ne contenait pas de sucre. Elle était extrêmement aqueuse, presque pas colorée, et très probablement, quoique l'analyse n'en ait pas été faite, ne contenait que de très faibles quantités d'urée.

On peut se demander si la polyurie du diabète ne serait pas sous la dépendance immédiate de la glycémie, et cela par le mécanisme suivant, très simple. Il se fait une sécrétion exagérée de sucre ; et l'élimination de ce sucre entraîne de la polyurie, conséquemment une spoliation du sang en eau qui entraîne la soif, et alors les boissons consommées en quantités exagérées provoquent une sécrétion d'eau parallèle à cette ingestion plus abondante. Glycémie, glycosurie, polyurie, soif et ingestion plus abondante de boissons, tous ces phénomènes s'enchaînent étroitement l'un à l'autre. Ce sont des régulations organiques qui servent à maintenir l'équilibre des humeurs et des tissus ; et qui surviennent fatalement à la suite du trouble primitif apporté dans la nutrition.

Nos expériences ont été confirmées par de nombreux auteurs, tant physiologistes que cliniciens, qui ont établi l'action nettement diurétique des sucres.

ALBERTONI a montré que la pression sanguine augmentait après l'injection de sucre ; mais avec raison il se garde bien d'en conclure que cette augmentation de pression est la cause de la diurèse. Le volume du rein augmente beaucoup, et la vitesse du sang dans tout le système circulatoire, et dans le rein spécialement, se trouve augmentée. ALBERTONI pense que cette augmentation de pression dépend d'une action directe sur le cœur (qu'il accélère et dont il augmente la force) et sur les vaisseaux qu'il dilate. Cependant, dit-il, l'effet diurétique ne dépend pas de l'hyperémie rénale, qui est un facteur concomitant, mais d'une excitation de l'épithélium rénal sécréteur. Ce qui prouve qu'il en est ainsi, c'est que chez les chiens chloralisés il n'y a pas d'augmentation de la pression artérielle générale.

Que devient la circulation rénale dans ce cas ? c'est un point qui mériterait d'être étudié.

Les divers sucres, au point de vue spécial de la diurèse qui nous occupe ici, semblent se comporter à peu près de la même manière, quand l'injection est intra-veineuse. On a éprouvé la glycose, la lactose, la saccharose, la maltose, la dextrine, qui sont toutes diurétiques. Cependant, d'après ALBERTONI, la lévulose n'aurait pas ou presque pas d'action sur la diurèse.

Nous avons essayé des injections de gomme, laquelle, comme on le sait, n'est pas dialysable. La gomme arrête presque totalement la sécrétion urinaire, et cependant la pression artérielle s'élève beaucoup.

Pour faire l'étude complète de ces injections sucrées, il faudrait entrer dans beaucoup d'autres détails relatifs à leur absorption dans le système digestif, aux transformations chimiques que les sucres subissent dans les tissus, et à l'élimination par les urines ; mais cela ne touche qu'indirectement l'histoire des diurétiques (V. **Sucres**).

Disons seulement que l'administration par l'estomac ne donne pas tout à fait les mêmes résultats que l'injection intra-veineuse, que notamment la lactose n'est pas très bien absorbée, au moins d'après ALBERTONI. De fait, pourtant, l'administration, per os, de sucre de lait a donné aux cliniciens d'excellents résultats pour la diurèse, et récemment encore plusieurs médecins l'ont recommandée.

L'effet diurétique vraiment héroïque du lait est d'ailleurs bien connu ; HIPPOCRATE le recommandait déjà, et plus spécialement le lait d'ânesse, bien plus riche en sucre que le lait de vache ou le lait de chèvre. Je rappellerai aussi cette observation vulgaire que chacun a pu faire, c'est que les aliments sucrés, comme les aliments salés, déterminent une soif notable.

Coefficient diurétique des sucres. — ARROUS et HÉDON ont appelé coefficient diurétique le rapport entre la quantité de liquide injecté et la quantité de liquide sécrété. Assurément ce coefficient diurétique n'est valable que pour les injections intra-veineuses, mais, au point de vue expérimental, ce qui est le cas pour les injections intra-veineuses, il est de très grande importance.

Soit V le volume injecté, V' le volume éliminé, D le coefficient diurétique : nous aurons la relation $V' = VD$.

Il est clair que ce coefficient diurétique est loin d'être absolu. Dans ses intéressantes expériences, Arrous a, semble-t-il, omis de tenir compte du temps pendant lequel il mesure l'élimination urinaire consécutive à l'injection. Cependant l'unité de temps est un élément indispensable pour avoir un résultat comparable.

Quoi qu'il en soit, les chiffres trouvés au coefficient diurétique se rapprochent pour les sucres de 3. Avec R. Moutard-Martin nous avions constaté un rapport voisin de 4, mais sans faire l'étude méthodique de cette relation.

Le tableau suivant donne, d'après Arrous, le poids moléculaire de chaque sucre, comparé au coefficient diurétique moyen (sur le lapin) qu'ils possèdent lorsqu'on les injecte en solution à 25 p. 100.

SUCRES.	FORMULE.	POIDS MOLÉCULAIRE.	COEFFICIENT DIURÉTIQUE MOYEN pour solutions à 25 p. 100.
Érythrite.	$C^4H^{10}O^4$	122	4,0
Arabinose	$C^5H^{10}O^5$	150	3,4
Mannite.	$C^6H^{14}O^6$	182	3,2
Dulcite.	$C^6H^{14}O^6$	182	2,9
Glycose.	$C^6H^{12}O^6$	180	2,8
Lévulose.	—	—	2,4
Galactose.	—	—	2,4
Isodulcite.	$C^6H^{12}O^5H^2O$	182	2,2
Lactose.	$C^{12}H^{22}O^{11}$	342	2,2
Saccharose.	—	—	2,0
Maltose.	—	—	1,9
Raffinose.	$C^{18}H^{32}O^{16}$	504	0,9

Il s'ensuit que l'activité diurétique des sucres (exprimée par leur coefficient diurétique) croît en raison inverse de leur poids moléculaire ; et par conséquent en raison directe de leur tension osmotique. Arrous fait remarquer alors avec raison que cette relation entre les propriétés physiques des sucres et leur action diurétique rend bien improbable l'hypothèse que cette action est d'ordre nerveux, une irritation de la moelle allongée, ou de l'endocarde, comme Albertoni l'avait supposé.

On trouvera encore dans l'ouvrage d'Arrous nombre d'expériences intéressantes sur le cœfficient diurétique. Nous noterons surtout le fait relatif à l'influence de la concentration.

Pour un même sucre, la valeur du coefficient diurétique est, dans certaines limites, indépendante de la dose de sucre injecté. Le coefficient s'abaisse lorsque la solution est diluée ; il s'élève lorsqu'elle est plus concentrée. Il y a cependant pour chaque sucre une valeur optimum à un certain degré de dilution : cet optimum est, pour la plupart des sucres, voisin de la dilution de 25 p. 100.

Diurétiques organiques. — Toutes les substances organiques capables de passer dans l'urine sont diurétiques ; et nous en ferons très brièvement l'énumération.

C'est d'abord l'*urée*. En 1822, Ségalas d'Etchepare fit une des premières expériences sur les diurétiques ; il montra que l'urée, introduite dans les veines d'un chien, est un *puissant diurétique, et qu'elle n'a pas d'action bien nuisible sur l'économie*. L'expérience a été répétée par Ustimovitch, et par nous, et par divers auteurs encore.

L'alcool, le chloral, le chloralose, la glycérine, toutes ces substances sont diurétiques, à des degrés divers, probablement toujours par le même mécanisme, excitation des propriétés osmotiques de l'épithélium rénal. Il convient de remarquer que toutes ces substances passent dans l'urine ; le chloral à l'état d'acide urochloralique, l'alcool et la glycérine à l'état d'alcool (?) et de glycérine.

D'autres substances sont diurétiques non seulement par leur action sur l'épithélium rénal; mais encore parce qu'elles agissent sur la circulation rénale et la circulation générale : alors il y a un effet plus marqué. La caféine, la théobromine, les dérivés méthyliques de la caféine, l'oxycaféine, la méthyloxycaféine, sont dans ce cas.

Les expériences de HELLIN et SPIRO, dans lesquelles la glande rénale était d'abord empoisonnée par le chromate, ou l'arséniate de soude, ont montré que, malgré les profondes altérations du tissu rénal, la caféine pouvait cependant toujours provoquer de la diurèse, comme aussi d'ailleurs la phloridzine, qui amenait de la glycosurie et de la polyurie. Dans ces cas il y a surtout des lésions des tubuli, tandis que, dans l'empoisonnement par la cantharidine, la néphrite est glomérulaire. Or, après l'empoisonnement par la cantharidine, la caféine ne peut plus produire de diurèse.

Il serait peut-être prématuré de conclure de ces faits intéressants que la diurèse de la caféine résulte uniquement d'une sécrétion glomérulaire plus intense.

En tout cas il est prouvé, par les expériences de ROST, que la caféine et la théobromine se retrouvent dans l'urine, après que cette urine a été sécrétée en plus grande quantité. Je rappellerai que dans nos expériences de 1880 nous avions, avec R. MOUTARD MARTIN, établi que les agents diurétiques sont précisément ceux qui passent dans l'urine. Nous ne l'avions pas établi pour la caféine et la théobromine, avec lesquelles nous n'avions pas alors expérimenté. Les expériences de ROST comblent cette lacune, et elles prouvent même aussi ce fait très intéressant, c'est que la théobromine, beaucoup plus diurétique que la caféine, passe aussi en plus grande quantité dans l'urine. On en retrouve 31,8 p. 100 chez le chien; 28 p. 100 chez le lapin, et 20 p. 100 chez l'homme, tandis que de la caféine on ne trouve que des traces chez l'homme, 21 p. 100 chez le lapin, 8 p. 100 chez le chien et 2,4 p. 100 chez le chat. Ces différences dans la teneur des urines en caféine et en théobromine correspondent à des différences dans l'activité diurétique de ces substances. Le chien serait presque réfractaire à l'action diurétique de la caféine, si évidente chez le lapin.

SCHRŒDER sépare l'action de la caféine de celle de la théobromine, parce que l'effet diurétique de la caféine est marqué par l'excitation des centres nerveux. La théobromine, à dose il est vrai quatre fois plus forte que la caféine, amène une rapide diurèse, et cela sans nécessiter l'emploi de paraldéhyde ou de chloral pour paralyser l'action constrictive nerveuse. Mais, même à cette dose, la théobromine est moins toxique que la caféine, de sorte que, selon SCHRŒDER, la théobromine serait un des meilleurs diurétiques chez l'homme. La *diurétine*, qu'on a récemment recommandée comme diurétique, est du salicylate de soude et de théobromine (C⁷H²Az⁴O²Na) (C⁷H³O³Na).

La *strophantine*, chez les malades atteints de maladies du cœur, paraît être aussi très nettement diurétique. Elle est toni-cardiaque et diurétique (A. MARTIN).

SABBATANI a montré que la pilocarpine a d'autant plus d'effet qu'elle est administrée avec des substances qui paralysent les vaso-moteurs. Associée à la paraldéhyde, elle est diurétique.

Il est probable que les effets de la digitaline et de la scille sont plus ou moins analogues (V. **Digitaline**), mais cependant avec des divergences notables, car la digitaline élève la pression par action sur le cœur, tandis que la caféine l'élève par constriction des vaisseaux de la périphérie (DRESER).

Il s'ensuit que la digitaline est franchement diurétique, sans qu'il y ait besoin de paralyser les centres nerveux vaso-constricteurs, tandis que la caféine n'est un actif diurétique que si ces centres sont paralysés.

Mais il faut bien reconnaître que l'action de la digitaline sur la sécrétion urinaire est loin d'être élucidée. MUNK la classe tout à fait à part parmi les diurétiques, et MARSHALL a vu que la digitaline, malgré l'élévation notable de la pression, n'augmente nullement la sécrétion urinaire, chez le lapin, même qu'elle tend plutôt à la diminuer.

La phloridzine est diurétique, mais on ne saurait dire si elle agit directement sur l'élément glandulaire, ou bien médiatement, après son dédoublement dans l'organisme, par le glycose qu'elle contient.

Quant aux tisanes dites diurétiques, dont les vieilles pharmacopées ont conservé la liste, elles n'ont guère de valeur diurétique que par l'eau et le sucre qu'elles représentent. Peut-être certaines essences qui y sont contenues sont-elles aussi diurétiques, même à faibles doses, à cause des propriétés stimulantes qu'elles exercent sur le système nerveux, et peut-être aussi de leurs propriétés osmotiques.

De l'emploi des diurétiques en thérapeutique. — Nous n'avons pas à examiner ici les conditions dans lesquelles, en clinique, il convient d'administrer les diurétiques. Les indications sont évidemment multiples.

On ne peut dire que la digitale soit primitivement et directement diurétique. Au cnntraire toutes les expériences prouvent que les effets diurétiques de cette substance ne sont que secondaires, consécutifs au rétablissement d'une bonne circulation car-diaque. Par l'effet de la déplétion du cœur droit, qui, avant la digitale, était surchargé et travaillait dans des conditions défectueuses, la résorption des œdèmes se fait, et la pression artérielle se relève, en même temps que la pression veineuse diminue. Le liquide accumulé dans les tissus cellulaires se trouve résorbé, et en somme c'est comme une injection d'eau salée dans le sang. Le résultat est naturellement très favorable pour le retour à la santé ; mais ce n'est pas à cause de la diurèse que la santé revient, la santé revient en même temps que la diurèse s'établit. En un mot, l'action cardio-tonique de la digitale entraîne la diurèse ; mais ce n'est pas par le fait même de la diurèse que la digitale, dans les affections cardiaques, est un médicament héroïque ; la diurèse n'est qu'une conséquence du retour des fonctions cardiaques.

Les autres substances franchement diurétiques par leur action sur la glande rénale agissent dans un sens favorable à l'ensemble des fonctions organiques, très probablement par l'élimination des substances toxiques, contenues dans le sang ou les tissus. Elles n'influencent certainement pas l'élimination des bactéries ou des spores. KLECSI, qui a étudié spécialement cette question, a prouvé, ce qui était d'ailleurs assez vraisemblable, que la diurèse est sans aucune influence sur l'élimination des bactéries. Mais il n'en est pas de même pour les substances solubles.

Toutes les expériences indiquées plus haut semblent prouver que, lorsque la quantité d'eau sécrétée augmente, il y a en même temps augmentation dans le rejet des subs-tances contenues dans l'urine, urée ou chlorures. On n'a pas, à ma connaissance, étudié l'élimination des substances toxiques normales de l'urine dans son rapport avec la polyu-rie provoquée par les diurétiques. Mais il est bien permis de supposer qu'elle marche de pair avec l'excrétion de l'urée, des chlorures et des matériaux solides. Par conséquent, selon toute vraisemblance, la diurèse va déterminer une excrétion plus active des subs-tances toxiques organiques, que ces toxiques soient produits par des microbes infec-tieux, ou qu'ils soient dus au fonctionnement chimique normal des tissus.

En somme, l'action essentielle des diurétiques est d'*activer l'élimination des poisons*. Il serait intéressant de faire des expériences directes dans ce sens.

C'est d'ailleurs à peu près ce qui a été réalisé par les essais de lavage du sang, qu'ont pratiqué certains médecins et certains chirurgiens, guidés par les expériences physiologiques de DASTRE et LOYE.

Parmi ces diurétiques, la lactose paraît être le plus favorable. Nous avons montré que tous les sucres étaient d'excellents diurétiques, et que spécialement la lactose agissait d'une manière tout à fait efficace. Mais, pour agir d'une manière durable, elle doit être associée à une grande quantité d'eau ; car il n'y a de diurèse prolongée que si à la substance diurétique vient s'ajouter une notable quantité d'eau. Or le lait a cet avantage d'être un aliment, et un aliment de premier ordre, de contenir de l'eau, des sels, et du sucre. Il apparaît donc, au point de vue thérapeutique, comme le diurétique par excellence. Sur ce point l'expérimentation physiologique a confirmé les données cliniques séculaires.

Conclusion. — Nous devons maintenant résumer ces faits différents et en dégager quelques lois générales.

Les substances dites diurétiques agissent de diverses manières : les unes, comme la digitale, agissent médiatement par l'augmentation de la pression artérielle. Comme il ne peut exister de sécrétion rénale que si la pression artérielle est à un certain niveau, il s'ensuit que, dans les maladies du cœur où il y a insuffisance de la contraction car-diaque, et engorgement du cœur droit, la digitale ne sera diurétique que parce qu'elle agira favorablement sur la circulation.

Les autres diurétiques agissent en stimulant directement la fonction sécrétoire du rein. Mais le mécanisme de leur action est encore assez complexe.

Les uns, en même temps qu'ils stimulent la fonction sécrétoire, déterminent la vaso-constriction rénale. Alors, dans les conditions ordinaires, leur effet est en partie atténué par la vaso-constriction, comme c'est le cas de la caféine, qui agit mieux quand on l'associe à la paraldéhyde et au chloral, substances qui empêchent la vasoconstriction.

Les autres diurétiques provoquent à la fois l'élévation de la pression artérielle, l'augmentation de volume du rein, et l'hyperactivité glomérulaire : alors ils sont très actifs, même sans le secours des paralysants : les sucres sont des diurétiques de cet ordre.

D'autres diurétiques, le chlorure de sodium, l'urée et la plupart des sels, ne modifient notablement ni la pression artérielle générale ni la circulation dans le rein, et ils ne semblent agir que par leur fonction excitante sur la sécrétion glomérulaire.

Enfin il y a peut être des diurétiques qui agiraient sur la fonction résorbante des tubuli. La caféine, d'après SOBIERANSKI, le calomel, d'après DRESER, seraient diurétiques parce qu'ils empêcheraient les tubuli de résorber les liquides éliminés par les glomérules.

En définitive, on voit que la pression artérielle et la circulation rénale ne jouent qu'un rôle très secondaire dans la fonction diurétique. Toutes conditions égales, si la pression artérielle s'élève, la sécrétion augmente ; mais cet effet est fort peu de chose relativement à l'influence prépondérante qu'exerce la composition chimique du sang.

Si le sang contient une substance soluble, diffusible, soit anormale, soit en propor-tions plus grandes que la proportion normale, elle va se fixer sur le glomérule et être éliminée par lui. Il est impossible de rattacher cette élimination à une simple loi physique osmotique ; car le rapport entre les concentrations moléculaires du plasma et de l'urine à l'état normal et après l'injection d'un diurétique ne reste pas identique. Soit Δ la concentration moléculaire du sang normal ; Δ' celle de l'urine normale ; à un très léger, presque imperceptible, changement de la concentration moléculaire du sang ($\Delta + \alpha$ par exemple, α étant très faible) la concentration moléculaire de l'urine va diminuer énormément et deviendra $\dfrac{\Delta'}{2}$ ou $\dfrac{\Delta'}{3}$ ou même $\dfrac{\Delta'}{4}$. Il faut donc faire intervenir nécessairement une certaine affinité de la substance diurétique pour le glomérule, et secondairement une élimination par le glomérule, affinité et élimination qui résultent plutôt de la constitution chimique du glomérule que des propriétés physiques osmo-tiques du liquide sanguin.

Le glomérule et le rein apparaissent alors comme les régulateurs de la constitution chimique du sang. Toute substance chimique nouvelle, introduite dans le sang, pourvu qu'elle soit dialysable et soluble, sera éliminée par l'urine, et son élimination entraînera en même temps l'élimination d'eau.

Aussi peut-on établir tout d'abord ces deux lois sur lesquelles nous avons insisté plus haut et que nous contenterons ici de résumer.

1° *Toute substance soluble et dialysable qui n'altère pas le glomérule est diurétique.*

2° *La diurèse marche de pair avec l'élimination.*

A ces deux lois on peut en ajouter une troisième, très importante au point de vue thérapeutique, puisqu'elle donne pour ainsi dire la raison d'être du rôle des diuré-tiques dans le traitement des malades.

3° *Toute élimination plus active d'eau entraîne l'élimination plus active des éléments solides du sang, urée, sels et toxines.*

D'autre part, comme l'eau est éliminée en plus grande quantité, et qu'il se produit alors, par cette spoliation aqueuse, une déshydratation relative du sang, il s'ensuit que la diurèse ne peut être que momentanée, et qu'elle se compenserait par une anurie rela-tive, si la déshydratation du sang n'entraînait pas la soif et conséquemment une inges-tion plus ou moins abondante de boissons aqueuses, ramenant le sang à sa teneur nor-male en eau. De là cette conséquence :

4° *L'élimination d'eau plus active et la déshydratation du sang entraînent la soif, et par conséquent l'ingestion des boissons aqueuses. Il ne peut y avoir de diurèse permanente que si les pertes en eau sont réparées par l'ingestion de boissons.*

Enfin, pour préciser les données relatives à la pression artérielle, et à l'innervation des reins :

5° *L'élévation de la pression artérielle amène une très légère polyurie ; mais la plupart des* substances diurétiques produisent leur effet diurétique par leur action chimique spéciale sur le glomérule, c'est-à-dire par un mécanisme autre que des actions vasomotrices, ou l'accroissement de la pression sanguine.

Bibliographie. — ALBANESE (M.). *La circulation du sang dans le rein* (A. i. B., 1891, XVI, 285-289). — ALBERTONI (P.). *Manière de se comporter des sucres et leur action dans l'organisme* (Ibid., 1891, XV, 321-343). — ARROUS et HÉDON. *Des relations existant entre les actions diurétiques et les propriétés osmotiques des sucres* (Montpellier médical, 1900, 23-30). — ARROUS. *Action diurétique des sucres en injections intra-veineuses* (Diss. in., Montpellier, 1900, 100 p.). — BARDIER et FRENKEL. *Action de l'extrait capsulaire sur la diurèse et la circulation rénale* (B. B., 24 juin 1899). — BARR (JAMES), MARSHALL, ATKINSON, SHINGLETON, SMITH. *Discussion on diuretics* (63 Annual meet. of the Brit. med. Associat., Montreal. Sect. of Pharmacology and Therapeutics. Brit. med. Journal, 1897, (2), 1697-1709). — BECKERT. *Klin. Verwendbarkeit des reinen Harnstoff als Diureticum* (Prag. med. Woch., 1897, 13). — BERNARD (CLAUDE). *Leç. sur les liquides de l'organisme*, 1859, I, 32. — BETTMAN (S.). *Harnstoff als Diureticum* (Berl. klin. Woch., 1896, 1081-1082). — BOUCHARD (CH.). *Essai de cryoscopie des urines* (C. R., 1899, CXXVIII, 64-67); — *A propos d'une réclamation de J. WINTER* (Ibid., 488-490). — BOURGEON (M.). *Du calomel comme diurétique dans les affections valvulaires du cœur*, Diss., Paris, 1899. — BRUNTON (L.). *Diuretics* (St-Barth. Hosp. Reports, 1876, XII, 334-342). — BINZ (C.). *Kritisches und Experimentelles zur Lehre von den harntreibenden Mitteln* (Allg. med. Zeit., 1863, XXXII, 33, 41, 49, 57, 73, 81, 89, 97). — BUCQUOY. *Act. diurétique de la strophantine* (Ac. de méd. de Paris, janv. 1889). — CERVELLO et LO MONACO. *Studii sui diuretici* (Arch. p. l. sc. med., XIV, 7 et A. i. B., 1890, XIV, 148). — DASTRE (A.). *Observat. relatives à la diurèse produite par les sucres* (B. B., 1889, 574-578). — DASTRE et LOYE. *Le lavage du sang* (A. d. P., 1888, (2), 93-114). — DRESER (H.). *Ueber Diurese und ihre Beeinflussung durch pharmacologische Mittel* (A. P. P., XXIX, 303); — *Histochemisches zur Nierenphysiologie* (Z. B., 1885, III, 41). — DUJARDIN-BEAUMETZ. *Les sucres comme diurétiques* (Bull. gén. de thér., 1889, 246). — FLEINER. *Ueber die diuretische Wirk. des Calomels bei renalem Hydrops* (Berl. klin. Woch., 1890, 1105). — FRANCOTTE. *Ein demonstratives Experiment die Nierenpathologie betreffend* (Centralbl. f. allg. Path. und path. Anat., 1895). — FRIEDRICH. *Diuretische Wirk. des Harnstoffes* (Berl. klin. Woch., 1896, XXXIII, 370). — FUBINI et OTTOLENGHI. *Einfluss des Coffeins und des Kaffeaufgusses auf die tägliche Harnstoffausscheidung beim Menschen* (Unters. z. Nat. d. Menschen u. d. Thiere, 1882, XIII, 247-251). — GRAM (CH.). *Klinische Versuche über die diuretische Wirk. des Theobromin* (Ther. Monatsh., IV, 1890, 10). — GRIJNS (G.). *Die Temperatur des in die Niere einströmenden Blutes und des aus ihr abfliessenden Harnes* (A. P., 1893, 78-101). — GUBLER. *Act. diurétique de la caféine* (Rev. Sc. méd., XV, 117). — HEINZ. *Coffeinsulfosäure, ein neues Diureticum* (Wien. med. Woch., 1893, XLIII, 1846-1848, et Berl. klin. Woch., 1893, 43). — HELLIN (D.) et SPIRO (K.). *Ueber Diurese. Die Wirkung von Coffein und Phloridzin bei artificieller Nephritis* (A. P. P., 1897, XXXVIII, 368-380). — HOFFMANN (A.). *Therap. Anwendung des Diuretin* (Ibid., 1894, XXVIII, 1-17). — JENDRASSIK. *Quecksilberdiurese* (Allg. med. Centrzeit., 1889, 2027 et Arch. f. klin. Med., XLVII). — KESSLER. *Versuche über die Wirkung einiger Diuretica* (Diss. in., Dorpat, in-8, 1877). — KLECKI (C.). *Ausscheidung von Bacterien durch die Niere und die Beeinflussung dieses Processes durch die Diurese* (A. P. P., 1897, XXXIX, 192-218). — KOBLER (G.). *Einige Beziehungen der Diurese zur Harnstoff und Harnsäureausscheidung, insbesondere bei den Compensationsstörungen der Herzkranken* (Wien. klin. Woch., 1891, nos 19 et 20; C. P., 1891, V, 605-606). — KONINDJY et POMERANTZ. *La théobromine et la diurétine; leur act. diurétique* (Bull. gén. de thérapeutique, 1890, 112). — LAMBERT. *La diurétine* (Journ. de pharm. et de chim., 1890, XXII, 346). — LANGGHARD. *Zur diuretischen Wirk. der Coffeins* (C. W., 1886, XXIV, 513). — LAURE. *De la médication diurétique* (Th. d'agr., Paris, 1888, in-8). — LEMOINE (G.). *L'écorce du sureau comme diurétique* (B. B., 1889, 676). — MAIRET. *Rech. sur les diurétiques; classificat. admises par les auteurs, prémisses physiolog., classificat., définit., modes d'expériment.* (Montpell. méd., 1879, XLIII, 124, 231, 303; 1880, XLIV, 33; XLV, 319). — MARSHALL (C. R.). *On the antagonist action of digitalis and the members of the nitrite group* (J. P., 1897, XXII, 1-38). — MARTIN (A.). *Contr. à l'étude de la polyurie chez les cardiaques* (Diss. in Paris, in-8, Steinheil, 1899). — MASIUS. *Étude thérapeut. sur la diurétine* (Bull. de l'Ac. R. de méd. de Belgique, 1891, V, 735). — MAUREL. *Exp. clin. sur les diurétiques* (Bull. gén. de thérap., 1880, XCVIII, 97, 157, 206, 254). — MEILACH

(S.). *Les sucres comme diurétiques* (Diss. in., Paris, in-8, 1889). — MITSCHERLICH. *Ueber die Wirk. der diuretischen Mittel im allgem.* (A. A. P., 1837, 304-319). — MOUTARD-MARTIN (R.) et RICHET (CH.). *Rech. exp. sur la polyurie* (Travaux du lab. de CH. RICHET, 1893, II, 181-233; A. d. P., 1880, VIII, 1-19). — MUNK (I.). *Zur Lehre von der Harnsecretion* (C. W., 1886, 481-484 et 818-821). — MUNK et SENATOR. *Zur Kenntniss der Nierenfunction* (A. A. P., 1888, CXIV, 1). — NIESEL (M.). *Zur diuretischen Wirk. des Milchzuckers* (Intern. Ctralbl. f. d. Physiol. u. Path. d. Harn. u. Sex. Org., 1889, I, 423-428). — NUNNELEY. *Experim. on the action of cert. diuretics* (citr. and acet. of potash, spiritus aetheris nitrosi and oil of juniper) *on the urine in health* (Med. Chir. Trans., 1870, LIII, 31-47). — PFAFF (FR.). *Vergleich. Unters. über die diuret. Wirk. der Digitalis und des Digitalins an Menschen und Thieren* (A. P. P., 1893, XXXII, 1-37). — PICKERING. *Notes on the action of chloro and cyano-caffeine* (J. P., 1894, XVII, 395-401). — PUGLIESE (A.). *Action du NaCl et du KCl sur l'échange matériel* (A. i. B., 1895, XXV, 17-29). — RAPHAEL (A.). *Diuretische Wirk. einiger Mittel auf den Menschen* (Arb. d. Pharm. Institut zu Dorpat, 1894, X, 81; C. P., 1895, 258). — RICHET (CH.). *L'élimination des boissons par l'urine* (B. B., 1881, 563-566). — ROSENHEIM. *Zur Kenntniss der diuret. Wirk. der Quecksilberpräparate* (D. med. Wock., 1887, n° 16, 325). — ROST (E.). *Ausscheidung des Coffein und Theobromin im Harne* (A. P. P., 1895, XXXVI, 56-71). — ROUX (J.). *Sur l'élimination des iodures et de quelques médicaments par l'urine* (Trav. du lab. de Physiologie de CH. RICHET, II, 1893, 497-528). — RUDEL. *Ueber den Einfluss der Diurese auf die Reaction des Harns* (A. P. P., 1831, 189). — SABBATANI (L.). *Act. diurétique de la pilocarpine* (A. i. B., 1893, XIX, 474-478). — SCHROEDER. *Wirk. des Coffeins als Diureticum* (Ibid., 1887, XXII, 39); *Diuretische Wirk. des Coffeins und der zu derselben Gruppe gehörenden Substanzen* (Ibid., 1889, XXIV, 85). — SÉE (G.). *Diurèse produite par la lactose* (B. B., oct. 1889, 606, et Bull. Ac. de méd., 1889, 845). — SMITH (T. C.). *Physiol. of diuretics* (Detr. Rev. med. et pharm., 1876, XI, 323-329). — SOBIERANSKI (W.). *Nierenfunction und Wirkungsweise der Diuretica* (A. P. P., 1896, XXXV, 144). — THOMPSON (W.). *Verlangsamen Atropin und Morphin die Absonderung des Harnes?* (A. P., 1894, 117). — VESPA (P.). *Harntreibende Wirk. des Milchzuckers und des Traubenzukers* (Unters. z. Nat. d. Mensch. u. d. Th., 1893, XV, 93-105). — WALRAVENS (A.). *Le nerf vague possède-t-il une action sur la sécrétion urinaire?* (A. i. B., 1895, XXV, 169-188). — WALTI (L.). *Einwirkung des Atropins auf die Harnsecretion* (A. P. P., 1895, XXXVI, 410-436). — WKIART. *Versuche über die Wirkungsart der Diuretica* (Arch. d. Heilk., 1861, II, 69-88). — WINTER (J.). *De l'équilibre moléculaire des humeurs. Étude de la concentration des urines. Ses limites* (A. d. P., 1896, VIII, 529-536). — WOODHULL (A. A.). *Apocynum cannabinum. A diuretic plant.* (Brit. med. Journ., 1897, (2), 1714-1715).

CHARLES RICHET.

DOMESTICATION.

DOMESTICATION. — Parmi les innombrables espèces animales et végétales qui peuplent les terres et les eaux, il en est un certain nombre que l'homme a domestiquées. Il ne sera question ici que des espèces animales : ce sont celles qui intéressent le plus le physiologiste; et, quoique les faits relatifs à la domestication des plantes soient pourtant pleins d'intérêt, c'est plutôt dans une œuvre de biologie générale qu'ils doivent trouver place.

Définition. Classification. — Il n'est vraiment point facile de donner une définition très précise du mot domestication; chacun sent bien que l'animal réduit en domesticité est un animal qui vit dans une certaine dépendance de l'homme, et présente à l'égard de ce dernier des relations plus étroites que celles que présente l'animal sauvage. Mais, quand on en vient à examiner la nature de ces relations, elles déconcertent par leur variabilité. Les rapports de l'homme avec l'animal domestique sont très différents selon le cas, très étroits et intimes ici; là, très distants et lâches; en tel cas, l'animal semble être l'œuvre et la chose de l'homme; ailleurs c'en est tout au plus le captif éphémère. On a peine à imaginer telle forme domestique vivant sans l'homme et sans les soins que lui prodigue celui-ci, et à la vérité, elle ne réussirait point à vivre : telle autre n'a aucun besoin de l'intervention humaine. Il faut remarquer encore qu'entre la domestication et certaines formes de parasitisme ou de commensalisme, la différence n'est point grande, extérieurement tout au moins : l'homme a de nombreux commensaux qui ne sauraient être considérés comme ayant été domestiqués par lui. On distinguera toutefois les animaux domestiques à ceci que leur condition par rapport à l'homme est non point l'effet des circonstances ou de leur volonté propre : elle résulte de la volonté et de l'intervention de l'homme. Le rat, la punaise, et d'autres commensaux du même genre se sont imposés à l'homme : ce n'est pas l'homme qui se les est assujettis. Quant aux raisons pour lesquelles l'homme a recherché telle espèce animale, lui a donné ses soins, en le protégeant contre tels ennemis, en lui donnant de quoi manger, en lui évitant bon nombre de combats dans la lutte pour l'existence, en lui procurant des moyens variés de persister dans l'être, et de se multiplier, elles sont très variées. On ne peut même pas dire qu'elles appartiennent toutes à l'ordre « intéressé ». Sans doute, dans bien des cas, l'homme domestique les animaux pour avoir toujours à portée de la viande ou des œufs, ou du lait pour se nourrir ; ou bien de la laine et des peaux pour se vêtir ; des plumes pour se parer ; des cuirs pour se chausser, et dans ces circonstances, il n'agit qu'en vue de son propre intérêt : mais il est des cas aussi où l'intérêt direct et pratique n'est plus en jeu ; où l'homme domestique les animaux non plus pour en tirer parti, non plus pour la satisfaction de tel ou tel besoin matériel, mais bien pour son plaisir esthétique, ou pour donner satisfaction à certains sentiments affectifs.

On peut donc dire que le but poursuivi par l'homme dans la domestication des espèces animales est fort différent selon le cas ; ses mobiles ne sont point constants.

Ces derniers peuvent se classer en trois groupes principaux. Nous avons d'abord les animaux que l'homme conserve en domesticité pour s'en nourrir, soit qu'il leur demande la chair, la viande, soit qu'il leur demande le lait, soit enfin, qu'il leur prenne l'un et l'autre, ou bien telle autre partie, ou tel produit dont il tire parti dans l'alimentation. Le porc, le bœuf, le mouton, le lapin, le renne, les différents bovidés qui, sous d'autres climats, remplacent le bœuf et la vache, l'abeille, et bon nombre d'oiseaux, comme le pigeon, les poules, l'oie, le canard, le faisan, la pintade, le dindon, appartiennent à la catégorie des animaux domestiques alimentaires.

Dans un second groupe prennent place les animaux que l'homme s'est assujettis pour les employer comme animaux de trait ou de charge, comme animaux capables de fournir de gros travaux auxquels il préfère ne pas s'adonner, capables encore d'économiser ses forces de diverses manières. Le cheval et l'âne, l'éléphant, le chameau, le renne, le chien même, le pigeon voyageur, à des titres divers, et dans des circonstances différentes, sont des exemples des animaux de cette seconde catégorie.

Dans la troisième prennent place les espèces que l'homme utilise surtout comme alliés contre d'autres animaux ou contre les hommes mêmes. Ce sont les animaux de chasse et de pêche : le chien, le collaborateur classique et intelligent du chasseur ; la loutre, parfois, et aussi le phoque à l'occasion ; le chat, le cormoran, souvent employé pour la pêche ; le faucon, qui sert à capturer d'autres oiseaux.

Quatrième groupe : celui des animaux domestiqués à cause des produits d'usage industriel qu'ils fournissent. Ce sont le ver à soie, l'autruche, le mouton, le bœuf, et bien d'autres, qui fournissent la soie, les plumes, la laine, le cuir, etc.

Enfin, en cinquième lieu, nous avons les animaux de pur agrément : les oiseaux chanteurs, les oiseaux bizarres (pigeons en particulier), les oiseaux d'ornement (cygne, différents canards), quelques poissons (poisson rouge, macropode), le chat et le chien d'agrément. Assurément, quelques espèces sont aptes à entrer indifféremment dans chacune des catégories qui précèdent — ou peu s'en faut — et dans aucun cas les usages d'une espèce animale quelconque ne sont en réalité strictement limités.

Il semblerait, à ne considérer l'importance que d'un ou deux des mobiles auxquels l'homme obéit en domestiquant les animaux, que le nombre des espèces réduites en domesticité dût être considérable. Car, en définitive, le nombre des espèces comestibles est immense ; et non moins immense est celui des espèces aptes à fournir des produits utiles au vêtement et à la parure. Et pourtant, le nombre des espèces domestiquées est fort restreint. Assurément, beaucoup d'animaux comestibles sont protégés par l'homme et par lui nourris — à la charge de lui rendre un jour la pareille — mais ils ne sont pas pour cela susceptibles d'être comptés au nombre des animaux domestiquées. Les perches ou les carpes qui sont mises en réserve dans un étang ; les écrevisses des viviers flottants de la Volga, les [homards des viviers de nos côtes, ne sont pas des animaux domestiqués ; non plus d'ailleurs que les faisans employés à repeupler les chasses appauvries, ou les lapins de garenne que le garde-chasse protège contre le braconnier. L'homme ne domestique pas toutes les espèces qui lui sont utiles : et il n'a pas besoin de les domestiquer toutes. Il suffit qu'il en ait quelques-unes, et sache où aller prendre les autres quand besoin en est. Il suffit qu'une petite réserve lui fournisse le nécessaire à portée de la main : il n'a pas besoin de provisions illimitées, et, du moment où la nature élève pour lui des bêtes utiles à l'état de liberté, c'est bien assez : il ira les prendre au moment opportun.

On peut bien dire toutefois que le nombre des espèces domestiquées est encore bien faible, eu égard au nombre des espèces qui présentent les conditions voulues pour le succès de la domestication : selon toute vraisemblance, ce nombre s'accroîtra avec le temps.

La domestication est une des conséquences, en même temps qu'un des facteurs de la civilisation. « Où l'homme est très civilisé, dit Isidore-Geoffroy Saint-Hilaire, dans son *Histoire naturelle générale*, les animaux domestiques sont très variés, soit comme espèces soit, dans chaque espèce, comme race ; et parmi les races il en existe de très différentes entre elles et de très éloignées du type primitif. Au contraire, où l'homme est lui-même près de l'état sauvage, ses animaux le sont aussi : son mouton sans laine est encore presque un mouflon ; son cochon ressemble au sanglier ; son chien lui-même n'est qu'un chacal apprivoisé. Le degré de domestication des animaux est en raison du degré de civilisation des peuples qui les possèdent. »

Voici, à peu près, le dénombrement des espèces animales domestiques à l'heure actuelle. Les mammifères fournissent : le renne, le cheval, l'âne, le chien, le chat, le lapin, le chameau, le zèbre, le mouton, la chèvre, le bœuf, l'éléphant, le porc, le lama, l'alpaca, le cobaye, le furet : quinze types, comprenant, il est vrai, un nombre d'espèces plus considérable.

Les oiseaux donnent : la poule, le pigeon, le dindon, le paon, le faisan, le cygne, l'oie, le canard, la pintade, l'autruche, le serin, le cormoran, et peut-être le faucon, treize ou quatorze genres.

Les insectes fournissent la cochenille, le ver à soie, le bombyx de l'ailante, et du ricin, et l'abeille : trois types.

Les poissons : la carpe et le poisson rouge : soit deux espèces [1].

Cela ne fait pas plus d'une cinquantaine d'espèces.

Maintenant, il faut bien dire qu'en dehors des animaux, compris dans la liste précédente, il en est certainement qui ne passent pas communément pour domestiqués, et qui ne sont pas employés comme animaux domestiques par les peuples civilisés dans leur ensemble, mais dont le sauvage, et parfois les civilisés, tirent parti à l'occasion : des animaux qui sont certainement plus domestiqués que le poisson rouge ou même l'abeille, des animaux qui se prêtent très bien à la domestication, mais qu'on n'utilise pas communément. Je citerai parmi ces animaux le faucon, la loutre, le phoque, le singe, certains poissons qui sont employés à la pêche, d'autres habitants des eaux, ainsi que différents poissons alimentaires qui sont certainement aussi domestiqués que la carpe. Il n'y a pas lieu d'insister sur ce point, mais il convenait de le signaler en passant, pour faire

---

1. Dans *Acclimatation et Domestication des animaux utiles* (4ᵉ édition, 1861), Isidore-Geoffroy Saint-Hilaire compte quarante-sept espèces. Ce sont :

Pour les mammifères : le chien, le furet, le chat, le lapin, le cobaye, le cochon, le cheval, l'âne (mulet non compris), le chameau, le dromadaire, le lama, l'alpaca, le renne, la chèvre, le mouton, le bœuf, le zèbre, le gayal, l'yak, le buffle, l'arni.

Pour les oiseaux : le serin, le pigeon, la tourterelle, 4 faisans, 2 canards, le cygne, la poule, le dindon, le paon, la pintade, 3 espèces d'oie (l'autruche et le nandou ne sont pas comptés, leur domestication est d'ailleurs très récente, encore inachevée) ;

Pour les poissons : la carpe et le poisson rouge ;

Pour les insectes : trois espèces d'abeille, la cochenille, le ver à soie, le bombyx du ricin, le bombyx de l'ailante. Ces espèces sont classées comme étant *auxiliaires* (aidant l'homme à diriger ou réprimer d'autres animaux, ou l'aidant pour la traction, le transport, etc., chien, chat, cheval, dromadaire, etc.), *alimentaires* ; *industrielles* (fournissant des produits d'usage industriel ; mouton, alpaca, ver à soie, abeille) ; ou *accessoires* (animaux d'agrément : pigeon, tourterelle, canari, cygne).

mieux voir combien il est malaisé d'établir une limite nette entre la domestication et le simple apprivoisement, ou la captivité habituelle, ou l'utilisation momentanée de telles aptitudes de tel animal.

Origines de la domestication. — Il y a donc quarante genres environ parmi lesquels l'homme a domestiqué, à des degrés variables, une ou plusieurs espèces. Ces espèces ne sont pas, à beaucoup près, domestiquées depuis le même laps de temps; il en est qui sont de très anciens collaborateurs, ou esclaves de l'homme: d'autres ne sont asservis que depuis une époque récente. Il va de soi que sur ce point on ne possède et on ne peut posséder que des données relatives: l'archéologie et l'anthropologie préhistoriques nous indiquent du moins quelles espèces furent domestiquées en premier, dans une même région; mais, quand il s'agit d'animaux occupant des continents différents, il devient difficile, pour ne pas dire impossible, de découvrir la situation chronologique respective des restes préhistoriques, et de savoir si la domestication de tel animal dans tel continent est ou non contemporaine de celle de tel autre, en une autre région. Quoi qu'il en soit de cette difficulté, qui d'ailleurs ne porte que sur quelques espèces de provenance extra-européenne, voici quelques indications relatives à l'époque probable de domestication de nos espèces les plus usuelles.

Il est bien certain que l'homme primitif ne domestiqua aucun animal d'emblée. A l'origine, chasseur et mangeur de racines et de fruits, il errait, ne connaissant point la vie sédentaire, et se déplaçant toujours à la recherche du gibier. La domestication ne put prendre naissance que du jour où il commença à devenir agriculteur, et cessa d'être nomade. Cela se fit à l'époque néolithique. Durant la période paléolithique, il ne possédait point d'animaux domestiques. Les restes qui nous sont parvenus de cette époque, nous montrent bien une abondance d'ossements de renne, de cheval, d'aurochs: mais les fractures que présentent ces os prouvent que les animaux dont il s'agit étaient simplement objets de chasse. A Solutré (Saône-et-Loire), dans un gisement célèbre de la période paléolithique, on a trouvé un véritable amoncellement d'ossements de cheval: on estime que quelque 40 000 équidés ont été dévorés dans cette seule station, et certains ossements portent encore la trace de la blessure par lame de silex à laquelle la bête succomba.

C'est donc à la période néolithique, à l'époque de la pierre polie, qui fait suite au paléolithique, que commença la domestication des animaux: et le premier de ceux que l'homme a su s'asservir, c'est le chien.

Il est bien probable d'ailleurs qu'à cette époque le chien servait aussi à l'alimentation: il y sert encore chez les indigènes de la Nouvelle-Guinée, et les Mincopies le mangeaient encore il n'y a pas longtemps. L'homme néolithique semble toutefois avoir employé le chien comme auxiliaire, d'après STEENSTRUP, et il se servait aussi des dents de cet animal pour fabriquer des ornements, des colliers, des bracelets, etc. Il faut remarquer cependant que, dans les dépôts néolithiques d'Espagne et d'Italie, contemporains des mêmes dépôts du nord de l'Europe, les restes du chien ne se rencontrent pas: cet animal n'était donc pas encore connu dans cette partie de l'Europe. D'autres variétés ou espèces étaient probablement connues ailleurs, en Égypte et en Assyrie notamment. C'est encore à la période néolithique, en Orient, qu'ont commencé la domestication du zèbre et du chameau, et en Europe, celle du mouton et de la chèvre: cette dernière ayant peut-être été domestiquée avant le premier.

A la même époque, le bœuf était aussi connu de l'homme, et probablement domestiqué. Le porc, dont les restes ont été retrouvés dans les gisements néolithiques, ne paraît toutefois pas avoir été domestiqué: c'était simplement un animal de chasse, dans le nord tout au moins: en Espagne, en Italie, il était probablement domestiqué: chien, zèbre, mouton, chameau, chèvre, bœuf, porc, tel était donc le bilan des animaux domestiques que connut l'époque néolithique.

A l'âge du bronze qui fit suite à l'époque néolithique, les mêmes animaux continuèrent à servir l'homme; du moins il est encore plus clair qu'ils le servaient, et que celui-ci en tirait parti de façons variées. On a trouvé en effet des ustensiles qu'on croit avoir été employés à la fabrication du fromage; des débris d'étoffe semblent indiquer que la laine des moutons servait à faire des vêtements. L'homme de l'âge du bronze ne se contenta toutefois pas de profiter de l'œuvre de ses devanciers: il la continua et accrut le trésor. Une de ses premières acquisitions fut le cheval. Avec le cheval, l'homme se procurait un collaborateur précieux pour ses entreprises guerrières; il étendait son champ d'action, et gagnait considérablement en puissance. C'est de l'Orient que lui vint la connaissance des services que pouvait rendre le cheval : et ce sont les Nubiens qui firent connaître tout ce que peut donner l'âne; ils l'importèrent en Europe où jusque-là il était inconnu. Pour le mulet, il ne fut découvert, inventé, qu'au cours de la civilisation assyrienne; il fallait que le cheval et l'âne fussent déjà bien domestiqués pour que le mulet se produisît.

Pour les autres espèces domestiquées, il y a souvent incertitude. Par exemple, le lama et l'alpaca, dans l'Amérique du Sud, ont été domestiqués à une époque encore inconnue, par une peuplade qu'on ignore. Le lapin semble avoir été domestiqué en Orient, tout d'abord; peut-être l'a-t-il été aussi, de façon indépendante, et plus récemment, en Espagne. Le cobaye, d'origine américaine, semble avoir été domestiqué depuis longtemps, mais on ne sait à quelle époque. C'est au XVIe siècle qu'il a été introduit en Europe, avec le dindon et le canard musqué. Pour le chat, il était encore sauvage en Europe, alors qu'il était déjà domestiqué depuis longtemps en Égypte : du moins une espèce différente était domestiquée et même divinisée dans ce dernier pays (*Felis maniculata*) alors que notre *Felis catus* était encore animal sauvage. Ce dernier ne devint animal domestique quelque peu commun que vers le IXe siècle de notre ère, d'après JOHN LUBBOCK.

La poule semble être d'origine asiatique : ce sont les Chinois ou les Persans qui, à une époque déterminée, l'auraient domestiquée; il en va de même pour le pigeon. Le dindon a été domestiqué par les Indiens d'Amérique à une date inconnue. Le paon et le faisan sont d'origine asiatique; du moins c'est en Asie qu'ils ont été domestiqués. Pour la pintade, on ne sait trop. Le cygne semble n'avoir été asservi qu'au moyen âge; l'oie aurait été domestiquée par les Aryas, le canard, sous les Romains, à peu près. Pour l'autruche, sa date de domestication est plus récente encore : c'est une acquisition toute contemporaine.

Sans doute, d'autres acquisitions se feront : le mara, ou lièvre du Patagonie, le hocco, le colin de Virginie, le tinamou, et bien d'autres encore, acquerront quelque jour le droit de compter parmi nos espèces domestiques, en Europe ou ailleurs. Car il est certain que le nombre des espèces qui peuvent se domestiquer est très considérable, et que le nombre des espèces que l'homme a su s'asservir jusqu'ici est restreint.

Conditions de la domestication. — Elle exige certaines qualités, en dehors de toute question d'utilité ou d'agrément. Le regretté CORNEVIN a insisté sur ces qualités, ou conditions, dans son *Traité de Zootechnie générale*. Elles sont au nombre de quatre.

On ne peut guère songer à domestiquer une espèce qui ne soit pas *sociable*. S'il faut, en effet, tenir chaque individu à l'écart de ses semblables, la domestication n'est plus possible. Il est vrai que le chat n'est point sociable, et ne vit point en bandes : mais c'est l'unique exception. Au reste, il n'est pas « insociable »; il tolère la présence de ses semblables, et vit en bons termes avec eux. La sociabilité des animaux les rend plus aptes à subir l'apprivoisement; elle les rend plus faciles à manier aussi, puisqu'il suffit d'agir sur quelques uns pour obtenir le consensus de toute la bande. En outre, les animaux sauvages doués de sociabilité se rapprocheront volontiers de leurs congénères déjà domestiqués et entreront peu à peu dans la sphère d'influence de l'homme, attirés par leurs semblables.

L'animal doit encore être susceptible d'*apprivoisement*, et ceci suppose une certaine intelligence, une certaine affectivité. L'apprivoisement, c'est la domestication de l'individu, à la question de reproduction près. L'animal à domestiquer doit pouvoir, individuellement, s'habituer à la présence de l'homme, et même y trouver quelque agrément; il doit se laisser approcher sans crainte, et approcher l'homme de lui-même, sans protestations, sans émoi, avec confiance. Cette seconde condition se rencontre sans peine chez la majorité des animaux supérieurs. Il n'est peut-être aucune espèce de mammifère ou d'oiseau qui ne puisse être plus ou moins apprivoisée. Mais bien souvent l'apprivoisement n'est que temporaire : le faisan se plie bien à la règle qui lui est faite : mais, devenu adulte, il reprend ses instincts sauvages. L'apprivoisement des reptiles, batraciens, poissons, insectes, etc., peut se faire dans une certaine mesure; mais, chez ces intelligences plus simples, les choses vont moins loin. Au reste, le champ est assez vaste avec les mammifères et oiseaux.

Troisième condition : la conservation de la fécondité. L'animal n'est réellement domestiqué que s'il se reproduit dans les conditions artificielles où l'homme le place ; et c'est parce qu'il ne se reproduit pour ainsi dire pas auprès de l'homme que l'éléphant, malgré son intelligence, malgré les services qu'il rend, ne peut être rangé au nombre des animaux domestiques. Cette condition est difficilement obtenue, surtout au début. Souvent, en effet, une espèce ne se reproduit pas en captivité, pour commencer, qui, avec le temps, dans des installations et conditions plus favorables, reconquiert toute sa fécondité. Il faut donc ne pas juger trop vite, sur les phénomènes du début, et il y a lieu de persévérer. Il n'en est pas moins certain que beaucoup d'espèces se refusent absolument à se reproduire en captivité ; ces espèces ne sont pas aptes à la domestication au sens strict du mot. Elles peuvent néanmoins rendre des services, comme l'éléphant, dont il vient d'être parlé. En outre, il se peut que, dans certaines conditions à déterminer, quelques espèces, parmi les plus réfractaires en apparence, s'assouplissent assez pour se reproduire. Encore une fois, il importe de ne pas se décourager trop tôt.

La quatrième des conditions posées par CORNEVIN, c'est la transmissibilité des qualités acquises. Elle n'a rien d'essentiel, d'ailleurs, et, du reste, le sens de la formule qui précède n'est pas bien clair. Dans plusieurs cas, on ne peut dire que les animaux domestiqués aient « acquis » grand chose : ils sont restés à peu près ce qu'ils étaient à l'état sauvage, à la grosseur près, et ne diffèrent de leurs congénères indépendants que par leur apprivoisement, par l'aptitude à se reproduire en captivité aussi bien qu'en liberté ; leurs acquisitions sont limitées. Toutefois, il est certain que, si l'apprivoisement acquis par les individus se transmet, ne fût-ce qu'en partie, à leurs descendants, la domestication est sensiblement facilitée.

Pour ce qui est des caractères physiques acquis au cours de la domestication, ils se transmettent, ou plutôt ils se reproduisent, étant surtout la conséquence du milieu, plus encore que de l'hérédité : le cas des animaux marrons est là pour le montrer.

Il nous faut maintenant considérer le côté le plus important de la domestication : je veux parler des modifications que celles-ci imprime aux animaux, des changements qui se produisent en eux sous l'influence de leur mode de vie nouveau, qui, sur beaucoup de points, diffère considérablement du mode d'existence de l'animal à l'état sauvage et indépendant.

Ces changements sont le résultat des conditions de vie nouvelle qui leur sont faites : facilité plus grande à se nourrir, d'où diminution des efforts à faire pour se la procurer, et diminution d'exercice des organes — cerveau, sens, membres — exerçant ces efforts ; modification plus ou moins prononcée du régime alimentaire ; vie calme, sans luttes, ni dangers, diminution de l'action de la sélection, les moins aptes étant, sauf au cas où leur infériorité est désavantageuse à l'homme, conservés, et mis à même de se reproduire aussi bien que les plus aptes ; différence de climat, qui retentit sur tout l'organisme à des degrés variables, et bien d'autres facteurs encore. Un tel changement de vie ne saurait se produire sans agir sur les animaux qui le subissent, et c'est des résultats de cette action qu'il convient de parler maintenant.

On remarquera d'abord que ces résultats sont de très inégale importance selon les espèces ; autrement dit, les différentes espèces ne varient, ne changent pas au même degré sous la même influence de la domestication. Cela peut s'expliquer en quelque mesure, soit dit en passant, par ce fait qu'au total la domestication ne pèse point également sur les différentes espèces. Sous ce même nom de domestication, nous comprenons, en réalité, des degrés d'asservissement très différents ; il n'y a donc rien de surprenant à ce qu'ils retentissent inégalement sur les organismes. Il y a des animaux domestiqués très dépendants ; d'autres, très indépendants ; le changement de vie est beaucoup plus considérable pour telle espèce que pour telle autre. Rien de surprenant, donc, à ce que les différentes espèces présentent une inégale malléabilité, à ce que les unes diffèrent plus que d'autres, en domestication, de leurs congénères sauvages. Peut-être, au reste, y a-t-il plus de constance et de ténacité chez certains types que chez d'autres. Il est des formes actuelles qui existent depuis un temps incalculable ; tels types de brachiopodes existent, sans modification sérieuse, depuis l'époque silurienne, et, depuis le cambrien, le nautile ne s'est pas notablement modifié. Quoi qu'il en soit, et à quelque

cause qu'il faille attribuer l'inégalité de malléabilité des différentes espèces, cette inégalité existe, elle est manifeste. La malléabilité de la chèvre est faible, comparée à celle du
mouton; celle du cobaye est faible en comparaison de celle du lapin; le dindon est
moins malléable que la poule, et peut-être cela tient-il en partie à ce qu'il est domestiqué depuis moins longtemps. La malléabilité des pigeons par contre est très grande.
Du reste, voici un tableau dressé par CORNEVIN, où les espèces domestiques principales
— oiseaux et mammifères — sont rangées par ordre décroissant de malléabilité.

OISEAUX.		MAMMIFÈRES.	
1. Pigeon.	6. Pintade.	1. Porc.	6. Cheval.
2. Poule.	7. Paon.	2. Chien.	7. Ane.
3. Canard.	8. Cygne.	3. Bœuf.	8. Chameau.
4. Faisan.	9. Dindon.	4. Mouton.	9. Chèvre.
5. Oie.	10. Canard de Barbarie.	5. Lapin.	10. Cobaye.

Il est probable que la différence de malléabilité des espèces est en corrélation au
moins partielle avec l'ingérence de l'homme. Là où l'espèce possède naturellement une
certaine flexibilité, celle-ci a pu être accrue considérablement par l'homme même, grâce
à la sélection par lui opérée, grâce aux croisements qui ont pu se faire. Et encore la
malléabilité doit être d'autant plus prononcée que la domestication est plus ancienne,
que par suite, l'espèce a du vivre en des habitats plus variés et plus différents : les espèces
les plus récemment domestiquées, le cobaye, le dindon, sont celles qui varient le moins.
Un jour, sans doute, elles perdront beaucoup de leur constance spécifique, tout comme
la pomme de terre, qui vient aussi d'Amérique, mais qui a été cultivée en tant de milieux
différents, et sélectionnée de façons si variées qu'à l'heure qu'il est, plus de deux cents
variétés ont vu le jour depuis PARMENTIER.

Les espèces différentes sont donc inégalement aptes à se modifier sous l'influence de
la domestication.

Il faut observer maintenant que, dans la même espèce, dans le même individu, la
malléabilité des différents tissus ou systèmes est très inégale aussi. Il est des parties qui
se modifient plus que d'autres. Sur ce point encore CORNEVIN a fait des observations intéressantes et qu'il convient de rappeler. Il y a parmi les tissus une hiérarchie : à l'une
des extrémités, se trouvent les tissus très stables, qui se modifient difficilement : à l'autre,
les tissus dont l'équilibre est instable, et qui subissent sans peine des modifications,
Comme tissu très stable, et ne changeant guère, il faut citer le tissu musculaire et surtout le tissu nerveux : comme tissu instable, le tissu cellulaire conjonctif. Les premiers
sont très spécialisés; les derniers, au contraire, sont très embryonnaires. Aussi, chez les
animaux en domestication, sont-ce les tissus conjonctif et cellulaire qui présentent le
plus de flexibilité. Pour s'en assurer du reste, il suffit de voir combien sont malléables
les produits de ces deux catégories de tissus.

Le tissu cellulaire fournit les tissus épidermique ou épithélial, et glandulaire. Du premier par conséquent dérivent l'épiderme et les produits épidermiques : poils, plumes.
dents, becs, cornes, etc., du second, les glandes cutanées et la mamelle. Or il est certain
que ces dépendances de la peau sont parmi les plus malléables des parties de l'organisme.
D'autre part, le tissu conjonctif fournit les tissus adipeux et osseux : et nul ne doute de
la variabilité considérable de ces tissus. C'est du reste ce qui ressortira des faits qui vont
être exposés : mais il importait d'attirer préalablement l'attention sur cette conclusion
qui en découle.

Il importe aussi de signaler dès maintenant la modalité des phénomènes qui se produisent sous l'influence de la domestication. Ils ne se font pas au hasard, à beaucoup
près; des lois très certaines les régissent. Ces lois ne sont pas spéciales aux animaux
domestiqués, assurément, mais elles agissent de façon très évidente, et il convient par
conséquent de les signaler, ne fût-ce que brièvement. Dans leur ensemble, elles manifestent et elles règlent ce qu'on peut appeler la solidarité organique, la dépendance
réciproque où se trouvent les parties et les organes qui font partie du même tout. Ces
lois sont les suivantes : lois de corrélation, de balancement, de répétition, de convergence.

La loi de *corrélation* (loi des variations corrélatives de DARWIN, loi d'harmonie de
KULMANN), qui a été formulée par CUVIER, exprime cette vérité générale que toute modi-

fication dans la conformation en entraîne d'autres, plus ou moins importantes, inévitablement, et cela, en raison même de la dépendance réciproque des parties. Comme exemple de cette loi, nous avons ce fait que manifestement il serait absurde qu'un animal, devenant de carnivore herbivore et ayant acquis la dentition d'herbivore, n'acquît point aussi un tube digestif très long, propre à la digestion des aliments végétaux. Aussi voyons nous constamment une corrélation entre la dentition et la structure générale du tube digestif, comme entre le genre de vie et la structure des membres, et ainsi de suite.

La loi du *balancement organique* de GEOFFROY SAINT-HILAIRE (loi du budget de l'organisme, de GŒTHE; loi des compensations, de DARWIN) se formule de la façon que voici : c'est, dit ÉTIENNE-GEOFFROY SAINT-HILAIRE, « cette loi de la nature vivante en vertu de laquelle un organe normal ou pathologique n'acquiert jamais une prospérité extraordinaire, sans qu'un autre organe de son système ou de sa relation n'en souffre dans une même proportion. » Autrement dit, pour gagner d'un côté il faut perdre de l'autre : la brebis laitière a la toison moins fournie que la brebis non laitière.

La loi des *répétitions organiques* de MILNE-EDWARDS (loi de la variabilité des organes en série, de GEOFFROY SAINT-HILAIRE, et loi de la variabilité des parties multiples, de DARWIN) exprime ce fait que les organes en série ont une variabilité très considérable : les vertèbres, côtes, dents, doigts, mamelles, etc.

Enfin la loi de la *convergence*, ou des variations parallèles, exprime cet autre fait, que, sous l'influence de mêmes conditions de vie, des types très différents en viennent à converger, à se rapprocher malgré leur origine différente, à se ressembler plus ou moins. C'est ainsi que les chevaux de course d'origine arabe, et les chevaux d'origine barbe, semblent se fondre en un même type uniforme; et que le phoque, qui se rattache plutôt aux Mustélidés, et l'otarie, plus voisin des Ursidés (SAINT-GEORGES MIVART), en viennent à vivre de la même manière, à se rapprocher l'un de l'autre beaucoup plus que ne le font les souches d'où ils descendent respectivement. Dans le monde végétal, on observe de fréquents exemples de cette action du milieu : des plantes de familles très différentes présentent, dans certains habitats très caractérisés, un faciès commun tout particulier.

Cela dit sur les lois générales de la variation, voyons maintenant jusqu'où va celle-ci chez les animaux domestiqués.

Nous ne procéderons point en prenant chaque espèce tour à tour : nous considérerons les différents systèmes ou parties.

Influence de la domestication sur le squelette en général. — Dans beaucoup de cas, et surtout quand il s'agit d'animaux domestiqués en vue de la boucherie, il y a contraste évident entre la gracilité de la tête et des membres et le caractère massif du tronc. Il en résulte que le squelette de la tête et des membres semblent réduits : c'est ce que l'on exprime en parlant de l'ossature légère de ces animaux. Il y a ici à la fois une erreur et une vérité. L'erreur consiste à croire que l'ossature est plus grêle, absolument, chez l'animal domestique. La vérité est qu'elle n'est plus grêle que de façon relative. Autrement dit, il ne faut point prendre les chiffres absolus : il faut les rapporter au poids vif. Et alors on constate ceci, que chez l'animal domestiqué le poids du squelette est accru de façon absolue, mais que, proportionnellement au poids accru du corps dans son ensemble, il ne présente point un accroissement parallèle. Le poids du squelette est plus élevé, absolument, mais relativement plus faible. Cela ressort nettement des chiffres obtenus par CORNEVIN. Tandis que chez une race commune de béliers le poids du squelette est au poids total comme 1 est à 14, chez les races perfectionnées de Mérinos, Southdown et Dishley, il est comme 1 est à 16, à 17, à 20. Chez la race porcine le rapport passe de 1 : 26 à 1 : 38. Le squelette augmente donc de poids, et participe à l'accroissement général du corps — loi de corrélation — mais l'augmentation n'est point proportionnelle, et il n'est point besoin qu'elle le soit, et elle ne saurait l'être : le facteur qui, dans la domestication, pousse à l'embonpoint ne pousse pas à l'accroissement du squelette que l'absence d'exercice ne contribue pas à développer.

Un autre fait qui frappe généralement dans l'ossature des races domestiques, c'est la taille plus petite. Cela tient à ce que, sous l'influence d'une alimentation abondante absolue, la soudure des épiphyses et diaphyses se fait plus hâtivement, d'où diminution de taille, évaluée à 1/5 environ. Ce fait n'est pas sans analogie avec ce qui se passe hez l'homme : les sujets trop bien nourris dans le jeune âge cessent de croître plus vite que ceux qui ont une alimentation moins abondante. En même temps les os des animaux domestiqués sont plus denses : ce qui tient, comme l'a démontré SAMSON, à ce que la proportion de matières minérales y est plus élevée (67,7 p. 100 au lieu de 61, 4), tandis que les matières organiques y sont moins abondantes.

Considérons maintenant les modifications qui se font dans différentes parties du squelette.

Squelette céphalique. — Du côté du squelette céphalique il y a des modifications évidentes, appréciables, dues à deux facteurs distincts : à la rapidité plus grande avec laquelle s'effectuent les soudures des os du crâne, et au fait que le cerveau exerce une pression et s'élargit aux points de moindre résistance.

On conçoit très bien que, chez les carnivores, comme le chien, qui sont, tout jeunes, nourris au lait, et avec des aliments qui ne demandent point un effort considérable des muscles masticateurs, ces muscles prennent moins de développement, et que, par contre-coup la fosse temporale diminue, ou ne se creuse point autant, d'où élargissement de la boîte cranienne dans le sens transversal, et possibilité pour le cerveau de s'étendre dans ce même sens. De la sorte, on conçoit que le mode d'alimentation peut agir par contre-coups indirects sur le volume et la forme du cerveau.

D'autre part, on conçoit aussi que, chez les animaux de boucherie, l'appareil masticateur doit être développé, puisqu'il fonctionne de façon excessive. Et c'est bien ce qui a lieu : CORNEVIN compare le poids du maxillaire inférieur à la capacité cranienne, ramenée à 100, et constate que, chez les races perfectionnées, le poids proportionnel du maxillaire augmente beaucoup. Voici quelques chiffres relatifs aux races bovine, ovine et porcine :

	POIDS DU MAXILLAIRE inférieur correspondant à 100 cc. de capacité cranienne.
	gr.
Race africaine bovine.	183,52
— fribourgeoise bovine.	239,83
— de Durham	274,60
Mouton de Herzégovine.	120,00
— de Tiaret	137,60
— Mérinos.	131,89
— Dishley.	216,00
Sanglier d'Afrique.	211,11
— d'Europe.	283,95
Porc craonnais.	423,57
— d'Essex.	482,00
— de Berkshire	554,14
— d'Yorkshire	772,41

Ces chiffres permettent à CORNEVIN de conclure que « la domestication et l'emploi des procédés zootechniques poussant à la précocité, développent l'appareil masticateur, et qu'à mesure qu'il se développe la capacité cranienne et le poids du cerveau diminuent. » La civilisation qui tend à accroître la proportion du cerveau chez l'homme exerce l'influence opposée sur les animaux ; et du reste c'est ici une conséquence forcée de la loi de balancement : ce qui se gagne d'un côté se perd de l'autre.

Pour ce qui est du facteur synostose prématurée, conséquence de la précocité et du régime artificiel des animaux domestiques de boucherie, il suffit de voir ce qui s'est passé chez les bovidés de la race Durham ; cette race est en effet issue de la race hollandaise, voici un siècle à peu près. Or il y a entre le type céphalique de l'une et de l'autre des différences très marquées, comme le montrent les chiffres suivants empruntés à CORNEVIN :

	MOYENNE	
	de l'indice facial.	de l'indice céphalique total.
Taureau hollandais.	63	38
— durham.	72	49
Vache hollandaise.	57	33
— durham	65	43

Il y a raccourcissement de la face très certain, ce qui est la conséquence d'une modification dans l'époque de la synostose.

D'autres altérations existent : nous voyons — loi de corrélation — se réduire le nombre des dents chez le bouledogue, et la musculature qui supporte une tête réduite se réduit aussi naturellement. Là où les cornes manquent le *chignon* se développe de façon spéciale.

Capacité cranienne. — La domestication n'a point agi de façon favorable sur la capacité cranienne. Le fait de vivre à l'abri du besoin, sans préoccupation de l'avenir, sans la nécessité de gagner chaque jour le pain ou la viande nécessaires à l'entretien de la vie, nécessité qui aiguise l'intelligence et met le corps en mouvement en développant le système nerveux central et les muscles des membres, le fait de vivre en domestication, sans initiative, sans spontanéité, n'est point favorable au développement des facultés intellectuelles et des organes de ces facultés. Cela ressort nettement de quelques chiffres donnés par CORNEVIN, que voici :

ANIMAUX	CAPACITÉ cranienne.	DIFFÉRENCE en faveur de la forme sauvage. cc.
Ane sauvage de Perse	521,0	+ 071,9
— domestique d'Orient	450,0	
Bœuf abyssin	479,0	+ 047,0
— domestique d'Afrique	432,0	
Mouflon à manchettes	240,0	+ 118,0
Mouton africain	122,0	
Sanglier d'Europe	190,0	+ 013,0
Cochon domestique	177,0	
Sanglier de Cochinchine	162,0	+ 012,0
Sus vittatus	181,0	+ 031,0
Cochon domestique chinois	150,0	
Loup	142,0	+ 026,0
Chien mâtin	116,0	
Chacal	082,0	+ 006,0
Lévrier d'Italie	076,0	
Lapin sauvage	009,4	+ 001,9
— russe domestique	007,5	
Lièvre	014,0	+ 006,5

Assurément, les chiffres qui précèdent gagneraient à être plus nombreux, et dans certains cas, les termes de comparaison pourraient être meilleurs — ou bien il conviendrait de ne pas faire la comparaison, comme par exemple entre le lièvre et le lapin, — mais en somme ils parlent tous dans le même sens, et indiquent la diminution de la capacité cranienne, c'est-à-dire du volume du cerveau chez les animaux réduits en domestication. Il semble que, n'ayant plus à penser par et pour eux-mêmes, puisque l'homme se charge de le faire pour eux, ils s'atrophient au point de vue cérébral. Les chiffres qui suivent, et où la capacité cranienne est calculée en fonction du poids vif, donne les mêmes résultats.

	CAPACITÉ cranienne p. 100 kg. poids vif.	DIFFÉRENCE en faveur de la forme sauvage.
Laie	142	+ 68
Truie	74	
Hase	272	+ 19
Lapine	253	

A vrai dire, on pouvait prévoir cette conséquence de la domestication. Pourtant on sera quelque peu étonné de voir que, chez le chien même, si intelligent et si perfectionné au point de vue intellectuel par l'homme, la même dégradation de l'encéphale se manifeste. On s'expliquera le fait toutefois par cette considération qu'au total, si le chien a gagné d'un côté, il a perdu de l'autre, et sans doute l'intelligence spéciale que la domestication a développée en lui est moins apte à développer son cerveau que l'intelligence générale qu'il lui fallait avoir à l'état sauvage pour réussir dans la compétition avec ses congénères et ses adversaires.

A propos de la capacité cranienne et du poids de l'encéphale, en général, il convient de noter que, dans toutes les mensurations et pesées, il faut rapporter les chiffres obtenus au poids vif. Car il arrive souvent que la domestication accroit les dimensions générales du corps, et partant aussi celles du crâne : mais en procédant de la façon indiquée, on constate, comme le dit Darwin, que « chez toutes les races réduites depuis longtemps à l'état domestique, le cerveau n'a en aucune façon augmenté dans les mêmes proportions qu'ont augmenté la longueur de la tête et le volume du corps, ou que le cerveau a en fait diminué de volume relativement à ce qu'il aurait été si ces animaux avaient vécu à l'état sauvage (*Variations*, I, 141., trad. Barbier »). Ou encore, comme le dit Cornevin, « le perfectionnement d'une race en vue de la boucherie abaisse sa capacité cranienne relative ».

Squelette locomoteur. — La domestication n'a pas agi avec moins de force sur le système osseux qui sert à la locomotion. Et cela ne saurait surprendre : car ici l'animal domestiqué est soumis à un exercice méthodique qui a pour but de fortifier les membres et d'obtenir un rendement maximum comme force de traction ; ailleurs l'exercice a pour but de leur donner plus de souplesse et de vivacité, pour obtenir un rendement maximun comme vitesse ; ailleurs encore, la gymnastique est nulle, l'animal fait un emploi très restreint de ses membres, et vit au repos. Dans chacune de ces alternatives, la domestication, et, plus exactement, les méthodes concomitantes et accessoires de la domestication ne peuvent manquer d'exercer une influence sur le squelette, positive ou négative.

L'influence positive a été bien mise en lumière par Cornevin dans ses études sur le squelette du cheval de course. Chez cette race, en effet, on constate un ensemble de modifications très net, une élongation marquée du métacarpien et du métatarsien, une élongation des membres. Cette élongation est plus marquée au membre postérieur, en ce qui concerne les os de la cuisse et de la jambe. D'autre part, le bassin est modifié dans sa forme ; il s'est allongé dans le sens antéro-postérieur, et rétréci en partie ; partout, dans l'appareil de la locomotion, des changements se sont effectués. Comme toutefois l'animal court avec ses poumons autant qu'avec ses jambes, on ne sera pas étonné en constatant que du côté de la cage thoracique des modifications se sont produites aussi, grâce auxquelles la puissance respiratoire est accrue. D'autre part, il n'est point besoin d'une intelligence transcendante pour faire un cheval de course : et alors on constate sans surprise que la capacité cranienne ne s'accroît pas dans les mêmes proportions que le système osseux locomoteur. Je ne puis qu'indiquer ici une petite partie des modifications nombreuses, et profondes, que la gymnastique spéciale — aidée par la sélection d'ailleurs : mais la sélection n'est-elle pas partie des procédés de domestication ? — a introduites dans l'organisation du cheval commun en le rendant apte à faire le cheval de course ; il faut se reporter à la *Zootechnie générale* de Cornevin pour voir combien elles sont variées, et combien leur répercussion est lointaine ; chacun sait que chez l'animal de trait — le cheval, le bœuf — les modifications sont autres : c'est la solidité qui est accrue, et non la légèreté, et le squelette présente de tout autres caractères. Ceux-ci sont d'ailleurs assez prononcés pour qu'à la seule inspection du squelette le moindre expert puisse dire si l'animal servait à la course, ou bien à la traction ou au transport.

Appareil digestif. — L'animal réduit en domestication étant le plus souvent nourri de façon plus abondante qu'à l'état sauvage, en même temps que de façon quelque peu dissemblable, il se produit dans son tube digestif des modifications et des adaptations variées.

Voici longtemps déjà que Daubenton a fait observer que la longueur des intestins du chat domestique l'emporte d'un tiers sur celle des intestins du chat sauvage. Cela tient à ce que l'alimentation du chat domestique est plus végétale que ne l'est celle de son congénère, resté indépendant. L'homme ajoute à la viande des mets végétaux, ou d'origine végétale, tels que le pain et quelques légumes, et dès lors l'animal tend à acquérir un intestin d'herbivore, sans quoi il ne pourrait s'assimiler la nourriture qui lui est donnée. On sait que l'intestin des herbivores est sensiblement plus long que celui des carnivores, et il importe qu'il en soit ainsi, en raison de la quantité d'herbe ou d'aliments végétaux qu'il leur faut absorber pour se procurer les aliments nutritifs nécessaires ; dès lors, le carnivore qui devient quelque peu herbivore acquiert un intestin qui se rapproche de celui des herbivores. Il en va de même chez le porc commun; son intestin a 13,3 fois la longueur du corps, au lieu que, chez le sanglier, l'intestin a 9 fois seulement cette longueur. Par contre, chez le lapin domestique, c'est le fait inverse qui se manifeste : son tube intestinal est moins long que chez le lapin sauvage. Il n'y a là aucune contradiction avec les faits qui précèdent; c'en est au contraire la confirmation, car le lapin domestique, nourri avec des substances plus nourrissantes que son congénère sauvage, n'a pas besoin d'un intestin aussi volumineux.

Si les modifications de régime ne semblent point exercer d'influence appréciable sur les glandes annexes du tube digestif, chez les animaux domestiques — exception faite toutefois pour le foie des oies et canards suralimentés, qui présente la dégénérescence graisseuse, quelques faits indiquent pourtant que les changements d'alimentation peuvent agir de façon marquée sur le revêtement épithélial du canal digestif. On connaît, en effet, l'observation classique de John Hunter qui a vu que chez la mouette (*Larus tridactylus*) nourrie surtout de graisses — au lieu de viande ou de poisson — les parois de l'estomac s'épaississent en une façon de gésier, par hypertrophie des faisceaux musculaires, et sans doute, il se fait des modifications épithéliales appropriées. Edmonstone a signalé un fait analogue chez le *Larus argentatus* des Shetland : au printemps cet oiseau se nourrit de blé, et son estomac présente des modifications anatomiques en corrélation avec ce changement de régime; il a vu des modifications analogues chez un corbeau nourri longtemps d'aliments végétaux. Il y aurait intérêt à multiplier les observations de ce genre, à comparer le tube digestif du chien, du canard, des bovidés et ovidés sauvages à celui des mêmes animaux en domestication; sans doute, on apercevrait des faits de même genre, et d'autres encore qu'il serait bon de connaître.

La domestication agit sur d'autres parties encore du tube digestif, sur la dentition en particulier. Il est certain que la chute et le remplacement des dents de lait se fait à une époque plus précoce : pour certaines dents, par exemple, le changement se fait en un an au lieu de trois, chez le bœuf; et chez le mouton, l'accélération peut être d'un an, pour certaines dents au moins. C'est surtout chez les ruminants que s'observe cette accélération de l'évolution dentaire : elle existe, mais moins prononcée toutefois, chez le porc, le cheval, le chien. On trouvera à cet égard des renseignements précis et intéressants dans la zootechnie déjà citée de Cornevin.

Appareil galactogène. — Dépendance de la peau, cet appareil présente, sous l'influence de la domestication, des changements importants. A vrai dire ce n'est pas tant le fait de la domestication qui modifie cet appareil, que les pratiques dont celle-ci est à la fois le motif et la conséquence. Chez certaines espèces domestiquées, l'homme s'attache surtout à la production laitière, et dès lors il met tout en œuvre pour accroître celle-ci. Ainsi se produisent des modifications qui ne sont pas sans intérêt, bien qu'en réalité les différences soient de degré, bien plus que de nature. La bête sauvage ne donne que la quantité de lait nécessaire à l'allaitement de ses petits : encore ne la donne-t-elle qu'avec parcimonie. Il faut une alimentation très abondante pour que la production laitière s'accroisse, et cette alimentation ne se trouve pas toujours. La race bovine du Tonkin donne 70 centilitres de lait par jour seulement. Par la sélection des races ou des individus, par les soins hygiéniques et alimentaires, par la connaissance des procédés de traite les plus favorables, on est arrivé, en Europe, à faire des vaches laitières admirables qui donnent 15 ou 20 litres par jour. A la fin du siècle dernier, la brebis de la race de Larzac, dont le lait était employé à la fabrication du fromage de Roquefort, donnait, d'après Marcorellis, de quoi faire 6 kilogrammes de fromage par an; maintenant elle en donne assez pour la fabrication de 14 ou 15 kilogrammes. La production a donc plus que doublé, grâce aux perfectionnements de méthodes zootechniques. Chez les bêtes sélectionnées et perfectionnées en vue de la lactation, il se produit des changements morphologiques de l'appareil galactogène. Le pis acquiert des dimensions plus grandes; la glande s'accroît dans ses parties essentielles et accessoires. Bien plus, il y a tendance à la multiplication du nombre des tétines.

Phanères. — Étant, par le fait de la domestication, soumis à un climat artificiel, d'une part, et de l'autre, à une alimentation différente, les animaux asservis par l'homme présentent de nombreuses modifications dans les phanères, dans les différentes dépendances de l'enveloppe cutanée. Le sanglier d'Europe, en hiver, possède un peu de laine, mélangée à ses soies, et cette laine lui est utile : elle lui serait inutile en captivité où, il est protégé contre le froid : il ne la possède plus. Le bétail de contrée froide introduit en pays tempéré voit s'éclaircir et alléger sa toison; le fait inverse s'observe dans le cas opposé. D'autre part, sous l'influence d'une alimentation plus abondante, conséquence de la domestication, on voit souvent s'allonger la toison : le même facteur exerce une action opposée sur les cornes : chez certaines espèces, par le fait de l'achèvement plus précoce du squelette, le développement des cornes est entravé : il y a des cas où elles disparaissent, comme chez les moutons Down et Dishley. Et l'alimentation pauvre ou anormale exerce parfois la même influence : en Irlande, aux Orcades, en Syrie, en Égypte, chez les bovidés. Les traités de Zootechnie donnent à cet égard tous les renseignements nécessaires : il suffit ici d'indiquer le fait. Les oiseaux ne présentent pas moins de modifications que les mammifères : mais dans leur cas, il s'agit des plumes et des appendices charnus de la tête, crête, canoncules, etc.

La coloration des phanères peut présenter aussi, sous l'influence de la domestication, des variations très marquées. On comprend, du moment où la lumière joue un rôle si important dans la coloration, que cette dernière puisse diminuer ou s'accroître, selon que les conditions de domestication ne favorisent pas ou favorisent l'influence de la lumière. En Suisse on voit les bovidés pâlir en stabulation et dans la plaine : ils se colorent dans la montagne. Le climat agit aussi : les Dishley présentent des taches noires à la face et aux oreilles près de la mer : ils n'en ont pas à l'intérieur des terres. Et sans doute, la coloration des animaux domestiqués présente des différences selon d'autres conditions plus ou moins connues : chaleur, humidité, nature du sol produisant les aliments, etc.

Toutes ces différences dans les phanères présentent ce caractère de se maintenir tant que les conditions demeurent les mêmes : mais dans des conditions changées, elles ne persistent pas nécessairement. Dans ce cas, on admet que celles qui continuaient à se manifester, et qui deviennent dès lors des caractéristiques de race, sont ancrées dans l'organisme grâce au temps; les autres, qui disparaissent, n'ont sans doute pas existé depuis un temps assez long pour acquérir la fixité nécessaire.

Dimensions et Poids. — C'est un fait bien connu que, sous l'influence de la domestication et des méthodes zootechniques, la plupart des animaux gagnent en poids et en dimensions : ceux du moins que l'homme domestique pour l'usage alimentaire. Cet accroissement est dû en partie au développement plus considérable du système musculaire, et surtout au développement du tissu adipeux. Il convient de remarquer encore que, par suite du non-usage des membres, ceux-ci ne participent guère à l'hypertrophie ; c'est le tronc surtout qui en est le siège. La chose est d'autant plus marquée que, par suite de l'ossification précoce, le squelette reste relativement petit. C'est ainsi que s'obtiennent des moutons et des porcs à tronc très volumineux, et bas sur pattes. Certains porcs, les Yorkshires de petite variété en particulier, en viennent à pouvoir à peine marcher : leur corps énorme, soutenu par de toutes petites pattes, en arpive presque à toucher terre. On pourrait peut-être arriver, par la sélection et les méthodes intensives d'alimentation, à obtenir une race incapable de marcher : une race d'individus consistant en un tronc qui ne pourrait guère que rouler de côté et d'autre, sans posséder la locomotion. En tout cas, on est déjà arrivé à des résultats très frappants. Le bœuf de 4 ans pesait environ 200 kilogrammes en Angleterre, au xive siècle : il en pèse maintenant plus de 600. Au début du siècle, en Limousin, le bœuf pesait 300 kilogrammes en moyenne : il en pèse 700.

Mais, répétons-le, de telles différences entre le poids et les dimensions de la race non améliorée à ceux de la race très perfectionnée ne s'obtiennent pas seulement par la domestication : elles sont le fait des méthodes zootechniques et de la sélection; sélection des races plus disposées à l'engraissement et à la production de viande; méthodes d'engraissement mieux comprises et plus efficaces.

On observera toutefois que, là même où il n'y a pas hypertrophie prononcée, où la suralimentation ne vient pas accroître la masse absolue des tissus musculaire et adipeux, celle-ci paraît souvent exagérée. C'est que, en effet, le squelette étant réduit, si la masse adipo-musculaire reste constante, elle est proportionnellement plus grande, d'où une déformation de l'animal. « Les variations de la taille dans le sens de la réduction, quand elles sont dues au développement moins lent ou à l'achèvement plus prompt du squelette ont pour corollaire le développement plus accentué de toutes les parties molles du corps, et particulièrement du tissu musculaire qui entourent les os. Cela change les proportions et les formes de ce même corps, et donne aux individus un aspect général tout différent de ce qu'il était auparavant ». (SANSON, *Traité de Zootechnie*, ii, 186.)

Modifications physiologiques. — Nous venons de voir que la domestication exerce une influence très marquée sur l'anatomie des animaux, et sur certains points de leur physiologie. Il importe de revenir quelque peu sur ce dernier côté de la question, pour signaler certains faits dont il n'a point été parlé.

Le principal de ces faits, c'est la précocité des animaux en domestication. Ce n'est pas tant de la précocité génésique qu'il s'agit que de la précocité de développement. La première devance toujours la seconde, comme chacun sait, et elle continue de le faire chez les animaux domestiqués. Mais ce n'est pas d'elle qu'il s'agit ici : c'est de la rapidité avec laquelle, sous l'influence de la domestication, les animaux atteignent le terme de leur croissance. Nous avons vu que l'ossification se fait plus tôt chez les animaux domesqués; le squelette est achevé plus tôt chez eux, la croissance arrive plus vite à son terme, et la dentition définitive est plus vite établie. Chez les bovidés cette précocité se traduit par ce fait qu'on gagne jusqu'à deux ans sur les cinq qui sont normalement nécessaires : le bovidé domestiqué est à trois ans au même point, en ce qui concerne la croissance, que le bovidé sauvage de cinq ans. Chez le mouton, on gagne de huit à douze mois par la domestication et ses ressources.

A vrai dire, certaines races sont normalement plus prédisposées que d'autres à la précocité : mais, selon toute probabilité, cela tient surtout à ce qu'elles sont depuis plus longtemps « travaillées » par l'homme. Car il est manifeste que chez tous les animaux domestiques la précocité — due surtout à l'alimentation intensive — est notable. C'est là une règle générale; elle est confirmée par la mytiliculture par exemple qui nous montre la moule « domestiquée » arrivant en un an au même point que la moule non domestiquée, en quatre ans; elle est confirmée encore par la sériciculture, où nous voyons parfois les vers à soie abondamment nourris filer leur cocon après la troisième mue, au lieu d'attendre la quatrième, d'où la formation, par hérédité et action du milieu, de races à trois mues comme il y en a dans le Sud-Est (CORNEVIN).

La domestication, en hâtant le développement individuel, abrège la jeunesse, et hâte l'apparition de l'âge adulte. C'est là le fait essentiel. Il ne se manifeste pas seulement par l'état général de l'organisme : on le voit à ce que l'appareil digestif par exemple, arrive plus vite à son maximum de puissance fonctionnelle, chose très avantageuse à l'éleveur, puisque les aliments sont mieux utilisés et convertis en produits utiles.

D'après CORNEVIN, on observe chez les animaux domestiqués un léger abaissement de température : il s'explique peut-être par la moindre activité; ils sont plus lents, plus aptes à se fatiguer, plus doux de caractère, et ces phénomènes sont tout naturels.

En même temps que les fonctions de nutrition sont exaltées, les fonctions de reproduction sont parfois amoindries. Nous retrouvons là l'antagonisme entre les intérêts de l'individu et ceux de l'espèce. Les bêtes domestiquées précoces présentent souvent un retard relatif dans le développement des fonctions reproductrices; celles-ci se montrent plus tard, et se font moins bien. Il y a souvent diminution de la fécondité : les mâles obèses, sont moins ardents à la saillie.

Il est bien des cas, toutefois, où la domestication favorise au contraire la fécondité. DARWIN (*Variation*, ii) a donné là-dessus plusieurs faits probants. Déjà BUFFON observait que les animaux domestiques ont plus de portées, et plus de petits par portée, que leurs congénères sauvages, et cela est très net pour le lapin, le furet, les différents oiseaux. Mais cet accroissement de fécondité n'existe que chez les animaux non soumis à l'engraissement. La domestication est donc favorable ou défavorable à la fécondité selon les circonstances qui l'accompagnent, selon le but auquel l'homme fait servir les animaux; et celui-ci le sait si bien que jamais il ne nourrira le taureau qu'il veut employer comme étalon, aussi abondamment que le bœuf qu'il médite de transformer en viande de boucherie.

Influence sur la pathologie. — Si la physiologie des animaux soumis à la domestication est modifiée, on ne sera point surpris que leur pathologie aussi présente des particularités. Cela est évident, et il n'y a pas lieu d'y insister autrement. Tantôt la domestication rend les animaux plus enclins à certaines affections; tantôt elle les rend plus réfractaires. Les procédés zootechniques, et les soins généraux, sont principalement responsables de cet état de choses. On conçoit que l'alimentation intensive doive prédisposer les bêtes à certaines maladies; on conçoit aussi que leur mode de vie doit en écarter d'autres. Certaines maladies épidémiques sont favorisées, d'autres, au contraire, trouvent dans la domestication des conditions d'éclosion et de contagion défavorables. On peut dire toutefois que, dans l'ensemble, l'avantage l'emporte sur le désavantage : les animaux gagnent plus qu'ils ne perdent, exception faite, cela va de soi, pour ceux dont l'homme accélère et intensifie les phénomènes vitaux pour leur donner plus tôt la mort. La bête de travail, intelligemment exploitée — ce qui n'a toutefois pas toujours lieu — mène une vie hygiénique, où les recettes et dépenses se font un sage équilibre, et favorable à la longue durée de la vie.

Rôle de la domestication dans la formation de races nouvelles. — Dans la plupart des espèces domestiques, et chez celles-là surtout qui sont depuis longtemps asservies par l'homme, il y a une variété souvent considérable de races. Faut-il conclure de là que la variabilité est plus grande chez les espèces domestiquées, ou chez les individus en domestication, que chez les espèces ou individus vivant à l'état sauvage? On l'a cru : mais ce semble être une erreur. Bateson (*Materials for the Study of Variation*) montre en effet que, chez les animaux sauvages, la variabilité est considérable : il y a toutefois des espèces chez qui cette dernière est plus prononcée que chez d'autres. Chez *Canis cancrivorus* les anomalies dentaires sont très fréquentes, alors qu'elles sont rares chez le renard; le genre *Meles* varie plus que la loutre, et ainsi de suite. Différentes monographies d'animaux appartenant aux classes les plus variées, dues à des zoologistes américains où l'auteur s'occupe particulièrement de la variation et de ses limites, montrent que la variabilité est considérable chez les animaux sauvages, et ne le cède point à la variabilité chez les animaux domestiqués. Il y a toutefois une raison pour que les races soient plus nombreuses parmi ces derniers, à variabilité égale, ou même inférieure. C'est que les animaux domestiqués ne sont pas soumis à la lutte pour l'existence; et dès lors les variations nuisibles ou inutiles ne sont pas nécessairement exterminées par l'élimination de ceux qui les présentent. Bien plus, ces variations qui sont inutiles ou même nuisibles pour l'individu qui les présente peuvent être et sont souvent jugées avantageuses, ou au moins curieuses pour l'homme, et, comme celui-ci n'agit qu'en vue de ses intérêts propres et non en vue des intérêts de la race, il conserve les individus aberrants, il en favorise la multiplication; par la sélection, en particulier, il maintient les races nouvelles, et les développe. L'homme favorise donc la persistance des variations qui sans son intervention s'éteindraient bientôt; il favorise la création de races qui auraient bien pu prendre naissance en dehors de la domestication, mais n'auraient pas réussi à s'établir, à se fixer, à se propager. Si l'on tient compte de ce fait que les visées de l'homme à l'égard d'une même espèce peuvent différer beaucoup, et de cet autre fait que, pour cette même espèce, la variation se fait dans des sens très variés, on s'aperçoit bien vite que la domestication doit favoriser, sinon la multiplicité des variations, au moins la conservation des variations qui se présentent. C'est ainsi que dans l'espèce chien tant de races ont pu se constituer : les variations qui ont donné naissance à chacune d'elles ont été conservées, favorisées, intensifiées, ici pour une raison, là, pour une autre, parce que l'animal semblait offrir tels avantages, ou bien tels autres.

La conservation et la fixation, par les procédés zootechniques, de variations qui ont intéressé l'homme par l'utilité ou l'agrément qu'il en pouvait, ou croyait pouvoir tirer, sans du reste tenir le moindre compte de l'avantage qu'elles auraient pu présenter pour l'animal à l'état de nature, et en dehors de la protection de l'homme, voilà donc une première raison de la multiplication des races domestiques. L'instrument principal a été la sélection.

Une seconde raison se trouve dans l'emploi fréquent d'un instrument de variabilité, le croisement. L'homme ayant obtenu, ou plutôt maintenu des variations spontanément produites — spontanément, et aussi grâce à l'action mal définie des conditions du milieu — il a pensé que par le croisement il pourrait obtenir des races unissant des caractéristiques qui se trouvaient jusque là présentées par les races différentes. Il a parfois réussi : il a souvent échoué; mais, de cette manière, des races nouvelles se sont produites qui, sans doute, ne se seraient pas produites à l'état sauvage, et l'homme a conservé et a intensifié bon nombre de ces races. Assurément, il se fait des croisements à l'état sauvage, mais moins qu'entre les mains des éleveurs, et les hybrides domestiques trouvent en l'homme un protecteur qu'ils chercheraient en vain à l'état de liberté.

Enfin, il faut observer que la formation de races nouvelles est favorisée par la domestication d'une troisième manière. A l'état sauvage, les animaux varient souvent en changeant d'habitat : il en va de même à l'état domestique. Et comme la domestication a pour effet de permettre à la plupart des animaux de vivre sous des climats et dans des milieux où ils ne vivraient pas, soustraits à l'action tutélaire de l'homme, il en résulte que la domestication favorise la dispersion des êtres dans des milieux très différents, où ils peuvent présenter plus de variations qu'ils ne feraient dans leur habitat naturel.

La domestication agit donc de plusieurs manières, directes et indirectes, pour favoriser la multiplication des races chez les animaux soumis à son influence. Et sans doute, il en va de même chez les animaux que chez les plantes : les espèces domestiquées comme les espèces cultivées sont, par suite des conditions où elles vivent, amenées à un état d'instabilité tel que les variations s'y produisent plus facilement et plus souvent. Les espèces les plus « travaillées » par l'homme, comme le pigeon par exemple, sont celles chez qui la variation dite spontanée est la plus fréquente.

Influence générale de la domestication. — Nous avons dit que, dans la domestication, l'homme n'a en vue que ses avantages personnels. Il domestique les animaux pour en tirer parti d'une façon ou d'une autre : par la sélection, par les croisements, par les méthodes zootechniques, il développe en eux les caractères qui lui sont avantageux, les caractères par où ils peuvent lui rendre le plus de services. De ce côté, il a réussi dans son œuvre, cela n'est pas douteux. Le mouton, le porc, le bœuf perfectionnés lui assurent un rendement en viande, en laine, ou en lait, très supérieur au rendement des mêmes animaux non domestiqués. Mais on est en droit de se demander aussi dans quelle mesure l'opération profite aux espèces animales. Ces espèces perfectionnées, améliorées, conserveraient-elles une supériorité quelconque si on les laissait libres, à l'état sauvage? Non, évidemment. Presque tous les caractères par où elles sont plus avantageuses à l'homme, les mettent dans un état d'infériorité notable à l'égard de leurs congénères sauvages. La domestication exerce en réalité une influence détériorante. Le cheval de course, au squelette léger et fragile, serait vite éliminé; tant de chiens mal bâtis, bizarres, spécialisés, périraient dans la lutte; les pigeons de fantaisie mourraient misérablement. Presque tous les animaux domestiqués sont des formes monstrueuses, aberrantes, trop spécialisées tout au moins, qui, dans la lutte pour l'existence à l'état sauvage, disparaîtraient devant leurs concurrents. En réalité, la domestication détériore les animaux; et par elle l'homme n'arrive qu'à ceci, à faire vivre des formes qui lui sont utiles, mais qui ne pourraient vivre sans sa protection incessante, et qui disparaissent aussitôt qu'il disparait. Toutes ces races dites « perfectionnées » ou « améliorées » sont en réalité plus ou moins dégénérées et artificielles : œuvre de l'homme, elles disparaîtront avec lui, n'ayant point les qualités requises pour vivre en liberté, et avec leurs seules ressources.

HENRY DE VARIGNY.

DONDERS (Frans Cornelis) (1818-1889), célèbre physiologiste et ophthalmologiste hollandais, naquit à Tilburg, le 27 mai 1818. Il était dernier né de neuf enfants et le seul fils d'un négociant de Tilburg. Sa haute intelligence se révéla dès sa première enfance. Après avoir travaillé à l'école primaire de sept à onze ans, il put, les deux années suivantes, devenir l'auxiliaire du professeur et ainsi gagner sa vie lui-même. Destiné par sa mère à la profession ecclésiastique, il alla, après un court séjour à l'école française de Tilburg, à l'école latine de Boxmeer, qu'il quitta en 1835 pour être, à Utrecht, étudiant en médecine à l'Université, et en même temps pensionnaire de l'école de médecine militaire. En 1840, à Leiden, il fut nommé au premier grade de la médecine militaire; et pendant deux ans il servit à ce titre, à Vlissingen et à la Haye. En 1842, il fut nommé professeur d'anatomie et de physiologie à l'école de médecine militaire d'Utrecht.

DONDERS (Frans Cornelis).

Là il se distingua, aussi bien comme expérimentateur que comme professeur, de telle sorte qu'en 1847, sans qu'il y ait de vacances, il fut nommé professeur à la Faculté de médecine de l'Université d'Utrecht. A côté de Schröder van der Kolk qui professait l'anatomie et la physiologie, Donders disposa dans l'Université un laboratoire de physiologie, où il enseignait la physiologie et l'histologie générale, plus tard la pathologie générale, l'anthropologie, la médecine légale et l'ophtalmologie. Cette dernière étude l'amena, presque malgré sa volonté, à faire de la pratique oculistique. Ce qui y contribua beaucoup, ce fut la rencontre qu'il fit à Londres de A. de Græfe et de W. Bowman, avec lesquels il resta jusqu'à leur mort lié d'une étroite amitié. En 1858, il fonda, avec les dons volontaires de ses concitoyens et de ses compatriotes, le *Nederlandsch Gasthuis voor behoeftige en minvermogende Ooglyders*, à Utrecht, établissement qui devint bientôt un centre et une école pour les nombreux médecins ophtalmologistes de toutes les parties du monde. Après la mort de Schroeder van der Kolk (1863), Donders devint professeur de physiologie et abandonna la plus grande partie de sa clientèle ophtalmologique à H. Snellen. En 1866, le gouvernement lui fit construire un laboratoire particulier dans lequel il vécut, jusqu'en 1888, époque où il prit sa retraite, étant atteint par la loi sur limite d'âge, dans toute la plénitude de son intelligence, et aussi brillant professeur qu'expérimentateur entouré et vénéré par de nombreux élèves, tant de son pays que de l'étranger. Il mourut de paralysie le 24 mars 1889.

Bibliographie[1]. — 1840. — **1.** *Dissertat. inaug. sistens observationes anatomico-pathologicas de centro nervoso (Traject. ad Rhenum).*

1841-1843. — **2.** *Contribut. à la pathologie et à la physiologie pathologique (Boerhaave).*

1845. — **3.** *Coup d'œil sur les échanges nutritifs comme source de chaleur propre aux plantes et aux animaux*, in-8, Utrecht. — **4.** *Sur la cirrhose hépatique (Ned. Lancet. En coll. avec Jansen).* — **5.** *Recherches sur les formations que le sang dépose dans le cœur (Ibid. En coll. avec Jansen).* — **6.** *Observation d'une paralysie des muscles du larynx et de la langue (Ibid.).*

1846. — **7.** *Éléments fondamentaux et tissus (Ibid.).* — **8.** *Croûte inflammatoire et globules blancs du sang (Ibid.).* — **9.** *Globules rouges du sang (Ibid.).* — **10.** *Changements de couleur du sang sous l'influence de l'oxygène et de l'acide carbonique (Ibid.).* — **11.** *Mouvements de l'œil humain (Ibid.,* et en allemand, in *Holländ. Beitr. zu den anat. u. physiol. Wissenschaften, von van Deen, Donders u. Moleschott).* — **12.** *Sur la suture épidermique (Ibid.).* — **13.** *Des phénomènes entoptiques et de leur emploi pour le diagnostic de certaines maladies oculaires (Ned. Lanc.).* — **14.** *Mikroscopische und mikrochemische Untersuchungen thierischer Gewebe (Holl. Beitr., etc.).* — **15.** *Traité d'ophtalmologie de Th. Ruete,* trad. de l'allemand en hollandais).

1847. — **16.** *Rech. sur la nature des altérations patholog. des artères, causes d'anévrysmes. (En coll. avec Jansen, Ned. Lancet, et Arch. f. phys. Heilkunde).* — **17.** *Ueber die Bestimmung des Sitzes der Mouches volantes (Arch. f. phys. Heilk.).* — **18.** *Sur les phénomènes chimiques de la respiration, etc. (Ned. Lancet, et en 1848 Holl. Beiträge).*

1848. — **19.** *Ueber den Zusammenhang zwischen dem Convergiren der Sehaxen und dem Accomodationszustande der Augen (Ibid.).* — **20.** *Noch über vermeintliche Achsendrehung des Auges (Ibid.).* — **21.** *Untersuchungen über die Regeneration der Hornhaut (Ibid.).* — **22.** *De l'enlèvement et de la régénération de la membrane cornéenne (Ibid.).* — **23.** *L'emploi de lunettes prismatiques pour guerir le strabisme (Ibid.).* — **24.** *Les fibres nerveuses prennent-elles toutes naissance dans le cerveau et dans la moelle épinière? (Ibid.).* — **25.** *L'harmonie de la vie animale, révélations de lois (Oratio inauguralis,* Utrecht, in-8). — **26.** *Recherches sur les corpusc. sanguins* (Avec la collab. de Moleschott, Ned. Lanc.).

1848-1849. — **27** *Recherches sur le passage des molécules solides dans le système vasculaire (Onderzoek. physiol. Lab.,* Utrecht, i, 1-23). — **28.** *Un mot sur la manière de faire l'expérience de Sanson (Ibid.,* 24-30). — **29.** *Restitution des tissus cornéens chez l'homme (Ibid.,* 31-36). — **30** *L'emploi du microscope dans les recherches de police sanitaire (Ibid.,* 37-49). — **31.** *Plaie pénétrante du thorax et de l'abdomen (Ibid.,* 50-64). — **32.** *Du pouvoir nutritif des parties constituantes des grains (Ibid.,* 107-124).

1. Les titres précédés d'une astérisque ont été publiés en langue hollandaise. Nous les donnons en traduction française.

1850. — 33. *Contribution au mécanisme de la respiration et de la circulation à l'état de santé et de maladie (Ibid., 1849-1850, 1-44 et Zeitsch. f. rat. Med.).* — 34. *Mort par éthérisation, etc. (Ibid., 45-51).* — 35. *Influence de l'humidité de l'air (Ibid., 52-60).* — 36. *Notices sur des objets divers (Ibid., 61-66).* — 37 *Les mouvements du cerveau et les changements du contenu des vaisseaux de la pie-mère, etc. (Ibid., 97-128).* — 38. *Un mot sur le diagnostic des maladies du cerveau et de la moelle épinière (Ibid., 129-142).* — 39. *Perforation du thorax à la suite de l'empyème (Ibid., 143-150).* — 40. *Notices sur des objets divers (action de l'acide acétique sur les corps colorés du sang d'amphib., sang de python, sang dans la fièvre puerpérale, développem. d. glob. de lait) (Ibid., 210-230).* — 41. *Un mot sur l'élimination d'air et de liquides de la cavité thoracique (Ibid., 210-213).* — 42. *Des échanges nutritifs et de l'alimentation (Ibid., 231-243).*

1850-1852. — 43 *L'action physiologique des soustractions de sang et leur application fautive à la thérapeutique (Ibid., 1-12).* — 44. *Sur le pouvoir nutritif du son (Ibid., 13-19).* — 45. *Causes du strabisme (Ibid., 20-30).* — 46. *Paralysie du nerf oculo-moteur brusquement survenue dans l'œil gauche (Ibid., 36-48).* — 47. *Pression de l'air dans la cavité pleurale (Ibid., 49-58).* — 48. *L'examen entoptique, moyen de diagnostiquer les maladies oculaires (Ibid., 59-74).* — 49. *Apoplexia choroideæ (Ibid., 75-82).* — 50. *Infanticide douteux (Ibid., 83-104).* — 51. *Pouvoir accommodateur (Ibid., 105-113).* — 52. *Micropsie (Ibid., 113-115).* — 53. *Atélectase des poumons (Ibid., 119-150).* — 54. *Inclinaison latérale de la tête dans le strabisme (Ibid., 151-157).* — 55. *Métamorphose graisseuse dans les vaisseaux ombilicaux (Ibid., 158-169).* — 56. De l'influence de la pression de l'air sur la contraction cardiaque (Ibid., 204-229).

1851. — 57. Manuel d'histoire naturelle de l'homme sain, etc. 1re partie, Physiologie générale, Utrecht et Amsterdam, van der Post.

1852. — 58. *Les Principes de l'alimentation. Fondements de la doctrine de l'alimentation, Fiel, 1852. — 59. *La forme, la composition chimique et la fonction des parties élémentaires en relation avec leur origine (Ned. Lanc., et Zeitschrift. f. wiss. Zoologie). — 60. *Recherches touchant la structure du cœur humain. — 61. *Souvenirs de Londres et de Paris (Ned. Lanc.).

1852-1853. — 62. *Mouvement des poumons et du cœur dans la respiration (Onderz. phys. Lab., II, 1-18). — 63. *Application de l'ophthalmoscope pour reconnaître des maladies oculaires (Ibid., 31-36). — 64. *L'ophthalmoscope de Helmholtz (Ned. Lanc., et Ann. d'oculistique, 1852). — 65. *La découverte de Cramer touchant la cause prochaine du pouv. accommod. de l'œil (Ned. Lancet). — 66. De justa necessitudine scientiam inter et artem medicam, et de utriusque juribus et mutuis officiis (Oratio, Traject. ad Rhen., 1853). — 67. *Manuel d'histoire naturelle de l'homme sain, etc. 2e partie, Physiol. spéciale. I. Fonction de nutrition (En coll. avec BAUDUIN), Utrecht et Amsterdam, in-8, 1853. — 68. *Yeux d'animaux, examinés à l'aide de l'ophthalmoscope (Ned. Lanc.). — 69. *Vision double, suite de cataracte commençante chez un strabique (Ond. phys. Lab., Utrecht, I R., 39-41). — 70. *Les grosses cellules de E. H. Weber dans les villosités intestinales pendant l'absorption (Ibid., 47-48). — 71. *(Ibid., 48-52). — 72. *Contribut. à la struct. et à la fonction des organes digestifs (Ibid., 57-96). — 73. Contrib. à la struct. plus intime et à la fonction de l'intestin grêle (Ibid., 190-196). — 74. *De la structure des glandes lymphatiques de l'intestin et du mouvement de la lymphe (Ibid., 197-204). — 75. *Scrupules concernant la formule de Buys-Ballot et Fabius destinée à calculer la capacité vitale (Ibid., 205-210).

1853-1854. — 76. *Les rayons invisibles de forte réfrangibilité dans leur rapport avec les milieux de l'œil (Ibid., 1-15). — 77. *L'action des muscles de l'œil (Ned. Lancet). — 78. Examen critique de la théorie de Cramer concernant l'accommodation des yeux (Ond. phys. Lab. Utrecht, 1 R., 35-73). — 79. *Miscellanea (métropie, grains d'amidon dans les centres nerveux) (Ibid., 74-77). — 80. Miscellanea (découverte du follicule de de Graaf, de l'œuf des mammifères, améliorations apportées à l'ophthalmoscope, constatations faites avec l'ophthalmoscope sur l'œil sain, nouvelles constatations faites avec l'ophthalm. sur des yeux malades; quantité de sulfate d'atropine nécessaire pour dilater la pupille, albinisme, lunettes sténopéiques pour améliorer la vision dans les taches cornéennes, torpeur rétinienne congénitale héréditaire) (Ibid., 123-164). — 81. *Un mot sur l'action purgative des sels alcalins (Ibid., 165-170). — 82. *Le pouvoir accommodateur expliqué physiologiquement (Ned. Lanc., 1854). — 83. *Avis cliniques concernant l'ophthalmologie (Gen. Courant, 1854). — 84. *Sur le m. de Crampton et sur le pouvoir accommodat. des oiseaux (Utrechtsch Genootschap., 1854). —

85. * Les phénomènes visibles de la circulation du sang dans l'œil (Ond. phys. Lab. Utrecht, 90-120). — 86. *Contrib. à l'anat. pathol. de l'œil (métamorph. du pigment noir de la choroïde (Ibid., 130-144).

1855-1856. — 87. *Contrib. critique et expérimentale à l'hémodynamique. 1. Pression du sang dans les artères différ. du même animal; 2. L'influence de l'action du cœur sur la pression du sang (Ibid, 145-181); 3. Calcul de la résistance (Ibid., 1 R., 1-18). — 88. *Physiologie des Menschen (B. II), (Deutsche Original-Ausgabe, Leipzig, 1856). — 89. *La spirométrie aux points de vue physiologique et pathologique (Onder. physiol. Lab. Utrecht, 1 R., 19-36). — 90. * Des corpuscules salivaires (Ibid., 37-38). — 91. *L'absorption de la graisse dans le tube digestif (Ibid., 53-70). — 92. *Notices anatomopathol. touchant l'œil (Ibid., 124-128). — 93. *Néoformation de membranes hyalines dans l'œil (Ibid., 173-178). — 94. *Développement de pigment dans la rétine (Ibid., 189-200). — 95. *Anatomie pathol. de l'œil (Versl. et Med. d. k. Ak. v. Wetensch, v, 106).

1857. — 96. Die Natur der Vocale (Holl. Beiträge). — 97. Imbibitionserscheinungen der Hornhaut und der Sclerotica (Arch. f. Ophtalm., 111).

1858. — 98. * Sur les différences des limites de l'accommodation et sur le choix des lunettes (Ned. Tydsch. v. Geneesk.). — 99. Winke über den Gebrauch von Brillen (Arch. f. Ophthalm.). — 100. Untersuchungen über die Entwickelung und den Wechsel der Cilien (Ibid., IV).

1859. — 101. Physiologie des Menschen (Deutsche Original-Ausgabe übersetzt von Theile, 2te verb. Auflage).

1860. — 102. *L'amétropie et ses conséquences, Utrecht, in-8, van der Post.

1861. — 103. Physiologie de l'homme, édition russe. — 104. *Rapport concernant l'usage comme nourriture de la viande des animaux souffrant de malad. contagieuses (Versl. en Med. d. Kon. Ak. v. Wetensch.). — 105. *Symptômes paralyt. après la diphtérie (Tyschr. v. Gen.). — 106. *Le système réfringent de l'œil humain dans l'état normal et pathologique (Versl. en Meded. d. Kon. Ak. v. Wetensch.).

1862. — *107. Astigmatisme et verres cylindriques, Utrecht, in-8, v. d. Post).

1863. — 108 *Donders et Doyer. La situation du centre de rotation de l'œil (Arch. f. holl. Beitr.). — 109. *Les anomalies de la réfraction, causes de strabisme (Versl. en Meded. d. Kon. Akad. v. Wetensch.). — 110. Zur Pathologie des Schielens (Arch. f. Ophthalm.; — Annales d'oculistique, II, 205). — 111. *Sur la culture du quinquina (Arch. f. d. Holl. Beiträge). — 112. Dans Compte Rendu du Congrès d'ophthalmologie; 2 articles : 1. Astigmatisme; 2. Strabisme. — 113. Die Refractionsanomalien d. Auges u. ihre Folgen, Poggendorf's Annalen. — 114. Ueber einen Spannungsmesser des Auges (Ophthalmo-tonometer), über Glaucom, Astigmatismus u. Sehschärfe. Aus einem Schreiben an v. Graefe (Archiv f. Ophthalm.).

1864. — 115. The anomalies of refraction and accommodation, transl. by D. Moore (Sydenh. Society, in-8). — 116. *Sur le timbre des vocales (Versl. en Meded. d. Kon. Acad. v. Wetensch.). Voir aussi Arch. f. d. Holl. Beitr. et Poggendorffs Annalen). — 117. *Travail musculaire et développement de chaleur dans leurs rapports avec les aliments nécessaires (Nederl. Arch.).

1865. — 118. L'action des mydriatiques et des myotiques (Ann. d'ocul.). — 119. *Atélectasie complète chez un enfant qui avait respiré pendant douze heures (Ned. Arch., I, 3). — 120. *Respiration thorac. et abdom., propre aux actions de soupirer et de bâiller (Ibid.). — 121. De la voix et de la parole. I. Méthodes pour analyser les sons, surtout ceux de la voix humaine. II. Des instruments à anche qui produisent la voix et la parole (Ibid.), — 122. *La vision dans des cas de réfraction inégale des deux yeux et des remèdes à appliquer dans ces cas (Ibid.).

1866. — 123. Traduction allemande du n° 115 : Die Refractions u. Accommodations-Anomalien, übersetzt von O. Becker (Wien, Braumüller). — 124. *Myopie et son traitement (Tiel, Campagne). — 125. On the constituents of food, translated by Moore, Dublin, in-8, traduction du n° 107. — 126. *Le rhythme des sons cardiaques (Ned. Arch.). — 127. *Travail accompli dans l'action d'enfoncer des poteaux (Ibid.). — 128. *Influence de l'accommodation sur l'appréciation de la distance (Ibid.). — 129. *La vision binoculaire et l'appréc. de la troisième dimension (Ibid.).

1867-1868. — 130. *Examen du cardiographe (Ond. Physiol. Lab. Utrecht, 2 R., 1-20). — 131. *Deux instruments pour mesurer le temps nécessaire pour les processus psychiques

(*Noématachographe et noématachométre*) (*Ibid.*, 21-25). — **132.** *Sur le mouvement ascendant des substances plastiques dans les pédicules des feuilles* (*Ibid.*, 25-30). — **133.** *Sur l'innervation du cœur en rapport avec celle de la respiration* (*Ibid.*, 220-226). — **134.** *Postscriptum à mon article sur l'innervation du cœur* (*Ibid.*, 287-289).

1868-1869. — **135.** *Sur la vitesse des processus psychiques* (*Ibid.*, 2 R., ii, 92-120). — **136.** *Manière dont se développe l'effet arrestateur du cœur après une excitation momentanée du nerf vague* (*Ibid.*, 289-315). — **137.** *Nouvelle méthode d'étudier des secousses d'induction* (*Ibid.*, 316-318). — **138.** *La myopie et son traitement* (*Versl. Ned. Gasth. v. Oogl.*, D. 2, 1). — **139.** *De la physiologie du nerf vague* (*A. g. P.*, i, 331). — **140.** *Changements périod. dans la dilatat. de la pupille* (*Ned. Lanc.*, iv; *Versl. Ned. Gasth.*, ii).

1870-1871. — **141.** *Le mouvement de l'œil, démontré avec le phénophthalmotrope* (*Ond. Physiol. Lab. Utrecht*, 2 R., iii, 119-139). — **142.** *Association congénitale et acquise. Postscriptum à un article d'Adamük* (*Ibid.*, 145-154). — **143.** *Sur le soutien de l'œil dans la congestion par la pression expiratoire* (*Ibid.*, 273-299). — **144.** *La physiologie des sons de la parole, en particulier de ceux de la langue hollandaise* (*Ibid.*, 254-273).

1872. — **145.** *Le laboratoire physiol. de l'Université d'Utrecht* (*Ibid.*, i-xii). — **146.** *Sur les rapports entre la lumière et la perception lumineuse* (*Wet. Bydr. Ned. Gasth. v. Oogl.*, 145). — **147.** *L'action du courant constant sur le nerf vague* (*Ond. Physiol. Lab. Utrecht*, 3 R., i, 1-26). — **148.** *La combinaison stéréoscopique après l'opération du strabisme, un argument contre la théorie empiristique* (*Ibid.*, 83-92). — **149.** *Les phénomènes chimiques de la respir. sont un processus de dissociation* (*Ibid.*, 92-102). — **150.** *La projection des phénomènes visuels suivant les lignes de direction* (*Ibid.*, 145-167). — **151.** *Les contractions secondaires produites avec et sans excitation du n. vague* (*Ibid.*, 246-256). — **152.** *Courant électr. musculaire de repos et secousse secondaire provoquée par le cœur* (*Ibid.*, 256-266). — **153.** *La durée de la période latente dans l'action que le n. vague exerce sur le cœur* (*Ibid.*, 272-281). — **154.** *Remarques pratiques touchant l'influence des lentilles sur l'acuité visuelle* (*Ibid.*, 282-299).

1873. — **155.** *De l'accommodation apparente dans l'aphakie* (*Ibid.*, ii, 125-150). — **156.** *Les positions primaires de l'œil : a) avec des lignes visuelles parallèles ; b) avec les mêmes lignes convergentes* (*Ibid.*, 380-386).

1874. — **157.** *Un mot sur le mécanisme de la succion* (*Ibid.*, iii, 94-100). — **158.** *Postscriptum touch. la loi réglant l'orientation de la rétine par rapport au plan du regard* (*Ibid.*, 185-189). — **159.** *Les méridiens correspondants des rétines et les torsions symétriques des deux yeux* (*Ibid.*, 45-78).

1877. — **160.** *Essai d'une explication génétique des mouvements oculaires* (*Ibid.*, iv, 31-94). — **161.** *Les limites du champ visuel en relation avec celles de la rétine* (*Ibid.*, 325-350).

1879. — **162.** *Examen du sens visuel du personnel des chemins de fer* (*Wet. Bydr. Ned. Gasth. v. Oogl.*, 1). — **163.** *Discours d'ouverture* (*Congr. intern. des sciences médicales d'Amsterdam*).

1880. — **164.** *Une lunette pancratique* (*Ond. Physiol. Lab. Utrecht*, 3 R., v, 1-12). — **165.** *La détermination quantitative de la chromatopsie* (*Ann. d'Ocul.*, lxxix, 275 et *Ond. Physiol. Labor. Utrecht*, 3 R., v, 34-43). — **166.** *Postscriptum au n° 155* (*Ibid.*, 69-73). — **167.** *Rapport concernant l'examen de la vision du personnel du chemin de fer hollandais* (*Wet. Bydr. Ned. Gasth. v. Oogl.*, 144). — **168.** *Des systèmes dichromatiques. Comm. préal.* (*Ann. d'Ocul.*, lxxxi, 7). — **169.** *Des échantillons pseudo-isochromat. pour examiner la cécité des couleurs* (*Société d'Heidelberg*, *C. R.*, 171).

1881. — **170.** *Des systèmes chromatiques* (*Ann. d'Ocul.*, lxxxiv, 205). — **171.** *Nouvelles recherches sur les systèmes chromatiques* (*Ond. Physiol. Lab. Utrecht*, vii, 95-109).

1883. — **172.** *Encore une fois les systèmes chromatiques, en vue d'une critique de* HERING (*Ibid.*, vii, 1-128).

1884. — **173.** *Comparaison de couleurs* (*Ibid.*, viii, 170-189 et ix, 43-86) (Voir aussi *Arch. f. Ophthalm.*, xxx).

DONDERS a encore inspiré à ses élèves de nombreux travaux, généralement des dissertations inaugurales d'Utrecht.

Voici les principaux titres de ces ouvrages) :

1848. — **1.** MENSONIDES (JUSTUS ALDERT). *De absorptione molecularum solidarum.*

1849. — 2. Filanus (J. G. R.). *De saliva et muco.* — 3. Beckers (G. A. J.). *De alvo et urina, spina medullar. affect., vel suppress., vel sine voluntate prorumpentibus.* — 4. Lammerts van Bueren (R.). *De lacte.*

1850. — 5. Berlin (G.). *De circulatione in cavo cranii.* — 6. Woltersom. *De mutationibus in sano corpore sanguinis detractione productis.*

1851. — 7. Coster (D. J.). *De plantarum indigenarum usu in medicina.*

1852. — 8. Van der Mehr Mohr (Joh. H.). *Casus morborum cerebri.*

1853. — 9. Cramer (H. G.). *Casus morbi Brightii.* — 10. Van Frigt. *De speculo oculi.* — 11. Ruiter (G. C. P. de). *De actione atropae belladonnae in iridem.*

1854. — 12. Andreas Doncan. *De corporis vitrei structura.* — 13. Van Wyngaarden. *De perspicillis stenopaeis, etc.* — 14. Heynsius (A.). *De susurrorum vascularium explicatione physica.*

1855. — 15. Beeke Callenfels (Van Der). *De vi nervorum vaso-motoriorum in circulationem et caloris productionem.* — 16. Van Reeken. *De apparatu oculi accommodationis.*

1856. — 17. Cnoop Koopmans. *De digestione corporum albuminoïdum vegetabilium.* — 18. Mulder (L. J.). *De motibus reflexis.*

1857. — 19. *Moll (J. A.). *Contrib. à l'anat. et physiol. des paupières.* — 20. Herm. Snellen. *L'influence des nerfs sur l'inflammation. Recherches expérimentales.* — 21. Gunying (G. M.). *Recherches sur le mouvement et la stase du sang.*

1858. — 22. Mac Gillavry (Th.). *De l'étendue de l'accommodation.*

1859. — 23. Bressler. *Sur la diastole du cœur.* — 24. Schoenmaker. *Action des muscles intercostaux.* — 25. Kuyper (A. H.). *Sur les mydriatiques.* — 26. *Brondgeest (P. Cl.). *Sur le tonus des muscles.*

1861. — 27 *De Brieder. *Les troubles de l'accommodation de l'œil.* — 28. *Maas (H. G.). *Sur la torpeur de la rétine.* — 29. *Haffmans (J. H. A.). *Contr. à la connaiss. du glaucome.* — 30. *Wilde (A. J. P. de). *Cas d'iritis et d'irido-choroiditis.*

1862. — 31. *De Haas. *Rech. histor. sur l'hypermétropie et ses conséquences (Diss.).* — 32. *Vroesom de Harn (J.). *Rech. sur l'infl. de l'âge sur l'acuité visuelle (Ibid.).*

1863. — 33. *Middelburg (H. A.). *Le siège de l'astigmatisme (Ibid.).* — 34. *Hamer. *Sur l'action antimydriatique de la fève de Calabar (Versl. Ned. Gasth. v. Oogl., 135).* — 35. *V. Mansvelt. *Sur l'élasticité des muscles (Diss.).* — 36. *Van Woerden. *Les vaisseaux visibles à l'extérieur de l'œil à l'état normal et l'état pathologique.*

1865. — 37. *Jager (J. J. de). *Le temps physiologique dans les processus psychiques.* — 38. *Verschoor (J. W.). *Optomètres et optométrie.* — 39. *Van der Laan (P. A.). *Troubles visuels et albuminurie.* — 40. *Maats (J. J.). *Les maladies sympathiques de l'œil.*

1866. — 41. *Greve (D. H.). *Sur les tumeurs dans l'œil.* — 42. *Rive (W.). *Le sphygmographe et les courbes sphymographiques.* — 43. *Terné van der Heul. *L'influence des phases respiratoires sur la durée des périodes cardiaques.*

1867. — 44. *Place (Th.). *L'onde de contraction des muscles striés.*

1868. — 45. *Prahl (J. H. F.). *Sur l'influence du nerf vague sur les mouvements cardiaques.* — 46. *Monnik (A. I. W.). *Un tonomètre nouveau et son emploi.* — 47. *Berns (A. W. C.). *De l'influence de différ. gaz sur le mouvement respirat.*

1870. — 48. *Nyland (A.). *De la durée et de la marche des courants électriques induits.* — 49. *Dobrowolsky. *Observat. sur la circulat. au fond de l'œil chez l'homme et chez le chien (Onderzoek., (2), III, 408).* — 50. *Skrebitzky (A.). *Contrib. à la doctrine des mouvem. de l'œil (Ibid., 424).*

1873. — 51. *Coert (J.). *De l'accommodat. apparente dans l'aphakie.* — 52. *Talma (S.). *De la lumière et de la perception des couleurs.* — 53. *Van Dooremaal (J. C.). *Des suites de l'introduction de tissus vivants et d'objets morts dans l'œil (Diss.).* — 54. *Van der Meulen (J. E.). *Stéréoscopie avec acuité visuelle défectueuse (Ibid.).* — 55. *Van der Meulen et Dooremaal. *Vision stéréoscopique sans images rétiniennes correspondantes (Onderz., (3), II, 119).* — 56. *Nuel (J. P.). *De l'infl. de l'excit. du nerf vague sur les contractions cardiaques chez la grenouille (Ibid., 291).*

1874. — 57. *Van Moll (F. D. A. C.). *De l'incongruence normale des rétines (Diss.).* — 58. *Mulder (M. E.). *Les torsions parallèles des deux yeux autour de l'axe optique (Ibid.).*

1875. — 59. *Brakel. *Le colostrum et son développement (Ibid.).* — 60. Rützmann. *De l'intervention des mouvem. ocul. dans les déplacem. ordin. du regard (Arch. f. Ophth., XXI).*

1876. — **61.** *Krenchel. Sur l'action de la muscarine sur l'accommodation et la pupille* (*Onderz.*, (3), III, 22). — **62.** *Küster (F.). Les cercles de direction du champ visuel* (*Ibid.*, (3), IV, 118). — **63.** *Grossmann R. Mayerhausen. Sur la vie des bactéries dans les gaz* (*Ibid.*, (2) 245); — **64.** *Les mêmes. Déterminat. du champ visuel chez quelques mammifères* (*Ibid.*, 351).

1880. — **65.** *Horstmann. Sur la profondeur de la chambre antérieure de l'œil* (*Ibid.*, (3), V, 161). — **66.** *Van Overbeek de Meyer. Sur l'influence de l'oxygène à haute pression sur les organismes infér. et cellules vivantes* (*Ibid.*, (3), VI, 151).

1882. — **67.** *Van der Weyde (A. J.). Recherch. méthod. des systèmes chromatiques de daltoniens* (*Ibid.*, (3), VII, 1).

1884. — **68.** *Huysman (A.). Sensibilité du nerf acoustique émoussée par différents sons* (*Ibid.*, (3), IX, 87). — **69.** *Hamburger (H. J.). Influence des combin. chimiques sur les globules du sang en rapport avec leur poids moléculaire* (*Ibid.*, IX, 26). — **70.** *Einthoven (W.). Stéréoscopie par différ. de couleurs* (*Ibid.*, (3), X, 1). — **71.** *Van Tussenbroek (A. P. C.). Contribut. morpholog. à la genèse du lait* (*Ibid.*, 260).

Notices biographiques sur F. C. Donders. — Kölliker (A.). *Skizze einer wiss. Reise nach Holland u. England* (*Zeitschr. f. wiss. Zool.*, III, 1850, 86). — F. C. D. *Notes on London and Paris* (*Nederl. Lancet*, 1852). — *Photographs of eminent men of all countries*, etc., by T. Herbert Barker and E. Edwards, in-4, London, 1867-1868, III, 93-104). — F. C. D. *Discours d'ouverture* (*Congrès. intern. d. sc. médic.*, Amst., 1879). — *Festsitzung der Ophthalmol. Gesellsch. in der Aula der Heidelberger Univ. am 9. Aug.*, 1886. — *Ueberreichung der Graefe-Medaille* an H. von Helmholtz, Rostock, 1886. — *Het jubilaeum van Prof. F. C. Donders, gevierd de Utrecht op 27 c 28 Mai 1888. Gedenkboek uitgegev. door de Comissie*, Utrecht, van de Weyer, 1889. — F. C. D. *Festgruss zum 27 Mai 1888, dargeboten von* Jac. Moleschott, Giessen, 1888. — *Mort de Donders* (*Annal. d'Oculist.*, mars-avril 1889). — F. C. D., von. W. A. Brayley (*Brit. Med. Journ.*, 30ᵗʰ march 1889). — F. C. D. par le Dʳ E. Landolt (*Arch. d'Ophthalm.*, mai-juin 1889). — *Die ophthalm. Gesellsch. während d. ersten 25 Jahre ihres Bestehens, von 1863-1888*, Zehender, Rostock, 1888). — *Commemorazione dell'Accad. onor. F. C. Donders, etc. letta dal Prof. G.* Colosanti n. sed. d. R. Accad. medica di Roma, il 28 aprile 1889. — F. C. D. (*Klin. Monatsblätter f. Augenheilk.*, v. v. Zehender, Mai 1889). — Snellen (H.) (*Nederl. Gasth. voor beh. en minverm. Ooglyders gevest. de Utrecht*, 29 Juli 1889). — F. C. D. et son œuvre, J. P. Nuel (*Ann. d'Oculist.*, 1889, 1-107). — F. C. D., *Gedenkrede geh. in der feierl. Jahressitz. der Buda-Pest k. Ges. d. Aerzte*, am, 14 okt. 1889, D. W. Goldzieher. — *Bericht über die 20ᴵ Vers. d. Ophthalm. Ges. Heidelberg*, 1889, W. Hesset Zehender, Rostock, 1889). — *In Mannen van beteekenis*, Haarlem, 1889. — F. C. D., Horstmann (*Deutsch. med. Wochenschr.*, 1889, n° 14). — F. C. D. K. F. Wenckebach *Studenten-Almanak*, Utrecht, 1890. — F. C. D. Henry Williams in *Proc. Am. Acad. Arts and Science*, XXIV. — F. C. D., Th. W. Engelmann (*Onderzoek. physiol. labor. Utrecht*, (4), I, 1890). — *In Memoriam F. C. D.*, W. Bowman (*Proc. Roy. Soc. London*, 1890, etc., etc.).

W. E.

DOULEUR.

DOULEUR. — Le phénomène de la douleur a été souvent étudié, mais plutôt par les philosophes et les médecins que par des physiologistes. Les philosophes ont comparé la douleur au plaisir, et cherché dans des raisons d'ordre métaphysique la cause essentielle de la douleur, ce qui les a entraînés à des hypothèses parfois peu satisfaisantes. Les médecins, préoccupés, avant toutes choses, de soulager les souffrances de leurs malades, ont surtout examiné la question au point de vue de la thérapeutique ou de la sémiologie. Les nombreux ouvrages ou thèses de médecine où a été abordée l'étude de la douleur ne sont guère utiles à la psychologie.

Nous allons étudier la douleur aux points de vue de ses signes, de ces causes, de ses effets. Nous ne chercherons nullement à la comparer au plaisir; car c'est déjà une hypothèse que de faire de la douleur le contraire du plaisir, et on n'éclaircit pas un phénomène obscur par un autre plus obscur encore.

Nous essayerons donc d'analyser la douleur comme un fait physiologique et psychologique, sans nous attacher ni au traitement ni aux indications diagnostiques qu'elle donne.

Signes de la douleur. — Il n'est pas besoin de définir la douleur. Chacun l'a éprouvée, chacun la connaît; et, par conséquent, s'en rend compte mieux par lui-même que par la lecture d'une description. Toutefois, pour des raisons que je développerai plus loin, je proposerais de définir la douleur : *une sensation telle qu'on désire ne pas l'éprouver de nouveau.* Autrement dit encore, c'est une sensation qu'on déteste, et dont on veut s'éloigner.

Les signes de la douleur ne sont pas forcément liés à l'existence même de la douleur. Dans certains cas, des individus très courageux peuvent supporter des douleurs très vives, sans que cependant rien, dans leur attitude, dans leurs gestes ou leurs paroles, ne trahisse la douleur intime qu'ils ressentent. Les anciens chirurgiens, au temps où les opérations se faisaient sans chloroforme, ont tous rapporté des récits vraiment extraordinaires de longues et douloureuses opérations, dans lesquelles le patient ne laissait pas échapper même un soupir. Les physiologistes aussi ont vu des animaux subir parfois sans réagir d'énormes mutilations.

Il est assurément impossible de connaître ce qui se passe dans la conscience d'autrui, que ce soit un animal ou même un homme; mais il me paraît — ceci n'est et ne peut être qu'une hypothèse — que ces différences, comme on dit, de courage, sont surtout des différences de sensibilité. Les grenouilles d'été, dont la température est 16° à 22°, sont beaucoup moins courageuses que les grenouilles d'hiver. Les cris, les mouvements de défense, de fuite, sont bien plus marqués chez certaines races de chiens que chez d'autres, et je pencherais à croire que ces différences ne sont pas dues à des variations dans la puissance de l'inhibition, mais dans la sensibilité à la douleur.

Ce qui complique le problème, c'est que les excitations qui produisent de la douleur produisent aussi des phénomènes réflexes multiples, qu'on a appelés assez témérairement des réflexes de douleur. Rien ne prouve pourtant que ces réponses nerveuses soient dues à la douleur même. MANTEGAZZA, dans son ouvrage sur la physiologie de la douleur, admet que les cris, les changements dans la respiration, dans la tonicité des muscles, dans l'état de la pupille ou de la pression artérielle sont toujours dus à la douleur. Mais on ne peut accepter cette opinion; car ces divers phénomènes réflexes se produisent encore quand l'encéphale a été enlevé, et que, par conséquent, il n'y a pas de douleur perçue par la conscience. VULPIAN a enlevé le cerveau à des rats, et, quoique ils n'eussent plus que la protubérance, ils avaient encore un tressaillement chaque fois qu'un coup de sifflet retentissait près d'eux. Après une section de la moelle toute excitation forte va modifier l'état du cœur. Quoique FR. FRANCK ait jadis cru pouvoir appeler ces effets cardiaques, effets de la douleur, il me paraît qu'il y a là une hypothèse, et une hypothèse même assez peu probable, car ces manifestations ne sont pas abolies par les sections bulbaires, et, par conséquent, ce sont plutôt des réflexes généraux que des réflexes de la douleur.

Les auteurs américains ont signalé le cas vraiment extraordinaire, et jusqu'à présent unique, d'un individu qui n'avait jamais senti aucune douleur physique (STRONG, 1893). Cet homme, parvenu à un âge assez avancé, pouvait impunément se faire à lui même des mutilations graves. On l'opéra de la cataracte, sans qu'il fît le moindre mouvement. Atteint d'une maladie interne, il souffrit à peine davantage. Mais, en admettant même que le fait ait été bien observé (par PAUL EVE), il faut évidemment le rattacher aux cas pathologiques, relativement fréquents, d'anesthésie ou plutôt d'analgésie hystérique. De fait, la douleur existe sans exception, quoique à des degrés divers, chez tous les êtres humains. On ne peut guère en dire davantage, et les signes de la douleur ne fournissent que des renseignements assez imparfaits sur les divers degrés de la sensibilité aux excitations douloureuses.

On a essayé de construire des appareils, nommés *algésimètres*, ou *algomètres* (LOMBROSO, GRIFFING, BUCH), et d'autres auteurs encore ont fait de tentatives dans ce sens. On a essayé l'électricité (LOMBROSO), qui paraît plus facile à doser que les autres modes d'excitation; ou une tige d'acier en forme d'aiguille pénétrant dans la peau à des profondeurs variables, de 1/10 de millimètre au début (PHILIPPE).

Les essais faits avec des pressions différentes de la peau, pour déterminer le moment où une pression croissant graduellement finit par déterminer de la douleur (*algométrie*[?]) n'ont pas donné à GRIFFING des résultats valant la peine d'être notés. Il semble cependant qu'il se dégage de ses recherches, très difficiles évidemment à interpréter, que les individus les plus sensibles à la douleur pour la pression de la peau de la main, sont aussi, en général, les plus sensibles pour la douleur à la pression de la peau de la tête.

En somme, les algomètres vraiment exacts font à peu près défaut, et nous ne voyons pas bien à quel degré de précision il sera possible de parvenir.

Toutefois, comme les signes extérieurs de la douleur sont le seul moyen de juger d'une douleur qui n'est pas perçue directement par notre propre conscience, nous sommes forcés d'accepter ce critérium, et de considérer chez autrui la douleur comme absolument proportionnelle à ce qu'il dit ressentir, et aux réactions conscientes et voulues qu'elle provoque. Nous admettrons donc que la sensibilité à la douleur est d'autant plus vive que les réactions à la douleur sont plus intenses. Assurément, ce n'est pas une certitude mathématique; mais c'est une certitude physiologique, relativement suffisante.

Causes physiologiques de la douleur. — D'une manière générale, on peut dire que toute douleur est provoquée par une excitation forte ou un état anormal de l'organisme.

Chez l'homme et chez tous les animaux, la vie en elle-même, quand il n'y a pas de lésion ou de troubles organiques, se poursuit sans provoquer aucune douleur. Certes, l'être éprouve des besoins multiples; mais ces besoins ne sont pas des douleurs, et, d'ailleurs, dans les conditions ordinaires de la vie, ils sont vite satisfaits. La faim, sous sa forme légère, est plutôt agréable que pénible : c'est l'appétit; le besoin de sommeil, la soif, le besoin de respirer, sont des sensations qui n'ont rien de douloureux ; au contraire, elles sont plutôt agréables quand elles trouvent un rapide et facile apaisement. Les excitations multiples qui frappent nos sens ne sont pas douloureuses, tant qu'elles restent modérées. Elles produisent des émotions diverses, elles amènent des réactions et des mouvements; mais mouvements, réactions, sentiments, tous ces phénomènes sont bien différents de la douleur.

Au contraire, qu'une excitation forte intervienne, aussitôt la douleur apparaîtra, et elle sera d'autant plus intense, toutes conditions égales dans la sensibilité de l'être, que l'excitation aura été plus forte.

Cela est vrai de toutes les sensations, quelles qu'elles soient.

Prenons l'excitant électrique, celui dont on peut le plus facilement faire croître régulièrement l'intensité. Quand l'excitation est très faible, la sensation est nulle, et la douleur, par conséquent, nulle aussi. Mais, en augmentant l'intensité de l'excitant, on arrive à un degré tel qu'on perçoit un léger fourmillement, très perceptible et nullement douloureux, quoique peu agréable. Ce fourmillement, si l'on continue à augmenter l'intensité de l'excitant, finit par devenir assez fort, désagréable même; et enfin, si l'augmentation de l'intensité continue, ce sera une sensation odieuse, même douloureuse, et franchement insupportable.

Ainsi nous pouvons considérer trois phases dans l'excitation électrique, au point de vue de notre sensibilité : une phase A, pendant laquelle l'excitant est trop faible pour provoquer une sensation quelconque ; une phase B, pendant laquelle il y a sensation, mais sensation non douloureuse, et enfin une phase C, pendant laquelle la sensation est douloureuse.

Si nous employons d'autres excitants, nous retrouverons exactement ces trois mêmes phases.

Prenons comme exemple l'excitation mécanique des nerfs de la sensibilité. Si l'on applique sur le dos de la main, je suppose, un poids extrêmement léger, de $0^{gr},0001$ par exemple, ce poids ne sera pas senti, et il faudra un poids plus fort, soit de $0^{gr},001$, pour provoquer une sensation. La phase A sera tout poids inférieur à $0^{gr},001$. La phase B de sensation sans douleur comprendra tous les poids qu'on pourra appliquer sur la main sans provoquer de douleur. Déjà, si l'on applique 40 kilos, la sensation est désagréable; et, enfin, à supposer une pression de 400 kilos, la douleur sera atroce : de sorte que, comme pour l'électricité, nous avons pour les excitants mécaniques trois phases : une phase de non-perception (A), une phase de perception sans douleur (B), et une phase de perception avec douleur (C).

Soit l'intensité de l'excitant croissant régulièrement suivant une droite, on voit qu'il y a, entre l'excitant trop faible pour être perçu, A, et l'excitant fort qui est douloureux, C, une intensité d'excitation qui correspond à la phase B, et qui convient précisément à la production d'une sensation nette, non douloureuse, éveillant une image bien définie dans la conscience et ne désorganisant par la fibre nerveuse.

Évidemment les choses n'ont pas cette netteté schématique, et les phases A, B, C ne sont pas aussi distinctement séparées que nous l'indiquons. Il y a un seuil d'excitation (*Reizschwelle*) qu'il est impossible de déterminer avec une précision absolue. De même encore, entre une sensation non douloureuse et une sensation très douloureuse, il y a une limite difficile, et même impossible à établir, variable suivant quantité de conditions.

Pour les autres excitants de la sensibilité tactile, on retrouve les mêmes lois. Ainsi, pour le sens thermique, si nous plongeons la main dans de l'eau à 37°, la sensation sera purement perceptive; c'est-à-dire qu'il n'y aura pas de douleur; mais élevons progressivement la température, à 43°, par exemple, nous aurons une sensation presque douloureuse, qui, à 50°, sera une franche douleur, insupportable.

Si l'eau, au lieu d'être chauffée, est refroidie, on n'atteindra pas, à vrai dire, la limite de la douleur; car à 0° la sensation est désagréable, mais ce n'est pas une vraie douleur; pourtant je ne crois pas qu'on puisse m'accuser de paradoxe si je prétends que le contact (prolongé) de l'eau à 0° est douloureux.

Ici une notion nouvelle est nécessaire. Quand on parle de l'eau à 0°, ou à 30°, ou à 50°, ou à 80°, on ne veut pas dire sensation forte ou faible. Ce n'est pas comme pour les poids qui pressent sur la main d'autant plus qu'ils sont plus lourds, ou comme l'électricité qui stimule les nerfs en proportion de la différence croissante de potentiel. Il faut admettre que l'intensité de l'excitation, dans ce cas spécial de l'eau chaude ou froide, dépend de la différence de température entre la main elle-même et le bain dans lequel elle est plongée. Par conséquent, ce qui mesure la force de l'excitation, c'est la différence entre 33°, qui est à peu près la température moyenne de la peau, et la température du milieu liquide ambiant. On voit que la douleur survient lorsque la température croît ou décroît, à la vérité beaucoup plus vite quand elle croît que quand elle décroît.

Nous devons faire partir de 33° environ la phase A d'inexcitabilité, phase qui est très courte, puisque de très faibles différences thermiques entre 33° et la température du milieu sont perçues; puis la phase B, qui va, je suppose, de 33° à 43°; puis enfin la phase C, douloureuse, dans laquelle l'eau chaude produit non seulement une sensation de chaleur, mais encore une douleur insupportable.

On peut appliquer la même courbe aux températures décroissantes; de 33° à 10° environ, il n'y a pas douleur proprement dite; mais, à partir de 10°, la sensation de froid devient pénible, puis vraiment douloureuse. L'immersion de la main dans du mercure refroidi à — 30° est extrêmement douloureuse.

Les autres sensibilités se prêtent aux mêmes considérations.

L'excitant lumière par exemple a une phase A très courte, une phase B très étendue, et enfin, si la lumière est très intense, comme par exemple la lumière solaire, ou celle de l'arc électrique, les yeux ne peuvent en supporter l'éclat. Cette lumière éblouissante, aveuglante, ne produit pas une vraie douleur, dans le sens qu'on donne en général à ce mot, réservé le plus souvent aux excitations cutanées; mais c'est une sensation extrêmement pénible qu'on ne se résigne pas à affronter, et à laquelle je crois pouvoir donner le nom de douloureuse.

Ces remarques s'appliquent absolument à la sensibilité auditive. Les sons très stridents et très forts sont insupportables; ils *déchirent le tympan*, comme on dit vulgairement.

Pour le sens du goût et le sens de l'olfaction, il est maintenant bien prouvé que la nature des excitants gustatifs ou olfactifs est chimique. Nous avons donc des substances agissant par un processus chimique quelconque; les unes, volatiles, sur la muqueuse olfactive; les autres, liquides ou dissoutes, sur la muqueuse linguale. Or, si l'intensité de cet excitant chimique est trop forte, la douleur survient, et, en même temps que la douleur arrive, la perception nette disparaît.

Par exemple, l'acide acétique à grande dilution, au millième, je suppose, a plutôt un goût agréable; mais déjà une dilution au centième paraît forte, et sans aucun agrément, presque brûlante; et enfin, dilué au dixième, c'est un liquide caustique qui brûle et produit une sensation d'extrême douleur. Pour l'olfaction, on peut prendre l'exemple de l'ammoniaque gazeuse, qui est extrêmement douloureuse quand elle se trouve mélangée à l'air en forte proportion.

Voici donc, de cet aperçu sommaire, une conclusion évidente qui se dégage : *La douleur est produite par une excitation nerveuse forte.*

Or qu'est-ce qu'une excitation nerveuse, sinon un changement d'état du nerf? A l'état normal, le nerf est dans un certain état mécanique, électrique, chimique, thermique. Or tout ce qui va modifier cet état sera une excitation. Par conséquent, nous pouvons émettre notre proposition — la douleur est produite par une excitation forte — sous une forme un peu différente, mais qui n'en changera pas le sens. *La douleur est produite par toute cause qui modifie profondément l'état du nerf.*

Il est clair que les changements dans l'état des nerfs ne sont pas dus seulement à des excitations traumatiques, mécaniques, mais encore à des excitations chimiques, à des intoxications ; et probablement toutes les douleurs pathologiques sont dues à des intoxications véritables.

Par exemple, la douleur musculaire qui suit la fatigue exagérée des muscles est due assurément à l'altération, probablement chimique, des muscles par les produits de désassimilation musculaire. La douleur très vive d'un phlegmon est due aux substances toxiques irritantes sécrétées par les microrganismes. L'inflammation d'une région quelconque de l'organisme (arthrites, ostéites, cystites, méningites) est due à la réaction des tissus contre les toxines sécrétées par les microbes. Ce sont ces toxines qui produisent de la douleur. Il semble qu'elles soient spécialement aptes à exciter douloureusement les nerfs.

Ce ne sont pas seulement les nerfs de la périphérie qui sont sensibles à ces troubles de nature chimique. Les centres nerveux sont, eux aussi, excitables. La spoliation de l'eau du sang amène la soif; l'absence d'aliments, la faim; l'absence d'oxygène, la sensation atroce de l'asphyxie. Ce ne sont plus les nerfs périphériques trop fortement excités qui donnent des sensations douloureuses, ce sont les centres médullaires ou cérébraux, qui, irrigués par un sang anormal, perdent leur constitution chimique normale, et transmettent au centre de la conscience des excitations que celle-ci perçoit comme douloureuses.

Ce point est important ; car c'est un des bons arguments qu'on peut invoquer pour établir que la douleur est un phénomène central, et qu'il n'y a pas de nerfs spéciaux pour la douleur. Nulle partie de l'axe encéphalo-médullaire n'est capable, si elle est excitée, de donner une sensation tactile, mais elle peut provoquer des sensations douloureuses.

Voilà donc un premier point acquis et démontré d'une manière formelle. La douleur est provoquée par une excitation forte des nerfs périphériques (ou des centres nerveux), et une excitation forte est celle qui provoque un changement d'état profond et rapide dans la constitution même de nos nerfs.

La conséquence de cette loi est très importante. L'excitation forte a pour effet la désorganisation du nerf et des tissus ; par conséquent les excitations douloureuses sont les excitations nocives, destructives, désorganisatrices. Cette notion d'une excitation forte, cause de la douleur, se trouve assez bien indiquée dans DESCARTES (*L'Homme*, 1677, p. 27). « Si les petits filets qui composent la moelle de ces nerfs sont tirez avec tant de force qu'ils se rompent et se séparent de la partie à laquelle ils estoient joints en sorte que la structure de toute la machine en soit en quelque façon moins accomplie, le mouvement qu'ils causeront dans le cerveau donnera occasion à l'Ame... d'avoir le sentiment de la douleur. »

Il est facile de prouver que les nerfs, après une excitation trop forte, sont incapables, pendant un temps, d'accomplir leur fonction normale.

Si l'on a eu la rétine éblouie par la vue du soleil, pendant quelque temps, comme si le pourpre rétinien était détruit, on ne pourra avoir de perceptions visuelles. Si l'on a respiré de l'ammoniaque gazeuse, la muqueuse olfactive sera assez atteinte pour que la perception d'une odeur quelconque soit impossible. Si la langue a été brûlée par une solution concentrée d'acide acétique, voire même si les saveurs trop poivrées l'ont légèrement cautérisée, aucune saveur ne sera plus sentie. Si la main a été brûlée par l'eau chaude, elle ne pourra plus avoir de sensibilité tactile. Une excitation électrique forte produit de l'anesthésie, si bien que les effets de l'électricité sont employés quelquefois dans l'art dentaire pour produire de l'anesthésie locale. Une plaie, une déchirure de la peau ou des membres entraînent, pendant un temps plus ou moins long, la perte de fonction totale ou partielle de la peau ou des membres.

Donc nul doute à cet égard : les excitations fortes sont désorganisatrices et destructives. Cela s'observe simplement en myographie chez la grenouille. Toutes les fois qu'on a fait agir sur un nerf une excitation, électrique ou chimique, un peu trop forte, le nerf est pour un temps, et parfois pour toujours, paralysé dans sa fonction.

Ce qui convient au nerf, c'est une excitation modérée, qui met en jeu son irritabilité sans l'épuiser. Toutes les fois que cette irritabilité est trop violemment ébranlée par un changement d'état exagéré, le nerf meurt.

Ainsi les excitations fortes sont funestes à l'organisme ; elles sont destructives, désorganisatrices ; et il faut que l'être se défende contre ces atteintes de l'excitant trop énergique, qui, si elles se répétaient ou se prolongeaient, amèneraient sa mort.

Nous verrons, dans un des chapitres suivants, que ces faits importants permettent d'établir une théorie biologique très générale de la douleur.

Quant à décider si la douleur est une sensation, comme l'a soutenu Nichols, ou si elle n'est que l'exagération d'une sensation, cela me paraît un peu subtil. Il semble pourtant que Marshall ait raison contre Nichols et Strong en montrant que la sensation simple ne produit pas de douleur, mais que, si cette sensation devient très forte, elle produit de la douleur ; opinion qui se rapproche beaucoup de celle que nous venons d'exposer sur l'influence des excitations fortes et que nous avions établie dès 1877. La douleur n'est pas une sensation à proprement parler : c'est une manière d'être, une réaction du *moi* à la suite d'une perception : et il se trouve que cette réaction n'a lieu qu'après une forte vibration, ou, si l'on veut, une trop forte vibration des nerfs ou des centres nerveux.

Conduction des excitations douloureuses. — Les faits que nous venons d'exposer établissent comme incontestable ce principe que les excitations fortes destructives produisent de la douleur. Mais, avant de discuter les conséquences psychologiques de cette loi, il convient d'examiner un point très important, à savoir dans quelles conditions se fait la conduction des excitations douloureuses.

Il faut étudier la conduction d'abord dans les nerfs de la périphérie, ensuite, dans les centres nerveux, médullaires et cérébraux.

Pour les nerfs périphériques on peut faire deux hypothèses. On peut admettre, en effet, qu'il y a des nerfs spéciaux pour la douleur, ou que les nerfs dits de la sensibilité générale (sensibilité à la pression, à la température) peuvent aussi, lorsqu'ils sont excités, produire des sensations de douleur.

L'hypothèse de nerfs spéciaux pour la douleur a été défendue par beaucoup d'auteurs, en particulier par Blix, Goldscheider, et plus récemment, par L. Fredericq. L'argument principal est tiré du grand principe de l'énergie spécifique des nerfs, établi et développé par J. Muller, et, depuis Muller, accepté sans contestation par tous les physiologistes. Un nerf sensible, quel qu'il soit, ne peut donner qu'une seule sensation, laquelle dépend des centres nerveux spéciaux auxquels il aboutit. Le nerf optique ne peut donner que des sensations visuelles ; le nerf olfactif, des sensations olfactives, et cela parce qu'ils sont en rapport avec des centres visuels ou des centres olfactifs. De même les nerfs tactiles ne pourraient donner que des sensations tactiles ; et les nerfs thermiques que des sensations de température.

A côté de cet argument théorique, qui me paraît loin d'être irréfutable, il y a des expériences ingénieuses de Goldscheider. D'après lui, les parties sensibles à la température ne sont pas sensibles à une excitation mécanique faible. Il existerait, d'après lui, dans la peau, des points multiples qui peuvent être percés par une aiguille sans faire éprouver de sensations douloureuses. Mais il reconnaît lui-même que cette insensibilité à la douleur des régions sensibles à la température ne peut s'observer que difficilement, et dans certaines régions spéciales. Et d'ailleurs, ces mêmes régions sensibles à la température peuvent être sensibles à la douleur, si, par exemple, les excitations thermiques deviennent trop fortes. Goldscheider s'exprime pourtant sur ce point avec une certaine réserve, en reconnaissant que dans les régions à sensibilité thermique, on perçoit une sensation de chaleur très forte, mais qui n'est pas positivement douloureuse

(*Ein stechendes Gefühl, aber ohne den heftigen Schmerz... ein brennenheisses Gefühl, aber dieses ist eben nur eine hochgradige Wärmequalität, keine Schmerzqualität*). Il en conclut que les nerfs thermiques ne sont pas aptes à transmettre les sensations douloureuses.

Il semble bien qu'il y ait là une certaine subtilité; car les sensations de chaleur très forte, brûlante, ressemblent étrangement à des sensations de douleur; comme sont vraiment douloureuses une amertume extrêmement intense, ou une lumière éblouissante, ou un son très strident et très fort.

GOLDSCHEIDER a décrit aussi ce qu'il appelle des *Schmerzpuncte*, des points douloureux; mais, alors qu'il a pu déterminer avec précision les régions où se trouvent des nerfs pour le froid et des nerfs pour le chaud, et des nerfs pour la pression, il a éprouvé de grandes difficultés à faire cette délimitation pour les nerfs dolorifiques, et finalement, quoiqu'il admette l'existence de ces points où seraient des nerfs spécialement destinés à la douleur, il dit que leur détermination est actuellement impossible à faire et qu'il serait imprudent de les vouloir préciser.

FREY a aussi essayé d'établir qu'il y a des points de la périphérie sensibles aux excitations douloureuses, des *Schmerzpuncte* à côté des *Drückpuncte*. Mais les preuves qu'il donne ne sont pas très convaincantes.

Il est donc, en définitive, assez peu démontré par des expériences directes qu'il y ait, parmi les nerfs de la périphérie des nerfs spécialement destinés à conduire la douleur. Même si des points plus spécialement consacrés à la douleur existaient, cela ne prouverait pas que les nerfs de la pression ne puissent transmettre la douleur.

Les autres raisons invoquées par L. FREDERICQ ne me paraissent pas très probantes. Le fait que les excitations douloureuses retardent sur les sensations tactiles devrait plutôt prouver que la vibration douloureuse est due à une vibration nerveuse prolongée et intensifiée. Et quant à l'identité de la sensation douloureuse, quel que soit l'excitant, elle ne prouve pas du tout qu'une excitation spéciale de certains nerfs soit nécessaire pour la provoquer. Elle prouve simplement qu'une sensation douloureuse est absolument distincte d'une perception sensitive. (Est-il d'ailleurs bien exact de dire que les douleurs sont identiques ?)

D'autre part, on peut élever des objections assez sérieuses contre l'hypothèse de conducteurs spéciaux pour la douleur.

La principale est la suivante : Toute excitation forte, de quelque nature qu'elle soit, si localisée qu'elle soit, produit de la douleur : en outre, une excitation faible, en quelque région de la peau qu'elle agisse, ne produit pas de douleur. Donc il faudrait supposer que les nerfs de la douleur ne répondent qu'à des excitations très fortes, ce qu'il est assez difficile d'admettre; car, dans certains cas, par exemple pour les nerfs de la conjonctive, la très faible excitation mécanique produite par un grain de charbon va amener une douleur très intense. Les nerfs de la douleur feraient donc exception à tous les autres nerfs de l'organisme : ils seraient très résistants à l'excitation, et n'entreraient en jeu que si l'intensité de l'excitation était considérable.

Il faudrait aussi admettre que ces nerfs sont répandus partout, ce qui est d'ailleurs parfaitement admissible. Mais alors, quelle place fera-t-on à l'excitant électrique, qui ne produit pas de douleur lorsqu'il est faible, mais seulement une très légère sensation de fourmillement? Ce léger fourmillement n'est ni température, ni pression, ni douleur. Ce serait alors un système spécial de nerfs, différents des nerfs du chaud, du froid, de la pression et de la douleur.

La sensation que fait éprouver l'électricité est une sensation tout à fait spéciale. Ce n'est ni la chaleur ni le froid, ni la sensibilité mécanique, ni la douleur. Peut-on supposer qu'une excitation électrique faible va exciter des nerfs spécialement destinés à la sensation électrique, tandis qu'une excitation électrique forte va exciter d'autres nerfs, les nerfs de la douleur? Pareille hypothèse semble assez absurde, et d'ailleurs, en analysant avec autant de précision que possible les sensations qu'on éprouve lorsqu'on électrise un point quelconque de son corps, on perçoit parfaitement la graduelle augmentation du phénomène sensible. D'abord un léger fourmillement, puis ce même fourmillement devenant plus fort, désagréable, puis *ce même fourmillement* encore devenant insupportable, et finalement atrocement douloureux : Très certainement, c'est une même sensation qu'on sent nettement croître en intensité, jusqu'à la douleur, à mesure que

l'excitation va en croissant. On devrait donc, si l'on admettait l'existence des nerfs spéciaux pour la douleur, admettre que le courant électrique faible ne les excite pas, mais
que tout d'un coup il vient à les exciter et à provoquer de la douleur ; cela semble bien
peu rationnel.

Les expériences que j'ai faites en 1877 sur les hystériques, expériences répétées depuis
par BINET, dans lesquelles j'ai montré que parfois la sensibilité électrique est conservée,
alors que la sensibilité aux douleurs traumatiques ou thermiques est abolie, ne laissent
pas que d'être d'une interprétation très difficile. Car il n'est vraiment pas vraisemblable
que chez les hystériques le trouble fonctionnel porte sur les nerfs périphériques. La
plus probable hypothèse, encore qu'elle soit assez peu satisfaisante, c'est que dans l'hystérie il y a trouble de la conduction par les centres nerveux. Les hystériques peuvent
percevoir la douleur, puisque l'électricité est douloureuse, et que d'ailleurs l'électrisation ramène promptement la sensibilité. Donc les centres de la douleur ne sont
pas paralysés. Par conséquent, puisque ni les nerfs, ni les centres ne sont paralysés, le
trouble fonctionnel ne peut dépendre que d'un trouble de conduction ; les excitations
mécaniques, traumatiques, thermiques, ne sont plus douloureuses, parce que la conduction ne peut plus se faire dans les centres suivant les voies habituelles, normales.
Mais qu'il survienne une excitation électrique, alors la conduction reprendra les voies
normales, par suite de quelque modification dynamique (très hypothétique assurément)
qu'aura subie la conductibilité nerveuse, dans les centres nerveux.

Cela nous amène à cette conclusion que, suivant la nature de l'excitation nerveuse
périphérique, les voies ne demeurent pas les mêmes. Tout au moins faut-il admettre
qu'il en est ainsi chez les hystériques, si, chez les individus nerveux, on se refuse à
accepter cette variabilité dans le décours de la conduction nerveuse.

Il faut aussi, quand on parle de la douleur, toujours avoir présente à l'esprit cette
pensée profonde de W. JAMES, que la douleur nécessite un certain degré d'attention ; que,
chez les hystériques, cette attention n'existe pas, mais qu'elle peut être réveillée par
l'excitation électrique des nerfs périphériques, ce qui provoque une sensation spéciale
mettant en jeu leur attention, et par conséquent leur permet de ressentir de la douleur.

NAUNYN a supposé que toute douleur était due à une sommation, une addition latente
d'excitations, qui, étant isolées, seraient impuissantes à provoquer la douleur, mais qui,
accumulées, finissent par éveiller la sensation douloureuse. Il me paraît que cette opinion est très proche de celle que nous avions émise autrefois (1877) et qu'elle satisfait à
presque toutes les conditions du problème. Elle concorde bien avec les faits importants
du retard de la sensation douloureuse sur la sensation tactile. Dans un choc violent
contre un objet dur, la notion de contact précède manifestement la sensation douloureuse. De même aussi le tranchant du fer produit tout d'abord la sensation de froid, et
ce n'est que plus tard, quelques centièmes de seconde après, qu'il y a perception de
douleur. Tout se passe comme si la première vibration nerveuse était un phénomène de
toucher ou de sens thermique ; et comme si par son intensité et par son extension cette
vibration nerveuse finissait par devenir douloureuse.

Dans certains cas d'ataxie, le retard de la sensation douloureuse est extrêmement
considérable. Le pincement de la peau d'un membre ne produit de douleur que deux,
trois et même quatre secondes après le traumatisme. Ce n'est que l'amplification d'un
phénomène normal, le retard de la douleur sur la sensation.

Du moment qu'il y a perception, il faut admettre que les centres de la conscience, —
ou des consciences, — sont ébranlés. Pourquoi ne pas supposer que cet ébranlement de
la conscience est directement proportionnel à l'intensité de l'excitation nerveuse? S'il
dépasse un certain niveau, il devient douloureux. L'irradiation d'une excitation forte
n'est pas une hypothèse : c'est un fait. A chaque instant, dans l'étude des réflexes, on
observe de pareilles irradiations. Un excitant faible ne provoque que des réflexes localisés ; un excitant fort va provoquer des réflexes généralisés.

Donc l'excitation forte des centres nerveux ne vas pas rester limitée aux centres de
perception. Elle va s'irradier et gagner les centres de la douleur, si tant est qu'on puisse
admettre ces centres de la douleur.

Par conséquent, il suffirait d'admettre, ce qui est à mon sens très admissible et
même très probable, que les centres où s'élaborent les perceptions peuvent être ébranlés

douloureusement. Ils sont sensibles, eux aussi, et leur excitation exagérée produira de la douleur. Il n'y a douleur que si ces centres sont trop fortement excités.

Le propre des excitations fortes, c'est que le retentissement des centres nerveux consécutif se généralise à tout l'appareil nerveux. L'excitation faible du nerf sciatique ne va pas atteindre l'iris, le cœur, l'intestin, la pression artérielle; mais si cette excitation est forte, l'iris, le cœur, l'intestin, la pression artérielle, vont être modifiés dans leur fonction. Pourquoi à ces appareils n'ajouterait-on pas l'appareil de la douleur, n'entrant en vibration que si la vibration des centres percepteurs est trop forte?

Jadis MARSHALL HALL avait admis des nerfs spécialement destinés à provoquer des réflexes. Mais cette conception a dû être abandonnée, et il n'est plus permis de songer à ce système réflexe spécial; car tous les nerfs sensibles, quels qu'ils soient, sont aptes à provoquer des réflexes. La douleur semble être un phénomène plus ou moins analogue aux réflexes, c'est-à-dire que l'excitation forte d'un nerf quelconque va provoquer un ébranlement médullaire et cérébral intense, qui aura ce double effet : d'une part un réflexe plus ou moins généralisé, d'autre part une sensation douloureuse. Au contraire, une perception est exactement localisée; elle ne se concevrait pas sans un centre spécial élaborant une sensation bien nettement déterminée, comme celle du froid, du chaud, de la pression, de la vision, de l'olfaction, etc. La douleur n'est que rarement localisée. Quand, par exemple, on est atteint d'une névralgie dentaire, il est presque impossible, si l'on ne touche pas la dent malade, de pouvoir dire quel est le point douloureux. Dans les névralgies viscérales, la douleur est extrêmement obscure, et on ne peut en préciser le siège que si l'on explore par une palpation méthodique les régions douloureuses. Les points sensibles donnent l'indication des nerfs qui sont atteints, et ce ne sont pas les élancements, les douleurs contusives qui peuvent renseigner sur la localisation du mal.

Une autre preuve encore peut être alléguée : c'est que les inflammations ou lésions, soit des troncs nerveux périphériques, soit des centres médullaires et cérébraux, sont aptes à provoquer de la douleur. Cependant ces organes ne peuvent donner aucune sensation tactile, phénomène de perception sensorielle. Pour qu'il y ait sensation tactile, il faut que les extrémités nerveuses périphériques aient été excitées. Peut-être alors le mode de propagation n'est-il pas le même. Nous connaissons trop peu la manière d'être de la vibration nerveuse pour affirmer qu'elle est identique, quel que soit l'excitant, quelle que soit l'élaboration de l'excitation à la périphérie terminale sensitive.

L'effet des anesthésiques qui, à une certaine période de leur action, amènent l'analgésie, est une preuve qu'on peut séparer la fonction tactile de la fonction douleur. Nous savons que, par le chloroforme, quand la dose est légère, les nerfs conducteurs ne sont pas altérés; mais que les centres seuls ont subi les effets du poison. Or, à cette période de l'intoxication, on observe assez souvent que la sensibilité n'est pas atteinte, et que la sensibilité à la douleur a seule disparu. Les malades chloroformés sentent le contact de l'instrument, mais la section ne leur paraît pas douloureuse. Il est vraisemblable que, s'ils sont ainsi analgésiés, c'est parce que les centres nerveux intoxiqués ne peuvent plus vibrer avec une intensité suffisante pour qu'il y ait douleur. Si la douleur est due, comme nous l'avons admis, à une vibration forte, le chloroforme diminue l'amplitude de la vibration, et alors il ne se fait plus d'émotion douloureuse dans la conscience (V. Analgésie).

Si le froid intense appliqué à la périphérie cutanée produit l'analgésie, il s'agit toujours d'une vibration moins intense des centres nerveux, mais alors ce ne sont pas les centres nerveux qui sont incapables de donner une vibration prolongée, comme dans le cas de l'anesthésie par le chloroforme, ce sont les nerfs périphériques, qui, étant refroidis, ne peuvent plus vibrer avec assez de force, et, conséquemment, ne peuvent plus provoquer une vibration suffisamment forte des appareils nerveux centraux.

Enfin, j'apporterai comme dernier argument en faveur de la non-spécificité des nerfs de la douleur, les travaux des histologistes contemporains sur le neurône et ses prolongements. On sait que chaque neurône est relié aux neurônes voisins par des prolongements accidentels, adventices, pour ainsi dire, qui établissent des relations et des connexions nouvelles, non préexistantes, de cellule à cellule. La vibration forte d'un centre quelconque va déterminer des irradiations qui, de proche en proche, se communiqueront à presque tous les neurônes. Les neurônes de perception tactile, ou visuelle, ou olfactive, donneront les perceptions spéciales; mais, après ces perceptions spéciales, et avec un notable retard, il s'ensuivra un ébranlement plus ou moins général de tout l'appareil sensible. De là les réflexes généralisés, de là aussi la douleur.

Certes les excitations des nerfs optique, olfactif et acoustique, même si elles sont très intenses, ne provoquent pas de la douleur, ou plutôt nous n'appelons pas tout à fait *douleur* l'ébranlement insupportable que déterminent les excitations violentes de ces nerfs. Pourtant les sensations d'une lumière éblouissante, d'un son très aigu et très intense, sont vraiment fort désagréables, et on fait de grands efforts pour s'y soustraire, quand on craint d'y être exposé.

Remarquons d'ailleurs que ces excitations optiques et acoustiques ne produisent que peu d'actions réflexes généralisées; tandis que le caractère des excitations douloureuses semble bien être de provoquer, en même temps que la douleur, des réflexes généralisés. S'il y a, dans les corps opto-striés ou dans la protubérance, ou dans les parties supérieures, un centre de coordination des réflexes, le centre de la douleur n'en est probablement pas très distant.

Mais faut-il admettre un centre de la douleur? ou n'est-il pas plus probable qu'il y a des centres multiples de la douleur? Les opinions contemporaines, probablement transitoires, qui dominent aujourd'hui, c'est qu'il y a dans le cerveau non une conscience unique; mais des groupes, fonctionnant sans doute simultanément, de consciences diverses juxtaposées : il doit donc y avoir des régions multiples de l'encéphale dans lesquelles la douleur est élaborée. Rien ne s'opposerait alors à admettre que les centres de perception, s'il sont modérément excités, ne fournissent que la perception; mais que, s'ils sont excités avec une force trop grande, la douleur vient se surajouter à la perception (et la masquer en grande partie). A la vérité, c'est une hypothèse, mais l'hypothèse d'un centre de la douleur (que WILLIAM JAMES, se refuse absolument à admettre) ne me semble guère préférable, et je pencherais plutôt à admettre des centres multiples de conscience, qui seraient les uns et les autres capables de douleur, toutes les fois que leur vibration atteint une amplitude trop grande.

GOLDSCHEIDER a émis l'hypothèse d'un organe de domination ou d'accumulation des excitations dans la moelle. Ce postulat n'est peut-être pas nécessaire. Il paraît plus simple d'admettre que toute vibration forte des centres est douloureuse.

La conduction des excitations douloureuses dans les centres nerveux est tout aussi obscure que dans les nerfs périphériques. On verra par le passage suivant de BEAUNIS à quel point les opinions des physiologistes sont discordantes.

« D'après SCHIFF, la sensibilité à la douleur se transmet principalement par la substance grise : cependant le fait est nié par WOOD FIELD, d'après ses expériences sur le chat, et, d'après OSAWA, la transmission de la sensibilité peut se faire sans l'intervention de la substance grise; elle existerait, en effet, après la section de toute la moelle à l'exception des cordons latéraux. D'après BROWN-SÉQUARD, les impressions de douleur passeraient par les parties postérieures et latérales de la substance grise. »

Toutes ces assertions ne peuvent être acceptées encore qu'avec beaucoup de réserve, et n'ont pu être justifiées expérimentalement.

Il paraît cependant bien certain que la transmission des excitations douloureuses *peut* se faire par la substance grise. On ne doit pas en conclure qu'elle se fait toujours, à l'état normal, par la substance grise; mais assurément elle peut se faire par cette voie, et cela non seulement longitudinalement, mais encore transversalement, tout comme les réflexes. L'anesthésie de la syringomyélie, affection qui porte surtout sur l'axe gris de la moelle, contribue à prouver l'importance, peut-être exclusive, de la substance grise médullaire dans la conduction des excitations douloureuses.

Pour la conduction dans le cerveau, certains faits ont été bien établis, plutôt d'ailleurs par les neuro-pathologistes que par les physiologistes. Les physiologistes ont montré que l'excitation des circonvolutions autres que celles de la région rolandique ne pouvait provoquer de sensation douloureuse. On peut impunément cautériser, ou exciter électriquement les lobes frontaux, temporaux et occipitaux sans amener de réaction de l'animal. Mais il n'en va pas de même sur les régions rolandiques; et la réaction générale est immédiate. Il est difficile de supposer alors qu'il y ait contraction musculaire (généralisée ou localisée) sans qu'il y ait en même temps un phénomène de douleur. Quand on fait sur un chien l'excitation des régions rolandiques, tout se passe comme si l'animal souffrait. Ces circonvolutions sont donc sensibles.

Pourtant cela ne signifie pas d'une manière absolue qu'elles sont le siège des sensations douloureuses; car on peut bien admettre qu'elles se comportent comme des *nerfs sensibles* et non comme des *centres de la sensibilité* à la douleur. Autrement dit, on peut penser que l'excitation, passant probablement par les fibres de la capsule interne, vont exciter les régions bulbo-protubérantielles qui président à la douleur.

D'ailleurs, ce qui prouve que ces régions ne sont pas le siège de la sensation douleur, ou au moins le siège unique, c'est que les animaux à qui elles ont été enlevées ne sont nullement insensibles à la douleur. Ils donnent encore des signes manifestes de douleur, ainsi que tous les physiologistes l'ont maintes fois constaté.

Il faut noter cependant que, pour Bechterew, il y a une localisation du sens de la douleur dans certaines régions de la périphérie corticale. Ce serait, suivant lui, vers la 3e et la 4e circonvolution du pli courbe, entre le bord externe du gyrus sygmoïde et la pointe du lobe temporal (*i centri pel senso dolorifico occupanno quella porzione della terza e quarta circonvoluzione arcata posta fra il bordo esterno del giro simoideo e la punta del lobo temporale*). Mais, d'autre part, il reconnaît que la sensibilité après la destruction de ces parties est plutôt diminuée qu'abolie.

Toutefois, ce qui complique notablement ce phénomène, c'est que chez l'homme la destruction de certaines parties de l'encéphale, des voies sensitives qui passent par le segment postérieur (et même le tiers postérieur de ce segment) de la capsule interne abolissent la sensibilité (Türck, Charcot, Veyssière). — On peut faire à ce sujet deux hypothèses : l'une, c'est que, chez l'homme et chez le chien, les dispositions ne sont pas les mêmes; l'autre, c'est que la sensibilité, avant d'atteindre le centre bulbo-protubérantiel (hypothétique) de la douleur, passe par les régions rolandiques, de sorte que par les lésions du tiers postérieur de la capsule interne, ses voies conductrices se trouvent interrompues.

Pour Vulpian, le centre commun des perceptions douloureuses serait la protubérance annulaire. Le cri déterminé par la dilacération et les excitations mécaniques de cette portion de l'encéphale ne serait pas un cri réflexe, mais un cri de douleur, ou plutôt une série de cris et de gémissements plaintifs indiquant une perception douloureuse consciente et prolongée.

En tout cas, ce qu'on peut admettre — ce qui est en harmonie avec l'hypothèse que nous avons adoptée plus haut sur la non-spécificité des nerfs de la douleur, — c'est que, dès qu'il y a sensibilité à une excitation quelconque, c'est-à-dire conscience, il y a aussi sensibilité à la douleur.

A la vérité, les médecins ont constaté très souvent l'*analgésie*, c'est-à-dire l'insensibilité à la douleur coïncidant avec la conservation de la sensibilité tactile. Toutefois, ce phénomène n'existe que dans l'hystérie, et alors il se présente avec des caractères très analogues à l'anesthésie toxique, celle du chloroforme par exemple. L'hypothèse qui me paraît la plus plausible, c'est que, dans l'hystérie, les centres nerveux ne peuvent plus donner cette vibration intense qui est la cause même de la douleur. Assurément ce n'est qu'une hypothèse, mais elle est très acceptable, et elle concorde bien avec tout ce que nous venons de dire plus haut.

Dans l'hypnotisme, il y a aussi parfois de remarquables phénomènes d'analgésie. On a pu faire de longues opérations pendant le sommeil hypnotique, et aussi des accouchements. Tous ceux qui ont fait des expériences d'hypnotisme ont constaté l'algo-anesthésie coïncidant avec la conservation d'une sensibilité tactile exquise.

En somme, les excitations douloureuses passent par les nerfs sensibles, sans qu'on puisse considérer comme probable, ni même vraisemblable, qu'il y ait des nerfs spéciaux pour la douleur. Les excitations nerveuses faibles ou fortes passent par la substance grise de la moelle épinière, puis se portent aux régions rolandiques pour déterminer des perceptions spéciales. Là elles se généralisent, suivant l'intensité de la vibration, à des groupes de neurones de plus en plus nombreux. Alors l'excitation, intensifiée, irradiée, développée, passe par la capsule interne et revient aux centres bulbo-protubérantiels, où la sensation de douleur est perçue. Si, pour une cause ou une autre, le trajet conducteur est lésé (soit dans la substance grise médullaire, soit dans la capsule interne), il y a insensibilité à la douleur. Mais cette insensibilité n'est que relative, car, à côté de cette voie, qui est la voie normale, il y a certainement d'autres voies accessoires : et l'excitation très forte de la moelle peut se propager directement, sans passer par la périphérie corticale, aux centres protubérantiels.

Tout cet énoncé ne laisse pas que de soulever d'assez nombreuses hypothèses, et nous ne pouvons nous dissimuler qu'il n'est que théorie d'attente. Mais, dans l'état actuel de la science, il nous paraît que c'est encore la théorie la plus vraisemblable qu'on puisse proposer.

De quelques caractères de la douleur. — Nous avons insisté plus haut sur le retard de la sensation douloureuse. Nous n'y reviendrons pas. Nous dirons quelques mots des trois autres caractères qui paraissent fondamentaux : l'irradiation, l'intermittence et la durée.

1. Irradiation. — Une douleur très forte n'est jamais localisée. Elle retentit sur l'organisme tout entier, et semble augmenter en étendue à mesure qu'elle augmente en intensité.

C'est avec l'excitation électrique qu'on en donne la démonstration la plus nette.

Si l'on électrise la peau avec des réophores terminés en pointe, il semblera qu'autour de chaque pointe il y ait un cercle douloureux : à mesure qu'on augmentera la force des courants, ce cercle paraîtra aller en augmentant. De même, si l'on électrise par l'eau, les courants faibles paraîtront rester exactement localisés aux surfaces excitées; mais, pour peu qu'ils soient forts, l'ébranlement est rapporté à une bien plus grande étendue, et on croit que l'excitation dépasse ses limites réelles, par exemple va jusqu'au milieu du bras, si on n'excite que la main.

Cette irradiation est observée par tous les malades qui ont une douleur quelque peu intense. Ils ne peuvent localiser la douleur. Surtout lorsque la douleur porte sur les viscères, il est presque impossible d'en déterminer le siège. Dans les coliques hépatiques ou néphrétiques, il y a des irradiations douloureuses extrêmement lointaines.

Des douleurs très intenses amènent une sorte d'hyperesthésie générale.

A l'irradiation douloureuse se rattache le phénomène connu sous le nom de *synesthésie* (V. ce mot) dont j'ai donné plusieurs exemples assez détaillés (1877, 299).

Le phénomène de l'irradiation concorde assez bien avec l'hypothèse d'une vibration simultanée de plusieurs groupes de neurônes, provoquée par une forte excitation des nerfs de la périphérie.

2. Intermittence. — Si forte que soit une douleur, elle n'est pas absolument continue; elle a des redoublements et des ralentissements qui suivent des rythmes.

Si l'on prend dans une pince à bords arrondis un repli de la peau et qu'on augmente rapidement la pression en serrant plus fortement, et en laissant la pince en place, au bout de quelques instants, même sans augmenter la pression, une douleur, qui n'existait pas d'abord, finit par apparaître. Elle vient graduellement, comme par ondées. A chaque seconde, c'est un élancement douloureux, plus douloureux que le précédent, en sorte que la douleur finit par devenir insupportable.

Cette simple expérience prouve d'une part l'influence de l'accumulation des excitations sur la production de la douleur; mais, d'autre part, elle montre que, sous l'action d'une cause continue, la douleur est intermittente. Les calculs, les corps étrangers, les tumeurs, les inflammations, les névralgies, toutes causes qui sont constantes, provoquent des phénomènes sensitifs à intermittences variables. Parfois même cette intermittence est très longue, durant parfois plusieurs heures, si bien que, dans certains cas, on a pu croire à une infection paludéenne.

Il est probable que l'intermittence des douleurs est due à la perte de l'excitabilité nerveuse par épuisement. Le système nerveux est soumis à un certain rythme, et il faut un certain repos après son activité, comme il y a un repos dans la contraction des muscles après leur activité.

3. Durée. — Le caractère essentiel de la douleur, c'est qu'elle dure longtemps.

En effet, la durée de la douleur ne se mesure pas par la durée de la cause qui l'a provoquée. Le vieil axiome scolastique *sublatâ causâ tollitur effectus* est parfaitement faux. Depuis longtemps la cause a disparu que l'effet persiste encore dans la mémoire ébranlée.

Une excitation électrique très forte ne dure pas un cent millième de seconde; mais, si rapide qu'elle ait été, elle laisse dans la conscience un souvenir prolongé très intense,

et qui dure une minute, plusieurs minutes, une heure, et même davantage. L'ébranlement douloureux qui a suivi cette excitation forte est la prolongation dans le temps de
cette excitation.

On peut même dire que c'est cet ébranlement douloureux qui fait l'essence de la
douleur; car, si la douleur n'avait duré qu'un cent millième de seconde, elle serait absolument négligeable. Si l'on venait me proposer de me faire souffrir une douleur atroce,
épouvantable, inouïe, avec cette condition qu'elle ne durera qu'une seconde, et que,
cette seconde étant passée, je n'en conserverai plus aucunement la mémoire, que j'ou-
blierai totalement la vibration angoissante qui m'aura secoué tout entier, j'accepterais
volontiers cette courte et passagère douleur, si intense qu'elle soit; car la durée d'une
seconde est tellement courte, étant donnée notre organisation psychique, qu'elle ne
compte pas pour la conscience.

Mais je suis bien certain que cette condition ne pourra être réalisée; car le propre de la
douleur est précisément de durer longtemps et d'émouvoir la conscience pour longtemps.

Dans la chloroformisation, lorsque l'anesthésie n'est pas encore complète, les malades
se débattent et paraissent souffrir : cette apparence de souffrance suffit pour me faire
admettre la réalité de la souffrance; pourtant, quand les effets du chloroforme sont dis-
sipés, il n'est resté aucun souvenir. Les douleurs les plus intenses sont alors très passagères, elles ne laissent pas de traces. Une seconde après qu'elles ont ébranlé la conscience, l'ébranlement en est dissipé. Le cri d'angoisse se termine par un chant joyeux;
car le retentissement de l'angoisse n'existe plus.

Cette opinion sur la nécessité de la mémoire pour la douleur, que j'ai émise il y a
longtemps (1877), a été souvent contestée; mais il ne me paraît pas que les objections
qu'on lui a opposées méritent d'être retenues. Certes, au point de vue de la pure
théorie, on peut parfaitement admettre qu'il y a des sensations douloureuses émouvant
la conscience et ne durant que des secondes ou même des fractions de seconde. On a
donc le droit de dire *schématiquement*, que la douleur est sans rapport avec la mémoire,
et que la durée n'est pas indispensable. L'individu chloroformé qui, pendant l'opération,
pousse un cri, puis se remet à chanter, a certainement souffert au moment où il a crié;
mais cette courte souffrance est, de fait, une quantité négligeable.

Le développement de la psychologie scientifique, quoi qu'en dise un peu emphatique-
ment J. Philippe, ne pourra pas arriver à nous faire assimiler, même de très loin, une
douleur qui dure une seconde, et qui n'ébranle pas tout l'organisme, à une douleur qui
restera indéfiniment dans le souvenir, qui modifiera d'une manière permanente nos
sentiments et notre conscience, et dont l'ébranlement douloureux ne s'effacera plus
jamais. Théoriquement, il peut y avoir douleur sans durée; mais réellement, dans la vie
psychique de l'être, ces douleurs rapides et sans souvenir ne comptent pas; et ce sont
des éléments négligeables. L'observation et le langage vulgaires ont peut-être plus de
profondeur, dans cette analyse, que les remarques des psychologues de profession.

On peut comparer l'émotion douloureuse à la vibration d'une cloche frappée par un
coup de marteau. Longtemps après que le marteau est éloigné, la cloche continue à
vibrer, avec une amplitude, il est vrai, décroissante; mais l'ébranlement se prolonge
cent et mille fois plus longtemps que le choc qui l'a déterminé.

Non seulement l'émotion douloureuse dure longtemps; mais elle a ce funeste privilège de laisser une trace durable dans la mémoire. Ce qui fait la conscience de l'homme,
a dit Gœthe, c'est la douleur. Nos douleurs, physiques ou morales, ne sont pas oubliées
même au bout de plusieurs années. Si elles ont été très cruelles, nous en gardons pour
toujours le souvenir angoissant. En fait de douleur, on peut dire que le passé n'existe
pas. Grâce à la puissance de fixation dans la mémoire que possèdent les impressions
douloureuses, elles restent toujours à l'état d'actualité. Elles prolongent le passé.

La douleur est donc caractérisée par sa longue durée, et par la persistance de son
souvenir qui est ineffaçable.

C'est là un caractère psychologique de la plus haute importance, et nous aurons
l'occasion d'y revenir, lorsque nous chercherons à édifier la théorie de la douleur.

4. Retard. — La douleur apparaît bien plus tardivement que la sensation tactile. Nous
avons déjà eu l'occasion de le constater. Il faut y revenir; car ce retard de la sensation
douloureuse est tout à fait caractéristique.

Un traumatisme violent nous donne d'abord la notion de contact; la douleur ne se produit que peu de temps après. L'incision d'un abcès nous fait sentir d'abord le froid du bistouri; ce n'est que quelque temps après que nous ressentons la cruelle douleur de l'incision. Une excitation électrique ne nous fait guère percevoir de douleur, si elle est isolée, que lorsqu'elle est très intense, et en tout cas nous n'en ressentons l'ébranlement pénible qu'au bout d'un certain temps très appréciable.

Sur les malades atteints de tabès, ce retard est plus considérable encore, comme j'ai eu, après CRUVEILHIER, après LEYDEN, l'occasion de le constater en 1876; comme NAUNYN, ROSENBACH, GOLDSCHEIDER et WATTEVILLE l'ont vérifié ensuite.

Le temps qui s'écoule entre une excitation quelconque et la perception de cette excitation est de 150σ (millièmes de seconde) pour les excitations tactiles et acoustiques, de 200σ pour les excitations optiques; mais pour la douleur ce temps est plus prolongé. GOLDSCHEIDER et GAD ont essayé de le mesurer, en prenant pour élément d'appréciation ce qu'ils appellent l'impression seconde (secundäre Empfindung). Une excitation légère traumatique, disent-ils, fait percevoir deux sensations : une première non douloureuse, purement tactile; puis arrive un moment de non-perception, puis une impression secondaire douloureuse. Ils ont mesuré par des méthodes ingénieuses la période latente de cette excitation seconde, et ils ont trouvé environ 900σ, c'est-à-dire un temps beaucoup plus lent, presque une seconde. Ils considèrent ce phénomène, ainsi que j'avais tenté jadis de le faire, comme un phénomène d'addition latente. Je renvoie à leur mémoire pour plus amples détails.

Il nous suffira de retenir ceci, qui concorde bien avec tout ce que nous avons dit plus haut, à savoir que la sensation douloureuse est un phénomène physiologique très distinct des autres phénomènes de perception sensitive. Elle dure plus longtemps, apparaît plus tard, et ne se produit que si l'excitation est forte. C'est une vibration prolongée, mais lente. Elle a besoin, pour se produire, d'une excitation intense de l'appareil nerveux; elle commence donc tardivement, mais, une fois qu'elle a commencé, elle persiste longtemps, et sa durée compense sa lenteur.

Des hyperesthésies. — Nous avons supposé jusqu'ici que l'excitation déterminant la douleur était forte; mais de nombreux cas peuvent se présenter dans lesquels une excitation faible peut provoquer la douleur : c'est lorsque il y a hyperesthésie, soit des centres percepteurs, soit des nerfs conducteurs.

Si, par exemple, une région de la peau est enflammée, dans le cas d'un panaris ou d'un phlegmon, alors le moindre contact va déterminer une vive douleur. Quand le bras est fortement comprimé au-dessus du pli du coude, au moment où il y a de l'hyperesthésie, il suffit de presser fortement un doigt de la main pour faire éprouver au patient une vive douleur. Cette douleur semble une sensation de chaleur, mais ce n'en est pas moins une vraie douleur : cependant les centres ne sont en rien modifiés par cette compression périphérique.

Le moindre contact, la plus légère excitation dans la sphère d'un nerf hyperesthésié produit une douleur intense, extrêmement redoutée par le malade.

L'avulsion d'une dent malade est plus douloureuse que celle d'une dent saine, l'incision de la peau phlegmoneuse plus pénible que celle de la peau intacte.

Cette différence de sensibilité entre des parties enflammées et des parties saines est telle que certains organes, absolument insensibles normalement, deviennent sensibles aux excitations douloureuses quand ils s'enflamment. FLOURENS, remarquant que les observations de HALLER (Mém. sur la nature des parties sensibles et irritables, etc., I, 136, Lausanne) étaient en désaccord avec les affirmations des chirurgiens et en particulier de J.-J. PETIT, a fait sur ce sujet des expériences intéressantes (C. R., XLIII, 642 et XLIV, 804. LINAS. Lettre à Flourens, ibid., XLIV, 922). Il reconnaît d'abord, ainsi que HALLER, l'insensibilité absolue des parties fibreuses non enflammées, dure-mère, périoste et tendons. Puis il les enflamme par l'application d'une pommade épispastique, et alors il leur trouve une certaine sensibilité. « On pouvait piquer à côté l'une de l'autre, dit-il (803), la portion de la dure-mère enflammée et la portion de la dure-mère à l'état sain; et, selon qu'on piquait l'une et l'autre, l'animal criait, souffrait et s'agitait, ou l'animal ne sentait rien. »

« Toutes ces expériences, dit-il encore, sont nettes et décisives; toutes parlent, toutes accusent la sensibilité des parties fibreuses et tendineuses, latente ou cachée à l'état sain, et manifeste, patente, excessive à l'état malade. Une grande contradiction de la science disparaît donc enfin, les mots douleurs de la goutte, douleurs des os ont un sens et un sens physiologique, car tant que les parties, siège de ces douleurs, passaient pour absolument insensibles, les mots n'en avaient pas. Au fond, quoi qu'en disent HALLER et son école, il n'y a point de partie absolument insensible dans le corps vivant. La sensibilité est partout, et, dans les parties mêmes où elle est le plus obscure, il suffit d'un degré d'irritation donné pour la faire passer de l'état caché à l'état manifeste. »

Ces expériences sont trop précises pour être infirmées par l'assertion plus ou moins dénuée de preuves de JOBERT (C. R., (2), 1861, 561), qui déclare que les tendons ne deviennent jamais sensibles, mais que c'est leur gaine qui s'enflamme. Aussi regardons-nous comme démontré que les tendons enflammés sont sensibles, ce que l'on peut expliquer du reste très bien si l'on se rappelle qu'il y a des nerfs dans les tendons.

C'est un utile rapprochement à tenter que de comparer cette sensibilité des tendons malades à la sensibilité des nerfs malades. Le nerf hyperesthésié a gagné autant de sensibilité que le tendon, et, entre un nerf malade et un nerf sain, il y a la même différence de sensibilité qu'entre un tendon malade et un tendon sain. Seulement la sensibilité du nerf sain est déjà exquise, tandis qu'elle est très obscure sur le tendon sain. ROMBERG déclare que le tiraillement d'un nerf sain est peu douloureux, tandis que le tiraillement d'un nerf enflammé est atrocement pénible.

Un fait intéressant nous montre bien la différence qu'il y a entre l'excitabilité d'un nerf et celle d'un nerf enflammé, en dehors de toute condition psychique. TARCHANOFF (Nouveau moyen d'arrêt du cœur de la grenouille. Gaz. méd., 1875, n° 15) a montré qu'en excitant le mésentère ou l'intestin d'une grenouille, on n'obtenait pas facilement le réflexe d'arrêt cardiaque signalé par GOLTZ. Que si on laisse le péritoine exposé à l'air, en quelques heures il s'enflammera, et les nerfs sensitifs seront tellement hyperesthésiés qu'il suffira du plus léger attouchement pour arrêter les mouvements du cœur.

A chaque instant les médecins et les chirurgiens peuvent constater l'hyperesthésie d'organes normalement presque insensibles. Les tissus fibreux deviennent parfois le siége de douleurs très vives, dans les rhumatismes et dans les tumeurs blanches. Le périoste qui est dépourvu de sensibilité s'il est intact, s'il s'enflamme, provoque des douleurs intolérables, et la douleur d'une périostite chronique est véritablement atroce. Les os eux-mêmes acquièrent par l'inflammation une sensibilité dont ils sont à peu près dépourvus quand ils ne sont pas enflammés. Cette proposition est aussi vraie pour la plupart des organes viscéraux, dont la sensibilité normale est pour le moins très obtuse. L'estomac, les intestins, la vésicule biliaire, la vessie sont dans ce cas. C'est à peine si un homme sain sent le contact d'une sonde dans la vessie. Au contraire, les individus qui ont la pierre et une cystite consécutive souffrent énormément, dès qu'on vient à toucher leur muqueuse vésicale avec un corps étranger. Certains malades, dont la peau est anesthésiée, peuvent, si celle-ci subit une altération pathologique, recouvrer la sensibilité par le fait de cette influence excitatrice.

Il est plus douteux qu'il existe une hyperesthésie à la douleur dans les centres nerveux supérieurs. Dans les myélites, il est vrai, il y a parfois une hyperesthésie énorme ; certes, mais dans ce cas, les cellules nerveuses fonctionnent non en tant que parties centrales, mais en tant que voies conductrices de la douleur.

Les méningites et les encéphalites produisent de l'hyperesthésie ; mais l'étude au point de vue physiologique n'en a pas été faite très méthodiquement. Les appareils imaginés pour mesurer la sensibilité à la douleur n'ont pas donné de résultats très nets, surtout si on les compare aux données positives que fournit l'esthésiomètre pour la sensibilité tactile. En effet, la mesure de la douleur (l'algésimétrie) est forcément très incertaine ; la sensation que tel appellera douleur intolérable, sera pour tel autre douleur tolérable, même si la sensation est la même dans l'un et l'autre cas. Comment trouver une commune mesure de cette sensibilité à la douleur, si variable, si profondément subjective ?

Il est certain que, par le fait d'une longue et prolongée douleur, la sensibilité, au lieu de s'émousser, s'exagère ; il n'y a pas d'accoutumance à la douleur. A la longue, quand nous avons beaucoup souffert, nous sommes devenus hyperesthésiques, et nous ne pouvons plus tolérer telle excitation de nos nerfs, qu'à d'autres moments, si nous n'avions pas été surexcités par une longue succession d'excitations douloureuses, il nous eût été possible de subir, sans trop de souffrance.

Avec la durée et la prolongation du souvenir, la non-accoutumance est un des tristes privilèges de la douleur.

De la douleur dans la série animale, et des rapports de la douleur avec l'intelligence. — Il nous est absolument impossible de pénétrer dans la conscience des êtres différents de nous; de sorte que nous sommes réduits, quand il s'agit de savoir s'il y a douleur, à juger d'après les signes extérieurs.

Un chien, quand on excite son nerf sciatique, crie, se lamente et se débat. Je ne puis, en toute certitude, affirmer que la sensation qu'il éprouve est une douleur véritable; cependant il est bien vraisemblable qu'il ressent quelque chose de pénible, très analogue à ce qu'éprouve un homme qui souffre.

Si j'opère sur un lapin, ou un canard, le raisonnement sera le même; mais déjà il semble bien que la douleur est un peu moindre; le souvenir de cette douleur paraît durer plus longtemps. A peine l'excitation est-elle terminée que l'animal se remet à manger, et reprend ses habitudes normales.

Si j'excite électriquement le sciatique d'une grenouille, elle va réagir violemment, se débattre, coasser peut-être; mais j'ai quelque peine à m'imaginer qu'elle souffre beaucoup; car, si je fais la même expérience sur une grenouille dont les lobes cérébraux ont été enlevés, ce seront les mêmes réactions, et il faudrait alors supposer ou que tous les mouvements de l'animal sont de purs mouvements réflexes, sans douleur, ou que la douleur ne siège pas dans cerveau, mais dans le bulbe et la moelle allongée. On avouera qu'il est assez difficile de supposer que l'intelligence et la conscience ne siègent pas dans le cerveau. Par conséquent, ou bien tous ces signes extérieurs de la douleur ne sont pas la conséquence même de la douleur, ou bien les centres de la conscience sont disséminés partout, dans la moelle allongée, dans le bulbe, et même dans la moelle dorsale.

Si nous passons aux êtres inférieurs, aux vers par exemple, il nous paraît difficile de leur supposer une conscience réfléchie et méditative de la douleur. Que l'impression sensitive qu'ils ressentent soit pénible, cela est probable, mais elle est, autant que nous pouvons le supposer, vague, obscure, indéterminée, et surtout très passagère. NORMANN a montré par une analyse assez délicate que les mouvements réactionnels des lombrics ne signifiaient probablement pas qu'il y avait douleur, puisque, même dans les segments dépourvus de ganglions cérébroïdes, on observait les mêmes mouvements réactionnels que dans les segments pourvus de ces ganglions. Alors que le segment antérieur reste sans faire de contorsions, c'est le segment postérieur qui s'agite avec violence. J. LOEB a aussi montré que, si une planaire est sectionnée en travers, la partie antérieure continue à progresser comme si de rien n'était. Tout se passe comme si elle n'avait aucune notion de douleur. Il a vu aussi des *Gammarus* en copulation ne pas s'interrompre malgré l'excision de leur abdomen. BETHE a remarqué qu'à une abeille qui suce le miel d'une fleur, on peut sectionner l'abdomen sans qu'elle s'arrête.

Même chez les animaux très supérieurs, la douleur ne paraît pas très forte. Les vétérinaires savent que les chevaux, pendant qu'on leur pratique certaines opérations ou qu'on fait des expériences, même sanglantes, continuent à manger.

En tout cas, chez les êtres inférieurs, il paraît bien invraisemblable que les grands traumatismes fassent éprouver à leur conscience un sentiment aussi profond et aussi durable que celui que nous appelons douleur.

Plus nous descendons dans l'échelle des êtres, plus l'hypothèse de quelque sensibilité à la douleur devient inacceptable. Le développement de la sensation douleur doit être parallèle au développement de la conscience, autrement dit de l'intelligence. S'il n'y a ni conscience, ni mémoire, ou du moins si la conscience et la mémoire sont obscures et embryonnaires, la douleur ne peut être bien vive. Un homme sain, intelligent, vigoureux, dans toute l'énergie de sa raison et de son intelligence, ressent la douleur dans toute sa plénitude; car le souvenir en persistera longtemps, et la vivacité du souvenir multipliera l'intensité du phénomène. Mais que l'intelligence soit obnubilée, même si, à un certain moment, la douleur est très vive, l'affaiblissement du souvenir rendra la douleur de plus en plus faible.

Jadis j'ai étudié la sensibilité à la douleur chez les imbéciles, les idiotes, les démentes séniles, et j'ai constamment trouvé que cette sensibilité était très obtuse.

L'enfant nouveau-né qui crie et qui pleure souffre sans doute, quand il a faim ; mais ces cris et ces pleurs ne m'inspirent pas grande pitié : car je suis convaincu que sa douleur est peu intense, qu'elle passera en quelques secondes, sans laisser de trace dans sa mémoire, sans ce retentissement prolongé dans la conscience, qui est la condition même de la douleur.

Nous pouvons donc admettre que la douleur est un phénomène intellectuel ; c'est une fonction de l'intelligence, et elle est d'autant plus capable d'être intense que l'intelligence et la conscience sont plus développées.

Théorie de la douleur. — Finalité de la douleur. — Rattachons maintenant l'une à l'autre les diverses parties de cette étude ; elles ont un lien qu'il est facile d'apercevoir.

1° La douleur est produite par une excitation forte.

2° Les excitations fortes désorganisent les tissus et sont funestes à la vie des êtres et aux fonctions des organes.

3° Le souvenir de la douleur persiste avec une extrême puissance dans la mémoire, et nous sommes constitués de telle sorte que ce que nous craignons le plus, c'est la douleur.

4° Par conséquent, nous sommes organisés de telle sorte que nous fuyons toutes causes de destruction ou de perversion de nos tissus.

Il en résulte que la douleur peut être conçue comme souverainement utile, puisqu'elle nous fait fuir ce qui est périlleux pour l'organisme.

Cependant on pourrait, à la rigueur, concevoir un monde organisé où la défense ne serait pas due à la douleur. S'il est vrai, comme nous l'avons accepté plus haut, que les mouvements de défense des êtres inférieurs, vers, échinides, et même batraciens et reptiles, ne soient pas accompagnés d'une notion bien nette de la douleur, on voit que, dans la lutte pour l'existence, des êtres peuvent encore triompher et résister, même s'ils sont peu aptes à sentir la douleur. La pullulation des êtres inférieurs prouve bien que cette sensibilité n'est pas indispensable.

Alors vient l'énigme, qui est la plus terrible peut-être de toutes celles que l'homme peut se poser ? Pourquoi la douleur — la douleur c'est le mal — si elle n'est pas indispensable ?

Rappelons d'abord en quoi consiste la défense d'un organisme par les actions réflexes.

Dès qu'une excitation quelconque, exagérée, funeste, destructive, a atteint un nerf sensible, aussitôt tout l'organisme vivant se met en état de défense. Il se fait des actions réflexes locales, comme le clignement des paupières, la toux, l'éternuement, le retrait des membres excités ; et des actions réflexes générales, comme le vomissement, l'élévation de la pression artérielle, les mouvements de fuite ou d'expulsion, l'accélération (et parfois le ralentissement) du cœur et de la respiration, la dilatation (ou la constriction) des vaso-moteurs.

Tout cet appareil de défense ne nécessite ni la conscience ni l'intelligence. Une grenouille dont l'encéphale a été détruit se comporte à peu près comme une grenouille intacte. Mêmes mouvements de défense, mêmes efforts pour soustraire la patte (brûlée ou traumatisée) à l'excitation ; mêmes bonds pour s'éloigner loin de l'objet qui l'irrite ; mêmes réponses réactionnelles à la cause qui peut détruire son organisme.

Chez les mammifères et les oiseaux, on observe aussi la persistance des défenses, quand l'encéphale a été détruit, notamment chez les canards décapités, et maintenus en vie par la respiration artificielle (TARCHANOFF). Quoique l'encéphale ait chez ces êtres une plus grande influence que chez les batraciens, on voit bien que les réactions de l'être aux excitations fortes ne sont pas essentiellement modifiées par la décapitation.

Chez l'homme aussi, dans les cas d'anesthésie chirurgicale par le chloroforme, il y a contre le traumatisme exécuté par le chirurgien des défenses violentes, qui semblent conscientes et voulues, tant la précision et la puissance de ces mouvements sont grandes : il ne peut être question de douleur dans le sens vulgaire du mot, puisque, à son réveil, le patient déclare qu'il n'a pas souffert. Les individus qui se noient, perdent, à un certain moment de l'asphyxie, toute notion consciente, et pourtant ils continuent à se débattre, à s'accrocher aux objets voisins qui peuvent leur servir de planche de salut, tout comme s'ils étaient intelligents et conscients. On ne doit cependant pas dire qu'ils souffrent, puisque alors la conscience n'existe plus.

On pourrait donc parfaitement concevoir qu'il y ait une efficace défense des êtres contre les causes externes de destruction, sans qu'il y ait conscience et douleur, et, de fait, il est permis de supposer que, chez beaucoup d'êtres inférieurs, la réponse réactionnelle au traumatisme et à l'excitation forte n'est pas accompagnée d'une perception dont loureuse. Un lombric coupé en trois morceaux gardera, dans chacun des trois fragments qui le constituent après mutilation, le pouvoir de se défendre violemment, à sa manière, contre les excitants. Une astérie ou un oursin (*Echinus*) réagit par un seul de ses rayons séparé du centre. Les cils vibratiles, les leucocytes répondent aux excitations fortes par des mouvements énergiques de défense : il est bien peu légitime de leur supposer une conscience douloureuse de l'excitation qui les atteint.

Ainsi donc un premier examen superficiel pourrait nous faire croire que la douleur est inutile, puisque aussi bien les êtres vivants peuvent se défendre, sans éprouver de douleur, contre des excitations fortes et destructrices, rien que par le jeu des réflexes appropriés. Dans la nature, il existe quantité innombrable d'êtres se défendant uniquement par de simples réflexes, sans qu'il y ait conscience et par conséquent douleur.

Mais toutes ces réactions de défense qui protègent l'organisme attaqué, fuite, retrait des parties atteintes, réactions locales, réactions viscérales, défenses spéciales, etc., ne sont que des défenses consécutives. Elles succèdent à l'excitation, mais ne l'empêchent pas d'avoir lieu, et ne la préviennent pas. Or, le plus souvent, malgré l'énergie de la réponse, il est trop tard pour que le secours soit efficace. Il n'est plus temps de se défendre contre un serpent venimeux quand sa morsure a fait pénétrer son venin dans le sang; la douleur cruelle que le poison provoque sera absolument insuffisante pour en arrêter l'évolution fatale.

Donc cette douleur cruelle n'est pas inutile. Elle est inutile au point de vue de la défense consécutive. Elle est très efficace comme défense préventive.

De là cette différence entre les êtres inférieurs et les êtres supérieurs, que chez les êtres inférieurs la défense préventive, déterminée par la crainte de la douleur, n'existe pas. Ils réagissent contre le traumatisme, quand le traumatisme les a atteints; ils ne sont pas organisés pour prévenir le traumatisme possible.

Ils ne sont pourtant pas dépourvus totalement de défenses préventives, car l'instinct les protège. L'instinct — et non la crainte de la douleur — avertit la patelle de se fixer solidement sur le rocher, le pagure de se retirer dans sa coquille, la sépia de jeter son encre ; de même que c'est sans doute l'instinct, et non la crainte de la douleur, qui fait que le lièvre fuit quand on l'approche.

Aussi pourrait-on, à la rigueur, concevoir un monde organisé où les défenses préventives seraient organisées par les instincts et non par la crainte de la douleur. En réalité, chez un grand nombre d'êtres, c'est l'instinct qui fait fuir le danger. Ce n'est pas le souvenir des douleurs anciennes qui fait que l'animal évite les dangers; c'est par suite de son organisation psychique que fatalement telle ou telle excitation extérieure détermine chez lui les mouvements qui assureront son salut.

Mais, si merveilleusement adapté au monde extérieur que soit l'instinct, il ne peut pas suffire à prévoir les infinies diversités du danger. Pour prévoir, pour prévenir les périls qui sont innombrables et prennent toutes les formes, on peut dire que la douleur est un élément nécessaire. Les êtres pourvus d'instinct sont de purs automates, qui affrontent sans crainte un danger non prévu par leur structure psychique. Au contraire, les êtres qui connaissent la douleur ont été par elle avertis de ce danger nouveau, et ces avertissements salutaires les préservent; car ils se garderont bien de recommencer.

Contre les traumatismes, les poisons, les venins, les morsures, les brûlures, nous sommes prémunis par la crainte de la douleur. L'idée seule de promener la main, en l'appuyant fortement sur le tranchant d'un rasoir, nous fait passer un petit frisson d'horreur, parce que nous savons très bien, par expérience, que toute incision de la peau produit une douleur très vive. Nous nous garderons donc bien de faire cette imprudence; car la douleur et le souvenir de la douleur nous ont armés préventivement contre elle.

C'est le souvenir de la douleur qui règle la conduite des êtres intelligents. La nature ne semble pas se soucier de la joie et du bonheur de ses enfants; elle ne semble avoir eu d'autre but que leur vie, un maximum de vie. Faire vivre les êtres le plus longtemps possible et faire vivre le plus d'êtres possibles, telle est la tâche qu'elle semble s'être imposée, et vers laquelle elle fait converger toutes les dispositions les plus ingénieuses et les plus variées. Alors, pour les êtres supérieurs, elle a trouvé cet admirable moyen de faire en sorte que toute excitation trop forte de leur organisme — et par cela même dangereuse — cause une sensation douloureuse, insupportable, et que, par conséquent, toute la préoccupation de l'être vivant sera de se mettre à l'abri de la douleur. Elle nous a intéressés à notre propre existence; elle nous force à être sobres, prudents, à craindre le fer, le feu, le poison; à ménager nos forces, à ne pas abuser; car tout abus est suivi immédiatement, pour notre punition, d'une douleur bien supérieure en intensité au plaisir qu'a pu produire l'abus.

La douleur est donc une défense préventive intelligente, tandis que l'instinct est une défense préventive automatique. Et il est inutile d'insister pour montrer à quel point l'intelligence est supérieure à l'automatisme. Les innombrables variétés du monde extérieur ne peuvent être prévues par l'instinct et l'automatisme; elles peuvent l'être, au moins partiellement, par l'intelligence. L'instinct ne comporte pas de perfectionnement ni d'adaptation. Une grenouille martyrisée plusieurs fois ne sera pas différente d'une grenouille intacte. Comme elle n'a pas gardé le souvenir de la douleur, elle ne modifiera pas sa conduite d'après les douleurs anciennes.

Tout autre est l'être humain. Chaque douleur aura modifié son être psychique, l'aura forcé à réfléchir, à prévoir. L'être sera ce que les excitations douloureuses, antérieures, fidèlement conservées par la mémoire, lui auront commandé. Car il fera effort pour éviter de nouvelles douleurs. Nous revenons ainsi à confirmer l'importance de cette définition que nous avions donnée plus haut de la douleur, *sensation telle que nous ne voulons plus nous exposer à la subir de nouveau.*

Si importantes que soient les notions acquises par nos sens, la vue, l'ouïe, le toucher, elles ne sont pas des mobiles d'action; car elles nous laissent indifférents. Une perception simple ne nous émeut pas directement, elle ne produit, par elle-même, ni peine ni plaisirs, et la petite émotion perceptive qu'elle provoque n'affecte que légèrement notre organisme sensible. Même le souvenir n'en est pas très durable, à cause sans doute de cette indifférence même.

Au contraire, les émotions douloureuses nous émeuvent profondément, restent fixées dans le souvenir, et alors elles dirigent notre conduite. Tout le développement intellectuel, moral et social de l'humanité est la conséquence de cette émotion douloureuse à laquelle il faut échapper. La connaissance des choses ne nous intéresse que parce que c'est un moyen de mieux combattre la douleur. La froide science n'émeut pas; elle ne dirige pas, elle n'est pas un mobile d'action, tandis que la douleur est le grand mobile de la vie des êtres.

La douleur a donc une finalité, et une finalité très haute : c'est elle qui nous fait faire un effort vers une intelligence plus complète des choses; et cette intelligence des choses fait que nous ne sommes plus de purs automates, mais des êtres conformant leur vie aux variations du milieu ambiant.

Tous les êtres possèdent des défenses contre les excitations destructives; si ces défenses sont consécutives, elles ne protègent que d'une manière insuffisante; il faut donc, pour une protection efficace, que la défense soit aussi préventive.

Or, en fait de défense préventive, il ne peut y avoir que l'instinct ou l'intelligence. Mais l'instinct est aveugle. Les purs automates sont incapables de modifier leurs actes d'après les aspects du monde extérieur et ses modalités variées à l'infini, que l'instinct n'a pas prévues. Au contraire, l'intelligence peut prévoir des variétés innombrables. Modifier les actes d'après les modifications du monde extérieur, c'est ce qui constitue l'intelligence.

Alors, la douleur étant l'émotion que nous cherchons à fuir, nous appliquons notre intelligence à l'éviter. Le triomphe de l'homme sur les autres animaux dans la nature, triomphe qui s'accentue à chaque siècle, à chaque année même, montre bien la supériorité de l'intelligence sur l'instinct dans la lutte pour l'existence; de sorte qu'au lieu de considérer, au point de vue biologique, la douleur comme un mal, nous devons la tenir comme l'élément fondamental du progrès humain.

192   DOULEUR.

Bibliographie. — Nous renvoyons aux articles **Anesthésie, Sensibilité,** pour une bibliographie plus détaillée. D'ailleurs, nous ne mentionnerons pas les nombreuses études médicales sur la séméiologie de la douleur, non plus que les travaux des philosophes métaphysiciens sur la cause du plaisir et de la douleur.

BÆRWINKEL (F.). *Die Bedeutung der centripetalen Irradiation bei schmerzhaften Affectionen der Nervenstämme (Deutsche Archiv für klin. Med.,* 1875, XVI, 186-199). — BAIN (A.). *Pleasure and pain (Mind,* 1892, I, 161-187). — BECHTEREW. *Sulla localizzazione della sensibilita cutanea (tattile e dolorifica) e del senso muscolare nella corteccia del cervello (VI. Congr. fren. ital. Archivio di psichiatria.,* 1883, IX, 213). — BEAUNIS (H.). *La douleur morale (Rev. phil.,* 1889, XXVII, 251-261). — BELLONI. *Di un nuovo algometro (Arch. di Psichiatria,* 1895, XVI, 124-126). — BETHE (A.). *Dürfen wir den Ameisen und den Bienen psychische Qualitäten zuschreiben (A. g. P.,* LXX, 1898). — BINET (A.). *Contr. à l'étude de la douleur chez les hystériques (Rev. phil.,* 1889, XXVIII, 169-174). — BUCH (M.). *Algésimetrie (Pet. med. Woch.,* 1892, IX, 243). — CANTAGANO (G.). *Nuovo modello di estesiometro (Boll. d. real. Acc. med. chir. di Napoli,* 1890, II, 109-111). — COLLIER (W.). *The comparative insensibility of animals to pain (Nineteenth Century,* N. Y., 1889, XXVI, 622-627). — DUMAS (G.). *Rech. exp. sur la joie et la tristesse (Rev. philos.,* 1896). — EDINGER. *Zur Lehre vom Schmerze (Arch. f. Psych.,* 1891, XXIII, 600). — FRANCK (FR.). *Rech. expér. sur les effets cardiaques, vasculaires et respiratoires des excitat. douloureuses (C. R.,* 1876, LXXXIII, 1109-1111). — FREDERICQ (L.). *Y a-t-il des nerfs spéciaux pour la douleur? (Rev. scient.,* 1896, VI, 713-717). — FREY (M.). *Beiträge zur Physiologie des Schmerzsinnes (Ber. d. K. Sächs. Ges. d. Wiss.,* 1894, 283; 1896, 166-184). — GOLDSCHEIDER. *Ueber verlangsamte Leitung der Schmerzempfindung (D. med. Woch.,* 1890, XVI, 688); — *Gesammelte Abhandlungen;* 1. *Physiol. der Hautsinnesnerven,* Leipzig, 1898; — *Der Schmerz, in physiologischer und klinischer Hinsicht,* in-8, Berlin, Hirschwald, 1894; — *Neue Thatsachen über die Hautsinnnerven (A. P.,* 1885, *Suppl.,* 88); — *Ueber die Summation von Hautreizen (Verh. d. physiol. Ges. zu Berlin,* 21 nov. 1890, nᵒˢ 1 et 2, 1-5). — GRIFFING (H.). *Experiments on dermal Pain (Psych. Rev.,* II, 1895, 169-170); — *On individual sensibility to pain (Ibid.,* 1896, III, 412-413). — HEAD (H.). *Disturbances of sensation with especial reference to the Pain of visceral Disease (Brain,* 1893, 1; 1894, 339). — HESS. *Algesimeter (Neur. Centr.,* 1895, XIV, 348). — HUGHES (C. H.). *An improved aesthesiometer and its uses (Tr. med. Ass. Missouri,* 1879, XXII, 58-62). — HUMBERT (E.). *De la douleur (Diss.,* Lausanne, Bridel, 32 p.). — LOEB (J.). *Einleitung in die vergleichende Psychologie mit besonderer Berücksichtigung der wirbellosen Thiere,* Leipzig, Barth, 1899, 149-152. — LOMBROSO. *Algometro e Faradiometro (Arch. di psich.,* 1895, XVI, 262). — LUSSANA (F.). *Del dolore, quale funzione propria al midollo spinale e distinta del senso (Gazz. med. it. lomb.,* 1864, III, 233); — *Fisiologia del dolore,* in-12, Milano, 1859. — MANTEGAZZA (P.). *Dell'azione del dolore sulla calorificazione e sui moti del cuore (Gazz. med. it. lomb.,* 1866, V, 225, 233, 242, 249); — *Sulla respirazione,* 1867, VI, 385, 405, 413, 425; — *Sulla digestione e sulla nutrizione,* 1871, IV, 45-53. — *Dell'espressione del dolore (Arch. per l'antr.,* 1875, VI, 1-16); — *Physiologie de la douleur,* in-12, Paris, 1888. — MAC DONALD (A.). *Sensibility to pain by pressure in the hands of individuals of different Classes, sexes and nationalities (Psych. Rev.,* 1895, 156-157, et 11). — MARSHALL (H. R.). *The physical basis of pleasure and pain (Mind,* 1891, XVI, 327-334; 470-497); — *Classification of pleasure and pain (Ibid.,* 1889, VI, 511-536); — *Physical pain (Psych. Rev.,* 1895, 394-399). — MOTSCHUTKOWSKY (O.). *Ein Apparat zur Prüfung der Schmerzempfindung der Haut. Algesiometer (Neur. Centr.,* XIV, 145). — NAUNYN (B.). *Ueber die Auslösung von Schmerzempfindungen durch Summation sich zeitlich folgender sensibler Erregungen; ein Beitrag zur Physiologie des Schmerzes (A. P. P.,* 1889, XXV, 272-305); — *Ueber eine eigenthümliche Anomalie der Schmerzempfindungen (Arch. f. Psych.,* 1879, X, 760-762). — NICHOLS (H.). *Pain Nerves (Psychol. Review,* 1896, III, 309-313). — NOTHNAGEL (H.). *Schmerz und cutane Sensibilitätsstörungen (A. P. P.,* 1872, LIV, 121-136). — OTTOLENGHI. *La sensibilita e l'eta (A. i. B.,* XXIV, 1893, 139-148). — PECKHAM (G.). *Aesthesiometry (Journ. nerv. and ment. dis.,* 1885, X, 55-61). — PHILIPPE (TH.). *Algésimètre pour contrôler l'appréciation de la douleur (III Congr. de Psychol.,* Münich, 1896, 279-280). — REGALIA (E.). *Vi sono emozioni (Arch. p. l'antr. e la etnol.,* XIX, 2, 1889); — *Su la teleologia e gli scopi del dolore (Riv. di Fil. scientifica,* oct. 1883). — RICHET (CHARLES). *Rech. expérim. et clin. sur la sensibilité (Diss. in.,* Paris, 1877); — *Étude biologique sur la douleur (Rev.*

scientif., 1896, vi, 225-232); — *Y a-t-il des nerfs spéciaux pour la douleur?* (*Ibid.*, 1896, 713-717); — *La douleur* (*Congr. intern. de psychologie*, München, 1896, 21-39). — Rosenbach (O.). *Ueber die unter physiol. Verhältnissen zu beobachtende Verlangsamung der Leitung von Schmerzempfindungen bei Anwendung von thermischen Reizen* (*D. med. Woch.*, 1884, 338). — Schiff (M.). *Innervation des Herzens* (*Rec. des mém. physiol.*, ii, 185); — *Ueber die Function der hintern Stränge des Rückenmarks* (*Ibid.*, ii, 262-275). — Stanley, Hiram. *Relation of feeling to pleasure and pain* (*Mind*, 1889, xiv, 537-544). — Stanley Hall et Y. Motora. *Dermal sensitiveness to gradual pressure changes* (*Americ. Journ. of Psychology*, i, 1887, 72-98). — Strong. *Physical pain and Pain nerves* (*Psych. Rev.*, 1896, iii, 64-68); — *The psychology of pain* (*Ibid.*, ii, 1895, 329-367). — Sudduth (W. X.). *A study in the psycho-physics of pain* (*Chicago med. Recorder*, 1897, xiii, 329-337 et 347-353). — Tissié (P.). *Y a-t-il des nerfs spéciaux pour la douleur?* (*Rev. scient.*, 1897, viii, 402-404).

CH. R.

DOUNDAKINE. — ($C^{28}H^{19}AzO^{13}$ et $C^{19}H^{16}AzO^{9}$). — Bochefontaine, Marcus

et Féris avaient cru isoler dans l'écorce du Doundaké un alcaloïde qu'ils appelèrent *doundakine* (*C. R.*, 1883, XCVII, 211). Schlagdenhauffen et Heckel ont démontré plus tard (*C. R.*, 1885, c. 69) que la doundakine, en tant qu'alcaloïde cristallisable, n'existe pas dans les écorces du vrai doundaké. L'amertume et les propriétés de cette écorce sont dues à deux principes colorants, azotés, de nature résinoïde, diversement solubles dans l'alcool et dans l'eau, répondant aux formules indiquées plus haut.

L'action physiologique de ces substances a été étudiée par les premiers de ces auteurs au laboratoire de Vulpian. Chez la grenouille, au bout de deux à cinq minutes, on constate un peu d'affaiblissement général, la diminution des mouvements spontanés et réflexes; bientôt l'animal est incapable de reprendre son attitude normale. A ce moment il garde la position qu'on lui donne, si bizarre et anormale qu'elle puisse être. Cependant la contractilité musculaire, ainsi que l'excito-motricité nerveuse, sont conservées, et les battements du cœur ne sont pas sensiblement modifiés. Cette première période de l'empoisonnement est fatalement suivie d'une seconde, dans laquelle l'état particulier de catalepsie fait place à une résolution complète. Les mouvements respiratoires sont irréguliers, puis intermittents; ils deviennent très lents et s'arrêtent, tandis que les battements du cœur un peu ralentis sont réguliers. Les mouvements réflexes sont abolis progressivement: enfin le cœur cesse de battre. Si l'on répète la même expérience sur des grenouilles dont on a enlevé l'encéphale, on obtient les mêmes résultats. Si, au contraire, on a sectionné préalablement la moelle épinière au niveau du bec du calamus, la grenouille meurt sans avoir présenté aucun phénomène de catalepsie.

Chez le cobaye on observe les mêmes phénomènes que chez la grenouille; mais l'état cataleptique est moins prononcé. Le fait capital de l'intoxication chez cet animal est le ralentissement progressif et l'arrêt de la respiration qui se produisent alors que les battements du cœur sont parfaitement réguliers. Enfin le cœur s'arrête peu à peu, et l'animal meurt.

Chez le chien, les tracés hémodynamométriques ont indiqué tout d'abord un abaissement brusque de la pression sanguine, avec ralentissement du pouls; ensuite la pression monte au-dessus de la normale, et le cœur s'accélère. Enfin il se produit une chute graduelle de la pression sanguine, pendant laquelle les battements du cœur deviennent irréguliers. La sensibilité générale est abolie, mais l'animal ne présente pas de signes de catalepsie. Les auteurs concluent de leurs recherches que l'écorce du Doundaké contient une substance toxique qui exerce plus particulièrement son action sur la protubérance et le bulbe, pour amener chez la grenouille et le cobaye un certain état qui rappelle la catalepsie. La dose mortelle de cette substance n'a pas été bien déterminée : d'après les expériences susdites, $0^{gr},008$ de doundakine ont tué une grenouille dans l'espace de vingt minutes, et $0^{gr},034$, en injection hypodermique, ont produit la mort d'un cobaye de 700 grammes au bout de vingt-quatre heures.

J. CARVALLO.

DUBOISINE. — Voyez Hyoscyamine.

DULCAMARINE. — La dulcamarine est un glucoside qui a été extrait pour la première fois de la douce-amère par Geissler en 1875. Elle a pour formule $C^{22}H^{34}O^{10}$.

C'est une substance amorphe, légèrement jaunâtre, sans odeur, et d'une saveur d'abord amère, puis sucrée ; ce goût particulier est dû sans doute à ce que ce glycoside est en partie transformé en glycose par la salive. La dulcamarine est insoluble dans l'éther, le chloroforme, la benzine, le sulfure de carbone, l'éther de pétrole ; elle est soluble dans l'éther acétique, l'acide acétique, dans 5 parties d'alcool bouillant et dans 8,5 parties d'alcool froid à 90°. Elle se dissout dans 25 parties d'eau chaude et 30 parties d'eau froide. Sa solution aqueuse mousse par l'agitation. Elle perd 5 p. 100 d'eau à 105°, fond à 160°, brunit vers 205°, et se décompose au delà de cette température en donnant des vapeurs neutres au papier de tournesol.

Les acides colorent la dulcamarine en jaune rouge, les alcalis la dissolvent, l'acide tannique la précipite, le chlorure de platine ne la précipite pas. L'acétate de plomb produit dans ses solutions un précipité qui, séché à 160°, renferme $C^{22}H^{32}PbO^{10}+3H^2O$.

Chauffée à 100° avec dix ou douze fois son poids d'acide sulfurique au dixième, la dulcamarine se décompose en donnant du glucose et de la *dulcamarétine*. Dès que le mélange a atteint 50° à 60°, il s'en dégage une odeur de miel, et la liqueur prend une teinte orangée qui passe au brun.

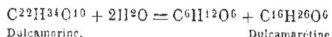

$$C^{22}H^{34}O^{10} + 2H^2O = C^6H^{12}O^6 + C^{16}H^{26}O^6$$
Dulcamarine.   Dulcamarétine.

La dulcamarétine est amorphe, résinoïde, brunâtre, inodore, insipide ; elle adhère aux dents quand on la mâche ; elle est insoluble dans l'eau, l'éther, le chloroforme, le sulfure de carbone, l'alcool amylique.

La dulcamarine est extraite d'après l'un des deux procédés suivants :

I. On fait digérer l'extrait aqueux des tiges de douce-amère avec du noir animal, lavé en grains jusqu'à complète disparition de la saveur amère. Le charbon saturé est lavé à l'eau chaude, desséché et épuisé par l'alcool, qui s'empare du glucoside et l'abandonne par évaporation.

II. On précipite l'extrait de douce-amère par le tannin, on triture le tannate avec la chaux, on dessèche et on épuise par l'alcool bouillant. Ce liquide alcoolique privé de tannin par digestion avec l'oxyde de plomb laisse la dulcamarine par évaporation.

Ces deux procédés d'extraction fournissent de la dulcamarine impure renfermant des proportions variables d'azote. Pour la purifier, on dissout le produit brut dans l'eau, on ajoute quelques gouttes d'ammoniaque qui sépare peu à peu un précipité gélatineux ; après filtration on précipite par l'acétate neutre de plomb. La combinaison plombique lavée et mise en suspension dans l'alcool cède à celui-ci la dulcamarine par l'action de l'hydrogène sulfuré.

L'étude physiologique de cette substance n'a pas, à notre connaissance, encore été faite.

G.

DULCITE ($C^6H^{14}O^6$). — Sucre cristallisable, isomère de la mannite, extrait par Laurent d'une manne de Madagascar, et du *Melampyrum nemorosum*. Elle fournit des composés avec les alcalis ($C^6H^{12}O^6Ba$), et des composés acides que G. Bouchardat a bien étudiés ; entre autres des dulcites, mono, di, hexacétiques, etc. La dulcite est infermentescible. Elle résiste à l'action du *Bacillus ethaceticus*, du *Mycoderma aceti*, et de la bactérie du sorbose, ce qui la distingue nettement de la mannite (Maquenne, *Les sucres*, 1900, 123). D'après Grimbert (*C. R.*, cxxi, 698), le pneumocoque l'attaque en formant de l'alcool, et de l'acide acétique, mais non de l'acide lactique, ce qui la distingue encore de la mannite.

Chauffée avec de la baryte, la dulcite se déshydrate et donne la dulcitane ($C^6H^{12}O^5$). (Berthelot.)

Fischer et Hertz ont fait la synthèse de la dulcite en réduisant la galactose par l'amalgane de sodium.

Arrous (*Action diurétique des sucres, Thèse de Montpellier*, 1900) a fait quelques expériences sur la dulcite. Il l'a trouvée (sur le lapin) nettement diurétique avec un coefficient diurétique de 2,9 (82). On a essayé son emploi comme diurétique en médecine (KOBERT, *Ueber Dulcin. Centr. f. innere Med.*, xv, 1894, 353-357, et STERLING. *Ueber das Dulcin. Munch. med. Woch.*, 1896. XLIII, 1227).

DUMAS (Jean-Baptiste) (1800-1884). — J.-B. DUMAS n'est pas seulement un des créateurs de la chimie ; il a encore, parmi les grands physiologistes du XIXᵉ siècle, une place tout à fait éminente. Rien ne peut mieux établir l'union intime, étroite, de la chimie et de la physiologie que l'œuvre — chimique et physiologique tout ensemble — de LAVOISIER et de J.-B. DUMAS. Ce n'est assurément pas le hasard qui fait que les maîtres de la chimie ont été en même temps les maîtres de la physiologie.

Les beaux travaux de DUMAS en physiologie datent tous du commencement de sa vie, et il les a exécutés à un âge auquel les jeunes gens sont encore sur les bancs de l'École. C'est entre 21 et 25 ans qu'il a fait des études mémorables, en collaboration avec PRÉVOST (de Genève), sur le sang et la matière colorante du sang, sur la contraction musculaire, sur la fécondation. Certes une bonne partie de ces recherches n'a plus maintenant qu'un intérêt historique. Mais les expériences sur le rein et l'élimination de l'urée, expériences qui ont pour la première fois établi que l'ablation du rein entraîne l'accumulation d'urée dans le sang, ont conservé encore aujourd'hui toute leur valeur (1822).

Ce ne sont pas seulement ses découvertes qui unissent le nom de DUMAS à la physiologie, mais encore ses livres et son enseignement. La conception générale de l'évolution chimique et biologique à la fois des êtres y est nettement et profondément exposée dès 1835.

Il est à regretter pour la science physiologique qu'à partir de 1825 environ, âgé seulement de 25 ans, J.-B. Dumas ait abandonné les recherches de biologie pour des travaux de chimie pure. Comme on l'a dit avec raison, tout le monde sait ce que la chimie y a gagné : personne ne pourra dire ce que la physiologie y a perdu.

Voici la liste des principaux mémoires physiologiques de J.-B. DUMAS :

Bibliographie. — *Sur les animalcules spermatiques de divers animaux (Mém. Soc. phys. de Genève,* 1821, 180-207). — *Examen du sang et de son action dans les divers phénomènes de la vie (Ann. de phys. et de chimie,* 1821, XVIII, 280-292). — *Deuxième mémoire sur le sang (Ibid.,* XXIII, 50-68, 1823). — *Troisième mémoire sur le sang (Ibid.,* XXIII, 90-104, 1823). — *Analyse de l'urine de la grenouille (Bibl. univ.,* XIX, 1822, 213-218). — *Phénomènes qui accompagnent la contraction de la fibre musculaire,* Paris, 1823, in-8. — *Nouvelle théorie de la génération (Ann. des sc. natur.,* I, 1-29, 1824). — *Deuxième mémoire sur la génération. Rapport de l'œuf avec la liqueur fécondante : phénomènes appréciables résultant de leur action mutuelle. Développement de l'œuf des Batraciens (Ibid.,* II, 100-121 et 129-149, 1824). — *Sur le développement du cœur dans le fœtus (Bull. soc. philom.,* 1823, 158-166). — *Développement du cœur et formation du sang (Ibid.,* III, 96-107, 1824). — *Troisième mémoire sur la génération dans les Mammifères et des premiers indices du développement de l'embryon (Ibid.,* III, 113-138, 1824). (Tous ces mémoires ont été publiés en collaboration avec PRÉVOST.) — *Note sur les changements de poids que les œufs éprouvent pendant l'incubation (Ann. sc. nat.,* IV, 1825, 47-56). — *Mém. sur le développement du poulet dans l'œuf (Ibid.,* XII, 1827, 415-443). — *Propositions de physiologie et de chimie médicale (Th. de Paris,* in-4, 1832). — *Essai de statique chimique des êtres organisés,* Paris, 1841, en coll. avec BOUSSINGAULT. — *Sur la composition de l'urée (Ann. de phys. et de chimie,* 1830, XLIV, 273-278). — *Recherches sur l'engraissement des bestiaux et la formation du lait (C. R.,* XVI, 1843, 345-362, et *Ann. de Chim.,* VIII, 1843, 63-114) en coll. avec BOUSSINGAULT et PAYEN. — *Mémoire sur les matières azotées neutres de l'organisation (C. R.,* XV, 1842, 976-1000 et *Ann. de Chim.,* 1842, 385-448). — *Note sur la production de la cire des abeilles (C. R.,* XVII, 1843, 537-545, et *Ann. des sc. natur.,* 1843, 174-181) en coll. avec H. MILNE EDWARDS. — *Constitution du lait des Carnivores (C. R.,* XXI, 1845, 707-717, et *Ann. des sc. nat.,* IV, 1845, 184-195). — *Rech. sur les liquides de l'économie animale (Arch. gén. de médecine,* 1846, Suppl. 169-189).

DURE-MÈRE. — Voyez Méninges.

DYNAMOGRAPHES. — Voyez DYNAMOMÉTRIQUES (Appareils).

DYNAMOMÉTRIQUES (Appareils).

— On nomme ainsi des instruments destinés à mesurer des forces avec plus de simplicité que si l'on cherchait dans une série de poids celui qui fait équilibre à la force considérée. Le dynamomètre est le type des instruments étalonnés, dans lesquels la détermination empirique d'un certain nombre de points sur la graduation de l'instrument permet ensuite par une simple lecture d'obtenir toute la valeur intermédiaire de la grandeur à mesurer correspondant à tous les points de la graduation. Ces instruments permettent aussi certaines mesures qui seraient impossibles sans leur secours et par le simple emploi des poids.

Nous laisserons de côté, comme sortant du sujet, les instruments où, comme dans la balance romaine ou dans son dérivé, le pèse-lettres, on fait agir l'effort à mesurer sur un bras de levier en équilibrant le couple ainsi produit par un autre couple dû à un poids fixe, mais dont le bras de levier est variable. En bonne logique, ces instruments devraient aussi s'appeler des dynamomètres, mais l'usage n'a pas prévalu, et d'ailleurs en physiologie, l'usage des dynamomètres véritables est plus commode.

Principe du dynamomètre. — Quand un effort agit sur un corps solide, il produit une déformation de celui-ci. Ces déformations peuvent être de deux espèces. Tant que l'effort ne dépasse pas une certaine limite, le corps revient exactement à son état primitif aussitôt que l'effort cesse. On dit alors qu'il y a eu déformation *élastique*. Mais, si l'effort a été trop considérable, on dit que la *limite d'élasticité* a été dépassée, il y a eu déformation permanente, c'est-à-dire production d'un nouvel état de la matière, qui est alors dite *écrouie*.

On peut produire des déformations diverses sur le corps : on peut le déformer par *compression* ou par traction en un point d'une masse fixée absolument, ou par *flexion* ou par *torsion*. Les dynamomètres usuels emploient tous la flexion, au moins ceux qui sont destinés à mesurer des efforts mécaniques. La torsion est employée dans un certain nombre d'instruments électriques, galvanomètres ou électromètres, qui sont de vrais dynamomètres où la force à mesurer est d'origine électrique. Mais nous laisserons de côté ce genre d'instruments pour nous occuper du dynamomètre de flexion.

La propriété essentielle de toutes les déformations élastiques est que, au moins dans de très larges limites, la grandeur de la déformation est proportionnelle à l'effort qui la produit. Dans les dynamomètres, on mesure la grandeur de cette déformation, on remplace donc une mesure de poids par une mesure de longueur. On voit donc que les graduations de dynamomètre seront aussi simples que possible à établir. Théoriquement la concordance du zéro et celle du point correspondant à un seul poids suffit ; pratiquement un petit nombre de points et le zéro sont suffisants.

On comprend facilement que toutes les causes qui font voir l'élasticité des ressorts changent les indications des dynamomètres. C'est ainsi que des variations trop grandes de température rendraient les indications illusoires. Mais d'autres causes s'opposent à l'exactitude absolue dans les mesures au moyen de ces instruments, et, dans les limites de la température ambiante, cet effet est négligeable. Il n'en est pas de même toujours de ceux dus à l'oxydation du métal au bout d'un temps assez long et de ceux qui sont produits par l'écrouissage du métal sous l'action d'un effort trop grand. Ces effets se manifestent à première vue par un déplacement du zéro. On peut alors poser en principe que le taux de variation est le même pour tous les poids, et il suffit alors de vérifier d'abord [e zéro, et ensuite un point quelconque par le moyen d'un poids marqué. Bien entendu, ces lectures sont faites dans les conditions mêmes d'emploi de l'instrument, s'il doit être soumis à une température notablement différente de la normale. Soit P le poids marqué et P′ l'indication de la graduation, toutes les fois qu'on fait un effort, P′′ par exemple, sur celle-ci, l'effort sera donné exactement par la formule $P^1 = \dfrac{P}{P'} P'^1$.

Le peson ordinaire a la forme d'un ressort en U. On fait agir l'effort sur une des extrémités en fixant l'autre, et on mesure l'écartement des deux extrémités. Nous n'indiquerons pas davantage la construction de cet instrument, qui est bien connue, ni celle du dynamomètre de Poncelet, qui en est voisin, ni celle du peson à ressort à boudin qui est courant.

Insistons un peu davantage sur le dynamomètre médical. Celui-ci est destiné à mesurer soit l'effort de pression qui peut être produit par la main d'un malade, soit l'effort de traction produit dans des conditions convenables.

Le ressort est en forme d'ellipse ; pour la mesure de compression, on en écrase le petit axe dans le point fermé ; pour celle de traction, on tire sur les deux extrémités du grand axe, avec les deux mains par exemple. Dans cette deuxième condition, il y a une variation du petit axe proportionnelle à celle du grand. On voit donc que la mesure de celui-ci renseignera dans les deux cas sur l'effort produit, à condition que la graduation porte deux chiffraisons correspondant aux deux espèces de capsules mises en jeu.

Pour mesurer le petit axe, ses deux extrémités portent deux pièces fixes qui peuvent glisser l'une sur l'autre. L'une porte à son extrémité un pignon moleté, l'autre une crémaillère qui engrène avec ce dernier. L'angle dont tourne le pignon mesure le mouvement relatif des deux extrémités de l'axe. Cet angle est mesuré au moyen d'une aiguille qui se déplace sur un cadran fixe. Cette aiguille commandée par le pignon en entraîne une qui est folle sur le même axe, la commande de mouvement ne se faisant que d'un seul côté. De la sorte, cette aiguille indique l'effort maximum qui a été fait sur l'instrument.

Si nous nous en tenions aux dynamomètres proprement dits, nous aurions terminé notre tâche. Mais il existe de nombreux appareils que nous devons mentionner. Les uns sont de simples dynamomètres appliqués à des usages spéciaux, ce sont tous les manomètres à capsules métalliques, où l'effort à mesurer est la pression d'un fluide.

Parmi ceux-ci, nous citerons le kymographion à ressort de Fick, et les manomètres de Marey pour la pression sanguine. Nous citerons aussi les appareils employés pour l'étude des réactions du sol sur le pied de l'homme et des animaux en marche et de l'air sur les ailes de l'oiseau, par Marey, par Scott de Philadelphie, par Maillard et Bardon, et enfin par Roussy, pour les mesures de l'effort aux divers moments du coup de pédale à bicyclette.

Nous mentionnerons aussi les appareils appelés ophtalmotomètres, pour lesquels nous renvoyons à l'article Œil.

Nous renvoyons à la bibliographie, pour indiquer les ouvrages où ces appareils sont décrits. Nous dirons seulement que de toutes ces applications aucune n'aurait été possible avec des poids.

Mais nous ne voulons pas terminer cet article sans indiquer toute une série d'applications de la plus haute importance, et où l'emploi des poids n'aurait donné aucun résultat, je veux dire les appareils où on inscrit directement le travail produit par une force.

Le travail est le produit d'une force par le déplacement de son point d'application, quand force et chemin sont dans la même direction.

Or le dynamomètre nous donnait le moyen de mesurer un effort par un déplacement ; nous allons supposer que nous inscrivons ce déplacement sur un cylindre qui tourne avec une vitesse proportionnelle à la vitesse de déplacement du point d'application de l'effort. Dans ces conditions, la courbe inscrite aura pour ordonnées des longueurs proportionnelles aux efforts et pour abscisses des longueurs proportionnelles aux déplacements. Considérons une des ordonnées AB, et le trajet AA'. Le travail, si la force restait constamment égale à AB, serait AB × AA'. Ceci est égal à l'aire ABB''A'. Étendons ceci à la courbe DD, enregistrée tout entière. Si nous divisons l'intervalle CC, en un grand nombre de segments AA', le travail effectué pendant le tracé DD sera d'autant plus voisin de la somme des aires telles que ABB''A' que les intervalles AA' sont plus petits. On exprime cela en disant que le travail effectué est la *limite* de cette somme d'aires. Or il est bien évident que la limite de cette somme d'aires est l'aire CDD'C', car la somme des petits triangles BB'B'' négligés est d'autant plus petite que les intervalles AA' sont eux-mêmes plus petits.

Si donc nous voulons enregistrer d'une manière continue le travail dépensé dans un effort donné, il nous suffira de faire exercer cet effort par l'intermédiaire d'un dynamomètre inscripteur, dont le style inscrira sur un cylindre commandé par une roue solidaire de l'appareil et roulant par exemple sur le sol fixe par rapport auquel le tout se déplace. Il faudra, pour avoir ce travail en valeur absolue, connaître le rapport de la vitesse linéaire du déplacement de la feuille d'inscription à celle du déplacement de l'appareil, et connaître aussi la graduation du dynamomètre. Cela étant, on sait par exemple que $1°,5$ d'ordonnée correspond à un effort de 1 kilogramme, que 1 millimètre d'abscisse correspond à 1 mètre parcouru par le véhicule, ce qui veut dire que 15 millimètres carrés de papier représentent 1 kilogrammètre.

Ce procédé a été appliqué à la traction des voitures par Poncelet, Morin et Marey. La conclusion a été qu'il y a un travail bien moindre produit par le moteur animé quand l'attelage est effectué au moyen de liaisons élastiques.

Enfin nous ne voulons pas terminer cet exposé sans indiquer deux principes, encore peu appliqués, mais susceptibles d'applications nombreuses. Je veux parler de la manivelle dynamométrique et du frein de Prony enregistreur.

La manivelle dynamométrique est un appareil destiné à mesurer l'effort nécessaire pour faire mouvoir un appareil rotatif à bras. Les constructeurs de machines agricoles s'en servent pour apprécier la valeur du type qu'ils construisent. Il faut en effet tout calculer de manière à vérifier que l'effort demandé correspond à un travail convenable. La manivelle dynamométrique permet d'évaluer ainsi la qualité d'une machine.

Soit O l'axe de la machine, et O′ l'axe de la poignée. Ils sont réunis par la pièce AB, qui est folle sur l'axe O, mais qui appuie sur la pièce P par l'intermédiaire du ressort à boudin R. Un engrenage conique mû par O′ fait défiler une bande de papier sur le tambour TT′. Cette feuille passe sous un traulet porté par P. L'abscisse dirigée suivant la longueur est proportionnelle au nombre de tours exécutés dans un chemin parcouru puisqu'on connait la longueur de la manivelle, et l'ordonnée est proportionnelle à l'effort. On peut ainsi connaître le travail mécanique produit par l'homme pour effectuer une besogne déterminée.

Nous avons cité cet appareil qui n'a donné lieu, à notre connaissance, à aucune publication, précisément à cause de ce fait. Il en existe un spécimen que les constructeurs louent au moment du besoin.

Enfin on peut facilement rendre enregistreur le frein de Prony, dans lequel le travail mécanique d'un moteur est dégradé en chaleur au moyen du frottement de sabots sur une poulie, et où on mesure l'effort qui doit être appliqué au bout d'un bras de levier pour équilibrer le couple dû à ce frottement. On comprend facilement qu'il suffit de faire produire l'effort par un dynamomètre, porteur d'un style inscripteur qui vient frotter sur la surface du cylindre commandé par l'axe de rotation.

Ce dernier appareil est susceptible de rendre des services en physiologie.

Bibliographie. — Marey. *Méthode graphique.* — *Le mouvement.* — *La machine animale.* — Rouvy (*C. R.*, 1896, 1395 et 1528). — Scott. *Cycling ast.* (*Le cycliste*, 30 avril 1896.) — Rouvy (*D. P.*, 1899). *Physiologie du membre inférieur dans la locomotion à bicyclette.*

A. B.

DYSLYSINE ($C^{24}H^{36}O^3$). — La dyslysine est un produit de déshydratation de l'acide cholalique.

L'acide cholalique se convertit, sous l'action de la chaleur et avec une très grande facilité, en anhydrides extrêmement complexes, ce qui se comprend aisément si l'on se rappelle que l'acide cholalique renferme trois hydroxyles alcooliques et un carboxyle puisqu'il est monobasique.

Lorsqu'on chauffe en vase clos à 200° une solution aqueuse d'acide cholalique, il y a formation de dyslysine.

$$C^{34}H^{40}O^5 = 2H^2O + C^{24}H^{36}O^3$$
Ac. cholalique.   Dyslysine.

La dyslysine est un corps blanc, solide, d'aspect résineux, neutre au tournesol; insoluble dans l'eau, l'alcool, les alcalis, les acides chlorhydrique et acétique, presque insoluble dans l'éther, soluble dans les solutions d'acide cholalique et de sels biliaires alcalins.

Elle fond à 180° et brûle avec une flamme fuligineuse. Chauffée avec une solution de potasse alcoolique, elle s'hydrate et donne de l'acide cholalique. On a décrit sous le nom d'*acide choloïdinique* un anhydride intermédiaire entre la dyslysine et l'acide cholalique, qui répondrait à la formule $C^{51}H^{48}O^4$; ce ne serait qu'un mélange de dyslysine et d'acide cholalique.

M. SCHOTTEN a obtenu un autre anhydride de [l'acide cholalique, en soumettant ce corps à la distillation sèche. Cet anhydride se présente sous la forme d'un liquide huileux qui ne donne plus la réaction de PETTENKOFER. Cette substance est soluble dans les alcalis, précipitée en masse par les acides. Elle répond à la formule $C^{48}H^{78}O^3$.

Ce produit se distingue des autres anhydrides décrits en ce que l'action des alcalis est impuissante à régénérer l'acide cholalique.

L'étude de ces anhydrides de l'acide cholalique n'a fait aucun progrès malgré les travaux récents de M. LATCHINOFF et de M. MYLIUS.

On retrouve la dyslysine dans les fèces à côté de l'acide cholalique. (Voir article **Bile**, *évolution des acides biliaires*, 177, II, de ce dictionnaire.)

Bibliographie. — *D. W.*, article « *Bile* ». LATCHINOFF, *D. C. G.*, XX, 1043-1968. — *B. S. C.*, (2), XLIX, 58. — MYLIUS, *D. C. G.*, XX, 1968. — *B. S. C.*, (2), XLIX, 56 et 58. — SCHOTTEN, *Z. P. C.*, X, 174.

A. CHASSEVANT.

EAU. — Voyez Nutrition.

EAU OXYGÉNÉE. — Voyez Oxygène.

ECGONINE ($C^2H^{15}AzO^3$). — Alcaloïde dérivé de la cocaïne par hydratation.

$$C^{17}H^{21}AzO^4 + 2(H^2O) = C^9H^{15}AzO^3 + C^7H^6O^2 + CH^4O.$$

Cocaïne.　　　　　Ecgonine.　　Acide　　Alcool

benzoïque.　méthylique.

(V. **Cocaïne**, IV, I).

ÉCHICÉRINE ($C^{30}H^{48}O^2$). — Voyez Échitamine.

ÉCHIRÉTINE ($C^{35}H^{56}O^2$). — Voyez Échitamine.

ÉCHITAMINE ($C^{22}H^{28}Az^2O^4 4H^2O$). — Alcaloïde qu'on extrait, avec la ditamine, de l'*Echites scholaris* ou *Alstonia scholaris*. L'écorce de dita renferme divers alcaloïdes, la *ditamine* ($C^{12}H^{14}AzO^2$), l'échitamine (ditaïne de HARNACH) dont les propriétés physiologiques se rapprocheraient de celles du curare (CHASTAING. *Enc. chim.*, VIII, (6), (2), 83). Elle donne des sels cristallisables, lévogyres. A côté de ces deux bases il en existe d'autres, l'échicérine, l'échirétine, l'échitéine ($C^{54}H^{70}O^4$) et l'échitine (HESSE. *Ann. d. chim. u.Pharm.* CLXXVIII, 49, et CCIII, 144). L'*Alstonia constricta* d'Australie contient d'autres alcaloïdes dans son écorce; l'*alstonine* $C^{21}H^{20}Az^2O^4$, la *porphyrine* $C^{21}H^{23}Az^3O^2$, qui ont peut-être des propriétés fébrifuges.

ÉCHITÉNINE ($C^{28}H^{27}AzO^4$). — Voyez Échitamine.

ÉCHITINE ($C^{22}H^{12}O^2$). — Voyez Échitamine.

ÉCHUJINE ($C^5H^6O^2$). — Partie active de *Adenium Bœhmanum*. D'après BOEHM, c'est un poison du cœur, qui, à la dose de $0^{milligr},1$, arrête le cœur de la grenouille en moins d'une demi-heure (arrêt en systole). De plus fortes doses produisent une paralysie complète, sans que cependant l'excitabilité de l'appareil névro-musculaire ait été modifiée notablement, ce qui établit une différence entre l'échujine et le curare. Chez les lapins, la dose mortelle est de $1^{milligr},3$; chez les chiens, de $0^{milligr},6$ par kilogr. La respiration artificielle ne retarde pas la mort, qui survient à la suite de convulsions générales, lesquelles chez le chien sont précédées de vomissements, salivation et affaiblissement général. Il n'y a pas d'élévation de la pression artérielle (FRIEDLÄNDER, in *Enc. der Therapie*, 1897, II, 89).

ÉDESTINE. — L'édestine appartient au groupe des albuminoïdes cristallisées, qni ont été étudiées récemment par Neumeister, Chittenden, Hartwell et Osborne, sous le terme générique de phyto-vitellines. De tous ces corps, l'édestine extraite des graines de chanvre est la seule qui puisse être obtenue en grande quantité et à un prix relativement peu élevé. Aussi cette substance est-elle utilisée de plus en plus, soit pour étudier la protéolyse des albuminoïdes sous l'influence des divers sucs digestifs, soit pour étudier le métabolisme du phosphore dans l'organisme, en écartant le phosphore organique qui est combiné ordinairement avec les matières albuminoïdes qui entrent dans l'alimentation.

Préparation. — Méthode d'Osborne. — Un kilogramme de graines de chanvre après broyage, est traité par 5 litres d'une solution de chlorure de sodium à 5 p. 100 et chauffé pendant deux heures à 60°. Le mélange est alors exprimé fortement dans un linge, le liquide obtenu filtré sur papier.

En maintenant le liquide filtré à 25° pendant vingt-quatre heures, on obtient des cristaux microscopiques de 15 à 30 μ dans leur grand diamètre, ayant la forme d'octaèdres et quelquefois aussi de plaquettes hexagonales. Les cristaux sont lavés à l'eau froide, puis desséchés par des traitements successifs à l'alcool et à l'éther. 1kil,3 de graines donne 80 à 85 grammes de cristaux d'édestine.

On trouve avec ces cristaux les réactions des globulines; la solution n'est pas précipitée par le chlorure de sodium à saturation, mais elle est précipitée par la saturation avec sulfate de magnésie et sulfate d'ammoniaque, et la réaction du biuret est analogue à celle donnée par les peptones (Neumeister).

Le point de coagulation paraît voisin de 100°; encore, à cette température, la coagulation n'est pas totale : une partie considérable, 40 p. 100 environ, reste en solution; cependant Chittenden et Mendel ne croient pas qu'il s'agisse de corps différents : ils partent même de ce fait pour contester d'une manière générale la valeur du point de coagulation comme caractère distinctif des protéides.

L'analyse centésimale de l'édestine donne des chiffres concordants, en opérant avec le produit coagulé, le produit non coagulé et enfin avec la substance cristallisée.

	CHITTENDEN.	OSBORNE.
Carbone.	51,63	51,26
Hydrogène.	6,90	6,86
Azote	18,78	18,68
Soufre.	0,90	0,94
Oxygène.	21,79	22,26
	100,00	100,00
Cendres.	0,56	0,50

Le pouvoir rotatoire serait de — 43°,48 d'après Chittenden et Mendel.

Protéolyse de l'édestine. — Action du suc gastrique. — En traitant l'édestine par une solution de pepsine additionnée de HCl 0,2 p. 100, on obtient une syntonine, précipitable par neutralisation; puis, si l'on continue l'action de la pepsine en milieu acide, la plus grande partie de la matière albuminoïde se transforme en protéose.

Chittenden et Mendel ont obtenu ainsi toute la série des transformations décrites à propos des albuminoïdes; ils désignent ces corps sous les noms de protovitellose, deutérovitellose, etc. La transformation en peptone n'est jamais complète : il reste toujours une certaine quantité de vitellose qui n'arrive pas au stade peptone, et de l'antivitelline, c'est-à-dire un produit qui résiste complètement à l'action protéolytique du suc gastrique et du suc pancréatique.

La comparaison des compositions centésimales des divers corps obtenus est intéressante. La diminution du carbone (édestine 51,63; peptone 49,40); l'augmentation de l'oxygène (édestine 21,79; peptone 24,94), sont en faveur de la théorie de l'hydratation finale des produits de clivage; mais, d'autre part, les dosages des produits intermédiaires donnent des chiffres peu concordants, la composition par exemple des protovitelloses est variable suivant le temps de la digestion, et les auteurs cités, rejetant l'idée d'une erreur de dosage, ce qui cependant est bien admissible, arrivent à cette conclusion, qui d'ailleurs est loin d'être inattendue : qu'il existe une série nombreuse de produits intermédiaires, que le terme de proto ou de deutéro doit s'appliquer non pas à une substance définie, mais à un groupe de produits ayant quelques propriétés communes.

Nous devons encore citer les travaux de LEVENE et de MENDEL. En chauffant pendant soixante-douze heures de l'édestine avec une solution d'acide chlorhydrique à 20 p. 100 et de chlorure d'étain, et en suivant ensuite les procédés de KOSSEL, ils ont obtenu les hexoses telles que l'arginine, l'hystidine et la lysine.

La possibilité d'obtenir économiquement de notables quantités d'édestine, c'est-à-dire une substance albuminoïde pure, sans trace de phosphore, a permis de suivre dans de bonnes conditions expérimentales l'évolution du phosphore dans l'organisme. Les études poursuivies jusqu'ici avaient été entravées par ce fait, que, si l'on donnait à l'animal en expérience une alimentation ordinaire, renfermant les trois groupes d'aliments, on introduisait une certaine quantité de phosphore combiné avec les albuminoïdes, et que, d'autre part, si on supprimait les albuminoïdes, l'animal était placé dans des conditions anormales, incompatibles avec le maintien de son équilibre azoté. STEINITZ en utilisant la myosine avait déjà obtenu une alimentation azotée sans phosphore ; mais cette substance est très difficile à préparer. L'édestine a été employée par LEIPZIGER, ZADIK et EHRLICH. Il nous suffira de citer les conclusions de la thèse d'EHRLICH faite dans le laboratoire de ROHMANN.

L'administration d'albuminoïdes phosphorés peut déterminer un gain de phosphore dans l'organisme ; alors que, dans des conditions identiques, la substitution de l'édestine aux albuminoïdes phosphorés amène une perte dans le phosphore de l'organisme. Dans d'autres expériences, où il y avait toujours déficit dans l'équilibre phosphoré, le déficit était plus fort avec l'édestine qu'avec la caséine.

Bibliographie. — CHITTENDEN et HARTWELL (J. P., 189 , XI, 435). — CHITTENDEN et MENDEL. The proteolysis of crystallised globulin (J. P., 1894, XVII, 48). — NEUMEISTER. Lehrbuch der physiologischen Chemie, 1893, I, 32. — OSBORNE. Crystallised Vegetable Proteids (American Chem. Journ., XIV, 672). — LEIPZIGER. Ueber Stoffwechselversuche mit Edestine (A. g. P., 1899, CXXVIII, 402. — EHRLICH. Stoffwechselversuche mit phosphorfreien Eiweisskörpern (D. Breslau, 1900).

J.-P. LANGLOIS.

EFFORT. — On fait effort pour soulever un fardeau, exercer une traction énergique, résister à une poussée, etc. L'effort accompagne aussi un certain nombre d'actes physiologiques ou anormaux, la défécation, la miction, l'accouchement, le vomissement. On a donc pu définir l'effort soit, avec BEAUNIS (T. P.) : « le déploiement à un moment donné d'une contraction musculaire intense pour vaincre une résistance considérable[1] », soit avec LONGET (T. P.) : « une contraction musculaire très intense effectuée dans le but de surmonter une résistance extérieure ou d'accomplir une fonction qui est naturellement laborieuse ou qui l'est devenue accidentellement ». Mais ces définitions ne visent que le but de l'effort, qui est des plus variés et qui ne comporte pas une étude d'ensemble.

Ce qui fait l'intérêt de l'effort, ce qui lui donne une physionomie propre, toujours la même, quel que soit le but, c'est son mécanisme, ce sont les modifications qu'il provoque dans le fonctionnement de l'appareil respiratoire, et leurs conséquences. Aussi MAREY a-t-il dit avec raison (La circulation du sang, 1881, 464) : l'effort tel qu'on le comprend en physiologie consiste en une tendance énergique à l'expiration, tandis que la glotte est fermée et empêche cette expiration de se produire. Complétons sur un point cette définition : l'effort, dirons-nous, est une tendance énergique à l'expiration, alors que le thorax est plus ou moins distendu en inspiration, et que la glotte fermée empêche l'expiration de se produire. Les littératures étrangères n'ont pas en général de terme équivalent à cette acception française du mot effort. Ce qui y correspond, c'est la dénomination d'expérience de VALSALVA, ou celle de presse abdominale (Valsalva's Versuch, Bauch-Presse des auteurs allemands). Mais la première n'est pas significative, et d'ailleurs VALSALVA n'avait en vue dans son expérience que les effets sur l'oreille moyenne : la seconde, celle de presse abdominale, a l'inconvénient de négliger ce qui se passe du côté du thorax. Les Français, dit V. FREY (Die Untersuch. des Pulses, Berlin, 1892, 207),

---

1. Il faudrait ajouter : ou pour résister à une puissance.

appliquent à ces actes respiratoires le terme très expressif d'effort, parce que tout effort musculaire intense s'accomplit pendant que la glotte est fermée pour donner aux muscles du tronc, au moment de leur contraction, un point d'appui solide.

Mécanisme de l'effort. — Le mécanisme de l'effort ressort de sa définition même. Au moment où il va se produire, on commence par faire une profonde inspiration pour distendre le poumon au maximum et pour y emmagasiner le plus d'air possible. Puis la glotte se ferme sous l'influence de ses muscles constricteurs, et aussitôt les muscles expirateurs, et particulièrement les muscles de la paroi abdominale, se contractent avec force et compriment l'air contenu dans le poumon. La cage thoracique pressée entre la résistance élastique de cet air et la puissance active des muscles expirateurs se trouve solidement fixée et fournit un point d'appui aux muscles qui s'y insèrent. C'est donc dans la fixation de la paroi thoracique que se résume la partie fondamentale de l'effort.

Tel est le mécanisme de cet acte, tel qu'il a déjà été exposé par N. BOURDON et CLO-QUET (1820); et il n'y a encore rien à y ajouter. Il est inutile de revenir sur les discussions relatives à la fermeture de la glotte : on en trouvera un résumé dans l'article « *Effort* » du *Dictionnaire* de JACCOUD, par LE DENTU. Il est certain que ce qui met obstacle à la sortie de l'air au moment où les muscles expirateurs se contractent avec force, c'est le rapprochement des cordes vocales : aussi l'émission des sons s'arrête-t-elle pendant l'effort, tandis que sa fin est souvent signalée par une expiration sonore. L'inspection directe a permis de constater que, chez l'animal qui fait effort pour se dégager des étreintes qui le retiennent, l'orifice glottique se resserre. LONGET a pu s'en assurer sur des chiens sur lesquels il avait détaché l'os hyoïde de la base de la langue pour pouvoir examiner l'intérieur du larynx. KRIESHABER a observé le phénomène chez l'homme au moyen du laryngoscope.

On a attaché assez d'importance à l'occlusion de la glotte pour en faire la caractéristique de l'effort. C'est ainsi que CL. BERNARD place la déglutition « dans la catégorie des efforts passagers, parce que, ne pouvant s'effectuer sans arrêter la respiration, c'est toujours le mécanisme de l'effort, à la durée et à l'intensité près. En effet, l'effort devient très évident et complet quand la déglutition se prolonge comme chez les individus par exemple qui boivent à la régalade ». (*Leçons sur la physiol. et la pathol. du syst. nerveux*, II, 332.) Malgré l'autorité du grand physiologiste, ce serait donner trop d'extension au phénomène de l'effort, que d'y ranger les cas de ce genre : il y manque la tendance énergique à l'expiration.

D'ailleurs, l'occlusion complète de la glotte n'est pas absolument nécessaire, l'effort est encore possible avec l'issue d'une certaine quantité de gaz : il suffit que l'effet auquel tend la construction des muscles expirateurs soit contrarié par un rétrécissement assez grand de l'ouverture glottique, et la cage thoracique pourra encore être fixée à un degré suffisant. De même les animaux porteurs d'une fistule trachéale sont capables d'effort, si elle n'est pas trop large. Il va sans dire que, dans ces conditions, l'effort sera moins énergique et moins soutenu.

Ainsi que le fait remarquer LE DENTU, les efforts qui exigent le plus la fixité de la cage thoracique ce sont ceux des membres supérieurs. Il n'y a en effet « comme intermédiaire entre eux et le tronc que l'omoplate, os extrêmement mobile qui ne peut être fixé que si les nombreux muscles qui s'y insèrent trouvent un solide point d'appui sur la poitrine. En outre plusieurs des muscles qui vont aux bras ont une large insertion sur les côtes, le sternum, la clavicule ». Les muscles des membres inférieurs au contraire trouvent déjà dans les conditions habituelles un point d'appui fixe sur le bassin. « Pourtant le bassin n'est immobile qu'à la condition que les muscles de l'abdomen et ceux des lombes se contractent en même temps pour prévenir la rotation des os iliaques autour de l'axe transversal passant par les deux articulations coxo-fémorales. Pendant les contractions faibles des muscles de la cuisse, les extenseurs et les fléchisseurs du bassin remplissent leur rôle sans que le thorax soit immobile, mais pour les grands efforts cette dernière condition est indispensable, et alors on voit se réaliser les phénomènes qui accompagnent l'effort des membres supérieurs, c'est-à-dire l'occlusion de la glotte et la fixation de la poitrine. » Pour les muscles du cou, celle-ci est aussi moins nécessaire que pour ceux des membres supérieurs, parce que beaucoup d'entre eux s'insèrent directement sur la partie la moins mobile du thorax.

Verneuil (*Bull. de la Soc. de chirurgie*, 1856) avait admis différentes catégories d'efforts :
il y a peut-être lieu de conserver la distinction qu'il a établie entre l'effort thoraco-
abdominal ou général et l'effort abdominal ou expulsif. Ce qui les différenciait surtout,
d'après Verneuil, c'est que ce dernier s'accompagne suivant les cas du relâchement
de tel ou tel sphincter. Ces deux catégories d'efforts se distinguaient donc plutôt par
leur but que par leur mécanisme, et on les fait facilement cadrer avec les deux parties de
la définition de Longet : le propre de l'effort thoraco-abdominal étant de faire du tronc
un tout rigide, en vue de surmonter les résistances extérieures le propre de l'effort abdominal de servir à l'accomplissement des fonctions normalement ou accidentellement
laborieuses. Cette dernière variété mérite, d'ailleurs, bien son nom puisque la fixité de
la paroi thoracique doit surtout permettre aux muscles de l'enceinte abdominale de participer aux divers actes expulsifs. Mais pour que leurs contractions soient réellement
efficaces, il faut encore que la distension inspiratoire du thorax avec occlusion de la
glotte leur fournisse un point d'appui, de sorte que le mécanisme général reste essentiellement le même. On peut cependant établir un caractère distinctif assez important
entre les deux variétés d'efforts : dans l'effort thoraco-abdominal ou général, le diaphragme est inactif et forme entre les deux cavités qu'il sépare une cloison inerte, ainsi
qu'il résulte des expériences de Fr. Franck et Arnozan, dont il sera question plus loin
(*D. P.*, 1879). Dans l'effort abdominal au contraire, la contraction du diaphragme coopère
d'habitude avec celle des muscles de la paroi ventrale, et ces agents ordinairement antagonistes deviennent alors synergiques : la poussée abdominale se fait donc par en bas
vers le petit bassin, à moins que des conditions particulières, comme dans le vomissement, ne permettent au contenu d'un des viscères abdominaux de refluer vers le thorax.
Dans les différents actes expulsifs d'ailleurs, la variété du but à atteindre nécessite une
variété d'actes concomitants dont l'étude trouve sa place dans des articles spéciaux de
ce Dictionnaire.

Le cri, le chant, la toux, l'acte de souffler dans un instrument, sont encore des efforts,
mais qui ont quelque chose de spécial, en ce sens qu'ils nécessitent forcément pendant leur
durée un certain degré d'ouverture de la glotte.

Enfin l'occlusion des voies respiratoires peut être transportée plus haut que la glotte ;
c'est ainsi que dans l'acte de se moucher, l'obstacle à la sortie trop rapide de l'air
siège aux lèvres qui se ferment et aux narines qui sont pincées par les doigts.

Pression dans le thorax et dans l'abdomen pendant l'effort. — Le fait qui
domine tout le mécanisme de l'effort, c'est la transformation de la pression négative
intra-thoracique en une pression positive considérable, et aussi, quoique à un degré
moindre, l'augmentation de la pression abdominale.

On peut se faire une idée approximative de la valeur à laquelle s'élève la pression
thoracique dans l'effort, en adaptant à la bouche d'un sujet un manomètre et en lui faisant faire une violente expiration pendant que les narines sont fermées. C'est par un procédé de ce genre que Valentin a trouvé une pression expiratoire de 256 millimètres Hg :
ce chiffre cependant est trop fort et ne doit pas être considéré comme une moyenne. Dans
les expériences de Mendelsohn la pression n'a atteint que 108 millimètres Hg et dans celles
de Stones, qui consistaient à souffler dans un tube adapté aux lèvres, elle a atteint
130 millimètres (Rosenthal, HH, IV, 2ᵉ partie, 218).

Les chiffres obtenus par Langlois et Ch. Richet (*A. de P.*, 1891, 1) se rapprochent de
ces derniers. D'après les observations des physiologistes, un homme adulte vigoureux
peut pendant quelques instants respirer à travers une colonne de mercure haute de 8 centimètres ; mais les forces s'épuisent bientôt à ce rude travail. Quelques individus peuvent
franchir 10 et 15 centimètres, ce dernier chiffre étant tout à fait un maximum. Langlois
et Ch. Richet font remarquer aussi que c'est pour peu de temps seulement qu'un pareil
effort peut être exercé : la fatigue survient très vite quand la pression à vaincre dépasse
5 centimètres Hg. C'est un point sur lequel Ewald et Kobert (*A. g. P.*, 1883, XXXI, 160)
ont également insisté, et il a son importance, comme on le verra, au point de vue des
conséquences de l'effort.

Les physiologistes allemands que nous venons de citer ont déterminé la pression expiratoire maximum chez le chien et chez le lapin ; chez le premier, elle a atteint de 50 à
90 millimètres Hg., chez le second de 15 à 30 millimètres Hg ; Langlois et Ch. Richet ont

obtenu pour le chien des chiffres un peu plus faibles; d'après eux, cet animal ne peut franchir d'ordinaire, à l'expiration, une colonne d'eau supérieure à 70 centimètres d'eau, soit environ 5 centimètres Hg.; de 0,70 à 0,40 la respiration ne peut pas se prolonger pendant longtemps. Cependant LANGLOIS et CH. RICHET ajoutent qu'il ne faut pas considérer ces chiffres comme absolus : il y a de nombreuses exceptions ; ainsi, dans une expérience, un chien vigoureux de 12 kilogrammes a pu franchir une pression de 1ᵐ,28 d'eau.

Il faut tenir compte aussi des conditions expérimentales. EWALD et KOBERT ont mesuré en effet la pression expiratoire chez des animaux dont le poumon avait été d'abord distendu au maximum. Ces auteurs se sont assurés que la pression expiratoire augmente avec le degré de réplétion du poumon, et que la position du thorax en état d'inspiration maximum favorise la contraction des muscles expirateurs. Aussi dans l'effort, la toux, réalise-t-on instinctivement les conditions les plus avantageuses à ce point de vue, puisque ces actes débutent toujours par une profonde inspiration.

Les chiffres que nous venons de reproduire permettent donc de se rendre compte de la pression thoracique développée pendant l'effort, d'autant plus que, d'après les observations de EWALD et KOBERT, dans la toux par exemple, la pression expiratoire s'élève à peu près, chez l'homme comme chez le chien, à sa valeur maximum, préalablement déterminée chez le sujet en expérience.

L'augmentation de la pression abdominale pendant l'effort a été peu étudiée : on ne peut guère citer à ce sujet que les recherches de FR. FRANCK et ARNOZAN. Ces expérimentateurs, qui ont opéré chez l'homme, ont trouvé que la pression est la même dans le thorax et l'abdomen. Ils se sont servis d'une double ampoule manométrique analogue aux sondes cardiographiques de CHAUVEAU et MAREY. La sonde était déglutie, et une ampoule restait dans l'œsophage, l'autre passant dans l'estomac. La première fournissait donc l'indication de la pression intra-thoracique, la seconde celle de la pression abdominale. Dans ces conditions, le sujet exécutant un effort violent on voyait s'élever simultanément la pression dans le thorax et dans l'abdomen. Les deux courbes recueillies ensemble indiquaient une ascension parallèle et de même valeur, ce qui prouve, comme il a été dit plus haut, que, dans l'effort ordinaire, le diaphragme reste inerte.

Chez la femme en travail, on voit la pression intra-utérine présenter, sous l'influence de l'effort expulsif, de notables ascensions : particulièrement au moment des dernières douleurs, la participation des muscles de l'enceinte abdominale peut, d'après WESTERMARK, faire monter la pression jusqu'à 400ᵐᵐ,Hg. (cité par TIGERSTEDT, *T. P.*, II, 407).

Influence de l'effort sur la circulation. — L'effort est au premier chef un phénomène perturbateur de la circulation. Le cœur, la circulation pulmonaire, la circulation artérielle et la circulation veineuse s'en trouvent également influencés. L'air comprimé dans les voies respiratoires non seulement agit sur les vaisseaux du poumon lui-même, mais il transmet encore la pression à tous les organes contenus dans la poitrine, c'est-à-dire au cœur et aux gros vaisseaux.

Un certain nombre de ces modifications circulatoires peuvent être observées chez l'homme lui-même. Chez l'animal on n'a pas la ressource de provoquer l'effort à volonté : mais on peut cependant recourir à l'expérimentation pour résoudre bien des problèmes relatifs à l'influence de l'effort sur la circulation. En effet, l'insufflation d'air dans la trachée réalise de très près les conditions thoraciques de l'effort : que l'air soit comprimé dans les poumons, ou par l'insufflation ou par la contraction des muscles expirateurs, il agira de la même manière sur les organes intra-thoraciques, et l'assimilation des effets mécaniques produits sur la circulation dans les deux cas est des plus légitimes. Aussi a-t-elle souvent été utilisée depuis EINBRODT (*Akad. W.*, 1860, XL, 361), et LALESQUE, en particulier (*Th. P.* 1881) a largement appliqué les résultats de l'insufflation pulmonaire à l'étude des phénomènes circulatoires de l'effort. Pour les reproduire plus complètement, on peut de plus appliquer sur le ventre de l'animal une sangle plus ou moins serrée.

Si nous examinons d'abord ce qui se passe du côté de la circulation pulmonaire pendant l'effort, nous y verrons se produire deux effets successifs. Au moment où le thorax se resserre avec force, les vaisseaux du poumon qui se sont remplis pendant l'inspiration préparatoire se vident, parce que leur contenu se trouve pour ainsi dire exprimé dans le cœur gauche et dans le système artériel. Mais l'effet ultérieur et prédominant, c'est l'entrave apportée à la circulation dans le poumon par la pression qui s'exerce sur ses vaisseaux.

Rien de plus simple et de mieux connu que l'influence de l'effort sur la circulation veineuse. La pression intra-thoracique, devenue positive, crée un obstacle plus ou moins complet à la pénétration du sang veineux dans la cavité thoracique. Aussi voit-on se produire tous les degrés de distension des veines du cou. Les jugulaires gonflent sous la peau en cordons volumineux et saillants, et par leur résistance au doigt montrent que la pression est très élevée dans leur intérieur. Le cou tout entier augmente de volume par suite de la réplétion des veines thyroïdiennes; la face se congestionne.

Cependant, si l'obstacle n'est pas trop considérable, le sang veineux extra-thoracique, s'accumulant aux abords de la poitrine sous une pression croissante, il arrive un moment où celle-ci a acquis une valeur supérieure à celle qui s'exerce à l'intérieur du thorax, et la rentrée du sang veineux se fait alors plus librement. Mais la circulation pulmonaire n'en profite pas forcément, puisqu'elle reste toujours soumise à la même compression : aussi voit-on à cette période la pression augmenter progressivement dans le ventricule droit : c'est du moins ce qu'a constaté LALESQUE dans ses expériences d'insufflation trachéale.

Nous n'insisterons pas davantage sur les variations des circulations pulmonaire et

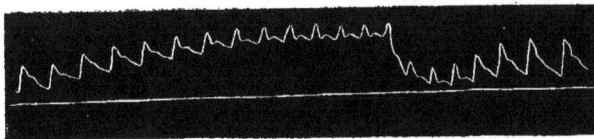

FIG. 82. — Modifications du pouls pendant et après un effort (d'après MAREY).

veineuse; nous aurons, en effet, à y revenir plus d'une fois à propos des changements de la pression artérielle qui leur sont directement subordonnés et qui vont maintenant nous occuper. MAREY le premier a consacré à ces derniers une étude détaillée, d'après les indications fournies par le sphygmographe.

Dès que l'effort commence, on voit aussitôt s'élever la ligne d'ensemble du sphygmogramme (fig. 82), et elle monte d'autant plus haut que l'effort est plus intense; puis le tracé s'abaisse au moment où l'effort est terminé. MAREY conclut de là que la pression artérielle augmente, et il en donne l'explication suivante : « Arrivé à son summum, l'effort a comprimé l'aorte thoracique et l'aorte abdominale avec toute la force dont il était capable. Cette pression extérieure, secondée par l'élasticité aortique a chassé vers les artères périphériques une certaine quantité de sang et y a élevé la tension jusqu'au niveau indiqué par le point c (fig. 83). Mais ces artères contenant du sang sous une plus haute pression donnent un débit plus rapide, de sorte que sous l'influence de l'accroissement de la circulation périphérique l'aorte se vide de plus en plus et diminue peu à peu de volume. En diminuant de volume l'aorte perd de sa tension élastique, et par conséquent la somme des forces qui poussent le sang vers la périphérie diminue graduellement. Le maximum de tension c ne se maintient donc pas dans les artères, mais décroît peu à peu, à mesure que décroît la force élastique de l'aorte, bien que l'effort se maintienne le même, et que la pression de l'air dans les poumons garde le même degré, comme on peut s'en assurer au moyen du manomètre.

« A cette cause de décroissance de la pression dans les artères, il faut ajouter la diminution graduelle du volume des ondées ventriculaires, car le sang veineux est retenu par l'effort au dehors des cavités splanchniques. Il s'ensuit une diminution du courant sanguin qui traverse le poumon et revient au cœur gauche. La fig. 82 montre cette décroissance de la pression et fait voir qu'à partir du point c la ligne d'ensemble du tracé va toujours en s'abaissant. » (Loc. cit., 465.)

MAREY a montré également que l'effort ne se borne pas à faire varier la ligne d'ensemble du tracé, mais qu'il change aussi la forme et la fréquence du pouls. Celui-ci devient fortement dicrote : son amplitude diminue, et sa fréquence augmente.

En somme, d'après le tracé sphygmographique, la pression artérielle augmenterait pendant toute la durée de l'effort, sans toutefois se maintenir au niveau primitivement atteint. HAEMISCH et SOMMERBRODT sont arrivés à des conclusions semblables.

S'il ne peut y avoir de doutes sur les caractères du sphygmogramme, par contre l'interprétation qu'en a donnée MAREY a soulevé bien des objections et ne peut être acceptée sans réserve. Il est vrai que la pression artérielle s'élève au début de l'effort : à ce moment, les vaisseaux pulmonaires, sous l'influence de la pression qu'ils supportent, se vident dans le cœur gauche qui se trouve ainsi approvisionné plus largement et envoie plus de sang dans les artères. A cette première cause, qui tend à augmenter la pression, vient s'en ajouter une seconde : l'effet propulsif, comme l'a signalé MAREY, s'exerce aussi sur les parois de l'aorte dont le contenu est refoulé vers la périphérie. Mais comment cette augmentation de pression pourrait-elle se maintenir, puisque d'une part le sang veineux est retenu aux abords du thorax et que d'autre part les vaisseaux pulmonaires continuent à être comprimés?

Il suffit d'ailleurs de consulter des graphiques obtenus par de nombreux expérimentateurs dans des conditions semblables à celles de l'effort, c'est-à-dire pendant l'insufflation pulmonaire, pour s'assurer que la tension artérielle diminue considérablement quand la pression thoracique devient positive.

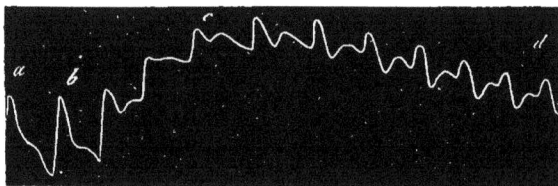

FIG. 83. — Modifications du pouls pendant la durée de l'effort (d'après MAREY).

Déjà ROLLETT (H. H. IV, 1, 298) a appelé l'attention sur la contradiction qui existe entre l'ascension de la courbe sphygmographique et l'abaissement de pression artérielle que le raisonnement fait prévoir et que l'expérimentation sur l'animal confirme. Il a émis l'opinion que l'élévation de la ligne d'ensemble du pouls est probablement due à la turgescence des parties molles, et il a suggéré l'idée d'inscrire les pulsations en mettant l'artère à nu et en la faisant reposer sur un plan résistant.

De fait, V. FREY a constaté (loc. cit., 37) qu'une modification de volume du membre, non accompagnée de variations de la pression artérielle, a des effets très marqués sur la courbe sphygmographique. Pendant que le sphygmographe est sur la radiale, si on applique un lien à la partie moyenne de l'avant-bras, on voit s'inscrire une ascension des minima de la courbe. Quand on défait le lien, celle-ci après deux ou trois pulsations revient à son niveau primitif. C'est l'augmentation de volume du membre amenée par la stase veineuse qui agit sur le bouton du sphygmographe : de même, dans l'effort, le gonflement des parties molles ferait plus que compenser l'influence de la chute de pression.

RIEGEL et FRANCK ont, en effet, déjà admis deux périodes dans l'expérience dite de VALSALVA, c'est-à-dire dans l'effort : l'une pendant laquelle la pression artérielle augmente, l'autre pendant laquelle elle baisse : mais ces auteurs se basent sur les caractères des pulsations, et surtout sur ceux de l'ondulation dicrote, pour faire cette distinction. Par contre, TRAUTWEIN, en se servant d'un sphygmographe à poids, a réellement observé un abaissement de la ligne des minima pendant l'effort.

Les recherches les plus complètes sur cette question ont été faites par HIRSCHMANN[1] (A. d. P., LVI, 1894, 389) qui s'est conformé au plan suggéré par ROLLET; cet expérimentateur a mis en usage un instrument imaginé par HURTHLE, qui permet de prendre à volonté soit le tracé de l'artère in situ, soit celui du vaisseau dénudé et reposant sur un plan fixe. L'expérience était faite sur l'artère crurale du chien, pendant que l'artère du

1. On trouvera dans le travail de HIRSCHMANN les quelques indications bibliographiques qui ne sont pas données dans cet article.

côté opposé était en rapport avec le manomètre de HURTHLE; le poumon de l'animal était soumis à l'insufflation, pendant un temps plus ou moins long.

Les résultats ont été très nets. Quand l'artère n'était pas mise à nu (fig. 84) on voyait

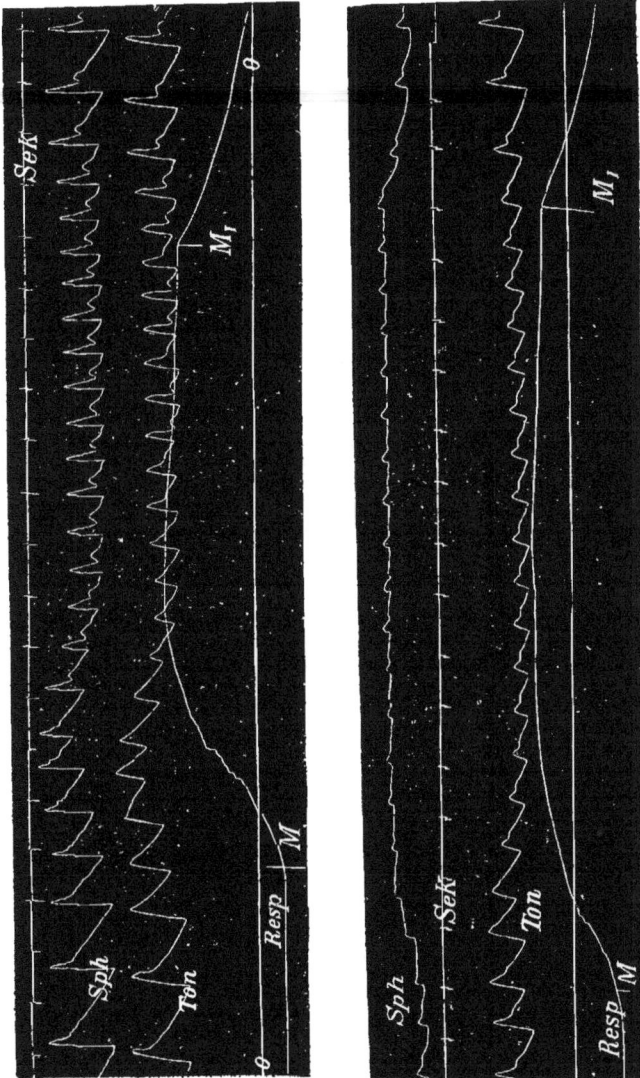

FIG. 84. — *Sph,* sphygmogramme de l'artère non dénudée; *Sek,* ligne des secondes; *Ton,* pression artérielle inscrite avec le tonographe de HURTHLE; *Resp,* courbe de la respiration; en M et M₁, début et fin de l'insufflation pulmonaire : chien.

FIG. 85. — *Sph,* sphygmogramme de l'artère mise à nu. Le reste comme pour la figure 84 (d'après HINSCHMANN).

FIG. 84 et 85.

les minima de la courbe du sphygmogramme s'élever dès le début de l'insufflation, se maintenir à peu près au même niveau tant que la pression exercée sur le poumon restait la même, puis baisser dans la mesure où celle-ci diminuait. Sur la courbe manométrique de l'artère du côté opposé se marquait aussi au début une augmentation insignifiante des minima, mais ceux-ci retombaient bientôt pour rester à un niveau peu différent du niveau normal.

Quand l'artère était au contraire dégagée des parties molles (fig. 85) elle fournissait un tracé qui concordait entièrement avec celui que donnait en même temps le manomètre, et les deux courbes suivaient une marche parallèle.

Hirschmann en conclut que les sphygmogrammes obtenus par la méthode habituelle ne doivent pas être considérés sans réserves, comme pouvant fournir l'expression de la pression artérielle, et qu'il n'est pas toujours exact de regarder l'élévation de la ligne des minima comme un signe de l'augmentation de la tension.

Il est à remarquer que sur le tracé manométrique, dans les expériences de Hirschmann, la ligne des minima ne baisse pas sensiblement pendant l'insufflation : la pression moyenne ne diminue que par la diminution d'amplitude des oscillations cardiaques. Il faut admettre, suivant Hirschmann, ou bien que le volume moindre des ondées sanguines est compensé par la fréquence plus grande des pulsations, ou bien que, sous l'influence de la distension des poumons, les résistances périphériques augmentent par voie réflexe. En réalité, il ne faut voir dans ces modifications de la pression décrites par Hirschmann qu'un cas particulier : car la plupart des physiologistes ont observé un abaissement réel et considérable des minima de la pression pendant l'insufflation pulmonaire. Ce qu'il faut surtout retenir des expériences que nous venons d'énumérer, c'est que, pendant l'effort, l'élévation des minima de la courbe sphygmographique paraît dépendre d'autres conditions que de l'augmentation de la pression artérielle, puisqu'elle s'inscrit, alors que le manomètre indique une diminution de la pression moyenne. Hirschmann admet avec V. Frey que dans l'effort c'est la stase veineuse qui explique cette contradiction.

À propos des expériences de Hirschmann, Knoll rappelle qu'il a publié antérieurement des observations semblables faites chez l'homme et reproduit les tracés (fig. 86) qu'il a recueillis (A. d. P., 1894, LVII, 406).

Avec le sphygmomanomètre, Basch (A. P., 1881, 446) et Lennmann (Diss. Bonn., 1881) ont constaté aussi l'abaissement de la pression artérielle pendant l'expérience de Valsalva.

Enfin, récemment, Hallion et Comte se sont ralliés à cette manière de voir : d'après les indications fournies par les variations de volume du doigt, ils admettent que, si l'effort se prolonge, on voit s'intercaler, entre les deux phases pendant lesquelles la pression dépasse le niveau normal (phase de début, et phase consécutive à l'effort), une période pendant laquelle elle décroît « rapidement et profondément » (B., B., 1896, 903).

Différents phénomènes se rattachent à l'abaissement de la pression artérielle : c'est d'abord l'exagération du dicrotisme du pouls, signalé par Marey. Deux causes concourent à la produire : la moindre réplétion de l'aorte et aussi la diminution de volume des ondées sanguines. Il y a, sans doute, lieu aussi de faire intervenir, avec Pachon, la vitesse de la décontraction du cœur, liée à l'accélération de l'organe (Journ. de Phys., 1899, 1130 et 1144).

On observe encore une diminution dans la vitesse de propagation de l'onde pulsatile. Moens, en la mesurant comparativement pendant la respiration calme et pendant l'effort, a trouvé les chiffres suivants :

RESPIRATION CALME	EFFORT
8, 4 millim. par seconde	7, 0 millim.
8, 0 — —	7, 5 —
8, 5 — —	7, 6 —

On sait en effet que la diminution de la pression artérielle amène une diminution de la vitesse de l'onde.

D'un autre côté, comme nous l'avons dit, le cœur est habituellement accéléré pendant l'effort. Cette accélération ne se concilie pas non plus avec l'augmentation de pression admise par Marey. Elle est en contradiction avec la loi que l'éminent physiologiste a lui-même posée sur les rapports entre la tension artérielle et le rythme du cœur. Il est vrai que pour Marey cette exception peut facilement s'expliquer. Dans l'effort, l'augmentation de pression ne tient pas à un obstacle au cours du sang, mais provient au contraire d'une force nouvelle qui s'ajoute à celle du ventricule gauche pour pousser le sang vers les extrémités artérielles. Cette force ne se borne pas à comprimer les artères : elle agit aussi sur le cœur lui-même qui est placé dans un milieu comprimé; en d'autres termes, le cœur est aidé dans ses mouvements, au lieu d'avoir à vaincre un excès de résistance. En outre, la manière dont le cœur se remplit pendant l'effort permettrait aussi de comprendre l'accélération des systoles : celle-ci est une conséquence de la loi de l'uniformité du travail du cœur : les systoles deviennent plus fréquentes, parce que chacune d'elles n'envoie dans les artères qu'une faible ondée.

On a souvent fait intervenir aussi les influences nerveuses : les expériences de Hering ont montré qu'une excitation partie des nerfs sensibles du poumon peut amener par voie réflexe une diminution du tonus du pneumogastrique (*Akad. W.*, LXIV, 333).

Knoll pense que le point de départ de ce réflexe est dans le cœur lui-même, et non dans les poumons (*Loc. cit.*). Lalesque a émis une hypothèse analogue : la distension moindre des cavités gauches pourrait devenir une cause d'excitation pour les nerfs accélérateurs.

Il y a d'autres causes possibles à l'accélération : comme elle s'établit rapidement, il n'y a pas lieu de tenir compte de l'action des produits de l'activité musculaire sur les centres cardiaques; mais on peut songer soit à une excitation réflexe partie des nerfs sensibles de tous les muscles, énergiquement contractés pendant l'effort, soit à un phénomène d'irradiation intercentrale qui associerait l'action des nerfs accélérateurs à celle des autres noyaux moteurs mis en jeu par la volonté.

Cependant, si l'on se rappelle que le tonus du centre modérateur du cœur est dans une dépendance très étroite avec les changements de la pression artérielle, l'explication qui paraîtra encore la plus simple et la plus vraisemblable, c'est que ce tonus s'affaiblit pendant l'effort avec l'abaissement de la pression.

Les modifications survenues dans la circulation se traduisent aussi par celles du volume des membres et des organes. Quand commence l'effort, le tracé pléthysmographique de la main et de l'avant-bras, comme l'a montré Fr. Franck (*Tr. labor. de* Marey, 1876, II), s'inscrit sur un niveau plus élevé et prend du reste dans tous ses détails des caractères semblables à celui que fournit le sphygmographe (fig. 87). Il n'y a pas de doute que l'augmentation de volume ne soit due à la stase veineuse.

Cependant V. Basch est arrivé à des résultats tout à fait opposés : inscrivant à la fois la pression artérielle avec le sphygmomanomètre, et d'autre part le volume du bras, il a vu celui-ci diminuer, pendant l'expérience de Valsalva, en même temps que la pression baisse. Il ne faut pas oublier que deux influences antagonistes agissent sur le volume du membre : d'une part la congestion veineuse qui tend à le faire augmenter, d'autre part la chute de la pression artérielle qui tend à le faire

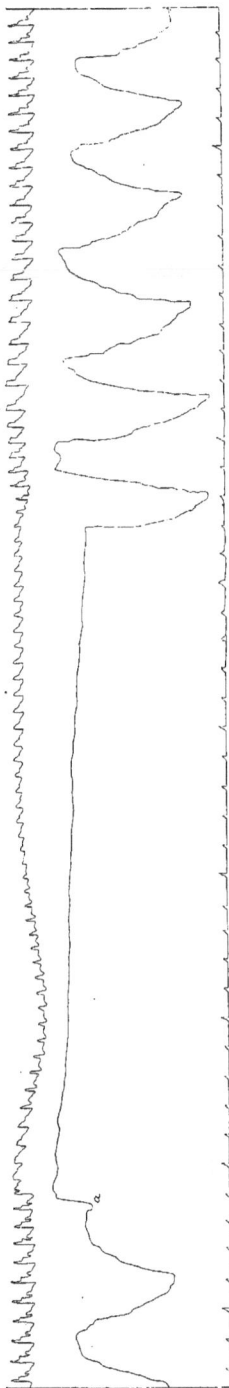

FIG. 86. — Influence de l'effort sur le pouls chez l'homme, d'après Knoll : en *a*, effort.

diminuer : dans l'expérience de Bascu, c'est donc cette dernière qui l'emporte (*A. P.*, 1881, 446).

Il est certain que, pour d'autres organes, la prédominance de l'effet artériel sur l'effet veineux se constate très nettement quand la pression thoracique devient positive. C'est ainsi que sur des tracés publiés par Dele-zenne (*A. d. P.*, 1895, 315), on voit le volume du rein suivre fidèlement les variations de la pression artérielle et baisser avec elle, pendant l'insufflation du poumon, bien qu'à ce moment la pression soit augmentée dans la veine rénale.

Des tracés oncométriques de Klemensiewicz (*Sitzungsb. Ak. Wien*, xciv, 1886, 17) permettent de faire la même constatation, ou plutôt on y observe la combinaison des deux influences oppo-sées. Le volume du rein augmente d'abord par la stase veineuse, à un moment où la pression artérielle a déjà considérablement baissé, puis il diminue progressivement pendant tout le temps que le poumon est soumis à l'insufflation. Klemensiewicz attribue ce dernier résultat en partie à la réplétion artérielle moindre, en partie à ce que la pression veineuse ne reste pas à un niveau constant pendant la durée de l'expérience, mais aussi à l'évacua-tion des autres liquides contenus dans le rein, lymphe et urine.

Mais, pour le volume des extrémités elles-mêmes, Hallion et Comte ont obtenu des tracés tout aussi complexes. Ainsi, au début de l'effort, chez l'homme, la stase veineuse se traduit par une augmentation de volume du doigt, à laquelle participe sans doute l'accroissement initial de la pression artérielle. Quand les pulsa-tions sont devenues faibles, rapides, fortement dicrotes, le volume du doigt tantôt se maintient, tantôt subit une diminution relative, en raison de la lutte entre les deux facteurs antagonistes ; cepen-dant, d'après Hallion et Comte, c'est l'accroissement de la pres-sion veineuse qui finit toujours par l'emporter.

L'encéphale subit les mêmes variations que les autres organes. En règle générale, le volume du cerveau augmente (fig. 88). Fr. Franck a pu obtenir des tracés très détaillés, pendant l'effort, sur un sujet atteint d'une vaste perte de substance du crâne. De même sous l'influence des cris, le cerveau devient turgescent chez le lapin (Knoll, *Ak. Wien*, xciii, 1886, 217), chez le chien (Weathei-mer, *A. de P.*, 1893, 297).

Mosso avait comparé l'effet de l'expiration forcée à celui que produit la compression des veines jugulaires. Cependant, ici encore, l'influence de l'abaissement de la pression artérielle pourra se faire sentir. Fr. Franck a soin de noter qu'à mesure que se pro-longe l'effort on voit diminuer le volume du cerveau, bien que cet effort soit maintenu au même degré manométrique. D'autre part Siven fait justement observer que, pendant que l'animal crie, il y a élévation de pression artérielle en même temps que stase vei-neuse (*Z. B.*, 1897, xxxv, 506). Siven a obtenu parfois, par la compression du thorax chez le chien, un abaissement de la courbe du volume du cerveau lié à une chute de la pression artérielle. Il n'y a du reste rien d'étonnant à ce que les résultats ne soient pas univoques, puisque chez le chien, même pendant la respiration calme, c'est tantôt l'effet veineux qui prédomine, tantôt l'effet artériel, exceptionnellement d'après Fredericq (*Trav. Labor.*, 1885, 94), en règle générale d'après Wertheimer (*A. de P.*, 1895, 735) et Siven.

Fr. Franck (*Encéphale*, D. D., 340) a appelé l'attention sur le rôle de soutien que joue le liquide céphalo-rachidien pendant l'effort à l'égard des vaisseaux de l'encéphale. Au début de l'effort ceux-ci tendent à se surcharger : « Leurs parois supportent une pression intérieure croissante, à laquelle ils résistent grâce à leur force élastique ; mais aussi, il ne

Fig. 87. — Changements du volume de la main pendant et après l'effort. L'effort commence au point marqué par un trait sur la ligne horizontale servant d'abscisse ; il cesse au moment de la chute du tracé (d'après Fr. Franck).

faut pas l'oublier, grâce au soutien extérieur qu'ils rencontrent dans le liquide sous-arachnoïdien. C'est là un point trop négligé et dont l'importance est capitale.

« Ce liquide, en effet, n'abandonne pas la cavité cranienne pendant l'effort; il y est maintenu par la distension du plexus rachidien due à l'excès de pression thoraco-abdominale et s'immobilise dans l'une et l'autre cavité, phénomène encore très justement signalé par Duret; dans de bonnes conditions de résistance élastique des artères le danger de rupture se trouve ainsi écarté. »

Schulten (cité par Siven) a trouvé que chez le lapin, pendant la compression du thorax, la pression du liquide céphalo-rachidien au niveau de l'espace occipito-atloïdien a monté de 6,5 à 15 millimètres Hg., et de 5 à 11 millimètres.

D'après F. Guyon (A. de P., 1869) et Maignien, le corps thyroïde pourrait agir mécaniquement comme organe régulateur de la circulation cérébrale pendant l'effort : gonflée par le sang veineux, la glande exercerait sur les carotides une compression assez forte pour s'opposer au passage du sang artériel, sinon complètement, du moins assez pour que les pulsations cessent d'être perceptibles dans les branches de la carotide.

Phénomènes circulatoires à la cessation de l'effort. — Il est facile de prévoir ce qui va se passer à la cessation de l'effort. Le sang veineux accumulé sous pression

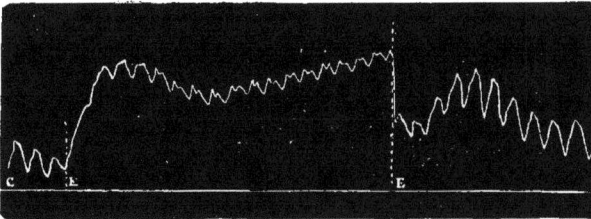

Fig. 88. — Effet d'un effort sur les mouvements du cerveau (d'après Franck).

aux abords du thorax s'y précipitera en abondance, et, le poumon étant redevenu perméable, le cœur droit et la circulation pulmonaire vont se surcharger d'autant plus qu'une série d'inspirations profondes font suite à l'effort. Les artères recevant maintenant une grande quantité de sang, la pression artérielle va remonter et même dépasser le niveau normal, d'une quantité à peu près égale, d'après Sommerbrodt et Lenzmann (cités par Landois, T. P., tr. franc.; 1893, 138), à celle dont elle s'était abaissée pendant la durée de l'effort, pour revenir bientôt à son chiffre primitif.

Pourtant, ce n'est pas encore là ce que nous apprend le tracé sphygmographique : en s'en rapportant à ses indications, c'est un abaissement de pression qui caractériserait la fin de l'effort (fig. 89) : la ligne d'ensemble de la courbe baisse fortement au moment où cesse l'expiration forcée. C'est, d'après Marey, parce que au moment où le thorax cesse d'être comprimé « le sang des artères périphériques où la tension est forte reflue dans l'aorte, qui, vidée d'une partie de son contenu, se trouve pour ainsi dire trop large. Ce reflux subit fait baisser la pression dans les artères et par conséquent dans la radiale. A partir de ce moment, le cœur rétablit peu à peu l'état primitif de la tension artérielle et l'on voit la ligne d'ensemble s'élever peu à peu et reprendre son niveau normal ».

Mais, si l'on admet que l'ascension du sphygmogramme est due à la stase veineuse, on expliquera aussi facilement la descente brusque de la courbe par un dégorgement des parties molles. Il y a lieu, sans doute, de faire entrer en ligne de compte le reflux artériel de la fin de l'effort, phénomène inverse de l'afflux expulsif du début, et Knoll aussi retrouve cet élément sur ses tracés. Mais il ne peut être que très passager, et il doit se trouver tout aussitôt plus que compensé par l'apport considérable de sang envoyé par le cœur gauche : en sorte que la modification prédominante, à la fin de l'effort, paraît être en réalité une augmentation de pression, suivie bientôt du retour à l'état normal.

C'est ainsi que, sur les tracés de Hirschmann fournis par l'artère isolée des parties molles (fig. 89), on voit, quand l'effort cesse, la courbe sphygmographique s'élever en même temps que la courbe manométrique. HALLION et COMTE trouvent également une augmentation passagère de la pression à ce moment. A propos de la communication de ces expérimentateurs, BLOCH (B. B., 1896, 905) rappelle qu'il avait déjà antérieurement établi avec son sphygmomètre l'accroissement considérable de la pression à la fin de l'effort. Ainsi, si une pression de 600 grammes suffit à interrompre les battements de la radiale, il faudra, à la suite d'un effort un peu violent, 800 grammes pour écraser le vaisseau.

Dans les expériences d'insufflation pulmonaire, nous voyons aussi dans le plus grand nombre des cas, au moment où elle cesse, la pression artérielle s'élever très rapidement au-dessus de son niveau primitif; en même temps, la pression veineuse baisse, tout en restant souvent, pour quelques instants, à un niveau plus élevé qu'avant l'insufflation; cependant l'équilibre se rétablit assez promptement de part et d'autre.

Les pulsations artérielles se modifient aussi à la fin de l'effort; elles présentent une grande amplitude, et en même temps on voit s'ensuivre un ralentissement du cœur, tout à l'heure accéléré. Ce n'est pas seulement un retour à la fréquence normale, mais bien un ralentissement absolu.

L'afflux abondant du sang vers le cœur, le volume croissant des ondées sanguines nous expliquent l'amplitude du pouls : le ralentissement du rythme n'y est pas étranger. Ce ralentissement lui-même a été attribué par LALESQUE à un réflexe cardiaque modérateur provoqué par la surcharge du cœur. Il faut penser aussi que le centre du nerf vague réagit directement à une augmentation de la pression artérielle par un surcroît de son activité. Quoi qu'il en soit, la modification du rythme est bien d'origine nerveuse, l'expérience permet de le démontrer; car le ralentissement que l'on observe également à la suite de l'insufflation trachéale fait défaut, si l'on a donné à l'animal de l'atropine qui paralyse les pneumogastriques (LALESQUE).

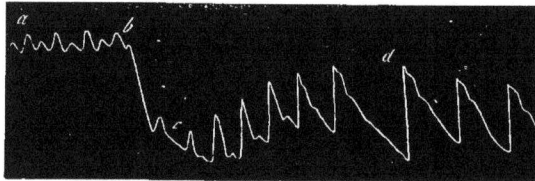

FIG. 89. — Modifications du pouls après que l'effort a cessé (d'après MAREY).

FR. FRANCK a insisté souvent (B. B., 1879; Gaz. hebdom. de méd. et de chirurgie, 1881, 501; 1882, 150) sur l'influence fâcheuse des surcharges imposées au cœur, surtout au cœur droit, par le fait de l'accumulation énorme du sang veineux à la suite d'un effort prolongé. L'organe a alors à exécuter un travail considérable. Ce qui est grave surtout, c'est la répétition des efforts à intervalles rapprochés : il faut un certain temps pour que les grandes perturbations circulatoires, occasionnées par l'effort, se réparent. Il pourrait donc se produire rapidement une dilatation pathologique du cœur.

En général, le volume des organes diminue à la fin de l'effort, réserve faite cependant des cas signalés plus haut, qui pendant l'effort même échappent à la règle. Cette diminution tient, d'une part, à ce que la congestion veineuse cesse et, d'autre part aussi, suivant MAREY, à ce que le système artériel se détend alors soudainement (voir aussi HALLION et COMTE, B. B., 1896). A cette phase de transition qui suit immédiatement l'effort correspond souvent une sensation de vertige qui serait l'indice de la brusque déplétion encéphalique (FR. FRANCK).

De l'arrêt de la circulation pendant l'effort. — Après avoir passé en revue les principales modifications circulatoires observées dans les conditions habituelles de l'effort, il nous a paru intéressant de nous arrêter sur le point qui fait l'objet du présent chapitre. Au lieu de l'accélération du cœur, l'effort peut amener une perturbation tout à fait inverse, la disparition complète des pulsations artérielles. Il ne faut pas oublier, comme viennent encore de le rappeler HALLION et COMTE (A. de P., 1896, 221), que chez certains sujets la forte dilatation du thorax et certaines contractions soutenues des muscles de l'épaule et du cou déterminent parfois, sans que le cœur cesse de battre, la suppression complète du pouls radial et du pouls totalisé des doigts : ce qui est dû à une compression des vaisseaux artériels et veineux dans la région sous-clavière. Dans de telles conditions, on pourrait attribuer au sujet examiné le pouvoir d'arrêter volontairement les battements du cœur, si l'on s'en tenait à l'exploration du pouls radial. Mais cette cause d'erreur n'existait certainement pas dans les expériences très connues de E. F. WEBER, qui le premier parut avoir étudié cette question et qui a donné à son travail le titre significatif : « Sur un moyen d'interrompre la circulation du sang et les fonctions du cœur » (Ber. d. Gesellsch. d. Wiss. Leipzig, 1850, 29). D'après des expériences faites sur lui-même, le célèbre physiologiste explique que, si dans l'effort « la pression sur le cœur devient assez forte pour faire équilibre à la pression du sang dans les veines du cou et de l'abdomen, et à plus forte raison, si elle lui est supérieure, le sang ne pourra plus pénétrer dans le cœur, ni dans la portion intra-thoracique des veines caves. La petite quantité de sang contenue dans le thorax, dans les veines caves, le cœur, les artères et les veines pulmonaires sera expulsée complètement dans l'aorte par les quelques systoles suivantes, et ensuite il ne pourra plus arriver de sang dans l'aorte ». Aussi pendant une très forte compression de la cage thoracique, le pouls devient-il instantanément très petit et disparaît entièrement après 3 à 5 pulsations.

Le résultat est si sûr, dit WEBER, que non seulement j'arrive à le reproduire en tout temps, mais que chacun pourra y réussir, s'il sait de quoi il s'agit. Il rapporte à ce sujet divers récits empruntés à des auteurs anciens pour chercher à prouver que certains cas de mort volontaire pourraient bien être dus à cette cause. Il donne aussi en détail, d'après CHEYNE, la fameuse observation du colonel Townshend, si souvent citée, mais qui n'est rien moins que démonstrative. Townshend déclare à ses médecins qu'il possède le singulier pouvoir, quand il y concentre son attention, de « mourir » et de reprendre ses sens à volonté. Le jour où il se soumet à l'expérience, il se couche sur le dos et il se passe près d'une demi-heure sans que les médecins qui l'entourent puissent constater chez lui ni mouvement du cœur ou des artères, ni mouvements respiratoires, ni signe de vie quelconque. Au moment où ils vont le quitter, le laissant pour mort, le voici qui fait quelques mouvements, puis revient à lui. Enfin il meurt le même jour, quelques heures après avoir donné ce curieux spectacle.

Nous avons analysé avec quelques détails le cas de Townshend parce qu'il est souvent invoqué comme exemple de l'influence de l'effort et de la respiration en général sur la circulation : il nous paraît bien difficile de le considérer comme tel. On ne conçoit guère un effort qui se prolonge pendant une demi-heure ; on ne s'explique pas non plus que, s'il n'a été que momentané, il ait pu pour un temps si long suspendre la circulation et la respiration. WEBER ajoute d'ailleurs qu'il a laissé à chacun le soin d'apprécier si cette observation doit figurer dans le cadre de son étude.

Néanmoins la question soulevée par WEBER vient d'être examinée de près. On comprend très bien que la pression intra-thoracique puisse être assez forte pour apporter un obstacle absolu à la pénétration du sang veineux ; les objections que P. BERT a opposées à cette manière de voir, en discutant une communication de FR. FRANCK sur ce sujet, sont d'ailleurs peu convaincantes (B. B., 1879, 152).

Il est certain aussi que, chez nombre de sujets, mais non chez tous, comme nous nous en sommes assuré par quelques expériences, les pulsations radiales cessent parfois d'être perceptibles pendant un effort violent. De même dans les expériences d'insufflation trachéale, EINBRODT a vu quelquefois la pression tomber au dixième de sa valeur normale, et s'inscrire pendant près de deux minutes, par une ligne horizontale, sans trace d'oscillations cardiaques. DE JAGER a fait des observations absolument semblables, dans les mêmes conditions, mais chez des animaux dont le thorax était ouvert : ce fait est intéressant au point de vue du mécanisme de l'effort et de l'insufflation. En effet, quand le thorax est ouvert, la pression qui s'exerce sur le poumon ne peut plus agir ni sur le cœur ni sur les gros vaisseaux : il n'y a plus à tenir compte que de ses effets sur la circulation pulmonaire. L'expérience de DE JAGER montre donc que par elle seule la compression des vaisseaux du poumon peut suspendre la circulation (J. P., VII, 213).

Mais le cœur cesse-t-il de fonctionner quand le pouls cesse d'être perceptible ou quand le tracé manométrique s'inscrit par une ligne horizontale ? WEBER n'est pas très clair sur ce point ; il note cependant que les bruits du cœur et les signes extérieurs des pulsations cardiaques ont disparu. Ewald et Kobert soutiennent que le cœur continue à battre, mais à vide, d'après leurs expériences sur les animaux. Quand chez des chiens ils exerçaient par la trachée une pression de 230 millimètres Hg, ce qui est énorme, le doigt appliqué sur la pointe du cœur par une plaie abdominale continuait à percevoir les battements du cœur. Il en était encore ainsi s'ils comprimaient fortement la poitrine en même temps qu'ils refoulaient le diaphragme par en haut.

Knoll n'est pas arrivé non plus à obtenir, par l'insufflation trachéale, l'arrêt du cœur.

Einbrodt et de Jager, dans leurs expériences citées plus haut, se sont également assurés, l'un au moyen d'épingles implantées dans les parois cardiaques, l'autre par l'examen direct, le thorax étant ouvert, que le cœur continuait à battre au moment où tout indice de pulsations avait disparu sur le tracé manométrique.

En ce qui concerne l'homme, Vierordt (cité par Einbrodt) a nié également que l'arrêt du cœur fût possible sous l'influence de l'effort.

Cependant, chez les animaux, Einbrodt l'a vu se manifester, dans certains cas, lorsqu'il distendait le poumon sous des pressions de 111, 125, 130 millimètres Hg : l'arrêt durait parfois au delà de 30″ ; parfois les battements reprenaient pendant que l'insufflation continuait, si la pression exercée n'était pas trop forte.

Est-il possible cependant, comme le soutient Weber, d'arrêter volontairement et définitivement la circulation par un effort prolongé et soutenu ? Cela paraît très difficile. L'auto-observation même de Weber le prouve, bien qu'elle soit destinée précisément à appeler l'attention sur les dangers de l'expérience.

Weber raconte qu'un jour, ayant prolongé l'effort plus longtemps que d'habitude, mais certainement moins d'une minute, il perdit connaissance. Pendant cet état les assistants observèrent en lui de faibles mouvements convulsifs de la face, et, quand il revint à lui, le souvenir de ce qui s'était passé lui avait totalement échappé. « Comme pendant cette expérience, ajoute-t-il, j'avais cessé immédiatement de comprimer le thorax, dès que j'eus ressenti les premiers symptômes de ces effets, il est vraisemblable qu'une prolongation de l'effort aurait amené des conséquences plus graves, que la vie même aurait pu être en danger. Il est donc à supposer, si toutefois on doit ajouter foi aux récits que j'ai reproduits, que le moyen employé par certaines personnes pour se donner la mort était non le simple arrêt de la respiration (comme on l'avait soutenu) « mais la compression des organes thoraciques ».

Weber croit que sa vie aurait pu être menacée s'il avait prolongé son expérience : la vérité est qu'il lui a été impossible de maintenir son effort, puisqu'il a perdu connaissance immédiatement après avoir éprouvé les premiers symptômes inquiétants. Il est probable que cela se passerait ainsi d'ordinaire : les accidents mêmes dus à un effort violent mettraient fin à la cause qui les a provoqués, et le sang veineux retrouvant alors un libre accès vers la poitrine à un moment où le cœur continue à battre, quoique à vide, la circulation se rétablirait. Il y a encore une autre condition qui atténue le danger. L'effort est tellement fatigant que bientôt la pression thoracique, comme l'ont constaté Ewald et Kobert, tombe beaucoup au-dessous de son maximum, même quand on continue à employer toute sa force à comprimer le thorax. Il est impossible à la plupart des sujets de maintenir pendant quelques minutes la pression à la moitié de la valeur maxima qu'ils peuvent atteindre normalement.

On a vu que Langlois et Ch. Richet ont aussi fait ressortir combien vite arrive la fatigue.

Ewald et Kobert soutiennent que, même si le cœur exsangue s'arrêtait momentanément, ce qu'ils nient, il ne serait pas possible de se donner la mort par la compression du thorax. « Comme les fonctions de la moelle allongée résistent beaucoup plus longtemps aux modifications chimiques ou mécaniques du sang que le cerveau, la perte de connaissance se produirait au moment où le bulbe fonctionne encore et à la cessation de l'effort le cœur reprendrait son activité, puisque le sang peut de nouveau arriver à cet organe. » C'est, il nous semble, aller trop loin. Ce n'est pas la moelle allongée qui est la source de l'activité du cœur, et si celui-ci avait suspendu totalement ses battements, il pourrait se faire, dans certain cas, qu'au moment où la perte de connaissance met fin à l'effort, le libre afflux du sang vers les cavités du cœur ne parvînt plus à réveiller l'excitabilité de cet organe.

Si donc il est vrai que l'effort puisse amener l'arrêt complet des battements du cœur, il ne faudrait pas nier catégoriquement qu'il ne puisse aussi, dans certaines circonstances exceptionnelles, déterminer la mort par arrêt de la circulation. Dans ses expériences d'insufflation, EINBRODT a quelquefois amené la mort, sous l'influence d'une pression particulièrement élevée et prolongée, chez des chiens petits et chétifs.

Du passage de l'air dans la cavité pleurale et dans le système circulatoire sous l'influence de l'effort. — EWALD et KOBERT ont signalé un fait curieux et peu connu : le poumon serait perméable à l'air pour des pressions qui ne dépassent point la valeur de celles qui peuvent être atteintes dans l'effort ou qui même leur sont inférieures. L'air peut se faire jour dans la cavité pleurale, dans le cœur et les vaisseaux sans que l'on trouve des lésions mécaniques grossières, ou même appréciables, ni du parenchyme pulmonaire ni des parois vasculaires : en d'autres termes, le poumon, les parois des vaisseaux se laisseraient traverser par l'air, à l'état d'intégrité.

On peut donc pendant l'insufflation, et souvent à son début, observer un pneumothorax ; le passage de l'air dans le cœur et les vaisseaux exige un temps plus long. On constate aussi quelquefois un emphysème sous-cutané généralisé qui a son point de départ au cou, et qui doit être attribué à la perméabilité de la trachée pour l'air comprimé, perméabilité d'ailleurs démontrée par EWALD et KOBERT.

Ces physiologistes se croient autorisés à appliquer à certains cas cliniques les résultats de leurs expériences et admettent que le pneumothorax peut se manifester quelquefois pendant l'effort en l'absence de toute lésion pulmonaire. Une observation de FRAENTZEL (ZIEMSSEN, *Handb. d. Pathol.*, IV, II, 453) peut servir de type : un jeune homme essayait de pousser devant lui un lourd tonneau sans y réussir, quand il éprouva soudainement une sensation particulière dans le thorax, de la dyspnée, et fut dans l'impossibilité de continuer son travail. Il s'était produit un pneumothorax qui guérit au bout de six semaines.

WEIL (*Arch. klin. Med.*, 1882, XXXI, 118) et surtout GALLIARD (*Le Pneumothorax*, *Biblioth.* CHARCOT-DEBOVE) ont réuni bon nombre de ces cas de pneumothorax, appelés accidentels, apparaissant brusquement chez des sujets en parfait état de santé, à la suite d'un effort. Mais, tandis qu'EWALD et KOBERT pensent que le passage de l'air peut se faire sans lésion du poumon sous l'influence d'une forte pression, que FRAENTZEL admet qu'il s'agit dans son cas de la déchirure d'un poumon jusqu'alors sain, GALLIARD ne croit pas à l'intégrité absolue du parenchyme pulmonaire avant l'accident qui a déterminé le pneumothorax : ces sujets seraient des emphysémateux latents. L'assertion de GALLIARD nous paraît trop absolue.

Non moins intéressants sont les cas, rares il est vrai, de mort subite pendant l'effort chez des sujets à l'autopsie desquels on n'a trouvé que de l'air dans le cœur et les vaisseaux. EWALD et KOBERT, COUTY (*D. P.*, 1875, 127) signalent quelques faits de pneumatose vasculaire survenus à la suite d'efforts respiratoires. Ce dernier invoque aussi à ce sujet l'autorité de CL. BERNARD qui mentionne le passage direct de l'air dans le ventricule gauche après des efforts considérables faits pour respirer (*Anesthésiques et asphyxie*, 1875, 346).

Bien que CL. BERNARD incrimine surtout l'effort inspiratoire, il rappelle cependant les expériences de TROJA, qui avait remarqué que, si l'on insuffle fortement de l'air dans la trachée au moyen d'un soufflet, cet air pénètre en nature dans le sang de la veine pulmonaire. EWALD et KOBERT ont déterminé les voies par lesquelles les gaz passent dans les voies circulatoires.

Il est à remarquer que, d'après leurs expériences, la pression nécessaire pour amener l'air soit dans la cavité pleurale, soit dans les vaisseaux s'est trouvée notablement inférieure à la pression expiratoire maxima que l'animal pouvait développer et qui avait été préalablement déterminée. Alors que celle-ci atteint chez le chien, comme il a été dit, de 50 à 90 millimètres Hg, il suffirait d'une pression de 35 millimètres Hg pour produire le pneumothorax et la pneumatose vasculaire.

Comment se fait-il donc, se demandent EWALD et KOBERT, que ces effets fâcheux ne se produisent pas à chaque quinte de toux, à chaque effort. C'est, disent-ils, parce que la durée de la pression dangereuse est trop courte, et que, même dans l'effort prolongé, la pression maxima ne se soutient pas longtemps.

Cependant ces physiologistes admettent que, chaque fois que la pression positive thoracique s'élève, même passagèrement, à une certaine valeur, il y a une certaine quantité d'air qui passe dans la cavité pleurale et même dans les vaisseaux, mais trop faible pour être nuisible.

Dans les efforts violents, le passage de l'air se manifesterait parfois par des indices particuliers : et l'on devrait rapporter à un pneumothorax, en quelque sorte fugace, les douleurs thoraciques assez vives qui suivent quelquefois l'effort et qui se prolongent pendant plusieurs heures. Si la proportion d'air est encore plus grande, alors se constitue un pneumothorax vrai plus ou moins durable, et enfin le passage de l'air dans les vaisseaux serait l'accident le plus grave de la série. EWALD et KOBERT ne sont pas éloignés de croire que les cas de mort volontaire et subite dont parle WEBER sont dus à cette dernière cause. Il ne leur paraît pas douteux, d'ailleurs, qu'on ne puisse arriver à se donner la mort par un effort expiratoire suffisamment violent et prolongé pour chasser de l'air dans la cavité pleurale et le système vasculaire.

Épreuve de Valsalva. — Il ne reste plus à signaler que l'influence de l'effort sur l'aération de la caisse du tympan. Les otologistes ont souvent recours à l'épreuve ou expérience de VALSALVA pour amener le passage de l'air de la cavité naso-pharyngienne vers l'oreille moyenne par l'intermédiaire de la trompe d'EUSTACHE. Après une profonde inspiration, le sujet ferme hermétiquement la bouche et les narines et fait un mouvement d'expiration forcée.

L'air ainsi comprimé dans les voies respiratoires supérieures vient distendre la cavité tympanique, à la condition que la trompe d'EUSTACHE soit libre; c'est donc un moyen de s'assurer de la perméabilité de ce conduit. Cette pénétration se fait toujours brusquement : la pression nécessaire est de 20 à 30 millimètres Hg d'après HARTMANN (cité d'après HENSEN H. H. III, (2), 56). Cependant le procédé n'est pas rigoureux, en ce sens que, même dans certains cas où la trompe est parfaitement libre, l'air n'y pénètre pas dans la caisse.

Les actes respiratoires qui constituent l'effort sont sous la dépendance des centres bulbo-médullaires qui régissent les mouvements correspondants. On a montré que la coopération des muscles de la paroi thoraco-abdominale peut dans certaines circonstances s'opérer sans le concours du bulbe (Voyez art. Bulbe, 330). CL. BERNARD a insisté sur le rôle important joué par le nerf spinal dans ce qu'il a appelé la respiration complexe, l'effort, le chant. L'exposé de ce côté de la question trouvera mieux sa place à l'article consacré à ce nerf.

Accidents qui peuvent se produire pendant l'effort. — On peut, en modifiant quelque peu la classification qu'en a donnée LE DENTU, les ranger sous trois chefs : les uns affectent les muscles qui entrent en jeu et se produisent directement sous l'influence des violentes contractions musculaires; les autres sont la conséquence immédiate de l'augmentation de pression dans l'abdomen, le thorax et les cavités annexes des voies respiratoires; la troisième classe comprend les troubles survenus dans la circulation.

Dans la première catégorie, il suffira de citer les ruptures musculaires et tendineuses, les fractures, luxations, entorses, etc. (JARJAVAY, Th. agrég., Paris, 1847).

Parmi les accidents de la deuxième classe, mentionnons : 1° du côté de l'abdomen les diverses variétés de hernies, développées parfois brusquement, d'autres fois à la suite d'efforts répétés, les étranglements herniaires, et même les ruptures de l'intestin; 2° du côté de l'appareil génito-urinaire, les nombreuses lésions qui peuvent se produire pendant l'accouchement; 3° du côté du poumon, le pneumothorax dont nous avons déjà discuté le mécanisme, et les hernies du poumon, accident rare, mais dont le mode de production a été l'occasion de controverses classiques entre MOREL-LAVALLÉE et J. CLOQUET (Voir LE DENTU). Nous rangerons encore ici la rupture du sac lacrymal et l'emphysème consécutif, les déchirures de la membrane du tympan, que peut occasionner l'augmentation de pression de l'air dans les fosses nasales, et dans la cavité naso-pharyngienne pendant le moucher ou pendant les violentes quintes de toux.

Enfin, les accidents liés aux modifications de la tension du sang dans les vaisseaux sont fréquents : hémorrhagies cérébrale ou pulmonaire, etc., rupture d'artères athéromateuses, d'un anévrysme. FR. FRANCK a fait observer que, pendant l'effort, le danger est surtout du côté des artères, tandis qu'à la fin de l'effort il se reporte surtout sur le cœur droit et les vaisseaux pulmonaires, à cause de la surcharge qui leur est alors imposée. Il faut ajouter cependant que ce n'est pas pendant toute la durée de l'effort que les artères sont exposées; elles le sont particulièrement tout au début de cet acte, pour des raisons qui ont été suffisamment développées; de plus, elles le sont encore immédiatement à la fin de l'effort, puisqu'à ce moment la pression artérielle subit une ascension brusque et très marquée, au-dessus de son niveau primitif; elles sont cependant moins en danger qu'au début, parce que, quand l'effort cesse, la stase veineuse ne vient plus combiner son action à celle du renforcement de l'action impulsive exercée sur les artères.

E. WERTHEIMER.

ÉJACULATION. — On désigne ainsi la fonction qui préside à l'émission du sperme. A l'état physiologique, l'éjaculation se produit à la suite des frottements du pénis contre les parois vaginales. Ces frottements déterminent une succession d'impressions qui, transmises à la moelle épinière, provoquent par voie réflexe des contractions involontaires et spasmodiques du canal déférent et des vésicules séminales. Le produit des testicules est ainsi déversé dans le canal de l'urèthre. Simultanément plusieurs glandes annexes (prostate, glandes bulbo-uréthrales) expulsent leur contenu qui se mélange au produit testiculaire. L'humeur complexe qui résulte de ce mélange est enfin expulsée par jets saccadés, grâce aux contractions rythmiques des muscles bulbo-ischio-caverneux et des autres muscles du périnée. L'ensemble de ces actes est compris sous le nom d'*éjaculation*. Mais, outre ces phénomènes locaux, l'éjaculation s'accompagne d'une excitation générale qui se traduit par les phénomènes de l'effort et un sentiment indéfinissable désigné sous le nom de volupté.

L'énumération des divers actes qui précèdent et accompagnent l'éjaculation montre combien cette fonction est complexe. L'étude des animaux inférieurs nous renseigne sur la cause première de l'éjaculation et nous prouve que les excitations des organes génitaux externes ne jouent qu'un rôle secondaire.

Les phénomènes essentiels de l'éjaculation s'observent sur les animaux qui sont privés d'organes de copulation et qui répandent le sperme dans l'eau : le mâle, chez beaucoup de poissons, attiré probablement par l'odeur de la femelle ou des œufs, présente le spectacle d'une excitation générale qui le porte à arroser de sa laitance les œufs répandus par la femelle. D'autres fois, comme c'est le cas des grenouilles et des crapauds, le mâle va à la recherche de la femelle, se cramponne sur son dos et, à mesure que celle-ci pond les œufs, il éjacule sa semence directement dans l'eau. Chez les Vertébrés supérieurs, le mâle est pourvu d'un appareil qu'il introduit dans les organes génitaux femelles et l'éjaculation du liquide fécondant s'effectue dans l'intérieur des organes génitaux femelles. Ici le liquide éjaculé est fort complexe; il résulte, en effet, du mélange du produit testiculaire et de l'humeur de plusieurs glandes accessoires. Ces diverses [humeurs versées dans l'urèthre et expulsées constituent le sperme éjaculé.

Pour comprendre l'éjaculation, il est nécessaire de saisir le mécanisme et le rôle de ces diverses parties.

A. Rôle des voies d'excrétion et des glandes accessoires. — L'appareil excréteur du testicule se compose des vaisseaux efférents, des cônes vasculaires, de l'épididyme, du canal déférent, des vésicules séminales et des conduits éjaculateurs (fig. 90).

Ces divers conduits sont formés : 1° d'une tunique musculeuse; 2° d'une muqueuse. Dès l'origine, les vaisseaux efférents sont pourvus d'une tunique musculaire lisse, composée d'un plan circulaire et d'un plan longitudinal (fig. 91). Le canal déférent comprend trois couches de fibres musculaires, une circulaire entre deux longitudinales; les fibres musculaires lisses atteignent une épaisseur de plus d'un millimètre dans le canal déférent, dont la paroi ne dépasse guère 1^{mm},3. La tunique musculeuse se poursuit jusque dans les vésicules séminales (fig. 92) et les conduits éjaculateurs, bien que la couche longitudinale *interne* disparaisse dans la portion pelvienne des voies d'excrétion du sperme.

La muqueuse varie également de structure dans les divers segments : dans les vaisseaux efférents, dans les cônes vasculaires et dans la première portion du canal de l'épididyme, l'épithélium *simple* est à cils vibratiles. Plus loin, et jusqu'à la portion ampullaire du canal déférent, c'est un épithélium à deux ou plusieurs assises, sans cils vibratiles, qui repose sur un chorion conjonctivo-élastique très vasculaire. Dans la portion ampullaire et les vésicules séminales, l'épithélium se réduit de nouveau à une seule assise de cellules cylindriques, mais sans cils vibratiles.

A l'endroit où débouchent les canaux éjaculateurs (réunion du canal déférent et du conduit excréteur des vésicules séminales) un appareil glandulaire, la *prostate*, est annexée à l'urèthre masculin.

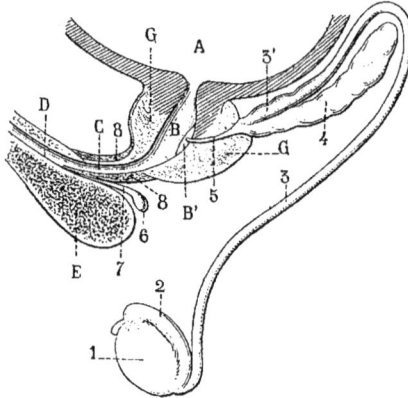

Fig. 90. — *Schéma des organes génitaux musculaires.*

1, testicule (gauche). — 2, épididyme. — 3, 3' canal déférent. — 4, vésicule séminale. — 5, canal éjaculateur. — 6, glande de Mréy avec son canal excréteur (7,. — 8, orbiculaire de l'urèthre (fibres striées).

A, vessie. — B, urèthre prostatique. — B', verumontanum. — C, urèthre membraneux. — D, urèthre bulbaire. — E, bulbe — G, G, prostate.

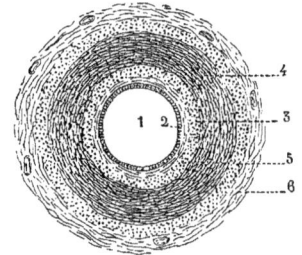

Fig. 91. — *Coupe du canal déférent* (schématique).

1, lumière du canal. — 2, épithélium. — 3, couche *interne* de fibres musculaires lisses (à trajet longitudinal). — 4, couche *moyenne* (fibres musculaires circulaires). — 5, couche *externe* (fibres musculaires longitudinales). — 6, tunique adventice (tissu conjonctif lâche).

La *prostate* est essentiellement un organe glandulaire, dont la trame conjonctivo-élastique est riche en fibres musculaires (fig. 93). Elle est composée de lobules ou glandules, dont les conduits restent distincts, et débouchent, au nombre de 15 à 30, sur les

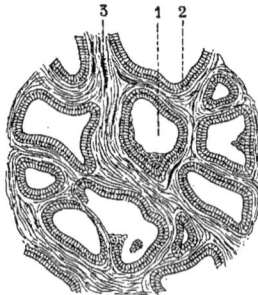

Fig. 92. — *Coupe des vésicules séminales.*

1, cavité des vésicules. — 2, épithélium. — 3, cloisons conjonctives avec fibres musculaires lisses.

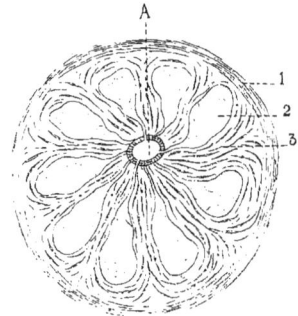

Fig. 93. — *Coupe de la prostate* (schématique). A, urèthre. — 1. tunique externe (fibres musculaires striées en avant et sur les côtés). — 2, tubes glandulaires. — 3, fibres musculaires lisses de la trame.

côtés de la crête uréthrale ou verumontanum. G. Walker fait remarquer que le produit de sécrétion est déversé aux points où aboutissent les conduits éjaculateurs. Dans l'intérieur de la prostate, chaque lobule ou glandule est entouré d'une couche longitudinale et circulaire de muscles lisses dont la contraction expulse vivement et énergiquement l'humeur prostatique. Les fibres musculaires lisses qui entrent dans la composition de la trame prostatique sont abondantes : elles constituent chez le chien 1/7 de la masse totale de l'organe, et chez l'homme, 1/4 environ des éléments de la prostate.

A partir de la prostate jusqu'à la portion libre de la verge, l'urèthre comprend, outre la membrane muqueuse et la musculeuse lisse, une tunique de fibres *striées*. Au niveau de la prostate, la tunique striée n'entoure que les faces antérieure et latérales de l'urèthre; elle porte le nom de *sphincter externe* de HENLE ou de *muscle prostatique* de SAPPEY. Elle est formée de deux plans de fibres striées, l'un, périphérique, comprenant des fibres à direction circulaire et l'autre, interne, plus mince de fibres longitudinales.

Les fibres circulaires entourent les parois antérieure et latérale, et leurs extrémités se perdent sur le pourtour des lobules les plus antérieurs de la prostate.

Selon WALKER, la contraction des fibres longitudinales du muscle prostatique a pour effet d'élargir l'urèthre prostatique. La contraction des fibres circulaires chasse le sperme dans l'urèthre membraneux, d'où l'orbiculaire le projette dans l'urèthre spongieux. Les muscles bulbo et ischio-caverneux le poussent enfin vers le méat et l'expulsent.

Au muscle prostatique fait suite un anneau complet de fibres *striées* qui entoure l'urèthre membraneux (*muscle orbiculaire* de l'urèthre) (fig. 90, 8). Enfin la tunique striée se décompose dans la région du bulbe uréthral : 1° en faisceaux *profonds* (circulaires et transverses qui entourent les· glandes de MÉRY); 2° en faisceaux superficiels (à direction transverse et antéro-postérieure, transverses superficiels et bulbo-caverneux). Mentionnons encore le *crémaster*, dont les contractions élèvent le testicule et le rapprochent du canal inguinal.

Dans la portion ampullaire du canal déférent, les diverticules de la muqueuse sécrètent et renferment souvent une masse muqueuse.

Les vésicules séminales varient énormément de taille : petites chez le chien, elles sont énormes chez le cobaye. Le liquide, ou plutôt l'humeur, est souvent épais, d'aspect gélatineux ou laiteux. L'humeur *prostatique* est blanchâtre ou jaunâtre chez le chien, renferme souvent des concrétions à couches concentriques. C'est ce liquide qui donne au sperme éjaculé l'odeur caractéristique, dite à tort spermatique.

Citons enfin plusieurs autres glandes annexées à l'urèthre spongieux et versant leur produit de sécrétion lors de l'éjaculation.

A l'endroit où l'urèthre traverse le périnée, on trouve une glande paire, grosse comme une petite fraise, la glande de MÉRY (1684), appelée à tort glande de COWPER l'anatomiste anglais ne l'a signalée qu'en 1703. Les conduits excréteurs, longs de 5 centimètres, vont s'ouvrir en avant dans la portion bulbeuse de l'urèthre (fig. 90, 6 et 7). De structure analogue aux glandes précédentes, les glandes de MÉRY sont, de plus, logées dans la tunique striée de l'urèthre. Il ne faut pas oublier les nombreuses et petites glandes uréthrales proprement dites qui s'ouvrent dans la portion spongieuse de l'urèthre.

Les fibres musculaires lisses et striées des divers organes d'excrétion du sperme ont pour but évident d'assurer une évacuation rapide et simultanée des humeurs élaborées dans les glandes de l'appareil génital.

C'est par la *vis a tergo* que le produit séminal est expulsé des testicules : les cils vibratiles des vaisseaux efférents, des cônes vasculaires et du canal de l'épididyme le font cheminer jusque dans le canal déférent. Les mouvements péristaltiques de ce dernier le poussent jusque dans les vésicules séminales.

Les vésicules séminales, en dehors de leur rôle glandulaire ou sécrétoire, remplissent, en outre, dans beaucoup d'espèces animales, l'homme y compris, la fonction d'un réservoir spermatique. Des considérations morphologiques et physiologiques permettent d'affirmer ce double attribut des vésicules séminales.

Tandis que, chez le bœuf, les vésicules séminales ne dépassent pas 7 à 8 centimètres, celles du taureau atteignent une longueur de 24 centimètres; chez le premier, c'est la trame conjonctive qui l'emporte sur l'élément épithélial : chez le second, c'est l'inverse. Les mêmes différences s'observent sur le cheval hongre comparé à l'étalon, sur le cobaye châtré vis-à-vis du cobaye entier. LODE, à qui j'emprunte ces faits, a montré de plus que l'ablation d'un seul testicule ne modifie ni la quantité ni la nature de la sécrétion dans la vésicule séminale du côté correspondant.

Les vésicules séminales sont loin d'avoir la même valeur morphologique chez les divers mammifères. Chez les Rongeurs, elles sont indépendantes du canal déférent, puisqu'elles s'ouvrent séparément, et à côté de ce canal, dans le conduit, ou sinus uro-génital. Comme l'ont montré les recherches de LEUCKART et de LATASTE sur le cobaye et d'autres espèces voisines, le produit des vésicules séminales est versé dans le vagin à la suite du sperme et constitue un *bouchon* qui empêche l'écoulement du liquide spermatique. Les vésicules séminales restent petites dans d'autres espèces (chien) et représentent de simples diverticules de la portion ampullaire du canal déférent.

Chez l'homme, enfin, les vésicules séminales acquièrent une certaine indépendance, mais le conduit excréteur de chacune d'elles débouche dans le canal déférent correspondant pour constituer le conduit *éjaculateur*. Aussi trouve-t-on normalement du sperme dans les vésicules séminales. Si, sur l'adulte, on comprime les vésicules séminales par voie rectale, on parvient presque toujours à faire passer des spermatozoïdes dans l'urèthre. REDFISCH a obtenu par cette méthode des résultats positifs sur cinquante personnes, soit bien portantes, soit affectées de troubles des voies urinaires.

B. Influence du système nerveux. Centre d'éjaculation. — C'est au niveau de la moelle lombaire que se trouve le centre nerveux qui préside à l'éjaculation. Chez le lapin, par exemple, le centre génito-spinal correspond à la 4e vertèbre lombaire. Les impressions sensibles y sont conduites surtout par les fibres centripètes contenues dans le nerf *dorsal* du pénis.

De bonne heure, les histologistes découvrirent dans les parties génitales certains corpuscules où se terminent les nerfs sensitifs, et W. KRAUSE attribua à ces organes terminaux les sensations spéciales, dites voluptueuses; d'où le nom de *Wollust-Körperchen*. Mais des recherches plus précises ont montré que les nerfs se terminent dans les organes génitaux comme partout ailleurs : 1° dans des corpuscules constitués par des lamelles concentriques du tissu conjonctif et rappelant les corpuscules de *Vater-Pacini;* ils se trouvent dans le tissu sous-dermique ; 2° dans les corpuscules du tact ou de MEISSNER, situés dans le corps des papilles dermiques ; 3° dans les intervalles des cellules épithéliales.

Les organes génitaux ne diffèrent pas à cet égard des autres régions; ce qui les distingue, c'est l'abondance des ramifications nerveuses dont les arborisations terminales s'épanouissent et se superposant, dans les divers plans qui se succèdent de la profondeur vers la surface. Cette disposition, jointe à la turgescence des tissus lors de l'érection, semble éminemment favorable non seulement pour recueillir les impressions périphériques, mais encore pour en assurer la transmission intégrale.

Les fibres motrices ou centrifuges suivent la voie des nerfs lombaires ou sacrés; celles qui vont aux canaux déférents passent par les racines des 4e et 5e lombaires, gagnent le cordon du sympathique, et de là arrivent au canal déférent. Quelques-unes de ces fibres destinées au bulbo-caverneux passent par les 3e et 4e nerfs sacrés (nerf périnéal). Ces fibres amènent des contractions dans le bulbo-caverneux, de façon à produire la projection du sperme, à mesure que ce dernier arrive dans l'urèthre. Du centre génito-spinal partent aussi des fibres allant à la vessie, au rectum; les fibres qui vont au crémaster suivent le lombo-inguinal.

Par l'excitation électrique, KOELLIKER et VIRCHOW ont provoqué sur le canal déférent de suppliciés une série de contractions péristaltiques, analogues à celles que BUDGE et LOEB ont déterminées sur le lapin. Sur l'animal vivant, il suffit de faire passer un courant galvanique sur le canal déférent ou l'épididyme pour produire un écoulement de sperme (FICK).

Dans l'espèce humaine, les sensations déterminées par les glandes génitales peuvent, d'ordinaire à l'état de veille, être dominées et réprimées par la raison ou la volonté. Mais, quand elles reviennent pendant le sommeil, elles déterminent des rêves et des images qui sont le point de départ d'érections et d'éjaculations (pollutions nocturnes). Il est certain que la chaleur du lit, la réplétion de l'estomac, du rectum et de la vessie, le décubitus dorsal, favorisent la congestion des organes génito-urinaires; mais la continence suffit pour faciliter pendant le sommeil, dans les canaux déférents et les vésicules séminales, les actes réflexes qui entraînent l'éjaculation. Ces pollutions nocturnes sont accompagnées de spasme et de sensations voluptueuses.

A l'*état de veille*, l'éjaculation peut encore survenir chez l'homme sous l'influence d'excitations sensorielles indirectes (baiser, contact), sans qu'il y ait coït proprement dit. Une très longue continence, une surexcitation très grande à la suite d'impressions sensorielles ou d'images érotiques, sont les causes qui déterminent le plus habituellement une évacuation brusque du contenu des voies spermatiques. Mais communément, une fois que l'érection est plus ou moins complète, le pénis peut pénétrer dans le canal vulvo-vaginal de la femme. Pour multiplier les impressions et les perceptions sensitives qui résultent de cette intromission, l'homme se met à exécuter des mouvements de frottement de l'organe mâle contre la paroi vulvo-vaginale. Aux excitations tactiles du pénis se surajoutent les excitations sensorielles, telles que le contact, la vue, etc., qui non seulement mettent en jeu le centre génito-spinal, mais réagissent sur l'ensemble du système cérébro-rachidien. Alors se manifestent des phénomènes généraux et locaux.

« D'une part, survient une rapide sensation particulière, indéfinissable, souvent avec une sorte d'anéantissement ou de concentration mentale, sentiment de chaleur le long de la nuque et de la colonne vertébrale, contractions involontaires trémulantes ou même convulsives des muscles du tronc et des membres, ou du frissonnement, contraction ou spasme des muscles des mâchoires ou même grincement des dents, mouvements respiratoires courts et répétés avec ou sans cris et accélération du pouls.

« En même temps, les mouvements de propulsion par le bassin, de la verge maintenue plus ou moins profondément dans le vagin, s'accélèrent en devenant moins étendus; puis survient, par acte réflexe, la contraction des voies d'excrétion du sperme et des muscles du périnée. Ce fait amène la projection du liquide et la terminaison du coït par une courte sensation plus ou moins vive et spéciale de chaleur due au déversement et au passage du sperme dans l'urèthre. Cette sensation, suivant les états de sensibilité ou de congestion des organes, peut acquérir une intensité presque ou réellement douloureuse parfois, avec ou sans collapsus syncopal consécutif. Par la rapidité avec laquelle cette sensation suit celle du plus haut degré de l'orgasme vénérien, elle ne fait qu'un en quelque sorte avec celui-ci dans les centres nerveux de perception. Toutefois, elle en est distincte; elle s'y ajoute et le renforce. Sa différence est rendue manifeste par la comparaison des sensations qui causent les rapprochements sexuels normaux avec celles du coït accompli jusqu'à production de l'orgasme final avant l'âge de la puberté, c'est-à-dire sans éjaculation (Ch. Robin). »

Les phénomènes *locaux* se réduisent essentiellement à des contractions musculaires. La contraction du sphincter vésical oblitère l'entrée de la vessie; il est possible qu'il y ait congestion de cette portion de la muqueuse, ce qui expliquerait la difficulté sinon l'impossibilité de la miction pendant l'érection et l'impossibilité absolue de cet acte pendant l'éjaculation. Le crémaster, le dartos et les tuniques musculeuses se contractent, et ce mouvement péristaltique, gagnant successivement les canaux déférents, sur les vésicules séminales et la prostate, déverse le sperme et les liquides accessoires dans l'urèthre. A la suite des contractions des muscles lisses, les muscles striés du périnée et de l'urèthre entrent en jeu.

Le sphincter externe de l'anus se contracte énergiquement, ainsi que le releveur de l'anus « qui, en ramenant brusquement et énergiquement en haut le sphincter et la portion correspondante du rectum, concourt à comprimer les vésicules séminales contre la masse organique représentée par la portion inférieure de la vessie » (Ch. Robin). Le sperme, déversé dans la région prostatique, est poussé en avant et projeté au dehors par les contractions énergiques du sphincter prostatique, du muscle orbiculaire de l'urèthre, et des muscles bulbo-caverneux.

Chez les divers mammifères, les phénomènes généraux sont les mêmes : pendant que durent les secousses et sensations voluptueuses, le mâle semble avoir perdu conscience. On a beau le frapper et le piquer, il ne réagit pas et reste comme insensible à la douleur.

A cette suractivité et à ces commotions voluptueuses succèdent, chez l'homme, ainsi que chez la plupart des mammifères, un état d'affaissement très prononcé. *Post coïtum animal triste.*

1° **Phénomènes locaux.** — L'érection précède-t-elle nécessairement l'éjaculation?

En frottant doucement la peau qui recouvre le pénis d'un hérisson en rut, Valentin a vu se produire des contractions dans les vésicules séminales.

Il est probable que cette éjaculation était précédée d'érection, mais le réflexe de l'éjaculation semble indépendant de celui de l'érection. Nous avons déjà noté que, dans les cas de grande surexcitation, l'éjaculation se produit sans érection préalable.

Par une expérience très intéressante, Spina a pu dissocier les deux phénomènes sur le cobaye. Après avoir pratiqué la trachéotomie sur un cobaye, il sectionne la moelle à sa jonction avec le bulbe puis établit la respiration artificielle. Alors il introduit rapidement dans le canal vertébral une sonde qui, dès qu'elle atteint la moelle lombaire, détermine une éjaculation sans érection préalable du pénis qui se montre à peine plus volumineux qu'à l'état de repos. L'irritation de la moelle lombaire suffit, par conséquent, pour faire contracter et vider les vésicules séminales et le canal déférent.

Une autre question se pose. Chez les Vertébrés inférieurs (poissons, batraciens), les spermatozoïdes et l'ovule sont émis au dehors, vivent quelque temps dans l'eau, s'y rencontrent et se fusionnent dans le milieu extérieur. Chez les Vertébrés supérieurs (reptiles, oiseaux, mammifères), les spermatozoïdes sont versés dans les voies génitales femelles, et l'on se demande si c'est le mâle ou la femelle qui fournit le liquide (milieu intérieur) permettant à ces éléments de conserver pendant quelque temps leur vitalité.

Ce liquide paraît être fourni par les glandes qui sont annexées aux voies génitales et dont le produit de sécrétion se mélange aux spermatozoïdes au moment de l'éjaculation, l'observation directe prouve que le sperme pris dans le testicule ou le canal déférent ne montre que des spermatozoïdes immobiles, même quand on se place dans les meilleures conditions de température. Les spermatozoïdes qu'on trouve dans le canal déférent ne sont animés de mouvements que s'ils sont mélangés au liquide sécrété par les cellules épithéliales de ce conduit. Si l'on mélange du sperme pris dans le testicule, l'épididyme ou le canal déférent avec l'humeur prostatique, les spermatozoïdes exécutent des mouvements pendant un temps fort long.

La prostate servirait ainsi essentiellement à fournir un milieu ou véhicule propre à assurer les mouvements des spermatozoïdes. On sait que c'est là une condition nécessaire pour les rendre aptes à féconder l'ovule.

Telles sont les conclusions probables que légitime l'examen du sperme pris dans les divers segments des conduits excréteurs. Elles ne précisent guère les fonctions des glandes accessoires. Les vésicules séminales joueraient, nous l'avons vu pour certaines espèces, le rôle de réservoir spermatique. C'est ainsi que, d'après Misuraca, on retrouve, au bout de vingt jours, des spermatozoïdes chez les cobayes après l'extirpation des testicules, parce que les vésicules séminales en auraient conservé. Cinq à sept jours après la castration, les chiens et les chats, où les vésicules séminales font défaut, n'ont plus de spermatozoïdes.

En enlevant l'un des testicules, Lode n'a pas vu survenir chez le cobaye d'atrophie dans la vésicule séminale du côté correspondant. Camus et Gley ne peuvent pas davantage conclure de leurs expériences « si les glandes séminales sont absolument indispensables ou seulement utiles à la fonction de la reproduction ».

Peut-il y avoir fécondation sans que les spermatozoïdes soient mélangés aux produits des vésicules séminales ou de la prostate?

Steinbach extirpa les vésicules séminales aux rats blancs. Les femelles couvertes par ces rats sans vésicules séminales furent fécondées et mirent au monde des jeunes bien constitués.

Ces expériences sont loin de résoudre la question, puisque le liquide prostatique peut suffire à assurer la vitalité des spermatozoïdes.

Les expériences de Redfisch ne sont pas plus concluantes. Ce physiologiste prit sur le lapin le sperme dans l'épididyme même, et le porta dans le vagin de la lapine. Il répéta cette manœuvre sur neuf lapines, mais il n'obtint que des résultats négatifs, en ce sens qu'il n'arriva pas à féconder une seule lapine.

En procédant un peu différemment, Ivanoff réussit à féconder des femelles avec du sperme testiculaire. Après avoir recueilli le sperme dans l'épididyme, il le mélangea (à la température de 38°), avant de l'injecter, à une solution de carbonate de soude à 0,5 p. 100.

En pratiquant l'injection de ce sperme additionné de carbonate de soude dans le vagin des femelles en rut (lapin, cobaye, chien), Ivanoff eut des résultats positifs : les femelles furent fécondées et mirent bas des petits vivants et bien constitués Je transcris les conclusions de ce physiologiste : « Les produits de la sécrétion de la prostate et des vésicules séminales ne sont pas d'une nécessité absolue pour la réussite de la fécondation... Ils présentent pour le sperme un milieu dilué, qui, en augmentant la masse de l'élément fécondant du mâle, par cela même assure son passage à travers le trajet génital, relativement très long... »

2° **Phénomènes généraux.** — L'éjaculation est-elle un besoin?

Chez l'animal et l'homme *adultes*, les testicules et les glandes accessoires fonctionnent incessamment, de telle sorte que ces divers organes finissent par être remplis des produits de sécrétion. Cette réplétion des voies sexuelles retentit sur tout l'organisme et suscite les réflexes et les désirs spéciaux qui constituent le *besoin* ou *instinct génésique*.

Par la raison et les idées morales, l'homme civilisé arrive à modérer et réprimer dans une certaine mesure cet instinct; mais les pollutions nocturnes qui se produisent de temps à autre sont la preuve indiscutable qu'on ne saurait l'abolir, à moins de supprimer les glandes sexuelles. Il est certain que le travail musculaire et les efforts intellectuels diminuent chez quelques-uns cet instinct. On cite des hommes supérieurs, tels par exemple, NEWTON, qui l'auraient ignoré. Mais, pour le commun des adultes, la satisfaction du sens génésique constitue un besoin. Certaines manifestations qu'on observe chez les mammifères, domestiques ou sauvages, parlent dans le même sens.

« Chez quelques animaux, notamment le taureau, il y a des érections périodiques accompagnées d'éjaculations, en dehors des rapprochements sexuels. Ceux des ruminants qui n'ont pas de saillies à effectuer éprouvent ordinairement le matin, lorsqu'ils se réveillent, et après l'expulsion des fèces, des contractions des muscles péniens, suivies de la projection de la verge hors du fourreau et de l'émission d'une certaine quantité de fluide prostatique et de sperme.

« Enfin, il arrive quelquefois que les animaux, pressés par les besoins qu'ils ne peuvent librement satisfaire, se livrent avec fureur à la masturbation, ainsi qu'on le voit assez fréquemment chez les singes, les chiens, le bouc, et même, dit-on, chez le cheval (COLIN). » On a fait des observations analogues sur les animaux sauvages enfermés et gardés dans les ménageries.

Éjaculation dans le sexe femelle. — Si l'on réduit l'éjaculation à l'excrétion de l'élément mâle, c'est-à-dire du sperme, on est obligé de nier l'éjaculation de la femme. L'acte homologue à l'éjaculation du mâle correspond, en effet, à la chute et à la ponte de l'ovule.

Il en va tout autrement si l'on considère les manifestations locales et générales qui accompagnent l'éréthisme sexuel.

Chez les femelles, le clitoris et les bulbes du vagin éprouvent une érection véritable à l'époque du rut. « Le doigt introduit dans le vagin d'une chienne en folie, dit KOBELT (*loc. cit.*, 108), avant l'approche du mâle sent un corps résistant qui n'est autre chose que le clitoris, raide et libre, sorti de son fourreau et faisant saillie dans le canal du vestibule. Chez une jument en chaleur, les grandes lèvres se retroussent, et on voit le clitoris, érigé et à découvert, exécuter des mouvements brusques en dedans vers le centre du vestibule. On appelle cela le *clignement*, c'est-à-dire une occlusion et un redressement convulsif des bords du vagin en même temps qu'on voit l'érection du clitoris et son élévation. »

« Dans l'expérience que nous venons de citer, lorsque le doigt introduit avec précaution presse brusquement sur le gland du clitoris en érection, on sent tout à coup dans la sphère d'action du *constrictor cunni* un resserrement des deux bulbes gonflés, un mouvement d'élévation et de compression du clitoris, toujours raide; en même temps que l'animal palpite par secousses et fait voir qu'il est sous l'impression de la sensation « voluptueuse ».

L'observation directe des femelles d'animaux a établi que les mouvements réflexes s'étendent à l'ensemble des organes internes. Un mouvement péristaltique, qui débute dans les trompes, descend sur l'utérus et provoque l'excrétion d'un peu de mucus qui pénètre dans le vagin. A ces mouvements s'ajoutent les contractions rythmiques de la paroi vaginale, du constricteur du vestibule, de l'ischio-clitoridien, du sphincter externe et du releveur de l'anus. L'évacuation des glandes de BARTHOLIN se produit en même temps.

Ces spasmes du canal vulvo-vaginal nous expliquent comment les femelles, après

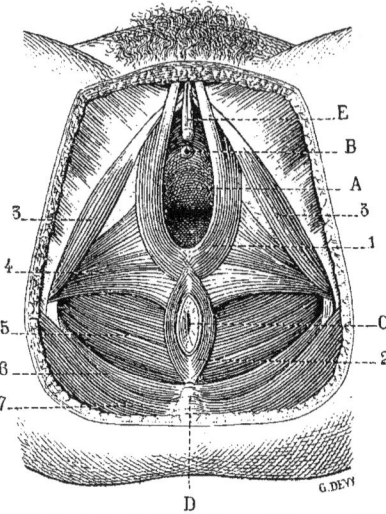

Fig. 94. — *Muscles du périnée (femme)* vus par la face superficielle.
A, vagin. — B, urèthre. — C, anus. — D, coccyx. — E, clitoris. — 1, constricteur vaginal. — 2, sphincter anal. — 3, ischio-caverneux. — 4, transverse. — 5, releveur anal. — 6, ischio-coccygien. — 7, grand fessier.

l'accouplement, rejettent souvent une grande partie du fluide que ces animaux ont reçu. Pour Colin, ce seraient les femelles qui sont restées à peu près passives pendant l'accouplement, celles qui ont cherché à se soustraire aux étreintes du mâle ou qui ont souffert en gémissant les caresses de ce dernier. L'opinion d'Ellenberger me semble mieux fondée; il met la réjection de cette nature sur le compte de l'éréthisme général, qui amène des contractions spasmodiques des muscles du périnée et du canal génital.

En ce qui concerne l'*espèce humaine*, la femme éprouve-t-elle les mêmes excitations, les mêmes réflexes et des sensations voluptueuses comparables à ce qu'on voit sur les femelles d'animaux ou sur le type masculin?

L'appareil génital externe de la femme est construit sur le même type que l'appareil masculin. Le clitoris correspond au pénis, et, bien que le gland du clitoris ne soit que faiblement érectile, il reçoit des nerfs ischio-clitoridiens de nombreux filets nerveux, dont les uns se perdent dans la muqueuse du gland, tandis que les autres s'épanouissent et se terminent dans les replis que forment supérieurement les nymphes pour entourer le clitoris à la façon d'un prépuce. C'est dans ce prépuce que Sappey place le siège de la sensibilité vénérienne.

Citons encore le *bulbe du vestibule*, éminemment érectile, qui se trouve placé à l'entrée du vagin et qui correspond au bulbe uréthral de l'homme.

Chez la femme, on trouve, à droite et à gauche de l'entrée du vagin, deux glandes dites *vulvo-vaginales*, ou de Bartholin, que les connexions et la structure permettent d'homologuer avec les glandes bulbo-uréthrales ou de Méry. Elles ont le volume d'un noyau de cerise ou d'une amande; leur conduit excréteur, long à peine de 1cm,5, s'ouvre entre l'hymen ou les caroncules myrtiformes et la face interne des petites lèvres. Le liquide qu'elles sécrètent est incolore et visqueux comme le produit des glandes bulbo-uréthrales

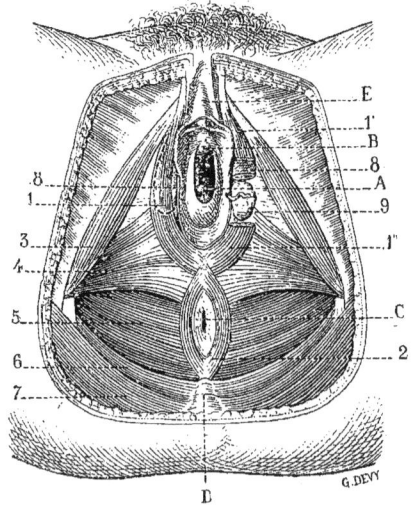

Fig. 95. — *Muscles du périnée (femme)*.
Le constricteur vaginal a été réséqué à gauche. 1', 1'', ainsi que le bulbe vaginal (8) sous-jacent pour laisser voir la glande de Bartholin (9). — 8, 8, bulbe du vagin; les autres chiffres comme dans la fig. 94.

masculines. Elles sont également enveloppées par des faisceaux striés.

Chez les femmes dont le sens génésique est développé, les excitations génitales donnent lieu à des manifestations locales et générales qui rappellent en tous points celles qu'on observe dans le sexe masculin. Sous l'influence du frottement du gland et du pénis contre le clitoris, contre les bulbes et les parois du vagin, il se produit de la turgescence et de l'érection. Les perceptions sensitives s'accentuent, et l'éréthisme sexuel détermine des mouvements de propulsion du bassin en sens inverse de ceux qu'exécute l'homme, suivis de ceux de retrait coïncidant aussi avec le retrait partiel de l'organe mâle. C'est alors que surviennent chez la femme des phénomènes musculaires et nerveux semblables à ceux qui précèdent et accompagnent l'éjaculation masculine. On observe des contractions rythmiques et saccadées dans les muscles du périnée, du bassin et de la vulve.

Les glandes de Bartholin, dont la sécrétion est accrue, laissent échapper leur humeur lubrifiante sous la forme d'un flux qui inonde les parties génitales. Il arrive même quelquefois que, dans un paroxysme, le produit de leur sécrétion s'écoule sous la forme d'un véritable jet; le liquide jaillit à distance par l'orifice de leur conduit excréteur : c'est une sorte d'éjaculation (Guibout, loc. cit., 242).

Les phénomènes nerveux et musculaires (observés chez l'homme à la fin du coït) peuvent chez la femme « être bornés à une crise sensitive ou à un trait vif analogue à celui du début de l'éjaculation chez l'homme, avec un court spasme; mais ce trait peut être suivi ou se prolonger et être accompagné des phénomènes physiologiques sus-indiqués avec sensations voluptueuses aussi vives que chez l'homme. Ce n'est qu'après quelques mois ou même quelques années de répétition du coït que certaines femmes éprouvent ces sensations particulières déterminant ces mouvements; tout jusque-là se borne à une impression particulière obtuse, mais sans la concentration mentale plus ou moins profonde éteignant la perception de tout autre sensation (Ch. Robin).

Les modifications consécutives aux excitations génésiques s'étendent à l'utérus. Marion Sims et divers gynécologistes, qui ont eu l'occasion d'examiner au spéculum des femmes aussitôt après le coït complet, ont signalé une congestion et un certain degré de turgescence du museau de tanche et du col de la matrice. Beck (cité par Ellenberger) a vu un autre fait intéressant sur une femme affectée d'un prolapsus utérin; l'excitation génitale provoquait chez elle des mouvements dans le col de l'utérus; l'orifice utérin se dilatait et se resserrait alternativement (5 à 6 fois en 12 secondes). Après l'accouplement, la vulve et les organes génitaux femelles éprouvent souvent des spasmes.

Parfois, chez la femme, sous l'influence de rêves érotiques, il se produit une évacuation des glandes de Bartholin, et peut-être des glandes utérines, et cette évacuation est accompagnée de spasmes et de sensations voluptueuses. Cette crise voluptueuse est analogue aux pollutions nocturnes du type masculin.

Historique et considérations générales. — A toutes les époques, on a disserté sur les sensations liées aux fonctions génitales et spécialement à l'éjaculation.

Voici comment s'exprime Cicéron : *Voluptatis verbo omnes, qui latine sciunt, duas res subjiciunt, lætitiam in animo, commotionem suavem jucunditatis in corpore.*

Brown-Séquard s'appuyait sur des observations cliniques pour admettre, outre les conducteurs des impressions de tact, de chatouillement, de douleur, de température et de contraction ou sens musculaire, des conducteurs spéciaux pour les impressions voluptueuses. Les conducteurs distincts du sens de la volupté peuvent être paralysés, alors que les autres espèces de sensibilité de la muqueuse uréthrale et de la peau de la verge persistent. Il prétend avoir vu deux cas de cette anesthésie spéciale de la volupté.

Buffon pensait qu'à la puberté se développait un nouveau sens. Ce sixième sens est le résultat de l'activité des glandes sexuelles et des sensations inhérentes à l'érection. Les changements qu'on observe à cette époque dans la manière d'être des animaux et de l'homme sont dus aux tendances qu'ils manifestent pour satisfaire leurs nouveaux besoins.

Au lieu du sixième sens on parle aujourd'hui d'instinct génésique. « L'époque du rut et de l'éréthisme sexuel, dit Ribot, s'accompagne, chez un grand nombre d'animaux, de profondes modifications chimiques qui se traduisent au dehors par des changements de couleur et d'odeur, et qui, en dedans, ne restent pas limités aux organes sexuels, mais s'étendent au corps tout entier : on sait que la chair du gibier est mauvaise pendant le rut, et que beaucoup de poissons à l'époque du frai deviennent toxiques. N'oublions pas que l'animal devient, pendant la même période, méchant, violent, agressif, dangereux.

« L'amour est certainement une émotion à évolution complète. Il est le résultat de l'instinct sexuel. La plupart des psychologues sont très sobres de détails à son endroit. Est-ce par pudeur exagérée ?

« L'amour, comme émotion sthénique, présente des caractères corporels, qui la rapprochent d'une part de la joie, d'autre part de la tendresse. Augmentation, parfois extrême, de la circulation, de la respiration, retentissement sur les fonctions organiques. Mouvements centrifuges ou de rapprochement, rôle dominant du toucher résumé dans son organe essentiel, la main; caresses, embrassements : les mouvements d'attraction étant d'autant plus bruyants et violents que l'instinct prédomine. Enfin, comme marque spécifique, un état particulier des organes sexuels, variant de l'excitation légère au paroxysme, mais dont l'ébranlement, fort ou faible, même quand il n'a pas son écho dans la conscience, influe sur l'activité consciente. »

J'ai déjà indiqué (Article **Cellule**, 522) comment des êtres unicellulaires (éléments reproducteurs) se recherchent, se poursuivent, se rapprochent et s'unissent pour donner naissance à un être nouveau.

Les anciens avaient remarqué les mauvais effets de l'abstinence, et ils les mettaient sur le compte de la rétention et de la corruption du liquide séminal. Cette fausse interprétation a persisté jusqu'à aujourd'hui dans le public; il est vrai qu'au siècle dernier Buffon l'avait également adoptée. Voici ce qu'en dit ce grand naturaliste : « Le mariage, tel qu'il est établi chez nous et chez les autres peuples raisonnables et religieux, est donc l'état qui convient à l'homme et dans lequel il doit faire usage des nouvelles facultés qu'il a acquises par la puberté, qui lui deviendraient à charge et même quelquefois funestes, s'il s'obstinait à garder le célibat. Le trop long séjour de la liqueur séminale dans ses réservoirs peut causer des maladies dans l'un et l'autre sexe, ou du moins des irritations si violentes que la raison et la religion seraient à peine suffisantes pour résister à ces passions impétueuses ; elles rendraient l'homme semblable aux animaux, qui sont furieux et indomptables lorsqu'ils ressentent ces impressions. »

Un autre sujet fut le point de départ de controverses interminables jusqu'à l'époque où l'on a découvert l'ovule des mammifères; c'est le suivant : le sexe féminin produit-il une humeur analogue au fluide séminal de l'homme, et l'évacuation de cette humeur s'accompagne-t-elle de sensations voluptueuses ?

Au XVIIᵉ siècle, Venette, par exemple, essaya de réfuter la théorie de ceux qui nient la semence des femmes; puis il exposa les raisons qui le portèrent à en admettre l'existence.

« Au reste, il n'y aurait jamais de conception sans volupté, si les femmes avaient de la semence ; mais parce que, disent-ils, nous sommes certains par l'aveu même des femmes qui sont quelquefois devenues grosses sans avoir été touchées du moindre contentement, nous devons croire qu'elles n'ont point de semence, car, si elles en avaient, elles seraient alors, sans doute, averties de son écoulement par quelques petites voluptés...

« Ils disent encore que, si les femmes ont de la semence, au moins n'est-elle pas féconde et ne peut servir en aucune manière à la génération, que ce n'est qu'une humidité superflue, pour arroser leurs parties naturelles et pour les irriter quand il faut se joindre amoureusement...

« La semence des femmes est blanche... Elle sort en petite quantité et ne s'écoule point ordinairement sans quelque plaisir... Après tout, la forte imagination peut souvent contribuer à l'écoulement de la semence... Le chatouillement qu'elles ressentent des parties de l'homme et de la forte imagination qu'elles ont dans le combat amoureux sont la principale cause de l'écoulement de la semence. » Venette croyait que cette semence venait des cornes de la matrice...

Buffon insiste longuement sur les conséquences fâcheuses de la rétention de la semence féminine. Pour lui « l'effet **extrême** de cette irritation (causée par le trop long séjour de la liqueur séminale) dans les femmes est la fureur utérine ; c'est une espèce de manie qui leur trouble l'esprit et leur ôte toute pudeur; les discours les plus lascifs, les actions les plus indécentes accompagnent cette triste maladie et en décèlent l'origine...

Buffon continue avec les anciens à confondre la crise voluptueuse du coït avec la fécondation ou conception.

« Le premier signe (de la conception), poursuit-il, est un saisissement ou une sorte d'ébranlement qu'elle (la femme) ressent, disent les auteurs, dans tout le corps au moment de la conception et qui même dure quelques jours... Le saisissement qui arrive au moment de la conception est indiqué par Hippocrate dans ces termes : *Liquidò constat harum rerum peritis, quod mulier, ubi concepit, statim inhorrescit ac dentibus stridet.* C'est donc une sorte de frisson que les femmes ressentent dans tout le corps au moment de la conception, selon Hippocrate, et le frisson serait assez fort pour choquer les dents les unes contre les autres, comme dans la fièvre... Galien explique ce symptôme par un mouvement de contraction ou de resserrement dans la matrice, et il ajoute que des femmes lui ont dit qu'elles avaient eu cette sensation au moment où elles avaient conçu... »

Conclusion. — Pendant longtemps, les sensations de plaisir qui annoncent l'accomplissement de l'acte génital fixèrent seules l'attention des philosophes et des médecins. On attribuait aux sensations voluptueuses le rôle essentiel dans la fécondation. Aujourd'hui on sait que l'union de l'ovule et du spermatozoïde se réduit à un acte cellulaire qui n'est possible chez les vertébrés supérieurs que si le sperme a été porté dans les organes génitaux femelles. Chez le mâle, l'émission du sperme est toujours accompagnée de sensations de plaisir et de spasme qui peuvent faire défaut chez la femelle. Les frottements des organes génitaux externes et les excitations psychiques accroissent le sentiment sexuel général, de sorte que l'éjaculation peut être accompagnée des contractions spasmodiques et des sensations voluptueuses dans l'un et l'autre sexe.

Bibliographie. — Voir en outre **Érection.** — Brachet. *Recherches expérimentales sur les fonctions du système nerveux,* Paris, 1839. — Brown-Séquard. *Recherches sur la transmission des impressions dans la moelle épinière* (J. de P., vi, 1863, 125 et 611). — Budge. (*Zeitschrift f. rationelle Medizin, von Henle u. Pfeiffer,* xxi). — Buffon. *Histoire naturelle,* édit. 1749, iii, 370 et ii, 503. — Camus et Gley. *Notes sur quelques faits...* (B. B., 767, 1897). — Cicero. *De finibus bonorum et malorum,* lib. ii, cap. iv. — Guibout. *Traité clinique et pratique des maladies des femmes,* 1886, 367. — Guttceit. *Dreissig Jahre Praxis,* i, 321. — Kobelt. *De l'appareil du sens génital des deux sexes, traduct. franç.,* 1851. — Fick (L.). (A. A. P., 1856, 473). — Hensen (V.). *Physiologie der Zeugung* (H. H., 1879). — Hanê (A.). *Ueber weibliche Pollutionen* (Wien. med. Blätter, nº 21 et 22, 1888). — Krafft-Ebbing. *Ueber pollutionsartige Vorgänge beim Weibe* (Wien. med. Presse, 1888, nº 14). — Ivanoff (E.). *Fonctions des vésicules séminales et de la prostate* (Jb. P., 1900, 95). — Lode (A.). *Experimentelle Beiträge zur Physiol. der Samenblasen* (Ak. W., cxiv, (3), 1895). — Misuraca. *Riv. sperm,* xv, 182. — Ploss. *Das Weib in der Natur u. Völkerkunde,* ii, 1887, 310. — Pouillet. *De l'onanisme chez la femme,* 2e édition, 1897. — Redfisch (E.). *Neuere Untersuchungen il. die Physiol. der Samenblasen* (D. med. Woch., 1896, nº 16). — Ribot. *La psychologie des sentiments,* 1896, 244 à 251. — Serrurier. *Article « Pollution », Dictionnaire des Sciences médicales de 1820.* — Steinach. *Untersuchungen z. vergleichend. Physiol.* (A. g. P., lvi, 304, 1894. — Venette (Nicolas). *Tableau de l'amour conjugal,* iii, 40. — Voltaire. *Article « Impuissance » du Dictionnaire philosophique.* — Walker (Gro.). *Beitrag zur Kenntnis der Anatomie u. der Physiologie der Prostata* (A. A. P., 1899, Anat. Abtheilung).

ÉD. RETTÉRER.

ELAEOCOCCA (Huile d'). — Huile qu'on extrait de l'*Elaeococca vernicia.* Traitée par une solution alcoolique de potasse, elle donne *l'acide éléo-margarique* fusible à 48° ($C^{17}H^{30}O^2$) et l'acide éléo-stéarique, polymère de l'éléo-margarique, fusible à 71°.

ÉLAÏDINE. — Corps gras homologue de l'oléine; éther élaïdique de la glycérine.

ÉLAÏDIQUE ($C^{18}H^{34}O^2$). — Acide gras, homologue de l'acide oléique. On le prépare en soumettant l'acide oléique ou l'oléine à l'action de l'acide nitreux.

ÉLASTICITÉ. — Tous les corps de la nature, quelle que soit leur rigidité, peuvent être déformés par l'action de forces extérieures. Suivant les cas ces forces devront être plus ou moins puissantes; un effort minime suffit pour plier une lame de caoutchouc, tandis que, pour obtenir le même résultat sur une barre d'acier, il faut déployer une force considérable.

Les corps ne diffèrent pas seulement entre eux par leur résistance plus ou moins grande à la déformation, mais aussi par la faculté qu'ils ont de reprendre leur forme primitive quand la force extérieure a cessé d'agir. Une lame de plomb plie sous le moindre effort, et la flexion ainsi obtenue sera persistante. La cire à modeler présente le même phénomène à un degré encore plus élevé, c'est un des exemples les plus parfaits de ce que l'on appelle un *corps mou*, c'est-à-dire d'un corps sur lequel toute déformation est permanente. Si l'on répète la même expérience sur un morceau de caoutchouc ou sur une pièce d'acier convenablement trempée, on constate que ces corps reprennent toujours leur forme primitive quand les forces extérieures cessent d'agir : on dit alors qu'ils sont *parfaitement élastiques*.

En réalité, comme nous le verrons plus loin, il n'y a ni corps parfaitement mou, ni corps parfaitement élastique et, si, nous rencontrons dans la nature un corps se rapprochant de cet état idéal, ce n'est qu'à titre d'exception. On peut voir en effet que, même sur la cire molle, lorsque les déformations sont petites, il y a un vestige d'élasticité, un bâton de cire légèrement plié a une tendance à se redresser. Au contraire un corps comme le caoutchouc doué en apparence d'une élasticité parfaite est susceptible de conserver de petites déformations permanentes.

Sur la plupart des corps de la nature, ces deux phénomènes, tendance au retour vers la forme primitive et persistance d'une déformation permanente se montrent simultanément, l'un ou l'autre prédominant suivant les conditions de l'expérience.

Prenons une tige de cuivre : en ne la pliant que très légèrement elle se redressera parfaitement, mais si par un effort énergique nous la courbons fortement, elle restera déformée comme le ferait une tige de plomb. Il en est de même pour tous les corps : dans certaines limites de déformation ils sont parfaitement élastiques, mais quand cette déformation devient par trop grande, elle devient plus ou moins permanente. On dit qu'on a dépassé la limite d'élasticité.

Jusqu'ici nous n'avons considéré que le changement de forme des solides, car ce sont les seuls corps ayant une forme propre, mais les liquides et les gaz peuvent aussi manifester leur élasticité quand on cherche à modifier leur volume.

Prenons d'abord les gaz, et pour préciser supposons que nous ayons enfermé un certain volume d'air dans un corps de pompe parfaitement fermé par un piston, nous savons que l'air prendra la forme intérieure du corps de pompe dans lequel il se répandra uniformément. Si nous abaissons le piston, le volume de l'air se réduira; mais, en vertu de son élasticité, il reprendra sa valeur primitive aussitôt que la force cessera d'agir.

La même expérience peut se faire avec un liquide : il suffira pour cela de remplir complètement le corps de pompe d'eau, en ne laissant aucune bulle d'air.

On constate ainsi que les liquides et les gaz ont, lorsqu'on cherche à réduire leur volume, une élasticité parfaite, on ne peut leur faire subir une déformation permanente, le volume reprend toujours la même valeur quand la pression revient au même point.

Il y a toutefois une grande différence entre la compression des gaz et celle des liquides. Les premiers suivent, comme on sait, la loi de MARIOTTE : sans effort exagéré on peut en diminuer considérablement le volume; il n'en est pas de même des liquides, pour lesquels des réductions de volume même faibles exigent des forces de compression énormes.

Pour les solides, on peut aussi, au point de vue expérimental, chercher à réduire leur volume; comme pour les liquides il faut déployer de très grands efforts, et l'on constate alors qu'après l'expérience il subsiste une déformation permanente plus ou moins accusée.

Mais, dans la pratique, l'élasticité des solides intervient surtout d'une façon intéressante dans les modifications de forme sans changement de volume qu'ils peuvent subir par traction, torsion, flexion ou toute autre déformation.

Considérons d'abord le cas d'une traction exercée sur une barre prismatique ou cylindrique. Cette barre placée verticalement sera, fixée solidement à son extrémité supérieure : nous l'allongerons en agissant sur l'extrémité inférieure, en y suspendant des poids par exemple.

Quand la tige pendra librement, elle aura une longueur L et une section S. Si le poids tenseur est P, l'expérience prouve que l'allongement sera donné par la formule $l = \dfrac{LP}{ES}$ qu'il est aisé de traduire en langage ordinaire. Elle signifie que l'allongement d'une barre soumise à la traction est proportionnelle au poids tenseur P, que la longueur de la barre intervient de la même façon, ce que l'on conçoit aisément. Chacune des unités de longueur de la barre subissant évidemment la même action, l'allongement total sera d'autant plus grand que cette barre contient plus d'unités de longueur. La surface de section joue un rôle inverse ; dans les mêmes conditions, plus la section sera grande et moins la barre s'allongera. Enfin nous voyons intervenir un facteur E que l'on nomme le coefficient d'élasticité et qui dépend de la nature du corps soumis à l'expérience. Pour un même poids tenseur, une même longueur et une même section, l'allongement sera d'autant moindre que le coefficient d'élasticité est plus grand. Il en résulte que les corps ayant un grand coefficient d'élasticité exigent des forces très considérables pour être déformés : c'est ce qui se produit pour l'acier. Les corps à faible coefficient d'élasticité, comme le caoutchouc, cèdent au contraire sous le moindre effort.

L'emploi du mot élasticité crée souvent une confusion par suite du sens différent qui lui est attribué dans le langage courant et dans le langage scientifique. Quand on parle d'un corps ayant une grande élasticité, l'image du caoutchouc se présente immédiatement à l'esprit ; or, d'après ce que nous venons de dire plus haut, le caoutchouc a en réalité un coefficient d'élasticité très faible. Cette contradiction apparente pourrait être supprimée, en usant de ce que BERGONIÉ appelle le coefficient d'allongement E qui est l'inverse du coefficient d'élasticité.

La formule devient alors $l = \dfrac{LPE}{S}$.

Dans les mêmes conditions d'expérience un corps s'allonge d'autant plus que son coefficient d'allongement est plus grand.

Un autre élément vient encore augmenter la confusion, c'est la force élastique qui, malgré l'analogie de nom, n'a rien de commun avec les propriétés des corps élastiques que nous avons déjà signalées. Lorsque nous exerçons sur un corps une traction P, s'il n'y a pas rupture, quelle que soit la déformation, le corps exerce sur le poids tenseur une réaction qui, d'après le principe de NEWTON, est égale et de sens contraire à la traction. Ainsi, si à une tige de matière, de longueur et de section quelconque, nous suspendons un poids de 1 kilogramme, cette tige, quel que soit son allongement, soutiendra 1 kilogramme et l'on dira qu'elle exerce une force élastique de 1 kilogramme. On voit donc qu'il n'y a aucune relation entre ce que l'on nomme le coefficient d'élasticité d'un corps et la force élastique qu'il déploie. Le coefficient d'élasticité d'un corps dépend uniquement de la matière dont il est fait, c'est un facteur qui ne changera pas, quelles que soient les tractions ou déformations que l'on produira. La force élastique, au contraire, change à chaque instant avec les conditions de l'expérience, et elle est toujours égale et de sens contraire à la force qui produit la déformation. Prenons par exemple une tige d'acier fixée à une extrémité et pendant librement ; au bout inférieur accrochons successivement les poids de 1, 2, 3 kilogrammes, etc., la tige exercera de bas en haut des tractions de 1, 2, 3, kilogrammes, la force élastique qu'elle déploiera variera avec chaque nouveau poids tenseur, et cependant le coefficient d'élasticité n'a pas changé. Inversement, prenons deux tiges ; l'une en acier, l'autre en caoutchouc, et faisons-leur supporter à chacune un poids de 1 kilogramme, ces deux tiges mettront en œuvre la même force élastique, et cependant elles sont loin d'avoir le même coefficient d'élasticité.

La formule $l = \dfrac{LP}{ES}$ est vraie, tant que les allongements sont proportionnels à la traction. Cela est vrai au moins dans certaines limites pour les corps inorganiques, et surtout pour les métaux. WEBER a montré que pour les fils de soie il n'en était plus de même ; à mesure que la charge augmente, les allongements sont de plus en plus petits par rapport à ce qu'ils devraient être. Depuis, divers expérimentateurs et principalement Wertheim ont montré que pour les corps organiques ce n'était que très exceptionnellement que la formule était applicable. Les écarts sont très faibles pour les os, surtout quand ils sont bien secs : ils sont encore admissibles pour les tissus desséchés, mais ils deviennent d'autant plus considérables que la teneur en eau est plus grande. Ainsi, comme nous le verrons à propos du muscle, pour ce tissu frais la formule $l = \dfrac{LP}{ES}$ ne donnerait même plus une idée approximative des allongements en fonction du poids tenseur.

Puisque pour les corps organiques les allongements ne croissent pas aussi vite que les poids tenseurs, la courbe représentatrice de ces allongements doit être concave vers l'axe des abscisses. Wertheim a conclu de ses nombreuses expériences que cette courbe était une hyperbole ayant son sommet à l'origine des coordonnées, et la formule représentative des allongements serait $y^2 = ax^2 + bx$.

Dans chaque cas particulier, il faut déterminer a et b par deux expériences, Wertheim utilisait dans ce but les expériences correspondant au plus grand et au plus petit llonagement mesurés. Il constatait alors que les allongements intermédiaires observés coïncidaient assez exactement avec les résultats calculés. Dans les cas où b devient nul, on retombe sur la formule des corps inorganiques.

Dans le cas des corps dont la loi d'allongement suit la formule $y^2 = ax^2 + bx$, on voit encore très bien ce que c'est que la force élastique, sa définition n'a pas changé, c'est toujours encore la force qui fait équilibre au poids tenseur et lui est par conséquent égale. Mais le coefficient d'élasticité n'apparait plus comme dans la formule $l = \dfrac{LP}{ES}$.

Wertheim a cherché s'il ne serait pas possible, dans le cas des corps organiques, de caractériser leur résistance à la déformation par un nombre qui jouerait le rôle du coefficient d'élasticité ; et voici le raisonnement qu'il a fait.

Prenons la formule $l = \dfrac{LP}{ES}$ et supposons que nous l'appliquions à une barre ayant l'unité de section et l'unité de longueur, cela reviendra à poser $S = 1$ et $L = 1$ dans la formule. Si enfin nous admettons que l'allongement est égal à l'unité, c'est-à-dire que sous l'influence de la traction la barre double de longueur, la formule se réduit à $E = P$, ce qui signifie que : lorsqu'on soumet à la traction une barre ayant l'unité de section, le poids tenseur nécessaire pour en doubler la longueur est exprimé par le même chiffre que le coefficient d'élasticité. En général, cette opération est matériellement impossible, et l'on suppose idéalement que le corps peut doubler de longueur sous l'influence de la traction sans rupture et sans que ses propriétés ne soient modifiées.

Répétons le même raisonnement sur un corps dont la formule d'allongement est de $y^2 = ax^2 + bx$.

Déterminons par l'expérience, comme nous l'avons dit plus haut, les coefficients a et b de façon à ce que y représente l'allongement sous le poids tenseur x d'un prisme ayant l'unité de longueur et l'unité de section.

Si ce prisme double de longueur, la formule se réduira à $1 = ax^2 + bx$, équation qui ne contient comme inconnue que x. Il suffira de la résoudre et l'on aura comme précédemment la valeur du poids tenseur qui doublera la longueur du corps, et c'est ce que Wertheim appelle encore le coefficient d'élasticité.

Il est important de remarquer que, si ce coefficient d'élasticité permet de comparer approximativement la résistance que des corps différents opposent à l'allongement, il est loin d'avoir la même valeur que le coefficient d'élasticité des corps suivant la formule $l = \dfrac{LP}{ES}$. Pour ces derniers en effet, il suffit de connaître le coefficient E pour pouvoir dans un cas quelconque déterminer l'allongement d'un corps. Au contraire, dans l'autre cas, la connaissance du coefficient d'élasticité ne renseigne d'une façon précise que sur la traction nécessaire pour doubler la longueur du prisme qui lui est soumis, si l'on vient à modifier ce poids tenseur d'une façon quelconque, si par exemple on le réduit simplement à moitié, on ne sait plus l'allongement qui en résulte, il faut absolument connaître les coefficients a et b et appliquer la formule $y^2 = ax^2 + bx$ correspondant à ce corps.

D'après ce que nous avons dit jusqu'ici, la différence entre la force élastique et le coefficient d'élasticité est nettement établie et nous pouvons nous résumer en disant : quel que soit le corps auquel nous ayons à faire, la force élastique ne dépend que des forces extérieures qui agissent sur le corps ; le coefficient d'élasticité au contraire dépend de la nature de ce corps, c'est une propriété spécifique de la matière dont il est fait, il est absolument indépendant des forces agissantes et des déformations du corps, c'est un nombre fixe.

Nous avons maintenant à étudier d'un peu plus près dans quelles conditions un corps conserve ses propriétés élastiques et comment apparaissent les déformations permanentes.

Comme nous l'avons déjà vu, il n'y a pas de corps complètement mous, ni de corps revenant d'une façon absolue à leur forme primitive quelle que soit la déformation à laquelle ils aient été soumis. Parmi ceux qui se rapprochent de ce dernier état, on a pris l'habitude de désigner les uns sous le nom de *parfaitement élastiques*, les autres sous le nom d'*imparfaitement élastiques*, suivant qu'ils s'écartent plus ou moins de l'état idéal. Pour voir dans quelle mesure cette distinction est légitime et mérite d'être conservée, examinons en détail ce qui se passe lors de la déformation d'un corps.

Une tige métallique étant fixée à son extrémité supérieure, nous suspendons à la partie inférieure un certain poids. Aussitôt que ce poids excercera sa tension, nous pourrons, par des mesures convenables, constater un allongement, et, en variant le poids tenseur, nous pourrons vérifier que ces allongements répondent à la formule $l = \dfrac{PL}{ES}$, où E aura été déterminé à l'aide d'une des expériences.

Afin de ne pas employer le mot élasticité qui peut créer des confusions nombreuses et regrettables, MAREY a proposé de désigner sous le nom d'*extensibilité* cette propriété de la tige qui lui permet de s'allonger par traction sans se rompre.

Si, pendant que le poids est suspendu à la tige, on l'observe avec soin, on constate que l'allongement va en augmentant peu à peu. Aussitôt que le poids est abandonné à lui-même, la tige augmente brusquement de longueur, puis se produit un mouvement de descente de plus en plus lent et ce n'est qu'au bout d'un temps parfois fort long que se produit un équilibre stable. Cet allongement consécutif à l'allongement premier est dû à ce que ROSENTHAL appelle l'*extensibilité supplémentaire*. Cette extensibilité supplémentaire est très variable d'un corps à l'autre, tant au point de vue de sa valeur que de la durée qu'elle met à se produire.

La tige étant allongée pendant un temps suffisant pour que nous soyions certain qu'elle a pris toute son extensibilité supplémentaire, nous allons supprimer le poids tenseur. Nous voyons aussitôt la barre se raccourcir en vertu de sa *rétractilité* (MAREY), mais elle ne prendra pas immédiatement sa longueur primitive, et nous allons rencontrer un phénomène analogue à l'extensibilité supplémentaire, mais inverse. Ce n'est en effet que peu à peu que nous verrons disparaître ce que l'on pourrait appeler cet allongement résiduel ; pour qu'il n'en reste plus trace, il faut parfois un temps très long. On voit que les phénomènes d'extensibilité et de rétractilité instantanés qui donnent lieu aux allongements et raccourcissements entrant dans la formule $l = \dfrac{LP}{ES}$ sont accompagnés de causes perturbatrices dont les effets peuvent être souvent peu apparents, mais qui parfois jouent un rôle très considérable. Cela a lieu en particulier pour les tissus de l'organisme.

Il arrive qu'un corps ayant subi une déformation, et les forces extérieures cessant d'agir, il subsiste d'une façon permanente une certaine déformation résiduelle. Nous avons déjà dit que pour les corps mous ce dernier phénomène prend une telle importance qu'il semble exister tout seul, il faut alors une attention toute spéciale pour découvrir encore des traces de rétractilité. Mais, même sur des corps comme une barre d'acier, on peut découvrir après un allongement un léger résidu après la suppression de la traction, résidu permanent. Ceci se passe surtout après une première expérience, et il suffit d'avoir fait agir un poids tenseur très lourd pour que dans la suite la rétractilité soit parfaite. Nous voyons donc qu'il n'y a pas de limite tranchée entre les corps mous et les corps élastiques : on passe par degrés insensibles de la cire molle à l'acier trempé, et la classification en corps *parfaitement élastiques*, *imparfaitement élastiques* et *mous* n'a aucune rigueur scientifique, ces expressions peuvent tout au plus servir dans le langage courant à donner une idée approximative des propriétés du corps sur lequel on opère.

Enfin il faut signaler un dernier point. Ce que nous avons dit suppose que les forces agissantes ne dépassent pas une certaine limite, faute de quoi il y a rupture. Bien avant le moment de la rupture, même pour les corps, qui comme l'acier, se rapprochent le plus d'un état élastique idéal, les allongements ne suivent plus les règles que nous avons données et il se produit des déformations permanentes considérables : on dit qu'on a dépassé la limite d'élasticité, et cette limite est variable suivant les corps.

Nous pouvons résumer tous les résultats acquis en disant que suivant la grandeur des forces agissantes, on peut diviser en trois périodes les déformations qui se produisent sur un corps, et pour simplifier la pensée nous supposerons qu'il s'agisse d'une simple traction sur un prisme.

Première période. — **Poids faible.** — On se trouve dans ce que l'on appelle les limites d'élasticité.

a) En vertu de son extensibilité ce corps s'allonge sous la traction et suivant les cas l'allongement est donné par une des deux formules : $l = \dfrac{PL}{ES}$ ou bien $y^2 = ax^2 + bx$. La deuxième formule rentre dans la première quand $b = 0$.

b) Le corps continue à s'allonger pendant un temps plus ou moins long en vertu de son *extensibilité supplémentaire*.

c) Quand on enlève le poids, en vertu de sa *rétractilité*, la tige se raccourcit d'après la même formule qui a servi à calculer l'allongement.

d) Pendant un certain temps encore la tige continue à se raccourcir en vertu d'une *rétractilité supplémentaire*.

e) Il persiste indéfiniment un certain allongement qui souvent ne se manifeste qu'à une première expérience.

Deuxième période. — **Poids plus fort.** — On a dépassé la limite d'élasticité. Les formules ne sont plus applicables, il se produit des déformations permanentes considérables.

Troisième période. — **Poids encore plus fort.** — Il y a rupture.

Tous les corps présentent chacun de ces phénomènes, mais suivant les cas l'un ou l'autre domine ou devient si faible qu'il semble disparaître complètement.

Importance de l'élasticité des corps dans les actions mécaniques. — Lorsqu'un corps se déforme sous l'action de forces extérieures, ces forces dépensent du travail. Si le corps peut revenir de lui-même à sa forme primitive il restituera ce travail qu'il avait emmagasiné à l'état potentiel. Par exemple, écartons un ressort de sa position d'équilibre, il faudra pour cela développer une certaine force. Pendant tout le temps où le doigt poussera le ressort devant lui pour l'armer, il y aura dépense de travail. Mais arrivés à la limite de la course, laissons le ressort revenir lentement à la position d'équilibre primitive, que va-t-il se passer? Le ressort exercera sur notre doigt, dans chacune de ses positions le même effort que pendant le premier temps de l'opération, il repoussera le doigt devant lui et rendra le même travail que celui qui a été dépensé.

Il en résulte que, dans une première période, le doigt fournit du travail au ressort, dans la seconde période le ressort rend le travail en repoussant le doigt jusqu'à la position de départ. Au moment où le ressort était armé, il renfermait à l'état potentiel le travail qu'il a pu dépenser dans la suite.

Toute la mécanique des corps élastiques se trouve dans ces trois phases. On démontre que, si le corps était idéalement élastique, il n'y aurait aucune perte dans ces transformations successives, le travail rendu serait absolument égal au travail absorbé : si au contraire il subsiste des déformations permanentes, il y a toujours perte de travail. C'est ce dont il est facile de se rendre compte.

Examinons d'abord le cas d'un corps qui serait parfaitement élastique ; dans la pratique un ressort bien trempé remplit ce but d'une façon suffisante ; avec le doigt nous allons le faire passer lentement de la position A à la position B (fig. 96), puis nous le laisserons revenir également très lentement de B en A en modérant à chaque instant sa vitesse avec le doigt.

Lorsque le ressort occupera une position C intermédiaire à A et B, il pourra s'y trouver dans deux conditions : ou bien il se déplacera de A vers B sous la poussée du doigt, ou bien il repoussera le doigt devant lui en allant de B vers A. Dans le premier cas, pendant qu'il passera de C à une position très voisine C', le doigt fournira du travail grâce à une force f, pression de ce doigt, et à un petit déplacement a du point où appuie le doigt, ce travail sera donc af. Dans le second cas le ressort rendra du travail au doigt, le chemin parcouru par le point d'appui de la force pendant le passage de la position C' à la position C sera encore a, de même la force sera encore f; car elle ne dépend que de la position du ressort, donc ce travail rendu sera encore af, c'est-à-dire égal au travail fourni. Nous voyons donc que nous pouvons décomposer le travail fourni par le doigt pendant la marche du ressort de A en B en une série de petits travaux élémentaires correspondant à des positions très voisines du ressort, telles que C et C'. A chacun de ces petits travaux élémentaires

Fig. 96.

correspond un travail égal rendu par le ressort au doigt lors du retour de B en A. Par conséquent, si l'on additionne tous ces petits travaux dans la première phase, on doit trouver une somme égale à celle que l'on trouverait dans la deuxième phase en faisant la même opération. Dans ce cas il n'y a donc aucune perte de travail.

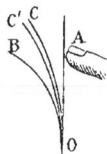

Si nous avions affaire à un corps complètement mou, il faudrait dépenser un certain travail pour le déformer de la position A à la position B, le corps n'ayant aucune tendance à revenir de B en A ne rendrait aucun travail : tout le travail dépensé serait perdu.

Mais supposons un corps ayant des propriétés intermédiaires, n'étant ni absolument élastique ni complètement mou, que va-t-il se passer ? Nous savons qu'après la fin de l'expérience il doit rester une déformation permanente, par exemple nous aurons une lame dans une position A, nous la ferons passer en B et elle ne reviendra qu'en A'. L'écart entre A et A' sera la déformation permanente (fig. 97).

Or nous pouvons décomposer la première phase en deux temps.

Fig. 97.

a) la lame va de A en A';

b) la lame va de A' en B.

Dans la deuxième phase la lame revient de B en A'. Il est aisé de démontrer comme dans le cas précédent que pendant que la lame revient de B en A' elle rend le même travail que celui qui lui a été fourni dans sa marche de A' en B. Il reste ce qui s'est passé entre A et A'; qui consiste uniquement en travail fourni par le doigt à la lame, c'est-à-dire en travail dépensé. Il y a donc à la fin de l'expérience perte de travail, les dépenses excèdent les recettes de tout le travail formé pour faire passer le ressort de A en A'.

Nous voyons donc qu'il y a perte de travail chaque fois qu'il se produit une déformation permanente : cela peut arriver quand les corps sont plus ou moins mous, mais cela se produit aussi quand ils sont trop rigides, car alors pour la moindre flexion il y a rupture. Il en résulte que dans tout dispositif mécanique susceptible de recevoir des chocs, il faut que ces chocs se produisent entre pièces élastiques, sous peine d'usure rapide et de détérioration; de là l'utilité des ressorts.

Il n'y a pas lieu d'insister sur l'avantage de l'élasticité au point de vue de la conservation des corps, ce que nous venons de dire et l'observation journalière font comprendre assez clairement qu'il n'y a qu'un certain degré d'élasticité qui soient de conservation facile, les corps mous se déforment, les corps rigides se brisent.

Quant à l'épargne du travail, quoique sa compréhension résulte aussi des explications que nous avons données, il nous semble utile de rapporter deux expériences très ingénieuses de MAREY, qui font bien saisir l'avantage qu'il y a à substituer des pièces élastiques aux pièces rigides dans les dispositifs expérimentaux où il peut se produire des chocs.

Quand un homme ou un animal traîne un corps sur le sol à l'aide d'un lien, il est rare que la traction exercée sur ce lien soit absolument continue. Généralement les mouvements de la marche entraînent une série de secousses plus ou moins rythmées et il en résulte des chocs sur les points d'attache.

MAREY en interposant un dynamomètre enregistreur sur le trajet du lien, constata que, pour obtenir le même déplacement, le travail dépensé variait beaucoup suivant la nature de ce lien. Lorsqu'il avait une élasticité convenable, on pouvait réaliser une économie de 26 p. 100 sur le cas où il était absolument rigide. Marey a ensuite montré expérimentalement que chaque choc donnait lieu à une perte.

Il s'est servi pour cela d'une petite balance dont le fléau n'était susceptible, grâce à un encliquetage, de tourner que dans un sens déterminé. Ce fléau pouvait ainsi supporter sans s'incliner un poids de 50 grammes par exemple, suspendu à une de ses extrémités. A l'autre extrémité du même fléau était attaché un fil assez long portant un poids de 10 grammes. Ce poids ne pouvait par sa seule pesanteur faire incliner le fléau, en l'élevant à une certaine hauteur et le laissant retomber il en résultait un choc à chaque chute. L'expérience prouve que ce choc a beau se répéter, le fléau n'est pas entraîné tant que le poids de 50 grammes est suspendu par l'intermédiaire d'un lien rigide. Si au contraire le soutien se fait par un ressort à boudin ou un fil de caoutchouc, on voit à chaque chute du petit

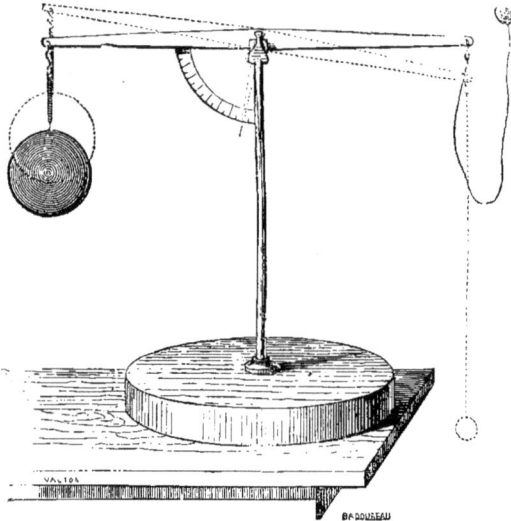

Fig. 98.

poids l'inclinaison du fléau augmenter, en même temps l'on constate la disparition des chocs qui dans le premier cas ébranlaient tout l'appareil.

Voici maintenant une expérience d'hydraulique d'une grande portée dans l'étude de la circulation.

On prend un flacon de Mariotte dont l'eau s'écoule à travers deux tubes reliés au flacon par une branche commune comme le représente la figure 99. L'un de ces tubes est à parois rigides, l'autre est un tube de caoutchouc à parois élastiques. Si l'écoulement est continu, on peut régler l'ori-

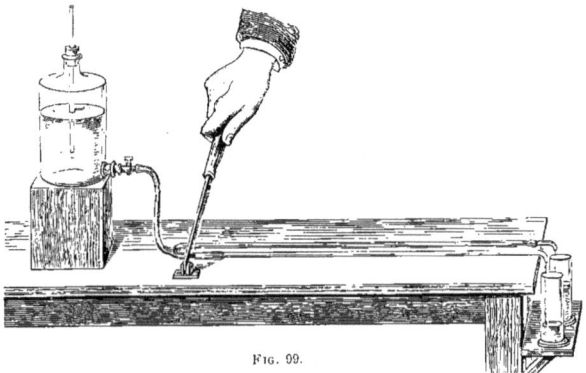

Fig. 99.

fice des deux tubes de façon à ce qu'ils aient le même débit. Ce réglage fait, produisons, à l'aide d'un levier qui permet d'écraser l'origine des tubes, une série d'interruptions dans les deux courants, il en résultera des jets saccadés. Mais les oscillations seront bien moindres dans le tube élastique que dans le tube rigide, et le débit du premier sera supérieur à celui du second.

Ces expériences et un grand nombre d'autres observations montrent le rôle important que joue l'élasticité des corps, dans tous les dispositifs susceptibles de recevoir des chocs dans leur fonctionnement, tant au point de vue de leur bonne conservation que de l'épargne du travail.

L'étude de l'élasticité des corps prend donc une place très importante dans les applications de la mécanique. Divers auteurs, au premier rang desquels il faut citer WERTHEIM, ont fait de nombreuses recherches sur ce sujet. Les résultats de ces travaux se trouvent avec une grande profusion de détails dans les traités de résistance des matériaux ou dans des tables spéciales. Leur peu d'intérêt pour les applications biologiques nous permet de renvoyer à ces ouvrages dans le cas exceptionnel où l'on aurait besoin d'un de ces résultats, et nous nous bornerons à une étude plus approfondie de l'élasticité des tissus qui entrent dans la composition du corps de l'homme et des animaux.

Élasticité des tissus organisés. — La détermination du coefficient d'élasticité d'un corps nécessite la mesure des dimensions de ce corps dans sa forme naturelle et sous l'action des forces extérieures qui le déforment. Toutes les mesures, ou à peu près toutes, ont été faites en allongeant un corps par un certain point tenseur et rapportant cet allongement à l'unité de longueur et de section pendant le repos. La technique est donc généralement simple au moins en principe et ne varie guère que par les divers procédés mis en œuvre pour mesurer l'allongement. Certains expérimentateurs, parmi lesquels WERTHEIM, se sont servis du cathétomètre, d'autres ont enregistré graphiquement l'allongement, comme l'a fait MAREY. Tous ces procédés sont trop simples pour que nous les exposions avec détails.

Parmi les tissus du corps de l'homme et des animaux, le muscle est certainement celui dont l'élasticité doit être l'objet de l'étude la plus approfondie. Mais cette propriété joue un rôle trop important dans la contraction musculaire pour être traitée séparément. Aussi pour ce point particulier de l'élasticité renvoyons-nous le lecteur à l'article **Muscle**.

Les autres organes ou tissus importants à étudier sont les suivants :

1. Œsophage, estomac, intestin.
2. Vessie.
3. Poumon.
4. Peau.
5. Vaisseaux.
6. Nerfs.
7. Tendons et ligaments.
8. Cartilage.
9. Os.

1-2. Œsophage, estomac, instestin, vessie. — Nous n'avons que des renseignements très vagues sur l'élasticité proprement dite des diverses parties du tube digestif et de la vessie. Le tissu musculaire lisse joue en effet un rôle considérable dans les mouvements de ces organes et les phénomènes passifs de l'élasticité proprement dite sont presque complètement masqués. Dans la vessie, où il semble que les mouvements actifs du tissu musculaire aient une part moins grande dans la rétraction de cet organe que l'élasticité purement physique, nous voyons encore intervenir un élément étranger des plus importants, c'est l'action des muscles de la paroi abdominale. Ces muscles en se contractant peuvent en effet exercer par l'intermédiaire de la masse instestinale une pression assez énergique sur le pourtour de la vessie et joindre ainsi leur action à celle des parois même de cette vessie.

C'est pour ces diverses raisons sans doute, que, l'élasticité physique de l'œsophage de l'estomac, de l'intestin et de la vessie, ne jouant qu'un rôle secondaire dans le fonctionnement physiologique de ces organes, cette élasticité n'a été jusqu'ici l'objet d'aucune étude. Elle prend cependant une certaine importance à l'orifice vésico-uréthral. C'est en effet l'action des fibres élastiques qui entourent cet urèthre et son sphincter qui empêchent l'urine de s'écouler. C'est ce qui explique pourquoi l'urine reste dans la vessie après la mort.

3. Poumon. — Aucun auteur n'a cherché à exprimer l'élasticité du poumon par un chiffre, et cependant cette propriété a une importance capitale dans le fonctionnement de l'organe. Les mouvements de la cage thoracique pourraient, il est vrai, se transmettre aux poumons contenus dans son intérieur, même si ces poumons ne possédaient aucune élasticité. Par la seule compression des parois thoraciques, l'air serait expulsé au moment de l'expiration, il serait aussi évidemment aspiré au moment de la dilatation de la poitrine, mais l'action du diaphragme serait complètement nulle. Peut-être même, au moment de la compression du poumon par les parois thoraciques, cet organe repousserait-il le diaphragme de haut en bas, et l'expulsion de l'air par la trachée deviendrait-elle minime. Avec la disposition anatomique existante des organes de la respiration, il faut absolument, pour leur bon fonctionnement, que le poumon possède une élasticité qui tende sans cesse à lui faire prendre un volume inférieur à celui de la cage thoracique. C'est grâce à cette élasticité que les poumons exercent sans cesse une sorte d'attraction sur les parois de la cavité dans laquelle ils sont contenus, attraction qui cause la courbure à convexité supérieure du diaphragme. L'aspiration ainsi produite est facile à mettre en évidence sur le cadavre. Si l'on fait passer un tube entre les côtes de façon à l'introduire dans la plèvre et qu'on le réunisse à un manomètre, on constate que sur le cadavre il existe dans cette plèvre une diminution de pression d'environ 6 millimètres de mercure, d'après Donders. En cherchant à produire une distension du thorax correspondant à peu près à une inspiration profonde, on peut arriver à un abaissement de pression de 30 millimètres. Par conséquent, par sa rétraction élastique seule, le poumon peut exercer une aspiration pouvant donner un abaissement de pression d'au moins 30 millimètres. Je dis au moins 30 millimètres, car il est probable que dans ses expériences Donders n'était pas arrivé à la limite la plus reculée.

Il y a lieu, avant tout, de se demander quelle est dans le fonctionnement normal du poumon la part de l'élasticité physique des tissus et la part de la contraction active des fibres musculaires lisses qui entrent dans la structure de cet organe. Moleschott a en effet montré le premier que, si les alvéoles pulmonaires sont constituées par un réseau très riche en fibres élastiques fines, il y a aussi au milieu du tissu conjonctif qui sépare ces alvéoles des fibres musculaires lisses. Depuis cette époque, divers auteurs ont confirmé ces observations. Ces fibres musculaires sont sous la dépendance du pneumogastrique, et, d'après d'Arsonval, elles joueraient un rôle très efficace dans les mouvements de rétraction du poumon. Si, en effet, on mesure l'abaissement de pression qui se produit dans la plèvre lors de l'expiration normale ou après section du pneumogastrique, on constate que dans le second cas l'effet produit n'est que moitié de ce qu'il est dans le premier. En électrisant le pneumogastrique, on fait légèrement remonter le manomètre. C'est pour cela que d'Arsonval pense qu'une bonne partie de l'élasticité du poumon est due à l'intervention active des fibres musculaires lisses sous l'influence du pneumogastrique. Paul Bert objecte à cela que les contractions des fibres lisses du poumon sont trop lentes pour pouvoir suivre le rythme de la respiration. Pour faire la part des fibres élastiques, Laborde a recherché comment variait la rétractilité du poumon dans les jours qui suivent la mort; il a opéré pour cela sur des poumons de chien et de suppliciés. Laborde a constaté que dans les premiers jours il n'y avait qu'une diminution lente de l'élasticité pulmonaire : cette diminution ne devient sensible qu'au bout de quatre ou cinq jours et n'est totalement abolie que le neuvième chez l'homme et le douzième chez le chien. Comme les fibres musculaires perdent très rapidement leur élasticité, on peut conclure de ces expériences que la presque totalité de l'action est due aux fibres élastiques. Faisons remarquer cependant que cela ne prouve nullement qu'à l'état normal les fibres musculaires n'interviennent pas activement. Pour faire ses expériences, Laborde plaçait les poumons à étudier dans un spiroscope de Woillez, et mettait la trachée en communication avec un tambour à levier. En abaissant le diaphragme artificiel, le poumon était distendu, puis revenait sur lui-même quand on abandonnait le diaphragme. Le retour du poumon était enregistré par le tambour à levier et donnait la mesure de la persistance de l'élasticité.

Au lieu d'extirper le poumon, on peut chercher à paralyser les fibres musculaires sur l'animal vivant. Paul Bert a montré qu'en coupant un des pneumogastriques chez le chien, le bout périphérique avait dégénéré au bout de quatre jours. Au bout de deux mois, l'animal fut sacrifié. L'excitation du pneumogastrique intact donnait lieu à des mouvements du poumon correspondant, tandis qu'il était impossible d'avoir aucune réponse du côté où le pneumogastrique était coupé. Cependant le chien ne semblait nullement gêné dans sa respiration. L'examen histologique ne permit du reste de déceler aucune lésion.

Laborde reprit la même expérience. Un chien dont il avait coupé le pneumogastrique gauche fut sacrifié au bout de trois mois, sans que pendant ce temps ses fonctions n'aient présenté d'altérations notables. Cependant un tracé graphique montrait que l'inspiration du côté gauche était un peu plus faible que du côté droit.

Comme dans le cas de Paul Bert, l'examen histologique ne permit de découvrir aucune lésion du poumon, et il ne semblait y avoir aucune différence entre le côté sain et le côté opéré. Mais en introduisant les deux poumons dans l'appareil de Woillez, on constata que le poumon dont on avait coupé le pneumogastrique trois mois auparavant, ne se dilatait pas aussi complètement que l'autre. Cette dilatation était d'ailleurs irrégulière, certains lobes faisant saillie à la surface, alors que d'autres restaient complètement déprimés. Mais, au point de vue de la rétraction élastique, il ne semblait pas y avoir grande différence entre les deux poumons.

Il semble résulter de ces diverses expériences que, dans la rétraction même du poumon, les fibres musculaires ne jouent qu'un rôle accessoire. Peut-être comme certains auteurs en ont émis l'hypothèse, servent-elles à brasser l'air des alvéoles ou à en régler l'accès comme les fibres musculaires des petits vaisseaux de la circulation règlent l'accès du sang dans les divers territoires.

4. Peau. — L'élasticité de la peau a été fort peu étudiée, et cependant elle joue un rôle considérable dans un grand nombre de circonstances. Il y a en effet des cas où les variations de volume considérables du corps exigent que la peau puisse se dilater. Tel est par exemple le cas de la grossesse où la peau subit parfois une extension assez considérable pour laisser après le retour à l'état premier des traces indiquant que la distension avait été portée aux dernières limites. Il en est de même dans l'accouchement.

Dans le jeu normal des articulations, la peau est aussi soumise à divers tiraillements, il faut donc qu'elle possède une certaine élasticité, afin de se prêter aux mouvements des membres, de ne pas les gêner dans les flexions de leurs divers segments, et cependant de ne pas former de plis. Malgré l'importance de ces faits, comme je le disais plus haut, l'élasticité de la peau n'a pour ainsi dire pas été étudiée, les résultats d'un pareil travail ne pouvant être d'un grand intérêt. Il suffit, en effet, d'avoir constaté que la peau est dans certaines limites extensible et rétractile; la valeur même de son coefficient d'élasticité est assez indifférente, la peau n'étant jamais susceptible d'emmagasiner et de restituer du travail mécanique.

5. Vaisseaux. — Dans toute l'étude de l'élasticité, le chapitre le plus important est, avec celui du muscle, celui des vaisseaux. Non seulement les vaisseaux doivent, comme tous les tissus, posséder une certaine élasticité pour se prêter aux mouvements des membres, mais nous voyons apparaître encore cette propriété comme un facteur important de la circulation.

Nous avons déjà cité l'expérience de Marey qui montre comment l'élasticité des parois d'une conduite peut donner lieu à un écoulement de liquide plus abondant et plus régulier que lorsque ces parois sont rigides. Il en résulte que, pour produire un même débit de liquide, la dépense de travail est moindre dans le cas de tubes d'écoulement élastiques que dans le cas de tubes rigides. Cette circonstance favorable se rencontre généralement dans le corps de l'homme et des animaux : les vaisseaux sont élastiques et il en résulte une épargne du travail du cœur. Si, comme il arrive parfois, cette élasticité vient à disparaître, pour que les diverses parties du corps continuent à recevoir la même quantité de sang, il faut que le cœur fournisse une dépense plus grande. Cela entraîne une série d'accidents qu'il n'y a pas lieu d'examiner ici. Nous avons dit aussi que l'élasticité assure au sang un cours plus régulier, les variations de pression à la périphérie sont moins sensibles, il s'y produit moins de chocs de liquides. Cela est aussi très important ; car la sensibilité des divers organes, parfois très délicats, comme les centres nerveux, est ménagée : ces organes ne sont pas brusquement soumis à des compressions et des décompressions. On voit combien l'élasticité des vaisseaux est une propriété importante, car sa conservation est liée à la fois à l'intégrité de l'organe central de la circulation et au fonctionnement normal de certains organes périphériques.

C'est encore à Wertheim que l'on doit les premières bonnes mesures de l'élasticité des artères et des veines : le résultat de ses expériences est contenu dans le tableau suivant.

SUBSTANCES.	AGE.	POIDS spécifique.	FORMULE D'ALLONGEMENT.	COEFFICIENT d'élasticité.	COHÉSION.
Artères.{ Fémorale.	21 ans.	1,056			0,1403
Fémorale.	30 ans.	1,014	$y^2 = 257747000\,x^2 + 5784200\,x.$	0,052	0,1660
Fémorale devenue cartilagin. . . .	70 ans.	1,085			
Veines.{ Fémorale.	21 ans.	1,055			0,1070
Saphène interne. .	21 ans.	1,048	$y^3 = 1174780\,x^2 + 193970\,x.$	0,844	0,0969
Fémorale.	70 ans.	1,019	$y^2 = 1091550\,x^2 + 169699\,x.$	0,883	0,3108
					0,1490

Parmi les autres auteurs qui se sont encore occupés de cette question il y a lieu de citer particulièrement Roy qui en a fait une étude très approfondie à l'aide de dispositifs nouveaux extrêmement ingénieux.

Dans une première série, de recherches il enregistrait graphiquement les variations de volume d'un fragment de vaisseau dont il avait fermé une extrémité, l'autre extrémité étant en communication avec un appareil de compression.

Les figures 100, 101, 102 représentent ce dispositif, la figure 100 étant une vue d'ensemble et les deux autres donnant le détail de l'enregistreur.

Examinons d'abord cette dernière partie (fig. 102). On a coupé, dans le vaisseau à étudier, un morceau a que l'on a bouché à son extrémité b. L'autre extrémité est fixée sur une des branches d'un tube en T dont les deux autres branches vont, l'une à l'appareil de compression, l'autre à un manomètre. On peut même supprimer une de ces branches, l'appareil de compression pouvant lui-même servir d'instrument de mesure comme nous le montrerons tout à l'heure. Le vaisseau est ensuite enfermé dans un récipient clos de toutes parts et plein d'huile d'olive. La partie inférieure de ce récipient est percée d'un orifice cylindrique formant corps de pompe, dans lequel peut se mouvoir un petit piston. Un système de fermeture spécial assure l'étanchéité absolue. Le piston porte une fine tige d'acier guidée en i et i' et se reliant à un levier amplificateur l qui inscrit sur le cylindre enregistreur. Il est facile de comprendre que toutes les variations de volume de l'artère a, provoquées par des variations de pression interne, vont se transmettre fidèlement au levier enregistreur.

La figure 101 montre comment se fait la compression. Les deux vases h et i sont réunis par un tube en caoutchouc et contiennent du mercure jusqu'à moitié de leur hauteur. Le reste du vase i est rempli par de l'huile comme l'intérieur de l'artère soumise à l'expérience avec laquelle il communique par K.

Quand on déplace le vase h, il en résulte une variation de pression à l'intérieur de l'artère. La pression est mesurée à chaque instant par la différence de hauteur entre les deux vases. Si comme l'indique la figure 101, c'est le cylindre enregistreur lui-même qui règle le déplacement du vase K, les abscisses de la couche représenteront par cela même les pressions.

Dans les cas où il était impossible d'avoir un morceau d'artère intact, lorsque par exemple, à la suite d'une autopsie, certains vaisseaux intéressants avaient été incisés suivant leur longueur, Roy se servait d'un dispositif différent représenté par la figure 100.

L'enregistrement se faisait sur une surface plane, et le cadre portant le papier entraînait le poids tenseur d le long du levier enregistreur qui formait ainsi une espèce de balance romaine. Ici encore les abscisses de la courbe obtenue représentaient les tractions exercées sur le fragment d'artère h. Ce dispositif est analogue à celui qu'a employé BLIX pour étudier l'élasticité musculaire ; Roy s'en est surtout servi pour rechercher comment varie l'élasticité des artères dans les divers cas pathologiques. Les résultats de ces recherches peuvent se résumer ainsi : sur un même animal, l'aorte et les grosses artères se dilatent suivant la même loi sous l'influence d'une pression intérieure ; pour chacune d'elles il y a un maximum d'extensibilité correspondant à la même pression. Dans une

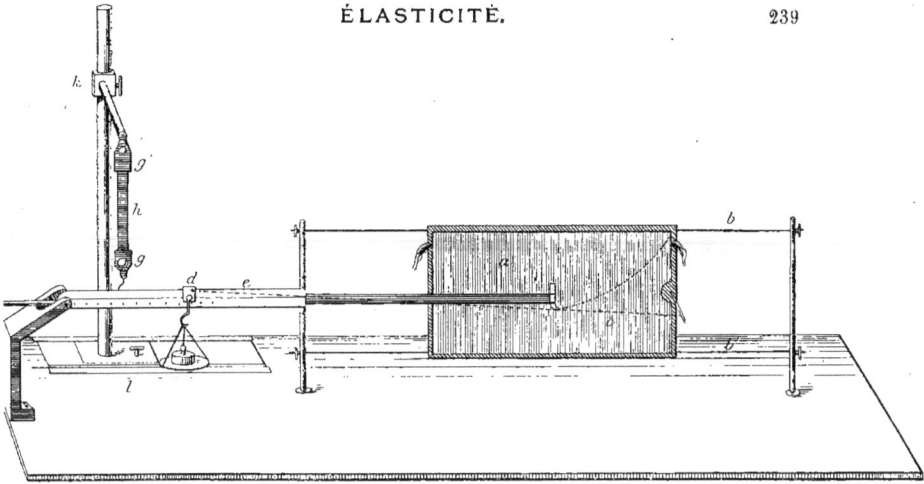

FIG. 100. (D'après Roy.)

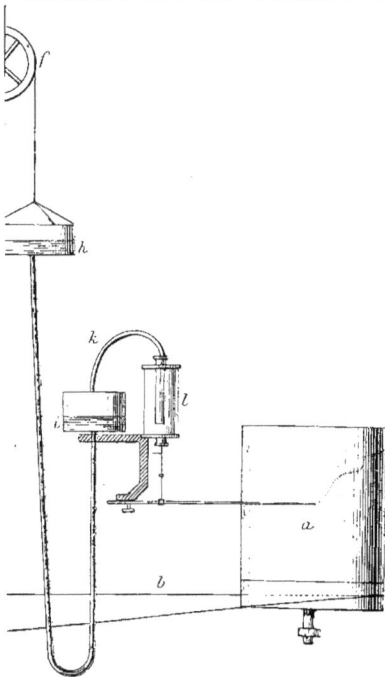

FIG. 101. (D'après Roy.)

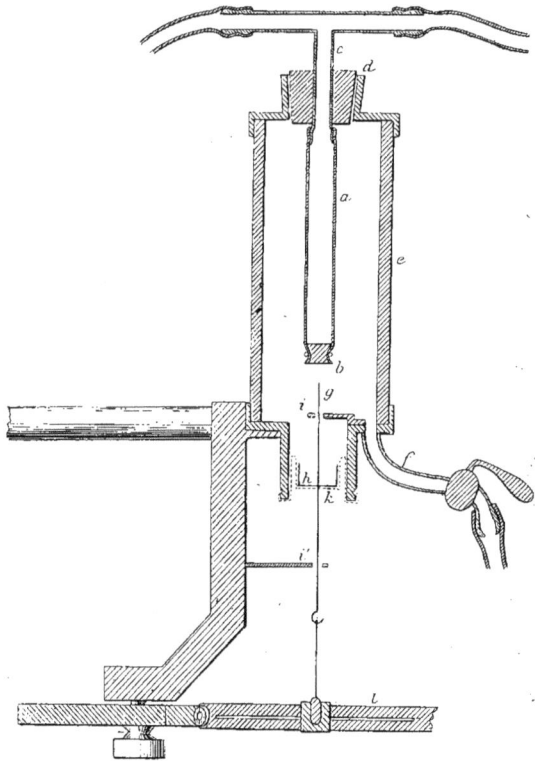

FIG. 102. (D'après Roy.)

même espèce animale il y a de grandes variations individuelles, mais la forme générale de la courbe reste toujours la même chez l'animal sain.

Un des faits les plus remarquables, c'est que toujours le point de plus grande extensibilité se produit pour la pression moyenne du sang chez l'animal soumis à l'expérience.

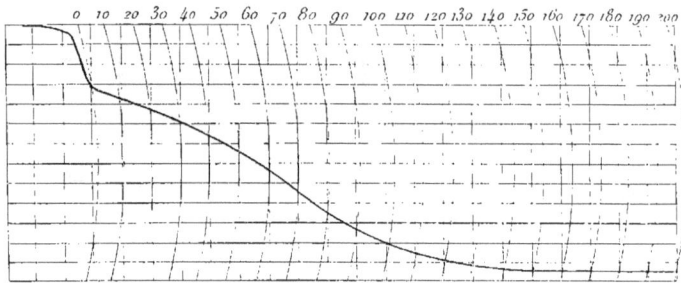

o 10 20 3o 4o 5o 6o 7o 8o 9o 100 110 120 13o 14o 15o 16o 17o 18o 19o 200

FIG. 103. — Élasticité des artères, d'après Roy.

Ce fait d'adaptation fonctionnelle montre bien, s'il en était besoin, le rôle important joué par l'élasticité artérielle dans la mécanique de la circulation.

Enfin chez l'homme, ce n'est que chez les individus très jeunes que l'élasticité artérielle est aussi parfaitement adaptée aux besoins du corps que chez les animaux, il en est généralement ainsi jusqu'à ce que les vaisseaux aient atteint leur complet développement. Dans un âge plus avancé les artères perdent de plus en plus les qualités qui leur permettent de remplir leur pleine fonction dans l'économie.

6. Nerfs. — L'élasticité des nerfs n'a pas par elle-même une importance bien considérable. Sans doute, comme pour les autres organes des membres, ils doivent dans les divers mouvements, pouvoir s'allonger sans en souffrir et revenir ensuite à leur longueur primitive. Mais c'est à cela que se borne tout l'intérêt de leur élasticité, ils n'ont pas à intervenir dans le travail.

WERTHEIM a cependant fait un certain nombre d'expériences sur les nerfs, il a donné leur formule d'allongement, et en a tiré, suivant le procédé que nous avons indiqué plus haut, une valeur du coefficient d'élasticité.

Voici quels sont les résultats de WERTHEIM :

	SUBSTANCES.	AGE.	POIDS spécifique.	FORMULE D'ALLONGEMENT.	COEFFICIENT d'élasticité.	COHÉSION.
	Poplité interne . .	21 ans.	1,038			0,769
	Sciatique	21 ans.	1,030	$y^2 = 9890,0\, x^2 + 36,56\, x.$	10,053	0,900
	Sciatique	35 ans.	1,071	$y^2 = 1720,4\, x^2 + 573\, x.$	23,943	0,963
	Tibial postérieur .	35 ans.	1,040			1,959
	Tibial postérieur .	40 ans.	1,041	$y^2 = 1426,2\, x^2 + 149,28\, x.$	26,427	1,300
Nerfs. .	Sciatique	60 ans.	1,028	$y^2 = 5417,3\, x^2 + 755,4\, x.$	13,517	0,800
	Cutané péronier. .	70 ans.	1,052	$y^2 = 1708,8\, x^2 + 1078,1\, x.$	23,878	3,530
	Sciatique	74 ans.	1,014	$y^2 = 5032,0\, x^2 + 936,8\, x.$	14,004	0,590
	Tibial postérieur .	74 ans.	1,041	$y^2 = 905,0\, x^2 + 960,2\, x.$	32,117	
	Saphène externe. .	74 ans.	1,050			
	Le même, desséché.	74 ans.	1,129	$y^2 = 36,79^2\, x + 49,18\, x.$	164,198	9,46

WERTHEIM a, de plus, voulu se rendre compte des variations que pouvait subir ce coefficient d'élasticité dans les jours qui suivaient la mort. Il a pour cela fait une expérience sur un gros chien, et a trouvé que le coefficient d'élasticité augmentait sensiblement.

Immédiatement après la mort il était en effet de 17,768, et, cinq jours après, de 26,453.

Il trouva aussi que le coefficient d'élasticité des nerfs allait en augmentant avec l'âge. Il semble au contraire diminuer quand le diamètre du nerf augmente, toute proportion gardée, bien entendu.

7. Tendons et Ligaments. — Dans certaines conditions, l'élasticité des tendons et surtout celle des ligaments peut jouer un rôle très considérable. Il n'est pas question ici d'épargne du travail comme dans le cas des artères, mais plutôt d'une protection de certains organes dans les mouvements brusques ou anormaux des membres. L'extensibilité des tendons est minime par rapport à celle des muscles, elle n'intervient donc pas lors des allongements ou raccourcissements de ces derniers : quant aux ligaments, il ne peut être question pour la même raison de leur faire jouer un rôle dans la flexion ou l'extension des articulations. Mais dans certains mouvements forcés il peut être nécessaire que les ligaments s'allongent sans se déchirer : il en est de même pour les tendons lors de la contraction brusque de certains muscles. WERTHEIM a fait quelques expériences sur les tendons. Elles portent presque toutes sur le plantaire grêle, et, comme on peut le voir, les résultats obtenus présentent de grands écarts les uns avec les autres. Les expériences de WERTHEIM sont faites avec trop de soin pour que l'on puisse attribuer ces écarts à des erreurs de technique ou à l'imperfection des méthodes : elles sont certainement dues à des différences individuelles. Il est d'ailleurs regrettable que les expériences de WERTHEIM n'aient pas porté sur divers tendons d'un même individu, afin de voir si les écarts constatés sont accidentels ou varient régulièrement d'un individu à l'autre, simultanément pour toutes les parties du corps.

TISSUS.		AGE.	POIDS spécifique.	FORMULE D'ALLONGEMENT [1].	COEFFICIENT. d'élasticité.	COHÉSION.
Tendons	Du plantaire grêle.	21 ans.	1,115	$y^2 = 48.21\,x^2 + 80,86\,x$.	164,71	10,38
	Du plantaire grêle.	33 ans.	1,125	$y^2 = 51,04\,x^2 + 55,85\,x$.	139,42	4,91
	Du long fléchisseur propre du gros orteil.	35 ans.	1,132	$y^2 = 60,58\,x^2 + 9,91\,x$.	128,39	»
	Le même, après une légère dessiccation à l'air . .	35 ans.	»	$y^2 = 29,72\,x^2 + 5,36\,x$.	183,44	»
	Le même, complètement desséché à l'air.	35 ans.	»	$y^2 = 28,64\,x^2 + 0,867\,x$.	186,85	4.11
	Du plantaire grêle.	40 ans.	1,124	$y^2 = 51,69\,x^2 + 48,22\,x$.	134,78	7,10
	Du plantaire grêle.	70 ans.	1.114	$y^2 = 34,53\,x^2 + 67,20\,x$.	169,21	5,61
	Du plantaire grêle.	74 ans.	1,105	$y^2 = 24,35\,x^2 + 135,38\,x$.	200,50	5,39

1. y représente les allongements en millimètres par mètre de longueur.
   x les charges en kilogrammes par millimètre carré de section.

Il ne semble pas que le coefficient d'élasticité varie après la mort comme cela arrive pour le nerf.

8. Cartilage. — RAUBER me paraît être le seul auteur qui se soit occupé du coefficient d'élasticité du cartilage : encore ses expériences sont-elles peu nombreuses. Les unes ont été faites sur le cartilage costal (*Rippen-Knorpel*) les autres sur ce que l'auteur appelle *Knochen-Knorpel* et qui n'est en somme que de l'os décalcifié. Il préparait en effet dans ce but de petits prismes d'os et les faisait macérer dans une solution légère d'acide chlorhydrique. Quoi qu'il en soit, ces expériences, faites par traction, lui donnèrent les variations suivantes.

Knochen-Knorpel.	3,888	Kg.
Rippen-Knorpel.	0,875	mill. carré.

Ces chiffres expriment le nombre de kilogrammes de traction qu'il faut exercer par millimètre carré de section pour doubler la longueur de ce prisme.

9. Os. — C'est encore à WERTHEIM que nous devons les premières recherches suivies sur l'élasticité des os. Après quelques essais sur le péroné, il dut renoncer à se servir d'os entiers, par suite de la difficulté qu'il rencontra à bien saisir les os dans les griffes de traction. Un serrage trop énergique donnait en effet lieu à des fêlures de ces os. Il se servit alors de bandes coupées dans le fémur : ce dernier procédé permettait aussi une détermination plus exacte de la section de l'os au point de rupture. WERTHEIM trouva que les allongements étaient sensiblement proportionnels aux tractions, surtout pour les os secs, ceci comme on sait n'a pas lieu pour les autres tissus. Pour les os frais, le coefficient d'élasticité augmentait un peu avec la déformation. Il semble que le coefficient d'élasticité augmente avec l'âge.

Voici du reste l'ensemble des résultats de WERTHEIM.

Élasticité des os. — Homme.

TISSUS.	AGE.	POIDS spécifique.	FORMULE D'ALLONGEMENT [1].	COEFFI- CIENT. d'élasticité.	COHÉSION
Bande du fémur. .	21 ans.	1,968	$y = 0{,}4585\,x.$	2181	6.87
du péroné .	21 ans.	1,940	$y = 0{,}3690\,x.$	2710	10,26
du fémur. .	30 ans.	1,984	$y = 0{,}5498\,x.$	1849	10,50
Os . . . du péroné .	30 ans.	1,997	$y = 0{,}4857\,x.$	2059	15,03
du fémur. .	60 ans.	1,849	$y = 0{,}4130\,x.$	2421	6,10
du péroné .	60 ans.	1,799			3,30
du fémur. .	74 ans.	1,987	$y = 0{,}3791\,x.$	2638	7,30
du péroné .	74 ans.	1,947			4,335

1. y représente les allongements en millimètres par mètre de longueur.
   x les charges en kilogrammes par millimètre carré de section.

Deux autres travaux importants ont paru sur la même question. Le premier est dû à RAUBER, le second à MESSERER. Mais les recherches de ce dernier portent à peu près exclusivement sur des os entiers et ont été faits dans le but d'applications chirurgicales.

On trouve dans son travail la résistance à la déformation et à la rupture du crâne, du bassin, du maxillaire inférieur des vertèbres et des divers os longs du corps dans différentes conditions, mais ce serait, il nous semble, sortie de notre sujet que de rapporter avec détails toutes ces expériences. RAUBER a, de même que WERTHEIM, découpé dans divers os de petits prismes qui lui servaient de corps d'épreuve, et ses expériences ont porté sur la résistance à la déformation par traction, compression, flexion, torsion et cisaillement.

Pour ce qui est du coefficient d'élasticité proprement dit, RAUBER fait remarquer que, n'ayant que des corps d'épreuve très courts, les méthodes par allongements manquent de précision : il s'est alors servi pour cette détermination de la déformation par flexion, et il a déduit le coefficient d'élasticité de cette déformation par une formule.

Voici dès lors le résumé de ses expériences.

Sur ce tableau on peut suivre les différentes causes qui modifient l'élasticité des os. Il ne semble pas qu'on en puisse tirer une conclusion bien nette sur l'influence de l'âge. Il est au contraire manifeste que les os frais et chauds ont une moindre résistance à la déformation que les os secs et froids.

Élasticité des os. — Homme.

TISSUS.	AGE.	E.	OBSERVATIONS.
Humérus	30 ans.	1961	Os sec à 15°-20°.
»	»	2315	
Fémur.	?	2433	
»	»	2098	
»	46 ans.	2560	
»	»	2311	
»	»	2065	
»	70 ans.	2364	
»	»	2195	
»	»	2327	
»	46 ans.	2137	Os frais 15°-20°.
»	»	2081	
»	»	2339	
»	»	2424	
»	»	2213	
»	»	1891	
Tibia	»	2323 et 2045	
»	»	2469 et 2372	
»	»	2000	
»	»	à 10° à 38°	Os frais à diverses températures.
»	»	2337 2041	
»	»	1983 1871	
Fémur	»	2213 1982	
»	»	— 2093	
»	»	— 2099	
»	»	frais. sec.	Os frais ou sec.
»	»	2137 2560	
»	»	2081 2311	
»	»	1891 2065	

Pour terminer, donnons encore une table de comparaison des coefficients d'élasti
cité des divers tissus du corps humain.

TISSUS.	E.
Os.	1871-2794
Cartilage costal.	0,875-1,071
Tendon	166,93
Nerf.	10,905
Muscle.	0,273-1,271
Artères	0,0726
Veines.	0,844

Ces chiffres expriment le nombre de kilogrammes de traction nécessaire pour doubler
la longueur d'un prisme de substance de 1 millimètre carré de section.

GEORGES WEISS.

ÉLASTINE. — Si l'on traite le tissu élastique par divers réactifs, l'alcool et
l'éther pour enlever les graisses et produits azotés cristallisables ; la potasse diluée, puis
les acides minéraux dilués pour dissoudre les matières protéiques solubles, il reste une
masse élastique, qui ne se dissout ni dans la potasse à froid, ni dans l'acide acétique concentré bouillant. C'est l'*élastine*.

L'élastine se dissout à chaud dans la potasse. Par sa composition elle se rapproche des matières albuminoïdes, mais elle en diffère par l'absence de soufre.

Voici, d'après GORUP-BESANEZ (*Traité de chimie physiol.*, trad. franc., I, 194), sa composition centésimale élémentaire :

MOYENNE
de 6 dosages.

Carbone. 55,4
Hydrogène 7,4
Azote. 16,7
Oxygène 20,5

Ces chiffres sont tout à fait ceux des autres matières protéiques.

Bouillie avec l'acide sulfurique, l'élastine donne de la leucine.

D'après HORBACZEWSKI (cité par GAUTIER, *Chimie biolog.*, 113), la composition de l'élastine serait la suivante (d'après 9 analyses).

Carbone. 54,22
Hydrogène. 6,99
Azote. 16,74
Oxygène. . . . . (21,05)

HILGER (cité par GAUTIER), prépare l'élastine avec l'enveloppe des œufs de serpent constituées en grande partie par cette substance, et la composition qu'il donne est :

Carbone 54,68
Hydrogène. 7,24
Azote 16,37
Oxygène. 21,71

Elle est très difficilement digestible, et le plus souvent on retrouve dans les matières fécales les fibres élastiques non digérées. Pourtant, d'après HORBACZEWSKI, sous l'influence de la pepsine, elle donne de l'élastine peptone.

A. GAUTIER fait rentrer l'élastine dans le groupe des protéiques collagènes, mais en faisant remarquer qu'elle ne donne pas de gélatine à l'ébullition avec l'eau, qu'elle constitue par conséquent un terme de passage entre les collagènes proprement dites et les matières kératiniques.

ÉLASTIQUE (Tissu).

— Le tissu élastique est constitué par des fibres qui se trouvent parfois disséminées dans le tissu cellulaire, parfois réunies en amas assez notables pour lui donner une consistance et une résistance toutes spéciales. Elles résistent aux actions chimiques (alcool, potasse, pepsine chlorhydrique) qui détruisent les autres tissus. Les fibres élastiques se trouvent dans beaucoup de régions et d'organes, dans la peau, dans la tunique moyenne des artères, dans les ligaments vertébraux, etc. Leur fonction physiologique paraît être uniquement de donner aux parties qu'elles unissent un lien souple, résistant et élastique.

La composition chimique de ces fibres est caractérisée par la présence d'une matière azotée spéciale, l'élastine (voyez Élastine).

ÉLATÉRINE ($C^{20}H^{28}O^{5}$).

— Substance extraite du concombre sauvage (*Momordica elaterium*). Elle est insoluble dans l'eau et les acides, très soluble dans l'alcool. Ses propriétés purgatives sont déjà manifestes à des doses de 3 à 5 milligrammes (EMILY *Étude sur le Momordica elaterium. D. Montpellier*, 1886 et RUATA. *Sull'azione dell' elaterina. Gazz. di osp.*, 1885, VI, 739 et 746).

ÉLECTRICITÉ (Mort par l').

— Voyez Fulguration.

ÉLECTRICITÉ.

PREMIÈRE PARTIE

Notions générales de physique.

Introduction. — Nous ne pouvons avoir l'intention dans cet article de faire un exposé théorique des phénomènes électriques. Nous voulons seulement donner un aperçu des résultats pratiques obtenus dans cette science, assez complet et assez net pour que les physiologistes y trouvent les renseignements indispensables. Ils doivent en effet utiliser en connaissance de cause l'énergie électrique dans les nombreuses circonstances où son emploi s'impose pour les recherches dont ils s'occupent. Nous serons extrêmement brefs pour l'exposé de l'électro-statique; nous nous bornerons à en dire ce qui est indispensable pour comprendre les phénomènes ultérieurs et pour utiliser les machines statiques et les condensateurs. Nous supposerons que le lecteur connaît les principes de la physique élémentaire.

CHAPITRE 1

PHÉNOMÈNES FONDAMENTAUX

I. — Magnétisme et Électrostatique.

Magnétisme. — Nous ne décrirons pas les expériences fondamentales de magnétisme que le lecteur doit connaître; nous admettrons l'existence des aimants, des corps susceptibles de s'aimanter par influence et celle du magnétisme terrestre; nous rappellerons seulement les définitions relatives au *champ magnétique*.

Quand, autour d'un aimant, on déplace une petite aiguille aimantée ou une petite aiguille de fer doux, on voit qu'elle prend en chaque point une certaine orientation. Nous avons ainsi un moyen de tracer en chaque point la direction de la force magnétique, car le pôle positif de l'aiguille exploratrice et son pôle négatif sont attirés en sens opposés; l'aiguille ne sera donc en équilibre que quand sa ligne des pôles sera orientée comme la force magnétique. Quand dans un espace il existe en tout point une force agissant sur un corps déterminé, on dit que cet espace constitue pour ce corps un *champ de force*. Si nous supposons maintenant que nous traçons la force F en un point M, puis, par un point M_1 voisin de M et pris sur F, la force F_1, et ainsi de suite, la ligne M M_1 M_2, à laquelle toutes les forces sont tangentes, formera ce qu'on appelle une *ligne de force*.

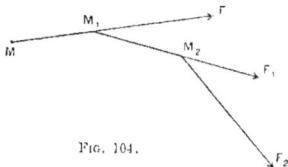

Fig. 104.

Si maintenant nous voulons connaître, par exemple, l'effet produit par un champ de force sur un corps solide terminé par une face plane normale à la force, nous voyons que, si l'on prend sur la face plane un élément assez petit pour que la force soit constante en tous ses points, l'action exercée par le champ sur un élément sera proportionnelle à la force et à la surface sur laquelle elle agit. Le produit FS ainsi obtenu est ce qu'on appelle *flux de force* à travers la surface S.

Si la surface S est oblique sur la force F, tout se passe comme si la composante *f* de la force F normale à S agissait seule. C'est alors *f*S que l'on appelle le flux de force à travers la surface S. Nous verrons, à propos des phénomènes d'induction, combien est utile cette notion du flux de force, combien elle rend clair et facile l'exposé des phénomènes.

Ces notions essentielles sur le magnétisme étant rappelées, nous pouvons commencer à exposer les phénomènes électriques. Nous supposerons acquises, et la notion des corps isolants et conducteurs, et la connaissance des phénomènes d'influence.

La masse électrique. — L'expérience la plus simple nous apprend que deux corps frottés, s'ils sont isolants ou isolés, acquièrent chacun la propriété de créer alentour un champ de force. Un corps, préalablement frotté lui-même, isolant ou isolé comme les premiers, sera attiré par l'un de ceux-ci, repoussé par l'autre. Les savants de la fin du siècle dernier et du commencement de celui-ci, séduits par la simplicité de la loi de l'attraction universelle de Newton admirent immédiatement, avec Coulomb, l'existence de deux fluides agissant à distance indépendamment de tout milieu interposé, chacun d'eux attirant celui de nom contraire et repoussant celui de même nom, en raison inverse du carré des distances, et deux petites sphères chargées agissant suivant la droite qui joint leurs centres. Les deux fluides s'appelèrent l'électricité positive et l'électricité négative.

Nous insisterons au point de vue expérimental sur une seule propriété, c'est celle du conducteur creux. L'expérience montre qu'une enveloppe métallique protège complètement au point de vue électrique les corps qu'elle contient. Si ceux-ci sont métalliques et électrisés, ils perdent cette qualité d'une manière complète en touchant les parois. C'est un fait primordial au point de vue théorique; il l'est aussi au point de vue pratique. En effet, introduire un corps dans un conducteur creux et lui faire toucher les parois, c'est le seul moyen de le décharger complètement, et cela indépendamment de la charge du conducteur creux. Toutes les fois qu'on veut protéger un corps contre les actions électriques ambiantes, le seul moyen est de le placer dans le conducteur creux. Cela est facile à réaliser car si, en théorie, la continuité de la paroi conductrice est nécessaire, en pratique un tissu métallique à mailles même larges suffit à protéger ce qu'il enveloppe.

Nous allons maintenant étudier ce qu'on nomme la *masse* électrique.

Il n'est pas besoin d'insister sur notre répugnance à admettre des actions à distance entre deux corps, sans qu'elles soient transmises de proche en proche par un milieu interposé.

Mais, outre cela, les fluides électriques furent immédiatement doués de propriétés extraordinaires. Ils étaient susceptibles de se masser en quantité finie dans une couche infiniment mince à la surface des corps dits conducteurs. Bien plus, ces fluides pouvaient se masser en tout point de l'espace en quantité infinie et sans produire aucun effet, à condition qu'il y eût des quantités égales de l'un et de l'autre fluide.

Quoi qu'il en soit, la loi de Coulomb peut servir pour l'étude quantitative des phénomènes, car les expériences de Coulomb, et d'autres sur lesquelles nous reviendrons, ont montré que *tout se passe comme s'il existait des fluides doués des propriétés ci-dessus.* Quoique ce ne soit pas ici le lieu d'entrer dans de grands détails théoriques, mentionnons cependant qu'un théorème démontré en 1894 par Vaschy a apporté cette notion nouvelle : *La masse électrique, telle que l'a conçue Coulomb, est une expression mathématique liée à certaines propriétés du champ de force électrique, et absolument indépendante de toute théorie sur la nature des phénomènes électriques.*

Nous voyons donc que ce qu'il y a de mieux pour un exposé des phénomènes électrostatiques, c'est d'employer le nom et les propriétés de la masse électrique, à condition de ne pas nous la représenter comme une matière véritable, et de ne pas considérer l'existence en tout point de deux fluides s'annulant et prêts à être séparés sous l'action du champ électrique.

L'énergie électrostatique. — Le potentiel[1]. — Appliquons le principe de la conservation de l'énergie. Nous savons que des masses de même nom se repoussent. Donc, pour électriser la surface d'une boule métallique, il a fallu y amener au voisinage l'une de l'autre des masses qui se repoussent : il a donc fallu dépenser un certain travail. Ce travail s'est transformé et est actuellement emmagasiné sous forme d'énergie électrostatique; c'est cette énergie que nous aurons ultérieurement à notre disposition pour produire des phénomènes utilisables. Nous devons donc chercher à évaluer la grandeur de cette énergie électrostatique.

Soient deux masses M et M'; M' est supposée assez petite pour ne pas troubler sensiblement le champ. La force électrique f' exercée par M sur M' est dirigée suivant MM'. Si donc M' se déplace sur la sphère décrite de M comme centre, le travail de la force électrique agissant sur M' sera nul. Si maintenant nous considérons un déplacement

1. Ceux de nos lecteurs qui sont effrayés par des considérations mathématiques élémentaires doivent passer ce qui suit et se reporter tout de suite au paragraphe *Définition expérimentale du potentiel* (p. 248). Nous avons cependant tenu à exposer la théorie du potentiel dans ses grandes lignes et en ne nous servant que du calcul élémentaire. La théorie mathématique est en effet réduite ici à ce qu'elle a de plus simple, et les notions les plus élémentaires suffisent pour lire ce qui a trait au potentiel dans cet article.

très petit M'M'', le travail[1] de la force électrique sera $fM'm$, car la force f peut être considérée comme sensiblement constante[2] pendant le trajet M' M''. Nous voyons donc, puisque la droite M'' m est sensiblement confondue avec la circonférence de centre M, que le travail nécessaire pour amener la masse M' d'une sphère de centre M sur une autre très voisine, est indépendant du trajet suivi. Ce raisonnement peut se répéter de proche en proche, et on voit que la même proposition existe pour le passage d'une masse électrique, d'une sphère de centre M à une autre quelconque. Si maintenant nous prenons deux points quelconques, nous voyons, en opérant de proche en proche, que le travail dépensé pour amener une masse de l'un à l'autre est indépendant du chemin parcouru.

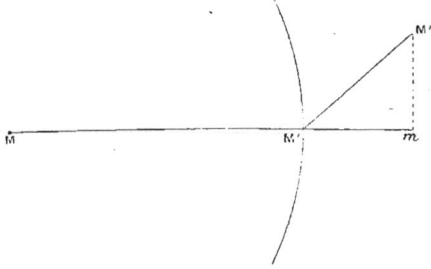

Fig. 105.

Cela se généralisera évidemment si nous considérons un système composé de plusieurs masses MM₁M₂, agissant sur une masse M', le travail nécessaire pour aller d'un point à un autre est toujours indépendant du chemin parcouru; il est le même pour M' α M'₁ et M' β M'₁; ce qui revient à dire que le travail dépensé contre la force électrique pour faire parcourir à M' un circuit fermé est nul.

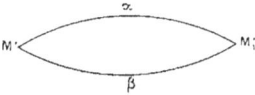

Fig. 106.

D'ailleurs, en chaque point de l'espace, il y a une force électrique, et nous pouvons considérer des surfaces qui soient partout normales à la force électrique. Le déplacement d'une masse électrique sur une de ces surfaces n'exigera aucun travail. Soit donc une ligne tracée M'₁M'₂ sur la surface normale aux forces passant par M'₁; le travail dépensé le long du contour M'M'₁M'₂, est le même que le travail dépensé le long de M' M'₁. Or le travail dépensé le long de M'₁ M'₂ est nul, donc le travail dépensé suivant M' M'₂ est le même que le travail dépensé suivant M' M'₂. Ces surfaces normales à la force en chaque point jouissent donc de la même propriété que les sphères de tout à l'heure, le travail dépensé pour amener une masse électrique déterminée de l'une d'elles sur la suivante est le même quels que soient les points choisis sur les deux surfaces. Si donc nous considérons une surface infiniment éloignée, sur laquelle la force est nulle, nous voyons que *le travail dépensé pour amener une masse électrique de grandeur déterminée de l'infini sur une surface déterminée normale aux forces est une constante caractéristique de cette surface; la valeur de ce travail, quand la masse déplacée est égale à l'unité de masse électrique, est ce qu'on appelle le potentiel de cette surface. Les surfaces ainsi construites se nomment surfaces équipotentielles.*

L'existence de deux surfaces équipotentielles infiniment voisines détermine complètement la force en chaque point.

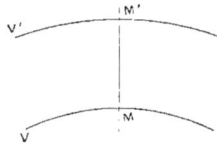

Fig. 107.

En effet, si V est le potentiel en M, V' le potentiel en M', le travail pour aller de M en M' en suivant la ligne de force, qui, dans ce petit espace peut être considérée comme

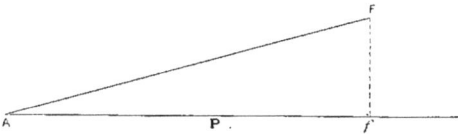

Fig. 108.

1. On appelle travail d'une force pendant un déplacement le produit de ce déplacement par la projection de la force sur lui. Ainsi le travail de la force AF pour le déplacement AP est AP×A f. Si donc la force et le déplacement sont rectangulaires, le travail est nul. Un véhicule sans frottement en terrain plat se mène sans effort.

2. Les principes du calcul différentiel montrent que cette approximation et celles de même nature faites dans la suite sont rigoureuses.

rectiligne, est $V' - V$. Le travail dépensé est d'ailleurs F. MM'. Donc $V' - V = F \times MM'$ d'où $F = \dfrac{V' - V}{MM'}$. Nous voyons donc immédiatement que, pour que la force électrique soit nulle dans une région de l'espace, il faut et il suffit que le potentiel y soit constant.

Ceci suffit pour démontrer que le potentiel d'un corps conducteur est constant, dans quelque condition qu'il se trouve, en régime électrostatique permanent.

Quand on admet complètement la théorie des fluides, on se contente de dire que si dans le corps conducteur il y avait une force, les deux fluides qui existent toujours à l'état de combinaison, seraient décomposés par la force électrique, et que l'état qui en résulterait ne saurait être stable, puisque le corps est conducteur.

Il n'est pas besoin de faire ressortir combien ce raisonnement est peu satisfaisant; car, si nous avons le droit de faire intervenir la masse électrique dans les calculs de force, nous ne saurions admettre l'existence de masses égales et de signes contraires en quantité infinie en tout point d'un corps. Il vaut mieux considérer ceci comme un fait expérimental. Il résulte en effet des expériences fondamentales de FARADAY, que la force électrique est toujours nulle en tous les points d'un conducteur creux, quelles que soient les actions qu'il subit par l'extérieur. De même tous les phénomènes électriques produits à l'intérieur d'un conducteur creux sont sans aucune action extérieure. Un corps conducteur est donc forcément toujours tout entier au même potentiel, puisque la force y est nulle et que la surface est une surface équipotentielle.

De ce qui précède, il résulte immédiatement que si on augmente d'une même quantité tous les potentiels d'un système, les forces n'y seront pas changées et aucune expérience ne pourra indiquer l'augmentation de potentiel produite. La différence de potentiel entre deux points est donc seule intéressante.

Cherchons maintenant la relation entre le potentiel d'un corps conducteur et sa charge, c'est-à-dire la quantité d'électricité qui est accumulée à sa surface.

Il est évident que, si nous avons un système de masses électriques donnant en un point une certaine force F, nous aurons en ce même point, la force KF dirigée comme F, si toutes les masses agissantes sont respectivement multipliées par K, et si la masse très petite qui nous sert à l'exploration du champ reste la même; cela sera vrai en tous les points de l'espace. Reportons-nous maintenant à la relation entre la force et le potentiel $F = \dfrac{V' - V}{MM'}$. La force devenant KF, il faudra évidemment, pour une même grandeur MM', que l'on ait $V'_1 - V_1 = K(V' - V)$. Mais cela doit être vrai pour toutes les valeurs de MM', tant qu'il reste petit, et aussi pour tous les points du champ. Donc on doit avoir partout, pour le nouveau système, $V_1 = KV$. Si en effet nous considérons un point où le potentiel est nul, et il y en a toujours au moins à l'infini, les relations précédentes montrent que pour ces points où $V = V_1 = 0$ on a $V'_1 = KV'$, ce qui, répété pour tout le champ de proche en proche, démontre les propositions suivantes :

Si on multiplie par un même nombre toutes les masses agissantes d'un champ électrique, la forme des surfaces équipotentielles reste la même.

On conclut immédiatement de là, puisque la surface d'un conducteur est équipotentielle, que la superposition sur la surface de ce conducteur de deux systèmes de masses en équilibre est encore un état d'équilibre.

Enfin, le potentiel en tout point de l'espace autour d'un conducteur est proportionnel à la charge de ce conducteur.

Cette dernière conclusion s'applique évidemment au conducteur lui-même.

La capacité électrique. — Si donc nous appelons Q la quantité d'électricité contenue à la surface d'un conducteur, et V son potentiel, nous aurons $Q = CV$, C étant une constante en rapport avec la forme et les dimensions du conducteur; c'est ce qu'on appelle sa capacité.

Ce qui précède était indispensable pour comprendre la notion de capacité, qui est une des plus importantes au point de vue de la pratique physiologique, l'irritabilité des tissus étant fréquemment mise en jeu par des décharges de condensateurs.

Définition expérimentale du potentiel. — On peut admettre comme lois expérimentales la plus grande partie des résultats que nous venons de démontrer rationnellement. Nous allons maintenant prendre la question de cette manière pour ceux qu'effraie l'appareil mathématique qui précède. Supposons un corps conducteur chargé A, les expériences connues du plan d'épreuve de Coulomb montrent que la densité électrique n'est pas la même en tous les points du corps. Mais, si au lieu d'appliquer le corps d'épreuve contre la surface, on le met à distance de celui-ci, et en communication par un fil fin, comme le corps a de la figure, on s'aperçoit que la charge du corps est absolument indépendante du point du corps A touché par le fil de communication.

Cela est évident par la théorie précédente; car les corps forment un seul conducteur qui doit être équipotentiel, mais on peut le considérer comme un pur résultat expérimental. La constante du corps A s'appelle son potentiel.

Définition expérimentale de la capacité.
— Si on augmente la charge du corps A, on voit que la charge du corps a croît proportionnellement à celle du plan d'épreuve placé en un point toujours le même, quel que soit ce dernier point. On peut donc dire que le potentiel d'un corps chargé est proportionnel à sa charge. Nous voyons donc que nous pouvons poser $Q = CV$, en appelant Q la charge totale d'un corps, et V son potentiel, C étant une constante. Cette constante est ce qu'on nomme la capacité du conducteur A.

Comparaison des capacités. — Les instruments destinés à être utilisés pour la mesure des potentiels sont les électromètres.

Le plus simple est composé de deux feuilles d'or minces (fig. 110) qui s'écartent quand elles sont chargées de la même manière; nous supposerons que nous en avons un à notre disposition, il va nous servir à étudier les conditions d'où dépend la capacité d'un corps conducteur. Nous décrirons plus loin les instruments de précision qui permettent d'établir les lois d'une manière indiscutable, et qui servent pratiquement dans les mesures.

Nous pouvons comparer les capacités de corps différents, uniquement avec ce que nous savons. Soit un corps A chargé d'une quantité Q d'électricité. Nous mesurons son potentiel V_A par l'électromètre a. Appelons C_A sa capacité. Mettons B, primitivement au potentiel o, en communication lointaine avec A. Soit C_B sa capacité; appelons V le potentiel final du système qui nous sera indiqué par a, et exprimons que la quantité d'électricité qui était sur A s'est répartie sur A et B : on a $Q = C_A V_A = (C_A + C_B) V_B$ (1). Prenons un deuxième corps D et recommençons, nous aurons une deuxième relation où C_B sera remplacée par C_D. La relation (1) détermine le rapport $\dfrac{C_B}{C_A} = \dfrac{V_A}{V_B} - 1$, la deuxième déterminera $\dfrac{C_D}{C_A}$. Nous avons donc le moyen de comparer les capacités des corps B, D, etc., ou de les mesurer en prenant C_A comme unité.

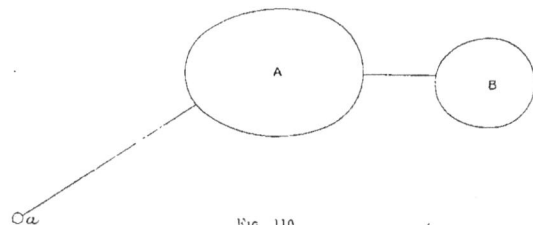

On voit ainsi que : 1° la capacité est indépendante de la nature du métal.

2° Elle dépend de la forme du corps B.

3° Quand le corps B est une sphère, éloignée de tout autre corps conducteur, elle est proportionnelle à son rayon.

4° Le voisinage d'un corps conducteur augmente la capacité de B.

5° Si on prend deux plans assez grands par rapport à leur distance, la capacité de l'un d'eux est inversement proportionnelle à la distance de l'autre, à sa surface et au facteur $\dfrac{1}{4\pi}$. L'ensemble de deux surfaces voisines, dont chacune augmente la capacité de l'autre, s'appelle un *Condensateur*. Il est utile de savoir dans quelles limites s'effectue ainsi la condensation électrique. Les expériences précédentes nous permettent de résoudre la question. Soit une sphère de 10 centimètres de rayon. Sa capacité sera mesurée proportionnellement par 10, d'après ce qui précède. La surface de la sphère de rayon 10 centimètres est $4\pi.100$ centimètres carrés. Si nous prenons deux plans de cette même surface et distants de 1 millimètre ou $0^c,1$, la capacité sera $\dfrac{\partial}{4\pi.0^c,1} = \dfrac{4\pi.100}{4\pi.0^c,1} = 1000$. La capacité du condensateur sera donc 100 fois celle de la sphère.

Tous ces résultats, que nous avons obtenus expérimentalement, sont d'ailleurs aisément obtenus par le calcul en partant de la loi de COULOMB. Mais ces calculs auraient été trop compliqués pour trouver place ici.

Énergie d'un système électrisé[1]. — Il nous reste, pour connaître ce qui est indispensable, à savoir calculer la quantité d'énergie nécessaire pour amener un corps conducteur de capacité C au potentiel V. Représentons suivant ox les charges d'un corps conducteur, suivant oy ses potentiels. Quand la charge croît, le potentiel croît proportionnellement, puisque C est une constante, et que nous avons la relation $Q = CV$. Donc la ligne OV, qui représente l'accroissement des potentiels, sera une droite. Supposons qu'à un instant la charge Oq devienne Oq', c'est-à-dire croisse de qq'. Le potentiel croîtra de mN et le travail à dépenser sera compris entre celui qui est nécessaire pour amener la masse qq' au potentiel qM et celui qui est nécessaire pour l'amener au potentiel $q'N$. Ce travail est donc compris entre $qq' \times qM$ et $qq' \times q'N$ ou $qq'(Q'm + mN)$. Si qq' est assez petit, mN est une très petite fraction de qM, et nous ferons une erreur relative sur le travail qui sera égale à cette même fraction en prenant pour ce travail $qq' \times qM$. Cette fraction peut d'ailleurs être rendue aussi petite qu'on voudra en prenant qq' assez petit.

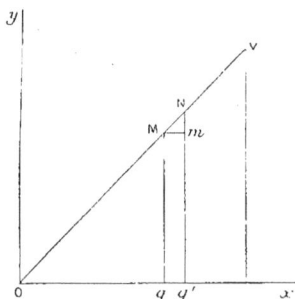

Fig. 111.

Répétons ce raisonnement pour tous les accroissements de charge tels que qq', nous voyons que le travail dépensé pour amener lp quantité OQ au potentiel QV sera l'aire du triangle OQV, c'est-à-dire $\frac{1}{2}$ QV, en négligeant une quantité très petite. Nous arrivons ainsi à ce résultat : *l'énergie à dépenser pour amener un conducteur à posséder une certaine charge sous un certain potentiel est égale à la moitié du produit de la charge par le potentiel.*

Cela semble en contradiction au premier abord avec ce fait que le travail QV est nécessaire pour amener une quantité d'électricité Q de l'infini sur une surface de potentiel V. Mais, dans cette définition du potentiel, nous avons supposé la masse Q assez petite pour ne pas modifier sensiblement le champ, et c'est pour être conforme à cette définition que nous avons opéré le raisonnement précédent au moyen de la sommation des effets dus à des masses infiniment petites. L'application seule de ce principe amène au résultat énoncé.

Influence. — Revenons maintenant à ce qui se passe pour un corps conducteur placé dans un champ électrique, et mis en communication avec la terre. Dans ce cas, son potentiel est nul. Or le champ électrique dû aux masses électriques extérieures à ce corps n'est pas nul : donc il faut qu'à la surface du corps conducteur isolé il y ait une distribution électrique qui annule le champ dû dans l'intérieur du corps A aux masses extérieures. Si donc nous avons un champ dû à une masse positive M, il faudra qu'il existe sur le conducteur isolé une distribution d'électricité négative.

On dit alors qu'il y a sur le corps A de *l'électricité induite*. Si, au lieu d'être au sol, le

---

1. Ce paragraphe devra être passé par ceux qui n'ont pas lu la théorie mathématique du potentiel ci-dessus, ou du moins ils devront admettre que le travail nécessaire pour amener une masse Q au potentiel V est QV.

corps A était isolé, il y aurait dans la partie la plus voisine de M de l'électricité de nom contraire à M, et dans la partie la plus éloignée de l'électricité de même nom. Le calcul montre d'ailleurs que ces quantités de signes contraires doivent être égales dans tous les cas; des expériences classiques vérifient le fait [1].

Charge d'un corps par influence. — On conçoit donc comment on peut, au moyen de l'influence, charger un corps conducteur.

Soit le corps A mis en communication avec la terre. Il a une charge négative. Rompons la communication avec la terre, le corps A restera au potentiel 0, puisque les charges M et A sont réparties de manière à arriver à ce résultat. Si maintenant nous éloignons le corps M, le corps A restera chargé d'électricité de nom contraire à M. Le corps M une fois éloigné, le corps A, isolé maintenant, sera à un certain potentiel dépendant de sa charge. Il y aura donc eu production d'une certaine quantité d'énergie électrostatique. Nous devons en retrouver l'équivalent dans de l'énergie dépensée. Et en effet, la masse M et le corps A chargé négativement s'attirent, et il a fallu dépenser un certain travail pour les éloigner l'un de l'autre. Tant que le corps M était en présence de A, la charge de A ne pouvait être mise en œuvre, le corps étant au potentiel 0, son énergie $\frac{1}{2}$ VQ était nulle, puisque V était nul. Mais, après isolement et éloignement de B, de l'énergie et est devenue disponible. Nous en trouvons l'origine précisément dans le travail lié au mouvement qui la libère.

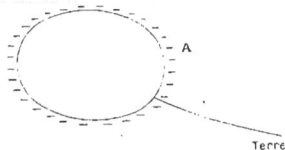

Fig. 112.

Le mécanisme de cette charge par influence était nécessaire à connaître, car c'est par son moyen qu'on charge les électroscopes, si employés maintenant pour la mesure des rayons X, et aussi parce que c'est la base du fonctionnement des machines à influence.

Les diverses formes de la décharge électrique. — Quand un corps a été chargé d'électricité, il peut revenir à l'état neutre de bien des manières différentes.

S'il est placé dans l'air parfaitement sec, et s'il n'est en communication avec le sol que par des supports parfaitement isolants et dont la surface est parfaitement sèche, il restera chargé indéfiniment. Mais, si l'isolement n'est pas absolument parfait, le corps revient à l'état neutre au bout d'un temps variable suivant les circonstances. Quand ce temps est relativement long, on dit qu'il y a déperdition de l'électricité; quand il est court, on dit qu'il y a décharge.

Sur la déperdition nous n'avons rien à ajouter, sinon que la forme du corps a la plus grande importance. S'il n'a nulle part de courbure très prononcée, la déperdition, toutes choses égales d'ailleurs, sera beaucoup plus lente que s'il a une grande courbure en quelques points. Si les choses sont poussées à l'extrême, et si le corps est muni d'une pointe, il ne pourra conserver aucune charge. Il pourra être considéré comme étant en communication électrique avec les corps très voisins de cette pointe.

Si la charge devient suffisante, il se forme d'abord autour des pointes des effluves électriques, ou aigrettes. Ce sont des traits lumineux violacés, qui semblent dus à des molécules gazeuses chargées, puis repoussées par le corps chargé. L'aigrette positive se rattache au conducteur par une espèce de pédoncule lumineux. Sur le pôle négatif, il y a une couche lumineuse. Ces aigrettes rejoignent toujours deux corps à des potentiels différents.

Quand la différence de potentiel devient suffisante, il se produit une étincelle, et au lieu des lueurs discrètes de l'aigrette, on voit un trait de feu extrêmement brillant. Il se

---

1. D'ailleurs il est évident que la charge de A est proportionnelle à la charge de M. La force qui s'exerce entre les deux corps M et A est proportionnelle d'une part à la charge M, d'autre part à la charge Q de A. C'est donc F = K.M.Q. Mais Q = K'M. Donc F = KK'.M². Mais M est proportionnel au potentiel V de M. Donc finalement F = AV², A étant une constante, si nous considérons la force exercée par influence entre M et A.

produit alors un bruit qui peut être très grand si l'énergie est suffisante. Si au lieu d'air on interpose entre les deux corps à des potentiels différents un corps solide isolant, lorsque l'étincelle jaillit, le corps est violemment rompu.

Cette étincelle très lumineuse montre, quand on l'étudie au spectroscope, les raies caractéristiques des corps qui forment les électrodes. Cela montre que ces corps sont volatilisés par la décharge, si on dispose d'une source assez énergique d'électricité; et, si la distance des deux électrodes est assez faible, il se produit une volatilisation constante de leur matière, avec transport depuis l'électrode positive jusqu'à la négative. En même temps, surtout si les pôles sont en charbon, le pôle positif devient très brillant; c'est le phénomène de l'arc électrique.

Si, au lieu d'être entourés d'air à la pression atmosphérique, les électrodes sont entourées d'air raréfié, les phénomènes changent. Si la pression devient assez basse on voit les effluves devenir plus lumineuses, en donnant le spectre du gaz raréfié; l'isolement devient très faible. C'est le phénomène des tubes de GESSLER. Quand la pression tombe très bas, à des millionnièmes d'atmosphère, l'isolement augmente de nouveau, et il se produit une nouvelle forme de décharge, le rayon cathodique. Dans cette forme de décharge, le gaz qui reste dans le tube n'est plus lumineux, mais les parois deviennent fluorescentes partout où elles sont frappées par la décharge. D'après CROOKES, qui a découvert le phénomène, le rayon cathodique est dû à des molécules gazeuses, chargées négativement, projetées loin de l'électrode négative avec une grande violence, et qui excitent par leur choc la fluorescence des parois. Nous parlons de cette sorte de décharge; car, en même temps qu'ils excitent la fluorescence, les rayons cathodiques produisent une forme nouvellement découverte de l'énergie radiante, les rayons X, qui ne peuvent être jusqu'ici produits autrement, et qui sont d'une application de plus en plus importante pour les sciences biologiques.

Enfin, quand le vide devient beaucoup plus parfait encore, l'isolement devient de plus en plus grand. Ces diverses sortes de décharges produisent des modifications chimiques dans les gaz. Rappelons pour mémoire le pistolet de VOLTA, et insistons seulement sur ce fait que l'effluve électrique passant dans l'oxygène y produit de l'ozone. L'ozone se produit pratiquement au moyen de la bobine d'induction et d'appareils dits ozoniseurs. Ce corps étant fréquemment employé dans les recherches de physiologie, nous avons cru devoir indiquer cette propriété de la décharge électrique (Voir l'article **Ozone**).

Nous laissons systématiquement de côté les effets physiologiques de la décharge qui seront étudiés en détail dans un autre article.

Toutes les décharges que nous avons mentionnées jusqu'ici ont pour caractère commun que la matière des isolants ou des conducteurs subit un transport avec ou sans arrachement. Il y a une autre forme de retour à l'équilibre des champs électriques, celle qui se produit quand deux corps chargés sont reliés métalliquement. Il n'y a plus alors de transport matériel : les phénomènes sont tout autres, ils sont accompagnés de phénomènes de natures diverses, des plus importants, qui font le sujet de l'électrodynamique. Nous les étudierons quand nous aurons décrit les générateurs d'énergie électrique. Mais auparavant nous devons étudier les condensateurs et les instruments de mesure électrostatique.

II. — Instruments électrostatiques. — Condensateurs. — Électroscopes et électromètres. — Méthode d'utilisation.

Nous avons déjà vu ce qu'était un condensateur. Pratiquement, on lui donne deux formes : soit celle d'une bouteille de verre sur laquelle on colle du papier d'étain à l'extérieur et à l'intérieur, soit celle d'une lame de verre ou de mica sur les deux faces de laquelle on colle encore du papier d'étain. Les deux conducteurs en papier d'étain se nomment les armatures. Dans les deux cas, il y a intérêt au point de vue de la capacité à faire la lame isolante aussi mince que possible. Nous avons indiqué pourquoi : mais on est arrêté dans cette voie par la nécessité pour l'isolant de n'être pas percé pour une valeur trop faible de la différence de potentiel entre les deux armatures.

Quand on a besoin d'une capacité faible, analogue à celle des bouteilles de LEYDE ordinaires du commerce, on peut la faire aisément soi-même, en prenant une bouteille ordinaire, la recouvrant à l'extérieur de papier d'étain, et la remplissant d'eau. L'eau sert alors d'armature intérieure : il suffit d'y plonger l'électrode pour prendre le contact.

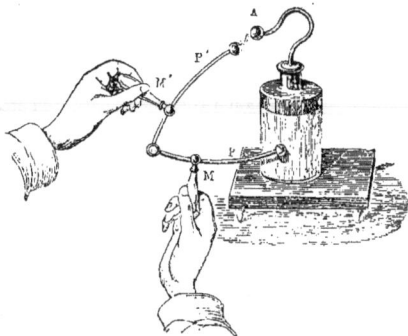

L'introduction d'un diélectrique solide à la place de l'air complique les phénomènes. La capacité est supérieure à ce qu'elle serait avec l'air ou le vide. Les diélectriques ont ce qu'on appelle un pouvoir inducteur spécifique, ce qui signifie que deux sphères chargées dans les mêmes conditions et transportées d'abord dans l'air, puis dans le diélectrique, ne s'attirent pas de la même manière. Ce n'est pas le seul phénomène dû au diélectrique solide. Les condensateurs qui en contiennent ne se chargent pas et ne se déchargent pas instantanément. Quand

FIG. 113.

une première décharge s'est effectuée par l'intermédiaire d'une étincelle, une deuxième décharge encore assez puissante peut se produire, et l'on peut même en obtenir plusieurs de suite, de plus en plus faibles. Ces phénomènes sont dus à une modification des diélectriques, sur lesquels nous n'insistons pas, et qu'on désigne sous le nom de polarisation.

Tout cela complique beaucoup la notion de capacité pour les condensateurs ainsi formés ; car la quantité d'électricité qu'ils prennent à une source de potentiel déterminé varie suivant le temps que dure le contact ; et la décharge varie aussi dans les mêmes conditions. Pour les usages physiologiques, on doit, en général, considérer la capacité limite pour des charges et des décharges instantanées.

Il est aussi un fait dont on doit toujours tenir compte, c'est que l'isolement d'un condensateur n'est jamais parfait, et que l'on ne peut compter sur quelque chose que si la décharge suit immédiatement la charge.

Quand on a à sa disposition plusieurs condensateurs, on peut les monter de diverses manières. Ou bien les mettre tous en surface ou en parallèle (fig. 114), c'est-à-dire toutes

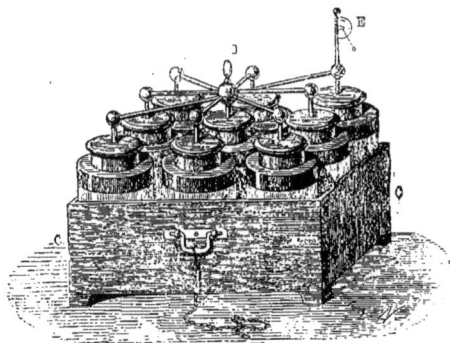

les armatures extérieures réunies métalliquement et toutes les armatures intérieures aussi ; on forme ainsi ce qu'on nomme une batterie de condensateurs. Il est évident que de la sorte on a un condensateur de capacité égale

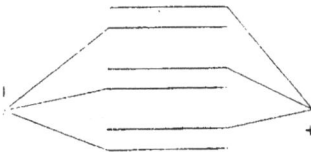

FIG. 114.

à la somme des capacités des condensateurs pris isolément. Si donc on les charge à une différence de potentiel constante V, on aura à sa disposition pour la décharge une quantité d'électricité égale à la somme des quantités qu'on avait avec chacun pris isolément. Il en est de même pour l'énergie disponible dans la décharge. En effet, celle-ci est égale à 1/2 Q V, Q étant la charge et V le potentiel. Pour les divers condensateurs on aurait des charges q_1, q_2, q_3, etc., sous le même potentiel V, et comme

$$q_1 + q_2 = Q$$

on aura

$$\frac{1}{2} [q_1 V + q_2 V] = \frac{1}{2} QV$$

On peut encore disposer les bouteilles en cascade ou en série, une armature de l'une étant en communication avec une armature du précédent, et l'autre armature en communication avec une armature du suivant. Si dans ces conditions on place les armatures extrêmes en communication avec les deux bornes d'une source ayant une différence de potentiel V, chaque bouteille va prendre une différence de potentiel moindre que V. Supposons toutes les bouteilles identiques, les quantités d'électricité égales et de signes contraires induites sur deux armatures en communication métallique porteront tous ces condensateurs identiques à la même différence de potentiel. Donc, s'il y a n condensateurs, chacun sera à la différence de potentiel $\frac{V}{n}$, et si C représente la capacité de chacun des condensateurs, la charge sera $q = \frac{CV}{n}$. Donc la quantité d'électricité utilisable dans la décharge sera n fois plus faible qu'avec un seul des condensateurs. La décharge se fera d'ailleurs sous le potentiel V, et l'énergie sera égale à $\frac{1}{2} q V = \frac{CV^2}{2n}$ c'est-à-dire n fois plus faible encore qu'avec un seul condensateur.

Mais, si, après avoir chargé n condensateurs en batterie sous le potentiel V, on leur donne rapidement le groupement en cascade, la décharge se fera sous un potentiel égal à n V, puisque chacun conservera la différence de potentiel sous laquelle il aura été chargé. Cette manière d'atteindre de hauts potentiels a été réalisée dans la *Machine rhéostatique* de PLANTÉ, qui n'a malheureusement pas été vulgarisée, et cependant son emploi serait bien souvent d'un grand secours en physiologie.

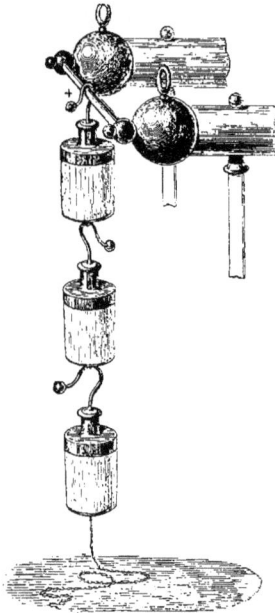

FIG. 115.

Noms des unités usuelles. — Il nous resterait à indiquer maintenant de quelles unités on se sert pour mesurer les capacités et les quantités d'électricité; mais nous en parlerons quand nous aurons vu l'électromagnétisme, les unités employées étant les unités électromagnétiques. Nous en donnerons seulement le nom pour l'instant. L'unité de quantité d'électricité s'appelle le Coulomb; celle de capacité, le Farad; celle de différence de potentiel, le Volt.

Mesure des capacités. — Première méthode. — Nous supposerons maintenant que nous avons à notre disposition un Farad ou plutôt son sous-multiple, le microfarad; nous pourrons mesurer les capacités, si nous savons mesurer les différences de potentiel. En effet, chargeons le microfarad sous la différence de potentiel V que nous mesurons, puis mettons ses deux armatures en communication avec celles du condensateur à mesurer. La quantité d'électricité restant la même, la capacité devenant la somme des capacités, nous avons $q = (1$ microfarad$) \times V = (1$ microfarad $+ C) \times V_1$, C étant la capacité à mesurer, et V_1 le potentiel final après réunion des deux condensateurs que nous mesurons.

Mesure des quantités d'électricité. — Première méthode. — Nous avons une méthode corrélative de la précédente pour mesurer une quantité d'électricité. Il suffit de savoir à quel potentiel elle porte une capacité connue. Nous savons donc mesurer les deux éléments *capacité*, et *quantité*, si nous savons mesurer des différences de potentiel. Nous verrons en électromagnétisme d'autres méthodes, qui servent précisément de liaison entre les phénomènes électrostatiques et les phénomènes électromagnétiques; pour l'instant il nous reste à décrire les électromètres.

Électrométrie. — L'électroscope le plus simple consiste en deux boules isolées et électrisées, l'une à un potentiel fixe, l'autre au potentiel à mesurer. Dans ces conditions, la force qui s'exerce entre elles est proportionnelle au potentiel variable. Il suffirait donc de mesurer la force ainsi exercée pour mesurer le potentiel variable, ou, pour mieux dire, puisque les forces ne dépendent que des différences de potentiel, la différence de potentiel entre les deux boules.

Cet appareil ne se prêterait pas bien à la mesure, et il ne serait pas non plus assez sensible. Quand on veut avoir un instrument assez sensible et très simple, n'exigeant pas la pile de charge que nous allons décrire tout à l'heure pour l'électromètre de Thomson, on emploie deux feuilles d'or en communication à leur partie supérieure (fig. 115). Quand on charge ce système, les deux feuilles d'or s'écartent l'une de l'autre, et leur écartement est une fonction du carré de leur charge, c'est-à-dire du carré de leur potentiel. Quand ces appareils sont montés avec de la diélectrine [1] pour isolant ils peuvent garder très longtemps leurs charges et servir entre autres à un usage aujourd'hui très répandu, l'étude de la décharge des corps électrisés par les rayons X.

Mais cet appareil, avec lequel on peut mesurer comparativement des vitesses de décharge, ne se prêterait pas à des mesures de forces. On lui substitue alors un appareil où la force exercée sur le corps chargé est nettement définie.

Pour mesurer cette force, on lui oppose le couple de torsion, soit d'un système bifilaire, soit d'un fil métallique

Fig. 116.

fin. Pour que le système de deux boules dont nous parlé ci-dessus ait une capacité invariable, ce qui est nécessaire pour que la force soit proportionnelle aux potentiels, il faudrait que leur distance fût constante. Aussi faudrait-il ramener toujours la boule mobile à la même position en tordant la suspension et mesurer la torsion ainsi produite. L'appareil ainsi construit ne serait ni sensible ni commode. Lord Kelvin lui a donné la forme pratique en disposant le système de manière à ce que sa capacité soit toujours fixe ou à peu près, ce qui permet d'opérer en mesurant la déviation dans des conditions données; car cette déviation est alors proportionnelle à la différence de potentiel.

Électromètre à quadrants. — **Théorie.** — Le corps fixe, au lieu d'être une sphère, est composé de quatre quadrants AA', BB'. Ces quatre quadrants sont creux. Ils forment

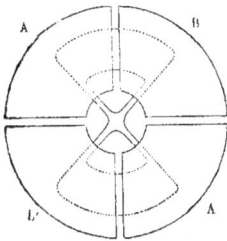

Fig. 117.

par leur juxtaposition une boîte circulaire. Mais, pour le fonctionnement de l'appareil, on laisse entre les quadrants des espaces libres comme cela est indiqué sur la figure. A l'intérieur est suspendue une aiguille ayant la forme en 8 dessinée en pointillé. Les quadrants AA sont en communication métallique, ainsi que les quadrants BB, d'une manière permanente.

Supposons maintenant l'aiguille portée à un potentiel V, les deux paires de quadrants étant au même potentiel. Si l'aiguille est placée dans une position bien symétrique par rapport aux quadrants, les effets d'induction seront identiques de part et d'autre, et tendront à faire tourner l'aiguille en sens contraires. Ils s'équilibreront donc et l'aiguille restera immobile. Si maintenant il y a une différence de potentiel entre les deux

1. La diélectrine est une combinaison définie de soufre et de paraffine indiquée par Hurmuzescu; c'est un excellent isolant, qui peut se travailler aisément, et qui est d'une solidité suffisante pour beaucoup d'usages.

quadrants, l'aiguille sera déviée, et cette déviation sera proportionnelle à la différence de potentiel, au moins dans de certaines limites. La force exercée entre l'aiguille et une paire de quadrants est proportionnelle au carré de la différence du potentiel de l'aiguille et de cette paire de quadrants. C'est d'ailleurs une attraction de l'aiguille. Si V est le potentiel de l'aiguille, et V_1, celui des quadrants, nous aurons $P_1 = K (V - V_1)^2$. De même l'aiguille sera attirée par l'autre paire de quadrants de potentiel V_2 avec une force $F_2 = K (V - V_2)^2$, K étant le même, si tout est parfaitement symétrique ; alors la force finale sera la différence des deux forces

$$F = F_1 - F_2 = K [(V - V_1)^2 - (V - V_2)^2]$$

ou, en effectuant les opérations,

$$F = K [V^2 - 2V_1V + V_1^2 - V^2 - 2V_2V - V_2^2] = 2K (V_2 - V_1) \left(V - \frac{V_1 + V_2}{2} \right)$$

La proportionnalité à $V_2 - V_1$ existera, à condition que V soit très grand, ou bien à condition que $V_1 + V_2 = 0$, c'est-à-dire que les deux paires de quadrants soient portées à des potentiels égaux et de signes contraires.

Si donc on veut avoir de la sensibilité et des déviations proportionnelles, il faut ou bien charger l'aiguille à un très haut potentiel, et mettre les deux paires de quadrants en communication avec les deux points entre lesquels existe la différence de potentiel à mesurer, ou bien porter les deux paires de quadrants à des potentiels égaux et de signes contraires, et mesurer la différence de potentiel cherchée en mettant un de ses pôles à la terre, et l'autre en communication avec l'aiguille. Le premier montage est celui de lord KELVIN, le second celui de MASCART.

Il nous reste maintenant à décrire le procédé de lecture des déviations, celui de réglage de l'appareil, et celui par lequel on obtient les différences de potentiel élevées dont on a besoin.

Lecture des angles par la méthode de POGGENDORFF. — Nous insisterons sur cette méthode ; car elle est employée dans un grand nombre d'instruments. Pour permettre de lire avec précision les petits angles de déviation de l'électromètre, l'aiguille de celui-ci est solidaire d'un miroir. Un rayon lumineux fixe se réfléchit sur ce miroir. Si le miroir tourne, le rayon réfléchi tourne d'un angle double. La tache lumineuse produite sur un écran par ce rayon lumineux a un déplacement d'autant plus grand que l'écran est situé plus loin. Nous avons donc ainsi à notre disposition une aiguille sans poids et sans inertie, aussi longue que nous voulons, et animée d'une rotation double de celle de la pièce mobile.

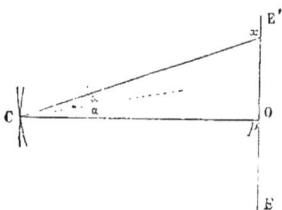

Fig. 118.

Pour avoir des lectures précises, deux procédés sont employés.

Dans le premier le miroir mobile est plan. On observe avec une lunette munie d'un réticule l'image d'une règle divisée réfléchie dans ce miroir. On a ainsi une très grande précision de pointé ; mais l'inconvénient est d'être obligé d'avoir l'œil à l'oculaire.

Dans une autre méthode le miroir est concave, et on observe sur une règle divisée en celluloïde l'image d'un réticule fixe. Le réticule est porté par le pied même qui porte déjà la division. Il est éclairé soit au moyen d'une petite lampe spéciale portée par le pied, ce qui est le plus pratique, soit au moyen d'un miroir qui envoie sur le miroir du galvanomètre un rayon lumineux issu d'une lampe fixe ou d'une fenêtre, ce qui est le plus répandu. La figure 119 représente l'appareil à miroir. Pour le transformer, il suffit d'enlever le miroir, qui se dévisse facilement, et de fixer à la règle un petit brûleur soit à gaz, soit à essence, soit à acétylène, qu'on entoure d'une cheminée métallique percée juste d'un trou pour l'éclairement du réticule. Ce rayon traverse un trou où est tendu le réticule. Dans ces conditions, l'image et l'objet, étant à la même distance du miroir concave, sont égaux. La distance d'observation dépend donc de la puissance du miroir mobile, car l'observation se fera toujours ainsi à son centre de courbure ; c'est le procédé le plus pratique pour tous les instruments un peu sensibles : aussi allons-nous donner quelques conseils pour la mise en station de cet appareil, qui doit être familier à tous les physiologistes. Nous commencerons par supposer une règle portant une lampe fixée près du réticule.

Il faut d'abord, par un procédé quelconque, amener le miroir de l'équipage mobile à peu près à la position qu'il devra avoir quand l'appareil sera à son zéro normal. Puis on place la règle divisée et son réticule à une distance du miroir égale approximativement à son rayon de courbure et sur la normale au miroir. Ces rayons de courbure sont le plus couramment 60 centimètres, 1 mètre à 1^m,20 et quelquefois 2 mètres. On envoie alors le rayon lumineux sur le miroir mobile en orientant convenablement la règle. On

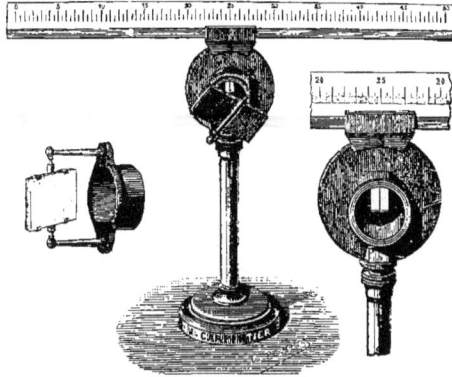

Fig. 119. — Règle à miroir.

voit toujours le miroir éclairé par diffusion, et on se rend compte de son inclinaison sur le rayon lumineux. On cherche alors d'après cette indication à placer l'œil dans le rayon réfléchi régulièrement. Il faut bien se souvenir que le miroir peut ne pas être absolument vertical, et que par conséquent la position du réticule par rapport à son plan horizontal ne peut suffire à guider à coup sûr pour la recherche en hauteur. L'image étant trouvée, elle est au-dessus ou au-dessous de la règle. Il faut alors déplacer celle-ci, qui porte un tirage, vers l'image, jusqu'à ce que la tache lumineuse se forme sur la division transparente. En avançant ou reculant l'appareil on arrive par tâtonnement à avoir le réticule au point.

Si l'on a une règle à miroir pour l'éclairement des réticules, la manipulation est un peu plus compliquée, car toutes les fois qu'on touche à la règle, il faut toucher en même temps au miroir éclairant, pour maintenir le rayon lumineux sur le miroir mobile.

Enfin D'ARSONVAL a indiqué un procédé qui permet de lire des déviations réellement infiniment petites. On remplace le réticule de l'appareil précédent par un micromètre photographié, et la règle divisée par un oculaire puissant portant un réticule. Le miroir concave donne une image réelle du micromètre égale à celui-ci, dans le plan focal de l'oculaire. Celui-ci grossit l'image et permet de lire avec précision des déviations qui sont de un dixième de millimètre à un mètre. Mais l'inconvénient de ce procédé est sa sensibilité même, car presque aucun instrument ne revient au zéro avec une précision pareille. Cependant ce procédé peut parfois être employé, et il est alors d'un grand secours. Nous avons cru devoir le décrire ici avec les autres procédés de lecture de déviation par les miroirs, quoique les électromètres n'aient pas un retour au zéro assez parfait pour l'utiliser.

Réglage de l'électromètre. — Nous avons vu que la condition pour avoir une déviation symétrique est que l'aiguille soit symétrique par rapport aux quadrants. Or cette aiguille, suspendue à un fil métallique ou à un bifilaire, a une position d'équilibre qui dépend de cette suspension. Pour effectuer le réglage, on portera tous les quadrants au même potentiel et on établira entre eux et l'aiguille une différence de potentiel aussi grande que possible. On réglera la position de l'aiguille de manière que l'établissement de cette différence de potentiel ne produise aucun effet.

Pour arriver à ce résultat plus commodément qu'en touchant à l'aiguille, les électromètres ont un de leurs quadrants mobile au moyen d'une vis. On peut alors l'éloigner ou le rapprocher de l'aiguille, ce qui permet de régler l'appareil.

Types d'électromètres. — Dans l'électromètre originaire de THOMSON, la suspension est un bifilaire formé d'un fil de cocon attaché en deux points voisins aa' (fig. 121), et supportant le crochet c de l'aiguille. Celle-ci porte une tige plongeant dans de l'acide sulfurique, qui sert à la fois à sécher la cage, à établir la communication électrique, et à amortir

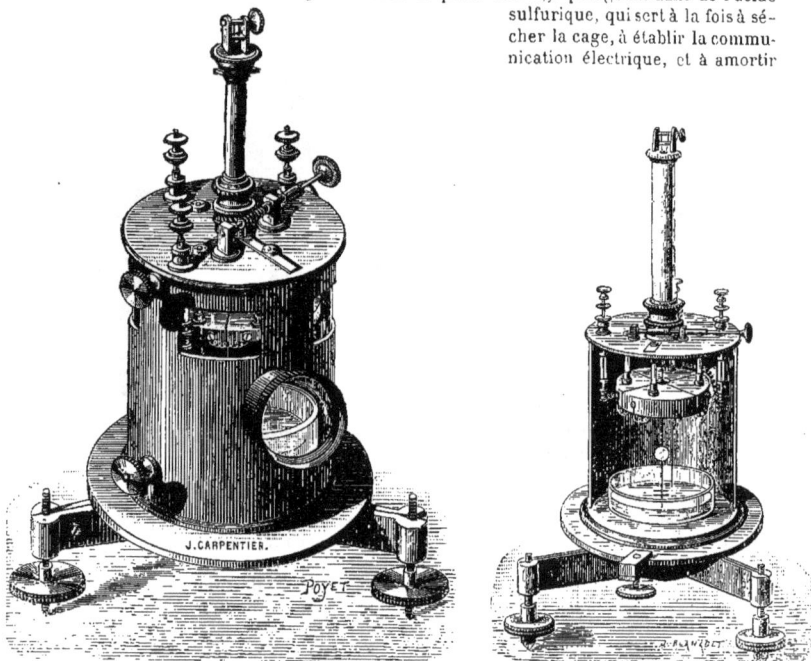

Fig. 120. — Électromètre Thomson.

les oscillations de l'aiguille. Curie suspend au contraire l'aiguille par un fil de platine de 1/50 de millimètre, ce qui supprime le fil de cocon et l'acide. L'amortissement est obtenu en employant des quadrants en acier aimanté, les courants induits arrêtent l'aiguille.

Pile de charge [1]. — Il faut charger l'aiguille ou les quadrants. Pour cela on emploie des piles de charge. Ce sont souvent de petits éléments zinc, cuivre et eau qu'on n'acidule même pas, car on ne leur demandera aucun débit. Actuellement on emploie plus volontiers de petits accumulateurs, formés de fils de plomb par exemple, trempant dans de petits godets d'eau acidulée. Une formation même très sommaire suffit pour en obtenir les deux volts de différence de potentiel par élément qu'ils doivent avoir. On les charge en batterie, chaque groupe étant composé d'un nombre d'éléments tel que sa force électromotrice comptée à deux volts par élément soit un peu inférieure à celle de la source d'énergie électrique dont on peut disposer; la charge une fois faite, il faut les remettre en série de façon à obtenir la haute différence de potentiel cherchée.

On met alors une extrémité de la pile à la terre, et l'autre à l'aiguille, si on veut opérer par la méthode de Thomson. On met le milieu de la pile à la terre et ses deux extrémités aux quadrants si on veut opérer par la méthode de Mascart.

Fig. 121.

[1]. Nous ferons bientôt l'étude de la pile, mais nous avons voulu placer ici ces indications nécessaires pour utiliser l'électromètre, car nous pensons inutile de décrire la pile ou les accumulateurs.

La qualité essentielle d'une pile de charge est d'être bien isolée. Ceci est réalisé par l'emploi de vases paraffinés et collés sur leurs supports au moyen de paraffine. Il faut avoir le plus grand soin, en garnissant la pile, de ne pas laisser tomber une goutte d'eau sur cette paraffine. Cela est surtout utile quand on emploie la méthode de MASCART ou celle de GOUY.

GOUY a préconisé l'emploi de deux très grandes résistances de l'ordre du mégohm[1] égales entre elles, sur lesquelles on ferme la pile de charge. On met alors les deux extrémités des résistances aux quadrants et le milieu à terre : on évite ainsi les inconvénients dus à ce que les éléments de la pile n'ont pas tous exactement la même force électromotrice.

On ne saurait trop recommander, pour faire les connexions de l'aiguille ou des quadrants avec les sources de potentiel à utiliser, d'employer des fils de lin conducteurs, ou de très fortes résistances de charbon produites par un trait de charbon sur verre, car on est obligé, pour vérifier l'instrument, de mettre parfois les quadrants au même potentiel, et on est exposé à mettre en court circuit par inattention la pile de charge qui est alors hors d'usage, au lieu qu'avec de très fortes résistances interposées cet accident n'est plus à craindre. Toutes ces opérations sont simplifiées par l'emploi de la double clef (fig.122), disposée spécialement pour la méthode de Thomson. Deux clefs simples construites sur le même principe et séparée sont d'ailleurs aussi commodes, et susceptibles d'usages multiples. GOUY a montré, par des considérations trop longues pour être développées ici que, dans les électromètres ordinaires, il n'était pas utile de dépasser 100 volts pour la pile de charge.

FIG. 122.

Pour préserver l'instrument des variations du potentiel extérieur, on l'enveloppe d'une cage en métal percée seulement pour le passage du rayon lumineux. C'est le potentiel de cette cage qui est le zéro dont nous avons parlé constamment. C'est donc à elle qu'il faut réunir le point que nous avons dit être au potentiel zéro.

Électromètre idiostatique. — Supposons maintenant que l'aiguille et une paire de quadrants soient réunis, et que l'autre paire soit réunie à la cage. Dans ces conditions, si on charge l'aiguille et le quadrant en connexion avec elle, ces deux corps chargés au même potentiel se repousseront, et l'aiguille sera attirée au contraire par l'autre paire de quadrants. Dans ces conditions, il n'y a pas de pile de charge, et la déviation est proportionnelle au carré du potentiel de l'aiguille. Donc elle est indépendante comme signe du signe du potentiel ; elle se fait toujours dans le même sens, et, si le potentiel est alternatif, la déviation sera proportionnelle à la moyenne des carrés des potentiels pendant l'unité de temps. Nous pouvons donc ainsi mesurer une constante relative aux courants alternatifs, ou aux courants de bobine d'induction. C'est là un avantage précieux de cet appareil, qui en justifie l'étude détaillée. Cette méthode ne peut pas toujours s'employer, car elle est beaucoup moins sensible que les précédentes.

Nous verrons ultérieurement un autre électromètre d'un emploi beaucoup plus commode dans bien des cas, mais qui ne peut remplacer celui-ci toutes les fois qu'il s'agit de courants alternatifs, ou d'expériences dans lesquelles l'isolement absolu est nécessaire.

III. — Production des champs électriques. Machines électriques. — Piles.

Nous venons de voir les instruments de mesure de l'électricité statique : il nous reste à voir comment on peut produire pratiquement une différence de potentiel. On y

---

1. Nous verrons plus loin ce qu'est un mégohm.

arrive par l'emploi de machines à frottement, ou de machines à influence, ou de piles.

Machines à frottement. — Dans les premières, un disque ou un cylindre de verre tourne de manière à frotter sur des coussins enduits d'or mussif. Il s'électrise, puis vient passer devant un peigne en communication avec un conducteur. Celui-ci se charge par le pouvoir des pointes. Dans ces machines l'énergie est fort mal employée, car si une partie du travail effectué sur la manivelle se transforme en énergie électrique, la plus grande partie se transforme en chaleur par le frottement. Aussi ne les décrivons-nous pas en détail, car elles sont actuellement peu employées, depuis les perfectionnements de la machine de Holtz par Wimshurst et Bonetti.

Machines à influence. — Nous avons donné ci-dessus le point essentiel de la théorie de ces machines, c'est-à-dire la façon dont se fait la dépense d'énergie mécanique nécessaire pour produire de l'énergie électrique. Suppo-

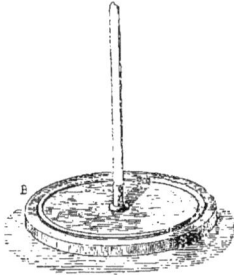

Fig. 123. — Électrophore.

sons donc que nous ayons un plateau de résine électrisé par frottement. Posons dessus, séparé par des cales, un disque de métal isolé. Nous le chargeons par influence comme il a été dit, et cela sans emporter une partie quelconque de la charge du gâteau de résine. Nous pourrons recommencer indéfiniment. C'est l'électrophore. Les cales sont d'ailleurs inutiles, car la surface de la résine est irrégulière et les aspérités en jouent le rôle. En transportant ensuite le disque métallique dans un conducteur creux, nous communiquons sa charge à celui-ci. Nous pourrons recommencer indéfiniment, à condition de vaincre chaque fois la répulsion entre le disque et le conducteur creux avant que le disque n'ait pénétré à l'intérieur de celui-ci.

La charge du conducteur creux croîtra tant que son isolement sera suffisant. Nous ne voulons pas insister sur les dispositifs expérimentaux employés dans les machines à influence, nous dirons seulement que les conducteurs creux ne sont pas employés, on égalise le potentiel à peu près par le même procédé que dans les machines à frottement, au moyen de peignes.

Mais si nous ne voulons pas donner la théorie de ces appareils, nous allons indiquer ce qui est nécessaire pour utiliser la machine aujourd'hui la plus répandue, celle de Wimshurst.

Dans cette machine, deux plateaux d'ébonite ou de verre portant des secteurs métalliques isolés tournent en regard et en sens inverse. On imprime aux plateaux une vitesse d'environ 10 tours par seconde, soit à la main, soit mieux à l'aide d'une petite dynamo. Les secteurs métalliques se chargent mutuellement par influence, et, pour permettre aux phénomènes d'influence de se produire de manière à ce que les charges repoussées soient utilisées, il existe devant chaque plateau un conducteur diamétral muni de balais frotteurs. De la sorte deux secteurs diamétralement opposés, dont l'un est soumis à l'influence d'un secteur de l'autre plateau sont toujours doués de charges égales et contraires. Par conséquent, deux conducteurs isolés placés en des points convenables et munis de

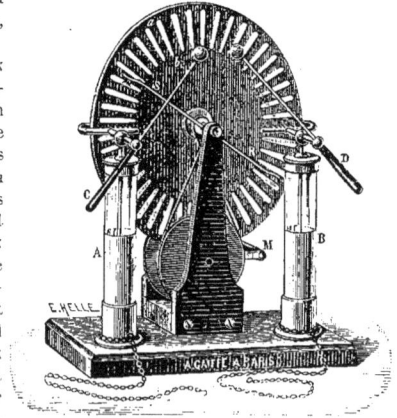

Fig. 124. — Machine Wimshurst
Machine à secteurs, mue à la main,
et munie de condensateurs.

peignes du côté des plateaux se chargeront toujours de quantités égales et de signes contraires.

La rotation doit être telle qu'elle se fasse de manière à aller du conducteur diamétral au collecteur par le plus court chemin. Les conducteurs diamétraux doivent être aussi près de la verticale que possible.

Si la machine ne fonctionne pas bien, il faut démonter les plateaux et les essuyer énergiquement avec du papier filtre, car il se forme par le fonctionnement, surtout sur les plateaux d'ébonite, une couche conductrice de poussières attirées, qui est très adhérente, à cause de l'huile des axes qui coule toujours un peu.

On peut augmenter beaucoup le débit de cette machine en en supprimant les secteurs. Dans ces conditions, les plateaux doivent être en éboite. Mais la machine ne s'amorce plus seule. Il faut frotter un des plateaux, la machine étant en mouvement, avec le

Fig. 125. — Machine sans secteurs mue par une dynamo.

doigt enduit d'or massif, et le promener en sens inverse du mouvement du plateau dans la région située en face du conducteur diamétral de l'autre plateau.

Cette machine peut donner deux sortes d'effets. Ou bien on peut l'employer sans condensateur et alors il s'échappe de ses pôles, s'ils sont assez éloignés, des effluves très fortes. Ou bien une étincelle assez grêle mais très fréquente jaillit si les pôles sont plus rapprochés. Dans ces conditions on peut tirer à la main des étincelles sans douleur.

Si on place au contraire des condensateurs en communication avec les deux pôles, leurs armatures libres étant reliées ensemble, la décharge change de nature, il n'y a plus d'effluves aussi fortes. L'étincelle éclate à distance beaucoup plus grande; elle est plus rare, mais beaucoup plus puissante. Avec les machines à deux plateaux de 45 centimètres on atteint facilement 20 centimètres d'étincelle avec condensateur. Les décharges sont dans ce cas dangereuses.

On ne peut charger ainsi que des bouteilles de LEYDE relativement petites. Quand on essaye de charger une batterie trop puissante, la machine se désamorce.

Piles électriques. — Il existe à côté de ces machines statiques d'autres appareils qui permettent d'obtenir des effets analogues. Ce sont les piles électriques. Si l'on prend deux corps quelconques et si on les met en contact, ils présentent entre eux une différence de potentiel. Cela a été indiqué par VOLTA. Il avait même indiqué la loi connue sous le nom de loi des contacts successifs qui est la suivante : Dans une chaîne formée de métaux quelconques et terminée à ses deux extrémités par le même métal, la différence de potentiel aux extrémités est nulle. Si donc on ferme une pareille chaîne, il y aura toujours équilibre. Si maintenant on prend par exemple un morceau de zinc et un morceau de cuivre, et qu'on les trempe dans de l'eau acidulée, il y aura ainsi formation d'une nouvelle chaîne. Mais, si à l'extrémité du zinc située dans l'air on soude un morceau de cuivre, on verra aussitôt, au moyen de l'électromètre idiostatique par exemple, qu'il y a une différence de potentiel entre les deux extrémités.

Avec cette différence de potentiel, nous pouvons charger un condensateur. Nous aurons donc ainsi de l'énergie électrostatique à notre disposition, et cependant une nouvelle mesure de la différence de potentiel entre les deux cuivres extrêmes nous donnera le même chiffre que précédemment. Ces deux conducteurs semblent donc pouvoir nous fournir indéfiniment de l'énergie électrique, et il semble tout d'abord que nous avons réalisé ainsi le mouvement perpétuel, car la décharge du condensateur transforme chaque fois en chaleur l'énergie accumulée. Mais répétons fréquemment et pendant long-temps une série de charges et de décharges de notre condensateur, nous verrons que le zinc se dissout dans la pile pour former du sulfate de zinc, alors que, à l'état de repos, le zinc pur n'est pas attaqué. Si nous plaçons la pile dans un calorimètre, nous verrons que la quantité de chaleur dégagée ne correspond pas à l'énergie chimique libérée dans la formation du sulfate de zinc, réaction exoénergétique, mais que si on considère la somme de la chaleur dégagée, et de la quantité de chaleur équivalente à l'énergie électrostatique dépensée par les décharges du condensateur, elle est égale à la quantité de chaleur dégagée normalement par la formation du sulfate de zinc. Nous voyons donc que la pile électrique nous donne un moyen d'obtenir de l'énergie électrique aux dépens de l'énergie chimique.

IV. — Le Courant électrique.

Le courant dans les métaux. — La mesure, faite à l'électromètre, nous montre immédiatement que la différence de potentiel obtenue avec un élément : zinc, eau acidulée, cuivre, est très petite, par rapport à celle que nous obtenons avec les machines statiques. Mais si, au contraire, nous considérons l'énergie disponible dans la formation, du sulfate de zinc, nous voyons qu'un élément, formé au moyen d'un fort bâton de zinc, contient une quantité d'énergie potentielle considérable; avec une machine statique la puissance[1] disponible est celle du moteur qui la fait tourner, et le rendement obtenu est toujours extrêmement faible. Théoriquement si le moteur est entretenu par une source d'énergie quelconque, la quantité d'énergie disponible sera celle qui est à la disposition du moteur affectée du coefficient de rendement propre à la machine. Elle peut donc être considérable. Mais pratiquement, avec la machine usuelle, la puissance utilisée est toujours faible, la différence de potentiel obtenue est toujours très grande, donc la quantité d'électricité que nous pouvons obtenir par seconde est toujours faible puisque $\frac{1}{2}$ QV est la quantité d'énergie nécessaire pour élever la quantité Q au potentiel V.

Si au contraire nous prenons une pile, nous avons à notre disposition une grande somme d'énergie, et le potentiel est faible; si donc les conditions sont telles que cette énergie se libère vite, nous aurons à notre disposition une grande puissance, et comme elle sera à voltage faible, nous pourrons obtenir des quantités d'électricité considérables par seconde.

Il faut donc étudier les conditions dans lesquelles ces puissances considérables seront réalisées.

Nous voyons tout d'abord que nous pouvons charger et décharger avec la plus grande facilité un condensateur de grande capacité, et cela aussi fréquemment que nous le voudrons.

Force électromotrice. — On peut même avec ces appareils réunir métalliquement

---

1. On appelle puissance d'une machine la quantité d'énergie qu'elle produit par unité de temps, c'est-à-dire par seconde en général.

leurs deux pôles. Le fil métallique est échauffé et la chaleur qui s'y dégage est proportionnelle à l'énergie électrique dépensée, comme dans le cas de la décharge d'un condensateur, mais la libération de chaleur devient constante, en même temps que d'autres phénomènes se produisent. Nous les étudierons ultérieurement, mais nous remarquons immédiatement que la différence de potentiel entre les deux pôles de la pile se maintient malgré la présence du conducteur métallique qui les joint. C'est dans ces conditions qu'on observe la dissolution énergique du zinc dans la pile.

Il y a donc dans la pile une force de nature spéciale qui entretient la différence de potentiel; on l'appelle : *la force électromotrice;* on la mesure par la différence de potentiel entre les pôles de la pile, et on la désigne par E.

Le phénomène auquel est dû l'échauffement permanent du conducteur est connu sous le nom de *courant électrique.* Cette dénomination vient de l'idée ancienne des masses électriques; on considère le phénomène comme dû au déplacement dans les conducteurs des masses hypothétiques de Coulomb sans cesse mises en liberté aux pôles de la pile. Nous avons assez dit, au commencement de cet article, les raisons pour lesquelles nous ne croyons pas à l'existence de ces masses, pour ne pas insister davantage sur le peu de probabilité d'une pareille théorie, dans le cas du courant électrique. Mais ajoutons ici encore que la théorie mathématique qui montre l'improbabilité de cette notion, montre aussi que son usage est légitime dans la plupart des cas. Nous avons donc le droit de considérer l'existence d'un flux électrique à travers le conducteur. Dans ces conditions, soit Q la quantité d'électricité qui a passé à travers le conducteur; elle a subi une chute de potentiel égale à la différence de potentiel entre les deux bornes de la pile, ou d'après ce que nous avons dit, à la force électromotrice E de celle-ci. L'énergie disponible est donc alors QE. Si nous divisons ceci par le temps pendant lequel la libération d'énergie a eu lieu, nous avons la *puissance* disponible du système. C'est donc $\frac{QE}{T}$. Or nous venons de voir que E était une constante; si donc la puissance est constante, c'est que $\frac{Q}{T}$ est constant. Ce quotient s'appelle l'*intensité* du courant électrique. Cette quantité est la plus essentielle à connaître et à mesurer dans toutes les applications électriques; on la désigne par I, et alors la puissance disponible dans un courant d'intensité I et de force électromotrice E sera EI. L'énergie dépensée dans le temps T sera EIT; elle sera proportionnelle à la quantité de chaleur dégagée dans le fil.

Nous savons mesurer E par l'électromètre. Nous pouvons aussi mesurer la quantité que nous venons de définir en produisant un courant intermittent au moyen de décharges de condensateur répétées un grand nombre de fois par seconde; nous avons donc le moyen de vérifier si d'autres phénomènes plus commodes ne nous permettront pas de mesurer une intensité ainsi définie. Nous allons trouver la possibilité de le faire par les phénomènes électromagnétiques.

Expérience d'Œrsted. — Œrsted a montré que tout conducteur parcouru par un courant déviait une aiguille aimantée. Nous n'indiquerons pas comment on établit les lois de ces actions, ni celle des actions des aimants sur les courants: nous les énoncerons :

1° La force magnétique produite par un courant rectiligne sur un pôle d'aimant est perpendiculaire à ce courant et telle qu'un observateur placé dans le courant les pieds vers le positif, la tête vers le négatif, voit aller un pôle austral à sa gauche.

2° Etant donné un courant circulaire, et un petit aimant placé en son centre, la force magnétique b sur chacun des pôles est perpendiculaire au plan du courant. Si donc nous plaçons le plan du cercle dans le méridien magnétique, où la force magnétique est H, l'aiguille s'ar-

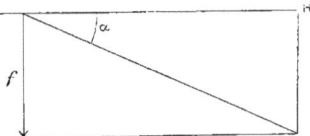

Fig. 126.

rêtera quand sa ligne de pôles sera orientée comme la résultante de H et f, c'est-à-dire quand on aura $tg\,\alpha = \frac{f}{H}$, ou, tant que α sera petit, $\alpha = \frac{f}{H}$. La déviation tant qu'elle est petite, est proportionnelle à f.

Le champ magnétique créé par un courant est d'autant plus intense que la dépense d'énergie électrique faite dans le fil qui le produit est plus grande. Nous pouvons donc provisoirement prendre la déviation produite sur une aiguille aimantée placée au centre d'une circonférence parcourue par un courant comme une mesure de l'intensité de ce courant. Nous nous servirons ensuite de cette mesure pour étudier les autres propriétés du courant, et nous verrons si cette hypothèse que le champ magnétique est proportionnel à la quantité d'électricité qui passe par unité de temps dans le conducteur est légitime. Nous serons sûr, dans tous les cas, que nous maintenons l'intensité constante quand l'aiguille aimantée de notre appareil de mesure restera fixe.

Résistance des conducteurs. — L'observation immédiate montre que la déviation de l'aiguille varie suivant la nature et les dimensions du fil conducteur qui relie les deux pôles de la pile. Elle est d'autant plus faible que le conducteur est plus long et plus fin, la pile restant la même ainsi que la matière du conducteur. Une première observation capitale montre d'ailleurs que la déviation de l'aiguille est la même quel que soit le point du circuit qui agisse sur elle, et ceci quel que soit le circuit formé, qu'il contienne ou non des liquides, pourvu qu'il ne se divise pas en plusieurs branches.

Si l'on prend un conducteur type et si on cherche à lui substituer dans le même circuit des conducteurs de nature différente, et dont on fait varier la longueur l et la section jusqu'à ce que la déviation de notre instrument soit la même qu'avec le conducteur type, on voit que la relation qui relie la longueur et la section des conducteurs est $K \frac{l}{s}$, où K est un coefficient qui ne dépend que de la nature du conducteur. La valeur de l'expression $K \frac{l}{s}$ est ce qu'on nomme la *résistance* du conducteur. On la désigne par la lettre R. Nous avons donc le moyen de savoir si deux points pris sur un circuit ont entre eux la même résistance que deux autres points. Il nous suffira, par exemple, de constituer le circuit par un fil homogène de section constante et de prendre des points séparés par une même longueur de fil.

Loi d'Ohm-Pouillet. — Prenons alors un électromètre et étudions ainsi les différences de potentiel entre les points d'un circuit dont l'intensité est vérifiée constante au moyen de l'aiguille aimantée. Nous voyons que la différence de potentiel entre deux points d'un circuit est proportionnelle à la résistance qui les sépare. Nous avons ainsi une nouvelle constante $I = \frac{E}{R}$ relative au circuit considéré. Nous pouvons alors, en faisant varier soit E, soit R, faire varier I, et nous voyons, au moins tant que les déviations de l'aiguille aimantée sont petites, qu'elles sont proportionnelles à cette nouvelle constante I.

Faisons d'ailleurs l'expérience ci-dessus indiquée, qui consiste à décharger un grand nombre de fois par seconde dans l'appareil électromagnétique un condensateur périodiquement rechargé. Nous voyons que la déviation de l'aiguille est proportionnelle au nombre des décharges et à la quantité d'électricité mise en jeu par chacune d'elles, c'est-à-dire précisément à l'intensité du courant définie par les idées électrostatiques. Nous pouvons donc écrire en désignant par I l'intensité du courant $I = \frac{E}{R}$.

Cette loi montre immédiatement que la répartition des potentiels le long d'un circuit est linéaire. Nous savons en effet que l'intensité est constante tout le long d'un circuit. Si donc nous prenons un point A fixe, et un autre mobile M, nous voyons que la différence de potentiel entre A et M est proportionnelle à la résistance qui les sépare. Sur la figure ci-jointe nous portons sur l'axe horizontal la résistance qui sépare M de A, et sur le vertical la différence de potentiel, la courbe obtenue est une ligne droite dont l'angle m AM avec l'axe horizontal mesure l'intensité du courant.

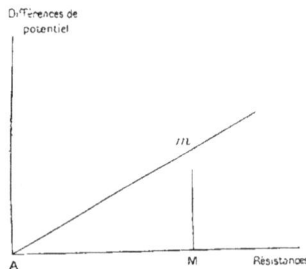

FIG. 127.

C'est la loi qui a été indiquée par Ohm d'après des idées théoriques peu valables, et démontrée expérimentalement par Pouillet. Nous pouvons ajouter que le champ magnétique créé par un courant est proportionnel à l'intensité de ce courant.

Puissance d'un courant. — **Loi de Joule.** — D'après ce que nous venons de voir, la puissance dépensée par un courant est représentée par le produit EI; d'après la loi d'Ohm Pouillet, elle est égale soit au produit $I^2 R$, soit au quotient $\dfrac{E^2}{R}$. Nous trouvons l'origine de cette énergie dans la dissolution du zinc de la pile par l'acide sulfurique. Nous verrons ultérieurement que l'on doit tenir compte non seulement de la réaction chimique principale, mais encore de toutes les réactions accessoires, de tous les phénomènes physiques inévitables dans cette réaction chimique. Nous devons donc chercher avant tout ce que devient l'énergie ainsi dépensée dans la pile et mise à la disposition du circuit électrique. Nous supposerons que tout le circuit est immobile.

Deux cas sont à distinguer. Ou bien le conducteur est un corps simple, ou bien il contient des liquides ou des solides de composition chimique complexe.

Chauffage électrique; lampe à incandescence. — Dans le premier cas, celui où il n'y a en circuit que des métaux, toute l'énergie électrique est transformée en chaleur dans le circuit. Le fil s'échauffe. Il peut être porté au rouge. Cet échauffement est mis à profit dans beaucoup de circonstances; il est utile pour le physiologiste d'en connaître un certain nombre.

L'échauffement d'un fil conducteur convenable peut être employé pour chauffer avec une régularité parfaite, sans jamais craindre d'élévation de température trop brusque, une enceinte quelconque. C'est le procédé de choix pour étalonner les calorimètres à rayonnement. En effet, une résistance parcourue par un courant s'échauffe tant que ses pertes par convection et par rayonnement ne sont pas trop grandes. Puis il arrive un moment où sa température devient stationnaire, les gains équilibrant les pertes. A ce moment, la puissance dépensée étant constante, si le courant est bien constant, le flux de chaleur émis par la résistance chauffée, qui est équivalent à la puissance électrique dépensée est constant aussi. Il suffit donc de mesurer l'intensité du courant, et la différence de potentiel aux bornes de la résistance, pour avoir par le produit EI l'énergie électrique transformée en chaleur et par la formule $\dfrac{EI}{J}$, où J est l'équivalent mécanique de la calorie dans le système d'unités employé, le flux de chaleur produit.

On voit ainsi que l'effet Joule, c'est-à-dire l'échauffement des conducteurs, permet non seulement d'obtenir dans une enceinte une température donnée, mais encore de savoir exactement les pertes de cette enceinte. Nous verrons dans le chapitre des unités de quel ordre de grandeur est la chaleur produite, et dans le chapitre des mesures comment on étalonne un calorimètre.

Si l'on prend un conducteur dont la résistance par unité de longueur est grande, et si on y dépense de l'énergie électrique, son échauffement pourra être assez grand pour qu'il soit porté à l'incandescence. On peut fondre ainsi tous les métaux. Si on emploie comme conducteur le carbone, on peut le maintenir indéfiniment à l'incandescence. Pour qu'il ne brûle pas au contact de l'oxygène, et aussi pour que la perte de chaleur par convection soit réduite au minimum, on le place dans une ampoule de verre où on a fait le vide. Dans ces conditions, on obtient le meilleur rendement lumineux : c'est la lampe à incandescence pratique. Son emploi est indiqué pour éclairer tous les objets difficilement accessibles, comme les cavités de toutes natures; la production de chaleur étant réduite au minimum, on peut aussi éclairer par ce procédé des objets qui ne supporteraient pas le voisinage d'une flamme ordinaire. Enfin, dans ce système d'éclairage, aucun produit de combustion ne se dégage : on peut donc s'en servir pour éclairer, sans vicier l'air, une enceinte fermée.

On voit immédiatement, par la loi de Joule, que toutes les lampes à incandescence ne peuvent pas servir dans toutes les conditions. La source d'électricité qu'on possède a une force électromotrice E déterminée. Si donc on la ferme sur une lampe de résistance R, on dégagera dans cette lampe une quantité de chaleur $\dfrac{E^2}{R}$. Si R n'est pas calculé convenablement pour la force électromotrice E, il pourra se faire que la quantité de chaleur soit trop faible ou trop forte, que par conséquent la lampe n'éclaire pas, ou bien brûle. Si donc on veut une lampe à incandescence pour un usage déterminé, il faut dire avant tout au constructeur de quelle force électromotrice on dispose. Il faut aussi lui dire de quelle intensité lumineuse on a besoin.

Le courant dans les corps décomposables. — Électrolyse. — Lois de Faraday.
— Si au lieu d'avoir en circuit des corps conducteurs simples comme nous l'avons supposé jusqu'ici, on a des corps susceptibles de se décomposer, la décomposition s'effectue. Il y a *électrolyse*. Il y a donc là une consommation d'énergie employée à produire la décomposition chimique. Cette décomposition est régie par les lois de FARADAY.

1° Le poids du corps décomposé est proportionnel à la quantité d'électricité qui a passé.

2° Une même quantité d'électricité décompose toujours pour les divers corps simples des poids proportionnels au quotient de leurs poids moléculaires par leur valence.

Soit donc p le poids d'un corps formé dans une électrolyse, m son poids moléculaire,

v sa valence, Q la quantité d'électricité qui a passé, on a $p = K . Q . \frac{m}{v}$,

K étant une constante, pour tous les corps. Quand on fait le calcul de la constante K correspondant à la molécule gramme des divers corps, et à l'unité de quantité d'électricité qui, nous l'avons dit, s'appelle le Coulomb, on trouve que K = 0,00010359. De là on conclut que, pour dégager d'une combinaison quelconque la molécule gramme d'un corps quelconque, il faut dépenser 96 537 Coulombs.

Ceci permet de voir immédiatement qu'il y a, pour toute décomposition chimique, une force électromotrice minima nécessaire.

En effet, la source d'énergie électrique utilisée a produit aux bornes de l'électrolyte une force électromotrice déterminée E. Si donc elle a fourni une quantité d'électricité Q, elle l'aura fait au moyen d'une dépense d'énergie EQ. Donc nous avons, en appelant J a l'énergie nécessaire pour libérer une molécule gramme du corps à décomposer (J est l'équivalent mécanique de la chaleur et a la chaleur de formation).

$$EQ = Ja. K. \frac{m}{V} . Q \quad ou \quad E = Ja. K. \frac{m}{V}.$$

Nous voyons donc qu'il existe aux bornes de l'électrolyte une force électromotrice indépendante de toute notion de résistance et ne dépendant au contraire que des propriétés physico-chimiques des corps en expérience. Si donc la force électromotrice maximum dont on dispose est inférieure à cette limite, il n'y aura pas d'électrolyse, il y en aura au contraire si la force électromotrice disponible est supérieure à cette limite.

Nous avons désigné ici par a la quantité d'énergie de la réaction chimique mesurée en chaleur, dans les conditions mêmes de l'expérience. C'est-à-dire qu'il faut y faire entrer toutes les quantités d'énergie mises en jeu dans les phénomènes physiques nécessairement liés aux réactions chimiques, comme, par exemple, les phénomènes de dissolution, de travail extérieur dû au dégagement des gaz sous pression, etc.

Nous n'insisterons pas davantage sur ces phénomènes, renvoyant ceux qu'ils intéressent aux traités d'électricité ou à ceux de thermodynamique, mais nous indiquerons quelques conséquences de cette théorie. Ce que nous venons de dire pour l'électrolyse se répéterait exactement pour la pile. Il y a donc forcément, pour chaque pile, une force électromotrice déterminée, qui dépend de l'énergie disponible dans la réaction chimique qui s'y passe.

A côté de cette notion de force électromotrice, les corps électriquement décomposables, ou *électrolytes*, nous en présentent aussi une autre. Il y a un échauffement par le passage du courant; il y a, dans le sein même de l'électrolyte, là où il n'y a aucune modification chimique du sel, chute de potentiel suivant la loi d'OHM-POUILLET. Il y a donc, pour les électrolytes, comme pour les corps conducteurs, une résistance électrique.

Nous allons maintenant indiquer avec quelques détails ce qui se passe dans les électrolyses. Il y a décomposition comme nous l'avons vu. L'une des parties du composé se dépose au pôle positif ou anode, l'autre se dépose au pôle négatif, ou cathode. C'est en vertu de leur charge électrique que les molécules résultant de la décomposition se rendent aux pôles. Une molécule douée de charge électrique est ce qu'on appelle un *ion*. L'ion qui va à l'anode (qui, par conséquent, a une charge négative) s'appelle l'anion.

L'ion qui va à la cathode (qui, par conséquent, a une charge positive) s'appelle le cathion.

Les seuls corps sur lesquels on puisse donner des résultats nets sont les sels métalliques, ou les acides. Pour ces corps, le métal ou l'hydrogène est le cathion ; il se porte au pôle négatif, c'est-à-dire *suit le courant*. Le radical acide au contraire se porte au pôle positif, c'est-à-dire remonte le courant.

Actions secondaires. — Quand les corps ainsi libérés aux électrodes rencontrent d'autres corps avec lesquels ils sont susceptibles de s'unir, il se passe ce qu'on nomme des actions secondaires. On ne recueille plus le produit pur de l'électrolyse, mais le résultat de la réaction totale. Ainsi, les radicaux acides qui se portent au pôle positif, s'y trouvent, dans le cas d'électrolytes dissous, en présence de l'eau. Ils s'emparent de l'hydrogène et dégagent de l'oxygène. De même, si on dépose à la cathode un métal alcalin ou alcalino-terreux, il y décompose l'eau pour donner la base correspondante et dégager de l'hydrogène.

Polarisation des électrodes. — C'est par les dépôts d'ion qui se font aux électrodes que se produit la force contre-électromotrice des électrolytes dont nous avons vu le calcul ci-dessus. Ce phénomène est appelé la polarisation des électrodes. On peut mettre expérimentalement en évidence cette polarisation des électrodes en joignant ces électrodes à un galvanomètre aussitôt après que le courant excitateur a cessé de passer. On voit alors que la force électromotrice est de sens inverse à celle de ce premier courant. Le temps pendant lequel persiste cette force électromotrice de polarisation est très variable suivant la nature des électrolytes, et suivant l'état même des électrodes. Mais on la met toujours en évidence quand on opère avec une rapidité assez grande.

Pour faire la mesure de cette force électromotrice, la meilleure méthode est celle de Chaperon. Soit un voltamètre AB, une pile P destinée à produire l'électrolyse, une clef de décharge K et un condensateur M dont chaque armature est réunie à une paire de quadrants d'un électromètre. En faisant fonctionner la clef, on met successivement le voltamètre en communication avec la pile, puis

Fig. 128.

on rompt cette communication, et on établit très vite la communication avec le condensateur. En répétant plusieurs fois l'opération, on arrive à mettre le condensateur à la différence de potentiel maxima atteinte par le voltamètre pendant l'électrolyse. On mesure cette différence de potentiel soit au moyen de l'électromètre lui-même, soit au moyen de la décharge instantanée dans un galvanomètre. Nous ne pouvons qu'indiquer actuellement cette dernière méthode : nous y reviendrons en étudiant le galvanomètre ; elle est connue sous le nom de méthode balistique.

Phénomènes électro-capillaires. — Ce que nous venons de dire s'applique au cas des électrodes solides. Quand une électrode est constituée par du mercure, il se produit une transformation d'énergie spéciale. La tension capillaire est modifiée par la couche gazeuse qui se forme, et, si l'électrode est constituée par un tube capillaire courbe contenant du mercure de manière à ce que le ménisque, par sa tension superficielle, supporte le poids d'une certaine colonne de mercure, dans une certaine position, le ménisque se déplace dans un sens ou dans l'autre jusqu'à ce que le point du tube dont le diamètre correspond au soutien de la colonne mercurielle par la nouvelle tension superficielle soit atteint.

Ces phénomènes sont réversibles, c'est-à-dire que toute modification de la forme d'un ménisque est accompagnée de la production d'une force électromotrice qui produit un courant dans un galvanomètre, par exemple. Ils semblent au premier abord du domaine de la spéculation pure. Mais ils intéressent au plus haut point les physiologistes, et à un double point de vue. Lippmann en a tiré son électromètre capillaire, qui est l'instrument de choix dans la plupart des cas pour l'étude de l'électricité animale ou végétale, et d'Arsonval a édifié sur ces phénomènes une théorie de la contraction musculaire et du courant d'action, que les physiologistes doivent connaître en détail.

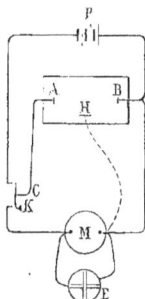

Phénomènes adjoints à l'électrolyse. — A côté de ces phénomènes réguliers, qui sont, à proprement parler, les phénomènes limites de l'électrolyse, il en est d'autres qui se produisent aussitôt que l'intensité du courant atteint une valeur notable, et que la concentration des dissolutions n'est plus très faible. Dans ce cas on voit la concentration des dissolutions changer autour des électrodes. C'est le phénomène du transport des ions, de HITTORFF. Cela est très visible dans le cas du sulfate de cuivre par exemple.

Enfin il peut y avoir complication plus grande encore des phénomènes, si l'électrolyse, au lieu de se faire dans un liquide, se fait dans un solide. WARBURG et TEGETMEIER, ont vu, que dans ce cas, avec du verre chauffé à 200°, entre deux électrodes, l'une d'almagame de sodium, l'autre de mercure, on pouvait faire passer par électrolyse du sodium dans le mercure pur. Mais, si l'on prend de l'amalgame de potassium comme anode, aucun effet ne se produit plus. Avec du lithium au contraire, l'électrolyse se produit, en même temps que le verre devient opaque. Il est dépoli dans sa masse, et du lithium s'est substitué au sodium. Si l'électrolyse ne peut se faire avec le potassium, c'est que sa molécule (39) est plus grande que celle du sodium (23). Au contraire, le lithium (7) peut déplacer le sodium.

Des phénomènes analogues ont été observés dans l'organisme. La peau peut être considérée comme un solide imbibé de sel marin. En faisant passer un courant électrique entre deux parties du corps, l'anode étant une solution d'un sel de lithium, on introduit ce métal dans l'organisme. Et ce métal est le seul qu'on puisse introduire ainsi.

V. — Les Piles et les Accumulateurs.

Nous avons indiqué sommairement ci-dessus comment on pouvait construire une pile au moyen du zinc, de l'eau acidulée et du cuivre, ce qui nous a permis d'aborder l'étude du courant électrique et des actions chimiques. Nous pouvons maintenant étudier plus en détail la pile électrique et en général les sources d'énergie électrique d'origine chimique.

Le principe général qui domine toute cette étude est le suivant : toutes les fois qu'une molécule est décomposée dans le circuit extérieur d'une pile, une molécule du composé exoénergétique qui libère de l'énergie dans la pile, se forme en même temps. D'ailleurs, il n'est pas indispensable qu'une action chimique se produise dans le circuit extérieur, bien évidemment. On peut dire en somme que toutes les fois qu'un Coulomb a passé dans un circuit, il y a eu dans l'élément de pile qui a fourni le courant $\dfrac{1}{96537}$ molécule gramme du corps actif formé.

Nous supposons pour l'instant qu'il y a un seul élément de pile. Nous verrons plus loin, quand nous aurons étudié les groupements des piles, comment ceci doit être modifié.

Dans la pile, les éléments mis en jeu suivent le courant ou le remontent comme dans le circuit extérieur. Ainsi, dans l'élément de VOLTA, zinc, eau acidulée, cuivre, le zinc déplace de l'hydrogène de proche en proche, si bien que, en fin de compte il y a eu dissolution de zinc d'un côté, dégagement d'hydrogène sur le cuivre de l'autre. Le zinc est le pôle négatif, le cuivre le pôle positif de la pile.

Tous les inconvénients de la pile de VOLTA proviennent de la formation de cette couche d'hydrogène adhérente sur le cuivre.

Nous avons vu que la pile et les électrolytes présentaient une force électromotrice déterminée, et une résistance déterminée. Mais l'hydrogène qui se dégage sur le cuivre change complètement les conditions. Il y a une force contre électromotrice qui prend naissance en même temps que la résistance intérieure croît beaucoup. Un pareil élément n'est donc guère utilisable, dès qu'on veut lui demander un débit notable d'électricité; car il se *polarise*, suivant l'expression reçue.

On a construit des piles sans polarisation notable, en adjoignant au liquide actif une substance oxydante destinée à empêcher l'hydrogène de se dégager sur le cuivre. Dans certaines de ces piles, on a remplacé le cuivre, qui joue le rôled'un simple conducteur, par le charbon.

Les principales piles utilisables sont les suivantes :

Pile au bichromate de potasse. — Dans cette pile, le bichromate de potasse est dissous dans l'eau acidulée. C'est un corps oxydant qui transforme l'hydrogène en eau. Cette pile a pour pôle positif du charbon. Elle n'est pas mauvaise pour donner un grand débit pendant peu de temps, car elle peut avoir une résistance intérieure faible. Le corps dépolarisant n'est en effet pas séparé comme dans les piles suivantes du corps actif, par une cloison poreuse, toujours très résistante; mais la polarisation n'est que retardée dans cet élément qui ne peut être utilisé pour un service prolongé.

Élément Leclanché. — Dans cet élément, un vase poreux, en charbon généralement, contient du bioxyde de manganèse, aggloméré avec du charbon. Ce corps oxydant donne de l'eau avec de l'hydrogène. Ces éléments sont assez bons comme constance. Ils ont peu de polarisation, mais leur résistance est toujours très grande à cause de la présence du bioxyde. Ils sont très utilisables pour l'application à l'organisme du courant galvanique, car dans ce cas, la résistance du tissu étant considérable, la résistance intérieure de la pile a peu d'influence, comme nous le verrons bientôt. Un des meilleurs types de cette pile est le type de JUNIUS.

Pile Daniell. — Dans cette pile, le zinc plonge dans l'acide sulfurique. Dans celui-ci plonge aussi un vase poreux, qui contient du sulfate de cuivre et une électro de positive de cuivre. L'hydrogène n'est plus libéré, car il déplace le cuivre du sulfate, dans la paroi du vase poreux, et du cuivre se dépose finalement sur le métal positif. On peut avoir un élément qui ne subit aucun changement en remplaçant l'acide sulfurique par du sulfate de zinc.

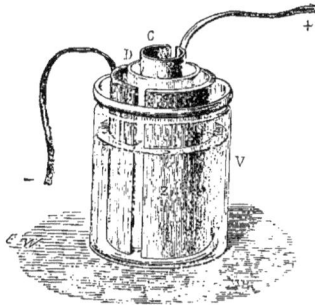

FIG. 129. — Pile DANIELL.

Cet élément est très bon à tous les points de vue sauf sa résistance un peu forte. On peut d'ailleurs supprimer cet inconvénient en supprimant le vase poreux, et superposant les liquides par ordre de densités. C'est l'élément CALLAUD qui a rendu et qui rend encore les plus grands services en télégraphie. Cependant la force électromotrice est faible.

Pile Bunsen. — Cette pile est comme la précédente à vase poreux, le pôle positif est en charbon entouré d'acide azotique, le négatif est comme dans le Daniell. Ces éléments ont une force électromotrice élevée. Mais ils ont l'inconvénient d'être assez résistants, et de dégager des vapeurs nitreuses souvent nuisibles.

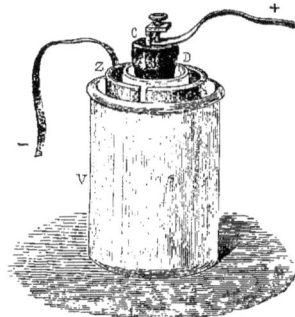

FIG. 130. — Pile BUNSEN.

Amalgamation du zinc. — Dans tous ces éléments, on ne peut employer sans précaution le zinc du commerce. Le zinc impur est en effet attaqué par l'eau acidulée, d'une manière constante. Le zinc pur, au contraire, n'est attaqué que lorsque le circuit est fermé. Heureusement on a pu tourner la difficulté, et employer du zinc amalgamé. Celui-ci n'est pas attaqué en circuit ouvert. Il jouit de toutes les propriétés du zinc pur, et coûte bien moins cher. Cette amalgamation des zincs, indispensable pour l'usage de la pile, est une opération désagréable, car il faut décaper le zinc à l'acide chlorhydrique pour que l'amalgamation soit bonne.

Accumulateurs. — Mais, actuellement, sauf dans des circonstances particulières, on peut dire que la pile est complètement à rejeter. Le zinc, qui est le combustible au moyen duquel on obtient l'énergie, est en effet fort cher. Son amalgamation, comme nous venons de le dire est fort ennuyeuse, la force électromotrice n'est jamais parfaitement constante, et les manipulations de pile sont fréquentes et désagréables. Si en effet, avec le zinc amalgamé on peut laisser le zinc dans l'acide, pendant le cours d'une expérience on ne peut l'y abandonner constamment, l'attaque finissant à la longue par avoir lieu. Il faut donc enlever les zinc toutes les fois qu'une expérience est terminée, ce qui est fort pénible.

Toutes ces raisons font qu'actuellement on emploie d'une manière presque absolue les accumulateurs. Il y en a trois à ajouter encore, c'est que les accumulateurs ont une force électromotrice élevée, que leur résistance intérieure est très faible et que leur force électromotrice est, dans de très larges limites, d'une constance extrêmement grande.

Il y a cependant à leur emploi une condition parfois gênante. Il faut avoir à sa disposition une source d'énergie et une dynamo, pour recharger les accumulateurs quand ils sont déchargés. Souvent cela n'est d'ailleurs pas une condition gênante, car, dans la plupart des grands centres, du moins, des industriels font la recharge des accumulateurs. Dans les villes qui possèdent une distribution électrique par courant continu, la question est résolue d'elle-même. Même dans ce cas, il y a souvent intérêt à employer le courant pour charger des accumulateurs, car ceux-ci permettent d'employer des forces électromotrices moins élevées que celles des secteurs électriques, et aussi de se mettre à l'abri des variations de force électromotrice de ceux-ci.

Les accumulateurs sont des voltamètres à électrode de plomb. Le liquide électrolysé est l'eau acidulée à 0,1 environ d'acide sulfurique. Il se forme du côté du pôle positif, où se porte le radical, SO^4, et où il y a par conséquent production d'oxygène, du bioxyde de plomb ($Pb\,O^2$, oxyde puce). Ce voltamètre conserve assez longtemps sa force électromotrice de polarisation, on peut alors le décharger. Dans ces conditions, il y a réduction de l'oxyde puce au positif. Il se forme alors de l'oxyde de plomb $Pb\,O$. À la plaque négative, qui est composée au début de plomb pur, il y a formation d'un oxyde de plomb, qui donne un sulfate avec l'acide de l'électrolyte. Quand on a opéré ainsi un certain nombre de fois, le plomb des électrodes est devenu poreux, les accumulateurs peuvent emmagasiner une quantité très grande d'énergie électrique, et la conserver pendant très longtemps; on dit que l'accumulateur est formé.

Les accumulateurs ainsi construits ont été les premiers connus, ils ont été découverts par Gaston Planté. On les emploie beaucoup maintenant, mais comme ils coûtent cher à faire à cause du grand nombre de charges nécessaires, on a eu recours à la formation artificielle. Dans celle-ci on maintient par un cloisonnement convenable une pâte de minium (Pb^2O^3) sur la plaque qui sera positive et une pâte de litharge (PbO) sur celle qui sera négative. Le passage du courant jusqu'à transformation complète de $Pb\,O$ au positif, en Pb pur au négatif, suffit pour former l'accumulateur; ceci est un grand avantage. Mais il est difficile d'avoir ainsi des plaques solides résistant aux trépidations et aux régimes un peu insolites de charge et de décharge. Cependant on arrive maintenant à faire de bons appareils par ce système.

La quantité d'énergie électrique que peut emmagasiner un accumulateur dépend essentiellement de sa surface active. Quand l'oxydation du positif a pénétré à une certaine profondeur, elle s'arrête, et, si l'on continue à faire passer le courant de charge, l'oxygène et l'hydrogène se dégagent.

Nous voyons immédiatement ici qu'il n'y aura dans la décharge aucun phénomène de polarisation. En effet, l'hydrogène d'électrolyse rencontrera l'oxygène de l'oxyde puce et donnera de l'eau. On conçoit donc que la résistance et la force électromotrice de ces éléments doivent être très constantes; c'est ce qui a lieu. De plus un accumulateur de bonne qualité peut conserver sa charge pendant plusieurs semaines, et garde la même force électromotrice.

Ces appareils ont donc des avantages très précieux; mais il faut observer pour leur emploi certaines précautions que nous allons indiquer. Il ne faut jamais dépasser beaucoup dans la décharge l'intensité maxima indiquée par le constructeur. Si, pour une raison ou une autre, on est obligé de s'y résoudre, il ne faut le faire que pendant un temps très court. Quand on dépasse notablement et pendant un temps appréciable cette limite, les plaques positives se déforment dans le cas des accumulateurs à formation Planté, et l'oxyde puce se détache en fines poussières. Dans le cas des accumulateurs à oxydes rapportés, les désordres sont plus graves, il y a destruction complète des plaques positives qui tombent au fond du vase.

À la charge, il ne faut pas non plus dépasser le régime indiqué, le même inconvénient se produisant par le foisonnement du pôle positif pendant la formation de l'oxyde puce.

Un accumulateur finit toujours à la longue par se décharger, il faut donc charger ses accumulateurs au moins tous les mois, même quand ils ne sont pas soumis à un service sérieux, il est même bon de faire ce travail toutes les semaines, Quand ils sont soumis à un service sérieux, il faut de temps en temps mesurer leur force électromotrice. Nous verrons bientôt que l'unité employée pour cela est le volt. Il existe des appareils étalonnés qui permettent de lire directement le voltage d'une pile, nous le dirons aussi ultérieurement, ce sont les voltmètres. Il faut qu'un accumulateur ait toujours au moins $1^v,9$ de force électromotrice. Quand il tombe au-dessous, il faut le recharger.

Voyons maintenant le phénomène de la charge des accumulateurs. Dès que le courant passe depuis quelques instants, la force électromotrice monte à 2 volts. Elle y reste pendant fort longtemps, puis elle monte à la fin de la charge jusqu'à $2^v,35$ ou $2^v,4$, parfois plus haut. En général vers ce moment les accumulateurs bouillonnent par simple électrolyse de l'eau acidulée. Il faut alors arrêter la charge, au moins en général. Il est cependant bon de laisser de temps en temps l'accumulateur bouillonner un quart d'heure ou vingt minutes. On ne doit faire bouillonner les accumulateurs que dans des conditions bien déterminées, que nous allons examiner maintenant.

Quand des accumulateurs restent déchargés pendant longtemps, il se produit des sulfates de plomb insolubles et non conducteurs qui augmentent énormément la résistance intérieure et qui diminuent dans la même proportion la capacité des accumulateurs. On ne peut arriver à les détruire qu'en faisant bouillonner les accumulateurs. Dans ces conditions, l'hydrogène au pôle négatif réduit les sulfates. C'est ce qu'on appelle mettre les accumulateurs au bain hydrogénant. Ceci ne doit être fait qu'avec précaution. Il faut opérer avec un courant égal à la moitié du courant normal de charge et prolonger l'action pendant un temps égal à quatre fois la charge. En général, dans ces conditions, les accumulateurs ont repris leur capacité. Il faut réduire le régime de charge; car sans cela les bulles de gaz trop énergiques, détachent les oxydes et les font tomber au fond du vase.

Il faut aussi remettre de l'eau dans les accumulateurs de manière à entretenir le niveau constant. Cette eau doit toujours être *distillée*. Les moindres impuretés sont en effet très préjudiciables aux accumulateurs. De plus, comme on rajoute souvent de l'eau qui s'évapore et s'électrolyse on finirait par avoir un électrolyte très impur, les impuretés s'ajoutant toujours. Quand on remet de l'acide sulfurique, ce qui arrive rarement, il faut aussi employer de l'acide pur.

Quand on doit s'absenter pendant longtemps, deux ou trois mois, si on veut éviter au retour l'ennuyeuse besogne de la désulfatation, qui d'ailleurs est nuisible aux plaques, il faut vider les accumulateurs et après avoir rincé les plaques, les replacer dans l'eau distillée. On profite de cette occasion pour nettoyer les vases, au fond desquels il y a toujours des oxydes tombés.

La capacité des accumulateurs se mesure d'après la quantité d'électricité qu'ils peuvent contenir. Nous verrons tout à l'heure que l'unité d'intensité est l'ampère. On indique la capacité en ampère-heures : c'est le produit du nombre d'ampères de la décharge normale par le nombre d'heures que dure cette décharge. Si la décharge se fait sous un régime moindre, elle durera plus longtemps; la capacité d'un accumulateur est plus grande pour les régimes faibles que pour les régimes forcés.

Nous n'insisterons pas davantage sur le rendement des accumulateurs, car cela sortirait de notre sujet actuel.

VI. — Unités électriques.

L'étude que nous venons de faire des accumulateurs nous a montré toute l'importance des mesures électriques pour tous ceux qui se servent, à un titre quelconque, de l'électricité. Dans ce qui précède, nous avons indiqué, parmi les lois de l'électricité, celles qui sont indispensables pour comprendre comment on a établi un système d'unités coordonnées. Il s'agit maintenant de définir ces unités et d'apprendre à s'en servir. Nous n'entrerons pas dans des considérations théoriques sur la question des unités, nous nous bornerons à indiquer ce qu'est un système de mesures homogène, et comment les choses ont été réalisées pour la pratique électrique.

Avant l'adoption du système métrique, il n'y avait aucune relation simple entre l'unité de surface et celle de longueur, ni entre ces dernières et celle de volume. Aussi, quand on avait à chercher le volume en boisseaux d'un espace de dimensions connues en toises, était-on obligé à un calcul déjà compliqué.

Il en aurait été de même en électricité si on avait pris n'importe comment une unité de force électromotrice, puis une unité de résistance, puis une unité d'intensité, puis une unité de capacité, puis une unité de quantité. A priori, on aurait pu agir ainsi. Mais les calculs auraient été fort pénibles. Aussi est-on convenu de prendre des unités liées entre elles comme le mètre, le mètre carré et le mètre cube, de manière à ce que les calculs soient aussi simples que possible. D'ailleurs, ce système doit être lié aux unités mécaniques ordinaires, car c'est par la production de travail mécanique ou de chaleur que les phénomènes électriques se révèlent à nous. Or nous avons dit dans ce qui précède qu'il y avait deux phénomènes élémentaires au moyen desquels il y avait production de force entre des corps électriques ou magnétiques. Ce sont : 1° Les attractions ou répulsions électriques mesurées par Coulomb. 2° Les attractions ou répulsions magnétiques des pôles d'aiguilles aimantées, mesurées elles aussi par Coulomb.

Il est aisé de voir qu'en partant de l'une quelconque de ces actions mécaniques, on aura un système complet. Le premier se nomme système électrostatique, le second système électromagnétique ; on voit immédiatement, quand on exprime une même quantité au moyen de ces deux systèmes, que ses expressions sont différentes. Les unités électrostatiques se présentent naturellement et sont de grandeur commode pour les études électrostatiques, les autres au contraire le sont pour les études électromagnétiques. Celles-ci étant de beaucoup les plus importantes, c'est le système électromagnétique qui a été adopté [1].

Comme les phénomènes électriques servent essentiellement à transformer de l'énergie et à produire des phénomènes mécaniques il faut avant tout définir les unités mécaniques rationnelles. On a en mécanique trois notions irréductibles l'une à l'autre, ce sont les notions de longueur, de temps et de force. De ces trois notions on déduit celle de masse, qui est l'expression de l'inertie de la matière. Cette notion est d'ailleurs bien plus fondamentale que celle de force, car la masse d'un corps est une constante, au lieu que la force qui agit sur lui en vertu de la pesanteur, son poids, varie d'un point à

---

1. Nous ne voulons pas laisser croire que l'exposé élémentaire ci-dessus renferme le fond de la question, quoique dans la suite nous évitions les fautes que ce mode d'exposition laisse commettre. Nous n'avons en effet pas parlé dans cet article de ce qu'on est convenu de nommer les dimensions des unités électriques et magnétiques. Nous allons indiquer dans cette note les difficultés auxquelles on arrive. La loi de Coulomb relative à l'électrostatique s'exprime par $f = K \frac{m^2}{r^2}$, K étant une constante, et m la valeur commune des deux masses. Nous avons de même en magnétisme $f = K' \frac{\mu^2}{r^2}$. Si donc, comme on le fait dans le système électrostatique, on fait K = 1, on voit que

(1) $m = r \sqrt{f}$. En tenant compte des autres lois, on arrive, pour la masse magnétique, à une autre expression, indiquant bien la différence de nature des deux espèces de masses. Dans le système électro-magnétique, on fait K' = 1 et on en tire $\mu = r\sqrt{f}$, ce qui est la même expression qu'avait tout à l'heure la masse électrique dans le système électrostatique. Des physiciens se sont alors autrefois posé cette question : « Les deux systèmes sont incompatibles, quel est celui des deux qui est le bon ? ». Nous devons répondre que selon toute probabilité aucun des deux n'est bon. Nous n'avons pas le droit de considérer aucune des constantes K et K' comme numérique, et, dans l'état actuel de la science, nous ne pouvons faire aucune hypothèse rationnelle sur leur valeur. On voit imprimé dans tous les livres d'électricité un tableau de ce qu'on appelle les *dimensions* des unités électriques, c'est-à-dire leur expression analogue à (1) en fonction des unités de la mécanique. Cela nous éclaire uniquement sur les relations de ces diverses unités entre elles, et il faut avoir bien soin de ne pas prendre ces formules au pied de la lettre, car elles n'ont aucun sens physique. Les seules relations ayant une signification physique sont celles où on définit l'énergie d'un système électrisé, et la relation de Maxwell qui indique que $\sqrt{KK'}$ est une vitesse. Nous sortirions du cadre de cet article en étudiant ce qu'est cette vitesse.

l'autre du globe; c'est pour cela qu'on a pris comme unités fondamentales le centimètre, la masse du gramme et la seconde. Le système ainsi créé se nomme système C. G. S.

C'est de lui que sont dérivées les unités électriques. Il faut donc que nous définissions les unités de force et de travail dans ce système. La force est définie par l'accélération qu'elle donne à l'unité de masse dans l'unité de temps. Le poids d'un gramme à Paris lui donne en une seconde l'accélération de 981 centimètres, d'après les mesures de l'accélération due à la pesanteur. Donc, pour avoir les calculs les plus simples, l'unité de force qui donnera à la masse du gramme l'accélération de 1 centimètre par seconde sera $\frac{1}{981}$ du poids du gramme. C'est la *dyne* équivalant à peu près à un milligramme.

L'unité de travail sera l'*erg*, travail d'une dyne sur un centimètre.

La puissance d'un moteur est l'énergie qu'il libère par seconde. Son unité sera la puissance que libère un erg par seconde.

Ces deux unités sont très petites, et de plus on se heurte aux habitudes invétérées d'emploi du kilogrammètre comme unité de travail, et du cheval-vapeur comme unité de puissance. Ce dernier est égal à 75 kilogrammètres par seconde. La situation est la même qu'au siècle dernier où l'on employait les toises, boisseaux et autres mesures incohérentes. Mais ne pouvant arrêter le courant, nous sommes obligés de le suivre et de donner les multiplicateurs par lesquels il faut opérer sur les nombres trouvés en unités rationnelles pour savoir les exprimer en unités usuelles.

Définition de l'exposant. — Pour éviter d'écrire des nombres présentant un grand nombre de zéros, on a l'habitude en mécanique et en électricité au lieu d'écrire 3 000 000, d'écrire 3×10^6, car un million est par définition la sixième puissance de 10; on voit ainsi que $10^2 = 100$, $10^3 = 1 000$, $10^4 = 10 000$, $10^5 = 100 000$, etc. De la sorte, nous voyons que 1 gramme = 981 dynes, 1 kilogramme $= 981 \times 10^3$ dynes.

Un kilogrammètre $= 10^2$ kilogrammes-centimètres $= 981 . 10^5$ dynes-centimètres. Donc 1 kilogrammètre $= 981 . 10^5$ ergs.

Quant au cheval-vapeur, égal à 75 kilogrammètres par seconde, c'est: $75 \times 981 \times 10^5$ ergs par seconde, soit 736.10^7 ergs par seconde.

Ceci étant posé, voyons comment on a défini les unités électro-magnétiques. L'unité de pôle magnétique est le pôle qui repousse avec une force d'une dyne un pôle identique placé à un centimètre, par l'application, en supposant la constante égale à 1, de la loi de Coulomb $f = K \frac{\mu}{r^2}$. L'unité d'intensité de courant est l'intensité d'un courant qui, traversant un arc de circonférence de 1 centimètre de rayon et de 1 centimètre de long, produit une dyne sur l'unité de pôle placée en son centre. C'est l'application, en supposant la constante égale à 1 de la loi de l'action électro-magnétique du courant $f = \mu \frac{li}{r^2}$.

L'unité de quantité d'électricité est la quantité débitée en une seconde par une intensité égale à l'unité d'après la formule $q = it$.

L'unité de résistance est la résistance dans laquelle un courant de 1 unité pendant une seconde dégage une quantité de chaleur équivalente à l'unité d'énergie ou 1 erg. C'est l'expression de la loi de Joule $W = i^2rt$ où W représente l'énergie et où la constante est prise égale à 1. L'unité de force électromotrice ou de différence de potentiel est la force électromotrice qui entretient un courant d'une unité dans une résistance de une unité. C'est l'application de la loi de Ohm Pouillet $e = ir$ où la constante est prise égale à 1.

L'unité de capacité est celle qui, sous l'unité de différence de potentiel, contient l'unité de quantité d'électricité, d'après la formule $q = CV$ de l'électrostatique où on fait $V = E$.

On emploie d'autres unités encore en électricité, mais celles-là seules sont d'un usage indispensable à tout le monde; nous nous y bornerons donc.

Unités pratiques. — Toutes ces unités théoriques présenteraient dans la pratique un inconvénient notable. Les nombres à employer pour exprimer les grandeurs usuelles seraient ou très grands ou très petits. On a alors cherché à former un système aussi cohérent que le système C. G. S., et dans lequel, au lieu de prendre comme unités le centimètre et la masse du gramme, on prendrait des quantités égales à des multiples décimaux de celle-ci. On est arrivé à un système satisfaisant, en prenant pour unité de longueur celle du quart du méridien terrestre (10^7 mètres par définition, aux erreurs de l'étalonnage près, c'est-à-dire 10^9 centimètres) qu'on appelle un quadrant, et pour unité de masse la cent milliardième partie de la masse du gramme, c'est-à-dire $\frac{1}{10^{11}}$ du gramme la seconde restant l'unité de temps.

Il est suggestif de réfléchir à cette énorme longueur et cette infiniment petite masse; n'est-ce pas un indice que les phénomènes électriques utilisables peuvent être considérés comme dus à des masses infiniment faibles douées de vitesses, de rotation par exemple, infiniment grandes?

Les unités pratiques portent les noms suivants :

Résistance . . . . Ohm. $= 10^9$ fois l'unité C. G. S.

Intensité . . . . Ampère. $= \frac{1}{10}$ de l'unité C. G. S.

Force électromotrice ou différence de potentiel. . . . Volt. $= 10^8$ fois l'unité C. G. S.

Quantité . . . . Coulomb. $= \frac{1}{10}$ de l'unité C. G. S.

Capacité. . . . . Farad. $= \frac{1}{10^9}$ de l'unité C. G. S.

Cette capacité elle-même est trop grande en pratique; on en emploie le millionième sous le nom de microforad.

On emploie souvent aussi le nom de mégohm pour désigner un million d'ohms et ceux de microampère, microvolt, microcoulomb pour désigner la millionième partie de l'ampère, du volt ou du coulomb.

Ceci étant établi nous savons que :

$$1 \text{ Volt fermé sur } 1 \text{ Ohm donne } 1 \text{ Ampère.}$$

$$p \text{ Volts fermés sur } q \text{ Ohms donnent } \frac{p}{q} \text{ Ampères.}$$

$$1 \text{ microforad chargé sous } 1 \text{ Volt contient } 1 \text{ microcoulomb.}$$

Il nous reste à indiquer les relations de ce système avec les unités mécaniques usuelles.

Nous savons que le produit du carré d'une intensité par une force électromotrice, d'après la loi de JOULE, est une puissance, et qu'il en est de même du produit d'une intensité par une force électromotrice. Le produit de 1 volt par 1 ampère se nomme 1 watt; 1 watt travaillant pendant une seconde donne un Joule.

On conçoit, au moyen des valeurs des unités pratiques en fonction des unités C. G. S., la possibilité d'évaluer ces quantités en chevaux-vapeurs et en kilogrammètres. On voit que 1 watt est $\frac{1}{736}$ de cheval-vapeur. On appelle kilowatt la puissance de 1 000 watts, et alors un kilowatt $= 1,36$ cheval-vapeur.

1 Joule est égal à $\frac{1}{9,81}$ kilogrammètre, soit un peu plus de 1 dixième de kilogrammètre.

VII. — Utilisation pratique des piles et instruments de mesure.

Nous avons jusqu'ici condensé le plus possible la question théorique de l'électricité, de manière à arriver rationnellement à la connaissance des unités indispensables. Nous avons, en passant, traité toutes les questions qui sont liées d'une manière intime à la conception des faits, comme celle de la polarisation des piles et celle des piles secondaires ou accumulateurs.

Maintenant que cette partie théorique est terminée, il nous reste à voir comment on emploie dans la pratique les instruments dont nous avons donné les principes. Nous avons donc à étudier tout d'abord comment on groupe les piles ou accumulateurs pour en faire le meilleur usage, puis à exposer les lois des circuits dérivés, et enfin à décrire les instruments de mesure usuels. Nous indiquerons aussi quelques méthodes de mesure, en nous en tenant au strict nécessaire pour les applications courantes. Car, si les physiologistes ont parfois besoin de se servir des instruments les plus délicats, ils n'ont pas besoin d'opérer par des méthodes de haute précision. Nous n'indiquerons donc parmi ces méthodes que celles qui ont une application immédiate en physiologie.

Groupement des piles et accumulateurs. — Nous avons vu comment la thermodynamique nous enseignait à calculer la force électromotrice E d'un élément de pile ou d'accumulateur. Ceci est absolument indépendant de la taille de l'élément. Mais à côté de cet élément invariable, nous avons vu que les liquides présentaient une résistance analogue à celle de solides. Si donc nous employons un élément de petite dimension, il aura une résistance plus grande qu'un élément de grande dimension, si les deux éléments sont semblables. Si, au contraire, nous rapprochons l'une de l'autre les plaques d'un accumulateur, par exemple, nous diminuerons sa résistance. Il faut donc savoir dans quelles conditions on peut employer de petits éléments, peu encombrants, et dans quelles conditions au contraire il faut avoir recours aux éléments de grande surface.

La loi de Ohm Pouillet nous dit que $I = \dfrac{E}{R}$, I étant l'intensité du courant, E, la force électromotrice utilisable, et R, la résistance du circuit; R comprend non seulement la résistance métallique, mais celle de la pile. Pour employer la notation habituelle, nous garderons la lettre R pour désigner la résistance extérieure à la pile, en appelant ρ la résistance de celle-ci. La formule complète sera donc $I = \dfrac{E}{R + \rho}$.

Si donc nous voulons produire une intensité I donnée dans un circuit de résistance R, nous voyons qu'il faudra tenir compte de la résistance de la pile. Soient des éléments de force électromotrice E, et de résistance ρ, mis, comme on dit, *en série*, le positif de l'un réuni au négatif du suivant. La force électromotrice totale sera n E, la résistance sera $n \rho$, donc l'intensité sera $I = \dfrac{n E}{n \rho + R} = \dfrac{E}{\rho + \dfrac{R}{n}}$. Si ρ est petit par rapport à R, on voit immédiatement qu'on augmentera l'intensité notablement en ajoutant des éléments en série. Si, au contraire, ρ est grand par rapport à R, ce qui est le cas des éléments de petites dimensions, on n'augmentera pas sensiblement le courant en mettant les éléments en série. Dans ce cas, il faut employer la réunion *en batterie*, tous les pôles positifs étant réunis, ainsi que tous les négatifs. Ceci revient à former avec tous les éléments un seul élément de surface plus grande, à résistance moindre par conséquent. On voit alors que la force électromotrice sera E seulement, et la résistance intérieure sera $\dfrac{\rho}{n}$.

L'intensité sera alors $I = \dfrac{E}{R + \dfrac{\rho}{n}}$ d'autant plus grande qu'on aura plus d'éléments en batterie, puisque R est négligeable vis-à-vis de ρ.

Ces considérations suffisaient pour l'utilisation des piles. Celles-ci, en effet, pouvaient débiter autant qu'on le voulait, sans autre inconvénient que de consommer du zinc, et de se polariser vite quand on leur demandait trop de puissance. Avec les accumulateurs le problème est tout autre, et c'est celui qu'il importe le plus de traiter maintenant. Les accumulateurs ont toujours une résistance intérieure très petite (quelques centièmes d'Ohm) Il faut donc toujours, au point de vue du courant maximum à obtenir, les placer en série. Mais les accumulateurs sont détruits, les plaques positives se désagrégeant, si on leur fait débiter plus que le constructeur ne l'indique. Il faut donc retenir deux faits : 1° Des accumulateurs ne devront être mis en batterie que dans un seul cas, c'est quand le débit à fournir dépasse celui qu'a indiqué le constructeur ; 2° Il ne faudra jamais fermer des accumulateurs sur une résistance sans connaître son ordre de grandeur et sans en avoir mis un nombre suffisant en batterie dans le cas où cette résistance est très faible. Si l'on veut obtenir une très forte intensité sur une résistance notable, on comprend donc immédiatement ce qu'il y a à faire. Il faut commencer par former des groupes en batterie de manière à ce qu'ils puissent débiter sans danger l'intensité voulue, puis on met en série le nombre de ces groupes voulu pour produire l'intensité désirée dans la résistance donnée.

Courants dérivés. — Ces principes étant connus, il faut maintenant indiquer ce qui se passe quand deux points sont réunis par plusieurs conducteurs. Ce cas se présente fréquemment dans la pratique, il importe de le connaître. Soient A et B les deux points reliés d'une part à la pile P, et d'autre part réunis par des conducteurs de résistance $r_1 r_2 r_3$. L'expérience a établi que l'intensité I qui arrive en A se répartit entre les conducteurs de manière que si I

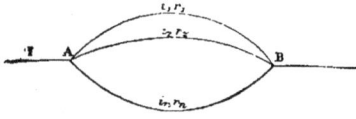

FIG. 131.

$i_1 i_2 i_3$ etc., sont ces intensités, on ait $I = i_1 + i_2 + i_3 +$ etc., ce qu'on peut écrire avec KIRCHHOFF sous la forme $\Sigma\, i = I$ le signe Σ indiquant qu'on fait la somme de toutes les intensités arrivant en A, c'est-à-dire qu'on compte négativement toutes celles qui s'en éloignent, et positivement toutes celles qui y arrivent.

D'ailleurs le potentiel de A étant V et celui de B étant V' on a par la loi de OHM :

$$i_1 = \frac{V - V'}{r_1} \qquad i_2 = \frac{V - V'}{r_2} \qquad i_3 = \frac{V - V'}{r_3}$$

et la somme totale des courants qui vont de A à B sera :

$$i_1 + i_2 + i_3 + \dots = I = (V - V') \left(\frac{1}{r_1} + \frac{1}{r_2} + \frac{1}{r_3} + \dots \right).$$

Donc l'ensemble des conducteurs en dérivation entre A et B se comportera, au point de vue du courant fourni par la pile P, comme un seul conducteur dont on calculera la résistance R par la formule $\dfrac{1}{R} = \dfrac{I}{r_1} + \dfrac{I}{r_2} + \dfrac{I}{r_3}$.

Si donc nous appelons E la force électromotrice de la pile P et ρ la résistance du conducteur APB, y compris la résistance intérieure de la pile, nous aurons :

$$I = \cfrac{E}{\rho + \cfrac{1}{\frac{1}{r_1} + \frac{1}{r_2} + \frac{1}{r_3} + \dots}}$$

Résistances et rhéostats. — Nous venons de voir comment il faut opérer pour atteindre avec des piles ou accumulateurs à une intensité donnée dans toutes les conditions. Il nous reste maintenant à savoir d'abord comment on peut graduer un courant. Ceci se fait au moyen de résistances connues et variables à volonté. Il existe deux types de ces résistances. Les unes sont réunies dans une boîte, et les fils métalliques de maillechort ou de manganine qui les composent sont noyés dans la paraffine. La figure ci-contre montre mieux que toute explication comment, en levant la clef 1, la bobine qui est soudée aux deux gros plots de métal A et B, se trouve

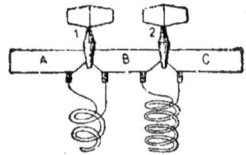

FIG. 132.

dans le circuit. Au contraire, quand la clef 1 est en place, le courant n'aura à surmonter que la résistance des plots et de la clef qui est absolument négligeable, à condition que la clef soit bien propre ainsi que son trou, et qu'elle soit énergiquement serrée. Il faut faire la plus grande attention, quand on enlève une clef d'une boîte, à resserrer énergiquement toutes celles qui sont sur la même rangée, car sans cela, par suite des flexions inévitables, les contacts deviennent très mauvais. Faute de cette précaution, on peut avoir de graves mécomptes.

Les meilleurs boîtes, quoique les plus coûteuses, sont celles de CARPENTIER, où les bobines sont disposées en décades. Supposons dix bobines égales et réunies, les premières aux plots 0, 1 (fig. 134), la deuxième à 1 et 2, etc. Tous ces plots sont isolés. Une barre de laiton A se trouve en regard elle est reliée à une borne de la boîte ou au disque suivant

et le plot 0 à l'autre borne ou à l'autre barre. Si on place une clef entre le plot 2 et le
barre A, il y aura entre les deux bornes une résistance de 1 bobine. Si au contraire on
place la clef entre 7 et A, il y
aura 7 bobines. En construisant une décade de bobines
de 1 ohm, une de 10 ohms,
une de 100 ohms, etc., il est
aisé de voir qu'on aura un instrument extrêmement com-
mode, permettant d'obtenir des
résistances de 1 à 10 ohms
avec un cadran, de 1 à 110
ohms avec 2, de 1 à 1110 ohms
avec 3, etc.

Ces instruments ne doivent
pas être utilisés d'une manière
quelconque. Voici la force électromotrice maxima qu'il faut

Fig. 133. — Boîte de résistance.

employer, pour ne pas échauffer ces résistances de manière à en hausser la valeur :

1 bobine de	1 ohm	0,32 volt.
—	10 —	1 —
—	100 —	3,2 —
—	1 000 —	10
—	10 000 —	32,

Si donc on a besoin de résistances pour faire passer des courants notables, il ne faut
pas recourir à ces boîtes. Elles ne doivent servir que pour les mesures de précision, et

Fig. 134. — Boîte de résistance en décades.

dans les conditions in-
diquées. Comme rhéos-
tat véritable, il faut
employer des fils de
maillechort ou de man-
ganine à l'air libre. Les
deux meilleurs types
sont ceux de CANCE et de
GAIFFE.

Dans le rhéostat de
CANCE, le fil est enroulé
suivant une hélice ré-
gulière, et se tient par
sa rigidité. Une extré-
mité porte une borne.
Le long de ce fil est une
tige métallique, le long

de laquelle se meut un chariot qui porte une roulette. Celle-ci est appliquée sur le fil
par un ressort. La tige métallique est réunie à une barre de contact. On voit ainsi qu'il
y aura d'autant plus de spires en circuit qu'il y aura plus de distance entre le contact
mobile et l'origine du fil.

Dans le rhéostat de GAIFFE, le fil est enroulé autour d'un anneau isolant, de manière
à former une spirale à axe circulaire. Une extrémité est terminée par une borne. Une
manette mobile autour du centre vient frotter sur les spires à leur partie supérieure. Le
fonctionnement est donc analogue à celui du rhéostat de CANCE.

On peut obtenir facilement dans les deux systèmes des rhéostats de 50 ohms environ.
Le fil qui les constitue peut débiter environ 10 ampères sans danger. Il commence alors à
rougir. Pour les plus grands débits, il existe des rhéostats de résistance moindre, et pouvant
débiter à peu près ce que l'on veut. Quand, au contraire, on veut des rhéostats de très
grandes résistances et qu'on n'a pas besoin d'un très grand débit, il est bon d'employer

des résistances liquides. Le meilleur type pour les usages physiologiques est le rhéostat Bergonié, qui sera décrit à l'article Électrothérapie.

Enfin il existe une dernière espèce de résistance métallique dont nous verrons plus

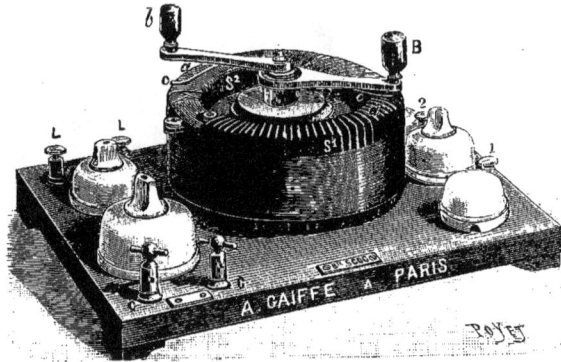

Fig. 135. — Rhéostat de Gaiffe.

loin l'usage; ce sont des dixièmes d'ohm exactement étalonnés. Il en existe de deux espèces construits par Carpentier. Les uns, en maillechort, ne doivent débiter que 5 am-

Fig. 136. — Dixième d'Ohm étalon.

Fig. 137. — Ohm étalon.

pères au plus, les autres, en fil de manganine, peuvent en débiter 25. Ces instruments servent, comme nous le verrons, à mesurer des intensités de courant. On construit aussi des ohms étalonnés pour faibles courants seulement.

Étalon de force électromotrice. — Il existe des éléments de pile qui ont une force électromotrice absolument déterminée, quand ils sont construits avec grand soin, à condition qu'ils soient employés sans débiter une intensité notable; quelques milliampères suffisent pour fausser le résultat. On s'en sert cependant d'une manière courante, mais il faut avoir soin d'employer des méthodes où la comparaison entre deux forces électromotrices se fait sans débit sensible. On compare alors par une de ces méthodes la force électromotrice de l'étalon à celle d'un accumulateur qui a débité après charge complète 1/10 environ de cette charge. Dans ces conditions, sa force électromotrice est stable pour longtemps, et cela, même si on lui demande d'assez grands débits, par exemple de 1/4 ou 1/5 du débit normal indiqué par le constructeur. Cet accumulateur sert alors d'étalon secondaire, et on le vérifie de temps à autre par comparaison avec l'étalon primaire.

Les éléments étalons les plus répandus sont ceux de Latimer Clark, de Gouy, du *Post Office* de Londres; nous ne les décrirons pas en détail. On peut employer, pour les mesures qui n'ont pas besoin d'une haute précision, ce dernier élément en le construisant soi-même. C'est un Daniell ayant une solution de sulfate de cuivre saturée, et où l'acide sulfurique est remplacé par une solution de sulfate de zinc demi saturée. Dans ces conditions, on peut compter sur une force électromotrice de $1^v,08$, qui est à peu près indépendante de la température.

Galvanomètres. — Nous avons vu que le courant électrique agissait sur l'aiguille aimantée. Quand on place une petite aiguille aimantée au centre d'un tour de fil circulaire, on démontre aisément que la déviation de l'aiguille est inversement proportionnelle à la composante horizontale du magnétisme terrestre et directement à l'intensité du courant. Cela est vrai approximativement pour les petits angles, mais pour les angles notables on ne doit plus prendre la déviation elle-même, mais sa tangente trigonométrique; pratiquement l'angle de déviation qui croît d'abord proportionnellement au courant, croît ensuite moins vite que ne l'exige la proportionnalité, et cela d'autant plus que la déviation est plus grande.

Il y a deux espèces d'instruments. Les uns sont les instruments sensibles, les autres les instruments étalonnés. Nous nous occuperons d'abord des premiers, qui sont souvent utilisés par les physiologistes. Dans ce cas, il faut donc augmenter autant que possible la sensibilité d'un instrument. On y arrive par divers moyens. Le premier a été inventé par Schweigger, c'est la multiplication.

Si, au lieu d'un seul tour de fil parcouru par un courant I, on a un grand nombre de tours parcourus par le même courant, il est aisé de voir que les effets s'ajouteront. Mais si l'on pousse trop loin cette multiplication, deux effets se produiront. D'abord la résistance du galvanomètre augmentera, elle pourra donc arriver à diminuer notablement l'intensité qu'on veut mesurer, puis les spires s'éloigneront forcément de l'aimant et leur action diminuera. Nous ne pouvons pas entrer ici dans les détails de construction du galvanomètre, nous indiquerons seulement plus loin comment on mesure ce qu'on nomme la constante d'un galvanomètre, c'est-à-dire comment on apprécie sa valeur. Disons pour l'instant comment il faut choisir la résistance de l'instrument, c'est-à-dire le diamètre du fil enroulé sur la bobine, pour avoir la déviation la plus grande avec un circuit extérieur donné par sa résistance et sa force électromotrice..

Si nous considérons un volume en forme d'anneau mince occupé par des spires de fil, l'action de toutes les spires sur le centre sera la même, pour ce qui est compris dans ce volume mince. Supposons que le fil enroulé devienne m fois plus fin. Le nombre de tours de fil dans ce volume mince deviendra m^2 fois plus grand; donc si I représente l'intensité que nous supposons la même dans les 2 cas, la force exercée sur l'aimant mobile sera $= m^2 I \times g$, g étant une constante. Si nous répétons cela pour tous les anneaux minces qui composent la bobine et si nous faisons la somme des forces, il vient $F = m^2 I \times G$. Quand on passe, pour un des anneaux minces ci-dessus, d'un fil à un autre dans le rapport m, la résistance croît dans le rapport de 1 à m^4, car le nombre de spires contenues dans l'anneau varie dans le rapport de 1 à m^2, et la résistance de chacune varie encore dans le rapport 1 à m^2, étant inversement proportionnelle à la section. Donc si E est la force électromotrice constante fermée sur le galvanomètre, si r est la résistance du circuit et R celle du galvanomètre formé par un enroulement déterminé, l'intensité sera $i = \dfrac{E}{R + r}$. Si maintenant nous enroulons un fil m fois plus fin, l'intensité deviendra $I = \dfrac{E}{r + m^4 R}$, et la force $F = G m^2 I = G \dfrac{m^2 E}{r + m^4 R}$ ce qui peut s'écrire $F = \dfrac{E}{\dfrac{r}{m^2} + m^2 R}$.

Le produit des deux termes du dénominateur est constant, quel que soit m. Il sera donc minimum quand $\dfrac{r}{m^2} = m^2 R$ ou $r = m^4 R$, c'est-à-dire quand la résistance extérieure sera égale à celle du galvanomètre. La force sera maximum dans ce cas.

Nous conclurons de là que, pour les usages physiologiques où on veut mettre en évidence de petits phénomènes électriques dans des tissus qui ont toujours une grande résistance, et cela au moyen d'électrodes impolarisables dont la résistance est très grande aussi, il faut employer des galvanomètres très résistants. Nous verrons ultérieurement d'autres phénomènes très employés des physiologistes, les phénomènes thermoélectriques, où il faut au contraire faire usage de galvanomètres très peu résistants. Dans un laboratoire de physiologie, il est bon d'avoir comme galvanomètres très sensibles un instrument de 10 000 ohms environ et un de 4 à 5 ohms. On a alors à peu près tout ce qui est nécessaire. On fait d'ailleurs des instruments à bobines interchangeables·

Shunts. — Quand on veut réduire la sensibilité d'un galvanomètre, on peut établir une dérivation entre ses bornes. De la sorte, il ne passe plus qu'une partie du courant dans le galvanomètre. Soit r_1, la résistance du galvanomètre, et i_1, l'intensité qui le traverse, r_2, celle du shunt, i_2, l'intensité qui le traverse ; il passera dans l'instrument un courant calculable aisément. (1) $i_1 r_1 = i_2 r_2$; (2) $i_1 + i_2 = I$. De (1) je tire $i_2 = i_1 \frac{r_1}{r_2}$ et (2)

devient $i_1 \left(1 + \frac{r_1}{r_2} \right) = I$; $i_1 = I \frac{r_2}{r_1 + r_2}$ si $\frac{r_1}{r_2} = p$; $i_1 = \frac{1}{1+p}$. On utilise fréquemment les rapports $p = 9$, $p = 99$, $p = 999$ pour lesquels on a respectivement $i_1 = 0,1$ I, $i_1 = 0,01$ I $i_1 = 0,001$ I. On fait des boîtes de résistances de cette nature qu'on vend avec le galvanomètre. Un instrument ainsi shunté agit sur le circuit extérieur comme s'il avait une résistance ρ donnée par $\frac{1}{\rho} = \frac{1}{r_1} + \frac{1}{r_2}$ nous verrons dans les instruments étalonnés l'application de cette remarque.

Ce que nous venons de dire s'applique à tous les galvanomètres ; nous allons maintenant en étudier les divers types ; *a priori*, il y en a deux. Dans l'un, l'équipage aimanté est mobile et les bobines sont fixes : dans l'autre, c'est le contraire, le circuit est mobile et l'aimant est fixe. Occupons-nous d'abord du premier genre.

Galvanomètre à aimants mobiles. — Dans ce système un petit aimant portant un miroir destiné à la lecture des déviations est mobile, autour d'un fil de cocon simple, au centre des bobines convenables. Il est dirigé par le champ terrestre. On oriente l'instrument de manière à ce que l'axe des bobines soit perpendiculaire à la ligne des pôles de l'aimant. Ce système ne permet pas d'atteindre à une grande sensibilité, et de plus il est fort incommode, dans beaucoup de cas, d'être contraint de placer l'instrument dans une direction fixe. Aussi emploie-t-on un aimant directeur mobile le long d'une colonne située dans la verticale de l'appareil. On comprend que en l'approchant à distance convenable de l'équipage mobile on puisse donner à celui-ci telle direction qu'on veut. On peut même diminuer autant qu'on le veut la force directrice. Pour le montrer, et surtout pour montrer comment on peut pratiquement opérer, nous allons nous appuyer sur la composition des forces. La force résultante de deux forces est dirigée suivant la diagonale du parallélogramme qu'elles forment. De plus un aimant est toujours dirigé parallèlement à la force magnétique. Soient alors oA la direction dans laquelle on veut mettre

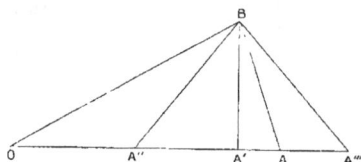

Fig. 138.

l'équipage, oB la grandeur et la direction de la force magnétique terrestre. Si nous plaçons l'aimant directeur parallèle à BA et si nous le montons le long de sa colonne de manière à ce que la grandeur de la force qu'il exerce sur l'aimant mobile soit BA, en grandeur, la force magnétique résultante sera oA en grandeur et en direction. Si donc nous voulons diminuer cette force OA il faudra élever l'aimant en le tournant dans le sens AA', A' étant le pied de la perpendiculaire BA' sur oA', car BA' est plus petit que BA. Mais si, à partir de la position A', on veut augmenter la sensibilité, il faut amener la force de l'aimant à être BA'' en grandeur et en position. Il faut donc, en continuant à tourner dans le même sens, abaisser l'aimant directeur. Pour obtenir les grandes sensibilités, il faut toujours arriver à ce point.

Dans cette opération, il faut toujours être guidé par une mesure de la sensibilité de l'appareil. Il n'est pas toujours commode d'y faire passer un courant d'étalonnage. Il y a une méthode plus rapide. On peut mesurer à chaque instant le couple auquel est soumis l'équipage, en mesurant le temps qu'il met à faire une oscillation.

On démontre en effet en mécanique que le temps de l'oscillation d'un système donné est inversement proportionnel à la racine carrée du couple agissant. Donc on aura le rapport des couples, c'est-à-dire des sensibilités, pour deux positions de l'aimant directeur, en prenant le carré de l'inverse du rapport des temps d'oscillation dans les deux cas. Exemple : pour une position de l'aimant directeur on a mesuré le temps de cinq oscillations simples, il est de $5''$. C'est donc $1''$ par oscillation simple. Pour une autre position de l'aimant directeur, on a trouvé $25''$ pour 5 oscillations simples, c'est-à-dire $5''$ par oscillation simple. La sensibilité dans le second cas sera 25 fois plus grande que dans le premier.

Pour que cela soit exact, il faut que l'équipage fasse un certain nombre d'oscillations. Sans cela l'amortissement influe d'une manière notable sur la période, et le calcul ne s'applique plus. Quand on arrive à des périodes assez longues pour que le frottement de l'air arrête l'équipage en deux ou trois oscillations, il faut alors procéder à un étalonnage de l'instrument. La mesure du temps d'oscillation indique bien encore cependant si la sensibilité augmente ou diminue.

Tels sont les résultats qu'on peut obtenir avec un équipage à un seul aimant. Mais il est impossible dans ces conditions d'arriver à de grandes sensibilités, car les moindres perturbations du champ terrestre donnent des déplacements de zéro tels qu'on ne peut plus employer l'équipage.

Aussi Nobili eut-il l'idée de former un équipage, dit astatique, de deux aiguilles parallèles et horizontales orientées en sens inverse, situées l'une à l'intérieur de la bobine et l'autre à l'extérieur.

De la sorte, si les deux aiguilles sont bien identiques, le champ terrestre n'a plus d'action et on peut au moyen de l'aimant directeur donner telle sensibilité qu'on veut. Mais en pratique, jamais deux aimants horizontaux ne forment un système parfaitement statique. Si cela est déjà bien meilleur que le système à un aimant, ce n'est pas encore parfait.

A côté de la possibilité de donner à l'instrument une grande sensibilité, il faut envisager la commodité de l'emploi. Un instrument qui oscille indéfiniment avant de revenir au zéro n'est pas utilisable. Il faut donc d'abord amortir le mouve-

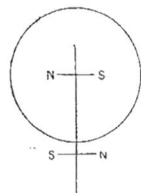

Fig. 139.

ment de l'équipage d'une manière convenable, et ensuite réaliser des équipages ayant la plus petite durée d'oscillation possible pour un couple donné. Thomson a indiqué la voie à suivre. Il faut employer des aciers susceptibles d'une très puissante aimantation, et des aiguilles très petites. De plus il y a avantage à employer avec un équipage astatique deux paires de bobines agissant respectivement sur les deux systèmes d'aimants de manière à ajouter leurs effets. Ceci complique l'instrument et le rend plus coûteux, aussi les galvanomètres à une seule paire de bobines sont-ils encore fort employés.

Enfin il est un procédé pour obtenir des équipages beaucoup plus astatiques, beaucoup plus stables comme aimantation, beaucoup moins sensibles aux perturbations que les équipages à aiguilles horizontales, c'est l'emploi d'aiguilles verticales accouplées comme sur la figure 144. On réalise ainsi des astatismes très grands et des sensibilités élevées, en employant les galvanomètres à deux paires de bobines.

Enfin, on peut employer un système qui donne des sensibilités plus grandes encore et un astatisme plus grand encore, en mettant au centre des aiguilles verticales des points conséquents inverses (fig. 145). Cet équipage donne la meilleure sensibilité avec une seule paire de bobines.

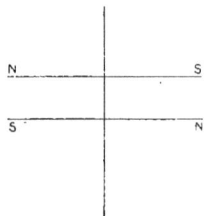

Fig. 140

Les divers galvanomètres sont les suivants :

1° Le galvanomètre de Nobili, qui est à rejeter;

2° Le galvanomètre de Thomson à une seule paire de bobine (fig. 140);

3° Le galvanomètre de Wiedemann-d'Arsonval (fig. 141), dont la disposition originale consiste dans l'emploi d'un aimant puissant en fer à cheval placé dans un cylindre en cuivre rouge qui donne un grand amortissement par courant induit (Voir plus loin). Cet instrument a l'avantage d'être disposé pour pouvoir faire varier énormément la sensibilité en écartant ou rapprochant les bobines de l'aimant. Cela permet d'employer un instrument relativement sensible même pour des courants forts. De plus on peut facilement remplacer la bobine, ce qui permet de la transformer en un instrument résistant ou en un instrument peu résistant au choix. Quand on n'a pas besoin de grande sensibilité, cet instrument peut rendre des services. On le construit toujours maintenant avec un système astatique.

Cet instrument est extrêmement répandu dans les laboratoires de physiologie; ce qui est absolument injustifié; il est moins sensible que les instruments du type THOMSON, et, malgré le préjugé répandu, il est d'un usage moins commode. De plus la présence de l'amortisseur de cuivre empêche toute espèce de bonne mesure balistique. En somme, c'est un instrument utilisable, mais peu recommandable, sauf quand un laboratoire ayant peu de ressources veut bien se contenter d'une sensibilité maximum assez faible et n'avoir qu'un seul instrument pour tous les usages. On peut en effet réduire la sensibilité autant qu'on le veut en écartant les bobines.

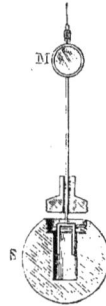

4° Le galvanomètre THOMSON à deux paires de bobines (fig. 142 et 143) et ses tranformés le galvanomètre à aiguilles verticales (fig. 144) et celui à points con-

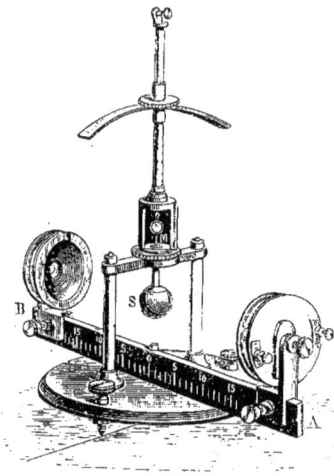

Fig. 141. — Galvanomètre WIEDEMANN d'ARSONVAL.

séquents (fig. 145). Ce sont ces instruments qui doivent être employés dans les cas où on veut une grande sensibilité. D'ailleurs, comme nous l'avons déjà dit, leur emploi est plus commode que celui du galvanomètre de WIEDEMANN, dans lequel il n'est pas très facile de régler la verticalité pour éviter les frottements de l'aimant sur l'amortisseur.

Mesure de la sensibilité. — Il nous reste à indiquer comment on mesure la sensibilité d'un galvanomètre. Il faut se rappeler que pour des intensités égales traversant deux galvanomètres ayant les mêmes carcasses de bobines, celui qui est le plus résistant, qui a par conséquent le plus grand nombre de tours de spires donnera la déviation la plus grande. Or ce n'est pas toujours celui qu'on a le plus d'intérêt à employer comme nous l'avons vu. Donc pour apprécier le mérite réel du galvanomètre, il faut réduire sa déviation à ce qu'elle serait pour une résistance déterminée. On choisit cette résistance égale à 1 ohm, et on démontre mathématiquement que pour connaître ce que donnerait le galvanomètre s'il avait le même équipage avec la même période et la même forme, s'il était parcouru par le même courant, et s'il était de 1 ohm de résistance, il faut diviser la déviation trouvée par la racine carrée de la résistance. Nous définirons donc ainsi, avec AYRTON, MATHER et SUMPNER, la constante de sensibilité d'un galvanomètre :

Fig. 142.

C'est le quotient par la racine carrée de la résistance du galvanomètre du nombre de millimètres dont la tache lumineuse se déplace sur la règle divisée, supposée placée à 2 mètres, pour l'équipage amené à 5'' d'oscillation simple, le courant étant de 1 microampère ou un millionnième d'ampère.

Si donc un instrument de 3 ohms a la constante de 100, cela veut dire que, avec son équipage à 5'' il donne pour 1 microampère $100 \times \sqrt{3}$ ou 283 millimètres de déviation sur une règle placée à 2 mètres de distance.

Si un instrument de même constante avait 12 000 ohms de résistances, la déviation pour un microampère serait $100 \sqrt{12000} = 100 \times 109,5 = 10\,950$ millimètres à 2 mètres. Donc un millimètre correspondrait à un dix-milliardième d'ampère environ.

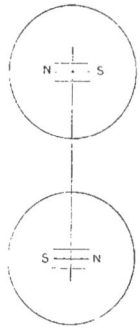

On peut en général amener les équipages délicats actuels à 15″ d'oscillation sans trop de peine. Il faut alors, pour avoir les sensibilités correspondantes, multiplier par 9 les nombres obtenus.

La constante de 100 se réalise avec les aiguilles verticales sans peine. Avec des bobines de 3 centimètres de diamètre, on peut aller à 150 environ. Avec les aiguilles à points conséquents on peut aller avec les mêmes bobines jusqu'à 325 et facilement entre 260 et 280.

Les équipages à aiguilles horizontales ont permis, par des artifices de construction, de réaliser des constantes beaucoup plus grandes ; mais ces constantes ne sont pas stables, et l'astatisme est toujours mauvais : on ne peut guère compter

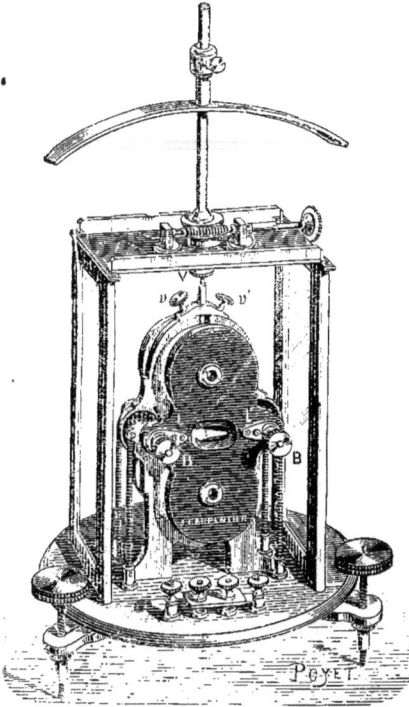

Fig. 143. — Galvanomètre Thomson.

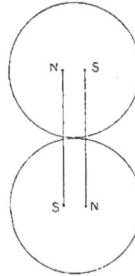

Fig. 144.

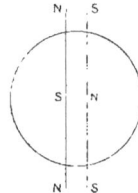

Fig. 145.

comme valeur stable avec les aiguilles horizontales que sur la constante de 40 à 50 au maximum.

Instruments à cadre mobile. — Ces instruments ont été employés pour l'usage de la télégraphie sous-marine par Thomson sous le nom de *siphon recorder*, ce dernier nom venant du système d'inscription des déviations. Ils ont été mis sous une forme pratique par Deprez 'et d'Arsonval. Dans ces instruments, le champ magnétique est dû à un aimant puissant. Le cadre est mobile dans ce champ. Le courant lui est amené par deux fils qui en même temps s'opposent par leur torsion à ce que le cadre se mette à 90° du champ dès qu'un courant le traverse. La sensibilité dépend donc de l'élasticité de torsion du fil et de l'intensité du champ magnétique. Mais on ne peut augmenter indéfiniment ainsi la sensibilité de ces instruments, car le cuivre dont on forme les bobines contient toujours du fer, et qu'il y a de ce fait, lorsque le champ devient assez puissant, une force qui tend à diriger le cadre et est proportionnelle au champ magnétique. De plus, l'amortissement devient plus considérable.

Nous verrons plus loin que, quand un circuit fermé se meut dans un champ magnétique, il est parcouru par un courant induit, et ce courant produit de la chaleur dans le circuit. Il y a donc une partie de l'énergie employée à mouvoir le cadre qui se trouve transformée en chaleur. C'est tout à fait analogue à un frottement. Par conséquent, si le cadre est fermé sur une résistance extérieure assez faible, les courants induits prenant naissance seront assez intenses, et amortiront le mouvement. Il est bon alors, quand on a un circuit extérieur très résistant, de mettre une dérivation sur les bornes du galvanomètre, c'est le *shunt* dont nous avons déjà parlé. Avec un galvanomètre bien construit, un shunt très résistant qui diminue la sensibilité d'une manière négligeable, de 1/4 ou 1/5 par exemple, rend l'instrument d'un usage très commode; on peut même, avec un shunt relativement peu puissant, amener l'instrument à être *apériodique*, c'est-à-dire à revenir au zéro sans osciller. Mais il ne faut pas aller trop loin dans cette voie; car alors on ralentit énormément l'oscillation.

Ces instruments sont de deux sortes. Les uns ont un seul aimant et un cadre étroit (fig. 146). Les autres ont deux aimants et large cadre (fig. 147). Ces derniers ont une suspension plus longue et une sensibilité par conséquent plus grande.

On ne peut, en général, employer ces galvanomètres comme instruments très délicats pour plusieurs raisons. D'abord on n'a aucun moyen de faire varier la sensibilité, comme on le fait pour le galvanomètre THOMSON avec l'aimant correcteur. Ensuite, il est impossible de réaliser des cadres de très grande résistance. On ne peut guère aller au delà de 600 à 700 ohms.

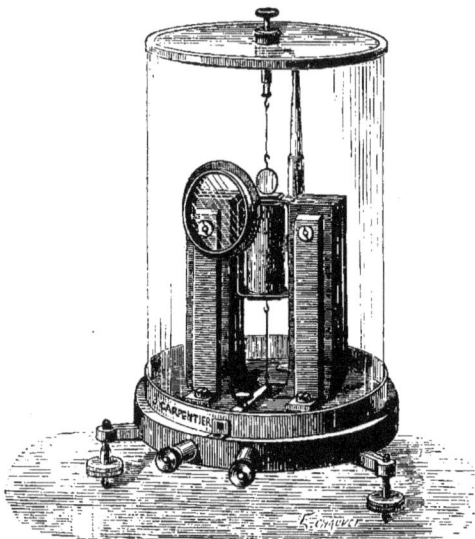

FIG. 146. — Galvanomètre de d'ARSONVAL.

Mais, si l'on se contente d'une sensibilité de second ordre, ce sont des instruments de choix; car ils sont d'un usage extrêmement commode.

La sensibilité dépend de la délicatesse de la suspension. On fait en général celle-ci au moyen de fils d'argent ou de platine de $0^{mm},1$ de diamètre. On ne peut en employer de plus fins, qui casseraient. Dès qu'on augmente un peu le diamètre, la sensibilité décroît énormément, car elle est inversement proportionnelle à la quatrième puissance du diamètre. Il arrive fréquemment, quand on tend le fil de suspension pour centrer le cadre, qu'on le casse. De plus, comme la torsion n'est jamais assez petite pour rester dans les limites des déformations élastiques pures, sans déformations permanentes, le retour au zéro ne se fait pas d'une manière parfaite. On pare à tous ces inconvénients, et de plus on augmente beaucoup la sensibilité de l'instrument, en employant comme suspension une petite spirale en lame d'argent, la grande dimension de la lame étant verticale. Avec les cadres existant, de bonnes dimensions sont $0^{mm},1$ sur $0^{mm},3$ pour les lames. l'enroulement ayant environ 3 millimètres de diamètre. Le retour au zéro est parfait dans ces conditions, et on peut alors employer le système de lecture beaucoup plus délicat du micromètre et microscope qui a été indiqué par d'ARSONVAL et que nous avons indiqué ci-dessus.

FIG. 147. — Galvanomètre de d'ARSONVAL.

Galvanomètre balistique. — Tous les instruments que nous avons étudiés permettent de mesurer la quantité d'électricité mise en jeu dans les décharges instantanées. Celles-ci donnent en effet à l'aiguille une impulsion brusque ; elles développent donc de la force vive pour l'aiguille instantanément, c'est-à-dire avant que le déplacement ait pu prendre une valeur sensible. Tout se passe donc comme si, après avoir reçu cette impulsion, l'équipage partait du zéro avec une certaine vitesse. On démontre, par un calcul qui ne saurait trouver place ici, que l'élongation maxima de l'équipage est proportionnelle à la quantité d'électricité qui a passé et qui a donné à l'équipage l'impulsion initiale. On peut donc mesurer ainsi des quantités d'électricité, par exemple celles qui sont mises en jeu dans la décharge d'un condensateur.

Pour que ces mesures soient bonnes, il faut que l'équipage ait une oscillation assez longue et qu'il ne soit pas trop amorti. Pour ce genre d'expériences, il faut proscrire complètement les shunts de galvanomètre. Nous verrons plus loin, en effet, qu'il y a certaines propriétés des circuits électriques qui dépendent de la courbe de variation du courant, et qui fausseraient les indications de ces appareils. C'est ce qu'on nomme les phénomènes de self-induction.

Instruments étalonnés. — Nous venons de décrire les galvanomètres destinés à déceler des courants délicats. Mais il est un autre objet non moins important pour le physiologiste, c'est de savoir mesurer commodément les courants relativement puissants dont il a besoin pour produire en un point déterminé une énergie utile. On a fréquemment besoin actuellement de faire tourner un moteur électrique pour divers usages. Il faut employer pour cela des accumulateurs qui ont un débit maximum déterminé. Si donc on veut une puissance déterminée, il faudra mettre en série un nombre d'accumulateurs tels que EI représente la puissance utilisable ; E est le voltage aux bornes des moteurs, et I le courant produit. Il faut aussi savoir recharger les accumulateurs qui servent dans le laboratoire. Il faut donc savoir quel est le débit de la source qui les charge et quel est leur voltage.

Ampèremètres. — Les instruments qui mesurent l'intensité sont les ampèremètres. On les a gradués d'avance en ampères. Il n'y a plus ici de lecture au miroir, une simple aiguille se meut sur un cadran divisé. Les ampèremètres doivent être tels qu'ils ne modifient pas notablement le courant sur lequel on les place, et qui doit les traverser tout entiers, puisque c'est lui qu'ils doivent mesurer. Il faut donc que ces instruments soient peu résistants. On les fait fréquemment de quelques dixièmes d'ohms.

Les ampèremètres peuvent être divisés en plusieurs classes : ils utilisent en effet divers phénomènes. Les uns sont des galvanomètres à aimants mobiles, d'autres des galvanomètres à cadre mobile, d'autres ont comme équipage un morceau de fer doux, qui est aimanté par une bobine fixe et dévié par la même bobine. On emploie souvent aussi le déplacement dans un champ magnétique

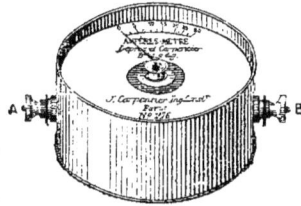

Fig. 148.

d'une lame de mercure parcourue par un courant, phénomène découvert par Lippmann. Enfin certains appareils industriels sont de véritables balances, où on compense par un poids l'effort exercé entre deux circuits parcourus par le même courant. Nous laisserons de côté les appareils du système Lippmann, peu utiles pour les physiologistes. Nous nous occuperons des autres types.

Les appareils à fer doux mobile et circuit fixe sont très répandus comme instruments de tableaux de distribution. Ils sont en effet peu coûteux. Mais, s'ils ont l'avantage d'être utilisables avec les courants alternatifs, ils ont l'inconvénient, avec le courant continu, de ne pas renseigner sur son sens. Ces instruments ont subi tout récemment un grand perfectionnement. La bobine elle-même porte un noyau de fer doux avec un prolongement polaire qui agit sur une pièce voisine de même forme. La sensibilité est ainsi rendue très grande. On a pu aussi rendre ces instruments apériodiques, c'est-à-dire les construire de manière à éviter les oscillations trop prolongées autour de la position d'équilibre.

Enfin on emploie très fréquemment les instruments à cadre mobile, et ce sont les meilleurs pour les petites intensités et les courants continus. Ils sont aussi complètement à l'abri, à cause de la puissance considérable de leur champ magnétique, de toutes les perturbations du champ terrestre dues à la présence de fer doux ou de courants voisins.

De bons milliampèremètres sont construits sur ces principes par divers constructeurs. Mais certains appareils permettent de mesurer tous les courants continus nécessaires dans un laboratoire, soit les milliampères nécessaires pour agir sur un tissu, soit les ampères nécessaires pour faire tourner une machine. On peut en effet faire varier la sensibilité des ampèremètres en les shuntant. On comprend alors que la division tout entière du cadran corresponde à une intensité d'autant plus grande que le shunt est mois résistant. On peut donc étalonner ce shunt de manière à ce que le cadran tout entier corresponde à une intensité donnée d'avance. CHAUVIN et ARNOUX construisent des instruments qui, avec le faible shunt, donnent la division

Fig. 149.

tout entière pour 50 milliampères, et il n'y a pas de limite à l'intensité du courant qu'on peut mesurer avec un shunt assez puissant. En somme, il est commode pour un laboratoire d'avoir un de ces instruments avec les shunts donnant l'amplitude de la division totale : 1° pour 0,05 ampère; 2° pour 0,5 ampère; 3° pour 1 ampère; 4° pour 10 ampères; 5° pour 20 ampères; 6° pour 100 ampères, dans le cas où on a à utiliser de véritables courants industriels. Les 4 premiers sont toujours utiles actuellement, les courants de 20 ampères étant fréquemment employés.

Mais nous insistons sur ce point que ces derniers instruments ne sont pas bons dans le cas des courants interrompus de bobines d'induction. Il faut dans ce cas des appareils d'un type quelconque, mais sans shunt.

Voltmètres. — Pour savoir l'état des accumulateurs, comme pour savoir le voltage aux bornes d'une résistance utilisée, il faut avoir des instruments donnant par une lecture directe ce voltage, et cela sans le modifier d'une manière sensible. Pour qu'un de ces instruments, placé en dérivation aux bornes de la résistance utilisée, ne modifie pas sensiblement le courant, il faut qu'il ait une très grande résistance. Dans ces conditions, d'après ce que nous avons dit à propos des galvanomètres, il sera sensible à une très petite intensité, ce qui est à rechercher.

Tout instrument de résistance très grande par rapport à la résistance utilisée pourra donc être gradué en volts. Un instrument quelconque mesurera au fond toujours l'intensité qui le traverse, on

Fig. 150.

la différence de potentiel aux bornes, puisque sa résistance est constante. La seule condition à réaliser est donc que, lorsqu'on place l'instrument en dérivation, il ne modifie pas sensiblement la différence de potentiel à mesurer, donc qu'il soit très résistant. Quand on électrise un tissu organique, il n'y a pas moyen d'employer le

voltmètre pour savoir la différence de potentiel aux bornes, car les résistances organiques sont beaucoup trop grandes et tous les voltmètres y font baisser le courant. Il
faut employer donc ce cas des électromètres, ce qui
est beaucoup plus compliqué. Heureusement que
dans ce cas la force électromotrice de la pile à circuit ouvert est suffisante à connaître ; car, la résistance intérieure étant très faible par rapport à
l'extérieure, la force électromotrice aux bornes est
infiniment peu modifiée par le courant.

Voltmètre de CARDEW. — On a construit des
voltmètres sur un autre principe celui de l'échauffement d'un fil fin. Cet échauffement est porportionnel
au carré de l'intensité. En mesurant la dilatation du
fil d'une manière un peu délicate, on peut mesurer
le courant qui passe. Ceci n'est possible qu'avec
des fils fins, qui constituent alors ce voltmètre.

Électro-dynamomètre. — Cet appareil nous
amène à une classe d'instruments intéressante : ce
sont ceux où l'indication est indépendante du sens du
courant. Ces appareils peuvent donc donner des indications aussi bien dans le cas des courants alternatifs
que dans celui du courant continu. C'est ce qui se

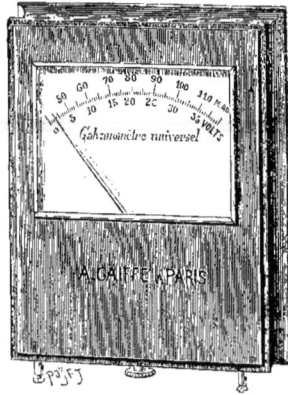

Fig. 151.

passe pour l'électromètre de THOMSON, employé par la
méthode idiostatique. C'est aussi ce qui se passe quand on emploie l'action des courants
sur les courants sur laquelle nous reviendrons ultérieurement. Dans ces appareils,
appelés électro-dynamomètres, le même courant traverse une bobine fixe et une bobine
mobile. Il y a alors attraction proportionnelle au carré de l'intensité entre les deux
bobines.

Wattmètres. — Si au lieu de faire parcourir les deux bobines par le même courant,
on met une bobine peu résistante sur le courant, et une autre très résistante aux bornes
de la résistance sur laquelle on veut opérer, on a un couple proportionnel à $i \times i'$, i étant
l'intensité du courant total, et i' celle du courant dérivé dans la bobine très résistante ; or
celui-ci, puisque la bobine est très résistante et ne modifie pas le courant, est proportionnel au voltage aux bornes. On a donc avec ces appareils une indication proportionnelle au produit ei, de l'intensité du courant qui parcourt la résistance utilisée par la
force électromotrice nécessaire pour produire ce courant. L'instrument est donc un
wattmètre. Il fonctionne aussi bien en courant alternatif qu'en courant continu.

Électro-dynamomètre de GILTAY. — Dans cet instrument, la bobine mobile est
remplacée par un morceau de fer doux. Celui-ci est aimanté par le courant et proportionnellement à ce courant. La déviation est donc proportionnelle encore au carré de
l'intensité.

Électromètre LIPPMANN. — Nous avons étudié avec détail en électrostatique l'électromètre de THOMSON. Il nous reste maintenant à indiquer ce qui est relatif à l'électromètre
de LIPPMANN.

Les phénomènes électrocapillaires nous ont montré qu'il suffisait d'avoir un tube
capillaire conique pour obtenir un changement de niveau du ménisque dans ce cône
quand [le ménisque est électrisé. En observant ce changement au moyen d'un microscope on peut avoir une très grande sensibilité.

Les tubes employés sont d'une finesse extrême, assez pour que la colonne de mercure soutenue par le ménisque soit aux environs de 80 c. Un de ces tubes capillaires est
plongé dans l'eau acidulée, et au fond du vase qui contient celle-ci se trouve du mercure. La manipulation de l'appareil est très simple en théorie. On vise avec le microscope le ménisque mercuriel, et en établissant la communication entre les pôles de la
pile et le mercure A d'une part, le mercure B d'autre part, on lit la dénivellation avec le
microscope qui est muni d'un micromètre oculaire. Si le tube est bien conique, la dénivellation est proportionnelle à la différence de potentiel. Mais il est sage d'étalonner
au préalable l'instrument, et il vaut mieux encore faire usage de cet instrument en ra-

menant toujours le ménisque au même point par une variation de pression. De la sorte on a le moyen d'avoir une table s'appliquant à tous les instruments, à condition qu'on ait eu le soin d'amener toujours la pression initiale à la même valeur.

Voici cette table pour la pression initiale de 75 c.

F. M. M. en volts.	ACCROISSEMENT de pression en centimètres de mercure.	F. E. M. en volts.	ACCROISSEMENT de pression en centimètres de mercure.
0,016	1,5	0,500	28,8
0,024	2,15	0,588	31,4
0,040	4,0	0,833	35,05
0,109	8,9	0,900	35,85
0,140	11,1	0,909	35,85
0,170	13,1	1,000	35,3
0,197	14,8	1,261	30,1
0,269	18,85	1,444	23,9
0,364	23,5	1,833	11,0
0,430	27,05	2,000	9,4

Pour faire varier comme on le veut la pression, le système à préconiser actuellement est celui de Limb. Il y a au tube A un ajutage latéral, et une petite pompe à mercure, reliée à A par un tube de caoutchouc, permet de faire monter ou descendre le niveau.

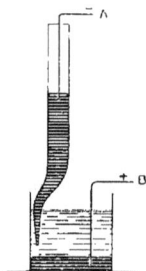

Fig. 152. — Électro-mètre Lippmann.

La table qui précède montre qu'il ne faut pas dépasser 0ᵛ,9, car au delà la courbe passe par un maximum. De plus, il ne faut jamais mettre A en communication avec le pôle positif d'une pile, car il y aurait transport d'oxygène sur le ménisque, et oxydation de celui-ci. Les communications doivent être établies comme sur la figure 152 : — en A, + en B.

Il arrive parfois que le ménisque reste immobile malgré l'électrisation. Cela tient à ce que le verre a été sali par le contact prolongé du mercure, ou qu'il y a une petite bulle de gaz. Dans ce cas, il faut faire couler un peu de mercure par le bas du tube, ce qu'on fait en augmentant la pression. Pour éviter aussi cette attaque du verre par le mercure pendant le repos, il faut toujours amener le réservoir c de la pompe à mercure en bas de sa course pendant ce temps. De la sorte, le mercure se trouve pendant le repos dans une partie relativement très large du tube, et l'appareil fonctionne toujours du premier coup.

La capacité de cet appareil est très grande, il faut en tenir compte dans son usage. Sa sensibilité est beaucoup plus grande que celle de l'électromètre de Thomson, car un bon instrument indique par une déviation notable $\frac{1}{5000}$ de volts et permet de discerner par un petit changement de forme du ménisque $\frac{1}{10\,000}$ de volt.

L'emploi de cet appareil pour les mesures diverses n'est pas toujours extrêmement commode. Mais c'est l'appareil de choix pour un certain nombre de méthodes de réduction au zéro.

VIII. — Méthodes de mesure.

Nous allons indiquer maintenant les méthodes qu'il faut employer pour effectuer les mesures courantes de grandeurs électriques. On a à déterminer fréquemment des forces électromotrices, des résistances, des intensités, des capacités, et à vérifier un ampèremètre ou un voltmètre. Nous indiquerons aussi la solution d'une question qui intéresse au plus haut point les physiologistes, l'étalonnage électrique d'un calorimètre.

I. Mesure des forces électromotrices. — Il faut pour cela avoir à sa disposition un élément étalon. Pour le degré de précision nécessaire en général aux physiologistes, il suffit d'employer l'étalon du *Post-office* indiqué ci-dessus, dont la force électromotrice, de $1^v,08$, est à peu près indépendante de la température ; on peut alors opérer par les procédés suivants, qui tous permettent de ne pas faire débiter sensiblement l'étalon.

a. **Méthode de l'électromètre.** — On met les deux pôles de la pile étalon en communication avec les deux paires de quadrants de l'électromètre à aiguille chargée, ou un pôle avec l'aiguille d'un électromètre symétrique, l'autre pôle étant à terre. On recommence avec la source dont on veut mesurer la force électromotrice, et on a celle-ci par le rapport des déviations. Cette méthode ne peut s'employer avec l'électromètre capillaire, qui ne permet de mesurer que des forces électromotrices inférieures à $0^v,9$.

b. **Condensateur et galvanomètre balistique.** — On peut aussi, en prenant un condensateur de capacité assez grande, obtenir par sa décharge dans un galvanomètre sensible une élongation balistique mesurable. En faisant cette opération avec la pile étalon d'abord, puis avec la source à mesurer, on a le rapport des forces électromotrices par le rapport des élongations. Si on prend un microfarad par exemple, ce qui est déjà une très grande capacité, la pile, supposée à 1 volt, ne débite jamais que ce qui est nécessaire pour le charger, c'est-à-dire un microcoulomb. Ceci correspond au débit d'une pile d'un volt pendant une seconde sur un mégohm. C'est absolument insignifiant pour la pile et donne des effets très notables au galvanomètre.

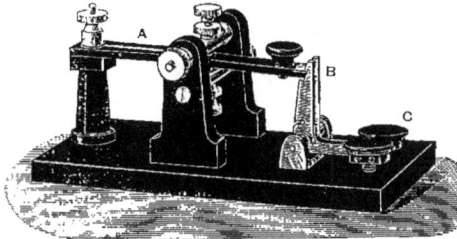

FIG. 153. — Clef de décharge.

Il faut avoir soin dans cette méthode d'opérer avec une clef de décharge permettant de charger et de décharger rapidement le condensateur, ce qui est indispensable à cause des pertes par défaut d'isolement du condensateur. La clef employée est celle de la fig. 153, où le ressort A est maintenu par la griffe B à la position de charge. En écartant B au moyen du bouton C, ce ressort vient buter sur la vis supérieure qui sert à la décharge.

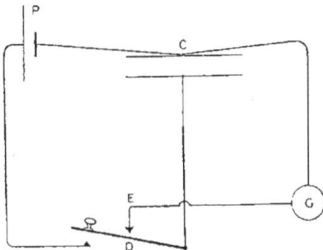

FIG. 154.

P est la pile, C est le condensateur, G le galvanomètre, D la clef de décharge. En abaissant la clef, on charge le condensateur, le galvanomètre étant hors circuit. En laissant la clef rémonter dans la position de la figure, le contact est rétabli en E, la pile est hors circuit, et la décharge passe dans le galvanomètre.

c. On peut aussi, quand on dispose d'un mégohm ou au moins d'une très grande résistance métallique, prendre la déviation donnée par la pile étalon et par la pile à mesurer fermées successivement sur la grande résistance et sur un galvanomètre sensible.

d. **Méthode de POGGENDORFF.** — Enfin la meilleure méthode est celle de POGGENDORFF. La loi de OHM nous apprend que le long d'un circuit la répartition des potentiels est linéaire. Si une pile P est fermée sur un circuit de résistance $r_1 + r_2$, le courant aura une intensité $I = \dfrac{E}{r_1 + r_2}$. Si c est la différence de potentiel entre les points A et B, nous avons aussi $I = \dfrac{e}{r_2}$.

D'où $\dfrac{e}{r_2} = \dfrac{E}{r_1 + r_2}$. Si alors nous avons entre les points A et B une pile P_1, de force électromotrice précisément égale à e, et un galvanomètre ou un électromètre G, aucun courant ne passera en APGB et l'appareil G restera au zéro. Si donc on trouve sur une boîte de résistance un point B tel que rien ne passe dans l'appareil C, on sait qu'à ce moment $\dfrac{E}{r_2} = \dfrac{r_2}{r_1 + r_2}$. Si P est la pile étalon, on connaîtra donc la valeur de E par la connaissance de r_1 et de r_2. Il est commode de former les résistances AB et BC par des boîtes de résistances égales, AB ayant toutes ses clefs enfoncées au début, et BC toutes ses clefs enlevées. En transportant alors successivement les clefs de la boîte AB à la boîte BC, de manière à supprimer en BC la résistance qu'on met en AB, on a $r_1 + r_2$ constant ce qui facilite les calculs.

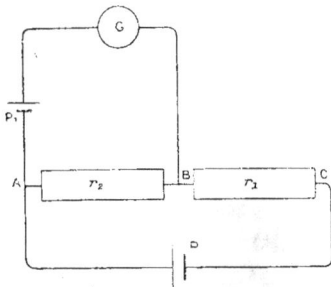

Fig. 155.

L'instrument de choix à mettre en B est l'électromètre de LIPPMANN. De la sorte l'élément P_1, qui est l'élément étalon, ne débite jamais aucun courant notable. Si l'on n'a pas d'électromètre de LIPPMANN, il faut employer un galvanomètre avec un condensateur et une clef. Toutes les fois qu'on change les résistances r_1 ou r_2, on donne un coup de clef pour voir balistiquement s'il y a une différence de potentiel notable aux bornes de l'instrument. Quand on arrive à une différence non mesurable, on peut alors supprimer le condensateur et achever directement; la pile P_1 ne débitera jamais de courant notable et nuisible.

II. Mesures de résistances. — On a à mesurer en physiologie des résistances de deux espèces différentes, des résistances métalliques quand on veut connaître à ce point de vue les bobines d'induction, les moteurs, les circuits dont on a à se servir, et aussi parfois, mais bien plus rarement des résistances organiques. Ces dernières sont électrolytiques, mais avec cette complication que la non homogénéité existe sur toute la longueur des tissus et non pas seulement aux électrodes. De plus, cette résistance varie quand le courant y passe, elle n'est donc pas définie, et il serait ridicule de chercher à connaître la valeur exacte de cette constante physique pour de pareils conducteurs; on n'a jamais besoin que de savoir à peu près combien de volts il faut pour y faire passer une intensité connue. On n'a donc besoin que de connaître cette donnée par une méthode des plus simples, car aucune précision ne peut se rechercher pour une mesure aussi mal définie. L'application qu'on a quelquefois essayée de méthodes précises de détermination des résistances dans ce cas-là est donc tout à fait illusoire. Dans ce dernier cas, la seule méthode raisonnable est celle qui est indiquée ci-dessous comme la deuxième disposition de la méthode c.

Nous indiquerons en outre un certain nombre de méthodes qui ne devront servir, sauf la méthode c, qu'à la détermination de résistances métalliques. La méthode c d'ailleurs est souvent très suffisante pour ce dernier cas.

Nous passerons sous silence de parti pris toutes les méthodes pour la mesure des résistances électrolytiques nettement définies, car cela ne peut être d'aucun intérêt pour les physiologistes.

a. **Méthode de substitution.** — Quand la résistance à mesurer est assez grande, et qu'on peut en trouver avec précision une égale sur la boîte de résistance, on peut opérer par la méthode de substitution, comme sur la figure. Soit x la résistance inconnue; AB est une boîte de résistance qu'on ajuste jusqu'à ce que par le jeu de la clef E on ait la même déviation du galvanomètre G, dans les deux positions. Si en retirant une clef en AB, on a une déviation plus petite qu'avec x, de p divisions, et en la remettant, une déviation plus grande de q divisions, en appelant r_1 la résistance à ce moment, et r_2 la résistance de la bobine additionnelle, on aura $x = r_1 + \dfrac{p}{p + q} r_2$.

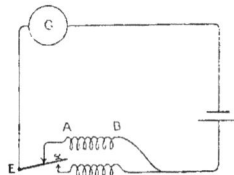

Fig. 156.

Mais cette méthode n'est pas toujours applicable, il faut alors en employer d'autres.

b. **Méthode de comparaison.** — Dans cette méthode, si l'on a une déviation θ_1 avec une résistance connue r_1 et θ_2 avec x, la pile étant la même dans les deux cas et supposée constante, on a déduit $x = r_1 \dfrac{\theta_2}{\theta_1}$. C'est la simple application des lois de proportionnalité des déviations aux intensités.

c. **Méthode de l'ampèremètre et du voltmètre.** — On connaît la résistance R en ohms : si on sait quelle est la force électromotrice E qui y entretient une intensité I, par la formule $R = \dfrac{E}{I}$. Si donc on a un ampèremètre convenable et un voltmètre convenable,

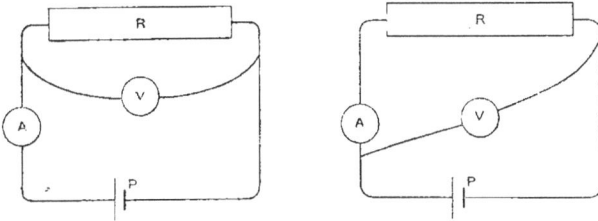

Fig. 157.

on peut opérer ainsi : on dispose les appareils comme sur la figure de gauche, A étant l'ampèremètre et V le voltmètre, si la résistance R est faible, car alors le voltmètre fonctionnera bien. Si au contraire, elle est forte, le voltmètre prendrait une fraction notable du courant. On peut alors placer cet instrument comme sur la figure de droite, ce qui revient à négliger la résistance de l'ampèremètre vis-à-vis de celle qu'on mesure, ce qui est évidemment permis, puisque la première méthode n'est pas applicable.

d. **Méthode du pont de Wheatstone.** — Cette méthode, susceptible d'une haute précision, nous paraît peu utile en général pour l'usage des laboratoires de physiologie. Cependant nous l'indiquerons en quelques mots, car elle est d'une application assez simple, et qu'elle est comme nous le verrons plus loin, de la plus haute utilité pour les mesures délicates de température.

Soit une pile P et, entre A et B, deux branches en dérivation. Si nous plaçons un galvanomètre entre C et D, le courant qui le parcourra dépendra des résistances x r_1 r_2 r_3.

Fig. 158.

Supposons qu'il ne passe rien en G. Le potentiel en C est le même qu'en D, et le long des deux branches ACB et ADB, la répartition des potentiels sera la même que si CD n'existait pas. Appelons e la différence de potentiel entre A et C ou A et D et e_1 celle entre C et B ou D et B, nous avons, i_1 étant l'intensité dans ACB, i_2 dans ADB,

$$i_1 = \frac{e}{x} = \frac{e_1}{r_1} \quad (1) \qquad i_2 = \frac{e}{r_2} = \frac{e_1}{r_3} \quad (2),$$

nous avons alors immédiatement par (1) et (2) :

$$\frac{e}{e_1} = \frac{x}{r_1} = \frac{r_2}{r_3} \qquad \text{d'où } x = r_1 \times \frac{r_2}{r_3} ;$$

on forme donc un circuit conforme à la figure en mettant sur une branche la résistance à mesurer x et une résistance r_1. On peut former la branche ADB soit avec des résistances fixes, et on aura l'équilibre en ajustant r_1, soit avec un fil le long duquel on déplace un curseur D, on a alors le rapport $\dfrac{r_2}{r_3}$ par le rapport des distances AD et DB.

III. Mesure des intensités. — La méthode la plus simple est celle de l'ampèremètre, mais on peut avoir besoin d'un peu plus de précision. Dans ce cas, il faut avoir recours à un dixième d'ohm étalonné ou à 1 ohm étalonné, suivant les cas. En déterminant la différence de potentiel aux bornes de ces résistances connues quand le courant passe, on a l'intensité par la formule $i = \dfrac{c}{r}$.

Parfois, les voltmètres étalonnés ne suffisent pas pour cela. Il faut alors prendre un galvanomètre sensible G. un d'Arsonval par exemple, à suspension en spirale, et en faire un voltmètre. Pour cela, il faut lui adjoindre en série, si cela est nécessaire, une résistance R_1 telle que le circuit R_1G ne modifie pas sensiblement le régime du conducteur R, sur lequel on le placera en dérivation; on l'étalonnera ensuite au moyen d'un accumulateur P, de force électromotrice E, qu'on aura comparé à la pile étalon par une des méthodes indiquées, fermé sur la résistance $R_1 + R_2$. La force électromotrice e aux bornes du voltmètre qui est composé de la résistance R, plus le galvanomètre G sera alors donnée par $\dfrac{e}{E} = \dfrac{R_1}{R_1 + R_2}$; on pourra donc étalonner l'instrument. Supposons maintenant que nous sachions par la mesure précédente que 10 centimètres d'élongation correspondent à 1 volt, ce qui se fait en prenant une résistance R_1 considérable. Plaçons le voltmètre ainsi étalonné sur un dixième d'ohm étalonné lui-même. Dans ces conditions, on aura 10 centimètres d'élongation pour 10 ampères passant dans le circuit.

IV. Mesure des capacités. — Nous n'indiquerons qu'une seule méthode. Elle consiste à décharger la capacité, chargée à un potentiel connu, dans un galvanomètre balistique, et à recommencer la même opération avec une capacité connue, microfarad ou fraction de microfarad. Si les capacités sont très différentes, on peut prendre pour les charger des forces électromotrices très différentes, mais connues. On les aura préalablement mesurées par une des méthodes indiquées.

V. Vérification des voltmètres et ampèremètres. — *a.* Voltmètres. — Il suffit de mesurer, en fonction de l'étalon connu, la force électromotrice d'un nombre convenable d'accumulateurs, et de les fermer directement sur l'instrument.

S'il s'agit d'appareils délicats pour les très faibles voltages, on emploie la méthode que nous avons indiquée ci-dessus à propos de la mesure des intensités avec le dixième d'ohm étalonné.

b. **Ampèremètre.** — Deux cas sont à distinguer. S'il s'agit d'un miliampèremètre, on prend un accumulateur préalablement comparé à la pile-étalon, et on le ferme sur une résistance connue. On connait l'intensité par la formule $I = \dfrac{E}{R}$, et on peut alors étalonner l'instrument.

S'il s'agit d'intensités plus grandes, il faut alors mesurer l'intensité avec le dixième d'ohm étalonné ou l'ohm étalonné, comme nous l'avons indiqué ci-dessus, en mettant l'ampèremètre à étalonner en série avec l'appareil gradué.

VI. Étalonnage d'un calorimètre. — Il est établi depuis longtemps que pour étalonner un calorimètre à rayonnement, le seul procédé admissible est celui qui emploie la loi de Joule. On emploie d'ailleurs le même procédé toutes les fois qu'on a besoin de dégager en un point donné une quantité connue de chaleur ou qu'on a à chauffer doucement et régulièrement une enceinte, ce qui est souvent indispensable aux physiologistes.

Pour cela, on place au point à chauffer soit des lampes à incandescence, soit une spirale en fil résistant, de maillechort ou de manganine par exemple, ou de platine iridié quand il faut un métal inattaquable, et l'on y fait passer un courant convenable au moyen d'accumulateurs bien chargés. Il est bon qu'ils aient été chargés jusqu'à bouillonnement et qu'ils aient ensuite débité un cinquième environ de leur charge. Dans ces conditions, ils sont presque exactement à 2 volts, et y resteront longtemps; on peut alors compter sur un débit constant. Quand le débit à obtenir est trop fort pour les accumulateurs, on peut opérer en mettant en mouvement la machine qui sert à les charger. Dans ces conditions les accumulateurs servent de régulateur de potentiel.

On peut opérer ainsi tant que les accumulateurs ne prennent pas le survoltage de fin de charge. On place quelque part sur le circuit un dixième d'ohm étalonné avec son galvanomètre gradué, ou bien un ampèremètre, si on veut s'en contenter, et on a ainsi l'intensité I. On mesure ensuite au voltmètre la différence de potentiel E aux bornes de la résistance qui chauffe. On a alors, pour la puissance qui y est dépensée, le nombre EI watts, soit $\frac{EI}{9,81}$ kilogrammètres par seconde. Pour avoir la quantité de chaleur dégagée. il faut diviser ce nombre par l'équivalent mécanique de la calorie. Nous avons donc en grandes calories par seconde le nombre $\frac{EI}{9,81 \times 425} = \frac{EI}{4170}$; on peut opérer plus simplement si l'on possède un wattmètre. Dans ce cas, on met le circuit peu résistant à la place de l'ampèremètre et le circuit résistant en dérivation sur la résistance qui chauffe. On a ainsi le produit EI par une simple lecture.

Voyons à peu près ce qu'il faut pour étalonner un calorimètre destiné à mesurer la chaleur produite par un homme. Il faut que la chaleur d'étalonnage soit du même ordre de grandeur que la chaleur dégagée par l'homme. En admettant pour celui-ci le chiffre raisonnable de 2000 grandes calories par jour, on trouve par seconde $\frac{2000}{86400} = 0,024$ et si nous voulons avoir la même production de chaleur par le courant d'étalonnage, il vient EI = 0,024 × 4170, soit 100 watts à peu près. Il faut donc employer à peu près la même énergie que pour deux lampes à incandescence de 16 bougies. Si l'on emploie le courant de secteurs ordinaires qui est à 110 volts, on voit qu'il faudra débiter 0,91 ampère ce qui exigera une résistance de 121 ohms. Le plus simple, quand le calorimètre a des indications indépendantes de la forme de la source, est d'employer des lampes à incandescence, mais il faut prendre du fil et l'enrouler sur un mannequin ayant à peu près la forme de l'animal en expérience dans la plupart des cas.

Voyons comment ces données se modifient quand on n'a pas le courant à 110 volts du secteur. Supposons qu'on ait au laboratoire des accumulateurs pouvant débiter 5 ampères en régime bien permanent et très durable. C'est ce qu'il faut demander pour le cas qui nous occupe à des accumulateurs de 100 ampère-heures. Il faudra 10 accumulateurs à 2 volts pour donner 20 volts, et 100 watts par conséquent. La résistance du fil à échauffer sera alors de 4 ohms.

Nous avons donné ces deux exemples pour montrer combien varient les conditions à réaliser suivant la source dont on dispose.

CHAPITRE II

APPLICATIONS

Nous venons d'établir de la façon la plus brève les propriétés essentielles du courant électrique, de manière à faire comprendre la définition des unités et l'emploi des appareils. Nous avons étudié ceux-ci assez en détail pour que le physiologiste sache comment les utiliser au moment opportun. Nous allons maintenant étudier les phénomènes plus complexes pour l'application desquels on a besoin le plus souvent des éléments exposés ci-dessus. Nous étudierons successivement les phénomènes thermo-électriques et les phénomènes d'induction.

Ceux-ci sont en effet précieux à deux points de vue. C'est grâce à eux qu'on fait marcher des dynamos qui produisent pratiquement du courant, ou qui produisent de l'énergie mécanique quand on leur envoie du courant. Ces deux sortes de phénomènes sont également utiles à connaître dans tous les laboratoires.

Les phénomènes d'induction sont encore appliqués dans les bobines d'induction, et il n'est pas besoin de rappeler combien ces instruments sont utiles. Avec les petits modèles, on dispose d'un excitant admirable de toutes les activités organiques; avec les grosses bobines on produit ces ondulations de haute fréquence ou ces rayons X, qui n'ont fait que commencer à entrer dans la pratique et ont déjà donné tant de résultats.

I. — Thermo-électricité.

Nous avons étudié jusqu'ici les phénomènes électriques en eux-mêmes. Mais ces phénomènes, que nous avons considérés comme invariables, dépendent essentiellement de la température. Comme les instruments de mesure électrique sont d'une excessive délicatesse et d'un emploi très commode, on comprend qu'ils puissent être utilisés pour étudier les variations de température, par les variations des propriétés électriques des corps. Nous allons voir qu'à côté de la sensibilité extrême ces méthodes ont encore un autre avantage, c'est de réaliser le thermomètre sans masse appréciable, c'est-à-dire à échauffement instantané.

Ce n'est pas ici le lieu d'entrer dans des détails théoriques au sujet des phénomènes thermo-électriques. Nous allons seulement exposer les faits dans leur simplicité.

Effet PELTIER **et effet** THOMSON. — Quand une intensité de courant I doit surmonter une force électromotrice ou une différence de potentiel E, elle dépense un travail de EI watts. Cette énergie, dans le cas de l'électrolyse, se retrouve en énergie chimique. Mais, dans le cas de conducteurs métalliques hétérogènes, nous avons vu qu'il existait une différence de potentiel au contact de deux métaux. Il y aura donc au contact, quand passera un courant, une dépense d'énergie. Celle-ci se retrouve sous forme de chaleur, c'est l'*effet* PELTIER. Si donc nous avons un fil métallique soudé à ses deux extrémités à des fils d'un même métal, il y aura réchauffement d'une soudure, refroidissement de l'autre; car il y a, par la loi de VOLTA, à ces deux soudures, des différences de potentiel égales et de signes contraires.

Supposons maintenant que nous chauffions une seule des deux soudures. La force électromotrice de contact variera, il y aura donc un courant électrique qui prendra naissance. Il sera d'ailleurs entretenu constamment, malgré les dépenses d'énergie qui lui sont liées indissolublement, par la source de chaleur employée.

Mais à ce phénomène vient s'en joindre un autre. Quand on échauffe un point d'un conducteur, il y a conduction thermique, et, les divers points n'étant pas à la même température, il y aura des forces électromotrices de contact dues à cette différence de température entre deux tranches voisines. C'est cet effet qui a été mis en évidence par THOMSON, sous la forme suivante. Quand un courant électrique parcourt un conducteur parcouru lui-même par un courant thermique, il s'ajoute à l'effet JOULE un réchauffement ou un refroidissement suivant le sens relatif des deux flux. Cela dépend de la nature du métal.

Ces deux effets, PELTIER et THOMSON, qui sont réversibles, permettent de faire la théorie complète des phénomènes thermo-électriques. Nous en indiquerons seulement les résultats.

1º Lois des températures successives. — Pour un couple donné, la force électromotrice obtenue en portant les soudures aux températures t_1 et t_2, est la somme des forces électromotrices qu'on obtient en portant les soudures aux températures t_1, et θ, et ensuite aux températures θ et t_2, θ étant une température intermédiaire entre t_1 et t_2.

2º Loi des métaux intermédiaires. — Si deux métaux A et B sont séparés par plusieurs métaux, et si toute la chaîne est maintenue à température constante t, la force électromotrice sera la même que si les métaux A et B étaient en contact direct, et leur soudure à la même température t.

On déduit de là immédiatement que si on a mesuré la force électromotrice, pour les température t_1 et t_2, des soudures entre deux métaux A et B, ce que nous représentons par $E_1^2 (AB)$, et les forces électromotrices $E_1^2 (AX)$ et $E_1^2 (XB)$ X étant un autre métal, on a $E_1^2 (AB) = E_1^2 (AX) + E_1^2 (XB)$.

Si donc on a une table donnant les forces électromotrices par rapport à un même métal, on aura les forces électromotrices pour deux métaux déterminés en faisant la différence des forces électromotrices indiquées. Bien entendu, il faut tenir compte du signe, de sorte que la différence entre la force électromotrice e_1, et la force électromotrice $- e_2$ est $e_1 + e_2$; car retrancher $- e_2$ revient à ajouter $+ e_2$.

Mais ce qui est intéressant pour les applications usuelles, ce n'est pas de savoir la force électromotrice entre deux températures éloignées, mais de savoir quelle est la force électromotrice à une température pour un degré de différence de température. C'est ce qu'on appelle le pouvoir thermo-électrique des couples. C'est là ce qui est intéressant; car ces couples servant à mesurer de très petites différences de température, on saura cette petite différence par une simple proportion, c'est-à-dire que, si P est le pouvoir thermoélectrique à cette température, on aura, autour de ce point, pour force électromotrice

due à une variation Δt de température, $P \Delta t$. La figure 157 donne les courbes de P en fonction de t par rapport au plomb pour les divers métaux. P est porté en ordonnées, t en abscisses. Le P' relatif à deux métaux
s'obtient en prenant la
différence de leurs P
par rapport au plomb.
Si donc on construit la
courbe qui donne P en
fonction de la tempéra-
ture, on aura la force
électromotrice entre
deux températures en
prenant l'aire déter-
minée par la courbe et
l'axe des abscisses. Si
maintenant on cons-
truit la courbe relative
à deux métaux diffé-

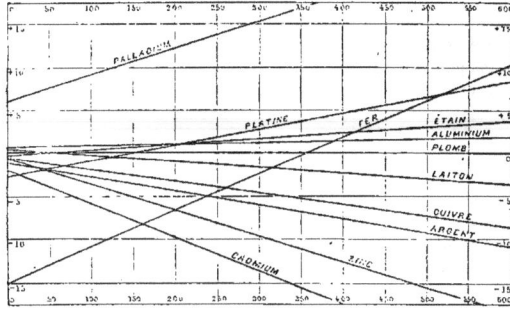

FIG. 159.

rents, comparés à un même métal, on aura la force électromotrice relative à ces deux métaux par l'aire comprise entre les deux courbes. On voit immédiatement que ces courbes sont des droites qui se coupent. Aux points d'intersection, le pouvoir thermo-électrique est nul, c'est-à-dire que la force électromotrice pour des températures situées toutes deux au delà de celle-là est de sens inverse à ce qu'elle serait pour deux tempé-ratures situées en deçà. Ce point, à cause de cela, se nomme le point d'inversion des couples considérés. Si donc la température de la soudure froide est andessous de la tempé-érature d'inversion, la force électromotrice croît quand la température de la soudure chaude croît, jusqu'au moment où elle atteint la température d'inversion, auquel cas, la température de la soudure chaude continuant à monter, la force électromotrice décroît.

Les forces électromotrices thermo-électriques se comptent en micro-volts par degré centigrade. Pour les mettre en évidence, il faut donc des galvanomètres extrêmement délicats. MELLONI a construit pour l'étude des radiations des piles de bismuth et d'anti-moine qui ont des forces électromotrices relativement considérables; on peut disposer un grand nombre de ces éléments en série. On a ainsi des appareils relativement puis-sants, qu'on peut employer avec des galvanomètres ordinaires, mais ces appareils ont une grande masse à échauffer. HELMHOLTZ a employé des piles analogues pour l'étude ther-mique du muscle. Aujourd'hui, avec les galvanomètres délicats à aiguilles verticales qui ont été décrits, on peut se contenter, pour tous les usages de la physiologie, d'une seule soudure nickel-laiton, faite entre deux fils fins qui s'échauffent en une fraction de seconde. La soudure nickel laiton est à préconiser à cause de son inattaquabilité par les liquides organiques. Avec le THOMSON du modèle courant de CARPENTIER, de 8 ohms de résistance muni d'un équipage à aiguilles verticales, convenablement construit, amené à 12″ d'oscillation simple, on a ainsi 1 millimètre de déviation pour un millième de degré [1]. La difficulté dans ces conditions est d'éliminer les causes d'erreurs.

Il faut remplir de coton toute la cage du galvanomètre pour éviter les échauffements irréguliers des contacts par les causes extérieures, et il faut envelopper de coton tous les contacts de deux fils, même de même métal. De plus, comme nous le verrons tout à l'heure, la conductibilité des métaux change avec la température. Il faut donc employer un métal à faible variation thermique. C'est le cas des alliages; c'est pour cela que le laiton est bon.

1. Avec le simple galvanomètre DESPREZ-d'ARSONVAL à double aimant et cadre de 45 ohms, muni de la suspension en spirales et en lisant les déviations au moyen du micromètre et micro-scope de d'ARSONVAL, on a déjà dans ces conditions une précision qui dépasse 1/200 de degré. On a l'inconvénient d'être obligé d'avoir l'œil à l'oculaire, mais cela est peut-être compensé par la très grande simplicité de l'instrument.
Il faut toujours, dans les études thermo-électriques, employer des galvanomètres très peu résis-tants. En effet, la résistance du circuit est toujours très faible. On peut dire que les galvanomètres les moins résistants sont les meilleurs.

Les aiguilles thermo-électriques toutes faites ne sont pas bonnes; car il y a toujours de nombreux contacts qui sont tous des causes d'erreurs. Il faut faire soi-même ses soudures et ne jamais employer qu'un circuit composé de deux fils de laiton venant directement du galvanomètre aux deux extrémités desquels on soude les deux bouts d'un fil de nickel d'un seul morceau, assez long pour aller de la source froide à la source chaude; on peut employer des fils de 0^{mm},1 qui n'ont pas de retard d'échauffement sensible, au moins pour les usages physiologiques.

Il existe d'autres soudures pour lesquelles la force électromotrice est plus grande, mais elles contiennent toutes des métaux très attaquables qui ne conviennent pas pour des soudures destinées à être placées dans des tissus organisés.

Ces soudures conviennent parfaitement pour l'étude thermique du muscle. Pour la soudure froide, qui doit être à température constante, à 0°,001 près, deux procédés sont possibles. Ou bien placer cette soudure dans le muscle symétrique de celui qu'on excite, et qui restera au repos. Ou bien placer la soudure dans la glace fondante. Dans ce cas un aimant placé sous la main de l'opérateur et normal aux bobines du galvanomètre, pourra être approché et éloigné convenablement pour ramener au zéro la tache lumineuse sans changer la sensibilité de l'instrument. On peut en effet, avec un aimant normal aux bobines, détruire l'effet du courant qui les parcourt.

Thermomètres à résistances métalliques. — On peut aussi employer d'autres appareils électriques pour mesurer des températures. Nous avons vu, en effet, qu'on mesure des résistances avec une grande précision par la méthode du pont de Wheatstone. Les métaux, surtout le fer, le nickel et le platine ont une très notable variation de résistance avec la température. Si donc on a un pont de Wheatstone dont trois branches soient bien soustraites aux variations de température, on mesure facilement les variations de température de la quatrième. En général, on fait les branches ADB (fig. 156) en manganine dont la résistance ne varie pas avec la température et les autres résistances se font en fer, en nickel ou en platine. On peut arriver à les faire en lames de 1 micron d'épaisseur, et à mesurer ainsi un millionième de degré. Cet instrument, sous le nom de *bolomètre*, a servi à Langley pour l'étude de la chaleur dans le spectre. Mais ces précisions extrêmes sont inutiles en physiologie. Un fil de 0,^{mm}02 sera toujours assez délicat et ces fils se trouvent dans le commerce. On pourrait avoir ainsi avec une précision absolue par exemple la température de l'air expiré, ou la valeur du rayonnement calorifique d'un animal placé même à distance relativement grande de l'appareil.

Les galvanomètres à employer sont les mêmes que pour la thermo-électricité, la sensibilité de la méthode est infiniment plus grande, mais les précautions à prendre sont minutieuses, et les appareils d'une extrême délicatesse à monter. Je crois cependant que l'introduction dans la physiologie de cette méthode relativement nouvelle est destinée à rendre des services sérieux.

Arc électrique. — Nous allons voir maintenant une autre application de la chaleur dégagée dans certaines conditions par l'énergie électrique, c'est l'arc électrique. Si nous le plaçons ici, c'est que la connaissance de l'effet Peltier est nécessaire pour le comprendre. Quand on amène au contact deux charbons en communication avec les pôles d'une pile suffisante, et qu'on l'écarte ensuite, on voit jaillir entre eux l'arc électrique. Il se forme au charbon positif un cratère, alors que le charbon négatif se taille en pointe. Les deux charbons prennent un éclat lumineux considérable, mais principalement le cratère positif. Les deux charbons s'usent en formant de l'acide carbonique, le positif deux fois plus vite que le négatif. Ce phénomène n'est accompagné d'aucune force électromotrice analogue à celle des électrolytes, car aucune méthode n'a pu la déceler. Il y a au contraire entre le charbon et les gaz chauds quelque chose d'analogue à l'effet Peltier : la différence de potentiel, qui n'est pas d'origine chimique, absorbe cependant une grande quantité d'énergie. Il faut une force électromotrice de 45 volts au minimum entre les charbons pour entretenir un arc électrique.

Un arc ne peut d'ailleurs fonctionner que s'il y a sur le circuit une résistance métallique convenable, et cela pour deux raisons. La première est que, au moment du contact des charbons, quand l'arc n'est pas encore établi, il y aurait production d'un courant d'une intensité énorme, qui pourrait nuire aux accumulateurs ou à la machine qui le fournit. La seconde est que, même l'arc une fois établi, il n'est pas stable quand il n'y a pas une résistance sur le circuit. Les bonnes conditions sont les suivantes : il faut employer 60 volts et en consommer un quart au moyen d'une résistance métallique. Une force électromotrice supérieure est utilisable avec une résistance convenable.

Pour produire l'arc commodément, il faut avoir un appareil permettant de rapprocher les charbons quand ils s'usent. D'ailleurs, en général, il est utile d'avoir un point lumineux aussi fixe que possible; il est donc bon que les charbons aient un mouvement tel que le positif s'avance deux fois plus vite que le négatif. Ces appareils se nomment des régulateurs. Ils sont de beaucoup de modèles différents. Les uns réalisent le mouvement automatiquement, l'écartement des charbons étant maintenu fixe par un procédé électrique, basé sur les variations d'intensité qui accompagnent l'allongement ou le raccourcissement de l'arc. Le type de ceux-ci est le régulateur de Foucault.

Dans d'autres appareils, le mouvement se fait en tournant, au moment du besoin, un bouton réuni aux deux charbons par des engrenages convenables. Ce sont les régulateurs à main.

Il faut avoir soin de régler la grosseur des charbons d'après le débit qu'on peut demander à la source employée. Avec des charbons trop gros, l'éclat du cratère est insuffisant et le rendement lumineux moins bon, quand on règle l'ampérage au moyen du rhéostat.

L'arc électrique peut se produire avec des courants alternatifs. Dans ce cas les deux charbons sont identiques, ils s'usent de la même manière, il faut employer des régulateurs soit automatiques, soit à main, mais tels que le déplacement des deux charbons soit le même. On ne peut donc employer les mêmes régulateurs pour les deux espèces de courant, quand on veut un point lumineux fixe.

II. — Électro-magnétisme et Électro-dynamique.

Nous allons reprendre un peu plus en détail maintenant l'étude de l'électro-magnétisme et de l'électro-dynamique. Nous nous sommes bornés à en indiquer au début ce qui était indispensable pour apprendre à mesurer un courant. Il nous faut maintenant entrer dans l'électricité vraiment pratique, dans les dymanos et bobines, et pour cela il nous faut étudier la production pratique des champs magnétiques, ainsi que les actions des courants sur les courants.

Aimantation par le courant. Signal Deprez. — Rappelons qu'Œrsted a montré la déviation de l'aiguille aimantée par un courant. On a vu depuis que le courant créait un véritable champ magnétique, car il agit non seulement sur l'aimant lui-même, mais sur le fer doux. Quand un courant agit sur un morceau de fer doux, il en fait un électro-aimant, le champ magnétique autour du courant a puissamment augmenté par la présence du fer doux. C'est par ce procédé qu'on arrive à réaliser les champs magnétiques intenses dont on se sert fréquemment aujourd'hui. On a, en effet, par le courant électrique, un moyen d'augmenter le champ de force au delà de toute limite, en augmentant l'intensité du courant. L'expérience prouve que, sous l'action d'un champ magnétique même faible, le fer doux prend une aimantation relativement puissante se manifestant par une grande augmentation de la force près des extrémités. Mais cette aimantation ne croît pas proportionnellement à la force magnétique agissante; quand celle-ci devient très grande, tout se passe avec le fer doux comme avec l'air ou le vide. On dit alors que le fer doux est saturé.

L'aimantation du fer doux disparaît presque complètement et presque immédiatement quand le courant qui la produit disparaît lui-même. Aussi peut-on, en plaçant un contact de fer doux fixe sur une pièce mobile au voisinage d'un électro-aimant, l'attirer dès que le courant est fermé. On dispose ainsi la sonnerie électrique, où, quand le fer doux est attiré, une pièce mobile se déplace, rompt le circuit, par l'intermédiaire d'un ressort et vient frapper sur le timbre. Ce sont des appareils analogues qui servent en télégraphie.

Si la rupture du contact magnétique au moment où le courant cesse n'est pas toujours immédiate, c'est que le fer jouit toujours plus ou moins des propriétés de l'acier, de conserver un magnétisme permanent. Celui-ci est d'autant moindre que le fer est plus pur, et que l'intensité du champ magnétique du courant sera moindre. En outre, il y a un retard normal à l'aimantation et à la désaimantation qui se produit même dans le fer le plus doux. C'est ce qu'on nomme les phénomènes d'hystérésis. Nous ne pouvons entrer dans leur détail, un peu délicat à exposer, et étudié surtout au point de vue industriel ; mais, quand on se sert de l'électro-aimant pour indiquer le commencement et la fin d'un courant électrique, il faut tenir compte de tous ces phénomènes. C'est ce qui a été fait dans le signal DEPREZ. Dans cet appareil, un tout petit électro-aimant attire un tout petit contact en fer doux mobile autour d'un axe, et portant un petit style très léger.

Un ressort maintient le fer doux avec une force convenable, tandis que sa distance à l'armature est réglable au moyen d'un cône mû par une vis, et sur lequel appuie une tige solidaire de l'armature de fer doux. Quand la vis fait avancer ou reculer le cône, elle approche ou éloigne l'armature de l'électro-aimant ; on peut donc régler ainsi la course du contact d'une part et la force antagoniste de l'autre. Grâce à la légèreté extrême de ces appareils, et à la force relativement grande du ressort antagoniste, le retour au zéro quand le courant a cessé d'agir se fait excessivement vite, d'autant plus vite que le ressort est plus tendu. On peut ainsi avoir des appareils qui reviennent au zéro en un millième de seconde environ. On peut les employer pour enregistrer les vibrations d'un diapason donnant jusqu'à 600 vibrations par seconde.

Pour pouvoir y arriver, il faut que l'appareil ait un retour au zéro très rapide. On arrive donc à ce résultat, paradoxal au premier abord, que, pour enregistrer des signaux extrêmement rapides, il faut tendre le ressort antagoniste, bien entendu en augmentant la force électromotrice utilisée.

Pour que le fonctionnement soit très bon, il faut aussi que le fer doux soit muni d'une mince lame de caoutchouc qui empêche le contact direct des deux fers, et qui contribue à renvoyer l'équipage mobile quand il arrive avec vitesse sur l'électro-aimant.

Action des courants sur les courants. — Un courant produisant autour de lui un champ magnétique attire ou repousse un autre courant placé dans son voisinage, et l'action est proportionnelle à la fois à l'intensité des deux courants.

Si donc on déplace ces courants l'un par rapport à l'autre dans un sens convenable, il faudra dépenser du travail ; si au contraire le mouvement se fait en sens contraire, il y aura du travail produit. Nous pouvons donc dire que pour amener ces deux circuits en présence dans une certaine position, il faut avoir mis en jeu une certaine énergie, qui sera de la forme $M i i'$, M étant un coefficient qui dépend de la forme des circuits. On l'appelle le coefficient d'induction mutuelle des deux circuits. Si d'ailleurs les circuits ne sont pas séparés, mais si nous considérons un circuit formé d'un certain nombre de spires, nous verrons de même, que pour amener ces spires en présence, il a fallu dépenser un certain travail de la forme $\frac{1}{2} L i^2$, puisque l'action sera proportionnelle ici au carré de l'intensité. L est ce qu'on appelle le coefficient de self induction du circuit, les travaux $M i i'$ ou $\frac{1}{2} L i^2$ devront être dépensés aussi bien pour établir le courant dans les circuits fixes que pour les amener en présence, parcourus par les courants, puisque le résultat final est le même.

Induction. — Dynamos et Bobines. — Nous savons que quand un aimant est placé auprès d'un courant, il est mû par une force, et qu'inversement, si le courant est mobile et l'aimant fixe, le courant sera mû par une force. Soit donc un circuit solidaire d'un axe qui en tournant soulève un poids, et soit un champ magnétique suffisamment puissant, agissant sur ce circuit quand il sera parcouru par un courant. Lorsque celui-ci passera, il y aura attraction du courant dans un certain sens, et il y a un sens du courant pour lequel le poids sera soulevé. Il y aura donc de l'énergie électrique employée à soulever le poids, outre celle qui est employée à échauffer le conducteur. Cette énergie sera proportionnelle à la force qui agit sur le courant, et celle-ci est proportionnelle à son intensité. Or nous savons que le facteur qui doit multiplier une intensité pour obtenir de l'énergie est une force électromotrice. Donc nous en concluons que, par le fait du mouvement d'un circuit dans un champ magnétique, il doit y avoir dans celui-ci production d'une force électromotrice ; l'expérience vérifie ce fait. Il y a en effet une *force électromotrice d'induction* entre les extrémités d'un conducteur qui se meut dans un champ magnétique. Si le circuit est fermé, il est parcouru par un courant, même quand il n'y avait au début aucun courant dans le circuit. La propriété essentielle de ces courants qu'on appelle courants induits est qu'ils s'opposent toujours au mouvement du circuit mobile. C'est la loi de LENZ.

La puissance libérée grâce aux forces magnétiques est proportionnelle à la vitesse de translation du point d'application de la force, c'est-à-dire à la vitesse de translation du circuit. Or nous avons vu que, si I représente l'intensité du courant, cette puissance sera de la forme EI, E représentant la force électromotrice d'induction. Donc la force électromotrice d'induction devra être proportionnelle à la vitesse de translation du circuit dans le champ magnétique.

Les courants d'induction sont intimement liés à la force qui agit sur le circuit, puisque c'est le travail de cette force qui les engendre. Si donc nous prenons un circuit plan, normal au plan de la figure, parcouru par un courant placé dans un champ AB uniforme, c'est-à-dire composé de lignes de force rectilignes et parallèles, il sera soumis au couple le plus grand quand il sera parallèle à la force magnétique en CD. Au contraire, quand il lui sera perpendiculaire en C' D', il ne sera soumis à aucun couple. Si nous continuons à faire tourner le

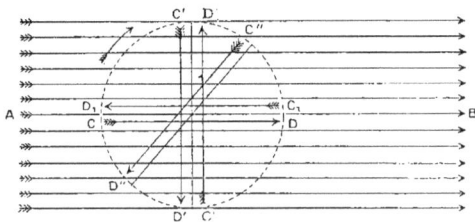

Fig. 160.

courant vers C" D", la force électromagnétique agira sur lui en sens inverse, car après avoir été nulle elle devient négative. Son travail sera donc de signe contraire à celui qu'elle exécutait entre la position CD et la position C' D'. La force électromotrice d'induction change donc de signe quand le circuit passe par la position C' D'. D'ailleurs elle ne change que pour cette position, et celle où C' vient en D'.

Si maintenant nous prenons le circuit fermé sans lui donner de courant initial, il sera parcouru du fait du mouvement par un courant *alternatif*. Le sens de ce courant changera chaque fois que le circuit passera par la position C'D', ou la symétrique C'$_1$D'$_1$, d'ailleurs le courant induit sera d'autant plus grand, d'après les considérations précédentes, que la force qui s'exercerait sur le circuit immobile et parcouru par un courant indépendant serait plus grande. Il sera donc maximum quand le cadre passera par CD, ou C$_1$ D$_1$, et minimum, c'est-à-dire nul, quand il passera par C'D' ou C'$_1$D'$_1$.

Ce qui différencie ces deux positions remarquables, c'est qu'en CD aucune ligne de force magnétique ne traverse le circuit, au lieu qu'en C'D' sa surface est traversée normalement par ces lignes de force. Si c'est à cette variation de la quantité des lignes de force qui traverse le circuit qu'est dû le courant induit, nous devons avoir aussi un courant induit en laissant le cadre dans la position C'D' et faisant cesser le champ magnétique. C'est ce que l'expérience a vérifié. Nous avons vu comment on peut, par la méthode balistique, mesurer des quantités d'électricité produites instantanément. On voit alors que, si l'on fait passer brusquement le cadre de la position CD à C'D', ou si on supprime le champ le cadre restant dans la position C'D', on a la même quantité d'électricité induite.

On appelle *flux de force* à travers un circuit le produit de la force par la projection du circuit sur le plan perpendiculaire à la force, et on voit que la quantité d'électricité produite dépend de la variation du flux de force qui traverse le circuit. Pour un instant infiniment court, cela est encore vrai. Si donc à cet instant la vitesse du circuit est grande, la quantité d'électricité débitée par seconde sera plus grande que si la vitesse est faible, puisque la variation du flux de force sera plus grande dans le temps considéré que si la vitesse est faible. Donc l'*intensité* du courant est proportionnelle à la vitesse du circuit. Or la résistance du circuit est constante, donc la force électromotrice induite est proportionnelle à la vitesse de translation, fait que nous avons déjà trouvé plus haut. Si nous avons un grand nombre de spires parallèles, elles seront toutes parcourues par le même courant. Donc, si nous les accolons l'une à l'autre, ce qui revient à prendre un conducteur plus gros nous avons une même force électromotrice que pour un seul fil, mais une intensité en court circuit proportionnelle à la section du conducteur, c'est-à-dire au nombre des spires. Si, au contraire, nous réunissons les spires en série, comme par exemple en enroulant une bobine, nous aurons en court circuit une intensité égale à celle d'une seule spire, mais une force électromotrice proportionnelle au nombre des spires. Si nous avons une masse à trois dimensions de métal mobile dans un champ magnétique, elle sera parcourue par des courants qui s'opposeront à son mouvement. Ils s'orienteront d'ailleurs normalement à la force et à la vitesse en chaque point. Ce sont les courants de FOUCAULT.

On voit par ce qui précède qu'il y a deux espèces d'appareils réalisables au moyen de ces phénomènes. Dans les uns, un circuit mobile autour d'un axe dans un champ magnétique peut ou bien produire un courant si on dépense de l'énergie sur l'axe, ou bien produire de l'énergie mécanique sur l'axe si on dépense de l'énergie électrique dans le circuit. Ce sont les dynamos.

Dans les autres, un circuit composé d'un très grand nombre de tours de fil fin est fixe. On produit, au moyen d'un gros fil entourant un faisceau de fer doux et situé dans l'axe du premier une variation considérable du champ magnétique à l'intérieur du circuit résistant, et on recueille aux bornes du fil fin une différence de potentiel considérable. C'est la bobine de RUHMKORFF, que nous étudierons ultérieurement avec certains détails, à cause de son emploi très fréquent en physiologie.

Mais, comme nous rencontrerons dans les dynamos certains faits qui exigent la connaissance des effets d'induction du courant, nous allons en parler maintenant.

Extra-courant. — Tous ces effets dépendent essentiellement de la grandeur des champs magnétiques émis par les deux circuits en présence. Nous voyons donc immédiatement que les effets seront considérablement augmentés par la présence du fer doux dans les circuits. C'est pour cela que dans la bobine de RUHMKORFF on place du fer doux au centre de la bobine.

Si nous considérons un circuit enroulé en spirale, au moment où le courant s'établira, il y aura production dans chaque spire d'une force électromotrice. Elle donnera l'extra-courant de fermeture qui tendra à empêcher la production du champ magnétique d'après la loi de LENZ; il sera de sens contraire à la force électromotrice de la pile. Au contraire, au moment où le courant sera rompu, il y aura production d'un courant de même sens que le courant lui-même, c'est l'extra-courant de rupture. De plus, la rupture du courant étant brusque, tout se passe en un temps très court et l'intensité du courant induit sera très grande. Dans les idées modernes, l'énergie qu'il faut dépenser pour vaincre la force électromotrice induite de fermeture est dépensée pour former le champ magnétique dans le diélectrique.

On conçoit donc que, ce champ étant beaucoup plus puissant quand il y a du fer doux dans la bobine, le travail à dépenser pour le créer soit beaucoup plus grand, et les extra-courants de fermeture et de rupture beaucoup plus puissants. On arrive à concevoir alors les effets de self-induction comme dus à de l'énergie qui, à la fermeture, s'accumule comme dans un ressort bandé, pour se libérer, comme quand un ressort est abandonné brusquement à lui-même en état de déformation, au moment où le circuit est rompu.

Dynamos. — 1° **Génération de l'énergie électrique.** — Nous avons vu qu'un circuit mobile dans un champ magnétique était parcouru par un courant alternatif. On peut recueillir à l'extérieur ce courant alternatif de la façon suivante. On forme le circuit mobile par un certain nombre de tours de spires. Une extrémité est réunie à une bague située sur l'axe, et l'autre extrémité à une autre bague. Des frottoirs fixes recueillent le courant sur ces bagues, et, si on les réunit par un circuit extérieur, on recueille dans ce circuit extérieur du courant alternatif. On peut, dans beaucoup d'applications, utiliser ces courants alternatifs, par exemple toutes les fois qu'on voudra faire de l'éclairage, ou du chauffage électrique. Nous verrons plus loin qu'on peut même utiliser ces courants pour faire tourner des moteurs. Mais ces courants ne se prêtent pas à beaucoup d'applications où le courant continu est nécessaire. Aussi a-t-on cherché à redresser ces courants, pour recueillir dans le fil extérieur du courant continu. Celui-ci, dans un laboratoire, sert à charger des accumulateurs, qu'on peut ensuite employer en nombre plus ou moins grand, suivant les divers besoins.

Nous ne décrirons pas ici le redresseur de CLARKE, qui n'est plus employé, nous décrirons seulement la machine GRAMME.

Dans celle-ci, un anneau en fer doux porte une spirale de fil de cuivre isolée, comme cela est indiqué sur la fig. 161. Cette spirale continue porte des fils ABC équidistants qui vont se réunir à des lames de cuivre *abc* situées sur l'axe de la machine. Supposons le champ magnétique horizontal, toutes les spires situées à gauche de la figure seront le siège d'une force électromotrice d'un certain sens, toutes celles situées à droite seront le siège d'une force électromotrice de sens inverse. Si tout est parfaitement symétrique ces deux forces électromotrices s'annuleront, et aucun courant ne passera, comme quand on met en

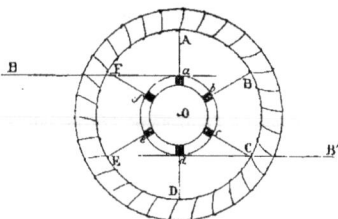

FIG. 161. — Anneau Gramme.

opposition deux éléments de pile de même force électromotrice. Mais si nous mettons deux frottoirs horizontaux aux extrémités du diamètre vertical, ce sera comme si nous prenions un contact sur les pôles de deux éléments en batterie, et, toutes les fois que l'un des couples de lames diamétralement opposées, *ad, bc* ou *cf*, sera en contact avec les balais, un courant passera dans le circuit extérieur, comme s'il était donné par un élément de pile ayant la force électromotrice de chacune des deux moitiés du circuit, et ayant pour résistance intérieure la moitié de la résistance de chacune d'elles. Si les lames *abc* sont assez voisines pour que chaque balai n'en quitte une qu'au moment où il vient de prendre contact sur la suivante, le courant ne sera jamais interrompu, et sera toujours de même sens, mais ce courant ne sera pas absolument constant, car, lorsqu'une partie de la section AF sera à droite, son effet se soustraira de celui de la partie située à gauche. Il y a donc dans ces conditions production d'ondulations du courant. Ces ondulations seront d'autant plus faibles que le nombre des sections de l'induit sera plus grand. Il faut donc préférer les machines ayant un grand nombre de sections, c'est-à-dire dont le collecteur présentera un grand nombre de petites lames isolées telles que *ab*.

Cela est encore nécessaire à un autre point de vue. Pour que le courant ne soit pas interrompu, il faut, comme nous l'avons vu, qu'à un certain moment le balai porte sur deux plots, ce qui met en court circuit la spire correspondante. De plus, au moment où le plot de droite s'échappe, le courant total, qui passait par le court circuit, sera obligé de passer par la spire qui était en court circuit. Celle-ci présentant une self-induction, s'opposera à l'établissement du courant, et une étincelle jaillira aux balais. C'est le le

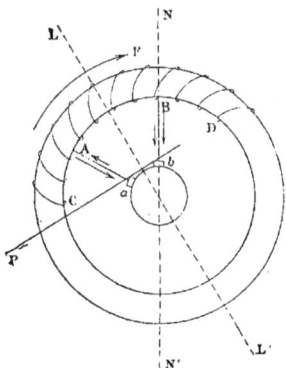

FIG. 162.

cas général. Mais on conçoit que si, au lieu d'établir les balais juste sur la ligne neutre, on les établit sur une ligne inclinée sur celle-ci et dans le sens de la rotation, on peut corriger cet effet. En effet, au fond c'est le courant du fil A*a* qui est rompu. Si le courant qui circule en vertu de l'induction du champ, dans la section AB mise en court circuit, est de même sens que le courant qui circule dans A*c*, alors les deux courants auront sur A*a* des effets inverses, car le courant qui va dans le sens BA par exemple tendra à sortir par le balai, et ira dans le sens A*a*. Le courant de même sens dans CA se fermera par le balai, et ira par conséquent dans le sens *a*A. Si donc on *cale les balais* de manière que le courant induit dans la spire en court circuit soit précisément égal au courant total, tout le courant passera par B*b* et la lame P au moment de la rupture en *a*, et il n'y aura pas d'étincelle. On voit donc qu'il faut dans les dynamos changer le calage des balais suivant l'intensité du courant qu'on leur demande. D'ailleurs les étincelles seront d'autant moins nuisibles que les sections seront plus multipliées.

Tels sont les points essentiels relatifs au calage des balais des dynamos; nous ne pouvons entrer ici dans des détails plus grands; d'autres causes viennent s'ajouter à celles-là, et leur étude montre que, dans une dynamo bien construite, on peut éviter complètement les étincelles. Ce qui précède suffit pour montrer qu'il faut savoir changer le calage des balais quand l'intensité augmente. Il faut tourner le porte-balais dans le sens de la rotation quand on augmente l'intensité, en sens inverse quand on la diminue. Mais jamais la position où les étincelles sont supprimées n'atteint la ligne de commutation elle-même.

Nous avons vu ce qu'il y a d'essentiel au sujet de l'induit et des balais. Voyons ce qui se rapporte à l'inducteur. Les machines à ce point de vue sont de deux types. Les unes ont un champ magnétique dû à des aimants permanents, les autres ont un champ magnétique dû à des électro-aimants. Le premier cas est le plus simple, mais il ne permet pas de réaliser des machines très puissantes, car on ne peut avoir d'aimants permanents donnant un champ très intense. Il est regrettable qu'il en soit ainsi; car, avec ces machines, la force électromotrice dépend uniquement de la vitesse de rotation, nullement du circuit extérieur. Il faudra certes, suivant la résistance du circuit, dépenser une énergie différente pour une même force électromotrice réalisée, c'est-à-dire pour une même vitesse de l'induit, mais c'est une relation beaucoup plus simple que celle qui existe pour les dynamos que nous allons étudier maintenant. D'ailleurs la force électromotrice change de sens quand la rotation change de sens.

Les machines magnéto-électriques sont tout à fait comparables à un galvanomètre DEPREZ-D'ARSONVAL. Les dynamos au contraire sont comparables à l'électro-dynamo-mètre.

Supposons qu'au lieu d'un aimant nous ayons un électro-aimant pour produire le champ. Si cet électro-aimant est entretenu par une petite machine séparée, appelée excitatrice, tout se passe comme avec la magnéto. Mais ce n'est pas là le cas en général. Il est plus simple de faire entretenir le courant de l'inducteur par la machine elle-même. Il peut y avoir pour cela deux procédés. Dans l'un le circuit inducteur est peu résistant, et il est parcouru par la totalité du courant. C'est ce qu'on appelle la dynamo montée en série (fig. 163). L'induit est en série sur l'inducteur et le circuit exté-

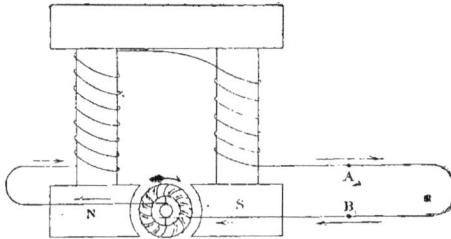

FIG. 163. — Machine en série.

rieur. Dans l'autre système, l'inducteur a un circuit très résistant, et il est placé en dérivation ou, comme on dit parfois, en shunt sur le circuit extérieur (fig. 164).

Voyons ce qui va se passer pour ces deux types de machines. Elles ont d'abord, au point de vue de l'amorçage, une propriété commune. Supposons en effet une dynamo série fermée sur une résistance pas trop grande ou une dynamo en dérivation à circuit ouvert ou à circuit fermé sur une résistance pas trop faible. Il existe toujours une certaine quantité d'aimantation résiduelle dans un noyau de fer. Si donc l'induit tourne dans le champ résiduel dû à cette aimantation, deux cas peuvent se produire. Ou bien le courant qu'il envoie dans l'inducteur produit une aimantation de même signe que l'aimantation résiduelle, ou il produit une aimantation inverse. Dans le premier cas, le courant augmentera l'aimantation, celle-ci augmentera le courant, et finalement la machine s'amorcera. Si, au contraire, le courant produit diminue l'aimantation primitive, il ne pourra pas y avoir d'amorçage, c'est ce qui se passerait si l'anneau tournait dans le mauvais sens.

Supposons maintenant que l'aimantation résiduelle change de signe, et que les connexions de l'induction et de l'induit restent les mêmes. Faisons tourner l'induit dans le sens qui était le bon tout à l'heure. Il donnera un courant de sens inverse au précédent, qui circulera autour de l'électro-aimant dans le même circuit que précédemment. Ce courant induira donc dans le fer doux une polarité inverse de celle du cas précédent, et comme l'aimantation résiduelle est aussi inverse, il y aura donc encore amorçage. On verrait que pour la rotation inverse il n'y avait pas amorçage. Ainsi on peut énoncer comme il suit les faits.

Pour toute dynamo il n'y a qu'un sens de rotation pour lequel l'amorçage aura lieu, quelle que soit l'aimantation résiduelle. Suivant le sens de celle-ci, les pôles de la dynamo s'inverseront. Quand une machine ne sert jamais que comme génératrice, l'aimantation résiduelle est d'ailleurs toujours la même, et la machine ne change pas de polarité.

A première vue, on reconnaît le sens de rotation d'une dynamo, c'est celui dans lequel les balais ne tendent pas à se rebrousser.

Dans un laboratoire de physiologie, la dynamo génératrice est employée essentiellement à charger des accumulateurs. Il est aisé de voir que, pour cet usage, il faut proscrire complètement la dynamo série et employer la dynamo en dérivation. Celle-ci présente d'ailleurs de nombreux avantages qui compensent largement son prix un peu plus élevé.

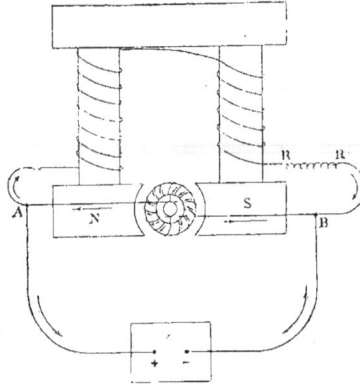

Fig. 164. — Machine en dérivation.

Soit en effet une machine en série chargeant des accumulateurs. Si, à un instant, sa force électromotrice tombe au-dessous de celle des accumulateurs, la polarité des électro-aimants sera inverse et, l'anneau continuant à tourner, donnera, comme nous l'avons indiqué, un courant de sens contraire au courant qui chargeait les accumulateurs, il contribuera donc à les décharger, et cela d'autant plus que la machine ira ensuite plus vite. Cela se produira d'ailleurs toujours si, par suite d'une fausse manœuvre, le courant des accumulateurs est lancé dans la dynamo au repos. La polarité sera alors mauvaise. C'est là l'inconvénient principal, car on peut parer au précédent en mettant en circuit un disjoncteur automatique, et un plomb fusible qui fondra quand la machine s'ajoutera aux accumulateurs au lieu de s'en retrancher.

Avec la dynamo en dérivation, au contraire, si l'induit s'arrête, les accumulateurs donneront aux inducteurs la même polarité, puisqu'ils sont en opposition avec l'induit et que les inducteurs sont en dérivation entre les deux pôles communs. Si donc la vitesse reprend, la charge reprendra d'elle-même. Ceci n'empêche pas d'avoir sur le circuit de charge un disjoncteur et des plombs fusibles, mais si, après un long repos, la dynamo refuse de s'amorcer, ou si elle a été employée comme moteur, il suffit de la mettre en connexion avec les accumulateurs, *après avoir soulevé les balais.* Dans ces conditions, il passera dans l'inducteur seul, qui est résistant, un courant sans danger ni pour les accumulateurs ni pour la machine. On interrompra ensuite le circuit, on mettra la machine en marche et la polarité sera sûrement convenable. Bien entendu, il faut, pour ces machines comme pour les machines en série, respecter le sens de rotation de la dynamo, sans cela il n'y aurait pas amorçage. D'ailleurs le sens se voit à la seule inspection des balais. C'est celui pour lequel les balais ne se rebroussent pas.

2° Réceptrices qui transforment l'énergie électrique en énergie mécanique. — On se sert des mêmes dynamos que pour engendrer l'énergie électrique. Mais il y a là encore une différence entre les dynamos série et les dynamos en dérivation, toujours à l'avantage de celles-ci.

Pour simplifier, commençons par prendre une machine magnéto-électrique. Faisons-la tourner dans un certain sens, pour charger des accumulateurs, par exemple. Les courants induits, d'après la loi de LENZ, s'opposent au mouvement de l'anneau. Lançons dans la machine au repos le courant des mêmes accumulateurs réunis aux mêmes bornes de la machine que tout à l'heure. Le courant sera, dans l'induit, en sens inverse de celui qui chargeait tout à l'heure les accumulateurs, le mouvement se fera donc dans le même sens que tout à l'heure, car il est dû au même champ qui s'opposait tout à l'heure au mouvement du circuit parcouru par un courant contraire. D'ailleurs, si on change le sens du courant, le sens de la rotation change.

Soit maintenant une dynamo en dérivation, nous avons, en lançant dans l'inducteur le courant des accumulateurs qu'elle chargeait, production du même champ que quand la machine fonctionnait comme génératrice. Donc tout se passe comme dans une magnéto, et l'anneau tournera dans le même sens que pour la charge. C'est le sens qui convient à la fois pour l'amorçage et les balais.

Si d'ailleurs on intervertit les pôles des accumulateurs, le sens du courant changeant à la fois dans l'inducteur et dans l'induit, le sens de la rotation sera le même. Donc :

Pour une machine en dérivation, le sens de la rotation sera toujours le même, qu'elle fonctionne comme réceptrice ou comme génératrice.

Pour une dynamo en série, le sens de la rotation est aussi indépendant du sens du courant excitateur. Mais, comme elle est assimilable à une magnéto dont le sens du champ changerait, quand, au lieu de fonctionner comme génératrice, elle fonctionne comme réceptrice, on voit que le sens sera inverse du sens d'amorçage de la machine.

Donc une dynamo en série changera son sens de rotation quand elle passera du service de réceptrice à celui de génératrice. Il faudra donc changer l'attache des balais ou inverser les connexions de l'induit et de l'inducteur.

Des considérations simples montrent que le calage des balais pour éviter les étincelles doit être fait pour les réceptrices en sens inverse de ce qu'il est pour les génératrices.

Démarrage. — On ne peut employer sans précautions une dynamo comme moteur. En effet, quand la machine marche, son induit présente une force contre-électromotrice qui diminue le courant donné par la source. Au début, au contraire, l'induit est réduit à sa simple résistance qui est très petite. Si donc on ferme sans précaution la source d'énergie électrique sur le moteur au repos, et si celui-ci est soumis à un couple résistant assez considérable, il ne se mettra en marche que lentement et le débit initial pourra être dangereux aussi bien pour le moteur que pour le générateur ou les accumulateurs. Il faut donc toujours interposer avant le moteur sur le circuit un rhéostat de démarrage. Il est bon aussi de lancer, quand on le peut, le moteur à vide, et de ne l'embrayer que quand il a acquis de la vitesse.

Emploi des courants alternatifs. — Nous avons vu que les courants alternatifs prenaient naissance naturellement dans les phénomènes d'induction, et qu'on n'arrivait à les redresser que par l'emploi des collecteurs spéciaux, avec lesquels on ne pouvait éviter que difficilement les étincelles aux balais. Nous avons vu d'ailleurs que les courants alternatifs peuvent s'employer pour beaucoup d'usages. Ils présentent au point de vue de la distribution de l'énergie un avantage énorme qui les a fait très souvent employer par les secteurs des villes. Soit à transmettre une énergie W à travers une ligne. Nous avons, en appelant I l'intensité, R la résistance, E la force électromotrice : $W = EI$. Si nous prenons E très grand, I sera plus petit pour le même W. Donc, si nous appelons maintenant ρ la résistance de la ligne qui amène le courant depuis la génératrice jusqu'au lieu d'utilisation, la perte en chaleur de Joule sera $I^2 \rho$. Elle décroîtra proportionnellement au carré de I, donc très vite. Or il existe des appareils nommés transformateurs, que nous étudierons page 306, et qui permettent très facilement d'abaisser le voltage d'un courant alternatif, ce qui rend possible de les admettre dans les lieux habités avec une tension inoffensive et d'utilisation pratique, tandis qu'ils sont produits sous une tension économique pour la transmission, mais dangereuse et difficilement utilisable.

On peut certes transformer un courant continu à haute tension, au moyen d'une dynamo à deux induits montés sur le même arbre, l'un des deux recevant le courant à haute tension, l'autre étant disposé pour donner du courant à basse tension. Mais ces appareils sont beaucoup plus coûteux et d'un entretien beaucoup plus délicat que les transformateurs, c'est pour cela que le courant alternatif a été souvent préféré dans les distributions d'énergie.

On peut l'utiliser pour faire tourner des réceptrices. D'abord, en ne tenant compte que de la théorie élémentaire, les dynamos à courant continu tournant toujours dans le même sens, quel que soit le sens du courant, peuvent servir à cet usage, mais leurs inducteurs ont une self-induction beaucoup trop grande, et on voit facilement que dans ces conditions le rendement serait très mauvais.

Moteurs synchrones. — Prenons au contraire une machine magnéto-électrique à collecteur ordinaire et courants non redressés. Supposons que l'anneau tourne à une certaine vitesse. Il produira des courants alternatifs ayant une certaine période. Supposons maintenant que nous y envoyions un courant alternatif de même période, passant par zéro au même moment que le premier, mais constamment de sens contraire, c'est-à-dire que, si le trait plein représente la courbe de variation en fonction du temps du courant

FIG. 165.

que produirait la machine, le trait pointillé représentera le courant qu'on lui envoie. Dans ces conditions le courant fera tourner l'anneau, et, en modifiant son énergie, tout en lui conservant la même période, on modifiera l'énergie recueillable sur l'axe de l'induit. On voit immédiatement que ce système présente un inconvénient, c'est qu'il faut mettre le moteur en marche à la main ou autrement, à vitesse assez grande pour que le courant qu'il produirait comme générateur ait la période du courant excitateur. Il y a un avantage : c'est que la vitesse de la machine restera absolument constante, quoi qu'il arrive, sauf quand la résistance mécanique devient trop grande, auquel cas elle se ralentit, ou, comme on dit, elle *tombe hors de phase ;* les courants agissent tantôt dans un sens, tantôt dans l'autre, et la machine s'arrête.

On peut employer pour cet usage non seulement des magnétos, mais des dynamos, à condition de prendre une dérivation de courant continu sur l'induit. On peut toujours faire cette transformation et même la faire complète. Si, en effet, nous prenons un anneau à courant alternatif, et si nous divisons le circuit induit en intersections que nous mettons en communication avec un collecteur de GRAMME situé par exemple du côté de l'axe où n'est pas le collecteur alternatif, quand la machine tournera, elle sera entretenue par le courant alternatif, mais on recueillera aux balais du collecteur GRAMME du courant continu. Celui-ci servira soit seulement à entretenir les inducteurs, soit à tout autre usage. On voit donc la possibilité de transformer pratiquement et avec une machine simple à un seul anneau du courant alternatif en courant continu. Cela est fréquemment employé pour charger des accumulateurs, par exemple, en utilisant le courant alternatif fourni par un secteur d'éclairage.

La même machine est d'ailleurs réversible et il suffit de lui fournir du courant continu par le collecteur de GRAMME pour recueillir du courant alternatif au collecteur alternatif. Cela a été parfois utilisé aussi.

Moteurs asynchrones. — Supposons maintenant deux électro-aimants fixes rectangulaires et faisons-les parcourir par des courants alternatifs. La force magnétique en un point sera la résultante des deux forces dues aux deux électro-aimants. Supposons que ces deux électro-aimants aient la même puissance et qu'ils soient parcourus par du courant alternatif, mais de façon que, au moment où la force *a* due à A′ sera maxima, la force *b* due à B′ soit nulle, ce qui exige que le courant soit nul en B′, quand il est maximum en A′.

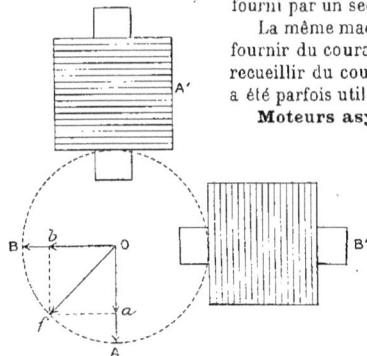

FIG. 166.

Les courbes des courants seront alors dans la position de la fig. 167. On dit que la différence de phase est d'une demi-période. Au moment où *oa* est maximum et *ob* nul, la force résultante est *oA*. Un instant après, *oA* aura décru et sera devenu *oa; ob* aura cru à partir de zéro, et la résultante sera *of*. On voit donc que la force résultante va tourner autour du point *o*. Dans certaines conditions, cette force est constante en grandeur,

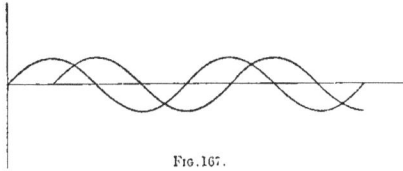

FIG. 167.

c'est-à-dire que son extrémité décrit un cercle. Si un aimant se trouve en *o*, il sera entraîné par cette force. Si au lieu d'un aimant c'est un circuit fermé, celui-ci sera d'abord immobile, puis, le champ qui le traverse variant, il sera parcouru par un courant induit qui, par la loi de LENZ, s'opposera au mouvement relatif du champ et du courant. Le circuit sera donc entraîné finalement dans le sens du champ, avec une vitesse moindre que ce champ, puisqu'il faut une vitesse relative du circuit par rapport au champ pour y entretenir un courant induit.

Les courants que nous venons de décrire sont les courants biphasés. On peut, avec trois électro-aimants et trois courants décalés, non plus d'une demi-période, mais d'un tiers de période, obtenir des courants triphasés, qui sont souvent employés.

Transformateurs et bobines. — Supposons un noyau de fer doux entouré par un circuit métallique appelé circuit primaire. Quand celui-ci sera parcouru par un courant, il y aura production dans le fer doux d'un certain flux de force. Si donc nous enroulons autour du même noyau un autre circuit que nous appellerons secondaire, ce circuit sera parcouru par un courant induit toutes les fois qu'il y aura une variation du flux de force, c'est-à-dire une variation du courant dans le primaire.

Si donc ce primaire est parcouru par du courant alternatif, le secondaire sera parcouru aussi par du courant alternatif. Mais celui-ci sera maximum quand le courant excitateur sera nul, et inversement.

Deux cas sont à considérer : ou bien on veut tirer d'un courant alternatif un autre courant alternatif avec la moindre perte possible d'énergie, ou bien on veut employer l'appareil à produire des potentiels aussi élevés que possible. Le premier cas est celui du transformateur industriel, le second est celui de la bobine de RUHMKORFF. Dans le transformateur industriel ; il faut que toute l'énergie soit utilisée, il faut donc que toutes les spires soient traversées par toute l'aimantation induite, il ne faut pas qu'il y ait de pertes de force magnétique ; on arrive à ce résultat en formant l'appareil d'un anneau continu de fer doux autour duquel sont enroulés les fils. De la sorte il n'y a pas de pôles au fer doux, il est soumis à une aimantation continue, il n'y a aucune perte, et le rendement est excellent.

On peut alors changer le voltage comme on veut. En effet, s'il n'y a pas de perte, et nous pouvons le supposer d'après ce qui précède, on aura la même énergie disponible sur le primaire et sur le secondaire. La force électromotrice induite dans un circuit par une variation de flux de force est proportionnelle au nombre de spires du circuit. Si donc on prend un grand nombre de spires induites, on pourra avoir un voltage très élevé.

On démontre aisément que le rapport des voltages du courant inducteur et du courant induit est égal au rapport du nombre de spires inductrices et induites. On voit donc que le même transformateur peut opérer soit une multiplication, soit une division de potentiel. Pratiquement, dans les usines à courants alternatifs, on produit dans la machine le courant à une tension qui ne compromet pas la vie des ouvriers. On place dans un endroit inaccessible un premier transformateur qui monte la tension aussi haut que possible. On opère fréquemment à 3 000 volts. On a été même plus haut, jusqu'à 15 000 volts ; les conducteurs doivent être alors inaccessibles. Puis un deuxième transformateur est placé à l'entrée du courant dans les lieux habités, qui amène la tension à sa valeur normale de 110 volts environ.

Un fait remarquable est qu'un transformateur ne consomme rien de sensible quand son secondaire est ouvert. Il prend au circuit excitateur ce qu'il faut d'après la résistance du secondaire.

Ce qui vient d'être dit ne s'applique plus à la bobine de RUHMKORFF. Ici, en effet, on atteint fréquemment des potentiels de 100 000 volts. On n'a pu encore y arriver couramment avec des courants alternatifs, au moins de la fréquence usuelle, car la force électromotrice aux bornes du secondaire est proportionnelle à la vitesse des variations de flux magnétique. On obtient des effets beaucoup plus considérables en employant un courant de sens constant emprunté à des accumulateurs par exemple, et en l'interrompant d'une manière régulière.

De la sorte, les périodes variables sont celles de l'établissement et de la rupture du courant. S'il y avait, dans le fer doux où le champ se crée, du magnétisme rémanent en quantité notable à chaque rupture, cela serait fort nuisible. Aussi forme-t-on les bobines inductrices par des faisceaux rectilignes de fils de fer, entourés d'un circuit primaire en gros fil, puis au-dessus d'un secondaire en fil fin. De la sorte, le faisceau de fil de fer n'étant pas fermé sur lui-même, l'expérience montre que le magnétisme rémanent y est beaucoup moins puissant.

Le fonctionnement de la bobine est loin d'être aussi connu que celui du transformateur. Nous sommes en effet en présence des extra-courants de fermeture et de rupture dont les effets sont peu expliqués. L'expérience montre que la durée du régime variable de fermeture est très lente par rapport à la durée du régime variable de la rupture et que l'énergie dépensée est la même dans les deux cas. On aura donc un potentiel aux bornes du secondaire beaucoup moins élevé pour la fermeture que pour la rupture. C'est ce que l'expérience vérifie.

Un deuxième point important est l'emploi du condensateur de Fizeau. On augmente beaucoup la longueur de l'étincelle en plaçant un condensateur sur le circuit primaire comme sur la figure 168. On a dit que ce condensateur placé en dérivation sur l'étin celle de rupture absorbait l'extra-courant et l'empêchait de se dépenser dans l'étincelle de rupture, qui, rendue alors conductrice pendant plus longtemps, prolongeait l'état de fermeture. Mais cela n'est pas suffisant pour expliquer l'effet énorme

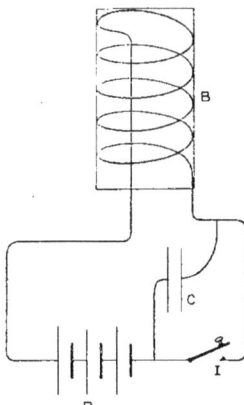

Fig. 168.

des condensateurs, et de plus, cela n'indique aucune limite pour la capacité à employer ; or l'expérience montre que l'emploi de condensateurs trop grands n'est pas avantageux.

La probabilité est que, outre le phénomène précédent, à circuit ouvert, il se produit des oscillations analogues à celles dont nous parlerons ultérieurement, et que le condensateur, en allongeant la période, la rend synchrone avec la période propre d'oscillation du secondaire, ce qui augmente beaucoup les effets.

On dit ordinairement que les courbes des forces électromotrices en fonction du temps

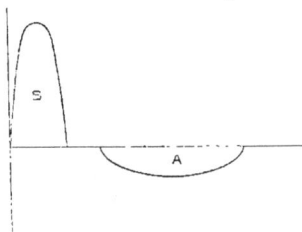

Fig. 169.

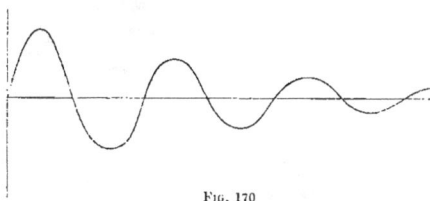

Fig. 170

sont, pour la fermeture et la rupture analogues à A et à B, l'aire de la courbe A et celle de B étant égales. C'est exact quand la bobine secondaire est fermée en court circuit. Mais quand elle est ouverte, les phénomènes sont autres. A chaque interruption du courant, il se produit une série d'ondulations amorties analogues à celles de la fig. 170. Cela a été démontré expérimentalement par Mouton.

Interrupteurs. — Tels sont les points essentiels du fonctionnement de la bobine de Ruhmkorff. Nous allons maintenant étudier les interrupteurs et dire quelques mots des divers modèles de bobines employées en physiologie.

On peut dire qu'un bon interrupteur est encore à trouver, au moins pour les usages de la physiologie, car il n'y en a pas dont on puisse faire varier d'une manière suffisante la fréquence, sans modifier la nature de l'interruption. On peut classer les interrupteurs en deux catégories. Dans l'une le contact se fait entre deux pièces de platine, dans l'autre il se fait entre une tige de platine et du mercure. Les premiers sont les plus simples, les seconds sont les meilleurs.

Le principe des interrupteurs est en général celui de la sonnette électrique. Un contact en fer doux se trouve à quelque distance du noyau de la bobine; quand le courant passe, le fer doux est attiré, et il rompt le courant. Un ressort ramène alors le fer doux à sa position primitive, le courant est fermé et tout recommence. Ces appareils ont deux

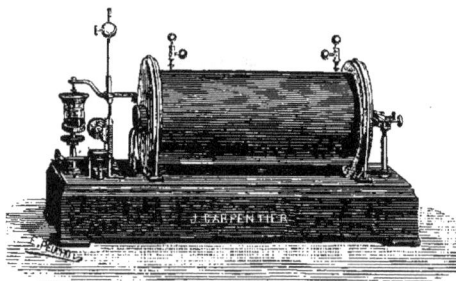

FIG. 171. — Bobine avec trembleur à mercure et trembleur DEPREZ.

inconvénients, c'est que le courant agissant interrompt lui-même le circuit, et qu'il peut se faire, s'il est trop puissant, par exemple, que le magnétisme rémanent dans le noyau maintienne le contact du fer doux un temps appréciable ; le second, c'est que, si l'on veut opérer avec un courant très faible, ils ne fonctionnent plus, et enfin qu'on n'est pas maître de la fréquence. La bobine fig. 171 présente, à droite, un de ces interrupteurs, à gauche un interrupteur analogue, mais où la rupture se fait sur le mercure.

On emploie souvent en physiologie l'interrupteur de DU BOIS-REYMOND (fig. 172). Un

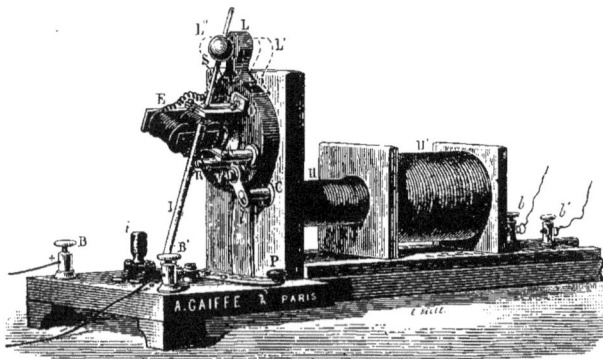

FIG. 172. — Chariot de DU BOIS-REYMOND.

pendule mobile autour d'un axe horizontal formé d'une tige de fer doux porte une petite pointe en platine qui, quand le pendule est vertical, touche un petit ressort. Un électro-aimant latéral attire le pendule quand le courant passe. Celui-ci prend alors une oscillation ayant une durée fixe, comme tout pendule. On peut augmenter ou diminuer cette fréquence en déplaçant le long de la tige une boule métallique. La durée d'oscillation est d'autant plus longue que la boule est plus loin de l'axe. On peut aussi incliner tout le système sur l'horizontale. Dans ces conditions, tout se passe comme si l'oscillation pendulaire était coupée au bout d'un temps d'autant plus court que l'inclinaison est plus grande : la fréquence augmente donc avec l'inclinaison. Cet appareil fonctionne à peu près bien entre $1''$ et $0'',06$ environ.

Mais, quand on étudie au moyen de l'électromètre la différence de potentiel aux bornes du secondaire, on s'aperçoit qu'elle est soumise à de très grandes irrégularités, toutes les fois qu'on emploie les interrupteurs à contact solide. Aussi FOUCAULT employa-t-il dès le début le contact à mercure. Dans l'interrupteur de FOUCAULT (fig. 173), un électro-aimant séparé, actionné par une petite pile séparée qu'on appelle pile locale, attire un contact de fer doux, qui rompt le circuit de la pile locale. Le jeu est donc absolument le même que pour les interrupteurs ordinaires, sauf que la rupture se fait entre platine et mercure. Une deuxième pointe de platine trempe dans un deuxième godet à mercure et rompt alors rythmiquement le courant principal. La fréquence est variable au

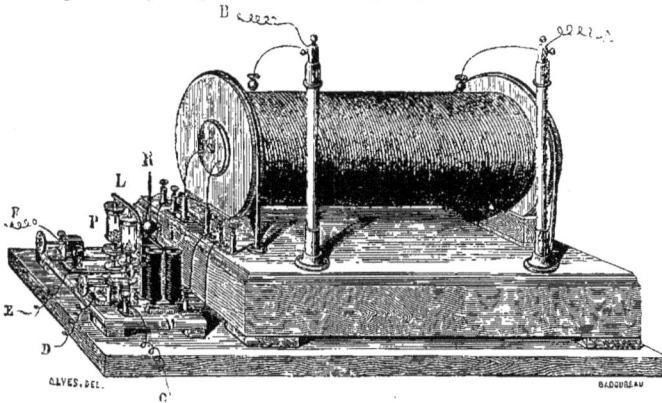

FIG. 173. — Bobine à interrupteur de FOUCAULT.

moyen d'une masselotte additionnelle comme dans l'interrupteur précédent. On est aussi maître de la fréquence et de l'intensité du courant excitateur séparément.

Dans le modèle de FOUCAULT, le contact de fer doux arrive à toucher l'électro-aimant. Dans ces conditions, on a souvent des irrégularités dues au magnétisme rémanent. On peut les éviter, et augmenter en même temps la fréquence en plaçant un morceau de caoutchouc convenable sur le pôle d'aimant. Celui-ci renvoie alors très vite le contact s'il est venu le frapper avec une vitesse suffisante. Les vitesses sont dans ce cas, avec une pile locale puissante, comparables à celle de l'interrupteur précédent, et la régularité bien meilleure.

Quand les courants employés sont très intenses, il faut prendre des précautions spéciales pour empêcher les godets de s'échauffer. Il faut proscrire les petits godets des anciens appareils; on doit en employer de très larges. Dans ces conditions, il n'y a pas d'échauffement, et les interruptions sont toujours bonnes. On place au-dessus du mercure un liquide isolant et refroidissant pour éteindre le plus vite possible l'étincelle de rupture. On a employé l'alcool, l'eau alcoolisée, le pétrole. Le meilleur est le pétrole; quand on a un large godet où le refroidissement se fait bien, on peut marcher ainsi très longtemps de suite, même avec des courants puissants.

On a souvent employé des interrupteurs à mercure mus directement par le noyau de la bobine. On en a fait aussi à électro-aimants séparés avec et sans pile locale. Ils sont disposés comme sur la figure. Enfin, VILLARD vient de réaliser pour les rayons X un interrupteur à mercure dont une branche horizontale est entre les pôles d'un aimant en fer à cheval. Quand elle est parcourue par un courant, elle est attirée, et son mouvement pendulaire est entretenu par cette attraction synchronique. Dans cet interrupteur, on fait varier la fréquence comme dans l'interrupteur FOUCAULT au moyen d'une masse additionnelle.

Enfin, depuis quelque temps déjà, on commence à faire mouvoir la tige interruptrice par une dynamo. Quelquefois on fait entretenir la dynamo par le courant lui-même, quelquefois par une pile locale.

A côté de ces interrupteurs usuels, nous indiquerons l'interrupteur TROUVÉ et l'interrupteur VERDIN où des dents viennent rencontrer périodiquement un ressort, les dents sont portées par une roue qui est mue par un mouvement d'horlogerie.

Graduation des courants induits. — On n'a pas d'instruments de mesure vraiment pratiques pour ces courants. Le mieux est, quand les effets sont assez intenses,

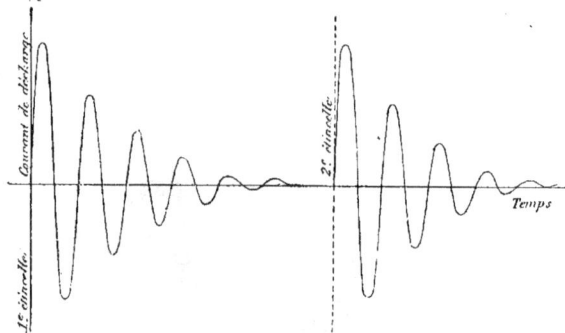

Fig. 174.

d'employer les appareils à échauffement de fil, du type de Cardew, ou en général les appareils à courants alternatifs. Mais cela n'est pas possible avec les petites bobines d'induction où l'énergie mise en jeu n'est pas assez grande. On peut alors mesurer, d'une part, la quantité d'électricité induite dans une décharge, d'autre part, au moyen de l'électromètre idiostatique, la valeur du carré moyen du potentiel. Mais ce dernier élément n'est pas très utile, car il ne renseigne pas sur le potentiel maximum. En effet, il y a à chaque interruption de la bobine production d'une onde très vite amortie ; tout est au repos au bout de quelques millièmes de seconde au plus pour les grosses bobines, quelques dix-millièmes pour les petites, et le repos continue jusqu'à une nouvelle interruption. On ne connaît d'ailleurs pas du tout le temps mis par le secondaire à revenir au repos, ni la loi de décroissance des oscillations dues à une même excitation. On n'a donc aucune relation permettant de conclure de la valeur du carré moyen du potentiel à sa valeur maximum. L'indication de l'électromètre ne peut donc servir que pour comparer le résultat donné dans diverses circonstances par un même circuit. A potentiel maximum égal, et à fréquence égale, il donnera en effet une indication bien plus grande pour une grosse bobine à longue période que pour une petite.

La mesure est donc bien incertaine ; elle aurait besoin, pour être faite, d'être complétée par une étude de la période d'oscillation du circuit et de son amortissement, ce qui n'est pas pratique actuellement. Mais, si on ne peut les mesurer commodément, on peut graduer assez aisément ces courants. Le premier procédé a été indiqué par DUCHENNE DE BOULOGNE. Il consiste à interposer entre le primaire et le secondaire un écran cylindrique de cuivre plus ou moins enfoncé. Il s'y produit des courants de FOUCAULT qui absorbent une grande partie de l'énergie disponible.

On peut aussi, comme cela est employé dans l'appareil à chariot glissant de DU BOIS-REYMOND, écarter la bobine induite de la bobine inductrice, comme cela se voit sur la fig. 172. On diminue ainsi le flux dont la variation est utilisée.

L'appareil de DU BOIS-REYMOND comprend en général trois bobines induites de résistances différentes. Le potentiel maximum est donc inversement proportionnel au nombre de spires, l'énergie utilisée étant la même, pour la même position des bobines.

Enfin, on peut graduer les courants induits peu intenses obtenus avec le dernier appareil, au moyen de rhéostats liquides convenables, analogues par exemple au rhéostat de BERGONIÉ (voir article **Électrothérapie**).

Hautes fréquences. — Les alternateurs, les bobines d'induction nous ont mis en présence du courant électrique à l'état variable, et nous avons vu des propriétés nouvelles et utilisables de ces courants variables. Il nous reste à étudier les ondulations électriques très rapides que l'on sait produire maintenant. Ces ondulations ont en effet des propriétés physiologiques remarquables, bien étudiées par D'ARSONVAL, et tout physiologiste doit savoir maintenant comment on les produit.

Nous savons, d'après ce qui a été dit au début de cet article, que les phénomènes électriques sont dus à un état de déformation du milieu diélectrique qui entoure les conducteurs. Si donc cet état d'équilibre est brusquement rompu, le retour à l'équilibre se fera par des ondulations plus ou moins vite amorties suivant les diverses propriétés électriques du système.

L'étude de ces ondulations possibles a été faite, et THOMSON a pu calculer leur période dans un cas particulier, celui où on a une grande capacité, celle d'un condensateur par exemple, dont la self-induction est négligeable, se déchargeant dans un conducteur doué de self-induction, mais d'une capacité négligeable, vis-à-vis de celle du condensateur. La formule à laquelle on arrive a été vérifiée par l'expérience. Il suffit, pour produire des ondulations de cette espèce, de charger avec une bobine de RUHMKORFF les armatures intérieures de deux bouteilles de LEYDE AA jusqu'à ce que l'étincelle jaillisse entre deux sphères à distance réglable C. Si les armatures externes B sont en communication métallique, l'étincelle de la bobine est considérablement diminuée comme longueur, mais elle est très épaisse, très éclairante et très bruyante, quand elle éclate à distance relativement petite. A chaque étincelle de rupture, il se produit une décharge oscillante des condensateurs. Avec des condensateurs de petite capacité, on a vérifié sur ces ondulations qu'elles jouissaient de toutes les propriétés de la lumière. Elles se propagent comme elle avec la vitesse de 300 000 kilomètres par seconde, elles se réfléchissent, elles se réfractent, elles interfèrent. Avec les bouteilles de LEYDE qui conviennent pour les expériences dont il va être question, ces ondulations ont environ 500 000 périodes par seconde. Elle se distinguent en cela de la lumière qui, pour la raie D, vibre 506 trillions de fois par seconde.

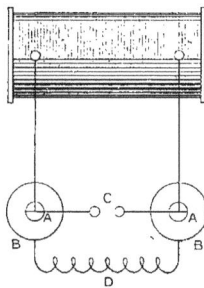

FIG. 175. — Dispositif de haute fréquence.

Avec une pareille fréquence, on comprend que les phénomènes d'induction soient d'une puissance extrême. Et en effet, on arrive à allumer une lampe à incandescence convenable en entourant d'un seul tour de fil, qui ne le touche pas, le solénoïde D. En établissant un circuit métallique entre deux sphères de ce solénoïde, on en tire des étincelles très bruyantes et très nourries. Si sur ce fil se trouve une lampe à incandescence, elle s'illumine brillamment. Il faut même faire attention à écarter progressivement les deux points de contact, car sans cela on risque de brûler la lampe. Il est bon, pour réussir ces expériences, d'employer des lampes à filament droit ayant un contact à chaque extrémité, sans cela la décharge passe entre les deux électrodes très rapprochées plutôt que dans le filament dont la self-induction s'oppose au passage des ondulations de haute fréquence.

Les effets produits sont donc très intenses, et cependant on peut toucher le conducteur D avec la main, en tirer des étincelles sans aucun inconvénient. Ces courants ne produisent dans l'organisme aucun désordre. Il ne sont pas sentis, et pour cela d'ARSONVAL fait l'hypothèse que nos terminaisons nerveuses ne sont pas sensibles à ces fréquences, de même que celles de notre rétine ne sont impressionnées que pour les fréquences comprises entre 370 trillions et 750 trillions par seconde environ. Mais cela ne suffit pas pour expliquer que notre corps soit parcouru par une pareille énergie électrique, sans

ÉLECTRICITÉ.

aucun dommage. On peut l'expliquer de deux façons. En ne faisant aucune différence entre la conductibilité électrolytique et la conductibilité métallique, on peut dire que les courants se localisent à la surface des conducteurs. L'expérience prouve, en effet, qu'un tube ou un conducteur plein agissent de même sur ces oscillations très fréquentes. Le calcul montre aussi que cela doit être. Mais on peut aussi considérer à plus juste titre le

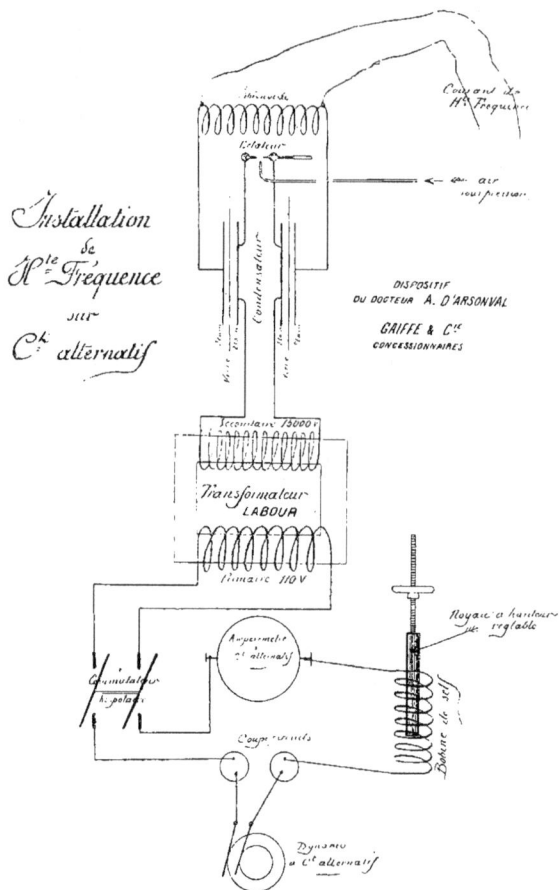

FIG. 176.

corps humain comme un électrolyte, doué des propriétés ordinaires des électrolytes. nous savons que beaucoup de ces corps sont transparents, c'est-à-dire traversés par les ondulations électriques très rapides qui produisent la sensation lumineuse. On peut donc admettre que le corps humain se laisse traverser par ces oscillations sans les absorber, tandis que les métaux les transforment en chaleur.

Il n'y a d'ailleurs certainement pas absence complète d'absorption : car ces courants, en traversant le corps, produisent des effets notables, dont nous n'avons pas à nous occuper ici. Il est donc probable que, si les ondulations électriques rapides étaien t produites avec une énergie suffisante, elles causeraient des désordres dans l'organisme.

Ces ondulations de haute fréquence peuvent être produites aussi par des courants alternatifs (fig. 176). En excitant par ces courants un transformateur convenable, on peut charger avec le secondaire des bouteilles de LEYDE comme avec la bobine d'induction. Mais, quand l'étincelle jaillit, elle n'est pas assez subite, à cause de la forme même de l'onde alternative, et les décharges de haute fréquence ne prennent pas naissance. On peut comparer ce qui se passe ainsi avec ce qui se passe pour un pendule. Quand on ramène doucement celui-ci à sa position d'équilibre, il n'oscille pas. Quand, au contraire, on l'abandonne brusquement dans une position quelconque, il oscille. Quand une étincelle jaillit brusquement, les parties voisines entrent en oscillation. Quand, au contraire, elle s'établit lentement, les oscillations électriques ne peuvent prendre naissance, c'est ce dernier cas qui a lieu pour les arcs électriques véritables donnés par les bobines excitées par le courant alternatif. Il faut donc arriver à rendre disruptif l'arc ainsi produit. On peut le faire de deux façons : ou bien en le soufflant par un courant d'air, ou bien en le soufflant par un champ magnétique assez puissant. On obtient ainsi des effets extrêmement puissants, principalement à cause de la fréquence beaucoup plus grande des excitations.

On peut produire des effets d'un autre ordre en employant deux procédés qui ont pour but de monter encore le potentiel de ces ondulations, et peut-être de modifier leur fréquence, mais là est une hypothèse encore à vérifier par expérience.

On peut entourer le solénoïde où se décharge le condensateur D d'un secondaire I_2 formé d'une couche de fil isolé et à spires très légèrement écartées l'une de l'autre ; on augmente alors le potentiel comme dans une transformation ordinaire (fig. 177). Chez le dispositif de TESLA, cet appareil doit être plongé dans le pétrole, sans cela l'isolement est insuffisant. Pour soutenir le secondaire, il faut d'ailleurs employer des tiges

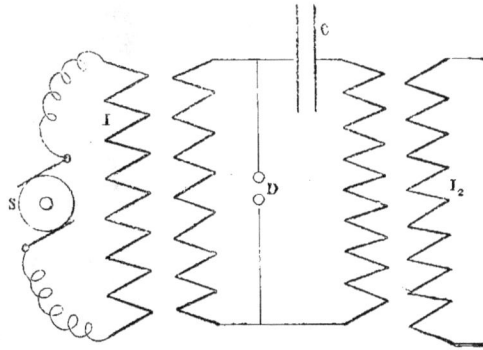

FIG. 177. — Dispositif de TESLA.

d'ébonite formant un polygone, car verre ne tient pas, il est haché en menus morceaux. Les cylindres continus d'ébonite se percent aussi fréquemment.

On obtient ainsi facilement de longues étincelles et des effluves extrêmement intenses. Ces décharges sont absolument inoffensives pour l'organisme, et cependant elles le traversent, puisque l'opérateur qui tient d'une main un des conducteurs illumine de l'autre un tube évacué.

On peut encore, comme l'a fait OUDIN (fig. 178), mettre en communication unipolaire avec le solénoïde D un autre solénoïde. Quand on règle convenablement la longueur du solénoïde, c'est-à-dire la période d'oscillation du circuit BDB, on voit le résonateur se couvrir d'aigrettes et donner lieu au même phénomène que le transformateur de TESLA dont je viens d'indiquer la construction.

Rayons X. — Nous ne voulons pas quitter le domaine de l'électricité sans indiquer sommairement la production, lors des décharges de bobines convenablement employées, des rayons X, si utiles aujourd'hui dans toutes les branches de la biologie. Nous renvoyons pour plus amples détails à l'article spécial **Radiographie**.

Quand on ferme une bobine d'induction sur un tube muni d'électrodes métalliques, et dans lequel on a fait le vide, on voit se produire, si le vide a été poussé aux environs du millionième d'atmosphère, ce que CROOKES a nommé des rayons cathodiques. Il semble s'élancer de la cathode en ligne droite dans toutes les directions, au moins tant que le vide n'est pas trop élevé, des rayons qui provoquent la fluorescence du verre partout où ils le rencontrent. Quand le vide est suffisant, le faisceau cathodique se rétrécit en général, et les parois frappées deviennent le centre d'une nouvelle émission qui

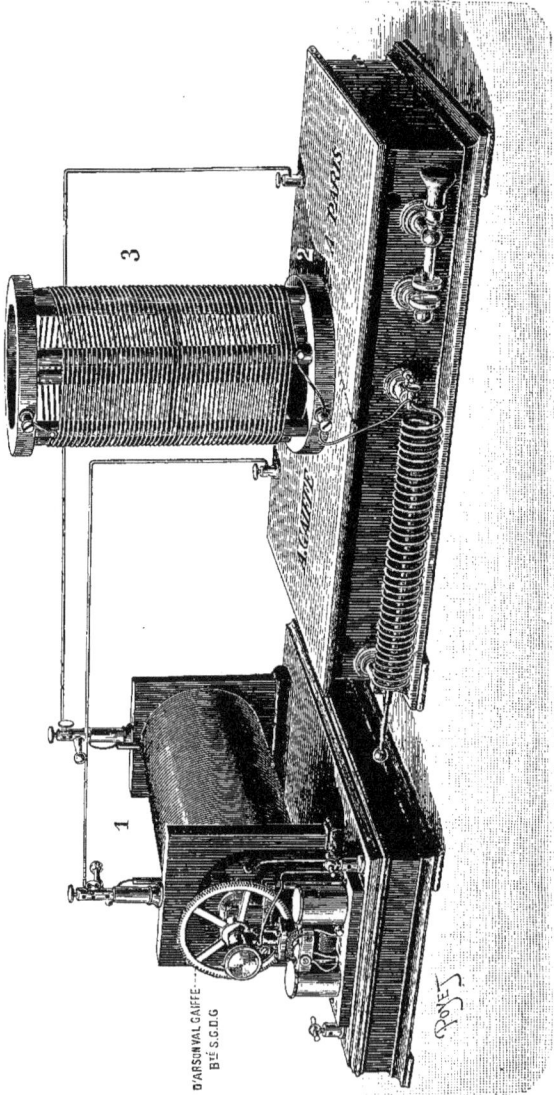

Fig. 178. — Résonateur de Oudin.

se propage dans l'espace ambiant. Ces nouvelles radiations jouissent de propriétés remarquables. Elles impressionnent la plaque photographique, rendent fluorescents beaucoup de corps, et principalement le platino-cyanure de baryum. Elles déchargent aussi les corps électrisés qu'elles rencontrent. Elles les déchargent même quand elles rencontrent seulement des lignes de force situées dans l'air, et émanées d'un corps électrisé. Il y a alors modification du gaz par l'action des rayons X, ionisation comme on dit, et les molécules, douées de propriétés électriques, déchargent les corps électrisés.

On se sert souvent de cette propriété pour étudier la puisssance des rayons X produits par un tube. On peut en effet mesurer le temps mis par les feuilles d'or d'un électroscope à passer d'une déviation à une autre sous leur action. Ces radiations ne sont ni réfléchies ni réfractées. Elles se propagent toujours en ligne droite, et traversent tous les corps, au moins partiellement ; les métaux et leurs composés sont les corps les plus absorbants pour ces nouvelles radiations.

On peut par ce moyen voir se dessiner nettement sur un écran au platino-cyanure de baryum l'ombre des os d'un animal vivant. Nous ne pouvons entrer dans le détail de toutes les applications. Nous indiquerons seulement quelques faits importants pour la manipulation des tubes.

Actuellement on fait des tubes dans lesquels, à la raréfaction considérable qu'on emploie, le faisceau cathodique se resserre considérablement. On place sur son trajet ce qu'on nomme une *anticathode* en platine iridié, assez épaisse pour ne pas fondre ; car elle rougit beaucoup quand on emploie des instruments puissants. Il se forme alors sur cette anticathode un petit point qui est un centre d'émission des rayons X.

Villard a d'ailleurs montré que les rayons cathodiques étaient entretenus constamment par un afflux cathodique venu de toutes les parois du tubes chargées positivement, parties qui forment la presque totalité du tube. On comprend donc comment, par une circulation moléculaire continue, le phénomène peut être entretenu.

La pratique des rayons X exige la connaissance de certaines propriétés des tubes. On mesure le degré de vide d'un tube par ce qu'on nomme son étincelle équivalente, c'est-à-dire la distance entre deux pointes situées dans l'air, entre lesquelles la décharge passe sous forme d'étincelle plutôt que de traverser le tube. On s'aperçoit que pour un même tube les rayons X produits sont d'autant plus pénétrants que l'étincelle équivalente est plus longue.

Les rayons des tubes durs sont les meilleurs pour donner la fluorescence du platinocyanure, ou, comme on dit, pour pratiquer la *fluoroscopie*. Pour l'impression de la plaque photographique ou *radiographie*, il faut au contraire des tubes moins durs, dont l'étincelle équivalente est un peu moins longue.

Quand un tube fonctionne, deux cas peuvent se produire : Ou il a été construit précisément pour la puissance utilisée, et alors il durcit en fonctionnant, arrivant ainsi jusqu'au point où l'étincelle jaillissant entre la cathode et le verre le perce, ou bien le tube a été construit pour une puissance moindre. Dans ce cas, il se dégage fréquemment des gaz des électrodes métalliques ou des parois de verre, le tube devient plus mou. On est en effet obligé, pendant la construction, de faire fonctionner le tube alors qu'il est encore sur la trompe à mercure, afin de faire sortir les gaz occlus. A employer une puissance plus grande que celle qui est indiquée, on a une nouvelle émission gazeuse nuisible.

Il faut donc, pour pouvoir utiliser toujours un tube en connaissance de cause, avoir un procédé pour y faire varier le vide. C'est ce qu'a réalisé Villard dans son tube à osmo-régulateur. L'osmo-régulateur est un tube de platine en communication avec l'ampoule. Quand le platine est porté au rouge, il se laisse traverser par l'hydrogène. Si donc on le porte au rouge au moyen d'une flamme de gaz, l'hydrogène de celle-ci passera dans le tube, et augmentera sa pression. Si, au contraire, on enveloppe le tube de platine d'un deuxième tube et si l'on chauffe par l'extérieur, les gaz de la flamme ne seront plus en contact avec le tube intérieur, qui sera cependant chauffé. L'hydrogène intérieur sortira alors. On peut ainsi faire varier comme on veut la pression, en quelques instants quand on veut l'augmenter, en un temps un peu plus long quand on veut la diminuer.

ANDRÉ BROCA.

DEUXIÈME PARTIE
Électricité animale

Certaines parties de l'organisme animal sont douées de propriétés électriques qui doivent être envisagées comme une manifestation de leur énergie potentielle. Ce sont surtout les muscles, les nerfs et les glandes qui présentent à l'état de repos et d'activité des phénomènes électriques très nets et très réguliers. On peut déceler l'énergie électrique aussi dans d'autres tissus et organes de l'organisme; mais les forces électromotrices s'y présentent avec si peu d'intensité et d'une façon si peu régulière qu'elles ne rentrent guère dans l'étude de l'électricité animale.

Un chapitre important de cette étude constitue les phénomènes observés chez les poissons électriques. Ainsi l'électricité animale comporte l'exposé des phénomènes électriques des muscles, des nerfs, des glandes et des poissons électriques.

Les plantes possèdent également certaines propriétés électriques (encore peu étudiées). Il faut donc admettre que l'électricité est une propriété générale des êtres organiques; elle présente très probablement une des formes de l'énergie potentielle de la matière vivante, et doit être traitée en général sous le nom d'*électricité organique*, dont l'électricité animale et végétale ne constituent que deux chapitres distincts. Aussi exposerons-nous ici ces deux chapitres séparément : d'autant mieux que l'électricité végétale diffère à certains points de vue de l'électricité animale. Nous chercherons cependant à faire ressortir non seulement la différence, mais aussi, et surtout, l'analogie qui existe entre les phénomènes électriques des plantes et ceux des animaux.

I. Historique. — Avant d'aborder l'exposé des faits relatifs à l'électricité animale, nous croyons utile de donner l'historique de la question qui présente aussi un certain intérêt général. Nous n'en donnerons que les traits principaux, cet historique ayant été tracé magistralement et dans tous ses détails par E. du Bois-Reymond dans son remarquable ouvrage : *Untersuchungen über thierische Electricität*, paru en 1844, auquel nous renvoyons le lecteur désireux de connaître d'une façon plus complète l'évolution de la science électro-physiologique.

Les premières notions sur l'électricité animale datent de l'époque de la découverte des phénomènes électriques en général. Aux plus lointaines époques, comme de nos jours du reste, la grande curiosité scientifique de l'homme se portait toujours vers la connaissance de la nature de la force nerveuse, qui lui paraissait très mystérieuse. La découverte de l'électricité — force puissante et instantanée — a tenté plusieurs esprits scientifiques à admettre une identité entre l'action de cette nouvelle énergie et l'action des nerfs. Les effets surprenants de l'énergie électrique paraissaient les plus aptes à expliquer l'action des nerfs. On comparait les nerfs à des appareils électriques, et on identifiait la force nerveuse avec la force électrique. Cette hypothèse, qui était basée sur des faits mal interprétés ou mal observés, souvent même tout à fait erronés, séduisit un grand nombre de physiologistes du siècle dernier. Elle semblait avoir gagné des assises solides dans les phénomènes de décharge observés chez les poissons électriques. On a même décrit des « hommes-torpilles » doués de propriétés électriques semblables à celles de la torpille (Cassini, Bertholon). L'idée de la nature électrique de l'agent nerveux a été tellement enracinée dans les esprits des savants du xviiie siècle que l'on croyait même pouvoir construire avec des nerfs désséchés une machine électrique (Camus), en affirmant ainsi l'identité du principe électrique et de l'agent nerveux. Cette identité, soutenue vers le milieu du siècle dernier par Hansen, de Sauvage, des Hais, Saghi et d'autres, a résisté aux attaques qui ont été dirigées contre cette manière de voir par Haller et Fontana; elle n'a pas même pu être complètement ébranlée par les grandes découvertes de Galvani et Volta. Nous retrouvons cette hypothèse au commencement de notre siècle, au moment où la science électrique a été reconstituée, et même encore aujourd'hui on est tenté d'affirmer cette identité; du moins cherche-t-on à interpréter la fonction du neurone et sa mise en contact avec le neurone voisin par l'intervention de l'énergie électrique. Certes l'idée de cette identité reviendra toujours dans la science jusqu'à la solution définitive du problème de l'activité nerveuse; mais, si maintenant cette idée est énoncée avec toute la réserve imposée par les limites dans lesquelles une hypothèse doit être faite, il en était autrement au siècle dernier, lorsque la théorie de l'identité de l'agent nerveux et de l'électricité manquait complètement de base scientifique et n'était qu'une pure conception d'imagination. C'est à cela seulement que se réduit l'électricité animale avant la découverte du galvanisme. C'est une période de faits vagues, d'hypothèses confuses.

Au milieu de ce chaos d'idées, GALVANI a fait connaître sa mémorable découverte, qui est devenue le point de départ de nos connaissances actuelles sur l'électricité animale. Cette découverte est l'événement capital de l'époque, la date historique d'une science nouvelle, la source de nos connaissances électro-physiologiques.

Déjà, en 1780, GALVANI (1) fut étonné de voir que la partie postérieure d'une grenouille, se trouvant à une certaine distance du conducteur de la machine électrique, se contractait chaque fois qu'on touchait les muscles pendant que la machine était mise en mouvement. Cette expérience, déjà suffisamment explicable à l'époque de GALVANI, fut le point de départ de l'expérience célèbre à laquelle on doit la découverte du galvanisme. En poursuivant ses recherches sur l'action de l'électricité de l'air sur la contraction musculaire, GALVANI a institué l'expérience suivante : il suspendit la partie postérieure d'une grenouille à une balustrade de fer au moyen d'un crochet en cuivre; il voulut s'assurer si dans ces conditions les muscles des jambes de la grenouille se contractent sous l'influence des décharges de l'électricité atmosphérique. A son grand étonnement, il vit que les jambes de la grenouille se contractaient chaque fois qu'elles venaient en contact avec la balustrade de fer. GALVANI ne doutait pas un instant que la contraction musculaire se produisait toujours au moment où a lieu la fermeture du circuit formé par nerf, muscle, balustrade et crochet. Aussi s'est-il décidé à appliquer directement au muscle dénudé un arc métallique fait d'un métal ou de deux métaux, de façon qu'un bout de cet arc touchât les nerfs, et l'autre les muscles de la grenouille. Une série d'expériences faites dans ces conditions sur des grenouilles, oiseaux et mammifères a permis à GALVANI d'établir les faits suivants : 1° la contraction d'un muscle se produit toujours lorsque le nerf et le muscle sont reliés par un arc métallique, bon conducteur d'électricité; 2° l'expérience réussit mieux quand l'arc conducteur est constitué par deux métaux ou bien lorsque, entre un bout de l'arc homogène et le muscle ou le nerf, on interpose une plaque d'un autre métal; 3° pour la réussite de l'expérience, il est absolument indifférent que l'arc conducteur soit isolé ou tenu dans la main; 4° la contraction musculaire a lieu également sous l'eau, mais ne se produit guère dans un muscle plongé dans l'huile; 5° enfin le muscle se contracte aussi dans les cas où les deux extrémités de l'arc sont en contact seulement avec le nerf ou bien seulement avec le muscle. GALVANI envisageait ces faits comme preuves de la production de l'électricité dans les nerfs et il en a déduit sa théorie de la contraction musculaire. D'après cette théorie, très séduisante en apparence, mais nullement conforme à la réalité des choses, le muscle avec le nerf forme une bouteille de Leyde; la surface du muscle est positive, tandis que le nerf qui représente le prolongement interne du muscle comme le conducteur de la bouteille de Leyde, est négatif. L'application d'un arc métallique au muscle et au nerf met en mouvement l'électricité, et produit une décharge; l'électricité positive, qui se trouve à l'intérieur du muscle, passe à sa surface par l'intermédiaire du nerf et irrite les fibres musculaires, d'où une contraction. Mais le muscle lui-même n'est pas le lieu d'origine de l'électricité, qui naît tout entière dans le cerveau et se répand par l'intermédiaire des nerfs, bons conducteurs, jusqu'à l'intérieur des muscles, où elle s'accumule. C'est cette électricité provenant du cerveau que GALVANI a nommée *électricité animale* : il a donc cru pouvoir donner ainsi une base solide et expérimentale à l'ancienne hypothèse de l'identité de l'agent nerveux et de l'électricité. C'est peut-être pour cette raison que cette théorie a trouvé tant d'adeptes, quoiqu'elle fût déjà alors en désaccord avec les données anatomiques de l'époque et avec certaines expériences de GALVANI lui-même. Ainsi elle n'expliquait guère les contractions musculaires qui se produisent à la suite de l'application de deux bouts de l'arc conducteur au nerf seul.

Mais, si la théorie électrique de la contraction musculaire de GALVANI ne présente aucune valeur, l'importance des faits établis par lui est considérable. Non seulement ces faits ont été très riches en conséquences pour la science, mais en général c'est de cette simple et géniale expérience que l'électro-physiologie est sortie; c'est grâce à cette expé-

rience que le génie de VOLTA a révolutionné la physique de l'électricité et a doté le
XIXᵉ siècle de toutes ces belles inventions dont notre siècle est à juste titre si fier.
Aussi est-il intéressant de suivre la polémique scientifique entre GALVANI et VOLTA, ce
que nous allons faire aussi brièvement que possible.

VOLTA (2) fut jusqu'à 1792 sous la domination des idées de GALVANI, et ce n'est que
lorsqu'il s'est mis à répéter les expériences de ce dernier qu'il devint son adversaire.
Il a dirigé contre les expériences de GALVANI et surtout contre l'interprétation que GAL-
VANI en donnait une vive critique expérimentale, pleine de déductions géniales. Jamais
polémique scientifique ne fut plus riche en conséquences pour la science que cette polémique entre les deux savants italiens.

VOLTA soupçonnait que la contraction musculaire dans l'expérience de GALVANI n'était
pas l'effet de l'électricité propre du muscle et qu'elle n'était que le révélateur passif du
courant électrique qui prenait naissance dans l'arc métallique lui-même. Il fit à cet effet
l'expérience suivante aussi ingénieuse dans sa conception que simple dans son exécution. Il
expérimenta sur un muscle de l'homme, sur la langue ; il mettait sous la langue une
plaque de plomb et sur la langue une cuillère en argent, et observait dans le miroir les
contractions de la langue qu'il croyait pouvoir provoquer en fermant le circuit par la
mise en contact de deux métaux. Or, au lieu d'une contraction, il perçut une sensation
gustative spéciale qui durait pendant tout le temps que le circuit était fermé. Cette
expérience a confirmé encore plus VOLTA dans son opinion qu'au contact de deux
métaux il se développe de l'énergie électrique qui exerce une action excitatrice sur
l'activité nerveuse. La production de la contraction musculaire avec un arc homogène fait d'un seul métal s'explique, d'après VOLTA, par le fait que les bouts de l'arc,
c'est-à-dire ses surfaces de contact, sont inégales, de sorte que dans un arc homogène,
par exemple un arc en fer qui ne provoque pas de contraction musculaire, la réaction
aura lieu aussitôt qu'un des bouts sera modifié. On peut aussi renforcer l'effet réactionnel en inégalisant un des bouts, et en augmentant ainsi les différences des deux extrémités de l'arc ; par contre, lorsque ceux-ci sont homogènes, il n'y a pas d'effet du tout.
Du reste VOLTA allait encore plus loin, et affirmait que la force qui produit la contraction musculaire se développe non seulement à la suite du contact de deux métaux,
mais aussi à la suite de leur mise en communication avec le liquide qui imbibe les nerfs
et les muscles. Il proposa alors de remplacer le mot « électricité animale » par le mot
« électricité métallique » comme étant plus conforme à la nature des choses. L'expérience d'ALDINI avec un arc conducteur formé par un bain de mercure à surface égale
n'ébranla nullement la conviction de VOLTA, dont l'argumentation devint cependant
un peu hésitante devant la mémorable expérience de GALVANI sur la contraction musculaire sans métaux. C'est en 1793 que GALVANI a publié cette expérience et a fourni
ainsi la preuve irrécusable de l'existence de courants électriques dans les muscles. Cette
expérience consiste à provoquer une contraction musculaire par la fermeture du circuit
sans l'intermédiaire d'un arc conducteur. GALVANI obtenait cet effet avec une préparation
neuro-musculaire placée sur une plaque en verre, en ramenant le bout central du nerf
sur l'autre extrémité du muscle. Au moment où le nerf était mis en contact avec le
muscle, celui-ci entrait en contraction. Pour répondre à l'objection de VOLTA que l'on
pouvait avoir affaire ici à une contraction musculaire provoquée par l'ébranlement du
nerf, GALVANI jetait le nerf sur des corps isolateurs différents (verre, marbre, soufre) et,
malgré un ébranlement du nerf très considérable, il n'y avait pas de réaction musculaire. VOLTA, qui est resté un peu perplexe devant l'éloquence de cette expérience, avoue
lui-même que ses objections étaient assez faibles ; aussi ne pouvaient-elles ébranler
l'évidence d'un fait qui prouvait la production d'une contraction musculaire dans un
circuit composé exclusivement de tissus animaux.

En 1797, GALVANI a publié sa dernière expérience, aussi remarquable que les précédentes, et prouvant d'une façon absolue l'existence du courant nerveux. Cette expérience,
dont il ne tire pas encore toutes les conclusions si riches en conséquence pour l'électro-
physiologie tout entière, fut instituée par lui pour exclure toute possibilité de l'ébranlement du nerf dans le cas de contraction musculaire sans métaux. Elle consiste à exciter une préparation neuro-musculaire par le courant propre de l'autre. Il place sur une
plaque en verre deux préparations neuro-musculaires, de façon que le nerf de la pre-

mière préparation touche celui de la seconde en deux points par sa surface longitudinale et par sa section transversale. Au moment où le contact est établi, le muscle de la première préparation entre en contraction, et parfois même celui de la seconde se contracte également.

Cette merveilleuse et fondamentale expérience est restée sans écho dans la science alors. GALVANI est mort bientôt après, et VOLTA, absorbé de plus en plus par ses travaux de physique, a abandonné complètement sa critique expérimentale d'électro-physiologie : il ne répondit même pas aux nombreuses expériences de HUMBOLDT (3) qui fournissaient un nouvel appui aux idées de GALVANI. Dans l'esprit du grand physicien mûrissait alors l'idée géniale de la pile électrique, idée puisée à la source de l'expérience électro-physiologique de GALVANI. En 1799, VOLTA fit connaître sa pile électrique au monde savant. Le galvanisme fut fondé définitivement. Un nouveau domaine de recherches plein de promesses s'est offert aux physiciens qui ont abandonné les expériences capricieuses avec la patte électroscopique. Les recherches électro-physiologiques furent reléguées au second plan, et, malgré les expériences très démonstratives de GALVANI, la question de l'existence d'électricité animale ne fut pas définitivement acquise à la science. ALDINI, le neveu de GALVANI, faisait des efforts pour faire valoir les idées de son illustre oncle, et les expériences de HUMBOLDT, auquel DU BOIS-REYMOND attribue peut-être à tort le mérite d'avoir sauvé l'électricité animale de l'oubli, n'attirèrent guère l'attention de ses contemporains.

Pendant que les expériences sur l'électricité animale étaient tout à fait négligées, les travaux des physiciens ne chômaient pas. De grands progrès sont réalisés par la physique dans l'étude de l'électricité qui doivent nécessairement retentir sur les travaux d'avenir d'électro-physiologie. La science électro-physique a payé largement sa dette de reconnaissance envers la science électro-physiologique d'où elle est née, et l'a dotée de différents instruments de précision qui ont permis de pousser bien plus avant les recherches sur l'électricité animale.

En 1819, OERSTEDT découvrit l'action du courant électrique sur la déviation d'une aiguille magnétique. Ce phénomène fut bientôt utilisé comme moyen révélateur du courant électrique. SCHWEIGGER a construit à cet effet un appareil, que NOBILI (en 1825) a rendu très sensible, en y ajoutant la double aiguille astatique d'AMPÈRE. Ainsi fut construit le galvanomètre, qui a permis de déceler et de mesurer les courants extrêmement faibles produits par les tissus animaux. Aussi NOBILI s'en est-il servi tout de suite pour déterminer « le courant propre de la grenouille », lequel, d'après ses expériences, se dirige des pieds à la tête. Il a constaté aussi que l'action galvanométrique du courant de la grenouille survit de beaucoup à la propriété contractile de ses muscles. Mais NOBILI se trouvait trop sous la domination de ses recherches thermo-électriques pour ne pas chercher d'analogie de ce côté. Pour lui le courant de la grenouille est d'origine thermique, et résulte des différences de température dans les masses nerveuses et musculaires après la mort ; les nerfs se refroidissent plus vite que les muscles, et le courant va de l'endroit plus chaud à l'endroit plus froid. Les travaux de NOBILI sur l'électricité animale ont peu attiré l'attention de ses contemporains, et n'ont fait guère avancer la question.

MATTEUCCI (4) a remis de nouveau la question d'électricité animale, presque complètement oubliée, à l'ordre du jour, et il doit être à juste titre considéré comme le résurrecteur de cette science. Il a repris l'étude du courant propre de la grenouille et a cherché à déterminer le rapport qui existe entre les phénomènes électriques des tissus et leur activité physiologique ; il a combattu l'opinion de NOBILI sur l'origine thermique du courant propre de la grenouille et a prouvé que ce courant ne dépend nullement de la différence de réaction chimique entre le muscle et le nerf, opinion qui avait sa base dans les idées de BECQUEREL : enfin MATTEUCCI a définitivement prouvé l'existence du courant musculaire. C'est dans les faits fondamentaux trouvés par MATTEUCCI qu'il faut chercher le point de départ des remarquables recherches de DU BOIS-REYMOND, auquel son maître, J. MÜLLER, avait remis « l'Essai » de MATTEUCCI en l'engageant à vérifier les expériences de ce dernier.

Si les œuvres de GALVANI et de MATTEUCCI contiennent déjà les faits fondamentaux se rapportant à l'électricité animale, c'est seulement grâce aux travaux de DU BOIS-REYMOND (5) que l'on est actuellement en possession de méthodes précises pour l'étude de l'électricité animale, et que l'on connaît les lois qui régissent l'énergie électrique des tissus animaux. DU BOIS-REYMOND a le premier formulé les lois des courants musculaires : il a découvert le courant nerveux et la variation négative du courant nerveux et musculaire; enfin, il a construit une théorie électromoléculaire de l'activité neuro-musculaire en croyant y trouver une solution du problème de la nature physique du processus d'excitation dans les nerfs. Ses travaux font certainement époque dans la science électrophysiologique, et cela, comme le dit très justement HERMANN, non seulement parce qu'ils ont doté la science d'une foule de faits nouveaux de la plus haute importance, mais encore par la précision et par la rigueur de l'esprit critique que l'on y note à chaque pas. Par son immense œuvre, il a donné une forte impulsion aux travaux électrophysiologiques qui sont devenus le champ d'études préféré de plusieurs physiologistes; par la direction physique qu'il a donnée aux recherches biologiques, il a créé en physiologie une école qui ne fait que continuer l'œuvre du maître. Les travaux de DU BOIS-REYMOND et de ses élèves ont amené la question au point où elle se trouve actuellement. En parler ici, ce serait exposer l'électro-physiologie moderne tout entière. Nous les exposerons plus loin. Disons seulement que, parmi tous les élèves de l'école de DU BOIS-REYMOND qui ont contribué au progrès de la science électro-physiologique, dans ces trente dernières années, le plus grand rôle appartient incontestablement à L. HERMANN (6), dont les travaux très nombreux ont eu une influence considérable sur l'évolution de nos idées sur l'électricité animale. HERMANN est un adversaire des théories de DU BOIS-REYMOND : il oppose, à la théorie moléculaire sa théorie d'altération qui est actuellement presque généralement admise. Nous exposerons plus loin ces deux théories et les discuterons à la lumière de nos connaissances actuelles.

II. Méthodes et procédés. — L'étude de l'électricité animale se fait avec les méthodes et procédés usités en physique. Cependant les tissus animaux présentent pour la plupart une si faible différence de potentiel électrique que, pour la déceler, il faut se servir d'appareils révélateurs extrêmement sensibles et prendre des précautions toutes spéciales pour éliminer les causes perturbatrices très nombreuses qui se présentent dans ce genre d'expériences. Aussi a-t-on imaginé à cet effet des méthodes particulières, et modifié certains appareils en vue d'une application spéciale. C'est de ces appareils et procédés adaptés à l'étude de l'électricité animale que nous croyons utile de dire ici quelques mots, en renvoyant à l'article Électricité (**physique**) pour de plus amples détails sur la partie physique de la question.

Le meilleur révélateur des courants électriques des tissus organiques est incontestablement le galvanomètre qui constitue un « rhéoscope électro-magnétique ». Le galvanomètre doit être très sensible et pourvu d'un amortisseur et d'un aimant très apériodique. L'apériodicité des galvanomètres a une très grande importance dans les recherches sur les courants électriques des tissus animaux, vu que ceux-ci s'altèrent facilement dans des expériences de longue durée. La boussole des tangentes de WIEDEMANN, modifiée par DU BOIS-REYMOND ét d'ARSONVAL, remplit parfaitement cette condition. Elle est apériodique et astatique autant qu'on le désire; elle est très sensible et permet de mesurer facilement l'intensité du courant, étant donné que celle-ci est proportionnelle à la tangente de l'angle de déviation de l'aiguille.

A côté du rhéoscope électro-magnétique il existe encore quelques autres instruments qui peuvent servir de révélateurs d'électricité animale. Ainsi l'électromètre de LIPPMANN, grâce à sa grande sensibilité, peut très avantageusement remplacer le galvanomètre et même être plus approprié dans certains cas. Aussi a-t-il une application de plus en plus grande en électro-physiologie.

Le quadrant-électromètre de THOMSON permet de déterminer les courants électriques des tissus avec le circuit ouvert, ce qui a un très grand avantage au point de vue de l'élimination des causes perturbatrices provenant de la polarisation.

L'électricité animale peut être également décelée par le téléphone, qui n'est au fond qu'un rhéoscope électro-magnétique, et par le procédé chimique (rhéoscope électro-chimique) qui consiste à décomposer une solution d'iodure de potassium et d'amidon : l'iode mis en liberté au pôle positif bleuit l'amidon. Ce dernier procédé est peu sensible et peu usité en physiologie.

Enfin la patte galvanoscopique ou rhéoscope physiologique — on nomme ainsi une patte postérieure d'une grenouille séparée du corps avec son nerf sciatique — est aussi un excellent révélateur des changements de potentiel électrique dans les tissus animaux.

Les avantages et les inconvénients de ces procédés différents dépendent de plusieurs facteurs. Tous ces appareils sont d'une sensibilité variable et insuffisante parfois; ils ne permettent pas toujours de déterminer la direction du courant et de mesurer son intensité et sa force électromotrice. Seule la boussole réalise toutes ces conditions et permet d'étudier les phénomènes électriques à fond. C'est avec cet appareil que toutes les études sur l'électricité animale ont été faites, et c'est de cet appareil que l'on se sert actuellement le plus dans les laboratoires d'électro-physiologie.

La dérivation du courant exploré au galvanomètre présente quelques difficultés et nécessite certaines précautions qu'il est utile de connaître pour ne pas s'exposer à des erreurs très considérables. Le choix des électrodes qui relient le galvanomètre aux pôles de la source d'énergie électrique est donc à faire avec de grandes précautions. Il faut, avant tout, éviter les effets de la polarisation au niveau des électrodes par suite de produits électrolytiques libérés; une autre cause d'erreur peut provenir de l'inégalité des surfaces de contact des électrodes avec les parties humides de tissus organiques et donner ainsi naissance à un courant électrique comme dans la chaîne de Volta. Le galvanomètre, vu sa grande sensibilité, marquera alors le passage d'un courant électrique même dans le cas où le tissu animal exploré ne présente aucune différence de potentiel. D'autre part, le courant polarisateur et celui qui résulte de l'irrégularité des surfaces des électrodes ayant une direction de sens inverse à celle du courant animal peut sensiblement diminuer et même annuler l'intensité de ce dernier, de manière à produire une cause d'erreur considérable.

C'est pourquoi les électrodes qui recueillent les courants électriques des tissus animaux doivent être impolarisables et absolument homogènes. Ces deux conditions se trouvent parfaitement réalisées dans les électrodes imaginées par J. Regnauld (7) modifiées et perfectionnées par Matteucci et du Bois-Reymond. On se sert à cet effet d'une combinaison de zinc amalgamé et d'une solution saturée de sulfate de zinc neutre. Du Bois-Reymond a donné aux électrodes impolarisables une forme très avantageuse, qui est la plus usitée en électrophysiologie. Ce sont des vases en zinc fondu amalgamés à l'intérieur et remplis d'une solution concentrée de sulfate de zinc, dans laquelle plonge par un de ses bouts un coussinet formé d'un grand nombre de feuilles de papier à filtre et imbibé préalablement de la même solution (fig. 179).

Fig. 179. — Vases dérivateurs impolarisables et homogènes.

Un pareil vase rhéophore est presque complètement impolarisable et peut être absolument homogène par rapport à un autre vase rhéophore, de façon à ne donner lieu à aucune force électromotrice perturbatrice. En rapprochant ces deux vases et en établissant ainsi entre eux un contact, on ne constate aucune déviation de l'aiguille galvanométrique. Pour éviter les altérations que les tissus organiques peuvent éprouver au contact d'une solution de sulfate de zinc aussi concentrée, on recouvre les coussinets avec deux lames d'argile à modeler imbibée d'une solution de chlorure de sodium à 0,6 — 0,7 p. 100. Cette solution est indifférente sur les tissus animaux sans les altérer et sans produire de forces électromotrices. C'est au contact de ces lames que l'on place les tissus dont on veut examiner l'énergie électrique.

Dans certains cas les vases rhéophores présentent quelques inconvénients et peuvent avantageusement être remplacés par des électrodes impolarisables de du Bois-Reymond basées sur le même principe et représentées dans la figure 180.

On peut donner la forme voulue au tampon d'argile plastique qui touche le bout inférieur du tube en verre, contenant la solution de sulfate de zinc et une lame en zinc amalgamé. Ce bouchon peut être moulé en pointe, qui permet de localiser l'électrode à des points très limités. En même temps on peut changer à volonté la position de l'électrode grâce à une articulation spéciale et au glissement qu'un bras d'électrode

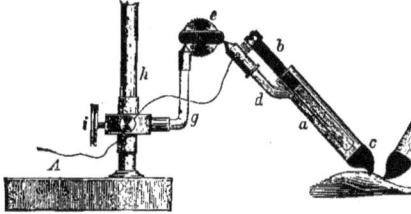

FIG. 180. — Tubes dérivateurs impolarisables.

peut effectuer sur la colonne du support.

L'électrode à pinceau de FLEIS-CHL est également appropriée à ce genre de recherches; elle est construite sur le même principe que l'électrode précédente, avec cette différence que le bouchon d'argile est remplacé par un pinceau de différente grosseur. Du reste, on a construit un grand nombre de modèles d'électrodes impolarisables basées sur le principe de REGNAULD, mais elles ne présentent aucun avantage sur les électrodes de DU BOIS-REYMOND.

Les électrodes impolarisables de D'ARSONVAL sont basées sur un principe différent. C'est un fil ou une lame d'argent recouvert d'une couche de chlorure d'argent et plongé dans un tube en verre très effilé, dont le bout capillaire est mis en contact avec le tissu exploré. Le tube est rempli d'une solution physiologique de chlorure de sodium.

Toutes les électrodes peuvent être rendues parfaitement homogènes et sont plus ou moins impolarisables. Leur impolarisabilité n'est pas absolue et dépend de la grandeur de la surface de zinc imbibée et de l'intensité des courants; elle est cependant assez grande pour que le courant de polarisation, relativement très faible, n'entre pas en compte dans les expériences à faire. Du reste ce courant peut être facilement compensé par un procédé dont il sera question plus loin.

Lorsqu'on a constaté la présence d'un courant électrique dans un tissu animal, il est souvent nécessaire d'évaluer sa grandeur, c'est-à-dire son intensité et sa force électromotrice. L'évaluation de l'intensité du courant a relativement peu d'importance pour les recherches sur l'électricité animale, à cause des résistances très grandes et très variables. D'ailleurs la chose est facile pour des courants d'intensité faible et moyenne, vu que les intensités sont proportionnelles aux déviations de l'aiguille galvanométrique.

Il est bien plus important de {déterminer la force électromotrice du courant exploré. J. REGNAULD fut le premier qui mesura la force électromotrice des tissus animaux; il se servait à cet effet de la méthode de compensation avec une pile thermo-électrique. Actuellement on emploie en électro-physiologie, pour la détermination de la force électromotrice, la méthode de compensation de POGGENDORF, modifiée par DU BOIS-REYMOND. Cette méthode consiste à lancer dans le circuit une force contre-électromotrice, c'est-à-dire un courant de sens inverse à celui du courant examiné. Cela se fait au moyen d'un simple rhéochorde ou bien au moyen du compensateur circulaire de DU BOIS-REYMOND, représenté sur la figure 181.

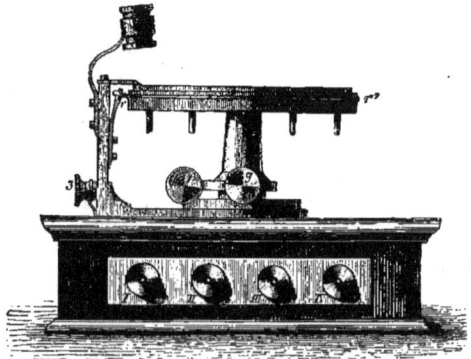

FIG. 181. — Compensateur circulaire de DU BOIS-REYMOND.

C'est un disque en ébonite entouré d'un fil de rhéochorde, dont on peut modifier la longueur en faisant tourner le disque. C'est la longueur de ce fil par lequel passe le courant de sens inverse qui produit la compensation. La force électromotrice cherchée est donnée par la formule suivante proposée par DU BOIS-REYMOND :

$$y = \frac{N}{n} \cdot \frac{J - J^1}{J} \cdot R$$

où R est la force électromotrice de l'élément, J — J, intensités des courants sans et avec le fil dérivé, y la force électromotrice cherchée, n le nombre de degrés du compensateur, N la longueur du fil.

Ce procédé, qui donne très exactement la valeur de la force électromotrice cherchée, nécessite non seulement l'impolarisabilité, mais aussi l'homogénéité parfaite des électrodes. Or, dans maintes circonstances, l'homogénéité complète est difficile à atteindre et malgré tous les soins que l'on apporte à obtenir cette homogénéité, on voit toujours, au contact des électrodes, l'aiguille dévier à une certaine distance du zéro ; la compensation devient aussi parfois insuffisante dans des expériences de longue durée. Pour des cas pareils j'ai indiqué (8) un procédé qui permet de déterminer assez exactement la force électromotrice du courant nerveux ou musculaire avec des électrodes impolarisables, mais non homogènes, et sans compenser le courant de ces derniers. La force électromotrice cherchée est donnée par la formule

$$y = v \cdot \frac{J - J}{J + J}$$

où v représente la force électromotrice des vases rhéophores qui peut être évaluée par un procédé quelconque, J est l'intensité du courant $v + y$, c'est-à-dire de la somme du courant cherché et de celui des vases dans le cas où ces deux courants ont la même direction ; J, l'intensité du courant $v - y$, dans le cas où les deux courants ont une direction différente. D'après cette formule, on peut évaluer la force électromotrice d'un courant nerveux ou musculaire d'une manière rapide et suffisamment exacte, sans que l'on soit obligé de compenser préalablement le courant des vases rhéophores. Elle peut aussi servir de contrôle pour la méthode de compensation.

Pour mesurer la différence de potentiel électrique on peut aussi recourir à l'électromètre. Certains physiologistes préfèrent même ce procédé à la méthode galvanométrique de compensation, dans laquelle on lance dans le circuit des courants qui peuvent modifier les tissus [G. WEISS (9)].

La résistance du circuit et des tissus animaux se mesure d'après la méthode de WHEATSTONE, dont la description est donnée dans l'article **Électricité** auquel nous renvoyons pour tous les détails concernant les notions physiques sur l'électricité.

III. Phénomènes électriques du muscle. — I. Courant électrique du muscle en repos. — Le muscle est le siège d'une énergie électrique dont l'existence fut définitivement prouvée par les recherches de MATTEUCCI, et dont les lois furent formulées par E. DU BOIS-REYMOND sous le nom de « loi du courant musculaire ».

Si l'on prend un fragment d'un muscle à fibres parallèles (par exemple le couturier et le semi-membraneux de la grenouille) découpé de façon à former un cylindre avec une surface longitudinale (*section longitudinale naturelle*) et avec deux sections transversales perpendiculaires à la direction des fibres, et si l'on place ce tronçon de muscle, nommé prisme musculaire régulier, sur deux électrodes impolarisables et homogènes reliées au galvanomètre de façon qu'une électrode touche la section tranversale du muscle et l'autre sa surface longitudinale, on constatera une déviation plus ou moins grande de l'aiguille du galvanomètre. Cette déviation de l'aiguille galvanométrique indique qu'il existe entre la surface longitudinale et la surface de section transversale du muscle une différence de potentiel électrique ; le courant qui en résulte va dans le muscle de la section transversale à la surface longitudinale et dans le circuit galvanométrique en sens opposé. La section transversale est donc électriquement négative par rapport à la surface longitudinale, et tout point de cette dernière présente avec un point arbitraire de la première une différence de potentiel électrique. C'est la loi du courant musculaire qui fut formulée ainsi par DU BOIS-REYMOND : *Dans tout prisme musculaire, la tension électrique de sa surface de section transversale est négative, tandis que celle de la surface longitudinale est positive.*

En appliquant au cylindre musculaire une série de sections tranversales, on peut s'assurer que chacune de ces sections est négative par rapport à la surface longitudinale. On constate la réciproque pour la série des sections de la surface longitudinale : chacune de ces sections est positive par rapport à la section transversale. En généralisant ces faits, on peut conclure que la négativité de la section transversale par rapport à la surface longitudinale est une loi qui est valable', non seulement pour le prisme tout entier, mais aussi pour chacune des fibres primitives dont il est constitué.

La distribution des tensions électriques n'est pas égale dans un prisme musculaire donné. La tension positive est la plus forte au milieu de sa surface longitudinale sur la ligne qui divise le prisme en deux moitiés symétriques, et que l'on appelle *équateur*. Des deux côtés de l'équateur les tensions diminuent vers la section transversale et deviennent nulles au point de démarcation entre la surface longitudinale et transversale. La tension négative est la plus forte au centre de la section transversale et diminue à mesure que l'on s'approche de la périphérie. Les lignes qui contournent le prisme musculaire perpendiculairement à ses fibres, donc parallèlement à ses sections transversales, sont des lignes iso-électriques. On n'obtiendra aucun courant en dérivant au galvanomètre deux points d'une ligne iso électrique, ou bien deux points symétriques de la section longitudinale ou tranversale. Toutes les autres combinaisons sur et entre ces surfaces présentent des différences de potentiel électrique d'intensité variable. La fig. 182 représente schématique-

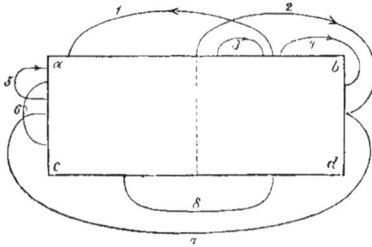

Fig. 182. — Répartition des tensions électriques dans un prisme régulier.

ment la répartition des courants dans un prisme musculaire régulier; les flèches marquent la présence d'un courant entre deux points, les lignes sans flèches indiquent les points de tension égale, donc l'absence des courants.

On voit, d'après cette figure, que dans un prisme régulier le courant électrique se manifeste non seulement entre la surface longitudinale et la section transversale (courant transverso-longitudinal), mais aussi entre deux points correspondants de chacune de ces deux surfaces. Les courants transverso-longitudinaux sont d'autant plus intenses

que les points dérivés se rapprochent de l'équateur et de l'axe du prisme, de sorte que le courant établi entre un point d'équateur et le centre de la section transversale présente le maximum d'énergie électrique du prisme musculaire.

Cette régularité avec laquelle se développent les courants électriques dans un muscle à fibres parallèles n'a lieu que dans le cas où le muscle a une forme cylindrique, c'est-à-dire quand les sections transversales sont perpendiculaires à la surface longitudinale. Il n'en est pas de même pour un fragment de muscle dont les sections transversales sont obliques. On a alors affaire à un rhombe musculaire, dans lequel la distribution des potentiels électriques est plus compliquée que dans le cas précédent. Cependant le principe général subsiste pour le rhombe comme pour le prisme ; il n'y a de différence que dans les détails. La section transversale est toujours négative par rapport à la surface longitudinale, seulement les tensions éprouvent dans le rhombe un certain déplacement qui résulte de ce que les angles aigus présentent sur la section transversale une tension négative plus forte et sur la surface longitudinale une tension positive plus faible que les angles obtus. De cette façon, le maximum de tension positive se trouve du côté de l'angle obtus et celui de tension négative du côté de l'angle aigu ; donc les courants électriques dans les rhombes vont des angles aigus vers les angles obtus : ils portent le nom de *courant d'inclinaison* (du Bois-Reymond). La figure indique la direction des courants dans un rhombe régulier (fig. 183).

La répartition des potentiels est bien plus compliquée encore dans les muscles dont les fibres ne sont pas parallèles, mais disposées d'une façon très irrégulière. Dans des muscles pareils les courants peuvent avoir des directions très variées, ce qui peut facilement prêter à des interprétations erronées et faire croire à une exception à la loi du courant musculaire formulée par DU BOIS-REYMOND. Tel est le cas par exemple pour le muscle gastrocnémien de la grenouille, dont le courant électrique, très fort du reste,

présente une direction qui ne s'explique que difficilement par cette loi. L'explication devient possible et conforme à la loi précitée, si on tient compte de la structure de ce muscle, qui par la disposition de ses fibres se rapproche d'un rhombe musculaire double (fig. 184).

Sa partie tendineuse, qui enveloppe le côté bom-

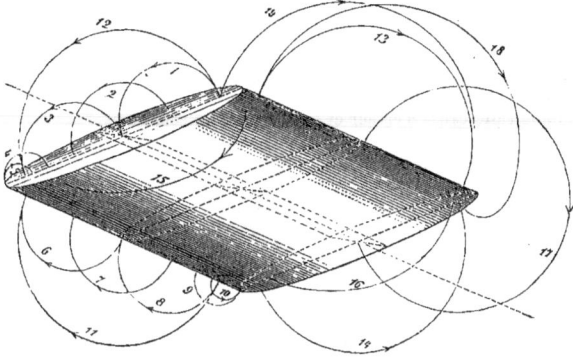

FIG. 183. — Répartition des tensions électriques dans un rhombe musculaire régulier.

bé de la masse musculaire, représente une section transversale oblique *naturelle* de toutes les fibres qui viennent s'y insérer, tandis que la partie plane avec une portion du

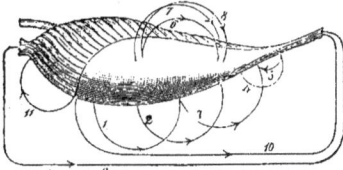

FIG. 184. — Courants du gastrocnémien (d'après ROSENTHAL).

côté bombé du muscle constitue, au point de vue des phénomènes électromoteurs sa surface longitudinale, dont le milieu est représenté par l'extrémité supérieure du muscle. De cette façon, le maximum de tension positive se trouve dans le bout supérieur du muscle, tandis que son bout inférieur, qui forme l'angle aigu du rhombe, est fortement négatif; le courant a une direction ascendante. C'est pourquoi ce muscle, sans subir la moindre préparation,

accuse entre deux points correspondants une différence de potentiel très considérable. Grâce à cet avantage, et vu la facilité avec laquelle il peut être préparé, le muscle gastrocnémien est très souvent employé dans des expériences électro-physiologiques.

Le courant musculaire peut être révélé non seulement par différents appareils de mesure, mais aussi par le rhéoscope physiologique (la patte galvanoscopique de la grenouille). Déjà l'expérience de GALVANI sur la contraction musculaire sans métaux contient une preuve indubitable de l'existence du courant des muscles, la contraction obtenue dans cette célèbre expérience ne pouvant être que l'effet de l'irritation du nerf produite par le courant musculaire. Si l'on place le nerf d'une préparation physiologique neuro-musculaire sur un muscle quelconque, de façon que le nerf touche deux points quelconques des surfaces transversale et longitudinale de ce muscle, on obtiendra une contraction plus ou moins évidente de la préparation neuro-musculaire provenant de l'irritation du nerf par le courant du muscle exploré; cette contraction a lieu surtout à la fermeture de ce courant, mais elle peut se produire aussi à son ouverture. E. HERING (10) a démontré que le courant musculaire peut non seulement exciter un autre muscle, mais que tout muscle peut être excité par son propre courant transverso-longitudinal. Un muscle couturier pourvu d'une section transversale se contracte au moment où il est plongé dans une solution de chlorure de sodium à 0,6 p. 100. Toute possibilité d'une irritation chimique ayant été exclue, HERING a conclu de cette expérience que cette secousse provient de l'irritation produite par la fermeture du courant transverso-longitudinal, fermeture due à la solution chloruro-sodique, qui conduit bien l'électricité. C'est donc une *auto-excitation* du muscle par la fermeture de son propre courant. HERING n'a jamais obtenu cet effet à l'ouverture du courant. Ce fait d'auto-excitation explique parfaitement l'expérience de Kühne (11) relative à la contraction d'un muscle sectionné et plongé dans un liquide bon conducteur d'électricité; c'est aussi par cette auto-excitation d'un muscle par son propre courant que l'on peut expliquer la contraction des masses musculaires dans une plaie, comme, par exemple, dans le tronçon d'un membre amputé. Il est tout naturel que le fait d'auto-excitation du muscle par son propre courant doit jouer un rôle important dans des expériences électro-physiologiques relatives à l'irritation du muscle, dans lesquelles elle peut donner lieu à des phénomènes d'interférence entre les effets du courant naturel et ceux du courant artificiel. Biedermann (12) a surtout indiqué cette cause d'erreur et en a précisé les conditions.

La force électromotrice du courant transverso-longitudinal déterminée par la méthode de compensation est évaluée par du Bois-Reymond chez la grenouille à 0,035 — 0,075 Daniell. D'après Matteucci, elle va en augmentant à mesure que l'on monte dans l'échelle animale. Chez les mammifères, il est difficile de déterminer avec précision la force électromotrice des courants transverso-longitudinaux des muscles, vu que ceux-ci subissent après la mort des altérations très sensibles et très rapides. D'une façon générale, la force électromotrice du courant musculaire diminue avec le progrès des altérations cadavériques du muscle et devient nulle au moment de la production de la rigidité cadavérique.

La valeur de la force électromotrice du courant musculaire dépend de la dimension du prisme examiné et est influencée par tous les facteurs qui modifient d'une façon ou d'une autre l'excitabilité et la contractilité d'un muscle.

Les muscles lisses produisent des phénomènes électriques analogues à ceux des muscles striés.

D'après du Bois-Reymond, le courant musculaire est une propriété vitale du muscle et préexiste à l'état normal. Tel n'est pas l'avis de Hermann, qui nie l'existence d'une différence de potentiel électrique dans un muscle normal non altéré : d'après lui le courant de du Bois-Reymond n'est autre chose que l'effet de l'altération de la surface transversale lésée : toute partie du muscle blessé devient le siège d'une tension électrique, négative par rapport à la partie intacte, positive. Dans la discussion théorique sur la nature des phénomènes électriques dans les tissus animaux, nous verrons les arguments mis en avant de part et d'autre à l'appui de ces deux théories.

2. Courant électrique du muscle en action. — C'est encore du Bois-Reymond qui a décrit le premier les phénomènes électriques produits par un muscle actif. Il est vrai que Matteucci avait déjà observé ce phénomène dans ses recherches antérieures, mais il n'en avait compris ni le sens ni l'importance. Du Bois-Reymond fut incontestablement le premier qui a précisé les conditions et les lois de la production d'un courant électrique pendant la contraction musculaire.

Si l'on place un muscle sur deux électrodes impolarisables de manière à dériver au galvanomètre son courant dit de repos, et si l'on irrite le nerf de ce muscle par un courant faradique assez fort pour produire une contraction musculaire, on verra alors que l'aiguille du galvanomètre, déviée par le courant du repos, reviendra plus ou moins vers zéro. Le courant du muscle en repos a éprouvé pendant la contraction une diminution par un autre courant allant en sens inverse. Du Bois-Reymond a donné à ce phénomène le nom de *variation négative (negative Schwankung)* du courant de repos et a déterminé son rapport avec l'activité du muscle. Si l'on compense le courant de repos par un autre courant de sens inverse, en ramenant l'aiguille du galvanomètre à zéro, et que l'on provoque alors une contraction tétanique du muscle, l'aiguille galvanométrique sera déviée de l'autre côté du zéro dans un sens opposé à celui du courant de repos. C'est que dans ce cas le courant de repos est devenu plus faible, et par conséquent le courant compensateur trop grand pour compenser ce qui reste du courant de repos diminué par la variation négative.

Par une série de recherches aussi délicates qu'ingénieuses, du Bois-Reymond a démontré que la variation négative ne provient pas d'un nouveau courant de sens inverse indépendant du courant de repos, mais qu'elle est due exclusivement à la diminution de l'intensité de ce dernier. En dérivant au galvanomètre deux points équipotentiels d'un muscle, on n'obtiendra pas une force électromotrice pendant la contraction du muscle ; la variation négative s'observe généralement là où se trouve un courant de repos. Ce dernier diminue en général de 40 p. 100 d'intensité pendant la contraction tétanique du muscle. On peut admettre que l'intensité de la variation négative est en rapport direct avec celle du courant de repos de sorte qu'une forte variation négative correspond toujours à un courant de repos de grande intensité. La variation négative persiste pendant toute la durée du tétanos du muscle, et même après on constate un certain affaiblissement du courant de repos en rapport avec l'intensité et la durée du tétanos. Du Bois-Reymond a démontré également que cet affaiblissement de la force électromotrice du muscle actif ne dépend ni d'une dérivation du courant irritant ni de la diminution de la résistance dans le circuit ou dans le muscle qui devient électriquement moins résistant pendant la tétanisation ; elle ne dépend non plus ni du déplacement des électrodes dérivateurs ni du changement de forme du muscle pendant la contraction. Un muscle fixé dans une masse de plâtre, de manière à ne pouvoir changer de forme pendant son activité, manifeste également une variation négative de son courant de repos pendant la tétanisation avec un courant faradique. La nature de l'irritation n'influe guère sur la production du phénomène de variation négative ; elle est liée à l'état d'activité du muscle, quel que soit le genre de l'irritant qui la provoque. Les irritants chimiques, thermiques et mécaniques la produisent également [Steinach (14), Fuchs (15)]. Elle a lieu dans la contraction tétanique produite par la strychnine et survient à la suite d'une irritation non seulement directe, mais aussi indirecte du muscle. Cette dernière circonstance parle en faveur du rapport intime qui doit exister entre l'activité du muscle et la variation négative de son état électrique.

La variation négative peut se produire aussi bien dans la secousse unique que dans la contraction tétanique du muscle ; dans le premier cas elle est, bien entendu, beaucoup plus faible et ne peut être constatée qu'avec un appareil de mesure extrêmement sensible. La variation négative d'une secousse unique est facilement mise en évidence à l'aide d'un rhéoscope physiologique. La patte galvanoscopique disposée convenablement peut être excitée par la variation négative d'un autre muscle. Ce fait découvert, mais non compris par Matteucci en 1842, est certainement une des plus belles expériences de la physiologie expérimentale. Au fond ce n'est qu'une variation de la célèbre expérience de Galvani-Volta sur la contraction musculaire sans métaux.

Si l'on place le nerf d'une préparation neuro-musculaire A sur le muscle d'une préparation neuro-musculaire B de façon que le nerf touche le muscle par sa surface longitudinale et sa section transversale, et si l'on irrite le nerf de la préparation B, on verra alors se contracter non seulement le muscle dont le nerf est irrité, mais aussi le muscle de la préparation. A. Matteucci a décrit ce remarquable phénomène sous le nom de *contraction induite* et l'a attribué à l'action d'une force qui se développe dans le muscle au moment de sa contraction. Déjà Becquerel (père) (13) qui faisait partie de la commission chargée par l'Académie des sciences de Paris d'étudier ce phénomène, l'a attribué à une décharge électrique pareille à celle des poissons électriques qui se produit

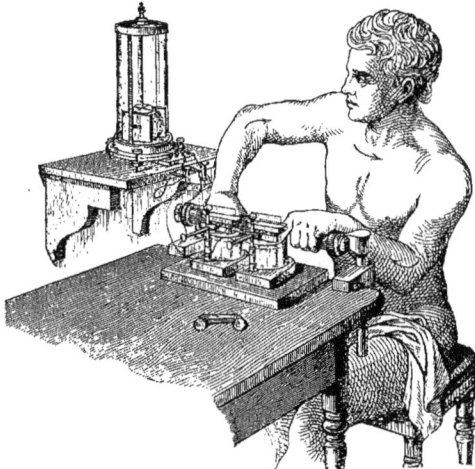

Fig. 185. — Expérience de Du Bois-Reymond sur la variation négative du courant musculaire chez l'homme.

dans le muscle au moment de sa contraction et dont une partie passe par le nerf de la préparation A placé en dérivation. La vraie explication de ce phénomène fut établie seulement par DU BOIS-REYMOND après la découverte de la variation négative ; il a donné à ce phénomène le nom de *secousse secondaire*. Le muscle de la préparation A se contracte parce que son nerf est excité par la variation brusque du courant musculaire. Toutes les fois que ce nerf fermera le circuit de deux points du muscle, qui présentent une différence de potentiel, la diminution brusque (variation négative) de cette différence pendant la contraction excitera ce nerf et fera contracter son muscle. Ce phénomène est donc absolument conforme à la loi générale de l'excitation électrique des nerfs, formulée par DU BOIS-REYMOND, en vertu de laquelle chaque variation brusque d'un courant électrique produit une irritation du nerf. De cette façon, toute contraction d'un muscle dont le nerf est excité par la variation de l'état électrique d'un autre muscle est désignée actuellement en électro-physiologie sous le nom de contraction secondaire.

Si, au lieu de provoquer dans la préparation B une secousse unique on produit un tétanos, on observera dans le muscle de la préparation A également un tétanos, dénommé par DU BOIS-REYMOND *tétanos secondaire*. Le phénomène du tétanos secondaire démontre que la variation négative du courant d'un muscle tétanisé ne présente pas un état électrique permanent, mais bien une série d'oscillations électriques correspondant au nombre d'excitations tétaniques. Ces oscillations successives de l'état électrique qui se produisent pendant le tétanos primaire peuvent seules exciter le nerf de manière à produire un tétanos secondaire de son muscle. Seulement les variations partielles ne peuvent pas être révélées par la boussole trop peu sensible et trop peu mobile pour que l'aiguille puisse suivre chacune de ces oscillations ; on ne constate que la déviation totale de l'aiguille. Le phénomène si intéressant du tétanos secondaire pourrait être un moyen précieux pour déterminer la nature tétanique de la contraction primaire, si en effet tous les tétanos primaires produisaient toujours des tétanos secondaires. Or, il n'en est pas ainsi. Dans bien des cas, le tétanos primaire ne produit qu'une contraction secondaire initiale [MORAT et TOUSSAINT (16)] ou terminale [SCHÖNLEIN (17)] ; dans d'autres cas, il ne donne aucune excitation secondaire. Ainsi le tétanos primaire, produit par irritation chimique, le tétanos strychnique et la contraction tétanique naturelle ne donnent pas de tétanos secondaire, quoiqu'ils provoquent à un degré différent la secousse secondaire. Déjà FRIEDRICH (18) ayant constaté l'absence du tétanos secondaire dans les cas du tétanos de fermeture ou d'ouverture du courant constant, a cherché à expliquer cette absence par l'interférence des vibrations uniques traversant les fibres musculaires à des moments différents. MORAT et TOUSSAINT (16) ont conclu de leurs nombreuses recherches sur ce sujet que, si la contraction primaire est un tétanos, deux cas peuvent se présenter : ou bien la fusion de ses secousses composantes est encore imparfaite, dans ce cas le tétanos primaire produit un tétanos secondaire semblable à lui-même ; ou bien la fusion des secousses est complète, le tétanos est parfait, alors il ne produit une secousse qu'au moment où il commence (secousse initiale) ; en réalité donc le tétanos primaire ne produit dans ce cas qu'une secousse secondaire. Dans le tétanos produit par le passage du courant continu, MORAT et TOUSSAINT ont constaté, ainsi que FRIEDRICH, que le tétanos primaire donnait toujours une secousse secondaire initiale, très rarement une secousse d'ouverture, et jamais un tétanos secondaire. Ils concluent de là que, dans le tétanos produit par le passage du courant continu, l'état électrique du muscle est sensiblement uniforme, sauf de rares interruptions, tantôt dues aux irrégularités du tétanos, tantôt survenant sans cause appréciable. Dans le tétanos provoqué par un courant induit interrompu, l'état électrique du muscle est tantôt variable, tantôt uniforme, et le tétanos secondaire n'est pas complet. En précipitant le nombre des excitations, en s'aidant de l'allongement des secousses par la fatigue, on obtient un tétanos dans lequel les variations électriques sont fusionnées en une seule, et qui, par conséquent, forment un tétanos secondaire complet. Si l'on augmente davantage le nombre des excitations, on n'obtient qu'un tétanos secondaire initial très bref, ou bien tout simplement une secousse secondaire initiale. On observe le même phénomène dans le cas où les secousses uniques du muscle primaire s'allongent à la suite de la fatigue. D'après HERING, la contraction tétanique du diaphragme ne produit jamais un tétanos secondaire, mais simplement une secousse secondaire initiale. Les contractions du cœur produisent seulement des secousses secondaires, comme l'a démontré déjà il y a bien longtemps Marey (19) dans des recherches faites à l'aide de l'électromètre capillaire. Tous ces faits démontrent que l'on ne peut pas, d'après la contraction secondaire, conclure toujours à la nature simple ou tétanique de la contraction primaire. Du reste, pour ce qui concerne le tétanos naturel à la suite des mouvements volontaires, la nature discontinue et oscillatoire de ses ondes peut être facilement démontrée par le téléphone, quoique celui-ci ne détermine guère la fréquence de ces oscillations [Tarchanoff (20), Bernstein et Schönlein (21), Wedensky (22)].

Si l'on place le nerf d'une troisième préparation neuro-musculaire sur le muscle de la seconde et que l'on tétanise celui de la première, on peut obtenir non seulement un tétanos secondaire, mais aussi un tétanos tertiaire. On peut ainsi provoquer des tétanos successifs dans une série de préparations réunies entre elles en irritant seulement le nerf de la première préparation. Ce qui est particulièrement intéressant, c'est que le tétanos primaire peut produire un tétanos tertiaire sans qu'un tétanos secondaire ait lieu.

La manière dont est appliqué le nerf a une certaine influence sur la production de la contraction musculaire. Le nerf de la seconde préparation doit être placé sur le muscle de la première de façon que la quantité d'électricité qui passe par le nerf appliqué soit suffisante pour produire une excitation. S'il n'en est pas ainsi, le muscle ne sera pas excité ou il le sera d'une façon insuffisante pour produire une contraction secondaire. Dans un muscle à fibres parallèles, curarisé et irrité directement, la secousse secondaire peut faire défaut dans le cas où le nerf de la seconde préparation est appliqué transversalement. Ce fait, démontré par Boruttau (23), prouverait d'après lui que la contraction secondaire résulte d'une différence de potentiel électrique que l'onde négative primaire provoque aux différents points du nerf. Cette manière de voir n'est pas admise par Uexkuhl (24) dont les récentes recherches démontrent que l'application transversale du nerf ne donne pas de secousse secondaire, d'abord parce que la résistance transversale du muscle est très grande et ensuite parce que, dans ces conditions, il ne peut passer du muscle au nerf qu'une très faible partie de l'onde négative.

Le point du muscle où est portée l'irritation n'est pas sans importance pour la production de la secousse secondaire dans le cas d'irritation directe [Uexkuhl (24)]. La tension du muscle primaire joue également un certain rôle. Il résulte des recherches de Lamansky (25) que la variation négative du muscle augmente jusqu'à une certaine limite avec la charge. Donc, plus la tension sera forte, plus sa variation négative sera considérable, et plus grande sera la force de la secousse secondaire. Cette dernière est en général en rapport avec l'énergie contractile du muscle primaire ; plus la contraction de ce dernier sera énergique, plus on obtiendra facilement une excitation secondaire. Les muscles à contraction lente, comme les muscles lisses, ne sont guère aptes à produire une excitation secondaire du nerf de la patte galvanoscopique de la grenouille (Matteucci, Kühne).

La secousse secondaire peut être provoquée aussi bien par l'irritation indirecte que par l'irritation directe du muscle primaire (irritant). Du Bois-Reymond prétendait que l'irritation directe du muscle ne donne pas de contraction secondaire. Les expériences de Kühne et de Hering ont prouvé le contraire. L'onde d'irritation du muscle primaire provoquée par une irritation directe produit une secousse secondaire, mais beaucoup plus difficilement que celle qui résulte d'une irritation indirecte. La variation négative de la contraction idio-musculaire — de cette contraction partielle localisée dans un endroit limité du muscle — irrite également le nerf appliqué et provoque une secousse secondaire. Ce fait, constaté déjà il y a bien longtemps par Czermak (26), fut confirmé par Kühne, Harless, et tout récemment par Biedermann (27). Ajoutons encore que les phénomènes de secousse musculaire s'observent très bien sur le cœur. En plaçant sur le cœur de la grenouille le nerf d'une préparation neuro-musculaire, on verra le muscle de cette préparation se contracter synchroniquement avec la systole cardiaque.

Dans tous les cas précités, la secousse secondaire est obtenue par l'application du nerf de la seconde préparation sur le muscle de la première ; autrement dit il s'agit dans ces cas d'une secousse secondaire de muscle à nerf. Or, les recherches de Kühne et de Hering prouvent que l'on peut aussi obtenir une secousse secondaire de muscle à muscle et de nerf à nerf. Kühne (28) fut le premier à démontrer qu'en irritant avec un courant électrique directement ou indirectement un des deux muscles mis en contact, on produit non seulement une contraction du muscle irrité, mais aussi celle du muscle contigu. L'expérience réussit à la condition que les deux surfaces musculaires se touchent bien et soient pour ainsi dire comprimées l'une par l'autre. Des irritations plus ou moins limitées à un point quelconque d'un muscle agissent également sur l'autre ; même des contractions convulsives provoquées par la glycérine, qui n'agissent que très peu sur la seconde préparation dans le cas de muscle à nerf, provoquent des contractions secondaires intenses dans le cas de muscle à muscle. KÜHNE a démontré qu'il ne s'agit guère ici d'une action mécanique du premier muscle sur le second, mais bien de l'excitation du second par la variation brusque de l'état électrique du premier muscle ; en empêchant le premier muscle de se contracter, on obtient quand même une secousse secondaire. Cette dernière n'a pas lieu si l'on place entre les deux muscles un métal bon conducteur, qui dérive le courant électrique de la variation négative du muscle irrité et arrête son passage au muscle appliqué. KÜHNE n'est pas parvenu à obtenir une secousse secondaire de nerf à nerf, c'est-à-dire en appliquant le nerf d'une préparation sur le nerf irrité de la seconde et a conclu avec DU BOIS-REYMOND qu'il n'existe pas de secousse secondaire de nerf à nerf. La différence de potentiel de la variation négative d'un nerf est trop faible et insuffisante pour irriter un second nerf placé à une grande distance de l'endroit irrité et faire contracter un muscle. En portant l'irritation sur un point très rapproché de l'endroit où est placé le nerf, on peut obtenir une secousse secondaire, mais celle-ci ne dépend nullement de l'irritation partant de la variation négative du premier nerf, mais, comme l'a bien démontré DU BOIS-REYMOND, elle résulte de l'action des courants électrotoniques produits dans le premier nerf par le passage du courant. HERING (29) a démontré cependant que, dans certaines conditions, on peut obtenir une vraie secousse secondaire de nerf à nerf, qui n'est pas à confondre avec la secousse secondaire apparente produite par l'électrotonus du nerf irrité. Cette expérience réussit seulement sur des grenouilles suffisamment excitables, et particulièrement sur celles qui sont tenues au froid ; dans ces conditions, l'expérience est immanquable et l'on obtient des contractions aussi bien secondaires que tertiaires. HERING provoquait des secousses et des tétanos secondaires non seulement en appliquant un nerf contre l'autre, mais aussi en irritant un nerf au-dessous de ses ramifications restées intactes ; dans ce cas on constatait des secousses non seulement dans les muscles innervés par le nerf irrité, mais aussi dans les muscles innervés par les ramifications de ce nerf. Évidemment, ces dernières sont excitées par la variation négative du tronc nerveux ; c'est ainsi au moins que HERING explique ce fait, qui rappelle sous certains rapports le phénomène décrit par DU BOIS-REYMOND sous le nom de *secousse paradoxale* du muscle. Ce phénomène consiste en ceci, qu'en irritant électriquement une des deux branches nerveuses au-dessous de leur point de jonction, on provoque une contraction non seulement dans le muscle du nerf irrité, mais aussi dans celui de la branche voisine. Ainsi, par exemple, en irritant le nerf tibial, on obtient des contractions dans les muscles innervés aussi bien par ce nerf que par le péroné. Ce phénomène paradoxal semble donc contredire la loi générale de transmission isolée de l'irritation, en vertu de laquelle toute irritation d'un nerf est transmise à travers le nerf irrité sans passer au nerf voisin. DU BOIS-REYMOND a expliqué ce phénomène et a démontré que la secousse paradoxale résulte de l'irritation du nerf avoisinant par les courants électrotoniques du nerf irrité. D'autre part HERING a établi d'une façon nette et précise que la vraie secousse secondaire de nerf à nerf observée par lui, diffère entièrement de la secousse paradoxale de DU BOIS-REYMOND, de sorte que le phénomène de secousse secondaire de nerf à nerf doit être considéré actuellement comme un fait parfaitement établi. L'analyse de ces phénomènes dans l'organisme vivant présenterait un intérêt tout à fait particulier, si en général on pouvait établir leur existence dans les conditions normales de la vie. Il n'en est rien pour le moment. On ne sait guère si, dans l'organisme vivant, la secousse secondaire et la secousse paradoxale se reproduisent avec la même précision, comme dans l'expérience physiologique, et, jusqu'à preuve du contraire, il faut croire que dans l'organisme intact ces phénomènes ne se produisent pas et que la loi de la transmission isolée de l'irritation dans le nerf n'est nullement atteinte. La contraction paradoxale du muscle que j'ai observée (30) après WESTPHAL (31) dans certains états pathologiques chez l'homme présente un état à part, et n'a probablement rien de commun avec la secousse paradoxale expérimentale chez la grenouille. Il faut donc admettre, ne fût-ce qu'à titre d'hypothèse, que dans l'organisme vivant, l'excitation ne passe ni de muscle à muscle, ni de nerf à nerf, ou bien que, dans les conditions normales, l'excitation inégale des fibres musculaires (comme dans l'irritation chimique de KÜHNE (11), ainsi que la marche spéciale et irrégulière des variations négatives ne peuvent pas produire des phénomènes secondaires quoique la fréquence des oscillations dans le tétanos volontaire soit suffisante pour provoquer un tétanos secondaire [KRIES (32)].

De nombreuses recherches ont démontré qu'il existe un rapport intime entre la grandeur de la variation négative et les différentes modalités de la contraction musculaire. Tout ce qui influence cette dernière retentit nécessairement sur la valeur de la première, et, dans certaines limites, on peut considérer la variation négative comme fonction de la hauteur et de l'amplitude de la courbe de contraction du muscle. Du reste HARLESS (33), MEISSNER [et COHN (34) ont démontré déjà, il y a longtemps, que la variation négative augmente avec la hauteur de soulèvement du muscle et LAMANSKY (25), comme il a été dit plus haut, a précisé plus directement le rapport entre la grandeur de la variation négative et la charge du muscle. SCHENCK (35) insiste également sur l'influence que la tension du muscle exerce sur la valeur de sa variation négative. En effet, le déplacement moléculaire et la déformation du muscle produits par sa tension doivent influencer à un degré plus ou moins grand l'intensité des variations électriques. AMAYA (36) et SCHENCK (37) ont trouvé une certaine différence entre la variation négative produite par une secousse isotonique et celle que l'on observe pendant la secousse isométrique. Dans ce dernier cas, la variation négative est beaucoup moindre que lorsque la secousse est isotonique, ce qui fait croire à SCHENCK (35), contrairement à l'opinion de BERNSTEIN, que la variation négative n'est pas l'expression exacte de transformation des forces dans un muscle excité. Tout récemment RIVIÈRE (37) soutient, au contraire, que la variation négative est plus grande dans l'isométrie; et que la variation négative se modifie dans le même sens que le travail mécanique du muscle. Dans une série de recherches que je poursuis depuis un certain temps et qui vont être publiées sous peu, j'ai pu m'assurer qu'il existe une corrélation bien déterminée entre la durée de la période latente du muscle et la grandeur de la variation négative; le même rapport existe également entre cette dernière et la valeur de l'énergie croissante du muscle pendant sa contraction. La variation négative diminue avec la fatigue du muscle et avec la progression des altérations postmortales. Du reste, tout de suite après la mort, on observe même une augmentation de la variation négative qui correspond à une exagération passagère de l'excitabilité musculaire. L'intensité de l'irritant influe considérablement sur la grandeur de la variation négative. Celle-ci est également influencée par l'action des poisons et particulièrement par celle du chloroforme et de l'éther sur la substance musculaire (BIEDERMANN, d'ARSONVAL, WALLER). D'une façon générale, on peut dire que la variation négative change suivant le degré de l'excitabilité du muscle et par conséquent suivant la force de la contraction musculaire.

La variation négative du courant musculaire s'observe aussi bien sur le muscle lésé que sur le muscle intact et parélectronomique. Le gastrocnémien accuse pendant la tétanisation un courant descendant, même dans le cas d'absence au moins apparente du courant ascendant du repos. Dans tous les cas, la tétanisation d'un muscle intact donne un courant allant de sa surface longitudinale à son bout tendineux et indépendant de l'existence de courant de repos (DU BOIS-REYMOND). Ce fait, qui paraît contredire la théorie de DU BOIS-REYMOND, est interprété par HERMANN dans un sens favorable à sa théorie d'altération.

Quoique les faits nombreux relatés plus haut permettent incontestablement de conclure à une corrélation entre l'excitabilité du muscle et sa variation négative, cependant le rapport entre cette dernière et le processus d'excitation ne fut définitivement démontré que par les recherches sur la marche et la durée des variations électriques pendant l'activité du muscle. Depuis les remarquables recherches d'HELMHOLTZ (38), on sait que la variation négative précède la contraction musculaire et débute pendant la période latente du muscle. HELMHOLTZ a démontré à l'aide d'une expérience aussi simple qu'ingénieuse que le nerf de la préparation secondaire est irrité par la variation négative du premier muscle avant que celui-ci entre en contraction, d'où il a conclu à juste titre que la variation négative, au moins sa partie ascendante, celle qui irrite, a lieu pendant la période latente du muscle. HELMHOLTZ place le début de la variation négative au milieu de la période latente, tandis que BEZOLD (39) croit qu'elle a lieu déjà au début de cette période. KÖLLIKER et MÜLLER (40) ont constaté également que la secousse secondaire d'une patte galvanoscopique placée sur le cœur précède toujours la systole cardiaque; ce fait a été confirmé depuis par de nombreuses recherches faites dans des conditions d'expérimentation absolument précises.

Mais c'est à BERNSTEIN (41) surtout que revient le grand mérite d'avoir étudié à fond la marche, la durée et la vitesse de la propagation de l'onde négative du muscle. Le galvanomètre ne se prêtant pas à ce genre de recherches, BERNSTEIN a construit à cet effet un appareil, dont le principe est dû à GUILLEMIN, et qu'il a nommé rhéotome différentiel. C'est un disque tournant avec rapidité et fermant au moyen de deux contacts deux circuits, dont l'un produit l'excitation du nerf, et l'autre conduit au galvanomètre le phénomène électromoteur qui se produit pendant la contraction musculaire. Le circuit galvanométrique se ferme pour un temps extrêmement court et à des intervalles variés du moment de l'irritation, de sorte que le muscle peut être intercalé dans le circuit galvanométrique pour un temps très court dans l'intervalle de deux irritations successives et sa variation négative peut être évaluée au galvanomètre. En variant ainsi l'intervalle entre la fermeture du circuit galvanométrique et le moment de l'irritation, on peut déterminer, aux erreurs d'expérience près, le début, la durée et la vitesse de propagation de la variation négative.

Il s'agissait avant tout de savoir si la variation négative nécessite vraiment un certain temps pour se propager le long d'un muscle excité. Cela paraissait probable déjà *à priori*, étant donné que la variation électromotrice du muscle constitue un phénomène concomitant de la contraction musculaire, et que, d'après AEBY, le muscle lui-même, irrité en un point, ne se contracte pas simultanément, mais, est parcouru par une onde d'excitation de certaine durée. BERNSTEIN a fourni à l'aide de son ingénieux rhéotome une solution définitive à ce problème. Ses recherches, instituées sur le muscle couturier (muscle à fibres parallèles) de la grenouille, ont démontré que : 1° *entre le moment où le muscle est irrité à une de ses extrémités et le moment de l'apparition de la variation négative à l'extrémité opposée d'un tronçon du muscle dérivé au galvanomètre, il s'écoule un certain laps de temps susceptible de mesure.* On peut très bien évaluer le temps nécessaire pour que la variation négative se propage du point irrité au point dérivé; 2° *le phénomène de la variation négative présente une certaine durée qui ne dépend guère de la longueur du trajet dérivé au galvanomètre; cette durée est de 1/250 à 1/300 de seconde.* La vitesse de propagation de la variation négative, calculée d'après ces données, est de 2,927 mètres par seconde.

Les expériences faites à l'aide du rhéotome ont permis à BERNSTEIN de représenter graphiquement sous forme de courbe la marche de la variation négative en un point quelconque du muscle, notamment en sa surface longitudinale. Cette *courbe de variation négative* présente des variations électromotrices aux différents points du muscle exploré, et doit forcément être en rapport avec les conditions d'excitabilité du muscle. Ce sont ces considérations qui ont amené BERNSTEIN à la conception intéressante de *l'onde d'irritation* (*Reizwelle*). La courbe de celle-ci correspond au point de vue de sa forme à celle de la variation négative et peut être identifiée avec *l'onde d'excitation* (*Erregungswelle*). L'onde d'irritation n'a pas de période latente, et débute au moment même de l'application de l'irritant; elle précède donc l'onde de contraction. C'est pourquoi BERNSTEIN a admis, après HELMHOLTZ et BEZOLD, et à la suite de preuves expérimentales très rigoureuses, que *la variation négative précède la contraction musculaire et a lieu pendant sa période latente.* Chaque fibre musculaire irritée subit d'abord la variation de son état électrique avant de passer à l'état de contraction. Cela s'observe non seulement dans les cas où la période latente présente, d'après HELMHOLTZ, une valeur de 0,01 de seconde, mais aussi dans les cas où cette période, d'après de récentes recherches, serait de plus courte durée, de 0″,0040 à 0,006″ (GAD, MENDELSSOHN, TIGERSTEDT). Cependant BURDON-SANDERSON (40), qui a trouvé pour la période latente de la contraction et de la variation négative du muscle une durée égale à 0,0023 de seconde, croit qu'il n'existe pas de différence appréciable entre les débuts de ces deux phénomènes, et que la variation négative se produit au moment où l'effet mécanique devient évident. Cette manière de voir est partagée également par F. S. Lee (41), d'après lequel l'onde d'irritation présente aussi une durée égale à celle de la secousse musculaire (0″,05 à 0″,026). Les chiffres assez élevés trouvés par Lee pour la durée de la variation négative prouvent que les variations de l'état électrique provoquées par l'activité du muscle s'observent pendant un temps beaucoup plus long qu'on ne le croyait jusqu'à présent. L'opinion émise par les deux physiologistes anglais est encore isolée dans la science, et à l'heure qu'il est, tout le monde est d'accord avec Bernstein que, si courte que soit la durée de la période latente du muscle, *la négativité du point irrité précède toujours l'effet mécanique de l'irritation.* Du reste, dans un travail publié tout récemment, Bernstein a combattu les faits énoncés par Lee, qu'il trouve inexacts. Il va sans dire que la négativité du point irrité n'est autre chose que le commencement de la variation négative du muscle : d'après Hermann, elle est même la cause la plus immédiate de la production de la variation négative. Chaque point irrité de la surface longitudinale du muscle, là où passent l'onde d'excitation ou celle d'irritation, devient plus ou moins négatif, on dirait même positif par rapport au point moins irrité. Il en résulte naturellement une moindre positivité de la surface longitudinale par rapport à la négativité de la section transversale, laquelle ne se modifie pas; autrement dit, il en résulte une diminution du courant propre (courant de démarcation) du muscle, ce qui fait la variation négative du muscle irrité. Aussi, pour Hermann, la variation négative d'un muscle irrité n'est elle autre chose qu'un *courant d'action* de ce muscle et peut se produire même là où il n'y a pas de courant de repos, comme dans le muscle parélectronomique. Du reste, comme cela a été dit plus haut, d'après Hermann, il n'existe pas de courants électriques dans un muscle à l'état normal; il n'y a que des courants de démarcation dans un muscle lésé et des courants d'action dans un muscle normal en état d'activité. Quel que soit d'ailleurs le point de vue auquel on se place, celui de la théorie moléculaire, ou celui de la théorie d'altération, il est tout naturel de désigner la variation négative par le nom de courant d'action, puisque c'est un courant électrique provoqué par la mise en jeu de l'activité du muscle.

Bernstein, en poursuivant ses intéressantes recherches, a trouvé que, lorsqu'on dérive au galvanomètre deux points symétriques de la surface longitudinale d'un muscle tétanisé par des chocs rythmiques d'un courant induit, on constate qu'après chaque irritation unique il se produit dans les deux sens une double oscillation électromotrice, ou plutôt un double courant d'action; négatif d'abord et positif ensuite; ce dernier est toujours plus faible que le premier. Le point dérivé *proximal*, c'est-à-dire le plus rapproché de l'endroit irrité, devient avant tout négatif par rapport au point dérivé *distal*, c'est-à-dire le plus éloigné de l'endroit d'irritation; c'est la phase négative de la variation électrique du muscle. Lorsque l'onde négative ou l'onde d'irritation arrive jusqu'au point distal, celui-ci devient à son tour négatif par rapport au point proximal, dont la négativité cesse presque au moment où le bout distal devient négatif; il se produit alors un courant en sens inverse : c'est la phase positive de la variation électrique du muscle. Bernstein conclut de ce fait que *l'onde d'irritation diminue en hauteur pendant son passage à travers la fibre musculaire, autrement dit l'onde d'irritation présente un décrément.*

Hermann a repris les recherches de Bernstein et leur a donné une extension considérable. Il a poussé plus loin encore l'analyse du phénomène électromoteur du muscle pendant son activité. D'accord avec Bernstein, que l'irritation d'un muscle, muscle intact et ne présentant pas de courant de démarcation, provoque toujours deux courants d'action de sens différents dénommés *courants d'action phasiques*, Hermann a démontré que, dans les cas où le courant n'est pas dérivé de deux points de la surface longitudinale, mais résulte d'une différence de potentiel électrique entre la surface longitudinale et la section transversale, on n'observe pas les deux phases en question; celle qui devrait correspondre au point distal de la section transversale fait défaut, celle-ci étant déjà elle-même très négative par rapport à tous les points de la surface longitudinale. On a alors affaire au simple cas de la variation négative du courant de démarcation et non pas à un courant d'action diphasique d'un muscle non lésé. Le décrément du courant d'action ou le *courant d'action décrémentiel* se produit non seulement à la suite d'une excitation unique, mais aussi à la suite de la tétanisation prolongée du muscle; on a alors un *courant d'action décrémentiel* tétanique (du Bois-Reymond, Hermann), dont la force électromotrice est évaluée par HERMANN à 0,002 — 0,02 DANIEL. HERMANN a démontré en outre que le décrément du courant d'action ne résulte nullement de la fatigue du muscle, comme le prétendait DU BOIS-REYMOND, et s'observe également sur des préparations fraiches.

Tous ces faits se rapportent au muscle irrité directement. HERMANN a démontré que le muscle irrité indirectement, c'est-à-dire par l'intermédiaire de son nerf, se comporte par rapport à l'évolution de ses phénomènes électromoteurs de la même façon qu'un muscle irrité directement. L'irritation d'un muscle par l'intermédiaire de son nerf provoque également un courant d'action diphasique, dont la première phase *atterminale (abnervale)* se dirige du nerf vers le bout périphérique *(tendineux)* du muscle, tandis que la seconde phase *afferminale (adnervale)* va en sens inverse du bout périphérique du muscle vers le nerf. La première phase est plus faible que la seconde à cause du décrément de l'onde d'irritation. Pour bien observer ces faits, il faut que les points dérivés se trouvent à l'endroit où a lieu l'irritation du muscle, en admettant que le point d'émergence du nerf conducteur de l'irritation se trouve à peu près au milieu du muscle et que la terminaison nerveuse existe au milieu de chaque fibre d'un muscle à fibres parallèles. Si les points dérivés, au lieu de se trouver au milieu de l'endroit irrité, sont placés aux deux extrémités tendineuses du muscle, il y aura, vers les bouts tendineux des deux côtés du nerf, des courants de double sens qui s'additionneront algébriquement. De cette façon, les expériences d'HERMANN démontrent d'une façon indiscutable qu'il existe, aussi bien dans le muscle irrité directement que dans celui qui est irrité par l'intermédiaire de son nerf, une onde d'excitation à marche déterminée. Les processus d'excitation se propagent donc dans les deux cas sous forme d'une onde à double phase. Les expériences relatives au courant d'action du muscle irrité par l'intermédiaire de son nerf présentent un intérêt spécial, vu que c'est le mode d'irritation du muscle à l'état normal dans l'organisme; le muscle, dans les conditions normales de la vie, n'est jamais excité directement, mais le processus d'excitation lui parvient par l'intermédiaire de son nerf.

HERING a démontré que l'activité du muscle peut être accompagnée non seulement d'une variation négative correspondant à une diminution de son courant de repos, mais aussi d'une *variation positive* se manifestant par une augmentation du courant propre (courant de démarcation) du muscle. Il est à peine nécessaire de faire observer qu'il n'y a rien de commun entre la variation positive du courant musculaire et la phase positive du courant d'action décrite plus haut. La variation positive succède toujours à la variation négative. Cette loi générale n'est pas cependant sans exception; il y a des cas où la variation positive n'est pas précédée d'une variation négative; un des points dérivés peut subir, comme le dit HERING, une variation ascendante, sans que l'autre point dérivé éprouve une variation descendante. L'augmentation du courant de repos peut être l'effet immédiat de l'irritation directe ou indirecte du muscle. Ce n'est plus la négativité du point irrité qui varie, mais c'est la positivité du point dérivé de la surface longitudinale qui augmente par rapport à la négativité de la section transversale. GASKELL (42), sur le cœur, et BIEDERMANN (43), sur la pince d'écrevisse, ont étudié d'une façon très détaillée les conditions de la production de la variation positive et ont déterminé le rapport de ce phénomène avec les processus destructifs (cataboliques) et reconstitutifs (anaboliques) qui ont lieu dans un muscle pendant son activité. Il est probable, quoique non absolument démontré, que la variation positive correspond à la période de la reconstitution du muscle. Aussi est-elle prononcée surtout là où cette période est longue, comme par exemple dans le muscle fatigué, dans lequel la variation négative fait parfois complètement défaut et l'irritation du muscle est suivie d'emblée d'une variation positive. Cette dernière se produit alors au moment même de l'irritation sans aucune période latente; elle atteint son maximum pendant l'irritation même et va en diminuant jusqu'à la disparition complète après l'ouverture du courant irritant. Parfois la variation positive persiste même après l'irritation, de sorte que le courant de repos du muscle reste augmenté pendant un certain temps. Plus loin, en parlant des phénomènes électriques de l'activité nerveuse, nous reviendrons encore sur la valeur anabolique et catabolique de la variation positive du courant d'action.

Tous les phénomènes électromoteurs décrits plus haut s'observent facilement et avec une netteté absolue sur le muscle cardiaque, celui-ci pouvant être, mieux que tout autre muscle, mis à nu sans être lésé. Aussi les phénomènes électriques qui accompagnent l'activité cardiaque ont-ils été l'objet de recherches spéciales qui constituent un chapitre important de l'électricité animale. Cette question étant traitée d'une façon très complète à l'article **Cœur** , nous croyons inutile de la reprendre ici.

IV. Phénomènes électriques du nerf. — 1. Courant électrique du nerf en repos. — Tous les efforts de Matteucci et de ses prédécesseurs pour déceler un courant électrique dans les nerfs étaient restés sans résultat. La découverte de ce courant est due à du Bois-Reymond, qui le premier fit connaître, dans un travail publié en 1843, les phénomènes électriques des nerfs. Le courant nerveux présente une force électromotrice relativement très faible et nécessite par conséquent une grande sensibilité des appareils révélateurs pour agir sur l'aiguille galvanométrique. C'est aussi sans doute la raison pourquoi les anciens n'ont pas pu constater ce courant avec leurs appareils peu sensibles, et, si du Bois-Reymond a vu le premier la déviation de l'aiguille galvanométrique sous l'action d'une différence de potentiel électrique du nerf, c'est grâce surtout au perfectionnement considérable qu'il a apporté à l'instrumentation électrophysiologique en général.

Le nerf présente des différences de potentiel électrique semblables à celles du muscle : *tout point de la surface transversale est électronégatif par rapport aux différents points de sa surface longitudinale.* C'est le principe général de la « loi du courant nerveux ». L'équateur présente la plus grande tension électrique, de sorte qu'entre celui-ci et la section transversale la différence de potentiel électrique est la plus grande. A mesure que l'on s'éloigne de l'équateur vers la section transversale, les potentiels des différents points de la surface longitudinale diminuent, de sorte qu'au point de limite entre la surface longitudinale et la section transversale la tension électrique atteint son minimum. Tout point de la surface longitudinale plus éloigné de l'équateur est électronégatif par rapport au point plus rapproché qui est électro-positif. Cette répartition inégale de potentiels électriques tout le long du nerf permet de dériver de ce dernier des forces électromotrices très variées. En cela encore le courant nerveux présente une analogie frappante avec le courant musculaire. Dans chaque nerf séparé de l'organisme et pourvu de deux sections, on distingue : 1° un courant *transverso-longitudinal* allant de la section transversale à la surface longitudinale ; 2° un courant *longitudinal* dérivé de deux points de la surface longitudinale, et 3° un courant *transverso-transversal* ou *courant axial*, se dirigeant d'une section transversale à l'autre.

La force électromotrice du courant nerveux (transverso-longitudinale) fut évaluée par du Bois-Reymond chez la grenouille à 0,022 Daniell. Elle est à peu près la même chez les animaux à sang froid et à sang chaud. D'après Fredericq (44), elle est de 0,018 Daniell chez le chat ; de 0,018 à 0,021 Daniell, chez le chien ; de 0,020 à 0,028 Daniell, chez le lapin et le canard, et de 0,048 Daniell, chez le homard.

Le tableau suivant représente des valeurs un peu moindres que j'ai trouvées comme moyenne de force électromotrice déduite d'un très grand nombre d'expériences (45).

	FORCE ÉLECTROMOTRICE EN VOLTS		
	DU COURANT TRANSVERSO-LONGITUDINAL DÉRIVÉ ENTRE L'ÉQUATEUR		DU COURANT AXIAL.
	et le bout central − C ↓	et le bout périphérique. ÷ P ↑	C − P ou P − C
Grenouille. Racine antérieure	0,0086	0,0092	0,0006
— — postérieure.	0,0109	0,0093	0,0015
— Nerf sciatique.	0,0120	0,0117	0,0003
Lapin. Racine antérieure	0,0105	0,0114	0,0011
— — postérieure.	0,0130	0,0110	0,0022
— Nerf sciatique.	0,0131	0,0145	0,0008
Alose (*E. Lucius*). Nerf optique	0,0131	0,0086	0,0045
— Nerf olfactif	0,0107	0,0071	0,0042
Carpe (*C. carpo*). Nerf optique	0,0135	0,0100	0,0038
— Nerf olfactif	0,0122	0,0083	0,0041

Ces chiffres démontrent que la force électromotrice du courant transverso-longitudinal ne varie pas sensiblement d'un animal à l'autre, ni d'un nerf à l'autre chez le même animal. Il n'en est pas de même pour le courant axial, qui varie beaucoup suivant l'animal et le nerf. On peut dire, d'une manière générale, que la force électromotrice du courant transverso-longitudinal dérivé entre l'équateur et le bout central est toujours plus grande dans les nerfs centripètes et plus faible dans les nerfs centrifuges que celle du courant dérivé entre l'équateur et le bout. périphérique. Il résulte également de ces chiffres, obtenus et publiés en 1885, que les forces électromotrices des racines médullaires sont relativement beaucoup plus considérables que celles d'autres nerfs, si l'on prend en considération la valeur comparative des dimensions de la racine et de tout autre nerf beaucoup plus volumineux. Ce fait, qui présente peut-être un certain intérêt biologique, fut confirmé et complété quelques années plus tard (1891) par F. Gotch et Horsley (46) qui ont trouvé chez le chat et le singe des différences très notables entre la force électromotrice des racines et celle des nerfs mêmes. Il n'est pas non plus sans intérêt d'établir, comme cela résulte de nos recherches, que la force électromotrice de la racine postérieure est beaucoup plus grande (courant axial) que celle de la racine antérieure. Cette différence est surtout très nette si l'on compare ces deux racines chez le même animal. Du reste la force du courant axial paraît encore dépendre du degré de l'activité fonctionnelle d'un nerf. Autrement dit, la force électromotrice du courant axial est d'autant plus grande que le nombre d'impulsions traversant le nerf dans les différentes directions, soit vers le centre, soit vers la périphérie, est plus considérable. Ainsi par exemple le nerf pneumogastrique qui — il faut bien l'admettre — fonctionne sans discontinuer dans l'organisme, présente un courant axial plus grand que d'autres nerfs moteurs, bien plus volumineux que le pneumogastrique, mais dont l'activité n'est mise en jeu que dans des circonstances particulières qui dépendent aussi bien des conditions extérieures que de la volonté propre de l'animal.

Les courants des nerfs dépourvus de myéline présentent une force électromotrice très grande comparativement à celle des courants des nerfs à myéline. Kühne et Steiner (47), qui ont les premiers constaté ce fait, croyaient pouvoir en conclure que le courant nerveux est engendré exclusivement par le cylindre-axe et que la myéline ne prend nullement part à la production des forces électromotrices dans le nerf. Cette hypothèse est corroborée par les observations de Biedermann (48) et de S. Fuchs (49) qui ont vu également, dans les nerfs sans myéline d'Anodonta et d'Eledone, des courants électriques d'une force électromotrice très considérable qui n'était nullement en rapport avec la grosseur des nerfs. D'autre part Schiff (50) et Valentin (51) ont constaté que les nerfs séparés des centres par une section préalable et en voie de dégénération présentent, même après la disparition de l'excitabilité nerveuse, des propriétés électromotrices tant que le cylindre-axe reste intact. Le volume d'un nerf, autrement dit la grandeur de sa section transversale, n'influence sa force électromotrice que dans des limites très restreintes. Ainsi le nerf olfactif (sans myéline) chez l'alose présente une force électromotrice du courant axial plus grande que le nerf optique chez le même poisson, quoique ce dernier soit bien plus volumineux que le premier (Mendelssohn). Le même rapport a été constaté par Kühne et Steiner pour le courant transverso-longitudinal. Il faut donc admettre que la section transversale d'un nerf ne peut être considérée comme surface électromotrice qu'autant que le diamètre de la section transversale correspond à celui de la section du cylindre-axe, ce dernier étant la source unique des forces électromotrices dans le nerf. Or c'est encore le cylindre-axe qui est considéré dans l'état actuel de la science comme la voie de transmission des impulsions dans les deux sens. Certes l'hypothèse de la nature électrogène du cylindre-axe présente un très haut intérêt au point de vue de la conception du processus de l'excitation, mais malheureusement elle n'est pas suffisamment fondée, et nécessite encore une confirmation expérimentale. On ignore complètement si, en général, il existe un certain rapport entre la fonction du nerf et un courant électrique, et les partisans de la théorie d'altération rejettent même l'existence de ce dernier à l'état de repos.

Il n'en est pas moins vrai qu'il existe une certaine corrélation entre la conductibilité nerveuse et le courant axial; ce dernier est en rapport avec le sens de la fonction physiologique du nerf (M. Mendelssohn, l. c.). Déjà du Bois-Reymond (52) avait constaté que dans les nerfs électriques des poissons la section transversale tournée vers la périphérie présente une négativité plus grande que celle qui se trouve plus près du centre; le courant axial du nerf électrique est donc ascendant. Ayant soumis cette question à une étude spéciale, j'ai trouvé que la négativité de la section transversale est plus grande dans le bout périphérique du nerf moteur et dans le bout central du nerf sensitif, de sorte que le courant axial est ascendant dans les nerfs centrifuges et descendant dans les nerfs centripètes. Dans les nerfs mixtes sa direction varie suivant que le nombre des fibres motrices est plus grand ou plus petit que celui des fibres sensitives. Ces faits plaident certainement en faveur du caractère vital des phénomènes électromoteurs dans le nerf et permettent de formuler la loi suivante : *La direction du courant axial du nerf est opposée au sens de sa fonction physiologique.*

L. HELLWIG (53), tout en ayant confirmé ces faits, les interprète différemment et dans le sens de la théorie d'HERMANN. D'après lui la négativité différente de deux sections transversales de nerfs moteurs et sensitifs résulterait tout simplement de la facilité et de la rapidité avec lesquelles s'effectue la désintégration de la section transversale dans le bout périphérique du nerf centrifuge et dans le bout central du nerf centripète. Cela déterminerait la direction différente du courant axial. Quelle que soit la nature du courant axial, qu'il soit un phénomène vital et préexistant (DU BOIS-REYMOND, MENDELSSOHN), ou bien un phénomène postmortal résultant de l'altération des surfaces de démarcation du nerf (HERMANN, HELLWIG), il n'en est pas moins vrai que ce courant se trouve en rapport très intime avec le sens de la conductibilité physiologique du nerf. Ce fait est évident, quelle que soit l'interprétation qu'on lui donne. En présence de nos connaissances très limitées sur les échanges pendant l'activité nerveuse, on peut très bien établir à côté de la théorie d'altération une autre hypothèse qui permettrait d'admettre pendant l'activité du nerf une intensité différente des processus de désintégration et de réintégration dans les bouts périphérique et central des nerfs moteurs et sensitifs.

Dans le nerf aussi bien que dans le muscle les forces électromotrices constituent un phénomène dit *vital* qui disparaît avec la mort de ces tissus. Chez les animaux à sang froid le courant nerveux persiste après la mort plus longtemps que chez les animaux à sang chaud. En général la durée de la persistance du courant nerveux après la mort varie suivant l'animal et le nerf; les grenouilles d'été diffèrent sous ce rapport des grenouilles d'hiver. Les températures de 20 à 23° augmentent la force électro-motrice du courant nerveux (STEINER) (54). Pendant la dessiccation du nerf (HARLESS), ou bien sous l'action d'une température très élevée, celle de l'ébullition, le courant nerveux change de sens (DU BOIS-REYMOND). A mesure que la désintégration des éléments nerveux de la surface de section transversale fait des progrès, le courant nerveux diminue d'intensité jusqu'à disparition complète. Il suffit cependant de faire un peu plus loin une nouvelle section transversale pour que le courant nerveux réapparaisse avec son intensité primitive. Évidemment les phénomènes d'altération ont lieu surtout dans le voisinage de la section transversale et ne s'étendent qu'assez tardivement sur les parties situées plus loin.

Quoique le courant nerveux possède une force électromotrice relativement assez faible, il peut cependant exciter un autre nerf, et même chaque nerf peut être excité par son propre courant. Le fait de l'*auto-excitation* du nerf joue un rôle très important en électro-physiologie, notamment dans les expériences avec l'irritation artificielle des nerfs. Déjà GALVANI a observé et noté les effets de l'excitation par le courant propre du nerf. DU BOIS-REYMOND, en fermant au moyen de ses électrodes impolarisables le circuit du courant nerveux et en produisant des ruptures de ce courant à l'aide d'une clef à mercure, obtenait à chaque fermeture, et parfois aussi à l'ouverture du courant, des secousses dans les muscles innervés par ce nerf. KÜHNE (11) et HERING (29) ont spécialement étudié ce phénomène et en ont précisé les conditions. HERING a observé dans une préparation neuro-musculaire suffisamment excitable des secousses non seulement à la suite de la fermeture, mais aussi à la suite de l'ouverture du courant propre du nerf; parfois même on obtient seulement une secousse à l'ouverture, ce qui a été déjà noté par DU BOIS-REYMOND. HERING a démontré que cette secousse à l'ouverture doit être considérée également comme une secousse à la fermeture produite par la fermeture interne du courant propre du nerf. On peut fermer et ouvrir ce dernier à volonté, et plus ou moins souvent. Si l'on ferme et ouvre le courant propre du nerf avec une rapidité et une fréquence suffisamment grandes, on peut obtenir un tétanos pareil à celui qui résulte des ruptures fréquentes d'un courant continu ; le nerf peut donc être tétanisé par son propre courant. On a alors affaire à un vrai « tétanos sans métaux » que HERING obtenait facilement au moyen d'un appareil spécial construit par lui à cet effet sur un principe emprunté au tétanomoteur de HEIDENHAIN. Le phénomène de l'auto-excitation s'observe non seulement sur le nerf moteur, mais aussi sur d'autres nerfs, dont le circuit du courant propre est fermé extérieurement. LANGENDORFF (55) et KNOLL (56) ont démontré qu'après la section du pneumogastrique son bout central peut être excité par les oscillations de son propre courant. Ils ont obtenu ainsi des effets respiratoires à la suite de l'auto-excitation des fibres expiratrices contenues dans le bout central du pneumogastrique. Cette action expiratrice s'observe du reste déjà à la suite d'une simple section du pneumogastrique, et elle doit être attribuée à l'excitation de son bout central par son courant propre. On n'a pas réussi jusqu'à présent à exciter le bout périphérique du pneumogastrique par son courant propre de manière à observer ainsi des actions sur le cœur.

Nous avons dit plus haut que l'auto-excitation du nerf joue un grand rôle dans des expériences avec l'irritation du nerf; en effet, elle peut devenir dans ces expériences une cause d'erreurs très nombreuses. Lorsqu'on applique deux électrodes d'un courant électrique, soit à un point plus ou moins rapproché de la section transversale du nerf, soit à un endroit de la surface longitudinale présentant une différence de potentiel, on observe alors des *phénomènes d'interférence entre l'action du courant irritant extérieur et l'action excitatrice du courant propre du nerf*. Dans un cas pareil il faut absolument prendre en considération l'auto-excitation du nerf, sans quoi il est difficile de comprendre les phénomènes observés à la suite de l'irritation du nerf par un courant électrique extérieur. Suivant que le courant nerveux va dans le même sens ou dans le sens opposé au courant extérieur, il renforce ou diminue l'action de ce dernier sur le nerf [HERING (29), GRÜTZNER (57)]. Le courant nerveux s'additionne au courant extérieur ou bien le compense partiellement ou totalement. Ce phénomène d'interférence doit influer considérablement sur la manière dont nous apprécions le degré de l'excitabilité d'un nerf à un point quelconque de son trajet. D'après HERMANN, FLEISCHL (58) et GRÜTZNER (*l. c.*), les différents degrés d'excitabilité que certains nerfs (p. ex. le sciatique) manifestent sur différents points de leur trajet dépendent exclusivement de la grandeur variable de potentiel électrique de ces points et sont par conséquent l'effet direct des phénomènes d'interférence qui en résultent.

L'auto-excitation du nerf joue encore un très grand rôle dans la production de la *secousse d'ouverture* au cas où l'anode du courant irritant est placée tout près de la section transversale du nerf. Or il résulte des recherches d'HERING, de GRÜTZNER et de BIEDERMANN que dans ce cas la secousse provoquée par l'ouverture du courant irritant n'est pas une secousse d'ouverture, mais plutôt une secousse de fermeture provoquée par le courant nerveux qui est compensé par le circuit dérivateur. Cela prouve que le courant nerveux — préexistant ou artificiel — est en rapport avec la fonction biologique du nerf. Non seulement il est lié comme le courant axial à l'activité nerveuse, mais encore il exerce une influence modificatrice sur les effets de l'excitation du nerf; il est donc très que probable qu'entre l'irritation du nerf et son courant de repos il doit exister un certain rapport causal.

D'après HERMANN le courant des nerfs en repos n'est pas une propriété vitale du nerf ; il est, comme dans le muscle, l'effet d'une altération de la surface de la section transversale, qui devient, à la suite de la lésion, électro-négative par rapport à la surface longitudinale qui reste électro-positive. Le courant du nerf en repos est donc un courant artificiel, un *courant de démarcation*. Nous reviendrons sur cette question à la fin de cet article, quand nous discuterons les théories de l'électricité animale.

2. Courant électrique du nerf en action. — C'est encore à DU BOIS-REYMOND que revient l'honneur de la découverte des manifestations électriques qui accompagnent l'activité nerveuse. Il fit cette découverte en 1843, presque en même temps que celle du courant du nerf en repos. Il a démontré alors qu'à la suite d'une irritation tétanique du nerf son courant de repos diminue en intensité et subit ainsi une *variation négative*. Pour bien observer cette dernière, il faut compenser le courant de repos ; on constate alors à la suite d'une irritation tétanique du nerf une déviation de l'aiguille dans le sens de la diminution du courant propre du nerf. Cette oscillation négative n'est nullement produite par des causes d'erreur de l'expérience, mais elle est bien l'expression de l'activité du nerf, d'un changement de son état moléculaire.

La grandeur de la variation négative est en rapport direct avec celle du courant propre du nerf et varie suivant la grandeur de la différence de potentiel électrique des points dérivés; elle représente chez les mammifères 4 p. 100, et chez la grenouille 10 p. 100 de la valeur du courant de repos. Deux points iso-électriques du nerf ne donnent pas de variation négative; d'autre part le courant qui résulte de la différence de potentiel entre la surface de section transversale et l'équateur donne le maximum de la variation négative. Quelle que soit la grandeur de la diminution du courant propre du nerf par la variation négative, elle n'est jamais suffisante pour annuler complètement le courant de repos; il en reste toujours une faible partie. Les expériences plaidant en faveur du contraire (Bernstein et d'autres) ne sont pas assez concluantes. Les nerfs dépourvus de myéline présentent une variation négative aussi bien que les nerfs à myéline (Kühne, Steiner); mais, tandis que ces derniers s'excitent surtout par le courant tétanisant et réagissent peu à l'action du courant constant, les nerfs sans myéline présentent déjà une variation négative à la suite d'une rupture unique (fermeture et même ouverture) du courant constant.

Le mode d'irritation influe considérablement sur la valeur de la variation négative; celle-ci varie suivant que le courant est ascendant ou descendant par rapport à l'endroit dérivé, et suivant que l'irritation a lieu à la fermeture ou à l'ouverture du courant. Biedermann (48) a étudié avec soin sur les nerfs sans myéline de l'*Anodonta* l'influence qu'exerce la direction du courant sur la valeur de la variation négative. Lorsque la direction du courant irritant est descendante (toujours par rapport aux point dérivés) la variation négative est plus grande que dans le cas où le courant est ascendant. La variation négative se produit toujours au moment même de la fermeture du courant, et, après avoir atteint rapidement un maximum, elle diminue graduellement et disparaît encore pendant la durée de la fermeture du courant. L'ouverture du courant descendant donne rarement une variation négative, tandis que celle du courant ascendant présente une variation négative très nette et dont la grandeur est égale et même souvent supérieure à la variation initiale due à la fermeture du courant. Parfois cette dernière fait complètement défaut et, lorsque le courant ascendant est assez fort et que son lieu d'application se trouve à une distance suffisamment grande des points dérivés, la variation négative à l'ouverture est la seule qu'on observe à la suite de l'irritation du nerf. L'intensité du courant et la durée de la fermeture influent beaucoup sur les effets obtenus dans tous ces cas. La manière différente dont la variation négative du courant nerveux se comporte par rapport à la fermeture ou à l'ouverture du courant ascendant et descendant s'explique parfaitement par les modifications que le nerf subit sous l'action du cathode et de l'anode à l'endroit où le nerf est irrité. La variation négative qui se produit sous le cathode à la fermeture du courant descendant présente toujours une marche rapide, tandis que celle qui est provoquée par l'ouverture du courant ascendant présente une marche lente; l'intensité de cette dernière est en rapport avec la durée préalable de la fermeture de ce courant. Plus la durée de la fermeture du courant ascendant est longue, c'est-à-dire plus le nerf sera soumis à l'action de ce courant, plus forte sera la variation négative qui se produira à son ouverture. Du reste Bernstein a déjà démontré que la variation négative augmente sous l'action du catélectrotonus et diminue sous l'influence de l'anélectrotonus aux points irrités.

Quoique, d'une manière générale, l'action du courant constant sur les nerfs à myéline soit nulle ou trop faible pour produire une variation négative, cependant, dans certaines conditions d'excitabilité nerveuse, Engelmann (59) a pu constater chez la grenouille une variation négative à la suite de la fermeture et de l'ouverture du courant constant; cette variation de l'état électrique du nerf correspondait très précisément au tétanos de fermeture et d'ouverture que l'on observait en même temps dans le muscle innervé par le nerf irrité. Il est indispensable de se servir à cet effet de grenouilles tenues au froid et d'appliquer un courant très faible; il est également important de distancer autant que possible la partie irritée de la partie dérivée du nerf.

Le passage d'un courant continu à travers un nerf provoque dans ce dernier des phénomènes électromoteurs connus sous le nom de *courants électrotoniques*, dont il sera question dans l'article **Électrotonus** où ces phénomènes seront mieux à leur place (Voyez **Électrotonus**). Disons seulement ici qu'en tétanisant un nerf électrotonisé on obtient également une variation négative du courant électrotonique (BERNSTEIN).

La variation négative du courant nerveux peut être provoquée aussi bien par une excitation électrique que par d'autres irritants : thermiques, mécaniques et chimiques ; mais dans ce cas elle est bien moins nette et d'intensité plus faible qu'à la suite de l'irritation électrique. D'après GRUTZNER (60), cette dernière agit d'une façon plus uniforme sur toute la masse de fibres nerveuses dont une partie seulement est atteinte par d'autres genres d'irritation. Cependant HERING (61) a constaté sur le nerf olfactif de l'alose, et STEINACH (62) sur les nerfs de la grenouille refroidie que la section mécanique de ces nerfs provoque une variation négative assez considérable, dont l'évolution et la marche correspondent à celles de la variation négative produite par l'irritation électrique. KUHNE et STEINER (*loc. cit.*) ont observé ce phénomène à la suite de l'irritation chimique de l'olfactif de l'alose avec du chlorure de sodium, et GRUTZNER a vu la même chose sur beaucoup d'autres nerfs. Les conditions de l'expérience influent sans doute aussi, au moins en partie, sur la valeur de la variation négative obtenue par différents irritants. D'une façon générale, on peut admettre que tous les irritants, quelle que soit leur nature, qui, étant appliqués le long d'un nerf conducteur, exercent une action irritante sur ce dernier, provoquent également une variation négative de sa force électromotrice.

Le nerf sensitif présente une variation négative aussi bien que le nerf moteur. Du reste tous les nerfs centrifuges et centripètes présentent à la suite d'une irritation une variation négative dans les deux sens. Une irritation du bout central d'un nerf centrifuge produira une variation négative dans son bout périphérique tout aussi facilement que l'irritation de son bout périphérique se manifestera par une variation négative dans le bout central. La même chose s'observe dans un nerf centripète ; l'irritation de son bout périphérique ou de son bout central produit une variation négative à chacun de ses bouts opposés. La manière dont se comporte le nerf vis-à-vis de sa variation négative affirme une fois de plus le fait que la conductibilité nerveuse se fait dans chaque nerf en un double sens.

La variation négative se produit non seulement à la suite d'une irritation artificielle du nerf dans sa continuité, mais aussi à la suite de l'action d'irritants naturels ou périphériques. DU BOIS-REYMOND a fait sur ce sujet une belle expérience qui est devenue le point de départ de recherches de ce genre et a fourni une preuve de plus à l'appui de son opinion que la variation négative est bien l'expression électrique des processus d'excitation, quel que soit l'irritant qui les provoque. Il a empoisonné une grenouille avec de la strychnine et il a pu constater qu'à chaque production du tétanos strychnique il survenait une variation négative dans le nerf sciatique dont le courant transverso-longitudinal avait été préalablement dérivé au galvanomètre. Cette expérience, qui ne réussit pas toujours, démontre d'une façon évidente qu'une excitation centrale naturelle peut produire une variation de l'état électrique dans le nerf périphérique. En appliquant des irritants artificiels à la zone motrice du cerveau, on obtient également une variation négative du courant transverso-longitudinal de la moelle épinière et du nerf sciatique (SETCHENOFF) (63), (GOTCH et HORSLEY) (*l. c.*); la variation négative du nerf sciatique est dans ce cas beaucoup plus faible que celle de la moelle épinière.

En ce qui concerne la *marche* et la *durée* de la variation négative du courant nerveux, on sait, grâce aux recherches rhéotomiques de BERNSTEIN (*l. c.*), que la variation négative du nerf *n'a pas de période latente* et débute à l'endroit irrité au moment même de l'application de l'irritant. Le temps qui s'écoule entre l'irritation d'un point quelconque du nerf et le début de la variation négative à un point du nerf plus ou moins éloigné du point irrité est en rapport avec la vitesse de propagation de la variation négative le long du nerf ; il est proportionnel à la distance qui sépare le point irrité de la première électrode dérivatrice (celle qui est appliquée à la surface longitudinale du nerf), mais il n'est nullement influencé par la distance qui sépare la section transversale du point irrité. La marche de la variation négative est ascendante d'abord, et descendante ensuite ;

la période de descente est beaucoup plus lente que celle de l'ascension; elle arrive donc rapidement au maximum de son évolution pour disparaître lentement et graduellement. La durée de la variation négative évaluée à l'aide d'un rhéotome varie suivant l'espèce animale, les différents nerfs et surtout suivant différents expérimentateurs. D'après BERNSTEIN cette durée est de 0″ 0007, tandis que HERMANN l'évalue à 0″ 0056 et HEAD la porte même à 0″ 024. La durée de la variation négative est en rapport direct avec l'intensité du courant irritant et probablement aussi avec la vitesse de propagation du processus d'excitation, ce qui explique là différence entre la durée de la variation négative dans des nerfs à myéline et celle des nerfs qui en sont dépourvus. Déjà *a priori* on peut admettre que la variation négative du nerf est, comme celle du muscle, *diphasique;* mais, tandis que dans le muscle les deux phases de la variation électrique peuvent être facilement démontrées à l'aide du rhéotome, il n'en n'est pas de même pour le nerf, dont l'activité, se transmettant de proche en proche depuis le point irrité, ne peut pas être facilement saisie. Avec cela les deux phases se succèdent à un intervalle si court qu'il est impossible de les saisir séparément au rhéotome. HERMANN a cependant réussi à donner une preuve expérimentale et démonstrative à l'appui de la nature diphasique de la variation négative du nerf, en ralentissant la propagation de l'onde d'excitation par l'action du froid sur le nerf et en renforçant la déviation de l'aiguille galvanométrique par la dérivation du courant de tout un paquet (4-6) de nerfs. Il a pu ainsi déterminer très nettement pour la surface longitudinale les deux phases de la variation négative allant dans un sens contraire l'une à l'autre, et prouver que la seconde phase fait défaut, lorsque le tronçon de nerf est pourvu d'une section transversale, dont la négativité est toujours très grande; dans ce dernier cas le courant transverso-longitudinal ne présente qu'une seule phase de la variation électrique, la phase négative. Sous ce rapport encore le nerf se comporte comme le muscle (voir plus haut, p. 326).

Tout ce qui influence l'excitabilité du nerf modifie également la valeur de la variation négative. Ainsi, d'après les récentes recherches de WALLER (64), les différents gaz, la température, l'alcool, certains sels et alcaloïdes, l'éther et le chloroforme, en modifiant l'excitabilité du nerf, influent sur la variation négative, soit en l'exagérant, soit en la diminuant jusqu'à l'abolition complète, comme l'abaissement graduel de la température, par exemple. Celle-ci est toujours précédée par l'abolition de la contractilité musculaire, de sorte que sous l'influence du refroidissement graduel du nerf l'effet mécanique disparaît avant l'effet électrique qui peut persister encore un certain temps (BORUTTAU).

Il existe un rapport entre l'intensité de l'irritant et la valeur de la variation négative. D'après les recherches de J.-J. MULLER (65), la variation négative croît avec l'intensité de l'irritant jusqu'à un certain maximum si l'on continue à augmenter l'intensité de l'irritant. Le rapport entre cette dernière et l'accroissement graduel de la variation négative s'exprime par une ligne concave vers l'abscisse sur laquelle sont portées les valeurs croissantes des irritants. Cette courbe rappelle en quelque sorte celle de WEBER-FECHNER qui exprime le rapport psycho-physique entre l'intensité de l'irritant et la sensation. BORUTTAU (66) a trouvé que le seuil de l'irritant est presque le même pour l'action galvanique que pour l'effet mécanique du nerf; la différence entre les deux seuils est insignifiante. Parfois cependant, chez des grenouilles grandes et robustes, l'intensité de l'irritant nécessaire pour obtenir une contraction musculaire par l'irritation du nerf est inférieure à celle qui provoque la variation négative. Du reste le seuil de l'irritant pour la variation négative s'élève, comme l'a démontré STEINACH (67), avec l'échauffement ou la fatigue du nerf, et varie suivant l'état de son excitabilité.

L'irritation du nerf provoque non seulement une variation négative de son courant transverso-longitudinal, mais aussi celle de son courant axial. Cette dernière présente toujours la même direction que celle de la fonction nerveuse; elle est donc centrifuge dans les nerfs moteurs et centripète dans les nerfs sensitifs. La variation négative du courant axial ne dépasse guère 13 à 20 p. 100 de la valeur du courant de repos; cependant parfois elle peut atteindre même 40 à 50 p. 100 de la valeur de ce dernier; elle est intimement liée au processus de l'excitation nerveuse et varie suivant l'état d'excitabilité du nerf (MENDELSSOHN, 68).

En somme, tous les faits exposés plus haut démontrent avec évidence que la variation négative est l'expression la plus exacte de l'activité nerveuse et comme telle elle doit jouer un rôle important dans l'étude des phénomènes nerveux. L'activité nerveuse se traduit à nos sens par des phénomènes dus à la mise en jeu de ses organes terminaux périphériques et centraux. Si l'on sépare un nerf de ses terminaisons, on perd toute possibilité de saisir la réaction de ce nerf sous l'action d'un irritant; on ne possède dans ce cas aucun moyen pour déceler le jeu des processus physico-chimiques provoqués par l'activité nerveuse sous l'influence d'une excitation extérieure. Les phénomènes électromoteurs du nerf présentent dans ce cas un moyen très sûr pour déterminer l'activité du nerf sans avoir recours à sa réaction périphérique ou centrale. Ces phénomènes accompagnent toujours l'activité nerveuse; c'est pourquoi la variation négative doit être considérée comme le *courant d'action* du nerf (HERMANN). Ce courant est un réactif très sensible de l'excitation, et pour le nerf moteur la valeur de cette réaction n'est pas moindre que celle de la réaction musculaire, quoique certains faits parlent en faveur de la plus grande sensibilité de cette dernière. Quant au nerf sensitif, la variation négative est sinon le seul moyen, au moins le plus sûr et le plus précis pour nous renseigner sur le degré de l'activité du nerf. Le rapport entre la valeur de la réaction galvanique et celle de la réaction mécanique du nerf varie suivant l'animal, le nerf et le degré de l'excitabilité neuromusculaire. Chez les animaux à sang chaud la variation négative est souvent très faible; dans certaines conditions de l'excitabilité du nerf (par exemple chez des lapins soumis à l'action des températures basses) et à un certain degré de l'intensité du courant irritant, le nerf irrité peut ne donner aucune variation négative, tandis que le muscle innervé par ce nerf réagit par une secousse assez forte. La même différence s'observe aussi chez la grenouille, et elle est plus accusée chez les grenouilles tenues au froid. Les expériences de STEINACH (*l. c.*) sont très probantes à cet égard. Il a observé que chez la grenouille tenue au chaud le tétanos se produit à la suite de l'irritation par le courant induit déjà à une distance de 43 centimètres entre les deux bobines, tandis que la variation négative n'apparaît qu'à une distance de 27 centimètres; cette différence est presque nulle chez la grenouille au froid, chez laquelle le tétanos se produit à 39 centimètres et la variation négative, à 38 centimètres de distance entre les bobines de l'appareil d'induction. D'autre part nous avons vu plus haut, dans les expériences de BORUTTAU (66) où il y avait refroidissement du nerf, que la sensibilité de la variation négative du nerf, considérée comme un réactif de l'excitation, est bien plus grande que celle de la contraction musculaire provoquée par l'irritation du même nerf. En tout cas cette divergence entre l'apparition de la variation négative et la production de la réaction musculaire présente un certain intérêt, surtout dans le cas où la contraction musculaire a lieu en l'absence de la réaction galvanique. Il est évident que dans un cas pareil le changement de l'état physico-chimique du nerf, qui donne naissance à sa variation électro-motrice, peut faire défaut ou ne pas se manifester en dehors, quoique le nerf conserve parfaitement sa conductibilité et son aptitude fonctionnelles. Autrement dit, il existe des états inconnus, ou au moins peu déterminés encore, dans lesquels l'onde d'excitation provoquée par l'irritation d'un nerf peut se propager le long du nerf jusqu'à son organe terminal moteur et donner lieu à une réaction, sans que cette onde produise une variation électrique à un point quelconque du nerf. S'il n'y a pas lieu d'accuser dans ce cas l'insuffisance de nos appareils de mesure et de nos méthodes d'investigation, il faut forcément admettre une certaine dissociation entre les processus d'excitation qui sert de base à la production de la variation électrique et celui qui aboutit à la réaction motrice. Cette dissociation de deux processus d'excitation mérite une attention spéciale dans l'étude électro-physiologique des phénomènes neuro-musculaires. L'importance pratique du fait est que *la variation négative est un réactif très sensible de l'excitation nerveuse* et peut nous renseigner très exactement sur le degré de l'excitabilité nerveuse dans tous les cas où le nerf irrité est séparé de son organe terminal de réaction. Certes l'absence de la variation négative ne parle nullement en faveur de l'abolition de l'excitabilité nerveuse, mais l'apparition de la variation négative doit être considérée comme un signe certain de la présence d'un processus d'excitation du nerf, dont cette variation est l'expression la plus directe. Aussi la variation négative disparaît-elle toujours avec l'abolition, ou au moins avec l'affaiblissement considérable de l'excitabilité nerveuse. Tout récemment

Herzen (v. *Revue scientifique*, 4e série, XIII, 40) croit pouvoir affirmer qu'un nerf peut devenir électriquement négatif sans qu'il devienne fonctionnellement actif, c'est-à-dire le phénomène électrique peut se produire seul sans le phénomène physiologique. La variation négative ne serait donc pas intimement liée à l'activité nerveuse. L'opinion d'Herzen, toute récente, est encore isolée dans la science.

Comme il a été dit plus haut, la variation négative accompagne les modifications de l'excitabilité et disparaît avec la mort; cependant elle peut encore apparaître 24 et même 48 heures après que le nerf a été séparé de l'organisme. La variation négative du courant axial disparaît déjà au bout de 12 à 24 heures après la mort. Nous n'avons pas été aussi heureux que Boruttau (*l. c.*), qui, au bout de 7 à 12 jours, a vu un nerf présenter encore une variation négative considérable. Ces expériences, qui demandent encore à être contrôlées, ont conduit Boruttau à une conception particulière de la nature de la variation négative, conception qui mérite d'être mentionnée ici.

En se basant sur la persistance de la variation négative constatée par lui et sur ses recherches spéciales d'ordre physique faite sur le « noyau conducteur », Boruttau croit pouvoir en conclure que les phénomènes galvaniques qui se produisent dans le nerf à l'état de repos (courant de démarcation) et à l'état d'activité (variation négative) ne résultent pas du processus physiologique qui amène la contraction, mais sont dus plutôt à la structure anatomique du nerf. Ce serait donc un phénomène physique que l'on pourrait provoquer dans un nerf mort avec le même courant qui serait nécessaire pour produire dans un nerf vivant une contraction musculaire : il suffirait que la structure normale du nerf fût conservée.

Cette manière de voir, qui est toute récente, quoique empruntée aux idées d'Hermann, est fortement combattue par Biedermann (*Electrophysiologie*, p. 637) qui se prononce de la manière suivante sur la valeur des expériences de Boruttau et des conclusions qu'il en tire : « Si même, dit Biedermann, on ne doutait pas de la réalité de ces observations, on ne peut guère approuver les déductions qui en sont faites. Je pense qu'à défaut de raisons majeures qui plaideraient en faveur du contraire, on est forcé en tout cas de maintenir la doctrine, d'après laquelle la variation négative du courant nerveux et musculaire est l'expression galvanique de l'excitation du nerf vivant et doit être considérée comme un phénomène vital physiologique, et non pas exclusivement comme « un caté-lectronus physique à forme ondulatoire ». Tous ceux qui ont l'habitude d'envisager les phénomènes d'excitation de la matière vivante à un point de vue général ne douteront pas un seul instant que la variation négative comme cas spécial des courants d'action dans les nerfs à myéline et sans myéline, dans les muscles striés et lisses, et probablement dans beaucoup d'autres espèces de protoplasmas irritables, doit être considérée comme un phénomène qui résulte de toutes les transformations chimiques qui servent de base au processus d'excitation. Il ne faut pas de nouveau faire revivre dans « *la physique des nerfs et des muscles* » cette conception physique trop exclusive des phénomènes vitaux; elle s'est montrée récemment inacceptable dans différents domaines d'études physiologiques, dont elle arrêtait le progrès pendant longtemps.

« D'autre part, il n'y a pas de raison valable pour considérer dans les expériences de Boruttau les nerfs comme définitivement morts et dépourvus de toute trace de leur excitabilité physiologique; on sait que les nerfs des mammifères, sectionnés, préparés et enlevés de la plaie, donc se trouvant dans des conditions de nutrition tout à fait anormales, peuvent pendant plusieurs heures être irrités avec effet, si leurs terminaisons (cœur, centre respiratoire) se trouvent en bon état. De toute façon on ne doit pas, d'après l'absence de l'irritabilité musculaire, indirecte, et même directe, conclure à la mort définitive du nerf, et, malgré l'assertion de Boruttau, il serait permis jusqu'à nouvel ordre d'envisager à un point de vue [unique les courants d'action et la variation négative de toutes les substances irritables. »

. Telles sont les paroles de Biedermann, que nous avons cru utile de reproduire textuellement. Nous partageons à tous les points de vue l'opinion de ce physiologiste, et nous croyons également que la conception physique trop exclusive des phénomènes vitaux en général peut enrayer la marche du progrès en électro-physiologie. De nombreux faits expérimentaux parlent certainement en faveur de la nature vitale du phénomène de la variation négative. Aussi, jusqu'à preuve du contraire, faut-il considérer celle-ci comme l'expression exacte des processus d'excitation dans le nerf, et comme étant intimement liée aux changements physico-chimiques qui accompagnent ces processus.

Variation positive. — Le nerf présente, à la suite de l'action d'un irritant, non seulement une variation négative, mais aussi une *variation positive* qui suit toujours la première, et est mise en évidence par l'ouverture du courant irritant; elle se produit donc au moment où l'irritation du nerf cesse. Le phénomène se présente de la façon suivante : lorsqu'on irrite un nerf après avoir compensé son courant propre, on obtient pendant la durée de l'irritation une variation électro-négative dans le sens opposé à la direction du courant de repos; en ouvrant le courant, c'est-à-dire en cessant d'irriter le nerf, on voit dans la plupart des cas que l'aiguille galvanométrique, avant de revenir à son état d'équilibre, dévie dans le sens du courant propre : son intensité augmente évidemment. Cette nouvelle variation du courant de repos dans le sens positif constitue la variation positive du courant nerveux, décrite et étudiée principalement par HERING (69). L'intensité de la variation positive est en rapport avec celle de la variation négative; elle est d'ordinaire moins grande que cette dernière, mais elle peut lui être égale, et même la dépasser en intensité. Elle présente environ 50 à 80 p. 100 de la valeur maximum de la variation négative. Jusqu'à une certaine limite, la variation positive est en rapport avec l'intensité et la durée de l'irritation. Les grenouilles qui ont séjourné longtemps à une température élevée, tout en présentant une variation négative assez considérable, ne donnent pas de variation positive. Il est donc indispensable de se servir pour ce genre d'expériences de grenouilles tenues au froid.

D'après WALLER (70), le courant d'action chez la grenouille présente, surtout en été et en automne, les trois stades suivants : 1° forte variation négative avec faible variation positive; 2ᵉ faible variation négative avec forte variation positive; 3° variation positive avec variation consécutive positive ou négative de même intensité. Dans le tétanos et sous l'action de CO_2 le caractère négatif du courant d'action prévaut.

Du BOIS-REYMOND considérait la variation positive simplement comme l'effet de la diminution de la force électromotrice d'un nerf tétanisé, à la suite de quoi l'aiguille galvanométrique ne revient pas complètement à son état d'équilibre primitif. Cette opinion fut combattue par HERING, qui maintient l'existence de la variation positive en rapport avec l'irritation du nerf. La variation positive du courant nerveux est, comme la variation négative, un phénomène inhérent à l'activité nerveuse, et elle est probablement en corrélation avec les processus restitutifs du nerf, que l'irritation a tiré de son état d'équilibre. Les variations positive et négative sont toutes les deux intimement liées aux échanges physico-chimiques qui sont provoqués par l'excitation, et qui accompagnent les processus de désintégration et réintégration du nerf. D'après les idées théoriques de HERING, dont la base expérimentale se trouve du reste dans ses propres recherches et dans celles de BIEDERMANN, HEAD et GASKELL, la variation négative du nerf et du muscle résulte d'un processus de désintégration du tissu neuro-musculaire, tandis que la variation positive est due à un processus de restitution de ce tissu, tous les deux étant l'effet immédiat du processus de l'excitation. La variation négative est donc un phénomène catabolique, tandis que la variation positive est un phénomène anabolique. Toute excitation d'intensité suffisante doit produire dans le nerf et dans le muscle, où cet effet est encore plus évident, des actions cataboliques et anaboliques, dont l'effet direct est la variation négative et positive de leur état électrique. Cette hypothèse, qui a du reste une large base expérimentale, peut être appliquée sans que l'on soit obligé d'admettre l'existence de nerfs spéciaux anaboliques et cataboliques, comme le fait GASKELL (42) pour le cœur. Si minimes que soient les échanges d'un nerf en action, il n'en est pas moins vrai que chaque nerf doit présenter des périodes catabolique et anabolique de son activité. Le procès anabolique est une réaction du nerf contre la désintégration produite par l'action catabolique de l'excitation, et c'est de ce rapport entre deux états fonctionnels différents que résulte la corrélation entre les variations négative et positive du courant nerveux. L'intensité et la durée de la période de restitution du nerf varient par rapport à celles de la période de désintégration suivant la vitalité et les aptitudes fonctionnelles du nerf, qui se traduisent par l'intensité et la durée des variations électromotrices du courant nerveux. Si loin que l'on recule les limites de « l'infatigabilité » du nerf (BERNSTEIN, WEDENSKY), il est certain que ces limites sont plus ou moins restreintes (HERZEN) et les lois biologiques générales nous forcent d'admettre que le nerf, comme toute matière vivante, se fatigue, mais il présente à la fatigue une résistance plus ou moins grande. Or, à ce qu'il paraît, la fatigue du nerf influe d'une manière différente sur les variations négative et positive ; la première ne se modifie que très peu sous l'influence de la fatigue, tandis que la dernière diminue à mesure que la fatigue augmente. C'est pourquoi HEAD (71) considère la variation positive comme l'expression la plus exacte de l'aptitude fonctionnelle du nerf ; l'épuisement du nerf ne se manifeste pas tant par l'affaiblissement de sa réaction à l'irritation, que par la diminution de son énergie réparatrice, se traduisant par l'intensité et la durée de la variation positive. L'absence de cette dernière constitue jusqu'à présent le seul moyen qui permette de conclure à la fatigue du nerf, à l'affaiblissement ou à la perte de son pouvoir reconstitutif ; de là l'importance du rôle biologique de la variation positive dans l'étude de l'activité des nerfs.

V. — Phénomènes électromoteurs secondaires dans le muscle et dans le nerf. — A côté des courants de repos et d'action décrits plus haut, il existe encore d'autres forces électromotrices qui se développent pendant le passage d'un courant à travers le muscle et le nerf. Ces forces électromotrices ont été particulièrement étudiées par DU BOIS-REYMOND et décrits par ce dernier sous le nom de *phénomènes électromoteurs secondaires*.

Déjà en 1834, PELTIER a démontré que, lorsqu'on fait passer dans un sens donné un courant à travers le muscle pendant un laps de temps plus ou moins long, on voit se produire dans le muscle un autre courant dans un sens opposé. PELTIER a expliqué ce curieux phénomène par des processus électrolytiques qui se produisent à la surface de contact des électrodes avec le tissu organique. DU BOIS-REYMOND (72) a repris cette intéressante expérience et en a fait l'objet d'une étude spéciale poursuivie avec le soin remarquable qui caractérise toutes ses recherches. Par une série d'expériences préalables, il a démontré que l'explication de PELTIER, si toutefois elle est applicable au cas observé par lui, ne détermine pas la vraie cause de la production du courant secondaire ; l'élimination des ions y est peut-être pour quelque chose, mais ce n'est pas certainement tout, puisque les forces électromotrices secondaires continuent à se développer après l'ouverture du courant qui traverse le tissu. La force électromotrice secondaire ne peut pas être considérée comme l'effet d'une simple électrolyse et d'une polarisation négative qui en résulte, comme cela a lieu dans plusieurs corps poreux organiques et inorganiques. Ces corps ne présentent qu'un seul courant de polarisation négative, tandis que les muscles et les nerfs peuvent produire un courant secondaire négatif et positif. En partant de ce point de vue, DU BOIS-REYMOND a entrepris sur les phénomènes électromoteurs secondaires des muscles et des nerfs de nombreuses recherches, qui présentent un grand intérêt au point de vue de la question qui nous occupe. Nous avons cru utile de décrire ici ces phénomènes dans un chapitre à part et de ne pas les intercaler dans l'exposé général des phénomènes électriques des muscles et des nerfs. Toutefois nous traiterons ici les phénomènes électromoteurs secondaires séparément, dans le muscle d'abord, et dans le nerf ensuite.

Les phénomènes électromoteurs secondaires dans le *muscle* se manifestent par une polarisation négative et positive et sont en rapport avec la densité et la durée d'action du courant polarisateur, c'est-à-dire du courant qui traverse le muscle. La variation négative augmente même proportionnellement à la durée de la fermeture du courant primaire, tandis que la polarisation positive augmente, rapidement d'abord et très lentement ensuite. Les polarisations positive et négative peuvent s'observer encore après l'ouverture du courant pendant plusieurs minutes, jusqu'à 20, et disparaissent avec la mort du muscle ; dans un muscle mort on constate encore une polarisation négative plus ou moins faible, mais pas de traces d'une polarisation positive, laquelle est une propriété du muscle vivant. DU BOIS-REYMOND explique tous ces phénomènes dans le sens de sa théorie moléculaire. La polarisation interne, positive ou négative, n'est pas l'effet de nouvelles forces électromotrices, toutes les deux résultent d'une orientation dans un sens ou dans un autre (par rapport à la direction du courant polarisateur) des molécules contenant des forces électromotrices préexistantes.

Cette opinion n'est guère partagée par HERING (73) et HERMANN (74), qui ont institué sur ce sujet nombre d'expériences intéressantes à plusieurs points de vue. HERING a soumis les recherches de du Bois-Reymond à une critique expérimentale rigoureuse, et il arrive à la conclusion que l'on ne peut pas admettre la polarisation interne d'un muscle parcouru par un courant dans le sens que du Bois-Reymond donne à ce phénomène; il s'agit ici, d'après lui, simplement de *l'action polaire* du courant. Ce sont des phénomènes électromoteurs produits par l'action irritante du courant au point d'application de ses deux pôles, c'est-à-dire à ses points d'entrée (point anodique) et de sortie (point cathodique) de la substance musculaire; il en résulte une *polarisation anodique* et *cathodique*, dont le mode de production s'explique par les processus d'excitation qui ont lieu à la fermeture et à l'ouverture du courant à la cathode et à l'anode. Hermann, tout en confirmant la majorité des faits trouvés par Hering, invoque encore les phénomènes d'électrotonus interpolaire pour expliquer la production d'un courant secondaire positif anodique. L'analogie entre les phénomènes électromoteurs secondaires et les processus d'excitation polaire du courant s'affirme, d'après Hermann, encore plus par le fait que l'altération des points anodiques et cathodiques de la substance musculaire empêche en même temps et au même degré la production des polarisations négative et positive ainsi que l'excitation à la fermeture et à l'ouverture du courant polarisateur. Hering croit pouvoir conclure de là que les phénomènes électromoteurs secondaires ne sont autre chose qu'une action polaire du courant et que les polarisations négative et positive sont intimement liées à l'intégrité des surfaces anodique et cathodique de la substance musculaire. Biedermann partage entièrement la manière de voir de Hering, et il insiste sur le rapport intéressant des phénomènes électromoteurs secondaires avec l'action polaire antagoniste et inhibitrice qui se manifeste sous l'influence du courant constant et qu'il a étudiée avec beaucoup de soin. Au moyen de la contraction musculaire on peut révéler des actions antagonistes des muscles en activité : les phénomènes électromoteurs secondaires permettent de déceler le processus inhibitoire des actions antagonistes polaires d'un muscle en repos (Biedermann).

Les phénomènes électromoteurs secondaires dans le *nerf* ne sont pas aussi prononcés que dans le muscle. Aussi leur étude présente-t-elle une certaine difficulté, non seulement à cause de la faible déviation galvanométrique qu'ils produisent, mais aussi à cause de l'expansion électrotonique très considérable du courant polarisateur. Malgré ces difficultés, du Bois-Reymond a pu constater, dans un nerf traversé par un courant constant, des forces électromotrices qu'il a attribuées également à une « polarisation interne » du nerf. L'action prolongée d'un courant polarisateur faible peut produire des courants de polarisation négative assez forts, tandis que les phénomènes de polarisation positive de grande intensité s'observent seulement après l'action d'un courant polarisateur relativement fort et de courte durée. Les conditions dans lesquelles se produisent les polarisations positive et négative sont donc tout à fait différentes et même diamétralement opposées.

En général les phénomènes électriques secondaires dans le nerf sont analogues à ceux du muscle, au moins en ce qui concerne leurs caractères essentiels. Seulement, à cause de la très grande expansion extrapolaire du courant polarisateur dans le nerf, il faut prendre en considération la production dans le nerf des courants secondaires extrapolaires à la suite de l'ouverture du circuit. Fick (75) et Hermann (74) ont étudié ce point important de la question des phénomènes électromoteurs secondaires. Fick a constaté que les courants secondaires extrapolaires se développent de chaque côté du courant polarisateur et dans un sens opposé à celui de ce dernier. D'après Hermann, le courant extra-anodique seul est de sens contraire, tandis que le courant extra-cathodique est du même sens que le courant polarisateur.

Il existe donc sans doute un certain rapport entre les phénomènes de polarisation dans le nerf et dans le muscle d'une part, et les effets de l'action polaire du courant, d'autre part. Du reste déjà Peltier et Matteucci (76) avaient essayé d'expliquer l'effet réactionnel de l'ouverture du courant dans le nerf (secousse à l'ouverture) par le fait de la polarisation négative de ce dernier. Grützner (77) et Tigerstedt (78) ont repris cette question, et ont cherché, dans cet ordre de faits, à résoudre le problème de la secousse d'ouverture du courant. Ils croient pouvoir admettre que cette secousse est au fond une secousse de fermeture produite par un courant de polarisation négative. Telle est aussi l'opinion de Hoorweg (79), qui considère en général tous les phénomènes produits au moment de l'ouverture du courant comme des effets immédiats de la polarisation négative du nerf. BIEDERMANN s'élève contre une pareille généralisation d'un fait : il est probable et même certain, dit-il, que certaines formes de secousse d'ouverture sont produites par le courant de polarisation négative, mais ce n'est pas là le seul mode de production de secousse d'ouverture, et le courant de démarcation peut y être aussi pour quelque chose peut-être même y joue-t-il un rôle assez considérable, Du reste, HERMANN a démontré que l'on obtient des secousses d'ouverture dans des conditions où il ne peut être question de courants de polarisation.

Tout cela montre que la nature et l'origine des phénomènes électriques secondaires, aussi bien dans le nerf que dans le muscle sont loin d'être élucidées, et attendent solution définitive de recherches ultérieures. Malgré toute la solidité des faits qui servent de base à la théorie de HERING, il faut croire qu'elle n'est pas la seule à expliquer les phénomènes en question. Quelle que soit la manière d'envisager la nature intime des phénomènes électromoteurs secondaires, il est certain que ces derniers doivent être considérés comme des phénomènes qui accompagnent les processus d'excitation dans le muscle et dans le nerf; ils présentent donc à cet égard une grande analogie avec les courants d'action.

VI. — Phénomènes électriques des centres nerveux (courants cérébro-spinaux). — Les centres nerveux présentent, comme le nerf et le muscle, des différences de potentiel électrique qui, vu leur grande intensité, peuvent être facilement révélées par le galvanomètre. La structure des centres nerveux étant beaucoup plus compliquée que celle des muscles et des nerfs, les courants cérébro-spinaux ne présentent pas dans leur marche et leur développement cette régularité que nous avons vue dans les courants neuro-musculaires. La répartition des potentiels électriques dans les centres nerveux est très compliquée et plutôt irrégulière. En dérivant au galvanomètre un courant de deux points de la substance cérébrale ou médullaire, il est impossible de préciser à quels éléments proprement dits se rapporte la différence de potentiel constatée par le galvanomètre. C'est sans doute à cause de ces difficultés que les données relatives aux phénomènes électriques des centres nerveux sont encore peu nombreuses et qu'en général ce domaine de recherches est encore peu exploré. Aussi nous bornerons-nous à rendre compte ici de quelques travaux qui se rapportent à cette question, très insuffisants pour formuler des lois sur les courants cérébro-spinaux, analogues à celles des courants neuro-musculaires.

L'effet réactionnel des centres nerveux produit par l'excitation d'un nerf centripète ne peut pas être déterminé avec la précision et la rigueur qui caractérisent la réaction musculaire provoquée par l'excitation d'un nerf centrifuge. Le plus souvent même, la mesure de la réaction centrale d'un nerf sensitif nous échappe complètement, faute de moyens d'investigation suffisants. Il est en tout cas assez naturel qu'après avoir trouvé dans la variation négative du nerf une mesure exacte de son activité, on ait été tenté de chercher si l'irritation d'un nerf sensitif ne produit pas une variation de l'état électrique de son expansion terminale centrale et de voir si les processus d'excitation de la substance même du cerveau et de la moelle ne sont pas accompagnés de certains phénomènes électriques réguliers.

Pour la moelle épinière et la moelle allongée, SETCHENOFF (80) fut, à notre connaissance, le premier à intercaler cette partie de l'axe cérébro-spinal dans un circuit galvanométrique. Il a constaté alors des séries irrégulières de variations électriques à la suite de l'irritation du bout central du sciatique; dans certains cas, celle-ci au contraire arrêtait la production de courants électriques dans la moelle allongée. GOTCH et HONSLEY (46) ont institué sur ce sujet des expériences nombreuses et en ont tiré des conclusions importantes. La force électromotrice du courant transverso-longitudinal de la moelle épinière est, d'après leurs recherches, chez le chat de 0,032 DANIELL, et chez le singe de 0,022; elle varie suivant différentes conditions qui influent sur la vitalité de l'organe; elle augmente à la suite de l'irritation de la moelle et diminue avec le progrès des altérations postmortales, et lorsque la moelle est séparée du cerveau. L'irritation de la couronne rayonnante produit dans la moelle épinière un effet galvanométrique un peu moindre que l'irritation directe de l'écorce cérébrale, mais cet effet est quatre fois plus grand que celui que l'on observe dans le nerf sciatique correspondant. En séparant les deux moitiés de la moelle épinière par une section longitudinale, on constate que l'irritation de l'écorce cérébrale et de la couronne rayonnante provoque des variations électriques seulement dans le côté correspondant; pour obtenir un effet galvanométrique bilatéral, il faut irriter en même temps le cervelet, les ganglions profonds et l'écorce cérébrale du côté opposé. L'irritation des différents faisceaux de la moelle épinière provoque également des phénomènes électromoteurs, dans lesquels Gotch et Horsley croient avoir trouvé des indices importants pour la marche et la transmission du processus d'excitation à travers les différentes parties de l'axe médullaire. Ils ont pu constater ainsi que le processus d'excitation provoqué par l'irritation d'un nerf spinal mixte ne se répartit pas d'une façon égale dans les différents faisceaux de la moelle; 82 p. 100 de cette excitation se transmettent au côté homolatéral, et 18 p. 100 vont dans le côté [opposé au nerf irrité. De ces 82 p. 100, la plus grande partie, 73 p. 100, se propagent dans le faisceau postérieur, tandis que 9 p. 100 parcourent le faisceau latéral; dans le côté contrelatéral de la moelle, 15 p. 100 de l'excitation vont dans le faisceau postérieur, et seulement 3 p. 100 dans le faisceau latéral. Quelle que soit la valeur de ces chiffres, il n'en est pas moins vrai que les recherches de Gotch et Horsley démontrent avec évidence que le processus d'excitation dans la moelle épinière est accompagné toujours d'une onde électrique, dont la direction et la marche par rapport à celles de l'onde de l'excitation sont encore à déterminer.

A ce sujet se rapportent également les récentes recherches de Bernstein (81) sur la variation négative réflexe du courant nerveux. L'irritation d'un nerf centripète aboutit non seulement à un mouvement réflexe, mais aussi à une variation réflexe de l'état électrique du nerf centrifuge correspondant. On peut conclure de l'ensemble de ces recherches que l'onde d'excitation produite par l'irritation d'un nerf sensitif est accompagnée sur tout le parcours de l'arc réflexe par une onde électrique.

Le cerveau est également le siège de phénomènes électriques qui sont plus ou moins associés aux processus d'excitation qui traversent la masse cérébrale dans différents sens. Caton (82) le premier a institué des recherches sur ce sujet, et ses intéressantes observations doivent être considérées en général comme le premier travail sur les phénomènes électriques dans les centres nerveux. C'est en 1875 qu'il a communiqué les résultats de ses expériences, qui démontrent que l'écorce cérébrale chez le lapin, le chat et le singe présente des différences de potentiel électrique, dont la force électromotrice varie suivant l'endroit exploré. La surface du cerveau est électro-positive par rapport à sa section verticale, qui est électro-négative. Le courant dérivé de la surface du cerveau et de sa section verticale est bien plus considérable que le courant dérivé de deux points de sa surface. Le courant électrique du cerveau présente des oscillations plus ou moins grandes en rapport avec l'état psychique et affectif de l'animal. L'excitation de la rétine par une lumière vive provoque une variation de l'état électrique dans la partie postérieure et latérale de l'hémisphère cérébral correspondant. L'irritation des lèvres, ou même l'acte de mastication, provoque chez quelques animaux une variation électrique dans la partie de l'écorce cérébrale désignée par Ferrier comme centre moteur de mastication. Malgré l'évidence des résultats obtenus, Caton considérait ses recherches comme insuffisantes pour pouvoir en tirer des conclusions générales. Danilewsky (83) a fait sur ce sujet, en 1876, et indépendamment de Caton, quelques expériences semblables qu'il n'a publiées qu'en 1891, et qui lui ont permis d'insister, déjà en 1877, dans sa thèse de doctorat, sur l'importance de l'étude des phénomènes électromoteurs du cerveau pour l'analyse des processus d'excitation qui accompagnent l'activité cérébrale.

Les recherches de Danilewsky étaient inconnues, et celles de Caton n'avaient pas attiré l'attention des physiologistes, étant même complètement oubliées, lorsque Beck (84) publia son travail, dans lequel il remit la question des phénomènes électromoteurs du cerveau à l'ordre du jour. Ses recherches ont démontré que le cerveau présente, comme le nerf et le muscle, des différences de potentiel électrique qui accompagnent son activité. L'irritation des nerfs périphériques produit des courants électriques dans les parties du cerveau qui sont en rapport fonctionnel avec ces nerfs, d'où Beck conclut à la possibilité de localiser au moyen de cette méthode différentes fonctions dans l'écorce cérébrale. Dans un travail publié après celui de Beck, mais déposé quelques années auparavant à l'Académie des sciences de Vienne sous pli cacheté, von Fleischl avait relaté des observations semblables se rapportant aux courants cérébraux chez l'homme. Bientôt après, BECK et CYBULSKI ont publié une nouvelle série de recherches, d'où il résulte que le courant dérivé de deux points de la surface cérébrale présente de grandes oscillations, et une direction indéterminée; celle-ci varie pour les mêmes points dérivés suivant l'individu. D'une manière générale la tension positive prévaut dans le lobe frontal, tandis que la tension négative prévaut dans le lobe occipital. Les oscillations du courant ne sont en rapport ni avec le pouls ni avec la respiration, et elles doivent être considérées plutôt comme l'effet des variations de l'état d'activité de l'écorce cérébrale. L'irritation d'un nerf centripète produit dans la partie correspondante du cerveau une variation négative, qui est l'expression du processus d'excitation provoqué dans le cerveau par l'irritation d'un nerf périphérique.

Il résulte de toutes ces expériences que les centres nerveux présentent un courant électrique qui subit pendant leur activité des variations encore mal déterminées. Il est certain que ces variations sont en rapport avec les processus d'excitation de la substance cérébro-spinale; mais, dans l'état actuel de la science, il est encore impossible de préciser la nature de ce rapport, vu la prodigieuse complexité des réactions du cerveau et de la moelle épinière. La solution de ce problème est certainement une des tâches des plus importantes, mais aussi des plus difficiles de la psycho-physiologie générale.

VII. — Phénomènes électromoteurs de l'œil (Courants rétiniens). — Du Bois-REYMOND indiqua le premier l'existence de forces électromotrices dans l'organe de la vue. Il a constaté en 1849 que le nerf optique des poissons se comporte négativement vis-à-vis de la partie antérieure (la cornée) du globe oculaire. De ce fait il a cru pouvoir conclure à une certaine analogie générale entre le bout naturel du nerf et l'extrémité tendineuse du muscle. HOLMGREN (86) a confirmé le fait trouvé par DU BOIS-REYMOND; mais il a constaté en outre que chez la grenouille le résultat varie suivant que la seconde électrode est appliquée sur les parties antérieure ou postérieure du globe oculaire; dans ce dernier cas le globe est faiblement négatif par rapport au nerf optique. Il a déterminé d'une façon très précise la répartition des tensions électriques dans le globe oculaire et dans la rétine; celle-ci est à sa surface transversale naturelle (surface choroïdale) négative par rapport à sa surface longitudinale naturelle (surface interne) qui est positive. Le courant rétinien est donc « pénétrant »; car il se dirige de dehors en dedans. KÜHNE et STEINER (87) ont confirmé l'existence de ce courant, tout en l'interprétant différemment.

HOLMGREN a démontré ce fait intéressant que le courant que l'on désigne comme le courant de repos de la rétine est sujet à des variations de son état électrique sous l'influence de l'excitation lumineuse de l'appareil visuel. Si, après avoir gardé l'œil d'une grenouille dans l'obscurité pendant un certain laps de temps, on le soumet ensuite à l'action de la lumière plus ou moins intense, on constate une variation positive du courant propre de la rétine. Cette variation de l'état électrique peut être provoquée non seulement par l'action de la lumière sur l'œil gardé préalablement dans l'obscurité, mais aussi par un changement plus ou moins brusque de l'intensité lumineuse dans un sens ou dans l'autre. La variation du courant de repos de la rétine, qui est positive chez la grenouille, est toujours négative chez les reptiles, les oiseaux et les mammifères; chez ces derniers la variation négative provoquée par l'action de la lumière fait place à une variation positive au moment où la lumière succède à l'obscurité. Ces faits ont été confirmés en tous points par DEWAR et KENDRICK (88), qui ont cherché à déterminer pour la rétine, à l'aide de la méthode des variations photo-électriques, le rapport entre l'irritant et la sensation dans le sens de la loi de WEBER-FECHNER. Ils ont constaté que la lumière blanche et les lumières colorées excitent la rétine dans l'ordre suivant d'intensité : blanc, jaune, vert, rouge, bleu. Ils ont aussi pu déterminer une variation électrique sur des animaux intacts et sur l'homme, une des électrodes étant posée sur l'œil, et l'autre sur un autre point quelconque du corps; ils estiment la valeur de ces variations à 0,0001 D. KÜHNE et STEINER soutiennent également que la lumière blanche n'est pas la seule qui impressionne la rétine au point de vue des phénomènes électromoteurs; ils ont démontré que ceux-ci se produisent aussi à la suite de l'excitation par la lumière colorée (bleue, verte, jaune et rouge), et non seulement dans une rétine qui contient du pourpre, mais aussi dans celle qui en est dépourvue; la différence dans les deux cas consiste seulement dans l'intensité des phénomènes observés.

Les variations photo-électriques du globe oculaire tout entier diffèrent un peu de celles de la rétine isolée. Dans le globe oculaire certaines phases de variations sont incomplètes ou font même complètement défaut; ainsi la deuxième phase négative ne paraît pas toujours à la suite d'une excitation lumineuse. Les conditions peu favorables, dans lesquelles se fait la dérivation de différents points de la surface du globe, sont cause de l'irrégularité apparente de ces variations photo-électriques comparativement à celles de la rétine, où la dérivation se fait d'une façon parfaite.

Les phénomènes électriques de la rétine varient suivant l'espèce animale : très nets et très réguliers chez les reptiles, les oiseaux (poulet) et les mammifères (lapin et chien), ils le sont bien moins chez les poissons. Holmgren a même nié l'existence de ces phénomènes photo-électriques chez ces derniers. Les phénomènes photo-électriques peuvent se produire non seulement à la suite de l'action directe de la lumière sur l'œil exploré, mais aussi par voie réflexe, à la suite de l'action d'un irritant lumineux sur l'autre œil [Engelmann (89)]. Les phénomènes photo-électriques réflexes sont un peu moins prononcés que les phénomènes directs et ne présentent pas toutes les phases de variations de ces derniers. La section du nerf optique supprime les variations électriques de l'œil du côté de la section à la suite de l'excitation lumineuse de l'œil du côté opposé. Ce dernier fait parlerait en faveur de l'existence de fibres centrifuges dans le nerf optique, comme l'ont démontré du reste à un autre point de vue Genderen-Start (89) et Elinson (90).

Pour ce qui concerne la marche des variations photo-électriques, il résulte des recherches de S. Fuchs (91), faites avec la méthode rhéotomique sur l'œil de la grenouille, qu'entre le moment de l'irritation et le début de la variation positive il existe un temps perdu qui peut être évalué de $0''{,}0005$ à $0{,}006$. La durée de la variation positive est de $0''{,}007$ à $0{,}0181$. La variation négative, dans le cas où elle suit directement l'irritation, présente une période latente de $0''{,}0004$ à $0{,}0064$ et une durée de $0''{,}0029$ à $0{,}0105$.

Tels sont les faits connus sur les phénomènes électromoteurs de l'organe visuel. Vu la structure très compliquée de la rétine et les données incertaines sur son photochimisme, il est encore difficile de déterminer avec précision le siège et l'importance des phénomènes photo-électriques. Il est probable — et cela résulte des nombreuses recherches de Kühne et Steiner — que les courants rétiniens se produisent surtout, et peut-être exclusivement, dans les éléments épithéliaux de la rétine qui constituent les cellules sensorielles de l'organe visuel. Ce sont très probablement les processus photochimiques de ces cellules qui engendrent des phénomènes électriques, dont les phases positive et négative sont en rapport avec l'état catabolique et anabolique de la cellule. Quelle que soit la valeur de cette hypothèse sur l'origine des courants rétiniens, l'existence de ces derniers démontre avec évidence le rôle important que l'étude des phénomènes électromoteurs des organes des sens devrait jouer dans l'analyse objective des sensations.

VIII. — Phénomènes électriques de la peau et des glandes (courants cutanés et glandulaires). — La découverte de l'électricité cutanée et glandulaire est due également à du Bois-Reymond. C'est en poursuivant ses recherches sur les courants électriques des muscles intacts qu'il a constaté une force électromotrice très considérable dans la peau de la grenouille. L'application non simultanée de deux électrodes à la surface cutanée de la grenouille avait toujours pour effet un courant électrique se dirigeant dans la peau de l'électrode appliquée plus tard vers celle qui était appliquée auparavant. L'application simultanée de deux électrodes ne donnait aucun courant. Du Bois-Reymond a constaté en outre un courant électrique très intense entre les surfaces cutanées externe et interne, allant de la première à la dernière. Ce courant étant plus évident là où la sécrétion des glandes est plus prononcée, il a été très naturel d'admettre qu'il n'est autre chose qu'une manifestation de l'activité glandulaire. Cette idée a trouvé confirmation dans les recherches de Rosenthal (92), qui a prouvé que, dans les glandes cutanées des amphibies, il existe un courant allant de l'orifice au fond de la glande, donc de dehors en dedans. Ayant constaté la même chose dans la muqueuse de l'estomac, il a conclu que toutes ces forces électromotrices constituent une propriété inhérente à la substance glandulaire, comme les courants neuro-musculaires constituent une propriété vitale des nerfs et des muscles. Les faits trouvés par Rosenthal furent également constatés par Roeber (93), mais leur signification fut fortement discutée par Hermann et Engelmann

(94). Ce dernier attribue aux courants glandulaires une origine myogène. Ce n'est pas
l'activité propre des glandes qui produirait ces courants, mais ce sont tout simplement des
courants de fibrilles musculaires contractiles qui entourent les glandes extérieurement.
D'après HERMANN, ce n'est pas la glande tout entière, mais seulement sa *couche épithéliale*
qui est le siège des forces électromotrices. Il considère, conformément à la théorie
d'altération, les processus chimiques qui accompagnent la sécrétion des glandes comme
la source unique des courants électriques allant de l'orifice au fond de la glande. Il s'agirait donc ici non pas de l'électricité de la glande, mais plutôt de *l'électricité de la cellule*,
d'une propriété générale du protoplasma. Cette manière de voir, à laquelle se range également BIEDERMANN (95), trouve une base solide dans les récentes recherches de E. W. REID
(96), qui a démontré qu'une différence de potentiel électrique existe non seulement dans
la couche épithéliale des glandes, mais aussi dans d'autres cellules épithéliales.

C'est sur la langue, riche en glandes, que l'on peut étudier le mieux les courants glandulaires. En préparant la langue d'une façon appropriée à ce genre de recherches (BIE-
DERMANN, *l. c.*, p. 395), on constate un fort courant allant dans le circuit dérivateur de la
face inférieure à la surface supérieure de la langue; c'est un courant « pénétrant » (*eins-
teigend*) dans le sens d'HERMANN, puisqu'il pénètre par la surface supérieure de la langue
riche en cellules épithéliales (l'épithélium des glandes et des papilles) et se dirige vers
la face inférieure où se trouvent les culs-de-sac des glandes. Ce courant disparaît après
la destruction totale de la couche épithéliale de la surface supérieure; d'autre part,
un tronçon de cette couche épithéliale, détaché de la langue et placé sur des électrodes impolarisables, accuse également une différence de potentiel électrique. Ce fait
prouve que, pour la langue, le courant glandulaire de repos résulte avant tout des
différences de potentiel de l'épithélium de sa surface supérieure. L'intensité du courant
des glandes de la langue varie suivant l'individualité de la grenouille et suivant son état
de nutrition; elle est influencée par la saison et par la température. Sous l'influence de
l'abaissement graduel de la température, le courant peut changer de direction et devenir
courant de repos « inversé ». Au lieu d'être « pénétrant » il devient « sortant » et se
dirige du fond de la glande vers son orifice. L'intensité du courant inversé peut être
assez considérable, et même égale à celle du courant normal. BIEDERMANN a constaté que
les préparations fraîches subissent moins facilement l'influence du refroidissement sur la
direction de leur courant que les préparations anciennes, dont le pouvoir électromoteur
est déjà un peu affaibli. Aussi cette influence s'exerce-t-elle d'une façon plus énergique
chez des grenouilles tenues au chaud, que chez celles qui sont tenues au froid, même si
leurs forces électromotrices à l'état normal sont égales.

La quantité d'eau contenue dans la muqueuse de la langue exerce une influence
notable sur la force électromotrice du courant glandulaire; celle-ci est renforcée ou
affaiblie suivant que la quantité d'eau dans la muqueuse augmente ou diminue. L'oxygène favorise la production de courants glandulaires; l'acide carbonique et certains
anesthésiques (éther, chloroforme) diminuent sensiblement la force de ces courants (BIE-
DERMANN).

Dans la muqueuse du pharynx et dans celle du cloaque, chez la grenouille, il existe
également des forces électromotrices considérables qui se comportent vis-à-vis des
agents extérieurs, et particulièrement vis-à-vis du froid, de la même manière que celles
de la langue.

C'est surtout dans la peau des batraciens et des poissons que l'on a constaté des forces
électromotrices notables se dirigeant de dehors en dedans, c'est-à-dire de la partie
externe à la partie interne de la peau. L'intensité du courant cutané varie suivant la
température et le degré de l'humidité de la peau; l'oxygène favorise, l'acide carbonique
et les anesthésiques empêchent la production de ce courant.

A côté des courants de repos, dont il a été question plus haut, les glandes et la peau
présentent aussi des courants d'action qui accompagnent la mise en jeu de l'activité
glandulaire sous l'influence des excitations. En irritant une préparation de la langue ou
de la peau de grenouille, après avoir dérivé son courant de repos au galvanomètre, on
constate une diminution notable du courant « pénétrant » dans le sens d'une variation
négative, analogue à celle que nous avons vue dans le nerf et dans le muscle. L'intensité
de la variation négative est en rapport avec celle du courant de repos; plus celui-ci est

grand, plus la variation négative du courant glandulaire peut être provoquée avec une intensité du courant irritant peu considérable (BIEDERMANN). Le courant « inversé », c'est-à-dire « sortant », provoqué par l'action du froid sur la surface épithéliale, présente aussi une variation négative qui est cependant bien moins grande que celle du courant normal « pénétrant » et nécessite une force d'irritation plus grande. La variation négative des courants glandulaires et cutanés présente une période latente (ENGELMANN), dont la durée est en rapport inverse avec l'intensité de l'irritation. En irritant un tronçon de glande, on observe non seulement une variation négative, mais aussi une variation positive : celle-ci est même parfois plus prononcée que la première. Dans certains cas, notamment dans le cas où l'irritation a lieu par l'intermédiaire du nerf, la variation positive se produit seule, sans être précédée d'une variation négative [HERMANN (97), BACH et ŒHLER (98)].

Les courants d'action se produisent non seulement à la suite de l'irritation directe de la surface glandulaire, mais aussi à la suite de l'irritation indirecte par l'intermédiaire de son nerf. HERMANN et LUCHSINGER (99) ont constaté que l'irritation d'un nerf sécrétoire provoque non seulement une sécrétion de la glande, mais aussi un courant électrique d'un sens déterminé : ainsi, en irritant le nerf sciatique et en dérivant les coussinets des pattes d'un chat au galvanomètre, ils ont vu que chaque sécrétion abondante de sueur à la surface de ces coussinets est accompagnée d'un courant électrique cutané allant de dehors en dedans. Après l'injection d'atropine, qui supprime l'action des nerfs sécrétoires, il n'y a ni sécrétion sudorale ni courant électrique. Cela prouve que la variation de l'état électrique, provoquée par l'irritation directe ou indirecte du nerf, est un phénomène lié à l'activité des glandes.

Ce rapport entre la variation électrique et l'activité de la glande a été confirmé aussi sur d'autres glandes. Les recherches de BAYLISS et BRADFORD, DE BIEDERMANN et BOHLEN sont très instructives à cet égard. BAYLISS et BRADFORD (100) ont démontré que la glande sous-maxillaire produit un courant dirigé de dehors en dedans : la surface de la glande est donc négative par rapport au hile. L'intensité et la direction de ce courant varient suivant l'animal et l'état fonctionnel de la glande. L'irritation de la corde du tympan provoque dans la glande sous-maxillaire, après une courte période latente, une variation négative de son état électrique. L'irritation du sympathique cervical produit après une période latente plus longue une variation positive du courant de repos. Il existe un certain rapport entre l'apparition de l'une ou de l'autre phase de la variation électrique et des propriétés différentes de la sécrétion de la glande. BRADFORD croit même à l'existence d'un rapport causal entre ces deux phases et la production de différentes parties constitutives de la salive : une des phases correspond à la formation des parties organiques, tandis que la phase la plus forte, qui va dans un sens opposé, est en rapport avec la production de la partie liquide de la sécrétion glandulaire. Les recherches de BIEDERMANN (95) sur les forces électromotrices des glandes muqueuses uni- et multi-cellulaires chez des animaux inférieurs prêtent un appui à cette manière de voir qui ressort surtout des expériences de BOHLEN (101) faites au laboratoire et sous la direction de BIEDERMANN. Il résulte de ces recherches que le courant normal de repos de la muqueuse stomacale est également « pénétrant » chez les animaux à sang froid et à sang chaud, il se dirige du dehors en dedans et présente une intensité assez considérable qui paraît être plus grande chez les animaux nourris que chez ceux qui sont à jeun. D'une manière générale les processus de digestion diminuent plutôt la force électromotrice du courant « pénétrant ». L'irritation du pneumogastrique provoque chez la grenouille seulement une variation positive peu prononcée du courant pénétrant : celle-ci varie suivant différentes circonstances, mais n'atteint jamais une grande intensité. Chez les mammifères (lapin, cobaye et rat blanc), la variation positive est également faible ; mais elle est suivie d'une variation négative qui est très forte et peut même dépasser en intensité le courant primaire ; ce dernier peut devenir un courant « inversé ». L'anémie produite par la compression de l'aorte diminue sensiblement l'intensité du courant ; mais celui-ci augmente de nouveau à mesure que le sang afflue à la surface stomacale. La dyspnée provoquée par la section des deux pneumogastriques produit une variation négative, suivie, après quelques secondes, d'une variation positive du courant de repos. Les variations de la pression sanguine exercent également une influence notable sur le courant électrique de la muqueuse stomacale; celui-ci subit une augmentation considérable sous l'influence de la pléthore hydrémique produite par l'injection d'une solution chloruro-sodique. L'action de différents poisons (pilocarpine, nitrite d'amyle, chloral, curare) est analogue à celle de l'irritation du pneumogastrique. En général, toutes les conditions qui favorisent la sécrétion de la surface muqueuse de l'estomac augmentent considérablement la force électromotrice de son courant normal pénétrant. Cela prouve que les phénomènes électromoteurs de l'estomac dépendent, sinon complètement, du moins en très grande partie, de la fonction sécrétoire de l'estomac, et qu'ils se trouvent ainsi en rapport avec l'activité des cellules épithéliales de la surface muqueuse. Il s'agit donc dans ce cas également d'un courant de la cellule, dont l'activité provoque une variation de son état électrique.

Chez l'homme, l'innervation centrale paraît, d'après les recherches de Tarchanoff (102), exercer une certaine influence sur les courants cutanés, lesquels sont très nets, surtout aux endroits où les glandes sudoripares abondent, et peu prononcés aux régions où ces glandes se trouvent en petite quantité. Toute activité psychique, depuis une simple sensation jusqu'aux fonctions les plus compliquées de la volonté et de l'intellect, provoque une variation positive du courant cutané normal. Ce fait prouverait que la sécrétion sudorale accompagne la fonction psychique chez l'homme comme les autres fonctions organiques et qu'elle est influencée par elle, ce qui a été démontré déjà d'une façon plus directe par les expériences de Veyrich. Le fait important qui se dégage de ces expériences est le rapport entre la grande intensité du courant cutané et l'abondance des glandes sudoripares à certaines régions de la peau, qui plaiderait également en faveur de l'origine glandulaire des courants cutanés chez l'homme.

Tous ces faits permettent de conclure que l'activité des glandes de la peau et des muqueuses est accompagnée d'une production de forces électromotrices. A ce point de vue, comme sous d'autres rapports encore, le tissu glandulaire se rapproche beaucoup du tissu musculaire; et il existe entre les deux une certaine corrélation physiologique.

Comme dans le muscle, on distingue aussi dans la glande un état de repos et un état d'activité : comme le muscle, la glande passe également à l'état d'action sous l'influence d'une irritation nerveuse, et ses états de repos et d'activité sont accompagnés d'un courant de repos et d'action. Ces différences de potentiel électrique sont sans doute liées aux échanges chimiques qui ont lieu dans les cellules de la glande. Mais, si dans le muscle il est déjà bien difficile de déterminer rigoureusement le passage de l'état de repos à l'état d'activité et de différencier ainsi le courant de repos du courant d'action, cette distinction devient encore plus difficile pour la glande. Dans les éléments glandulaires le chimisme a lieu d'une façon continue; l'excitation directe ou indirecte ne fait que modifier sa quantité et sa qualité. Ce sont justement ces variations du chimisme glandulaire qui font varier le sens et l'intensité des courants électriques des glandes. Ces courants doivent être considérés comme l'expression du processus d'excitation des éléments glandulaires, lequel, à lui seul, peut suffire pour produire le phénomène électromoteur sans que la sécrétion liquide de la glande ait lieu. Une force d'excitation insuffisante pour produire une sécrétion peut cependant provoquer un processus d'excitation aboutissant à une variation de l'état électrique de la glande.

IX. Phénomènes électriques chez l'homme. — Deux expériences dominent l'étude des phénomènes électromoteurs chez l'homme : celle de du Bois-Reymond relative à la variation négative de la contraction volontaire du muscle, et celle d'Hermann sur le courant d'action diphasique de la contraction musculaire tétanique provoquée par l'irritation du nerf. Si l'on ne se rapportait qu'à ces deux expériences faites avec toute la rigueur des méthodes électrophysiologiques, l'exposé des phénomènes électromoteurs chez l'homme serait peut-être mieux à sa place dans le chapitre traitant les courants du muscle en action. Mais, à côté des phénomènes nets et précis, démontrés par ces deux expériences, il existe encore dans l'organisme de l'homme des tensions électriques, encore peu connues et mal déterminées, mais méritant néanmoins une mention. C'est pourquoi nous avons cru devoir réunir dans ce chapitre spécial tous les documents concernant l'électricité organique chez l'homme.

Il était tout naturel que du Bois-Reymond, après avoir prouvé d'une façon aussi éclatante l'existence de phénomènes électriques dans les muscles des animaux, ait été tenté

de rechercher les mêmes phénomènes dans les muscles de l'homme. Aussi n'a-t-il pas
tardé à instituer sur ce sujet des expériences auxquelles il a appliqué la même précision et la même clairvoyance que dans ses études sur les animaux. Malgré tous ses
efforts, il n'a pu, à travers la peau couvrant le muscle déceler, un courant musculaire, ni
chez l'homme ni chez les animaux intacts. Il est vrai qu'au cours de ses expériences il
a découvert les phénomènes d'électricité cutanée, lesquels sont devenus les points de
départ des nombreux travaux sur les courants glandulaires, dont il a été question plus
haut. Ce sont ces courants, facilement dérivés au galvanomètre, qui deviennent une cause
d'erreur considérable dans la détermination des phénomènes électriques d'un muscle à
travers son tégument cutané.

Si du Bois-Reymond a échoué dans sa tentative de déterminer à travers la peau le
courant de repos du muscle intact, il a pleinement réussi à déterminer chez l'homme le
phénomène électrique qui accompagne l'activité musculaire.

Cette célèbre expérience, qui démontre dans le sens de la théorie de du Bois-Reymond
l'existence de la variation négative du courant préexistant du muscle chez l'homme, a
provoqué autant d'admiration que de discussions; et ces discussions sont encore aujour-
d'hui loin d'être closes. La fig. 185 indique la manière dont se fait cette expérience :

On plonge un ou plusieurs doigts de chaque main (le mieux l'indicateur) dans deux
vases rhéophores communiquant avec le galvanomètre; on observe en général alors une
déviation très légère de l'aiguille à la suite de l'inégalité de contact des doigts plongés
avec le liquide des vases, peut-être même à la suite de certains courants cutanés ou
musculaires. Lorsque, après avoir compensé ces courants accidentels, et après avoir
ramené l'aiguille à zéro, on contracte fortement les muscles de l'un des bras, on constate dans le galvanomètre une déviation de l'aiguille dans le sens du bras relâché vers
le bras contracté. Cette dérivation indique la production d'un courant ascendant, qui se
dirige de la main vers l'épaule, et dont la force électromotrice a été évaluée par Hermann
à 0,0014 — 0,0023 Dan. Lorsque les muscles de l'autre bras se contractent, le courant
est de sens inverse. On peut également dériver au galvanomètre les deux pieds, et en
faisant contracter fortement une des jambes, on observe une déviation de l'aiguille galvanométrique plus ou moins considérable. L'effet est bien plus grand, si l'on fait contracter le même bras à plusieurs personnes placées en chaîne, de façon que chaque personne plonge le doigt correspondant à celui de son voisin dans le même vase rhéophore
placé entre deux personnes. On obtient ainsi une vraie pile électrique à la suite de la
contraction volontaire collective. Du Bois-Reymond considérait ce phénomène comme une
variation négative du courant de repos accompagnant la contraction volontaire du
muscle chez l'homme, et il croyait avoir prouvé ainsi l'existence de phénomènes électromoteurs chez l'homme pendant l'activité de ses muscles. Cette manière de voir paraissait d'autant plus probable, qu'il avait constaté que la jambe du lapin, contrairement à
ce qui se passe chez la grenouille, présente également des variations de potentiel électrique dans le sens d'un courant de repos descendant et d'une variation négative
ascendante.

Cette expérience a provoqué de nombreuses discussions, et l'interprétation du phénomène de du Bois-Reymond a été l'objet de critiques plus ou moins sévères. L'Académie
des sciences de Paris a institué une commission spéciale pour la soumettre à une épreuve
expérimentale. C'est alors que Becquerel père a émis des doutes sur l'existence d'un
rapport direct entre les phénomènes électriques et la contraction volontaire des muscles,
et qu'il a attribué la production d'électricité à la sécrétion sudorale du doigt provoquée
par la contraction tétanique du bras. Pour répondre à cette objection, du Bois-Reymond
a fait l'expérience suivante : après avoir enveloppé une main dans un tissu imperméable
et après y avoir provoqué ainsi une transpiration abondante, il a placé les deux mains
dans le circuit galvanométrique; il a pu alors s'assurer que la main couverte de sueur
était par rapport à l'autre non pas négative, comme le croyait Becquerel, mais au con-
raire positive. Le courant était donc ascendant, non pas dans le bras soumis à l'expérience comme dans la contraction volontaire, mais dans l'autre bras indifférent.

Hermann a repris plus tard l'idée de Becquerel et cru avoir définitivement prouvé
que dans l'expérience de du Bois-Reymond il ne s'agit nullement de courants musculaires, mais exclusivement de courants cutanés provoqués par la sécrétion sudorale

qui accompagne la contraction tétanique volontaire. A notre avis cette question est loin d'être résolue. Il est possible, et même probable, que pendant chaque mouvement volontaire une sorte de dérivation de l'innervation centrale impressionne également la fonction sudorale de la peau et produise des courants cutanés ascendants, mais il n'est nullement prouvé que ce courant soit le seul qui accompagne la contraction volontaire du muscle. Jusqu'à preuve du contraire — preuve strictement expérimentale et nullement hypothétique, — il faut admettre que les phénomènes électromoteurs qui accompagnent le mouvement volontaire chez l'homme sont dus principalement aux courants musculaires, et peut-être aussi en partie aux courants cutanés.

Certains faits d'ordre de physiologie pathologique paraissent être très instructifs à cet égard. Nous croyons devoir les citer ici, car il n'est pas douteux qu'un grand nombre de faits biologiques observés chez l'animal au moyen de la vivisection et dans des conditions expérimentales artificielles ne peuvent être étudiés chez l'homme que dans le cas où le processus morbide produit des altérations semblables à celles qui sont provoquées chez l'animal par l'expérience physiologique. Il résulte de recherches que j'ai faites il y a plus de dix ans et qui ont été communiquées en partie au Congrès international des Électriciens à Paris, en 1889 et en partie à l'Académie de médecine de Paris en 1899 (103), que le phénomène de contraction volontaire de du Bois-Reymond se modifie sous l'influence des processus pathologiques chez l'homme. Dans tous les cas où l'impuissance motrice est accompagnée d'une atrophie musculaire, on observe une diminution notable de l'intensité du courant produit par le mouvement volontaire du bras malade. Si l'on a l'occasion de suivre pas à pas l'évolution de la maladie, on peut constater que, à mesure que l'atrophie gagne les muscles du membre malade, le courant électrique produit par le mouvement volontaire de ce membre perd de plus en plus de son intensité. Qu'il s'agisse ici d'une manifestation électrique du muscle malade et non pas exclusivement des courants cutanés, cela ressort des observations faites sur deux personnes atteintes d'ichtyose congénitale des bras et d'une grande partie du corps. Chez ces malades, la peau était absolument sèche et dépourvue de toute sécrétion sudorale; en tout cas cette dernière était réduite au minimum. Or la contraction du bras malade était toujours accompagnée d'un courant électrique assez considérable et ne différant guère comme intensité du même phénomène chez l'individu sain. Chez des malades, dont les bras sont atteints d'hypersécrétion sudorale, mais dont les muscles sont indemnes, le courant électrique produit par la contraction musculaire présente la même intensité que sur un bras normal. Ces faits prouvent que les manifestations morbides exercent une influence évidente sur les phénomènes électriques de l'organisme humain, et plaident en faveur de l'origine musculaire de ces phénomènes. Il serait difficile d'expliquer autrement le courant électrique produit par la contraction d'un bras privé de sa sécrétion sudorale, à moins que l'on n'admette que le processus d'innervation des glandes sudorales, insuffisant pour aboutir à une sécrétion évidente, suffise pour produire des phénomènes électriques. Ce ne serait qu'une hypothèse de plus qui, sans résoudre la question, la compliquerait davantage.

Hermann a étudié à l'aide d'une méthode spéciale les variations électriques des courants musculaires chez l'homme. La contraction volontaire n'ayant fourni entre ses mains que des résultats peu prononcés et irréguliers, il provoqua les contractions musculaires de l'avant-bras en excitant électriquement le plexus brachial. Deux électrodes en fil roulé et trempé dans une solution de sulfate de zinc entouraient en forme de bracelet l'avant-bras dans son tiers supérieur (l'équateur) et dans son tiers inférieur, et communiquaient avec le galvanomètre. Hermann a pu ainsi déterminer rhéotomiquement les courants d'action phasiques chez l'homme. Il résulte de ses très ingénieuses recherches que la contraction de la masse musculaire de l'avant-bras, provoquée par une irritation électrique, indirecte ou même directe, est accompagnée d'un courant d'action diphasique dont la première phase est descendante (atterminale), tandis que la seconde est ascendante (abterminale). Dans la partie supérieure de l'avant-bras on observe également une phase atterminale suivie d'une phase abterminale du courant d'action; seulement, dans ce cas, la première est ascendante et la seconde est descendante, contrairement à ce que l'on observe dans le courant d'action de la partie inférieure de l'avant-bras. Dans l'un et dans l'autre cas, les phases sont égales, d'où Hermann conclut à l'absence d'un décrément de l'onde d'excitation dans un muscle normal. La méthode *rhéotachygraphique*, créée par Hermann, permet d'enregistrer graphiquement les courants d'action diphasiques de l'avant-bras chez l'homme [Matthias (104)].

Grâce aux recherches de Waller, on sait maintenant que le cœur de l'homme présente également un courant d'action diphasique accompagnant ou précédant chaque systole cardiaque (voy. article **Cœur** de ce *Dictionnaire*, IV, p. 247). Le fait qui nous intéresse ici particulièrement et qui résulte de ces recherches est que les variations électromotrices du cœur sont accompagnées par des changements de tension électrique dans tout le corps. Si, dit Waller, on pose les électrodes du galvanomètre sur deux points a et b (voy. *l. c.*, fig. 70) situés de deux côtés de l'équateur, par exemple l'une dans la bouche et l'autre dans la main gauche, on verra le mercure de l'électromètre exécuter des pulsations synchroniques avec celles du cœur; si l'on prend la deuxième électrode dans la main droite, on ne voit rien du tout. Cela prouve que l'activité du cœur produit dans le reste du corps une répartition particulière de potentiel électrique : la moitié gauche du thorax et le membre supérieur gauche deviennent négatifs, pendant que la moitié droite du thorax, le membre supérieur droit et la tête de deux côtés deviennent positifs. Les mêmes modifications ne se produisent pas chez les animaux, dont le cœur, au lieu d'être placé obliquement comme chez l'homme, occupe une situation verticale médiane. Dans un cas de transposition des viscères, Waller a constaté une disposition des potentiels inverse à celle qu'on trouve chez l'homme à l'état normal. Ces recherches sont extrêmement intéressantes. Non seulement elles indiquent une disposition régulière des différences de potentiel électrique dans le corps humain, mais aussi elles démontrent avec évidence l'existence d'un certain rapport entre les variations électromotrices du corps humain et l'activité d'un organe aussi important que le cœur. Ce rapport électrophysiologique n'est peut-être pas le seul dans l'organisme de l'homme. Il est probable qu'avec le perfectionnement des méthodes d'investigation, les recherches ultérieures détermineront encore d'autres corrélations entre la tension électrique du corps humain et la fonction de ses différents organes plus ou moins importants.

La surface du corps humain présente des potentiels électriques, dont la répartition en vertu de la loi de surfaces électromotrices d'Helmholtz correspond probablement à des forces électromotrices qui se trouvent à l'intérieur de l'organisme. Ce point d'électricité animale est encore très peu étudié. On sait seulement, d'après les recherches de Meissner (105) et Stein (106), que la surface cutanée de l'homme présente une tension électrique positive, et que celle-ci peut atteindre dans certains cas et chez certaines personnes une intensité très considérable. Ce fait est corroboré par des observations nombreuses faites sur des *personnes électriques*. Depuis bien longtemps on cite des cas de personnes dont la peau donne lieu à des étincelles provenant de la tension électrique de leur peau. Un temps d'orage, un climat chaud et sec, et surtout la sécheresse de la peau, favorisent la production de ce phénomène, dont le mécanisme est loin d'être connu. Il est possible qu'à côté de la nature physiologique du phénomène les causes physiques jouent aussi un certain rôle dans sa production. Dans certaines conditions le corps peut devenir mauvais conducteur de l'électricité et emmagasiner toute celle que produisent le frottement des vêtements et diverses autres causes, et devenir à un moment donné capable de produire des étincelles comme une véritable machine électrique. Du reste des phénomènes analogues s'observent aussi chez certains animaux, dont les poils donnent parfois lieu à un dégagement d'électricité; ainsi on les observe très bien chez le chat lorsqu'on passe à rebrousse-poil la main sèche sur son dos. A ces faits se rattachent également les récentes expériences d'Exner sur les propriétés électriques des poils et des plumes. Ses recherches démontrent que pendant le vol des oiseaux les plumes se chargent d'électricité positive par rapport à celle de l'air qui est négative.

X. Poissons électriques. — La décharge des poissons électriques constitue certainement le phénomène le plus frappant, et peut-être aussi le plus important, de l'électricité animale. Aussi avons-nous cru utile de consacrer à ce sujet un article spécial, quoique l'exposé des phénomènes observés chez les poissons électriques dût se trouver plutôt à côté de celui d'autres phénomènes d'électricité animale, dont la décharge électrique des poissons fait partie intégrante. (Voy. plus loin, p. 366.)

XI. Théories de l'électricité animale. Considérations générales. — Toute théorie de l'électricité animale (doit, avant tout, résoudre la question de savoir si l'énergie électrique *préexiste* dans l'organisme animal, ou bien si elle n'est que le produit fonctionnel des tissus et des organes, un épiphénomène de leur activité. C'est ce problème qui divise les électro-physiologistes en deux camps, et, sans être définitivement résolu, il est devenu le point de départ de deux théories, qui dominent actuellement l'étude d'électricité animale : *la théorie moléculaire* de DU Bois-Reymond et *la théorie de l'altération* d'Hermann.

La première a pour base le principe de la préexistence des phénomènes électriques dans l'organisme et les explique par une disposition et orientation spéciale des molécules; c'est la théorie *physique* de l'électricité animale. La seconde rejette ce principe et explique les manifestations électriques de l'organisme vivant par des changements chimiques qui ont lieu dans les tissus et dans les organes pendant leur activité; c'est la théorie *chimique* de l'électricité animale. Les deux théories ont été émises pour expliquer les phénomènes électriques dans le muscle et ont été généralisées ensuite pour le nerf et d'autres tissus et organes. Nous allons les exposer brièvement; car leur connaissance est indispensable pour bien comprendre les faits décrits plus haut.

I. **Théorie moléculaire de DU Bois-Reymond.** — Le point fondamental de cette théorie est, comme nous venons de le dire, la *préexistence* des phénomènes électromoteurs dans l'organisme animal, et son point de départ est dans les faits établis par DU Bois-Reymond, qui prouvent l'existence aux surfaces du muscle et du nerf d'une disposition absolument régulière des tensions électriques, dont il résulte un courant déterminé à l'état de repos, ainsi qu'une variation négative, avec des courants électrotoniques, à l'état d'activité. C'est dans ces faits qu'a pris naissance la conception hypothétique de DU Bois-Reymond sur la constitution moléculaire du muscle et son analogie avec l'aimant. DU Bois-Reymond se trouvait évidemment sous la domination des idées d'Ampère, qui venait alors de donner une solution brillante à la question du rapport entre l'action de l'aimant et les phénomènes électrodynamiques. L'analogie entre l'action de l'aimant et celle des forces électromotrices du muscle et du nerf sur l'aiguille galvanométrique devait forcément frapper l'esprit perspicace et logique de DU Bois-Reymond. Cette analogie paraissait d'autant plus probable que, dans le muscle, comme dans l'aimant, les fragments découpés présentent la même répartition de potentiels électriques que le muscle tout entier. Comme, dans l'hypothèse d'Ampère, l'aimant est composé d'un grand nombre de molécules, dont chacune forme séparément un aimant complet avec ses deux pôles, DU Bois-Reymond admet également, pour le muscle et le nerf, que chaque fibre musculaire ou nerveuse est constituée par une infinité de petits éléments électromoteurs, *molécules péripolaires*, avec une zone équatoriale positive et deux zones polaires négatives. Rosenthal (108), dans la dernière édition de sa *Physiologie générale des muscles et des nerfs*, trouve avec raison le mot « molécule » impropre, car il ne correspond guère à la conception nette et précise que l'on se fait de ce mot en chimie. La molécule électromusculaire et électronerveuse de DU Bois-Reymond n'est pas une molécule chimique dans le sens strict du mot. C'est plutôt une agrégation de plusieurs molécules chimiques unies d'une certaine façon. Aussi Rosenthal propose-t-il — et nous adhérons complètement à sa manière de voir — de remplacer dans la théorie moléculaire le mot « molécule » par des expressions plus appropriées : *myomère* et *neuromère*, qui représenteraient ainsi les plus petites particules intégrantes des muscles et des nerfs. Chacune de ces particules est composée de nombreuses molécules d'une constitution chimique différente et est douée de propriétés électromotrices déterminées. Cette conception concorde très bien avec les données histologiques actuelles sur la structure du muscle, mais il n'en est pas ainsi pour le nerf, dont la structure ne prête aucun appui à la conception d'un nerf constitué par des particules infiniment petites et homogènes. La *neuromère* est donc une conception hypothétique au point de vue anatomique, mais au point de vue physiologique elle présente une unité qui permet d'envisager à un point de vue uniforme la vibration nerveuse et les phénomènes électriques des nerfs. Nous adoptons donc dans notre exposé les dénominations de *myomère* et de *neuromère*, proposées par Rosenthal, à la place de *molécule*, qui nous paraît impropre pour désigner l'élément électromoteur des fibres nerveuse et musculaire.

On peut de cette façon se représenter histologiquement chaque fibre musculaire comme une rangée de petites particules, dont chacune présente une unité histologique et électrophysiologique avec une disposition de tensions électriques pareille à celle du muscle tout entier. Ce dernier n'est du reste qu'un faisceau de fibres semblables, comme de son côté chacune de celles-ci est un amas de myomères disposées régulièrement, comme on le voit sur la figure suivante (fig. 186).

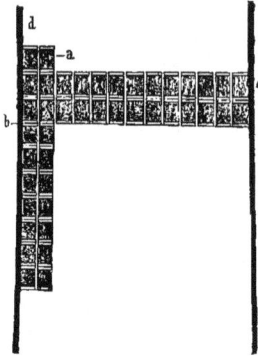

Fig. 186. — Représentation schématique d'une portion de fibre musculaire (d'après ROSENTHAL).

Puisque chaque myomère (molécule de DU BOIS-REYMOND) possède la même répartition de potentiels électriques que le muscle tout entier, il faut admettre que la surface transversale de la myomère est négative relativement à sa surface longitudinale. Toutes les myomères sont disposées de telle sorte que la somme de leurs surfaces longitudinales fait la surface longitudinale totale de la fibre musculaire et par conséquent du muscle tout entier; de même la section transversale du muscle est la résultante de la somme des surfaces transversales de toutes les myomères. Cela explique la négativité de la section transversale par rapport à la positivité de la surface longitudinale. Il en résulte des courants dont la direction est indiquée sur la figure 187.

Cette figure représente schématiquement la disposition des myomères et la répartition des tensions électriques dans un prisme musculaire régulier, dont chaque fragment se comporte du reste comme le prisme total. Dans le cas où le prisme n'est pas régulier et que la section transversale, au lieu d'être perpendiculaire à la surface longitudinale, prend une direction oblique à cette dernière, les myomères sont juxtaposées les unes au-dessus des autres en forme de marches d'escalier, et donnent des courants partiels, dont la somme produit le courant total du muscle et rend l'angle obtus plus positif que l'angle aigu. Cette disposition est indiquée sur la figure suivante (fig. 188).

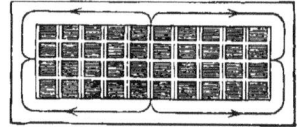

Fig. 187. — Schéma des courants électriques dans un groupe de myomères (d'après ROSENTHAL).

C'est ainsi que DU BOIS-REYMOND explique les courants de repos dans les muscles préparés et pourvus d'une section transversale artificielle. La chose n'est pas aussi simple, lorsqu'il s'agit des courants dans un muscle normal, intact, dont l'extrémité tendineuse (surface transversale naturelle) présente non seulement une négativité bien moindre que celle de la section transversale artificielle, mais souvent elle ne présente aucune tension électrique, ou bien elle est positive par rapport à la surface longitudinale, en donnant ainsi un courant renversé. Pour expliquer ce phénomène, DU BOIS-REYMOND

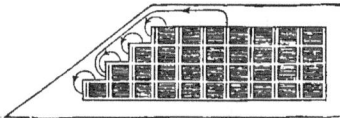

Fig. 188. — Schéma d'une section oblique d'un groupe de myomères (d'après ROSENTHAL).

invoque l'hypothèse d'une *parélectronomie* du muscle, dont la raison d'être et l'idée sont empruntées à l'hypothèse des physiciens sur l'existence des aimants moléculaires dans un morceau de fer non magnétique. En vertu de cette hypothèse, l'extrémité tendineuse du muscle présente une couche *parélectronomique*, dans laquelle se trouve une rangée de molécules dipolaires, lesquelles, au lieu d'être dirigées, comme d'ordinaire, avec le pôle négatif tourné vers la surface transversale, se tournent vers le tendon avec leur pôle positif, comme si la moitié externe manquait à la première paire de molécules. On peut se représenter ainsi plusieurs rangées de molécules disposées de cette façon, ce qui formerait dans le muscle une couche parélectronomique plus ou moins épaisse. Avec cette disposition particulière de molécules, il est facile de comprendre non seulement la positivité de l'extrémité tendineuse du muscle normal, mais aussi l'absence du courant dans ce dernier.

La variation négative du muscle s'explique dans la théorie moléculaire par la diminution de la force électromotrice des molécules dipolaires (myomères) ou bien par leur arrangement spécial, qui a lieu à la suite de l'excitation et produit un affaiblissement du courant de repos. Les phénomènes électrotoniques s'expliquent également par un arrangement spécial des molécules sous forme de pile.

L'explication donnée par la théorie moléculaire aux phénomènes électriques des muscles s'applique en tous points aux mêmes phénomènes observés dans le nerf à l'état de repos et d'action. D'après cette hypothèse, le nerf est également constitué par des molécules électriques péripolaires (neuromères), dont l'arrangement diffère suivant l'état de repos ou d'activité.

Tout récemment, J. Rosenthal (108), qui, malgré l'orientation différente de l'électrophysiologie moderne, est resté toujours partisan des idées de du Bois-Reymond, a formulé la théorie moléculaire d'une manière plus conforme à l'état actuel de la science. Plus réservé dans les hypothèses, il affirme néanmoins la validité de cette théorie, malgré toutes les attaques qui ont été dirigées contre elle. L'hypothèse du mouvement rotatoire des molécules dipolaires autour de leur axe explique certainement tous les phénomènes observés conformément aux principes de la physique, mais elle manque de base physiologique. Aussi, dans l'exposé de Rosenthal, n'est-il plus question de la rotation des molécules autour de leur axe; il ne reste de toute la théorie moléculaire que le fait fondamental établissant : a) que les phénomènes électriques du muscle et du nerf peuvent être ramenés à des phénomènes analogues dans leurs éléments constitutifs (myomères et neuromères), et b) que les manifestations électriques ont toujours lieu à l'état de repos, même dans le cas où il ne peut être décelé à la surface du tissu aucune différence de potentiel. Le principe de la préexistence du courant électrique reste donc intact dans la forme que donne Rosenthal à la théorie moléculaire, théorie qui devrait à notre avis se nommer plutôt théorie *physique* de l'électricité animale.

II. Théorie de l'altération d'Hermann. — Les faits suivants établis par Hermann servent de base à cette théorie :

1° *Toute partie lésée d'un muscle ou d'un nerf devient électro-négative par rapport à la partie non lésée*, ce qui produit un courant dit « courant de repos ». La section transversale est une « injure » portée au tissu organique et amène la désorganisation et la mortification des substances nerveuse et musculaire. Les forces électromotrices se développent aux régions de séparation de la substance altérée et le tissu intact, il sont une surface de *démarcation;* le courant qui s'y développe est un *courant de démarcation*, il se dirige de la partie lésée vers la partie non lésée et n'a rien à faire avec le courant soi-disant préexistant. Il est l'effet direct de la lésion et ne s'observe pas sur un muscle ou un nerf intacts. Les surfaces d'un muscle et d'un nerf normal et non lésé sont iso-électriques et ne présentent aucun courant. Le courant de repos est un courant artificiel corrélatif à la désorganisation chimique de la surface de section transversale lésée.

2° *Toute partie excitée du muscle ou du nerf devient électro-négative par rapport à la partie non excitée;* il résulte de là un *courant d'action* (variation négative de du Bois-Reymond) qui se dirige du point excité vers le point au repos et accompagne l'activité nerveuse et musculaire. La négativité du point excité est fonction de l'intensité de l'excitation, de sorte que deux points excités par des irritants d'intensité inégale donnent un courant d'action qui va du point fortement excité (plus négatif) au point faiblement excité (moins négatif). Les courants d'action présentent, d'après Hermann, les modalités suivantes :

a) *Courants d'actions phasiques*, dus à ce que l'excitation provoquée par une irritation unique n'atteint pas les deux points dérivés simultanément, mais bien à des phases différentes. Le courant d'action du muscle intact présente toujours deux phases, dont la première s'éloigne du point irrité, la seconde s'y dirige; il en résulte, dans le cas d'irritation indirecte, une direction abnervale et abterminale pour la première phase et une direction adnervale et atterminale pour la seconde. Dans le muscle séparé de l'organisme la seconde phase est plus faible que la première. Si le second point dérivé se trouve être à la section transversale artificielle, la seconde phase fait défaut.

b) *Courants d'action tétaniques*, *décrémentiels*, dus à la diminution (décrément) de l'onde d'excitation le long d'un muscle excité et détaché du corps; il se dirige du point dérivé plus rapproché de l'endroit irrité (ou de l'équateur nerveux) vers le point dérivé plus éloigné de ce dernier. Dans le cas où le second point dérivé se trouve sur la section transversale artificielle et où la seconde phase de l'onde électrique n'apparaît pas, on a tout simplement affaire à la variation négative du courant transverso-longitudinal (courant de *compensation*). Dans le muscle intact et irrité en sa totalité la différence de phases et le décrément font défaut; il n'y a pas dans ce cas de courant d'action. Le courant décrémentiel ne s'observe pas dans un muscle tout à fait normal et se produit surtout sous l'influence de la fatigue et dans les conditions de la diminution de l'excitabilité musculaire.

3° Les courants électrotoniques ne sont pas de nature physiologique, et présentent un phénomène physique dû à la polarisation interne du nerf; ce phénomène peut être reproduit facilement sur un nerf schématique artificiel (noyau conducteur composé d'un fil métallique entouré d'une mince couche liquide).

Tels sont les faits sur lesquels s'appuie la théorie de l'altération, et dont il a été nécessaire de donner ici un résumé succinct, afin de bien se rendre compte de la valeur et de l'importance de cette théorie. Le principe général consiste en ceci, que toute matière vivante répond aux influences destructives ou excitantes par une réaction électromotrice, qui rend la partie atteinte électronégative par rapport à la partie saine et au repos. Le tissu sain et intact ne présenterait donc aucune différence de potentiel électrique : sa surface serait iso-électrique. Telle est la loi fondamentale de la théorie de l'altération, dont la conséquence la plus directe est que les manifestations électriques sont liées à la constitution chimique du tissu nerveux et musculaire et résultent des réactions chimiques qui s'y produisent pendant l'activité; les forces électromotrices des muscles et des nerfs *ne préexistent pas :* elles constituent le produit toujours nouveau des échanges chimiques provoqués par l'excitation.

On voit donc que la théorie de l'altération est édifiée sur les décombres de la théorie de DU BOIS-REYMOND, qu'HERMANN croit avoir réduite en poussière. D'après HERMANN, la théorie moléculaire est insoutenable et pèche par la base, puisqu'elle admet la préexistence des courants électriques de repos, alors que ceux-ci ne sont que l'effet artificiel des altérations du tissu vivant.

En est-il vraiment ainsi? C'est à quoi nous tâcherons de répondre en discutant les arguments mis en avant par ces deux théories. Toutes les deux se basent sur des faits à peu près identiques et absolument exacts; elles ne divergent que dans les conclusions qu'elles en tirent et dans la manière dont elles interprètent ces faits; elles ne diffèrent qu'en matière d'hypothèses. Aucune de ces deux théories n'explique tous les faits, et toutes les deux — qui ne sont au fond elles-mêmes que des hypothèses — sont obligées d'avoir recours dans certains cas à des hypothèses auxiliaires.

Pour ce qui concerne la théorie de l'altération, déjà, *a priori*, il est difficile d'admettre un rapport intime entre le processus chimique de l'activité du nerf et du muscle et ses forces électromotrices. Nous ne connaissons pas en chimie de processus qui s'effectuerait dans le muscle avec une rapidité égale à celle du processus physiologique. Un muscle ou un nerf peuvent passer de l'état de repos à l'état d'action, et réciproquement, plusieurs centaines de fois par seconde. Or il est parfaitement démontré, par le fait du tétanos secondaire, que chaque passage du muscle à l'état d'activité est accompagné de phénomènes électriques, mais, d'autre part, ce qui n'est pas du tout démontré, c'est que des processus chimiques instantanés aient lieu. Dans l'état actuel de nos connaissances chimiques, il est très difficile, sinon impossible, de nous représenter la désagrégation et la synthèse des éléments constitutifs du muscle, se reproduisant 500 ou 600 fois par seconde, et donnant lieu chaque fois à des manifestations électriques. Il est peut-être plus facile de se représenter ces dernières comme résultat d'un mouvement moléculaire des plus petites particules, ainsi que l'indique la théorie de DU BOIS-REYMOND.

La conception de l'origine et de la nature chimique des phénomènes électriques des nerfs et des muscles est donc purement hypothétique. Nous ne voulons pas dire par là que les processus chimiques ne prennent aucune part à la production de l'énergie électrique dans l'organisme. Il est possible, il est même probable qu'il se fait des réactions chimiques au moment où se dégage l'électricité des tissus, mais nous ne savons rien de la manière dont ces échanges s'effectuent, et, vu l'insuffisance de nos connaissances sur ce sujet, nous ne pouvons pas expliquer le développement de forces électriques dans l'organisme uniquement par des réactions chimiques inconnues. L'hypothèse du mouvement moléculaire s'explique mieux et d'une façon plus complète.

D'après la théorie de l'altération, c'est la désorganisation chimique de la surface lésée (section transversale) qui produit la négativité; il en résulte un courant, qui se dirige de la partie mortifiée (négative) vers la partie vivante, intacte (positive). ROSENTHAL (*l. c.*) dit avec raison « qu'on *peut* sans doute se représenter la chose de cette manière; mais il ne s'ensuit guère que l'on *doit* envisager la chose de cette façon, de sorte que toute autre conception, également conforme aux faits, sera considérée comme fausse ». Que la mortification de la substance lésée du muscle s'accompagne de processus chimiques analogues à ceux de la rigidité cadavérique, cela résulte déjà du fait démontré par DU BOIS-REYMOND, que la réaction de la substance musculaire en état de mort accuse une réaction acide, contrairement à la réaction neutre ou faiblement alcaline du muscle vivant. Mais il ne résulte guère de là qu'il existe entre la couche morte et la couche saine du tissu musculaire une différence de potentiel électrique que l'on peut identifier avec le courant transverso-longitudinal du muscle. Ce point n'est nullement démontré et il doit être considéré chez HERMANN plutôt comme un effet de raisonnement, et une conséquence logique d'une série de faits plus ou moins démontrés (ROSENTHAL). Si à la rigueur la réaction chimique du muscle mortifié peut servir de point d'appui à la théorie de l'altération de sa surface lésée, il n'en est pas de même pour ce qui concerne le nerf, dont nous ne connaissons ni la réaction chimique ni en général les processus chimiques qui ont lieu pendant son activité. L'idée la plus répandue en physiologie est même celle de l'absence presque complète de tout processus chimique dans un nerf actif, ce qui explique son infatigabilité très grande. Il est donc évident que le principe de la négativité de la surface transversale lésée, considérée comme source du courant transverso-longitudinal, est également basé sur des hypothèses peu fondées; il n'explique guère la nature de ce courant, et il n'est pas suffisant pour mettre complètement en brèche la théorie moléculaire, dont certains arguments sont plus démonstratifs.

L'explication donnée par la théorie de l'altération aux courants électrotoniques n'est pas satisfaisante non plus, et manque de caractère général. Il a été dit déjà plus haut que, d'après cette théorie, les courants électrotoniques ne sont pas des manifestations physiologiques, mais tout simplement des phénomènes physiques dus à la polarisation interne du nerf au point de limite entre le névrilemme et la fibre nerveuse, ou entre la myéline et le cylindre-axe. Or certaines expériences de BIEDERMANN, faites sur des nerfs dépourvus de myéline, parlent au contraire en faveur de l'existence d'un électrotonus physiologique à côté d'un autre qui serait de nature physique. L'action des anesthésiques sur les phénomènes électrotoniques prouve également le caractère physiologique de ces phénomènes (BIEDERMANN, WALLER). Quant à la reproduction de phénomènes électrotoniques sur un nerf artificiel (HERMANN, BORUTTAU et autres), elle ne prouve guère que les choses se passent de même dans un nerf normal vivant. Les phénomènes vitaux reproduits sur des organes schématiques ont certainement quelque importance pour l'analyse subtile de ces phénomènes, mais il faut bien se garder d'en conclure à la nature de ces phénomènes. Nous avons cité plus haut l'opinion de BIEDERMANN sur ce sujet. Et cependant BIEDERMANN ne peut pas, à en juger d'après son remarquable ouvrage sur l'électrophysiologie, être accusé d'indifférence à l'égard de la théorie de l'altération!

Il résulte de là que la théorie de l'altération est loin d'être assise sur des bases aussi solides et inattaquables que le croient ses adeptes, qui sont nombreux. Et cependant cette théorie est actuellement la plus répandue en électrophysiologie. Pour établir un parallèle entre la théorie de DU BOIS-REYMOND et celle d'HERMANN, nous ne pouvons mieux faire que de citer textuellement les paroles de ROSENTHAL : « L'hypothèse moléculaire renonce d'avance à déterminer la cause des manifestations électriques dans les muscles et dans les nerfs. Elle considère celles-ci comme préexistantes et les place dans les plus petites particules constitutives du muscle et du nerf, particules auxquelles on peut attribuer les propriétés du muscle ou du nerf entier. La théorie de l'altération cherche au contraire à déterminer la cause des phénomènes électriques. Elle se fonde à cet effet sur certains faits démontrés (réaction acide du muscle mortifié, etc.), mais elle les admet pourtant encore comme positifs, même quand ils ne se produisent pas. En résumé, il me semble que le zèle avec lequel les adeptes de la théorie de l'altération luttent pour cette dernière et contre la théorie moléculaire ne correspond nullement au résultat obtenu pour l'entendement vrai du phénomène. » Nous partageons complètement l'opinion de Rosenthal, qui maintient sa manière de voir, malgré la réplique que Hermann lui a adressée tout récemment. En effet, la théorie de l'altération ne réalise nullement les avantages qu'elle refuse à la théorie moléculaire. Nous ne voyons non plus en quoi consiste la simplicité qu'on lui attribue et en quoi la théorie moléculaire est plus compliquée. Au contraire, il nous semble qu'en admettant le principe de la préexistence de l'énergie électrique dans l'organisme animal, comme le fait du Bois-Reymond, on simplifie beaucoup, de sorte que l'hypothèse basée sur ce principe est certainement plus claire et plus générale. Du reste, la théorie moléculaire pourrait parfaitement être appliquée, même si, en rejetant le principe de la préexistence, on considérait l'absence de courants dans le tissu intact comme une chose absolument démontrée, ce qui n'est pas le cas. Si l'on ne peut envisager l'électricité animale d'une façon absolument certaine comme une forme spéciale et préexistante de l'énergie potentielle de l'organisme, il serait prudent au moins de considérer, en l'état actuel de la science, *la question de préexistence de forces électromotrices chez l'animal comme non résolue.*

Il serait superflu d'énumérer ici tous les arguments mis en avant par du Bois-Reymond pour défendre sa théorie contre les critiques d'Hermann et de son école. Malgré la violence de ces attaques, dirigées de main de maître, plusieurs de ces arguments nous semblent rester encore parfaitement debout et prêtent encore aujourd'hui un appui solide à la théorie moléculaire. Celle-ci n'appartient pas encore à l'histoire; elle peut revivre d'un moment à l'autre, sous une forme plus conforme aux nouvelles données de la science, et nous considérons la forme atténuée, qui lui est donnée par Rosenthal, comme un pas en avant dans le progrès de la question. Comme il a été dit plus haut, la théorie moléculaire n'exclut nullement le rôle possible d'un processus chimique dans la genèse de l'électricité animale: elle n'est donc pas contraire au fond réel de la théorie de l'altération envisagée comme théorie chimique, elle est seulement en désaccord avec certains de ses principes. Du reste les deux théories ont leurs bons et leurs mauvais côté; elles expliquent certains faits et n'en expliquent pas d'autres. Aussi faudrait-il chercher à établir des points de contact entre elles et non pas à détruire l'une par l'autre; telle devait être la tâche principale des recherches ultérieures sur cette question.

Ajoutons, ne fût-ce qu'à titre d'intérêt historique, que la théorie de l'altération n'est au fond qu'une reprise des idées émises par Matteucci. En 1836, il avait remarqué qu'il se produit à la suite de l'excitation un courant complètement indépendant du courant de repos, et que cette variation électrique peut même présenter une grande intensité dans les cas où le courant de repos est faible ou n'existe pas. La nature physique des phénomènes électrotoniques fut également soupçonnée pour la première fois par Matteucci, qui observa ces phénomènes en 1863 sur des fils de platine entourés d'une gaîne poreuse humide. Les faits, énoncés par cet excellent observateur sous une forme un peu confuse, ont acquis entre les mains d'Hermann la netteté et la précision qui caractérisent toutes ses recherches.

Il est également intéressant de savoir que la théorie de l'altération a reçu un grand développement, grâce aux travaux d'Engelmann, Hering et Biedermann. C'est surtout Hering (64) qui a contribué à la rendre populaire; il a non seulement fourni des faits expérimentaux à l'appui, mais il a encore émis des idées qui tendent à la modifier avantageusement. D'après Hering, tout phénomène électrique est produit par une modification chimique du tissu s'effectuant dans deux sens: modification descendante ou processus de désassimilation, et modification ascendante ou processus d'assimilation. L'équilibre « autonome » de la matière vivante peut être troublé (allonomie) de deux façons, suivant que prévaut le processus de désassimilation ou celui d'assimilation. Le point qui est le siège de ces modifications devient dans le premier cas négatif, et dans le second positif. C'est une hypothèse de plus, très ingénieuse sans doute, à laquelle se rapporte également l'objection adressée par nous plus haut à la théorie de l'altération, à savoir, qu'en l'état actuel de la chimie nous ne connaissons pas les processus chimiques rapides qui accompagnent le passage instantané du muscle et du nerf de l'état de repos à l'état d'activité.

A côté de ces deux théories, il en existe une troisième qui attribue les manifestations de l'électricité animale aux phénomènes électrocapillaires des tissus. Cette théorie, conçue par BECQUEREL, est actuellement soutenue et développée par d'ARSONVAL, dont les expériences ingénieuses donnent à cette théorie une base expérimentale.

4° *Théorie électrocapillaire de* BECQUEREL-D'ARSONVAL. — Le point de départ de la théorie de BECQUEREL (110) est qu'il a cru avoir démontré qu'il existe dans l'organisme de nombreux couples électrocapillaires, qui donnent naissance à des courants électriques dans les tissus vivants. Chaque couple est constitué dans l'organisme par deux liquides différents, séparés par une fente capillaire ou par une membrane organique; la paroi qui est en contact avec le liquide est négative; la paroi opposée, positive. BECQUEREL explique par ces actions chimiques non seulement les courants nerveux et musculaire, mais aussi tous les phénomènes intimes qui ont lieu dans les tissus et dans les vaisseaux capillaires. Pourtant les faits qui servent de base à cette théorie ne sont guère conformes aux données actuelles de la science.

La théorie électrocapillaire de D'ARSONVAL (111) est basée sur un principe physique différent et rigoureusement démontré par les belles expériences de LIPPMANN, relatives aux phénomènes électrocapillaires dus aux variations de la tension superficielle. Il résulte de ces expériences que l'augmentation des surfaces de séparation de l'eau acidulée et du mercure produit une différence de potentiel électrique de sens déterminé. Ce fait, démontré pour le cas de l'eau et du mercure, fut généralisé par D'ARSONVAL à tous les corps, semi-liquides et non miscibles; il suffit de mettre ces corps en contact et de former mécaniquement des surfaces de séparation, pour que celles-ci deviennent le siège de forces électromotrices. Là-dessus D'ARSONVAL a construit une hypothèse d'après laquelle la modification de la surface de séparation des disques clairs et sombres, dont est constitué le muscle pendant sa contraction, engendre une différence de potentiel électrique, qui n'est autre que la variation négative du muscle en action.

On peut facilement reproduire ce phénomène sur le muscle schématique artificiel que D'ARSONVAL a construit à cet effet, en divisant un tube de caoutchouc en plusieurs loges séparées par des cloisons poreuses et en mettant dans chacune d'elles une couche de mercure surmontée d'une couche d'eau acidulée. En allongeant et en raccourcissant ce tube, on modifie la surface de contact des cloisons avec le liquide et l'on obtient ainsi des courants électriques faciles à dériver au galvanomètre. En répondant à une objection qui lui a été faite, relative au désaccord de sa théorie avec les données nouvelles sur la structure de la fibre musculaire, D'ARSONVAL prétend que peu importe comment sont disposées les substances; il suffit qu'il y en ait au moins deux dissemblables pour que les conditions physiques du phénomène soient réalisées. Du reste, il applique sa théorie, non seulement à la fibre striée, mais aussi à la fibre lisse et à la fibre nerveuse, ainsi qu'à tout élément protoplasmique quelconque. Toute cellule ou tout protoplasma qui se contracte (se déforme) devient négatif par rapport au milieu qui l'environne. Il suffit que la déformation soit moléculaire, c'est-à-dire ne s'accompagnant d'aucun déplacement visible, pour que la production de l'électricité ait lieu. Ce phénomène est général, et doit être constaté partout où se trouvent un élément protoplasmique et un milieu liquide ou semi-fluide. Tels sont les points principaux de la théorie électrocapillaire de D'ARSONVAL, qui a le mérite d'être simple et de reposer sur des faits physiques précis et parfaitement démontrés.

5° Plusieurs autres théories ont encore été émises sur l'origine des phénomènes électriques dans le tissu vivant, mais aucune d'elles n'a pu réaliser les conditions nécessaires pour expliquer tous les phénomènes observés. Actuellement elles présentent un intérêt seulement historique, et c'est à ce titre que nous les citons. La théorie chimique de LIEBIG (112) attribuait les phénomènes électriques du muscle à la réaction différente du sang (alcalin) et du suc musculaire (acide). RANKE (113) considère les molécules de DU BOIS-REYMOND comme des combinaisons alcali-acides qui engendrent des courants électriques dans l'organisme. GRUENHAGEN (114), en se basant sur certaines expériences faites avec des cylindres poreux, a émis une théorie d'après laquelle les courants musculaires et nerveux résulteraient d'une action électromotrice réciproque entre la fibrille du muscle ou le cylindre-axe du nerf et le liquide nutritif qui les entoure. On voit que l'hypothèse physico-chimique joue le rôle principal dans ces trois théories. Elles n'ont du reste nullement contribué au progrès de la science.

Toutes les théories exposées plus haut, quoique déterminant plus ou moins bien le siège, l'origine et la nature des phénomènes de l'électricité animale, ne donnent nullement la solution définitive du problème final relatif au rôle que ces forces électromotrices jouent dans l'organisme. Cette question est pour le moment encore du domaine de l'inconnu. Ce que nous pouvons affirmer aujourd'hui avec certitude, c'est que les manifestations électriques observées dans les tissus animaux sont des phénomènes vitaux intimement liés à la vie de ces tissus. Il n'est pas douteux non plus que les variations de l'état électrique des nerfs et des muscles en action sont des phénomènes physiologiques corrélatifs à l'activité de ces tissus. La variation négative est non seulement en rapport avec le processus de l'excitation qui la provoque, mais il est probable qu'elle prend elle-même une large part à ce processus. Certains phénomènes, tels que l'auto-excitation du nerf et du muscle et la secousse secondaire, sont très instructifs à cet égard. Nous ne sommes pas à même de déterminer le rapport entre les phénomènes électriques du nerf et le processus nerveux lui-même, comme nous ne pouvons préciser la répartition des potentiels électriques par rapport au fonctionnement des neurones; mais ce que nous savons avec une certitude absolue, c'est que les phénomènes électriques font partie intégrante de la vie de l'élément nerveux.

Cela est vrai non seulement du tissu nerveux, mais de tout autre tissu et élément cellulaire de l'organisme, dont l'activité est accompagnée du développement de forces électromotrices. L'énergie électrique, avec toutes les autres énergies potentielles de l'organisme, contribue à entretenir la vie de l'individu et la vitalité de ses organes et tissus. C'est là un fait général qui domine les lois biologiques des êtres organisés.

XII. Bibliographie. — Pour ne pas donner toute la bibliographie concernant l'électricité animale, nous nous bornons à ne citer que les noms des auteurs et des ouvrages se rapportant directement à l'article précédent. Dans la plupart de ces travaux on trouvera des notions bibliographiques complémentaires. La bibliographie est très complète dans E. du Bois-Reymond. *Untersuchungen über thierische Electricität*, 1848, I et II, et dans W. Biedermann. *Electrophysiologie*, 1895.

1. Galvani. *De viribus electricitatis in motu musculari commentarius*, Bologna, 1791 et Modena, 1792, con note ed una dissertazione del prof. G. Aldini : *De animalis electricæ theoriæ; — Dell'uso et dell'attivita dell'arco conduttore nelle contrazioni dei muscoli*, Bologna, 1794; — *Supplemento*, Bologna, 1794. — 2. Volta. *Electricite dite animale* (A. C., 1797-1799. Collezione del opere, Firenze). — 3. Humboldt (A. v.). *Expériences sur le galvanisme*, 1799. — 4. Matteucci. *Essai sur les phénomènes électriques des animaux*, Paris, 1840; — *Traité des phénomènes électro-physiologiques des animaux*, Paris, 1844; — *Philosophical Transactions of the Royal Society*, 1845; — *Leçons sur l'électricité animale*, Paris, 1856; — *Cours d'électro-physiologie*, Paris, 1858; — *On the electrical phenomena which accompany muscular contraction* (Philos. Magaz., 1860). — 5. du Bois-Reymond (E.). *Untersuchungen über thierische Electricität*, 2 vol., 1848; — *Ges. Abhandlungen z. Allg. Muskel-und Nervenphysik*, 2 vol., 1875-1877; — *Passim* in *Abh. d. Berlin. Acad. d. Wissensch. et in A. P.* — 6. Hermann (L.). *Unters. z. P. d. Muskeln u. Nerven*, 1867; — *Handbuch der Physiologie*, 4, 1re partie, et II, 1re partie, 1879; et *A. g. P.* (1872-1898), passim. — 7. Regnault (J.) (C. R., XXXVIII, 1854). — 8. Mendelssohn (M.). *Nouveau procédé pour déterminer la force électromotrice du courant nerveux ou musculaire avec des électrodes impolarisables mais non homogènes* (Arch. slaves de Biologie, I, Paris, 1885). — 9. Weiss (G.). *Technique d'Electrophysiologie*. — 10. Hering (E.). *Ueb. directe Muskelreizung durch den Muskelstrom.* (Ak. W., LXXIX, 1879). — 11. Kühne (A. P., 1859 et 1860); — *Unt. physiol. Inst. Heidelberg*, III, 1-2, 1879. — 12. Biedermann (W.). *Beitr. z. allg. Nerven-u. Muskelphysiologie*, VIII (Ak. W., LXXXV, 1872); — *Electrophysiologie*, 1895, 283. — 13. Becquerel. *De la cause des courants musculaires, etc.* (C. R., 1870); — *Sur la production des courants électro-capillaires* (Ibid.). — 14. Steinach (A. g. P., LV, 487 et LXIII, 495). — 15. Fuchs (S.) (Ibid., LIX, 468). — 16. Morat et Toussaint. *Variations de l'état électrique des muscles dans les diff. modes de contraction étudiés à l'aide de la contraction induite* (A. d. P., 1877, 156 et C. R., LXXXII et LXXXIII). — 17. Schœnlein (A. A. P., 1883, 347). — 18. Friedrich (J. L.). *Unt. d. physiol. Tetanus mit Hilfe d. stromprüfenden Nerv-Muskelapparats* (Ak. W., LXXIV, 413). — 19. Marey (F.). *Des variations électriques des muscles, et du cœur en particulier, étudiées à l'aide de l'électromètre de Lippmann* (C. R., LXXXII et

Travaux du Laboratoire, i). — **20.** TARCHANOFF (J.). *Das Telephon als Anzeiger der Nerven und Muskelströme bei Menschen und den Thieren* (Petbg. med. Woch., 1878). — **21.** BERNSTEIN et SCHÖNLEIN (*Sitz. Ber. Naturfor. Gesel. Halle*, 1881); — *Unters. physiol. Labor. Halle*, ii, 189. — **22.** WEDENSKY (N.) (*Arch. An. Phys.*, 1883, 313). — **23.** BORUTTAU (H.) (*Arch. ges. Phys.*, LXV, 20). — **24.** v. UEXKUHL (Z. B., XXVIII et XXXV, 183). — **25.** LAMANSKY (*Arch. ges. Phys.*, iii, 193). — **26.** CZERMAK. *Ueb. secund. Zuckung von theilweise gereizten Muskeln aus* (*Sitz. Wien. Acad.*, 1857 et *Ges. Schriften*, i, 499). — **27.** BIEDERMANN (W.) (*Sitz. Wien. Acad.*, LXXXI, 1880). — **28.** KÜHNE (W.). *Secundäre Erregung von Muskel zu Muskel* (Z. B., 1888, vi). — **29.** HERING (E.). *Ueb. Nervenreizung durch d. Nervenstrom* (*Sitz. Wien. Acad.*, 1882). — **30.** WESTPHAL. *Ueb. d. paradoxe Muskelcontraction* (*Arch. Psychiat.* u. *Nervenkr.*, x, 243). — **31.** MENDELSSOHN (M.). *Ueb. d. paradoxe Muskelcontraction* (*Petersbg. Med. Woch.*, 1881). — **32.** v. KRIES (A. A. P., 1886). — **33.** HARLESS (*Bayer. Acad.*, XXXVIII, 267, 1883). — **34.** MEISSNER et COHN (*Zeitsch. rat. Med.*, XV, 27). — **35.** SCHENCK (A. g. P., LXIII, 317 et LXX, 121). — **36.** AMAYA (S.). *Ueb. d. negat. Schwankung bei isotonische und isometr. Zuckung* (Ibid., LXX, 101). — **37.** RIVIÈRE (P.). *Variations électriques et travail mécanique du muscle* (*Annales d'Électrobiologie*, i, 492). — **38.** HELMHOLTZ (*Ber. Berlin. Acad. Wissensch.*, 1854, 329). — **39.** v. BEZOLD (Ibid., 1861, 1023 et 1862, 199). — **40.** KÖLLIKER et MUELLER (H.) (*Verhand. phys. med. Ges. Wurzburg*, vi, 328, 1856). — **41.** BERNSTEIN (F.) (*Ber. Berlin. Acid. Wiss.*, 1867, 444); — *Unt. üb. d. Erregungsvorgang im Nerven und Muskelsysteme*, 1871. — **42.** GASKELL. *Ueb. d. electr. Veränd. welche in dem ruhenden Herzmuskel die Reizung d. Nerven Vagus begleiten* (*Beitr. z. Physiol. C. Ludwig gewidmet*, 1877, 114). — **43.** BIEDERMANN (W.) (*Sitz. Wien. Acad. Wiss.*, XCVII, 1888). — **44.** FREDERICQ (L.) (*Arch. An. phys.*, 1880, 63). — **45.** MENDELSSOHN (M.). *Ueb. d. Axialen Nervenstrom* (Ibid., 1885, 381); — *Nouv. recherches sur le courant nerveux axial* (C. R., 1886); — *Sur le rapport qui existe entre le courant nerveux axial et l'activité nerveuse* (C. R. du Congrès de Berlin, 1890, ii, 46). — **46.** GOTCH (F.) et HORSLEY (V.). *On the mammalian nervous system, its function and their localisation determined by an electrical method* (Philos. Transact., 1891, CLXXXII, 267-326). — **47.** KÜHNE (W.) et STEINER (J.) (*Unters. physiol. Inst. Heidelberg*, iii, 149). — **48.** BIEDERMANN (W.) (*Sitz. Wien. Acad.*, XCIII, Ab. iii). — **49.** FUCHS (S.) (Ibid., CIII, 207). — **50.** SCHIFF (M.) (*Lehrb. d. Muskel-u. Nervenphysiologie*, 1858, 69). — **51.** VALENTIN. *Elektrom. Eigensch. der Nerven u. der Muskeln* (A. g. P., i, 494-480); — (*Zeitsch. rat. Med.*, xi, 1861, 1). — **52.** DU BOIS-REYMOND (*Sitz. Berlin. Acad. Wiss.*, 1884, i, 230 et 136); — (*Arch. An. Phys.*, 1885, 135). — **53.** HELLWIG (L.). *Ueb. d. Axialer Strom des Nerven u. seine Beziehung z. Neuron.* (Ibid., 1898, 239). — **54.** STEINER (I.) (Ibid., 1876 et 1883). — **55.** LANGENDORFF (O.) (*Mit. Königsb. physiol. Labor.*, 1878, 54). — **56.** KNOLL (PH.) (*Sitz. Wien. Acad.*, LXXXV, 1882). — **57.** GRÜTZNER (P.). *Tagebl. d. 54 Vers. deutsch. Naturforscher*, 119, et A. g. P., XXXII, 357. — **58.** FLEISCHL (E. v.) (*Sitz. Wien. Acad.*, LXXXVIII, 1883). — **59.** ENGELMANN (A. g. P., i, 4, 1871). — **60.** GRÜTZNER (P.) (Ibid., XVII, 215 et XXV). — **61.** HERING (E.). *Zur Theorie der Vorgänge in der lebenden Substanz.* (*Lotos*, ix, Prag., 1888). — **62.** STEINACH (E.) (A. g. P., LV, 516). — **63.** SETCHENOW (I.) (Ibid., 1881). — **64.** WALLER (A. D.) (*Brain*, xix, 43, 277, 569). — **65.** MULLER (I. I.) (*Unt. phys. Labor.*, Zürich, 1869, 98). — **66.** BORUTTAU (H.) (A. g. P., LXV, 1). — **67.** STEINACH (E.). *Ueb. d. electrom. Erschein. an Hautsinnesnerven bei adaeq. Reizung.* (Ibid., LXIII, 495). — **68.** MENDELSSOHN (M.). *Sur la variation negative du courant nerveux axial* (C. R., 1899). — **69.** HERING (E.) (*Sitz. Wien. Acad.*, LXXXIX, 137). — **70.** WALLER (A. D.) (J.P., xIx, 1). — **71.** HEAD (H.). *Ueb. d. negativen und positiven Schwankungen des Nervenstromes* (A. g. P., XL, 207). — **72.** DU BOIS-REYMOND (E.). *Ueb. secundär-electrom. Ersch. an Muskeln, Nerven u. elektr. Organen* (*Sitz. Berlin. Acad. Wiss.*, 1883, 1889 et 1890). — **73.** HERING (E.) (*Sitz. Wien. Acad.*, LXXXVIII, 415, 446); — (A. g. P., LVIII, 133). — **74.** HERMANN (L.). (Ibid., XXXIII, 103). — **75.** FICK (A.) (C. W., 1867, 436). — **76.** MATTEUCCI (C. R., 1867, 65). — **77.** GRÜTZNER (A. g. P., XXVIII et XXXII). — **78.** TIGERSTEDT (*Arb. physiol. Labor.*, Stockholm, fasc. 2). — **79.** HOORWEG (A. g. P., LIII et LIV). — **80.** SETCHENOW (Ibid., 1886). — **81.** BERNSTEIN. *Ueb. reflector. neg. Schwankung d. Nervenstroms und die Reizleitung im Reflexwegen* (*Arch. Psychiatr. Nervenkr.*, xxx, 631). — **82.** CATON (R.). *Interim Report on investigation of the electric currents of the brain* (43 Brit. med. Assoc., 1875 et Brit. med. Jour., 1877, nᵒ 853). — **83.** DANILEWSKY (B.). *Zur Frage üb. d. electromotor. Vorgänge im Gehirn als Ausdruck seines Thätigkeitszustundes* (C. P., 1891). — **84.** BECK (A.). *Die Bestimmung der*

Localisation vermittelst d. elektr. Erscheinungen (Abh. Akad. Wiss. Krakau, 1890 et *C. P.,* 1890, n° 16). — **85.** BECK et CYBULSKY. *Weitere Unters. ueb. d. elektr. Erschein. in d. Hirnrinde d. Affen und Hunde (Anz. Akad. Wiss. Krakau,* 1891). — **86.** HOLMGREN (F.) (*Unt. physiol. Inst.,* Heidelberg, III, 278). — **87.** KÜHNE et STEINER (*Ibid.,* Heidelberg, III et IV). — **88.** DEWAR et M'KENDRICK (*Transact. Roy. Soc. Edinburgh,* XXVII, 141). — **89.** ENGELMANN (*Beitr. z. Psychol. u. Physiol. d. Sinnesorgane H. v. Helmholtz gewidmet,* 1891). — **90.** ELINSON (A.). *Sur les fibres centrifuges dans le nerf optique* (*Messag. neurol. de Kazan* (en russe), 1896, 86). — **91.** FUCHS (S.) (*A. g. P.,* LVI, 408). — **92.** ROSENTHAL (I.) (*Reichert's Arch.,* 1865 et *Fortschritte der Physik,* 1877, 545). — **93.** RŒBER (*Reichert's Arch.,* 1869, 633). — **94.** ENGELMANN (*A. g. P.,* VI, 146). — **95.** BIEDERMANN (W.). *Ueb. Zellströme* (*Ibid.,* LIV et *Electrophysiologie,* 392). — **96.** REID (W.) (*J. P.,* XVI, 360). — **97.** HERMANN (L.) (*A. g. P.,* XVII et LVIII). — **98.** BACH et OEHLER (*Ibid.,* XXII, 33). — **99.** HERMANN et LUCHSINGER. *Ueb. d. Secretionsströme der Haut bei Katzen* (*Ibid.,* XIX, 310). — **100.** BAYLISS (W. M.) et BRADFORD (J. R.). *The electrical phenomens accomp. the process of secretion in the salivary glands of the dog and cat (Intern. Monatssch. Anat. Physiol.,* IV, 109-117 et J. *P.,* VIII, 86). — **101.** BOHLEN (F.). *Ueb. die electrom. Wirkungen der Magenschleimhaut* (*A. g. P.,* LVII, 97). — **102.** TARCHANOFF (J.). *Ueb. d. galvanische Ersch. in d. Haut d. Menschen bei Reizungen der Sinnesorgane, etc.* (*Ibid.,* XLVI, 46). — **103.** MENDELSSOHN (M.). *Sur quelques phénomènes électr. chez l'homme* (*C. R. du Congrès int. des électriciens,* Paris, 1889, 353). — *Recherches sur les variations de l'état électrique des muscles chez l'homme sain et malade* (*Arch. d'Électric. méd.,* 1900, 1). — **104.** MATHIAS (*A. g. P.,* LIII). — **105.** MEISSNER (G.) (*Zeitsch. rat. Med.,* XII, 1861). — **106.** STEIN (G.). *Ueb. d. Positivität d. elektr. Spannung am menschlichen Körper* (*Cbl. f. Nervenkr.,* 1881). — **107.** EXNER (S.). *Ueb. d. electr. Eigensch. von Haaren und Federn* (*A. g. P.,* LXI et LXIII, 305). — **108.** ROSENTHAL (I.) (*A. A. P.,* 1897); — (*Allg. Physiol. d. Muskeln u. Nerven,* 2e édit., 1899. — **109.** MATTEUCCI (*C. R.,* XLIII, 231, 1856). — **110.** BECQUEREL (*C. R., passim* et *Journ. Anat. physiol.,* 1874, 1). — **111.** D'ARSONVAL (*Passim, in C. R., B. B.,* et *Arch. de physiol. norm. path. depuis* 1880). — **112.** LIEBIG (*Chem. Unters. ueb. d. Fleisch.,* 1847, 83). — **113.** RANKE (J.) (*Die Lebensbedingungen d. Nerven,* 1868, 141). — **114.** GRUENHAGEN. *Die electrom. Wirkungen leb. Gewebe,* 1873 et *A. g. P.,* VIII, 573.

MAURICE MENDELSSOHN.

TROISIÈME PARTIE

Poissons électriques.

Historique. — De tous les phénomènes de l'électricité animale, ceux que présentent les poissons électriques sont certainement les plus intéressants. Déjà, dans la plus haute antiquité, on connaissait et on redoutait certains poissons donnant par leur contact une secousse plus ou moins douloureuse. REDI, en 1666, attribuait cet effet secouant et douloureux à l'action d'une sorte d'organe musculaire, semi-lunaire, placé des deux côtés de la tête. Son élève LORENZINI partageait ses idées et attribuait à la décharge de ces poissons une action tellement forte que même des poissons morts revivaient d'après lui au contact d'une torpille! Les notions anatomiques de REDI ont servi à BORELLI (1685) de point de départ pour la théorie mécanique de la décharge de la torpille, théorie qui fut admise par tous les naturalistes et a régné dans la science jusqu'à la moitié du XVIIIe siècle.

La découverte de la bouteille de LEYDE (1745) tenta l'esprit des savants à admettre une analogie entre les différentes actions intenses et instantanées des phénomènes vitaux et la décharge électrique en général. C'est un botaniste MICHEL ADANSON (1) (1751) qui attira le premier l'attention sur la nature électrique de l'action de certains poissons, dont il considérait la décharge comme identique à celle de la bouteille de LEYDE. Cette analogie lui paraissait d'autant plus probable, que les deux espèces de décharge pouvaient être transmises à distance par l'intermédiaire de fils métalliques, bons conducteurs de l'électricité. WILLIAMSON, en 1773, a démontré que la décharge des poissons électriques peut se transmettre à travers plusieurs personnes placées en chaîne l'une à côté de l'autre. La nature électrique des décharges de poissons paraissait alors être déjà définitivement prouvée, et WALSH (1775) considérait même le muscle falciforme décrit par REDI comme siège probable des appareils électriques produisant la décharge sous l'influence de la volonté de l'animal. Les recherches de Cavendish (1776) marquent un progrès important dans l'étude de cette question. Il est parvenu, non seulement à reproduire les décharges électriques des poissons dans une préparation artificielle schématique imaginée par lui, mais il a été le premier à déterminer la répartition des tensions électriques dans l'eau qui entoure l'animal et a prouvé que la main plongée dans cette eau sans toucher le poisson peut être atteinte par la décharge, à la condition qu'elle soit placée dans les lignes de tension électrique de l'animal. Ces lignes présentent une tension d'autant plus grande que l'on est plus proche du poisson. Aussi est-ce dans sa proximité la plus immédiate que la décharge dans l'eau est le plus fortement ressenti. Les recherches de Cavendish ont eu une grande importance, non seulement pour la conception de la nature électrique de la décharge des poissons, mais aussi pour les idées générales de l'époque relatives à l'analogie de l'agent nerveux avec le fluide électrique.

Les mémorables recherches de Galvani et de Volta n'ont pas eu pour la question l'importance que l'on pouvait espérer d'une découverte aussi considérable que celle de l'électricité dynamique. Les travaux du commencement du siècle (Volta, Humboldt, Valentin, Davy et Faraday) n'ont pas rendu la question plus claire et n'ont guère contribué à la connaissance de la nature de la décharge des poissons. Quelques physiciens ont même émis des doutes sur l'identité de l'électricité des poissons avec l'électricité ordinaire. En tous cas Faraday n'a pas pu retrouver chez le *Gymnote* de l'Amérique du Sud les huit actions qu'il considérait comme signes indispensables de toute énergie électrique. En réalité, c'est à du Bois-Reymond que revient le grand mérite d'avoir mis quelque clarté dans cette étude des poissons électriques et d'avoir créé à cet effet des méthodes très précises, grâce auxquelles des recherches, poursuivies systématiquement, ont permis de pénétrer dans la nature intime de la décharge des poissons électriques. Les travaux de du Bois-Reymond, de Matteucci, d'Armand Moreau, de Marey, de Sachs, de Gotch, et d'autres ont amené la question au point où elle est actuellement.

Structure de l'appareil électrique. — Nous n'entrerons pas ici dans les détails anatomiques de la structure de l'organe électrique des poissons; on trouvera tous ces détails dans un résumé excellent fait par Biedermann (*Electrophysiologie*, p. 751), ainsi que dans les travaux spéciaux de du Bois-Reymond (2), de Fritsch (3), de Savi (4), de Ch. Robin (5), de Ranvier (6), de Kölliker (7), de Sachs (8), de Babuchin (9), de Boll (10), de Ciaccio (11), d'Ewald (12), de Krause (13), d'Ewart (14), d'Engelmann (15), de Ballowitz (16), de Muskens (17), Ivanzoff (18), d'Ogneff (19) et d'autres. Pour bien comprendre tout ce qui va être dit plus loin sur l'action physiologique des poissons électriques, il est cependant nécessaire de se rendre compte, ne fût-ce que d'une manière générale, de la structure de leur appareil électrique. Aussi croyons-nous utile de résumer ici ces notions anatomiques, très brièvement du reste, en renvoyant pour plus de détails aux travaux des auteurs précités.

Parmi les poissons doués de propriétés électriques la Torpille (*Torpedo*), le Gymnote (*Gymnotus electricus*) et le Silure (*Malapterurus electricus*) présentent les actions électromotrices les plus remarquables : aussi ont-ils servi plus que d'autres espèces d'objet d'étude spéciale sur le mécanisme de l'électrogenèse chez les êtres vivants. Les diverses espèces du genre *Torpedo* (*T. osculata, nobiliana, marmorata*) sont des poissons marins qui se trouvent dans la Méditerranée et dans l'océan Atlantique; le *Gymnote* est un poisson d'eau douce vivant dans les rivières de l'Amérique du Sud : le *Silure* se rencontre dans le Nil et au Sénégal. Les *Raies* (*Raja*) et les *Mormyres* (*Mormyrus electricus*) présentent moins d'intérêt au point de vue de leurs manifestations électriques.

Tous ces poissons possèdent des organes électriques différenciés qui sont le siège des forces électromotrices que le poisson dégage sous forme de décharge. La structure de ces organes a un très grand intérêt non seulement au point de vue morphologique, mais aussi au point de vue physiologique. Elle est le mieux étudiée chez la *Torpille*, dont l'organe présente des rapports anatomiques bien plus simples que ceux d'autres poissons électriques. Aussi nous occuperons-nous ici spécialement de la structure de l'organe électrique de la torpille, lequel peut être considéré comme le prototype de tous les autres organes semblables, dont la structure ne varie que par certains détails de moindre importance.

L'organe électrique de la torpille a une forme semi-lunaire : il occupe presque toute l'épaisseur du corps de l'animal, de sorte qu'en haut et en bas, sur ses faces dorsale et ventrale, il n'est recouvert que par la peau ou du tissu cellulaire. Il est très volumineux, et il s'étend de la cage cartilagineuse des branchies à la nageoire latérale : il occupe ainsi tout l'espace compris entre la partie frontale de la tête et la partie abdominale. L'organe électrique est double, disposé symétriquement de chaque côté de la colonne vertébrale : il présente un poids très considérable, surtout par rapport au poids total de l'animal. Ce rapport varie suivant différents auteurs et présente une valeur de 1/6 d'après DE SANDIS (20) et de 1/3,85 d'après STEINER (21). D'autre part, les recherches de WEYL (22) ont démontré que la valeur du poids relatif de l'organe électrique est inconstante et varie (entre 3 et 6) suivant l'individu ; elle diminue chez la femelle pendant la gestation.

Chaque organe est constitué par un certain nombre de cloisons prismatiques alvéolaires renfermant une substance gélatineuse presque diffluente. Ces prismes hexagonaux, très serrés les uns contre les autres, se trouvent aussi bien à la face dorsale qu'à la face ventrale de l'organe : ils sont divisés transversalement par des plaques minces alternantes avec la substance gélatineuse. Ces plaques sont rangées les unes à côté des autres, ou bien elles sont superposées comme les rondelles de la pile à colonne de VOLTA. Ce sont ces plaques qui engendrent des forces électromotrices, sous l'influence du système nerveux. Chaque organe électrique est relié par l'intermédiaire de cinq nerfs très volumineux aux renflements encéphaliques très gros qu'on appelle *lobes électriques*, et qui sont situés en arrière du cerveau. Ces nerfs traversent les cloisons des branchies et se divisent en une multitude de filaments qui se ramifient en beaucoup de divisions et se terminent sur la face ventrale de l'organe, soit par des renflements, soit par des anastomoses ou des herborisations, sous forme d'une plaque qui rappelle quelque peu les ramifications des cylindres-axe dans la plaque motrice du muscle strié (RANVIER, *l. c.*). A proprement parler, on ne connait pas encore au juste les dernières terminaisons du cylindre-axe dans l'organe électrique, et cela nous entraînerait trop loin de discuter ici toutes les hypothèses émises sur cette question et plus ou moins vraisemblables. Le nombre de prismes dans un organe électrique est de 500 environ ; il augmente avec l'âge et les dimensions de l'animal et varie non seulement suivant l'individu, mais aussi suivant l'organe électrique chez le même individu. L'organe du côté gauche renferme souvent quelques prismes de plus que l'organe droit et dans le même organe le nombre de prismes dans la partie ventrale dépasse de 4 à 38 celui de la partie dorsale (DU BOIS-REYMOND). D'après DELLE CHIAJE (23) et BABUCHIN (*l. c.*), le nombre de prismes ne varie pas, et reste constant dans un organe électrique qui a atteint son développement complet. C'est sur ce fait qu'est basé le *principe de la préformation des éléments électriques*, auquel DU BOIS-REYMOND a attribué un certain rôle dans l'étude de l'électricité animale, principe contesté par quelques autres observateurs.

L'appareil électrique des autres poissons est, quant à sa structure intime, assez analogue à celui de la torpille ; il en diffère comme disposition et comme forme. Tandis que chez la torpille l'organe est aplati et les plaques sont horizontales, chez le gymnote et chez le silure l'organe électrique est très allongé et les prismes sont longitudinaux. Chez les raies, l'organe est également allongé, fusiforme et situé à la partie caudale de chaque côté de la colonne vertébrale (ROBIN). Tous ces organes sont doués de propriétés électriques plus ou moins prononcées. La nature pseudo-électrique des organes chez certains poissons, est fortement contestée par ROBIN et BABUCHIN, qui ont reconnu dans ces organes les mêmes propriétés électriques que dans l'organe de la torpille.

Il est important de savoir que, d'après les recherches embryologiques récentes, les organes électriques se développent comme les muscles, et que la plaque électrique n'est au fond que le reste d'une fibre musculaire. A une certaine période de la vie embryonnaire, on peut trouver à la place de cette plaque des fibres musculaires qui se métamorphosent à mesure que le développement de l'organe avance. L'organe électrique se développe aux dépens soit d'une seule fibre musculaire, comme chez la torpille, soit de plusieurs fibres, comme chez *Mormyrus oxyrhynchus*. Dans le premier cas, la fibre perd sa striation ; dans le second, les fibres restent striées, tout en perdant complètement leur contractilité (BABUCHIN). L'analogie morphologique entre le muscle et l'organe électrique est donc très grande, et c'est avec raison que l'on considère cet organe comme un *muscle transformé*.

Conditions physiologiques de la décharge. — Les phénomènes électromoteurs des poissons électriques peuvent être révélés non seulement par les moyens et procédés physiques qui servent à déceler les courants électriques des nerfs et des muscles, mais aussi par les sensations subjectives de l'expérimentateur. L'action physiologique de ces poissons est très puissante et se manifeste par des décharges parfois fort douloureuses pour le corps humain qui se trouve en contact direct ou indirect avec le poisson. Pour que la décharge se fasse bien sentir, il est indispensable que le corps humain communique avec le poisson par l'intermédiaire d'un conducteur (par exemple l'eau), dont la résistance est à peu près égale à celle des tissus organiques et que le corps soit placé dans les lignes de tension électrique qui entourent le poisson. D'après FARADAY, la répartition de potentiel autour de l'animal est telle que toute partie du corps étranger atteinte par la décharge ne reçoit de celle-ci qu'une quantité à peu près proportionnelle à la grandeur de la partie atteinte. Si le conducteur présente une très faible résistance par rapport au milieu liquide où se trouve le poisson, par exemple s'il s'agit d'un conducteur mécanique, on peut n'obtenir aucun effet, ou bien seulement de très faibles dérivations du courant de la décharge (HUMBOLDT, GAY-LUSSAC).

L'effet de la décharge varie suivant la position de l'expérimentateur et suivant les différents poissons. Chez la torpille, le maximum d'effet est obtenu lorsque la partie du corps humain est placée dans le circuit de toutes les colonnes de prismes. Comme ces prismes présentent chez ce poisson une direction perpendiculaire à l'axe du corps, la dérivation la plus favorable est donc celle qui va des points situés dans la partie supérieure (dorsale) aux points situés dans la partie inférieure (ventrale) de la torpille. Chez le gymnote et le silure, l'intensité de la décharge augmente avec la distance des points dérivés dans l'axe longitudinal de l'animal et dans un milieu bon conducteur; en touchant en même temps la tête et la queue du poisson dans l'air, on obtient le maximum d'effet. Du reste, la diffusion de la décharge électrique des poissons dans un liquide est très notable. Déjà MATTEUCCI (24) a bien observé ce fait en plaçant une torpille et une grenouille aux deux extrémités opposées d'une grande cuve pleine d'eau salée. Toutes les fois que la torpille produisait une décharge, la grenouille se contractait fortement.

La décharge électrique peut se produire chez les poissons par influence de la volonté, par irritation directe de l'appareil nerveux de l'organe électrique, et même par irritation indirecte, c'est-à-dire par action réflexe. C'est surtout spontanément que l'animal manifeste son action électrique dans les conditions physiologiques de la vie, mais il peut aussi réagir à une irritation périphérique par voie réflexe dans le cas où il serait privé de sa spontanéité. D'après SACHS, un poisson auquel on a enlevé le cerveau peut produire encore des décharges réflexes. Les poissons strychnisés produisent des décharges réflexes très puissantes. Ces faits prouvent donc que l'action électrique des poissons est subordonnée directement et indirectement à l'influence du système nerveux.

La production des décharges spontanées (volontaires) et réflexes n'est pas la même chez tous les poissons : elle est en rapport avec les conditions anatomiques de l'innervation de l'organe électrique chez les différentes espèces. Elle est liée à l'intégrité du lobe électrique et des nerfs centrifuges chez la torpille et à celle des ganglions à cellules géantes chez le silure. Chez le gymnote le corps, une fois séparé de la tête, ne produit que quelques décharges réflexes faibles et rares; même HUMBOLDT n'en a pas constaté du tout. La faculté de mettre en action spontanément leur organe électrique permet aux poissons de produire des décharges à l'approche d'autres animaux ou du filet du pêcheur. C'est un fait d'observation ancienne qu'ils se servent de leur appareil électrique comme d'une arme puissante pour effrayer l'ennemi et pour engourdir ou tuer leur proie. Déjà, à la fin du IVᵉ siècle, le poète latin CLAUDIEN en parle dans des termes très pittoresques conformes aux idées de l'époque, lorsqu'il dit que « la nature a fait circuler dans les veines de la torpille le froid qui engourdit tous les êtres et a renfermé dans son sein des frimas qu'elle communique à son gré ». HUMBOLDT (15), dans la description qu'il donne du gymnote électrique et de ses décharges, affirme que ces poissons peuvent tuer les plus grands animaux, pourvu qu'ils fassent agir leurs organes avec ensemble et dans une direction favorable. Dans certaines petites rivières les gymnotes s'accumulent en si grande quantité « que chaque année un nombre considérable de chevaux en les passant à gué sont frappés d'engourdissement et se noient. Tous les autres poissons fuient le voisinage de ces redoutables anguilles. Le pêcheur même n'est pas à l'abri sur le bord élevé de la rivière. Souvent la ligne humide lui communique de loin la commotion. Ainsi, dans ce cas, la force électrique se dégage du milieu des eaux. » En effet, la décharge de certains poissons peut être d'une telle violence que non seulement elle provoque une douleur insupportable, mais qu'elle peut engourdir un homme et tuer les petits animaux se trouvant dans l'eau. C'est ainsi que la torpille immobile, cachée dans le sable, attend l'approche d'une proie qu'elle foudroie de sa décharge et avale avec voracité. Grâce à l'arme puissante que les poissons électriques possèdent, ils trouvent facilement leur nourriture sans être obligés d'aller la chercher. Sachs, qui a fait au *Venezuela* des observations très intéressantes sur le gymnote, raconte, entre autres, que lorsque les gymnotes tirés de leur repos remplissent l'eau de décharges électriques, certains animaux sont renversés ; d'autres, comme les poissons et les grenouilles, sont foudroyés, et surnagent morts à la surface de l'eau. Du reste, déjà la préparation de l'organe électrique au laboratoire peut provoquer des décharges très sensibles ; celles-ci se produisent même au moment où l'on coupe la peau, où l'on enlève la capsule cranienne (surtout si l'on touche au canal semi-circulaire) ou si l'on sectionne le bulbe. Aussi, malgré toutes les précautions prises, les expérimentateurs n'échappent-ils pas toujours à l'effet foudroyant de la décharge du poisson électrique. Sachs fut une fois tellement angoissé et engourdi par l'effet de la décharge d'un gymnote, qui lui était tombé par hasard sur les pieds et avait fermé pour quelques secondes le circuit, qu'il ne put exécuter aucun mouvement pour se défendre contre l'action terrifiante du poisson. La décharge de l'organe électrique du Malapterurus provoquée à la suite de l'excitation de sa moelle allongée produisit une impression si violente sur Babuchin que celui-ci resta sans connaissance pendant plusieurs minutes. Le capitaine Atwood fut plusieurs fois jeté par terre par des décharges d'une torpille de grandes dimensions (*T. occidentalis*). Il est évident que les organes électriques servent aux poissons en même temps de défense et de moyens pour se procurer de la nourriture et pour soutenir leur existence. Aussi, à ce qu'il paraît, les poissons électriques sont-ils doués de très bonne heure de la faculté de produire des décharges. Les petites torpilles extraites de l'utérus d'une torpille adulte pleine donnent des décharges assez sensibles à la main. Ce fait signalé par Armand Moreau (26) fut confirmé par Jolyet (27), qui même réussit à dériver cette décharge au galvanomètre dont l'aiguille marqua des déviations assez considérables.

Quant au caractère de sensation perçue à la suite de la décharge de l'organe électrique, elle rappelle, d'après Sachs, sous certains rapports, la sensation que l'on éprouve à la suite d'une irritation produite par une bobine d'induction ; on perçoit même la durée et la nature oscillatoire de la décharge. La même chose fut constatée par du Bois-Reymond chez le silure, dont la décharge présente également un caractère oscillatoire et ne ressemble guère au coup sec de la bouteille de Leyde. Du reste la sensation de la décharge varie suivant l'espèce du poisson, ce qui dépendrait, d'après du Bois-Reymond, du différent mode de l'innervation de l'organe électrique. Chez certains poissons le coup est plus doux, superficiel, sourd ; chez d'autres il est plus pénétrant, aigu, piquant et tranchant. Plus le passage de la décharge d'une plaque à l'autre est rapide, et plus la simultanéité de la décharge collective de toutes les plaques est grande, plus la sensation perçue est aiguë et pénétrante (du Bois-Reymond). La sensation de la décharge varie aussi suivant l'endroit atteint par la secousse (Schoenlein).

L'intensité de la décharge dépend nécessairement de la résistance du circuit dérivateur ; aussi a-t-on tout intérêt à diminuer autant que possible cette résistance, si l'on veut obtenir le maximum d'effet. C'est ainsi que du Bois-Reymond explique ingénieusement l'adaptation des organes électriques des poissons à leur milieu d'action. C'est probablement, dit-il, la différence de résistance entre l'eau douce et l'eau de la mer qui est cause de la différence de dimensions de leurs organes électriques et par conséquent de la différente intensité d'action. Ainsi l'organe de la torpille, poisson qui séjourne dans l'eau de mer, est court et large, c'est-à-dire à large section transversale ; il peut donc agir avec une force relativement faible et ne présente pas une grande résistance interne. C'est le contraire que l'on observe chez le gymnote et le silure qui séjournent dans l'eau douce : aussi leur organe électrique est-il de forme allongée, présentant une surface de section transversale relativement petite. En général, l'intensité de la décharge est en rapport non seulement avec les dimensions de l'organe électrique, mais aussi avec celles du poisson lui-même. Plus le poisson est long, c'est-à-dire plus sa surface de section transversale est petite par rapport à la longueur du poisson, plus l'intensité de la décharge est grande. D'après du Bois-Reymond, cette augmentation de l'intensité de la décharge avec la longueur du poisson ne dépendrait guère de la diminution de la résistance, mais serait plutôt en rapport avec la force du poisson, laquelle d'ordinaire varie suivant la taille de l'animal. Les poissons les plus longs sont aussi les plus vigoureux. Toutes ces variations de l'intensité et de la qualité peuvent être décelées non seulement subjectivement par la sensation perçue, mais aussi objectivement par le degré de la déviation de l'aiguille galvanométrique ou encore mieux par le téléphone; une décharge lancée dans ce dernier fait entendre un son produit par les vibrations de la plaque téléphonique et dont la hauteur et l'ampleur sont en rapport avec l'intensité de la décharge (Schoenlein, 28).

On n'est pas d'accord sur le degré de la fatigabilité de l'organe électrique; certains observateurs croient même que cet organe ne s'épuise pas du tout dans les conditions biologiques normales ou ne s'épuise que très difficilement. Il est certain que les poissons électriques ne peuvent pas indéfiniment lancer des décharges : le nombre doit être déterminé et variable suivant l'espèce : de là nécessairement un certain degré d'épuisement et une diminution des aptitudes fonctionnelles de l'organe. Il n'en est pas moins vrai que certains poissons sont extrêmement résistants à la fatigue. Ainsi Sachs prétend-il que les gymnotes, sur lesquels il expérimentait, étaient absolument infatigables. D'autre part, ce même observateur, parlant de la pêche du gymnote, raconte que ce poisson, après avoir lancé de fortes décharges, s'épuise à un tel degré qu'on peut le saisir avec la main. Les silures de du Bois-Reymond présentaient également une grande résistance à la fatigue. D'après Schoenlein, la torpille s'épuise après mille décharges consécutives produites pendant 15 ou 30 minutes, et ne se remet que très lentement après un repos plus ou moins prolongé; l'organe électrique, enlevé de l'organisme, s'épuise beaucoup plus vite et n'accuse aucune tendance à regagner ses aptitudes fonctionnelles après le repos. Il faut donc admettre pour l'organe électrique, comme pour le muscle, non seulement l'épuisement complet de l'organe, mais aussi un certain degré de fatigabilité qui se traduit par un affaiblissement graduel de l'intensité de la décharge. C'est ce qui a été démontré par les belles recherches de Marey (29), qui a pu enregistrer graphiquement au moyen d'un électro-dynamographe (un signal de Deprez modifié), les décharges de la torpille. Il a pu s'assurer ainsi que la fatigue se traduit par une décroissance de l'amplitude des tracés. Dans une série de décharges consécutives amenant la fatigue, les premiers flux de la décharge sont presque vingt fois plus amples que les derniers. Au delà du moment où les flux ont la force d'actionner l'électro-dynamographe, ils se prolongent longtemps encore, deviennent si faibles qu'on ne peut plus les sentir que sur la langue, et ne sont plus révélés que par les réactifs les plus sensibles, comme par exemple la patte galvanoscopique. Le repos de la torpille lui rend l'aptitude à donner des décharges électriques intenses; les flux de la torpille reprennent alors leur plus grande amplitude. Marey conclut de ces faits qu'au point de vue de l'intensité des flux, exprimée par l'amplitude des signaux qu'ils produisent, la fatigue se traduit dans l'appareil de la torpille de la même façon que dans les muscles. D'Arsonval (30), se servant de la force électromotrice de la décharge de la torpille pour allumer une lampe à incandescence consommant 4 volts et 1 ampère, a conclu que l'organe s'épuise vite; après 4 ou 5 décharges répétées coup sur coup, la lampe s'allume de plus en plus faiblement. Si l'on n'utilise le courant que d'un seul organe et qu'on porte ensuite la lampe sur le second organe qui est resté à circuit ouvert, on obtient un courant très fort, allumant vivement la lampe. Cinq à dix minutes de repos rendent à la décharge son énergie première, si l'on n'a exercé que de légers pincements. Diverses influences qui modifient l'irritabilité musculaire agissent également sur l'excitabilité de l'organe électrique : la température, la circulation du sang et les poisons influent notablement sur l'intensité de la décharge. Celle-ci est très faible chez une torpille exposée au froid, et très forte à une température voisine de 45°. L'abaissement graduel de la température diminue aussi la fréquence du flux de la décharge (Marey). La suppression de la circulation sanguine diminue l'excitabilité de l'organe électrique, quoique celui-ci, tout en étant privé de sang, continue encore pendant quelque temps à donner des décharges. Une torpille empoisonnée par la *strychnine* devient très excitable et réagit par une très forte décharge à la moindre excitation, même à un faible choc qui ébranle la table sur laquelle l'animal est posé; la torpille donne alors non plus un flux unique, mais une série de flux, un véritable tétanos électrique. Le *curare* à très forte dose produit de fortes décharges et des convulsions musculaires suivies d'une paralysie passagère; celle-ci ne devient définitive qu'après l'administration répétée de doses élevées (0,4-0,6 grammes). L'organe paralysé perd complètement son excitabilité directe et indirecte (Schoenlein). La *vératrine* est également très active; la décharge présente les caractères de la courbe de contraction d'un muscle vératrinisé, et l'organe électrique s'épuise très vite, de sorte qu'il cesse de donner des décharges appréciables au galvanomètre (Garten).

Un des phénomènes les plus surprenants de la physiologie des poissons électriques, c'est que ces animaux, alors qu'ils produisent des décharges d'un effet aussi violent sur l'entourage, n'en sont pas atteints eux-mêmes et jouissent au contraire d'une certaine *immunité* contre leurs propres décharges et contre celles de leurs semblables. Si l'on place des gymnotes dans un milieu rempli de poissons divers, ces derniers seront foudroyés par les décharges multiples, tandis que les gymnotes ne seront nullement atteints, pas plus ceux qui ont lancé la décharge, que ceux qui se trouvent à côté.

Déjà Humboldt fut frappé par ce fait étrange, et se demanda si ce n'est pas la peau du poisson qui empêche la décharge de se répandre et d'atteindre son corps. Du Bois-Reymond fut également frappé par l'immunité des poissons électriques à l'égard de leur propre décharge. Il attribue ce fait, avec Steiner, à la très grande résistance que les muscles, les centres nerveux et les nerfs des poissons électriques présentent au passage de l'électricité. Cependant les expériences récentes de Babuchin, Steiner, Fritsch et Schoenlein ont prouvé que cette immunité n'est que relative. Ils ont constaté que certains petits poissons électriques sont excités et produisent des secousses sous l'action des décharges des plus grands poissons qu'ils touchent. Les effets obtenus dans ces cas sont très faibles et presque minimes, surtout en comparaison avec l'effet foudroyant que certains poissons électriques produisent sur d'autres animaux. Les expériences récentes de Jolyet prouvent aussi que la torpille reçoit partiellement la décharge qu'elle lance. La décharge, spontanée ou provoquée, est toujours accompagnée chez l'animal de quelques contractions musculaires brèves. Nous avons pu aussi observer fréquemment des mouvements, parfois à peine appréciables, parfois très sensibles, dans le corps d'une torpille au moment de la décharge.

D'une façon générale, il faut donc admettre une *immunité relative des poissons électriques contre la décharge*, sans pouvoir toutefois expliquer la vraie raison de cet étrange phénomène. Ni l'explication de Pfluger, qui croit pouvoir admettre un état anélectrotonique dans les nerfs, sous l'influence de la décharge de l'organe, ni celle de Boll et d'autres, qui expliquent l'immunité par la très faible irritabilité des nerfs du poisson, ni celle de du Bois-Reymond, qui en trouve la raison dans la longueur du trajet parcouru par la décharge dans le centre nerveux du poisson, ne sont satisfaisantes. La raison de cette immunité est à trouver.

Propriétés physiques et nature de la décharge. — Cavendish fut le premier qui chercha à préciser les propriétés physiques de la décharge des poissons électriques et à déterminer les lignes de tension à la surface du poisson plongé dans l'eau. Les résultats obtenus par Cavendish ont été confirmés et complétés par Colladon et du Bois-Reymond, grâce au perfectionnement des méthodes électrophysiques. Il a été dit plus haut que la décharge varie, au point de vue de sa qualité et surtout au point de vue de sa quantité, suivant les différentes conditions de l'expérimentation et de l'observation. Or ce n'est qu'en connaissant la répartition des potentiels électriques à la surface du poisson que l'on peut se rendre compte de la variabilité et de la valeur de la décharge.

Colladon (31) a déduit de ses expériences sur la répartition de tension à la surface d'une torpille, pendant une décharge dans l'air, les conclusions suivantes:

1º Tous les points de la surface dorsale sont positifs par rapport à un point quelconque de la surface ventrale. L'intensité du courant diminue avec la distance du point exploré de l'organe électrique; elle est presque nulle sur la queue de l'animal;

2° Deux points asymétriques du dos ou du ventre donnent un courant qui peut être constaté au galvanomètre; celui des deux points qui est le plus rapproché de l'organe électrique est positif sur le dos et négatif sur le ventre ;

3° Deux points symétriques du dos ou du ventre sont iso-électriques, et par conséquent ne donnent aucun courant.

Vu que la force électromotrice de la décharge est en rapport avec le nombre de plaques contenues dans les colonnes prismatiques, la répartition de potentiel varie, suivant que les colonnes sont toutes de la même hauteur ou bien vont en diminuant vers le bord. Du Bois-Reymond a démontré que dans le premier cas les différences de potentiel auront la même direction à la face dorsale qu'à la face ventrale. Dans le second cas, les points de plus grande positivité et négativité se trouveront aux bords médiaux des organes. De cette façon, chez la torpille, les courants se dirigent du bord médial à la ligne médiane sur la surface dorsale et dans le sens inverse sur la surface ventrale. Dans l'intérieur du corps du poisson, ces courants s'écoulent, d'après Du Bois-Reymond, à travers le cerveau et la moelle épinière, c'est-à-dire par la voie la plus courte entre les parties les plus actives des organes; ces courants présentent sur ce trajet une faible intensité, insuffisante pour exciter le poisson. Pendant la décharge du silure, le dos de ce dernier se comporte électriquement de la même façon que le ventre : tout point rapproché de la queue est positif par rapport à un point situé plus près de la tête. D'une façon générale, on peut admettre que *la direction d'une décharge normale des poissons électriques est perpendiculaire à la surface des plaques*. C'est pourquoi, chez la torpille, dont les plaques sont disposées horizontalement, la décharge a lieu entre le dos et le ventre, tandis que chez le gymnote, dont les plaques sont situées dans la surface transversale du corps, c'est-à-dire perpendiculairement à l'axe longitudinal, la décharge présente une direction longitudinale de la tête à la queue. Chez le silure, la décharge se propage de même dans la direction de son axe longitudinal (Du Bois-Reymond). Chez la raie le courant de l'organe électrique présente une direction postéro-antérieure. Chez le mormyre, le courant se dirige de la queue à la tête, comme chez la torpille et le gymnote (Fritsch). En général, les poissons de l'espèce de *Raja* et *Mormyrus* ne produisent qu'une décharge extrêmement faible, très peu ou pas du tout sensible; aussi les considérait-on jadis comme des poissons *pseudo-électriques*. Cependant leurs décharges peuvent être facilement décelées au galvanomètre : elles font même dévier l'aiguille galvanométrique avec une telle force, que, dans les expériences de Burdon-Sanderson et Gotch (32), une centième partie du courant de la décharge chassait avec violence l'échelle galvanométrique du champ visuel.

La *force électromotrice* de la décharge peut être déterminée par les procédés physiques qui sont normalement usités en électrophysiologie. D'après Faraday, la décharge d'un gymnote long de 101,6 centimètres égale la force d'une décharge d'une batterie de 15 bouteilles de Leyde fortement chargées. Il a constaté, en outre après Cavendish que, malgré la grande intensité de la décharge de l'organe électrique, celle-ci ne peut pas être transmise à travers l'air chauffé. Du Bois-Reymond, qui a cherché à expliquer ce phénomène, croit que celui-ci dépend de la difficulté extrême avec laquelle la décharge électrique des poissons réussit à vaincre les résistances extérieures. C'est pourquoi on n'obtient pas d'étincelle (à la fermeture du courant) à la suite de la décharge de l'organe électrique. Excepté Walsh, qui a vu et montré aux membres de la *Royal Society* des étincelles produites par la décharge d'un gymnote, d'autres observateurs, comme Hugh Williamson, Sachs et du Bois-Reymond, n'ont jamais pu recueillir une étincelle de la décharge (à la fermeture du courant) dans les conditions suivant lesquelles leurs expériences ont été effectuées. D'après les recherches récentes de d'Arsonval (*l. c.*), faites sur des torpilles de 25 à 35 centimètres de diamètre et conservées depuis huit jours dans le bassin du laboratoire, la force électromotrice de la décharge oscillait entre 8 et 17 volts et l'intensité entre 1 et 7 ampères en court circuit. A circuit ouvert, la force électromotrice de l'organe peut dépasser 300 volts; elle est donc assez grande pour allumer une lampe à incandescence consommant 4 volts et 1 ampère et la porter même au blanc éblouissant pendant un instant. D'Arsonval a pu ainsi mettre trois de ces lampes en tension ou en quantité et les allumer au blanc; en lançant la décharge dans une petite bobine de Ruhmkorff, il a réussi à faire briller d'un vif éclat les tubes de Geissler.

La décharge, spontanée ou réflexe, des poissons électriques n'est pas une décharge *unique*, mais, comme l'a bien démontré MAREY (*l. c.*), c'est un acte complexe, discontinu, constitué par une série de décharges partielles de courte durée et de grande fréquence. Sous ce rapport, la décharge de l'organe électrique présente une certaine analogie avec la contraction volontaire du muscle. Chaque décharge partielle, dont la somme représente la décharge totale du poisson, correspond dans le muscle à une seule onde d'excitation, et un certain nombre de décharges est nécessaire pour produire une contraction tétanique. Vu cette analogie qui se base sur des raisons morphologiques et fonctionnelles, on peut dire que la décharge de l'organe électrique n'est pas une simple secousse, mais un vrai *tétanos*. Sur des tracés recueillis par MAREY et fournis par les décharges électriques d'une torpille inscrites au moyen du signal de DEPRÈZ, on voit très nettement les flux multiples dont se compose la décharge totale. MAREY observa la même complexité dans les décharges d'un poisson empoisonné par la strychnine, et il trouva dans ce fait une nouvelle confirmation de ses conceptions théoriques sur l'analogie des fonctions électrique et musculaire. Du reste, MAREY a poussé encore plus loin l'analyse du phénomène électrique de la torpille, et il a cherché à déterminer à l'aide de la méthode graphique *les phases mêmes de ses flux*. Il résulte de ses recherches que chaque flux est composé de deux phases, dont la phase initiale, celle d'accroissement brusque, est beaucoup plus brève que la phase terminale, celle de lent décroissement, comme cela s'observe dans la secousse musculaire. La durée d'un flux électrique serait d'environ 0,06 à 0,07 de seconde : celle d'une décharge totale de 0,23 de seconde. Tous les flux successifs s'ajoutent et se fusionnent dans la décharge électrique de la même façon que les secousses musculaires dans le tétanos. Le nombre de décharges partielles nécessaires pour produire une décharge totale est en rapport avec l'énergie de l'animal et sa force de réaction ; ce nombre diminue sous l'influence de la fatigue et de l'abaissement graduel de la température. D'ARSONVAL, en inscrivant la courbe de la décharge à l'aide d'un galvanographe imaginé par lui, a confirmé le fait signalé par MAREY et a constaté également « que la décharge n'est pas continue » et se compose de six à dix décharges successives qui s'additionnent au début en se suivant à environ 0,01 de seconde d'intervalle. L'intensité atteint son maximum en général après la troisième décharge partielle : elle va ensuite en diminuant graduellement jusqu'à zéro. La courbe tracée par le galvanographe présente également les caractères de celle d'une contraction musculaire. La durée moyenne d'une décharge oscille entre 0,1 à 0,15 de seconde à la température de 19°.

Courant de repos. — L'étude des propriétés de la décharge spontanée ou réflexe de l'organe électrique des poissons prouve suffisamment que l'on a affaire ici à un processus physiologique qui engendre la production de différences de potentiel électrique. Les courants électriques de la décharge sont de vrais courants d'actions qui accompagnent l'activité de l'organe électrique des poissons. Vu l'analogie morphologique et fonctionnelle qui existe entre l'organe électrique et le muscle, il y a à se demander si l'organe électrique, « ce muscle à fonction spéciale », présente un courant de repos analogue à celui des muscles et des nerfs. En cas de réponse affirmative, on serait obligé de considérer la décharge du poisson électrique comme une variation de l'état électrique de son organe électrogène, de même que le courant d'action du muscle est une variation dans un sens ou dans un autre de son courant de repos. Dans le cas de réponse négative, la décharge résulterait tout simplement d'une différence de potentiel électrique qui se produirait à la suite de l'irritation et accompagnerait le processus de l'excitation.

Les données fournies par différents expérimentateurs sur les courants de repos des organes électriques ne concordent pas entre elles. DU BOIS-REYMOND (*l. c.*), chez le silure, et ECKHARDT (33), chez la torpille, n'ont constaté aucun courant, tandis que ZANTEDESCHI et MATTEUCCI croient avoir vu chez la torpille en repos de faibles différences de potentiel électrique dans le sens du courant de la décharge. SACHS a trouvé constamment chez le gymnote, entre les deux sections transversales ou bien entre deux points de la surface longitudinale de l'organe électrique, un courant se dirigeant dans le sens de la décharge, que DU BOIS-REYMOND a dénommé « courant de l'organe ». Ce courant présente une très faible force électromotrice qui ne dépasse guère 0,15 — 0,03 Dan. Sur des tronçons de l'organe électrique renfermant un certain nombre de colonnes prismatiques, DU BOIS-REYMOND a constaté de très faibles courants dont la force électromotrice était de

0,005 — 0,013 Dan. ; il a pu ainsi calculer la force électromotrice d'une seule plaque, qui serait de 0,0000117 Dan. A la suite de ces recherches, du Bois-Reymond, revenant sur sa première opinion relative au courant de repos des poissons électriques, a conclu qu'il existe un courant propre de l'organe électrique en repos, un courant résultant de la même répartition de potentiels qui produit la décharge spontanément ou sous l'influence d'une irritation. Quant à l'origine de ces forces électromotrices au repos, du Bois-Reymond cherche à les interpréter par sa théorie moléculaire, tout en affirmant la loi de préexistence de forces électromotrices avec bien moins d'énergie pour l'organe électrique qu'il ne le fait pour le muscle et le nerf. Les phénomènes électromoteurs au repos, observés par du Bois-Reymond, furent également constatés par Burdon-Sanderson, et Gotch. Ce dernier ne considère pas cependant ces faibles forces électromotrices comme prouvant l'existence d'un courant propre de l'organe électrique au repos : il les attribue à un effet consécutif d'une décharge souvent inappréciable de l'organe électrique irrité par le procédé opératoire. Le courant dérivé, dit courant de l'organe, prendrait ainsi toujours la direction de la décharge, qui s'écoule très lentement.

On voit d'après ce qui précède que la question de l'existence d'un courant de repos chez les poissons électriques est loin d'être résolue. Les forces électromotrices des points dérivés sont en effet si faibles et si irrégulières qu'elles peuvent dépendre de beaucoup de circonstances encore peu connues et ne permettent guère de conclure à l'existence d'un courant de repos dans l'organe électrique du poisson. L'analogie entre l'organe électrique et le muscle n'est pas moindre pour cela. L'absence de courants électriques à la surface d'un organe animal n'exclut du reste nullement la présence de tensions électriques à l'intérieur de cet organe. A l'état de repos, la répartition du potentiel peut être telle qu'il n'y a pas de courant électrique, celui-ci se forme seulement à la suite d'une irritation, qui provoque une nouvelle répartition de tension électrique.

Caractères de la décharge produite par l'excitation artificielle des nerfs électriques et des centres nerveux. — Les phénomènes décrits plus haut sont ceux de la décharge spontanée provoquée par la volonté de l'animal ou bien ceux de la décharge réflexe produite par des excitations naturelles auxquelles le poisson électrique peut être soumis durant sa vie dans un milieu ambiant où il a à se défendre contre l'ennemi et à assurer son existence en attrapant sa proie. Les décharges qui se produisent dans ces conditions sont pour ainsi dire des phénomènes électromoteurs qui accompagnent l'activité naturelle de l'animal normal. A côté de cette activité naturelle, on peut provoquer, comme dans le nerf et dans le muscle, une activité artificielle, à l'aide de différents irritants appliqués soit sur l'organe électrique, soit sur les nombreuses fibres nerveuses qui se rendent à toutes les plaques dont est composée la colonne prismatique de l'organe. L'analyse des caractères de la décharge provoquée par une irritation artificielle est intéressante, non seulement parce qu'elle complète les données acquises par l'étude de la décharge électrique naturelle, spontanée ou réflexe, mais aussi parce qu'elle permet de comprendre mieux l'analogie morphologique et fonctionnelle qui existe entre l'organe électrique et le muscle.

De tous les irritants, l'électricité doit être considérée, pour l'organe électrique aussi bien que pour le nerf et le muscle, comme l'agent le plus puissant pour provoquer une décharge. Les irritants mécaniques et chimiques, qui donnent dans le nerf et dans le muscle des résultats très satisfaisants, n'agissent que très peu et d'une façon peu nette sur l'organe électrique. Aussi ne nous occuperons-nous ici que des irritants électriques. Déjà les premières expériences faites avec l'électricité ont démontré qu'une rupture unique du courant induit ou constant n'exerce qu'une faible influence sur l'organe électrique; elle ne provoque pas du tout de décharge à moins d'une intensité très grande du courant irritateur. La décharge d'un organe électrique ne peut être provoquée que par l'action d'un courant tétanisant sur le nerf électrique, c'est-à-dire par le même courant qui produirait dans le muscle un tétanos et il n'est nullement nécessaire que ce courant soit très intense. L'irritation tétanique du nerf électrique provoque des variations discontinues de l'état électrique des organes, de façon à produire un vrai tétanos électrique, composé de décharges partielles dont le nombre correspond au rythme de l'excitation. Cette faculté de l'organe électrique de réagir à un courant tétanisant de faible intensité et de ne pas être influencé par la simple rupture d'un courant de très haute intensité a fait penser à DU BOIS-REYMOND qu'une certaine analogie doit exister entre les plaques de l'organe électrique et les cellules ganglionnaires de la moelle épinière, dont la réaction à l'irritation des nerfs sensitifs est analogue à celle des organes électriques après l'irritation de leurs nerfs. On sait, en effet, que les cellules ganglionnaires de la moelle répondent par des mouvements réflexes à la tétanisation faible des nerfs sensitifs et ne réagissent guère à une rupture unique d'un courant de grande intensité. Dans certaines conditions expérimentales, le nerf électrique peut être excité par la fermeture de son propre courant transverso-longitudinal. La décharge de l'organe qui en résulte est suffisamment intense pour être nettement perçue au téléphone et pour faire dévier assez considérablement l'aiguille galvanométrique (MENDELSSOHN, 34). Nous avons pu nous assurer que la décharge provoquée par cette *auto-excitation* du nerf électrique est absolument analogue à la décharge naturelle : elle n'en diffère que par une intensité moindre.

L'effet de l'irritation électrique chez les poissons électriques varie suivant l'espèce. Il est très grand chez le gymnote (SACHS), moins prononcé chez la torpille (SCHOENLEIN), et à peine appréciable chez le silure (BABUCHIN). Chez les poissons dont les nerfs possèdent un périnèvre très gros, l'irritation du tronc nerveux produit peu d'effet, tandis que l'irritation des fines ramifications donne une déviation plus ou moins considérable de l'aiguille galvanométrique.

La décharge provoquée par l'irritation électrique ne se produit pas au moment même de l'irritation. MAREY a démontré, à l'aide d'une méthode très ingénieuse, qu'entre le moment de l'irritation et le moment de la décharge, s'écoule un certain laps de temps qui représente *la période latente* de la décharge, temps qu'il a évalué à 0,01 de seconde. De là, MAREY a conclu que l'appareil électrique de la torpille présente une période d'excitation latente sensiblement égale à celle d'un muscle de grenouille. Les recherches ultérieures ont fourni de plus petites valeurs; ainsi,

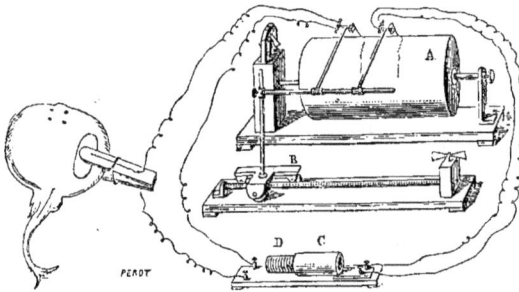

FIG. 189. — Une torpille est saisie entre les mors d'une pince qui recueille les décharges électriques et les envoie à un signal de DEPREZ qui les inscrit sur un cylindre; en même temps les décharges traversent la bobine inductrice D. Un autre signal, placé sur le circuit de la bobine induite C, inscrit les courants induits par la décharge (d'après MAREY).

d'après SACHS, la période latente de la décharge électrique est de 0″,0035, d'après GOTCH elle varie de 0″,012 — 0″,005, et d'après SCHOENLEIN elle atteint à peine 0″,002 — 0″,00025. Ces valeurs, quoique si différentes, concordent assez bien avec celles de la période latente de la secousse musculaire, qui oscille entre 0″,004 et 0″,01. Comme dans le muscle, la durée de la période latente doit varier suivant différentes conditions qui sont encore mal déterminées. GOTCH a pu s'assurer que cette période est plus longue chez les espèces de petit calibre, et plus courte chez les poissons de grande dimension ; il a constaté également que la température exerce une grande influence sur la durée de la période latente de la décharge électrique : à 5°, les torpilles présentent une période latente de 0″,012 — 0″,014, tandis qu'à 20°, elle n'est que de 0″,005. Des valeurs analogues ont été obtenues aussi par GOTCH et BURCH (35) sur l'organe électrique du silure à la suite de l'irritation électrique de son nerf. JOLYET semble ne pas admettre une analogie entre la période latente de la décharge et celle de la secousse musculaire. Ayant obtenu dans ses expériences des valeurs extrêmement faibles pour le temps perdu de la décharge, il croit que la période latente de celle-ci correspondrait au retard de la variation négative plutôt qu'à celui de la contraction du muscle. Il est même porté à refuser tout retard à l'activité de l'organe électrique, et prétend, peut-être avec raison, que, si la période latente du muscle a pour cause son élasticité, rien d'étonnant à ce qu'on ne retrouve pas cette période dans l'organe électrique de la torpille, où cette force physique n'a rien à faire dans la production de l'effet réactionnel de l'organe.

Il a été dit plus haut que la décharge des poissons électriques n'est pas perçue comme un coup sec, instantané, mais qu'elle présente une certaine durée qui peut être déjà appréciée au toucher par l'expérimentateur. MAREY a déterminé chez la torpille la valeur de cette durée, qui est de 0″,07 : d'après GOTCH (36) elle serait de 0″,04 — 0″,06, et d'après SCHOENLEIN de 0″,08. Ces chiffres concordent donc assez bien chez différents expérimentateurs et se rapprochent de la valeur de la durée de la secousse du muscle. D'ARSONVAL seul a trouvé une durée plus longue de la décharge : 0″,1 — 0″,15 à une température de 19°. Du reste, la valeur de cette durée est influencée par différentes conditions et varie suivant la taille, l'animal et la température environnante. La décharge naturelle (spontanée ou réflexe) présente la même durée que la décharge provoquée par une irritation artificielle.

C'est encore MAREY qui fut le premier à déterminer la *vitesse de l'excitation dans les nerfs* électriques, qui est d'environ 8 mètres par seconde, donc moindre que celle du nerf de la grenouille. Ce fait fut confirmé par JOLYET et GOTCH, tandis que SCHOENLEIN a trouvé tout récemment pour le nerf électrique une vitesse de propagation de 12 — 27 mètres par seconde, ce qui correspondrait à la valeur de la vitesse de l'agent nerveux dans le nerf de la grenouille.

Nous avons vu plus haut que la décharge spontanée présente un caractère oscillatoire qui se traduit déjà par une sensation particulière perçue au toucher. On constate le même caractère oscillatoire dans la décharge provoquée par une irritation électrique à l'aide d'un courant tétanisant. Il est démontré, aussi bien par la méthode galvanométrique que par la méthode téléphonique, que le nombre des oscillations produites par la décharge correspond au rythme de l'irritation, et que, sous ce rapport encore, il existe une analogie frappante entre l'organe électrique et le muscle (SCHOENLEIN). Le caractère oscillatoire de la décharge se manifeste non seulement à la suite d'une irritation tétanisante, mais aussi à la suite d'une irritation unique; dans ce cas, la décharge est également constituée par un certain nombre d'ondes d'amplitude inégale. JOLYET fut le premier à attirer l'attention sur les oscillations alternantes de la décharge de l'organe électrique sous l'influence de l'irritation produite par un choc d'induction. GOTCH a pleinement confirmé le fait trouvé par JOLYET, et l'a complété par des recherches galvanométriques très détaillées. Il résulte de ces recherches que la décharge provoquée par un choc d'induction ne s'écoule pas d'une façon uniforme, mais qu'elle présente 3 à 4 renforcements, qui se produisent à 0,01 de seconde d'intervalle, et vont en diminuant, de sorte que le premier maximum est le plus grand, tandis que le dernier est le plus faible. La courbe de la décharge présente de cette façon 3 à 4 ascensions et descentes successives: la première ascension est la plus élevée : la dernière, la moins accusée. Les chiffres trouvés par GOTCH sont très instructifs à cet égard, et nous croyons utile de les reproduire ici dans le tableau ci-contre :

TEMPS ÉCOULÉ DEPUIS LE MOMENT de l'irritation.	DÉVIATION GALVANOMÉTRIQUE.	
0,01 — 0,0125 sec.	+ 0	
0,0125 — 0,015 —	+ 48	
0,015 — 0,0175 —	+ 367	
0,0175 — 0,02 —	+ 316	— *1er maximum.*
0,02 — 0,0225 —	+ 75	
0,0225 — 0,025 —	+ 120	
0,025 — 0,0275 —	+ 225	— *2e maximum.*
0,0275 — 0,03 —	+ 212	
0,03 — 0,0325 —	+ 89	
0,0325 — 0,035 —	+ 64	
0,035 — 0,0375 —	+ 98	
0,0375 — 0,04 —	+ 130	— *3e maximum.*
0,04 — 0,0425 —	+ 30	
0,0425 — 0,045 —	+ 24	

On voit, d'après ce tableau, qu'après une période lalente de 0″,01 — 0″,0125 la décharge commence et atteint le premier maximum de son développement déjà après 0″,015 — 0″,0175, tandis que le deuxième et le troisième maximum sont séparés l'un de l'autre par un intervalle de plus de 0″,01. On voit aussi, d'après le nombre de degrés de l'échelle galvanométrique, que le premier maximum (367°) est le plus grand, le deuxième (225°) est moindre, et le troisième (130°) est le plus faible. D'après Schœnlein, qui a pu confirmer en tous points les faits constatés par Gotch, la prévalence du premier maximum de la décharge n'est pas absolue et dans certains cas le second maximum est plus grand que le premier; la différence entre ces deux maximum est alors moindre que lorsque le premier maximum prévaut.

Le caractère ondulatoire de la décharge provoquée par une irritation électrique unique présente certainement un très grand intérêt pour la connaissance de la nature intime de la fonction de l'organe électrique. Malheureusement, l'explication de ce phénomène n'a pas pu être encore donnée. Jolyet fut le premier à expliquer ce phénomène par le fait que les différentes parties de l'organe n'entrent pas simultanément en fonction et que la fusion des flux dans certains cas de la décharge, aussi bien volontaire qu'artificielle, ne se fait pas aussi complètement qu'on l'admet en général. Le retard

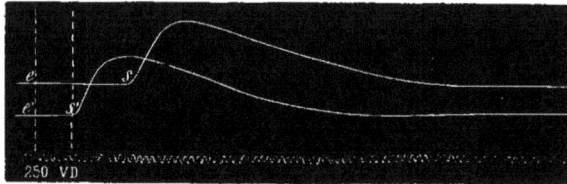

Fig. 190. — Mesure de la période d'excitation latente dans l'appareil électrique de la torpille (Marey).
e' s', l'excitation directe de la grenouille : e, s, excitation par l'intermédiaire de l'organe électrique.
s, s', mesure le temps perdu dans l'organe électrique.

constaté par d'Arsonval de la décharge de la partie postérieure de l'organe sur celle de la partie antérieure plaiderait peut-être en faveur, sinon d'une certaine indépendance des décharges des différents départements de l'organe, au moins d'une non-simultanéité de leur mise en action. Gotch a repris cette idée de Jolyet et lui a donné quelque développement. Il croit pouvoir admettre que l'excitation de l'organe électrique ne se fait pas d'emblée. A la suite de l'irritation du nerf, l'excitation n'a lieu que dans un

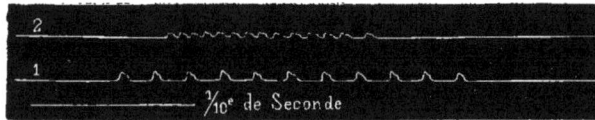

Fig. 191. — Deux tracés de décharge de torpille obtenus avec le signal électrique de Desprez (Marey).

certain nombre plus ou moins limité de colonnes prismatiques et y produit un courant de décharge, qui se propage le long de l'organe, et qui irrite les autres colonnes prismatiques de sorte que la décharge de ces dernières serait analogue à la secousse secondaire de la préparation neuro-musculaire. Chacune de ces décharges secondaires présente son maximum : c'est ainsi que Gotch explique les maxima multiples de la décharge totale de l'organe. Cette manière de voir ne paraît pas plausible à Schœnlein, qui croit avoir démontré que le caractère oscillatoire de la décharge provoquée par une irritation électrique unique ne peut pas être considérée comme un phénomène général, mais qu'elle dépend probablement de la nature de l'irritant. Il est constant dans l'irritation avec un choc d'induction et ne se produit guère à la suite de l'irritation du nerf électrique par la fermeture ou l'ouverture de courte durée (de 0″,001) d'un courant constant ; dans ce cas, la décharge n'est pas de nature oscillatoire et elle n'accuse qu'un seul maximum : la courbe de la décharge ne présente alors qu'un seul sommet (Schoenlein). Les récentes recherches de Jolyet (*l. c.*) paraissent également plaider en faveur de l'action synergique et simultanée de divers départements de l'organe électrique dont la décharge totale est brusque, instantanée, et non fractionnée en des décharges partielles et successives.

L'organe électrique présente, comme le muscle et le nerf, des *phénomènes électromoteurs secondaires*. Du Bois-Reymond a étudié ces phénomènes avec beaucoup de soin, et il les considère comme très importants au point de vue de la théorie de l'action électrique des poissons. Le passage d'un courant à travers l'organe électrique engendre dans ce dernier des forces électromotrices dues en partie au processus d'excitation et en partie aux phénomènes physiques de polarisation. L'organe électrique du silure accuse, d'après du Bois-Reymond, lors du passage d'un courant, une polarisation double, négative et positive. La première se propage avec la même intensité dans les deux sens : dans celui de la décharge (courant homodrome) et dans le sens opposé (courant hétérodrome). La seconde a lieu surtout à la suite de l'action des courants de haute densité et de courte durée. Dans certaines conditions, précisées par du Bois-Reymond, le courant passant à travers l'organe provoque une polarisation négative de la queue à la tête et une polarisation positive de la tête à la queue, donc dans le sens de la décharge ; la polarisation positive est alors plus forte que la négative. Les mêmes phénomènes ont été observés par Sachs dans l'organe électrique du gymnote, et plus tard par du Bois-Reymond dans celui de la torpille. Lors du passage d'un courant à travers l'organe, se produisent, parallèlement aux phénomènes de polarisation, encore d'autres forces électromotrices, considérées par du Bois-Reymond comme des phénomènes électromoteurs secondaires. L'intensité de ces courants secondaires varie suivant leur direction et suivant la durée de l'action du courant polarisateur. Si l'on fait passer à travers l'organe électrique un courant constant pendant un temps plus ou moins long, on constate des courants secondaires, allant dans un sens opposé à celui du courant polarisateur (courants « relativement » négatifs) et dont l'intensité varie suivant la direction que le courant polarisateur présente par rapport à celle de la décharge. L'intensité du courant secondaire est bien plus grande, dans le cas où le courant polarisateur va dans le sens de la décharge (courant homodrome), que lorsqu'il va dans le sens contraire (courant hétérodrome). D'une manière générale, on peut dire que les courants homodromes intenses donnent des courants secondaires relativement et absolument positifs, c'est-à-dire allant dans la direction du courant polarisateur et dans celle de la décharge (polarisation positive interne, du Bois-Reymond). Les courants secondaires provoqués par les courants hétérodromes sont des courants relativement négatifs et absolument positifs, c'est-à-dire qu'ils se dirigent dans le sens opposé à celui du courant polarisateur et dans celui de la décharge (polarisation interne, du Bois-Reymond).

Ces données résument à peu près les faits décrits par du Bois-Reymond sous le nom de « phénomènes électromoteurs secondaires » de l'organe électrique. La nature de ces phénomènes n'est pas encore bien connue ; elle est conçue et interprétée différemment par les différents expérimentateurs. Du Bois-Reymond interprète ces phénomènes dans le sens de la théorie moléculaire, et les considère comme l'effet d'un agencement spécial des molécules électromotrices mises en mouvement provoqués par le courant qui traverse l'organe. Pour d'autres physiologistes, les courants secondaires sont, comme les courants de repos, des effets consécutifs à la décharge produite par l'action irritante du courant polarisateur et ils peuvent être expliqués par la théorie d'altération d'Hermann.

L'organe électrique des poissons se trouve, par l'intermédiaire de ses gros nerfs, en rapport intime avec les centres nerveux, de sorte que la faculté de donner des décharges est strictement subordonnée à l'influence et à l'intégrité du système nerveux. C'est un fait d'observation ancienne (Spallanzani, Galvani, Humboldt) que la section des nerfs électriques enlève au poisson la faculté de produire spontanément des décharges, quoique alors celles-ci puissent être provoquée par l'irritation du bout périphérique du nerf. Le nerf électrique est donc un nerf centrifuge, quoiqu'il puisse conduire les excitations dans les deux sens (Babuchin). L'irritation de la partie antérieure de l'encéphale n'exerce aucune influence sur la fonction de l'organe électrique, dont la décharge ne se produit qu'à la suite de l'excitation du lobe électrique. La section des nerfs qui commandent l'organe électrique paraît influer considérablement sur l'excitabilité de ce dernier. Il résulte des

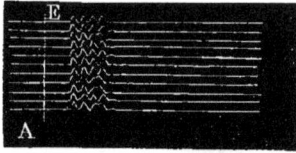

Fig. 192. — Décharges de torpille provoquées par une excitation électrique des centres nerveux (MAREY).

recherches récentes de GARTEN (37), qui a pu garder en vie des torpilles avec les nerfs sectionnés d'un côté jusqu'à trente-sept jours, que, lorsque l'excitabilité du nerf disparaît (au 19e jour), l'organe devient aussi directement inexcitable. La perte de l'excitabilité survient après une période plus ou moins longue, pendant laquelle on pouvait noter une diminution graduelle de l'excitabilité directe et indirecte. La moelle épinière n'a pas d'action directe sur la fonction de l'organe électrique et ne sert que de voie de transmission pour les irritations périphériques qui provoquent des décharges réflexes. Les actes réflexes électriques chez la torpille s'accomplissent, d'après JOLYET, beaucoup plus lentement que les mouvements réflexes analogues chez d'autres animaux. Leur durée est de 0″,12 environ. Cette lenteur des actes réflexes chez les poissons électriques serait, d'après JOLYET, en rapport avec leur faible énergie vitale laquelle se manifeste aussi par une activité respiratoire moindre que celle des autres poissons de haute mer.

Considérations générales. — Il résulte de ce qui précède que l'organe électrique présente avec le muscle une analogie très grande, non seulement au point de vue anatomique et embryologique, mais aussi au point de vue physiologique. Les phénomènes électromoteurs de l'organe électrique présentent des particularités analogues à celles qui caractérisent les phénomènes électriques du muscle; dans l'un et dans l'autre cas, l'irritant produit des réactions électromotrices à peu près semblables; c'est avec raison que l'organe électrique des poissons est considéré comme un muscle transformé à fonction spéciale. Il est donc tout naturel que l'on cherche à expliquer la fonction électrique des poissons par des théories qui semblent résoudre la question de l'électrogénèse dans les muscles et dans les nerfs. Jusqu'à présent on n'a pas réussi à déterminer avec précision le siège de la fonction électrique des poissons. Les uns la placent dans la partie musculaire transformée de l'organe électrique, d'autres la localisent dans les terminaisons nerveuses. Dans ce dernier cas, la décharge de l'organe ne serait que la somme des décharges partielles survenant dans les plaques terminales des nerfs électriques. Du Bois-Reymond, croyant trouver la solution du problème dans sa théorie moléculaire si ingénieusement appliquée à l'étude des courants neuro-musculaires, et en se basant sur son principe de la préexistence de l'électricité animale, a émis une hypothèse d'après laquelle la décharge électrique doit être envisagée comme *un processus spécial de la plaque électrique (cette fibre musculaire transformée)*, analogue à la variation négative du muscle. Chaque plaque est constituée par des molécules électromotrices dipolaires, agencées de telle sorte qu'à l'état de repos elles ne manifestent aucune action électromotrice extérieure, tandis qu'au moment de la décharge provoquée par une irritation, les molécules se disposent de façon que leurs pôles positifs soient tournés vers la surface de l'organe qui accuse alors une tension positive. Ces molécules peuvent, grâce à leur grande mobilité, changer de position sous l'action des irritants et se ranger de façon à produire une différence de potentiel électrique. L'intensité de la décharge est en rapport avec le nombre des molécules contenues dans une plaque électrique, de sorte que l'on peut établir une loi générale, d'après laquelle l'intensité de la décharge serait proportionnelle à la grandeur de la plaque. L'hypothèse de DELLE CHIAJE et de BABUCHIN sur la préformation des organes électriques sert d'hypothèse auxiliaire à la théorie moléculaire appliquée à l'étude des phénomènes de l'électricité animale chez les poissons.

Ici, comme pour le muscle et le nerf, la théorie moléculaire n'est pas admise par les adeptes de la théorie d'altération, qu'ils croient seule apte à expliquer la nature intime des phénomènes électromoteurs. Tel est au moins l'avis de BIEDERMANN. Dans l'article **Électricité animale** (Voy. plus haut, p. 358), nous avons exposé notre opinion sur la valeur relative de ces deux théories, et nous rappelons encore ici que, quant à l'électrogénèse chez les poissons électriques, comme pour l'électrogénèse en général, il n'y a pas de raisons pour donner à la théorie d'altération une préférence sur la théorie moléculaire de DU BOIS-REYMOND. On ne connaît pas en effet les réactions chimiques instantanées qui accompagneraient la décharge de l'organe électrique et qui devraient servir de base à la théorie de l'altération. Il est certain que l'activité de l'organe électrique est accompagnée d'un certain chimisme, démontré par les recherches de WEYL (*l. c.*), MARCUSE (39), GRÉHANT et JOLYET (39), et tout récemment par RÖHMANN (40); mais, malgré ces recherches, il est encore difficile de préciser le rôle de ces processus chimiques dans la production de l'électricité par l'organe électrique.

D'ARSONVAL croit pouvoir expliquer les phénomènes de la décharge électrique chez les poissons par les actions électro-capillaires, auxquelles, d'ailleurs, il fait jouer le rôle principal dans l'électrogénèse de tous les tissus vivants. Au moment de l'excitation du nerf, la surface de séparation de deux substances dans une case (chaque prisme se compose de 2000 cases ou cellules distinctes) augmenterait, et cette augmentation s'accompagnerait d'une variation électrique, comme dans l'électromètre capillaire de LIPPMANN.

En réalité, aucune de ces théories n'est suffisante à tous les points de vue, et il règne encore beaucoup d'obscurités sur cet important problème biologique. On connaît certainement les particularités et les conditions de l'activité des poissons électriques, mais on est encore très loin de connaître tous les détails sur l'agencement des organes électriques sur la nature intime de leur fonction et sur la véritable source de leur énergie électrique. Et cependant qui sait si ce n'est pas l'organe électrique des poissons, cet organe qui produit directement de si grandes quantités d'électricité, qui n'est pas destiné à nous fournir un jour la solution définitive du problème relatif aux phénomènes d'électrogénèse animale?

Bibliographie. — **1.** ADANSON (M.). *Histoire naturelle du Sénégal*, 1751. — **2.** DU BOIS-REYMOND. *Quæ apud veteres de piscibus electricis extant argumenta* (*Diss. Inaug.*, Berol., 1843); — *Vorlaüf Bericht ueb. die von Prof. Fritsch in Egypten angestellten neuen Untersuchungen an electr. Fischen* (Ber. Berlin. Akad. Wiss., 1881-1891, 233; A. A. P., 1882, 61); — *Ueb. secundär electromotor. Erscheinungen an Muskeln, Nerven und electr. Organen* (Ber. Berlin. Akad. Wiss., XVI 1883, 1); — *Lebende Zitterrochen in Berlin.* (Berlin. Akad. Wiss., 1884-1885 et 1887); — *Bemerkungen über einige neuere Versuche an Torpedo* (Ibid., 1888); — (*Gesammelte Abhandlungen*, 1877, II). — **3.** FRITSCH (G.). *Die electrischen Fische*, Leipzig, 1890; — *Weitere Beiträge zur Kenntniss der schwach electrischen Fische* (Ber. Berlin. Acad. Wiss., 1891). — **4.** SAVI (P.). *Études anatomiques sur le système nerveux et sur l'organe électrique de la torpille* in *Traité des phénomènes électro-physiologiques* de Matteucci, Paris, 1844, 277-342. — **5.** ROBIN (CH.). *Démonstration expérimentale de la production d'électricité par un appareil propre aux poissons du genre des Raies* (C. R., LXI); -- (Ibid., XXII, 821); — (*Ann. Sc. natur.*, 1847); — (*Journ. An. Phys.*, 1865). — **6.** RANVIER. *Sur les terminaisons nerveuses dans les lames électriques de la torpille* (C. R., LXXXI, 1875); — *Leçons sur l'hist. du syst. nerv.*, II, 1878; — *Traité techn. d'histologie*, 1888. — **7.** KÖLLIKER. *Ueb. Mormyrus longipinnis* (Zool., Ber., 1849); — *Ueb. die Endigung der Nerven im electrischen Organe der Zitterrochen* (Verh. phys.-med. Ges. Würzburg, 1857, VIII). — **8.** SACHS (C.). *Unters. am Zitteraal*, 1881. — **9.** BABUCHIN. *Entwicklung der electr. Organe und Bedeutung der electr. Endplatte* (Med. Cbl, 1870); — *Ueb. die Bedeutung und Entwicklung der pseudoelectr. Organe* (Med. Cbl. 1872; — A. A. P., 1876, 501); — *Ueb. den Bau der electr. Organe beim Zitterwels* (Med. Cbl., 1875; — A. A. P. 1877); — *Die Säulenzahl im electr. Organe von Torpedo marmorata* (Med. Cbl., 1882); — *Ueb. die Præformation der electr. Elemente* (A. A. P., 1882-1883). — **10.** BOLL (F.). *Ein histor. Beitrag zur Kenntniss von Torpedo* (A. A. P., 1874, 152); — *Die Structur der electr. Platten von Malapterurus* (Arch. mikr. Anat., X, 1874); — *Neue unters. zur Anatomie u. Physiologie von Torpedo* (Berlin. Akad. Wiss., 1875); — *Neue Unters. ub. die Structur der electr. Platten von Torpedo* (A. A. P., 1876). — **11.** DE CIACCIO. *La terminaison des nerfs dans les plaques électriques de la torpille* (Journ. de Micrographie, XII, 1888, 433); — *Observaz. intor. al modo come terminano i nervi motori ne muscoli striati delle torpedini* (Mem. d. Acad. Scien. di Bologna, série 3, VIII). — **12.** EWALD. *Ueb. d. Modus der Nervenverbreitung im electr. Organ von Torpedo*, Heidelberg, 1881. — **13.** KRAUSE (W.). *Die Nervenendigung im electr. Organ* (Int. Mon. Anat. Histol., III, 1886-1887); — *Ueb. die Folgen der Resection der electr. Nerven des Zitterrochen* (A. A. P., 1887); — *Die Nervenendigung im electr. Organ* (Int. Mon. Anat. Hist., VIII, 1891-1892). — **14.** EWART. *The electr. Organ of the skate* (Phil. Transac., 1892, 389. — **15.** ENGELMANN. *Die*

Blätterschicht der electr. Organe ; ihrer genetische Beziehung zur quergestreiften Muskelsubstanz (*A. g.* [*P*, 1894, 149). — **16.** Ballowitz. *Ueb. d. Bau des electr. Organes von Torpedo mit bes. Berücksichtigung der Nervenendigungen in demselben* (*Arch. Mikr. Anat.*, XLII, 1892) ; — *Die Nervenendigungen in dem electr. Organ des Afrikan. Zitterwelses* (*Anat. Anz.*, 1898, n° 7). — **17.** Muskens. *Zur Kemntniss der electr. Organe* (*Fijdschrift der Nederland. Dierkung. Vereinigung, Deel*, IV, 1893-1894, 2° sér.). — **18.** Ivanzoff. *Der mikros. Bau d. electr. Organes von Torpedo* (*Bulletin de la Soc. Imp. des Naturalistes de Moscou*, 1894, n° 4). — **19.** Ogneff. *Ueb. d. Entwickelung des electr. Organes bei Torpedo* (*A. A. P.*, 1897, 270). — **20.** De Sanctis. *Embriogenia degli org. electr.*, 1872, 55. — **21.** Steiner. *Ueb. d. Immunität d. Zitterrochens* (*A. A. P.*, 1874, 688). — **22.** Weyl (Th.). *Beobachtungen ub. Zusammensetzung und Stoffwechsel des electr. Organs von Torpedo* (*Ber. Berlin. Acad. Wiss.*, 1881, 381) ; — *Die Säulenzahl im electr. Organ von Torpedo oculata* (*C. W.*, 1882, n° 16) ; — *Physiologische und chemische Studien an Torpedo* (*A. A. P.*, 1883, 117). — **23.** Delle Chiaje. *Atti del R. Inst. dell' Incoraggimente alle Scienz. natural. di Napoli*, VI, 1840. — **24.** Matteucci (C.). *Sur l'électricité de la torpille* (*C. R.*, LXI, 1865, 627) ; — *Traité des phénomènes électrophysiologiques des animaux*, 1844, 141-192. — **25.** Humboldt (A. v.). *Tableaux de la nature*, 48. — **26.** Moreau (Arm.). *Recherches sur la nature de la source électrique de la torpille et manière de recueillir l'électricité produite par l'animal* (*Annales des Sc. nat.*, 4° sér., XVIII, 1862) ; — *Mémoires de Physiologie*, 1877. — **27.** Jolyet. *Rech. sur la torpille électr.* (*Ann. Sc. nat. de Bordeaux*, 1883, 17). — Jolyet et Rivière. *Simultanéité des décharges des divers départements de l'organe électrique de la torpille* (*Trav. Labor. Stat. zoolog. d'Arcachon*, 1895, 55). — Jolyet et Jobert. *Expériences montrant que la torpille reçoit partiellement la décharge qu'elle lance* (*Ibid.*, 57). — **28.** Schœnlein. *Beobachtungen und Untersuchungen ub. d. Schlag. von Torpedo* (*Z. B.*, XXXI, 449 ; XXXI, 408). — **29.** Marey (J.). *Détermination de la durée de la décharge électrique chez la torpille* (*C. R.*, LXXIII, 1871) ; — *Sur les caractères des décharges électriques de la torpille* (*Ibid.*, LXXXIV, 1877, 359) ; — *Sur la décharge de la torpille, étudiée au moyen de l'électromètre de Lippmann* (*Ibid.*, 359). *Nouvelles recherches sur les poissons électr., caractères de la décharge du Gymnote, effets d'une décharge de torpille, lancée dans un téléphone* (*Ibid.*) ; — *La décharge électr. de la torpille comparée à la contraction musculaire* (*Congrès Sc. méd. Genève*, 1877) ; — (*Trav. du Lab. du Collège de France*, III, 1877). — **30.** d'Arsonval. *Recherches sur la décharge électrique de la torpille* (*C. R.*, 1895 et *Arch. électr. méd.*, IV, 1896, 52). — **31.** Colladon, cité in Du Bois-Reymond (*Ber. Berlin. Ac. Wiss.*, 1884-1885 et in Biedermann. *Électro-physiologie*, 796). — **32.** Burdon-Sanderson et Gotch. *On the electrical organ of the skate* (*J. P.*, IX, 1888, 137). — **33.** Eckhardt (C.) (*Beitr. Anat. Physiol.*, I, 1858). — **34.** Mendelssohn (M.). *Sur l'excitation du nerf électrique de la torpille par son propre courant* (*C. R.*, 1900). — **35.** Gotch et Burch. *The electromotive properties of malapterurus* (*Philos. Transact.*, CLXXXVII, 1896, 347). — *Electromotive force and electrical resistance of the organ in malapterurus electricus* (*Proc. Roy. Soc.*, 1900, LXV, 434-443). — **36.** Gotch (F.). *The electromotive properties of the electrical organ of Torpedo marmorata* (*Ibid.*, CLXXVIII, 1887, 487 et CLXXIX, 1889, 329) ; — *Experiments on curarised Torpedo* (*Proced. of. the physiol. Soc.*, 1888, n° 2). — **37.** Garten (S.). *Beiträge zur Physiologie des electrischen Organes des Zitterrochsen* (*Sächs. Gesellsch. Wiss.*, XXV, 1899, n° 5, 253-364) ; — (*C. P.*, XIII, 1899). — **38.** Marcuse. *Mélanges biol. Ac. Sc. Pétbg.*, II, 1859 et *Mém. Ac. Sc. Pétbg.*, VII, 1864). — **39.** Gréhant et Jolyet. *De la formation de l'urée par la décharge électr. de la torpille* (*Trav. du Lab. de Bordeaux*, 1891). — **40.** Rohmann (F.). *Ueb. den Stoffumsatz in dem thätigen electr. Organ des Zitterrochen* (*A. A. P.*, 1893, 423).

M. MENDELSSOHN.

QUATRIÈME PARTIE
Électricité végétale.

Le tissu végétal est, comme le tissu animal, le siège de phénomènes électromoteurs connus sous le nom d'*électricité végétale*. Le premier Becquerel (1) fit de nombreuses recherches « sur les courants végéto-terrestres, sur les causes qui dégagent l'électricité dans les végétaux et sur les effets électriques observés dans les tubercules, les racines et les fruits, après l'introduction d'aiguilles galvanométriques en platine ». Il résulte de ces recherches qu'il existe dans les plantes des courants électriques plus ou moins réguliers. Wartmann (2) a confirmé ce fait, et Buff (3) a même formulé une loi, d'après laquelle toutes les parties de la plante remplies d'air seraient négatives par rapport aux parties humides. D'après ses recherches la force électromotrice des plantes est extrêmement faible, ne se trouve en aucun rapport avec le procès végétatif et dépend exclusivement de la quantité d'eau contenue dans le suc des plantes. Jürgensen (4) a vu que la section transversale d'une feuille de Vallisneria spiralis se comporte négativement par rapport à sa surface longitudinale, ce qu'il attribue aux différentes propriétés chimiques du suc cellulaire de la partie lésée et de la partie intacte de la feuille. Ranke (5) a pu dériver de la tige de Rheum undulatum non seulement des courants transverso-longitudinaux et des courants entre deux points symétriques de la section longitudinale, mais aussi des courants d'inclinaison pareils à ceux des muscles. La force électromotrice des courants végétaux est, d'après Ranke, à peu près égale à celle du courant nerveux; elle diminue et disparaît, à mesure que la plante se fane et meurt.

L. Hermann (6) a institué de nombreuses expériences sur les tiges vivantes de différentes plantes. Il résulte de ces recherches que la partie lésée de la plante est toujours négative par rapport à la partie intacte, et que l'intensité des courants de tiges varie suivant la quantité d'eau contenue dans la tige et suivant le degré de la conductibilité qui en résulte. La force électromotrice de ce courant est de 0,01-0,08 Dan.; valeur qui correspond à peu près à celle de la force électromotrice du courant des muscles. La négativité de la section transversale ne persiste pas longtemps et disparaît avec le progrès de l'altération de la surface lésée; une nouvelle section transversale fait réapparaître la négativité. Il est tout naturel que Hermann ait tiré de ces faits des conclusions favorables à la généralisation de sa théorie sur le courant de démarcation et sur la négativité du point lésé par rapport à celui qui ne l'est pas.

Kunkel (7) a trouvé que les nerfs d'une feuille sont positifs par rapport à sa surface verte, qui est négative; le gros nerf du milieu est faiblement positif par rapport aux nerfs latéraux qui sont plus minces et dont les points de jonction sont également fortement positifs. Ces différences de potentiel électrique seraient, d'après Kunkel, en rapport avec l'état d'imbibition des points dérivés, ce qui est contesté par Haake (8). Ce dernier considère les courants électriques des plantes comme un phénomène vital; un procès physiologique en rapport avec la fonction respiratoire; le degré d'imbibition des points dérivés et le courant de diffusion ne jouant ici qu'un rôle subalterne. Haake a institué de nombreuses expériences très instructives à cet égard. Il a pu s'assurer que la différence dans la production de potentiel électrique chez les plantes est influencée par toutes les circonstances qui modifient dans un sens ou dans un autre les phénomènes de respiration et d'assimilation. Lorsque certains groupes de cellules diffèrent des autres territoires cellulaires au point de vue de leur constitution chimique, leurs points rétrospectifs accusent toujours une différence de potentiel électrique.

Un grand progrès dans la question de l'électricité végétale fut réalisé par les belles recherches de Burdon-Sanderson (9) sur les phénomènes électromoteurs des plantes irritables, c'est-à-dire celles qui accomplissent certains mouvements sous l'influence des irritants. Depuis 1873 jusqu'à 1890, ce physiologiste a publié une série de recherches sur le courant électrique de Dionæa muscipula, faites avec des méthodes et procédés usités dans l'étude des phénomènes électriques des muscles et des nerfs. Les travaux de Burdon-Sanderson représentent l'état actuel de la question de l'électricité végétale. Nous ne pouvons pas entrer ici dans les détails sur la structure de la Dionæa et sur les conditions dans lesquelles l'irritabilité de cette plante se produit. On trouvera tous ces détails, dont la connaissance est indispensable pour la compréhension du développement des courants électriques dans cette plante, dans les travaux spéciaux de H. Munk (10), de F. Kurtz (11) et dans un excellent résumé fait par Biedermann (Electrophysiologie, 446) (voir aussi art. **Plantes carnivores**).

Burdon-Sanderson fut le premier à déterminer la répartition des phénomènes électriques dans une feuille de Dionæa. Il a constaté que dans une feuille fraîche et intacte le courant se dirige de l'extrémité proche de la tige à l'extrémité opposée, et il a désigné ce courant sous le nom de courant normal de la feuille.

Quelque temps après, H. Munk (10) a institué également sur ce sujet de nombreuses

expériences qui lui ont permis d'établir les faits suivants. Dans une feuille de la *Dionæa*
les tensions électriques sont réparties de sorte que le courant se dirige toujours du bout
antérieur de la feuille à son bout postérieur; la force électromotrice de ce courant peut
atteindre une valeur de 0,04 à 0,05 Dan. Les points symétriques de la surface externe
(inférieure) et de la surface externe (supérieure) de la feuille ne présentent pas de différence de potentiel électrique, ou tout au plus ils engendrent des courants très faibles
et de sens indéterminé. Les manifestations électriques de la feuille de *Dionæa* constituent
un phénomène vital de la plante ; elles diminuent et disparaissent avec la mort de celle-
ci. Pour expliquer les phénomènes d'électricité végétale, MUNK a construit une hypothèse,
dont il a trouvé les éléments dans la théorie moléculaire de DU BOIS-REYMOND. D'après
cette hypothèse, les cellules du parenchyme représentent des molécules cylindriques
électromotrices, dont les deux pôles sont positifs par rapport au milieu. C'est ainsi qu'il
explique le courant antéro-postérieur de la feuille.

Tous ces faits se rapportent aux courants de repos de la *Dionæa*. Bien plus intéressants
sont les phénomènes électriques qui accompagnent les mouvements de la plante provoqués par des irritants. Depuis les recherches admirables de DARWIN, on sait que la
Dionæa est une plante insectivore, et que ses feuilles se replient sous le contact d'un
insecte, lequel est digéré par les sucs sécrétés par les organes glandulaires de la plante.
Ces mouvements de la feuille, qui présentent une certaine analogie avec les contractions
musculaires, se produisent également sous l'influence d'autres irritations et s'accompagnent de phénomènes électriques, très soigneusement étudiés par MUNK et BURDON-
SANDERSON. Les recherches de ce dernier sont surtout très intéressantes et très instructives
à cet égard. BURDON-SANDERSON plaça une mouche sur la feuille de la *Dionæa*, et, après
avoir relié les deux bouts de la feuille au galvanomètre, il observa la déviation de l'aiguille galvanométrique avant et après l'introduction de la mouche dans la feuille. Il a pu
s'assurer ainsi qu'au moment où la feuille se referme sur elle-même, à la suite de l'irritation exercée par la mouche sur les poils sensitifs de la surface supérieure, l'aiguille
galvanométrique se dévie dans une direction opposée à celle du courant de repos. Ce
courant de sens inverse, qui accompagne évidemment le mouvement de la feuille —
espèce d'activité de la plante, — fut dénommé par BURDON-SANDERSON *variation négative*
du courant normal de la feuille. Chaque mouvement de la mouche à l'intérieur de la
feuille est suivi d'une déviation de l'aiguille galvanométrique. L'irritation des poils sensitifs avec un pinceau ou bien avec un courant électrique produit également une variation
négative au moment où la feuille entre en mouvement. L'effet produit varie suivant
l'endroit irrité; l'irritation de la partie moyenne de la feuille, qui est plus irritable que
d'autres parties, donne le maximum d'effet. La variation négative paraît déjà après une
période latente de $0'',25$ à $0'',50$. MUNK a même observé une double variation du courant
à la suite de l'irritation d'un des poils sensibles : la variation négative fut suivie d'une
variation positive. Ce qui est particulièrement intéressant, c'est que, d'après MUNK, cette
double variation peut être l'effet réactionnel d'une irritation si faible qu'elle ne provoque
pas de mouvement appréciable de la feuille. Parfois il se produit même une variation
triple : variation négative, précédée et suivie d'une variation positive. Toutes ces variations
ont lieu dans la période latente mécanique, c'est-à-dire dans le laps de temps qui s'écoule
entre le moment de l'irritation et le début du mouvement de la feuille. C'est par sa
théorie des mouvements des cellules péripolaires que MUNK cherche à expliquer tous ces
faits remarquables, dont l'importance n'est certainement pas diminuée par la nature
hypothétique de l'explication qu'il propose.

Dans une nouvelle série de recherches faites par des procédés plus parfaits et en
prenant toutes les précautions nécessaires pour éviter des causes d'erreurs, BURDON-
SANDERSON a démontré, contrairement à ce que prétendait MUNK, que les deux surfaces
opposées de la feuille, la face externe (supérieure) et la face interne (inférieure), présentent une différence de potentiel électrique, dont la grandeur est en rapport avec l'état
physiologique de la feuille et surtout avec le nombre et l'intensité des irritations auxquelles la feuille avait été soumise préalablement. Le degré de la positivité (ou de la
négativité relative) de la surface inférieure de la feuille est en rapport direct avec le temps
qui s'écoule entre l'irritation précédente et le moment de l'observation. Vu la positivité de la surface interne, le courant de repos est toujours un courant sortant (descen-

dant), et, lorsqu'il est pénétrant (ascendant), il doit être considéré comme un effet ultérieur de l'irritation précédente. Cet effet ultérieur n'est autre chose que l'évolution lente de la seconde phase de la variation de l'état électrique produite par l'irritation. Quelle que soit la direction du courant de repos, descendant, à l'état normal ; ou ascendant, à l'état modifié, l'irritation de la feuille produit toujours une double variation de son état électrique, dont la première phase atteint déjà son maximum au bout d'une demi-seconde, tandis que la seconde phase n'arrive à son maximum de développement qu'au bout d'une seconde et demie après l'irritation. La première phase est caractérisée par le renversement du courant; la surface positive à l'état de repos devient négative à la suite de l'irritation. A l'état normal, c'est donc la surface supérieure positive qui devient négative; à l'état modifié par une irritation précédente, c'est à la surface inférieure que la négativité succède à la positivité. Ainsi la seconde phase de la variation électrique se produit toujours dans un sens opposé à celui de la première.

L'état modifié du courant normal de la feuille peut être non seulement l'effet d'une irritation produite par une rupture d'un courant électrique, mais il peut être provoqué également par l'action permanente d'un courant constant passant à travers la feuille pendant un temps plus ou moins long. On observe alors, pendant toute la durée de la fermeture du courant irritant, des oscillations du courant normal de la feuille de sens variable. Les variations électriques produites au moment de la fermeture du courant constant et pendant la durée de son action rappellent en quelque sorte les phénomènes électromoteurs secondaires observés dans le muscle et dans le nerf. Au moyen d'un procédé très ingénieux, Burdon-Sanderson a démontré qu'en dérivant deux points symétriques de la surface inférieure de la feuille et en irritant avec des chocs d'ouverture une de ses moitiés, on obtient également un courant d'action diphasique : la partie irritée devient négative d'abord, et positive ensuite, par rapport à l'autre moitié de la feuille. En calculant la durée de la période latente de ces deux phases (0″041 à 0″073.) Burdon-Sanderson a pu évaluer la vitesse de propagation de l'irritation dans la feuille à 200 mm. par seconde à une température de 30 à 32°. De toutes façons *les variations de l'état électrique de la feuille précèdent toujours, et de beaucoup, l'effet mécanique de l'irritation;* elles tombent donc dans la période latente mécanique, qui est d'environ 1 sec. à une température de 20°. D'autre part, les manifestations galvaniques, tout en accompagnant les phénomènes locomoteurs de la plante, semblent être en quelque sorte indépendantes de ces derniers; l'irritation de la feuille peut provoquer des variations de son état électrique dans le cas où la feuille solidement fixée est rendue immobile, et même dans le cas où la feuille est déjà complètement fermée. Ce fait présente un certain intérêt au point de vue de la corrélation qui existe entre les phénomènes électriques de la plante et son processus d'excitation. Il résulte, en effet, des recherches de Burdon-Sanderson, qu'au moins la première phase de la variation électrique provoquée par l'irritation doit être considérée comme un effet immédiat de l'excitation du protoplasma, des cellules parenchymateuses de la feuille, et présente un phénomène analogue aux variations électriques qui accompagnent l'excitation des muscles, des nerfs et des glandes chez des animaux.

A priori, on eût pu admettre que les phénomènes électriques observés chez la *Dionæa muscipula* se reproduisent dans toutes les plantes irritables; mais on a constaté par l'expérience directe que les réactions motrices de certains végétaux présentent une certaine analogie avec les phénomènes de la contractilité musculaire [W. Gardener, (12)]. En effet, on a vu que les mouvements réactionnels de plusieurs autres plantes s'accompagnent également de manifestations électromotrices, beaucoup moins étudiées du reste que celle de la *Dianæa*. Kunkel (7), en étudiant le courant de repos de la *Mimosa pudica*, a observé des oscillations électriques à la suite de réactions motrices de cette plante; chaque mouvement est suivi d'une variation électrique diphasique de sens contraire. Il explique ces phases par un refoulement d'eau qui a lieu dans la plante pendant son mouvement à un degré différent suivant la phase. Cette explication n'est plausible que dans certains cas, et ne concorde guère avec le fait trouvé par Kunkel lui-même, à savoir que l'irritation de la *Mimosa* peut, comme celle de la *Dionæa*, produire des variations électriques sans être accompagnée d'un effet moteur, et par conséquent d'un refoulement d'eau.

BIEDERMANN (13) a observé chez plusieurs espèces de *Drosera* des différences de potentiel électrique entre différents points de la tige et ceux de la surface glandulaire de la feuille. Tout récemment, G. HÖRMANN (14) a constaté, chez la *Nitella syncarpa*, non seulement des variations électriques, mais aussi des phénomènes électrotoniques provoqués par l'action du courant constant sur les cellules longues de cette characée très irritable. Le processus d'excitation provoquée dans une cellule de Nitella à la suite d'une irritation électrique est toujours accompagné d'une « onde négative » analogue à celle que l'on observe dans le muscle et dans le nerf.

On peut donc conclure, de tous les faits précités, que les phénomènes électromoteurs constituent une propriété générale de toute plante douée d'irritabilité, mais il est encore difficile de préciser actuellement la nature et l'origine des manifestations électriques des plantes. BIEDERMANN (*l. c.*) croit que les courants végétaux sont des courants cellulaires, non pas dans le sens de la théorie péripolaire de MUNK, mais dans le sens que lui-même a donné à ce courant en étudiant des phénomènes électromoteurs des glandes. Seulement il est probable que, dans les végétaux, ce n'est pas une seule cellule — dont les points de surface sont du reste iso-électriques, d'après BURDON-SANDERSON — qui est le siège de phénomènes électromoteurs, mais ce sont des *groupes de cellules* communiquant entre elles par leurs prolongements protoplasmatiques, qui engendrent des forces électromotrices dans les différents états physiologiques de la plante. Selon l'avis de BURDON-SANDERSON, avis que partage entièrement BIEDERMANN, les phénomènes électriques de la cellule végétale présentent une grande analogie avec ceux de la cellule muqueuse chez les animaux et seraient l'effet de deux processus chimiques antagonistes, qui ont lieu dans le protoplasma de la cellule et donnent naissance à des tensions électriques de sens contraire.

Si plausible que soit cette manière de voir, elle ne donne pas certainement la solution définitive du problème relatif à la nature et à l'origine de l'électricité végétale. Tout récemment, RAPHAËL DUBOIS (15) a cru pouvoir attribuer la bio-électrogénèse chez les végétaux aux actions chimiques provoquées par l'activité propre des zymases, qu'il considère comme formées de *bioprotéon* ou substance vivante.

En général, quant à nos connaissances sur la vraie nature de l'électrogénèse dans le monde organique, nous ne sommes pas plus avancés dans le règne végétal que dans le règne animal. De tout ce qui a été dit plus haut, on peut seulement conclure que l'électricité végétale est un phénomène vital intimement lié à l'irritabilité des éléments morphologiques des plantes; elle n'est qu'un cas spécial de l'électricité organique, dont les phénomènes accompagnent les processus d'excitation dans la vie des animaux et des végétaux.

Bibliographie. — 1. BECQUEREL. *Sur les causes du dégagement de l'électricité dans les végétaux* (Institut, XVIII, 1850, 353); — *Électricité végétale* (Ibid., XIX, 1851, 171 *et plusieurs autres communications faites à l'Acad. Sc. Paris en* 1850-1853). — 2. WARTMANN. *Notes sur les courants électriques qui existent dans les végétaux* (Bibl. un. Sciences ph. et nat., 1850, XV, 301-305). — 3. BUFF. *Ueber die Elektricitätserregung durch lebende Pflanzen* (A. C., LXXXIV, 76-89, 1854). — 4. JÜRGENSEN (TH.) (Stud. physiol. Inst. Breslau, I, 1861). — 5. RANKE (J.). *Unters. ueb. Pflanzenelectricität* (Munch. Acad. Ber., 1872, 177). — 6. HERMANN (L.) (A. g. P., IV, 155 et XXVII, 288). — 7. KUNKEL (J.) (Ibid., 342); — *Arbeit. botan. Inst.,* Würzburg, II, 1. — 8. HAAKE (O.). *Flora*, 1892, 454. — 9. BURDON-SANDERSON. *Rep.* XLIII, Meet. Brit. Assoc., 1873, 133; — (Proceed. Roy. Soc., XXI, 495); — (Philos. Transact., 1882 et 1888); — (Biol. Cbl., II, 481 et IX, 1). — 10. MUNK (H.) (A. A. P., 1876, 30). — 11. KURTZ (F.) (Ibid., 1876, 1). — 12. GARDENER (V.). *On the power of contracility exhibited by the protoplasm of certain plant cells* (Roy. Soc. Proc., XLIII, 260, 177). — 13. BIEDERMANN W.). *Elektrophysiologie*, 1895, 466. — 14. G. HÖRMANN. *Studien über die Protoplasmaströmung bei den Characeen*, 1898, Iéna, 57-79. — 15. RAPHAËL DUBOIS. *Sur la Bio-électrogénèse chez les végétaux* (C. R. Soc. Biol., 1899, 923.)

MAURICE MENDELSSOHN.

CINQUIÈME PARTIE

Action thérapeutique de l'électricité.

Les principales formes de courant utilisées en électrothérapie sont : la galvanisation, la faradisation, la franklinisation (courants de pile, courants induits, électricité statique). A ces trois modalités électriques fondamentales, deux autres ont été ajoutées dans ces dernières années : voltaïsation sinusoïdale et courants de haute fréquence.

Nous n'avons pas à en refaire ici la description. Nous nous occuperons seulement : 1° de la graduation de l'énergie électrique appliquée au corps de l'homme ; 2° de l'application proprement dite du courant; 3° de ses effets physiologiques; 4° des renseignements fournis par les réactions nerveuses et musculaires provoquées par le courant et pouvant éclairer le diagnostic de certaines affections.

§ 1. **Graduation de l'énergie électrique.** — Si la mesure de l'intensité d'un courant est une opération importante lorsqu'on applique l'énergie électrique au corps de l'homme, la graduation de cette énergie exige de la part du médecin un soin non moins grand. Examinons donc successivement les moyens employés pour graduer : 1° le courant galvanique ; 2° le courant faradique ; 3° le courant des machines statiques.

A. — **Courant galvanique.** — La loi d'Ohm $I = \dfrac{E}{R + r}$, dans laquelle R représente la résistance comprise entre les électrodes et r la résistance du reste du circuit, montre que l'intensité d'un courant galvanique peut être modifiée, soit par une variation de la force électromotrice E du courant, soit par une variation de la résistance r du circuit, dans la partie placée extérieurement aux électrodes.

La variation de E est obtenue, dans les petits appareils dits médicaux, à l'aide de collecteurs, tandis que la variation de r s'obtient, en électrothérapie, à l'aide d'un appareil appelé *rhéostat*.

L'emploi des collecteurs est absolument défectueux, et voici pourquoi : l'introduction d'un élément de pile dans un circuit, même sans ouvrir ou fermer ce circuit, produit des variations, des à-coups vraiment trop brusques pour qu'on puisse opérer sans danger.

Si l'on emploie une batterie dont la force électromotrice par élément est de 2 volts avec une résistance intérieure de 3 ohms, l'addition d'un élément dans le circuit, dont la résistance est prise par exemple égale à 500 ohms, depuis le premier jusqu'au vingtième, produit une augmentation brusque d'intensité de 4 milli-ampères à 2,5 m.A. Pour ramener l'intensité à zéro, on enlève les éléments les uns après les autres par le même mécanisme, et cette fois c'est une diminution brusque d'intensité de 2,5 m.A à 4 m.A par élément enlevé.

Il suffit d'essayer la galvanisation de certaines régions, comme les yeux, ou de faire l'électrolyse de tumeurs placées dans le voisinage de la tête, pour se convaincre des inconvénients, et même des dangers, que peut occasionner l'emploi des collecteurs.

Une autre considération importante, c'est qu'avec les collecteurs seuls on ne peut pas obtenir une intensité très faible, comme cela est nécessaire par exemple pour l'épilation électrique. Enfin, dans les recherches d'électro-diagnostic, l'usage des collecteurs est mauvais, car on ne peut avec eux déterminer exactement l'intensité nécessaire à la production de l'excitation minimum, soit motrice, soit surtout sensitive.

Par les quelques considérations qui précèdent, on voit que les collecteurs, imaginés pour faire croître progressivement et lentement la force électromotrice d'un courant, ne peuvent pas remplir cette condition, et sont, en somme, de mauvais appareils pour la plupart des applications thérapeutiques de l'électricité.

Principe des rhéostats. — Nous sommes ainsi conduits à examiner le deuxième moyen permettant de faire varier l'intensité ; il consiste à modifier la résistance r du circuit; pour cela, on introduit dans le circuit un conducteur dont la résistance peut être modifiée à volonté. Un tel conducteur est un rhéostat. Lorsque la résistance r est relativement petite, on se sert de conducteurs métalliques en fils de maillechort, le plus souvent, ou de conducteurs en graphite. C'est ce qui a lieu en électricité industrielle;

en électrothérapie, au contraire, où les résistances sont considérables, les conducteurs servant de rhéostat doivent être eux-mêmes très résistants. Aussi est-ce à des liquides que l'on s'adresse habituellement et en particulier à l'eau.

Rhéostats à liquide. — Le principe des rhéostats à liquide se trouve réalisé dans le rhéostat de Duchenne (de Boulogne); il se compose d'un tube cylindrique en verre dont le fond est métallique et que l'on remplit d'eau ou d'une solution de sulfate de cuivre. Dans un bouchon passe une tige métallique que l'on peut élever ou abaisser; lorsque la tige ne touche pas le liquide, le courant ne passe pas. A mesure qu'on le descend, l'intensité augmente progressivement, jusqu'à un maximum qui est atteint lorsque la tige touche le fond du tube.

Le gros inconvénient de cet appareil, c'est que l'intensité passe brusquement de zéro à une certaine valeur assez considérable, qui n'est pas sans occasionner au malade une secousse douloureuse ou un phosphène intense; ce qu'il faut absolument éviter, surtout lorsqu'on opère dans le voisinage des yeux. C'est en effet le point difficile à obtenir dans un rhéostat; l'intensité, partie de zéro, doit croître d'une façon tout à fait lente et passer d'abord par des valeurs très petites, des centièmes, puis des dixièmes de milliampère, avant d'atteindre 1 m. A.

Rhéostat de Bergonié. — Cette condition délicate à réaliser est cependant obtenue dans un rhéostat aujourd'hui très répandu, et qui est un rhéostat presque idéal; c'est celui de Bergonié (fig. 193). Il est formé par une large éprouvette en verre contenant de l'eau ordinaire dans laquelle plongent des lames de charbon destinées à faire varier la longueur et la section de la colonne liquide qui forme le rhéostat proprement dit. On fait plonger plus ou moins les lames de charbon dans l'eau au moyen d'une roue à crémaillère qui meut l'ensemble du système, comme un piston dans son corps de pompe : de chaque côté de la tige de ce piston sont deux tringles de laiton passant, à frottement dur, dans les bornes qui servent à relier le rhéostat au circuit général.

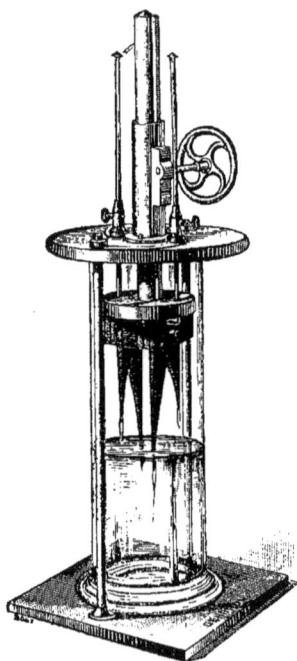

Fig. 193. — *Rhéostat Bergonié.*

Pour faire varier dans d'aussi larges limites que possible la résistance de l'appareil, on a donné aux lames de charbon un profil d'arc de parabole, et la tranche est progressivement amincie.

Ces lames sont réunies deux à deux en quantité par des blocs de charbon, mais chacun des groupes est isolé de l'autre par une pièce intermédiaire en ébonite. Les lames de charbon sont prolongées à leur partie inférieure par un faisceau de fils de verre qui retient toujours par capillarité une certaine quantité d'eau. Il est facile de comprendre comment on fait usage de l'appareil; la crémaillère étant en haut de sa course, les pinceaux en fils de verre affleurent juste le liquide, et leur distance est maximum. Le rhéostat est à ce moment à son maximum de résistance; fait-on tourner le pignon commandé par la roue, les pinceaux plongent de plus en plus, et l'extrémité des lames vient toucher le liquide; la résistance de l'appareil a diminué sensiblement.

La surface immergée des lames s'accroît progressivement à mesure que l'on agit sur le pignon, et l'épaisseur du liquide interposé va en diminuant de plus en plus. La résistance du rhéostat est au minimum, lorsque la crémaillère est au bas de sa course. La résistance de ce rhéostat peut aller jusqu'à 1/2 mégohm et descendre à 20 ou 30 ohms, avec tous les intermédiaires. Lorsqu'on manie avec soin la roue qui meut la crémaillère, l'aiguille du galvanomètre se déplace avec une vitesse uniforme, et sans à-coup. Dans ces conditions, si le temps employé à parvenir à l'intensité voulue est suffisant, la douleur accusée par le malade est très faible. La durée de cette période doit être d'une à deux minutes, autant que possible. Ainsi, avec ce rhéostat, tous les desiderata énoncés plus haut sont satisfaits, et, comme nous l'avons dit, c'est un appareil excellent.

Rhéostat à trois liquides (BERGONIÉ-BORDIER). — Un autre modèle, qui ne le cède en rien au précédent, est celui que nous allons décrire, avec la modification que nous lui avons apportée et qui en fait un rhéostat très pratique.

Il se compose d'un tube en U contenant de l'eau dans laquelle peuvent plonger, plus ou moins, deux crayons de charbon de 1 centimètre de diamètre taillés en pointe et terminés par des faisceaux de soie de verre (fig. 194). Les charbons sont fixés et serrés dans des bornes reliées aux conducteurs qui amènent le courant. Le tube en U est au contraire mobile; il est fixé sur une planchette qui porte en arrière et en son milieu une crémaillère verticale, à laquelle correspond un petit pignon traversé par un axe horizontal qui est terminé par deux volants. La planchette mobile glisse dans deux rainures ménagées dans des montants latéraux, et une lame élastique placée en arrière fait que le glissement est dur, si bien que le tube reste à telle hauteur qu'on le désire. Pour permettre au courant de croître très lentement à partir de zéro, les deux charbons ne sont pas à la même hauteur; l'extrémité du faisceau des fils de verre du plus élevé forme un cône dont l'angle est très petit (côté gauche de la figure 194); de plus, on a placé à la surface de l'eau, dans chaque branche, une couche d'huile de vaseline d'environ 1 centimètre de hauteur. Dans ces conditions, si l'on agit sur l'un des volants, le système étant d'abord au bas de sa course, on voit l'aiguille du galvanomètre parcourir d'un mouvement très lent l'espace compris entre zéro et 1 m. A.

A mesure que les charbons plongent davantage, l'intensité va en augmentant, aussi doucement que l'on désire. Si maintenant, on manœuvre le volant en sens

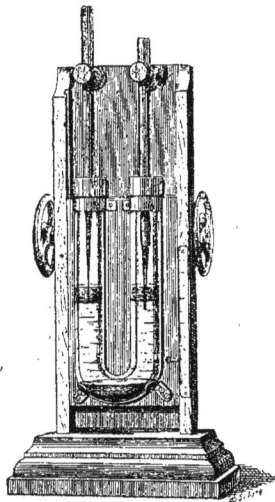

FIG. 194. — *Rhéostat* BERGONIÉ-BORDIER.

inverse, l'intensité décroît peu à peu, et l'aiguille revient au zéro sans aucune saccade, et très régulièrement.

Pour diminuer la résistance minimum du rhéostat, lorsque les charbons plongent au maximum dans le liquide, on a placé au fond du tube une masse de mercure qui sert à réunir métalliquement les deux branches du tube. Ce rhéostat est donc à *trois liquides* : huile de vaseline, eau, mercure. L'huile de vaseline, outre l'avantage d'avoir une résistance extrêmement grande, présente celui d'être fixe et d'empêcher l'évaporation de l'eau sous-jacente; le niveau du liquide reste ainsi longtemps constant. En résumé, toutes les conditions auxquelles doit satisfaire un bon rhéostat médical sont, avec cet appareil, complètement remplies, et la graduation du courant galvanique est ainsi d'une facilité remarquable.

B. **Courant faradique.** — Nous aurons peu de chose à ajouter, lorsque nous aurons dit que la meilleure façon de graduer le courant faradique consiste à employer un rhéostat à liquide.

Ceux que nous avons donnés comme étant les meilleurs sont tout indiqués pour la graduation de ces courants. A mesure que l'on tourne le pignon, l'intensité, qui d'abord était nulle, croît très lentement, et le malade sent, pour ainsi dire, naître le courant au niveau de l'électrode active. La manœuvre du rhéostat est la même que dans le cas du courant galvanique.

Des autres moyens employés autrefois pour faire varier l'intensité du courant faradique, nous dirons peu de chose. Ces moyens consistaient :

1° A rapprocher plus ou moins les bobines l'une de l'autre ; le principe de cette graduation a été imaginé par Rognetta. Ce procédé est défectueux ; car, lorsqu'on mesure l'intensité du courant faradique à l'aide de l'électro-dynamomètre de Giltay, il faut, pour que les nombres obtenus soient comparables, que la distance des bobines soit toujours la même ; la plus commode à conserver constante est la distance zéro, qu'on obtient en enfonçant la bobine mobile au maximum sur la bobine fixe ;

2° A retirer, plus ou moins, un cylindre de cuivre placé soit entre le faisceau de fer doux et la bobine inductrice, soit en dehors de la bobine induite.

Ces procédés, imaginés par Duchenne (de Boulogne), constituaient, à l'époque à laquelle ils ont été trouvés, un très grand progrès, et l'on est pris d'admiration pour cet illustre médecin, si l'on remarque que c'est sans des connaissances en physique bien approfondies qu'il est arrivé à inventer ces procédés basés sur des phénomènes qu'il ignorait (production des courants de Foucault).

Quoi qu'il en soit, ces moyens doivent être abandonnés, aujourd'hui surtout où nous avons à notre disposition des méthodes beaucoup plus commodes, et s'appliquant aussi bien au courant galvanique qu'au courant faradique.

C. Courant des machines statiques. — La méthode des rhéostats n'a pas encore été appliquée à ce genre d'électrisation. Cela tient à la haute tension des courants fournis par les machines statiques, et à la difficulté de trouver des corps assez résistants pour cette électricité.

On peut cependant régler le débit d'une machine statique à l'aide d'un rhéostat, mais à la condition d'actionner cette machine par un moteur électrique, et de placer le rhéostat sur le courant qui va au moteur. Ainsi que nous le savons, le débit est proportionnel à la vitesse de rotation des plateaux ou des cylindres ; il s'ensuit qu'en donnant à la machine une vitesse convenable, on obtiendra tel débit que l'on voudra. Les rhéostats employés dans ces conditions sont des rhéostats industriels à fils de maillechort, de grosseur appropriée au voltage du courant qui se rend aux balais de la dynamo. En agissant sur la manette du rhéostat, on règle comme l'on veut le débit de la machine statique, qu'il s'agisse de souffle électrique, de bain statique ou d'étincelles.

Pour ce dernier genre d'application franklinienne, on peut obtenir la graduation par un procédé différent : il faut distinguer le cas où l'étincelle est immédiate, et le cas où elle est médiate, pour l'étincelle immédiatement appliquée au malade, on peut utiliser le procédé indiqué par A. Tripier ; il consiste à faire une dérivation à l'aide des pièces polaires de la machine, sur les conducteurs qui se rendent d'un côté au malade, de l'autre à l'excitateur. On choisit la distance des deux boules polaires égale à la longueur que l'on veut donner aux étincelles à appliquer. Si, par exemple, la distance des boules est de 0m,015, il ne jaillira entre l'excitateur et la peau du malade que des étincelles dont la longueur ne pourra pas dépasser 0m,015.

On voit qu'on arrive bien ainsi à la graduation désirée. Pour l'étincelle médiate, la graduation se fait encore plus simplement à l'aide d'un des excitateurs médiats que nous étudierons plus loin.

§ 2. **Modification du sens et interruption des courants.** — Nous allons étudier quels sont les moyens utilisés en électrothérapie pour changer le sens du courant, et pour interrompre ou rétablir ce courant.

Les appareils qui permettent d'atteindre ce but sont, pour le premier cas, les *renverseurs* de courant ; pour le deuxième cas, les *interrupteurs* de courant.

1° **Renverseurs de courant.** — Ces appareils sont destinés à changer rapidement le sens d'un courant, sans qu'on soit obligé de déplacer les électrodes.

Dans la recherche des réactions électriques d'un muscle ou d'un groupe musculaire, par exemple, le renverseur est indispensable : le médecin, tenant l'excitateur d'une main, n'a qu'à placer la manette de l'instrument alternativement dans les positions *normale* et *inverse*. Le renverseur de courant est installé sur le circuit qui relie la source d'électricité au corps du malade. Lorque la manette occupe la situation normale, le renverseur joue simplement le rôle de conducteur : si, au contraire, la manette est tournée du côté opposé, les pôles sont renversés.

2° **Interrupteurs de courant.** — Il est très souvent utile, pour examiner les réactions électriques d'un malade, d'avoir l'interrupteur complètement sous la main, c'est-à-dire dans le manche même de l'électrode exploratrice. L'examen électrique est ainsi rendu très commode.

Cette disposition existe dans le manche spécial que Bergonié a fait construire. C'est l'ébonite qui a été choisie comme substance isolante, et non pas du bois, comme cela existe dans les petits manches (sans interrupteurs d'ailleurs) que l'on voit habituellement dans le commerce.

Le conducteur qui traverse le manche est interrompu en un point, et, à l'aide d'un bouton, on peut, en appuyant, couper le circuit en ce point. Si l'on cesse d'appuyer, les deux parties du conducteur reviennent au contact. Pour éviter l'oxydation, et par suite un contact défectueux, on a platiné les deux extrémités correspondantes du conducteur. La longueur de ce manche est de 20 centimètres. La partie en ébonite a la forme d'un tronc de pyramide octogonale. Cet appareil constitue une pièce indispensable dans toutes les installations électrothérapiques, même les plus modestes.

Interrupteurs automatiques. — L'interrupteur que nous venons de décrire interrompt et rétablit le courant, seulement lorsque le médecin agit sur un bouton.

Il est commode, dans certains cas, de faire produire *automatiquement* les interruptions et les rétablissements d'un courant (galvanique ou faradique).

On appelle *courants rythmés* les courants périodiquement interrompus, de telle sorte qu'une interruption de $\frac{1}{n}$ de seconde soit suivie d'un rétablissement, durant aussi $\frac{1}{n}$ de seconde. Le moteur auquel on a recours pour atteindre ce but est le métronome.

Métronome interrupteur de Bergonié. — C'est un métronome de Maelzel, qui porte en avant une petite cuve en bois de forme parallélipipédique contenant du mercure. Sous l'impulsion du mouvement pendulaire effectué par le métronome, deux pointes viennent tour à tour plonger dans la masse de mercure. Un des fils de la ligne communique avec le balancier, l'autre avec le mercure.

Dans ces conditions, supposons que l'on ait fixé la petite masse mobile du balancier, de façon à faire effectuer 30 oscillations complètes au métronome ; il se produira dans le circuit 30 interruptions et 30 rétablissements de courant, de telle manière que le courant sera interrompu et rétabli rythmiquement, et chaque fois pendant 1 seconde. Cet appareil est précieux en électrothérapie, et il rend tous les jours d'immenses services.

§ 3. Application des courants. — **Électrodes et excitateurs** — La construction des électrodes, leur grandeur, leur forme ont une importance capitale : cependant on rencontre encore bien souvent des électrodes absolument défectueuses et insuffisantes.

Une électrode doit se composer d'une partie solide et d'une partie molle et spongieuse, placée entre la partie solide et la peau du malade. La partie solide doit être en métal, de préférence en cuivre rouge nickelé : le charbon peut aussi être employé, mais il présente l'inconvénient de ne pas être souple et de se briser facilement. Le choix de la substance qui recouvre le métal, le nombre de couches spongieuses à employer, le degré d'imbibition de la masse spongieuse, constituent autant de facteurs très importants qu'il est utile d'examiner brièvement. Le rôle que doit jouer une électrode est, non seulement de permettre l'entrée ou la sortie du courant dans le corps, mais de rendre l'application de ce courant aussi peu douloureuse que possible. Si l'on se servait d'une simple plaque de métal ou de charbon comme électrode, on obtiendrait, même avec une très faible intensité, une sensation excessivement douloureuse.

Lorsqu'on applique le courant dans certaines régions douées d'une grande sensibilité électrique, comme la face, on remarque que certaines électrodes permettent d'employer un courant très intense, tandis que d'autres électrodes de même surface, et avec une même intensité, produisent une sensation douloureuse. Nous avons pu démontrer expérimentalement que ces différences dans les effets sensitifs sont dues à la valeur de la résistance électrique des électrodes, et aussi au rapport qui existe entre la résistance de l'électrode et celle de l'épiderme sous-jacent.

Nos expériences montrent que la résistance d'une électrode doit être aussi voisine que possible de celle de la peau pour que la sensibilité cutanée soit faiblement excitée par un courant donné. Or les électrodes en peau de chamois ou en amadou, que l'on rencontre si fréquemment, ont, lorsqu'elles sont bien imbibées et formées d'une seule couche spongieuse (ce qui est le cas le plus habituel), une résistance beaucoup trop faible.

On ne peut pas dire *a priori* quelle est la substance à employer de préférence à telle autre; il faut considérer en même temps le nombre de couches sous lequel on la prend, la façon dont elle est imbibée, etc. Ce que l'on peut poser en principe, c'est qu'une électrode sera d'autant plus utilisable qu'elle possèdera une résistance plus voisine de celle de l'épiderme bien humecté. C'est pour cette raison que les électrodes en argile et parchemin que LURASCHI a indiquées récemment permettent d'appliquer des courants très intenses sans occasionner une bien grande douleur; le parchemin humide a une résistance de même ordre de grandeur que celle de la peau humaine qu'il recouvre.

On peut obtenir plus commodément d'excellentes électrodes en procédant de la façon suivante :

La plaque de laiton ou de cuivre rouge nickelé est recouverte sur son pourtour d'une lame de caoutchouc assez épaisse, de façon à ne pas exposer le malade à être mis en contact avec une portion périphérique dénudée; cette plaque est ensuite recouverte d'un grand nombre de couches de gaze fine, environ 40, de mêmes dimensions que la plaque métallique; enfin une toile fine, mais solide, recouvre le tout, et est cousue sur les bords de l'électrode.

Dans ces conditions, lorsque l'imbibition est complète, on a une électrode qui satisfait parfaitement aux conditions énoncées plus haut.

Les électrodes doivent, de plus, être graduées; si l'on veut pouvoir fixer exactement les conditions dans lesquelles on se trouve placé, lorsqu'on fait une application de courant, il est indispensable d'indiquer la densité de ce courant, sous l'électrode indifférente et surtout sous l'électrode active; pour cela, il est nécessaire de connaître la surface de chaque électrode. Cette surface doit être gravée sur le métal, quelle que soit la forme de l'électrode.

Électrode indifférente. — La surface de l'électrode indifférente doit être aussi grande que possible, de façon à pouvoir donner au courant une intensité aussi forte qu'il est nécessaire, sans que les phénomènes physiques ou physiologiques soient sensibles à son niveau.

Pour les applications habituelles, cette surface sera de 150 à 200 centimètres carrés : dans les applications gynécologiques, l'électrode abdominale devra avoir une surface beaucoup plus considérable, à cause de la haute intensité qu'il est utile d'atteindre, dans le traitement des fibromes par exemple : cette électrode doit alors avoir de 1 000 à 1 500 centimètres carrés.

On doit encore se demander quelle est la région la plus favorable pour appliquer l'électrode indifférente. Il est, en effet, commode de mettre cette électrode toujours au même point. ERB recommande la région sternale; mais il ressort d'empreintes que nous avons prises sur différents sujets que les points de contact entre l'électrode et la peau sont bien plus nombreux, lorsqu'on choisit la région dorsale. C'est donc en ce point qu'il est préférable de placer l'électrode indifférente dans la plupart des applications électrothérapiques. Il y a un autre avantage à choisir la région dorsale : c'est que l'électrode peut être alors maintenue solidement en place. Il suffit pour cela de faire appuyer le malade au dossier de la chaise ou du fauteuil, ce qui ne peut être fait lorsque l'électrode est sur le sternum. Lorsqu'on veut localiser l'action du courant, n'électriser qu'une jambe, par exemple, l'électrode indifférente n'est plus plane, elle revêt la forme d'une fraction de cylindre dont le diamètre se rapproche de celui du membre considéré; la mesure de surface est toujours gravée sur le métal.

Électrode active. — Les électrodes, actives ou indifférentes, peuvent avoir des formes variées, suivant les usages auxquels elles sont destinées; leur surface est très variable également; le médecin doit en posséder un grand nombre, de façon à n'être jamais arrêté par le défaut d'une électrode. Lorsque l'on veut exciter un muscle ou un nerf, par exemple, avec les courants faradiques rythmés, une électrode de 16 à 20 centimètres carrés est très commode; si l'on a à exciter un groupe musculaire, la surface devra être plus grande, 60 à 100 centimètres carrés.

Pour maintenir en place l'électrode active, il est commode d'employer un lien de caoutchouc qui entoure le membre : cette substance possède deux avantages sur les autres liens; elle est mauvaise conductrice et de plus élastique. La pression peut donc toujours être suffisante pour établir un bon contact entre la peau du sujet et l'électrode.

Imbibition des électrodes. — Les électrodes, avant d'être appliquées sur le corps d'un malade, doivent être complètement humectées; pour cela, on se sert d'eau chaude dont la température est comprise entre 35 et 40°. L'eau chaude présente l'avantage de ne pas produire de sensation désagréable sur la peau, et surtout de ramollir facilement et rapidement la couche cornée de l'épiderme; son emploi est bien préférable à celui de l'eau froide à tous les points de vue.

L'eau salée, qui était autrefois employée, doit être absolument abandonnée; elle expose à des inconvénients qui résultent des actions électrolytiques et qui auraient vite détérioré les électrodes.

Excitateurs. — Le nom d'excitateurs est réservé aux électrodes servant à appliquer l'action brusque du courant électrique et en particulier l'étincelle de la machine statique.

Les étincelles peuvent être appliquées d'une manière *immédiate* ou *médiate*. D'où deux sortes d'excitateurs : les excitateurs immédiats et les excitateurs médiats.

1° *Excitateurs immédiats.* — Les excitateurs immédiats sont formés d'une boule sphérique portée par un manche isolant, en ébonite ou en verre; à cette boule est fixée une chaîne qui passe dans un anneau porté par un second manche isolant que le médecin tient comme le premier, entre ses mains; l'extrémité de la chaîne est reliée soit à un pôle de la machine (le malade étant relié à l'autre), soit au sol. On peut changer les boules excitatrices et les prendre plus ou moins grosses, suivant les effets moteurs ou sensitifs à produire.

2° *Excitateurs médiats.* — Les excitateurs médiats servent à appliquer l'étincelle d'une façon indirecte : celle-ci ne jaillit plus entre la peau et une boule, mais bien entre deux boules placées en tension sur l'un des conducteurs; une boule ou une masse métallique de forme donnée est appliquée sur la région à exciter et joue absolument le rôle d'une électrode ordinaire.

§ 4. Effets du courant électrique sur l'organisme. — Ces effets doivent être soigneusement distingués, suivant que l'on considère le régime permanent d'un courant, ou, au contraire, les états variables, pendant lesquels l'intensité subit, soit un accroissement très rapide à partir de zéro, soit une diminution brusque pour revenir à zéro.

L'étude des effets dus aux états variables du courant ayant été faite dans l'article **Électricité animale**, nous ne nous occuperons ici que des effets produits sur l'organisme par le régime permanent du courant.

On doit classer ces effets en deux catégories, suivant que le courant est appliqué à l'aide d'électrodes spongieuses imbibées d'eau, ou suivant que le courant arrive au corps par des électrodes métalliques, par exemple, par des aiguilles implantées dans les tissus.

A. Courant appliqué à l'aide d'électrodes spongieuses. — Supposons que l'on ait placé sur la peau d'un sujet deux électrodes constituées par une couche très épaisse de feutre, recouverte d'une plaque en métal de surface égale, le feutre ayant été au préalable très bien imbibé d'eau; lorsque le courant aura été amené lentement, à l'aide d'un rhéostat convenable, à l'intensité voulue, quels sont les phénomènes physiologiques que l'on va observer? Le courant arrivant par l'électrode positive rencontre d'abord la peau qui possède une très grande résistance à cause de la couche cornée de l'épiderme, puis les lignes de flux du courant pénètrent dans les tissus sous-jacents, et se dirigent, par les voies de moindre résistance, vers l'électrode négative pour revenir à la source d'électricité.

Pour comprendre les effets du courant constant ainsi appliqué, il faut se rappeler que le corps de l'homme et des animaux ne peut pas être comparé à un conducteur métallique, mais bien à un conducteur électrolytique.

Prenons trois capsules renfermant, la première de la potasse, la seconde de l'eau, la troisième du sulfate de soude; relions par des mèches de coton mouillées la première à la seconde, la seconde à la troisième capsule, puis faisons traverser ce conducteur électrolytique par un courant, le pôle positif étant dans la potasse. Lorsque le courant aura passé pendant quelque temps avec une intensité suffisante, nous trouverons par l'analyse chimique que la première capsule renferme, en plus de la potasse, de l'acide sulfurique, et la dernière de la potasse, en plus du sulfate de soude primitif. Il y a donc eu, dans cette expérience due à DAVY, un transport de l'ion K vers la cathode, et un transport de l'ion SO^4 vers l'anode.

Dans le conducteur électrolytique représenté par le corps d'un animal, les masses électriques sont liées aux ions qui, comme dans l'expérience précédente, se déplacent avec ces masses; il en résulte que, pendant le passage d'un courant à travers le corps, il y a toujours des déplacements de matière. Examinons quels sont les déplacements et quelle en est la nature au niveau de chaque électrode.

A l'électrode positive, un double mouvement électrique se produit : des masses positives se dirigent de l'électrode humide vers les tissus à travers la peau, pendant que d'autres, négatives, vont de l'organisme vers l'électrode. Au double mouvement correspond un double transport d'ions : 1° des cathions, liés aux masses positives, sont empruntés au liquide qui imbibe l'électrode et passent dans les tissus : 2° des anions, liés aux masses négatives, sortent de l'organisme et pénètrent dans le liquide de l'électrode.

A l'électrode négative, les échanges sont inverses, c'est-à-dire que : 1° des cathions sortent des tissus de l'organisme et passent dans le liquide de l'électrode; 2° des anions passent de l'électrode dans les tissus sous-jacents.

Que le courant soit appliqué au moyen d'électrodes ou de bain d'eau, les échanges que nous venons d'examiner restent les mêmes entre les tissus et l'eau.

Demandons-nous maintenant quels sont les phénomènes biologiques qui se produisent sous l'influence du courant dans les tissus eux-mêmes, compris entre les deux électrodes; ces tissus sont traversés par des lignes de flux et sont, par conséquent, le siège d'un transport d'ions, comme tout conducteur électrolytique. Ce transport se fait, soit à travers les différentes parties d'un même tissu, soit à travers les parties constituantes de deux tissus juxtaposés.

Les échanges qui résultent du transport des ions dans un même tissu n'en modifient pas la composition chimique; car, pour un même tissu, la composition du milieu de chaque cellule est uniforme. Par conséquent, chaque point cède au suivant ce qu'il vient de recevoir du précédent; en d'autres termes, chaque cellule cède à la suivante ce qu'elle reçoit de la précédente. Lorsque les échanges se font entre deux tissus voisins de nature différente, la composition chimique de chaque tissu tend à se modifier, car le liquide qui les imprègne diffère d'un tissu à l'autre : en sorte que chacun d'eux peut recevoir du voisin des éléments étrangers.

Ainsi donc l'état permanent du courant établi à travers le corps d'un animal peut arriver à modifier la constitution du milieu liquide qui imprègne chaque tissu; ces modifications sont évidemment proportionnelles à l'intensité du courant employé, et, si les effets sont difficiles à apprécier d'une manière objective dans les cas des courants appliqués sur l'homme dans les conditions ordinaires, il n'en est plus de même lorsque l'intensité est très forte; si celle-ci atteint une grande valeur, les ions transportés par le courant peuvent produire des perturbations considérables dans l'organisme, et même la mort, ainsi que l'a établi D'ARSONVAL.

Les tissus qui ont été traversés pendant un certain temps par un courant pris dans son état permanent, sont, comme tout électrolyte, le siège d'une force électromotrice inverse de polarisation, que l'on peut mettre en évidence et mesurer par la méthode de WEISS. On se sert de deux cristallisoirs (C et C', fig. 195) contenant de l'eau salée où l'on fait plonger les mains du sujet K. : deux électrodes en platine relient cette eau aux fils du circuit d'une source P, de courant. Le dispositif employé nécessite encore

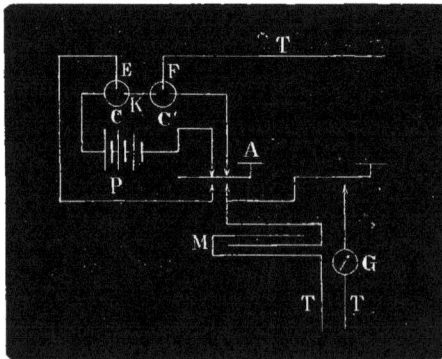

FIG. 195. — Mesure de la force électromotrice de polarisation interpolaire.

deux clés, un conducteur M, et un galvanomètre G. Les connexions étant établies comme le représente la figure, on comprend que, si on abaisse la clé A, la pile est hors du circuit, mais le courant provenant de la polarisation des tissus placés entre les deux cristallisoirs C et C', se rend par le fil E au condensateur M, qui est en relation avec le sol T, de même que le cristallisoir F. Si alors on vient à abaisser la clé placée au-dessus de G, le condensateur se décharge dans le galvanomètre balistique G dont on lit l'élongation. Connaissant la déviation α du miroir galvanométrique produite par le même condensateur chargé avec une différence de potentiel V, on a, pour la force électromotrice de polarisation x, et pour une déviation α' : $\dfrac{\alpha}{x} = \dfrac{V}{v}$, d'où la valeur de x. Dans le cas où le courant se propage dans le corps humain d'une main à l'autre, WEISS a trouvé que la force électromotrice de polarisation des tissus interposés varie de 0,25 à 0,20 volt.

B. Courant appliqué avec des électrodes métalliques. — Étudions maintenant le deuxième cas : l'une des électrodes ou les deux électrodes sont métalliques, et constituées par des aiguiles enfoncées dans les tissus vivants. Lorsque le courant constant est appliqué à l'aide d'électrodes métalliques, des phénomènes électrolytiques prennent fatalement naissance dans le tissu.

Indépendamment des actions interpolaires que nous avons vu se produire précédemment, nous devons surtout nous occuper ici de celles qui se passent au voisinage immédiat des électrodes. Voyons d'abord la composition de l'électrolyte constitué par les tissus : on peut admettre

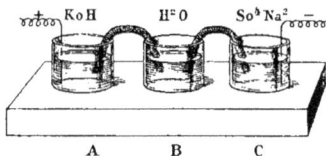

FIG. 196. — Électrolytes reliés entre eux par des mèches spongieuses.

qu'ils consistent, au point de vue physique, en un substratum poreux imprégné d'eau dans laquelle se trouvent des sels dissous. Ces sels sont surtout le chlorure de sodium, le sulfate, le carbonate et le phosphate de soude : d'après HOPPE-SEYLER, 1 000 grammes de sérum contiennent 4gr,92 de NaCl et seulement 0gr, 44 de sulfate de soude, sel dont la proportion vient immédiatement après le chlorure de sodium. On peut donc considérer que l'électrolyte formé par les tissus équivaut à une solution de sel marin à 5 p. 1 000.

L'effet électrolytique du courant constant sur une telle solution se traduit par la séparation des ions Cl et Na. Le sodium se porte à l'électrode négative, où il donne naissance, en présence de l'eau, à une certaine quantité de soude : ce qui est une action secondaire de l'électrolyse :

$$2Na + 2H^2O = 2NaOH) + H^2,$$

et il se dégage un gaz qui est de l'hydrogène.

Mais les composés formés secondairement aux électrodes lors de l'électrolyse des tissus vivants, produisent sur les tissus des actions auxquelles BERGONIÉ a très judicieusement donné le nom d'*actions tertiaires* de l'électrolyse; elles consistent, soit en effets de destruction des tissus, soit en effets de coagulation.

Les actions tertiaires sont proportionnelles aux quantités de composés formés au niveau des électrodes : dans le cas où il y a effets de destruction, l'étendue du tissu détruit est proportionnelle à la quantité d'électricité qui le traverse, c'est-à-dire au produit de l'intensité par le temps. Il résulte de là que les actions tertiaires seront les mêmes, chaque fois que le produit $I \times t$ aura la même valeur. Ainsi, les effets électrolytiques seront les mêmes dans les deux cas suivants : 1° intensité du courant, 0,012 ampère; durée de l'application du courant, cinq minutes; 2° intensité de 0,030 ampère; durée, deux minutes. En effet, dans les deux cas, le produit $I \times t$ est égal à 3,6 coulombs. Ces données sont utiles à connaître, car les effets sensitifs, étant fonction de l'intensité du courant, seront bien diminués si l'on prend une intensité peu élevée.

Examinons maintenant quelles sont les méthodes permettant d'utiliser convenablement les actions tertiaires du courant; il y en a deux principales : la méthode monopolaire et la méthode bipolaire.

1° *Méthode monopolaire.* — Une des électrodes seulement est métallique, l'autre est une électrode ordinaire ou un bain d'eau. Si l'on enfonce, dans les tissus d'un animal, une aiguille, par exemple, en platine, les lignes de flux (fig. 197) divergeront à partir du point correspondant à l'aiguille, et, si le conducteur est homo-résistant, les lignes de flux s'écarteront également dans toutes les directions; en sorte que, si l'on considère l'unité de surface, 1 centimètre carré, placé à différentes distances de l'aiguille, cette surface sera traversée par un nombre de lignes d'autant plus petit qu'elle sera située plus loin; en d'autres termes, la densité électrique est ici d'autant plus grande que l'on considère un point plus rapproché de l'aiguille. C'est aussi aux points où la densité est la plus grande que les actions tertiaires ont la plus grande énergie; la destruction électrolytique est donc plus intense dans les parties situées tout autour de l'aiguille implantée.

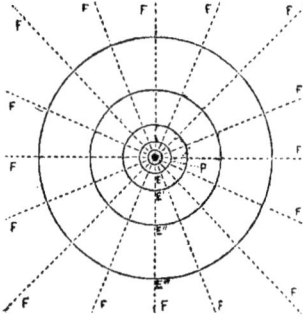

Fig. 197. — Méthode monopolaire.

2° *Méthode bipolaire.* — Les deux électrodes sont ici métalliques : supposons deux aiguilles introduites dans les tissus, l'une positive, l'autre négative (fig. 198); les lignes de flux, si l'on admet que la région traversée par le courant est homo-résistante, se dirigent d'une aiguille à l'autre, et c'est au voisinage de la ligne droite réunissant ces deux aiguilles que le nombre de ces lignes est le plus élevé. C'est aussi sur cette ligne interpolaire et dans son voisinage que la densité électrique est la plus grande. D'après ce que nous avons dit plus haut, les actions tertiaires seront surtout importantes sur les lignes des pôles, c'est-à-dire que les tissus situés le long de cette ligne seront soumis

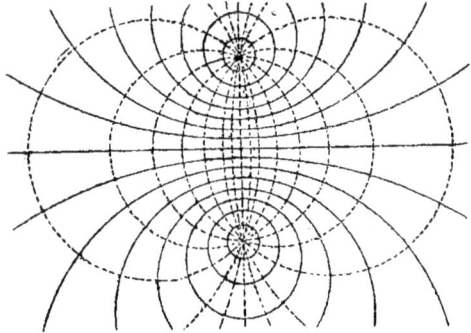

Fig. 198. — Méthode bipolaire.

à des actions destructives beaucoup plus profondes que celles des régions situées tout autour des aiguilles.

Lorsque la distance des aiguilles est faible, cette destruction est tellement accusée le long de la ligne interpolaire que l'on peut arriver à détruire complètement les tissus placés sur cette ligne : on produit ainsi une véritable section électrolytique. Cet effet de destruction maxima le long de la ligne des pôles a été quelquefois obtenu involontairement par des médecins qui ignoraient les considérations que nous venons d'exposer. Lorsqu'on retire les aiguilles des tissus, il se fait habituellement un léger écoulement de sang à la place occupée par l'électrode négative : on peut l'éviter en renversant le courant de manière à rendre positive pendant quelques instants cette aiguille. Une remarque à faire, c'est qu'après le renversement on est obligé de diminuer beaucoup la résistance du circuit pour revenir à la même intensité : il est probable que les composés chimiques libérés ou formés secondairement autour des électrodes métalliques donnent naissance à une force électromotrice de sens inverse qui équivaut à une résistance ajoutée dans le circuit.

Électrodes solubles. — Quelle doit être la nature du métal constituant les aiguilles? Dans la méthode monopolaire, et, lorsque c'est le pôle négatif qui est utilisé comme on doit le faire pour obtenir des effets de destruction, le métal peut être quelconque, excepté en aluminium. Dans la méthode bipolaire, puisque l'une des aiguilles doit être positive et qu'il y aurait attaque de la plupart des métaux, il est utile de se servir de platine, et plutôt de platine iridié qui est plus rigide. Enfin, dans certains cas, on a besoin de produire un composé par action secondaire au niveau de l'électrode positive : si l'on prend par exemple une aiguille en cuivre rouge, et qu'on l'enfonce dans les tissus en la reliant au pôle positif, le chlore provenant de l'électrolyse des liquides de l'organisme forme du chlorure et de l'oxychlorure de cuivre aux dépens du métal de l'électrode ; on donne à une telle aiguille le nom d'électrode soluble. Les composés ainsi formés se diffusent dans les tissus et peuvent donner lieu à des actions thérapeutiques, utiles à connaître (traitement des granulations de la conjonctive, de l'ozène, etc.).

Électrolyse du sang. — Parmi les tissus dont nous étudions les phénomènes électrolytiques, il en est un qui mérite d'être examiné dans cette étude : c'est le sang, ce tissu à cellules spéciales dont la substance intercellulaire est liquide. Prenons du sang défibriné, et plongeons-y deux lames ou deux aiguilles en platine; lorsque le courant aura passé un certain temps, retirons les électrodes; nous constaterons la formation d'un caillot noir, dur, volumineux, au pôle positif, tandis qu'au pôle négatif le caillot est mou et peu adhérent; cette différence tient à l'inégal pouvoir de coagulation des deux pôles sur l'albumine, ou plutôt sur les albumines du sérum. La coagulation est produite par l'action du chlore et des composés chlorés sur l'albumine du sang : en effet, si l'on fait passer un courant dans de l'albumine pure, on n'observe pas de caillot autour des électrodes; mais, si l'on additionne l'albumine d'un peu de sel marin, aussitôt la coagulation devient apparente, surtout autour du pôle positif.

Puisque c'est au chlore qu'est dû le caillot que l'on obtient pendant l'électrolyse du sang ou du sérum, on a pensé à utiliser l'action secondaire de l'électrolyse sur le métal de l'électrode, de manière à faire former un composé ayant une action coagulante plus grande que le chlore seul. Si l'on prend une aiguille en fer comme électrode positive, il se forme du chlorure de fer dont l'action coagulante est bien connue. On augmente ainsi, pour un même courant et dans les mêmes conditions, le volume du caillot obtenu. Cette coagulation énergique de l'albumine du sang par l'électrolyse positive au moyen d'une aiguille de fer, est utilisée en thérapeutique pour le traitement des anévrysmes et des angiomes; le caillot formé peut être obtenu assez volumineux pour remplir complètement le sac de la tumeur sanguine.

Effets produits par le courant faradique. — La faradisation, qui est l'application du courant fourni par un transformateur genre RUHMKORFF, tient en électrothérapie une place trop importante pour que nous ne lui consacrions pas ici quelques lignes.

Il est de la plus haute importance, lorsqu'on désire agir sur la contractilité musculaire seulement (et ce cas est de beaucoup le plus fréquent), de ne pas employer la première bobine de RUHMKORFF venue, comme le font bien des médecins, malheureusement pour les muscles de leurs malades. Il faut que le fil secondaire soit gros et non pas fin : il faut que ce fil ait 1,2 à 1,3 millimètres, et que sa longueur soit comprise entre 60 et 100 mètres. Il serait donc mauvais de suivre le conseil donné par les électriciens au Congrès de 1881, d'après lequel le fil induit devrait avoir un diamètre de $0^m,025$ et être enroulé de manière à former 28 couches, et faire 5 000 tours.

On devra ensuite veiller à ce que l'interrupteur n'effectue pas plus de 40 à 60 interruptions par seconde, et à ce que l'appareil soit muni d'un condensateur, genre FIZEAU.

Si le courant faradique constitue la forme du courant la plus apte à provoquer la contraction musculaire, il peut, s'il est mal appliqué, amener des effets diamétralement opposés à ceux qu'on lui demande. Aussi n'est-il pas inutile que nous rapportions ici des expériences très démonstratives à cet égard, et qui montrent bien comment la faradisation peut produire des résultats tout à fait différents, suivant la méthode qui a présidé à son application. Les expériences dont nous allons parler sont dues à DÉBÉDAT, et ont été faites sur des lapins dont on a faradisé, pendant un temps donné, et toujours de la même manière, un muscle ou un groupe de muscles, symétrique d'un autre qu'on ne touchait pas.

Pour éviter les contractures, plus ou moins durables, provoquées par certains expérimentateurs, et pour se placer dans des conditions aussi rapprochées que possible de celles qui président au fonctionnement des muscles sous l'action de la volonté, DÉBÉDAT a appliqué aux différents muscles faradisés l'excitation rythmique; l'intermittence ainsi produite dans la contraction est nécessaire dans les actes exécutés par le muscle.

Le courant faradique était rythmé à l'aide du métronome de BERGONIÉ que nous connaissons déjà; les excitations étaient, dans ces expériences, localisées d'après le procédé de DUCHENNE (de Boulogne) aux muscles fémoraux postérieurs d'un seul côté du lapin.

Le nombre des applications du courant faradique rythmé a été de 20, et la durée de chaque expérience de quatre minutes.

Comme l'auteur s'en est assuré, le poids des muscles fémoraux postérieurs est exactement le même de chaque côté : la balance était le réactif le plus sensible et le plus précis pour apprécier les variations dues à l'électrisation; les résultats expérimentaux acquièrent, par cela même, une rigueur presque absolue.

Les excitations faradiques étaient réglées à raison de 30 par minute; il y avait, par conséquent, tétanisation pendant une seconde, et repos du muscle pendant une seconde.

Donnons, pour faire saisir l'importance des résultats, les chiffres d'une expérience.

Poids initial du lapin au début.		892 grammes.	
Poids final après 20 séances.		1150 —	
		CÔTÉ DROIT non faradisé.	CÔTÉ GAUCHE seul faradisé.
		grammes.	grammes.
Poids des muscles fémoraux {	Biceps.	4,60	6
postérieurs. . . . . {	Demi-tendineux . . .	1,49	2,10
{	Demi-membraneux. .	3,50	5

L'hypertrophie produite par la faradisation rythmée est bien mise en évidence par ces nombres.

La palpation percutanée avait permis également de se rendre facilement compte de l'augmentation de volume. L'examen histologique a montré que les muscles hypertrophiés avaient toutes les apparences des muscles normaux; « les fibres sont régulières, les noyaux de sarcoplasme se sont laissé admirablement colorer par le carmin, ils sont plus apparents que sur les muscles normaux, la striation est très nette, très régulière, le tissu interstitiel est à peine apparent, et présente çà et là quelques capillaires sanguins normaux. Pas de lipomatose du muscle; l'hypertrophie a donc porté sur le tissu musculaire lui-même ».

Ces résultats sont probants, en ce qui concerne l'action de la faradisation sur la nutrition musculaire. Si les courants modérés amènent une augmentation dans le volume et le poids des muscles faradisés, des courants mal appliqués peuvent, en revanche, produire, par une tétanisation prolongée, un effet exactement opposé à celui qui précède. DÉBÉDAT, pour montrer les inconvénients de la faradisation faite sans connaissance préalable des lois de l'électricité biologique, a employé le même courant, qu'il rythmait tout à l'heure. La durée de chaque expérience a été la même, quatre minutes. Voici les résultats :

Poids du lapin au début		682 grammes.	
— après 20 jours		720 —	
		CÔTÉ NON FARADISÉ.	CÔTÉ FARADISÉ
		grammes.	grammes.
Poids des muscles fémoraux {	Biceps.	3,20	3,05
postérieurs . . . . {	Demi-tendineux . . .	1,20	1,20
{	Demi-membraneux. .	2,40	2,25

Il y a eu ici atrophie de la substance musculaire. Dans les muscles atrophiés, on constate des lésions de la fibre musculaire elle-même sans réaction apparente du tissu interstitiel.

Ces lésions sont caractérisées ; 1° par des inégalités de coloration dans la continuité des fibres, qui, sous l'influence du carmin, ont pris par place une teinte variant du rouge vif au gris jaunâtre; 2° par des troubles de la striation; 3° par la déformation des fibres elles-mêmes qui sont onduleuses et présentent en certains points des cassures latérales et transversales.

« A un fort grossissement, on est frappé de l'inégalité de volume des fibres musculaires; elles sont latéralement bordées par un ou deux noyaux allongés, placés côte à côte, détachés de l'élément contractile. Le protoplasma est, çà et là, séparé du noyau périphérique par un espace clair coloré en jaune par l'acide picrique. Entre les fibres, on voit des capillaires gorgés de sang. » En résumé, il existe des lésions parenchymateuses du tissu contractile dont les éléments sont atrophiés sans systématisation, et qui même parfois ont subi une dégénérescence granuleuse.

Ces résultats d'expériences physiologiques permettent de comprendre que les effets thérapeutiques pourront être, suivant le mode d'application du courant faradique, bons ou mauvais. Si, dans le cas d'une atrophie musculaire d'origine traumatique par exemple, la faradisation est appliquée à la façon de la dernière expérience (et c'est ainsi qu'on voit malheureusement le faire beaucoup de médecins), il est évident que non seulement l'atrophie ne sera pas améliorée, mais au contraire aggravée.

§ 5. **Électrodiagnostic.** — L'électrodiagnostic est l'ensemble des procédés d'investigation que le médecin emprunte à l'énergie électrique, prise sous l'une quelconque de ses formes, pour éclairer, soit le diagnostic, soit le pronostic des divers états pathologiques.

L'exploration électrique permet de porter avec certitude des conclusions fermes sur la durée probable d'une maladie, sur sa gravité, sur son pronostic : elle est d'un très haut intérêt dans beaucoup de maladies différentes, et son importance est considérable pour la solution des problèmes pathologiques.

Le but principal de la méthode consiste à localiser le courant sur les parties à explorer, en évitant autant que possible de faire éprouver aux parties voisines des excitations secondaires qui ne leur sont pas destinées.

C'est évidemment la méthode monopolaire qui doit être exclusivement employée. L'électrode active doit être choisie petite, de telle sorte que, sous elle, la densité soit convenable et adaptée à un manche isolant muni d'un interrupteur. L'électrode indifférente sera choisie au contraire aussi grande que possible : on doit l'appliquer sur une région toujours la même, autant que faire se peut; cette région sera, nous avons dit pourquoi, la région dorsale au-dessous de la nuque. Il est tout à fait contraire à la science et à la pratique de placer cette électrode sur le genou ou dans la main.

On doit, de plus, explorer les réactions électriques toujours suivant une seule et même méthode, si l'on veut obtenir des résultats comparables permettant de tirer des conclusions positives et sûres.

Selon le conseil d'ERB, on doit s'exercer avec soin et assiduité sur soi-même, et chercher à acquérir une grande sûreté de main, une grande dextérité dans le maniement de ses appareils et dans l'application des résultats de ses recherches. C'est par là seulement que le jugement pourra offrir quelques garanties, et que les indications d'un médecin pourront mériter quelque créance. La recherche des réactions électriques n'est pas aussi facile qu'on le croirait après une étude superficielle; il faut une grande habitude, de la dextérité technique et un jugement expérimenté pour faire une recherche électrique qui mérite confiance, ou pour émettre un avis décisif, quand il s'agit de modifications délicates.

Il faut d'abord distinguer deux sortes de modifications dans les réactions électriques : 1° des modifications quantitatives; 2° des modifications qualitatives.

Les modifications quantitatives se rapportent à la grandeur des réactions musculaires, lorsque l'excitation est portée sur un nerf ou sur un muscle, avec l'une quelconque des formes du courant électrique; tandis que les modifications qualitatives ont trait à l'excitation produite alternativement par l'un et l'autre pôle du courant appliqué (qualité polaire d'excitation).

Modifications quantitatives. — Ce n'est pas un des moindres mérites de DUCHENNE (de Boulogne) que d'avoir utilisé les variations de l'excitabilité quantitative des nerfs et des muscles sous l'influence du courant faradique, et d'avoir pu, dans bien des circonstances, tirer des conclusions bien établies sur l'état anatomique des nerfs et des muscles, ainsi que les inductions tout à fait exactes, positives ou négatives, sur le siège véritable d'une lésion quelconque ou sur le pronostic d'affections diverses. Aujourd'hui, grâce aux travaux d'ERB, l'examen de l'excitabilité électrique est devenu d'une importance presque fondamentale dans la thérapeutique des maladies nerveuses.

L'exploration électrique, dont les données sont si souvent utiles, ne doit pas cependant être regardée comme ayant une valeur exagérée, et l'on ne doit pas trop exiger d'elle. En bien des cas, elle ne fournit pas de notions utilisables, et fréquemment le diagnostic reste aussi obscur après qu'avant l'investigation électrique.

Quoi qu'il en soit, nous devons considérer deux cas : 1° l'augmentation de l'excitabilité électrique (faradique ou galvanique); 2° la diminution de cette excitabilité.

1° **Augmentation.** — A. *Courant faradique.* — Cette exagération de l'excitabilité se caractérise par une réaction plus facile des nerfs et des muscles, par une résistance plus grande interposée dans le circuit, à l'aide du rhéostat, ou par une contraction plus énergique, pour une même valeur de la résistance interposée. Si l'on se sert, pour graduer l'excitation faradique, du déplacement de la bobine induite (ce que nous ne conseillons pas), les mêmes caractères apparaissent. Lorsque la lésion est unilatérale, on doit toujours, pour juger de l'augmentation réelle de l'excitabilité, commencer par explorer le côté sain : c'est une règle générale. [Nous emploierons la notation ordinaire. S, secousse. An, à l'anode. Ca, à la cathode. Fe, à la fermeture. O, à l'ouverture du courant.]

B. *Courant galvanique.* — L'augmentation de l'excitabilité galvanique se caractérise par ce fait que la première Ca Fe S apparaît avec une intensité plus faible, que cette Ca Fe S se transforme très rapidement en Ca Fe Te; que la contraction d'An O apparaît de très bonne heure, et très près de la CaFeS. Un point important à considérer, pour apprécier une exagération de l'excitabilité galvanique, c'est qu'en même temps il y a une disproportion très grande entre la réaction motrice et la réaction sensible; en d'autres termes, une contraction très vive se produit avec une sensation à peine perceptible.

Valeur séméiologique de l'augmentation de l'excitabilité électrique. — Une simple exagération de l'excitabilité électrique n'a pas une importance diagnostique notable : on l'observe dans différentes formes de paralysies cérébrales; dans les hémiplégies de date récente, principalement dans celles qui sont accompagnées de contractures; dans certaines affections de la moelle épinière; par exemple, dans la période initiale du tabes, dans l'atrophie musculaire progressive au début. On la trouve aussi dans diverses formes de paralysies périphériques, peu de temps après le commencement de la maladie (paralysie faciale, paralysie par compression du radial, etc.), il en est de même dans les névrites récentes : l'exagération de l'excitabilité électrique est surtout marquée dans certaines formes de crampes, dans la tétanie, dans la chorée et principalement dans l'hémichorée.

2° **Diminution de l'excitabilité électrique.** — A. *Courant faradique.* — Elle est caractérisée par une diminution dans la résistance du rhéostat placé dans le circuit, pour provoquer une faible contraction; ou par une très faible contraction, lorsque le rhéostat laisse passer un courant suffisamment fort. Cette diminution de l'excitabilité peut quelquefois être très marquée, et alors il faut donner au courant une forte intensité. Enfin, dans certains cas, malgré la suppression de toute résistance dans le circuit, aucune contraction ne peut être obtenue; il y a alors abolition complète de l'excitabilité faradique.

Lorsqu'on explore avec soin l'excitabilité faradique d'un nerf, on peut trouver une diminution dans différentes parties de ce nerf; par exemple, pour le nerf médian, on peut trouver l'excitabilité diminuée ou abolie au poignet et normale au coude. Nous verrons plus loin l'importance de cette constatation.

B. *Courant galvanique.* — La diminution de l'excitabilité galvanique se manifeste par ce fait que Ca Fe S minimum n'a lieu qu'avec une intensité plus grande que celle habituellement employée pour la région explorée, et par une difficile apparition de Ca Fe Te.

Il en est de même des autres termes de l'excitation An Fe S ou An OS. Si la diminution est très prononcée, on ne peut plus obtenir que Ca Fe S, ou même ne voir aucune secousse suivre l'excitation galvanique; il y a alors abolition de cette excitabilité.

Telle se présente la simple diminution de l'excitabilité galvanique; aucune modification qualitative; la secousse reste toujours courte et rapide comme l'éclair; elle n'est pas lente et paresseuse.

La meilleure façon de constater la diminution de l'excitabilité galvanique consiste à examiner les réactions du côté sain, lorsque cela est possible.

Valeur séméiologique. — La simple diminution de l'excitabilité électrique est rarement rencontrée dans les paralysies cérébrales ; on la trouve, à un faible degré d'ailleurs, dans les vieilles paralysies et hémiplégies. La paralysie bulbaire progressive présente souvent une diminution dans les nerfs et dans les muscles ; pourtant le plus fréquemment ces derniers n'ont pas une contraction brève, mais traînante.

Dans les cas anciens de tabes dorsal, dans la paralysie simple spasmodique, Erb a constaté que l'excitabilité électrique était diminuée. L'atrophie musculaire progressive présente fréquemment une diminution de l'excitabilité, aussi bien dans les nerfs que dans les muscles, surtout dans les formes qui commencent relativement tôt.

Dans les maladies périphériques des nerfs, il faut savoir que les filets nerveux qui sont situés au centre par rapport à la lésion, cessent, avec l'apparition de la paralysie, d'être excitables, parce qu'ils sont privés de leur relation avec les nerfs afférents et que, par suite, leur excitabilité ne peut plus se manifester. Cette constatation est importante, car elle permet de localiser la lésion, cause de la paralysie. On doit se montrer très prudent lorsqu'il s'agit d'admettre une simple diminution de l'excitabilité galvanique, surtout pour les muscles qui manifestent souvent toute une série de certaines modifications qualitatives et quantitatives, bien étudiées par Erb, qui leur a donné le nom de *réaction de dégénérescence*, et que nous allons maintenant examiner.

Réaction de dégénérescence. — On comprend sous ce titre tout un ensemble de variations d'excitabilités quantitative et qualitative, qui se présentent sous l'influence de certaines causes pathologiques déterminées dans les muscles et dans les nerfs, et qui sont en rapport intime avec un processus histologique de dégénérescence se développant simultanément dans les nerfs et dans les muscles. Disons dès maintenant que la *réaction de dégénérescence consiste dans la diminution ou la perte de l'excitabilité faradique et galvanique des nerfs, et de l'excitabilité faradique des muscles, pendant que l'excitabilité galvanique des muscles reste stationnaire, ou est augmentée souvent d'une manière notable, en présentant la plupart du temps des modifications qualitatives bien déterminées.*

Cette réaction de dégénérescence, que nous désignerons souvent pour abréger par DR, a une grande importance en électrodiagnostic. Comme on vient de le voir, la manière dont varie l'excitabilité est absolument différente pour les nerfs et pour les muscles : on doit donc, dans l'exploration électrique, séparer l'excitation des nerfs de celle des muscles.

1° *Nerfs moteurs.* — Après l'action de la lésion paralysante, il se produit, mais rarement, une légère augmentation de l'excitabilité électrique, qui ne dure qu'un ou deux jours. Habituellement, après l'apparition de la paralysie, commence à se produire une diminution progressive des excitabilités faradique et galvanique. On voit l'excitabilité décroître de plus en plus, de sorte que, vers la fin de la première semaine, ou pendant la seconde, elle a complètement disparu ; il n'y a plus traces de contraction, ni par le courant faradique, ni par les états variables du courant galvanique. L'abolition de l'excitabilité électrique des nerfs a une durée variable : dans les cas légers, elle est courte ; dans les cas plus graves, elle est de plusieurs semaines à plusieurs mois ; enfin, dans les cas incurables, elle devient permanente.

Lorsque l'excitabilité revient, le courant faradique commence à provoquer une contraction en même temps que le courant galvanique ; c'est évidemment un indice de la régénération du nerf ; les traces de contraction nouvelle se constatent d'abord très près du point lésé, et ce n'est que peu à peu que l'excitabilité de retour gagne la périphérie.

La grandeur de la contraction ne redevient normale que dans les cas légers ; dans les cas graves, la contraction reste pendant très longtemps au-dessous de la normale, quoique l'on voie le plus habituellement un retour de la motilité volontaire avant que l'excitabilité électrique ait repris sa valeur primitive ; il n'est même pas rare de voir que les mouvements volontaires sont encore possibles, alors que l'excitabilité électrique est tout à fait abolie.

Ce fait a été bien des fois constaté par Duchenne (de Boulogne) dans les paralysies traumatiques, par exemple pour l'excitabilité faradique. Ce phénomène, qui paraît tout d'abord extraordinaire, peut s'expliquer ainsi : à une époque déterminée, le nerf est bon conducteur des excitations volontaires venant des centres nerveux, alors qu'il n'est pas encore excitable par le courant électrique, c'est que la conductibilité d'un nerf et son excitabilité électrique sont deux qualités absolument distinctes ; l'existence de l'une ne nécessite pas fatalement celle de l'autre. Dès qu'il se produit au niveau d'un point lésé une réunion des éléments nerveux avec la région périphérique, et qu'un certain degré de régénération s'accomplit dans cette dernière, les voies motrices sont déjà bien capables de conduire l'énergie physiologique développée dans les centres nerveux, sans que pour cela elles soient devenues excitables par l'énergie électrique ; il faut, pour que cette dernière soit suivie d'une contraction, que de nouveaux progrès s'accomplissent dans la régénération.

2° *Muscles.* — La manière dont le muscle se comporte dans la réaction de dégénérescence est toute différente de celle du nerf. Avec l'excitant faradique, cependant, le muscle réagit à peu près exactement comme le nerf moteur ; on constate une diminution de l'excitabilité faradique, qui peut aller jusqu'à l'abolition après une douzaine de jours ; aucune contraction n'apparaît.

Cette abolition persiste, comme pour le nerf, un temps plus ou moins long ; à un certain moment de la régénération, l'excitabilité faradique du muscle réapparaît peu à peu, pour ne reprendre sa valeur normale que lentement. Ce retour se fait un peu plus tardivement que dans les nerfs ; mais l'excitabilité reste souvent bien au-dessous de la normale, et cela d'autant plus que la paralysie a été plus longue et plus grave.

L'excitabilité galvanique du muscle est modifiée d'une manière bien différente ; dans la première semaine, on constate une diminution graduelle de l'excitabilité galvanique, comme pour l'excitabilité faradique ; mais, le douzième jour, cette diminution est remplacée par une exagération qui peut atteindre un degré très élevé, en même temps qu'existent des modifications qualitatives, tant dans la forme, que dans la nature des contractions.

L'augmentation de l'excitabilité galvanique devient très vite évidente : une faible intensité suffit pour faire contracter les muscles malades, à la fermeture et à l'ouverture, alors que les muscles sains restent au repos.

En même temps, se manifeste un changement de plus en plus net dans la façon dont s'effectue la secousse ; au lieu de la contraction courte, « rapide comme l'éclair » (Erb), physiologique, *il se produit une contraction paresseuse, traînante,* qui, même avec un courant relativement faible, se transforme en un tétanos persistant pendant que le circuit reste fermé. *Cette lenteur de la secousse est caractéristique de la DR :* on peut la considérer comme le critérium de la réaction de dégénérescence.

Non moins remarquable est la modification apportée à la loi qualitative des secousses musculaires. Cette modification porte surtout sur l'An Fe S qui devient plus énergique : celle-ci ne tarde pas à égaler la Ca Fe S, et, dans la plupart des cas, à lui devenir supérieure,

Ce qui existe pour l'An Fe S, existe aussi pour la Ca OS ; cette dernière croît également d'une façon relativement plus rapide que l'An OS et lui devient très vite égale, bien que la secousse de Ca O soit rarement plus grande que celle de An O.

Mais les secousses d'ouverture sont plus difficiles à constater que celles de fermeture, à cause des contractions toniques de fermeture qui durent jusqu'à l'ouverture du courant. Pour avoir une idée des modifications qualitatives des secousses et de la nature des contractions caractéristiques de la DR, il suffit de comparer entre eux les deux graphiques ci-contre (fig. 199 et 200) : le premier se rapporte à l'excitation d'un muscle sain le second, à l'excitation d'un muscle présentant la DR : on voit, indépendamment du renversement de la loi des secousses, qu'il y a une augmentation du temps de chaque secousse, à l'An Fe et à la Ca Fe.

Les modifications de l'excitabilité galvanique du muscle persistent, sans changements, plus ou moins longtemps, pendant des semaines et des mois. Mais alors apparaît un affaiblissement graduel de l'excitabilité galvanique, tandis que les variations qualitatives, surtout la lenteur des secousses, continuent à persister. Dans les cas incurables, la diminution progresse toujours davantage ; le Ca Fe S s'éteint la première complètement, et il ne reste plus finalement qu'une An Fe S très faible comme dernière manifestation vitale des fibres musculaires qui existent encore. C'est un caractère différentiel de la diminution simple de l'excitabilité galvanique, dans laquelle la CaFeS est la dernière à disparaître.

Dans les cas curables, avec le retour de la motilité et de l'excitabilité électrique des

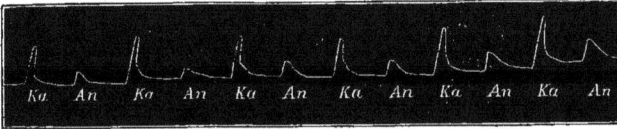

Fig. 199.

Fig. 200.

Courbes de secousses de fermeture, dans une excitation directe (monopolaire) des muscles, à la région du péroné à la jambe. — Fig. 199. Muscle sain. — Fig. 200. Muscle en dégénérescence.

nerfs, les phénomènes normaux se rétablissent aussi peu à peu dans le muscle, plus ou moins rapidement, suivant la vitesse de la régénération. Mais il faut toujours s'attendre à ce que les signes de la DR, dans les muscles, durent encore un certain temps après le retour de l'excitabilité dans les nerfs; il peut aussi arriver que des secousses qualitatives normales apparaissent dans les nerfs, alors que l'excitation directe des muscles donne naissance aux secousses anormales de la DR.

La différence qui existe dans la réaction d'un muscle, présentant les caractères de la dégénérescence, avec le courant faradique et avec le courant galvanique, est facile à comprendre et à expliquer : cela tient, d'une part, à la lenteur de la contraction, et, d'autre part, à la manière dont les excitations se succèdent. Les courants dont la variation de force électromotrice se produit dans un temps très court ne peuvent faire contracter le muscle dégénéré; or, dans le courant faradique, nous savons que les variations de force électromotrice se produisent très rapidement; aussi ne provoquent-elles aucune espèce de réaction musculaire.

Mais, si l'on place aux bornes de la bobine induite et en dérivation, un condensateur d'une capacité suffisante qui allonge la durée des ondes induites, on obtient des contractions aussi nettes qu'avec le courant galvanique (D'ARSONVAL). Réciproprement, si l'on donne à la variation du courant galvanique une très courte durée, le muscle dégénéré reste absolument au repos; il en est de même avec des courants galvaniques très intenses.

Nous avons bien rendu compte de la cause physique des différences d'excitation des courants faradique et galvanique; mais la raison qui intervient pour empêcher le muscle dégénéré de réagir au courant de courte durée reste encore à déterminer : En pense que ce sont des modifications chimiques et moléculaires liées à la dégénérescence de la substance contractile qui doivent produire ces effets.

Les diverses manifestations de la DR sont étroitement liées à certaines transformations histologiques des nerfs et des muscles sur lesquelles nous ne pouvons donner ici de grands détails. Qu'il nous suffise d'indiquer que les parties essentielles du nerf, le cylindre-axe et la myéline, ainsi que les éléments contractiles du muscle, sont remplacées par des tissus scléreux résultant de la prolifération de leurs éléments cellulaires.

Le nerf peut de nouveau transmettre l'excitation volontaire, et le muscle peut de nouveau répondre à cette excitation, lorsque, le tissu conjonctif étant résorbé, ils reprennent l'un et l'autre leur constitution normale. Mais ce rétablissement de l'état physiologique est lent à se produire : même après le retour, complet en apparence, des mouvements volontaires, il subsiste, nous le savons, une diminution de l'excitabilité électrique des muscles ; cela tient à la non complète résorption du tissu conjonctif hypertrophié du muscle et au retard qu'apporte cet obstacle à la formation de nouvelles fibres musculaires. Cette masse de tissu conjonctif constitue, de plus, une grande résistance à la contraction du muscle lui-même. On comprend combien est grande l'importance de la constatation de la DR et des conclusions qui peuvent être tirées de ces diverses phases.

Réaction de dégénérescence partielle. — Les caractères que nous venons de donner de la réaction de dégénérescence sont ceux de la DR complète, typique : mais cette DR n'est pas toujours totale. C'est ainsi qu'avec des modifications de l'excitabilité galvanique du muscle on trouve quelquefois l'excitabilité faradique du nerf conservée, bien que diminuée. Les cas dans lesquels certains caractères de la DR se manifestent sans que tous soient présents, constituent une espèce de DR, appelée par Euu *réaction de dégénérescence partielle.*

Elle se caractérise très simplement par ce fait que le nerf *a conservé une partie* de son excitabilité faradique et galvanique. La diminution se manifeste plus par une contraction maximum moins forte que par un retard dans l'apparition de la contraction minimum. Dans le muscle, les changements dans la forme de la contraction et dans l'excitabilité qualitative galvanique existent, comme dans la DR complète ; mais l'excitabilité faradique *n'est pas complètement abolie ;* elle est seulement diminuée, et au même degré que dans le nerf.·

La constatation de la DR partielle indique que les désordres pathologiques sont relativement légers, et améliore beaucoup le pronostic. Il est très probable que, dans ces cas, la lésion dégénérative du nerf est, ou nulle, ou très faible, tandis que les muscles présentent des modifications complètes qui atteignent les fibres musculaires elles-mêmes.

Entre la DR complète et la plus légère forme de la DR partielle, il existe toute une série de degrés intermédiaires, suivant la profondeur et la gravité de la lésion qui leur donne naissance.

Valeur séméiologique de la réaction de dégénérescence. — La DR complète ou partielle se rencontre dans les maladies des nerfs périphériques avec altération de leur structure. On la voit apparaître après des traumatismes, sections, écrasements, frottements ; ou après des compressions, soit des filets nerveux, soit des racines antérieures.

On l'observe aussi dans un grand nombres de névrites : névrites traumatiques, toxiques, saturnines, alcooliques, infectieuses (diphtériques, typhoïdes, tuberculeuses, etc). Lorsque les cornes antérieures de la moelle sont atteintes, la DR existe : c'est ainsi qu'on la rencontre dans la paralysie spinale infantile, la paralysie spinale aiguë de l'adulte, la paralysie spinale antérieure subaiguë, la paralysie spinale subaiguë diffuse de Duchenne, les myélites diffuses intéressant les cornes antérieures.

Dans les affections chroniques atteignant les mêmes régions, la DR peut être souvent constatée, par exemple, dans l'atrophie musculaire progressive, type Aran-Duchenne et type Charcot-Marie, dans la sclérose latérale amyotrophique, dans la syringomyélie. La constatation de la DR dans ces maladies est moins nette que dans les affections aiguës de la moelle, à cause de la marche du processus morbide qui se fait lentement à travers les cellules des cornes antérieures.

Quoique la constatation de la DR seule ne suffise pas à déterminer exactement le siège de la lésion nerveuse, elle permet d'écarter du diagnostic un certain nombre d'affections dans lesquelles elle n'existe jamais, comme les paralysies cérébrales, avec ou sans atrophie, les affections des cordons blancs de la moelle, les paralysies hystériques accompagnées ou non d'atrophie ; les affections primitives des muscles, les différentes formes de myopathies, l'atrophie musculaire par inactivité fonctionnelle, les atrophies d'origine articulaire.

Valeur pronostique. — La recherche de la DR est utile à faire au point de vue du pronostic : lorsque la réaction de dégénérescence est complète, le pronostic est aggravé, car elle indique que les altérations des nerfs et des muscles sont profondes ; mais il ne faut pas en induire un pronostic absolument désespéré ; la nature des lésions originelles doit entrer aussi en ligne de compte.

La réaction partielle de dégénérescence, toutes choses égales d'ailleurs, est plus favorable, pour l'avenir d'une affection, que la DR complète ; mais elle peut, dans certains cas, offrir un pronostic très grave, par exemple, lorsqu'elle accompagne certaines lésions des cellules des cornes antérieures de la moelle : tandis que la DR complète sera moins défavorable pour le pronostic, si elle est produite par des névrites périphériques ou traumatiques.

Comme on le voit, le pronostic que l'on peut tirer de la constatation de la DR dépend du diagnostic même; mais, pour un cas donné, à diagnostic bien établi, la DR plus ou moins complète pourra fournir, par l'examen de ses différents degrés, des indications fort utiles sur la curabilité de l'affection et sur la marche de la maladie. Pendant une maladie présentant dans les premiers jours la DR, les diverses modifications que subissent les caractères de cette DR sont des indices précieux pour aider à formuler un pronostic plus ou moins grave, car elles permettent de juger de la possibilité de la réparation et du degré de cette réparation.

Conseils pratiques pour l'examen électrique des nerfs et des muscles. — Certaines précautions générales doivent être prises pour cet examen : le malade doit être placé dans un endroit éclairé et aussi aisément accessible d'un côté que de l'autre. L'électrode indifférente, bien mouillée avec de l'eau tiède, est placée sur la région dorsale au-dessous de la nuque, en faisant appuyer le malade au dossier de la chaise ou du fauteuil ; le contact est ainsi très bien assuré.

L'électrode active, portée par son manche interrupteur, est également bien imbibée, et appliquée aussi exactement que possible sur le point moteur du nerf ou du muscle exploré ; les muscles doivent être placés dans le relâchement.

On commence par examiner d'abord l'excitabilité faradique ; c'est une règle générale. On cherche ensuite l'excitabilité galvanique, et, si l'on veut, l'excitabilité électrostatique.

L'excitabilité faradique se pratique de la façon suivante : on applique l'électrode exploratrice sur le point moteur, nerf ou muscle ; le rhéostat à liquide est à ce moment au maximum de résistance; on agit sur le volant de celui-ci, peu à peu, lentement, en produisant de temps en temps des interruptions à l'aide du bouton qui se trouve sur le manche de l'électrode. Il arrive un moment où le malade éprouve la sensation particulière du courant faradique ; en diminuant encore la résistance, on voit se produire une contraction. Lorsque cette contraction est bien visible, on cesse d'agir sur le rhéostat.

On doit toujours commencer par rechercher l'excitabilité sur le nerf ou sur le muscle du côté sain quand on le peut; c'est la seule manière de s'assurer de l'état de l'excitabilité électrique. On note pour chaque paire de nerfs ou de muscles le résultat de l'examen électrofaradique.

L'excitabilité galvanique est ensuite recherchée ; le rhéostat est amené préalablement au zéro, et l'électrode active est reliée au *pôle négatif*.

Un miliampèremètre sensible et apériodique est placé en tension dans le circuit. On fait croître alors progressivement l'intensité en agissant de temps en temps sur l'interrupteur, c'est-à dire en produisant des ouvertures et des fermetures du courant jusqu'à ce qu'apparaisse Ca Fe S minimum. On lit, à ce moment, l'intensité au galvanomètre.

Laissant le rhéostat dans la même position, *on renverse* le courant, à l'aide de l'appareil destiné à cet usage et l'on examine la grandeur de la secousse obtenue au pôle positif à la fermeture : on a ainsi un premier renseignement, en comparant la secousse à celle obtenue avec la Ca Fe, et l'on sait immédiatement si l'excitabilité qualitative galvanique est normale ou pathologique.

Pour préciser davantage cette excitabilité, on cherche, en manœuvrant le rhéostat, l'intensité qu'il faut donner au courant pour obtenir la contraction minimum à la An Fe et à la An O. — On note les nombres lus sur le galvanomètre, et aussi la grandeur des secousses qui se sont manifestées pour une même intensité, à la fermeture de la cathode et de l'anode, aussi bien pour les nerfs que pour les muscles.

A côté des résultats inscrits pour l'excitation des muscles, on indique encore la nature de la contraction, quand celle-ci n'est pas brève et « rapide comme l'éclair ».

Enfin, une troisième excitabilité, qu'il est bon d'étudier, est l'excitabilité électrostatique. Grâce aux données physiologiques relatives aux contractions provoquées par les étincelles, il sera possible de tirer parfois des conclusions intéressantes sur l'excitabilité électrique d'un nerf ou d'un muscle.

Pour pratiquer cet examen, l'excitateur médiat est appliqué sur le point moteur du nerf ou du muscle que l'on veut explorer, les boules étant au contact; on augmente peu à peu la distance de ces boules (distance qui mesure la longueur de l'étincelle), jusqu'à

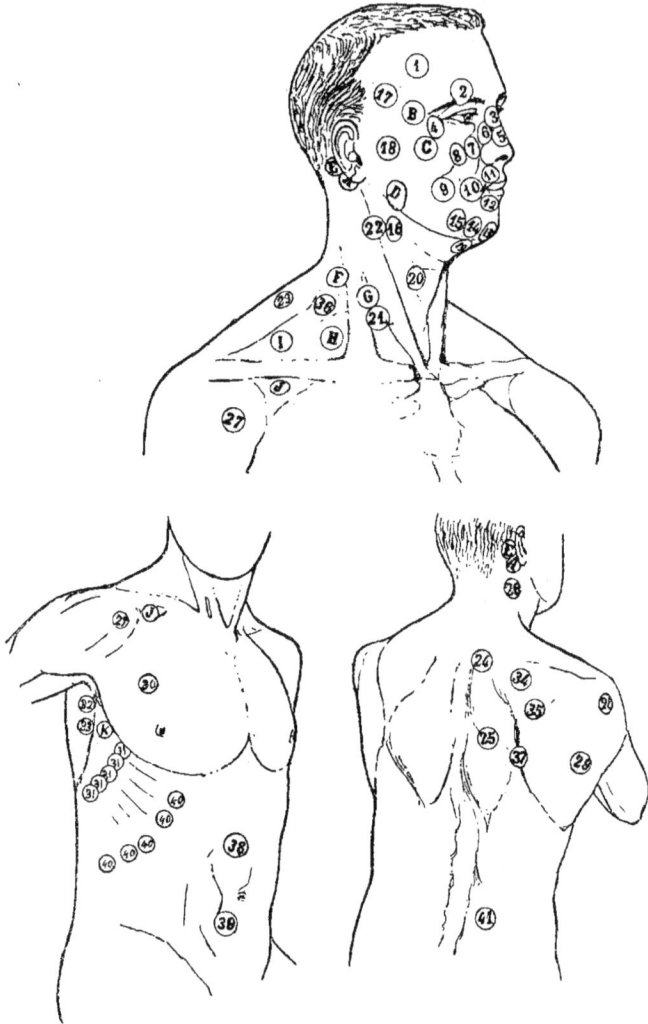

Fig. 201. — Tête et cou (fig. 1); tronc, face antérieure (fig. 2); tronc, face postérieure (fig. 3).

ce qu'une contraction apparaisse; on note cette distance, on renverse la polarité, et l'on recommence, avec le nouveau pôle, ce qu'on a fait avec le premier; on voit ainsi si la contraction est plus énergique avec le négatif qu'avec le positif, et pour quelle longueur d'étincelle la contraction minimum a lieu dans chaque cas.

Topographie des points moteurs. — Il est indispensable, lorsqu'on veut faire un examen des réactions électriques des nerfs et des muscles d'un malade, de connaître les points où l'on doit placer l'électrode active, pour obtenir la meilleure contraction possible et pour n'exciter que le nerf ou le muscle que l'on veut étudier; c'est à Duchenne

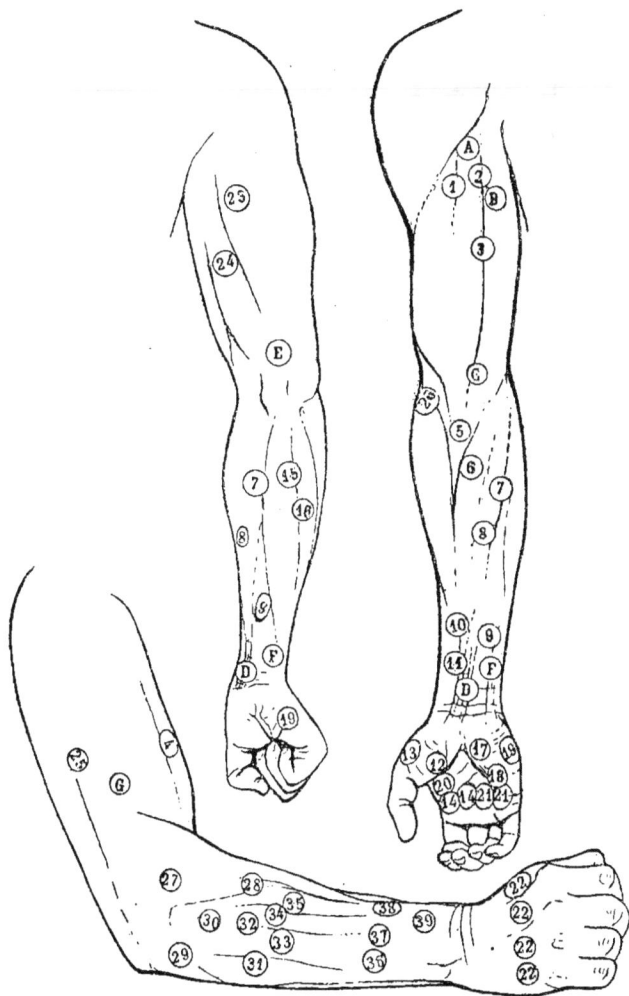

Fig. 202. — Membre supérieur, face antérieure (fig. 1); face postérieure (fig. 2); face externe (fig. 3).

(de Boulogne) que revient le mérite d'avoir donné, le premier, des indications exactes sur la localisation des effets moteurs du courant. Depuis les travaux de ce grand médecin, plusieurs physiologistes ont publié des tableaux indiquant plus ou moins exactement, et en plus ou moins grand nombre, les points du corps où l'électrode doit être appliquée pour provoquer la réaction motrice *optimum*. Parmi les meilleures figures ou

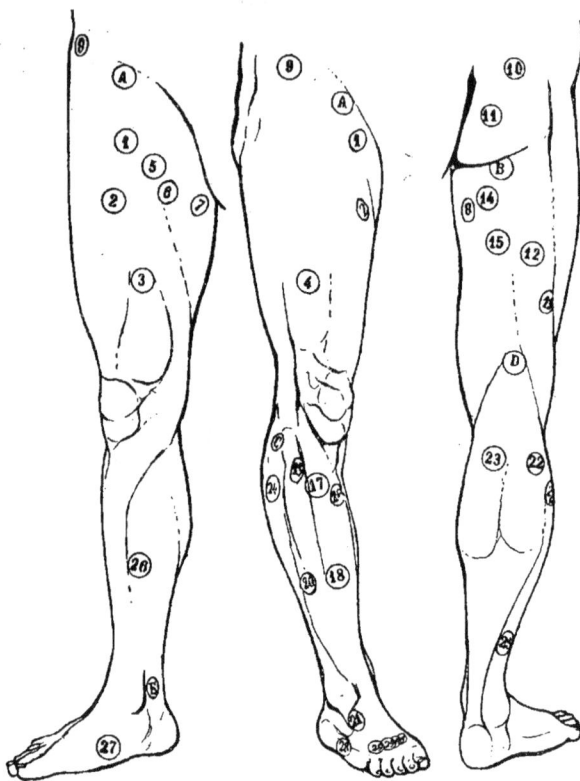

Fig. 203. — Membre inférieur. Face interne (fig. 1); face externe (fig. 2); face postérieure (fig. 3).

Fig. 1.	Fig. 2.	Fig. 3.	
			PLEXUS LOMBAIRE.
			Territoire du nerf crural.
A	A	—	Nerf crural.
1	1	—	M. Couturier.
2	2	—	M. Droit antérieur (1).
3	—	—	M. Vaste interne (2).
—	4	—	M. Vaste externe.
5	—	—	M. Pectiné (3).
			Territoire du nerf obturateur.
6	—	—	M. Premier adducteur.
7	—	—	M. Droit interne.
—	—	8	M. Troisième ou grand adducteur.
			PLEXUS SACRÉ.
			Territoire du nerf fessier supérieur.
9	9	—	M. Tenseur du facial lata.
—	—	10	M. Moyen fessier.
			Territoire du nerf petit sciatique.
—	—	11	M. Grand fessier.
			Territoire du nerf grand sciatique.
—	—	B	Nerf sciatique.
—	—	12	M. Biceps, longue portion.

Fig. 1.	Fig. 2.	Fig. 3.	
—	—	13	M. Biceps, courte portion.
—	—	14	M. Demi-tendineux (4).
—	—	15	M. Demi-membraneux.
—	—	C	Nerf poplité externe.
—	16	—	M. Jambier intérieur.
—	17	—	M. Extenseur commun des orteils.
—	18	—	M. Extenseur propre du gros orteil.
—	19	—	M. Long péronier latéral.
—	20	—	M. Court péronier latéral.
—	21	—	M. Pédieux.
—	—	D	Nerf poplité interne.
E	—	—	Nerf tibial postérieur.
—	—	22	M. Jumeau externe.
—	—	23	M. Jumeau interne.
—	24	24	M. Soléaire.
—	—	25	M. Fléchisseur propre du gros orteil.
26	—	—	M. Fléchisseur commun des orteils (5).
27	—	—	M. Adducteur du gros orteil.
—	28	—	M. Court fléchisseur du petit orteil.
—	29	—	MM. Interosseux.

planches, nous citerons celles de ZIEMSSEN, d'EICHHORTZ, d'ERB, d'ONIMUS, de P. REGNIER, de CASTEX.

La plupart des traités d'électrothérapie contiennent les figures du livre d'ERB, que nous reproduisons ici ; elles sont un peu trop schématiques ; celles de P. REGNIER, qui sont des reproductions photographiques, manquent un peu de relief, et quelques points moteurs importants sont omis. Nous préférons peut-être la topographie publiée récemment par CASTEX.

Bibliographie. — DUCHENNE (de Boulogne). *De l'électrisation localisée*, Paris, 1855. — REMAK. *Galvanothérapie*, 1860. — TRIPIER (A.). *Manuel d'électrothérapie*, 1861. — ERB. *Traité d'électrothérapie*, 1884. — BORDIER (H.). *Précis d'électrothérapie*, 1897. — D'ARSONVAL. *La voltaïsation sinusoïdale* (A. de P., n° 1, 1892). — KELLOGG. *Two new electrodes* (Amer. elect. Assoc. Philadelphia, 1892. — ALT et SCHMIDT. *Manuel d'électrodiagnostic et d'électrothérapie*, Halle, 1892. — BERGONIÉ et MOURE. *Du traitement par l'électrolyse des déviations et éperons de la cloison du nez* (Arch. clin. de Bordeaux, 1892). — CLEAVES. *The use of the galvanic current in the articular inflammatory exsudations* (Am. elect. Assoc. Philadelphia, sept. 1892). — DUPRAT. *Contribution à l'étude de l'électrodiagnostic et de l'électropronostic de la paralysie faciale* (Th. Bordeaux, 1892). — DUTOUR. *Du traitement électrique de l'occlusion intestinale* (Ibid., 1892). — EULENBURG. *Electrotherapie und Suggestionstherapie* (Berl. kl. Woch., fév. 1892). — LEWANDOWSKI. *Sur les rhéostats et leur emploi dans l'électro-diagnostic et dans l'électrothérapie* (Wien. med. Presse, n° 17, 1892). — MICHAUD. *Traitement électrique de la névralgie sciatique* (Th. Bordeaux, 1892). — OUDIN et LABBÉ. *Des courants alternatifs de haute fréquence et de haute tension en électrothérapie* (Méd. moderne, n° 40, 1892). — RAVÉ. *Contribution à l'étude des dyspepsies par l'électricité* (Th. Paris, 1892). — MOREL. *Étude critique, historique et expérimentale de l'action des courants continus sur le nerf acoustique à l'état sain et à l'état pathologique* (Th. Bordeaux, 1892). — REGIMBEAU. *Comment il faut comprendre l'action de l'électricité en électrothérapie* (Nouv. Montpel. méd., sept. 1892). — SPERLING. *Electrotherapeutische Studien*, Leipzig, 1892. — TRUCHOT. *La machine dynamo-électrique employée en électrothérapie* (Arch. d'Électr. méd., n° 1, 1893). — HEDLEY. *The hydro-electric methods in medicine*, London, H. Lewis, 1892. — LEDUC. *Action thérapeutique des courants continus* (Gazette méd. de Nantes, déc. 1892). — MENDEL. *Maladie de Thomsen, réactions électriques* (Mercredi méd., n° 2, 1892). — STEVENSON et LEWIS JONES. *Medical electricity, a practical handbook for students and practictionners*, London, H. Lewis, 1892. — TROUVÉ. *Manuel d'électrologie médicale*, Doin, 1893. — WICOT. *De l'électro-diagnostic* (La Clinique, n° 6, 1893). — D'ARSONVAL. *Dosage de l'excitation électrique des tissus vivants* (B. B., 25 mars 1893) ; — *Effets physiologiques des courants de haute fréquence* (A. de P., avril 1893) ; — *Influence de la fréquence des courants alternatifs sur leurs effets physiologiques* (C. R., mars 1893). — BERGONIÉ et BOURSIER. *Résultats statistiques du traitement électrique des fibromes utérins* (VIIe Congrès franç. de chirurgie, 1893). — BORDIER et CHEVALLIER. *Étude critique et expérim. des galvanocautères* (Arch. d'Électr. méd., n° 3 et 4, 1893). — CARTY. *L'électricité méd. et les électriciens* (Assoc. am. d'électroth., oct. 1892). — HERBST. *Ueber Electrotherapie bei Frauenkrankheiten* (Dissert. inaug., Berlin, 1893). — HIRT. *Lehrbuch der Electrodiagnostik und Electrotherapie*, Stuttgart, 1893. — CHARPENTIER. *Recherches sur la faradisation unipolaire* (Arch. d'Électr. méd., n° 7, 1893). — LABATUT. *Transport des ions dans les tissus organisés* (Dauphiné médical, n° 5, 1893). — PIÉCHAUD. *De l'examen électrique comme guide de l'intervention chirurgicale dans le pied-bot paralytique* (Arch. d'Électr. méd., n° 6, 1893). — LABAT-LABOURDETTE. *Contribution au traitement des adénites chroniques par les courants continus* (Th. Bordeaux, 1893). — TRUCHOT. *Les machines statiques médicales* (Arch. d'Électr. méd., n° 9, 1893). — HAYES. *Technique pratique de l'épilation par l'électricité* (Ibid., n° 10, 1893). — RAUZIER. *Traitement électrique de la neurasthénie* (Sem. méd., nov. 1893). — MONELL. *Static electricity in cutaneous affections* (Med. Record, nov. 1893). — WINDSCHEID. *Die Anwendung der Electricität in der medicinischen Praxis*, Leipzig, Naumann, 1893. — BORDIER (H.). *Étude graphique de la contraction musculaire produite par l'étincelle statique* (Arch. Électr. méd., n° 24, 1894). — CHARPENTIER. *La résistance des nerfs et leur travail physiologique* (Ibid., n° 21, 1894). — HOORWEG. *Excitation nerveuse par les décharges des condensateurs* (A. g. P., juillet 1894) — HERRICK. *Galvanization of the brain* (New-York med. Journal, sept. 1894). — LURASCHI. *Nouvelles électrodes pour l'application des courants continus à grande intensité* (Arch. électr.

méd., juin 1895). — Bergonié. *Contraction électriquement provoquée ressemblant à la contraction volontaire (Congrès de l'Ass. fr. pour l'av. des sc.*, 1895). — Bordier. *Nouvelle méthode de mesure des capacités électriques basée sur la sensibilité de la peau (C. R.*, juin 1895). — Cardew. *Electrodiagnostic charts*, London, 1895. — Labbée et Oudin. *De l'ozone dans la coqueluche (Soc. fr. d'électrothérap.*, 1895). — Weil. *Le courant continu en gynécologie (Th. Paris*, 1895). — A. Broca et Ch. Richet. *Effets thermiques de la contraction musculaire étudiés par les mesures thermo-électriques (B. B.*, avril 1896). — Weiss. *Action du courant continu sur les muscles (Ibid.*, 1896). — Allard. *Introduction diadermique des médicaments par l'électricité (Th. Montpellier*, 1895). — Althaus. *The value of electrical treatment*, London, 1895. — Bordier. *Du rôle de la résistance électrique des électrodes dans les effets sensitifs du courant (Arch. élect. méd.*, sept. 1895). — Lévy. *Essai sur le traitement électrique des fibromes (Th. Paris*, 1895). — Smith (A. L.). *Electrotherapeutics in general practice (Rev. d'Élect.*, Paris, 1895-1896). — Remak (E.). *Die neurotonische elektrische Reaction (Neurol. Centralbl.*, n° 13, 1896). — Magnan. *Du traitement de l'ozène par l'électricité (Th. Bordeaux*, 97). — Gumpertz (Karl). *Sur les anomalies de l'excitabilité électrique indirecte et sa relation avec le saturnisme chronique (Deutsche med. Wochens.*, 1892). — Roumaillac (L.). *De l'électrodiagnostic et de son utilité (Arch. Électr. méd.*, 50, 1897). — Rockwell. *The medical and surgical uses of electricity (Buffalo med. Journal*, fév. 1897). — Luraschi. *De l'examen électrique et des méthodes à employer pour le pratiquer (Arch. Électr. méd.*, avril 1897). — Fyfe. *La matière médicale moderne et l'électrothérapie (The amer. med. Journal*, avril 1897). — Betton Massey. *Electricity for maternal sterility (The Virginia med. semi-monthly*, déc. 1896). — Ch. Richet et A. Broca. *Période réfractaire dans l'excitabilité des muscles (Méd. mod.*, déc. 1896). — Bordier (H.). *De la sensibilité électrique de la peau*, Paris, 1897. — Truchot. *Appareil faradique à bobine oscillante (Arch. Élect. méd.*, 482, 1897). — Eulenburg. *Traitement des paralysies infantiles (Deuts. med. Woche*, avril 1898). — Capriati. *Hoquet paroxystique guéri par la galvanisation des nerfs phréniques (Arch. Elect. méd.*, 369, 1898). — Dobrotworski. *L'excitabilité électrique des nerfs et des muscles dans l'alcoolisme (Rev. de psychiatrie*, n° 7, 1897). — Déjerine. *Diagnostic de la névrite systématique motrice (Rev. intern. de méd. et de chirurg.*, mars 1898). — Bechterew (W.). *Trichoæsthésiomètre électrique (R. de psych. neurol. et psychol. expérim.* (en russe), 777, 1898). — Corrado (G.) *Altérations des cellules nerveuses dans la mort par l'électricité (Arch. d'Electr. méd.*, 5, 1899).

H. BORDIER.

SIXIÈME PARTIE

ÉLECTRICITÉ (Action sur les végétaux). — Voyez Lumière et Morphologie expérimentale.

SEPTIÈME PARTIE

ÉLECTRICTÉ (Mort par l'). — Voyez Fulguration.

Sommaire.

ÉLECTROTONUS.

ÉLECTROTONUS. — On désigne sous ce nom les modifications que subit un nerf traversé par un courant constant. Ce dernier exerce sur le nerf non seulement une action irritante à la fermeture et à l'ouverture, mais aussi une action modificatrice de son état lorsqu'il traverse le nerf d'une façon continue. Cette action modificatrice produit des phénomènes électrotoniques aussi bien dans la partie parcourue par le courant, que dans le voisinage des deux pôles. Selon que les modifications subies par le nerf ont lieu au pôle positif ou au pôle négatif, l'électronus porte le nom d'*anelectrotonus ou de catélectrotonus.*

Deux sortes de modifications sont produites par le passage d'un courant constant à travers une partie d'un nerf : 1° en dehors du trajet parcouru le courant constant il se produit dans le nerf des forces électromotrices désignées sous le nom de *courants électrotoniques;* 2° *l'excitabilité du nerf se modifie* non seulement tout le long du trajet parcouru par le courant constant, mais aussi en dehors des points de son application. *L'état électrotonique d'un nerf consiste donc dans une production de courants électrotoniques et dans une modification électrotonique de son excitabilité.*

Nous étudierons séparément ces phénomènes inhérents à l'électrotonus dans le nerf et dans le muscle.

I. Courants électrotoniques. — *A.* **Électrotonus dans le nerf.** — Du Bois-Reymond (1) découvrit le premier(1843) que, pendant le passage d'un courant constant à travers une partie d'un nerf, l'intensité du courant transverso-longitudinal de ce dernier se modifie dans un sens ou dans un autre suivant la direction du courant constant. Le courant propre du nerf est renforcé lorsqu'il est de même sens que le courant constant (phase positive de l'électrotonus); il est affaibli lorsqu'il est de sens contraire(phase négative de l'électrotonus). Dans ses recherches ultérieures, du Bois-Reymond put cependant s'assurer que cet accroissement ou cet affaiblissement du courant propre du nerf résultent de la production de nouvelles forces électromotrices lors du passage du courant constant et s'observent même en l'absence de tout courant de repos lorsqu'on dérive au galvanomètre deux points iso-électriques de la surface longitudinale du nerf. Du Bois-Reymond a donc modifié sa première manière de voir et a donné le nom d'électrotonus à un état du nerf provoqué par le passage d'un courant constant et caractérisé par la production dans les différents points du nerf de nouvelles forces électromotrices de même sens que le courant constant. Ces nouvelles forces électromotrices n'ayant aucun rapport avec le courant propre du nerf, il ne pouvait plus être question d'une phase positive ou négative du courant de repos.

On appelle *courant polarisateur* le courant constant qui traverse le nerf; la partie traversée par ce courant se nomme *partie intra-polaire*, les parties du nerf situées en dehors de la région intra-polaire de deux côtés des pôles se nomment *parties extra-polaires.*

La figure 204 représente un nerf nn' traversé par un courant constant dont le point a est le pôle négatif et le point k le pôle positif; la partie ak du nerf est la partie intra-polaire, tandis que les trajets na et n'k sont les parties extra-polaires du nerf. Pendant le passage du courant à travers le trajet ak, tous les points des parties extra-polaires deviennent le siège de nouvelles forces électromotrices dont la direction est celle du courant polarisateur. Ces courants électrotoniques sont plus grands du côté de la cathode que du côté de l'anode et, plus forts dans les régions les plus rapprochées de la partie intra-polaire; ils diminuent graduellement à mesure que l'on s'éloigne des deux pôles vers les deux extrémités du nerf. Les courbes *np* et *nq* représentent la répartition des potentiels dans les deux régions extra-polaires. La courbe *pq* indique la répartition probable des tensions électriques dans la partie intra-polaire dont les modifications élec-

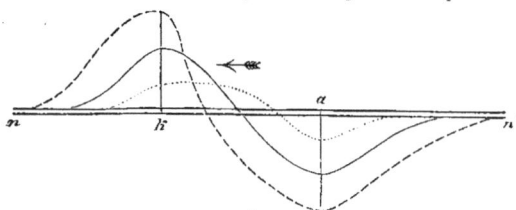

Fig. 204. — Électrotonus. *a*, anélectrotonus; *k*, catélectronus.

trotoniques sont encore peu connues. Les courants électrotoniques se dirigeant des deux côtés de la partie intra-polaire dans le sens du courant polarisateur, on peut en conclure que *dans l'électrotonus tous les points du nerf situés du côté du pôle positif deviennent plus positifs et tous les points situés du côté du pôle négatif deviennent plus négatifs qu'ils ne l'étaient auparavant;* autrement dit *chaque point du nerf se comporte négativement vis-à-vis d'un autre point placé en avant dans la direction du courant polarisateur.* De cette façon, les courants électrotoniques (cat- et anélectrotoniques) allant tous dans la direction du courant polarisateur dévieront dans deux sens opposés les aiguilles des galvano-mètres auxquels ils sont dérivés. En effet, de deux points dérivés dans la région extra-cathodique le point proximal (celui qui est le plus rapproché de la cathode du courant polarisateur) sera négatif par rapport au point distal (courant catélectrotonique), tandis que, dans la région extra-anodique, c'est le point distal (le plus rapproché de l'anode du courant polarisateur) qui sera négatif par rapport au point proximal (courant anélectrotonique).

De nombreuses recherches, faites par du BOIS-REYMOND et confirmées par d'autres, prouvent que les phénomènes de l'électrotonus sont intimement liés aux propriétés vitales et à l'intégrité absolue du nerf, et ne sont nullement produits par une dérivation du courant polarisateur dans le circuit galvanométrique. Ces phénomènes ne se produisent pas dans des fils humides, qui présentent certainement de bien meilleures conditions pour la dérivation du courant que le nerf; ils diminuent et disparaissent dans les nerfs morts et dégénérés [SCHIFF (2) et VALENTIN (3)]. Les courants électrotoniques constatés par certains observateurs dans les nerfs morts ou complètement dégénérés [GRÜNHAGEN (4)] doivent être attribués aux simples dérivations du courant polarisateur. Une ligature ou une section du nerf entre la partie polarisée et la partie électrotonisée supprime immédiatement l'électrotonus, lequel ne réapparaît plus, même si l'on met en contact les deux surfaces sectionnées. Ce fait prouve avec évidence que la production de l'électrotonus, ainsi que la propagation du processus d'excitation, constitue un phénomène lié étroitement à l'intégrité absolue de la continuité du nerf. La ligature du nerf entre sa partie polarisée et sa partie dérivée sert de critérium certain pour distinguer les vrais courants électrotoniques des courants accidentels dérivés du courant polarisateur. Les phénomènes électrotoniques diminuent et disparaissent pour un temps plus ou moins long sous l'action des anesthésiques [BIEDERMANN (5), WALLER (6)]. Tous ces faits démontrent incontestablement que l'électrotonus n'est pas un phénomène simplement physique, mais qu'il dépend des propriétés vitales et de l'intégrité structurale du nerf.

L'*intensité* des courants électrotoniques varie suivant : 1° la force du courant polarisateur. L'augmentation ou la diminution de son intensité renforce ou affaiblit le courant électrotonique; ce rapport est, bien entendu, limité par l'action destructive du courant polarisateur, s'il est de trop grande intensité; 2° *la longueur de la partie intra-polaire du nerf parcourue par le courant polarisateur :* plus cette partie est longue, plus les courants électrotoniques sont forts, l'intensité du courant polarisateur restant la même; 3° *la longueur du trajet compris entre la partie polarisée et la partie électrotonisée :* plus ce trajet (*partie dérivante*) est court, plus les courants électrotoniques sont forts; ils atteignent leur maximum dans la proximité immédiate des points d'applications du courant polarisateur; 4° *la direction du courant polarisateur* par rapport à l'axe longitudinal du nerf; l'action électrotonique est la plus prononcée lorsque le courant polarisateur parcourt le nerf dans le sens longitudinal et devient nulle lorsqu'il traverse le nerf dans le sens transversal; 5° l'intensité de l'électrotonus varie suivant qu'il est du côté de l'anode ou bien du côté de la cathode. Les courants anélectrotoniques présentent une intensité bien plus grande que celle des courants catélectrotoniques. Les premiers peuvent atteindre une force électromotrice de 0,3 Dan., tandis que les derniers ne dépassent guère une valeur de 0,05 Dan. (du Bois-Reymond). En général, le maximum que peut atteindre l'anélectrotonus dépasse de beaucoup celui du catélectrotonus. Les variations de l'intensité que l'état électrotonique du nerf subit dans différentes conditions présentent ainsi une grande analogie avec les modifications de l'excitabilité des nerfs dans des conditions à peu près semblables. Ce fait n'est pas sans importance pour la détermination de l'origine et de la nature intime du processus de l'excitation et des phénomènes électromoteurs dans le nerf.

Le courant électrotonique d'un nerf peut produire un état semblable dans un autre nerf, avec lequel il est mis en contact, soit en deux points de sa surface longitudinale, soit en deux points entre la surface transversale et longitudinale (électrotonus secondaire). Le second nerf peut servir ainsi de rhéoscope physiologique pour déceler l'électrotonus du premier nerf, d'autant plus qu'au moment de l'apparition et de la disparition de l'état électrotonique dans le second nerf (fermeture et ouverture du courant) celui-ci peut être excité de façon à faire contracter son muscle. On obtient ainsi une véritable *secousse secondaire partant du nerf*, due à l'irritation produite par des courants électrotoniques et qui ne doit pas être confondue avec la vraie secousse secondaire de nerf à nerf due à l'irritation du nerf secondaire par le courant d'action du nerf primaire [Hering (7)]. *La secousse paradoxale* de du Bois-Reymond est également due à l'irritation de certaines fibres nerveuses par les courants électrotoniques des fibres voisines.

L'électrotonus se propage le long du nerf avec une certaine vitesse susceptible de mesure. Sous ce rapport encore il présente une analogie avec le processus d'excitation qui nécessite également un certain temps pour parcourir le nerf. Du Bois-Reymond (l. c., p. 321-340) a conclu de ses premières recherches que le développement de l'électrotonus ne nécessite aucun temps, que l'état électrotonique apparaît et atteint son développement complet, presque instantanément au moment de l'ouverture du courant électrotonisant, et qu'il disparaît de même très rapidement au moment de l'ouverture du courant. Il n'est donc pas nécessaire de prolonger l'action du courant polarisateur pour provoquer l'électrotonus du nerf, celui-ci se produisant même à la suite d'un courant de très courte durée, par exemple un choc d'induction. Helmholtz (8) est arrivé au même résultat par un procédé différent qui consistait à provoquer une secousse secondaire partant du nerf primaire électrotonisé. Il a pu ainsi s'assurer que la secousse secondaire (due au courant électrotonique) ne se produit pas plus tard que la secousse primaire, d'où il a conclu que l'état électrotonique apparaît en même temps que l'action du courant électrique qui le produit, et n'a pas besoin d'un certain temps pour se propager dans la partie extrapolaire du nerf. Du Bois-Reymond a tiré de cette ingénieuse expérience une conclusion différente, et contraire à son ancienne manière de voir, à savoir que l'électrotonus se propage avec une certaine vitesse égale à celle de la transmission nerveuse. Pflüger (9) a ensuite démontré que l'apparition de courants électrotoniques dans un nerf est synchrone avec la production de modifications électrotoniques de l'excitabilité. Grünhagen, (10) ayant déterminé le temps absolu nécessaire au développement de l'électrotonus admet que l'anélectrotonus s'établit aussi rapidement que le catélectrotonus et que tous les deux apparaissent dans les différents points du nerf au moment même de la fermeture du courant polarisateur. Wundt (11) au contraire croit que le degré du développement des modifications électrotoniques de l'excitabilité à un moment donné n'est pas le même dans les différents points du nerf et que leur développement présente un caractère ondulatoire analogue à celui du processus de l'excitation. Les faits constatés par Wundt se trouvent en contradiction avec ceux trouvés par Pflüger et Grünhagen, mais ils cadrent très bien avec les résultats obtenus par Tschiriew (12). Il résulte de ces recherches que les modifications électrotoniques se propagent le long du nerf avec une vitesse à peu près égale, ou insensiblement supérieure, à celle de la transmission du processus de l'excitation. Ce fait, fortement attaqué par Hermann, fut confirmé par les recherches rhéotomiques de

Bernstein (13). Il faut donc admettre avec ce dernier : 1° que les courants électrotoniques
ne se produisent pas au moment même de la fermeture du courant polarisateur ; entre
ce moment et le début de l'électrotonus il s'écoule un certain temps susceptible de mesure,
et 2° que la vitesse de propagation des changements électrotoniques est moins grande que
celle de l'onde de l'excitation qui devance ordinairement la marche de ces changements.
La vitesse de propagation de la modification catélectrotonique est évaluée par Bernstein à 9-10 mètres par seconde ; celle de la modification anélectrotonique à 6-13 mètres
par seconde. Les recherches d'Hermann (14) et de ses élèves Baranowsky et Garré (15) ne
concordent pas avec les faits établis par Tschiriew et Bernstein, et semblent plaider en
faveur de la simultanéité de la production de l'électrotonus sur tous les points du nerf
et au moment même de la fermeture du courant polarisateur. D'autre part, les récentes
recherches de Boruttau (16) démontrent que l'anélectrotonus des nerfs des céphalopodes se propage sous forme ondulatoire, comme dans les expériences de Bernstein instituées sur des nerfs de la grenouille. Les dernières expériences d'Asher (17) parlent également contre l'établissement momentané de l'électrotonus à des points éloignés du nerf.
La question ne paraît donc pas être définitivement résolue, et cette divergence d'opinions
tient non seulement aux différents modes d'expérimentation, mais aussi, et peut-être
surtout, aux différents points de vue auxquels les expérimentateurs ont envisagé les
phénomènes en question. Un fait certain qui se dégage de toutes ces recherches, c'est que
l'anélectrotonus et le catélectrotonus n'atteignent pas leur maximum avec la même
vitesse. L'anélectrotonus arrive plus vite à son maximum que le catélectrotonus, et le
maximum du premier est supérieur à celui du dernier ; mais, au début, l'anélectrotonus
est tantôt au-dessus, tantôt au-dessous du catélectrotonus.

   Il est admis généralement que les phénomènes électrotoniques s'observent exclusivement sur les nerfs à myéline. Les nerfs sans myéline de l'*Anodonta*, sur lesquels expérimentait Biedermann (18), ne présentent pas de catélectrotonus galvanique analogue à
celui que l'on observe dans un nerf à myéline. On observe cependant dans la région anodique certaines forces électromotrices qui ne dépendent guère d'une dérivation du courant polarisateur à l'anode, et que l'on doit attribuer à une modification physiologique
du nerf provoquée par l'action du courant électrotonisant. Ce fait n'est pas sans importance pour l'interprétation de la nature physiologique et physique de l'électrotonus,
dont il sera question plus loin. D'après Biedermann, l'absence du vrai catélectrotonus
dans les nerfs sans myéline présente une certaine analogie avec le même phénomène
observé dans les nerfs à myéline dans des régions très éloignées de la partie électrotonisée. Les nerfs des Céphalopodes (*Eledone moschata*) se comportent de la même façon
et ne manifestent aucun électrotonus (Uexkuhl (19)). Il résulte cependant des
recherches récentes de Boruttau (16) que, contrairement à l'opinion de Biedermann et
Uexkuhl, les nerfs sans myéline des Céphalopodes manifestent des phénomènes électrotoniques galvaniques absolument identiques à ceux que l'on observe dans les nerfs
pourvus de myéline. On y constate également un catélectrotonus, très net, quoique
relativement faible ; dans certaines conditions, l'état anélectrotonique peut s'étendre
même jusqu'à la région extra-polaire cathodique. Il résulte de nos recherches (19 *bis*)
faites sur un grand nombre de mollusques, que d'une manière générale les nerfs sans
myéline chez les animaux inférieurs présentent des manifestations électrotoniques *qualitativement* semblables à celles observées dans les nerfs myéliniques des animaux supérieurs. Chez certains mollusques cependant, comme chez l'*Anodonta*, et dans certains
nerfs, chez les Céphalopodes et les Gastéropodes, le catélectrotonus fait défaut. Ce sont
les différences *quantitatives* entre l'électrotonus de nerfs sans myéline et celui de nerfs
à myéline qui sont très notables. D'une manière générale, dans les nerfs amyéliniques,
les manifestations électrotoniques du côté de la cathode sont moins prononcées que celles
du côté de l'anode, et incomparablement moins que dans les nerfs myéliniques. Dans
ces derniers le rapport $\frac{A}{C}$ (anélectrotonus : catélectrotonus) est plus petit que dans les
premiers.

   Les courants électrotoniques subissent une variation de leur état électrique sous
l'influence de l'irritation tétanique du nerf. Ce fait important fut trouvé par Bernstein
et confirmé par d'autres. Si l'on tétanise un nerf électrotonisé, on constate que ses cou-

rants électrotoniques éprouvent une diminution de leurs forces électromotrices, il se produit une variation négative analogue à celle du courant de repos du nerf (le décrément électrotonique de BERNSTEIN), et cela aussi bien dans l'anélectrotonus que dans le catélectrotonus. L'intensité de la variation négative varie suivant la position qu'occupe la partie irritée et dérivée par rapport à la région polarisée. Si cette dernière se trouve entre la partie irritée et la partie dérivée, on constate en tétanisant le nerf un renforcement de la variation négative du courant de repos (du courant de démarcation) dans le catélectrotonus, et un affaiblissement dans l'anélectrotonus, tout comme pour la secousse du muscle innervé par ce nerf; en même temps on observe une diminution (variation négative) des courants électrotoniques. L'affaiblissement de ces derniers est surtout marqué dans le cas où la partie dérivée se trouve au milieu du nerf dont un bout est irrité, et l'autre polarisé. HERMANN (20), tout en ayant confirmé les faits trouvés par BERNSTEIN, leur donne une interprétation différente, déduite du fait constaté par lui, que la force du courant polarisateur augmente pendant la tétanisation du nerf. Cela a été déjà observé par GRUENHAGEN (21) qui l'a attribué à une diminution de la résistance du nerf à la suite de l'irritation. Or HERMANN a démontré, par une série de recherches spéciales, qu'il ne s'agit ici nullement d'une diminution de résistance, et que le renforcement du courant polarisateur résulte exclusivement du développement des forces électromotrices le long du nerf. Dans la partie intrapolaire, le courant d'action est justement influencé par la force du courant polarisateur. Si cette dernière est très grande et l'irritation a lieu de l'autre côté de la kathode, il ne se produit aucune variation de l'état électrique, l'excitation étant à son arrivée à la kathode trop faible pour être encore efficace. Le courant d'action suffisamment fort est toujours de même sens que le courant polarisateur et renforce ce dernier. Dans la partie extra-polaire, la seconde phase du courant d'action augmente dans l'anélectrotonus et diminue dans le catélectrotonus. HERMANN a conclu de tous ces faits que l'onde de l'excitation, c'est-à-dire l'onde de la négativité, augmente à mesure qu'elle se dirige vers le point « positif » et diminue à mesure qu'elle se dirige vers le point « négatif » du nerf; en d'autres termes, l'onde de l'excitation augmente lorsqu'elle va vers des points plus fortement anélectrotoniques ou plus faiblement catélectrotoniques, et elle diminue à mesure qu'elle s'approche les points plus faiblement anélectrotoniques et plus fortement catélectrotoniques. C'est de ces faits qu'HERMANN déduit le principe de l'incrément polarisateur, qui lui sert de base à ses conceptions théoriques sur la nature de certains phénomènes électromoteurs dans le nerf.

Effets consécutifs. — L'électrotonus galvanique proprement dit disparaît généralement après l'ouverture du courant polarisateur, mais il produit certains effets consécutifs décrits sous le nom de courants post-électrotoniques. D'après FICK (22), qui le premier étudia ces phénomènes, la disparition des courants électrotoniques après l'ouverture du courant polarisateur serait précédée d'une inversion de leur sens. HERMANN a trouvé que cette inversion des courants post-électrotoniques ne se produit que dans l'anélectrotonus, tandis que les courants post-catélectrotoniques après une inversion de très courte durée se dirigent dans le sens du courant polarisateur. L'intensité du courant post-anélectrotonique est toujours plus grande que celle du courant post-catélectrotonique. Dans la région intrapolaire on constate également des courants post-électrotoniques de sens opposé à celui du courant polarisateur; dans le cas où ce dernier est de grande intensité et de courte durée, les courants post-électrotoniques sont du même sens que le courant polarisateur (courant de polarisation-positif de DU BOIS-REYMOND). D'après HERMANN, le courant de polarisation positif serait tout simplement un courant d'action produit par une excitation post-anodique. Il importe de remarquer que l'étude de l'électrotonus de la partie intra-polaire présente de très grandes difficultés techniques. En dérivant deux points de la région intra-polaire, on dérive souvent une partie du courant polarisateur, et on diminue ainsi la force de polarisation dans cette partie du nerf. Les résultats obtenus dans ce cas, et même dans les cas où l'on s'est servi d'autres procédés, sont très compliqués, et leur interprétation très difficile. Ces difficultés expliquent en partie les résultats contradictoires auxquels sont arrivés divers expérimentateurs. Aussi croyons-nous que, si en général la question de l'électrotonus présente encore bien des points obscurs, celle de l'électrotonus intra-polaire est à peine ébauchée et nécessite de nouvelles recherches.

II. Modifications électrotoniques de l'excitabilité. — Il a été dit plus haut qu'un courant constant traversant une partie d'un nerf produit non seulement de nouvelles forces électromotrices dans le nerf, mais modifie en même temps l'excitabilité de ce dernier. Pflüger (9) a donné à cette dernière catégorie de phénomènes le nom d'*électrotonus*, nom introduit dans la science par du Bois-Reymond pour désigner les manifestations électromotrices provoquées dans le nerf par le passage d'un courant constant. Quoique l'action de ce dernier ait attiré déjà depuis bien longtemps l'attention des physiologistes, cependant ce n'est que grâce aux recherches détaillées et très complètes de Pflüger que l'on est arrivé à connaître et à préciser les lois relatives à l'action du courant galvanique sur le nerf. Ritter (23) avait jadis observé l'influence de la direction du courant constant traversant le nerf sur son excitabilité ; Nobili (24) et Matteucci (25) ont noté l'action calmante d'un courant ascendant sur les convulsions tétaniques chez la grenouille. Valentin (3) a vu la diminution de l'effet d'une irritation pendant l'action d'un courant constant ascendant, et Eckhard (26) avait pu conclure de ses expériences, faites très méthodiquement, que l'excitabilité d'un nerf traversé par un courant constant augmente du côté de la cathode et diminue du côté de l'anode. Les recherches de Pflüger, exécutées avec des méthodes et des procédés perfectionnés par lui-même, ont mis de l'ordre et de la clarté dans la question, et lui ont permis de formuler la loi suivante : *l'excitabilité d'un nerf parcouru dans une partie de sa longueur par un courant constant augmente dans la région catélectrotonisée, c'est-à-dire des deux côtés du pôle négatif et diminue dans la région anélectrotonisée, c'est-à-dire des deux côtés du pôle positif.* Les modifications électrotoniques de l'excitabilité se manifestent donc aussi bien dans la partie extra-polaire que dans la partie intra-polaire du nerf ; elles atteignent leur maximum au point même de l'application du courant, et diminuent à mesure que l'on s'en éloigne dans les deux sens. Entre les deux pôles se trouve un *point différent* où l'excitabilité du nerf n'est pas changée ; ce point est situé au milieu de la partie intrapolaire ou bien plus près d'un des pôles selon l'intensité du courant polarisateur et divise toute la partie intra-polaire en deux zones : une plus excitable, et l'autre moins excitable. Ces modifications électrotoniques de l'excitabilité sont en rapport non seulement avec chaque pôle du courant polarisateur, mais aussi avec les deux directions de ce dernier : aussi doivent-elles être étudiées dans leurs rapports avec les deux pôles et dans les deux directions du courant. La partie extra-polaire du nerf qui se trouve du côté du centre se nomme *centripolaire* ou *suprapolaire ;* celle qui est du côté du muscle porte le nom de *myopolaire* ou *infrapolaire.* Il est évident que chacune de ses parties peut être anélectrotonisée ou catélectrotonisée suivant la direction du courant électrotonisant. On peut dire également que la région extra-polaire anélectrotonique se trouve « derrière » le courant (dans le sens de sa direction), la partie catélectrotonique « devant » le courant (en amont et en aval du courant) ; conformément à cette manière de voir on peut exprimer la loi de Pflüger dans les termes suivants : *l'excitabilité de tous les points du nerf situés avant le courant est augmentée, celle des points situés derrière le courant est diminuée.*

La figure 205 représente schématiquement les modifications électrotoniques de l'excitabilité du nerf dans les cas de courants polarisateurs d'intensité variable. Le nerf *nn'* est parcouru, dans sa partie *ka*, par un courant constant dans la direction de la flèche : le pôle positif se trouve ainsi en *a*, et le pôle négatif en *k*. Les parties des courbes situées au-dessus de la ligne *nn'* indiquent l'augmentation de l'excitabilité à la cathode (catélectrotonus) ; les parties situées au-dessous de la ligne indiquent la diminution de l'excitabilité du nerf à l'anode (anélectrotonus) ; le point d'intersection de ces courbes avec la ligne *ak* représente le point indifférent du trajet intra-polaire. La courbe tracée en petits traits correspond à un courant polarisateur fort, celle qui est ponctuée à un courant faible et celle qui est tracée en ligne continue à un courant d'intensité moyenne. Ces courbes montrent d'une façon très nette comment l'intensité des phénomènes électrotoniques et la position relative du point indifférent varient suivant la force du courant polarisateur. Les modifications électrotoniques de l'excitabilité augmentent avec la force du courant seulement jusqu'à un certain maximum ; quant au point indifférent, celui-ci se trouve, pour les courants forts, plus rapproché de la cathode ; pour les courants faibles, plus près de l'anode, et, pour les courants de force moyenne, au milieu de la partie intra-polaire.

La loi formulée par Pflüger constitue la loi fondamentale de la physiologie de l'électrotonus et est applicable à tous les cas de modification de l'excitabilité nerveuse, quelle que soit la nature de l'irritant employé (irritants électriques avec le courant constant ou induit, irritants mécaniques, chimiques et même naturels). Les exceptions à cette loi qui se manifestent parfois au cours d'une expérience et qui ont été indiquées par quelques expérimentateurs, tiennent soit à des causes d'erreur auxquelles ce genre d'expérience prête facilement, soit à certains détails d'interprétation dont il sera question plus loin.

Le degré de l'excitabilité des parties électrotonisées peut être évalué par la grandeur de l'effet réactionnel (secousse musculaire, variation négative, bruit téléphonique) produit par l'irritation de la partie modifiée du nerf. Le mieux est de se servir à cet effet de l'irritation électrique comme agent d'exploration et de la se-

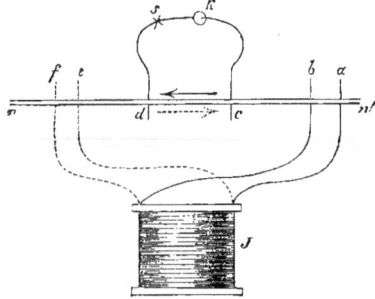

Fig. 205. — Variations de l'électrotonus avec l'intensité du courant.

cousse musculaire comme effet réactionnel dont on peut facilement évaluer myographiquement la valeur dans les cas de diminution ou d'augmentation de l'excitabilité de la partie irritée. Comme de raison, l'intensité de l'irritant dans ce genre d'expérience doit être toujours sous-maximale, afin de pouvoir la varier dans un sens ou dans l'autre. Supposons qu'un nerf dont un bout est relié au muscle, et l'autre tourné vers le centre est traversé par un courant dans partie déterminée; les points où le courant est appliqué sont alternativement positifs ou négatifs selon la direction du courant qui peut être changée à l'aide d'un commutateur. On peut facilement relier une bobine inductrice, tantôt avec deux points de la partie myo-polaire, tantôt avec deux points de la partie centripolaire, et irriter alternativement les deux régions extra-polaires pour explorer leur excitabilité pendant l'action du courant polarisateur *cd*. Le muscle réagira par une secousse d'intensité, variable suivant les cas, ou même ne réagira pas du tout. Ainsi, dans le cas où le courant polarisateur aura une direction *descendante* (du centre vers le muscle) l'irritation myopolaire produirait un renforcement de la secousse musculaire; au contraire, dans le cas où le courant polarisateur sera *ascendant* (du muscle vers le centre) la secousse musculaire provoquée par la même irritation sera affaiblie, ou même ne se produira pas du tout. Dans le premier cas, la partie myopolaire sera catélectrotonisée (catélectrotonus descendant) et son excitabilité sera augmentée, dans le second cas elle sera anélectrotonisée (anélectrotonus ascendant) et son excitabilité sera diminuée. Les choses se comportent autrement lorsque dans les deux directions du courant polarisateur l'irritation, au lieu de se produire dans la partie myopolaire, a lieu dans la partie centripolaire (entre le courant polarisateur et le centre). Dans ce cas, quelle que soit la direction du courant, on obtiendra toujours une diminution de l'intensité de la secousse musculaire, soit par l'effet direct de l'anélectrotonus, lorsque le courant est descendant, l'irritation se faisant alors dans la partie anélectrotonisée, donc moins excitable, soit par l'effet indirect de l'anélectrotonus sur l'excitation catélectrotonique, lorsque le courant polarisateur est descendant. Quoique dans ce dernier cas l'irritation ait lieu dans la partie catélectrotonisée, donc plus excitable, le processus d'excitation perd de son intensité en traversant la région anélectrotonisée, devenue moins conductible. La conductibilité et l'excitabilité de la partie anélectrotonisée, qui se trouve, dans le cas du courant descendant, entre le point irrité et le muscle, peuvent diminuer à un tel degré dans cette partie que celle-ci peut complètement barrer le passage à l'excitation catélectrotonique. Les recherches de BEZOLD (27) et RUTHERFORD (28) ont en effet démontré que, dans l'électrotonus, il se produit non seulement une modification de l'excitabilité du nerf, mais aussi de sa conductibilité, c'est-à-dire de la faculté de conduire et de propager le processus d'excitation. Les données de différents auteurs relatives à la corrélation qui existe entre la conductibilité et l'excitabilité du nerf sont encore très contradictoires. Les uns, comme GRÜNHAGEN (10), GAD (29) et PIOTROWSKY (30), séparent complètement ces deux propriétés du nerf; d'autres, comme Hermann, Szpilmann et Luchsinger (31), Tiberg (32), Brown-Séquard (33), et tout récemment Werigo (34), les considèrent, soit comme une seule faculté du nerf, soit comme deux propriétés très étroitement unies et se manifestant dans les mêmes conditions. Certains faits pathologiques [Ziemssen et Weiss (35), Erb (36)], plaident plutôt en faveur de la première manière de voir qui paraît également plus conforme aux faits de dissociation de ces deux propriétés observés dans certains degrés de l'électrotonus. Une pareille dissociation de ces deux propriétés résulte également des recherches récentes de Gotch et Macdonald (37), d'après lesquelles le froid augmente l'excitabilité et diminue la conductibilité du nerf (pour certains irritants), tandis que la chaleur, au contraire, diminue l'excitabilité et augmente la conductibilité. Quant à la manière dont la conductibilité se comporte dans l'électrotonus, il est à peu près démontré qu'elle diminue dans l'anélectrotonus et augmente dans le catélectrotonus ; la vitesse de propagation est également ralentie dans la partie anélectrotonisée et accélérée dans la partie catélectrotonisée. L'anélectrotonus peut supprimer complètement la conductibilité de la partie anélectrotonisée du nerf et peut produire ainsi la section physiologique du nerf (Ioteyko, 37 bis). Lorsque le courant polarisateur est de grande intensité ou de longue durée, le trajet catélectrotonisé du nerf présente également une conductibilité et une vitesse de propagation moindres, et peut même perdre complètement sa conductibilité. De toutes façons le fait de la modification du pouvoir conducteur du nerf dans l'électrotonus doit être pris en considération pour l'appréciation de variations électrotoniques de l'excitabilité du nerf.

Certains faits paraissent faire exception à la loi générale de Pflüger [Budge (38), Schiff et Herzen (39), Valentin (3), Lautenbach (40), Bernstein et d'autres]. En effet, dans certains cas, un courant polarisateur faible peut produire une augmentation de l'excitabilité dans la partie aussi bien anélectrotonique que catélectrotonique, tandis qu'un courant polarisateur fort produira au contraire une diminution de l'excitabilité à l'anode et en même temps à la cathode. Bilharz et Nasse (40) ont même vu dans certaines conditions la formule électrotonique se renverser pendant la durée de l'action du courant polarisateur, de sorte que la partie anélectrotonique devient plus excitable que la partie catélectrotonique. Du reste, l'excitabilité de cette dernière peut aussi diminuer et même disparaître avec l'augmentation de l'intensité du courant (Werigo). On a observé encore d'autres variations de la formule de Pflüger, sans toutefois pouvoir en expliquer la raison. Munk (42) crut pouvoir expliquer ces exceptions à la loi générale par l'action de la cataphorèse du courant polarisateur sur la résistance du nerf, mais la possibilité d'une telle manière de voir est complètement éliminée par les expériences de Pflüger, faites avec des irritants chimiques, et par celles de Wundt (11), faites avec des courants si faibles qu'il ne peut être question d'une action cataphorique du courant. Tout récemment encore, Zanietowsky (43) a obtenu des effets électrotoniques avec une force de courant qui ne dépassait guère 0,0001-0,0000t milliampères ; il a constaté en outre qu'avec l'augmentation de l'intensité du courant, le point indifférent, non seulement se rapproche du pôle négatif, ainsi que cela a été déjà noté par Pflüger, mais qu'il peut même dépasser la cathode. L'anélectrotonus s'étend alors au delà du catélectrotonus, ce qui explique la diminution de l'excitabilité constatée par plusieurs observateurs dans la région extra-cathodique. Cet avis est partagé par Lotha (43 bis), et réfuté par Hermann et Tschitschkin (43 ter), dont les récentes recherches démontrent que le catélectrotonus à un certain degré de son développement rend impossible toute excitation, la polarisation ayant déjà atteint son maximum. Nous croyons cependant que l'intensité relative du courant polarisateur et du courant irritant exerce une grande influence sur la variabilité des résultats obtenus, et doit être considérée comme une des raisons principales des exceptions multiples et variées qu'on observe dans les expériences sur l'électrotonus.

Les modifications électrotoniques de l'excitabilité peuvent être influencées non seulement par l'intensité du courant polarisateur, mais aussi par *l'étendue du trajet polarisé*. Plus la partie intra-polaire est longue, plus les manifestations électrotoniques sont prononcées. Ce fait, observé déjà par du Bois-Reymond, fut confirmé par les recherches de Willy (44), Marcuse (45) et Clara Halperson (46). Remarquons qu'en allongeant la partie intra-polaire on augmente en même temps la résistance de la région polarisée ;

aussi, pour éviter cette cause d'erreur, est-il nécessaire d'introduire dans le circuit une résistance très forte comparativement à celle du nerf.

La durée de l'action du courant polarisateur paraît être sans influence appréciable sur la production de variations électrotoniques de l'excitabilité. WUNDT a montré que les courants de courte durée sont capables de produire les mêmes effets électrotoniques que l'état permanent de courants continus; seulement ces effets sont plus faibles et plus fugaces. CHARBONNEL-SALLE (47) a vu, après CHAUVEAU, l'électrotonus se produire après des décharges d'électricité statique, et il croit pouvoir admettre que les états électrotoniques sont soumis aux mêmes lois régulatrices, qu'ils soient développés par des courants instantanés ou par des courants continus. Quant à l'électrotonus dans les cas d'excitation unipolaire observés par MORAT et TOUSSAINT (48) avec des courants de pile, et par CHARBONNEL-SALLE (47), avec des décharges d'un condensateur, HERMANN croit que « c'est une erreur que de vouloir établir un électrotonus unipolaire en appliquant une électrode au nerf et l'autre à une partie plus éloignée du corps ».

Parmi les conditions qui influencent l'électrotonus, il faut encore citer la manière d'appliquer les électrodes, l'influence qu'exerce la section transversale sur l'excitabilité du nerf et les variations de l'excitabilité en diverses régions de certains nerfs. Tous ces points seront analysés en détail plus loin, quand il sera question de phénomènes électrotoniques dans leur rapport avec d'autres phénomènes de l'excitation électrique.

Divers agents qui modifient l'excitabilité du nerf influent également sur les phénomènes électrotoniques. Le *froid* supprime l'électrotonus [HERMANN et GENDRE (49)]. D'après WALLER (50) et BORUTTAU (51), le quotient $\frac{A}{C}$ (anélectrotonus : catélectrotonus) augmente d'abord sous l'influence du froid et diminue sous l'influence de la chaleur. Diverses substances chimiques modifient également les phénomènes électrotoniques. BIEDERMANN a démontré que l'éther supprime l'anélectrotonus qu'il considère comme étant de nature physiologique. WALLER a confirmé ce fait, et a trouvé, en outre, que les acides diminuent et les alcalis augmentent la valeur du quotient $\frac{A}{C}$, en d'autres termes les premiers diminuent l'anélectrotonus, les seconds le catélectrotonus. Le chloroforme, la cocaïne, la nicotine, l'alcool, l'ammoniaque et l'acide carbonique modifient également les phénomènes électrotoniques (WALLER, BORUTTAU). La dessiccation du nerf supprime les modifications électrotoniques de l'excitabilité; celles-ci constituent ainsi une propriété physiologique du nerf vivant. Cependant tout dernièrement RADZIKOWSKY (52) a observé l'électrotonus sur un nerf desséché, puis imbibé de nouveau par l'eau, et croit avoir constaté l'action de l'éther et du chloroforme sur les phénomènes électrotoniques même dans le nerf mort; d'où il conclut à la nature physique de l'électrotonus. Ces faits sont encore isolés et demandent de nouvelles recherches.

Quant à la vitesse avec laquelle se développent les modifications électrotoniques, les faits ne sont pas moins discutés. Il est probable que les variations an- et catélectrotoniques débutent immédiatement après la fermeture du courant, et il est certain que le catélectrotonus se développe très rapidement, pour diminuer ensuite lentement en intensité et en étendue, tandis que l'anélectrotonus est plus lent à se développer et à disparaître; l'anélectrotonus est encore dans sa période d'évolution lorsque le catélectrotonus a déjà atteint son maximum de développement. D'après WUNDT (11), l'électrotonus présente un développement ondulatoire, dont la vitesse est susceptible de mesure; l'onde partant de la cathode est une « onde excitatrice », celle de l'anode une « onde *inhibitrice* ». C'est l'interférence de ces deux ondes qui établit la nature de l'électrotonus. La vitesse de l'onde anodique est moindre que celle de l'onde cathodique; la première varie entre 30 et 80 millimètres par seconde pour des courants faibles, et entre 1 500 et 1 700 pour les courants forts; la seconde est égale à la vitesse de la transmission nerveuse.

Effets consécutifs. — Les modifications électrotoniques de l'excitabilité du nerf ne disparaissent pas tout de suite après l'ouverture du courant polarisateur; on observe pendant un certain temps des effets consécutifs au passage du courant constant à travers le nerf. D'après PFLÜGER, après la rupture du courant, l'excitabilité à l'anode est augmentée (modification positive), celle à la cathode est diminuée (modification négative) d'abord et augmentée ensuite. Cet effet conséculif disparaît lentement aussi bien dans l'anélectrotonus que dans le catélectrotonus; toutefois la modification négative de ce dernier dure à peine quelques secondes, tandis que sa modification positive peut persister pendant 1-15 minutes. En résumé, l'effet immédiat de l'ouverture du courant polarisateur est une modification de l'excitabilité de sens inverse à celle qui a lieu pendant l'électrotonus; l'effet final est une augmentation de l'excitabilité aux deux pôles : après quoi le nerf retrouve son excitabilité normale.

Électrotonus des nerfs sensitifs. — Les lois électrotoniques formulées par PFLÜGER pour le nerf moteur de la grenouille n'ont pas été tout à fait confirmées pour le nerf sensitif. Il est vrai que les expériences sur l'électrotonus des nerfs sensitifs présentent quelques difficultés qui rendent le résultat incertain. ZUMIELLE (53), qui a fait à ce sujet des recherches sous la direction de PFLÜGER, est arrivé à la conclusion que le passage d'un courant constant à travers un nerf sensitif diminue l'excitabilité, aussi bien dans la partie anélectrotonique que dans la partie catélectrotonique. L'irritation de la partie centripolaire du nerf produisait, chez des grenouilles faiblement strychnisées, des mouvements réflexes plus faibles qu'avant l'électrotonisation du nerf. Les résultats obtenus par HALLSTEN (54) semblent plutôt parler en faveur de l'identité des actions électrotoniques dans le nerf sensible et le nerf moteur. On verra plus loin, lorsqu'il sera question de la loi de l'excitation des nerfs sensitifs, que les phénomènes électrotoniques de ces nerfs se réduisent principalement aux phénomènes d'excitation polaire avec lesquels ils sont intimement liés.

Électrotonus chez l'homme. — Les phénomènes électrotoniques chez l'homme présentent un très grand intérêt, non seulement par leur importance pratique pour l'électrodiagnostic et l'électrothérapie, mais aussi parce qu'il pourraient nous renseigner sur l'électrotonus du nerf intact dans l'organisme. Malheureusement les expériences sur l'électrotonus de l'homme sont entachées de telles difficultés et de tant de causes d'erreurs que les résultats obtenus sont très contradictoires et ne peuvent être utilisés qu'avec grande réserve. La difficulté principale, c'est que le nerf humain, entouré de différents tissus, ne peut être atteint directement par le courant constant qui en même temps se propage dans les tissus environnants. Dans ce cas, il est difficile, sinon impossible, de déterminer la direction du courant dans les deux régions soi-disant extra-polaires; le nerf polarisé présente alors deux cathodes du côté de l'anode (appliqué sur la peau) et deux anodes du côté de la cathode (HELMHOLTZ). L'action du courant polarisateur ne se manifeste donc pas d'après la disposition de ses pôles sur la peau, mais d'après le point d'entrée et de sortie des branches du courant dans le nerf; en d'autres termes, les phénomènes électrotoniques ne sont pas produits par les vraies électrodes, mais par des *électrodes virtuelles*, qui sont de sens contraire, c'est-à-dire l'anode virtuelle correspond à la vraie cathode, et la cathode virtuelle à la vraie anode. Ce fait explique que les résultats obtenus sur l'homme sont en contradiction avec les faits observés chez la grenouille dans des conditions d'expérimentation meilleures et bien plus précises. Les résultats d'EULENBURG (55), ERB (56), SAMT (57), BRUCKNER (58), RUNGE (59), v. ZIEMSSEN (60), et d'autres sont très contradictoires et ne prêtent guère à une déduction générale. ERB a constaté une augmentation de l'excitabilité dans l'anélectrotonus et une diminution dans le catélectrotonus. WALLER et WATTEVILLE (61) sont arrivés à des résultats plus satisfaisants, grâce à un dispositif spécial qui leur a permis de faire passer par le même circuit le courant polarisateur et le courant irritant. Il résulte de leurs recherches que dans l'électrotonus chez l'homme l'excitabilité est augmentée à la région cathodique et diminuée à la région anodique. Ces modifications électrotoniques de l'excitabilité s'observent, quoique à un degré différent, aussi bien dans la région polaire (là où le courant pénètre dans le nerf), que dans la région péripolaire (là où le courant quitte le nerf).

Nerfs sensoriels. — Ils présentent également des phénomènes électrotoniques, mais ceux-ci sont si étroitement liés avec les effets de l'excitation polaire que nous croyons plus à propos de les traiter plus loin.

Phénomènes électrotoniques dans leur rapport avec la loi des secousses. — Les phénomènes étudiés plus haut ne sont pas les seuls que le courant continu provoque dans le nerf. À côté des modifications électrotoniques de l'excitabilité engendrés par l'état

permanent du courant, on observe des effets d'excitation produits à son état variable.
Chaque fermeture ou ouverture du courant irrite le nerf et provoque une secousse de son
muscle. *La répartition de secousses à l'ouverture et à la fermeture du courant suivant la
direction et l'intensité de ce dernier* est désignée par DU Bois-Reymond sous le nom de
loi des secousses. Si nous nous reportons à l'historique très détaillé de la question qu'il a
donné, on voit que, dès les premières applications du galvanisme à l'étude de l'excitabilité neuro-musculaire, les physiologistes se sont intéressés à l'influence exercée par le
sens et l'intensité du courant sur l'effet obtenu. Pfaff fut le premier à constater que le
courant descendant produit plus facilement une secousse à la fermeture, tandis que le
courant ascendant provoque plus facilement une secousse à l'ouverture. Ce fait fut confirmé par Galvani et Michaelis. Au commencement du siècle (1805), Ritter avait formulé
une véritable loi des secousses, modifiée plus tard par Nobili (1829). La loi de Ritter-
Nobili présente déjà une succession régulière d'effets dus aux différents degrés de l'excitabilité du nerf dans les deux sens du courant. Cette loi fut l'objet de recherches très
nombreuses, et plus ou moins contradictoires, faites par du Bois-Reymond (*l. c.*), Longet
et Matteucci (64), Heidenhain (63), Cl. Bernard (64), Schiff (2), Regnauld (65), Bezold
et Rosenthal (66), Wundt (*l. c.*), Baierlacher (67), Chauveau (68) et d'autres, mais ce
n'est que grâce aux recherches et à l'analyse minutieuse de Pflüger que cette loi a
pris sa forme définitive. La formule de Pflüger est aussi la plus conforme aux résultats
obtenus par la majorité de ses prédécesseurs et peut être représentée par le tableau
suivant :

INTENSITÉ DU COURANT.	COURANT ASCENDANT.		COURANT DESCENDANT.	
	FERMETURE.	OUVERTURE.	FERMETURE.	OUVERTURE.
Faible.	Secousse.	Repos.	Secousse.	Repos.
Moyenne.	Secousse.	Secousse.	Secousse.	Secousse.
Forte.	Repos.	Secousse.	Secousse.	Repos (faible secousse).

Ce tableau, donné par Pflüger, est généralement admis en électrophysiologie.
Pflüger a cherché à expliquer la loi des secousses par les phénomènes de l'électrotonus, et il y a pleinement réussi. En effet, on peut se demander si cette succession
régulière des effets produits par l'action de l'état variable du courant n'est pas due surtout
ou exclusivement au passage du nerf de l'état normal à l'état électrotonique, et réciproquement à son retour de l'état électrotonique à l'état normal? *A priori,* on pourrait
admettre que l'effet de l'excitation appliquée dans la région catélectrotonique, dont
l'excitabilité est augmentée, différera de celui que l'on obtient dans l'anélectrotonus,
dans lequel l'excitabilité du nerf est diminuée. S'il en était ainsi, on devrait trouver dans
les phénomènes de l'électrotonus l'explication la plus simple, sinon la seule, de la loi des
secousses. En effet, Pflüger a trouvé cette explication grâce au principe formulé en
même temps par lui et par Chauveau (68), à savoir : *le nerf est toujours excité par un des
pôles du courant; l'excitation se produit à la fermeture du courant, seulement à la cathode,
et à l'ouverture du courant, seulement à l'anode; en d'autres termes, l'excitation se produit
par l'apparition du catélectrotonus et par la disparition de l'anélectrotonus.* L'excitation
peut donc avoir lieu soit dans la partie centri-polaire, soit dans la partie myopolaire du
nerf suivant la direction, la fermeture ou l'ouverture du courant; dans chaque cas spécial, l'excitation a à parcourir un trajet électrotonisé, lequel, vu l'augmentation ou la
diminution de son excitabilité et de sa conductibilité, présente une résistance plus ou
moins grande au passage du courant. On arrive ainsi à expliquer tous les degrés de
réactions motrices représentées dans le tableau de Pflüger. Ainsi pour le courant
faible on obtient dans les deux directions seulement une secousse de fermeture (à la
cathode), l'intensité du courant n'étant pas suffisante pour provoquer une secousse d'ouverture (à l'anode) qui nécessite toujours une force de courant plus grande que la secousse

cathodique à la fermeture. Les intensités *moyennes* donnent des secousses à la fermeture et à l'ouverture des deux directions du courant, parce que dans ce cas les modifications électrotoniques de l'excitabilité et de la conductibilité ne sont très prononcées ni dans un sens, ni dans l'autre; l'intensité moyenne suffit pour produire une excitation anodique à l'ouverture; mais elle ne peut pas engendrer un état anélectrotonique assez fort pour enrayer le passage de l'excitation cathodique. Un état pareil se produit seulement lorsque le courant est *fort* : dans ce cas, le courant ascendant ne donne pas de secousse de fermeture, l'excitation cathodique ne pouvant pas se propager vers le muscle à travers la région anélectrotonique dont l'excitabilité et la conductibilité ont sensiblement diminué; d'autre part, le courant descendant ne produit pas de secousse à l'ouverture de l'anode, ne pouvant pas, malgré sa grande intensité, irriter la partie anodique intra-polaire devenue peu excitable. Dans ce dernier cas, les effets consécutifs de l'électrotonus jouent aussi un certain rôle. Comme il a été dit plus haut, les modifications de l'excitabilité persistent à l'ouverture du courant polarisateur, mais dans un sens inverse; il peut donc se produire à l'ouverture du courant une diminution de l'excitabilité et de la conductibilité de la région cathodique, laquelle pourrait ainsi opposer une forte résistance au passage de l'excitation anodique d'ouverture et enrayer la transmission du processus de l'excitation au muscle. Ajoutons qu'à une forte intensité du courant la diminution de l'excitabilité dans le catélectrotonus peut se produire même pendant la durée de l'action du courant polarisateur quelque temps après sa fermeture [HERMANN, WERIGO (70)]. Ce fait explique certaines irrégularités de la loi des secousses constatées par différents observateurs [DUTTO (71)]. Il faut aussi savoir que dans un nerf (après la mort) l'excitabilité augmente avant de disparaître, et que l'augmentation de l'excitabilité a lieu surtout au voisinage de la section. Or, dans la période de l'excitabilité exagérée d'un nerf en voie de mort, les courants faibles produiront des effets égaux à ceux des courants moyens ou forts; on obtiendra alors des secousses non seulement de fermeture, mais aussi d'ouverture, et même exclusivement ces dernières (BEZOLD et ROSENTHAL).

Il importe de remarquer que tout ce qui modifie soit le degré des manifestations électrotoniques de l'excitabilité, soit l'action excitante du courant, influe sur la régularité des effets obtenus et fait varier la formule de la loi des secousses. Aussi faut-il, dans ce genre d'expérience, prendre en considération l'influence de l'étendue du nerf irrité, celle de la durée du courant et de sa direction par rapport à l'axe du nerf. L'affirmation de GALVANI relative à l'inefficacité du courant transversal est encore maintenant soutenue par certains physiologistes [FICK (72), HERMANN (73), [ALBRECHT, MAYER et GIUFFRÉ (74)], quoique combattue par d'autres [TCHIRIEW (75), GAD (76), et KURTSCHINSKY (77)]. Il est certain que, même si le courant transversal irrite le nerf, l'effet de son excitation doit être de beaucoup inférieur à celui que l'on obtient si l'on a disposé les électrodes dans l'axe longitudinal du nerf; en tous cas, le nerf vivant oppose pour sa conductibilité une résistance cinq ou six fois plus grande au courant transversal qu'au courant longitudinal.

La loi des secousses formulée pour les irritants électriques a été aussi confirmée pour les irritants chimiques et mécaniques [PFLÜGER, TIGERSTEDT (78)].

La loi des secousses fut déterminée non seulement pour l'excitation bi-polaire, mais aussi pour l'excitation *mono-polaire*, la seule du reste qui permette d'étudier la succession des secousses provoquées par l'excitation d'un nerf, ayant conservé ses rapports anatomiques et situé sous la peau intacte. On doit à CHAUVEAU (68) d'avoir trouvé l'ingénieuse méthode d'excitation mono-polaire, qu'il ne faut pas confondre avec les faits d'induction unipolaire observés avec les appareils d'induction (DU BOIS-REYMOND) et qui consiste à irriter le nerf avec une seule électrode, l'autre étant placée à un endroit éloigné, ce qui permet d'isoler l'action de chacun des deux pôles [CHARPENTIER (69)]. En comparant l'activité des deux pôles pendant le passage du courant de pile, CHAUVEAU a obtenu les résultats suivants : il existe, pour tout sujet dont les nerfs sont en parfait état physiologique, une certaine *intensité-type* du courant, qui produit, à la suite d'une excitation positive et négative, des contractions égales à la fois en grandeur et en durée; *au-dessous* de cette intensité, l'activité du pôle négatif est plus grande, *au-dessus*, c'est le pôle positif qui présente la plus grande activité, et cette différence d'action des deux pôles croît avec l'intensité du courant. L'influence de l'excitation unipolaire sur les nerfs de sensibilité est inverse de l'influence qu'elle exerce sur les nerfs moteurs, le pôle positif agissant surtout sur le nerf moteur, le pôle négatif sur le nerf sensitif. La secousse de rupture apparaît toujours plus tôt avec l'excitation monopolaire positive qu'avec l'excitation négative. Un tétanos se produit pendant toute la durée du passage du courant par des excitations positives lorsque le courant est fort, et par des excitations négatives lorsque le courant est d'intensité moyenne. Les excitations induites unipolaires et les décharges de l'électricité statique agissent comme le [courant continu et provoquent plus facilement la contraction au pôle négatif qu'au pôle positif, et ce n'est qu'avec l'augmentation de l'intensité du courant que les secousses positives et négatives deviennent égales.

Tels sont les faits importants découverts par CHAUVEAU sur l'action monopolaire du courant. L'accueil peu favorable que la méthode monopolaire a rencontré auprès des physiologistes, qui lui ont adressé des critiques très sévères, est largement compensée par le grand crédit qu'elle trouve près des médecins, et il est certain que l'action monopolaire du courant électrique constitue actuellement un des principes fondamentaux de l'électrodiagnostic et de l'électrothérapie.

La méthode, pouvant être appliquée à l'excitation d'un nerf intact, a permis de déterminer *la loi des secousses du nerf moteur chez l'homme*. En augmentant graduellement l'intensité du courant irritant, on obtient successivement des secousses à la fermeture de la cathode et de l'anode, et à l'ouverture de l'anode et de la cathode.

$$(CaFeS > AnFeS > AnOS > CaOS)$$

Cette formule représente la loi des secousses du nerf moteur chez l'homme et, vu les modifications importantes qu'elle subit dans les maladies, elle a une grande importance pour l'électrodiagnostic des maladies nerveuses.

On voit que cette loi, qui, du reste, d'après les recherches récentes, présente des irrégularités nombreuses, diffère notablement de la loi des secousses établie par PFLÜGER sur le nerf de la grenouille. Déjà la secousse anodique de fermeture des électro-diagnosticiens présente un cas spécial qui cadre mal avec les faits démontrés sur le nerf isolé par les physiologistes. Le rôle de l'électrode virtuelle (HELMHOLTZ) a une influence notable sur les résultats obtenus chez l'homme, et il ne faut tenir compte qu'avec grande réserve de ces faits quand il s'agit de les appliquer à la physiologie. Pour le moment, on doit admettre que la loi des secousses polaires en électrodiagnostic diffère de celle en électrophysiologie, mais il faut en même temps regretter que les faits trouvés par les électrothérapeutes aient attiré si peu l'attention des physiologistes.

La loi des secousses des nerfs centrifuges a été démontrée également pour *les nerfs centripètes (sensitifs)* chez la grenouille [MARIANINI et MATTEUCCI (25), PFLÜGER (79), SETSCHENOFF (80), HALLSTEN (54)] et chez l'homme [ERB (56), WATTEVILLE (81), MENDELSSOHN (82) et BORDIER (83)]. D'après nos recherches faites sur l'homme, on obtient, avec l'augmentation graduelle du courant, d'abord une sensation à la fermeture de la cathode et de l'anode, ensuite à l'ouverture de l'anode et de la cathode ; la sensation à la cathode est plus forte que celle à l'anode, les sensations à l'ouverture des deux pôles sont perçues d'une façon égale. Cette formule, qui diffère de la formule trouvée par ERB, est semblable à celle de la loi des secousses du nerf moteur ; elle fut en tous points confirmée par les recherches récentes de BORDIER (l. c.). Malgré quelques irrégularités que cette formule présente dans certains cas, on peut conclure, qu'à quelques exceptions près, qui sont plus ou moins difficiles à déterminer, les nerfs centrifuges (moteurs) et les nerfs centripètes (sensitifs) se comportent de la même manière vis-à-vis l'action de l'état variable du courant galvanique.

D'autres nerfs à action centrifuge, centripète ou mixte, présentent également des phénomènes analogues à ceux de l'électrotonus et de la loi des secousses. BIEDERMANN (84) a démontré la valabilité de la loi de PFLÜGER pour *les nerfs sécrétoires*, en évaluant leur effet réactionnel chez la grenouille d'après la grandeur de la variation négative des courants sécrétoires de la langue provoqués par l'irritation du nerf glosso-pharyngien. Il a pu ainsi constater pour les trois degrés d'intensité du courant une succession de variations galvaniques conforme à la loi des secousses du nerf moteur. La même loi fut démontrée pour les fibres (centrifuges) inhibitrices cardiaques du pneumogastrique par DONDERS (85) et pour les fibres respiratoires par LANGENDORFF et OLDAG (86). D'après ces derniers, la fermeture du courant ascendant et l'ouverture du courant descendant exercent une action inhibitrice (expiratrice) sur la respiration, tandis que l'ouverture du courant ascendant et la fermeture du courant descendant exercent une action excitatrice (inspiratrice) sur la respiration. Le passage permanent du courant produit également une action inhibitrice sur la respiration. Les actions antagonistes des nerfs mixtes étant très compliquées, il est tout naturel que les phénomènes électrotoniques qu'ils manifestent présentent des irrégularités nombreuses, encore mal expliquées.

Les *nerfs sensoriels* donnent, au point de vue de la loi des secousses, des résultats qui sont encore bien plus compliqués. L'effet réactionnel dans ces cas est une sensation dont l'intensité ne peut être évaluée que subjectivement ; en outre, les phénomènes produits par l'action de l'état permanent du courant et par celle de son état variable s'enchaînent tellement entre eux, qu'il est souvent difficile de décerner dans ce phénomène la part qui revient aux manifestations électrotoniques et celle qui revient à l'excitation polaire. Enfin il n'est pas toujours possible d'isoler et de localiser l'irritation d'un nerf sensoriel, celle-ci ayant une grande tendance à se propager jusqu'aux terminaisons périphériques (cellules sensorielles) du nerf.

C'est sur le *sens du goût* que l'on a obtenu jusqu'à présent les résultats les plus satisfaisants. Il y a longtemps déjà que l'on a constaté que le passage d'un courant à travers la langue produit une sensation de goût, acide à son entrée et alcalin (presque amer) à sa sortie (PFAFF, VOLTA, RITTER). La sensation cathodique est plus faible que la sensation anodique, et, d'après ROSENTHAL (87), la dernière persiste encore un certain temps après l'ouverture du courant, tandis que la première disparaît rapidement. Dans certaines conditions, à l'ouverture du courant, le goût acide se transforme en goût légèrement métallique [RITTER (23), VINTSCHGAU (88)]. Ces actions polaires varient suivant l'individu et suivant différents états chez le même individu; elles doivent être considérées comme l'effet immédiat de l'action du courant sur les terminaisons du nerf sensoriel dans la muqueuse de la langue [LASERSTEIN (89), HERMANN (90)]. Il est intéressant de remarquer que les récentes recherches de VON ZEYNEK (90 *bis*) prouvent que la *qualité* du goût est influencée non seulement par l'intensité, mais aussi par la tension du courant irritant dont les actions électrolytiques conditionnent ces différentes qualités du goût.

Le *sens de la vue* présente également des phénomènes très nets en rapport avec la direction, l'intensité et l'action polaire du courant. Ces faits, observés déjà par RITTER et PURKINJE, ont été établis et démontrés positivement par HELMHOLTZ (91), qui s'est servi d'un procédé spécial permettant de limiter l'action du courant sur l'appareil visuel sans produire de secousses musculaires à chaque fermeture et ouverture du courant. Suivant que l'anode ou la cathode d'un courant ascendant ou descendant sont appliquées à l'œil en expérience, on perçoit une sensation lumineuse (blanche ou colorée) dont la quantité et la qualité varient avec l'intensité du courant. On perçoit une sensation d'obscurité, lorsque le courant se dirige vers les cellules ganglionnaires, et une sensation de clarté, lorsque le courant va dans un sens opposé (HELMHOLTZ). Tout récemment, G.-E. MULLER (92) a institué de nouvelles recherches sur les sensations visuelles provoquées par le courant galvanique, et il est arrivé à des résultats intéressants à plusieurs points de vue. Il résulte de ses recherches que le courant ascendant modifie la sensibilité lumineuse en exagérant la perception du blanc et en affaiblissant celle du noir; le courant descendant agit dans un sens inverse. Le courant ascendant produit une sensation chromatique du bleu vers le rouge; le courant descendant, celle du jaune vers le vert. L'action du courant ascendant est plus prononcée que celle du courant descendant. Il existe donc, d'après G.-E. MULLER, une identité complète entre l'action du courant galvanique sur l'appareil visuel et l'action du même courant sur le nerf moteur. Il est certain que tous ces phénomènes, provoqués par l'action antagoniste de deux directions du courant, doivent être envisagés comme des effets dus à l'action polaire du courant galvanique.

Des phénomènes analogues ont été démontrés pour le *sens de l'ouïe*, malgré la grande difficulté de localiser l'action du courant dans les appareils terminaux du nerf auditif et de déterminer le sens dans lequel le courant traverse les terminaisons nerveuses. Néanmoins BRENNER (93) a pu déduire de ses nombreuses recherches une loi d'excitation du nerf acoustique semblable à la loi des secousses du nerf moteur. Les bruits subjectifs perçus par le sujet en expérience diffèrent comme timbre et comme intensité suivant la force de l'action polaire du courant à la fermeture et à l'ouverture.

Tous ces faits relatifs aux actions électrotoniques et à la loi d'excitation polaire des nerfs sensoriels ne doivent pas être considérés comme définitivement établis, et ces recherches, vu leur grande importance, mériteraient d'être reprises avec des méthodes qui permettent d'éliminer les nombreuses causes d'erreurs. Pour le moment, il règne encore une grande confusion dans cette partie de l'électrophysiologie, et les faits acquis sont loin de pouvoir être coordonnés en une loi générale qui préciserait les conditions dans lesquelles le courant galvanique agit sur un nerf sensoriel ou sur ses terminaisons périphériques.

Électrotonus dans ses rapports avec certains phénomènes de l'excitation nerveuse. — Certains effets de l'excitation du nerf se rattachent à des phénomènes électrotoniques et y trouvent leur explication et leur raison d'être; c'est à ce titre que nous les mentionnons ici. L'électrotonus intervient dans les phénomènes suivants, plus ou moins bien étudiés et plus ou moins controversés :

a) *Tétanos d'ouverture de* Ritter. — Un courant constant traversant le nerf pendant un temps plus ou moins long, peut produire à l'ouverture une contraction tétanique durable du muscle correspondant. Ce phénomène porte le nom du *tétanos d'ouverture de* Ritter, et ne doit pas être confondu avec la secousse d'ouverture anodique; il disparaît quand on referme le courant dans le même sens, et se renforce quand on ferme le courant dans un sens opposé. Ce tétanos disparaît également lorsqu'on sectionne le nerf dans sa région intra-polaire ou bien dans la partie plus rapprochée du muscle, en un mot dans la partie anélectrotonisée, d'où on peut conclure que le tétanos de Ritter est un phénomène étroitement lié aux manifestations anélectrotoniques du nerf. En effet, Pflüger considère ce tétanos, ainsi que toute autre secousse d'ouverture, comme un effet direct de la disparition de l'anélectrotonus. D'après Engelmann (94), le tétanos d'ouverture serait dû à la modification positive du trajet anélectrotonique provoquée par l'ouverture du courant. La partie du nerf devenue plus excitable réagirait plus facilement et plus fortement à toute une série d'excitations latentes (dessiccation, influences thermiques, etc.) qui se produisent dans le nerf et auxquelles celui-ci ne réagit pas à l'état normal, c'est-à-dire à un degré d'excitabilité moindre. Cette manière de voir trouve un certain appui dans le fait constaté par Grünhagen (95) que telle intensité du courant irritant qui est inefficace avant la fermeture du courant polarisateur peut produire un tétanos après l'ouverture de ce courant. D'autre part, Biedermann (96) a pu s'assurer qu'en augmentant graduellement l'intensité du courant on provoque d'abord une simple secousse d'ouverture anodique, ensuite un tétanos d'ouverture; la période latente de ce dernier est plus longue que celle de la première. Ce fait démontre que les deux phénomènes, quoique reliés par un rapport causal évident, constituent deux actions différentes et ne doivent pas être confondus entre eux. Il est probable du reste que le tétanos de fermeture peut également être très bien expliqué par les phénomènes du catélectrotonus. On pourrait ainsi envisager l'excitation efficace d'ouverture comme une réaction propre du nerf (et en général de la matière vivante) aux modifications déprimantes et inhibitrices de l'anélectrotonus. Les actions d'interférence entre le courant irritant et le courant propre du nerf qui donnent lieu à des secousses d'ouverture apparentes (Voy. art. **Électricité animale**), se rattachent probablement à la même catégorie de phénomènes, qui ont été également observés sur le muscle [Rouxeau (97)].

b) *Alternatives de* Volta. — C'est Volta qui constata le premier que l'excitabilité d'un nerf moteur traversé par un courant constant est diminuée ou abolie par la fermeture de ce courant (donc de même sens) et renforcée par la fermeture ou l'ouverture d'un courant de sens contraire; si ce dernier reste longtemps fermé, l'excitabilité réapparaît pour le courant de même sens, et disparaît pour le courant de sens inverse, et ainsi de suite. En interprétant ce fait, Volta pensa à l'action différente de la fermeture et de l'ouverture d'un courant traversant le nerf pendant un certain temps. Rosenthal (98), qui a étudié à fond ce phénomène, l'a formulé de la façon suivante : lorsqu'un courant, quel que soit son sens, traverse un nerf moteur d'une façon permanente, l'excitabilité de ce nerf augmente pour l'ouverture de ce courant et pour la fermeture d'un courant de sens inverse, tandis qu'au contraire elle diminue pour l'ouverture de ce dernier et pour la fermeture du premier courant. D'après Pflüger, la loi formulée par Rosenthal n'est valable que pour les courants faibles ou moyens; lorsque le courant est fort, le tétanos d'ouverture est affaibli par la fermeture et renforcé par l'ouverture d'un courant, quel que soit le sens de ce dernier. L'ensemble de ces phénomènes, compris sous le nom d'*alternatives de* VOLTA, résulte certainement des modifications électrotoniques qui se produisent dans le nerf. La loi de ROSENTHAL n'est qu'une conséquence logique de la loi d'action polaire du courant, formulée plus haut sous le nom de loi de secousses, et s'explique par l'action antagoniste des modifications qui ont lieu dans le nerf à l'anode et à la cathode, à l'ouverture et à la fermeture du courant. Il est facile de comprendre la diminution de l'excitabilité à la suite d'une fermeture répétée d'un courant de même sens, étant donné que dans ce cas l'état anélectrotonique avec toutes ses conséquences se rétablit chaque fois dans tous les points du nerf qui deviennent ainsi moins excitables. On doit forcément obtenir un effet contraire à la fermeture d'un courant de sens inverse dont l'effet se manifeste par l'établissement du catélectrotonus à la place de l'anélectrotonus, qui disparaît.

c) Le phénomène de *l'augmentation de l'excitabilité au voisinage de la section transversale du nerf* et celui de *l'accroissement en avalanche de l'excitabilité du nerf* se rattachent tous les deux aux phénomènes de l'électrotonus, non seulement parce qu'ils exercent une influence notable sur la valeur de ce dernier et entravent sa marche régulière, mais aussi, et même surtout, parce qu'ils ne peuvent être expliqués que par les manifestations électrotoniques qui contribuent à leur développement. Il est prouvé, par les recherches de HEIDENHAIN (99), FAIVRE (100) et d'autres expérimentateurs, qu'une section transversale produit un accroissement de l'excitabilité du nerf en général et particulièrement au voisinage du bout sectionné. Cet accroissement est d'autant plus grand que le point considéré est plus proche du bout sectionné et diminue à mesure qu'on s'approche du muscle. D'après CHARBONEL-SALLE (28), l'énergie de la contraction musculaire dépendrait plutôt de la distance du point irrité à la section transversale que de la distance du même point au muscle. L'augmentation de l'excitabilité du nerf à la suite d'une section transversale s'explique très bien par la modification provoquée dans le nerf par l'établissement du catélectrotonus à la suite de la fermeture du courant irritant, produite par le courant propre (transverso-longitudinal) du nerf.

La même explication s'appliquerait très bien au phénomène de *l'accroissement en avalanche* de l'excitation dans le nerf. Mais cet accroissement est loin de pouvoir être considéré comme définitivement établi, malgré de nombreuses recherches faites sur ce sujet. Les uns, comme BUDGE (101), PFLÜGER (40), HEIDENHAIN (95), DU BOIS-REYMOND, FLEISCHL (102), GRUTZNER (103), CHARBONNEL-SALLE, BECK (104), et d'autres, admettent l'excitabilité différente aux divers points du nerf moteur; d'autres, comme HERMANN (105), TIGERSTEDT (78), et, tout dernièrement, O. WEISS (106), J. MUNK et P. SCHULZ (107) nient les différences locales d'excitabilité du nerf et trouvent qu'un nerf absolument normal offre dans tout son trajet une excitabilité égale. La question est loin d'être résolue, et les toutes récentes recherches d'EICHHOFF (108), paraissent de nouveau prêter un appui à la première manière de voir. Il résulte de ces recherches que l'excitabilité du nerf varie dans sa partie supérieure et inférieure suivant la nature de l'irritant (électrique, chimique ou mécanique).

d) Les phénomènes de la *lacune de* FICK et de la *secousse supra-maximale* doivent être mentionnés ici; car ils sont en corrélation étroite avec les manifestations de l'électrotonus et avec l'action polaire du courant. FICK (22) démontra le premier que, dans certaines conditions, l'irritation par un courant ascendant présente une interruption dans son action sur le nerf. Il désigna cette interruption de l'activité physiologique du nerf sous le nom de *lacune*. Le phénomène se présente de la façon suivante. Lorsqu'on irrite un nerf moteur avec des intensités croissantes de courants ascendants de courte durée (ou bien avec des courants d'intensité invariable et de durée croissante), soit avec des appareils d'induction, soit avec l'état variable d'un courant continu, on constate que les secousses musculaires provoquées par cette irritation, après avoir atteint un maximum, n'augmentent plus, mais au contraire diminuent d'intensité et arrivent à zéro — *lacune* — où le muscle ne réagit plus, malgré l'augmentation de la force de l'irritant ou de sa durée d'action. Ce n'est qu'avec une certaine force du courant que l'effet réactionnel apparaît de nouveau; les secousses musculaires peuvent alors dépasser de beaucoup en intensité les secousses produites avant la lacune (secousses supra-maximales). Ce phénomène a été confirmé, quoique différemment interprété, par Wundt (loc. cit.), Rosenthal (loc. cit.), Meyer (109), Lamansky (110), Tiegel (111), Grutzner (loc. cit.), Tigerstedt (78), et d'autres. L'explication la plus probable est celle qui est donnée par Fick lui-même et qui se déduit des actions électrotonisantes produites par les courants instantanés de différentes durées. La lacune, autrement dit, la suppression d'activité produite par des courants ascendants forts, est due à l'action inhibitrice de l'anélectrotonus. A une certaine force du courant irritant, l'état anélectrotonique est assez intense pour pouvoir annuler l'excitation cathodique. Si l'anélectrotonus n'est pas assez développé et n'inhibe qu'imparfaitement l'excitation cathodique, la lacune ne se produit que d'une façon incomplète ou même ne se produit pas du tout. La lacune résulterait donc d'une certaine relation qui doit exister entre le pouvoir irritant et le pouvoir électrotonisant du courant. Quant à la *secousse supra-maximale*, elle doit être considérée comme une *secousse d'ouverture*, analogue à celle que l'on obtient avec des courants forts dans le 3e degré de la loi des secousses de Pflüger. D'après Marès (112), la secousse supra-maximale résulterait de la somme de deux excitations : celle de l'ouverture à l'anode et celle de la fermeture à la cathode. Bien entendu, au moment de la production des secousses supra-maximales, l'action inhibitrice de l'anélectrotonus n'existe plus.

e) *L'action simultanée d'excitations multiples sur le nerf* produit des effets qui se rattachent également aux phénomènes de l'électrotonus et doivent être interprétés comme des effets de l'action polaire du courant. L'action simultanée de deux excitations a été étudiée surtout par Sewall (113), par Werigo (114). De deux irritants agissant simultanément sur le nerf, l'un peut être considéré comme actif, l'autre comme modificateur de l'état du nerf. Or l'action du courant irritant est renforcée, lorsque celui-ci est appliqué dans la région cathodique du courant modificateur, elle est diminuée lorsque l'irritation a lieu dans la région de l'anode. Le renforcement de l'excitabilité dans la région cathodique est bien plus prononcé que la diminution dans la région anodique. Cette manière de voir, déduite des faits expérimentaux constatés par Sewall et surtout par Werigo, montrent combien l'intervention de l'électrotonus dans des phénomènes aussi complexes que ceux de l'action simultanée des irritations multiples est importante pour l'analyse du processus d'excitation, processus qu'on peut envisager comme une somme d'excitations partielles multiples se propageant de proche en proche le long du trajet nerveux. Il importe toutefois de remarquer que Kaiser (115), en se servant d'excitations chimiques appliquées simultanément avec les excitations électriques, a observé des phénomènes analogues qu'il explique par la superposition ou par l'interférence des excitations dans le nerf. Il est certain qu'à côté des actions électrotoniques l'interférence des excitations doit aussi jouer un rôle important dans certains phénomènes de l'excitation électrique. Peut-être même cette interférence se produit-elle dans la plaque motrice, comme l'ont vu Schiff (2) et Wedensky (116). Du reste, d'après Kühne, les manifestations électrotoniques se propagent même jusqu'aux appareils terminaux moteurs. Quelle que soit la localisation de cette action inhibitrice, il faut certainement en tenir compte dans les phénomènes d'excitation du nerf et du muscle. Les faits observés par Ch. Richet (117) et Biedermann (118) parlent en faveur de cette manière de voir. Un muscle contracté de la pince de l'écrevisse peut se relâcher à la suite de la tétanisation de son nerf (Ch. Richet); on obtient le même effet sur le muscle couturier d'une grenouille vératrinisée. L'action de l'anélectrotonus par rapport à celle du catélectrotonus doit être considérée comme une action antagoniste de deux états différents : d'un état d'excitation et d'un état d'inhibition.

A l'action d'une excitation double se rattachent encore les effets de *l'excitation avec une électrode à trois branches*. Ce mode d'excitation, pratiqué, au dire de Werigo, depuis longtemps par Setschenoff, a été proposé dans ces dernières années par Schaternikoff (119), Danilewsky (120), et tout récemment par Werigo (121). D'après ce dernier, il s'agirait dans ce cas d'une double excitation, dont les deux pôles, négatif ou positif, sont réunis au milieu, de sorte qu'une double région anélectrotonique se trouve entre deux régions catélectrotoniques simples, et, réciproquement, un double trajet catélectrotonique entre deux trajets anélectrotoniques simples. C'est ainsi que les doubles anélectrotonus et catélectrotonus du milieu seront renforcés et présenteront une double intensité. On obtiendra alors, suivant le cas et suivant la distance des électrodes, une augmentation ou une diminution de l'effet réactionnel en rapport avec les modifications des états anélectrotonique et catélectrotonique.

Tous les faits précités démontrent avec évidence le rôle essentiel que l'intervention des actions électrotoniques joue dans les phénomènes de l'excitation électrique du nerf. On peut dire, sans s'écarter de la réalité des choses, que tous les phénomènes d'excitation électrique du nerf sont dominés par la loi fondamentale de l'électrototonus et sont conditionnés par l'action antagoniste de l'état an- et cathélectrotonique, qui exerce une influence notable sur l'efficacité de l'irritant.

B. **Électrotonus dans le muscle.** — Les phénomènes de l'électrotonus sont bien moins prononcés dans le muscle que dans le nerf : ils font encore l'objet de controverses nombreuses. Il n'en est pas moins vrai que le passage d'un courant constant à travers le muscle produit, dans le muscle comme dans le nerf, deux espèces de phénomènes : *des courants électrotoniques et des modifications électrotoniques de l'excitabilité.*

I. **Courants électrotoniques du muscle.** — Les courants électrotoniques ne peuvent être révélés dans le muscle aussi facilement que dans le nerf. La masse musculaire, vu son grand volume, présente un terrain propice aux dérivations du courant polarisateur qui peuvent ainsi masquer les courants électrotoniques proprement dits. Aussi n'est-il pas surprenant que DU BOIS-REYMOND (*Unters.*, II, 1, p. 329) n'ait constaté le phénomène de l'électrotonus que dans la partie intra-polaire du muscle, et qu'il ait cru pouvoir conclure que l'électrotonus est limité dans le muscle à la partie intra-polaire et ne se produit guère dans sa partie extra-polaire. Quelque temps après, VALENTIN (122) attira l'attention sur les courants électrotoniques extra-polaires, dont l'existence fut définitivement démontrée par HERMANN (123). Ce dernier put, grâce à certains procédés d'investigation, s'assurer que l'électrotonus du muscle, tout en présentant le maximum de son développement aux électrodes, s'étend même jusqu'à la partie extra-polaire ; les courants électrotoniques extra-polaires sont de même sens que le courant polarisateur : ils croissent avec l'augmentation de l'intensité de ce dernier ; ils sont beaucoup plus intenses dans la région de l'anode que dans celle de la cathode, et ils disparaissent après l'ouverture du courant polarisateur. D'après HERMANN, les phénomènes électrotoniques du muscle sont absolument identiques à ceux du nerf, dont ils ne diffèrent que par leur intensité moindre. Après l'ouverture du courant polarisateur, on constate dans le muscle des courants post-électrotoniques allant, suivant les cas, dans le même sens ou dans le sens opposé que le courant polarisateur (polarisation positive et négative de DU BOIS-REYMOND). Le courant de polarisation positif serait, d'après HERMANN, un courant d'action produit par l'irritation qui a lieu à l'ouverture du courant polarisateur. HERING (124) a trouvé que le courant post-anélectrotonique est, suivant la grande ou la faible intensité du courant polarisateur, de même sens ou de sens opposé que ce dernier, tandis que le courant post-catélectrotonique présente toujours une direction opposée à celle du courant électrotonisant. Ces faits ne sont pas sans importance pour l'interprétation des phénomènes électromoteurs secondaires décrits par DU BOIS-REYMOND et du phénomène de la secousse musculaire qui se produit à l'ouverture du courant.

II. **Modifications électrotoniques de l'excitabilité du muscle.** — BEZOLD (27) trouva que les modifications électrotoniques de l'excitabilité constatées dans le nerf s'observent également sur le muscle, mais seulement dans sa partie intra-polaire. L'excitabilité est augmentée au voisinage de la cathode et diminuée au voisinage de l'anode. La vitesse de la propagation de l'excitation du muscle est diminuée de façon égale dans les régions an- et catélectrotonique. L'électrotonus n'influe nullement sur la durée de la secousse musculaire. Après l'ouverture du courant polarisateur, les modifications de l'excitabilité persistent encore un certain temps, mais dans un sens inverse. Ces faits, qui pendant longtemps paraissaient être définitivement acquis à la science et qui ont été tout dernièrement encore soutenus à un point de vue spécial par W. KOVALEWSKY (125), sont combattus par BIEDERMANN (*Electroph.*, p. 236 et 239), dont les recherches récentes sur ce sujet ont éclairé certains points obscurs de la question et ont sensiblement modifié les résultats obtenus par BEZOLD. Grâce à un dispositif expérimental nouveau, qu permettait d'appliquer l'irritation exploratrice soit à un point quelconque du trajet intra-polaire, soit à la région même de la cathode ou de l'anode, BIEDERMANN a pu s'assurer que, lorsque le courant polarisateur n'est pas trop fort, son passage à travers le muscle n'amène aucune modification dans la partie intra-polaire et produit des modifications d'excitabilité strictement limitées aux régions polaires (cathodique et anodique). On observe une augmentation de l'efficacité des irritations exploratrices appliquées dans la partie intra-polaire seulement dans le cas où le courant irritant est de même sens que le courant polarisateur. L'excitabilité de la région cathodique augmente d'abord dans de certaines limites et diminue ensuite avec la durée de l'action polarisante et avec l'intensité du courant polarisateur. Biedermann croit que l'augmentation et la diminution de l'excitabilité du muscle à la cathode pendant le passage d'un courant s'expliquerait très bien par les effets de l'excitation permanente latente que le passage de ce courant produit dans le muscle et qui varie suivant l'intensité du courant polarisateur. La diminution de l'excitabilité du point anodique est plus difficile à expliquer. En résumé, il résulte des recherches de Biedermann, que, pendant le passage d'un courant constant, l'excitabilité du muscle peut être à la cathode augmentée, lorsque le courant polarisateur est faible, et diminuée lorsque le courant polarisateur est fort ou de longue durée; elle est toujours diminuée ou abolie à l'anode. Les points polaires sont seuls modifiés par le passage du courant, la partie intra-polaire, ainsi que les régions extra-polaires, ne présentent aucune modification ni au point de vue de leur excitabilité, ni au point de vue de leur conductibilité. Le courant polarisateur exerce ainsi une action exclusivement polaire sur le muscle polarisé.

On voit donc que les faits relatifs à l'électrotonus du muscle sont encore très confus, et qu'on est loin de pouvoir définitivement trancher cette question, dont la solution importe tant à la connaissance de la mécanique intime du muscle. Il est probable que, dans le muscle tout autant que dans le nerf, les phénomènes électrotoniques modifient l'action polaire de l'excitation, et qu'il existe un rapport entre les phénomènes de l'électrotonus et les effets des irritations électriques, mais les notions que l'on possède sur tous ces faits sont encore bien vagues et très insuffisantes. Certes les phénomènes électrotoniques interviennent dans la réaction du muscle aux excitations, mais cette intervention doit être plus ou moins limitée, vu la faible intensité de l'électrotonus dans le muscle.

La loi des secousses de Pflüger s'applique aussi au muscle, au moins dans ses traits généraux. Le muscle obéit également à la loi de Chauveau et Pflüger formulée pour le nerf : il est excité, comme le nerf, par la fermeture du courant à la cathode et par l'ouverture à l'anode, en d'autres termes : l'excitation à la fermeture est cathodique, celle à l'ouverture est anodique. En réalité, il n'est pas facile de démontrer cette loi pour le muscle, vu qu'il se contracte toujours tout entier, aussi bien à la fermeture qu'à l'ouverture, à cause de la propagation rapide du processus de l'excitation le long de la fibre musculaire. On ne peut observer la validité de la loi précitée pour le muscle qu'en se plaçant dans des conditions d'expérience spéciales, comme l'ont fait Vulpian (126) et Schiff (l. c.); ils ont en effet vu, dans un muscle fatigué ou mourant, se produire une contraction localisée à la cathode au moment de la fermeture, et à l'anode au moment de l'ouverture du courant. Ce fait a été démontré d'une façon positive par les recherches de Bezold. Ces recherches ont été reprises avec un procédé perfectionné par Hering (124), qui a constaté que la contraction cathodique précède l'anodique au moment de la fermeture : c'est le contraire qui a lieu à l'ouverture du courant. Engelmann (127), en expérimentant sur des muscles sectionnés et en comparant les effets obtenus avec ceux que donnait un muscle non lésé, a vu que l'effet de l'excitation du bout lésé produit par la cathode ou par l'anode a été toujours moindre, dans le premier cas, à la fermeture, et, dans le second, à l'ouverture du courant. L'effet ne se présente pas cependant toujours de cette façon et on observe des exceptions assez nombreuses, qui tiennent probablement à l'action excitante de l'état permanent du courant constant. Wundt avait vu une contraction prolongée se produire après la fermeture du courant et persister pendant toute la durée de ce dernier (tétanos de Wundt). Un phénomène analogue, nommé « galvano-tonus », s'observe également dans le muscle normal ou dégénéré de l'homme. Du reste, dans un muscle mourant, dont la conductibilité est abolie, on constate pendant le passage du courant une contraction cathodique locale, suivie d'un relâchement anodique permanent (Biedermann). C'est à cette catégorie de faits que se rattachent aussi les phénomènes de la réaction de dégénérescence dans le muscle malade, ainsi que la con-

traction idiomusculaire et les « ondulations galvaniques », observées par Kühne (128) et
étudiées récemment par Hermann (120) et Meirkowsky (130). Tous ces faits semblent
indiquer que la loi des secousses dans les muscles est loin d'être aussi formelle et aussi
régulière que dans les nerfs ; il paraît même que dans les muscles il se produit des
phénomènes d'excitation polaire à côté des effets de l'état permanent du courant.
Biedermann, qui a fait de nombreuses recherches sur la contraction du muscle de la
grenouille et des animaux inférieurs, croit pouvoir formuler le principe suivant servant
de base à l'excitation électrique du muscle : *l'excitation ou l'inhibition locale du muscle, en
d'autres termes, l'augmentation ou la diminution de son excitabilité, sont en rapport avec la
durée du courant ; la propagation de l'excitation dans le muscle est corrélative de l'état
variable du courant.*

III. Électrotonus des muscles lisses. — Ils se comportent vis-à-vis de l'action du
courant électrique comme les muscles striés. Engelmann (127) a observé sur le muscle
de l'uretère le phénomène de l'électrotonus très prononcé dans la partie intra-polaire ;
mais, contrairement à ce que l'on voit dans le muscle strié, il a constaté une augmentation de la conductibilité dans la région catélectrotonique. En général, Engelmann
trouve un accord parfait entre la loi d'excitation des muscles lisses de l'uretère et celle
des muscles striés. Sur des fibres musculaires (circulaires) des intestins, Schillbach (131)
obtenait toujours à la cathode une contraction locale limitée, tandis que la contraction
à l'anode se propageait au delà de la région anodique et produisait un vrai mouvement
péristaltique. Cependant les recherches récentes de Luderitz (132) indiquent que les
excitations cathodique ou anodique ont également la tendance à se propager ; seulement
cette tendance est plus accusée dans la contraction cathodique que dans l'anodique.
D'après Biedermann (*Electroph.*, 219) on peut résumer la loi de l'excitation polaire des
muscles lisses de la façon suivante : dans le muscle lisse, comme dans le muscle strié,
l'excitation de fermeture a lieu à la cathode, c'est-à-dire au point de sortie du courant
de la substance musculaire, la contraction qui en résulte est locale et n'accuse aucune
tendance à se propager ; à l'anode il s'établit pendant ce temps un état inhibitoire qui
produit un relâchement local du muscle suivi dans certaines circonstances d'une contraction à l'ouverture du courant. Cette contraction est analogue à la contraction cathodique
permanente de fermeture et peut se propager au delà de la région polaire. On observe
même à l'anode une contraction qui paraît être une contraction anodique de fermeture
[Jofé (133)]. Pour les muscles lisses des animaux inférieurs, Lahousse (134) a trouvé la
validité de la loi d'excitation polaire dans le sens qui lui est donné par Biedermann.
En général, les muscles lisses offrent, ainsi que le muscle strié, des exceptions à la loi des
secousses qu'il est difficile d'expliquer. La propagation de l'excitation peut se faire de
telle sorte que, partant d'un pôle, elle peut en même temps atteindre la région de l'autre
se trouvant à une certaine distance du premier ; elle va ainsi produire une contraction,
laquelle, tout en provenant de la cathode, peut en même temps partir d'une aire voisine
de l'anode (Biedermann).

Excitation polaire du protoplasma non différencié. — La tendance qui se fait de plus
en plus jour dans la physiologie moderne à comparer les fonctions des animaux supérieurs et celles des êtres mono-cellulaires et à chercher dans le protoplasma non différencié le prototype des actes plus complexes des tissus et des organes différenciés, a
poussé plusieurs physiologistes à étudier l'action polaire du courant sur les actes
protoplasmiques des êtres inférieurs. Il était tout naturel de chercher si la loi de Pflüger,
valable pour le nerf, le muscle strié et le muscle lisse, est également applicable à l'organe
myoïde et aux phénomènes contractiles du protoplasma non différencié.

Kühne (135) fut le premier à observer l'action du courant électrique sur le protoplasma, mais, si le mérite d'avoir découvert ce fait revient à Kühne, c'est à Verworn (136)
qu'appartient celui de l'avoir étudié à fond et de l'avoir positivement démontré. Sans nous
arrêter sur les influences directrices que le courant électrique exerce sur le déplacement
des êtres monocellulaires et qui seront traités en détail dans un article à part (voy.
Galvanotropisme), nous dirons ici quelques mots de l'action polaire du courant sur les
phénomènes contractiles du protoplasma. Du reste, le galvanotropisme, cette propriété
remarquable des êtres uni-cellulaires de se déplacer avec ou contre le courant, et de se
rendre vers l'anode ou la cathode, n'est au fond autre chose qu'une réaction polaire du

courant galvanique. A côté de ces phénomènes de locomotion, les êtres monocellullaires présentent certains mouvements dus à la propriété contractile du protoplasma. Les mouvements amiboïdes des Amibes, des Rhizopodes et d'autres plastides isolés constituent des phénomènes vitaux élémentaires, que l'on a cherché à identifier avec le phénomène de la contraction musculaire, tous les deux reposant sur un principe général fondamental, celui de la contractilité du protoplasma. Mais, si le phénomène de la contraction musculaire ne laisse aucun doute sur ce qu'il faut considérer comme effet direct de la contractilité du muscle, il n'en est pas de même pour ce qui concerne les mouvements amiboïdes. On n'est nullement d'accord sur ce qu'il faut entendre comme acte de contraction dans un mouvement amiboïde. Pour Verworn, la rétraction des pseudopodes est un acte de contraction, l'émission des pseudopodes un acte d'expansion chez l'amibe; les deux actes résultent d'une excitation du protoplasma. C'est pourquoi Verworn admet deux espèces d'excitations : celle de *contraction* et celle d'*expansion*, toutes les deux produisant des effets diamétralement opposés les uns aux autres et correspondant aux actes de contraction et de relâchement du muscle. Schenck (137) considère cependant la rétraction des pseudopodes comme un acte survenant au repos et sous l'influence d'irritations très faibles. C'est donc un acte contraire au phénomène actif de la contraction, tandis que l'émission des pseudopodes est la réaction de l'excitabilité à un irritant. Pour Verworn, la forme globuleuse de l'amibe est l'expression de l'état d'excitation et une sorte de contraction; pour Schenck, l'amibe peut accuser une forme arrondie aussi bien au repos qu'à la suite d'une excitation maximale. Tandis que Verworn insiste sur l'analogie de la contraction du protoplasma avec celle du muscle, Schenck croit qu'il ne faut pas considérer le protoplasma des êtres inférieurs comme le proto-élément contractile, leurs mouvements étant l'effet d'un mécanisme locomoteur plus ou moins complexe.

Quelle que soit la divergence d'opinions sur ce sujet, pour nous il est intéressant de savoir si et comment le courant électrique agit sur les mouvements amiboïdes. Il importe surtout de savoir si l'excitation polaire est suivie, et à quel degré, d'un effet mécanique? Existe-t-il comme dans le muscle et dans le nerf un antagonisme entre l'action des deux pôles; en d'autres termes la loi de Pflüger est-elle valable ou non pour l'excitation du protoplasma non différencié?

Il résulte des recherches de Verworn que, lorsque l'on fait passer un courant galvanique à travers une amibe (ou plutôt à travers l'eau qui contient des amibes), on voit qu'au moment de la fermeture du courant la partie de l'amibe tournée vers la cathode s'allonge et forme un pseudopode, tandis que le côté anodique se rétracte de plus en plus, devient plus étroit, et présente une forme tubaire; l'amibe tout entière se déplace dans la direction de la cathode. Si l'on renverse le courant, les mêmes phénomènes se produisent en sens inverse : la partie anodique, devenue cathodique, émet maintenant un pseudopode, tandis que, dans la partie cathodique, devenue anodique, il se produit une rétraction du prolongement protoplasmique. D'après Verworn, le courant galvanique produit chez l'amibe une double excitation de fermeture, anodique et cathodique, La première est une excitation de contraction, la seconde d'expansion. Il résulte des expériences de Verworn que tous les Rhizopodes ne se comportent pas de la même façon vis-à-vis l'action du courant galvanique et particulièrement vis-à-vis l'excitation qui produit la rétraction du pseudopode. Cette rétraction se produit, suivant l'espèce, soit à l'excitation anodique seulement, soit à l'excitation cathodique, soit en même temps aux deux excitations, anodique et cathodique. Verworn conclut de l'ensemble de ces faits que, d'une manière générale, contrairement à ce qui se passe dans le nerf et dans le muscle, l'excitation du protoplasma non différencié a lieu à la fermeture de l'anode, et non pas à celle de la cathode. Le fait de l'excitation anodique du protoplasma non différencié présente donc une exception frappante à la loi de Pflüger et trouve sa confirmation dans les recherches de Verworn et de Ludloff (138) faites sur l'excitation électrique des infusoires. Il résulte de ces recherches que le *Paramæcium* est également excité à l'anode; l'émission et la projection des *Trichocystes*, que Verworn considère comme un phénomène d'excitation, s'effectuent toujours du côté de l'anode : c'est aussi de ce côté que se produisent les transformations du corps de l'animal sous l'action du courant, et c'est encore dans la partie anodique que les cils des Paramécies se recourbent en arrière pour prendre une position favorable à la propulsion du corps en avant. Tous les phénomènes d'excitation se produisent à l'anode. L'excitation anodique serait donc, d'après VERWORN, un fait général chez les êtres unicellullaires, chez lequel l'action du courant galvanique ne se conformerait pas à la formule fondamentale de la loi de PFLÜGER.

Cette manière de voir est fortement combattue par SCHENCK, lequel, en se basant sur ses recherches personnelles et sur certaines considérations théoriques, arrive à des conclusions diamétralement opposées aux idées de VERWORN, dont il interprète les résultats expérimentaux également dans un sens favorable à l'opinion soutenue par lui-même; il y voit plutôt des effets d'une excitation cathodique que ceux d'une excitation anodique. D'après SCHENCK, les phénomènes d'excitation du protoplasma ne sont pas produits par la fermeture de l'anode, mais par la fermeture de la cathode, et il conclut que la loi d'excitation polaire de PFLÜGER est également valable pour le protoplasma non différencié. Il admet, avec HERMANN et MATTHIAS (139), et avec LOEB et MAXWELL (140), que jusqu'à présent il n'existe aucun fait réel qui parlerait contre la valabilité générale de la loi d'excitation bipolaire de PFLÜGER. L'action bipolaire du courant constant sur les cils vibratiles des cellules épithéliales [KRAFT (141)] et sur les œufs de la grenouille [ROUX (142)] ne paraissent pas non plus, d'après SCHENCK, être en contradiction avec la loi de PFLÜGER. D'après LOEB (143) plusieurs phénomènes, envisagés comme des effets de l'excitation anodique chez les êtres monocellulaires, pourraient bien s'expliquer par une polarisation externe ayant lieu au point de contact du protoplasma avec le liquide ambiant. La question ne nous paraît pas encore être définitivement résolue; au contraire, elle demande de nouvelles recherches, dont la nécessité ressort des interprétations contradictoires données à la même catégorie de faits.

Que ce soient du reste l'anode ou la cathode qui excitent le protoplasma à la fermeture du courant, ce qui pourrait dépendre après tout des propriétés spéciales du protoplasma, que la loi de PFLÜGER soit ou non valable pour l'excitation électrique du protoplasma, il importe surtout de savoir *que le protoplasma non différencié réagit à l'action polaire du courant galvanique, et que les phénomènes observés à la suite de l'excitation cathodique diffèrent de ceux qui sont produits par l'excitation anodique.*

C. **Théorie de l'Électrotonus** —. Les deux principales théories, la théorie moléculaire de DU BOIS-REYMOND, et la théorie d'altération D'HERMANN, qui dominent l'étude des phénomènes électriques et que nous avons exposées longuement plus haut (p. 380), sont aussi celles dont on se sert le plus pour interpréter les phénomènes de l'électrotonus.

La théorie moléculaire de DU BOIS-REYMOND explique l'ensemble des phénomènes de l'électrotonus par une action directrice que le courant polarisateur exerce sur la molécule électromotrice du nerf. Sous l'influence de cette action, les molécules se déplacent et prennent une disposition analogue à celle que présentent, d'après la théorie de GROTHUS, les molécules liquides polarisées entre les électrodes d'un voltamètre. Les molécules péripolaires (composées de deux molécules dipolaires, comme dans la couche parélectrononique du muscle) se rangent de telle sorte que leurs zones positives se tournent vers l'électrode négative et leurs zones négatives vers l'électrode positive; en d'autres termes, leurs zones positives se dirigent du côté où le courant va et les zones négatives là d'où le courant vient. Cette orientation a lieu non seulement dans le trajet intrapolaire du nerf, mais aussi, quoique à un moindre degré, au delà de ce trajet dans les parties extra-polaires. Un pareil agencement de molécules produit donc des forces électromotrices de même sens que le courant polarisateur, dont l'intensité est ainsi renforcée.

La théorie moléculaire de DU BOIS-REYMOND, basée sur le principe de la préexistence des forces électromotrices dans le nerf et dans le muscle, ne peut pas expliquer tous les phénomènes de l'électrotonus, mais elle permet d'en interpréter quelques-uns d'une façon tout à fait satisfaisante. Avant tout, cette théorie n'explique pas les modifications électrotoniques de l'excitabilité, qui sont plus ou moins en rapport avec les phénomènes galvaniques de l'électrotonus; on ne peut guère comprendre la différence entre les modifications an- et catélectrotoniques de l'excitabilité, l'agencement des molécules étant le même aux deux pôles. Aussi HERMANN (*Handb. Phys.*, II, 1, 172) adresse-t-il à la théorie moléculaire de nombreuses objections, dont celle que nous venons de mentionner n'est pas la moindre, et la croit-il incapable d'expliquer les phénomènes de l'électrotonus. Les modifications apportées à la théorie moléculaire par BERNSTEIN et FLEISCHL ne paraissent

pas non plus à HERMANN suffisantes pour donner une explication complète de l'électrotonus. La formule proposée par BERNSTEIN permet d'expliquer les modifications de l'excitabilité aux deux pôles, en admettant une labilité différente des molécules aux pôles positif
et négatif. FLEISCHL (145) a cru pouvoir éliminer certaines difficultés d'interprétation
de la théorie moléculaire en supposant, contrairement à l'opinion de DU BOIS-REYMOND,
dans la partie intra-polaire, un accroissement électromoteur de sens contraire à celui du
courant polarisateur, ce qui avait été d'ailleurs longtemps auparavant admis par HERMANN
(146). La théorie de RANKE (147), d'après laquelle l'anélectrotonus serait dû au renforcement,
et le catélectrotonus à l'affaiblissement du courant propre des nerfs, n'a pas trouvé
beaucoup de crédit auprès des physiologistes.

La théorie de l'alétration d'HERMANN par elle-même ne suffit pas à expliquer l'électrotonus : on doit à cet effet supposer une hypothèse auxiliaire, d'après laquelle les phénomènes électrotoniques peuvent être déduits des effets de la polarisation interne du nerf.
MATTEUCCI (148) avait indiqué, quoique un peu vaguement, le rapport entre les phénomènes de l'électrotonus et les effets de la polarisation interne, découverte par PELTIER
et étudiée par DU BOIS-REYMOND sous le nom de phénomènes électromoteurs secondaires
après l'ouverture du courant. MARTIN MAGRON et FERNET (149) ont même cru pouvoir
admettre pendant le passage du courant polarisateur l'existence d'un courant de polarisation de sens inverse. C'est en 1863 que MATTEUCCI a publié les premiers faits servant
de base à une théorie physique de l'électrotonus galvanique ; il avait observé des phénomènes analogues à ceux de l'électrotonus sur des fils de platine entourés d'une gaine
poreuse humide. Il constatait alors que le fil de platine traversé par un courant constant dans une partie de sa longueur accuse des différences de potentiel électrique, de
sorte que de chaque point du trajet extra-polaire on pouvait dériver au galvanomètre
un courant allant dans le sens du courant polarisateur et dont l'intensité diminuait en
raison de la distance entre la partie polarisée et la partie dérivée. Il trouva en outre que
ces courants extra-polaires ne se produisent pas lorsque le fil de platine est remplacé
par un fil de zinc amalgamé, plongé dans une solution de sulfate de zinc (combinaison
impolarisable), et il conclut que la production de courants extra-polaires nécessite des
conditions favorables à une polarisation électrolytique s'exerçant au point de contact du
fil métallique avec son enveloppe ; les courants se produisent ainsi grâce à la diffusion de
produits électrolytiques le long du fil, dont la surface devient inégale (polarité secondaire).

HERMANN (150) a repris ses expériences et leur a donné un développement considérable,
grâce auquel elles sont devenues le point de départ d'une véritable théorie physique de
l'électrotonus, soutenue actuellement par la majorité des physiologistes. HERMANN a prouvé
surtout que, dans les expériences de MATTEUCCI, il ne s'agit nullement, comme le croyait
ce dernier, d'une polarité secondaire, c'est-à-dire d'une diffusion des électrolytes vers
les électrodes, et, d'accord avec MATTEUCCI, que la propagation des courants dans le fil
conducteur dépend surtout de ce que les électrodes sont polarisables ou non. Il résulte
de ses nombreuses recherches que les courants dérivés des régions extra-polaires sont
toujours de même sens que le courant polarisateur, diminuent avec l'augmentation de
la distance entre les points dérivés et la partie polarisée, augmentent avec la longueur
de cette dernière et sont proportionnels à l'intensité du courant polarisateur ; ils sont supprimés par l'enlèvement du fil ou par l'interruption de ce dernier entre la partie polarisée et la partie dérivée. Lorsque le pouvoir polarisateur de la combinaison est le
même aux différents points du conducteur, l'intensité des courants extra-polaires
est de grandeur égale à l'anode et à la cathode ; ces courants peuvent faire défaut à
un des pôles si le pouvoir polarisateur du noyau ne se manifeste que d'un côté, l'autre
étant impolarisable. HERMANN et SAMWAYS (151) ont pu s'assurer que les phénomènes
galvaniques produits dans un noyau conducteur présentent une marche ondulatoire,
comme dans le nerf, d'où ils ont conclu à une certaine analogie entre ces phénomènes et
la propagation du processus de l'excitation dans le nerf.

Après avoir constaté tous les faits précités, il a été facile à HERMANN de ramener les
actions électrotoniques à des phénomènes de polarisation interne provoqués par le passage du courant constant à travers le nerf. On pourrait, en effet, considérer le nerf comme
un noyau conducteur, dont le fil est représenté par le cylindre-axe, et l'enveloppe par la

gaine de myéline. La polarisation aurait lieu alors à la limite entre le cylindre-axe et la gaine de myéline, à moins que l'on n'admette comme surface de polarisation le point de contact entre le névrilemme et le tube nerveux, ce qui, d'après Hermann, est du reste sans importance pour la valeur de sa théorie. L'essentiel est qu'il se produit dans le nerf, sous l'influence du passage d'un courant, une polarisation interne donnant naissance à des courants électrotoniques. Les molécules électrolytiques se dédoublent en *Kations* qui se dirigent vers la cathode, et *Anions* qui vont vers l'anode. Ainsi les trajets extra-polaires se couvrent de particules, positives du côté de l'anode et négatives du côté de la cathode, et la quantité de ces particules diminue avec la distance des points extra-polaires de la région polarisée. En appliquant à ces différents points des circuits dérivateurs, on obtient des courants qui représentent des courants électrotoniques.

La théorie d'Hermann, dont la formule mathématique fut donnée par H. Weber (132), compte un grand nombre de partisans parmi les physiologistes, qui lui ont consacré des nombreux travaux. Boruttau (153) surtout en a fait l'objet d'études spéciales et il croit même pouvoir donner une interprétation physique complète de tous les phénomènes de l'électricité animale qui peuvent être reproduits sur son modèle modifié du noyau conducteur. Si Hermann, tout en cherchant à interpréter les phénomènes électrotoniques par les phénomènes observés sur son schéma, et tout en indiquant l'analogie qui existe apparemment entre ces deux ordres de phénomènes, garde une certaine réserve pour l'identification du nerf vivant avec le schéma du noyau conducteur, Boruttau, se plaçant à un point de vue physique rigoureux, identifie d'une façon absolue les phénomènes que présente un nerf vivant avec ceux qui sont produits par un fil métallique entouré d'une gaine humide. Plus haut, p. 360, en parlant des travaux de Boruttau sur la variation négative du nerf, nous avons indiqué les dangers que présente pour le progrès de la physiologie une conception exclusivement physique des phénomènes vitaux. La reproduction de phénomènes électrotoniques sur un noyau conducteur, disions-nous, ne prouve nullement que les choses se passent ainsi dans le nerf. Les phénomènes vitaux reproduits sur des appareils schématiques ont certainement une grande importance pour l'analyse subtile de ces phénomènes, mais il faut bien se garder d'en conclure tout de suite à la nature purement physique de ces derniers. Les faits observés sur des schémas pourront certainement éclairer certains détails d'un phénomène qui n'est pas facile à établir sur le nerf vivant, mais ils ne seront jamais à même d'expliquer la nature intime d'un phénomène vital très complexe. Du reste, quant aux effets de l'action polaire du courant, il ne faut pas perdre de vue qu'ils s'observent également dans le protoplasma, dont la structure ne rappelle en rien celle du noyau conducteur. D'autre part, l'action des anesthésiques (éther et chloroforme) sur le nerf (Waller, Biedermann), supprime les phénomènes de l'électrotonus. Il est vrai qu'un nerf narcotisé peut manifester encore des différences de potentiel électrique qui rappellent en quelque sorte des courants électrotoniques, mais ces phénomènes doivent être considérés comme étant de nature purement physique, et dus exclusivement aux dérivations du courant polarisateur. D'après Grünhagen (154), du reste, les courants électrotoniques ne seraient en général autre chose que des branches dérivées du courant polarisateur, mais cette théorie ultra-physique de l'électrotonus est condamnée par certaines expériences d'Hermann, qui en constituent la réfutation directe. L'électrotonus est certainement un phénomène physiologique auquel peuvent se joindre, dans certaines conditions, des phénomènes de nature physique, et, à notre avis, il n'y a pas de raison pour admettre, avec Hering et Biedermann, deux électrotonus, dont un physiologique, et l'autre physique. Il n'y a qu'un seul électrotonus qui est physiologique, et qui disparaît sous l'influence de la narcotisation du nerf; l'électrotonus physique n'est qu'une dérivation du courant polarisateur, dépendant par conséquent des conditions spéciales de l'expérience.

Du reste, d'autres faits encore, dont il a été question plus haut, démontrent avec évidence que les phénomènes électrotoniques sont intimement liés à la vitalité du tissu nerveux et présentent une manifestation physiologique du nerf. C'est là ce qui doit dominer l'étude de l'électrotonus, quelle que soit la valeur des théories proposées pour expliquer les phénomènes électrotoniques.

Bibliographie. — 1. Du Bois-Reymond (E.) (*Untersuch. üb. thier. Electric.*, 1848, II, 1, 289; *Ges. Abhandl.*, 1859; *passim in Ber. Berlin. Acad. Wiss. et in A. A. P.*). — 2.

Schiff (*Lehrb. d. Muskel-und Nervenphys.*, 1858, 69). — 3. Valentin (*Zeitsch. rat. Med.*, 1861, xi, 1; — *Lehrb. Physiol. d. Menschen*, 1848, 2ᵉ édit.). — 4. Grunhagen (*Kœnigsb. med. Jahrb.*, 1864, iv, 199). — 5. Biedermann. *Electrophysiologie*, 1895, 693. — 6. Waller (A.) (*Brain*, 1896 et *Croonian Lecture*, 1896; — *Phil. Trans. R. S.*, 1897). — 7. Hering (E.) (*Ber. Wien. Acad. Wiss.*, 1882, lxxxv, 237 et lxxxviii, 415). — 8. Helmholtz (*Ber. Berlin. Acad. Wiss.*, 1854, 329). — 9. Pflüger. *Unters. üb. d. Physiol. d. Electrotonus*, 1859, 442. — 10. Grünhagen (*A. g. P.*, 1871, iv, 549; 1872, vi, 180). — 11. Wundt. *Unters. z. Mechanik d. Nerven u. Nervencentra*, 1871; — *Die Lehre v. d. Muskelbewegung*, 1858. — 12. Tschiriew (*A. A. P.*, 1879, 325). — 13. Bernstein (J.) (*A. g. P.*, 1886, 197). — 14. Hermann (L.) (*Ibid.*, xxi, 443 et xxxviii, 153). — 15. Baranowsky et Garré (*Ibid.*, xxi, 449). — 16. Boruttau (*Ibid.*, lxvi, 285 et lxviii, 351). — 17. Asher (Z. B., xxxii, 473). — 18. Biedermann (*Ber. Wien. Ac. Wiss.*, xciii, xcvii et *A. g. P.*, liv, 24). — 19. v. Uexküll (Z. B., x, 550). — 19 bis. Mendelssohn (M.). *Sur l'Electrotonus des nerfs sans myéline* (*B. B.*, 1900). — 20. Hermann (L.) (*A. g. P.*, 1872, vi, 339; vii, 349; x, 215; 1875, xii, 151). — 21. Grünhagen (*Zeitsch. rat. Med.*, 1869, xxxvi, 132). — 22. Fick (A.). *Unters. üb. electr. Nervenreizung*, 1864 et *C. W.*, 1867, 436. — 23. Ritter (*Beitr. z. Kenntniss d. Galvanismus*, ii, 2, 57, 1862 et Gehlen's *Jour. Chem. Physik.*, 1808, vi, 421. — 24. Nobili (*Ann. chim. phys.*, 1830, xliv, 30). — 25. Matteucci (*C. R.*, 1838, vi, 680); — *Traité des phénomènes électro-physiolog. des animaux*, 1844, 270. — 26. Eckhard (*Zeitsch. rat. Med.*, 1853, iii, 198; — *Beitr. z. Anat. u. Physiol.*, 1855, i, 23). — 27. Bezold. *Unters. üb. d. electr. Erregung d. Nerven u. Muskeln*, 1861, 109. — 28. Rutherford (*Journ. of An. and Physiol.*, 1867, i, 87). — 29. Gad et Sawyer (*A. A. P.*, 1888, 395). — 30. Piotrowsky (*Ibid.*, 1893, 205). — 31. Szpilmann et Luchsinger (*A. g. P.*, xxiv, 347). — 32. Tiberg. *Travaux Soc. Natural. St-Pétersbourg*, 1896 (en russe). — 33. Brown-Séquard (*Arch. phys. norm. pat.*, 1894, 152). — 34. Werigo (B.) (*A. g. P.*, 1899, lxxvi, 552). — 35. Ziemssen et Weiss (*Deutsch. Arch. klin. Med.*, 1868, iv, 579). — 36. Erb (*Ibid.*, 1869, v, 62). — 37. Gotch et Macdonald (*J. P.*, 1896, xx, 247). — 37 bis. Mˡˡᵉ J. Ioteyko. *Recherches expérimentales sur la résistance des centres nerveux médullaires à la fatigue*, 1900. — 38. Budge (*Arch. path. Anat.*, xxviii, 282; — *Froriep's Tagesber.*, n° 445, 329; 903, n° 348). — 39. Schiff et Herzen (*Molesch. Unters.*, x, 431). — 40. Lautenbach (*Arch. sc. phys. natur.*, 1877). — 41. Bilharz et Nasse (*A. A. P.*, 1862, 66). — 42. Munk (H.) (*Ibid.*, 1866, 369). — 43. Zanietowsky (*Ber. Wien. Acad. Wiss.*, 1898, ci, cvi, 183). — 43 bis. Lhotak v. Lotha (*Bull. internat. de l'Acad. d. Sc. de Bohême*, 1898). — 43 ter. L. Hermann et A. W. Tschitschkin. *Die Erregbarkeit des Nerven im Elektrotonus* (*A. g. P.*, 1899, lxxviii, 53). — 44. Willy (*Ibid.*, 1871). — 45. Marcuse. *Verh. phys.-med. Ges. Würzburg*, 1877, x. — 46. Clara Halperson. *Beitr. z. elektr. Erregb. d. Nervenfasern* (*Thèse Berne.*, 1884). — 47. Charbonnel-Salle. *Rech. exp. sur l'excit. élec. des nerfs moteurs et l'électrotonus* (*Th. Lyon*, 1881). — 48. Morat et Toussaint (*C. R.*, lxxxiv, 503). — 49. Hermann et Gendre (*A. g. P.*, 1885). — 50. Waller (A.) (*J. P.*, 1898, xxi). — 51. Boruttau (*A. g. P.*, 1898, lxviii, 351). — 52. Radzikowsky (*Arch. sc. phys. natur.*, 189, iv, 492). — 53. Zurhelle (*Unters. physiol. Labor.*, Bonn, 1865, 80, et *Thèse de Berlin*, 1864). — 54. Hallsten (*A. A. P.*, 1880, 112; 1888, 163). — 55. Eulenburg (*Deutsch. Arch. f. klin. Med.*, 1866, ii). — 56. Erb (*Ibid.*, iii, 238 et *Electrothérapie*, 1888, 2ᵉ édit.). — 57. Samt. *Der Elektrotonus am Menschen* (*Diss.*, Berlin, 1868). — 58. Bruckner (*Deutsche Klinik*, 1867). — 59. Runge (*Ibid.*, 1867, n° 36). — 60. v. Ziemssen. *Electricität in der Medicin*, 1866. — 61. Waller (A.) et de Watteville. *Électrotonus chez l'homme, nerfs moteurs* (*Phil. Trans. Royal Society*, 1882); — 62. Longet. *Physiologie du système nerveux*, 1858. — 63. Heidenhain (*Arch. f. physiol. Heilkunde*, 1857, 442). — 64. Bernard (Cl.). *Leçons sur la physiologie du syst. nerveux*, 1858, i, 168. — 65. Regnauld (F.) (*J. P.*, 1858, 404). — 66. Bezold et Rosenthal (*A. A. P.*, 1859, 131). — 67. Baierlacher (*Zeitsch. rat. Mediz.*, 1858. v, 233). — 68. Chauveau. *Des effets physiol. de l'électricité* (*J. P.*, 1858-1860; *C. R.*, lxxxi. 779, lxxxii, 73). — 69. Charpentier (*B. B.*, 1893, 1894, 1895 passim, et *A. d. P.*, 1893, 1894, 1896). — 70. Werigo (B.). *Effecte der Nervenreizung mit unterbroch. Ströme*, 1890. — 71. Dutto. *Sur les lois des secousses musculaires* (*A. i. B.*, 1897, xxviii, 269). — 72. Fick (A.) (*Würzburg Verhandl.*, 1876, ix, 228). — 73. Hermann (L.) (*A. g. P.*, xii, 132). — 74. Albrecht, Mayer et Giuffré (*Ibid.*, xxi, 462). — 75. Tschiriew (*A. A. P.*, 1877, 369). — 76. Gad et Piotrowsky (*Physiol. Gesell. Berlin*, 1888; — *A. A. P.*, 1893). — 77. Kurtschinsky (*Ibid.*, 1895, 5). — 78. Tigerstedt. *Studien üb. mechan. Nervenreizung*, Acta Soc. Fennicae, 1889, xi; *Arb. physiol. Lab.*, Stockholm, iii). — 79. Pflüger (*Allg. med. Centralztg.*, 1859, n° 59). — *Disquisitiones de sensu electrico*, Bonn, 1860; — *Unters. physiol. Labor.*, Bonn, 1865, 144). — 80. Setschenoff. *Ub. d. electr. u. chem. Reizung d. sensiblen Rückenmarks-nerven d. Frosches*, 1868. — 81. Watteville. *Introduction à l'étude de l'électrotonus des nerfs chez l'homme* (*These*, 1883). — 82. Mendelssohn (M.) (*C. R.*, 1884; — *St-Petersb. med. Wochensch.*, 1884). — 83. Bordier (*A. d. P.*, 1897, 543). — 84. Biedermann (*A. g. P.*, liv, 241). — 85. Donders (*Ibid.*, 1871, v, 1). — 86. Langendorff et Oldag (*Ibid.*, 1894, lix, 206). — 87. Rosenthal (I.) (*A. A. P.*, 1860; — *Biolog. Cbl.*, iv, 120). — 88. Vintschgau (M. v.) (*Handb. d. Physiol. d'Hermann*, iii, 2, 186). — 89. Laserstein (*A. g. P.*, xlix, 519). — 90. Hermann (L.) (*Gotting. Nachrich.*, 1887, n° 14; — *A. g. P.*, xlix, 533). — 90 bis. v. Zeynek *Ueb. den elektrischen. Geschmak* (*C. P.* xiii, 617). — 91. Helmholtz (*Physiol. Optik.*, 2e édit., 243). — 92. Muller (G. E.) (*Zeitschf. Psych. und Physiol. Sinnesorg.*, 1897, xiv, 329). — 93. Brenner (*Unters. und Beobach. auf d. Gebiete d. Electrotherapie*, ii, 1869). — 94. Engelmann (*A. g. P.*, 1870, iii, 411). — 95. Grunhagen (*Zeitsch. rat. Med.*, iii, xvi, 195). — 96. Biedermann (W.). *Electrophysiologie*, 1895, 583; *passim in Wien. Acad. Wissensch.* — 97. Rouxeau (*B. B.*, 1893, 437-758). — 98. Rosenthal (I.) (*Ber. Berlin. Ac. Wiss.*, 1857, 639; — *Zeitsch. rat. Med.*, 1858, iv, 117). — 99. Heidenhain (*Studien d. physiol. Inst.*, Breslau, 1861, i, 1). — 100. Faivre (*C. R.*, 1860). — 101. Budge (*Arch. f. pathol. Anat.*, 1860, xviii, 454). — 102. v. Fleischl (*Ac. Wiss. Wien.*, lxii, 393; lxxiv, 403). — 103. Grützner (*A. g. P.*, xxviii, 130). — 104. Beck (A.) (*A. A. P.*, 1897, 415; — *A. g. P.*, 1898, lxxii, 352). — 105. Hermann (L.) (*Ibid.*, vii, 361). — 106. Weiss (O.) (*Ibid.*, 1898, lxxii, 18; 1899, lxxv, 263). — 107. Munk (I.) et Schulz (*A. A. P.*, 1898, 297). — 108. Eichhoff (K.) (*A. g. P.*, 1899, lxxvii, 156). — 109. Meyer (*Dissert.*, Zurich, 1867). — 110. Lamansky (*Stud. physiol. Instit.*, Breslau, 1868, iv). — 111. Tiegel (*A. g. P.*, 1876, xiii, 272). — 112. Marès (*Ber. Böhm. Ges. Wiss.*, 1891). — 113. Sewall (J. P., 1880, iii, 347). — 114. Werigo (B.) (*A. g. P.*, 1885, xxxvi, 519); — *Action sur le nerf du courant galvanique continu et interrompu* (*Thèse St-Pétersbourg*, 1888 [en russe]). — 115. Kaiser (Z. B., xxviii, 417). — 116. Wedensky. *Rapport entre l'irritation et l'excitation dans le tétanos*, 1886 (*Th. en russe*) (*Arch. physiol. norm. path.*, 1891, n° 4; *C. R.*, cxvii, 240). — 117. Richet (Ch.) (*Ibid.*, 1879, vi, 262); — *Physiologie des muscles et des nerfs*, 1882. — 118. Biedermann (W.) (*Wien. Ac. Wissensch.*, 1887, xcv). — 119. Schaternikoff (C. W., 1895, n° 26). — 120. Danilewsky (B.) (*C. P.*, 1895, n° 12). — 121. Werigo (B.) (*A. g. P.*, 1899, lxxvi, 517). — 122. Valentin (*Ibid.*, 1868, i, 512). — 123. Hermann (*Handb. Physiol.*, 1879, i, 1; ii, 1, 167). — 124. Hering (*Ber. Wien. Acad. Wiss.*, 1879, lxxix, 237). — 125. Kovalewsky (W.) (*Travaux Soc. natural. St-Pétersbourg*, xxvii, fsc. 3). — 126. Vulpian (B. B., 1857, iv; — *Jour. d. l. physiol.*, 1868, i, 569). — 127. Engelmann (*A. g. P.*, iii, 253). — 128. Kuhne (*A. A. P.*, 1860, 542). — 129. Hermann (L.) (*A. g. P.*, xxxix, 603). — 130. Meierowsky et Hermann (*Ibid.*, 1898). — 131. Schillbach (*Arch. path. Anat.*, 1887, 109). — 132. Luderitz (*A. g. P.*, 1898, lxxiii, 1). — 133. Jofé. *Rech. sur l'action polaire des courants électriques* (*Thèse*, Genève, 1889. — 134. Lahousse (Z. B. 1,897, xxxiv, 492). — 135. Kühne (*Unters. ub. d. Protoplasma*, 1864). — 136. Verworn (M.) (*A. g. P.*, xlvi, lvi, 48, lxii, 435; — *Allgem. Physiologie*, 1895). — 137. Schenck (*A. g. P.*, 1897, lxvi, 241). — 138. Ludloff (*Ibid.*, lxii, 438). — 139. Hermann et Matthias (*Ibid.*, lxiii). — 140. Loeb et Maxwell (*Ibid.*, lxiii, 140). — 141. Kraft (*Ibid.*, xlvii, 196). — 142. Roux (*Ibid.*, 1896, lxiii). — 143. Loeb (F.) (*Ibid.*, 1897, lxvi, 308). — 144. Bernstein (F.) (*Ibid.*, 1874, viii, 51). — 145. Fleischl (E. v.) (*Wien. Acad. Wiss.*, 1878, lxxvii). — 146. Hermann (L.) *Untersuch. z. Physiol. d. Muskeln u. Nerven*, 1867-1868, ii, 41. — 147. Ranke (P.) (Z. B., 1866, ii, 396). — 148. Matteucci (C. R., 1863, lvi, 760; 1867, lxv, 151-884; 1868, lxvi, 580). — 149. Martin-Magron et Fernet (C. R., 1860, l, 592). — 150. Hermann (L.) (*A. g. P.*, 1872, v, 264; vi, 312; 1873, vii, 301; *in A. g. P.*, jusqu'en 1900, lxxvi; *Handbuch. d. Physiolog.*, 1879, ii, 1, 174 et *Grund. d. Physiologie*, 1900). — 151. Hermann (L.) et Samways (*A. g. P.*, xxxv, 1). — 152. Weber (H.) (*Borchardt's Journ. f. Mathematik*, 1872, lxxvi, 1). — 153. Boruttau (*A. g. P.*, lviii, 1; lix, 49; lxiii, 158; 1899, lxxvi, 626). — 154. Grünhagen. *Die electromotor. Eigensch. lebender Gewebe*, Berlin, 1873; (*A. g. P.*, 1873, viii, 519).

MAURICE MENDELSSOHN.

ÉLÉIDINE. — Substance semi-liquide, jaunâtre, que Ranvier a trouvée dans les couches superficielles de la muqueuse bucco-œsophagienne. (De l'existence et de la *distribution de l'éléidine dans la muqueuse bucco-œsophagienne des mammifères, C. R.,* 1883, cxvii, 1377-1379.)

ELLAGIQUE (Acide) (C¹⁴H⁶O⁸). — Acide qu'on extrait de la noix de galle, du tan, ayant servi au tannage des peaux, de l'écorce de pin et d'autres écorces. On le prépare en déshydratant par ébullition l'acide ellagotannique (C¹⁴H¹⁰O¹⁰) qu'on extrait au moyen d'alcool des gousses de dividivi (*Cæsalpinia coriaria*). Il donne des sels cristallisables (C¹⁴H⁷O⁸NA²).

ELLÉBORINE. — Ce nom a été donné en 1853 par W. Bastick à une substance azotée qu'il avait isolée des racines d'ellébore et dont il n'a pas analytiquement déterminé la composition. L'elléborine, étudiée par Husemann et Marmé, a pour formule C³⁶H⁴²O⁶; c'est un glucoside qui cristallise en aiguilles blanches brillantes. Elle existe dans les racines de l'ellébore noir et vert, *Helleborus niger* et *viridis;* elle s'y trouve toujours accompagnée d'un autre glucoside, l'elléboréine, également étudiée par Husemann et Marmé. L'ellébore vert est plus riche en elléborine que l'ellébore noir, et ce sont les racines les plus âgées qui en renferment le plus. Presque insoluble dans l'eau, elle se dissout bien dans l'alcool bouillant et le chloroforme, elle est peu soluble dans l'éther et les huiles grasses. En solution alcoolique, elle possède une saveur âcre et brûlante; chauffée, elle reste inaltérée jusqu'à 250°; à plus haute température, elle fond et laisse un résidu charbonneux. L'acide sulfurique la dissout lentement en donnant une coloration rouge cramoisi, mais elle est en grande partie précipitée de cette dissolution par l'eau; une faible quantité est transformée en sucre et en elléborésine. Étendus et bouillants, les acides minéraux ne la décomposent pas complètement, même après plusieurs jours d'ébullition. Le chlorure de zinc en solution chaude la dédouble totalement en glycose et helléborésine.

$$C^{36}H^{42}O^6 + 4H^2O = C^{30}H^{38}O^4 + C^6H^{12}O^6$$
Helléborine.   Helléborésine.   Glycose.

L'helléborésine ainsi obtenue est souillée de zinc et a l'apparence d'une résine : purifiée et desséchée, elle forme une poudre blanchâtre, insipide, qui brunit et se ramollit à 140°-150°, insoluble dans l'eau, à peine soluble dans l'éther, très soluble dans l'alcool. Les alcalis sont sans action sur l'elléborine.

On l'obtient en traitant par l'alcool bouillant les racines d'ellébore vert coupées en morceaux. Les liquides alcooliques sont réunis et concentrés par distillation. Le résidu renferme l'elléborine, l'elléboréine et une huile grasse verte. Le résidu est repris par de grandes quantités d'eau bouillante; l'elléborine insoluble dans l'eau pure se dissout en présence de l'elléboréine. La solution aqueuse, filtrée pour séparer l'huile, dépose après l'évaporation l'elléborine à l'état cristallin; elle est purifiée par des lavages à l'eau et ensuite par cristallisation dans l'alcool bouillant.

L'elléborine possède des propriétés anesthésiantes qui ont été découvertes par Venturini et Elvidio. Trois à quatre gouttes d'une solution d'elléborine à un demi-milligramme de substance active par goutte déterminent en instillation dans le sac conjonctival de lapins et de chiens une anesthésie complète de la cornée. L'anesthésie se produit en dix à quinze minutes et dure environ une demi-heure. Elle est limitée à la cornée et ne s'accompagne ni de relâchement des paupières, ni de modifications pupillaires, ni de variation de la pression intra-oculaire. Les injections qui déterminent aussi l'anesthésie locale ne doivent être employées qu'avec une extrême prudence en raison de l'action toxique générale qu'elles déterminent. Une dose de 0gr,24 en injection sous-cutanée tue généralement un chien. L'action principale de cette substance s'exerce sur les centres nerveux, et en particulier sur le cerveau qu'elle paralyse. Dès le début de l'empoisonnement, les animaux présentent de l'accélération respiratoire, de l'agitation, bientôt suivie de parésie des membres postérieurs, de tremblement et d'oscillation du corps. Enfin, la respiration et le cœur se ralentissent, les pupilles se dilatent et en même temps l'on peut observer un état de stupeur complète et une anesthésie presque absolue. La mort arrive par paralysie des centres nerveux. A l'autopsie, on trouve les méninges du cerveau et de la moelle hyperémiées, des épanchements de sang dans la cavité cranienne. Le poumon est aussi hyperémié et infiltré.

Bibliographie. — Holm (W.). *Physiol. Wirk. des Hell. viridis* (Wurtzb. med. Zeitsch., 1861, ii, 418-461). — Marmé (W.). *Die wirksamen Bestandtheile des H. niger* (Zeitsch. f. rat. Med., 1866, xxvi, 1-98). — Pécholier et Redier. *Act. physiol. des Ellébores* (Gaz. hebd. de méd., 1881, xviii, 265, 348, 364). — Venturini et Gasparrini. *De l'anesthésie par l'hellébo-réine* (A. i. B., x, 137). — Schroff. *Helleborus und Veratrum* (Viert. f. d. prak,. Heilk., 1859, lxii, 49-117 ; lxiii, 95-134 ; lxiv, 106-142).

EMBÉLIQUE (Acide) ($C^9H^{14}O^2$). — Substance cristallisable extraite des fruits de l'*Embelia Ribes*. Le sel d'ammonium est ténifuge, à la dose de $0^{gr},2$ à $0^{gr},5$ (Warden, *Pharmac. Journ.* et *Phil. Trans.*, xviii, 601, et xix, 305, 1888).

EMBOLIE. — Une embolie (de ἐμβάλλειν, pousser dans) est représentée par tout ce qui peut parcourir les vaisseaux sanguins d'un être vivant, à titre de corps étranger capable d'en amener l'obstruction en un point terminal variable. Cette dernière conséquence pathologique, l'obstruction, constitue, à proprement parler, l'*Embolie*, et on désigne celle-ci par une épithète en rapport avec le point d'arrêt : Embolie pulmonaire, Embolie cérébrale, etc.

Par abus de langage, le corps étranger qui fait obstruction reçoit aussi le nom d'embolie, et l'on parle, suivant leur provenance et leur cours, d'embolies artérielles, veineuses, capillaires.

Ce sont là autant de détails imposés, pour ainsi dire, par l'étude pathologique ; mais, ici, en physiologie, nous n'aurons pas à nous y attacher, et nous étudierons surtout les généralités. — Celles-ci concernent, d'une part, les corps embolisants, *embolus* ou *emboles*, et leur conséquence ultime, l'*embolie* proprement dite, ou arrêt du corps étranger dans les vaisseaux.

Nature et provenance des embolies. — Nous ne nous occuperons pas des faits expérimentaux, car alors les effets de ces embolies relèvent de l'histoire des divers organes (**Cerveau, Foie, Rein**, etc.). — Il est possible, en effet, de faire pénétrer par injection dans les voies circulatoires veineuses ou artérielles d'un animal une variété infinie de corps étrangers (fines graines, poudres minérales inertes ou actives, grains de plomb, etc.). — En dehors de ces expériences, les corps embolisants proviennent de l'extérieur, ou du corps lui-même, par effraction, par ouverture traumatique ou pathologique des vaisseaux : ce sont les *embolies exogènes;* ou bien de la paroi interne même de l'appareil circulatoire, ce sont les *embolies endogènes;* ces diverses embolies peuvent être gazeuses, liquides ou solides.

I. Embolies exogènes. — Le type de l'*embolie gazeuse* est réalisé au cas exceptionnel où, par exemple, au cours d'une opération chirurgicale portant sur la région de la base du cou, l'on peut voir de l'air pénétrer dans une des grosses veines, et former embolie, en suivant le cours de retour du sang. — Ces faits, sur lesquels Aug. Bérard avait appelé l'attention, ne sont guère à signaler qu'à titre de curiosité.

Au même degré exceptionnel, on peut consigner ces faits où, par les sinus utérins béants chez une accouchée, a pu se faire une embolie aérienne ; et ceux, non moins rares, où, par une perforation gastrique, des gaz gastro-intestinaux peuvent envahir la circulation sanguine.

Y a-t-il, à proprement parler, des *embolies liquides?* Les liquides qui passent dans le sang, s'ils se comportent comme simples diluants, n'ont pas d'action embolisante : nous injectons de l'eau dans le sang, par exemple ; si celui-ci ne se coagule pas, il n'y a pas obstruction des vaisseaux, et l'eau, même en quantité considérable, ne fait pas embolie.

Si le liquide qui pénètre dans la circulation a sur le sang une action coagulante, la prise en caillot réalise l'embolie. (Il est vrai que ce n'est plus, à proprement parler, un liquide qui est en cause). Le sérum de certaines espèces animales, injecté dans la veine d'un animal d'une autre espèce, amène parfois une coagulation qui se traduit plus ou moins rapidement par des phénomènes d'embolie cardiaque, ou pulmonaire.

Bien que fluides, certains éléments insolubles, ou mieux, immiscibles au sang, peuvent s'agglomérer, et former embolie. C'est ce qu'on peut voir, bien rarement, d'ailleurs, à la suite d'un traumatisme qui ouvre une veine au milieu d'une fracture comminutive des os, permettant ainsi l'entrée dans le sang de particules graisseuses de la moelle des os. L'*embolie graisseuse* a encore pour origine, dans certains cas, les injections thérapeutiques intramusculaires (huiles créosotées, mercurielles, etc.). PRÉVOST, de Genève, ayant injecté de la graisse dans les sacs lymphatiques de la grenouille, vit les globules graisseux passer dans le sang. — Est-ce par un processus analogue que se produisent chez l'homme ces faits de lipémie, où la graisse en nature est véhiculée dans le sang en proportion exagérée, préparant parfois la mort subite par embolie graisseuse, chez les diabétiques obèses, par exemple.

Comme la graisse, les éléments de la lymphe peuvent, par leur confluence, former embolie. On a enfin pu signaler — et c'est un argument de grosse importance pour certains détails de pathogénie — la formation d'embolies aux dépens des diverses cellules normales ou pathologiques de l'organisme (fragments de parenchyme hépatique, cellules musculaires, pigment de la malaria, et enfin éléments néoplasiques variés à l'infini, cancer, sarcome, etc.).

Vivant dans l'organisme et à ses dépens, et pénétrant dans le courant sanguin, les uns exceptionnellement, d'autres plus communément, d'autres encore, constamment, sont tous les embryons de parasites assez élevés en organisation, le Tœnia solium avec son embryon hexacanthe, les embryons de trichine, les larves et œufs des douves, de la Bilharzia hœmatobia, des strongles, des filaires, etc. Isolément, dans les capillaires, ou réunis en amas dans des vaisseaux d'un certain calibre, ces éléments de parasites forment aisément embolie.

Le parasitisme microbien n'a pas de plus puissant mode de propagation souvent que le processus embolique : ainsi se fait la dissémination des amibes, des actinomycètes, des aspergillus, de l'oïdium, et enfin, des microbes qui réalisent les diverses septicopyohémies.

II. Embolies endogènes. — Dans l'appareil vasculaire, cœur et vaisseaux périphériques, à l'état normal, le sang, parfaitement fluide, circule; il pénètre les plus fins rameaux capillaires artériels et veineux, avec des variations de pression proportionnées à l'impulsion de l'organe central, comme aussi à l'élasticité des vaisseaux. Sous des influences étudiées antérieurement dans cet ouvrage, à l'article **Coagulation** (III, 831), le sang peut perdre de sa fluidité, et certaines modifications physiques et biologiques semblent favoriser la formation des caillots. Mais à ces causes prédisposantes, toujours discutables, on peut substituer, et on substitue de jour en jour, des causes efficientes locales, non douteuses, qui sont les altérations de la membrane interne de l'appareil circulatoire. Ces modifications anatomo-pathologiques sont habituellement infectieuses. Aiguë, subaiguë, ou chronique, l'infection est souvent décelée, toujours admise, et peut relever, d'ailleurs, de causes nombreuses. L'altération de la paroi se traduira, au niveau du cœur, par de l'endocardite, par ces végétations de l'endocarde dont la friabilité extrême, en certains cas, est un foyer naturel d'embolies. Au niveau de l'aorte on peut voir sur les valvules des végétations de même ordre, et, au cas d'aortite chronique, les tissus altérés peuvent s'infiltrer de sels calcaires, formant des plaques cassantes dont les débris sont encore des embolies toutes préparées. Plus habituellement, ce n'est pas par désagrégation de la paroi elle-même que se réalise le processus embolique, mais bien par modifications secondaires : l'altération de la paroi, endocardite, artérite, phlébite, favorise le dépôt de fibrine au point lésé : il y a *thrombose* pariétale ou oblitération totale, suivant l'étendue de la lésion inflammatoire, et tout va dépendre du sort ultérieur de ce thrombus, ou caillot adhérent. Arrive-t-il que l'extrémité libre de ce caillot se désagrège, la parcelle détachée va former un embolus.

Migration des embolies. — Supposons-les détachés du cœur gauche, ou de l'aorte, ces corps migrateurs n'ont qu'un parcours possible, le système artériel. Ils constituent les *embolies artérielles* des viscères, à l'exception du poumon, et on leur donne habituellement le nom du parenchyme dans lequel ils s'arrêtent : Embolie cérébrale, Embolie rénale, etc. Partie d'une veine, l'embolie n'a qu'un parcours, la voie centripète vers le cœur, et après lui, la circulation pulmonaire, embolie pulmonaire.

Conséquences mécaniques des embolies. — Dans la région embolisée, deux faits se présentent : ou bien le faisceau d'artérioles bloqué est isolé, sans communications avec un autre courant artériel, et toute une zone plus ou moins étendue se trouve privée d'apport sanguin, d'où destruction, d'où nécrobiose, suivant l'expression si puissante (mort dans le vif), classiquement consacrée.

S'il y a des anastomoses artérielles suffisantes, le foyer, momentanément compromis dans sa vitalité, peut recevoir son apport nutritif de la circulation collatérale. Toutefois, ces réactions organiques ne vont pas sans modifier la trame du parenchyme embolisé; il y a, dans les réseaux capillaires voisins, une fluxion collatérale (d'après ROKITANSKI, VIRCHOW, RINDFLEISCH), et surtout une altération du vaisseau embolisé qui, devenu friable, laisse filtrer le sang retenu sous forte pression en arrière de l'obstacle, et lui permet de transsuder dans la zone primitivement exsangue (DUGUET, RANVIER). Ainsi celle-ci se gorge-t-elle de globules, d'où le nom d'*Infarctus*, donné à ces blocs de parenchyme infiltrés.

Voilà les faits observables pour les embolies de gros et de moyen calibre, mais, dans le domaine des fins réseaux capillaires, les corps étrangers très ténus se comportent aussi de même (pigments, cellules organiques, etc.); de même encore se réalisent les embolies microbiennes dont l'étude se confond avec celle des maladies infectieuses.

Avenir des Embolies. — Nous n'avons pas à exposer ici ce qui concerne les faits pathologiques, mais, pour terminer, nous devons signaler qu'en physiologie pathologique une distinction fondamentale s'impose, suivant que l'embolie est *simple* ou *microbienne*. L'embolie *simple* est représentée par le corps étranger aseptique qui se comporte comme un obstacle purement mécanique, amenant, suivant son volume et suivant la région où il s'arrête, des troubles circulatoires passifs (infarctus aseptiques).

Une embolie *microbienne* introduit dans une nouvelle zone vasculaire de l'économie des agents figurés qui se comporteront dans ce nouveau foyer suivant leurs affinités biologiques (microbes vaso-dilatateurs, congestions locales); microbes vaso-effracteurs (purpura); microbes de la suppuration (abcès); microbes de la gangrène, etc.). C'est ainsi qu'il faut concevoir les disséminations parasitaires (hydatides); et aussi vraisemblablement la dissémination des tumeurs cancéreuses, etc.

Toutes ces considérations nous conduiraient à des déductions pathologiques qui sortent de notre sujet, mais c'est par la physiologie que ce chapitre immense de la pathologie a été éclairci, et tout élémentaires qu'elles fussent, il était utile de fournir ces indications de physiologie pathologique générale.

Bibliographie. — La bibliographie de l'embolie doit être augmentée de tout ce qui concerne les articles **Coagulation** et **Thrombose**. Nous ne la pouvons donner ici; on la trouvera dans les traités classiques de médecine.

H. TRIBOULET.

ÉMÉTINE. — L'émétine est l'alcaloïde retiré des racines d'ipécacuanha (*Cephaelis Ipecacuanha* WILD *ou Psychotria Ipecacuanha* MÜLLER), auquel ces racines doivent leur action. Cet alcaloïde a été découvert par PELLETIER et MAGENDIE en 1817.

Préparation. — Nous indiquerons sommairement la préparation, d'après la méthode de PODWISSOTZKI, modifiée par KUNZ, renvoyant pour les procédés antérieurs aux auteurs cités dans la bibliographie placée à la fin de cet article.

La poudre d'ipécacuanha est épuisée par l'éther dans un petit appareil à déplacement de MOHR, séchée et traitée par l'alcool fort. On distille. Le résidu est séché au bain-marie, puis additionné de 10 à 13 p. 100 de son poids de chlorure ferrique en solution très concentrée. Le magma à réaction acide est traité par le carbonate de soude jusqu'à réaction alcaline puis évaporé à sec. On épuise enfin par l'éther de pétrole, et la solution abandonne par refroidissement, spontanément, ou par évaporation dans un courant d'air, une poudre neigeuse, blanche, amorphe, qui constitue l'émétine parfaitement pure.

10 kilogrammes de racine ont fourni à l'auteur 80 grammes d'émétine, soit une proportion de 0,8 p. 100.

Propriétés physiques et chimiques. — Poudre blanche amorphe, si on l'obtient par évaporation d'une solution dans l'éther de pétrole, ou cristallisée en aiguilles, si on l'obtient par évaporation d'une solution concentrée dans l'éther sulfurique. Se colore en jaune, puis en brun, sous l'influence de la lumière, possède une saveur amère et âpre. L'eau, l'éther, l'éther de pétrole, en dissolvent de très petites quantités à froid ; elle est beaucoup plus soluble dans ces mêmes liquides bouillants. Les meilleurs dissolvants sont : l'alcool méthylique, l'alcool éthylique, le chloroforme et le benzène. Elle est également soluble dans les huiles, les corps gras, l'acide oléique. Elle fond à 68°, mais ce point de fusion peut s'élever à 74° après des fusions successives. Elle a une réaction alcaline. Les alcalis et carbonates alcalins précipitent l'émétine sous forme d'une poudre blanche. Traitée par l'acide azotique concentré, elle donne de l'acide oxalique. H. KUNZ lui assigne la formule $C^{30}H^{40}N^2O^5$. C'est une base biatomique comme la quinine. Comme la quinine également, c'est une diamine tertiaire. Après l'addition du radical méthyle elle fournit une base, l'hydrate de méthylémétonium. Cette dernière base donne des sels ; le sulfate cristallise en aiguilles. L'émétine est vraisemblablement, comme la quinine, un dérivé de la quinoléine.

Propriétés physiologiques. — Ces propriétés ont été tout d'abord étudiées par PELLETIER et MAGENDIE ; ces auteurs ont nettement démontré l'action vomitive de l'alcaloïde qu'ils venaient de découvrir. Après eux, un certain nombre d'auteurs en ont poursuivi l'étude ; tous ont vérifié cette propriété fondamentale, mais ils se sont quelquefois trouvés en désaccord en ce qui concerne les actions secondaires de l'émétine. Est-ce au défaut d'identité par suite du plus ou moins grand état de pureté des produits employés dans les recherches ? Nous emprunterons à d'ORNELLAS et à PODWISSOTZKI la plupart des faits qui vont suivre.

Localement, l'émétine n'a pas d'action sur l'épiderme, mais elle excite vivement le derme mis à nu, ainsi que les muqueuses, à la façon de la poudre d'ipéca. En solution au 1/20, elle est bien tolérée par le tissu cellulaire chez l'homme comme chez les animaux : grenouilles, lapins, chats, chiens. La peau devient sèche et vernissée chez la grenouille après l'injection sous-cutanée de l'alcaloïde.

Actions de l'émétine sur la grenouille. — En injection sous-cutanée, à la dose de $0^{gr},005$ à $0^{gr},01$, cet alcaloïde produit une paralysie complète du mouvement et l'abolition des réflexes ; la contractilité musculaire subsiste intacte, comme on peut s'en convaincre en irritant les muscles, directement ou par la voie des nerfs, à l'aide d'un courant d'induction.

Les doses inférieures à $0^{gr},01$ sont insuffisantes pour donner la mort aux grenouilles ; après vingt-quatre heures elles sont complètement rétablies ; avec des doses supérieures à 0,01, elles sont tuées assez rapidement.

Avec 0,01 d'émétine, une heure à une heure et demie après l'injection, l'excitation réflexe est complètement abolie. Toutefois, on peut constater, avant sa disparition définitive, une sensibilité plus grande pour les excitants tactiles, mécaniques (pincements, pressions) que pour les excitants chimiques (acides).

Sur le cœur de grenouille mis à nu, on constate, après l'injection de 0,005 à 0,01 d'émétine, l'irrégularité des contractions. La contraction ventriculaire affecte le type péristaltique, puis devient lente et plus profonde que la systole auriculaire ; son énergie s'affaiblit, ainsi que la fréquence des contractions des ventricules par rapport aux contractions des oreillettes. A la fin, le cœur s'arrête en diastole, et ni l'atropine, ni les excitations directes ne peuvent en réveiller les contractions.

D'après GRASSET on pourrait réaccélérer un cœur qu'a ralenti une injection d'émétine par l'injection sous-cutanée d'atropine.

Action de l'émétine sur les mammifères. — D'après D'ORNELLAS et LABBÉE, les lapins sont sensibles à 3 centigrammes d'émétine. Cette dose occasionne des efforts de vomissements ; la respiration et la circulation sont accélérées. Avec 10 centigrammes, l'émétine tue rapidement le lapin ; et on observe, comme principaux phénomènes, l'affaiblissement progressif de la respiration, de la circulation et l'abaissement de la température. Toutefois, dans le rectum, une heure après l'injection, on peut constater une élévation de température, due sans nul doute au travail congestif déterminé dans la muqueuse gastro-intestinale.

Les chiens soumis à l'action de l'émétine en injections sous-cutanées vomissent, quand la dose n'est que de 4 centigrammes ; avec 6 centigrammes, ils sont malades, et, avec 24 centigrammes, tués en une heure et demie (D'ORNELLAS).

Les lésions anatomo-pathologiques sont bien marquées, principalement si la mort n'est pas survenue trop rapidement, au bout de quelques jours par exemple. On peut constater alors de l'hypercongestion, des ecchymoses, et même de l'hépatisation du tissu pulmonaire (d'Ornellas). Dans l'empoisonnement rapide, Pécholier a trouvé les poumons pâles et exsangues. D'après Podwissotzki, ces lésions ne seraient que le résultat de troubles vaso-moteurs

Les altérations du tube digestif sont constantes : hyperémie plus ou moins considérable de la muqueuse, inflammation, et souvent même ulcération. Dans l'estomac, la congestion siège principalement au niveau du grand cul-de-sac et du pylore.

Sur le chat, l'expérimentation donne des résultats comparables; toutefois, les vomissements manquent souvent (Podwissotzki).

Sur l'homme, l'action émétique a été seule recherchée, la substance peut être administrée, soit en injection sous-cutanée, soit par voie stomacale; dans ce dernier cas, l'effet est beaucoup plus rapide; il est obtenu avec des doses de 30 à 40 centigrammes en vingt minutes au lieu de quarante-cinq.

Action de l'émétine sur les grandes fonctions. — Résumons cette action. *Circulation.* — Nous avons indiqué l'action de l'alcaloïde sur le cœur de grenouille. Chez le chien, avec de faibles doses, la pression sanguine est légèrement abaissée et pour peu de temps; mais, avec des doses assez fortes de 0,01 à 0,02, la chute de pression est au contraire très prononcée. Avec des doses mortelles, la pression sanguine tombe à zéro en l'espace de quelques secondes. Le nombre des contractions cardiaques s'abaisse en outre considérablement.

Respiration. — Tout d'abord un peu stimulée, elle se ralentit bientôt pour redevenir normale avec de faibles doses et s'arrêter définitivement avec de fortes doses.

Appareil digestif. — L'action de l'émétine est des plus marquées, les vomissements sont ou bilieux ou muqueux; les matières fécales sont diarrhéiques, bilieuses, et, avec de fortes doses, sanguinolentes.

Système nerveux. — Nous avons déjà vu quelle est l'action de l'émétine sur le système nerveux en étudiant l'action de cette substance chez la grenouille. D'après d'Ornellas, Polichronie, l'émétine injectée sous la peau met plus de temps à faire vomir que portée au conctact de la muqueuse gastrique, et pour ces auteurs le vomissement ne serait que consécutif à l'élimination de l'émétine par la muqueuse de l'estomac et du duodénum.

Après la section des deux pneumogastriques, il arrive souvent que l'émétine ne fait plus vomir, ce qui différencie cette substance de l'émétique et de l'apomorphine qui font vomir aussi vite quand les pneumogastriques sont sectionnés que lorsqu'ils sont intacts (Polichronie). L'émétine ferait donc vomir en excitant un réflexe (terminaison des filets nerveux de la portion gastrique du pneumogastrique) qui part de l'estomac et qui aurait pour conducteur centripète les nerfs vagues. Quelquefois la section des pneumogastriques n'empêche pas le vomissement, mais alors il est toujours retardé (d'Ornellas). Avec de fortes doses, on voit apparaître successivement, chez le chien, l'abolition des mouvements volontaires, la diminution progressive des mouvements réflexes, la production de convulsions cloniques si les efforts pour vomir sont très grands, la paralysie totale des membres, puis la diminution de la sensibilité générale, et enfin la mort.

Élimination. — C'est une question délicate. Après l'injection sous-cutanée d'émétine, Labbée et d'Ornellas ont retrouvé ce composé dans l'estomac, les intestins, le foie. Polichronie l'aurait retrouvé dans la salive. J'ajouterai enfin que Kunz, dans son mémoire (p. 476), signale en quelques lignes, sans protocole d'expérience, la propriété du sulfate de méthylémétonium de pouvoir provoquer chez la grenouille à la faible dose de 0,00037, la paralysie totale du système moteur, deux minutes après l'injection.

Bibliographie. — Pelletier et Magendie. *Recherches physiques et chimiques sur l'ipécacuanha* (A. C., 1817, IV, 172-185 et *Journal de Pharmacie et de Chimie*, 1817, III, 145). — Dumas et Pelletier. *Recherches sur la composition élémentaire et sur quelques propriétés caractéristiques des bases salifiables organiques* (A. C., 1823, XXIV, 163-190; on y trouvera la préparation et l'analyse de l'émétine, 180). — Lefort. *Mémoire sur les ipécacuanhas et sur l'émétine* (Journal de Pharmacie et de Chimie, 1869, (4), IX, 167). — Pécholier. *Recherches* *expérimentales sur l'action physiologique de l'ipécacuanha* (*C. R.*, 1862, LV, 771). — GLÉNARD. Recherches sur l'émétine (*Journal de Pharmacie et de Chimie*, 1875, (4), XXII, 175). — GRASSET (J.) et AMBLARD. *Émétine et atropine. Action comparée de ces deux substances sur la fréquence des battements cardiaques chez la grenouille* (*Montpellier médical*, 1881, XLVII, 101, 197, 293). — D'ORNELLAS. *Mémoire sur l'action physiologique de l'émétine* (*Bulletins et mémoires de la Société de thérapeutique*, 1873, 1-152). — POLICHRONIE. *Étude expérimentale sur l'action thérapeutique et physiologique de l'ipécacuanha et de son alcaloïde* (*Thèse*, Paris, 1874). — PODWISSOTZKI. *Beiträge zur Kenntniss des Emetins* (traduction) (*A. P. P.*, 1879, XI, 231-257). — Article original dans *Voyenno Med.* J., Saint-Pétersbourg, 1879, CXXXVI, 6, 17, 63, 79. — HERMANN KUNZ. *Beiträge zur Kenntniss des Emetins* (*Archiv der Pharmacie*, 1887, (3), XXV, 461-479). — *Dictionnaire encyclopédique des sciences médicales* (article de LABBÉE). — *Dictionnaire de* WÜRTZ *et ses deux Suppléments.*

MAURICE NICLOUX.

EMMÉNAGOGUES. — Voyez Menstruation.

ÉMOTIONS. — Voyez Psychologie.

ÉMULSINE (Syn. : *Synaptase*). — **§ I. Définition et état naturel de l'émulsine.** — L'*émulsine* est un *ferment soluble*, susceptible de provoquer le dédoublement d'un grand nombre de *glucosides*. Le type d'action de l'émulsine est la décomposition de l'*amygdaline*, glucoside des amandes amères, en dextrose, acide cyanhydrique et aldéhyde benzoïque. L'amygdaline a été isolée en 1830 par ROBIQUET et BOUTRON (1), mais la question du dédoublement de ce composé n'a été clairement élucidée que sept ans plus tard par LIEBIG et WÖHLER (2). Ces auteurs fixèrent définitivement la constitution de l'amygdaline et son mode de dédoublement ; ils virent en outre que cette décomposition s'opère en présence de l'eau, sous l'influence d'une matière albuminoïde contenue dans les amandes ; c'est précisément à cette substance albuminoïde qu'ils donnèrent le nom d'*émulsine*.

L'émulsine fut étudiée de nouveau un an plus tard par ROBIQUET (3), qui proposa de l'appeler *synaptase* (de συνάπτω, je réunis), ce principe servant « pour ainsi dire, de lien commun entre l'amygdaline et l'eau ». ROBIQUET décrivit soigneusement la préparation et les propriétés de la synaptase, qu'il semble considérer comme une substance définie, de composition chimique déterminée, susceptible d'être isolée à l'égal des divers principes immédiats qu'on extrait des organismes vivants. Nous n'insisterons pas sur la fausseté de cette conception des ferments solubles, à l'heure actuelle où nous ne savons encore que discuter sur la nature de ces derniers, sans pouvoir prétendre en avoir jamais isolé aucun à l'état de pureté.

LIEBIG et WÖHLER avaient cherché à provoquer le dédoublement de l'amygdaline au moyen de l'albumine végétale d'un grand nombre de végétaux ; leurs recherches ayant toutes abouti à un résultat négatif, ils en avaient conclu qu'il paraissait s'ensuivre que l'albumine des amandes seule possède la propriété de décomposer l'amygdaline. Cette conclusion est beaucoup trop exclusive ; comme l'émulsine n'agit pas seulement sur l'amygdaline, mais aussi sur un grand nombre de glucosides, tels que l'arbutine, la conifèrine, la salicine, etc., on peut être amené à concevoir la possibilité de rencontrer de l'émulsine dans les végétaux contenant un de ces divers glucosides. Au reste, les expériences faites à ce sujet ont montré que l'émulsine est un ferment soluble extrêmement répandu dans le monde végétal.

1° **Présence de l'émulsine chez les végétaux.** — Si nous prenons comme guide les grandes lignes de la classification, nous avons tout d'abord à nous occuper des Champignons. C'est en 1893 que l'émulsine a été signalée pour la première fois dans ces végétaux. BOURQUELOT (4) la découvrit dans l'*Aspergillus niger*, et GÉRARD (5), dans le *Penicillium glaucum*. En 1894, BOURQUELOT (6) étudia à ce point de vue un grand nombre d'espèces de champignons, et il put établir que beaucoup de ces derniers, en particulier ceux qui sont parasites des arbres ou vivent sur le bois, sécrètent un ferment capable d'hydrolyser certains glucosides et d'agir par conséquent comme l'émulsine. La recherche donna des résultats positifs pour les espèces suivantes :

Auricularia sambuccina, Martius.
Hydnum cirrhatum, Pers.
Trametes gibbosa (Pers.).
Polyporus applanatus (Pers.).
— *biennis* (Bull.).
— *incanus* Quélet.
— *frondosus* (Flora dan.).
— *squamosus* (Huds.).
— *betulinus* (Bull.).
— *lacteus* Fr.
— *sulfureus* (Bull.).
Fistulina hepatica (Huds.).
Boletus parasiticus, Bull.
Lentinus ursinus Fr.
— *tigrinus* Bull.
Lactarius controversus Pers.
Psalliota silvicola Vitt.

Hyphotoma fasciculare (Huds).
Flammula alnicola Fr.
Pholiota aegerita Fr.
— *spectabilis* Fr.
— *mutabilis* Schaeff.
Claudopus variabilis Pers.
Pleurotus ulmarius Bull.
Mycena galericulata Scop.
Collybia fusipes Bull.
— *velutipes* Curt.
— *radicata* Relh.
Armillaria mellea. Flora dan.
— *mucida* Schrad.
Phallus impudicus Lin.
Hypoxylon coccineum Bull.
Xylaria polymorpha (Pers.).
Fuligo varians (Somm.).

J'ai fait moi-même (7) sur les Champignons des recherches du même ordre que celles de BOURQUELOT et sauf dans le *Morchella Esculenta* Pers., j'ai pu déceler la présence de l'émulsine dans toutes les espèces qui ont été examinées et dont voici la liste :

Lycogala epidendron Fr.
Gymnosporangium clavariaeforme Jacq.
Gymnosporangium Sabinae (Dicks.) Wint.
Aecidium Ficariæ Pers.
Uromyces Ficariæ (Schum.).
Lactarius Rufus Scop.
Lentinus cochleatus Pers.
Marasmius erythropus Pers.
Panus stypticus B.
Schizophyllum commune Fr.
Pleurotus ostreatus Jacq.
Trametes suaveolens L.

Polyporus nummularius B.
— *Ribis* Schum.
— *resinosus* Schrad.
— *brumalis* Pers.
— *picipes* Fr.
Merulius lacrymans Wulf.
Hydnum suaveolens Scop.
Peziza coccinea Jacq.
— *coronaria* (Jacq.).
Aleuria Proteana var. *sparassoides* Boud.
Aspergillus fuscus Bon.

D'autre part, la recherche de l'émulsine dans les Lichens m'a donné des résultats positifs pour la totalité des espèces étudiées :

Cladonia pyxidata Ach.
Cetraria islandica L.
Evernia furfuracea Ach.
Parmelia caperata D. C.
Peltigera canina Ach.
Pertusaria amara Nyl.

Physcia ciliaris D. C.
Ramalina fastigiata Pers.
— *fraxinea* L.
Roccella Montagnei Bell.
Usnea barbata L.

Chez les Phanérogames, l'émulsine n'existe pas seulement dans les amandes amères et dans les amandes douces; elle se rencontre aussi dans les feuilles de laurier-cerise où elle accompagne un principe amorphe, la *lauro-cérasine*, qui, sous son influence, se dédouble comme l'amygdaline.

La formation d'acide cyanhydrique, chez les Rosacées en particulier, nécessite toujours la présence simultanée, d'une part, d'émulsine, d'autre part, d'amygdaline, ou tout au moins d'un glucoside analogue, comme la lauro-cérasine. C'est là un fait qui a été précisément vérifié par LUTZ (8), en 1897, pour plusieurs plantes de la tribu des Pomacées. Les deux principes générateurs de l'acide cyanhydrique existent ensemble dans les graines des plantes appartenant aux genres *Malus, Cydonia, Sorbus, Eriobothrya*. Ils manquent chez les *Pirus, Crataegus, Mespilus*.

Mais, en dehors des Rosacées, il existe un grand nombre de plantes pouvant également fournir de l'acide cyanhydrique; JORISSEN (9) et KOBERT (10) en ont donné une liste assez complète qui montre que la répartition de l'acide cyanhydrique dans le règne végétal est beaucoup plus vaste qu'on ne serait d'abord tenté de le supposer. Cet acide n existe vraisemblablement pas à l'état libre dans la plante, car on connaît son action toxique sur les organismes vivants; il se trouve sans doute à l'état de glucosides facilement décomposables par le produit de sécrétion de cellules spéciales, de telle sorte que nous sommes ainsi amenés à concevoir comme tout à fait rationnelle l'existence, à côté de ces glucosides, d'un ferment analogue à l'émulsine.

En fait, JORISSEN et HAIRS (11) ont montré que l'émulsion de graines de lin est capable de dédoubler l'amygdaline. BOURQUELOT (12) a trouvé que les fragments de tige de *Monotropa hypopitys* L. et les racines de plusieurs espèces indigènes de *Polygala*, *P. depressa* Wenderoth, *P. calcarea* F. Schultz, *P. vulgaris* L. possèdent la même propriété. SCHÄR (13), à l'occasion de recherches sur le ferment du *Phytolacca decandra* L., a vu que l'extrait glycériné de la plante fraîche pouvait hydrolyser l'amygdaline. BRÉAUDAT (14) a trouvé qu'il en était de même des macérations chloroformées de feuilles d'*Isatis alpina*, préalablement épuisées par l'alcool. Avant ces divers auteurs, en 1877, KOSMANN (15) avait donné une longue liste de plantes capables, d'après ses recherches, de fournir un ferment agissant à la fois sur le saccharose, l'amidon et les glucosides; mais beaucoup des conclusions de cet auteur seraient facilement attaquables, car il ne paraît pas s'être entouré des précautions nécessaires dans ce genre d'expériences, et en particulier s'être mis en garde contre l'intervention des microorganismes.

Les recherches que j'ai faites chez les Phanérogames m'ont permis de déceler l'émulsine dans l'écorce de la tige de *Juniperus communis* L., dans les jeunes rameaux de *Juniperus sabina* L., dans le *Glyceria fluitans* R. Br., dans les semences d'*Asparagus officinalis* L., dans le tubercule de *Tamus communis* L., dans les semences de beaucoup de Rosacées, entre autres le *Cerasus avium* Moench, dans les graines d'*Hedera helix* L. et dans celles d'*Helianthus annuus* L., ces dernières se montrant actives surtout à l'état de germination.

L'émulsine est donc très répandue dans le monde végétal, mais il existe à ce point de vue de grandes différences entre les plantes mêmes dans lesquelles on la rencontre. C'est ainsi que les macérations aqueuses et filtrées de semences de Rosacées agissent rapidement et puissamment sur l'amygdaline, tandis que les liquides obtenus de la même façon avec des lichens — très actifs cependant quand on met en œuvre le tissu lui-même — se montrent le plus souvent à peu près complètement dépourvus d'activité. L'émulsine, dans certains cas, paraît ainsi intimement fixée sur le tissu du végétal; c'est là un fait capital dont la méthode suivie dans les expériences doit s'inspirer et tenir grand compte.

Localisation de l'émulsine dans les végétaux. — On a vu plus haut qu'on rencontrait souvent dans un même organe, graine (ex. : amandes amères) ou feuille (ex. : lauriercerise), d'une part de l'émulsine, et d'autre part un glucoside qui, lorsqu'on le met en contact avec le ferment en présence de l'eau, se décompose en donnant, entre autres composés, de l'aldéhyde benzoïque. Or cette décomposition ne se produit pas dans la plante vivante; il a donc fallu admettre depuis longtemps déjà que le ferment et le glucoside sont contenus dans des cellules distinctes, et que le broyage ou la contusion, en brisant ces cellules, permettent précisément aux principes qu'elles contiennent de réagir l'un sur l'autre. Mais une question intéressante se posait, celle de savoir dans quels éléments étaient localisés ces deux principes. Cette question dont l'étude, limitée jusqu'à présent aux Rosacées, avait été successivement abordée par THOMÉ (16), PORTES (17), PFEFFER (18) et JOHANSEN (19), a été définitivement résolue par GUIGNARD (20). Ce savant s'est servi dans ses recherches de deux réactifs microchimiques de l'émulsine, une solution chlorhydrique d'orcine d'une part, le réactif de MILLON d'autre part, contrôlant avec soin les indications de ces réactifs, en isolant des parcelles de tissu et en les faisant agir sur une solution d'amygdaline. Il a montré ainsi que, « dans le cylindre central de la partie axile d'une amande, l'émulsine se trouve contenue dans le péricycle; dans les faisceaux des cotylédons, il en est de même, avec cette différence qu'on en trouve aussi une petite quantité dans l'endoderme; dans le laurier-cerise, le péricycle étant presque entièrement sclérifié, elle est localisée pour ainsi dire uniquement dans la gaine endodermique ».

Variation de sécrétion de l'émulsine chez les végétaux. — La sécrétion de l'émulsine chez les végétaux est liée étroitement à certaines conditions de nutrition et de développement de ces derniers (21).

Dans des expériences faites sur l'*Aspergillus niger* cultivé sur liquide de RAULIN, j'ai pu constater que la quantité d'émulsine sécrétée par le végétal n'est pas constante; elle est d'autant plus 'faible qu'on se rapproche de la période de germination. En outre, si l'on fait pousser l'*Aspergillus niger* sur du liquide de RAULIN surnitraté, contenant par exemple 1 p. 100 de nitrate d'ammoniaque, on constate que le champignon ne produit pas d'émulsine; il n'existe de ce ferment ni dans le tissu mycélien, ni dans le liquide de culture. Mais, si l'on vient à remplacer le liquide surnitraté par de l'eau pure, on voit apparaître l'émulsine dans le champignon, en même temps qu'une portion de ferment sécrété diffuse dans le liquide aqueux sous-jacent. L'*Aspergillus niger*, cultivé à 30-35° dans le liquide de RAULIN contenant 1 p. 100 de nitrate d'ammoniaque, perd donc la propriété de sécréter de l'émulsine, mais il recouvre cette propriété lorsqu'on le soumet brusquement à un jeûne consécutif.

En étudiant la sécrétion de l'émulsine dans les semences de *Cerasus avium*, j'ai trouvé qu'il faut attendre au moins quatre semaines après la floraison pour voir apparaître le ferment : on recueillait toutes les semaines, sur le même arbre, à partir du 1er mai, des fruits de *Cerasus* en voie de développement; à la première récolte, la corolle et les étamines flétries étaient encore adhérentes à l'ovaire fécondé; c'est seulement le 29 mai qu'il a été possible de constater la formation de faibles traces d'émulsine; en outre, la formation d'émulsine a précédé celle d'amygdaline; cette dernière n'est apparue ou tout au moins n'a pu être décelée d'une façon appréciable que plus d'une semaine après l'apparition de l'émulsine.

2° **De l'émulsine chez les animaux.** — CL. BERNARD a montré que l'ingestion stomacale d'amygdaline n'était dangereuse qu'à la condition d'être accompagnée d'une ingestion simultanée ou presque simultanée d'émulsine. Si l'on fait d'abord absorber à un animal de l'émulsine, puis si l'on attend seulement une demi-heure avant de lui faire ingérer de l'amygdaline, il ne s'ensuit aucun accident fâcheux, le ferment « ayant été digéré dans l'estomac » et étant passé dans le tube intestinal, privé de ses propriétés caractéristiques (22).

L'innocuité de l'ingestion stomacale d'amygdaline, dans les conditions dans lesquelles s'est placé CL. BERNARD, ne saurait être logiquement invoquée contre la présence d'émulsine dans le tube digestif. Ce ferment peut exister en effet en quantité minime, et, dans ces conditions, le dédoublement du glucoside se faisant lentement, l'acide cyanhydrique peut être excrété au fur et à mesure de sa production.

Si, chez un lapin, on injecte dans la même veine ou dans des veines séparées une solution d'émulsine et une solution d'amygdaline à de certaines concentrations, l'animal meurt rapidement empoisonné. Mais, si l'on prend une solution assez faible d'émulsine, de telle sorte que la décomposition du glucoside s'effectue lentement, l'animal ne meurt pas, car la formation d'acide cyanhydrique n'est pas assez rapide, et le corps toxique a le temps de s'éliminer par le poumon (22).

La présence de l'émulsine dans le tube digestif des animaux supérieurs ne saurait donc *a priori* être considérée comme impossible. Il y a plus; d'après MORIGGIA et OSSI (23), l'amygdaline elle-même ingérée dans l'estomac peut agir comme toxique, surtout chez les herbivores; elle se dédoublerait, suivant ces auteurs, sous l'influence du suc intestinal, comme sous l'influence de l'émulsine, en aldéhyde benzoïque, acide cyanhydrique et glucose.

GÉRARD (24) a essayé de préciser quels étaient les ferments digestifs qui agissent sur l'amygdaline. Il a sacrifié en pleine digestion un lapin auquel il avait fait absorber pendant plusieurs jours de la salicine, et dont les urines contenaient, après cette ingestion, de l'acide salicylique. Des essais de dédoublement furent faits immédiatement avec le pancréas et avec l'intestin grêle de ce lapin. Le tissu à examiner était mis en contact pendant vingt-quatre heures à 36-37° avec une solution thymolée d'amygdaline. Le pancréas se montra complètement inactif; d'autres essais faits avec le pancréas de bœuf donnèrent le même résultat. Au contraire, des portions de l'intestin grêle prises, l'une à 0m,15 du pylore, l'autre près du cœcum, provoquèrent la formation d'acide cyanhydrique, l'action la plus énergique devant être rapportée à la partie moyenne de l'intestin grêle. GÉRARD n'a pu déceler le glucose produit dans le dédoublement du glucoside; ce glucose avait disparu, et, pour expliquer cette disparition, il suppose qu'il pourrait se faire que l'intestin grêle sécrétât un ferment destructeur du sucre, analogue à celui rencontré par Lépine dans le chyle et dans le pancréas.

Staedler (23) avait annoncé que la diastase salivaire des animaux supérieurs dédouble la salicine, mais il n'en est rien d'après les expériences de Bourquelot (26); et, si l'on a parfois constaté une action de la salive sur la salicine, il faudrait rapporter cette action à un ferment analogue ou identique à l'émulsine, sécrété par des microrganismes développés dans la salive examinée. Ainsi s'explique sans doute ce fait, mentionné par Bougarel (27) qu'une solution d'amygdaline mêlée à de la salive dégage nettement l'odeur cyanique au bout de quelques jours.

Nous devons à Bourquelot des recherches sur le dédoublement de la salicine par les sucs digestifs des Céphalopodes. Les résultats ont été négatifs : la salicine n'est dédoublée ni par les ferments extraits du foie de poulpe, ni par ceux du foie de seiche, ni par ceux du pancréas de seiche.

En résumé, la répartition de l'émulsine chez les animaux paraît bien moins étendue que chez les végétaux. On peut dire néanmoins que sa présence a été nettement établie dans l'organisme animal, au moins dans certains cas, comme on a pu voir d'après le rapide exposé qui précède.

§ II. — **Préparation et propriétés de l'émulsine. — Réactions déterminées par l'émulsine.** — On a donné de nombreux modes de préparation de l'émulsine. Ces diverses méthodes ont perdu beaucoup de leur intérêt depuis qu'on s'est rendu compte de l'impossibilité où l'on est actuellement de préparer les ferments solubles à l'état pur.

Robiquet (28) faisait une macération aqueuse d'amandes douces, filtrait, précipitait par l'acide acétique, filtrait de nouveau et précipitait par l'acétate de plomb. Après une nouvelle filtration, le plomb en excès était enlevé par de l'hydrogène sulfuré; on classait l'excès d'hydrogène sulfuré en plaçant le liquide dans le vide de la machine pneumatique; on filtrait pour séparer le sulfure de plomb, et finalement on précipitait l'émulsine par une addition suffisante d'alcool. Le précipité était lavé à l'alcool et desséché dans le vide.

D'autres procédés de préparation ont été donnés par Thomson et Richardson (29), par Ortloff (30), par Buckland W. Bull (31), par Schmidt (32). Les produits obtenus ont du reste une composition chimique extrêmement variable, comme en témoignent les analyses faites par ces divers auteurs, déduction faite des cendres :

	CARBONE.	HYDROGÈNE	AZOTE.	SOUFRE.	OXYGÈNE.
Ortloff..	27,873	5,430	9,273		57,424
Buckland W. Bull	43,06	7,20	11,52	38,22	
A. Schmidt.	48,80	7,10	14,20	1,3	—

On obtient facilement un produit très actif de la façon suivante : on additionne d'acide acétique une macération aqueuse chloroformée d'amandes douces, de façon à précipiter la caséine végétale; on filtre soigneusement sur papier mouillé, et, au liquide limpide obtenu, on ajoute environ quatre fois son volume d'alcool à 95°. Le précipité qui se forme est lavé avec un mélange à volumes égaux d'alcool et d'éther, puis desséché dans le vide sulfurique. On obtient ainsi des lames cornées, translucides, qui, pulvérisées, fournissent un produit à peu près complètement blanc; le produit se dissout lentement dans l'eau en donnant un liquide faiblement opalescent que des filtrations répétées, au papier, peuvent amener à une limpidité parfaite. La solution dévie à gauche le plan de la lumière polarisée; elle précipite par le tannin, le sublimé, le sous-acétate de plomb. Le ferment ainsi obtenu, traité à chaud par l'acide sulfurique dilué, donne un sucre réducteur qui est vraisemblablement de l'*arabinose;* il contiendrait donc un hydrate de carbone hydrolysable, une *arabane* (33).

On peut facilement obtenir des solutions d'émulsine très peu chargées de substances en solution en cultivant l'*Aspergillus niger* sur liquide de RAULIN et en remplaçant ce dernier par de l'eau distillée, lorsque la moisissure a produit ses fructifications. L'eau distillée se charge des ferments que laisse diffuser l'Aspergillus et en particulier d'émulsine.

Les solutions d'émulsine perdent une partie de leur activité par la filtration à travers les bougies poreuses.

L'émulsine possède une propriété qui lui est commune avec la plupart des autres enzymes, celle de décomposer l'eau oxygénée; mais son action caractéristique est son pouvoir dédoublant sur un grand nombre de glucosides naturels et artificiels; l'action hydrolysante de l'émulsine, qui a même été souvent invoquée comme un argument contre l'individualité des ferments solubles, n'est pas en effet limitée seulement à l'*amygdaline*: il faut toutefois remarquer que c'est cette dernière propriété qui a conduit à la découverte de l'émulsine, et que c'est sur elle que l'on s'appuie presque constamment lorsqu'il s'agit de déceler ce ferment dans un organisme quelconque.

Parmi les divers glucosides que peut dédoubler l'émulsine, il faut citer, outre l'*amygdaline* (LIEBIG et WÖHLER), l'*amygdonitrile-glucoside* (FISCHER), l'*arbutine* (STRECKER), la *coniférine* (TIEMANN et HAARMANN), la *daphnine*, l'*esculine* (H. SCHIFF), le *gentiopicrine* (BOURQUELOT et HÉRISSEY), la *glucovanilline*, l'*acide gluco-vanillique*, l'*hélicine*, l'*helléboréine*, l'*ononine*, la *picéine* (TANRET), la *salicine* et ses dérivés de substitution chlorés ou bromés (PIRIA). FISCHER (34) a montré que dans la préparation des glucosides artificiels, on obtient deux séries de dérivés stéréoisomères. Ces deux séries ont été désignées par les lettres α et β; on a, par exemple, deux méthylglucosides; l'un, le premier connu à l'état cristallisé est l'*α-méthyl-d-glucoside*, l'autre est le *β-méthyl-d-glucoside*. Or, tandis que l'invertine agit sur l'α-méthylglucoside, ce dernier n'est influencé en aucune façon par l'émulsine, qui dédouble au contraire le *β-méthyl-d-glucoside*. FISCHER a trouvé une relation analogue pour plusieurs autres glucosides préparés artificiellement d'après ses méthodes. L'émulsine n'agit pas sur les arabinosides, rhamnosides, sorbosides et méthyl-glucosides. Les glucosides de la glycérine et de l'alcool benzylique sont attaqués à la fois par l'émulsine et par l'invertine; mais ces produits obtenus à l'état amorphe sont évidemment constitués, en raison même de leur mode de préparation, par des mélanges de composés α et β. On s'explique ainsi facilement qu'ils puissent être dédoublés, au moins partiellement, soit par l'émulsine, soit par l'invertine.

Dans tous les dédoublements signalés précédemment, le sucre formé au cours de la réaction a été identifié avec le *glucose-d*, toutes les fois qu'il a été nettement caractérisé. Cependant, FISCHER a montré que l'émulsine dédouble également le *sucre de lait*; comme d'autre part, il a trouvé que l'émulsine n'agit pas sur l'α-méthylgalactoside, mais seulement sur le *β-méthylgalactoside*, il s'ensuit que la lactose devrait être considérée comme un galactoside de la série β. Mais il convient de faire remarquer que tous ces résultats ont été obtenus par FISCHER avec l'émulsine provenant des amandes. Or, si l'on expérimente l'émulsine des Champignons, par exemple celle de l'*Aspergillus niger* ou celle du *Polyporus sulfureus*, on constate que cette émulsine, cependant très active, n'exerce aucune action dédoublante sur le lactose (35). Peut-être pourrait-on admettre que cette action sur le sucre de lait est due à un autre enzyme que l'émulsine, à une *lactase* entraînée avec cette dernière pendant la préparation du ferment.

L'expérience a montré que tous les *glucosides* dédoublables par l'émulsine des amandes, sur lesquels on a essayé le ferment de l'*Aspergillus*, sont également dédoublés par ce dernier (36). Le ferment extrait de l'*Aspergillus* dédouble aussi la *populine* et la *phloridzine*, sur lesquelles l'émulsine des amandes s'est montrée inactive dans des expériences faites à des dilutions de ferment comparables.

Si l'on fait agir sur une même série de glucosides, d'une part l'émulsine des amandes, d'autre part celle d'*Aspergillus*, on constate non seulement que les vitesses d'action des émulsines sont loin d'être égales sur les divers glucosides, mais en outre que l'action s'exerce d'une façon tout à fait différente suivant les émulsines considérées: on trouve, par exemple, en expérimentant sur l'amygdaline, l'hélicine, la salicine, l'esculine, la coniférine, l'arbutine, que le ferment de l'*Aspergillus* agit plus rapidement sur l'arbutine que sur les autres glucosides, tandis que le phénomène exactement inverse se produit avec l'émulsine des amandes, ce dernier ferment agissant rapidement surtout sur l'amygdaline qui est précisément le glucoside contenu à l'état naturel dans la même plante que lui. Les faits observés en étudiant comparativement les émulsines d'origine différente autorisent donc à faire les réserves les plus expresses sur l'identité des diverses émulsines (37).

A l'occasion de l'étude relative à la connaissance générale des lois diastasiques, TAMMANN (38), en 1892, a étudié dans un long mémoire la marche de la décomposition d'un certain nombre de glucosides par l'émulsine; les essais étaient pratiqués avec l'émulsine des amandes. TAMMANN a fait une quantité considérable d'expériences dont il a enregistré les résultats en de nombreux tableaux et sous forme de nombreuses courbes. Il est impossible de résumer ici une telle quantité de recherches dont les résultats sont parfois, d'ailleurs, quelque peu sujets à contestation, et il nous suffira de signaler seulement quelques faits se rattachant étroitement à la connaissance de l'émulsine.

TAMMANN a constaté que l'action de cette diastase est profondément influencée par les produits qui se forment au cours du dédoublement. La décomposition du glucoside, entravée par ces produits, s'arrêterait à un état final, variable du reste avec la quantité de ferment, la quantité de substance dédoublable et la température. A ce sujet, je ferai remarquer que, dans de nombreuses expériences ayant trait à des dédoublements d'amygdaline ou d'arbutine, j'ai constaté souvent, dans des liqueurs renfermant 1 p. 100 de glucoside, l'hydrolyse totale du produit mis en œuvre.

D'après les expériences de TAMMANN, la température du maximum d'action de l'émulsine sur les divers glucosides serait de 46°. A. MAYER (39) indiquait précédemment 50° comme température optimale.

§ III. **Influence des agents physiques et chimiques sur l'émulsine.** — L'émulsine maintenue à l'état sec et à l'abri de la lumière est susceptible de conserver ses propriétés pendant un temps très long; dans ces conditions, en effet, aucune cause de destruction n'intervient pour altérer le ferment. En solution, l'émulsine subit le sort de tous les ferments solubles; elle s'affaiblit peu à peu sous l'influence combinée de l'oxygène de l'air, de la lumière, de la réaction plus ou moins défavorable au milieu, et finalement perd toute action sur les glucosides. En même temps, et cela spécialement pour les solutions d'émulsine d'amandes, le liquide devient trouble et prend une mauvaise odeur; néanmoins il possède encore assez longtemps le pouvoir de décomposer l'amygdaline, car ORTLOFF n'a vu ce pouvoir disparaître qu'après quatre à six semaines.

Si l'on envisage l'émulsine contenue dans les tissus végétaux, on trouve que la durée de conservation paraît très variable suivant les objets examinés. Ainsi les amandes et les lichens conservés pendant plusieurs années décomposent très bien l'amygdaline, alors que les feuilles de laurier-cerise perdent assez rapidement cette propriété.

L'émulsine sèche peut supporter pendant plusieurs heures une température de 100° sans perdre la propriété de transformer l'amygdaline (BUCKLAND, W. BULL); mais, en solution, l'émulsine est détruite par la chaleur, suivant la loi générale à laquelle n'échappe aucun des ferments solubles actuellement connus. BOURQUELOT (40), opérant sur une solution aqueuse d'émulsine d'amandes à 0^{gr},50 pour 100 centimètres cubes, a trouvé que, dans les conditions de ses expériences, la température de destruction de l'émulsine était située entre 67° et 69°, et que le ferment commençait à s'affaiblir vers 60°. En opérant avec l'émulsine de l'*Aspergillus niger*, on trouve des températures de destruction comprises entre 72° et 74°; ces déterminations, il faut bien le remarquer, n'ont du reste qu'une valeur assez relative; car, si on change les conditions de l'expérience, les résultats sont susceptibles de varier dans d'assez larges limites; en tout cas, il paraît bien établi, au point de vue pratique, qu'il faut déjà éviter d'exposer à des températures voisines de 60° des solutions d'émulsine dont on veut conserver l'activité.

La présence des ferments figurés n'empêche pas l'action de l'émulsine, car on a vu plus haut que, d'après ORTLOFF, la solution d'émulsine en pleine putréfaction peut encore décomposer l'amygdaline. En est-il de même des ferments solubles? D'après BOUGAREL (41), la diastase n'agit pas sur l'émulsine, et cet auteur « dans des expériences *in vitro*, a vu la pepsine et la pancréatine rester inactives sur l'émulsine ».

Il existe tout un groupe de composés chimiques qui peuvent servir à différencier les fermentations produites par les ferments figurés de celles que provoquent les diastases. L'action de l'émulsine n'est donc pas entravée sous l'influence de ces composés. C'est ce que Bouchardat (42) a montré pour l'acide cyanhydrique, la créosote, l'éther sulfurique, le chloroforme, diverses essences (essences de térébenthine, de citron, d'anis, de girofle, de moutarde). Il en est de même du thymol, du phénol, du fluorure de sodium (Arthus et Huber [43]), et sans doute de beaucoup d'autres antiseptiques.

· Bouchardat (42), étudiant l'influence de divers agents chimiques (employés à la dose de 1 p. 100) sur l'activité de l'émulsine, a vu que la réaction sur l'amygdaline et sur la salicine n'était pas ralentie par le bicarbonate de soude, l'acide acétique, l'acide formique, l'iodure de potassium, le cyanure de mercure, le sulfate de soude, le sulfate de magnésie, l'acide arsénieux, l'arséniate de soude. La magnésie, l'ammoniaque, le carbonate d'ammoniaque, l'acide tartrique, le sulfate de cuivre, le sulfate de zinc, le sulfate de fer ralentiraient seulement l'action de l'émulsine. Le dédoublement des glucosides n'aurait pas lieu en présence de chaux, de soude caustique, d'acides nitrique, sulfurique, chlorhydrique, oxalique.

Bougarel (41) opérait en délayant 1 gramme de tourteau d'amandes dans 30 grammes d'eau et en ajoutant au mélange, en proportion déterminée, la substance à étudier. L'addition de 1 à 2 centimètres cubes d'alcool a empêché la formation d'acide cyanhydrique; il en était de même du sublimé à la dose de 0^{gr},50 pour 30 centimètres cubes. Le borate de soude, l'acide benzoïque, l'acide borique, même à la dose de 1 gramme pour 30 n'ont eu aucune action. Le chloral s'est également montré inactif à la même dose, d'où Bougarel conclut « que la substance active du ferment ne doit pas être une matière albuminoïde semblable aux autres, car elle aurait dû être modifiée par ce corps qui entre si énergiquement en combinaison avec les albumines ».

Jacobson (44), à l'occasion de ses recherches sur la propriété que possèdent les ferments de décomposer l'eau oxygénée, a trouvé que le salicylate de magnésie (2 gr. pour 100 cc.), l'azotate de strontium (1^{gr},25 pour 100 cc.), le sous-nitrate de bismuth (1 gr. pour 100 cc.), le nitrate de baryte, le nitrite de sodium (0,10 à 0,15 pour 100 cc.), l'hydroxylamine, le cyanamide, le cyanure de mercure n'empêchent pas l'action de l'émulsine sur les glucosides. Il en serait tout autrement pour le sulfure de sodium (1 gr. pour 100 cc.) et le sulfocyanure de potassium (1 gr. pour 100 cc.) qui entraveraient complètement l'action.

Tous les résultats précédents s'appliquent à l'émulsine des amandes; à peu près exclusivement qualitatifs, ils sont en réalité bien vagues, et surtout assez peu comparables entre eux, à cause de la diversité des méthodes qui les ont fournis. Il est impossible, dans la plupart des cas, de savoir si le ferment a été détruit par le réactif ajouté, ou si seulement son action a été suspendue. Jacobson a trouvé, pour les conditions dans lesquelles il a opéré, que la potasse agissait en détruisant l'émulsine, l'action de cette dernière ne se manifestant pas de nouveau par neutralisation, tandis qu'au contraire l'acide chlorhydrique suspendait seulement cette action; venait-on à neutraliser l'acide ajouté, le dédoublement avait lieu.

Si l'on précipite une solution d'émulsine d'amandes par le tanin en excès, le mélange obtenu n'agit plus sur l'amygdaline; il en est de même de la liqueur débarrassée par filtration du précipité qui s'est formé; par contre, le précipité égoutté sur le filtre et mis en suspension dans de l'eau distillée, dédouble énergiquement l'amygdaline (Hénissey [45]).

La large répartition de l'émulsine, en particulier dans le monde végétal, doit évidemment lui faire attribuer un rôle important dans la nutrition cellulaire; mais c'est là un point sur lequel nous sommes à peu près complètement ignorants à l'heure actuelle. Lorsque la diastase agit sur l'amidon, il y a exclusivement formation d'hydrates de carbone assimilables par la plante, cette dernière mettant ainsi en œuvre une matière précédemment placée en réserve. Mais, lorsque l'émulsine dédouble les glucosides, s'il y a d'un côté formation de glucose assimilable, il y a, d'autre part, production simultanée de divers composés, alcools aromatiques, phénols, aldéhydes, etc., composés qui, d'une façon générale, sont toxiques pour la cellule vivante. On en est ainsi amené à se demander comment se fait exactement le dédoublement de glucosides dans les plantes. Si ce dédoublement se produit de la même façon que nous voyons l'émulsine le déterminer *in vitro*, il faudrait sans doute admettre que les composés toxiques formés sont repris immédiatement pour servir à la synthèse de principes plus complexes.

Bibliographie. — § I. — 1. Robiquet et Boutron. *Nouvelles expériences sur les amandes amères* (A. C. (2), XLIV, 352, 1830). — 2. Liebig et Wöhler. *Ueber die Bildung des Bittermandelöls* (*Ann. der Pharm.*, XXII, 1, 1837). — 3. Robiquet (*Journ. de Pharm. et de Chim.*, XXIV, 1838; — *Extrait du procès-verbal de la Société de pharmacie de Paris,* 7 mars 1838 et 2 mai 1838). — 4. Bourquelot. *Ferments solubles sécrétés par l'Aspergillus niger* (V. Tgh.) *et le Penicillium glaucum* (Lin) (B. B., 653, 1893); — *Présence et rôle de l'émulsine dans quelques champignons parasites des arbres ou vivant sur le bois* (*Ibid.*, 804, 1893). — 5. Gérard. *Présence dans le Penicillium glaucum d'un ferment agissant comme l'émulsine* (*Ibid.*, 651, 1893). — 6. Bourquelot. *Présence d'un ferment analogue à l'émulsine dans les Champignons et en particulier dans ceux qui sont parasites des arbres ou vivent sur le bois* (*Bull. Soc. mycol. de France*, x, 49, 1894). — 7. Hérissey. *Sur la présence de l'émulsine dans les Lichens et dans plusieurs Champignons non encore examinés à ce point de vue* (*Ibid.*, XV, 1899); — *Recherches sur l'émulsine* (*Thèse pour le doctorat de l'Université de Paris* (*Pharmacie*), 14, 1899). — 8. Lutz. *Sur la présence et la localisation, dans les graines d'un certain nombre de Pomacées, des principes fournissant l'acide cyanhydrique* (*Bull. Soc. Bot. de France*, XLIV, 263, 1897). — 9. Jorissen. *L'acide cyanhydrique d'origine végétale* (*Journ. de pharm. d'Anvers*, 23, 1894). — 10. Kobert (*Lehrbuch der Intoxicationen*, 509 et suiv., 1893). — 11. Jorissen et Hairs (*Bull. de l'Acad. roy. des Sc. de Belgique*, XXI, 529, 1891). — 12. Bourquelot. *Sur la présence de l'éther méthylsalicylique dans quelques plantes indigènes* (*Journ. de Pharm. et de Chim.*, (5), XXX, 433, 1894). — 13. Schär (*Vierteljahrschrift d. Naturf. Ges. Zürich*, XLI, 233 et suiv., 1893). — 14. Bréaudat. *Sur le mode de formation de l'indigo dans les procédés d'extraction industrielle, fonctions diastasiques des plantes indigofères* (B. B., 1031, 1898). — 15. Kosmann. *Recherches chimiques sur les ferments contenus dans les végétaux et sur les effets produits par l'oxydation du fer sur les matières organiques* (B. S. C., I, 251, 1877). — 16. Thomé. *Ueber das Vorkommen des Amygdalins und des Emulsins in den bittern Mandeln* (*Bot. Zeitung*, 240, 1865). — 17. Portes. *Recherches sur les amandes amères* (*Journ. de Pharm. et de Chim.*, XXVI, 410, 1877). — 18. Pfeffer (*Pflanzenphysiologie*, I, 307, 1891). — 19. Johansen. *Sur la localisation de l'émulsine dans les amandes* (*Ann. des Sc. nat. Bot.*, (7), VI, 118, 1887). — 20. Guignard. *Sur la localisation, dans les amandes et le laurier-cerise, des principes qui fournissent l'acide cyanhydrique* (*Journ. de Pharm. et de Chim.* (5), XXI, 233, 1890). — 21. Hérissey. *Sur quelques faits relatifs à l'apparition de l'émulsine* (B. B., 660, 1898). — 22. Bernard (Cl.). *Leçons de pathologie expérimentale*, Paris, 75, édit. 1890; — *Leçons sur les effets des substances toxiques et médicamenteuses*, Paris, 98, 1857; — *Liquides de l'organisme*, Paris, I, 486, 1859. — 23. Moriggia et Ossi (A. i. B., XIV, 436). — 24. Gérard. *Sur le dédoublement de l'amygdaline dans l'économie* (*Journ. de Pharm. et de Chim.* (6), III, 233, 1896). — 25. Staedeler. *Kleinere Mittheilungen über die Wirkung des menschlichen Speichels auf Glukoside* (*Journ. f. prakt. Chem.*, LXXII, 250, 1857). — 26. Bourquelot. *Recherches sur les phénomènes de la digestion chez les Mollusques Céphalopodes* (*Thèse pour le doctorat ès sciences.* Paris, 47, 1885). — 27. Bougarel. *De l'amygdaline* (*Thèse de pharmacie*, Paris, 45, 1877).

§ II. — 28. Robiquet. (*Journ. de Pharm. et de Chim.*, XXIV, 326 et suiv., 1838). — 29. Thomson et Richardson. *Ueber die Zersetzung des Amygdalins durch Emulsin* (*Ann. der Pharm.*, XXIX, 180, 1839). — 30. Ortloff *Ueber die Natur und chemische Constitution des in den Mandeln erthaltenen Emulsins* (*Archiv der Pharm.*, XLVIII, 16, 1846). — 31. Buckland W. Bull. *Einige Beobachtungen über Emulsin und dessen Zusammersetzung* (*Ann. der Chem. u. Pharm.*, LXIX, 145, 1849). — 32. Schmidt (*Thèse*, Tubingen, 1871). — 33. Hérissey. *Recherches sur l'émulsine* (*Thèse*, Paris, 44 et suiv., 1899). — 34. Fischer. V. passim. *Einfluss der Configuration auf die Wirkung der Enzyme* (Ber. d. d. chem. Ges., 27, 2985 et 3479, 1894; et 28, 1429, 1895). — 35. Bourquelot et Hérissey. *Sur les propriétés de l'émulsine des Champignons* (*Journ. de Pharm. et de Chim.* (6), II, 435, 1895). — 36. Bourquelot et Hérissey. *Action de l'émulsine de l'Aspergillus niger sur quelques glucosides* (*Bull. Soc. mycol. de France*, XI, 199, 1895). — 37. Hérissey. *Étude comparée de l'émulsine des amandes et de l'émulsine d'Aspergillus niger* (B. B., 640, 1896). — 38. Tammann. *Die Reactionen der ungeformten Fermente* (Z. p. C., XVI, 271, 1892). — 39. Mayer. *Die Lehre von den chemischen Fermente oder Enzymologie*, 64, 1882).

§ III. — 40. Bourquelot. *Les ferments solubles*, Paris, 137, 1896. — 41. Bougarel. *De l'amygdaline* (*Thèse de pharmacie*, Paris, 45 et 46, 1877). — 42. Bouchardat. *Note sur la fermentation saccharine ou glucosique (C. R., 107, 1843).* — 43. Arthur et Huber. *Fermentations vitales et fermentations chimiques (Ibid., cxv, 839, 1892).* — 44. Jacobson. *Untersuchungen über lösliche Fermente (Z. p. C., xvi, 340, 1892).* — 45. Hérissey. *Recherches sur l'émulsine (Thèse, Paris, 81, 1899).*

H. HÉRISSEY.

ENDOSCOPE. — Voyez Vessie.

ENGELMANN (Th. W.). — Physiologiste allemand, professeur à l'Université de Berlin.

ABRÉVIATIONS SPÉCIALES A CET ARTICLE

Z. f. w. Z.	Zeitschrift für wissenschaftliche Zoologie, Leipzig.
Jen. Z. f. M. u. N. . . .	Jenaische Zeitschrift für Medicin u. Naturwissensch., Leipzig.
Onderz.	Onderzoekingen gedaan in het physiologisch laboratorium der Utrechtsche Hoogeschool.
Proc. verb. k. Ak. v. W.	Processen verbaal der kon. Akademie van Wetenschappen te Amsterdam. Afdeeling Natuurkunde.
N. Arch. v. N. en G. . .	Nederlandsch Archief voor Natuur-en Geneeskunde, Utrecht.
Arch. f. mikr. An. . . .	Archiv für Mikroskopische Anatomie. Bonn.
Arch. néerl.	Archives néerlandaises, Haarlem.
Morph. Jahrb.	Morphologisches Jahrbuch. von C. Gegenbaur, Leipzig.
Zool. Anz.	Zoologischer Anzeiger, von J. V. Carus, Leipzig.
Bot. Zeit.	Botanische Zeitung, von A. de Bargeto, Leipzig.

Bibliographie. — 1859. — *Ueber Fortpflanzung von Epistylis crassicollis, Carchesium polypinum und über Cysten auf den Stöcken des letzteren Thieres (Z. f. w. Z., x, 278-288, xxii).*

1862. — *Zur Naturgeschichte der Infusionsthiere (Z. f. w. Z., xi, 347-393, xxviii-xxx).* — *Ueber die Vielzelligkeit von Noctiluca (Ibid., xii, 564-566).*

1863. — *Ueber die Endigungen des motorischen Nerven in den quergestreiften Muskeln der Wirbelthiere. Vorläufige Mittheilung (C. W., n° 19, 23 April, 289-291).* — *Untersuchungen über den Zusammenhang von Nerv-und Muskelfaser, mit 4 Faf. pag., in-4, Leipzig, W. Engelmann.* — *Ueber die Endigungsweise der sensibeln Nervenfasern (Z. f. w. Z., xiii, 473-488).*

1864. — *Ueber Endigung motorischer Nerven (Jen. Z. f. M. u. N., i, 322-324, vii).*

1865. — *(En coll. avec von Bezold [A.]). Ueber den Einfluss electrischer Inductionsströme auf die Erregbarkeit von Nerv und Muskel (Verh. phys. med. Ges. Würzburg, Mai 1865; Neue Würzburger Zeitg., n° 129, 10 Mai 1866).*

1867. — *Ueber die Hornhaut des Auges (Inaug. Dissert. zur Erlangung der Doctorwürde in der Medicin, Chirurgie u. s. w., 3 Jan., Leipzig, W. Engelmann).* — *Ueber Scheinbewegung in Nachbildern (Jen. Z. f. M. u. N., iii, 412-444).* — *Ueber den Ort der Reizung in der Muskelfaser bei Schliessung und Offnung eines constanten electrischen Stroms (Ibid., iii, 445-447).* — *Ueber die Flimmerbewegung. Vorl. Mittheilg. (C. W., n° 42).* — *Over de trilbeweging (II) (Onderz., (2), i, 139-192, pl. VIII).* — *Ueber die Endigungsweise der Geschmacksnerven des Frosches : Vorl. Mittheilung (Ibid., v, n° 50).* — *Ueber die Endigungen der Geschmacksnerven in der Zunge des Frosches (Z. f. w. Z., xviii, 142-160, ix).* — *Trilhaar-en protoplasmabeweging onder den invloed van verschillende agentia (Medegedeeld door F. C. Donders) (Proc. verb. k. Ak. v. W., 30 Nov.).* — *Ueber die Flimmerbewegung (Jen. Z. f. M. u. N., iii, 321-479, vi).* — *(En coll. avec M. I. Bouvin). Over den bouw en de beweging der Ureteres (Medeged. voor F. C. Donders) (Proc. verb. k. Ak. u. W., 23 April).*

1868. — *Ueber Wärmemessungen am Mikroskop. (Arch. f. mikr. An., iv, 334-341).* — *Ueber den Einfluss der Electricität auf die Flimmerbewegung (C. W., v, n° 23).* — *Ueber die electromotorische Wirkung der Rachenschleimhaut des Frosches (Ibid., v, n° 30).* — *Over de trilbeweging (2de gedeelte) (Onderz., (2), ii, 1-91).* — *Zur Lehre von der Nervenendigung im Muskel (Jen. Z. f. M. u. N., iv, 307-320).* — *Ueber Reizung der Muskelfaser durch den constanten Strom. (Ibid., iv, 307-320).* — *Over de trilbeweging (3de gedeelte. Slot.) (Onderz., (2), ii, 220-284).* — *Ueber die Flimmerbewegung (Jen. Z. f. M. u. N., 321-479, vi).* — *(En coll. avec M. I. Bouvin). Over den bouw en de beweging der Ureteres (Medeged. voor F. C. Donders) (Proc. verb. k. Ak. u. W., 23 April).*

1869. — *Sur le développement périodique de gaz dans le protoplasma des Arcelles (Arch.*

néerl., IV, 26-32, 1 pl.). — *Sur l'irritation électrique des Amibes et des Arcelles (Ibid.*, IV, 32-44). — *Zur Physiologie des Ureters (A. g. P.*, II, 243-298. Voir aussi *Arch. néerl.*, IV). — *Zur Physiologie des Protoplasma (A. g. P.*, II, 307-322). — *Over periodieke zenuwerking bij blijvende prikkeling met zwakke electrische stroomen (Medeged. door* F. C. Donders) (*Proc. verb. k. Ak. v. W.*, 24 Déc.)

1870. — *Beiträge zur allgemeinen Muskel-und Nervenphysiologie.* I. *Ueber die electrische Erregung des Ureters, mit Bemerkungen über die electrische Erregung überhaupt (A. g. P.*, III, 247-326). — II. *Ueber den Schliessungs-und Oeffnungstetanus (Ibid.*, III, 403-414). — III. *Ueber Reizung der Muskeln und Nerven mit discontinuirlichen electrischen Strömen (Ibid.*, IV, 3-33, 1 et II). — *Ueber das Vorkommen und die Innervation von contractilen Drüsenzellen in der Froschhaut. (Ibid.*, IV, 1-2). — *Beiträge zur allgemeinen Muskel-und Nerven physiologie.* — IV. *Ueber die peristaltische Bewegung insbesondere des Darmkanals. Nach Versuchen von* G. van Brahel *mitgetheilt (Ibid*, IV, 33-50, III.

1871. — *Die Geschmacksorgane (S. Stricker's Handbuch der Lehre von den Geweben*, XXXIII, 822-838). — *Een blik op de ontwikkeling der leer van den bouw en het leven der organismen. Inuijdingsrede witgesproken by de aanvaarding van het hoogleeraarsambt te Utrecht*, 20 Maart Leipzig, W. Engelmann, in-8, 32 pag. — *Ueber die electromotorischen Kräfte der Froschhaut, ihren Sitz und ihre Bedeutung für die Secretion. (A. g. P.*, IV, 321-324).

1872. — *Bewegungserscheinungen an Nervenfasern bei Reizung mit Inductionsschlägen (Ibid.*, V, 31-38). — *Bericht über einige mit* W. *Thomsons Quadrantelectrometer angestellte Versuche (Ibid.*, V, 204-210). — *Over de structuurveranderingen der dwarsgestreepte spiervezelen bij de contractie (Proc. verb. d. k. Ak. v. W.*, 28 Jan.). — *Die Hautdrüsen des Frosches. Eine physiologische Studie. (A. g. P.*, V, 498-538 et VI, 97-157). — *Eenige proeven tot demonstratie der algemeene wet van electrische prikkeling (Onderz.*, (3), I, 267-271).

1873. — *Mikroskopische Untersuchungen über die quergestreifte Muskelsubstanz. Bau der ruhenden Muskelsubstanz (A. g. P.*, VII, 33-71, II). — *Die thätige Muskelsubstanz (Ibid.*, VII, 155-188, III). — *Over het mechanisme der spiercontractie (Proc. verb. k. Ak. v. W.*, jan.). — *Bemerkungen zur Theorie der Sehnen-und Muskelverkürzung (A. g. P.*, VIII, 95-97),

1874. — *Sur l'influence que la nature de la membrane exerce sur l'osmose électrique (Arch. néerl.*, IX, 374-380). — *Over de electromotorische verschijnselen van het hart (Met Nuel en Pekelharing) (Proc. verb. k. Ak. v. W.*, 28 Juin). — *Imbibitie als oorzaak van electriciteitsontwikkeling (Onderz.*, (3), III, 1874-1875, 82-93). — *Over het dubbelbrekend vermogen als algemeene eigenschap der contractiele elementen (Proc. verb. k. Ak. v. W.*, 31 Okt.). — *Over de geleiding der irritatie in de spierzelfstandigheid van het hart (Ibid.*, 16 Dec., 3-4).

1875. — *De electromotorische verschijnselen der spierzelfstandigheid van het hart. Eerste stuk (Onderz.*, (3), III, 1874-1875, 101-117). — *Contractilität und Doppelbrechung (A. g. P.*, XI, 432-464). — *Over ontwikkeling en voortplanting van infusoria (Aanteck. Prov. Utr. Genootsch. Sectie Verg.*, 28). — *Ueber die Leitung der Erregung im Herzmuskel (A. g. P.*, XI, 465-480. Voir aussi *Arch. néerl.*, XI, 51-69). — *Over de ontwikkeling en voortplanting van infusoria (Onderz.*, (3), III, 2, 99-186, pl. V et VI. Voir aussi *Morph. Jahrb.*, I, 573-635, XXI et XXII).

1876. — *Ueber Degeneration von Nervenfasern; ein Beitrag zur Cellularphysiologie (A. g. P.*, XIII, 474-490, IV). — *Over de electromotorische eigenschappen van kunstmatige overlangsche doorsneden door spieren (Proc. verb. k. Ak. v. W.*, 28 Okt.). — *Vergleichende Untersuchungen zur Lehre von der Muskel-und Nervenelectricität (A. g. P.*, XV, 1877, 116-148. Voir aussi *Arch. néerl.*, XIII, 1878, 305-343).

1877. — *Ueber den Einfluss des Blutes und der Nerven auf das electromotorische Verhalten künstlicher Muskelquerschnitte (A. g. P.*, XV, 328-334. Voir aussi *Arch. néerl.*, XIII, 1878, 429-436). — *Flimmeruhr und Flimmermühle; zwei Apparate zum Registriren der Flimmerbewegung (A. g. P.*, XV, 493-510).

1878. — *Ueber das electrische Verhalten des thätigen Herzens (Ibid.*, XVII, 68-99, II. Voir aussi *Arch. Néerl,*, XV, 1888, 1-38, pl. I). — *Zur Theorie der Peristaltik (Arch. f. mikr. An.*, XIV, 255-258j. — *Trembley's Umkehrungsversuch an Hydra (Zool. Anz.*, I, n° 4, 12 Aug., 2 pag.). — *Zur Anatomie und Physiologie der Spinndrüsen der Seidenraupe. Nach Untersuchungen von* TH. W. VAN LIDTH DE JEUDE *(Ibid.*, I, n° 5, 3 pag.). — *Zur Physiologie der contractilen Vacuolen der Infusionsthiere (Ibid.*, I, n° 6, 2 pag., in-8). — *Neue Untersu-*

chungen über die mikroskopischen Vorgänge bei der Muskelcontraction (A. g. P., xviii, 1-25, i. Voir aussi *Arch. Néerl.*, xiii, 437-465). — *Ueber Gasentwickelung im Protoplasma lebender Protozoen* (*Zool. Anz.*, i, n° 7, 23 Sept., 152-153). — *Ueber Reizung contractilen Protoplasmas durch plötzliche Beleuchtung* (A. g. P., xix, 1-7). — *Ueber die Bewegungen der Oscillarien und Diatomeen* (*Ibid.*, xix, 7-14).

1879. — *Physiologie der Protoplasma-und Flimmerbewegung* (Hermann's Handbuch der Physiologie, i). — *Ueber Muskelcontraction. Schlussätze* (*Programme et Règlement. Congrès période. intern. d. sc. méd. Amsterdam*, 29-30).

1880. — *Ueber die Discontinuität des Axencylinders und den fibrillären Bau der Nervenfasern* (A. g. P., xxii, 1-30, i). — *Over den fijneren bouw der gladde spiervezelen* (*Proc. verb. k. Akad. v. W.*, 26 Juni). — *Ueber Bau, Contraction und Innervation der quergestreiften Muskelfasern. Vortrag gehalten in der biolog. Section des Internat. med. Congres. Amsterdam*, 16 Oktober (*Comptes rendus du Congrès période. intern. d. sc. méd. Amsterdam, v. Rossum*). — *Mikrometrische Untersuchungen an contrahirten Muskelfasern* (A. g. P., xxiii, 571-590. Voir aussi *Arch. néerl.*, xvi, 1881, 279-302). — *Ueber Drüsennerven. Bericht über einige in Gemeinschaft mit* Th. W. van Lidth de Jeude *angestellten Untersuchungen* (A. g. P., xxiv, 177-184).

1881. — *Eene nieuwe methode tot onderzoek der O-uitscheiding van plantencellen* (*Proc. verb. k. Ak. v. W.*, 28 Mei). — *Neue Methode zur Untersuchung der Sauerstoffausscheidung pflanzlicher und thierischer Organismen* (A. g. P., xxv, 283-292). — *Ueber den faserigen Bau der contractilen Substanzen mit besonderer Berücksichtigung der glatten und doppeltschräg gestreiften Muskelfasern* (*Ibid.*, xxv, 538-565, ix). — *Bemerkungen zu einem Aufsatze von* Fr. Merkel, *über die Contraction der gestreiften Muskelfaser* (*Ibid.*, xxvi, 504-515). — *Ueber den Bau der quergestreiften Substanz an den Enden der Muskelfaser* (1 fig.) (*Ibid.*, xxvi, 531-536). — *Zur Biologie der Schizomyceten* (*Ibid.*, xxvi, 537-545).

1882. — *Ueber Sauerstoffausscheidung von Pflanzenzellen im Mikrospectrum* (*Ibid.*, xxvii, 464-468, xi). — *Ueber Assimilation von Haematococcus* (*Bot. Zeit.*, n° 39, 29 Sept.). — *Lichtabsorbtie en assimilatie in plantencellen* (*Aanteek. v. h. verh. in de sectieverg. v. h. prov. Utr. Genootsch.*, 27 Juni). — *Over licht en kleurperceptie van laagste organismen.* — *Der Bulbus aortae des Froschherzens, physiologisch untersucht in Gemeinschaft mit* J. Hartog *und* J. J. W. Verhoeff (A. g. P., xxix, 431-474, v). — *Ueber Licht-und Farbenperception niederster Organismen* (*Ibid.*, xxix, 387-400 et *Arch. néerl.*, xvii, 417-431). — *Farbe und Assimilation* (*Onderz.*, (3), vii, 209-233 et *Arch. néerl.*, xviii, 29-56). — *Prüfung der Diathermanität einiger Medien mittels Bacterium photometricum* (*Onderz.*, (3), vii, 291-295). — *Vampyrella Helioproteus, een nieuwe moneer* (*Proc. verb. k. Ak. v. W.*, 25 Nov.). — *De samenstelling van zonlicht, gaslicht en van het licht van Edisons lamp, vergelijkend onderzocht met behulp der bacterienmethode* (*Ibid.*, 25 Nov.).

1883. — *Bacterium photometricum. Ein Beitrag zur vergleichenden Physiologie des Licht-und Farbensinnes* (A. g. P., xxx, 95-15, i). — *Ueber thierisches Chlorophyll* (*Ibid.*, xxxii, 80-96 et *Arch. néerl.*, xviii, 288-300). — *Over een toestel tot kwantitatieve microspectraalanalyse* (*Mikrospectraalphotometer*) (*Proc. verb. k. Ak. v. W.*, 24 Nov.).

1884. — *Untersuchungen über die quantitativen Beziehungen zwischen Absorbtion des Lichtes und Assimilation in Pflanzenzellen* (*Bot. Zeitg.*, n° 6 u. 7, ii, 19 u. 6 Febr. et *Arch. néerl.*, xix, 186-206, pl, VII et VIII). — *Ueber Bewegungen der Zapfen u. des Pigments der Netzhaut unter dem Einfluss des Lichts und des Nervensystems* (*Comptes rend. du Congrès période. intern. des sc. méd. Kopenhagen*, 10-17 Aug.).

1885. — *Ueber Bewegungen der Zapfen und Pigmentzellen der Netzhaut unter dem Einfluss des Lichts und des Nervensystems* (A. g. P., xxxv, 498-509, ii).

1886. — *Zur Technik und Kritik der Bacterienmethode* (*Bot. Zeitg.*, n° 3 et 4 et *Arch. néerl.*, xxi, 1-18).

1887. — *Die Farben bunter Laubblätter und ihre Bedeutung für die Zerlegung der Kohlensäure im Lichte* (*Onderz.*, (3), x, 2, 107-168, iii u. iv et *Arch. néerl.*, xxii, 1-58, pl. 1 et II). — *Zur Abwehr gegen N. Pringsheim und C. Timiriazeff* (*Bot. Zeitg.*, n° 7). — *Die Widerstandsschraube, ein neuer Rheostat. Mit 5 Holzschn.* (*Zeitschrift f. Instrumentenkunde*, vii, 333-339 et *Arch. néerl.*, xxii, 145-157). — *A propos de l'assimilation chlorophyllienne. Lettre à* M. L. Errera (*Bull. soc. belge de microsc.*, 26 mars). — *Ueber die Funktion der Otolithen* (*Zool. Anz.*, n° 258).

1888. — *Ueber Bacteriopurpurin und seine physiologische Bedeutung* (A. g. P., xLII, 183-186). — *Ueber Blutfarbstoff als Mittel um den Gaswechsel von Pflanzen im Licht und Dunkel zu untersuchen* (Ibid., xLII, 186-188). — *Das Polyrheonom* (C. P., n° 21, 7 Januar.). — *De microspectrometer.* Met 1 houtsn. en 1 pl. (Feestbundel Donders-Jubileum. Ned. Tijdschr. v. Geneesk, Amsterd. v. Rossem, 76-86, pl. IV, et Arch. néerl., xxIII, 82-92, pl. IV). — *Die Purpurbacterien und ihre Beziehungen zum Lichte.* (Botan. Zeitg., n° 42-45 et Arch. néerl., xxIII, 151-198).

1890. — *Franciscus Cornelis Donders* (Onderz., (4), I, 1-6). — *Ueber electrische Vorgänge im Auge bei reflectorischer und directer Erregung des Nervus opticus* (Nach Versuchen von G. GRIJNS) (Beiträge z. Psychologie u. Physiol. d. Sinnesorgane. Festgruss z. 70 Geburtst. v. H. v. HELMHOLTZ. Hamburg u. Leipzig. Voss, 1891, 195-216).

1891. — *Over centrifugale functies van de gezichtszenuw* (Proc. verb. k. Ak. v. W., 26 Sept.).

1892. — *Vorschläge zu einer Terminologie der Herzthätigkeit* (Festschrift f. A. v. Kölliker. Z. f. w. Z., Suppl., LIII, 207-216 et Arch. néerl., xxVI, 259-304). — *Das Princip der gemeinschaftlichen Strecke* (10 fig.) (A. g. P., LII, 592-602 et Arch. néerl., xxVI, 423-435). — *Das rhythmische Polyrheotom.* (A. g. P., LII, 603-620, IV et Arch. néerl., xxVI, 436-458, VIII). — *Over den invloed van centrale en reflectorische prikkeling der gezichtszenuw op de beweging der kegels in het netvlies* (naar aanleiding van proeven door D. W. NAHMMACHER genomen) (Versl. k. Ak. v. W., 29 Oct., 46-48). — *Over de theorie der spiercontractie* (Versl. k. Ak. v W., 29 Oct., 49-53).

1893. — *Ueber den Ursprung der Muskelkraft* (4 fig.), Leipzig, W. Engelmann, in-8, 59 p. et in-8, 80 p., 4 fig., Arch. néerl., xxVII, 65-148). — *Notiz zu A. Fick's Bemerkungen zu meiner Abhandlung über den Ursprung der Muskelkraft* (A. g. P., LIV, 108). — *Ueber einige gegen meine Ansicht vom Ursprung der Muskelkraft erhobenen Bedenken* (Ibid., LIV, 637-640).

1894. — *Beobachtungen und Versuche am suspendirten Herzen. Zweite Abhdlg. Ueber die Leitung der Bewegungsreize im Herzen* (Ibid., LVI, 149-202, IX et X et Arch. néerl., xxVIII, 245-311, pl. I et II). — *Die Erscheinungsweise der Sauerstoffausscheidung chromophyllhaltiger Zellen im Licht bei Anwendung der Bacterienmethode* (Verh. d. k. Ak. v. wet. Afd. Natuurk, 2de sectie III, n° 11. Mit 1 Taf. Amsterd. JOH. MÜLLER, 10 pag., in-8 et A. g. P., LVII, 375-386, et Arch. néerl., xxVIII, 358-371). — *Die Blätterschicht der electrischen Organe von* [Raja *in ihren genetischen Beziehungen zur quergestreiften Muskelsubstanz* (A. g. P., LVII, 149-180, II). — *Gedächtnissrede auf Hermann von Helmholtz. Gehalten am 28 Sept.* 1894 *in der Aula der Universität Utrecht.* Leipzig, W. Engelmann, in-8, 34 p., et Gids, n° 10, 24 p., 110-133). — *Beobachtungen und Versuche am suspendirten Herzen. Dritte Abhandl. Refractaire Phase und compensatorische Ruhe in ihrer Bedeutung für den Herzrhythmus. Mit* 24 *Holzschn.* (A. g. P., LIX, 309-349 et Arch. néerl., xxIX, 295-345, avec 24 fig.). — *Over het pantokymographion en eenige daarmede verrichte proeven betreffende de snelheid van geleiding in sensibele en motorische zenuwen* (Versl. k. Ak. v. W., 24 Nov., 130-133).

1895. — *Das Pantokymographion* (A. g. P., LX, 28-42, I-II). — *On the nature of muscular contraction.* Croonian lecture, delivered at the Royal Society, march 14th (Proceed. Roy. Soc. London, vol. 7, 411-433, 2 fig.). — *Ueber reciproke und irreciproke Reizleitung mit besonderer Beziehung auf das Herz* (A. g. P., LXI, 275-284 et Arch. néerl., xxx, 154-164).

1896. — *Versuche über irreciproke Reizleitung in Muskelfasern* (A. g. P., LXII, 400-414, et Arch. néerl., xxx, 165-183, pl. II). — *Ueber den Einfluss der Systole auf die motorische Leitung in der Herzkammer, mit Bemerkungen zur Theorie allorhythmischer Herzstörungen* (A. g. P., LXII, 543-566, et Arch. néerl., xxx, 185-212, pl. III et IV). — *Over den oorsprong der normale hartsbeweging en de physiologische eigenschappen der groote hartsaderen* (Versl. k. Ak. v. W., 27 Juni et Arch. néerl., (2), I, 1897, 1-9). — *Ueber den* [Ursprung der Herzbewegungen und die physiologischen Eigenschaften der grossen Herzvenen des Frosches* (A. g. P., LXV, 109-214, V-VII). — *Omtrent reflexen van de hartekamer op het hart van kikvorschen. Uitkomsten van een onderzoek door den Heer J. J. L. MUSKENS in het physiol. laborat. te Utrecht ingesteld* (Versl. k. Ak. v. W., 26 Sept., 7 pag.). — *Ueber myogene Selbstregulirung der Herzthätigkeit* (Versl. k. Ak. v. W., 31 Oct., 12 pag., et Arch. néerl., (2), I, 1897, 10-21).

1897. — *Ueber den myogenen Ursprung der Herzthätigkeit und ihre automatische Erreg-

*barkeit als normale Eigenschaft von peripherischen Nervenfasern (A. g. P., LXV, 533-578).
— Ueber den Einfluss der Reizstärke auf die Fortpflanzungsgeschwindigkeit der Erregung im
quergestreiften Froschmuskel. Unter Mitwirkung von D. H. W. F. C. WOLTERING (A. g. P.,
LXVI, 574-604). — Tafeln und Tabellen zur Darstellung der Ergebnisse spectroskopischer
und spectrophotometrischer Beobachtungen, Leipzig, W. Engelmann. — Bemerkungen zu J.
Bernstein's Abhandlung « zur Geschwindigkeit der Contractionsprocesse » (A. g. P., LXIX,
28-31).*

*1898. — Measurements of the absorption spectra of Chaetopterus and Bonellia (in Ray
Lancaster, green pigment of the intestinal wall of Chaetopterus) (Quarterly Journ. of micr.
Science, vol. XL, part. 3, new. ser., 459-468, pl. XXXVI et XXXVII). — Antrittsrede gehalten
in der Leibniz-Sitzung der K. Akademie der Wissensch. zu Berlin am 30 Juni 1898 (Sit-
zungsber. d. Kgl. preuss. Akad. d. Wiss. zu Berlin, XXXIII, 431-435). — Gedächtnissrede auf
Emil du Bois-Reymond, gehalten in der Leibniz-Sitzung der K. Akademie der Wiss. zu
Berlin am 30 Juni 1898 (Abhandl. d. k. preuss. Akad. d. Wiss. zu Berlin v. Jahre, in-4,
24 p.). — Cils vibratils, avec fig. 123 (Dictionnaire de physiologie de CH. RICHET, Paris, III,
fasc. 3, 785-799).*

*1899. — Ueber die Temperaturen innerhalb der lebenden Zellen (Nel primo centendario
dellamorte di Lazzaro Spallanzani. Omaggi di Accad. e scienz. ital. e stran. Reggio Emilia,
tip. Artigianelli, 71-80). — Ueber primär-chronotrope Wirkung des Vagus auf das Herz (Cinquantenaire de la Société de Biologie, Volume jubilaire, Paris, 86-90). — Ueber einige neue
Methoden zur Untersuchung der Herzthätigkeit. 1. Die Suspensionsmethode. 2. Das epidia-
skopische Projectionsverfahren; 3. Eine neue höchst empfindliche Modification der capillar-
electrometrischen Methode (Sitzber. d. physiol. Gesellsch. zu Berlin, 8 dez.; Arch. f. Physiol.,
1900). — Ueber die Wirkungen der Nerven auf das Herz. Mit 4 Tafeln (Engelmann's Arch.
f. Physiol., 1900, 315-361, VI).*

W. E.

ENGRAIS. — I. Historique.

— Dès la plus haute antiquité, les peuples agri-
culteurs ont remarqué l'influence bienfaisante exercée sur la production végétale par un
certain nombre de substances incorporées au sol et qu'on nomme des *engrais*.

En effet, de temps immémorial, les Chinois utilisent les exèrements humains, les
cendres des ossements brûlés, et c'est grâce à ces substances qu'ils ont pu maintenir la
fertilité de leurs terres. On sait, en outre, que la prodigieuse richesse de la vallée du Nil
est due aux inondations du fleuve qui recouvrent le sol d'une épaisse couche de limon ; ce
dernier, d'après les analyses de MÜNTZ, renferme 1,1 p. 1 000 d'azote, et surtout 1,9 p. 1 000
d'acide phosphorique (C. R., CVIII, 552). Le pays des Pharaons était donc engraissé
périodiquement, au grand profit de l'agriculture, et cela bien des siècles avant l'éclosion
des civilisations grecque et romaine.

Les agronomes latins, VIRGILE dans ses *Géorgiques*, recommandaient l'emploi du
fumier, des déjections humaines, de la fiente des oiseaux, ou colombine, à laquelle ils
attribuaient une vertu spéciale. Ils conseillaient aussi (COLUMELLE, CATON, *De re rustica*)
d'enfouir des Légumineuses telles que le Lupin, la Fève, la Vesce quand les engrais animaux faisaient défaut. Les Romains de la fin de la République et du temps de l'Empire, il
est vrai, étonnés de la stérilité de leurs campagnes, disaient qu'elles avaient vieilli et
perdu leur fertilité première. « Nous épuisons nos bœufs, dit LUCRÈCE, le laboureur con-
sume ses forces, nous usons le fer; et c'est à peine si la glèbe nous rend le nécessaire...
Le vigneron, qui planta jadis une vigne aujourd'hui desséchée, accuse de son côté le
cours du temps et fatigue le ciel de ses murmures.... Et il ne voit pas que tout tombe
en dissolution et que le monde entier, pliant sous le poids des ans, va se précipiter dans
le gouffre du sépulcre. » (De la Nature, livre II.) Telle n'était pourtant point, et à juste
raison, l'opinion des agronomes, et COLUMELLE écrivait : « La terre ne vieillit pas, ni ne
s'épuise, si on l'engraisse. »

Les Pères de l'Église qui pratiquaient l'agriculture dans les monastères de Syrie,
d'Asie Mineure et d'Occident, les successeurs de saint Bernard et de saint Benoît en
France et en Italie, les Maures en Espagne, n'ignoraient pas non plus que, si la fertilité
des sols s'épuise par des cultures successives, on peut la maintenir en employant surtout
le fumier des animaux.

Ainsi donc la notion d'engrais est presque aussi vieille que l'agriculture. Mais il n'y a pas longtemps qu'elle a été assise sur des bases scientifiques solides.

Au début de ce siècle, on considérait le fumier comme l'engrais indispensable et impossible à remplacer. Cette conception était basée sur de fausses idées touchant la nutrition des plantes. (Voir art. **Nutrition**.) On admettait que celles-ci se nourrissent principalement, sinon exclusivement, de ce mélange assez mal défini de matières organiques plus ou moins azotées et de matières minérales plus ou moins solubles qui se trouve dans la masse noire du fumier décomposé et dans la terre végétale et que l'on nomme *humus*. (Risler, *Physiologie et culture du Blé*. Paris, Hachette, 1887.)

Déjà Olivier de Serres, dans son *Théâtre d'Agriculture*, écrivait : « C'est le fumier qui réjouit, réchauffe, engraisse, amollit, adoucit, dompte et rend aisées les terres faschées et lasses par trop de travail, celles qui de nature sont froides, amères, rebelles et difficiles à cultiver, tant il est vertueux. »

Chaptal (*Éléments de Chimie*. Paris 1776, III) admettait que les plantes se nourrissent de deux principes, l'eau et le carbone; or ces principes, qui sont contenus dans le fumier en même temps que d'autres aliments déjà organisés, seraient assimilés avec autant de facilité par la plante que le lait par les animaux. Le sol était considéré comme le substratum chargé de porter les plantes et de leur transmettre l'eau dont elles ont besoin.

L'abbé Rozier (*Cours complet d'Agriculture*. Paris, 1793, art. **Engrais**), imbu de ces idées, considérait dans le sol la *terre matrice* en laquelle pourrissent les plantes et qui reçoit de ces dernières la *terre végétale* ou *humus*. Cet humus « combiné par la fermentation entre les molécules de la terre matrice prépare les matériaux des plantes ». Le fumier qui donne l'humus devait donc être envisagé comme l'engrais par excellence.

Thaër (*Principes d'Agriculture*, 1831, II), Mathieu de Dombasle, ne tenaient pour de véritables engrais que les substances animales et végétales, lesquelles, déjà organisées, devaient être susceptibles de passer dans les plantes. Ces agronomes ne niaient pas cependant l'efficacité des sels minéraux. Déjà Virgile conseillait, pour rendre au sol sa première vigueur, non seulement de le saturer d'un « fumier gras », mais encore de ne pas craindre d'y jeter la « cendre malpropre ». On sait par Pline et Varron que l'emploi de la chaux et de la marne était commun dans la Grande-Bretagne et sur les bords du Rhin. Pline rapporte qu'en Assyrie on mélangeait le sel marin à la terre qui porte les Palmiers, que les peuples de la Transpadane préféraient les cendres non lessivées aux fumiers. Bernard Palissy et Olivier de Serres ont vivement recommandé le chaulage et le marnage.

Mais, au commencement de ce siècle, on ne considérait pas encore les sels minéraux comme pouvant jouer le rôle d'engrais. On attribuait à ces sels, qui existent dans des gisements ou qui se trouvent dans les engrais organiques, la propriété de modifier les sols, d'agir surtout chimiquement en mettant en action les éléments que ces derniers renferment. C'étaient donc de simples *stimulants* de la végétation qu'on comparait parfois, assez inexactement d'ailleurs, aux condiments de l'alimentation animale. De Candolle lui-même (*Physiologie végétale*. Paris, 1832) acceptait cette manière de voir.

Pourtant Bernard Palissy avait soupçonné que la vertu du fumier est due aux « *sels végétatifs* » qu'il contient. Mais, par suite de l'insuffisance des connaissances chimiques et physiologiques de son temps, cette idée, qui aurait pu être si féconde, demeura stérile.

Avec Lavoisier, une révolution s'opéra. La chimie trouvait enfin sa voie et permettait d'entreprendre des recherches expérimentales vraiment scientifiques sur les aliments des plantes. C'est alors que Théodore de Saussure, Berthier, Sprengel, Davy, Liebig, puis Boussingault et George Ville déterminèrent les éléments qui servent à la nutrition des végétaux. Les résultats obtenus furent synthétisés dans la célèbre leçon sur la statique chimique des êtres organisés par MM. Dumas et Boussingault (1854). (Voir art. **Nutrition**.)

Mais Liebig, frappé des quantités considérables d'azote que l'analyse lui révélait dans les sels, émit, contrairement à l'opinion de Boussingault, l'hypothèse que les engrais, le fumier notamment, n'agissent que par les sels minéraux qu'ils renferment. Il formula sa fameuse « *théorie minérale* », d'après laquelle il n'était permis d'attribuer le rôle d'engrais qu'aux phosphates et aux sels de potasse qu'il supposait faire défaut au sol. Si, disait-il (*Chimie végétale*. Paris, Masson, 1844), l'humus nourrit les plantes, ce n'est pas qu'il soit absorbé et assimilé, mais il présente aux racines une source alimentaire lente et continue, une source d'acide carbonique qui approvisionne la plante de la nourriture essentielle. Quant aux excréments des animaux qui sont si souvent employés, on peut les remplacer utilement par les matières qui renferment les mêmes principes. En envisageant les faits culturaux, Liebig observait que, d'une part, une très bonne récolte de blé de 30 quintaux de grain et de 60 quintaux de paille renferme 60 kilogrammes d'azote dans le grain et 30 kilogrammes dans la paille, par conséquent 100 kilogrammes au plus en y ajoutant l'azote des racines; mais, d'autre part, une forte fumure de 50000 kilogrammes de fumier n'apporte au sol, à 5 kilogrammes par tonne, que 250 kilogrammes d'azote. Or ces nombres, qui représentent les quantités d'azote apportées et enlevées, disparaissent devant les 5000 ou 6000 kilogrammes que renferment les sols fertiles. (Dehérain, Chimie agricole. Paris, Masson, 1892.)

Liebig fut ainsi amené à fabriquer son fameux engrais minéral qui avait le défaut de ne contenir presque pas d'azote. Mais cette tentative, si elle n'eut pas d'heureux résultats directs, donna un vigoureux essor à l'industrie naissante des engrais chimiques. C'est ainsi qu'il en resta l'indication du procédé de traitement des os par l'acide sulfurique que Lawes appliqua le premier dans sa fabrique d'engrais de Londres.

La réfutation de la théorie minérale ne se fit pas attendre longtemps. Dès 1844, Lawes et Gilbert (Journal of the royal agricultural Society of England, vol. xvi, 2e partie), dans leurs célèbres expériences culturales de Rothamsted, montrèrent que les engrais minéraux et les sels ammoniacaux donnent des récoltes bien plus abondantes que les engrais minéraux seuls, que par conséquent les engrais azotés exercent une influence prépondérante sur le poids des récoltes. Ils conclurent « que les principes minéraux du blé ne peuvent pas par eux-mêmes augmenter la fertilité de la terre et que le produit en grain est à peu près proportionnel à la quantité d'azote fournie au sol ». Nous verrons plus loin qu'il y a là de l'exagération. De son côté, Boussingault (Économie rurale, t. ii, Paris, Béchet, 1851) fit l'ingénieuse et décisive expérience que voici : « Si, disait-il, il faut croire M. de Liebig, si les parties minérales des engrais sont seules utiles, nous sommes, il faut le reconnaître, nous autres cultivateurs, de grands maladroits. Depuis des milliers d'années, nous nous donnons la peine de transporter péniblement nos fumiers de la ferme aux champs; nos attelages nous coûtent cher; faisons mieux; brûlons nos fumiers; nous aurons ainsi une toute petite quantité de cendres, et, pour la transporter, une brouette fera l'affaire. » Il répandit alors sur la surface d'un are 500 kilogrammes de fumier et sur un autre are les cendres seulement d'une fumure identique. A la récolte le premier champ rendit 14 pour 1 de grain et le second 4 seulement.

Il faut bien remarquer d'ailleurs que les sols renferment des quantités de potasse et d'acide phosphorique souvent égales à celles d'azote. Beaucoup de terres, en effet, contiennent de 1 à 2 grammes d'acide phosphorique par kilogramme, et la potasse est encore plus répandue. D'après le raisonnement de Liebig lui-même, on eût été obligé d'admettre contre ses propres conclusions que les sels de potasse et les phosphates, eux aussi, ne sont pas des engrais. D'autre part, nous savons aujourd'hui que si, malgré la présence d'azote organique en quantité souvent considérable dans le sol, les engrais azotés produisent d'excellents effets, cela tient à ce que cet azote n'est pas absorbé sous cette forme, qu'il a besoin d'être nitrifié et que cette transformation, qui est dans la dépendance d'une foule de conditions, est souvent trop lente pour qu'elle mette à la disposition des plantes des quantités d'azote assimilable suffisantes à l'entretien d'une belle végétation.

D'où la nécessité dans laquelle on est le plus souvent d'avoir recours aux engrais azotés.

On pourrait, à la vérité, hâter la transformation des matières azotées du sol en travaillant souvent la couche arable et en chaulant; mais on sait (Way, Frankland, Warington, Lawes et Gilbert, Berthelot, Schlœsing, Dehérain) que les nitrates formés aux dépens de la matière organique se perdent en abondance dans les eaux de drainage. C'est pourquoi les chaulages répétés sans restitution suffisante conduisent à un appauvrissement de la terre, d'où le dicton bien connu : « La chaux enrichit le père, mais ruine les enfants. »

Boussingault a montré en outre qu'une substance riche en azote assimilable ne fonctionne cependant comme engrais qu'avec le concours du nitrate, du phosphate de chaux et des sels alcalins et terreux indispensables à la végétation. C'est lui qui, le premier, dès 1855, a établi que le salpêtre associé au phosphate de chaux et à des engrais alcalins agit comme un engrais complet et peut, dans une certaine mesure, comme le guano du Pérou, remplacer le fumier de ferme. Ce dernier, tout en gardant sa grande importance, comme nous le montrerons plus loin, n'apparaît plus alors comme l'engrais nécessaire contenant en son sein l'aliment mystérieux qui seul entretient la vie végétale.

II. Définition de l'engrais. — Qu'est-ce donc que l'engrais? L'engrais est nécessairement un aliment des plantes, et tout aliment est surtout une matière minérale. Si une substance organique joue le rôle d'engrais, c'est qu'elle contient ou qu'elle est capable de donner par une série de transformations un ou plusieurs éléments minéraux. Il est vrai de dire que les recherches exécutées dans ces derniers temps permettent de croire que, dans une certaine mesure, des matières organiques déterminées peuvent être absorbées directement par les plantes. (Voir art. **Nutrition**.)

De Gasparin (*Cours d'Agriculture.* Paris, 1846) opposait les engrais qu'il nommait *aliments* des végétaux et qui sont des compléments des principes composants du sol aux *amendements* tels que la marne, la chaux, l'argile, le sable qui, eux, n'ont pour effet que de modifier les propriétés physiques de ce dernier. Il définit l'engrais (*Principes de l'Agronomie*) « toute substance que l'on administre aux plantes pour suppléer à l'insuffisance des principes alimentaires contenus dans le sol ». Dehérain, en 1869, présenta cette définition sous une forme plus concise : « L'engrais est la matière utile à la plante et qui manque au sol. » Déjà Chevreul avait dit excellemment : « L'engrais est une matière complémentaire. »

Ainsi donc une substance est un engrais quand elle peut directement ou non être absorbée et assimilée par la plante d'une part, et quand le sol n'en est pas suffisamment pourvu d'autre part. L'emploi de l'engrais est par suite réglé non seulement par la constitution de la plante, mais aussi par celle du sol; c'est ce qui explique pourquoi par exemple les phosphates sont sans effet dans un domaine qui en contient une assez forte proportion, comme dans certains points de la Limagne, et qu'ils font merveille là où le sol en est très pauvre, comme en Bretagne.

Si nous étions parfaitement renseignés sur le degré d'assimilabilité de toutes les substances, si nous connaissions bien l'état sous lequel se trouvent les matières alimentaires dans le sol, étant données les exigences des plantes, la question de l'emploi des engrais se résoudrait, pour chaque cas particulier, avec toute la rigueur désirable. Mais nous n'en sommes pas là, et force est pour nous de consulter comme disait si pittoresquement Boussingault « l'opinion des plantes ». Grâce aux champs d'expérience qui se multiplient de plus en plus et dont les résultats peuvent être généralisés à l'aide des cartes agronomiques basées sur la géologie et l'analyse du sol (Risler, *Traité de Géologie agricole*, t. i, et Carnot, *Rapport sur les cartes agronomiques*; *Bulletin du ministère de l'Agriculture*, 1894), on arrive assez rapidement, dans une exploitation donnée, à déterminer la nature et la quantité des engrais à employer.

III. Classification des engrais. — Quelles sont maintenant les différentes substances employées comme engrais? Avant de répondre à cette question, il est bon tout d'abord de bien préciser la différence qu'on établit généralement entre les engrais et les amendements.

Bien que ces derniers comprennent, au sens strict du mot, toutes les améliorations du sol, les labours par exemple, on les restreint, en agronomie, dit de Candolle (*loc. cit.*), aux améliorations qui s'exercent sur le sol par des mélanges, des additions de matières dans le but d'en modifier les propriétés physiques. En d'autres termes, tandis que l'engrais apporte des matières nutritives nouvelles, l'amendement rend assimilables celles qui n'y étaient point, ou corrige des propriétés physiques défectueuses. Ainsi le nitrate de soude qu'apporte l'azote est un engrais ; l'argile qui donne du corps aux terres légères, et en particulier lui permet de mieux retenir l'eau, est un amendement.

Mais ces distinctions ne sont pas dans l'ordre des faits aussi absolues qu'en théorie. En effet, la plupart des engrais, les engrais organiques notamment, jouent le rôle d'amendements, ainsi d'ailleurs que nous le prouverons plus loin à propos du fumier; mais réciproquement, les amendements peuvent très souvent aussi jouer le rôle d'engrais. La chaux, par exemple, est surtout considérée comme amendement; sous ce rapport, elle favorise la décomposition des matières végétales, si abondantes dans les landes et les forêts défrichées; elle active la nitrification des matières organiques azotées; elle diminue la plasticité des terres argileuses, et, selon DE MONDÉSIR, décompose le silicate d'alumine et de potasse de l'argile et forme du silicate d'alumine et de chaux, tandis que la potasse devient assimilable pour les plantes; mais elle agit aussi directement et à titre d'engrais dans les pays granitiques et schisteux notamment, où elle manque, en fournissant aux plantes l'élément calcique qui doit entrer dans leur constitution.

Nous diviserons les engrais en engrais organiques et engrais minéraux. Les premiers sont d'origine animale ou végétale; les seconds comprennent des engrais azotés, phosphatés, potassiques, calcaires, ou bien ce sont des substances diverses.

Engrais organiques.
- Fumier de ferme.
- Déjections humaines.
- Guano.
- Colombine.
- Animaux morts.
- Sang; chair; corne; os.
- . . . .
- Gadoues et boues des villes.
- Curures de fossés et de mares.
- Composts.
- . . . .
- Engrais verts.
- Déchets industriels d'origine végétale.

Engrais minéraux.

azotés . . .
- Nitrate de soude.
- — de potasse.
- Sulfate d'ammoniaque.
- Eaux ammoniacales.

phosphatés .
- Phosphates naturels (cristallins et sédimentaires).
- Scories de déphosphoration.
- Superphosphates.

potassiques.
- Chlorure de potassium,
- Sulfate de potassium.
- Nitrate de potassium.
- Carbonate de potassium.
- Salins.
- Cendres.

calcaires . .
- Chaux.
- Marne.
- Tangue : traez ; maerl, coquilles et faluns.
- Cendres.

divers . . .
- Plâtre.
- Sulfate de fer.
- Sels de magnésie.

La plupart des engrais minéraux azotés, phosphatés et potassiques et divers portent généralement le nom d'*engrais chimiques*, presque tous en effet ayant subi une préparation industrielle plus ou moins compliquée; ils correspondent aux *stimulants* des anciens agronomes; les engrais calcaires sont surtout des *amendements*.

IV. Les engrais chimiques, le fumier et les engrais verts. — On voit par le tableau qui précède que les engrais chimiques permettent d'apporter au sol tous les éléments contenus dans les engrais organiques; aussi, quand les principes de la nutrition minérale des plantes furent posés, eut-on l'idée qu'il serait possible de faire de la culture exclusivement avec engrais chimiques et de supprimer du même coup la plus grande partie du bétail de la ferme; on sait qu'au début de ce siècle les spéculations animales étaient peu en faveur, et que le bétail était plutôt comme « un mal nécessaire », une machine à produire du fumier. LAWES et GILBERT entreprirent à Rothamsted des essais culturaux qui durèrent de 1852 à 1883 et qui prouvent qu'en effet il est possible, au moins jusqu'à un certain point, de remplacer le fumier de ferme par un engrais composé de sels ammoniacaux, de nitrates, de superphosphates de chaux et de sels de potasse. Ces habiles agronomes ont même obtenu avec les engrais chimiques des rendements plus élevés qu'avec le fumier donné à la dose de 35 000 kilogrammes à l'hectare. Mais il faut remarquer qu'ils avaient pris pour point de départ une terre qui se trouvait dans l'état d'épuisement relatif qui termine l'assolement de quatre ans usité dans la contrée (turneps, céréale, trèfle, blé), au moment par conséquent où les cultivateurs ont l'habitude d'appliquer une fumure pour recommencer une nouvelle rotation. Or, sous cet état d'épuisement relatif, la terre contenait alors 1 p. 1 000 d'azote et pouvait alors fournir chaque année, selon Schlœsing, de 60 à 80 kilogrammes d'azote nitrique. Les restes des plantes enfouies dans le sol contenaient en outre de l'acide phosphorique et de la potasse; or ces restes, à mesure qu'ils se détruisent, livrent tous les éléments minéraux aux récoltes nouvelles avec les matières humiques et l'acide carbonique qui favorisent la dissolution de ces éléments. Grandeau admet, en effet, que l'humus forme des combinaisons avec divers principes fertilisants comme l'acide phosphorique, la potasse qu'il peut offrir ainsi aux plantes sous une forme plus assimilable. Risler a montré depuis longtemps que l'humus exerce une action dissolvante vis-à-vis du feldspath et des phosphates. En outre, l'humus améliore les propriétés physiques des sols; il donne du corps à ceux qui sont trop légers et y retient l'humidité; il ameublit ceux qui sont trop compacts et y favorise la nitrification; il communique à la terre l'importante propriété de retenir quelques-uns des éléments fertilisants les plus utiles (*pouvoir absorbant*), tels que l'ammoniaque, la potasse, éléments qui seraient enlevés par les eaux et perdus pour la végétation. Enfin, par sa coloration, il rend le sol plus apte à absorber les rayons solaires, ce qui est très précieux pour les pays tempérés. L'humus reste donc, en dépit de Liebig, le régulateur de l'alimentation des plantes (Risler, *loc. cit.*).

D'autre part, toutes les terres ne sont pas comme celles de Rothamsted où pendant des années la fertilité s'est maintenue uniquement grâce aux engrais chimiques et à la « *vieille force* » que possédait le sol au début des expériences. Dans beaucoup d'endroits, par suite de l'emploi exclusif des engrais chimiques, les argiles se durcissent, les labours et autres opérations culturales deviennent très difficiles : la terre, selon l'expression des agriculteurs, est « gâtée ». C'est ce qu'ont observé en particulier Michel Perret dans l'Isère et Dehérain à Grignon.

Mais si l'on emploie ce fumier concurremment avec les engrais chimiques, ces derniers deviennent alors des *compléments* très précieux du premier. Grâce à eux, les grands rendements sont possibles. En effet, le fumier, au point de vue de la teneur en éléments fertilisants, est presque toujours nécessairement, selon l'expression de Joulie, le « reflet du sol ». Dans les terres pauvres en acide phosphorique, les animaux élevés avec les produits du domaine fournissent un fumier qui contiendra peu de cet élément; il faudra donc, pour augmenter la fertilité, apporter des engrais chimiques phosphatés; de plus, l'azote du fumier nitrifie parfois lentement, surtout lorsque les conditions d'humidité et de température ne sont pas convenables, ce qui arrive par exemple si le printemps est sec et froid; dans ce cas, le nitrate de soude ou le sulfate d'ammoniaque donnent d'excellents résultats.

D'autre part, avec les engrais chimiques, on sait très exactement quelles sont les quantités de principes fertilisants qu'on incorpore à la terre; on peut appliquer des fumures convenablement adaptées au sol et aux plantes. Ces engrais contiennent sous un faible volume une dose élevée de principes fertilisants, ce qui rend leur transport dans les terres peu onéreux. Ils ont une action généralement rapide. En outre, on peut avec eux employer chacun des éléments isolément et suivant les besoins, tandis qu'avec le fumier de ferme il faut les employer tous en bloc. Enfin, on demeure, grâce à eux, abstraction faite des circonstances économiques, absolument maître de son système de culture, et la question de l'assolement à adopter, si importante autrefois, laisse maintenant une grande latitude au cultivateur. Une première récolte, écrivent Müntz et Girard, aura-t-elle épuisé l'un des principes donnés par le fumier, les récoltes suivantes manqueront de cet élément; mais cet inconvénient n'est plus à craindre lorsque l'on dispose de chacun des éléments qui peuvent faire défaut.

Les engrais chimiques, il est vrai, n'apportent pas la matière organique qui, comme nous l'avons vu, est un facteur essentiel de la fertilité. Cette matière peut cependant être offerte au sol sans fumier grâce aux *engrais verts*. Ceux-ci, en effet, peuvent être comparés à du fumier frais, dans lequel la matière organique est à un faible degré de décomposition. Ils proviennent de plantes qu'on enfouit sur place (Trèfle incarnat, Lupin, Vesce, Seigle, Colza, Navette, Moutarde blanche, Spergule, Sarrasin, etc.) ou qu'on apporte du dehors (Goëmons, Bruyères, etc.).

Grâce aux engrais verts, on entretient dans le sol le stock de matière organique nécessaire au maintien de la fertilité. D'un autre côté, les plantes cultivées comme engrais verts, par suite du grand développement de leur système radiculaire, vont chercher dans les profondeurs du sous-sol des éléments nutritifs qui ne pourraient être captés par les autres plantes cultivées à racines plus superficielles. Les engrais verts enrichissent donc véritablement la couche arable, et, s'ils proviennent de Légumineuses, il y a en outre gain d'azote aux dépens de l'atmosphère. Enfin, et DEHÉRAIN a, dans ces derniers temps, beaucoup insisté sur ce point, les cultures dites *dérobées*, enfouies comme engrais verts, retiennent les nitrates qui sans cela descendent dans les profondeurs où ils sont perdus pour la végétation. Ces cultures tendent à se répandre de plus en plus, notamment dans les fermes où l'on cultive le Blé et la Betterave et où la terre reste nue pendant six mois depuis la moisson jusqu'à la plantation des Betteraves.

Il est juste de dire que si l'on aborde la question des engrais verts par le côté économique, on est amené à conclure que très souvent il vaut mieux faire consommer ses récoltes au bétail qui fournira du fumier que de l'enfouir en terre comme engrais. Les engrais verts ne doivent guère être employés que lorsqu'on veut mettre en état de fertilité des terrains en pente, escarpés et d'un accès difficile, ou éloignés de la ferme, ou encore lorsque l'exploitation du bétail est dispendieuse et fait revenir le fumier à un prix trop élevé (MÜNTZ et GIRARD, *Les engrais*, t. I).

Il y a quelque temps, GEORGE VILLE, qui s'est fait le champion de l'emploi exclusif des engrais chimiques, a préconisé un système de culture qu'il a nommé la *sidération* et dans lequel on empêche l'appauvrissement du sol en humus à l'aide d'engrais verts. L'auteur basait sa théorie sur le fait, non démontré d'ailleurs, de la fixation de l'azote atmosphérique par toutes les plantes, tous les engrais verts devant, par suite, enrichir le sol en azote. Il semble prouvé pratiquement aujourd'hui que l'emploi du fumier de ferme soit bien préférable à un pareil système (MÜNTZ et GIRARD, *loc. cit.*).

Remarquons en passant qu'il y a un certain nombre de différences entre le rôle des engrais verts et celui du fumier. Les plantes qu'on enfouit comme engrais verts, si ce sont des Légumineuses, enrichissent le sol en azote aux dépens de l'atmosphère, comme la pratique agricole l'avait fait penser, et comme les découvertes de HELLRIEGEL et WILLFARTH l'ont montré (voir art. *Azote*). Si ce sont d'autres plantes (Moutarde, etc.), elles retiennent les nitrates qui sont entraînés d'habitude dans les eaux de drainage au moment des grandes pluies d'automne. Le fumier, lui, apporte aux terres labourées des substances venues dans la prairie par les eaux d'irrigation, ce qui a pour effet d'enrichir le domaine en éléments minéraux étrangers. En outre, le fumier, par les carbonates de potasse et d'ammoniaque qu'il contient, agit sur les phosphates du sol et rend souvent inutile l'acquisition du superphosphate, ce que ne font jamais les engrais verts. Ceux-ci ne présentent jamais une grande efficacité qu'avec l'addition de superphosphate et de chlorure de potassium dans les sols où l'acide phosphorique et la potasse ne sont pas très abondants (DEHÉRAIN, *loc. cit.*).

V. Relations entre les engrais et la nature du sol et des plantes. — Considérons maintenant les rapports qui existent entre les engrais employés et la nature du sol et des plantes. L'engrais étant une matière complémentaire, il importe, avant de l'incorporer au sol, d'être fixé sur la composition de ce dernier, c'est-à-dire en somme sur son degré de fertilité.

Il fut un temps où des agronomes, comme MATHIEU DE DOMBASLE par exemple, se figuraient qu'on pouvait cultiver économiquement tous les sols à la condition de les fertiliser. On est revenu aujourd'hui de cette exagération qui fut si souvent ruineuse. LIEBIG lui-même (*loc. cit.*, 216), malgré les déductions logiques qu'il devait tirer nécessairement de sa théorie de la restitution (*voir plus loin*), déclare qu'il y aurait peu d'avantage à rendre fertile au moyen des engrais chimiques un terrain entièrement aride. RISLER admet, après ROYER, qu'un sol qui n'est pas encore arrivé au degré de fertilité qui caractérise la période céréale doit rester provisoirement ou définitivement soit en bois, soit en pacage. « La fertilité naturelle, a dit LAWES, est moins chère que la fertilité achetée; en réalité, il est plus avantageux de payer une rente pour un terrain fertile que d'avoir pour rien un sol stérile et d'acheter tous les engrais dont il a besoin ».

Mais qu'est-ce en somme que la fertilité? Selon RISLER, un sol n'est apte à la culture des céréales que s'il renferme au moins 1 p. 1 000 d'azote total ou 1,6 p. 100 de matière organique contenant 6 p. 100 d'azote et 50 p. 100 de carbone. Cette limite peut varier suivant la rapidité de la nitrification. Dans une terre chaude où ce phénomène est très favorisé, 0,75 p. 1 000 d'azote organique produiront chaque année autant de nitrate que dans une terre froide qui en contiendrait 1 p. 1 000. Cette teneur en azote organique ne se rapporte qu'à la couche dite arable, c'est-à-dire celle que remue la charrue dans les labours ordinaires (20 à 30 centimètres). Cette couche, selon JOULIE, pèse 4 000 000 de kilogrammes à l'hectare, ce qui fournit, à la dose de 1 p. 1 000, 4 000 kilogrammes d'azote organique. Pour être fertile, la terre doit contenir également 1 p. 1 000 d'acide phosphorique et de potasse (DE GASPARIN, RISLER). Il lui faut également 5 p. 100 de chaux, selon JOULIE; mais, selon RISLER, il existe des terres qui donnent d'excellentes récoltes de froment et qui pourtant ne renferment que 1 p. 100 et même 1/2 p. 100 de chaux. On obtient dans des terres granitiques d'excellents résultats en les chaulant à la dose de 4 000 kilogrammes à l'hectare, soit 1 p. 1 000 du poids de la couche arable. Il faut, en outre, des proportions convenables de magnésie, de fer, d'acide sulfurique. Enfin le sol doit avoir les propriétés physiques convenables.

L'analyse chimique faite au laboratoire et qui est plus compliquée et plus délicate qu'on ne le pense généralement, nous renseigne sur la quantité de principes nutritifs; malheureusement, nous ne savons pas encore distinguer les proportions de ces derniers qui sont susceptibles d'être assimilés par les plantes. Il faut donc ainsi avoir recours aux essais culturaux. D'autre part, l'examen de la flore spontanée peut nous donner des indications sur la nature du sol qui, sans avoir une valeur absolue, n'en sont pas moins très précieuses.

La Digitale pourpre, l'Arnica des montagnes, le Sureau à grappes, le Châtaignier, le Framboisier, caractérisent les roches granitiques; l'Orobanche rouge est plus spéciale aux régions basaltiques. Le Sainfoin, le Trèfle, la Minette, le Mélilot, les Bugranes, le Mélampyre, la Fléole aiment les sols calcaires, tandis que l'Oseille, la Bruyère, l'Ajonc, les Fougères, les Houques croissent généralement sur des sols dépourvus de chaux. Le Tussilage ou Pas-d'âne, le Sureau Yèble, la Potentille ansérine aiment les argiles; les Carex, les Sphaignes, les Pédiculaires, les Joncs et la Linaigrette abondent dans les terrains tourbeux.

Mais le sol n'est pas seul à considérer; il y a encore le sous-sol. Les racines, en effet, s'enfoncent plus ou moins profondément et vont alors chercher leur nourriture dans ce dernier qui joue en outre le rôle important de réservoir d'eau. Le plus souvent, le sous-sol est moins fertile que la couche arable; l'azote s'y trouve en proportion moindre par suite d'une diminution de la matière organique; mais l'acide phosphorique s'y trouve en proportion sensiblement égale, à moins que la formation géologique ne soit différente; même observation pour la potasse.

La terre végétale possède vis-à-vis des éléments fertilisants une propriété extrêmement moins importante qu'on désigne sous le nom de *pouvoir absorbant*. LIEBIG a cru pendant un certain temps que les liquides nutritifs circulaient dans le sol librement et pouvaient être entraînés par les eaux pluviales; aussi, pour éviter ce grave inconvénient, proposa-t-il de chauffer les engrais avec des silicates, afin de former des composés moins solubles; mais l'expérience ne fut pas couronnée de succès. On sait aujourd'hui, grâce aux travaux de HUXTABLE, THOMPSON, GRAHAM, WAY, LIEBIG, BRÜSTLEIN, VÖLCKER, SCHLŒSING, DEHÉRAIN, que les sels de potasse et d'ammoniaque sont bien absorbés, tandis que les nitrates ne le sont nullement. Quant aux phosphates, non seulement ils sont, eux aussi, retenus par l'humus, mais encore par l'oxyde de fer et l'alumine. On peut donc dire, d'une manière générale, que la terre végétale fixe les matières minérales les plus importantes, à l'exception des nitrates (MÜNTZ et GIRARD, *loc. cit.*).

Le pouvoir absorbant qui consiste dans des combinaisons chimiques, et peut-être aussi dans ce que CHEVREUL appelait « l'affinité capillaire », exige pour s'exercer du calcaire ou du carbonate de magnésie destiné à transformer les sels de potasse et d'ammoniaque en carbonates, que fixent ensuite la matière humique et la silice colloïdale. Ces éléments seront ensuite mis en liberté par dialyse, au fur et à mesure des besoins de la plante. Le pouvoir absorbant de l'humus est tel que les acides azotique et chlorhydrique concentrés et bouillants ne peuvent enlever, au terreau par exemple, la totalité de la potasse et de l'acide phosphorique qui s'y trouvent contenus. (BERTHELOT et ANDRÉ. *Sur l'état de la potasse dans les plantes, le terreau et la terre végétale et son dosage.* [*Annales de Chimie et de physique,* 6ᵉ série, xv, 86-183, 1888]; *Sur le phosphore et l'acide phosphorique dans la végétation* [*ibid.,* 133-144]; *Sur le dosage des matières minérales contenues dans la terre végétale et sur leur rôle en agriculture* [*C. R.,* cxii, 117, 1891]).

Or le pouvoir absorbant n'est pas le même pour tous les sols. Les sols siliceux l'ont à un faible degré; au contraire, les sols riches en argile et en humus le présentent au maximum.

On peut conclure des données qui précèdent qu'il est possible de fournir à l'avance à une bonne terre végétale des principes fertilisants, sauf les nitrates et les sels ammoniacaux qui nitrifient rapidement, sans avoir à craindre leur déperdition avant qu'ils soient utilisés par les plantes.

L'état physique du sol exerce aussi une influence importante. Dans les sols argileux, compacts, l'eau séjourne et l'air y circule difficilement; aussi la nitrification y est peu active; alors les engrais déposés en couverture peuvent être enlevés par les eaux qui circulent à la surface; par contre, si les engrais sont incorporés au sol, ils sont énergiquement retenus. Dans les sols légers, les engrais solubles sont vite entraînés; il faut donc employer ces derniers au fur et à mesure des besoins; ces sols consomment, par suite de la facile pénétration des eaux pluviales, de grandes quantités d'engrais; s'ils contiennent de la chaux, les phénomènes de combustion sont très actifs et les fumures organiques disparaissent avec une grande rapidité; il faut alors fumer à doses faibles et répétées.

L'engrais, s'il est un complément de la nature chimique du sol au point de vue des éléments nutritifs, est cependant aussi dans la dépendance de la nature des végétaux cultivés.

Quand on admettait encore la théorie humique, on croyait que la même alimentation convenait à tous les végétaux, et cette croyance paraissait confirmée par l'analyse chimique qui résout les plantes en principes identiques ne différant que par leurs proportions (DE GASPARIN, *Principe de l'agronomie,* 198). Mais DE SAUSSURE (*loc. cit.,* 247) montra que le végétal n'assimile pas les substances solubles du sol en raison de leur abondance, qu'il a en quelque sorte un pouvoir électif pour tel ou tel principe. CHEVREUL fit voir ensuite (*C. R.,* 6 juillet 1853, 581) que certains tissus ont la propriété de dédoubler les solutions et de s'approprier une plus grande proportion de l'eau et des sels qu'elles contiennent.

L'expérience montre que les plantes ont des besoins différents vis-à-vis des éléments fertilisants. Nous sommes donc amené à étudier leur composition, afin de pouvoir déterminer les terrains qui leur conviennent et les engrais qu'on doit leur donner (MÜNTZ et GIRARD, *loc. cit.,* I, 115-185) (*Recherches de* BOUSSINGAULT, LAWES et GILBERT, WOLF, MÜNTZ et GIRARD, etc.).

Les proportions d'éléments qu'on rencontre dans les plantes sont assez variables, comme le montre l'exemple suivant tiré du Blé :

			GRAIN de blé.	PAILLE de blé.
			p. 100.	p. 100.
Acide phosphorique.	{	Quantité minimum . . .	1,50	
		— moyenne. . . .	2,08	0,48
		— maximum . . .	2,50	0,60
Azote	{	Quantité minimum . . .	0,50	
		— moyenne. . . .	0,82	0,23
		— maximum . . .	1,20	0,50

Ces variations sont dues : 1° aux proportions d'éléments fertilisants contenus dans la terre ou ajoutés comme engrais. Ainsi LAWES et GILBERT ont montré que du foin de prairie non irriguée dose 13 p. 100 de matière azotée, tandis que le foin d'une prairie arrosée à l'eau d'égoût en contient 90 p. 100. Schlœsing cite du Tabac qui, dans certains sols, dose de 4 à 5 p. 100 de potasse et dans d'autres 0,25 seulement; 2° Aux conditions climatériques. Ainsi, quand le développement a été très rapide par suite des pluies, les plantes sont plus pauvres en azote et en acide phosphorique; 3° A l'âge de la plante. Voici, d'après Wolff, des chiffres qui mettent le fait en évidence :

	AZOTE.	ACIDE phosphorique.	POTASSE.
Jeune herbe de prairie	0,50	0,22	1,16
Herbe à la floraison	0,44	0,15	0,60

4° Aux variétés ou aux races d'une même espèce.

Il est entendu que, les calculs se rapportant aux exigences des plantes, on ne tient compte au point de vue des engrais que de la partie récoltée, celle qui reste dans la terre n'appauvrissant pas cette dernière.

Dans les Céréales, l'azote et l'acide phosphorique sont principalement concentrés dans la graine; les pailles sont plus riches en chaux et aussi en potasse, quoique ce soit moins nettement accusé. C'est surtout la matière azotée qui élève la production des Céréales, du Blé particulièrement. Mais Lawes et Gilbert ont montré que le rendement n'est pas proportionnel à la quantité d'ammoniaque employée, surtout si l'on opère dans des sols pauvres en éléments minéraux. L'Orge est moins épuisante que le Blé; dans un terrain moins riche, elle est susceptible de produire plus que cette dernière Céréale; là où $5^{kil},5$ d'ammoniaque produisent un excédent de récolte de 1 hectolitre de Blé avec la paille correspondante, on arrive au même résultat pour l'Orge avec $2^{kil},5$ seulement (Lawes et Gilbert). Le Seigle est relativement épuisant à cause de la quantité de paille qu'il produit. Si pourtant le Seigle est fréquemment cultivé dans les terres pauvres, cela tient plutôt à sa rusticité qu'à ses faibles exigences en matières fertilisantes; aussi, quand on donne à cette Céréale des fumures appropriées, voit-on croître son rendement dans de fortes proportions. L'Avoine, comme les autres Céréales, demande surtout de l'azote. Le Maïs a de grandes exigences pour les principaux éléments fertilisants; il est vrai que la moitié de son azote et de son acide phosphorique et la presque totalité de la potasse restent dans le domaine; car il est consommé comme fourrage et employé comme litière. Le Sarrasin exporte autant et même plus que le Blé, mais c'est une plante très rustique. Sa paille, selon Lechartier, est plus riche que celle des autres Céréales en azote, acide phosphorique et chaux. En somme, parmi les plantes qui précèdent, le Blé, le Maïs, le Sarrasin sont sensiblement plus épuisants que les autres, il leur faut donc un sol plus riche ou des fumures plus abondantes. Si, d'autre part, on ne considère dans la récolte que la partie généralement exportée du domaine, c'est-à-dire les grains, on peut dire que c'est le Blé qui appauvrit le plus l'exploitation.

Chez les Légumineuses, les graines sont très riches en azote; elles le sont aussi, mais moins, en acide phosphorique. Les pailles sont moins riches en ce dernier élément, mais elles en contiennent toutefois plus que celles des Céréales; par contre, la potasse, la chaux, la magnésie y sont plus abondantes. Bien que les Légumineuses soient exigeantes en azote, il n'y a pas lieu, en général, de leur appliquer des engrais azotés; on sait en effet que ces plantes ont la propriété de fixer l'azote atmosphérique (voir art. **Azote**); les Légumineuses, sous ce rapport, sont des plantes améliorantes.

Viennent ensuite les plantes cultivées pour leurs racines ou leurs tubercules. Dans ce cas, ce sont les parties souterraines qui sont exportées, alors que les parties aériennes, feuilles et tiges, sont enfouies comme engrais verts ou employées dans l'alimentation. Les Carottes et Navets sont exigeants en potasse; les Rutabagas, en raison de leur composition et de leurs forts rendements davantage que les Céréales; par contre, la potasse, la chaux, la magnésie y sont plus des plantes épuisantes par excellence. Les Betteraves demandent beaucoup d'azote et de potasse; mais il faut éviter de donner aux variétés sucrières de trop fortes fumures azotées; un excès de ce genre nuirait à la richesse saccharine et à l'extraction du sucre. La Pomme de terre (Boussingault) et surtout le Topinambour (Müntz et Girard) ont des exigences analogues à celles de la Betterave; le Topinambour est presque aussi épuisant que les Rutabagas. Ainsi donc les plantes-racines soutirent au sol beaucoup de potasse. Si la consommation des racines et des tubercules est faite sur place, la potasse revient au domaine par le fumier. Si ces racines et tubercules sont livrés à l'industrie, le sol s'appauvrit en potasse, et il faut songer à restituer cet élément dans les sols qui n'en sont pas abondamment pourvus. C'est surtout pour les plantes-racines que les engrais spéciaux à chaque culture prennent une grande importance.

Avec les plantes dites industrielles (oléagineuses, textiles), on n'enlève que l'huile ou la fibre textile formées de matériaux ternaires et n'entraînant pas avec eux de principes fertilisants. Le Pavot et le Colza exportent une quantité moyenne de tous les éléments les plus importants; le Lin est moins exigeant, mais le Chanvre l'est plus que ce dernier, surtout pour la chaux; le Houblon exporte beaucoup d'azote. Quant au Tabac, il utilise, selon Boussingault et Schlœsing, des quantités notables d'azote et de potasse.

Examinons maintenant les plantes fourragères qui pour la plupart sont des Graminées et des Légumineuses. Les Graminées sont moins exigeantes que les Légumineuses; elles contiennent moitié moins d'acide phosphorique et de potasse; par contre, elles renferment une proportion triple de chaux. On sait qu'il existe des prairies permanentes dans lesquelles la végétation se maintient sans apport d'engrais; dans ce cas, l'appauvrissement peut être compensé soit par l'eau d'irrigation qui renferme des principes nutritifs, comme cela a lieu dans les prairies établies sur des sables stériles; si l'on n'irrigue pas, on peut néanmoins se rendre compte de la teneur constante en azote par la considération du stock disponible qui existe dans la terre, par l'apport dû aux eaux pluviales et aussi aux eaux souterraines ramenées des profondeurs grâce à la transpiration, enfin par l'ammoniaque atmosphérique qui est absorbée par les feuilles. En ce qui concerne l'acide phosphorique et la potasse, nous sommes obligés de faire appel à la réserve du sol et du sous-sol; mais alors pourquoi cette réserve ne suffit-elle pas aux Céréales, par exemple, qui ne sont pas plus exigeantes que les plantes des prairies et qu'on ne peut cependant cultiver longtemps sur le même sol sans restitution? C'est que, supposent Müntz et Girard, l'inextricable lacis de racines qui pénètre le sol des prairies agit sur toutes les parties de la terre arable, et alors toutes les réserves sont susceptibles d'être utilisées; chez les Céréales, au contraire, une partie seulement du sol est envahie par le système radiculaire. Quant aux Légumineuses des prairies artificielles, on sait qu'elles ne peuvent pas être cultivées indéfiniment dans la même terre. Au bout d'un nombre quelquefois relativement court d'années, on les voit péricliter malgré les défoncements et les fumures, alors qu'il n'en est pas ainsi pour les Céréales, comme l'ont démontré Lawes et Gilbert. Il est probable que l'épuisement du sous-sol doit être pour beaucoup dans cet effet, car on a remarqué que les Légumineuses durent d'autant plus longtemps que ce dernier est plus perméable et plus profond (Müntz et Girard).

Avec les cultures arbustives, ce sont les fruits, rarement les feuilles, qui sont exportés. La Vigne n'est pas épuisante (la potasse seule est enlevée en quantité sensible) si l'on évite toute déperdition de produits secondaires, tels que : feuilles, sarments et marcs; c'est ce qui explique la persistance pendant une longue série d'années de cette plante sur le même sol (Boussingault, Marès, Péneau, Müntz). Le Pommier, selon Isidore Pierre et Lechartier, exporte des quantités notables d'azote et de potasse. L'Olivier n'est pas exigeant, surtout en acide phosphorique (de Gasparin, Andoynaud). Le Mûrier, au contraire, est très épuisant (de Gasparin, Wolff).

Les essences forestières n'épuisent que très peu la terre (Grandeau, Ebermayer), tous les produits y revenant presque directement. Selon Henry même, la couverture formée de feuilles mortes aurait la propriété, par une action microbienne, de fixer l'azote atmosphérique. Henry a montré que le Hêtre et le Tremble sont riches en potasse; le Charme au contraire en contient peu; c'est le Chêne qui renferme le plus d'acide phosphorique et de potasse; après lui vient l'Érable.

Enfin, depuis quelque temps, on s'occupe beaucoup, à la suite des travaux de Grandeau à la station expérimentale du Parc des Princes (L. Grandeau, *La fumure des champs et des jardins. Annales de la Science agronomique française et étrangère*, 1re série, xi, 1893, 305), de l'action des engrais minéraux en horticulture (Voir Bernard Dyer, *Le fumier de ferme et les engrais minéraux dans la culture maraîchère. Annales de la Science agronomique française et étrangère;* 2e série, ii, 25, 1894. Truffaud, *Ann. agr.*).

Grandeau admet que le problème qui s'impose au maraîcher est double : hâter la transformation de l'azote organique en nitrates et fournir au sol à bon marché l'acide phosphorique et la potasse qui manquent par suite de leur exportation par les plantes. On arrivera à la solution en substituant dans une large mesure les engrais minéraux au fumier qu'on était jusqu'ici obligé d'employer à des doses très considérables.

D'après tout ce qui vient d'être dit sur les relations entre les engrais avec le sol et la plante, on comprend tout l'intérêt qui s'attache à l'emploi des engrais simples dont on connaît parfaitement la composition chimique. Rien de plus fallacieux que ces engrais dits *complets* pour telle ou telle culture et qui sont malheureusement si répandus dans le commerce. Tout d'abord ces engrais coûtent cher, le fabricant faisant payer une plus-value énorme pour des manipulations qui ne sont ni compliquées, ni dispendieuses; d'autre part il se produit entre les engrais composants comme, par exemple, entre les nitrates et les superphosphates (Andouard) des réactions qui mettent en liberté un ou plusieurs éléments utiles : de plus, les engrais simples, qui se trouvent dans le mélange, se trouvent forcément répandus au même moment, ce qui a souvent, nous l'avons montré, un grave inconvénient; en outre, la fraude est rendue plus facile. Enfin les engrais complets ne tiennent pas toujours compte des exigences des plantes; et, à supposer qu'il en soit autrement grâce aux connaissances agronomiques des fabricants, il n'en reste pas moins ce fait que, la composition physique et chimique du sol variant à l'infini, les formules d'engrais ne peuvent pas le prévoir et être adaptées pour une plante donnée à toutes les terres dans lesquelles celle-ci est cultivée.

Sous l'influence des idées de Georges Ville, il s'est formé au sujet des engrais complets une théorie dite des *dominantes*, que les fabricants ont beaucoup propagée et qu'il importe de combattre dans ce qu'elle a d'absolu. Déjà Liebig (*Chimie végétale*, 220), étudiant les cendres des plantes cultivées, avait divisé ces dernières en *plantes à potasse* qui renferment en alcalins solubles plus de la moitié de leur poids, en *plantes à chaux*, où les sels calcaires prédominent, et en *plantes à silice* dont les cendres contiennent beaucoup de silice. Ces substances minérales sont précisément, écrivait Liebig, celles dont les plantes ont le plus besoin pour leur développement et qui les distinguent essentiellement entre elles. George Ville, lui, faisait remarquer que, sur les quatre termes de l'engrais complet, il y en a trois, le phosphate, la potasse et l'azote qui remplissent tour à tour une fonction subordonnée ou prépondérante, suivant la nature des plantes; la chaux, utile à toutes, ne manifestent sur aucune en particulier cette prééminence fonctionnelle, il a appelé *dominante* d'une plante l'élément qui est le régulateur du rendement. C'est l'azote pour les Céréales, le Chanvre, la Betterave; la potasse pour la Vigne, la Pomme de terre; le phosphate de chaux pour les Navets, la Canne à sucre, le Maïs.

Il est très vrai, et nous l'avons montré, que chaque plante a des exigences particulières, tant au point de vue de la quantité que de la qualité des principes fertilisants. Mais il ne faut pas oublier que la formule d'engrais doit tenir compte de la composition du sol, qu'il doit compléter, comme l'a dit Chevreul. La Pomme de terre, par exemple, est très sensible à l'apport de potasse, mais il est inutile d'incorporer cet élément au sol, si ce dernier en est suffisamment pourvu. Il y a plus : l'adjonction d'un principe, là où il est inutile, peut même devenir nuisible; ainsi, bien que l'azote soit la dominante des Céréales, il faut bien se garder d'ajouter des nitrates dans les terres ensemencées en Blé et qui ont un stock considérable de matière organique en bonne voie de nitrification; la verse se produirait infailliblement.

Certes les engrais composés rendent de grands services; mais le cultivateur doit opérer le mélange lui-même, afin de pouvoir répandre les différents éléments en temps voulu et d'adapter ses formules aux sols et aux plantes qu'il cultive. L'établissement de ces formules lui sera permis, grâce à la connaissance de la composition de ses terres, des exigences des plantes et des résultats des champs d'expérience.

Ainsi donc le rêve de Liebig, qui était de préparer dans les fabriques des engrais pour chaque terre et chaque plante, de même qu'on prépare des médicaments pour telle maladie donnée, ne semble pas devoir se réaliser (Liebig, *loc. cit.*, 264).

VI. Durée d'action des engrais. — La durée d'action des engrais est fort variable suivant la nature de ces derniers et aussi suivant les sols. Ainsi le fumier fortement tassé, enfoui dans un sol peu perméable, se conserve longtemps, comme le montrent les expériences faites en sols argileux et en sols sablonneux et calcaires. « On sait, dit de Gasparin, avec quelle rapidité se consomme le terreau superficiel qui provient de la chute des feuilles dans les bois lorsqu'on vient à les défricher. Quand les forêts de la Virginie furent abattues, on trouva le sol couvert d'un terreau riche, sur lequel on obtenait des produits considérables; on se livra à la culture du Tabac qui est épuisante, et après un petit nombre d'années, le terrain, qui est sablonneux et qui ne possédait pas dans son intérieur de dépôt ancien de terreau, s'est trouvé épuisé, et les cultures y sont bien déchues de leur ancienne splendeur. » (DE GASPARIN, *loc. cit.*, 211.)

L'ameublissement fréquent du sol qu'exige la culture des Céréales, des plantes sarclées, contribue aussi à activer la consommation du fumier, ce qui n'a pas lieu dans les prairies temporaires et surtout permanentes.

Le chaulage accélère aussi la nitrification, et, dans des sols où il est appliqué à des doses immodérées, la matière humique a vite fait de disparaître, et le sol devient stérile.

Le cultivateur a intérêt à connaître quelle est dans un sol, et pour un système de culture donné, la fraction de l'engrais distribué qui persiste après une ou plusieurs récoltes. C'est grâce à cette connaissance qu'il peut régler les fumures ultérieures et déterminer à la fin d'un bail l'indemnité dite de *l'engrais en terre* qui, suivant certains contrats, est due par le propriétaire au fermier sortant pour l'engrais qu'il laisse dans le sol.

LAWES et GILBERT ont montré qu'en moyenne, les récoltes prennent la première année le tiers de la fumure azotée, quand c'est du sulfate d'ammoniaque employé à la dose de 200 à 400 kilogrammes à l'hectare. Si c'est de l'azote nitrique, la moitié seulement est utilisée; mais, avec du fumier, la quantité d'azote utilisée la première année n'est que les 14 centièmes de l'azote total introduit. La fraction de l'azote non retrouvé dans l'augmentation de la récolte existe pour la plus grande part dans les eaux de drainage, si l'on a employé des engrais solubles; cependant, lorsque les engrais azotés salins ont provoqué une abondante récolte, le sol se trouve enrichi d'une faible fraction de l'azote introduit, lequel est immobilisé à l'état organique dans les résidus (racines, feuilles, chacune suivant les cas), en sorte que, dans ces circonstances, ce sont les récoltes les plus abondantes qui appauvrissent le moins le sol en azote. Si l'on emploie le fumier de ferme, la partie non utilisée est très importante, et influe sur un certain nombre de récoltes ultérieures; il en est de même des phosphates et des sels de potasse qui sont retenus par le pouvoir absorbant. Seuls, par conséquent, les nitrates et les sels ammoniacaux qui nitrifient rapidement, ne peuvent être pris en considération en ce qui concerne l'engrais en terre.

Et maintenant qu'arriverait-il au bout d'un certain temps si l'on cessait l'emploi des engrais tout en continuant les cultures? Ce sol s'épuiserait et deviendrait stérile. LIEBIG prétendait que les sols autrefois si fertiles de l'Asie Mineure et du nord de l'Afrique sont devenus stériles parce qu'on n'a pas restitué les éléments enlevés par les récoltes. « Dans l'agriculture, disait-il, le principe fondamental, c'est de rendre toujours à la terre, en pleine mesure, n'importe sous quelle forme, tout ce qu'on lui enlève par les récoltes, et de se régler en cela sur le besoin de chaque espèce de plante en particulier. » Pour lui, il faut, par les engrais, rétablir dans la composition chimique du sol l'état d'équilibre que troublent les récoltes. Nous savons déjà que ce *principe de la restitution* est beaucoup trop absolu, qu'il est par exemple inutile de rendre de la potasse à un sol qui en renferme beaucoup. Mais, s'il est bien certain que ce qu'on a appelé la culture *vampire*, celle qui ne fait qu'exporter pendant longtemps sans jamais rien rendre, conduit nécessairement à la stérilité, il n'en est pas moins vrai, abstraction faite de la mauvaise constitution physique du sol, de la présence en trop grande quantité de substances nuisibles telles que le sulfate de fer et le sel marin, que très souvent ce sont les circonstances économiques qui conduisent à de pareils résultats. Ainsi s'est appauvrie la Meseta espagnole par suite du parcours des moutons et de l'expulsion des Arabes.

Des expériences suivies faites à Rothamsted par LAWES et GILBERT et par DEHÉRAIN à Grignon, il résulte que par suite de la culture sans engrais, le sol s'appauvrit en humus, en azote et en principes minéraux. La terre, épuisée en humus par DEHÉRAIN, en renfermait en moyenne 13 grammes p. 1000 au lieu de 35, et il n'y avait pas de différence notable dans le sol riche et le sol pauvre en ce qui concerne la proportion d'eau retenue et la quantité d'acide carbonique produite. En outre, l'humus, dans les deux cas, n'avait pas la même composition; le rapport $\frac{C}{Az}$ est de 8,4 à 8,5 dans le sol riche, et de 4,9 à 4,8 dans le sol épuisé; la culture sans engrais aurait peut-être pour effet de faire disparaître une forme d'humus directement utilisable par les plantes (DEHÉRAIN, BRÉAL). L'humus, il est vrai, se reforme par la végétation spontanée comme par les fumures organiques et la stérilité complète n'est à craindre que là où la sécheresse sévit avec intensité, comme aujourd'hui dans les plaines autrefois si fertiles de la Mésopotamie, de la Palestine, de l'Asie Mineure et du nord de l'Afrique.

Quant à l'azote, s'il se perd par la réduction des nitrates et surtout par leur entraînement dans les eaux de drainage, il se récupère d'autre part par l'absorption de l'ammoniaque atmosphérique et par la fixation de l'azote libre, grâce à des actions microbiennes (voir art. **Azote**).

Bien que, par suite de la culture sans engrais, le sol s'épuise en acide phosphorique et en potasse, l'agriculture européenne n'a pas à craindre la stérilité par suite du manque de ces éléments, ceux-ci existant en abondance dans de nombreux gisements exploités.

C'est plutôt l'azote qui inspire des craintes sérieuses, contrairement à ce que croyait LIEBIG. Nous en perdons beaucoup par suite de l'inutilisation presque complète des résidus de l'alimentation humaine, et, comme les gains sont insuffisants pour l'entretien des récoltes à grands rendements, il est probable qu'un coup funeste sera porté à la culture le jour où les gisements de nitrates du Pérou seront épuisés. Espérons qu'avant ce terme fatal, la chimie nous aura appris à réduire les pertes d'azote et à vaincre l'inertie de cet élément pour le faire entrer dans des combinaisons utilisables pour les plantes (DEHÉRAIN, *Chimie agricole*, 514).

Dans une conférence retentissante faite récemment à l'Association britannique (*L'alimentation en blé : Revue scientifique*, 4e série, x, 389, 24 septembre 1898), WILLIAM CROOKES a, lui aussi, appelé l'attention sur ce fait que, lorsque le salpêtre sera employé sur une plus vaste échelle, les gisements s'épuiseront vite, et la production du Blé sera compromise. L'illustre savant, prévoyant ainsi la disette du blé, évoque le pâle fantôme de la faim, et est amené à considérer que le salut de l'humanité est dans la production artificielle du nitrate de soude.

MAXIMILIAN PAVLOVSKI (*L'alimentation en blé. Réponse à* WILLIAM CROOKES; *Revue scientifique*, 4e série, xi, 553, 6 mai 1899) se montre plus optimiste, mais il croit peut-être un peu trop, comme nous le montrerons plus loin, à l'importance que pourront avoir les préparations de microbes fixateurs d'azote (*alinite* et *nitragine*) pour capter cet élément.

CH. RICHET (*La lutte pour le carbone. Revue scientifique*, 4e série, xi, 705, 10 juin 1899) pense également que les craintes de CROOKES ne sont pas justifiées. Pour lui, il n'y a sur la terre, en dernière analyse, aucune perte notable d'azote combiné ; ce dernier est en quantité considérable dans le sol, et la réserve de l'azote atmosphérique est inépuisable. Tout au plus, l'homme devrait-il, par un plus habile aménagement de ces ressources, ne pas laisser disparaître sans profit dans la mer les grandes masses d'azote ammoniacal qui proviennent de la décomposition des matières vivantes, végétales ou animales. Toutefois il n'en reste pas moins que la réserve, si importante soit-elle, d'azote gazeux, n'a de valeur que si l'on arrive à faire entrer cet élément dans des combinaisons utilisables par les plantes.

VII. Mode d'emploi des engrais. — La question du mode d'emploi des engrais, qui présente un si haut intérêt, peut être résolue maintenant grâce aux notions qui viennent d'être exposées. GASPARIN (*loc. cit.*, 218) fait remarquer que, pour utiliser le mieux possible les engrais, il faut : 1° employer ceux qui sont solubles à des doses petites et réitérées au fur et à mesure des besoins de la plante; 2° faire usage de ceux qui sont peu solubles pour des plantes dont la durée de végétation se prolonge aussi longtemps que la fermentation elle-même.

Ces principes sont loin d'être absolus, comme nous l'allons voir en étudiant quelques types d'engrais.

Le fumier est employé en couverture ou enfoui dans le sol. Dans ce dernier cas, il l'est immédiatement, et alors toutes ses matières fertilisantes sont retenues par la terre ; ou bien il l'est après un certain temps, et alors le fumier est lavé par les eaux pluviales et les parties solubles sont entraînées dans les parties de la terre qui portent les tas, lesquelles se trouvent énergiquement fumées au détriment des autres. En outre, à l'air libre, le fumier perd de l'azote à l'état d'ammoniaque, mais cette perte est faible dans les pays humides tels que l'Angleterre, les provinces baltiques, la Normandie. On prétend même, en certains pays, qu'il y a plus d'avantage à laisser le fumier épandu à la surface pendant quelques semaines avant de l'enfouir, et que son action est alors plus rapide. Quant aux fumures dites en couverture, elles s'emploient pour les prairies naturelles et artificielles, et quelquefois aussi pour les autres cultures, notamment dans les sols légers, sablonneux et calcaires. Comme les éléments du fumier ne sont pas immédiatement assimilables, les plantes profiteront plutôt d'un fumier qui a subi une décomposition dans le sol que de celui qui leur est donné au moment même de leurs besoins; aussi a-t-on l'habitude de répandre le fumier à l'automne ou à l'entrée de l'hiver.

Les nitrates, par suite de leur grande solubilité et de l'inaptitude de la terre à les fixer, doivent être employés au fur et à mesure des besoins des plantes. L'époque la meilleure est le printemps, à un moment où on peut encore compter sur quelques pluies pour opérer la dissolution; les grandes sécheresses et les pluies persistantes nuisent beaucoup à l'action du nitrate de soude. On emploie le plus souvent le nitrate en couverture; disons cependant que Müntz et Girard recommandent de l'enterrer par un labour toutes les fois qu'il est possible.

Les sels ammoniacaux, en terre contenant assez de calcaire, se transforment en carbonate d'ammoniaque qui est retenu par le pouvoir absorbant du sol; mais, dans les sols légers, ils nitrifient rapidement. Il faut donc, en général, sauf dans les terres fortes seules, appliquer le sulfate d'ammoniaque au moment où les plantes ont besoin d'azote assimilable.

Les phosphates naturels, qui n'ont pas subi leur emploi de traitement chimique, peuvent être comparés dans une certaine mesure aux engrais azotés organiques, tandis que ceux qui ont été traités peuvent l'être aux engrais azotés solubles. Les premiers ont besoin de subir dans le sol une préparation susceptible de favoriser leur diffusion, alors que les seconds se trouvent de suite prêts à agir sur la végétation. Toutefois, les phosphates, quels qu'ils soient, peuvent être répandus à une époque quelconque de l'année; s'ils n'ont pas subi de traitement chimique, il faut les employer un certain temps d'avance. Les phosphates naturels ne s'appliquent jamais en couverture sur les plantes en croissance; leur effet serait nul; on les enfouit profondément, et assez souvent en mélange avec les fumiers.

Les engrais potassiques doivent être employés avec de grandes précautions par suite de leur causticité; mis en même temps que la graine, ils nuiraient à la germination; répandus en couverture, ils attaqueraient les parties feuillues et même les racines. Il faut donc les donner à l'avance; ils subissent alors dans le sol des réactions qui leur enlèvent leur causticité en même temps que les impuretés nuisibles. Ainsi du chlorure de potassium souillé de chlorure de magnésium finit par se transformer en carbonate et en humate; le chlorure de magnésium qui souillait le sel potassique et le chlorure de calcium produit par double décomposition et qui est très nuisible sont enlevés par les eaux de drainage.

Tous les engrais, solubles ou non, employés en couverture ou enfouis dans le sol, sont généralement répandus avec la plus grande uniformité. De Gasparin n'hésite pas à condamner cette pratique (loc. cit., p. 219). Il fait remarquer avec beaucoup de justesse que les racines des végétaux ne peuvent occuper qu'une partie du sol cultivé et engraissé, en sorte qu'une quantité notable de principes fertilisants pour une récolte donnée est inutilisée et peut même être perdue pour toujours si l'engrais en question n'est pas retenu par le sol. Une moindre quantité d'engrais, n'occupant que le cube qu'embrasseraient les racines et se trouvant à proximité de ces dernières, n'exposerait pas à une aussi grande perte; c'est ce qui a lieu par exemple dans la plantation par poquets utilisée par les jardiniers. Chaque plante, chaque touffe s'y trouve entourée de très près par la quantité d'engrais qui lui est nécessaire.

Schlœsing, dans ses expériences de laboratoire faites sur le Blé, le Haricot, la Pomme de terre (C. R., cxv, 698 à 768; 1892) et après lui Prunet (Influence du mode de répartition des engrais sur leur utilisation par les plantes. Revue générale de Botanique, vii, 1894, 260) dans des expériences faites dans les champs (sur la Pomme de terre seulement), se rapprochant par conséquent des conditions réalisées dans la culture ordinaire, ont vérifié les assertions de de Gasparin. Ils ont trouvé qu'en général la répartition de l'engrais en ligne se montre la plus avantageuse.

VIII. Enrichissement du sol en azote. Nitragine et Alinite. — Avant d'abandonner cette question des engrais, disons quelques mots sur de nouveaux agents de fertilité, de nature microbienne, qui auraient pour effet d'enrichir le sol en azote aux dépens de la réserve atmosphérique.

On sait, depuis les travaux d'Hellriegel et Wilfarth (voir art. Azote), que les Légumineuses présentent des tubercules remplis de microbes ayant le pouvoir de fixer l'azote atmosphérique; les racines de ces plantes restent dans le sol, y pourrissent et augmentent par conséquent la teneur de ce dernier en azote; c'est ce qui explique que de tout temps on ait pu considérer les Légumineuses comme des *plantes améliorantes*.

D'autre part, depuis les travaux de Berthelot, Schlœsing fils et Laurent, Rossowitch, Winogradski, etc. (voir art. Azote), il est acquis aujourd'hui que des espèces microbiennnes vivant seules ou en symbiose avec des Algues dans la terre, fixent l'azote gazeux, et c'est ce qui rend compte de la persistance de la végétation dans des endroits où l'on n'a jamais mis d'engrais.

Après ces découvertes, on s'est demandé si l'on ne pourrait pas favoriser le développement des Légumineuses et aussi activer la fixation de l'azote dans les sols. Lawes avait déjà dit : « Le jour viendra-t-il où les graines seront ensemencées accompagnées des organismes qui leur sont nécessaires et qui font défaut dans nos terres? »

Dès 1887, Salfeld (*Biederm. Centralbl.*, xviii, 219) songea à introduire dans les champs de la terre ayant déjà porté l'espèce de Légumineuse qu'il s'agit de cultiver. Il pensait provoquer ainsi une abondante formation de nodosités, et en effet les essais culturaux réussissent parfaitement. Mais ce mode d'inoculation a l'inconvénient d'être coûteux; car il exige le transport de plusieurs tonnes de terre par hectare. Aussi Nobbe et Hiltner ont-ils ces dernières années simplifié ce procédé par l'emploi de cultures pures de bactéries des Légumineuses (*Land. Versuch. Stat.*, xlvii, 1896). Nobbe et Hiltner admettent qu'il existe dans le sol des formes neutres de bactéries capables de se fixer sur la plupart des Légumineuses et des formes adaptées à des espèces déterminées; de plus, une forme neutre, par suite de son passage sur une espèce de Légumineuse, subit une adaptation si profonde qu'elle devient incapable de vivre sur d'autres espèces. Si donc on veut favoriser la fixation de l'azote amosphérique par une espèce de Légumineuse, il faut offrir à cette dernière la race déjà spécialisée de bactérie qui lui convient. C'est pourquoi Nobbe et Hiltner font des cultures pures de toutes les races qu'ils livrent au commerce sous le nom de *nitragine*. Les essais culturaux qui ont été entrepris de toutes parts pour se fixer sur la valeur de la nitragine ont donné en général des résultats peu encourageants. Dehérain (*Annales agronomiques*, 1898, 174), avec la nitragine destinée au Lupin, a tenté l'inoculation sans succès. Mazé (*Annales de l'Institut Pasteur*, 1899, 134) admet que les races des microbes des nodosités sont moins nombreuses que ne le croit Nobbe; il distingue seulement deux grands groupes physiologiques, l'un adapté aux terres calcaires, l'autre aux terres acides, celui-ci comprenant des formes capables de se fixer sur les plantes nettement calcifuges comme le Lupin, l'Ajonc, le Genêt. D'autre part, si une terre est pauvre en formes actives du microbe des nodosités, c'est que le milieu ne leur convient pas. Le transport de microbes d'une culture pure dans ce sol est accompagné d'une période de trouble dans les fonctions de nutrition; il y en a qui périssent, d'autres sont affaiblis. Si, au contraire, dans le sol inoculé, l'espèce est abondante, l'apport de nouveaux germes est inutile.

En 1897, Caron, d'Ellenbach (Hesse), a isolé une espèce bactérienne fixant directement dans le sol l'azote gazeux. Cette espèce, nommée *Bacillus Ellenbachensis*, ne serait autre, selon Stoklasa, que le *Bacillus megatherium* (*Ann. agron.*, xxiv, 1898, 171 à 253). Des cultures pures de ce microbe furent préparées à Elberfeld et livrées au commerce sous le nom d'*alinite*. Caron et Stoklasa pensent que les microbes incorporés aux sols enrichissent ces derniers en matière azotée. Certains essais culturaux ont paru être couronnés de succès (Grandeau, *Journal d'agriculture pratique*, 27 novembre 1898; Stoklasa, *Malpeaux; Ann. agron.*, xxiv, 1898, 482; Gain, *Revue générale de botanique*, xi, 18, 1899). Mais d'autres expérimentateurs ont obtenu des résultats négatifs (Wagner, 1898). Stoklasa (*loc. cit.*) a montré que le bacille de l'alinite ne fixe l'azote qu'en présence d'une quantité relativement considérable de matières hydro-carbonées, et en particulier de pentosanes. Celles-ci fournissent en brûlant au microbe l'énergie dont il a besoin et servent à l'édification de nouvelles molécules. Il faut donc placer le microbe dans un milieu favorable à son développement. En le faisant vivre dans un sol naturellement ou artificiellement riche en pentosanes, STOKLASA a pu obtenir un excédent de récoltes de 30 à 40 p. 100. Mais dans les sols cultivés, ainsi que le font remarquer DEHÉRAIN (*Ann. agron.*, XXIV, 679) et MAZÉ (*loc. cit.*), le microbe est toujours assez répandu.

En résumé, de ce court aperçu sur la nitragine et l'alinite, il résulterait qu'il convient plutôt de s'attacher par des fumures, des amendements, des irrigations ou des drainages, des labours, à créer des milieux favorables au développement des bonnes espèces microbiennes, afin qu'elles puissent prospérer et contribuer dans la plus large mesure possible à la fixation de l'azote atmosphérique.

ED. GRIFFON.

ÉPHÉDRINE. — Alcaloïde cristallisable extrait de l'*Ephedra vulgaris* (Rich.) ou de *l'E. helvetica* ($C^{10}H^{15}AzO$). On a employé le chlorhydrate comme mydriatique et succédané de l'atropine.

ÉPIDIDYME. — Voyez **Testicule**.

ÉPIDERME. — Voyez **Peau**.

ÉPIGLOTTE. — Voyez **Déglutition, Larynx**.

ÉPILEPSIE CORTICALE. — L'épilepsie est entrée dans le domaine de l'expérimentation physiologique il y a une trentaine d'années, à l'occasion des recherches sur les fonctions motrices du cerveau. Tandis que les physiologistes antérieurs à cette époque avaient proclamé l'inexcitabilité absolue du cerveau FLOURENS, MAGENDIE, LONGET), deux auteurs allemands, FRITSCH et HITZIG, découvrirent en 1870 les propriétés excito-motrices de l'écorce cérébrale. En cherchant à déterminer, à l'aide d'excitations électriques, les principaux points moteurs des membres à la surface du cerveau, il arriva à ces expérimentateurs de provoquer, chez le chien, de violents mouvements convulsifs absolument comparables aux attaques d'épilepsie chez l'homme. La possibilité de reproduire, pour ainsi dire à volonté, un syndrome qui occupe une place si importante en pathologie humaine, ne pouvait manquer d'encourager les physiologistes à poursuivre les recherches dans cette voie. Les mémorables travaux de H. JACKSON sur l'épilepsie partielle furent soumis au contrôle de l'expérimentation par FERRIER, qui détermina en même temps d'une façon précise la topographie des points moteurs corticaux. En France, FR. FRANCK et PITRES, BROWN-SÉQUARD, CH. RICHET, VULPIAN et ses élèves; en Allemagne, BUBNOFF et HEIDENHAIN, DANILEWSKI, EULENBURG et LANDOIS, UNVERRICHT; en Italie, LUCIANI et TAMBURINI, ALBERTONI, pour ne citer que les principaux, ont attaché leurs noms à cette étude. Ces auteurs ont abordé non seulement l'étude analytique des phénomènes convulsifs provoqués chez l'animal, mais aussi les questions théoriques qui s'y rattachent, et notamment l'excitabilité propre de l'écorce cérébrale, sur laquelle naguère encore les discussions étaient si vives. Nous ferons à leurs travaux les plus larges emprunts pour la rédaction de cet article.

L'histoire de l'épilepsie corticale est intimement liée à celle des localisations cérébrales. L'étude des deux questions a été poursuivie parallèlement; les points de fait et de doctrine soulevés se confondent en grande partie. De même, en pathologie humaine, l'histoire des localisations cérébrales s'est faite à l'aide des documents anatomo-cliniques relatifs à l'épilepsie partielle (CHARCOT et PITRES). L'étude de ces deux questions doit rester cependant distincte; et nous n'avons pas à traiter ici des localisations motrices avec tout le développement que le sujet comporte (Voy. **Cerveau**, II, 865). Mais, avant d'aborder l'étude de l'épilepsie, il est nécessaire d'entrer dans quelques détails au sujet des réactions motrices de l'écorce en général. Les discussions théoriques relatives à l'excitabilité propre de l'écorce trouveront place après l'exposé des faits d'observation expérimentale.

I. — EFFETS MOTEURS DES EXCITATIONS CÉRÉBRALES

CHEZ LES ANIMAUX

1. Distinction des réactions simples et des réactions épileptiques. Choix de l'animal et de l'excitant. — « Il existe à la surface du cerveau, à la limite des lobes frontal et pariétal, une région circonscrite dont l'excitation provoque, chez les animaux, des mouvements dans les muscles du côté opposé du corps. En dehors de cette zone, les excitations appliquées à l'écorce ne provoquent aucun mouvement. » Tel est le fait capital énoncé par FRITSCH et HITZIG en 1870. Leurs expériences, exécutées sur le chien, furent reprises par FERRIER et pratiquées sur d'autres animaux avec le même résultat.

Toutefois, tandis que, chez les animaux supérieurs, cette région excitable peut se subdiviser en territoires secondaires indépendants, qui correspondent aux membres, à la face, à mesure que l'on descend dans la série, le nombre de ces centres indépendants va en se réduisant. Chez le singe, la subdivision a pu être poussée très loin (FERRIER, HORSLEY et BEEVOR) ; il en est de même chez le chien. Le chat vient presque au même rang que celui-ci. Mais, chez le lapin, et plus encore chez le cobaye et chez le rat, cette indépendance est de moins en moins nette. Le pigeon présente un point excitable unique, déterminant la contraction pupillaire avec rotation de la tête. Chez la grenouille, en irritant la surface d'un hémisphère, on obtient

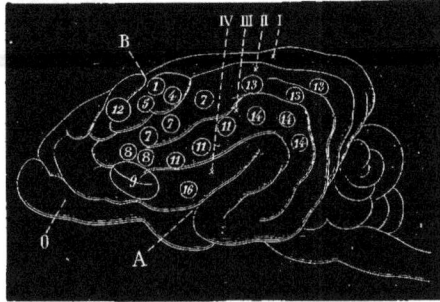

FIG. 206. — Schéma du cerveau du chien [1] (d'après FERRIER).
A, Scissure de SYLVIUS ; B, Sillon crucial : O, Bulbe olfactif ; I, II, III, circonvolutions longitudinales ; IV, Gyrus supra-sylvien. (1) membre postérieur ; (4) membre antérieur ; (5) épaule et membre antérieur ; (7) orbiculaire et zygomatique ; (8) rétraction de l'angle de la bouche ; (9) ouverture de la bouche et mouvements de la langue ; (12) ouverture des yeux avec dilatation des pupilles ; (13) déviation des yeux du côté opposé, parfois contraction pupillaire ; (14) redressement de l'oreille ; (16) torsion de la narine.

encore des mouvements d'ensemble des membres du côté opposé. Enfin les poissons même réagissent par des mouvements de la queue, des nageoires et des yeux [2]. C'est sur le singe, et surtout sur le chien, que toutes les recherches expérimentales concernant les réactions motrices cérébrales ont été poursuivies.

Si, après avoir mis à nu l'écorce d'un hémisphère cérébral chez un chien, on vient à appliquer en un point de la zone motrice une excitation très brève, par exemple la décharge d'une bobine d'induction, on voit se produire une secousse musculaire dans un territoire limité. Telle est la réaction corticale motrice élémentaire, la secousse musculaire *simple*, comparable à celle que l'on obtient en excitant directement le muscle ou le nerf moteur (fig. 208). C'est à l'aide de cette provocation de mouvements limités que les physiologistes ont pu établir la topographie de la zone motrice corticale.

Vient-on à répéter cette excitation un certain nombre de fois, on obtient chaque fois la même réaction musculaire. Que si l'on produit les excitations en séries de plus en plus rapprochées, il arrive un moment où le muscle ne revient pas au repos entre deux contractions successives. On réalise ainsi l'état de *tétanos* musculaire. La contraction tétanique cesse dès que l'on suspend les excitations, et le muscle se relâche complètement. (fig. 208). Ce sont là deux modes de réaction motrice *simple* par excitation corticale ; encore que le second, comme nous le verrons en analysant de plus près le phénomène,

1. Tous les tracés insérés dans cet article sont tirés du livre de F. FRANCK sur les *Fonctions motrices du cerveau* (Paris, 1887). Nous adressons nos remerciements à M. Doin éditeur, qui a bien voulu nous autoriser à les reproduire, et qui a eu l'obligeance de nous en confier les clichés (H. L.).

2. L'écorce est inexcitable chez les animaux nouveau-nés (ROUGET, SOLTMANN) ; pas chez tous cependant, en particulier pas chez ceux qui naissent les yeux ouverts. On aurait constaté alors (TARCHANOFF) que le cerveau gauche présente un développement plus grand des centres pour les mouvements des membres, le cerveau droit, un développement très grand pour les mouvements de la face qui servent à la mastication. Chez le chien et chez le lapin, l'écorce ne devient excitable que dans la deuxième semaine, et en différents points successivement. Chez le cobaye au contraire, qui est beaucoup plus précoce, elle est excitable dès la naissance, voire même avant la naissance (TARCHANOFF).

représente une transition entre la secousse musculaire simple et l'épilepsie corticale. Pour obtenir des convulsions *épileptiques*, il faut appliquer à l'écorce des excitations

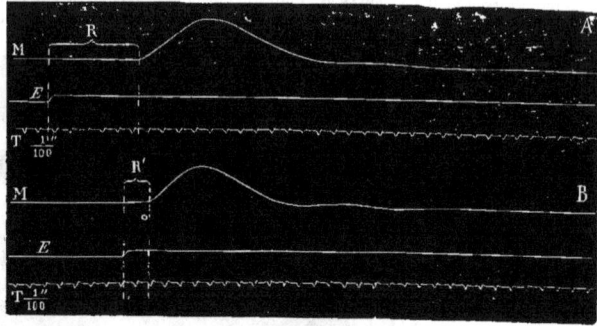

FIG. 207. — A. Secousse musculaire provoquée par une excitation induite unique, appliquée à la zone motrice (Muscles extenseurs du poignet du chien. Myographe à transmission). B. Secousse musculaire provoquée par la même excitation appliquée au nerf moteur ; M. Courbe musculaire ; E. Instant de l'excitation ; T. Temps inscrit par le chronographe (Diapason interrupteur 1/100). — Rotation rapide du cylindre (enregistreur).

d'une intensité plus grande. La réaction épileptique diffère des précédentes par des caractères dont il importe dès maintenant de fixer les plus appparents. Elle *survit à l'excitation*, alors que dans le cas précédent elle cessait rigoureusement avec elle ; il peut même arriver qu'elle augmente d'intensité après que celle-ci a pris fin. De plus, *elle a tendance à se propager*, à envahir des groupes musculaires voisins, voire même à *se généraliser*, tandis que les réactions simples

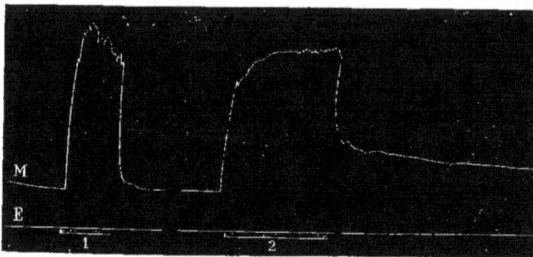

FIG. 208. — Inscription simultanée du tétanos provoqué (ligne M) et des excitations corticales 1, 2 (ligne E).

restent étroitement limitées aux territoires en rapport avec le centre cortical excité. Dans l'épilepsie corticale, en résumé, tout se passe comme si l'excitation ne faisait que donner l'impulsion première à un acte convulsif, qui se déroule ensuite pour son propre compte (fig. 209).

L'étude des réactions corticales simples forme comme une introduction à l'analyse des phénomènes épileptiques proprement dits. Mais il est utile, avant d'aborder cette étude, de présenter quelques remarques touchant la nature des excitations applicables à l'écorce cérébrale.

On peut mettre en jeu l'excitabilité motrice de la substance grise par des excitations de nature variée. Les premiers expérimentateurs, FRITSCH et HITZIG, FERRIER, ont eu recours à *l'électricité*, et c'est encore aujourd'hui le moyen le plus employé. Un excitateur à double pointe mousse (fig. 210) est mis simplement au contact du cerveau dénudé ; il est relié aux deux pôles d'une pile ou aux deux bornes d'une bobine d'induction. La préférence est généralement donnée aux courants induits qui donnent des excitations d'une durée suffisante, à intervalles aussi rapprochés que l'on veut, et avec lesquels il n'y a pas à redouter l'altération électrolytique du tissu. L'on a soin de commencer par des excitations très faibles et de déterminer le courant *minimum* nécessaire pour obtenir une première réaction motrice.

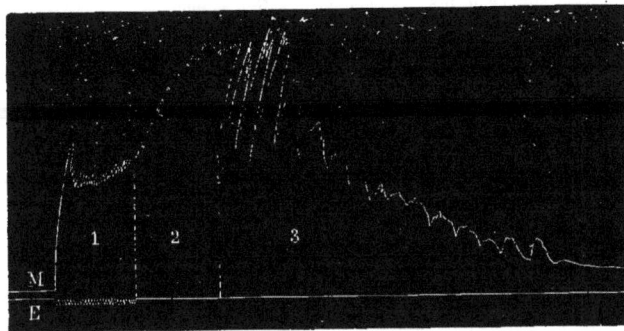

Fig. 209. — M, Muscles extenseurs du poignet tétanisés pendant la période 1, qui correspond à la durée de l'excitation corticale E, présentant un renforcement de tétanisation (période 2) après l'excitation corticale, et subissant une décontraction graduelle pendant la période clonique 3.

La substance corticale réagit aussi, au moins dans certaines conditions, aux excitations *mécaniques*. Luciani l'a démontré (1883), bien que ce genre d'excitabilité ait été formellement nié (Lussana et Lemoigne). Mais les excitations mécaniques sont très inférieures aux précédentes. Outre la difficulté qu'il peut y avoir à en mesurer l'intensité, elles offrent le grand inconvénient d'altérer profondément les éléments anatomiques si délicats de l'écorce grise : à tel point, qu'après un certain nombre d'excitations, ceux-ci sont entièrement détruits, et que la région explorée devient inexcitable d'une façon définitive (Luciani). L'état inflammatoire, le simple contact de l'air un peu prolongé, rendent l'écorce cérébrale extrêmement sensible à l'excitation mécanique, si bien qu'il suffit d'un léger attouchement, dans ces conditions, pour provoquer de violentes convulsions.

Quant aux agents *chimiques*, il est de toute évidence que leur emploi ne saurait donner ici que de mauvais résultats. Non seulement ils sont passibles du reproche que l'on a adressé aux moyens mécaniques, d'altérer la substance; mais ils ont le grave inconvénient de pouvoir être absorbés, de passer ainsi dans la circulation, et d'agir alors à titre de toxiques.

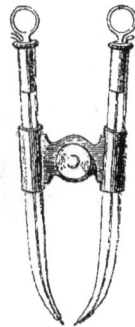

Fig. 210.

Tous les animaux dont l'écorce cérébrale est excitable ne sont pas aptes, tant s'en faut, à réagir par des convulsions épileptiques vraies aux excitations même les plus intenses. Le chien et le chat sont les animaux de choix à ce point de vue; il faut y joindre le singe qui présente cette aptitude à un haut degré (Ferrier), bien qu'on en ait dit (Couty). Le lapin, d'après Albertoni et F. Franck, ne donnerait jamais que des réactions tétaniques, cessant en même temps que l'excitation, même quand celle-ci est violente et prolongée. Il en est de même du cobaye : fait d'autant plus singulier que cet animal est parfaitement rendu épileptique par des lésions nerveuses périphériques (Br. Séquard). Enfin, suivant Albertoni, on n'obtiendrait jamais non plus de réactions épileptiques chez le cheval, l'âne, la brebis et la chèvre[1] (*Sperimentale*, 1876, 136-177).

1. Heubel a localisé, chez la grenouille, un « centre convulsif » dans la moitié inférieure du 4e ventricule. Lapinsky récemment a repris l'étude de l'épilepsie chez cet animal; et il donne la preuve de l'aptitude épileptogène de l'écorce, en produisant des attaques convulsives à l'aide de la créatine agissant localement sur la surface cérébrale. Ces expériences, pour intéressantes qu'elles soient, n'échappent pas à l'objection dont sont passibles tous les excitants *chimiques*; le produit

II. Analyse des réactions simples. — **Leur comparaison avec les réactions motrices par excitation de la substance blanche.** — **Secousse musculaire simple.** — **Tétanos cortical.** — L'emploi de la méthode graphique est ici indispensable, si l'on veut étudier de près les phénomènes. Non seulement elle renseigne sur la forme et la durée des réactions, mais elle permet d'apprécier avec une rigoureuse exactitude le temps qui les sépare de l'excitation. On peut ainsi faire des comparaisons avec les effets obtenus en excitant le nerf ou le muscle directement. Sur le cylindre enregistreur s'inscrivent simultanément le temps, l'instant de l'excitation et la contraction.

Une secousse d'induction *unique*, si elle est *suffisante*, traduit son effet sur le tracé du muscle correspondant par une courbe ascendante, puis descendante, en rapport avec le raccourcissement, c'est-à-dire la contraction musculaire (fig. 207). Celle-ci est très brève et n'excède pas quelques centièmes de seconde. Vient-on à renforcer l'excitation, la forme et la longueur de la courbe ne se modifient pas sensiblement, à cela près que la ligne d'ascension se rapproche de la verticale, et que la ligne de descente devient plus oblique : ce qui veut dire que la contraction est plus brusque, et que le muscle met plus de temps à revenir à son état normal.

Cette forme de réaction simple n'est point spéciale à l'écorce : c'est exactement la même qu'on observe en excitant le nerf moteur correspondant. On l'obtient encore en agissant sur les faisceaux blancs du centre ovale. Si, après avoir supprimé la couche corticale à l'aide d'une curette tranchante, on vient à appliquer l'excitant à la substance blanche immédiatement sous-jacente, on obtient une réaction à peu près semblable. Ce fait n'a pas manqué d'être invoqué contre l'existence de l'excitabilité corticale propre : le courant électrique, a-t-on dit, ne faisant que traverser la couche grise pour atteindre les faisceaux blancs.

Envisageons maintenant les effets obtenus par les excitations *successives*. Deux cas peuvent se présenter. Ou bien toutes les excitations de la série sont assez actives, pour que chacune d'elles prise isolément produise une secousse musculaire ; le muscle reste alors contracté pendant toute la durée de l'excitation, pour peu que les secousses d'induction se succèdent assez rapidement : c'est l'état de *tétanos musculaire* (fig. 208). Ou bien chacune des excitations est trop faible pour produire séparément une secousse ; mais, par leur

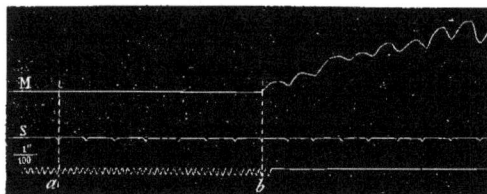

FIG. 211. — Sommation des excitations induites dans l'écorce du cerveau pendant le temps *ab* ; 6 excitations doubles de rupture et clôture sont restées inefficaces ; l'effet commence à se produire en *b*.

réunion en série, elles deviennent efficaces ; car le muscle, inerte tout d'abord, se contracte à un moment donné. Tout se passe comme si la substance nerveuse, indifférente aux premières excitations, les emmagasinait jusqu'à ce que la charge nerveuse fût suffisante pour provoquer une réaction musculaire. Ce phénomène singulier, connu sous le nom de *sommation* ou *addition latente* des excitations, a été analysé de près par les expérimentateurs (fig. 211). Son étude ne nous arrêtera point, car il n'a rien de spécial à l'écorce cérébrale, ni même aux centres nerveux : on le retrouve dans les organes moteurs périphériques (CH. RICHET). Il n'en est pas moins intéressant à connaître : d'abord parce qu'il est à rapprocher de certains phénomènes analogues observés dans l'épilepsie ; ensuite, parce qu'il peut être une cause d'erreur, en faisant croire par exemple à un re-

absorbé passe dans la circulation, et peut agir à titre d'excitant *toxique* sur les centres bulbo-médullaires (Voir LAPINSKY : *Ueber Epil. beim Frosche, A. g. P.*, LXXIV, 1899).

Les expériences de E. LESNÉ (*Toxicité de quelques humeurs de l'organisme*, Thèse de Paris, 1899) ont montré que l'injection intra-cérébrale de divers liquides toxiques de l'organisme pouvait produire des convulsions. Ces expériences, du plus haut intérêt, devront être soumises au contrôle de l'analyse physiologique, avant que l'on puisse décider sur quelle partie du système nerveux porte l'action de ces poisons, et si l'écorce cérébrale prend part aux convulsions.

tard considérable de la réaction motrice par rapport au début d'une excitation en série.

La provocation du *tétanos musculaire* est importante à connaître, au point de vue qui nous occupe. Ce mode de réaction, en effet, s'il n'est pas spécial à l'écorce cérébrale non plus, présente cependant une particularité remarquable quand il est de provenance corticale. Pour produire l'état de contraction soutenue du muscle par excitations sucessives, soit un *tétanos à secousses fusionnées*, il faut que celles-ci soient assez rapprochées pour ne pas permettre au muscle de se relâcher entre deux secousses. L'expérience démontre que ce tétanos parfait s'obtient avec 45 à 50 excitations par seconde (fig. 212). Dans ce cas, le tracé se caractérise, après l'ascension brusque indiquant la contraction initiale, par une ligne droite non tremblée. Au-dessous de ce chiffre, la contraction ne se maintient pas : l'on n'obtient qu'un *tétanos à secousses dissociées ;* et la dissociation est d'autant plus évidente que les excitations sont plus espacées. Quant au nombre d'excitations par seconde nécessaire pour produire le tétanos à secousses *fusionnées*, notons que l'écorce cérébrale ne se distingue en rien de la substance blanche, ni même du nerf moteur ou du muscle lui-même. Mais la différence fondamentale qui existe entre les réactions tétaniques de provenance corticale,

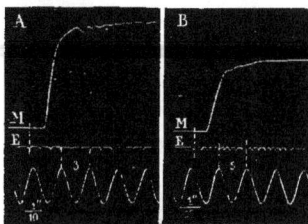

Fig. 212. — Recherche du chiffre de fusion des secousses musculaires produites par les excitations corticales. Les secousses sont encore dissociées à 30 excitations par seconde (courbe A); elles sont complètement fusionnées (courbe B) avec 50 excitations.

et celles que l'on provoque par l'excitation de la substance blanche sous-jacente, est la suivante. Dans celle-ci, le retour du muscle au relâchement se fait d'une façon brusque et définitive : ce que les graphiques traduisent par une ligne de descente verticale rejoignant l'abscisse au moment précis où cesse l'excitation, quelle qu'ait été d'ailleurs l'intensité et la durée de celle-ci. Dans la tétanisation corticale, au contraire, pour peu que l'excitation ait dépassé quelques secondes, la contraction musculaire survit à l'excitation, elle se renforce même ; et ce *tétanos secondaire* est déjà une ébauche de l'accès épileptique, il en est même parfois le début, ainsi que nous le verrons (fig. 213).

Ce n'est pas à dire que la forme des réactions tétaniques soit exactement la même pour toutes les régions de la substance blanche. Un expérimentateur exercé à lire les graphiques pourra faire, sur un tracé, la différence entre la tétanisation centre-ovalaire et celle que l'on produit en excitant la capsule interne. Mais nous n'avons pas à insister sur ces différences d'importance secondaire, et nous n'en retiendrons que *l'absence constante de tétanos secondaire* des muscles pour toute excitation qui ne porte pas sur l'écorce.

Les excitations tétanisantes appliquées à l'écorce cérébrale, pour peu qu'elles soient prolongées, ne tardent pas à amener un épuisement des éléments nerveux, qui se traduit par une perte d'excitabilité momentanée ; si bien que les muscles se relâchent par saccades et reviennent au repos complet, malgré la persistance de l'excitation. Ce phénomène *d'épuisement temporaire*, que nous retrouverons dans l'étude des réactions épileptiques, n'est d'ailleurs pas particulier à l'écorce. Il est bien l'indice de la fatigue des éléments nerveux centraux ; car, à l'instant même où on le constate, on peut s'assurer que le nerf et le muscle correspondant ont conservé la même excitabilité qu'auparavant. Au bout de quelques minutes, si on laisse la région excitée au repos, elle a repris son activité.

Les réactions musculaires simples que nous avons envisagées jusqu'ici se manifestent *du côté opposé* du corps dans le territoire correspondant au centre excité. Il faut savoir cependant qu'elles peuvent se produire en même temps, lorsque les excitations sont intenses, du même côté que celles-ci. Ces réactions bilatérales, signalées d'abord par Hitzig, puis par Albertoni, étudiées depuis par Exner et Levaschew, méritent de nous arrêter un moment ; leur étude nous conduit à celle des réactions convulsives généralisées.

La simple connaissance anatomique du neurone moteur, dans son parcours cortico-musculaire, nous permet de comprendre comment l'excitation, partie de l'écorce cérébrale d'un côté, gagne les cellules de la moelle du côté opposé en passant par l'entre-croisement des pyramides, pour atteindre, par la racine antérieure et le nerf moteur, le muscle correspondant. Mais comment expliquer la propagation au côté homologue ? Par le trajet direct sans entre-croisement d'un certain nombre de fibres pyramidales vers la moelle? mais précisément, chez le chien, la présence du faisceau pyramidal direct est exceptionnelle, et c'est chez cet animal que les réactions bilatérales en question ont été observées.

Et puis une expérience très simple exécutée, par F. Franck, démontre péremptoirement que cette explication ne saurait être acceptée. On peut pratiquer l'hémisection trans-

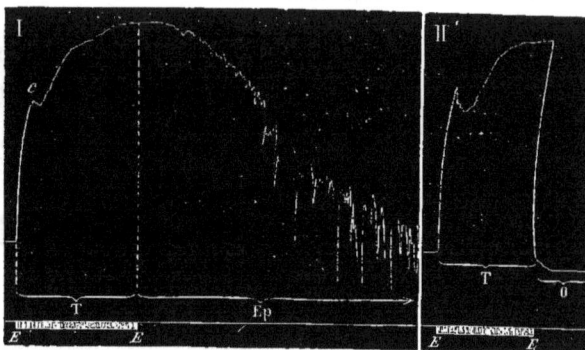

Fig. 213. — Différence des réactions motrices produites par l'excitation faible EE de l'écorce (I₁ et par l'excitation très intense EE de la substance blanche (II). On voit que, dans le premier cas, à la suite du tétanos d'excitation T, s'est produit un accès épileptique, Ep, tandis que, dans le second cas, les muscles sont revenus immédiatement au repos (O), après la tétanisation T provoquée par l'excitation de la substance blanche.

versale de la moelle du côté correspondant à l'hémisphère excité, sans empêcher la réaction motrice de se produire de ce côté.

Cette propagation ne peut se faire évidemment que par les *commissures*, qui, de haut en bas, unissent l'une à l'autre les deux moitiés de l'axe cérébro-spinal : mais à quel niveau? Ce n'est certainement pas au niveau des hémisphères cérébraux, puisque la destruction des commissures interhémisphériques n'empêche pas cette propagation d'avoir lieu. Ce n'est pas non plus à la hauteur de la protubérance, car la section médiane antéro-postérieure de celle-ci n'empêche pas le même phénomène de se produire. On arrive ainsi, par exclusion, à conclure que c'est au niveau des *commissures spinales* que l'excitation, franchissant la ligne médiane, conduite par les fibres décussées dans la commissure blanche antérieure, atteint les groupes musculaires de la colonne grise.

II. — RÉACTIONS ÉPILEPTIQUES VRAIES

I. Analyse des effets produits. Assimilation des effets de l'excitation expérimentale avec les convulsions de l'épilepsie Jacksonienne. — Hitzig, poursuivant ses expériences avec Fritsch sur la recherche des points moteurs corticaux chez le chien, vit à plusieurs reprises éclater des accès convulsifs absolument analogues à l'épilepsie de l'homme. Bien mieux, il vit se produire spontanément des accès semblables chez les animaux qu'il conserva en vie, après leur avoir pratiqué des lésions superficielles et limitées de la région motrice de l'écorce. C'est à ces deux auteurs qu'on doit les premières observations de reproduction expérimentale de l'épilepsie.

Ferrier entreprit des recherches sur ce sujet dans le but de confirmer les vues théoriques de H. Jackson touchant la pathogénie de l'épilepsie. Il mit en lumière des points importants dans l'histoire des accès épileptiques provoqués. Fr. Franck et Pitres ont fait connaître toute une partie des phénomènes épileptiques jusque-là ignorée à peu près, les réactions organiques, qu'on pourrait appeler *l'épilepsie interne* expérimentale.

On provoque presque infailliblement un accès d'épilepsie, chez les animaux susceptibles de présenter ce genre de réaction (chien, chat, singe), en appliquant à la région motrice de l'écorce cérébrale une excitation électrique suffisamment intense et longue[1].

Comme nous l'avons dit, le caractère fondamental de ces convulsions épileptiques est de se prolonger au delà de la durée de l'excitation, tandis que les réactions simples cessent avec celle-ci. Les courants électriques n'ont pas d'ailleurs le privilège exclusif de produire ces réactions convulsivantes, et nous savons que les irritations mécaniques de l'écorce peuvent être suivies du même effet, pourvu que le cerveau soit très excitable (F. FRANCK).

Quoi qu'il en soit, l'accès provoqué par une série de décharges d'induction varie d'importance selon l'énergie de l'excitant et l'irritabilité du cerveau. Il peut se limiter au groupe musculaire répondant au centre excité, s'étendre à tous les muscles du côté opposé à celui-ci, ou enfin se généraliser. Ce sont les mêmes variétés en somme que l'on décrit [dans l'épilepsie partielle chez l'homme : épilepsie *parcellaire*, épilepsie *hémiplégique*, épilepsie *généralisée;* cette dernière comprenant les accès, limités d'abord, qui s'étendent à tous les muscles secondairement. Comme chez l'homme aussi, la conscience reste intacte d'ordinaire dans les accès rigoureusement partiels; tandis qu'elle est abolie dans les grandes attaques généralisées. Les pupilles dilatées ne réagissent plus; le réflexe cornéen est aboli, l'insensibilité profonde. La respiration est anxieuse, convulsive; il y a une salivation abondante; souvent les matières et les urines sont expulsées pendant l'accès. On voit que l'analogie du tableau est frappante.

Pour la compléter, il faut ajouter que, à la suite de ces grands accès, au bout d'un temps qui dure de quelques secondes à deux minutes, l'animal reste incrte, dans un état comateux tout à fait comparable au sommeil stertoreux. D'autres fois, au contraire, il s'agite et paraît en proie à des hallucinations, aboyant furieusement, donnant des coups de dents dans le vide. N'est-ce point là un état analogue à certains *délires impulsifs* que l'on observe dans le mal comitial chez l'homme?

L'accès terminé, l'animal revient généralement à son état normal; et il faut une nouvelle excitation pour en provoquer un semblable. Mais il n'en est pas toujours ainsi. Il arrive parfois que des accès successifs

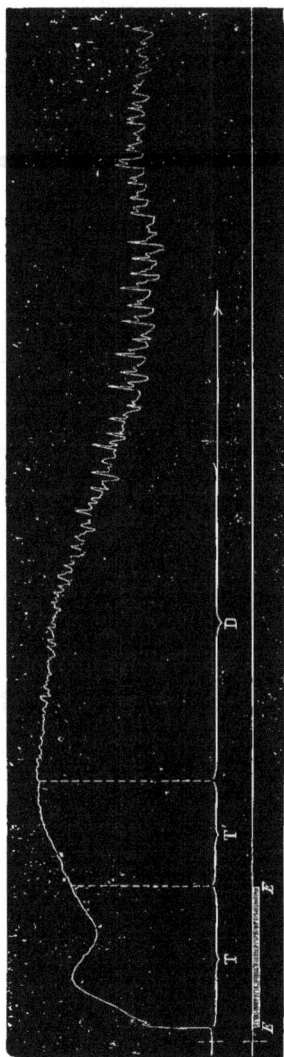

FIG. 214. — TT', phase tonique de l'attaque se composant de la période tonique provoquée (T) par l'excitation corticale EE et de la période tonique consécutive T'; D', phase *clonique* à secousses, fréquentes d'abord et de faible amplitude, puis de plus en plus étendues et distantes à mesure que l'accès se calme et que les muscles reviennent à leur état normal.

1. Il faut avoir soin, après avoir incisé la dure mère, d'en écarter les lambeaux, ou mieux de les réséquer. Car cette membrane est d'une grande sensibilité; et l'excitation, en l'atteignant, pourrait provoquer des convulsions d'un autre ordre que celles qu'on se propose d'étudier ici (épilepsie réflexe); le fait est rare à la vérité.

se produisent sans nouvelle provocation, sans que l'animal reprenne connaissance dans l'intervalle, et que la mort survienne dans un véritable *état de mal*, après quarante, cinquante attaques subintrantes. Nous savons aussi que le chien, conservé après l'expérience, peut présenter, à plus ou moins longue échéance, en état de santé apparente, des accès convulsifs spontanés, comme si l'on avait créé, en provoquant le premier accès, une sorte d'aptitude épileptogène chez l'animal. Il est vraisemblable que, chez l'homme, le retour des accès d'épilepsie résulte pour une part d'une aptitude semblable.

En analysant maintenant de plus près les phénomènes de la convulsion musculaire épileptique, dans un accès typique, on voit, à la simple inspection de l'animal en expérience, qu'elle passe par les deux phases classiques : *tonique* et *clonique*. Mais l'analyse graphique nous renseigne avec plus de précision à ce point de vue, tout en facilitant la description (fig. 214).

Le tracé du muscle traduit d'abord une contraction soutenue, un tétanos à secousses fusionnées, qui va en croissant, lors même que l'excitation est terminée. C'est la phase *tonique* initiale, caractérisée par un *tétanos à renforcement*. Elle dure quelques secondes, et ne varie guère dans sa forme.

La période *clonique* lui fait suite; elle est caractérisée par des secousses bien dissociées, c'est-à-dire par une contraction musculaire moins soutenue, indiquant une décharge d'influx nerveux moins énergique. Celle-ci est beaucoup moins constante dans sa forme que la phase qui précède : mais, dans les cas les plus typiques, elle est composée de secousses d'abord rapprochées et de peu d'amplitude, puis, de plus en plus amples et de plus en plus espacées. Elle représente la décroissance graduelle de l'accès, le relâchement progressif du muscle. Telle est en quelque sorte la représentation graphique schématique de l'accès tonico-clonique type.

Les principales variations que l'on observe proviennent, soit du changement de forme de la phase clonique, soit de l'absence complète de la période tonique. Les

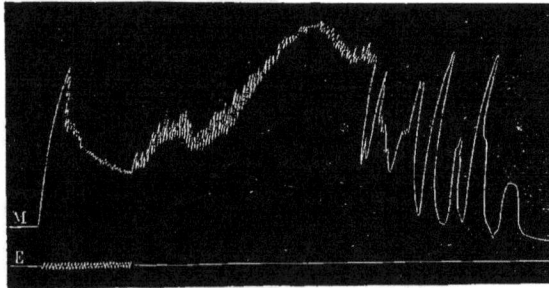

FIG. 215. — M. Accès épileptique provoqué par l'excitation corticale E, sans période tonique initiale : secousses brèves, très rapprochées, faisant suite au tétanos d'excitation.

premières sont de peu d'intérêt. Quant à l'absence de la période tonique initiale, c'est un fait d'observation courante dans l'épilepsie expérimentale, qu'il s'agisse d'accès partiels ou généralisés. L'accès est alors tout entier clonique, formé au début de petites convulsions serrées, de secousses de plus en plus étendues et espacées à mesure qu'il approche de la fin (fig. 216). On observe également chez l'homme des accès épileptiques partiels qui se bornent aux mouvements cloniques : telle la variété que CHARCOT a dénommée *épilepsie partielle vibratoire*. BROWN-SÉQUARD a cherché à établir que, dans l'épilepsie idiopathique, le grand mal vulgaire, la période tonique de l'accès ne faisait au contraire jamais défaut.

Il arrive parfois qu'une phase tonique vient, au cours de l'accès, s'intercaler entre deux séries de convulsions cloniques; mais le fait est très rare.

Lorsque, après une atténuation momentanée, les convulsions cloniques reprennent avec violence, il s'agit d'un nouvel accès qui éclate, et qui souvent n'est que le prélude d'une série d'attaques subintrantes.

II. Marche des accès convulsifs. — Ce n'est pas un des moindres mérites de H. JACKSON d'avoir formulé cette loi, dont l'importance diagnostique est universellement reconnue : « Dans l'épilepsie partielle chez l'homme, les convulsions sont toujours en rapport avec le point irrité de l'écorce cérébrale ; si l'accès se généralise, c'est toujours par les groupes musculaires en rapport avec ce point qu'il débute. » Cette loi s'applique aussi aux accès épileptiques provoqués chez les animaux. FERRIER s'est appliqué, dans ses expériences, à démontrer l'exactitude de la proposition de H. JACKSON; F. FRANCK et PITRES, de leur côté, l'ont vérifiée. Ainsi, dans un accès rigoureusement partiel, provoqué par l'excitation légère d'un centre, les muscles qui entrent en convulsion épileptique sont exactement ceux qui, pour une excitation plus légère encore du même centre, réagissent par des secousses simples.

Lorsqu'au lieu d'intéresser un centre unique, l'excitation comprend la zone motrice tout entière; si par exemple les deux pôles de l'excitateur sont placés aux limites extrêmes de cette zone, tous les muscles du côté opposé réagissent, cela va de soi; et ils entrent en convulsion tous exactement au même instant.

Il n'en est plus de même lorsqu'un accès s'étend à tout un côté, ou même se généralise à la suite d'une excitation forte et prolongée appliquée en un point unique de la zone motrice corticale. Dans ces extensions ou *généralisations secondaires* des accès, l'envahissement des groupes musculaires est soumis à certaines lois, dont on a d'ailleurs exagéré la rigueur. Ainsi FERRIER, LUCIANI, TAMBURINI, ont montré, en se basant sur leurs expériences, que, dans les accès débutant par la face, l'extension se faisait de haut en bas : au membre antérieur, puis au membre postérieur. Si la généralisation se produit, le côté opposé est envahi à son tour, mais en sens inverse : de bas en haut. Même observation a été faite sur l'homme. BRAVAIS distinguait plusieurs types d'épilepsie partielle, suivant le mode de début : dans le *type facial* l'extension se fait de haut en bas; dans le *type crural*, de bas en haut. Lorsque la convulsion commence par le membre supérieur *(type brachial)*, elle débute par la main, pour remonter vers la racine des membres et de là gagner la face, puis le membre inférieur. Depuis longtemps les observateurs avaient été frappés par cette extension de proche en proche des phénomènes convulsifs, et l'accès d'épilepsie était comparé à une « onde qui s'avance ».

La règle à cet égard n'est cependant pas aussi absolue que le prétendent les auteurs précités. Si l'on applique à cette recherche, comme l'a fait F. FRANCK, la méthode graphique, qui permet d'apporter aux constatations toute la précision désirable, on voit qu'en effet, dans certains cas, les choses se passent conformément à la règle énoncée par FERRIER, mais que bien souvent il en va autrement. Ainsi, le membre antérieur d'un côté étant le siège de la convulsion initiale, on verra dans un cas les trois autres membres envahis simultanément; dans un autre, l'envahissement est successif, mais non conforme à la loi énoncée : il a lieu de haut en bas des deux côtés.

La terminaison des accès convulsifs dans les différents segments ne paraît pas soumise davantage à des lois fixes. Elle peut avoir lieu à un moment différent pour chaque membre, alors que tous sont entrés en convulsion en même temps. Elle se produit parfois d'abord dans un membre qui est entré en convulsion après les autres.

Ces particularités sont importantes à relever; car, suivant la remarque de F. FRANCK, elles contribuent à montrer l'indépendance des actes convulsifs dans les différents centres qui composent la zone motrice : « Chaque département neuro-musculaire fait une attaque pour son propre compte. » C'est là une objection sérieuse à l'hypothèse d'un *centre convulsif* localisé en un point des centres nerveux.

III. — RÉACTIONS ORGANIQUES DE L'ÉPILEPSIE CORTICALE

Les fonctions organiques participent pour la plupart d'une façon évidente aux perturbations qu'entraîne l'accès d'épilepsie; la respiration, les mouvements du cœur sont troublés. Il existe en outre d'autres modifications, inappréciables sans le secours d'appareils enregistreurs, mais qui n'en sont pas moins du plus haut intérêt, telles que les changements de pression sanguine, les réactions vaso-motrices. L'intérêt des constatations de ce genre est d'autant plus grand que semblables perturbations organiques accompagnent l'épilepsie jacksonienne, et qu'il ne nous est donné, chez l'homme, que d'en apercevoir un petit nombre. Elles sont d'ailleurs, il faut l'avouer, encore bien incomplètement connues : seules les plus importantes d'entre elles — modifications respiratoires, circulatoires — ont été l'objet de recherches approondies.

Depuis une trentaine d'années, de nombreux auteurs ont abordé l'étude de l'influence du cerveau sur les fonctions viscérales : DANILEWSKY, VULPIAN, BOCHEFONTAINE, CH. RICHET, CHRISTIANI, entre autres. L'objectif principal de la plupart de ces recherches a été de déterminer, à l'imitation de ce qui a été fait pour les mouvements de la face et des membres, la localisation des centres supposés pour chacune de ces fonctions, en telle ou telle région du cerveau.

L'étude des réactions organiques liées à l'épilepsie a été presque entièrement l'œuvre de F. FRANCK. Cet auteur a montré le premier qu'il fallait établir une différence entre les réactions *simples* et les réactions *épileptiques*, aussi bien en ce qui concerne les viscères qu'à l'égard des muscles soumis à la volonté. Il a prouvé en outre, en appliquant des excitations épileptogènes au cerveau du chien curarisé, que la réaction épileptique se produisait alors, limitée aux seules réactions viscérales, aux changements pupillaires, assez spécifiques pour la caractériser en l'absence de tout mouvement convulsif ; et il a pu étudier ainsi cette *épilepsie interne* pure, non influencée par les manifestations extérieures de l'accès.

I. **Phénomènes respiratoires.** — Nous envisagerons d'abord les effets *respiratoires* de l'excitation corticale. L'acte respiratoire est influencé par le cerveau : tous les expérimentateurs ont constaté des changements dans l'amplitude et la fréquence des mouvements thoraciques en excitant le cerveau. Mais, dans cette voie, les erreurs d'interprétation sont faciles à commettre. Pour les muscles respiratoires comme pour ceux des membres, l'excitation limitée de l'écorce peut être simplement l'occasion d'un paroxysme convulsif qui lui survit, qui dépasse ses limites non seulement dans le temps, mais dans l'espace. Or, si l'on opère sur des animaux anesthésiés ou curarisés, en l'absence de manifestations convulsives apparentes, on est exposé à prendre une réaction *épileptique* de ce genre pour une manifestation *simple* de l'excitation cérébrale.

D'autre part ici, même pour les effets simples — et ceci est vrai pour les réactions organiques en général, — il n'existe pas de rapport constant entre la région cérébrale excitée et l'effet produit. De nombreuses circonstances interviennent pour en changer le sens. Aussi est-il hasardeux de tirer des conclusions d'un petit nombre d'expériences, surtout si l'on cherche à établir des localisations précises. C'est sans doute pour n'avoir pas tenu compte de ces diverses circonstances que les auteurs ont émis, sur le sujet qui nous occupe, des opinions si divergentes.

DANILEWSKY, en excitant l'écorce au niveau du centre facial, produit un *ralentissement* du rythme respiratoire, avec amplitude plus grande des mouvements, et finalement un arrêt complet. CH. RICHET, chez un chien profondément chloralisé, et dont les membres ne réagissent plus aux excitations corticales, obtient d'emblée *l'arrêt complet* de la respiration, par l'excitation du gyrus sigmoïde et de différentes régions de l'écorce cérébrale.

LÉPINE et BOCHEFONTAINE observèrent *l'accélération* des mouvements respiratoires en même temps qu'une agitation générale avec cris (ce qui laisse à penser qu'ils ont provoqué des accès épileptiques) (*Gaz. méd.*, 1874, 2-4).

Si l'on n'est pas d'accord sur le sens de la réaction, il n'en est pas autrement lorsqu'il s'agit de déterminer les régions du cerveau dont l'excitation est efficace. BOCHEFONTAINE nie toute localisation ; CHRISTIANI, NEWELL MARTIN et BOOKER placent celle-ci, non plus à la surface, mais dans la profondeur du cerveau, et distinguent un centre d'inspiration et un centre d'expiration (au niveau des parois du 3e ventricule et des tubercules quadrijumeaux).

Pour avoir une représentation graphique complète de la fonction respiratoire, il est essentiel, comme l'a fait F. FRANCK, de ne pas se limiter à l'inscription des mouvements de la paroi thoracique, mais il faut en même temps s'enquérir de l'état de la glotte et de celui du tissu contractile du poumon. Il y a là, en effet, une série d'actes musculaires associés à l'état normal dans un mécanisme d'ensemble réglé par le système nerveux, qui est destiné à favoriser au mieux la ventilation pulmonaire. Ainsi, tandis que le thorax se dilate, et que le poumon se distend, la glotte s'entr'ouvre pour produire l'inspiration de l'air. Mais qui nous dit que, sous l'influence de l'excitation *artificielle* du cerveau, ce mécanisme ne sera pas faussé ?

Ainsi il pourrait arriver que la glotte se fermât pendant que le thorax se dilate; le tissu pulmonaire peut ne pas suivre l'expansion thoracique, et l'air ne pas pénétrer jusqu'aux alvéoles, si les muscles de REISSESSEN qui entourent les bronchioles sont contracturés. Et, s'il en était ainsi, l'inscription pure et simple des mouvements du thorax nous donnerait la fausse indication d'un mouvement d'inspiration. Il faut donc y joindre l'inscription des mouvements de la glotte, celle des variations de pression intra-thoracique, l'indication de la vitesse du courant d'air trachéal.

Effets respiratoires simples. — En opérant dans ces conditions on constate : 1° que, seules, les excitations portant sur la zone motrice, produisent, à condition qu'elles soient suffisamment longues et intenses, des réactions respiratoires *simples*. L'excitation des autres parties de l'écorce reste sans effet, à moins qu'elle ne diffuse jusqu'à la zone motrice.

2° Que les effets obtenus peuvent être de deux sortes. Tantôt c'est une tendance vers ce qu'on peut appeler *l'état d'inspiration*, c'est-à-dire : augmentation d'amplitude des mouvements, exagération de l'aspiration pleurale, ouverture plus large de la glotte. Tantôt c'est *l'état expiratoire* : diminution d'amplitude des mouvements, rétrécissement de la glotte, élévation de la pression pleurale et probablement resserrement des bronches contractiles. On le voit, il n'y a aucune contradiction dans ces divers mouvements; tous concourent au même but dans un sens ou dans l'autre : c'est l'acte respiratoire tout entier qui est sollicité par l'incitation cérébrale.

3° Qu'il n'y a aucune espèce de rapport à établir entre le siège de l'excitation cérébrale et le sens de ces réactions; donc, quoi qu'on en ait dit, pas de centres *modérateurs* ni *accélérateurs* de la respiration. Deux excitations successives de valeur différente, appliquées exactement au même point de l'écorce, peuvent parfaitement engendrer deux effets inverses l'un de l'autre. L'intensité de l'excitant paraît avoir ici une importance; et en règle générale, les effets *modérateurs* sont plutôt obtenus avec les excitations intenses. On observe exactement la même opposition dans les effets respiratoires obtenus par l'excitation des nerfs sensibles. C'est avec les excitations maxima qu'on a pu obtenir l'arrêt espiratoire (CH. RICHET), mais le fait est rare.

4° Par là même que la concordance des mouvements thoraciques, laryngés, bronchiques, dans un même acte respiratoire, n'est point troublée par l'excitation corticale, il n'existe pas de centre cortical distinct pour chacune de ces fonctions musculaires [1].

Effets respiratoires épileptiques. — En appliquant les mêmes procédés d'exploration aux organes de la respiration pendant les accès d'épilepsie provoqués chez l'animal, on constate que les troubles respiratoires font partie du cortège de l'attaque; mais, à cet égard, les accès partiels diffèrent notablement des grands accès.

1° *dans les accès partiels.* — Pendant la phase *tonique* d'une attaque convulsive *limitée* à un membre par exemple, le thorax se met en contracture expiratoire, la pression pleurale monte notablement. Mais la glotte reste ouverte, et les mouvements respiratoires continuent, et même avec une amplitude notable. Au moment où paraissent les convulsions *cloniques*, la pression intra-thoracique descend rapidement et revient à sa valeur normale, les mouvements thoraciques à ce moment deviennent en *général* plus lents et moins profonds que dans la phase tonique. Le tracé ci-joint représente cette succession de phénomènes. Tout se passe à peu près comme si l'on avait appliqué une forte excitation non épileptogène, entraînant *l'état expiratoire* dont il était question plus haut; à cela près toutefois que la contracture expiratoire du thorax persiste assez longtemps après la fin de l'excitation, conformément à l'habitude des réactions épileptiques en général (fig. 217).

De cela on peut conclure qu'à aucun moment, dans les accès localisés, il n'y a d'asphyxie. L'observation chez l'homme est d'accord sur ce point avec l'expérimentation : dans les accès d'épilepsie jacksonienne qui ne se généralisent pas, les troubles respiratoires offrent peu d'importance.

2° *dans les grands accès.* — Par contre, nous savons de par l'observation clinique également que, dans les *grands accès*, la respiration paraît totalement suspendue, le thorax et la paroi abdominale sont au début immobiles et rigides, le sujet offre les

---

1. Les pathologistes cependant admettent aujourd'hui l'existence d'un centre cortical laryngé (GAREL, D ÉJERINE).

signes extérieurs d'une asphyxie imminente. Il est intéressant de contrôler le fait chez l'animal en expérience.

Dès le début du grand accès, la respiration se suspend complètement, les muscles de la paroi thoracique et ceux de l'abdomen, en contracture tétanique, restent tels quels pendant toute ou presque toute la durée de la période tonique. La respiration reparaît avec les premiers mouvements cloniques, souvent avant que ceux-ci aient apparu. Cette contraction thoraco-abdominale s'accompagne de l'occlusion énergique de la glotte : il en résulte une grande augmentation de pression à l'intérieur du thorax. La constriction thoracique est telle d'ailleurs, que la pression s'élève notablement à l'intérieur de la poitrine, même chez les animaux dont la trachée a été ouverte.

En définitive, l'appareil respiratoire tout entier se trouve à ce moment dans les condi-

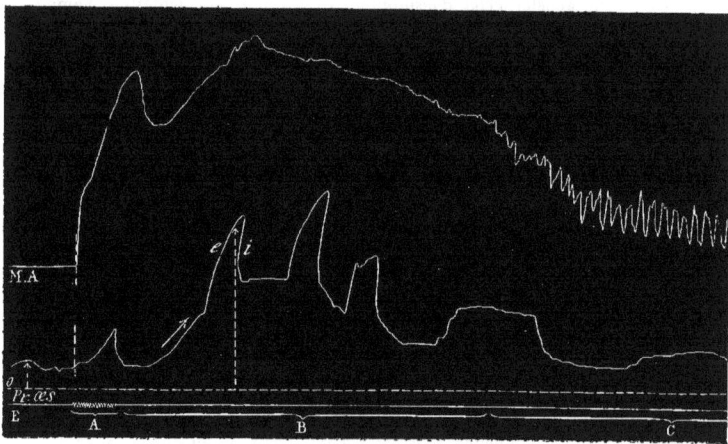

Fig. 217. — Troubles respiratoires dans un accès partiel, localisé à l'un des membres antérieurs chez le chien M. A. Convulsions des muscles extenseurs de la patte antérieure droite sous l'influence des excitations corticales E pendant la période A. Tétanisation complète du membre avec contracture thoracique et augmentation de la pression pleurale Pr. œs., sans suppression des mouvements respiratoires e, i, pendant la période B. Retour de l'aspiration thoracique vers sa moyenne normale pendant la période clonique locale C.

tions que réalise le mécanisme de l'effort. Parfois le thorax est ainsi immobilisé dans l'état d'ampliation maxima, avec projection des côtes en dehors, abaissement du diaphragme, absolument comme dans l'attitude de l'effort énergique accompli à la suite d'une profonde inspiration. Mais si, dans ces conditions, la rigidité des parois est parfois complète, il arrive souvent que les muscles du thorax sont animés de petites secousses convulsives accusées sur le tracé. On pourrait croire qu'il s'agit de mouvements respiratoires incomplets, si d'autre part l'on n'était renseigné sur l'état de la glotte, dont l'occlusion reste complète.

Pour peu que cet état se prolonge, l'asphyxie se produit : elle fait partie en quelque sorte de l'accès tonique; et nous en avons un témoin dans le ralentissement constant des battements du cœur à cette période de l'attaque.

Pendant la phase clonique du grand accès, la glotte, tout en restant serrée, s'entr'ouvre par instants, la respiration s'effectue convulsive et incomplète, dès ce moment; et la pression intra-thoracique, tout en restant élevée, subit des oscillations considérables. Si imparfaite que soit l'hématose dans ces conditions, il n'y a point asphyxie pourtant : F. Franck en donne la démonstration indirecte d'une façon ingénieuse. Pendant les convulsions cloniques, le cœur s'accélère toujours; or, s'il y avait asphyxie, on observerait le phénomène inverse. Rien n'est plus simple que d'en faire la preuve. Si l'on vient à fermer l'orifice de la canule trachéale pendant un accès clonique, le cœur se ralentit presque immédiatement, pour reprendre son rythme dès qu'on permet à nouveau l'accès de l'air.

Il n'y a point toujours de parallélisme rigoureux entre les convulsions des muscles thoraciques et celles des autres muscles. Nous avons dit que souvent les muscles respiratoires commencaient à être agités de secousses cloniques, dans les grands accès, avant que la tétanisation des membres n'ait cessé. Bien plus, il arrive parfois que les muscles

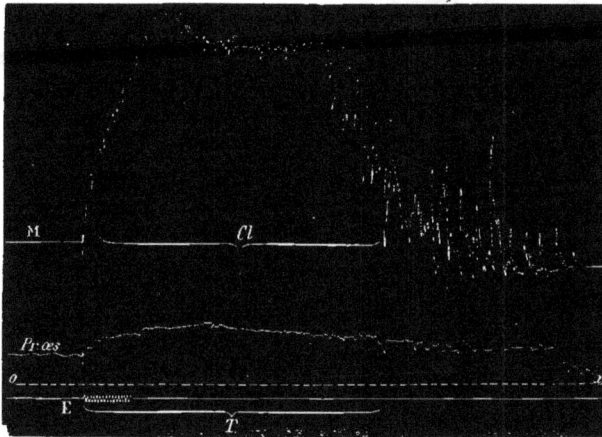

Fig. 218. — **Tétanisation du thorax** (*T*) avec suspension complète des mouvements respiratoires et augmentation de la pression pleurale (*Pr. œs.*), pendant les convulsions ;cloniques vibratoires des membres, (période *Cl*, ligne M).

de la poitrine et de l'abdomen sont en état de clonus violent, pendant que les membres sont rigides, et inversement (fig. 218 et 219). Dans ces accès anormaux, on peut voir le cœur s'accélérer pendant la période tonique, et réciproquement. Mais le cœur est soumis avant tout dans ses changements aux phénomènes respiratoires : l'exception n'est donc qu'apparente.

Pour résumer ce qui a trait au *larynx* dans la description de ces réactions respiratoires, nous dirons que les muscles laryngés prennent surtout part aux grands accès. Dans les accès partiels, la glotte ne subit d'autres changements que ceux qui concordent avec les variations de la respiration; elle ne se ferme pas, et jamais l'asphyxie ne se produit. Dans la phase *tonique* de la grande attaque, elle est énergiquement fermée; l'asphyxie est réalisée. Les lèvres glottiques, à la période *clonique*, se relâchent et permettent ainsi une respiration saccadée et superficielle : elles entrent alors en vibration sous l'action du courant d'air expiré, d'où les petits cris étouffés que poussent les animaux non trachéotomisés. Ces cris sont la conséquence de la contraction active des muscles tenseurs des cordes vocales, et non pas seulement le résultat de la vibration passive de la fente glottique sous l'influence du courant d'air.

II. **Effets circulatoires de l'épilepsie corticale. Phénomènes cardiaques. Modifications de la pression artérielle. Troubles vaso-moteurs.** — Les effets circulatoires des excitations cérébrales ont été constatés par les physiologistes en même tempsque les manifestations respiratoires. C'est encore à VULPIAN, LÉPINE et BOCHEFONTAINE, DANILEWSKY, CH. RICHET, etc., que nous devons les premières études sur ce sujet. EULENBURG et LANDOIS, KUESSNER ont étudié plus particulièrement les réactions vaso-motrices. Les conclusions de ces différents auteurs sont loin de s'accorder entre elles. Nous retrouvons ici d'ailleurs la même cause d'erreur qu'à propos des effets sur la respiration ; le défaut de distinction entre les réactions simples et les réactions accompagnant les accès convulsifs; la même préoccupation, chez certains auteurs, de *localiser* les effets obtenus comme on peut localiser le centre des mouvements d'un membre.

Toutefois, il ressort nettement des expériences de Ch. Richet, de Bochefontaine, qu'on produit une élévation de pression considérable accompagnée d'un spasme vasculaire énergique, en même temps qu'un ralentissement notable du cœur, précédé d'une courte phase d'accélération, lorsqu'on excite l'écorce au niveau de la zone motrice. Danilewsky était arrivé au même résultat en localisant les excitations au gyrus supra-sylvien (centre facial). Ch. Richet a noté, à la suite de l'excitation, l'épuisement de la zone en question. F. Franck fait observer que ce sont là précisément les caractères des manifestations cardiaques d'ordre épileptique, et il distingue celles-ci des réactions simples, comme il l'a fait pour les autres manifestations organiques. Nous nous conformerons à la description donnée par cet auteur.

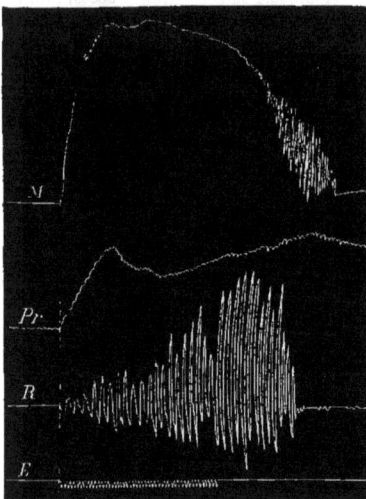

Fig. 219. — Type de convulsions *cloniques* de la paroi thoraco-abdominale R, pendant la *tétanisation* parfaite des muscles des membres M, au cours d'un accès généralisé provoqué par l'excitation corticale E chez le chien; *Pr.*, pression artérielle pendant l'accès.

Effets cardiaques simples. — Les réactions simples, d'origine corticale s'observent pour le cœur comme pour les muscles; mais elles sont d'une constatation assez délicate, et en voici la raison. Afin d'éliminer les effets circulatoires dus à l'agitation de l'animal, on fait souvent usage du curare, qui, tout en paralysant les muscles volontaires, laisse subsister intactes les fonctions organiques. L'on n'a donc aucun signe extérieur de l'accès, et l'on peut prendre comme réaction simple un effet de nature épileptique : cette confusion, nous l'avons dit, a été souvent commise. Sans doute nous savons qu'il existe un critérium de la réaction épileptique en général, c'est sa durée, sa prolongation au delà de l'excitation; mais ce caractère est moins absolu pour les réactions viscérales et pour le cœur en particulier que pour les réactions extrinsèques. On conçoit sans peine qu'un changement dans le rythme du cœur cesse moins brusquement qu'une simple contraction musculaire. Il y a donc simplement ici une question de différence (notable à la vérité) entre la durée des réactions à partir du moment précis où l'excitation a pris fin.

Mais on peut trouver des caractères distinctifs plus importants : ne serait-ce que dans l'état de la pupille : nous verrons en effet que la pupille est le plus fidèle témoin de l'attaque masquée par le curare. On peut ajouter que l'épuisement cortical post-épileptique fait défaut ici. Il est enfin un moyen de s'assurer que l'excitation n'est point épileptogène, c'est de faire une curarisation incomplète, qui n'empêche pas complètement les convulsions extérieures. Bref, par la comparaison d'un certain nombre d'expériences, on peut reconnaître les réactions cardiaques simples.

Celles-ci consistent en une modification *unique* et régulière, mais variable, de l'activité cardiaque : tantôt le cœur s'accélère, tantôt il se ralentit. L'excitation terminée, cet effet modérateur ou accélérateur se continue un certain temps, mais va en décroissant graduellement. Or nous verrons que l'accès d'épilepsie interne, dans sa manifestation cardiaque, se compose de la succession des deux effets *opposés*; l'un modérateur, l'autre accélérateur, marchant de pair avec les phases de l'accès; et que ces phénomènes se déroulent pendant un temps relativement long, à la suite d'une excitation brève et énergique de l'écorce.

Seule, encore la zone motrice de l'écorce se montre influençable à cet égard; et il faut au moins que les excitations appliquées à distance diffusent jusqu'à elle pour se montrer efficaces. Mais il ne saurait être question de centres modérateurs ou accélérateurs de l'activité cardiaque dans l'écorce. L'excitation d'une même région peut donner, à deux moments différents, des réactions inverses l'une de l'autre. Et il semble que l'écorce, en ce qui concerne le cœur comme en ce qui regarde la respiration, se comporte à la manière des nerfs de sensibilité générale sous l'influence des excitations. C'est-à-dire que les effets modérateurs sont plutôt la conséquence des excitations énergiques et brusques, les effets accélérateurs succédant aux excitations légères et soutenues.

Le sens des réactions cardiaques à l'excitation cérébrale dépend d'ailleurs de plusieurs conditions. Elle dépend de l'excitabilité de l'écorce, qui varie souvent d'un moment à l'autre; elle dépend de l'état antérieur du cœur surtout. Suivant que celui-ci sera déjà sous une influence modératrice ou accélératrice au moment de l'expérience, il pourra résister aux excitations qui tendaient à agir sur lui en sens inverse; celles-ci pourront même alors ne faire qu'accentuer la tendance actuelle du cœur. Si bien qu'il est absolument impossible de prévoir dans quel sens une excitation corticale donnée se fera sentir sur le cœur.

Effets cardiaques épileptiques. — Examinons maintenant les changements circulatoires qui se produisent pendant les attaques, en prenant pour exemple un *grand accès* typique généralisé. Il suffit pour cela, d'enregistrer, en même temps que les convulsions musculaires, la pression artérielle et les mouvements du cœur à l'aide du manomètre à mercure introduit dans le bout central d'une artère. Avant de formuler en l'espèce une loi, il était indispensable, comme l'a fait F. FRANCK, d'examiner comparativement les courbes d'un grand nombre d'expériences. Or d'après les résultats de cet examen, la participation du cœur à l'accès convulsif peut être résumée dans une formule constante : *ralentissement pendant la phase tonique de l'accès, accélération pendant les convulsions cloniques* (fig. 220).

C'est ainsi que, dès le début de l'accès, on voit le cœur, en trois ou quatre secondes, tomber par exemple de deux cents à cent pulsations par minute; dès que commencent les secousses cloniques, il reprend presque aussi vite sa fréquence première et la dépasse de beaucoup. L'accélération dure pendant toute la phase clonique; mais elle va en décroissant graduellement à mesure que les secousses musculaires s'espacent : c'est seulement après que l'attaque est terminée que le cœur reprend définitivement son rythme habituel.

Cette subordination des changements de fréquence du cœur aux phases de l'accès s'affirme d'une façon très frappante dans les attaques *incomplètes* ou *anormales*.

La période tonique vient-elle à manquer, et l'accès entier est-il constitué par les convulsions cloniques, comme cela n'est pas rare, le ralentissement cardiaque initial fera défaut également, et l'on observera dès le début une accélération du cœur, qui, en général, est proportionnelle à l'intensité et à la généralisation des convulsions.

Fait plus significatif encore : dans les cas rares où l'ordre de succession des périodes de l'attaque est interverti; lorsque, la phase clonique ouvrant la scène, les contractions toniques surviennent ensuite, il en est de même des réactions cardiaques. Enfin si, par exemple, une période tonique vient s'intercaler entre deux séries de secousses cloniques dans un même accès, les battements du cœur subiront un ralentissement notable dans la phase intermédiaire.

La *pression artérielle* subit des variations considérables pendant les accès convulsifs; mais celles-ci ne sont pas soumises à des règles à beaucoup près aussi fixes que les changements cardiaques. Le cœur en effet n'est pas seul à influencer la tension sanguine dans le système artériel : celle-ci reconnaît aussi comme facteur important l'état de dilatation ou de contraction des vaisseaux périphériques. Or, ainsi que nous le verrons, ceux-ci se resserrent énergiquement pendant l'attaque; il résulte de ce fait une tendance à l'élévation de pression. Et en effet la pression s'élève pendant l'accès, et elle peut atteindre très haut; mais cette élévation n'est de règle que pendant les convulsions cloniques (fig. 219).

Dans la phase *tonique*, l'état de la tension sanguine ne semble soumis à aucune règle fixe : on peut la voir s'abaisser, ne subir aucun changement ou bien s'élever. Ces diverses circonstances s'expliquent très aisément par les modifications cardiaques concomitantes. Le cœur subit-il un ralentissement considérable, la pression tend de ce fait à s'abaisser; si elle ne change pas ou si elle monte au contraire, c'est que l'influence cardiaque a été compensée ou même surpassée par le spasme des vaisseaux périphériques. Par exception, la pression artérielle peut s'abaisser et même tomber très bas pendant la phase clonique. C'est encore l'état du cœur qu'il faut invoquer ici pour expliquer cette infraction à la règle : en effet, lorsque cet organe subit une accélération excessive, il peut

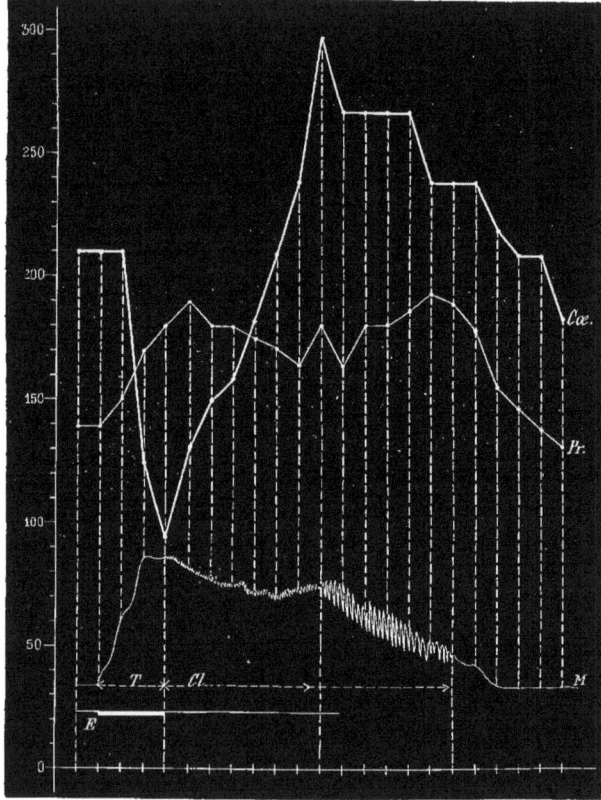

Fig. 219. — Diagramme représentant les rapports des changements de la fréquence du cœur (Cœ.) et des variations de la pression artérielle (Pr.) avec les différentes phases d'un accès épileptique M, provoqué par l'excitation corticale E ; pointage de trois en trois secondes (ligne O).
Pendant la période tonique T le cœur se ralentit (de 210 à 95 par minute) ; malgré ce ralentissement du cœur la pression s'élève de 140 à 190ᵐᵐ Hg (Spasme vasculaire).
Pendant la période vibratoire Cl, la fréquence du cœur augmente de 95 à 300, par minute, la pression oscille autour de 170ᵐᵐ Hg. ; puis, à mesure que les secousses se dissocient, la fréquence du cœur diminue, la pression se maintient à un niveau moyen de 160 à 170ᵐᵐ ; quand l'accès est terminé, le cœur prend une fréquence un peu inférieure à la normale, et la pression redescend au-dessous de son point de départ.

arriver que son débit à chaque systole soit très réduit : la chute de la pression en résulte forcément.

On voit par cet exposé sommaire que les troubles circulatoires qui accompagnent l'épilepsie corticale, sont soumis à des lois en somme assez constantes, qu'il n'y a rien là de laissé au hasard, et que les irrégularités, les exceptions sont parfaitement explicables, si l'on envisage tous les éléments du problème.

Ajoutons que ces phénomènes ne s'observent jamais bien nettement que dans les grandes attaques généralisées. Les accès rigoureusement partiels influencent très peu l'appareil circulatoire. Parfois le cœur et la pression ne subissent même aucun changement. Assez souvent on note une modification dans tel ou tel sens : modération ou accélération, mais non cette succession de deux réactions de sens opposé qu'on observe dans les grands accès. Ces effets circulatoires sont des manifestations directes de l'état épileptique, et ne dépendent nullement des convulsions ou des troubles respiratoires qui accompagnent l'accès, comme on pourrait le supposer. En effet, ils se produisent exactement sous la même forme lorsqu'on empêche par le curare les mouvements convulsifs, et lorsqu'on soumet les animaux à la respiration artificielle.

Les phénomènes cardio-vasculaires que nous venons d'analyser expliquent très bien les congestions viscérales, les hémorrhagies qu'on rencontre à la suite de grands paroxysmes convulsifs, aussi bien chez l'animal en expérience que chez l'homme : le poumon, l'intestin, le cerveau peuvent en être le siège. Il n'y a pas lieu de s'en étonner, quand on songe que les conditions les plus favorables sont réunies pour produire l'issue du sang hors des vaisseaux : spasme vasculaire, effort violent, haute tension veineuse.

Effets vaso-moteurs. — Pour être complètement édifié sur les réactions circulatoires d'origine corticale, un point reste à examiner : les modifications subies par les *vaisseaux périphériques*. Certains faits cliniques semblent devoir faire admettre qu'il existe dans le cerveau des centres *vaso-moteurs* distincts; notamment les troubles thermiques et circulatoires, constatés chez de nombreux hémiplégiques, du côté paralysé. EULENBURG et LANDOIS se sont crus autorisés, de par leurs expériences, à localiser de semblables centres dans l'écorce. KUESSNER, il est vrai, contredit bientôt les résultats obtenus par ces auteurs, en montrant que la destruction des régions corticales où siégeaient ces prétendus centres n'entraîne pas de différences de température entre les deux moitiés du corps.

Il est facile d'aborder le problème par l'emploi des excitations localisées de l'écorce, et en contrôlant celles-ci par des méthodes plus précises et plus pratiques que l'exploration thermique des membres : la recherche des changements de volume des membres, celle de la pression dans le bout périphérique des artères, recueillie comparativement à la pression dans le bout central. Dans certains tissus de peu d'épaisseur, comme l'oreille du lapin, la simple inspection par transparence permet de juger du calibre des vaisseaux.

Semblable exploration doit être faite chez l'animal curarisé, de façon à éliminer autant que possible les causes étrangères des réactions vaso-motrices, en particulier les actes respiratoires. Dans ces conditions, il faut chercher à reconnaître si les réactions obtenues sont simples ou de nature épileptique, en s'aidant des moyens d'investigation qui nous sont maintenant connus : à savoir la manière dont le cœur et la pression se comportent, l'inspection de la pupille; ou même l'observation d'un membre gardé comme témoin à l'abri de l'action du curare, etc. Les résultats des expériences ainsi conduites permettent de formuler les conclusions suivantes :

1° On obtient des réactions vaso-motrices *simples* en pratiquant des excitations de l'écorce. Ces excitations ne sont efficaces qu'à la condition de porter sur la zone *motrice* ou dans son voisinage immédiat.

2° L'effet immédiat produit paraît être constamment la *vaso-constriction* : la dilatation des vaisseaux ne survient qu'à titre de phénomène consécutif.

3° La réaction vaso-constrictive est *absolument générale* : elle porte aussi bien sur les vaisseaux du côté excité que sur ceux du côté opposé, elle atteint les réseaux profonds aussi bien que les réseaux superficiels.

Donc toute tentative de localisation est illusoire : il n'y a pas plus de centres vaso-moteurs dans l'écorce qu'il n'y a de centres cardiaques ou respiratoires; et la surface cérébrale, là aussi, se comporte, suivant la conception émise par F. FRANCK, comme une surface sensible dont l'excitation est transmise à des centres sous-jacents.

Remarquons, en passant, que ces conclusions infirment aussi l'hypothèse suivant laquelle l'épilepsie partielle serait due à un spasme vasculaire localisé au territoire carotidien d'un côté, et à l'anémie consécutive d'un hémisphère, sous l'influence de l'irritation corticale.

Il nous reste à déterminer la part que prennent les réactions vaso-motrices aux troubles circulatoires *épileptiques*. Nous savons déjà que la pression s'élève, parfois dès le début de la période tonique, et toujours pendant la période clonique. En écartant, à l'aide du curare, toute influence respiratoire, nous n'avons à compter ici qu'avec deux influences susceptibles d'agir sur la pression sanguine : le cœur et les vaso-moteurs.

Or il est facile de démontrer que ces deux influences agissent indépendamment l'une de l'autre sur la pression. Lorsqu'on voit, par exemple, dès le début de l'accès, celle-ci monter malgré le ralentissement notable du cœur, il est de toute évidence que seule la *constriction des vaisseaux* est responsable de l'élévation de pression (fig. 221).

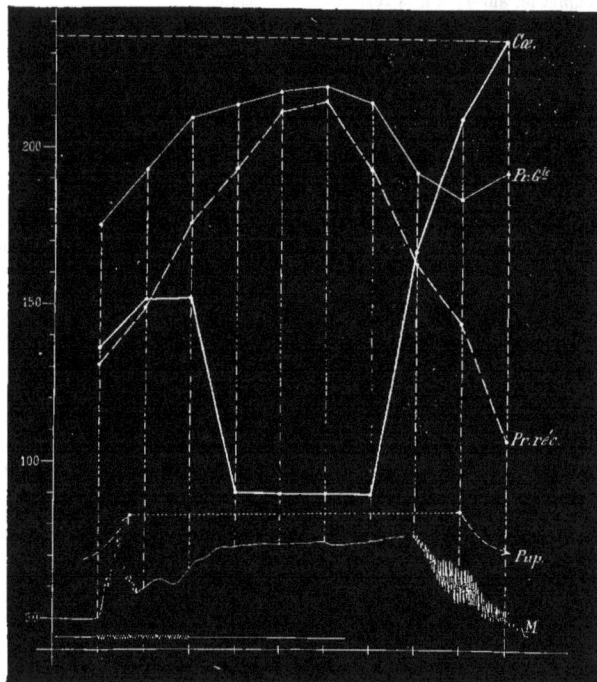

FIG. 221. — Diagramme dont les courbes ont la même signification que celles de la figure 220, mais qui montre spécialement l'indépendance des changements de la pression artérielle par rapport aux changements de la fréquence du cœur : ici, en effet, on voit le cœur (*ligne Cœ*) subir un profond ralentissement (de 150 à 80) au moment de la contracture générale, alors que la pression artérielle directe (*ligne Pr. G^lt*) s'élève de 175 à 220 et que la pression récurrente (*ligne Pr. réc.*) monte de 130 à 215 : l'élévation très notable de la pression résulte donc d'effets vaso-moteurs, et n'est point subordonnée aux modifications cardiaques.

Pendant la période clonique, l'accélération des battements du cœur concourt au même but ; et à aucun moment le degré de la pression artérielle n'est plus élevé ; mais là encore la constriction vasculaire contribue pour sa part à cette hypertension. On le démontre en mettant le cœur hors d'action, soit par la section des pneumogastriques, soit par l'injection d'atropine, qui a pour propriété de soustraire cet organe aux influences nerveuses. Dans ces conditions, l'augmentation de pression n'en continue pas moins à se produire.

D'ailleurs la vaso-constriction peut être démontrée directement, soit à l'aide des appareils volumétriques, qui montrent que les membres, aussi bien que les organes profonds, diminuent de volume (fig. 221), soit par l'enregistrement simultané de la pression dans le bout central et le bout périphérique d'une artère. Dans ce cas, on peut constater que la pression monte relativement plus dans le segment périphérique du vaisseau que dans l'extrémité cardiaque : donc il y a eu un resserrement des vaisseaux.

En définitive, le cœur et les vaso-moteurs agissent sur la pression artérielle d'une façon indépendante pendant l'accès convulsif. *Pendant toute la durée de l'accès, il se produit une vaso-constriction énergique.*

Les phénomènes *thermiques* de l'accès n'ont pas été jusqu'ici, à notre connaissance, l'objet d'une étude spéciale, au moins en ce qui concerne l'épilepsie corticale. On sait seulement que les accès convulsifs élèvent la température, aussi bien chez l'animal que chez l'homme (BOURNEVILLE). En est-il de même lorsque les excitations épileptogènes de l'écorce appliquées à l'animal curarisé, ne provoquent que des réactions viscérales. Nous n'avons pas trouvé de réponse à cette question. CH. RICHET a constaté, il est vrai, que l'hyperthermie considérable qui accompagne les violentes convulsions cocaïniques ne se produisait pas quand l'action convulsivante du poison était empêchée par la curarisation préalable ; mais il s'agit d'épilepsie toxique.

En clinique, les phénomènes relatifs à la pression et aux vaso-moteurs échappent pour la plupart à l'investigation, cela va de soi. Il en est un cependant qui a frappé de tout temps les observateurs : c'est la pâleur initiale de la face. On a pu aussi observer le resserrement des vaisseaux de la rétine à l'ophtalmoscope, tout au début de l'attaque.

Pendant la phase de résolution qui suit l'accès, le tableau change : le cœur se ralentit pour tomber souvent au-dessous de sa fréquence antérieure ; les vaisseaux se relâchent, et la pression tombe très bas. Mais nous reviendrons sur ce point en traitant des phénomènes post-épileptiques.

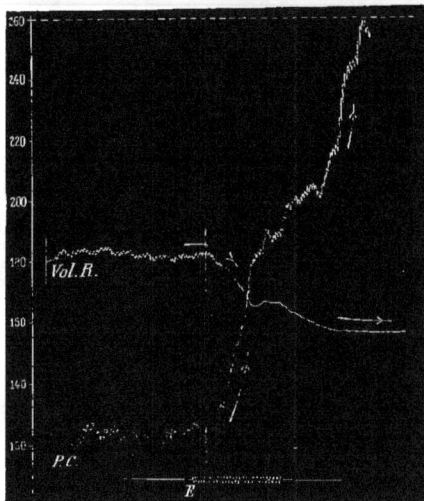

FIG. 221. — Opposition des courbes de la presssion artérielle (*P.C.*) et du volume du rein (*vol. R.*). Sous l'influence des excitations corticales E, on voit la courbe manométrique s'élever très rapidement de 130 à 260ᵐᵐ Hg., tandis que le rein se resserre énergiquement sans que le cœur subisse de ralentissement, l'animal étant atropinisé. La provenance vasomotrice de cette grande élévation de pression artérielle est établie par la diminution simultanée du volume du rein.

III. Réactions viscérales de l'épilepsie corticale (*suite*) : **vessie, glandes salivaires, œil et pupille.** — Les muscles de l'œil prennent part aux grands accès convulsifs : d'une part, le globe est dévié, d'autre part la pupille se dilate. Nous n'insisterons pas sur la participation des muscles extrinsèques ; ils entrent en convulsion comme les autres muscles de l'économie, à cela près qu'il s'agit de convulsion tonique pendant toute la durée de l'accès, fixant le regard le plus souvent en bas et latéralement du côté opposé à l'hémisphère excité. La *dilatation pupillaire* doit nous arrêter davantage ; car il s'agit d'un phénomène dépendant du grand sympathique ; elle a donc sa place parmi les réactions organiques [1].

1. L'inscription des changements de diamètre de la pupille ne peut se faire qu'indirectement. Le procédé qui a paru le plus simple et le plus pratique à F. FRANCK consiste à suivre avec la main le mouvement de l'iris, en agissant sur le levier d'un appareil enregistreur. On convient que l'élévation de la courbe signifie par exemple : dilatation — et inversement. Il faut avoir soin de placer les deux yeux dans des conditions d'éclairage égal et modéré ; les paupières seront tenues écartées, le globe de l'œil sera fixé par une pince à dents de souris, mordant la conjonctive dans l'angle externe. Comme point de repère, on peut avoir un fil métallique tendu verticalement entre les branches de l'écarteur palpébral et pouvant glisser dans le sens transversal ; on amène ce fil à être tangent à la petite circonférence de l'iris dans la position du repos. Il est facile alors de se

La pupille, elle aussi, présente des réactions *simples* et des réactions *épileptiques*, suivant l'activité des excitations appliquées à l'écorce; et c'est pour n'avoir pas distingué ces deux ordres de réactions que les auteurs n'ont pu se mettre d'accord dans leurs conclusions.

FERRIER surtout a étudié avec précision les effets oculo-pupillaire des excitations corticales, et il a montré que celles-ci pouvaient produire soit la dilatation, soit le resserrement de l'iris. Nous n'avons pas ici à exposer ces faits en détail; disons seulement que, chez le singe, FERRIER obtenait la *dilatation pupillaire* en excitant les circonvolutions frontales supérieure et moyenne, et la temporo-sphénoïdale supérieure, tandis que la *constriction* avait lieu par l'excitation du pli courbe. Chez le chien, le même auteur note que la branche antérieure du gyrus sygmoïde est en rapport avec le phénomène de dilatation, tandis que l'excitation du pli courbe est sans effet sur la constriction irienne; celle-ci se produit seulement parfois par l'excitation de la deuxième circonvolution externe.

Mais les conclusions de BOCHEFONTAINE à cet égard sont tout autres : pour lui, l'exci-

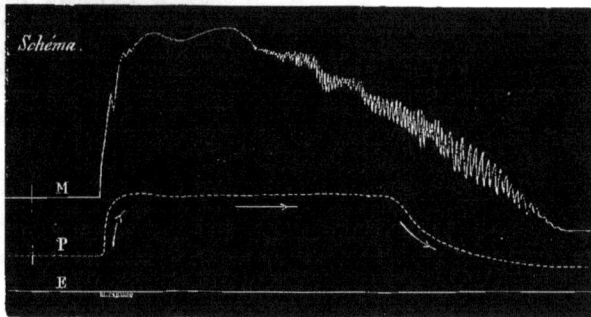

FIG. 223. — Schéma montrant les rapports de la dilatation pupillaire et des phases tonique et clonique d'un grand accès complet (M), provoqué par l'excitation (E) ; la dilatation pupillaire (P) apparaît dès le début de la contracture (*flèche ascendante*), arrive très vite à son maximum et s'y maintient (*flèche horizontale*), pendant toute la phase tonique et une grande partie de la phase clonique, puis décroît (*flèche descendante*) avant la fin des secousses convulsives pour disparaître avant que l'accès ne soit terminé.

tation de la plupart des points de la face convexe du cerveau, peut-être même de tous les points, entraîne *la dilatation de l'orifice pupillaire*.

F. FRANCK reprit la question et démontra que l'effet dilatateur constant obtenu par BOCHEFONTAINE était une réaction épileptique; que l'on pouvait en effet produire la dilatation pupillaire en excitant faradiquement n'importe quelle région de la surface corticale, mais à la condition d'employer des courants assez énergiques pour diffuser jusqu'à la zone motrice, et pour faire éclater ainsi un accès épileptique. Peu importe que les convulsions externes soient empêchées par le curare; les réactions viscérales de l'épilepsie ne s'en produiront pas moins, et la pupille y prendra part.

Quant aux effets *simples*, on les obtient avec des excitations minima; et F. FRANCK, tout en différant sur certains points de détail avec FERRIER, admet aussi qu'il existe des localisations précises pour la dilatation et pour le resserrement. Les caractères des réactions pupillaires simples sont nettement déterminés par lui. Et d'abord ils peuvent se faire dans un sens ou dans l'autre, tandis que *la réaction épileptique est constamment iridodilatatrice* : lors donc que l'on obtient un effet constricteur, on peut être assuré qu'il s'agit d'une réaction simple. Celle-ci se produit sous l'influence d'excitations brèves, durant moins d'une seconde et de faible intensité, incapables par conséquent de provoquer l'état épileptique. On peut l'obtenir (contrairement à la dilatation épileptique) par l'excitation des faisceaux blancs immédiatement sous-jacents aux points excitables : cela est vrai d'ailleurs pour toutes les réactions simples.

rendre compte du début de la dilatation, et d'estimer approximativement son degré. Étant donnée la lenteur des réactions, on a ainsi un procédé d'inscription très suffisant.

La dilatation *épileptique* de l'orifice pupillaire fait partie d'un ensemble de troubles oculaires auxquels préside le sympathique : elle marche de pair avec la projection du globe oculaire et l'écartement des paupières. Le grand sympathique innerve en effet les fibres irido-dilatatrices, la portion musculaire de la capsule de Tenon et les fibres lisses élévatrices de la paupière supérieure. Les phénomènes en question correspondent donc

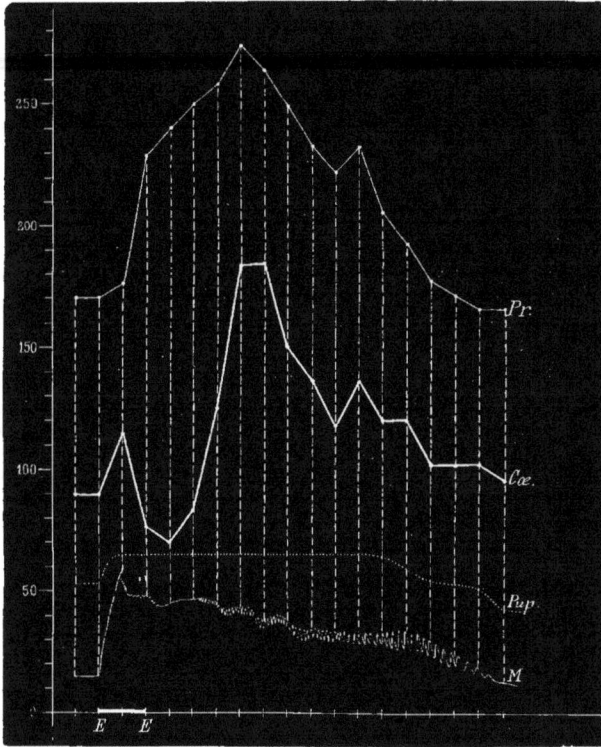

Fig. 224. — Relevé des rapports entre les changements de la fréquence du cœur (*Cœ.*), les variations de la pression artérielle (*Pr.*), les changements de diamètre de la pupille (*Pup.*) et les phases tonique et clonique d'un accès épileptiforme limité à un membre conservé comme témoin chez un chien curarisé. — On voit que la dilatation pupillaire arrive à son maximum dès le début de l'accès (M) provoqué par l'excitation corticale (EE); elle reste à ce degré pendant la plus grande partie de l'attaque et ne commence à décroître qu'au moment où s'accentue la dissociation des secousses. Pendant toute la durée de la dilatation pupillaire, le cœur s'est modifié en se ralentissant d'abord (phase tonique), en s'accélérant ensuite (phase clonique); il a commencé à devenir moins fréquent, alors que la dilatation pupillaire persistait encore : donc il n'y a pas de rapports entre les deux effets cardiaque et pupillaire. — Il n'en existe pas davantage entre les variations de la pression indiquant l'état des vaisseaux et les modifications de la pupille. Celle-ci avait atteint son maximum avant que la pression ne s'élevât : elle est restée au même degré pendant que les vaisseaux se relâchaient.

à l'état d'*excitation* du sympathique. Ils cessent de se produire si l'on vient à sectionner le cordon sympathique.

Dans tout accès épileptique provoqué par l'excitation de l'écorce, pour peu que les convulsions soient étendues et violentes, *la dilatation de la pupille se produit des deux côtés : elle est totale ou presque totale, s'accompagne d'insensibilité à la lumière, et elle dure autant que l'accès lui-même.* Bien que l'effet soit toujours bilatéral, il peut arriver que le phénomène soit plus accusé du côté opposé à l'hémisphère excité. Son intensité est proportionnelle à celle de l'accès convulsif : moindre dans l'accès hémiplégique que dans l'attaque généralisée, elle est très légère dans les accès partiels.

Le sens de la réaction pupillaire est d'ailleurs toujours le même, quelle que soit la phase de l'attaque où on la considère, quelle que soit la forme affectée par les convulsions : c'est invariablement la dilatation. Celle-ci apparaît dès le début, et atteint rapidement son maximum : elle s'y maintient jusqu'à la fin de la crise. Il arrive souvent qu'elle devance les convulsions et annonce leur apparition : mais elle ne leur survit pas, et la pupille a généralement repris son diamètre primitif au moment où cessent les dernières secousses cloniques (fig. 223). Parfois le phénomène est plus précoce et disparaît plus tardivement du côté opposé à l'excitation corticale; c'est en pareil cas que la dilatation de la pupille est plus complète de ce même côté.

C'est là un phénomène d'observation facile en clinique : il est constant dans toutes les variétés d'épilepsie. Associé à l'insensibilité de l'iris à la lumière, à l'anesthésie de la cornée, c'est un des meilleurs témoins de l'attaque, et on peut l'utiliser pour le diagnostic de la simulation. Certaines formes atténuées d'épilepsie chez l'homme, comme le *vertige*, la simple *absence* même, s'accompagnent parfois de dilatation pupillaire; associée à la pâleur de la face, elle est encore là un élément de diagnostic précieux.

Comme les perturbations organiques de l'accès épileptique, la dilatation pupillaire n'est pas empêchée par l'action du curare. Chez les animaux curarisés, si l'on recueille les indications fournies par les changements du cœur, de la pression artérielle et de la pupille, à la suite des violentes excitations de l'écorce, on a donc une représentation suffisamment complète de l'attaque, réduite à ses équivalents organiques. Le schéma ci-contre résume mieux que toute description la manière dont ces phénomènes se superposent (fig. 224). Il indique, entre autres, l'indépendance qui existe entre l'état de la pupille et les réactions cardio-vasculaires : on voit en effet que la dilatation pupillaire ne subit aucune modification au moment où la pression baisse et où le cœur se ralentit. Ce fait contribue, en passant, à démontrer que les variations du diamètre pupillaire n'ont rien à voir avec les variations du calibre des vaisseaux, comme certains physiologistes l'ont prétendu.

Nous avons indiqué de quelle manière les organes de la respiration, l'appareil circulatoire, l'œil sont influencés par les accès d'épilepsie provoqués. Il y aurait lieu de passer en revue, à cet égard, tous les appareils de la vie organique : tous sont intéressés dans l'attaque. L'épilepsie *interne* n'offre pas moins d'importance que les convulsions, qui ne sont que la manifestation extérieure de l'accès. Mais l'étude de ces diverses perturbations organiques n'a pas été poursuivie. Nous nous contentons de signaler ce qu'on sait au sujet des troubles *vésicaux* et des modifications de la *sécrétion salivaire*.

Vessie. — L'expulsion involontaire des urines est un fait fréquent et de haute signification dans l'épilepsie chez l'homme. Nous avons dit qu'on l'observait parfois chez le chien dans les grands accès d'épilepsie corticale : on peut se demander si elle n'est point la conséquence des convulsions violentes de la paroi abdominale. En admettant que celles-ci y contribuent, il n'est pas douteux que ce phénomène résulte avant tout de l'influence cérébrale directe.

Mosso et Pellacani ont étudié l'effet des excitations corticales sur les contractions de la vessie. Suivant ces auteurs, celles-ci ont lieu en même temps pour le corps et pour le col de la vessie; et le col ne s'entr'ouvre que lorsqu'il subit une dilatation de vive force par prédominance des contractions du corps. Bochefontaine a signalé l'existence de quatre points corticaux au moins, situés au voisinage du sillon crucial, dont l'excitation faradique provoque la contraction de la vessie et la sortie de l'urine. F. Franck a analysé de plus près le phénomène, ne se contentant pas de l'examen direct de la vessie, mais en explorant séparément, et le corps vésical, à l'aide d'un manomètre dont les indications traduisent l'intensité des contractions du muscle vésical, et le sphincter uréthro-vésical, à l'aide d'une ampoule introduite dans le col. Il a obtenu tantôt des contractions simultanées des deux systèmes, tantôt le relâchement du col en même temps que la contraction du corps. Le premier phénomène est la lutte entre la volonté et la contraction; il se produit par exemple quand la volonté intervient pour empêcher l'expulsion de l'urine; le second a lieu au moment de la miction volontaire. En définitive, le sphincter vésical, comme tous les sphincters organiques (cardia, pylore, iris), subit, de la part du système nerveux, deux influences opposées, l'une positive, l'autre négative ou inhibitrice ; cette dernière coïncide avec l'influence excitatrice exercée sur le corps. C'est là un mécanisme d'ensemble qui préside à l'évacuation de tous les réservoirs organiques en général, et qui peut être mis en jeu par l'excitation cérébrale.

En ce qui regarde l'appareil vésical, il est actionné par les excitations de la zone *motrice* seule, et en particulier de la marginale postérieure (F. Franck). Les excitations appliquées en dehors des limites de cette zone n'agissent sur lui qu'à la condition d'être assez violentes pour provoquer un accès d'épilepsie. Dans ce dernier cas, sans doute la contracture énergique et soutenue des muscles de la paroi contribue à faire monter la pression intra-vésicale ; mais il est facile de les mettre hors de cause soit en ouvrant l'abdomen, soit en curarisant l'animal. On voit néanmoins alors la pression à l'intérieur de la vessie, quelques secondes après le début des excitations, monter à 35 ou 40 millimètres de mercure, puis revenir lentement au zéro.

Sécrétion salivaire. — La salivation, « l'écume à la bouche », est encore une manifestation bien caractéristique de l'attaque d'épilepsie. Il est permis de penser que les

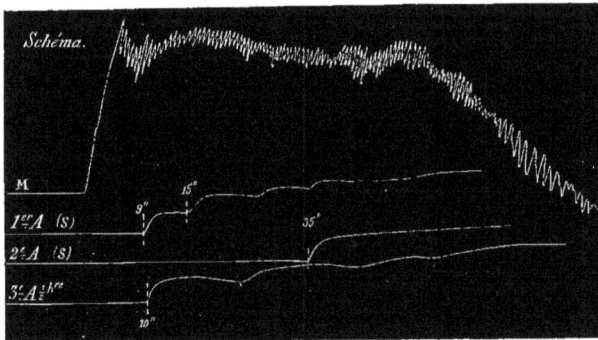

Fig. 224. — Courbes de l'écoulement salivaire dans une série d'accès cloniques : 1er A. premier accès : flux salivaire au bout de 9″ ; 2e flux au bout de 15″ ; série d'écoulements successifs jusqu'à la fin de l'accès. — 2e A. Second accès aussitôt après le premier : grand retard (35″) du premier flux, faible abondance. — 3e A. Troisième accès 1/2 heure après le second ; reprise de l'écoulement salivaire en abondance et peu après le début de l'accès (retard 10″). (Schéma d'après trois longues courbes originales).

mouvements convulsifs de la langue, des joues et des lèvres provoquent l'expulsion de la salive ; mais il y a manifestement exagération de la sécrétion salivaire. Celle-ci est soumise à l'influence du système nerveux, et nous savons depuis Cl. Bernard qu'il existe, dans la sous-maxillaire, des nerfs agissant sur l'élément vasculaire, d'autres actionnant directement les cellules glandulaires. Bochefontaine, examinant l'écoulement de la salive par le canal de Warthon, sous l'influence des excitations du cerveau, a vu la salivation augmenter des deux côtés, quel que fût le point de la zone excitable sur lequel on agissait. Il en a conclu qu'il n'y avait point de centre salivaire, et que la salivation était une réaction banale du cerveau aux excitations. De fait, la surface cérébrale se comporte à cet égard comme les faisceaux blancs sous-jacents, et même comme les conducteurs nerveux centripètes, dont l'influence excito-sécrétoire est bien connue.

Albertoni, étudiant spécialement la salivation épileptique, vit qu'il s'agissait, non d'un trouble excrétoire, mais d'un véritable phénomène de sécrétion ; et il considère la corde du tympan comme le principal conducteur des influences centrales. En comptant les gouttes de salive qui s'écoulaient par l'orifice d'une canule introduite dans le canal de Warthon, il vit une différence considérable dans la salivation épileptique, suivant que la corde du tympan était intacte ou sectionnée. Dans le premier cas, la sécrétion était plus que doublée ; dans le second, elle était à peu près nulle.

F. Franck, inscrivant à l'aide d'un dispositif spécial la courbe d'écoulement de la salive à travers le canal de Warthon, a pu fixer la marche de la salivation aux phases successives de l'attaque. Il a constaté que celle-ci faisait défaut pendant la phase tonique, mais *qu'elle s'exagérait beaucoup à la période des convulsions cloniques*, et qu'elle subissait une recrudescence à chaque reprise de celles-ci (fig. 225). Au début de l'accès tonique, on constate un léger flux salivaire, qui résulte, non d'une exagération de sécrétion, mais de l'expulsion de la salive déjà sécrétée par les muscles de la mâchoire et du plancher de la bouche entrant en contraction tonique.

Le parallélisme de l'hypersécrétion salivaire et des convulsions cloniques conduit à se demander si les secousses convulsives de la langue et du plancher de la bouche n'ont point une part dans l'exagération de la sécrétion, et si elles n'agissent point là à titre d'excitants mécaniques capables d'agir par voie réflexe sur les glandes salivaires. Il semble bien qu'il en soit ainsi en effet; mais, en immobilisant le plancher de la bouche autant que possible, ou en expérimentant avec le curare, on peut se convaincre que c'est à l'influence centrale surtout qu'il faut rapporter la salivation épileptique.

Ce phénomène s'épuise assez vite, comme cela ne peut manquer d'arriver pour tout acte sécrétoire; dans les accès successifs, le début de la salivation se fait de plus en plus tard, et, au bout d'un certain nombre d'attaques, elle cesse tout à fait. On peut constater à ce moment que l'appareil nerveux excito-sécrétoire est épuisé, en agissant sur la corde du tympan au voisinage de la glande. Après un repos suffisant, l'activité glandulaire reparaît.

Ainsi nous trouvons, dans la salivation épileptique, un exemple très net de sécrétion influencée par l'accès convulsif. C'est la seule qui ait été étudiée à ce point de vue avec quelque détail. Nous ne possédons que des données insuffisantes touchant l'influence du cerveau sur les sécrétions sudorale, intestinale, biliaire, rénale, et encore moins sur les modifications plus particulièrement liées à l'état épileptique. Mais il est permis de penser qu'aucune d'elles n'est épargnée; car le système nerveux les règle toutes, et il est impossible que la décharge épileptique ne fasse pas sentir ses effets dans tout son domaine [1].

IV. — PHÉNOMÈNES POST-ÉPILEPTIQUES. — ATTÉNUATION SUPPRESSION, ARRÊT DES ACCÈS

A la suite des accès d'épilepsie corticale violente et prolongée, les animaux restent pendant quelque temps plongés dans un sommeil comateux qui est de tout point analogue à la période stertoreuse du mal comitial. Parfois même, ayant repris connaissance apparemment, ils demeurent somnolents, insensibles aux excitations, se tiennent à grand'peine debout sur leurs pattes. Si dans ces conditions on vient à exciter de nouveau la région corticale qui a été le point de départ de l'accès, on constate qu'elle ne donne lieu à aucune réaction, qu'en tout cas les mouvements provoqués n'ont aucun caractère convulsif.

Cet état *d'épuisement post-convulsif* ne tient nullement à l'inhibition générale du système nerveux : les muscles, les nerfs, les faisceaux blancs même ont gardé leur excitabilité. C'est donc un phénomène rigoureusement *cortical*. Cet épuisement est en outre *local*, en ce sens que, seule, la région motrice de l'hémisphère excité en est le siège; tandis que les réactions convulsives peuvent être encore provoquées par l'excitation de la zone motrice du côté opposé. Il peut être même étroitement localisé à la région spéciale qui a été le point excité; mais cela n'est pas constant, et ordinairement l'aptitude épileptogène est momentanément perdue pour toute la zone motrice correspondante. L'épuisement post-épileptique est un phénomène *transitoire;* et, au bout de quelques minutes à une demi-heure, l'excitabilité reparait : les réactions motrices simples, si elles avaient disparu, se montrent à nouveau, puis l'aptitude épileptogène reparaît à son tour. Mais il faut un temps assez long pour qu'elle atteigne le degré qu'elle avait au début.

---

1. Nous avons entrepris, avec BRUANDET, dans le Laboratoire de CHANTEMESSE, une série de recherches sur l'*Epilepsie viscérale*, qui seront l'objet d'une prochaine publication. Les résultats obtenus jusqu'ici nous permettent de conclure que la vaso-constriction, pendant l'attaque, s'étend aux principaux viscères (rein, foie, rate). On constate en outre, pour le rein, un arrêt prolongé de la sécrétion urinaire, qui parait indépendant des changements circulatoires, car il se poursuit pendant la vaso-dilatation consécutive à l'accès. La fonction biliaire subit le même arrêt; tandis que la vésicule, lorsqu'elle est distendue, se comporte comme la vessie, en se contractant au début de l'attaque.

La perte passagère de l'excitabilité corticale se retrouve à un degré variable dans la plupart des réactions de nature *épileptique;* et elle leur appartient en propre. C'est donc là un caractère important qui peut contribuer, lorsqu'on étudie les réactions viscérales ou pupillaires chez les animaux curarisés, à faire reconnaître la véritable nature de celles-ci.

L'épuisement des centres moteurs se traduit quelquefois au dehors par de véritables *paralysies* localisées : celles-ci siègent du côté opposé à l'hémisphère excité, et sont également transitoires. On les a depuis longtemps observées chez l'homme (Todd, Huglings-Jackson); et leur présence, associée aux convulsions limitées dans les mêmes parties, est un argument de haute signification en faveur d'une lésion limitée de l'écorce. L'anesthésie, la perte des réflexes dans les régions qui ont été le siège des convulsions, sont des accidents de même ordre. Tous ces faits sont à rapprocher des phénomènes d'épuisement post-épileptique, dont Ch. Féré a fait une étude spéciale chez l'homme.

Par opposition à ces troubles fonctionnels qui caractérisent l'amoindrissement ou la suppression de l'activité cérébrale, il faut signaler *l'hyperexcitabilité de l'écorce* qui s'observe assez souvent à la suite de la provocation des accès. La surface corticale est alors tellement irritable que le moindre attouchement fait éclater une nouvelle attaque. On a remarqué que les animaux qui offraient une telle excitabilité étaient précisément ceux qui présentaient, à la suite des accès, des signes d'agitation violente rappelant un délire furieux (Albertoni, Luciani). C'est également chez eux surtout qu'on observe des *contractures* passagères succédant aux attaques. Il est permis de penser que les troubles du même genre, dont la pathologie humaine offre de nombreux exemples, ressortissent aussi à l'hyperexcitabilité temporaire de l'écorce cérébrale.

On peut modifier, comme nous le verrons, par un certain nombre de moyens, l'aptitude épileptogène de l'écorce : l'exalter ou l'atténuer. Mais, si l'on peut influencer à volonté l'excitabilité de la surface cérébrale, il n'en est pas de même de l'accès convulsif commencé : celui-ci se déroule d'un bout à l'autre avec toutes ses phases, quoi qu'on fasse pour l'arrêter. Il est de notion courante pourtant que certains sujets épileptiques réussissent, par des subterfuges variés, à empêcher parfois leur attaque, par exemple en exerçant une traction violente sur les régions qui sont le siège de l'aura motrice, en appliquant une ligature au-dessus de ce point; mais peut-être l'emploi de ces moyens n'est-il efficace qu'au moment de l'avertissement initial, de *l'aura,* phénomène qui nous échappe chez l'animal.

Quoi qu'il en soit, chez celui-ci, non seulement les excitations périphériques violentes, mais tous les moyens d'action dirigés vers le cerveau lui-même dans le but d'arrêter l'accès à n'importe quelle phase restent sans effet. Telles, les modifications circulatoires réalisées par la compression des carotides, des jugulaires, par l'excitation ou la section du sympathique; telles, la compression du cerveau lui-même, la réfrigération de l'écorce. Bien mieux, si l'on en croit Albertoni et F. Franck, l'ablation même de l'écorce pendant l'accès ne modifierait en rien la marche de celui-ci. Munk avait cependant cru pouvoir conclure de ses expériences à l'influence suspensive de l'ablation du centre cortical excité, et Bubnoff et Heidenhain avaient observé le même phénomène. F. Franck, à la suite d'expériences rigoureuses de contrôle, maintient ses premières conclusions. Cela démontre jusqu'à l'évidence, pour le remarquer en passant, que l'écorce cérébrale n'intervient que dans la provocation de l'accès, et qu'elle n'est point le centre actif des convulsions.

Il est possible cependant d'atténuer et même d'arrêter les mouvements convulsifs au cours de l'accès par deux moyens : soit par l'asphyxie, soit par l'irritation du bout périphérique du nerf vague, entraînant ralentissement ou arrêt du cœur. Par exemple, en fermant la canule trachéale au début d'un accès qui s'annonçait comme devant être violent, on voit celui-ci se borner à quelques mouvements convulsifs. L'excitation du nerf vague est encore plus efficace, et l'attaque se suspend tout à fait quand l'arrêt du cœur est complet. Ces deux procédés aboutissent d'ailleurs à un effet commun : l'action du sang asphyxique sur les centres nerveux. Car l'insuffisance d'irrigation artérielle dans les centres nerveux est toujours compensée par une accumulation de sang veineux, qui cesse d'être expulsé de la cavité céphalo-rachidienne par l'expansion artérielle. Ainsi c'est à tort qu'on a voulu faire jouer un rôle à l'asphyxie dans la production des convulsions épileptiques chez l'homme, puisque l'expérience démontre au contraire l'action suspensive de celle-ci.

V. — PHYSIOLOGIE PATHOLOGIQUE

Excitabilité propre de l'écorce grise. — Après avoir décrit l'épilepsie *corticale* dans ses manifestations extrinsèques et organiques, après avoir exposé les conditions dans lesquelles se montre l'aptitude épileptogène du cerveau et les influences qui la modifient, il nous reste à envisager le mécanisme intime des réactions épileptiques de l'écorce.

Mais une objection capitale a été élevée contre cette conception de l'épilepsie. Vulpian et ses élèves ont nié l'excitabilité propre de l'écorce cérébrale. Suivant eux, les courants *électriques*, appliqués à la surface du cerveau, traversent la couche grise et diffusent jusqu'aux faisceaux sous-jacents. Ainsi s'agisse de mouvements simples ou d'accès convulsifs, appartiennent, non aux cellules de la substance grise, mais aux fibres blanches. Cette opinion, à vrai dire, a perdu bien du terrain dans ces dernières années : nous devons toutefois la réfuter sommairement, et ce sera en même temps justifier le titre de cet article. On pourrait répondre, sans aller plus loin, que les excitations *mécaniques* sont à l'abri de l'objection, et qu'elles suffisent à démontrer l'aptitude convulsive autonome de l'écorce grise. Mais les conditions d'efficacité de ces dernières, comme nous l'avons dit, sont trop spéciales pour qu'on puisse les prendre à témoin ici.

La diffusion des courants électriques est un fait certain : on en a fait une objection sérieuse à leur emploi. Mais il est facile au moins de limiter suffisamment leur action en surface. S'il est vrai que, pour les courants de haute intensité, la diffusion est telle que les réactions épileptiques se produisent quand on touche un point quelconque de l'écorce, il n'en est plus de même quand on diminue graduellement l'énergie de l'excitant. A un moment donné les réactions convulsives n'éclatent plus que si les circonvolutions *centrales* sont directement intéressées. C'est ainsi qu'on peut déterminer l'intensité *minimum* nécessaire pour obtenir une réaction *simple* par excitation de la zone motrice. Il arrive alors que, en dehors des limites de celle-ci, la décharge électrique reste sans réponse. C'est de la sorte qu'on a pu préciser d'une façon rigoureuse les localisations corticales, et c'est encore l'électricité qui a donné les meilleurs résultats dans cette voie. Il n'en reste pas moins l'objection de la diffusion en profondeur. Si faible qu'on la suppose, il est inadmissible en effet que les courants n'atteignent par les terminaisons corticales des fibres blanches. Or il s'agit de savoir si l'écorce grise est simplement *traversée* par le courant, comme une couche inerte, ou si elle *intervient* pour quelque chose dans les réactions. Comparons les effets produits quand on excite la surface cérébrale intacte, et quand la couche grise étant supprimée par ablation ou par inertie fonctionnelle (réfrigération, chloral, épuisement temporaire), les excitations vont directement atteindre les fibres sous-jacentes. Dans cet ordre de faits, nous trouverons des arguments qui établissent que l'écorce intervient bien pour son compte dans les réactions :

1° *Dans la comparaison des retards.* — Lorsqu'on provoque la contraction d'un muscle par une excitation appliquée en un point quelconque (du muscle ou du nerf correspondant), il s'écoule, entre le moment précis de l'excitation et le début de la contraction, un certain temps que l'on désigne sous le nom de *temps perdu du muscle*, *période d'excitation latente* (Helmholtz, Marey). Si l'on agit sur le tronc nerveux, ce *retard* augmente proportionnellement à la distance qui sépare le point excité du corps musculaire — et c'est ainsi, pour le dire en passant, qu'on a pu calculer la vitesse de transmission dans les conducteurs nerveux centrifuges. Or, en excitant l'écorce, on trouve un temps perdu beaucoup plus considérable que si l'on agissait sur un conducteur périphérique ayant même longueur que le trajet étendu du point cortical au muscle. D'après F. Franck, le rapport serait de 4 : 1 ; Schiff avait noté déjà l'importance de ce retard, et l'estimait plus grand encore : 7 à 11 : 1.

Fait curieux, ce *retard* n'est pas de même valeur quand on applique l'excitation à l'écorce, et quand on la dirige immédiatement sur les fibres blanches sous-corticales mises à nu. *Il est notablement plus grand avec les excitations corticales* (fig. 226). F. Franck l'a démontré en se mettant à l'abri de toute objection. Cette particularité n'est explicable que par l'interposition, sur le trajet des conducteurs, d'éléments nerveux capables de retarder la transmission. Ce sont les cellules de la substance grise qui, intervenant comme éléments actifs, retiennent, emmagasinent, en quelque sorte, l'excitation avant de la transmettre aux conducteurs. Pareil fait se produit chaque fois qu'un relai cellulaire se trouve interposé entre deux conducteurs : dans la production des mouvements réflexes médullaires provoqués par l'excitation d'un nerf sensible, par exemple. On sait aussi que les réactions motrices sont beaucoup plus tardives que les mouvements provoqués par excitation directe pour une même longueur de trajet. Aussi l'assimilation de ces mouvements réflexes aux réactions motrices corticales s'est-elle naturellement présentée à l'esprit (Schiff).

Ainsi, déjà à l'occasion des réactions motrices *simples*, l'écorce manifeste son activité propre, et l'on n'est nullement fondé à prétendre qu'elle est simplement traversée par le courant.

2° *Différence d'excitabilité des deux substances.* — Les faisceaux moteurs sous-corticaux présentent une *excitabilité moindre que l'écorce grise*. Telle est la conclusion que F. Franck et Pitres ont tirée de leurs expériences. Il est facile de s'en assurer : une fois déterminée l'intensité minimum du courant nécessaire pour obtenir une première réaction corticale, on enlève soigneusement le cortex avec une curette tranchante, et l'on attend quelques instants pour laisser à l'hémorrhagie le temps de s'arrêter, et aux effets immédiats du traumatisme le temps de se dissiper. Dans ces conditions, il faut toujours renforcer l'excitant pour obtenir la première réaction motrice. On observerait le phénomène inverse si l'écorce était une couche inexcitable *simplement traversée* par le courant.

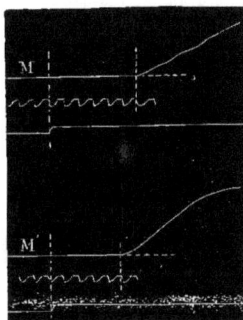

Fig. 226. — Différence du retard des mouvements M et M' suivant qu'on excite la zone motrice (M) ou la substance blanche sous-jacente (M'). — Le retard, qui est de 6 1/2 centièmes de seconde dans le premier cas, se réduit à 4 1/2 centièmes dans le second.

Les physiologistes partisans de l'inexcitabilité corticale ont critiqué cette expérience pour les besoins de la cause. Vulpian, Couty ont prétendu que le traumatisme produit par l'ablation du cortex entraînait la diminution d'excitabilité du centre ovale ; mais ils n'ont jamais justifié cette assertion. D'ailleurs il est aisé de répéter l'expérience à l'abri de cette critique, en supprimant l'écorce fonctionnellement (chloral, réfrigération), sans avoir recours à la méthode sanglante : elle aboutit aux mêmes conclusions.

Il est à noter cependant que, à mesure que l'on s'éloigne de l'écorce, l'excitabilité des faisceaux moteurs semble augmenter, si bien que, au niveau de la capsule interne, elle redevient sensiblement égale à celle de l'écorce. Mais il y a lieu de croire que ce n'est qu'une apparence ; car, en raison de la convergence croissante des fibres motrices, on excite un nombre de faisceaux plus grand dans la capsule que sous le cortex [1].

3° *Caractère différentiel du tétanos cortical et du tétanos centre-ovalaire.* — Nous savons qu'en appliquant au cerveau des excitations électriques très rapprochées les unes des autres, on arrive à produire une contraction musculaire soutenue, un véritable *tétanos*, à secousses fusionnées ou non. Cette réaction n'est point spéciale à l'écorce ; elle peut s'obtenir sur n'importe quel point des faisceaux moteurs. Mais, si l'on compare la réaction tétanique du centre-ovale à celle de l'écorce grise, on y voit une différence importante. L'inscription graphique de la contraction musculaire montre que, dans le premier cas, le relâchement se fait brusquement, au moment précis où cesse l'application du courant, tandis que, dans le second, la contraction du muscle survit à

1. La convergence des fibres au niveau de la région capsulaire permet aussi de comprendre pourquoi il est plus difficile d'obtenir des réactions motrices *indépendantes* en ce point, qu'à la surface du cerveau ou au niveau du centre ovale. Les faisceaux moteurs deviennent très voisins les uns des autres, et il faut recourir à des excitateurs de petit volume pour les atteindre isolément : on a pu cependant établir la topographie de la capsule interne dans sa partie motrice (F. Franck).

l'excitation, se renforce même (fig. 213). Ce *tétanos secondaire* est absolument spécial à l'écorce : jamais on n'observe pareil fait avec les excitations appliquées aux fibres blanches, quelle que soit la violence de celles-ci. C'est d'ailleurs une ébauche de l'accès d'épilepsie, qui commence par la tétanisation soutenue des muscles.

4° *Impossibilité de provoquer des convulsions épileptiques par l'excitation de toute autre région que la substance grise corticale de la région motrice.* — C'est à F. FRANCK et PITRES (1877) que l'on doit la démonstration rigoureuse de cette propriété exclusive de la substance grise de l'écorce. Elle est basée sur l'expérience suivante : sur un animal non anesthésié, on enlève avec grand soin l'écorce des circonvolutions motrices après avoir oblitéré au thermo-cautère les vaisseaux de la pie-mère. L'hémorrhagie arrêtée, on applique les excitations directement sur la surface du centre ovale. Jamais, dans ces conditions, *pourvu que la substance grise ait été complètement enlevée*, on n'arrive à produire d'accès épileptique. Quelle que soit l'intensité du courant électrique, les contractions musculaires ont les caractères des réactions *simples*. Tout au plus, à la suite d'excitations très intenses, le muscle revenu au repos présente-t-il deux ou trois petites secousses appréciables sur le tracé seulement (fig. 227) ou encore reste-t-il pendant quelques secondes dans un état de contracture légère et rapidement décroissante.

La proposition énoncée plus haut a été contrôlée par de nombreux expérimentateurs, et par BUBNOFF et HEIDENHAIN les premiers. Mais, si aujourd'hui elle ne rencontre plus guère d'objections, il n'en a pas été de même au début. L'école de VULPIAN s'est inscrite en faux contre cette assertion, en objectant la possibilité de produire l'épilepsie après destruction de l'écorce.

F. FRANCK a montré que les expériences, sur lesquelles s'appuyait cette objection de fait, étaient entachées d'une cause d'erreur. Il suffit en effet de laisser une parcelle d'écorce en place pour que le résultat soit faussé. Or la décortication complète de la surface cérébrale est chose difficile ; d'autres physiologistes (LUCIANI, CHRISTIANI) ont insisté sur ce point. La substance grise qui tapisse le fond du sillon crucial chez le chien échappe souvent à l'ablation rapide-

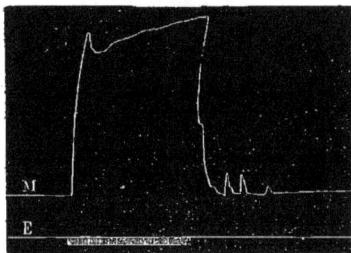

FIG. 227.— Petites secousses consecutives à l'excitation forte et prolongée de la substance blanche.

ment faite; mais, si l'on a soin de compléter celle-ci, toute réaction convulsive fait défaut.

Les faisceaux du *centre ovale*, dans ces conditions, il est vrai, sont privés d'irrigation sanguine, et l'on pourrait supposer que leur excitabilité en est amoindrie. Mais on peut s'assurer que la *capsule interne*, dont la circulation est restée intacte, ne réagit pas autrement que les fibres sous-corticales. Cette observation a une valeur d'autant plus décisive que la *capsule interne* offre des réactions très intenses. On obtient toujours, en appliquant à cette région des excitations très rapprochées, un tétanos violent qui offre cette particularité de n'être jamais complètement fusionné (fig. 228). Mais il ne s'agit nullement d'épilepsie vraie; car les muscles se relâchent au moment où l'excitation prend fin.

On ne saurait davantage expliquer l'absence de réactions convulsives, de la part du centre-ovale, par un état d'inhibition cérébrale succédant au traumatisme; car, si l'on a respecté une partie voisine de la zone motrice, celle-ci a gardé intactes ses facultés épileptogènes, de même que la substance grise de l'hémisphère du côté opposé.

L'aptitude épileptogène appartient, non à l'écorce tout entière, mais seulement à la *zone motrice*. Si, en effet, on peut provoquer l'épilepsie par la faradisation de n'importe quelle région du cortex, c'est seulement en employant des courants assez intenses pour diffuser jusqu'aux circonvolutions motrices; et lorsqu'on a au préalable enlevé celles-ci en totalité, toute réaction convulsive disparaît (F. FRANCK). UNVERRICHT a contesté le fait, et prétendu que les circonvolutions de la région occipitale, chez le chien, possédaient en propre la même faculté; mais ROSENBACH a critiqué ses conclusions, et s'est rallié à la manière de voir de F. FRANCK.

En résumé, l'écorce grise du cerveau, dans la zone motrice, a une excitabilité propre qui se manifeste déjà à l'occasion des réactions motrices simples. *Elle seule, à l'exclusion*

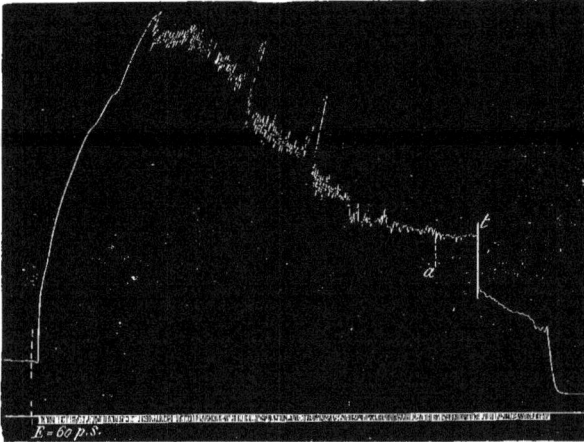

Fig. 228. — Tétanos par excitations induites fortes et prolongées de la capsule interne; grand raccourcissement musculaire avec vibrations de plus en plus fusionnées par fatigue ; absence de tétanos secondaire et cessation brusque du tétanos eu même temps qu'on supprime l'excitation. (La courbe a été interrompue en T, pendant 8 à 10 secondes.)

des faisceaux sous-jacents et des régions voisines de l'écorce, possède la faculté épileptogène; la dénomination d'épilepsie *corticale* est donc entièrement justifiée.

Agents modificateurs de l'excitabilité corticale. — L'excitabilité propre de l'écorce étant un fait acquis, il y a lieu d'en étudier les variations. Si nous sommes impuissants à arrêter l'accès épileptique commencé, nous disposons au contraire de nombreux moyens d'action sur la *prédisposition* des centres aux attaques convulsives. La question touche à la thérapeutique de l'épilepsie, celle-ci ayant pour but précisément de diminuer l'excitabilité des centres, afin d'atténuer du même coup leur aptitude aux réactions convulsives. Parmi ces agents modificateurs de l'excitabilité corticale, les uns *l'atténuent* ou la suppriment; les autres, au contraire, *l'exaltent*. Dans chacun de ces deux groupes il importe, autant que faire se peut, d'établir une distinction entre les agents qui intéressent l'écorce cérébrale seule, et ceux qui portent à la fois sur le cerveau et sur les centres excito-moteurs bulbo-médullaires.

Atténuation ou suppression de l'excitabilité corticale. — Il convient de placer en première ligne *l'asphyxie*, dont nous connaissons déjà l'action suspensive sur l'accès convulsif. L'état asphyxique du sang tend à supprimer l'activité épileptique de l'écorce, sans diminuer l'excitabilité des fibres sous-corticales, non plus que l'excitabilité réflexe des centres bulbo-médullaires qui paraît même exagérée : la dissociation est ici des plus nettes.

L'action élective dans le même sens sur l'écorce cérébrale est encore bien établie pour certains agents, tels que la *réfrigération locale*, le *chloral*, la *morphine*.

On produit le *refroidissement de l'écorce*, par exemple avec des pulvérisations d'éther, en ayant soin de préserver les éléments nerveux de l'action chimique de ce produit à l'aide d'une lame de baudruche. A mesure que la température locale s'abaisse, l'excitabilité diminue progressivement, et, à + 4°, + 3°, elle disparaît tout à fait. Il devient impossible alors de provoquer des réactions *épileptiques*, même par les excitations les plus énergiques. Seules, les réactions *simples* persistent, comme si l'écorce grise, devenue une couche inerte, était traversée par les excitations qui vont agir sur les faisceaux blancs situés au-dessous d'elle. L'excitabilité revient peu à peu dès qu'on cesse l'éthérisation, à mesure que la température locale s'élève de nouveau (fig. 229). Dans ces expériences de réfrigération locale, si l'on atteint le degré de congélation, il peut en résulter des convulsions épileptiques violentes qui surviennent d'elles-mêmes ou à la moindre provocation. Celles-ci sont le résultat, non pas de la réfrigération, comme l'a cru OPENCHOWSKY, mais de la réaction inflammatoire violente dont l'écorce est le siège.

Le *chloral* appartient à la catégorie des anesthésiques généraux, et, comme tel, il diminue l'excitabilité des centres nerveux. Mais il offre ceci de particulier d'agir d'une façon prédominante, réellement élective, sur l'écorce cérébrale. Le fait a été mis en lumière par CH. RICHET : chez le chien chloralisé par injection intra-veineuse, l'excitabilité de la substance grise diminue, et devient très inférieure à celle de la substance blanche sous-jacente. Avec des doses suffisantes, on peut même obtenir l'inexcitabilité absolue de l'écorce ; les réactions *simples* disparaissent, et il faut atteindre les faisceaux sous-corticaux pour les produire. « Tout se passe, dit CH. RICHET, comme si le chloral avait paralysé la substance grise périphérique, qui oppose alors à l'électricité la résistance d'un tissu inerte interposé entre l'excitation et les faisceaux blancs seuls excitables. » Les expériences de BUBNOFF et HEIDENHAIN, de VARIGNY, celles de F. FRANCK viennent à l'appui des conclusions de CH. RICHET.

La *morphine* paraît devoir être mise au même rang que le chloral. Si elle atténue la réactivité des centres cérébrospinaux dans leur ensemble, il semble démontré qu'à un certain degré de l'intoxication, elle paralyse nettement l'écorce, en laissant intactes les propriétés de la substance blanche. HITZIG et tous ceux qui ont expérimenté à sa suite ont proclamé l'action modératrice de la morphine à l'égard des réactions corticales, simples et épileptiques. Mais c'est à BUBNOFF et HEIDENHAIN qu'on doit les expériences tendant à établir son effet électif sur l'appareil cortical. Après avoir fortement morphinisé un chien, ils appliquent sur l'écorce, à droite et à gauche, des excitations violentes qui restent sans résultat; puis, l'ablation de l'écorce étant faite d'un côté, des excitations moins violentes que les précédentes sont dirigées sur la coupe des faisceaux blancs : elles donnent les réactions mo-

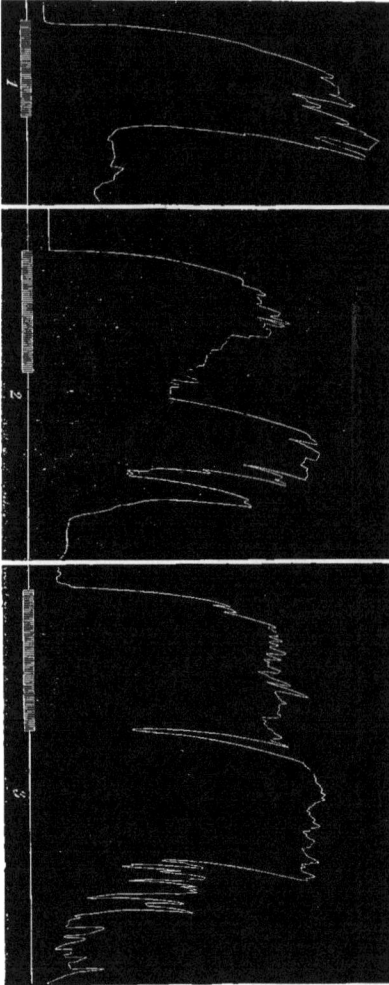

FIG. 228. — Nº 1 : suppression d'attaques après réfrigération corticale à o°. — Nº 2, début du retour de l'action épileptogène (réchauffement). — Nº 3, restitution plus complète avec retour plus complet de la température normale.

trices habituelles. Ainsi l'appareil cortical serait transformé en couche inerte comme avec le chloral; et même la résistance physique au passage du courant électrique serait accrue (*loc. cit.*, 1881, 108).

Quant aux *anesthésiques* proprement dits, chloroforme, éther, ils jouissent de propriétés analogues aux agents qui précèdent; et déjà Hitzig constatait, en 1874, que la chloroformisation supprimait les réactions motrices du cerveau. D'après Ferrier, ce sont les appareils corticaux moteurs, qui, sous cette influence, perdent les premiers leur activité. Albertoni a vu qu'une des premières manifestations de l'action des anesthésiques était la perte des réactions épileptiformes. Mais l'action élective sur l'écorce n'est pas aussi nettement démontrée pour ces substances, que pour le chloral et la morphine.

L'*absinthe* se révèle au contraire comme un poison, dont l'effet, dissocié sur l'écorce cérébrale et sur les centres médullaires, est tout à fait remarquable. Dans plusieurs expériences F. Franck a noté l'inexcitabilité de l'écorce après l'injection de quelques gouttes d'essence d'absinthe dans la plèvre. Or ce produit est un excitateur violent des centres bulbo-spinaux, au point de provoquer de violentes convulsions qui caractérisent l'*épilepsie absinthique*. L'écorce ne prend aucune part à ces convulsions, car elle se montre réfractaire à toute excitation avant le début de l'accès.

Nous ne saurions passer en revue toutes les substances et tous les procédés expérimentaux auxquels on a attribué l'effet d'atténuer l'excitabilité cérébrale; d'ailleurs, nous le répétons, au point de vue spécial de l'aptitude épileptogène, qui nous occupe ici, un nombre très restreint de ces moyens d'action s'est montré doué de propriétés électives sur l'écorce. Le *bromure de potassium*, qu'il faut citer à cause de sa réputation très justifiée comme médicament anti-épileptique, diminue en effet l'aptitude épileptogène de l'écorce, ainsi qu'Albertoni l'a démontré: mais il doit certainement aussi sa vertu à l'influence modératrice qu'il exerce sur le pouvoir excito-moteur des centres médullaires. On pourrait en dire autant de l'*alcool* qui, administré en injections intraveineuses, non seulement diminue, d'après Danillo, l'excitabilité de la région motrice du cerveau, mais aussi arrête les convulsions d'une attaque commencée (*A. de P.*, 1882, (2), 388-408; 559-594).

Augmentation de l'excitabilité corticale. — De toutes les influences excitatrices, il n'en est pas de plus active que l'*inflammation locale*. Il suffit de laisser exposée à l'air pendant quelques heures la surface du cerveau, pour voir celle-ci devenir turgescente et fortement congestionnée; elle ne tarde pas à offrir le même aspect pendant une expérience un peu longue, au cours de laquelle on a produit de violents accès par l'excitation électrique. Dans ces conditions, d'après F. Franck, son irritabilité est telle que le simple frôlement avec un morceau d'éponge ou d'amadou fait éclater un violent accès qui débute du côté opposé, dans la partie correspondant au point cortical touché. C'est même là une des rares circonstances dans lesquelles le cerveau réagit aux excitations *mécaniques :* dans les conditions ordinaires, celles-ci n'ont aucun effet. La réaction congestive qui succède à la congélation du cerveau réalise une susceptibilité semblable de l'écorce. Elle se manifeste encore au pourtour des lésions traumatiques, irritatives, telles que l'enfoncement d'une esquille dans la substance du cerveau. Ces différents états offrent une particularité commune, c'est la vascularisation excessive, l'activité circulatoire de la substance grise; et l'encéphalite septique y joue, à n'en pas douter, un grand rôle. Le fait est intéressant à noter, car il comporte des applications à la pathologie humaine, et rend compte de la fréquence des symptômes convulsifs dans le cours des inflammations secondaires ou primitives de la surface cérébrale. Albertoni, Franck et Pitres, Couty, ont étudié l'excitabilité mécanique de l'écorce à la faveur de cette irritabilité excessive. Lussana et Lemoigne avaient nié la possibilité d'obtenir des réactions de ce genre; mais il faut observer qu'elles n'existent pas au même degré sur toute l'étendue de la zone motrice. Luciani fait remarquer que c'est dans la profondeur même du sillon crucial, et non à la surface du gyrus, qu'il faut les chercher. Il est admissible que cette région est aussi la plus propice au développement de l'inflammation corticale. (*A. i B.*, 1883, 268.)

L'intoxication modérée par la *strychnine* produit aussi une hyperexcitabilité notable de l'écorce. Luciani et Tamburini ont vu que les excitations mécaniques là aussi se montraient actives. F. Franck et Pitres ont constaté, après strychnisation, la diminution du retard des réactions motrices corticales, l'amplitude plus grande des mouvements provoqués. Mais on peut objecter que la strychnine est avant tout un stimulant des plus énergiques du pouvoir excito-moteur médullaire, et que telle est peut-être la cause de l'intensité des réactions que l'on obtient en stimulant l'écorce; si bien que l'exagération d'activité de celle-ci pourrait n'être qu'apparente.

Entre deux accès de strychnisme, l'excitabilité corticale est abolie. F. Franck fait remarquer à ce propos que cela aussi n'est probablement qu'une apparence, et que l'épuisement siège en réalité dans les centres bulbo-spinaux. En tout cas, l'épuisement strychnique est tout autre chose que l'épuisement post-épileptique.

Il est enfin un grand nombre d'agents modificateurs de l'excitabilité cérébrale qui sont encore assez mal classés. Ainsi l'*anémie cérébrale*, suivant certains auteurs, serait un excitant. Couty trouve les réactions exagérées après ligature des carotides et des vertébrales; tandis que Vulpian prétend que l'oblitération des capillaires corticaux à l'aide de fines embolies n'amène aucun changement à cet égard. Par contre, Eckhard, F. Franck ont constaté qu'à la suite des grandes hémorrhagies, les réactions motrices corticales disparaissaient, tandis que les mouvements réflexes étaient conservés et même exagérés. Sans doute, dans l'espèce, convient-il de tenir compte du moment où l'on explore les réactions et du degré auquel est poussée l'anémie. On sait, en effet, que les phénomènes liés à l'ischémie consistent, d'une façon générale, en une phase d'excitation qui précède la mort définitive des tissus lorsque la circulation n'est pas rétablie. D'autre part, Orchansky a constaté qu'une saignée, correspondant au 1/5 de la masse du sang, augmentait l'excitabilité, tandis qu'une saignée plus abondante la diminuait ou la supprimait.

Ajoutons, pour terminer, que les changements circulatoires qui dépendent du *sympathique* n'ont aucune influence sur la réactivité de l'écorce cérébrale : pas plus le spasme vasculaire déterminé par l'excitation du bout périphérique que la congestion vaso-motrice produite par la section du cordon. Ce fait méritait d'être rappelé, car quelques chirurgiens contemporains prétendent avoir fait bénéficier certains épileptiques de la sympathectomie. On voit en tout cas que, si l'épilepsie a son point de départ dans l'écorce, la prédisposition convulsive ne sera en rien modifiée par l'intervention. D'après l'interprétation proposée par E. Vidal (*B. B.*, 1899, 188), sur la foi de ses expériences, seules les épilepsies ayant une origine toxique seraient influencées par la sympathectomie.

Toutes choses égales d'ailleurs, l'excitabilité de la zone motrice n'est pas uniforme dans toute son étendue. D'un hémisphère à l'autre il y a une inégalité signalée depuis longtemps, probablement en rapport avec la prédominance d'un hémisphère sur l'autre.

Entre les divers départements d'une même zone, il y a des différences assez constantes. Ainsi chez le chien, Luciani et Tamburini, d'accord avec F. Franck, ont constaté la réactivité plus grande des centres correspondant aux *membres antérieurs* : ce fait serait en rapport d'après eux avec la prédominance des mouvements volontaires. Vulpian prétendait que l'excitabilité existait au plus haut degré dans les points corticaux correspondant à la *face* et qu'elle allait en décroissant pour le membre antérieur puis pour le membre postérieur, autrement dit qu'elle était en raison inverse de la distance au cerveau. Albertoni considère la région située en dedans du sillon crucial comme la plus favorable pour la provocation des accès d'épilepsie; mais on ne saurait conserver la dénomination de *zone épileptogène* qu'il propose, car tous les points de la zone motrice sans distinction possèdent la même aptitude à des degrés différents.

Rôle de l'écorce grise dans les convulsions provoquées. — De ce fait que l'écorce cérébrale, à l'exclusion des autres parties du cerveau, a la propriété de réagir aux excitations par des accès épileptiques, doit-on la considérer comme l'organe central de l'épilepsie? En d'autres termes, les convulsions exigent-elles toujours pour se produire la participation de l'écorce?

A cela on peut répondre, sans sortir du domaine expérimental, que l'épilepsie peut être provoquée par d'autres moyens que l'excitation de l'écorce[1]. L'épilepsie dite *réflexe*,

---

1. Hitzig, qui, le premier, a produit l'épilepsie par excitation de l'écorce (1870), avait admis l'origine *corticale* d'une variété bien déterminée d'épilepsie, mais non de toutes. Il est revenu récemment sur cette question, en maintenant ses premières conclusions, et critiquant l'opinion de Unverricht, qui veut que toutes les formes d'épilepsie aient leur point de départ dans l'écorce (voir *Arch. f. Psychiatrie*, 1897, xxix, 963). Cette opinion est insoutenable. Le fait seul

l'épilepsie *toxique*, par exemple, nous en donnent la preuve. Dans la première, c'est une excitation périphérique portant sur un tronc nerveux, sur une membrane sensible; dans la seconde, c'est l'introduction dans la circulation de poisons, comme l'absinthe ou la nicotine, la vératrine, qui provoque des accès convulsifs. S'agit-il bien du même phénomène?

A vrai dire, les différences objectives sont de peu d'importance. Dans l'épilepsie réflexe, provoquée par l'irritation de la dure-mère ou du nerf vague, par exemple, on observe surtout le type clonique à grandes secousses; et, lorsqu'une phase tonique survient, c'est plus tardivement, comme si l'excitation centrale, faible au début, allait en croissant. Parfois la période tonique s'intercale entre deux accès cloniques. Mais il convient d'observer que le mode de provocation est bien différent dans les deux cas. Dans la provocation corticale, on réalise d'emblée par une excitation intensive des centres nerveux, une tétanisation musculaire à laquelle l'accès fait suite; dans le second mode, l'impulsion donnée à l'acte convulsif est minime, et il faut admettre que l'ébranlement nerveux, en se propageant à travers les centres moteurs, va en progressant, pour atteindre à un moment donné son paroxysme, qui se traduit par la contracture tonique. D'ailleurs cette invention dans l'ordre des périodes se rencontre aussi dans l'épilepsie d'origine corticale : il n'y a pas lieu de s'arrêter à ces différences de second ordre.

Il est un autre caractère différentiel plus intéressant dans l'espèce : c'est le siège des convulsions *du même côté que l'excitation* dans l'épilepsie *réflexe*, alors qu'elles se produisent *du côté opposé* à l'hémisphère excité dans l'épilepsie *corticale*. Cette particularité, utilisable au point de vue du diagnostic, n'implique pas une différence dans la nature des réactions; mais elle est en rapport avec le trajet anatomique. L'excitation périphérique gagne les centres bulbo-médullaires sans passer par l'entre-croisement pyramidal, comme l'excitation corticale.

En résumé l'épilepsie *réflexe* est une manifestation convulsive au même titre que l'épilepsie corticale; mais elle n'entraîne pas la mise en jeu du cerveau. On peut en dire autant des épilepsies *toxiques*. Nous savons par exemple que, dans l'épilepsie absinthique, la séparation du cerveau d'avec la moelle n'empêche pas l'attaque de se produire, et que d'autre part, dans l'intoxication par l'absinthe, l'écorce cérébrale est inexcitable avant même l'apparition des convulsions.

En nous appuyant sur ces considérations, nous admettrons, avec F. Franck, que *l'organe cortical n'est point le siège central des convulsions épileptiques*. C'est dans les centres *bulbo-médullaires* qu'il faut placer celui-ci, leur activité pouvant être mise en jeu, soit par l'excitation corticale, soit par une irritation périphérique, soit enfin par un poison convulsivant. L'irritation de la zone motrice corticale est sans doute le procédé le plus sûr de provocation de l'attaque; mais, celle-ci une fois *mise en train*, l'écorce n'intervient plus, puisqu'on peut la supprimer sans entraver la marche des convulsions.

Ainsi la physiologie pathologique permet d'établir un trait d'union entre toutes les variétés d'épilepsie, en montrant que leur mécanisme intime au fond est toujours le même, et que le *primum movens* de l'acte comitial réside dans l'activité anormale des groupes cellulaires excito-moteurs de la colonne grise bulbo-spinale. Dans les conditions normales, la réaction élémentaire de la cellule motrice spinale, quand elle est sollicitée à l'activité, soit par l'influx volontaire, soit par une excitation sensitive, est le *mouvement simple*. Mais que la provocation soit d'une violence inusitée, comme dans la faradisation de l'écorce, ou que la cellule motrice souffre d'une irritabilité maladive, la réaction, se produisant avec une activité désordonnée, sera un *mouvement convulsif*. L'envahissement des centres contigus, avec mise en branle de tout l'appareil moteur bulbo-spinal, s'explique par les connexions intimes qui existent entre tous ses éléments.

Pourquoi l'intervention de *l'écorce grise* est-elle spécialement nécessaire pour que la provocation cérébrale soit suivie d'effet convulsivant? Pourquoi refuser aux fibres blanches du cerveau cette aptitude à réveiller les réactions épileptiques dont paraissent jouir dans quelques cas les conducteurs nerveux périphériques? Il y a là un fait que nous ne pouvons que constater, sans l'expliquer d'une manière satisfaisante, et dont la raison

que certains poisons produisent des convulsions épileptiques, en même temps que l'inexcitabilité corticale, suffit à le prouver.

d'être réside dans la transformation que la cellule corticale fait subir, en quelque sorte, à l'excitation reçue. Peut-être la physiologie de la cellule nerveuse nous le fera-t-elle comprendre un jour.

Il est un point acquis par l'expérimentation : c'est la facilité avec laquelle les centres nerveux contractent *l'habitude des réactions pathologiques*. L'animal, conservé en vie après avoir été soumis aux excitations épileptogènes du cerveau, peut présenter des attaques spontanées, ou provoquées par une excitation légère ; c'est dans ces conditions surtout qu'on observe l'épilepsie réflexe. N'y-a-t-il point là un rapprochement intéressant à faire avec ce qu'on observe en pathologie humaine ? L'épilepsie est une maladie essentiellement récidivante, elle a souvent des retours périodiques. Or nous savons, de par la pathologie expérimentale, qu'un premier accès crée déjà une prédisposition. Ne peut on admettre que, la cause première du mal ayant disparu, il suffit d'une condition occasionelle banale pour en provoquer le retour ? Sans doute nos procédés grossiers d'expérimentation ne sauraient réaliser les conditions pathogéniques de l'épilepsie essentielle. Mais si le *morbus sacer* des anciens présente encore bien des obscurités pour nous dans son mécanisme intime, l'expérimentation aura au moins eu le mérite d'en dissiper quelques-unes.

Bibliographie. — ALBERTONI. *Influenza del cervello nella produzione dell'epilessia* (*C. R. Lab. Sienne*, Milan, 1876); *Contributo alla patogenesi dell'epilessia* (*Annali universali di Medicina*, CCXLIX, 1879); *Azione di alcune sostanze medicamentose sulla eccitabilita del cervello e contributo alla terapia dell' epilessia* (*Lo Sperimentale*, 1881). — BEEVOR et HORSLEY. *Recherches expérimentales sur l'écorce cérébrale des singes* (*B. B.*, 1887, 647). — BUBNOFF et HEIDENHAIN. *Ueber Erregungs und Hemmungsvorgänge innerhalb der motorischen Hirncentren* (*A. g. P.*, XXVI, 1881, 137-201). — BOCHEFONTAINE (*A. de P.*, 1876, 1883, 28). BROWN-SÉQUARD. *Recherches sur l'excitabilité des lobes cérébraux* (*A. de P.*, 1875; 855-866; 1879, 495. *C. R.*, 24 nov. 1879. *B. B.*, 15 janvier 1881, 16-18). — BRAVAIS. *Recherches sur les symptômes dans le traitement de l'épilepsie hémiplégique* (*Thèse*, Paris, 1827). — COUTY (*C. R.*, 1879; *A. de P.*, 1881, 1883 et 1884). — CHRISTIANI (*Monatsb. Akad. d. Wiss.*, Berlin, 1881. *Zur Physiol. d. Gehirns*, Berlin, 1885). — CARVILLE et DURET (*B. B.*, 1873-1874, et *A. de P.*, 1875, 136-139; 352-491). — CHARCOT et PITRES. (*Série de Mémoires in Revue de Médecine*, 1887, 1878, 1883). — CHARCOT. *Leçons sur les localisations*, Paris, 1875. — DANILEWSKY (*A. de P.*, II, 1875). — DANILLO (*B. B.*, février 1882. *A. de P.*, 1882, 388-408; 558-593). — EULENBURG et LANDOIS (*Med. Centralblatt*, 1876, 260-263); (*A. A. P.*, 1876, XVIII); (*Berlin. klin. Woch.*, 1876, 42-43). — EXNER (*Sitzungsb. d. Wiener Akad.* 1881). — FRANÇOIS-FRANCK et PITRES (*B. B.*, 1877-1878; *C. R. du Laboratoire de Marey*, 1878-1879); *Recherches exp. et crit. sur les conv. épileptiques d'origine corticale* (*A. de P.*, août 1882); *Article « Encéphale » du D. D.* — FRANÇOIS-FRANCK. *Leçons sur les fonctions motrices du cerveau*, Paris, 1887; *Recherches sur les nerfs dilatateurs de la pupille* (*C. R. du Laboratoire de Marey*, IV, 1878-1879). — FRITSCH et HITZIG (*Reichert u. Dubois-Reymond's Arch.*, 1870, 1er mémoire). — FERRIER. *Exp. Researches in cerebr. Phys. and Pathol.* (*West Riding Asyl. Rep.*, 1873; traduc. franç. Duret); *Localisation of Function in the Brain* (*Croonian Lecture*, 1874); *Exp. on the Brain of Monkeys* (*Croonian Lecture, Phil. Trans.*, II, 1875); *Functions of the Brain*, London, 1876 (trad. française de VARIGNY, Paris, 1878); *Congrès intern.*, Londres, 1881. — FÉRÉ (CH.). *Les Épilepsies et les Épileptiques*, Paris, Alcan, 1890. — HITZIG (*A. P.*, 1874); *Untersuch. üb. das Gehirn*, Berlin, 1874. — HEUBEL. *Das Krampfcentr. d. Frosches und sein Verhalten gegen Arzneistoffe* (*A. g. P.*, IX, 263). — JACKSON (HUGGLINGS) (*Congrès de Londres*, 1889. *Brain*, juillet 1888, *Semaine médicale*, 1890); Voir dans la *Thèse d'agrégation de* LÉPINE (Paris, 1875) l'énumération des premiers travaux de l'auteur (1861 à 1873). — KÜSSNER. *Ueb. Vaso-mot. Cent.* (*Archiv für Psychiatrie*, VIII, 1878). — LUCIANI et TAMBURINI. *Sui centri cerebr. d. movim.* (*Lo Sperimentale*, febr. 1876); *Le localiz. funzion. d. cervello*, 1878. — LUCIANI. *Sulla patogenesi dell'epilessia; studio critico sperimentale* (*Rivista sperim. di freniatria*, 1876); *Sui Centri psichomot.* (*Ibid.*, 1878); *Sulla epilessia provocata da traumatismi del capo e sulla transmissione ereditaria della medesima* (*Arch. ital. per le mal. nerv.*, fasc. I, 1881); *Sulla eccit. meccanico d. centri* (*Congr. d. Soc. fren. ital.*, 16-22 sept. 1883). — LÉPINE (*B. B.*, 1875); *Des localisations cérébrales* (*Th. Agrég.*, Paris, 1875). — LUSSANA et LEMOIGNE (*A. de P.*, 1877, 119-155; 342-399). — LEWASCHEW. *Ueber d. Leitung d. Erreg. v. d. Grosshirnhemisphären zu d. Extrem.* (*A. g. P.*, 1885, XXXVI, 279-285). — OPENCHOWSKY (*B. B.*, 1883, 38). — ORS-

CHANSKY (*A. A. P.*, 1883, 297-309). — MARCACCI (*A. i. B.*, 1, 1882). — MOSSO et PELLACANI. *Innerv. della vesica orinaria*, 1880. — MUNK (*Verhandl. d. Phys. Gesellsch.*, Berlin, 1877-1878). — NEWELL MARTIN et BOOKER (*John Hopkin's Univ.*, Baltimore, 1879). — RICHET (CH.). *Des circonvolutions cérébrales* (*Th. agrég.*, Paris, 1878). Article **Chaleur**, *Dictionnaire de Physiologie*, 115. — ROSENBACH. *Zur Frage über die « epilept. Eigenschaft » des hint. Hirnrindengew.* (*Neurol. Centralbl.*, 1889, n° 9, 249). — TARCHANOFF (*Revue mensuelle de méd. et de chir.*, oct. nov. 1878). — UNVERRICHT. *Die Beziehungen der hinteren Rindengew.* (*Deutsch. Arch. f. klin. Med.*, XLIV, 1889). — VARIGNY (DE). *Recherches exp. sur l'excitation électrique des circonv. cérébrales et sur la période d'excitation latente du cerveau* (*Thèse Doctorat*, Paris, 1884). — VULPIAN. *Leçons à la Faculté de médecine* (*Journal de l'École de médecine*, 440, 1875. A. de P., 1876, 814-827. C. R., 17 août 1882 et mars, avril, mai 1885). — VIDAL (E.). *De la sympathectomie dans le traitement de l'épilepsie expérimentale par intoxication* (*B. B.*, 4 mars 1899, 188; 224; 395).

H. LAMY.

ÉRECTION. — A l'article Cellule, on a pu voir que les phénomènes osmotiques suffisent, dans certains tissus végétaux à structure uniquement cellulaire, pour produire la turgescence et un certain degré de rigidité. Chez les animaux, on a parfois appliqué le terme *érectile* aux organes, tel que le mamelon, qui s'allongent, c'est-à-dire s'érigent sous l'influence de la contraction des muscles lisses. Cependant, dans l'exemple cité, l'allongement est accompagné d'une diminution dans le sens du diamètre transversal. Certains auteurs, ROUGET, par exemple, emploient également ce terme d' « érection », quand ils parlent de certains animaux inférieurs (actinies, holothuries, siponcles), qui possèdent la faculté de refouler, sur certains points de leur corps, le liquide de leur cavité générale et de déterminer leur gonflement par l'effet de la contraction musculaire. On a expliqué par un mécanisme analogue le pouvoir qu'ont certains mollusques acéphales de gonfler ou d'ériger leur pied.

Chez les vertébrés, DESMOULINS, MAGENDIE, et surtout JOBERT, ont trouvé dans un organe appendu à la lèvre supérieure de certains poissons et connu sous le nom de *barbillon*, un tissu aréolaire, qu'ils considèrent comme *érectile*. En effet, ces aréoles recevraient du liquide sanguin dont l'afflux entraînerait la turgescence de tout l'organe. Citons enfin les *sinus sanguins* qui entourent la racine de certains poils tactiles et dont la congestion produit le redressement de la flèche du poil. Enfin, dans les appendices de la tête de certains oiseaux et les appareils génitaux des vertébrés, se rencontrent des organes qui, habituellement mous et flasques, sont susceptibles d'augmenter de volume en tous sens, de gonfler et durcir par l'afflux du sang dans leurs vaisseaux.

Dans la description qui va suivre, nous traiterons surtout du mécanisme de l'érection, tel qu'on l'observe dans les appendices de la tête des oiseaux et dans les organes copulateurs des vertébrés supérieurs. Ce sont, en effet, les seuls organes érectiles sur lesquels nous possédions des connaissances positives et dont on ait pu élucider le mode de turgescence et le durcissement consécutif.

A. Érection dans les appendices de la tête des oiseaux. — La tête de certains gallinacés (coq, dindon, pintade) est pourvue d'appendices, connus sous le nom de *crêtes* ou de *caroncules*. Sous l'influence de la colère ou de la jalousie, ces appendices prennent une coloration rouge intense, grossissent et forment des saillies gorgées de sang. C'est un véritable appareil érectile qui fonctionne à la suite de certaines irritations émotives.

LEGROS, l'un des premiers, a étudié la structure de ces appendices. Le tissu érectile fait partie du derme; c'est lui qui forme ces grosses saillies papillaires de la crête qui orne la tête du coq. Mais, loin d'occuper le centre de l'organe, comme dans la verge, il est situé à la superficie : n'étant recouvertes que d'une couche épidermique transparente, toutes les parties semblent d'une belle teinte rouge. L'épaisseur de la couche vasculaire est en moyenne de $0^{mm},3$, et, ce qui la distingue essentiellement, c'est la présence de larges capillaires ($0^{mm},01$ à $0^{mm},02$) dont le diamètre est supérieur à celui des capillaires des autres régions.

Le tissu érectile de la tête du dindon est également formé par un réseau superficiel de capillaires dilatés. Le réseau que ces vaisseaux constituent sous l'épiderme ne dépasse pas $0^{mm},2$. Des parties profondes du derme arrivent des artérioles qui, par leur finesse. se distinguent des capillaires dilatés ($0^{mm},04$ à $0^{mm},03$).

La trame qui contient le réseau capillaire se compose de trabécules du tissu conjonctif; LEGROS signale, en outre, la présence de faisceaux de fibres lisses qui accompagnent les capillaires dilatés et dont la direction est parallèle à celle des capillaires.

Les appendices de la tête des gallinacés semblent, d'après les expériences de SCHIFF et de LEGROS, sous la double influence des nerfs cérébro-spinaux et sympathiques.

SCHIFF sectionne sur le dindon tous les filets nerveux qui, d'un côté, émanent de la moelle et se rendent à la moitié correspondante des appendices jugulaires. A la suite de cette section, on n'observe plus jamais du côté *opéré* qu'une coloration rose, tandis que la colère ou les autres influences émotives font passer du rouge clair au rouge écarlate le côté sain de l'appendice. D'autre part, irritant sur un autre dindon les nerfs cervicaux qui animent ces appendices, SCHIFF réussit à produire directement l'hypérémie et la turgescence. Les appendices reçoivent donc les nerfs vaso-dilatateurs qui émanent de la moelle cervicale et passent par les nerfs cervicaux.

Mais, outre les nerfs vaso-dilatateurs, les appendices de la tête des gallinacés possèdent encore des filets qui leur sont fournis par le sympathique. LEGROS l'a prouvé en extirpant sur le dindon et le coq, le *ganglion cervical supérieur d'un côté*. Après cette opération, la moitié correspondante de la tête pâlit. Lorsqu'on excite l'animal, la même moitié reste pâle, tandis que l'autre moitié devient d'un rouge intense. Certains auteurs regardent comme vaso-constricteurs les filets qui passent par le ganglion cervical supérieur. Il me semble que cette conclusion est loin d'être justifiée, puisque, au lieu de la pâleur, on devrait, après section, observer au moins une congestion passive. En somme, l'expérience de LEGROS ne démontre qu'une chose, c'est que l'extirpation du ganglion cervical supérieur détruit la puissance érectile.

B. Érection dans les organes copulateurs des oiseaux. — Les oies et les canards possèdent un pénis érectile et imperforé, c'est-à-dire non traversé par l'urèthre. Sur ces oiseaux on a aussi découvert des nerfs érecteurs, dont l'excitation produit la turgescence de cet organe. Mais, fait remarquable, les espaces caverneux se remplissent non pas de sang, mais d'un *liquide jaunâtre et coagulable*, produit par des glomérules vasculaires, qui constituent le *corps de Tannenberg* ; ce liquide passe dans les espaces caverneux du pénis et détermine la turgescence et le durcissement de cet organe (HENSEN, *loc. cit.*, p. 106).

C. Érection dans les organes copulateurs des mammifères. — L'érection des organes copulateurs exige, pour être complète, le concours des systèmes vasculaire, fibreux, musculaire et nerveux. On ne peut s'expliquer son mécanisme que par la connaissance de la disposition spéciale de ces divers systèmes dans les organes génitaux, Aussi convient-il de rappeler à grands traits l'anatomie de ces parties.

1) Aperçu anatomique des organes érectiles masculins. — Chez l'homme, que nous prendrons comme type, l'appareil de la copulation se compose d'un segment libre, la *verge* ou *pénis*, organe impair et médian, et d'un segment fixe, logé dans le périnée.

Le pénis figure un cylindre ou prisme allongé, terminé à son extrémité libre par un renflement, le *gland*. Si l'on enlève la peau de l'organe, on voit que le pénis se compose essentiellement de trois cylindres intimement unis : deux symétriques, juxtaposés et unis comme les canons d'un fusil double (*corps caverneux*) occupent la face dorsale du prisme ; le troisième, médian et impair, appelé *corps spongieux de l'urèthre*, enveloppe et accompagne l'*urèthre* sur la majeure partie de son trajet (fig. 229 et 230).

Les *corps caverneux* (fig. 229, A), accolés en avant, s'éloignent l'un de l'autre en arrière pour s'attacher chacun par une extrémité effilée à la branche ischio-pubienne correspondante.

Le *corps spongieux* (fig. 229, B et 230, A) de l'urèthre constitue l'enveloppe immédiate de l'urèthre; au dire des classiques, son extrémité postérieure commencerait au périnée dans l'intervalle des racines des corps caverneux où le corps spongieux présente un renflement ovoïde, appelé *bulbe de l'urèthre*. En réalité, l'*urèthre membraneux* possède déjà une enveloppe parcourue par de riches plexus veineux, auxquels font suite les espaces sanguins plus développés du corps spongieux. En avant, le corps spongieux se prolonge jusqu'au *gland*, qui représente le segment terminal du pénis. Corps caverneux et spongieux sont entourés dans leur ensemble d'un manchon conjonctivo-élastique, qui porte le nom de *fascia penis;* de plus, les corps caverneux et les corps spongieux possèdent chacun une enveloppe propre; celle des corps caverneux (*tunique albuginée*), dense et fibreuse, offre une épaisseur de 1 à 2 millimètres. L'enveloppe propre du corps spongieux est, par contre, mince et peu résistante. Les artères du pénis sont fournies par la honteuse interne. Quelques chiffres indiqueront mieux que toutes les considérations quelle est la richesse vasculaire de l'organe. La honteuse interne, qui a un diamètre de 3^{mm},5, donne naissance à l'artère du pénis, d'un diamètre de 2^{mm},8 et se divisant :

1° en *bulbo-uréthrale*, d'un diamètre de 1 millimètre;

2° en *caverneuse*, d'un diamètre de 1^{mm},8;

3° en *dorsale du pénis*, d'un diamètre de 1^{mm},7.

Cette dernière distribue le sang essentiellement au gland.

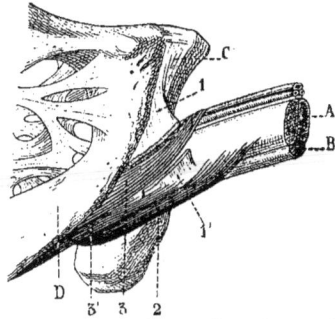

Fig. 229. — *Muscles du périnée* (homme) *vus par la face latérale droite.*

A, corps caverneux; B, corps spongieux; C, symphyse; D, branche ischio-pubienne; 1, 1', ligament suspenseur de la verge réséqué en partie pour laisser voir les faisceaux musculaires sous-jacents; 2, bulbo-caverneux; 3, 3', ischio-caverneux.

Outre les *veines dorsales sous-cutanées* du pénis, qui se rendent dans la veine saphène interne, on observe dans cet organe : 1° *la veine dorsale profonde*, située entre les deux artères dorsales; elle est très volumineuse; elle ramène le sang qui a passé par le gland, et, passant sous la symphyse pubienne, elle le verse dans les *plexus veineux* très développés qui entourent la portion membraneuse de l'urèthre et la prostate. Chaque corps caverneux est desservi par une veine profonde qui se jette dans les veines honteuses, branches de l'hypogastrique.

Muscles. A l'extrémité périnéale des corps caverneux et spongieux sont annexés des muscles à contraction brusque. Ce sont : 1° *le bulbo-caverneux;* 2° *l'ischio-caverneux;* 3° *les transverses superficiel et profond;* 4° *l'orbiculaire de l'urèthre,* et 5° *le muscle prostatique.*

1° **Bulbo-caverneux** (fig. 230, 1). — Ce muscle enveloppe le bulbe de l'urèthre, renflement proximal du corps spongieux; on l'appelle encore *accelerator urinæ, m. ejaculator seminis, m. compressor bulbi.* En arrière, les fibres de ce muscle s'entre-croisent et même se confondent avec les faisceaux du *sphincter anal* (4), puis elles entourent le bulbe de toutes parts, à la manière

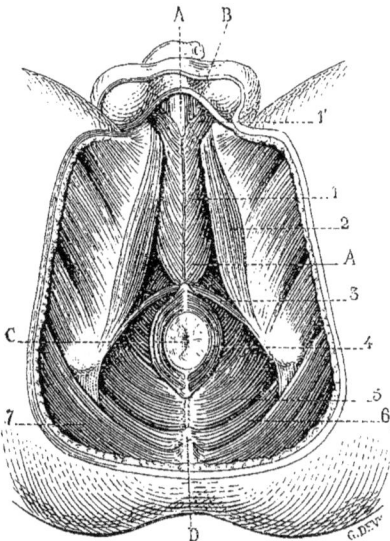

Fig. 230. — *Muscles du périnée* (homme) *vus par la face superficielle.*

A, A', corps spongieux et bulbe uréthral; B, corps caverneux; C, anus; 1. bulbo-caverneux; 2, ischio-caverneux; 3, transverse superficiel; 4, sphincter anal; 5, releveur anal; 5, 6, ischio-coccygien; 7, grand fessier.

d'un anneau; les faisceaux *moyens* se terminent à la gouttière des corps caverneux, et les faisceaux *extérieurs* contournent les corps caverneux pour se terminer sur

leur face externe ou parfois sur leur face dorsale (*M. de Houston*) (fig. 230, 2 et 3).
Par ses contractions, le bulbo-caverneux non seulement projette au dehors le contenu de la portion correspondante de l'urèthre, mais, comme nous le verrons, il prend une part active à l'érection.

Chez la *femme*, le bulbo-caverneux (fig. 231) présente même origine et même terminaison, mais dans sa portion moyenne il est divisé en deux moitiés dont chacune entoure le bulbe du vestibule et du vagin correspondant. C'est un anneau ou sphincter qui obéit à la volonté et dont les contractions peuvent rétrécir l'entrée du vestibule et du vagin. De là l'ancienne dénomination de *constrictor cunni*.

2° **Ischio-caverneux.** — Les faisceaux musculaires (fig. 230, 2) s'attachent sur les branches ischio-pubiennes, enveloppent plus ou moins les racines du corps caverneux et se terminent sur le corps caverneux au niveau du point où il s'adosse au corps spongieux. Quelques-unes de ses fibres se prolongent sur le pénis où elles se continuent directement, ou par l'intermédiaire d'une lame tendineuse, avec l'ischio-caverneux du côté opposé (fig. 231, 3). Les deux ischio-caverneux constituent sur le dos du pénis une sangle qui est capable d'exercer une compression sur la *veine dorsale du pénis*, de façon à retarder, sinon à arrêter, l'écoulement du sang veineux de l'organe.

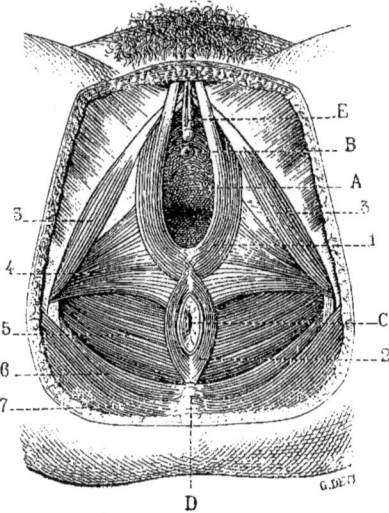

Fig. 231. — *Muscles du périnée* (femme) *vus par la face superficielle.*

A, vagin; B, urèthre; C, anus; D, coccyx; E, clitoris; 1, constricteur vaginal; 2. sphincter anal; 3. ischio-caverneux; 4, transverse superficiel; 5, releveur anal; 6, ischio-coccygien; 7, grand fessier.

3° **Transverse superficiel.** — Composé de faisceaux qui présentent un développement très variable d'un sujet à l'autre, ce muscle (fig. 231, 4) s'insère sur la tubérosité de l'ischion et se dirige de là vers la ligne médiane en formant la limite postérieure de l'espace circonscrit par les bulbo et ischio-caverneux.

4° **Transverse profond.** — C'est une lame musculaire qui s'étend entre le pubis et les branches descendantes du pubis et dont le bord postérieur arrive jusqu'au niveau du transverse superficiel. Il est traversé par l'urèthre; en dehors, ses fibres s'insèrent, par l'intermédiaire de faisceaux tendineux, sur la lèvre interne des branches ischio-pubiennes : les faisceaux postérieurs de ce muscle, passant derrière l'urèthre, s'étendent d'une branche ischio-pubienne à l'autre, tandis que des faisceaux extérieurs, les unes contournent l'urèthre et les autres se terminent dans la paroi uréthrale. Quelques-unes de ces dernières fibres se prolongent en faisceaux arciformes, dans l'intervalle des racines du corps caverneux, jusque sur le corps caverneux.

5° **Orbiculaire de l'urèthre.** — En haut et en arrière, les fibres du transverse profond forment un faisceau circulaire et très épais, qui embrasse la portion membraneuse de l'urèthre. C'est *le muscle orbiculaire uréthral*.

6° **Le muscle prostatique** est la continuation de ce plan musculaire; mais, arrivés au niveau de la prostate, les faisceaux striés n'entourent plus que la face antérieure et une partie des parois latérales de cet organe, et par conséquent de l'urèthre.

En résumé, à partir des points où les canaux éjaculateurs débouchent dans l'urèthre jusqu'à la racine du pénis, l'urèthre possède une enveloppe plus ou moins complète de muscles striés, c'est-à-dire de muscles à contractions rapides. Chez quelques animaux même, tels que le cheval, les faisceaux du bulbo-caverneux se prolongent jusqu'à l'extrémité libre ou gland du pénis.

2) Aperçu anatomique des organes érectiles féminins. — Chez la femme, les organes érectiles, qui correspondent à ceux que nous venons d'étudier chez l'homme, sont : 1° *le clitoris ;* 2° *le bulbe du vestibule ou du vagin.*

Le *clitoris* comprend deux corps caverneux dont les insertions et la direction reproduisent la disposition que nous connaissons chez l'homme. Son extrémité libre est arrondie, et présente un petit renflement qui correspond à la partie dorsale du gland masculin.

On donne le nom de *bulbe du vestibule* à deux organes érectiles situés de chaque côté du vestibule du vagin ; commençant en bas ou en arrière par une portion élargie, chaque bulbe monte en dedans des branches ischio-pubiennes, se dirige vers la symphyse pubienne et se termine du côté du clitoris par une extrémité effilée ; chaque moitié présente ainsi une forme qu'on a comparée avec assez de bonheur à celle d'une sangsue. Chaque bulbe est recouvert par la moitié correspondante *du muscle bulbo-caverneux* (fig. 231, 1), homologue du bulbo-caverneux masculin (voir plus haut). L'*ischio-caverneux* (3), ou *ischio-clitoridien*, a mêmes insertions et mêmes rapports que chez l'homme ; ses contractions ont pour effet de comprimer les veines dorsales du clitoris.

Le *transverse superficiel du périnée* (4) correspond chez la femme à celui que nous avons décrit chez l'homme.

Le *transverse profond* s'insère chez la femme également sur les branches ischio-pubiennes ; mais, à raison du développement plus notable de ces dernières, le muscle présente une étendue plus grande. Comme chez l'homme, les faisceaux *postérieurs* de ce muscle se portent vers la ligne médiane où ils se continuent ou s'entre-croisent avec ceux du côté opposé. Chez la *femme*, ces faisceaux postérieurs se trouvent en arrière du vagin. Les faisceaux *moyens* et *antérieurs* du transverse profond rencontrent le vagin et l'urèthre ; ils se terminent dans la paroi de ces organes et se comportent comme les fibres homologues de l'homme à l'égard de l'urèthre. Les fibres antérieures qui embrassent les faces antérieure et latérale de l'urèthre sont suivies, sur un plan supérieur, par un demi-anneau de même forme (moitié inférieure du sphincter *uréthral* externe). On sait que plus haut, les fibres deviennent annulaires (moitié supérieure du sphincter externe).

Nerfs. — Le nerf principal qui distribue ses filets aux organes érectiles est le *honteux interne.* Il fournit, pendant son trajet intra-périnéal, le nerf dit *périnéal,* qui s'engage dans l'espace circonscrit par les muscles bulbo-caverneux et ischio-caverneux et anime les divers muscles du périnée. Rappelons que ces muscles sont soumis à l'empire de la volonté. Après avoir dépassé l'arc pubien, le nerf honteux interne arrive sur le dos du pénis ou du clitoris ; il porte alors le nom de *nerf dorsal pénien* ou *clitoridien.* Il donne des rameaux aux corps spongieux et caverneux, et s'épanouit dans le gland où ses ramifications forment un plexus à mailles serrées.

Outre les nerfs précédents, les organes érectiles reçoivent des filets nerveux qui émanent du *plexus hypogastrique* constitué par des nerfs sacrés et la portion sacrée du grand sympathique. Ces filets nerveux suivent les artères caverneuses et bulbo-uréthrale pour se distribuer aux corps caverneux et spongieux.

Malgré ces différences dans le trajet et l'origine apparente, les fibres centripètes et centrifuges ont leur centre d'action dans la moelle lombaire. J'ajoute, par anticipation, que les fibres centripètes passent par le nerf honteux interne. Les fibres centrifuges (*nerfs érecteurs,* c'est-à-dire déterminant la dilatation active des vaisseaux) passent par les racines antérieures des trois premières *sacrées.* Les fibres *motrices* qui animent les muscles du périnée (muscles ischio-caverneux et transverses) sont contenues dans les racines des IIIe et IVe paires sacrées. Le centre de l'érection est donc sous la dépendance du nerf dorsal du pénis ; mais il n'échappe pas à l'influence du cerveau, puisque des images érotiques sont, à elles seules, capables de provoquer l'érection.

Tissu érectile. — Telles sont les parties, de forme et de composition identiques, quoique inégalement développées, qui constituent les organes érectiles dans les deux sexes. Faisant suite à une enveloppe conjonctivo-élastique plus ou moins épaisse, la trame des corps caverneux et spongieux est toujours constituée par un système de travées et de trabécules extensibles qui s'anastomosent en tous sens et délimitent une série de cavités et d'espaces sanguins (*lacunes ou cavernes du tissu érectile*). Ces aréoles jouissent de la faculté de se gorger et de se gonfler presque instantanément de sang et de produire ainsi la turgescence et la rigidité qui caractérisent l'érection. Plus tard, elles se débarrassent de cette quantité de sang avec une rapidité presque égale, ce qui ramène ces organes à leur état de flaccidité habituelle.

Il suffit de pousser par les artères de l'air ou une masse fluide quelconque dans les organes érectiles pour les voir acquérir le volume qu'ils offrent dans l'érection. La masse injectée remplit les aréoles et passe dans les veines. Cette expérience montre que toutes les aréoles communiquent entre elles et communiquent librement avec les artères d'une part, avec les veines, de l'autre. Dans ces conditions, il s'agit de savoir si les aréoles correspondent à des espaces capillaires énormément dilatés, ou bien si elles représentent des plexus veineux.

Jusque vers la fin du siècle dernier, on croyait que le tissu érectile était composé de *cellules*, c'est-à-dire de cavités analogues à celles qu'on observe dans le tissu de l'os spongieux.

Cuvier, le premier, a avancé que ce tissu est formé de vaisseaux sanguins, essentiellement veineux, disposés en un réseau très compliqué. De Blainville, Cruveilhier, Kœlliker, Kobelt, Langer, ne pensent pas d'autre manière, et la plupart des histologistes allemands contemporains continuent à soutenir que les organes érectiles résulteraient d'un lacis de veines ou de sinus veineux s'anastomosant en tous sens. Duvernoy s'est éloigné tant soit peu de l'opinion de Cuvier en considérant le tissu érectile « comme un réseau vasculaire intermédiaire entre les veines et les artères ». Ch. Robin, en suivant le développement des vaisseaux dans les organes érectiles, a vu que les aréoles apparaissaient à l'état de capillaires qui se dilatent plus tard énormément. De plus, le sang qui remplit ces aréoles pendant l'érection est du sang artériel et non du sang veineux. Legros a confirmé cette opinion par l'anatomie comparée : dans l'appareil érectile de la tête des gallinacés (coqs et dindons), les capillaires sont larges et forment un réseau dont le dia-

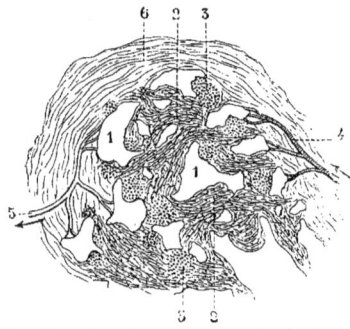

Fig. 232. — *Coupe des corps caverneux* (schématique). 1, cavités aréolaires; 2, trabécules coupées en long; 3, trabécules coupées en travers; 4, artériole; 5, veinule; 6, albuginée (Les flèches indiquent le cours du sang).

mètre est supérieur non seulement à celui des capillaires des autres régions, mais dépasse notablement celui des artérioles qui donnent naissance à ces capillaires érectiles. Ces volumineux capillaires, très fréquemment anastomosés, sont souvent plus larges que longs.

J. Muller croyait avoir observé une disposition particulière des artères dans le tissu érectile du pénis. Les artères et surtout leurs ramifications artérielles se contourneraient en forme de vrille ou de simples crosses, renflées à leurs extrémités, et il a donné à ces vaisseaux le nom d'artères *hélicines*.

Ch. Rouget (*loc. cit.*, 331), le premier, a montré que, dans les organes érectiles, pas plus que dans les autres tissus, il n'y a d'artères terminées en culs-de-sac. Dans le bulbe et à la racine des corps caverneux, les troncs artériels ne se divisent pas à l'ordinaire en rameaux dichotomiques, mais sont garnis dans tout leur pourtour de bouquets de vaisseaux se détachant, au nombre de 3 à 10, d'un court pédicule commun. Ces vaisseaux vont s'ouvrir dans les espaces caverneux par un orifice en forme de fente; mais, depuis leur origine jusqu'à leur terminaison, les branches des bouquets artériels se tordent, s'enroulent en spirales à tours brusques et pressés, s'enchevêtrent les unes dans les autres, et, se mêlant, s'anastomosant, forment de véritables pelotons vasculaires.

En un mot, les artérioles prennent naissance dans les tissus érectiles comme ailleurs; mais leur longueur correspond à l'état d'extension que subissent les tissus érectiles pendant l'érection.

Dès que l'érection cesse, le tissu s'affaisse : les artérioles se prêtent à cette rétraction en se roulant en spirale.

Le tissu érectile se développe de la même manière que tout le système sanguin; mais les vaisseaux capillaires apparaissent dans un tissu dense, parce que les corps caverneux et spongieux existent à l'origine sous la forme de cordons dépourvus de tout vaisseau sanguin. Ce sont des traînées de cellules conjonctives serrées. Plus tard, le sang et les vaisseaux s'y développent de la base vers le sommet des corps caverneux et spongieux. Les premiers vaisseaux ne sont que des espaces creusés comme à l'emporte-pièce dans les cordons conjonctifs; ils ont la valeur de capillaires. Ces espaces s'anastomosent largement et acquièrent vite une lumière si large qu'ils figurent un tissu aréolaire. Chez la plupart des Mammifères, le corps *spongieux* présente des aréoles limitées uniquement par une paroi conjonctivo-élastique tapissée de cellules endothéliales; les artérioles qui débouchent dans ces aréoles et les veines qui en partent présentent seules une tunique musculeuse. La paroi conjonctivo-élastique qui sépare deux aréoles voisines constitue une cloison commune, et ce n'est que par la pensée qu'on peut distinguer la portion qui appartient à l'une ou l'autre aréole. Les aréoles du gland se rapprochent de ce premier type. Dans le corps spongieux de l'homme et du cheval, dans les corps caverneux de la plupart des Mammifères, des faisceaux musculaires lisses se développent dans les parois fibreuses qui limitent les aréoles et se disposent en bandes musculaires entre-croisées en tous sens. Alors les faisceaux musculaires passent d'une aréole à l'autre, traversent de toute part la trame conjonctivo-élastique (fig. 233, 6).

Les aréoles les plus vastes se développent surtout au centre du corps spongieux et du corps caverneux; à la périphérie se forme l'enveloppe conjonctivo-élastique qui, comme nous l'avons dit plus haut, reste mince autour du corps spongieux, mais acquiert une épaisseur notable autour des corps caverneux. Il peut même arriver, comme chez le taureau, que l'albuginée renferme de nombreuses cellules cartilagineuses noyées au milieu de ses faisceaux fibreux. Parfois même, au lieu d'évoluer en gaine fibro-cartilagineuse, le tissu mésodermique embryonnaire se transforme sur une certaine longueur en cartilage, puis en os. C'est ainsi que prend naissance l'os pénien, qu'on trouve à la base du gland du pénis ou du clitoris chez beaucoup de carnivores et de rongeurs.

En résumé, le développement et la structure nous expliquent ce fait que les aréoles sont plus vastes et plus étendues au centre qu'à la périphérie des corps caverneux et spongieux. Quant aux *artères* et aux *artérioles* du tissu érectile, elles possèdent une tunique musculaire très épaisse. Le tonus des parois artérielles suffit, à l'état de repos, pour empêcher l'afflux sanguin; mais qu'une influence nerveuse, indépendante de la volonté, paralyse subitement les muscles des vaisseaux, ceux-ci se dilatent et permettent au sang de s'accumuler dans les aréoles.

D'autre part, les contractions des muscles lisses des trabécules déplacent et rétrécissent les orifices des veines afférentes, ce qui retarde le départ du sang.

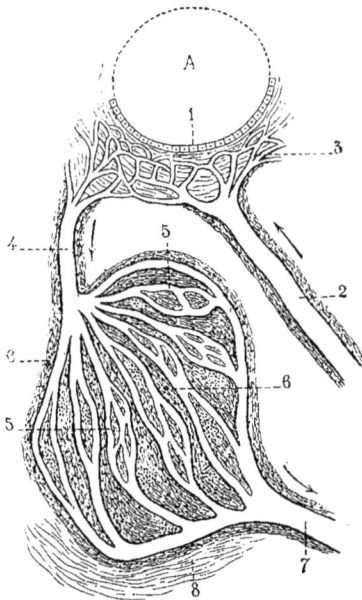

Fig. 233. — *Coupe du corps spongieux* (schématique). A, urèthre; 1, épithélium uréthral; 2, artère afférente de la muqueuse uréthrale; 3, capillaires sous-muqueux; 4, vaisseau efférent de la muqueuse uréthrale se divisant et se dilatant en aréoles érectiles (5), entourées d'une trame musculeuse (6); 7, veine efférente du corps spongieux; 8, enveloppe fibreuse du corps spongieux.

Ensuite, les grosses veines profondes se trouvent plus ou moins fortement comprimées lors de leur passage à travers les plans musculaires du périnée, qui, nous le verrons, entrent en contraction au moment de l'érection.

Telle est la constitution générale du tissu érectile. Mais on remarque des dispositions spéciales qui nous expliquent la façon différente dont se comportent les corps caverneux et spongieux pendant l'érection. On sait que le corps caverneux acquiert une rigidité considérable, tandis que le corps spongieux reste toujours plus mou et plus dépressible. L'anatomie nous renseigne sur ces différences, comme l'a très bien exposé REINKE (*loc. cit.*, 284) et nous rend compte de la consistance différente que présentent les diverses parties du pénis pendant l'érection.

Dans le corps *caverneux*, le sang passe immédiatement des artères dans les aréoles; dans le corps *spongieux* (fig. 233), au contraire, le sang *artériel* (2) se rend d'abord dans les capillaires de la muqueuse uréthrale; des capillaires (3), il coule dans un *réseau veineux*, dont les troncs efférents s'abouchent et se continuent avec les espaces (5) du corps spongieux de l'urèthre. Ces faits nous expliquent comment l'érection du corps spongieux n'empêche pas l'écoulement du sperme. Ils nous renseignent également sur la valeur des aréoles sanguines : dans les corps caverneux, elles correspondent à des espaces capillaires; tandis que, dans le corps spongieux, elles représentent un réseau *veineux* très dilaté.

Phénomène de l'érection. — Étudions d'abord le phénomène général de l'érection chez les mâles.

Chez l'homme, à mesure que le pénis gonfle, il devient plus dur. Ses courbures s'effacent en partie, de telle sorte que la portion libre, pendante, se met, quand l'érection est complète, dans le prolongement des racines fixes des corps caverneux. Chez les quadrupèdes, le pénis, caché au repos dans le fourreau, s'allonge et se projette hors de cette gaine. Les courbures qu'il décrit dans la symphyse ou dans la gaine préputiale se redressent, et il se présente alors comme une tige rigide, plus ou moins parallèle à l'axe de la symphyse pubienne. Le gonflement et le durcissement se développent insensiblement de la base vers l'extrémité libre du pénis; après un certain degré de rigidité, qui est suffisante et nécessaire pour l'intromission dans le vagin, l'érection s'étend sur le gland et s'achève sous l'influence des frottements.

GALIEN croyait que l'érection était due à un souffle qui dilatait les corps caverneux.

C'est l'idée que reproduit LÉONARD DE VINCI dans une planche, où il représente l'acte de la génération. Sur ce dessin, la moelle et le cerveau envoient aux testicules des canaux chargés de sperme. D'autres canaux, partis des poumons, vont rejoindre la verge et y porter le souffle qui produisait l'érection.

Deux expériences datant de l'année 1668 prouvèrent à REGNIER DE GRAAF que la turgescence du pénis à l'état normal était due au sang :

1° En posant une ligature sur un pénis de chien en érection et en disséquant ensuite l'organe, il ne trouva que du sang. Le sang écoulé, le pénis s'affaissa et devint flasque.

2° On peut sur le cadavre mettre le pénis dans l'état d'érection : il suffit de faire pénétrer dans ses vaisseaux une masse d'injection.

Étude des modifications vasculaires dans l'érection. — Dans l'érection normale, la présence d'une plus grande quantité de sang élève la température du pénis. C'est là ce qui explique comment la température du pénis en érection est de 10° plus élevée que pendant le repos de l'organe. Sur le cheval, COLIN trouva 36°,2 à une profondeur de 10 centimètres tout de suite après l'érection (la température du milieu extérieur étant de 26°); chez un autre cheval, qui n'était pas en érection, le pénis avait une température qui variait de 26°,5 à 28° (la température extérieure étant de 16°).

Grâce à la découverte de nerfs dont l'excitation produit l'érection (voir plus loin, p. 517), on connaît aujourd'hui le processus du gonflement et le développement progressif de la vascularité. Sur un chien curarisé et sur lequel on pratique la respiration artificielle, on excite les nerfs érecteurs. Alors le bulbe de l'urèthre commence par se gonfler, c'est-à-dire par entrer en érection, et la turgescence s'étend peu à peu en avant, au corps caverneux et au gland. Cette turgescence est due à l'afflux du sang. En effet, si, avant l'excitation des nerfs érecteurs, on dénude le corps spongieux, et si on y pratique une incision, il s'écoule à peine quelques gouttes de sang noir. Qu'on excite au contraire le nerf érecteur, on voit jaillir de la plaie un fort jet d'*un sang rouge rutilant*. Quand on arrête l'excitation, le sang cesse peu à peu de couler. Il y a donc dilatation des réseaux vasculaires pendant l'érection; mais celle-ci est produite par un afflux de sang rouge par les artères. En effet, comme l'ont signalé HAUSMANN en 1840, SCHIFF en 1867 sur les grands quadrupèdes, les artères dorsales du pénis se distendent, et présentent, pendant l'érection, de plus fortes pulsations.

FRANÇOIS-FRANCK a déterminé rigoureusement la succession des phénomènes vasculaires qui se passent dans le pénis pendant l'érection. Voici comment il pratique l'exploration volumétrique du pénis du chien. Il l'introduit dans un tube de verre muni d'un rebord saillant au-dessus duquel glisse le prépuce qui est fortement lié sur le tube. Le gland et le bulbe peuvent se déployer aisément à l'intérieur du tube.

Les *changements de volume* du gland sont enregistrés au moyen d'un tube de transmission qui relie cet appareil rempli d'air ou de liquide à un tambour inscripteur.

FRANÇOIS-FRANCK examine en même temps la pression *artérielle* dans l'une des artères dorsales de la verge et la pression *veineuse* dans l'une des veines dorsales.

Sous l'influence de l'excitation des nerfs érecteurs, cet expérimentateur a vu les variations de pression se succéder dans l'ordre suivant. C'est le sang artériel qui commence à affluer dans le pénis au début de l'érection ; le volume de l'organe a déjà notablement augmenté sans qu'on observe aucun changement dans la pression veineuse. Cette dernière ne commence à s'élever qu'après la turgescence du pénis. Ainsi *l'érection débute par un afflux plus notable de sang artériel;* mais, une fois que le sang s'est accumulé dans les espaces caverneux, l'augmentation de pression se propage secondairement dans les veines.

Les faits expérimentaux que nous venons de relater nous dispensent de réfuter l'opinion des anciens qui invoquaient l'influence des esprits animaux, de ceux qui admettaient l'activité spéciale du tissu érectile ou d'autres encore qui se contentaient de la formule que voici : « L'érection est un phénomène essentiellement vital. »

Cependant on peut se demander si le passage du sang dans les veines de la verge est ralenti ou gêné et si ce ralentissement ou cette gêne seraient suffisants pour déterminer l'érection.

Les expériences et les calculs de LOVÉN ont établi que, pendant l'érection, les veines afférentes de la verge sont traversées par quinze fois plus de sang qu'à l'état de repos de l'organe. La circulation veineuse n'est donc ni gênée, ni ralentie. Il est néanmoins probable qu'au début de l'érection, le sang amené subitement en grande quantité par les artères, éprouve une certaine difficulté à pénétrer danr les premières radicules des veines.

D'après le résultat des injections artificielles, KOBELT avait émis l'hypothèse d'une fermeture intra-pénienne des veines caverneuses.

Pour EUG. BŒCKEL le mécanisme de cette clôture, dite *autoclave*, serait le suivant : à leur origine, les veines caverneuses traversent très obliquement la tunique albuginée, de la même manière que les uretères débouchent dans la vessie.

Par conséquent, lorsque le sang se précipite dans les corps caverneux, cette espèce d'appareil valvulaire entre en fonction et arrête ou retarde plus ou moins l'écoulement des liquides.

Une disposition pareille favorise, certes, singulièrement l'accumulation du sang et l'augmentation de pression consécutive.

Quant au second point, qui est de savoir si la gêne ou l'arrêt de la circulation veineuse suffisent à produire l'érection, voici quels sont les résultats expérimentaux de LEGROS : « Plusieurs fois, chez les chiens, dit cet auteur (*loc. cit.*, p. 15), j'ai lié une des deux veines de cet organe sans produire de turgescence ; en liant les deux veines, ou mieux en serrant toute la verge par une forte ligature passant au-dessous des artères qui continuaient à charrier le sang, j'ai déterminé la turgescence de la verge, mais généralement après un temps assez long (de quatre à dix minutes), et jamais je n'obtenais une érection aussi complète que dans l'état physiologique. Cependant le courant veineux était tout à fait interrompu, et j'exagérais certainement la gêne dans la circulation qui, dit-on, accompagne l'érection. »

Cette expérience fait justice des théories fondées sur l'obstacle qu'apporterait la contraction musculaire à l'écoulement du sang veineux. C'est ainsi que REGNIER DE GRAAF, HOUSTON, KRAUSE, GÜNTHER, KOBELT, et d'autres, avaient attribué la rétention du sang dans le pénis à la contraction des muscles striés du pénis (ischio et bulbo-caverneux). En se contractant, ces muscles comprimeraient les veines efférentes du 'pénis, amèneraient une gêne ou un arrêt de la circulation veineuse : de là l'érection.

Les muscles striés sus-mentionnés se contractent sous l'influence de la volonté, et chacun sait que l'érection est loin de se produire sur commandement.

D'autre part, si l'on empoisonne les animaux par le curare, qui, on le sait, paralyse les muscles striés, l'excitation des nerfs érecteurs amène l'érection. Mais cette érection n'est pas aussi complète que sur les animaux dont les muscles striés ne sont pas atteints de paralysie. Cette dernière expérience nous renseigne sur le rôle que jouent les muscles ischio- et bulbo-caverneux dans l'érection.

Les muscles ischio- et bulbo-caverneux, par leurs contractions répétées, compriment les racines des corps caverneux et le bulbe uréthral. Ils poussent ainsi le sang vers les portions distales du pénis et y augmentent la pression. Ce n'est pas tout : sur les pièces injectées, il suffit de saisir ces muscles avec une pince pour faire basculer le pénis dans le sens antéro-postérieur et voir son extrémité libre se redresser à la moindre traction.

En explorant le périnée des animaux domestiques pendant l'érection, on sent très bien les contractions] saccadées et rythmiques des muscles ischio- et bulbo-caverneux ; durant la turgescence physiologique du pénis, ils exercent probablement une pression analogue sur les cavités gorgées de sang et font éprouver à la verge un redressement identique.

François-Franck est le seul auteur qui ait précisé et bien mis en lumière le rôle des muscles striés dans l'érection. Voici comment il décrit la façon dont ces muscles complètent et exagèrent le phénomène érecteur. « Quand on opère sur des sujets qui ne sont pas réduits, comme les animaux curarisés, aux seuls actes circulatoires, mais peuvent réagir, en outre, par des contractions des muscles striés, on constate que les brusques secousses et la contraction tonique des muscles périnéaux produisent une énorme tension veineuse qui se surajoute à celle que déterminait déjà la vaso-dilatation artérielle. Quand les muscles ischio- et bulbo-caverneux se relâchent, la pression veineuse redescend. »

Nombre d'auteurs trouvant les contractions des muscles striés insuffisantes pour produire et surtout pour prolonger l'érection firent intervenir les *muscles lisses*. Cependant ils furent loin d'être d'accord sur le mode d'action de ces derniers.

Kœlliker attribuait l'érection à la paralysie des muscles lisses qui se trouvent dans les trabécules du tissu érectile ; le relâchement des trabécules permettrait aux aréoles de se distendre.

Pour Valentin, les muscles lisses des trabécules se contractent, et, éloignant les parois des aréoles les unes des autres, ils agrandissent les espaces sanguins.

Rouget, au contraire, pensait que la contraction des muscles lisses contribue à rétrécir les aréoles et entrave la circulation du sang.

Les muscles lisses, qui sont si développés dans la peau et dans les enveloppes générales des organes génitaux, contribueraient également par leurs contractions à la rétention du sang dans les veines efférentes. Sappey décrit l'ensemble de ces faisceaux musculaires lisses sous le nom de *muscle péri-pénien*. En se contractant, les faisceaux de ce muscle, dont la direction principale est circulaire, déprimeraient les parois des veines efférentes et causeraient la stase sanguine.

Il est certain qu'au début de l'érection les muscles lisses de l'enveloppe cutanée se contractent en même temps que le dartos ; mais ces contractions sont impuissantes pour déterminer l'afflux de sang artériel. Le dartos et le muscle péri-pénien peuvent même se contracter sous l'influence du froid, par exemple, sans qu'il se manifeste le moindre phénomène érecteur.

L'abondance des fibres musculaires lisses dans les tissus érectiles me paraît cependant avoir une certaine importance. Que si leur rôle est nul en ce qui concerne les phénomènes initiaux de l'érection, c'est-à-dire l'afflux sanguin, leurs contractions permettent, par contre, aux trabécules de réagir sur le contenu des aréoles gonflées et distendues et de transformer un organe flasque en une verge rigide et élastique. Dès 1887 (*Comptes rendus de la Société de Biologie*, 1887, 698), des recherches, faites sur le développement et la structure des tissus érectiles, m'ont porté à envisager de la sorte la constitution particulière des organes copulateurs. « Ceux-ci possèdent, ai-je conclu (*loc. cit.*), une structure spéciale : une charpente renfermant et protégeant un système vasculaire propre. L'enveloppe résistante fibreuse, fibro-cartilagineuse ou même osseuse sur certains points) jointe à l'afflux sanguin, permet aux organes copulateurs d'acquérir, au moment de l'érection, une rigidité suffisante ; de plus, les faisceaux de fibres-cellules qui entourent les aréoles en proportion variable peuvent participer d'une façon active à l'augmentation de la pression du sang. »

En résumé, le phénomène initial et essentiel de l'érection est l'afflux énorme de sang artériel, qui se fait par vaso-dilatation. La circulation, loin d'être gênée, est activée ; non seulement plus de sang pénètre dans les tissus de l'organe, mais l'écoulement du sang veineux est également plus abondant.

L'érection ne devient complète qu'à la condition que la pression augmente dans les espaces sanguins et les veines efférentes. Cette augmentation de pression est due à la contraction des muscles striés extra-péniens et à celle des muscles trabéculaires et peut-être péri-péniens.

Rôle du système nerveux dans l'érection. — A. **Nerfs périphériques.** — Un grand nombre d'organes reçoivent deux sortes de nerfs dont les effets vasculaires sont diamétralement opposés : les uns (vaso-constricteurs) resserrent les vaisseaux, les autres (vaso-dilatateurs) les dilatent. Le nerf *lingual*, par exemple, contient des filets vaso-dilatateurs ; et l'*hypoglosse*, des vaso-constricteurs. En refroidissant la langue, on augmente de plusieurs secondes la période latente de l'excitation ; la chaleur abrège la période latente.

Le pénis est également innervé par des filets vaso-dilatateurs (ou érecteurs) et par des filets vaso-constricteurs ; la plupart de ces derniers sont contenus dans le nerf honteux interne, tandis que les premiers sont essentiellement fournis par le plexus hypogastrique. On sait qu'il faut faire agir sur les nerfs érecteurs un courant plus énergique que pour les autres vaso-dilatateurs si l'on veut déterminer une vaso-dilatation dans le pénis. Ici la température ne modifie pas la période latente, qui varie de trois, cinq secondes à sept secondes.

Les nombreux *ganglions* nerveux, décrits par Lovén dans la région membraneuse et le bulbe, par Quénu dans la région prostatique, sont peut-être intercalés sur le trajet des nerfs érecteurs. Leur présence rendrait compte de la longue durée de la période latente et de la nécessité d'appliquer des excitants énergiques. Malgré ces légères différences, le pénis est innervé, comme d'autres organes, par des nerfs *constricteurs* renforçant le tonus des muscles de la paroi vasculaire et rétrécissant le calibre des vaisseaux et des nerfs *dilatateurs*, diminuant le tonus musculaire et déterminant leur élargissement.

B. Nerfs sensibles et vaso-constricteurs. — Le frottement de la peau du pénis et du gland provoque l'érection chez le chien. Si l'on fait passer un courant d'induction par les nerfs dorsaux du pénis, on n'obtient aucun résultat positif.

La section des nerfs dorsaux de la verge abolit la sensibilité de l'organe ; le frottement de la muqueuse du gland ou 'des enveloppes péniennes n'est plus suivi d'aucune impression, ni réaction réflexe. Ce sont donc les nerfs dorsaux de la verge qui contiennent les nerfs centripètes ou sensibles. Outre les nerfs centripètes, les nerfs dorsaux de la verge contiennent des fibres centrifuges. Après la section des nerfs dorsaux, pratiquée sur les chevaux par Günther, Hausmann, et plus récemment par Colin, « la verge est devenue flasque, dit Colin ; en présence d'une jument en rut, il y a eu des hennissements, des tentatives réitérées d'accouplement, mais la verge est demeurée molle, et n'a pu se dégager du fourreau sur une longueur de plus de 20 centimètres ».

Legros a pratiqué sur les chiens la section des nerfs dorsaux de la verge. Après la guérison de la plaie, ces animaux, placés auprès d'une chienne en rut, ne pouvaient entrer en érection, bien qu'ils manifestassent des intentions érotiques.

Cette section du nerf honteux interne amène une hyperémie passive ; l'organe augmente de volume, mais il reste mou, et n'acquiert pas les dimensions et la dureté qui caractérisent la véritable érection.

La section des nerfs dorsaux entraîne donc une érection partielle ou incomplète, qu'il convient de mettre sur le compte de la congestion résultant de la suppression des filets vaso-constricteurs contenus dans le nerf dorsal.

François-Franck a réussi à démontrer expérimentalement la vaso-constriction qui est consécutive à l'excitation des nerfs dorsaux de la verge. Voici comment il procède. Il excite le segment périphérique des nerfs dorsaux de la verge et l'exploration volumétrique, artérielle et veineuse lui montre que les vaisseaux du pénis sont resserrés. En excitant, d'autre part, le nerf honteux interne, à divers points du trajet entre le plexus sacré et la racine du pénis, il constate que le nerf honteux interne contient des vaso-constricteurs avant de recevoir des anastomoses du plexus hypogastrique. Fr. Franck incline à penser que les filets vaso-constricteurs du nerf honteux interne lui sont fournis par les anastomoses du sympathique sacré et lombaire.

En résumé, *les nerfs dorsaux de la verge contiennent des filets centripètes et des filets centrifuges, ces derniers essentiellement vaso-constricteurs.*

Nerfs vaso-dilatateurs du pénis. — On en connaît deux. L'un est représenté par un tronc formé par deux filets fournis par les deux premiers nerfs sacrés ; c'est le *nerf érecteur commun sacré*, découvert par Eckhard ; l'autre est constitué par des filets qui se détachent du ganglion mésentérique inférieur et qui proviennent du sympathique lombaire. Ces deux nerfs dilatateurs vont aboutir au plexus latéral vésico-rectal et suivent ensuite les divisions de l'artère hypogastrique pour se rendre aux tissus péniens.

Influence du système nerveux central sur l'érection. — Dès 1824, Ségalas fit des expériences qui établirent l'influence de la moelle sur l'érection. Il expérimenta sur les cobayes. Après la décapitation, il introduit un stylet dans le canal vertébral, excite la moelle et provoque l'érection et l'éjaculation. On savait bien depuis longtemps que l'irritation du bulbe amenait chez les pendus des effets analogues; mais les expériences de Ségalas prouvèrent nettement que l'excitation mécanique de la moelle donne des résultats identiques.

En 1839, Brachet fit une autre expérience remarquable : sur un matou, il sectionna la moelle épinière dans la région lombaire, et, en excitant le pénis « par une sorte de masturbation », il amena l'éjaculation. Il est probable que l'éjaculation était précédée d'érection, mais Brachet ne mentionne pas ce détail.

Cette expérience aurait suffi pour qu'on pût conclure que la moelle lombaire est le centre de l'érection et de l'éjaculation. Il est vrai que Brachet, à son époque, ne songeait pas à en tirer une pareille conclusion.

Marshall Hall observa un homme atteint de paralysie et d'anesthésie des membres inférieurs à la suite d'une lésion de la moelle cervicale. Chaque fois qu'on introduisait une sonde dans la vessie, le pénis entrait en érection. Ce clinicien en tira cette conclusion que l'érection, ainsi que la copulation, sont sous la dépendance de la moelle et rentrent dans le groupe des actes réflexes. J. Muller s'appuya sur des faits cliniques analogues pour dire que la faculté de l'érection dépend en dernier ressort de la moelle épinière.

Valentin le premier, en 1844, réunit les faits connus et enseigna la théorie suivante de l'érection : l'érection peut être provoquée par des influences psychiques agissant sur le système nerveux central, par des excitations portées sur la moelle ou le bulbe (pendaison), par l'irritation des nerfs péniens, par la réplétion de la vessie, ou par la présence de calculs urinaires.

Budge parvint à circonscrire dans des limites mieux définies la région médullaire qui actionne les organes génitaux. En excitant, sur le lapin, un point de la moelle situé au niveau de la quatrième vertèbre lombaire, il vit se produire des mouvements dans la partie terminale du rectum, dans la vessie et les canaux déférents. Il y a donc un centre *génito-spinal médullaire*, dont l'existence a été particulièrement démontrée chez le chien par l'expérience suivante de Goltz : après avoir sectionné la moelle épinière à l'origine de la région lombaire, ce physiologiste provoqua, par le chatouillement du pénis, l'érection de l'organe accompagnée de mouvements rhythmiques du bassin.

Ainsi les excitations sensitives de la verge sont suivies de vaso-dilatation et de mouvements réflexes, alors même que la portion lombaire est séparée du reste du système cérébro-spinal.

Les recherches de Goltz et Freusberg ont élucidé, en outre, plusieurs autres points des plus intéressants. On arrête l'érection sur un chien, quand on détermine une douleur sur une autre région du corps, en excitant, par exemple, le bout central du nerf sciatique. D'autre part, il est plus facile de provoquer, par le chatouillement du pénis, l'érection sur un chien, dont le centre génito-spinal est isolé par une section du reste de la moelle, que sur un animal intact. Il y a lieu de se demander en quoi consiste cette influence d'arrêt qu'excercent les régions supérieures ou antérieures du système cérébro-pinal sur le centre génito-spinal.

Les expériences toutes récentes de Spina jettent une vive lumière sur la nature de cette influence. Ce physiologiste expérimenta sur le cobaye. Il commença par déterminer le point précis de la moelle épinière dont la section amène l'érection ou l'éjaculation. Spina recommande d'isoler le cobaye la veille de l'expérience ; si le cobaye vient de couvrir une femelle, l'expérimentateur peut éprouver un échec. D'autre part, il faut éviter de choisir un cobaye qui n'a pas vu de femelle depuis longtemps : on s'exposerait dans ce cas à produire l'érection et l'éjaculation en touchant accidentellement les organes génitaux pendant les préparatifs préalables. Il convient également de fendre le prépuce, pour faciliter la sortie du gland et l'observation des diverses phases du phénomène de l'érection.

Voici comment il faut faire l'opération. On couche l'animal sur le ventre et on l'attache ; on incise la peau à l'union des régions thoracique et lombaire, et, après avoir détaché la peau à droite ou à gauche, on cherche la dernière côte. Alors, près de la dernière articulation costo-vertébrale, ou introduit une lame tranchante dans le canal vertébral, et on sectionne la moelle.

On retourne le cobaye et on l'attache sur le dos ; 40 à 100 secondes après la section de la moelle, toute la région génitale se met à exécuter des mouvements saccadés et rythmiques. Le pénis s'allonge et s'épaissit ; la muqueuse du gland devient rose, et ses vaisseaux s'élargissent et s'injectent. Le gland prend la forme d'un entonnoir divisé en deux lobes, et on voit saillir les deux appendices cornés qui se trouvent à l'origine de l'urèthre. C'est bien le tableau d'une érection complète qui finit par l'émission d'une masse vitreuse, le sperme.

L'érection de la verge persiste dix à quinze minutes, tout en s'affaiblissant par degrés.

Si, pendant cette période de déclin, on touche le gland avec une sonde, l'érection est subitement renforcée, et le gland s'élargit en entonnoir. Chaque excitation nouvelle amène une réaction analogue.

Outre ces phénomènes essentiels, il peut survenir de l'émission urinaire, etc. Mais le point capital à noter, c'est que la *section de la moelle, à l'endroit précité, entraîne toujours l'érection et l'éjaculation*. A l'encontre des essais de Brachet et de Goltz, il n'était nullement nécessaire d'ajouter une excitation du pénis à la section de la moelle.

Comment expliquer le mécanisme de l'érection et de l'éjaculation, après la section de la moelle ? Serait-ce une irritation mécanique du centre ou des voies conductrices de l'érection ? L'expérience suivante de Spina semble peu favorable à cette hypothèse. Si l'on chloroformise un cobaye et qu'on fasse la section de la moelle, il ne survient rien pendant la durée de la narcose ; mais, après plusieurs minutes, dès le réveil de l'animal, l'érection et l'éjaculation se produisent. La section de la moelle ne peut donc être considérée comme un irritant mécanique.

Ainsi la section de la moelle est suivie d'érection et d'éjaculation, sans que l'expérimentateur exerce une excitation quelconque sur le pénis. Spina interprète ce fait en disant que la section supprime des fibres d'arrêt empêchant, sur l'animal normal, la manifestation des phénomènes d'érection et d'éjaculation. En effet, les expériences de ce physiologiste démontrent non seulement l'existence d'un centre génital dans la moelle lombaire, mais encore la mise en activité de ce centre, dès qu'on le sépare de la moelle thoracique.

De quelle nature est cette influence d'arrêt ? En pratiquant des sections méthodiques de bas en haut, Spina nota les faits suivants : 1° Si la section de la moelle porte au niveau des deux ou trois dernières vertèbres thoraciques, l'érection et l'éjaculation s'ensuivent, comme il est dit plus haut. 2° Si la section est faite plus haut encore, l'érection survient plus tard, et s'affaiblit. Parfois l'érection ne se produit dans ce cas qu'après excitation mécanique de la verge. Donc, si la section de la moelle à l'union de la moelle lombaire et thoracique abolit toutes les influences d'arrêt, elle en atteint d'autant moins qu'elle porte sur une région plus voisine du bulbe. Il est infiniment probable que les nerfs d'arrêt passent plus nombreux vers la région lombaire que plus haut. Les faits précédents trouvent leur explication naturelle, dit Spina, si l'on admet l'existence de nombreux nerfs vaso-constricteurs à la fin de la moelle thoracique. Les vaso-constricteurs prenant naissance dans le bulbe, la moelle cervicale et thoracique, ceux de la verge confluent vers la région lombaire et la section de la moelle à ce niveau supprime tous les vaso-constricteurs. Soustraite à leur influence, la verge n'obéit plus qu'à l'action des nerfs vaso-dilatateurs; d'où les conséquences qui se traduisent par l'érection et l'éjaculation.

Influences sensorielles et psychiques sur l'érection. — L'érection est un acte réflexe dont les voies centripètes sont représentées par les fibres sensibles du nerf honteux interne, et les voies centrifuges constituées par les nerfs érecteurs sacrés et lombaires.

Mais, outre cette action locale, pour ainsi dire, l'érection imprime à l'organisme entier une modification spéciale.

On sait avec quelle énergie les grenouilles mâles s'accrochent aux femelles et les tiennent embrassées à l'époque de la ponte des œufs. Bien qu'il n'y ait pas de coït, c'est-à-dire d'intromission d'un organe copulateur, les mâles restent cramponnés aux femelles et, comme l'a déjà montré Spallanzani, les sévices et les mutilations (décapitation, ablation des membres) sont insuffisants pour leur faire lâcher prise. C'est grâce à l'épaisseur notable des glandes cutanées sur le pouce du membre antérieur que les mâles peuvent tenir les femelles étroitement embrassées. Au moment de l'acte sexuel fécondateur, les glandes cutanées qui constituent essentiellement ces épaississements prennent un développement tel que le pouce prend un aspect tuméfié et rougeâtre. Il est certain que cette modification est le résultat général d'un réflexe dont le point de départ se trouve dans les testicules remplis de spermatozoïdes. Par une série d'expériences sur les grenouilles décapitées, Goltz a montré que le mâle, qu'on vient de séparer d'avec la femelle, continue à embrasser un objet quelconque qu'on met en contact avec ses membres antérieurs. On a l'habitude de désigner ces modifications se traduisant par une excitation générale, sous le nom d'*instinct génital*. C'est un besoin qui, pour la reproduction, correspond à l'instinct de la nourriture pour la nutrition. L'instinct génital est réveillé par le fonctionnement des glandes sexuelles; il s'affaiblit ou disparaît avec ces dernières. Avant la puberté, il n'existe pas; après castration, il diminue pour s'éteindre totalement.

Chez les animaux à rut périodique, l'instinct génital apparaît avec le fonctionnement des glandes sexuelles. Dans l'espèce humaine, il en va de même. C'est un fait bien connu et signalé depuis longtemps. Serrurier (*loc. cit.*, 429) dit à ce propos : « L'homme le plus chaste, à la vue d'une personne du sexe, surtout si elle réunit sur sa personne un ensemble séduisant, produit une sorte d'influence nerveuse qui, mettant en jeu les organes de la génération, excite sur le système circulatoire une action qui, augmentant le mouvement du cœur et des artères, donne au pouls une énergie qu'il n'avait pas et semble exciter dans tout l'organisme une sorte d'accès fébrile. Cette accélération du pouls s'observe dans les deux sexes. »

Je renvoie à l'article **Éjaculation** pour tout ce qui est relatif à l'excitation et aux modifications générales que le fonctionnement des glandes sexuelles et l'érection impriment à l'organisme.

Il existe donc un centre d'érection et d'éjaculation dans la moelle lombaire. Dès qu'on sépare ce centre d'avec la moelle thoracique, il entre en activité : la moelle thoracique renferme par conséquent des nerfs d'arrêt pour le centre lombaire. Les expériences de Spina semblent montrer que les filets vaso-constricteurs jouent le rôle de nerfs d'arrêt.

Cependant les centres encéphaliques ont une influence sur l'érection et l'éjaculation. Par l'excitation électrique des pédoncules cérébraux, Budge avait déterminé sur le lapin une érection suivie d'éjaculation. Eckhard a obtenu des effets analogues par l'excitation non seulement des pédoncules cérébraux, mais encore de la protubérance annulaire et de la moelle.

La portion du système nerveux central placée au-dessus de la moelle lombaire exerce donc, selon les circonstances, une action différente sur le centre lombaire de l'érection et de l'éjaculation. En dehors de toute excitation périphérique et à l'état de veille, l'influence d'arrêt des portions supérieures de l'axe cérébro-spinal empêche l'érection et l'éjaculation.

À l'époque de l'activité des glandes sexuelles, les impressions que ces organes transmettent à la moelle lombaire suffisent pour produire, pendant le sommeil, l'érection et l'éjaculation. A l'état de veille, les impressions transmises au système nerveux central par l'un ou l'autre organe des sens donnent lieu à des excitations qui arrivent dans la moelle lombaire et mettent en jeu le centre de l'érection et de l'éjaculation. Selon les circonstances et l'espèce animale, c'est de préférence tel et tel sens qui réveille le centre (lombaire) ou plutôt l'instinct génital. Chez les oiseaux, le mâle cherche par son chant à charmer la femelle; chez d'autres espèces (papillons, mammifères), la femelle émet des sécrétions odorantes qui, répandues par l'air, attirent les mâles à des distances vraiment surprenantes.

Dans l'*espèce humaine*, il existe également deux ordres d'influences psychiques dont les unes excitent le centre génito-spinal, et les autres suppriment son action. Les images ou peintures de nudités, les statues aux poses voluptueuses, la conversation ou les gestes obscènes, la lecture de romans ou de livres érotiques, etc., suffisent pour éveiller des excitations cérébrales qui agissent sur le centre lombaire. Il en va de même pour les causes intellectuelles et morales qui, surchauffant l'imagination, retentissent dans la moelle lombaire et produisent l'érection.

Les influences précitées mettent peut-être en jeu les vaso-dilatateurs qui, des régions supérieures, descendent jusqu'à la moelle lombaire.

D'autres influences psychiques ont un résultat opposé; on sait que les émotions, comme la frayeur, la timidité, la fausse honte, la crainte de l'impuissance, empêchent ou arrêtent l'érection. Il est possible que, chez l'homme, le mécanisme d'arrêt soit le même que chez le cobaye : l'influence psychique porterait sur les vaso-constricteurs des régions supérieures et annihilerait l'effet des vaso-dilatateurs inférieurs.

Influence des poisons. — *a*) **Opium.** — Spina a étudié l'influence de l'opium sur l'érection et l'éjaculation. Il injecte à un cobaye, attaché et couché sur le dos, 0cc,3 de teinture d'opium dans la veine jugulaire. Au bout d'une demi-minute ou d'une minute, l'animal devient inquiet; sa région génitale commence à être agitée de mouvements saccadés et rhythmiques; le pénis entre en érection, et l'éjaculation suit. En un mot, l'opium agit à la façon d'une section de la moelle lombaire. Cependant l'effet de l'opium n'est pas aussi sûr que la section, et il devient parfois nécessaire de frotter doucement le pénis. En tout cas, l'opium exalte l'excitabilité des centres d'érection et d'éjaculation.

Une autre série d'expériences corrobore ces conclusions : après chloroformisation et section du bulbe, et pendant qu'on pratique la respiration artificielle, on ne constate au bout de cinq minutes que quelques mouvements saccadés dans la région pénienne, mais point d'érection. Tout en continuant à maintenir l'animal dans l'état de narcose, on sectionne la moelle lombaire : au bout de trois minutes, il n'y a ni érection ni éjaculation. Si l'on injecte alors dans les veines 0cc,3 d'opium, une érection rapide, suivie d'éjaculation, se produit. Ces expériences prouvent surabondamment que l'opium réveille l'activité des organes génitaux en excitant la moelle lombaire. C'est ainsi que l'opium agit comme aphrodisiaque. En Orient on l'emploie à cet effet. D'autre part, on a noté des érections fréquentes et persistantes dans les empoisonnements par l'opium.

b) **Strychnine.** — Si l'on injecte dans le système veineux d'un cobaye un demi-centimètre cube d'une solution de strychnine à 1/2 p. 100, l'animal est pris de convulsions; des mouvements rythmiques apparaissent dans les régions périnéale et anale; le pénis entre en érection, et l'éjaculation s'ensuit.

On pourrait faire plusieurs objections à cette expérience : l'éjaculation serait produite, par exemple, par la compression que subissent les vésicules séminales à la suite de la contracture des muscles abdominaux. Mais, en ouvrant la paroi abdominale, et après chloroformisation, le tableau de l'empoisonnement par la strychnine reste le même. L'ouverture de la cavité abdominale permet d'observer les mouvements péristaltiques des vésicules séminales débutant vers leurs extrémités aveugles et s'étendant lentement vers leur segment moyen.

L'influence de la strychnine est si marquée qu'il est possible de provoquer l'érection (mais non suivie d'éjaculation) sur des animaux qui viennent d'éjaculer.

Après la destruction de la moelle lombaire (accompagnée d'éjaculation), l'empoisonnement par la strychnine ne détermine plus d'érection ni d'éjaculation.

c) **Atropine.** — Nikolsky avait soutenu que l'atropine paralyse les nerfs érecteurs.

Piotrowski et d'autres ont montré que cette substance n'a nullement cet effet. L'expérience suivante de Spina le prouve définitivement : un cobaye reçut une injection de 1 centimètre cube d'une solution d'atropine à 1 p. 100; six minutes après, on lui injecta un demi-centimètre cube de la solution de strychnine à 1/2 p. 100. Malgré son empoisonnement préalable par l'atropine, le cobaye entra en érection, et l'éjaculation s'ensuivit.

d) Chloroforme. — La narcose que détermine le chloroforme retarde toujours, comme nous l'avons vu plus haut, l'influence de tous les agents qui produisent l'érection et l'éjaculation. Ce n'est qu'après cessation des inhalations de chloroforme que la section de la moelle est suivie des effets ordinaires sur les organes génitaux. Cependant le chloroforme ne paraît guère retarder ni l'érection ni l'éjaculation, dès qu'on injecte à l'animal anesthésié une solution de strychnine.

e) Curare. — L'influence du curare est plus énergique que celle du chloroforme. Une injection de 0cc,3 d'une solution de curare à 2 p. 100 peut être suivie d'une injection d'un demi-centimètre cube de strychnine à 1 p. 100, sans qu'on voie survenir ni érection ni éjaculation avant la mort de l'animal.

f) Asphyxie. — La pendaison suivie d'érection et d'éjaculation serait due au manque d'oxygène. L'expérience suivante n'est guère favorable à cette interprétation. En posant une ligature sur la trachée-artère d'un cobaye, Spina vit l'animal mourir d'asphyxie, sans qu'il se produisît ni érection ni éjaculation.

Les mémoires dont je parle dans le texte et dont on ne trouve pas l'indication ici, sont mentionnés à la fin de l'article **Éjaculation.**

Bibliographie. — Eckhard. *Beiträge zur Anatomie u. Physiologie*, iii, 1863, iv et vii, (67-80). — François-Franck. *Recherches sur l'innervation vaso-motrice du pénis* (*Archives de physiologie normale et pathologique*, 1895, 123. —*Comptes Rendus de la Société de Biologie*, 30 nov. 1894). — Goltz. *Ueber das Centrum der Erectionsnerven* (*A. g. P.*, vii, 582). — Goltz et Freusberg (*Ibid.*, viii, 460 et ix, 174). — Grüenhagen (A.). *Physiologie der Zeugung*, 1888. — Günther. *Untersuchungen u. Erfahrungen aus dem Gebiete der Anatomie, etc.*, 1re livraison, Hannover, 1837. — Graaf (R. de). *De virorum organis generationi inservientibus.* Genevæ, 1785, i. — Hausmann. *Ueber die Zeugung u. Entstehung des wahren weiblichen Eies*, Hannover, 1837. — Henle. *Ueber den Mechanismus der Erection* (*Zeitschrift f. ration. Medicin*, 1863). — Hensen (V.). *Physiologie der Zeugung*, in *Handbuch der Physiologie* de L. Hermann, 1881. — Herberg. *De erectione penis*, Leipzig, 1844. — Houston (*Dublin Hospital Reports*, 1830, v). — Jobert. *Études d'anatomie comparée sur les organes du toucher* (*Thèse de Paris*, 1872). — Kobelt. *De l'appareil du sens génital des deux sexes.* Trad. Kaula, Strasbourg, 1851. — Kölliker. *Verhandl. der Würzburger phys. med. Gesell.*, 1851, vol. ii, 121. — Krause (*Müller's Archiv*, 1837). — Lannegrace. *Mécanisme de l'érection* (*Gaz. des sc. méd. de Montpellier*, 1882, 243-246). — Legros (Ch.). *Des tissus érectiles et de leur physiologie* (*Thèse de Paris*, 1866); — *Anatomie et physiologie des tissus érectiles, etc.* (*Journal de l'Anatomie et de la Physiol.*, 1868, v, 1-27). — Lovén. *Arb. aus der physiol. Anstalt zu Leipzig*, 1866, 1. — Marshall Hall. *Abhandlungen über das Nervensystem*, trad. Kürschner, Marburg, 1840. — Müller (J.). *Lehrb. der Physiol.*, 1840, 2e vol. — Nicolas (A.). *Organes érectiles* (*Thèse d'agrégation*, Paris, 1886). — Nikolsky. *Ein Beitrag zur Physiologie der Nervi erigentes* (*A. P.*, 1879, 209-221). — Reinke. *Anat. des Menschen*, 1898, 284. — Rouget (Ch.). *Recherches sur les organes érectiles de la femme...* (*J. P.*, 1, 1858). — *Des mouvements érectiles* (*A. de P.*, 1868, 671-687). — Sappey. *Anat. descriptive*, iv. — Schiff. *Leç. sur la physiologie de la digestion*, Paris, 1867, 12e leçon. — Ségalas. *Lettre sur quelques points de physiologie* (*Arch. gén. de méd.*, 1824, vi). — Spina (A.). *Experimentelle Beiträge zu der Lehre von der Erection u. Ejaculation* (*Wiener med. Blätter*, nos 10, 11, 12 et 13, 1897). — Valentin. *Lehrb. der Physiol.*, 1844, ii. — Kaess. *Erection am Hunde* (*Beitr. z. An. u. Phys.*, 1883, x, 1-22).

ÉD. RETTERER.

ERGOGRAPHIE. — Voyez Ergométrie.

ERGOMÉTRIE. — Nous avons vu, à l'article **Dynamomètre**, comment on peut inscrire directement le travail produit pendant un effort constant, ou à peu près constant. Ces appareils sont, à proprement parler, des ergographes. Mais, s'ils peuvent

s'appliquer à l'étude de la traction d'une voiture, ils sont inapplicables, ou au moins très peu commodes à appliquer, quand il s'agit d'étudier le travail produit par un muscle déterminé. C'est là cependant l'étude primordiale qui doit être faite, si l'on veut obtenir des données vraiment nettes sur la résistance à la fatigue des muscles ou du système neuro-musculaire. Il est nécessaire, en effet, pour cette étude, de s'adresser à un muscle de section assez faible pour que son travail ou sa fatigue ne réagisse pas sensiblement sur la circulation et la respiration.

Si nous prenons alors un muscle travaillant isolément, nous sommes obligés de mesurer le travail produit dans un mouvement alternatif, car un muscle isolé est toujours obligé, quand il a fait une contraction maximale, de se relâcher pour pouvoir recommencer.

Dans ce cas, si on suppose un poids attaché au bout du muscle, il n'y aura pas de travail produit, au sens mécanique du mot, le poids restituant dans sa chute le travail dépensé pour son soulèvement. Si nous nous plaçons au contraire au point de vue physiologique, nous devons distinguer deux cas :

1° Ou bien le muscle se relâche brusquement, et le poids redescend de lui-même à sa position primitive ; dans ce cas le muscle dépense à chaque contraction le travail nécessaire à élever le poids, et au bout d'un certain nombre de contractions, il a accompli un travail physiologique équivalant à la somme des travaux positifs dépensés dans chaque contraction.

2° Ou bien le muscle soutient le poids pendant sa chute. Dans ce cas, il dépense cependant un travail physiologique : il accomplit ce que les physiologistes nomment un travail négatif, qui fatigue le muscle de la même façon que le travail positif. Les lois de ce travail sont à peu près inconnues. Mais qu'il nous suffise de savoir que, dans tous les cas où un muscle accomplit une série de contractions rythmées avec un poids tenseur, dans des conditions bien déterminées, il accomplit un travail physiologique dont on a une mesure proportionnelle par la somme des hauteurs de soulèvement multipliée par le poids tenseur quand on connaît les conditions du travail.

L'étude du travail musculaire dans ces conditions répond d'ailleurs à une question du domaine de la pratique courante. Dans la traction d'une voiture on produit bien un effort à peu près continu par le jeu de groupes de muscles; mais dans le maniement des outils, on exerce toujours un effort dans le même sens, avec un retour en arrière à vide par le jeu des antagonistes.

Pour l'étude des problèmes qui se rattachent au travail ainsi défini, tous les myographes peuvent être utilisés. Il suffit de mesurer chacune des hauteurs de contraction et de faire la somme. Il semble donc que, pour traiter le sujet, nous devions parler de tous les travaux qui ont été faits sur l'enregistrement de la contraction musculaire. C'est là un sujet pour lequel nous renvoyons à l'article **Muscle**. Nous nous limiterons à l'étude du travail produit par le muscle mû par la volonté c'est-à-dire à l'étude de l'appareil neuro-musculaire.

I. — ÉTUDE DE L'ÉPUISEMENT MUSCULAIRE

L'expérience quotidienne nous montre que notre appareil neuro-musculaire peut produire des efforts considérables qui l'épuisent rapidement, et il est certain que la façon dont il peut résister à de pareils efforts est un signe de son intégrité. Si donc on force un muscle à travailler en produisant ces efforts dans des conditions bien déterminées, jusqu'à l'impotence fonctionnelle momentanée dans ces conditions, on pourra, par la mesure du travail produit dans cette période, avoir une idée nette de l'état du système neuro-musculaire. C'est cette sorte d'étude qui a été faite par Mosso d'abord, puis par ses élèves et divers imitateurs. Tous ont employé les courbes de fatigue ainsi obtenues pour étudier les variations du système neuro-musculaire suivant les conditions où il se trouve placé. Il est certain que la résistance à l'épuisement est un excellent signe de l'aptitude au travail du sujet en expérience; il n'y a donc pas lieu d'insister sur l'importance considérable de ces travaux.

Dans la suite, nous parlerons constamment du *travail d'épuisement du muscle*, ou de *résistance à l'épuisement*. Ces mots sont commodes, à condition qu'on précise bien l'idée qu'ils expriment. Il faudrait ajouter toutefois au mot épuisement le mot *pour le poids employé*. En effet, en 1897, Binet et Vaschide employèrent un ergographe non plus à poids, mais à ressort, car ils avaient observé que le muscle, *épuisé par un poids donné*, sous l'impulsion volontaire, était encore capable de donner un travail considérable avec un poids plus faible; avec un ressort, l'effort maximum se gradue de lui-même, et on peut prolonger pendant un temps très long les contractions possibles du muscle. Cet appareil a d'ailleurs un inconvénient, c'est que le travail total est difficile à évaluer, l'effort variant à chaque instant. En 1898 et 1900, Trèves vérifia ce fait dans des expériences nombreuses exécutées soit sur le gastrocnémien du lapin, soit sur le biceps de l'homme, en employant des poids diminuant graduellement, suivant les expériences, ou bien quand la hauteur de contraction devenait très petite ou quand elle commençait à faiblir.

Il est donc bien entendu que, dans tout ce qui va suivre, nous appellerons travail d'épuisement ou résistance à l'épuisement ce qui est relatif à un poids donné.

Technique. — La technique employée par les divers auteurs a peu varié : aussi allons-nous la décrire telle qu'elle a été créée par Mosso. Nous indiquerons, à propos des travaux de chacun, ce qui diffère de la description ci-dessous.

La difficulté est de s'assurer qu'un muscle bien déterminé fonctionne toujours de la même manière dans tous les cas. On ne peut, comme sur les grenouilles, isoler le

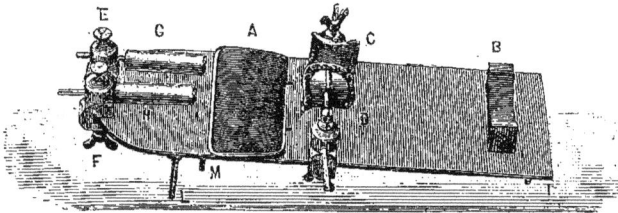

Fig. 234. — Ergographe de Mosso. — Appareil fixateur de la main.

muscle, et on doit admettre que, dans l'excitation volontaire, jamais on ne fait travailler normalement un muscle seul. Mosso ne put obtenir un résultat parfaitement satisfaisant qu'avec les fléchisseurs des doigts de la main. Dans ses expériences il employa le médius tirant sur un poids. Il renonça à l'emploi d'un ressort à cause de la difficulté d'estimer convenablement le travail dans ce cas, et des conditions de résistance variable où se trouve placé le muscle; il donna à son appareil le nom d'*ergographe*.

L'ergographe se compose de deux parties. La première tient la main ferme, l'autre inscrit les contractions sur un cylindre enregistreur. La main est fixée sur une plate-forme représentée fig. 234. Sur le coussinet A pose le dos de la main : sur B repose l'avant-bras. Les mâchoires CD, garnies également de coussinets, embrassent le poignet pour bien fixer la main. Ces mâchoires sont portées par des tiges métalliques qu'on peut maintenir par des vis de serrage dans de petits étaux. On peut ainsi serrer les divers poignets et régler le serrage. Deux autres étaux E F portent des tubes G H dans lesquels on introduit l'index et l'annulaire. Les étaux mobiles permettent de régler l'appareil à volonté pour les divers sujets.

Le médius peut alors se mouvoir dans des conditions parfaitement déterminées. On fixe à sa deuxième phalange un anneau lié à une cordelette qui porte le poids, et sur le trajet de laquelle est placé un style enregistreur.

Pour la commodité du travail, le bras doit être un peu en pronation : aussi la plate-forme de fer est-elle inclinée de 30° environ vers le côté interne. En même temps, pour que le bras soit dans une bonne position quand le sujet en expérience est assis à côté de la table qui porte l'appareil, la partie antérieure est soulevée de quelques centimètres.

La seconde partie est le curseur enregistreur fig. 235. On voit immédiatement sur la figure que le chariot porte-style ORPQ glisse sur les deux tiges d'acier horizontales N N'. La plume peut être appuyée sur le cylindre en tournant autour de l'axe R, et finalemen en agissant sur la vis P qui la fléchit. Le brin S de la corde vient du doigt, et le brin T porte le poids tenseur.

Un arrêt mobile *k* permet de limiter la course du poids. De la sorte, on peut faire travailler le muscle, soit *en charge (Belastung)*, soit *en surcharge (Ueberlastung)*. La vis c permet de régler avec précision le point où la charge commence à agir dans le travail en surcharge.

Les contractions ont presque toujours été réglées dans les travaux de Mosso et de ses imitateurs, à une contraction toutes les deux secondes. Un métronome indiquait au sujet en expérience le moment où il devait effectuer la contraction.

Une question qui se pose immédiatement est celle de savoir à quel raccourcissement effectif du muscle correspond une élévation donnée du poids. Mosso, opérant sur un cadavre, et ayant disséqué les tendons des deux fléchisseurs, vit que, pour le fléchisseur sublime, un raccourcissement de 1ᵉ à partir de l'extension soulève le poids de 8 millimètres. Un raccourcissement de 2ᵉ à partir du même point le soulève de 27 millimètres,

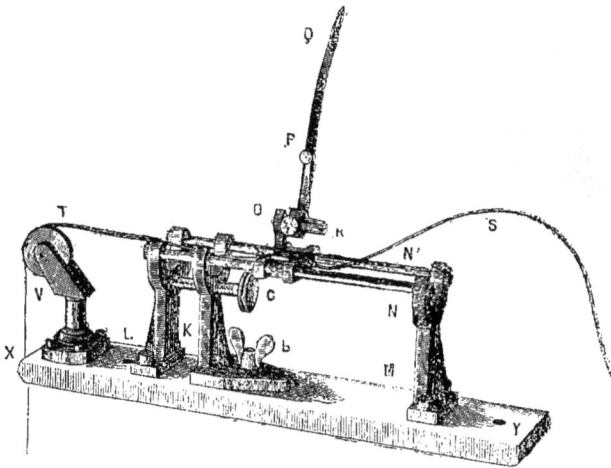

FIG. 235. — Ergographe de Mosso. — Appareil inscripteur.

et un raccourcissement de 3ᵉ, de 46 millimètres. Pour le fléchisseur profond, les soulèvements sont de 7, 17 et 31 millimètres.

Cette donnée n'a pas été employée jusqu'ici, mais peut-être sera-t-elle un jour utile à connaître.

Loi de la fatigue. — Dans ces expériences, le choix du poids est important. Si, en effet, on prend un poids trop fort, la fatigue arrive après un nombre très faible de contractions, et les observations sont peu nettes. Si le poids est trop faible, les contractions peuvent durer indéfiniment avec la même hauteur : on ne peut donc étudier la fatigue. D'ailleurs, le choix du poids convenable dépend de la fréquence des contractions. Maggiora a vu, en effet, que, avec le poids de 6 kilogrammes, des contractions du médius répétées toutes les dix secondes pouvaient se continuer indéfiniment avec la hauteur maximum. C'est pour cela que, dans toutes ces expériences, il faut spécifier parfaitement le poids et le rythme employés. Le poids convenable varie d'ailleurs avec les individus. C'est ainsi que celui qui convenait le mieux à Maggiora était de 2 kilogrammes, alors que des hommes très vigoureux et entraînés peuvent employer des poids allant jusqu'à 6 kilogrammes, toujours avec la fréquence de 2″.

Mosso vit par ces expériences que, quand on fait constamment *l'effort le plus grand qui soit possible*, sur un poids assez fort, les contractions successives diminuent en suivant une loi parfaitement régulière. Il fit fréquemment les expériences sur le même sujet, et il vit que, pour chacun d'eux, la forme de courbe de fatigue pour un poids donné était constante. Les figures 236 et 237 donnent les formes de « *courbes de fatigue* » qui se sont montrées persistantes pendant quatre ans pour MAGGIORA (fig. 236) et ADUCCO (fig. 237). Cependant, sous diverses actions, les courbes peuvent changer.

Nous étudierons tout à l'heure les variations, voyons d'abord en quel point de l'appareil neuro-musculaire se produit la fatigue. Pour Mosso, le phénomène a lieu en grande partie dans le muscle et partiellement aussi dans les centres nerveux.

Il arrive à cette conclusion en comparant les effets des excitations volontaires et des excitations électriques sur le muscle. Le nerf médian était excité électriquement dans ces expériences au moyen du chariot de DU BOIS-REYMOND : on réglait la distance des bobines de manière à obtenir une contraction notable avec une douleur supportable. Dans ces conditions, la série des contractions obtenues sous l'action électrique prend à peu près le même aspect que la série des excitations volontaires. Mosso en conclut que la fatigue est, au moins pour la plus grande partie, d'origine périphérique. Cela est pos-

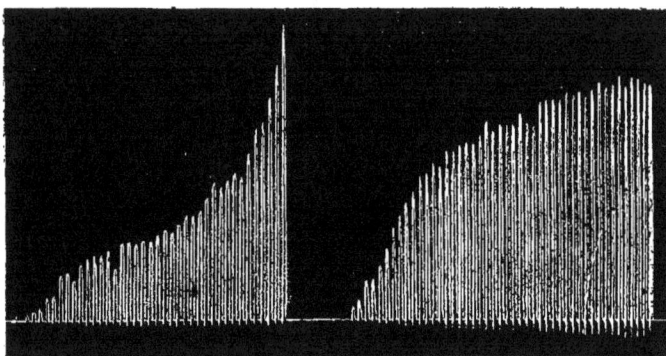

FIG. 236. — Courbe d'épuisement de MAGGIORA.   FIG. 237. — Courbe d'épuisement d'ADUCCO.

sible ; mais un doute est permis, car rien ne prouve que sur un homme éveillé l'action électrique ne provoque pas une innervation réflexe ; on ne peut pas croire qu'une secousse donnée par un nerf irrité non coupé est d'origine purement périphérique. Il est donc bien possible que, dans l'expérience de Mosso, la fatigue obtenue par les excitations électriques du nerf soit encore d'origine nerveuse centrale. Quoi qu'il en soit, les expériences méthodiques ont montré que la fatigue due à l'action électrique ne portait pas exactement sur le même point de l'appareil neuro-musculaire, que la fatigue due à l'action volontaire. En effet, quand on épuise l'action électrique, on peut recommencer sous l'action volontaire une nouvelle courbe de fatigue un peu moins étendue que la courbe normale, mais correspondant à un travail total très notable encore. Quand l'excitation volontaire est épuisée, on peut encore obtenir des secousses électriques, mais très petites, puis, après épuisement nouveau de l'action électrique, la volonté peut encore donner une seule secousse notable, puis plus rien.

Si on commence par l'épuisement de l'action volontaire, les phénomènes sont tout à fait analogues.

Influence du repos. — Quand on arrête un moment l'innervation volontaire, on peut reprendre une nouvelle courbe de fatigue. La première question qui se pose est de savoir au bout de quel temps, à l'état normal, cette courbe de fatigue nouvelle correspondra au même travail total que l'ancienne. Les expériences ont été faites à ce sujet par MAGGIORA. Il a vu qu'un laps de deux heures était indispensable pour arriver à ce résultat. Au bout de deux minutes, on obtient déjà un travail d'épuisement notable, mais au bout d'une heure et demie on peut encore voir une diminution du travail d'épuisement.

Oscillations de l'excitabilité. — Warren P. Lombard a complété ces expériences. Il a vu que, dans certaines conditions de poids, on peut obtenir, en persistant à envoyer des impulsions volontaires au muscle malgré l'épuisement apparent, un nouveau travail mécanique. Ces expériences sont extrêmement pénibles : aussi ont-elles réussi sur trois sujets seulement, alors que neuf ont été soumis à l'expérience. C'est là un fait qui n'étonnera aucun de ceux qui ont pratiqué l'ergométrie. C'est une véritable souffrance d'exiger un travail maximum d'un muscle fatigué. Ces oscillations de l'excitabilité volontaire peuvent se renouveler plusieurs fois. Warren P. Lombard en a obtenu cinq en un travail prolongé pendant douze heures.

Ces périodes ne se voient jamais quand on excite le muscle au moyen de l'électricité. Il est donc certain que leur origine est centrale. Trèves cependant a obtenu, sur le lapin, des oscillations analogues. Il y a donc contradiction entre les deux auteurs. Mais Trèves a vu cela sur le lapin après des excitations extrêmement prolongées, au lieu que Warren P. Lombard l'a observé sur l'homme dès les premières minutes avec l'action volontaire, et ne l'a pas observé avec l'action électrique dans les mêmes conditions que Trèves. On ne peut donc s'associer aux conclusions de cet auteur qui met en doute les conclusions de Warren P. Lombard, puisque les conditions étaient différentes.

L'expérience réussit encore, si l'on cherche à soutenir le plus haut possible un poids en contraction statique. La hauteur à laquelle il est soulevé varie périodiquement (Trèves).

Poids et fréquence optimum. — La courbe de fatigue varie suivant le poids employé. Maggiora a fait une étude approfondie de cette action. Non seulement la forme de la courbe qui, dans des conditions bien déterminées, est constante pour un même sujet, varie notablement avec le poids, mais le travail total correspondant à l'épuisement du muscle est variable suivant le poids. L'expérience fut faite d'après la méthode indiquée au début, en mesurant les sommes des hauteurs de soulèvement obtenues pendant une courbe de fatigue. Maggiora obtient sur lui-même les résultats suivants :

POIDS.		TRAVAIL D'ÉPUISEMENT en kilogrammètres.
1 kilogramme		2,238
2 —		2,646
4 —		1,892
8 —		1,04

Pour les poids faibles, l'abaissement du travail correspondant à une courbe de fatigue est faible, si même il ne se prolonge pas indéfiniment ; il y a en effet, pour chaque observateur, un poids au-dessous duquel il peut se contracter indéfiniment, ou du moins pendant un temps très long. Pour lui-même, l'auteur trouva que le poids était de 500 grammes environ ; il trouva 1 kilogramme pour d'autres personnes.

Il vit aussi, comme nous l'avons déjà mentionné, que la variation du rythme changeait les conditions. Alors que le poids de 6 kilogrammes soulevé toutes les quatre secondes donnait une courbe de fatigue correspondant à un travail de 2,148 kilogrammètres, et qu'il fallait ensuite deux heures avant de retrouver l'intégrité du muscle, on pouvait au contraire, en espaçant de 10 secondes les contractions, obtenir un travail en régime tout à fait permanent de 34,560 kilogrammètres à l'heure, c'est-à-dire un travail 32 fois plus considérable. Si nous évaluons la puissance moyenne disponible par seconde dans ce travail, nous voyons qu'elle est de 9,5 grammètres environ. Nous verrons plus loin qu'on peut, dans des conditions analogues, obtenir du muscle un rendement beaucoup plus grand en régime permanent.

Cette manière de compter la puissance moyenne du muscle en régime permanent est légitime, car nous avons déjà vu que, dans le cas où le muscle arrive à s'épuiser, il fallait deux heures de repos pour lui permettre de retrouver son intégrité. C'est donc bien le travail total obtenu avec des intervalles de deux heures qu'il faut comparer au travail continu, car c'est à ces conditions que correspond le régime vraiment permanent.

Une autre question se pose, celle de savoir quelle fréquence il faut employer avec un poids donné, pour obtenir une valeur donnée du travail d'épuisement. Maggiora a abordé cette question, mais il ne l'a pas poussée jusqu'à l'étude si intéressante du régime permanent. Il est vrai que son instrument ne lui permettait pas une mesure commode d'un travail prolongé longtemps.

L'expérience fut faite en soulevant d'abord 1 kilogramme au rythme de 1″, puis 2 kilogrammes à 2″, puis 2 kilogrammes à 3″, puis 2 kilogrammes à 4″. Le travail produit avec 2 kilogrammes à 2″ fut plus faible qu'avec 1 kilogramme à 1″; avec 2 kilogrammes à 3″ le travail fut un peu supérieur au premier. Avec 2 kilogrammes à 4″ le travail d'épuisement devient beaucoup plus grand.

Par l'excitation du nerf médian dans les mêmes conditions, l'augmentation avec le rythme de 3″ est plus grande qu'avec l'excitation volontaire. Par l'irritation directe des muscles, il y a même travail produit avec 2 kilogrammes au rythme de 2″ qu'avec 1 kilogramme au rythme de 1″.

En somme, dans la contraction volontaire, il faut un temps presque proportionnel au poids pour amener la capacité de travail au même point avec les poids de 2 kilogrammes et de 1 kilogramme.

Temps de restauration. — MAGGIORA, en prenant les courbes de fatigue à une heure d'intervalle avec le poids de 3 kilogrammes, vit que le travail d'épuisement reste le même pendant les trois premières expériences, puis que le travail diminue progressivement; avec une heure et demie d'intervalle, le travail d'épuisement se maintient à la même valeur pendant huit expériences, puis il baisse. La période de repos de deux heures permet au contraire la restauration complète du muscle. Sur des soldats bien entraînés, la période d'une heure et demie semble suffisante.

Grandeur de l'innervation et fatigue. — Mosso, au moyen d'un appareil qu'il nomme *ponomètre*, étudie la grandeur de l'impulsion volontaire pour les diverses con-

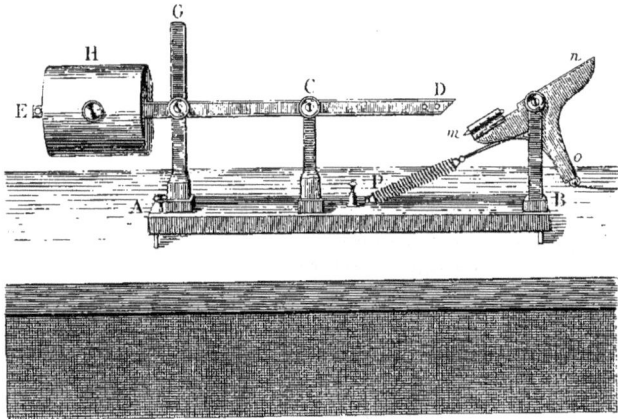

Fig. 238. — Ponomètre de Mosso.

tractions maxima. Le poids H peut tourner autour de l'axe c. Le bras de levier E D est maintenu horizontal par la fourchette G. Le levier coudé *m n o* porte en O la cordelette du doigt, et un petit ressort *p* le ramène à l'horizontale et l'arme quand le doigt se relâche. En *m* se trouve un loquet à ressort, dont on peut régler la longueur. Quant *m* est horizontal, le loquet est en prise et le doigt soulève le poids en se contractant. L'appareil se déclenche à la hauteur qu'on veut, d'après le réglage du loquet, et le doigt, une fois libéré du poids, accomplit une course d'autant plus grande qu'on lui a envoyée pour soulever le poids est plus grande. On voit par ce procédé que la hauteur de course du doigt libéré est d'autant plus grande que la contraction est d'un ordre plus élevé. Les tracés semblent être en sens inverse de ce qu'ils sont pour la courbe de fatigue ordinaire. Cela prouve que l'innervation volontaire augmente à mesure que la fatigue augmente.

MAGGIORA a montré la corrélation de ce fait et de l'effet d'épuisement produit par la contraction du muscle fatigué. Ces derniers causent au système neuro-musculaire un épuisement beaucoup plus grand que les hautes contractions du début. Quand il demandait à son muscle fléchisseur seulement 13 contractions avec 3 kilogrammes, il pouvait recommencer le travail toutes les demi-heures, sans qu'après 24 expériences consécutives il y eût de différence notable dans les tracés obtenus.

On peut calculer quel est, par ce procédé et par celui du travail d'épuisement renouvelé toutes les deux heures, le travail produit au bout de la journée. On voit ainsi que le travail fait par 13 contractions toutes les demi-heures donne au bout de la journée 27 kilogrammètres environ, et celui qu'on obtient par le travail d'épuisement toutes les deux heures n'est que de 14,7 environ.

Le fait que le temps de restauration est le quart seulement pour un travail moitié produit sans épuisement complet, montre que, pour l'appareil neuro-musculaire intact, comme KRONECKER l'a déjà vu sur le muscle de grenouille, les contractions très faible du muscle fatigué lui sont beaucoup plus nuisibles que les contractions très hautes des débuts du travail.

II. — INFLUENCES QUI MODIFIENT LA RÉSISTANCE DU MUSCLE A L'ÉPUISEMENT

Dans ce chapitre, nous étudierons d'abord l'influence des variations des conditions physiologiques et l'action de divers médicaments.

Circulation. — La condition la plus importante au point de vue du travail musculaire est une bonne circulation. Les expériences qui le démontrent sont dues à MAGGIORA. Il commença par étudier l'action de l'anémie produite en comprimant l'humérale au bras. Cette action est considérable. Alors que, dans une expérience normale, il produisait 2,7 kilogrammètres comme travail d'épuisement, il ne produisait plus que 0,632, après trois minutes d'anémie. La première contraction dans ces conditions était aussi haute que dans les conditions normales, mais la décroissance des contractions successives beaucoup plus rapide. Avec une anémie poussée pendant dix minutes, la première contraction devenait déjà beaucoup plus faible.

L'effet de l'anémie est très variable suivant les individus. Les uns résistent mieux que les autres. Dans quelques expériences, aussitôt après le retour de la circulation, la contraction se rétablit beaucoup plus vite qu'elle n'a décrû; chez les autres, il faut un temps très long pour que la fonction se rétablisse. Ces différences sont dues, je pense, aux variations de la façon dont l'anémie est faite, et du travail que le sujet a exigé de son muscle. La compression de l'humérale peut n'être pas exacte, et, même si elle l'est, la circulation collatérale peut avoir des variations considérables suivant les individus.

Sur le chien ANDRÉ BROCA et CH. RICHET ont obtenu des résultats plus constants, car les expériences étaient faites sur les fléchisseurs de la patte postérieure, soit en ligaturant l'aorte abdominale, soit en asphyxiant l'animal par un robinet trachéal. Ils ont vu alors que, quand on épuisait le muscle par l'anémie, par l'excitation électrique du sciatique, il arrivait à un véritable état de rigidité, si le poids soulevé était assez considérable. Il faut que le travail atteigne une certaine valeur pour que le muscle soit épuisé d'une manière durable.

Inversement, quand on place le muscle dans des conditions de suractivité circulatoire, il produit un travail d'épuisement beaucoup plus grand, et sa restauration après épuisement est aussi beaucoup plus rapide. Dans une première série d'expériences faites tous les quarts d'heure, MAGGIORA montre que, alors que sans massage les deux premières courbes d'épuisement seules sont presque identiques, les suivantes diminuant très rapidement, on obtient, quand le muscle est massé pendant les intervalles d'un quart d'heure de repos, huit tracés consécutifs identiques.

Quand on fait le décompte du travail total dans les deux expériences prolongées chacune pendant deux heures, on voit que le muscle massé a donné un travail total quadruple. Mais cela ne se continue pas indéfiniment. Au bout de deux heures, l'influence du massage cesse, le muscle est épuisé complètement, et il lui faut deux heures de repos pour se restaurer comme dans le cas habituel.

La suractivité circulatoire lutte donc contre l'épuisement jusqu'à un certain point. Il semble qu'il y ait dans l'épuisement du muscle deux périodes. L'une est due à des produits de combustion dont une circulation plus active peut diminuer la formation ou empêcher dans une certaine mesure l'accumulation nuisible ; l'autre est due à une attaque plus profonde de la fibre musculaire. La suractivité circulatoire éloigne le moment où l'effet de ce processus se fait sentir.

Revenant plus tard sur la question du massage, Maggiora vit que son action s'exerce également quand il est pratiqué avant toute fatigue, et que, dans ces conditions, sa durée n'a pas besoin d'être prolongée au delà de cinq minutes. Il eut en effet le résultat suivant :

CONDITIONS	TRAVAIL D'ÉPUISEMENT. en kilogrammètres
normales.	6,22
2' de massage avant le travail	7,78
5' — . .	10,72
10' — —	9,68
15' — —	10,26

Il étudia aussi l'action des diverses formes du massage, frottement, percussion, pétrissage, et il vit que le frottement et le pétrissage avaient des effets analogues, mais que le mieux était de les employer alternativement.

Le massage agit d'ailleurs sur les muscles épuisés par toutes les causes. Nous verrons ci-dessous que bien des causes agissent sur le travail d'épuisement; le massage en atténue toujours les effets.

Fatigue d'autres muscles. — La cause de l'augmentation de résistance par suractivité circulatoire, que nous avons mentionnée ci-dessus, était rendue probable par bien des expériences de Kronecker, Pettenkofer et d'autres. Mosso l'a mise hors de doute (mémoire de 1890), en injectant à un chien reposé le sang d'un autre chien fatigué par un travail excessif : le chien auquel on a injecté le sang de l'animal fatigué présente lui-même tous les phénomènes de la fatigue.

Les expériences ont été variées de bien des manières. En prenant la courbe de fatigue d'hommes soumis auparavant à une marche forcée, dans laquelle les fléchisseurs du médius n'avaient joué aucun rôle, Maggiora vit une très notable diminution du travail d'épuisement.

Jeûne. — Le jeûne a une action très notable sur la valeur du travail d'épuisement, ainsi que l'a montré Maggiora. Il est remarquable que l'ingestion d'un repas fasse remonter immédiatement le travail d'épuisement à sa valeur normale. L'auteur attribue ce fait avec beaucoup de raison à la diminution de la circulation dans le jeûne, et à sa reprise immédiate après l'ingestion d'un repas. Cela revient à dire que la diminution de l'aptitude du muscle au travail dans le jeûne est due aux phénomènes nerveux de la faim. On sait, d'un autre côté, depuis longtemps, que l'aptitude au travail dans le jeûne peut être longtemps maintenue par l'emploi de la coca et de la kola, qui agissent en supprimant les symptômes de la faim. Notre organisme contient des réserves suffisantes pour bien des jours de travail, la faim nous avertit de les renouveler dès que la consommation a atteint une faible fraction de la réserve. Dans le même ordre d'idées, Koch a vu que l'absorption d'une petite quantité d'eau quand on a soif augmente le travail d'épuisement. Si l'on boit trop, ce travail subit au contraire une diminution. Ce fait expérimental corrobore l'observation quotidienne de tous ceux qui font des marches ou de la bicyclette. Boire un peu donne de l'énergie, boire beaucoup augmente la fatigue.

Influences psychiques. — La fatigue psychique agit fortement aussi sur l'aptitude au travail. Mosso l'a montré en mesurant le travail d'épuisement de Maggiora avant et après des séries pénibles d'examens que ce dernier faisait passer. Après le travail intellectuel, le travail d'épuisement subissait une forte diminution.

Température. — La température du bras a une action sur le travail d'épuisement. L'élévation de la température locale par un bain de bras à 43° a une faible action; au contraire l'abaissement de la température en a une grande. Dans un bain de bras à 15°, le travail d'épuisement devient quatre fois plus faible, et dans la glace fondante après

vingt minutes, dix-neuf fois plus faible que normalement (Patrizzi). Le même auteur a
cherché une relation entre les variations quotidiennes de la température et le travail
d'épuisement : il trouva le maximum de travail dans l'après-midi. Les résultats sont peut-
être discutables. Quand, en effet, on cherche de petits effets par ces expériences, on est
exposé à des erreurs, l'influence psychique étant considérable, comme l'ont montré les
expériences de Kocu.

Citons à ce sujet les expériences de ce dernier. Cet expérimentateur, étudiant l'action
de divers médicaments, dont nous allons parler bientôt, vit que, en avalant après épuisement une pilule qu'il croyait active et qui était simplement de mie de pain ou de terre
bolaire, il put reproduire un nouveau travail égal aux 3/4 du travail d'épuisement normal. D'ailleurs cette action ne peut se reproduire plus de deux fois.

De même quand, à une impulsion volontaire normale, on ajoute une impulsion d'origine réflexe, on peut obtenir des secousses plus hautes sur le muscle fatigué. Cela a été
vu par Hofbauer au moyen de coups de pistolet qu'il tirait à des moments déterminés
avant les contractions, qui étaient rares. Il a eu, dans certains cas, l'effet décrit, et quelquefois aussi, quand le temps entre le coup de feu et l'impulsion volontaire devenait de
2 ou 3 secondes, une diminution due probablement à la fatigue antérieure par le coup de
feu. Ces expériences montrent nettement la part du système nerveux central dans la
fatigue de la contraction volontaire.

Santé générale. — Nous avons vu, au début de cet article, que la courbe de fatigue
d'un même sujet dans les mêmes conditions était toujours analogue; Maggiora a montré
dans ces derniers temps que, en treize ans environ, la sienne s'était notablement modifiée, une augmentation s'étant produite de vingt-deux à trente-cinq ans. Cela répond à
une amélioration de la santé générale.

Mosso observa sur son garçon de laboratoire une notable diminution du travail
d'épuisement, après une maladie de l'œil qui semblait n'avoir eu aucun retentissement
sur l'état général.

Action des médicaments. — Cocaïne et caféine. — Kocu, dont nous avons déjà cité
le travail, commença cette étude en modifiant un peu la technique. Il prenait une courbe
d'épuisement avec 5 kilogrammes soulevés toutes les deux secondes, se reposait deux
minutes, recommençait une nouvelle courbe d'épuisement, se reposait encore deux minutes etc. L'expérience durait en général trois quarts d'heure avant épuisement complet.
Il se reposait une heure et demie avant de recommencer. Nous avouons, d'après les expériences de Maggiora, que ce laps de temps nous semble un peu court. C'est probablement
à cela qu'est due la contradiction entre ses résultats et ceux de Patrizzi. Il vit que la
première série à huit heures du matin lui donnait toujours le travail maximum. S'il avait
attendu deux heures entre chaque expérience, ou peut-être même trois heures, puisque
son épuisement était plus complet que dans les expériences faites avec la technique de
Mosso, les résultats eussent été probablement changés. Mais cette critique n'entache pas
les résultats de l'auteur relativement à l'action psychique dont j'ai déjà parlé, et à l'action des médicaments. Insistons cependant sur cette technique, qui montre bien l'effet
du repos, même court, et qui introduit une simplification dans l'évaluation du travail, par
l'emploi d'un *Collecteur de travail*; nous décrivons plus loin ces appareils en détail.

L'appareil dont se servit Kocu, dû à Sobieransky, permit de mesurer aisément le travail
assez considérable produit dans ces expériences. Il vit que l'action de la cocaïne et de la
caféine était considérable. Je donne ci-dessous un tableau portant le résultat de deux
expériences faites à deux jours différents : le travail est mesuré en kilogrammètres.

HEURES des expériences.	NOMBRE de segments.	TRAVAIL normal.	NOMBRE de segments.	TRAVAIL avec cocaïne.
8	18	38,465	15	56
10	15	27,025	20	34,5
12	15	25,6	10	49
2	20	40,14	19	45
4	17	25,8	17	38
6	15	26,6	15	30
8	15	30	17	38
Total par jour.		213,630		310,5

On voit que, sous l'action de la cocaïne, le travail a augmenté d'un tiers environ pour la journée entière.

Sucre. — Ugolino Mosso et Paoletti ont vu que l'ingestion d'eau sucrée produisait un effet notable sur la résistance à l'épuisement. Ils essayaient, après avoir épuisé les muscles, quel travail l'eau sucrée leur permettait de produire immédiatement. Ils ont vu de petits effets, mais leurs expériences leur ont permis de conclure que le maximum d'effet est produit par des doses de 30 à 60 grammes de sucre, diluées dans 6 à 10 fois leur volume d'eau.

Suc testiculaire. — Dans le même ordre d'idées, on a étudié l'action du suc testiculaire de Brown-Séquard. Les premières expériences sont dues à Copriati. Il vit que, dans des expériences étendues sur quinze jours d'observation pendant lesquels on injectait chaque jour 1ᶜᶜ de suc testiculaire, le travail d'épuisement augmentait notablement. Il le vit passer de 7 kilogrammètres environ à 10. Dans le rapport qu'il fit sur ce sujet, Brown-Séquard considère cela comme absolument probant, quoique Copriati ait montré dans son mémoire que le simple entraînement produit des effets tout à fait analogues.

Dans des expériences sur ce dernier sujet, il vit le travail passer en quinze jours par le seul entraînement de 12 à 17 kilogrammètres.

Mais les meilleures expériences sur ce sujet sont celles de Zoth et de Pregl.

Ils cherchèrent à voir si le suc testiculaire, qui ne faisait rien sur le travail d'épuisement, n'agissait pas notablement sur la reconstitution du muscle. Ils prirent un poids de 5 kilogrammes soulevé au rythme de 2″, en le maintenant soulevé chaque fois jusqu'à la fin de la seconde. De la sorte la fatigue se montrait nette entre 20 et 50 contractions. Ils n'attendaient pas l'épuisement du muscle, mais ils faisaient 70 contractions, puis se reposaient 20″, puis 20 contractions, 30″ de repos, 20 contractions, 40″ de repos, 20 contractions, 50″ de repos, 20 contractions, 60″ de repos et 20 contractions. Ils s'injectaient 1 centimètre cube de suc testiculaire par jour. Ils ont vu alors le travail total d'une série passer de 21,46 kilogrammètres à 36 pour l'un et de 21,14 à 27,21 pour l'autre. La modification ne portait pas sur le travail de la première période de 70 contractions, mais sur les suivantes.

L'entraînement peut rendre compte de ces faits, comme de ceux de Copriati. Mais, dans l'expérience suivante, son influence semble éliminée. En effet, l'entraînement subsiste même après plusieurs mois de repos; son effet est donc tout à fait acquis, et, après quelques semaines, il n'augmente plus. Les deux observateurs, après s'être entraînés convenablement, continuèrent l'expérience, l'un en prenant une injection quotidienne de suc testiculaire, l'autre sans aucune injection. Le second conserva pendant une semaine sa moyenne de travail, pendant que l'autre montait de 45 p. 100. Puis le second reçut des injections de suc testiculaire, et, au bout d'une semaine, son travail avait monté de 35 p. 100, alors que celui de l'autre restait constant.

L'action du suc testiculaire semble ici bien nette. Ces expériences prouvent de plus ce fait intéressant que, pendant la période d'entraînement, l'action du suc ne se manifeste pas : il semble que l'accroissement de résistance à la fatigue du muscle ne puisse dépasser une certaine limite en un temps donné.

Pregl complète ces études en montrant que la glycérine a un effet inverse. Elle diminue le travail donné par le muscle, non dans la première période de travail, mais dans les suivantes.

III. — ÉTUDE DU TRAVAIL EN RÉGIME PERMANENT

Dans ce qui précède, nous avons vu les lois de l'épuisement et de la reconstitution du muscle quand on lui demande de dépenser son énergie sur des poids considérables. Mais il est d'observation journalière qu'un muscle peut travailler d'une manière constante pendant de longues heures. L'exemple de la marche, celui de longues épreuves de résistance à bicyclette, le prouvent surabondamment. Il est donc certain qu'avec des efforts assez faibles un muscle peut développer avant épuisement une somme de travail énorme. On sait aussi, par l'expérience quotidienne, que les meilleures conditions de travail sont celles où le muscle répète son effort avec la plus grande régularité possible, et on sait que cette régulation se fait avec une précision étonnante chez les gens entraînés ; il suffit d'observer quelle est la régularité des allures dans tous les modes de locomotion.

Il est intéressant de savoir comment peut varier la *puissance* du muscle, c'est-à-dire *la quantité de travail par seconde* qu'il va développer dans les diverses conditions où il peut être placé, et dans lesquelles il peut atteindre un régime permanent.

Trois quantités sont à considérer dans l'étude de la puissance musculaire : le poids tenseur, le nombre des contractions par seconde, et la hauteur de celles-ci. La puissance est égale au produit de ces trois quantités. Il est d'ailleurs certain que, pour un poids et un rythme déterminés, il y a une hauteur de contraction limitée, permettant au muscle de ne pas s'épuiser, de même que, pour un rythme et une hauteur donnés, il y a un poids limité. En somme, la quantité qui est susceptible d'une mesure est la puissance maximum que peut développer un muscle dans des conditions bien déterminées.

André Broca et Ch. Richet ont étudié cette question, en utilisant le muscle fléchisseur de l'index, de manière à éviter autant que possible les phénomènes généraux d'accélération cardiaque et d'essoufflement. Pour mesurer commodément la puissance, ils ont employé un *collecteur de travail*.

Collecteur de travail. — Le premier de ces appareils est dû à Fick. Il comportait une roue de grand diamètre R folle sur son axe, à la périphérie de laquelle frotte le doigt articulé *b*, et une petite poulie T solidaire de cette roue ; c'est sur celle-ci que s'enroule la corde qui porte le poids. Un levier C, mobile autour du même axe que la roue, porte un doigt B articulé en *g*. A cause de l'existence de l'angle limite de frottement, le levier C commande le mouvement de la roue R dans le mouvement vertical et descend librement. Le doigt B empêche le mouvement de la roue R dans cette période, au lieu de le laisser s'accomplir librement dans l'autre sens. C'est un système analogue à l'encliquetage. Avec cet appareil, on peut, par une série de contractions suivies de relâchements, élever un poids à une grande hauteur.

En attachant le poids au levier C, et comptant le nombre de tours de la roue R par un mécanisme analogue à celui de la sirène, on peut évaluer la somme des hauteurs de contractions opérées par le muscle dans un temps donné. C'est un appareil analogue qu'employa Sobieransky.

Warren Lombard utilisa un ruban sans fin, gradué en centimètres, et qu'un curseur muni d'un levier à frottement analogue à celui de Fick entraînait dans un sens seulement. Cet appareil est peu fidèle, et ne permet de mesurer commodément que de petits travaux.

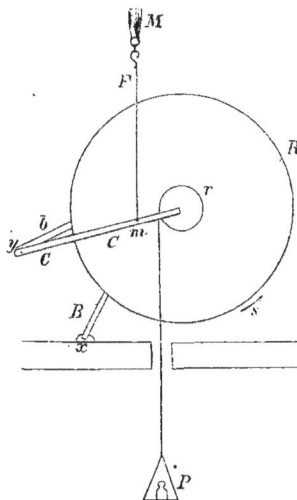

FIG. 239. — Collecteur de travail de Fick.

A. Broca et Ch. Richet utilisent un principe analogue à celui de Fick. Un cône de poulies, fou sur son axe, porte un doigt d'encliquetage qui l'en rend solidaire pour un sens de rotation, par l'intermédiaire d'une roue à rochet. Un deuxième doigt porté par le bâti de l'appareil empêche l'axe de tourner en sens inverse. Le même tambour porte les deux rochets. On compte le nombre de tours de l'axe au moyen d'un vélocimètre ordinaire tel qu'en fournit l'industrie. Il est réuni à l'axe par l'intermédiaire d'engrenages multiplicateurs. On peut facilement savoir le nombre compté par le vélocimètre pour un centimètre de déplacement du cordon qui porte le poids, lorsqu'on sait aussi sur quelle poulie ce poids est enroulé. On peut, en enroulant le cordon qui va au doigt sur les grandes poulies, et celui qui va au poids sur les petites, obtenir pour ce dernier des vitesses faibles, et éviter ainsi les trop grandes pertes par force vive, pour les contractions rapides.

La main est gantée, et la corde fixée sur le gant à hauteur de l'interligne articulaire de la phalangine et de la phalangette. Le poignet est solidement fixé comme dans l'appareil de Mosso. Deux mors appuient, l'un sur la paume, et l'autre sur le dos de la main : tous les doigts sont libres, mais le pouce, le médius, l'annulaire et l'auriculaire sont maintenus fermés sur le mors palmaire de fixation. Le mouvement de l'index se fait dans un plan à peu près horizontal. Le rythme est réglé par un métronome.

L'un des expérimentateurs travaillant avec son index, l'autre lisait toutes les minutes le numéro du vélocimètre dont on déduisait le travail effectué, et, en le divisant par 60, a puissance moyenne développée par le muscle pendant cette minute.

Le premier résultat est que, pour des efforts compris entre 250 et 1 200 grammes, et des fréquences comprises entre 100 et 250 à la minute, on arrive à un régime permanent de puissance maximum. Il faut chercher dans ces expériences à donner constam-

Fig. 240. — Collecteur de travail de A. Broca et Ch. Richer.

ment le plus grand travail possible. L'état est très pénible à soutenir, mais on arrive à une régulation parfaite à un dixième près. Quand en une minute le travail monte un peu, la minute suivante la fatigue le fait baisser. Ce sont des oscillations analogues à celles de Warren Lombard, qui, après quelques minutes, tendent à se marquer de moins en moins.

Les deux ou trois premières minutes ne peuvent compter. Elles ne servent qu'à amener le muscle à un état déterminé ; on débute par une puissance considérable, puis on passe généralement par une période de crampes, à laquelle correspond souvent un abaissement considérable de puissance, et enfin, dès la troisième minute, on arrive à peu près au régime permanent de puissance maximum.

Le régime n'est jamais absolument permanent. La puissance du muscle augmente d'une manière constante, par un phénomène que les auteurs ont nommé l'entraînement instantané ; mais cette augmentation est très lente.

Il faut insister sur la différence qu'il y a entre la puissance du muscle et le travail qu'il développe en une contraction. Avec le poids le plus considérable qu'il puisse soulever, le muscle développe un fort travail en une contraction, mais cette contraction est lente, et l'épuisement du muscle est presque immédiat. La puissance développable, c'est-à-dire la quantité de travail par seconde, est plus faible qu'avec un poids plus faible, et des contractions répétées.

La première tentative faite dans le sens indiqué est due à MAGGIORA, quand il montra qu'avec 10 secondes entre chaque contraction, le médius pouvait soulever à la hauteur maximum un poids de 6 kilogrammes, en régime permanent, développant ainsi 34 kilogrammètres environ à l'heure.

ANDRÉ BROCA et CH. RICHET ont, comme cela a été indiqué, opéré avec des fréquences très variables et des poids également très variables. La figure ci-jointe montre les résultats de leur étude. Chacune des courbes se rapporte à une fréquence donnée. Les courbes

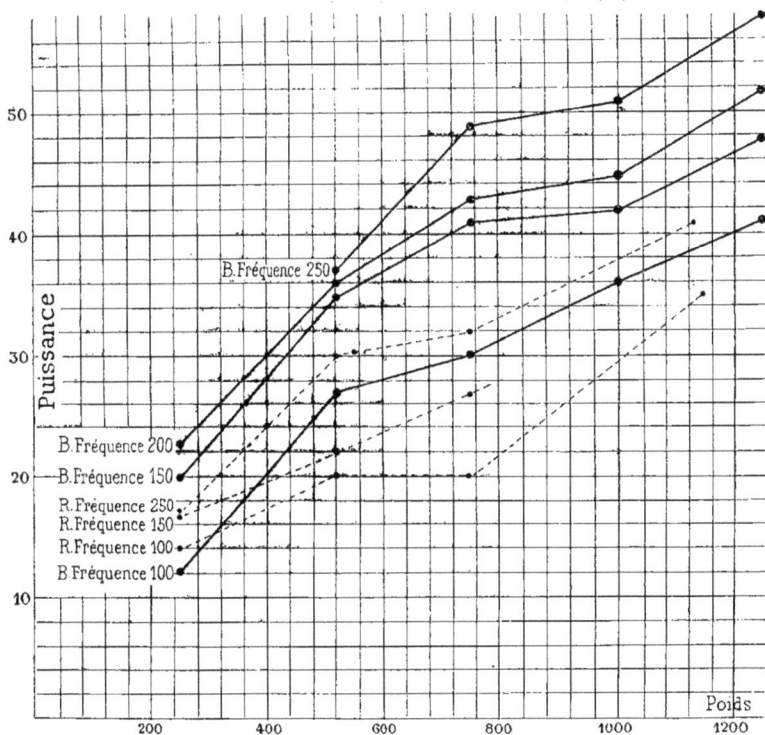

FIG. 241. — Courbes de puissance de B et de R. Poids et fréquences variables.

marquées B ont été obtenues par A. BROCA; les courbes marquées R par CH. RICHET. Les poids en grammes sont marqués en abscisses, et la puissance en grammètres par seconde en ordonnées. On voit que, dans les limites de ces mesures, la puissance augmente constamment avec la fréquence et avec le poids, et cependant tous les points déterminés correspondent au développement de la plus grande puissance compatible avec la résistance du muscle. Le développement de la plus grande puissance possible a correspondu au poids de 1200 grammes à la fréquence de 250 par minute. Au delà, avec des fréquences de l'ordre de grandeur employé, le travail permanent n'a plus été possible, et l'abaissement de fréquence suffisant amenait une diminution considérable de puissance. Comparons en effet ces chiffres à ceux de MAGGIORA : avec 6 kilogrammes, il produisait

34 kilogrammètres à l'heure. Dans les expériences ci-dessus, les deux observateurs sont arrivés à développer une puissance de 0,04 kilogrammètres par seconde pendant plusieurs heures consécutives. Cela correspond à un travail de 0,04 × 3600 = 144 kilogrammètres à l'heure. Les puissances développables par le médius ou par l'index sont comparables ; il semble donc bien que les conditions précédentes soient celles de la puissance maximum pour les fléchisseurs des doigts.

Il est intéressant de voir ce que devient la hauteur de contraction possible à maintenir pour les fréquences et les poids divers. La figure ci-jointe permet de voir les faits d'un seul coup d'œil. Chaque courbe se rapporte à une fréquence déterminée, les poids en grammes sont portés en abscisses, et les hauteurs de soulèvement par contraction en

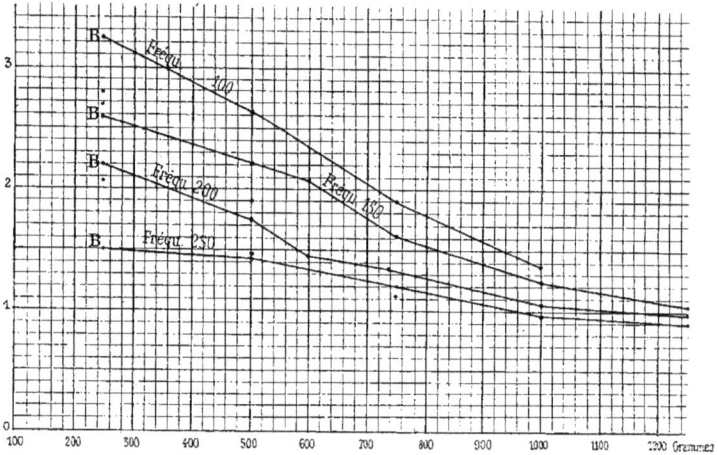

Fig. 242. — Hauteur de la contraction aux différentes fréquences.

centimètres sont portées en ordonnées ; on voit que pour les poids forts et les grandes fréquences, le muscle se contracte très peu. Cela concorde avec le fait nettement indiqué par Chauveau que, dans la période où le degré de raccourcissement du muscle est faible, sa consommation de travail physiologique est moindre, toutes choses égales d'ailleurs que pour des degrés plus forts de raccourcissement[1].

J'insiste sur ces résultats, parce que, dans un travail postérieur, Trèves a confondu le travail maximum pour une contraction avec la puissance développée, et il a dit que les expériences de A. Broca et Ch. Richet n'avaient pas été faites en conditions de régime maximum. Son erreur vient de ce qu'il n'a pas vu l'influence des rythmes et qu'il a cru que ces auteurs étaient restés dans la routine de une contraction par deux secondes (Trèves, mémoire de 1898). Les chiffres ci-dessus, rapportés à l'heure, montrent le manque de justesse de cet argument.

Trèves cherche à déterminer à chaque instant le poids de travail maximum pour le biceps, et il reconnaît que ce poids est celui qui épuise le muscle en une seule contraction. Il emploie alors un poids plus faible qu'il appelle tout de même maximal, et, quand le muscle commence à s'épuiser, il diminue le poids. Il arrive finalement à un poids qu'il nomme le *poids maximal minimum*, et dont la valeur est indépendante de la loi de décroissance suivie pour l'atteindre. Dans ces conditions, le muscle travaille indéfiniment avec ce poids, la hauteur maximum de contraction et le rythme de deux secondes

1. Ce résultat n'est pas incompatible avec celui de Maggiora énoncé ci-dessus, que les petites contractions du muscle épuisé le fatiguent plus que les grandes contractions du début. Dans les expériences de A. Broca et Ch. Richet, en effet, les petites contractions s'opèrent avec un muscle en régime permanent, c'est-à-dire non épuisé.

Ce n'est là qu'une vérification dans un cas particulier du résultat de A. Broca et Ch. Richet, relatif à un régime permanent maximum. Il est certain que ce poids de travail maximal minimum est loin de correspondre à la puissance maximum réalisable, sauf dans le cas invraisemblable où les lois du travail musculaire changeraient tout à fait en passant de l'index au biceps. Le poids de puissance permanente maximum est probablement plus élevé que le poids maximal minimum qu'a déterminé Trèves, mais doit être sûrement employé avec des contractions moins hautes et un rythme plus fréquent.

Influence des intermittences. — Nous avons vu plus haut que Maggiora avait démontré l'épuisement plus actif du muscle par les petites contractions qu'il donne lorsque la fatigue est déjà notable. Il montra qu'on pouvait ainsi obtenir du muscle, en le faisant travailler tous les quarts d'heure, une somme de travail journalier bien plus grande que par des expériences d'épuisement. L'influence du repos est bien établie ainsi, quand il est pris au moment où le muscle commence à s'épuiser. La question de savoir quelle serait l'influence de repos systématiques, pris alors que le muscle ne donne pas de signes d'épuisement, après des séries régulières de contractions, restait à résoudre.

A. Broca et Ch. Richet, dans le travail déjà cité, ont abordé cette question. Ils ont vu d'abord que, si, au milieu d'une expérience, on se donne une minute de repos, l'augmentation de puissance qui en résulte pour les deux minutes suivantes compense à peu près exactement la perte de travail de la minute de repos. Ils ont alors essayé d'alternatives rythmées de repos et de travail.

Avec les poids faibles (500 grammes et au-dessous pour les flexions de l'index), les intermittences rendent la puissance moyenne moindre; alors, comme nos muscles donnent à peu près le maximum de contraction, et que la fatigue est nulle ou à peu près, même en régime continu, les intermittences n'ont d'autre effet que de diminuer le rendement.

S'il s'agit de poids moyens (500 à 1000 grammes), et de fréquences moyennes [1] (100 à 200 par minute), la puissance moyenne ne varie pas, qu'il y ait ou non intermittences. Bien entendu, celles-ci ne doivent pas être trop longues : sans cela la puissance moyenne baisse. La limite où cette baisse commence à se produire est celle de 30 à 40 secondes de travail pour le même temps de repos.

Quand on reste dans les limites convenables, le travail avec intermittences reste le même dans le même temps que le travail continu. Si la régulation de la puissance se fait aussi bien qu'en régime continu, les phénomènes de douleur sont cependant beaucoup moins pénibles.

Mais les résultats les plus nets ont été obtenus avec les forts poids et les grandes fréquences. Dans ces conditions on peut employer des poids et des fréquences dont la réunion rend le travail continu impossible et on a alors une puissance considérable.

Voici un protocole d'expériences.

Poids de 1 250 grammes.

RÉGIME.	100 PAR MINUTE.	200 PAR MINUTE.	
Continu	53	impossible.	
Intermittences 0″,5	59	57	
» 1″	58	68	grammètres par seconde.
» 1″,3	58	66	
» 2″,6	57	67	
» 6″,2	55	»	

On peut se demander jusqu'à quelle limite on peut augmenter le poids dans ces expériences. Le tableau suivant montre qu'il y a un poids optimum. La fréquence était de 200 par minute, et les alternations de repos et de travail, de 1″,2. Il y avait donc 4 contractions consécutives, et un intervalle égal de repos.

---

[1]. Dans le travail avec intermittences, nous appelons fréquence le nombre de battements du métronome en une minute, et non le nombre de contractions effectuées réellement en une minute.

POIDS en grammes.	GRAMMÈTRES par seconde		POIDS en grammes.	GRAMMÈTRES par seconde
800	50		1 300	80
900	58		1 400	84
1 000	65		1 500	91
1 100	70		1 600	89
1 200	76		1 700	84

Chacun des nombres est la moyenne de la puissance pendant 6 minutes de travail. Il semble que les conditions de puissance maximum du muscle fléchisseur de l'index soient le travail avec intermitences de 1″ à 2″ et un poids aux environs de 1600 grammes. Ces chiffres sont d'ailleurs, bien entendu, soumis à de grandes variations individuelles.

Ces expériences semblent devoir s'interpréter par la vaso-dilatation mise en évidence par CHAUVEAU dans le muscle qui travaille. Pendant les intermittences, la circulation suractivée joue un rôle analogue au massage dans les expériences de MAGGIORA. Cet effet peut maintenir le muscle dans un état de puissance double de celui qui est compatible avec le travail continu.

Bibliographie. — MAREY. *Études graphiques sur la nature des contractions musculaires* (Journal de l'anatomie, 1866, 225). — LUDWIG et SCHMIDT (ALESS.). *Berichte der sächs. königlichen Ges. zur Leipzig*, 1868, 12. — HELMHOLTZ et BAXT (*Monatsberichte könig. preuss. Akad.*, Berlin, 1870). — KRONECKER. *Ermüdung und Erholung der quergestreiften Muskeln* (Berichte der sächsichen Gesellschaft, 1870, 690). — TIEGEL. *Ueber den Einfluss einiger willkürlich Veränderungen auf die Zuckungshöhe der untermaximal gereizten Muskeln* (Sächsiche Gesellschaft, 1875); — *Muskelcontractur im Gegensatz zur Contraction* (A. g. P., 1876, XIII, 71). — NIPHER. *On mechanical work done by a muscle before exhaustion* (American Journal of science, 1875, IX, 130). — HAUGHTON (Royal Society, XXIV, 43). — ROSSBACH et HARTENECK. *Muskelversuche an Warmblütern* (A. g. P., 1877, XV, 1). — CYON. *Methodik*, 460. — BOUDET. Trav. du lab. de MAREY, 1878-1879, IV, 194. — CH. RICHET. *Muscles et nerfs.* 1881. — FREY. *Reizungsversuche am unbelasteten Muskeln* (A. P., 1887, 193). — FICK. *Myographische Versuche am lebenden Menschen* (A. g. P., 1887, XLI, 176). — MOSSO. *Les lois de la fatigue étudiées dans les muscles de l'homme* (A. i. B., 1890, 125); — (Reale Acad. dei Lincei, IV, 1889). — MAGGIORA (Ibid., à la suite du précédent). — LOMBARD (WARREN P.). *Effets de la fatigue sur la contraction musculaire volontaire* (American Journal of psychology, 1890); (A. i. B., 1890, 371). — MANCA. *Influenza del digiuno sulla forza muscolare* (Ibid., 1894, 221). — MOSSO (U.) et PAOLETTI. *Influenza dell zucchero sul lavoro dei muscoli* (Ac. dei Lincei, 1893, 218; et A. i. B., 1894, 293). — ROSSI (Ibid., 1893, 49). — RONCORONI et DIETTRICH. *Ergographia degli alienati* (Ibid., 1895, 172). — LUCIANI. *Excitation mécanique des centres sensitivo-moteurs de l'écorce cérébrale* (Ibid., 1893, 268). — HENRI. *Travail psychique et physique* (Année psychologique, 1897, 231). — MOSSO. *La fatigue;* traduction française de P. LANGLOIS. — HOFBAUER (LUDWIG). *Interferenz zwischen verschiedenen Impulsen in central Nervensystem* (A. g. P., 1897, 546). — PATRIZI. *Oscillations quotidiennes du travail musculaire en rapport avec la température du corps* (A. i. B., XVII, 135). — SOMJERANSKI. *Owphywie srodkow farmacologicznychna site miesniowaludsi* (Gazeti Lekarskiey, 1896). — MAGGIORA. *Influence de l'âge sur le phénomène de la fatigue* (A. i. B., 1898, 267). — KOCH. *Ergographische Studien*, Marburg, 1894. — FERRARI. *Ricerche ergografiche sulla donna* (Rivista speriment. e di freniatria, XXIII, 1898). — BROWN-SÉQUARD. *Rapport sur les expériences de* COPRIATI (A. de P., 1892, 754). — COPRIATI. *Deux expériences avec l'ergographe de* Mosso (Annali di neurologia, 1892, fasc. 1 et 3, 2, 32). — BINET et VASCHIDE (C. R., 1897). — ZOTH (A. g. P., 1896). — FECHNER. *Influence de l'entrainement sur le muscle* (Kön. sächs. Gesellschaft, Leipzig, 1857, IX, 113). — MANCA (A. i. B., XVII, 389, 1892). — PREGL (A. g. P., 1896). — ANDRÉ BROCA et CH. RICHET. *Études ergométriques* (A. de P., 1898, 225-237); — *Contraction anaérobie* (Ibid., 1896, 829-842). — ZABLUDOWSKI. *Ueber die physiologische Bedeutung der Massage* (C. W., nº 14, 242). — TRÈVES. *Sur les lois du travail musculaire* (A. i. B., 1898, 157-179). — *Sur les lois du travail musculaire volontaire* (A. i. B., 1900). — ZENONI. *Ricerche cliniche sull' affaticamento muscolare nei diabetici* (Policlinico, III, 1896). — KOCH et KRŒPELIN. *Ueber die Wirkung der Theebestandtheile auf körperliche und geistige Arbeit.* (Psychol. Arb., 1896, I, 627-678). — SCHEFFER. *Einfluss des Alcohols auf die Muskelarbeit* (A. P. P., XLIV, 1900, 24-57).   **ANDRÉ BROCA.**

ERGOT, ERGOTINE. — Malgré le nombre considérable de travaux

parus sur l'histoire chimique et pharmacodynamique de l'ergot de seigle, les connaissances que l'on possède sur ce produit manquent encore de toute la précision qui serait désirable, et, pour beaucoup de points, sont assez incomplètes. Beaucoup de faits, que l'on pourrait croire bien acquis et bien vérifiés, sont contestés et discutés, de telle sorte que les explications à admettre comme les plus exactes sont parfois difficiles à trouver ou à soutenir.

Il y a cependant des données positives, fournies par la clinique et l'expérimentation, que nous aurons à rappeler, à propos de l'ergotisme, des usages de la poudre d'ergot et des principaux effets apparents de cette substance ou des différents extraits qu'on en a retirés.

Origine. — Depuis les travaux de Tulasne, on sait que l'ergot est le mycélium, le sclérote d'un champignon pyrinomycète, le *Claviceps purpurea* qui, pendant la saison d'été et les années pluvieuses particulièrement, se développe sur les ovaires du seigle et d'autres graminées, ovaires qu'il altère profondément et détruit, en laissant, à la place du grain, un corps allongé, irrégulièrement cylindrique ou triangulaire, un peu arqué, aminci à chaque extrémité, et présentant, sur chaque face, un sillon longitudinal plus ou moins apparent. C'est ce corps, long de 3 à 6 centimètres, sur 2 à 5 millimètres d'épaisseur, qui constitue l'ergot de seigle officinal.

La surface de l'ergot est brun violacé ; son tissu intérieur est homogène, d'un blanc légèrement brun avec une couleur vineuse à la périphérie. A l'état frais, une des extrémités est terminée par une matière molle, blanchâtre, qui constitue ce qu'on appelle la sphacélie.

Pour avoir toute son activité, l'ergot de seigle doit être cueilli après complète formation ; d'ailleurs il s'altère très vite, et d'autant plus vite qu'il est réduit en poudre ; pratiquement, on ne doit utiliser que les productions de l'année.

Composition chimique. — Indépendamment des extraits ou principes actifs divers, dont nous parlerons d'une manière spéciale, la composition de l'ergot de seigle a été ainsi établie par les analyses de Wiggers :

Ergotine	1,25
Huile grasse	35,00
Graisse cristallisée	1,05
Cérine	0,76
Osmazôme	7,76
Mannite	1,55
Matière gommeuse, extractive et colorante	2,23
Albumine	1,46
Fungine	46,19
Phosphate de potasse	4,42
Chaux	0,29
Silice	0,14

Manassewitz a trouvé, de plus, du sucre, du chlorure de calcium, du phosphate de magnésie, du formiate de potasse.

Quant à la leucine, la méthylamine, la triméthylamine et l'ammoniaque, signalées aussi dans l'ergot, ce sont probablement des produits de décomposition.

L'ergotine dont il est question dans ce tableau, et que Wiggers a isolée, n'est pas un produit simple, mais une combinaison renfermant le principe actif ; la découverte de celui-ci a été très laborieuse, et encore n'est-on pas absolument sûr de le posséder à l'état de pureté parfaite.

Il faut, en effet, lorsqu'on parle d'*ergotine*, être bien convaincu qu'il ne s'agit pas d'un produit défini, étant, par rapport à l'ergot, ce que l'atropine est à la belladone, l'aconitine à l'aconit, la caféine au café, etc.

La dénomination d'ergotine désigne généralement des extraits divers, aqueux ou alcooliques, préparés, en vue des usages cliniques, par les auteurs dont ils portent les noms.

Il faut donc distinguer les extraits appelés ergotine, des substances qui ont la prétention de représenter le principe actif de la drogue dont nous nous occupons.

A. Extrait d'ergot de seigle. — *Ergotines.* — Wiggers, le premier, en 1833, a préparé un extrait alcoolique, qui n'est plus employé aujourd'hui; il lui accordait des propriétés toxiques assez importantes que Bonjean a contestées par la suite.

L'ergotine Bonjean est un extrait aqueux qui a été très employé et représente un bon hémostatique, de faible toxicité.

L'ergotine du Codex et l'ergotine d'Yvon sont également des extraits aqueux de seigle ergoté; cette dernière préparation est assez bonne; suivant son degré de concentration, 1 gramme représente 1 ou 2 grammes de poudre.

Comme extrait aqueux on connaît encore l'ergotine de Lamante, qui convient aux injections hypodermiques, et dont 1 centimètre cube représente 1 gramme d'ergot.

L'ergotinol de Waswinckel est un extrait aqueux acidifié et hydrolysé, concentré de manière à ce qu'un centimètre cube représente 0^{gr},50 d'extrait de seigle ergoté de la pharmacopée allemande.

B. Principe actif de l'ergot de seigle. — Le principe actif de l'ergot a occupé beaucoup les chimistes, qui, comme nous le disions plus haut, sont loin d'être d'accord sur sa nature exacte.

En 1875 Tanret communiquait à l'Académie des Sciences un travail dans lequel il annonçait avoir découvert, dans le seigle ergoté, un corps cristallisé auquel il donnait le nom d'*ergotinine*; sa formule serait $C^{35}H^{40}Az^4O^6$.

Pour Tanret, l'ergotinine est l'alcaloïde actif de l'ergot; obtenue par évaporation spontanée de la solution alcoolique, elle se présente sous la forme de longues aiguilles cristallines, blanches, insolubles dans l'eau, très solubles dans l'éther, l'alcool et le chloroforme. De réaction faiblement alcaline, elle forme des sels qui cristallisent difficilement. Les réactions sont celles de tous les alcaloïdes, avec cette particularité distinctive qu'elle prend en solution éthérée une couleur rouge, violette et bleue, par l'acide sulfurique étendu de 1/7 d'eau.

Après la découverte de Tanret, le travail le plus intéressant, parmi les innombrables qui ont été publiés sur le même sujet, est celui de Kobert.

Cet auteur a isolé de l'ergot de seigle trois produits principaux : la *cornutine*, l'acide *ergotinique* et l'acide *sphacélinique*.

La *cornutine* est une substance basique considérée par Kobert comme l'alcaloïde actif du seigle ergoté; pour lui, l'ergotinine de Tanret ne serait qu'un mélange de cornutine avec des substances inactives. Il est vrai d'ajouter que, réciproquement, Tanret a essayé de démontrer que la cornutine est de l'ergotinine plus ou moins altérée.

Des arguments que se sont opposés les deux auteurs, arguments qu'il nous paraît superflu de reproduire ici, un fait essentiel paraît ressortir, c'est que la cornutine et l'ergotinine sont, fondamentalement et pharmacodynamiquement, une seule et même substance, ou tout au moins deux produits agissant par le même principe actif, mais ayant des caractères physiques différents, probablement en raison de leur mode de préparation. C'est d'ailleurs l'avis qu'a exprimé Schmiedeberg en disant que l'ergotinine agit par la cornutine qu'elle renferme.

L'*acide ergotinique* est azoté; c'est un corps très hygroscopique et facilement altérable par les sucs digestifs; il ne paraît pas jouer un rôle important dans la production des effets classiques de l'ergot. On le trouve en notable proportion dans la plupart des extraits connus sous le nom d'ergotines.

D'après Kobert, l'acide sclérotinique de Dragendorff ne serait que de l'acide ergotinique impur; de même, la *scléromucine*, qui a été considérée à un moment donné comme un principe actif très important, ne serait que de l'acide sclérotinique très impur.

L'*acide sphacélinique* de Kobert est la sphacélotoxine de Schmiedeberg, probablement aussi la *spasmotine* de Jacoby; c'est un corps résineux ayant l'aspect d'une poudre jaune amorphe, insoluble dans l'eau et dans les acides dilués, dont les caractères et la composition sont assez mal établis.

L'acide sphacélinique est considéré par Schmiedeberg et Kobert comme le principe actif le plus important de l'ergot de seigle; ce serait l'agent excitant, vaso-constricteur et nécrogène par excellence. Associé à la cornutine, il pourrait produire tous les accidents de l'ergotisme.

Au début de l'année 1889, Tanret a fait connaître une nouvelle substance qu'il a retirée de l'ergot de seigle, et à laquelle il a donné le nom d'*ergostérine*. C'est un produit cristallisé qui se rapproche de la cholestérine animale par l'ensemble de ses propriétés, mais en diffère pas sa composition.

En somme, les nombreux produits isolés de l'ergot de seigle, que d'ailleurs nous n'avons pas cru utile de citer tous, mais qui tour à tour ont été considérés et classés comme les principes essentiels de la drogue, peuvent être réduits à trois principaux :

1° La cornutine (KOBERT), ergotine (TANRET), picrosclérotine (DRAGENDORFF et PODWISSOSKY).

2° L'acide sphacélinique (KOBERT), sphacélotoxine (SCHMIEDEBERG), spasmotine (JACOBY).

3° L'acide ergotique (KOBERT), sclérotique (DRAGENDORFF), scléromucine.

Chaque substance d'un même groupe, bien que désignée par des noms différents, représenterait, chimiquement et pharmacodynamiquement, le même principe actif sous des états différents, en raison probablement du mode de préparation et de la pureté.

Malgré cela, nous restons toujours sous cette impression que le dernier mot n'est pas dit, et que l'élément actif vrai de l'ergot de seigle est encore à chercher et à définir.

Nous verrons cependant, à propos des effets de l'ergot, quelles propriétés on attribue à chacun des produits ci-devant signalés.

Actions principales dominant la physiologie et les indications de l'ergot de seigle. — Un fait essentiel domine toute la physiologie et l'histoire pharmacodynamique de l'ergot de seigle, c'est l'action excitante de cette substance sur l'ensemble des fibres musculaires lisses, avec prédominance de certaines électivités pour les fibres d'organes particuliers, tels que l'utérus gravide, les vaisseaux sanguins, la vessie, etc.

Presque tous les symptômes que l'on observe à la suite de l'administration d'une préparation d'ergot sont des conséquences immédiates ou secondaires de cette action, que nous analyserons aussi complètement que possible, en raison même de son importance majeure. Elle servira de pivot à toutes les explications que nous donnerons des effets généraux du seigle ergoté et des accidents qui caractérisent l'*ergotisme*.

C'est d'ailleurs par la description de ces derniers qu'il est logique de débuter, car ce sont eux qui d'abord ont attiré l'attention.

Ergotisme. — Il n'est pas douteux que les accidents de l'ergotisme sont connus depuis la plus haute antiquité, et que, si l'on n'a pas toujours su établir un rapport de cause à effets entre l'ingestion de farine ou de pain fabriqué avec de la farine de seigle de mauvaise qualité et certaines épidémies ergotiques, les caractères de ces accidents n'ont pas échappé à la sagacité des anciens observateurs.

TISSOT prétend même que GALIEN a indiqué les propriétés du pain de seigle ergoté, et il est fort probable que l'*ignis sacer* des Romains n'était qu'une des formes de l'ergotisme.

Pourtant, ce n'est guère qu'au XVIe siècle que la notion des dangers de l'usage du seigle ergoté est établie d'une manière précise, à la suite d'une épidémie de gangrène qui sévit sur la Hesse en 1596, et que LONICER n'hésita pas à attribuer à l'usage du pain fait avec de la farine de seigle ergoté. Depuis, les observations se sont multipliées, et les descriptions des accidents caractéristiques de l'ergotisme sont maintenant nombreuses et complètes.

Bien que les accidents soient liés à la même cause, on distingue habituellement deux formes d'ergotisme ; 1° l'ergotisme gangréneux ; 2° l'ergotisme spasmodique ou convulsif.

L'*ergotisme gangréneux* débute généralement par des troubles nerveux assez légers : éblouissements, sensations de vertige, bourdonnements d'oreille ; parfois céphalalgie plus ou moins intense ; lassitude, petites crampes et engourdissements dans les membres ; la station et la démarche sont indécises.

Il n'y a pas de fièvre ; l'appétit est conservé, mais souvent les malades ont des nausées, des vomissements et ressentent des douleurs dans le creux épigastrique. Ces premiers accidents s'exagèrent ; on voit dominer, dans la période d'état, les troubles de la sensibilité et de la motilité. Le malade éprouve des douleurs très vives et profondes dans l'abdomen et dans les membres ; ces douleurs sont exagérées la nuit, et rendent le sommeil impossible : d'ailleurs le seul contact des couvertures les exaspère. Avec cela on note de l'anesthésie cutanée, de l'engourdissement avec fourmillements dans les membres, qui, très souvent, se refroidissent. La soif est intense, et l'appétit très exagéré. Des crampes et des contractures musculaires, avec des soubresauts plus ou moins douloureux dans les tendons, accompagnent l'impotence motrice.

La peau, surtout la peau des membres inférieurs, subit parfois des altérations importantes. Tantôt pâle et plissée, elle peut, dans d'autres circonstances, présenter une rougeur érysipélateuse ou se couvrir de multiples petites taches rosées ; ce sont les préludes de la gangrène, qui finit par apparaître dans les extrémités ; alors la peau, comme macérée, ou bien se couvre de taches brunâtres et de phlyctènes, ou bien se dessèche, et l'organe se durcit en noircissant et se momifiant.

Si le malade ne meurt pas, il guérit très lentement ; mais, dans tous les cas, il reste porteur de mutilations consécutives plus ou moins graves.

Dans l'*ergotisme convulsif*, les signes prodromiques sont peu différents de ceux de l'ergotisme gangréneux ; cependant les troubles digestifs, nausées, vomissements, chaleur épigastrique, les douleurs et les crampes dominent la scène, se généralisent et s'accompagnent de contractures ; celles-ci recourbent les membres sur eux-mêmes, parfois avec une telle intensité qu'elles déterminent de véritables raideurs tétaniques.

Le malade a des troubles intellectuels graves allant jusqu'à l'aliénation mentale ; il peut prendre aussi des crises nerveuses, des attaques épileptiformes, suivies de stupeur et de coma.

Pendant ces accidents, il n'y a généralement pas de fièvre ; le cœur est plutôt ralenti, le pouls petit ; la respiration est troublée dans son rythme, et présente des spasmes à intervalles irréguliers.

Comme phénomènes rares à ajouter aux précédents, on a signalé des taches noires sur différents points du corps, des hydropisies, etc.

Quand, à la suite de ces accidents, le malade ne meurt pas, il se rétablit très lentement et très progressivement, conservant même parfois des paralysies diverses sous la forme d'hémiplégies ou de paraplégies qui persistent ou disparaissent à la longue.

Bien qu'assez différentes par leur aspect général et leurs symptômes dominants, on ne peut pas admettre que les deux formes d'ergotisme que nous venons de décrire aient une origine distincte. Dans les épidémies d'ergotisme, quelle que soit la variété observée, on a toujours pu saisir le rapport direct de cause à effet entre les accidents et l'usage alimentaire d'ergot de seigle ; ces épidémies ont toujours sévi sur des populations pauvres ou misérables, sur des paysans se nourrissant mal et ayant mangé d'un pain de mauvaise qualité, fait de farine de seigle avariée, provenant d'une mauvaise récolte ; elles ont cessé avec le changement de régime et de nourriture. Enfin l'administration de poudre d'ergot de seigle ou d'ergotine aux animaux, à dose exagérée, a provoqué la plupart des phénomènes et accidents observés dans l'ergotisme.

Mais, nous le répétons, si les accidents observés sont tantôt à prédominance gangréneuse, tantôt à prédominance convulsive, ils sont bien liés à la même cause, et n'impliquent pas une distinction aussi tranchée que celle qui a été indiquée par les auteurs et qui est loin d'être absolue.

En effet, dans les deux formes, les troubles prodromiques se ressemblent beaucoup et sont de même nature : la gangrène, quand elle doit se produire, est précédée de symptômes nerveux : éblouissements, sensations de vertige, fourmillements, crampes, contractures, qui ne font que s'exagérer et prendre le dessus dans la forme convulsive.

C'est peut-être l'excès de la dose de poison ou une susceptibilité particulière des individus qui établit la différence ; peut-être, suivant l'origine de l'ergot, la prédominance d'un des principes constituants de cette substance est-elle la cause de la prédominance de telle ou telle manifestation donnant à la marche de l'empoisonnement les caractères essentiels de l'une ou l'autre forme.

Lasègue a parfaitement exprimé cette opinion en disant que toute épidémie d'ergotisme gangréneux n'est qu'une épidémie d'ergotisme convulsif, dans laquelle la phase spasmodique a été mal observée ; les deux formes ne sont que deux degrés d'une même affection.

Avant d'aborder l'exposé du mécanisme des principaux accidents produits par l'ergot de seigle, il nous paraît utile de décrire quelques-uns des effets qui ont été observés expérimentalement chez les animaux, et de voir séparément les troubles fonctionnels qui les accompagnent.

Absorption.— L'absorption des éléments actifs de l'ergot est généralement rapide, et se fait bien par toutes les voies. Dix à quinze minutes après l'ingestion de la poudre, indépendamment des phénomènes locaux, on peut voir apparaître quelques-uns des effets généraux du poison.

Injectées dans le tissu conjonctif sous-cutané, toutes les préparations d'ergot de seigle produisent de la douleur et des troubles inflammatoires. Ingérées dans l'estomac, elles provoquent des éructations, des nausées, voire même des vomissements et de la diarrhée, si la dose est élevée, 5 grammes de poudre par exemple ; tous symptômes qui traduisent une action irritante locale assez intense.

Effets généraux. — Ils ont été étudiés expérimentalement chez le chien, le chat, le lapin, le cobaye, les solipèdes, le coq, le dindon, etc.

MILLET, entre autres, a rapporté un certain nombre d'expériences assez démonstratives qu'il a faites chez le chien. Après avoir fait manger, à une chienne de deux ans, une pâte contenant 25 grammes de poudre d'ergot, il a vu l'animal présenter d'abord une soif très vive et des efforts de vomissement. Peu à peu, sont survenues de l'inquiétude, de l'agitation, qui sont allées en s'exagérant ; la bête ne pouvait rester en place, se roulait par terre en poussant des cris plaintifs. Cinq heures après, elle était plus calme, mais le train de derrière semblait paralysé, ou tout au moins fort engourdi ; inappétence complète, mais soif toujours très vive. La respiration était embarrassée, ralentie et plaintive. Onze heures après, apparaissaient des secousses tétaniques dans les membres, coïncidant avec de l'anesthésie périphérique et de l'insensibilité. Les troubles nerveux se sont exagérés ; des mouvements convulsifs très violents se sont montrés, avec contraction presque permanente des membres et de la face, attaque épileptiforme suivie de la mort du sujet, seize heures après l'administration du poison.

Ce sont des phénomènes à peu près semblables que nous avons reproduits par injection hypodermique d'ergotine à des chiens, chez lesquels, en plus, nous avons parfaitement observé aussi la pâleur des muqueuses, l'anémie de la peau par resserrement des capillaires, permettant de faire des piqûres ou des incisions superficielles sans voir le sang couler. Parmi les oiseaux, le coq surtout convient parfaitement pour étudier les accidents gangréneux. En plus des troubles nerveux et circulatoires qu'il présente, et qui ne diffèrent pas de ceux que nous venons de décrire, il se montre, sur la partie frangée de la crête d'abord, des taches violacées qui s'étendent peu à peu à la totalité de l'organe ; la teinte violette s'exagère ensuite, passe au noir, et la mortification s'accuse nettement, pouvant aller jusqu'au sphacèle et à la chute de la crête.

Action de l'ergot sur le cœur et la circulation. — Les physiologistes sont loin de s'entendre sur les modifications du cœur et de la circulation par l'ergot de seigle.

Pour NOTHNAGEL et ROSSBACH, le cœur ne serait pas modifié, chez les animaux à sang chaud, même sous l'influence des doses élevées, la pression baisserait, d'une manière passagère après l'administration des doses faibles ; d'une manière persistante, après l'administration des doses élevées. Cet effet serait la conséquence de la *dilatation* d'une grande partie des vaisseaux ; car seuls les vaisseaux de l'utérus et de l'intestin se contracteraient immédiatement après la pénétration du poison.

KÖHLER signale le ralentissement du cœur et son arrêt en diastole, phénomène qu'il attribue à une excitation des vagues.

Même dans les observations recueillies chez l'homme, on voit les auteurs se contredire et signaler tantôt le ralentissement, tantôt l'accélération cardiaque ; tantôt l'hypertension, tantôt l'hypotension vasculaire. Cependant l'opinion dominante est en faveur du ralentissement et de l'affaiblissement du cœur, avec les doses suffisantes, et c'est, d'ailleurs, l'opinion émise par G. SÉE dès 1866.

Sous l'influence de l'ergot de seigle, le nombre des contractions cardiaques diminue en effet ; on a compté parfois 10, 20, 30 pulsations en moins chez l'homme, et on a parfaitement constaté aussi la diminution de l'énergie des systoles.

D'après ROSSBACH, les oreillettes se contractent, temporairement, d'une façon irrégulière, mais c'est surtout du côté des ventricules que le phénomène est apparent. Ainsi, pendant que certains segments se contractent, d'autres sont complètement relâchés et, même au repos, les parties qui se contractent ne se relâchent pas complètement et restent en état de spasme véritable et permanent. Ces constatations faites sur la grenouille sont intéressantes, parce qu'elles démontrent les électivités possibles des éléments de l'ergot sur la fibre cardiaque elle-même.

Au cours des recherches expérimentales qu'il a faites sur l'action physiologique de l'ergot, Holmes a, lui aussi, enregistré le ralentissement du cœur chez la grenouille; il a vu que les pulsations étaient plus petites, les ondées sanguines moins volumineuses, et il dit : « La diastole se fait progressivement, le cœur garde une forme conique au lieu de devenir globuleux; il se vide moins bien et conserve sa couleur rouge, qui enfin tourne au brun violacé. »

Cependant, si le ralentissement du cœur est le phénomène dominant de l'empoisonnement ergotinique, il est bien possible que, dans certaines circonstances, on constate de l'accélération, par paralysie des pneumogastriques et excitation des centres nerveux propres de l'organe; c'est du moins ce que prétend Boreischa.

Quant à l'action de l'ergot sur les vaisseaux et sur la circulation vasculaire, il ne peut pas y avoir de doute, et il y a trop longtemps que les propriétés hémostatiques de cette subtance sont connues et employées, pour admettre autre chose qu'une action vasoconstrictive.

Sûrement, l'ergotine agit sur les vaisseaux et diminue leur calibre. C'est l'opinion soutenue depuis longtemps, et avec des explications diverses, par Courhaut, Sparjani, Müller, Parola, G. Sée, Savet, Montanari, Simon, Millet, Desprez, Klebs, etc.

Klebs, notamment, en 1865, fait des expériences qui doivent être reprises plus tard et dans des conditions meilleures par Holmes. A l'aide du microscope, il observe l'action du seigle ergoté sur les vaisseaux préalablement congestionnés de l'aile de la chauve-souris, et voit nettement la diminution de calibre de ces vaisseaux.

Le travail de Holmes surtout est remarquable; car c'est le premier où l'on voit rapporter des études expérimentales bien dirigées, sur les actions du seigle ergoté et leur mécanisme.

Comme Klebs, Holmes se sert du microscope, et, par l'observation très attentive des vaisseaux de la membrane interdigitale et de la langue de la grenouille, il constate directement leur changement de calibre en mesurant leur diamètre avant et après l'administration du médicament. Dans ces expériences, 4 à 6 gouttes de macération aqueuse froide de poudre d'ergot ont provoqué le resserrement des petits vaisseaux en huit à dix minutes; ce resserrement a persisté vingt-cinq à trente-cinq minutes.

Non seulement Holmes a constaté la constriction des artères, l'anémie des capillaires et la dilatation des veines, mais il a enregistré aussi les variations de la pression artérielle, et constaté que, conformément à l'opinion de beaucoup d'auteurs, celle-ci est augmentée.

Généralement, dans les premières phases de l'action, l'augmentation de pression vasculaire est précédée d'un abaissement passager; ceci s'observe particulièrement après les injections veineuses. Dans ces cas, l'ergotine, introduite dans le cœur droit, va directement agir sur les petits vaisseaux du poumon, et produire leur rétrécissement primitif, d'où une diminution de tension dans le système aortique jusqu'au moment où la vaso-constriction générale se produisant rétablit l'équilibre. Dans la thèse de Holmes, on trouve, en effet, une expérience qui démontre qu'au début des effets de l'ergot de seigle la pression *carotidienne* baisse, tandis que, par la suite, se produit une augmentation qui persiste.

Les conclusions précédentes sont confirmées par Schüller qui, mettant à nu les méninges craniennes, chez un animal, constate que l'administration d'ergotine produit une contraction intense et persistante des vaisseaux de la pie-mère.

Laborde et Péton, répétant des expériences déjà faites par Holmes, chez le lapin, voient l'anémie des vaisseaux de l'oreille succéder à l'injection hypodermique de 2 grammes d'extrait d'ergot de seigle et observent le même phénomène sur les artères qui rampent à la surface de l'utérus gravide de la chienne.

Dans les essais cliniques de Frœnkel, faits à l'aide du sphygmographe de Basch, la pression artérielle s'est élevée de 20 à 30 millimètres, en deux heures, sous l'influence des injections d'ergotine.

Enfin les expériences très concluantes de Wertheimer et Magnin sur le même sujet arrivent à l'appui de tous les faits précédents, et démontrent, une fois de plus, l'influence de la porte d'entrée sur les effets propres des substances médicamenteuses. Wertheimer et Magnin ont prouvé que l'ergotine en injection hypodermique élève toujours la pression artérielle sans abaissement préalable, tandis qu'à la suite d'une injection intraveineuse elle produit au contraire une chute notable de la pression, souvent précédée et suivie d'une augmentation. Les mêmes auteurs ajoutent que la diminution simultanée du volume du rein et de la rate indique que la chute de la pression ne peut être attribuée à une vaso-dilatation des organes splanchniques, tandis que l'exploration directe de la pression intra-ventriculaire démontre qu'elle résulte d'un affaiblissement des contractions cardiaques.

Un fait essentiel ressort de tout cela, c'est que le principe actif de l'ergot de seigle est un puissant vaso-constricteur. Nous exposerons plus loin le mécanisme de cette action.

Action de l'ergot sur la respiration et sur la température. — Les données que l'on possède sur les modifications de la respiration ne sont ni très précises ni très complètes; c'est surtout d'après les observations cliniques que l'on a conclu, mais il paraît bien certain que, sous l'influence de l'ergot, le nombre des mouvements respiratoires diminue, et que c'est le ralentissement qui domine (UBERTI, PAROLA, CHENET, ARNAUD, etc.).

C'est ce qui ressort également des expériences faites sur les animaux. Chez le chat notamment, HAUDELIN a vu les doses élevées d'ergot de seigle produire la diminution du nombre et le ralentissement des mouvements respiratoires, phénomène parfois précédé d'une légère accélération, chez le chien. Dans tous les cas, quand survient la mort, c'est par arrêt primitif de la respiration (NIKITIN).

Cependant nous devons à la vérité d'ajouter que, si le ralentissement de la respiration est le phénomène dominant, on a vu, dans certaines formes d'ergotisme, dans les états convulsifs surtout, l'augmentation numérique et l'accélération des mouvements respiratoires, avec exacerbation au moment des spasmes et des accès.

La température est également modifiée pendant l'action de l'ergot, et, dans les empoisonnements observés chez l'homme, l'abaissement a été très souvent relevé; dans les cas graves, mais non mortels cependant, il peut atteindre 1°, 1° 1/2, 2°, quelquefois un peu plus.

Sur un lapin immobilisé, auquel 4 milligrammes d'ergotinine TANRET ont été injectés sous la peau, DUPERTUIS a noté, de cinq en cinq minutes, la série des températures suivantes : 39°,9 ; 39°,9 ; 39°,7 ; 39°,4 ; 39°,1 ; 39°,1 ; 39° ; 38°,8 ; 38°,4 ; 38°,4 ; 38°,3 ; 38°,1 ; 38° ; 38° ; 37°,6 ; 37°,3 ; à partir de ce moment, la température a cessé de descendre : elle s'est mise à remonter même assez rapidement et avait presque atteint son niveau primitif, après quarante-cinq minutes environ.

BUDIN et GALIPPE ont également noté des abaissements très notables de la température chez le chien et chez le lapin. Une injection hypodermique de 80 milligrammes d'ergotinine TANRET à un chien a fait tomber la température de 39° à 38°,6, et, après avoir reçu 105 milligrammes, l'animal est mort avec une hypothermie considérable. Les mêmes résultats ont été obtenus chez le lapin avec 60 milligrammes.

Mais, de l'ensemble des expériences rapportées par les physiologistes et les expérimentateurs, il est bien évident que les modifications appréciables de la température ne se voient bien qu'avec des doses un peu élevées; les doses moyennes ont peu d'influence sur la courbe thermique.

D'ailleurs, dans l'état puerpéral, la poudre d'ergot de seigle n'a aucune action sur la marche de la température (PINZANI).

Modifications de la nutrition et de la sécrétion urinaire. — Dans les épidémies d'ergotisme, on a signalé des troubles généraux de la nutrition, l'amaigrissement et la perte de poids des malades. Il est certain que le seul fait d'avoir absorbé un aliment de mauvaise qualité, dans lequel des éléments étrangers remplacent les éléments nutritifs, peut conduire à ce résultat, conséquence logique d'une alimentation insuffisante, mais il est non moins certain que les éléments actifs de l'ergot sont capables, par eux-mêmes, de modifier la vitalité des tissus, les échanges nutritifs et le fonctionnement de l'organisme.

ARNAUD a fait sur le chien et sur le lapin une longue série d'essais, ayant chacun duré plusieurs jours et pendant lesquels il a suivi très minutieusement les variations de poids subies par des animaux qui recevaient de l'ergotine et qui étaient soumis parallèlement soit à une alimentation très suffisante, soit à l'inanition.

Or, dans tous les cas, il a noté une diminution constante du poids des animaux soumis à l'action du poison, malgré une alimentation suffisante.

Il a vu que la diminution de poids causée par l'ergot est plus rapide que la diminution causée par l'alimentation insuffisante, ou même par l'inanition; que cette diminution même peut être plus considérable que celle qui est obtenue par l'inanition complète.

Le même auteur a de plus constaté que la quantité absolue d'urée, sécrétée dans les vingt-quatre heures, est légèrement augmentée par l'effet de l'ergot de seigle; la quantité d'eau de l'urine augmenterait aussi; mais il n'y aurait pas de rapport entre cette augmentation d'eau et l'augmentation de l'urée.

D'ailleurs, la sécrétion rénale est certainement modifiée, et à cela il n'y a rien d'étonnant, car on sait combien grande est l'influence des variations de pression sanguine et des modifications vasculaires sur la filtration du rein. Il est vrai qu'à cet égard tous les auteurs ne sont pas d'accord, et prétendent que, dans les épidémies ergotiques, les effets diurétiques n'ont pas été constatés, mais les conditions sont un peu différentes. Il est évident que, l'ergot de seigle jouissant de la propriété de stimuler la contraction des fibres lisses et produisant la contraction de la vessie, il importe de ne pas prendre pour de la diurèse ce qui peut-être n'est que la résultante de mictions plus fréquentes. Or ce n'est pas le cas; tout en tenant compte, comme l'a fait Péron, de l'influence particulière du poison sur la motilité de la vessie, il est évident qu'il y a une légère, mais très réelle augmentation de la sécrétion urinaire.

L'action de l'ergot sur la provocation et la répétition des mictions n'est donc pas le seul phénomène qui s'observe du côté de l'appareil urinaire; les effets diurétiques sont évidents: ils peuvent persister pendant les vingt-quatre heures qui suivent et augmentent certainement la quantité d'urine excrétée dans cet intervalle (Arnaud).

Action de l'ergot sur l'utérus. — L'action de l'ergot de seigle sur l'utérus mérite d'être étudiée à part, non pas qu'elle soit différente, quant à son mécanisme, de celle que produit le médicament sur les autres organes à fibres lisses, mais parce qu'elle a des conséquences importantes et des applications immédiates, dans la pratique obstétricale. C'est Stéarns et Desgranges qui, les premiers, l'ont fait connaître, après l'avoir étudiée et utilisée, mais l'un et l'autre déclarent avoir été mis au courant de ses usages par des matrones de leur pays.

Après ces initiateurs, Prescott, Goupil, Baudelocque, Villeneuve, Trousseau, A. Richet, Gubler et beaucoup d'autres ont confirmé les observations primitives et précisé les indications de la poudre d'ergot comme oxytocique.

Un seul point doit être traité ici : ce sont les conditions dans lesquelles s'observent le mieux les effets précédents.

Or tous les auteurs sont unanimes et s'accordent à reconnaître que les effets de l'ergot, hors l'état de grossesse, ne sont pas ceux que l'on obtient sur un utérus gravide et chez la femme en travail. Cependant, si nombre d'accoucheurs pensent que l'avortement peut être provoqué à trois ou quatre mois, d'autres estiment que c'est extrêmement rare, et que, avant le terme, le seigle ergoté n'a d'action, ni sur l'utérus, ni sur le fœtus.

Cette dernière opinion nous paraît trop absolue, car nombreuses sont les observations qui démontrent le contraire, et prouvent que, soit accidentellement, soit à la suite de manœuvres criminelles, la poudre d'ergot s'est comportée comme un abortif. Pharmacodynamiquement parlant, ces résultats n'ont rien d'irrationnel, et les affinités électives de l'ergotine, pour les organes à fibres lisses, sont assez bien connues et assez puissantes pour s'exercer sur les fibres de l'utérus gravide, même à l'état de repos, et provoquer leur contraction.

D'ailleurs, expérimentant sur l'utérus mis à nu d'une chienne pleine, Péron a parfaitement observé la mise en jeu des fibres utérines par l'administration de l'ergotine; il a vu des injections hypodermiques de cette substance, faite à des lapines pleines, déterminer des contractions très énergiques des fibres musculaires de la matrice, et provoquer l'expulsion des fœtus.

Par conséquent, s'il est bien vrai que l'action de l'ergot de seigle est surtout évidente quand elle s'exerce sur un utérus modifié dans sa structure et dans le nombre de ses fibres, par l'état de gestation ou le développement d'un corps étranger, il est non moins exact d'admettre que, même en dehors de l'époque de l'accouchement, les effets du médicament peuvent se manifester et produire l'avortement.

Dans tous les cas, les contractions provoquées par l'ergotine, même quand elles s'ajoutent aux douleurs de l'enfantement, n'ont pas les caractères de ces dernières; elles ne sont pas intermittentes. C'est très justement que l'on a expliqué la part que prend l'ergot à l'expulsion d'un fœtus, pendant l'accouchement, en disant qu'il rend *rémittents* des efforts qui, naturellement, ne sont qu'intermittents.

Mécanisme des effets et accidents produits par l'ergot de seigle. — C'est la partie la plus importante, mais aussi la plus discutée, de l'étude de l'ergot de seigle.

Dans son exposé, nous comprendrons la description sommaire des effets de l'ergot sur les fibres lisses et sur le système nerveux.

Les premières explications qui ont été données des effets et accidents du seigle ergoté méritent à peine d'être rappelées : les substances putrescibles, les propriétés putrides, les miasmes coagulants, la viscosité et l'âcreté du grain, invoqués par Tissot, Virey, Sauvage, Langius, Gaspard, ne sont plus discutés. C'est Doubhaut et Villeneuve qui, pour la première fois, mais très imparfaitement, indiquent la diminution du calibre des vaisseaux. Müller reprend cette idée et la confirme, ainsi que Sparjani, Parola, Bonjean, G. Sée, Savet, Montanari, Simon, Millet, Desprez, etc.

Mais, comme nous l'avons vu plus haut, l'expérimentation a vérifié le fait, et l'action spéciale de l'ergotine sur le calibre des vaisseaux est une vérité établie.

On en a recherché le mécanisme intime et la cause, et, actuellement, il paraît hors de doute que tout résulte de l'effet excitant du principe actif sur les fibres musculaires.

L'ergotine a des affinités électives spéciales pour les fibres musculaires et notamment les fibres musculaires lisses, de telle sorte qu'elle excite et agit directement sur tous les organes constitués par ces éléments.

Plusieurs expérimentateurs ont cependant recherché quelle part revenait au système nerveux, dans la production de ces effets, et Wernich, Holmes, Arnaud, Schuller, Laborde, Péton, Ringer et Harrington Sainsbury, notamment, sont arrivés à cette conclusion que les effets moteurs de l'ergot sont dus exclusivement à l'action directe de cette substance sur la fibre musculaire et sur les éléments contractiles.

Malgré la section du sympathique au cou ou du nerf grand auriculaire, malgré l'arrachement du ganglion cervical supérieur, l'ergotine, en injections hypodermiques, produit toujours les phénomènes de vaso-constriction et de refroidissement périphérique qui lui sont propres.

Péton a expérimenté aussi sur l'utérus gravide de la chienne, et il a constaté que l'ergotine provoque distinctement la mise en jeu de la contraction des fibres utérines d'une part, celle des fibres contractiles des vaisseaux utérins d'autre part; bien que de même nature, ces deux phénomènes sont indépendants; l'un, la contraction de l'utérus, n'est pas la conséquence de l'autre; ce ne sont pas les troubles vaso-moteurs qui provoquent l'activité de la matrice; les effets directs du poison sur les fibres musculaires lisses ne sont pas contestables.

Ces effets ont été étudiés sur la musculeuse de l'estomac par Wertheimer et Magnin, et sur les muscles de la vessie par Pellacani.

Sur des animaux ayant la moelle sectionnée, Pellacani a constaté que l'ergotine, en injection hypodermique ou intra-veineuse, modifie la pression artérielle en même temps que les muscles de la vessie entrent en contraction, mais il a remarqué de plus que ces actions sont plus marquées lorsque la moelle est intacte; aussi conclut-il que, si l'ergotine excite directement les fibres contractiles, les centres nerveux moteurs doivent avoir une action favorisante sur les phénomènes vasculaires et musculaires.

Les expériences d'Henry de Varigny ont été faites sur le jabot de l'*Eledone moschata*, qu'on peut aisément isoler du reste du tube digestif et qui est formé de fibres lisses répondant aux excitations mécaniques par des contractions rythmiques.

En ajoutant à de l'eau de mer, contenue dans ce jabot isolé, 1/4 à 1/2 centimètre cube de solution d'ergotine, de Varigny, sur neuf expériences, a vu six fois le médicament produire une stimulation évidente des fibres de l'organe. Le plus souvent, dès que l'ergotine pénètre dans le muscle, on voit apparaître une série de contractions rapides et rapprochées, à tel point qu'il n'existe pas de période de repos absolu. Un jabot qui ne donnait que 6 mouvements faibles en neuf minutes, avant l'addition d'ergotine, en donnait 45, après, et dans le même temps. Pendant la première minute, les mouvements sont peu accusés, mais ils se renforcent progressivement et bientôt atteignent une amplitude qui peut être double de l'amplitude primitive. En prolongeant l'expérience, les mouvements diminuent de nombre, mais conservent une vigueur toute particulière.

Ces résultats, enregistrés par des tracés, sont démonstratifs de l'action de l'ergotine sur les fibres contractiles.

Cependant nous ne pensons pas qu'il faille nier la participation possible de certaines influences nerveuses, dans la production des effets moteurs de l'ergot, ou tout au moins il est bien difficile de prouver que ces influences n'existent pas.

Dans les descriptions que nous avons données des effets de l'ergot, nous avons noté des troubles nerveux sensitifs et moteurs d'une certaine importance; troubles de la sensibilité, éblouissements, vertiges, spasmes, contractures, convulsions, paralysies; or la plupart d'entre eux peuvent très bien, comme on l'a prétendu, être la conséquence des modifications apportées à l'irrigation sanguine des centres nerveux par l'ischémie et la vaso-constriction produites par le poison. De cette façon, tout peut être ramené à une même cause, et le mécanisme des accidents principaux de l'ergotisme est relativement simple. Mais en est-il réellement ainsi? Tous les physiologistes ne le pensent pas, et certains admettent au contraire l'existence d'actions nerveuses directes.

HEMMETER, notamment, croit, d'après ses recherches, que l'ergot de seigle peut agir sur l'utérus par l'intermédiaire de la moelle lombaire. Pour lui, la destruction de la moelle lombaire, chez la lapine, s'oppose à la production des contractions utérines que provoque l'ergotine quand la moelle est intacte.

GRIGORIEFF exprime la même opinion et prétend que de ses expériences sur le chien et sur la poule, il ressort que l'ergot porte ses premiers coups sur le système nerveux central, dont les centres vaso-moteurs, primitivement excités, déterminent l'ischémie périphérique classique par contraction des petits vaisseaux.

D'autre part, il est bien certain que si, pendant l'intoxication générale, les terminaisons sensitives périphériques restent excitables, elles se paralysent sous l'influence directe et le contact immédiat du poison.

En somme, il est difficile, comme nous le disions plus haut, de savoir exactement quelle part revient aux influences nerveuses directes dans les effets de l'ergot et de l'ergotine, mais il n'en est pas moins vrai que l'électivité dominante de ces substances, pour tout ce qui est fibres lisses et contractiles, est parfaitement démontrée; par suite, les effets excitants de l'ergot sur l'utérus, l'intestin, l'estomac, la vessie, la pupille, les fibres musculaires du poumon, les vaisseaux, ainsi que les conséquences immédiates ou secondaires de ces effets, sont suffisamment expliqués.

Altérations et lésions observées à la suite de l'intoxication ergotinique. — **Sang.** — Indépendamment des altérations qu'il subit dans les points où se produisent des gangrènes et des mortifications, le sang ne présente pas de modifications bien caractéristiques. D'ailleurs, pour RECKLINGHAUSEN, la cause même de la gangrène ergotique se trouverait dans une thrombose hyaline des fines branches artérielles, résultant de la stase sanguine provoquée par l'action vaso-constrictive du poison.

RONCAGLIOLO prétend que, sous l'influence des injections d'ergotine, les globules blancs augmentent dans le sang, et que cette augmentation, qui atteint son maximum deux ou trois heures après l'administration, persiste environ cinq heures.

Cette leucocytose a été vue également par GRIGORIEFF, qui a signalé de plus des altérations dégénératives des deux ordres de globules.

Système nerveux. — Un des premiers, ARNAUD paraît s'être intéressé aux altérations histologiques produites par l'ergot, mais il n'a rien apporté de significatif. TUCZEK a entrepris des recherches beaucoup plus complètes sur ce sujet, et dit avoir observé, dans les cordons postérieurs de la moelle, les cordons de BURDACH exclusivement, des dégénérescences hyperplasiques avec transformation fibrillaire de la névroglie. GRUENFELD n'a rien vu de semblable, mais WALKER, par contre, a vérifié et confirmé les observations de TUCZEK.

En 1895, F. ROMANO a publié un travail intéressant, dans lequel il signale également les lésions médullaires produites par l'ergot de seigle; mais, contrairement à TUCZEK, il prétend : 1° que le processus dégénératif ne dépend pas d'une inflammation primitive de la névroglie, mais des éléments nerveux eux-mêmes; 2° que les lésions atteignent de préférence les cellules et les fibres de la substance grise et des faisceaux *antérieurs*.

C'est encore et surtout dans les cordons postérieurs de la moelle que GRIGORJEFF retrouve des altérations anatomiques, consistant en une myélite récente, chez les animaux empoisonnés par l'ergot de seigle.

GRIGORJEFF signale également la dégénération de l'endothélium vasculaire, des éléments cellulaires du rein et du foie et des fibres du myocarde; des altérations vasculaires et des extravasations sanguines dans le poumon.

Organes de la vision. — Dans plusieurs épidémies d'ergotisme, on a signalé, chez les individus qui ont survécu, des cataractes doubles; celles-ci ont d'ailleurs été reproduites expérimentalement chez les animaux et proviennent d'un trouble dans la nutrition du cristallin, par suite de l'action vaso-constrictive et de l'insuffisance d'irrigation sanguine de l'œil.

Ces différentes altérations, et notamment les lésions parenchymateuses des centres nerveux, de la moelle en particulier, sont intéressantes, car certainement elles caractérisent des troubles de la nutrition subordonnés aux modifications apportées par l'ergot de seigle dans la vascularisation et l'irritation sanguine de ces organes. Elles justifient l'importance accordée aux modifications circulatoires dans la production des accidents nerveux ne l'ergotisme.

Effets comparatifs des différents extraits ou principes actifs extraits de l'ergot de seigle. — Parmi les extraits d'ergot de seigle employés sous le nom d'ergotine et qui, nous le rappelons, ne sont pas des produits purs mais des mélanges des différents principes actifs, les extraits aqueux sont les plus recommandables; ce sont les plus riches et les plus actifs.

Aussi les extraits aqueux de BONJEAN, d'YVON et du Codex sont-ils de beaucoup préférables à l'extrait alcoolique de WIGGERS, qui, d'ailleurs, n'est plus employé aujourd'hui. L'extrait de WIGGERS est environ 10 fois moins actif que l'extrait de BONJEAN; ce dernier correspond à 8 ou 10 grammes de poudre d'ergot; il est par conséquent inférieur à l'ergotine d'YVON, dont 1 gramme correspond à 1 ou 2 grammes de poudre, suivant le degré de concentration. Les conclusions de KŒHLER sont conformes à ces données et signalent des différences notables dans les propriétés pharmacodynamiques de l'ergotine BONJEAN et de l'ergotine WIGGERS.

Mais les comparaisons sont plus intéressantes à faire entre les différents produits isolés comme principes actifs, car, dans les effets propres de chacun d'eux, on a recherché la cause des symptômes essentiels et caractéristiques de l'ergotisme.

Pour KOBERT et SCHMIEDEBERG, les éléments actifs les plus importants sont la cornutine et l'acide sphacélinique.

La cornutine produit surtout des convulsions et des contractures musculaires; à faible dose, elle provoque des vomissements, de la diarrhée, de la salivation et le ralentissement du cœur, par excitation des modérateurs.

L'utérus gravide est le premier organe atteint par la cornutine, qui agit d'autant mieux que l'animal est plus près du terme.

L'acide sphacélinique est l'agent vaso-constricteur et nécrogène par excellence; également excitant des contractions de l'utérus, il provoque l'avortement chez le chat et chez le chien, dans les dernières semaines de la grossesse; à faible dose, il produit, chez le coq, des gangrènes de la crête et des points de sphacèle localisés à la langue, au voile du palais, à l'épiglotte, aux ailes. Chez les lapins, les chats, les chiens, il détermine dans la muqueuse intestinale des lésions qui, d'après KOBERT, rappellent celles de la fièvre typhoïde. Les contractions utérines, provoquées par l'acide sphacélinique, sont énergiques et soutenues; elles ont un caractère tétanique, tandis que celles de la cornutine présentent des pauses rappelant un peu les contractions normales.

L'acide ergotinique n'a aucune part à l'action de l'ergot de seigle sur l'utérus; cependant, injecté dans le tissu conjonctif sous-cutané et absorbé, il détermine un abaissement de la pression sanguine et des troubles nerveux : paralysie médullaire et cérébrale ascendante, avec diminution et altération du pouvoir réflexe. En somme, l'acide ergotinique, au lieu d'être vaso-constricteur, est vaso-dilatateur; il n'est pas nécrogène et n'a pas d'action sur l'utérus, même en état de gustation.

Ces faits sont confirmés par MARKWALD; mais NIKITIN, qui, cependant, a observé, lui aussi, les effets dépressifs et paralysants nervins, les propriétés vaso-dilatatrice et hypotensive de l'acide sclérotinique, prétend que, sous l'influence de ce corps, l'utérus, gravide ou non, se contracte et prend une couleur pâle.

Il n'en paraît pas moins démontré que les propriétés pharmacodynamiques caractéristiques de l'ergot de seigle se retrouvent surtout dans l'association des effets de la cornutine et de l'acide sphacélinique; ce dernier est d'ailleurs le plus important car, à lui seul, il produit le tétanos utérin, l'action vaso-constrictive, la formation des thrombus hyalins oblitérateurs et la gangrène. Nous trouvons très logique l'explication qui de la cornutine fait l'agent nervin et convulsif de l'ergot, car dans ses actions propres dominent en effet la convulsion, la contracture et la raideur des muscles; ces effets directs sur les centres nerveux s'ajouteraient à ceux qui sont, plus immédiatement, la conséquence des troubles circulatoires et de l'ischémie produits par l'acide sphacélinique. Enfin, en attribuant à l'acide ergotinique une part dans la production des paralysies, des états narcotiques, des troubles sensitifs et moteurs de l'ergotisme, on arrive à donner une idée assez juste, quoique un peu schématique, des interventions élémentaires dont l'ensemble constitue le tableau symptomatique que nous avons donné des effets de l'ergot de seigle.

Mais nous tenons essentiellement à répéter encore que nous ne considérons pas l'étude chimique et pharmacodynamique de l'ergot de seigle comme achevée; malgré les nombreux et excellents travaux publiés, il y a beaucoup de points obscurs à éclaircir.

L. GUINARD.

Bibliographie. — Pour tous les travaux antérieurs à 1870, le lecteur voudra bien se reporter à l'index bibliographique *très complet* qui termine la thèse de Holmes, Paris, 1870.

Abel. *Ergotinols als Ersetz für Ergotin* (Berlin. klin. Woch., n° 8, 22 février 1897). — Arnaud (H.). *Contribution à l'étude expérimentale de l'action physiologique et du mode d'action de l'ergot de seigle* (Thèse de Montpellier, 9 janvier 1873). — Bailly (Émile). *Nouveau dictionnaire de médecine et de chirurgie pratiques*, article « Ergot de seigle », xiii, 1879. — Bénard (P.). *De l'action hémostatique des injections sous-cutanées d'ergotine*, Paris, 1879. — Blumberg. *Ein Beitrag zur Kenntniss der Mutterkorn Alkaloïd*, Dorpat, 1878. — Bœkel. *De l'ergotine Yvon* (Gaz. méd. de Strasb., 1881, (3), 77, 53). — Boissarie. *De l'ergotine, ses inconvénients, ses dangers* (Ann. de gynéc., Paris, 1880, xiii, 422-430). — Boreischa. *Action du seigle ergoté sur le système vasculaire et sur l'utérus* (Arbeit. aus dem pharmak. Laborat. Moskau par Sokolowski, 1876, 50). — Brown-Séquard (Archives de physiologie norm. et pathol., 1870, 434). — Bucheim. *Zur Verständigung über den wirksamen Bestandtheil des Mutterkorns* (Berliner klinische Wochenschrift, n° 22, 309, 1876). — Budin et Galippe. *Sur l'action de l'ergotinine* (B. B., 1878, 88-92). — Carles. *Ergot de seigle et Ergotine* (Gaz. méd. de Bordeaux, 1878, 112). — Catillon. *Ergotine Bonjean* (Société de thérap., 1880-1881). — Christian. *Des injections sous-cutanées d'ergotinine dans le traitement des attaques épileptiformes et apoplectiformes de la paralysie générale et des affections chroniques du cerveau* (Ann. Méd. psych., janvier 1890). — Comegys. *Action of ergot on circulation of blood* (Cinc. Lancet et Clinic., 1880, 237). — Debierre. *Empoisonnement aigu par l'ergotine Bonjean* (Bull. gén. de thérap., cvi, 52 et suivantes, 1884). — Denham (J.). *On ergot of Rye*, Dublin, 1873 (Proceedings of the Dublin obstetrical Society, fév. 1872). — Dewar. *On the physiological and therapeutical action of ergot* (Practitioner Lond., 1882, 356). — Doane. *Effect of ergot upon the circulatory system* (Indiana M. J. Indianop., 1882-1883, 14-18). — Dragendorff et Podwissotzky. *Ueber die wirksamen und einige andere Bestandtheile des Mutterkornes* (A. P. P., vi, (153), Leipzig, 1877). — Drasche. *Ueber die Anwendung und Wirkung subcutaner Ergotin-Injectionen bei Blutungen* (Oest. Zeitschr. f. praktische Heilkunde, n° 49-52, 1873). — Ducos. *Action physiologique de l'ergot de seigle et emploi dans les accouchements* (Thèse de Paris, 1870). — Dupertuis. *Etude physiologique et thérapeutique de l'ergotine* (Ibid., 1879). — Duply (Progrès médical, 1875, 484). — Eberty. *Ueber die Wirkung des Mutterkornes* (Inaugural Dissertation, Halle, 1873; Archiv für pathol. Anatom., lx). — Ehlers. *L'ergotisme* (Encyclopédie scientifique des aide-mémoire Léauté, Paris, Masson). — Eloy (Ch.). *Ergot de seigle* (article du D. D., 1887). — Evetzky. *The physiological and therapeutical action of ergot* (N.-York M. J., 1881, 113, 367, 449; 1882, 225; Bull. gén. de thérap., 1882, cii, 504-509). — Forestier. *Ergotine en injection hypodermique* (Bull. de soc. méd. de l'Yonne, 1879, xix, 152-154). — Franqueville. *Accidents causés en accouchements par l'ergot de seigle* (*Thèse de Paris*, 1873). — Frœnkel. *Recherches cliniques sur l'action de la caféine, de la morphine, de l'atropine, du seigle ergoté et de la digitale sur la pression artérielle* (*Archiv f. klin. Med.*, xvi, 542, 1891). — Granel. *L'ergot, la rouille et la carie des céréales* (*Thèse d'agrégation*, Paris, 1883). — Grigorjeff. *Intoxication chronique par le seigle ergoté chez les animaux* (*Ziegler's Beiträge zur pathol. Anat.*, xviii, 1, 1895). — Gruenfeld (A.). *De l'action du seigle ergoté et de ses principes constituants sur la moelle des animaux* (*Archiv für Psychiatrie und Nervenkrank.*, xxi, 1, 628, 1889). — Gubler et Labbée. *Commentaires thérapeutiques du Codex medicamentarius*, 3e édition, Paris, 1885). — Haudelin. *Ein Beitrag zur Kenntniss des Mutterkorns in physiologisch-chemischer Beziehung* (*Inaugural Dissert.*, Dorpat, 1871). — Hervieu (P. F.). *Étude critique et clinique sur l'action du seigle ergoté et principalement des injections sous-cutanées d'ergotine* (*Thèse de doctorat*, no 487, Paris, 1878). — Holmes. *Études expérimentales sur le mode d'action de l'ergot de seigle* (*Thèse de Paris*, 1878); — *Effets de l'extrait d'ergot de seigle* (*A. P.*, 1870, 384). — Junge. *Ergot and sclerotic acid* (*Therap. Gazette*, 1880, 1, 29). — Kaufmann (*Traité de thérapeutique*, 2e édition, Paris, 1892). — Kersch, *Die Wirkung des Secale cornutum an Thieren und Menschen und seine Anwendung am. Krankenbette* (*Memorabilien*, Heilbr., 1873, xviii, 202-212). — Kobert. *Recherches sur les préparations d'ergot* (*Centralblatt für Gynækologie*, no 20, 1886); — *Sur les principes constituants et les effets de l'ergot de seigle* (*A. P. P.*, xviii, 5 et 6, 316-380); — *Die Wirkung der Sclerotinsaüre auf Menschen* (*Centralbl. f. Gynäk*, 1879, iii, 235). — Köhler (H.). *Vergleichend experimentelle Untersuchungen über die physiologischen Wirkungen des Ergotin Bonjean und des Ergotin Wiggers* (*Arch. f. pathol. Anat.*, etc., 1874, 384-408); — *Untersuchungen über die physiologischen Wirkungen des Ergotin* (*A. V.*, lx, (384), Berlin, 1874); — *Kritisches und Experimentelles zur Pharmacodynamik der Mutterkornpräparate.* (*Deutsche Zeitschr. für prakt. Med.*, 1876, 419, 427, 435). — Krohl. *Klinische Beobachtungen über die Einwirkung, etc.* (*Archiv f. Gyn.*, 45, 1, 1893). — Laborde et Péton. *Action physiologique de l'ergot de seigle* (*B. B.*, 1878, 79). — Larrouey. *Du seigle ergoté* (*Revue vétérinaire*, 1882, 512). — Lauder Brunton (*Traité de pharmacologie*, Bruxelles, 1888, 11-99, ii). — Madows. *Acute poisoning by ergot followed by tolerance of the drug* (*Med. Times and Gaz.*, 4 octobre 1879). — Magnin (N. G.). *Contribution à l'étude de l'action physiologique de l'ergotine sur la circulation et les mouvements de l'estomac* (*Thèse de Lille*, 1892). — Manassewitz (*Journ. für Chem.*, iv, 154). — Marcus (*Corresp. Blatt. f. Schwerz Aerzte*, no 16, 1894). — Markwald. *Actions comparatives de l'ergotinine; de l'ergotine et de l'acide sclérotinique* (*Zeitschrift für Geburtshülfe und Gynækologie*, xi, 2, 1884). — Meradows et Hirscheldt. *Some Notes on the action of Ergot and Ergotine*, London, 1870. — Mills. *Symptoms simulating those of angina pectoris, arising under the local application of ergotin* (*British M. J. Lond.*, 1882, 937). — Nikitin. *Ueber die physiol. Wirkung und therap. Verwaltung des Sclerotinsäure Natriums und des Mutterkorns* (*Verhandlungen der phys. medicin. Gesellschaft in Würzburg*, xiii, 143, 1879). — Nordmann (A.). *Zur Casuistik der Ergotingangrän* (*Corresp. Blatt, f. Schwerz. Aerzte*, no 12, 369, 1894). — Nothnagel et Rossbach. *Nouveaux éléments de matière médicale et de thérapeutique*; traduction de Alquier, Paris, 595. — Paulier (A.) (*Manuel de thérapeutique*, Paris, 1878, 271). — Pellaconi (P.). *De l'action physiologique de quelques substances sur les muscles de la vessie des animaux et de l'homme* (*A. B.*, 1882, ii, 307). — Penzoldt (Fr.) (*Traité de pharmacologie*; traduction Heymans et de Lantsheere, Gand, 1893). — Perrotin. *Injections hypodermiques d'ergotine* (*Thèse de Paris*, 1884). — Péton. *Action physiologique et thérapeutique de l'ergot de seigle.* — *Etude expérimentale et clinique* (*Ibid.*, 1878). — Péton et Laborde. *Action physiologique de l'ergot de seigle* (*Tribune médicale*, 1878). — Pinzani (E.). *Influenza della segala cornuta nel puerperio* (*Bollet. del Scienze med. di Bologna*, (6), xx, 1887). — Pouchet (G.). *Avortements multiples; mort ou gangrène des extrémités* (*Annales d'hyg. publique*, xvi, 253, septembre 1886). — Rabuteau (*Traité élémentaire de thérapeutique*, Paris, 1884, 848). — Ringer (S.) et Sainsbury (H.). *Note on some experiments with ergotine* (*Brit. med. journ.*, 97, janvier 1884). — Romano (F.). *Contribution à l'étude expérimentale de l'action du seigle ergoté sur la moelle épinière* (*Progresso med.*, 24 novembre 1895). — Roncagliolo (E.). *La leucocitaxi di ergotina* (*Cronaca d. clin. med. di Genova*, 1895). — Rossbach (J.). *Actions de divers principes du seigle ergoté sur le cœur; contributions à l'étude des irrégularités des contractions cardiaques* (*Verh. d. Würzb. phys. med. Gesells.*, Neue Folge, vi, 19-48, 1874); — (*Pharmak. Untersuchungen*, i, Würzburg, 1873). — SCHMIEDEBERG (O.). *Éléments de pharmacodynamie;* traduction de Wouters, Lierre, 1893. — SCHROFF (*Lehrbuch der Pharmakologie*, Vienne, 1873, 613). — SCHÜLLER. *De l'influence qu'exercent certains médicaments sur les vaisseaux de l'encéphale* (*C. W.*, 1874, n° 5, d'après *Gaz. méd. de Paris*, 12 décembre 1874). — SCHWENNIGER. *Ueber Secale cornutum und seine Wirkung*, in-8, Gottingen, 1876). — SIEMENS. *Psychosen beim Ergotismus* (*Archiv für Psychiatrie und Nervenkr.*, IX, 1, 108 et 2, 336, 1881). — SMART. *Ergot, its physiological and therapeutical action* (*Rev. Med. et Pharm.*, 1876, XI, 75, 86). — SOULIER (H.) (*Traité de thérapeutique*, II, 509, Paris, 1891). — SWIATLOWSKI. *Une épidémie d'ergotisme* (*Petersburg. med. Woch.*, 19 juillet 1880). — TANRET. *Principe actif de l'ergot de seigle* (*C. R.*, 1875, XXXI, 896; *J. P. C.*, (4), XXIV, 263 et XXVI, 320); — (*A. C.*, 1879, XVII, 493-512); — (*Répertoire*, 31e année, nouvelle série, III, 708); — *Sur un nouveau principe immédiat de l'ergot de seigle, l'ergostérine* (*C. R.*, 98, 14 janvier 1889). — TROUSSEAU et PIDOUX (*Traité de thérapeutique*, Paris, 1870). — TUCZEK (F.). *Sur les suites durables de l'ergotisme portant sur les centres nerveux* (*Arch. für Psychiatrie und Nervenkr.*, XVIII, 2, 329, 1887); — *Sur les altérations du système nerveux central et particulièrement des cordons postérieurs dans l'ergotisme* (Ibid., XIII, 1, 99, 1883). — WALKER (P.). *Beobachtungen über die bleibenden Folgen des Ergotismus fur das central Nervensystem* (Ibid., XXX, 2, 383). — VARIGNY (H. DE). *Contribution à l'étude de l'influence exercée par l'ergotine sur les fibres musculaires lisses* (*B. B.*, 1888, 105). — WERTHEIMER et MAGNIN. *De l'action de l'ergotine et de l'ergotinine sur la circulation et les mouvements de l'estomac* (*A. P.*, 1892, 92). — WERNICH. *Beitrag zur Kentniss der Ergotiniwirkungen* (*A. A. P.*, LVI, 1, 4, 1873). — WIGER's (*Arch.*, III, 1874). — WINCKLER (*Manual of mat. med. and. therap. de Forbes-Boyle and Healdan*, 4e ed., 669). — WURTZ (D., II, année 1870; Paris, 2e supplément, III, 1897). — ZWEIFEL (*A. P. P.*, IV, 387).

L. GUINARD et F. MAIGNON.

ÉRICOLINE ($C^{34}H^{36}O^{21}$) (?). — Matière résineuse qu'on retire des eaux mères de la préparation de l'arbutine (extraites de l'*Arbutus uva ursi*). Chauffée avec de l'acide sulfurique, elle donne du glucose et de l'*éricinol* ($C^{10}H^{16}O$).

ÉRUCIQUE (Acide) ($C^{22}H^{42}O^2$). — Acide gras, qui forme avec l'acide brassidique, son isomère, le terme le plus élevé de la série oléique. On l'extrait de l'essence de moutarde, et l'acide brassidique de l'huile de colza.

ÉRYTHRINE ($C^{20}H^{22}O^{10}$). — Substance qu'on extrait de la *Roccella tinctoria* et de lichens à orseille. De LUYNES a montré qu'elle est analogue aux glucosides ou aux glycérides. Par ébullition avec l'eau et les alcalis dilués, elle donne de l'érythrite, de l'orcine et de l'acide carbonique.

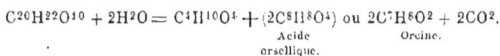

$$C^{20}H^{22}O^{10} + 2H^2O = C^4H^{10}O^4 + (2C^8H^8O^4) \text{ ou } 2C^7H^8O^2 + 2CO^2.$$
Acide   Orcine.
orsellique.

L'érythrine est donc de l'érythrite diorsellique.

ÉRYTHRITE ($C^{14}H^{10}O^4$). — Voyez **Érythrine.**

ÉRYTHROCENTAURINE. — Matière analogue à la santonine qu'on extrait de la centaurée rouge ($C^{27}H^{24}O^8$).

ÉRYTHRODEXTRINE. — Voyez **Dextrine.**

ÉRYTHROPHLÉINE (De ερυθρον, rouge et φλοιος, écorce). — Ce nom a été donné par GALLOIS et HARDY au principe actif qu'ils ont extrait de l'écorce de l'*Ery-*

throphlœum guineense, appelée vulgairement écorce de Mançône des Portugais, Tali ou Téli ou Bouranc des Floups. C'est l'usage de cette écorce par certaines peuplades de l'Afrique occidentale pour empoisonner leurs flèches et pour préparer des liqueurs d'épreuves destinées aux criminels qui ont amené ces savants à en rechercher les propriétés chimiques et physiologiques.

Préparation. — Le principe actif a été isolé par la méthode de STAS modifiée par l'emploi de l'éther acétique. L'écorce est pulvérisée et mise à macérer pendant trois jours avec un centième de son poids d'acide tartrique dans de l'alcool à 90°. On passe avec expression, on filtre et on répète trois fois la même opération. Les teintures alcooliques sont distillées en grande partie au bain-marie; le reste est évaporé sur l'eau chaude également, à une basse température, et jusqu'à consistance d'extrait. On reprend cet extrait par l'eau distillée tiède, jusqu'à ce qu'il soit épuisé; on réunit les liqueurs, on les laisse refroidir, on les filtre et on les concentre à une basse température. Cette dernière solution est neutralisée par un excès de bicarbonate de soude, et on l'agite immédiatement avec cinq fois son volume d'éther acétique pur. On prolonge le contact pendant plusieurs heures, on sépare l'éther au moyen de l'entonnoir à robinet, et on répète la même manipulation sur une nouvelle quantité d'éther acétique. Cet éther est évaporé à l'air libre à une basse température; on reprend le résidu par l'eau distillée froide, on filtre et on laisse évaporer dans le vide. Pour purifier le résidu obtenu, on le redissout dans l'éther acétique, on filtre, on évapore, on reprend par l'eau distillée et cette dernière solution est abandonnée à l'évaporation spontanée sous une cloche en présence de l'acide sulfurique. L'érythrophléine obtenue par ce procédé est un corps blanc jaunâtre, transparent, et présentant un aspect cristallin, facile à constater au microscope.

GALLOIS et HARDY ont recherché si l'érythrophléine préexistait dans l'écorce de l'érythrophlœum, à l'état d'alcaloïde, ou si elle n'était pas le produit du dédoublement d'un glycoside naturel, sous l'influence des acides employés dans le procédé d'extraction. Si elle existait dans la plante à l'état de glycoside, on devrait l'obtenir directement par décoction dans l'eau distillée. Or, quand on fait bouillir la poudre d'écorce d'érythrophlœum avec l'eau, on obtient, après concentration et filtration, un liquide qui précipite faiblement en blanc par l'iodure de mercure ioduré, et en blanc jaunâtre, par l'iodure de potassium ioduré. Ces réactions caractérisent les alcaloïdes et non les glycosides; c'est donc bien un alcaloïde, que l'eau distillée a enlevé à l'écorce.

La petite quantité d'écorce dont disposaient GALLOIS et HARDY ne leur a pas permis de faire l'analyse de leur produit; ils en ont donné seulement les caractères chimiques suivants.

Propriétés chimiques. — L'érythrophléine est soluble dans l'eau, dans l'alcool amylique et dans l'éther acétique. Elle est peu ou pas soluble dans l'éther sulfurique, le chloroforme et la benzine. Elle se combine avec les acides pour former des sels. Elle précipite par la solution concentrée de chlorure de platine. Si l'on dissout dans l'eau froide le précipité ainsi formé, et qu'on laisse la solution s'évaporer sous une cloche, en présence de l'acide sulfurique, on obtient un résidu cristallin de chlorure double d'érythrophléine et de platine, qu'on peut purifier par plusieurs cristallisations successives. La solution d'érythrophléine, mise en contact avec l'acide sulfurique, ne produit rien à froid; mais si l'on chauffe, on fait apparaître une couleur brun sale, qui passe au violet par le refroidissement. Point de coloration, ni à froid ni à chaud, avec les acides nitrique et chlorhydrique. Avec l'acide phospho-molybdique, précipité grenat, jaune-verdâtre, qui passe au vert le lendemain. Avec l'acide picrique, précipité jaune-vert. Avec l'iodure de potassium ioduré, précipité jaune rougeâtre. Avec l'iodure de mercure et de potassium, précipité blanc. Avec l'iodure de bismuth et de cadmium, précipité jaune. Avec l'iodure de cadmium et de potassium, précipité blanc floconneux. Avec le bichromate de potasse, précipité jaunâtre. Avec le bichlorure de mercure, précipité blanc. Avec le chlorure d'or, précipité blanchâtre. Avec le chlorure de platine, précipité blanc jaunâtre, cristallin. Avec le chlorure de palladium, précipité blanc. Mis en contact avec le permanganate de potasse et l'acide sulfurique, l'érythrophléine prend une couleur violette, moins intense que celle que fournit la strychnine dans les mêmes conditions, et qui prend bientôt une teinte sale. La solution de potasse concentrée donne avec le chlorhydrate d'érythrophléine un précipité blanc cristallin. Si l'on approche de la même solution concentrée une baguette trempée dans l'ammoniaque, il se forme, à distance et immédiatement, un précipité blanc, opaque, qui offre au microscope l'aspect cristallin et qui se redissout dans l'éther acétique.

Toxicité. — Les premières recherches physiologiques de Gallois et Hardy, sur cet alcaloïde, ont mis en évidence sa grande toxicité. Un cobaye auquel ils avaient injecté à 4 heures 30 du soir sous la peau du ventre 4 milligrammes d'érythrophléine dans deux centimètres cubes d'eau distillée fut trouvé mort le lendemain matin de bonne heure. Un autre cobaye, qui avait reçu sous la peau du dos gros comme deux têtes d'épingle d'érythrophléine impure en solution dans 8 grammes d'eau, est mort en vingt-quatre minutes. A un chat âgé de 5 jours, l'injection sous-cutanée d'une dose égale a amené la mort en vingt-sept minutes. Deux milligrammes d'érythrophléine, injectés sous la peau d'une grenouille, ont paralysé son cœur en six minutes. Mais la grenouille, qui peut vivre un certain temps sans circulation, n'est point tuée immédiatement; elle respire, marche et saute sous la cloche qui la renferme. Elle retire ses pattes quand on les pince; puis, dans un espace de temps dont la durée varie de une demi-heure à une heure, ou plus, elle s'engourdit peu à peu, devient de moins en moins sensible aux excitations extérieures, s'affaisse et tombe dans un état de résolution profonde, au milieu duquel la mort se produit.

Sée (G.) et Bochefontaine ont déterminé la dose toxique chez le chien; 1 milligr. 5 par kilogramme en injection hypodermique est une dose mortelle en quelques heures; la dose de 1 milligramme par kilogramme d'animal ne produit pas d'effets toxiques bien évidents.

Lipp rapporte deux cas d'intoxication générale survenue à la suite d'injections sous-cutanées de chlorhydrate d'érythrophléine. Dans un cas, chez une femme de 25 ans, il avait injecté 1 centigramme de chlorhydrate d'érythrophléine (Merck), sous la peau de l'avant-bras. Avant l'injection la fréquence du pouls était de 68 à 66. En l'espace d'une demi-heure, le nombre des pulsations descendit à 50-48. Une douleur assez vive s'était développée autour de la piqûre; puis il y eut apparition de papules, vertige, obnubilation de la vue; pâleur du visage, agitation, irrégularité du pouls. Pas d'anesthésie. Les accidents disparurent une heure et demie environ après l'injection. A une autre femme âgée de 35 ans, très nerveuse, affectée d'une névralgie cervico-occipitale et d'une rétinite syphilitique, Lipp fit deux injections de 5 milligrammes chacune; l'une à la nuque, l'autre dans la région dorsale, du côté de la douleur. La fréquence du pouls, au moment de l'injection, était de 96-100 au bout de vingt minutes, vives douleurs au siège de chaque piqûre. Au bout de vingt-cinq minutes, le pouls était à 120°; la malade éprouvait une sensation de grand malaise, de la dyspnée, des spasmes douloureux dans la région du cœur. Puis apparurent des secousses convulsives des muscles de la face et des membres, avec perte incomplète de la connaissance pendant cinq minutes. Ces manifestations s'étaient dissipées au bout de quinze heures.

Action cardio-vasculaire. — Parmi les symptômes observés à la suite de l'injection d'érythrophléine les modifications cardiaques ont été surtout étudiées; c'est en effet par arrêt du cœur que se produit la mort dans cet empoisonnement. N. Gallois et E. Hardy ont fait les premiers l'étude de cette action cardiaque : ils ont montré que, chez la grenouille une solution de 2 milligrammes en injection sous-cutanée arrête le cœur en systole après six minutes. Une goutte d'eau distillée, tenant en dissolution un demi-milligramme d'érythrophléine, placée directement sur le cœur de la grenouille, mis à nu, donne lieu à la même observation; après deux minutes de contact de la solution le cœur ralentit ses battements de 44 à 36 par minute, après dix minutes on ne compte plus 16 contractions du ventricule, et, après douze minutes, il y a arrêt en systole. A ce moment, l'application de la pince électrique ne réveille plus les contractions cardiaques.

Une solution de chlorure double d'érythrophléine et de platine appliquée directement sur le cœur de la grenouille a une action aussi marquée : en quatre minutes le nombre des pulsations tombe de 42-44 à 28 par minute, et en neuf minutes on obtient l'arrêt en systole.

Chez un chien de 19 kilogrammes, une injection intra-veineuse d'érythrophléine fit tomber le nombre des pulsations de 108 à 84 en une demi-minute; puis à 60-66 pendant la minute suivante; puis, vingt secondes plus tard, le nombre des pulsations augmente, 207 par minute, puis 266, et enfin, 6 à 7 minutes après l'injection, le cœur s'arrêta en diastole. Chez un autre chien, après une première injection qui avait amené une accélération du pouls, une deuxième injection fit tomber le nombre des pulsations de 132 à 52 par minute et en même temps l'amplitude des pulsations devenait 3 à 5 fois plus considérable qu'à la fin de la première partie de l'empoisonnement. Ici encore, à l'autopsie, on trouva le cœur mou et arrêté en diastole.

Cette action cardiaque a été aussi étudiée par G. SÉE et BOCHEFONTAINE; ces auteurs ont aussi observé la période de ralentissement cardiaque caractérisée par la régularité et l'énergie plus grande des pulsations; ils ont vu également, à la suite de cette période, succéder une phase dans laquelle le pouls est extrêmement faible et accéléré, puis surviennent des battements de plus en plus faibles qui cessent par moment jusqu'à s'arrêter définitivement.

Le système nerveux cardiaque est influencé par l'érythrophléine, comme le prouvent les expériences de G. SÉE et BOCHEFONTAINE. L'excitation faradique des bouts thoraciques des nerfs vagues à la région cervicale ne détermine plus l'arrêt du cœur chez l'animal intoxiqué. La chute brusque de la pression sanguine qui survient sous l'influence de cette excitation nerveuse se manifeste au contraire comme normalement. On pourrait donc avec cette substance dissocier physiologiquement les deux phénomènes circulatoires qui résultent de l'excitation des bouts périphériques des vago-sympathiques. L'excitation faradique des bouts céphaliques des pneumogastriques, dans une période avancée de l'intoxication, n'entraîne pas l'accélération du pouls qu'elle détermine tout d'abord dans les conditions normales, mais elle agit sur la tension artérielle comme elle fait d'ordinaire, c'est-à-dire en l'augmentant; c'est là encore une disjonction des effets physiologiques. La faradisation des bouts cardiaques ou des bouts céphaliques des nerfs vago-sympathiques entraîne donc, chez l'animal à l'état normal, les mêmes modifications de la pression que chez l'animal qui a reçu de l'érythrophléine. Le rythme du cœur, au contraire, est respecté par les mêmes excitations faradiques chez l'animal intoxiqué par cet alcaloïde. Les auteurs ont aussi constaté que le cœur au moment de la mort est en diastole, flasque et rempli de sang. Quelquefois les ventricules sont animés de trémulations semblables à celles qui succèdent à la faradisation de ces ventricules.

N. GALLOIS et E. HARDY, qui ont cherché à déterminer le mécanisme de la paralysie cardiaque, pensent qu'elle est due à une action du poison sur la fibre musculaire; leurs expériences sur le cœur isolé mis en contact avec une solution d'érythrophléine sont en effet conformes à cette conclusion. Les autres muscles ne seraient pas non plus à l'abri de cette action de l'érythrophléine; mais si, à la suite d'une injection d'érythrophléine, le muscle cardiaque est le premier paralysé, cela tient à la plus grande masse de sang (c'est-à-dire de poison, puisque le sang en est le véhicule) qu'il reçoit en un temps donné.

N. GALLOIS et E. HARDY ont encore recherché si le cœur paralysé par l'érythrophléine ne reprendrait pas ses mouvements sous l'influence de l'atropine. Toutes leurs tentatives expérimentales faites soit sur la grenouille, soit sur le cobaye, ont été infructueuses; l'injection sous-cutanée de sulfate d'atropine ou même l'instillation de cette substance dans les ventricules n'a jamais fait reparaître les mouvements du cœur. L'injection de sulfate d'atropine faite préventivement n'a pas non plus modifié l'évolution habituelle des troubles cardiaques que provoque l'érythrophléine.

Le curare retarde seulement l'empoisonnement par l'érythrophléine sans l'empêcher de se produire.

L'action de l'érythrophléine sur la pression sanguine est aussi des plus remarquables; N. GALLOIS et E. HARDY ont encore les premiers étudié cette propriété qui se trouve bien mise en évidence par quelques-unes de leurs expériences résumées dans les tableaux suivants.

1. Chien de chasse du poids de 19 kilogrammes. — Curarisé, — Respiration artificielle. — On lui injecte dans la veine fémorale, gros comme deux lentilles d'érythrophléine impure, dissoute dans un centimètre cube d'eau distillée.

TEMPS COMPTÉ DEPUIS LE MOMENT de l'injection.	PRESSION SANGUINE DANS LA CAROTIDE en centimètres de mercure.	NOMBRE DE PULSATIONS.
0	15	108
15''	17	108
30''	17,4	84
1'37''	22,6	60 à 66
1'57''	25,8	207
2'7''	26	66
2'18''	28	266

Arrêt du cœur 6 à 7 minutes après l'injection.

II. Chien de Terre-Neuve du poids de 35 kilogrammes. — Curarisé. — Respiration artificielle. — Injection dans le tissu cellulaire de la région inguinale, gros comme un pois d'érythrophléine impure, dissoute dans un centimètre cube d'eau distillée.

TEMPS COMPTÉ DEPUIS LE MOMENT de l'injection.	PRESSION SANGUINE DANS LA CAROTIDE en centimètres de mercure.	NOMBRE DE PULSATIONS.
0	13	128
7'	14	106
16'	19	130

24 minutes après l'injection le cœur s'arrête.

III. Chien terrier du poids de 12 kilogrammes. — Curarisé, 0gr,08. — Respiration artificielle. — Injection, dans le tissu cellulaire de la région inguinale, d'une solution au 100e d'érythrophléine impure.

TEMPS.	INJECTIONS.	PRESSION SANGUINE DANS LA CAROTIDE en centimètres de mercure.	NOMBRE DE PULSATIONS.
	centigr.		
2 h. 57	»	14,5	118
2 h. 59	1,5	»	»
3 h. 3	»	15	154
3 h. 6	»	14,2	152
3 h. 7	»	»	»
3 h. 12	»	»	148
3 h. 18	»	15	132
3 h. 20	1	11,9	»
3 h. 30	»	14	52
3 h. 32	»	8,7	65
3 h. 33	»	13	80
3 h. 36	»	»	102
3 h. 46	»	10,5	200
3 h. 50	»	7,5	»
3 h. 51	»	7	212
3 h. 52	»	»	»
4 h. 8	»	3,5	»
4 h. 11	1	»	»
4 h. 13	»	»	»
4 h. 16	0,5	4	»
4 h. 18	»	5,5	»
4 h. 29	»	2	»

L'animal meurt à 4 h. 31.

Les applications thérapeutiques de cette action cardio-vasculaire de l'érythrophléine ont été essayées dans un certain nombre de cas. Pour G. Sée la dose médicinale est de 1 milligramme et demi à 2 milligrammes et demi. Au delà l'intoxication commence. La dose thérapeutique bien tolérée par les organes digestifs ne produit que peu de modifications dans l'état du cœur, même chez les cardiaques; dans une observation le pouls s'est montré moins fort, et l'impulsion cardiaque moins intense; dans une autre observation les battements cardiaques se sont ralentis, mais sont restés irréguliers; l'arythmie a persisté. Dans un cas les palpitations ont diminué; mais enfin, conclut G. Sée, l'érythrophléine ne modifie d'une manière persistante ni la force d'impulsion, ni l'arythmie, et ce fait est d'autant plus surprenant, ajoute-t-il, que la respiration subit des changements profonds, constants, persistants, qui devraient au moins faciliter indirectement la circulation.

Hermann a employé chez ses malades une solution de 0,002 d'érythrophléine pour 10 d'eau de laurier cerise, dont il donne 10 gouttes par heure; en général, ce médicament est bien supporté; dans quelques cas cependant il a noté l'apparition de nausées et de phénomènes d'excitation. Il a constaté, lui aussi, le ralentissement cardiaque, mais cette action n'est ni constante ni permanente. On pourra employer ce médicament quand les autres médicaments cardiaques ne sont pas supportés.

Harnack, qui plus récemment a expérimenté la nouvelle préparation de Merck, dit qu'avec cette substance on n'aura plus à redouter l'action picrotoxique de l'ancienne préparation; cette substance a une action digitalique énergique et non cumulative qui pourra être utilisée dans certains cas bien déterminés; toutefois il faudra toujours commencer par de très petites doses. Harnack signale aussi l'influence très remarquable de ce produit sur la pression sanguine.

Dans certains cas, Hermann a observé une action diurétique remarquable, attribuable à l'érythrophléine.

Action sur la respiration. — Sur la respiration, l'érythrophléine possède une action qui a été particulièrement étudiée par G. Sée et Bochefontaine. A la suite d'une injection d'érythrophléine, ces auteurs ont observé chez le chien des modifications respiratoires en l'absence de tout autre symptôme toxique et en particulier sans que les battements du cœur se soient sensiblement modifiés. Les tracés pneumo-graphiques accusent dans ces cas une augmentation de l'amplitude des mouvements respiratoires et une diminution du nombre des respirations dans la proportion de 1/6 à 1/8. Cette même action a été observée chez l'homme. En poursuivant l'étude de cette action de l'érythrophléine sur la respiration, G. Sée et Bochefontaine ont constaté que, chez le chien empoisonné par l'érythrophléine, le diaphragme conserve, immédiatement après la mort, son excitabilité normale, alors que les nerfs phréniques, contrairement à ce qui se passe normalement, perdent leur excitabilité beaucoup plus rapidement que les autres nerfs. Pour ces auteurs, le ralentissement et l'augmentation d'amplitude des mouvements respiratoires, dans l'intoxication légère, tiendraient à une localisation d'action de l'érythrophléine sur les terminaisons des nerfs phréniques. Dans une phase avancée de l'intoxication, il est facile de constater que le centre respiratoire se trouve fortement atteint. La section des nerfs vagues chez les animaux intoxiqués n'empêche pas le poison d'agir sur le cœur et la respiration. L'érythrophléine agit comme excitant de tous les centres respiratoires, médullaires et bulbaires. G. Sée et Bochefontaine ont encore montré l'action spéciale de l'érythrophléine en injectant cette substance à des lapins chloralisés. Après l'injection, la respiration devient de plus en plus fréquente et prend un caractère de plus en plus dyspnéique.

Sur l'homme sain comme sur le chien, l'érythrophléine diminue le nombre des respirations, en même temps qu'elle augmente l'amplitude des mouvements d'inspiration du thorax. Chez l'homme malade, les mêmes effets ont encore été observés, et l'on a pu remarquer que, chez lui comme chez l'animal sain, l'influence de l'érythrophléine sur la respiration est passagère, lorsque, bien entendu, cette substance est administrée à dose non toxique, c'est-à-dire à dose thérapeutique. On ne devra donc pas compter sur une action persistante de ce médicament, et on ne l'emploiera que comme adjuvant d'un autre traitement, ou pendant une pause dans l'emploi d'un autre agent thérapeutique.

Les dyspnées sont, à l'exception des dyspnées thermiques, partout en voie de diminution. Dans tous les états pathologiques, le médicament produit une sensation de bien-être, une facilité de respiration que tous les malades accusent spontanément au bout de quelques heures; tous annoncent d'abord une modification subjective de la respiration; la sensation du besoin de respirer est plus satisfaite, la soif d'air diminuée, et le malade se sent plus libre du côté de la respiration. Cependant le nombre des respirations ne diminue pas sensiblement; mais, ce qui est frappant, c'est que le type respiratoire est complètement modifié; l'inspiration prend une grande amplitude; le tracé reproduit chez les malades, comme à l'état sain, le même schéma, c'est-à-dire l'ascension brusque, considérable, de la ligne respiratoire; c'est une inspiration à la fois profonde et facile; on n'aperçoit plus aucun effort inspiratoire de la part des muscles auxiliaires. L'inspi-ration se fait désormais par le diaphragme surtout, les muscles scalènes, les élévateurs des côtes, intercostaux externes; quand l'inspiration est forcée, les muscles du tronc, les sterno-cléido-mastodiens, trapèzes, petits pectoraux, dentelés, rhomboïdes, extenseurs de la colonne vertébrale entrent en jeu. Il n'en est plus ainsi pendant les inspirations les plus profondes que provoque l'érythrophléine; on n'observe aucun effort, et par conséquent aucune intervention de la série des muscles auxiliaires; le diaphragme suffit pour produire cette énorme inspiration, qui semble surtout consister dans un allongement de la cavité thoracique, dû à la contraction énergique et à l'abaissement du diaphragme. Cette étude physiologique et chimique de l'action de l'érythrophléine sur la respiration, faite par G. SÉE, se trouve confirmée dans sa partie thérapeutique par l'observation de HERMANN, qui, lui aussi, signale, dans les mêmes conditions, l'influence subjective de ce médicament.

Action sur les muscles. — GALLOIS et HARDY, qui ont eu l'attention appelée sur l'action cardiaque de l'érythrophléine, ont recherché aussi l'action de cette substance sur les autres muscles striés. Ils ont vu que les muscles, chez une grenouille empoisonnée, deviennent insensibles au passage du courant galvanique, plusieurs heures plus tôt que quand on se borne à les priver du conctact du sang sur un animal sain. Les muscles striés, qui ont été mis en contact direct avec le poison, perdent leur contractilité beau-coup plus vite que les autres. La grenouille empoisonnée, et qui cherche à fuir, traîne péniblement la jambe dans laquelle a été pratiquée l'injection, et, quand elle cesse de répondre aux excitations directes, si on l'électrise, on reconnaît facilement le membre qui a reçu la solution toxique, à la disparition rapide de la contractilité de ses muscles.

Action sur le système nerveux. — LEWIN le premier a reconnu à l'érythrophléine une propriété anesthésiante; il s'est servi pour ses recherches du chlorhydrate d'érythro-phléine préparé par MERCK. Une solution de chlorhydrate d'érythrophléine au 1/500 ins-tillée dans l'œil d'un chat y produit, après quinze à vingt minutes, une anesthésie com-plète d'une durée de vingt-quatre à soixante heures. Les solutions concentrées à 1/50 provoquent une irritation très intense de la cornée qui se dissipe cependant en peu de jours. Chez le cobaye, quinze minutes après l'injection hypodermique de l'érythro-phléine, on peut inciser la peau de la région de la piqûre sans provoquer la moindre douleur; les muscles mêmes sont insensibles.

Dans une autre expérience, LEWIN rapporte qu'ayant injecté dans le flanc d'un cochon d'Inde 1/2 milligramme d'érythrophléine dans 1 centimètre cube d'eau, il a obtenu, après vingt minutes, une anesthésie locale tellement considérable, qu'il a pu couper la peau, les muscles, et même le péritoine, et suturer ensuite la plaie, sans provoquer la moindre réaction douloureuse. Le même résultat a été obtenu sur un chien. Pour pro-voquer l'anesthésie oculaire, LEWIN recommande l'usage d'une solution de chlorhydrate d'érythrophléine à 0,05 p. 100. On obtient avec cette solution une forte anesthésie sans dilatation pupillaire. Si quelques expérimentateurs ont observé de la mydriase, cela tient pour LEWIN à l'emploi de préparations impures. Une solution chimiquement pure et fraîche d'érythrophléine n'est pas opalescente, ni acide.

D'après LIEBREICH, l'érythrophléine n'est pas à proprement parler un anesthésique local : c'est un poison caustique qui, avec beaucoup d'autres substances injectées sous la peau, telles que le perchlorure de fer, le fer dialysé, la résorcine par exemple, pro-voque secondairement une insensibilité locale. Sur l'œil, l'action de l'érythrophléine est bien différente de celle de la cocaïne. Tandis que celle-ci anesthésie toutes les mem-branes oculaires, l'érythrophléine amène d'abord l'anesthésie de la cornée, puis de la sclérotique; durant ce temps, la conjonctive reste hypérémiée et très irritée. Les expériences sur l'homme confirment celles faites sur l'animal. Les injections sous-cutanées d'érythrophléine sont douloureuses et irritantes, déjà à un demi-milligramme, et leurs effets anesthésiques sont consécutifs à leurs effets caustiques.

SCHŒLER, qui a étudié l'action de l'érythrophléine sur l'œil de l'homme, a noté les symptômes suivants. L'anesthésie apparaît plus tard qu'avec la cocaïne, mais elle dure plus longtemps. L'instillation d'une goutte d'une solution au 1/300 est immédiatement suivie d'une sensation de cuisson et de corps étranger avec rougeur et épiphora. Cinq minutes plus tard, on constate un affaiblissement de la sensibilité. Les symptômes d'irritation augmentent pendant un certain temps jusqu'à l'établissement de l'anesthésie complète de la cornée et disparaissent après trente-cinq à cinquante minutes. Après trois heures, les sujets en expérimentation accusent un alourdissement des paupières et de l'obnubilation de la vue, comme si un voile épais se trouvait devant les yeux avec des cercles irisés. Ces phénomènes durent deux à trois heures, ils s'amendent ensuite et disparaissent en neuf heures environ. Dans un cas où il avait instillé 2 gouttes de la solution, SCHŒLER vit l'anesthésie complète survenir après cinq minutes; mais, en moyenne, l'anesthésie débute après quinze à vingt-cinq minutes et dure huit à neuf heures. Elle est beaucoup plus profonde sur la cornée que sur la conjonctive.

Par des expériences sur le lapin, SCHŒLER a reconnu que l'érythrophléine porte son action sur les terminaisons du trijumeau; elle provoque ainsi les premiers stades d'une kératite neuro-paralytique, tandis que la cocaïne irrite toujours en même temps les terminaisons du sympathique. L'emploi de l'atropine n'empêche pas l'action de l'érythrophléine de se produire, et l'excitation du sympathique, mis à nu, donne le résultat habituel malgré l'instillation préalable de l'érythrophléine.

KOLLER a particulièrement suivi l'effet produit par l'instillation dans l'œil d'une solution de chlorhydrate d'érythrophléine. Ayant instillé dans l'œil d'un chien 2 gouttes d'une solution au 1/400, il observa, une minute environ après, des clignements fréquents des paupières; l'animal cherchait à s'essuyer l'œil avec la patte ou en se frottant aux objets qui l'entouraient. L'œil resta fermé spasmodiquement; la conjonctive était très rouge, et l'on constatait de l'injection ciliaire. Après vingt minutes, l'irritation parut atteindre son maximum. Une demi-heure environ après le début de l'expérience, l'œil restait définitivement ouvert. La cornée était complètement insensible aux attouchements et aux piqûres. Cette anesthésie dura plusieurs heures. La pupille ne présenta pas de modifications. Le jour suivant, on trouva l'œil spasmodiquement fermé, la conjonctive était rouge, tuméfiée, le limbe de la cornée boursouflé; la surface de la cornée était d'une opacité blanchâtre et c'est à peine si l'on pouvait apercevoir la pupille. Après soixante-douze heures, l'opacité commença à diminuer, mais elle persista néanmoins encore.

KOLLER fit aussi une expérience sur lui-même. Une à deux minutes après l'instillation dans l'œil de 2 gouttes d'une solution de chlorhydrate d'érythrophléine au 1/800, il ressentit une forte cuisson accompagnée de rougeur de la conjonctive et d'épiphora. La douleur augmenta en irradiant dans toute la moitié correspondante de la face, dans l'oreille et surtout dans le nez. Tous ces phénomènes atteignirent leur maximum d'intensité en vingt minutes environ pour diminuer ensuite et disparaître trente-cinq à quarante minutes après le début. A ce moment de l'expérience la cornée était complètement insensible. Cette anesthésie profonde se maintint pendant plusieurs heures. Le lendemain matin la sensibilité de la cornée était encore affaiblie. L'action de l'érythrophléine sur la pupille et l'accommodation était nulle, à part un léger myosis qui accompagnait les symptômes d'irritation et était évidemment provoqué par eux. Une heure et demie après le début de l'expérience, KOLLER éprouva une obnubilation de la vue, dont la cause était une opacité de l'épithélium de la cornée; l'œil avait perdu son reflet brillant, et toutes les flammes paraissaient à KOLLER entourées d'un anneau irisé, comme cela a lieu dans l'accès de glaucome. L'opacité de la cornée diminua lentement et ne disparut tout à fait qu'au troisième jour après l'instillation.

Tous les anesthésiques locaux produisent au début une action irritante. Entre la cocaïne et l'érythrophléine, il n'y a à cet égard qu'une différence quantitative. Comme l'érythrophléine, la cocaïne produit une opacité de l'épithélium de la cornée; KOLLER l'a aussi observée; mais cette opacité est légère, et dans la plupart des cas presque imperceptible. KOLLER pense que les anesthésiques locaux produisent l'opacité de la cornée, non à la manière des substances caustiques, mais en provoquant dans les cellules épithéliales une altération particulière de leur nutrition.

TWEEDY, TROUSSEAU, GOLDSCHMIDT, REUSS, KŒNIGSTEIN, G. GUTMANN, HIRSCHBERG, PANAS, THÉOBALD, VIGNES, ont observé des phénomènes d'irritation analogues à ceux décrits ci-dessus; tous ces observateurs arrivent à peu près à cette conclusion, que toujours la cocaïne est d'un emploi infiniment préférable à celui de l'érythrophléine.

Employée en injections sous-cutanées, l'érythrophléine n'a donné que de mauvais résultats à KAPOSI, qui en a déconseillé l'usage.

P. GUTTMANN a employé l'érythrophléine en injections hypodermiques chez 11 malades atteints de douleurs névralgiques. Les injections de 1/4 à 1/2 milligramme d'érythrophléine amènent, après vingt-cinq à trente minutes, une sédation marquée de la douleur pour plusieurs heures. Des doses de 1/2 à 2 milligrammes produisent constamment une analgésie de six à huit heures de durée. Les injections ont occasionné une sensation de cuisson très supportable, et ont laissé quelquefois après elles une petite induration à l'endroit de la piqûre. En badigeonnages sur les plaies bourgeonnantes, GUTTMANN a observé que l'érythrophléine y produisait souvent l'anesthésie après l'absorption de 1 milligr. 1/2 de médicament.

LŒWENHARDT a expérimenté sur l'homme l'effet d'une solution de chlorhydrate d'érythrophléine au 1/100 en injection sous-cutanée. Il a constaté une douleur ardente, puis la formation d'une éminence ortiée au sein d'une zone rouge et œdématiée. Il y a eu, une demi-heure plus tard, non pas une véritable anesthésie, mais une simple diminution de la sensibilité au niveau de l'œdème.

KAREWSKI non plus n'a pas obtenu l'anesthésie totale; mais, en combinant l'application de la bande d'ESMARCH à l'emploi de l'érythrophléine, il a déterminé la production d'une analgésie suffisante pour bon nombre de petites opérations chirurgicales.

Dans tous les cas d'injection hypodermique il a observé une phase de douleur, parfois intolérable, qui dans quelques cas a duré plusieurs jours : il a vu aussi se produire de la rougeur et de l'œdème. L'ischémie artificielle produite par la bande d'ESMARCH en augmentant l'anesthésie, diminue en même temps les phénomènes d'irritation; mais ceux-ci reparaissent après l'enlèvement de la bande.

L'emploi de l'érythrophléine dans les cas de névralgie a donné à KAREWSKI de bien meilleurs résultats, la douleur provoquée par l'injection et la douleur spontanée primitive ont disparu après 1 h. à 1 h. 1/2.

La durée de l'analgésie suivant la dose employée peut ainsi se résumer :

1/2 milligr.	. . . .	1 heure
1 —	. . . .	1 —
2 1/2 —	. . . .	24 heures
2 1/2 —	. . . .	Guérison définitive.
5 —	. . . .	—
5 —	. . . .	—
1 centigr.	. . . .	—

De toutes ses expériences, KAREWSKI conclut que l'usage de l'érythrophléine pour l'anesthésie chirurgicale ne peut être que très limité, à cause de la lenteur avec laquelle l'anesthésie s'établit, de l'inconstance de cette anesthésie dans les cas où on n'emploie pas l'ischémie artificielle, et des phénomènes d'irritation que les injections provoquent.

L'érythrophléine a successivement, par son action cardiaque, puis par son action anesthésiante, retenu l'attention des physiologistes et des cliniciens. Ceux-ci ont entrevu et tenté des applications nombreuses de ses propriétés à la thérapeutique, mais aujourd'hui ils semblent l'avoir définitivement abandonnée, donnant leur préférence à des substances qui ont des actions certaines et qui ont aussi de moindres inconvénients.

Bibliographie. — MARTIN (S.). *Examen chimique de l'écorce de casca ; nouvel agent émétique (Bull. gén. de thérap.*, etc., 1862, LXIII, 23-25). — GALLOIS (N.) et HARDY (E.). *Recherche chimique et physiologique sur l'écorce de mançoise (Erythrophlœum guineense) et sur l'Erythrophlœum Conmingo (Bull. et mém. Soc. de thérap.*, 1877, (2), III, 57-60; — A. de P., 1876,

(2), III, 197-229, 1 pl.). — Brunton (T. L.). *Pharmacological investigation of casca bark* (*Brit. M. J.*, 1877, I, 345-347). — Brunton (T. L.) et Pye (W.). *On the physiological action of the bark of Erythrophleum Guineense, generally called casca, cussa, or sassy bark* (*Phil. Tr.*, 1877, 1878, CLXVII, 627-658; *Med. Press et Circ.*, 1878, XXVI, 79, 99). — Sée (G.) et Bochefontaine. *Sur les effets physiologiques de l'érythrophléine* (*C. R.*, 1880, XC, 1366-1368; — Drummond (P.). *Casca bark versus digitalis* (*Lancet*, 1880, II, 763). — Harnack (E.) et Zabrocki (R.). *Untersuchungen über das Erythrophleïn, den wirksamen Bestandtheil der Sassy-Rinde* (*A. P. P.*, 1881-1882, XV, 403-418). — Harnack (E.). *Ueber das Erythrophleïn, das Alkaloïd der Sassy-Rinde* (*C. W.*, 1882, XX, 445). — Zabrocki (R.). *Pharmakologisohe und chemische Untersuchungen über das Erythrophleïn, das Alkaloïd der Sassy-Rinde* (*Halle.*, 1882, Plötz, 33 p., in-8). — Lewin (L.). *Ueber das Haya-Gift und das Erythrophlaeïn* (*Berl. klin. Wchnschr.*, 1888, n° 4, 64; et *A. A. P.*, 1888, CXI, 575-604, 1 pl.); — Lewin. *A New anæsthetic : Erythrophlœïn* (*Lancet*, 1888, 190, 346). — Tweedy (John). *Erythrophlœine* (*The Lancet*, 1888, 249). — Trousseau (A.). *Note sur le chlorhydrate d'érythrophléine. Nouvel anesthésique local* (*Bull. méd.*, 1888, n° 10, 156). — Nevinny (J.). *Erythrophlœium* (*Wien. Med. Presse*, 1888, 186, 223, 295). — Liebreich (O.). *Ueber die Wirkung der N. Cassa-Rin..e und des Erythrophlœïns* (*Berl. klin. Wchnschr.*, 1888, n° 9, 161-166). — Schœler. *Ueber die Wirkung der N. Cassa-Rinde und des Erythrophlœïns* (*Deut. Mediz. Zeit.*, 1888, n° 14, 171). — Koller (Carl). *Erythrophlœïn* (*Wien. Med. Wchnschr.*, 1888, n° 6, 185-187). — Karewski. *Ueber die praktische Verwendbarkeit der Erythrophlœïn Anästhesie* (*Berl. klin. Wchnschr.*, 1888, n° 11, 220-222). — Bernheimer (S.). *Zur Kenntniss der anæstetischen Wirkung des Erythrophlœïnum muriaticum* (*Klin. Mon. f. Augenh.*, 1888, XXVI, 91-98). — Goldschmidt (F.). *Erythrophlœïn als Anästheticum* (*Centralbl. f. klin. Medicin.*, 1888, IX, 121-124). — Reuss (A). *Ueber die Wirkung des Erythrophlœïns auf das menschliche Auge* (*Inter. klin. Rundschau*, 1888, n° 8, 250). — Konigstein (L.). *Versuche mit Erythrophlœïn* (*Ibid.*, n° 8, 252). — Onodi. *Versuche mit Erythrophlœïn* (*Pest. med. chir. Presse*, 1888, XXIV, 455). — Onodi (A.). *Kiserletek erythrophlacinnel ermberen* (*Orvosi hetil.*, 1888, XXXII, 523-528). — Lœwenhardt (F.). *Zur praktischen Verwerthung des Erythrophlœïns* (*Berl. klin. Wchnschr.*, 1888, n° 10, 189). — Liebreich (O.). *Haya und Erythrophlaeïn* (*Ibid.*, 1888, n° 10, 190-192). — Guttmann (P.). *Ueber die praktische Verwendbarkeit der Erythrophlæïn-Anästhesie* (*Deut. Mediz. Zeit.*, 1888, n° 21, 254). — Guttmann (G.). *Ueber die praktische Verwendbarkeit der Erythrophlæïn-Anästhesie* (*Ibid.*, 1888, n° 21, 254). — Hirschberg. *Ueber Erythrophlœïn* (*Berl. Klin. Wchnschr.*, 1888, n° 11, 222). — Epstein (E.). *Beitrag zur Anwendung des Erytrophlœïns* (*Centralbl. f. Klin. Med.*, 1888, IX, 161-163). — Kaposi (M.). *Erythrophlæïn, das neue Anästheticum* (*Wien. med. Wchnschr.*, 1888, XXXVIII, 284-286). — Panas. *Sur la valeur de l'érythrophléine en ophtalmologie* (*Bull. Acad. de méd.*, 1888, (3), XIX, 351-354). — Lipp (E.). *Wirkungen des Erythrophlœïn* (*Wien. med. Wchnschr.*, 1888, XXXVIII, 353, 397). — Eloy (C.). *Les propriétés physiologiques et l'emploi thérapeutique de l'érythrophléum et de l'érythrophléine* (*Gaz. hebd. de méd.*, 1888, (2), XXXV, 210-214). — Laborde (J. V.). *De l'anesthésie locale à propos de la communication de M. le prof. O. Liebreich* (*C. R.*, 1888, (8), V, 403). — Hermann (F.). *Ueber die Wirkung des Erythrophlæïns auf das Herz* (*Wien. Klin. Wchnschr.*, 1888, n° 8, I, 197). — Dabney (S. G). *The use of erythrophleine as a local anæsthetic* (*Med. Rec.*, 1888, XXXII, 634). — Theobald (S.). *An impleascent experience with the new local anæsthetic hydrochlorate of erythrophleine* (*Med. News*, 1888, III, 688). — Katzauroff (I. N.). *Effect of erythrophleine on normal eye* (*Vrach*, 1888, IX, 167-169). — Sée (G.). *L'érythrophléine, médicament cardiaque* (*Méd. mod.*, 1891, III, 825-828). — Glawatz (Em.). *Beitrag zur Kenntniss der Wirkung des Erythrophleïn*, Kiel, 1891, L. Hemdorff, 17 p., in-8. — Harnack (E.). *Ueber älteres und neueres Erythrophleïn* (*Berl. klin. Wochnschr.*, 1895, XXXII, 759).

A. CAMUS.

ESCULINE ($C^{15}H^{16}O^9$ + 71,1 $2H^2O$). — Glucoside cristallisable qu'on extrait de l'écorce des marronniers d'Inde. Par l'ébullition elle se dédouble en glycose et esculétine ($C^9H^6O^4$). ($C^{15}H^{16}O^9$ + H^2O = $C^6H^{12}O^6$ + $C^9H^6O^4$). Testa avait cru trouver que ce corps a une action analgésiante (1882), et Calvi avait indiqué l'action hypothermisante de cette substance, en même temps il lui attribuait des effets convulsivants à la dose de 2 milligrammes. L. d'Amore a établi que les soi-disant effets de l'esculétine étaient dus à la glycérine employée comme dissolvant (*Sulla pretezia azione convulsivante dell'Esculina e sul suo potere diuretico, Progreso medico*, 1891).

ESENBECKINE. — Alcaloïde extrait par Martius de l'écorce d'*Esenbeckia febrifuga*.

ÉSÉRINE. — Voyez **Physostigmine.**

ESPACE (Le sens de l'). — I. Introduction. — La genèse des notions sur l'espace qui nous environne est un problème qui avait de tout temps occupé les philosophes et dont la solution présentait de grandes difficultés. La définition même du mot « espace » n'était point aisée. John Locke qui, l'un des premiers, dans son célèbre *Essai sur l'entendement humain*, a discuté à fond l'origine de nos notions sur l'espace, reconnaît l'impossibilité de le définir avec précision. Après avoir cité les paroles de Salomon : « Les cieux et les cieux des cieux ne te peuvent contenir », celles de Saint Paul : « C'est en lui que nous avons la vie, le mouvement et l'être », il ajoute évasivement, pour son propre compte : « Que si quelqu'un me demande ce que c'est que cet espace dont je parle, je suis prêt à le lui dire quand il me dira ce que c'est que l'étendue. » Adversaire des idées innées, Locke se contente de dire que la notion de l'espace nous est donnée aussi bien par la vue que par le toucher (1). Contrairement à l'opinion d'Aristote, alors prédominante, que l'espace n'était qu'un attribut de la matière, Locke considéra l'espace comme un vide absolu, bien distinct de la substance.

Descartes et ses disciples avaient adopté presque toutes les idées d'Aristote sur l'espace. Leibnitz se prononça contre les Cartésiens ; il distinguait entre l'espace vide et la matière. L'espace n'était pour Leibnitz qu'une *relation* entre les divers corps.

Kant doit être considéré comme le précurseur des idées actuellement dominantes sur l'espace. Pour ce philosophe, l'espace et le temps sont deux formes données de notre intuition. « L'espace, dit-il, est une représentation nécessaire, aprioristique, qui sert de base à toutes nos idées... Nous ne pouvons nous imaginer qu'il n'existe pas d'espace, quoique nous puissions très bien admettre qu'il n'y ait pas d'objets dans l'espace. L'espace est une pure idée (3). » Cette conception de Kant fut particulièrement développée par J. Muller (4) : « L'idée d'espace ne peut pas être un produit de l'éducation ; au contraire, la notion de l'espace et du temps est nécessaire, et toutes les sensations se soumettent nécessairement à ces notions ; aucune sensation ne peut exister en dehors de la notion de l'espace et du temps. » C'est donc de Kant que date la théorie *nativiste* de l'espace, tandis que Locke était le véritable initiateur de la théorie *empiriste.*

L'une et l'autre théorie ont trouvé plus tard une large base expérimentale dans les recherches de Helmholtz et de Hering sur la vision binoculaire, sur la formation de l'horoptère et sur divers autres phénomènes physiologiques de notre organe de la vue. C'est aux ouvrages spéciaux que nous renvoyons le lecteur pour les détails des problèmes de psycho-physiologie qu'ils soulèvent. Nous n'en indiquerons ici que les points fondamentaux, en tant qu'ils touchent directement à la formation de nos notions sur l'espace.

« La proposition fondamentale de la théorie empiriste, dit Helmholtz (2), c'est que les sensations sont pour notre conscience des signes dont l'interprétation est livrée à notre intelligence. En ce qui concerne les signes fournis par la vision, ils diffèrent en intensité et en qualité (en couleur) ; de plus, ils doivent présenter une troisième différence dépendant de la partie qui est excitée sur la rétine et qui porte le nom de *signe local*. Les signes locaux des sensations de l'œil droit sont généralement différents de ceux des points correspondants de l'œil gauche... Nous sentons, en outre, le degré d'innervation que nous transmettons aux nerfs des muscles oculaires... » « Les notions d'étendue de ces mouvements ne dépendent pas nécessairement des perceptions visuelles ou tout au moins elles n'en dépendent pas uniquement... » « La position que présentent les objets par rapport à notre corps est appréciée à l'aide du sentiment d'innervation des nerfs oculaires, mais elle est contrôlée à chaque instant d'après le résultat, c'est-à-dire d'après le déplacement que les innervations impriment aux images... »

Tout opposée est la manière de voir de Hering (5). Ce dernier admet qu'à l'état d'excitation les différents points de la rétine provoquent, outre les sensations de couleurs, trois sortes de *sensations d'étendue* : « La première répond à la position en hauteur de la portion correspondante de la rétine, la seconde à sa position en largeur. Les sensations de hauteur et de largeur, dont la réunion donne la notion de direction, relativement à la position de l'objet dans le champ de vision, sont égales pour les points correspondants. » Il existe de plus une troisième sensation d'étendue d'une nature particulière, c'est la sensation de profondeur. »

Les deux théories diffèrent donc par des points essentiels, et aucune n'est complètement satisfaisante. « Notre connaissance des phénomènes se rapportant à cette question est encore trop incomplète pour ne permettre qu'une seule théorie et exclure tout autre », reconnaît Helmholtz. Chacune des deux théories prête à des objections nombreuses, et pour la plupart insurmontables. Helmholtz formule notamment celle-ci contre la thèse nativiste : « Je ne peux m'expliquer comment une *seule sensation nerveuse*, sans aucune expérience préalable, peut donner lieu à une représentation d'espace complète. » D'autre part, dans la théorie empiriste, il reste toujours incompréhensible comment les sensations de mouvement ou d'innervation musculaire, même associées à la reconnaissance des *signes locaux*, peuvent créer la *représentation d'un espace à trois dimensions*.

« Il y a, en effet, deux questions qu'il ne faut pas confondre, écrivait avec raison Lotze (6) dans une étude approfondie sur la formation de la notion de l'espace. L'une est de savoir pourquoi l'âme arrange la multitude des sensations *dans ce cadre de relations géométriques*, et non *dans tel autre ordre tout à fait différent*, mais dont nous n'avons pas la moindre idée. L'autre question — supposant comme données, dans la nature de l'âme, *et la faculté et la détermination de cette disposition des sensations* — est simplement de savoir comment fait l'âme pour assigner dans cette intuition de l'espace, qui lui est nécessaire, à *chacune de ces sensations sa place déterminée*, en correspondance avec l'objet qui en est la cause. C'est à cette seconde question seulement que nous prétendons répondre par notre *théorie des signes locaux* et, loin de vouloir satisfaire à la première, *nous condamnons comme impossible toute tentative de répondre à ce problème insoluble*. » (Bien avant Lotze, le célèbre mathématicien Gauss s'était déjà prononcé pour l'impossibilité de pareilles tentatives. « Je me persuade de plus en plus que la nécessité de notre géométrie ne peut être démontrée, du moins par l'esprit d'un homme et à l'esprit d'un homme : peut-être dans la vie future comprendrons-nous *ce qu'il nous est impossible de comprendre maintenant, la nature de l'espace*. » (Lettre de Gauss à Olbers, 28 avril 1817.)

Au moment même où le philosophe Lotze formulait cette condamnation de toute tentative d'expliquer l'origine de notre notion de l'espace, le problème déclaré par lui insoluble était déjà résolu d'une manière satisfaisante, et cela à l'aide d'une expérimentation physiologique des plus rigoureuses : nous voulons parler de la démonstration faite par nous en 1877-1878 (7 et 8) que *les canaux semi-circulaires de l'oreille interne sont les organes périphériques du sens de l'espace*; c'est-à-dire que nous possédons un *organe de sens spécial*, qui nous force précisément à « arranger la multitude de nos sensations dans ce cadre de relations géométriques », *d'un espace à trois dimensions*.

Cette découverte d'un *sixième sens*, le sens de l'espace, a été diversement accueillie à son début; acceptée avec faveur par les uns comme la solution définitive et satisfaisante d'un des problèmes fondamentaux de la psychologie physiologique, elle a rencontré d'autre part plusieurs adversaires déclarés, surtout parmi les savants qui, sans avoir eux-mêmes expérimenté sur le labyrinthe de l'oreille, avaient à l'aide de déductions ingénieuses attribué d'autres fonctions à cet organe. Pendant plus de vingt ans ma théorie fut ainsi l'objet d'une discussion scientifique souvent très ardente, dont elle sortit en somme victorieuse, corroborée qu'elle fut par les nouvelles recherches expérimentales instituées par nous dans ces derniers temps (9, 10, 11, 12 et 13). L'inévitable opposition que suscite toute nouveauté scientifique qui se heurte à des conceptions fortement enracinées a fini par désarmer, ou peu s'en faut. Le sixième sens, que nombre de grands physiologistes à la fin du dernier siècle et au commencement de celui-ci (voir plus loin) avaient vaguement pressenti, est définitivement entré dans le domaine de la science positive. C'est le fonctionnement physiologique de ce sens de l'espace que nous allons exposer ici.

Les phénomènes de Flourens, les diverses hypothèses tendant à les expliquer. — C'est à FLOURENS qu'il faut en première ligne rapporter l'honneur d'avoir donné l'impulsion aux recherches qui ont abouti à la détermination de ce sens. Les expériences de ce grand physiologiste sur les troubles moteurs causés par la section des canaux semi-circulaires servirent, en effet, de point de départ aux miennes.

Les perturbations décrites par FLOURENS (14) avec une précision classique dans ses célèbres mémoires à l'Académie des Sciences ont fait l'objet de plusieurs descriptions dans ce *Dictionnaire* (voir **Audition**, t. I; **Coordination des mouvements**, t. IV). L'ouvrage très complet de VON STEIN sur les fonctions du labyrinthe (15), paru en russe en 1891, contient un exposé de toutes ces recherches, ainsi que de celles qui s'y rattachent plus ou moins directement. La bibliographie très détaillée de cette question a également été donnée par STERN (16) et récemment traduite en français dans la thèse de KŒNIG (17). On trouve aussi un exposé des principales recherches dans ma thèse (8) et dans mes ouvrages ultérieurs.

Nous pouvons donc nous borner à reproduire les résultats principaux des recherches de FLOURENS qui se rapportent directement au sens de l'espace. L'auteur les a résumés en ces termes : « Voilà donc trouvée la cause des singuliers effets des canaux semi-circulaires : d'une part *la section de chaque canal produit un mouvement dont la direction est toujours la même que celle du canal coupé*... Enfin, dans les canaux semi-circulaires et dans les fibres correspondantes de l'encéphale résident les forces modératrices des mouvements (14). »

FLOURENS considérait par conséquent les canaux semi-circulaires comme des organes périphériques intervenant d'une manière efficace dans *la direction et la modération des mouvements*. Constatons tout de suite que cette conclusion de FLOURENS n'a pas cessé d'être complètement exacte dans son sens général, et qu'elle répond parfaitement à nos connaissances actuelles.

Les expériences de FLOURENS furent reprises telles quelles par VULPIAN (18), BROWN-SÉQUARD, SCHIFF (19) et autres. Les premiers de ces auteurs cherchaient à expliquer les troubles moteurs par « un vertige auditif qui retentit sur tout l'organisme ». C'est seulement vers l'année 1870 que l'on commença à varier, à modifier profondément les procédés d'expérimentation sur les canaux semi-circulaires, et à étudier d'une façon plus pénétrante le mécanisme intime des troubles locomoteurs décrits par FLOURENS. Les expériences de GOLTZ (20), de LŒWENBERG (21), et de moi et SOLUCHA (22) ouvrirent la voie aux innombrables recherches qui se sont succédé depuis lors et qui ont fait du fonctionnement du labyrinthe un des problèmes les plus étudiés, mais aussi les plus embrouillés de la physiologie.

Le procédé opératoire de GOLTZ était très défectueux, et ce physiologiste ne réussit qu'à reproduire très imparfaitement les phénomènes de FLOURENS. Il détruisait simplement, chez les pigeons, à l'aide d'un fer rouge, la partie de l'os occipital qui recouvre les canaux semi-circulaires, ainsi que les deux paires de canaux (horizontaux et verticaux postérieurs). Rarement les animaux survivaient à cette opération accompagnée d'une perte de sang considérable; ils ne manifestaient que des troubles généraux dans la locomotion et dans la coordination des mouvements. Par contre, GOLTZ soumit les phénomènes de FLOURENS à une discussion approfondie et arriva à des conclusions nettement formulées. Les canaux semi-circulaires seraient, d'après lui, un organe destiné à maintenir l'équilibre du corps en maintenant celui de la tête. Ils rempliraient cette tâche de la manière suivante : l'endolymphe de ces canaux, se déplaçant avec les mouvements de la tête, exciterait les terminaisons nerveuses des ampoules, et les sensations provoquées par ces excitations nous aideraient à maintenir la tête en équilibre.

Ces conclusions très hasardées et appuyées sur une expérimentation défectueuse n'acquirent une certaine importance que grâce à l'extension et au développement théorique que l'excellent chimiste CRUM-BROWN (23) et l'éminent physicien MACH (24) leur donnèrent presque simultanément. MACH eut l'heureuse idée de rattacher les expériences de FLOURENS à celles de PURKINJE sur le vertige, et il reprit sur une vaste échelle les recherches de ce dernier concernant les illusions optiques pendant la rotation de notre corps autour d'un axe vertical. L'hypothèse très ingénieuse de ces deux théoriciens sur l'existence d'un sens de *rotation* dans le labyrinthe de l'oreille — hypothèse fondée sur ces expériences de rotation, comme aussi sur le rôle que Goltz avait attribué à l'endolymphe pendant le mouvement de la tête — rallia de nombreux adhérents séduits surtout par la manière en apparence si simple dont elle expliquait les phénomènes de Flourens.

Parmi les partisans de la théorie Crum-Brown et Mach, il faut citer en première ligne I. Breuer (25), qui, non content d'admettre l'existence d'un sens de rotation dans les canaux semi-circulaires, leur attribue encore un autre sens, le sens *statique*, lequel ne serait plus, lui, mis en action par les changements de pression de l'endolymphe, mais par les soubresauts des otolithes pendant les mouvements brusques de la tête.

Yves Delage (26), dans une étude en partie expérimentale publiée sur le même sujet en 1886, rejeta le sens statique de Breuer, mais se déclara favorable à l'hypothèse de Mach sur le sens de rotation, tout en reconnaissant qu'elle manquait de preuves directes et qu'elle était en contradiction flagrante avec les faits expérimentaux établis par nous. Aubert (27), dans l'édition allemande qu'il donna de l'étude de Delage, adopta entièrement les vues de cet éminent zoologiste.

Nous jugeons inutile d'insister sur les détails de l'hypothèse de Mach et Crum-Brown, dont l'intérêt est devenu exclusivement historique, depuis que de nombreuses recherches, vraiment expérimentales, et faites sur les canaux semi-circulaires eux-mêmes, en ont démontré l'inanité. Devant cette démonstration, Mach lui-même a d'ailleurs expressément abandonné son hypothèse (28) et s'est rangé, sur les points essentiels, à notre théorie du sens de l'espace (voir 9 et 10). Dès le début, en effet, Mach a insisté sur la nécessité de vérifier l'exactitude de son hypothèse en sectionnant les nerfs acoustiques avant de soumettre les animaux à la rotation; si les troubles observés pendant la rotation forcée des animaux persistaient à se manifester, il serait évident qu'on les attribuait à tort aux sensations produites par l'endolymphe dans les ampoules des canaux semi-circulaires. Nous avons satisfait à ce desideratum de Mach en sectionnant les deux acoustiques : les troubles moteurs ont persisté. La destruction bilatérale du labyrinthe (Breuer [29], Ewald [30] et autres) ne parvenait pas non plus à empêcher ces troubles de se produire pendant la rotation. Leur dépendance des canaux semi-circulaires n'était donc plus soutenable.

Nous avons (8), en outre, montré que ni l'écoulement de la périlymphe et de l'endolymphe, ni la compression uniforme et progressive des canaux membraneux par de très minces bâtonnets de laminaire, ni leur immobilisation par des injections de gélatine dans les canaux osseux ne provoquaient aucun des troubles exigés par l'hypothèse de Mach. Des démonstrations analogues furent faites ensuite par Spamer (31), Ewald (30), Gaglio (32) et autres. Tout récemment j'avais également prouvé que l'illusion optique que nous subissons en parcourant en chemin de fer de grandes courbes (les poteaux télégraphiques et les édifices élevés paraissent penchés vers les wagons à l'intérieur de la courbe, et dans le sens opposé à l'extérieur) dépendait tout simplement de la surélévation du rail extérieur dans les courbes (9); c'est donc à tort que Breuer l'attribuait à un effet de la rotation de la tête sur le labyrinthe.

L'utilité d'un sens de rotation ou de vertige paraît, d'ailleurs, très problématique, surtout chez des animaux qui n'exécutent jamais ces mouvements dans les conditions normales de leur existence. Les nombreuses expériences de rotation auxquelles j'avais soumis les pigeons, lapins, grenouilles (9 et 11), singes, tortues et autres animaux, ont, du reste, catégoriquement démontré que les mouvements soi-disant *compensateurs* de la rotation de la tête ne sont que des *actes de défense* (*Abwehrbewegungen*) par lesquels les animaux réagissent contre la rotation inusitée et involontaire qu'on leur impose. Ces manifestations n'ont rien à faire avec le labyrinthe; elles apparaissent chez les animaux après la destruction de cet organe, et on les rencontre même chez les insectes (fourmis, mouches, abeilles, etc.) qui ne possèdent aucun appareil correspondant au labyrinthe. Ces mouvements, comme l'ont prouvé les expériences sur les animaux aveuglés (Cyon, Ewald, Breuer et tout récemment E. P. Lyon [33]), dépendent bien plus de l'organe visuel que de l'oreille. Il n'est même pas nécessaire de soumettre les animaux à une rotation pour les provoquer : un brusque mouvement rectiligne dans la direction de droite ou de gauche les produit pareillement, la rotation autour d'un axe vertical n'étant au fond que le mouvement continu sur place, à droite ou à gauche (11).

Le sens statique de BREUER, basé sur les soubresauts des otolithes, avait déjà rencontré des adversaires dans DELAGE (26), HENSEN (34, 35), CYON (9, 10 et 11) et autres; il semble que les expériences de STEINER (36), de LAUDENBACH (37) et de E. P. LYON (33) lui aient donné le coup de grâce : elles ont démontré, en effet, que si l'on écarte avec précaution tous les otolithes des otocystes, on ne produit aucun trouble dans les mouvements des animaux, ni aucun des phénomènes de FLOURENS.

Vainement LOEB (38), BETHE (39) et TH. BEER (40) ont essayé de transformer le sens statique en sens *géotrope*, c'est-à-dire d'attribuer à la pesanteur l'excitation des otocystes. Présentée sous cette forme, l'hypothèse ne s'est pas montrée plus viable. Comment soutenir que, grâce à l'attraction vers le centre de la terre, les otolithes forcent les animaux à garder leur corps en équilibre dans une certaine attitude, quand les animaux privés des otolithes n'en maintiennent pas moins l'équilibre de leur corps dans cette même attitude (11, ch. 5)?

III. Analyse des mouvements provoqués par les opérations sur les canaux semi-circulaires, le labyrinthe et l'orientation. — Nous avons déjà vu que FLOURENS avait fait ressortir ce fait capital que la section de chaque canal produit un mouvement, dont la direction est toujours la même que celle du canal coupé. L'analyse de ces mouvements chez les différents animaux indique que, si le *sens dans lequel ils sont exécutés* est toujours le même, il n'en est pas ainsi quant aux parties du corps qui y prennent la part principale. Ainsi, par exemple, chez le pigeon, ce sont les mouvements de la tête; chez la grenouille, ceux du corps entier, et chez le lapin, ceux des globes oculaires qui prédominent après les opérations sur le labyrinthe.

Ce sont les mouvements de la tête qui démontrent le plus aisément la justesse de l'observation de FLOURENS, formulée par nous de la manière suivante : la section de deux canaux semi-circulaires symétriques provoque des oscillations de la tête dans le plan des canaux opérés. Et comme les trois paires des canaux sont disposées dans trois plans perpendiculaires l'un à l'autre, correspondant aux trois coordonnées de l'espace, cette formule peut être exprimée de la manière suivante : *la section ou l'excitation de chaque canal provoque des oscillations de la tête dans le plan correspondant de l'espace.* L'effet de la section ne diffère de celui de l'excitation que par le sens de l'oscillation, le plan où celle-ci se produit restant le même. Les mouvements du corps entier, plus difficile à analyser, s'accomplissent suivant la même loi autour des trois axes des canaux vertical, sagittal et frontal [1].

Mais ce sont surtout les mouvements des globes oculaires qui présentent le plus vif intérêt pour l'étude du labyrinthe comme organe du sens de l'espace. Déjà dans nos premières recherches sur les phénomènes de FLOURENS, nous avons particulièrement fixé notre attention sur une certaine analogie entre ces phénomènes et les troubles moteurs que provoquaient, chez des animaux, des positions anormales de la tête. En répétant les expériences de LONGET (41), je suis arrivé à la conviction que ces troubles sont dus aux fausses notions de l'animal sur la distribution des objets qui l'entourent et sur la position de son corps dans l'espace. En effet, en produisant un strabisme artificiel chez les animaux au moyen de lunettes à verres prismatiques, on parvient à provoquer chez eux des troubles moteurs presque identiques à ceux décrits par FLOURENS.

Les sensations inconscientes provenant des muscles oculaires ou de leurs centres d'innervation et le rôle qu'elles jouent dans nos notions sur l'espace visuel furent, dès lors, particulièrement relevés par nous (22). Il devenait, en effet, très probable que les canaux semi-circulaires pouvaient prendre part d'une manière quelconque à l'utilisation de ces sensations.

Dans la poursuite de mes recherches, je m'étais attaché par conséquent à déterminer l'influence que les lésions des canaux semi-circulaires pouvaient exercer sur le système moteur de l'œil.

En 1876, je pus en communiquer les principaux résultats à l'Académie des Sciences (42). « Les mouvements du globe oculaire, disais-je dans ce mémoire, observés après ces

---

1. Pour les détails de ces mouvements, voir mes *Études, etc.* (22, 8 et 9).

lésions (des canaux semi-circulaires), ne sont pas des mouvements compensateurs provoqués par le déplacement de la tête : ils sont la suite immédiate et directe de la lésion des canaux. Chaque canal semi-circulaire influe d'une manière spéciale sur les mouvements du globe oculaire. » Après avoir indiqué de quelle manière l'excitation de chaque canal agit sur les mouvements des deux yeux, j'établis les modifications que la section du nerf acoustique du côté opposé au canal excité introduit dans ces mouvements.

Le résultat dominant de cette recherche, celui qui a exercé une influence décisive sur ma théorie du sens de l'espace, était celui-ci : *l'excitation de chaque canal semi-circulaire provoque des oscillations des globes oculaires, dont la direction est déterminée par le choix du canal excité.* En effet, écrivais-je, dans l'exposé détaillé de ces expériences (8, 63) : « Étant donné, d'une part, que nos représentations touchant la disposition des objets dans l'espace dépendent surtout des sensations inconscientes d'innervation ou de contraction des muscles oculo-moteurs, d'autre part, que chaque excitation, même minime, des canaux semi-circulaires, produit des contractions et des innervations des mêmes muscles, il est incontestable que les centres nerveux dans lesquels aboutissent les fibres nerveuses qui se distribuent dans les canaux sont en relation physiologique intime avec le centre oculo-moteur et que, par conséquent, leur excitation doit intervenir d'une manière déterminante dans la formation de nos notions sur l'espace. »

Nous discutons plus loin les détails de la théorie de l'espace basée sur l'existence d'un organe spécialement destiné à nous envoyer des sensations qui servent à former la notion d'un espace à trois dimensions. Continuons ici l'exposé des principales données expérimentales qui ont fourni de nouvelles bases à cette théorie.

IV. Le sens de l'espace et le vertige. Observations sur les sourds-muets. — Mach (25) avait particulièrement attiré l'attention sur les rapports qui pouvaient exister entre les phénomènes de *vertige visuel* étudiés par Purkinje (43) et les phénomènes de Flourens. Nous l'avons suivi dans cette voie ; mais, au lieu de chercher dans le labyrinthe de l'oreille un organe spécial qui aurait l'étrange destination de provoquer le vertige, c'est-à-dire un phénomène pathologique, je m'appliquais à concilier les résultats de ses expériences et observations sur le vertige, les illusions optiques, les mouvements du phosphène produits artificiellement pendant que le corps est soumis à une rotation, etc., avec l'existence d'un organe du sens de l'espace. Déjà Mach, tout en s'abstenant de donner une explication des mouvements apparents du phosphène, en avait fait la description suivante : « *On dirait que l'espace optique est projeté sur un autre espace que nous construisons à l'aide de nos sensations de mouvement.* » Après avoir établi que ni ces sensations de mouvement, ni même celles d'innervation ne peuvent intervenir dans certaines illusions optiques, je parvins, en revanche, à expliquer aisément les phénomènes du vertige visuel par des troubles dans les sensations de l'espace. « L'illusion d'un mouvement apparent doit se produire toutes les fois qu'il y a désaccord entre notre perception (l'espace visuel ou tactile) et notre représentation de l'espace idéal. Que ce désaccord soit produit par un nystagmus subit, par des mouvements passifs des globes oculaires, par des perturbations mécaniques dans le cerveau (comme pendant la rotation prolongée de notre corps autour de son axe longitudinal), ou enfin par des lésions des canaux semi-circulaires, le résultat sera toujours le même : nous verrons du mouvement là où en réalité il n'y a que le repos... Supposons un système de coordonnées représentant les trois dimensions de l'espace. Sur ce système nous transportons un dessin qui représente l'espace vu, c'est-à-dire l'image de notre champ visuel. Chaque fois que ce dessin changera sa position par rapport à ce système de coordonnées, nous éprouverons la sensation du mouvement ; que ce changement soit produit par un véritable mouvement de l'espace extérieur, ou seulement par un mouvement passif de la rétine, l'effet sera le même : *nous verrons les objets se mouvoir*[1]. »

Des nombreuses observations sur les sourds-muets par James (45), Kreidl (46), Strehl (46) et autres, ont considérablement avancé la solution du problème : si la théorie du vertige visuel que nous venons d'exposer était exacte, ceux des sourds-muets qui ne possèdent pas de canaux semi-circulaires devaient ignorer le vertige : un désaccord entre l'espace idéal et l'espace visuel ne pouvant pas se produire chez eux. Or, James observe

1. Pour les détails de cette question nous renvoyons à l'article **Vertige**.

que sur 519 sourds-muets, 186 ne connaissent pas le vertige. KREIDL, en soumettant ces infirmes à la rotation, a constaté ce fait intéressant que, tandis que, sur 71 individus normalement constitués, un tout au plus parvient pendant cette rotation à indiquer exactement au moyen d'une aiguille la direction de la verticale, sur 62 sourds-muets complets de naissance, 13 le font avec une absolue précision. Ne subissant pas le vertige de la rotation, ces sourds-muets, que KREIDL suppose être privés de canaux semi-circulaires, peuvent, grâce à l'intégrité de leurs sensations visuelles, déterminer exactement la verticale. Cette explication d'un fait en apparence étrange, donnée par STREHL (46) et par moi, fut récemment admise aussi par KREIDL (47).

Pour STREHL les sourds-muets ignorent complètement le vertige. Cet auteur fait en outre remarquer que, malgré certaines imperfections de leur démarche, ils sont presque toujours passionnés pour la danse.

Ma théorie du vertige visuel basée sur le sens de l'espace se trouve être complètement d'accord avec celle donnée en 1825 par PURKINJE, comme le démontre la mise au jour d'une communication faite par cet éminent physiologiste à la Société des Naturalistes de Silésie et récemment réimprimée par AUBERT (27), qui la découvrit perdue dans un supplément d'un journal politique de Breslau. PURKINJE distingue, lui aussi, un espace subjectif (mon espace géométrique) et un espace objectif (espace visuel et tactile). Normalement nous projetons les sensations de ce dernier espace sur le premier, sur l'origine duquel PURKINJE ne se prononce pas autrement. De ses expériences sur la rotation il conclut que le vertige visuel de la sensation du mouvement, quand il y a repos, est produit par un désaccord entre l'espace subjectif et l'espace objectif.

V. Théorie du sens de l'espace. — L'idée initiale que j'avais dégagée de ces premières recherches expérimentales sur le labyrinthe (22) était, comme nous l'avons vu, que cet organe, à la disposition anatomique si particulière, est destiné à nous fournir des indications sur un espace à trois dimensions. A la suite d'expériences ultérieures (8), j'avais établi : 1) le rôle prépondérant joué par les canaux semi-circulaires dans l'orientation des animaux dans les trois directions de l'espace, ainsi que les lois déterminant les relations de chaque paire de canaux avec une de ces directions; 2) l'action dominante qu'ils exercent sur l'innervation de l'appareil oculo-moteur dont l'influence est décisive dans la formation de nos notions sur l'espace objectif; enfin 3) la fixation des rapports entre le vertige visuel et les sensations de l'oreille moyenne. Ces recherches aboutissent à la construction définitive de la théorie basée sur l'existence d'organes périphériques spéciaux destinés à nous donner les sensations au moyen desquelles se forme notre notion d'un espace à trois dimensions. Comme toutes nos sensations, celles de direction ou d'espace ne parviennent à notre perception qu'autant que nous y appliquons notre attention consciente et soutenue. Nos notions de l'espace étant invariables — aussi longtemps que les organes qui y président, périphériques et centraux, fonctionnent régulièrement — dans l'état normal ces sensations d'espace restent inconscientes.

Contrairement à la théorie que KANT a fait prévaloir, notre notion de l'espace ne serait donc pas une « *représentation aprioristique* » de notre intelligence, mais une *notion acquise* grâce à un organe de sens spécial — le *sixième sens*. Il est parfaitement vrai, comme le dit KANT, que « nous ne pouvons pas nous imaginer qu'il n'existe pas d'espace, quoique nous puissions très bien admettre qu'il n'y ait pas d'objet dans l'espace », mais ce n'est pas parce que « l'espace est une pure idée », c'est parce que nous recevons constamment des sensations qui nous indiquent l'existence de cet espace. Une fois cette notion acquise, nous ne pouvons plus la perdre[1] d'une manière absolue; mais elle peut être faussée par des troubles dans nos sensations.

La question pourquoi « l'âme arrange la multitude de ses sensations dans le cadre de relations géométriques » d'un espace à trois dimensions — question qui a paru insoluble — trouve sa solution complète dans l'existence d'un organe sensoriel disposé dans trois plans perpendiculaires l'un à l'autre de manière à nous envoyer des sensations de direction ayant les mêmes rapports entre elles. Ces sensations de direction, répondant exactement

---

1. La transmission héréditaire de la notion psychologique de l'espace ne saurait aller plus loin qu'une transmission analogue des notions de couleurs : un homme né sans labyrinthe ne pourrait donc avoir une notion complète de l'espace, ni s'orienter dans l'espace.

aux trois coordonnées de l'espace, doivent forcément être utilisées par notre intelligence pour la construction d'une notion de l'espace. Aucun autre sens ne présente une relation aussi facile à saisir entre la représentation et la perception que le sens de l'espace d'après notre théorie.

J'avais proposé de désigner le nerf acoustique commun sous la dénomination du nerf *vestibulo-cochléaire*. A partir du point où il se divise en deux branches, celle qui se rend au limaçon recevrait le nom du nerf *acoustique* ou *auditif*, et celle qui se distribue dans les canaux semi-circulaires, le sacculus et l'utriculus, serait appelée le *nerf de l'espace*.

Mes recherches, poursuivies depuis 1878, m'ont fait consolider ma théorie, tout en en élargissant les bases et en fournissant des nouvelles preuves à l'appui de son exactitude. Avant d'en citer les principaux résultats, quelques mots à propos de plusieurs objections opposées à ma théorie par des philosophes et des physiologistes.

Le physiologiste expérimental ne doit pas s'arrêter aux considérations de pure métaphysique. Toutefois parmi les objections présentées par les philosophes il en est une qui mérite d'être relevée, comme provenant d'un des représentants les plus distingués de la psychologie française. Après une analyse de mes recherches de l'année 1878, RIBOT (48) écrivit : « CYON, qui accepte en général la théorie de LOTZE sur l'espace, semble tomber ici dans le défaut presque inévitable signalé par ce philosophe et qui consiste, pour expliquer l'espace, à employer des éléments qui impliquent déjà cette notion. Si les sensations ne sont que des signes, quelle nécessité et même quelle utilité y a-t-il à ce que la structure anatomique de l'organe nous offre comme une image de la notion à expliquer? »

Cette objection repose sur un malentendu causé en partie par l'emploi fréquent du mot « *sensation d'étendue* » au lieu de « *sensation de direction* ». La première expression impliquait déjà par elle-même en effet la notion d'un espace, tandis que *les perceptions provenant de trois directions perpendiculaires l'une à l'autre doivent forcément aboutir à la formation d'une notion de l'espace à trois dimensions.* En suite d'une longue discussion verbale que j'eus avec HELMHOLTZ en 1880 au sujet de ma théorie de l'espace et dans laquelle l'objection portait presque exclusivement sur cette locution « *sensation d'étendue* » qui rappelait trop celle dont HERING s'est servi dans sa théorie nativiste pour l'appliquer à des sensations analogues de la rétine, je renonçai dans mes mémoires ultérieurs à l'emploi du mot *étendue (Ausdehnung)* et le remplaçai par celui de *direction (Richtung)* [1].

Si je me suis servi de l'exposé de LOTZE, c'est seulement pour bien préciser les lacunes des théories existantes sur la formation de la notion de l'espace et bien montrer comment se posait la question, ce qui m'a permis de résoudre la partie du problème jugée insoluble par LOTZE, et cela justement en indiquant que la structure anatomique et le fonctionnement physiologique des canaux semi-circulaires fournissent l'image même de notre représentation de l'espace. L'hypothèse des *signes locaux* (LOTZE) ne s'applique qu'à l'espace visuel et non à l'espace idéal géométrique.

Deux des objections produites par les physiologistes méritent d'être relevées tout particulièrement. La première fut présentée par YVES DELAGE (27) : ou la notion de l'espace une fois acquise n'a pas besoin d'être renouvelée, et dès lors à quoi servirait un organe constant? ou elle doit être constamment maintenue par des sensations nouvelles, et comment, dans ce cas, des pigeons et des lapins parviennent-ils, après la section de leurs nerfs acoustiques, à se tenir debout et à marcher?

A ce dilemme j'ai répondu (9, 98) que c'est grâce aux perceptions de direction des canaux semi-circulaires que les animaux réussissent à s'orienter dans l'espace et que l'excitation permanente de ces canaux intervient d'une manière efficace dans la distribution de la force d'innervation répartie entre les divers muscles pendant cette orientation. *Le fonctionnement de ces canaux continue donc pendant la vie.* Les animaux qui ont subi l'ablation des deux labyrinthes ou la section des nerfs acoustiques conservent toujours dans la locomotion certains troubles graves que ni les notions de l'espace acquises antérieurement, ni les sensations provenant de la vue et du toucher ne parviennent à écarter.

---

1. J'ai évité, dans ma thèse écrite en français, l'emploi trop fréquent du mot « direction » à cause de ses multiples significations.

La seconde objection, formulée par Hensen, se rapporte en partie au même ordre d'idées : « Nous ne connaissons aucun cas où les sensations de l'espace seraient absentes ou se seraient perdues, tandis que *très vraisemblablement* parmi les sourds-muets on trouve des individus dont les canaux semi-circulaires ne fonctionnent pas toujours d'une manière normale (52, 141). »

Il est très difficile de déterminer, pendant la vie des sourds-muets, dans quel état se trouvent leurs canaux semi-circulaires. On sait seulement qu'il existe parmi eux un certain nombre de cas où les labyrinthes sont défectueux ou présentent des anomalies. Or tous les observateurs (James, Kreidl, Strehl, Bruk et autres) qui ont étudié la locomotion chez les sourds-muets sont unanimes à constater qu'on remarque très fréquemment chez eux des troubles moteurs, dont plusieurs se manifestent quand ils ont les yeux fermés, et qui tiennent évidemment à une innervation irrégulière et défectueuse des muscles ; ainsi que nous l'avons déjà indiqué plus haut, une partie des sourds-muets ignorent complètement le vertige ; comme le dit Strehl (48), ils n'en ont même pas la *notion*.

Les notions de l'espace sont-elles normales chez les sourds-muets auxquels les labyrinthes font totalement défaut ? C'est là une question qui n'a même pas été abordée. Des recherches semblables présentent, d'ailleurs, de très grandes difficultés. Elles devraient commencer chez les sourds-muets dès la plus tendre enfance. Dans les établissements où l'instruction est donnée à ces malheureux, leurs professeurs, surtout ceux de géométrie, pourraient recueillir sur eux des observations très intéressantes. Une fois qu'on aurait reconnu chez certains individus des anomalies dans les notions de l'espace, il faudrait suivre ces sujets jusqu'à leur mort afin de constater par l'autopsie dans quel état se trouvaient leurs labyrinthes.

Heureusement ce problème a pu être résolu par voie d'expérimentation sur des animaux ; et les résultats sont venus confirmer nettement les déductions de ma théorie. Si les trois paires de canaux semi-circulaires nous donnent la sensation d'un espace à trois dimensions, laquelle nous permet de nous orienter dans ces trois directions, les animaux pourvus seulement de deux paires de canaux ne doivent connaître qu'un espace à deux dimensions et ne sauraient s'orienter que dans deux directions de l'espace. J'avais soumis à l'observation et à l'expérimentation les *lamproies* qui effectivement ne possèdent que deux paires de canaux : les faits observés ont pleinement confirmé ses prévisions. Les lamproies ont, en effet, une orientation locomotrice très limitée : elles ne se meuvent que dans deux directions. Elles ne possèdent, d'ailleurs, qu'une seule nageoire, celle de la queue : pour se transporter d'une place à une autre, elles s'attachent au moyen de leur ventouse à un bateau ou à la queue d'un autre poisson.

La destruction des canaux semi-circulaires chez les lamproies a également justifié les prévisions : les lamproies ne se déplacent plus que quand on les y force, et alors elles ne font que tourner en cercle et rouler autour de l'axe longitudinal de leur corps ; pendant ce roulement elles restent souvent sur le dos et ne parviennent qu'avec beaucoup de difficulté à reprendre leur attitude normale. « L'organe appelé auditif, ai-je conclu, ne sert (chez les lamproies) probablement que comme organe d'orientation dans l'espace » (8, 101). Plusieurs auteurs, notamment Th. Beer, soutiennent qu'il en est de même chez tous les poissons.

Ce n'est que tout récemment qu'il m'a été donné de vérifier l'exactitude de ma théorie chez des animaux ne possédant depuis leur naissance qu'*une seule paire de canaux semi-circulaires fonctionnant normalement*. Il s'agit des *souris dansantes japonaises,* sur lesquelles Ravitz vient de publier des recherches du plus haut intérêt pour la théorie du sens de l'espace (49).

Ces souris sont de gracieuses petites bêtes appartenant à l'espèce des souris blanches. Elles ne sont point affectées d'albinisme ; leur peau possède quelques taches noires sur la tête et sur le derrière. Leur origine est peu connue. Leur trait caractéristique est une extrême mobilité. Très agitées, ces souris sont sans cesse en mouvement, elles courent, en remuant la tête, à droite ou à gauche, en zig-zag, en demi-cercle ou en cercle, et exécutent pendant la plus grande partie de la journée une danse tournante qui rappelle la valse.

D'après les recherches de Ravitz, ces animaux *ne possèdent qu'une seule paire* de canaux semi-circulaires en parfait état de fonctionnement, celle des verticaux supérieurs. Le reste de leur oreille interne se trouve à l'état rudimentaire, à peine ébauché.

Voici les résultats principaux de mes expériences sur des souris *à une paire de canaux :*
1) Ces bêtes ne sont aptes à se mouvoir que dans une *seule direction*, à droite ou à gauche. Quand elles persistent dans ces mouvements, elles exécutent des mouvements de manège. *Il leur est impossible de marcher droit* (en avant ou en arrière) *ou de se mouvoir dans le sens vertical.* 2) La danse à laquelle elles s'adonnent constamment en dehors de leurs repas et de leur sommeil n'est pas un mouvement forcé. Elles peuvent à volonté l'interrompre et la reprendre. Cette danse est une valse à plusieurs figures : elle est exécutée d'habitude avec une vitesse vertigineuse. 3) Leur aveuglement subit provoque immédiatement tous les phénomènes de FLOURENS qui suivent la destruction simultanée des trois paires de canaux semi-circulaires. 4) Ces souris peuvent *dans l'obscurité* monter par hasard sur un plan incliné, mais elles dégringolent, aussitôt que la lumière frappe leurs yeux. 5) Elles ne sont pas complètement sourdes, mais peuvent distinguer quelques notes aiguës du sifflet de GALTON (KŒNIG) qui, comme hauteur, rappellent leurs propres cris de douleur, lorsque ces sons retentissent *au-dessus* de leurs têtes. 6) Le maintien de l'équilibre et la coordination des mouvements — *pour autant que ces derniers sont limités à la seule direction de l'espace qui leur soit accessible* — sont parfaits chez les souris japonaises (11, 12 et 13)[1]. C'est à bon droit que RAVITZ a considéré ce fait comme une preuve directe que les canaux semi-circulaires servent à *l'orientation des animaux* et n'ont rien à faire avec son prétendu *sens statique.*

L'ensemble de ces expériences a donc complètement confirmé la théorie des fonctions du labyrinthe comme organe du sens de l'espace et de l'orientation. Leurs résultats ont permis d'en préciser davantage les bases essentielles. La dernière expression de cette théorie est résumée dans les trois formules suivantes :

1) L'orientation dans les trois plans de l'espace, c'est-à-dire le choix de celle des directions de l'espace dans laquelle les mouvements doivent être exécutés, ainsi que la coordination des centres d'innervation qui président au maintien de cette direction, est la fonction exclusive des canaux semi-circulaires. Les animaux ne possédant que deux paires de canaux (lamproie) ne peuvent s'orienter que dans deux directions de l'espace; ceux qui n'en ont qu'une paire (comme la souris japonaise) ne se meuvent que dans une seule direction.

2) La distribution des forces d'innervation des centres nerveux qui président au maintien de l'équilibre et aux autres mouvements réguliers des animaux se fait *de préférence* à l'aide du labyrinthe. Elle est également influencée par d'autres organes des sens (l'œil, le toucher, etc.). En cas d'absence du labyrinthe, ces derniers organes peuvent, au point de vue de cette distribution, les remplacer avec plus ou moins de succès.

3) Les sensations produites par l'excitation des canaux semi-circulaires sont des sensations de direction et d'espace. Elles ne deviennent conscientes que si nous y portons notre attention. Ces sensations servent chez l'homme à former la notion d'un espace à trois dimensions, sur lequel il projette l'espace visuel et tactile (11 et 13).

Ces conclusions visaient exclusivement les vertébrés sur lesquels j'avais expérimenté. Mais, dès 1878, j'avais émis l'opinion que les *otocystes* devraient remplir chez certains invertébrés les mêmes fonctions que l'appareil des canaux semi-circulaires chez les vertébrés. En effet, des expériences directes exécutées plus tard par YVES DELAGE (26) sur des mollusques (*Octopus vulgaris*) et sur des crustacés (Palémon, et autres) ont démontré que les fonctions des otocystes chez ces animaux sont identiques à celles du labyrinthe chez les vertébrés. « Il semble naturel, concluait DELAGE, que l'otocyste est l'organe spécial destiné à assurer une locomotion correcte, et que la vue et le toucher destinés à des fonctions différentes peuvent cependant suppléer les otocystes lorsque celles-ci sont détruites. » La « désorientation locomotrice » que DELAGE a observée après la destruction des otocystes est tout à fait comparable à celle qui suit la lésion des canaux semi-circulaires, « l'otocyste des invertébrés n'étant qu'une réduction ou plutôt un état encore rudimentaire du labyrinthe membraneux des vertébrés ».

1. Toutes les souris dansantes qu'on trouve dans le commerce ne présentent pas ces phénomènes avec la même précision. J'en ai rencontré qui peuvent grimper sur un grillage et qui se distinguent par d'autres particularités apparentes. Elles possèdent probablement encore une autre paire de canaux, sinon complètement développés, mais dont les défectuosités n'empêchent pas entièrement le fonctionnement. RAVITZ en a dessiné une paire pareille (49).

Les preuves données ainsi par Delage, confirmées d'ailleurs ensuite par d'autres observateurs, Th. Beer (40), E. P. Lyon (33), que les otocystes chez les animaux inférieurs constituent aussi des organes d'orientation, viennent naturellement à l'appui du rôle physiologique de l'oreille moyenne dans l'orientation. Le fait est que presque tous les observateurs sont aujourd'hui d'accord à ce sujet[1].

Tous les physiologistes qui ont étudié le fonctionnement des canaux semi-circulaires sont d'accord actuellement à reconnaître que leur action sur les centres nerveux qui président à nos mouvements est une action inhibitrice (Voir plus haut, seconde proposition); action déjà clairement entrevue par Flourens, quand il parla de l'influence *modératrice* que les canaux exercent sur les mouvements[2]. J'avais comparé le fonctionnement de cet appareil inhibitoire à celui d'un distributeur des courants électriques au moyen de courts circuits et des fortes résistances, qu'on peut introduire ou enlever à volonté.

C'est *l'excitation simultanée et bilatérale* des centres nerveux par la voie des canaux semi-circulaires qui entretient ces appareils inhibitoires et régularisateurs en un état d'activité toujique. La volonté, ou même la simple intention de produire un mouvement dans une certaine direction, provoquant une excitation unilatérale de ces canaux, suffit pour suspendre l'inhibition et pour réaliser ce mouvement (Voir 13, 288).

L'accord est sur le point de s'établir également sur la nature des sensations que produit l'excitation des canaux semi-circulaires, c'est-à-dire sur la troisième proposition de ma théorie. Ainsi Mach (28), Preyer (31), Bechterew (52), même Breuer (29 et 53) et autres commencent à reconnaître qu'il s'agit bien dans ce cas des *sensations de direction et d'espace (Raumempfindungen)*.

Les sensations de direction possèdent trois *qualités* différentes connues de tout le monde. Nous distinguons parfaitement les directions à droite et à gauche, en avant et en arrière, en haut et en bas, — même quand *nous sommes immobiles ou quand nos déplacements* sont passifs, c'est-à-dire quand nos muscles n'y prennent aucune part. Nous nous trompons parfois sur le *sens* du déplacement; nous pouvons avoir la sensation que nous reculons, quand, en réalité, nous avançons (en chemin de fer par exemple), que nous descendons ou que nous sommes immobiles quand nous montons, et que ce sont les objets extérieurs qui s'éloignent de nous (en ballon captif ou en ascenseur très rapide, etc.), mais nous ne nous trompons pas sur la *direction* dans laquelle ces mouvements s'opèrent. Plusieurs philosophes, comme Riehl (58), et après lui Heymans, avaient déjà essayé d'utiliser des sensations analogues pour l'explication de notre notion d'un espace à trois dimensions. Mais aussi longtemps que la localisation de ces sensations dans un appareil *ad hoc*, comme le sont les canaux semi-circulaires disposés anatomiquement dans les trois coordonnées de l'espace, ne fut pas démontrée par voie expérimentale; ces tentatives ne pouvaient pas aboutir.

En effet, la pensée abstraite, même aidée de la plus subtile analyse mathématique, est impuissante à donner l'explication d'un phénomène naturel, si elle n'a pas pour point de départ des faits démontrés par l'expérience et l'observation. C'est pourquoi philosophes et mathématiciens furent impuissants à donner la solution du problème sur l'origine de notre notion d'un espace à trois dimensions.

La formule de Kant, encore actuellement dominante chez les philosophes, sur la

---

1. Plusieurs auteurs, comme Viguier, ont même donné au mot *orientation dans l'espace* une extension dépassant la portée que j'attribue à cette fonction : ils ont voulu trouver dans ce fonctionnement du labyrinthe l'explication de la faculté que possèdent certains animaux, comme les pigeons voyageurs, les oiseaux migrateurs et autres, de s'orienter à des distances lointaines. Il a été déjà indiqué par Delage en 1886 que c'est là une fausse interprétation donnée à mes conclusions : les labyrinthes et les otocystes servent exclusivement à ce que Delage a appelé avec un grand bonheur d'expression l' « orientation locomotrice », c'est-à-dire l'orientation dans les différentes *directions de l'espace* ; mais ils n'*indiquent* nullement la *voie* que les animaux doivent suivre. Leur action peut être comparée à celle de *la barre* sur des navires, mais nullement à celle d'*une boussole*. Dans l'orientation lointaine des pigeons voyageurs, le rôle de la boussole, suivant mes expériences et observations, est rempli par d'autres organes (11 et 30).

2. L'illustre Chevreul (55), dans une étude consacrée aux phénomènes de Flourens, a précisé encore davantage cette action : « Il faut les considérer (les canaux) non comme des organes qui *produisent* des mouvements, mais au contraire comme des organes qui les *empêchent* de se manifester. »

préexistence dans notre pensée de cette notion, n'était au fond que l'aveu d'une pareille impuissance. Et ce n'est pas tout à fait sans raison que Fr. Nietzsche a pu dire que cette formule ne rappelle que trop la *virtus dormitiva* de l'opium, selon les médecins de Molière.

L'expérimentation physiologique, appuyée sur les données de l'anatomie comparée et de la pathologie, était seule compétente pour déterminer quels sont les processus psychologiques et les organes des sens qui nous forcent à arranger toutes nos sensations dans un espace à trois dimensions et nous ont ainsi imposé, par l'expérience de ces organes, les axiomes de la géomètrie d'Euclide[1]. Comme les animaux à une ou à deux paires de canaux, ne connaissent qu'une ou deux directions de l'espace, il est probable que des êtres munis de quatre paires de canaux semi-circulaires (s'ils existent sur quelque planète) possèdent la notion d'un espace à plus de trois dimensions. Les hommes à trois paires de canaux pourront bien suivre les déductions mathématiques de Lobatschewsky et de Riemann sur une géométrie imaginaire indépendante de certains axiomes d'Euclide; mais ils auront de la peine à se représenter les mouvements de *corps solides* dans un espace *pseudosphérique*, p. ex. Ce n'est que dans l'étude des mouvements des *molécules* que la géométrie non euclidienne pourrait peut-être trouver son application.

Quand on sera fixé définitivement sur la nature de *l'excitant normal* qui provoque ces sensations, l'accord se fera plus aisément aussi sur les autres points de ma théorie. Jusqu'à présent les recherches dirigées dans ce sens ont plutôt abouti à des conclusions négatives; on a constaté, notamment, que ces excitants ne se trouvent ni dans les mouvements des otolithes ou de l'endolymphe, ni dans les changements d'attitude de la tête (voir plus haut 567). Preyer (51), en étudiant la faculté que nous possédons de reconnaître la direction des sons, voit dans ces derniers l'excitant normal des sensations de l'espace. Longtemps avant lui, des expériences analogues avaient amené Autenrieth et Kerner à conclure que les canaux semi-circulaires, grâce à « leur disposition anatomique dans les trois dimensions » sont aptes à nous renseigner sur la direction des sons. Les études qu'ils ont faites sur cette disposition chez les divers animaux sont du plus haut intérêt (54). Il aurait fallu bien peu à ces auteurs, peut-être seulement la connaissance des phénomènes de Flourens (découverts vingt-cinq ans plus tard), pour reconnaître que, grâce à des sensations de direction, le labyrinthe sert à l'orientation dans l'espace et à la formation de nos notions d'un espace à trois dimensions.

Récemment j'ai réussi à trouver encore un autre précurseur de ma théorie dans le physicien italien Venturi. Sous le titre « *Riflessione sulla conoscenze della spazo, etc.* (55) », Venturi publia en 1792 une étude relatant des expériences faites pour étudier la manière dont nous reconnaissons la direction des sons. Chose surprenante, cet auteur, bien que contemporain d'Autenrieth, n'a pas pensé aux canaux semi-circulaires comme pouvant servir à reconnaître cette direction et à former notre idée de l'espace. Imbu de la doctrine de Kant concernant la préexistence de ce concept, il ne voulait voir dans l'oreille qu'un organe capable de localiser dans l'espace les sensations de l'ouïe, comme nous y localisons celles de la vue, du toucher, de l'odorat, etc.

Pour compléter la série des précurseurs de l'idée que les animaux possèdent un sixième sens servant à leur orientation, il faut enfin citer les célèbres expériences de Spallanzani (56) sur les chauves-souris. Chose étrange, ce furent les expériences de Jurine (57), encore qu'elles parussent établir que l'oreille joue le rôle principal dans cette orientation, qui décidèrent Spallanzani à abandonner l'hypothèse d'un sixième sens (Voir l'article **Chauve-souris** de Trouessart dans ce dictionnaire, t. iii).

Bibliographie. — 1. Locke (John). *Essai sur l'entendement humain*, vol. 1er. — 2. Helmholtz. *Physiologische Optik*, 2e édit., 1896; *Vorträge und Reden*, 4e édit., vol. ii, Braunschweig, 1896. — 3. Kant. *Kritik der reinen Vernunft*, Leipzig, 1818, 34. — 4. Muller (J.). *Zur vergleichenden Physiologie des Gesichtsinnes*, Leipzig, 1826. — 5. Hering (E.). *Beiträge zur Physiologie*, etc., Leipzig, 1864. — 6. Lotze. *Sur la formation de la notion de l'espace* (*Revue philosophique*, 1877, n° 10). — 7. Cyon (E. de) (C. R., 1877). — 8. *Recherches expérimentales sur les fonctions des canaux semi-circulaires et sur leur rôle dans la forma-*

---

1. Voir mon exposé complet des bases psycho-physiologiques de la géométrie d'Euclide dans *Archiv für die gesammte Physiologie*, 1901.

tion de la notion de l'espace (Bibliothèque de l'école des Hautes-Études, Section des Sciences naturelles, XVIII, Paris, 1878). — 9. *Bogengänge und Raumsinn* (A. P., 1897). — 10. *Die Functionen des Ohrlabyrinths* (A. g. P., LXXI, 72-104); — 11. *Ohrlabyrinth, Raumsinn und Orientirung* (*Ibid.*, LXXIX, 211-303); — 12. *Le sens de l'espace chez les souris dansantes japonaises* (*Cinquantenaire de la Soc. de Biologie*, 1899 544-549); — 13. (*C. R.*, 1900). — 14. FLOURENS. *Recherches expérimentales sur les propriétés et les fonctions du système nerveux dans les animaux vertébrés*, 2º édition, Paris, 1842. — 15. STEIN (ST. V.). *Les fonctions du labyrinthe*, Moscou, vol. I (en russe). — 16. STERN (*Archiv f. Ohrenheilkunde*, novembre 1895). — 17. KŒNIG. *Contribution à l'étude expérimentale, etc.*, Paris, F. Alcan, 1897. — 18. VULPIAN. *Leçons s. l. phys. générale*, Paris, 1866. — 19. SCHIFF (M.). *Œuvres compl.*, Lausanne, 1895-1898. — 20. GOLTZ (A. g. P., III, 1870, 172). — 21. LŒWENBERG (C. R., 6 juin 1870). — 22. CYON et SOLUCHA, *Travaux du laboratoire de phys. de l'Acad. méd. chir. Saint-Pétersbourg*, 1874 (en russe). — 23. CRUM BROWN. *On the sense of rotation, etc.* (*Proceedings of the roy. Soc. of Edinb.*, VIII, 1874). — 24. MACH (E.). *Grundrisse der Lehre von den Bewegungsempfindungen*, Leipzig, 1875. — 25. BREUER (J.). *Ueb. d. Functionen d. Bogengänge, etc.* (*Mediz. Jahrb.* 1874-1875, Wien). — 26. DELAGE. *Études expérim. sur les illusions statiques et dynamiques, etc.* (*Arch. de Zoologie expérim.*, IV, 1886). — 27 AUBERT. *Physiologische Studien über die Orientirung, etc.*, Tübingen, 1888. — 28. MACH (E.). *Beiträge zur Analyse der Empfindungen*. Iéna, 1886. — 29. BREUER (J.) (A. g. P., XLVIII, 1891). — 30. EWALD (I. R.). *Physiol. Unters. uber d. N. Octavus*, Wiesbaden, 1892. — 31. SPAMER. *Experim. Beitrag, etc.* (A. g. P., XXI, 1898). — 32. GAGLIO (*Arch. p. le scienze mediche*, XXIII, nº 3). — 33. LYON (E. P.) (*American Journal of Physiology*, III, 1899). — 34. HENSEN (V.). *Wie steht es mit der Statocysten-Hypothese?* (A. g. P., LXXIV, 1899, 22-43); — 35. *Vortrag gegen den sechsten Sinn* (*Arch. f. Ohrenheilkunde*, 1893). — 36 STEINER (J.). *Ueber das Centralnervensystem, etc.* (*Sitzungsb. d. K. Pr. Ak. d. Wiss.*, 20 mai 1886). — 37. LAUDENBACH. *Zur Otolithen-Frage* (A. g. P., LXXVII, 1899, 311-321). — 38. LOEB. *Der Geotropismus bei Thieren* (*Ibid.*, XLIX, 175-190. 1891); — 39. BETHE, *Die Locomotion der Haifische* (*Ibid.*, LXXVI, 1899, 470-494). — 40. BEER (TH.). *Vergl. physiol. Studien zur Statocystenfunction* (*Ibid.*, LXXII, 1899). — 41. LONGET. *Nouvelles expériences relatives à la soustr. du liquide cérébro-spinal* (*Ann. des sc. naturelles*, (3), Zoologie, IV, 1845). — 42. CYON (E. DE). *Les rapports entre le nerf acoustique et l'appareil moteur de l'œil* (C. R., 1876; *Gesamm. phys. Arbeiten*, Berlin, 1888). — 43. PURKINJE (J.). *Beiträge s. Kent. d. Schwindels, etc.* (*Prag. mediz. Jahrbücher*, 1820; *Beilagen zur Breslauer Zeitung*, nº 86 et nº 8, 1825 et 1826). — 44. JAMES (W.). *The sense of dizzines in deafmutes* (*Amer. Journ. of Otology*, 1882). — 45. KREIDL. *Physiol. des Ohrlabyrinths auf Grund von Versuchen an taubstummen* (A. g. P., LI, 119-151). — 46. STREHL. *Physiol. des inneren Ohres* (*Ibid.*, LXI, 206-235). — 47. KREIDL (*Ibid.*, LXX, 1898). — 48. RIBOT (*Revue philosophique*, 1878). — 49. RAWITZ (B.). *Das Gehörorgan d. japanischen Tanzmäuse* (A. A. P., 1899). — 50. CYON (E DE). *L'Orientation chez le pigeon voyageur* (*Revue scientifique*, nº 12, 1900). — 51. PREYER (W.). *Die Wahrnehmung des Schallrichtung, etc.* (A. g. P., XL, 1887, 596-623). — 52. BECHTEREW. *Die Empfindungen, etc.* (A. P., 1896). — 53. BREUER (J.). *Ueber Bogengänge und Raumsinn* (A. g. P., LXVIII, 1897). — 54. AUTENRIETH. *Betrachtungen über die Erkenntniss, etc.* (*Reil's Arch.*, 1802). — 55. VENTURI (G.). *Indagine fisica sui colori, etc.*, 2º édit., Modena, 1801. — 56. SPALLANZANI. *Œuvres traduites par Senébier*, Paris, VIII, V, 19. — 57. JURINE. *Experiments on Bats, etc.* (*Philos. Magaz.*, I). — 58. RIEHL. *Der philosophische Kriticismus, etc.* Leipzig, 1876-87, vol. II.

E. DE CYON.

ESSENCES.

ESSENCES. — Le nom d'essences ou d'huiles essentielles s'applique à une série de corps hétérogènes qui n'ont entre eux d'autres rapports que quelques propriétés physiques. Ce sont des substances en général volatiles, à odeurs plus ou moins prononcées, généralement inflammables, et qui s'obtiennent pour la plupart en distillant les plantes aromatiques en présence de l'eau.

Ces substances tachent le papier à la façon des huiles; mais cette tache disparaît sous l'influence de la chaleur, par suite de la volatilisation de l'essence.

On s'était efforcé de classer les essences suivant leurs propriétés chimiques; nous ne parlerons pas de ces essais de classification, tous erronés.

En général, une essence n'est pas une substance définie; mais le plus souvent un mélange de plusieurs corps appartenant à différentes classes de composés organiques.

Plus nos connaissances sur la composition des huiles essentielles deviennent précises, plus on s'aperçoit que ces substances sont complexes.

Beaucoup d'essences sont un mélange d'hydrocarbures et de produits oxygénés; quant à ces derniers, aucun lien ne les rattache entre eux, car dans les essences oxygénées, on rencontre les fonctions chimiques les plus différentes : aldéhydes, acétones, phénols, éthers, etc., et souvent on rencontre dans une seule essence toutes ces fonctions réunies.

Ce rapide exposé, qui montre la complexité de la constitution chimique des essences, nous permet de concevoir qu'il n'y a pas lieu de s'attendre à trouver des propriétés physiologiques analogues pour les différentes essences.

Chaque essence devra donc être étudiée séparément, et nous pensons que cette étude sera plus utilement faite à propos de chacune des plantes qui fournit l'essence considérée. (Voir : **Absinthe, Angélique, Anis,** etc.)

Nous ne donnerons pas non plus ici les propriétés physiques et chimiques des diverses essences; car, pour être clair et complet, il nous faudrait entrer dans de trop grands détails : nous préférons renvoyer les lecteurs aux excellents articles faits sur ce sujet dans le *Dictionnaire de Chimie* de Wurtz.

Nous devons cependant indiquer ici quelques travaux dans lesquels sont étudiées comparativement certaines propriétés des différentes essences.

Chamberland a étudié les essences au point de vue de leurs propriétés antiseptiques; dans la première partie de son travail, l'auteur s'est proposé de déterminer l'action des vapeurs des essences sur la *bactéridie charbonneuse*. Ses expériences lui ont permis de classer les essences de la façon suivante :

Essences qui permettent la culture :

Calamus aromaticus.	Persil.
' Bois de cèdre.	Piment.
' Bois de rose.	Roses d'orient.
' Géranium de l'Inde.	Surfine de girofle.
Houblon.	Santal citrin.
Iris de Florence.	Vétiver.
Matico.	

Essences dont les vapeurs s'opposent à la culture :

Lavande forte ou aspic.	Céleri.
Alangilau.	Citron distillé.
Aneth.	Curaçao vrai.
' Aspic ordinaire.	Chervi.
Aspic rectifié.	Carvi.
' Aloès de Mexique.	Cumin.
' Artemisia annua.	Daucus.
Angélique.	Estragon.
Amandes amères.	Eucalyptus.
' Absinthe.	Fenouil amer.
Aurone garderobe.	' Fleur de lavande.
Bigarade curaçao.	*Géranium de France.*
Bouleau (cuir de Russie	*Géranium d'Algérie.*
Bergamote rectifiée.	Genièvre ordinaire.
Basilic.	Gingembre.
Bois de Rhodes.	Petits grains.
Bois de roses femelles.	Gennevilliers.
Badiane.	Fine de geneviévre.
Camomille romaine.	' Hysope.
Camomille bleue.	' Demi-fine de Lavande.
Copahu.	Linaloé.
' Cardamone.	Limette.
' Cajeput.	Laurier franc.
' Cubèbe.	Fine de Lavande.
Cannelle de Chine.	Laurier-Cerise.
Cannelle de Ceylan.	' Menthe surfine rectifiée.
' Citron rectifié.	' Menthe sauvage.

Coriandre.
Cédrat.
* Muscade.
* Marjolaine coquille.
Myrbane rectifiée.
Menthe anglaise.
Mélisse.
Marasquin.
Noyau de pêche.
Noyau de cerise.
Noyau d'abricots.
* Néroly ordinaire.
* Néroli de Paris.
Niobé.
Origan.
Patchouli.
Persicot.
Tanaisie.
Verveine.

* Menthe surfine poivrée.
* Myrte.
Portugal.
Poivre.
Pouliot.
Racine d'Angélique.
Romarin.
Ravin sara.
Sabine.
Serpolet.
Sassafras.
* Sauge.
* Spring.
* Succin.
* Semen contra.
Térébenthine.
Thym.
Vespetro.
Wintergreen.

Les essences marquées d'un astérique troublent l'eau de levure par simple contac des vapeurs.

Les essences inscrites en italique semblent avoir pu tuer définitivement les germes de la bactérie.

Dans une seconde série d'expériences, l'auteur étudie l'action antiseptique des essences mises en contact en solutions, plus ou moins concentrées, avec la bactéridie charbonneuse ou ses germes, et compare le pouvoir antiseptique des essences avec celui d'autres antiseptiques : sulfate de cuivre, sublimé, etc.

Nous renvoyons le lecteur au travail original pour la discussion des résultats obtenus.

Binz a publié deux articles « sur quelques propriétés des essences » ; ses recherches, faites en collaboration avec plusieurs de ses élèves, notamment avec Grisard, ont porté sur l'action anti-convulsive de certaines essences : il étudie successivement et comparativement l'essence de valériane, de camomille, de cumin, d'eucalyptus ; il observe sur la grenouille et sur les animaux à sang chaud une action stupéfiante et l'abolition des réflexes.

Il conclut de la façon suivante :

Les expériences faites sur les grenouilles avec des doses d'essence inférieures à la dose toxique déterminent une diminution du pouvoir réflexe : l'intensité de cette action dépend de la dose et de la nature de l'essence employée.

On peut classer les essences dans l'ordre d'activité décroissante de la façon suivante : camphre, essence de valériane, de camomille, eucalyptus, cumin.

L'action dépressive est précédée d'une période d'excitation ; à faible dose, ces essences provoquent une excitabilité des réflexes ; mais cette action n'est que passagère.

Les essences portent leur action frénatrice aussi bien sur le cerveau que sur la moelle.

Cadéac et Meunier ont fait l'étude comparative de l'action physiologique de certaines essences qui entrent dans la composition des liqueurs. Leurs recherches ont porté sur :

Essence d'Absinthe. — Voir Absinthe (Essence d'), i, 13.

Essence d'Angélique. — Voir Angélique (Essence d'), i, 550.

Essence d'Anis. — Ils ont constaté que l'essence d'anis absorbée par les voies digestives provoque une excitation passagère, bientôt suivie de parésie musculaire et d'analgésie ; cette essence provoque une ivresse accompagnée d'un profond sommeil ; 45 gouttes d'essence d'anis provoquent chez l'homme un sommeil de douze heures. Les sécrétions sont augmentées, les muscles intestinaux sont contractés, la sécrétion urinaire n'est pas modifiée. On observe des modifications dans la circulation, le pouls s'élève, l'énergie des systoles est augmentée, le rythme cardiaque ne subit aucune modification.

En ingestion par voie gastrique, 27 grammes tuent un chien de 2 kilogrammes.

En injection dans la jugulaire, 1 gramme tue 6 kilogrammes d'animal.

Un lapin de 1^{kg},500 est mort au bout de quinze jours, après avoir pris 15 à 20 gouttes d'essence d'anis par jour, soit au total 190 gouttes.

Essence de coriandre. — Cette essence provoque à petites doses l'incoordination des mouvements et une excitation générale, surtout génésique. A dose toxique, on observe l'anesthésie, puis la résolution musculaire. L'essence de coriandre tue, à la dose de 0gr,70, un chien de 4 kilogrammes en douze heures.

Essence de cannelle. — C'est un irritant local énergique, peu toxique ; elle possède une action stimulante qui provoque une agitation musculaire, une accélération des battements cardiaques, une légère élévation de la température, une augmentation des mouvements de l'intestin.

Les sécrétions salivaires, nasales et lacrymales sont exagérées.

A fortes doses, l'essence de cannelle produit des convulsions et l'adynamie ; c'est un excellent antiseptique.

Essence de citron. — Cette essence provoque au début l'exagération et la sensibilité, des hallucinations, une ivresse accompagnée de tremblements, de contractures ; de l'incoordination motrice ; des convulsions.

Puis secondairement : la tristesse, la somnolence, la stupéfaction et l'adynamie.

Essence de girofle. — Très toxique, stupéfiant du cerveau ; elle diminue les réflexes, provoque le sommeil et l'analgésie et abaisse la température.

Essence de mélisse. — C'est un soporifique, calmant ; son action hypnotique n'est pas immédiate. Lorsqu'on l'injecte par la voie intra-veineuse, on observe une courte période d'excitation, très fugace. L'essence de mélisse stupéfie l'encéphale sans troubler l'intelligence ; c'est un hypnotisant qui n'agit pas sur la moelle ; le bulbe est peu influencé. Elle ralentit le pouls et la respiration, abaisse la tension artérielle, modifie peu la température et les fonctions digestives. Sa toxicité est faible.

Essence de muscade. — Cette essence a une action comparable à celle de girofle, 0gr,65 ne produisent chez l'homme aucun trouble notable. A dose toxique chez le chien, on observe l'abaissement de la température, la diminution de la tension artérielle et l'accélération des battements cardiaques.

Essence de myrrhe. — A dose thérapeutique, cette essence provoque la diarrhée en exagérant les mouvements péristaltiques de l'intestin. A dose toxique, on observe des battements cardiaques, une excitation des sécrétions salivaires, intestinales et urinaires. A cette période d'excitation succède la paralysie.

Essence de Néroli. — C'est un soporifique rapide et sûr qui provoque un sommeil calme. A dose toxique, il y a paralysie musculaire et arrêt de la respiration : c'est un poison assez violent.

L'étude des autres essences sera faite aux articles correspondants au nom de l'essence, ainsi que cela a déjà été fait pour certaines d'entre elles.

Bibliographie. — *Articles* Essences (*D. W., D. D.*) ; — *Dict. Thérapeutique de* Dujardin-Beaumetz. — Binz. *Ueber einige Wirkung ätherischer Oel* (*A. P. P.*, v, 109 ; viii, 501). — Cadéac et Meunier. *Recherches sur l'action antiseptique des essences* (*Ann. Inst. Pasteur*, 25 juin 1889) ; *Propriétés physiologiques de l'essence d'anis* (*Lyon Médical*, 11 août 1899) ; *Recherches physiologiques sur l'eau de mélisse des Carmes* (*Rev. hyg. et pol. sanit.*, xiii, 5, 208, 306) ; *Étude physiologique et hygiénique des essences de l'élixir de garus* (*Rev. hyg. et pol. sanit.*, xiv, 659 ; — Chamberland. *Les essences au point de vue de leurs propriétés antiseptiques* (*Ann. Inst. Pasteur*, i, 153, 1888).

ALLYRE CHASSEVANT.

ESTOMAC[1].

PREMIÈRE PARTIE

Anatomie et Histologie.

A) Caractères anatomiques différentiels de l'estomac. — 1) *Limites de cet organe.* — Gegenbaur considère l'estomac comme étant une dilatation de l'*intestin antérieur proprement dit*. On sait que cet auteur divise l'appareil digestif en trois portions : l'*intestin antérieur*, l'*intestin moyen* et l'*intestin postérieur*, et qu'il prétend que la première

---

1. Voir le sommaire à la fin de l'article.

de ces trois portions se trouve formée par l'œsophage et par l'estomac. Cette définition
ne saurait être acceptée sans réserves. En premier lieu, nous ferons remarquer que, chez
un grand nombre d'animaux inférieurs, l'appareil digestif ne présente aucune ligne de
démarcation indiquant les points où commence et finit l'estomac. Il en est de même
pour les autres parties de l'appareil digestif. Lorsqu'on s'adresse à des animaux très
élevés dans l'échelle zoologique, l'estomac se montre extérieurement, nettement séparé
de l'intestin et de l'œsophage ; mais il n'est pas rare de trouver quelques espèces, chez
lesquelles ces limites extérieures ne correspondent pas aux limites réelles de l'estomac.
Ainsi, chez le cheval et chez le porc, une grande partie de la muqueuse antérieure de
l'estomac garde les mêmes caractères histologiques que la muqueuse de l'œsophage.
Chez d'autres animaux, la muqueuse de la région pylorique de l'estomac peut aussi se
confondre avec la muqueuse de l'intestin. Citons encore le cas de quelques Batraciens,
dont la muqueuse de l'œsophage renferme les mêmes éléments glandulaires que la muqueuse active de l'estomac. On voit donc que les limites macroscopiques de cet organe,
représentées par les étranglements du *cardia* et du *pylore*, n'ont pas toute la signification
que les anciens anatomistes voulaient bien croire. Il y a d'ailleurs d'autres raisons
pour ne pas admettre la définition que GEGENBAUR donne de l'estomac. Nous savons qu'il
existe certains animaux chez lesquels l'œsophage présente une dilatation plus ou moins
développée qui n'a cependant pas les mêmes caractères histologiques que l'estomac.
Cette poche, qui est surtout remarquable chez quelques Oiseaux, ne jouit d'aucune sécrétion spécifique et ne renferme dans ses parois aucun élément glandulaire différencié.
Comme l'a dit CH. RICHET, l'estomac est plutôt le commencement de l'intestin que la fin
de l'œsophage. En tout cas, ces trois organes se confondent à l'origine de l'évolution
phylogénétique et ontogénétique des êtres, et ce n'est qu'au cours de cette double évolution qu'ils arrivent à se distinguer les uns des autres, plus par leurs propriétés histologiques et fonctionnelles que par leurs caractères morphologiques.

2) *Forme.* — D'une manière générale, l'estomac est constitué par une poche bien distincte, qui affecte les formes les plus variées dans la série animale (fig. 243, 1). Il peut être,
tantôt cylindrique, tantôt conique, tantôt sphérique ou globuleux. D'autres fois, il prend
les formes les plus bizarres, en s'étranglant sur un ou plusieurs points, de manière à constituer plusieurs sacs, ou appendices qui font partie d'une même cavité centrale. Chez
quelques animaux supérieurs (Mammifères et Oiseaux), ces sacs ou appendices deviennent,
par suite de la division du travail, des organes différents jouissant chacun d'un rôle bien
défini. L'estomac change encore très souvent de direction en même temps que de forme.
Chez certaines espèces, il est presque rectiligne et suit la direction de l'axe longitudinal
du corps, mais le plus souvent il s'incurve sur lui-même, pour mieux remplir l'espace
que lui offre la cavité abdominale. Le pylore tend ainsi à se rapprocher du cardia, et de
ce changement de direction résulte la forme de *cornemuse* qui caractérise l'estomac de
la plupart des vertébrés.

Les anciens anatomistes attribuaient trop d'importance à la forme de l'estomac, qu'ils
considéraient comme un des caractères différentiels de cet organe. Pour eux la conformation de ce viscère se trouvait toujours en rapport avec le régime alimentaire de chaque
animal et indiquait suffisamment la nature des fonctions stomacales. L'estomac peut
avoir sur des espèces très différentes une forme plus ou moins semblable. Il peut aussi se
confondre extérieurement avec les autres parties de l'appareil digestif. D'autre part,
comme NUHN l'a constaté, la forme et la grandeur de l'estomac dépendent d'un ensemble
de causes très diverses : 1° de l'importance du besoin alimentaire ; 2° de la digestibilité
et du volume des aliments ingérés ; 3° de la forme et de la grandeur de la cavité abdominale ; 4° de la bonne adaptation fonctionnelle de l'estomac, qui fait que le suc gastrique peut agir puissamment sur le bol alimentaire ; 5° enfin de la constitution
générale de l'appareil digestif. Lorsque certaines parties de cet appareil sont peu développées, l'estomac tend à les suppléer. Ainsi, chez les Oiseaux, l'absence de l'appareil
dentaire est en quelque sorte remplacée par la puissance motrice de l'estomac. La forme,
est, ainsi qu'on le voit, un caractère trop variable et nullement distinctif de l'estomac.

3) *Structure.* — Il n'en est pas de même de la structure de cet organe. En effet, quoique l'estomac se trouve formé du même nombre de couches fondamentales que l'intestin
et que l'œsophage, c'est-à-dire d'une couche externe *séreuse*, d'une couche intermédiaire,

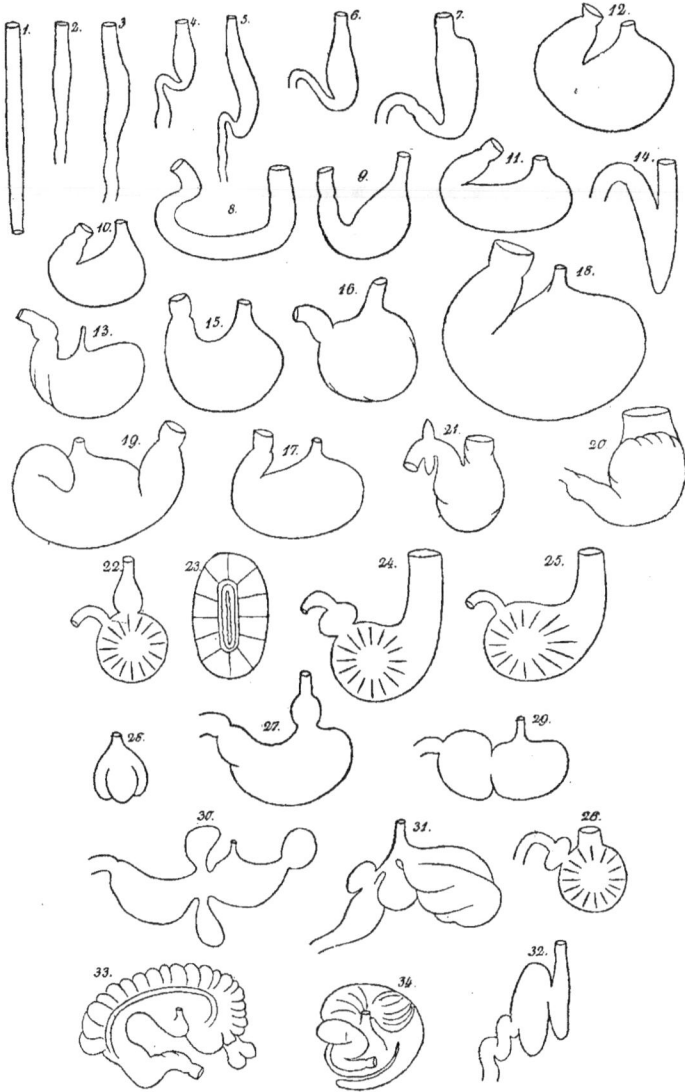

FIG. 243. — *Forme de l'estomac des vertébrés.* — D'après NUHN.

Nos	Nos	Nos	Nos
1. Belone.	10. Lutra vulgaris.	19. Porc.	26. Crocodile.
2. Proteus anguineus.	11. Felis leo.	20. Pipa verucosa.	27. Castor.
3. Coluber natrix.	12. Canis familiaris.	21. Lophius piscatorius.	28. Dicotyles tajassu.
4. Gobius niger.	13. Lepus cuniculus.	22. Fulica atra.	29. Cricetus vulgaris.
5. Scincus ocellatus.	14. Muraena conger.	23. Cygnus olor (section	30. Manatus.
6. Requin.	15. Nasua raja.	transversale de l'es-	31. Ruminants.
7. Phoca vitullina.	16. Mirmecophaga didactyla.	tomac musculaire.	32. Delphinus phocaena.
8. Testudo græca.	17. Cynocephalus mormon.	24. Ardea cinerea.	33. Halmaturus laniger.
9. Testudo americana.	18. Cheval.	25. Hibou.	34. Bradypus tridactylus.

musculeuse, et d'une couche interne, *muqueuse*, ces diverses tuniques, spécialement la musculeuse et surtout la muqueuse, subissent certaines modifications qui sont incontestablement la caractéristique essentielle de l'estomac.

La tunique séreuse n'est qu'une dépendance du péritoine et n'offre pas un grand intérêt au point de vue qui nous occupe.

Quant aux fibres qui composent la couche musculaire de l'estomac, ce sont des fibres lisses appartenant à la couche moyenne du tube digestif. Elles s'étalent dans les parois de l'estomac sous la forme de faisceaux longitudinaux et annulaires tant que cet organe suit la direction longitudinale. Aussitôt que l'estomac change de position et devient transversal, on voit quelques-unes de ces fibres prendre une direction oblique. En outre, lorsque l'estomac se divise en plusieurs cavités, il y en a toujours une dont le rôle mécanique est plus marqué, qui possède une forte musculature. Dans ce cas le nombre de fibres musculaires augmente considérablement, et on trouve à ce point de vue une grande différence entre l'estomac musculeux des oiseaux et l'estomac simple des autres animaux. En tout cas, l'estomac se distingue toujours des autres parties du tube digestif par sa puissante musculature.

Ces différences s'accentuent de plus en plus lorsqu'on fait l'étude histologique de la muqueuse de cet organe. L'épithélium de revêtement de cette muqueuse n'a pas les mêmes caractères que l'épithélium de l'intestin et de l'œsophage, excepté chez les animaux inférieurs dont l'estomac n'est pas encore différencié. Cet épithélium est constitué par une couche de cellules cylindriques dont le corps est divisé en deux parties : une partie profonde ou basale, qui contient le noyau de la cellule, et une partie superficielle, très claire, qui renferme de la mucine. La forme et la hauteur de ces éléments varient plus ou moins d'un animal à l'autre, mais ils rappellent toujours le type de l'épithélium cylindrique. Chez quelques espèces on trouve, intercalées entre les cellules cylindriques, des cellules vibratiles et des cellules caliciformes, qui sont pour ainsi dire les derniers vestiges de la transformation subie par l'épithélium de l'estomac. Outre les éléments de l'épithélium superficiel, la muqueuse de l'estomac contient encore de nombreuses glandes à sécrétion spécifique qui diffèrent par leur structure de toutes les autres glandes de l'appareil digestif. Ces glandes renferment, dans leurs culs-de-sac, de grosses cellules polyédriques, pourvues d'un fort noyau, et dont le protoplasma très granuleux se colore facilement par les couleurs de l'aniline. Ces éléments, dits *cellules à pepsine*, présentent chez les mammifères des caractères un peu différents, suivant qu'ils sont placés dans la lumière ou dans les parois du tube glandulaire. Les premiers reçoivent le nom de *cellules principales* (Hauptzellen), et les seconds de *cellules à bordure* (Belegzellen). D'après HEIDENHAIN et ses élèves, ces éléments seraient non seulement différenciés, sous le rapport morphologique, mais aussi sous le rapport fonctionnel. Les premiers sécréteraient de la pepsine ; les seconds de l'acide chlorhydrique. A côté de ces glandes à pepsine, l'estomac possède encore des glandes à sécrétion muqueuse, qui ne sont pas du tout caractéristiques de cet organe. En tout cas, ce que nous venons de voir nous permet d'affirmer que la structure est le seul caractère différentiel de l'estomac. De telle sorte qu'on peut considérer, comme faisant partie de l'estomac, toute région du tube digestif qui renferme dans sa constitution des glandes à sécrétion *chlorhydro-peptique.*

B) Évolution de l'estomac dans la série animale. — α) Estomac des Invertébrés. — Ce que les anatomistes appellent l'estomac des Invertébrés, n'est, en somme, qu'une dilatation de l'intestin antérieur proprement dit. Nos connaissances actuelles sur ce sujet ne nous permettent pas encore de nous prononcer sur la nature véritable de cet organe. Mais, si l'on considère qu'un grand nombre de Vertébrés inférieurs ne possèdent pas d'estomac, au sens histologique du mot, on comprendra qu'il en doit être de même pour tous les Invertébrés. D'ailleurs, chez beaucoup de ces êtres, l'appareil digestif ne forme qu'une simple cavité, où les aliments sont ingérés, digérés et absorbés. Pour trouver les traces d'une première différenciation, il faut remonter aux classes les plus élevées de ce groupe. Mais rien ne prouve encore que, dans ces mêmes classes, l'estomac devienne un organe différencié. Nous croyons donc devoir limiter cette étude à l'estomac des Vertébrés.

β) Estomac des Vertébrés. — 1) Poissons. — Chez la plupart des animaux compris dans ce groupe zoologique, l'estomac n'est pas encore nettement différencié. Ainsi, chez l'Amphioxus et l'Ammocœte, les Cyclostomes, les Dipnoïdes, les Chimères, certains Téléostéens et plusieurs Ichtyoïdes, l'estomac se confond avec le reste de l'appareil digestif, autant par sa forme que par sa constitution structurale.

En général, l'estomac des Poissons est simple ; mais il existe des espèces chez lesquelles les portions cardiaques et pyloriques de cet organe peuvent former une ou deux poches bien distinctes. Telles sont, par exemple, le Squale pèlerin (*Selache maxima*), la Baudroie et le Tungilis. Si l'on compare l'estomac d'un poisson herbivore à celui d'un carnivore, on y trouve des différences remarquables. Ainsi, chez les Cyprins, qui se nourrissent principalement de matières végétales, l'estomac est rudimentaire et se confond presque complètement avec l'œsophage. Au contraire, chez les poissons carnivores, l'estomac acquiert un développement considérable. D'après Cuvier, l'estomac de ces poissons offre la forme d'une *aiguière*. La partie principale est constituée par la poche cardiaque de laquelle se détache un tube extrêmement mince qui représente la portion pylorique. Ce conduit n'est autre chose que le pylore, et Ch. Richet propose de l'appeler le *détroit pylorique*. La longueur de ce canal varie beaucoup selon la taille et l'espèce de l'animal, mais sa présence est facile à constater. Chez la Morue, le Congre et la Baudroie, ainsi que chez le Squale et la grande Roussette, étant donnée la voracité de ces animaux, qui avalent des proies énormes et non mâchées, on comprend l'importance d'une pareille disposition. Il est évident que, dans ces conditions, les aliments doivent être réduits en pulpe ou en bouillie pour pouvoir traverser le canal pylorique. Cette forme, que l'on ne retrouve plus chez les autres vertébrés, excepté peut-être chez l'Ornithorynque, caractérise essentiellement l'organisation des poissons carnivores. Toutefois, dans quelques cas, l'estomac de ces Poissons offre l'aspect d'une anse contournée sur elle-même dans laquelle on peut reconnaître une portion descendante ou cardiaque, et une portion ascendante ou pylorique. Telle est en effet la conformation de l'estomac de l'Esturgeon, de la Loche, de la Raie et de quelques Squalides. Finalement, chez un petit groupe d'espèces carnivores, le Brochet entre autres, qui se nourrissent de petites proies, l'estomac est fusiforme ou globuleux, et ses deux orifices, cardiaque et pylorique, se trouvent situés sur le même axe.

L'étude histologique de l'estomac des Poissons nous montre les premières étapes de l'évolution par laquelle traverse cet organe, avant d'arriver à une différenciation complète. Chez un grand nombre de Poissons inférieurs, l'Amphioxus et les Petromyzontes, par exemple, l'épithélium de revêtement de la muqueuse stomacale garde encore ses caractères primitifs, c'est-à-dire qu'il est formé de cellules cylindriques, vibratiles ou amiboïdes. En même temps, la muqueuse est complètement lisse dans toute son étendue, et ne possède aucune espèce de glande peptique. Ce sont des animaux qui n'ont pas d'estomac au sens histologique du mot. Cet état d'indifférence absolue ne tarde pas à disparaître. Ainsi, chez les Cyclostomes, la muqueuse stomacale présente déjà quelques plis longitudinaux qui se compliquent et s'accentuent davantage, lorsqu'on examine l'estomac des Sélaciens, des Ganoïdes et des Téléostéens. Dans les mailles du réseau formé par les plis de la muqueuse de ces animaux, on découvre des cryptes tubulaires plus ou moins profondes, dans lesquelles les éléments glandulaires se différencient à des degrés divers. Ces cryptes ne contiennent de cellules peptiques que dans la région du fond de l'estomac ; celles qui subsistent dans la région du pylore fonctionnent plutôt comme glandes muqueuses (Edinger). L'épithélium de revêtement de la muqueuse n'est plus chez les animaux de ces groupes (excepté chez quelques Ganoïdes) un épithélium cilié. Il se compose d'une seule couche de cellules cylindriques, dont le protoplasma superficiel a un aspect tout à fait différent de celui de la profondeur, et semble chargé de mucus ou d'une substance analogue. Oppel distingue ces deux parties de la cellule sous les noms de *portion supérieure* ou muqueuse, et *portion protoplasmique* ou basale. Disons encore que, contrairement à ce qui arrive pour l'épithélium superficiel de l'œsophage, et de l'intestin, l'épithélium de l'estomac ne présente jamais de cellules caliciformes intercalées entre les cellules cylindriques (fig. 244). Cet épithélium s'infléchit sur les plis très nombreux de la muqueuse, et tapisse le sommet des tubes glandulaires en se transformant à cet endroit en une couche de cellules claires, différentes de celles qui constituent le corps de la glande, et qu'on appelle des *cellules du col* (Halszellen). A la suite de ces cellules, mais plus profondément dans le tube de la glande, se trouvent les *cellules peptiques* pro-

prement dites, *Labzellen*, de forme variable selon les espèces et selon leur état fonctionnel, polyédriques ou plus ou moins arrondies, dépourvues de membrane propre et
possédant un noyau parfois double, riche en cor-
puscules chromatiques (fig. 245). Malgré la diversité
d'aspect de ces cellules, la majorité des auteurs
pensent qu'elles appartiennent toutes à un même
groupe, et qu'on ne saurait plus les confondre ni
avec les cellules principales, ni avec les cellules de
bordure des glandes gastriques des mammifères
(EDINGER). OPPEL a classé dans le tableau suivant les
diverses familles de Poissons qui se caractérisent
par la présence ou l'absence de ces glandes gastriques (p. 583).

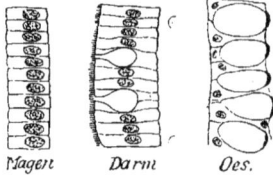

FIG. 244. — Épithélium superficiel de
l'estomac, de *l'intestin* et de *l'œsophage*,
chez *Syngnathus* appartenant à l'ordre
des Téléostéens (grossissement 550 fois).
D'après OPPEL.

2) **Batraciens.** — La conformation de l'appareil
digestif des Batraciens rappelle le type des animaux
carnassiers. L'estomac est toujours simple; mais sa
forme varie beaucoup d'une espèce à l'autre. Chez les Grenouilles, les Crapauds, les
Rainettes, le Pipa et les autres Batraciens anoures, cet organe représente une dilatation
de forme conique nettement séparée de l'œsophage. L'extrémité inférieure de ce cône se
termine en se courbant légèrement par un étranglement très fort qui constitue le pylore.
L'estomac des Salamandres, des Tritons et des Menopomas est très allongé et recourbé
plus ou moins sur lui-même. Enfin, chez le Protée,
l'Amphiuma et la Sirène, cet organe est plutôt cylindrique et peu distinct de l'œsophage. La limite inférieure se marque par un étranglement doué d'un
sphincter pylorique. On ne trouve pas cependant de
valvule pylorique chez les Batraciens inférieurs.

Au point de vue histologique, l'estomac des Batraciens nous apparaît déjà comme un organe beaucoup plus développé que l'estomac des Poissons. Il
est composé comme celui-ci du même nombre de
couches fondamentales, mais il s'en différencie spécialement par la constitution de sa tunique muqueuse.
L'épithélium de revêtement de cette muqueuse est un
épithélium cylindrique simple, dont chaque cellule
présente aussi une partie profonde ou basale et une
partie superficielle ou supérieure, uniforme. Intercalés
entre ces cellules, on trouve chez quelques espèces,
Rana temporaria, *Rana esculenta*, le *Bufo viridis* et le
Triton tæranius, par exemple, des éléments vibratiles
doués de mouvements actifs. En général, ces éléments
disparaissent complètement chez les Batraciens
adultes.

Les larves carnivores de ces animaux ne posséde-
raient pas même de cils vibratiles dans l'estomac, tandis
que, chez les larves herbivores, cet épithélium est très
répandu dans toute la longueur de l'appareil digestif,
jusqu'au moment où la respiration et le régime alimentaire se modifient quand l'animal
devient adulte.

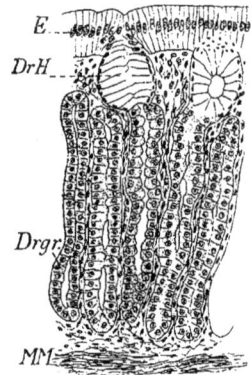

FIG. 245. — Estomac du *Scorpaena
porcus*. — Région du fond de sac
de l'estomac. D'après OPPEL.

E, épithélium superficiel. — *DrH*,
cellules du col glandulaire. — *Drgr*,
cellules du cul-de-sac glandulaire.
— *MM*, muscularis mucosæ (grossissement 224 fois).

Les glandes de l'estomac des Batraciens se partagent en deux régions distinctes :
une région antérieure, ou région du fond, et une région postérieure, ou région pylorique.
La première de ces régions, qui est beaucoup plus étendue que la seconde, contient les
glandes à pepsine. La région pylorique semble ne renfermer que des glandes muqueuses.
Les glandes peptiques (fig. 246) possèdent deux sortes de cellules : les cellules du col, dont
le protoplasma est ordinairement un peu plus granuleux que celui des cellules de l'épithélium cylindrique superficiel, et les cellules du corps de la glande qui subissent des
modifications importantes pendant le cycle digestif, et qui, d'après HEIDENHAIN et ses

ESPÈCES QUI POSSÈDENT DES GLANDES GASTRIQUES.	ESPÈCES QUI MANQUENT DE GLANDES GASTRIQUES.
	Amphioxus, Cyclostomes.
Sélaciens. — Ganoïdiens.	*Chimères?*
Téléostéens.	
	Fam. *Syngnatidæ.* — *Syngnatus acus.*
Fam. *Murænidæ.* — *Anguilla vulgaris.* — *Conger vulgaris.*	
Fam. *Clupeidæ.* — *Clupea harengus.* — *Engraulis encrasicholus.*	
Fam. *Esocidæ.* — *Esox lucius.*	
Fam. *Salmonidæ.* — *Salmo fario.*	
	Fam. *Cyprinidæ.* — *Cyprinus carpio.* — *Tinca vulgaris.* — *Leuciscus dobulus.* — *Phoxinus lævis.*
Fam. *Acanthopsidæ.* — *Cobitis barbatula.*	Fam. *Acanthopsidæ.* — *Cobitis fossilis.*
Fam. *Siluvidæ.* — *Silurus glanis.* — *Heterobranchus.*	
Fam. *Gadidæ.* — *Gadus lota.* — *Gadus pollachius.* — *Gadus luscus.* — *Motella tricirrata.*	
Fam. *Pleuronectidæ.* — *Rhombus maximus.* — *Rhombus norvegicus.* — *Solea vulgaris.*	
	Fam. *Labridæ.* — *Labrus bergytta.* — *Crenilabrus pavo.*
Fam. *Percidæ.* — *Perca fluviatilis.* — *Acerina cernua.* — *Serranus.* — *Gasterosteus aculeatus.* — *Gasterosteus trispinatus.* — *Gasterosteus spinachia.*	Fam. *Gasterotus pungitius.*
Fam. *Mullidæ.* — *Mullus surmuletus.*	
Fam. *Sparidæ.* — *Pagelus Bograveo.* — *Chrysophrys aurata.*	
Fam. *Triglidæ.* — *Scorpaena porcus.* — *Sconpanen scrofa.* — *Dactylopterus volitans.* — *Cottus scorpius.* — *Trigla lyra.* — *Uranoscopus scaber.* — *Trachinus draco.*	
Fam. *Scomberidæ.* — *Scomber scomber.* — *Zeus faber.* — *Caranx trachurus.*	
Fam. *Gobiidæ.* — *Gobius niger.* — *Gobius cruentatus.* — *Cyclopterus.*	Fam. *Gobidæ.* — *Gallonymus lyra.*
Fam. *Blenniidæ.* — *Blennius.*	Fam. *Blenniidæ.* — *Blennius pholys.*
	Fam. *Discoboti.* — *Lepidogaster bimaculatus.*
Fam. *Tænionidæ.* — *Cepola rubescens.*	
Fam. *Mugilidæ.* — *Mugil capito.* — *Mugil cephalus.*	
Fam. *Pediculati.* — *Lophius piscatorius.*	

élèves doivent être considérées comme absolument semblables aux cellules de bordure (*Belegzellen*) des Mammifères. Selon PARTSCH, on trouve dans les glandes du fond de l'estomac de *Rana temporaria* des cellules muqueuses qui se colorent par le bleu d'aniline et offrent les plus grandes analogies avec les cellules épithéliales de la surface muqueuse.

Les glandes pyloriques des Batraciens (fig. 247) sont des glandes à sécrétion muqueuse. Elles ne renferment dans leur constitution qu'une espèce de cellules qui dérivent de l'épithélium superficiel, et dont elles se différencient par leur forme intermédiaire entre la forme cubique et cylindrique et leurs plus petites dimensions. La masse protoplasmique de ces éléments cellulaires se trouble en présence des acides organiques concentrés et des acides minéraux faibles. Les alcalis et les acides forts font rapidement disparaître ce trouble. Toutes ces réactions démontrent que le contenu de ces cellules est bien de nature muqueuse.

FIG. 246. — Section transversale de la muqueuse de l'estomac de *Rana temporaria*. Région du fond. D'après PARTSCH.

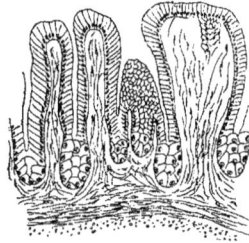

FIG. 247. — Section transversale de la muqueuse de l'estomac de *Rana esculenta*. Région du pylore. D'après PARTSCH.

Chez quelques Batraciens anoures, comme *Rana temporaria*, la muqueuse stomacale présente, entre la zone du fond et la zone pylorique, une zone intermédiaire dont les éléments glandulaires sont moins développés et contiennent en même temps des cellules polygonales à pepsine et des cellules cylindriques muqueuses. D'ailleurs la muqueuse de l'œsophage possède de nombreuses glandes à sécrétion peptique alcaline, qui, d'après les recherches de PARTSCH et beaucoup d'autres, seraient constituées par des cellules principales (*Hauptzellen*) analogues à celles des Mammifères.

L'estomac des Batraciens possède un système d'innervation assez complet. TRÜTSCHL a découvert, dans la couche sous-muqueuse de l'estomac de la grenouille, un ensemble de fibres et de cellules nerveuses qui rappelle le plexus de MEISSNER des vertébrés supérieurs. De ce plexus prend naissance une série de branches très fines qui vont se terminer d'une part dans les éléments glandulaires de la muqueuse, et d'autre part dans l'épithélium superficiel en s'engageant entre ses propres cellules. L'estomac de la grenouille contient encore, au niveau de la couche musculaire, un autre plexus qui, d'après les recherches de MÜLLER, serait tout à fait analogue au plexus d'AUERBACH, et qui fournit des terminaisons nombreuses aux fibres musculaires de l'estomac. Le caractère spécifique de ces branches terminales est de ne pas présenter de véritables anastomoses. Elles suivent une marche parallèle aux cellules musculaires, et forment, avant de pénétrer dans le protoplasma de celles-ci, une espèce de renflement ou de plaque.

3. **Reptiles.** — Les Reptiles, étant pour la plupart des animaux à proie, ont presque tous un estomac simple, excepté les Crocodiliens. La forme de cet organe semble s'adapter à la forme du corps. Ainsi, chez les Ophidiens et chez les Sauriens, l'estomac présente un aspect fusiforme ou conique, dont la partie la plus large correspond à la portion cardiaque, et la plus étroite à la portion pylorique. Cet organe est en général très distensible, et suit la direction de l'axe longitudinal du corps. Toutefois, chez quelques espèces d'Ophidiens, la portion étroite que forme le canal pylorique se recourbe une ou plusieurs fois sur elle-même, avant de déboucher dans l'intestin. L'estomac des Chéloniens est fortement recourbé sur lui-même dans le sens transversal, se divisant ainsi en deux portions : une portion descendante, ou cardiaque, et une portion ascendante ou pylorique. La dernière de ces portions est toujours un peu plus courte et un peu plus mince que la première. Elle est séparée de l'intestin par un bourrelet circulaire formé par la muqueuse, et dans certains cas par une véritable valvule pylorique. Il faut dire cependant que, chez les Chéloniens, comme chez les autres Reptiles, dont nous

venons de parler, la présence de cette valvule n'est pas. constante. Les Crocodiliens possèdent un estomac très complexe qui se rapproche beaucoup de l'estomac des Oiseaux.
Cuvier a décrit ainsi qu'il suit la forme de cet organe : « un grand cul-de-sac, arrondi
et globuleux, dans lequel l'œsophage vient s'insérer non loin du pylore. Tout près de
cette insertion, en dessous, il s'en détache souvent un petit cul-de-sac, dont la cavité est

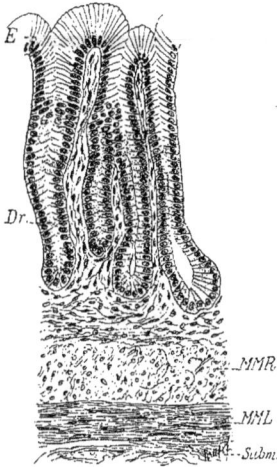

Fig. 248. — Région du fond de l'estomac
du *Pseudopus apus*. Section longitudinale.

E, épithélium superficiel. — *Dr*, cellules glandulaires.
— *MMR*, fibres transversales de la muscularis mucosa. — *MML*, fibres longitudinales. — *Subm*, submuqueuse.

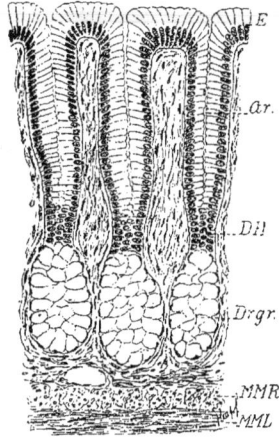

Fig. 249. — Région du pylore chez le même animal.
(Section longitudinale).

E, épithélium superficiel. — *Gr*, tube glandulaire.
— *DH*, cellules du col glandulaire. — *Drgr*, cellules
du cul-de-sac glandulaire. — *MMR* et *MML*, fibres
transversales et longitudinales de la muscularis
mucosa (grossissement 180 fois). D'après Oppel.

séparée du grand cul-de-sac par une sorte de détroit et qui conduit dans l'intestin par
un orifice très resserré. » La poche principale de l'estomac est très musculeuse et présente, comme le gésier des Oiseaux, sur ses deux faces, ventrale et dorsale, une plaque
tendineuse de la périphérie de laquelle rayonnent les divers faisceaux musculaires.
Quant au cul-de-sac pylorique, sorte d'estomac accessoire, qui s'observe à un état de
développement assez avancé chez certains oiseaux, contrairement à l'opinion de Cuvier,
il ne fait jamais défaut chez aucun animal de cet ordre.

L'estomac des Ophidiens et des Sauriens se rapproche par sa constitution morphologique de l'estomac des Batraciens, tandis que celui des Chéloniens et des Crocodiliens
ressemble plutôt à l'estomac des Oiseaux et des Mammifères. Chez les Ophidiens, les
glandes de l'estomac se partagent en deux régions; une région antérieure région du
fond, qui renferme les glandes peptiques proprement dites, et une région postérieure,
pylorique, qui contient surtout des éléments à sécrétion muqueuse (fig. 248 et 249). Les
glandes peptiques présentent au niveau du col des cellules claires provenant sans doute
d'une transformation de l'épithélium superficiel de la muqueuse. Dans le cul-de-sac de ces
glandes, on trouve de petites cellules rondes, à contenu finement granuleux, pourvues
d'un noyau, et qui sont les cellules à pepsine. Les glandes pyloriques sont constituées
par des cellules claires qui offrent les plus grandes analogies avec les cellules du col
des glandes cardiaques. Ces éléments se colorent difficilement par l'hématoxyline et
l'éosine et semblent doués d'une sécrétion muqueuse. Nous ferons cependant remarquer
que les extraits de la muqueuse pylorique de l'estomac de certains Ophidiens (*Tropido-
notus natrix*) sont acides (Edinger) et renferment de petites quantités de pepsine (Langley).

L'estomac des Chéloniens représente, au point de vue histologique, un organe de
transition entre l'estomac des Amphibiens et l'estomac des Oiseaux. Certaines espèces,
comme *Emys Europea* et *Testudo graeca*, possèdent les mêmes éléments glandulaires que
les Batraciens et que les deux premiers ordres de Reptiles. Les glandes du cul-de-sac
de l'estomac (fig. 250) contiennent à la fois des cellules claires de forme cubique ou prismatique et des cellules fortement granulées, polyédriques, qui se colorent facilement par

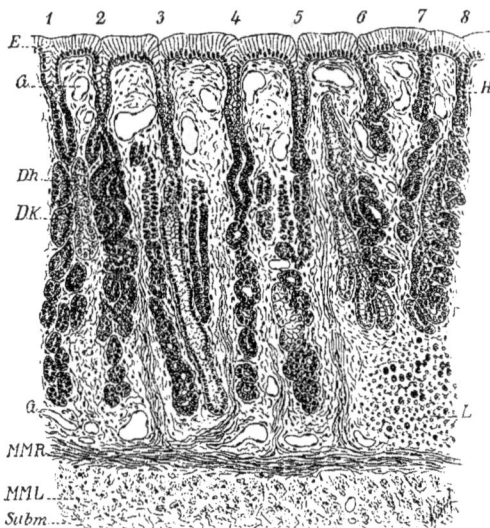

FIG. 250. — Estomac du *Emys europea*. Région du fond (première portion de l'estomac). Section transversale. D'après
OPPEL.

E, épithélium superficiel.'— *H*, col des glandes. — *Dh*, tube des
glandes. — *L*, folicules lymphatiques. -- *MM*, muscularis
mucosa. — *G*, vaisseaux. — *Subm*. submuqueuse.

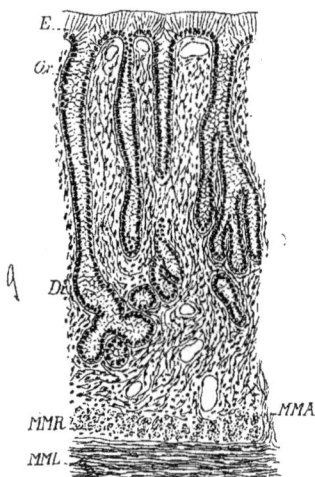

FIG. 251. — Estomac du *Emys europea*. Région du pylore. — Section transversale. D'après OPPEL.

E, épithélium superficiel. — *Dr*,
glandes. — *MMR* et *MML*, fibres
de la muscularis mucosa.

l'éosine et dont tous les caractères rappellent les cellules de bordure des Mammifères.
Quant aux glandes de la région pylorique (fig. 251), elles sont aussi des glandes à sécrétion muqueuse qui semblent formées par l'invagination de l'épithélium superficiel, dont
les cellules subissent de ce fait quelques légères transformations. Chez d'autres espèces
de Chéloniens, *Thalassochelys caretta* par exemple, la structure de l'estomac est beaucoup plus compliquée (fig. 252 et 253). Tout d'abord, la région pylorique de la muqueuse a
une étendue plus considérable que chez les autres espèces de Reptiles. Les glandes de
cette région se rapprochent en outre des glandes de l'estomac musculeux des Oiseaux et
des glandes pyloriques des Mammifères. D'autre part, les glandes de la région du fond
offrent aussi une grande ressemblance avec les glandes peptiques du ventricule des
Oiseaux. L'examen au microscope d'une glande pylorique appartenant à un animal de
cette espèce, nous fait voir que les éléments caractéristiques de cette glande sont formés
par de grosses cellules à protoplasma peu granulé, mais beaucoup moins réfringent
que le protoplasma des cellules claires qui constituent le col des glandes cardiaques. Ces
éléments se différencient des cellules de l'épithélium superficiel par leurs affinités colorantes et par leur manque absolu de la partie, supérieure ou muqueuse. Les glandes cardiaques présentent trois sortes de cellules. L'ouverture du tube glandulaire est tapissée
par l'épithélium cylindrique superficiel dont chaque cellule possède une partie profonde,

ou basale, et une partie supérieure très développée. Le col est recouvert par des cellules claires qu'on distingue facilement des antérieures, parce qu'elles présentent à leur base un noyau, et en outre parce que leur protoplasma est à peu près homogène et renferme de la mucine. Finalement, dans le cul-de-sac glandulaire, on remarque de nombreuses cellules à pepsine de formes polyédriques et à contenu granuleux qui se colorent très intensément avec l'éosine.

C'est surtout en arrivant à l'ordre des Crocodiliens que nous voyons l'estomac prendre la plupart des caractères anatomiques que présente l'estomac des Oiseaux. Ainsi, chez l'Alligator, cet organe montre très nettement une région cardiaque, une région du fond, une région pylorique, une grande et une petite courbure. En outre, ces régions se distinguent entre elles, autant par leurs caractères macroscopiques que par leur constitution morphologique. La muqueuse stomacale de cet animal a environ deux pieds de longueur. Son épaisseur varie dans les diverses régions. Elle a environ 1 millimètre au niveau de l'œsophage : $0^{mm},6$ à $0^{mm},45$ dans la région cardiaque; $0^{mm},8$ à $0^{mm},9$ dans le fond de l'estomac et $0^{mm},6$ à $0^{mm},7$ dans la région du pylore. L'épithélium de revêtement de cette muqueuse est formé d'une couche de cellules cylindriques très minces, qui ont plutôt l'aspect pyramidal, et dont l'extrémité libre semble complètement ouverte. Le protoplasma de ces cellules est finement granulé, et obscur à la base de chaque élément, tandis qu'il est clair à la partie supérieure. Les glandes gastriques de l'Alligator sont des glandes à tube, simples ou ramifiées, qui possèdent une membrane propre. Ces glandes pré-

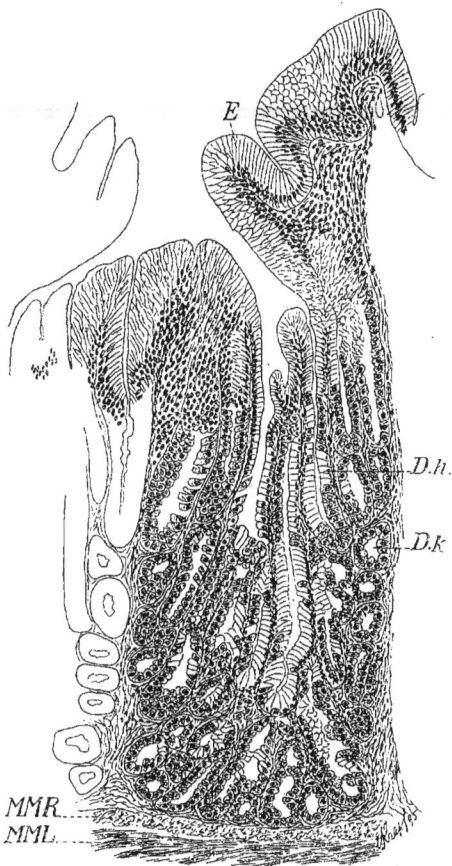

Fig. 252. — Estomac du *Thalassochelys caretta*. Région du fond. Section longitudinale. D'après Oppel.

E, épithélium superficiel. — *Dh*, tubes glandulaires clairs. — *Dk*, tubes glandulaires nucléés. — *MMR* et *MML*, fibres de la muscularis mucosa.

sentent un col et un cul-de-sac. Le col est formé de deux régions : une région externe recouverte d'un épithélium plat, et une région interne tapissée d'un épithélium cylindrique très court. Les cellules du cul-de-sac glandulaire sont polyédriques, et pourvues d'un gros noyau, qui peut être tantôt ovale ou sphérique. Le protoplasma de ces cellules se colore par les réactifs ordinaires des cellules peptiques et présente alors un aspect fibrillaire. Les glandes gastriques de l'Alligator traversent presque complètement toute l'épaisseur de la muqueuse, excepté dans le voisinage du cardia, où elles sont beaucoup plus courtes. Entre le pylore et le duodénum, on trouve mélangées dans une certaine étendue les glandes pyloriques et les glandes duodénales, mais il est facile de reconnaître les unes et les autres. L'estomac des Crocodiliens jouit d'une puissante musculature.

4. Oiseaux. — L'intestin antérieur de cette classe de Vertébrés présente dans toute sa longueur trois poches différentes, dont les deux dernières seulement font partie de l'estomac (fig. 254). La première de ces poches qui se trouve située à la base du cou, n'est

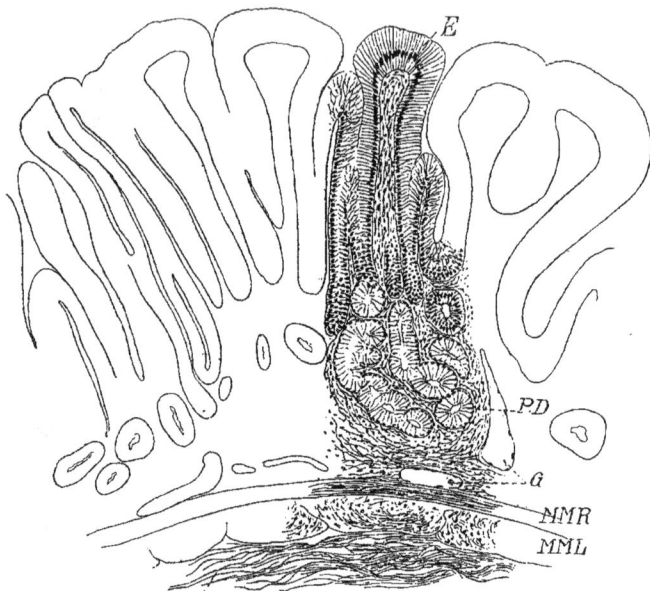

Fig. 253. — Estomac du *Thalassochelys caretta*. Région du pylore. Section transversale. D'après OPPEL. *E*, épithélium superficiel. — *Pd*, glandes pyloriques. — *G*, vaisseaux. — *MM*, fibres de la muscularis mucosa.

qu'une dépendance de l'œsophage, que l'on désigne sous le nom de *Jabot*. Cette dilatation n'est en général qu'un réceptacle alimentaire, dépourvu de toute fonction chimique. Elle est surtout remarquable chez les espèces granivores. Selon CUVIER, les Oiseaux qui vivent d'Insectes, de Reptiles, ou de Poissons, ne possèdent pas de *Jabot*. Il en est de même de ceux qui se nourrissent de fruits mous et de ceux qui avalent des grandes proies sans les dépecer. Nous n'insisterons plus sur les caractères anatomiques de ce premier diverticulum de l'intestin antérieur des Oiseaux ; car, ainsi que nous l'avons dit, on doit le considérer comme étant un organe indépendant de l'estomac.

La seconde des poches dont nous venons de parler se trouve déjà placée à l'intérieur de la cavité abdominale et fait véritablement partie de l'estomac dont elle représente l'organe sécrétoire. Cette poche reçoit les noms d'*estomac glandulaire, bulbus glandulosus, ventricule succenturie, proventricule, ventricule peptique, cavité cardiaque, échinus, Erstermagen, Vormagen, Drüsenmagen, Pepsinmagen, cavita cardiaca, Cardialer Raum, Cardiac cavity*, etc. L'importance de cette cavité comme organe de digestion est tellement grande, qu'elle ne fait jamais défaut chez aucun animal de cette classe. Même chez le Martin-Pêcheur (*Alcedo hispido*) où l'estomac glanduleux se trouve réduit aux plus simples proportions, on constate l'existence d'un amas de glandes autour des parois de l'intestin à cette hauteur. Chez toutes les autres espèces le ventricule peptique peut être plus ou moins développé, mais sa présence est absolument constante. Dans la plupart des cas, cette cavité suit la direction de l'œsophage et va s'ouvrir, après avoir subi un rétrécissement bien prononcé, dans l'intérieur de la troisième dilatation qui s'appelle le *gésier*, Cette nouvelle poche possède un appareil musculaire très puissant et joue essentiellement un rôle mécanique dans la digestion. C'est pour cette raison qu'on lui donne aussi le nom d'*estomac musculeux* ou *ventricule charnu*. De même que la dilatation précédente, cette poche se trouve située dans la cavité abdominale et représente en somme la portion pylorique de l'estomac. Chez les espèces omnivores, et surtout chez les granivores, cet organe est bien différencié. Par contre, chez les Oiseaux carnivores et spécialement chez les piscivores, le gésier se confond presque totalement avec le ventricule peptique. Disons encore que, chez certains Oiseaux, il existe une sorte de diverticulum ou poche supplémentaire connue sous le nom de *poche pylorique* ou *estomac pylorique*. Ce diverticulum est situé entre l'estomac proprement dit et l'intestin, et on l'observe surtout chez les espèces qui se nourrissent de Poissons.

Nous allons décrire en détail les caractères anatomiques essentiels de ces trois poches qui forment par leur ensemble l'estomac des Oiseaux.

Estomac glanduleux. — Chez la plupart des Oiseaux granivores, herbivores ou omnivores, le ventricule peptique affecte la forme tubulaire. Les parois sont peu extensibles, et d'ordinaire sa cavité est plus réduite que celle du gésier. Les aliments ne font d'ailleurs que traverser cette cavité pour aller s'accumuler dans le gésier où ils s'imbibent du suc gastrique sécrété par les glandes du ventricule. Chez d'autres Oiseaux, au contraire, l'estomac glanduleux est beaucoup plus développé que le gésier et peut être deux fois plus long que celui-ci. Tel est par exemple le cas du *Picus Martins*, mais dans cette même famille de Picus, le *Picus major*, possède un ventricule peptique qui est plus court que le gésier, ce qui prouve qu'il n'y a pas de rapport constant à établir entre le régime des espèces et le volume de leur ventricule peptique (CAZIN). Chez les Oiseaux carnassiers, c'est-à-dire chez certains Échassiers, chez un grand nombre de Palmipèdes piscivores et chez la plupart des Rapaces, le ventricule peptique et le gésier forment une seule poche qui reçoit les aliments, lesquels tendent cependant à s'accumuler dans le cul-de-sac inférieur de l'estomac. Enfin une disposition plus rare et que l'on rencontre en particulier chez les Pétrels, est celle où le ventricule peptique, très développé, est parfaitement distinct extérieurement de l'œsophage et forme en quelque sorte, à lui seul, la cavité dans laquelle séjournent les aliments. Tel est en effet le cas de l'*Ossifraga gigantea*, chez lequel le fond de l'estomac n'est pas formé par le gésier, comme cela a lieu généralement, chez les autres Oiseaux, mais par le ventricule peptique qui représente pour ainsi dire l'estomac simple d'un mammifère (CAZIN).

Les recherches histologiques faites sur l'estomac glandulaire des Oiseaux ont montré que cet organe se compose d'une série de couches qui de dedans en dehors sont les suivantes :

1. Muqueuse formée de :
      a) Épithélium superficiel ;
      b) Tunique propre interne contenant des glandes simples ;
      c) Muscularis mucosa interne. ;
      d) Tunique propre externe, contenant des glandes composées ;
      e) Muscularis mucosa externe.
2. Submuqueuse.
3. Musculeuse formée de :
      a) Une couche annulaire externe ;
      b) Une couche longitudinale interne.
4. Séreuse.

CAZIN décrit ainsi l'aspect de la surface interne de la muqueuse du ventricule peptique. « La surface de la muqueuse est tantôt uniforme, tantôt divisée en un certain nombre de bourrelets longitudinaux, séparés par des sillons plus ou moins profonds. Ces bourrelets sont formés par des plissements de la muqueuse tout entière, et même, quelquefois,

FIG. 254. — Œsophage. — Jabot. — Estomac glanduleux. — Gésier et commencement de l'intestin du *Psittacus aestivus*. D'après HOME.

d'une partie de la tunique musculaire. Ils font généralement suite à des plis analogues de l'œsophage et se continuent souvent jusque dans le gésier. J'ai trouvé cette disposition particulièrement développée chez le Goéland cendré dont le ventricule peptique est divisé en sept ou huit colonnes épaisses qui se continuent directement avec les bourrelets longitudinaux que présente la surface interne du gésier. »

L'épithélium de revêtement de cette muqueuse est un épithélium simple formé par de hautes cellules cylindriques ou prismatiques renfermant dans leur moitié inférieure un noyau ovalaire. A mesure que l'on s'éloigne de la crête des plis superficiels, on voit la hauteur des cellules décroître progressivement; leur partie supérieure, tout à fait claire, diminue peu à peu et disparaît complètement dans les culs-de-sac de la muqueuse, où les cellules épithéliales sont plutôt cubiques. Les espaces compris entre les plis de la muqueuse sont chargés d'un exsudat muqueux qui forme à la surface de la cavité stomacale une couche assez épaisse.

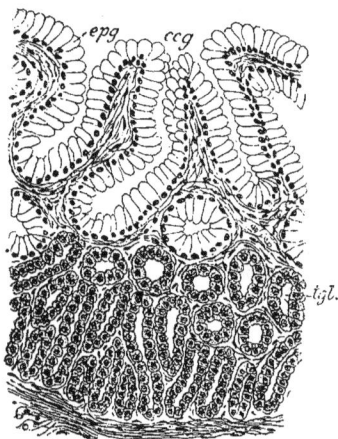

Fig. 255. — Glandes gastriques composées du *Pyrrhocoras alpinus*. Section longitudinale. D'après Cazin.

ccg, cavité centrale de la glande. — *epg*, épithélium de revêtement de la cavité glandulaire. — *tgl*, tubes glandulaires périphériques.

Les glandes du ventricule peptique sont disposées le plus souvent les unes à côté des autres en formant une ceinture à peu près uniforme de grandeur variable. D'une manière générale, la partie inférieure de la muqueuse ne contient pas les mêmes éléments glandulaires, ou du moins ceux qui s'y trouvent ont subi de profondes modifications, comme nous verrons tout à l'heure. Cazin, qui a attiré le premier l'attention sur cette région de la muqueuse du ventricule la désigne sous le nom de *zone intermédiaire*. La centralisation des glandes gastriques dans une partie limitée du ventricule est un fait presque constant chez tous les Oiseaux, mais cette agglomération devient surtout considérable chez l'Autruche, chez le Nandou et chez la plupart des Plotus. Chez le *Plotus anhinga* spécialement, les glandes gastriques sont localisées dans une sorte de poche qui s'ouvre dans la cavité du ventricule par un orifice bien distinct. C'est un véritable appareil glandulaire nettement séparé du reste de l'estomac. Cette inégalité dans la répartition des éléments glandulaires explique aussi le manque de rapport entre les dimensions du ventricule et sa puissance digestive. La forme et la structure de ces glandes varient beaucoup chez les différentes espèces. Elles peuvent être *unilobulées* ou *multilobulées*. L'estomac du Pigeon, de l'Huîtrier, du Canard, du Goéland, du Bihoreau, du Flamand, du Kamichi, de l'Epervier et de la plupart des Passereaux, ne renferme dans sa constitution que des glandes unilobulées (Cazin). La cavité centrale de ces glandes présente de nombreux plis qui s'anastomosent les uns avec les autres et qui limitent à leur base des fossettes de forme régulière. Chacune de ces fossettes constitue un canal collecteur, large et court, dans lequel débouche un certain nombre de tubes glandulaires. La surface de plis et de canaux collecteurs, formant par leur ensemble la partie centrale de la glande, est entièrement tapissée de cellules à mucus, tandis que la périphérie de la glande, composée de tubes glandulaires, proprement dits, renferme exclusivement les cellules granuleuses à pepsine (fig. 255). Les glandes gastriques multilobulées, c'est-à-dire celles qui sont formées de plusieurs lobes distincts, débouchant dans une cavité commune, se retrouvent chez un petit nombre d'Oiseaux, parmi lesquels il importe de citer la Poule, le Dindon, l'Autruche et le Nandou d'Amérique. Ces glandes ont été considérées par beaucoup d'auteurs comme exclusives des espèces herbivores, mais Cazin a démontré plus tard qu'on les rencontre également chez certains oiseaux carnivores, le Pétrel géant et le Sphénisque du Cap par exemple. Chacun des lobes d'une glande gastrique multilobulée équivaut à lui seul à une glande unilobulée. Ils sont en effet constitués par une agglomération de tubes en cul-de-sac, tapissés de cellules granuleuses, étroitement serrés les uns contre les autres, et déversant leurs produits de secrétion dans une cavité centrale qui sert de canal excréteur commun. Ces cavités centrales débouchent à leur tour dans une cavité commune qui, elle, s'ouvre directement dans l'estomac. La surface de ces cavités présente des plis irréguliers qui se croisent dans toutes les directions et se trouve recouverte tantôt par un épithélium cylindrique ordinaire (Poule), tantôt par un épithélium à cellules muqueuses (*Sphenicus demersus*). Cet épithélium disparaît au niveau des orifices des tubes glandulaires proprement dits où se montrent les cellules granuleuses à secrétion spécifique. On voit donc que les glandes gastriques des Oiseaux renferment deux espèces de cellules, localisées les unes dans les tubes glandulaires, situés à la périphérie des glandes, les autres dans la partie centrale de la glande, c'est-à-dire dans les cavités communes et dans les canaux collecteurs, qui reçoivent les produits de secrétion des tubes glandulaires périphériques (CAZIN). Les premières de ces cellules seraient, d'après les recherches de KLUG, absolument semblables aux cellules de bordure des glandes gastriques des Mammifères et sécréteraient en même temps de l'acide et de la pepsine.

Gésier. — La forme de cet organe est celle d'une masse arrondie ou ovale (forme simple de GADOW) ou bien aplatie ou prismatique (forme composée de GADOW), suivant qu'il se développe en tous les sens ou de préférence sur ses parties latérales. Chez les Oiseaux pourvus d'un gésier compliqué, cet organe est formé de deux moitiés, symétriques par rapport à son centre, asymétriques par rapport à son axe longitudinal : l'une, antéro-inférieure, comprenant à la fois la portion antérieure, située en arrière de l'orifice pylorique, et le cul-de-sac inférieur; l'autre, postéro-supérieure, comprenant la partie supérieure qui fait directement suite au ventricule pepsique et la partie postérieure du gésier (CAZIN). D'ordinaire on trouve sur chacune des faces du gésier un disque aponévrotique central, d'où rayonnent des fibres musculaires qui forment les parois de cet organe.

Ces faisceaux peuvent s'étaler d'une façon uniforme ou bien se grouper en deux masses distinctes, une antérieure et une autre postérieure, comme cela s'observe chez la Poule. Le gésier forme dans ce dernier cas un appareil de trituration très puissant, et, lorsque les muscles se contractent, il se produit à la fois un mouvement d'écrasement et un mouvement de frottement.

La surface interne du gésier des Oiseaux granivores, herbivores et insectivores, se trouve constamment tapissée par un revêtement coriacé, plus ou moins épais, coloré généralement en jaune, et qui n'est autre chose qu'un produit de sécrétion de la muqueuse. CAZIN a démontré en effet que ce revêtement coriacé que l'on désigne à tort sous le nom de couche cornée, n'est que la continuation du revêtement muqueux du ventricule pepsique, et qu'il est formé des produits de sécrétion des culs-de-sac de la muqueuse, très denses, amalgamés avec les produits de sécrétion de l'épithélium superficiel, beaucoup plus fluide. Les variations de structure que ce revêtement présente en passant d'un animal à l'autre, tiennent à la distribution différente des culs-de-sac, qui fait que les colonnettes qu'ils sécrètent peuvent être disséminées ou groupées en séries parallèles. La muqueuse proprement dite de l'estomac musculeux des Oiseaux offre le même système de plis anastomosés que la muqueuse du ventricule. Toutefois les plis sont beaucoup moins prononcés. CAZIN considère que la structure fondamentale de ces deux muqueuses est, malgré l'apparence complexe de la muqueuse du gésier, absolument semblable. Les tubes en culs-de-sac de cet organe sont cependant plus nombreux. Ils sont en outre plus grêles, et plus allongés. A leur extrémité close, ils portent un léger renflement, et leur épithélium se compose d'une couche de cellules implantées obliquement par rapport à l'axe du tube, recourbées en crochet à leur extrémité basilaire et fortement renflées du côté libre. Lorsqu'on examine cet épithélium en remontant du fond des culs-de-sac des glandes vers leurs orifices, on voit que les cellules deviennent plus claires et que leur noyau se trouve en même temps refoulé davantage vers leur base. Enfin, sur les bords de l'orifice commun aux tubes, l'épithélium est constitué par des cellules qui, tout en étant moins hautes, sont comparables à celles des plis de la muqueuse.

Les glandes de l'estomac musculeux n'offrent pas la même distribution ni la même structure chez les divers Oiseaux. D'après Sappey on peut les classer en deux groupes :

1° Glandes formées d'un tube unique :
 a) avec un épithélium plat ;
  α, rangées en groupe (Poule) ;
  β. disséminées ;
 b) avec un épithélium qui se rapproche de l'épithélium cylindrique, mais dont les cellules sont plus granuleuses (Carnivores).

2° Glandes composées, formées de plusieurs tubes qui débouchent dans une cavité centrale. L'épithélium qui revêt la cavité centrale est un épithélium cylindrique, tandis qu'on rencontre dans les tubes est formé de cellules granuleuses pourvues d'un noyau sphérique.

D'après les recherches de Wiedersheim, ces glandes se rangent en groupes chez les Oiseaux nageurs et chez les Gallinacés, tandis qu'elles sont plus ou moins disséminées chez la Colombe et chez les Fringillides. Nussbaum prétend que les cellules granuleuses de ces glandes sont analogues aux cellules principales des mammifères, mais c'est là une opinion que rejettent la plupart des auteurs. Le protoplasma de ces cellules offre un aspect foncé. Il se colore en brun par l'acide osmique, en rouge foncé par le picrocarmin, en bleu foncé par l'hématoxyline, en vert par le méthyléosine et en gris par la quinoléine (Pillet).

Zone intermédiaire. — Entre le ventricule peptique et le gésier se trouve une région de la muqueuse stomacale qui se caractérise par l'absence de glandes composées. Cette région a été désignée par Cazin sous le nom de zone intermédiaire, parce qu'elle représente au point de vue histologique un organe de transition entre l'estomac glanduleux et l'estomac musculeux. La muqueuse de cette zone renferme encore les mêmes petits tubes en cul-de-sac que la muqueuse glandulaire, mais elle ne possède plus aucune espèce de glande composée. Les prolongements superficiels de cette muqueuse n'affectent pas non plus la même forme que dans la partie glandulaire : au lieu d'être lamellaires, ils sont cylindriques ou prismatiques. Malgré ces changements, les caractères histologiques fondamentaux de la muqueuse intermédiaire restent à peu près les mêmes que ceux de la muqueuse du ventricule. Toutefois les produits de sécrétion de cette région, forment un exsudat beaucoup plus épais que celui que fournissent les tubes muqueux du ventricule. Ce simple fait prouverait que les cellules des glandes muqueuses ont subi, dans la zone intermédiaire, une réelle transformation.

Estomac pylorique. — On trouve, chez quelques espèces d'Oiseaux, une poche située entre le gésier et l'intestin, qui ne saurait être confondue avec la première de ces cavités, car elle en est complètement séparée par un véritable détroit. Toutefois, chez la plupart des Oiseaux, il existe dans la partie supérieure du gésier, au point où l'intestin prend naissance, une sorte de renflement que beaucoup d'auteurs ont considéré à tort comme un estomac pylorique. C'est ainsi que Gadow n'a pas hésité à ranger la Poule d'eau parmi les Oiseaux de ce groupe, alors qu'on sait péremptoirement que le gésier de cet animal ne présente qu'une simple saillie faisant partie de la cavité de cet organe. L'estomac pylorique, tel qu'on l'observe chez le Héron, chez le Bihoreau et chez le *Plotus melanogaster*, n'a plus les parois aussi musculeuses que le gésier. Par contre, la muqueuse qui revêt ces deux organes offre pour ainsi dire une structure identique. Dans les premiers tiers environ de la poche pylorique du *Plotus melanogaster* la muqueuse est lisse et semblable à celle du gésier. Elle est pourtant tapissée de filaments rigides dans le reste de la cavité. Ces filaments sont les produits de sécrétion des tubes glandulaires de la muqueuse pylorique, comme les colonnettes du revêtement coriacé du gésier le sont des glandes de cet organe.

Mammifères. — L'estomac des Mammifères peut être *simple* ou *composé*. La plupart des Mammifères carnivores et quelques herbivores ont un estomac simple, nettement séparé de l'intestin et de l'œsophage, et dans lequel il est facile de reconnaître une portion cardiaque, un cul-de-sac, une portion pylorique, une grande et une petite courbure. La forme générale de cet organe est celle d'un cône allongé, recourbé sut lui-même, dont la base correspond au cul-de-sac de l'estomac et le sommet à la région du pylore. Par suite de la légère incurvation que subit cet organe, les deux orifices tendent à se rapprocher l'un de l'autre. L'œsophage débouche, en effet, dans la cavité de l'estomac, du côté de la petite courbure et assez près du pylore. Chez quelques espèces cependant, l'estomac est très étroit et affecte une forme cylindrique. D'autres fois, il est globuleux ou sphérique. Parmi les Mammifères qui possèdent un estomac dont l'organisation est le plus élémentaire, nous citerons les Monotrèmes. Chez ces animaux, l'estomac se rapproche par sa forme extérieure et par sa constitution histologique de l'estomac de certains Poissons qui manquent des glandes peptiques.

L'estomac des Mammifères herbivores est, en général, beaucoup plus volumineux et beaucoup plus compliqué que celui des carnivores. Cet organe est d'ordinaire constitué par plusieurs poches ou appendices qui peuvent faire partie de la même cavité ou former plusieurs estomacs distincts les uns des autres, autant par leur forme que par leur structure. Parmi les Mammifères à estomacs multiples, nous distinguerons, à l'exemple de MILNE-EDWARDS, ceux chez lesquels les aliments passent directement d'un estomac dans le suivant sans remonter dans la bouche, de ceux qui *ruminent*, c'est-à-dire qui, après avoir emmagasiné leurs aliments dans leur premier estomac, les font remonter dans la cavité buccale pour les mâcher plus complètement, puis les avalent de nouveau, et alors seulement les font passer dans l'estomac véritablement actif. Chez les animaux appartenant au premier groupe, l'estomac peut être formé de deux ou plusieurs cavités. Ainsi, chez la plupart des Rongeurs, cet organe présente un étranglement circulaire au point d'union des régions cardiaque et pylorique. Cette limite est même marquée chez quelques espèces par un repli intérieur de la muqueuse qui divise la cavité stomacale en deux compartiments bien distincts. Chez les Singes du genre *semnopithèque* et *colobe*, de même que chez les Paresseux, chez plusieurs Pachydermes, tels que l'Hippopotame et les Pécaris, et chez les Cétacés, les portions cardiaque et pylorique de l'estomac se divisent en deux ou plusieurs cavités, de sorte que cet organe se trouve composé de trois ou quatre poches différentes, mais qui communiquent toutes les unes avec les autres. Enfin, chez les Ruminants, l'estomac atteint le plus haut degré de complexité. Ces animaux possèdent, en général, quatre estomacs, rarement trois (chevrotain, chameau, lama) qui sont largement en rapport entre eux, mais dont les connexions avec l'œsophage sont disposées de telle sorte qu'ils forment pour ainsi dire deux organes indépendants. En effet, les aliments qui traversent l'œsophage, peuvent tomber, soit dans les deux premières cavités de l'appareil stomacal, appartenant à la région cardiaque, soit dans les deux dernières qui font partie de la portion pylorique (Pour l'étude complète de ce phénomène voyez l'article **Rumination**).

Ces quatre cavités ont reçu les noms de *panse* ou *rumen*, de *bonnet*, de *feuillet* et de *caillette*.

Les deux premières font l'office de réservoir alimentaire et ne jouissent d'aucune action chimique appréciable sur les aliments qu'elles renferment.

Le *feuillet* est, comme le dit MILNE-EDWARDS, le vestibule de la *caillette*. Il sert de réceptacle aux aliments mâchés qui vont subir incessamment les actions chimiques des sucs sécrétés par la *caillette*. Le *feuillet* est peu développé chez les Chevrotains et chez les Lamas et n'existe guère chez le Chameau.

La *caillette* représente l'estomac proprement dit des Ruminants. Elle communique avec la cavité précédente par un orifice étroit et diffère de toutes les autres parties de l'estomac par la structure de sa muqueuse qui renferme de nombreuses glandes.

Nous avons dit que l'estomac des Mammifères carnivores était simple, tandis que celui des herbivores était en général composé. Cette loi présente cependant de nombreuses exceptions ainsi que le montre le tableau suivant :

La structure de l'estomac des Mammifères est tellement complexe et elle varie tant d'un animal à l'autre, qu'il est presque impossible de faire rentrer dans un aperçu général toutes les particularités histologiques qui caractérisent l'estomac de chacun de ces animaux.

Néanmoins, dans l'étude que nous allons entreprendre, nous essayerons de faire ressortir ces différences, tout en exposant les propriétés histologiques fondamentales qui sont communes à l'estomac de tous les Mammifères.

MAMMIFÈRES QUI POSSÈDENT UN ESTOMAC SIMPLE.	MAMMIFÈRES QUI POSSÈDENT UN ESTOMAC COMPLEXE.
Homme. **Quadrumanes.** . . . . **Chéiroptères.** **Insectivores.** **Pinipèdes.** **Carnivores.**	Excepté le Semnopithèque et le Colobe.
Rongeurs : *Leporidæ*; *Subunguata* (Cavia et Hydrochœrus); *Hystricidæ* (Artherura africana); *Muridæ* (Mus musculus, Mus decumanus, Rats); *Arvicolidæ* (Lemnus arvalis); *Castoridæ* (Myoxus glis et Myoxus dryas); *Sciuridæ*. **Proboscidiens** (Éléphant).	**Rongeurs** : *Hystricidæ* (porc-épic); *Octodontidæ*; *Muridæ* (Hamster); *Arvicolidæ* (Lemnus amphibius, Lemnus borealis, Rhizomys pruinosus); *Castoridæ* (Castor, Myoxus avellanarius). **Proboscidiens** (Daman). **Siréniens.**
Artiodactyliens : *Bunodonta* (Phacochoerus, Porc).	**Artiodactyliens** : *Bunodonta* (Hippopotamus amphibius); *Dicotyliens*; *Ruminants*; *Tilopodiens*; *Tragulidæ*, *Moschidæ*, Girafe. **Cétacés.**
Périssodactyliens : Tapirus, Rhinocéros, Cheval. **Édentés** : *Myrmecophaga jubata* et *tetradactyla*; *Cyclothurus didactylus*; *Manidæ*; *Dasypus*. **Marsupiaux.** **Monotrèmes**, manquent des glandes papétiques.	**Édentés** : *Bradypodidæ*.

Le nombre de couches qui forment cet organe sont, de dedans en dehors, les suivantes :

1° Une muqueuse, comprenant :
- 1° Un épithélium.
- 2° Une tunique propre.
- 3° Une membrane compacte.
- 4° Une musculaire muceuse.

2° Une submuqueuse.

3° Une musculeuse comprenant :
- 1° Une couche interne, formée de fibres transversales.
- 2° Une couche externe, formée de fibres longitudinales.

4° Une subséreuse.

5° Une séreuse.

En tout, neuf couches élémentaires, qui subissent des modifications plus ou moins importantes selon l'animal qu'on considère.

Tunique muqueuse. — La surface de la muqueuse stomacale ne présente pas partout les mêmes caractères. Chez la plupart des Mammifères carnivores et omnivores, elle offre des plis nombreux, qui se croisent dans toutes les directions, et qui s'effacent presque totalement lorsqu'on distend l'estomac. Ces plis sont beaucoup moins accentués dans le voisinage du cardia que dans la région du cul-de-sac de l'estomac. Chez les espèces herbivores, et surtout chez celles qui possèdent un estomac complexe, la muqueuse est complètement lisse dans les régions appartenant à la portion cardiaque. D'autre part, la structure de l'épithélium superficiel de l'estomac n'est pas toujours la même dans ces diverses régions. Chez les Monotrèmes, toute la muqueuse stomacale est recouverte par l'épithélium de l'œsophage. Chez d'autres Mammifères, le cheval et le porc par exemple, l'épithélium pavimenteux et stratifié de l'œsophage se prolonge aussi très loin dans la cavité de l'estomac et recouvre une grande partie de la muqueuse de cet organe. Il faut alors, pour retrouver les éléments spécifiques de l'épithélium stomacal, descendre dans la moitié inférieure de ce viscère. Les glandes gastriques elles-mêmes changent constamment de caractère en passant d'une région à l'autre de la muqueuse. Pour toutes ces raisons, les anatomistes ont cru nécessaire de diviser l'estomac en plusieurs régions distinctes :

1° une région œsophagienne ;
2° une région cardiaque ;
3° une région du fond ;
4° une région pylorique.

Chez quelques espèces, il existe encore, entre la région du fond et la région pylorique, une cinquième région ou *zone intermédiaire* qui possède à la fois des glandes pyloriques et des glandes du fond de l'estomac (fig. 256). Cet organe affecte dans son développement, tantôt *la forme intestinale*, tantôt la *forme œsophagienne*, suivant que ces caractères histologiques se rapprochent plus ou moins des caractères histologiques de ces deux portions de l'appareil digestif.

FIG. 256. — Topographie des régions de l'estomac du *Sus scrofa*. D'après EDELMANN.

On peut avec EDELMANN classer l'estomac des Mammifères de la façon suivante :

. Forme intestinale (Estomac simple).
  1) Sans région cardiaque glandulaire :
     a) Estomac simple de forme cylindrique (Phoca) ;
     b) Estomac simple, présentant une dilatation à gauche qui constitue le cul-de-sac de cet organe : Carnivores, Insectivores, un grand nombre de Rongeurs, Chéiroptères, Singes et Homme.
  2) Avec région cardiaque glandulaire :
     c) Formation d'un sac cardiaque avec des appendices secondaires clos : *Sus* ;
     d) Formation de plusieurs sacs ou appendices cardiaques : *Manatus halmaturus*.
II. Forme œsophagienne (estomac composé).
  1) Forme simple avec région cardiaque glandulaire :
     a) Petite dilatation œsophagienne avec une zone glandulaire cardiaque peu étendue : *Tapirus Equinus*.
     b) Sac œsophagien plus complètement détaché de l'appareil digestif et région glandulaire cardiaque plus développée : *Mus Cricetus*.
  2) Forme compliquée, avec un grand estomac antérieur.
     c) Sans région cardiaque glandulaire : Cetacea, Ruminantia.
     d) Avec région cardiaque glandulaire : Dicotyles.

Mais, comme le fait remarquer OPPEL, il est impossible d'établir une classification de l'estomac des Mammifères sur des simples données histologiques. On trouve, en effet, des animaux qui semblent sous ce rapport appartenir au même groupe morphologique et qui possèdent cependant des estomacs tout à fait différents.

La *région œsophagienne* de l'estomac est représentée par une portion de la muqueuse stomacale, dont l'épithélium superficiel garde encore les caractères pavimenteux et stratifié de celui de l'œsophage. Cette région ne renferme aucun élément glandulaire spécifique. Elle existe chez les animaux suivants : Monotrèmes (tout l'estomac); Édentés (la plupart de l'estomac très développé chez les Manidés); Cétacés (première division de l'estomac, épithélium corné); Perissodactyla (Tapir, Cheval, Rhinocéros); Artiodactyla (Hippopotame, Porc); Ruminants (trois premières cavités), Lamnungia (Daman); Rongeurs (excepté les Castoridés, les Sciuridés et les Léporidés), Primates (*Cercopithecus fuliginosus*).

Chez tous les autres Mammifères, l'épithélium de l'œsophage cesse au niveau du cardia ou se prolonge très peu dans l'estomac.

La *région cardiaque* est recouverte par un épithélium cylindrique, formé d'une seule couche de cellules, semblables à celle que nous avons déjà décrites dans l'estomac des autres Vertébrés. Les glandes (fig. 257) de cette région, quand elles existent, se distinguent des glandes du cul-de-sac de l'estomac parce qu'elles manquent de cellules de bordure. Elles se différencient des glandes pyloriques, non seulement par leur distribution et la marche de leurs tubulis, mais aussi par les propriétés de leur épithélium. Les cellules qui les composent offrent des contours bien limités, et leur protoplasma se

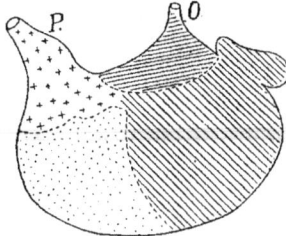

colore faiblement par l'éosine. En outre, les glandes de la région cardiaque sont très riches en follicules lymphatiques. D'une manière générale les glandes cardiaques existent chez la plupart des Mammifères. Elles manquent néanmoins chez les espèces suivantes : chez tous les Monotrèmes, chez quelques Rongeurs (Lagomorpha, Hystricomorpha, Sciuromorpha, *Lepus timidus* et *Cavia cobaya*), chez quelques Carnivores (Renard, *Mustela martes* et *Nasua Rufa*), chez tous les Cheiroptères, chez la plupart des Insectivores et chez le *Cercopithecus ruber*, appartenant à l'ordre des Primates). La forme et la grandeur de cette région glandulaire est très variable chez les divers animaux qui la possèdent. Nous citerons en ordre d'importance : le Porc, le Pécari, le Rat, la Souris, le Hamster, le Tapir, le Cheval, le Kangourou, les Insectivores, le Chimpanzé, l'Homme, quelques Rongeurs, la plupart des Carnivores et les Singes. Ajoutons encore que la grandeur de cette région semble dépendre du genre d'alimentation et être en rapport inverse du développement des glandes salivaires et œsopha-

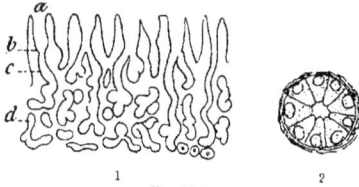

FIG. 257.

1. — Section transversale de la muqueuse cardiaque chez le porc. D'après ELLENBERGER et HOFMEISTER.
2. — Section transversale d'un tubuli de la région cardiaque chez le porc. D'après les mêmes auteurs.

giennes. Comme nous le verrons plus tard, les glandes de cette région ne doivent pas être considérées comme des glandes muqueuses, car elles paraissent sécréter un ferment diastasique, transformant l'amidon en glucose et d'après certains auteurs, elles sécréteraient même de la pepsine.

La région du fond de l'estomac est, au point de vue morphologique et fonctionnel, la plus importante de la muqueuse de cet organe. Sa présence est absolument constante chez tous les Mammifères, excepté chez les Monotrèmes qui manquent complètement d'estomac. L'épithélium qui recouvre cette partie de la muqueuse est l'épithélium cylindrique, caractéristique de l'estomac. Les cellules qui le forment sont des cellules cylindriques, ou mieux prismatiques, dans lesquelles on peut reconnaître deux zones : une zone superficielle à contenu homogène qui présente les réactions de la mucine, et une zone profonde ou basale, fortement granuleuse, qui renferme le noyau de la cellule. A côté de ces éléments, qui sont les plus nombreux, il en existe assez souvent d'autres qui affectent la forme des cellules caliciformes et plus rarement des cellules à contenu uniformément granuleux, qui semblent représenter les diverses étapes de l'évolution d'un seul et même élément cellulaire. Les glandes de cette région de l'estomac sont des glandes en tubes composées, dont l'épithélium de revêtement est composé de deux sortes de cellules : *cellules de bordure, Belegzellen*, de HEIDENHAIN, *cellules délomorphes* de ROLLET, et *cellules principales (Hauptzellen)* de HEIDENHAIN, *cellules adélomorphes* de ROLLET. HEIDENHAIN divise le tube glandulaire d'une glande du cul-de-sac de l'estomac en trois parties : le *canal excréteur*, le *col* et le *corps glandulaire*. Les éléments cellulaires de revêtement de ces glandes se partagent de la suivante manière selon HEIDENHAIN : le canal excréteur est tapissé dans toute son étendue par l'épithélium cylindrique superficiel de la muqueuse. Dans certains endroits, on trouve cependant quelques cellules de bordure isolées qui sont logées entre la membrane propre du tube glandulaire et son revêtement cylindrique. A mesure que l'on s'approche du col glandulaire, les cellules de bordure deviennent plus nombreuses et plus volumineuses, si bien que ROLLET a prétendu que ces cellules étaient les seuls éléments que l'on trouvait dans le col des glandes gastriques. Toutefois HEIDENHAIN a démontré que parmi ces cellules on y trouve encore de petits éléments de forme conique qui représentent les cellules principales. Finalement, dans le corps de la glande, les cellules principales acquièrent un développement considérable. Leurs dimensions augmentent dans toutes les directions, et leurs contours deviennent plus nets et plus définis. Ces éléments occupent la lumière du cul-de-sac glandulaire, tandis que les cellules de bordure sont placées plus superficiellement, entre la surface externe du tube et sa membrane propre. Dans aucun cas, les cellules de bordure n'atteignent la lumière glandulaire : elles tendent au contraire à faire saillie en dehors, ce qui donne au tube glandulaire une apparence bosselée. Chez certains animaux, spécialement chez le Porc (fig. 258), chez le Renard et chez le Dauphin, cette disposition s'accentue d'une façon telle que les cellules de bordure forment de véritables nids, des poches qui ne communiquent avec l'intérieur du tube glandulaire que par un orifice très étroit (F.-E. Schultze).

Les caractères morphologiques essentiels de ces deux espèces de cellules sont les suivants : les cellules principales présentent une forme pyramidale ou conique ; leur contenu est clair ou faiblement granuleux et offre l'apparence d'un fin réseau, contenant une substance hyaline. Le noyau se trouve placé dans le tiers extérieur de la cellule ; il montre aussi une structure vésiculaire. Ces éléments se colorent faiblement en jaune par l'acide osmique et ne se teintent pas par le bleu d'aniline. Les cellules de bordure sont arrondies, polygonales ou elliptiques. A l'état frais, leur contenu est homogène, mais, après traitement par l'acide osmique, leur protoplasma devient réticulé et fortement granuleux. Vis-à-vis des réactifs chimiques, elles se comportent comme des éléments très riches en albumine. L'acide osmique les colore fortement en noir et elles sont très avides des couleurs à base d'aniline. Les cellules de bordure, de même que les cellules principales, subissent, ainsi que nous le verrons plus tard, des modifications profondes pendant la période d'activité des glandes.

Quant à l'origine et à la formation de ces deux éléments cellulaires, nous ne savons rien de précis. Pour beaucoup d'auteurs, les cellules principales et les cellules de bordure sont des éléments en quelque sorte spécifiques et complètement indépendants entre eux. Pour d'autres, au contraire, ces deux espèces de cellules ne représenteraient que des étapes différentes de l'évolution d'un même élément cellulaire. D'après les uns, les cellules de bordure, donneraient naissance aux cellules principales, tandis que, selon d'autres, ces premières dériveraient des secondes.

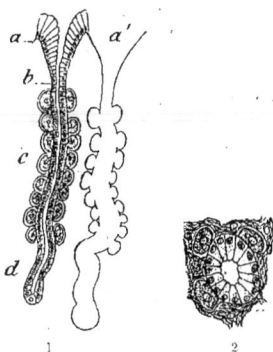

Fig. 259. — Éléments glandulaires de la région du fond de l'estomac chez le porc. D'après Ellenberger et Hofmeister.

1. — a, épithélium superficiel ; a', orifice glandulaire ; b, col de la glande ; c, partie moyenne de la glande avec de nombreuses cellules de bordure ; d, cul-de-sac de la glande sans cellules de bordure.
2. Section transversale de la partie moyenne d'un tube glandulaire.

La *région pylorique* de l'estomac des Mammifères est tapissée du même épithélium cylindrique qui recouvre la région du cul-de-sac. Chez quelques animaux cependant, l'épithélium de cette région ressemble à l'épithélium intestinal. Les glandes de la région pylorique, appelées *glandes à mucus* du pylore par Ebstein, possèdent un épithélium cylindrique spécial qui diffère par ses caractères physiques et chimiques de l'épithélium superficiel de la muqueuse (fig. 259). Heidenhain résume dans le tableau suivant les caractères différentiels de l'épithélium des glandes pyloriques et de l'épithélium de la muqueuse.

PRÉPARATION.	ÉPITHÉLIUM DES GLANDES PYLORIQUES.	ÉPITHÉLIUM SUPERFICIEL DE LA MUQUEUSE.
A l'état frais.	Finement granulé.	Complètement homogène.
Par le picrocarmin.	Les cellules se colorent totalement.	Seulement le noyau et la zone qui l'entoure.
Par la glycérine et le carmin.	Tout le corps cellulaire qui montre de fines granulations.	Un peu du protoplasma autour du noyau.
Dans le bichromate de potasse, l'alcool de Ranvier et l'hydrate de chloral 10 p. 100.	Ces éléments se conservent bien.	Se ratatinent et chassent leur contenu protoplasmatique.
Par l'alcool au carmin.	Cet épithélium ne présente pas de cellules de remplacement dites *Ersatszellen*. En outre les cellules sont granuleuses.	Montre des cellules de remplacement ; et les cellules cylindriques offrent un protoplasma homogène.

En outre, les cellules des glandes pyloriques se distinguent des cellules de l'épithélium superficiel, d'abord parce qu'elles sont plus petites, plus finement granulées, et ensuite parce qu'elles ne prennent jamais l'aspect caliciforme. D'autre part, leur base est beaucoup plus longue, et leur noyau plus aplati. Quoique les cellules pyloriques présentent beaucoup de ressemblance avec les cellules principales, ces éléments ne sont pas complètement identiques. En dehors de leur forme, qui est tout à fait différente, les cellules des glandes du pylore se troublent par l'action de l'acide acétique et semblent contenir de la mucine. Il est vrai que sur ce point, comme sur beaucoup d'autres concernant l'histologie des glandes gastriques, les auteurs ne sont pas d'accord. Ainsi HEIDENHAIN et son école considèrent les cellules des glandes pyloriques comme des cellules principales qui sécréteraient de la pepsine. D'autres histologistes ont trouvé dans les glandes pyloriques des cellules qui ressemblaient plutôt aux cellules de bordure. De ces deux opinions, c'est la première qui compte le plus grand nombre de partisans; mais on tend de plus en plus aujourd'hui à admettre que les glandes du pylore sont formées d'un épithélium différent de tous les autres épithéliums des glandes gastriques, et pour ainsi dire spécifique. Finalement, d'après les recherches de GLINSKY, les glandes pyloriques seraient identiques aux glandes de BRUNNER, de l'intestin. La seule différence qui existerait entre ces deux sortes de glandes, c'est que les premières se trouvent logées dans la muqueuse, tandis que les secondes sont placées dans la submuqueuse.

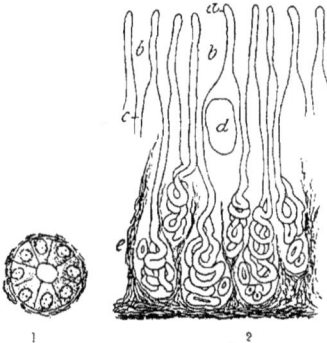

FIG. 259. — Éléments glandulaires de la région pylorique chez le porc. D'après ELLENBERGER et HOFMEISTER.

1. — Section transversale d'un tubuli d'une glande pylorique.

2. — Schéma de la disposition des glandes pyloriques dans la muqueuse.

a. pupilles; b, orifices glandulaires; c, col des glandes; d, follicules lymphatiques; e, corps de la glande.

Chez le Cobaye, chez le Lapin, chez le Chat et chez le Chien, la région pylorique est plus étendue et plus riche en glandes que chez l'homme.

La zone intermédiaire, signalée pour la première fois par EBSTEIN dans l'estomac du chien, se trouve située entre le cul-de-sac et la région du pylore et contient à la fois des glandes pyloriques et des glandes à pepsine. Cette zone existe chez tous les mammifères qui ont été étudiés dans ce but : Homme, Chien, Chat, Renard, Porc, Lapin, Rat, Souris. Elle présente cependant quelques différences, en passant d'un animal à l'autre. Ainsi la zone intermédiaire est plus développée chez l'Homme et chez le Chien que chez le Chat et chez les autres mammifères cités.

En résumé, la muqueuse stomacale renferme plusieurs espèces de cellules épithéliales : 1° les cellules des glandes cardiaques; 2° les cellules principales et les cellules de bordure des glandes du cul-de-sac de l'estomac; 3° les cellules des glandes pyloriques, et 4° les cellules cylindriques de l'épithélium superficiel. Si l'on accepte l'opinion de GRÜTZNER et HEIDENHAIN, il y aurait encore dans le col des glandes pyloriques une nouvelle espèce de cellules découvertes par NUSSBAUM, et que cet auteur confondait avec les cellules de bordure. En effet, d'après GRÜTZNER, ces derniers éléments se comportent autrement que les cellules de bordure, vis-à-vis du bleu et du noir d'aniline. Ces cellules seraient beaucoup plus nombreuses, dans l'estomac de l'Homme et du Chat que dans l'estomac du Chien. En ce qui concerne les prétendues cellules de STÖHR, tout porte à croire que ce sont de simples cellules pyloriques fixées par les réactifs à un moment spécial de leur activité.

Les autres couches qui forment la muqueuse de l'estomac des Mammifères n'offrent rien de caractéristique. Cette membrane possède en outre un système très riche de vaisseaux sanguins et lymphatiques et un grand nombre de terminaisons nerveuses. Les vaisseaux sanguins se réunissent en formant un plexus veineux et un plexus artériel, dans la couche submuqueuse. De ces plexus partent de très fines branches qui vont constituer deux réseau capillaires différents : l'un autour des éléments glandulaires, l'autre sur la surface libre de la muqueuse. Quant aux vaisseaux lymphatiques, étudiés par Loven, ils se disposent dans la muqueuse de la façon suivante : des lacunes lymphatiques de l'épithélium superficiel partent une série de capillaires qui suivent les espaces inter-glandulaires et viennent se terminer dans un réseau de canaux subglandulaires. Ce réseau est à son tour en rapport avec un autre système de canaux plus développés, situé dans la couche submuqueuse. La distribution des vaisseaux lymphatiques change d'ailleurs quelque peu dans les diverses régions de l'estomac.

Tunique musculeuse (fig. 260). — La tunique musculeuse de l'estomac des Mammifères se compose, comme chez les autres Vertébrés, de deux plans fondamentaux de fibres : un plan externe formé de fibres longitudinales qui font suite aux fibres longitudinales de l'œsophage, et un plan interne constitué par des fibres transversales, circulaires et obliques. Les fibres longitudinales s'épanouissent en arrivant au cardia sur les parois de l'estomac et forment chez quelques animaux, comme l'Homme, une forte bande musculaire qui suit le long de la petite courbure et qui reçoit le nom de *cravate suisse*. En dehors de ces sortes de fibres, l'estomac de

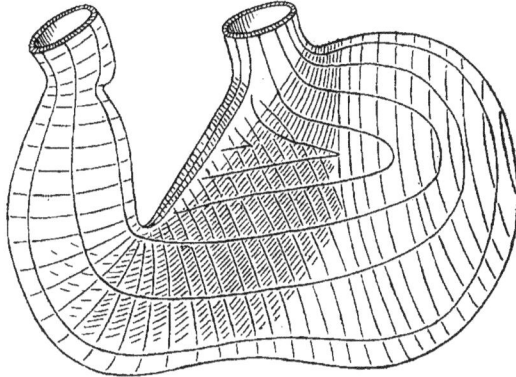

Fig. 260. — Disposition des fibres musculaires de l'estomac du chien.
D'après Mall.

certains Mammifères contiendrait encore des fibres longitudinales propres, suivant l'opinion de Lesshaft.

La plus grande partie des fibres transversales de l'estomac se trouve formée par des faisceaux circulaires, perpendiculaires au grand axe de cet organe. Ces faisceaux constituent une couche continue depuis le cardia jusqu'au pylore. D'après Schmidt, ces fibres formeraient au niveau du cardia un véritable sphincter, chez un grand nombre d'animaux, excepté chez les Ruminants. Toutefois cet avis n'est pas partagé par la plupart des anatomistes, qui considèrent le cardia comme dépourvu de sphincter véritable. Il n'en est pas de même pour le pylore, autour duquel les fibres circulaires se condensent pour former un sphincter puissant. Rudinger et Klaussner ont même prétendu que les fibres longitudinales rentrent dans la constitution de ces sphincters pyloriques. Il y aurait de la sorte un constricteur et un dilatateur de pylore, comme cela se voit spécialement chez l'Homme, chez le Chimpanzé, chez l'Ours et chez la Martre. D'après Lesshaft, les fibres circulaires de l'estomac seraient des fibres propres de cet organe et sans aucun rapport avec les fibres circulaires de l'œsophage. Celles-ci changeraient complètement de direction en arrivant à l'estomac et deviendraient des fibres elliptiques. Il est facile de démontrer l'existence de cette nouvelle couche de fibres en enlevant avec soin la muqueuse de l'estomac. On voit alors que ces fibres, prises dans leur ensemble, forment une anse à cheval sur le côté gauche du cardia, d'où partent de nombreuses branches qui se répandent sur chacune des faces de l'estomac. La presque totalité des fibres musculaires de l'estomac sont des fibres lisses, mais il n'est pas rare de trouver parmi ces éléments quelques fibres striées. Comme on le voit, l'appareil musculaire de l'estomac est très puissant, et, en tout cas, beaucoup plus développé que dans les autres portions du tube digestif. Chez les animaux qui ont un estomac complexe, il y a toujours une cavité qui se fait remarquer par le plus grand développement de sa tunique musculeuse. Les phénomènes mécaniques de la digestion ont, dans cette cavité, une place prépondérante.

Tunique séreuse. — Cette tunique est formée par la feuille viscérale du péritoine et ne présente aucune différence fondamentale avec la tunique séreuse de l'estomac des autres Vertébrés.

Vaisseaux et nerfs de l'estomac. — *Artères.* — Les artères de l'estomac naissent du tronc cœliaque et affectent dans leur distribution une marche plus ou moins différente, suivant l'animal qu'on considère. En général, les branches de ces artères s'anastomosent entre elles et forment un cercle complet qui embrasse la grande et la petite courbure de l'estomac. De ce cercle partent un nombre considérable de vaisseaux qui, après avoir cheminé un certain temps entre la tunique séreuse et la tunique musculaire, traversent cette dernière et vont se ramifier dans la couche de tissu conjonctif qui sépare la tunique musculaire de la tunique muqueuse. C'est de ce dernier réseau qu'émanent les artérioles de la muqueuse.

Veines. — Les capillaires veineux provenant de la muqueuse et des autres couches de l'estomac se réunissent en plusieurs troncs qui suivent assez exactement le trajet des artères, et qui vont déboucher soit dans la veine splénique, soit dans la mésentérique supérieure, soit enfin dans la veine porte. HOCHSTETTER a signalé la présence de valvules dans les veines de l'estomac de l'homme et de quelques autres Mammifères.

Nerfs. — Les nerfs de l'estomac proviennent des nerfs pneumogastriques, spécialement du pneumogastrique gauche, des sympathiques, du plexus solaire et de la moelle. OPENCHOWSKI a donné le schéma suivant (fig. 261) représentant l'origine et la distribution de ces nerfs dans l'estomac du lapin.

Ces nerfs pénètrent dans l'estomac et forment dans les parois de cet organe deux espèces de plexus, connus sous le nom de plexus d'AAUERBACH et de plexus de MEISSNER.

Le premier est situé entre la couche longitudinale et la couche transversale de la tunique musculeuse et le second dans la couche de tissu conjonctif lâche qui sépare la musculeuse de la muqueuse. Aux filets qui partent de ces plexus, sont accolés des ganglions microscopiques découverts par REMAK. Quant aux terminaisons de ces nerfs dans la muqueuse, NAVALICHIN pense que les cylindres-axes pénètrent dans l'intérieur des cellules glandulaires et se confondent avec les granulations de leur protoplasma. Ces granulations seraient identiques aux granulations pepsinogènes décrites par LANGLEY, et, d'après NAVALICHIN, devraient être considérées comme étant de nature nerveuse.

DEUXIÈME PARTIE

Physiologie.

CHAPITRE I

ÉTUDE ANALYTIQUE DES FONCTIONS DE L'ESTOMAC

Si, au point de vue anatomique, l'estomac se distingue des autres parties de l'appareil digestif, surtout par la structure particulière de sa tunique muqueuse et par le plus grand développement de sa tunique musculeuse, au point de vue physiologique, cet organe en présente aussi de très grandes différences. Sa tunique muqueuse possède, comme nous l'avons vu, un appareil glandulaire très complexe qui jouit du pouvoir de sécréter les divers éléments du suc gastrique. La surface de cette muqueuse, bien que dépourvue d'appareils spéciaux d'absorption, peut, par suite de sa grande vascularité, absorber les substances solubles qui font partie du contenu stomacal. D'autre part, la tunique musculeuse de l'estomac est tellement puissante qu'elle fait de cet organe un agent essentiellement moteur pendant la digestion. Les mouvements de l'estomac contribuent, en effet, au mélange et à la division des aliments, et, chez beaucoup d'animaux, ils peuvent remplacer, en quelque sorte, l'absence de l'appareil dentaire. Ces diverses formes de l'activité de l'estomac donnent lieu à une série de phénomènes qu'on appelle *la digestion stomacale.*

Pour bien connaître leur mécanisme, il faut, à notre avis, les étudier séparément. Nous allons donc, avant d'entrer dans l'étude d'ensemble de la digestion stomacale proprement dite, exposer l'état de nos connaissances :

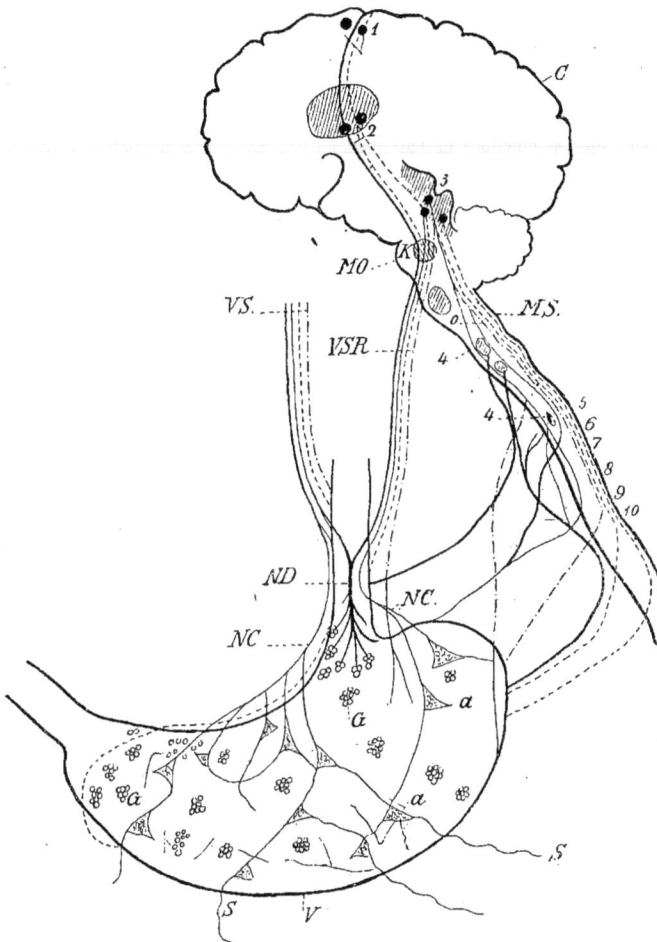

Fɪɢ. 261. — Schéma de l'innervation de l'estomac (D'après Openchowsky).

C, cerveau. — V, estomac. — MO, moelle allongée. — MS, moelle épinière de la 5ᵉ à la 10ᵉ vertèbre dorsale. — V, S, R, pneumogastrique droit avec des fibres dilatatrices et constrictives du cardia, des parois de l'estomac et du pylore. — ND, nerfs dilatateurs du cardia. — NC, nerfs constricteurs. — a, plexus d'Auerbach. — G, ganglions découverts par Openchowski. — S, Fibres provenant du plexus sympathique et qui se terminent spécialement dans le plexus d'Auerbach. — 1, Sillon crucial où se trouvent les centres du cardia et du pylore. — 2. Corps strié et lenticulaire où sont les centres principaux du cardia et du pylore; tubercules quadrijumeaux, où sont les centres des autres parties de l'estomac. — K, noyau du pneumogastrique. — O, olivé. — 4, 4, centres médullaires de la dilatation du cardia : la 3ᵉ vertèbre dorsale naissent les fibres inhibitrices du cardia et du tiers supérieur de l'estomac. De la 5ᵉ vertèbre à la 8ᵉ, fibres constrictrices du cardia et des parois de l'estomac. De la 8ᵉ à la 10ᵉ, fibres constrictrices (peu nombreuses) et fibres inhibitrices pour le pylore. A partir de la 10ᵉ vertèbre, au-dessous, toutes les fibres sont constrictrices du pylore. Pour rendre le schéma plus clair, nous avons supprimé les nerfs provenant du sympathique dorsal et abdominal.

1° *Sur les fonctions de sécrétion de l'estomac;*
2° *Sur ses fonctions d'absorption ;*
3° *Sur ses fonctions motrices.*

Comme bien on pense, les nerfs et les vaisseaux de l'estomac ne sont pas dépourvus de signification physiologique, mais ces deux systèmes agissent très différemment sur chacune des fonctions dont nous venons de parler, de sorte que nous croyons qu'il y a tout intérêt à faire une étude spéciale du rôle que l'innervation et la circulation exercent sur chacune des fonctions de l'estomac, au lieu de faire cette étude dans un chapitre à part.

§ I. **Fonctions de sécrétion de l'estomac.** — Lorsqu'on fait l'analyse des produits de sécrétion de l'estomac, qui constituent par leur ensemble ce qu'on appelle le *suc gastrique*;

On trouve comme éléments différenciés : 1° une certaine quantité de mucus; 2° un acide qui est l'*acide chlorhydrique;* 3° deux ou trois ferments actifs, jouissant chacun d'une fonction chimique différente : la *pepsine* qui transforme les matières albuminoïdes en peptones. La *présure* ou *lab ferment* qui coagule le lait, et un *ferment amylolytique* qui transforme l'amidon en glucose. L'existence de ce dernier ferment n'est pas encore bien démontrée. Toutefois, d'après quelques auteurs, il existerait chez certaines espèces de Mammifères. En tenant compte de ces divers éléments du suc gastrique, nous voyons que la muqueuse stomacale possède les fonctions sécrétoires suivantes :

1° Une sécrétion acide;
2° Une sécrétion peptique;
3° Une sécrétion coagulante ou labogène;
4° Une sécrétion amylolytique;
5° Une sécrétion muqueuse;

Nous allons tout d'abord faire l'étude spéciale de ces divers produits de sécrétion, pour étudier ensuite la manière dont ils prennent naissance.

1) **Suc gastrique.** — A) **Méthodes servant à l'obtention du suc gastrique.** — 1° **Suc gastrique naturel.** — a) Procédés anciens. — Réaumur, de même que Spallanzani, se servaient, pour recueillir le suc gastrique naturel, des éponges qu'ils faisaient avaler à des animaux et qu'ils retiraient au bout de quelques instants de la cavité de l'estomac. Tiedemann et Gmelin sacrifiaient les animaux en pleine digestion et puisaient directement dans l'intérieur de l'estomac de petites quantités de suc gastrique. Afin d'obtenir un suc le plus pur possible, ils donnaient aux chiens en expérience des cailloux ou d'autres corps inattaquables qui servaient de stimulants à la sécrétion gastrique. Manassein liait l'œsophage à sa partie supérieure pour empêcher le mélange de la salive avec le suc gastrique, puis introduisait par une fistule œsophagienne des éponges dans l'estomac. Rappelons encore qu'un médecin écossais, Stevens, fit sur l'homme des expériences semblables à celles réalisées par Réaumur et Spallanzani sur les animaux. Ayant rencontré un bateleur qui avait l'habitude d'avaler des pierres, puis de les rejeter par la bouche, il profita de cette circonstance pour soumettre à l'action de l'estomac de cet homme des substances alimentaires renfermées dans des étuis métalliques troués. Il recueillit aussi du suc gastrique par le même procédé.

b) Fistules gastriques. — A partir du moment où l'on eut connaissance des observations de William Beaumont, démontrant qu'un individu atteint d'une fistule gastrique accidentelle pouvait vivre pendant longtemps sans présenter le moindre trouble, on pensa à reproduire expérimentalement ce genre de lésions sur les animaux, afin de mieux étudier les fonctions de l'estomac. Deux physiologistes réussirent presque en même temps cette opération, Bassow et Blondlot; mais, tandis que le premier se contenta de signaler le fait et n'en donna qu'un procédé incomplet et défectueux, le second en fit toute une méthode, dont il sut tirer le plus grand parti pour ses recherches sur la digestion.

L'établissement d'une fistule gastrique comporte deux opérations bien distinctes que nous allons décrire séparément. La première consiste à pratiquer la fistule elle-même en ouvrant une voie anormale dans l'estomac ; la seconde a pour but de rendre cette fistule permanente en y introduisant un appareil fistulaire convenable.

b₁) *Opération de la fistule.* — Bassow incisait les parois abdominales sur un point quelconque de la région épigastrique, puis attirait l'estomac vers la plaie, l'incisait dans un point et fixait les bords de cette incision aux bords de la paroi abdominale. Il obtenait de cette manière des fistules étroites qu'il bouchait à l'aide d'une éponge retenue par un fil, fixé lui-même aux téguments. Ces ouvertures artificielles montraient une grande tendance à se refermer, et n'avaient, trois mois après l'opération, qu'un centimètre de diamètre, largeur insuffisante pour la plupart des recherches. Le procécé de BLONDLOT est supérieur au précédent surtout au point de vue de l'occlusion de la fistule. Après avoir incisé les parois abdominales, dans la région épigastrique, selon la direction de la ligne blanche, l'expérimentateur saisit l'estomac et passe à travers les parois de cet organe, au moyen d'une aiguille courbe, un fil solide dont il forme une anse qui permet de fixer l'estomac aux parois abdominales, jusqu'au moment où il s'y établit une adhérence parfaite. La plaie abdominale était, bien entendu, recousue tout aussitôt en grande partie, de façon qu'elle ne formait qu'une espèce de boutonnière d'un centimètre et demi au niveau de la région correspondante au grand cul-de-sac de l'estomac. Chaque jour on a le soin de tordre l'anse du fil qui traverse l'estomac et qui est fixée hors de la cavité abdominale par une cheville. Au bout d'un certain temps les parois de l'estomac comprises dans cette ligature se nécrosent et tombent, et la fistule gastrique devient définitive. Il ne reste plus qu'à y introduire l'appareil fistulaire, ce que BLONDLOT faisait en se servant tout d'abord d'une canule d'argent, puis d'un obturateur. Comme on le voit, le procédé de BLONDLOT peut se diviser en deux temps : dans le premier on établit les adhérences de l'estomac aux parois de l'abdomen ; dans le second on place la canule. Cet excès de précautions n'était peut-être pas inutile à un moment où l'on ignorait les bienfaits de l'antisepsie. Toutefois CLAUDE BERNARD ne craignit pas de simplifier la pratique de cette opération, en introduisant la canule en un seul acte. Voici du reste la manière dont procédait l'éminent physiologiste : « Un chien, laissé à jeun depuis vingt-quatre heures, a pris il y a quelques instants un repas très copieux, de manière à distendre considérablement son estomac, et de façon que le viscère touche les parois de l'abdomen, et que le rapport qui existe entre ces deux parois soit normal. Ensuite, l'animal étant couché sur le dos, convenablement maintenu, nous faisons une incision à trois centimètres au-dessous de l'appendice xiphoïde, sur le bord externe du muscle droit du côté gauche. Cette incision ne doit avoir que 2 à 3 centimètres au plus. Immédiatement après l'incision, on aperçoit la paroi de l'estomac collée contre la paroi de l'abdomen ; on la saisit avec une érigne ; on l'attire dans la plaie, on passe une aiguille avec un fil, et ensuite on fait une ponction dans la paroi de l'estomac. Alors, avec deux érignes placées aux deux angles de la plaie, on maintient l'estomac soulevé, et l'ouverture tendue comme une boutonnière pendant qu'on y introduit avec force le rebord de la canule. On fait rentrer la canule dans le ventre, et il suffit ensuite d'un ou deux points de suture pour réunir la plaie, et la canule reste fixée en place. On a eu soin que le fil qui maintenait l'estomac fût passé dans les parois abdominales, et lié de manière que les parois de l'estomac restassent collées aux parois de l'abdomen. » Les bords de la plaie se tuméfient beaucoup à la suite de cette opération, et pour éviter qu'ils ne dépassent les rebords de la canule, on fait allonger celle-ci au maximum en la dévissant le plus possible. La manière dont SCHIFF pratiquait la fistule gastrique était en tout semblable à celle que nous venons de décrire. Toutefois, cet auteur conseille de revenir à la méthode de BLONDLOT, en deux temps, si l'on doit faire des fistules très larges, destinées à d'autres buts qu'à recueillir le suc gastrique. Dans ces cas, SCHIFF provoquait tout d'abord la réunion circulaire de l'estomac aux parois abdominales, puis, au bout de cinq à sept jours, il exécutait le second acte de l'opération consistant à inciser la portion herniée de l'estomac et à fixer dans l'ouverture la canule. L'introduction des règles antiseptiques dans la physiologie expérimentale a beaucoup simplifié la pratique de l'opération qu'on peut considérer aujourd'hui comme étant des plus banales. On doit prendre toujours des animaux à jeun, et au besoin purgés la veille à l'aide d'un sel purgatif quelconque. Afin de maintenir l'estomac dans ses rapports normaux avec les parois de l'abdomen, DASTRE distend le viscère à l'aide d'un ballon de caoutchouc fixé à l'extrémité d'une sonde qu'on introduit dans la cavité de l'estomac par l'œsophage et qu'on insuffle au moment où l'opération commence. Il est d'ailleurs plus simple de faire l'insufflation de l'estomac par la sonde œsophagienne sans recourir à l'emploi du ballon. L'animal doit être profondément endormi par la morphine et le chloroforme. Dans ces conditions, on pratique la gastrotomie suivant les procédés ordinaires, sutures séro-musculeuse et cutanéo-muqueuse, mais nous recommandons particulièrement de faire la première de ces sutures le plus parfaitement possible, afin d'empêcher l'entrée de matériaux septiques dans la cavité péritonéale, lorsqu'on ouvre l'estomac. Après l'opération, l'animal doit être maintenu à jeun pendant quarante-huit heures, temps suffisant pour permettre la réunion des sutures. Grâce à l'état de jeûne et à l'action persistante de la morphine, la sécrétion gastrique est pour ainsi dire nulle, de sorte qu'il suffit d'assurer l'occlusion temporaire de l'ouverture fistuleuse par une couche de ouate imbibée de collodion salolé ou iodoformé. Le troisième jour, on peut procéder à la mise en place de l'appareil fistulaire, certain de n'avoir à craindre aucun accident. Si l'on fait usage d'une canule inamovible, on est obligé de placer l'appareil dans l'estomac dans le moment même où l'on fait l'opération, ce qui expose très souvent à de graves accidents, à moins qu'on ne fasse la gastrotomie en deux temps, ce qui est toujours une perte de temps inutile. Disons encore que, dans les cas où l'on n'a pas besoin d'une fistule très large, on peut se passer de l'appareil fistulaire, en suivant le procédé indiqué tout récemment par Frouin. Il suffit pour cela de faire dans la séreuse et la musculeuse stomacale une incision de quatre ou cinq millimètres. La muqueuse fait alors saillie au dehors de l'incision, et on la perfore sur l'un des côtés, de sorte que la section ne corresponde pas à celle de la séreuse et de la musculeuse. Un tube en caoutchouc est placé à demeure dans l'ouverture pendant trois ou quatre jours. Au bout de ce temps on n'a plus à craindre la soudure des parois de l'ouverture stomacale. La muqueuse, beaucoup plus grande que les tuniques externes, forme une sorte de clapet intérieur, et il n'y a pas perte du suc gastrique. Quand on veut vider l'estomac, on y introduit un tube ou une sonde de caoutchouc pour recueillir le liquide qu'il renferme.

Dans la plupart des recherches, l'opération de la fistule gastrique telle que nous venons de la décrire suffit largement pour étudier les fonctions de l'estomac. Toutefois, si l'on veut obtenir du suc gastrique pur, ou si l'on veut connaître la sécrétion spéciale d'une partie quelconque de l'estomac, l'établissement de la fistule doit être accompagné d'une opération préalable qui variera selon le but poursuivi par l'expérimentateur. Ce n'est pas d'hier que les physiologistes ont compris la nécessité d'empêcher le mélange de la salive et du mucus avec le suc gastrique, afin de mieux connaître les propriétés de ce liquide. A cet effet, les uns ont pratiqué l'extirpation totale des glandes salivaires, les autres la simple ligature de l'œsophage. En même temps, on provoquait la sécrétion gastrique en introduisant dans la cavité de l'estomac par l'orifice d'une fistule, soit des excitants chimiques de nature diverse, soit des aliments difficilement attaquables (tripes de bœuf, tendons, os, etc.). On obtenait ainsi un suc sécrété dans des conditions anormales qui, quoique exempt de salive, contenait encore un grand nombre de produits impurs. En 1889, Pavlow et Mᵐᵉ Simanowsky ont réussi à obtenir du suc gastrique presque complètement pur en donnant à des animaux porteurs d'une fistule gastrique et d'une fistule œsophagienne un repas de viande qu'on leur faisait rejeter au fur et à mesure qu'ils l'avalaient par l'ouverture de l'œsophage. Le passage des aliments par la bouche et le pharynx donne lieu par voie réflexe à une sécrétion stomacale abondante qu'on recueille par la fistule placée dans cet organe. Les animaux sont nourris dans l'intervalle des expériences par la fistule gastrique, et ils restent assez longtemps en vie. Cette méthode a le désavantage de ne produire qu'un suc de nature réflexe qui ne saurait être totalement assimilé à celui que l'estomac sécrète aux divers moments de la digestion, alors que les matières alimentaires sont en contact direct avec la muqueuse de cet organe. On n'est pas d'ailleurs absolument sûr que la bile et les sécrétions intestinales ne puissent, à un moment donné, refluer vers la cavité de l'estomac, souillant ainsi le liquide obtenu. Cela doit même arriver assez souvent, par suite de l'excitation à laquelle se trouvent soumis les animaux qui avalent ce repas *fictif*.

En 1875, Klemensiewicz eut l'idée d'isoler la portion pylorique de l'estomac en se servant de la méthode appliquée par Thiry à l'étude des sécrétions intestinales. Les animaux qui avaient subi cette opération ne survécurent pas plus de soixante-douze heures; mais Klemensiewicz put recueillir pendant ce temps du suc pylorique complètement pur. Trois ans plus tard, Heidenhain reprit l'étude de cette question, et arriva, grâce aux soins antiseptiques, à isoler le pylore et le fond du sac de l'estomac sur des animaux qui restèrent longtemps en vie. Pavlow et Chigini ont démontré depuis que la façon d'opérer de Heidenhain entraînait la section de quelques rameaux du pneumogastrique, nerf qui joue un rôle considérable dans la sécrétion des glandes gastriques. Dans ces conditions, le lambeau d'estomac réséqué par Heidenhain ne pouvait pas être considéré comme jouissant d'un fonctionnement normal. Pavlow et Chigini ont alors proposé une modi-

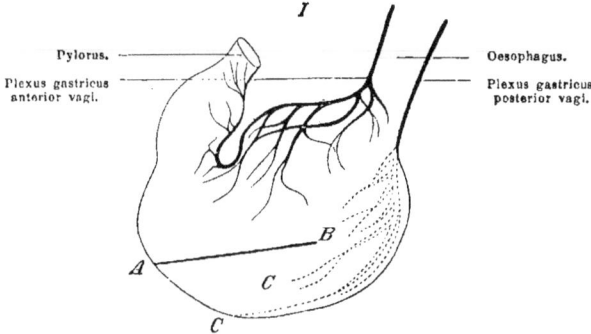

Fig. 262 (Procédé de Pavlow).
A B, ligne de section de l'estomac. — C, lambeau pour la formation du cul-de-sac.

fication du procédé de Heidenhain qui permet d'isoler une partie de l'estomac, tout en laissant son innervation intacte. A cet effet, ils dissèquent dans la direction longitudinale de cet organe toutes les membranes qui forment ses parois sur une étendue de 10 à 12 centimètres, en commençant à une distance d'un centimètre et demi de la région pylorique, et en se dirigeant vers le cardia. On obtient ainsi un lambeau à forme trian-

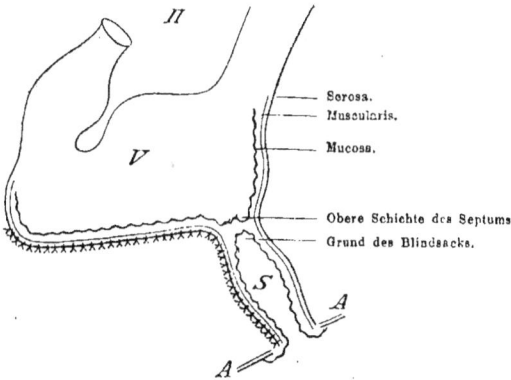

Fig. 263 (Procédé de Pavlow).
V, cavité stomacale. — S, cul-de-sac isolé. — A A, parois abdominales.

gulaire. On fait, exactement à la base de ce triangle, une seconde incision, mais seulement à travers la muqueuse, la musculeuse et la séreuse restant intactes. La muqueuse est ensuite séparée des deux côtés sur une étendue d'un à un centimètre et demi, et chacun de ses lambeaux ainsi obtenus est plié en deux et entouré avec la membrane fibreuse sous-jacente. Il se forme de la sorte une digue de muqueuse double entre la cavité de l'estomac et celle du sac isolé. Ces cavités sont refermées sur l'étendue de la première section au moyen des sutures ordinaires de Lembert. Les figures 262 et 263 ci-jointes facilitent la compréhension des procédés opératoires employés par ces auteurs. Sur plusieurs chiens qu'ils ont ainsi opérés, quatre seulement ont survécu. Quelquefois il s'établit une communication tardive entre les deux cavités de l'estomac séparées seulement par le lambeau de muqueuse. Mais on ne tarde pas à s'en apercevoir, par suite de la rentrée des aliments dans le petit estomac isolé. Le suc gastrique recueilli d'après la méthode de Pavlow est beaucoup plus actif que celui qu'obtenait Heidenhain. En outre, l'intervalle de temps qui s'écoule entre le repas et le commencement de la sécrétion est beaucoup plus court chez les animaux opérés d'après la méthode de Pavlow, ce qui prouve que les voies réflexes de la sécrétion sont chez eux mieux conservées que chez les animaux opérés par Heidenhain. Dans ces derniers temps, Frémont, et après lui Frouin, sont arrivés à isoler totalement l'estomac du chien en le séparant du reste de l'appareil digestif. Quelle que soit l'habileté dont ont fait preuve ces expérimentateurs pour réussir l'isolement total de l'estomac, nous ne voyons pas l'utilité d'une telle opération pour l'étude de la sécrétion gastrique. Nécessairement la section de l'estomac au niveau du cardia entraîne la destruction d'un grand nombre de filets du pneumogastrique. Dans ces conditions, on étudie la sécrétion d'un organe dont l'innervation est plus ou moins troublée. D'autre part, comme le fait remarquer Pavlow, le suc obtenu par ce procédé est exclusivement d'origine réflexe, mais d'un réflexe qui n'a pas pour point de départ l'estomac, à moins qu'on n'introduise les aliments dans la cavité de cet organe, ce qui nous ramènerait aux défauts des anciennes méthodes. En raison de ces inconvénients, nous croyons qu'il faut donner la préférence à la méthode de Pavlow dans laquelle la portion d'estomac isolée ne représente, en somme, qu'un témoin de la partie essentielle de cet organe aux prises avec les aliments.

b₂) *Appareils fistulaires.* — L'opération de la gastrotomie étant réalisée, il faut se préoccuper de maintenir ouverte cette voie anormale que les progrès de la cicatrisation ne tarderaient pas à fermer, tout en faisant de sorte qu'on puisse recueillir le suc gastrique, et, au besoin, pénétrer dans la cavité de l'estomac. Les appareils qui ont été construits dans ce but peuvent se diviser en trois groupes : 1° *Canules gastriques inamovibles*, destinées seulement à recueillir les produits de la sécrétion stomacale ; 2° *Obturateurs*, appareils qui ferment complètement la fistule gastrique et qui peuvent être enlevés au moment de chaque expérience, soit pour explorer ou vider la cavité de l'estomac, soit pour y introduire des objets divers ; 3° *Canules obturatrices movibles* servant en même temps à la prise du suc gastrique et à l'exploration de la cavité stomacale.

Canules inamovibles. — Blondlot fut le premier expérimentateur qui eut l'idée de se servir d'une canule de ce genre pour recueillir le suc gastrique et fermer la fistule stomacale. Son appareil consistait dans une petite canule d'argent munie d'un double rebord, très saillant, dont la mise en place était assez pénible et exigeait le plus souvent une dilatation préalable du trajet fistuleux à l'aide de l'éponge préparée. Lorsqu'on arrivait à introduire cet appareil dans l'estomac, il suffisait de laisser quelques heures l'animal au repos, pour que la canule fût bien fixée, grâce à la rétraction des bords fibreux de la fistule. Dans l'intervalle des expériences, on fermait la canule à l'aide d'un bouchon de liège. Blondlot ne mit pas longtemps à s'apercevoir de l'imperfection de cet appareil qu'il remplaça plus tard par un obturateur. Il remarqua que, par suite des variations considérables que subit l'épaisseur des parois abdominales pendant le cours de l'expérience, sa canule devenait tantôt trop courte, s'enfonçant et disparaissant dans les chairs, tantôt trop longue, ce qui l'exposait à être arrachée par l'animal.

Cl. Bernard remédia à cet inconvénient en construisant une canule composée de deux parties cylindriques se vissant l'une sur l'autre, et dont la longueur peut être modifiée à volonté. Comme la canule de Blondlot, la canule de Cl. Bernard se termine à ses deux extrémités par un rebord saillant qui empêche l'appareil de sortir facilement de place. Laborde a modifié avantageusement la canule de Cl. Bernard en rendant son introduction beaucoup plus facile dans la cavité de l'estomac (fig. 264). Le pavillon inférieur de cette canule est formé de deux parties qui peuvent se recouvrir ou se déployer suivant la rotation que l'on imprime aux deux tubes qui les supportent. Les deux moitiés sont superposées pour faire l'introduction de la canule ; elles sont écartées, une fois introduites. Une entaille existant dans le disque supérieur indique lorsqu'on ouvre ou lorsqu'on ferme la canule. L'appareil possède encore un troisième disque au milieu qui se visse au tour du corps de la canule et qui permet de bien fixer l'appareil contre la paroi abdominale. Comme l'a fait remarquer DASTRE, le tube de ces canules se remplit d'un dépôt de matières alimentaires qui se réfugient dans sa cavité, s'y accumulent au-dessous du bouchon et l'obstruent. Ces débris se décomposent sur place et subissent la putréfaction. On est obligé de les faire disparaître avec plus ou moins de peine au moment où l'on veut recueillir le suc gastrique et l'on n'y parvient jamais complètement. Le suc que l'on obtient en est toujours plus ou moins souillé. Pour éviter cet accident, DASTRE a adapté au bouchon de la canule une sorte de fouloir qui affleure à l'extrémité interne du tube et protège sa cavité. A l'autre extrémité, le bouchon se termine par une calotte sphérique qui n'offre aucune prise aux dents de l'animal lorsque celui-ci veut essayer d'arracher l'appareil. Ce dôme protège les organes supérieurs de la canule destinés au déploiement des deux moitiés du pavillon inférieur. Les pièces sont indépendantes, faciles à démonter, de sorte qu'on peut le nettoyer complètement avant de s'en servir pour l'expérience (Voy. Soc. de Biol., 28 oct. 1893, 398).

Bocci et LEVI ont proposé une canule trocart qui permet de réaliser l'opération de la fistule gastrique presque instantanément. Le modèle que nous connaissons, construit par VERDIN, porte à son intérieur un trocart triangulaire avec manche mobile en ébonite, le tout enfermé

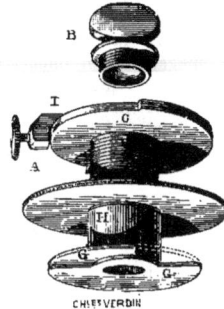

FIG. 264.
Canule pour fistule gastrique de LABORDE.

dans un écrin. La figure 265 du haut représente la canule prête à recevoir le manche et son trocart. La figure au-dessous représente la canule armée, prête à entrer dans l'estomac. Comme on le voit, cet appareil sert en même temps à faire la fistule et à laisser la canule dedans. Pour cela, on donne à l'animal un repas copieux, de façon à distendre complètement l'estomac. Puis on introduit brusquement la canule avec son trocart dans

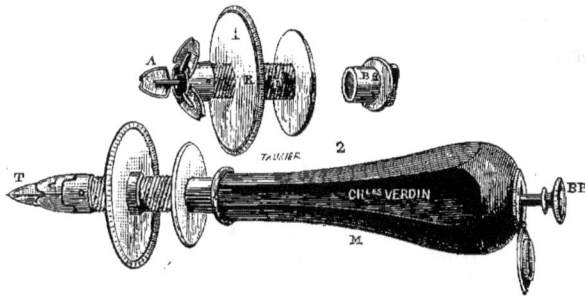

FIG. 265. — Canule de BOCCI et LEVI.

un point déterminé de la région épigastrique, et, une fois qu'on est dans la cavité de l'estomac, on presse légèrement le bouton B P, afin que les trois ailettes se dégagent des excavations du trocart et forment une espèce de disque s'opposant à la sortie de la canule. L'opération finie, on retire le trocart de la même façon qu'il a été introduit, et on le remplace par le bouchon B qui se fixe également à baïonnette au tube de la canule. Finalement, la rondelle R sert à maintenir la canule appliquée contre la paroi abdominale, comme dans les autres appareils. Ce procédé est un procédé aveugle qui n'offre d'autres avantages que la rapidité avec laquelle on peut le pratiquer. Il donne lieu à des accidents nombreux, et nous n'oserions pas trop la recommander.

Obturateurs. — Ces appareils sont destinés surtout à permettre l'exploration de l'estomac et peuvent être enlevés à chaque instant. Le premier des obturateurs connus fut employé par BLONDLOT qui le préféra de beaucoup à la petite canule en argent, dont il se servait au commencement de ses expériences. Cet obturateur était en buis, en corne, ou mieux en gutta percha, et affectait la forme d'un champignon. Il portait à sa partie supérieure un élargissement en forme de plaque qui, placé sur l'orifice interne ou stomacal de l'ouverture fistuleuse, fait office de soupape et empêche en même temps l'instrument de s'échapper. D'autre part, sa tige est percée à sa partie inférieure de plusieurs trous dirigés en sens inverse les uns des autres, pour qu'ils puissent être assez rapprochés sans se confondre. Ces trous sont destinés à loger une goupille qui, tant qu'elle est en place, empêche l'obturateur de rentrer dans l'estomac. Pour placer cet obturateur, il faut d'abord l'introduire dans la cavité gastrique en suivant la voie de l'œsophage, puis en amener la tige dans le trajet fistuleux qu'elle doit complètement boucher, après quoi on le fixe au moyen de la goupille. Cette opération est, quoi qu'en dise Blondlot, assez compliquée, et c'est là un des principaux inconvénients de son obturateur. D'autre part, la nécessité d'introduire cet appareil par l'œsophage fait qu'on ne peut pas augmenter beaucoup son diamètre, comme il faudrait pour certaines expériences.

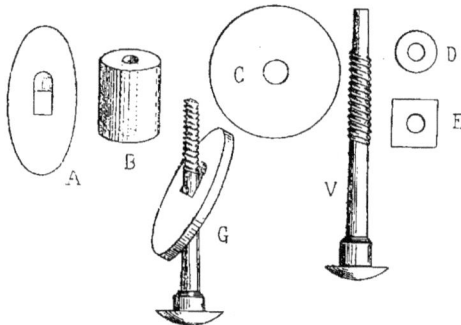

Fig. 266 — Obturateur de fistule gastrique de Ch. Contejean.

A cet effet, Bardeleben, et après lui Schiff, ont proposé l'obturateur suivant. C'est un tube massif de cuivre jaune, de la longueur d'environ quatre centimètres, et dont les parois ont un à un millimètre et demi d'épaisseur. Le diamètre de l'orifice tubaire, que l'on fait varier à volonté, mesure de deux jusqu'à quatre centimètres. L'orifice externe de ce tube est entouré d'un large rebord qui s'applique aux téguments abdominaux. L'extrémité interne ne porte pas de rebord saillant. Celui-ci est remplacé par deux lames de métal mobiles, recourbées à angle droit à leur deux bouts, et pouvant être mises en place après l'introduction de la canule. Ces lames, larges de 5 à 8 millimètres et un peu plus longues que la canule, glissent dans deux rainures de la surface interne du tube qu'elles remplissent sans faire saillie; les pièces horizontales qu'elles portent aux deux extrémités ne sont pas d'égale grandeur : celle destinée à faire saillie dans l'estomac est plus large que celle qui couvre le rebord externe de la canule, le crochet interne n'est cependant pas plus large que le diamètre de la canule dont il peut être librement retiré. Les deux lames sont maintenues en place par le bouchon, dont la pression les applique solidement aux parois de la canule. Le bouchon enlevé, les crochets deviennent mobiles, et peuvent être retirés, ainsi que tout l'appareil.

Contejean s'est servi d'un autre obturateur moins coûteux que celui de Bardeleben, et qu'on peut construire soi-même avec une grande facilité. Cet appareil est composé de plusieurs pièces indépendantes, comme le montre la fig. 266. A est une petite plaque de bois qui constitue la portion intra-stomacale de l'obturateur; B est un bouchon de liège percé suivant son axe, et choisi de manière à fermer exactement la fistule. C'est un disque de bois percé d'un trou à son centre; cette pièce coiffe le bouchon B et l'empêche de pénétrer dans l'estomac. Ces pièces A, B, C sont embrochées par une vis V dont la tête se trouve dans l'estomac et sont maintenues appliquées l'une à l'autre par la rondelle de fer D et l'écrou E. Lorsqu'on veut ouvrir la fistule, on enlève l'écrou E; on retire les pièces D, C et B; on fait ensuite basculer A sur la vis V, comme l'indique la fig. G. Deux gorges creusées dans le voisinage du trou carré qui perce la pièce A facilitent ce mouvement. On peut retirer alors sans peine la vis et la pièce interne. On réinstallera l'obturateur en faisant la manœuvre inverse. Cet appareil permet de pratiquer l'opération de la fistule gastrique en un temps. Pour cela on introduit la pièce G, telle qu'elle est figurée, par la boutonnière ouverte dans l'estomac, la plaque B et la vis V étant retenues par une petite ficelle. On place ensuite le bouchon B. On fait une suture à points passés autour de l'ouverture stomacale et on attache les chefs de la soie à la portion de vis qui dépasse le bouchon, de manière à maintenir celui-ci dans l'estomac. Le bouchon et les parois de l'estomac qui l'enveloppent doivent alors remplir exactement l'ouverture faite aux parois de l'abdomen. On installe les pièces C, D et E; puis, entre la peau et la pièce C, on bourre un peu de coton au sublimé. Quatre ou cinq jours après, en général, la guérison est complète et l'animal peut être utilisé. On peut augmenter, si l'on veut, le diamètre de la fistule en remplaçant le bouchon B par des bouchons de plus en plus volumineux. On obtient ainsi des fistules énormes, plus larges que des écus de cinq francs, si on le désire. L'auteur a remarqué que les chiens *vicieux* rongent la pièce externe de l'obturateur. Dans ce cas, il faut la remplacer par une pièce semblable faite en métal.

Canule obturatrice. — Nous avons construit avec P. Langlois un appareil qui réunit tous les avantages d'une canule gastrique inamovible pour la prise du suc gastrique et qui peut être enlevé sans difficulté comme un simple obturateur. Cet appareil (fig. 267) est constitué par deux moitiés de cylindre creux, munies à leur extrémité d'une ailette légèrement incurvée, de deux centimètres de long et un centimètre et demi de diamètre. Les deux demi-cylindres sont pourvus d'un pas de vis destiné à recevoir une rondelle filetée qui les maintient exactement l'un contre l'autre. La coaptation parfaite des deux moitiés du cylindre est assurée par l'existence d'une rainure (branche femelle) et d'un filet (branche mâle) : en outre des taquets situés à la paroi inférieure, au niveau des ailettes, s'opposent au glissement et assurent la concordance du filetage. Une large rondelle métallique Q, très

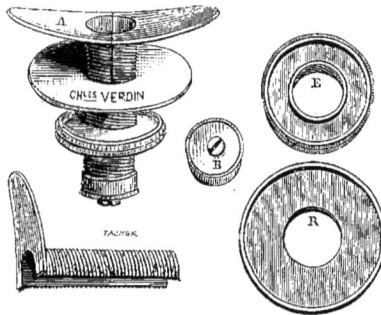

FIG. 267. — Canule obturatrice pour fistule gastrique de J. CARVALLO et P. LANGLOIS.

mince, constitue la plaque externe, sur laquelle vient s'appliquer l'anneau fileté E permettant une pression variable suivant le gonflement des tissus. La canule est enfin fermée par un bouchon métallique B. Nous avons été conduits, depuis que notre planche a été dessinée, à modifier le bouchon B de telle sorte qu'il recouvre complètement le filetage et le protège contre les dents de l'animal. De même, nous substituons souvent à la plaque métallique R une simple rondelle en cuir, plus souple et plus légère, qui n'irrite pas la peau de l'animal. Avec cette canule, on peut fermer complètement les fistules les plus larges. Il suffit pour cela d'adapter au tube cylindrique, une fois la canule mise en place, un manchon de caoutchouc, de l'épaisseur que l'on voudra. Grâce à l'emploi des métaux légers, le poids total de l'appareil ne dépasse pas 30 grammes, ce qui n'est nullement excessif. L'introduction de la canule peut être faite sans délai après l'ouverture de l'estomac, mais il nous a paru préférable d'attendre l'accolement des diverses parties suturées, ce qui arrive, en général, au bout de quarante-huit heures. A ce moment, la canule est introduite de la façon suivante. La branche femelle étant placée la première sans la moindre difficulté, il suffit pour mettre en place la branche mâle, de faire glisser l'ailette sur le bord droit de la première branche jusqu'à son introduction dans l'estomac et de la faire basculer ensuite. Le seul moment délicat de cette manœuvre est l'affrontement exact des deux branches de la canule. Une simple précaution suffit cependant : quand on fait basculer la seconde branche sur la première, ne pas perdre le contact des rainures à la base même des ailettes. La mise en place des autres pièces ne souffre aucune difficulté. Un de nos chiens en expérience a porté cette canule pendant sept mois, et on la lui enlevait au moins deux ou trois fois par jour sans que sa santé ait ressenti le moindre trouble.

Tous ces appareils peuvent fournir des indications utiles; mais ils offrent l'inconvénient de provoquer assez souvent une inflammation chronique de la muqueuse stomacale, autour de l'orifice interne de la fistule, ce qui trouble nécessairement le jeu normal des sécrétions de l'estomac. L'idéal serait de les supprimer tout à fait. Pavlow et ses élèves introduisent dans la fistule de l'estomac isolé un simple tube de verre ou de caoutchouc, qu'ils maintiennent en place à l'aide d'un bandage spécial. Nous n'avons aucune expérience de ce procédé, mais il nous semble qu'il ne doit pas offrir beaucoup de solidité, spécialement si l'on a affaire à des animaux qui n'ont pas été dressés pour l'expérience. La méthode de Frouin, qui n'est d'ailleurs que le procédé courant de gastrostomie employé actuellement par les chirurgiens, et consistant à fermer l'ouverture fistuleuse par un repli de la muqueuse stomacale elle-même, atteint la perfection voulue. Malheureusement elle n'est pas applicable dans tous les cas, comme par exemple dans les larges fistules.

c) **Pompe stomacale**. — Ce procédé n'a d'intérêt véritable que dans la clinique médicale. Leube, qui l'a appliqué pour la première fois, se servait de la sonde de Ploss qu'il introduisait par les voies naturelles dans l'estomac. Cette sonde était munie à son extrémité extérieure d'un entonnoir qu'on remplit d'eau jusqu'à faire passer 750 centimètres cubes dans la cavité stomacale. L'injection finie, on abaisse l'extrémité de la sonde, et il s'établit une sorte de siphon qui vide complètement l'estomac. Le suc qu'on recueille dans ces conditions est un suc dilué et très peu actif. Kussmaul a proposé l'emploi d'une pompe pour extraire les liquides de l'estomac. Il est inutile de s'arrêter aux diverses modifications que les cliniciens ont fait subir à ces deux procédés pour les rendre plus pratiques. Qu'on se serve uniquement de la sonde ou bien d'une sonde reliée à un appareil aspirateur, les précautions préliminaires à prendre sont toujours les mêmes, ainsi que le mode d'introduction de la sonde dans l'estomac. Le malade étant assis, la tête fortement penchée en arrière, on introduit l'extrémité de la sonde jusqu'au fond de l'arrière-gorge, en se guidant de l'index de la main droite ou de la main gauche, suivant les aptitudes de l'opérateur. Une fois le pharynx atteint, on commande au malade de faire des mouvements de déglutition, en même temps qu'on pousse légèrement l'appareil dans la direction de l'œsophage. D'habitude la sonde pénètre facilement dans l'estomac; mais, si l'on trouve un obstacle quelconque, il faut se garder de pousser violemment l'appareil, car l'on s'expose à provoquer des ruptures de l'œsophage. Lorsque l'estomac contient une grande quantité de liquide, l'arrivée de la sonde dans sa cavité provoque l'expulsion d'une certaine partie. Cet écoulement s'accentue si le malade contracte les parois abdominales, ou s'il se livre à des efforts respiratoires. Dans certains cas cependant, il faut provoquer l'expulsion du liquide, soit en exerçant des pressions sur la cavité abdominale, procédé dit d'*expression* d'Ewald, soit en faisant une aspiration par l'extrémité libre de la sonde. Le vide doit être fait progressivement, et jamais d'une façon complète, afin d'empêcher la perforation de la muqueuse stomacale. Pour d'autres détails, nous renvoyons aux traités cliniques.

2) **Suc gastrique artificiel**. — a) **Extraits de l'estomac**. — En 1834, un physiologiste de Würzburg, Eberle, fit faire un grand progrès à la physiologie de l'estomac en particulier et à celle des autres organes glandulaires en général, en démontrant que l'extrait de la muqueuse stomacale, obtenu par la macération de quelques fragments de cette muqueuse dans de l'eau acidulée avec l'acide chlorhydrique, avait toutes les propriétés du suc gastrique naturel et pouvait, comme celui-ci, dissoudre les aliments albuminoïdes. Il est vrai que l'auteur ne saisit pas complètement la portée de sa découverte, car il croyait qu'on pouvait obtenir le même suc actif en employant, au lieu de la muqueuse gastrique, une dissolution acide d'un mucus indifférent quelconque. C'est Lehmann qui, quelques années plus tard, devait fixer les conditions de l'expérience d'Eberle et démontrer toute son importance. Voici comment ce physiologiste conseilla de préparer le suc gastrique artificiel. On lave à grand jet un estomac de cochon récemment tué, et on détache les portions de la membrane muqueuse prises aux points où les glandes pepsiques sont en plus grand nombre. On soumet ces membranes à l'action de l'eau distillée pendant une heure ou deux, puis, avec un scalpel, on en racle doucement la surface libre de façon à enlever la couche de substance muqueuse grisâtre qui y adhère. Ce produit est mis à macérer dans de l'eau distillée pendant deux ou trois heures et souvent agité; enfin on ajoute au liquide un peu d'acide chlorhydrique, et l'on élève la température à environ 36° pendant une demi-heure. Le tout est alors jeté sur un filtre. La dissolution de

pepsine qui passe est assez limpide et presque incolore, quoique très active. C'est d'une façon à peu près semblable que nous opérons aujourd'hui pour préparer les extraits ou les infusions de l'estomac. Quand on se sert de la muqueuse d'un estomac de porc, il faut au moins trois litres d'eau acidulée pour obtenir un bon suc actif. Il est plus utile de faire la macération de la muqueuse à l'étuve, à une température voisine de celle du corps, afin d'extraire le plus complètement possible les principes actifs qu'elle renferme. Le degré d'acidité de la solution tombe sensiblement à la fin de l'opération, de sorte que, suivant le conseil de Schwann, on doit y ajouter de temps à autre une petite quantité d'acide chlorhydrique. La macération doit se prolonger à l'étuve de huit à douze heures. Au bout de ce temps, les fragments de la muqueuse sont presque complètement dissous, et on a un liquide jaunâtre, tout à fait limpide, qui jouit de toutes les propriétés du suc gastrique naturel. On le filtre et on le met dans des flacons fermés à la paraffine dans un endroit frais où il se conserve sans subir d'altération appréciable pendant de longs mois.

b) **Solutions acides de pepsine.** — On peut encore préparer le suc gastrique artificiel en dissolvant la pepsine extraite de l'estomac dans une solution d'acide chlorhydrique au titre indiqué. Ce procédé rapide offre des avantages réels au point de vue de l'étude chimique de la digestion des albuminoïdes, dans le cas où l'on se sert d'une pepsine assez pure. Malheureusement les pepsines industrielles que nous connaissons renferment toujours des substances plus ou moins étrangères qui souillent les liquides de digestion et rendent leur composition très complexe.

B) **Valeur comparative des diverses méthodes d'obtention du suc gastrique.** — Les fistules stomacales nous renseignent principalement sur les phénomènes qui se passent dans la cavité gastrique elle-même, c'est-à-dire sur l'état de plénitude ou de vacuité de l'estomac, sur les modifications thermiques et vasculaires de la muqueuse, sur la marche de la sécrétion gastrique, sur l'action du suc gastrique sur les aliments, etc. Ces phénomènes constituent par leur ensemble ce que nous pourrions appeler le *travail extérieur* de l'estomac. La méthode des infusions, au contraire, nous montre de préférence l'état d'activité des glandes digestives. Elle nous fait connaître les réserves en ferments accumulées dans la muqueuse gastrique par le travail lent mais continu des cellules secrétantes. C'est, comme on le voit, le *travail intérieur* des glandes qu'on étudie à l'aide de cette méthode. Au lieu de croire, comme certains auteurs, que la première de ces deux méthodes exclut et rend inutile la seconde, nous pensons que les deux sont indispensables à l'étude des fonctions de l'estomac et qu'elles se complètent l'une par l'autre.

C) **Propriétés générales du suc gastrique.** — Les caractères du suc gastrique varient considérablement d'un animal à l'autre, et, pour un même individu, suivant des causes très diverses que nous étudierons tout à l'heure. Si l'on prend comme exemple le suc gastrique pur de certains mammifères (chien, chat) tel qu'on peut le recueillir par la méthode de Pavlow, on constate que c'est un liquide clair, facilement filtrable, n'ayant pas de goût ni d'odeur bien marquée, et présentant une réaction franchement acide. La densité de ce liquide mesurée au picnomètre oscille entre 1,0030 et 1,0059. Aux basses températures, le suc gastrique se trouble rapidement et abandonne au repos un précipité blanc, se séparant en même temps en trois couches: la couche supérieure est limpide, celle du milieu est trouble et a un aspect laiteux, finalement la couche inférieure, qui est la moins épaisse, est composée d'un dépôt blanc. Ce trouble du suc gastrique qui commence à se produire lorsqu'on abaisse sa température au-dessous de 15°, disparaît assez facilement lorsqu'on le chauffe au delà de 25°. Si l'on continue à augmenter la température, on voit paraître vers 56° un nouveau trouble qui devient un précipité, et le liquide perd ses propriétés actives. Le suc gastrique frais dévie à gauche, de 0°,70 à 0°,73, le plan de polarisation. Examiné au spectroscope, ce liquide ne présente pas de bandes caractéristiques.

Soumis à l'influence d'un courant électrique assez fort, le suc gastrique devient inactif, probablement par suite de la décomposition de l'acide chlorhydrique. (?)

D'après la majorité des auteurs, le principe digestif de ce liquide (pepsine) ne traverse pas le parchemin du dialyseur.

Le suc gastrique est acide, et cette acidité est en moyenne pour le chien et le chat de 0,544 p. 100. Si on le neutralise lentement, ce liquide donne un précipité très fin, floconneux, qui se dissout immédiatement quand on arrive à l'état neutre parfait. L'alcool, le

chloroforme, l'acide tannique et même l'acide acétique, précipitent également le suc
gastrique. Le dépôt qui s'y forme à la suite de l'addition de l'alcool se dissout dans
l'eau acidulée avec l'acide chlorhydrique à la température de 37°. En comparant les poids
des précipités obtenus par l'alcool et par la chaleur, on trouve que les premiers sont
beaucoup plus considérables que les seconds.

Le suc gastrique frais ne donne pas la réaction du biuret; mais, quand il a séjourné
quelque temps à l'étuve à la température de 37 à 40°, il montre nettement cette réaction,
et en plus il devient incoagulable par l'alcool et par la chaleur. En présence de l'acide
azotique, le suc gastrique frais donne toujours la réaction xanthoprotéique. Si on l'évapore dans le vide au-dessus de l'acide sulfurique, il dégage d'abondantes vapeurs d'acide
chlorhydrique qu'on peut facilement reconnaître en enlevant la cloche de l'appareil à
vide. On constate aussi le même dégagement d'acide chlorhydrique libre en évaporant
ce liquide à 21°-30° dans l'appareil de Dziergowski, où l'acide est recueilli dans une
solution alcaline titrée. Néanmoins, dans ces deux cas, l'acide n'est pas entièrement
éliminé, et le liquide qui reste dans l'appareil possède encore une réaction très acide
(1,1 p. 100 et plus). En réduisant 50 centimètres cubes de suc gastrique à 8 c. c. au-dessus
de l'acide sulfurique, ou 35 à 20 c. c., on obtient un liquide légèrement trouble, contenant, dans le premier cas, un précipité noir (carbonisé sous l'influence de l'acide) et, dans
le deuxième cas, un précipité blanchâtre. Le premier liquide, d'apparence brunâtre, présente la réaction du biuret et ne digère plus l'albumine, quelles que soient ses conditions
d'acidité ou de solution. Le résidu sec que l'on obtient après l'évaporation complète du
suc gastrique varie entre 0,292 et 0,60 p. 100, et la quantité de cendres entre 0,10 et
0,166 p. 100. Celles-ci offrent les réactions caractéristiques du fer, de la chaux et de
l'acide phosphorique.

D) **Composition chimique du suc gastrique.** — Le suc gastrique est un liquide
très aqueux (970 parties d'eau pour 1000 en moyenne) qui contient en solution plusieurs
principes organiques et divers corps minéraux. La plupart des analyses que nous connaissons sur le suc gastrique, outre qu'elles ne sont pas complètes, présentent entre
elles des écarts considérables. Ainsi Lehmann trouve dans le suc gastrique du chien
filtré de 1,05 à 1,48 p. 100 de résidu sec ; Berzelius, dans celui de l'homme, 1,27 p. 100;
Frerichs, dans celui du cheval, 1,72 p. 100 ; Schmidt, dans celui du mouton, 1,41 p. 100.
D'autres expérimentateurs, en répétant ces mêmes analyses, arrivent à des chiffres tout à
fait différents. Leuret et Lassaigne par exemple, évaluent le résidu sec du suc gastrique
du chien à 1,32 p. 100; Tiedemann et Gmelin à 1,95 p. 100; Bidder et Schmidt à 2,36
p. 100; Cl. Bernard à 2,88 p. 100, et enfin Frouin, en opérant sur le suc de chien,
extrait de l'estomac isolé, ne trouve de résidu que 0,71 p. 100. Cette diversité des
résultats s'explique essentiellement par ce fait que chacun des auteurs a opéré sur des
sucs recueillis dans des conditions absolument différentes. Nous donnons dans le tableau
suivant les analyses faites par Schmidt, Cl. Bernard et Frerichs sur le suc gastrique de
diverses espèces d'animaux.

POUR 1000 PARTIES.	HOMME. SUC MÊLÉ de salive. CH. SCHMIDT.	CHIEN. suc non mêlé de salive. CH. SCHMIDT.	CHIEN. suc avec salive. CH. SCHMIDT.	CHIEN. avec SALIVE. CL. BERNARD.	MOUTON. SCHMIDT.	CHEVAL. FRERICHS.
Eau	994,40	973,0	971,2	971,17	986,15	982,8
Matières solides.	15,60	27,0	28,8	28,83	13,85	17,2
Matières organiques. . . .	3,19	17,1	17,3	17,33	4,05	9,8
Chlorure de sodium. . . .	1,46	2,5	3,1		4,36	
Chlorure de potassium. . .	0,55	1,1	1,1		1,52	
Chlorure d'ammonium. . .		0,5	0,5		0,47	
Chlorure de calcium. . . .	0,06	0,6	1,7	11,40	0,11	7,4
Acide libre	0,20	3,1	2,3		1,23	
Phosphate de chaux. . . .		1,4	2,3		1,18	
Phosphate de magnésie . .	0,12	0,2	0,3		0,57	
Phosphate de fer		0,1	0,1		0,33	

Ces analyses n'ont qu'une valeur approximative ; car elles portent toutes sur des sucs plus ou moins impurs. En comparant les chiffres de ce tableau avec les chiffres suivants obtenus par FROUIN dans dix analyses faites sur du suc gastrique retiré de l'estomac isolé d'un chien, on voit à quel point les écarts sont considérables.

POUR 1000 PARTIES.	SUC DE CHIEN ESTOMAC ISOLÉ
Eau.	971,900
Résidu sec à 100°	7,140
Matières organiques	3,690
Matières minérales.	3,150
Acide chlorhydrique libre	2,900
Chlorure de sodium	2,535
— de potassium.	0,740
— de calcium.	0,052
— d'ammonium.	»
Phosphate de chaux	0,102
— de magnésie.	0,016
— de fer.	0,005

Toutefois, dans cette analyse de FROUIN, comme dans les analyses de PAVLOW et de ses élèves sur des sucs absolument purs, on retrouve les mêmes éléments composant le suc gastrique que dans les vieilles analyses de SCHMIDT, FRERICHS et CL. BERNARD. Les différences qu'on observe sont plutôt d'ordre quantitatif, de sorte que toutes ces analyses donnent des indications utiles sur la composition chimique du suc gastrique.

E) **Éléments essentiels du suc gastrique.** — Parmi les matériaux qui composent le suc gastrique, il y a des corps qui semblent dépourvus de toute action chimique définie, et d'autres qui jouent un rôle véritablement spécifique dans la digestion stomacale. Les premiers, qu'on peut appeler des *corps indifférents*, forment le milieu dans lequel se développent les actions chimiques des seconds. Ceux-ci se trouvent représentés par *l'acide* du suc gastrique et par les *ferments* qui sont en solution dans ce liquide. Quant aux premiers, ils sont constitués par l'eau, les sels minéraux et les matières organiques, qui ne font pas partie des ferments. Bien que les corps indifférents du suc gastrique n'interviennent pas directement dans la digestion stomacale, ils peuvent faciliter ou gêner par leurs proportions respectives la fonction chimique des corps actifs. On sait, en effet, que le *milieu* ou le *terrain* est aussi important pour les fermentations *amorphes* que pour les fermentations *figurées*.

α) **Acidité du suc gastrique.** — L'acidité est un caractère constant du suc gastrique normal. C'est là un point sur lequel l'opinion des auteurs a été toujours unanime, car, aussitôt qu'on a pu recueillir les produits de sécrétion de l'estomac, on a vu que ces produits présentaient une réaction franchement acide. Il n'en a pas été de même lorsqu'il s'est agi de déterminer la nature de cette acidité. Cette question a donné lieu à des discussions interminables. Pour les uns, l'acidité du suc gastrique était due à des *acides minéraux*, pour d'autres à des *acides organiques*. Les premiers de ces auteurs se divisaient en deux camps ; les uns soutenant que l'acide du suc gastrique était *l'acide chlorhydrique*, tandis que d'autres, comme BLONDLOT, affirmaient que c'était du *phosphate acide*. [Ceux qui croyaient à l'acidité organique du suc gastrique l'attribuaient tantôt à *l'acide lactique* (les plus nombreux), tantôt aux acides *acétique*, *butyrique*, *formique*, etc. Il est inutile de passer ici en revue les divers arguments fournis par chaque auteur à l'appui de sa propre thèse. Sans nier la valeur de toutes ces expériences, dont la plupart peuvent être considérées comme exactes, étant données les conditions dans lesquelles s'est placé chaque auteur, on peut néanmoins comprendre cette diversité d'opinions en tenant compte que jusqu'à ces derniers temps on n'a jamais pu opérer sur des sucs gastriques absolument purs. Or l'expérience démontre que, si l'on fait l'analyse du suc gastrique mélangé aux aliments, on trouve à côté de l'acide chlorhydrique, qui est sans doute l'acide normal de ce liquide, d'autres acides d'origine alimentaire, plus ou moins différents, suivant le genre d'alimentation et l'état de fonctionnement des glandes gastriques. Il peut même arriver que l'acide chlorhydrique soit remplacé en partie par une grande quantité d'acides organiques. Tel est le cas de certaines maladies de l'estomac.

a) **Présence constante de l'acide chlorhydrique dans le suc gastrique normal.** — Prout démontra en 1824 par l'expérience suivante la présence incontestable de l'acide chlorhydrique dans le contenu stomacal. Après avoir fait manger copieusement un lapin, il sacrifiait cet animal, prenait le contenu de son estomac, le filtrait et le divisait en trois portions. La première était calcinée, et le chlore était dosé après calcination. La seconde, additionnée d'un excès de potasse, était de même calcinée, et le chlore dosé après calcination. Dans la troisième portion, il dosait l'acidité à l'aide d'une solution titrée d'alcali. Prout chercha à obtenir, par différence entre la première et la seconde analyse, la quantité de chlore libre, plus les chlorures volatils formés par la calcination des matières organiques, et par différence entre la troisième analyse et les deux premières, la quantité de chlore libre transformé en chlorhydrate d'ammoniaque, c'est-à-dire les chlorures volatils. Malheureusement, les procédés employés par cet auteur étaient assez défectueux, et ils soulevèrent des objections nombreuses. C'est ainsi que beaucoup de physiologistes continuèrent à nier l'existence de l'acide chlorhydrique dans les sécrétions de l'estomac, jusqu'au moment où parurent les recherches de Schmidt qui tranchèrent définitivement cette question.

Pour rendre évidente la présence de l'acide chlorhydrique dans le suc gastrique, Schmidt se servit du procédé suivant : Sur une partie du suc gastrique il dosait l'acidité à l'aide d'une solution titrée de potasse, de chaux ou de baryte. Sur une autre partie il dosait, d'une part, le chlore total à l'aide d'une solution de nitrate d'argent, et, d'autre part, les bases contenues dans le résidu sec de ce liquide après l'avoir filtré et débarrassé de l'excès d'argent par l'addition de l'acide chlorhydrique et soumis à la calcination. Ces analyses lui firent voir : 1° que le poids total de chlore dépassait le poids de l'équivalent nécessaire pour saturer la totalité des bases du suc gastrique; 2° que cet excès de chlore représentait sensiblement la quantité d'acide chlorhydrique trouvée dans le dosage acidimétrique. Enfin, dans plusieurs cas, Schmidt traitait le suc gastrique concentré au quart et additionné de quatre volumes d'alcool par le chlorure de platine, et il dosait l'ammoniaque dans le précipité obtenu. Après déduction de la quantité d'acide chlorhydrique équivalente à l'ammoniaque dosé, il restait encore d'une façon constante un notable excès d'acide chlorhydrique. La plupart des analyses de Schmidt avaient été faites sur des sucs gastriques provenant du chien et du mouton, et aussi d'une femme atteinte de fistule gastrique. Ces sucs étaient en général mélangés aux aliments, et avaient besoin d'une filtration préalable. Schmidt conclut de ces recherches que dans le suc gastrique il y a toujours de l'acide chlorhydrique libre et que chez les moutons et chez les herbivores il existe à côté de l'acide chlorhydrique une quantité notable d'acide lactique. On objecta encore aux analyses de Schmidt qu'une partie des chlorures du suc gastrique se volatilise pendant la calcination et donne par conséquent un poids trop faible de bases.

Ch. Richet a évité cet inconvénient en dosant les bases à l'état de sulfates au lieu de les doser à l'état de chlorures. Voici d'ailleurs le procédé suivi par ce physiologiste, ainsi que les résultats auxquels il est arrivé : Le suc gastrique était divisé en trois portions. Dans la première portion, l'acidité était dosée par la méthode colorimétrique et rapportée à un poids équivalent d'acide chlorhydrique. La seconde portion, additionnée d'une quantité notable d'acide azotique, était traitée par le nitrate d'argent, et le chlore dosé à l'état de chlorure d'argent par les procédés chimiques ordinaires. La troisième portion, traitée par quelques gouttes d'acide sulfurique, était calcinée jusqu'à transformation complète de toutes les bases en sulfates. Par cette méthode, Ch. Richet trouva les chiffres suivants dans deux analyses faites sur le suc gastrique aussi pur que possible extrait d'un homme porteur d'une fistule stomacale :

Pour 1000 parties :	I	II
Chlore total.	2,568	1,669
Chlore de l'acidité	1,645	0,922
Chlore combiné aux bases.	0,989	0,837
Chlore combiné à l'ammoniaque..	0,355	0,355
Différence du chlore combiné et du chlore total.	1,224	0,477
Différence entre la somme du chlore combiné et du chlore de l'acidité d'une part et d'autre part, le chlore total. . . .	0,421	0,446

En présence de ces résultats, il n'était plus permis de contester l'existence de l'acide chlorhydrique dans les sécrétions de l'estomac. Mais les partisans de l'acide lactique ne se donnèrent pas encore pour vaincus. Ils continuèrent à considérer ce dernier corps comme absolument constant dans le suc gastrique.

b) **Existence d'autres acides dans le suc gastrique impur.** — Heintz et Lehmann, ayant réussi à retirer du suc gastrique impur du chien de l'acide lactique sous la forme de lactates cristallisables, cela suffit pour provoquer un nouveau mouvement d'opinion en faveur de l'existence de l'acide lactique dans les sécrétions normales de l'estomac. On doit encore à Ch. Richet l'interprétation exacte de ce fait, avec la réfutation complète de cette hypothèse. En comparant les analyses faites sur le suc gastrique à peu près pur avec d'autres analyses faites sur le suc gastrique mélangé aux matières alimentaires, ce physiologiste put s'apercevoir que les résultats n'étaient pas du tout comparables dans l'un et dans l'autre cas. Assez souvent, le chlore total, trouvé dans le suc gastrique impur, ne suffisait pas à saturer complètement le poids de bases contenues dans le même suc. Il fallait donc admettre l'existence d'autres acides que l'acide chlorhydrique dans le suc mélangé aux aliments. Cette première notion acquise, Ch. Richet chercha à déterminer la nature de ces acides. Il isola tout d'abord l'acide lactique sous la forme de lactate de zinc. 1000 grammes de suc gastrique lui donnèrent $0^{gr},583$ de lactate de zinc desséché, ce qui fait environ $0^{gr},431$ d'acide lactique. Or cette quantité d'acide lactique équivaut à $0^{gr},17$ d'acide chlorhydrique, et l'auteur avait trouvé dans le suc gastrique examiné 2,002 comme acidité totale en acide chlorhydrique. On voit donc que l'acide lactique ne représentait même pas le dixième de l'acidité totale. Ch. Richet dosa, en outre, l'acide phosphorique contenu dans le suc gastrique mixte. Cette analyse donna pour 1000 grammes de suc, $0^{gr},318$ d'acide phosphorique anhydre, soit $0^{gr},439$ d'acide phosphorique hydraté. Mais, comme le fit observer cet auteur, toutes ces analyses ont le grand inconvénient d'altérer le suc gastrique et de ne pas démontrer directement la présence de tel ou tel acide. Aussi chercha-t-il à l'aide d'une nouvelle méthode, dont le principe revient à Berthelot, à éclaircir ce point qui restait encore litigieux.

Voici le fait sur lequel repose cette méthode, que Ch. Richet a appelée méthode du *coefficient de partage.*

Quand on agite une solution aqueuse d'un acide avec l'éther, l'éther et l'eau se partagent cet acide suivant un rapport constant, dont la valeur numérique caractérise chaque acide. Pour les acides minéraux, ce coefficient est très élevé, supérieur à 500, c'est-à-dire que l'éther ne les enlève pour ainsi dire pas à l'eau, tout au moins quand les solutions d'acides ne sont pas trop concentrées. Pour les acides organiques, le coefficient de partage est bien plus faible, c'est-à-dire que l'éther agité avec la solution aqueuse de l'acide organique enlève à l'eau une portion notable de cet acide. De l'étude systématique de cette méthode se dégagent les deux lois suivantes :

1° Le coefficient de partage est indépendant du volume relatif des dissolvants.

2° Il varie avec la concentration et la température des solutions.

Cette méthode offre l'avantage de ne pas altérer la composition chimique du suc gastrique et de pouvoir se faire facilement un grand nombre de fois. Elle permet, en outre, de déterminer exactement la nature organique ou minérale d'un acide quelconque se trouvant en solution dans un liquide.

Dans ses recherches sur le suc gastrique, Ch. Richet a opéré de la façon suivante : le suc gastrique est agité pendant quelques minutes dans un tube gradué avec de l'éther pur. Après quelques instants de repos, les deux liqueurs se séparent par décantation. On filtre rapidement l'éther afin de le débarrasser de petites gouttelettes aqueuses qu'il contient en suspension. On filtre aussi la partie aqueuse du liquide et sur chacune de ces deux parties, on dose l'acidité par les procédés ordinaires, en rapportant les résultats à la même unité de volume. Le quotient du second de ces deux nombres par le premier donne le coefficient de partage de l'acidité du suc gastrique. Nous donnons ici les résultats de deux analyses faites par Ch. Richet sur le suc gastrique de l'homme exempt d'aliments et sur le suc extrait de la muqueuse stomacale des veaux par une infusion d'eau à la température de 40°.

1re Expérience. — *Suc gastrique d'homme.*

A. Suc gastrique très frais.	21,7	R = 217
Éther	0,1	
B. Suc gastrique d'un jour.	27,5	R = 13
Éther	0,2	
C. Suc gastrique d'un jour.	13,3	R = 13
Éther	0,1	
D. Suc gastrique de deux jours.	19,9	R = 99,
Éther	2, 0	
E. Suc gastrique de six jours.		R = 60,
F. Suc gastrique de huit jours.		R = 66,
G. Suc gastrique de trois mois.		R = 16,9

2e Expérience. — *Suc extrait de la muqueuse stomacale des veaux.*

A' Liquide frais.

Eau.	8,8	R = 88.
Éther.	0,1	

B' Le même, au bout de quatre jours, altéré et putréfié.

Eau.	5,1	R = 12,7
Éther.	0,4	

Ces expériences montrent que le suc gastrique pur et frais contient un acide minéral, ou plus exactement un acide insoluble dans l'éther. Le coefficient de partage de ce liquide est en effet très élevé, 217 d'après les analyses. Au fur et à mesure que le temps passe, le suc gastrique devient le siège d'une série de fermentations qui donnent lieu à la formation d'une quantité notable d'acides organiques. On voit alors le coefficient de partage tomber rapidement, si bien qu'au bout de trois mois il n'est plus que de 16,9, chiffre qui se rapproche sensiblement du coefficient de partage de l'acide lactique dont la valeur moyenne est égale à 10. Cette baisse du coefficient de partage, par suite de l'augmentation des acides organiques, devient encore plus apparente si, au lieu de laisser le suc gastrique à la température du laboratoire, on le met à l'étuve à 40°. Ch. Richet a, de plus, vu en traitant le suc gastrique frais par le lactate de baryte en quantité suffisante que l'acide lactique est déplacé par l'acide du suc gastrique, et que le coefficient de partage de ce liquide tombe de 137,1 à 9,9, ce qui est très exactement le coefficient de partage de l'acide lactique. On peut donc dire que le suc gastrique pur et frais ne contient pas d'acides organiques. Mais alors d'où proviennent les acides organiques du suc gastrique, et quelle est la nature de ces acides ? On sait aujourd'hui que la plupart de ces acides tirent leur origine des fermentations que subissent les matières alimentaires dans la cavité de l'estomac, spécialement des hydrates de carbone. Les recherches d'Ewald et Boas nous ont montré que les liquides extraits de l'estomac d'individus tout à fait bien portants contiennent de l'acide lactique, 10 à 30 minutes après l'ingestion des hydrates de carbone. La proportion de cet acide tombe et devient nulle à mesure que la quantité d'acide chlorhydrique augmente dans le suc gastrique. Il y aurait donc une véritable fermentation lactique dans les liquides de l'estomac, contenant des hydrates de carbone, laquelle serait fortement gênée par la présence de l'acide chlorhydrique. Cette hypothèse semble être d'accord avec les résultats obtenus par l'examen bactériologique du contenu stomacal. On a vu, en effet, que les matières alimentaires provenant de l'estomac contiennent plusieurs espèces de bactéries capables de provoquer la fermentation lactique. Ainsi, pour Ewald et Boas, la formation de l'acide lactique serait un phénomène normal et absolument constant dans la première phase de la digestion, qu'ils appellent la *phase lactique*. C'est dans le cas seulement où le régime alimentaire ne comprend pas d'hydrates de carbone, que l'on constate l'absence totale de cet acide. Pour Martius et Lüttke, au contraire, la production de l'acide lactique, en quantités notables, ne se rencontre guère que dans des cas pathologiques ; à l'état normal, elle serait toujours faible ou nulle.

En dehors de l'acide lactique, qui est, parmi les acides étrangers du suc gastrique, celui qu'on rencontre en plus grande quantité dans les produits de la digestion stomacale, il y a encore d'autres acides organiques, tels que l'acide sarcolactique, l'acide acétique, l'acide butyrique et l'acide formique.

L'acide sarcolactique a été signalé par Ch. Richet dans le suc gastrique impur comme provenant de la digestion de la viande. L'acide acétique, considéré par Tiedemann et Gmelin comme caractéristique du suc gastrique, se retrouve avec d'autres acides appartenant à la série grasse, acides butyrique, formique, etc., dans le contenu stomacal des individus atteints de certaines lésions de l'estomac. D'une manière générale, on peut dire que, plus l'acidité chlorhydrique du suc gastrique est faible, plus l'acidité organique de ce liquide est considérable.

Le suc gastrique contient encore un phosphate acide de chaux auquel Blondlot attribuait les propriétés acides du suc gastrique normal. Toutefois la présence de ce sel dans le suc gastrique des chiens examinés par cet auteur s'explique par le fait que ces animaux se nourrissaient en partie d'os. Or, dans une liqueur acide, le phosphate basique de chaux se dissout et devient acide. Il suffit d'ailleurs, comme l'a fait Schiff, de supprimer pendant cinq jours les os de l'alimentation d'un chien pour ne plus retrouver le phosphate acide dans le suc gastrique de l'animal. Ajoutons enfin que, dans les analyses faites récemment sur des sucs gastriques absolument purs, on trouve des quantités de phosphate-acide tellement minimes qu'on a de la peine à concevoir que ce sel puisse jouer un rôle quelconque dans la fonction acide du suc gastrique. On peut en dire autant de *l'acide sulfocyanique*, isolé par Nencki et Schoumow-Simanowski dans le suc gastrique pur. Cet acide, en admettant qu'il existe dans le suc gastrique pur, ce qui est fortement contesté par Frouin, n'a certainement pas d'intérêt physiologique.

c) **État de l'acide chlorhydrique dans le suc gastrique.** — Comme nous le verrons tout à l'heure, l'acide chlorhydrique a la propriété de former des combinaisons plus ou moins fixes avec les matières albuminoïdes, et ces combinaisons se comportent tout autrement vis-à-vis des divers réactifs, que l'acide chlorhydrique en solution. Cette remarque était absolument nécessaire au début de cette étude. On comprend en effet que l'état de l'acide chlorhydrique ne saurait être le même dans le suc gastrique pur et dans le suc gastrique mélangé à la salive, au mucus et aux aliments. Les recherches de Pavlow et ses élèves nous ont appris que le suc gastrique recueilli par la double fistule gastro-œsophagienne ou mieux encore par la méthode de culs-de-sac isolés de l'estomac, contient de l'acide chlorhydrique en liberté. Mme Schoumowa-Simanowski a montré que ce suc évaporé dans le vide à la température de 20° dégage des vapeurs d'acide chlorhydrique. Toutefois, l'acide n'est pas entièrement éliminé, et le liquide qui reste dans l'appareil d'évaporation possède encore une réaction très acide. Frouin, qui a repris ces mêmes recherches sur le suc extrait de l'estomac complètement isolé, est encore plus affirmatif à ce sujet. Pour lui tout l'acide chlorhydrique du suc gastrique se trouve en liberté, et se comporte comme s'il était en simple solution dans ce liquide. Voici du reste les principales conclusions du travail auquel nous faisons allusion. Le suc gastrique sécrété par l'estomac isolé répond aux réactions suivantes : 1° soumis à la dialyse, il se comporte comme une solution de HCl ; 2° il saccharifie la même quantité d'amidon qu'une solution de HCl du même titre ; 3° il intervertit la même quantité de sucre qu'une solution de HCl du même titre ; 4° L'acide de ce suc est volatilisable dans le vide à la température ordinaire. En réalité Frouin est un peu trop absolu dans ses conclusions. D'autant plus qu'en regardant de près les résultats de ses expériences on constate toujours que la solution de HCl se montre un peu plus active que le suc gastrique vis-à-vis de toutes ces réactions. Le contraire serait plutôt incompréhensible, puisque le suc gastrique sur lequel a opéré Frouin contient 3^{gr},69 de matières organiques qui doivent nécessairement fixer une partie de l'acide chlorhydrique. Il semble donc plus légitime de conclure que le suc gastrique pur, qui a toujours des traces d'albumine, contient d'une part de l'acide chlorhydrique libre et d'autre part de l'acide combiné aux matériaux azotés. Les proportions respectives de ces deux formes de l'acidité du suc gastrique varieront avec la grandeur de l'acidité totale et la richesse du suc gastrique en albumine.

Un grand nombre de réactions, dont la plupart ont été indiquées par Ch. Richet, permettent de voir que, dans le suc gastrique impur, relativement très riche en matières organiques, la totalité de l'acide chlorhydrique n'est pas à l'état de simple dissolution.

1° Si l'on met en présence une solution aqueuse d'acide chlorhydrique et une solution d'acétate de soude, ayant toutes deux le même équivalent, les 33/34 parties de l'acétate de soude sont transformées en chlorures par l'acide chlorhydrique. La même expérience faite avec le suc gastrique, au même degré d'acidité que la solution chlorhydrique, ne donne comme poids final de chlorure transformé que la moitié de l'acétate (Ch. Richet).

2° En soumettant à la dialyse une solution aqueuse d'acide chlorhydrique et de chlorure de sodium, le rapport de la quantité d'acide à la quantité de sel est plus grand dans le liquide extérieur que dans le liquide soumis à la dialyse. L'inverse se produit pour le suc gastrique préparé dans les mêmes conditions. Les chlorures du liquide stomacal dialysent plus vite que l'acide (CH. RICHET).

3° En faisant bouillir une solution de sucre de canne pendant un temps donné avec une solution d'acide chlorhydrique d'une part et avec un suc gastrique de même acidité, la quantité de sucre intervertie par la solution acide est toujours plus considérable que la quantité intervertie par le suc gastrique (LABORDE).

4° Lorsqu'on fait bouillir une solution de l'empois d'amidon avec une solution aqueuse d'acide chlorhydrique, l'amidon se transforme en dextrine et en sucre réducteur. Le suc gastrique n'agit pas de la même façon (LABORDE).

5° Si l'on fait bouillir une solution aqueuse d'acide chlorhydrique, ou si l'on évapore cette solution dans le vide à la température de 20°, on constate un dégagement des vapeurs chlorhydriques. Ces mêmes opérations, faites avec le suc gastrique, ne donnent lieu à aucun résultat (CONTEJEAN, ARTHUS).

6° La plupart des réactions colorantes servant à déterminer l'acidité d'un liquide, contenant de l'acide chlorhydrique, ne réussissent pas avec le suc gastrique. En tout cas elles sont beaucoup moins nettes, et parfois elles manquent tout à fait.

Malheureusement, ces expériences ne nous renseignent guère sur l'état réel de l'acide chlorhydrique dans les sécrétions stomacales. Elles nous font voir simplement que cet acide n'est pas à l'état de simple dissolution.

La preuve directe que l'acide chlorhydrique forme avec les matières organiques, spécialement avec les substances albuminoïdes, des combinaisons lâches, facilement dissociables, a été fournie par les expériences suivantes :

1° CH. RICHET a constaté, en faisant macérer la muqueuse stomacale d'un veau, préalablement lavée dans une solution d'acide chlorhydrique à 2,5 p. 1 000 à la température de 40° pendant une heure environ, que le liquide résultant de ce traitement ne déplaçait plus l'acétate de soude comme l'acide chlorhydrique en solution, mais qu'il se comportait de même que le suc gastrique naturel. Il en conclut que les matières organiques existant dans la muqueuse stomacale fixaient l'acide chlorhydrique de la solution. Cette expérience amena l'auteur à chercher les substances qui pouvaient ainsi se combiner avec l'acide chlorhydrique. Il vit alors que les solutions de leucine, de glycocolle et de pepsine retenaient une partie de cet acide ajouté à la solution, mais il échoua complètement en faisant cette même expérience avec la fibrine gonflée par l'acide et à demi liquéfiée. C'est alors que CH. RICHET formula l'hypothèse que l'acide chlorhydrique du suc gastrique se trouvait essentiellement combiné à la leucine. On sait aujourd'hui que cette substance n'existe pour ainsi dire pas dans le suc gastrique naturel, mais il n'en est pas moins vrai que l'expérience dont nous parlons fut le point de départ de toutes les recherches qui démontrent les combinaisons organiques de l'acide chlorhydrique.

2° VON PFUNGEN, MARTIUS et LÜTTKE, et, après eux, toute une série d'expérimentateurs, ont constaté que, si l'on ajoute à une solution titrée d'acide chlorhydrique une solution d'albumine neutre au papier de tournesol, une partie de l'acide chlorhydrique est masquée par la présence de l'albumine vis-à-vis de certains réactifs colorants. Ainsi, si l'on prend le titre acidimétrique de cette solution à l'aide d'une liqueur de soude et avec des indicateurs divers tels que le tournesol, la phénolphtaléine, la tropéoline 00, le rouge de Congo, etc., on trouve que les uns, comme le tournesol et la phénolphtaléine, continuent à donner les mêmes résultats qu'en l'absence de l'albumine, tandis que d'autres, comme la tropéoline, le violet de méthyle, le rouge de Congo, le réactif de GÜNZBURG, etc., ne donnent qu'une fraction de l'acide par rapport au titre primitif de la solution. Si l'on augmente la proportion d'albumine, il arrive un moment où les réactifs de la seconde catégorie n'indiquent plus du tout d'acide libre. Inversement, si l'on ajoute à cette solution une quantité suffisante d'acide chlorhydrique, on ne lui restitue la propriété de réagir sur les colorants de la seconde catégorie. La plupart des auteurs interprètent ces faits en disant que l'acide chlorhydrique contracte avec les matières albuminoïdes des combinaisons lâches, dont la formation est révélée par certains indicateurs, et non point par d'autres. D'après MARTIUS et LÜTTKE, 5 grammes d'albumine d'œuf fixent $0^{gr},1825$

d'acide chlorhydrique. Les solutions de cette albumine acide ne réagissent pas sur la tropéoline, ni sur le rouge Congo, et ne sont pas coagulées à 100°. Il est probable que les diverses albumines fixent des quantités variables d'acide chlorhydrique, comme les recherches de BLUM et de SANSONI tendent à le démontrer. Mais cette question ne pourrait être résolue qu'en se servant des matières albuminoïdes complètement pures, c'est-à-dire exemptes de sels minéraux, ce qui n'a pas été fait par ces auteurs. D'autre part, les substances colorantes ne sont pas des réactifs assez sûrs pour donner des indications précises sur les quantités d'acide chlorhydrique, libre ou combiné, qui se trouvent dans une solution d'albumine. TSCHLENOF a montré que, pour une même solution d'albumine acide, le rouge de Congo indique beaucoup plus d'acide libre que la phloroglucine vanille ou réactif de GÜNZBURG. Mais il n'en reste pas moins établi que, pour un réactif quelconque de la seconde catégorie des colorants, une solution d'acide chlorhydrique additionnée d'une quantité convenable d'albumine renferme cet acide à deux états différents, révélés par des réactions bien tranchées.

3° Si l'on ajoute à une solution étendue d'acide chlorhydrique une quantité d'albumine telle que le mélange ne fasse plus virer la tropéoline 00, on peut évaporer complètement cette solution à 100° sans qu'elle perde même des traces de son acide chlorhydrique (MARTIUS et LÜTTKE). Le résidu sec que l'on obtient après l'évaporation renferme en effet tout le chlore de l'acide chlorhydrique. Par contre, le résidu sec procédant d'une solution chlorhydrique d'albumine, faisant virer la tropéoline, ne retient qu'une partie de l'acide chlorhydrique en solution. Une autre partie se volatilise et semble se conduire comme s'il était libre. Dans ce même ordre d'idées, MIZERKI, NENCKI et PAAL ont réussi à préparer des combinaisons de peptone avec l'acide chlorhydrique, non dissociables à 100°. La peptone chlorhydrique de PAAL peut être portée à l'ébullition en solution aqueuse pendant un temps indéfini, sans que le résidu d'évaporation indique une perte quelconque en acide chlorhydrique. Ajoutons que cette solution de peptone fortement acide au papier de tournesol, ne donne aucune réaction avec le réactif de GÜNZBURG.

4° D'après KOSSLER, la présence de l'albumine et de la peptone pures, dans une solution étendue d'acide chlorhydrique, diminue le pouvoir qu'avait cette solution d'intervertir le sucre de canne et de dédoubler l'acétate de méthyle. On peut même trouver des proportions d'albumine et d'acide pour lesquelles ces deux actions sont complètement arrêtées. Il est vrai qu'on peut objecter à cette expérience que KOSSLER s'est servi de l'albumine transformée en acide-albumine, au lieu de prendre l'albumine simplement acide, la première étant beaucoup plus stable que la seconde; mais cette objection perd toute sa valeur lorsqu'on démontre que les acides étendus et chauds transforment l'albumine comme l'acide du suc gastrique, non seulement en acide-albumine, mais encore en propeptone, et même en peptone, d'après SANSONI. Ces combinaisons sont d'autant plus stables qu'on se rapproche plus de la fin de la peptonisation.

5° Une solution chlorhydrique d'albumine, soumise à la dialyse, abandonne la majeure partie de son acide. Cette même solution, maintenue à l'étuve à 40° pendant quinze heures, ou mieux encore chauffée pendant quelque temps à 100°-110°, afin de provoquer la transformation de l'albumine acide en acide-albumine, ne perd une partie de son acide que si le liquide contenait un excès d'acide par rapport à l'albumine (BLUM). La peptone retient encore plus fortement l'acide que l'acide-albumine et la propeptone. Une solution limpide d'acide-albumine, sans excès d'acide, se trouble par l'addition d'une solution limpide de peptone. L'acide-albumine est déplacée de sa combinaison avec l'acide par la présence de la peptone.

6° Les anciennes expériences de SZABO font voir que l'acide chlorhydrique étendu au millième, additionné de quantités croissantes de peptone, saccharifie de moins en moins l'empois d'amidon. D'autre part, FROUIN a constaté que les peptones et la pepsine acides n'agissent pas sur la saccharose, ni sur l'amidon. Tout tend à faire croire que les solutions acides de matières albuminoïdes se comporteraient à ce point de vue comme a peptone. Malheureusement il y a très peu de recherches précises sur ce sujet.

7° Du suc gastrique pur, refroidi à 0°, se sépare par décantation en trois couches différentes; une supérieure, limpide; une moyenne, trouble; une inférieure, formée par un dépôt laiteux, qu'on considère comme de la pepsine. L'acidité et la teneur en chlore vont en augmentant de haut en bas, et le dépôt contient constamment environ 1 p. 100 de chlore. Ce même suc, saturé de sulfate ammoniacal, abandonne un précipité qui est aussi très riche en chlore (Schoumowa-Simanowski).

De l'ensemble de ces faits se dégage une conclusion extrêmement importante. C'est que l'acide chlorhydrique forme avec les matières protéiques et d'autres corps azotés des combinaisons plus ou moins stables qui n'offrent pas les mêmes caractères chimiques que l'acide chlorhydrique en solution. Dès lors toutes les discussions quant au fait de savoir si l'acide du suc gastrique est libre ou combiné n'ont plus aucune raison d'être. Tout dépendra de la grandeur de l'acidité totale du suc gastrique, ainsi que de sa richesse en matières organiques. Mais, comme le suc gastrique absolument pur contient toujours plus ou moins de matériaux azotés, et que d'autre part le suc gastrique mélangé aux aliments peut en contenir des quantités indéfinies, ou peut exprimer les variations d'état de l'acidité gastrique en disant : *que, s'il existe des sucs gastriques dont tout l'acide chlorhydrique peut être combiné aux matériaux azotés, il n'y en a pas dont tout l'acide soit à l'état de liberté.*

d) **Méthodes d'analyse de l'acidité du suc gastrique.** — Il nous reste maintenant à déterminer jusqu'à quel point les méthodes d'analyses connues vont nous permettre de rechercher et de doser quantitativement l'acide chlorhydrique dans les divers états où il peut se trouver dans le suc gastrique. Mais avant tout il faut se mettre d'accord sur ce qu'on doit entendre par les mots d'acide chlorhydrique *libre* et *combiné*. Pour Bidder et Schmidt, l'acide chlorhydrique libre est celui qui n'est pas à l'état de combinaisons métalliques. Pour Sjöqvist, c'est la quantité de chlore qui, par évaporation et calcination avec du carbonate de baryte, donne du chlorure de cette base. Pour Mintz, c'est l'acide qui correspondrait à la quantité de soude nécessaire pour saturer le suc gastrique jusqu'à ce que celui-ci ne donne plus la réaction de Günzburg. Pour Hayem et Winter, c'est la quantité de chlore qui est chassée du suc gastrique, par évaporation à 100°, Pour Hoffmann, c'est la quantité d'acide qui est capable de saponifier l'acétate de méthyle ou d'intervertir le sucre de canne. Pour Mme Schoumowa-Simanowskia, c'est celui qu'on obtient par l'évaporation du suc gastrique dans le vide à la température de 20°. Pour d'autres enfin, c'est celui qu'on retire par simple dialyse.

A l'exemple de certains auteurs, nous croyons qu'on peut considérer l'acide chlorhydrique, ou plutôt le chlore, comme se trouvant à trois états différents dans le suc gastrique :

1° *A l'état de chlorures*, c'est-à-dire combiné aux bases minérales, dans des combinaisons fixes à réaction neutre, qui ne présentent plus aucun des caractères chimiques de l'acide chlorhydrique en solution.

2° A l'état de *combinaisons organiques* facilement dissociables et à réaction acide, dont quelques-uns de leurs caractères seulement les rapprochent d'une solution acide.

3° A l'état *libre*, c'est-à-dire en simple dissolution (acide chlorhydrique).

L'acide chlorhydrique dans ces deux derniers états s'appelle aussi *l'acide chlorhydrique total.*

Nous diviserons cette étude en deux parties. Dans la première, nous passerons en revue les divers procédés indiqués par les auteurs pour la recherche des différents acides qu'on peut trouver dans le suc gastrique. La seconde partie sera consacrée au dosage de l'acidité totale de ce liquide.

d₁) **Recherche de l'acide chlorhydrique dans le suc gastrique.** — La présence de l'acide chlorhydrique dans les liquides de l'estomac peut être décelée à l'aide d'un grand nombre de réactions. Les unes servent à déterminer l'existence de *l'acide chlorhydrique libre*, les autres de *l'acide chlorhydrique combiné* aux matériaux albuminoïdes.

α) **Acide chlorhydrique libre.** — Parmi les réactions qui démontrent la présence de *l'acide chlorhydrique libre* dans le suc gastrique, on trouve en premier lieu les réactions colorantes. Ce sont seulement les corps que nous avons appelés *les colorants de la seconde catégorie*, qui virent lorsqu'on les met en présence de l'acide chlorhydrique en solution. Les plus employés de ces réactifs sont les suivants :

Réactifs colorants. — *Violet de méthyle*, ou *violet de Paris.* — Ce réactif, préconisé par Laborde et Dusart, puis par toute une série d'expérimentateurs, doit être employé en solution étendue, car à l'état pur son pouvoir colorant est trop intense. On verse trois à quatre gouttes de violet de méthyle pur dans 50 centimètres cubes d'eau distillée pour avoir une solution convenable. Cette solution vire au bleu en présence de l'acide chlorhydrique libre, et peut déceler jusqu'à 0,5 de HCl p. 1 000. On peut faire réapparaître la coloration violette primitive en saturant la solution avec quelques gouttes de soude. D'après les recherches de SKEYANN, les acides organiques bleuissent également le violet de méthyle; mais il faut pour cela qu'ils soient en solution concentrée (10 p. 1 000 d'acide lactique). D'après KLEMPERER, les chlorures exerceraient aussi une action semblable, mais à des doses tellement fortes (2 p. 100) qu'on peut, pour le suc gastrique, considérer cette cause d'erreur comme négligeable. Le plus grave reproche qu'on puisse adresser à ce réactif, c'est son manque de sensibilité.

Tropéoline. — La substance qui sert à la recherche de l'acide chlorhydrique libre est la tropéoline OO, résultant de la combinaison de l'acide phénylamidoazobenzol-sulfonique avec la potasse. On emploie cette substance en solution aqueuse concentrée ou bien en solution hydro-alcoolique, une partie d'alcool pour trois parties d'eau. Ces solutions sont d'un rouge clair et prennent une coloration lilas foncé en présence de petites quantités d'HCl, 0,1 p. 1 000, et même moins. Il suffit de verser deux ou trois gouttes de la solution de tropéoline sur petites quantités de suc gastrique recueillies dans une capsule pour voir apparaître la réaction dont nous parlons, dans le cas où le suc gastrique contiendrait de l'acide chlorhydrique libre. Malheureusement la tropéoline est, comme le violet de méthyle, plus ou moins sensible aux acides organiques, de sorte qu'on n'oserait pas trop la recommander, comme réactif exclusif de l'acide chlorhydrique.

Rouge du Congo. — Sous l'influence de l'acide chlorhydrique en solution, le rouge de Congo prend une teinte bleue d'autant plus foncée que la solution d'acide est plus concentrée. Ce réactif est assez sensible, car il peut déceler 0,001 d'HCl p. 1 000. Il est en outre beaucoup moins influencé par les acides organiques que les deux réactifs précédents. Selon ALT, il faudrait au moins 1gr,20 d'acide lactique p. 1 000, pour faire virer le rouge de Congo.

Réactif de GÜNZBURG. — Ni le violet de méthyle, ni la tropéoline, ni le rouge de Congo ne peuvent être considérés comme étant des réactifs véritablement spécifiques de l'acide chlorhydrique libre, car tous virent, plus ou moins, en présence des acides organiques. Il n'en est pas de même du réactif de GÜNZBURG qui semble, sous ce rapport, réunir toutes les conditions désirables. Ce réactif se compose d'une solution alcoolique de phloroglucine et vanilline dans les proportions suivantes :

Phloroglucine	2 grammes.
Vanilline.	1 —
Alcool à 80°	100 —

ou bien

Alcool absolu.	30 —

Lorsqu'on chauffe lentement dans une capsule de porcelaine le mélange de quelques gouttes de ce réactif (8 à 10) avec un volume égal de suc gastrique, on voit se produire sur les parois de la capsule un anneau rouge cinabre qui disparaît, si l'on continue à chauffer par la carbonisation. Ce procédé met en évidence des quantités relativement minimes d'acide chlorhydrique, 0,005 p. 1 000 comme dose minima. En dehors du phosphate acide de calcium, les autres acides du suc gastrique n'exercent aucune action sur le réactif de GÜNZBURG.

Réactif de BOAS. — Ce réactif consiste dans une solution alcoolique de résorcine et de sucre de canne : 1 gramme de résorcine, 3 grammes de sucre et 100 grammes d'alcool étendu. Le mélange de ce réactif avec le suc gastrique, dans de petites proportions, 2 à 3 gouttes de la solution, pour 5 ou 6 gouttes de suc gastrique, donne, lorsqu'on le chauffe lentement au-dessus d'une toute petite flamme, une coloration rouge qui disparaît rapidement par le refroidissement. Le réactif de BOAS se comporte à peu près de même que le réactif de GÜNZBURG, mais il lui est inférieur en ce sens que son maniement est beaucoup plus difficile. Le sucre qu'il contient se carbonise et donne un dépôt brun de caramel, aussitôt que la température dépasse une certaine limite. Dans ces conditions, la coloration rouge de la réaction est souvent masquée.

De ces cinq réactifs, les trois premiers ne sont pas exclusivement caractéristiques de l'acide chlorhydrique libre, car ils peuvent être plus ou moins influencés par les acides organiques du suc gastrique impur. D'autre part, les indications fournies par ces réactifs ne concordent pas au point de vue quantitatif avec les indications des réactifs de Boas et de Günzburg. Ainsi une solution chlorhydrique d'albumine, qui n'a aucune influence sur les réactifs de Günzburg et de Boas, peut encore faire virer nettement le violet de méthyle, le rouge de Congo et le tropéoline. C'est pourquoi la plupart des auteurs conseillent de se servir exclusivement des réactifs de Boas et de Günzburg pour la recherche de l'acide chlorhydrique libre dans les liquides de l'estomac.

D'autres méthodes, peut-être plus exactes que les réactions colorantes, mais dont l'application n'est pas aussi facile, peuvent encore servir à la recherche de l'acide chlorhydrique libre. C'est ainsi qu'on peut soumettre le suc gastrique à *la distillation* dans le vide à la température de 20°, et voir si les produits de distillation contiennent de l'acide chlorhydrique. Il suffit pour cela de faire passer ces vapeurs en contact avec une solution de nitrate d'argent qui deviendrait trouble et louche par la présence de l'acide chlorhydrique. Mais on ne doit jamais élever la température du suc gastrique soumis à la distillation ou dilué à 20°; on risquerait de changer la composition chimique de ce liquide, et les résultats n'auraient plus aucune valeur.

La *dialyse* est un autre procédé qui a été aussi employé pour la recherche de l'acide chlorhydrique libre. D'après Bordoni, on peut trouver à l'aide de la dialyse de l'acide chlorhydrique libre dans certains liquides de l'estomac qui ne donnent aucune réaction avec les solutions colorantes de Günzburg ou de Boas. Ce fait a été contesté, non sans raison; mais en tout cas rien ne s'oppose à l'emploi de ce procédé, car, s'il existe de l'acide chlorhydrique libre dans le suc gastrique à analyser, cet acide doit passer beaucoup plus rapidement à travers le dialyseur que les combinaisons organiques chlorées. On peut se rendre compte de la présence de l'acide chlorhydrique dans le liquide dialysé à l'aide la réaction de Günzburg ou de Boas, ou bien par la méthode de Contejean, que nous décrirons tout à l'heure.

Finalement, toutes les autres réactions que nous avons indiquées, comme étant caractéristiques de l'acide chlorhydrique en solution, peuvent aussi servir à la recherche de l'acide chlorhydrique libre dans le suc gastrique. Hofmann a fondé tout un procédé d'analyse quantitative de l'acide chlorhydrique libre sur le pouvoir qu'ont les solutions de cet acide d'intervertir le sucre de canne et de saponifier l'acétate de méthyle. Nous verrons plus tard quelle est la valeur de cette méthode d'analyse.

Dans le cas où toutes ces réactions auraient donné un résultat négatif, on est en droit de conclure qu'il n'y a pas d'acide chlorhydrique libre dans le suc gastrique soumis à l'analyse. Il reste alors à déterminer si ce même suc contient de l'acide chlorhydrique sous la forme de combinaisons organiques chlorées.

β) **Acide chlorhydrique combiné.** — Tout d'abord il faut voir si ce liquide est acide au papier de *tournesol* ou à la solution de *phénolphtaléine*. S'il est acide, cette acidité pourra tenir soit à la présence de l'acide chlorhydrique ou plus exactement d'un acide minéral, soit à la présence des acides organiques, spécialement de l'acide lactique. Un simple essai fait avec les réactifs propres des acides organiques, dont nous parlerons tout à l'heure, permettra de reconnaître l'existence de ceux-ci. S'ils existent, il faut les éliminer en traitant le suc gastrique par quatre ou cinq fois son volume d'éther exempt d'alcool. Après décantation de la liqueur éthérée, le liquide restant devrait donner la réaction susdite dans le cas où il contiendrait vraiment de l'acide chlorhydrique combiné aux matériaux albuminoïdes. Il est vrai qu'on peut objecter que la *phtaléine* et le papier de *tournesol* ne sont pas des réactifs caractéristiques de l'acide chlorhydrique, et que le suc gastrique analysé peut contenir des phosphates acides qui font virer le tournesol et la phénolphtaléine; mais il est facile de se mettre en garde contre cette cause d'erreur en s'assurant qu'il faut une grande quantité de soude pour faire disparaître l'acidité du suc gastrique mesurée à l'aide de ces deux réactifs. Toutefois, si l'on veut avoir la preuve absolue de l'existence de l'acide chlorhydrique *libre* ou *combiné* aux matériaux azotés, ce qu'il y a de mieux, c'est d'employer la méthode de Contejean qui consiste à saturer le suc gastrique par un excès d'hydrocarbonate de cobalt. On agite fréquemment. Au bout de plusieurs heures, le suc gastrique prend une teinte rosée indiquant qu'une partie de l'oxyde de cobalt s'est dissoute. On filtre, et on évapore à siccité, soit dans le vide sec, soit en distillant dans le vide, soit à l'étuve à

40°. Le résidu, de couleur bleue, est épuisé par l'alcool absolu, véhicule qui disssout le chlorure de cobalt, tandis que le lactate y est totalement insoluble. On obtient alors une liqueur, rose à froid, bleue à chaud, et redevenant rose par refroidissement. En chassant l'alcool par distillation et en reprenant par l'eau le résidu, on peut obtenir par l'évaporation lente de ce liquide de beaux cristaux rectangulaires de chlorure de cobalt parfaitement reconnaissables au microscope. En pratique, on peut procéder plus rapidement, en agissant de la façon suivante qui est tout aussi démonstrative : une goutte saturée d'hydrocarbonate de cobalt, et filtrée, est évaporée dans un verre de montre sur la platine chauffante. Si la goutte rose devient bleue en se desséchant, elle contient du chlorure de cobalt, et par suite le suc employé renferme de l'acide chlorhydrique.

Des solutions à 5 p. 1 000 d'acide lactique additionnées de chlorure de sodium (5 p. 1 000) et de phosphate de soude (2 p. 1 000) et traitées de même, donnent une teinte fleur de pêcher qui ne peut jamais prêter à la moindre confusion.

Rabuteau a démontré la présence de l'acide chlorhydrique dans le suc gastrique en saturant ce liquide de quinine fraîchement précipitée, qui forme avec l'acide chlorhydrique un sel cristallisable, soluble dans l'alcool amylique. Dans ces conditions, il a pu reconnaître que le suc gastrique donne toujours le chlorhydrate de cette base, et jamais des lactates. Néanmoins rien n'empêche l'acide lactique, lorsqu'il existe, de se combiner avec la quinine pour former le lactate de cette base. Aussi Cahn et Mering, qui ont fondé sur cette réaction un procédé d'analyse de l'acidité du suc gastrique, ont cru nécessaire de séparer les acides organiques avant de traiter le suc gastrique par un excès de cinchonine qu'ils emploient à la place de la quinine.

En résumé, de toutes les réactions proposées pour la recherche de l'acide chlorhydrique dans le suc gastrique soit à l'état *libre*, soit à l'état *combiné*, aucune d'elles n'atteint ce but d'une façon complète. Les réactions colorantes, spécialement celles de Günzburg et de Boas, visent seulement l'existence *d'un acide minéral libre*, mais ne nous disent pas quelle est la nature de cet acide. La distillation et la dialyse peuvent, lorsqu'elles sont suivies d'un résultat positif, nous indiquer la présence de l'acide chlorhydrique. Mais, si leur résultat est négatif, il faut faire appel à d'autres réactions. La méthode signalée par Contejean nous semble la meilleure à ce point de vue ; mais, comme elle est impuissante à déterminer l'état dans lequel se trouve l'acide chlorhydrique, on devra toujours la faire suivre de la réaction de Günzburg ou de Boas, si l'on veut savoir si le suc gastrique contient de l'acide chlorhydrique en liberté.

d₂) **Recherche des acides organiques.** — Cette opération se réduit en pratique à la détermination de *l'acide lactique*, qui est, parmi tous les acides étrangers que contient le suc gastrique impur, celui qu'on trouve en plus grande quantité dans les analyses. Uffelmann a proposé le réactif suivant pour la recherche de l'acide lactique.

Solution aqueuse de phénol à 4 p. 100. . . . . 10 cc.
Eau distillée. 20 cc.
Solution de perchlorure de fer concentrée. . . . . . 1 goutte.

Ce liquide est très instable, et doit être préparé au moment de s'en servir. Il devient jaune en présence de l'acide lactique.

Plusieurs auteurs ont recommandé d'autres formules du réactif d'Uffelmann. Ewald emploie la solution suivante.

Acide phénique pur hydraté au 10°. . . . . 3 grammes.
Perchlorure de fer de densité 1,28. . . . . 3 grammes.
Eau distillée. . . . . 20 grammes.

Bourget supprime l'acide phénique, et prépare ce réactif avec le perchlorure de fer en solution aqueuse.

Eau distillée. . . . . 10 cc.
Perchlorure de fer . . . . 6 à 8 gouttes.

Quel que soit le mode de préparation du réactif d'Uffelmann, les indications données par ce réactif ne sont pas exemptes d'erreur. D'après Kelling, un grand nombre de matières organiques, telles que les acides butyrique, oxalique, citrique, tartrique, le glucose et l'alcool, font virer au jaune le réactif d'UFFELMANN. Les phosphates et les bicarbonates donneraient aussi la même réaction; mais, au lieu d'obtenir une coloration jaune serin qui est caractéristique de l'acide lactique, on obtient une coloration jaune paille. Finalement, d'après GRUNDZACH, lorsque l'acide chlorhydrique existe en grande proportion dans le suc gastrique (6 fois plus que d'acide lactique), le réactif est complètement décoloré, et par suite l'acide lactique passe inaperçu. En cas de doute, il faut extraire l'acide lactique par l'éther, faire évaporer celui-ci dans une capsule et traiter le résidu par le réactif d'UFFELMANN. BOAS a imaginé un procédé beaucoup plus sûr que le réactif d'UFFELMANN, pour la recherche de l'acide lactique, mais infiniment plus compliqué.

On sait que cet acide se dédouble sous l'influence des oxydants, d'une part, en acide formique; et, d'autre part, en aldéhyde. 10 ou 20 centimètres cubes de suc gastrique sont évaporés au bain-marie à consistance sirupeuse, puis, si le résidu réagit sur le rouge de Congo, on le mélange avec un peu de carbonate de baryum, sinon on ajoute directement quelques gouttes d'acide phosphorique et l'on porte à l'ébullition pour chasser l'acide carbonique. Le liquide refroidi est épuisé par 100 c. c. d'éther exempt d'alcool; l'éther décanté est évaporé, et le résidu additionné de 45 c. c. d'eau et filtré, s'il y a lieu. Après y avoir ajouté 5 c. c. d'acide sulfurique et un peu de bioxyde de manganèse, on chauffe et on reçoit les vapeurs condensées par un réfrigérant dans 5 à 10 c. c. d'une solution alcaline d'iode ou de réactif de NESSLER. Il se produit dès le début de l'ébullition un précipité d'iodoforme dans le premier cas, ou un dépôt jaune rougeâtre d'aldéhyde mercurique dans le second. Ce procédé peut aussi servir au dosage de l'acide lactique. BOAS a constaté par de nombreux essais sur l'homme que, chaque fois que la réaction d'UFFELMANN est nettement positive, ce procédé indique l'existence des quantités notables d'acide lactique. La réaction d'UFFELMANN garde donc une certaine valeur, surtout dans les cas où elle est faite sur le résidu provenant du traitement éthéré du suc gastrique.

On peut encore, comme l'ont fait LEHMANN et CH. RICHET, et, à leur suite beaucoup d'autres expérimentateurs, retirer l'acide lactique du suc gastrique sous la forme d'un lactate cristallisable. CONTEJEAN, qui s'est servi spécialement de cette méthode pour la recherche de l'acide lactique, conseille de la pratiquer de la façon suivante. Le suc gastrique est agité à plusieurs reprises avec de l'éther que l'on distille ensuite au bain-marie. Le résidu additionné d'eau distillée et d'oxyde de zinc pur, est maintenu quelque temps à une douce chaleur; on agite fréquemment, ensuite on filtre et on évapore. Quand le liquide est presque complètement réduit, on en fait des préparations microscopiques, qui, par refroidissement, montrent les cristaux caractéristiques de lactate de zinc.

Les autres acides organiques du suc gastrique, acétique, butyrique, formique, etc., sont tous solubles dans l'éther comme l'acide lactique, mais il est facile de les séparer de celui-ci grâce à leur extrême volatilité. On distille les deux tiers du suc gastrique, puis on complète avec de l'eau le volume primitif, et on recommence la même opération une ou deux fois. Tous les acides volatils se trouvent dans le liquide distillé. Si pendant la distillation il était passé quelques petites portions de l'acide chlorhydrique libre, on peut reprendre le distillat par l'éther exempt d'alcool. Ces acides se reconnaissent aisément à leur odeur. Les acides formique et butyrique donnent, avec le réactif d'UFFELMANN, une coloration jaune pâle, aux reflets rougeâtres, mais seulement à partir de 0,5 p. 1000. Quant à l'acide acétique, il peut être mis en évidence en neutralisant le résidu aqueux de l'extrait éthéré du suc gastrique avec du carbonate de soude et en le traitant par une solution neutre de perchlorure de fer. Il se produit une coloration rouge de sang, qui donne également l'acide formique, mais cet acide se rencontre exceptionnellement dans le contenu de l'estomac sain.

d_3) **Dosage de l'acidité totale du suc gastrique.** — Une méthode d'analyse de l'acidité du suc gastrique doit, pour être complète, déterminer les proportions respectives des divers éléments acides que l'on peut rencontrer dans le suc gastrique. Ces éléments sont : 1° *L'acide chlorhydrique libre;* 2° *l'acide chlorhydrique combiné aux matériaux azotés;* 3° *les phosphates acides;* 4° *les acides organiques fixes,* c'est-à-dire *l'acide lactique;* 5° *les acides organiques volatils.*

I) **Précautions à prendre pour l'analyse du suc gastrique.** — En premier lieu, le suc gastrique doit être analysé immédiatement après son extraction. Voici comment Ch. Richet s'exprime à ce sujet, à la suite de ses expériences démontrant que l'acidité totale du suc gastrique peut s'accroître dans des proportions notables, aussitôt que ce liquide a été retiré de l'estomac. « On avait cru que le suc gastrique était, par une sorte de privilège merveilleux, soustrait aux altérations que subissent les autres liquides organiques. On voit qu'il n'en est rien, et, quoique son odeur, comme son aspect, n'aient pas varié, sa composition chimique éprouve des variations considérables, aussitôt qu'il a quitté l'organisme. » L'accroissement d'acidité constaté par Ch. Richet dans le suc retiré de l'estomac est presque exclusivement d'origine organique, mais rien ne dit que, la constitution chimique de ce liquide venant à changer, l'acide chlorhydrique ne puisse être déplacé de ses combinaisons primitives avec les matières organiques ou en former d'autres nouvelles. Il y a donc tout intérêt à faire cette analyse le plus tôt possible. La plupart des auteurs recommandent la filtration préalable du liquide, surtout si l'analyse porte sur le suc gastrique mélangé aux aliments, mais c'est là une cause d'erreur très importante, car Martius et Luttke ont montré que les parcelles alimentaires retiennent les acides avec énergie et sont par conséquent plus riches en acide que le liquide filtré.

Si l'on veut faire des recherches comparatives sur la grandeur de l'acidité totale du suc gastrique, on établira la moyenne de cette acidité; il faut soumettre l'individu ou les individus sur lesquels on opère aux mêmes conditions expérimentales. La nature du *repas préparatoire* ou *repas d'épreuve* a une grande influence sur l'acidité du suc gastrique, si bien que l'on peut dire que, pour chaque aliment, il existe un coefficient d'acidité donné. D'autre part, l'acidité du suc gastrique varie pendant les diverses phases de la digestion, de sorte que, si l'on veut obtenir des résultats comparables, il faut faire la prise de ce liquide toujours au même moment. En général, on fait cette opération au bout de 1 à 2 heures après le repas léger d'Ewald, composé de 60 grammes de pain blanc et 250 à 300 grammes de thé sans sucre ni lait, et au bout de 3 heures et demie à 5 heures après le repas copieux de Riegel, qui est composé essentiellement de viande. La quantité de suc gastrique qu'il faut extraire de l'estomac pour faire une analyse complète ne doit pas être inférieure à 25 c. c.; car le plus souvent on est obligé de la diviser en plusieurs portions, afin d'avoir tous les renseignements voulus. Finalement l'estomac doit être toujours vide et lavé avant l'administration du repas d'épreuve.

II) Procédés de dosage de l'acidité totale du suc gastrique. — α. Méthodes colorantes. — Ces méthodes, fondées sur l'emploi des réactifs colorants, ont été spécialement utilisées en clinique à cause sans doute de leur application relativement facile. Il existe un très grand nombre de ces procédés, et il est inutile d'en donner ici la description. Disons seulement que ces méthodes peuvent se réduire en pratique au procédé suivant : le suc gastrique est divisé en trois portions. Dans la première on dose *l'acidité totale* à l'aide d'une solution normale de soude au 1/10 en se servant comme indicateur coloré de la phénolphtaléine. Dans la seconde on dose de la même façon l'acidité d'un volume égal de suc gastrique, après l'avoir débarrassé des acides organiques par le traitement avec l'éther exempt d'alcool. La différence entre ces deux dosages donnera *l'acidité minérale* et *l'acidité organique* du suc gastrique. Finalement, dans la troisième portion, on dose *l'acide chlorhydrique libre* à l'aide d'une solution de soude au même titre, mais en prenant comme indicateur colorant les réactifs de Günzburg ou de Boas. En retranchant ce dernier chiffre de la valeur trouvée pour l'acidité minérale, on aura *l'acide chlorhydrique combiné aux matériaux albuminoïdes*, plus *les phosphates acides* que ces méthodes sont impuissantes à déterminer. Toepper a conseillé dans ces dernières années de faire le titrage de l'acidité du suc gastrique à l'aide de trois indicateurs colorants, la phénolphtaléine, l'alizarine et le diméthylamidoazobenzol. Le premier donnerait l'acidité totale du suc gastrique, c'est-à-dire l'acide chlorhydrique libre, l'acide chlorhydrique combiné aux matériaux azotés et les acides organiques; le second indiquerait l'acide chlorhydrique libre, plus les acides organiques; enfin le troisième donnerait l'acide chlorhydrique seul. D'autres méthodes, fondées sur l'emploi des réactifs colorants, ont été encore proposées pour ce même but, mais il y a une discordance telle au point de vue quantitatif entre les résultats obtenus par ces divers réactifs qu'ils ne peuvent pas nous inspirer grande confiance. Nous avons déjà dit que la tropéoline et le rouge de Congo, par exemple indiquent plus d'acide non combiné à l'albumine que les réactifs de Boas et de Günzburg. Leo a signalé des écarts tout aussi considérables entre les indications du tournesol, de la phénolphtaléine et de l'acide rosalique. Mizerski et Nencki ont aussi montré jusqu'à quel point la réaction de Günzburg, prise comme méthode d'analyse quantitative, peut induire en erreur. Tous ces faits ont encore besoin d'être contrôlés et précisés, mais ils sont dès maintenant assez nets pour nous mettre en garde contre les résultats acquis par les méthodes colorantes dans l'analyse quantitative de l'acidité du suc gastrique.

β. **Méthodes dites par incinération.** — 1° *Procédé de* Schmidt. — Ce procédé, dont nous avons parlé antérieurement (p. 614), consiste à doser, d'une part, le chlore total à l'aide d'une solution de nitrate d'argent, et, d'autre part, les bases contenues dans le résidu sec obtenu par la calcination du suc gastrique. L'excès de chlore représente l'acide chlorhy-drique libre de Bidder et Schmidt, c'est-à-dire l'acide chlorhydrique réellement libre et l'acide chlorhydrique combiné aux matériaux albuminoïdes. Ch. Richet a modifié ce pro-cédé en dosant les bases à l'état des sulfates afin d'éviter les pertes des chlorures par la calcination. Malgré cela, ce procédé reste très incomplet, car il ne donne aucune indi-cation sur l'état de l'acide chlorhydrique non combiné aux bases métalliques, ni sur la richesse du suc gastrique en acides organiques.

2° *Procédé de* Kietz. — L'auteur divise en trois portions le suc gastrique, chacune de 25 centimètres cubes. Dans la première, légèrement acidifiée par l'acide azotique, il dose le chlore à l'aide d'une solution de nitrate d'argent en présence du chromate de potasse. Dans la seconde, évaporée au bain-marie et reprise par l'eau, il dose le chlore de la même façon. Finalement la troisième portion, neutralisée exactement, est soumise à la calcination, et, dans les cendres, on dose le chlore des chlorures. Les résultats de la première et de la troisième analyse qui donnent le chlore total sont à peu près iden-tiques. La seconde analyse donne un chiffre de chlore moins élevé, et cette différence se rapporte à l'acide chlorhydrique libre qui s'est volatilisé pendant l'évaporation. Cette méthode n'offre aucun avantage sur le procédé de Schmidt, et elle est en outre moins exacte.

3° *Procédé de* Sehmann. — Cet auteur a appliqué au dosage de l'acidité du suc gas-trique la méthode employée par Hehner pour le dosage des acides minéraux du vinaigre. On sature exactement 10 centimètres cubes de suc gastrique à l'aide d'une solution normale de soude au dixième; on évapore à siccité, puis on calcine le résidu. Cela fait, on reprend les cendres par l'eau, et l'on dose, à l'aide d'une solution d'acide sul-furique au dixième, les carbonates formés par la calcination des acides organiques. En retranchant le nombre de centimètres cubes de la solution de soude qu'on a dû ajouter au suc gastrique pour le neutraliser du nombre de centimètres cubes d'acide sulfurique qu'il a fallu employer pour saturer les carbonates formés après la calcination, on aura la quantité d'acide chlorhydrique contenue dans le suc gastrique. Ce procédé, qui a été rarement employé, dose en même temps l'acidité organique et l'acidité minérale du suc gastrique; mais il ne fournit aucune indication sur les quantités respectives d'acide chlorhydrique libre et d'acide chlorhydrique combiné aux substances organiques. D'autre part, Mizerski et Nencki ont montré, que lorsque le suc gastrique est riche en peptone et en albumoses, le procédé alcalimétrique de Sehmann donne un chiffre beau-coup trop fort d'acide; car il se forme de l'acide sulfurique pendant la calcination de ces substances. Ajoutons encore qu'une partie de l'acidité minérale trouvée est due aux phos-phates acides. Ces mêmes objections sont aussi applicables au procédé de Braun, qui diffère fort peu de celui de Sehmann.

4° *Procédé de* Sjöquist. — On évapore à siccité 10 centimètres cubes de suc gastrique additionnés d'un excès de carbonate de baryum, et on calcine jusqu'à destruction com-plète des matières organiques. Les acides organiques sont ainsi transformés en carbonate de baryte à peu près insoluble, tandis que l'acide chlorhydrique passe à l'état de chlo-rure de baryum, parfaitement soluble. En épuisant les cendres par l'eau chaude, on dissout le chlorure de baryum qu'on dose à l'aide d'une solution titrée de bichromate de potasse en se servant comme indicateur du papier de Wurster préparé avec la tétraméthyl-paraphémyldiamine qui se colore en bleu par un excès de bichromate. Pour obtenir plus nettement cette réaction, on ajoute à la liqueur contenant le chlorure de baryum un tiers ou un quart de son volume d'alcool, et quelques centimètres cubes d'une solution aqueuse renfermant 10 grammes d'acétate de soude et 10 grammes d'acide acétique p. 100. KATZ emploie pour reconnaître l'excès de bichromate, au lieu du papier de WURSTER, qui fausse souvent les indications, une solution ammoniacale d'acétate de plomb, qui, dans une liqueur contenant du chlorure d'ammonium, donne en présence du bichromate de potasse un précipité couleur de chair, de composition inconnue, visible encore pour une dilution de 1 p. 3 000. On peut aussi reconnaître la fin de l'opération par la tache orange de bichromate d'argent que laisse une goutte de nitrate d'argent, sur un papier buvard imbibé du liquide à analyser.

Le procédé de SJÖQUIST a été modifié par plusieurs auteurs. VON JAKSCH, LEO et BOAS assurent qu'il est préférable de doser la baryte dans le liquide filtré en la pesant à l'état de sulfate. BOURGET précipite le chlorure de baryum par le carbonate d'ammoniaque, lave le précipité jusqu'à ce qu'il ne donne plus de réaction alcaline, dissout ce précipité dans une solution titrée d'acide chlorhydrique en excès, et titre l'excès d'acide par une solution de soude décinormale à l'aide de la phénolphtaléine. La quantité d'acide neutralisée par le carbonate de baryum correspond à la quantité d'acide chlorhydrique contenue dans le suc gastrique. D'après NENCKI, cette modification donne des résultats plus exacts que la méthode de SJÖQUIST elle-même.

D'autre part, BOURGET cherche à doser la quantité absolue d'acide chlorhydrique sécrétée par l'estomac, en lavant cet organe jusqu'à ce que les eaux de lavage ne donnent plus la réaction acide et en faisant l'analyse sur l'ensemble des liquides recueillis.

De nombreuses critiques ont été adressées à la méthode de SJÖQUIST. Le dosage de l'acide chlorhydrique par ce procédé suppose l'inaltérabilité absolue du chlorure de baryum à l'action de la chaleur. Or cette supposition n'est pas confirmée par les expériences de DMOCHOWSKI. Le chlorure de baryum cristallisé, chimiquement pur, se décompose par la calcination en formant de l'oxyde de baryum et de l'acide chlorhydrique qui s'évapore.

Quand on épuise par l'eau, l'oxyde de baryum formé se dissout en même temps que le chlorure et se précipite également à l'état de $Ba\,Cr\,O^4$ quand on titre avec le bichromate de potasse. Théoriquement, la décomposition du chlorure de baryum par la calcination ne devrait pas influencer la valeur des résultats, car l'oxyde de baryum qui prend naissance est aussi soluble que le chlorure et passe dans la liqueur filtrée où l'on fait le dosage. Toutefois l'hydrate de baryum a la propriété d'absorber avec avidité l'acide carbonique de l'air en se transformant en carbonate. Ce sel insoluble est alors retenu par le filtre, et est complètement perdu pour l'analyse.

NENCKI, qui a fait une étude sérieuse de cette méthode, a trouvé que la réaction qui lui sert de base :

$$Ba\,CO^3 + 2HCl = BaCl^2 + CO^2 + H^2O$$

se complique des réactions suivantes : pendant la calcination, le chlorure de baryum se transforme en oxyde de baryum qui, en présence de l'acide carbonique provenant de la combustion des matières organiques, se transforme à son tour en carbonate de baryum :

$$BaO + CO^2 = Ba\,CO^3.$$

D'autre part, le carbonate de baryum ayant servi comme réactif se décompose aussi par la calcination en oxyde de baryum et en acide carbonique :

$$BaCO^3 = BaO + CO^2.$$

L'oxyde de baryum formé dans cette réaction peut compenser ou dépasser la perte subie pendant la calcination du chlorure de baryum, tout dépendra de la durée et de la température de la calcination.

Cette cause d'erreur n'est pas la seule dont soit entaché le procédé de SJÖQUIST. Les chlorures alcalins fixes, et plus encore le chlorure d'ammonium, agissent pendant la calcination sur l'excès de carbonate de baryum en donnant par double décomposition un peu de chlorure de baryum (LEO). Le suc gastrique peut contenir, d'après STRAUSS, jusqu'à 0,25 p. 1000 de sel d'ammoniaque, dont 30 à 60 p. 100 peuvent subir cette double décomposition. Néanmoins, on peut supprimer l'influence des chlorures, qui est plutôt minime, en se débarrassant par filtration de l'excès de carbonate de baryte avant de procéder à l'incinération.

Une cause d'erreur bien plus sérieuse est celle qui procède de la transformation pendant la calcination du chlorure de baryum soluble en phosphate de baryum insoluble par l'action des phosphates du contenu stomacal. Il se produit ainsi des pertes d'acide chlorhydrique assez considérables. Leo en a constaté qui allaient jusqu'à 70 p. 100 dans des solutions aqueuses d'acide chlorhydrique. Kossler a fait la même remarque sur des solutions contenant 0,1 p. 100 d'acide chlorhydrique et 0,1 p. 100 de phosphate acide de potassium. C'est surtout avec des liquides riches en phosphates, comme le lait, que les pertes deviennent considérables. Le procédé de Sjöquist est donc très défectueux pour le dosage du suc gastrique impur, car on sait que le contenu stomacal renferme le plus souvent des proportions notables de phosphates. En opérant sur des mélanges artificiels ne contenant pas de phosphates, on retrouve à peu près tout l'acide chlorhydrique (Kossler). Les acides sulfurique et phosphorique qui se forment pendant la calcination des protéides, semblent ne pas avoir une grande influence sur la marche de l'analyse (Bondzywski).

En dehors de ces causes d'erreur, on est encore à se demander quelle est la nature des renseignements fournis par la méthode de Sjöquist. Martius et Lüttke se sont assurés à l'aide des solutions aqueuses que le carbonate de baryum fixe non seulement l'acide chlorhydrique libre, mais aussi l'acide combiné aux matériaux azotés. Toutefois, il n'est pas certain que, dans le suc gastrique, cette décomposition soit toujours complète (Wagner). D'autre part, Salkowski a démontré que même des sels organiques à réaction neutre comme le chlorhydrate de quinine, qui n'ont aucune action peptique, font la double décomposition avec le carbonate de baryum. Il est vrai que ces sels semblent ne pas exister dans le suc gastrique. En somme, le procédé de Sjöquist dose, avec des pertes plus ou moins considérables, l'acide chlorhydrique total du suc gastrique. Il est long et coûteux, et par cela même dépourvu de tout intérêt pratique.

5° *Procédé de* Hayem *et* Winter. — Ce procédé, dont le principe revient à Prout, permet de doser l'acide chlorhydrique dans tous les états dans lesquels il peut se trouver dans le suc gastrique, savoir : 1° l'*acide chlorhydrique libre;* 2° l'*acide combiné avec les matières organiques;* 3° l'*acide combiné avec les bases minérales.* Le dosage par ce procédé se fait de la façon suivante : le contenu stomacal est après filtration divisé en trois parties : *a, b,* et *c* de 5 à 10 centimètres cubes chacune. La première sert au dosage de la totalité du chlore, la deuxième au dosage de l'acide chlorhydrique libre, et la troisième au dosage de l'acide chlorhydrique combiné aux bases minérales.

La partie *a*, additionnée d'abord d'une solution de carbonate de soude en excès, afin de fixer l'acide chlorhydrique libre et l'acide combiné avec des corps organiques, est ensuite évaporée à siccité au bain-marie. Le résidu sec est calciné pendant quelques minutes jusqu'à carbonisation des matières organiques, et ensuite il est épuisé par l'eau chaude. On filtre la solution, on neutralise l'acide azotique, et on dose le chlore en titrant avec une solution décinormale de nitrate d'argent et en se servant du chromate de potasse comme indicateur. La quantité de chlore trouvée est le *chlore total* du suc gastrique.

La partie *b*, évaporée aussi à siccité au bain-marie, où on la tient encore pendant une heure, afin de chasser entièrement l'acide chlorhydrique, est de même additionnée d'une solution de carbonate de soude en excès. On évapore de nouveau au bain-marie, on calcine le résidu et on dose le chlore comme dans la première opération. Le nombre fourni par ce dosage représente tout le chlore, moins celui qui a été chassé par l'évaporation prolongée à 100°, c'est-à-dire, moins l'*acide chlorhydrique libre*, *a—b* est donc égal à HCl libre.

La partie *c* est évaporée, comme les deux premières, au bain-marie, mais le résidu sec est calciné directement, sans addition de carbonate de soude. On dose le chlore qui reste après la calcination, et le résultat de ce dosage indique la quantité d'acide chlorhydrique combiné aux bases minérales. Par conséquent, si l'on retranche le chiffre trouvé par l'analyse de *c*, du chiffre trouvé par l'analyse de *b*, on aura le chlore combiné aux matières organiques qui s'est échappé pendant la calcination. HAYEM et WINTER désignent par les lettres *T, le chlore total; C, l'acide chlorhydrique combiné aux substances organiques et à l'ammoniaque; H, l'acide chlorhydrique libre; et F le chlore des chlorures ou chlore fixe.*

Malgré les défauts inhérents à cette méthode, on est obligé de convenir qu'elle représente le premier essai rationnel qui ait été fait pour le dosage de l'acide chlorhydrique de l'estomac dans tous les états où il peut se trouver dans le suc gastrique. Cela dit, voyons maintenant quelle est la valeur des indications fournies par le procédé de HAYEM et WINTER.

1° *H. Acide chlorhydrique libre.* — Quand on évapore le suc gastrique à la température de 100°, la quantité d'acide chlorhydrique qui s'échappe pendant l'évaporation est sensiblement plus faible que celle qu'on trouve dans le même suc, à l'aide des autres méthodes servant au dosage de l'acide chlorhydrique libre (réaction de GÜNZBURG, méthode de MINTZ. et saponification de l'acétate de méthyle, méthode de HOFMANN). Cette différence tient essentiellement aux modifications chimiques que subit le suc gastrique pendant l'évaporation. SANSONI a montré que, lorsqu'on chauffe à la température de 100°-110° un mélange d'albumine et d'acide chlorhydrique, avec ou sans pepsine, une partie de l'albumine se transforme en propeptone et peptone. Ces derniers produits retiendraient, d'après ce même auteur, une plus grande quantité d'acide chlorhydrique que la solution primitive d'albumine. La température de 100°-110° change donc les rapports quantitatifs des différentes espèces d'albuminoïdes présents dans le suc gastrique et fait varier d'une manière corrélative la quantité de HCl combiné aux albuminoïdes et celle qui s'échappe par l'évaporation. L'erreur sera d'autant plus grande que le suc gastrique sera plus riche en acide chlorhydrique et en pepsine. SANSONI conclut de ses expériences que le procédé de HAYEM et WINTER, comme tous ceux qui se fondent sur l'évaporation du suc gastrique, altère la composition chimique de ce liquide et donne une valeur trop faible pour l'acide chlorhydrique libre.

2° *C. Acide chlorhydrique combiné aux matériaux albuminoïdes.* — Si ce que nous venons de dire pour l'acide chlorhydrique libre est vrai, la méthode de HAYEM et WINTER doit nécessairement fournir un chiffre trop fort pour l'acide chlorhydrique combiné aux matériaux albuminoïdes. C'est là en effet ce qu'ont observé beaucoup d'expérimentateurs. A l'augmentation produite dans l'acide chlorhydrique combiné par l'acide chlorhydrique libre qui se fixe aux albuminoïdes pendant l'évaporation, viennent se joindre d'autres causes d'erreur qui agissent dans le même sens. Une partie des chlorures du contenu stomacal se décompose pendant la calcination, et cet acide chlorhydrique mis en liberté, échappant à l'analyse, est attribué par différence à l'acide chlorhydrique combiné aux albuminoïdes. KOSSLER a fait voir, en opérant sur des mélanges artificiels de composition connue, que les phosphates acides peuvent, en agissant sur le chlorure de calcium, déplacer pendant la calcination une quantité notable d'acide chlorhydrique :

$$CaCl^2 + KH^2PO^4 = CaHPO^4 + KCl + HCl,$$

et

$$3\,CaCl^2 + 2\,KH^2PO^4 = Ca^3(PO^4)^2 + 2KCl + 2HCl.$$

Cette perte, il est vrai, serait plutôt négligeable (0,008 à 0,009 p. 100 de HCl, selon WINTER), étant donnée la faible proportion de phosphates acides que renferme le suc gastrique. Il n'en serait pas de même des pertes signalées par LESCŒUR et MALIBRAN lorsqu'on soumet à la distillation diverses solutions de chlorure et d'acides à la température de 130°. Ces auteurs ont observé : 1° que tout l'acide chlorhydrique libre est volatilisé. La présence des matières organiques ne change pas les résultats ; 2° la plupart des chlorures, excepté le chlorure de magnésium, ne dégagent point de l'acide chlorhydrique, mais, en présence des acides organiques fixes, ils subissent une décomposition appréciable ; 3° les chlorures dégagent tout leur acide chlorhydrique en présence d'un acide minéral fixe, comme l'acide phosphorique ou l'acide sulfurique.

Il résulte de ces expériences que, lorsqu'on élève la température du suc gastrique à 130°, comme on le fait dans la méthode d'HAYEM et WINTER pendant la calcination, une partie du chlore fixe se volatilise, soit par la décomposition naturelle du chlorure de magnésium, soit par l'action de l'acide phosphorique et des acides organiques fixes, spécialement l'acide lactique, sur les autres chlorures de ce liquide. Les deux premières causes d'erreur sont peu importantes, car on sait que le chlorure de magnésium et l'acide phosphorique n'existent qu'à l'état de traces dans les liquides de digestion. Par contre, la présence constante de l'acide lactique dans le suc gastrique impur donne lieu à des pertes d'acide chlorhydrique considérables. Ajoutons encore que, d'après ces mêmes auteurs, l'acide tartrique et d'autres composés semblables, peuvent être introduits dans l'estomac avec l'alimentation et opérer, pendant qu'on calcine le suc gastrique, la décomposition dont nous parlons. Certaines substances organiques, le sucre et l'albumine, soumises à la distillation de 100° à 130°, et au delà, dans des solutions décinormales d'acide chlorhydrique et de chlorure de sodium, provoquent aussi le dédoublement de ce dernier sel, mais à des doses tellement fortes (500 grammes p. 1000 d'après les expériences de Lescœur et Malibran), qu'on se demande s'il faut tenir compte de cette prétendue cause d'erreur. Martius et Luttke ont montré en effet qu'avec des doses moindres de matières organiques (20 grammes p. 1000 de peptone), les pertes de chlorure sont absolument insignifiantes.

3° F. *Acide chlorhydrique des chlorures ou chlore fixe.* — Le procédé de Hayem et Winter donne un chiffre trop faible de chlorures par les raisons indiquées plus haut.

On peut donc résumer la critique de ce procédé en disant :

1° Que tout l'acide chlorhydrique libre n'est pas chassé par la distillation à 100° ;

2° Qu'une partie de cet acide se fixe pendant la distillation aux matériaux albuminoïdes, en augmentant ainsi la quantité du chlore organique combiné ;

3° Que le chlore des chlorures, ou chlore fixe, se volatilise en partie, et que cette perte de chlore est attribuée par différence au chlore organique combiné.

On a donc par ce procédé un chiffre trop faible de chlorures et d'acide chlorhydrique libre et un chiffre trop fort d'acide chlorhydrique combiné aux matériaux albuminoïdes.

6° *Procédé de* Martius *et* Lüttke. — Ce procédé, qui n'est, comme le précédent, qu'une modification de celui de Bidder et Schmidt, consiste à doser le *chlore total* du suc gastrique et le *chlore des chlorures*. Par différence, on a l'*acide chlorhydrique libre* et l'*acide chlorhydrique combiné aux matériaux albuminoïdes*.

Le chlore est dosé dans les deux cas par la méthode au sulfocyanate de Volhard : dans le premier cas sur le suc gastrique naturel, dans le second cas sur le suc gastrique après calcination. Martius et Lüttke ont opéré sur des mélanges artificiels, contenant de nombreuses substances organiques, et ils ont toujours trouvé des résultats à peu près concordants. Toutefois il nous semble que leur procédé doit exposer aux mêmes causes d'erreur que celui de Hayem et Winter, car ils ne font rien pour empêcher les pertes en chlorures qui se produisent pendant la calcination du suc gastrique. Dans le but de compléter leur analyse, Martius et Lüttke déterminent, sur une autre portion du suc gastrique, l'*acidité totale* à l'aide de la phénolphtaléine, et l'*acide chlorhydrique libre* à l'aide de la tropéoline. Nous avons déjà dit ce qu'il faut penser de ces deux déterminations.

7° *Procédé de* A. Gautier. — Cet auteur propose, dans son *Traité de chimie biologique*, une méthode mixte qui rappelle à la fois les *procédés alcalimétriques* de Sehmann et Braun et les procédés chlorimétriques de Bidder et Schmidt et des autres auteurs : 5 centimètres cubes de suc gastrique ou de contenu stomacal filtré, sont additionnés jusqu'à neutralisation exacte d'une solution titrée de soude, en présence du *phénolphtaléine*. La quantité de soude nécessaire pour cette saturation représente l'acidité totale T du suc gastrique. On dessèche et calcine légèrement cette liqueur, et on détermine l'alcalinité finale des cendres résultant de la transformation des acides organiques en carbonate de soude. Cette alcalinité calculée en acide chlorhydrique donne l'acidité B correspondant aux acides organiques. T — B représente donc l'acidité minérale du suc analysé. L'auteur prétend que, pendant ces opérations, il n'y a à craindre, ni le départ des sels ammoniacaux, qui ne change rien à l'alcalinité finale, ni des réactions de phosphates et autres sels acides qui sont saturés de soude.

D'autre part, on verse trois fois 5 centimètres cubes exactement mesurés du même suc dans trois petites capsules. La première est sursaturée de soude exempte de chlore, et dans le résidu légèrement calciné, on dose le *chlore total* (a). La seconde est directement et juste à point saturée de soude, puis calcinée comme la précédente. On y dose encore le chlore résiduel (b). La différence $(a - b)$ de ces deux dosages donne le chlore volatilisé à l'état de sel ammoniaque, etc. Enfin, la troisième est évaporée telle quelle, desséchée au bain de sable vers 350°; puis le chlore restant c y est encore dosé. La différence $(a - c)$ donne le chlore à l'état volatil (c'est-à-dire, HCl + sel ammoniac + Cl); d'autre part, $(a - c) - (a - b)$, c'est-à-dire $(b - c)$ donne le chlore volatilisé à l'état d'acide chlorhydrique. L'acidité minérale totale T — B, diminuée de l'acidité due à l'acidité chlorhydrique $(b - c)$ ou T — B — $b + c$ donne l'acidité minérale due aux phosphates et autres sels minéraux acides. Comme on le voit, A. Gautier a cherché par tous les moyens à se mettre à l'abri des erreurs auxquelles sont sujettes les autres méthodes dont nous venons de parler. Il arrive à connaître les pertes des chlorures volatils pendant la calcination. Mais la différence entre cette analyse et la troisième qui représente la totalité de l'acide chlorhydrique doit être trop forte, par suite de l'action des phosphates acides et des acides organiques fixes sur les chlorures qui ne sont pas volatils d'eux-mêmes. D'autre part, la méthode de A. Gautier, pour être complète, doit être précédée ou suivie de la détermination de l'acide chlorhydrique libre, si l'on veut savoir en même temps la proportion d'acide chlorhydrique combiné aux matériaux albuminoïdes.

8° *Procédé de* Lescœur *et* Malibran. — Ce procédé dont nous avons fait mention, lorsque nous avons parlé de la critique de la méthode de Hayem et Winter, consiste à recueillir les produits de distillation du suc gastrique en soumettant ce liquide à des températures croissantes de 100° à 130°. L'appareil employé par Lescœur et Malibran dans ce but est formé d'un ballon, où l'on introduit le suc gastrique, et d'un flacon barboteur mis en rapport avec une trompe à vide. On introduit un certain volume de suc gastrique dans le ballon qu'on chauffe par l'intermédiaire d'un bain de sable ou d'huile, de 100° à 130°, sans jamais dépasser cette température. L'acide chlorhydrique, libre ou combiné aux matériaux albuminoïdes, passe dans l'eau du flacon barboteur, et, en y dosant le chlore, on aura l'acidité chlorhydrique. Si l'on veut en outre doser les chlorures du suc gastrique, on ajoute au résidu laissé par la distillation précédente une solution d'acide phosphorique qui déplace à la température de 130° tout le chlore fixe. D'après Lescœur et Malibran, on n'a pas à craindre l'influence des matières organiques sur les chlorures, si on ne dépasse pas la limite de 130°. La seule cause qui puisse fausser les résultats est la présence des acides organiques. Mais il est facile de s'en débarrasser en traitant le suc gastrique avant la distillation par dix fois son volume d'éther exempt d'alcool. Il est regrettable qu'on ne puisse pas doser par ce procédé l'acide chlorhydrique *libre*, car il deviendrait sans doute une méthode très employée. Malheureusement, la distillation, surtout à hautes températures, trouble profondément la composition chimique du suc gastrique, et change par la suite le rapport de l'acidité chlorhydrique. On doit donc se contenter d'avoir l'acide chlorhydrique *total*, si toutefois le suc gastrique est débarrassé des acides organiques, et ne contient que très peu de phosphates acides. Quant au chlore des chlorures, Winter prétend que l'on n'a pas un chiffre assez fort par cette méthode, parce que la calcination y est très incomplète. C'est du moins ainsi qu'il explique les différences qu'on trouve à l'analyse, lorsqu'on emploie comparativement sa méthode et celle de Lescœur et Malibran. Quoi qu'il en soit, nous croyons que cette dernière méthode peut rendre de réels services.

γ) **Autres méthodes.** — 1° *Procédé de* Rabuteau, Cahn *et* Mehring. — Si l'on traite le suc gastrique par la quinine fraîchement précipitée, cette base s'empare de l'acide chlorhydrique et forme avec lui un chlorhydrate soluble dans l'alcool amylique. Cette réaction a permis à Rabuteau de démontrer la présence de l'acide chlorhydrique dans le suc gastrique et de doser en même temps cet acide. Pour cela, il prenait le suc gastrique du chien, et, après l'avoir filtré, le mettait à macérer avec de la quinine à la température de 40° à 50° pendant plusieurs heures. Le résidu obtenu par l'évaporation de ce liquide était repris par l'alcool amylique qui dissout le chlorhydrate de quinine formé sans dissoudre les autres chlorures. Il était alors facile de retirer ce sel de la liqueur alcoolique et de doser le chlore qu'il renfermait par une solution titrée de nitrate d'argent. Le chlore ainsi trouvé représentait l'acide chlorhydrique. Cahn et Mehring se sont aperçus, en reprenant l'étude de ce procédé, que le chlorhydrate de quinine peut décomposer les chlorures neutres et fausser les résultats de l'analyse. Ils ont alors remplacé la quinine par la cinchonine, dont l'action sur les chlorures est à tout fait négligeable. Ils ont complété ce procédé en dosant aussi les acides organiques du suc gastrique. 50 c. c. de suc filtré sont distillés jusqu'à réduction aux trois quarts du volume primitif et ramenés ensuite à leur volume, puis de nouveau distillés jusqu'à réduction aux trois quarts. Dans le liquide distillé, on dose les acides organiques volatils à l'aide d'une solution décinormale de soude. La partie qui n'a pas distillé est agitée six fois avec 500 c. c. d'éther exempt d'alcool, qui enlève tout l'acide lactique. On évapore, et on dose cet acide dans le résidu éthéré repris par l'eau. Finalement, le suc gastrique, débarrassé des acides organiques, est traité par une masse de cinchonine, fraîchement précipitée jusqu'à réaction neutre. Ce mélange est ensuite épuisé quatre ou cinq fois par du chloroforme pur et les extraits chloroformiques, distillés, jusqu'à formation d'un résidu. On reprend celui-ci par l'eau, et on y dose le chlore à l'aide d'une solution de nitrate d'argent en présence d'un excès d'acide azotique. Cahn et Mehring ont voulu soumettre leur procédé au contrôle des autres méthodes, et ils ont toujours trouvé un chiffre trop faible d'acide chlorhydrique. Cela tient très probablement, comme le font remarquer Martius et Lüttke, à ce qu'une partie de l'acide chlorhydrique a été enlevée par la grande quantité d'éther servant au traitement du suc gastrique. On sait, en effet, combien il est difficile d'avoir de l'éther complètement exempt d'alcool, et il suffit qu'il en contienne des traces pour qu'il dissolve quelque peu d'acide chlorhydrique. Cette méthode doit donc aussi donner un chiffre trop fort en acide lactique. Mac Maugut a proposé une modification qui simplifie la méthode de Cahn et Mehring, mais qui n'offre sur celle-ci aucun autre avantage. Il distille les acides organiques volatils, et sépare, par le traitement éthéré, l'acide lactique. La différence entre ces deux dosages et celui de l'acidité totale, donne l'acide chlorhydrique, libre et combiné aux matériaux albuminoïdes.

2° *Procédé de* Leo. — Ce procédé se fonde sur les réactions suivantes :

1° Lorsqu'on mélange à la température ordinaire une solution de phosphates acides de potasse ou de soude avec du carbonate de chaux sec et pulvérisé, il ne se produit aucune décomposition entre ces deux sels. De sorte que, si l'on fait le dosage acidimétrique de la solution de phosphates avant et après l'addition du carbonate de chaux, on trouvera le même chiffre d'acidité.

2° Si l'on traite de la même façon la solution d'un acide libre, l'acide chlorhydrique, par exemple, cet acide est aussitôt neutralisé par le carbonate de chaux.

On pourra donc, en chassant l'acide carbonique formé, reconnaître que la solution, primitivement acide, est devenue, après le traitement par le carbonate de chaux, complètement neutre.

L'acidité du suc gastrique étant formée par des phosphates acides, de l'acide chlorhydrique et des acides organiques, on comprend que ce procédé puisse être appliqué au dosage de chacun de ces facteurs. En effet, si l'on détermine l'acidité du suc gastrique avant et après l'extraction des acides organiques, on connaîtra par différence l'acidité organique et l'acidité minérale de ce liquide. Si l'on traite ensuite le suc débarrassé des acides organiques par le carbonate de chaux, son acidité diminuera d'une quantité équivalente à celle de l'acide chlorhydrique, et le reste représentera le degré d'acidité des phosphates acides. On aura donc : A, *acidité totale*, moins B, *acidité organique*, égale C, *acidité minérale*. Puis, C, *acidité minérale*, moins D, *acidité chlorhydrique*, égale E, *acidité phosphorique*. Les titrages de l'acidité minérale doivent être faits en présence d'un excès de chlorure de calcium, car on sait qu'il faut, pour neutraliser le phosphate acide de potassium en présence d'un excès de chlorure de calcium, deux fois plus de soude qu'en l'absence de ce sel :

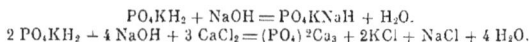

$$PO_4KH_2 + NaOH = PO_4KNaH + H_2O.$$
$$2\ PO_4KH_2 + 4\ NaOH + 3\ CaCl_2 = (PO_4)\ ^2Ca_3 + 2KCl + NaCl + 4\ H_2O.$$

La marche de ce procédé est la suivante : on commence par extraire les acides organiques, en opérant comme le font Cahn et Mehring. Leo conseille de ne faire cette extraction que lorsque le suc gastrique donne la réaction d'Uffelmann. Dans le cas où cette réaction est positive, on peut encore extraire les acides organiques en traitant à plusieurs reprises, six fois au moins, un volume de suc gastrique par dix volumes d'éther exempt d'alcool. Tous les acides organiques sont ainsi dissous dans l'éther, qu'on décante soigneusement. Le dosage de l'acidité du suc gastrique, avant et après cette opération, donne par différence l'acidité organique et minérale de ce liquide. Ces dosages doivent être faits en présence d'un excès de chlorure de calcium, 5 c. c. d'une solution de chlorure de calcium, pour 10 c. c. de suc gastrique filtré. D'autre part, on prend 15 c. c. de suc gastrique débarrassé des acides organiques et on les additionne d'un gramme de carbonate de calcium sec. On mélange intimement et on filtre à travers un filtre sec. 10 c. c. de cette liqueur filtrée, débarrassés de l'acide carbonique par un courant d'air sec, sont de nouveaux dosés en présence d'un excès de chlorure de calcium, à l'aide d'une solution décinormale de soude, et en prenant comme indicateur coloré le phénolphtaléine. Le résultat de cette troisième analyse indiquera l'acidité phosphorique, et, par différence avec la seconde, on aura le chiffre de l'acide chlorhydrique.

Hofmann et Wagner ont prétendu que la méthode de Leo donnait lieu à des pertes considérables d'acide. Ces auteurs ont montré que les phosphates acides, en quantité suffisante, produisent la double décomposition avec le carbonate de chaux, surtout si l'on chauffe le liquide dans lequel ces sels sont en solution. Mais Leo et Friedfenn ont fait remarquer qu'en premier lieu le suc gastrique ne contient que des quantités très faibles de phosphates acides et, que d'autre part, lorsqu'on traite ce liquide par le carbonate de chaux à la température du laboratoire, les pertes d'acide, si en tout cas elles existent, ne peuvent être que négligeables. Kossler semble aussi être du même avis. Il a vu, en opérant sur des mélanges artificiels, de phosphates acides, d'acide chlorhydrique et de peptones, que les erreurs qu'on peut commettre avec la méthode de Leo ne dépassent pas quelques centièmes d'acide chlorhydrique, excepté dans le cas où la proportion des phosphates est très forte, comme dans les expériences de Hofmann et Wagner.

Toutefois, ce qui paraît être le défaut capital de la méthode de Leo, c'est le besoin qu'on a d'extraire les acides organiques. Si l'on suit le procédé de Cahn et Mehring, on s'expose à enlever une partie de l'acide chlorhydrique; et, si l'on opère comme Leo le conseille, on est presque sûr de ne pas extraire complètement les acides organiques. Les résultats seront donc assez variables, suivant qu'on prend une méthode ou l'autre. Par cela même, le chiffre d'acide chlorhydrique qui représente à la fois l'acide chlorhydrique *libre* et *combiné* sera tantôt faible, tantôt fort.

3° *Procédé de* P. Laurent. — Cet auteur a trouvé qu'en présence de l'alcool les acides minéraux seulement décomposent le carbonate de chaux. Grâce à la découverte de cette réaction il a rendu le dosage de l'acide chlorhydrique beaucoup plus facile que par la méthode de Leo. A. Gautier, qui rapporte dans son *Traité de Chimie biologique* ce nouveau procédé, le décrit de la façon suivante : on prend 5 c. c. de suc gastrique, on ajoute 50 c. c. d'alcool neutre et absolu, et on titre à la liqueur décinormale de soude avec la phtaléine. Soit *n* la soude employée. On refait la même opération sur 5 autres c. c. après addition de carbonate de chaux : soit *n'* la nouvelle quantité de soude nécessaire. On a $n - n' = $ HCl *libre*. La valeur *n'* répond aux *acides organiques*. D'après l'auteur, il serait arrivé aux mêmes résultats en employant ce procédé que par la méthode de Hayem et Winter. On se demande cependant si dans un suc gastrique impur, riche en albumine ou en peptone, la précipitation produite par l'alcool n'introduit pas des erreurs dans la marche de l'analyse. En tout cas, nous ne saurions pas nous prononcer sur la valeur de ce procédé, avant qu'il ne soit l'objet d'une étude ultérieure.

4° *Procédé de* Hofmann. — Jusqu'ici la plupart des méthodes que nous avons mentionnées, si l'on excepte quelques méthodes colorantes, principalement celle de Mintz qui a pour base la réaction de Günzburg, n'arrivent pas à déterminer la proportion d'*acide chlorhydrique libre* que renferme le suc gastrique. Le procédé de Hofmann au contraire ne vise que ce seul but. Cet auteur a pensé que, puisque les solutions d'acide chlorhydrique jouissent du pouvoir d'intervertir le sucre de canne et de saponifier l'acétate de méthyle, il n'y a pas de raison pour que le suc gastrique ne possède une fonction semblable dans le cas où il contiendrait de l'acide chlorhydrique en solution. L'expérience lui a montré en effet que ce liquide présente assez souvent les réactions que nous venons d'indiquer. On pouvait donc, en comparant l'activité du suc gastrique avec celle d'une solution titrée d'acide chlorhydrique sur le sucre de canne ou sur l'acétate de méthyle, calculer par une simple formule la proportion d'acide chlorhydrique libre contenue dans le suc gastrique. Pour apprécier l'intensité de la première réaction, Hofmann se servait d'un polarimètre très long et très sensible avec lequel il mesurait le degré de rotation de la solution de sucre avant et après l'action du suc gastrique et de l'acide chlorhydrique. Afin d'éliminer les principales causes d'erreur, il déterminait d'abord le pouvoir rotatoire du suc gastrique, puis il étudiait comparativement la marche de l'activité de ce liquide avant et après sa neutralisation. Par ce dernier moyen, il cherchait à connaître le rôle que pourraient jouer dans la transformation du sucre de canne les actions fermentatives. Malgré cet ensemble de précautions, le procédé de Hofmann présentait encore des inconvénients très graves. Löwenthal et Lensen firent voir que les acides organiques possèdent aussi, quoiqu'à un titre moindre, la propriété d'intervertir le sucre de canne. D'autres substances, en apparence neutres, comme les chlorures, facilitent la même transformation. Finalement, l'exécution de ce procédé est tellement délicate qu'on y risque, même en y donnant beaucoup de peine, de commettre des erreurs de mesure assez importantes.

Hofmann lui-même sembla comprendre la valeur de ces objections, en portant ses préférences sur l'emploi de la seconde de ces réactions, c'est-à-dire sur la saponification de l'acétate de méthyle. Il suffit de doser l'acide acétique formé pour connaître le degré d'activité du suc gastrique. Il offre en outre l'avantage d'être peu sensible aux actions des acides organiques et des chlorures.

Malheureusement, et quel que soit le choix qu'on fasse de ces méthodes, les liquides soumis à l'analyse doivent être portés à la température de 40 à 60° pendant plusieurs heures. Or, s'il faut croire les expériences de Sansoni, von Pfungen, et autres auteurs, c'est là une condition qui changerait complètement les rapports quantitatifs de l'acide chlorhydrique libre et du chlore organique ; car, sous l'influence de la chaleur, les processus chimiques de la digestion continuent, et de nouvelles quantités d'acide chlorhydrique libre se fixent aux produits de dédoublement des matériaux albuminoïdes. Cependant Kossler et Sansoni considèrent la méthode de Hofmann comme très exacte.

c) **Valeur comparative des méthodes d'analyse de l'acidité du suc gastrique.** — Dans cette longue énumération des procédés d'analyse, servant à doser l'acidité totale du suc gastrique, nous n'avons pas trouvé une seule méthode qui soit à l'abri de toute critique. Il est vrai que la solution de ce problème, en apparence très simple, se complique extraordinairement par la présence dans le suc gastrique impur de certains corps, comme les phosphates acides, les acides organiques et d'autres matières d'origine alimentaire, qui, en donnant lieu à des décompositions multiples, troublent sensiblement la marche de l'analyse. Si l'on avait toujours affaire à un suc gastrique pur, la plus mauvaise des méthodes donnerait encore des résultats acceptables. Rappelons-nous que le suc recueilli par la méthode de Pavlow, outre sa pauvreté en matières organiques, ne contient, en dehors de l'acide chlorhydrique, d'autres acides que de petites quantités de phosphates monosodiques. Dans ces conditions, le dosage de l'acidité devient relativement facile. La simple distillation de ce suc dans le vide, faite à basse température, donnera la quantité d'acide chlorhydrique libre. En ce qui concerne l'acide chlorhydrique combiné aux matériaux albuminoïdes et le chlore fixe, on pourrait les déterminer en dosant le chlore du suc gastrique après calcination, tout d'abord en présence d'un excès de soude, puis dans les conditions normales. La première analyse indiquerait le *chlore total;* la seconde le chlore fixe, et, par différence, on aurait le *chlore volatil,* formé d'une part de l'acide chlorhydrique libre qu'on a dosé par distillation, et d'autre part du *chlore organique* qui s'est échappé pendant la calcination. Toute autre méthode fournirait encore des résultats semblables.

Malheureusement, il n'en est pas de même lorsqu'on s'adresse à un suc gastrique impur et surtout à un suc mélangé aux aliments. On voit alors surgir des difficultés insurmontables. Les méthodes colorantes ne donnent plus que des renseignements incertains. Celles qui soumettant le suc gastrique à la calcination s'exposent à des pertes en chlorures. Quant aux autres méthodes, elles sont aussi contrariées dans leur application par un grand nombre de réactions. Faut-il conclure de cela, que, malgré les efforts tentés pour résoudre cette question, nous ne soyons pas encore en mesure de connaître l'acidité du suc gastrique? Nous ne le pensons pas; car, parmi les méthodes que nous avons nommées, nous en trouvons plus d'une dont les erreurs ne dépassent pas un centième d'acide chlorhydrique. Or, s'il est permis de discuter la valeur de ces écarts

lorsqu'on se place sur le terrain de la technique pure, on peut parfaitement ne pas en
tenir compte au point de vue pratique. Si, dans la plupart des recherches qu'on a entreprises sur l'acidité du suc gastrique, on n'avait jamais commis des erreurs d'un ordre
plus élevé que celles-là, la science ne serait pas encombrée de tant de résultats contradictoires.

Disons, pour conclure, que les méthodes qu'on considère comme le plus exactes
pour le dosage de l'acide chlorhydrique dans ses diverses formes, sont :

1° *Pour l'acide chlorhydrique libre :* Les méthodes de Muntz et de Hofmann;

2° *Pour l'acide chlorhydrique total :* Les méthodes chlorimétriques (Hayem et Winter,
Martius et Lüttke etc.) et la méthode de Leo.

Si l'on veut en faire une analyse complète, on est obligé de combiner ces diverses
méthodes.

f) **Rôle de l'acide chlorhydrique dans la digestion**. — On sait que le suc gastrique
doit une partie de ses propriétés actives à la présence de l'acide chlorhydrique. Si l'on
prend deux portions de suc gastrique, l'une telle qu'elle est, l'autre exactement neutralisée, et si on les met toutes deux en contact avec un ou plusieurs cubes d'albumine à la
température de 40° pendant plusieurs heures, on constate, au bout d'un certain temps,
que, tandis que la première portion dissout complètement les matériaux albuminoïdes
qu'elle contenait en suspension, sans qu'à la fin de l'expérience il s'en dégage aucune
odeur désagréable, la seconde se montre totalement inactive et devient le siège des
phénomènes fermentatifs très accentués qui aboutissent à la putréfaction complète du
liquide. Cette simple expérience définit très nettement les deux rôles essentiels que
l'acide chlorhydrique joue dans l'organisme. C'est d'abord *un rôle digestif proprement
dit*, puis un *rôle antiseptique*, ou *antifermentatif.*

f₁) Rôle digestif. — La première de ces deux fonctions est assez complexe. L'acide
chlorhydrique concourt directement et indirectement à la transformation des principes
albuminoïdes. D'une part il forme avec ces substances des combinaisons solubles qui
peuvent, suivant le cas, aller des albumines acides jusqu'aux propeptones et peptones.
D'autre part, il facilite l'action de la pepsine, laquelle n'agit sur les albuminoïdes que
lorsqu'elle se trouve en solution dans un milieu acide.

On connaît depuis longtemps la propriété qu'ont les acides minéraux très étendus de
dissoudre les substances albuminoïdes. Bouchardat a montré que, si l'on plonge un
filament de fibrine dans une solution d'acide chlorhydrique à 1 ou 2 p. 1 000, ce filament
se gonfle et se dissout rapidement. Le même phénomène avait été déjà observé par
Tiedemann et Gmelin en opérant sur l'albumine cuite. Meisner a constaté de plus que, si l'on
neutralise exactement les liqueurs acides provenant du traitement antérieur, l'albumine
dissoute se précipite de nouveau. On a donné le nom général d'*acidalbumine* ou *syntonine* aux produits résultant de cette transformation. Ces substances diffèrent les unes
des autres, suivant les albumines qui leur donnent naissance et suivant aussi les acides
qu'on emploie pour les obtenir.

A côté de l'acide chlorhydrique, l'acide sulfurique, l'acide azotique, et d'autres
acides, peuvent encore produire la même transformation de l'albumine. Ce n'est pas ici
le moment de décrire les caractères chimiques des syntonines (Voir l'article **Albuminoïdes**).
Disons seulement que ces substances précipitent de leurs solutions, par neutralisation,
mais qu'elles s'y dissolvent de nouveau en présence d'un faible excès d'acide ou d'alcali.
Il y a d'ailleurs de très grandes analogies entre les acidalbumines et les alcalialbumines,
car elles dérivent toutes deux d'un dédoublement hydrolytique de la molécule albuminoïde.

Les transformations dont nous venons de parler s'opèrent même à froid; mais, si l'on
chauffe les liqueurs acides qui contiennent les syntonines en solution, il se forme
d'autres produits plus avancés, qui se rapprochent par leur constitution moléculaire des
propeptones et des peptones (Wittich, Wolffhügel, Meissner, Schützenberger et Ch.
Richet). Certains auteurs, entre autres Sansoni, vont même jusqu'à affirmer que l'acide
chlorhydrique étendu peut, en agissant sur les albumines, provoquer à la température
ordinaire la formation des peptones. Quoi qu'il en soit, il est important de signaler
qu'au fur et à mesure que ces produits d'hydratation prennent naissance, l'acidité des
liquides dans lesquels ils sont en solution disparaît peu à peu, probablement parce que

cette acidité est saturée par le radical amidé de la nouvelle molécule protéique mise en liberté (Von Pfungen, Martin et Luttke, Blum et Sansoni). Ces combinaisons sont d'autant plus stables et retiennent d'autant plus d'acide chlorhydrique qu'elles sont des produits plus avancés de l'hydratation de la molécule albumineuse. La peptone de Nencki et de Paal peut être portée à l'ébullition sans perdre la moindre trace de l'acide chlorhydrique qu'elle avait fixé. L'affinité de cette substance pour l'acide chlorhydrique est tellement grande qu'elle est capable de déplacer l'acide des acidalbumines en précipitant ces substances de leur solution.

Tous ces faits nous permettent de comprendre le rôle direct que l'acide chlorhydrique joue dans la digestion stomacale. D'après Martius et Luttke, cet acide se partage de la manière suivante vis-à-vis des matériaux qui forment le contenu stomacal. Une première portion serait saturée immédiatement par les bases minérales ou les sels à réaction alcaline, spécialement les carbonates, apportés par les aliments. Cette portion est nécessairement perdue pour le travail digestif, et nous n'avons aucun intérêt à la connaître. Une seconde portion se combine avec les produits de sécrétion de la muqueuse stomacale elle-même (ferment, mucus, débris épithéliaux) et avec les autres matières organiques provenant aussi de la sécrétion des voies supérieures de l'appareil digestif (salive et mucus). De cette partie, seul l'acide combiné à la pepsine peut être considéré comme utile à la digestion. Le reste est, au même titre que l'acide de la première portion, dépourvu de tout intérêt physiologique. Finalement, une troisième portion, qui est de beaucoup la plus importante, se combine avec les matériaux azotés de l'alimentation en formant des combinaisons plus ou moins stables qui représentent la première phase de la peptonisation de ces matières. La valeur de ces combinaisons au point de vue digestif a été mise en évidence par les expériences de Kossler et de Blum. Ces auteurs ont montré qu'une solution d'acidalbumine, sans excès d'acide chlorhydrique, fournit à 37° par l'action de la pepsine des quantités considérables de peptones. Ce fait a une importance extrême, car il démontre, contrairement à l'opinion admise il n'y a pas bien long-temps, que l'acide chlorhydrique combiné, au lieu de rester inactif pendant la digestion, contribue pour une large part au dédoublement des matériaux albumineux. En ce qui concerne l'acide chlorhydrique *libre*, que l'analyse révèle quelquefois dans le contenu de l'estomac, les auteurs ne sont pas bien fixés sur sa signification physiologique. D'après Martius et Luttke, la présence de cet *acide* indique que l'estomac a rempli surabondamment sa tâche, qui est celle d'assurer la peptonisation des matériaux albuminoïdes; les auteurs pensent qu'il n'y a pas de mécanisme régulateur qui arrête la sécrétion acide des glandes au moment où la saturation des substances protéiques est complète, de sorte que lorsque le repas ne contient pas des quantités énormes de ces substances, une certaine proportion d'acide chlorhydrique se trouve facilement en liberté. En acceptant cette conclusion qui fait de l'acide chlorhydrique libre un superflu de la digestion, on serait peut-être aussi injuste qu'en disant que l'acide chlorhydrique combiné ne facilite pas la transformation des principes albuminoïdes. S'il est vrai qu'une solution d'acidalbumine, n'ayant pas d'acide chlorhydrique en liberté, peut fournir de la peptone sous l'influence de la pepsine, il est certain aussi que cette même solution en fournira davantage en présence d'un excès d'acide chlorhydrique. D'autre part, il ne faudrait pas oublier qu'au fur et à mesure que l'albumine se dédouble, les produits de ce dédoublement fixent de nouvelles quantités d'acide chlorhydrique. Il est donc probable que l'excès d'acide qui existe parfois au commencement de la digestion et qu'on tend à considérer comme une quantité négligeable, deviendra au cours de la peptonisation un élément important. Nous verrons plus tard, en faisant l'étude de la pepsine, que l'activité de ce ferment décroît à mesure que la digestion avance, entre autres causes, par suite de la disparition de l'acide chlorhydrique.

En dehors de ces raisons, il y en a d'autres qui démontrent l'importance physiologique de l'acide chlorhydrique libre. Le pouvoir bactéricide d'un suc gastrique est d'autant plus intense qu'il contient plus d'acide chlorhydrique en solution. C'est ainsi que le suc gastrique naturel, dont la totalité de l'acide se trouve combinée aux albumines, entre en putréfaction beaucoup plus vite qu'un suc gastrique artificiel de même acidité, mais dont la plupart de l'acide est à l'état de liberté.

La question qui se pose maintenant est celle de savoir si les combinaisons que cet acide forme avec les matières albuminoïdes suffisent aux besoins de la nutrition. Étant donné le court séjour que les aliments font dans l'estomac, nous pensons que, si le suc gastrique ne contenait pas de la pepsine, la transformation des principes albuminoïdes par l'acide chlorhydrique seul s'arrêterait aux syntonines. Il est vrai que certains auteurs prétendent, avec Neumeister, que les albumines solubles peuvent être absorbées et assimilées aussi facilement que les peptones ; mais, en attendant que ce point soit éclairé, nous continuerons à considérer le rôle direct de l'acide chlorhydrique dans la digestion des albumines, comme beaucoup moins important que sa combinaison avec la pepsine. Pour le moment, nous voudrions porter notre attention sur le second des rôles de l'acide chlorhydrique, c'est-à-dire sur son rôle *antiseptique*.

f₂) Rôle antiseptique. — C'est à l'abbé Spallanzani que revient la découverte des propriétés antiseptiques du suc gastrique (1798). Cet auteur avait remarqué, dans ses expériences de digestion artificielle, que non seulement le suc gastrique empêche la putréfaction des aliments de se produire, mais qu'il l'arrête quand elle a déjà commencé. Il restait cependant à déterminer l'élément du suc gastrique qui intervenait dans cette action. Albertoni (1877) fit voir qu'en chauffant le suc gastrique à 100° pour détruire l'activité de la pepsine, ce liquide conserve ses propriétés antiseptiques, tandis que, si on le neutralise à l'aide du carbonate de soude, il entre vite en putréfaction. D'autres expériences faites dans le même sens démontrent que l'acide chlorhydrique est le seul agent antiseptique du suc gastrique, et que la pepsine ne joue aucun rôle dans cette fonction. Sieber et Miquel se sont attachés à déterminer la proportion d'acide chlorhydrique nécessaire pour empêcher la putréfaction de la viande et du bouillon de culture. Ils sont arrivés à ce résultat qu'il faut au moins 0^{gr},2 à 0^{gr},3 p. 1 000 d'acide chlorhydrique pour ralentir le développement des microbes de la putréfaction.

On a aussi étudié l'action du suc gastrique et de l'acide chlorhydrique étendu sur les microbes pathogènes. Falk et Frank ont observé que, tandis que le bacille de la tuberculose offre une grande résistance à l'action du suc gastrique, le *Bacillus anthracis* est rapidement détruit. Seules les spores de cette dernière bactérie semblent échapper à cette destruction. Strauss et Würtz ont vu, en reprenant ces expériences, que même les cultures du bacille de la tuberculose perdent complètement leur virulence, lorsqu'on les met en contact pendant dix-huit à trente heures avec le suc gastrique. Quant au bacille d'Eberth, il meurt au bout de deux à trois heures. Les effets les plus nets ont été cependant obtenus avec le bacille du choléra, lequel est tué facilement par l'acide chlorhydrique très dilué. C'est ainsi qu'on explique la difficulté qu'on éprouve à infecter les animaux du choléra, en introduisant les cultures de son microbe dans l'estomac.

D'après Cohn, il suffit que le suc gastrique contienne quelques traces d'acide chlorhydrique libre, pour qu'il arrête immédiatement les fermentations lactique et acétique. Par contre, l'acide chlorhydrique combiné aux matériaux albuminoïdes se montre complètement inactif. Cohn interprète ces différences en disant que l'acide chlorhydrique libre décompose les phosphates alcalins du suc gastrique qui sont indispensables à l'alimentation de ces bactéries. En tout cas, il est hors de doute que la fermentation lactique existe normalement dans l'estomac, surtout dans les premières phases de la digestion. D'autres fermentations, telles que les fermentations alcoolique, acétique, butyrique et formique peuvent aussi avoir lieu dans l'estomac, mais il faut avouer qu'elles atteignent leur maximum d'intensité lorsque l'acidité du suc gastrique diminue par suite de quelque maladie. Dans ses expériences sur l'inanition chlorée, Kahn a fréquemment trouvé dans l'estomac des animaux de la viande en putréfaction.

Certains auteurs affirment même que l'acide du suc gastrique exerce une influence très marquée sur le développement des putréfactions intestinales. D'après Kast, qui a été un des premiers à signaler ce phénomène, la proportion des acides sulfo-conjugués de l'urine augmente considérablement lorsqu'on neutralise le suc gastrique. Von Noerden a critiqué cette opinion, tandis que d'autres l'ont soutenue. Tout récemment Schmitz a prouvé par des expériences très bien conduites qu'on peut augmenter la quantité d'acide chlorhydrique du suc gastrique du chien, sans introduire de variations sensibles dans l'élimination des acides sulfo-conjugués de l'urine. Mais il ajoute que cela tient à ce que le suc du chien est normalement très acide. Or, si l'on fait la même expérience sur l'homme, on constate une diminution des processus fermentatifs. Schmitz est en somme d'accord avec Kast, Stadelmann, Wasbutzki, Biernacki et Meister pour confirmer le rôle antiseptique de l'acide chlorhydrique dans la digestion intestinale.

En ce qui concerne les fermentations solubles, il est indéniable que quelques-unes d'entre elles sont complètement arrêtées en présence de l'acide chlorhydrique libre. On a beaucoup discuté l'influence de cet acide sur la ptyaline ou diastase salivaire. D'aucuns ont prétendu que la salive continuait à agir sur l'amidon dans la cavité de l'estomac, tandis que d'autres, au contraire, ont nié cette action. Rummo et Ferranini ont fait voir que, si l'on fait agir l'acide chlorhydrique directement sur la ptyaline à la dose de $0^{gr},1$ p. 1 000, cette substance perd ses propriétés fermentatives. Il n'en est pas de même, lorsqu'on additionne l'acide chlorhydrique aux liquides qui sont en train de fermenter. Les effets sont alors beaucoup moins nets, et on voit même, en employant des doses relativement fortes, $0^{gr},25$ p. 1 000 à 3,5 p. 1 000 que la fermentation amylolytique continue à se développer. Cette question a été définitivement tranchée par les expériences récentes de Godart-Danhieux. Cet auteur a montré que, tandis que l'acide chlorhydrique libre paralyse complètement l'action de la ptyaline à la dose de $0^{gr},15$ p. 1 000, ce même acide combiné aux matériaux albuminoïdes est impuissant à arrêter la production de l'achro-dextrine et de l'érythro-dextrine, même à la dose de 5 p. 1 000. On peut donc dire que la digestion des amylacés par la salive se poursuit sans grande difficulté dans l'estomac.

L'action antizymotique de l'acide chlorhydrique peut aussi se porter sur d'autres ferments du tube digestif. La pepsine elle-même, qui doit, pour agir sur les albuminoïdes, être en solution acide, est très gênée dans son action en présence d'un grand excès d'acide chlorhydrique. Mais, parmi les ferments sur lesquels l'acide chlorhydrique exercerait une influence néfaste, si elle n'était compensée par la richesse alcaline des sécrétions de l'intestin, nous trouvons les ferments pancréatique et intestinal, qui, ne peuvent accomplir leurs opérations chimiques que dans un milieu alcalin ou neutre, ou tout au plus légèrement acide.

Voilà donc un grand nombre de faits qui démontrent incontestablement le pouvoir antiseptique et antifermentatif de l'acide du suc gastrique. Il ne faudrait pas croire cependant, à l'exemple de Bunge et d'autres auteurs, que la principale raison d'être de la sécrétion chlorhydrique soit sa fonction antiseptique. Comme l'a fait justement observer Ch. Richet, le suc gastrique ne se conserve pas indéfiniment lorsqu'on le retire de l'organisme. Abandonné à lui-même, il fermente et devient beaucoup plus acide qu'il ne l'était au moment de son extraction. Ces phénomènes sont d'autant plus accentués que le suc gastrique est plus impur et que la température est plus élevée. Tous les expérimentateurs qui se sont servis du suc gastrique naturel pour faire des digestions artificielles, se sont assurément aperçus de la facilité avec laquelle ces liquides deviennent le siège de la putréfaction. La vérité est que l'acide chlorhydrique libre ne peut être comparé dans ses effets à l'acide du suc gastrique qui se trouve en grande partie combiné aux matériaux albuminoïdes. Il est bien probable que si, au lieu de faire les expériences dont nous avons parlé avec l'acide chlorhydrique en solution ou avec le suc gastrique plus ou moins pur, on les avait faites avec le contenu stomacal, où tout l'acide chlorhydrique est en général à l'état de combinaison, on aurait constaté que la fonction antiseptique et antifermentescible du suc gastrique n'est pas aussi importante qu'on a bien voulu le croire. En tout cas, il y a deux faits, dont la valeur ne saurait être contestée par personne, qui démontrent : 1° qu'un grand nombre d'êtres inférieurs peuvent vivre et se développer dans la cavité de l'estomac; 2° que les animaux privés de cet organe se défendent tout aussi bien contre certaines infections qui peuvent pénétrer par la voie digestive, que les animaux normaux.

Pachon et moi nous avons fourni la preuve directe de cette assertion en faisant avaler à un chien, auquel nous avions extirpé l'estomac, 500 grammes de viande pourrie tous les jours pendant une semaine. Cette expérience, nous l'avons faite à l'instigation de l'idée formulée par Bunge dans son *Traité de Chimie biologique*, à savoir que, pour juger de l'importance des fonctions gastriques au point de vue antiseptique, il fallait injecter de la viande corrompue à des chiens privés d'estomac. Or tout ce que nous pouvons dire à ce propos, c'est qu'à aucun moment notre animal n'a présenté le moindre signe d'indisposition, et qu'il supportait la viande pourrie aussi bien que son repas ordinaire formé d'une soupe de pain et de viande. Nous pouvons donc affirmer que, quelle que soit la valeur des fonctions antiseptiques du suc gastrique, sa fonction digestive est à coup sûr beaucoup plus importante.

D'après les recherches de PAVLOW et de ses élèves, l'acide chlorhydrique jouerait encore le rôle d'exciter par voie réflexe, en pénétrant dans l'intestin, l'activité de la glande pancréatique. Ces auteurs ont vu, en injectant directement dans le duodénum 250 centimètres cubes d'une solution d'acide chlorhydrique à 1 ou 2 p. 1000, que le pancréas sécrète alors un liquide abondant, jouissant de toutes les propriétés d'un suc actif.

L'acide chlorhydrique aurait donc trois fonctions différentes dans l'organisme : 1° une fonction digestive ; 2° une fonction antiseptique, et 3° une fonction excito-sécrétoire de la glande pancréatique. Nous croyons que la première de ces fonctions domine toutes les autres, car non seulement l'acide chlorhydrique intervient directement dans la digestion stomacale, en transformant les principes protéiques en syntonines, mais il pousse plus loin cette transformation en aidant l'activité de la pepsine.

β) **Ferments du suc gastrique. — A) Pepsine. —** a) **Découvertes et méthodes d'obtention de la pepsine. —** En 1838, SCHWANN démontra qu'on pouvait retirer de l'extrait aqueux de la muqueuse de l'estomac un principe actif auquel il donna le nom de pepsine (πέψις, coction ou digestion). Pour cela, il traitait l'extrait de cette muqueuse par l'acétate de plomb, reprenait le précipité formé par l'eau, puis le décomposait par un courant d'hydrogène sulfuré. De cette façon, le plomb était précipité, et il ne restait plus en solution qu'une substance amorphe qu'on pouvait mettre en évidence en évaporant le liquide dans le vide. Ce résidu, repris par l'eau, se montrait tout aussi actif vis-à-vis des albumines que le suc gastrique lui-même. Quelques années plus tard, WASSMANN et PAPENHEIM réussirent à préparer de la pepsine plus pure en précipitant par l'alcool la solution obtenue précédemment par SCHWANN. WITTICH conseilla dans ce même but de faire macérer la muqueuse stomacale dans la glycérine, puis de traiter l'extrait glycérique par l'alcool absolu. On sait que tous les ferments ont la propriété de se dissoudre dans la glycérine et qu'ils précipitent de cette solution par l'alcool absolu. Le procédé de WITTICH offre cet avantage que la glycérine dissout les ferments, même lorsqu'ils sont encore dans les cellules glandulaires, et cela sans dissoudre les principes albuminoïdes. Toutefois, jusqu'aux recherches de BRÜCKE, on ne fut pas en possession d'une méthode permettant d'obtenir de la pepsine véritablement active. Cet auteur avait remarqué que lorsqu'on produit un précipité dans un liquide contenant de la pepsine, ce liquide perd ses propriétés peptiques. Il en est de même si on l'agite avec une poudre inerte, telle que la poudre de charbon, d'émeri, de brique, etc. La pepsine adhère aux particules insolubles, et elle peut être entraînée par simple filtration. En partant de ces deux faits, BRÜCKE institua le procédé suivant pour obtenir l'isolement de la pepsine : la muqueuse de l'estomac d'un porc, bien lavé, est mise à digérer dans l'acide phosphorique étendu, à la température de 38°, jusqu'à ce que le liquide de digestion ne contienne plus de traces d'albumine (réaction de l'acide acétique et du ferrocyanure de potassium). Ce liquide est ensuite neutralisé par l'eau de chaux, aussi exactement que possible. On filtre, et on dissout le précipité (formé de phosphate tricalcique) dans une solution étendue d'acide chlorhydrique. Finalement la liqueur acidulée est traitée par une solution alcoolo-éthérée de cholestérine (4 parties d'alcool et 1 d'éther). La cholestérine se précipite en formant une masse blanchâtre bourbeuse, qui gagne la surface du liquide en entraînant avec elle le principe digestif. On agite le mélange pour faire adhérer plus intimement encore la pepsine au précipité, et l'on filtre. Le filtre est lavé, d'abord avec de l'eau contenant un peu d'acide acétique, puis avec de l'eau distillée. On lave jusqu'à ce que les eaux de lavage ne contiennent plus d'acide chlorhydrique. La cholestérine encore humide qui reste sur le filtre, et à laquelle adhère la pepsine, est transvasée dans un flacon contenant de l'éther pur. On obtient ainsi une solution qui présente deux couches : une supérieure, éthérée, contenant la cholestérine, et une autre, inférieure, aqueuse, qui renferme le principe actif. Avant de décanter la liqueur éthérée, on agite à plusieurs reprises, afin de bien entraîner les dernières traces de cholestérine. Pour bien faire, il faut épuiser la solution plus d'une fois par l'éther. Enfin, après avoir décanté l'éther, il ne reste au fond du flacon qu'un liquide légèrement trouble, qui devient limpide par simple filtration. Ce liquide, convenablement acidifié, possède une action énergique sur les matières albuminoïdes. BRÜCKE a vu qu'il peut digérer des quantités énormes de fibrine; mais ce qu'il y a de vraiment remarquable, c'est que ce liquide, qui offre au plus haut degré les propriétés de la pepsine, ne présente plus un grand nombre de réactions, qui sont caractéristiques des principes albuminoïdes. C'est ainsi qu'il n'est plus précipitable, ni par le sublimé, ni par le tanin, ni par l'acide nitrique.

Un autre caractère, qui permet de séparer la pepsine des liquides dans lesquels elle se trouve en solution, est sa faible diffusibilité. Cette propriété a permis à quelques auteurs de préparer de la pepsine très pure. Maly est arrivé, en soumettant à la dialyse a liqueur acidulée de Brücke, à obtenir un liquide, qui, quoique très pauvre en matières fixes (0gr,0005 p. 1 000), se montre particulièrement actif. Sündberg aussi emploie la dialyse dans ce même but; mais son procédé est un peu différent de celui de Brücke et de Maly. Il broie la muqueuse stomacale avec du sel marin, et, lorsque la trituration est complète, il additionne le mélange d'une quantité d'eau suffisante à dissoudre le sel. Cette bouillie est ensuite mise à macérer pendant deux ou trois jours, puis jetée sur un filtre. La liqueur filtrée est débarrassée du sel qu'elle contient par la dialyse, faite en présence de l'eau acidulée. Le liquide qui reste dans le dialyseur est comme celui qu'on obtient par le procédé de Maly, d'une grande puissance protéolytique, et excessivement pauvre en albumine. Si on veut le purifier encore, Sündberg conseille de l'additionner d'un mélange de phosphate disodique et de chlorure de calcium et de le neutraliser par l'ammoniaque étendue. Il se forme alors un précipité qu'on sépare par filtration. Ce précipité, lavé d'abord à l'eau, est dissous dans l'acide chlorhydrique étendu, puis soumis à la dialyse, jusqu'à la disparition complète des sels qu'il renferme. Le liquide ainsi obtenu ne contient pas des traces d'albumine. Tout au moins, Sündberg affirme qu'il ne précipite plus par aucun des réactifs des principes albuminoïdes (tanin, sublimé, iode, chlorure de platine, acétate et sous-acétate de plomb). Seul l'alcool absolu jouit du pouvoir de le troubler en y donnant un précipité louche, composé d'une série de flocons, qui, soumis à la calcination, dégagent une odeur de corne brûlée.

A. Gautier a proposé une autre méthode. Les raclures de la muqueuse stomacale, lavées à l'eau fraîche, sont mises à digérer avec 5 fois leur volume d'eau acidulée de 1gr,5 p. 100 d'acide acétique, en présence d'une trace d'acide cyanhydrique, et en agitant de temps à autre. Après vingt-quatre heures, on exprime dans un linge, on neutralise presque la liqueur, on la filtre et on la concentre dans le cinquième dans le vide à 40°. On a précipité alors par une grande quantité d'alcool à 95°. On redissout le précipité dans l'eau, on filtre, et le liquide, neutralisé par de la craie en excès, est, sans filtration préalable, additionné de sublimé. Quand il ne se fait plus de flocons sensibles, et que le louche ne paraît plus augmenter, on filtre, on élimine l'excès de mercure par l'hydrogène sulfuré, on filtre de nouveau, et, sans se préoccuper de la limpidité plus ou moins parfaite du liquide, on l'évapore entre 35° et 40° dans un courant d'acide carbonique; on reprend le résidu sec par l'alcool fort qui enlève de l'acide chlorhydrique et diverses impuretés, puis le résidu, dissous dans l'eau, est débarrassé de la chaux à l'aide d'une quantité suffisante d'acide oxalique étendu. On filtre, on soumet pendant deux jours à la dialyse, puis on concentre dans le vide, et on précipite par l'alcool absolu qui donne la pepsine pure. Toutes ces opérations doivent se faire dans un courant d'acide carbonique.

Le procédé de Kühne et Chittenden, qui est à l'heure actuelle l'un des plus employés, se fonde sur une série de précipitations successives des liquides de digestion de la muqueuse stomacale, par le sulfate d'ammoniaque. On hache finement la muqueuse d'un estomac de porc et on la met à digérer à l'étuve, dans une solution étendue d'acide chlorhydrique. Au bout de plusieurs jours, lorsqu'on constate que le liquide ne contient plus d'albumoses, et que la digestion devient traînante, par suite de l'accumulation des produits digestifs, on sature le liquide de sulfate d'ammoniaque. Le précipité d'albumose qui se produit et qui entraîne avec lui la pepsine est exprimé et soumis à une nouvelle digestion avec de l'acide chlorhydrique étendu.

Cette opération est renouvelée jusqu'à ce que toutes les albumoses aient été transformées en peptone. A ce moment, le sulfate d'ammoniaque ne précipite plus que la pepsine. On reprend le précipité par l'eau, et on le débarrasse des sels qu'il contient par une dialyse prolongée. En traitant ensuite le liquide du dialyseur par quatre ou cinq fois son volume d'alcool absolu, on obtient un précipité floconneux qui serait, d'après Kühne et Chittenden, de la pepsine pure. Ajoutons qu'il est alors d'une grande importance d'éliminer l'alcool le plus rapidement possible.

Mme Schoumow-Simanowsky a observé, en refroidissant le suc gastrique pur, que ce liquide abandonne un dépôt laiteux, qu'elle considère comme une pepsine chlorhydrique. Par ces divers procédés, on arrive à obtenir des produits extrêmement actifs, mais il reste à savoir si ces produits sont véritablement de la pepsine pure.

b) **Nature de la pepsine.** — Le fait qu'au fur et à mesure qu'on perfectionne les méthodes d'analyse du suc gastrique, les produits obtenus diminuent de quantité et que leur composition devient de moins en moins complexe, nous fait penser que les notions qu'on a jusqu'ici sur la constitution chimique de la pepsine ne peuvent être considérées comme exactes. Lorsque Schwann réussit à isoler du suc gastrique artificiel le principe actif auquel il donna le nom de pepsine, la plupart des auteurs admirent que cette substance faisait partie du groupe des albuminoïdes. Schwann avait vu en effet que cette pepsine précipitait de ses solutions par l'alcool, le tanin et les sels métalliques, et que, si on la chauffait avec la potasse ou l'acide nitrique, elle réagissait comme les autres matières protéiques. L'analyse de cette pepsine montra d'autre part que sa constitution était sensiblement la même que celle des principes albuminoïdes. C'est ainsi que Schmidt trouva les chiffres suivants, chiffres qu'il est intéressant de comparer à ceux qui ont été donnés par Grübler pour l'albumine cristallisée.

	PEPSINE PAR SCHMIDT.	ALBUMINE PAR GRÜBLER.
Carbone.	53,0	52,98
Hydrogène.	6,7	7,25
Azote.	17,8	18,99
Oxygène.	22,5	19,81

Comme on le voit, la ressemblance entre ces deux corps ne peut être plus frappante; seulement, ainsi que Brücke le démontra plus tard, la pepsine de Schwann était un produit très impur qui contenait encore des quantités appréciables d'albumine. En opérant comme Brücke l'a conseillé, la pepsine ne présente plus les réactions des albuminoïdes. Elle est encore précipitable par le chlorure de platine et les acétates de plomb, neutre et basique, mais elle peut même perdre ces caractères, si, à force de précaution, on arrive à la débarrasser le plus possible des produits impurs qui la souillent (Sündberg). En présence de ces faits, il nous semble peu probable que la pepsine soit une substance albuminoïde. Toutefois, Mme Schoumow-Simanowski prétend que le dépôt abandonné par le suc gastrique pur à la température de 0°, et qui, d'après cet auteur, ne serait autre chose que la pepsine pure, se comporte vis-à-vis des divers réactifs exactement de même que l'albumine. Entre autres caractères, cette substance présenterait celui de se coaguler à 60°. Si on la soumet à l'analyse, on trouve que sa constitution chimique se rapproche singulièrement de celle des albuminoïdes, avec cette seule différence que la molécule de pepsine renferme toujours une certaine quantité de chlore.

	PEPSINE OBTENUE PAR L'ACTION du froid.	PEPSINE OBTENUE PAR LE SULFATE d'ammoniaque.
	p. 100.	p. 100.
Carbone.	50,71	50,37
Hydrogène	7,17	6,88
Chlore	1,16 et 1,06	0,89 et 0,89
Soufre	0,98	1,35 et 1,24
Azote.	14,55 et 15,0	

Mme Schoumow-Simanowski a constaté de plus que la pepsine obtenue par le sulfate d'ammoniaque présente sensiblement les mêmes caractères que la pepsine extraite par le refroidissement. Voici d'ailleurs quelques chiffres sur l'analyse de ces deux pepsines.

PEKELHARING s'associe complètement aux idées de Mme SCHOUMOW-SIMANOWSKI et pense comme cet auteur que la pepsine est une substance albuminoïde. D'après lui, le suc gastrique artificiel, de même que les solutions de pepsine industrielle, abandonnent, lorsqu'on les soumet à une dialyse prolongée (vingt-quatre heures) en présence de l'eau, un précipité qui reste au fond du dialyseur et qui jouit de tous les caractères chimiques de la pepsine. Si l'on fait l'analyse de ce précipité après l'avoir débarrassé des produits impurs, en le reprenant par l'acide chlorhydrique étendu et en le soumettant de nouveau à la dialyse, on trouve qu'il est essentiellement constitué par une substance albuminoïde phosphorée qui ressemble beaucoup aux nucléines.

PEKELHARING a fait de plus observer que, si les liqueurs peptiques de BRÜCKE ne présentent pas les réactions communes des albuminoïdes, c'est parce que la pepsine y est en petite quantité.

Il y a donc une contradiction manifeste entre les expériences de Mme SCHOUMOW-SIMANOWSKI et de PEKELHARING et celles de BRÜCKE et de SÜNDBERG. Mais, si l'on tient compte de ce fait que les liqueurs peptiques préparées par ces derniers auteurs, tout en conservant une grande puissance protéolytique, ne présentent plus les réactions des albumines, on est forcé de conclure que la pepsine de Mme SCHOUMOW, de même que celle de PEKELHARING, est une substance impure, mélangée certainement à des principes albuminoïdes. Rappelons que les solutions peptiques de BRÜCKE et de SÜNDBERG ne précipitent pas par l'acide tannique, alors que ce réactif est capable de déceler la présence de 1 p. 100 000 d'albumine.

La plupart des auteurs admettent cependant que la pepsine est une substance azotée. SÜNDBERG, lui-même, affirme avoir trouvé dans l'analyse du précipité que l'on obtient en traitant par l'alcool la liqueur peptique, exempte d'albumine, une certaine quantité d'azote, mais il n'a pas pu en fixer les proportions. L'hypothèse de SCHIFF, qui fait de cette substance un produit de transformation de la dextrine, ne repose sur aucun fondement.

En résumé, dans l'état actuel de nos connaissances, nous ne pouvons pas nous prononcer sur la nature de la pepsine.

Ajoutons que, s'il fallait en croire certaines vues théoriques, la pepsine, de même que les autres ferments, n'aurait pas d'existence matérielle et serait exclusivement une nouvelle forme de l'énergie (??).

c) **Propriétés générales de la pepsine.** — Malgré l'ignorance dans laquelle nous sommes sur la nature de la pepsine, nous avons le moyen de connaître les caractères essentiels de cette substance, en étudiant les propriétés générales des liquides peptiques, ou des autres produits plus ou moins impurs que l'on retire de la muqueuse de l'estomac, et qui jouissent de la même fonction chimique que la pepsine. Cette fonction consiste à transformer les matières albuminoïdes en peptones. Le principe qui produit cette transformation se présente, dans son plus grand état de pureté, sous la forme d'une poudre blanchâtre qui ressemble beaucoup au blanc d'œuf desséché ; elle est parfaitement soluble dans l'eau, incoagulable par la chaleur, et peu diffusible.

La diffusibilité de la pepsine a donné lieu à beaucoup de controverses. Tandis que WITTICH affirme que la pepsine dialyse parfaitement lorsque le liquide extérieur au dialyseur n'est pas de l'eau pure, mais de l'acide chlorhydrique étendu, HAMMARSTEN, WOLLFHUGEL, PASCHUTIN, HOPPE-SEYLER et WROBLEWSKI soutiennent l'opinion contraire. Il semble cependant, d'après les recherches récentes de CHODSCHAJEW, que la pepsine, de même que les autres ferments, peut, dans des conditions favorables, traverser le parchemin du dialyseur. Cette dialyse est toujours très faible, mais elle augmente un peu avec le temps et n'est pas arrêtée par la présence des matières colloïdales mélangées.

La pepsine est entraînée de ses solutions par les précipités qui se forment dans le sein de ces liquides. Tandis que le suc gastrique naturel ou les solutions artificielles de pepsine perdent toute propriété protéolytique lorsqu'elles ont été chauffées à 60° ou 70°, la pepsine précipitée ou les poudres retirées des extraits de l'estomac, résistent, si elles ont été bien desséchées, à la température de 100° à 120°, sans se détruire (SALKOWSKI). Lorsque les liqueurs peptiques sont faiblement acides, contiennent très peu de sels et sont pauvres en peptones, c'est-à-dire, lorsqu'elles sont relativement pures, elles se détruisent rapidement à la température de 60°. Dans le cas contraire, spécialement si elles contiennent une grande quantité de peptone, il faut les porter à 70° pour les rendre complètement inactives. BIERNACKI a observé que les solutions de pepsine impure conservent pendant longtemps leurs propriétés peptiques à la température de 60°.

Le refroidissement diminue l'activité de la pepsine, et, dans certaines limites, arrive à la supprimer. Toutefois la pepsine des animaux à sang froid peut continuer à agir à la température de 0°. Au-dessous de cette limite, cette substance est complètement paralysée, mais, d'après les recherches de BLONDLOT et celles, plus récentes, de Mme SCHOUMOW-SIMANOWSKI, on peut congeler le suc gastrique sans lui faire perdre son pouvoir protéolytique.

La température la plus favorable à l'activité de la pepsine oscillerait entre 35° et 50°, d'après WITTICH, et entre 50° et 60° d'après KLUG ; mais il n'y a là rien d'absolu, car toutes les liqueurs peptiques ne se comportent pas de la même façon vis-à-vis de la température.

Comme tous les autres ferments, la pepsine est soluble dans la glycérine et précipitable de ses solutions par l'alcool absolu. Les flocons qui forment ce précipité, redissous dans de l'eau acidulée, fournissent de nouveau une liqueur active, mais, si on les laisse pendant longtemps séjourner dans l'alcool, ils deviennent insolubles dans l'eau acidulée et ne communiquent plus à ce liquide aucune propriété protéolytique. L'acidité du milieu est une condition essentielle à l'activité de la pepsine. C'est là un des caractères qui permet de distinguer facilement la pepsine des autres ferments protéolytiques. Lorsqu'on neutralise exactement les solutions peptiques, elles deviennent inactives ; mais la pepsine semble se conserver longtemps dans ces solutions neutres, car il suffit de les aciduler pour leur rendre de nouveau leurs propriétés actives. Les alcalis caustiques et leurs carbonates suppriment rapidement le pouvoir digestif de la pepsine. LANGLEY a vu que le suc gastrique ou les solutions de pepsine contenant 5 à 10 p. 1 000 de carbonate de soude, n'attaquent plus les principes albuminoïdes. D'après cet auteur, la pepsine elle-même serait détruite en peu de temps par l'action du carbonate de soude. Contrairement à cette opinion, HERZEN soutient que les alcalis ne détruisent pas définitivement la pepsine ; car, dit-il, pour rendre aux sucs gastriques alcalinisés leur propriété primitive, il ne suffit pas de les aciduler, il faut auparavant les faire traverser par un courant de gaz carbonique. D'après CHANDELON, les solutions de pepsine rendues inactives par le carbonate de sodium recouvrent leurs propriétés protéolytiques en présence de l'eau oxygénée. L'oxygène libre ne produit pas le même résultat.

Enfin la pepsine ne paraît pas putrescible, quoiqu'elle s'altère en solution dans l'eau au bout de quelques jours. D'autre part, elle ne s'oppose nullement à la putréfaction, ainsi que ALBERTONI et COHN l'ont constaté.

d) **Diverses variétés de pepsine.** — En laissant de côté les pepsines d'origine *végétale* et *microbienne*, dont la fonction chimique nous est beaucoup moins connue (voy. l'article **Digestion**), nous trouvons parmi les *pepsines animales* des différences telles au point de vue de leur activité que tout porte à croire que ces pepsines constituent, sinon des espèces chimiques différentes, tout au moins des états moléculaires différents d'une même enzyme. En effet, la pepsine des animaux à sang froid se comporte tout autrement que la pepsine des animaux à sang chaud. KLUG et WROBLEWSKI ont signalé des différences du même ordre entre les pepsines des divers mammifères. Mais ce qui est tout à fait curieux, c'est que la muqueuse gastrique d'un même animal peut renfermer plusieurs espèces de pepsine. En général, on n'en distingue que deux : la *propepsine*, substance inactive et insoluble qui se transforme rapidement en pepsine active, et la *pepsine ordinaire*, qu'on retrouve constamment dans le suc gastrique naturel. EDKINS et LANGLEY sont arrivés à séparer ces deux substances en mettant à profit la destruction rapide de la pepsine par les solutions de carbonate de sodium à 0,5 p. 100, lesquelles n'attaquent que très lentement la propepsine. Les muqueuses gastriques froides contiendraient, d'après PODWYSSOTZKI, plusieurs formes transitoires de propepsine : propepsine α, insoluble dans la glycérine, et propepsine β, soluble, et quelques traces seulement de pepsine active ; mais, lorsqu'on abandonne ces muqueuses au contact de l'air humide, ou mieux encore, au contact de l'oxygène saturé de vapeur d'eau, pendant vingt-quatre heures, on y trouve des quantités considérables de pepsine.

On doit à A. GAUTIER une méthode complète pour isoler ces diverses espèces de pepsine. Des raclures d'estomac de porc sont mises à digérer à la température de 0°, pendant vingt-quatre heures, avec de l'eau contenant $\frac{2}{1\,000}$ d'acide sulfurique. Les liqueurs acidulées sont décantées, et, sans filtrer, agitées avec du carbonate de baryte pour enlever tout l'acide sulfurique ajouté, enfin dialysées pour séparer en partie les peptones et les sels. La liqueur A qui contient les ferments dont nous allons parler est louche et ne peut être clarifiée par filtration sur le papier. Elle tient en suspension 1 à 2 p. 1 000 d'une substance formée de corpuscules très petits de 1,5 à 2 μ de diamètre, irrégulièrement arrondis, très réfringents. On les sépare au moyen du filtre de biscuit de porcelaine sur lequel ils s'arrêtent. C'est ce ferment que A. GAUTIER appelle la *pepsine insoluble* et qui représente la *propepsine* ou *pepsinogène* des Allemands. Ce corps, traité par l'eau distillée, fournit d'une façon presque indéfinie des liqueurs exemptes d'albuminoïdes, très pauvres en matières organiques, aptes à peptoniser la fibrine, sinon complètement au moins partiellement. Le pouvoir de cette *pepsine presque insoluble* ou pepsinogène est détruit à 56°. Elle peut rester quelque temps en présence d'une solution de carbonate de sodium à $\frac{2}{1\,000}$ sans s'altérer sensiblement.

La liqueur claire séparée du ferment insoluble précédent, grâce au filtre de porcelaine, contient encore deux autres ferments peptiques *solubles*, que A. GAUTIER a séparés en y laissant séjourner des floches de soie grège, préalablement lavées à l'acide chlorhydrique à 1 pour 100, puis bien rincées à l'eau courante. Cette soie s'empare d'une pepsine qui vient adhérer à sa surface et que l'eau pure ne peut plus enlever, mais qu'on extrait en les laissant séjourner dans l'acide chlorhydrique étendu de 200 volumes d'eau. *Ce ferment peptonise partiellement, mais jamais complètement, la fibrine de bœuf*, quel que soit le temps de contact et la quantité. C'est une *pepsine* imparfaite, à laquelle GAUTIER a donné le nom de *propepsine*, parce qu'elle ne produit que des propeptones ou albumoses.

La liqueur résiduelle d'où la propepsine a été extraite contient encore une troisième zymase que la soie n'est plus apte à enlever à la liqueur et qui jouit du pouvoir digestif complet. C'est la *pepsine soluble complète*, la pepsine ordinaire qui se trouve dans le suc gastrique, à côté de deux autres ferments.

Un autre procédé indiqué par ce même auteur pour obtenir la *pepsine insoluble* ou *pepsinogène*, consiste à faire digérer vingt-quatre heures à 35° de la raclure de l'estomac de porc avec de l'acide chlorhydrique à $\frac{2}{1\,000}$. Dans ces conditions, tout se dissout à l'exception de quelques épithéliums, de la pepsine insoluble et d'un peu de nucléine. On lave, et on traite par de l'acide chlorhydrique à 1 p. 100, mêlé de 1 p. 100 de sel marin, liquide, qui, par digestion à 40°, dissout la pepsine insoluble qu'on peut précipiter ensuite par l'alcool.

En ce qui concerne cette pepsine insoluble, CHANDELON a observé aussi qu'une solution chlorhydrique de pepsine, additionnée de fibrine par portions successives jusqu'à ce qu'elle ne puisse plus en dissoudre, donne par filtration un liquide trouble qui, additionné d'acide chlorhydrique à 2 p. 1 000, redevient apte à digérer la fibrine. Si, au lieu de filtrer sur le papier, on se sert d'argile, la liqueur est limpide, et l'addition d'acide chlorhydrique ne lui confère plus la propriété de dissoudre la fibrine. Sur le filtre on trouve des particules insolubles dans l'eau et dans la glycérine que l'acide chlorhydrique à 2 p. 1 000 dissout en donnant une solution douée de propriétés digestives.

Ajoutons encore que, d'après FINKLER, la pepsine sèche, chauffée entre 40° et 70°, s'altère et se transforme en une matière qu'il nomme *isopepsine*, dont l'action, en solution acide, sur les principes albuminoïdes s'arrête à la phase de la parapeptone de MEISSNER. Mais il faut dire que ces résultats ont été contestés par SALKOWSKI.

c) **Fonction chimique de la pepsine.** — Les solutions acides de pepsine transforment les principes albuminoïdes en une série de corps dont le terme le plus avancé est la peptone. Ces corps se distinguent des matériaux dont ils dérivent par un certain nombre de propriétés physiques et chimiques. Ils sont plus solubles et plus diffusibles que l'albumine et ne précipitent plus ni par les acides étendus, ni par la chaleur.

Si l'on prend comme objet d'étude la fibrine, et si l'on analyse les liquides de digestion, jusqu'à ce que la dissolution de la fibrine soit aussi complète que possible, on trouve une série de corps qui, par ordre chronologique, sont les suivants :

Digestion peptique de la fibrine.
- 1re phase : Syntonine ou acidalbumine.
- 2e phase : Albumoses.
  - 1re période. { Proto-albumoses.
    { Hétéro-albumoses.
  - 2e période : Deutéro-albumoses.
- 3e phase : Peptones.

Chacun de ces produits peut être extrait des liquides de digestion à un moment donné du processus digestif. Ainsi, si l'on neutralise exactement ces liquides, pendant les premiers moments de la digestion, on obtient un précipité qui n'est autre que la *syntonine*, ou la *parapeptone* de MEISSNER. Un peu plus tard, les liquides de digestion, débarrassés de ce premier précipité, précipitent encore par le sulfate d'ammoniaque. En faisant cette précipitation en milieu neutre, puis en milieu acide, puis en milieu alcalin, on obtient un groupe de substances que KÜHNE appelle des *albumoses*, et qu'on peut séparer les unes des autres par le procédé suivant : on reprend le précipité formé par le sulfate d'ammoniaque, et on le débarrasse de l'excès de sel par la dialyse, puis on le dissout dans de l'eau légèrement salée. Cela fait, on neutralise cette liqueur, et on la sature par le chlorure de sodium qui précipite complètement l'*hétéro-albumose* et une partie de la *proto-albumose*, en laissant le reste de cette dernière substance et toute la *deutéro-albumose* en solution. On filtre et on soumet à la dialyse le précipité formé. La *proto-albumose* passe à travers le dialyseur, pour aller se dissoudre dans l'eau, tandis que l'*hétéro-albumose* y reste précipitée. D'autre part, on traite la liqueur filtrée par une solution d'acide acétique à 30 p. 100, et on la sature de chlorure de sodium. Toute la *proto-albumose* et une partie de la *deutéro-albumose* sont précipitées. On filtre et on dialyse le précipité. La *deutéro-albumose* diffuse dans l'eau, et dans le liquide dialysé, de même que dans le liquide filtré auparavant, on précipite cette substance, après neutralisation, soit par le sulfate d'ammoniaque, soit par un excès d'alcool. Ce procédé se fonde, en somme, sur les différences de solubilité des diverses albumoses, dans l'eau, dans l'eau salée et dans l'eau salée et acidulée par l'acide acétique. L'hétéro-albumose est complètement insoluble dans l'eau pure ; la proto-albumose est totalement soluble dans l'eau, mais incomplètement insoluble dans la solution saturée de chlorure de sodium. Enfin la deutéro-albumose, qui est soluble dans les liqueurs précédentes, se précipite en partie dans les solutions saturées de chlorure de sodium, et acidulées par l'acide acétique. Toutes ces substances ont un réactif commun, qui est le sulfate d'ammoniaque.

Lorsque la digestion est assez avancée, les liquides où la fibrine s'est dissoute contiennent, en dehors des syntonines et des albumoses, d'autres substances protéiques qui reçoivent le nom de *peptones*. Ces corps ne précipitent plus par les mêmes réactifs que les précédents ; mais on peut les mettre en évidence à l'aide de la réaction du biuret, ou en les précipitant par l'alcool absolu.

Dans cette étude de l'action chimique de la pepsine sur les principes albuminoïdes, nous avons eu soin de ne pas compliquer inutilement les divers produits qui en résultent. Toutefois, à côté des corps signalés, qui représentent, pour ainsi dire, les *produits utiles* de la *peptonisation*, il en est d'autres dont l'existence est moins régulière, qui peuvent être considérés comme *les restes* de la digestion. D'une manière générale, surtout lorsque les substances protéiques mises à digérer renferment de la nucléine, les liquides de digestion abandonnent, même au bout d'un temps très long, un dépôt pulvérulent qui est complètement inattaquable par la pepsine. Ce dépôt a été désigné par MEISSNER sous le nom de *dyspeptone*, et semble appartenir au groupe des nucléines. D'autre part, KÜHNE et ses élèves admettent que la molécule des protéides se dédouble sous l'influence de la pepsine, d'abord en deux substances : l'*anti-albumose* et l'*hémi-albumose*, qui se comportent différemment au cours de la peptonisation. L'*anti-albumose*, très analogue à la *parapeptone* de MEISSNER, presque inattaquable par la pepsine, se transforme par le suc pancréatique en *anti-peptone*, substance qui résiste à l'action ultérieure de la trypsine. L'*hémi-albumose* est en réalité un mélange des albumoses que nous avons nommées, lesquelles se transforment facilement en *hémi-peptone* sous l'influence de la pepsine. D'autre part, la trypsine attaque l'hémi-peptone en produisant de la leucine et de la tyrosine. L'hémi-albumose renfermerait ainsi le noyau aromatique de l'albumine. On obtient et on sépare l'*hémi-albumose* de l'*anti-albumose*, en interrompant la digestion au bout d'une heure ou deux et en neutralisant exactement les liquides en expérience. On a alors un précipité visqueux formé par l'anti-albumose impure, qui entraine avec elle la syntonine. L'hémi-albumose reste en solution. Conteiean, qui a répété les expériences de Kühne, prétend que l'anti-albumose est un produit artificiel qui dérive de la syntonine, modifiée par des précipitations successives. Il affirme que la pepsine, placée dans des conditions favorables, transforme totalement l'albumine en syntonine, la syntonine en propeptone (albumoses) et enfin, la pro-peptone presque complètement en peptone. Nous ne pouvons pas cependant rejeter sans discussion les travaux de Neumeister, qui confirment, à quelques différences près, les vues de Kühne. Neumeister a observé, en faisant agir les solutions acides de pepsine ou d'autres agents hydrolytiques, comme l'acide sulfurique étendu (5 p. 100 de SO^4H^2 à la température de l'ébullition) sur la proto-albumose et sur l'hétéro-albumose pures, que ces deux substances se transforment en deutéro-albumose, puis en peptone. Mais, tandis que toute ou à peu près toute la proto-albumose se dédouble rapidement en peptone, l'hétéro-albumose donne toujours un reste considérable d'anti-albumose, et seulement une petite partie se transforme en peptone. D'autre part, si on soumet à la digestion tryptique les peptones dérivées de la proto-albumose et de l'hétéro-albumose, on constate que les premières se dédoublent complètement en acides amidés, tandis que les secondes restent en partie inattaquables par la trypsine. Neumeister conclut donc avec Kühne et Chittenden que l'hétéro-albumose est principalement une anti-albumose, contenant seulement des traces d'hémi-albumose, tandis que la proto-albumose est essentiellement une hémi-albumose pure. Neumeister prétend même que la plupart des produits résultant du dédoublement peptique de la proto-albumose et de l'hétéro-albumose, sont tout à fait différents. A l'appui de cette opinion, il cite le fait que la deutéro-albumose, provenant de la proto-albumose, est quelque peu soluble dans les solutions saturées de sulfate d'ammoniaque, tandis que la deutéro-albumose, qui dérive de l'hétéro-albumose, y est complètement précipitée. Neumeister a fait voir de plus que, dans le processus digestif de la fibrine, la proto-albumose et l'hétéro-albumose, qu'il appelle les *albumoses primaires*, apparaissent bien avant les deutéro-albumoses, qu'on doit considérer comme des *albumoses secondaires.*

Voici le schéma qui représente, d'après lui, les diverses phases par lesquelles passe la digestion peptique des protéides. La prépondérance d'un groupe sur l'autre est marquée dans chaque dédoublement par une ligne épaisse ou mince.

Dédoublement peptique des protéides.

Schéma de Neumeister.

Une molécule de protéide donne

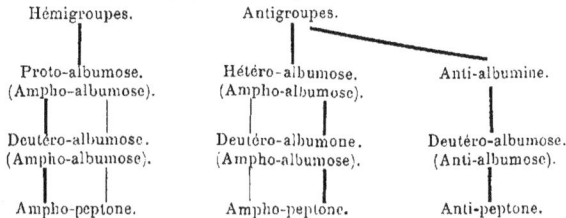

Hémigroupes.	Antigroupes.	
Proto-albumose. (Ampho-albumose).	Hétéro-albumose. (Ampho-albumose).	Anti-albumine.
Deutéro-albumose. (Ampho-albumose).	Deutéro-albumone. (Ampho-albumose).	Deutéro-albumose. (Anti-albumose).
Ampho-peptone.	Ampho-peptone.	Anti-peptone.

La marche des phénomènes digestifs n'est pas interprétée de la même façon par tous les auteurs. Ainsi, Zuntz, entre autres, soutient que l'albumine se dédouble d'emblée en acidalbumine et en albumoses primaires. A l'appui de cette opinion il cite les deux faits suivants : 1° les liquides digestifs peuvent contenir au début de la digestion des albumoses primaires sans trace d'acidalbumine; 2° la sérumalbumine cristallisée donne parfois sous l'influence des acides, des albumoses primaires sans acidalbumine, ainsi que Goldschmit l'a observé.

Huppert conteste cette interprétation. Cet auteur démontre en premier lieu que l'acidalbumine pure se transforme sous l'influence de la pepsine en albumoses primaires. D'autre part, il fait voir que, lorsque la formation de l'acidalbumine est faible, comme cela arrive dans les liquides de digestion peu acides, l'acidalbumine formée se transforme en albumose primaire, au fur et à mesure de sa production. C'est ainsi qu'il explique les résultats obtenus par Zuntz.

En résumé, la digestion peptique de la fibrine fournit, en dehors des *syntonines* et des *peptones*, termes dont la constitution chimique nous est plus ou moins connue, un groupe de substances qu'on désigne par le nom générique d'*albumoses*, ayant des réactions assez différentes, mais qui ne sont probablement pas des espèces chimiques bien définies. Tous les jours on propose de nouveaux réactifs pour séparer les albumoses des peptones (chlorure de fer et carbonate de zinc, chlorure de zinc, etc.), mais aucun n'est bien satisfaisant. Il est difficile de prévoir où l'on s'arrêtera dans cette voie, mais évidemment, tant qu'on n'aura pas des notions exactes sur la constitution moléculaire des albumines, on ne sera pas en mesure de connaître les produits dérivés de la digestion peptique de ces substances.

Une des questions les plus difficiles à résoudre, est celle de savoir si les différents principes albuminoïdes se dédoublent de la même façon sous l'influence de la pepsine. La plupart des auteurs admettent que, quelle que soit la substance protéique qu'on met à digérer dans les liqueurs peptiques, on retrouve toujours les termes essentiels que nous avons décrits dans la digestion de la fibrine. Ces auteurs désignent par le nom général de *protéoses* les albumoses qui résultent de la digestion de chacune de ces substances, et, pour les distinguer les unes des autres, ils leur donnent des noms en rapport avec leur origine : *fibrinoses, oralbumoses, vitelloses, globuloses, myosinoses, caséoses, mucinoses, gélatoses, élastoses*, etc. Dans chacun de ces groupes, on trouve, bien entendu, les diverses *protéoses* que nous avons signalées : *hétéro, proto* et *deutéro*, avec une quantité plus ou moins grande d'*anti-protéoses*. En ce qui concerne les *peptones*, il y a aussi une terminologie différente suivant les substances dont elles dérivent. On connaît la *fibrine peptone*, la *globuline peptone*, l'*albumine peptone*, la *caséine peptone*, etc. Tous ces corps se ressemblent plus ou moins par leurs propriétés générales, mais il est impossible de dire s'ils sont des espèces chimiques semblables. (Voir, pour plus de détails, les articles **Albuminoïdes, Protéoses et Peptones.**)

Quoi qu'il en soit de la nature chimique de ces corps, ce qu'il nous importe surtout de savoir c'est la façon dont ils prennent naissance. Les travaux de Schutzenberger et d'autres auteurs nous ont appris que, sous l'influence des agents hydrolytiques ordinaires, les principes albuminoïdes se transforment dans les mêmes produits que sous l'influence des solutions acides de pepsine. On sait, en outre, qu'en déshydratant ces derniers produits, on arrive à obtenir des corps qui présentent les mêmes caractères que les matières protéiques dont ils dérivent. Henninger a démontré, en chauffant la peptone-albumine pure avec de l'acide acétique anhydre, qu'on peut obtenir un liquide qui, débarrassé de l'excès d'acide par distillation et soumis à la dialyse, coagule par la chaleur, et précipite par la plupart des réactifs de l'albumine. De son côté, Hofmeister a vu, en maintenant les peptones à 140° et en les reprenant par l'eau, que le résidu insoluble avait quelques-unes des réactions de l'albumine coagulée. Par des expériences du même ordre, Contejean a réussi à transformer partiellement la peptone en propeptone. Enfin, Danilewski soutient que, si l'on prend une solution de peptone bien pure et si on en sature exactement à 50° une moitié par l'acide chlorhydrique et l'autre par la soude, puis qu'on mélange les deux parties, on obtient un liquide qui aurait les propriétés des albumoses. Il semble donc très probable que le processus de la peptonisation est, comme les autres processus digestifs, un simple phénomène d'hydrolyse ; mais nous ne pouvons pas l'assurer d'une façon certaine, car, malgré les affirmations de quelques auteurs, nous ne savons pas encore si les peptones véritablement pures contiennent plus d'hydrogène et d'oxygène que les substances dont elles dérivent. La plupart des analyses que nous connaissons sur ces peptones présentent en effet des écarts tout aussi considérables que ceux qu'on trouve entre les diverses espèces d'albumines.

On a aussi essayé d'expliquer le processus de la peptonisation en disant que les albuminoïdes, substances colloïdes et insolubles, seraient les produits de polymérisation des peptones solubles ; exactement de même que les hydrates de carbone, colloïdes et insolubles, sont les polymères des sucres solubles. D'après cette hypothèse, la pepsine ne ferait que dissocier la molécule trop complexe d'albumine en des molécules plus simples et plus stables ; on admet même, d'une façon générale, que le poids de la molé- cule protéique va sans cesse en diminuant des albuminoïdes aux peptones. Danilewski a trouvé que la chaleur de combustion des peptones est inférieure à celle des substances albuminoïdes, mais ce fait peut tout aussi bien se rapporter à l'hypothèse de la dépo- lymérisation de l'albumine qu'à celle du dédoublement hydrolytique de cette substance. Si la théorie de la dépolymérisation était exacte, il devrait y avoir autant d'espèces de peptones que nous en connaissons d'albumines. Or, jusqu'à présent, rien ne nous permet une affirmation semblable, d'autant plus que la plupart des arguments que nous avons cités militent en faveur de la fonction hydrolytique de la pepsine.

f) **Conditions d'activité de la pepsine**. — La pepsine n'agit sur les principes albu- minoïdes que dans les conditions suivantes : 1° si elle est en solution; 2° si cette solution est acide; 3° si elle est à une température favorable. Nous avons donc, si nous voulons connaître les lois d'activité de la pepsine, à étudier l'influence que ces divers éléments exercent sur le dédoublement peptique des albuminoïdes.

Ensuite, nous verrons que l'activité de la pepsine varie encore : 1° pour chaque groupe d'albuminoïdes; 2° avec l'accumulation des produits digestifs ; 3° par la présence de certaines substances.

1°) *Degré de dilution du milieu peptique.* — Naturellement, si l'on mélange la pepsine à l'état sec avec une substance albuminoïde quelconque, il ne se produit aucune trans- formation, même en présence d'une certaine quantité d'acide. L'eau est donc un élé- ment indispensable à la digestion peptique; elle est le véhicule qui tient en solution l'acide et la pepsine, de même que les matériaux qui résultent de l'acte digestif. D'autre part, l'eau semble concourir directement au dédoublement des principes albuminoïdes, en se fixant sur les molécules de ces corps, sous l'influence de l'acide et la pepsine.

Les anciennes expériences de Schwann, de Brücke et de Schiff nous ont montré que les solutions de pepsine deviennent complètement inactives lorsqu'elles sont trop con- centrées ou trop diluées. Il y a donc une limite de dilution qui est la plus favorable à l'activité de la pepsine. Cette limite ne peut être déterminée exactement, par suite de l'impossibilité de doser la pepsine. Toutefois, on peut à l'exemple de Herzen s'en faire une idée approximative en opérant de la façon suivante : on prend et on hache la mem- brane muqueuse d'un chien normal et robuste qui vient d'être abattu. On la divise en dix portions égales qu'on fait infuser dans des quantités croissantes d'eau acidulée de HCl de façon que la première portion forme un volume de 50 centimètres cubes, et la dernière de 50 litres. On constate alors, en éprouvant l'activité protéolytique de ces diverses infusions, que la quantité d'albumine dissoute croît proportionnellement avec le volume de l'infusion, jusqu'à une certaine limite au delà de laquelle elle commence à décroître. La première portion ne digère presque pas d'albumine. Au contraire l'infu- sion n° 9, qui contient théoriquement la même quantité de pepsine, mais diluée dans 20 litres d'eau acidulée, dissout jusqu'au tiers de son poids d'albumine, c'est-à-dire presque 7 kilogrammes. Si l'on compte que cette infusion ne représente qu'un dixième de la muqueuse gastrique, on peut considérer que, si toute la muqueuse avait été infusée de la même façon, l'estomac d'un chien aurait pu digérer 70 kilogrammes d'albumine. Enfin, l'infusion n° 10, qui a le volume total de 50 litres, digère très lentement, et n'ar- rive à dissoudre que quelques grammes d'albumine.

On voit par cette expérience que la pepsine a besoin d'une quantité considérable d'eau pour atteindre son maximum d'activité. Malheureusement, ce genre de déterminations soulève une critique très sérieuse sur laquelle Schiff lui-même avait déjà insisté; c'est que les infusions stomacales ne sont absolument pas comparables aux solutions de pepsine pure. On sait, en effet, que ces infusions renferment, à côté de la pepsine, un groupe de substances qui gênent la digestion d'autant plus qu'elles sont en solution plus concentrée. Pour se mettre à l'abri de cette objection, Klug s'est servi de la pepsine beaucoup plus pure, préparée par la méthode de Kühne. Il a vu dans ces conditions que l'optimum d'activité des solutions peptiques oscille entre 0,5 et 0,01 p. 100 de pepsine. En dehors de ces limites de dilution, l'activité de la pepsine diminue notamment, mais on constate que la digestion peut encore avoir lieu dans une solution ne contenant que

0,003 p. 100 de pepsine. Ces résultats varient beaucoup suivant l'origine de la pepsine. Ainsi la pepsine du chien présente son optimum d'activité à la proportion de 0,01 p. 100, tandis que les pepsines de porc et de vache n'atteignent ce maximum qu'à la concentration de 0,1 à 0,5 p. 100. Quoi qu'il en soit, de la valeur réelle de ces chiffres, ces expériences montrent très nettement qu'il y a une limite de dilution *optimum* pour l'activité de la pepsine.

2°) *Acidité du milieu peptique.* — La pepsine n'agit sur les principes albuminoïdes que si elle est en solution acide. Le degré d'acidité le plus favorable dépend : 1° de l'origine de la pepsine; 2° de la nature de l'acide; 3° de l'espèce d'albuminoïde qu'on met à digérer; 4° de la concentration des liquides digestifs.

1° Si, comme il est à supposer, le suc gastrique normal contient toujours la quantité d'acide la plus favorable à l'activité de la pepsine, il faut en conclure que la pepsine des poissons a besoin d'une acidité beaucoup plus forte que la pepsine des autres vertébrés. Nous pouvons encore dire la même chose en ce qui concerne la pepsine des mammifères carnivores, qui agit toujours dans un milieu beaucoup plus acide que la pepsine des mammifères herbivores. En prenant les moyennes d'acidité normale de ces divers sucs gastriques, nous trouvons les valeurs suivantes : pepsine des poissons, 10 p. 1 000 de HCl; pepsine des mammifères herbivores (lapin par exemple), 1,5 p. 1000 de HCl; pepsine des mammifères carnivores (chien, chat), 4 à 5 p. 1 000 de HCl.

Cette comparaison est loin d'être complète, mais d'ores et déjà on peut avancer que pour chaque espèce de pepsine il doit y avoir un optimum d'acidité différent.

A l'appui de cette assertion, nous citerons les recherches de WROBLEWSKI, qui démontrent que la pepsine du chien, de l'enfant et du porc ne se comportent pas de la même manière vis-à-vis de certains acides. Ainsi la pepsine de l'enfant digère plus rapidement la fibrine en présence de l'acide lactique que la pepsine du porc. L'inverse a lieu si l'on se sert de l'acide malique. Quant à la pepsine du chien, elle est presque aussi active avec l'acide paralactique qu'avec l'acide lactique. Ce fait est à rapprocher de l'existence constante de l'acide paralactique dans l'alimentation normale des carnivores.

WROBLEWSKI a encore signalé d'autres différences entre ces trois espèces de pepsine, mais ce que nous venons de dire suffit pour comprendre que l'activité des pepsines n'est pas soumise à une loi identique.

2° En supposant qu'on se serve toujours de la même pepsine et qu'on veuille déterminer le degré d'acidité qui sera le plus favorable à son activité, il faudra encore tenir compte de la nature de l'acide. Contrairement à ce qu'on pourrait croire tout d'abord le pouvoir digestif d'un acide n'est pas toujours en rapport avec sa force chimique. L'acide sulfurique par exemple a une action beaucoup plus faible sur la digestion peptique que l'acide oxalique. Malheureusement les auteurs qui se sont occupés de cette question, ne s'étant pas placés dans des conditions semblables, sont forcément arrivés à des résultats très contradictoires. Néanmoins ils sont tous d'accord pour affirmer que l'acide chlorhydrique se trouve parmi les acides qui favorisent le plus l'action de la pepsine. Selon HÜHNEFELD, après l'acide chlorhydrique, l'acide le plus favorable à la digestion peptique, serait l'acide lactique, puis l'acide acétique. LEHMANN soutient aussi que les acides chlorhydrique et lactique digèrent mieux que les acides acétique, nitrique, phosphorique et sulfurique. Selon MEISSNER il faut employer dix fois plus d'acide lactique que d'acide chlorhydrique pour obtenir le même effet digestif. DAVIDSON et DIETRICH ont trouvé que la digestion se fait également bien avec les doses suivantes de ces divers acides : 0^{gr},1825 p. 100 d'acide chlorhydrique; 0^{gr},245 d'acide phosphorique; 0^{gr},225 d'acide oxalique; 3 d'acide acétique et 0,16 d'acide azotique. Les expériences de PETIT prouvent aussi que les divers acides n'atteignent pas leur maximum d'activité au même degré de concentration. En voici quelques chiffres comme exemple :

ACIDES.	DOSES MAXIMA en millièmes.	ACIDES.	DOSES MAXIMA en millièmes.
chlorhydrique	2 à 5	malique	20 à 40
bromhydrique	2 à 5	oxalique	5 à 10
sulfurique	2,5 à 10	formique	10
phosphorique ordinaire	5 à 40	salicylique	0,5 à 2
lactique	20 à 40	gallo-tannique	0,5
tartrique	10		

Nous ferons remarquer, pour éviter toute confusion, que ces doses d'*effet maximum* ne sont pas du tout de doses de même effet et que pour chaque acide la valeur du maximum est très différente. Il serait trop long de parler ici de toutes les expériences qui ont été faites à ce sujet (voir la bibliographie). Nous retiendrons seulement celles qui offrent le plus d'intérêt, soit parce qu'elles portent sur des points qui n'avaient pas encore été étudiés, soit parce qu'elles ont été mieux conduites que les précédentes. Les recherches de Hoffmann, de Hübner, de Klug, de Wroblewski et de Pfleiderer, méritent à ce double point de vue une mention spéciale. Hoffmann a eu l'idée de comparer le pouvoir digestif des divers acides avec leur degré d'*avidité*, c'est-à-dire, avec leur puissance d'inversion du sucre de canne. Il a constaté en mesurant la quantité d'albumine dissoute au bout de six heures (durée moyenne de la digestion) par des solutions acides de pepsine contenant de quantités équimoléculaires de divers acides, que, si l'acide chlorhydrique digère 100 grammes d'albumine, l'acide phosphorique n'en digère que 67; l'acide arsénique, 55; l'acide sulfurique, 25; l'acide citrique, 15; l'acide lactique, 9 et l'acide acétique, 0. Ces chiffres s'écartent trop de ceux qui représentent les *coefficients d'inversion* de ces acides. En effet, l'acide chlorhydrique a pour coefficient 100, l'acide sulfurique 73,2, l'acide phosphorique 6,2, l'acide arsénique 4,81, l'acide lactique 1,07, l'acide citrique 1,73 et l'acide acétique 0,4. Toutefois, il est incontestable que, si l'on excepte l'acide sulfurique, tous les autres acides nommés suivent le même ordre pour ces deux phénomènes. Pfleiderer interprète l'exception de l'acide sulfurique en disant que cet acide est un véritable poison pour la pepsine, mais nous croyons qu'il faudra attendre de nouvelles expériences avant de se prononcer sur la valeur de cette loi. De son côté Hübner a voulu savoir l'influence qu'exercent les acides halogènes sur les solutions de pepsine au même titre de concentration. Il a trouvé que l'acide qui digère le mieux est l'acide fluorhydrique; viennent ensuite l'acide chlorhydrique, l'acide bromhydrique et en dernier lieu l'acide iodhydrique. Comme on le voit, la puissance digestive de ces divers acides est inversement proportionnelle à leur poids moléculaire. Dans toutes ces recherches, on s'est contenté de mesurer la quantité d'albumine dissoute, soit en pesant le résidu sec après filtration des liquides digestifs (Hoffmann), soit en dosant l'azote total soluble (Hübner). Klug a jugé nécessaire de pousser plus loin ces recherches, en étudiant l'influence de divers acides, non seulement sur le processus de dissolution de l'albumine, mais aussi sur chacune des phases qui composent ce processus. A l'aide d'une méthode nouvelle, la méthode photométrique, il a pu doser, dans chaque liquide servant à l'expérience, d'une part, la quantité totale d'albumine dissoute, et, d'autre part, les quantités d'hémialbumose et d'anti-albumose produites par la digestion. Les liqueurs peptiques employées par cet auteur contenaient 0,1 p. 100 de pepsine. Ces liqueurs étaient divisées en plusieurs portions de 50 centimètres cubes, auxquelles on ajoutait la quantité voulue d'un de et 15 à 18 grammes d'ovalbumine cuite. La digestion durait vingt-quatre heures. En procédant de la sorte, Klug a observé, comme l'avait déjà fait Petit, que chaque acide atteint son optimum d'activité à un degré de concentration très différent. L'acide chlorhydrique atteint cet optimum à la proportion de 0,6 p. 100; l'acide lactique à 8 p. 100; les acides phosphorique et acétique à 6 p. 100; l'acide nitrique à 0,8 p. 100; l'acide sulfurique à 0,6 p. 100; et enfin l'acide citrique à 8 p. 100. Il ressort de ces chiffres que les acides minéraux, à l'exception de l'acide phosphorique, ont une action digestive beaucoup plus puissante que les acides organiques. En tenant compte de la quantité absolue d'albumine que ces acides digèrent au degré de concentration le plus favorable, Klug les classe de la façon suivante : acides chlorhydrique, lactique, phosphorique, nitrique, acétique, sulfurique et citrique. Si l'on compare les quantités d'anti-albumoses et d'hémi-albumoses qui se forment pendant la digestion en présence de chacun de ces acides, on trouve le plus d'hémi-albumose dans les liquides acidulés par les acides phosphorique, lactique, nitrique et chlorhydrique. L'acide sulfurique, dont le pouvoir digestif est très faible, donne conséquemment très peu d'hémi-albumose et d'anti-albumose. En ce qui concerne les acides organiques, celui qui fournit le plus d'hémi-albumoses est l'acide lactique, et celui qui en donne le moins, l'acide acétique. Ajoutons encore que le rapport des hémi-albumoses et des anti-albumoses produites est très différent pour chaque acide. Klug conclut de ces recherches en disant que la puissance digestive des divers acides ne dépend ni de leur poids moléculaire, ni de leur degré de dissociation.

Ces résultats sont intéressants à comparer avec ceux qu'a obtenus WROBLEWSKI en opérant avec deux sortes de pepsines différentes et en laissant les solutions peptiques à la température du laboratoire (15°) afin d'éviter que la digestion ne fût trop rapide. Dans ces conditions, WROBLEWSKI prétend qu'on peut mieux juger de la puissance digestive de chaque acide. On trouvera dans les tableaux suivants les résultats obtenus par cet auteur. Le premier tableau indique l'ordre d'après lequel se classent les divers acides par rapport à la vitesse initiale de la digestion; et le second par rapport à la vitesse totale de ce même phénomène. Comme on remarquera sur la seconde des colonnes, les quantités d'acide employées sont chimiquement équivalentes, excepté pour l'acide phosphorique (solutions normales un équivalent pour un litre au 1/20).

I

NUMÉROS.	PEPSINE DE PORC.	PEPSINE D'ENFANT.
I.	1/10 Acide phosphorique.	1/10 Acide phosphorique.
II.	1/20 Acide oxalique.	1/20 Acide oxalique.
III.	1/20 Acide chlorhydrique.	1/20 Acide chlorhydrique.
IV.	1/20 Acide nitrique.	1/20 Acide nitrique.
V.	1/20 Acide phosphorique.	1/20 *Acide lactique.*
VI.	1/20 Acide tartrique.	1/20 Acide phosphorique.
VII	1/20 Acide lactique.	1/20 Acide tartrique.
VIII.	1/20 Acide citrique.	1/20 Acide citrique.
IX.	1/20 Acide malique.	1/20 Acide paralactique.
X.	1/20 Acide formique.	1/20 Acide formique.
XI.	1/20 Acide paralactique.	1/20 Acide malique.
XII.	1/20 Acide sulfurique.	1/20 Acide acétique.
XIII.	—	1/20 Acide sulfurique.

II

NUMÉROS.	PEPSINE DE PORC.	PEPSINE D'ENFANT.
I.	1/10 Acide phosphorique.	1/10 Acide phosphorique.
II.	1/20 Acide oxalique.	1/20 Acide oxalique.
III.	1/20 Acide chlorhydrique.	1/20 Acide chlorhydrique.
IV.	1/20 Acide nitrique.	1/20 *Acide lactique.*
V.	1/20 Acide phosphorique.	1/20 Acide phosphorique.
VI.	1/20 Acide tartrique.	1/20 Acide tartrique.
VII.	1/20 Acide lactique.	1/20 *Acide nitrique.*
VIII.	1/20 Acide malique.	1/20 Acide formique.
IX.	1/20 Acide formique.	1/20 Acide citrique.
X.	1/20 Acide citrique.	1/20 Acide paralactique.
XI.	1/20 Acide paralactique.	1/20 Acide malique.
XII.	1/20 Acide sulfurique.	—

Ce qui frappe le plus dans ces résultats, en dehors des différences qu'ils présentent avec les résultats précédents, c'est le changement d'ordre que subissent certains acides (indiqués alors en italiques) suivant la nature des pepsines et suivant la vitesse initiale ou la vitesse totale de la digestion. On remarquera d'autre part que, dans toutes ces conditions, l'acide oxalique est à la tête des acides les plus puissants, tandis que l'acide sulfurique se trouve parmi les acides les plus faibles. En présence de tant de résultats contradictoires, il serait téméraire de vouloir établir une classification formelle de la puissance digestive de divers acides. Contentons-nous de dire que cette puissance est très variable pour chaque acide suivant les conditions dans lesquelles on se place. PFLEIDERER a montré en employant des solutions acides chimiquement équivalentes, à divers titres de concentration, 1/35, 1/20 et 1/10 de la solution normale, que l'acide chlorhydrique est le plus puissant de tous les acides dans les deux premières solutions, tandis qu'il est dépassé dans son activité par l'acide phosphorique, et l'acide lactique, dans la dernière de ces solutions. PFLEIDERER a observé de plus que les acides forts ont, en général, une action beaucoup plus rapide sur la digestion que les acides faibles. En résumé, la seule conclusion qu'on puisse tirer de ces recherches, c'est que la puissance digestive des acides est entièrement indépendante du poids moléculaire de ces corps. Ajoutons encore que, lorsqu'on s'éloigne du degré d'acidité le plus favorable à la fonction chimique de la pepsine, l'activité digestive des acides diminue considérablement. Mais, tandis que les solutions faibles d'acide ne font qu'enrayer l'action de la pepsine, les solutions fortes et très concentrées peuvent, si leur action se prolonge, détruire complètement cette enzyme. Dans le premier cas, l'arrêt de la digestion ne sera qu'un arrêt transitoire, tandis que dans le second il pourra être définitif.

3° Une autre condition qui fait varier le degré d'acidité optimum des solutions peptiques est la nature et l'état des albuminoïdes qu'on met à digérer. D'après les recherches de MULDER, de KOOPMANS et de BRÜCKE, il faut une acidité beaucoup plus forte pour la digestion de l'albumine que pour la digestion de la fibrine. Ce fait a été contesté par PETIT, mais il est admis par la plupart des expérimentateurs. BRÜCKE a montré, en outre, que, tandis que la fibrine fraîche se digère rapidement dans une solution d'acide chlorhydrique à 0,8 p. 1 000, la fibrine cuite demande 1,2 à 1,6 p. 1 000 du même acide. D'après HAMMARSTEN, si l'on se sert de l'acide chlorhydrique, il faut employer les doses suivantes pour la digestion des diverses espèces d'albuminoïdes : 0,8 à 1 p. 1 000 pour la fibrine ; 1 p. 1 000 pour la myosine, la caséine et les albumines végétales, et 2,5 p. 1 000 pour les albumines coagulées par la chaleur. D'autres auteurs ont, de leur côté, indiqué les moyennes de 1 p. 1 000 d'acide chlorhydrique pour la fibrine, et de 5 à 6 p. 1 000 pour l'albumine cuite. Les divergences d'opinions sont encore ici assez notables. Toutefois, il n'en reste pas moins bien établi que, pour une même pepsine et un même acide, le degré d'acidité varie avec la nature des albuminoïdes.

Si l'on voulait formuler la loi générale de ces variations, on pourrait dire que, plus les substances protéiques ont besoin d'acide pour se transformer en acidalbumines sous l'influence des acides seuls, plus il faut augmenter le degré d'acidité des solutions peptiques pour digérer rapidement ces substances.

4° La densité des liquides de digestion exerce aussi une influence considérable sur la quantité d'acide qu'il faut employer pour rendre à la pepsine son maximum d'activité. BRÜCKE, le premier, a insisté sur la nécessité d'ajouter aux solutions de pepsine une quantité d'acide d'autant plus forte qu'elles sont plus concentrées. SCHIFF a observé, en expérimentant sur des estomacs de chien très saturés de pepsine et infusés dans 500 à 600 grammes d'eau, quantité de beaucoup inférieure à celle qu'il appelle la *quantité favorable d'eau*, que, par des adjonctions successives d'acide, on peut sans désavantage communiquer peu à peu au liquide peptique concentré une acidité tellement grande qu'elle pourrait anéantir l'activité de ce liquide *ipso facto*, si l'on venait à le diluer. Dans quelques cas, cet auteur a vu que la digestion de l'albumine pouvait encore se faire dans des liquides peptiques concentrés, auxquels il avait ajouté, à cinq reprises différentes, de l'acide phosphorique jusqu'à la proportion finale de 1 p. 40 de liquide. On sait, en outre, que la digestion s'arrête rapidement dans les liquides qui contiennent en solution une grande quantité de pepsine et d'albumine, et que cet arrêt tient essentiellement à une diminution de l'acidité de ces liquides. La preuve en est que, si on lui additionne de nouvelles quantités d'acide, la digestion reprend immédiatement. Une autre expérience qui fait ressortir d'une façon très nette le rapport existant entre le degré d'acidité et le degré de concentration des liquides digestifs au point de vue de leur puissance protéolytique est la suivante: on prend 100 centimètres cubes d'une solution acidulée de pepsine contenant 1 p. 100 de cette substance et 0gr,5 p. 100 d'acide chlorhydrique, et on la divise en deux portions de 50 centimètres cubes chacune. A la première de ces deux portions, on ajoute 50 centimètres cubes d'albumine liquide, et on met le tout à digérer à l'étuve. La seconde portion est aussi additionnée de 50 centimètres cubes d'albumine; mais, avant de la transporter à l'étuve, on la dilue de cinq fois son volume d'eau distillée. Si maintenant on étudie la marche de la digestion dans chacune de ces portions, on constate que, tandis que dans la première la digestion s'arrête complètement au bout d'une ou deux heures en laissant sans la transformer la plus grande partie de l'albumine, dans la seconde, la peptonisation se continue sans arrêt jusqu'à transformation totale. Ainsi donc, malgré l'abaissement d'acidité que nous avons fait subir à la seconde portion, en la diluant de cinq fois son volume d'eau distillée, elle s'est montrée beaucoup plus active que la première. Ce fait prouve incontestablement que l'acidité des liquides digestifs doit varier avec leur degré de concentration. Schiff soutient que, si l'on expérimente avec des solutions peptiques contenant la quantité la plus favorable d'eau, la proportion d'acide qu'il faut ajouter à ces solutions pour qu'elles atteignent leur maximum d'intensité est une proportion fixe. En effet, lorsque la digestion cesse dans ces liquides, il n'est pas possible de leur faire reprendre leur activité par l'addition de nouvelles quantités d'acide.

Il est temps maintenant de se demander comment l'acide intervient dans la fonction chimique de la pepsine. Schmidt a essayé d'expliquer cette intervention en disant que l'acide chlorhydrique forme avec la pepsine un composé soluble, *l'acide chlorhydropeptique*, qui serait le véritable agent de la digestion. Après lui, Meissner, Schiff et beaucoup d'autres ont accepté cette opinion, en la présentant sous une forme plus ou moins différente. Si l'on admet que la pepsine est une substance albuminoïde, nous ne voyons pas pourquoi elle ne pourrait pas se combiner avec l'acide chlorhydrique de la même manière que le font les autres substances de ce groupe. Les expériences de Mme Schounow-Simanowski sont manifestement en faveur de cette conclusion. Mais, même en supposant qu'on arrive à démontrer que la pepsine est une substance albuminoïde et qu'elle forme de véritables combinaisons avec les divers acides, on ne sera pas pour cela beaucoup mieux renseigné sur le rôle de l'acide dans la digestion peptique. L'existence de ces combinaisons se trouve d'ailleurs contestée par ce fait que les proportions dans lesquelles les divers acides atteignent leur maximum d'intensité en agissant sur les solutions peptiques sont loin d'être proportionnelles aux poids moléculaires de ces corps. Nous ferons remarquer d'autre part que, lorsqu'on analyse le suc gastrique pur, on constate que la plus grande partie de l'acide chlorhydrique, pour ne pas dire la totalité, se trouve à l'état de liberté. Par contre, le même suc mélangé à une quantité suffisante d'aliments albuminoïdes ne renferme pas au bout d'un certain temps la moindre trace d'acide libre. On est donc forcé de conclure que la quantité d'acide fixée par la pepsine est infiniment plus petite que celle qui l'unit aux principes albuminoïdes. Schiff avait cru observer que le suc gastrique neutralisé ne digérait pas les matériaux protéiques, même lorsque ceux-ci avaient été soumis auparavant à l'influence d'un acide. Si l'on prenait cette expérience comme exacte, elle constituerait un argument considérable en faveur de l'existence de la combinaison *chlorhydropeptique* et de son rôle vraiment indispensable dans la digestion stomacale. Malheureusement, Schiff lui-même est obligé de convenir, pour expliquer les résultats contraires de Mialhe, que la fibrine gonflée et très fortement imprégnée par l'acide chlorhydrique est parfaitement attaquable par la pepsine neutre. Herzen aussi a pu constater en éprouvant le pouvoir protéolytique de trois solutions différentes : 1° acide chlorhydropeptique avec albumine neutre primitive ; 2° pepsine neutre avec acidalbumine ; 3° acide chlorhydropeptique avec acidalbumine, que la digestion est parfaitement *possible* lorsqu'un seul des deux termes est combiné à l'acide chlorhydrique et l'autre neutre, mais qu'elle se fait incomparablement mieux lorsque tous les deux sont acides. Ces expériences ont été reprises par Kossler et Blum, et, étant donnée la manière dont ces auteurs ont procédé, on peut considérer leurs résultats comme absolument concluants en faveur de l'activité de la pepsine neutre, vis-à-vis des albumines acides. Des solutions d'acidalbumine ne contenant aucun excès d'acide chlorhydrique libre, révélé par la phloro-glucine-vanilline, donnent en présence de la pepsine neutre des quantités appréciables de peptones. Il n'est donc pas nécessaire que la pepsine se combine avec un acide pour qu'elle se montre active. La seule condition indispensable à la digestion peptique est la transformation préalable des albumines en acidalbumines. Toutefois, lorsqu'on observe la marche de la digestion dans un suc gastrique artificiel qui contient au début de l'expérience des proportions suffisantes d'acide et de pepsine, et dans lequel on a mis à digérer une quantité assez forte d'albumine, on voit que la digestion se ralentit peu à peu et qu'elle s'arrête bien avant que toute l'albumine n'ait été dissoute. Si, à ce moment, on analyse les liquides de digestion, on trouve, à côté de l'albumine non dissoute, une quantité notable d'albumoses et des peptones, mais le dosage acidimétrique de ces liquides, fait avec le réactif de Günzburg ou de Boas montre que leur acidité est fortement diminuée ou qu'elle est réduite à zéro. Si Meissner, Schiff et quelques autres expérimentateurs ont trouvé que l'acidité des liquides digestifs restait à peu près constante pendant toute la durée de la digestion, c'est qu'ils se sont servis de certains réactifs qui indiquent non seulement l'acide chlorhydrique libre, mais aussi l'acide combiné aux matériaux protéiques. Il ne faut pas qu'il reste des doutes à ce sujet. L'acidité des liquides de digestion doit nécessairement diminuer au fur et à mesure que la peptonisation devient plus complète, par ce fait que les produits de dédoublement des albuminoïdes retiennent une quantité d'autant plus forte d'acide qu'ils sont plus avancés. (Martius et Lüttke, Blum, Sansoni, etc.) S'il en est ainsi, la simple transformation des albumines en syntonine ne doit pas suffire à une bonne digestion peptique, mais il faudrait encore un certain excès d'acide pour faciliter le dédoublement ultérieur des acidalbumines. En tout cas, si l'on ajoute une nouvelle quantité d'acide aux liquides dont nous parlons plus haut, la digestion se fait aussi bien qu'au début.

Ces expériences montrent jusqu'à quel point est fausse la conception actuelle sur le rôle de l'acide libre. Cet acide ne doit pas être considéré comme un excès superflu du travail sécrétoire des glandes, mais comme une réserve utile dont l'organisme dispose pour assurer l'œuvre complète de la peptonisation. S'il est vrai que les acidalbumines en solution ne contenant aucun excès d'acide libre peuvent se transformer en peptone sous l'influence de la pepsine neutre, rien ne dit qu'elles se transforment complètement et que cette transformation se fasse aussi vite qu'en présence d'un excès d'acide. La plupart des faits que nous connaissons aujourd'hui vont à l'encontre de cette opinion.

En résumé, l'acide chlorhydrique intervient dans la digestion peptique en formant avec les matières albuminoïdes primitives, et ensuite avec leurs produits de dédoublement, des combinaisons facilement attaquables par la pepsine. S'il y a une partie de l'acide qui se combine avec la pepsine, cette portion est quantitativement négligeable, par rapport à celle qui se combine avec les matières protéiques. Mais, même en supposant que cette combinaison existe, nous avons vu qu'elle n'est pas absolument indispensable au dédoublement des albumines.

On s'est aussi préoccupé de savoir ce que deviennent les combinaisons acides une fois que la digestion est terminée. Hayem et Winter ont soutenu que l'acide chlorhydrique est remis en liberté par l'accomplissement de l'acte digestif, de sorte que la même molécule d'acide pourrait servir indéfiniment au dédoublement des principes albuminoïdes. Herzen aussi croit que l'acide devient libre à la fin de la peptonisation. Ce dernier auteur a même essayé de fournir une preuve expérimentale à l'appui de son hypothèse. Pour se convaincre qu'il n'y a rien de bien fondé dans ces hypothèses, il suffira de se rappeler que dans les digestions artificielles, l'acidité des liquides diminue dès le début de la digestion et que cette baisse de l'acidité ne fait que s'accentuer au fur et à mesure que l'on approche de la fin de la peptonisation. Très probablement, les protéides chlorés résultant de la digestion stomacale subissent en présence des sécrétions alcalines de l'intestin des modifications chimiques importantes. En tout cas, nous pouvons affirmer que ces combinaisons sont aptes à réparer les pertes de la nutrition, car les animaux privés de la fonction digestive du pancréas conservent leur poids et se nourrissent aux dépens des albuminoïdes à peu près comme à l'état normal.

3° *Température du milieu peptique.* — D'après Wittich, l'optimum thermique de la pepsine des Mammifères se trouverait compris entre 35° et 50°. Mais il est impossible de déterminer exactement cette limite, parce qu'elle varie suivant l'origine de la pepsine et suivant aussi la composition chimique du milieu peptique.

Fick et Murisier ont appelé l'attention sur ce fait que, la pepsine des Poissons et des Batraciens digère l'albumine à la température de 0°, alors que la pepsine des Mammifères se trouve tout à fait inactive à cette même température. Hoppe-Seyler a constaté, d'autre part, que le suc gastrique artificiel du brochet dissout la fibrine plus vite à 15° qu'à 40°.

Tous ces faits ont été plus ou moins contestés par Luchau, Flaum, et Yung. Le premier et le dernier de ces auteurs ont vu que le suc gastrique des Poissons se montre beaucoup plus actif à la température de 38° à 40° qu'à 15°. De son côté Flaum a fait observer que le suc gastrique des Vertébrés supérieurs digère, quoique faiblement, la fibrine à la température de 0°. Toutefois, malgré ces apparentes contradictions, on peut affirmer que la courbe d'activité de la pepsine, en fonction de la température, n'est pas identique pour tous les animaux. L'optimum thermique de la pepsine des Mammifères et des Oiseaux se trouve certainement placé beaucoup plus haut que celui de la pepsine des animaux à sang froid. Aucun expérimentateur n'a signalé jusqu'ici que la pepsine des Poissons puisse agir activement sur les principes albuminoïdes à la température de 50° à 60°. Au contraire, si l'on admet comme exactes les recherches de Klug, on est obligé de convenir que l'optimum thermique de la pepsine des Mammifères se trouve précisément aux environs de cette température. D'après Petit, la pepsine de certains Mammifères est encore capable de digérer les matières albuminoïdes à la température de 80°. Il n'est pas douteux que la pepsine des animaux à sang froid serait complètement paralysée à des températures même plus basses que 80°.

Si, au lieu de prendre en considération la limite thermique supérieure, nous envisageons la limite inférieure, nous trouvons encore de réelles différences entre les diverses espèces de pepsine. Sans être aussi absolu que Fick et Murisier, qui prétendaient que la pepsine des animaux à sang chaud n'agissait plus à 10°, on peut dire que cette pepsine se montre beaucoup moins active aux basses températures que la pepsine des animaux à sang froid. Tout porte donc à croire que, suivant l'origine de la pepsine, l'activité de ce ferment varie en fonction de la température.

Il semble aussi que la composition chimique du milieu peptique n'est pas étrangère à cette variation. En tout cas, nous savons que la pepsine en solution neutre est rapidement détruite à la température de 55°. Si elle est en solution acide, sa résistance à la chaleur est beaucoup plus grande, et il faut au moins 65° pour arriver à la détruire en quelques instants. Biernacki a démontré qu'il suffit d'ajouter à une solution de pepsine pure une certaine quantité de peptone et de sels, pour voir que cette solution conserve ses propriétés protéolytiques, même lorsqu'on la porte à 60°. Presque tous les auteurs sont d'accord pour affirmer que les solutions de pepsine se détruisent d'autant plus facilement par la température qu'elles sont plus diluées.

Mais, en opérant avec une même espèce de pepsine, on peut déterminer les points thermiques essentiels de la courbe d'activité de ce ferment. On constate alors que cette courbe ne diffère en rien de celles que nous connaissons pour les autres fermentations. Elle monte graduellement avec la température jusqu'au point optimum, puis elle tombe rapidement. Au-dessous de la limite où se trouve le zéro d'activité, la pepsine se conserve indéfiniment. Mais, si on soumet la solution peptique à une température supérieure à l'optimum, la pepsine ne tarde pas à se détruire complètement.

g) Variations que subit la digestion peptique suivant la nature et l'état des protéides qu'on met à digérer. — Si l'on compare la vitesse avec laquelle se dissolvent les diverses espèces d'albuminoïdes dans une même solution peptique, on trouve des différences considérables pour chacun de ces corps. En général, les protéides d'origine animale se digèrent beaucoup plus vite que les protéides d'origine végétale. Parmi les premiers, la caséine serait, d'après Maly, celui qui se dissout le plus rapidement. Viendrait ensuite la fibrine, puis l'ovalbumine cuite. Dans le groupe des albumines végétales, la légumine se digère plus rapidement que la glutine.

La même espèce d'albumine est encore plus ou moins soluble dans les liqueurs peptiques, suivant son état moléculaire. On a fait beaucoup d'expériences pour savoir la vitesse de digestion des albumines cuites et des albumines crues. Les uns ont conclu que les premières se digéraient plus rapidement que les secondes. D'autres ont fait l'affirmation contraire. D'après Waurinski, la diversité de ces résultats dépend essentiellement du degré d'acidité des liqueurs peptiques. Avec une liqueur faiblement acide, l'albumine cuite se dissout plus vite que l'albumine crue. L'inverse a lieu si l'acidité des liquides de digestion est très forte.

En dehors des différences de solubilité que présentent les divers protéides dans les liqueurs peptiques, Klug a constaté, en faisant l'analyse photométrique des produits de digestion de chaque albumine, que ces corps ne se comportent pas de la même façon dans leur dédoublement hydrolytique par la pepsine. Si l'on se sert de la pepsine de chien, et si l'on mesure la quantité de substance dissoute au bout de six heures de digestion, on trouve pour les divers albuminoïdes que nous indiquons ci-dessous l'ordre suivant : caséine végétale, alcali-albumine, sérum-albumine, syntonine, caséine du lait, sérum-globuline, fibrine, légumine, ovalbumine et poudre de viande. Pour la pepsine de porc, l'ordre des albuminoïdes est un peu différent : alcali-albumine, caséine végétale, sérum-albumine, syntonine, caséine du lait, sérum-globuline, légumine, fibrine, poudre de viande, et ovalbumine. L'ordre se modifie encore quelque peu pour la pepsine de vache : alcali-albumine, caséine végétale, syntonine, sérum-albumine, sérum-globuline, fibrine, légumine, poudre de viande, ovalbumine. Toutefois on voit, d'après ces expériences, que, quelle que soit l'origine de la pepsine, les substances protéiques qui se dissolvent le plus rapidement sont l'alcali-albumine et la caséine; tandis que celles qui se digèrent le plus lentement sont l'ovalbumine et la viande cuite.

Si l'on analyse les liquides de digestion fournis par ces diverses espèces d'albuminoïdes, on trouve que les quantités formées d'anti-albumose, d'hémi-albumose et de peptones varient beaucoup d'une espèce à l'autre. Nous empruntons au travail de Klug les tables suivantes, qui indiquent l'ordre d'après lequel se classent les divers albuminoïdes au point de vue de leur rendement en anti-albumose.

I PEPSINE DE CHIEN.	II PEPSINE DE PORC.	II PEPSINE DE VACHE.
Alcali-albumine.	Alcali-albumine.	Caséine végétale.
Sérum-globuline.	Syntonine.	Alcali-albumine.
Caséine végétale.	Caséine végétale.	Syntonine.
Poudre de viande.	Sérum-globuline.	Sérum-albumine.
Légumine.	Légumine.	Sérum-globuline.
Sérum-albumine.	Fibrine.	Fibrine.
Syntonine.	Sérum-albumine.	Légumine.
Ovalbumine.	Ovalbumine.	Poudre de viande.
Fibrine.	Poudre de viande.	Ovalbumine.
Caséine animale.	Caséine animale.	—

Cette classification est tout à fait différente de celle qui représente la vitesse de dissolution des albuminoïdes. D'autre part, en passant d'une pepsine à l'autre, on voit que les changements d'ordre sont beaucoup plus importants que tout à l'heure.

Klug a observé de plus, en dosant l'hémi-albumose formée par la digestion de chacune de ces substances, que la caséine animale se place à la tête de tous les albuminoïdes. Viennent ensuite : la caséine végétale, le sérum-albumine, la syntonine et la glutine; et en dernier lieu, la sérum-globuline, la fibrine, la viande cuite, la légumine et la viande crue.

Sous le rapport du rendement en peptone, les albumines se classent, d'après Klug, de la façon suivante :

I PEPSINE DE CHIEN.	II PEPSINE DE PORC.	III PEPSINE DE VACHE.
Syntonine.	Sérum-globuline.	Sérum-albumine.
Ovalbumine.	Gluten.	Caséine de lait.
Sérum-albumine.	Caséine de lait.	Syntonine.
Poudre de viande.	Fibrine.	Sérum-albumine.
Fibrine.	Syntonine.	Alcali-albumine.
Légumine.	Sérum-albumine.	Fibrine.
Fibrine-glutine.	Poudre de viande.	Poudre de viande.
Caséine de lait.	Légumine.	Caséine végétale.
Caséine végétale.	Alcali-albumine.	Gluten fibrine.
Gluten.	Ovalbumine.	Ovalbumine.
Alcali-albumine.	Caséine végétale.	Gluten.
—	—	Légumine.

On voit donc qu'on peut établir des classifications très différentes de la digestibilité des diverses albumines, suivant qu'on considère leur degré de solubilité dans les liqueurs peptiques ou leur rendement en albumoses ou en peptones. Quel que soit d'ailleurs le critérium d'après lequel on juge de la valeur digestive de ces substances, les expériences de Klug montrent qu'elles se conduisent toujours différemment vis-à-vis de la pepsine. Ces différences deviennent considérables selon les diverses espèces de pepsine. Pour un protéide donné, l'ovalbumine cuite par exemple, la pepsine du chien est celle qui fournit le plus de peptone ; après elle vient la pepsine de porc, puis la pepsine de vache. Mais cet ordre n'est pas le même pour tous les autres protéides.

La marche de la digestion peptique est tellement dépendante de la nature et de l'état des protéides, qu'on en trouve certaines espèces chimiques complètement réfractaires à l'influence de la pepsine. Telles sont, par exemple, la nucléine et l'hématine. D'autres, comme la mucine, l'élastine et l'osséine, sans être absolument réfractaires, ne sont que très lentement transformées.

h) **Influence des produits de la digestion peptique sur l'activité de la pepsine.** — Il existe une loi commune à toutes les fermentations qui démontre que les produits résultant de l'acte fermentatif exercent une action nuisible sur l'activité des enzymes. Cette loi peut être mise en évidence pour la fermentation peptique par des expériences très simples : 1° si l'on soumet à la dialyse des liquides de digestion ayant perdu leurs propriétés protéolytiques par suite de la transformation prolongée d'une grande quantité d'albumine, leur activité reprend au fur et à mesure que la dialyse les débarrasse des albumoses et des peptones qu'ils renferment; 2° si l'on ajoute ces mêmes produits digestifs à une liqueur peptique en pleine activité, la digestion se ralentit aussitôt, et, si la quantité des substances additionnées est suffisante, on peut même voir la liqueur peptique devenir complètement inactive.

La manière dont les produits de digestion entravent l'activité de la pepsine peut être à la fois directe et indirecte. En premier lieu, ces produits augmentent la densité du milieu peptique et changent profondément ses conditions osmotiques. La digestion peut donc s'arrêter par insuffisance d'eau. D'autre part, les albumoses et les peptones enlèvent aux liquides de digestion une grande partie de l'acide libre, de sorte qu'à un moment donné la pepsine peut ne pas trouver la quantité d'acide nécessaire pour continuer l'œuvre de désagrégation des albuminoïdes qui ne sont pas encore dissous. Finalement, il est encore possible que les produits de la digestion retiennent ou détruisent une certaine quantité de pepsine, en diminuant ainsi l'activité des solutions peptiques. En tout cas, l'expérience montre qu'on peut ranimer la digestion, dans des liquides contenant une forte proportion d'albumose et de peptone, soit par l'addition d'eau, soit par l'addition d'acide, soit encore par l'addition de nouvelles quantités de pepsine.

L'opinion de Brücke était donc trop exclusive, lorsqu'il affirmait que les produits de la digestion arrêtaient l'activité de la pepsine, simplement par ce fait qu'ils empêchaient le *gonflement préparatoire des corps albuminoïdes*, en fixant l'acide. Comme Schiff l'a démontré plus tard, la digestion s'arrête de la même manière dans les liquides où l'on met à digérer des albuminoïdes gonflés au préalable par l'acide chlorhydrique. Dans un cas comme dans l'autre, l'arrêt déterminé par l'accumulation des produits digestifs disparaît dès qu'on ajoute aux liquides peptiques de nouvelles quantités d'eau, d'acide ou de pepsine. Il semble donc bien évident que, si les albumoses et les peptones exercent une influence nuisible sur la digestion, c'est, d'une part, parce qu'elles changent les conditions de dilution et d'acidité du milieu peptique, et, d'autre part, parce qu'elles fixent ou détruisent une quantité plus ou moins grande de pepsine.

Dans ces dernières années, Chittenden et Amermann ont fait quelques expériences qui tendraient à prouver que l'accumulation des produits peptiques, dans une certaine mesure, n'a pas sur la marche de la digestion une influence aussi considérable qu'on l'a cru longtemps. Ces physiologistes ont observé, en étudiant comparativement la digestion, avec ou sans dialyse, qu'il n'y a de différences appréciables dans l'un et l'autre cas, ni au point de vue de la rapidité de dissolution des albumines, ni au point de vue du rendement en albumose et en peptone. Dans les conditions où ils se sont placés, c'est-à-dire en employant des mélanges digérants qui contenaient relativement peu d'albumine (3 grammes d'albumine sèche à 25 grammes ou 50 grammes d'albumine fraîche pour 400 centimètres cubes de liquide), l'influence des albumoses et des peptones sur la digestion reste négligeable. Mais il ne faudrait pas en conclure qu'on arriverait aux mêmes résultats en opérant avec des grandes quantités d'albumine. Au contraire, la digestion serait alors fortement troublée.

i) **Substances qui modifient l'activité de la pepsine.** — *Corps simples.* — L'arsenic, le chlore, le phosphore, le brome et l'iode peuvent être considérés comme des agents paralysants de la pepsine.

Acides. — Même les acides qui favorisent le plus la fonction chimique de la pepsine deviennent gênants pour la digestion quand on les emploie à des doses trop fortes. A côté de ces acides qu'on peut appeler les *acides actifs*, il y en a d'autres qui sont pour ainsi dire *indifférents;* c'est-à-dire que, même à des doses trop fortes, ils sont incapables d'exciter ou d'arrêter l'action protéolytique de la pepsine. Parmi les acides de ce groupe, nous trouvons les acides borique, arsénieux, butyrique, cyanhydrique, valérianique, succinique, et bien d'autres encore. Enfin il existe un certain nombre d'acides qui, même à des doses relativement faibles, arrêtent le développement de la digestion peptique. Tels sont, par exemple, les acides sulfureux, salicylique, tannique, gallotannique, benzoïque, phénique, thymique, etc. Nous croyons inutile de rapporter ici les proportions dans lesquelles ces divers acides exercent leur influence nuisible sur la pepsine; car elles varient beaucoup d'une expérience à l'autre, et, dans les protocoles d'expériences, on trouve des chiffres qui ne sont pas comparables.

Alcalis. — Les alcalis caustiques suppriment rapidement le pouvoir digestif des solutions peptiques en détruisant directement la pepsine. La preuve en est que, lorsqu'on acidule les solutions alcalines de pepsine, ces solutions ne recouvrent pas leur activité. La destruction de la pepsine par les alcalis est d'autant plus rapide que les solutions de pepsine sont plus pures et que leur température est plus élevée. La manière dont les substances protéiques s'opposent à la destruction de la pepsine par les alcalis nous est encore inconnue, mais tout porte à croire que ces corps doivent fixer une partie de l'alcali ajouté à la solution peptique, en diminuant ainsi son pouvoir destructif. Herzen a soutenu qu'on peut rendre son activité à une solution alcaline de pepsine en la faisant traverser par un courant d'acide carbonique avant de l'aciduler par l'acide chlorhydrique. Chandelon prétend que l'eau oxygénée rétablit le pouvoir digestif d'une solution peptique rendue inactive par les alcalis. Il est cependant possible que, dans certaines conditions, les solutions de pepsine puissent supporter, pour un temps plus ou moins long, l'action des alcalis sans se détruire. A ce propos, il convient de citer les expériences de Nagayo, qui tendent à prouver que l'ammoniaque ne jouit pas du même pouvoir destructeur que les autres alcalis, vis-à-vis de la pepsine.

Sels. — Les *sels alcalins* exercent sur les solutions de pepsine une action analogue à celle des alcalis. Ils arrêtent *ipso facto* le pouvoir protéolytique de ces solutions, et, lorsque leur action se prolonge, les solutions de pepsine deviennent pour toujours inactives. Les *sels neutres* ne font qu'entraver ou arrêter la marche de la digestion peptique sans détruire complètement la pepsine. Le plus inoffensif de ces sels semble être le chlorure de sodium; viennent ensuite les bromures et iodures, puis les nitrates, et en dernier lieu les sulfates. D'après Pfleiderer, ces derniers sels seraient tellement nuisibles à la pepsine qu'ils commenceraient à gêner la digestion à la dose minime de $0^{gr},0014$ p. 100. Nous ferons remarquer à ce propos que Maly n'a pas pu trouver de sulfates dans le suc gastrique. Quant aux *sels acides*, ils ne favorisent pas, malgré leur réaction, l'activité de la pepsine, mais ils ne sont pas non plus très nuisibles. Ce sont surtout les *sels des métaux lourds* qui introduisent un trouble considérable dans la digestion peptique, en précipitant les albumines dissoutes et en entraînant avec elles une grande partie de la pepsine. Quant aux proportions dans lesquelles ces divers sels arrêtent l'activité de la pepsine, elles sont extrêmement variables d'une expérience à l'autre.

Corps organiques. — Il existe une foule de substances organiques qui jouissent de la propriété de modifier, dans un sens favorable ou défavorable, la marche de la digestion peptique. Parmi ces substances, l'alcool a été une des plus étudiées. D'après Petit, l'alcool retarde la digestion à la dose minima de 4 p. 100, mais celle-ci peut encore avoir lieu dans un liquide contenant 8 p. 100 d'alcool, à la condition qu'il soit très riche en pepsine. Les boissons alcooliques agissent dans le même sens sur les liqueurs peptiques. Leur action est même plus énergique que celle qui revient à leur titre alcoolique, fait qui prouve qu'elles renferment d'autres éléments qui sont plus nuisibles pour la pepsine que l'alcool lui-même. HUGOUNENCQ a constaté que les matières astringentes et les matières colorantes du vin forment avec les albumines des combinaisons très stables, qui sont difficilement dissociées par la pepsine.

L'éther, le chloroforme, le chloral, le sulfure de carbone, la benzine et la plùpart des essences, paralysent aussi l'action de la pepsine. Il en est de même d'un certain nombre d'alcaloïdes. D'après les recherches de WROBLEWSKI, les chlorhydrates de conicine, de quinine, de strychnine et de narcéine retardent l'activité de la pepsine, tandis que les chlorhydrates de caféine, de théobromine et de codéine l'accélèrent. Antérieurement WOLBERG avait observé que la quinine activait la digestion peptique. En général, les effets des alcaloïdes sont beaucoup plus prononcés si l'on emploie ces corps à l'état de bases qu'à l'état de sels. Enfin, tandis que la théobromine et la caféine activent la digestion peptique, les infusions de thé et de café gênent sensiblement la marche de ce phénomène (SCHULZ-SCHULZENSTEIN).

Il existe encore, parmi les produits de sécrétion animale, deux liquides. le *mucus* et la *bile*, qui sont particulièrement nuisibles à l'activité de la pepsine. Lorsqu'on ajoute une certaine quantité de ces liquides à une solution peptique qui est en train de digérer, la digestion se ralentit tout à coup, et elle peut même s'arrêter complètement, si les proportions de mucus ou de bile additionnées sont assez fortes. C'est surtout la bile qui est nuisible à la digestion peptique. Sous l'influence de l'acide chlorhydrique, les sels biliaires se décomposent, et les acides biliaires insolubles, mis en liberté, se précipitent, entraînant avec eux la pepsine. En même temps, l'acidité des liquides digestifs est neutralisée en grande partie par les sels alcalins de la bile. Ces deux actions doivent nécessairement troubler la marche de la digestion.

CUMMINS et CHITTENDEN, qui ont étudié expérimentalement le mécanisme de ces phénomènes, ont observé que l'influence paralysante de la bile *in vitro* tient essentiellement à l'acide taurocholique et à ses sels. L'acide glycocholique et les glycocholates n'ont pas d'action nuisible. Nous verrons plus tard que, lorsqu'on étudie ces mêmes phénomènes *in vivo*, les résultats qu'on obtient sont tout autres.

j) **Procédés de mesure de l'activité des solutions peptiques.** — On a proposé un grand nombre de méthodes dans le but de mesurer la puissance protéolytique des solutions de pepsine. La plupart des auteurs se sont simplement contentés de déterminer la quantité d'albumine qu'un liquide de digestion peut dissoudre, dans un temps relativement court, qu'on a pris comme unité. D'autres physiologistes ont conseillé d'évaluer la vitesse de la digestion, en mesurant le temps que les solutions peptiques mettent à digérer une quantité fixe d'albumine ou de fibrine. Finalement, quelques expérimentateurs se sont proposé de mesurer le *pouvoir digestif absolu* des solutions peptiques en épuisant des solutions par l'addition, soit d'eau, soit de quantités considérables d'albumine. Dans la plupart de ces méthodes on n'a pris en considération que les phénomènes de dissolution de l'albumine. Certains physiologistes ont pensé que, pour bien connaître l'activité des liqueurs peptiques, il fallait doser les divers produits qui résultent du dédoublement des principes albuminoïdes. Avant de nous prononcer sur la valeur de chacune de ces méthodes, nous allons les décrire sommairement, en suivant l'ordre chronologique.

1° *Procédé de* BIDDER *et* SCHMIDT. — Ces auteurs explorent le pouvoir digestif d'une solution peptique à l'aide de petits cylindres d'ovalbumine cuite, dont ils déterminent le poids à l'avance à l'état sec. Ces cylindres sont ensuite soumis à la digestion pendant un temps donné (18-24 heures). Au bout de ce temps, on filtre et on sépare l'albumine non attaquée. Ce résidu est desséché à la température de 120°, et pesé. La différence entre le poids trouvé et le poids primitif des cylindres donne la mesure du pouvoir digestif de la solution peptique. Le défaut capital de cette méthode, comme celui de toutes les autres méthodes qui emploient un corps solide pour éprouver l'activité digestive d'une solution peptique, c'est que la surface d'attaque de l'albumine solide diminue progressivement, au fur et à mesure que la digestion avance. Dans ces conditions, la quantité d'albumine dissoute n'est pas exactement proportionnelle au temps.

2° *Procédé de* BRÜCKE. — Cet expérimentateur mesure la puissance digestive d'une solution peptique par le temps qu'elle met à dissoudre complètement un flocon de fibrine. Lorsqu'il veut comparer plusieurs solutions entre elles, il commence par leur donner le même taux d'acidité; puis il les étend avec de l'eau acidulée, de façon à en faire plusieurs séries parallèles, suivant une progression géométrique. Exemple : soit trois solutions de pepsine : A, B et C, au même titre d'acidité. On prendra un volume égal de chacune de ces solutions, et on en fera les dilutions suivantes :

$$A \quad \frac{A}{2}, \frac{A}{4}, \frac{A}{8}, \frac{A}{16}, \text{etc.}$$

$$B \quad \frac{B}{2}, \frac{B}{4}, \frac{B}{8}, \frac{B}{16}, \text{etc.}$$

$$C \quad \frac{C}{2}, \frac{C}{4}, \frac{C}{8}, \frac{C}{16}, \text{etc.}$$

Cela fait, on placera ces diverses solutions à l'étuve, et, lorsqu'elles auront pris l'équilibre thermique, on les additionnera d'un même poids de fibrine fraîche. Au bout de quelques heures, on verra que la dissolution de la fibrine s'est faite en même temps dans certains liquides. Supposons que ce soient les liquides $\frac{A}{2}$, $\frac{B}{4}$ et $\frac{C}{8}$, dont la digestion coïncide. Nous dirons alors que la solution peptique C est deux fois plus active que la solution B, et celle-ci deux fois plus active que la solution A. Brücke prétend qu'on peut doser par cette méthode les quantités relatives de pepsine contenues dans une série de liquides digestifs, car, d'après lui, la vitesse de la digestion est directement proportionnelle aux quantités de pepsine.

3° *Procédé de Schiff.* — Cette méthode a été faite essentiellement en vue de mesurer le *pouvoir digestif absolu* des infusions stomacales. La muqueuse gastrique d'un chien est mise à macérer dans une quantité relativement grande d'acide chlorhydrique étendu; 5 à 600 grammes pendant 5 ou 6 jours, afin d'en extraire le plus possible de pepsine. On prend ensuite un volume donné de cette infusion, et on le met à digérer à l'étuve avec une quantité connue d'albumine (Schiff préfère l'albumine d'œuf cuite à la fibrine). En supposant que la digestion de l'albumine soit complète, on ajoute aux liquides digestifs de nouvelles quantités de cette substance, jusqu'à ce qu'il n'y ait plus de transformation sensible. A ce moment Schiff conseille de diluer les liquides digestifs avec l'acide chlorhydrique étendu pour voir s'ils reprennent leur activité. Dans le cas où la digestion reprend de nouveau, on recommence les mêmes opérations jusqu'à ce qu'on ait épuisé complètement les propriétés digestives de l'infusion. Si l'on fait alors la somme des quantités d'albumines dissoutes, on aura un certain chiffre qui représentera le pouvoir digestif absolu de l'infusion stomacale examinée. Les raisons qui ont poussé Schiff à employer une méthode aussi longue et aussi minutieuse pour étudier le pouvoir digestif des infusions stomacales sont les suivantes : 1° extraire la totalité des ferments protéolytiques contenus dans la muqueuse gastrique en prolongeant le plus possible le temps de la macération; 2° placer les infusions stomacales dans des conditions d'activité optimum, en leur donnant le degré d'acidité et de dilution le plus favorable.

Pour atteindre ce dernier résultat, Schiff dit qu'il faut procéder par une série de tâtonnements, c'est-à-dire additionner aux liquides digestifs des quantités croissantes d'acide et d'eau, en même temps qu'on explore leur puissance protéolytique : on arrive ainsi à une limite de dilution et d'acidité dans lesquelles les causes perturbatrices de la digestion perdent de plus en plus de leur influence, parce que la densité des liquides ne subit plus d'oscillations appréciables par la présence des produits digestifs. C'est dans ces conditions que les infusions stomacales atteignent réellement leur maximum d'intensité et deviennent comparables entre elles. Nous croyons cependant qu'il serait tout aussi facile de déterminer cette limite optimum en diluant d'emblée les liquides digestifs dans des proportions différentes d'eau acidulée et en mesurant ensuite la puissance protéolytique de chacune de ces solutions. Herzen a fait déjà un pas dans ce sens, en appliquant une méthode de cet ordre à la détermination de l'activité du suc gastrique naturel. Malheureusement cet auteur ne dilue le suc gastrique que dans dix fois son volume d'acide chlorhydrique à 2 p. 1000, ce qui est un chiffre absolument arbitraire.

4° *Procédé de* GRÜNHAGEN. — Ce procédé est très élémentaire et très défectueux. On place dans un entonnoir de la fibrine préalablement gonflée par l'acide chlorhydrique étendu. On verse ensuite sur la masse un volume déterminé de la solution peptique. Au fur et à mesure que la digestion se fait, la fibrine dissoute s'écoule goutte à goutte par le bout de l'entonnoir. On juge de la vitesse de la digestion, et par conséquent de la puissance digestive de la solution peptique, par le nombre de gouttes qui tombent du filtre dans l'unité de temps. Il est à peine nécessaire de faire remarquer que, dans cette méthode, la digestion se fait dans des conditions trop anormales pour qu'on puisse en tirer une conclusion quelconque. D'une part, l'action de la pepsine s'exerce sur une surface trop variable, et, d'autre part, la digestion doit être considérablement gênée par l'absence presque complète de liquide.

5° *Procédé de* GRÜTZNER. — Cette méthode, appelée aussi *méthode colorimétrique*, évalue la puissance digestive d'une solution peptique par le degré de coloration que cette solution prend en dissolvant une quantité plus ou moins grande de fibrine, colorée par le carmin ammoniacal. Pour se servir de cette méthode, il faut faire les opérations suivantes : 1° De la fibrine parfaitement lavée et divisée en petits morceaux est plongée pendant vingt-quatre heures dans une solution de carmin ammoniacal. On prépare cette solution en broyant 1 gramme de carmin dans un petit volume d'ammoniaque diluée. On évapore au bain-marie, et l'on traite le résidu par l'eau, de sorte que la solution contienne 1 gramme p. 100 de carminate d'ammoniaque. On filtre et on obtient le liquide dont on doit se servir. Au bout de vingt-quatre heures, la fibrine est généralement bien colorée, pourvu qu'on ait employé une assez grande quantité de solution colorante. On prend alors cette fibrine, et on la lave à plusieurs reprises jusqu'à la débarrasser complètement de l'excès de solution ammoniacale. Cela fait, on peut conserver les flocons de fibrine colorée dans la glycérine ou dans l'acide salicylique à 1 p. 100 ; 2° Lorsqu'on veut procéder à la détermination du pouvoir digestif des solutions peptiques, on prend cette fibrine colorée, on la débarrasse par un ou deux lavages de la glycérine ou de l'acide salicylique qu'elle contient, et on la trempe dans une solution d'acide chlorhydrique à 2 p. 1000 pendant une demi-heure. L'acide chlorhydrique transforme cette fibrine en une masse gélatineuse qui peut être divisée en plusieurs portions égales qu'on ajoute aux liquides peptiques. Aussitôt que la dissolution de la fibrine commence, le carmin est mis en liberté, et les liquides de digestion se colorent plus ou moins, suivant leur puissance protéolytique ; 3° On se rend compte des différences de coloration que présentent ces liquides, en les comparant avec des solutions titrées de carmin qu'on prépare à l'avance. GRÜTZNER conseille de diluer le plus possible les liquides peptiques afin d'éviter que la digestion soit trop rapide. Ainsi les liquides mettent un temps très long à atteindre le maximum de coloration, et les mesures deviennent beaucoup plus précises.

GEHRIG a modifié la méthode de GRÜTZNER en colorant la fibrine par le rouge de Magdala, au lieu de le faire par le carmin ammoniacal. On coupe en petits morceaux de la fibrine soigneusement lavée et on la laisse quarante-huit heures dans une solution alcoolique concentrée de rouge de Magdala. Lorsque les morceaux sont bien colorés, on les lave à un courant d'eau jusqu'à ce qu'ils ne perdent plus de substance colorante. La fibrine provenant de ce traitement offre le désavantage qu'elle est rétractée. Pour lui rendre sa consistance primitive, on la conserve dans une solution de carbonate de soude à 1 p. 100. La fibrine colorée par ce procédé peut rester pendant plusieurs jours dans l'eau à la température de 37°, sans qu'elle perde sa substance colorante. Au contraire, si on la met en présence d'une solution peptique, elle teint graduellement le liquide de digestion jusqu'à sa dissolution complète. Le reste de cette méthode ne diffère en rien de celle de GRÜTZNER.

6° *Procédé de* SCHÜTZ. — Cet auteur se sert de l'albumine d'œuf débarrassée de globuline comme réactif pour éprouver l'activité des liqueurs peptiques. Le mélange digérant contient 1 gramme d'albumine sèche, et 0,25 à 0,30 d'acide chlorhydrique. Au bout de seize heures de digestion à la température de 37°, il dose, par le polarimètre, les albumoses secondaires et les peptones formées, après avoir précipité par le ferri-acétate de soude l'albumine qui n'est pas encore dédoublée et les albumoses primaires que peut contenir le liquide. On en déduit la quantité de pepsine, d'après la loi établie par

Schütz, que les quantités d'albumoses secondaires et de peptones sont proportionnelles aux racines carrées de pepsine. Dans cette méthode l'attaque de la pepsine se fait simultanément sur toutes les molécules d'albumine. On n'a donc pas à craindre l'influence fautive de la surface, comme cela arrive dans la digestion des matériaux solides. Tout récemment Hüppert et Schutz ont eu l'occasion de contrôler la valeur de ce procédé. En faisant l'analyse quantitative des divers produits de la digestion, ils sont arrivés aux mêmes résultats qu'en employant la méthode polarimétrique.

7° *Procédé de* Jaworski. — Ce procédé consiste à diluer les liquides digestifs qu'on veut examiner jusqu'à leur faire perdre leurs propriétés protéolytiques. Cette dilution se fait à l'aide d'une solution titrée d'acide chlorhydrique à 1 ou 2 p. 1 000. D'autre part, on doit employer de petites quantités de fibrine, chaque fois qu'on éprouve le pouvoir digestif des solutions. Autrement on introduit une cause d'erreur qui tient à l'accumulation des produits peptiques. Malgré toutes les précautions possibles, cette méthode ne peut pas être très précise, car il est malaisé de déterminer exactement la quantité d'eau qu'il faut ajouter aux solutions peptiques pour les rendre inactives.

8° *Procédé de* Hübner. — Cet auteur évalue la puissance digestive d'une liqueur peptique par la quantité d'albumine que cette liqueur dissout dans un temps déterminé. Mais ce qui différencie ce procédé de tous les autres qui sont basés sur le même principe, c'est que, pour savoir la quantité d'albumine dissoute, Hübner dose l'azote total des produits solubles au lieu de peser le résidu de l'albumine non attaquée. Cette manière de faire est beaucoup plus rigoureuse que les précédentes, et elle a été adoptée tout d'abord par Sjöquist et plus récemment par Oppler.

9° *Procédé de* Mette. — La caractéristique essentielle de ce procédé est celle de maintenir invariable, pendant toute la durée de la digestion, la surface d'attaque de l'albuminoïde solide qui sert à éprouver la puissance digestive d'une solution peptique. Pour atteindre ce résultat, Mette opère de la façon suivante : On fait écouler le blanc d'œuf par un petit trou de la coquille dans une éprouvette de verre que l'on remplit jusqu'aux trois quarts. On prend ensuite une série de tubes de faible diamètre (1 à 2 millimètres), et on les plonge dans le liquide de l'éprouvette, après les avoir totalement remplis par aspiration d'albumine. Il faut prendre garde pendant cette opération de ne pas introduire de l'air dans les tubes. Lorsque l'opération est finie, on transporte l'éprouvette avec les tubes dans un bain d'eau à la température de 95° pendant cinq minutes. Au bout de ce temps, on retire les tubes de l'éprouvette.

Les tubes récemment préparés présentent presque toujours des vacuoles ou des espaces clairs non remplis d'albumine. Si ces espaces sont grands, ils proviennent de l'air qui a été aspiré avec l'albumine. Dans ce cas, ces tubes doivent être rejetés; si les vacuoles que présentent les tubes sont au contraire très petites, c'est qu'elles proviennent de l'évaporation rapide de l'eau à la température de coagulation de l'albumine; ce qui ne constitue pas un inconvénient bien sérieux. D'ailleurs ces bulles disparaissent au bout de trois jours. A ce moment, les tubes sont prêts pour servir à l'épreuve digestive. On les coupe alors en fragments de 10 à 12 millimètres de longueur, et on met à digérer deux ou plusieurs de ces fragments dans un cristallisoir, contenant la solution peptique à la température de 39°. Au bout de dix heures de digestion, temps pris comme unité pour ce genre de détermination, on transporte le cristallisoir dans la glace, afin d'arrêter la marche de la digestion peptique dans les tubes, et on mesure la longueur d'albumine dissoute. Cette mesure se fait par différence entre la longueur du tube et celle du cylindre d'albumine. Le nombre de millimètres trouvé exprime la puissance digestive du liquide peptique.

Kirikow a proposé, dans le but de rendre plus sensible ce procédé, de remplir les tubes avec du sérum de sang, concentré jusqu'à la moitié de son volume par une évaporation à 50° : d'après lui, l'albumine du sérum se digérerait deux ou trois fois plus vite que l'albumine de l'œuf. D'autre part, ce même auteur conseille, pour éviter la formation des bulles dans le bloc d'albumine et la coagulation inégale de cette substance, de chauffer graduellement les tubes. Avec ou sans ces modifications, le procédé de Mette a été adopté par un grand nombre de praticiens et de physiologistes. Pourtant on a fait observer : 1° que la consistance de l'albumine n'était pas la même dans toute la longueur des tubes; 2° que les surfaces d'attaque du cylindre albumineux changeaient de forme et d'étendue au cours du processus digestif ; 3° que la digestion dans l'intérieur des tubes, se faisant dans un espace très limité, devait nécessairement se ralentir, tant par l'accumulation des produits digestifs que par la difficulté de renouvellement de la pepsine. SAMAOJLOFF a fait justice de ces objections en montrant que la vitesse de la digestion reste constante pendant toute la durée de l'expérience. Il a vu en effet, en mesurant les longueurs d'albumine dissoute à des intervalles égaux, depuis le commencement jusqu'à la fin de l'expérience, que ces longueurs sont proportionnelles au temps, quelle que soit la profondeur à laquelle la digestion se fasse dans le tube, pourvu que cette profondeur ne dépasse pas 5 millimètres. A l'appui de cette conclusion, il donne les chiffres suivants, qui représentent la moyenne de plusieurs observations.

			mm.	
Digéré pendant les deux premières heures.			1,10	
—	—	deuxièmes heures.	1,14	
—	—	troisièmes heures.	1,12	Moyenne de 52 observations.
—	—	quatrièmes heures.	1,15	
—	—	cinquièmes heures.	1,09	
—	—	sixièmes heures.	1,10	Moyenne de 36 observations.

SAMAOJLOFF ajoute « que la profondeur de 5 millimètres peut être considérée comme la profondeur extrême à laquelle arrive la digestion du plus fort suc gastrique du chien dans un laps de temps de dix heures ; de sorte que, si l'on obtenait par la suite une certaine diminution de la vitesse de la digestion, elle ne saurait présenter aucun intérêt pratique ».

Néanmoins il a voulu savoir ce que devient la vitesse de la digestion à une grande profondeur. Pour cela, il a pris de longs tubes remplis d'albumine qu'il a soumis, les uns pendant douze heures, les autres pendant vingt-quatre heures, à l'action du suc gastrique du chien. Il a trouvé comme longueurs digérées :

			mm.
Pendant les douze premières heures			8,6
—	—	deuxièmes heures	7,0
—	—	troisièmes heures	5,75
—	—	quatrièmes heures.	4,0

On voit donc que la digestion se ralentit considérablement à partir de la seconde période de douze heures ; c'est-à-dire lorsque la dissolution de l'albumine atteint la profondeur de 6 à 7 millimètres. Cette limite ne doit pas être dépassée, si l'on veut avoir confiance dans les résultats, mais, pour le reste des indications, le procédé de METTE semble être assez exact. On peut cependant se demander si l'on peut juger de la puissance digestive d'un suc gastrique, en s'adressant simplement à la dissolution de l'albumine. Certains auteurs pensent que ce genre de détermination n'a aucune valeur, attendu que la dissolution et la peptonisation de l'albumine ne sont pas simultanées.

10° *Procédé de* HAMMERSCHLAG. — Cette méthode est surtout applicable aux recherches cliniques. On prépare deux échantillons de 10 centimètres cubes chacun d'une solution d'albumine à 1 p. 100 additionnés de HCl libre à 1 p. 1 000. Un de ces échantillons est mélangé avec 5 centimètres cubes d'eau, l'autre avec le même volume du liquide gastrique à examiner. Les deux mélanges sont ensuite transportés à l'étuve, où ils restent pendant deux heures. Après quoi ils sont examinés à l'aide de l'albuminimètre de ESBACH, au point de vue de leur richesse en albumine. L'échantillon qui sert de témoin indique la teneur primitive en albumine, et la différence entre les deux donne la quantité d'albumine digérée. Le rapport entre la quantité d'albumine digérée et la quantité initiale sert de mesure à la puissance digestive du liquide peptique.

TROLLER a modifié le procédé de HAMMERSCHLAG de la manière suivante. A une solution au centième de protogène, faite à l'aide de l'acide chlorhydrique normal et de l'albumine durcie dans le formol, on ajoute le suc gastrique qu'on veut analyser (10 centimètres cubes de la solution de protogène et 3 centimètres cubes de suc gastrique), et on met le tout à l'étuve. Au bout d'une heure de digestion on laisse refroidir le mélange, et on l'additionne du réactif d'ESBACH, avec lequel il doit rester en contact pendant vingt-quatre heures. Un flacon témoin contenant la même solution de protogène que l'antérieur, mais sans suc gastrique, est soumis au même genre d'opérations. Après le traitement par le réactif d'Esbach, on mesure la quantité d'albumine déposée par les deux liquides, et on a, par différence, la puissance digestive du suc gastrique.

11° *Procédé de* Klug. — Cette méthode est, avec celle de Schutz, l'une des plus complètes. Elle permet de doser les divers produits de la digestion, nous renseignant ainsi sur la nature même du travail chimique accompli par la pepsine. Cette indication peut avoir une importance extrême dans le cas où l'on étudie comparativement la valeur digestive de plusieurs solutions peptiques d'origine différente. En effet, on se souviendra que Klug a montré, grâce à cette méthode, que les pepsines du chien, du porc et de la vache, ne fournissent pas, même lorsqu'on les place dans des conditions semblables, les mêmes quantités de syntonine, d'albumose et de peptones. La marche de ce procédé est la suivante. On prend, avec une pipette, de 0cc,5 à 4 c. c. de la liqueur peptique suivant sa concentration. Si la quantité est inférieure à 4 c. c., on la dilue avec l'eau distillée jusqu'à ce qu'on ait atteint ce volume. Puis on ajoute au liquide 2 c. c. d'une solution concentrée de soude, et six gouttes d'une solution de sulfate de cuivre à 10 p. 100. On agite le mélange, et on filtre. Le liquide filtré, qui a pris la teinte de la *réaction du biuret*, est versé dans une cuvette de Schultze et examiné au spectro-photomètre de Glan, en utilisant la partie du spectre comprise entre $D_{75}E$ et $D_{100}E$. On détermine ainsi l'angle de rotation qu'il faut donner au prisme de nicol pour obtenir l'égalité des teintes de la lumière. Cet angle est l'angle β. La même opération faite sans le liquide donnera l'angle α, et en connaissant ces deux angles on peut, par une simple formule, déterminer le *coefficient d'extinction normal* du liquide. Ce coefficient est directement proportionnel au degré de coloration du liquide, ou, ce qui revient au même, à sa richesse en protéides. On prend alors une portion de ce liquide, et on la met à digérer avec 5 grammes de la poudre d'albumine sèche pendant vingt-quatre heures. Au bout de cette période, on arrête la digestion et on filtre le liquide; on renouvelle les mêmes opérations et on calcule son coefficient d'extinction après l'avoir débarrassé de l'albumine simplement dissoute, par l'ébullition. Par différence avec le coefficient primitif, on aura un certain chiffre qui représentera la quantité d'albumine digérée; sur une autre partie du liquide filtré on fait encore la même détermination, mais en ayant soin de précipiter auparavant les syntonines par neutralisation. Ce nouveau coefficient donnera, par différence avec le chiffre antérieur, la quantité des syntonines formées. Enfin, sur une dernière portion du liquide, débarrassée au préalable de l'albumine simplement dissoute, des syntonines, et des albumoses, par le sulfate d'ammoniaque, on évaluera le dernier coefficient, qui sera celui des peptones. Ces divers chiffres n'ont, bien entendu, qu'une valeur comparative, mais on peut connaître approximativement leur valeur réelle, en se servant des tables qui ont été dressées par Klug en opérant sur des solutions titrées d'albumines, d'albumoses et de peptones.

k) **Valeur comparative de ces diverses méthodes.** — Nous discuterons dans ce chapitre : 1° la valeur des *principes* sur lesquels se fondent ces méthodes, et 2° l'erreur plus ou moins grande qu'on peut commettre dans leur application.

1° Sous le rapport des principes, nous ferons deux groupes :

1ᵉʳ GROUPE.
Méthodes dites de *vitesse* :

1° Méthodes qui mesurent la quantité d'albumine dissoute ou transformée dans un temps donné qui est pris comme unité;

2° Méthodes qui évaluent le temps de dissolution d'une quantité fixe d'albumine ou de fibrine.

2ᵉ GROUPE.
Méthodes que nous pourrions appeler *absolues* :

1° Méthodes qui déterminent la quantité totale d'albumine qu'un liquide de digestion peut dissoudre jusqu'à l'épuisement complet de son action digestive;

2° Méthodes consistant à diluer les solutions peptiques jusqu'au moment où celles-ci deviennent impuissantes à digérer une petite quantité d'albumine ou de fibrine.

La dernière de ces méthodes est aujourd'hui complètement abandonnée. On comprend en effet qu'il soit malaisé de déterminer par dilution la fin de l'activité digestive d'une liqueur peptique, attendu que les solutions acides, elles-mêmes, jouissent du pouvoir de-

.transformer une certaine quantité d'albumine. Ce même reproche peut être adressé aux autres méthodes absolues. D'autre part, il est incontestable qu'on peut évaluer plus facilement l'activité des liqueurs peptiques en mesurant la vitesse de la digestion qu'en mesurant la quantité totale d'albumine dissoute. Cette mesure est non seulement plus rapide, mais elle est aussi plus exacte, car on sait que l'activité de la pepsine s'écarte de la loi normale aussitôt que les produits peptiques commencent à s'accumuler dans les liquides de digestion. A partir de ce moment, l'activité de la pepsine décroît et devient très irrégulière, de sorte que nous croyons, contrairement aux idées de Schiff, que toute mesure faite pendant cette période de la digestion se trouve nécessairement entachée d'erreur.

On peut donc dire que les méthodes fondées sur la vitesse de la digestion sont les plus aptes à déterminer la valeur réelle de l'activité des solutions peptiques. Ces méthodes se divisent en deux catégories. Les unes mesurent la quantité d'albumine dissoute ou transformée dans un temps relativement court qui est pris comme unité. Les autres, au contraire, prennent une petite quantité d'albumine ou de fibrine qui est toujours la même, et évaluent le temps de dissolution. A priori, ces dernières méthodes semblent être plus exactes, car elles réduisent au minimum les causes perturbatrices de la digestion, tenant à l'accumulation des produits peptiques. Malheureusement, ces méthodes, dont le procédé de Brücke fait partie, exigent l'emploi d'un corps solide pour mesurer la vitesse de la digestion, ce qui est une cause d'erreur assez importante. Mais, même si l'on accepte ces conditions, il est difficile de déterminer exactement le moment précis où le flocon de fibrine ou d'albumine disparaît dans les liquides de digestion. Si ces liquides sont très riches en pepsine, la dissolution de la fibrine se fait tellement vite qu'il est presque impossible de saisir des différences d'activité. Au contraire, si les liqueurs peptiques sont très diluées, on risque de trouver la même vitesse de digestion pour les divers liquides à cause de l'influence prépondérante de l'acide sur le phénomène de la dissolution de la fibrine.

En raison de ces inconvénients, nous croyons qu'il faut accorder la préférence aux méthodes qui mesurent la vitesse de la digestion par la quantité d'albumine dissoute ou transformée dans un temps donné, mais seulement à la condition qu'on arrange l'expérience de sorte que cette vitesse reste constante pendant cette période de temps, ou du moins qu'elle suive une loi définie. Autrement les mesures faites ne sauraient avoir de valeur. Les seules méthodes qui réalisent cette condition sont la méthode de Mette et celle de Schutz. Dans la première, la vitesse d'action de la pepsine reste constante, d'après Samaojloff, jusqu'à la profondeur de 5 à 6 millimètres. Dans le procédé de Schutz, la vitesse diminue dès le début de l'expérience, mais ce phénomène se produit suivant une loi connue, de sorte que ce procédé peut être encore utilisé. Il semble même découler de l'examen comparatif de ces deux procédés que le dernier est le plus exact.

1° Quant aux erreurs qu'on peut commettre dans l'application de ces méthodes, il importe d'établir une différence entre les méthodes qui emploient comme réactif de digestion un corps solide insoluble et qui n'ont en vue que l'étude des phénomènes de dissolution de l'albumine, et les méthodes qui se servent d'un corps liquide ou d'un corps solide soluble, comme réactif de digestion, et qui cherchent à doser les divers produits qui résultent du dédoublement peptique des principes albuminoïdes.

Les méthodes du premier groupe sont beaucoup plus défectueuses. En premier lieu, la surface d'attaque de l'albuminoïde solide, qui sert à explorer l'activité digestive de la solution peptique, diminue au fur et à mesure que la digestion avance. Il s'ensuit que, même si la force de dissolution du liquide restait constante, la vitesse de la digestion diminuerait pendant tout le temps de l'expérience. C'est pour éviter cette cause d'erreur que Mette d'abord, et Klug ensuite, ont conseillé de prendre : le premier, un tube de verre rempli d'albumine coagulée, et le second, de l'albumine en poudre. Mais, quelle que soit la valeur de ces modifications, ces procédés ne constituent pas encore ce que Huppert appelle un *système homogène*, c'est-à-dire un système dans lequel toutes les molécules du corps actif et toutes les molécules des corps mis à digérer soient intimement en contact. Cette condition ne peut être réalisée que dans le cas où les deux corps se trouvent en solution dans le même liquide. Les méthodes dont nous parlons présentent en outre ce désavantage, qu'autour du point où la réaction a lieu, il se forme une espèce d'atmosphère anormale, constituée par l'accumulation des produits peptiques, dans laquelle la digestion est plus ou moins gênée. Or, puisque nous ne pouvons pas réussir à maintenir invariable la composition des liquides digestifs pendant le temps où nous éprouvons leur activité, nous devons tout au moins nous attacher à rendre leur composition uniforme. Il est évident que ce résultat ne peut être atteint par aucune de ces méthodes. Toutefois, SAMAOILOFF affirme que, dans le procédé de METTE, les phénomènes dont il est question n'ont aucune importance, tant que la digestion dans le tube n'atteint pas la profondeur de 5 millimètres, car jusqu'à ce moment, dit-il, la vitesse de la digestion reste constante. Cela n'empêche que ces phénomènes existent, et que dans certains cas ils peuvent être une cause d'erreur.

On a encore une objection beaucoup plus grave contre ce genre de méthodes. C'est qu'elles se contentent de déterminer les quantités d'albumine dissoute. Or rien ne dit que le pouvoir dissolvant d'une liqueur peptique soit absolument le même que son pouvoir peptonisant. A. GAUTIER a montré que le suc gastrique de mouton contient une sorte de pepsine *imparfaite* qui digère plus rapidement la fibrine que la pepsine *parfaite*, mais qui fournit moins de peptone que celle-ci. DUCLAUX va même jusqu'à prétendre que la pepsine est formée de deux ferments, l'un dissolvant, l'autre peptonisant, qui tous deux agissent d'une façon indépendante sur les principes albuminoïdes.

En laissant de côté toute hypothèse, pour ne rester que sur le terrain des faits, nous trouvons dans les expériences de KLUG la preuve irréfutable que les diverses espèces de pepsine peuvent, dans des conditions également optima, dissoudre la même quantité d'albumine, tout en fournissant des quantités très différentes de syntonines, d'albumoses et de peptones. Il serait donc prématuré de dire qu'une liqueur peptique est plus riche en pepsine qu'une autre, en se basant seulement sur une mesure comparative du pouvoir dissolvant de chacune de ces solutions. Pour faire une affirmation semblable, il faudrait connaître plus en détail la marche et la grandeur du travail chimique accompli par la pepsine. La méthode de KLUG est la seule, parmi les méthodes qui emploient comme réactif de digestion un corps solide insoluble, qui soit à même de nous fournir ces renseignements. Mais elle n'a pas encore la valeur des méthodes de SCHUTZ et de HUPPERT. Grâce à la manière d'opérer de ces auteurs, on n'a pas à se préoccuper des causes d'erreur signalées plus haut, en même temps qu'on dispose d'un moyen assez sûr de doser les divers produits qui résultent de la digestion peptique. La véritable difficulté commence lorsqu'il s'agit de choisir, parmi ces divers produits, un terme de comparaison pour évaluer l'activité des pepsines.

Doit-on prendre les syntonines, les albumoses ou les peptones?

Cette question ne pourra être résolue, tant qu'on ne connaîtra pas, d'une façon certaine, la valeur nutritive de chacun de ces produits et le rang qu'ils occupent dans la fonction chimique de la pepsine. Nous pouvons cependant dire que ce choix ne doit porter ni sur les syntonines, ni sur les albumoses primaires, car ces corps dépendent trop directement de l'influence de l'acide. Au contraire, les albumoses secondaires et les peptones sont plutôt l'œuvre de la pepsine; mais, comme un choix entre ces deux corps devient véritablement trop difficile, nous proposerons, à l'exemple de SCHUTZ et de HUPPERT, de les doser tous les deux ensemble.

Nous arrivons donc à cette conclusion que, pour connaître l'activité d'une solution peptique, il faut prendre une méthode qui mesure la vitesse de la digestion à l'aide d'un corps soluble ou liquide, en dosant les albumoses secondaires et les peptones.

l) **Conditions dans lesquelles il faut placer les liqueurs peptiques pour mesurer leur activité.** — Le premier soin que doit prendre tout opérateur qui désire connaître la puissance protéolytique d'un liquide de digestion, c'est de placer ce liquide dans des conditions d'activité tout à fait régulière. Or les solutions peptiques très concentrées s'écartent beaucoup de cette loi. Tel est le cas des sucs gastriques naturels, même lorsqu'ils sont à l'état pur. Il faut donc commencer par diluer ces liquides. S'il s'agit d'une liqueur peptique, comme par exemple le suc gastrique de chien, dont on sait à l'avance les meilleures conditions d'acidité, on prendra une solution titrée d'acide chlorhydrique, à 4 ou 5 p. 1000, avec laquelle on diluera le suc gastrique de cinq à dix fois son volume, suivant sa concentration mesurée densimétriquement. Cette solution servira ensuite à la mesure définitive de l'activité du suc gastrique. Pour plus de sûreté, il faudrait, par un essai préalable, déterminer la marche de l'activité digestive dans cette solution. Mais, s'il faut croire les expériences de Samaojloff et de Schutz, la vitesse de la digestion, dans ces conditions, est tout à fait régulière.

Lorsqu'on veut comparer l'activité de divers échantillons d'un même suc pris à des moments différents de la digestion, cette même opération est encore plus indispensable ; car la composition chimique du suc gastrique varie beaucoup d'un moment à l'autre de la digestion.

Il arrive souvent que les liquides de digestion n'acquièrent toute leur activité que quelques heures après leur extraction du corps. C'est que ces liquides renferment, à côté de la pepsine, des quantités plus ou moins grandes de propepsine, qui mettent un certain temps à se transformer en pepsine active. Ce fait se produit principalement pour les infusions et pour les extraits d'estomac. C'est dans ce cas surtout qu'il est absolument nécessaire de laisser les solutions peptiques quelques heures à l'étuve avant d'éprouver leur activité.

Il faut aussi réduire au minimum l'influence perturbatrice qu'exercent les produits peptiques sur la marche de la digestion. Aussi ne doit-on éprouver les liquides digestifs qu'avec le moins possible d'albumine. Si les besoins de l'expérience exigent l'emploi d'une plus grande quantité de protéide, le meilleur moyen de combattre cette accumulation de produits consiste à soumettre les liquides digestifs à une dialyse constante en présence d'une solution d'acide ayant le même titre d'acidité que ces liquides. D'après les recherches de Amermann et Chittenden, la dialyse ne serait pas nécessaire, tant que la quantité de protéide mise à digérer ne dépasse pas 4 grammes p. 100 pour la fibrine, et 2 grammes p. 100 pour l'ovalbumine, ces deux corps pesés à l'état sec.

m) **Lois d'activité de la pepsine.** — La courbe d'activité de la pepsine en fonction du temps ne peut être représentée par aucune loi. En général cette courbe monte assez rapidement pour atteindre son optimum, puis elle tombe très lentement. D'après Klug, la pepsine de chien présente son optimum d'activité vers la douzième heure de la digestion, lorsqu'on la place dans les conditions suivantes : solution de pepsine contenant 0,1 p. 100 de pepsine et 0,5-0,6 p. 100 d'acide chlorhydrique ; température de digestion : 39° ; quantité d'albumine mise à digérer : 7 grammes d'ovalbumine cuite pour 20 c. c. de liquide. De la douzième heure à la vingt-quatrième heure, l'activité de la digestion ne subit que de très faibles variations, et elle reste aux environs du point optimum, comme le montre le tableau suivant, de Klug.

HEURES DE DIGESTION.	QUANTITÉS D'ALBUMINE DISSOUTES représentées par la différence des coefficients d'extinction $E^2 - E^1$.	HEURES DE DIGESTION.	QUANTITÉS D'ALBUMINE DISSOUTES représentées par la différence des coefficients d'extinction $E^2 - E$.
1	1,058	13	4,183
2	1.667	14	4,081
3	2,332	15	4,011
4	2,804	16	3,838
5	3,273	17	3,842
6	3,371	18	8,863
7	3,595	19	4,058
8	3,659	20	3,892
9	3,875	21	4,114
10	3,981	22	3,952
11	4,205	23	4,115
12	4,389	24	4,160

NOTA. — Nous supprimons les décimales qui ne sont pas nécessaires à la démonstration.

Dans ces expériences, l'auteur n'a pris en considération que les phénomènes de dissolution de l'albumine. En dosant les produits peptiques, et en se servant en même temps de plusieurs espèces de pepsine, Klug a constaté que la courbe d'activité de la pepsine varie non seulement pour chaque produit peptique, mais aussi pour chaque espèce de pepsine. Ces divers résultats se trouvent réunis dans le tableau ci-joint :

HEURES de digestion.	PEPSINE DE PORC.			PEPSINE DE VACHE.			PEPSINE DE CHIEN.		
	Syntonines.	Albumoses.	Peptones.	Syntonines.	Albumoses.	Peptones.	Syntonines.	Albumoses.	Peptones.
1	0,231	0,575	0	0,201	0,482	0	0,128	0,543	0,159
2	0,411	0,908	0	0,244	0,743	0	0,534	1,338	0,176
3	0,731	1,136	0	0,426	1,000	0	0,637	2,048	0,204
4	0,804	1,147	0,049	0,913	1,147	0,029	1,140	2,319	0,353
6	1,192	1,700	0,178	1,103	1,704	0,084	0,834	3,482	0,602
8	1,645	1,887	0,252	1,613	2,059	0,121	0,964	3,525	0,887
10	1,575	2,298	0,287	1,994	2,493	0,223	0,678	3,319	0,878
12	1,662	3,370	0,364	2,002	3,148	0,314	0,443	3,356	0,914
15	2,004	2,412	0,376	1,982	2,768	0,355	0,542	3,489	0,876

La durée totale de la digestion dans ces expériences a été de vingt-quatre heures, mais, les *optima* s'étant produits avant cette limite, l'auteur a cru inutile de rapporter tous ses résultats. En regardant de près ces chiffres, on voit que la pepsine de chien atteint son optimum au bout de quatre heures, pour la formation des syntonines, la pepsine de vache au bout de dix heures, et la pepsine de porc au bout de quinze heures. Mais l'optimum de la pepsine de chien est tellement inférieur aux deux autres optima (1,140 contre 2,002 et 2,004) que, tout compte fait, ce sont les pepsines de vache et de porc qui fournissent le plus de syntonine. Pour la formation des albumoses, la pepsine de chien se montre, au contraire, beaucoup plus active que les deux autres. Son optimum, qui se produit aux environs de la sixième heure, a la valeur de 3,525, tandis que celui de la pepsine de vache, qui ne se présente qu'au bout de la douzième heure de la digestion, n'est que de 3,148, et celui de la pepsine de porc, qui est encore plus éloigné (quinzième heure), de 2,412. Finalement, sous le rapport du rendement en peptone, la pepsine de chien l'emporte de beaucoup sur les deux autres. Quant aux pepsines de porc et de vache, elles suivent, à quelques différences près, une marche parallèle.

A partir du point optimum, l'activité de ces pepsines reste en général stationnaire, puis elle diminue très lentement. Klug a observé, en faisant des expériences de digestion à longue durée, que les liqueurs peptiques peuvent former des quantités notables d'albumoses et de peptones, même au bout du trentième jour de digestion. On voit donc que la branche descendante de la courbe d'activité de la pepsine est infiniment plus longue que la branche ascendante. Elle est en outre beaucoup moins régulière que celle-ci à cause des variations considérables que subit la composition du milieu peptique pendant cette période de la digestion. Est-ce à dire que la branche ascendante de cette courbe soit exempte de toute irrégularité? Nullement : les expériences de Klug montrent qu'avant que l'activité de la pepsine n'atteigne son optimum, elle est très souvent soumise à de très fortes oscillations. Toutefois il y a des conditions dans lesquelles l'activité de la pepsine peut suivre pendant les premiers moments de la digestion une marche à peu près régulière. C'est lorsqu'on se contente d'éprouver les liqueurs peptiques avec une petite quantité d'albumine. En opérant de la sorte, Brücke, tout d'abord, et Samaojloff ensuite, ont trouvé que les quantités d'albumine dissoute étaient proportionnelles au temps, c'est-à-dire que la vitesse de la digestion restait constante pendant un temps assez long de l'expérience. Dans ce cas, la courbe d'activité de la pepsine pourrait être représentée par une ligne droite. De son côté, Schütz a constaté, en employant aussi une petite quantité d'albumine, mais à l'état de solution, que les quantités d'albumine transformées dans l'unité du temps diminuent avec la durée de l'expérience, mais sans suivre une loi définie.

HEURES DE DIGESTION.	1	4	9	16	25
Quantités d'albumine transformées. . .	0,6853	1,0153	1,1319	1,2185	1,2516

Néanmoins cet auteur a trouvé, en dosant les diverses produits peptiques : 1° que la somme des syntonines et des albumoses primaires reste la même pendant toute la durée de l'expérience, excepté pour le second chiffre :

HEURES DE DIGESTION.	1	4	9	16	25
Acidalbumines.	0,3885	0,4721	0,3697	0,2832	0,2350
Albumoses primaires.	0,0718	0,0938	0,1254	0,1787	0,2530
Totaux. . .	0,4603	(0,5659)	0,4951	0,4619	0,4880

2° Que les quantités d'albumoses primaires toutes seules, ainsi que celles d'albumoses secondaires et de peptones réunies, sont sensiblement proportionnelles aux racines carrées du temps :

HEURES DE DIGESTION.	1	4	9	16	25
Albumoses primaires.	(0,0718)	0,0938	0,1254	0,1787	0,2530
Quantités calculées d'après la racine carrée[1] . .	0,0463	0,0926	0,1389	0,1852	0,2315

1. L'auteur ne dit rien de la manière dont il obtient le premier chiffre dans ces calculs. Tous les autres chiffres sont le produit du premier par les racines carrées du temps.

HEURES DE DIGESTION.	1	4	9	16	25
Albumoses secondaires et peptones.	0,2206	0,5583	0,6887	0,9594	(0,9451)
Quantités calculées d'après la racine carrée. . .	0,2427	0,4854	0,7283	0,9708	1,2135

Sans tenir compte des chiffres qui ont été rejetés par l'auteur lui-même, et qui sont entre parenthèses, on voit qu'il existe toujours un certain écart entre les chiffres donnés par la théorie et les chiffres trouvés par l'expérience. D'après HÜPPERT, la loi des albumoses secondaires et des peptones présenterait en outre de nombreuses exceptions, dans le cas où l'on opère avec des liqueurs peptiques très riches en pepsine, ou lorsque la température de digestion est assez élevée (37° à 40°).

HEURES DE DIGESTION.	1	4	9	16	25	36
Température de digestion 37°,5.						
Quantités trouvées.	—	28,37	40,84	48,55	56,79	—
Quantités calculées	—	24,94	37,40	40,87	62,34	—
Température de digestion 40°.						
Quantités trouvées.	—	32,68	40,66	53,24	63,51	76,46
Quantités calculées	—	22,66	39,98	53,31	66,64	79,97

La raison en serait que l'activité de la digestion dans ces conditions croît et décroît très rapidement. Il en résulterait que les chiffres trouvés au début de l'expérience sont plus forts que les chiffres calculés, tandis qu'ils sont plus faibles à la fin. Hüppert ajoute que, pour des températures plus basses ou pour des solutions de pepsine moins concentrées, la loi formulée par Schütz est parfaitement exacte. C'est aussi un raisonnement du même ordre qu'ont fait Brücke et Samaojloff, lorsqu'ils ont affirmé que la vitesse de la digestion ne reste constante que dans les liqueurs peptiques à un certain degré de concentration. La vérité est que, suivant les conditions dans lesquelles on se place, on peut arriver à des résultats tout à fait différents. Il n'est donc rien de surprenant à ce que les divers expérimentateurs n'interprètent pas de la même manière la marche de l'activité de la pepsine.

Ce désaccord se poursuit et s'accentue lorsqu'il s'agit de déterminer le rapport entre l'activité d'une solution peptique et sa richesse en pepsine. Brücke le premier a essayé d'évaluer ce rapport : il a trouvé que le pouvoir dissolvant d'une liqueur peptique, c'est-à-dire la vitesse avec laquelle cette liqueur dissout un flocon de fibrine, était directement proportionnel à sa teneur en pepsine. Si cette loi était exacte, le produit du temps par la quantité de pepsine devrait être un nombre constant pour toutes les expériences. Or cela arrive très rarement dans les expériences de Brücke. En voici un exemple.

QUANTITÉS DE PEPSINE.	1	2	4	8	16	32
Temps de dissolution en heures.	20	7 à 20	7	3 1/2	3	1 1/2
Produits de ces deux nombres.	20	14-40	28	28	48	48

D'autre part, Borissow a fait observer que, dans ces expériences, on n'a tenu aucun compte de la diminution de surface que subit le morceau de fibrine ou d'albumine au cours de la digestion. Il a vu, en opérant avec le dispositif de Mette, dans lequel la surface du corps solide mis à digérer reste constante, que les quantités d'albumine dissoute ne sont pas proportionnelles aux quantités de pepsine, mais aux racines carrées de ces quantités. Samaojloff a contrôlé cette loi, et il l'a trouvée assez exacte, mais, comme Borissow, il pense qu'elle ne peut être appliquée aux solutions très étendues de pepsine. Cependant, en lisant les résultats obtenus par Samaojloff, on voit qu'ils s'écartent beaucoup de cette loi, si bien que Hüppert a pu dire avec raison que ces résultats pourraient être aussi bien rapportés aux racines cubiques de pepsine qu'aux racines carrées. En prenant la seconde expérience de Samaojloff, faite avec le suc gastrique du chien dilué, on trouve, en effet,

QUANTITÉS DE PEPSINE.	64	32	16	8	4	2	1
Nombre de millimètres digérés.	6,68	5,12	3,98	3,08	2,32	1,75	1,37
Rapport de vitesse, en prenant 1,37 comme unité	4,87	3,73	2,93	2,25	1,72	1,28	1
Racines carrées de pepsine .	8	5,6	4	2,8	2	1,4	1
Racines cubiques de pepsine.	4	3,23	2,6	2	1,6	1,28	1

que les quantités d'albumine dissoute se rapprochent beaucoup plus des racines cubiques que des racines carrées de pepsine. L'observation de Hüppert semble donc juste, au moins pour ce cas spécial. Il ne faudrait pas non plus oublier que la loi de Borissow avait été déjà énoncée par Schütz en 1885, à la suite d'une série de recherches dans lesquelles il avait constaté que les quantités d'albumoses secondaires et de peptones formées par les liquides de digestion étaient proportionnelles aux racines carrées de pepsine. Depuis lors, Schütz a repris l'étude de cette fonction, en collaboration avec Hüppert : ils sont arrivés aux résultats suivants : 1° Les quantités d'albumoses et de peptones sont proportionnelles aux racines carrées seulement dans les cas où les liquides digestifs peuvent former des quantités suffisantes d'acidalbumine :

QUANTITÉS DE PEPSINE.	1	4	9	16	25	36	49	64
Quantité d'albumoses et de peptones.	9,40	20,61	32,33	45,35	55,21	64,96	75,97	85,25
Quantités calculées d'après la racine carrée.	10,8	21,6	32,4	43,2	54,1	64,9	75,7	86,5

Si l'on place ces liquides dans des conditions telles qu'ils ne puissent pas former assez d'acidalbumine, les quantités d'albumoses secondaires et de peptones ne sont plus proportionnelles aux racines carrées de pepsine.

QUANTITÉS DE PEPSINE.	1	9	25	36
Quantités d'albumoses et de peptones trouvées . .	0,7139	0,7610	0,8226	0,8227
Quantités calculées en prenant 0,7139 comme unité.	0,7139	2,1417	3,5675	4,2834

Pour obtenir ce résultat ces auteurs se sont servis d'une liqueur peptique contenant une forte proportion de pepsine, et d'une très faible acidité. Alors l'acidalbumine se formait en très petites quantités, et elle ne tardait pas à disparaître complètement par les progrès de digestion.

2° Les quantités d'acidalbumine formées par la digestion diminuent avec les quantités de pepsine; les albumoses primaires augmentent; mais aucun de ces phénomènes ne suit une loi connue.

QUANTITÉS DE PEPSINE.	0	1	4	9	16
Quantités d'acidalbumine.	0,8079	0,6419	0,3484	0,1258	0,0348
Quantités d'albumoses	0	0,0223	0,0367	0,0579	0,0834
Somme de ces produits.	0,8079	0,6642	0,3851	0,1837	0,1182

Pour montrer à quel point ces résultats changent suivant la manière dont on dispose l'expérience, Hüppert a pris de l'acidalbumine : il l'a mise à digérer, d'une part en solution, et d'autre part en suspension à l'aide d'un dispositif spécial. Il a alors constaté que, tandis que dans le premier cas les quantités d'albumoses secondaires et de peptones formées sont relatives aux racines carrées de pepsine, dans le second cas elles sont à peu près proportionnelles aux quantités de pepsine.

QUANTITÉS DE PEPSINE.	1	2	3	4	5
Acidalbumine en solution.					
Quantités d'albumoses et de peptones trouvées.	17,25	23,25	27,15	30,15	32,70
Quantités calculées d'après la racine carrée.	15,75	22,02	26,97	31,14	34,84
Acidalbumine en suspension.					
Quantités d'albumoses et de peptones trouvées	8,76	15,61	21,93	31,11	36,50
Quantités calculées	7,59	15,19	22,78	30,97	37,97

Cette expérience prouve une fois de plus que tout pour ainsi dire dépend des conditions dans lesquelles on se place.

Hüppert et Schütz ont cherché à déterminer les lois d'après lesquelles les conditions physiques ou chimiques font varier l'activité de pepsine. Quant à la température, ils ont trouvé, comme d'autres expérimentateurs, que les quantités d'albumine digérées, ainsi que les quantités des produits digestifs, augmentent avec la température jusqu'à une limite optimum qui oscille entre 40° et 55°. Mais il leur a été impossible de découvrir dans la marche de ces phénomènes une loi quelconque. L'influence de l'acidité pourrait au contraire, d'après ces auteurs, s'exprimer par la loi suivante. Les quantités d'albumoses secondaires et de peptones formées sont proportionnelles aux racines carrées des quantités d'acide jusqu'à la concentration de 2 p. 100 d'acide. Au-dessus de cette limite, les quantités trouvées sont plus petites que les quantités calculées. Les quantités d'albumine transformée et les quantités d'acidalbumine augmentent avec la concentration de l'acide, jusqu'à une concentration de 5 p. 100, mais sans obéir à aucune loi. Quant aux albumoses primaires, elles subissent toutes sortes de variations. Ils ont vu aussi, en faisant varier les quantités d'albumine mises à digérer, que la somme des acidalbumines et des albumoses primaires, ainsi que la somme des albumoses secondaires et des peptones, sont dans le même rapport que les quantités d'albumine employées pour l'expérience. Finalement, en prenant des volumes différents d'une même solution peptique, et en éprouvant ces liquides avec les mêmes quantités d'albumine, Hüppert et Schütz ont constaté que la vitesse de la digestion augmente avec le volume de la solution peptique, mais non suivant un rapport connu.

La plupart de ces résultats ont été réunis par Hüppert et Schütz dans la formule suivante, qui exprimerait, selon eux, les diverses lois d'activité de la pepsine pour la formation des albumoses secondaires et des peptones.

$$S = KA \sqrt{p\,t\,s}.$$

S représente la quantité d'albumoses secondaires et de peptones formées; A, la quantité d'albumine; p, la quantité de pepsine; t, la durée de la digestion; s, la concentration de l'acide, et K, une constante de vitesse, variable pour chaque expérience.

En somme, le travail de Hüppert et de Schütz apporte une large contribution à la connaissance de la fonction chimique de la pepsine. Toutefois il serait imprudent d'accepter les conclusions de ces auteurs sans attendre de nouvelles expériences; car les données théoriques ne concordent pas toujours avec les données expérimentales. Les écarts ne sont pas aussi grands que dans les expériences de Samaojloff, mais ils sont tout aussi nombreux, c'est dire que la solution du problème ne touche pas encore à sa fin. Il y a d'ailleurs des causes très sérieuses qui s'y opposent. La première tient à ce que la fermentation peptique n'aboutit pas à la formation d'un produit unique, mais à une série de corps que nous ne connaissons que très incomplètement et que nous ne pouvons pas doser d'une façon exacte. La seconde, c'est que les matériaux servant à la fermentation peptique ne sont pas des espèces chimiques pures, mais un mélange de plusieurs corps, chacun pouvant se comporter d'une manière différente en présence de la pepsine. Enfin, la troisième difficulté, qui n'est pas du reste la moins importante, c'est que le milieu dans lequel la pepsine agit est par lui-même capable d'opérer le dédoublement hydrolytique des principes albuminoïdes. Il en résulte qu'à la fin d'une expérience il est difficile de savoir la part qui revient, dans l'œuvre accomplie, à l'action de l'acide et à l'action de la pepsine. Ajoutons le manque d'unité dans les recherches entreprises, et on comprendra sans peine pourquoi tant de résultats contradictoires.

n) **Puissance de la pepsine.** — Nous ne pouvons pas assigner une limite précise au travail chimique de la pepsine. Tout ce que nous savons, c'est que ce travail peut être considérable. Brücke a trouvé qu'une petite quantité de pepsine pouvait digérer une masse énorme de fibrine. Schiff a vu que, pour épuiser l'activité protéolytique d'une infusion faite avec l'estomac d'un chien de taille moyenne, il fallait au moins 70 kilogrammes d'albumine. Sündberg a constaté qu'une solution de pepsine contenant seulement $\frac{1}{100\,000}$ de cette substance se montrait encore active. Petit est arrivé à isoler une pepsine qui digérait dans l'espace de six à sept heures cinq cent mille fois son poids de fibrine. D'autres expérimentateurs ont signalé des faits semblables. En présence de ces résultats, on a fini par se demander si la pepsine ne se conservait pas indéfiniment dans les liquides de digestion, pouvant ainsi transformer des quantités illimitées de principes albuminoïdes.

Schwann avait conclu, en voyant que la vitesse de la digestion se ralentit considérablement dans les liquides qui ont déjà transformé une première quantité d'albumine, que la pepsine se détruit en agissant. Mais on sait aujourd'hui que ce ralentissement tient surtout à l'accumulation des produits peptiques. Pour Vogel, au contraire, les quantités de pepsine sont sensiblement les mêmes à la fin et au début de la digestion. Cet auteur ajoute aux liqueurs peptiques des masses croissantes de viande, jusqu'à ce que ces liquides ne digèrent plus. Cela fait, il extrait de ces liquides la pepsine qu'ils renferment, et il la met à digérer dans une nouvelle solution d'acide. La digestion reprend avec autant de force que dans le premier cas, de sorte que Vogel se croit dans le droit de conclure que la pepsine ne se détruit pas en digérant. A cette expérience, Schiff a répondu que Vogel n'a pas poussé assez loin la digestion, car il n'a pas combattu le premier arrêt de celle-ci, par l'addition de nouvelles quantités d'eau et d'acide. Il ne résulte pas moins de l'expérience de Vogel que la pepsine peut accomplir un travail chimique considérable sans perdre pour cela sa puissance protéolytique. Brücke a cru résoudre cette question en faisant l'expérience suivante : il prend deux bocaux de mêmes dimensions. Dans l'un il met un kilogramme de fibrine, gonflée au préalable par l'acide chlorhydrique, et il y ajoute la quantité nécessaire d'une solution d'acide à 1 p. 1000 jusqu'à remplir complètement le vase. Dans l'autre bocal, il met un volume égal de cette même solution avec un petit flacon de fibrine. Ces deux mélanges sont ensuite additionnés d'une même quantité de pepsine, et abandonnés à la température du laboratoire. Si l'on étudie alors la marche de la digestion dans les deux vases, on constate qu'elle finit en même temps. Brücke en conclut que l'activité de la pepsine est indéfinie, et qu'elle peut digérer des quantités illimitées d'albumine, Schiff interprète tout autrement l'expérience de Brücke. Pour lui, la petite quantité de pepsine, qu'on additionne aux deux bocaux, se trouve répandue *dans le même volume de substance;* il s'ensuit que le titre peptique moyen des deux mélanges est le même dans les deux bocaux, et que chaque flocon de la grande masse de fibrine est exposé à la même influence que le petit flocon isolé du second bocal, car ce n'est pas toute la pepsine présente qui agit sur lui, mais seulement celle avec laquelle il est en contact immédiat. Schiff ajoute qu'on peut, en répétant les expériences de Brücke, soit avec des doses plus faibles de pepsine, soit avec des doses plus grandes de fibrine, constater qu'il reste dans les liquides de digestion du premier bocal une certaine masse de protéide qui ne se digère point.

Sans accepter complètement les vues de Schiff — car la digestion se fait certainement mieux, dans le mélange qui ne contient qu'un flocon de fibrine, que dans celui qui en contient plusieurs, — il est impossible de nier que Brücke n'a tenu aucun compte dans ces expériences de la différence de surface que présentent les corps mis à digérer. Quoi qu'il en soit, Schiff affirme que la pepsine se détruit en fonctionnant, et il en donne la preuve suivante : deux mélanges digérants, identiques à tous égards, contenant relativement peu de pepsine et beaucoup d'albumine, sont mis à digérer à l'étuve. Lorsqu'il n'y a plus de transformation sensible dans ces liquides, on les additionne d'une certaine quantité d'eau acidulée, pour leur faire reprendre leur activité. On attend qu'un nouvel arrêt se produise, et on recommence les mêmes opérations jusqu'à ce que l'arrêt de la digestion soit *définitif.* A ce moment, on prend l'un des deux mélanges, et on le fait bouillir pour détruire la pepsine qu'il pourrait contenir. Puis on ajoute à chacun de ces mélanges une petite quantité de pepsine, et on les met de nouveau à l'étuve. A la fin de la digestion, on constate que les deux mélanges ont digéré la même quantité d'albumine. Schiff en conclut que le mélange qui n'a pas subi l'ébullition ne contient pas plus de pepsine que celui qui a subi, et que par conséquent la pepsine se détruit en digérant. Il y a une chose qui étonne dans cette expérience, c'est que ce *troisième arrêt,* dont parle Schiff, qui doit se produire en présence d'une quantité suffisante d'eau et d'acide, soit aussi définitif qu'il l'affirme. D'après son élève Herzen, cet arrêt serait tel que quelques flocons de fibrine pourraient séjourner dans les liquides de digestion pendant des *journées entières* sans trahir le moindre changement. C'est là un résultat d'autant plus surprenant que les solutions acides sont capables, par elles-mêmes de produire la dissolution de la fibrine. Mais admettons avec ces expérimentateurs que l'arrêt de la digestion a lieu et qu'il est définitif. Faudra-t-il conclure pour cela que toute la pepsine s'est détruite? Nous ne le pensons pas, car une partie de cette substance peut être gênée ou immobilisée par les produits peptiques, tout en persistant dans les liquides de digestion. En tout cas, les expériences de Schiff et de Herzen ne nous renseignent pas sur les causes de cet arrêt. Sous réserve de cette critique, il semble indiscutable que la pepsine se détruit en agissant; car les liqueurs peptiques abandonnées à elles-mêmes perdent peu à peu la puissance protéolytique, lorsqu'on les place à une température voisine de celle où se fait la digestion.

B) **Labferment.** — a) **Découvertes et méthodes d'obtention du labferment.** — C'est un fait connu depuis très longtemps que le suc gastrique jouit de la propriété de coaguler le lait, *in vivo* comme *in vitro*. Avant même qu'on eût acquis cette notion, on savait déjà que les extraits ou macérations de l'estomac des *jeunes animaux* possédaient aussi une fonction coagulante semblable. Ce sont en effet ces liquides, connus sous le nom de *présure*, qu'on a employés depuis un temps immémorial dans la fabrication du fromage. Les anciens auteurs attribuaient les propriétés coagulantes de ces liquides à leur réaction acide. Toutefois Liebig avait émis l'hypothèse que la présure transformait le sucre du lait en acide lactique, et que c'était ce dernier corps qui provoquait la précipitation de la caséine. En 1846, un chimiste italien, Selmi, démontra par un certain nombre d'expériences qu'aucune de ces deux interprétations n'était exacte. Il prit du lait très récent, franchement alcalin, qu'il chauffa à 40° ou 45°, avec un peu d'infusion de la muqueuse stomacale d'un veau. La coagulation du lait se produisit en dix minutes; mais la réaction du liquide ne subit pas de changement appréciable. Ces résultats furent confirmés un peu plus tard par Heintz, puis par toute une série d'expérimentateurs. Mais la question ne reçut de solution définitive que lorsque Hammarsten établit que les propriétés coagulantes du suc gastrique, ainsi que celles des infusions de la muqueuse stomacale, étaient dues à un principe spécifique qui devait être classé parmi les ferments solubles. Nous donnons ici les principaux résultats de Hammarsten.

1° Les solutions de caséine, complètement débarrassées de sucre de lait, dans lesquelles, par conséquent, la formation de l'acide lactique est impossible, coagulent par l'addition du suc gastrique ou par les extraits d'estomac en milieu neutre ou faiblement alcalin. La réaction de ces liquides reste absolument la même pendant tout le temps de la coagulation;

2° Les solutions de labferment, aussi pures que possible, n'exercent aucune action sur le sucre de lait;

3° Le coagulum qui se produit sous l'influence du lab diffère sensiblement de celui qui se produit sous l'influence des acides étendus. Le premier est massif, peu soluble dans les liqueurs alcalines ou acides étendues, et renferme dans sa constitution une proportion fixe de CaO et de P^2O^5 qu'on ne peut pas lui enlever par le plus persistant lavage. Le second précipité au contraire est grumeleux, facilement soluble dans les alcalis étendus, et il perd après un lavage soigneux toute trace de sels minéraux;

4° Le suc gastrique, et les autres liqueurs coagulantes que l'on prépare avec la muqueuse stomacale, perdent complètement leurs propriétés actives lorsqu'on les chauffe à la température de 100°;

5° Le principe actif de ces liqueurs n'est pas la pepsine; car on peut obtenir, en partant d'une même macération gastrique, une liqueur capable de peptoniser les principes albuminoïdes sans coaguler le lait, ou une liqueur capable de coaguler le lait sans peptoniser les principes albuminoïdes. Ainsi l'extrait d'une caillette de veau contenant 3 p. 1000 d'acide chlorhydrique perd toute action coagulante si on le maintient quarante-huit heures à 40°, tandis qu'il conserve la propriété de peptoniser la fibrine. Inversement, lorsqu'on ajoute à une infusion stomacale un peu de carbonate de magnésie précipité, on enlève à cette liqueur toute propriété peptique sans lui faire perdre sa propriété coagulante. Hammarsten a vu de plus que, tandis que la pepsine précipite de ses solutions par l'acétate neutre de plomb, le ferment coagulant ne précipite qu'en présence de l'acétate de plomb basique;

6° Comme toutes les enzymes, le ferment coagulant du suc gastrique est soluble dans l'eau et dans la glycérine, et insoluble dans l'alcool absolu. Il ne dialyse pas à travers les membranes animales, et traverse difficilement les filtres de porcelaine. Lorsqu'on arrive à le débarrasser de la plupart des substances qui le souillent, il ne présente plus les réactions générales des albuminoïdes. En effet, les solutions pures de ce ferment ne coagulent pas par l'ébullition, et ne précipitent ni par l'acide azotique, ni par l'iode, ni par le tanin. Seul le sous-acétate de plomb précipiterait ces solutions. L'activité de ce ferment est considérable, et, de même que pour la pepsine, il y a proportionnalité entre le travail chimique produit et la masse du corps actif.

HAMMARSTEN a désigné ce ferment sous le nom de *labferment*, et la plupart des auteurs allemands ont accepté cette dénomination qui est aujourd'hui la plus générale. En Angleterre, on l'appelle *rennine*, nom qui a été proposé par SHERIDAN LEA. Finalement, en France, on lui a donné les noms de *chymosine* (DESCHAMPS), *pexine* (PAGÈS), sans compter le nom de *présure* par lequel on le désigne souvent.

Les méthodes servant à l'extraction du labferment sont, à quelques différences près, les mêmes qu'on emploie pour l'extraction de la pepsine. HAMMARSTEN fait macérer la muqueuse d'une caillette de veau dans 200 c. c. d'une solution à 1 ou 2 p. 1 000 de HCl. Il sépare la liqueur par filtration et il la neutralise avant de s'en servir. Il utilise aussi les extraits glycériques de la muqueuse stomacale, suivant la méthode de WITTICH pour l'extraction des ferments solubles. SOXHLET épuise la caillette de veau, préalablement desséchée par l'exposition à l'air pendant quelques semaines, par une solution de chlorure de sodium à 5. p. 100. Pour préserver cet extrait de la putréfaction, il y ajoute une certaine quantité d'alcool ou d'acide borique. ERLENMEYER préfère faire la macération de la muqueuse stomacale dans une solution saturée d'acide salicylique pendant douze à vingt-quatre heures pour éviter la putréfaction. Puis il précipite la liqueur par un grand excès d'alcool, et il dissout le précipité formé dans l'eau.

Les liqueurs obtenues par ces procédés, quoiqu'elles soient très actives, présentent le désavantage de contenir en même temps le labferment et la pepsine. Dans le but de séparer ces deux ferments et d'obtenir des solutions de labferment beaucoup plus pures, HAMMARSTEN conseille d'appliquer le procédé suivant. Les extraits d'estomac obtenus par la macération de la muqueuse dans l'eau acidulée sont traités par un excès de carbonate de magnésie en poudre, qui précipite la pepsine. On filtre la liqueur, et on la débarrasse du précipité formé. Cette liqueur est ensuite traitée par l'acétate basique de plomb et par l'ammoniaque. Il se forme un nouveau précipité qui entraîne le labferment. On décompose ce précipité par l'acide sulfurique étendu, qui précipite le plomb à l'état de sulfate. On sépare celui-ci par filtration, et la liqueur qui passe, faiblement acidulée, contient le ferment coagulant en solution. On peut pousser plus loin la purification de ce ferment en le précipitant de cette solution par de la cholestérine ou par un stéarate alcalin, et en décomposant ce nouveau précipité par l'eau éthérée, qui dissout la cholestérine ou l'acide stéarique et laisse en solution le labferment.

FRIEDBERG a proposé une autre méthode qui permet aussi de séparer le labferment de la pepsine, et qui est plus facile que celle de HAMMARSTEN. Il met à macérer la muqueuse gastrique finement hachée dans une solution de chlorure de sodium à 0,5 p. 100 pendant vingt-quatre heures, à la température de 30°. On filtre, et on ajoute 0,1 p. 100 d'acides sulfurique, chlorhydrique ou phosphorique, en maintenant la liqueur à la température de 20° à 30°. On filtre de nouveau, et on sature la liqueur filtrée avec du sel marin, en même temps qu'on porte son acidité à la proportion de 0,5 p. 100. La liqueur est ainsi maintenue pendant deux ou trois jours à la température de 25 à 30°, puis pendant un jour à la température de 30° à 35°. On voit alors se produire dans le sein du liquide de nombreux flocons blancs constitués par du labferment, qu'on sépare par filtration et qu'on dessèche, à la température de 27°. Ce précipité, qui constitue une masse blanchâtre, donne avec l'eau une solution limpide qui conserve ses propriétés actives même pendant plusieurs années. Quant à la pepsine, on la précipite par neutralisation de la liqueur filtrée. L'auteur a constaté que cette pepsine n'exerce aucune action coagulante sur le lait.

b) **Diverses variétés de labferment.** — Le labferment, de même que la pepsine, n'est pas un produit exclusif de la vie animale. Un grand nombre d'espèces végétales et microbiennes renferment dans leur constitution ou élaborent certains principes qui jouissent de la propriété de coaguler le lait dans des conditions à peu près semblables à celles où le fait le labferment. Les semences du *Cynara cardunculus* (artichaut cardon, cardo salvajè) ont été employées de tous temps, dans certaines régions de la France et de l'Espagne, pour la fabrication du fromage. Cette substance se retrouve aussi, d'après BOUCHARDAT et SANDRAS, dans les fleurs et dans le fond des artichauts. Selon ces auteurs, 5 grammes de fleurs d'artichauts suffisent pour coaguler 100 grammes de lait à la température de 26 à 30°. Sont aussi doués de la même fonction coagulante le *suc du figuier*, le jus frais du *Galium verum*, les feuilles du *Pinguicula vulgaris*, le suc du *Carica papaya*, le suc de l'*Ananas*, le fruit de l'*Acanthosicyos horrida*, les semences de *Whitania coagulans*, du *Datura stramonium*, du *Pisum sativum*, du *Lupinus hirsutus* et du *Ricinus communis*. Cette liste est loin d'être complète, mais on voit déjà qu'il ne faut pas se donner beaucoup de peine pour retrouver, dans le règne végétal, des principes coagulants comparables à ceux que l'on rencontre dans le règne animal.

Quelques espèces microbiennes peuvent aussi coaguler le lait dans un milieu neutre ou légèrement alcalin. C'est PASTEUR, le premier, qui a remarqué que le lait pouvait se coaguler sous l'influence de microbes, tout en restant neutre aux papiers réactifs. DUCLAUX a montré depuis que cet effet était dû à une présure sécrétée par tous les microbes qui attaquent la caséine, mais qui ne dissolvent cette substance qu'après l'avoir d'abord coagulée. Dans ses expériences sur le *Tyrothrix tenuis*, cet auteur a constaté que 30 milligrammes de ces cellules sécrètent assez de présure pour coaguler 1 800 litres de lait. Plus tard, COHN, GORINI et beaucoup d'autres ont signalé de nouvelles espèces microbiennes, qui possèdent aussi une fonction coagulante. Ce qu'on ne sait pas encore, c'est si les ferments d'origine végétale ou microbienne sont de la même nature que le labferment, ou s'ils constituent des espèces chimiques différentes. Certains auteurs se sont ralliés à cette dernière opinion en voyant que le coagulum produit par ces diverses présures est moins compact et plus facilement [soluble que le coagulum produit par la présure animale. Mais ces différences peuvent tout simplement tenir, ainsi que le croit DUCLAUX, à ce fait que les présures végétales et microbiennes contiennent à côté du ferment coagulant un ferment qui dissout rapidement la caséine précipitée, en milieu neutre ou faiblement alcalin, tandis que la pepsine des présures animales n'attaque cette substance qu'en milieu acide. Toutefois, d'après les expériences de PAGÈS, il existerait une certaine différence entre le ferment coagulant contenu dans les semences de l'artichaut, et le ferment coagulant sécrété par l'estomac. Si l'on fait agir ces deux ferments comparativement sur le lait bouilli et sur le lait cru, on constate que le ferment végétal coagule aussi rapidement les deux laits, tandis que le ferment animal agit beaucoup plus vite sur le lait cru. En introduisant ces deux ferments dans l'organisme, soit par la voie circulatoire, soit par la voie digestive, PAGÈS a observé que le ferment végétal apparaît quelque temps après dans l'urine, tandis que le ferment animal est détruit complètement par l'organisme. Ces résultats seraient assez démonstratifs si l'on était sûr que les liqueurs coagulantes employées par cet auteur avaient la même richesse fermentative. Malheureusement les expériences de PAGÈS ne nous donnent aucun renseignement à cet égard, et d'autre part nous savons que le coagulum formé par ces diverses présures est en tous points identique.

Quant aux présures d'origine animale, certains auteurs affirment qu'elles peuvent présenter quelques différences en passant d'une espèce à l'autre. Ainsi LÖRCHER a trouvé que le labferment des animaux à sang froid agit sur le lait à des températures beaucoup plus basses que le labferment des animaux à sang chaud. D'autre part, KÜHNE a signalé l'existence d'un principe coagulant du lait dans les extraits du pancréas et du testicule des divers animaux, qui diffère sensiblement du labferment. ROBERTS a vérifié l'exactitude de ce fait pour les extraits pancréatiques du bœuf, du porc et du mouton. Il a montré, en outre, que cet extrait transforme la caséine du lait en une substance soluble et coagulable par la chaleur, qu'il a nommée la *métacaséine*. SYDNEY EDKINS a étudié les conditions précises de la production et des caractères de cette métacaséine. Il a tout d'abord constaté que l'action coagulante de l'extrait du pancréas est suractivée par le chlorure de sodium et le sulfate de magnésie, ce qui est d'accord avec l'observation de MAYER et de HAMMARSTEN, que le chlorure de sodium à 1 p. 100 accélère l'action de la présure. La solution de caséine pure, préparée par la méthode de HAMMARSTEN, dans l'eau de chaux ensuite neutralisée par l'acide phosphorique, est également coagulable par l'extrait pancréatique. Le lait n'est coagulé que par un extrait pancréatique très dilué ; de même la métacaséine ne prend naissance qu'au contact d'un extrait du pancréas très dilué, vieux, ou atténué par l'acide chlorhydrique. Ce phénomène est bien dû à l'intervention d'un ferment ; car l'extrait pancréatique bouilli devient absolument inactif. La trypsine pure de KÜHNE ne provoque jamais la coagulation du lait, qu'elle soit en solution concentrée ou étendue, mais elle donne cependant naissance à la métacaséine.

Pour démontrer que ce principe coagulant est un véritable produit de sécrétion du pancréas, BRODIE et HALLIBURTON ont refait ces mêmes expériences avec le suc pancréatique obtenu à l'aide d'une fistule. Ils sont arrivés aux résultats suivants :

1° Le suc pancréatique du chien transforme la caséine du lait en la précipitant ;

2° Cette action diffère de l'action du labferment par les faits suivants : a) Le précipité du caséum se produit au bain-marie à la température du corps, sous la forme d'un précipité finement granuleux, de telle sorte que le lait semble ne pas changer de fluidité. Si l'on refroidit le liquide, il se forme un coagulum cohérent qui reprend ses caractères primitifs lorsqu'on élève la température. Cette opération peut être répétée un grand nombre de fois ; b) Ces phénomènes ne sont pas complètement arrêtés par l'oxalate de potasse ; ils sont seulement gênés, alors que ce sel inhibe complètement le labferment ;

3° Les extraits du pancréas donnent les mêmes résultats que le suc pancréatique ; mais ces résultats peuvent être masqués dans le cas où la trypsine est énergique ;

4° Le précipité produit par le suc pancréatique (et que ces auteurs appellent *caséine pancréatique*) se distingue par un grand nombre de propriétés physiques et chimiques du coagulum produit par le labferment. On trouvera dans le travail de ces auteurs un tableau comparatif des propriétés de ces deux caséums.

En dehors de ces principes coagulants qui sont certainement des espèces chimiques différentes et qu'on retrouve dans divers tissus de l'organisme, il semble que le suc gastrique lui-même contienne le ferment coagulant sous deux états différents : 1° *à l'état inactif ou de proferment*, et 2° *à l'état actif ou de ferment définitif*. Nous y reviendrons.

c) **Fonction chimique du labferment.** — Lorsqu'on fait agir sur le lait les solutions de labferment maintenues à la température de 30° à 40°, on voit le lait devenir le siège d'une série de modifications qui aboutissent à sa coagulation. Voici comment DUCLAUX décrit la marche de ces phénomènes. Le lait devient d'abord un peu moins fluide, puis pâteux, et finit par former une masse blanche, éclatante comme de la belle porcelaine, ayant la consistance d'une gelée très épaisse, à la fois élastique et cassante, et se divisant, lorsqu'on la brise, en fragments irréguliers dont les angles solides conservent des arêtes vives. Peu à peu pourtant, surtout si, comme dans la fabrication des fromages, on provoque la division de la masse en morceaux très petits, que l'on malaxe doucement, ces morceaux rendent le liquide qui les imprègne et se contractent jusqu'au tiers ou au quart de leur volume primitif. Ainsi condensé, le coagulum n'est plus cassant ; il a pris au contraire une sorte de plasticité dont on peut profiter pour souder ensemble tous ses éléments épars. Il suffit pour cela de promener circulairement, d'un mouvement très lent, dans les liquides qui les contiennent, une planchette qui se trouve bientôt avoir réuni et poussé devant elle les fragments de lait caillé. La douce pression qui provient de la résistance du liquide au mouvement qu'on lui communique a bientôt fait du tout une masse unique qu'on peut séparer, pétrir, pour la débarrasser, autant que possible, du liquide et l'amener à n'occuper que les dix ou quinze centièmes du volume du lait. Si l'on a bien opéré, le liquide qu'on obtient est transparent, coloré d'une teinte jaune verdâtre, très pâle.

On a donné le nom de *caséum* au coagulum formé dans ces conditions, et celui de *lacto-sérum* au liquide qui résulte de cette coagulation. Ce caséum et ce lacto-sérum présentent des différences considérables suivant l'état et la nature du lait, mais ils ont toujours certains caractères par lesquels il est facile de reconnaître qu'ils ont été formés sous l'influence du labferment. Le caséum est un produit insoluble dans l'eau, soluble dans les alcalis étendus, les terres alcalines et les carbonates alcalins. Les solutions de caséum dans les alcalis et carbonates alcalins peuvent être neutralisées exactement par l'acide phosphorique, sans qu'il se produise aucune précipitation. Le caséum est aussi

parfaitement soluble dans certains sels neutres, par exemple, le fluorure de sodium,
l'oxalate neutre de potasse ou d'ammoniaque, le phosphate ou le nitrate d'ammoniaque. Il est un peu soluble dans le chlorhydrate et dans le sulfate d'ammoniaque à 2
et à 5 p. 100. Ces solutions salines de caséum sont incoagulables par la chaleur; mais
elles précipitent par dilution et par le gaz carbonique, par les acides étendus et par
divers sels neutres en solution saturée : chlorure de sodium, sulfate de magnésie et
sulfate d'ammoniaque.

Certains caractères permettent de distinguer le caséum obtenu par le labferment,
et le caséum que fournit le lait lorsqu'on l'abandonne à lui-même et que la réaction
devient acide, ou lorsque, expérimentalement, on l'additionne d'une certaine quantité
d'acide. Ainsi les solutions phospho-sodiques de caséum précipitent par de très faibles
quantités de sels calciques, tandis que les solutions phospho-sodiques du coagulum
produit par les acides (caséine) ne précipitent que par l'addition de fortes proportions de ces sels. Cette précipitabilité du caséum par les sels calciques explique son
insolubilité dans l'eau tenant en suspension du carbonate de chaux. Si l'on neutralise
exactement les solutions de caséum dans l'eau de chaux par l'acide phosphorique
dilué, le caséum se précipite. Les solutions calciques de caséine traitées de la même
manière ne donnent pas de précipité appréciable.

Le caséum et la caséine présentent encore deux différences importantes. La caséine
précipitée du lait par un acide étendu peut être débarrassée de ses matières minérales
par une série de lavages à l'eau. Le caséum, au contraire, garde, même après un lavage
prolongé, une quantité sensiblement constante de phosphate de chaux, soit, d'après HAM-
MARSTEN, 4,4 p. 100 de chaux et 3,6 p. 100 d'acide phosphorique. Finalement, le caséum,
comme la caséine, se dissout dans les alcalis et dans les acides, mais il exige pour se
dissoudre 5 à 6 fois plus d'alcali et 10 à 12 fois plus d'acide que la caséine.

Quant au lacto-sérum qui résulte de la coagulation du lait par le lab, il est aussi
assez différent de celui qui provient de la coagulation du lait par les acides. Le premier contient plus d'albumine et moins de sels que le second. On peut s'en rendre
compte en soumettant à l'ébullition ces deux liquides et en déterminant le poids de
leurs cendres après calcination. Le lacto-sérum du lab donne par l'ébullition un coagulum beaucoup plus abondant que le lacto-sérum des acides. Celui-ci, au contraire,
laisse après calcination un résidu plus considérable de cendres.

ARTHUS a résumé ainsi qu'il suit les propriétés chimiques essentielles du lacto-
sérum fourni par le lait sous l'influence du lab. « Ce lacto-sérum renferme le sucre et
les sels du lait, il contient des substances albuminoïdes. Porté à l'ébullition, il donne
un coagulum floconneux plus ou moins abondant. Ce coagulum est composé de substances albuminoïdes autres que la caséine et le caséum, car il est complètement insoluble dans le fluorure de sodium, l'oxalate de potasse et l'oxalate d'ammoniaque; il est
formé de globuline et d'albumine coagulées. Si, en effet, on traite le lacto-sérum par le
sulfate de magnésie à saturation, ou par le chlorure de sodium à saturation, on détermine la formation d'un précipité; ce précipité, redissous dans l'eau légèrement salée,
montre toutes les propriétés d'une globuline; c'est la *lacto-globuline*. La liqueur saturée
de sulfate de magnésie, séparée par filtration du précipité de globuline et débarrassée
de la plus grande partie du sulfate de magnésie par la dialyse, coagule à l'ébullition :
elle contient par conséquent une albumine (*lactalbumine*). Le lacto-sérum acidulé légèrement par l'acide acétique, porté à l'ébullition, débarrassé par filtration du coagulum
produit, contient encore des matières albuminoïdes qu'on peut mettre en évidence
par la réaction du biuret, par la réaction de MILLON, par la réaction xanthoprotéique
par précipitation par le ferrocyanure, le potassium acétique, par le tanin acétique,
etc. Cette matière n'est pas coagulée par la chaleur, ni précipitée par les acides, elle se
rapproche des protéoses. On pourrait l'appeler la *lactosérumprotéose*. C'est ce que les
auteurs allemands appellent *Molkeneiweiss*. »

De cette étude se dégage une conclusion très importante, c'est que la coagulation du
lait par le lab et la coagulation du lait par les acides sont deux processus chimiquement distincts. Mais, quelle que soit l'importance de cette conclusion, elle laisse tout à
fait en suspens la question de savoir comment le labferment provoque la coagulation
du lait. Sur ce point l'opinion des auteurs est très partagée.

Nous trouvons d'abord l'ancienne hypothèse de HAMMARSTEN, reprise et développée plus tard par ARTHUS et PAGÈS. Le labferment ne serait pas l'agent direct de la coagulation du lait. Il n'interviendrait qu'en provoquant le dédoublement de la caséine en deux substances, dont l'une serait rapidement précipitée par les sels de chaux qui se trouvent en solution dans le lait. Cette hypothèse a pour point de départ l'expérience suivante de HAMMARSTEN. Deux solutions de caséine pure complètement exemptes de sels de chaux sont placées à 40° pendant une demi-heure. L'une d'elles, A, est additionnée au préalable d'une solution de labferment; l'autre, B, de la même solution de labferment bouillie. Lorsqu'on retire ces deux solutions de l'étuve, on constate qu'elles n'ont pas subi de modification appréciable; on les fait ensuite bouillir, et, quand elles sont refroidies, on ajoute à chacune d'elles un volume égal d'une solution étendue de chlorure de calcium. La solution A se coagule instantanément, tandis que la solution B reste liquide. HAMMARSTEN en conclut : 1° que le labferment est impuissant à coaguler le lait en l'absence des sels de chaux; 2° que ce ferment transforme néanmoins la caséine en la rendant facilement précipitable par les sels de chaux. Il restait à déterminer la nature de cette transformation. HAMMARSTEN a trouvé, en faisant l'analyse du sérum qui résulte de la coagulation des solutions artificielles de caséine par le lab, que ce sérum contient deux substances que l'on ne saurait pas confondre avec la caséine. La première, à laquelle il a donné le nom de *paracaséine*, est à peu près insoluble dans les sels alcalino-terreux. C'est elle qui précipite en présence des sels de chaux du lait, en donnant lieu à la formation du *caséum*. Une faible partie de cette substance reste en solution dans le sérum; mais elle se précipite complètement, lorsqu'on ajoute à ce liquide quelques gouttes de solution de chlorure de calcium. La seconde est beaucoup plus soluble que la caséine et la paracaséine. HAMMARSTEN la prépare en grande quantité, en précipitant le sérum, débarrassé du caséum, par l'alcool, redissolvant le précipité dans l'eau, le reprécipitant par l'alcool, etc. Cette substance est soluble dans l'eau; ses solutions ne sont précipitées ni par l'acide acétique, ni par l'acide nitrique (réaction de HALLER), ni par les acides minéraux étendus, ni par le sulfate de cuivre, ni par le sublimé, ni par le chlorure de fer, ni par l'acétate de plomb, ni par le ferrocyanure de potassium acétique; mais elle sont précipitées par l'alcool et par le tanin acétique. Ces propriétés rapprochent cette substance du groupe des protéoses, et HAMMARSTEN lui a donné le nom de *protéine*.

La composition chimique de ces deux substances est tout à fait différente. La paracaséine a sensiblement la même composition que la caséine :

C . . . . . 53,0 p. 100
H . . . . . 7,1 —
Az . . . . . 15,7 —   HAMMARSTEN.

tandis que la *protéine* ou *Molkeneiweiss* des auteurs allemands est une substance beaucoup plus pauvre en azote, ainsi que le démontrent les analyses de KOSTER :

C . . . . . 50,3 p. 100
H . . . . 7,0 —
Az . . . . . 13,2 —

Tels sont les faits principaux sur lesquels repose la théorie de HAMMARSTEN. Cet auteur a étudié en outre comparativement le caséum fourni par le lait et le caséum fourni par les solutions artificielles de caséine; il a constaté que ces deux caséums sont absolument identiques. Les deux produits sont solubles dans les alcalis étendus, les terres alcalines, les carbonates et les phosphates alcalins, insolubles dans les carbonates et les phosphates alcalino-terreux, caractère qui les différencie de la caséine, et leurs solutions dans les bases alcalino-terreuses précipitent lorsqu'on les neutralise par l'acide phosphorique. Les cendres sont quantitativement et qualitativement les mêmes. Il a trouvé, comme moyenne de plusieurs déterminations, que le caséum du lait contient :

4,4 p. 100 de chaux (CaO)
et 3,6 — d'acide phosphorique (P^2O^5)

et le caséum des solutions artificielles de caséine :

4,25 p. 100 de chaux (CaO)
et 3,5 — d'acide phosphorique (P²O⁵).

Enfin, les solutions phospho-sodiques de ces deux caséums ne précipitent plus sous l'influence du labferment.

On peut donc dire que les phénomènes observés par Hammarsten sur les solutions artificielles de caséine sont du même ordre que ceux que l'on observe sur le lait.

A la suite de ce travail de Hammarsten, Koster a démontré qu'on pouvait retirer des solutions phospho-sodiques de caséine, ayant subi l'action du labferment, la substance à laquelle Hammarsten a donné le nom de paracaséine, et qu'il considère comme du caséum pur, le caséum précipité étant pour cet auteur un caséum impur souillé par le phosphate de chaux entraîné mécaniquement. Koster a étudié les propriétés de cette substance. Il la prépare en précipitant par l'acide acétique étendu une solution phospho-sodique de caséine transformée au préalable par l'influence du labferment. Cette substance est très soluble dans les acides et les alcalis étendus, beaucoup plus facilement que le caséum ordinaire. Elle précipite en présence des sels de chaux. Lundberg a vu depuis que les phosphates de baryum, de strontium et de magnésium pouvaient remplacer le phosphate de chaux dans la précipitation de cette substance, c'est-à-dire dans la formation du caséum. Une solution de caséine dans la baryte, la strontiane, ou la magnésie, après avoir été neutralisée par l'acide phosphorique, donne, sous l'influence du labferment, un dépôt du caséum. Une solution phospho-sodique de caséine transformée par le labferment précipite par de faibles quantités d'un sel soluble de baryum, de strontium ou de magnésium. Le caséum barytique ressemble absolument au caséum normal ou calcique, le caséum de strontium est plus poreux, plus soluble que le caséum ordinaire; le caséum de magnésium est encore plus poreux et plus soluble. En outre, on peut substituer un autre acide à l'acide phosphorique, pour neutraliser la solution alcalino-terreuse de caséine.

Arthus et Pagès ont poursuivi l'étude de ces phénomènes en opérant, non pas sur les solutions artificielles de caséine, mais sur le lait lui-même. Ils ont fait tout d'abord observer que, « lorsqu'on ajoute du labferment à du lait maintenu à la température de 40°, le caséum ne se produit pas immédiatement. Il s'écoule toujours un certain temps, variable suivant la nature du lait, la quantité du labferment, etc., entre le moment où l'on a ajouté le ferment et celui où commence à se déposer le caséum. Pendant ce temps, le lait conserve sa liquidité et son apparence ordinaire, et pourtant rien n'est plus facile que de démontrer qu'il a été considérablement modifié. Supposons, disent-ils, qu'avec une quantité de labferment un certain volume de lait porté à 40° dépose son caséum au bout de vingt minutes. Prenons de cinq en cinq minutes une petite portion de ce lait, et portons-la à l'ébullition. Cinq minutes après l'addition du labferment le lait peut être bouilli sans précipiter. Au bout de dix minutes, au contraire, il se forme à 100° un léger dépôt peu abondant, floconneux; la liqueur reste opaque, laiteuse. Au bout de quinze minutes, la chaleur produit une précipitation abondante; déjà à 80°, commence à se former un dépôt qui augmente considérablement avec la température pour donner à 100° une masse compacte baignant dans un liquide jaunâtre, transparent. » Cette expérience prouve, d'après ces auteurs, que le labferment ne doit pas être considéré seulement comme un ferment coagulant, mais aussi comme un ferment modificateur de la caséine du lait.

Arthus et Pagès rapportent d'autres expériences en faveur de cette conclusion. En partant des travaux de Hammarsten, qui démontrent que le labferment transforme la caséine sans la précipiter lorsqu'il n'y a pas de sels de calcium dans le liquide, ces auteurs se sont proposé de faire sur le lait normal cette même démonstration. Ils ont pensé que, pour décalcifier le lait, il suffirait de précipiter les sels de chaux qui s'y trouvent en solution, sans qu'il fût besoin de débarrasser le lait du précipité calcique. L'expérience a justifié leurs prévisions. Le lait décalcifié, c'est-à-dire, le lait additionné de 1 à 2 p. 100 d'oxalate neutre de potasse ou de fluorure de sodium porté à 40°, ne donne pas de coagulum sous l'influence du labferment. Et cependant on ne peut pas soutenir que le labferment y ait été détruit par les fluorures ou par les oxalates, ni même qu'il soit resté inactif, car ce même lait coagule instantanément lorsqu'on le traite par un léger excès de sels de chaux, et il précipite abondamment lorqu'on le porte à l'ébullition.

Ils admettent donc : 1° que les oxalates et les chlorures rendent le lait incoagulable, en le décalcifiant; 2° que le labferment agit néanmoins sur le lait décalcifié en y transformant la caséine.

D'après ces auteurs, le précipité que donne le lait oxalaté, ayant subi l'influence du labferment, lorsqu'on le porte à l'ébullition, serait constitué par la *paracaséine* de HAMMARSTEN ou le *caséum pur* de KOSTER. Ils proposent de désigner cette substance sous le nom de *caséogène*. C'est elle qui se précipite dans le lait oxalaté par l'addition des sels de chaux. Les propriétés de cette substance sont celles qu'a décrites HUGO KOSTER pour celui des produits de dédoublement de la caséine en solution phospho-sodique qui est précipitable par l'acide acétique.

ARTHUS et PAGÈS ont constaté de plus que cette substance n'est pas le seul produit dérivé de la caséine sous l'action du labferment. Si l'on sépare par filtration le précipité formé dans le lait oxalaté, lorsqu'on le porte à l'ébullition, on peut se rendre compte que dans le liquide filtré existe encore une nouvelle substance, semblable à la protéine de HAMMARSTEN, *Molkeneiweiss* des auteurs allemands, et que ARTHUS et PAGÈS appellent la *lactosérum protéose*. En effet, si l'on traite ce liquide par le tanin acétique, on détermine une abondante précipitation correspondant à cette substance. ARTHUS et PAGÈS sont arrivés à la préparer à l'état pur par une série de précipitations par l'alcool et de redissolutions par l'eau.

En résumé, d'après ces auteurs, le labferment transforme la caséine du lait oxalaté en deux substances : une substance *caséogène* et une substance protéosique, la *lactosérumprotéose*. Lorsque le dédoublement de la caséine est achevé, le rôle du labferment est terminé; le *caséum* qui se forme ensuite résulte de l'action des sels de calcium sur le caséogène. Cette précipitation se produit quand on ajoute au lait oxalaté, transformé par le labferment, un léger excès de sels de chaux. Elle est absolument indépendante du labferment; car elle se produit aussi bien à la température de 10° où le labferment n'agit pas, qu'à la température de 40°. Elle est en outre instantanée, comme la précipitation du sulfate de baryte, du chlorure d'argent, etc. Enfin, tous les sels alcalino-terreux jouissent, au même titre que les sels de chaux, du pouvoir de précipiter le lait oxalaté, une fois que celui-ci a été modifié par le labferment.

Ces expériences ne sont pas seulement la confirmation des faits énoncés par HAMMARSTEN, LUNDBERG, KOSTER et autres expérimentateurs. Elles ont conduit leurs auteurs à une conception nouvelle. En effet, ARTHUS et PAGÈS émettent l'hypothèse que la précipitation de la paracaséine ou du caséogène n'est pas due à l'insolubilité de cette substance dans les liquides tenant en solution des sels alcalino-terreux, mais que cette précipitation est le résultat d'une combinaison du caséogène avec les sels alcalino-terreux. HAMMARSTEN ne s'est pas prononcé sur la nature de ces phénomènes; quant à KOSTER, il considère la paracaséine comme du caséum pur, le caséum précipité étant un caséum impur souillé par les sels de chaux entraînés mécaniquement. ARTHUS et PAGÈS soutiennent, au contraire, que le calcium, de même que les autres métaux alcalino-terreux, fait partie de la molécule de caséum. Ils s'appuyent sur ce fait que la quantité de matières minérales trouvée par HAMMARSTEN dans le caséum est à peu près constante. Il y aurait donc quatre caséums différents correspondant respectivement à chacun des métaux alcalino-terreux; caséum barytique, strontique, calcique et magnésien.

DUCLAUX combat la théorie de HAMMARSTEN, ainsi que le développement donné à cette théorie par ARTHUS et PAGÈS. « Une théorie, dit-il, pour entrer dans la science, ne peut pas se borner à une simple énoncé en langage ordinaire des faits observés. Il faut qu'elle conduise à des conclusions vérifiables par l'expérience et qui constituent des faits nouveaux. Celle-ci se prête immédiatement à une vérification. Si la caséine du lait se dédouble sous l'influence de la présure en une substance insoluble et une plus soluble, la coagulation doit conduire à une augmentation dans la quantité des matières solubles dans le sérum, et cette augmentation doit atteindre au moins le chiffre de l'albumine du sérum. Or il est facile de se convaincre que cette augmentation est nulle. J'ai montré, en effet, en filtrant le lait au travers d'un diaphragme de porcelaine, qu'on peut ainsi en séparer la caséine en suspension qui reste collée sur les parois du filtre. Les matières en solution passent au travers du filtre. Or, en faisant cette expérience sur du lait et sur le même lait coagulé, on constate que les deux liquides ont exactement la même composition dans les limites d'erreur de l'expérience, ainsi que le prouvent les chiffres suivants :

	1re EXPÉRIENCE.		2e EXPÉRIENCE.	
	Lait normal.	Lait emprésuré.	Lait normal.	Lait emprésuré.
Sucre du lait.	5,53	5,53	5,37	5,64
Mat. alb. soluble.	0,55	0,57	0,37	0,36
Mat. minérale.	0,54	0,52	0,56	0,40

« Les chiffres relatifs à la matière albuminoïde en solution dans le sérum avant et après emprésurage sont les mêmes, et leur différence est, en tout cas, très inférieure à la quantité moyenne de ce qu'on dose dans tous les laits sous le nom d'albumine du sérum et qui dépasse 0,50 par 100. La théorie du dédoublement est donc en désaccord avec l'expérience.

« Quant à l'hypothèse qui fait de la caséine un composé calcique, dont la chaux ne peut être empruntée qu'au chlorure de calcium ajouté pour provoquer la coagulation, elle reste une vue de l'esprit, tant que son auteur ne l'aura pas appuyée sur l'expérience, en montrant d'abord que le lait ne peut se coaguler par la présure lorsqu'il n'y a pas des sels de chaux. C'est une démonstration qui n'est pas faite. Ce qui est démontré, c'est que du lait additionné d'un excès d'oxalate ou de fluorure alcalin ne se coagule pas sous l'influence de doses de présure qui le coagulent d'ordinaire. Mais nous savons que cet oxalate ou ce fluorure sont des sels antagonistes de la présure et peuvent masquer son action. Il faudrait n'en ajouter que la quantité nécessaire pour précipiter la chaux du lait et de la présure. Mais alors, au moins autant qu'on peut le voir dans les travaux d'ARTHUS, l'effet est nul, et pour avoir un résultat il faut forcer la dose. ARTHUS se préoccupe peu de cette nécessité, ou du moins il se contente de faire remarquer qu'on est de même obligé, en chimie analytique, de mettre un excès d'oxalate quand on veut précipiter de la chaux. Cela est possible, mais en chimie analytique cet excès n'a pas d'importance, tandis qu'il en prend dans l'étude de la coagulation. Un lait oxalaté n'est pas seulement un lait décalcifié, c'est une voiture à l'arrière de laquelle on a attelé un cheval pour l'empêcher d'avancer.

« Ce n'est pas tout. Après avoir montré que du lait et de la présure sans chaux ne peuvent pas réagir l'un sur l'autre, ARTHUS aura encore à faire voir que la teneur en chaux de divers coagulums formés est constante, en expliquant ensuite comment la caséine, corps acide dans son hypothèse, peut décomposer un sel aussi stable que le chlorure de calcium pour lui prendre sa chaux. »

DUCLAUX interprète différemment les faits rapportés par HAMMARSTEN et ARTHUS.

« L'expérience apprend, dit-il, que tous les sels neutres alcalino-terreux, en proportion suffisante, peuvent coaguler le lait à la température ordinaire, en donnant un coagulum blanc, plus floconneux que celui de la présure, retenant plus mal la matière grasse, laissant le liquide plus troublé ; mais leur action est en tous points comparable à celle de la présure ; elle n'est jamais immédiate, exige toujours une durée de contact d'autant plus faible que la proportion du sel est plus grande. La dose du sel active dans un temps donné diminue à mesure que la température s'élève, comme par la présure. Il n'y a pas de maximum, parce que, ici, la substance coagulante n'est pas atteinte par l'action de la chaleur, si bien qu'à l'ébullition la dose coagulante est minimum. Le sel étant alors moins abondant dans le liquide, le coagulum devient compact, plus cohérent et plus comparable à ceux que fournit à l'ébullition le lait coagulé par la présure à la température optimum. Voici pour quelques sels les doses coagulantes en quelques minutes :

Chlorure de calcium cristallisé.	Avec 12 p. 100 coagulation à		15°
	— 4 —	—	40°
	— 0,5 —	—	100°
Chlorure de strontium	— 8 —	—	15°
	— 4 —	—	50°
	— 0,5 —	—	100°
Chlorure de baryum	— 8 —	—	15°
	— 4 —	—	50°
	— 0,5 —	—	100°
Nitrate de baryte	— 20 —	—	80°
	— 0,5 —	—	100°

« Nous retrouvons là des phénomènes en tout pareils à ceux qui président à la coagulation du sulfate de quinine et d'une foule d'autres sels des alcaloïdes, sous l'influence des sels neutres : comme le sulfate de quinine, qui quitte ainsi ses solutions en présence des sels, n'a subi aucune transformation chimique, nous voyons qu'il n'y a aucune raison d'admettre que la caséine est devenue un composé nouveau. Ses propriétés physiques de solubilité ont seules été modifiées.

« Les sels de magnésie et les sels neutres alcalins se comportent du reste comme les sels de chaux. Il y a quelques différences entre les coagulums. Ceux que fournissent les sels de magnésie sont plus transparents, et la différence d'aspect avec ceux des sels de chaux est à peu près celle qu'on remarque dans une émulsion d'amidon avant et après la gélatinisation. Cela témoigne d'une action sur la caséine analogue à celle que subissent, en s'hydratant et se gonflant, les matériaux du granule d'amidon. Avec les sels neutres alcalins, les doses actives sont plus fortes à toutes les températures qu'avec les sels alcalino-terreux. C'est-ce que montrent les nombres suivants :

Chlorure de magnésium.	Avec	30	p. 100 coagulation à	15°
	—	0,3	—	—	à 100°
Chlorure de sodium. . .	—	35	—	—	à 15°
	—	16	—	—	à 75°
	—	10	—	—	à 100°
Chlorure de potassium.	—	40	—	—	à 65°
	—	20	—	—	à 100°

« Les nitrates et les sulfates se comportent de même. Nous sommes donc là en présence d'une loi générale qui est, du reste, d'accord avec ce que nous savons au sujet d'une foule d'autres phénomènes de coagulation. N'oublions pas que la caséine est non en solution, mais en suspension, c'est-à-dire dans un état d'union instable avec le liquide ambiant. Les sels neutres l'entraînent du côté de la coagulation, absolument comme les bases et un certain nombre d'autres corps l'entraînent en sens inverse pour la solubiliser. »

Duclaux a étudié la courbe de ces phénomènes, et il a trouvé que cette courbe ressemble tout à fait à celle qui représente l'action de la présure sur le lait. Ces deux courbes ont toutes les deux la forme d'une hyperbole; elles sont en outre asymptotes à l'axe vertical des temps et à l'axe horizontal des quantités de ferment ou de sels. Avec ces données l'auteur prétend qu'on peut interpréter les expériences de Hammarsten, d'Arthus et Pagès, dans lesquelles, avant d'ajouter au lait le second coagulant, présure ou sel, on laisse agir le premier pendant un certain temps. Il est clair que, la courbe d'action de ces deux corps sur le lait étant identique, tout se passera comme si le temps d'action du coagulant qu'on a fait agir le premier devenait plus petit de toute sa durée d'action avant qu'on ait fait agir le second. Les effets coagulants du sel et de la présure se superposent, et par conséquent la durée de la coagulation diminue. On peut aussi par ce même raisonnement expliquer, d'après Duclaux, pourquoi le lait, ayant subi l'action du labferment et qu'on fait bouillir ensuite pour l'en débarrasser, se coagule quand on l'additionne d'une petite quantité de sels de chaux. La présure commence la coagulation du lait en détruisant l'équilibre moléculaire de ce liquide, et, quoique ce travail ne soit pas visible, on aurait tort de le nier, car les exemples d'actions semblables sont très fréquents. A ce travail commencé le sel vient ajouter son influence, et il profiterait de l'œuvre accompli par la présure pour provoquer la coagulation complète du lait.

Duclaux considère les phénomènes de coagulation en général, et ceux du lait en particulier, comme étant des phénomènes d'*adhésion moléculaire*. Selon lui, les substances coagulables sont réparties dans la masse du liquide qui les tient en suspension, sous la forme de molécules ou de particules plus ou moins grosses, adhérentes aux molécules du liquide et soustraites ainsi aux lois de la pesanteur. Toute cause capable de rompre cet état d'équilibre entre la pesanteur et les forces moléculaires, soit parce qu'elle diminue l'adhésion entre le solide et le liquide, soit parce qu'elle augmente les forces d'attraction entre les particules du solide, devient un agent de coagulation.

Voici comment Duclaux résume sa manière de voir sur la nature de ce phénomène :

« Il y a dans le lait de la caséine en solution et de la caséine en suspension. C'est cette dernière qui seule se coagule. (D'après Duclaux, il n'y aurait que cette albumine dans le lait normal.)

« Cette caséine en suspension se comporte comme de l'argile en suspension dans l'eau et peut être précipitée sous les influences les plus minimes, sans changer de nature, par une très légère modification de ses liens d'adhérence physique avec le liquide ambiant.

« Un grand nombre de sels peuvent provoquer ce dépôt à doses plus ou moins fortes. Parmi eux les sels de chaux sont au premier rang.

« D'autres sels, les sels alcalins, ont au contraire la propriété de solubiliser la caséine en suspension et de la rendre par conséquent plus difficilement précipitable. Cette propriété, les sels de calcium la possèdent aussi, quand ils sont employés à haute dose, par exemple le chlorure de calcium.

« La présure se comporte comme les sels de chaux, mais à doses beaucoup plus faibles.

« Il n'est pas encore démontré qu'elle soit impuissante à coaguler, à dose suffisante, un lait absolument privé de chaux. Mais ce qui est sûr, c'est qu'on ajoute à sa puissance en la faisant agir en présence d'un sel soluble de calcium, et qu'on l'affaiblit en lui supprimant la chaux, surtout quand on se sert pour cela d'un fluorure ou d'un oxalate alcalin, qui, dissolvant la caséine pour leur compte, la rendent plus insensible à l'action de la présure.

« Cette action de la présure est en effet favorisée par les sels qui sont précipitants comme elle. Elle est en revanche contrariée par les sels dissolvants, si bien qu'en présence de ces derniers la présure peut être tout à fait inactive. Mais cette concordance d'effets, de même que cet antagonisme, ont leurs lois analogues aux lois de la composition des forces, et expliquent suffisamment bien les phénomènes pour qu'il soit, dans l'état actuel de la science, inutile d'en chercher d'autres. »

D'autres hypothèses ont été encore formulées sur le mécanisme de la coagulation du lait par le labferment; mais ces hypothèses ne jouissent d'aucun crédit dans la science.

Eugling, ayant observé que le sérum de lait frais, traité par l'alcool ou le sel marin pur, ne contient pas de chaux précipitable par l'oxalate d'ammoniaque, admet que le labferment provoque une décomposition du phosphate tribasique de chaux, qui se trouverait uni à la caséine, en mettant en liberté une partie de la chaux. C'est ainsi que cet auteur explique pourquoi il y a toujours de la chaux précipitable par le réactif oxalique dans le lactosérum provenant de la coagulation du lait par le lab.

D'après Courant, la solution de caséine dicalcique, en présence des sels terreux, donne, au contact du lab, un précipité qui entraîne la base et qui contient la caséine, dont la solubilité est diminuée par la présence des sels alcalino-terreux. On voit que cet auteur prétend, à l'exemple de Hammarsten, que la caséine est un corps à fonction acide, et qu'elle forme avec les bases des sels qui renferment des proportions différentes d'une même base. Il a trouvé, en examinant ce qu'il faut ajouter de chaux à un certain poids de caséine pour que le mélange devienne alcalin au tournesol d'un côté, et à la phtaléine de l'autre, qu'il en faut trois fois plus dans le dernier cas que dans le premier.

De ces expériences, l'auteur conclut que la caséine se comporte, vis-à-vis des alcalis, comme l'acide phosphorique, et qu'elle forme trois sortes de combinaisons avec la chaux : une caséine monocalcique, une caséine bicalcique et une caséine tricalcique. Ces trois caséines sont : la première neutre, les deux autres alcalines au tournesol; les deux premières sont acides pour la phtaléine, la dernière est neutre pour ce dernier réactif. Lorsqu'on fait agir le labferment sur un mélange contenant, comme le lait, de la caséine dicalcique et un sel neutre, et dont la réaction est aussi alcaline au tournesol qu'acide à la phtaléine, le sérum résultant de la coagulation devient neutre aux deux réactifs; ce que Courant interprète en disant que la caséine s'est précipitée avec toute la chaux qu'elle contenait quand elle se trouvait en solution. Cette conclusion est en désaccord avec l'interprétation précédente de Eugling. D'autre part, Houdet a montré que le sérum du lait, privé presque complètement de caséine, se comporte comme le lait total vis-à-vis de ces deux réactifs. Il y a du lait au sérum une petite diminution d'acidité par rapport à la phtaléine; mais la différence entre les titrages aux deux réactifs est à peu près constante, et doit, dès lors, être attribuée à des sels ou à des substances solubles, mais non à la caséine, que cette expérience met presque complètement hors de cause. Enfin, Duclaux soutient que toutes les réactions signalées par Courant, comme étant propres à la caséine, doivent être attribuées à l'acide phosphorique qui souille cette substance, lorsqu'on la prépare par la méthode de Hammarsten (précipitation du lait par l'acide acétique).

On doit à Fick une explication purement physique du mode d'action du labferment sur la caséine du lait, qu'il base sur l'expérience suivante : Si l'on verse au fond d'un verre à pied quelques gouttes d'un extrait glycériné de la muqueuse gastrique d'un mouton, et si l'on remplit avec précaution ce verre de lait frais, puis, qu'on le transporte rapidement à 40° au bain-marie, on constate que toute la masse du lait s'est coagulée en un temps insuffisant pour expliquer la diffusion du lab jusqu'à la surface du liquide. Il ne s'agit donc pas là d'un phénomène analogue à une réaction chimique, dans laquelle toutes les molécules des corps agissants doivent être en contact immédiat. Fick a constaté, d'ailleurs, qu'une trace de lab solide introduite dans le lait au repos absolu, suffit pour déterminer la coagulation d'une masse énorme de liquide. En présence de ces faits, il croit qu'il faut admettre qu'il y a une propagation de l'action coagulante du lab, depuis son lieu d'introduction jusqu'aux molécules les plus éloignées du liquide. Cette propagation se fait de proche en proche, de molécule de caséine à molécule de caséine, sans qu'il soit nécessaire de faire intervenir de nouvelles molécules de labferment. Si l'expérience de Fick était exacte, elle serait d'un grand appoint pour la théorie de Duclaux. Malheureusement cette expérience n'a pas donné les mêmes résultats entre les mains d'autres expérimentateurs.

En 1894, dans une thèse présentée à la Faculté de médecine de Rostock, Peters soutient comme Duclaux que le lait ne contient qu'une seule substance albuminoïde, le caséinogène ou caséine. Le labferment coagule non seulement les solutions naturelles ou artificielles de caséine, mais aussi l'albumine du petit lait cuit et d'autres albumines d'origine végétale ou animale. En dissolvant les coagulums formés par l'action du labferment sur le lait, dans la plus petite quantité possible d'eau de chaux, on voit que ces coagulums, dissous, se précipitent de nouveau lorsqu'on les met en contact avec le labferment. Ces précipités peuvent être redissous et reprécipités autant de fois que l'on veut; mais il reste chaque fois un peu d'albumine en solution par suite d'un dédoublement partiel que subit la caséine.

Le travail de Peters a donné lieu à une réponse fort intéressante de Hammarsten, dans laquelle nous trouvons quelques faits nouveaux. Cet auteur a cherché tout d'abord la cause de la contradiction entre les expériences de Peters et les siennes. Il a vu que le labferment dont Peters se servait contient une quantité considérable de chlorure de sodium (11,58 p. 100). Or, ainsi que Hammarsten l'avait déjà démontré, le sel marin jouit au plus haut degré du pouvoir de précipiter la paracaséine de ses solutions. Dans ces conditions, les faits observés par Peters pouvaient être attribués à l'action du chlorure de sodium et non pas à l'action du labferment. C'est ce que Hammarsten a fait voir en traitant les solutions de paracaséine dans l'eau de chaux, ne contenant pas de sels solubles de calcium; 1° par le labferment sans chlorure de sodium; 2° par le labferment de Witte, tel qu'on le livre dans le commerce; 3° par ce même labferment bouilli; et enfin par une notable quantité de chlorure de sodium. Dans tous ces cas, excepté dans le premier, l'auteur a constaté que les solutions de paracaséine donnent à la température de 40° un précipité floconneux. Il est donc hors de doute qu'une petite quantité de chlorure de sodium suffit à précipiter les solutions de paracaséine en l'absence complète des sels de chaux solubles. Ce point étant démontré, Hammarsten a voulu savoir si le chlorure de sodium pouvait jouer le même rôle que les sels de chaux dans la coagulation de la caséine par le labferment. Il a préparé une solution de labferment et une solution de caséine exemptes toutes deux de sels de chaux solubles. Il a mis ces deux solutions en contact à la température de 40°, en présence d'une certaine quantité de chlorure de sodium, et il a constaté que la caséine se précipite sous la forme d'un précipité floconneux. Il va sans dire que Hammarsten s'est assuré : 1° que ces deux solutions en l'absence de chlorure de sodium ne donnent aucun précipité; 2° que le chlorure de sodium, mélangé dans la même proportion que dans l'expérience précédente à la solution de caséine pure, est impuissant à coaguler cette solution. Toutefois, Hammarsten a remarqué que le précipité formé dans ses conditions est loin de ressembler au coagulum typique que fournissent le lait ou les solutions phospho-calciques de caséine sous l'influence du labferment. Ce précipité est beaucoup moins compact et abandonne plus facilement son sérum; et cependant les solutions de caséine employées par Hammarsten contenaient autant de caséine que le lait lui-même. Ce précipité offre en outre le caractère de devenir plus abondant lorsqu'on élève la température et de se dissoudre en partie par le refroidissement. On pourrait croire, en raison de ces différences, que ces deux phénomènes ne sont pas identiques. HAMMARSTEN rapporte une nouvelle expérience qui démontre d'une façon décisive que le chlorure de sodium peut remplacer les sels solubles de chaux dans la coagulation de la caséine, en donnant cette fois un coagulum typique. On sait que le lait débarrassé par une dialyse prolongée de tous ses sels solubles, ne coagule plus sous l'influence du labferment. Or ce même lait, additionné d'une certaine quantité de chlorure de sodium pur, donne, quand on le soumet à l'action du labferment, exempt de sels de chaux, un coagulum tout à fait caractéristique, semblable à ceux qu'on obtient avec le lait normal. On peut donc conclure avec HAMMARSTEN que les sels de chaux ne sont pas absolument nécessaires à la coagulation du lait par le lab, car d'autres sels, spécialement le chlorure de sodium, peuvent se substituer aux composés calciques dans la production de ce phénomène.

En résumé, malgré ces nombreuses recherches, le mécanisme de la coagulation du lait par le labferment reste encore très obscur. Les seuls faits qui nous semblent bien établis sont les suivants :

1° Le lait privé de sels, de même que les solutions artificielles de caséine sans sels, est incoagulable par le labferment ;

2° Parmi les substances albuminoïdes du lait : caséine, lactoglobuline et lactalbumine, la première est, sans aucun doute, celle qui se précipite le plus abondamment sous l'influence du labferment ;

3° La coagulation de la caséine est toujours précédée d'un dédoublement de cette substance. HAMMARSTEN, KOSTER et HILLMANN ont pu isoler les produits de ce dédoublement dans les solutions artificielles de caséine ayant subi l'action du labferment. Les expériences de filtration des albumines du lait faites par DUCLAUX ne peuvent rien contre ces résultats. Toutefois, il serait sage de ne pas se prononcer sur la nature de ce dédoublement ni sur les produits qui en résultent. HAMMARSTEN lui-même avoue que la paracaséine peut être très différente d'une expérience à l'autre, et que cette substance semble se modifier sous l'influence de causes très diverses ;

4° Les phénomènes de dédoublement de la caséine par le lab peuvent s'accomplir en l'absence du chlorure de sodium ou de sels alcalino-terreux, mais ces sels sont indispensables à la précipitation des produits de dédoublement.

Disons encore que, d'après DANILEWSKI et son élève OKUNEFF, l'action coagulante du lab s'exercerait aussi sur d'autres substances albuminoïdes que la caséine. C'est ainsi qu'ils ont vu que les solutions de certains produits peptiques (peptone de DANILEWSKI) se précipitent sous l'influence du labferment. LAVROW a montré depuis que la peptone de KÜHNE est réfractaire à cette action, mais cet auteur accepte pleinement les idées de DANILEWSKI sur la fonction chimique du labferment.

d) **Conditions d'activité du labferment.** — d_1) *Réaction du milieu.* — La coagulation du lait par le labferment peut s'accomplir dans un milieu faiblement alcalin, neutre ou acide. Toutefois, l'activité est plus considérable dans un milieu acide. Voici une expérience d'ARTHUS qui démontre ce fait très nettement. A 20 centimètres cubes de lait normal, on ajoute 10 centimètres cubes d'un mélange, en proportions variables, d'acide chlorhydrique à 1 p. 1000 et d'eau distillée. Ces mélanges sont ensuite additionnés d'une même quantité de présure et portés à l'étuve. Le temps de coagulation de ces divers mélanges est d'autant plus court qu'ils contiennent plus d'acide.

QUANTITÉS d'acide.	QUANTITÉS d'eau.	TEMPS de coagulation en minutes.		QUANTITÉS d'acide.	QUANTITÉS d'eau.	TEMPS de coagulation en minutes.
10	0	2		4	6	35
9	1	4		3	7	50
8	2	7		2	8	80
7	3	11		1	9	120
6	4	17		0	10	»
5	5	25				

Ainsi la vitesse de la coagulation augmente plus rapidement que les doses d'acide. Tous les acides n'exercent pas la même influence sur la coagulation du lait par le labferment. PFLEIDERER a trouvé, en ajoutant au lait mélangé avec le labferment des quantités chimiquement équivalentes de divers acides, que l'acide qui favorise le plus la coagulation est l'acide chlorhydrique : vient ensuite l'acide nitrique, puis l'acide lactique, l'acide acétique, l'acide sulfurique et en dernier lieu l'acide phosphorique.

NATURE DE L'ACIDE.	QUANTITÉS D'ACIDE EN CENTIMÈTRES CUBES POUR 5 C.C. DE LAIT.						
	$0^{cc},05$	$0^{cc},1$	$0^{cc},2$	$0^{cc},3$	$0^{cc},5$	1^{cc}	3^{cc}
	Temps de la coagulation en minutes.						
Acide chlorhydrique 1/10 norm.	70	55	44	35	20	10	Coagulation instantanée.
— nitrique —	75	60	46	38	25	15	
— lactique —	85	65	50	40	30	20	
— acétique —	90	70	55	47	35	25	
— sulfurique —	100	80	70	45	40	33	5
— phosphorique —	110	90	80	70	50	35	8

Mais en étudiant le pouvoir coagulant de ces mêmes acides sur le lait tout seul, PFLEIDERER est arrivé à des résultats tout à fait différents. L'acide lactique coagule rapidement le lait et l'acide chlorhydrique presque aussi rapidement, quoique, peut-être, d'une manière différente; les acides nitrique et sulfurique agissent beaucoup moins bien; quant à l'acide acétique et l'acide phosphorique, ils mettent très longtemps à provoquer la coagulation du lait. De ces expériences, l'auteur conclut que la coagulation du lait par le lab et la coagulation du lait par les acides sont deux processus différents.

Les alcalins exercent une action complètement opposée à celle des acides sur la coagulation du lait par le lab. La vitesse de la coagulation diminue avec la richesse alcaline des liquides, et elle devient nulle à partir d'une certaine limite de concentration, comme le démontre l'expérience de LÖRCHER.

TITRE DU MÉLANGE.		RETARD DE LA COAGULATION EN MINUTES.	
SOLUTIONS NORMALES.	QUANTITÉ D'ALCALI P. 100.	*a)* NaOH.	*b)* KOH.
1/1000.	NaOH 0,004 NaOH 0,006	3 1/2	7
1/500.	*a)* 0,008 *b)* 0,012	5 1/2	10 1/2
1/100.	*a)* 0,040 *b)* 0,060	Coagulation imparfaite après plusieurs heures.	

On s'est aussi préoccupé de savoir ce que deviennent les solutions de labferment lorsqu'on les laisse, pendant quelque temps, au contact d'une certaine quantité d'acide ou d'alcali. HAMMARSTEN a vu qu'un liquide très riche en lab, additionné de 0,34 p. 100 d'acide chlorhydrique, perd tout pouvoir coagulant si on le maintient pendant vingt-quatre heures à la température de 37° à 40°. Cette action nuisible des acides varie, de même que celle des alcalis, avec le degré de concentration des liqueurs coagulantes, la quantité et la nature de l'acide, la durée du contact de l'acide et l'élévation de la température. Toutefois, d'après LÖRCHER, il faudrait des quantités considérables pour ralentir l'activité des liqueurs coagulantes. Pour un extrait d'estomac coagulant le lait en huit minutes et demie, on n'obtient de ralentissement appréciable de la coagulation que lorsqu'on le mélange avec un volume égal d'une solution normale d'acide chlorhydrique. Même dans ce cas, le ralentissement n'est que de six minutes pour un extrait qui est resté deux jours, à 15° (?), en contact avec l'acide. On peut donc dire que la plupart des acides sont peu nuisibles pour les solutions du labferment.

Il n'en est pas de même pour les alcalis. D'après MALY, 0gr,025 p. 100 de soude caustique suffisent à rendre complètement inactives en vingt-quatre heures et à la température de 15° des solutions très riches en labferment. Le nombre de molécules de ferment détruites augmente avec la durée d'action de l'alcali, la richesse alcaline des solutions et la hauteur de la température. Les carbonates alcalins produisent le même effet, mais à des doses beaucoup plus fortes que les alcalis caustiques. D'après ARTHUS et PAGÈS, ils n'exerceraient même aucune influence appréciable. Ces recherches ont été reprises tout récemment par LÖHCUEH, et il est arrivé aux mêmes résultats que les auteurs précédents. La destruction du labferment par la soude est d'autant plus rapide que les liqueurs coagulantes sont plus diluées et que les solutions d'alcali sont plus concentrées. La durée de l'action de l'alcali a aussi une importance considérable sur la destruction du labferment. Si l'on mélange une solution titrée de soude, au 1/10 de la solution normale, avec un volume égal d'un extrait d'estomac, capable de coaguler le lait en milieu neutre dans une période de sept minutes, à la proportion de 1 p. 20 et à la température de 37°, on observe les retards suivants de la coagulation en raison de la durée de contact de l'alcali. Au bout de cinq minutes, le retard est de 41 minutes; au bout de dix minutes, il est de 4 heures; au bout de trente minutes, il est de 9 heures, et enfin, au bout de 60 minutes, la coagulation met à se produire à peu près vingt heures. Il suffit de mélanger pendant quelques heures un extrait d'estomac, d'activité moyenne, avec un volume égal d'une solution de soude au 1/10 ou au 1/5 de la liqueur normale (1 moléc. par litre) pour que cet extrait perde ses propriétés coagulantes.

d_2) *Température.* — La chaleur est une condition nécessaire à l'activité du labferment. On sait depuis longtemps que les présures sont incapables de coaguler le lait en deçà ou au delà d'une certaine limite de température. L'étude de cette question a été l'objet d'un nombre considérable de recherches qu'on doit séparer en deux groupes. Les unes ont été faites en vue de déterminer l'influence que la température exerce sur le labferment en activité, c'est-à-dire sur la marche de la coagulation elle-même. Les autres, au contraire, portent exclusivement sur la résistance que présentent des solutions fermentatives ou les poudres de ferment aux limites extrêmes de température.

TEMPÉRATURE	DURÉE DE LA COAGULATION en minutes.	OBSERVATIONS.
degrés.		
15	—	Aucune coagulation.
20	32,17	Coagulum très mou.
25	14,00	Coagulum à peu près bon.
30	8,47	Coagulum bon, sérum limpide.
31	8,15	
32	7,79	
33	7,47	Températures habituelles de coagula-
34	7,19	tion dans les laiteries.
35	6,95	
36	6,71	
37	6,55	
38	6,39	
39	6,26	
40	6,15	
41	6,06	Température de maximum d'action.
42	6,12	
43	6,24	
44	6,44	
45	6,71	
46	7,16	
47	7,72	Sérum trouble.
48	8,44	Sérum trouble.
49	10,00	Sérum trouble, coagulum floconneux.
50	12,00	Masse gélatineuse.

D'après Segelcke et Storch, Martini et Fleischmann, la coagulation du lait par le labferment ne peut pas avoir lieu à des températures inférieures à 15° ou 20°. A partir de cette limite, la coagulation commence, et elle devient d'autant plus rapide que la température est plus élevée jusqu'au voisinage de 40°. Une fois cet optimum atteint, la vitesse de l'action fermentative diminue, et elle cesse complètement vers 60° à 65°. C'est ce que démontre l'expérience de Fleischmann.

Il résulte de cette expérience que le labferment atteint son optimum d'activité à une température beaucoup plus basse que la pepsine. Toutefois Boas a observé dans d'autres conditions que l'activité du labferment était sensiblement la même entre 40° et 55°. Il est donc possible que ces différences tiennent tout simplement à la diversité de concentration des solutions employées par chaque auteur. On sait, en effet, qu'aux limites de l'optimum la température agit sur les mélanges fermentatifs de deux manières différentes. D'une part, elle accélère les phénomènes chimiques en augmentant l'activité de l'enzyme. D'autre part, elle ralentit ces mêmes phénomènes en détruisant peu à peu la substance active. Quoiqu'on ne connaisse pas encore la loi de ces variations, on ne peut pas nier que l'effet destructeur de la chaleur se fait sentir beaucoup plus rapidement sur les solutions fermentatives très diluées que sur les solutions très concentrées. Il peut donc se faire que l'optimum d'activité de ces dernières solutions se trouve à une plus haute température que celui des solutions très diluées. Pour montrer à quel point l'activité des liqueurs coagulantes peut changer en fonction de la température suivant la richesse fermentative de ces solutions, nous citerons deux expériences, une de Boas et une de Lörcher. Boas a trouvé, en employant des liquides très riches en labferment, que la coagulation du lait avait encore lieu à plus de 70°. Lörcher a vu qu'on pouvait abaisser la limite thermique inférieure de 5° à 7°, en se servant d'un extrait d'estomac très actif.

Il semble, d'autre part, résulter de quelques expériences de Camus et Gley que la présure exerce encore un certain travail chimique aux basses températures; seulement ce travail n'est pas apparent dans les conditions ordinaires. Le lait mis au contact de la présure, à une température voisine de 0° pendant une heure environ, se coagule dès qu'on l'additionne d'une petite quantité d'acide. Il est bien entendu que cette même quantité d'acide est incapable de coaguler le lait tout seul.

Donc les limites thermiques de l'action du labferment sur le lait sont très étendues (10° à 60°, d'après Lörcher) et d'autant plus grandes que les solutions du lab sont plus concentrées et que les conditions de la réaction sont plus favorables.

NUMÉROS.	ORIGINE DES SOLUTIONS FERMENTATIVES.	TEMPÉRATURE DE COAGULATION.	TEMPS DE COAGULATION.
		degrés.	
1	a) Vache (estomac).		Aucune coagulation.
2	b) Homme (estomac).	6-8	
3	c) Grenouille : œsophage.		5 heures.
4	d) Grenouille : estomac.		Aucune coagulation.
5	a)		Environ 5 heures.
6	b)	15	2 heures, 22 minutes.
7	c)		Aucune coagulation.
7	d)		8 minutes et demie.
9	a)		13 minutes.
10	b)	25	24 minutes.
11	c)		Aucune coagulation.
12	d)		4 minutes et demie.
13	a)		9 minutes et demie.
14	b)	40	20 minutes.
15	c)		Aucune coagulation.
16	d)		
17	a)		
18	b)	55	Aucune coagulation.
19	c)		
20	d)		

LÖRCHER a étudié la manière dont se comportent les labferments d'origines diverses, vis-à-vis de la température. Il a trouvé, comme FICK et MÜRISIER l'avaient déjà constaté pour la pepsine, que le lab des animaux à sang froid (grenouille) est plus actif aux basses températures que celui des animaux à sang chaud, tandis que l'inverse a lieu aux hautes températures.

Une notion très importante qui se dégage des expériences de LÖRCHER est l'absence du labferment dans l'estomac de la grenouille. On voit, en effet, que les extraits de cet organe se montrent constamment inactifs pour toutes les températures.

Les basses températures ne semblent porter aucune atteinte à l'intégrité du labferment. Mais, lorsqu'on chauffe les solutions de labferment au delà d'une certaine limite, elles perdent complétement leur pouvoir coagulant. Cette limite varie beaucoup suivant l'état de pureté de ces solutions, leur degré de concentration, leur réaction chimique, le temps d'action de la chaleur, et d'autres causes encore. Ainsi que BIERNACKI l'a démontré pour la pepsine, les solutions de labferment se détruisent d'autant plus vite par la chaleur qu'elles sont plus pures. Si on prend deux liqueurs coagulantes de même activité, l'une représentée par un extrait d'estomac, l'autre par une solution de lab, préparée suivant la méthode de HAMMARSTEN, et si on laisse ces deux solutions pendant quelque temps à la température de 50°, la première conservera son activité, tandis que la seconde deviendra inactive. La raison intime de ces différences nous est inconnue.

Une autre cause qui fait varier la limite de résistance des solutions de labferment contre la chaleur est leur degré de concentration. Si l'on admet que le nombre de molécules de ferment détruites dans l'unité de temps par la chaleur est, toutes conditions égales, la même pour une température donnée, les solutions qui contiennent plus de ferment supporteront sans se détruire complétement une température plus forte ou la même température pendant plus longtemps que les solutions qui en contiennent moins : c'est ce que BOAS et d'autres expérimentateurs ont, en effet, constaté. Voici d'ailleurs une expérience de GLEY et CAMUS qui est très démonstrative à cet égard. Une goutte de présure neutre, c'est-à-dire exactement 1/20 de centimètre cube d'une solution neutralisée de ferment, est diluée en proportions différentes avec l'eau distillée, et ces divers échantillons sont portés à la température de 40° pendant deux minutes. Au bout de ce temps, on examine le pouvoir coagulant de ces diverses solutions en les ajoutant à 5 c. c. de lait à 40°.

QUANTITÉS d'eau distillée.	TEMPS de la coagulation.
cc.	m. s.
0	3,30
0,01	4,15
0,02	6,45
0,03	10,00
0,04	12,00
0,05	19,00
0,10	Liquide encore 1 heure après.

On est étonné de voir que la présure se détruise aussi rapidement à une température aussi faible; mais cela tient, d'après GLEY et CAMUS, à la réaction neutre de la liqueur dont ils se sont servis. En effet, ces auteurs ont montré que la température de 40°, qui est optimum pour les solutions acides de présure, devient mortelle ou destructive pour les solutions neutres de ce même ferment. Ce résultat ne doit pas être applicable à toutes les solutions de labferment, car LÖRCHER a vu, en répétant ces mêmes expériences avec des extraits de la muqueuse stomacale d'un chat, que ces extraits supportent en solution neutre pendant dix minutes des températures supérieures à 40° sans se détruire sensiblement. Toutefois, CAMUS et GLEY se servaient pour leurs expériences de la présure de HANSEN, qui, quoique impure, contient certainement beaucoup moins des substances étrangères qu'une infusion stomacale ; cette différence suffirait à expliquer l'écart existant dans les résultats obtenus par ces divers auteurs.

LÖRCHER prend un extrait acide de la muqueuse stomacale d'un chat qu'il neutralise exactement, et dont il fait une série de solutions, dans l'eau, dans l'acide chlorhydrique à 1 p. 100, et dans la glycérine à la proportion de 2 p. 8. Ces trois mélanges sont ensuite portés à diverses températures pendant un temps qui varie entre cinq et dix minutes. Lorsque la période de chauffage est terminée, on prend un ou deux centimètres cubes de chacun de ces mélanges, et on évalue leur activité en mesurant le temps qu'ils mettent à coaguler une quantité fixe de lait. Si l'on a eu le soin de faire une mesure du même ordre avec ces liquides, avant de les soumettre à l'influence de la température, on aura, par différence, la perte d'activité qu'ils ont subie pendant l'échauffement.

Dans ces premières expériences, le temps de la coagulation a été tellement considérable qu'il a été impossible de bien savoir les différences d'activité des diverses solutions; néanmoins, c'est encore la solution glycérinée qui s'est montrée le plus active. Mais Lörcher a fait une autre série d'expériences, dans laquelle le temps de coagulation étaient beaucoup plus courts. Il a pris pour cela un extrait d'estomac très actif, qu'il a mélangé en plus grande quantité avec les dissolvants antérieurs (3 p. 7). En même temps, il a diminué de 5 minutes la période de chauffage. La coagulation du lait avait lieu à 37° en présence de 2 c. c. de liqueur fermentative pour 10 c. c. de lait. Voici les résultats de cette nouvelle série d'expériences :

TEMPÉRATURES	TEMPS DE LA COAGULATION EN MINUTES		
DE CHAUFFAGE.	SOLUTION AQUEUSE.	SOLUTIONS GLYCÉRINÉES.	SOLUTIONS chlorhydriques.
Avant l'échauffement.	7 1/2	8	4
50°	12	8	4
55°	100	8 3/4	5
60°	—	75	90
65°	—	—	—

Lörcher conclut en disant :

1° Que la réaction acide des solutions de labferment augmente leur résistance contre la chaleur;

2° Que les solutions glycérinées de lab supportent mieux les hautes températures que les solutions aqueuses;

3° Qu'une solution de labferment de concentration moyenne se détruit complètement si on la laisse pendant 10 minutes à la température de 60 à 70°.

Cette limite peut être abaissée ou relevée, suivant qu'on prolonge ou qu'on diminue le temps de l'échauffement; car, ainsi que nous l'avons dit, l'effet destructeur de la chaleur dépend aussi du temps pendant lequel la température agit. Cela est tellement vrai que Hammarsten a pu rendre absolument inactive une solution acide de labferment en la maintenant pendant 48 heures à 40°. D'autre part, Maly a observé qu'on peut porter pendant quelques instants à 70°, et même faire bouillir, une solution neutre de lab, sans lui faire perdre complètement ses propriétés coagulantes. On trouve aussi dans le travail de Gley et Camus un exemple frappant de l'importance que l'élément temps dans la destruction des solutions de lab par la chaleur. On sait que les solutions aqueuses de la présure de Hansen neutralisée se détruisent partiellement à 40° au bout de deux minutes. Or cette destruction est d'autant plus considérable que l'influence de la chaleur se prolonge plus longtemps. Ainsi, une goutte de présure neutre mise dans 1 c. c. d'eau distillée à 40° auquel on ajoute immédiatement 5 c. c. de lait, caséifie ce lait en trois minutes; si l'action de la chaleur a duré quinze secondes, la coagulation n'a plus lieu qu'en quatre minutes; après trente secondes, en cinq minutes; après une minute, en neuf minutes et demie, et finalement, après cinq minutes, le ferment est complètement détruit.

En résumé il est impossible d'assigner une limite précise à la destruction du labferment par la chaleur. Cette limite est tellement différente suivant les conditions de l'expérience, qu'elle peut varier du simple au double.

Quant au labferment en poudre, il offre, comme tous les autres ferments qu'on place dans cet état, une résistance considérable aux hautes températures. Ainsi Camus et

Gley ont pu maintenir la présure à des températures supérieures à 100°, pendant un quart d'heure, sans affaiblir la force de cette présure. La seule condition pour obtenir ce résultat, c'est de bien dessécher le ferment.

d₃) État et nature du lait. — La réaction du lait change les conditions d'activité du labferment. Les laits sortant de la mamelle n'ont jamais une réaction franchement alcaline ; ils sont plutôt neutres ou amphotériques. Quelques heures après la traite, surtout lorsque la température extérieure est élevée, ils deviennent plus ou moins acides. Ils sont alors beaucoup plus facilement coagulables par la présure.

La coagulabilité du lait varie encore suivant qu'il est à l'état bouilli ou à l'état cru. On sait depuis longtemps que l'ébullition rend le lait beaucoup moins sensible à l'action du labferment. Nous empruntons à Arthus quelques chiffres qui mettent en évidence ce phénomène. Un même lait, traité par une même quantité de labferment à la même température, coagule dans les temps suivants :

Lait cru.	. . . .	8 minutes.	Lait bouilli.	. . . .	20 minutes.
—	. . . .	3 minutes 3/4.	—	. . . .	8 —
—	. . . .	5 minutes.	—	. . . .	8 —

Ces différences s'expliqueraient essentiellement, d'après Arthus, par ce fait que l'ébullition chasse l'acide carbonique contenu dans le lait en précipitant ainsi une grande partie du phosphate de chaux qui se trouve en solution dans ce liquide. Le lait bouilli serait en quelque sorte un lait décalcifié. Ce qui démontre la justesse de cette manière de voir, dit Arthus, c'est qu'il est possible de rendre au lait bouilli sa coagulation primitive, ou à peu près, en lui rendant ce qu'il a perdu, c'est-à-dire son gaz carbonique. A cet effet, on fait passer dans ce lait une fois refroidi un courant prolongé d'acide carbonique, puis un courant prolongé d'air pour enlever l'excès de gaz carbonique. On constate dans ces conditions qu'une quantité convenable de labferment coagule :

Le lait cru en	15 minutes.
Le même bouilli en	12 —
Le même bouilli, carboniqué et aéré . .	8 —

On peut encore arriver au même résultat, en faisant bouillir le lait en vase clos, afin d'empêcher le dégagement de l'acide carbonique. Le lait bouilli de cette façon coagule, toutes choses égales, plus rapidement que le même lait bouilli à l'air libre.

Lait cru coagule en	3 minutes.
Lait bouilli à l'air en	15 —
Lait bouilli en vase clos	10 —

Autre exemple :

Lait cru coagule en	3 minutes.
Lait bouilli à l'air	9 —
Lait bouilli en vase clos	5 —

Dernier exemple :

Lait cru coagule en	5 minutes.
Lait bouilli à l'air	17 —
Lait bouilli en vase clos	14 —

Ces faits montrent bien que la perte de gaz carbonique par le lait pendant l'ébullition est une des causes, mais seulement une des causes du retard de coagulation de ce lait. Ce qu'on peut affirmer, c'est que le lait bouilli recouvre sa coagulabilité primitive et même devient plus facilement coagulable qu'à l'état cru, si on l'additionne de sels de chaux solubles, ou si on le sature de gaz carbonique. L'action des sels est toujours très énergique, quel que soit le sel dont on se serve, pourvu que celui-ci soit un sel alcalino-terreux. Quant au gaz carbonique, il suffit d'exposer pendant quelque temps le lait bouilli à une atmosphère riche en CO^2 pour voir la coagulation de ce lait s'accélérer considérablement :

Lait naturel.	8 minutes.
Lait bouilli	20 —
Lait bouilli saturé de gaz carbonique . .	1 minute.

Lait naturel.	6 minutes 1/2
Lait cru saturé de gaz carbonique. . . .	1 minute.
Lait bouilli	16 —
Lait bouilli saturé de gaz carbonique . .	1 minute 1/2

On voit par cette expérience que l'acide carbonique en excès exerce sensiblement la même influence sur le lait bouilli que sur le lait cru, ce qui équivaut à dire que la caséine du lait ne subit pas de modification appréciable pendant l'ébullition.

Lörcher s'est demandé si ce retard de coagulation que présente le lait bouilli ne commençait pas à se manifester à des températures inférieures à celle de l'ébullition. Il a chauffé le lait aux diverses températures pendant cinq minutes, puis il a évalué la coagulabilité de ces laits, pour une même solution de labferment.

TEMPÉRATURES de chauffage.	TEMPS de la coagulation en minutes.
degrés.	
50	4 1/2
60	4 1/2
70	4 1/2
80	6 1/2
90	8 1/2
100	9 1/2

A partir de 80°, la coagulabilité du lait diminue manifestement, pour une période de chauffage de cinq minutes, et tout porte à croire que si l'on prolongeait cette période, on trouverait que la limite de température indiquée plus haut est encore trop forte.

Les différences de composition que présente le lait aux divers moments de l'allaitement, et surtout lorsqu'on passe d'un animal à l'autre, sont aussi une des causes qui modifient les conditions de coagulation de ce liquide par le labferment : c'est un fait de connaissance vulgaire que le lait d'un même animal, pris à vingt-quatre heures d'intervalle, ne présente jamais la même durée de coagulation.

D'abord le colostrum est totalement réfractaire; mais, douze heure après le part, il donne déjà un léger coagulum en présence du labferment. Au bout de vingt-quatre heures, ce coagulum est beaucoup plus abondant, mais le lactosérum qui résulte de la coagulation est encore un peu trouble. Finalement, au bout de quarante-huit heures, le colostrum se comporte vis-à-vis de la présure à peu près comme le lait normal. Aussi beaucoup d'auteurs ont-ils pensé que le colostrum jeune ne contenait pas de caséine, et que c'était là la cause essentielle de son incoagulabilité par la présure. Cette opinion est quelque peu exagérée, car, ainsi qu'Arthus l'a démontré, le colostrum renferme une certaine quantité de caséine, deux heures après la mise bas. Seulement, cette quantité est tellement faible que la caséine est entraînée par les autres albumines qui se précipitent sous l'influence de l'ébullition. D'après cet auteur, l'incoagulabilité du colostrum par le labferment tiendrait plutôt à l'état spécial dans lequel se trouvent les sels de chaux contenus dans ce liquide; car le colostrum devient rapidement coagulable quand on l'additionne d'une certaine quantité de sels de chaux.

Les laits des divers animaux ont aussi une coagulabilité très différente. Ainsi le lait de femme, qui est, comme on le sait, beaucoup plus pauvre en caséine que le lait de vache, présente une coagulabilité moindre que celui-ci. D'après certains auteurs, il serait même complètement réfractaire à l'action du labferment; mais ce fait a été contesté par Arthus. Les laits d'ânesse, de jument et de chienne coagulent aussi : de tous les laits étudiés jusqu'ici, ceux qui se montrent le plus sensibles à l'action du labferment sont le lait de vache et le lait de chèvre. Les conditions chimiques de ce dernier sont tellement favorables à sa coagulation qu'on ne peut pas, par les moyens ordinaires, modifier la marche de ce phénomène. Ainsi le lait de chèvre saturé de gaz carbonique ne se coagule pas beaucoup plus vite que le même lait à l'état normal. Les sels de chaux n'accélèrent pas non plus notablement la coagulation de ce liquide. Il en est de même des autres sels alcalino-terreux. Enfin l'ébullition et la dilution, qui retardent considérablement la coagulation du lait de vache, n'exercent pas une grande influence sur la coagulation du lait de chèvre. Arthus prétend que ces propriétés particulières du lait de chèvre sont dues exclusivement à sa richesse en composés calciques et à la nature de ces composés, qui seraient plus stables que ceux qui se trouvent dans le lait de vache. Il rappelle à ce propos que le lait blanc, brillant, fortement calcique et très propre à la fabrication du fromage de certaines races de vaches, dites pour cela *fromagères* (hollandaises, suisses, etc.), lait qui se rapproche beaucoup de celui de chèvre, coagule, comme ce dernier, beaucoup plus vite que celui des vaches *beurrières* (bretonnes, normandes, etc.), qui est plus gras et moins calcique.

e) **Influence des sels sur la coagulation du lait par le labferment.** — Nous avons vu que, parmi les éléments qui composent le lait, les sels jouent un rôle extrêmement important dans la coagulation de ce liquide. On trouvera dans les travaux de Hammarsten, de Söldner, de Lundberg, de Courant, d'Arthus et Pagès, de Ringer, de Röhman, de Duclaux, et de beaucoup d'autres auteurs que nous citons dans la partie bibliographique de cet article, un grand nombre d'indications concernant ce sujet. C'est pour éviter d'inutiles répétitions que nous nous limiterons à donner ici les résultats obtenus par Lörcher qui résument et complètent tous les résultats antérieurs. Cet auteur a étudié l'action de la plupart des sels sur la coagulation du lait, mais, au lieu de prendre des quantités pondéralement égales de ces divers sels, comme on l'avait fait jusqu'à lui, il en a pris des quantités chimiquement équivalentes. Les solutions de ces sels étaient faites directement dans le lait, et Lörcher prenait comme limite maximum de concentration une solution contenant le poids moléculaire de chaque sel, pour un litre de lait, c'est-à-dire une solution normale. La liqueur coagulante employée par cet auteur était un extrait glycériné de la muqueuse stomacale d'un veau, ayant conservé sa réaction acide. Cet extrait était additionné au lait dans la proportion de 0^{cc},1 pour 10 c. c. de lait, et le mélange était porté à l'étuve à 35°. Dans chaque expérience on mesurait le temps de coagulation du lait normal, qui variait entre 7 et 14 minutes et le temps de coagulation du lait additionné de sel. Cette mesure donnait, par différence, le retard ou l'accélération de la coagulation du lait sous l'influence du sel.

Tous les sels des métaux alcalins, à l'exception du phosphate de potassium et du chlorure de lithium, retardent manifestement la marche de la coagulation. Les sels qui se montrent le plus nuisibles dans ce sens sont les fluorures et les oxalates; viennent ensuite les carbonates et les bicarbonates, puis les sulfates à faibles doses, le phosphate de sodium, les nitrates, les iodures, les bromures, et en dernier lieu les chlorures. Lorsqu'on compare dans leur ensemble les sels de sodium et de potassium, on ne trouve pas de différences appréciables. Toutefois, pour des fortes doses, les sels de potassium sont plus nuisibles que les sels de sodium. L'exception que présente à ce point de vue le phosphate de potassium et de sodium est attribuée par Lörcher à la diversité de réaction de ces deux sels; le premier est acide à la phtaléine, et par conséquent accélère la coagulation, tandis que le second, qui est alcalin, retarde ce phénomène. Ajoutons que le phosphate de potassium et le chlorure de lithium cessent d'être des agents accélérateurs de la coagulation lorsqu'on les emploie à de très fortes doses.

Au contraire, les sels alcalino-terreux sont des agents accélérateurs de la coagulation du lait. Seules les bases de ces métaux gênent considérablement la marche de ce phénomène, ce qui tient sans doute à leur réaction fortement alcaline. En tous cas, leur effet retardateur est tel qu'à une concentration de 1/50 de la solution normale, la coagulation du lait ne peut plus avoir lieu. Parmi les bases, la strontiane occupe une place intermédiaire. Un autre fait intéressant, c'est que les sels alcalino-terreux perdent leur influence accélératrice sur la coagulation et deviennent même des agents retardataires lorsqu'ils dépassent une certaine limite de concentration (solution demi normale).

Les sels de magnésium et d'autres métaux voisins accélèrent aussi la coagulation du lait à des doses faibles ou moyennes. Cependant le chlorure de magnésium fait exception à cette loi. Il contrarie la marche de la coagulation à des doses faibles, tandis qu'à des doses relativement fortes il augmente la vitesse de ce phénomène. Lörcher fait aussi remarquer que les chlorures de cadmium et d'aluminium, assez actifs à des doses extrêmement faibles, doivent probablement cette particularité à leur réaction légèrement acide. Ces sels sont d'ailleurs capables de provoquer par eux-mêmes la précipitation du lait en gros flocons, si on les emploie à une concentration de 1/10 de la solution normale, ce qui n'est pas une dose très élevée (1^{gr},3 p. 100). Les autres sels de ce groupe, ainsi qu'une partie des sels alcalino-terreux et des sels des métaux alcalins, produisent le même phénomène, mais à des doses beaucoup plus fortes. Quant aux sels de métaux lourds, leur action sur la coagulation nous est à peu près inconnue. Mais tout porte à croire que ces sels doivent exercer une influence nuisible sur l'activité du labferment, car ils sont tous des antiseptiques et des antifermentatifs puissants.

Quant à la marche de la coagulation, on n'a jamais étudié d'une façon systématique l'influence qu'exercent les divers sels sur chacun des éléments qui interviennent dans la coagulation du lait par la présure. Nous avons dit que ces éléments sont le labferment, la caséine et les sels solubles du lait, spécialement les sels de chaux. D'après HAMMARSTEN, le chlorure de sodium peut remplacer les sels de chaux dans la précipitation de la para-caséine, mais, d'autre part, il résulte des expériences de LÖRCHER que ce sel gêne l'action de la présure, surtout en solution concentrée. ARTHUS et PAGÈS admettent que les oxalates et les fluorures de potasse et de soude retardent ou empêchent la coagulation du lait en précipitant les sels de chaux de ce liquide. Ce dernier fait est incontestable, mais les expériences d'ARTHUS et PAGÈS soulèvent une critique sérieuse. On se rappelle que ces auteurs sont obligés d'employer un léger excès d'oxalate pour interdire la coagulation du lait. Or rien ne dit que cet excès d'oxalate, si faible qu'il soit, ne devienne pas gênant pour la présure. En tout cas, nous savons maintenant que le chlorure de sodium existant dans le lait suffit, en l'absence des sels solubles de chaux, à précipiter les produits de dédoublement de la caséine. D'après LÖRCHER, certains sels hâtent le dédoublement de la caséine par le labferment, tandis que d'autres limitent leur action à provoquer la précipitation de ces produits de dédoublement. Parmi les sels du premier groupe se trouveraient les sels de magnésie, et, parmi ceux du second, les sels de chaux; mais la plupart des sels qui hâtent la coagulation appartiennent à la fois à ces deux groupes, et on peut même dire que le chlorure de calcium appartient au premier pour de faibles doses et au second pour de doses fortes.

f) **Influence d'autres substances sur la coagulation du lait par le labferment.** — ARTHUR EDWARDS et GLEY ont observé, indépendamment l'un de l'autre, que la peptone de WITTE exerce une action retardatrice sur la coagulation du lait par la présure. LOCKE a repris ces expériences, et il a trouvé, en se servant aussi de la peptone de WITTE, les mêmes résultats que GLEY et EDMUNS, mais il a fait remarquer que le peptone de WITTE présente une réaction franchement alcaline et que par conséquent on ne pouvait rien conclure de ces expériences. Il a alors entrepris de nouvelles recherches avec d'autres peptones industrielles, particulièrement [avec la peptone de GEHE et de GRÜBLER. Cette dernière n'exerce pas une influence retardatrice aussi marquée que les deux premières sur la présure; mais, d'après LOCKE, cela tient très probablement à ce qu'elle a une réaction acide vis-à-vis du papier de tournesol. La peptone de GEHE gêne beaucoup plus l'action de la présure, quoique cette peptone contienne une certaine quantité des sels solubles de calcium. Enfin LOCKE laisse la question en suspens, et n'ose pas affirmer si la peptone exerce ou non une action spécifique sur la présure. Nous croyons aussi qu'on ne peut pas. en opérant avec des produits aussi complexes que les peptones commerciales, savoir la part qui revient dans cet effet retardateur de la coagulation, à l'action des albumoses ou des peptones ou à l'action des sels et d'autres corps chimiques qui souillent ces espèces de peptones. GLEY et CAMUS, en reprenant ces recherches, ont constaté que l'effet retardateur produit par la peptone de WITTE est dû exclusivement à la réaction alcaline de cette substance. Le sérum sanguin agirait encore d'après ces auteurs de la même façon sur la présure.

BOAS a étudié l'action de la salive, du mucus, de la bile et de la graisse sur l'activité du labferment. La salive et le mucus, mélangés en grande quantité au contenu stomacal, ne diminuent pas sensiblement les propriétés coagulantes de ce liquide. Si l'on observe parfois un léger retard de la coagulation, cela tient à la richesse alcaline de ces deux produits de sécrétion. Il n'en est pas de même pour la bile. Ce liquide est particulièrement nuisible au labferment, BOAS a constaté, en ajoutant au contenu stomacal filtré et neutralisé [une certaine quantité de bile, que ce mélange devenait impuissant à coaguler le lait. Il a encore observé le même résultat en additionnant le contenu stomacal de 2 p. 100 de cholate de soude. Avec 1 p. 100 de ce sel on n'obtient pas l'arrêt de la coagulation; mais simplement un retard. Enfin la graisse n'exerce aucune action nuisible sur la présure. Le contenu stomacal, mélangé avec 40 p. 100 d'huile neutre, conserve tout son pouvoir coagulant.

Les substances antiseptiques sont en général nuisibles au labferment. Parmi celles-ci nous citerons l'acide salicylique (Kolbe, Kirchener), la glycérine (Munk), l'essence de moutarde (Schwalbe) et l'aldéhyde formique. Poitevin a fait spécialement l'étude de ce dernier corps. Il a trouvé les retards suivants de la coagulation en ajoutant à un même volume de lait des quantités différentes d'une solution neutre de formol à 40°. La colonne R représente le rapport qui existe entre le temps de coagulation du lait témoin et du lait antiseptisé.

TEMPS de coagulation du lait témoin en minutes.	FORMOL en grammes par litre.	R.
15	1	2
27	0,8	1,7
27	1,6	∞
27	2,4	∞
65	0,8	1,8
65	5,2	très grand.
65	1,6	∞

Lorsqu'on augmente les quantités de présure, les doses nécessaires pour empêcher la coagulation s'élèvent. Enfin, si l'on maintient la présure au contact des solutions concentrées de formol, elle devient tout à fait inactive,

Freudenreich a vu aussi, en faisant agir directement un certain nombre d'antiseptiques sur la présure; le chloroforme, le bichromate de potasse, le thymol, et l'aldéhyde formique, qu'elle perd plus ou moins ses propriétés coagulantes. La glycérine se montre complètement inoffensive, ainsi que le prouve le fait suivant. Une tablette de Hansen, dissoute dans la glycérine pure, conserve au bout de soixante-deux jours tout son pouvoir coagulant. Ce dernier résultat semble en contradiction avec les expériences de Munk; mais il est possible que la glycérine ne détruise pas la présure, tout en gênant l'activité de ce ferment lorsqu'on l'additionne au lait. Les deux données ne sont pas nécessairement contradictoires. Freudenreich, étudiant l'influence du salol sur la présure, semble la considérer comme nulle, mais l'expérience qu'il a faite à ce sujet ne permet pas d'en tirer une conclusion précise.

Le borax et l'acide borique sont aussi des agents paralysants de la présure. D'après Duclaux la coagulation d'un lait additionné de 1 p. 1000 de borax devient quatre fois plus lente qu'à l'état normal, et, si on double la proportion de ce sel, le retard de la coagulation augmente de seize fois. Avec l'acide borique, le retard est encore plus considérable. La coagulation devient cinq fois plus lente avec 1 p. 2000 d'acide borique, et vingt fois plus lente avec 1 p. 1000.

g) **Procédés de mesure de l'activité des liqueurs coagulantes.** — Quand on veut étudier comparativement la puissance coagulante de plusieurs solutions de labferment, on doit commencer par placer ces solutions dans des conditions d'activité absolument semblables. Qu'il s'agisse d'un suc gastrique naturel, d'un suc gastrique artificiel, ou d'une solution de présure industrielle, la première condition à remplir, c'est de neutraliser exactement ces solutions, afin d'éviter que leurs différences de réactions ne viennent fausser les résultats. Cela fait, on prendra un volume égal de chacune de ces solutions qu'on mélangera avec un volume donné d'un même lait, et on placera les divers mélanges à l'étuve à une température de 37° ou 40°. Le temps de coagulation de ces divers mélanges donnera la mesure de leur activité.

Cette détermination comporte quelques erreurs. Tout d'abord les liquides qu'on analyse peuvent, tout en ayant la même réaction, avoir une composition saline très différente. Tel peut être le cas du suc gastrique impur, dont la composition chimique varie considérablement suivant le genre d'alimentation. Il faut alors toujours se servir du même repas d'épreuve. Mais, comme cette précaution n'est pas facile à remplir, ce qui vaut le mieux, c'est de diluer le suc gastrique avec de l'eau acidulée et de le soumettre ensuite à une dialyse prolongée afin de le débarrasser aussi complètement que possible de tous les sels. Ainsi on est sûr d'éliminer l'influence étrangère que les sels exercent sur la coagulation, en même temps qu'on aide la transformation du proferment du lab, en ferment définitif.

En second lieu, le suc gastrique, débarrassé de sels solubles par la dialyse, doit être mélangé avec du lait stérilisé. Il ne suffit pas que ce lait ait la même composition chimique ; il faut encore qu'il ne contienne pas des germes de la fermentation lactique qui peuvent en se développant changer la réaction du lait et provoquer sa coagulation. Si, malgré tout, on constate que le sérum du lait coagulé a pris une réaction acide, on peut considérer l'expérience comme mauvaise.

Une autre difficulté consiste à choisir un terme de comparaison pour l'étude de la coagulation. Quelques auteurs ont proposé de prendre comme limite d'expérience le moment où le lait commence à s'épaissir. D'autres ont conseillé d'attendre la précipitation de la caséine sur les bords de la surface du liquide. Enfin, la plupart des auteurs considèrent qu'il est préférable d'attendre que la coagulation du lait se soit produite en bloc. C'est cette dernière indication qui semble la plus exacte. En général, on met le lait à coaguler dans des tubes à essai de un centimètre et demi à deux centimètres de diamètre, et on cherche le moment où l'on peut renverser ces tubes, sans qu'il s'en écoule une goutte de liquide. Si l'on veut opérer en vase plat, il est aussi facile de déterminer exactement le moment de la coagulation en enfonçant dans la masse du caillot la lame d'un couteau ou l'extrémité du doigt. Si la boutonnière formée présente des lèvres nettement coupées, et si le liquide qui finit par la remplir est bien transparent et limpide, on peut être sûr d'avoir atteint le point voulu.

Enfin, il est utile, quand on opère sur des liqueurs coagulantes très concentrées ou . très riches en lab, de diluer ces liqueurs, pour bien saisir les différences d'activité qui peuvent exister entre elles. Dans le cas où ces solutions seraient trop diluées, il faut les additionner d'une certaine quantité de chlorure de calcium dans le but d'augmenter leur activité. On évite comme cela une perte de temps inutile, et surtout on peut par ce moyen déceler la moindre trace de labferment dans le liquide qu'on examine.

Pour découvrir l'existence du labferment dans le suc gastrique, Leo conseille de procéder de la manière suivante. On ajoute à 5 c. de lait deux ou trois gouttes de suc gastrique, et on met le tout à l'étuve à 38°. La coagulation en masse du lait au bout de dix à vingt minutes est une preuve suffisante de la présence du lab, parce que, dit-il, la quantité d'acide contenue dans les deux ou trois gouttes de suc gastrique est trop faible pour produire le même résultat, et parce que l'acide coagule le lait en grumeaux et non en masse ; pourtant l'absence de coagulation ne permet pas de conclure absolument qu'il n'y a pas de labferment dans le suc gastrique, car la quantité de liquide employée n'est peut-être pas assez forte.

Klemperer a indiqué plusieurs moyens pour rechercher le zymogène du lab dans le suc gastrique : 1° Le suc gastrique est d'abord additionné d'une certaine quantité de carbonate de soude jusqu'à réaction faiblement alcaline, afin de détruire le labferment qu'il peut contenir, puis on mélange le suc gastrique alcalinisé avec un volume donné de lait en présence d'une petite quantité de chlorure de calcium, et on porte le tout à l'étuve. Si la coagulation se produit au bout de quelques minutes, on peut conclure que le suc gastrique renfermait une certaine quantité de lab ; 2° Deux verres contenant chacun 10 c. c. de suc gastrique sont chauffés au bain-marie à 70°. Le lab est détruit à cette température, tandis que le zymogène ou le proferment reste ; de sorte que, si on mélange le suc gastrique chauffé dans un des verres avec un volume donné de lait, en présence d'une certaine quantité de chlorure de calcium, la coagulation ne tarde pas à se produire. Au contraire, le suc gastrique de l'autre verre, chauffé de la même façon, mais non additionné de chlorure de calcium, est impuissant à coaguler le même volume de lait.

Boas et Trzebinski ont poussé plus loin ce genre de déterminations en cherchant à doser exactement les quantités relatives de labferment qui se trouvent dans les divers sucs gastriques. Ils ont employé la méthode de dilution dont Javonski s'était déjà servi pour le dosage de la pepsine. Cette méthode consiste à diluer le suc gastrique neutralisé jusqu'à lui faire perdre ses propriétés coagulantes. Cette limite de dilution indique la teneur du suc gastrique en labferment. Boas et Trzebinski ont constaté qu'il faut, pour rendre inactif le suc gastrique normal, le diluer dans la proportion de 1/30 à 1/40.

Meunier a essayé de régler les conditions dans lesquelles on doit mesurer l'activité coagulante du suc gastrique, de façon à en faire un bon procédé clinique. Cet auteur prend le suc gastrique filtré, provenant d'un repas d'épreuve d'Ewald extrait au bout d'une heure et en fait quatre dilutions, au 10e, au 100e, au 500e et au 1000e; toutes légèrement acides.

Solution au 10e. — 1 c. c. de suc gastrique est mesuré très exactement dans un tube à essai. Après addition d'une goutte de teinture de tournesol, on ajoute goutte à goutte une solution décinormale de soude jusqu'à virage, puis on ramène au rouge par une goutte d'une solution décinormale d'acide chlorhydrique. Lorsque le suc gastrique est neutre, on l'acidifie également par une goutte de la solution décinormale d'acide. Après acidification le suc gastrique est additionné de la quantité nécessaire d'eau distillée pour en faire exactement 10 c. c.

Solution au 100e. — 1 c. c. de la solution au 10e est étendu de 9 c. c. d'eau distillée.

Solution au 500e. — 1 c. c. de la solution au 100e est étendu de 4 c. c. d'eau distillée.

Solution au 1000e. — 1 c. c. de la solution au 100e est étendu de 9 c. c. d'eau distillée.

Comme cette dernière solution provient d'une triple dilution du suc gastrique par $\frac{1}{1000} = \frac{1}{10 \times 10 \times 10}$, une erreur dans le dénominateur est multipliée par 100. Il est donc nécessaire de faire très exactement toutes les prises d'un centimètre cube, une erreur de 1 dans une de ces prises entraînant une erreur de 100 dans la dernière dilution.

De ces quatre solutions, on mesure dans quatre tubes à essai 5 c. c. et on met de côté le tube contenant ce qui reste de la solution au 10e. Ce tube sert de contrôle.

On a ainsi cinq solutions :

Tube   A contenant 5 centimètres cubes de suc gastrique à 1/10.
  —   B   —   5   —   —   —   à 1/100.
  —   C   —   5   —   —   —   à 1/500.
  —   D   —   5   —   —   —   à 1/1000.
  —   Contrôle.

dont on recherche le pouvoir coagulant. Pour cela, on ajoute aux cinq tubes 5 c. c. d'une solution de chlorure de calcium cristallisé et 5 c. c. de lait stérilisé.

L'auteur a trouvé que les laits stérilisés qu'on vend dans le commerce, *Gallia, Hélios,* etc., présentent à peu près la même coagulabilité et peuvent parfaitement servir à ce genre de recherches. Avant d'ajouter au tube témoin le mélange précédent, on a le soin de faire bouillir la solution qu'il contient, afin de détruire le labferment.

Les cinq tubes ainsi préparés sont agités doucement de manière à bien mélanger leur contenu; puis on les porte à 41°. On note exactement l'heure où l'échauffement commence, et on observe en minutes le temps nécessaire pour amener la coagulation dans les divers tubes. A un moment donné, on voit le mélange s'épaissir, puis apparaître un précipité de caséine sur les bords de la surface du liquide. C'est ce moment que l'on choisit comme limite d'expérience.

Supposons que quatre sucs gastriques différents, contenant des quantités inégales de lab, donnent les résultats suivants :

1er suc gastrique, coagule le tube à 1/10   en 7 minutes.
2e   —   —   —   1/100 en 10   —
3e   —   —   —   1/500 en 8   —
4e   —   —   —   1/1000 en 4   —

Cela veut dire que, dans les conditions d'expérience dont nous parlons, 5 c. c. de la solution au 10e du premier suc gastrique coagulent 5 c. c. de lait en 7 minutes ou, en simplifiant, que 1 c. c. de ce suc gastrique pur coagule 10 c. c. de lait en 7 minutes, et successivement.

Que 1 c. c. du quatrième suc coagule   100 c. c. de lait en 10 minutes.
Que 1   —   du troisième   —   500   —   —   8   —
Que 1   —   du deuxième   —   1000   —   —   4   —

Dans tous les cas, le lait du tube de contrôle ne doit pas coaguler, le lab ayant été détruit par la chaleur. Le contraire indiquerait une modification survenue dans le lait ou une erreur d'expérience.

L'auteur de ce procédé a cherché à interpréter ces résultats sous une forme plus générale. Il a étudié pour cela les quantités de lait coagulées au bout d'un temps variable par une même quantité de suc gastrique. Il a trouvé, ainsi que le montre le tableau suivant, que, pour une même quantité de suc gastrique, les quantités de lait coagulé sont presque proportionnelles au temps nécessaire pour déterminer cette coagulation :

1 c. c. de suc gastrique coagule	10 c. c. du même lait en	1'20''.
1 — du même suc —	20 — —	en 2'10''.
1 — — —	30 — —	en 3'.
1 — — —	40 — —	en 4'.
1 — — —	50 — —	en 5'.
1 — — —	60 — —	en 6'.
1 — — —	80 — —	en 9'.
1 — — —	90 — —	en 10'.
1 — — —	110 — —	en 14'.
1 — — —	140 — —	en 18'.

Cette loi, il est vrai, va se modifiant avec la durée de l'observation, mais MEUNIER affirme qu'elle peut être considérée comme exacte, au-dessous de 10 minutes et surtout entre 3 et 10 minutes. C'est la raison pour laquelle l'auteur insiste sur la nécessité de sensibiliser le lait par le chlorure de calcium de telle sorte que la durée de la coagulation ne dépasse jamais 10 minutes.

Grâce à cette loi, on peut, en sachant qu'une solution de suc gastrique au 100ᵉ, par exemple, coagule le lait en 3 minutes, ou, ce qui revient au même, 1 c. c. de ce suc coagule 100 c. c. de lait en 3 minutes, en déduire la quantité de lait qu'il coagulerait au bout d'un temps fixe, 8 minutes par exemple. Une simple règle de trois donnera la solution de ce problème :

$$x = \frac{100 \times 8'}{3'} = 266 \text{ c. c. de lait en } 8'.$$

Dans l'industrie on appelle *force d'une présure* la quantité de lait coagulé par un litre de présure en 40 minutes et à 35°. MEUNIER appelle *force d'un suc gastrique en lab la quantité de lait coagulé par l'unité de volume de ce suc gastrique au bout de 10' dans les conditions d'expérience que nous venons d'indiquer.*

Des considérations précédentes, on peut facilement déduire cette force F des différents sucs examinés. Soient les exemples choisis plus hauts.

1ᵉʳ suc gastrique coagulant	10 c. c. de lait en	7'	$F = \frac{10 \times 10}{7} = 14.$
2ᵉ — —	100 — —	en 10'	$F = \frac{100 \times 10}{10} = 100.$
3ᵉ — —	500 — —	en 8'	$F = \frac{500 \times 10}{8} = 625.$
4ᵉ — —	1000 — —	en 4'	$F = \frac{1000 \times 10}{4} = 2500.$

Ce qui veut dire que 1 c. c. de ces divers sucs peut coaguler respectivement 14 c. c., 100 c. c., 625 cc., 2500 c. c. de lait dans l'espace de dix minutes.

En résumé, en opérant comme MEUNIER le conseille, on peut calculer la force d'un suc gastrique en lab, en multipliant par 10 le titre de dilution de ce suc D, et en divisant ce produit par le nombre de minutes m' nécessaires pour amener la coagulation. Ces diverses opérations se trouvent représentées dans la formule suivante :

$$F = \frac{D \times 10}{m'}.$$

Le grand mérite de ce procédé, c'est d'être basé sur une loi numérique tirée directement de l'expérience. Comme il était à prévoir, les quantités de lait coagulé devaient être, dans certaines limites de temps, directement proportionnelles aux quantités de labferment, car on savait déjà que la vitesse de coagulation d'une même quantité de lait est aussi directement proportionnelle aux quantités de labferment. Néanmoins, il fallait démontrer par l'expérience l'exactitude de cette déduction, et c'est surtout pour cela que le travail de MEUNIER mérite une mention spéciale.

Au point de vue de la technique on peut faire quelques objections à ce procédé. Il y a dans les divers tubes des différences d'acidité qui sont certainement une cause d'erreur. Il faut donc faire les diverses solutions du suc gastrique avec de l'eau acidulée ayant toujours le même titre d'acidité.

En second lieu, nous croyons qu'il y aurait avantage à prendre un volume un peu plus grand de suc gastrique pour faire ces diverses solutions.

La troisième objection, qui est d'ailleurs la plus importante, s'adresse à la manière dont on juge dans ce procédé la fin de l'expérience. L'épaississement du lait et la précipitation de la caséine sur les bords ne sont pas deux modifications assez nettes pour qu'on les prenne comme limite. Il vaut peut-être mieux attendre que la coagulation du lait se produise en bloc.

En dehors de ces légers défauts que tout expérimentateur est à même de pouvoir corriger, nous considérons le procédé de MEUNIER comme très recommandable.

h) **Lois d'activité du labferment.** — HAMMARSTEN est le premier expérimentateur qui ait attiré l'attention sur les rapports existant entre l'activité d'une liqueur coagulante et sa richesse en présure. Il soutient que la vitesse de la coagulation est directement proportionnelle à la quantité de labferment. Cette loi a été confirmée depuis par les recherches de SEGELCKE et STORCH.

DUCLAUX aussi s'est attaché à vérifier la précision de cette loi. Il prenait 1 c. c. d'une solution de la présure de HANSEN et le mélangeait avec des volumes variables d'un même lait dans les proportions indiquées dans la première colonne du tableau ci-joint. La seconde colonne de ce tableau donne les temps de coagulation en minutes de ces divers mélanges à 36°,5. La troisième colonne indique les produits *mt* de la proportion de présure par le temps de coagulation.

VALEURS de *m*.	TEMPS DE COAGULATION en minutes.	PRODUIT *mt*.
1/24 000	240'	100
1/12 000	44'	275
1/8 000	30'	266
1/6 000	21'30''	270
1/4 000	15'	266
1/3 000	11'	275
1/2 000	7 30''	266
1/1 500	6'20''	240
1/500	4'20''	120
1/250	3'30''	80
1/175	3'20''	40

Ces chiffres montrent que la loi de proportionnalité inverse entre la durée de la coagulation et les quantités de présure n'est exacte que pour certaines limites de dilution. Dans les expériences de DUCLAUX, ces limites oscillent entre 1 p. 12 000 et 1 p. 2 000. C'est le même résultat que pour la pepsine. D'une manière générale, toutes les solutions fermentatives s'écartent de la loi normale lorsqu'elles sont trop concentrées ou trop diluées.

Quant à l'activité de la présure, cet écart peut s'expliquer par les considérations suivantes que nous empruntons à DUCLAUX. « Quand on exagère la dose de présure, le temps de la coagulation devrait devenir de plus en plus court. Or cette coagulation dépend d'un nouvel arrangement moléculaire qui exige toujours pour s'accomplir un temps minimum qui n'est jamais très petit. Cela est vrai non seulement pour le cas des coagulations, de quelque nature qu'elles soient, mais aussi pour des précipitations salines comme celle du sulfate de quinine et des alcaloïdes par les sels des métaux alcalins. Quelle que soit la dose de sel précipitant, la réaction n'arrive jamais à être instantanée. La durée de la coagulation ne peut donc diminuer indéfiniment quand on augmente de plus en plus la dose de présure, de sorte que voilà une première raison générale pour que la loi ne se vérifie plus pour des doses de présure trop élevées.

« De plus, la présure employée dans les expériences est de la présure commerciale qui contient des substances variées. Tant que sa proportion ne dépasse pas 1 p. 500 dans le lait, l'influence des matériaux qu'elle apporte (sel marin, acide borique, borax), est négligeable. Elle ne l'est plus quand la proportion de présure atteint 1 p. 500 et au-dessus. Le mélange qui se coagule n'est plus du lait, et, en effet, on trouve que le coagulum reste mou, ne devient pas consistant, ne se colle pas aux parois du vase. Je rappelle que, pour évaluer la durée de la coagulation d'un lait additionné de doses variées 'de présure, on cherchait le moment où on pouvait renverser le lait caillé dans un tube d'environ 2 centimètres de diamètre sans qu'il s'en écoule une goutte. Ce critérium fait défaut quand il y a excès de présure. Voilà une nouvelle cause d'indécision à ajouter à la première, il n'y a pas à s'étonner que, de ce côté, la loi se vérifie mal ou pas du tout.

« Une autre cause l'empêche aussi de se vérifier pour des doses très faibles de présure, c'est que, autant qu'on peut le voir, les phénomènes de coagulation dépendent d'une première impulsion qui ne peut pas rester au-dessous d'un certain minimum. Dès qu'il est commencé, le phénomène continue, mais s'il n'est pas commencé, il peut y avoir une diastase coagulante dans un liquide sans qu'il y ait coagulation.

« Seulement, pour le montrer, à propos du lait, il faut éviter l'ingérence des infiniment petits qui sont capables de sécréter de la présure. On y arrive en stérilisant ce lait par la chaleur, ce qui, il est vrai, le rend moins facilement coagulable, mais ne l'empêche pas d'obéir à l'action de la présure, quand on en ajoute une dose un peu plus grande que dans le lait normal. Pour la présure, on la stérilisera par filtration poreuse. Il en reste un peu dans le filtre, mais peu quand on opère en solution étendue. Or il suffit qu'il en passe pour que l'expérience soit probante.

« En faisant ainsi l'expérience, on voit que du lait, dans lequel on a fait passer, par exemple 1 p. 1000 de présure Hansen, ne se coagule pas à la température ordinaire, quelque temps qu'on lui donne pour cela, tandis qu'il se coagule quand on le porte à la température optima de coagulation. On pourrait sans doute, en diminuant la dose à cette température optima, conserver le lait liquide indéfiniment, alors pourtant qu'il contiendrait un peu de présure. Ce lait se coagulerait pourtant sous l'influence d'une très petite quantité de sel de calcium, joignant son effet à celui de la présure préexistante, pour donner à la coagulation l'impulsion initiale dont elle a besoin. Le sel de chaux dans un lait additionné intentionnellement ou naturellement de cette dose infinitésimale et inactive de présure, serait une présure, et serait une présure en sa qualité de sel de chaux. Là est peut-être une des causes qui donnent aux sels de chaux, dans les phénomènes de coagulation, une action prépondérante. Mais je n'insiste pas davantage. Je me contente de conclure que la loi relative aux temps de coagulation ne se vérifie plus pour ces quantités infinitésimales de présure, et que, par conséquent, pas plus pour des doses très petites que pour des doses très grandes, les écarts de la loi ne doivent nous étonner. »

Lörcher est arrivé aux mêmes résultats que Duclaux en se servant d'un extrait de la muqueuse de l'estomac. Après avoir neutralisé cet extrait, il l'ajoute en proportions différentes à 10 c. c. de lait, à 37°. On a ainsi une série de mélanges dont le titre fermentatif varie de 0cc,01 à 1 c. c. Le tableau suivant exprime leur vitesse de coagulation.

1re SÉRIE			2e SÉRIE		
QUANTITÉS de lab ferment.	TEMPS de coagulation.	PRODUITS mt.	QUANTITÉS de lab ferment.	TEMPS de coagulation.	PRODUITS mt.
c.c.					
0,01	non observé		0,1	43'	430
0,02	245'	490	0,2	24' 5''	490
0,03	155'	465	0,3	16'	480
0,04	126'5''	485	0,4	12' 5''	500
0,05	92'	460	0,5	10'	500
0,06	18'	468	0,6	8'75''	525
0,07	69'25''	485	0,7	8'16''	561
0,08	63'	504	0,8	7' 5''	600
0,09	56'	504	0,9	6' 7''	603
			1,0	6'	600

On voit une fois de plus que la vitesse de la coagulation cesse d'être proportionnelle aux quantités de labferment lorsqu'on se sert des solutions de présure trop concentrées ou trop diluées. Les limites dans lesquelles cette loi se présente ne peuvent être fixées d'avance, car elles varient beaucoup d'une expérience à l'autre, mais il n'en résulte pas moins que, pour faire une mesure comparative de l'activité des liqueurs coagulantes, il faut toujours songer au degré de concentration de ces solutions. Et comme, d'une manière générale, on opère sur des liqueurs trop concentrées (suc gastrique), on doit toujours commencer par diluer ces liqueurs.

i) Puissance du labferment. — En industrie on appelle *force d'une présure* le nombre de litres de lait qu'un litre d'une solution de présure commerciale coagule au bout de 40 minutes à 35°. On a choisi cette température parce qu'elle est celle du lait sortant du pis de la vache. Cette unité de mesure est purement conventionnelle, et n'a d'autre but que celui de pouvoir comparer l'activité des diverses liqueurs coagulantes. Pour évaluer la force d'une présure par cette méthode, on peut opérer de la façon suivante. On ajoute à un litre de lait chauffé et maintenu à 35°, 1 c. c. de la solution de présure, et on note exactement le moment de la coagulation. Supposons que celle-ci se produise en dix minutes. Il est facile de savoir, par une simple proportion, ce que ce centimètre cube de présure aurait coagulé en quarante minutes.

$$x = \frac{40}{10} = 4 \text{ litres.}$$

Or, si 1 c. c. de la présure coagule 4 litres de lait en quarante minutes, un litre de présure en coagulerait mille fois plus, c'est à dire 4 000 litres, et la force de la présure sera de 4 000. Comme bien on pense, cette mesure est loin de donner la valeur réelle de la force absolue d'une présure, car pour cela il faudrait connaître la quantité exacte de ferment pur qui se trouve dans la présure. Soxlet a trouvé une solution de présure concentrée qui coagulait 500 000 fois son volume de lait, à 35° en quarantes minutes, et qui ne contenait pas plus de 8,1 p. 100 de matière organique. Cette présure agissait donc sur 600 000 fois son poids de lait et si l'on tient compte que la plupart de cette substance organique n'était pas constituée par de la présure pure, on arrive encore à une grandeur d'activité beaucoup plus considérable. Il est inutile d'indiquer ici tous les chiffres qu'on a rapportés à ce sujet. Tout ce que l'on peut dire, c'est que la puissance du labferment est en quelque sorte indéfinie.

Soxlet a constaté que les solutions de présure abandonnées à elles-mêmes perdent 30 p. 100 de leur puissance coagulante dans les deux premiers mois; plus tard, leur activité reste à peu près constante, pendant une période de huit mois; mais, après cette limite, elles deviennent peu à peu inactives. Duclaux attribue cette décroissance d'activité à l'oxydation de la présure, mais rien ne dit qu'elle ne soit pas l'œuvre de microbes qui souillent les présures industrielles.

C. **Ferment amylolytique.** — Ellenberger et Hofmeister d'un côté, Negrini d'un autre, ont signalé l'existence d'un ferment saccharifiant dans l'estomac de certains mammifères, spécialement chez le cheval et chez le porc. Ces auteurs ont pu obtenir, en faisant macérer la portion cardiaque de la muqueuse stomacale de ces animaux, un liquide doué de propriétés amylolytiques assez actives, donnant, lorsqu'on le met en présence de l'empois d'amidon, des corps qui réduisent la liqueur de Fehling. Les extraits des autres parties de la muqueuse gastrique, faits dans les mêmes conditions, ne jouissent pas de ces propriétés amylolytiques. Tout au plus ces extraits présentent-ils le faible pouvoir saccharifiant que possèdent les extraits des autres tissus de l'organisme. Malgré ces résultats, Ellenberger et Hofmeister n'osent pas se prononcer sur la question de savoir si ce ferment amylolytique est un produit de sécrétion des glandes de la région cardiaque, ou s'il est tout simplement de la ptyaline salivaire, retenue par cette portion de la muqueuse stomacale.

Edelmann, un élève d'Ellenberger, a repris l'étude de cette question en s'attachant à mettre en relief les caractéristiques anatomiques et fonctionnelles de la région cardiaque de l'estomac, qu'il considère comme un organe glandulaire différencié. On a vu dans la partie anatomique de cet article les principales données fournies par Edelmann sur l'histologie de la région cardiaque glandulaire chez certains Mammifères. Le rôle physiologique de cette région, chez les animaux où elle existe, serait, d'après Edelmann, de suppléer à l'insuffisance d'activité des glandes salivaires et œsophagiennes, en sécrétant un ferment amylolytique qui contribue à la digestion des féculents. Les recherches physiologiques de cet auteur n'ont porté que sur quatre espèces d'animaux, le Porc, le Cheval, le Rat et le Hamster. Chez tous ces animaux, les extraits de la muqueuse cardiaque saccharifient nettement l'amidon, mais cette action est beaucoup plus intense chez le Hamster que chez le Rat, chez le Rat que chez le Porc, chez le Porc que chez le Cheval. Chez ce dernier animal, les extraits n'ont qu'une faible activité.

EDELMANN s'est assuré que la muqueuse cardiaque renferme, après un lavage de vingt-quatre heures, des quantités appréciables de ferment amylolytique. Il n'y a donc aucune raison de croire que ce ferment amylolytique soit de la ptyaline salivaire retenue par la muqueuse stomacale. On ne peut pas non plus considérer la fonction amylolytique de la muqueuse cardiaque comme une propriété commune à tous les tissus de l'organisme. D'après les recherches d'ELLENBERGER et HOFMEISTER, le sang et les divers tissus du cheval n'arrivent à transformer l'amidon qu'au bout de vingt à quarante heures, et, même à ce moment, les quantités de sucre formé sont tout à fait négligeables, tandis que les extraits de la muqueuse cardiaque, surtout ceux de l'estomac du Hamster, saccharifient rapidement l'amidon, en donnant au bout de trois heures de digestion 0gr,83 p. 100 de sucre. EDELMANN en conclut que la région glandulaire cardiaque est douée d'une véritable sécrétion amylolytique.

Il s'est naturellement demandé si ce ferment amylolytique pouvait accomplir sa fonction chimique dans un milieu acide comme celui de l'estomac. Il a constaté tout d'abord que la transformation de l'amidon par ce ferment pouvait encore avoir lieu dans un milieu contenant 0gr,4 p. 100 d'acide lactique et 0gr,02 p. 100 d'acide chlorhydrique. D'autre part, il a fait remarquer que la disposition de la région cardiaque, chez les animaux qui possèdent cette sécrétion amylolytique, rend difficile le passage des liquides acides dans cette partie de l'estomac. En outre, la sécrétion de la région cardiaque elle-même serait fortement alcaline, de sorte que, pendant un temps assez long, le ferment amylolytique peut agir sur les aliments féculents, sans être réellement gêné par la présence d'acide chlorhydrique. Il faut du reste ajouter en faveur de l'hypothèse d'EDELMANN que l'acide chlorhydrique sécrété par l'estomac se combine rapidement avec les albumines alimentaires, et que dans ces conditions cet acide devient beaucoup moins nuisible pour les ferments amylolytiques, ainsi que le démontrent les expériences de GODART-DANHIEUX faites sur la salive.

Nous ignorons si les résultats d'EDELMANN ont été contestés, mais il est certain que la plupart des physiologistes n'admettent pas l'existence d'un ferment amylolytique dans les sécrétions stomacales. Ce problème ne recevra pas de solution définitive, tant qu'on n'arrivera pas à isoler la région cardiaque de l'estomac et à recueillir les produits de sécrétion de cette cavité isolée. En tout cas, les expériences d'ELLENBERGER et HOFMEISTER, et surtout celles d'EDELMANN, méritent d'être retenues, car elles font entrevoir la possibilité qu'il existe dans l'estomac de certains animaux un troisième ferment sécrété par la muqueuse gastrique et jouant dans la digestion des féculents un rôle des plus importants.

F. Autres éléments du suc gastrique. — En dehors de l'acide chlorhydrique et des ferments, corps que nous avons étudiés comme étant les *éléments actifs* du suc gastrique. on trouve dans ce liquide d'autres principes, qui, tout en ne prenant pas une part directe à la digestion stomacale, peuvent, suivant leurs proportions, modifier la marche de ce phénomène. Ces éléments sont le *mucus*, les *sels* et l'*eau*.

Mucus stomacal. — Le mucus est un produit très répandu dans l'économie animale. On le trouve dans toutes les cavités organiques revêtues d'un épithélium muqueux. Le suc gastrique recueilli dans son plus grand état de pureté, tel qu'on peut l'obtenir par la méthode de PAVLOW, renferme toujours une certaine quantité de mucus. On sait que ce mucus présente toute les propriétés générales des liquides fournis par les autres muqueuses de l'organisme. C'est un liquide épais et filant, à réaction franchement alcaline, qui contient toujours en suspension une quantité plus ou moins grande de débris épithéliaux. La caractéristique chimique de ce liquide est celle de précipiter abondamment en présence de l'acide acétique.

La consistance du mucus varie considérablement suivant sa richesse en mucine. D'après SCHLOMBERGER le mucus de l'estomac du fœtus humain contiendrait 0,44 p. 100 de mucine. Mais ce chiffre ne saurait avoir une valeur très précise.

A l'état normal, le mucus stomacal ne contient que des traces d'albumine, mais il n'en est pas de même dans les catarrhes ou dans les inflammations de la muqueuse gastrique. Dans ces maladies, la proportion d'albumine contenue dans le mucus gastrique peut atteindre un chiffre considérable.

Comme éléments minéraux on trouve en général, dans les cendres du mucus, du chlorure de sodium, des carbonates, des sulfates, des phosphates alcalins et des phosphates alcalino-terreux. Les sulfates peuvent provenir de la calcination des matières protéiques. La difficulté qu'on a à se procurer du mucus pur explique suffisamment l'absence d'analyse rigoureuse sur ce liquide. Nous donnons seulement, à titre de document, l'analyse tentée par SCHLOMBERGER sur le mucus stomacal du fœtus :

POUR 1000 PARTIES.

Eau	986,0
Principes fixes	14,0
Mucine.	4,4
Matières extractives.	1,0
Sels inorganiques.	8,6

Tout ce que l'on peut dire des sels du mucus, c'est que le chlorure de sodium y est le sel le plus abondant.

Quant au rôle physiologique du mucus dans la digestion stomacale, il ne semble pas qu'il soit bien défini. Peut-être n'est-il qu'un produit de déchet et de mort des épithéliums muqueux. Peut-être exerce-t-il, en raison de ses propriétés physiques, une protection de la surface interne de la muqueuse contre les actions traumatiques des aliments. Il est aussi possible qu'il facilite le brassage des aliments par l'estomac en rendant plus glissante la surface interne de cet organe. En tout cas, ces deux fonctions n'ont rien de bien spécifique. Certains auteurs ont prétendu que le mucus gastrique avait pour mission principale de s'opposer à la digestion de la muqueuse par le suc gastrique. Cette hypothèse est insoutenable; car, s'il est vrai que le mucus exerce une influence nuisible sur le suc gastrique, spécialement à cause de son alcalinité, cette influence n'est pas à l'état normal suffisante à arrêter l'action du suc gastrique sur la muqueuse. On sait, en effet, qu'à un moment donné de la digestion, la surface de la muqueuse présente dans toute son étendue une réaction acide. Cela ne veut pas dire que, lorsque le mucus est sécrété très abondamment, il ne puisse pas troubler la marche de la digestion. Mais ce phénomène est absolument rare, et ne se présente que dans certaines maladies de l'estomac.

Sels du suc gastrique. — On remarquera, en se reportant aux tableaux d'analyse que nous avons donnés sur la composition chimique du suc gastrique, que les sels de ce liquide se trouvent exclusivement représentés par des chlorures et des phosphates. Qu'il s'agisse d'un suc gastrique plus ou moins impur, comme dans les analyses de SCHMIDT, de CLAUDE BERNARD et de FRERICHS, ou d'un suc gastrique pur, comme dans l'analyse de FROUIN, le résultat est constamment le même. D'autre part, on s'apercevra que les chlorures y sont dans une proportion beaucoup plus forte que les phosphates. En prenant comme exemple l'analyse citée de FROUIN, nous trouvons, en effet, pour mille parties de suc gastrique :

Matières minérales	3,150
Chlorure de sodium.	2,525
Chlorure de potassium	0,740
Chlorure de calcium	0,052
Chlorure d'ammonium	»
Phosphate de chaux	0,102
Phosphate de magnésie.	0,016
Phosphate de fer.	0,005

On voit en même temps que la quantité de chlorure de sodium dépasse de beaucoup celle des autres sels. C'est là un fait qui n'est pas pour nous surprendre, car il en est de même pour un grand nombre d'autres liquides de l'organisme.

HAYEM et WINTER attribuent une importance extrême aux chlorures dans la digestion stomacale. D'après ces auteurs, les chlorures, et spécialement le chlorure de sodium, seraient les agents directs de la peptonisation des matières albuminoïdes. L'acide chlorhydrique ne figure dans cette théorie que comme un produit secondaire mis en liberté par l'acte de la peptonisation. Ces auteurs ont oublié que le suc gastrique, *tout à fait pur*, contient des quantités considérables d'acide chlorhydrique libre. Ils n'ont d'ailleurs jamais expliqué comment des corps aussi stables que les chlorures peuvent être aussi facilement décomposés par l'albumine. Quant à l'idée d'une digestion saline de cette substance, on peut affirmer que le suc gastrique n'offre pas une concentration suffisante pour produire le phénomène. Mais, même si l'on acceptait l'existence d'un processus semblable, il resterait à expliquer la formation de l'acide chlorhydrique libre, car on sait que cet acide ne prend jamais naissance dans les digestions salines artificielles.

Les chlorures, de même que les autres sels du suc gastrique, ne peuvent avoir d'autre signification que celle de former un milieu favorable au développement des actions fermentatives. Nous avons vu, en effet, que la plupart de ces sels, à la dose où ils se trouvent dans le suc gastrique, exercent une influence accélératrice sur l'activité de la présure. Quelques-uns d'entre eux, les sels de chaux par exemple, peuvent contribuer à la transformation de zymogène du lab en ferment définitif, ce qui augmente encore la puissance coagulante du suc gastrique. Il est aussi probable que, si les ferments digestifs se trouvaient en solution dans l'eau pure, ils se détruiraient beaucoup plus facilement qu'ils ne le font dans un liquide salé comme le suc gastrique. C'est ce qui paraît résulter des expériences de GLEY et de CAMUS sur la présure. Quant à l'influence des sels du suc gastrique sur l'activité de la pepsine, on ne peut pas dire qu'elle soit très importante, mais, en tout cas, on constate que des sels qui sont très toxiques pour la pepsine, comme les sulfates, n'existent pas dans le suc gastrique (MALY). Ce fait est totalement corroboré par les recherches récentes de FROUIN sur le suc gastrique pur.

Eau. — Quoique le suc gastrique soit un liquide très aqueux contenant en moyenne plus de 900 parties d'eau sur 1 000 parties de liquide, il est encore trop concentré par rapport à sa teneur en pepsine. Lorsqu'on fait des essais de digestion avec le suc gastrique naturel, on s'aperçoit que l'activité de ce liquide s'arrête assez rapidement, mais qu'elle reprend aussitôt qu'on additionne le mélange d'une certaine quantité d'eau acidulée. Le suc gastrique est donc trop concentré pour pouvoir développer toute sa puissance digestive. Heureusement, les choses ne se passent pas de la même sorte *in vivo* que *in vitro*. Ainsi que SCHIFF l'a fait remarquer, la digestion dans l'estomac tend surtout à être rapide. Pour cela il faut que le suc gastrique contienne une forte proportion de pepsine, mais, comme la digestion s'arrêterait assez vite dans ces conditions par suite de l'accumulation des produits peptiques, la nature a fait en sorte que ces produits soient enlevés de l'estomac avant qu'ils n'atteignent une limite trop grande de concentration. D'autre part, il semble résulter de quelques expériences de MORITZ, de VERHAEGEN et de COMTE, que l'estomac peut, sous l'influence de causes très variables, produire une sécrétion aqueuse abondante. Il est donc possible qu'à un moment donné de la digestion, lorsque les liquides digestifs deviennent trop concentrés, la muqueuse gastrique réponde à ce changement du milieu peptique par une sécrétion essentiellement aqueuse. Quoi qu'il en soit, le besoin d'eau se fait très souvent sentir au cours des opérations chimiques qui s'accomplissent dans l'estomac. Pour n'en prendre qu'un exemple, nous citerons le cas des digestions copieuses qui s'accompagnent presque constamment d'une soif intense.

2° **Mécanisme et marche générale des sécrétions stomacales.** — Maintenant que nous connaissons les divers éléments qui rentrent dans la composition du suc gastrique, et le rôle que chacun de ces éléments joue dans la digestion stomacale, il convient d'étudier la manière dont ces corps prennent naissance.

On a vu que les glandes gastriques des vertébrés supérieurs se localisent plus ou moins dans certains endroits de la muqueuse stomacale et forment de la sorte ce qu'on appelle les régions glandulaires de l'estomac. Beaucoup de physiologistes n'ont pas hésité à faire l'étude des fonctions de sécrétion de cet organe en se guidant presque exclusivement sur ces données histologiques. C'est ainsi qu'ils ont divisé l'estomac en deux ou trois régions différentes : *région cardiaque, région du fond, région du pylore*, dont ils ont étudié séparément les divers produits de sécrétion, comme si en réalité chacune de ces régions représentait une glande distincte. Cette conception n'est cependant pas conforme aux faits, car, s'il est vrai qu'il existe en général des différences morphologiques bien tranchées entre les diverses parties de la muqueuse gastrique, il n'est nullement prouvé que toutes ces régions possèdent une fonction bien définie. Pour s'en convaincre, il suffira de se rappeler que, chez les Vertébrés inférieurs où la muqueuse stomacale ne renferme qu'une seule espèce de cellules différenciées, les liquides sécrétés par l'estomac contiennent tous les éléments qu'on rencontre dans le suc gastrique des Mammifères. C'est pourquoi nous avons préféré suivre dans cette étude le plan que nous avons tracé au commencement de la deuxième partie de cet article. Ce plan consiste à faire l'exposé de nos connaissances sur l'origine et la formation de chaque élément du suc gastrique ainsi que sur la marche générale de ces phénomènes de sécrétion. Nous avons donc à étudier :

1° Une sécrétion acide ;

2° Une sécrétion peptique ;

3° Une sécrétion coagulante ou labogène ;

4° Une sécrétion amylolytique ou saccharifiante ;

5° Une sécrétion muqueuse ;

6° La formation des sels et de l'eau du suc gastrique.

A) **Sécrétion acide de l'estomac.** — *a*) **Éléments cellulaires qui concourent à la formation de l'acide chlorhydrique.** — CL. BERNARD eut le premier l'idée de rechercher quel était le point précis de la muqueuse stomacale où se faisait la sécrétion de l'acide chlorhydrique. Il injecta dans les veines d'un lapin une solution de lactate de fer, puis une solution de ferrocyanure de potassium. Ces deux sels, disait-il, formeront le bleu de Prusse aussitôt qu'ils seront en contact avec la partie de la muqueuse stomacale qui sécrète l'acide. Et, en effet, il constata que, tandis que le sang des animaux injectés gardait sa couleur normale, la surface interne de la muqueuse devenait d'une coloration bleue intense. Il conclut alors que l'acide du suc gastrique se forme exclusivement dans les régions superficielles de la muqueuse. BRÜCKE a constaté que la sécrétion acide de l'estomac se fait réellement dans l'intérieur des appareils glandulaires. On se rappelle que chez les oiseaux les glandes gastriques présentent une sorte de poche centrale, dans laquelle se déversent les produits de sécrétion, et que cette poche ne communique avec la cavité de l'estomac que par un conduit très mince et assez long. Eh bien, BRÜCKE a vu que les liquides contenus dans cette cavité glandulaire à la suite d'un repas copieux ont toujours une réaction franchement acide. Il est difficile d'admettre que cette réaction tienne au passage des matériaux de l'estomac dans la cavité glandulaire, car, outre que le canal excréteur de la glande est très mince, la pression dans l'intérieur de ce canal est assurément elle-même plus forte que dans la cavité de l'estomac. BRÜCKE ne put pas cependant déterminer le lieu exact de la sécrétion acide dans les glandes gastriques.

HEIDENHAIN et ses élèves reprirent l'étude de cette question, et, après des recherches nombreuses, ils aboutirent à la conclusion suivante. « *Les cellules principales des glandes gastriques sécrètent la pepsine; les cellules de bordure sécrètent l'acide chlorhydrique.* » Parmi les divers arguments qui ont été fournis par ces auteurs à l'appui de leur hypothèse nous citerons seulement ceux qui nous semblent les plus démonstratifs; mais, afin de ne pas compliquer l'exposé de cette question qui tend aujourd'hui à devenir de plus en plus obscure, nous ferons suivre chacun de ces arguments des principales critiques qu'ils ont soulevées.

1° Les transformations des éléments glandulaires pendant la digestion sont beaucoup plus intenses dans les cellules principales que dans les cellules de bordure. Ce fait démontre exclusivement que les cellules principales sont plus actives que les cellules de bordure, mais il ne jette aucune lumière sur la fonction spécifique de ces deux ordres de cellules.

2° Chez les Mammifères, les cellules de bordure se localisent exclusivement dans les glandes du fond de l'estomac. Les glandes pyloriques ne renferment pas ces éléments. Or, si l'on examine la réaction que donnent les produits de sécrétion de ces régions vis-à-vis de divers réactifs, on trouve que la sécrétion du fond est acide, tandis que celle du pylore est alcaline. KLEMENSIEWICZ et HEIDENHAIN ont fait cette expérience par le procédé qui consiste à isoler un cul-de-sac dans la portion pylorique de l'estomac. HEIDENHAIN a gardé un chien ainsi opéré cinq mois en vie, et il a toujours constaté que la réaction du

pylore était alcaline. Comme, d'après lui, les cellules des glandes pyloriques sont identiques aux cellules principales des glandes du fond, il croit pouvoir tirer de cette expérience la conclusion que la sécrétion acide se fait dans les cellules de bordure. Il y a
dans cet argument de Heidenhain un fait qui peut être plus ou moins bien constaté, et
une vue théorique, celle qui se rapporte à l'identité des cellules principales et des cellules pyloriques, qu'on ne saurait accepter sans réserve. La plupart des histologistes
sont actuellement contraires à cette dernière conception, et rien dans les résultats
acquis ne permet de faire une semblable hypothèse. Quant au fait que la sécrétion du
suc pylorique isolé est toujours alcaline, plusieurs auteurs, et spécialement Contejean,
considèrent cette sécrétion comme un produit anormal. Cette portion de l'estomac est,
en effet, privée d'une partie de son innervation et de sa circulation par suite de son isolement du reste de l'organe. Dans ces conditions, il n'y a rien d'étonnant à ce que la
sécrétion du pylore soit alcaline, car Contejean et Arthus ont démontré qu'il suffit de
troubler la circulation dans un point quelconque de la muqueuse stomacale pour voir la
sécrétion de ce point perdre bientôt ses caractères acides. Il faut aussi tenir compte de
ce que la sécrétion du pylore est très riche en mucus, et que celui-ci peut neutraliser
l'excès d'acide, surtout lorsque la sécrétion chlorhydrique est peu abondante. Enfin Contejean a constaté par des expériences minutieuses et bien conduites que la sécrétion pylorique du chien est normalement acide.

3° D'après les recherches de Swiezicki, confirmées par Partsch et d'autres auteurs, la
muqueuse œsophagienne de certains batraciens, spécialement de la grenouille, sécréterait un liquide alcalin, très riche en pepsine, tandis que les glandes stomacales formeraient exclusivement de l'acide chlorhydrique. Pour ces mêmes auteurs, les glandes de
l'œsophage chez la grenouille seraient constituées par des cellules principales, et les
glandes de l'estomac par des cellules de bordure. Malheureusement ni l'une ni l'autre de
ces deux propositions ne peut être considérée comme exacte. Non seulement les glandes
stomacales de la grenouille sécrètent de la pepsine, comme Langley Contejean, et d'autres
l'ont démontré, mais encore les cellules qui forment ces glandes ne sont pas des cellules
de bordure. Ces éléments n'atteignent leur différenciation complète que lorsqu'on arrive
à l'estomac des mammifères.

4° Dans l'évolution ontogénique des cellules des glandes gastriques, les cellules principales apparaissent beaucoup plus tard que les cellules de bordure (Sewall). D'autre
part, la sécrétion de l'acide chlorhydrique se montre bien avant la sécrétion de la
pepsine (Wolfhügel). Si l'on rapproche ces deux faits, on peut en conclure que ce sont
les cellules de bordure qui concourent à la formation de l'acide de l'estomac. Mais il faut
dire que beaucoup d'auteurs contestent la valeur de ces observations. Ainsi, d'après
Moriggia, la puissance digestive de l'estomac est très remarquable chez les embryons
de bœuf à partir du quatrième mois. D'après Hammarsten et Zweiffel, l'estomac des enfants
à terme contiendrait de la pepsine, tandis que chez le lapin le ferment stomacal n'apparaîtrait qu'à la deuxième semaine après la naissance, et à la troisième semaine chez le
chien. Ces derniers faits ont été confirmés par Langendorff et Contejean. Pour ce qui a
trait à l'évolution ontogénique des cellules gastriques, les avis des auteurs sont très
partagés. Quelques physiologistes pensent que les cellules de bordure dérivent des cellules principales, tandis que d'autres, au contraire, affirment que ces derniers éléments
se forment aux dépens des premiers, soit directement, soit par une division préalable
des cellules de bordure. Enfin, Contejean a observé qu'au moment même de la naissance,
c'est-à-dire lorsqu'il n'y a pas encore de sécrétion peptique, les glandes gastriques des
carnassiers (chien et chat) renferment quelques cellules principales, surtout vers l'extrémité des acini, et pas du tout de cellules de bordure. Pour cet auteur, ces deux espèces
de cellules commencent à se différencier chez les carnassiers aux dépens de cellules primitivement semblables et à propriétés intermédiaires.

5° Les réactions colorantes de cellules n'ont pas non plus servi à la solution définitive du problème qui nous occupe. Lépine, cherchant à concilier l'expérience de Cl. Bernard avec les découvertes histologiques de Heidenhain, n'a pas pu trouver de cellules
acides dans les glandes gastriques de l'estomac. A aucun moment la coloration du bleu de
Prusse n'apparaissait, soit dans les cellules principales, soit dans les cellules de bordure.
Mais Maly a démontré que, dans ces expériences, il se formait un hydroxyde de fer qui,

n'étant pas diffusible, ne pouvait pas pénétrer dans les cellules. C'est alors que SEHRWALD modifia cette expérience en opérant de la façon suivante : il mit des fragments de la muqueuse de l'estomac dans une solution de lactate de fer pendant vingt-quatre heures; puis il les lava avec une solution de ferricyanure de potassium. Les cellules de bordure se colorèrent en bleu foncé intense, tandis que les cellules principales restèrent à peu près incolores. Ces résultats, que SEHRWALD considère comme une preuve absolue que seules les cellules de bordure sécrètent l'acide chlorhydrique, peuvent aussi être obtenus en traitant un fragment de l'estomac, mis au préalable dans l'alcool, par le bleu de Prusse soluble. Toutefois FRÄNKEL a démontré que la présence d'un acide libre n'est pas nécessaire pour que cette réaction de SEHRWALD se produise.

Dans un autre ordre d'idées, HEIDENHAIN a émis l'hypothèse que peut-être la coloration des cellules de bordure par le bleu d'aniline est aussi en rapport avec la réaction acide de ces cellules. Finalement, la seule expérience, parmi toutes celles qui se basent sur les réactions colorantes des cellules gastriques, qui semble jusqu'ici démontrer que les cellules de bordure produisent une sécrétion acide, c'est l'expérience de GREENWOOD. Cet auteur a trouvé que toutes les cellules qui ont une sécrétion acide se colorent par le nitrate d'argent. Les cellules principales de l'estomac chez le porc ne se colorent pas par ce réactif, tandis que les cellules de bordure deviennent beaucoup plus foncées qu'à l'état normal. De même les glandes stomacales chez la grenouille réduisent le nitrate d'argent, alors que les glandes œsophagiennes n'ont pas d'action.

En somme, aucun de ces arguments n'est assez décisif pour qu'on puisse se prononcer sur le lieu exact de la formation de l'acide chlorhydrique. Le fait que chez les Vertébrés inférieurs le suc gastrique est sécrété dans sa totalité par une seule espèce de cellules démontre qu'il n'est pas nécessaire que les glandes stomacales possèdent deux épithéliums différenciés, pour que la sécrétion acide et la sécrétion peptique puissent avoir lieu. Néanmoins, il est possible que, par suite de la *division du travail*, les cellules des glandes des Mammifères déjà différenciées, au point de vue morphologique, arrivent aussi à se différencier au point de vue fonctionnel, et que les unes sécrètent la pepsine, les autres l'acide chlorhydrique. Tout ce que l'on peut dire à ce sujet, c'est que la formation de l'acide chlorhydrique par la muqueuse stomacale est un véritable phénomène de sécrétion glandulaire, et qu'il existe entre ce phénomène et la sécrétion peptique une assez grande indépendance. Nous verrons, en effet, que ces deux sécrétions se comportent très différemment vis-à-vis de la plupart des causes qui modifient l'activité sécrétoire de l'estomac (aliments, maladies, substances toxiques, etc.).

Cette sécrétion acide de l'estomac n'est pas, d'ailleurs, un exemple isolé dans la physiologie générale des organismes. On sait qu'il existe un grand nombre d'espèces animales, dont l'extrémité antérieure de l'appareil digestif produit un suc très riche en acides minéraux, mais qui ne jouit point d'action protéolytique. TRÖSCHEL a signalé la présence de l'acide sulfurique et de l'acide chlorhydrique libres dans les liquides de sécrétion des glandes buccales de *Dolium galea*. Ces recherches ont été confirmées par les travaux de PANCERI, de LUCA, de MALY, de FREDERICQ, et de beaucoup d'autres expérimentateurs.

b) **Origine et formation de l'acide chlorhydrique.** — L'acide chlorhydrique sécrété par la muqueuse stomacale procède directement des chlorures de l'organisme. VOIT et CAHN ont montré que, si l'on nourrit un animal avec de la viande privée des sels, l'excrétion des chlorures par l'urine diminue rapidement, si bien qu'au bout de deux ou cinq jours de ce régime on ne trouve que des traces de chlorures dans l'urine. A ce moment, les liquides sécrétés par l'estomac renferment encore de l'acide chlorhydrique, et jouissent du pouvoir d'attaquer les principes albuminoïdes; mais cela tient à ce que les tissus et le plasma sanguin gardent avec beaucoup d'énergie leurs dernières réserves de chlorures. En effet, si l'on favorise l'élimination de ces derniers chlorures en donnant à l'animal certains diurétiques, comme, par exemple, le nitrate de potassium, l'estomac ne sécrète plus qu'un suc neutre n'ayant aucune action sur les matières albuminoïdes, tant qu'on ne l'acidule pas avec l'acide chlorhydrique ou un autre acide de nature appropriée. Les animaux supportent assez bien l'inanition chlorée pendant les premiers jours; plus tard ils deviennent apathiques et maigrissent rapidement. Il suffit alors d'additionner du sel à leur alimentation pour les voir reprendre tout aussitôt, en même temps que leur gastrique devient de nouveau acide. Ces faits démontrent que non seulement l'acide chlor-hydrique dérive des chlorures de l'organisme, mais qu'il est vraiment le seul acide que décrète la muqueuse stomacale.

On peut objecter à cette expérience que, lorsqu'on lave pendant longtemps une gre-nouille avec une solution de nitrate de soude, l'estomac de cet animal finit par sécréter de l'acide azotique (CONTEJEAN), de sorte que le suc gastrique des animaux de VOIT et CAHN n'aurait jamais dû être complètement neutre, et, s'il en a été ainsi, c'est parce que très probablement ces auteurs recueillaient le suc gastrique par un procédé très défectueux (simple lavage de l'estomac à l'eau distillée). Rien ne dit cependant que le chien et la grenouille se comportent de la même façon vis-à-vis des nitrates de soude ou de potas-sium. D'autre part, l'expérience de CONTEJEAN a démontré simplement ceci : qu'on peut remplacer l'acide chlorhydrique de l'estomac par un autre acide minéral en saturant le sang et l'organisme d'un sel quelconque ayant une fonction chimique plus ou moins semblable à celle du chlorure de sodium. CH. RICHET eut le premier l'idée de provoquer cette substitution de l'acide chlorhydrique en donnant à un jeune chien 12 grammes de bromure de sodium par jour. Au bout de dix jours l'animal fut sacrifié, mais ni dans l'estomac, ni dans le suc gastrique, il n'y avait de traces d'acide bromhy-drique, ni même de bromures. Ces expériences furent reprises par KÜLZ d'abord, et par CONTEJEAN ensuite. Ces deux auteurs sont arrivés à un résultat positif; le premier avec le bromure et l'iodure de sodium sur le chien, et le second avec le nitrate de soude sur la grenouille. Enfin, dernièrement, NENCKI et Mme SOUMOV-SIMANOWSKI ont confirmé ces résultats en opérant dans de meilleures conditions. Des chiens nourris avec des aliments privés de chlorure de sodium, mais contenant une certaine proportion de bromure ou d'iodure de sodium, sécrètent un suc gastrique dans lequel l'acide chlorhydrique est lar-gement remplacé par l'acide bromhydrique ou l'acide iodhydrique, en plus grande quan-tité par le premier que par le second. Le suc était recueilli par la méthode de PAVLOW, de sorte que dans cette expérience on ne peut plus attribuer la formation de ces nouveaux acides au déplacement opéré par l'acide chlorhydrique en agissant sur les sels introduits par l'alimentation. FROUIN a fait des expériences du même ordre en faisant ingérer à des animaux, dont l'estomac était complètement isolé, 50 à 100 milligrammes de sulfocyanate d'ammonium. L'acide sulfocyanique apparaissait dans le suc gastrique vers la douzième ou la quinzième heure qui suivait cette ingestion.

La manière dont les glandes stomacales arrivent à former l'acide chlorhydrique aux dépens des chlorures du sang nous est encore inconnue. PURKINJE et PAPPENHEIM ont constaté, en décomposant par l'électrolyse les chlorures contenus dans la muqueuse sto-macale, que l'extrait de ce tissu devenait acide et qu'il jouissait de la propriété de trans-former les aliments albuminoïdes en peptone. BLONDLOT supposait aussi que le chlorure de sodium se dédoublait dans les parois de l'estomac par suite d'une action électroly-tique, en donnant de l'hydrate de sodium et de l'acide chlorhydrique libre, d'après la formule suivante : $NaCl + H^2O = NaOH + HCl$. La plupart de l'acide chlorhydrique ainsi formé agirait sur le phosphate de calcium du sang, en donnant du phosphate acide et en mettant en liberté un peu d'acide phosphorique. Ces derniers corps passeraient dans le suc gastrique avec le reste de l'acide chlorhydrique. On peut, disait BLONDLOT, obtenir la même réaction *in vitro*, en faisant agir un courant électrique sur une solution conte-nant ces divers corps. BRÜCKE pensait que l'énergie électrolytique est fournie par le sys-tème nerveux de l'estomac qu'il compare dans ses effets aux appareils électriques de certains poissons. BUCHHEIM admet que les chlorures du sang sont à l'état de combi-naisons organiques, mais sous deux formes différentes : le radical basique ou métallique serait combiné avec une molécule d'albumine à fonction acide, tandis que le radical acide s'unirait à une molécule d'albumine à fonction basique. Les glandes stomacales jouiraient de la propriété de dédoubler ces dernières molécules en mettant en liberté, d'une part l'acide chlorhydrique libre, et d'autre part l'albumine.

Ces vieilles hypothèses n'avaient d'autre raison d'être que d'expliquer tant bien que mal le déplacement des combinaisons fixes d'un acide aussi fort que l'acide chlorhy-drique. Aujourd'hui, grâce aux travaux de THOMSEN et MALY, nous pouvons mieux com-prendre le mécanisme de ce phénomène. THOMSEN a montré que les acides les plus faibles réagissent sur le sel d'un acide fort déplacent ce dernier en quantité d'autant plus grande que la masse de l'acide faible est plus considérable. Si l'on met en solution aqueuse des poids équivalents de soude et de divers acides, chaque acide retient constamment une partie donnée de soude, qui représente, d'après Thomsen, le *coefficient d'avidité* de l'acide. Les acides organiques ont une *avidité* beaucoup plus faible que les acides minéraux. Ainsi l'avidité de l'acide oxalique est quatre fois plus faible que celle de l'acide chlorhydrique, celle de l'acide tartrique vingt fois, et celle de l'acide acétique trente fois. Il suffit d'augmenter la proportion de ces corps dont l'avidité est faible, dans une solution contenant un équivalent de soude et un équivalent d'acide fort, pour voir qu'ils retiennent alors des quantités plus considérables de soude. C'est par cet *effet de masse* qu'on peut s'expliquer pourquoi un acide très faible est capable de dissocier de ses combinaisons un acide très fort. L'acide carbonique lui-même déplace par effet de masse une petite quantité de tout autre acide, de sorte qu'on comprend que l'acide carbonique du sang, agissant en masse sans cesse renouvelée, puisse mettre en liberté l'acide chlorhydrique des chlorures. L'eau elle-même peut, encore par un effet de masse, décomposer certains sels métalliques, dont les bases sont peu solubles; si, par exemple, on dilue fortement une solution d'azotate de bismuth, il se séparera un sel basique, et la solution contiendra de l'acide azotique libre.

En outre, Maly a fait voir qu'on peut par simple diffusion opérer la décomposition des chlorures à l'aide de l'acide lactique. Si l'on verse une solution de sel marin et d'acide lactique au fond d'un vase cylindrique en y ajoutant ensuite assez d'eau pour remplir le vase sans que les liquides se mélangent, on constate, au bout d'un certain temps, que les couches supérieures du liquide, contiennent un excédent de chlore libre. Il est donc évident qu'une partie des chlorures a été décomposée et que l'acide chlorhydrique mis en liberté a diffusé vers la surface de l'eau. En présence de ces faits, nous n'avons pas le droit de nous étonner qu'un acide libre, comme l'acide chlorhydrique, puisse se former aux dépens des chlorures du sang.

Voici, d'après Maly, la théorie purement physique de ces phénomènes. En premier lieu, l'alcalinité du plasma sanguin est due à deux sels qui sont théoriquement acides : le phosphate bisodique (Na^2HPO^6) et le bicarbonate de sodium ($NaHCO^3$). En plus de ces deux sels acides, le sang contient un excès d'acide carbonique. D'autre part, si l'on mêle dans un dialyseur une dissolution de phosphate bisodique neutre au papier de tournesol avec du chlorure de calcium, il se produit la double décomposition exprimée dans la formule suivante :

$$2\ PO^4Na^2H + 3CaCl^2 = (PO^4)^2Ca^3 + 4NaCl + 2HCl.$$

Maly suppose que l'acide chlorhydrique ainsi formé diffuse avec une très grande rapidité à travers les cellules des glandes gastriques, qui joueraient, d'après lui, le rôle d'un *dialyseur parfait*. Si l'acide chlorhydrique n'est pas éliminé par les reins et les glandes sudoripares, c'est que ces appareils n'auraient pas le même pouvoir de diffusion que les glandes gastriques.

La théorie de Maly a donné lieu à des discussions importantes. Très probablement, la réaction alcaline des sels du sang, *théoriquement acides*, est simplement due à des phénomènes *d'hydrolyse :* car, lorsqu'on dissout dans l'eau le bicarbonate de sodium, il se forme de l'hydrate de sodium et de l'acide carbonique ($NaHCO^3 + H^2O = NaOH + H^2CO^3$). L'hydrate de sodium est une base très forte, tandis que l'acide carbonique est un acide faible, de sorte qu'un seul équivalent de cette base peut contrebalancer deux équivalents d'acide carbonique, en communiquant au liquide dans lequel ces corps se trouvent en solution une réaction alcaline. Au contraire, lorsqu'on dissout le sulfate acide de potassium, le liquide présente une réaction acide, car on trouve dans la solution deux équivalents d'un acide fort pour un équivalent d'une base forte. L'hydrolyse des phosphates donne lieu à des phénomènes semblables. Si l'on dissout le phosphate trisodique, la solution contiendra trois équivalents de base pour trois équivalents d'acide, et elle sera fortement alcaline. Si, au lieu de ce sel, on prend le phosphate bisodique, la réaction continuera encore à être alcaline, étant donné que l'acide phosphorique est plutôt un acide faible. Finalement, la solution du phosphate monosodique sera franchement acide, car cette solution ne contient qu'un équivalent de base pour trois d'acide. Par la même raison, un mélange de phosphates mono- et bi-sodique dans une certaine

proportion, pourra n'avoir qu'une réaction neutre. On peut donc résumer tous ces faits
, en disant que, dans une solution de sels, il n'y a que des bases et des acides en solution,
si bien que la réaction du liquide dépendra exclusivement de la base ou de l'acide qui
agira le plus puissamment sur l'indicateur coloré dont on se sert. Quant à la formation
de l'acide chlorhydrique aux dépens des chlorures du sang par l'action sur ce sel des
phosphates et des carbonates du plasma, elle est matériellement impossible. Nous
savons, tout d'abord, que le chlorure de sodium en solution se sépare en un équivalent
de soude et en un équivalent d'acide chlorhydrique qui se contrebalancent mutuellement
($NaCl + H^2O = NaOH + HCl$). La solution de ce sel est donc parfaitement neutre. D'autre
part, les phosphates et les carbonates du plasma présentent une réaction alcaline, puisque les bases de ces sels sont beaucoup plus fortes que les acides, surtout dans les proportions où elles se trouvent dans le sang. Il n'y a donc aucune raison pour que les
phosphates et les carbonates agissent sur le chlorure de sodium opèrent le déplacement
de l'acide chlorhydrique. Il est vrai que Maly prétend que cette réaction se passe entre
le phosphate bisodique et le chlorure de calcium ; mais cela est encore impossible, par
deux raisons : en premier lieu, parce que le sang est très pauvre en chlorure de calcium,
et que les réserves de ces sels s'épuiseraient rapidement, et, en second lieu, parce que
cette double décomposition donnerait naissance à un sel insoluble, le phosphate tricalcique, qui se précipiterait dans le plasma. Mais, même si l'on admet qu'il y a des traces
d'acide chlorhydrique dans le sang et que la sécrétion de cet acide par l'estomac n'est
qu'un simple processus de diffusion, on ne comprend pas pourquoi cette sécrétion n'est
pas continue, à moins qu'on ne fasse intervenir dans cet acte les éléments glandulaires,
ce qui revient alors à dire que les glandes gastriques jouent un rôle spécifique dans la
production de l'acide chlorhydrique.

Gamgee, tout en admettant le fond de la théorie de Maly, suppose que la formation de
l'acide chlorhydrique a lieu dans les glandes stomacales elles-mêmes. Les cellules glandulaires auraient le pouvoir spécial d'absorber les phosphates et les chlorures, et la
double décomposition de ces sels se produirait dans le corps cellulaire. Gamgee ne fournit cependant aucune preuve à l'appui de son hypothèse, laquelle soulève en outre les
mêmes objections fondamentales que celle de Maly.

D'autres auteurs ont encore proposé différentes hypothèses plus ou moins plausibles
pour expliquer ce phénomène, mais jusqu'à présent aucune d'elles n'a reçu confirmation.

Ch. Richet a pensé, sans y insister d'ailleurs, que l'acide du suc gastrique est produit
par une sorte de dédoublement chimique d'une matière contenant du chlore sous l'influence de l'oxygène du sang. En faisant passer un courant d'oxygène dans une infusion
stomacale, l'acidité de ce liquide augmente, et cet accroissement de l'acidité semble tenir
à la production d'un acide minéral insoluble dans l'éther, qui n'est autre que l'acide
chlorhydrique.

Landwehr admet que la mucine qui baigne la muqueuse stomacale donne, sous
l'influence d'un ferment hypothétique, un hydrate de carbone ou *gomme animale*, qui se
décomposerait en acide lactique, et que celui-ci agirait à son tour sur le chlorure de
sodium, en mettant en liberté l'acide chlorhydrique. Heidenhain ne nie pas non plus la
possibilité que les glandes stomacales aboutissent à la formation d'un acide organique
qu'elles retiendraient dans leurs cellules, et par l'intermédiaire duquel elles opéreraient
la dissociation des chlorures. Toutefois ces deux hypothèses se trouvent en contradiction
avec les expériences de Voit et Cahn, qui démontrent que la muqueuse stomacale ne
sécrète aucun acide, lorsqu'on supprime les chlorures de l'alimentation. Il est aussi possible que l'acide carbonique joue un rôle important dans la production de l'acide chlorhydrique. Le sang contient toujours de l'acide carbonique en liberté qui peut, par une
action de masse, opérer le déplacement de l'acide chlorhydrique. On a constaté en effet
une grande accumulation d'acide carbonique dans les glandes salivaires du *Dolium galea*,
qui sécrètent de l'acide sulfurique. Ces glandes, extirpées et maintenues sous l'eau,
dégagent des quantités considérables d'acide carbonique (20 centimètres cubes pour une
glande de 75 grammes). D'autre part, Schierbeck a montré que l'estomac du chien possède aussi le pouvoir de sécréter de l'acide carbonique. En mesurant la tension de ce
gaz dans l'estomac pendant la digestion, il a vu qu'elle pouvait aller de 30 à 140 milli-

mètres de mercure et qu'elle variait dans le même sens que l'acidité chlorhydrique. Si l'on rapproche ces deux faits, on peut prétendre que l'acide carbonique n'est pas étranger à la décomposition des chlorures par les glandes stomacales.

Il reste aussi à déterminer si les phénomènes chimiques qui se passent dans les cellules glandulaires lorsqu'elles sont en voie d'élaborer l'acide chlorhydrique, sont des phénomènes de nutrition ou bien des actions fermentatives. Bunge semble plutôt se rallier à cette dernière hypothèse, à l'appui de laquelle il cite le fait suivant. Le myronate de potassium se dédouble par l'action d'un ferment en glucose, en essence de moutarde et en bisulfate de potassium. Or ce dernier sel se décompose, dès qu'il se trouve dissous, en acide sulfurique libre et en sulfate neutre. On voit donc que l'acide minéral, même le plus fort, l'acide sulfurique, peut prendre naissance par une simple action fermentative.

Quel que soit d'ailleurs le mécanisme de formation de l'acide chlorhydrique, on constate que les glandes stomacales dirigent l'acide libre vers la surface de la muqueuse, tandis qu'une quantité correspondante d'alcali est reprise par le sang dont l'alcalinité augmente légèrement. En même temps on voit l'acidité de l'urine diminuer graduellement, si bien que, quatre ou cinq heures après le repas, ce liquide peut présenter une réaction alcaline. Le procédé en vertu duquel la cellule sécrétante dirige toujours dans le même sens l'acide chlorhydrique et dans le sens opposé le carbonate de sodium, reste encore aussi obscur que le mécanisme de la sécrétion lui-même.

c) **Physiologie comparée de la sécrétion acide de l'estomac.** — Exception faite des Cyprinoïdes, qui n'ont pas d'estomac dans le vrai sens du mot, le suc gastrique des Poissons est remarquablement acide. Chez les Sélaciens surtout, l'acidité du suc gastrique est tellement considérable qu'elle peut atteindre le chiffre de 15 p. 1000 d'acide chlorhydrique. En lisant les résultats obtenus par Ch. Richet dans ses recherches sur le suc gastrique des Poissons, on est étonné de voir que les sucs les moins acides de ces animaux ont encore une acidité beaucoup plus forte que les sucs les plus acides des autres Vertébrés. Le tableau suivant, que nous empruntons à la thèse de Ch. Richet, démontre incontestablement ce que nous venons d'affirmer.

ESPÈCES.	ACTIVITÉ DU SUC GASTRIQUE p. 1000 en HCl.
Raie (*Raja clavata*)	14,6
Baudroie (*Lophia piscatorius*).	6,2
Ange (*Squalus squatina*)	6,9
Analyse faite le lendemain	8,
Ange (liquide provenant de trois individus	11,8
Le lendemain	12,6
Petite Roussette (*Scyllium catulus*)	6,9
Petite Roussette	12,9
Grandes Roussettes (*Scyllium canicula*)	14,9
Le lendemain	14,3
Brochets (deux individus).	6,0

La moyenne de ces chiffres est de 10 grammes environ d'acide chlorhydrique pour 1000 grammes de liquide, mais cette moyenne varie, comme pour les autres animaux, avec les diverses conditions physiologiques. En effet, si l'on examine le contenu de l'estomac des Poissons pendant la digestion, on trouve une acidité telle que tout l'intestin jusqu'à l'anus peut être acide. Au contraire, sur un animal à jeun, c'est à peine si l'on peut recueillir quelques gouttes d'un mucus acide, et à partir du détroit pylorique la réaction de la muqueuse est alcaline. La température semble aussi exercer une certaine influence sur l'acidité du suc gastrique des Poissons. Ch. Richet attribue à ce phénomène les écarts d'acidité qu'il a trouvés, pour des individus de la même espèce, d'un jour à l'autre. D'une manière générale, cet auteur a observé que le suc gastrique des Poissons est beaucoup plus acide quand il fait chaud que quand il fait froid, mais il n'a pas pu réussir à reproduire expérimentalement ce phénomène sur des animaux vivants. E. Yung a trouvé des chiffres qui sont identiques aux chiffres de Ch. Richet. Sur quatre *Scylliums*, il a vu des acidités de 7; 11.5; 7; 8.2; en moyenne 8 grammes de HCl pour 1000.

Le suc gastrique des Batraciens présente aussi une réaction acide, d'après Contejean, due à l'acide chlorhydrique. Mais nous ne connaissons pas la valeur moyenne de cette acidité, qui d'ailleurs doit varier beaucoup d'un animal à l'autre.

Nous pouvons en dire autant pour le suc gastrique des Reptiles et des Oiseaux.

Quant au suc gastrique des Mammifères, les espèces herbivores ont une acidité inférieure à celle des espèces carnivores. Ainsi, tandis que le suc gastrique du mouton ne contient, d'après Schmidt, que 0,999 à 1,469 d'acide chlorhydrique pour 1 000, le suc gastrique pur du chien et du chat, recueilli par la méthode de Pavlow, renferme jusqu'à 4 et 5 p. 1 000 de cet acide. Ch. Richet a trouvé, en dosant l'acidité du contenu stomacal des veaux, 2 grammes d'acide chlorhydrique par litre. Mais il explique cette forte acidité par ce fait que les jeunes veaux ont plutôt un régime carnivore; car ils se nourrissent exclusivement de lait. D'après les recherches d'Ellenberger, les liquides du quatrième estomac des ruminants contiennent 0, 5 à 1 2 p. 1 000 de HCl. Chez le cheval et chez le porc, l'acidité du contenu stomacal présente, d'après ce même auteur, des écarts considérables pendant les diverses phases de la digestion de 0,2 à 2 et même à 3 p. 1000. Au début de la digestion, les aliments contenus dans la portion gauche de l'estomac, région cardiaque et petite courbure, possèdent une réaction neutre ou alcaline, mais une heure plus tard tout le contenu stomacal est acide. Toutefois les liquides du fond de l'estomac et de la région pylorique (portion gauche de l'estomac), ont une acidité deux ou trois fois plus forte que celle des liquides de la région cardiaque. Cette acidité est due non seulement à l'acide chlorhydrique, mais à d'autres acides dont le plus important est l'acide lactique. Chez un Dauphin, Ch. Richet a trouvé pendant la digestion une acidité de 2,86 (*Comm. orale*).

Le suc gastrique de l'homme a été souvent soumis à l'analyse; mais, comme on verra par le tableau suivant, chaque auteur lui attribue un degré d'acidité différent.

Moyennes de l'acidité du suc gastrique humain, d'après les divers auteurs.

NOMS D'AUTEURS.	HCl p. 1000.	OBSERVATIONS.
Schrœder	0,2	Fistule gastrique.
Szabo	3,	Contenu stomacal.
Schwann	6,	
Ch. Richet	1,3 à 2,0	Fistule gastrique.
Ewald	0,39 à 1,0	Contenu stomacal.
Von Sohlern	2, 2 à 2,8	—
Kœvesi	2,3	—
Sticker	1, 5 à 2,0	—
Rosenheim	2, 2	—
Reichmann et Riegel	1, 5 à 3,2	—
Schule	2,6	—
Verhaegen	3, à 4,8	Chez 12 jeunes gens.

Les écarts qu'on observe entre ces chiffres montrent jusqu'à quel point il est difficile d'établir une moyenne de l'acidité du suc gastrique. Toutefois, en laissant de côté les erreurs qu'ont pu commettre ces expérimentateurs, on doit assurément reconnaître que l'acidité du suc gastrique est soumise à de nombreuses causes de variation. Le chiffre indiqué par Ch. Richet doit cependant s'approcher de la vérité; car cet auteur a opéré sur un suc presque complètement pur, exempt de salive et d'aliments.

Chez les Vertébrés inférieurs, la muqueuse stomacale dans toute son étendue semble concourir à la formation de l'acide chlorhydrique. Plus tard, et à mesure que les espèces se développent, on voit les diverses régions de l'estomac prendre une part plus ou moins active dans la production de ce phénomène. Le lieu principal de la sécrétion chlorhydrique est sans doute la région du fond de sac de l'estomac. La région cardiaque ne produit qu'un suc neutre ou alcalin. Quant à la région pylorique, certains auteurs prétendent qu'elle sécrète un liquide acide, tandis que d'autres, au contraire, affirment que sa sécrétion est alcaline. Chez les animaux qui ont un estomac multiple, la sécrétion chlorhydrique se fait dans la même cavité que la sécrétion peptique, c'est-à-dire dans l'estomac glanduleux. Toutes les autres poches ou appendices ont une réaction neutre ou alcaline, et, dans le cas où elle présentent une réaction acide, cela tient aux fermentations anormales que subissent les aliments qu'elles renferment.

d) **Variations de la sécrétion chlorhydrique dans les diverses conditions physiologiques.**
1° *Age.* — On admet généralement que l'acide chlorhydrique apparaît dans les sécrétions stomacales quelque temps avant la pepsine. Hammarsten et Wolfhügel ont constaté ce fait chez le chien. Le même phénomène se produit chez le chat et chez le lapin. L'estomac de ces animaux sécrète de l'acide chlorhydrique à partir des premiers jours de la naissance, tandis que la sécrétion peptique n'apparaît que deux ou trois semaines plus tard.

Jusqu'ici on n'a pas étudié d'une façon systématique la marche de la sécrétion chlorhydrique en rapport avec les progrès de l'âge, mais tout porte à croire que ce phénomène doit suivre le même cycle évolutif que les autres fonctions de l'organisme, c'est-à-dire qu'il doit traverser une phase de croissance, une phase de stade et une phase de décroissance. D'après Riegel et Kœvesi, l'hyperchlorhydrie est surtout fréquente chez les individus adultes. La proportion d'hyperchlorhydriques aux divers âges serait, d'après Kœvesi, la suivante :

10 à 15 ans	1
15 à 20 —	2
20 à 25 —	6
25 à 30 —	10
30 à 35 —	6
35 à 40 —	3
40 à 45 —	1

Quoiqu'il s'agisse là d'un phénomène anormal, on voit qu'il ne s'écarte pas de la loi à laquelle nous faisions allusion tout à l'heure.

2° *Sexe.* — L'influence du sexe sur la sécrétion chlorhydrique nous est à peu près inconnue. Il n'existe guère sur ce sujet que les observations de Kretschy, de Kuttner et de Elsner, démontrant que pendant la menstruation on observe certaines modifications de l'acidité du suc gastrique. Les premiers de ces auteurs ont constaté une diminution de l'acidité, et Kuttner prétend même que, dans certains cas, cette acidité peut disparaître (?). Pour Elsner, l'acidité du suc gastrique ne subit pas de changement appréciable lorsque les pertes sanguines sont modérées. Chez certaines femmes où la menstruation est douloureuse, on observe pendant la congestion des organes génitaux une hyperacidité manifeste. Elsner attribue cette modification à une action vaso-motrice réflexe, qui part des organes génitaux et qui retentit sur la circulation de l'estomac. Enfin, lorsque les pertes sanguines sont considérables, le suc gastrique est sécrété en plus faible quantité, et son acidité tombe au-dessous de la limite normale.

3° *État de jeûne.* — Il faut admettre que les sécrétions stomacales sont intermittentes et qu'elles cessent complètement dans les intervalles de la digestion. Néanmoins certains auteurs affirment que l'estomac peut contenir à l'état de jeûne des quantités plus ou moins grandes de suc gastrique acide. Cela résulte de nombreuses statistiques réunies par Johnson et Bœhm, Rosin et Schüle, se rapportant à des observations faites sur l'homme. Reste à savoir quelle est la valeur de ces observations. L'estomac retient pendant vingt-quatre et quarante-huit heures des aliments qui n'ont pas été attaqués et qui sont une cause d'irritation constante pour la muqueuse. D'autre part, chez beaucoup de sujets, les produits de la digestion intestinale refluent assez souvent vers la cavité de l'estomac en y donnant lieu à une nouvelle sécrétion gastrique. En outre ces observations ont été faites à l'aide de la sonde stomacale, et l'introduction de cet appareil dans l'estomac peut dans certains cas provoquer l'apparition du suc gastrique.

Frouin a vu, sur des animaux dont l'estomac avait été isolé du reste de l'appareil digestif, se produire une sécrétion abondante en dehors de toute excitation directe ou réflexe de la muqueuse gastrique. Mais sans doute il s'agit là d'une sécrétion paralytique de l'estomac, produite par la section des pneumogastriques au niveau de l'œsophage ; car le suc recueilli dans ces conditions diffère profondément du suc gastrique normal : il est peu ou pas acide, et il a un faible pouvoir protéolytique. Dans un des cas, le suc obtenu entre la vingt-quatrième et la trente-deuxième heure après le repas ne contenait que 0,08 p. 1 000 d'acide chlorhydrique. On peut donc conclure que la sécrétion acide de l'estomac n'existe pas en dehors des cas pathologiques (maladie de REICHMANN) à l'état de jeûne.

3° *État de digestion.* — Lorsqu'on mesure l'acidité du contenu stomacal aux divers moments de la digestion, on trouve que cette acidité augmente jusqu'à une certaine période, variable pour chaque expérience, puis qu'elle diminue graduellement, pour disparaître à la fin de la digestion. D'après VERHAEGEN, cette chute de l'acidité serait en général très rapide à cause d'une sécrétion aqueuse très abondante qui se produit à ce moment dans l'estomac. L'étude de l'acidité du contenu stomacal ne nous permet pas cependant de tirer une conclusion définitive sur la marche de la sécrétion chlorhydrique pendant la digestion. Cette étude est sujette à trop de causes d'erreur, dont voici les plus importantes : entrée de la salive dans l'estomac, formation d'acides étrangers aux dépens du contenu stomacal, mélange de celui-ci avec le mucus gastrique, fixation de l'acide chlorhydrique par les matières alimentaires, passage des combinaisons chlorées dans la cavité intestinale, etc. Aussi PAVLOW et ses élèves sont-ils arrivés, en reprenant ces mêmes recherches sur le suc gastrique pur, à des résultats tout à fait différents. Pour ces auteurs, la sécrétion chlorhydrique reste constante pendant toute la durée de la digestion. Si l'on observe quelques écarts d'acidité entre les diverses portions du suc gastrique sécrété, cela tient à ce que la neutralisation exercée par le mucus sur le suc gastrique varie [avec la quantité de mucus qui se trouve dans l'estomac et, pour une même quantité de mucus, avec la vitesse de la sécrétion gastrique. On peut se rendre compte de la marche de ces phénomènes par le tableau suivant, que nous empruntons au travail, de KHIGINE.

Le suc, recueilli de l'estomac isolé, provenait d'une alimentation mixte composée de lait, de pain et de viande. La durée totale de la digestion a été de huit heures, et on faisait chaque prise de suc gastrique toutes les heures.

HEURES DE L'ACTE DIGESTIF.	QUANTITÉS DE SUC EN C. C.	ACIDITÉ DU SUC P. 1000.
1 heure	30,4	0,541
II heures	27,5	0,562
III —	19,8	0,565
IV —	17,3	0,529
V —	16,0	0,529
VI —	11,2	0,511
VII —	6,7	0,493
VIII —	2,1	

On voit que les premières et les dernières portions de suc sont moins acides que celles qu'on recueille vers le milieu de la digestion. Toutefois l'écart ne dépasse pas 0,1 p. 1000, ce qui est tout à fait insignifiant. Ces variations d'acidité ont été attribuées par KETSCHER à une neutralisation plus intense des premières et des dernières portions du suc gastrique par le mucus stomacal. En effet, lorsque la sécrétion gastrique commence, toute la surface stomacale se trouve recouverte de mucus, de sorte que les premières portions du suc sont en grande partie neutralisées. Puis la sécrétion gastrique devient en général plus active, mais, comme la sécrétion muqueuse est plutôt faible par elle-même, l'acidité du suc gastrique ne subit pas de diminution appréciable. Enfin, au fur et à mesure que la sécrétion gastrique diminue et qu'on approche du terme de la digestion, les petites portions de suc sécrété sont presque totalement neutralisées par les faibles quantités de mucus qui se forment continuellement dans l'estomac. C'est pourquoi on constate sur le tableau ci-dessus que l'acidité du suc gastrique tombe au *minimum* pendant les dernières heures de l'acte digestif.

L'interprétation de PAVLOW et de ses élèves n'est pas toujours conforme aux faits, ainsi qu'on peut s'en convaincre en parcourant les protocoles d'expériences de ces auteurs, mais il faut convenir avec ces physiologistes que les variations d'acidité du suc gastrique pendant la digestion ne sont pas aussi importantes qu'on le croyait autrefois.

4° *Régime alimentaire*. — On ne peut décider encore si la nature des aliments exerce ou non une influence spécifique sur la marche de la sécrétion acide de l'estomac. Les anciens auteurs admettaient que l'acidité du suc gastrique variait beaucoup avec la nature des aliments, mais cette opinion a été fortement combattue par PAVLOW et ses élèves. Ces physiologistes ont montré tout d'abord que les effets produits par les substances alimentaires sur les sécrétions stomacales sont en général très différents, suivant que ces substances sont ingérées par l'animal lui-même ou suivant qu'elles sont introduites directement dans l'estomac.

KHIGINE a constaté que la sécrétion chlorhydrique est très abondante à la suite d'un repas formé exclusivement de pain, de lait ou de viande, mais dans ces trois genres d'alimentation l'acidité du suc gastrique ne présente guère de différences.

NATURE DES ALIMENTS.	QUANTITÉ DE SUC SÉCRÉTÉ en c. c.	ACIDITÉ P. 1000.	DURÉE DE LA SÉCRÉTION en heures.
200 grammes de viande crue	40,5	0,561	6 h. 1/4
— de pain blanc.	33,6	0,463	8 h. 1/2
— de lait	16,7	0,493	3 h.

Les écarts d'acidité dans la troisième colonne de ce tableau sont, d'après KHIGINE, plus factices que réels, car ils peuvent suffisamment s'expliquer par les variations de vitesse de la sécrétion gastrique. Ainsi, si l'on rapporte cette vitesse de sécrétion à la même unité de temps, on trouve :

QUANTITÉ DE SUC
sécrété en 1 heure.
c. c.

Pour la viande 6,1
  — le pain 3,9
  — le lait. 5,3

Ce qui démontre que le degré d'acidité du suc gastrique dépend essentiellement de la vitesse avec laquelle ce liquide est sécrété.

KHIGINE a encore étudié la marche de la sécrétion chlorhydrique dans l'alimentation par les œufs et par le lard de bœuf. Il a trouvé que le suc gastrique produit par un chien qui s'alimente de graisse est moins acide que quand on lui donne des œufs. D'une manière générale, l'ingestion des aliments azotés provoque une sécrétion plus acide que l'ingestion des hydrates de carbone et surtout de graisse. Mais, quelles que soient la nature ou la quantité des aliments ingérés dans l'estomac par la voie normale, y compris même l'eau distillée, on voit toujours l'estomac isolé produire un suc gastrique dont l'acidité ne varie guère qu'en raison de la vitesse de sécrétion de ce liquide.

En introduisant les substances alimentaires directement dans l'estomac, soit à l'aide de la sonde stomacale (KHIGINE), soit par une fistule ouverte au préalable dans le grand estomac (LABASSOFF), on voit que la plupart des aliments, en dehors de la peptone, sont incapables d'exciter les sécrétions gastriques. C'est seulement quand on les injecte en grande quantité (500 c. c.), qu'on obtient une faible sécrétion dans l'estomac isolé, mais cette sécrétion présente les mêmes caractères pour toutes les substances alimentaires, et elle est absolument semblable à celle que provoque l'introduction d'un volume égal d'eau distillée dans l'estomac.

En résumé, d'après Pavlow et ses élèves, la sécrétion chlorhydrique ne subit de changement appréciable ni au cours de la digestion, ni sous l'influence des divers régimes alimentaires. Dès que cette sécrétion aparaît, elle atteint tout de suite la limite normale, et elle reste aux environs de cette valeur jusqu'à la dernière goutte de suc gastrique.

Un grand nombre de médecins ont répété ces recherches sur l'homme, sans tenir suffisamment compte des difficultés qu'offre l'expérimentation en pareil cas. Les uns ont confirmé les résultats de Pavlow et ses élèves. D'autres les ont contestés. Moritz trouve, après l'ingestion d'un repas constitué par 500 grammes de purée de pommes de terre, que l'acide chlorhydrique libre apparaît dans le contenu stomacal pendant la deuxième heure de la digestion. Cette même recherche faite à la suite d'un repas de viande (500 grammes de beefsteack) ne révéla l'acide chlorhydrique libre que pendant la quatrième heure de la digestion ; en revanche l'acidité totale était beaucoup plus forte dans le second que dans le premier cas. Sohlern a étudié comparativement l'acidité du suc gastrique dans l'alimentation par le riz et par la viande. Il a vu, comme Moritz, que l'acidité est plus élevée dans cette dernière alimentation. Schüle a dosé l'acidité du contenu stomacal, à la suite de ces quatre repas : a) 250 grammes de viande et 200 d'eau ; b) 400 grammes de purée de farine avec ou sans l'addition d'eau ; c) 400 grammes de purée de pommes de terre, et d) 300 grammes de lait. Il n'a constaté que de faibles différences. Verhaegen a opéré sur quatre individus dont il connaissait assez bien la marche générale de la sécrétion chlorhydrique. Ces sujets, que Verhaegen désigne sous les noms de *superacide, moyen I, moyen II* et, *subacide*, supportaient très bien les divers régimes alimentaires qu'on leur imposait. Verhaegen résume dans le tableau suivant l'influence de chacune de ces substances alimentaires sur la sécrétion chlorhydrique de ces quatre sujets.

	SUBACIDE.	MOYEN I.	MOYEN II.	SUPERACIDE.
Substances albuminoïdes (caséine, myosine, etc.)	Nulle.	Forte.	Forte.	Forte.
Albumines avec sucre . . . . . '	—	Nulle.	Très faible.	Très faible.
Sucre avec lait.				Faible.
Extrait de viande		Forte.		
Fécule	Nulle.	Nulle.	Très faible.	Forte.
Eau distillée.	—		Nulle.	—
Sucre	—	—	—	Nulle.
Fécule avec sucre	—	. .	—	—
Sel marin		. . .		
Créatine		. . .		
Créatinine		. .		
Talc		—		

On voit par ce tableau qu'une même substance alimentaire agit sur la sécrétion chlorhydrique d'une manière tout à fait différente suivant les individus. Ainsi la fécule, par exemple, ne provoque aucune sécrétion acide chez les sujets moyen I, moyen II et subacide, tandis qu'elle détermine chez le sujet superacide une sécrétion chlorhydrique abondante. C'est là peut-être une des causes qui explique la diversité des résultats obtenus par chaque expérimentateur. Les expériences de Verhaegen montrent en outre, contrairement aux recherches de Schüle, que tous les aliments ne jouissent pas au même degré du pouvoir d'exciter la sécrétion chlorhydrique. Certaines substances augmentent cette sécrétion, tandis que d'autres l'inhibent ou l'arrêtent. Parmi ces dernières on trouve en premier lieu les divers sucres : glycose, lactose et saccharose. Enfin, quelques principes alimentaires, comme la fécule, le saccharose et la graisse n'exercent aucune action sur la sécrétion chlorhydrique. Dans ce groupe de substances inactives on peut aussi ranger la plupart des poudres inertes, le talc et le silicate de magnésie entre autres. Verhaegen assure que ces substances, qui se montrent tout à fait inactives vis-à-vis de la sécrétion chlorhydrique, peuvent parfois mettre en jeu les autres sécrétions de l'estomac. Le sucre, par exemple, donne toujours lieu à une sécrétion aqueuse abondante. Ce dernier fait a été rendu évident, quelque temps après, par les recherches de COMTE, de STRAUSS et de ROTH.

SŒRENSEN et METZGER ont vu, comme SCHÜLE, mais en opérant sur des individus atteints d'hyperchlorhydrie, que les albumines ne provoquent pas une plus forte sécrétion d'acide chlorhydrique que les hydrates de carbone. Il semble cependant se dégager de ses expériences, ainsi que de celles de SCHÜLE, que l'acidité totale des liquides retirés de l'estomac est en général plus élevée dans le régime carné que dans le régime des féculents. D'après HAMMARSTEN on trouverait toujours une quantité plus grande d'acide chlorhydrique total dans l'alimentation azotée que dans l'alimentation amylacée.

BACHMANN a donné un développement plus considérable à l'étude de cette question. Il s'est attaché à résoudre, entre autres problèmes qui concernent aussi la digestion stomacale et sur lesquels nous reviendrons plus tard : 1° le moment d'apparition de l'acide chlorhydrique libre; 2° la valeur maximum de cette fraction d'acide; 3° l'acide chlorhydrique total; 4° l'acidité totale, dans les divers régimes. Le principal mérite de ses recherches se fonde sur ce fait que les quantités d'aliments ingérés étaient, au point de vue thermodynamique, équivalentes.

Ces expériences ont porté sur douze individus hyperchlorhydriques, et elles ont conduit aux résultats suivants :

1° L'acide chlorhydrique libre apparaît dans l'alimentation végétale, une demi-heure plus tôt que dans l'alimentation animale.

2° La valeur maximum de cette fraction d'acide est plus élevée dans le régime animal que dans le régime végétal.

3° L'acide chlorhydrique total atteint son maximum dans le régime animal.

4° L'acidité totale est aussi plus considérable dans ce même régime.

BACHMANN a pris comme types d'alimentation animale, la viande, les œufs, le lait et le beurre, et, comme types d'alimentation végétale, le pain, la bouillie de farine et la purée de pommes de terre. Il a constaté de plus qu'il existe pour la digestion de chacun de ces aliments des différences réelles dans l'acidité du suc gastrique.

Les graisses en particulier se caractérisent par une diminution sensible de la sécrétion chlorhydrique. Ce fait avait été déjà observé par EWALD et BOAS, KHIGINE et LOBASSOFF, ALKINOW-PERETZ et STRAUSS et ADLOR.

Enfin, MAYER, dans un travail plus récent, confirme les variations constatées par BACHMANN dans l'acidité du contenu stomacal à la suite des divers repas, mais ces variations ne seraient que passagères, et la sécrétion chlorhydrique ne tarderait pas à revenir à son taux normal. Il a pu, en effet, voir sur lui-même, en se soumettant à un régime végétal très pauvre en albumine, pendant une quinzaine de jours, que la sécrétion chlorhydrique qui tombe tout d'abord, augmente ensuite peu à peu, au fur et à mesure que l'estomac s'adapte à cette nouvelle alimentation.

En somme, d'après la plupart des cliniciens, l'acidité du suc gastrique chez l'homme varierait avec la nature des aliments, mais, comme ils n'ont pas pu mesurer la vitesse de la sécrétion dans chaque cas, il nous est impossible de savoir si ces différences d'acidité sont bien réelles, ou si, comme le croient PAVLOW et ses élèves, elles tiennent aux variations qui se produisent dans l'écoulement du suc gastrique.

5° *Influences nerveuses.* — La vue et l'odeur des aliments, ainsi que le passage de ces substances à travers les voies supérieures de l'appareil digestif, provoquent la sécrétion d'un suc très acide. D'après PAVLOW et ses élèves, l'acidité de ce suc serait même plus forte que celle du suc obtenu par l'introduction directe des aliments dans l'estomac. Mais il faut dire que ces auteurs n'ajoutent aucune importance à ces différences d'acidité, qu'ils considèrent toujours comme étant le résultat des variations que subit la vitesse de la sécrétion gastrique dans ces divers cas.

SANOTZKY a eu l'idée d'étudier l'influence des excitations douloureuses sur cette sécrétion psychique de l'estomac. En pinçant fortement les pattes d'un animal, chez lequel on avait provoqué auparavant la sécrétion psychique, ce physiologiste n'a pu constater aucune modification dans la marche de ce (processus, ni comme quantité, ni comme qualité. Toutefois, SANOTZKY n'a fait à ce sujet qu'une seule expérience, et il hésite à en tirer une conclusion définitive. D'après les observations récentes de CONTE, l'état psychique de l'animal exercerait, au contraire, une influence considérable sur les sécrétions gastriques. Alors que, sur un animal attaché sur la table d'expérience, il est difficile d'obtenir par les moyens ordinaires la sécrétion réflexe de l'estomac, ces mêmes moyens réussissent, lorsqu'on opère sur un animal mis en liberté ou qui est habitué à ce genre d'opérations. D'autre part, les recherches de PAVLOW et ses élèves nous ont appris que la sécrétion psychique est d'autant plus abondante et d'autant plus riche en acide et en pepsine, que les animaux sur lesquels on opère ont le sentiment de la faim plus développé. Tout porte donc à croire que les influences nerveuses jouent un rôle des plus importants dans la marche des sécrétions gastriques.

e) **Variations de la sécrétion chlorhydrique dans les diverses maladies.** — Depuis l'époque où VAN DEN VELDEN annonça que le suc gastrique ne renferme pas d'acide chlorhydrique libre dans le cancer de l'estomac, l'étude des variations de la sécrétion chlorhydrique dans les diverses maladies est devenue un des chapitres les plus considérables de la pathologie stomacale. Naturellement on est arrivé, au cours de cette étude, aux résultats les plus opposés, car la sécrétion chlorhydrique dépend d'un grand nombre de facteurs, et ceux-ci ne sont pas toujours également influencés par une même maladie. Ainsi, dans le cancer de l'estomac, comme dans toute autre maladie de cet organe, les changements survenus dans la sécrétion chlorhydrique varient de caractère et d'intensité suivant la place et l'étendue de la lésion, l'état de dégénérescence plus ou moins avancé des cellules sécrétantes, les conditions d'activité des appareils glandulaires (innervation, circulation, composition chimique du sang), etc. Tout cela explique suffisamment pourquoi une même maladie peut dévier dans les sens les plus divers la marche de la sécrétion chlorhydrique. C'est ainsi que, contrairement aux observations de VAN DEN VELDEN, beaucoup de médecins ont signalé l'existence de l'acide chlorhydrique libre dans les sécrétions des estomacs cancéreux, et que d'autres auteurs ont montré qu'on ne pouvait pas considérer l'*hyperchlorhydrie* comme un symptôme caractéristique de l'ulcère de l'estomac. On est donc réduit à constater que la sécrétion chlorhydrique subit des changements notables sous l'influence des maladies, mais il est complètement impossible de fixer la loi de ces changements. Ceux qui s'intéresseront à l'étude de cette question trouveront dans la partie bibliographique de cet article tous les renseignements désirables.

Parmi les innombrables classifications qu'on a proposées pour désigner les troubles de la sécrétion chlorhydrique dans les diverses maladies de l'estomac, les termes les plus employés sont les suivants : *anachlorhydrie, hypochlohydrie, hyperchlorhydrie*. Le premier de ces termes indique l'absence de l'acide chlorhydrique dans le contenu stomacal; mais ce trouble peut affecter deux formes différentes, suivant qu'il s'agit de l'*acide chlorhydrique libre* ou de l'*acide chlorhydrique total*. L'absence simultanée de l'acide chlorhydrique libre et des combinaisons chlorées organiques est un phénomène absolument rare, qui ne se présente pour ainsi dire que dans l'atrophie complète de la muqueuse gastrique, *achylie gastrique grave* des auteurs allemands. Ce symptôme indique l'absence de toute sécrétion chlorhydrique, et il a la plus grande gravité. Quant à la disparition de l'acide chlorhydrique libre, elle est bien plus fréquente que l'absence totale de l'acide chlorhydrique, mais elle est loin d'avoir la même signification. C'est cette variété d'anachlorhydrie qui accompagne le plus souvent le cancer de l'estomac et que VAN DEN VELDEN a signalée pour la première fois.

En ce qui concerne l'*hypochlorhydrie*, sa valeur sémiologique est des plus restreintes, car ce trouble se présente tout aussi bien dans les affections propres de l'estomac que dans les maladies localisées sur d'autres organes ou dans les processus morbides d'un ordre général. On dit qu'il y a hypochlorhydrie lorsque la proportion d'acide chlorhydrique libre dans le contenu stomacal tombe au-dessous de 1 à 0,5 p. 1 000 d'acide chlorhydrique, mais c'est là un chiffre arbitraire qui ne saurait exprimer la valeur moyenne de l'acidité normale du suc gastrique chez l'homme. Cette limite varie beaucoup d'une expérience à l'autre, comme le montre le tableau donné plus haut.

Il est donc difficile de décider quand il y a un véritable excès d'acide chlorhydrique dans le contenu stomacal. KŒVESI a trouvé, en adoptant la moyenne d'acidité totale, de 2,36 p. 1 000 d'acide chlorhydrique, et en rapportant à cette moyenne ses propres observations et les observations d'autres auteurs, que la proportion d'hyperchlorhydriques n'est pas la même pour les divers pays. Ainsi, d'après JAWORSKI, la proportion d'hyperchlorhydriques est de 51,8 p. 100 à Lemberg; à Stockholm, d'après Johnson et Böhm, de 36,4 p. 100; à New-York, d'après Einhorn, de 50 p. 100; à Zürich, d'aprè Schneider, de 5,4 p. 100, et à Budapest, d'après Kœvesi, de 30,4 p. 100.

On voit donc que les conditions de la vie sociale font varier dans des limites assez larges l'intensité de la sécrétion chlorhydrique.

L'importance de l'hyperchlorhydrie au point de vue sémiologique est d'ailleurs assez discutable; car, de même que l'hypochlorhydrie, ce trouble de la sécrétion gastrique se présente dans les maladies les plus différentes.

Ajoutons que certains pathologistes, et spécialement Verhaegen, considèrent l'hypochlorhydrie et l'hyperchlorhydrie non comme des manifestations pathologiques véritables, mais comme des modalités différentes d'une fonction soumise à de grandes oscillations chez les divers individus. Le fait est qu'on trouve assez souvent des sujets hypochlorhydriques et hyperchlorhydriques qui ne présentent pas le moindre trouble du côté de l'appareil digestif.

Le seul point sur lequel les médecins soient d'accord, c'est pour affirmer que la sécrétion chlorhydrique change d'intensité au cours des maladies, beaucoup plus souvent que la sécrétion peptique.

f) **Action de quelques agents physiques et chimiques sur la sécrétion chlorhydrique.** — 1° *Excitants mécaniques.* — Les excitants mécaniques n'exercent aucun effet sur la sécrétion chlorhydrique, pas plus que sur les autres sécrétions de l'estomac. Frerichs, Schiff, Heidenhain et la plupart des anciens expérimentateurs ont vu qu'on pouvait toucher ou pincer la muqueuse stomacale sans obtenir d'autre sécrétion qu'une faible quantité de mucus. Sanotzki a montré depuis que, s'il arrivait parfois qu'on avait une sécrétion abondante à la suite de ces opérations, c'est parce qu'on ne prenait pas le soin d'éviter les excitations psychiques de l'animal.

Malgré cette inefficacité des excitants mécaniques vis-à-vis des sécrétions stomacales, certains cliniciens prétendent que le massage de l'estomac, fait à travers les parois abdominales, augmente la sécrétion chlorhydrique, en même temps qu'il accélère la marche de la digestion stomacale. Il est difficile de savoir quelle est la valeur exacte de ces observations; mais, si l'on se rappelle que la muqueuse gastrique ne répond pas aux excitations mécaniques qui agissent sur elle directement, on a de la peine à comprendre que le massage extérieur de l'estomac produise des effets aussi remarquables sur les fonctions de sécrétion de cet organe. En tout cas, si ces effets existent, ils ne peuvent être attribués qu'à des modifications circulatoires de l'estomac.

2° *Excitants thermiques.* — Leube et, après lui, Jaworski ont conseillé d'introduire une certaine quantité d'eau froide dans l'estomac afin de provoquer la sécrétion du suc gastrique. Ces auteurs ont remarqué en effet que l'eau froide est un stimulant beaucoup plus énergique des sécrétions stomacales que l'eau tiède ou chaude. Mais il ne faut pas oublier que l'eau exerce toujours par elle-même, en dehors des limites extrêmes de température, une influence excitante sur les sécrétions gastriques. Si au lieu de l'eau, on introduit dans l'estomac un objet métallique quelconque, tantôt chaud, tantôt froid, on n'obtient aucun phénomène de sécrétion. La température ne serait donc pas un véritable excitant des sécrétions stomacales, mais seulement un modificateur de ces sécrétions. Micheli a étudié l'influence qu'exerce la température des aliments sur le travail de sécrétion de l'estomac pendant la digestion. Il a observé que les sécrétions gastriques se réalisent dans de bonnes conditions, après l'ingestion d'eau à la température de 35° à 37°. Au contraire, à une température plus élevée (45° à 50°), l'eau devient nuisible pour les sécrétions gastriques, et elle ralentit le cours de la digestion. Cet auteur a constaté de plus que l'eau à basses températures (3°-6°) est un excitant beaucoup plus actif pour les sécrétions stomacales que l'eau à la température de la chambre. Mais il nous semble que ces résultats doivent beaucoup changer, suivant la quantité d'eau ingérée.

En faisant agir le chaud et le froid sur la région de l'épigastre, Micheli a constaté dans les deux cas une augmentation des sécrétions gastriques.

3° *Excitants électriques.* — Nous aurons plus tard à nous occuper des effets produits par l'excitation électrique des nerfs qui se rendent dans l'estomac, sur les fonctions sécrétoires de cet organe. Ici, indiquons seulement les résultats obtenus par les divers auteurs dans l'électrisation directe ou indirecte de l'estomac. Hoffmann a entrepris, dans la clinique de Riegel, une série de recherches pour connaître les effets du courant galvanique sur les sécrétions gastriques. La méthode employée par cet auteur a été la méthode qu'on appelle *percutanée*, dans laquelle l'électrode positive est appliquée sur la peau du dos, et l'électrode négative sur la peau de l'épigastre. Au bout de dix minutes d'électrisation, avec un courant de 25 à 50 milliampères, Hofmann a pu retirer de la cavité de l'estomac une quantité appréciable de suc gastrique acide. Ewald et Sivens ont obtenu des effets semblables en se servant du courant faradique, et Einhorn affirme que, si l'on applique cette forme de courant directement sur l'estomac, en introduisant une des électrodes dans la cavité gastrique, les effets sur les sécrétions sont encore plus accentués. La faradisation de l'estomac augmenterait donc l'acidité du suc gastrique. Ces résultats ont été pourtant contestés par Goldschmidt.

1° *Principes organiques.* — La salive a été considérée comme un agent excitateur des plus importants de la muqueuse stomacale. Blondlot pensait que ce liquide devait activer la sécrétion chlorhydrique en vertu de sa réaction alcaline. Wright, Kühne, Rollett, Hermann, et spécialement Sticker, ont aussi soutenu que la salive exerce une influence excitante sur les sécrétions gastriques. Cette opinion a été vivement combattue par Lehmann, Ludwig, Heidenhain, Braun, et en dernier lieu par Sanotzki. Il résulte de la lecture de ces divers travaux que, toutes les fois qu'on a opéré dans de bonnes conditions, c'est-à-dire qu'on a introduit la salive directement dans l'estomac, on n'a pu provoquer aucun accroissement de sécrétion. Malgré l'avis contraire de Wright et de Sticker, la salive ingérée avec les aliments par les voies normales ne semble pas non plus modifier la marche des sécrétions gastriques. Sanotzki en effet a montré que, si la salive exerce une influence sur la digestion stomacale, cela tient à ce que ce liquide neutralise en partie l'acidité du suc gastrique à cause de sa réaction alcaline. Le *mucus* et la *bile* agissent aussi dans le même sens, mais aucun de ces liquides ne semble doué de propriétés assez énergiques pour activer ou ralentir le travail de sécrétion de l'estomac.

On pourrait en dire autant des substances d'origine végétale que les médecins emploient comme modificateurs des sécrétions stomacales. Ces *principes amers* sont très nombreux, quinquina, gentiane, colombo, coca, quassia amara, cascarille, condurango, rhubarbe et noix vomique. Or, d'après Jaworski, Reichmann et Tcheltzoff, l'introduction par la voie digestive ne produit aucun effet sur les sécrétions stomacales. Reichmann n'a constaté d'augmentation sensible dans la quantité de suc gastrique sécrété que quelque temps après la disparition des principes amers de l'estomac. Pavlow prétend cependant que ces principes ne sont pas inutiles, et qu'ils peuvent, en éveillant l'appétit, activer les phénomènes de sécrétion gastrique. Enfin, d'après Frémont, qui a étudié l'action de quelques-unes de ces substances sur l'estomac isolé de chien, on trouverait des variations importantes dans l'acidité totale du suc gastrique, quatre heures après l'introduction de ces corps dans l'estomac. Si l'on représente par 100 les chiffres d'acidité totale et de chlore total obtenus avant l'administration de médicaments, on peut exprimer l'action de ces diverses substances par les chiffres suivants :

	QUANTITÉS ADMINISTRÉES.	ACIDITÉ TOTALE.	CHLORE TOTAL.
1. Vin blanc	36 cc.	489	267
2. Gentiane.	3 gr. en infusion	352	227
3. Condurango	2	240	144
4. Chardon bénit	1,44	215	223
5. Houblon.	1,73	191	192
6. Simarouba.	1,44	184	190
7. Menyante	2,50	161	175
8. Colombo.	1,08	140	136
9. Quassia amara	1,08	117	117
10. Strychnine.	0,002 en solution	143	119
11. Pilocarpine.	0,002	107	112

Les *épices* et les *condiments* doivent se comporter vis-à-vis des sécrétions stomacales de la même façon que les *principes amers*, mais en somme les données que nous possédons sur ce sujet sont des plus incertaines.

L'*alcool* et les *boissons alcooliques* produisent sur la muqueuse stomacale des effets tout à fait opposés suivant la dose à laquelle on les ingère. A petites doses, ces liqueurs excitent les sécrétions gastriques, tandis qu'à fortes doses elles en diminuent l'intensité. Les anciens auteurs, FRERICHS, KÜHNE, etc., considéraient l'alcool comme un stimulant énergique des sécrétions stomacales. Ils recommandaient même l'emploi de ce corps pour obtenir le suc gastrique chez les animaux à fistule. Toutefois HEIDENHAIN a fait remarquer que des doses successives d'alcool troublent le fonctionnement de la muqueuse stomacale, en donnant lieu à la formation d'un fluide alcalin qui n'a pas les caractères du suc gastrique actif. GLUZINSKI a trouvé, dans ses expériences avec l'eau-de-vie et l'alcool dilué, que ces liqueurs augmentent véritablement la sécrétion de l'acide chlorhydrique. WOLFF est arrivé à des résultats du même ordre en étudiant l'action du cognac. Cette liqueur stimule la sécrétion chlorhydrique, à faibles doses. Mais à doses fortes elle diminue l'acidité du suc gastrique et retarde la formation des peptones dans l'estomac. Sur les individus habitués à l'usage de l'alcool, l'estomac ne se comporterait pas de même. Les expériences de KLEMPERER ne sont pas aussi concluantes que celles des auteurs précédents, mais BLUMENAU a observé que l'alcool, dilué dans la proportion de 25 à 50 p. 100, agit sur l'estomac sain de l'homme en produisant, deux ou trois heures après son ingestion, la sécrétion d'un suc très abondant et très acide. Plus récemment BRANDL a constaté, chez des chiens porteurs d'une fistule gastrique, que l'alcool donne toujours lieu à une sécrétion plus abondante que l'eau, lorsqu'on introduit ces deux corps directement dans l'estomac, mélangés avec les aliments. HAAN a aussi observé que des doses croissantes et répétées d'alcool provoquent tout d'abord une augmentation dans la quantité et dans l'acidité du suc gastrique, tandis qu'à la longue elles ralentissent ces sécrétions. Enfin, CHITTENDEN, MENDEL et JACKSON ont montré tout récemment que l'alcool et les boissons alcooliques peuvent, indépendamment des aliments, mettre en jeu l'activité sécrétoire de la muqueuse gastrique. Si l'on introduit, dans l'estomac d'un chien à fistule, des quantités correspondantes d'alcool dilué, d'une boisson alcoolique quelconque et de l'eau ordinaire, on obtient toujours un effet sécrétoire plus intense avec les liqueurs alcooliques qu'avec l'eau. Outre cela, on constate que le suc sécrété dans le premier cas est plus acide et contient plus de matériaux solides que celui qui est sécrété sous l'influence de l'eau. CHITTENDEN et ses collaborateurs se sont aussi demandé de quelle manière l'alcool provoquait cette stimulation des glandes gastriques. Ils ont vu qu'on pouvait obtenir le même effet sécrétoire en introduisant l'alcool dans une anse de l'intestin grêle; mais ils n'ont pas pu déterminer si l'alcool ingéré dans ces conditions agissait directement sur les glandes gastriques, une fois qu'il était absorbé, ou s'il portait son action sur les aliments nerveux de ces glandes.

L'*atropine* et la *pilocarpine* agissent aussi sur les sécrétions stomacales. Les expériences de SANOTZSKI, de PENZOLDT et de PUGLIESE, surtout celles de RIEGEL et celles de A. SCHIFF, prouvent que l'atropine diminue la sécrétion du suc gastrique, en même temps qu'elle abaisse le titre d'acidité de ce liquide. D'après A. SCHIFF, l'atropine n'exercerait aucune influence sur le suc peptique, car le suc gastrique sécrété après l'introduction de cet alcaloïde dans l'organisme présente, à quelques différences près, le même pouvoir protéolytique qu'à l'état normal. Pourtant HAYEM et BOUVERET, LEUBUSCHER et SCHÄFER nient l'action de l'atropine sur les sécrétions gastriques; mais, en présence des résultats de SCHIFF, il nous est impossible d'accepter l'opinion de ces derniers auteurs.

Quant à la pilocarpine, la plupart des expérimentateurs, excepté LEUBUSCHER et TSCHURILOW, admettent que cet alcaloïde augmente la quantité du suc gastrique sécrété. Cela résulte essentiellement des expériences de RIEGEL. Cet auteur a étudié l'action de la pilocarpine sur des animaux opérés par la méthode de PAVLOW, et aussi sur l'homme. Chez les animaux il y aurait augmentation constante de la sécrétion gastrique; mais l'acidité du suc recueilli ne subirait pas de variation appréciable. En opérant sur l'homme, on constate, parfois, une diminution d'acidité du suc gastrique, mais cela tient, d'après RIEGEL, à ce que la sécrétion salivaire devient très abondante à la suite de l'injection de pilocarpine, et à ce qu'une grande quantité de salive passe dans l'estomac, où elle neutralise le suc gastrique. Simon et Schiff affirment cependant que la pilocarpine diminue l'intensité de la sécrétion chlorhydrique, mais les expériences de ces auteurs ne nous semblent pas aussi probantes que celles de Riegel. Disons encore que la pilocarpine peut, en dehors de toute excitation alimentaire, provoquer les sécrétions gastriques. C'est Riegel qui a observé pour la première fois ce phénomène important, qui démontre que l'action de la pilocarpine sur les glandes stomacales ne diffère pas profondément de celle que cette substance exerce sur les autres glandes de l'organisme. Riegel a remarqué que les effets produits par la pilocarpine sur les sécrétions gastriques sont plus intenses en l'absence qu'en la présence des aliments.

D'autres alcaloïdes exerceraient aussi une influence marquée sur l'activité des sécrétions stomacales. Abakoff et Kleine ont vu que la morphine, administrée par la voie digestive ou en injection hypodermique, diminue la quantité et l'acidité du suc gastrique et qu'elle rend la digestion plus laborieuse qu'à l'état normal. Wagner et Wolff ont observé que la nicotine, la caféine et la strychnine troublent sensiblement la marche des sécrétions gastriques. Il en doit être de même de tous les alcaloïdes qui exercent une action plus ou moins directe sur les éléments nerveux qui président au travail glandulaire de l'estomac.

2° *Principes minéraux.* — Dans ce groupe de corps, on a étudié principalement l'action des *acides*, des *alcalins* et de quelques *sels neutres* sur les sécrétions gastriques. Comme bien on pense, ce sont les médecins qui ont fait sur ce sujet les recherches les plus nombreuses. De tous les acides employés dans le traitement des maladies de l'estomac, c'est l'*acide chlorhydrique* qui a été le mieux étudié. Contrairement à ce qu'on pouvait croire tout d'abord, cet acide n'exerce aucune action excitante sur la muqueuse stomacale. Khigine a montré, en effet, que, si l'on introduit, à l'aide d'une sonde dans l'estomac d'un chien opéré par la méthode de Pavlow, une série de solutions d'acide chlorhydrique, à titres divers, dans la proportion de 130 cc. à 300 cc., le cul-de-sac isolé de l'estomac ne sécrète pas de suc gastrique. Si, au lieu d'une solution d'acide chlorhydrique, on introduit dans l'estomac la même quantité de suc gastrique pur, la sécrétion est encore nulle : si bien que Khigine affirme que les deux liquides sont moins actifs vis-à-vis de la sécrétion gastrique que l'eau distillée elle-même. Ces expériences, absolument démonstratives, n'ont pas empêché un grand nombre de médecins de continuer à croire que l'acide chlorhydrique favorise quand même le travail de sécrétion de l'estomac. Tournier, entre autres, explique les vertus thérapeutiques de l'acide chlorhydrique, en supposant que cet acide provoque dans son passage par la bouche et par l'œsophage la sécrétion psychique de l'estomac. Mais cet auteur n'apporte aucun fait précis à l'appui de son hypothèse.

L'action des *alcalins* sur les sécrétions gastriques a donné aussi lieu à beaucoup de controverses. Depuis l'époque où Cl. Bernard annonça que le bicarbonate de soude pouvait à la fois augmenter ou diminuer l'acidité du suc gastrique, suivant qu'on l'administre à de faibles ou à de fortes doses, on a recommandé indistinctement l'usage de ce sel dans tous les troubles de sécrétion de l'estomac. Toutefois, si l'on se rapporte aux expériences de Khigine et de Reichmann, qui sont assurément les plus exactes, on voit que les alcalins, de même que les acides, n'exercent aucune action sur les sécrétions stomacales.

Khigine n'a pu obtenir la moindre trace de sécrétion dans l'estomac isolé d'un chien, après avoir introduit, à l'aide d'une sonde, dans le grand estomac du même animal, des quantités variables (130 cc. à 500 cc.) d'une série de solutions de carbonate de soude aux titres de 0,01 ; 0,03 ; 0,05 ; 0,07 ; 0,10 ; 0,40 ; 0,50 et 1,0 p. 100 de ce sel. Le tout se bornait chaque fois à l'apparition d'une mucosité trouble, épaisse et visqueuse, qui s'écoulait très difficilement de la cavité du cul-de-sac. Cette mucosité avait une réaction neutre ou alcaline et ne possédait pas le moindre pouvoir digestif.

Quant aux expériences de Reichmann, elles ont abouti aux mêmes résultats que celles de Khigine. Reichmann a opéré exclusivement sur l'homme. D'une part, il a étudié comparativement l'action de ce sel et celle de l'eau distillée, sur l'estomac à jeun. D'autre part, il a voulu connaître les effets du bicarbonate aux moments divers de la digestion. Ces expériences ont été faites sur un grand nombre de malades et avec des doses très différentes de bicarbonate. Elle ont prouvé que ce sel n'exerce aucune influence sur les sécrétions gastriques, quelles que soient les conditions dans lesquelles on l'introduise dans l'estomac. Le seul effet qu'on constate, c'est la neutralisation du suc gastrique sécrété.

D'autres expériences ont été faites sur le même sujet par Nothnagel et Rossbach, Leube, Jaworski, Ewald, Boas, Rosenheim, Mathieu, Debove et Rémond, Bouveret, Linosvier, Lemoine, etc. Mais elles sont pour la plupart contradictoires, et beaucoup moins concluantes que celles que nous avons rapportées précédemment.

L'influence des *sels neutres* sur la sécrétion chlorhydrique a été aussi très étudiée. D'après Kingine, on n'obtient qu'une très faible quantité de suc gastrique, quand on introduit dans l'estomac vide 130 cc. à 500 cc. d'une solution de chlorure de sodium à 6 p. 1000. Pour Reichmann et Girard, le chlorure de sodium diminuerait la sécrétion gastrique et abaisserait le titre d'acidité de celle-ci. Pour d'autres auteurs, au contraire, l'usage répété de petites doses de sel marin augmenterait la sécrétion chlorhydrique. Hayem se prononce dans ce sens, en disant que le chlorure de sodium est un excitant énergique de la muqueuse stomacale, qui aggrave considérablement les troubles chimiques des dyspepsies hyperchlorhydriques. En tout cas l'intensité de la sécrétion chlorhydrique dépend de la richesse du sang en chlorures. Voit et Caux ont démontré, en effet, que les animaux nourris avec des aliments privés de chlorure de sodium finissent par ne plus sécréter qu'un suc gastrique neutre.

Le sulfate de soude produirait, d'après Simon, lorsqu'on l'administre à petites doses et à jeun, une exagération de la sécrétion acide de l'estomac. Les sels de fer agiraient aussi, d'après Buzbygan, d'une façon semblable.

g) **Influence de la sécrétion chlorhydrique sur la réaction de certains liquides de l'organisme.** — Il semblerait *a priori* que la sécrétion de l'acide chlorhydrique par l'estomac devrait toujours provoquer une augmentation dans l'alcalinité du sang. On sait, tout au moins, que l'alcali mis en liberté par la décomposition des chlorures du sang ne reste pas en contact avec les tissus, mais qu'il est enlevé au fur et mesure de sa formation par la circulation sanguine. L'alcalinité du sang devrait donc augmenter pendant la digestion stomacale. Canard, Baldi, Sticker, Hübner et Drouin ont conclu dans ce sens, mais Von Noorden a montré, depuis, que cette augmentation de l'alcalinité du sang en rapport avec la sécrétion chlorhydrique n'était pas aussi importante qu'on le croyait en général. Pour lui la sécrétion acide de l'estomac est toujours précédée, puis suivie, d'une série de sécrétions alcalines (salive, bile, suc pancréatique et intestinal) qui compensent suffisamment les effets produits sur le sang par la sécrétion chlorhydrique. D'autre part, même en supposant qu'il y ait à un moment donné un excès d'alcali dans le sang pendant la sécrétion chlorhydrique, cet excès ne tarde pas à s'éliminer par la voie rénale. En effet, ainsi que Bence Jones l'a constaté pour la première fois, l'acidité de l'urine diminue pendant la digestion, et la réaction de ce liquide peut, dans certains cas, devenir neutre ou alcaline. Le minimum d'acidité de l'urine se produit, en général, vers la quatrième ou la cinquième heure de la digestion. A partir de ce moment, l'acidité de l'urine croît de nouveau pour atteindre son optimum vers la huitième ou la dixième heure après le repas, c'est-à-dire au moment où les sécrétions pancréatique et biliaire sont le plus abondantes. Au cours de la journée, l'acidité de l'urine présente deux maxima et deux minima, qui se produisent respectivement avant et après les principaux repas. Le maximum le plus élevé suit le repas du soir, et, pendant la nuit et la matinée, l'acidité de l'urine prend une valeur constante. Quincke a prétendu que les variations d'acidité que l'on constate dans l'urine pendant la journée se produisent en dehors de toute influence alimentaire; mais, d'après Sticker et Hübner, l'urine des animaux soumis à un jeûne prolongé ne présente plus les mêmes variations d'acidité. Le cycle de ces variations est tout autre. L'acidité de l'urine ne diminue réellement que lorsque la sécrétion chlorhydrique est très abondante. En réalité, l'urine ne devient alcaline que sous l'influence de conditions tout à fait spéciales. Parmi celles-ci, il faut citer, en première ligne, certaines maladies de l'estomac. Dans l'hyperchlorhydrie simple, il est très commun d'observer, quelques heures après le repas, que l'urine se trouble et prend un aspect lactescent. On peut s'assurer que cet aspect est dû à la précipitation des phosphates en les faisant disparaître par quelques gouttes d'acide acétique. Or les phosphates ne précipitent que dans une urine alcaline. Dans la forme permanente de l'hypersécrétion gastrique, ou

maladie de REICHMANN, cet aspect lactescent de l'urine se manifeste au delà de la période
digestive, et il est beaucoup plus prononcé que dans l'hyperchlorhydrie simple. Dans
l'ulcère et dans la dilatation de l'estomac, l'urine est aussi, dans la plupart des cas,
alcaline, car ces deux maladies s'accompagnent le plus souvent d'une hypersécrétion
chlorhydrique. QUINCKE a rapporté l'observation d'une femme atteinte de dilatation de
l'estomac avec des vomissements de près de 3 litres de liquides acides dans les vingt-
quatre heures. Malgré une alimentation exclusivement azotée, l'urine était alcaline. La
réaction de l'urine est, au contraire, fortement acide, dans les maladies qui, comme le
cancer de l'estomac, diminuent l'intensité de la sécrétion chlorhydrique.

B. **Sécrétion peptique.** — a) **Éléments cellulaires qui concourent à la formation de la
pepsine.** — Lorsqu'on cherche à déterminer la place qu'occupent dans la série animale
les diverses régions glandulaires qui élaborent et sécrètent la pepsine, on constate que
ces régions n'ont pas une localisation fixe. Chez un grand nombre de vertébrés inférieurs, la muqueuse stomacale semble concourir dans toute son étendue à la sécrétion
de la pepsine. On connaît même certains batraciens chez lesquels la sécrétion peptique
se réalise à la fois dans l'estomac et dans l'œsophage. D'autre part, chez les vertébrés
supérieurs à estomac multiple (oiseaux et mammifères), la sécrétion peptique n'a lieu
que dans une seule cavité qu'on appelle l'*estomac glanduleux*. Enfin, chez les mammifères qui ne possèdent qu'un estomac simple, la région cardiaque ne sécrète pas de
ferment protéolytique, tandis que les régions du fond et du pylore en produisent d'une
façon abondante.

Les anciens auteurs étaient beaucoup plus exclusifs dans leurs affirmations; car ils
limitaient le siège de la sécrétion peptique à la région du fond de l'estomac. Cette opinion, émise tout d'abord par WASSMANN, KÖLLIKER, DONDERS et SCHIFF, a été spécialement
soutenue par WITTICH et HERRENDORFER. D'après ces derniers auteurs, les
glandes pyloriques sont des glandes à sécrétion muqueuse, et la pepsine qu'elles renferment, c'est de la pepsine infiltrée, provenant des autres glandes de l'estomac.
WITTICH a observé, en faisant des extraits glycériques de la muqueuse du pylore, chez
le lapin et chez le porc, que ces extraits se montrent en général inactifs vis-à-vis de la
fibrine, et qu'en tout cas ils sont infiniment moins actifs que les extraits préparés avec
la muqueuse du fond de l'estomac. WOLFFHÜGEL est arrivé aux même résultats que
WITTICH, et HERRENDORFER a cru confirmer cette théorie de l'*infiltration* de la pepsine, en
montrant que les extraits des trois premières poches de l'estomac des ruminants, qui,
comme on sait, manquent de glandes peptiques, jouissent cependant d'un certain pouvoir protéolytique.

Ces expériences ont été vivement attaquées par EBSTEIN et GRÜTZNER. Pour ces physiologistes, la pepsine contenue dans la région du pylore ne provient pas, comme le croient
WITTICH et ses partisans, d'une absortion de ce ferment par la muqueuse, mais d'une
véritable sécrétion qui se fait dans les glandes pyloriques. A l'appui de cette conclusion,
EBSTEIN et GRÜTZNER apportent les preuves suivantes :

1° La muqueuse de l'appareil digestif ne jouit pas du pouvoir de fixer de grandes
quantités de pepsine. Si l'on met pendant un temps relativement long la muqueuse intestinale vivante en contact avec le contenu de l'estomac, cette muqueuse n'acquiert pas de
propriétés protéolytiques.

2° Les extraits des couches profondes de la muqueuse pylorique faits avec l'acide
chlorhydrique étendu se montrent toujours plus actifs que les extraits des couches
superficielles de cette même muqueuse.

EBSTEIN et GRÜTZNER ont fait leurs premières expériences sur le chien; mais, afin de se
rapprocher le plus possible des conditions dans lesquelles s'étaient placés WITTICH et
WOLFFHÜGEL, ils ont opéré plus tard sur le porc, et leurs résultats ont été absolument
semblables. Si WITTICH, WOLFFHÜGEL et les autres expérimentateurs qui se sont ralliés à
la théorie de l'infiltration de la pepsine, n'ont pas pu obtenir des extraits véritablement
actifs de la muqueuse pylorique, cela tient à ce que ces auteurs ont préparé leurs
extraits à l'aide de la glycérine. Or, ainsi que EBSTEIN et GRÜTZNER l'ont montré, la glycérine est un très mauvais véhicule pour extraire la pepsine des glandes pyloriques. En
effet, si l'on traite simultanément deux portions égales de la muqueuse pylorique, l'une
par la glycérine, l'autre par l'acide chlorhydrique étendu, on obtient deux extraits dont

l'activité est absolument différente. Le premier attaque très difficilement la fibrine ou l'albumine, tandis que le second digère des quantités considérables de ces corps.

D'autre part, il semble résulter de quelques recherches de KLUG que la pepsine se trouve sous une forme spéciale dans les cellules des glandes pyloriques; car, même en employant l'acide chlorhydrique, on n'arrive à y entraîner abondamment ce ferment qu'en faisant une série de macérations avec cette partie de la muqueuse. Dès lors, les insuccès de WITTICH et de WOLFFHÜGEL s'expliquent suffisamment.

Quant aux expériences de HERRENDORFER, elles n'ont pas un grand intérêt, car les extraits obtenus avec les trois premières poches de l'estomac des ruminants sont loin d'avoir la même activité que les extraits du pylore.

L'existence d'une sécrétion peptique dans cette région de l'estomac a été, d'ailleurs, rendue tout à fait évidente par les célèbres recherches de KLEMENSIEWICZ et de HEIDENHAIN. Ces auteurs ont vu, en isolant la région du pylore du reste de la cavité stomacale, que cette région continue à sécréter de la pepsine. Les animaux de KLEMENSIEWICZ ont survécu très peu de temps, mais HEIDENHAIN a observé, après cette opération, le même phénomène sur un chien qu'il a gardé cinq mois en vie, de sorte que toute autre hypothèse que celle de la formation de la pepsine par les glandes pyloriques est inadmissible.

On peut donc conclure que la sécrétion peptique a lieu chez les mammifères à estomac simple, dans la région du fond et dans la région du pylore; mais il faut admettre, avec la plupart des expérimentateurs, que la première de ces régions est à ce point de vue la plus active.

Les glandes qui se trouvent dans ces régions sont formées d'éléments très variables. Celles du fond contiennent, outre les *cellules de bordure* et les *cellules principales*, des *cellules muqueuses*. Quant aux glandes du pylore, elles renferment aussi des *cellules spécifiques* et des *cellules à sécrétion muqueuse*. HEIDENHAIN, le premier, formula la théorie que nous avons déjà indiquée, et d'après laquelle les *cellules principales* sécréteraient la pepsine, tandis que les *cellules de bordure* sécréteraient seulement l'acide chlorhydrique. En même temps, et pour rendre plus vraisemblable son hypothèse, il assimila les cellules principales des mammifères aux cellules des glandes pyloriques de ces mêmes animaux et aux cellules des glandes œsophagiennes de la grenouille, et les cellules de bordure des mammifères aux cellules des glandes stomacales de la grenouille.

On trouvera dans les travaux de HEIDENHAIN et de ses élèves un grand nombre de faits en faveur de cette hypothèse, mais les seuls qui nous paraissent indiscutables sont ceux qui mettent en relief le rôle prépondérant que jouent les cellules principales des glandes gastriques des mammifères dans la formation de la pepsine.

1° Au cours de la digestion, les cellules principales changent de forme, de volume, de structure, de propriétés optiques et d'affinités pour les matières colorantes. Ces modifications semblent être en rapport avec la formation de la pepsine. Pendant la période de jeûne, chez le chien, les cellules principales sont grosses et claires, et leur contenu protoplasmique est finement granuleux. Au début de la digestion, ces granulations deviennent beaucoup plus nettes, mais le volume des cellules ne change guère; ce n'est que vers la sixième heure de la digestion qu'on voit ces éléments se ratatiner et leur protoplasma devenir fortement granuleux (HEIDENHAIN). Chez d'autres animaux, la souris et le furet, par exemple, les cellules principales sont nettement granulées pendant la période du jeûne, mais pendant la digestion elles présentent deux zones distinctes : une zone périphérique, granuleuse et une zone centrale, claire (LANGLEY et SEWALL). Enfin, chez le lapin et chez le cobaye, on trouve au début de la digestion des cellules principales dont le protoplasma est totalement granuleux, qui font partie des glandes du fond de sac de l'estomac, et des cellules qui présentent les deux zones dont nous venons de parler et qui appartiennent aux glandes de la grande courbure. En tout cas le travail de sécrétion de l'estomac se caractérise par une transformation granuleuse du protoplasma des cellules principales suivie de la fonte et de la disparition de ces éléments granuleux. LANGLEY considère ces granulations comme formées de la *propepsine* ou *pepsinogène*, substance qui donne naissance à la pepsine, et qui est moins soluble que celle-ci. Quant aux cellules de bordure, elles subissent des changements moins importants. D'après HEIDENHAIN, leur contenu, trouble, devient plus clair, et leur volume augmente quelque peu, entre la sixième et la neuvième heure de la digestion.

2° Les cellules principales disparaissent par auto-digestion bien avant les cellules de bordure, lorsque sur la platine chauffante du microscope on expose des fragments de la muqueuse stomacale à l'action de l'acide chlorhydrique étendu (HEIDENHAIN).

3° Les extraits des couches profondes de la muqueuse gastrique digèrent beaucoup plus vite les principes albuminoïdes que les extraits des couches superficielles. Or les cellules principales sont plus nombreuses que les cellules de bordure dans les couches profondes que dans les couches superficielles (HEIDENHAIN, EBSTEIN et GRÜTZNER).

4° La quantité de pepsine contenue dans la muqueuse stomacale ne varie pas seulement avec le nombre des cellules principales, mais aussi avec leur état de fonctionnement. Si ces cellules sont grosses et claires, la muqueuse contient beaucoup de pepsine ; si elles sont contractées et opaques, la muqueuse n'en renferme que des quantités minimes (EBSTEIN et GRÜTZNER).

5° Chez les embryons de brebis, la muqueuse stomacale ne commence à renfermer de la pepsine qu'au moment où les cellules principales apparaissent dans les glandes gastriques (SEWALL). Ce phénomène est considéré par CONTEJEAN comme une coïncidence fortuite ; car, d'après cet auteur, chez le chien et chez le chat, les cellules principales apparaissent quelques jours avant qu'il y ait de la pepsine dans la muqueuse gastrique.

Il faut donc s'en tenir aux quatre premiers arguments, si l'on veut montrer que les cellules principales contribuent réellement à la sécrétion de la pepsine. Toutefois HEIDENHAIN et ses élèves y apportent un nouvel argument qu'ils tirent de la ressemblance frappante qui existe entre les cellules principales des glandes du fond de l'estomac des mammifères, les cellules des glandes pyloriques de ces mêmes animaux et les cellules des glandes œsophagiennes de la grenouille. On sait que ces deux dernières formes de cellules sécrètent toutes deux de la pepsine. Si donc elles étaient identiques aux cellules principales, comme le prétend HEIDENHAIN, la question serait tout à fait résolue. Cependant ces trois espèces de cellules ne sont pas identiques. HEIDENHAIN, lui-même, SERTOLI et NEGRINI, et à leur suite beaucoup d'autres auteurs, ont déjà insisté sur les différences de forme et d'aspect des granulations protoplasmiques et sur la réaction vis-à-vis des matières colorantes que présentent les cellules principales et les cellules des glandes pyloriques des mammifères. Ces dernières, notamment, se colorent assez bien par le bleu de quinoléine et par le violet de méthyle. Les cellules principales se colorent peu par ces réactifs. L'acide acétique trouble fortement le protoplasma des cellules pyloriques, qui semble contenir de la mucine, tandis que ce réactif n'agit pas sur les cellules principales. On trouve aussi des différences marquées entre ces dernières cellules et les cellules des glandes œsophagiennes de la grenouille. CONTEJEAN a signalé les suivantes : « Les cellules des glandes œsophagiennes ont un contenu clair à granulations fines, mais plus abondantes que dans les cellules principales de l'estomac des mammifères. Leur noyau est aussi plus facile à mettre en évidence que dans ces dernières. De plus — et cette particularité paraît avoir complètement échappé à PARTSCH, qui a fait une étude détaillée sur l'histologie de l'intestin antérieur des batraciens — ces *glandes œsophagiennes présentent des croissants de Giannuzzi.* Ces croissants, fort difficiles à voir dans les préparations colorées à l'hématoxyline, se montrent assez bien sur des coupes traitées par le carmin picrique. L'aspect général de ces glandes rappelle alors celui de la sous-maxillaire du chat. Mais les préparations colorées par le bleu de quinoléine sont extrêmement démonstratives. Les cellules de ces croissants ont un contenu très granuleux ; elles sont cyanophiles et fixent énergiquement les réactifs colorants. Elles se rapprochent par ce côté des cellules de bordure. Les autres cellules colorent aussi très énergiquement leur protoplasma, et montrent fréquemment de grandes vacuoles dans leur intérieur. L'aspect de ces cellules claires œsophagiennes, aussi bien que la manière dont elles se comportent vis-à-vis du bleu de quinoléine, les différencie nettement des cellules principales des mammifères. »

On voit donc que ces diverses cellules sont loin de constituer une espèce unique.

Quant à la seconde partie de l'hypothèse de HEIDENHAIN, se rattachant à la non-intervention des cellules de bordure dans la sécrétion de la pepsine, elle manque de preuves concluantes. Tout ce que les faits démontrent, c'est que les cellules de bordure contiennent moins de pepsine que les cellules principales ; mais de là à conclure que les premières de ces cellules n'en renferment pas de traces, il y a loin. C'est peut-être pour cela que HEIDENHAIN et ses élèves ont cherché ailleurs le fondement principal de cette seconde partie de leur hypothèse. Pour ces auteurs, les cellules de bordure des mammifères seraient, au point de vue morphologique, absolument semblables aux cellules des glandes stomacales de la grenouille. De plus, la sécrétion de ces deux cellules contiendrait exclusivement de l'acide chlorhydrique.

Mais ces deux nouvelles affirmations sont inexactes. En premier lieu, les cellules des glandes gastriques de la grenouille ne sont pas analogues aux cellules de bordure des mammifères. Elles se distinguent par quelques caractères bien tranchés, entre autres par celui-ci, que nous devons aux observations de Contejean. Pendant la digestion, le contenu des cellules gastriques de la grenouille devient souvent fort clair, et des vacuoles apparaissent dans l'intérieur. Cette modification ne se présente jamais, d'après Contejean, dans les cellules de bordure des mammifères.

D'autre part, les cellules des glandes gastriques de la grenouille ne sécrètent pas exclusivement de l'acide chlorhydrique, mais elles forment aussi de la pepsine. Ce fait a été mis en évidence par les expériences de Langley, Frankel et Contejean. Contejean a montré que, chez le crapaud et chez la salamandre terrestre, où les glandes œsophagiennes font défaut, les glandes gastriques sont uniquement constituées par des cellules semblables à celles que l'on observe dans l'estomac de la grenouille, et ces glandes sécrètent un suc gastrique très actif qui dissout rapidement les principes albuminoïdes. Il semble donc que la seconde proposition de l'hypothèse de Heidenhain ne soit pas exacte. Mais il y a plus : un certain nombre d'auteurs sont allés jusqu'à prétendre que les cellules de bordure jouent le rôle le plus important dans la sécrétion de la pepsine. Cette opinion est quelque peu exagérée, ou tout au moins elle ne repose pas sur des faits bien établis. C'est ainsi que Friedinger avait cru, à la suite d'une observation de Rollett, que les cellules de bordure disparaissent dans l'estomac de la chauve-souris pendant la période d'hibernation, c'est-à-dire au moment où les glandes gastriques ne produisent plus aucun travail. D'où il avait conclu que les cellules de bordure sont les éléments les plus actifs pendant la sécrétion de la pepsine. Mais cette observation paraît inexacte.

Dans un autre ordre d'idées, Herrendorfer s'est aussi déclaré partisan de l'intervention des cellules de bordure dans la sécrétion de la pepsine. Il a vu, contrairement aux expériences de Heidenhain, que, si l'on fait digérer la muqueuse fraîche de l'estomac d'un lapin, divisée en petits fragments, dans une solution d'acide chlorhydrique étendu à la température de 45°, les cellules de bordure deviennent plus petites et granuleuses, tandis que les cellules principales ne subissent guère de changements. Ces résultats ne sauraient être acceptés sans réserve, attendu que les expériences de Heidenhain ont été confirmées depuis par beaucoup d'expérimentateurs.

Wolffhügel rattache aussi la sécrétion de la pepsine au travail des cellules de bordure. Il prétend que, chez les animaux nouveau-nés (chien et lapin), la sécrétion de la pepsine ne devient perceptible que lorsque les cellules de bordure prennent une forme bosselée, résultant du gonflement de leur contenu et de la distension de leur membrane propre. Mais, à ce moment de la vie, les cellules des glandes gastriques ne sont pas encore différenciées : il est donc difficile de savoir quels sont, parmi ces éléments primitifs, ceux qui formeront plus tard les cellules principales ou les cellules de bordure.

Le grand défenseur de la théorie qui localise la sécrétion de la pepsine, dans les cellules de bordure, a été surtout Moritz Nussbaum. Cet auteur avait cru d'abord que les cellules principales étaient complètement étrangères à la sécrétion de la pepsine, mais plus tard il a été obligé de convenir, avec Heidenhain, qu'elles prennent aussi une part directe à la production de ce phénomène. Malgré cette concession, Nussbaum a continué à soutenir que les cellules de bordure jouent le rôle le plus important dans la sécrétion de la pepsine; pour les raisons suivantes :

1° L'estomac des embryons qui ne sécrète pas de pepsine ne renferme pas non plus de cellules de bordure. Cette découverte négative n'a aucune signification, attendu que, pendant la période embryonnaire, les cellules des glandes gastriques ne sont pas encore différenciées.

2° Chez les animaux qui, comme la chauve-souris, traversent une période d'hibernation, pendant laquelle les phénomènes de sécrétion diminuent ou cessent complètement, on voit les cellules de bordure disparaître en même temps. Cette observation, qui a été faite en premier lieu par Rollett, a été contestée depuis par beaucoup d'expérimentateurs.

3° Chez les poissons et chez les oiseaux, les glandes gastriques ne contiennent qu'une seule espèce de cellules. Or, d'après Nussbaum, ces cellules, qui sécrètent à la fois la pepsine et l'acide chlorhydrique, seraient absolument identiques aux cellules de bordure.

4° Les glandes gastriques de la grenouille sont formées, suivant Nussbaum, exclusivement de cellules de bordure. D'autre part, ces glandes produisent, en même temps, la pepsine et l'acide chlorhydrique. On peut donc conclure que les cellules de bordure sécrètent de la pepsine. Nussbaum se sert ici du même argument de Heidenhain, mais en le retournant contre les conclusions de cet auteur. Toutefois, il reste à démontrer que les cellules des glandes gastriques de la grenouille sont identiques aux cellules de bordure des mammifères. Et encore l'identité histologique, si rigoureuse qu'elle soit, ne permettrait pas de conclure à l'identité physiologique.

5° Les cellules de bordure se colorent fortement en noir par l'acide osmique. Ce même réactif n'agit ni sur les cellules principales, ni sur les cellules pyloriques. Or, s'il faut croire les observations de Nussbaum et d'Edinger, l'acide osmique serait un réactif spécifique de la pepsine; de sorte qu'on pourait affirmer que les cellules qui ne se colorent pas par ce réactif ne contiennent pas de ferment protéolytique. Heidenhain a protesté contre cette affirmation qu'il considère comme trop absolue. Tout ce qui se colore en noir sous l'influence de l'acide osmique n'est pas nécessairement de la pepsine, et en outre certains éléments cellulaires qui sécrètent sans aucun doute de la pepsine, comme les cellules pyloriques, ne se colorent pas par l'acide osmique. Il semble donc que ce réactif n'agit sur les cellules des glandes gastriques que dans des conditions spéciales, encore mal déterminées. Dès lors, les observations de Nussbaum et d'Edinger perdent beaucoup de leur intérêt.

La faiblesse de ces arguments n'a pas empêché Trinkler, Schenck et Klug d'accepter les idées de Nussbaum sur le fonctionnement des cellules de bordure.

Contejean a interprété de toute autre façon que Heidenhain et que Nussbaum le rôle joué par les cellules principales et par les cellules de bordure dans la sécrétion de la pepsine. Il prétend que les premières de ces cellules sécrètent les éléments liquides du suc gastrique et renferment de la propepsine soluble; tandis que les cellules de bordure élaboreraient surtout de la propepsine insoluble. Pour cela il s'appuye sur certains travaux de A. Gautier, et sur quelques observations qui lui sont propres.

A. Gautier a montré que la muqueuse de l'estomac fournit deux sortes de propepsine : l'une soluble, très active ; l'autre insoluble, devenant active et soluble au contact des acides étendus. En partant de cette observation, Contejean s'est demandé si les différences de digestibilité que présentent les cellules principales et les cellules de bordure, lorsqu'on les met au contact de l'acide chlorhydrique étendu, ne tiendraient pas à ce que les unes renferment spécialement de la propepsine soluble, tandis que les autres contiennent surtout de la propepsine insoluble. Pour résoudre cette question, il a fait les expériences suivantes :

1° On met à infuser pendant vingt-quatre heures dans la même quantité d'eau pure (100 grammes) cinq œsophages de grenouille d'une part, et d'autre part cinq estomacs du même animal. On obtient ainsi deux extraits renfermant la presque totalité de la propepsine soluble contenue dans les glandes de ces régions du tube digestif. On acidule ces extraits à 1 p. 1000, et on leur fait digérer des morceaux égaux d'albumine coagulée. L'extrait œsophagien est beaucoup plus actif que l'extrait stomacal, qui attaque très lentement le bloc d'albumine.

2° On fait ensuite digérer à 38° pendant vingt-quatre heures ces œsophages et ces estomacs épuisés par l'eau, en les plaçant séparément dans deux flacons renfermant chacun la même quantité (100 grammes) d'acide chlorhydrique à 1 p. 1000. Ces deuxièmes extraits fournissent la propepsine insoluble, transformée en pepsine active par l'acide chlorhydrique. Or, si l'on mesure la force digestive de ces nouvelles infusions, on constate l'inverse de tout à l'heure ; c'est à dire que l'extrait de l'estomac est maintenant beaucoup plus actif que celui de l'œsophage.

De ces expériences, Contejean conclut que les glandes œsophagiennes de la grenouille, qui contiennent plus de cellules claires que les glandes gastriques, renferment plus de propepsine soluble que celles-ci, et, quoiqu'il n'ose assimiler les cellules de ces glandes ni aux cellules principales, ni aux cellules de bordure des mammifères, il ajoute qu'on peut logiquement supposer que les granulations très abondantes des cellules de bordure sont formées par la propepsine insoluble de GAUTIER, tandis que les granulations plus fines des cellules principales sont constituées par la propepsine soluble.

En dehors des hypothèses de HEIDENHAIN, de NUSSBAUM et de CONTEJEAN, il en est d'autres qui envisagent sous un jour différent l'activité fonctionnelle des cellules des glandes gastriques.

1° Des deux espèces de cellules qui composent les glandes du fond de l'estomac, chez les mammifères, cellules de bordures et cellules principales, il y en a une qui sécrète les deux éléments essentiels du suc gastrique (la pepsine et l'acide chlorhydrique), tandis que l'autre ne sécrète que du liquide. Il se passerait ainsi dans l'estomac quelque chose d'analogue à ce qui se passe dans le rein. Cette idée avait été exprimée pour la première fois par HEIDENHAIN.

2° Chacune de ces espèces de cellules élabore une substance spéciale, et l'union de ces deux produits donne naissance à la pepsine.

3° Les deux espèces de cellules sécrètent les mêmes substances, mais il y en a une qui est plus active au commencement de la digestion, ou bien encore, qui sécrète une plus grande quantité de suc gastrique que l'autre.

Laissons ces hypothèses peu satisfaisantes, et, en se basant sur les faits les mieux établis, formulons les conclusions suivantes :

1° Chez les vertébrés supérieurs (mammifères), la sécrétion peptique se produit à la fois dans la région du fond et dans la région pylorique de l'estomac. Les glandes qui composent ces régions ne présentent pas la même activité, et peut-être ne possèdent-elles pas une fonction identique. Les glandes du fond sont certainement plus actives que les glandes du pylore. Il semble en outre que ces deux espèces de glandes n'élaborent pas de la même façon la pepsine. Si l'on étudie le mécanisme intime de la sécrétion peptique dans ces diverses régions glandulaires, on trouve que, dans les glandes du fond, les cellules principales sont plus actives que les cellules de bordure, et, dans les glandes du pylore, les cellules du cul-de-sac plus actives que les cellules du col.

2° Chez les vertébrés inférieurs, la sécrétion peptique n'a pas de localisation fixe. Ainsi, chez un grand nombre de poissons, la muqueuse stomacale semble concourir dans toute son étendue à la formation de la pepsine. Chez quelques batraciens, cette sécrétion se réalise en même temps dans l'œsophage et dans l'estomac. Enfin, chez les reptiles et chez les oiseaux, c'est la région du fond de l'estomac qui est la plus active; mais ,il n'est nullement prouvé que la région pylorique de ces animaux n'intervienne pas aussi dans la sécrétion de la pepsine. Chez ces animaux, de même que chez tous les autres vertébrés inférieurs, les glandes gastriques ne renferment qu'une seule espèce de cellules douées d'une sécrétion spécifique.

b) **Origine et mode de formation de la pepsine.** — On admet généralement que la pepsine n'existe pas toute formée dans les cellules des glandes gastriques. Les faits sur lesquels repose cette opinion sont les suivants :

1° L'activité digestive des extraits acides de la muqueuse stomacale augmente sensiblement avec le temps de la macération. Tout se passe comme si ces extraits contenaient une certaine substance se transformant peu à peu en pepsine (SCHIFF).

2° Si l'on épuise la muqueuse gastrique par la glycérine neutre de façon à lui enlever toute la pepsine soluble qu'elle renferme, on peut, en traitant ensuite cette même muqueuse par une solution étendue d'acide chlorhydrique ou de sel marin, en extraire de nouvelles quantités de pepsine. EBSTEIN et GRÜTZNER concluent de cette expérience que les cellules glandulaires de l'estomac ne forment pas directement la pepsine, mais bien un corps qui, dans certaines conditions, se transforme en *pepsine active*, corps qu'ils désignèrent sous le nom de *pepsinogène*. C'est cette même substance que SCHIFF a appelé plus tard *propepsine*.

3° Les solutions artificielles de pepsine perdent leurs propriétés protéolytiques en moins d'une minute, quand, après les avoir neutralisées, on les porte à la température de 37° en présence de 5 millièmes de soude. Au contraire, les extraits récemment préparés avec la muqueuse de l'estomac, résistent beaucoup mieux à l'action destructive des alcalis et des sels alcalins, surtout si ces extraits proviennent de l'estomac d'un animal sacrifié pendant la période de jeûne. LANGLEY voit dans cette expérience la preuve que les cellules des glandes gastriques renferment plus de propepsine que de pepsine, et en même temps que cette dernière substance est plus facilement détruite par les alcalis que la première. Postérieurement, Edkins et Langley ont complété ces recherches en montrant que l'acide carbonique permet aussi d'établir une distinction entre le pepsinogène et la pepsine. Ils ont vu qu'un courant d'acide carbonique détruit beaucoup plus rapidement le pepsinogène que la pepsine. Cette destruction devient surtout très active en présence de petites quantités de sulfate de magnésium, d'acide acétique ou de carbonate de sodium. Elle est très gênée par la peptone, la globuline et l'albumine.

4° Si l'on fait avec deux portions égales de la muqueuse stomacale deux extraits glycérinés, l'un acidifié immédiatement après sa préparation, l'autre quelques heures plus tard, au moment même où l'on va mesurer la puissance protéolytique de ces deux extraits, on constate que le premier est beaucoup plus actif que le second. Podwyssovsky croit démontrer ainsi qu'il y a dans la muqueuse gastrique une substance spéciale qui se transforme en pepsine active sous l'influence de l'acide. Cette transformation s'accomplit également en présence de l'oxygène. Podwyssovsky a vu, en abandonnant la muqueuse fraîche d'un estomac à la température du laboratoire au contact de l'air humide ou mieux encore de l'oxygène saturé de vapeur d'eau, que cette muqueuse devient très riche en pepsine, au bout de vingt-quatre heures. On trouverait dans le protoplasma des cellules des glandes gastriques, une série de corps représentant les diverses phases de l'évolution de la pepsine, jusqu'au moment où celle-ci devient un principe actif. Podwyssovzky désigne ces divers corps par les noms de *propepsine* α, insoluble dans la glycérine, et de *propepsine* β, soluble dans ce liquide.

5° Enfin, A. Gautier a réussi à isoler de la muqueuse stomacale du mouton et du porc, une *pepsine insoluble*, semblable au *pepsinogène* des auteurs allemands, et *deux pepsines solubles* : une *imparfaite*, qui peptonise incomplètement la fibrine de bœuf, et une autre *parfaite*, analogue à la pepsine ordinaire du suc gastrique.

Ainsi les cellules des glandes gastriques renferment un ou plusieurs corps capables de se transformer, sous l'influence de causes très diverses, et spécialement au contact de l'acide chlorhydrique étendu, en pepsine active.

Toutefois Duclaux proteste contre cette conclusion, et interprète ces faits d'une manière très différente. Il prétend qu'il est inutile d'invoquer l'existence de ces corps hypothétiques qu'on appelle les *proferments* ou *zymogènes*. Il suffit d'admettre que la pepsine se trouve fortement fixée par les matériaux chimiques qui composent les éléments cellulaires des glandes gastriques. Alors on comprend très bien : 1° que l'activité des infusions stomacales augmente avec le temps de la macération; c'est-à-dire, au fur et à mesure que la pepsine devient libre sous l'influence des forces de dissociation (chaleur, lumière, eau, oxygène, acides, etc.); 2° que les divers réactifs qu'on utilise pour extraire la pepsine de la muqueuse stomacale fournissent des liqueurs plus ou moins actives, suivant qu'ils sont doués de propriétés de dissociation plus ou moins énergiques; 3° que la pepsine résiste beaucoup mieux à l'action destructive des agents physiques et chimiques quand elle fait partie du corps de la cellule, que quand elle est à l'état de simple solution.

Cependant l'hypothèse de Duclaux se trouve en désaccord avec ce fait, signalé par Edkins et Langley, qu'un courant d'acide carbonique détruit beaucoup plus rapidement le pepsinogène que la pepsine. D'autre part, il est impossible de ne pas prendre en considération les recherches de A. Gautier, démontrant qu'on peut extraire d'une même muqueuse gastrique plusieurs espèces de pepsine. Contre ces deux arguments, Duclaux ne soulève aucune objection, de sorte que nous croyons plus rationnel d'admettre que les cellules des glandes gastriques renferment un ou plusieurs corps donnant naissance à la pepsine active.

Ces corps dérivent probablement, à leur tour, des matériaux albuminoïdes qui composent les protoplasmes des cellules glandulaires. En effet tout porte à croire que la pepsine est une substance azotée. C'est ce que démontrent, tout au moins, les analyses faites par Sündberg, sur une espèce de pepsine aussi pure que possible.

Schiff avait cru, en voyant qu'une solution de dextrine injectée dans le système circulatoire activait la sécrétion du suc gastrique, que cette substance donnait naissance à la pepsine; mais ensuite il a dû abandonner cette idée, pour admettre, avec son élève Herzen, que les principes peptogènes n'interviennent dans la sécrétion du suc gastrique qu'en activant la transformation de la propepsine en pepsine. En tout cas, la transformation de la propepsine en pepsine s'accomplirait essentiellement au moment de la sécrétion; car la muqueuse stomacale renferme plus de propepsine pendant la période de jeûne que pendant la période de digestion (Heidenhain), et, tandis que la transformation de la propepsine en pepsine est un *processus intermittent*, la formation de la propepsine est un *processus continu*.

c) **Physiologie comparée de la sécrétion peptique.** — Vers la fin du xviiie siècle, Spallanzani avait déjà cherché à étudier les conditions dans lesquelles se faisait la digestion *gastrique* chez les *Poissons*. Il constata, en introduisant dans l'estomac de quatre anguilles vivantes une série de tubes remplis de chair de poisson, que la chair était attaquée et finalement dissoute par le suc gastrique sans l'intervention d'aucune force mécanique; car les tubes dont il se servait pour cette expérience ne présentaient pas, après avoir séjourné plusieurs jours dans l'estomac, la moindre trace de déformation. Spallanzani eut aussi l'occasion de voir, en ouvrant quelques espèces de Poissons qui avaient avalé des proies, que la digestion se faisait beaucoup plus vite dans les parties profondes de l'estomac. Il ajouta cependant que l'estomac n'était pas le seul organe de digestion chez tous les *Poissons*, mais que, chez certaines espèces, l'œsophage pouvait aussi remplir un rôle digestif, quoique à un degré d'activité moindre.

Cinquante années plus tard, Tiedemann et Gmelin ne firent que commenter les observations de Spallanzani et des anciens auteurs, Sténon, Brunner, Lorenzini, Réaumur, etc., sans y ajouter de faits nouveaux essentiels. Ce n'est qu'en 1873, c'est-à-dire un siècle après les recherches de Spallanzani, qu'on trouve dans un travail de Fick et Murisier quelques données vraiment intéressantes sur les conditions dans lesquelles le suc gastrique artificiel des poissons peut développer sa puissance protéolytique.

Ces auteurs ont constaté que les extraits d'estomac de la truite et du brochet digèrent les principes albuminoïdes à des températures beaucoup plus basses que les extraits d'estomac des mammifères. Ils en ont conclu que le ferment peptique contenu dans ces deux extraits n'était pas de la même nature.

Luchau montra que, chez les Poissons qui ne possèdent pas d'estomac au sens histologique du mot, comme par exemple les Cyprinoïdes, la muqueuse stomacale ne donne pas d'extraits actifs en milieu acide. Il aboutit donc à cette conclusion que la sécrétion peptique n'existe pas chez ces espèces d'animaux. Mais, chez tous les Poissons qui possèdent des glandes gastriques, Luchau trouva toujours, dans la muqueuse stomacale, un ferment agissant sur la fibrine en milieu acide. Cet auteur soutint cependant, contrairement aux observations de Fick et Murisier, confirmées par celles de Hoppe-Seyler, que la puissance protéolytique de la pepsine des Poissons est beaucoup plus considérable à 40° qu'à 15°.

Presque en même temps que Luchau, Krukenberg entreprenait des recherches étendues sur la physiologie de l'appareil digestif des Poissons. Il se proposa de déterminer la topographie exacte des diverses sécrétions digestives, ainsi que la nature de ces sécrétions. Les résultats de ses recherches ont fait l'objet de plusieurs mémoires; mais nous ne parlerons ici que de ceux qui se rapportent aux sécrétions stomacales elles-mêmes, et en particulier à la sécrétion peptique.

L'estomac des Poissons se comporte, selon Krukenberg, d'une manière tout à fait différente suivant l'animal qu'on considère. Chez les Sélaciens, les Ganoïdes et quelques Téléostéens, cet organe sécrète une pepsine semblable à celle des Mammifères, en ce sens qu'elle agit en milieu acide, mais différente au point de vue de la température relativement basse à laquelle son activité demeure entière. Chez les Sélaciens et les Ganoïdes, la portion initiale de l'intestin moyen contribue aussi à la sécrétion de la pepsine. Chez certains Téléostéens, tels que *Zeus faber* et *Scomber scomber*, l'estomac ne produit de la pepsine que dans sa portion antérieure: le fond de cet organe sécrète à la fois de la pepsine et de la trypsine, ou, pour mieux dire, un suc capable de digérer la fibrine aussi bien en présence d'un alcali que d'un acide. Chez d'autres Téléostéens, *Gobius* et *Cyprinus*, dont l'appareil digestif manque de glandes gastriques, l'estomac ou l'organe prétendu tel ne sécrète ni pepsine, ni trypsine, de sorte que la digestion chez ces animaux doit se réaliser complètement dans la cavité de l'intestin moyen.

Krukenberg a voulu savoir en outre quel était le rôle joué par les appendices pyloriques chez les espèces de Poissons qui possèdent ces organes. De même que pour l'estomac, il a trouvé que ces appareils avaient un rôle très différent en passant d'un animal à l'autre. Ainsi, chez *Acipenser sturio*, *Morella tricirrhata* et *Lophius piscatorius*, la muqueuse des appendices pyloriques renferme non seulement de la pepsine, mais aussi une trypsine et une diastase; chez *Trachinus draco*, *Scorpæna scrofa* et *Zeus faber*, cette même muqueuse ne contient que de la pepsine et de la trypsine; chez *Umbrina cirrhosa*, *Uranoscopus scaber* et *Chrysophrys aurata*, exclusivement de la pepsine; chez *Dentex vulgaris*, de la trypsine et de la diastase, mais pas de pepsine; enfin, chez *Alausa fisita*, *Trigla hirudo* et *Boops vulgaris*, les appendices pyloriques ne produisent que de la trypsine. Chez les autres espèces de Poissons, Krukenberg n'a trouvé dans la cavité des appendices pyloriques que du mucus et du chyle, et il incline à croire que, dans ce cas, ces appareils jouent le rôle de simples organes d'absorption, ainsi que Edinger l'avait déjà soutenu.

Vers la même époque que Krukenberg, Ch. Richet publia aussi un ensemble d'observations intéressantes sur le suc gastrique des Poissons. Après avoir constaté que ce suc est beaucoup plus concentré et beaucoup plus acide que celui des Mammifères, il étudia le pouvoir digestif de ce liquide dans diverses conditions de température et d'acidité. Conformément aux résultats obtenus par Fick, Ch. Richet observa, en collaboration avec Mourrut, que le suc gastrique des Poissons agit sur les principes albuminoïdes à des températures beaucoup plus basses que le suc gastrique des Mammifères. Ainsi l'extrait de la muqueuse stomacale de *Lophius* et *Scyllium* peptonise la fibrine à 12°, tandis que la pepsine de porc n'agit pas à cette même température. Au contraire, le suc gastrique du chien est plus actif que celui des Poissons à 40°. On voit donc que, d'après ces auteurs, la pepsine des Poissons n'a pas la même courbe d'activité en fonction de la température que la pepsine des Mammifères. Un autre caractère qui permettrait, selon Ch. Richet et Mourrut, de distinguer ces deux sortes des pepsines, consisterait en ce fait que le suc gastrique des Poissons est capable de transformer les principes albuminoïdes en présence de doses beaucoup plus fortes d'acide que le suc gastrique des Mammifères. C'est ainsi que, pour arrêter l'action protéolytique du suc gastrique des Poissons, il faut au moins une acidité de 25 p. 1000 d'acide chlorhydrique, tandis qu'avec des doses beaucoup plus faibles d'acide on paralyse complètement le suc gastrique des Mammifères. Ch. Richet et Mourrut ont constaté, en outre, que les sécrétions stomacales se produisent chez les Poissons comme chez les Mammifères sous l'influence de l'excitation alimentaire et qu'elles cessent tout à fait pendant la période de jeûne.

Raphaël Blanchard s'est aussi occupé de la digestion gastrique chez les Poissons, et plus spécialement des appendices pyloriques. Contrairement aux idées d'Edinger, R. Blanchard considère ces organes comme *des représentants imparfaits du pancréas*, qui livrent dans leurs produits de sécrétion un *ferment diastasique*, transformant l'amidon en glucose, et *un ferment protéolytique*, analogue à la trypsine des Mammifères, et agissant comme celle-ci dans un milieu alcalin.

Stirling pense aussi que les appendices pyloriques sécrètent de la trypsine. Il a vu, en opérant sur le hareng, la morue et la merluche, que les extraits de l'estomac de ces animaux agissent sur la fibrine en milieu acide, tandis que les extraits des appendices pyloriques ne se montrent actifs qu'en présence d'une certaine quantité de carbonate de soude. Il conclut que l'estomac de ces Poissons renferme de la pepsine, tandis que les appendices pyloriques ne contiennent que de la trypsine.

Quoi qu'il en soit, ces divers travaux nous montrent que l'appareil digestif des Poissons n'est pas constitué suivant un type physiologique unique, mais qu'il présente des différences assez notables en passant d'une espèce à l'autre. On peut cependant, en se basant sur les recherches de Luchau et spécialement sur celles de Krukenberg, classer les Poissons en deux groupes sous le rapport de la fonction digestive. Le premier groupe comprend tous les Poissons qui ne possèdent pas de glandes peptiques et qui manquent par conséquent d'estomac au sens histologique du mot. Chez ces animaux, parmi lesquels il faut citer au premier rang les *Cyprinoïdes*, la digestion des albuminoïdes se fait principalement dans l'intestin moyen à l'aide d'un ferment qui ressemble à la trypsine des Mammifères, et qui, comme celui-ci, n'agit sur les matières protéiques qu'en milieu neutre ou alcalin. Chez ces êtres on ne trouve pas de traces de sécrétion peptique. Le second groupe de Poissons est formé par toutes les espèces qui possèdent un *estomac proprement dit*, c'est-à-dire un organe renfermant dans sa constitution structurale de véritables glandes gastriques et sécrétant pendant sa période d'activité de l'acide chlorhydrique et de la pepsine. Chez ces êtres, qui sont de beaucoup les plus nombreux, la digestion stomacale se rapproche sensiblement de celle des Mammifères, mais il serait imprudent d'affirmer que les deux processus sont absolument identiques.

Tous les auteurs n'ont pas accepté les idées de Luchau et de Krukenberg sur la physiologie de l'appareil digestif des Poissons. Decker a prétendu que, chez quelques espèces de Poissons qui manquent de glandes peptiques (*Cyprinus carpio, Tinca vulgaris, Cobitis fossilis*, etc.), on trouve de la pepsine, non seulement dans la muqueuse stomacale, mais aussi dans toutes les autres portions de l'appareil digestif, comme le cloaque et les appendices pyloriques. Donc la sécrétion peptique ne se ferait pas chez les Poissons par des *cellules différenciées*, ressemblant, de près ou de loin, aux cellules principales ou aux cellules de bordure des mammifères, mais par les cellules superficielles de la muqueuse digestive qui n'ont rien de bien spécifique. Cependant la plupart des physiologistes admettent les idées de Luchau et de Krukenberg. C'est que, contrairement à ce qu'on aurait pu supposer tout d'abord, étant donné la façon consciencieuse dont le travail de Decker paraissait être conduit, les expérimentateurs qui sont venus après lui ont infirmé les conclusions de son travail. Zuntz et Knauthe ont vu sur la carpe, espèce qui ne possède pas de glandes peptiques, que toute la muqueuse intestinale, et principalement celle de la portion antérieure de l'intestin, produit un ferment tryptique énergique, mais ils n'ont pu découvrir dans aucun endroit de l'appareil digestif de cet animal la moindre trace de pepsine.

Émile Yung a opéré, dans la plupart des cas, sur les mêmes espèces de Poissons que Ch. Richet, c'est-à-dire sur *Scyllium* et *Acanthias*. Son premier but a été de savoir quelles sont chez ces deux espèces d'animaux les régions de l'appareil digestif qui sécrètent de la pepsine. Il a constaté, en faisant des extraits acidulés des muqueuses buccale et œsophagienne de ces animaux, qu'aucun de ces extraits ne jouit du pouvoir de dissoudre la fibrine ou l'albumine. Au contraire, les extraits de la muqueuse stomacale, ainsi que le suc gastrique, dissolvent rapidement les albuminoïdes. Ces expériences ont été faites, tantôt à la température ordinaire, tantôt à la température de l'étuve, entre 36° et 40°; mais Yung a toujours observé, contrairement à Mürisier et à Hoppe-Seyler, que la digestion est plus active à cette dernière température. Une autre question est de savoir si le suc gastrique des Poissons peut transformer les albuminoïdes en peptone *in vivo* et *in vitro*. Les résultats sont assez différents suivant qu'on analyse les produits de la digestion elle-même ou les produits de la digestion stomacale *in vitro*. En examinant le contenu stomacal de plusieurs espèces de Squales (*Scyllium, Acanthias et Galeus canis*), après quelques heures de digestion, Yung est arrivé à y déceler la présence de la peptone un assez grand nombre de fois. Il faut donc admettre, dit-il, que chez ces animaux le séjour des aliments dans l'estomac, quoique n'excédant pas vingt-quatre heures, et étant probablement même beaucoup plus court à l'ordinaire, suffit pour que les substances albuminoïdes y soient transformées, au moins en partie, jusqu'à leur degré ultime de peptonisation. Il n'en est pas de même si l'on fait des essais de digestion *in vitro* avec le suc gastrique artificiel. Dans ce cas, la fibrine se dissout rapidement; mais, au bout de quatorze heures de digestion, on ne trouve pas encore de peptone dans les liquides digestifs. Ce n'est qu'après 48 heures de digestion qu'on commence à constater la présence de cette substance. Yung croit pouvoir conclure que le suc gastrique sécrété et contenu dans l'estomac des Poissons est plus efficace pour amener une entière peptonisation de la fibrine que le suc gastrique artificiel obtenu par la macération de la muqueuse stomacale dans l'eau acidulée. Toutefois il reconnaît que, pour juger de la valeur de ces différences, il faudrait faire des épreuves avec une même substance albuminoïde.

Yung a aussi étudié le fonctionnement de la muqueuse pylorique chez ces espèces de Squales. On sait que chez ces animaux la portion tubulaire de l'estomac, qui représente le trait d'union entre cet organe et l'intestin, et à laquelle Ch. Richet a donné le nom de *détroit pylorique*, ne contient pas de glandes peptiques. Il était donc intéressant de savoir si cette région pouvait former de la pepsine. Dans ce but, Yung a fait des extraits acidulés de la muqueuse pylorique après avoir débarrassé celle-ci par un lavage prolongé de tous les matériaux qui souillaient sa surface. Ces extraits n'ont pas tardé à gonfler et dissoudre la fibrine; mais les mélanges résultant de cette dissolution ne contenaient, au bout de quelques heures de digestion, que des quantités assez appréciables de syntonine, formées certainement sous l'influence de l'acide chlorhydrique étendu. Dans aucun cas Yung n'a pu obtenir de la peptone, ce qui lui fait conclure que la muqueuse pylorique de ces animaux n'élabore pas de pepsine.

Chez les Batraciens, la sécrétion peptique a lieu exclusivement dans la cavité de l'estomac. Il faut faire cependant une exception en faveur de la grenouille. Chez cet animal, la muqueuse œsophagienne contribue pour une large part à la formation de la pepsine. Sviecicki, à qui revient le mérite de cette découverte, a trouvé qu'on peut extraire beaucoup plus de pepsine de la muqueuse de l'œsophage de la grenouille que de la muqueuse gastrique de cet animal. Il a prétendu, en outre, que les faibles quantités de pepsine qu'on trouve dans cette dernière partie de la muqueuse digestive, proviennent de la sécrétion des glandes œsophagiennes. Enfin, d'après Sviecicki, la grenouille ne serait pas le seul Batracien chez lequel la sécrétion peptique aurait exclusivement lieu dans la cavité de l'œsophage; d'autres espèces, telles que Peleobates fuscus, Hyla arborea, Bufo variabilis et quelques Tritons, présenteraient encore le même phénomène.

Partsch a souscrit à toutes les conclusions de Sviecicki, excepté à la dernière. Pour cet auteur, la quantité de pepsine qu'on trouve dans l'œsophage de Peleobates fuscus, Hyla arborea, Bufo variabilis et les autres espèces indiquées par Sviecicki, est tellement faible, qu'on a peine à croire qu'elle soit le résultat d'une sécrétion des glandes œsophagiennes. Mais, chez la grenouille, Partsch admet avec Sviecicki que la sécrétion peptique se produit exclusivement dans la cavité de l'œsophage. Les glandes gastriques de cet animal sécréteraient seulement de l'acide chlorhydrique.

On sait tout le parti qu'on a voulu tirer de ces expériences en faveur de la théorie de Heidenhain sur la sécrétion de la pepsine. A vrai dire, ainsi que Langley, Fränkel et Contejean l'ont démontré depuis, l'estomac de la grenouille ne sécrète pas seulement de l'acide chlorhydrique, mais il produit aussi de la pepsine. Ce fait mis à part, il n'en reste pas moins bien établi que l'œsophage de la grenouille joue un rôle extrêmement important dans la sécrétion de la pepsine. D'après Fränkel, les glandes œsophagiennes sécréteraient autant, mais pas plus de pepsinogène et de pepsine que les glandes de l'estomac, tandis que Contejean croit, comme Sviecicki, que la production de pepsine est beaucoup plus abondante dans l'œsophage. Cet auteur émet, en outre, l'hypothèse que les cellules des glandes œsophagiennes élaborent principalement de la pepsine soluble, tandis que les cellules des glandes stomacales fabriquent surtout de la propepsine insoluble.

Chez les autres Batraciens, la sécrétion peptique a lieu exclusivement dans l'estomac. Il reste à savoir si toutes les régions de cet organe contribuent également à la formation de la pepsine. La plupart des auteurs admettent que cette sécrétion a principalement lieu dans la région du fond de l'estomac, où se trouvent localisées toutes les glandes peptiques. Néanmoins, Sviecicki, Partsch et Langley ont pu extraire de la muqueuse pylorique de l'estomac de la grenouille de faibles quantités de pepsine, mais ces quantités étaient tellement faibles que ces auteurs pensent que la région pylorique des Batraciens est dépourvue de toute sécrétion spécifique.

Il en doit être de même pour l'estomac des Reptiles. Chez ces animaux, la région pylorique ne renferme que des glandes muqueuses, et, d'après les recherches de Partsch, confirmées par celles de Langley, cette région ne contient guère de pepsine. La sécrétion de ce ferment se fait, au contraire, très abondamment dans la région du fond de l'estomac. Quant à la muqueuse œsophagienne des Reptiles, elle ne possède chez aucune espèce de ce groupe la propriété de sécréter aucun ferment protéolytique.

Chez les Oiseaux, la pepsine s'élabore exclusivement dans le premier estomac, ou estomac glanduleux, et c'est toujours la région du fond de cet organe, où se groupent les glandes gastriques, qui contribue le plus puissamment à la sécrétion de la pepsine. Chez quelques espèces d'Oiseaux, il existe une zone intermédiaire, qui sépare l'estomac glanduleux de l'estomac musculeux. Cette zone renferme parfois un certain nombre de glandes gastriques et peut par conséquent sécréter un peu de pepsine, mais cette sécrétion est absolument insignifiante par rapport à celle de l'estomac glanduleux.

Quant à l'estomac musculeux des Oiseaux, il ne possède pas de sécrétion peptique, mais une sécrétion muqueuse spéciale, donnant lieu chez la plupart des espèces à la formation d'une substance cornée caractéristique. Toutefois CATTANEO a soutenu que, chez quelques Oiseaux de proie, où l'estomac musculeux est peu développé, comme par exemple l'*Otus vulgaris*, la portion pylorique de l'organe qui remplace l'estomac sécrète tous les éléments actifs du suc gastrique. Nous croyons cependant qu'il ne faudrait pas accepter cette observation sans réserves.

La sécrétion peptique tend à se localiser beaucoup plus chez les Mammifères que chez les autres Vertébrés. Si l'on envisage les Mammifères à *estomac simple*, on trouve que chez ces animaux il n'y a que la région du fond de l'estomac et la région pylorique qui sécrètent de la pepsine. Il est vrai, que chez beaucoup de ces espèces, la région œsophagienne n'existe pas et que la région cardiaque est peu développée, de sorte qu'on comprend, jusqu'à un certain point, qu'on ait pu affirmer que, chez les Mammifères à estomac simple, toute la muqueuse gastrique concoure à la formation de la pepsine. Cette affirmation n'est cependant pas tout à fait exacte, car il existe un nombre assez considérable de ces animaux (cheval, porc, rat, etc.) chez lesquels la muqueuse gastrique est dépourvue, dans une grande partie de son étendue, de toute fonction peptique. Chez les Mammifères à *estomac multiple*, on trouve le plus souvent une cavité destinée à la sécrétion du suc gastrique. Cette cavité élabore en même temps de l'acide chlorhydrique et de la pepsine. Elle est représentée chez les Ruminants par le quatrième estomac qu'on désigne sous les noms de *Caillette, Labmagen, Abomasus, Ventriculus intestinalis, Rohm, Tettmagen, Taliscus, Burgstron, il Quaglia, il Quagliette, Franchemule, Muletta*, etc. La muqueuse qui revêt cette quatrième cavité est formée de deux régions distinctes : une région du fond et une région pylorique, et les glandes qui composent ces deux régions se rapprochent sensiblement de celles que possèdent les autres Mammifères. On peut donc conclure que toute la muqueuse du quatrième estomac des Ruminants sécrète ou élabore de la pepsine.

Chez les autres mammifères à estomac multiple, la sécrétion peptique a lieu aussi dans les cavités les plus proches de l'intestin et par conséquent les plus éloignées de l'œsophage. C'est du moins à cette conclusion que l'on arrive lorsqu'on étudie la distribution des glandes peptiques chez ces animaux, car nous n'avons pas à ce sujet de données physiologiques. Les seuls mammifères de ce groupe qui paraissent faire exception à la loi exprimée antérieurement, ce sont les Cétacés. Chez la plupart de ces animaux on trouve en effet la totalité des glandes peptiques groupées dans la deuxième cavité de l'estomac. La troisième, la quatrième et même la cinquième cavité, lorsqu'elle existe, ne renferment pas de glandes à pepsine. On remarquera cependant que les auteurs qui ont fait ses observations n'hésitent pas à considérer la deuxième cavité glandulaire de l'estomac des Cétacés comme semblable à la région du fond de l'estomac des autres mammifères, et la troisième et quatrième cavité de l'estomac des Cétacés comme plus ou moins analogues à la région pylorique de ces derniers. Or, si l'on tient compte de ce fait que chez les Mammifères à estomac simple ces deux régions sécrètent de la pepsine, on ne voit pas pourquoi elles ne feraient pas de même chez les Cétacés.

En dehors de ces deux groupes de Mammifères, il en existe encore un autre qui mérite, au point de vue dont nous nous occupons maintenant, une mention spéciale. Ce groupe, auquel nous avons fait allusion dans la partie anatomique de cet article, se trouve constitué par toute la série des *Monotrèmes*. Chez ces animaux, l'estomac présente cette caractéristique importante de ne pas posséder de glandes peptiques, et tout porte à croire que cet organe se trouve aussi dans l'impossibilité de sécréter de la pepsine. On voit donc que, même chez les Vertébrés supérieurs, la sécrétion peptique peut totalement faire défaut, ce qui semble démontrer que cette sécrétion n'est nullement nécessaire à l'entretien de l'organisme. Ces différences de localisation que présente la sécrétion peptique dans la série des Vertébrés ne sont pas les seules variations que subit ce processus digestif chez ces divers animaux. Le mécanisme même de cette sécrétion éprouve des modifications importantes au fur et à mesure que les espèces animales se développent et que leurs fonctions digestives deviennent plus compliquées. Ainsi, chez les Vertébrés inférieurs, il n'y a qu'une seule espèce de cellules qui élabore de la pepsine, tandis que chez les Mammifères les glandes gastriques renferment deux sortes d'éléments (*cellules principales et cellules de bordure*) qui, tous deux, semblent concourir à la formation de la pepsine. Cette augmentation dans le nombre des éléments peptiques doit nécessairement entraîner quelque modification dans la marche de ce processus.

En tout cas, nous savons, depuis les recherches de Fick et Murisier sur le suc gastrique des Poissons et des Batraciens, que la pepsine de ces animaux est assez différente de celle des animaux à sang chaud. Il semble même, d'après les recherches de Klug et de Wroblewski, que la pepsine de certains Mammifères (enfant, chien, porc et vache) chez lesquels les glandes gastriques paraissent appartenir au même type histologique, présente aussi des différences d'activité assez considérables en passant d'un animal à l'autre; mais, même dans ces cas, on n'aurait pas de peine à voir, en examinant de près ces glandes, qu'elles ne sont pas tout à fait identiques. Tout porte donc à croire qu'en même temps que les glandes gastriques se perfectionnent en s'adaptant au régime alimentaire de chaque animal, la sécrétion peptique devient qualitativement et quantitativement différente.

d) **Variations de la sécrétion peptique dans les diverses conditions physiologiques.** — 1° *Age.* — Suivant l'opinion la plus générale, la sécrétion peptique n'apparaît dans l'évolution de l'être vivant que quelque temps après la sécrétion chlorhydrique. Chez les chiens et chez les chats nouveau-nés, les infusions acides de l'estomac ne commencent à attaquer l'albumine que vers la fin de la troisième semaine qui suit la naissance. Chez les lapins, le ferment peptique se montre un peu auparavant. Enfin, chez les enfants nouveau-nés on trouve déjà de la pepsine pendant les premiers jours de la vie. Ces faits, observés tout d'abord par Wolffhügel et Hammarsten, ont été, malgré les dénégations de Krüger, confirmés par un grand nombre d'expérimentateurs, entre autres par Langendorff et Contejean.

2° *Sexe.* — Les auteurs qui ont voulu étudier les variations de composition du suc gastrique, chez l'homme et chez la femme, ont porté spécialement leur attention sur la sécrétion chlorhydrique. L'influence du sexe sur la sécrétion peptique n'a pas été étudiée.

3° *État de jeûne.* — La sécrétion peptique cesse complètement dans les intervalles de la digestion et ne commence à se produire que quelque temps après l'arrivée des aliments dans l'estomac. Cette sécrétion est donc, au même titre que la sécrétion chlorhydrique, et peut-être encore plus que celle-ci, une sécrétion intermittente. En effet, même dans les cas où, par suite d'un trouble pathologique (gastro-succorrhée), l'estomac continue à sécréter un suc gastrique acide pendant la période de jeûne, ce suc ne jouit pas de pouvoir protéolytique : tout au plus attaque-t-il très faiblement les principes albuminoïdes. Frouin a fait cette même constatation chez des chiens dont tout l'estomac avait été complètement isolé du reste de l'appareil digestif, et qui se trouvaient par conséquent dans des conditions anormales.

Toutefois, s'il est vrai que la sécrétion de la pepsine est un phénomène intermittent, il n'en est pas moins certain que les glandes gastriques continuent à former sans intermittence les matériaux qui donnent naissance à la pepsine. Ce fait a été mis en lumière par Heidenhain et ses élèves en mesurant le contenu peptique de la muqueuse stomacale pendant la période de digestion et pendant la période de jeûne. Ces expérimentateurs ont ainsi trouvé que les réserves de pepsine augmentent dans la muqueuse gastrique au fur et à mesure qu'on s'éloigne de la fin de la digestion. Schiff et ses élèves ont fait aussi de très belles recherches dans ce sens. Ils ont vu : 1° Qu'après l'achèvement d'une digestion copieuse et difficile (*repas préparatoire*, composé de 2 à 3 kilogrammes de viande), l'estomac devient incapable de sécréter, pendant plusieurs heures, un suc gastrique actif; *ce suc est acide, mais non peptique;* 2° Que cet organe acquiert de nouveau la propriété de sécréter de la pepsine quand on introduit dans l'organisme certaines substances que Schiff appelle des *peptogènes*, et dont le rôle consisterait à transformer la propepsine emmagasinée dans les glandes gastriques en pepsine active.

4° *État de digestion.* — Les premières études approfondies faites sur les variations d'activité du suc gastrique pendant les diverses périodes digestives sont dues à

HEIDENHAIN. Cet auteur a vu, sur des animaux auxquels il avait isolé une portion du fond de sac de l'estomac, que la sécrétion peptique baisse rapidement au commencement de la digestion, atteint son minimum pendant la deuxième heure, s'élève ensuite jusqu'à la quatrième ou cinquième heure, et se maintient presque à ce même niveau les heures suivantes de la digestion. Ces expériences ont été reprises par PAVLOW et ses élèves en opérant dans de meilleures conditions que ne l'avait fait HEIDENHAIN, et leurs résultats ont été un peu différents. D'après KHIGINE, les modifications du pouvoir digestif du suc gastrique sécrété pendant la digestion d'un repas mixte, composé de lait, de pain et de viande, seraient les suivantes : la force digestive du suc gastrique, tout en restant à peu près sur un seul et même niveau dans le courant de la première et de la deuxième heures de l'acte digestif, manifeste une certaine tendance à l'abaissement vers la fin de la seconde heure, mais cet abaissement n'atteint point de proportions considérables. Au cours de la troisième heure de la digestion, le pouvoir peptique du suc monte toujours d'une manière marquée, s'élevant dans la plupart des cas au-dessus du taux primitif. Cet accroissement de la force digestive du suc gastrique se continue même après la troisième heure de la digestion, lorsque la proportion d'aliments ingérée est plutôt faible. Au contraire, avec de grandes proportions d'aliments mixtes, la puissance protéolytique du suc gastrique reste au niveau où elle était à la fin de la troisième heure et ne subit pas de changement pendant toute la durée de l'acte digestif.

Dans l'alimentation formée exclusivement de pain, de lait ou de viande, les courbes d'activité du suc gastrique pendant la digestion présentent, d'après KHIGINE, quelques différences importantes. D'autres causes encore peuvent aussi modifier le cours de la sécrétion peptique pendant la digestion. Il est donc complètement impossible de vouloir représenter la marche de ce phénomène par une seule et même loi.

5° *Régime alimentaire.* — Une des causes qui font varier le plus la courbe d'activité du suc gastrique en fonction de la durée de l'acte digestif est la nature des aliments. Dans l'alimentation par la viande crue, KHIGINE a constaté que, quelles que soient les proportions d'aliments ingérés, la courbe du pouvoir digestif du suc gastrique se caractérise toujours par une chute ayant lieu dès le commencement de la digestion. Avec de petites proportions de viande, alors que la digestion est de courte durée, cette chute ne se produit qu'à la seconde heure ; l'activité du suc gastrique monte ensuite pour atteindre un niveau plus haut que le primitif. Si on donne à l'animal une très grande quantité de viande de façon à prolonger le plus possible la durée de la digestion, la longueur de cette chute primitive augmente également. Il en résulte que la courbe d'activité du suc gastrique ne se relève que beaucoup plus tard, c'est-à-dire vers les dernières heures de la digestion.

La sécrétion peptique suit une marche tout à fait différente dans l'alimentation par le pain. D'après KHIGINE, la force digestive du suc gastrique dans ce régime, qui est déjà très grande pendant la première heure de la digestion, s'élève encore pendant la seconde heure, et reste à ce niveau la troisième et parfois la quatrième heure de l'acte digestif. A partir de ce moment, l'activité du suc gastrique décroît généralement, et cette chute se continue jusqu'à la fin de la cinquième heure de la digestion, où elle atteint en moyenne 15 p. 100 de la valeur primitive. Enfin, pendant les dernières heures de la digestion, l'activité du suc gastrique se maintient sans oscillation appréciable autour de ce dernier niveau. La forme de cette courbe est, ainsi que l'a fait remarquer KHIGINE, absolument caractéristique de l'alimentation par le pain, dans ce sens qu'on ne la retrouve plus dans les autres régimes alimentaires. Mais ce qu'il y a de vraiment curieux, c'est le changement que subit cette courbe lorsqu'on additionne au pain de l'alimentation une certaine quantité d'eau. Dans ces conditions, KHIGINE a vu que la force digestive du suc gastrique, loin d'augmenter pendant la deuxième et la troisième heure de la digestion, y diminue manifestement. Le second accroissement de l'activité du suc gastrique ne se produit qu'à partir de la quatrième heure de la digestion ; puis la courbe d'activité monte très rapidement et très énergiquement pour atteindre son niveau primitif vers la fin de la digestion.

Dans l'alimentation par le lait, la sécrétion peptique offre aussi quelques particularités intéressantes. Pendant la première heure de la digestion, l'activité du suc gastrique est assez considérable, puis elle tombe rapidement, si bien qu'au bout de la seconde heure elle n'a que la moitié de sa valeur primitive. Au cours de la troisième et de la quatrième heure de la digestion, l'activité du suc gastrique ne subit guère de changement. Ce n'est que dans le courant de la cinquième heure qu'on voit la force digestive augmenter de nouveau pour atteindre et même dépasser souvent, vers la sixième heure de la digestion, le maximum d'activité qu'elle avait atteint au début. L'examen de cette courbe montre qu'elle a une forme complètement différente de celle que l'on observe dans l'alimentation par le pain. Aussi Khigine n'hésite-t-il pas à conclure que le lait et le pain sont deux excitants contraires de l'activité sécrétoire de l'estomac.

En comparant la force digestive du suc gastrique dans ces trois régimes alimentaires, par le procédé de Mette, Khigine a trouvé les chiffres suivants qui représentent les moyennes d'une série de mesures faites pendant toute la durée de la sécrétion :

Force digestive.

Suc gastrique produit par le pain. . . . . $6^{mm},64$
— — par la viande . . . . $3^{mm},65$
— — par le lait . . . . $2^{mm},05$

La quantité d'aliments que l'animal ingérait dans cette expérience était de 200 grammes pour chacune de ces substances. On pouvait donc déduire des résultats obtenus qu'à égalité de poids le pain provoquait une sécrétion beaucoup plus abondante de pepsine que la viande, et celle-ci plus abondante que le lait. Mais Khigine a aussi voulu déterminer les causes réelles de ces différences. En étudiant la vitesse de sécrétion du suc gastrique dans ces divers régimes, il s'est vite aperçu que, contrairement à ce qui se passe pour la sécrétion chlorhydrique, les variations d'activité que présente le suc gastrique dans ces trois genres d'alimentation ne sont pas en rapport direct avec la quantité de suc gastrique produit par l'estomac.

Il a pu même voir coïncider, avec des quantités à peu près égales de suc gastrique sécrété, le maximum et le minimum de force digestive de ce liquide dans l'alimentation par le pain et par le lait respectivement. Dans un autre cas (alimentation par la viande), Khigine a observé que le suc gastrique avait la même puissance protéolytique, quand il était sécrété rapidement, que quand il l'était lentement. Enfin, en traçant la courbe de vitesse de la sécrétion du suc gastrique et celle du pouvoir digestif de ce liquide, en même temps, Khigine a montré que ces deux fonctions sont tout à fait différentes. La courbe qui représente la vitesse d'écoulement du suc gastrique a toujours, et quel que soit le genre d'alimentation, la même forme, qui est caractérisée par ce fait qu'elle monte au commencement de la digestion pour tomber ensuite d'une manière continue, tandis que la courbe de la force digestive du suc gastrique pendant la digestion est très variable pour chaque espèce d'aliments.

En présence de ces résultats, qui n'expliquaient rien, Khigine s'est alors demandé si les différences d'activité que présente le suc gastrique, selon les divers repas, ne seraient pas en rapport direct avec la quantité plus ou moins grande de résidu solide que contient chaque substance alimentaire.

Le tableau ci-après, que nous empruntons à Khigine, indique très nettement une certaine relation entre ces deux ordres de facteurs.

QUANTITÉ et NATURE DU REPAS.	QUANTITÉ de suc sécrété en centim. cubes.	DURÉE de la sécrétion en heures.	VITESSE de la sécrétion par heure en centim. cubes.	POUVOIR digestif en millimètres.	RÉSIDU solide p. 100.
200 gr. de viande crue . .	40,5	6 1/4	6,5	3,65	28,0
200 — de pain blanc . . .	33,6	8 1/2	4,0	6,16	61,0
200 — de lait.	16,7	3	56	2,05	12,8

Mais il n'en est pas toujours ainsi; de sorte que Khigine lui même est obligé de conclure, de l'ensemble de ses expériences, que le pouvoir digestif du suc gastrique dans les diverses alimentations, est absolument indépendant : 1° de la quantité totale de suc gastrique secrété ; 2° de la vitesse de cette sécrétion ; 3° de la teneur des aliments en matériaux solides. Donc, si l'on veut trouver les causes réelles de ces variations, il faut chercher du côté des différences chimiques que présentent les diverses albumines alimentaires.

PAWLOW, en calculant les unités de pepsine que renfermait le suc gastrique produit par le chien de KHIGINE sous l'influence de chacun des aliments que nous venons d'étudier, pour des proportions d'azote identiques, trouve les chiffres suivants.

	UNITÉS de pepsine.
1° Suc gastrique produit par 100 grammes de viande	430
2° Suc gastrique produit par 100 centimètres cubes de lait	340
3° Suc gastrique produit par 250 grammes de pain	1 600

Le dernier de ces résultats ne découle pas directement des expériences de KHIGINE, mais PAWLOW le déduit en prenant pour base la loi de proportionnalité qui semble exister entre la quantité d'aliment ingéré et la quantité de suc gastrique produit. On peut donc dire que pour un même poids d'azote les divers aliments excitent d'une façon toute à fait différente les sécrétions gastriques. PAWLOW et ses élèves interprètent ces résultats en disant que les glandes stomacales adaptent leur travail sécrétoire aux conditions de digestibilité des aliments ingérés par l'estomac, et ils ajoutent que, plus un aliment est difficile à digérer, plus le suc gastrique est actif. Ainsi les albumines végétales du pain, plus difficiles à digérer que les albumines de la viande, provoquent une sécrétion plus abondante de pepsine, tandis que les albumines du lait, rapidement attaquées par le suc gastrique, ne donnent lieu qu'à une sécrétion très pauvre en pepsine.

KHIGINE a encore étudié l'influence d'autres substances alimentaires, et il a constaté que la bouillie d'avoine, les œufs cuits et le lard de bœuf produisent des sucs gastriques dont le pouvoir de digestion est assez différent.

SCHÜLE a expérimenté sur l'homme. Sur six personnes, la force digestive du suc gastrique, mesurée par la méthode de HAMMERSCHLAG, ne varia dans les diverses alimentations qu'entre 60 et 70 p. 100; écart qui est tout à fait négligeable. Aussi SCHÜLE n'hésite-t-il pas à conclure que la nature des aliments n'exerce aucune influence sur l'intensité de la sécrétion peptique. C'est précisément le contraire de ce qu'ont affirmé PAWLOW et ses élèves. Mais ces contradictions ne sont pas faites pour nous surprendre, étant donné que, dans l'étude de cette question, on peut arriver aux résultats les plus divers en variant les conditions de l'expérience.

A côté des facteurs dont nous venons de parler, il en existe d'autres qui sont aussi capables de modifier les effets produits par un même aliment sur l'estomac. C'est donc avec la plus grande réserve qu'il faut conclure. S'il est certain que la nature des aliments exerce une réelle influence sur la marche de la sécrétion peptique, il n'est pas toujours possible de fixer les lois qui la déterminent.

Il y a cependant un fait très important qui se dégage des recherches de SCHIFF et de PAWLOW, c'est qu'il existe, parmi les substances alimentaires, certains principes qui jouissent au plus haut degré du pouvoir d'exciter les glandes gastriques.

Ces principes, que SCHIFF a désigné, sous le nom de *peptogènes*, en raison de l'influence favorable qu'ils exercent sur le processus d'élaboration de la pepsine, sont relativement nombreux, et de constitution chimique très différente. On peut s'en rendre compte en parcourant la liste suivante :

1° Dextrine ; 2° Bouillon de viande ; 3° Viande crue ; 4° Pain ; 5° Fromage ; 6° Peptones ; 7° Extrait aqueux de viande ; 8° Extrait aqueux de pain ; 9° Extrait aqueux de petits pois ; 10° Extrait aqueux des lentilles ; 11° Gélatine des os ; 12° Café noir (action faible).

Pour étudier l'action peptogénique de ces substances, SCHIFF s'est servi de deux méthodes différentes : celle de la *fistule gastrique* et celle des *infusions stomacales*. Les animaux en expérience recevaient dans les deux cas, quelques heures avant les substances peptogènes, un repas abondant (repas préparatoire) destiné, d'après SCHIFF, à épuiser les réserves en pepsine de la muqueuse stomacale.

Dans ces conditions, Schiff a tout d'abord observé, sur les animaux à fistule gastrique, que l'estomac ne sécrétait plus de pepsine, sous l'influence de l'albumine cuite que lorsqu'on donnait à ces animaux une certaine quantité d'une substance peptogène. En l'absence de ces substances, le suc sécrété par l'estomac était acide; mais ce liquide ne jouissait d'aucune action sur les principes albuminoïdes.

Schiff est arrivé aux mêmes résultats dans ses expériences avec les infusions stomacales. Tandis que l'infusion stomacale des animaux tués en pleine digestion ou quelque temps après l'administration des peptogènes, digérait rapidement une grande quantité d'albumine, l'infusion faite avec l'estomac d'un animal tué quatorze ou seize heures après un copieux repas préparatoire, ne digérait que très lentement une petite quantité d'albumine. Il semble donc que les substances que nous avons énumérées tout à l'heure, et que Schiff appelle des peptogènes, exercent une influence très marquée sur le processus de sécrétion de la pepsine. Au début de ses travaux, Schiff avait cru, en voyant que ces substances produisaient les mêmes effets, quelle que fût la voie par laquelle on les introduisait dans l'organisme, excepté cependant la voie duodénale, que ces principes fournissaient au sang et, par lui, à la muqueuse stomacale, les matériaux nécessaires à la formation de la pepsine. Après la découverte de la pepsine, l'éminent physiologiste se vit obligé d'abandonner cette théorie. Il admit alors, avec son élève Herzen, que les peptogènes étaient les agents principaux de la transformation de la propepsine en pepsine.

Or cette dernière hypothèse n'a pas été beaucoup mieux accueillie que la première. Il y a eu, en effet, un grand nombre d'expérimentateurs, et spécialement les élèves de Heidenhain et de Pawlow, qui ont très vivement combattu les faits sur lesquels Schiff basait son opinion. On trouvera dans un mémoire de Sanotzky, sur les stimulants des sécrétions gastriques, une analyse détaillée de ces divers travaux. L'impression qui s'en dégage, c'est que les peptogènes n'agissent pas sur les glandes gastriques dans le sens indiqué par Schiff, c'est-à-dire, en passant dans le sang et en allant provoquer dans les cellules glandulaires la transformation de la propepsine en pepsine. Toutefois, si la plupart des contradicteurs de Schiff nient l'efficacité des peptogènes, quand on les injecte dans l'organisme par la voie sanguine ou par la voie sanguine, beaucoup de ces auteurs admettent, comme Schiff, qu'un grand nombre de ces substances agissent très puissamment sur les glandes gastriques, lorsqu'on les introduit dans l'organisme par les voies normales de l'appareil digestif ou bien encore dans l'estomac. Ainsi, les élèves de Pawlow, qui repoussent complètement les idées de Schiff sur le mécanisme d'action des peptogènes, reconnaissent cependant que le bouillon de viande, le suc de viande, la gélatine mélangée avec l'eau, la peptone et la viande crue sont des excitants énergiques des sécrétions stomacales. Malgré quelques désaccords de détail, d'une manière générale on constate que les peptogènes de Schiff ne sont autre chose que les substances que Pawlow et ses élèves ont signalées comme étant les excitants les plus actifs des sécrétions gastriques, et qu'ils ont désignées sous le nom de *succagogues*.

1° Extrait de Liebig; 2° Bouillon de viande; 3° Suc de viande; 4° Eau (en quantité de 200-500 grammes); 5° Lait; 6° Gélatine avec de l'eau; 7° Peptone (sécrétion faible); 8° Viande crue.

Pour ces auteurs, les succagogues agissent sur les glandes gastriques par voie réflexe, en irritant chimiquement la muqueuse stomacale et non par l'intermédiaire du sang, comme le croyait Schiff. A l'appui de cette opinion, ils citent, entre autres arguments, un fait qui est absolument contraire aux observations de Schiff: l'inefficacité des succagogues, quand on les introduit dans l'organisme par la voie rectale.

Mme Potapow prétend qu'on peut expliquer ces contradictions, et montre que les faits établis par Schiff et par Pawlow, au lieu de s'exclure réciproquement, se complètent les uns les autres. Elle a fait dans ce but une série d'expériences sur un chien opéré par la méthode de Pawlow; mais elle a eu le soin de soumettre cet animal aux conditions expérimentales recommandées par Schiff pour l'étude des peptogènes. Ces conditions, nous les connaissons déjà. Elles consistent à donner à l'animal un repas copieux, *repas préparatoire*, quelques heures avant l'administration du repas expérimental, avec ou sans substances peptogènes. L'attention de Mme Potapow s'est portée essentiellement sur le principal peptogène de Schiff, la *dextrine*, que Pawlow n'a pas étudiée et sur le principal succagogue de Pawlow, *l'extrait de Liebig*, sur lequel Schiff n'a fait aucune expérience. Ces substances ingérées à hautes doses par l'animal avec le *repas d'épreuve* se sont comportées à la fois comme les *succagogues* de Pawlow et comme les *peptogènes* de Schiff, c'est-à-dire qu'elles ont augmenté la quantité de suc gastrique secrété, en même temps qu'elles sont fait croître la teneur en pepsine de ce liquide. A de plus faibles doses, la dextrine a cessé d'être succagogue, de même que l'extrait de Liebig a fini par ne plus être peptogène.

Si, au lieu de faire ingérer ces substances par l'animal (ce qui, d'après Mme Potapow, reviendrait au même qu'à les lui introduire directement dans l'estomac, étant donné que l'animal en question ne présentait pas de réflexe psychique), on les lui administrait par la voie rectale, l'effet peptogène de ces substances persistait, tandis que leur effet succagogue disparaissait complètement. Donc Schiff et Pawlow avaient tous deux raison en affirmant : le premier, que les peptogènes agissent sur les glandes gastriques par l'intermédiaire du sang; le second, que les succagogues mettent en activité ces appareils par l'intermédiaire du système nerveux.

D'autre part, quelle que soit la quantité de suc produit par l'estomac sous l'influence du repas expérimental, la teneur en pepsine de ce liquide reste *uniformément faible*, de la première à la dernière portion de suc, si l'animal ne reçoit pas des substances peptogènes *per os* ou *per anus*. Au contraire, lorsqu'il en reçoit, le suc gastrique devient au bout de quelques temps *très riche en pepsine*, et sa force digestive augmente à mesure que la substance peptogène pénètre dans le sang. Cette augmentation est d'autant plus marquée que la substance administrée est plus peptogène et qu'elle est absorbée en plus grande quantité.

En résumé, il y aurait dans les glandes gastriques deux sortes d'actions distinctes : l'action succagogue et l'action peptogène. Pawlow n'aurait étudié que la première de ces actions, tandis que Schiff ne se serait occupé que de la seconde.

Quelle que soit d'ailleurs la portée de ces controverses, il n'en reste pas moins bien établi, et par les travaux de Schiff et par ceux de Pawlow, que les substances alimentaires renferment dans leur constitution certains principes qui sont les véritables excitants des sécrétions gastriques. C'est par la quantité et par la qualité de ces principes que les divers régimes alimentaires se comportent différemment vis-à-vis de ces sécrétions, et en particulier de la sécrétion peptique.

La nature des aliments n'est pas le seul facteur qui fait varier la marche de la sécrétion peptique pendant la digestion. D'après les expériences de Khigine, une même substance alimentaire provoque la sécrétion d'un suc plus ou moins actif suivant la quantité à laquelle on l'ingère. La *loi* de cette relation semble être de nature inverse; c'est-à-dire que la force digestive du suc diminue à mesure qu'on augmente la quantité d'aliment. Voici une expérience qui rend compte de ces résultats.

Alimentation.	Quantité des aliments.			Pouvoir digestif du suc en millimètres.
	Lait.	Pain.	Viande.	
Mixte.	300 gr. +	50 +	50	4,00
	600 — +	100 +	100	3,00
Viande crue.	100 —			4,40
	200 —			3,65
	400 —			3,00

Mais on peut se demander, étant donné que la quantité de suc produit augmente avec la quantité des aliments, si la diminution d'activité que l'on constate dans ces conditions ne tient pas à ce que le suc devient plus dilué.

Une autre cause qui modifie encore l'intensité de la sécrétion peptique, dans un même régime alimentaire, c'est l'état de préparation des aliments. En étudiant comparativement le pouvoir digestif du suc gastrique sous l'influence d'une même quantité de viande crue et de viande cuite, aux divers moments de l'acte sécrétoire, Khigine a observé les différences suivantes :

Force digestive du suc gastrique suivant l'état des aliments.

HEURES DE L'ACTE SÉCRÉTOIRE.	100 GRAMMES		200 GRAMMES	
	VIANDE CRUE.	VIANDE CUITE.	VIANDE CRUE.	VIANDE CUITE.
	millimètres.	millimètres.	millimètres.	millimètres.
I.	4,12	4,93	5,00	4,63
II.	3,50	5,31	3,87	4,00
III.	5.12	6,00	2,56	4,00
IV.	6,87	»	3,63	3,12
V.	»	»	3,50	3,75
VI.	»	»	5,00	6,00
VII.	»	»	»	»
MOYENNES. . . .	4.42	5,33	4,00	4,32

On voit par ce tableau qu'à égalité de poids, la viande cuite provoque une sécrétion un peu plus abondante de pepsine que la viande crue. Mais cela n'est vrai que dans le cas où l'on ingère ces substances par les voies normales de l'appareil digestif. Si on les introduit directement dans l'estomac, ainsi que l'a fait LOBASSOFF, c'est l'inverse qu'on observe. Dans ces conditions, la viande crue provoque la formation d'un suc gastrique très abondant et très actif, tandis que la viande cuite se montre tout à fait incapable d'exciter les sécrétions stomacales. Le dernier de ces résultats s'expliquerait, d'après LOBASSOFF, par ce fait que la viande perd par l'ébullition un certain nombre de principes auxquels elle doit la propriété d'agir directement sur la muqueuse de l'estomac. Mais, s'il en est ainsi, on ne comprend pas pourquoi, dans les expériences de KHIGINE, l'ingestion de la viande crue donne lieu à la formation d'un suc moins actif que celui que provoque l'ingestion de la viande cuite. PAWLOW voit dans ce résultat la preuve qu'il existe une véritable adaptation entre le travail sécrétoire des glandes gastriques et les conditions de digestibilité des aliments, lorsque ceux-ci sont ingérés par les voies normales.

En tout cas, on doit admettre que tout aliment ayant subi une préparation culinaire quelconque doit exciter des sécrétions stomacales autres qu'à l'état cru.

6° *Influences nerveuses.* — L'acte de sécrétion par lequel les glandes gastriques répondent à l'excitation alimentaire est très probablement d'ordre réflexe. On peut donc supposer *a priori* que l'état du système nerveux joue un rôle extrêmement important dans la production de ce phénomène. D'après PAWLOW, le sentiment de *la faim* est une des conditions qui favorise le plus le travail sécrétoire des glandes gastriques. Les animaux qui ont ce sentiment très développé produisent un suc très abondant et très actif. PAWLOW exprime cette influence en disant que *l'appétit, c'est du suc*. On sait, d'autre part, que ces auteurs soutiennent que la *sécrétion psychique*, c'est-à-dire celle qui se produit sous l'influence de la vue et de l'odeur des aliments, ainsi que par le passage de ces substances à travers les voies supérieures de l'appareil digestif, est constamment et à tous les points de vue la plus importante de toutes les formes de sécrétion de l'estomac. LECONTE ne partage pas cette manière de voir; mais il admet avec les physiologistes russes que certains états du système nerveux exercent une influence considérable sur la marche des sécrétions gastriques. Tel est le cas, par exemple, des conditions psychiques déprimantes. LECONTE a observé que les meilleurs moyens d'excitation ne réussissent pas à mettre en activité les glandes gastriques, lorsqu'on opère sur des animaux se trouvant sous le coup d'une émotion pénible. Le seul fait de fixer un animal sur la table d'expérience suffit parfois à supprimer tout phénomène de sécrétion dans l'estomac. Cette action inhibitrice produite par les émotions serait même une des causes qui rendrait très difficile l'étude de ces sécrétions.

A l'inverse de LECONTE, SANOTZKY n'a pu observer de modification appréciable dans l'intensité des sécrétions gastriques à la suite des impressions douloureuses; mais il n'a fait à ce sujet qu'une seule expérience, et n'ose en tirer de conclusion définitive.

PAWLOW a aussi cherché à connaître l'influence du sommeil sur les sécrétions gastriques. Il a trouvé que la suppression de l'activité cérébrale n'entraînait aucune modification dans la marche de ces phénomènes.

c) **Variations de la sécrétion peptique dans les diverses maladies.** — La sécrétion peptique subit, comme la sécrétion chlorhydrique, des oscillations plus ou moins importantes au cours de certaines maladies, mais, vu l'extrême variabilité des conditions pathologiques, il est très difficile de fixer la loi de ces oscillations. On conçoit en effet qu'une même maladie puisse, suivant sa localisation, suivant son étendue, suivant son degré de développement, modifier dans les sens les plus divers la marche de la sécrétion peptique. Tout ce que les médecins nous apprennent à ce sujet peut être résumé dans les trois propositions suivantes : 1° La sécrétion peptique est plus résistante aux influences pathologiques que la sécrétion chlorhydrique ; 2° Les changements éprouvés par ces deux sécrétions au cours des maladies sont rarement du même ordre ; 3° Tandis que la sécrétion chlorhydrique disparaît totalement dans certains processus pathologiques, la sécrétion peptique persiste même dans les maladies les plus graves. Et encore, sur ce dernier point, les avis ne sont pas bien unanimes, car il existe un grand nombre d'auteurs qui prétendent que cette sécrétion disparaît aussi entièrement dans les cas d'atrophie grave de la muqueuse stomacale (*achylia gastrica* des auteurs allemands).

f) **Action de quelques agents physiques et chimiques sur la sécrétion peptique.** — Les glandes gastriques n'entrent pas en activité sous l'influence des excitations physiques qui peuvent agir sur la muqueuse stomacale. S'il arrive parfois que l'on obtient la sécrétion de quelques gouttes de suc gastrique, dans ces conditions, ce suc est peu ou pas acide et ne jouit d'aucune action sur les principes albuminoïdes. On peut donc dire que les agents physiques sont incapables de provoquer les sécrétions stomacales et qu'ils sont tout au plus des agents modificateurs de ces sécrétions.

Il n'en est pas de même de certains agents chimiques. Outre les substances alimentaires, dont nous avons déjà étudié l'action prépondérante sur les sécrétions gastriques, on trouve un certain nombre de corps qui peuvent par eux-mêmes exciter les glandes stomacales et provoquer la formation d'un suc gastrique plus ou moins actif. Ces corps, il est vrai, ne sont pas très nombreux, mais leur existence paraît incontestable. S'il faut croire les recherches des anciens auteurs, l'introduction de l'éther dans l'estomac détermine l'apparition d'un suc gastrique, qui offre tous les caractères du suc gastrique normal. Nous ajouterons même que c'était là un des moyens dont se servaient les anciens auteurs pour faire la récolte du suc gastrique.

L'alcool aussi semble exciter les glandes gastriques, lorsqu'on le met en contact direct avec la muqueuse stomacale. Cette constatation a été faite par toute une série d'expérimentateurs (Voir **Sécrétion chlorhydrique**). Mais c'est surtout à CHITTENDEN et à ses élèves qu'on doit les observations les plus complètes à ce sujet. Ces auteurs ont vu, en introduisant, dans l'estomac d'un chien à fistule qui avait le duodénum lié, des quantités correspondantes d'alcool dilué, de plusieurs boissons alcooliques et de l'eau ordinaire, qu'on obtient toujours un effet sécrétoire plus intense avec les liqueurs alcooliques qu'avec l'eau. Ils ont aussi constaté que le suc sécrété sous l'influence de l'alcool est plus acide, et contient plus de matériaux solides et plus de pepsine que le suc sécrété sous l'influence de l'eau. D'après CHITTENDEN, l'action excitante que l'alcool exerce sur les glandes gastriques se manifesterait même dans le cas où l'on introduirait ce corps directement dans l'intestin grêle sans le faire passer par la cavité de l'estomac. Enfin RADZIKOWSKI vient de voir que l'alcool excite aussi les glandes gastriques quand on l'introduit dans le rectum, mais le suc produit dans ces conditions ne contiendrait pas de pepsine.

Quant à la pilocarpine, RIEGEL nous a appris que l'introduction de cet alcaloïde dans l'organisme provoque constamment, en l'absence ou en la présence des aliments, et mieux encore lorsqu'elle est administrée toute seule, une sécrétion abondante de suc gastrique. D'après RIEGEL, le suc produit dans ces conditions aurait à peu près les caractères du suc gastrique normal. SIMON et SCHIFF croient, au contraire, que l'acidité de ce suc est fortement diminuée ; mais ils admettent avec RIEGEL que sa force digestive se rapproche de la normale. D'une manière générale, tous les auteurs considèrent la pilocarpine comme douée du pouvoir d'exciter les sécrétions gastriques et spécialement la sécrétion aqueuse et la sécrétion peptique. Il n'y a guère que TSCHURILOFF qui conteste ces résultats. Cet auteur a fait toutes ses expériences sur des animaux opérés par la méthode de PAWLOW. Il s'est donc placé apparemment dans les mêmes conditions que RIEGEL, et cependant ces deux auteurs sont arrivés à des résultats complètement opposés. La raison de ces contradictions est difficile à trouver. Toutefois, on peut, en se basant sur les expériences récentes de Mme POTAPOW, faites aussi par la méthode de PAWLOW, comprendre que la pilocarpine ne produise pas toujours les mêmes effets sur les sécrétions gastriques; car la qualité du suc produit par la pilocarpine dépendrait essentiellement des conditions dans lesquelles se trouve l'animal en expérience. Si l'on donne la pilocarpine après la digestion d'un repas préparatoire *suffisant*, on n'obtient qu'un suc *très pauvre* en pepsine. Lorsque le repas préparatoire n'est pas suffisant à épuiser les réserves de pepsine des glandes gastriques, la pilocarpine provoque la sécrétion d'un suc dont le pouvoir de digestion *est très variable*. Enfin, quand on administre la pilocarpine après l'absorption des peptogènes, le suc qu'on obtient est extrêmement actif, et par conséquent *très riche en pepsine*. Il est aussi possible que les autres éléments du suc gastrique (eau, sels et acides) varient sous l'influence de la pilocarpine dans les limites assez larges, suivant les conditions chimiques du sang. En tout cas, l'action sécrétoire de la pilocarpine semble tout à fait évidente.

En dehors de l'éther, de l'alcool et de la pilocarpine, on ne connaît pas actuellement d'autres substances chimiques qui puissent par elles-mêmes provoquer les sécrétions gastriques. Si l'on excepte l'atropine, qui semble diminuer d'une façon constante l'intensité de ces sécrétions, l'action des divers corps sur le travail sécrétoire de l'estomac est très discutable; même, en ce qui concerne l'atropine, on trouve certains auteurs, comme SCHIFF, qui affirment que cet alcaloïde n'exerce aucune influence sur la marche de la sécrétion peptique.

g) **Évolution de la pepsine dans l'organisme.** — De toute la pepsine sécrétée par les glandes gastriques pendant la digestion stomacale, il n'y a guère qu'une faible partie qui se dépense dans les transformations chimiques des aliments. Le reste de cet enzyme se trouve dans les liquides de digestion et peut suivre deux voies complètement distinctes. Une partie peut être absorbée par la muqueuse stomacale, tandis qu'une autre partie peut passer dans la cavité intestinale.

Les auteurs qui croient à l'absorption de la pepsine par la muqueuse stomacale ne fondent pas leur opinion sur des preuves directes. D'ailleurs l'estomac ne possède qu'un très faible pouvoir d'absorption. En tout cas, si la pepsine est absorbée par la muqueuse stomacale, cette absorption ne doit pas être bien importante, car les produits liquides de digestion qui sortent de l'estomac renferment encore des quantités considérables de ce ferment.

Une fois arrivée dans la cavité intestinale, la pepsine peut y subir trois sorts différents : 1° elle peut être détruite; 2° elle peut être absorbée; 3° elle peut être éliminée. La destruction de la pepsine dans la cavité intestinale n'est point douteuse. Les expériences de KÜHNE, et surtout celles de LANGLEY, démontrent que la pepsine se détruit rapidement au contact des liqueurs alcalines étendues ayant le même titre de concentration que les liquides qui se déversent dans l'intestin. LANGLEY prétend en outre que la trypsine n'est pas non plus étrangère à cette destruction. Toutefois, si l'on remarque que la pepsine qui arrive dans l'intestin se trouve mélangée avec les produits de la digestion stomacale, on peut supposer qu'une partie de ce ferment échappe à l'action destructive des alcalis, et que cette partie est absorbée par la muqueuse intestinale. A vrai dire, cette hypothèse de l'absorption intestinale de la pepsine n'est pas mieux démontrée que l'absorption par la muqueuse stomacale. Le seul fait qui milite nettement en faveur de la première de ces hypothèses, c'est la présence de la pepsine dans le chyle, observée par KÜHNE. On ne conçoit pas, en effet, si la pepsine existe dans ce liquide, qu'elle puisse avoir une autre origine que l'origine intestinale. Quant à l'hypothèse de l'élimination de la pepsine par l'intestin, elle est insoutenable. Les matières fécales ne renferment d'autres ferments qu'une *amylase* et une *invertine* (JAKSCH).

Nous sommes donc obligés d'admettre la destruction ou l'absorption de la pepsine dans la cavité intestinale, pour expliquer la disparition de ce ferment lorsqu'il arrive dans cette cavité.

D'où vient la pepsine que l'on trouve dans les liquides circulatoires, et quelle est la destinée de ce corps dans ces liquides? D'après l'immense majorité des auteurs, la pepsine qui existe dans le sang et dans la lymphe provient exclusivement de la muqueuse stomacale; car, en dehors des cellules des glandes gastriques, on ne connaît pas d'autres cellules qui puissent élaborer par elles-mêmes un ferment protéolytique ayant les propriétés chimiques de la pepsine. Si l'on accepte cette manière de voir, il reste encore à expliquer comment la pepsine formée par les glandes gastriques pénètre dans la circulation. Sahli admet que la pepsine est principalement absorbée par la muqueuse stomacale, tandis que Gehrig, qui a travaillé sous la même direction que Sahli au laboratoire de Grützner, soutient au contraire que la pepsine passe directement des cellules des glandes gastriques dans le sang. D'autres auteurs croient à l'existence d'une absorption intestinale de la pepsine. Toutes ces hypothèses sont également possibles, mais aucune d'elles n'a reçu jusqu'ici une solution définitive.

La seconde question est de savoir ce que devient la pepsine qui existe dans les divers liquides circulatoires. Trois hypothèses sont possibles : 1° La pepsine peut être fixée ou détruite par les éléments du sang et de la lymphe; 2° Elle peut être fixée ou détruite par les tissus; 3° Elle peut être éliminée.

Le sang et la lymphe doivent exercer une influence destructive sur la pepsine en vertu de leur réaction alcaline. D'autre part, les leucocytes qui jouissent de la propriété d'absorber un grand nombre de substances chimiques peuvent aussi fixer une certaine quantité de pepsine.

La fixation de la pepsine par les tissus s'impose, si l'on admet que les diverses cellules de l'organisme, en dehors des cellules des glandes gastriques, n'élaborent point ce ferment. Autrement on ne saurait comprendre comment la pepsine existe un peu partout dans l'économie animale (Brücke, Munk et Kühne). Ajoutons que la pepsine fixée par les tissus est nécessairement vouée à la destruction à cause de la réaction alcaline que présentent ces milieux organiques. Fermi soutient, en outre, que les tissus renferment des substances capables de neutraliser l'action dissolvante des ferments protéolytiques et en particulier celle de la pepsine.

Malgré les atteintes destructives auxquelles s'expose la pepsine dans son contact avec le sang, la lymphe et les tissus, on peut affirmer que ce ferment n'est pas complètement détruit pendant son séjour dans ces milieux. Une partie de la pepsine qui circule dans le sang et dans la lymphe s'élimine en effet par le rein, et on la retrouve dans les urines. Brücke a été le premier auteur qui ait signalé la présence de la pepsine dans l'urine. Après lui beaucoup d'autres expérimentateurs ont confirmé cette observation. Sahli a bien étudié les variations en pepsine de l'urine de l'homme aux divers moments de la journée à l'aide du procédé suivant : Il plonge dans l'urine quelques filaments de fibrine fraîche et les laisse séjourner dans ce liquide pendant un temps déterminé, égal pour toutes les expériences. Après cette immersion, il retire les filaments de fibrine, les lave à l'eau et les met à digérer à la température de 40° avec de l'eau acidulée par l'acide chlorhydrique. La vitesse avec laquelle se dissolvent les filaments de fibrine indique la quantité de pepsine qu'ils ont prise à l'urine, et cette quantité serait, d'après Sahli, invariablement proportionnelle à la quantité de pepsine urinaire. Par ce procédé, Sahli a constaté que la teneur en pepsine de l'urine de l'homme ne reste pas constante pendant la journée, mais qu'elle varie d'une façon régulière suivant la marche des phénomènes digestifs. Sur un individu qui prend trois repas par jour à des intervalles de six heures, l'élimination de la pepsine par l'urine présente trois maxima et deux minima. Les maxima se produisent quelque temps avant les repas, et les minima quelque temps après. Le plus fort maximum se montre deux heures avant le petit déjeuner du matin, tandis que le plus fort minimum se produit deux heures après le repas de midi.

Sahli croit que ces variations sont absolument dépendantes des variations que subit la sécrétion peptique pendant la digestion des repas. Il a vu, en comparant la courbe de ces variations chez l'homme avec celle que Heidenhain a tracée pour représenter la marche de la sécrétion peptique chez le chien, qu'il y avait entre ces deux courbes une ressemblance parfaite. Il en conclut que la pepsine sécrétée par les glandes gastriques est absorbée par la muqueuse de l'appareil digestif et spécialement par la muqueuse stomacale, et que c'est cette même pepsine qui s'élimine par le rein. On peut faire plusieurs objections à cette hypothèse. En premier lieu, SAHLI n'a pas remarqué que l'identité de ces courbes, en supposant qu'elles soient comparables, parle précisément contre sa propre hypothèse. En effet, si la pepsine est absorbée par la muqueuse de l'appareil digestif et éliminée ensuite par le rein, il faut un certain temps pour que ce phénomène se produise. Dès lors, les courbes auxquelles nous faisons allusion ne peuvent pas coïncider. Elles devraient, au contraire, présenter un certain retard l'une sur l'autre : la courbe de l'élimination de la pepsine par l'urine, sur la courbe de la sécrétion peptique. Enfin, si la voie indiquée par SAHLI était la seule que la pepsine pût suivre pour aller de l'estomac jusqu'au rein, ce ferment devrait disparaître dans l'urine quelque temps après l'arrêt des sécrétions gastriques. Il n'en est cependant rien. GEHRIG a constaté que l'urine des animaux soumis à un jeûne relativement prolongé (30 heures) contient encore des quantités appréciables de pepsine.

Pour ce dernier auteur, la pepsine de l'urine proviendrait directement des cellules des glandes gastriques. Le contenu de ces cellules se déverserait dans le sang à l'état de *zymogène* et cette substance se transformerait en pepsine active, soit par son passage à travers l'épithélium rénal, soit par son contact avec les sels et l'eau de l'urine. Cette hypothèse se prête aussi à des critiques sérieuses. La plus importante de toutes est le manque de parallélisme qui existe pour les variations de la richesse peptique de l'urine et celle du contenu peptique de la muqueuse stomacale, aux divers moments de l'acte digestif. D'après GRÜTZNER, la quantité de pepsine contenue dans la muqueuse stomacale diminue à la suite d'un repas copieux, d'abord très rapidement, puis lentement jusqu'à la neuvième heure qui suit l'ingestion des aliments. A partir de ce moment, la quantité de pepsine augmente dans la muqueuse gastrique jusqu'à la quarantième heure après l'ingestion. Ces résultats sont loin de concorder avec ceux qu'ont obtenus SAHLI et GEHRIG pour l'élimination de la pepsine par l'urine. D'après ces auteurs, on trouve bien un minimum de pepsine dans l'urine quelques heures après l'ingestion des repas, mais ce minimum est rapidement suivi par un maximum qui coïncide justement avec le moment où la muqueuse stomacale contient le moins de pepsine. Au fur et à mesure que le jeûne se prolonge, et surtout à partir de la neuvième heure, la quantité de pepsine augmente dans la muqueuse stomacale jusqu'à la quarantième heure après l'ingestion du dernier repas. Au contraire, l'élimination de la pepsine par l'urine diminue progressivement pendant toute cette période.

On voit donc qu'aucune de ces hypothèses, celle de GEHRIG, pas plus que celle de SAHLI, n'arrive à expliquer par elle seule le mécanisme des variations peptiques de l'urine. Cela prouve, à notre avis, que la pepsine élaborée par les glandes gastriques peut suivre des voies très différentes avant de s'éliminer par le rein. Dire toutefois que la pepsine de l'urine ne procède pas exclusivement de la muqueuse stomacale, c'est aller à l'encontre des faits les mieux établis. Les expériences de SAHLI, de GEHRIG et de HOFFMANN démontrent très nettement que les variations peptiques de l'urine sont toujours en rapport avec la marche des phénomènes digestifs. Il suffit de changer les heures des repas, pour voir tout de suite la courbe de l'élimination de la pepsine par l'urine se modifier profondément. D'ailleurs ces variations sont complètement indépendantes des variations que subit l'alcalinité de l'urine après l'ingestion des repas. HOFFMANN prétend même que l'urine n'exerce aucune influence destructive sur la pepsine.

Certains auteurs se sont demandé si l'urine des divers animaux renfermait constamment de la pepsine. SAHLI l'a trouvée dans l'urine de l'homme; GEHRIG dans l'urine du chien et du lapin, mais il a fait observer que, chez ce dernier animal, la pepsine disparaît dans l'urine à la suite d'un copieux repas. NEUMEISTER a repris l'étude de cette question à l'aide d'un procédé indirect qui consiste à introduire dans la circulation divers produits primaires de la digestion peptique des albuminoïdes, pour voir les modifications que ces produits éprouvent en sortant par l'urine. Il a vu, en introduisant une solution d'albumoses dans le système veineux du lapin, que ces corps s'éliminent par le rein dans le même état où ils étaient injectés dans l'organisme. Chez le chien, les albumoses introduites dans la circulation se rencontrent toujours dans l'urine dans un état de dédoublement plus avancé. D'après NEUMEISTER, la digestion de ces substances se fait dans les canaux urinaires du rein. Il conclut en disant que la pep sine existe dans l'urine des animaux carnivores, tandis qu'elle manque dans l'urine des herbivores.

STADELMANN se rallie aussi à cette hypothèse, mais il a voulu se convaincre par lui-même que le ferment protéolytique qui existe dans l'urine des animaux carnivores était réellement de la pepsine. Il a fait, dans ce but, l'analyse complète des produits de digestion formés par ce ferment en agissant sur la fibrine cuite en milieu acide. STADELMANN a constaté que ces produits sont absolument semblables à ceux qui résultent de l'action de la pepsine ordinaire.

L'élimination de la pepsine par l'urine se trouve soumise, comme tous les autres phénomènes de l'organisme, aux influences pathologiques. Dans un grand nombre de maladies, et spécialement dans les maladies de l'estomac, la quantité de pepsine qui s'élimine normalement par l'urine subit des oscillations importantes. LEO et TROLLER considèrent la recherche de la pepsine dans l'urine comme un excellent moyen d'établir un diagnostic ou un pronostic. Mais HOFFMANN et STADELMANN contestent que ce procédé ait une valeur clinique quelconque.

Il ne faut pas croire que la pepsine qui circule dans le sang et dans la lymphe s'élimine exclusivement par le rein. Elle peut aussi suivre d'autres voies. MUNK l'a trouvée dans la salive, et KÜHNE dans le suc intestinal.

La toxicité de la pepsine paraît incontestable. HILDEBRANDT a montré que ce ferment, injecté à la dose de $0^{gr},1$ sous la peau, tue un lapin en deux ou trois jours. La température du corps s'élève une heure après l'injection. L'animal est pris de tremblements, de vomissements, de dyspnée et quelquefois de convulsions. La mort se produit dans le coma. Cependant, d'après ALBERTONI, la pepsine injectée dans le système circulatoire du chien ne produit d'autres troubles qu'une légère diminution de la coagulabilité du sang.

B) Sécrétion coagulante ou labogène. — *a) Éléments cellulaires qui concourent à la formation du labferment.* — HEIDENHAIN et ses élèves attribuent la formation exclusive du labferment aux mêmes éléments glandulaires qui, d'après eux, sécréteraient la pepsine, c'est-à-dire aux cellules principales, et cela pour les arguments dont ils s'étaient déjà servi lorsqu'ils ont voulu localiser la sécrétion peptique dans les cellules principales.

Ces arguments, que nous connaissons déjà, soulèvent les critiques suivantes :

1° Le fait qu'il existe une plus grande quantité de labferment dans les couches de la muqueuse qui renferment un plus grand nombre des cellules principales ne démontre pas que ces cellules soient les seuls éléments qui sécrètent le labferment, mais *uniquement* que les cellules principales en sécrètent plus que les cellules de bordure.

2° La sécrétion du labferment par les cellules des glandes pyloriques des mammifères ne prouve rien, car ces cellules ne sont pas identiques aux cellules principales.

3° L'existence d'une sécrétion coagulante dans l'œsophage de la grenouille ne serait pas non plus, en admettant que cette sécrétion a réellement lieu, ce qui est contesté par CONTEJEAN, un argument très considérable en faveur de l'hypothèse de HEIDENHAIN, attendu que les cellules des glandes œsophagiennes de la grenouille ne sont en rien analogues aux cellules principales des mammifères.

En dehors de ces arguments, assez peu satisfaisants, nous ne trouvons pas dans les travaux de HEIDENHAIN et de ses élèves de preuves à l'appui de leur hypothèse. Nous nous contenterons de dire que le labferment est probablement sécrété par les mêmes éléments glandulaires que la pepsine, c'est-à-dire, par toutes les cellules qui composent les glandes du fond et les glandes pyloriques de l'estomac, en exceptant peut-être les cellules muqueuses.

Les glandes de la région cardiaque, chez les animaux où cette région existe, ne sécréteraient, d'après EDELMANN, d'autre ferment qu'un ferment amylolytique. Ajoutons que, selon HAMMARSTEN et GRÜTZNER, le labferment se trouve en plus petite quantité et d'après GRÜTZNER sous une autre forme dans la région pylorique que dans la région du fond de l'estomac. SOMMER croit au contraire que la muqueuse pylorique est très riche en labferment. Mais cette opinion a été dernièrement combattue par GLAESSNER, qui soutient que le proferment du lab n'existe que dans la région du fond de l'estomac, ainsi que LANGLEY l'avait déjà démontré.

b) **Origine et mode de formation du labferment.** — A l'exemple de ce que l'on admet pour la formation de la pepsine, on croit généralement que le labferment prend naissance d'une *substance mère* qui se trouve dans le protoplasma des cellules des glandes gastriques. Cette substance, qu'on appelle le *zymogène* du lab ou *prolab*, se transformerait, sous l'influence de l'acide chlorhydrique du suc gastrique, en ferment actif ou définitif. Il y a toute une série des faits qu'on invoque pour démontrer l'existence de ce proferment. En voici quelques-uns des plus importants :

1° Hammarsten a constaté que les infusions neutres de la muqueuse gastrique du veau et du mouton coagulent rapidement le lait, même sans avoir subi à aucun moment le contact d'un acide. Au contraire, chez la plupart des autres animaux, Mammifères, Oiseaux et Poissons, ces mêmes infusions ont besoin, pour devenir actives, d'être acidulées quelque temps à l'avance [par l'acide chlorhydrique ou par l'acide lactique. Hammarsten en conclut que le labferment existe *tout formé* dans la muqueuse stomacale du veau et du mouton, tandis qu'il est à l'état de *proferment* dans la muqueuse stomacale des autres animaux.

2° Boas a observé, en étudiant l'action destructive des alcalis sur les liqueurs coagulantes, qu'on pouvait, par ce moyen, séparer le labferment de son zymogène. Le premier de ces corps serait en effet beaucoup plus facilement attaquable par les alcalis que le second. Voici, d'après Boas, une expérience qui le prouve : On prend une solution que l'on suppose contenir à la fois le labferment et le labzymogène, comme, par exemple, le contenu stomacal de l'homme, et on l'alcalinise avec soin jusqu'à ce qu'elle fasse virer franchement au bleu le papier rouge de tournesol. Cela fait, on divise cette solution en deux parties; l'une reçoit un peu de chlorure de calcium, et l'autre rien; puis on mélange chacune de ces parties avec un volume égal de lait, et on les porte toutes les deux à l'étuve. Le premier mélange coagule au bout de quelques instants, tandis que le second reste plusieurs heures à l'état liquide. Boas interprète cette expérience en disant que la coagulation du premier mélange est due au proferment, qui n'a pas été détruit par les alcalis, et qui est devenu actif par son contact avec le chlorure de calcium.

3° Klemperer se rallie complètement à l'opinion de Boas, et trouve, comme cet auteur, que la température, de même que les alcalis, est un excellent moyen pour distinguer le lab de son zymogène. Si l'on chauffe, dit-il, le suc stomacal à la température de 70°, on détruit tout le labferment qui existe en liberté dans ce liquide. Ce suc devient, en effet, incapable de coaguler le lait; mais il ne tarde pas à récupérer ses propriétés coagulantes, lorsqu'on l'additionne d'une petite quantité de chlorure de calcium. Klemperer aboutit à cette conclusion, que le proferment du lab est plus résistant à l'action mortelle de la température que le labferment lui-même.

4° Arthus et Huber ont remarqué que le contenu stomacal des Mammifères adultes renferme toujours du lab lorsqu'il est acide ou qu'il est acidifié. Dans le cas contraire, ce liquide ne contient qu'une substance capable de se transformer sous l'influence des acides étendus en ferment définitif. Il en est de même pour les infusions aqueuses de la muqueuse stomacale de ces animaux. Cependant, chez les Mammifères en lactation, le contenu de l'estomac et les macérations aqueuses de la muqueuse gastrique contiennent, même à l'état neutre, des quantités appréciables de labferment en liberté. Ces observations ne diffèrent guère de celles qu'avait déjà faites Hammarsten.

5° Lörcher ne conteste pas les résultats obtenus par Boas et par Klemperer, mais il prétend que ni la température, ni les alcalis ne sont pas des bons moyens pour distinguer le labferment de son zymogène. Il propose l'emploi des acides, de la manière suivante. Une solution d'acide chlorhydrique à 0,1 p. 100 est mélangée dans la proportion de 2 cc., avec 2 cc. d'un extrait glycériné de la muqueuse stomacale d'un veau. Après avoir laissé ces liquides agir l'un sur l'autre, pendant un temps plus ou moins long, on prend, aux divers moments de cette action, 0cc,1 de ce mélange, et on les ajoute à 10 cc. de lait, afin d'en mesurer la puissance coagulante. Lörcher a observé, en procédant de la sorte, que le temps de coagulation de ces divers mélanges, portés à la température de 35°, diminuait, jusqu'à une certaine limite, avec le temps que durait le contact entre l'extrait et l'acide. L'expérience suivante rend compte de ces résultats :

NUMÉRO D'EXPÉRIENCE.	TEMPS DE CONTACT entre l'extrait et l'acide.	TEMPS DE LA COAGULATION.
1.	1 minute	43 minutes
2.	2 minutes	24 —
3.	3 —	19 —
4.	5 —	11 —
5.	10 —	6 — 1/4
6.	20 —	5 — 1/2
7.	30 —	5 — 1/2
8.	60 —	5 — 1/2
9.	4 heures	6 —

Si l'on compare l'action de l'acide chlorhydrique avec celle des autres acides, en employant des quantités chimiquement équivalentes de ces divers corps, 2 cc. d'une solution normale (1 équiv. par litre) au cinquième pour chacun d'eux, on trouve les résultats suivants :

TEMPS DE CONTACT entre l'extrait et l'acide.	TEMPS DE COAGULATION POUR LES DIVERS ACIDES EN MINUTES.						
	Acide chlorhydrique HCL.	Acide sulfurique H^2SO^4.	Acide nitrique HNO^3.	Acide oxalique $C^2O^4H^2$.	Acide phosphorique H^3PO^4.	Acide lactique $C^3H^6O^3$.	Acide acétique $C^2H^4O^2$.
2 minutes	4	13	17 1/2	20	28	44	99
5 —	6	7 1/2	8	10	14	30	76
10 —	4	3	4 1/2	6 1/2	6	10	59
3 jours.	4 1/4	3 3/4	4 1/2	4	4 1/2	5	4 1/2

La vitesse de la coagulation augmente avec la durée du contact pour tous les acides, mais dans des proportions variables pour chacun de ces corps. Les plus actifs sont d'abord les acides chlorhydrique et sulfurique; ensuite l'acide nitrique, l'acide oxalique, l'acide phosphorique, l'acide lactique et l'acide acétique. L'ordre dans lequel se rangent ces divers acides, pour l'influence qu'ils exercent sur les liqueurs coagulantes, est absolument le même, sauf l'acide sulfurique et l'acide nitrique, que celui dans lequel ils se placent, lorsqu'on étudie leur *pouvoir d'inversion*. Lörcher voit dans ces expériences la preuve que le labferment dérive d'une substance qui n'est pas active par elle-même, mais qui peut le devenir dans son contact avec les acides étendus. D'après cet auteur, le chlorure de calcium n'exercerait pas, ainsi que le croyaient Boas et Klemperer, la même action transformatrice que les acides sur le zymogène du lab. Ce sel accélérerait la vitesse de la coagulation, uniquement parce qu'il modifierait les conditions physiques de la caséine.

Voilà donc, en résumé, les principaux faits sur lesquels repose l'hypothèse du proferment du lab. Duclaux nie formellement cette hypothèse, en se fondant sur des considérations de même ordre que celles pour lesquelles il nie l'hypothèse de l'existence de la propepsine (Voir **Sécrétion peptique**). Mais l'objection qu'il adresse aux expériences précédentes ne peut pas être adressée aux expériences récentes de Glaesner. Cet auteur a opéré sur des liqueurs fermentatives qui, non seulement, ne contenaient pas de débris cellulaires, mais qui ne renfermaient même pas des substances albuminoïdes. Or Glaesner est arrivé ainsi à des résultats du même ordre que ceux qu'avaient obtenus Boas, Klemperer, Lörcher et les autres en opérant sur des liqueurs impures. Les proferments se distinguent des ferments par leur manière de se comporter vis-à-vis des divers agents physiques et chimiques. Il semble donc qu'il s'agit là de deux sortes de corps, tout à fait distincts.

c) **Physiologie comparée de la sécrétion coagulante ou labogène.** — Le labferment existe très probablement chez tous les Vertébrés. HAMMARSTEN et CH. RICHET l'ont trouvé chez les Poissons; GRÜTZNER, chez les Batraciens (grenouille); WARREN, chez les Reptiles; HANSEN et HAMMARSTEN, chez les Oiseaux et chez les Mammifères, et enfin BOAS et KLEMPERER, chez l'homme. Nous devons cependant dire que WARREN, qui a fait sur ce sujet un grand nombre de recherches, n'a pas pu obtenir, avec la muqueuse stomacale de certains Vertébrés, des extraits véritablement actifs. Voici un résumé de ces recherches.

ANIMAUX.	RÉSULTATS.	ANIMAUX.	RÉSULTATS.
Poissons :		**Oiseaux :**	
Raja lævis.	Positif.	Poulet.	Positif.
Lamna cornubica.	—	Pigeon.	—
Gadus morrhua.	—	Perdrix	—
Merlucius blincaris. . . .	—	**Mammifères :**	
Pollachius virens.	—	Marmotte	—
Lophius piscatorius. . . .	Incertain.	Rat	Variable.
Pomatoncus saltatrix. . . .		Souris.	Négatif.
Squalus acanthias	Négatif.	Lapin	Positif.
Batraciens :		Mouton	—
		Bœuf	—
Grenouille.	Positif.	Veau	—
Reptiles :		Cochon.	—
		Chien	—
Tortue.	—	Chat.	—
Couleuvre	—	Jeune chat.	—

Toutefois ce tableau montre que, malgré quelques résultats négatifs qu'il serait bon de vérifier, le labferment est assez répandu dans toute la série des Vertébrés.

En présence de ces résultats, on peut se demander ce que vient faire le labferment chez les animaux qui ne prennent jamais de lait dans leur alimentation. Il est évident qu'à moins d'admettre d'autres rôles physiologiques que la coagulation du lait, sa présence dans le suc gastrique paraît inexplicable.

d) **Variations de la sécrétion coagulante ou labogène dans les diverses conditions physiologiques.** — 1° *Age.* — Tous les auteurs sont d'accord pour affirmer que le labferment se trouve en plus grande quantité dans l'estomac des jeunes animaux que dans l'estomac des animaux adultes. Malgré l'opinion de quelques auteurs, ARTHUS et HUBER ont montré que le contenu stomacal des Mammifères adultes renferme toujours du labferment, ou tout au moins le zymogène de ce ferment. C'est aussi l'opinion de BOAS, qui a trouvé constamment le labferment dans le suc gastrique de l'homme sain et adulte.

2° *État de jeûne.* — La sécrétion du labferment doit cesser dans les intervalles de la digestion, comme toutes les autres sécrétions spécifiques de l'estomac, c'est-à-dire, comme la sécrétion chlorhydrique et comme la sécrétion peptique. Nonobstant BOAS et KLEMPERER soutiennent qu'il existe toujours dans l'estomac de l'homme à jeun une certaine quantité de labferment. Mais le mucus stomacal peut retenir une petite quantité de cet enzyme, sans que, pour cela, on ait le droit de conclure que le labferment est sécrété d'une façon constante par les glandes gastriques.

3° *État de digestion.* — GRÜTZNER a constaté que la teneur de la muqueuse stomacale en labferment subit les mêmes oscillations au cours de la digestion que sa teneur en pepsine. D'après BOAS, le contenu stomacal de l'homme renfermerait, pendant toute la durée de la digestion, une quantité appréciable de labferment et de labzymogène ; mais il ne se prononce pas sur les variations quantitatives que ces deux corps éprouvent au cours du processus digestif. LÖRCHER a étudié à la fois la teneur en lab et en prolab de la muqueuse stomacale et du suc gastrique. Chez le rat, le chien et le chat, la muqueuse stomacale contient toujours plus de ferment et plus de zymogène pendant le jeûne que pendant la digestion. Mais, tandis que la quantité de ferment est constamment très faible, la quantité de zymogène est considérable. Le labzymogène y est à son maximum deux heures après l'ingestion des aliments, tandis que, pour le labenzyme, c'est vers la fin de la digestion. La somme de ces corps se comporte, à quelques différences près, comme le zymogène tout seul. Elle présente un maximum deux heures après le repas, et un minimum deux heures après cet acte; puis elle augmente de nouveau jusqu'à la huitième heure de la digestion.

Les variations que le labferment éprouve dans le suc gastrique pendant la digestion sont tout autres. Lörcher a pu s'en convaincre en mesurant la puissance coagulante du suc gastrique de l'homme, recueilli à l'aide d'une sonde 1, 2, 5 et 6 heures et demie après un repas d'épreuve composé d'une tasse de thé. La force coagulante de ce liquide est relativement faible pendant les premières heures de la digestion. Elle ne commence à augmenter qu'au bout de deux heures, et diminue ensuite jusqu'à la fin de la digestion. Lörcher compare ces résultats avec ceux que Heidenhain a obtenus en étudiant la sécrétion peptique chez le chien. Il en conclut qu'il y a un certain parallélisme entre la marche de la sécrétion coagulante et la marche de la sécrétion peptique, mais la ressemblance entre ces deux phénomènes est loin d'être parfaite.

e) **Variations de la sécrétion coagulante ou labogène dans les diverses maladies.** — La plupart des pathologistes admettent que le labferment contenu dans le suc gastrique y éprouve, sous l'influence des maladies, les mêmes variations que la pepsine. Il en est tellement ainsi que beaucoup d'auteurs se contentent d'examiner la puissance coagulante du suc gastrique pour se rendre compte de l'état de fonctionnement des glandes stomacales. Cette recherche est en effet plus simple, plus rapide et plus exacte que celle de la pepsine.

Le labferment ne disparaît dans le suc gastrique que dans quelques cas très graves d'atrophie de la muqueuse stomacale. Boas et Trzebinski ont montré que, même lorsque la sécrétion chlorhydrique est totalement abolie, le suc gastrique peut encore conserver ses propriétés coagulantes.

f) **Évolution du labferment dans l'organisme.** — Tout porte à croire que le labferment subit le même sort que la pepsine, une fois qu'il est sécrété par les glandes gastriques. Il peut être absorbé par la muqueuse stomacale, détruit dans la cavité intestinale par les alcalis ou absorbé par la muqueuse de cette cavité. En tout cas, nous savons qu'il n'est pas éliminé par les matières fécales, car ces matières ne contiennent d'autres ferments qu'une *amylase* et une *invertine*. Ce qui tendrait à prouver que le labferment est en partie absorbé par la muqueuse de l'appareil digestif, c'est le fait signalé par Grützner, Holwitscher, Helwez et Boas, que l'urine possède des propriétés coagulantes. Toutefois, ces auteurs ont le soin d'ajouter que le labferment ne se trouve dans l'urine qu'en petite quantité et qu'il n'y est pas soumis à des variations aussi régulières que la pepsine. Pagès a constaté que l'urine normale ou pathologique de l'homme et des grands animaux ne contient pas de labferment. En introduisant par injection veineuse dans la circulation générale une solution de présure d'origine animale, le labferment est en grande partie détruit par le sang, et ne s'élimine que dans une très faible proportion par l'urine. Lorsqu'on fait l'injection d'une solution de présure dans le système de la veine porte, la destruction du labferment est encore plus active, si bien que, dans ce cas, on ne trouve plus le ferment dans l'urine. Il en est de même si l'on introduit la présure dans le tube digestif. Au contraire, la présure végétale résisterait, d'après Pagès, à l'action destructive du sang et du foie; et, introduite soit dans la circulation, soit dans le tube digestif, elle ne tarderait pas à apparaître dans l'urine. Si l'on accepte ces résultats, on comprend parfaitement que l'homme et les animaux, qui consomment parfois des aliments contenant une assez grande quantité de présure végétale, puissent avoir de temps à autre des urines douées de propriétés coagulantes.

D) **Sécrétion amylolytique.** — Edelmann, qui est le seul auteur qui croie à l'existence d'une sécrétion amylolytique dans l'estomac, attribue cette sécrétion aux glandes de la région cardiaque. Or cette région n'est suffisamment développée que chez certains Mammifères, surtout chez le hamster, le rat, le porc et le cheval. La sécrétion amylolytique ne serait donc pas, en admettant qu'elle existe, un phénomène très général, mais une fonction isolée à laquelle on ne peut accorder une grande importance.

E) Sécrétion muqueuse. — *a) Éléments cellulaires qui concourent à la formation du mucus stomacal.* — Le mucus que l'on trouve dans l'estomac à l'état normal provient principalement de la salive. Une petite quantité seulement est sécrétée par certains éléments cellulaires de la muqueuse gastrique. Ces éléments sont les suivants : 1° toutes les cellules qui composent l'épithélium superficiel de l'estomac, cellules cylindriques et cellules caliciformes; 2° une partie des éléments qui revêtent le canal excréteur des glandes du fond de l'estomac et qui dérivent directement de l'épithélium superficiel de la muqueuse; 3° toutes les cellules des glandes pyloriques.

b) Mode de formation du mucus. — Ces divers éléments présentent en effet les signes évidents d'une transformation muqueuse. Leur contenu protoplasmique donne, en présence des réactifs appropriés (acides faibles et matières colorantes), presque toutes les réactions de la mucine.

C'est surtout dans les éléments de l'épithélium superficiel que cette sécrétion a été le mieux étudiée.

Dans ces éléments, la transformation muqueuse commence par la partie externe de la cellule et se poursuit vers la profondeur du corps cellulaire. Lorsque les cellules se sont chargées de mucus, elles expulsent leur contenu. D'après Todd et Bowmann, et Stöhr, cette expulsion se fait par le déchirement de la membrane propre de la cellule; mais il reste toujours, en un point de l'élément ainsi mutilé, du protoplasma et un noyau bien vivant, aux dépens desquels la cellule se reconstituerait sur place. On peut objecter à cette hypothèse que le mucus stomacal renferme toujours une certaine proportion de cellules épithéliales.

Pour d'autres auteurs, les cellules de l'épithélium superficiel sont ouvertes pendant toutes les phases de leur vie, et leur contenu muqueux s'échapperait à travers l'orifice qu'elles présentent. Cette opinion est fortement combattue par Heidenhain, Stöhr et Kupfer, qui soutiennent que la membrane propre entoure toute la surface de ces cellules.

Enfin beaucoup d'auteurs admettent que les cellules muqueuses périssent lorsqu'elles arrivent à un certain degré de développement, et que le mucus n'est que le résultat de la destruction de ces éléments.

D'après Heidenhain, la sécrétion muqueuse est plus active dans la région du pylore que dans la région du fond de l'estomac. De plus, le mucus de la région pylorique serait plus visqueux que celui du fond de l'estomac.

Schmidt pense que le mucus sécrété par les cellules cylindriques de l'épithélium superficiel est plus riche en mucine que le mucus produit par les cellules caliciformes. Le mucus stomacal différerait par quelques réactions colorantes des autres mucus. Celui dont il se rapproche le plus serait le mucus des glandes sous-maxillaires.

c) Variations de la sécrétion muqueuse. — La sécrétion muqueuse de l'estomac est très faible à l'état normal. Tellering n'a pu recueillir, en faisant des lavages de l'estomac de l'homme après un repas d'épreuve, qu'une demi-cuillerée de mucus. Encore, dans ce cas, une partie du mucus pouvait-elle provenir de la sécrétion salivaire.

Heidenhain a trouvé plus de mucus dans l'estomac des animaux herbivores que dans celui des carnivores; mais ce sont là les seules observations que nous possédions sur les variations quantitatives du mucus dans la série animale.

La sécrétion muqueuse doit être continue; car on trouve toujours une certaine quantité de mucus dans l'estomac, même pendant la période de jeûne (Leube). Toutefois cette sécrétion augmente certainement pendant la digestion. D'après Schüle, la quantité du mucus de l'estomac est plus grande pendant la digestion d'un repas composé de féculents ou d'hydrates de carbone, que dans les autres alimentations; mais Schmidt a fait observer que cette expérience de Schüle n'a aucune valeur, attendu que les hydrates de carbone provoquent une sécrétion abondante de salive, et que cet auteur n'a rien fait pour empêcher le passage de ce liquide dans l'estomac.

La sécrétion muqueuse subit des variations importantes dans les diverses maladies de l'estomac. D'après Ewald, la gastrite aiguë donne lieu, à la longue, à une forte sécrétion de mucus. On trouve aussi une grande quantité de ce liquide dans la plupart des inflammations chroniques de l'estomac. Boas et Jaworski classent ces maladies en deux groupes : les unes se caractérisent par une hypersécrétion acide, les autres par une hypersécrétion muqueuse. Enfin, l'immense majorité des pathologistes admettent que la sécrétion muqueuse persiste dans l'atrophie grave de l'estomac, tandis que les sécrétions spécifiques disparaissent complètement.

DAUBER a observé une maladie caractérisée par une sécrétion acide continue, mais avec excès de mucus, la *gastrosucorrhée muqueuse*.

Disons encore que, d'après SCHMIDT, le mucus stomacal éprouve, sous l'influence de certaines maladies, quelques modifications morphologiques qui se révèlent par des changements dans les réactions colorantes des éléments cellulaires contenus dans ce liquide.

La sécrétion muqueuse de l'estomac se distingue des autres sécrétions spécifiques de cet organe par la manière dont elle se comporte vis-à-vis des divers excitants. Les agents physiques et chimiques, qui sont tout à fait impuissants à provoquer la formation d'un suc gastrique actif, donnent toujours lieu à une sécrétion très abondante de mucus. D'une manière générale, toute irritation de la muqueuse gastrique, de quelque nature qu'elle soit, fait augmenter la quantité de mucus sécrété par l'estomac. On sait de longue date que l'attouchement ou le pincement de la muqueuse produisent cet effet. Il en est de même si l'on introduit certains corps chimiques irritants dans l'estomac. PAWLOW et son élève SAWRIEFF ont vu que, dans ce dernier cas, la sécrétion muqueuse pouvait devenir cent fois plus forte qu'à l'état normal. Ces expériences ont été faites avec l'alcool absolu, l'essence de moutarde, une solution de sublimé corrosif à 2 p. 1000, et une solution de nitrate d'argent à 2 p. 100.

F) **Formation des sels et de l'eau du suc gastrique.** — Les recherches sur la concentration moléculaire des liquides de l'organisme, entreprises à l'aide de la méthode cryoscopique de RAOULT, ont donné à KORANYI, WINTER et HAMBURGER des résultats fort importants qui montrent le rôle que jouent les phénomènes de l'osmose dans la composition chimique de ces liquides. WINTER a constaté que la concentration moléculaire du suc gastrique oscille, comme celle de tous les autres liquides de sécrétion de l'organisme, autour d'un axe qui est représenté par la concentration du sérum sanguin. Si l'on examine la concentration moléculaire du suc gastrique aux divers moments du cycle digestif, on trouve que cette concentration oscille entre deux limites mathématiquement définies. L'une, qui est égale à 0,36, est constante, et liée à la résistance des cellules. L'autre, variable avec les individus, ne dépasse jamais la concentration du sérum sanguin, et est égale à 0, 55. Si, au début de la digestion, par la dilution du repas ingéré, l'une de ces deux limites se trouve dépassée, le premier travail de l'organisme consiste à ramener cette dilution dans les limites obligatoires. Ce retour aux conditions physiologiques peut être plus ou moins rapide, mais se produit constamment. Il est le résultat des courants osmotiques qui s'établissent entre le sang et le contenu stomacal, et représente la lutte de l'organisme contre toute velléité de désordre; lutte non pas intelligente, comme on l'admet communément, mais lutte nécessaire due à l'intervention aveugle des lois osmotiques vérifiables pour l'estomac comme pour la cellule artificielle de PFEFFER. La seule différence qui existe entre ces deux appareils au point de vue de leur fonctionnement osmotique, résiderait dans ce fait que les cellules vivantes se laissent traverser par d'autres molécules chimiques (NaCl surtout), que celles de l'eau, tandis que les cellules artificielles ne sont perméables qu'à ces dernières molécules. En somme, d'après WINTER, la concentration moléculaire du suc gastrique serait soumise à trois ordres de forces qui se contrebalancent constamment, pendant toute la durée du cycle digestif. L'une de ces forces est représentée par le chlorure de sodium; la seconde par le pouvoir dissolvant du sang. Enfin, la troisième se rattache à la résorption des produits digestifs par l'estomac. Cette dernière est la plus importante. Elle dépend des centres vaso-moteurs et peut être caractérisée par l'ensemble des autres éléments physiques des liquides organiques.

Tout récemment, ROTH et STRAUSS ont repris l'étude de cette question, en se servant aussi de la méthode cryoscopique. Ces auteurs ont introduit dans l'estomac des solutions de concentration variable (*hypertoniques*, *isotoniques* et *hypotoniques* par rapport au plasma du sang) et de nature différente (solutions de chlorure de sodium, et de sucre, eau distillée, repas d'épreuve). En étudiant les modifications moléculaires que ces liquides subissent dans l'estomac, ils sont arrivés à la conclusion suivante. Les phénomènes d résorption et de sécrétion de l'estomac peuvent être ramenés à trois processus différents qui se superposent et s'intriquent les uns avec les autres. Ces processus sont : 1° un échange de liquides entre le sang et la cavité gastrique par *diffusion*, qui a pour but d'égaliser la tension osmotique totale du sang et des liquides stomacaux ; 2° une *sécrétion diluante* venant de l'appareil glandulaire de l'estomac, qui tend à diminuer la concentration moléculaire excessive du contenu stomacal ; 3° une *sécrétion glandulaire spécifique* renfermant les éléments actifs du suc gastrique, *ferments* et *acide chlorhydrique*.

Il faut dire cependant que l'existence d'une sécrétion diluante dans l'estomac avait été déjà signalée par MERING. Cet auteur a constaté, en effet, en introduisant dans l'estomac des quantités différentes d'alcool, de sucre, de dextrine, de peptones, d'albumoses et de sels, que ces substances étaient en partie absorbées par la muqueuse gastrique ; mais, en même temps que l'absorption, il se fait une transsudation d'eau dans la cavité stomacale, en proportion d'autant plus forte que le pouvoir osmotique de la substance ingérée est plus considérable. Ces observations ont été confirmées par STRAUSS, VERHAEGEN et LECONTE. VERHAEGEN prétend que la sécrétion diluante est un phénomène normal et qu'elle se présente surtout vers la fin de la digestion. Le but de cette sécrétion serait de diminuer l'acidité du contenu stomacal et de rendre plus fluide la masse alimentaire qui va passer dans l'intestin. Dans la digestion des repas copieux, elle peut se produire à plusieurs reprises. Le siège de cette sécrétion serait dans la région du pylore.

Dans certaines maladies de l'estomac, il peut y avoir une sécrétion abondante d'un suc gastrique neutre ne contenant pas un grand excès de mucus. S'il en est ainsi, il y aurait, à côté de la *gastrorrhée chlorhydrique* et de la *gastrorrhée muqueuse*, une *gastrorrhée aqueuse ou diluante*.

En tout cas, les diverses sécrétions de l'estomac se comportent différemment vis-à-vis des influences pathologiques. La moins résistante de toutes semble être la sécrétion chlorhydrique ; viennent ensuite la sécrétion peptique, la sécrétion diluante, et en dernier lieu la sécrétion muqueuse.

G) **Variations quantitatives du suc gastrique.** — En faisant l'étude spéciale de chacune des sécrétions stomacales, nous avons passé en revue les variations qualitatives que le suc gastrique éprouve sous l'influence des conditions les plus diverses. Il nous reste maintenant à connaître comment se comporte ce liquide, au point de vue quantitatif, sous l'influence de ces mêmes conditions.

a) **Variations quantitatives du suc gastrique dans la série animale.** — Et tout d'abord, voyons quelles sont les variations quantitatives du suc gastrique dans la série animale. Si l'on se rapporte aux observations des anciens auteurs, on trouve les résultats suivants. Le chien sécréterait en suc gastrique, d'après HARVEY, en vingt-quatre heures, 1/15 du poids de son corps ; d'après BIDDER et SCHMIDT, 1/10, et, d'après GRÜNWALD, 1/26. Toutefois BIDDER et SCHMIDT ont fait remarquer que la quantité de suc produit par un même animal est très variable. Ainsi ces auteurs ont vu sur le chien se produire un écart de sécrétion de 24 à 204 grammes dans l'espace d'une heure seulement. Chez le mouton, la quantité de suc gastrique produit en vingt-quatre heures serait, d'après ces mêmes auteurs, de 120 grammes. FRÉMONT et FROUIN sont arrivés à recueillir sur un chien, qui pesait 12 kilos, et dont l'estomac avait été complètement isolé du reste de l'appareil digestif, 800 grammes de suc gastrique en vingt-quatre heures. En supposant que la même proportion existe chez l'homme, on pourrait dire qu'un sujet pesant 60 kilos sécrète 4 litres de suc gastrique par jour. D'autre part, PAWLOW et ses élèves ont vu qu'un chien soumis à l'influence d'un *repas fictif* pouvait sécréter de 200 à 300 cc. de suc gastrique pur par heure. KONOWALOFF a recueilli par ce même procédé jusqu'à 10 litres de ce liquide.

Ces résultats épars n'ont toutefois aucune valeur comparative. Pour savoir exactement la quantité de suc gastrique que les divers animaux peuvent produire, il faudrait soumettre ces animaux à des conditions d'alimentation comparables, recueillir leur suc gastrique par les mêmes procédés et rapporter la quantité de suc gastrique produit à la même unité de mesure.

b) **Variations quantitatives du suc gastrique dans les diverses conditions physiologiques.** — 1° *État de jeûne.* — Pendant les intervalles de la digestion, l'estomac ne sécrète qu'une petite quantité de mucus qui baigne les parois de cet organe. Les auteurs qui ont observé le contraire, — et ils sont relativement nombreux (Voir **Sécrétion chlorhy-**

drique) — se sont trouvés probablement en présence de certains cas pathologiques, ou bien alors ils ont eu affaire à des sécrétions psychiques provenant d'une façon indirecte de l'excitation alimentaire. En tout cas, on peut affirmer que l'activité sécrétoire de l'estomac n'est pas une fonction continue.

2° *État de digestion.* — La vitesse de sécrétion du suc gastrique ne reste pas constante pendant toute la durée de la digestion. PAWLOW et ses élèves ont montré que cette vitesse varie d'heure en heure depuis le commencement jusqu'à la fin du processus digestif. Sur un chien qui avait pris un repas mixte composé de 600 gr. de lait, 100 gr. de viande et 100 gr. de pain, KHIGINE a trouvé :

VARIATIONS QUANTITATIVES DU SUC GASTRIQUE
pendant la digestion d'un repas mixte.

Heures après le repas.	Quantité de suc en c. c.
I.	15,1
II.	21,0
III.	21,6
IV.	14,0
V.	12,0
VI.	9,2
VII.	7,6
VIII.	4,4
IX.	2,4
X.	1,2

D'une manière générale, la marche de ces variations est représentée par une courbe qui monte rapidement au début de la digestion, se maintient ensuite au même niveau, pendant la seconde ou la troisième heure, puis descend très lentement pour se terminer d'une façon brusque. Toutefois la forme de cette courbe subit quelques légères modifications dans chaque régime alimentaire.

3° *Régime alimentaire.* — α) *Nature des régimes.* — Ainsi, dans le régime de viande, la courbe de la sécrétion gastrique monte plus rapidement, et descend aussi plus vite que dans le régime mixte. Voici une expérience qui le prouve :

VARIATIONS QUANTITATIVES DU SUC GASTRIQUE
pendant la digestion de 400 grammes de viande crue.

Heures après le repas.	Quantité de suc en c. c.
I.	16,0
II.	14,3
III.	16,4
IV.	12,6
V.	10,9
VI.	8,4
VII.	4,6
VIII.	4,2
IX.	0

La courbe de la sécrétion gastrique dans le régime du pain présente aussi quelques particularités intéressantes. Elle se distingue des autres courbes par la rapidité même de son ascension et par la longueur considérable de sa période de descente. En effet, malgré la petite quantité de pain (200 grammes) que KHIGINE a fait manger à son chien, par rapport aux quantités que ce même animal avait prises dans l'alimentation mixte et dans l'alimentation par la viande, l'expérience suivante montre que la courbe de la sécrétion gastrique prend un développement inattendu.

VARIATIONS QUANTITATIVES DU SUC GASTRIQUE
dans la digestion de 200 grammes de pain.

Heures après le repas.	Quantité de suc en c. c.
I.	11,7
II.	5,0
III.	3,4
IV.	2,8
V.	4,0
VI.	3,7
VII.	3,8
VIII.	1,6
IX.	1,9
X.	0,0

La courbe de la sécrétion gastrique dans le régime du lait diffère aussi nettement de celle des autres régimes. Cette courbe, qui monte d'abord rapidement, comme toutes les autres, continue son ascension pendant la seconde heure avec une vitesse qui est même deux fois plus grande qu'au début de la digestion. L'ascension de cette courbe ne finit qu'après la troisième heure; mais, à partir de ce moment, la vitesse de la sécrétion diminue; puis elle s'arrête brusquement. On peut suivre ces variations dans le tableau ci-joint :

VARIATIONS QUANTITATIVES DU SUC GASTRIQUE
dans la digestion de 600 c. c. de lait.

Heures après les repas.	Quantité de suc en c. c.
I.	4,0
II.	8,6
III.	9,2
IV.	7,7
V.	4,0
VI.	0,6

La nature des aliments exerce, en outre, une influence marquée sur la quantité totale de suc gastrique produit par l'estomac dans la digestion d'un repas donné. Si l'on recueille, ainsi que l'a fait KHIGINE, la quantité de suc gastrique sécrété par l'estomac dans la digestion de divers repas administrés dans des proportions identiques (200 grammes), on trouve des différences importantes que le tableau suivant montre bien :

VARIATIONS QUANTITATIVES DU SUC GASTRIQUE
suivant la nature des aliments.

NATURE DE L'ALIMENT.	QUANTITÉ DE SUC produit en c. c.
Aliments mixtes.	62,7
Viande.	56,9
Pain.	33,6
Lait.	37,0
Bouillie d'avoine avec de la viande.	31,6
Blanc d'œuf cuit.	45,7
Œufs cuits.	53,5
Lard de bœuf.	12,9

β) *Quantité des aliments.* — Si l'on varie la quantité d'aliments qu'on ingère, la quantité de suc gastrique produit varie aussi. PAWLOW et ses élèves prétendent qu'il existe une proportionnalité directe et rigoureuse entre ces deux facteurs. Les expériences de KHIGINE semblent, en effet, démontrer que cette loi est exacte. En voici un exemple :

QUANTITÉ D'ALIMENT ingéré.	QUANTITÉ DE SUC produit en c. c.
100 grammes de viande cruc.	26
200 grammes de viande cruc.	40
400 grammes de viande cruc.	106

Cette loi se retrouve constamment, quelle que soit la nature de l'aliment ingéré, comme le montre cet autre exemple :

	QUANTITÉ D'ALIMENT ingéré.			QUANTITÉ DE SUC produit en c. c.
Alimentation mixte.	Lait 300 c. c.	Pain 50 gr.	Viande 50 gr.	42,3
	Lait 600 c. c.	Pain 100 gr.	Viande 100 gr.	83,2

δ) *État des aliments.* — L'état des aliments doit aussi exercer une certaine influence sur la marche générale des sécrétions stomacales. Toutefois, entre la viande cuite et la viande crue, les différences quantitatives de suc gastrique produit ne sont pas bien importantes.

100 GRAMMES.		200 GRAMMES.	
VIANDE CRUE. Quantité de suc en c. c.	VIANDE CUITE. Quantité de suc en c. c.	VIANDE CRUE. Quantité de suc en c. c.	VIANDE CUITE. Quantité de suc en c. c.
23,3	24,0	45,1	42,1

Tout ce que nous venons de dire à propos de l'influence que le régime alimentaire exerce sur la marche quantitative des sécrétions gastriques, n'a réellement lieu que lorsqu'on ingère les aliments par les voies normales de l'appareil digestif. Si l'on introduit ces substances directement dans l'estomac, les résultats qu'on obtient sont tout autres. PAWLOW a constaté que, dans ces conditions, seuls parmi tous les aliments, l'eau, le lait, la viande et la gélatine provoquent une sécrétion appréciable de suc gastrique. Les autres substances alimentaires, albumines, graisses et hydrates de carbone, sont tout à fait incapables de provoquer les sécrétions stomacales, et quelques-unes de ces substances, comme par exemple les graisses, peuvent même paralyser l'activité des glandes gastriques.

c) **Variations quantitatives du suc gastrique dans les diverses maladies.** — Malgré les procédés ingénieux proposés par MATHIEU et RÉMOND, STRAUSS et REICHMANN, pour mesurer la quantité de suc gastrique que l'estomac de l'homme peut produire, nous ne savons pas encore comment les diverses maladies peuvent modifier la marche quantitative des sécrétions stomacales. Il faut cependant faire une exception en faveur de la maladie de REICHMANN, qui semble provoquer d'une façon constante un écoulement abondant de suc gastrique.

Dans ces derniers temps, PAWLOW et ses élèves ont fait sur ce sujet quelques expériences intéressantes. Sur les mêmes animaux dont ils se servent habituellement pour l'étude physiologique des sécrétions gastriques, ils ont vu se produire des modifications profondes dans la marche de ces sécrétions sous l'influence de certains états pathologiques qu'ils ont provoqués expérimentalement ou qui se sont présentés spontanément. En badigeonnant à plusieurs reprises la muqueuse du petit estomac isolé avec une solution de nitrate d'argent à 10 p. 100, SAWRIEFF est arrivé à produire un état marqué d'*asthénie* des glandes gastriques, qui se caractérise par les modifications sécrétoires suivantes :

HEURES DE SÉCRÉTION.	SÉCRÉTION NORMALE. QUANTITÉ DE SUC produit par 150 grammes de viande.	SÉCRÉTION PATHOLOGIQUE. QUANTITÉ DE SUC produit par la même quantité d'aliment.
	centimètres cubes.	centimètres cubes.
I	6,5	8,4
II.	5,3	3,5
III.	4,3	2,5
IV.	4,4	1,2
V.	2,8	0,0
VI.	1,4	0,0
	TOTAL : 24,7	TOTAL : 15,6

Pawlow s'exprime ainsi à ce propos (*Travail des glandes digestives*, traduction française de Sabrazès et Pachon): « Comme vous le voyez, la marche de la sécrétion, sous l'influence de l'état pathologique, a pris un caractère tout à fait inaccoutumé et particulier. Les chiffres de la première heure de sécrétion dépassent notablement les chiffres normaux; dans le cours de la dernière heure, en revanche, se manifeste une chute exceptionnellement basse et brusque, au-dessous de la normale, chute qui se maintient pendant la troisième heure; puis la sécrétion s'arrête prématurément après avoir fourni une quantité de suc bien moindre qu'à l'état normal. La cellule glandulaire est donc devenue plus excitable qu'auparavant, mais en même temps elle se fatigue avec une facilité exceptionnelle. » C'est pour cette raison que Pawlow désigne cette maladie spéciale des glandes gastriques par le nom d'*asthénie* ou *faiblesse irritable*.

Kasanski a démontré, d'autre part, qu'on pouvait provoquer un état pathologique des cellules glandulaires, complètement opposé à celui que nous venons de décrire, en faisant agir un froid intense sur la muqueuse de l'estomac isolé.

HEURES DE SÉCRÉTION.	SÉCRÉTION NORMALE.	SÉCRÉTION PATHOLOGIQUE (FROID).
	centimètres cubes.	centimètres cubes.
I............	11,6	6,2
II...........	8,4	11,6
III..........	3,5	10,8
IV...........	1,9	5,6
V............	1,3	3,6
	Total : 26,7	Total : 37.8

La cellule se montre ici plus paresseuse au début; mais, une fois qu'elle est entrée en activité, elle produit une quantité de suc plus grande qu'à l'état normal.

Enfin, sur un chien qui succomba au développement d'un *ulcère rond* du petit estomac, Wolkowitsch a observé une hypersécrétion croissante de suc gastrique, en même temps qu'un trouble profond dans la marche de cette sécrétion.

d) **Variations quantitatives du suc gastrique sous l'influence de quelques agents chimiques.** — Les seuls corps chimiques que nous connaissions jusqu'ici, qui puissent exciter par eux-mêmes les glandes gastriques, sont l'éther et l'alcool dilués, et aussi la pilocarpine. Ce dernier corps surtout provoque, quelle que soit la voie par laquelle on l'introduit dans l'organisme, une sécrétion abondante de suc gastrique. Quant à l'alcool et à l'éther, ils n'agissent efficacement sur les glandes gastriques que lorsqu'on les met directement en contact avec la muqueuse stomacale. Toutefois Chittenden et Radzikowki ont vu l'un et l'autre que l'alcool introduit dans l'intestin grêle et dans le rectum peut encore faire sécréter les glandes gastriques. D'après Pawlow et son élève Sawriew, l'alcool absolu, introduit dans l'estomac isolé d'un chien, ne produirait qu'une forte sécrétion de mucus.

Les autres corps chimiques que les médecins donnent très souvent pour stimuler les sécrétions gastriques ne sont tout au plus que des agents modificateurs de ces sécrétions. Quelques-uns d'entre eux accélèrent la marche de ces sécrétions, tandis que d'autres les retardent. Parmi ces derniers, il faut citer au premier rang l'atropine.

H) **Durée des sécrétions gastriques.** — Cette étude a été faite d'une façon rigoureuse par Pawlow et ses élèves. Le temps que dure l'activité des glandes gastriques, à la suite de l'ingestion d'un repas donné, varie tout d'abord avec la nature de l'aliment ingéré. Khigine classe ainsi qu'il suit les divers aliments, d'après la persistance de leur action sur les sécrétions stomacales.

> Blanc d'œuf cuit.
> Pain blanc.
> Œufs cuits.
> Graisse de bœuf.
> Viande.
> Lait.

Il est bien entendu que ces aliments doivent être ingérés dans des proportions iden
tiques. Si l'on en varie la quantité, l'ordre dans lequel ils se rangent n'est plus le même.
La durée des sécrétions gastriques dépend en effet, dans une grande mesure, de la quantité d'aliment qu'on ingère. Ainsi, pour un même aliment, la viande par exemple,
KHIGINE a constaté, en en donnant des quantités différentes à son animal en expérience,
les variations suivantes dans la durée des sécrétions gastriques.

		DURÉE DE LA SÉCRÉTION stomacale en heures.
Viande crue.	100 grammes	4 h. 1/2
	200 —	6 h. 1/2
	400 —	8 h. 3/4

La loi de ces variations suivrait, d'après KHIGINE, une progression géométrique.

Le travail de sécrétion de l'estomac ne doit pas durer le même temps chez tous les
animaux. Chez le chien, la durée des sécrétions gastriques varie dans des limites assez
larges, entre trois et dix heures, d'après KHIGINE.

I) **Période latente des sécrétions gastriques.** — Les glandes gastriques ne commencent pas à sécréter tout de suite après l'ingestion des aliments. Il y a toujours un
temps perdu qui s'écoule entre le moment où la sécrétion commence et le moment où
paraît la première goutte de suc gastrique. Ce temps perdu oscille pour les diverses
expériences entre cinq et quinze minutes, mais ces oscillations ne sont nullement en
rapport avec la nature ou la quantité des aliments ingérés dans l'estomac.

D'après PAWLOW, qui voit dans tous ces phénomènes l'expression d'une réelle finalité,
la période latente des sécrétions gastriques n'aurait d'autre but que de permettre à
la salive de continuer son action amylolytique dans l'estomac. Inutile de dire que c'est
là une simple hypothèse, qu'aucun fait, jusqu'ici, n'est venu confirmer.

J) **Modifications de la muqueuse stomacale pendant le travail de sécrétion.**
— Ces modifications sont de deux ordres différents. En premier lieu, l'aspect macroscopique de la muqueuse stomacale change aussitôt que les aliments pénètrent dans
l'estomac. La surface interne de cette muqueuse devient turgescente et prend une coloration rose foncée. Ces deux modifications répondent à un accroissement de la circulation dans les vaisseaux capillaires de la muqueuse. BLONDLOT a été le premier auteur qui
ait attiré l'attention sur l'existence de cet état spécial de la muqueuse gastrique,
qu'il appelait l'*état turgide*, et que seule, disait-il, l'excitation alimentaire pouvait
provoquer.

En même temps que ces modifications circulatoires, l'épithélium pavimenteux et
l'épithélium glandulaire éprouvent des changements morphologiques importants. Les
cellules de l'épithélium pavimenteux se chargent abondamment de mucus et deviennent plus volumineuses qu'à l'état de jeûne. Leur partie superficielle prend un développement plus considérable que leur partie basale ou protoplasmique. Le protoplasma et
le noyau sont comme refoulés vers la profondeur du corps de la cellule, tandis que la
membrane propre se gonfle et tend à éclater vers l'extérieur. Certains auteurs prétendent même que les cellules de l'épithélium superficiel sont constamment ouvertes, et
que leur contenu muqueux s'échappe au fur et à mesure de sa formation.

L'épithélium glandulaire subit aussi des changements microscopiques importants.
Ces changements, qui ont été très bien étudiés par HEIDENHAIN et ses élèves, portent
aussi bien sur les glandes de la région du fond et sur les glandes de la région pylorique.
OPPEL a réuni dans le tableau suivant (p. 761), les principaux résultats obtenus par les
physiologistes de l'école de Breslau dans leurs recherches sur cette question.

Toutes ces transformations cellulaires aboutissent à la formation du suc gastrique. HEIDENHAIN rejette l'hypothèse d'une fonte cellulaire. Les éléments épithéliaux des glandes gastriques sécréteraient sur place et sans se détruire; mais il paraît
probable que les cellules principales finissent tôt ou tard par périr, et qu'elles sont
alors remplacées par les cellules de bordure, qui sont des éléments beaucoup plus
jeunes.

**Modifications morphologiques des cellules des glandes gastriques
aux divers moments de leur activité.**

D'après HEIDENHAIN et ses élèves.

PÉRIODES	GLANDES DU FOND		CELLULES
DE REPOS ET D'ACTIVITÉ.	CELLULES principales.	CELLULES de bordure.	DES GLANDES PYLORIQUES.
Jeûne.	Grosses et claires.	Petites.	Au début, contenu trouble; puis, claires et de grandeur moyenne.
Pendant les six premières heures de la digestion.	Grosses, et à contenu finement granuleux.	Plus grosses.	Ne subissent pas de changement.
De la sixième à la neuvième heure de la digestion.	Diminuent de volume, et leur contenu devient plus granuleux.	Très grosses et bosselées.	Augmentent de volume et deviennent plus claires; leur noyau a des formes irrégulières et se trouve placé près de la partie superficielle de la cellule.
De la quinzième à la vingtième heure après l'ingestion des aliments.	Augmentent de volume et deviennent claires.	Diminuent de volume et prennent des formes arrondies.	Prennent des formes ratatinées, et leur contenu se trouble. Leur noyau, qui est rond, présente des granulations très nettes et se place vers le milieu de la cellule.

K) **Modes de sécrétion de l'estomac.** — En se basant sur le point de départ de l'excitation qui met en activité les glandes gastriques, on a reconnu jusqu'ici trois modes de sécrétion dans l'estomac : 1° une *sécrétion d'origine psychique*, provoquée par la vue ou par l'odeur des aliments, ainsi que par le passage de ces substances à travers les voies supérieures de l'appareil digestif; 2° une *sécrétion d'origine stomacale*, résultant de l'introduction directe des aliments dans l'estomac; 3° une *sécrétion d'origine intestinale*, déterminée par la présence de certaines substances alimentaires dans la cavité de l'intestin grêle.

a) **Sécrétion d'origine psychique.** — En 1843, BLONDLOT avait observé que, tandis que l'introduction directe du sucre dans l'estomac n'amenait pas la sécrétion du suc gastrique, ce même aliment, ingéré par la bouche, produisait toujours une sécrétion abondante de ce liquide. « On peut expliquer, disait-il, ce fait de différentes manières : celle qui me paraît le plus vraisemblable est que l'impression produite par le sucre sur l'organe du goût stimule *sympathiquement* la membrane interne de l'estomac. Une autre conséquence plus générale, qu'on peut, ce me semble, déduire de cette expérience, c'est que les opérations préliminaires de la dégustation, de la mastication, de l'insalivation et de la déglutition ont pour effet de provoquer sympathiquement un certain degré de surexcitation sur la membrane de l'estomac, et qu'ainsi elles ne sont pas sans influence sur la sécrétion du suc gastrique.» BLONDLOT termine en comparant l'estomac aux glandes salivaires, dont la sécrétion, dit-il, est activée par le simple contact des aliments avec l'orifice du conduit excréteur, sans que la glande elle-même soit stimulée directement.

Quelque temps après ces observations, BINDER et SCHMIDT remarquèrent que la vue seule des aliments suffisait à provoquer, chez le chien, une sécrétion abondante de suc gastrique. En 1878, CH. RICHET vit aussi sur ce même animal, en lui faisant flairer un morceau de viande, que la muqueuse de l'estomac devenait rouge et que le suc gastrique s'écoulait par la fistule d'une façon appréciable. Cet auteur constata en outre, sur son malade gastrotomisé, dont l'histoire est de tous connue, que la mastication des substances sapides et parfumées donnait constamment lieu à un flux relativement abondant de suc gastrique. C'est même par ce procédé tout physiologique que Ch. Richet est arrivé le premier à recueillir le suc gastrique pur.

Toutefois, malgré ces diverses observations, l'existence d'une sécrétion psychique dans l'estomac ne fut définitivement établie qu'à partir du moment où parurent les recherches de Pawlow et de ses élèves sur cette question.

Pawlow et Mme Schoumow-Simanowski démontrèrent tout d'abord que *le repas fictif*, c'est-à-dire le passage des aliments à travers les voies supérieures de l'appareil digestif, était toujours suivi, chez le chien, d'une sécrétion active des glandes gastriques. Cette sécrétion commence exactement cinq minutes après le début de l'ingestion et dure en général deux ou trois heures. En outre, elle disparaît totalement lorsqu'on sectionne les nerfs pneumogastriques. Ces auteurs n'osèrent pas se prononcer lors de ces premières recherches, sur la nature de l'excitation, qui, en agissant sur la muqueuse des parties supérieures de l'appareil digestif, pouvait ainsi mettre en jeu l'activité des glandes gastriques. Ils se contentèrent de dire à ce propos que la sécrétion stomacale provoquée par le repas fictif était probablement le résultat d'une série d'actions simultanées, psychiques et réflexes, ces dernières étant toutefois les plus importantes.

Postérieurement, Kettscher vit que la mastication et la déglutition, ainsi que les sensations du goût, ne peuvent exciter par elles-mêmes les glandes gastriques si ces divers phénomènes n'agissent pas d'une manière psychique, en éveillant l'appétit chez l'animal. Néanmoins Kettscher croyait encore qu'il existait dans l'estomac, indépendamment de toute excitation psychique, une sécrétion réflexe provenant de l'irritation mécanique des parties postérieures de la cavité buccale par les aliments solides. En faisant manger de force un chien indifférent à toute nourriture, on constate que l'acte de manger, même forcé, provoque chez le chien une sécrétion plus ou moins abondante de suc gastrique.

Tel était l'état de cette question, lorsque les expériences de Sanotzky vinrent prouver d'une façon incontestable que l'*élément psychique* joue un rôle des plus importants dans les phénomènes de sécrétion de l'estomac. D'abord la vue et l'odeur des aliments suffisent réellement à provoquer les sécrétions gastriques. Sur vingt expériences faites sur des chiens à jeun (dix-huit à vingt-quatre heures après le dernier repas), il n'y en a eu qu'une qui ait donné des résultats négatifs, et encore faut-il dire que dans ce cas il s'agissait d'un animal qui n'éprouvait aucun plaisir à la présence des aliments et qui probablement n'avait pas très faim. Dans toutes les autres expériences, Sanotzky a constaté qu'il y avait toujours finalement sécrétion d'une quantité plus ou moins grande de suc gastrique, lorsqu'on mettait les animaux en présence de la viande. Cette sécrétion ne se manifeste pas avant cinq minutes, et elle peut tarder jusqu'à quinze minutes. La quantité de suc que l'on recueille dans ces conditions varie beaucoup d'un animal à l'autre, et, pour un même animal, d'une expérience à l'autre. Ainsi, tandis qu'un chien excité par la viande pendant cinq minutes ne produisait que 3 c. c. 1/4 de suc en trois quarts d'heure, un autre chien sécrétait, sous l'influence de la même excitation, jusqu'à 15 cc. de suc pendant les premières cinq minutes. La durée de cette sécrétion ne dépend pas directement de la durée de l'excitation. Il arrive même parfois que l'écoulement du suc gastrique cesse alors que l'excitation continue. Enfin, la marche de la sécrétion psychique est généralement très forte au début; puis elle diminue progressivement, pour s'arrêter sans changement brusque. Quant au suc gastrique produit par cette sécrétion, il est un peu moins acide, et jouit d'un pouvoir de digestion un peu plus faible que dans l'alimentation normale.

Après avoir bien démontré que l'estomac pouvait ainsi sécréter sous l'influence d'une *excitation psychique pure*, c'est-à-dire d'une excitation qui passe par l'écorce cérébrale avant de retentir sur les centres de sécrétion des glandes gastriques, Sanotzky a cherché si ces mêmes influences psychiques n'étaient pas la cause véritable de l'activité sécrétoire que présente l'estomac à la suite du *repas fictif*.

Il s'est dit : Puisque la vue seule des aliments suffit à provoquer presque toujours la sécrétion du suc gastrique, il faut s'attendre *a priori* à ce que le passage de ces substances à travers les voies supérieures de l'appareil digestif ait un effet plus marqué sur l'activité des glandes gastriques. En même temps l'action psychique doit être beaucoup plus intense dans ce dernier cas que dans le premier. L'expérience a confirmé ces prévisions. En effet, l'estomac sécrète, sous l'influence du repas fictif, un suc plus abondant et plus actif que sous l'influence de la vue seule des aliments. En voici un exemple :

De 3 h. 45 à 3 h. 50 on excite le chien par la vue de la viande. La sécrétion gastrique fut pour ainsi dire nulle.

TEMPS.	QUANTITÉ DE SUC.	ACIDITÉ.	POUVOIR DIGESTIF.
3 h. 05 — 3 h. 50	0 c. c.		
3 h. 50 — 3 h. 55	deux gouttes		
3 h. 55 — 4 h.	1/4 c. c.		
4 h. — 4 h. 05	3/4 —		
4 h. 05 — 4 h. 10	3/4 —		
4 h. 10 — 4 h. 15	1/2 —	0.203 0/0	5ᵐᵐ 1/4
4 h. 15 — 4 h. 20	1/4 —		
4 h. 20 — 4 h. 25	environ 1/4 —		
4 h. 25 — 4 h. 30	1/4 —		
4 h. 30 — 5 h. 35	fil de mucus.		

A 5 heures on commence le *repas fictif* qui dure cinq minutes. La sécrétion apparaît cinq minutes après le début de l'expérience, et le suc gastrique est très actif.

TEMPS.	DURÉE DE LA SÉCRÉTION.	QUANTITÉ DE SUC.	ACIDITÉ.	POUVOOIR DIGESTIF.
	minutes.	cent. cubes.	p. 100.	mm.
5 h. 05 — 5 h. 12	7	10	0,405	6 7/8
5 h. 12 — 5 h. 16	4	10	0,495	6 5/8
5 h. 16 — 5 h. 20	4	10	0.505	5 3/4
5 h. 20 — 5 h. 25	5	10	0,539	5 1/2
5 h. 25 — 5 h. 31	6	10	0,525	5 1/4
5 h. 31 — 5 h. 47	16	10	0,505	3 1/2
5 h. 47 — 6 h. 02	15	10	0,495	6 1/2
6 h. 02 — 6 h. 25	23	10	0,481	5 7/8
6 h. 25 — 6 h. 53	28	10	0,466	7 3/8
6 h. 53 — 7 h. 28	35	10	0,437	7
7 h. 28 — 7 h. 35	7	1	la sécrétion cesse	0

En faisant avaler à un chien œsophagotomisé un grand nombre de substances étrangères (morceau de cire à cacheter, morceau d'éponge imprégnée d'eau, d'acides, d'extrait de viande, morceau de viande recouvert de moutarde, etc.) capables d'exciter mécaniquement et chimiquement les muqueuses buccale et pharyngienne, on voit que ces excitations ne produisent aucun effet sur les sécrétions gastriques. Et il n'y a pas à supposer une influence inhibitoire quelconque; car le passage de ces substances ne trouble en rien la sécrétion gastrique, si elle est commencée. SANOTZKY conclut que la sécrétion gastrique provoquée par le repas fictif n'est pas un réflexe simple déterminé par les excitations mécaniques ou chimiques de la muqueuse buccale, ou les actes de la mastication ou de la déglutition. Il pense que cette sécrétion a, comme celle qui résulte de la vue de la viande, une *origine psychique*. « On peut croire, dit-il, qu'une irritation spécifique quelconque de la cavité buccale dans l'acte de manger n'est pas absolument indispensable pour provoquer la sécrétion du suc gastrique, de même qu'on ne peut supposer, par exemple, d'irritation spécifique de la rétine quand il y a sécrétion du suc gastrique à la seule vue de la nourriture. Les impressions produites par la vue dans ce dernier cas, et les diverses impressions ressenties par la muqueuse de la cavité buccale, dans le premier cas, ne donnent probablement que l'impulsion, ou aident seulement au développement dans le système nerveux central d'un processus particulier agissant d'une manière excitante sur l'appareil glandulaire de l'estomac. Il ne faut pas oublier qu'un processus de même nature, mais généralement moins intense, peut aussi se développer de soi-même, c'est-à-dire en l'absence de toute action sur les organes de la vue, de l'odorat et du goût. Ainsi il paraît très probable que la cause principale de la sécrétion du suc gastrique après le repas fictif, est, chez l'animal affamé, la vive représentation qu'il se fait des aliments et de l'action de manger. »

Ce qui vient tout à fait confirmer cette opinion de Sanotzki, c'est le manque de rapport qui existe entre la durée de l'excitation et la durée du processus sécrétoire, dans ce genre d'alimentation. Il est difficile, en effet, d'admettre, ajoute-il, qu'une sécrétion qui se continue plusieurs heures après une excitation de la muqueuse buccale qui ne dure que cinq minutes, puisse être le résultat d'un acte réflexe, car on ne connaît pas de phénomènes réflexes de cette nature. S'il est permis de parler ici d'acte réflexe, ce ne peut-être qu'un acte réflexe d'ordre supérieur, dont le processus psychique particulier, auquel nous faisions allusion tout à l'heure, n'est qu'un des anneaux.

Afin de bien prouver que la longue durée de la sécrétion gastrique dans le repas fictif ne tient pas à un mode spécial de fonctionnement des glandes stomacales, tandis qu'elle est liée à un processus psychique particulier qui se développe sous l'influence des excitations alimentaires, Sanotzky a fait l'expérience suivante : Sur un chien gastrotomisé dont un des pneumogastriques avait été sectionné quelque temps auparavant, et l'autre mis à nu le jour même de l'expérience, on provoque la sécrétion gastrique par le repas fictif; puis, lorsque cette sécrétion est en train, on sectionne le pneumogastrique qui reste, et on étudie la marche des phénomènes. Les résultats de cette expérience ont été les suivants :

A 2 h. 50 ouverture de la fistule gastrique; il sort de l'estomac une petite quantité de mucus; il n'y a donc pas de sécrétion de suc.

A 3 h. 49 commence le repas fictif; il dure 15 minutes. Les premières gouttes de suc gastrique apparaissent 5 minutes après.

TEMPS.	QUANTITÉ DE SUC.	ACIDITÉ.	POUVOIR DIGESTIF.
	cent. cubes.	p. 100.	mm.
3 h. 54 — 3 h. 59	15	0,452	4,5/8
3 h. 59 — 4 h. 04	24	«	»
A 4 h. 4 on sectionne le pneumogastrique gauche; l'animal ne réagit pas; quelques minutes après la section, le pouls est de 156.		0,495	4,3/8
4 h. 04 — 4 h. 09	9		
4 h. 09 — 4 h. 14	2		
4 h. 14 — 4 h. 19	3/4		
4 h. 19 — 4 h. 24	1/2		
A 4 h. 24 le chien voit un morceau de viande près de lui et fait un assez fort mouvement en avant.		0,466	4,1/8
4 h. 24 — 4 h. 29	2 1/2		
4 h. 29 — 4 h. 34	1/2		
4 h. 34 — 4 h. 39	0		
De 4 h. 39 à 4 h. 49 repas fictif.			
4 h. 39 — 4 h. 49	0		

Après une heure et demie on ouvre de nouveau la fistule stomacale; il n'y a pas de suc gastrique.

La sécrétion diminue rapidement aussitôt qu'on sectionne le dernier pneumogastrique, et elle s'arrête au bout de quelques instants. Ce fait suffirait à lui seul pour montrer que la cause de la longue durée du processus sécrétoire déterminé par le repas fictif ne réside pas dans l'estomac lui-même. On ne peut pas non plus soutenir que ce phénomène dépende d'une irritation prolongée des terminaisons nerveuses de la muqueuse buccale, par les produits qui peuvent rester dans cette cavité, après le repas fictif, car, même alors, ces produits n'auraient aucune influence sur l'activité des glandes gastriques, ainsi que le montrent les expériences précédentes. Il ne reste donc plus que l'élément psychique pour expliquer le mécanisme de ce mode de sécrétion. Cet élément est représenté, d'après SANOTZKI, par le désir passionné des aliments et par le sentiment de plaisir et de jouissance qui accompagne l'acte de manger.

En raison de son origine psychique, la sécrétion provoquée par le repas fictif est soumise à diverses oscillations, d'origine centrale. PAWLOW a indiqué les suivantes : « Si l'animal est préalablement soumis à un jeûne de deux à trois jours, nous pouvons lui offrir dans l'expérience du repas fictif un aliment quelconque (viande cuite ou fraîche, pain, blanc d'œuf cuit, etc.), nous obtiendrons toujours une sécrétion très abondante de suc gastrique. Le chien n'a-t-il pas au contraire été préalablement mis à jeun, et reçoit-il, par exemple, son repas fictif quinze à vingt heures après son dernier repas, il discerne alors parfaitement entre les divers aliments, dont les uns provoquent de sa part une grande avidité, d'autres une moindre, et d'autres le laissent tout à fait indifférent; parallèlement la quantité et la qualité du suc sécrété présentent des oscillations considérables. Plus l'animal mange avec avidité, plus le suc est sécrété en abondance, plus est grand aussi son pouvoir digestif. La plupart des chiens préfèrent la viande au pain; aussi bien, dans le repas fictif de pain, le suc sécrété sous cette influence est-il moins abondant et d'un pouvoir digestif plus faible que dans le cas du repas fictif de viande. On observe cependant des chiens qui se jettent sur le pain avec plus d'appétit que sur la viande; chez ceux-là on obtient régulièrement un suc plus abondant et de pouvoir digestif plus élevé avec le repas fictif de pain qu'avec le repas de viande. Rapportons encore un fait analogue. Vous donnez à votre chien de la viande cuite, coupée par morceaux, que vous lui distribuez à des intervalles déterminés. Le chien les mange, mais déjà, à la manière dont il se comporte, vous remarquez qu'il ne manifeste pas d'avidité particulière, et vous êtes frappé par cette observation que l'animal cesse, au bout de quinze à vingt minutes, de prendre la viande qu'on lui offre. Parallèlement il arrive, ou bien que la sécrétion du suc gastrique ne se manifeste pas du tout, ou qu'elle apparaisse à un intervalle bien plus tardif que celui des cinq minutes réglementaires, et qu'elle reste jusqu'à la fin insignifiante. Après avoir attendu que toute sécrétion se soit tarie, ou bien le lendemain, donnez au même chien de la viande crue, en morceaux de même grosseur, et distribués à des intervalles identiques, c'est-à-dire, opérez d'une manière tout à fait semblable à celle que vous avez pratiquée avec la viande cuite. La viande crue plaît évidemment au goût de l'animal, il en mangerait pendant des heures entières; la sécrétion de suc gastrique commence alors au bout de cinq minutes précises, et se montre très abondante. Chez tel autre chien qui préfère la viande bouillie à la viande crue, les phénomènes sont inverses. Le bouillon, la soupe, le lait, vis-à-vis desquels les chiens manifestent plus d'indifférence qu'à l'égard des aliments solides, ne provoquent souvent pas la moindre sécrétion, donnés en repas fictif; s'il y a production de suc, c'est du moins en petite abondance, quoique le bouillon par exemple reproduise les qualités gustatives essentielles de la viande. »

Ainsi donc, d'après PAWLOW, l'appétit, le goût, tout ce qui peut en un mot changer l'état psychique de l'animal en rapport avec l'alimentation, exerce une grande influence sur la marche de la sécrétion gastrique dans le repas fictif. On s'explique ainsi que beaucoup d'auteurs qui n'ont pas tenu compte de ces conditions soient arrivés à des résultats négatifs, et aient contesté l'existence de ces sécrétions.

La période latente de ces sécrétions dure, en général, cinq minutes, mais elle peut varier de quatre à quinze minutes. *La durée* oscille entre une et trois heures pour des excitations qui ne dépassent pas quinze minutes. *La progression* en est très forte pendant la première heure; puis elle s'éteint graduellement. Enfin le suc produit par les glandes gastriques, sous l'influence des excitations psychiques, serait plus important, aux points de vue quantitatif et qualitatif, que le suc élaboré par ces glandes en réponse à une excitation directe de la muqueuse stomacale.

b) **Sécrétion d'origine stomacale.** — L'existence d'une pareille sécrétion n'a été jamais mise en doute. On peut même dire que les anciens auteurs croyaient que les glandes gastriques n'entraient en activité que sous l'influence d'une excitation directe de la muqueuse stomacale. Ce n'est qu'à partir des travaux de Pawlow que les idées relatives à cette sécrétion ont subi un revirement complet.

Pawlow a montré que non seulement la sécrétion produite par l'excitation de la muqueuse stomacale n'est pas le seul mode de sécrétion des glandes gastriques, mais que cette sécrétion ne se manifeste que dans des conditions spéciales, dont l'étude n'avait jamais été bien faite.

Si l'on prend la précaution d'introduire directement dans l'estomac un grand nombre de substances alimentaires, sans exciter *psychiquement* l'animal, c'est-à-dire sans éveiller en lui le désir de l'alimentation, on constate que la plupart de ces substances peuvent rester indéfiniment dans l'estomac, sans provoquer la moindre sécrétion. Les seuls aliments actifs à ce point de vue sont : la viande crue, le lait, la gélatine et l'eau. Encore l'eau ne produit-elle un effet marqué sur l'activité des glandes stomacales que lorsqu'on en donne 250 à 500 grammes. La plupart des expériences de Pawlow ont porté sur des animaux endormis, afin de supprimer l'intervention de toute excitation psychique. Mais on peut obtenir les mêmes résultats sur un animal éveillé.

La sécrétion provoquée par l'introduction directe de certains aliments dans l'estomac apparaîtrait beaucoup plus tard que la sécrétion psychique, quoique Leconte nie cette observation de Pawlow. Cette sécrétion ne commencerait à se montrer que quinze à quarante-cinq minutes après l'introduction des aliments dans l'estomac. Au contraire, elle dure un temps bien plus long que la sécrétion psychique, mais le suc qui en résulte est moins abondant et moins actif que dans cette dernière sécrétion. C'est ce que démontre l'expérience suivante de Lobassoff.

400 grammes de viande crue sont introduits par une fistule dans le grand estomac d'un chien opéré par la méthode de Pawlow. Le suc est recueilli dans le petit estomac isolé du même animal. L'écoulement de ce liquide ne commence que vingt-cinq minutes après l'introduction de la viande dans l'estomac. Voici quelle a été la marche de ce phénomène :

HEURES.	QUANTITÉ DE SUC.	PUISSANCE DIGESTIVE.
	cent. cubes.	mm.
1	3,7	2,0
2	10,6	1,63
3	9,2	1,5
4	7,0	1,88
5	5,6	2,25
6	6,6	2,63
7	7,5	1,88
8	5,3	2,0
9	3,0	5,0
10	0,2	»

Pawlow attribue cette sécrétion à un *réflexe glandulaire*, qui suivrait la voie du sympathique et résulterait d'une excitation chimique de la muqueuse stomacale. C'est pourquoi il donne à cette sécrétion le nom de *sécrétion chimique*.

Toutefois, Pawlow n'ose pas nier l'existence d'une sécrétion *psychique d'origine stomacale* : « On ne peut douter que, dans les conditions normales, l'estomac ne soit le siège de certaines sensations, c'est-à-dire, que sa face interne ne possède un certain degré de sensibilité tactile. En général, ces sensations sont très faibles, et les individus s'habituent, pour la plupart, à ne leur prêter aucune attention, dans le cours normal de la digestion ; mais, pour inaperçues qu'elles soient, elles n'en constituent pas moins des facteurs du sentiment de bien-être général, et surtout de la sensation de plaisir qui va avec l'acte de manger... Quand nous parlions du désir de l'aliment comme agent d'excitation des nerfs sécrétoires de l'estomac, nous comprenions naturellement, dans ce mot, le besoin conscient et passionné de nourriture, l'appétit, en un mot, et non le manque de nourriture de l'organisme, le besoin alimentaire latent qui ne s'est pas encore transformé en besoin concret, passionné. Les chiens que nous soumettons au repas fictif sont un bon exemple de dissociation de ces éléments. Avant l'expérience, tout comme pendant le temps où elle s'exécute, ils ont besoin de nourriture ; le suc, cependant, ne commence à s'écouler qu'au moment où le besoin se transforme en désir passionné. C'est ce qui fait qu'il est possible que, chez quelques chiens, surtout s'ils sont dans un certain état de jeûne, le contact d'objets particuliers avec la muqueuse stomacale, l'excitation mécanique de l'estomac ou sa distension par les masses alimentaires qu'il renferme, puissent susciter l'éveil de l'appétit. Dès que l'appétit est éveillé, alors le suc s'écoule. »

On voit donc que, même d'après Pawlow, la sécrétion d'origine stomacale peut être de nature psychique. C'est la raison pour laquelle nous avons préféré étudier cette forme de sécrétion sous le nom de sécrétion d'origine stomacale, plutôt que sous le nom de sécrétion chimique.

c) **Sécrétion d'origine intestinale.** — Chittenden, puis Leconte, ont observé que l'introduction directe de certaines substances dans l'intestin grêle donnait lieu à une sécrétion spécifique des glandes gastriques. Chez le chien, Chittenden a provoqué ce phénomène en se servant de l'alcool dilué et des boissons alcooliques ; Leconte, en usant d'une solution de peptone ; mais, tandis que le premier de ces auteurs ne se prononce pas sur le mécanisme de cette sécrétion, le second affirme qu'elle est de nature réflexe. Enfin l'existence d'une sécrétion stomacale d'origine intestinale a été confirmée par Pawlow. Le procédé employé par cet auteur pour l'étude de cette sécrétion ne diffère guère de celui qu'a employé Leconte dans le même but (Animaux à fistule gastrique et duodénale).

En dehors de la peptone, Leconte a examiné l'action d'autres substances sur l'estomac par la voie intestinale. Ni le jus de viande, ni le fromage fermenté, ni le lait naturel, ni le lait acide et digéré artificiellement par la pepsine, ni la caséine peptonisée, ni même l'extrait de Liebig, que l'on sait être un excitant puissant des glandes gastriques par la voie stomacale, n'ont produit d'effet sur l'activité sécrétoire de ces glandes.

Leconte a observé, en même temps, que certaines substances qui ont, comme le glucose, le pouvoir d'inhiber les sécrétions gastriques par voie stomacale, les inhibent aussi par voie intestinale. La période latente de cette inhibition est à peu près la même que celle de la sécrétion d'origine intestinale, et varie entre 8 et 13 minutes. Ajoutons enfin que Radzikowski vient de trouver que l'alcool introduit dans l'organisme par la voie rectale provoque aussi les sécrétions gastriques.

L) **Valeur comparative des divers modes de sécrétion de l'estomac.** — Pawlow et ses élèves soutiennent que la *sécrétion psychique* de l'estomac est, à tous les points de vue, beaucoup plus importante que la *sécrétion chimique* de cet organe. Pour cela, ils s'appuient sur des expériences de deux sortes : dans les premières, ils étudient la marche et les caractères de la sécrétion gastrique à la suite : 1° d'un repas normal ; 2° de l'introduction directe des aliments dans l'estomac ; 3° d'un repas fictif. Dans le second groupe d'expériences, ils examinent la marche du travail digestif après l'introduction directe des aliments dans l'estomac avec ou sans excitation psychique.

Pawlow a réuni dans le tableau suivant les résultats obtenus par Khigine et par Lobassoff dans la première série de ces expériences :

HEURES	REPAS NORMAL DE 150 GRAMMES de viande. (Khigine)		INTRODUCTION DIRECTE DANS L'ESTOMAC de 150 grammes de viande. (Lobassoff)		REPAS FICTIF. (Lobassoff)		SOMME DES DEUX dernières expériences.
	Quantité de suc en c. c	Puissance digestive en mm.	Quantité de suc en c. c.	Puissance digestive en mm.	Quantité de suc en c. c.	Puissance digestive en mm.	Quantité de suc en c. c.
1.	12,4	5,43	5,0	2,5	7,7	6,4	12,7
2.	13,5	3,63	7,8	2,75	4,5	5,3	12,3
3.	7,5	3,5	6,4	3,75	0,6	5,75	7,0
4.	4,2	3,12	5,0	3,75	»	»	5,0

Ces résultats montrent que la vitesse de la sécrétion est plus grande dans le repas fictif et dans le repas normal qu'après l'introduction directe des aliments dans l'estomac. Il en est de même pour la puissance digestive du suc sécrété. Si l'on additionne les chiffres obtenus après le repas fictif et après l'introduction directe des aliments dans l'estomac, on peut construire avec ces éléments une courbe qui représente la synthèse de la sécrétion et qui est identique à la courbe sécrétoire que l'on obtient à l'état normal.

L'examen du processus digestif, dans le cas d'introduction directe des aliments dans l'estomac, avec ou sans excitation psychique, a donné aussi des résultats fort intéressants.

Pawlow rapporte à ce sujet une expérience qui démontre surabondamment toute l'importance de la sécrétion psychique dans la digestion stomacale. Cette expérience a été faite sur deux chiens porteurs d'une fistule gastrique ordinaire, et œsophagotomisés. « A l'un de ces chiens, dit Pawlow, j'ai introduit directement dans l'estomac, par la fistule ouverte, un nombre déterminé de morceaux de viande crue, et cela, sans que le chien s'en aperçoive, pendant que je distrayais son attention par des caresses, et que j'évitais soigneusement toute excitation de son appareil olfactif; les morceaux de viande étant attachés à un fil, dont l'extrémité libre était retenue à l'orifice de la canule fistulaire par un bouchon de liège qui le maintenait fortement adhérent. Le chien a été alors mis dans une chambre séparée et abandonné à lui-même. Chez l'autre chien, j'ai introduit de la même manière dans l'estomac une quantité égale de viande. Mais, en même temps, on l'a soumis à un repas fictif animé, puis l'animal a été également abandonné à lui-même. Les chiens ont reçu chacun 100 grammes de viande ». Au bout d'une heure et demie, Pawlow a constaté, en retirant, à l'aide du fil, les morceaux de viande de l'estomac de ces animaux, que, tandis que le chien qui n'a pas été soumis au repas fictif n'a digéré que 6 grammes de viande, l'autre en a digéré jusqu'à 30 grammes.

Lobassof aussi avait vu, en introduisant dans l'estomac d'un chien à fistule gastrique et œsophagotomisé vingt-cinq morceaux de viande (100 grammes), et en laissant ces morceaux séjourner dans la cavité stomacale pendant deux heures, que, sans repas fictif, l'animal ne digère que 6,5 p. 100 de la viande introduite dans l'estomac, tandis qu'avec un repas fictif de huit minutes, il en digère 31,6 p. 100. Si on laisse la viande une heure et demie dans l'estomac, la digestion est de 5,6 p. 100, sans le repas fictif, et de 45 p. 100 avec un repas fictif de cinq minutes. Enfin, lorsque la viande séjourne dans l'estomac cinq heures, la digestion, sans le repas fictif, est de 58 p. 100; et, avec le repas fictif, de 85 p. 100.

Ces deux séries de résultats semblent prouver que la sécrétion psychique est plus importante que la sécrétion chimique. Néanmoins Leconte prétend que la sécrétion psychique est insuffisante, par elle-même, à conduire à bout la digestion d'un repas ordinaire. L'intensité de cette sécrétion serait très grande au début de la digestion, mais elle ne tarderait pas à s'affaiblir, de sorte que, si elle n'était pas remplacée par la sécrétion chimique, les aliments ne subiraient pas un changement bien profond dans la cavité de l'estomac. Cet auteur reproche aux physiologistes russes d'avoir limité leurs études à une portion isolée de l'estomac, au lieu de prendre en considération l'estomac tout entier. Ce reproche n'est cependant pas bien juste, car Pawlow et ses élèves ont démontré, par des expériences très variées, que le petit estomac isolé se comporte à tous les points de vue exactement comme le grand estomac. Une autre critique que Leconte adresse à Pawlow, c'est qu'on ne peut tirer une conclusion aussi absolue d'une série d'expériences dont les plus importantes ne sont pas très démonstratives.

Ces remarques ont conduit Leconte à entreprendre de nouvelles recherches sur des chiens porteurs de fistules gastriques et qui recevaient tous les jours et alternativement une même quantité de viande bouillie (20 grammes), tantôt par la bouche, tantôt par l'orifice fistulaire, en ayant soin, dans ce dernier cas, d'éviter l'excitation psychique de l'animal. Au bout d'un certain temps de digestion, on examinait l'état du contenu stomacal afin de se rendre compte de l'importance du travail sécrétoire des glandes gastriques dans les deux cas. Cet examen se réduisait à l'analyse de l'acidité des liquides digestifs et au contrôle de l'état de transformation des aliments. Leconte n'a pas mesuré la quantité de suc produit dans ces conditions, ni la force digestive de ce liquide. Toutefois, malgré cette expérimentation défectueuse, cet auteur a observé : 1° que les liquides de digestion atteignent leur maximum d'acidité presque au même moment, quelle que soit la voie par laquelle on introduit les aliments dans l'estomac; 2° que la digestion se fait à peu près également vite sous l'influence des sécrétions psychique et chimique réunies que sous l'influence de la sécrétion chimique toute seule. Leconte n'hésite pas à en conclure, contrairement aux idées de Pawlow, que la sécrétion chimique est la plus importante de toutes les formes de sécrétion de l'estomac.

Nous voudrions bien accepter cette opinion, car elle nous semble *a priori* plus rationnelle que celle de Pawlow. Mais les expériences de Leconte ne sont pas très convaincantes. Cet auteur n'a pas fait une mesure rigoureuse de l'intensité du travail sécrétoire de l'estomac. Il s'est servi en outre d'un aliment (viande bouillie) qui, d'après les recherches de Pawlow, peut être considéré comme un excitant médiocre des glandes gastriques. Enfin il a donné cet aliment en proportions tellement faibles (20 grammes), qu'on se demande s'il est possible, dans ces conditions, de constater une différence quelconque entre la marche des sécrétions, soit psychique, soit chimique.

Pourtant Leconte ne nie pas l'utilité de la sécrétion psychique. Tout au contraire, il reconnaît, avec Pawlow, que cette sécrétion rend des services considérables pendant les premières heures de la digestion.

La sécrétion psychique ne diffère guère d'intensité pour certains aliments, comme par exemple le pain et la viande. Aussi voit-on la courbe de sécrétion, dans un repas formé de ces substances, se ressembler tout à fait pendant la première heure de l'acte digestif.

Expérience de Khigine.

HEURES.	VIANDE.		PAIN.	
	QUANTITÉ de suc.	FORCE digestive.	QUANTITÉ de suc.	FORCE digestive.
	cent. cubes.	mm.	cent. cubes.	mm.
1.	12,4	5,43	13,4	5,37
2.	13,5	3,63	7,4	6,50

Au contraire, lorsqu'il s'agit d'un aliment qui n'exerce qu'une action très faible sur l'état psychique de l'animal son ingestion provoque une sécrétion, dont la marche se caractérise par une extrême lenteur au début de l'acte digestif. C'est ce qui se passe dans le régime du lait; car cet aliment ne détermine pas, lors de son passage à travers les voies supérieures de l'appareil digestif, d'effets psychiques bien marqués.

Expérience de Khigine.

HEURES.	INGESTION DE 600 GRAMMES DE LAIT	
	QUANTITÉ DE SUC.	POUVOIR DIGESTIF.
	cent. cubes.	mm.
1.	4,2	3,57
2.	12,4	2,63

Pawlow et ses élèves considèrent la sécrétion psychique comme le feu qui allume la digestion. Une fois celle-ci commencée, la sécrétion chimique prend naissance, et elle finit par se substituer tôt ou tard à la sécrétion psychique.

Quant à la sécrétion d'origine intestinale, elle ne commencerait à se produire, d'après Leconte, que lorsque les produits digestifs pénètrent dans l'intestin. Elle se rapprocherait, par son intensité, de la sécrétion d'origine stomacale, et son rôle serait d'assurer la transformation des aliments les plus réfractaires qui séjournent longtemps dans l'estomac.

M) **Conditions qui déterminent le travail de sécrétion de l'estomac.** — *a*) **Nature de l'excitant des glandes gastriques.** — Pendant longtemps on a cru que les irritations mécaniques de la muqueuse stomacale étaient la cause principale de l'activité des glandes gastriques pendant la digestion. BLONDLOT, FRERICHS, SCHIFF et HEIDENHAIN, ont été les premiers auteurs qui aient protesté contre cette conception erronée, et indiqué nettement que les substances alimentaires étaient les véritables agents d'excitation des glandes gastriques. La clairvoyance de BLONDLOT, dans cette question, mérite surtout d'être retenue. Cet auteur a dit : « Les matières alimentaires sont le stimulant spécial sous l'influence duquel l'estomac déverse son suc chymificateur, et ils ont seuls le pouvoir d'amener sa tunique interne au degré de surexcitation stable et uniforme qui constitue l'état turgide, tandis que les agents purement mécaniques ou chimiques se bornent à une excitation partielle et momentanée. »

Aujourd'hui la valeur de l'excitation mécanique des glandes gastriques ne vaut même pas la peine d'être discutée. Nous savons, depuis les travaux de PAWLOW, que cette excitation peut être considérée comme nulle.

En est-il de même pour l'excitation chimique? Parmi les substances minérales, il n'y a, d'après PAWLOW, qu'une seule substance capable de provoquer les sécrétions gastriques. C'est l'eau. Et encore faut-il qu'elle soit ingérée à la dose de 250 à 500 grammes. Les autres substances minérales (alcalis, acides, sels divers) ne jouissent d'aucun pouvoir d'excitation sur les glandes gastriques, quelle que soit la manière dont on les introduit dans l'estomac et la dose à laquelle on les ingère. Certaines de ces substances, comme par exemple la soude et le sel commun, auraient même la propriété d'inhiber l'activité des glandes stomacales.

Dans le groupe des corps organiques, un petit nombre de substances, qui n'ont aucune valeur alimentaire, arrivent cependant à mettre en jeu l'activité des glandes gastriques : l'alcool, la pilocarpine, et certaines matières extractives de la viande de nature inconnue. L'action excitante de l'alcool se manifesterait, d'après CHITTENDEN, par la voie stomacale et par la voie intestinale. Celle des matières extractives de la viande se montrerait essentiellement par la voie stomacale (PAWLOW). LECONTE prétend que ces dernières substances ne produisent aucun effet lorsqu'on les injecte dans l'intestin grêle. PAWLOW a vu, d'autre part, qu'elles sont incapables d'exciter la sécrétion psychique. Enfin l'influence excitante de la pilocarpine sur les glandes gastriques se manifeste dans toutes les conditions possibles. Il est probable que ces diverses substances mettent en activité les éléments glandulaires de l'estomac par des procédés très différents. En tout cas leur pouvoir d'excitation n'en est pas moins incontestable.

Parmi les substances organiques qui ont une valeur alimentaire, la plupart d'entre elles sont capables de provoquer les sécrétions gastriques, lorsqu'elles sont ingérées par les voies normales de l'appareil digestif. Leur passage à travers la bouche détermine la production d'un suc très actif par un mécanisme psychique. La seule condition nécessaire pour que ce phénomène se produise, c'est que l'animal ait un vrai besoin de se nourrir, et qu'il sente du plaisir en mangeant l'aliment qu'on lui présente.

Introduites directement dans la cavité stomacale, aucunes substances alimentaires, si l'on excepte la viande crue, le lait et la gélatine en solution, ne peuvent provoquer l'activité sécrétoire de l'estomac.

Les physiologistes russes se sont naturellement demandé en vertu de quelles propriétés chimiques ces trois aliments faisaient exception à cette loi. KHIGINE a constaté tout d'abord que les éléments minéraux n'exercent aucune influence. Il en est de même des albumines. Le seul principe azoté qui, d'après cet auteur, agirait puissamment sur les sécrétions stomacales, serait la peptone. Mais LOBASSOFF a vu ensuite que cette substance n'avait qu'une action faible sur les sécrétions. Il était d'ailleurs facile de supposer que ni la peptone ni la gélatine ne jouent quelque rôle dans les propriétés excitantes de la viande et du lait; car elles ne font pas partie de la composition chimique de ces aliments.

Pour LOBASSOFF, les substances excitantes de la viande appartiennent au groupe des matières extractives que l'on trouve dans le muscle, et qui sont solubles dans l'eau et précipitables par l'alcool. Toutefois, ces substances n'ont rien de commun avec la créatine ou la créatinine, ni avec les autres bases xanthiques connues jusqu'ici. Il suffit de faire bouillir la viande, pour enlever à cet aliment tout pouvoir d'excitation sur les glandes gastriques. Au contraire, le liquide résultant de cette ébullition se montre à ce point de vue très actif; mais on peut le rendre inactif en le concentrant et en le traitant à plusieurs reprises par l'alcool absolu.

Ce serait une erreur de croire que les aliments qui sont incapables par eux-mêmes de provoquer les sécrétions gastriques n'exercent aucune influence sur la marche de ces sécrétions au cours de la digestion. Il y en a qui deviennent actifs aussitôt qu'ils commencent à être transformées par le suc gastrique, et d'autres qui modifient, par leur seule présence, dans un sens favorable ou défavorable, la marche de la sécrétion.

Comme exemple du premier groupe de ces substances, nous pouvons citer le pain et les albumines. Si l'on retire de l'estomac d'un chien qui a mangé de l'albumine d'œuf, les produits liquides de la digestion, et qu'on les porte directement dans le grand estomac d'un chien à cul-de-sac gastrique isolé, on obtient alors un effet sécrétoire remarquablement plus constant et plus puissant que les effets produits par une même quantité d'eau et d'albumine liquide. Le même résultat s'observe avec le pain. Cette expérience de Lobassoff montre nettement que le pain et l'albumine, qui sont des aliments inactifs par eux-mêmes, donnent sous l'influence du suc gastrique des produits qui excitent les glandes stomacales. Khigine a constaté, d'autre part, que, si l'on introduit directement, dans un estomac en activité, un peu d'albumine liquide, on observe tout de suite un renforcement de la sécrétion. Ces divers faits viennent donc corroborer l'opinion que la sécrétion psychique joue un rôle des plus importants dans le travail de digestion de l'estomac. Si elle n'existait pas, les aliments ne seraient pas digérés, alors que grâce à cette sécrétion tout se passe dans le meilleur ordre.

Dans le groupe des substances qui exercent une action modificatrice sur les sécrétions gastriques par leur seule présence dans l'estomac, nous trouvons l'amidon et les graisses.

L'amidon mélangé avec la viande produit une sécrétion plus forte de suc gastrique que la viande toute seule. On peut expliquer ce fait en se reportant à l'expérience suivante de Lobassof; on fait une pâtée avec de l'amidon et une solution d'extrait de viande ; on coupe la masse en morceaux et on l'introduit ainsi divisée dans l'estomac. La quantité de suc que l'on obtient dans ces conditions est double de celle que produit une même quantité d'extrait de viande en solution aqueuse simple. Cette expérience montre que la colle d'amidon retient les principes excitants de l'extrait de viande; et les fait agir plus longtemps sur les glandes gastriques. Il est donc possible que les choses se passent de même lorsqu'on donne l'amidon mélangé avec la viande brute.

L'autre aliment, qui est impuissant par lui-même à provoquer les sécrétions gastriques, et qui cependant ne reste pas inactif dans l'estomac, est représenté par les diverses graisses, et spécialement par les graisses liquides. Il résulte des expériences de Khigine, que, lorsqu'on introduit dans l'estomac d'un chien 100 cc. d'huile avant de donner à l'animal son repas ordinaire de viande (100 grammes), la marche de la sécrétion gastrique dans le petit estomac est profondément modifiée. Celle-ci n'apparaît qu'une demi-heure ou une heure après le début de l'ingestion. Elle est, en outre, beaucoup plus faible que dans l'alimentation par la viande seule. Les mêmes modifications se produisent dans le cas où la graisse est introduite dans l'estomac aussitôt après l'ingestion de la viande. La seule différence consiste en ce qu'ici les effets inhibitoires de la graisse ne se manifestent que beaucoup plus tard. Enfin les troubles de la sécrétion sont tout aussi évidents lorsque la graisse est ingérée en union avec les aliments. Lobassoff a montré que, dans ce dernier cas, on observe une diminution de la quantité de suc sécrété et un abaissement de la puissance digestive de ce liquide.

La présence de la graisse dans certains aliments complexes expliquerait, d'après Pawlow, pourquoi la sécrétion gastrique est peu importante dans les régimes formés par ces aliments. Tel est, par exemple, le cas dans le régime du lait. Si l'on compare la 'orce digestive et la quantité du suc gastrique produit sous l'influence du lait naturel et de la crème de lait toute seule, on obtient les résultats suivants (voir p. 772).

Dans le cas où l'on compare la sécrétion produite par le lait écrémé avec celle que détermine le lait naturel (expériences récentes de Volkowitsch), on arrive encore à des résultats du même ordre.

Expérience de Lobassoff.

HEURES.	600 CENT. CUBES DE LAIT.		600 CENT. CUBES DE CRÈME.	
	QUANTITÉ de suc.	PUISSANCE digestive.	QUANTITÉ de suc.	PUISSANCE digestive.
	cent. cubes.	mm.	cent. cubes.	mm.
1	4,2	3,57	2,4	2,01
2	12,4	2,63	4,4	2,00
3	13,2	3,06	3,1	2,00
4	6,4	3,91	2,2	1,75
5	1,5	7,37	2,2	2,00
6	»	»	1,8	1,38
7	»	»	2,5	1,88
8	»	»	1,3	1,66
TOTAL. . .	37,7	3,86	18,9	1,63

PAWLOW explique le mécanisme inhibitoire de la graisse, soit par un mode exclusivement mécanique, parce qu'elle constitue une couche de recouvrement de la muqueuse de l'estomac et empêche l'excitation chimique alimentaire des terminaisons nerveuses, soit par un mode réflexe, en inhibant les centres des nerfs sécrétoires ou en excitant les nerfs d'arrêt des glandes. Mais il s'agit sans doute d'un acte réflexe, car c'est la sécrétion psychique qui se trouve, avant toute autre, inhibée par la graisse, comme il ressort nettement de l'expérience suivante. A un chien gastro-œsophagotomisé on fait prendre un repas fictif de courte durée, d'une minute, par exemple, et l'on note avec précision le moment du début de la sécrétion, la quantité et les propriétés qualitatives du suc. Puis on verse dans l'estomac de ce chien 50 à 100 cc. d'huile, et, un quart d'heure ou une demi-heure après, ou même plus tard, on lui réadministre un repas fictif dans les mêmes conditions de durée et de quantité. Tantôt on laisse s'échapper l'huile de l'estomac immédiatement avant l'administration du repas fictif, tantôt on maintient ce corps dans l'estomac pendant l'administration du repas susdit. Dans ce dernier cas, la sécrétion du suc est observée à l'aide d'un tube de verre fermé à son orifice extérieur et enfoncé dans la canule de la fistule. Le suc, de densité plus forte, vient naturellement se rassembler au fond du tube et peut être ainsi recueilli. Dans tous les cas, sans exception, on observe un affaiblissement notable de la sécrétion psychique; souvent il n'y a même aucune sécrétion, et, quand elle se produit, le début en est plus tardif, la quantité moindre, et la puissance digestive plus faible. Sur le chien à petit estomac isolé, et œsophagotomisé, l'expérience se montre particulièrement instructive :

Repas fictif de six minutes de durée.

HEURES.	QUANTITÉ DU SUC.	PUISSANCE DIGESTIVE.
1	4,0 c. c.	
2	1,0 —	4,75 mm.
3	0,5 —	

On introduit alors dans l'estomac 100 cc. d'huile. Trente minutes plus tard, repas fictif de six minutes. En deux heures, le petit estomac n'a encore rien sécrété. De nouveau repas fictif de six minutes. En une heure, il se rassemble 1 cc. 8 de suc, de puissance digestive de 4 millimètres. L'action inhibitrice de la graisse sur les sécrétions gastriques est donc tout à fait évidente. Il est probable, comme le croient PAWLOW et ses élèves, que ce corps agit aussi par voie réflexe sur le système nerveux glandulaire pour produire cet effet inhibitoire.

L'huile n'est pas le seul aliment qui exerce une influence inhibitrice sur les sécrétions gastriques. D'après MORITZ, |VERHAEGEN, TROLLER, et POTAPOW PRACAÏTIS, le glucose serait aussi un agent inhibiteur de ces sécrétions.

En résumant tout ce que nous venons de dire sur la nature des excitants des glandes gastriques, nous arrivons à cette conclusion que les *meilleurs excitants de ces glandes sont les aliments*. Toutefois, parmi ces corps, il y en a qui inhibent l'activité sécrétoire de l'estomac, et, en dehors d'eux, il y en a d'autres aussi qui l'excitent et qui l'inhibent. Ces diverses substances peuvent être classées ainsi qu'il suit :

SUBSTANCES EFFICACES.	SUBSTANCES INEFFICACES.	SUBSTANCES INHIBITRICES.
Extrait de Liebig.	Viande bouillie.	Huile d'olive.
Bouillon de viande.	Amidon.	Crème de lait.
Suc de viande.	Albumine d'œuf.	Glucose.
Eau (en quantité de 200-500 gr.)	Graisse solide.	Chlorure de sodium.
Lait.	Acide chlorhydrique.	Soude.
Gélatine en solution.	Bicarbonate de sodium.	»
Peptone (faible).	»	»
Viande crue.	»	»
Dextrine.	»	»
Alcool.	»	»
Pilocarpine.	»	»

En reprenant une idée qui avait été déjà formulée par Blondlot, Pawlow a soutenu que la muqueuse stomacale jouit d'une *excitabilité spécifique*. Nous croyons qu'en présence des résultats inscrits dans le tableau précédent il est difficile d'admettre un principe aussi absolu. Pawlow a prétendu en outre que les glandes gastriques adaptent leur travail sécrétoire aux conditions de digestibilité des aliments introduits dans l'estomac, de telle sorte que, plus l'aliment ingéré est indigeste, plus le suc sécrété par les glandes est abondant et actif. Mme Potapow a combattu cette opinion. Elle a fait observer avec raison que, tandis que certains aliments, qui sont relativement difficiles à digérer, comme par exemple la viande cuite et l'albumine coagulée, ne provoquent aucune sécrétion, un peu d'extrait de Liebig ou de dextrine déterminent la formation d'un suc gastrique très abondant et très riche en pepsine. D'autre part, on ne peut pas oublier que l'eau est un excitant efficace des sécrétions gastriques, ce qui est absolument contraire aux idées de Pawlow. Aussi cet auteur a-t-il cherché à expliquer cette exception en disant que, dans le cas où il n'y a pas de sécrétion psychique, l'eau, qui est très répandue dans la nature et dont on sent très souvent le besoin, peut être l'agent qui met en branle le travail sécrétoire de l'estomac.

Malgré les objections qui se présentent contre une adaptation immédiate du travail de sécrétion des glandes gastriques aux conditions de digestibilité des aliments, tout porte à croire que cette adaptation se réalise peu à peu dans les régimes prolongés. Des expériences récentes de G. Weiss montrent, en effet, que l'estomac des canards, nourris pendant longtemps avec la viande, subit des modifications morphologiques profondes en vue de cette nouvelle alimentation. Cet auteur n'a pas examiné le suc gastrique produit par ces animaux quand ils arrivent à cet état d'adaptation; mais il est rationnel de penser que, si les glandes elles-mêmes se sont transformées, le suc qu'elles sécrètent doit avoir aussi des propriétés chimiques différentes. Il est vrai que Pawlow et ses élèves n'ont pas pu réussir, dans ce genre d'expériences, à observer des modifications stables de la sécrétion gastrique dans les régimes prolongés. Seul Lobassoff a constaté un fait de cet ordre; mais c'était sur un chien qui avait été opéré par la méthode de Heidenhain, et qui se trouvait par conséquent dans des conditions d'innervation anormales. On doit dire cependant que les physiologistes russes ont fait peu d'expériences sur cette question, et qu'ils n'osent pas en tirer une conclusion définitive.

b) Mode d'action des excitants des glandes gastriques. — Nous connaissons déjà la théorie que Schiff a proposée, pour expliquer le mécanisme d'action des peptogènes sur les glandes gastriques. Schiff avait soutenu que ces substances agissent sur les glandes gastriques par l'intermédiaire du sang. Il est arrivé à cette conclusion en voyant que les peptogènes produisent toujours les mêmes effets excitants sur les sécrétions stomacales, et en particulier sur la sécrétion peptique, quelle que fût la voie par laquelle on les introduisait dans l'organisme, en exceptant cependant la voie duodénale. Depuis cette époque une longue discussion s'est engagée entre les élèves de Schiff d'une part, et les élèves de Fick, de Heidenhain et de Pawlow d'autre part, pour soutenir ou pour combattre les idées du physiologiste de Genève. Même actuellement, la discussion reste encore ouverte. Néanmoins on peut dire qu'après les travaux de l'école de Pawlow la plupart des physiologistes ont fini par admettre que les excitants des glandes gastriques agissent par l'intermédiaire du système nerveux, et non pas, comme le croyait Schiff, par l'intermédiaire du sang. D'après Pawlow, on peut introduire dans le rectum les substances alimentaires qui se montrent les plus actives vis-à-vis des glandes gastriques, et attendre que ces substances soient complètement absorbées dans cette cavité sans que cela provoque le moindre phénomène de sécrétion de la part de l'estomac isolé. Au contraire, le simple contact de ces substances avec les muqueuses buccale, stomacale, ou duodénale, détermine une sécrétion abondante de suc gastrique dans cette même partie de l'estomac. Pour montrer que ce phénomène sécrétoire ne tient pas à une absorption des dites substances dans ces dernières cavités, Pawlow cite une expérience de Lobassoff, dans laquelle l'extrait de Liebig introduit dans l'estomac avec de la colle d'amidon donne lieu à une sécrétion beaucoup plus importante de suc gastrique que dans le cas où ce corps est introduit tout seul dans l'estomac. Il semble, en effet, évident que, si l'extrait de viande agissait sur les glandes gastriques après son passage dans le sang, il serait bien plus actif en solution simple que mélangé à de l'amidon lequel rend plus difficile sa résorption.

Enfin il suffit de troubler l'innervation de l'estomac, pour voir l'activité sécrétoire des glandes gastriques diminuer tout aussitôt, et quelquefois cesser complètement.

Malgré la portée de ces expériences, les élèves de Schiff persistent encore à croire que les faits établis par ce dernier auteur sont exacts et qu'ils ne peuvent être interprétés autrement qu'en admettant le passage des substances peptogènes dans le sang. Ainsi Mme Potapow-Pracaitis, une élève de Herzen, qui a repris tout récemment l'étude de cette question, veut bien accorder à Pawlow que les *succagogues*, comme *l'extrait Liebig*, n'agissent pas sur les glandes gastriques lorsqu'on les injecte dans le rectum, mais elle soutient en même temps que les peptogènes de Schiff, comme par exemple la *dextrine*, se montrent très actifs dans ces mêmes conditions. Les expériences de cet auteur semblent avoir été bien conduites, et après tout on peut admettre que les substances alimentaires peuvent stimuler l'activité des glandes stomacales par des procédés tout à fait différents. A l'appui de cette opinion on doit citer l'exemple de l'alcool et de la pilocarpine. L'alcool produit une sécrétion abondante de suc gastrique si on l'introduit dans l'intestin grêle (Chittenden) ou dans le rectum (Radzikowski). Quant à la pilocarpine, elle donne lieu aux mêmes effets quelle que soit la voie par laquelle on l'introduira dans l'organisme.

c) **Rôle du système nerveux dans les sécrétions gastriques.** — D'après Pawlow et ses élèves, l'activité sécrétoire de l'estomac serait toujours fonction du système nerveux. Les premiers phénomènes sécrétoires qui apparaissent dans cet organe, lors de l'alimentation normale, auraient une origine psychique. Plus tard, l'activité sécrétoire des glandes gastriques serait entretenue par des excitations réflexes qui partent d'abord de la muqueuse stomacale, puis de la muqueuse intestinale.

Ces diverses excitations peuvent suivre deux voies différentes pour arriver aux glandes gastriques : le *nerf pneumogastrique* et le *nerf sympathique*. D'autre part *les ganglions intra-stomacaux*, qui jouissent d'une certaine autonomie, doivent aussi intervenir dans les fonctions sécrétoires de l'estomac. Enfin il est possible que la marche de ces fonctions se trouve sous la dépendance d'un centre nerveux régulateur, comme cela arrive pour toutes les autres fonctions organiques.

1° Rôle du pneumogastrique dans les sécrétions gastriques. — L'historique de nos connaissances sur ce sujet peut être divisé, en deux périodes : 1° Avant les travaux de Pawlow, et 2° après les travaux de Pawlow.

Pendant la première de ces périodes on ne trouve dans la littérature scientifique que des résultats pour la plupart contradictoires. Les faits les plus saillants qui ont été établis à cette époque sur le rôle du pneumogastrique dans les sécrétions stomacales sont les suivants : 1° La section des pneumogastriques faite au niveau du cou trouble considérablement la marche de la digestion. D'après J. MÜLLER, FRERICHS, CL. BERNARD, LUSSANA, COUVREUR et CONTEJEAN, ce trouble tiendrait à des altérations quantitative et qualitative du suc sécrété alors par l'estomac. Pour BRESCHET, H. MILNE-EDWARDS, BOUCHARDAT, SANDRAS et LONGET, la section des pneumogastriques au cou ne troublerait, au contraire, la marche de la digestion que parce que cette section abolit plus ou moins les mouvements de l'estomac. BIDDER, SCHMIDT et PANUM, tout en admettant aussi que la section des pneumogastriques au cou diminue toujours l'intensité des sécrétions gastriques, ont le soin d'ajouter que ce résultat n'est dû qu'à l'état d'inanition aqueuse dans lequel se trouvent les animaux à la suite de cette opération. Enfin, d'après MAGENDIE, PINCUS, FRITZLER, SCHIFF et DUROX, si l'on fait la section des pneumogastriques sous le diaphragme, au lieu de la faire au niveau du cou, on ne constate plus aucun trouble ni du côté de la digestion, ni du côté des sécrétions stomacales. CONTEJEAN a critiqué ces dernières expériences, en disant que la section des pneumogastriques sous le diaphragme, même pratiquée comme le conseille SCHIFF, n'est pas une section complète. Plusieurs filets sous-muqueux de ces nerfs sont épargnés par cette section, et peuvent pénétrer dans l'estomac.

2° L'excitation du bout périphérique des pneumogastriques détermine presque toujours une sécrétion appréciable de suc gastrique. C'est ce qui résulte d'un grand nombre d'expériences, dont les plus importantes ont été faites par CL. BERNARD, AXENFELD, CONTEJEAN, et SCHENEYER sur divers animaux. Mais il faut dire qu'à côté de ces auteurs il en est beaucoup d'autres qui n'ont pas pu réussir à provoquer les sécrétions gastriques par l'excitation des nerfs vagues.

La question en était là lorsque PAWLOW et ses élèves vinrent à en faire l'objet de leurs recherches. Ces recherches ont été faites par la méthode de la section et la méthode de l'excitation. Ce qu'il y a de vraiment caractéristique et de très important dans la manière d'opérer des physiologistes russes, c'est d'une part l'extrême soin qu'ils apportent à l'exécution de chaque expérience et, d'autre part, l'exactitude avec laquelle ils étudient les phénomènes provoqués par l'excitation ou la section des nerfs pneumogastriques.

Les expériences d'excitation de ces nerfs ont été faites tout d'abord par PAWLOW et Mme SCHOUMOW-SIMANOWSKI, puis par USCHAKOFF. « Nos animaux, dit PAWLOW, étaient antérieurement gastro-œsophagotomisés; le nerf vague droit était sectionné au-dessous de l'origine du nerf laryngé inférieur et des filets cardiaques, le vague gauche était sectionné au cou. Un segment plus ou moins long de l'extrémité périphérique de ce dernier nerf était isolé, pris dans une ligature, et provisoirement disposé sous la peau. Trois ou quatre jours après les fils de suture étaient soigneusement enlevés, la plaie ouverte sans effort, et le nerf s'offrait à nous. Nous évitions ainsi toute manifestation de douleur appréciable pour l'animal avant l'excitation du nerf. Grâce à ces précautions, nous avons obtenu le résultat suivant : toutes les excitations du nerf par des chocs d'induction, répétées à une ou deux secondes d'intervalle, nous ont permis de recueillir chaque fois, sans exception, du suc de l'estomac préalablement vide. »

USCHAKOFF, de son côté, est arrivé aux mêmes résultats, en faisant l'excitation des vagues sans prendre autant de précautions que PAWLOW et Mme SCHOUMOW-SIMANOWSKI, c'est-à-dire en opérant séance tenante. Après avoir préalablement pratiqué la trachéotomie, cet auteur sectionnait le plus rapidement possible (quelques secondes) la moelle épinière immédiatement au-dessous du bulbe pour être entièrement à l'abri, pendant le cours ultérieur de l'opération, de toute influence réflexe susceptible de s'exercer sur les glandes. Les nerfs vagues étaient alors mis à découvert et sectionnés; une canule ordinaire à fistule gastrique était placée dans l'estomac; on pratiquait de plus la ligature du pylore, et, au cou, celle de l'œsophage. Puis l'animal était suspendu debout sur un établi. Dans ses derniers essais USCHAKOFF pratiquait une courte chloroformisation (d'une durée de dix à quinze minutes), pendant laquelle il exécutait toutes les opérations qui viennent d'être décrites. Des expériences sur les chiens gastro-œsophagotomisés ont montré à cet auteur qu'une chloroformisation aussi courte ne produit aucun effet dépresseur important sur l'activité des éléments glandulaires. Quinze à vingt minutes après la narcose les animaux, déjà remis, mangent avec avidité les aliments qui leur sont présentés, et, de leur estomac vide, commence à s'écouler, après la période latente habituelle de cinq minutes, un suc doué de pouvoir digestif et en quantité normale. Uschakoff a constaté que l'excitation des pneumogastriques, faite dans ces conditions, est suivie dans la moitié des cas d'un effet sécrétoire incontestable. Lorsque la sécrétion se présente, ce n'est jamais qu'après une longue période pendant laquelle l'excitation se montre infructueuse. Cette période latente peut durer de quinze minutes à une heure. Quant à l'effet sécrétoire, il ne disparaît que peu à peu après la cessation de l'excitation. Enfin, si l'on administre aux animaux en expérience un poison inhibiteur des sécrétions, comme par exemple l'atropine, l'excitation des nerfs pneumogastriques ne produit plus aucun effet sur les sécrétions gastriques.

Ce qui expliquerait, d'après Pawlow, l'insuccès de l'excitation extemporanée dans la moitié des expériences, c'est l'influence inhibitrice qu'exercent sur l'activité des glandes digestives les phénomènes douloureux qui accompagnent toute vivisection. Cette explication est d'autant plus rationnelle qu'on a déjà enregistré un grand nombre de faits de cet ordre. Bernstein, Pawlow et Afanassieff ont montré que les excitations sensibles déterminent souvent pour longtemps une action incontestable d'arrêt sur le travail de la glande pancréatique. Netschajew a vu d'autre part qu'une excitation du nerf sciatique de deux à trois minutes de durée peut arrêter complètement la digestion gastrique pendant plusieurs heures.

Dans leurs expériences sur la section des nerfs pneumogastriques, Pawlow et ses élèves sont arrivés à des résultats encore plus démonstratifs que ceux qu'ils avaient déjà obtenus en excitant ces mêmes nerfs. Ces expériences ont été faites par Pawlow et Mᵐᵉ Schoumow-Simanowski, Jürgens et Sanotzki. Tous ces auteurs sont d'accord pour affirmer que, lorsqu'on sectionne les branches du pneumogastrique qui se rendent dans l'estomac, l'activité sécrétoire de cet organe n'est pas complètement supprimée; mais dans ce cas les excitations psychiques d'origine alimentaire n'agissent plus sur les glandes gastriques. Les nerfs vagues seraient donc les voies centrifuges par lesquelles passent ces excitations avant d'arriver à l'estomac. Voici, pour fixer les idées, le compte rendu d'une de ces expériences. Un chien porteur d'une double fistule gastrique et œsophagienne, auquel on a coupé, quelques jours avant l'expérience, le pneumogastrique droit au-dessous de l'émergence du nerf laryngé supérieur et des rameaux cardiaques, reçoit, lorsqu'il est complètement rétabli de ces diverses opérations, un repas fictif de viande. L'animal mange avec voracité, et la sécrétion psychique commence au bout de cinq minutes. Deux ou trois heures avant de donner à cet animal le repas fictif, on lui a isolé le pneumogastrique gauche au cou, et on a laissé ce nerf au fond de la plaie, retenu par un fil. Lorsque la sécrétion psychique est déjà commencée, on attire ce nerf au dehors de la plaie, et on le sectionne d'un coup de ciseau rapide. Immédiatement après cette section la sécrétion gastrique diminue à vue d'œil, puis elle cesse complètement. Si l'on offre de nouveau de la viande à l'animal, il mange avec une voracité croissante pendant cinq, dix, quinze minutes; mais, contrairement à ce qui se produisait avec le repas fictif antérieur, on ne voit plus s'écouler une seule goutte de suc gastrique hors de l'estomac.

Pawlow et Mᵐᵉ Schoumow-Simanowski affirment que la section des pneumogastriques, faite dans ces conditions, entraîne toujours la suppression de la sécrétion psychique. Ils prétendent que ce résultat ne peut pas tenir à un trouble quelconque apporté par cette opération dans l'ensemble des fonctions organiques; car, le nerf laryngé et les filets cardiaques étant conservés du côté droit, l'animal ne présente aucun désordre ni du côté du cœur, ni du côté du larynx.

Jürgens est arrivé aux mêmes résultats que Pawlow et Mᵐᵉ Schoumow-Simanowski, en sectionnant les pneumogastriques au-dessous du diaphragme, par une méthode plus ou moins semblable à celle de Schiff.

Finalement, Sanotzki, sur un chien auquel il avait isolé le fond de l'estomac, par le procédé de Heidenhain, qui supprime les filets des nerfs vagues qui se rendent dans cette partie de l'estomac, a observé que le repas fictif ne provoquait chez cet animal aucun phénomène de sécrétion.

On peut donc dire, en se basant sur cet ensemble d'expériences (expériences d'excitation et expériences de section) que le pneumogastrique est un des nerfs sécrétoires de l'estomac.

Pawlow a voulu connaître la nature intime de l'influence sécrétoire que les nerfs vagues exercent sur les glandes gastriques. Il s'est demandé si cette influence était le résultat d'une action *sécrétoire directe* ou simplement d'une action *vaso-motrice*. Les arguments suivants l'ont conduit à accepter la première de ces opinions. « Si l'on prend en considération, dit-il, ce que nous savons sur les phénomènes sécrétoires des glandes, la seconde hypothèse est déjà peu vraisemblable ; elle le devient encore moins du fait que l'exactitude de la première est susceptible de recevoir une démonstration directe. Le repas fictif peut, à vrai dire, être facilement gradué dans son action stimulante : nous pouvons offrir au chien tel aliment qui l'excite nettement, ou tel autre, au contraire, pour lequel il n'a qu'un goût modéré. Il est bien reconnu que le chien mange la viande avec beaucoup plus d'avidité que le pain. Or, si l'on donne à manger du pain au chien, non seulement il sécrète moins de suc, mais encore celui-ci est plus dilué, c'est-à-dire moins riche en ferment. De même, si on ne lui fait prendre des morceaux de viande qu'à des grands intervalles, non seulement il s'écoule moins de suc que lorsqu'on les lui laisse absorber plus rapidement, mais encore le suc possède une puissance digestive bien moindre, etc. Par conséquent nous voyons que, plus l'excitation est forte, plus le suc est abondant, et plus il est riche en pepsine. Cette proportionnalité devient alors la meilleure démonstration de l'action spécifique des fibres nerveuses qui concourent au travail glandulaire. Si le nerf vague ne possédait que des fibres vaso-motrices (vaso-dilatatrices) pour les glandes gastriques, l'augmentation de la sécrétion sous l'influence d'une plus forte excitation devrait aboutir à la production d'un suc moins concentré. Un même volume de liquide contiendrait, en effet, d'autant moins de produit spécifique glandulaire en solution que sa sécrétion se ferait plus rapidement. »

Voici, pour démontrer ce que nous venons de dire, quelques chiffres empruntés au travail de Ketscher :

Pouvoir digestif du suc.

LES MORCEAUX DE VIANDE sont donnés à longs intervalles.	LES MORCEAUX DE VIANDE sont donnés sans interruption.
millimètres.	millimètres.
6 1/4	8 1/2
4 1/2	7
4 3/4	8
5 1/2	7 1/4

Dans tous les cas, les quantités de suc correspondant à une distribution fractionnée de morceaux de viande sont bien moindres que celles se rapportant au mode d'alimentation continue. De ces chiffres il ressort tout d'abord que les nerfs vagues contiennent des fibres spéciales, et non pas seulement vaso-motrices pour l'estomac ; il en ressort aussi que ces fibres spéciales doivent être subdivisées en fibres sécrétoires proprement dites (*sensu strictiore*), et en fibres trophiques, comme cela a été établi par Heidenhain pour les nerfs des glandes salivaires, car la sécrétion d'eau et l'élimination des substances solides se font évidemment indépendamment l'une de l'autre. Pawlow tire d'autres preuves en faveur de cette opinion du fait que souvent les mêmes quantités de suc sécrété pendant une heure dans diverses conditions d'activité glandulaire présentent une teneur complètement différente en ferment. Une expérience de Contejean vient aussi démontrer que la fonction sécrétoire des nerfs vagues est une fonction sécrétoire directe, absolument indépendante de toute modification circulatoire. Cet auteur a obtenu, en faisant l'excitation de ces nerfs sur des grenouilles saignées à blanc ou salées, les mêmes phénomènes de sécrétion qu'à l'état normal.

2° *Rôle du nerf sympathique dans les sécrétions gastriques.* — Nous venons de voir par les expériences de Pawlow que la section des pneumogastriques ne supprime que l'une des manifestations sécrétoires de l'estomac, c'est-à-dire la sécrétion d'origine psychique. Déjà avant lui, d'autres auteurs, spécialement Schiff et Contejean, avaient constaté que les glandes stomacales peuvent continuer à sécréter en l'absence des pneumogastriques, mais ils n'ont pas poussé plus loin l'étude de ces phénomènes. La sécrétion qui se produit dans ces conditions représenterait, d'après Pawlow, une déviation de l'état normal, tant au point de vue du début de la sécrétion qu'au point de vue du liquide produit. Pawlow n'ose pas se prononcer d'une façon formelle sur le mécanisme de cette sécrétion. Toutefois, en tenant compte de ce qui se passe pour la glande pancréatique, dont le fonctionnement nerveux présenterait une grande analogie avec celui de l'estomac, il est tenté de croire que la dite sécrétion se trouve sous la dépendance du système nerveux sympathique. A l'état normal, l'entrée en activité de ce système aurait lieu au moment où les produits de la digestion commencent à exciter la muqueuse stomacale. Plus tard, lorsque les produits de la digestion passent dans l'intestin, l'activité des nerfs sympathiques de l'estomac serait entretenue par les excitations chimiques de la muqueuse intestinale. On voit donc que, d'après Pawlow, alors que la sécrétion d'origine psychique se fait par la voie des pneumogastriques, la sécrétion d'origine stomacale et d'origine intestinale se développerait par la voie des sympathiques.

Mais les expériences directes de section ou d'excitation de ces nerfs n'ont donné aucun résultat positif entre les mains de toute une série d'expérimentateurs. (Volkmann, Pincus, Samuel, Cl. Bernard, Budge, Adrian, Lamanski, Schiff, Klebs, Braun, Oddi, Peiper, Viola, Contejean, Schneyer, etc.) Contejean prétend cependant que le sympathique est un nerf inhibiteur des sécrétions stomacales.

3° *Rôle des ganglions intra-stomacaux dans les sécrétions gastriques.* — Schiff, puis Contejean, ont vu, en coupant autant que possible tous les nerfs qui se rendent dans l'estomac, que les sécrétions gastriques continuent encore à se faire avec une certaine intensité. Contejean va même jusqu'à dire, en se fondant sur cette expérience, que les véritables centres de la sécrétion réflexe des glandes gastriques se trouvent dans les parois propres de l'estomac.

4° *Rôle des centres nerveux dans les sécrétions gastriques.* — Les faits que nous connaissons à cet égard ne suffisent pas à établir l'existence dans le système nerveux des centres spéciaux destinés à présider au travail sécrétoire des glandes gastriques. Il est vrai que quelques auteurs ont réussi à mettre en jeu l'activité de ces glandes par l'excitation de certaines parties du système nerveux central (lobe optique, bulbe, moelle épinière); mais, ainsi que l'a fait remarquer Contejean, ces excitations peuvent se montrer actives en agissant par voie réflexe sur les nerfs pneumogastriques. La destruction des différents centres nerveux ne donne pas non plus, d'après Contejean, des résultats bien nets au point de vue qui nous occupe maintenant. A ce propos, rappelons que Brown-Séquard avait déjà observé que la digestion n'est pas troublée chez la grenouille d'hiver, après l'extirpation du bulbe rachidien.

d) Rôle de la circulation dans les sécrétions gastriques. — L'influence de la suppression de la circulation sur l'intensité des sécrétions gastriques a été étudiée avec beaucoup de détail par Contejean. Les recherches de cet auteur ont porté sur le chien et sur la grenouille. Chez ces deux animaux, l'anémie expérimentale de l'estomac, provoquée par la ligature des principales artères qui pénètrent dans cet organe, diminue l'intensité des sécrétions stomacales et rend le suc gastrique alcalin ou faiblement acide. En même temps il y aurait une forte sécrétion de mucus.

On sait d'autre part que, pendant la digestion, la circulation de la muqueuse stomacale devient beaucoup plus intense qu'à l'état de jeûne. Les glandes gastriques se comportent à ce point de vue comme les autres glandes de l'organisme. Plus leur activité est considérable, plus elles ont besoin de sang pour élaborer leurs principes spécifiques. Les modifications circulatoires qui accompagnent le travail de sécrétion de l'estomac et dont le but est de faciliter ce travail, se produisent certainement par l'intermédiaire du système nerveux. D'après Contejean, le pneumogastrique fournit à l'estomac des filets vaso-dilatateurs et vaso-constricteurs. Le sympathique agirait principalement comme vaso-constricteur sur la circulation stomacale (Voir pour l'étude de ces phénomènes l'article **Vaso-moteurs**).

II. Fonctions d'absorption de l'estomac. — *A)* **Procédés d'étude de l'absorption stomacale.** — *a)* **Procédés physiologiques.** — La plupart des auteurs qui se sont occupés de l'absorption stomacale ont naturellement cherché à éviter que les substances introduites dans l'estomac passent dans la cavité intestinale en fermant le pylore à l'aide d'un ballon de caoutchouc ou par une ligature de l'intestin. Toutefois Mering a conseillé à cet effet d'établir une double fistule duodénale; l'une conduisant vers l'intestin grêle, l'autre vers l'estomac. Les substances à étudier ont été généralement introduites dans l'estomac par une fistule ouverte dans cet organe. Pour se rendre compte de l'importance de l'absorption, on a examiné les liquides restant dans l'estomac, ou bien encore on a fait la recherche de ces substances dans certains liquides de sécrétion de l'organisme (urines, salive). D'autres fois on s'est contenté de voir au bout de combien de temps une substance toxique injectée dans l'estomac donnait lieu à des phénomènes d'intoxication.

b) Procédés cliniques. — Ces procédés comportent les difficultés qui sont inhérentes à toute expérimentation sur l'homme. La fermeture du pylore devient ici tout à fait impossible. D'autre part les substances destinées au contrôle de l'absorption doivent être ingérées ou introduites dans l'estomac à l'aide d'une sonde. Penzoldt et Faber, avant le repas d'épreuve font prendre 0^{gr},20 d'iodure de potassium chimiquement pur et en particulier ne contenant pas d'acide iodique. L'iodure est administré en capsules de gélatine dont la face externe doit être préalablement débarrassée de toute trace d'iode. On recherche [ensuite, toutes les deux ou trois minutes, la présence de l'iode dans la salive ou dans l'urine. Pour rechercher l'iode dans l'urine, Bourget emploie un papier réactif préparé en plongeant du papier filtre dans une solution d'amidon cuit à 5 p. 100; on fait sécher le papier, et on trace ensuite à sa surface des carrés de 5 centimètres de côté. Au centre de ces carrés, on verse deux ou trois gouttes d'une solution de persulfate d'ammoniaque à 5 p. 100, et on fait sécher de nouveau à l'abri d'une lumière trop vive. Ce papier se colore en bleu au contact de tout liquide renfermant des traces d'iodure. Comme ce papier perd rapidement sa sensibilité, on prépare seulement d'avance le papier amidonné, et on verse le persulfate au moment de l'examen. Boas et Abele critiquent le procédé de Penzoldt et Faber. Ils estiment que le moment de l'apparition de l'iode dans la salive ou dans l'urine n'est nullement l'expression du pouvoir de résorption de l'estomac, parce que, si le sel potassique se décompose dans cette cavité, le temps de la résorption se trouve par là considérablement modifié. Boas admet cependant que, dans le cas où l'on soupçonne une lésion grave de la muqueuse stomacale, l'épreuve de l'iode peut rendre des services en confirmant le diagnostic.

Milner, Roth et Strauss préfèrent mesurer la puissance d'absorption de la muqueuse stomacale chez l'homme, en examinant les solutions des substances introduites dans l'estomac quelque temps après les avoir laissé séjourner dans cet organe. Le premier de ces auteurs détermine le poids spécifique des solutions avant et après leur introduction dans l'estomac; Roth et Strauss, le point de congélation.

B) Capacité d'absorption de la muqueuse stomacale. — Ce sujet ayant été traité déjà dans l'article **Absorption** de ce Dictionnaire, nous nous limiterons à l'analyse de quelques travaux qui ne sont pas mentionnés dans cet article.

Magendie avait constaté que l'estomac du chien absorbe rapidement l'eau. Bouchardat et Sandras sont arrivés à des résultats analogues en expérimentant sur l'homme et sur divers animaux avec l'alcool. Colin a vu aussi que les estomacs du chat, du lapin et du porc absorbent la strychnine. Au contraire, Bouley et Colin ont constaté, en opérant sur le cheval, que cet animal supporte impunément l'introduction de strychnine dans son estomac quand on prend la précaution de lui lier auparavant le pylore. Ils en concluent que l'estomac de cet animal n'est pas doué de propriétés absorbantes. Perosino, Berrutti, Triolani et Vella, reprenant cette expérience de Colin et de Bouley, ont vérifié à leur tour l'exactitude du fait. Toutefois les physiologistes italiens prétendent que la strychnine est lentement absorbée par l'estomac de cheval et éliminée au fur et à mesure par les reins. La preuve en est, disent-ils, que le cheval ne s'empoisonne plus lorsqu'on lui enlève tardivement la ligature du pylore. Remplaçant dans cette expérience la strychnine par le ferrocyanure de potassium, ils ont constaté que cette substance, introduite dans l'estomac d'un cheval à pylore lié, apparaît deux heures après dans l'urine. Schiff, de son côté, a montré que l'estomac du chat absorbe rapidement certaines substances alimentaires, comme la dextrine et la peptone, tandis qu'il absorbe très lentement la strychnine et l'atropine. Les travaux de Tappeiner, Anrep, Penzoldt et Faber, Jaworski, Zweifel, Kuehl, Hofmeister, Meade-Smith, Klemperer et Scheurlen, Segale, Hirsh et Mering, prouvent aussi que l'estomac de l'homme et de plusieurs animaux (chien, grenouille) peut absorber les substances les plus diverses (sels, alcaloïdes, sucre, dextrine, peptone, albumoses, alcool, chloral, etc.). On trouvera l'analyse de ces travaux dans l'article **Absorption**. Mering a observé, par le procédé que nous avons décrit antérieurement, que l'estomac n'absorbe pas des quantités appréciables d'eau, mais qu'il absorbe de grandes quantités d'alcool, de plus faibles quantités de sucre, et une certaine proportion de dextrine, de peptone, d'albumose et des sels, en proportion d'autant plus forte que la solution est plus concentrée. En même temps que ces substances se résorbent, l'eau transsude des vaisseaux sanguins dans la cavité stomacale, et cela en quantités variables, suivant le pouvoir osmotique de la substance resorbée. On voit donc que, d'après Mering, le processus de résorption dans l'estomac est un processus de diffusion ordinaire.

Vers la même époque que Mering, Contejean et Brandl. ont fait aussi quelques recherches intéressantes sur l'absorption stomacale. Contejean a étudié la vitesse de ce phénomène, sur un chien à pylore lié ou obturé, à l'aide du ferrocyanure de potassium, et de l'iodure de potassium. Les chiffres extrêmes qu'il a obtenus, avant de voir paraître le premier de ces corps dans l'urine, et le second dans la salive, ont été de 20 à 80 minutes. La moyenne de seize expériences a oscillé entre 35 et 40 minutes.

Brandl a étudié tout d'abord l'influence de la concentration des diverses solutions, iodure de sodium, peptone et glucose, sur la grandeur de l'absorption stomacale. Il a trouvé que l'absorption de ces substances ne commence à être appréciable qu'aux titres de concentration suivants : 5 p. 100 pour la peptone et pour la glucose, et 3 p. 100 pour l'iodure de sodium. L'absorption de ces substances croît ensuite avec la concentration de la solution jusqu'à 17 p. 100 pour la peptone, et 20 p. 100 pour la glucose. Au-dessus de cette limite de concentration, l'absorption reste stationnaire, ou diminue légèrement. A la fin de l'expérience la coloration de la muqueuse est d'un rouge foncé, et on trouve une grande quantité de mucus dans l'estomac. Les chiens ne supportent pas les solutions de ces substances, quand leur titre dépasse 20 à 30 p. 100.

Brandl a constaté, en outre, que, si l'on change la nature du dissolvant, c'est-à-dire si, au lieu de se servir de solutions aqueuses pures, on prend des solutions contenant un peu d'alcool, l'absorption stomacale de ces substances est considérablement augmentée. Ainsi une solution de 5 p. 100 de glucose ou de peptone avec de l'alcool est aussi bien absorbée qu'une solution de 15 p. 100 de ces mêmes substances dans l'eau pure. Il en est de même si l'on ajoute à ces solutions certaines substances qui ont la propriété d'exciter la muqueuse stomacale, comme par exemple le chlorure de sodium, l'huile de menthe, l'huile de moutarde et le chlorhydrate d'orexine.

Gley et Rondeau ont vu, avant Mering, que l'eau n'est pas absorbée par la muqueuse stomacale. Moritz se rallie aussi à cette opinion.

Pour Miller, les phénomènes d'absorption dans l'estomac de l'homme sont absolument identiques aux phénomènes d'absorption que Mering a observés dans l'estomac du chien. Ces phénomènes sont d'autant plus intenses que les solutions introduites dans l'estomac sont plus concentrées.

Meltzer affirme que l'estomac du lapin, séparé par deux ligatures de l'intestin et de l'œsophage, n'absorbe même pas des doses énormes de strychnine (60 milligrammes). L'absorption a lieu lorsqu'on enlève les ligatures, ou lorsqu'on injecte la strychnine entre la couche musculaire et la couche muqueuse de l'estomac. Meltzer s'appuie sur ce dernier fait pour dire que la circulation stomacale n'était pas gênée lors de ces expériences par la présence de deux ligatures.

Enfin, d'après Roth et Strauss, l'activité de la résorption stomacale dépend de la concentration moléculaire des solutions ingérées; mais, étant donné que l'estomac ne fonctionne pas en vue de la résorption, mais bien en vue de la sécrétion, son pouvoir d'absorption est très faible. Ainsi les solutions, hypertoniques par rapport au plasma sanguin, de chlorure de sodium et de sucre, disparaissent en partie dans l'estomac, mais les solutions isotoniques, et, à plus forte raison, les hypotoniques, ne sont pour ainsi dire pas absorbées par la muqueuse gastrique. Pour une même concentration la vitesse de l'absorption dépend de la nature de la substance dissoute. Ainsi les solutions hypertoniques de chlorure de sodium s'absorbent beaucoup plus vite que les solutions hypertoniques de glucose.

C) **Mécanisme de l'absorption stomacale.** — Deux théories sont en présence pour expliquer le mécanisme de l'absorption stomacale : celle de la *diffusion*, et celle *d'une activité sélective spéciale* de l'épithélium de la muqueuse gastrique. Le fait que l'absorption augmente avec la concentration des solutions introduites dans l'estomac milite en faveur de la première de ces hypothèses. Toutefois il est impossible de ne pas méconnaître que l'activité de l'épithélium stomacal joue un rôle plus ou moins important dans la production de ces phénomènes d'absorption.

En effet, comme TAPPEINER l'a montré le premier, la vitesse de l'absorption stomacale varie avec la nature du dissolvant. Une solution alcoolique de chloral ou de strychnine se résorbe beaucoup plus vite qu'une solution aqueuse de même titre de concentration. Ces résultats ont été pleinement confirmées par BRANDL, qui a constaté que toutes les substances qui excitent la muqueuse gastrique facilitent en même temps l'absorption stomacale. D'autre part, les recherches de ROTH et de STRAUSS nous font voir qu'à égalité de concentration les diverses substances n'ont pas le même coefficient d'absorption. Enfin les observations de SCHIFF montrent que l'atropine et la strychnine, qui sont toutes les deux parfaitement solubles, ne sont absorbées que très difficilement par la muqueuse stomacale du chat.

Il est donc rationnel d'admettre l'existence d'une *activité absorbante spéciale* dans l'épithélium de la muqueuse gastrique pour expliquer tous les phénomènes qui caractérisent l'absorption stomacale. (Voir pour le mécanisme des phénomènes physiques de l'absorption, l'article Osmose.)

D) Variations de l'absorption stomacale. — L'absorption stomacale n'offre pas la même intensité dans toute la série animale. COLIN prétend que l'estomac des animaux carnivores (chat, chien, porc) jouit d'un pouvoir d'absorption beaucoup plus considérable que l'estomac des animaux herbivores (cheval, ruminants). A l'appui de cette opinion on peut citer les expériences de MELTZER démontrant que l'estomac du lapin n'absorbe pas du tout la strychnine, alors que cette substance est rapidement absorbée par l'estomac du chien. D'après SMITHEAD, la résorption du sucre serait assez active dans l'estomac de la grenouille.

Les conditions d'activité de l'estomac semblent exercer une certaine influence sur le pouvoir d'absorption de cet organe. PENZOLD et FABER ont vu, en étudiant la résorption de l'iodure de potassium par la muqueuse gastrique de l'homme, que ce sel, introduit dans l'estomac vers la troisième heure de la digestion, est absorbé 6 à 11 minutes après son introduction, tandis que, lorsqu'on le donne au début du repas, il n'est absorbé qu'au bout de 20 à 40 minutes. Ces expériences n'ont pas donné les mêmes résultats à CONTEJEAN, mais il faut dire que cet auteur a opéré sur le chien et qu'il avoue que l'estomac de ses animaux se trouvait toujours, qu'il fût vide ou rempli d'aliment, en pleine activité digestive.

Nos connaissances sur les variations de l'absorption stomacale dans les diverses maladies sont encore des plus restreintes et des plus incertaines. On suppose que dans les gastrites, les dilatations, les cancers de l'estomac, cette fonction doit subir certaines modifications importantes, mais on en ignore complètement la nature. D'après RIEGEL et MALININE, l'iodure de K, introduit dans l'estomac de l'homme sain, apparaît dans la salive 6 minutes et demie à 15 minutes après son ingestion; au plus tard au bout de 45 minutes si l'iode est administré après le repas. Or, d'après ZWEIFFEL, l'apparition de l'iode dans la salive est retardée : de 24 minutes dans la catarrhe chronique de l'estomac; de 82 minutes dans le cancer et même de 120 minutes dans les grandes dilatations. BOAS et ABELE n'accordent aucune valeur à cette sorte de documents; car ils prétendent que le procédé, dit de l'iodure, est absolument inexact. (Voir sur ce sujet les travaux de PENZOLD et FABER, JAWORSKI, ZWEIFFEL, WOLFF, QUETSCH, STICKER, KLEMPERER et SCHEUERLEN, MALININE, DENKER, BOAS et ABELE, etc.)

E) Influence de quelques substances sur l'absorption stomacale. — Le chlorure de sodium, l'huile de menthe, l'huile de moutarde, le chlorhydrate d'orexine et l'alcool, augmentent la vitesse de l'absorption stomacale. Les substances amères se montrent indifférentes. Au contraire, toutes les substances mucilagineuses diminuent manifestement l'intensité de l'absorption stomacale (BRANDL).

F) Rôle du système nerveux et de la circulation dans l'absorption stomacale. — Étant donné que la muqueuse stomacale ne possède pas d'appareils d'absorption spéciaux, le système nerveux ne devrait intervenir dans les fonctions d'absorption de cette muqueuse qu'en changeant les conditions de sa circulation. Cependant le rôle du système nerveux dans l'absorption stomacale ne semble pas bien défini. CL. BERNARD

avait remarqué que les chiens à pneumogastriques coupés s'empoisonnaient plus lentement que les animaux intacts, quand on leur injectait du cyanure de mercure dans
l'estomac. Dans une autre expérience faite avec l'émulsine et l'amygdaline, il a vu aussi
que ces animaux mouraient tout de suite s'ils avaient les pneumogastriques coupés.
A l'inverse de CL. BERNARD, BACULO soutient que l'absorption stomacale est plus rapide
lorsque les deux pneumogastriques sont sectionnés. Pour COLIN et pour SCHIFF, l'absorption stomacale n'est influencée, ni favorablement ni défavorablement, par la section des
pneumogastriques. C'est aussi l'opinion de CONTEJEAN. Enfin, d'après SCHIFF, l'extirpation
du plexus cœliaque ne trouble aucunement l'absorption stomacale.

Quant au rôle de la circulation dans les fonctions d'absorption de la muqueuse gastrique, on peut admettre a priori qu'il est considérable. De nombreuses expériences
montrent en effet que la vitesse de l'absorption est en rapport direct avec la vitesse de
la circulation dans tous les organes qui sont doués de propriétés absorbantes.

**III. Fonctions motrices de l'estomac. — A) Procédés d'étude de la motilité
stomacale. — a) Procédés physiologiques.** — Ils peuvent être classés en quatre groupes :

1° Méthodes fondées sur l'observation de l'estomac mis à nu :

α) *Estomac in situ* : 1. Observation simple (PEYER, WEPFER, SCHWARTZ, HALLER, SPAL-
LANZANI, MAGENDIE, SÇHIFF, COLIN, RANVIER, GOLTZ, ROSBACH, LÜDERITZ, CONTEJEAN, etc.);
2. Observation par la méthode graphique (BATTELLI, COURTADE et GUYON, BARBERA, etc.);

β) *Estomac complètement séparé du corps* : 1. Observation simple (BRAAM-HOUCKEEST et
SANDERS, HOFMEISTER et SCHÜTZ); 2. Observation par la méthode graphique (BARBERA).

2° Méthodes fondées sur l'examen de l'activité motrice de l'estomac à l'aide des fistules :

α) *Fistule gastrique* : 1. Inspection simple des phénomènes moteurs qui se passent
dans la cavité stomacale pendant la digestion (BEAUMONT, SCHIFF, KRETSCHY, CH. RICHET,
QUINCKE, SCHÖNBORN, UFFELMANN, KRAUSS, etc.); 2. Enregistrement de la pression intra-
stomacale (UFFELMANN, VON PFUNGEN, etc.) ou des mouvements des parois stomacales (CONTE-
JEAN, BATTELLI, DUCCESCHI, etc.).

β) *Fistule duodénale :* Étude de l'expulsion des aliments par l'estomac (RUSSO-GILIBERTI,
ROSBACH, HIRSCH, MERING, GLEY et RONDEAU, CONSIGLIO, MORITZ, etc.).

3° Méthodes fondées sur l'étude des variations de la pression intra-stomacale, faite à
travers les voies normales de l'appareil digestif :

α) *Méthodes manométriques*, destinées à mesurer la valeur des variations de la pression
intra-stomacale (ROSENTHAL, MARCACCI, SCHREIBER, HEYNSIUS, KELLING, MORITZ, etc.); β) *Méthodes des ampoules conjuguées* ou d'autres dispositifs semblables, destinées à inscrire ces
mêmes variations (RANVIER, MORAT, CONVERS, OPENCHOWSKI, WERTHEIMER, DOYON, etc.).

4° Méthodes fondées sur l'observation indirecte de l'estomac à travers la paroi abdominale dans des conditions tout à fait normales : α) *Méthodes phonendoscopiques* (BIANCHI-
COMTE); β) *Méthodes radioscopiques* (CANNON, ROUX et BALTHAZARD).

De toutes ces méthodes, seules les deux dernières peuvent être appliquées sans introduire aucun trouble dans le fonctionnement moteur de l'estomac. Les méthodes basées
sur l'observation directe, même quand l'estomac reste in situ, modifient certainement
les conditions de vie de cet organe : on peut donc se demander si les mouvements
observés dans ce cas sont les mêmes que ceux qui se produisent dans l'estomac à l'état
normal. Les observations faites à l'aide des fistules peuvent aussi induire en erreur.
L'estomac se trouve alors fixé à la paroi abdominale, de sorte qu'il peut être gêné dans
ses mouvements. D'autre part, l'établissement d'une fistule dans l'estomac change complètement les conditions mécaniques dans lesquelles il se contracte : car, dès qu'on a
établi une communication entre la cavité gastrique et l'extérieur, la pression intra-
stomacale tombe à zéro. Outre cet inconvénient, la fistule gastrique ne permet pas,
quelles que soient ses dimensions, de voir tout ce qui se passe dans l'intérieur de l'estomac. Mais, même en supposant qu'on ne se contente pas de la simple inspection et
qu'on fasse appel à la méthode graphique, les difficultés de l'expérimentation sont si
grandes qu'il est impossible d'inscrire à la fois tous les divers mouvements qui se produisent dans l'estomac. Ajoutons que l'introduction d'un instrument quelconque dans la
cavité stomacale s'accompagne de certains phénomènes d'excitation qui peuvent modifier
plus ou moins la marche normale de ces mouvements. Ces dernières objections peuvent
être aussi adressées aux méthodes du troisième groupe, qui choisissent les voies supé-

rieures de l'appareil digestif pour explorer les phénomènes moteurs dont il est question.

Est-ce là une raison suffisante pour rejeter sans examen les divers résultats obtenus par chacune de ces méthodes? Non, certes. Dans l'étude des fonctions motrices de l'estomac, beaucoup de phénomènes ont été découverts grâce à l'emploi systématique de ces diverses méthodes. Il en est même quelques-uns qui ne peuvent guère être observés autrement. Mais ces méthodes ne permettent pas d'apprécier la marche générale des mouvements de l'estomac à l'état normal.

A ce point de vue, les méthodes du quatrième groupe sont infiniment supérieures; car elles peuvent être appliquées dans des conditions tout à fait physiologiques. Mais elles sont encore loin d'atteindre la perfection voulue.

La méthode *phonendoscopique* est sujette à plusieurs causes d'erreur. En premier lieu, les changements de sonorité qu'éprouve la région épigastrique au cours de la digestion ne sont pas nécessairement en rapport avec les changements de forme que subit alors l'estomac; mais ils peuvent aussi tenir aux déplacements des viscères abdominaux et spécialement de l'intestin grêle. En outre, la méthode phonendoscopique n'est ni assez précise ni assez rapide pour suivre exactement les variations de forme de l'estomac au fur et à mesure qu'elles se produisent.

Ces causes d'erreur n'existent plus lorsqu'on se sert de la méthode *radioscopique;* quoique cette méthode présente encore, d'après Roux et Balthazard, l'inconvénient de ne pas se prêter à une observation bien détaillée de la portion supérieure de l'estomac, surtout chez les grands animaux (homme et chien). Malgré ce défaut, qu'on arrivera peut-être à éliminer en prenant certaines précautions expérimentales, la méthode radioscopique est, parmi toutes celles que nous connaissons jusqu'ici, la plus parfaite pour l'étude des mouvements de l'estomac. Cette méthode, qui a été utilisée presque en même temps par Cannon en Amérique et par Roux et Balthazard en France, se pratique de la façon suivante : pour observer le mouvement de l'estomac à l'aide des rayons X, la première condition est d'obtenir l'opacité du milieu stomacal; on y parvient en mélangeant intimement aux aliments, liquides ou solides, du sous-nitrate de bismuth, sel insoluble et fort opaque aux rayons X sous de faibles épaisseurs. La proportion de $0^{gr},20$ de sous-nitrate par c. c. d'aliments est amplement suffisante à cet effet. Roux et Balthazard n'ont guère dépassé cette proportion dans leurs expériences sur la grenouille et sur le chien. En opérant sur l'homme, ils ont rendu l'estomac opaque en faisant avaler à l'individu en expérience 15 à 20 grammes de sous-nitrate en suspension dans 100 grammes d'eau ou de sirop de sucre. Ces doses n'ont rien d'excessif, et sont communément employées dans la thérapeutique des maladies de l'estomac. Chez le chat, Cannon a employé de 1 à 5 grammes de sous-nitrate de bismuth mélangés à 15 ou 18 grammes de pain sec broyés dans un peu de lait ou d'eau chaude de façon à faire une pâte. Il est nécessaire d'administrer au moins 5 grammes de bismuth pour voir le passage des aliments à travers le pylore.

Pour enregistrer les résultats de l'expérience, Cannon s'est contenté de tracer sur un papier de soie, placé en contact avec l'écran fluorescent, les divers changements de forme de l'estomac. Roux et Balthazard ont employé ce même procédé sur le chien et sur l'homme. Sur la grenouille, ces auteurs ont utilisé une méthode qui est encore plus parfaite. Grâce à l'extrême transparence du corps de cet animal, on peut obtenir des radiographies de l'estomac avec un temps de pose ne dépassant pas une seconde environ, durée suffisante pour avoir une image nette, assez courte pour que la forme de l'estomac ne change pas. Cette particularité permet d'appliquer à l'étude des mouvements de l'estomac de la grenouille, par les rayons Röntgen, la méthode chronophotographique de Marey. Voici comment Balthazard et Roux ont institué leurs expériences. Sur une pellicule de 3 cm. de largeur et de 75 cm. de longueur, on prend douze radiographies successives à intervalles réguliers. Le châssis est protégé par une plaque de plomb de 3 mm. d'épaisseur contre la pénétration des rayons X. Dans cette plaque est ménagée une ouverture de 3 cm. sur 5, devant laquelle on place la grenouille. Une seconde plaque de plomb, placée à l'intérieur du châssis, protège la partie impressionnée de la pellicule. Pour prendre une série de radiographies, on opère en pleine lumière, le châssis étant fermé par un volet de bois que traversent facilement les rayons X. Le châssis étant fixé en face de l'ampoule, on ferme le circuit à intervalles réguliers pendant une seconde

Dans le temps qui s'écoule entre la prise des deux radiographies successives, à l'aide d'une manivelle, on enroule la pellicule sur un axe, de façon à la faire avancer de la longueur voulue devant la fenêtre de la lame de plomb. Chaque radiographie est prise toutes les dix secondes; cette vitesse étant celle qui s'adapte le mieux à l'étude des mouvements de l'estomac de la grenouille, lesquels sont relativement très lents.

b) Procédés cliniques. — Quoique un grand nombre des méthodes que nous venons de décrire (méthodes du troisième et du quatrième groupe) puissent être utilisées dans 'étude des fonctions motrices de l'estomac humain, les cliniciens ont préféré faire cette même recherche en examinant la vitesse avec laquelle se fait l'*évacuation stomacale*. Leube a été un des premiers auteurs qui ait proposé un procédé de ce genre. On fait prendre au malade qu'on veut examiner un repas d'épreuve composé de 400 gr. de bouillon, 200 gr. de beefsteack, 100 gr. de pain et 200 gr. d'eau. Avec ce repas, l'estomac de l'homme sain se vide, d'après Leube, au bout de sept heures. On attend donc cette période de temps, et on lave ensuite l'estomac avec un demi-litre d'eau à deux reprises différentes. Si ces lavages ne ramènent rien, on peut admettre que la force motrice de l'estomac est à peu près normale. Au contraire, si les eaux de lavage renferment des parcelles alimentaires, la force motrice de l'estomac peut être considérée comme insuffisante.

Ce procédé a été modifié depuis par toute une série d'expérimentateurs. Les uns, comme Klemperer, Mathieu et Hallot, Goldschmidt, Sœrensen et Brandeburg, etc., déterminent, par des moyens divers, la quantité de liquide qui reste dans l'estomac quelque temps après l'ingestion d'un repas d'épreuve donné. D'autres, comme Ewald, Siebers, Fleischer, Sahli, Winkler et Stein, introduisent dans l'estomac, avec ou après le repas d'épreuve, certaines substances comme le salol, l'iodoforme, l'iodipine, qui ne sont pas attaquées par le suc gastrique, mais qui se dédoublent immédiatement lorsqu'elles se trouvent en présence des sécrétions intestinales. Les produits de dédoublement de ces substances sont rapidement absorbés, et s'éliminent par la salive ou par l'urine. On peut donc, en recherchant ces produits, savoir approximativement le temps que les dites substances ont séjourné dans l'estomac.

Il est inutile de dire qu'aucun de ces procédés ne permet de se rendre un compte exact de l'état du fonctionnement moteur de l'estomac; car la quantité de résidu que l'on trouve dans l'estomac ne dépend pas seulement de l'importance de l'évacuation stomacale; elle est aussi en rapport avec les phénomènes d'absorption et de sécrétion qui se produisent dans cet organe. On peut encore formuler une objection beaucoup plus grave contre le second de ces procédés. Le moment d'apparition de certaines substances dans les liquides d'excrétion ne coïncide pas toujours avec le passage de ces substances de la cavité stomacale dans la cavité intestinale. Ce moment peut être retardé par un mauvais état de fonctionnement des organes qui concourent au dédoublement, à l'absorption et à l'élimination de ces substances: intestin, rein, glandes salivaires, etc. (Voir, pour plus de détails, les traités spéciaux des maladies de l'Estomac.)

B) Excitabilité de l'estomac. — *a) Effets produits sur la musculature stomacale par les excitations qui agissent sur la surface externe de l'estomac.* — Les anciens physiologistes, Haller, Spallanzani, Hunter et Magendie, sont arrivés à des résultats contradictoires en essayant de provoquer artificiellement les contractions de l'estomac par des excitations, mécaniques ou chimiques, qu'ils faisaient agir directement sur la surface externe de l'organe. Ils ont vu que tantôt l'estomac répondait à ces excitations, tantôt il restait immobile. Nysten et Joh. Müller ont étudié de la même façon l'action du courant galvanique sur l'estomac. Ces deux auteurs sont d'accord pour affirmer que l'estomac est excitable par le courant galvanique; mais, d'après Nysten, cette excitabilité disparaîtrait assez rapidement : chez les suppliciés, au bout d'une heure, et chez les Mammifères (chien, cobaye), au bout de deux à trois heures. Les recherches de Budge sur ce point ne sont pas plus concluantes. Pour cet auteur, l'estomac répond très diversement à une même excitation, qu'il s'agisse d'une excitation mécanique ou d'une excitation chimique. Burdach, Stilling et Betz ont constaté que les excitations mécaniques et chimiques provoquent chez le chat, le rat et le lapin, une contraction locale de l'estomac. Selon Weber, le courant galvanique déterminerait chez le chien une série de contractions donnant lieu à l'étranglement de l'estomac. Ces effets seraient beaucoup moins marqués chez le lapin; mais, chez la grenouille, l'étranglement de l'estomac deviendrait très apparent, et l'onde de contraction se propagerait vers le cardia et vers le pylore pour disparaître au bout d'un certain temps. BASSLINGER, qui a décrit les mouvements rythmiques du cardia chez le lapin pendant la vie, soutient que ces mouvements peuvent être provoqués après la mort par des excitations mécaniques ou galvaniques. COLIN a aussi observé que l'estomac se contracte sous l'influence des excitations chimiques (contact d'acides faibles et de certaines substances alimentaires) et mécaniques (pincement des parois). BRAAM-HOUCKGEEST ne nie pas ces phénomènes d'excitation, mais il prétend que la contraction obtenue ainsi est une contraction locale des fibres musculaires excitées, et nullement un mouvement général de l'estomac. CARAGIOSIADIS et NOTHNAGEL se rallient complètement à cette opinion. Pour ce dernier auteur, qui a étudié spécialement l'influence des sels de sodium et de potassium sur la musculature de l'estomac, la réponse se localise toujours au point touché par les agents chimiques. MELLINGER, SCHÜTZ et ROSBACH ont trouvé, comme WEBER, que le courant galvanique provoque dans certaines conditions une contraction circulaire de l'estomac. D'après MELLINGER, cette contraction se propage vers les deux extrémités de l'estomac, tandis que, d'après ROSBACH, elle marcherait vers le pylore. Enfin, selon SCHÜTZ, la contraction provoquée par le courant galvanique disparaîtrait sur place et serait tout à fait faible chez les animaux empoisonnés par l'atropine.

Dans des expériences plus récentes, LÜDERITZ a constaté que les excitations mécaniques ne donnent lieu qu'à une réponse locale des fibres musculaires directement excitées. Il en est de même pour certaines excitations chimiques, comme celles que produisent par exemple les sels de potassium. Au contraire, les sels de sodium et le courant faradique déterminent des mouvements péristaltiques dans l'estomac. Cet organe paraît donc se comporter vis-à-vis de ces agents d'excitation exactement comme l'intestin. LÜDERITZ croit que les excitations mécaniques et les excitations par les sels de potassium agissent directement sur les fibres musculaires elles-mêmes, tandis que les sels de sodium et les courants électriques semblent porter leur action sur le système nerveux de l'estomac.

EXCITATION.			PÉRIODE	OBSERVATIONS.
FRÉQUENCE.	INTENSITÉ.	RÉGIONS excitées.	latente.	
			secondes.	
5 par sec.	100	Cardia.	3,2	
5 —	100	Fond.	7,8	Grenouille A, estomac *in situ*.
5 —	100	Pylore.	8,8	
5 —	100	Cardia.	5,6	
5 —	100	Fond.	7,2	Grenouille B, estomac *in situ*.
5 —	100	Pylore.	9,4	
3 —	100	Cardia.	6,2	
3 —	100	Fond.	15,4	Grenouille C, estomac *in situ*.
3 —	100	Pylore.	24,2	
1 —	200	Cardia.	7,4	
1 —	200	Fond.	9,4	Grenouille D, estomac *in situ*.
1 —	200	Pylore.	11,6	
5 —	100	Cardia.	5,8	
5 —	100	Fond.	6,8	Grenouille A, estomac enlevé.
5 —	100	Pylore.	12,4	
1 —	100	Cardia.	8,8	
1 —	100	Fond.	12,4	Grenouille E, estomac enlevé.
1 —	100	Pylore.	16,2	

BARBERA est arrivé à une conclusion semblable en étudiant l'action du courant induit sur l'estomac de la grenouille mis à nu. Cet auteur soutient que le courant induit agit sur l'estomac par voie réflexe, et que le centre de ce réflexe se trouve dans les parois propres de l'estomac; car les phénomènes d'excitation sont de la même nature, quelle que soit la manière dont on opère, soit sur l'estomac *in situ*, soit sur l'estomac complètement séparé du corps. Ce qui lui fait penser que ces phénomènes sont d'ordre réflexe, c'est : 1° qu'une seule excitation, même d'intensité assez forte, ne provoque aucune contraction; 2° que des excitations additionnées, tout en faisant apparaître une contraction isolée sur le point d'application, ne donnent pas nécessairement lieu à des mouvements d'ensemble dans l'estomac. La période latente varie, pour les excitations tétaniques, avec l'intensité des ondes induites; mais elle varie, surtout, suivant le point où l'on fait l'excitation. La région cardiaque de l'estomac est celle qui répond le plus vite; viennent ensuite la région du fond, puis celle du pylore. Le tableau précédent (p. 785) montre bien ces différences.

b) **Effets produits sur la musculature stomacale par les excitations qui agissent sur la surface interne de l'estomac.** — Cette étude a été faite d'une façon minutieuse par Ducceschi au laboratoire de Fano. Ducceschi a opéré sur des chiens porteurs de fistule gastrique, en se servant de la méthode graphique pour inscrire les mouvements des diverses régions de l'estomac. Il a étudié séparément les effets produits par les excitations mécaniques, thermiques, chimiques et électriques, sur la contractilité stomacale. Nous allons résumer les principaux résultats auxquels Ducceschi est arrivé dans ses recherches.

1° *Excitations mécaniques.* — En faisant passer une petite quantité (30 à 100 c. c.) d'eau dans le ballon enregistreur introduit dans l'estomac de façon, à produire une distension *minimum* des parois stomacales, Ducceschi a observé une réaction prompte et énergique de l'estomac, réaction qui arrive même jusqu'aux les plus fortes du mouvement péristaltique. Si l'on augmente la distension du ballon, l'intensité de la réaction motrice croît encore. Mais, à partir d'une certaine limite, la force des contractions diminue, et elles ne tardent pas à cesser complètement. Cette période se caractérise tout d'abord par un ralentissement dans la fréquence des mouvements, qui est compensé par une hauteur plus grande des contractions; puis celles-ci deviennent arythmiques et disparaissent tout à fait. Ducceschi prétend que l'intensité et la régularité des mouvements sont exactement proportionnelles au degré de la distension.

En essayant un autre genre d'excitations mécaniques, provoquées par le frottement de deux corps solides, l'un à surface polie, l'autre à surface rugueuse, contre la muqueuse stomacale, Ducceschi a constaté les résultats suivants. Les excursions répétées d'un corps à surface polie dans la cavité gastrique ne produisent de réaction motrice sensible dans aucune des régions de l'estomac. Au contraire, la simple présence dans l'estomac d'un corps à surface rugueuse, ou mieux encore son déplacement dans l'intérieur de cet organe, déterminent des mouvements très nets de toutes les parois stomacales. Dans la région cardiaque et dans la région du fond, l'intensité des contractions augmente progressivement jusqu'à l'apparition des mouvements du type péristaltique. Dans l'autre pylorique, les phénomènes moteurs ont plutôt le caractère de mouvements antipéristaltiques. Ducceschi conclut de ses expériences que toutes les régions de l'estomac répondent de la même façon à l'excitation par distension; toutefois la région du pylore se distingue de la région cardiaque et de la région du fond par sa manière de se comporter vis-à-vis des excitations mécaniques de contact.

2° *Excitations thermiques.* — Ducceschi a étudié l'excitabilité thermique de l'estomac en faisant circuler de l'eau à diverses températures dans un tube de caoutchouc qu'il plaçait au niveau de l'endroit où se trouvait le ballon enregistreur dans la cavité gastrique. L'eau à 37°,2 ou 38° ne donne lieu à aucune excitation. On n'a d'effet moteur utile que lorsque l'eau est à 38° ou 39°. Au-dessus de 39° et au-dessous de 37° l'action de la température décroît progressivement, et à 5° on peut voir la cessation complète des mouvements, même après qu'ils ont été mis en jeu par une autre excitation. A part l'intensité de la réaction, les effets moteurs provoqués par les différences de température présentent les mêmes caractères dans toutes les régions de l'estomac.

3° *Excitations chimiques.* — Dans ses recherches sur les excitations chimiques, Ducceschi a examiné plus spécialement l'action des principales substances qui se trouvent présentes dans l'estomac pendant la digestion des aliments. Ces substances sont l'acide chlorhydrique, l'acide lactique et la peptone.

L'acide chlorhydrique fut employé dans des solutions de 1 à 5 p. 1000, qui étaient portées à la dose de 30 à 50 c. c. sur l'endroit de l'estomac où le ballon enregistreur se trouvait en permanence. Les régions du cardia et du fond répondent au contact de l'acide chlorhydrique par des contractions qui peuvent devenir tout à fait semblables aux mouvements péristaltiques types. L'intensité de ces contractions est directement proportionnelle au degré de concentration de la solution acide employée. Dans l'antre pylorique, les résultats qu'on obtient sont tout autres. L'introduction de quelques centimètres cubes d'une solution de HCl à 1 p. 1000 dans cette partie de l'estomac détermine déjà un ralentissement considérable dans le rythme des contractions stomacales. Les solutions d'un titre plus concentré (4 p. 1000) troublent au contraire le cours de ces contractions et en affaiblissent l'intensité. Plus la concentration de la solution acide est grande, plus ces phénomènes sont marqués. Avec une solution de HCl à 5 p. 1000. on peut même arrêter complètement les contractions de l'estomac. Ce qu'il y a encore de vraiment remarquable, c'est que les solutions acides provoquent très souvent dans l'antre pylorique des mouvements antipéristaltiques, semblables à ceux qu'y déterminent les excitations mécaniques de contact. Comparativement avec l'action de l'acide chlorhydrique, Ducceschi a étudié l'influence que les solutions alcalines de carbonate de soude exercent sur la contractilité stomacale. Ces solutions se montrent pour ainsi dire inactives, ou tout au moins n'exercent qu'une action douteuse sur les mouvements de l'estomac, quand on les emploie au titre de 5 p. 1000. Dans la région cardiaque, une solution alcaline de ce titre produit une diminution dans l'ampleur des contractions. Cet effet inhibiteur est encore plus marqué si l'on emploie une solution de 10 à 20 p. 1000 de carbonate de soude. Ducceschi a remarqué que cette phase de dépression motrice peut être suivie d'une légère augmentation dans l'intensité des contractions. Dans la région du fond les phénomènes qu'on observe sont un peu différents. L'introduction d'une solution de $NaCO^3$ à 10 ou 20 p. 1000 dans cette partie de l'estomac peut produire un abaissement du tonus et de l'ampleur des contractions; mais cet effet n'est jamais aussi durable que dans la région cardiaque; et il est bientôt suivi d'une notable élévation du tonus des parois stomacales et de l'apparition des mouvements péristaltiques très énergiques dans ces parois. Enfin, dans l'antre du pylore, les solutions alcalines, dont le titre ne dépasse pas 5 p. 1000, sont inactives ou légèrement excito-motrices; celles dont le titre oscille entre 10 et 20 p. 100 déterminent une augmentation dans le tonus des parois stomacales, et une diminution dans la hauteur des contractions. Ducceschi attribue le désaccord qui existe entre ces résultats, et ceux que l'on obtient par l'excitation avec l'acide chlorhydrique, à la propriété qu'auraient les solutions alcalines de provoquer la sécrétion acide de l'estomac. Mais cette interprétation ne doit pas être exacte; car les travaux de Pawlow montrent que les solutions alcalines sont incapables d'exciter les sécrétions gastriques.

Dans ses expériences sur l'acide lactique, Ducceschi a constaté que les solutions de cet acide à 1, 2, 3 p. 1000 de concentration produisaient des effets excito-moteurs très nets dans la région cardiaque et dans la région du fond de l'estomac. Ces effets sont toutefois moins intenses que ceux de l'acide chlorhydrique. Dans la région du pylore, l'action de l'acide lactique est incertaine; parfois elle est négative, parfois dépressive.

Finalement, d'après Ducceschi, les solutions de peptone à 1 ou 2 p. 100 exercent une influence faible, mais constante, sur la motricité stomacale. Cette action se caractérise par une élévation du tonus des parois stomacales et par un renforcement des divers mouvements qui se produisent dans chacune des régions de l'estomac.

4° *Excitations électriques.* — Pour l'étude de l'excitation électrique de l'estomac, Ducceschi a appliqué les deux rhéophores en communication avec la pile ou la bobine aux deux extrémités opposées du ballon enregistreur introduit dans la cavité stomacale. En opérant de la sorte, cet auteur a vu que, quelle que soit la nature du courant employé, il faut une intensité assez forte pour obtenir une réaction motrice dans l'estomac. Avec des courants induits faibles, la région cardiaque est plus facilement excitable que la région du fond. Si l'on prend des courants très forts, on peut provoquer le vomissement. Celui-ci se produit à la division 60 de la bobine pour l'excitation du cardia, et à la division 40 pour l'excitation du fond. Tous ces phénomènes se manifestent lorsque les parois stomacales sont au repos; si celles-ci sont en activité, leurs mouvements sont arrêtés par les courants induits. Dans la région du pylore, que Ducceschi n'a pu étudier qu'en état de mouvement, un courant faradique d'intensité moyenne donne toujours lieu à une action d'arrêt. Un courant très fort (division 30 de la bobine) provoque le vomissement.

Le simple passage du courant galvanique n'a qu'une influence faible et incertaine sur la motilité de l'estomac. Lorsque cet organe est au repos, l'ouverture ou la fermeture du courant galvanique y déterminent une contraction isolée, variable comme forme, comme intensité et comme durée pour chaque expérience. Sur l'estomac en activité on trouve une phase d'*inexcitabilité*, qui correspond surtout à la phase ascendante de chaque mouvement spontané. Ducceschi compare ce phénomène à la période réfractaire du cœur. Il se passe toujours un temps perdu plus ou moins long entre le moment où l'excitation électrique agit, et le moment où l'estomac répond. Ce temps perdu varie pour les diverses régions de l'estomac. Il est de 2″ 3 pour la région cardiaque, de 1″ 6 pour la région du fond, et de 2″ 4 pour la région du pylore.

Étudiant aussi l'influence de l'excitation électrique sur la contractilité stomacale, Meltzer est arrivé à des résultats un peu différents de ceux de Ducceschi. Il a trouvé, tout d'abord, que l'estomac entre plus facilement en contraction lorsqu'on l'excite extérieurement que lorsqu'on l'excite intérieurement. Si l'on place une des électrodes en contact avec la muqueuse stomacale, et l'autre sur un point quelconque des parois abdominales, le plus près possible de l'estomac, les courants induits les plus forts n'ont aucune influence sur la contractilité de cet organe. Sur les divers animaux en expérience, chien, lapin, chat, grenouille, la région du pylore est la plus excitable de toutes les régions de l'estomac. Viennent ensuite la région du cardia, et en dernier lieu la région du fond.

En dehors du travail de Ducceschi, il existe un nombre considérable de travaux démontrant que la contractilité de l'estomac peut être mise en jeu par des excitations, surtout de nature chimique, venant à agir sur la muqueuse gastrique. Nous parlerons de ces travaux lorsque nous nous occuperons de l'influence qu'exercent certaines substances chimiques sur les mouvements de l'estomac.

Les documents que nous venons de passer en revue suffisent, pour l'instant, malgré leur manque d'uniformité, à établir sur des bases solides l'excitabilité propre de l'estomac. Cette excitabilité est facile à mettre en évidence en faisant agir les agents d'excitation sur la surface externe ou sur la surface interne de l'estomac. Ce qu'on ne sait pas encore d'une manière précise, c'est si les éléments musculaires qui composent cet organe sont excités directement ou par l'intermédiaire du système nerveux. Tout porte cependant à croire que, dans la plupart des cas, et spécialement lorsque les excitations agissent sur la muqueuse gastrique, les contractions stomacales qu'elles provoquent sont de nature réflexe.

C) **Mouvements de l'estomac.** — On tend de plus en plus à admettre aujourd'hui que l'estomac se divise, au point de vue moteur, en deux régions, dont le fonctionnement est complètement distinct : une région supérieure, *région cardiaque*, et une région inférieure, *région pylorique*. Cette notion ne date pas d'hier. Déjà les anciens expérimentateurs, Home, Haller, Magendie et Schiff, avaient remarqué sur les animaux laparotomisés que l'estomac en activité présentait dans son milieu un fort étranglement. Schiff a constaté de plus que ces deux portions, dans lesquelles l'estomac se divisait par suite de son étranglement, exécutaient des mouvements indépendants et distincts. Très souvent, dit-il, la portion pylorique se contracte seule, pendant que la portion cardiaque reste dans un repos complet.

Néanmoins l'existence d'une différenciation motrice, complète, entre la région cardiaque et la région pylorique de l'estomac n'a été rendue tout à fait évidente qu'après les recherches de Schütz et Hofmeister. Ces auteurs ont vu, en opérant sur l'estomac du chien complètement séparé du corps et maintenu dans une étuve humide à la température de 36° à 38°, que les mouvements de cet organe se font en deux temps successifs. Dans une première période, une contraction annulaire commence à quelques centimètres du cardia, et se propage vers le pylore. Cette contraction augmente d'intensité au fur et à mesure qu'elle progresse, et finit par former un sillon profond à deux ou trois centimètres de l'antre pylorique. Hofmeister et Schütz appellent cette contraction la *constriction préantrale*. C'est avec ce phénomène que se termine la première phase des mouvements de l'estomac. Dans une seconde phase, l'anneau de l'antre pylorique entre à son tour en mouvement, et, pendant que la constriction préantrale disparaît peu à peu, le dit anneau se resserre de plus en plus. Il en résulte que l'estomac prend une forme bilobulaire, se séparant en deux cavités de grandeur différente : la première, plus grande, correspond à la portion cardiaque; la seconde, plus petite, correspond à la portion pylorique. HOFMEISTER et SCHÜTZ considèrent la première de ces portions comme essentiellement dévolue aux phénomènes chimiques de la digestion, tandis que, d'après ces auteurs, la portion pylorique aurait pour but principal de régler le passage des aliments chymifiés dans la cavité intestinale. Ces vues sont sans doute un peu exagérées; mais elles ont été, en partie, confirmées par les recherches récentes de CANNON, de ROUX et de BALTHAZARD, faites à l'aide des rayons RÖNTGEN sur l'estomac en fonctionnement normal.

Nous croyons donc préférable d'étudier séparément les fonctions motrices de chacune de ces régions de l'estomac.

— a) **Mouvements de la région cardiaque de l'estomac.**— 1° *Mouvements de l'orifice cardiaque.* — MAGENDIE a observé que l'orifice cardiaque de l'estomac, ainsi que l'extrémité inférieure de l'œsophage, présentent, chez le chien, des mouvements alternatifs de constriction et de dilatation, qui s'opposent à la sortie des aliments de l'estomac. Voici comment il décrit ces phénomènes dans son *Traité de physiologie*, pp. 77-78 : « C'est le mouvement alternatif de l'œsophage qui s'oppose au retour des aliments dans sa cavité. Plus l'estomac est distendu, plus la contraction de l'œsophage devient intense et prolongée, et le relâchement de courte durée. La contraction coïncide ordinairement avec le moment de l'inspiration où l'estomac est le plus fortement comprimé. Le relâchement arrive le plus souvent dans l'instant de l'expiration. On aura une idée de ce mécanisme en mettant à nu l'estomac d'un chien et en cherchant à faire pénétrer les aliments dans l'œsophage en comprimant l'estomac entre les deux mains. Il sera à peu près impossible d'y réussir, quelle que soit la force qu'on emploie, si l'on agit dans l'instant de la contraction de l'œsophage, mais le passage s'effectuera en quelque sorte de lui-même, si l'on comprime le viscère dans l'instant du relâchement. »

LONGET a constaté les mêmes phénomènes que MAGENDIE en répétant les expériences de cet auteur. Toutefois LONGET croit qu'il existe aussi une condition anatomique qui s'oppose au retour des aliments dans l'œsophage. Lorsque l'estomac, dit-il, est rempli par les aliments, le cardia forme un angle avec l'œsophage, et cette disposition renforce en quelque sorte l'effet rétentif des contractions œsophagiennes.

SCHIFF ne partage pas la manière de voir de MAGENDIE et de LONGET sur le mécanisme de ces phénomènes, mais il n'en conteste pas l'existence. Il a pu voir, sur des chiens porteurs de larges fistules stomacales, que l'orifice cardiaque n'est pas animé de simples mouvements de constriction ou de dilatation, comme le croyait MAGENDIE, mais que cet orifice est le siège d'une *constriction continue* se déplaçant de bas en haut et de haut en bas dans le bout inférieur de l'œsophage.

On s'explique ainsi que l'occlusion du cardia soit assurée dans toutes les conditions, alors que, si l'interprétation de MAGENDIE était exacte, cette occlusion serait dans beaucoup de cas très imparfaite.

Pendant longtemps on a cru que les contractions rythmées du cardia ne se produisaient que chez le chien; SCHIFF a montré qu'elles se présentent aussi chez le chat et chez le lapin. Avant lui, BASSLINGER avait déjà signalé un phénomène du même ordre dans la partie sous-diaphragmatique de l'œsophage du lapin, après la mort. Cet auteur, qui semble avoir ignoré les observations de MAGENDIE sur ce même sujet, considère les contractions *post mortem* de l'œsophage comme un phénomène absolument normal pendant la vie, phénomène auquel il donne le nom nouveau de *pouls cardiaque.*

Dans les études qu'on a entreprises ensuite sur les fonctions motrices de l'estomac, on n'a jamais fait allusion à l'existence de ces mouvements rythmés dans l'orifice cardiaque. CANNON, qui a étudié avec beaucoup de détail les mouvements de l'œsophage et de l'estomac, ne parle pas non plus de ces phénomènes.

2° *Mouvements des autres parties de la région cardiaque.* — Par contraste avec ce que nous venons de dire, le fonctionnement moteur des autres parties de la région cardiaque a été l'objet d'un grand nombre de recherches. PREYER et WEFFER croyaient que les mouvements de l'estomac s'étendaient un peu partout sur la surface de cet organe, et ils admettaient que ces mouvements étaient de deux ordres différents, péristaltiques et antipéristaltiques. Peu de temps après, Schwartz reconnut que ces mouvements ont lieu surtout dans la partie pylorique de l'estomac. Dans la région cardiaque, il n'a pu voir que de très faibles mouvements péristaltiques se dirigeant vers le pylore. Haller confirme en général les observations de Schwartz; mais il ajoute que le mouvement normal de l'estomac est toujours péristaltique, et que les contractions antipéristaltiques ne se produisent que dans des conditions exceptionnelles, comme par exemple dans le vomissement et dans la régurgitation. Magendie soutient, au contraire, que l'estomac est doué normalement de mouvements péristaltiques et antipéristaltiques, et que ceux-ci précèdent toujours ceux-là.

L'étude de cette question entre dans une phase plus intéressante avec les recherches de Schiff. Cet auteur a examiné séparément, avec beaucoup plus de méthode que les auteurs précédents, les mouvements des diverses parties de l'estomac. Il a constaté que les mouvements de la portion cardiaque, qu'il désigne par le nom de partie gauche ou splénique, prennent ordinairement leur point de départ au cardia. Le grand cul-de-sac exécute tout d'abord un très léger mouvement antipéristaltique de droite à gauche, puis survient une onde péristaltique notablement plus énergique, et *la seule visible quelquefois*, laquelle, chez les animaux très jeunes, part des environs du cardia, et, chez les animaux plus âgés, du fond du grand cul-de-sac. La contraction se propage exclusivement le long de la grande courbure, où l'on n'en aperçoit que les traces au bord supérieur de l'estomac, qui peut même paraître tout à fait immobile. L'onde péristaltique rampe de proche en proche jusque vers la partie moyenne de l'estomac, où elle s'arrête, sans donner lieu à une contraction antipéristaltique. Le même phénomène se répète ainsi plusieurs fois, et il est suivi enfin par une période de repos, de longueur variable. Les mouvements de la portion cardiaque sont plus lents que ceux de la portion pylorique, et mettent plus de temps à achever leur évolution. Ces mouvements sont si faibles qu'ils ne sauraient évidemment produire aucun déplacement du contenu *solide* de l'estomac.

Ainsi donc, d'après Schiff, les contractions de la région cardiaque se distingueraient des contractions de la région pylorique, non seulement par leur forme, mais aussi par leur durée et par leur intensité. On verra par la suite que beaucoup de ces observations ne sont pas loin de la réalité.

Hofmeister et Schütz ont trouvé ensuite, en opérant sur l'estomac isolé, que les contractions de la région cardiaque sont périodiques et dirigées toujours de manière à faire progresser les aliments vers l'antre du pylore. Ces auteurs nient formellement l'existence des contractions antipéristaltiques dans cette partie de l'estomac. Ils font remarquer, comme Schiff, que l'onde péristaltique de la portion cardiaque est constamment plus accusée du côté de la grande courbure. Mais leurs résultats diffèrent de ceux de Schiff, en ce qu'ils ont toujours vu les contractions péristaltiques naître vers le milieu de la grande courbure, et non pas de l'orifice cardiaque.

La même année que Hofmeister et Schütz, Rosbach est arrivé, en expérimentant sur l'estomac mis à nu, mais laissé en place, à des résultats différents. Lorsque l'estomac est plein d'aliments, Rosbach prétend qu'il se produit vers le milieu de cet organe des ondes péristaltiques de contraction qui cheminent dans le sens du pylore, où elles viennent mourir définitivement. Ces ondes n'ont, en aucun cas, le caractère des ondes antipéristaltiques; elles sont tout d'abord très faibles, puis elles deviennent beaucoup plus vigoureuses. Pendant que la moitié inférieure de l'estomac se contracte, le fond et la portion cardiaque de cet organe restent en contraction tonique, sans faire aucun mouvement.

Moritz a constaté, en mesurant la pression dans les diverses régions de l'estomac sur l'homme à l'aide d'un manomètre introduit par les voies supérieures de l'appareil digestif, que la pression est beaucoup plus faible dans la région du fond (portion cardiaque) que dans la région du pylore : de 2 à 3 cm. d'eau au cardia, et de 50 cm. au pylore. Von Pfungen et Ulmann avaient déjà fait la même remarque sur un sujet porteur d'une fistule gastrique.

Enfin Duccescui a observé, en enregistrant les mouvements des parois stomacales à l'aide d'un ballon élastique en rapport avec un tambour de Marey, que la région cardiaque et la région du fond sont animées de contractions moins intenses, plus lentes et plus irrégulières que celles de la région du pylore.

La conclusion générale qui se dégage de l'ensemble de ces travaux, c'est que la por tion cardiaque de l'estomac est beaucoup moins importante au point de vue moteur que la portion pylorique de cet organe.

Quant aux autres questions soulevées par ces travaux au sujet de l'origine, de la forme et de la durée des manifestations motrices qui se produisent dans la portion cardiaque de l'estomac, elles restent forcément en suspens; car ces questions ne peuvent être résolues par des expériences qui toutes, plus ou moins, ont été faites dans des conditions vraiment défectueuses.

C'est ici le moment de parler des recherches radioscopiques, qui, pouvant être réalisées sans porter aucune atteinte au fonctionnement normal de l'estomac, doivent rationnellement aboutir à des résultats beaucoup plus exacts. CANNON a constaté tout d'abord que le fond de l'estomac n'est pas un réservoir passif pour les aliments, mais un réservoir actif des plus intéressants. En faisant une série de tracés de l'ombre radioscopique de l'estomac à des intervalles d'une demi-heure pendant toute la durée de la période digestive, chez un chat, cet auteur a vu que, vers la deuxième heure de la digestion, alors que les diverses portions de la partie pylorique de l'estomac sont déjà en activité, le fond de cet organe commence à se contracter. A cette contraction, qui n'offre pas les caractères d'un mouvement péristaltique, mais d'un mouvement de rétraction lente, prennent part les fibres longitudinales, circulaires et obliques, de cette partie de l'estomac. Les aliments sont ainsi chassés peu à peu vers le préantre du pylore, qui affecte à ce moment la forme d'un tube. Comme conséquence de ce mouvement de rétraction, la portion cardiaque de l'estomac prend de plus en plus une forme allongée, pour ne constituer qu'un cordon mince dont l'ombre est à peine perceptible, vers la fin de la digestion, 7 heures et demie après le commencement de l'expérience.

ROUX et BALTHAZARD n'ont pour ainsi dire pas étudié les mouvements de la portion cardiaque de l'estomac. Néanmoins, dans quelques expériences qu'ils ont faites sur la grenouille, ils ont pu apercevoir les ondes de contraction de l'œsophage venir mourir sur la partie supérieure de la grande courbure de l'estomac en la déprimant légèrement. Sur le chien et sur l'homme, ils n'ont jamais observé de mouvements dans la région cardiaque.

b) **Mouvements de la région pylorique de l'estomac.** — Tous les auteurs sont d'accord pour affirmer que la portion pylorique est l'organe véritablement moteur de l'estomac. Mais cet accord n'existe plus lorsqu'il s'agit d'interpréter le mécanisme même de la fonction motrice de cette région. Pour SCHWARTZ, MAGENDIE, SCHIFF et beaucoup d'autres, la région pylorique présente à la fois des mouvements péristaltiques et antipéristaltiques. Pour ROSBACH, cette région n'est animée que de mouvements péristaltiques. Enfin, d'après HOFMEISTER et SCHÜTZ, ainsi que d'après DUCCESCHI, l'antre formé par le pylore se contracte et se relâche d'un seul coup par un mouvement comparable à la systole et à la diastole du cœur.

Très heureusement, les travaux de CANNON, de ROUX et de BALTHAZARD nous apportent sur ce sujet tous les renseignements désirables.

CANNON divise la portion pylorique de l'estomac en trois parties : le *préantre*, l'*antre* et le *sphincter*.

1° *Mouvements du préantre du pylore*. — D'après CANNON, la première région de l'estomac qui commence à se contracter, en diminuant de volume d'une façon marquée, c'est la partie préantrale du pylore. Cette portion devient le siège d'une série de contractions péristaltiques produites par les fibres circulaires, et dont le point de départ est la partie moyenne de l'estomac. Ces contractions se succèdent rythmiquement, et poussent peu à peu les aliments vers l'antre du pylore. Au fur et à mesure que la digestion avance, le préantre prend la forme d'un tube sur les parois duquel on voit passer des vagues de constriction peu profondes qui cheminent vers le pylore. Finalement, lorsque le fond de l'estomac commence à se contracter, le tube du préantre se raccourcit, et ce raccourcissement continue jusqu'au moment où le fond est complètement vide d'aliments.

2° *Mouvements de l'antre pylorique*. — CANNON a vu que les vagues de constriction du préantre deviennent beaucoup plus intenses en passant dans la région de l'antre. Ces vagues marchent avec un rythme très régulier, toujours dans la direction du pylore, et elles sont séparées les unes des autres par des intervalles de dix secondes. Le nombre de vagues qui traversent l'antre du pylore pendant toute une période digestive est considérable. CANNON en a calculé chez le chat jusqu'à 2 600.

Roux et Balthazard ont fait une description beaucoup plus simple des mouvements qui se produisent dans la région pylorique de l'estomac pendant la digestion. Pour ces auteurs, les ondes de contraction naissent vers le milieu de la grande courbure; la paroi de l'estomac s'aplatit, se creuse d'un sillon léger à ce niveau; puis l'onde progresse, atteignant de nouvelles fibres musculaires, tandis que les fibres précédentes se relâchent. A mesure que l'onde de contraction approche du pylore, le sillon qu'elle marque se creuse davantage, sur la grande courbure comme sur la petite, si bien qu'à la fin l'estomac est divisé en deux parties inégales; la partie inférieure formant un antre prépylorique où les matières sont tassées par l'onde qui progresse vers le pylore toujours fermé. A la fin, lorsque l'onde est à trois ou quatre millimètres du pylore, les matières passent dans la première partie de l'intestin grêle, qui se contracte aussitôt et chasse les matières plus loin; c'est l'onde prépylorique qui se continue sur le duodénum, comme on peut le voir sur le chien. Pendant ce temps, une onde nouvelle s'est formée sur la grande courbure de l'estomac; elle apparaît au moment où se forme l'antre prépylorique, comme pour y chasser les matières contenues dans la cavité de l'estomac. Quelquefois, lorsque l'évacuation est lente, cette contraction ne progresse pas, elle meurt sur place une fois que l'antre prépylorique s'est formé; en général, elle descend comme la première, creusant un sillon de plus en plus profond, tandis qu'une onde nouvelle naît sur la grande courbure. On peut étudier facilement tous ces détails sur l'estomac de la grenouille et sur celui du chien; sur l'homme, on ne peut voir que les contractions qui se propagent sur la grande courbure, la petite courbure étant cachée par la colonne vertébrale.

En résumé, d'après Cannon, comme d'après Roux et Balthazard, les mouvements de l'estomac se limitent essentiellement à la portion pylorique. Toutefois Cannon prétend que la région cardiaque et la région du fond ne restent pas inactives pendant la digestion, mais que ces parties se contractent d'une façon continue, en changeant de forme et de capacité. Grâce à cette rétraction continue, les aliments passent graduellement dans l'antre du pylore, et ce passage se fait par l'intermédiaire d'une portion tubulaire, l'antre prépylorique, dont les vagues de contractions péristaltiques assurent la circulation des aliments. Enfin, dans l'antre, les vagues de constriction deviennent beaucoup plus intenses et favorisent l'évacuation des aliments par le pylore.

3° *Mouvements du sphincter pylorique.* — Les opinions qui ont régné dans la science sur le fonctionnement du sphincter pylorique sont des plus contradictoires. D'après Schiff, le passage du chyme à travers le pylore est intermittent. Ch. Richet a vu, au contraire, sur son malade gastrotomisé, que l'estomac se vidait *en bloc* vers la fin de la digestion. Pour Rosbach, le pylore reste constamment fermé pendant toute la durée de la période digestive. A la fin de cet acte, le pylore se relâche, et les aliments passent dans l'intestin à chaque contraction péristaltique de l'estomac. Pendant la première période de la digestion, même les contractions les plus fortes sont insuffisantes à vaincre la résistance du pylore. Colin prétend que le pylore est presque toujours ouvert chez le cheval, tandis qu'il resterait constamment fermé chez les animaux carnivores. Enfin Oser a constaté, sur le lapin, la pression intra-stomacale demeurant constante, que l'évacuation des aliments par le pylore se faisait toujours par des intervalles et par jets, absolument comme à l'état normal.

Depuis cette époque, les travaux de Hirsch, de Mering, de Cannon, de Roux et de Balthazard, sont venus confirmer pleinement le fonctionnement *intermittent* du pylore.

Hirsch et Mering ont pu voir, en étudiant le pouvoir d'absorption de l'estomac sur des animaux porteurs d'une fistule duodénale, que les solutions introduites dans la cavité gastrique étaient rapidement éliminées par le pylore en petits jets. Hirsch a remarqué, de plus, que pendant la digestion normale l'évacuation de l'estomac se fait aussi par le même procédé. Le pylore s'ouvre dans ce cas avec des intervalles qui varient d'un quart de minute à plusieurs minutes.

Ces phénomènes ont été beaucoup mieux étudiés sur l'estomac en fonctionnement normal à l'aide des rayons X. D'après Roux et Balthazard, l'évacuation stomacale se fait différemment, suivant qu'on ingère des aliments liquides ou solides. Dans le premier cas, lorsque l'aliment est ramassé dans l'estomac, le duodénum commence tout de suite à se remplir. C'est à peine s'il s'écoule deux ou trois minutes entre le moment où l'ingestion a lieu et le moment où l'évacuation stomacale commence. Chez le chien et chez l'homme, les contractions de la région prépylorique apparaissent en même temps, et l'estomac continue à se vider régulièrement et lentement, en chassant à chaque contraction une petite quantité de liquide dans le duodénum. Chez la grenouille, au contraire, les contractions de la région prépylorique n'apparaissent que vingt à trente minutes après l'ingestion du liquide, bien que les anses intestinales aient commencé à se remplir, aussitôt après que le liquide s'est rassemblé dans l'estomac. Les substances solides se comportent tout autrement. La viande crue ou l'albumine d'œuf coagulée s'accumulent dans l'estomac, et y séjournent longtemps. Le pylore reste fermé, et rien ne pénètre dans le duodénum. Chez une grenouille, après ingestion de 1 gr. d'albumine coagulée, les contractions de la région prépylorique et l'évacuation de l'estomac ont commencé trois heures et demie à quatre heures plus tard. Sur le chien, les choses se passent à peu près de même. D'ailleurs, il est difficile de déterminer à quel moment une pâte peu épaisse d'aliment atteint assez de fluidité pour se comporter comme un liquide.

D'après CANNON, l'estomac du chat ne se vide pas à la fin de chaque onde de contraction qui parcourt l'antre pylorique, ainsi que ROUX et BALTHAZARD l'ont vu chez le chien. Sur un chat, qui a pris un repas formé de pain mélangé avec un peu de sousnitrate de bismuth, les aliments commencent à passer dans le duodénum dix à quinze minutes après les premières contractions de l'antre pylorique. L'aliment est alors lancé à travers le pylore à 2 ou 3 centimètres le long de l'intestin. Ce n'est pas chaque vague de constriction qui détermine ce passage. A un moment donné, environ une heure après le commencement des mouvements, on voit trois vagues successives qui forcent le passage du pylore, tandis que cet orifice reste ensuite fermé pendant la production de huit vagues consécutives. Le pylore s'ouvre de nouveau pour la neuvième onde de contraction ; mais il se ferme pour les dixième et onzième. Ce rythme irrégulier se continue encore très longtemps, mais CANNON pense qu'il est possible qu'à la fin de la digestion, lorsque les contractions de l'antre pylorique sont très intenses, le pylore s'ouvre pour chaque vague de contraction.

CANNON a aussi remarqué des différences profondes dans la manière de se comporter du sphincter pylorique vis-à-vis des aliments solides et liquides. Lorsqu'un morceau d'aliment dur arrive au pylore, le sphincter se ferme énergiquement, et reste fermé plus longtemps que lorsque l'aliment est mou. On peut observer ces phénomènes en donnant à l'animal en expérience, avec le repas ordinaire, une pilule dure et sèche, formée d'une pâte d'amidon mélangée avec du bismuth. Chaque fois que cette pilule, poussée par les contractions stomacales, arrivait près du sphincter pylorique, celui-ci se fermait énergiquement, si bien que, par suite de la présence de ce corps dur dans l'estomac, l'évacuation se fit beaucoup plus lentement.

Cet ensemble d'observations montre d'une façon évidente que le pylore sait distinguer parfaitement entre les corps solides et les corps liquides qui arrivent jusqu'à lui, se fermant pour les premiers et s'ouvrant pour les seconds. On peut donc conclure que les excitations mécaniques qui agissent sur la muqueuse de l'antre pylorique exercent une certaine influence sur le sphincter du pylore. Les expériences de HIRSCH, de MERING et de MARBAIX prouvent, d'autre part, que le jeu du pylore est aussi soumis à des excitations venant de l'intestin.

Après avoir remarqué que les liquides introduits dans l'estomac traversaient rapidement le pylore et sortaient par la fistule duodénale, HIRSCH et MERING eurent l'idée excellente de reprendre ces liquides et de les introduire par la fistule dans l'intestin grêle. Immédiatement après cette opération, ils virent que l'évacuation stomacale cessait, et que l'estomac retenait alors pendant plus longtemps son contenu liquide. Ainsi donc, si, au lieu de laisser s'écouler à l'extérieur les liquides qui passent rapidement par le pylore, on les laisse suivre leur voie normale dans l'intestin, aussitôt le pylore se ferme, ou du moins laisse passer beaucoup plus difficilement ces liquides. Dans ce réflexe qui part de l'intestin pour aboutir au pylore, les diverses solutions acides à contraction moléculaire égale exercent, d'après HIRSCH, une action différente. Les solutions d'acide chlorhydrique et d'acide lactique provoquent moins vite le spasme du pylore que les autres solutions acides. Enfin, d'après MERING, un liquide inerte comme le lait provoquerait aussi la fermeture du pylore. Il semble donc que ce phénomène peut être provoqué par des excitations de deux ordres, chimiques et mécaniques.

MARBAIX a repris ces expériences en se demandant tout d'abord quel était le lieu exact d'où partent les excitations intestinales qui déterminent la fermeture du pylore. Pour résoudre ce problème il a fait à une série de chiens des fistules intestinales placées à différents niveaux, et il a expérimenté dans les conditions suivantes : 1° On faisait boire à l'animal une quantité de lait donnée, et on recueillait ensuite le liquide sortant par le pylore ; 2° A ce moment, on introduisait une certaine quantité de lait dans la fistule inférieure de l'intestin, et on voyait si l'écoulement pylorique s'arrêtait ; 3° Dans le cas où cette opération arrêtait l'écoulement, on comparait ses effets avec ceux que produisait la même introduction de liquide faite à travers la fistule supérieure de l'intestin. MARBAIX conclut de ces expériences en disant que les excitations mécaniques de distension intestinale qui commandent la fermeture du pylore partent surtout de la moitié supérieure de l'intestin grêle. Pour que ce réflexe soit bien manifeste, il faut que le liquide introduit dans l'intestin remplisse une grande partie de cet organe. Le lait et le jaune d'œuf excitent ce réflexe très puissamment, tandis que l'eau et le blanc d'œuf n'exercent qu'une très faible influence. Finalement, d'après MARBAIX, si on distend fortement par des gaz ou par des aliments l'estomac pendant que le réflexe intestinal est en train d'agir, le pylore s'ouvre immédiatement. Ce fait prouverait donc qu'il s'établit au niveau du pylore une lutte entre l'estomac et l'intestin. Chacun de ces organes tâche de s'épargner la surcharge : l'estomac, en demandant l'ouverture du pylore ; l'intestin, en en demandant la fermeture.

D) **Physiologie comparée des mouvements de l'estomac.** — COLIN prétend que les mouvements de l'estomac présentent des modalités différentes selon chaque espèce animale. Cette opinion n'a pas été confirmée par les recherches récentes de ROUX et de BALTHAZARD, faites, il est vrai, sur des espèces animales ne possédant qu'un estomac simple. La seule différence que ces auteurs ont pu constater au point de vue moteur entre l'estomac de la grenouille, celui du chien et celui de l'homme, résidait dans la vitesse de propagation des ondes contractiles. Chez la grenouille, ces ondes sont plus lentes et se succèdent toutes les trente secondes environ. Chez le chien et chez l'homme, elles se suivent à dix ou quinze secondes d'intervalle, et mettent vingt à trente secondes à se propager depuis leur point d'origine jusqu'au pylore. En dehors de cette différence, la fonction motrice de l'estomac de ces trois animaux présente une analogie complète. Chez tous les trois, l'estomac en activité se divise en deux parties distinctes. Une partie supérieure qui sert de réservoir aux aliments, et où les contractions ne sont pas visibles aux rayons RÖNTGEN, et une partie inférieure, véritable organe moteur, qui chasse peu à peu par des mouvements péristaltiques violents et périodiques les matières alimentaires dans l'intestin.

Les observations de CANNON sur l'estomac du chat ne diffèrent pas non plus sensiblement des observations précédentes.

Faut-il conclure de tout cela que l'estomac n'a qu'un seul mode de se contracter dans toute la série animale ? Nous ne le croyons pas ; car on trouve des animaux dont les conditions d'alimentation sont tellement différentes qu'il serait peu logique de supposer que leur estomac jouit de la même fonction motrice. Ces différences doivent surtout être très appréciables chez les espèces qui possèdent plusieurs estomacs (Voir **Rumination**).

D'après DOYON, les contractions du *ventricule succenturié* chez les oiseaux sont très analogues à celles de l'estomac des mammifères. Sur un tracé manométrique, on distingue une succession d'ondulations qui répondent aux phases alternatives d'activité et de repos de l'organe. Les contractions du *gésier* se succèdent plus régulièrement et sont plus énergiques. De plus la forme de chacune de ces contractions est celle d'une systole cardiaque ou d'une secousse musculaire.

E) **Variations des mouvements de l'estomac dans les diverses conditions physiologiques et pathologiques.** — Peu à peu on a abandonné l'ancienne opinion que les mouvements de l'estomac étaient continus, et qu'on pouvait les observer même pendant la période de jeûne. Aujourd'hui nous savons, de toute certitude, que ces mouvements n'existent à l'état normal que pendant la période de digestion. Ils se présentent plus ou moins tôt suivant la nature des aliments qu'on ingère. Les aliments liquides semblent les provoquer plus rapidement que les aliments solides. Quoi qu'il en soit, les mouvements de l'estomac ne deviennent vraiment énergiques que lorsque la digestion est assez avancée, et surtout lorsque les aliments sont transformés en une masse demi-liquide par leur contact avec le suc gastrique.

L'activité motrice de l'estomac pendant la digestion peut être soumise à des variations d'ordre nerveux. Cannon a vu les mouvements de l'estomac d'un chat femelle s'arrêter complètement sous l'influence des émotions psychiques diverses, peur, colère, etc. Si l'on rapproche ces observations de celles que Leconte a faites pour les sécrétions gastriques, on pourra se rendre compte de l'importance de l'élément psychique dans la marche de la digestion stomacale.

Nombre de maladies, et spécialement les maladies propres de l'estomac, troublent aussi plus ou moins profondément le fonctionnement moteur de cet organe. Ces troubles sont de trois ordres différents, Tantôt les mouvements de l'estomac sont exagérés; tantôt ils sont diminués ou abolis; tantôt ils sont déviés de leur type normal. L'origine de ces troubles peut être très diverse. Pour l'étude de ces phénomènes, nous renvoyons le lecteur aux traités de pathologie stomacale. Disons seulement que le *vomissement* doit être aussi considéré comme une manifestation pathologique de la motricité de l'estomac (Voir **Vomissement**).

F) **Action de quelques substances sur les mouvements de l'estomac.** — Morat, Schütz et Rosbach, Klemperer, Wertheimer et Magnin, Tawitzki, Terray, Fodera et Corseli, Doyon et Battelli, ont étudié successivement l'action de diverses substances sur les mouvements de l'estomac. La diversité des méthodes employées par ces auteurs explique suffisamment qu'ils ne soient pas arrivés à des résultats bien comparables. Non seulement les substances qu'ils voulaient étudier n'était pas toujours introduites dans l'organisme par les mêmes voies, mais encore chacun de ces auteurs examinait les mouvements de l'estomac dans des conditions tout à fait différentes. Les uns ont opéré sur l'estomac séparé du corps, les autres sur l'estomac mis à nu et plus ou moins lésé. Enfin, les rares expérimentateurs qui ont voulu étudier les mouvements de l'estomac dans des conditions à peu près normales ont employé des méthodes tellement défectueuses qu'il est difficile de tenir grand compte de leurs résultats.

Si l'on veut se renseigner plus minutieusement sur l'état de cette question, on pourra consulter avec profit le travail de Battelli, qui est le plus complet, et en même temps le plus récent de tous ces travaux.

Battelli classe en quatre groupes différents les diverses substances dont il a étudié l'effet sur les mouvements de l'estomac.

1° Substances excitant les mouvements de l'estomac :

a) Très énergiquement : *muscarine, pilocarpine, physostigmine.*

b) Moins énergiquement, quoique à un degré notable : *nicotine, quinine, cocaïne, digitale, cornutine* et *ergot de seigle, caféine, alcool, morphine* (première phase), *peptone;* cette dernière substance agissant seulement par action intraveineuse et ayant un effet passager.

c) Faiblement : *tartre stibié, cytisine, émétine, sulfate de zinc, sulfate de cuivre, arsenic, chloroforme* et *éther en inhalation* (première phase); et les suivantes n'agissant que si elles sont mises directement en contact avec la muqueuse gastrique : *cannelle, girofle, orexine, amers, acide chlorhydrique, eau chaude, eau salée.*

2° Substances sans action sur les mouvements de l'estomac : *purgatifs* (et *éméto-cathartique, séné, coloquinte, eau-de-vie allemande*), *Hydrastis canadensis, strychnine, pepsine, apomorphine.*

3° Substances diminuant la contractilité de l'estomac :

a) Faiblement : *curare, inhalations de vapeurs d'éther ou de chloroforme* (seconde phase) *morphine* (seconde phase), *acide cyanhydrique, vératrine, elléboréine, eau froide,* accumulation d'acide carbonique dans le sang (asphyxie).

b) Fortement et abolissant même les mouvements de l'estomac : *chloral* et surtout *atropine.* Cette substance peut produire l'abolition des mouvements stomacaux, même lorsque ceux-ci ont été énergiquement provoqués par des substances excitantes, comme la *pilocarpine* et la *muscarine.*

4° Substances abolissant les contractions rythmiques de l'estomac, les parois de cet organe se contractant en masse d'une manière énergique : *ingestion d'éther ou de chlo-*

roforme dans la cavité stomacale. L'atropine ne peut pas diminuer le tonus gastrique produit par l'introduction de ces substances dans l'estomac.

Le mécanisme d'action de ces diverses substances est, d'une manière générale, totalement inconnu.

Quant à l'action de quelques substances alimentaires sur les mouvements de l'estomac, nous en parlerons, en étudiant les excitants normaux de la conctractilité stomacale.

G) **Effets produits par les mouvements de l'estomac sur la masse alimentaire.** — BEAUMONT a le premier essayé de décrire la manière dont la masse alimentaire se déplace dans la cavité stomacale, sous l'influence des contractions gastriques. Sur un individu atteint d'une large fistule stomacale, il a vu, en fixant une partie facilement reconnaissable du contenu alimentaire, que cette partie, après son introduction par l'ouverture du cardia, allait d'abord à gauche, du côté du grand cul-de-sac, puis progressait le long de la grande courbure jusque vers la région pylorique ; arrivée là, elle rebroussait chemin, et revenait de droite à gauche le long de la petite courbure, pour recommencer bientôt le même trajet circulaire. La boule d'un thermomètre introduit dans l'estomac suivait aussi ce même trajet. Plusieurs fois, ayant dirigé le thermomètre du côté de la région pylorique, BEAUMONT rencontra un obstacle devant lequel l'instrument s'arrêtait quelques instants, puis tout à coup cet obstacle cédait, et le thermomètre s'enfonçait de huit à dix centimètres, comme s'il eût été aspiré avec force. Immédiatement après, l'instrument recommençait à se mouvoir, d'abord de droite à gauche, le long de la petite courbure, puis de gauche à droite, le long de la grande courbure jusque vers le pylore.

Cette théorie de la double circulation des aliments dans la cavité de l'estomac a été l'objet de deux critiques importantes. La première repose sur ce raisonnement, très juste, que les mouvements dans un estomac à fistule peuvent être déviés du type normal, par suite des adhérences qui s'établissent entre cet organe et la paroi abdominale. L'autre objection mérite aussi d'être retenue. BEAUMONT a fait ses observations surtout avec la boule d'un thermomètre, c'est-à-dire avec un corps étranger qui pouvait exciter anormalement les mouvements de l'estomac. Dans ses expériences avec les substances alimentaires, il est arrivé à des résultats très incertains.

BRINTON a formulé une autre hypothèse pour expliquer les mouvements de la masse alimentaire dans l'estomac. Il compare ces mouvements à ceux qui se produisent dans une masse liquide qui est poussée dans un tube cylindrique par un septum circulaire, parfaitement adapté aux parois du cylindre, et percé d'un trou central. Dans un cas comme dans l'autre, dit-il, on observe deux sortes de courants : un courant périphérique qui avance, et un courant central qui rétrograde. Cette hypothèse n'est pas plus acceptable que la précédente. Les conditions mécaniques dont parle BRINTON n'existent pas dans toutes les régions de l'estomac. Ainsi, ni la région cardiaque, ni la région du fond ne présentent à aucun moment des vagues de constriction pouvant réaliser ces conditions mécaniques. Outre cela, le contenu stomacal est très rarement liquide, de sorte que, dans ce dernier cas, les phénomènes en question doivent être beaucoup plus compliqués que ne le pense BRINTON.

Malgré les objections qui s'élèvent contre ces hypothèses, un certain nombre de faits nous obligent à reconnaître que la *propulsion* n'est pas le seul mouvement dont les matières alimentaires soient animées pendant leur séjour dans l'estomac. On sait depuis longtemps que les poils avalés par certains animaux s'agglomèrent dans l'estomac avec le mucus, en formant des pelotes auxquelles on a donné le nom de *aegagropiles*. La formation de ces pelotes indique l'existence d'un mouvement de rotation des aliments dans la cavité stomacale.

Les expériences de CANNON prouvent, d'autre part, que les aliments sont intimement mélangés, et même triturés dans la région pylorique de l'estomac. Si l'on donne à un animal, avec son repas ordinaire, une série de pilules, formées d'une pâte d'amidon et de sous-nitrate de bismuth, on peut se rendre compte, en suivant la marche de ces pilules à l'aide des rayons X, des actions mécaniques que subissent les aliments dans l'estomac. En procédant de la sorte, CANNON a pu voir, dans un cas où deux de ces pilules se trouvaient dans l'axe de l'estomac à la distance d'un centimètre l'une de l'autre, les phénomènes suivants. A l'approche de chaque onde de contraction, les deux pilules s'avançaient nettement vers le pylore, mais pas aussi rapidement que l'onde. Lorsque celle-ci était passée, les pilules revenaient en arrière, vers la région de moindre résistance ; mais finalement elles avançaient toujours un peu plus qu'elles ne reculaient. Ces mouvements d'oscillation recommençaient chaque fois qu'une nouvelle onde traversait les parois de l'estomac. Ils devenaient surtout très marqués, lorsque les pilules arrivaient dans l'antre du pylore, où les contractions sont beaucoup plus intenses que dans la région du préantre. Cannon a remarqué plusieurs fois que les pilules mettent de neuf à douze minutes pour passer de la partie moyenne de l'estomac jusqu'au pylore. Pendant ce temps elles subissent l'influence constrictive de plus de cinquante ondes de contraction.

Une fois dans le voisinage du pylore, si celui-ci ne se relâche pas, comme c'est le cas lorsqu'il se trouve en contact avec des corps durs, les pilules, de même que les aliments, sont comprimées dans un cul-de-sac élastique dont la seule sortie est l'anneau de constriction formé par l'onde. Or, étant donné que la pression intra-stomacale est d'autant plus forte qu'on est plus près du pylore, les pilules et les aliments sont rejetés violemment en arrière à la fin de chaque vague de constriction de l'antre. Ce mouvement de recul se répète plusieurs fois, jusqu'à ce que le pylore s'ouvre pour permettre le passage des parties les plus liquides des aliments. Grâce à cette action sélective du pylore, les aliments solides subissent pendant longtemps une agitation énergique. C'est ce qui se passe pour les pilules qui restent encore dans l'antre du pylore, alors que toutes les autres substances alimentaires ont déjà passé dans l'intestin. Finalement, lorsque les pilules sont ramollies par leur contact avec le suc gastrique, et sous l'influence de ces actions mécaniques, elles passent à leur tour dans l'intestin ; mais il faut dire qu'à la fin de la digestion elles peuvent aussi traverser le pylore, même à l'état solide.

Pendant que ces phénomènes se produisent dans la portion pylorique de l'estomac, on ne voit pas de traces de courants dans les aliments qui se trouvent dans la portion cardiaque de cet organe. Les pilules qui passent dans la région du fond, après leur digestion, y restent jusqu'au moment où la contraction de cette partie de l'estomac les pousse vers la région de l'antre. Cannon a pu se convaincre que les aliments ne sont pas mélangés pendant leur séjour dans la région du fond de l'estomac, en faisant l'expérience suivante. Il donne à manger à un chat : 1° une pâtée de pain avec du sous-nitrate de bismuth ; 2° une pâtée de pain sans sous-nitrate, et 3° une pâtée de pain avec sous-nitrate. Le contenu de l'estomac présente ainsi deux couches noires séparées par une couche claire. Dans ces conditions, Cannon a constaté que, tandis que dans la portion pylorique de l'estomac les couches noires disparaissent aussitôt que les contractions péristaltiques commencent, ces couches persistent dans la région du fond, même une heure et vingt minutes après l'ingestion alimentaire.

Il résulte donc de ces expériences que la portion pylorique de l'estomac n'est pas seulement un organe destiné à l'expulsion des aliments dans l'intestin, mais aussi un appareil d'agitation et de trituration très puissant, grâce auquel le suc gastrique peut agir dans les conditions les plus favorables sur tous les points de la masse alimentaire.

H) **Pression intra-stomacale.** — Dans l'estomac au repos, la pression est pour ainsi dire nulle. Les faibles écarts qu'elle présente tiennent aux influences des organes voisins de l'estomac (cœur, foie, poumon, etc.), ainsi que les recherches de Moritz l'ont démontré. Kelling a vu, d'autre part, que la pression intra-stomacale reste, dans certaines limites, la même, quelle que soit la quantité d'aliment que l'on introduise dans l'estomac. Cet organe est en effet doué d'un pouvoir d'adaptation tout à fait remarquable vis-à-vis de son contenu. Ce pouvoir d'adaptation disparaît plus ou moins dans l'empoisonnement par le chloral, la morphine, le chloroforme et l'éther.

Pendant les contractions de l'estomac, la pression intra-gastrique devient considérable, surtout dans la région pylorique. Elle peut atteindre dans cet endroit jusqu'à un demi-mètre d'eau, d'après les observations de Moritz sur l'homme. Dans la région cardiaque, elle n'est que de 2 ou 6 cm. d'eau.

J) **Conditions qui déterminent les mouvements de l'estomac à l'état normal.** — *a) Excitants normaux des mouvements de l'estomac et mode d'action de ces excitants.* — Quoique les excitations mécaniques agissent efficacement sur la contractilité stomacale, on peut se demander si ces excitations sont les seules qui provoquent les mouvements de l'estomac à l'état normal. Les expériences de Roux et de Balthazard montrent, en effet, que les excitations chimiques ne sont pas non plus étrangères à la production de ces phénomènes moteurs.

Parmi les diverses substances qui font partie normalement du contenu stomacal, ces auteurs n'ont étudié que l'influence de l'eau, de la peptone et de l'acide chlorhydrique sur les contractions de l'estomac. Le fait que cet organe reste immobile pendant trois heures environ après l'ingestion d'un aliment solide comme la viande leur a permis d'établir la valeur excito-motrice de ces trois substances. Toutes leurs expériences ont été faites sur un chien apprivoisé de façon à éliminer autant que possible les troubles nerveux qui auraient pu modifier le fonctionnement moteur de l'estomac.

Les mouvements étaient examinés à l'aide des rayons X. L'eau pure ne produit aucun effet sur la contractilité stomacale. Si l'on fait boire à un chien 50 ou 100 cc. d'eau, immédiatement après lui avoir donné 50 grammes de viande crue et hachée, on observe les phénomènes suivants sur l'animal placé verticalement. L'eau reste à la surface de la viande tassée dans le bas-fond de l'estomac. On la distingue parfaitement sur l'écran, où elle forme, au-dessus de la tache sombre de la viande, une couche plus claire à surface horizontale, qui oscille à chaque ballotement qu'on imprime à l'animal. Cette couche liquide ne persiste pas longtemps; elle disparaît au bout de cinq à dix minutes, soit que l'eau ait été absorbée, soit qu'elle ait été évacuée par le pylore.

Les solutions de peptone, ainsi que les solutions d'acide chlorhydrique, se comportent tout autrement que l'eau pure.

Dans leurs expériences sur la peptone, Roux et Balthazard ont employé la peptone de Witte. Ils donnaient à l'animal 50 grammes d'eau, tenant en solution 5 à 10 grammes de peptone, après le même repas de viande que tout à l'heure. Ils ont ainsi remarqué que, quel que soit le moment de la digestion, le premier effet d'une solution de peptone ingérée est d'amener une sécrétion abondante et durable. En même temps, cette solution excite la contractilité de l'estomac. Si celui-ci présente déjà des contractions, l'ingestion de peptone les exagère immédiatement, quelles que soient les propriétés du contenu stomacal, qu'il soit formé par des aliments solides ou liquides, ou qu'il soit acide ou alcalin. Si l'estomac est immobile lors de l'ingestion de la peptone, il faut, au contraire, un certain temps, quinze à vingt minutes, avant qu'apparaissent les contractions de la région prépylorique. Lorsque celles-ci se montrent, elles persistent en général pendant toute l'évacuation de l'estomac. Pourtant, si la masse alimentaire n'est pas réduite en bouillie, il se produit des contractions pendant vingt à trente minutes avant qu'il ne passe rien dans le duodénum.

Dans leurs expériences sur l'acide chlorhydrique, Roux et Balthazard se sont servis d'une solution qui contenait 3 p. 100 d'acide chlorhydrique officinal. Ils ont constaté à peu près les mêmes phénomènes que pour la peptone. La seule différence qui existe entre les effets produits par les solutions acides et les effets produits par les solutions de peptone, consiste en ce que les contractions stomacales apparaissent dans le premier cas un peu plus tard que dans le second. Roux et Balthazard font la supposition que peut-être l'acide chlorhydrique n'amène les contractions stomacales qu'en accélérant la production de la peptone. En tout cas, ils ont vu, en dissolvant 5 grammes de peptone dans 100 c. c. d'eau acidulée par l'acide chlorhydrique que cette solution provoquait beaucoup plus rapidement l'apparition des contractions stomacales.

On voit donc par ces expériences que certains corps chimiques, qui se trouvent normalement dans le contenu stomacal, sont doués du pouvoir d'exciter les contractions gastriques. Il reste à savoir comment ces corps arrivent à mettre en jeu la contractilité stomacale. Rien jusqu'ici ne fait prévoir qu'ils viennent à agir directement sur les fibres musculaires de l'estomac en passant dans le sang. Nous devons donc admettre qu'ils agissent sur ces éléments musculaires par l'intermédiaire du système nerveux en provoquant une action réflexe.

b) Rôle du système nerveux dans les mouvements de l'estomac. — 1° *Rôle des pneumogastriques.* — α *Effets produits par la section de ces nerfs sur les fonctions motrices de l'estomac.* — La section des pneumogastriques ne nous renseigne que très insuffisamment sur le rôle que ces nerfs jouent dans les fonctions motrices de l'estomac. Tout ce que l'on sait à ce propos peut être résumé dans la proposition suivante. Les mouvements de l'estomac ne sont pas complètement abolis par la section des pneumogastriques. Leur intensité, il est vrai, diminue à la suite de cette opération, mais ils conservent leur modalité propre. Avant d'arriver à cette conclusion, qui découle essentiellement des travaux de CONTEJEAN et de DUCCESCHI, on avait émis sur ce sujet les opinions les plus contradictoires. Ainsi, tandis que BROUGHTON et REID, MAGENDIE, BIDDER et SCHMIDT, DONDERS et SCHIFF, soutenaient que la section des pneumogastriques ne troublait pas sensiblement le fonctionnement moteur de l'estomac, MILNE-EDWARDS, MÜLLER, RAWITSCH, LONGET, BOUCHARDAT et SANDRAS prétendaient que cette opération déterminait toujours une paralysie plus ou moins complète des mouvements de cet organe (Voir **Pneumogastrique**).

β) *Effets produits par l'excitation des pneumogastriques sur les fonctions motrices de l'estomac.* — L'excitation des pneumogastriques a donné, au contraire, des résultats fort intéressants sur le fonctionnement de ces nerfs, en tant que nerfs moteurs de l'estomac. Mais ces résultats n'ont été bien interprétés que récemment. En effet les anciens physiologistes se prononçaient tantôt pour, tantôt contre l'action motrice des nerfs vagues. Parmi les auteurs qui ont constaté que l'excitation de ces nerfs provoquait des mouvements de l'estomac, nous citerons principalement BICHAT, TIEDEMANN et GMELIN, BISCHOFF, BRESCHET et MILNE-EDWARDS, VALENTIN, CL. BERNARD, CHAUVEAU, RAWITSCH et SCHIFF. A l'inverse de ces auteurs, MAGENDIE, MÜLLER et DIECKHOFF n'oht jamais pu réussir à provoquer les mouvements de l'estomac par l'excitation des nerfs vagues. LONGET a cherché la cause de ce désaccord. Il a trouvé que l'excitabilité de ces nerfs varie considérablement suivant qu'on opère sur un animal à jeun ou sur un animal en digestion. Nous verrons par la suite que l'oubli de cette condition n'est pas la seule raison qui explique ces différences.

BRAAM-HOUCKGEEST a été le premier auteur qui ait commencé à comprendre le rôle moteur des nerfs vagues dans toute sa complexité. Ainsi qu'il l'a fait observer, ces nerfs ne sont pas des nerfs moteurs de l'estomac au sens ordinaire du mot. Leur excitation ne fait qu'augmenter la fréquence et l'intensité des mouvements de l'estomac, mais ceux-ci gardent toujours leur modalité propre. Cette opinion a été pleinement confirmée par MORAT, lequel a montré, de plus, qu'il existe dans le tronc des nerfs vagues deux sortes de fibres ayant une action distincte sur les mouvements de l'estomac. Quelques-unes de ces fibres sont *inhibitrices*; d'autres, *excitatrices*. Si l'on excite le bout périphérique d'un des nerfs vagues, on met essentiellement en jeu les fibres excitatrices de ce nerf, et l'estomac entre en contraction. Au contraire, si l'on excite le bout central d'un de ces nerfs, pendant que l'estomac est en activité, cet organe se décontracte sous l'influence d'une action inhibitrice réflexe qui vient à agir sur lui par la voie de l'autre pneumogastrique, qui n'a pas été touché. On peut s'en convaincre en coupant ce dernier nerf avant de faire l'excitation du bout central de l'autre. Dans ces conditions les mouvements de l'estomac ne sont plus inhibés par cette excitation.

Après MORAT, beaucoup d'autres expérimentateurs ont constaté comme lui que les nerfs vagues exercent à la fois une influence excitatrice et inhibitrice sur les mouvements de l'estomac. Nous allons résumer très brièvement quelques-uns de ces travaux.

Suivant OPENCHOWSKI et ses élèves, les nerfs vagues renfermeraient des filets moteurs et des filets dilatateurs pour le cardia, avec des filets moteurs pour les parois de l'estomac et le pylore. Cette hypothèse mérite confirmation.

WERTHEIMER a constaté, par des expériences de même ordre que celles de MORAT, que l'excitation du bout central d'un des pneumogastriques n'était pas la seule excitation qui pouvait produire un effet inhibiteur sur les mouvements de l'estomac; celle de n'importe quel nerf sensitif, comme par exemple le nerf sciatique, donne aussi lieu aux mêmes effets. Quant à la voie par laquelle marchent ces excitations pour arriver à l'estomac, WERTHEIMER pense qu'elles ne suivent pas toutes le trajet du pneumogastrique; car, si l'on sectionne les deux nerfs vagues, les effets inhibiteurs diminuent, mais ils ne sont pas totalement abolis.

D'après CONTEJEAN, les nerfs pneumogastriques sont, chez les Batraciens, les nerfs coordinateurs des mouvements de l'estomac. Ces nerfs renfermeraient des filets moteurs, commandant surtout aux fibres longitudinales de l'estomac et aux fibres circulaires des sphincters cardiaque et pylorique, et des filets inhibiteurs pouvant suspendre les mouve-

ments réflexes de l'estomac. L'excitation forte de ces nerfs met en évidence la première
catégorie de ces fibres, tandis que l'excitation faible et la section en font ressortir les
secondes. Chez les Mammifères, chacun des pneumogastriques agit différemment sur la
conctractilité de l'estomac, suivant l'état de réceptivité de cet organe. Sur l'estomac au
repos, l'excitation de ces nerfs fait apparaître des mouvements. Mais, sur l'estomac en
activité, cette excitation tend à arrêter les mouvements qui avaient lieu.

Doyon a trouvé aussi une série de faits intéressants qui démontrent l'existence de
fibres inhibitrices dans le tronc des pneumogastriques. Chez certains Oiseaux, le canard
et la poule, il a vu que l'excitation du bout central de ces nerfs donnait lieu aux mêmes
phénomènes d'inhibition que ceux que Morat avait observés chez le chien. En excitant
chez ces mêmes animaux le bout périphérique des nerfs vagues après la ligature ou la
section de ces nerfs, Doyon a remarqué que cette excitation déterminait très fréquemment l'arrêt des mouvements du ventricule succenturié et du gésier, lorsque ces
organes étaient en activité. D'une manière générale, l'action inhibitrice des vagues est
d'autant plus manifeste que l'activité motrice de l'estomac est plus exaltée. C'est ainsi
qu'on peut s'expliquer que deux excitations faites successivement sur le même nerf, et
dans des conditions tout à fait identiques, produisent; la première, un effet moteur, et
laseconde, un effet d'arrêt sur l'estomac. Dans ce même ordre de phénomènes, on doit
aussi ranger, d'après Doyon, l'action inhibitrice que détermine l'excitation du bout périphérique des nerfs vagues sur l'estomac des animaux empoisonnés par la pilocarpine ou
par la strychnine (oiseaux, chien). On sait, en effet, que ces substances, et surtout la
pilocarpine, exaltent considérablement l'activité motrice de l'estomac, et plaçant par
conséquent cet organe dans des conditions excellentes pour voir la fonction inhibitrice
des nerfs vagues.

Battelli a repris l'étude de cette question en s'attachant par de nouvelles expériences
à dissocier, encore plus complètement qu'on ne l'avait fait jusqu'à lui, les divers éléments d'excitation qui entrent dans la constitution des nerfs vagues. Il a constaté tout
d'abord que Longet n'avait pas complètement tort, lorsqu'il affirmait que l'excitabilité
des nerfs vagues variait beaucoup suivant l'état de nutrition de l'animal auquel on
s'adresse. Sur les animaux à jeun les pneumogastriques perdent leur excitabilité motrice
au bout d'un temps plus ou moins long, mais non tout de suite après, comme le croyait
Longet. Chez les chats, cette disparition se produit fatalement au bout de 48 heures de
jeûne. Mais chez les chiens et chez les lapins, il faut attendre en général trois jours pour
voir les pneumogastriques devenir complètement inactifs. D'après Battelli, il ne suffit pas
non plus, comme le prétendait Longet, que les animaux soient en digestion pour que leurs
pneumogastriques deviennent de nouveau excitables. D'habitude, on n'observe ce retour
de l'excitabilité que dans une période assez avancée de la digestion. Mais ce n'est pas
là le côté le plus intéressant des expériences de Battelli. En prolongeant considérablement le jeûne de ses animaux, il arrive un moment où les nerfs vagues, qui ont perdu
leur *excitabilité motrice*, conservent encore leur *excitabilité inhibitrice*. Pour rendre tout
à fait évidente la dissociation de ces deux formes d'excitabilité, Battelli a donné à un
animal à jeun depuis longtemps une certaine quantité d'ergot de seigle ou de muscarine, substances qui provoquent les contractions de l'estomac sans modifier l'excitabilité des pneumogastriques. En excitant chez cet animal le bout périphérique d'un des
pneumogastriques, au moment où l'estomac est en pleine contraction sous l'influence
de ces agents médicamenteux, on voit cet organe se dilater manifestement, puis se contracter de nouveau lorsque l'excitation cesse. Cet effet n'est pas dû à une action particulière des substances toxiques. Il est le résultat de la mise en jeu de l'excitabilité inhibitrice des pneumogastriques; car, si ces nerfs gardent encore leur excitabilité motrice au
moment où on les excite, au lieu d'une dilatation, on obtient une contraction de l'estomac.

Dans une autre série d'expériences, Battelli est aussi arrivé, au moyen de l'atropine,
à dissocier très distinctement dans le nerf vague les fibres motrices des fibres inhibitrices. D'après cet auteur, l'atropine paralyse les fibres motrices, tandis qu'elle respecte
les fibres inhibitrices. Par conséquent, quand on excite le nerf vague chez un animal
atropinisé, sur lequel on a réveillé les contractions de l'estomac, au moyen de la pilocarpine ou de la physostigmine, on constate une dilatation rapide de cet organe, dilatation qui persiste quelque temps, même après que l'excitation a cessé. Par l'administra-

tion de la cocaïne, on obtient un effet analogue; mais la dilatation de l'estomac est de plus courte durée. Battelli a toujours remarqué que la dilatation produite par l'excitation du vague droit est plus considérable que celle obtenue par l'excitation du vague gauche, ce qui semblerait prouver que l'excitabilité inhibitrice du premier de ces nerfs est plus développée que celle du second. En revanche, l'excitabilité motrice serait plus marquée dans le vague gauche que dans le vague droit.

Finalement, pour Courtade et Guyon, l'excitation du pneumogastrique thoracique intact ou de son segment périphérique, détermine, sur les fibres musculaires de l'estomac, l'apparition successive des phénomènes suivants : contraction des fibres longitudinales (effet primitif); contraction des fibres circulaires (effet secondaire); décontraction des fibres longitudinales, puis des fibres circulaires, suivie d'une période de repos. En même temps que la contraction des fibres longitudinales, on observe, surtout au niveau du cardia et du pylore, le relâchement concomitant des fibres circulaires. Ces effets moteurs sont semblables à ceux que provoque sur le rectum l'excitation du nerf érecteur sacré. Dans l'un comme dans l'autre cas, la contraction des fibres longitudinales est le phénomène primitif, et la contraction des fibres circulaires, le phénomène secondaire.

En résumé, le pneumogastrique nous apparaît comme formé d'un mélange de fibres motrices et inhibitrices, grâce auxquelles ce nerf peut contribuer à la régulation des mouvements de l'estomac, en augmentant ou en diminuant, suivant les besoins de la digestion, le rythme et l'intensité de ces phénomènes.

Certains auteurs se sont demandé si l'action motrice que les nerfs vagues exercent sur l'estomac était due aux fibres propres de ces nerfs ou bien à celles qu'ils reçoivent de leur anastomose avec la branche interne de l'accessoire de Willis. Cl. Bernard avait vu que les actes de la digestion s'accomplissent régulièrement après qu'on a arraché le spinal. Waller, en répétant cette même expérience, constata qu'après la dégénérescence descendante des fibres du spinal, obtenue par l'arrachement de ce nerf, l'excitation du vague du même côté ne produit plus aucun effet sur la contractilité de l'estomac. Quelque temps après ces auteurs, Chauveau publia une série de recherches démontrant que les nerfs vagues renferment des fibres motrices pour l'estomac, depuis leur origine. Les résultats de Chauveau furent considérés pendant longtemps comme décisifs; car cet auteur excitait les nerfs vagues dans l'intérieur du crâne, c'est-à-dire aussi près que possible de leurs origines.

Plus récemment la question a été de nouveau soulevée, d'abord par Consiglio, et ensuite par Battelli.

Consiglio a trouvé, en arrachant le nerf spinal, les mêmes résultats que Waller. Il en conclut donc que les fibres motrices des nerfs vagues sont fournies à ce nerf par l'anastomose du spinal. Consiglio fait justement remarquer que l'argument apporté par Cl. Bernard, à l'appui de l'origine *non spinale* des fibres motrices des pneumogastriques, n'a pas beaucoup de valeur, car, même après la section complète de ces deux nerfs, la digestion peut s'accomplir régulièrement. Les recherches de Chauveau furent aussi soumises à une critique rigoureuse par Consiglio, qui s'attacha surtout à démontrer combien il est difficile de distinguer le point de séparation entre les fibres d'origine du spinal et celles du pneumogastrique. Il prétendit que Chauveau a pu exciter les fibres les plus élevées du spinal, en croyant exciter seulement les fibres propres du pneumogastrique.

Battelli a employé aussi la méthode de l'arrachement du spinal, pour étudier l'action de ce nerf sur les mouvements de l'estomac. Il a opéré sur des lapins et de jeunes chats; car, chez ces animaux, l'arrachement du spinal est plus facile, et on a moins à craindre par la suite la lésion du vague. Après avoir attendu 7 ou 8 jours pour que la dégénérescence des fibres nerveuses fût bien complète, Battelli n'a jamais pu voir, en excitant le vague du côté où le spinal avait été arraché, la moindre contraction dans l'estomac. En revanche, la galvanisation du vague du côté sain provoquait toujours des mouvements dans cet organe. Suivant Battelli, l'arrachement du spinal ne supprime pas seulement la fonction motrice du vague, mais aussi sa fonction inhibitrice.

2° *Rôle des sympathiques.* — α) *Effets produits par la section de ces nerfs sur les fonctions motrices sur l'estomac.* — La section des sympathiques, comme celle des pneumogastriques, ne jette pas une lumière bien vive sur le mécanisme de l'innervation motrice de l'estomac. C'est ainsi que la plupart des auteurs qui ont fait l'extirpation du plexus cœliaque (voir *Rôle du sympathique dans les sécrétions gastriques*) n'ont pas pu constater de troubles bien nets dans les fonctions motrices de cet organe. Il n'y a guère que Ducceschi qui soutienne que les mouvements de l'estomac présentent après l'extirpation du plexus cœliaque une autre modalité qu'à l'état normal. Chez deux chiens porteurs de fistule gastrique, auxquels il avait extirpé quelques jours auparavant le plexus cœliaque, Ducceschi a observé, par une exploration graphique faite à travers la fistule, que les mouvements rythmiques de l'antre du pylore, au lieu de se suivre uniformément sur une même abscisse, se succédaient sous forme d'oscillations régulières du tonus, formant des groupes uniformes qui se distinguaient par l'apparition périodique de contractions offrant le type des contractions péristaltiques. Ces divers mouvements avaient la forme et la durée des mouvements normaux; leurs groupes oscillaient dans des limites extrêmes de 1'25'' à 2'50''. Dans la région du cardia et du fond, Ducceschi a vu des oscillations du tonus également très régulières et de la même durée que les précédentes : elles étaient composées de contractions simples et péristaltiques réunies en groupes assez uniformes. Ce type de mouvements ne présenta pas de variation sensible dans les jours qui suivirent l'opération. La section ultérieure des nerfs vagues, chez un des chiens qui avaient déjà subi l'extirpation du plexus cœliaque, modifia leur forme, dans ce sens que les oscillations du tonus tendaient à disparaître; toutefois le type périodique des contractions ne changea pas. D'après Ducceschi, cette réunion et cette combinaison, en groupes réguliers et uniformes, des oscillations du tonus et des contractions simples et péristaltiques, rappellent les phénomènes moteurs qui se produisent dans le cœur des Amphibiens et des Reptiles ainsi que dans le cœur embryonnaire des Mammifères séparé du corps. La section du sympathique provoquerait ces manifestations motrices en troublant plus ou moins le rythme normal du métabolisme nutritif de l'estomac.

Il semble qu'étant donné les effets produits par l'excitation du sympathique sur la contractilité stomacale, la section de ce nerf doit provoquer une exagération du tonus des parois gastriques, en même temps qu'une augmentation dans la fréquence et dans l'intensité des contractions de ces parois.

β) *Effets produits par l'excitation des sympathiques sur les fonctions motrices de l'estomac.* — Schiff et Adrian ont réussi à mettre en jeu l'activité motrice de l'estomac, en excitant le grand sympathique et le plexus cœliaque. Contrairement à ces auteurs, Pflüger et Braam-Houckgeest ont vu que l'excitation des splanchniques arrêtait les mouvements de l'estomac déterminés par le contact de l'air ou par la galvanisation du pneumogastrique. Mais, ainsi que Morat l'a démontré le premier, le sympathique, de même que le pneumogastrique, est un nerf mixte qui contient à la fois des fibres motrices et des fibres inhibitrices et qui peut, par conséquent, provoquer ou inhiber les mouvements de l'estomac, suivant les conditions dans lesquelles on fait son excitation. A l'appui de cette opinion, on peut citer, en dehors du travail de Morat, un grand nombre d'autres travaux. En voici quelques-uns des plus importants.

Oser a observé, en excitant le splanchnique, une faible contraction suivie d'une dilatation prolongée de l'estomac, et, comme effet consécutif, une augmentation des mouvements péristaltiques, qui deviennent plus intenses et plus rapides.

D'après Openchowski et ses élèves, les deux splanchniques fourniraient des filets moteurs au cardia, tandis que le sympathique thoracique et le petit splanchnique enverraient des filets dilatateurs à cette même région de l'estomac. Les filets d'arrêt pour les parois stomacales seraient contenus dans le sympathique et les splanchniques. Enfin, ces deux nerfs fourniraient en même temps des filets moteurs et inhibiteurs au pylore. Chez le lapin, les filets moteurs dominent dans le splanchnique; l'inverse a lieu chez le chien.

Bechterew et Mislawski ont confirmé la plupart des résultats auxquels sont arrivés Openchowski et ses élèves. Pour eux, les splanchniques sont réellement les nerfs modérateurs du mouvement de l'estomac, mais en même temps l'excitation de ces nerfs provoque une contraction durable, quoique faible, des parois stomacales.

Bastianelli a trouvé que l'excitation des splanchniques dans le thorax arrête les mouvements du pylore; mais cet arrêt est rarement précédé d'une contraction.

Contejean a pratiqué des expériences d'excitation du sympathique, d'une part sur la grenouille, et d'autre part sur le chien. Il a vu que l'excitation électrique du sympathique (derrière l'aorte gauche ou au niveau du rein), ainsi que celle du plexus cœliaque, déterminent toujours, chez la grenouille, *une crampe tétanique* de tous les muscles de l'estomac. Mais, tandis que le pneumogastrique commande surtout aux fibres longitudinales, le sympathique exerce une action prédominante sur les fibres circulaires. CONTEJEAN ne dit pas que le sympathique jouisse d'une action inhibitrice quelconque sur l'estomac de la grenouille. Au contraire, chez le chien, l'électrisation du plexus cœliaque ou des nerfs splanchniques peut s'opposer à l'action motrice du nerf vague, spécialement dans le cas où l'excitation de ce dernier nerf est faible et de courte durée. En outre, le sympathique et le pneumogastrique agissent différemment sur l'estomac, suivant l'état de réceptivité de l'organe. Si l'estomac est en mouvement sous l'influence du pneumogastrique, le sympathique agit comme inhibiteur. S'il est au repos, le sympathique peut déterminer son mouvement.

Pour DOYON, les nerfs splanchniques exercent incontestablement une influence inhibitrice et motrice sur le ventricule succenturié et sur le gésier des Oiseaux. Toutefois les résultats que l'on obtient en excitant ces nerfs varient beaucoup suivant les conditions dans lesquelles on se place. Lorsque l'estomac est au repos, par suite de la section des deux vagues, l'excitation de nerf splanchnique pratiquée, soit à son origine, soit sur son trajet, provoque la contraction du ventricule succenturié et du gésier. Cette contraction reste généralement isolée. DOYON n'a jamais observé, en opérant dans ces conditions, une série de mouvements rythmés comme ceux que produit l'excitation du pneumogastrique. A cette différence près, l'action de ces deux nerfs est similaire chez les Oiseaux. C'est ainsi que, si le nerf splanchnique est excité pendant l'activité de l'estomac, on voit les mouvements de cet organe s'arrêter. D'autres fois l'excitation donne lieu à des effets inhibiteurs et moteurs combinés. Enfin, si l'on excite le sympathique sur un animal empoisonné par la pilocarpine, on constate que l'estomac fortement contracté se décontracte. DOYON en conclut que le sympathique renferme, au même titre que le pneumogastrique, des fibres motrices et des fibres inhibitrices mélangées.

BATTELLI est aussi arrivé à des résultats très variables en excitant le splanchnique chez divers animaux. Néanmoins, dans la majorité des expériences, il a vu l'excitation du splanchnique diminuer les mouvements de l'estomac. Dans trois cas seulement ces mouvements furent augmentés, spécialement dans leur fréquence; mais cette augmentation fut très faible. Le pouvoir inhibiteur du splanchnique devient surtout très marqué dans l'empoisonnement par la pilocarpine et par la muscarine.

Finalement, selon COURTADE et GUYON, l'excitation du grand splanchnique (bout périphérique) provoque, sur les fibres musculaires de l'estomac, l'apparition simultanée des phénomènes suivants : arrêt des mouvements péristaltiques; contraction tonique des fibres circulaires (surtout appréciable au niveau du cardia et du pylore) ; et relâchement des fibres longitudinales.

Les effets moteurs provoqués par l'excitation du grand sympathique d'une part et par celle du pneumogastrique d'autre part n'ont pas seulement une influence inverse sur le fonctionnement mécanique de l'estomac; ils diffèrent encore par leurs caractères intrinsèques. C'est ainsi que l'excitation du pneumogastrique produit des contractions brusques, accentuées, et relativement courtes, tandis que l'excitation du grand sympathique détermine des changements de tonicité plutôt que des mouvements proprement dits. Cette différence d'action est particulièrement marquée sur la couche à fibres circulaires de l'estomac.

Toutes ces expériences montrent donc que le sympathique peut, tout en étant un nerf essentiellement inhibiteur de l'estomac, comme le croyaient PFLÜGER et BRAAM-HOUCKGEEST, mettre en jeu dans certaines conditions l'activité motrice de cet organe.

3° *Rôle des ganglions intra-stomacaux dans les fonctions motrices de l'estomac.* — Les mouvements de l'estomac semblent être sous la dépendance directe des ganglions qui se trouvent disséminés dans les parois de cet organe. PREYER avait déjà observé que l'estomac complètement séparé du corps peut exécuter des mouvements tout à fait semblables à ceux qu'il présente pendant la vie vers la fin de la digestion. Ce fait a été constaté, d'abord sur les grenouilles, et ensuite sur le lapin, le chat et le chien; mais il faut, pour bien voir ce phénomène, placer l'estomac dans un air suffisamment chaud et saturé d'humidité. En opérant de la sorte, HOFMEISTER et SCHÜTZ ont réussi à conserver en activité l'estomac du chien pendant plusieurs heures. Il semble donc que l'appareil d'innervation extrinsèque de l'estomac n'intervient dans les fonctions motrices de cet organe qu'en réglant leur rythme et leur intensité. La mise en jeu de la contractilité stomacale se ferait toujours par l'intermédiaire des ganglions intra-stomacaux, lesquels doivent être considérés comme les véritables éléments d'excitation des fibres musculaires de l'estomac. A l'appui de cette opinion on peut encore citer les expériences de SCHIFF et de CONTEJEAN, démontrant que la digestion stomacale n'est nullement arrêtée par la section des deux pneumogastriques et par l'extirpation stimultanée de plexus cœliaque.

4° *Rôle des centres nerveux dans les fonctions motrices de l'estomac.* — La section ou la destruction des diverses parties de l'axe cérébro-spinal n'a pas donné jusqu'ici des résultats assez précis pour permettre de déterminer, dans un point quelconque de ce système, des centres bien localisés présidant à la régulation des fonctions motrices de l'estomac. Étant donné que ces fonctions jouissent d'une véritable autonomie, il est très difficile de reconnaître les modifications qu'elles peuvent subir sous l'influence de ces lésions du système nerveux central. Quoi qu'il en soit, SCHIFF n'a pu observer, en détruisant successivement chez divers animaux les lobes cérébraux, la moelle cervicale jusqu'au-dessous du bulbe, la moelle dorsale et la moelle lombaire, aucun trouble appréciable dans les mouvements de l'estomac. Dans toutes ces expériences le bulbe fut conservé, et SCHIFF ne parle pas dans son ouvrage des effets produits sur l'estomac par la destruction de cette partie du système nerveux central.

D'après GOLTZ, la destruction complète de l'axe cérébro-spinal, chez une grenouille dont le tube digestif a été mis à nu, détermine des contractions violentes et désordonnées dans les parois de l'estomac, avec une forte contracture du cardia. GOLTZ attribue ces phénomènes à la cessation de l'influence inhibitrice qu'exercent normalement sur l'estomac les noyaux d'origine des pneumogastriques; car, si l'on sectionne ces deux nerfs sans détruire le système nerveux central, on obtient aussi les mêmes effets.

CONTEJEAN a répété les expériences de GOLTZ, et il est arrivé, à quelques différences près, aux mêmes résultats que l'auteur allemand. La destruction de l'axe cérébro-spinal exagère toujours les mouvements de l'estomac chez les Batraciens, lorsque ces animaux sont éventrés.

En excitant les diverses régions de l'axe cérébro-spinal, OPENCHOWSKI et ses élèves prétendent avoir découvert plusieurs centres destinés à la régulation des mouvements de l'estomac. La localisation de ces centres serait la suivante. Dans les tubercules quadrijumeaux se trouverait un centre constricteur du cardia, présidant aussi aux contractions des parois stomacales. Les fibres émanant de ce centre passeraient principalement dans les nerfs vagues, et quelques-unes seulement dans le sympathique thoracique. Pour la dilatation du cardia il y aurait trois centres différents : le premier, dans la partie moyenne du sillon crucial; le second, dans le point d'union du corps strié avec le corps lenticulaire, et le troisième dans la moelle. Les fibres émanant du premier de ces centres passeraient dans les nerfs vagues : celle du second, dans ces mêmes nerfs; et celles du troisième, dans le sympathique. Les centres de fermeture du pylore se confondraient avec les centres d'ouverture du cardia, tandis que le centre d'ouverture du pylore se trouverait dans la moelle allongée. Ajoutons que ces résultats ont été confirmés en partie par BECHTEREW et MISLAWSKI.

CONTEJEAN a vu aussi apparaître des mouvements énergiques dans l'estomac de la grenouille en excitant les lobes optiques, le bulbe et la moelle, mais de ces faits il n'ose pas conclure, comme les auteurs précédents, que chacune de ces excitations agit sur un centre moteur spécial. Il est, en effet, très difficile de savoir la part qui revient dans les effets produits par une excitation du système nerveux central, soit à l'action directe, soit à l'action réflexe. C'est là une critique importante qu'on peut adresser aux expériences d'OPENCHOWSKI.

c) **Rôle de la circulation dans les mouvements de l'estomac.** — Du fait que l'estomac peut se contracter hors du corps, il ne faut pas conclure que la circulation ne joue aucun rôle dans les mouvements de cet organe. Ici comme partout où il se produit une contraction, la dépense chimique que cet acte occasionne demande une réparation plus ou moins prompte, sans laquelle la fibre musculaire finit par perdre son excitabilité.

Aussi voit-on les mouvements de l'estomac diminuer d'intensité, aussitôt que la circulation cesse. Mais, contrairement à ce qui se passe pour l'intestin, cet organe n'entre pas en contraction sous l'influence des modifications chimiques que le sang subit pendant la mort. Schiff a été le premier auteur qui ait attiré l'attention sur ces phénomènes. « De tous les organes abdominaux, dit-il, c'est peut-être l'estomac qui se montre le moins sensible à l'excitation produite par la cessation de la circulation. » Morat et Battelli ont vu ensuite, en faisant varier les proportions d'acide carbonique et d'oxygène dans le sang, que, tandis que les mouvements de l'intestin sont excités par le sang asphyxique et affaiblis par le sang hématosé, les mouvements de l'estomac se comportent vis-à-vis de ces deux sangs d'une façon tout à fait inverse.

CHAPITRE II

DIGESTION STOMACALE

A) **Analyse et marche générale des phénomènes qui se produisent dans l'estomac pendant la digestion.** — Les divers phénomènes qui se produisent dans l'estomac pendant la digestion peuvent être classés en huit groupes : 1° phénomènes sécrétoires; 2° phénomènes chimiques; 3° phénomènes d'absorption; 4° phénomènes moteurs; 5° phénomènes nerveux; 6° phénomènes circulatoires; 7° phénomènes thermiques; 8° phénomènes électriques.

a) **Phénomènes sécrétoires.** — Avant même que l'ingestion alimentaire soit finie, et quelquefois même avant le début de cette opération, les glandes gastriques entrent en activité et commencent à déverser dans l'estomac leur suc chymificateur. En général, il se passe de cinq à quinze minutes entre le moment où l'ingestion commence et le moment où l'on voit les premières gouttes de suc gastrique paraître dans l'estomac. Le travail sécrétoire des glandes gastriques suit, pendant toute la durée de la période digestive, un cycle assez défini, tant au point de vue quantitatif que qualitatif. Au début de la digestion, la quantité de suc gastrique produit, ainsi que la teneur de ce suc en principes actifs, augmente rapidement pour atteindre un maximum vers la deuxième ou la troisième heure de la digestion. A partir de ce moment l'activité sécrétoire des glandes gastriques diminue légèrement, ou bien se maintient encore à ce même niveau pendant une ou deux heures. Ensuite elle diminue plus rapidement, pour disparaître vers la fin de la digestion, lorsque l'estomac expulse totalement ses aliments. D'après Pawlow et ses élèves, la quantité totale de suc produit par l'estomac, pendant une période digestive complète, varie en raison directe de la quantité d'aliment ingéré, et en raison inverse de la digestibilité des aliments.

b) **Phénomènes chimiques.** — Ces phénomènes n'ont pas tous la même origine ni la même nature. Les uns proviennent de l'action du suc gastrique sur les principes albuminoïdes; les autres de l'action de la salive sur les hydrates de carbone; enfin, quelquesuns résultent de l'action de microbes qui se développent dans l'estomac sur les diverses classes des substances alimentaires.

α) *Phénomènes chimiques produits par l'action du suc gastrique sur les principes albuminoïdes.* — Le contact du suc gastrique avec les principes albuminoïdes est suivi d'une série d'opérations chimiques, dont voici les plus importantes : 1° fixation de *l'acide chlorhydrique* par les substances albuminoïdes avec formation de molécules acides, facilement attaquables par la pepsine; 2° dédoublement de ces molécules par la *pepsine* avec formation successive d'albumoses et de peptones; 3° précipitation par le labferment de certaines substances azotées qui sont en suspension dans les liquides alimentaires, comme, par exemple, la caséine dans le lait.

La peptonisation dans l'estomac se distingue de la peptonisation *in vitro* par deux caractères essentiels : 1° par la régularité de sa marche; 2° par sa plus grande intensité. L'estomac est à la fois le producteur et le récepteur des liquides digestifs. Il peut donc, en sécrétant de l'eau, de l'acide ou de la pepsine, régler les conditions d'activité du milieu peptique de manière à obtenir constamment le maximum d'effet. Le mécanisme régulateur ne s'arrête pas là. L'estomac absorbe les produits digestifs au fur et à mesure de leur formation ou les rejette dans l'intestin. Enfin, grâce aux mouvements qui animent ses parois, il peut assurer, au cours de la digestion, le mélange intime du suc gastrique avec les aliments. Malgré ces différences d'ordre quantitatif, la peptonisation *in vivo* et la peptonisation *in vitro* présentent une analogie complète au point de vue qualitatif. Si l'on analyse le contenu stomacal, au bout de quelques heures de digestion on trouve les mêmes produits que nous avons signalés, lorsque nous avons fait l'étude des digestions artificielles : acide-albumines, proto-albumoses, hétéro-albumoses, deutéro-albumoses et peptones.

A côté des phénomènes chimiques que le suc gastrique provoque en agissant sur les principes albuminoïdes, ce liquide peut encore produire, en raison de son acidité, la dissociation d'un grand nombre de sels, minéraux et organiques.

β) *Phénomènes chimiques produits par l'action de la salive sur les hydrates de carbone.* — Après bien des discussions on est arrivé à admettre que la salive peut continuer à agir sur les hydrates de carbone du contenu stomacal, tout au moins pendant les premières heures de la digestion. CHITTENDEN et SMITH, d'abord, GODART-DANHIEUX, ensuite, ont montré que, lorsque l'acide chlorhydrique n'est pas en simple solution, mais combiné avec les principes albuminoïdes, comme cela arrive, en partie, dans l'estomac, cet acide ne commence à entraver l'activité fermentative de la salive qu'à des doses vraiment très fortes (5 p. 1000). Les expériences de CANNON prouvent d'autre part que les aliments ne sont pas mélangés avec le suc gastrique pendant leur séjour dans la région du fond de l'estomac, de sorte que, même en admettant, ce qui paraît très probable, que l'acide du suc gastrique exerce réellement une influence nuisible sur l'activité fermentative de la salive, cette influence ne pourrait s'exercer sur toute la masse d'aliments, avant que ceux-ci n'aient pénétré dans l'antre du pylore, c'est-à-dire pas avant une ou deux heures. On peut donc conclure qu'il existe dans la digestion stomacale une *phase amylolytique*, qui précède et qui accompagne la *peptonisation* des aliments. L'existence de cette phase amylolytique se révèle d'ailleurs par la présence dans le milieu stomacal de toute une série de produits résultant du dédoublement des hydrates de carbone (amylodextrine, érythrodextrine, achroodextrine, maltodextrine, maltose et dextrose), dont les derniers, principalement, n'auraient jamais eu le temps de prendre naissance pendant le temps très court de la mastication et de la déglutition des substances alimentaires. Ajoutons enfin que, d'après certains auteurs, on trouverait, même normalement, dans l'estomac de quelques animaux (hamster, porc, cheval, rat, etc.) un ferment amylolytique destiné à suppléer à l'activité de la salive lorsque celle-ci est sécrétée en quantité relativement peu abondante.

δ) *Phénomènes chimiques produits par l'action des microbes sur les diverses classes d'aliments.* — Un grand nombre d'espèces microbiennes peuvent vivre et se développer dans le milieu stomacal. Parmi ces espèces, les unes s'attaquent aux principes albuminoïdes ; les autres aux hydrates de carbone ; enfin quelques-unes peuvent même provoquer le dédoublement des graisses.

D'après VIGNAL, RACZYNSKI et ABELOUS, l'estomac contiendrait, à l'état normal, certains microbes capables de dissoudre et de peptoniser l'albumine et la fibrine. Toutefois l'œuvre digestive accomplie par ces microbes ne doit pas être bien importante ; car NUTTAL et THIERFELDER ont montré que la vie est encore possible lorsqu'on empêche toute pénétration des germes dans l'organisme. De petits cobayes à terme, retirés de la matrice de leur mère sous toutes les précautions aseptiques, sont placés sous une cloche dans une atmosphère stérilisée communiquant avec l'air extérieur par des tubes remplis d'ouate. Grâce à un dispositif spécial, ces animaux sont nourris avec du lait stérilisé et peuvent vivre dans ces conditions pour ainsi dire indéfiniment. Ces résultats concordent tout à fait avec les recherches de DASTRE, démontrant que l'activité des ferments digestifs est indépendante de toutes ingérences microbiennes. Cependant SCHOTTELIUS a prétendu récemment que la nourriture stérilisée est insuffisante à entretenir la vie du poulet ; mais cela peut tenir à d'autres causes qu'à une diminution d'activité dans les fonctions digestives de cet animal.

Sous l'influence des maladies de l'estomac, les microbes qui s'attaquent aux principes albuminoïdes du bol alimentaire prennent un développement inattendu. La molécule albumineuse est alors scindée jusqu'à ses termes ultimes, et on trouve alors dans le milieu stomacal tous les produits qui résultent de la putréfaction des matières protéiques :

bases alcaloïdiques diverses (peptotoxines de Brieger, ptomaïnes, etc); différents corps de la série aromatique (indol, scatol, phénol, paracrésol, etc.); plusieurs corps de la série grasse (acides amidés, acides gras, méthyl-mercaptan, etc.), et enfin, un grand nombre de gaz (ammoniaque, azote, acide carbonique, hydrogène sulfuré, hydrogène, etc.).

Parmi les espèces microbiennes qui vivent habituellement dans l'estomac et qui produisent le dédoublement des hydrates de carbone, nous trouvons, en première ligne, le bacille lactique de Pasteur. Ce bacille, ou des espèces semblables, transforme le sucre en acide lactique avec production d'eau et d'acide carbonique. On sait que pendant longtemps on a cru que l'acide lactique était sécrété par l'estomac lui même, et qu'il jouait un rôle important dans la digestion stomacale. Les recherches de Ch. Richet vinrent prouver l'inanité de cette hypothèse, en montrant que le suc gastrique pur ne contient pas de traces d'acide lactique. Postérieurement on a admis, avec Ewald et Boas, que la formation de l'acide lactique dans l'estomac est un phénomène absolument constant qui se produit pendant la première phase de la digestion, lorsque les substances alimentaires renferment des hydrates de carbone. Martius, Luttke et Riegel ont combattu cette opinion en disant que la production de l'acide lactique, en quantités notables, ne se rencontre guère que dans des cas pathologiques. A l'état normal, cette production serait toujours très faible, ou plutôt nulle.

A côté du ferment lactique il existe, dans le milieu stomacal, d'autres ferments figurés qui agissent comme lui sur les hydrates de carbone ou sur les produits qui résultent du dédoublement de ces derniers corps. Tels sont, par exemple, le *bacille butyrique*, les *levures* de la fermentation alcoolique, le *Mycoderma aceti* et le *Bacillus amylobacter*. Ce dernier s'attaque principalement à la cellulose.

Finalement, le milieu stomacal contient encore certaines espèces microbiennes qui provoquent le dédoublement des graisses en acides gras et en glycérine.

On voit par là l'extrême complexité des phénomènes chimiques qui peuvent se produire dans l'estomac pendant la digestion. Toutefois nous tenons à rappeler que la plupart de ces phénomènes, surtout ceux qui dépendent de la vie microbienne, sont, pour ainsi dire, nuls à l'état normal, et que, lorsqu'ils existent, ils s'effacent ou disparaissent complètement, au fur et à mesure que le suc gastrique commence à développer son activité propre.

c) **Phénomènes d'absorption.** — Schiff attribuait une grande importance à l'absorption stomacale, qu'il considérait comme un phénomène nécessaire à l'entrée en activité des glandes gastriques. Mais cette théorie est aujourd'hui à peu près abandonnée. L'estomac n'absorbe que très difficilement les substances solubles qui font partie du contenu alimentaire. De plus, cette absorption n'a pas la signification physiologique que Schiff voulait bien lui donner. Quoiqu'on n'ait pas fait jusqu'ici d'expériences directes pour savoir exactement quelle est la valeur de l'absorption stomacale au point de vue alimentaire, on peut supposer que cette fonction doit être insuffisante à satisfaire les besoins nutritifs de l'organisme.

d) **Phénomènes moteurs.** — Les mouvements de l'estomac ne commencent pas tout de suite après l'ingestion alimentaire, à moins qu'il ne s'agisse d'un aliment liquide. En général, ces mouvements se produisent dans la deuxième ou la troisième heure de la digestion. L'estomac se divise alors en deux portions distinctes : une portion supérieure ou antérieure, qui sert principalement de réservoir aux aliments qui n'ont pas encore été attaqués par le suc gastrique, et une partie inférieure ou postérieure qui expulse les aliments digérés dans l'intestin et qui est l'organe véritablement moteur de l'estomac. Au fur et à mesure que la digestion s'avance, on voit la partie supérieure de l'estomac se rétracter lentement, et chasser peu à peu son contenu dans l'antre du pylore. Précédemment, cette dernière région est devenue le siège d'une série de contractions annulaires très puissantes, qui brassent les aliments avec le suc gastrique et les font avancer continuellement vers le pylore. Celui-ci s'ouvre d'une façon intermitente; mais sa dilatation ne coïncide pas toujours avec l'approche de chaque vague de constriction, de sorte que les aliments sont très souvent rejetés en arrière, en éprouvant ainsi une dissociation énergique. Vers la fin de la digestion, les ondes de contraction deviennent tellement intenses qu'elles forcent à chaque fois le passage pylorique, en expulsant rapidement les aliments chymifiés dans l'intestin.

e) **Phénomènes nerveux.** — Toutes les fonctions de l'estomac se trouvent, à des degrés

divers, sous la dépendance plus ou moins directe du système nerveux. Depuis le moment
où l'ingestion alimentaire commence, jusqu'au moment où les aliments quittent l'intestin grêle, il se produit un grand nombre de réflexes qui exaltent ou qui inhibent les
fonctions de l'estomac, suivant la nature des excitants.

Lorsque les aliments sont très appétissants, leur passage à travers les voies supérieures de l'appareil digestif, et quelquefois même leur seule présence, ou l'odeur qu'ils
dégagent, suffisent à provoquer une sécrétion abondante de suc gastrique, laquelle,
d'après PAWLOW et ses élèves, serait d'origine psychique. Au contraire, si les aliments
engendrent le dégoût, ces mêmes opérations n'arrivent pas à mettre en jeu l'activité
sécrétoire de l'estomac; bien mieux, il se peut parfois, lorsque les sécrétions gastriques
sont déjà en train, que celles-ci soient complètement arrêtées par ces excitations inhibitrices. Ajoutons enfin que le pneumogastrique semble être la voie par laquelle ces deux
formes d'excitation arrivent aux glandes gastriques.

Lorsque les aliments pénètrent dans l'estomac, les actions réflexes deviennent encore
plus complexes. Contrairement à ce qu'on pourrait croire tout d'abord, étant donné que
la digestion se passe dans un silence complet, et que la sensibilité tactile et douloureuse de l'estomac est pour ainsi dire nulle à l'état normal, la muqueuse de cet
organe devient le point de départ d'une série de réflexes qui retentissent sur les diverses
fonctions de l'estomac. Les uns agissent sur les fonctions sécrétoires; les autres, sur les
fonctions motrices; enfin quelques-uns peuvent porter leur action sur le système vasculaire de cet organe. Ces diverses actions peuvent être à la fois excitantes ou inhibitrices
de chacune des formes de l'activité stomacale, suivant la nature de l'excitant qui les
provoque. On pourra s'en convaincre en lisant les différents paragraphes où nous avons
traité de l'influence des excitations physiques et chimiques sur les diverses fonctions de
l'estomac. Quant aux voies que suivent ces excitations pour arriver à produire leurs
effets, on peut dire qu'elles sont encore inconnues. Toutefois SCHIFF prétend que le pneumogastrique est le nerf sensible de l'estomac, et PAWLOW croit, d'autre part, que le
sympathique est la voie centrifuge par laquelle marchent les excitations d'origine
stomacale qui déterminent les sécrétions gastriques.

Après leur passage dans l'intestin grêle, les substances alimentaires peuvent aussi
faire naître dans cette région certains réflexes qui agissent spécialement sur les fonctions
motrices et sur les fonctions sécrétoires de l'estomac. Selon MERING et HIRSCH, l'arrivée
des aliments dans l'intestin grêle provoque la fermeture du pylore. Ce réflexe dure un
temps assez long, et il recommence chaque fois que les aliments pénètrent dans
l'intestin. PAWLOW et son élève SERDJUKOW ont vu ensuite que ce réflexe pouvait provoquer
la fermeture ou le relâchement du pylore, suivant que la réaction des liquides qui passent dans l'intestin était acide ou alcaline. Enfin, d'après LECONTE et PAWLOW, le contact
de certains produits de la digestion stomacale avec la muqueuse du duodénum détermine
par voie réflexe une sécrétion abondante de suc gastrique. LECONTE a vu en outre que
cette action réflexe pouvait être inhibitrice des sécrétions gastriques, si, au lieu d'introduire de la peptone dans l'intestin, on y introduisait de la glucose.

En dehors de ces actions réflexes provoquées par le passage des aliments à travers le tube
digestif, toute excitation sensitive d'origine périphérique, ainsi que certaines influences
psychique, peuvent aussi modifier l'intensité des fonctions sécrétoires et des fonctions
motrices de l'estomac. NETSCHAJEFF est arrivé à produire l'arrêt des sécrétions gastriques
en excitant le bout central du nerf sciatique. WERTHEIMER, de son côté, a obtenu l'arrêt
des mouvements de l'estomac en faisant cette même excitation. Enfin LECONTE, d'une part,
et CANNON, de l'autre, ont observé l'arrêt de ces deux formes de l'activité de l'estomac
sous l'influence des excitations psychiques diverses.

f) **Phénomènes circulatoires.** — Dans le groupe des phénomènes d'origine nerveuse,
on doit aussi ranger les modifications circulatoires qui se produisent dans l'estomac
pendant la digestion. En même temps que les glandes gastriques rentrent en activité,
on voit la circulation de l'estomac devenir beaucoup plus intense. Cette augmentation
est due certainement à des actions vaso-motrices réflexes dont le mécanisme ne nous est
pas encore connu. Néanmoins, on peut supposer que les mêmes excitations qui mettent
en jeu l'activité des glandes gastriques provoquent aussi ces phénomènes vaso-moteurs
(voir **Vaso-moteurs**).

g) **Phénomènes thermiques.** — La température de l'estomac pendant les premiers moments de la digestion dépend naturellement de la température des aliments ingérés. Toutefois, ainsi que les recherches de Quincke l'ont montré, l'équilibre thermique ne tarde pas à s'établir entre les aliments et l'estomac. Quelques auteurs se sont demandé ce que devient la température de la cavité gastrique une fois que cet équilibre se rétablit. Kronecker a trouvé chez le chien que la température de l'estomac pendant la digestion était de 0°,3 à 1°,3 plus forte que la température du rectum. Au contraire, chez ce même animal, à jeun, l'estomac serait plus froid de 0°,5 que le rectum. Ces observations sont en désaccord complet avec les résultats obtenus par Vintschgau et Dietl. D'après ces auteurs la température du milieu stomacal diminuerait, au contraire, vers la deuxième ou la troisième heure de la digestion de 0°,2 à 0°,6, par suite des phénomènes d'hydratation qui s'y produisent lors de la formation de la glucose et de la peptone. Entre ces deux opinions, diamétralement opposées, se place l'opinion de Quincke, qui prétend que la température de l'estomac ne varie guère pendant la digestion.

h) **Phénomènes électriques.** — Rosenthal a signalé pour la première fois l'existence d'un *courant propre* dans la muqueuse de l'estomac de la grenouille. Bohlen, plus récemment, en étudiant cette question, est arrivé aux résultats suivants : 1° L'intensité du courant propre de la muqueuse stomacale, chez les animaux à sang froid, comme chez les animaux à sang chaud, est très variable. Chez la grenouille l'intensité de ce courant pendant la digestion dépend avant tout de la nature du contenu stomacal. Lorsque celui-ci est formé des corps non digestibles qui excitent mécaniquement la muqueuse, le courant électrique est très fort. En revanche, pendant la vraie digestion des corps qui sont facilement attaquables par le suc gastrique, comme, par exemple, la viande, l'intensité du courant électrique de l'estomac est plutôt diminuée qu'augmentée; 2° En vertu de la faible intensité des échanges nutritifs chez la grenouille, l'estomac de cet animal conserve ses propriétés électro-motrices quelques heures après la mort ou après la séparation du corps. Cette persistance du courant électrique ne s'observe pas chez les animaux à sang chaud; 3° L'excitation du nerf vague produit chez la grenouille, même après l'arrêt de la circulation, une faible variation positive du courant propre de l'estomac, tandis que chez les animaux à sang chaud cette même excitation, après avoir produit une légère variation positive, donne lieu à une forte variation négative pouvant aller jusqu'au renversement complet du courant; 4° La saignée, la compression de l'aorte thoracique, et l'empoisonnement par la pilocarpine, le nitrite d'amyle, le chloral et le curare, produisent les mêmes effets sur le courant électrique propre de l'estomac que l'excitation des pneumogastriques; 5° L'excitation des centres vaso-moteurs du cerveau par l'anémie ou par l'asphyxie détermine aussi, même après la section des deux vagues, une variation positive du courant propre de l'estomac, laquelle se transforme bientôt en une variation négative; 6° L'introduction de grandes quantités d'eau salée dans le système circulatoire provoque une augmentation dans l'intensité du courant propre de l'estomac, augmentation qui se prolonge même après la mort.

Ainsi toutes les conditions qui modifient le fonctionnement de la muqueuse stomacale changeraient plus ou moins les propriétés électro-motrices de cette membrane. Bohlen a une tendance à croire que les cellules de l'épithélium superficiel sont celles qui jouent le rôle le plus important dans la production de ces phénomènes électriques. Il base son opinion sur ce fait que toutes les conditions qui excitent la sécrétion muqueuse augmentent en même temps l'intensité du courant propre de l'estomac.

B) **Physiologie comparée de la digestion stomacale.** — On a trouvé plus haut un grand nombre de documents sur les variations que présentent les diverses fonctions de l'estomac dans la série animale. Ici nous nous occuperons plus spécialement des phénomènes d'ensemble de la digestion stomacale chez les diverses classes des Vertébrés.

a) **Poissons.** — L'existence d'une digestion gastrique chez les Poissons a été signalée pour la première fois par Spallanzani. Cet auteur observa, en introduisant dans l'estomac de plusieurs Poissons des tubes métalliques remplis de viande, que celle-ci était ramollie et finalement dissoute par les sucs de l'estomac. Spallanzani remarqua, en outre, en instituant cette même expérience chez les serpents, que l'estomac de ces animaux digérait beaucoup moins vite la viande que celui des Poissons.

Les observations de Spallanzani furent confirmées plus tard par beaucoup d'autres expérimentateurs, et pendant longtemps on admit d'une façon unanime que la digestion gastrique était un processus constant chez tous les Poissons. Ce n'est qu'à partir des recherches de Luchau qu'on dut abandonner cette opinion qui était trop absolue. En effet, Luchau montra que l'estomac des Cyprinoïdes, qui ne contient pas de glandes gastriques, ne renferme pas non plus de pepsine.

Ce point, sur lequel tout le monde est aujourd'hui d'accord, n'est pas le seul fait important qui ait été signalé, depuis qu'on a entrepris l'étude de la digestion gastrique chez les Poissons. Krukenberg a trouvé, après Luchau, que l'estomac de ces animaux se comporte, au point de vue sécrétoire et par conséquent au point vue chimique, de trois manières différentes. Chez les Sélaciens, les Ganoïdes et quelques Téléostéens, la digestion stomacale se passe dans un milieu acide et peptique, qui ne diffère de celui des Mammifères que par ce fait qu'il conserve son activité aux basses températures. Chez d'autres Poissons, comme par exemple certains Téléostéens, la digestion gastrique peut se poursuivre dans un milieu acide ou alcalin, car l'estomac de ces animaux sécrète en même temps de la pepsine et de la trypsine. Enfin, chez les Cyprinoïdes, la digestion gastrique manque complètement, par cette simple raison que l'estomac de ces espèces ne produit aucun principe actif.

Ch. Richet a constaté d'autre part que la digestion gastrique prend, chez certains Poissons, une importance considérable. Tout d'abord, le suc sécrété par ces animaux est bien plus acide que celui que sécrètent les autres Vertébrés. Ce suc est en même temps très actif. De plus, chez les espèces carnivores, qui sont toutes très voraces et qui avalent des proies énormes, non mâchées, l'estomac se trouve séparé de l'intestin par un tube très mince, contractile, qui se ferme énergiquement pendant la digestion et ne permet pas le passage des substances non chymifiées dans l'intestin. Il en résulte que les proies ingérées par ces animaux restent forcément dans l'estomac jusqu'à ce qu'elles soient transformées à l'état de bouillie par le suc gastrique. Malgré cela, la digestion est assez rapide chez ces Poissons et Ch. Richet pense qu'elle serait encore plus rapide si les aliments que ces animaux mangent n'étaient pas très rebelles à l'action du suc gastrique.

Enfin Yung a vu, en analysant le contenu stomacal de quelques espèces de Squales, qu'il existe dans ce milieu les mêmes produits peptiques que l'on retrouve dans le milieu stomacal des Mammifères. D'accord avec Ch. Richet, et contrairement à ce qu'avait prétendu Luchau, Yung nie l'existence d'une fermentation amylolytique dans l'estomac de ces animaux.

b) Batraciens. — Si l'on excepte la grenouille, chez laquelle l'activité digestive propre de l'estomac semble être renforcée par une sécrétion peptique qui se fait dans l'œsophage, chez tous les autres Batraciens, l'estomac est capable par lui-même d'amener à bien la digestion d'un repas. Chez ces animaux, la digestion gastrique affecte la même allure que chez les Vertébrés supérieurs. L'estomac se divise, aussitôt après l'ingestion des aliments, en deux parties distinctes : une partie supérieure qui sert de réservoir aux aliments et où se fait principalement la sécrétion du suc gastrique, et une partie inférieure destinée à la trituration et au mélange des aliments avec les liquides digestifs. Quant aux phénomènes chimiques, ils sont absolument semblables à ceux qui se passent dans l'estomac des Mammifères. Le seul caractère qui distingue la digestion gastrique des Batraciens de celle des animaux à sang chaud, c'est la lenteur relative avec laquelle se déroule ce processus. D'après Colin, des grenouilles d'été nourries avec de la viande trichinée ne commencent à rendre les helminthes ingérés qu'au bout du cinquième jour après l'ingestion. Mais cette expérience n'est pas très démonstrative, car d'une part, le suc gastrique n'attaque pas les trichines, et, d'autre part, les trichines peuvent être retenues dans l'intestin et non pas dans l'estomac. Dans d'autres expériences faites avec la viande seule, Colin a vu que l'estomac de la grenouille ne contenait aucune trace d'aliment quatre jours après l'ingestion. D'une manière générale, plus la température est basse, plus la digestion se prolonge chez ces animaux.

c) Reptiles. — A l'exemple de ce qui se passe chez les Batraciens, la digestion gastrique est aussi très lente chez les Reptiles. Certains de ces animaux gardent dans leur estomac, des semaines entières, les proies énormes qu'ils avalent sans mâcher. Colin a vu une couleuvre, surprise par un abaissement brusque de la température, en été, rendre une souris qu'elle avait avalée cinq jours auparavant. Ce retard considérable de la digestion s'explique jusqu'à un certain point si l'on tient compte que les aliments que ces animaux ingèrent, sont constitués dans la plupart des cas par des petits Oiseaux ou des petits Mammifères, dont le tégument extérieur, recouvert de plumes ou de poils, doit offrir une grande résistance à l'action des sucs digestifs. En tout cas, nous savons que l'estomac des Reptiles sécrète les mêmes principes actifs que l'estomac des Mammifères, de sorte qu'il ne doit pas y avoir de différences chimiques bien appréciables entre les processus digestifs de ces deux classes d'animaux. Peut-être l'intensité des phénomènes chimiques de la digestion est-elle plus faible chez les Reptiles, parce que la température de ces animaux n'est pas aussi élevée que celle des Mammifères; mais rien n'est moins certain, car on sait que les ferments digestifs sécrétés par l'estomac des animaux à sang froid sont adaptés pour agir aux basses températures, et nous avons vu que chez les Poissons la digestion gastrique est au contraire très active.

En dehors de ces différences de rapidité, la digestion gastrique présente chez les Reptiles le même type évolutif qu'elle présente chez les Oiseaux et chez les Mammifères à estomac simple.

d) **Oiseaux**. — Lorsqu'on étudie la marche et les caractères de la digestion gastrique chez les Oiseaux, on s'aperçoit tout de suite qu'il faut faire une distinction importante entre les espèces carnivores et les espèces granivores.

Chez les oiseaux carnivores, la digestion s'opère avec une grande simplicité. L'estomac est constitué par une poche unique, dans laquelle le ventricule succenturié et le gésier se trouvent complètement confondus. Les aliments arrivent dans cette cavité et ils y sont digérés par le concours presque exclusif des forces chimiques. RÉAUMUR avait déjà reconnu que la digestion des aliments dans l'estomac membraneux des Oiseaux carnivores n'a pas d'autre agent dissolvant spécial que le suc gastrique. Ayant fait avaler à une buse des tubes métalliques troués, remplis de viande, RÉAUMUR observa au bout de vingt-quatre heures que ces tubes étaient en partie vides, et que la viande qu'ils contenaient encore se trouvait réduite à l'état de bouillie. Si, au lieu de donner à cet animal de la viande, on lui donne un os de poulet, renfermé aussi dans un tube, on observe les mêmes phénomènes de dissolution.

SPALLANZANI arriva à des résultats semblables en opérant sur des chouettes, des faucons, des ducs et des aigles. Ces Oiseaux digèrent rapidement les muscles, les tendons et les cartilages, mais ils vomissent vers la fin de la digestion les parties dures et indigestes qui n'ont pas été attaquées et dissoutes par le suc gastrique. Ainsi ils rendent très souvent les os de leurs proies, car la durée ordinaire de la digestion de la viande ne suffit pas à la transformation de ces substances. Toutefois SPALLANZANI a pu se convaincre que les os eux-mêmes finissaient par être digérés lorsqu'on les donnait à ces animaux plusieurs fois de suite.

Un fait très curieux concernant la digestion de ces oiseaux, c'est que les substances indigestes se rassemblent dans leur estomac en formant des espèces de pelotes dont le centre est constitué par les os ou par des substances cornées très dures ; et la périphérie, par des poils ou par des plumes. Ces pelotes se forment par le *va-et-vient* qu'éprouvent les substances insolubles, dans la portion pylorique de l'estomac. Il faut dire, en effet, que, si les mouvements de cet organe ne sont pas assez puissants pour produire la trituration des aliments, ils ne contribuent pas moins au mélange de ces substances avec le suc gastrique et à leur expulsion dans l'intestin. Or, chaque fois qu'une onde de contraction amène dans le voisinage du pylore une parcelle d'aliments qui n'est pas dissoute, le sphincter pylorique se ferme énergiquement, et le corps solide est obligé de revenir en arrière. Ce mouvement de *va-et-vient* se répète un grand nombre de fois, de sorte qu'à la fin de la digestion les corps solides se trouvent agglomérés et réunis en forme de boules.

Chez les Oiseaux granivores, la digestion gastrique est beaucoup plus compliquée. Les graines et les autres substances dont se nourrissent ces animaux se rendent tout d'abord dans le *jabot*, où elles s'accumulent en quantité considérable. Là elles subissent un commencement de macération qui facilite leur digestion. Cette macération est produite par un liquide neutre que sécrète la muqueuse du jabot et qui ne semble pas doué de propriétés chimiques bien définies. Elle peut être aussi provoquée par l'eau de l'alimentation. Quoi qu'il en soit, les matières alimentaires font un assez long séjour dans la poche œsophagienne. TIEDEMANN et GMELIN ont constaté que les grains avalés par une poule en un repas ne sortent de ce réservoir qu'au bout de douze ou treize heures. D'après Colin, qui a fait beaucoup d'expériences sur ce sujet, le temps de séjour des aliments dans le jabot est très variable pour chaque animal. Chez un poulet qui pèse 500 ou 600 grammes, il faut en général de 4 à 6 heures pour que 10 grammes de grains avalés dans un repas quittent complètement le jabot.

Le passage des aliments dans le *ventricule succenturié* se fait d'une manière insensible et graduelle sous l'influence des contractions péristaltiques qui animent les parois du jabot. Mais, étant donné la faible capacité de la première de ces cavités, les aliments n'y restent pas longtemps. Avant même qu'ils commencent à subir l'action du suc sécrété par le ventricule, ils passent avec ce liquide dans la cavité du *gésier*. C'est ici que la digestion se fait réellement. Les aliments y sont broyés, triturés et réduits à l'état d'une pulpe homogène, sous l'action combinée des forces physiques et chimiques. Les parois du gésier sont admirablement organisées pour cela. Elles possèdent des muscles puissants, dont les contractions déterminent un frottement énergique des particules solides de la masse alimentaire. Afin de rendre ce frottement plus efficace, ces Oiseaux avalent avec les grains de petites pierres qui font l'office de meules.

Les anciens physiologistes étaient absolument émerveillés de voir les effets mécaniques que peut produire l'activité motrice du gésier des Oiseaux.

Borelli vit, en expérimentant sur les cygnes du palais de Florence, que le gésier de ces palmipèdes brise aisément des noyaux de pistache et des olives. Redi observa que cet organe peut, chez la poule, le canard et le pigeon, réduire en poussière de petites boules creuses de cristal. Des faits analogues ont été ensuite constatés par Réaumur, Spallanzani, et Hunter.

Peut-être ces observations sont-elles quelque peu exagérées, mais en tout cas il semble incontestable que le gésier joue un rôle mécanique des plus importants dans la digestion gastrique des Oiseaux.

A ce rôle mécanique de trituration des matières alimentaires se joint l'action dissolvante du suc gastrique qui se déverse dans cette cavité après avoir été sécrété par le ventricule. Jobert et Couvreur ont même prétendu que le gésier n'est pas dépourvu de toute action chimique sur les aliments. Cette hypothèse mérite cependant confirmation.

Ajoutons que les Oiseaux, à quelque catégorie qu'ils appartiennent, ont, en général, une digestion très active. Ces animaux mangent à tout instant. Les moineaux doivent faire jusqu'à dix ou douze repas par jour avant d'apaiser complètement leur faim. Ils remplissent d'aliments leurs divers estomacs, et même le pharynx et l'œsophage. Leur appétit renaît aussitôt qu'un vide se fait dans les portions supérieures de leur appareil digestif. Chez les autres espèces d'Oiseaux la voracité n'est pas moins grande. Ce besoin incessant d'alimentation s'explique par ce fait que ces animaux font une dépense chimique considérable.

e) **Mammifères.** — Dans cette classe d'animaux, la digestion gastrique présente, encore plus que chez les Oiseaux, des différences considérables d'une espèce à l'autre.

Chez les Monotrèmes, qui ne possèdent pas d'estomac, au sens histologique du mot, la digestion gastrique doit être nulle.

Chez tous les autres Mammifères, la fonction gastrique affecte des types très divers, suivant qu'il s'agit d'un animal à *estomac simple* ou d'un animal à *estomac composé*, et, dans ces deux groupes d'animaux, suivant que les espèces sont carnivores, omnivores ou herbivores.

Chez les Mammifères *carnivores à estomac simple*, comme par exemple le chien et le chat, le travail digestif de l'estomac est essentiellement intermittent. Ces animaux prennent leur repas les plus copieux en un instant, et beaucoup d'entre eux avalent leur proie tout entière. Leur mastication est très sommaire, car cette opération n'est guère utile pour des aliments qui sont parfaitement solubles dans le suc gastrique. Il en est de même de l'insalivation. La salive ne joue aucun rôle important dans la transformation des matières alimentaires. Elle y est, d'ailleurs, sécrétée en faible quantité et ne possède pour ainsi dire pas de propriétés saccharifiantes.

L'estomac de ces animaux présente une grande capacité, et sécrète par toute l'étendue de sa surface muqueuse un suc très abondant et très actif. Le pylore retient longtemps les matières alimentaires, et ne les laisse passer dans l'intestin qu'après une dissolution plus ou moins parfaite. Il en résulte que ces substances restent pendant plusieurs heures en contact avec le suc gastrique (10 à 12 heures d'après SCHMIDT-MÜHLHEIM et COLIN) et qu'elles subissent une transformation très profonde.

La marche de la digestion gastrique se fait de la façon suivante. Les aliments à peine divisés par une mastication très incomplète arrivent dans l'estomac qu'ils remplissent en un instant. Le suc gastrique commence à s'écouler aussitôt en agissant d'abord sur la surface du bol alimentaire. Au bout d'un temps plus ou moins long, qui varie surtout avec la nature des aliments, la portion pylorique de l'estomac entre en contraction, et les substances qui s'y trouvent alors sont intimement mélangées avec le suc gastrique. Celles qui y sont déjà à l'état de solution passent dans l'intestin ; les autres restent encore dans l'antre pylorique pour y subir la même transformation. Au fur et à mesure que l'antre du pylore vide son contenu dans l'intestin, il reçoit de nouvelles quantités d'aliments de la portion cardiaque de l'estomac, où ces substances sont restées emmagasinées sans se mélanger avec le suc gastrique. CANNON en a fourni la preuve en montrant que les couches centrales du contenu stomacal de la portion cardiaque, chez le chat, présentent pendant les premières heures de la digestion une réaction alcaline, malgré la forte acidité du suc gastrique.

Au point de vue chimique, la digestion gastrique des Mammifères carnivores se caractérise surtout par une transformation très active des principes albuminoïdes. Les hydrates de carbone n'éprouvent aucune modification appréciable dans l'estomac de ces animaux. ELLENBERGER n'a pu déceler, en analysant le contenu stomacal d'un chien qui avait pris un repas formé de 115 grammes de riz cuit, deux ou trois heures après l'ingestion, la moindre trace de sucre. Ce contenu renfermait seulement de petites quantités de dextrine, et le riz n'avait guère changé d'aspect après plusieurs heures de digestion. Les graisses ne sont pas non plus digérées par l'estomac du chien, ainsi que FRERICHS et BLONDLOT l'ont remarqué les premiers. Selon ZAWILSKY, on trouverait, après avoir introduit 159 grammes de graisse dans l'estomac d'un chien, 108^{gr},5 au bout de la quatrième heure de digestion ; 98^{gr},8 au bout de la cinquième ; 21^{gr},75 au bout de la neuvième ; et 0^{gr},049 au bout de la trentième. Ces résultats sont pleinement confirmés par les expériences de CONTEJEAN.

Au contraire, l'activité de la digestion gastrique, pour la transformation des principes albuminoïdes est très considérable.

SCHMIDT MÜHLHEIM a vu, en donnant à un chien un repas de viande cuite et hachée, dépourvue de toute albumine soluble, que la digestion de cette substance se faisait dans la progression suivante : une heure après le repas on ne trouve dans l'estomac que 9/10 de la viande ingérée ; deux heures après, 5/8 ; six heures après, 1/3 ; neuf heures après, 1/8 ; enfin, au bout de douze heures de digestion, l'estomac ne contient plus de traces de viande.

Voir, d'autre part, page 814, les résultats obtenus sur ce même sujet par COLIN, dans soixante expériences qu'il a faites sur des chiens et sur des chats.

La digestion gastrique des Mammifères *herbivores à estomac simple* diffère profondément du type que nous venons de décrire. Chez le cheval et très probablement chez tous les solipèdes la fonction gastrique présente une physionomie particulière qui résulte des conditions suivantes : 1° lenteur de la mastication ; 2° importance de l'insalivation ; 3° faible pouvoir peptique du suc gastrique ; 4° absence totale de sécrétion acide dans la portion cardiaque de l'estomac, particularité que favorise le développement de la fermentation amylolytique dans cette portion de l'estomac ; 5° rapidité du passage des aliments dans l'intestin, phénomène qui se produit d'une manière continue, même pendant le repas.

La mastication et l'insalivation, qui étaient insignifiantes chez les Mammifères carnivores, deviennent chez le cheval deux opérations extrêmement importantes. L'herbe, le foin, la paille, le grain et les autres substances végétales dont se nourrit cet animal ne peuvent être digérés qu'après une division et une trituration complètes. Ces aliments présentent, en effet, une enveloppe extérieure qui est à peu près inattaquable par les sucs digestifs et qui protège contre l'action de ces sucs les substances solubles qu'ils renferment à l'intérieur (légumine, gluten, amidon, etc.). Aussi voit-on le cheval mâcher très lentement ses aliments avant de les avaler d'une façon définitive. D'après COLIN, cet animal ne pourrait manger 2 500 grammes de foin en moins d'une heure, et quelquefois

Vitesse de la digestion stomacale de la viande chez le chien, d'après Colin.

DÉSIGNATION DES SUJETS.	POIDS DES SUJETS.	DURÉE de la DIGESTION.	POIDS de la VIANDE INGÉRÉE.	POIDS de la VIANDE QUI RESTE DANS L'ESTOMAC.	QUANTITÉ DE VIANDE DIGÉRÉE.		
					En poids absolu.	En centièmes de la masse ingérée.	Par kilo d'animal.
	grammes.	heures.	grammes.	grammes.	grammes.		grammes.
King-Charles.	5,102	1	200	185	15	7	2,9
Chien griffon.	20,860	2	400	377	23	5	1,1
Chien de rue.	6,054	3 1/2	200	143	57	28	9,4
Chien de chasse. . .	11,000	4 1/2	200	80	120	60	10,9
Chien de berger. . .	17,550	4	400	342	58	14	3,3
Chien épagneul. . . .	7,320	4	500	377	121	24	16,
Chien de chasse. . .	14,705	5	200	81	119	59	8,1
Chien de garde. . . .	23,825	5	500	202	298	59	12,5
Chien épagneul. . . .	21,400	6	500	201	»	»	»
Chien renard.	—	6	200	31	169	84	»
Chien de rue.	5,452	7	200	100	100	50	18,5
Chien de garde. . . .	36,700	7	500	120	»	»	»
Caniche.	11,300	7 1/2	400	201	199	49	17,3
Chien.	4,620	9	200	98	102	51	24,2
Chien de chasse. . . .	15,860	10	500	80	420	84	26,4
Épagneul.	8,350	10 1/2	400	130	270	67	31,5
Chien.	30,337	10 1/2	800	405	395	49	18,8
Chien.	8,100	12	300	45	255	85	31,4
Chien.	35,700	13	800	50	750	96	21,
Chien.	10,640	14	400	35	365	91	34,3
King-Charles.	4,600	15	200	5	195	97	42,4
Chienne danoise. . . .	34,740	16	800	0	800	100	23,3
Chien.	21,000	16 1/2	1 000	25	975	97	46,4
Épagneul.	24,300	18	1 000	330	670	67	27,5
Chien de garde. . . .	23,000	19	1 000	63	937	93	40,7
Chien de garde. . . .	24,500	24	1 000	4	»	»	»

Vitesse de la digestion stomacale de la viande chez le chat, d'après Colin.

DÉSIGNATION DES SUJETS.	POIDS DES SUJETS.	DURÉE de la DIGESTION.	POIDS de la VIANDE INGÉRÉE.	POIDS de la VIANDE qui reste dans l'estomac.	QUANTITÉ DE VIANDE DIGÉRÉE.		
					En poids absolu.	En centièmes de la masse ingérée.	Par kilo d'animal.
		heures.	grammes.		grammes.		grammes.
Chat.	ind.	1	100	105	0	0	»
Chatte. . . .	ind.	2	100	95	5	5	»
Chat.	ind.	3	100	80	20	20	»
Chat.	2k,928	4	100	89	11	11	3,7
Chat.	ind.	4	100	60	40	40	»
Chat.	ind.	5	200	155	45	22	»
Chat.	ind.	5	100	75	25	25	»
Chat.	4k,831	5	100	60	40	40	8,2
Chat.	ind.	6	100	42	58	58	»
Chat.	3k,200	7	100	32	68	68	21,2
Chatte. . . .	ind.	8	100	26	74	74	»
Chatte. . . .	2k,938	9	100	20	80	80	27,2
Chat.	1k,370	10	100	29	79	79	57,6
Chat.	2k,370	11	100	31	89	89	37,5
Chat.	2k,161	11	100	26	74	74	34,2
Chat.	ind.	12	200	64	136	68	»
Chatte. . . .	2k,472	12	100	3	97	97	39
Chatte. . . .	ind.	13	100	0	100	100	»

il met même une heure et demie et deux heures à manger cette même ration. Avec
l'avoine, la mastication est aussi très lente. Pendant la mastication de ces deux repas, le
cheval fait à peu près 200 bols pour le foin et 40 à 90 bols pour l'avoine. Les premiers de
ces bols reçoivent quatre fois leur poids de salive, et les seconds une fois et quart leur
poids. Ces chiffres donnent une idée approximative de l'importance de l'insalivation chez
cet animal. Et il faut qu'il en soit ainsi, car les aliments dont nous venons de parler
renferment des quantités considérables d'hydrates de carbone, qui ne se digèrent rapi
dement qu'en présence d'une masse énorme de salive.

Ainsi divisés et imprégnés du liquide salivaire, les aliments pénètrent dans l'estomac;
mais, étant donnée la faible capacité de cet organe (15 à 18 litres en moyenne) par rapport au volume d'aliments qu'il reçoit, une partie de ces substances passe tout de suite
dans l'intestin. En effet, lorsque le cheval mange en un repas de deux heures 5 kilogrammes de foin, représentant la moitié de sa ration diurne, il les imprègne de vingt
litres de salive, de sorte que la masse totale des substances qu'il avale pendant ce laps
de temps pèse à peu près 25 kilogrammes. Il faut donc que l'estomac de cet animal, qui
a de quoi se remplir trois fois pendant l'ingestion d'un repas de cet ordre, se vide au
moins deux fois pour garder son fonctionnement normal. Les deux premières fournées
d'aliment ne doivent pas séjourner dans l'estomac plus d'une heure. Quant à la dernière, elle
peut y rester tout le temps qui s'écoule entre les repas. Dans le cas où le cheval mange
de l'avoine, les aliments séjournent plus longtemps dans l'estomac; car alors la masse
totale des substances ingérées (salive et avoine) est beaucoup plus petite. Enfin,
lorsqu'on donne à un cheval plusieurs aliments de suite, les uns après les autres, ces
substances se rangent dans l'estomac en formant une série de couches stratifiées, qui
restent nettement distinctes jusque dans le voisinage de la portion pylorique. Quelquefois même elles passent dans l'intestin en suivant l'ordre de leur arrivée; mais en général
elles subissent dans cette dernière portion de l'estomac un mélange assez prononcé, surtout lorsque l'animal prend une grande quantité d'eau après les repas.

La facilité avec laquelle les matières alimentaires contenues dans l'estomac passent
dans l'intestin prouve que le pylore des solipèdes fonctionne suivant un mode particulier
qui lui est propre. Cet orifice est en effet très large et très dilatable, et il reste presque
constamment ouvert pendant la première phase de la digestion, comme COLIN a pu le
constater sur des chevaux dont l'estomac se trouvait en pleine activité digestive. Le
pylore est par conséquent chez le cheval bien différent de ce qu'il est chez les Mammifères carnivores. Au lieu de refuser obstinément, comme chez le chien, le passage aux
matières non liquéfiées, il donne une libre issue à tout ce que l'estomac a reçu; il se
laisse traverser aussi bien par les corps volumineux que par ceux qui sont très divisés, par
les aliments solides que par les liquides. TIEDEMANN et GMELIN avaient déjà vu que les morceaux de quartz donnés à des chevaux se trouvaient dans l'intestin, une heure ou une
heure et demie après leur ingestion. COLIN a observé ensuite que des boules de marbre,
des sphères métalliques, de petits tubes, des morceaux de chair, des osselets arrondis,
des escargots, des coquillages, des sachets pleins de fécule, ne font qu'un très court
séjour dans l'estomac. Cependant COLIN ajoute que, lorsque les corps volumineux sont
en très grand nombre, ils abandonnent difficilement la cavité gastrique.

On aurait tort de croire que la facilité du passage des aliments dans l'intestin, chez
le cheval, est due à un défaut d'énergie dans les contractions du sphincter pylorique. Le
sphincter est au contraire doué d'une musculature puissante, et, s'il se laisse forcer par
les aliments, cela tient à d'autres causes qu'à son insuffisance motrice. On observe d'ailleurs, après les premières heures de la digestion, lorsque l'estomac est revenu un peu sur
lui-même, que le pylore retient énergiquement les aliments qui sont restés dans la cavité
gastrique.

En somme, la digestion stomacale présente chez le cheval, au point de vue de sa
marche, deux phases distinctes : une première phase qui comprend toute la durée de
l'ingestion alimentaire, pendant laquelle les aliments ne font que traverser l'estomac,
dans l'ordre de leur arrivée, et une seconde phase, qui se rapproche plus de la digestion
chez les autres animaux; car pendant cette période les substances alimentaires séjournent
dans l'estomac jusqu'à ce qu'elles soient plus ou moins modifiées par l'action combinée
du suc gastrique et de la salive. Dans cette dernière phase, l'estomac du cheval se com-

porte, à quelques différences près, comme celui des Mammifères carnivores. Sa portion supérieure sert de réservoir aux aliments, tandis que sa portion inférieure mélange les substances avec le suc gastrique et les chasse peu à peu dans l'intestin.

Considérée au point de vue chimique, la digestion gastrique du cheval offre aussi quelques particularités intéressantes. Tout d'abord, le suc gastrique produit par cet animal semble être moins acide et moins peptique que celui que sécrètent le chien et le chat. D'après ELLENBERGER et HOFMEISTER, le suc gastrique du cheval ne contiendrait que 0,1 à 0,3 p. 100 d'acide chlorhydrique, tandis que celui du chien et du chat renfermerait, d'après PAWLOW, jusqu'à 0,4 et 0,5 p. 100 de cet acide. D'autre part, la sécrétion du suc gastrique se trouve limitée chez le cheval à la portion inférieure de la muqueuse stomacale, de sorte que les aliments peuvent rester plusieurs heures dans la portion cardiaque de l'estomac sans subir le contact du suc gastrique. De ces deux conditions résulte : 1° que la salive continue à agir pendant très longtemps sur les hydrates de carbone du milieu stomacal; 2° que les albumines des substances alimentaires ne subissent dans la cavité gastrique qu'une transformation relativement peu importante.

ELLENBERGER et HOFMEISTER, qui ont étudié avec beaucoup de détails les processus chimiques de la digestion stomacale chez le cheval, divisent ces processus en quatre phases distinctes : 1° une phase *amylolytique pure*, à la fin de laquelle les produits de dédoublement des hydrates de carbone commencent à être transformés en acide lactique par les microbes de l'estomac; 2° une phase *amylolytique prédominante*, qui est accompagnée par un commencement de protéolyse et par une formation abondante d'acide lactique; 3° une phase *mixte*, constituée par une amylolyse et une protéolyse dans la portion gauche de l'estomac; par une protéolyse pure dans la région du fond, et par une protéolyse forte et une amylolyse faible dans la région du pylore; 4° une phase *protéolytique pure* dans toutes les régions de l'estomac.

L'intensité de la fermentation amylolytique chez le cheval est vraiment considérable. Ce processus commence avec la mastication des aliments et se continue ensuite pendant plusieurs heures dans la cavité gastrique.

ELLENBERGER et HOFMEISTER ont trouvé, en analysant le contenu stomacal du cheval, aux divers moments de la digestion, que la teneur en sucre de ce contenu augmente rapidement au fur et à mesure que la digestion avance. Dans les premiers moments de ce processus, les liquides de l'estomac ne renferment que 1,2, et tout au plus 3 p. 100 de sucre, tandis que, vers la deuxième ou la troisième heure de la digestion, ils peuvent en contenir jusqu'à 120 p. 100. D'après ces mêmes auteurs, la fermentation amylolytique dans l'estomac du cheval proviendrait de quatre causes diverses : 1° de la diastase de la salive; 2° des ferments organisés de l'air; 3° d'un ferment diastasique qui ferait partie de la composition chimique des aliments, et spécialement de celle de l'avoine, et 4° d'un ferment amylolytique sécrété par la muqueuse stomacale elle-même. Avec cette variété d'agents capables de produire le dédoublement des hydrates de carbone, on comprend que la fermentation amylolytique prenne dans l'estomac du cheval un développement considérable. Toutefois, au bout de la troisième ou de la quatrième heure de digestion, on voit ce processus diminuer manifestement d'intensité, d'abord dans la région du fond de l'estomac, puis dans la région du pylore, et ensuite dans la région cardiaque. Là la fermentation amylolytique peut encore continuer à se faire pendant plusieurs heures, mais elle disparaît à mesure que le contenu de l'estomac devient plus acide.

A l'inverse de ce qui se passe pour la fermentation amylolytique, la protéolyse est très peu importante dans l'estomac du cheval. Ce dernier processus ne commence que vers la deuxième ou la troisième heure de la digestion, mais il se prolonge très longtemps. La teneur en peptone du contenu stomacal ne serait, d'après ELLENBERGER et HOFMEISTER, dans les premières heures de la digestion, que de 0,2 p. 100; puis elle augmenterait graduellement pour atteindre un maximum de 1,5 à 2 p. 100, vers la cinquième heure de l'acte digestif. A ce moment, on peut trouver dans le contenu stomacal une quantité absolue de 50 grammes de peptone. La teneur en albumines solubles de ce contenu est plus forte pendant les premières heures de la digestion.

COLIN a observé que le cheval est incapable de digérer la viande qu'il ingère, mais cet auteur s'est vite aperçu que la cause de cette incapacité résidait dans ce fait que les substances animales traversent trop rapidement l'estomac pour y être attaquées par le suc gastrique. Si au lieu de viande on donne à un cheval certains corps constitués aussi par des principes albuminoïdes, mais qui, par suite de leur forme, ne peuvent pas franchir facilement le pylore, comme par exemple une grenouille, une moule vivante, ces corps sont alors parfaitement digérés par l'estomac. Il en est de même si l'on introduit la viande dans ce viscère par une fistule, et si on la retient en place pendant quelques heures. On peut donc dire que l'action protéolytique de l'estomac du cheval s'exerce sur toutes les substances albuminoïdes.

La digestion gastrique des autres Mammifères, *herbivores à estomac simple*, comme par exemple le lapin, le lièvre, le cochon d'Inde, etc., présente de grandes analogies avec la digestion gastrique du cheval. Toutefois, chez ces animaux, l'estomac se distend encore plus complètement que chez les solipèdes ; car, au lieu de recevoir une masse d'aliments égale au trentième ou au quarantième du poids du corps, il en reçoit un quinzième ou un neuvième. Les aliments se déposent par couches dans l'estomac, et s'y mêlent difficilement ; les nouveaux venus poussent les anciens dans l'intestin, et la circulation alimentaire dans la cavité gastrique se fait plutôt par cette impulsion que par les contractions des parois stomacales. Même, lorsque l'ingestion cesse tout à fait, les aliments restent dans l'estomac pendant plusieurs jours, et il est rare qu'ils arrivent à passer intégralement dans l'intestin. Ce défaut d'énergie dans les contractions stomacales existe chez ces herbivores à tous les âges de la vie. Dans les premiers jours qui suivent la naissance, on voit chez les lapins nouveau-nés que le lait et l'herbe, qu'ils commencent à brouter, ne se mélangent point dans l'estomac. Plus tard, quand l'animal mange avec lenteur, les bols alimentaires du volume d'un petit pois demeurent en grand nombre dans le sac gauche de l'estomac, sans se mêler aux aliments délayés, et même sans y subir aucune déformation.

L'arrangement des substances alimentaires dans la cavité gastrique se fait un peu différemment que chez le cheval. Les diverses couches, au lieu de se disposer parallèlement aux courbures de l'estomac, s'y placent perpendiculairement. Si, à un moment donné, et après une abstinence d'une journée, on donne à un lapin successivement des racines, de l'herbe, de l'avoine, du lait, on trouve la masse ancienne d'aliments rejetée vers la portion pylorique de l'estomac ; puis les aliments récents placés selon l'ordre où ils ont été mangés dans la portion supérieure de l'estomac. Immédiatement après les repas, ou peu de temps après, pendant la grande activité du travail digestif, l'estomac du lapin contiendrait, selon Colin, une proportion d'aliments qui pourrait atteindre parfois un dixième du poids du corps. Voici, en effet, quelques chiffres qui le prouvent :

172 grammes de chyme sur un lapin de 3.050 grammes
213   —   —   3.100   —
282   —   —   3.870   —
242   —   —   3.550   —
373   —   —   4.070   —

Plus tard, la proportion de chyme diminue dans l'estomac, mais avec une extrême lenteur. Ainsi Colin a vu qu'il en restait dans ce viscère :

Après 6 heures 215 grammes de chyme sur un lapin de 3.650 grammes
  —   12   —   105   —   —   3.250   —
  —   15   —   159   —   —   3.530   —
  —   24   —   162   —   —   3.570   —
  —   31   —   103   —   —   2.470   —
  —   45   —   155   —   —   3.520   —

Ces derniers chiffres montrent très nettement que l'estomac de ces animaux ne se vide que très difficilement. Même en prolongeant le jeûne jusqu'à la mort, on trouve encore dans l'estomac du lapin plusieurs restes d'aliment. Si à cela on ajoute que ces animaux mangent presque continuellement, on peut conclure que le travail digestif de leur estomac est à peu près continu.

Quant aux processus chimiques de la digestion, ils ne semblent pas différer beaucoup de ceux qui se produisent dans l'estomac du cheval. La protéolyse y est peu active et ne donne lieu qu'à une faible formation de peptones. En revanche, l'amylolyse prend une place très importante dans la digestion stomacale du lapin, et elle est toujours suivie d'une production plus ou moins considérable d'acide lactique. Cl. Bernard avait remarqué que le suc gastrique du lapin ne ramollit et ne dissout pas la viande avec la même énergie que celui du chien. Mais Colin a constaté ensuite que la digestion de la viande se fait relativement bien dans l'estomac du lapin, peut-être à cause de la manière parfaite dont cette substance est mâchée par cet animal. Aussi voit-on, dans le cas où la viande renferme des trichines, que ces Helminthes deviennent complètement libres dès l'origine de l'intestin grêle.

La digestion gastrique des Mammifères *omnivores* à *estomac simple* ne présente pas de type bien défini. Elle se rapproche par certains caractères de la digestion gastrique des Mammifères herbivores, tandis qu'elle ressemble, par d'autres, à la digestion gastrique des Mammifères carnivores.

En régime normal, le travail digestif des Mammifères omnivores est nettement intermittent. Ces animaux mangent à des intervalles plus ou moins longs et prennent chaque fois des repas copieux. Leur mastication, moins complète que celle des herbivores, est plus parfaite que celle des carnivores. Les aliments séjournent dans l'estomac pendant plusieurs heures et ne passent dans l'intestin qu'après une transformation profonde.

Chez le rat et le porc, la structure de la muqueuse stomacale offre une grande analogie avec celle de la muqueuse stomacale du cheval. Cette membrane se trouve revêtue, dans sa portion supérieure, d'un épithélium pavimenteux semblable à celui de l'œsophage. De plus, la région cardiaque est très développée, de sorte que la sécrétion du suc gastrique ne se fait que dans la moitié inférieure de l'estomac.

Chez l'homme, au contraire, la muqueuse stomacale ressemble par sa structure à la muqueuse stomacale du chien et du chat, et elle sécrète, comme cette dernière, un suc gastrique actif, par presque toute l'étendue de sa surface.

Edelmann prétend que la région cardiaque de la muqueuse stomacale joue un rôle prépondérant dans la digestion des hydrates de carbone en sécrétant un ferment amylolytique. C'est pourquoi, dit-il, cette région est tellement développée chez le rat et chez le porc. Nous ne discuterons pas de nouveau la valeur de cette hypothèse ; mais il faut reconnaître, avec Ellenberger et Hofmeister, que la digestion gastrique présente, tout au moins chez le porc, les mêmes phases chimiques que chez le cheval ; c'est-à-dire : 1° une phase *amylolytique pure;* 2° une phase *amylolytique, lactique* et *peptique mélangée;* 3° une phase *peptique pure.* Ces diverses phases se montrent dans toute leur netteté, lorsque le porc est nourri de grains ou d'autres substances végétales qui contiennent à la fois des albumines et des hydrates de carbone ; dans l'alimentation par la viande seule, la phase amylolytique et la phase lactique disparaissent presque complètement, tandis que la phase peptique prend une importance considérable.

Ellenberger et Hofmeister soutiennent que le porc digère parfaitement la viande, mais un peu plus lentement que le chien. Ils ont constaté, en donnant 500 grammes de viande cuite et finement hachée à un porc en expérience, que la digestion de cette substance dans l'estomac se faisait de la manière suivante : une heure après le repas avaient disparu de l'estomac 24,7 p. 100 de la viande ingérée ; 2 heures après, 31,1 p. 100; 4 heures après, 40,2 p. 100; 5 heures après, 49,5 p. 100 ; 8 heures après, 85,3 p. 100, et 12 heures après, 88,7 p. 100. En dosant la quantité d'albumine disparue, ces auteurs ont trouvé : une heure après l'ingestion, 9,5 p. 100 ; 2 heures après, 27,7 p. 100 ; 4 heures après, 32,3 p. 100 ; 5 heures après, 40,0 p. 100 ; 8 heures après, 83,0 p. 100 ; et 12 heures après, 87,8 p. 100. D'une manière générale, il reste dans l'estomac du porc, au bout de 5 à 6 heures de digestion, la moitié de la viande ingérée, tandis que dans l'estomac du chien on ne trouve à ce moment qu'un tiers tout au plus de l'aliment.

Colin a aussi attiré l'attention sur les différences d'activité qui existent entre l'estomac du porc et du chien vis-à-vis de la digestion de la viande crue. Un porc auquel il avait donné 1 kilo de viande crue renfermait encore dans son estomac, au bout de 6 heures de digestion, 600 grammes de cet aliment. Colin ajoute que, lorsque le porc mange de très grandes quantités de viande, il les digère fort mal et en tire peu de profit.

Dans l'alimentation par l'avoine, le travail digestif de l'estomac du porc suivrait, d'après Ellenberger et Hofmeister, la marche que voici : 3 heures après l'ingestion du repas,

50 p. 100 des principes albuminoïdes, et 40 p. 100 des hydrates de carbone ont disparu
de l'estomac; cette disparition augmente progressivement jusqu'à la fin de la digestion
en passant par les chiffres suivants : 61, 63, 65 et 70 p. 100 pour les albumines; et 42,
46, 51 et 65 p. 100 pour les hydrates de carbone.

Sur l'activité de la digestion gastrique chez le rat, nous ne possédons d'autres données que celles que nous fournissent les expériences de Colin. Six rats albinos, à jeun
depuis vingt-quatre heures, reçoivent chacun 5 grammes de viande crue ou de pain. Ces
animaux sont ensuite sacrifiés à divers moments de la digestion, pour voir la quantité
d'aliment qu'ils renferment encore dans leur estomac. Le tableau suivant montre que
sept heures de digestion ne suffisent pas au rat pour digérer ce qu'il prend en un repas :

POIDS DE L'ANIMAL.	DURÉE DE LA DIGESTION.	NATURE DE L'ALIMENT.	QUANTITÉ INGÉRÉE.	QUANTITÉ RESTANTE.
grammes.	heures.		grammes.	grammes.
195	3	Viande crue.	5	5,1
265	3	Pain.	5	5,5
150	4	Pain.	4	2,5
260	5	Viande crue.	5	1,2
175	6	Viande crue.	5	3,3
225	7	Viande crue.	5	2,8

L'estomac de l'homme se comporte pendant la digestion à peu près de même que
l'estomac du porc. Dans l'alimentation mixte, on trouve dans le contenu stomacal de
l'homme tous les produits de digestion des hydrates de carbone et des albumines, et en
outre un peu d'acide lactique, surtout pendant les premières heures de la digestion. Dans
l'alimentation azotée, exempte d'acide lactique, on n'y rencontre guère que des albumines et des peptones. S'il existe une différence quelconque entre la digestion gastrique
de l'homme et la digestion gastrique du porc, ce ne peut être qu'une différence d'activité. D'après Ch. Richet, ce processus ne durerait chez l'homme que quatre ou cinq heures,
alors que chez le porc il semble être beaucoup plus long.

Nos connaissances sur la digestion gastrique des Mammifères à *estomac multiple*
sont des plus limitées. Si l'on excepte les Ruminants, chez lesquels on a pu faire quelques
observations intéressantes sur le mécanisme de cette fonction, nous ignorons complètement la manière dont se réalise le travail digestif chez les autres espèces de Mammifères
qui possèdent aussi un estomac composé (voir plus haut page 594).

Chez les Ruminants, la digestion gastrique comprend une série d'opérations qui
s'effectuent tantôt simultanément, tantôt d'une manière successive dans les diverses
cavités qui forment l'estomac de ces animaux.

La *panse* travaille essentiellement à la rumination des aliments, mais elle envoie
aussi directement ces substances dans le *feuillet*, d'où elles passent plus tard dans la
caillette pour y être finalement digérées. Pendant leur séjour dans la panse, les aliments
sont agités et mélangés avec les liquides que l'animal ingère (eau et salive) grâce aux
contractions qui animent les parois de cette cavité. On a prétendu même, en raison des
papilles rugueuses qui recouvrent la surface interne de la panse, que cet organe pouvait
aller jusqu'à exercer une trituration énergique sur les aliments. Cette opinion semble
être exagérée.

D'après Ellenberger et Hofmeister, les aliments qui séjournent dans la panse deviennent aptes, par suite de la macération qu'ils y éprouvent au contact de la salive, à subir
une série d'actions fermentatives. Ces processus sont de trois sortes : 1° une fermentation
des hydrates de carbone (amidon, cellulose) provoquée par les microrganismes de l'air,
par le ferment de la salive et par des diastases saccharifiantes, renfermées dans les aliments eux-mêmes; 2° un dédoublement des albumines, déterminé principalement par
les microbes de la putréfaction, et peut-être aussi par des ferments protéolytiques spéciaux contenus dans les aliments; 3° plusieurs fermentations d'origine microbienne donnant lieu à la production des gaz.

Le rôle du *réseau* dans la digestion stomacale des Ruminants ne diffère pas beaucoup de celui de la panse. Ces deux cavités communiquent d'ailleurs entre elles par une large ouverture, de sorte que leur contenu se mélange constamment pendant la digestion. Quoique le réseau reçoive directement presque tous les aliments que l'animal avale, cet organe ne conserve qu'une partie de ces substances. Lorsqu'il est rempli, il laisse déborder son trop-plein, d'un côté dans la panse et de l'autre côté dans le feuillet. De préférence il ne garde que les liquides qui arrivent avec les aliments ou les substances qui sont très fluidifiées. Puis il chasse par des contractions énergiques les liquides, tantôt vers l'infundibulum de l'œsophage pour délayer les matières renvoyées à la bouche, tantôt directement dans le feuillet. Quant aux phénomènes chimiques qui se passent dans le réseau, ils sont identiques à ceux que nous avons décrits dans la panse.

Le *feuillet* est un organe intermédiaire entre le réseau et la caillette, et dont le but semble être de régler le travail digestif de cette dernière cavité, en lui fournissant la quantité d'aliment qu'elle peut digérer dans un temps donné.

Par suite de l'étroitesse et de la contractilité de ses orifices supérieurs et inférieurs, le feuillet ne reçoit du réseau et ne chasse dans la caillette que les substances qui ont déjà subi une division extrême ou qui se trouvent à demi fluidifiées. Grâce à la structure particulière de sa muqueuse, dont toute la surface se trouve recouverte de plis nombreux, le feuillet exerce une action mécanique évidente sur la masse alimentaire. Il fait, comme le disaient Peyer et Duvernoy, l'office d'un pressoir qui exprime dans la caillette les parties liquides des aliments, et en retient les parties solides. Peut-être les grosses papilles cornées de sa muqueuse, dans l'épaisseur desquelles on découvre quelques faisceaux musculaires, contribuent elles aussi à la trituration des matières alimentaires qui ont échappé à la double mastication, et qui n'ont pas été suffisamment ramollies pendant leur séjour dans la panse et dans le réseau. En tout cas, l'action compressive que le feuillet exerce sur la masse alimentaire se manifeste par le dessèchement que subissent les substances alimentaires dans cette cavité. Ce dessèchement ne peut être attribué qu'à une expulsion des liquides dans la caillette; car la muqueuse du feuillet ne doit posséder, en raison de son épithélium très épais, aucune propriété absorbante. La masse alimentaire, qui contenait jusqu'à 85 p. 100 d'eau, dans la panse et dans le réseau, n'en renfermerait dans le feuillet que 60 à 70 p. 100, d'après Ellenberger et Hofmeister. Chez les animaux qui ont souffert longtemps de la soif, ce dessèchement est porté à un tel degré que les aliments arrivent à former entre les lames muqueuses du feuillet des tablettes extrêmement dures (Colin). Ces phénomènes provoquent l'obstruction du feuillet, et l'animal en meurt très souvent.

Tiedemann et Gmelin avaient constaté que le contenu alimentaire du feuillet présentait une réaction acide. De ce fait ils tirèrent la conclusion que le suc gastrique se produisait aussi dans cet organe. Toutefois il semble bien démontré que le feuillet ne possède pas de glandes peptiques, et que les phénomènes chimiques qui se passent dans sa cavité ne sont que la suite des transformations que les aliments ont commencé à subir dans la panse et dans le réseau. D'autre part, il n'est pas impossible que le suc gastrique de la caillette reflue dans le feuillet. A ce propos, nous ferons remarquer que, chez le lama et le chameau, le feuillet, dont les lames sont réduites à l'état d'étroits replis longitudinaux, forme un cylindre sans démarcation appréciable avec la *caillette*.

C'est dans ce dernier organe, dont le fonctionnement rappelle tout à fait celui de l'estomac simple des autres Mammifères, que se réalisent les opérations chimiques les plus importantes de la digestion gastrique des Ruminants. La caillette reçoit les aliments dans deux conditions différentes : 1° pendant les périodes de rumination ; 2° dans les intervalles des repas, et indépendamment de tout travail mérycique. En effet, ainsi que l'a démontré Colin, si l'on donne de l'avoine ou des tourteaux de graines oléagineuses à un taureau ou à une vache portant une fistule au canal thoracique, on voit, quelques heures après le repas, et avant que l'animal ait ruminé, le chyle prendre la teinte opaline indiquant l'arrivée des aliments gras dans l'intestin grêle, et par conséquent dans le quatrième estomac.

Les substances alimentaires restent très peu de temps dans la caillette; mais, en raison de l'étroitesse et de la contractilité de l'orifice pylorique, ces substances ne passent dans l'intestin que par petites portions, et très lentement. Le pylore des ruminants est, en effet, doué d'un sphincter très puissant, et il semble se comporter vis-à-vis des matières alimentaires de la même façon que le pylore des mammifères carnivores. Ainsi que Réaumur et Spallanzani l'ont remarqué depuis longtemps, les corps de petit volume peuvent seuls pénétrer dans l'intestin des ruminants, lorsqu'on les fait ingérer par les voies normales de l'appareil digestif.

Pendant leur séjour dans la caillette, les substances alimentaires subissent, au contact du suc gastrique, une transformation très active. Dans les premières phases de la digestion, on trouve encore les traces d'une fermentation amylolytique, suivie quelquefois d'une fermentation lactique; mais bientôt ces processus font place à une fermentation protéolytique qui est intense. La caillette digère bien toutes les substances protéiques. En Islande, on nourrit les vaches avec la chair des poissons desséchés, et Colin a vu, en alimentant un bouc pendant huit jours avec des muscles cuits, que cet animal conservait une santé excellente. D'après cet auteur, la digestion de la viande commencerait déjà dans les premières cavités de l'estomac.

C) **Digestibilité des aliments dans l'estomac.** — L'estomac semble être fait essentiellement en vue de la digestion des albuminoïdes. Si l'on excepte quelques espèces protéiques qui sont difficilement attaquables par le suc gastrique, comme, par exemple, l'osséine, la cartilagéine, la kératine, la nucléine, la mucine, etc., toutes les autres substances de ce groupe se digèrent rapidement dans ce liquide.

Au contraire, les hydrates de carbone et les graisses échappent complètement à l'action digestive propre du suc gastrique. Toutes les transformations que ces substances subissent dans la cavité stomacale sont dues à des influences étrangères. La salive est l'agent qui provoque le dédoublement des hydrates de carbone, pendant que ces substances séjournent dans la région du fond de l'estomac. Cette transformation cesse, aussitôt que les aliments pénètrent dans la région pylorique, où ils sont intimement mélangés avec le suc gastrique.

Les expériences de Contejean montrent, d'autre part, que le dédoublement des graisses dans l'estomac peut être déterminé par le reflux dans cette cavité du ferment saponifiant du suc pancréatique. Ce ferment pourrait en effet développer son activité même dans un milieu acide comme celui de l'estomac. En tout cas, Contejean a vu, contrairement aux observations de Marcet, de Cash, d'Ogata, de Klemperer, de Scheurlen et de Marpmann, que le suc gastrique agissant dans un milieu antiseptique est incapable de provoquer par lui-même le dédoublement des graisses. Les résultats positifs obtenus par les auteurs précédents doivent être attribués, d'après Contejean, à des influences microbiennes.

Les données que nous possédons sur la digestibilité des aliments mixtes dans l'estomac sont moins précises. Il semble, tout d'abord, qu'une même substance alimentaire se comporte différemment dans l'estomac suivant l'animal considéré. Ainsi, le cheval par exemple, qui digère très bien l'herbe et le foin, ne digère que très difficilement la viande. L'inverse se produirait chez le chien.

Même si l'on s'adresse à une seule espèce animale, la digestibilité des aliments peut être encore très variable, car on sait que l'estomac de chaque individu présente des aptitudes digestives particulières, en rapport avec le genre d'alimentation auquel l'individu est soumis. D'autre part, il faut tenir compte de ce fait que les substances alimentaires possèdent, en dehors de leur degré plus ou moins grand de solubilité dans les liquides digestifs, la propriété de modifier dans un sens favorable ou défavorable les diverses fonctions de l'estomac; de sorte qu'il peut se faire que deux substances, jouissant de la même digestibilité au point de vue chimique pur, aillent cependant se comporter d'une façon tout à fait différente, une fois qu'elles se trouvent l'une et l'autre en présence dans le milieu gastrique.

Ces quelques réflexions permettent de comprendre combien il est difficile d'établir un classement absolu des substances alimentaires d'après leur degré de digestibilité. Nous devons toutefois rapporter ici les principales recherches qui ont été faites dans ce sens.

Beaumont, Ch. Richet et Penzoldt ont vu, en opérant sur l'homme, que les diverses substances alimentaires ne séjournent pas le même temps dans l'estomac.

ESTOMAC.

Durée de séjour des aliments dans l'estomac.
(D'après Beaumont et Ch. Richet.)

NATURE DES ALIMENTS.	TEMPS DE SÉJOUR DES ALIMENTS DANS L'ESTOMAC.	
	BEAUMONT.	CH. RICHET.
	heures.	
Eau-de-vie.	»	30 à 40 minutes.
Lait.	2	30 à 60 minutes.
Pieds de porc cuits.	1	»
Riz cuit.	1	»
Pommes de terre frites	»	1 h., 2 h. 1/4, 2 h. 1/2, 3 h.
Œufs battus.	1 1/2	»
Potage d'orge.	1 1/2	»
Truites, saumon cuit.	1 1/2	»
Pommes mûres crues.	1 1/2	»
Cervelle de veau bouillie	1 3/4	»
Sagou.	1 3/4	1 h. 3/4, 2 h., 4 h.
Épinards cuits.	»	1 h. 3/4, 2 h. 1/2, 3 h. 1/4.
Nouilles au gras.	»	»
Pain grillé.	2	2 h., 2 h. 3/4, 3 h. 1/4.
Riz au gras.	»	2 h.
Fèves cuites.	2 1/2	2 h. 1/2.
Pommes de terre cuites.	2 1/2	2 h. 1/2, 2 h. 3/4.
Choux-fleurs au gras.	»	2 h. 1/2, 3 h. 3/4.
Macaroni au gras.	3	»
Œufs cuits.	3	»
Mouton rôti.	3	»
Beefsteak.	3	»
Jambon cuit.	3	»
Bœuf maigre grillé.	3	»
Poisson bouilli.	3	»
Viande de porc rôtie.	3	»
Volaille rôtie.	3	»
Bœuf rôti	3	»
Veau rôti.	3	»

Durée de séjour des aliments dans l'estomac.
(D'après Penzoldt.)

De 1 à 2 heures.

100 à 200 grammes d'eau pure.
220 grammes d'eau chargée d'acide carbonique.
200   —   de thé.
200   —   de café.
200   —   de bière.
200   —   de cacao.
200   —   de vin léger.
100 à 200 grammes de lait bouilli.
200 grammes de bouillon.
100   —   d'œufs clairs.

De 2 à 3 heures.

200 grammes de café avec crème.
200   —   de cacao avec lait.
200   —   de malaga.
300 à 500 grammes de bière.
300 à 500   —   de lait bouilli.
100 grammes d'œufs crus ou brouillés.
100   —   de saucisson de bœuf cru.
250   —   de cervelle de veau bouillie.

250 grammes de ris de veau.
72   —   d'huîtres crues.
200   —   de carpe bouillie.
200   —   de brochet bouilli.
200   —   d'aigrefin bouilli.
200   —   de morue bouillie.
150   —   de choux-fleurs bouillis.
150   —   d'asperges bouillies.
150   —   de pommes de terre au sel.
150   —   de purée de pommes de terre.
150   —   de compote de cerise.
150   —   de cerises crues.
70   —   de pain blanc frais ou rassis, sec
              ou avec du thé.
70 grammes de zwieback frais ou rassis, sec
              ou avec du thé.
70 grammes de brechtelles.
50   —   de biscuits Albert.

De 3 à 4 heures.

230 grammes de jeune poulet bouilli.
230   —   de perdreau rôti.

220 à 260 grammes de pigeon bouilli.
195 grammes de pigeon rôti.
250 — de bœuf cru ou cuit.
250 — de pied de veau bouilli.
160 — de jambon cuit.
160 — de jambon cru.
100 — de veau rôti, chaud ou froid.
100 — de beefsteak rôti, chaud ou froid.
100 — d'entrecôtes rôties.
200 — de saumon bouilli.
72 — de caviar salé.
200 — de hareng mariné ou fumé.
150 — de pain noir.
150 — de pain grillé.
150 — de pain blanc.
100 à 150 grammes de biscuits Albert.
150 grammes de carottes.
150 — de riz bouilli.
150 — de chou-rave bouilli.
150 — d'épinards bouillis.

150 grammes de salade de concombre.
150 — de radis crus.
150 — de pommes.

De 4 à 5 heures.

210 grammes de pigeon rôti.
250 — de filet de bœuf rôti.
250 — de beefsteak rôti.
250 — de langue de bœuf fumée.
100 — de tranche de viande fumée.
250 — de lièvre rôti.
240 — de perdreaux rôtis.
250 — d'oie rôtie.
280 — de canard rôti.
200 — de harengs salés.
150 — de lentilles en purée.
200 — de purée de pois.
150 — de haricots verts bouillis.

Ces résultats sont intéressants; mais ils ne nous donnent pas la mesure exacte du degré de digestibilité des aliments dans l'estomac, car ces substances peuvent franchir le pylore avant même d'être transformées par le suc gastrique. S'il en était autrement, on ne comprendrait pas que certains aliments d'origine végétale, qui ne sont certainement pas attaqués par le suc gastrique, comme par exemple les pommes de terre, passent dans l'intestin beaucoup plus rapidement que la viande.

COLIN a aussi cherché à connaître le degré de digestibilité de certaines substances alimentaires dans l'estomac du chien, en dosant le résidu que ces substances laissent dans la cavité gastrique au bout de quelques heures de digestion. Il est arrivé aux résultats suivants, dans ses *Expériences sur la digestibilité de divers tissus animaux.*

DURÉE DE LA DIGESTION (heures).	QUANTITÉ DONNÉE DU SUC GASTRIQUE.	PERTE ÉPROUVÉE PAR																
		MUSCLE.		FOIE.		REIN.		RATE.		PAROTIDE.		POUMONS.		TISSU adipeux.		TISSU jaune.		CARTILAGES.	
		Absolue.	En centièmes.	Absolue.	En centièmes.	Absolue.	En centièmes.	Absolue.	En centièmes.	Absolue.	En centièmes.	Absolue.	En centièmes.	Absolue.	En centièmes.	Absolue.	En centièmes.	Absolue.	En centièmes.
	gr.	gr.	gr.	gr.	gr.	gr.	gr.	gr.	gr.	gr.	gr.	gr.	gr.	gr.	gr.	gr.	gr.	gr.	gr.
4	25	1	4	2	8	19	76	10	40	5	20	17	68	17	68	0	0	»	»
5	25	2	8	10	40	18	72	»	»	6	24	9	36	25	38	2	8	»	»
6	50	20	40	37	74	26	52	50	100	48	96	19	38	42	84	1	18	13	26
7	50	15	30	9	18	6	12	18	36	38	76	11	22	39	78	18	36	14	28
8	100	65	65	41	41	69	69	97	97	97	97	27	27	100	100	28	28	33	33
10	100	74	74	66	66	66	66	»	»	»	»	»	»	»	»	36	36	»	»
12	50	100	100	100	100	100	100	100	100	100	100	100	100	100	100	100	100	100	100
14	50	100	100	100	100	100	100	100	100	100	100	100	100	100	100	43	86	43	90
20	25	100	100	100	100	100	100	100	100	100	100	100	100	100	100	19	76	13	52

COLIN a fait encore sur le chien des expériences du même ordre pour savoir la digestibilité de chacune des substances animales précédentes à l'état cru et à l'état cuit. Il a observé, contrairement à ce qu'avaient soutenu COOPER et CL. BERNARD, que la viande cuite se digère plus difficilement que la viande crue. Le foie, les reins et les autres tissus albumineux deviennent aussi plus réfractaires à l'action digestive de l'estomac après une cuisson prolongée. Mais COLIN ajoute que, dans beaucoup de cas, il est difficile d'apprécier le degré de digestibilité de ces substances; car il ne suffit pas de tenir compte du temps que met un aliment à se convertir en une masse pulpeuse et à passer dans l'intestin : il faudrait encore pouvoir juger de la proportion des matières qui ont été dissoutes et transformées, et de celles qui n'ont été que divisées.

On voit donc que Colin adresse à son procédé le même reproche que nous avons adressé aux méthodes précédentes. Cette imperfection des méthodes est encore une des causes qui explique l'incertitude qui règne sur cette question.

D) **Examen du contenu stomacal.** — *a)* **Examen chimique.** — La composition chimique du milieu stomacal varie suivant de multiples conditions. Voici les plus importantes : 1° la nature des aliments ingérés; 2° le moment de la digestion; 3° l'espèce d'animal qu'on considère.

1° *Acides du contenu stomacal.* — La réaction du contenu stomacal ne devient *uniformément* acide qu'après plusieurs heures de digestion. Au début de cet acte, seules les couches superficielles du contenu gastrique sont acides, surtout dans la région du fond de l'estomac, où se produit la sécrétion la plus abondante de suc gastrique. Quelque temps après, lorsque les mouvements de l'estomac commencent, la masse alimentaire qui se trouve dans la région pylorique est intimement mélangée avec le suc gastrique, et la réaction en cet endroit devient uniformément acide. Pendant ce temps les aliments qui sont encore emmagasinés dans la région du fond et dans la région cardiaque sans y subir la moindre agitation, se laissent, par diffusion, pénétrer par l'acide du suc gastrique; mais cette diffusion est tellement lente que, même après une ou deux heures de digestion, les couches centrales du contenu stomacal, dans ces régions et spécialement dans la région cardiaque, présentent encore une réaction neutre ou alcaline (Cannon). Enfin, au fur et à mesure que le travail digestif avance, le suc gastrique arrive à se mettre en contact avec tous les points de la masse alimentaire, et celle-ci acquiert dans toute son épaisseur une réaction franchement acide. L'intensité de cette réaction augmente progressivement pendant les premières heures de la digestion, pour atteindre un optimum vers la troisième ou la quatrième heure de cet acte.

Les corps qui communiquent leur réaction acide au milieu stomacal sont, par ordre d'importance, *l'acide chlorhydrique, l'acide lactique, les phosphates acides,* et plusieurs acides de la série grasse (*acides acétique, formique, butyrique,* etc.).

L'acide chlorhydrique provient exclusivement de la sécrétion glandulaire. Il se trouve dans le milieu stomacal sous deux formes différentes : à *l'état de combinaison* avec les principes protéiques et à *l'état libre.* De ces deux fractions d'acide, la première est à tous les points de vue la plus importante (voir plus haut page 633).

L'acide lactique n'est pas un produit de sécrétion. Il prend naissance dans le milieu stomacal sous l'influence d'une fermentation microbienne qui se développe aux dépens des hydrates de carbone et spécialement du glucose. D'autre part, l'acide lactique peut aussi avoir une origine alimentaire. En effet, certaines substances, comme le lait, le foie et la viande, en renferment, assez souvent, des quantités plus ou moins considérables.

Les phosphates acides sont sécrétés par la muqueuse gastrique, mais dans des proportions tellement faibles qu'on peut dire que ces sels ne jouent aucun rôle actif dans la réaction du milieu stomacal.

Quant aux acides gras, ils n'offrent pas beaucoup d'intérêt. Ces acides sont toujours produits par des actions microbiennes, et ils n'apparaissent dans le milieu stomacal que dans des conditions anormales.

Disons, pour terminer, qu'à côté de ces acides on peut aussi trouver incidemment dans le milieu stomacal plusieurs autres acides d'origine alimentaire, tels que l'acide oxalique, l'acide citrique, l'acide tartrique, l'acide malique, l'acide tannique, etc.

2° *Ferments solubles du contenu stomacal.* — Les ferments solubles qu'on trouve dans le milieu stomacal proviennent des sources suivantes : 1° de la salive ; 2° des aliments; 3° du suc gastrique, et 4° des sucs intestinal et pancréatique qui peuvent refluer de temps à autre dans la cavité gastrique pendant la digestion.

La salive fournit au milieu stomacal un ferment amylolytique. Certains aliments apportent aussi dans ce milieu un ferment amylolytique et un ferment peptonisant. D'après Ellenberger et Hofmeister, l'avoine renfermerait dans sa composition ces deux espèces de ferment. Nous savons, d'autre part, grâce aux travaux de Brucke et de Kühne, que presque tous les tissus d'origine animale renferment de la pepsine. D'autres ferments, comme par exemple les diastases oxydantes, se trouvent aussi très répandus dans les substances végétales et animales qui forment la base de notre alimentation. Toutefois ces divers ferments, en dehors de celui qui provient de la salive, ne semblent pas prendre une part importante aux opérations chimiques qui se passent dans le milieu stomacal. Les uns y sont détruits par l'acide du suc gastrique, et ceux qui restent dans ce milieu ne s'y trouvent pas en quantité suffisante pour imprimer un caractère quelconque à la marche des processus digestifs.

Les seuls ferments qui interviennent d'une façon efficace dans la digestion stomacale sont les ferments du suc gastrique, la pepsine et le labferment. En dehors de ces enzymes, le ferment saponifiant du suc pancréatique et le ferment inversif du suc intestinal peuvent aussi exercer leur action; mais tous les autres ferments se détruisent rapidement aussitôt qu'ils sont en présence du suc gastrique.

3° *Principes albuminoïdes du contenu stomacal.* — Parmi les substances albuminoïdes qui font partie de la composition chimique du milieu stomacal, il en est qui deviennent rapidement solubles dans le suc gastrique, et d'autres qui sont plus ou moins réfractaires à l'action dissolvante de ce liquide. Les premières de ces substances forment, en se dissolvant, des syntonines, des protéoses et des peptones. Quant aux secondes, elles restent à l'état insoluble dans l'estomac, et passent en cet état dans la cavité intestinale. Parmi ces dernières substances nous citerons entre autres, l'osséine, la kératine, la cartilagéine, la nucléine, l'hématine et la mucine. Il existe encore d'autres principes albuminoïdes qui, tout en n'étant pas réfractaires à l'action du suc gastrique, passent dans l'intestin à l'état insoluble. La cause de l'insolubilité de ces substances tient à la manière dont elles sont protégées contre l'action du suc gastrique. Tel est, par exemple, le cas de certaines albumines végétales et animales.

Les produits de dissolution des albumines n'apparaissent dans le milieu stomacal que quelque temps après le commencement de la digestion. La proportion de ces produits augmente dans les liquides de l'estomac jusqu'à la deuxième ou la troisième heure de l'acte digestif; mais, à partir de ce moment, ils ne semblent pas subir de variation quantitative sensible, de sorte qu'il est à supposer qu'ils passent dans l'intestin au fur et à mesure de leur formation. C'est là du moins l'opinion de Schmidt-Mülheim. Ajoutons que la proportion des albuminoïdes solubles que l'on trouve dans le milieu stomacal est plus forte chez les animaux carnivores que chez les animaux herbivores.

4° *Hydrates de carbone du contenu stomacal.* — Ces corps se trouvent aussi en deux états dans le milieu stomacal, à l'*état insoluble* et à *état soluble*. Les matières amylacées qui arrivent dans l'estomac avec les aliments subissent encore pendant quelque temps l'action hydrolytique de la salive, mais il est rare que toutes ces matières soient transformées pendant la digestion gastrique, à moins qu'elles n'aient été ingérées en très petite quantité. D'une manière générale, le contenu stomacal renferme, à la suite d'un repas formé en partie de féculents, des grains d'amidon insolubles et des corps parfaitement solubles, résultant du dédoublement hydrolytique de l'amidon (dextrine, amylodextrine, érythodextrine, achrodextrine, maltodextrine, maltose et dextrose). Quelques-uns de ces corps existent déjà dans le milieu stomacal au début de la digestion; car ils commencent à se former pendant la mastication. Toutefois la proportion en augmente dans la masse alimentaire pendant les premières heures de la digestion gastrique, ce qui prouve qu'ils continuent à se former dans l'estomac. Chez les animaux carnivores, le contenu stomacal ne renferme que de très petites quantités d'hydrates de carbone solubles ou insolubles. Il en est de même chez les animaux omnivores qui sont soumis à une alimentation exclusivement formée de viande.

5° *Graisses du contenu stomacal.* — Si l'on excepte une petite partie des principes gras des aliments qui peut être dédoublée dans l'estomac sous l'influence du ferment saponifiant du suc pancréatique ou par l'intervention insolite de quelques espèces microbiennes, toutes les autres substances de ce groupe restent dans le milieu stomacal, à l'état où elles étaient avant leur ingestion. Néanmoins les graisses peuvent subir des modifications physiques. Les graisses solides qui fondent à la température du corps se répandent, dès qu'elles arrivent dans l'estomac, en une multitude de gouttelettes qui restent à la surface de la masse alimentaire. Celles dont le point de fusion est plus élevé ne changent pas d'état, mais elles peuvent être plus ou moins fractionnées ou divisées par les mouvements de l'estomac. Enfin les graisses liquides n'éprouvent aucune modification.

6° *Eau et sels du contenu stomacal.* — La concentration saline du milieu stomacal tend toujours à se rapprocher de la concentration moléculaire du plasma sanguin (WINTER). Lorsque les aliments ingérés renferment une forte proportion de sels, l'estomac répond par une sécrétion abondante d'eau, qui abaisse rapidement le degré de tension osmotique des liquides digestifs. Au contraire, si les aliments sont trop dilués, le suc sécrété par l'estomac est plus concentré, et l'eau qui se trouve en excès ne tarde pas à être éliminée ou absorbée.

7° *Autres substances du contenu stomacal.* — En dehors des corps que nous venons d'étudier, le contenu stomacal renferme encore normalement une certaine quantité de mucus, provenant, d'une part, de la sécrétion gastrique elle-même, et, d'autre part, de la salive ingérée avec les aliments. Sur beaucoup de sujets, l'estomac contient aussi, à l'état normal, des quantités plus ou moins grandes de bile. Enfin, dans quelques maladies de l'estomac, de la bouche et de l'œsophage, on peut trouver du sang ou du pus.

b) **Gaz du contenu stomacal.** — α) *Analyse des gaz de l'estomac.* — La présence des gaz dans la cavité stomacale est un phénomène absolument constant et physiologique. Néanmoins, dans certains cas, ce phénomène peut revêtir tous les caractères d'un trouble pathologique. Il en est ainsi lorsque la production des gaz dans l'estomac devient très exagérée, ou lorsque certains corps, que nous indiquerons tout à l'heure, font leur apparition dans la cavité gastrique.

La plupart des analyses que nous possédons sur les gaz de l'estomac, ont été faites après la mort, EWALD et RUPSTEIN ont cherché à connaître la composition chimique de ces gaz pendant la vie, en dosant les gaz des éructations chez l'homme; mais il est facile de concevoir que cette méthode ne saurait pas donner des résultats bien exacts. HOPPE SEYLER a proposé dans ces derniers temps un nouveau procédé qui permet de recueillir les gaz de l'estomac, dans des conditions plus rigoureuses que les précédentes : un flacon de WOLFF, pourvu de trois tubulures, se trouve relié par une de ses tubulures latérales avec une sonde stomacale et par l'autre avec un tube de caoutchouc portant à son extrémité libre un entonnoir. La tubulure centrale de ce flacon donne passage à un tube de verre qui descend jusqu'au fond du flacon et qui sert à l'extraction des gaz qui s'accumulent en cet endroit. Le flacon et la sonde sont remplis d'eau par l'entonnoir, lorsqu'on procède à l'expérience. On retourne alors le flacon un peu au-dessus de la bouche du patient et on introduit la sonde dans l'estomac. A ce moment on abaisse l'entonnoir, de façon à faire un vide dans le fond du flacon. Immédiatement après cette manœuvre, on voit les matières contenues dans l'estomac commencer à passer dans le flacon. Parmi ces matières, se trouvent des bulles gazeuses qui se rassemblent au fond du flacon. Lorsqu'on en a recueilli suffisamment, on les transvase par la tubulure centrale du flacon dans une burette graduée, et on en fait l'analyse.

Quoique ce procédé ait été destiné essentiellement à l'analyse des gaz de l'estomac chez l'homme, la plupart des cliniciens ne l'emploient pas, considérant qu'il est peu pratique. Ces auteurs ne s'intéressent d'ailleurs qu'à une partie des gaz qui se trouvent dans l'estomac, ceux qui résultent des processus fermentatifs. Ils préfèrent faire ce qu'ils appellent *la preuve de la fermentation*, qui consiste à mettre à l'étuve une partie du contenu stomacal, et à voir les gaz que ces matériaux forment après plusieurs heures de fermentation. KÜHNE prétend même qu'il n'y a pas de différences sensibles, soit quantitatives, soit qualitatives, entre les gaz que le contenu stomacal peut produire *in vivo* et *in vitro*.

Voici maintenant le résultat des analyses qui ont été faites sur la totalité des gaz qu'on trouve dans l'estomac de divers animaux et dans des conditions très variées (Voir tableaux, page 827).

On voit par ces tableaux que la composition chimique des gaz de l'estomac varie considérablement d'un animal à l'autre, et qu'elle est aussi très différente pour chaque genre d'alimentation. D'une manière générale, ce sont l'azote et l'acide carbonique qu'on trouve le plus constamment et le plus abondamment dans l'estomac. Viennent ensuite l'oxygène et l'hydrogène; mais l'oxygène manque dans l'estomac des Ruminants, et l'hydrogène dans l'estomac du chien. Quant à l'hydrogène sulfuré, le formène et l'éthylène, ils doivent être considérés comme des produits anormaux, excepté peut-être chez quelques espèces animales.

Gaz de l'estomac de divers animaux.

GAZ.	PLANER.		LEURET ET LASSAIGNE.	TAPPEINER.					
	Chien nourri de viande.	Chien nourri de légumes.	Chien nourri de viande.	Porc nourri de choux.	Porc nourri de lait et de viande.	Cheval.	Cheval.	Lapin nourri de pois.	Oie nourrie d'avoine et d'orge.
CO_2 . . .	25,2	32,9	43,0	53,8	42,4	75,2	67,73	16,6	16,6
O. . . .	6,1	0,8	0,0	2,3	5,4	0,23	0,0	1,3	1,3
Az. . . .	68,7	66,3	34,0	17,5	40,1	9,99	19,54	76,2	76,2
H. . . .	0,0	0,0	0,0	25,2	12,2	14,56	12,66	2,1	2,1
CH_4 . .	0,0	0,0	20,0	1,4	0,0	0,0	0,0	3,8	3,8
H_2S . . .	0,0	0,0	2,04	0,0	0,0	0,0	0,0	0,0	0,0

Gaz de l'estomac des Ruminants.
(D'après TAPPEINER).

GAZ.	VACHE NOURRIE de foin.	CHÈVRE NOURRIE de foin et d'avoine.	CHÈVRE NOURRIE de foin et d'avoine.	CHÈVRE NOURRIE de foin et d'avoine.	MOUTON.
CO_2.	65,27	58,57	61,55	64,8	45,16
H_2S.					
H.	0,19	0,13	3,56	0,6	4,69
CH_4.	30,55	30,99	30,74	32,0	34,24
Az.	3,99	10,57	4,0	1,9	15,20
O.	0,0	0,0	0,0	0,0	0,0

Ces analyses se rapportent aux gaz des deux premières cavités de l'estomac des Ruminants. Le troisième et le quatrième estomac de ces animaux ne renferment que très peu de gaz.

Gaz de l'estomac de l'homme, d'après divers auteurs.

GAZ.	CHEVREUL ET MAGENDIE.	PLANER.	PLANER.	EWALD ET RUPSTEIN.	EWALD ET RUPSTEIN.
CO_2	14,0	20,79	33,83	11,40	20,57
H	3,55	6,71	27,58	21,51	20,57
Az.	71,45	72,50	38,22	46,44	41,32
O	11,0	0,0	0,37	11,41	6,52
CH_4	0,0	0,0	0,0	2,71	10,75
C_2H_4	0,0	0,0	0,0	0,0	0,2
H_2S	0,0	0,0	0,0	0,0	0,0
OBSERVATIONS. . .	Gaz d'un supplicié.	Gaz des cadavres maintenus à basses températures.	Gaz des cadavres maintenus à basses températures.	Gaz des éructations. Inflammables.	Gaz des éructations. Inflammables.

β) *Origine et mode de formation du gaz de l'estomac.* — Les gaz de l'estomac peuvent provenir des sources suivantes : 1° de l'air dégluti ; 2° des aliments ; 3° de l'estomac; 4° de l'intestin.

L'oxygène du contenu stomacal est essentiellement constitué par l'oxygène de l'air. Une petite partie seulement de ce gaz peut provenir de l'eau de boisson ou de la salive; mais aucun des processus chimiques qui se passent dans la cavité stomacale ne met jamais en liberté de l'oxygène.

Nous pourrions dire la même chose sur l'origine de l'azote stomacal; toutefois il existe quelques processus fermentatifs qui peuvent se développer dans le milieu stomacal, et qui dégagent une certaine quantité d'azote. Telle est, par exemple, la décomposition des nitrates par le *Bacillus coli communis*, et la putréfaction des matières albuminoïdes.

D'après Schierbeck, la plus grande partie de l'acide carbonique que l'on trouve dans l'estomac est sécrétée, par l'estomac lui-même. Lorsqu'on mesure la tension de ce gaz dans la cavité gastrique, on constate que cette tension n'est à aucun moment nulle. Dans l'estomac à jeun, elle peut descendre de 50 millimètres à quelques millimètres, mais elle y a toujours une certaine valeur. Aussitôt après l'ingestion des aliments, la tension de l'acide carbonique dans l'estomac croît rapidement pour atteindre un maximum de 130 à 140 millimètres vers la deuxième ou la troisième heure de la digestion. A partir de ce moment, elle reste stationnaire pendant une ou deux heures; puis elle décroît lentement. La forme de cette courbe ne change guère d'aspect dans les diverses alimentations (eau, viande, hydrates de carbone). Elle est absolument la même, si on lave l'estomac à plusieurs reprises pour éviter toute fermentation, et si on obture le pylore pour empêcher le reflux dans l'estomac des gaz de l'intestin. Comme cette courbe ressemble extraordinairement à la courbe de sécrétion de l'acide chlorhydrique, Schierbeck n'hésite pas à conclure que l'acide carbonique de l'estomac est un produit de sécrétion de la muqueuse gastrique.

Sans contredire les idées de cet auteur, nous sommes obligés de reconnaître que l'acide carbonique peut aussi prendre naissance dans les fermentations qui se développent aux dépens des hydrates de carbone et des principes albuminoïdes du milieu stomacal. Ce gaz peut être en outre ingéré; car il fait partie de l'air et des boissons gazeuses et fermentées dont on fait très souvent usage. Enfin l'acide carbonique de l'estomac peut encore procéder de l'intestin. Quant à l'hydrogène et aux autres gaz de l'estomac, ils sont sans aucun doute des produits fermentatifs qui se forment dans l'estomac pendant la digestion ou qui procèdent des fermentations intestinales. La fermentation butyrique des hydrates de carbone donne toujours lieu à une formation plus ou moins grande d'hydrogène, ainsi que le montrent les formules suivantes :

$$C^6H^{12}O^6 = C^4H^8O^2 + CO^2 + H^4$$
Glucose.   Acide
              butyrique.

$$C^{12}H^{22}O^{11} + H^2O = 2C^4H^8O^2 + 4CO^2 + H^8$$
Lactose.   Acide
               butyrique.

$$(C^6H^{10}O^5)^x + xH^2O = xC^4H^8O^2 + 2xCO^2 + xH^4$$
Amidon   Acide
                butyrique.

D'autre part, la fermentation de la cellulose par le *Bacillus amylobacter* produit aussi de l'hydrogène, de l'acide carbonique, et en outre du méthane :

$$21(C^6H^{10}O^5)^y + 11H^2O = 26CO^2 + 10CH^4 + 6H^2 + 19C^2H^4O^2 + 13C^4H^8O^2$$
Cellulose.   Acide   Acide
                                               acétique.   butyrique.

Il est vrai que cette fermentation n'existe d'une façon normale que dans l'estomac des Ruminants. Mais on ne voit pas pourquoi elle ne se développerait pas dans l'estomac des autres animaux. On sait, en effet, que le *Bacillus amylobacter* se trouve aussi en présence de la cellulose dans la cavité gastrique de tous les animaux herbivores et omnivores sans exception. En tout cas, ce processus fermentatif est très intense dans l'intestin, et les gaz qui s'y forment alors peuvent bien refluer dans l'estomac.

Quant à l'hydrogène sulfuré, il dérive principalement de la putréfaction des matières albuminoïdes. Sa présence dans l'estomac de l'homme indiquerait presque toujours un trouble profond dans la marche de la digestion. D'après les recherches de DAUBER, la condition la plus favorable pour la production de ce gaz serait l'insuffisance motrice de l'estomac; le degré d'acidité du milieu gastrique aurait beaucoup moins d'influence sur ce phénomène; car les microbes producteurs de l'hydrogène sulfuré sont très résistants à l'action de l'acide chlorhydrique. Presque tous les microbes anaérobies peuvent mettre en liberté l'hydrogène sulfuré dans un milieu qui contient des substances riches en soufre, comme le sont les corps albuminoïdes. Parmi les espèces aérobies, 68 p. 100 seulement sont capables de provoquer cette mise en liberté.

Disons pour terminer que l'éthylène ne se trouve dans le milieu stomacal que dans des cas pathologiques très rares, et qu'il constitue alors, avec le formène et l'hydrogène, un mélange des gaz inflammables.

δ) *Sort des gaz de l'estomac.* — L'issue naturelle des gaz de l'estomac, ainsi que celle de tous les autres corps qui se trouvent dans la cavité de cet organe, ne peut être que l'intestin. Il semble cependant que, même à l'état normal, surtout chez certains individus qui en prennent l'habitude, les gaz de l'estomac peuvent franchir le cardia, en donnant lieu au phénomène que l'on connaît sous le nom d'*éructation.* D'autre part la muqueuse stomacale peut aussi absorber une certaine quantité de gaz. Ces gaz passent dans le sang et s'éliminent par le poumon (CL. BERNARD). La preuve de cette absorption a été fournie par MERING en ce qui concerne l'acide carbonique. Les autres gaz de l'estomac sont aussi absorbés en quantité plus ou moins grande par la muqueuse gastrique. Nul n'ignore que l'air expiré par des individus qui souffrent de maladies de l'estomac présente une odeur fétide désagréable. Cette odeur est certainement en rapport avec l'absorption des gaz ou d'autres corps volatils qui se forment dans l'estomac.

d) **Examen microscopique du contenu stomacal.** — Lorsqu'on regarde au microscope le contenu stomacal, on y trouve trois sortes d'éléments : 1° des débris alimentaires; 2° des éléments morphologiques provenant du tube digestif lui-même; 3° des parasites divers.

1° *Débris alimentaires.* — Dans l'alimentation carnée, les débris alimentaires du milieu stomacal sont essentiellement constitués par des fibres appartenant au tissu musculaire et aux tissus conjonctif et élastique. Les fibres musculaires perdent leur striation transversale au bout de quelques heures de digestion, tandis que les fibres des tissus conjonctif et élastique résistent très longtemps à l'action du suc gastrique et gardent pendant leur séjour dans l'estomac leurs caractères normaux. Chez les animaux qui mangent des proies toutes vivantes, le contenu stomacal renferme encore des débris du tissu osseux et épithélial et des éléments morphologiques faisant partie de la composition du sang.

Après une alimentation végétale on trouve dans le milieu stomacal un grand nombre de fibres et de cellules qui n'ont pas été attaquées par le suc gastrique. Ces éléments se distinguent tout d'abord par leur forme; mais ils présentent aussi des réactions microchimiques caractéristiques. Leur membrane propre, qui se compose presque exclusivement de cellulose, possède comme cette dernière substance les propriétés chimiques suivantes : elle est insoluble dans la plupart des réactifs microscopiques, excepté dans la solution ammoniacale d'oxyde de cuivre; elle se gonfle par la potasse et se colore en jaune par l'iode. Enfin, lorsqu'on la traite par l'acide sulfurique et l'iode ou par le chloro-iodure de zinc, elle prend une coloration bleue violette. En outre on rencontre une quantité considérable de grains d'amidon et de cellules à chlorophylle.

Si les aliments sont très riches en graisses, et si ces substances ont subi déjà un commencement de dédoublement, on trouve dans le milieu stomacal, à côté des gouttelettes de graisse qui se colorent en noir par l'acide osmique, des cristaux de margarine et de stéarine qui fondent par la chaleur et se reforment par le refroidissement. Il faut ne pas confondre ces cristaux avec les cristaux de leucine qui se rencontrent aussi dans l'estomac à la suite de la décomposition des matières albuminoïdes. Les caractères indiqués plus haut peuvent servir pour établir cette distinction. En fait de cristaux, le contenu stomacal peut aussi renfermer des cristaux de cholestérine, provenant de la bile qui reflue dans la cavité gastrique, des cristaux de phosphate ammoniaco-magnésien (EICHHORST et BOAS) et des cristaux d'acide oxalique (NAUNYN).

· 2° *Éléments morphologiques*. — Les éléments morphologiques du contenu stomacal se composent principalement des cellules qui procèdent de la desquamation épithéliale de la muqueuse de la bouche, de l'œsophage et de l'estomac. Les cellules épithéliales de la bouche et de l'œsophage se reconnaissent facilement par leur forme plate, tandis que celles de la muqueuse gastrique ont plutôt une forme cylindrique ou prismatique. Une variété particulière d'éléments morphologiques a été décrite par JAWORSKI dans le milieu stomacal de l'homme, sous le nom de cellules spirales ou cellules en limaçon. Ces éléments résultent de l'action de l'acide chlorhydrique sur la mucine et peuvent être obtenus en faisant agir le suc gastrique sur n'importe quelle espèce de mucus, buccal, œsophagien, stomacal, ou bronchique (TELLERING et COHNHEIM). D'après BOAS, ces éléments existeraient d'une façon constante dans le suc gastrique retiré de l'estomac à jeun et contenant de l'acide chlorhydrique libre.

Dans les lésions inflammatoires ou néoplasiques du tube gastro-œsophagien on rencontre très souvent une quantité plus ou moins grande des cellules de pus, des leucocytes et des globules rouges.

e) **Parasites de l'estomac.** — α) *Parasites animaux*. — L'estomac renferme à l'état normal un certain nombre d'animaux inférieurs. Les uns sont de passage dans cet organe, les autres y séjournent habituellement. Ce sont des *vers*, des *infusoires*, des *protozoaires* et des *amibes*. Peut-être l'estomac de chaque espèce animale possède-t-il une faune parasitaire différente.

FRENZEL et YUNG ont trouvé dans l'estomac des Poissons squales de nombreux trématodes et nématodes. Chez les amphibiens aquatiques, l'estomac paraît contenir principalement des infusoires. Chez les mammifères carnivores, la faune parasitaire de l'estomac est des plus restreintes. Par contre, les deux premiers estomacs des ruminants contiendraient, d'après GRUBY et DELAFOND, COLIN, STEIN et SCHUBERG, jusqu'à huit ou dix espèces d'infusoires (*Ophyroscolex, Entodinium, Isotricha, Buetschlia, Dasytricha, Pterodina, Salpina, Paramæcium*, etc.). Ces infusoires meurent en grande partie lorsqu'ils arrivent au quatrième estomac, où ils sont digérés par le suc gastrique.

β) *Parasites végétaux. Microbes de l'estomac*. — Les parasites végétaux sont bien plus nombreux dans l'estomac que les parasites animaux. Malgré l'action antiseptique, incontestable, du suc gastrique, ce liquide n'arrive pas à détruire complètement les diverses espèces microbiennes qui pénètrent dans l'estomac avec l'air ou les aliments. Quelques-unes de ces espèces peuvent même se développer dans le milieu stomacal, en y donnant naissance à toute une série de produits fermentatifs. Les causes de cette insuffisance de l'action antiseptique du suc gastrique sont relativement nombreuses. En premier lieu, l'acide chlorhydrique, qui est l'agent microbicide réel du suc gastrique, perd, par le fait de sa combinaison avec les aliments, une grande partie de sa force antiseptique (HAMBURGER, KABRHEL, LOCKART-GILLESPIE, GILBERT, etc.). Nous savons d'autre part que cet acide n'entre en contact avec tous les points de la masse alimentaire que lorsque la digestion est assez avancée. Les microbes disposent donc de plusieurs heures pour vivre et se développer sans difficulté dans certains endroits du contenu stomacal. Plus tard, lorsque l'acidité des aliments devient partout très intense, beaucoup de ces espèces microbiennes sont sans aucun doute détruites, mais leur développement est à ce moment tellement considérable qu'un grand nombre d'entre elles échappent certainement à l'action destructive du suc gastrique. Finalement, lorsque et à mesure que le travail digestif approche de sa fin, la sécrétion acide se ralentit; puis elle s'arrête complètement. Pendant cette dernière période, les microbes qui n'ont pas passé dans l'intestin avec les aliments restent dans l'estomac, en un milieu qui n'est pas très acide et qui ne tarde pas à devenir tout à fait neutre. La vie de ces êtres n'est donc plus en danger jusqu'à ce qu'une nouvelle digestion commence. En dehors de ces considérations, il faut encore tenir compte de ce fait que les microbes qui vivent habituellement dans l'estomac finissent par s'adapter aux conditions chimiques de ce milieu et qu'ils supportent beaucoup mieux que les espèces étrangères l'action nuisible du suc gastrique. Un exemple de cette adaptation se trouve dans les expériences de FERMI. Cet auteur a montré que la pepsine en solution hydrochlorydrique, ainsi que le suc gastrique lui-même, est incapable d'arrêter le développement de certains hypomycètes et blastomycètes qui sont

Microbes de l'estomac, d'après les divers auteurs.

MILLER. 1885	BARY. 1886	VIGNAL. 1886-87	RACZYNSKI. 1888	ABELOUS. 1888-89	CAPITAN ET MOREAU. 1889	MAC NAUGHT. 1890	KAUFMANN. 1895	GOYON. 1900
Cet auteur a trouvé dans l'estomac un grand nombre de microorganismes. mais il n'a bien étudié que cinq bactéries : Des levures. Des sarcines. Microcorcus aerogenes. Heliobacterium aerogenes. Bacillus aerogenes. Bacterium aerogenes II.	Cet auteur a opéré dans la plupart des cas sur des estomacs malades. Il a reconnu les espèces suivantes : Puis il a étudié ceux qui existent dans les fèces et tonisantes.et il cite parmi ces espèces. Le Bacillus genicalatus. Une variété de Bacillus mesentericus. Le Bacillus ventricoli. Le Bacillus coronatus. Le bacille de la pomme de terre ou Bacillus mesentericus. Les bacilles b, c, d et c. Le coccus k.	Cet auteur a examiné d'abord les microbes qui existent dans la bacterienne qu'il a pu isoler à l'état pur. le cas 34 bactéries 10 juissent des propriétés peptonisantes.	Cet auteur a retiré de dix estomacs 34 formes bactériennes qu'il a pu isoler à l'état pur. le cas 34 bactéries 10 juissent des propriétés peptonisantes.	Cet auteur a isolé dans les liquides de lavage de son propre estomac à jeun 18 espèces de microbes : Sarcine. Bacillus pyocyaneus. Bacillus lactis aerogenes. Bacillus subtilis. Vibrio rugula. Bacillus amylobacter. Bacillus megaterium. Bacillus mycoides. Bacille A. Bacille B. Bacille C. Bacille D. Bacille E. Bacille F. Bacille G. Bacille H. Bacille I. Coccus A.	Ces auteurs ont expérimenté sur des sujets normaux et sur des sujets atteints de dyspepsie hypo- et hyperchlorhydrique. Ils ont réussi à isoler les espèces suivantes : Un coccus à gros grains sphériques. Un espèce constituée par des filaments assez larges. Bacillus présentant des renflements. Un petit bacille rappelant par son aspect le bacille tuberculeux, mais plus large.	Cet auteur a recherché les microorganismes que l'estomac contient dans un cas d'ectasie gastrique avec éructations que dégagent des gaz inflammables. Il a trouvé : Des grandes quantités de levures. (Saccharomyces ellipsoïdes et cerevisiae). Quelques sarcines. Une petite bactérie très active formant des colonies jaunes brillantes. Deux bacilles très longs et très droits, dont l'un renfermait plusieurs spores et ressemblait au Clostridium butyricum. Ce dernier était le producteur des gaz inflammables.	Cet auteur a constaté dans l'estomac de deux malades la présence des mêmes microorganismes que les auteurs précédents : Sarcines. Levures. Schyzomycetes divers (B. Subtilis, Microcorcus auranthenus, B. coli communis). La présence de ce dernier microbe, signalée déjà par Lesage, serait tout à fait exceptionnelle.	Cet auteur a étudié le contenu gastrique de 20 malades, dans lequel il a découvert les espèces suivantes : L'entérocoque de Thiercelin. Deux bacilles auxquels il a donné le nom de bacilles odytiques. Un cocobacille, facilement reconnaissable par ses cultures : Coccus radians. La Sarcina ventriculi et la Sarcina lutea. Un petit bacille fin Bacille incurvé. Deux bacilles à formes spirillaires. Neuf cocci. Quinze autres formes bacillaires dont le Bacterium coli. Deux levures. Trois levures chromogènes. Un oospora ou Nocardia.

Consultez, en outre, les travaux de Minkowski, de Seifert, de Lesage, de Kuhn, de Hoppe-Seyler, de Buzzozero, de Boas, de Schlessinger, de Rosenheim et Richter, de Wissel. de Zawadzki et de Dauber.

les hôtes normaux de l'estomac. Ces êtres poussent rapidement dans la cavité gastrique, et ils en altèrent, au bout de quelques heures, la composition chimique.

Les microbes de l'estomac proviennent : 1° des aliments; 2° de l'air avalé; 3° de la salive; 4° du poumon (crachats déglutis); 5° de l'intestin. Nous devons dire à ce propos que le tube digestif des nouveau-nés ne renferme pas de traces de microbes. Néanmoins cet état aseptique ne dure pas longtemps. D'après Escherich on rencontrerait déjà, quelques heures après la naissance, et avant même que l'animal ait pris aucune nourriture, de nombreuses espèces microbiennes dans le canal alimentaire. Ces microrganismes pénétreraient dans le tube digestif, par suite des efforts respiratoires que fait le nouveau-né. Poroff a recherché l'époque d'apparition et la propagation des microbes dans le tube digestif de divers animaux (veau, chien, chat). Il a trouvé que le tube digestif des animaux qui viennent de naître ne renferme jamais de bactéries. Celles-ci apparaissent plus ou moins tôt, suivant que les animaux mangent ou suivant qu'on les laisse à jeun. Chez les animaux en lactation, les bactéries apparaissent dans le méconium quelques minutes seulement après la naissance. Au contraire, chez les nouveau-nés à jeun, il faut attendre vingt-quatre heures pour voir les microbes paraître dans le tube digestif. Poroff croit que la pénétration des microbes dans le tube digestif des animaux nouveau-nés se fait de haut en bas, et non par l'orifice anal, comme le prétendait Escherich.

Dans les autres âges de la vie, le nombre de microbes que l'on trouve dans l'estomac est très considérable. C'est à Goodsir que l'on doit la découverte de la première espèce microbienne qui ait été signalée dans l'estomac. Cette espèce, à laquelle il donna le nom de *Sarcine*, a été reconnue ensuite comme un des hôtes les plus constants de la cavité gastrique. Après Goodsir, beaucoup d'autres expérimentateurs se sont aussi occupés de l'étude de la *flore* microbienne de l'estomac. Nous réunissons dans le tableau ci-dessus les principaux résultats auxquels on est arrivé dans ces recherches (p. 831).

Nous voyons par ce tableau que les microbes de l'estomac appartiennent, en général, à trois groupes; aux *sarcines*, aux *levures* et aux *bactéries*.

α) *Sarcines.* — Parmi les espèces de ce groupe, celle que l'on trouve le plus fréquemment dans l'estomac est la *Sarcina ventriculi*. Cette variété a été bien étudiée au point de vue morphologique par Goodsir, Leber et Robin, Frerichs, Falkenhein et Oppler. Elle se présente sous deux formes différentes : l'une est constituée par de grosses cellules qui se réunissent en paquets plus ou moins semblables aux ballots de marchandises; l'autre résulte de l'agrégation en masse, moins régulière, d'une infinité de cellules beaucoup plus petites. L'une et l'autre de ces deux formes donnent la réaction de la cellulose en se colorant en rouge violet avec la solution de chloro-iodure de zinc.

D'après Abelous, les sarcines pourraient produire un peu d'acide lactique en agissant sur les hydrates de carbone, mais ces êtres n'exerceraient aucune espèce d'action sur les principes albuminoïdes. Frerichs, Naunyn et Kauffmann doutent aussi beaucoup que les sarcines interviennent efficacement dans les fermentations stomacales. Au contraire, Ehret n'hésite pas à classer ces microrganismes parmi les agents de fermentation de l'estomac. Goyon se range aussi à cette dernière opinion. Il a vu que les sarcines donnent, en présence de peptones, de petites quantités d'acide acétique, d'acide butyrique et d'acide lactique. Lorsqu'on les met en contact avec les hydrates de carbone (glucose, lévulose, galactose, saccharose, lactose), les sarcines produisent un peu d'acide lactique et d'acide acétique, et quelques traces d'acide formique, mais le sucre ne disparaît jamais entièrement de la solution. Dans les milieux de culture qui contiennent de la lévulose, on ne trouve que de l'acide lactique et de l'acide formique, et dans ceux qui renferment de la lactose, l'acide lactique y est en plus grande quantité. Le saccharose n'est pas interverti. Enfin, les cultures de sarcines ne renferment, en aucun cas, la moindre trace d'alcool, d'acétone ou d'aldéhyde. On peut donc conclure que le pouvoir fermentatif des sarcines stomacales est plutôt négligeable.

β) *Levures.* — D'après Goyon, les levures ne seraient pas aussi fréquentes qu'on le croit. Ces espèces sont facilement reconnaissables au microscope par leur forme ovalaire, leur double contour, leur aspect luisant, leur arrangement en chaîne et leurs réactions micro-chimiques, coloration jaune sous l'influence de l'iode. L'action des levures se porte essentiellement sur les hydrates de carbone des aliments. Mais elles n'agissent pas d'emblée sur les substances amylacées. Il faut que ces substances soient saccharifiées préalablement par la diastase salivaire, pour qu'elles deviennent aptes à être transformées par les levures. Aux dépens de la glucose, le *Saccharomyces cerevisiæ* forme de l'alcool et de l'acide carbonique. Lorsque l'alcool prend naissance dans le milieu stomacal, ce corps peut être à son tour dédoublé en acide acétique par le *Mycoderma aceti*. Néanmoins, étant donné que la fermentation acétique ne se développe pas habituellement à une température supérieure à 35°, on peut se demander si l'acide acétique que l'on trouve dans l'estomac dérive réellement de ce processus. A côté de ces levures, on rencontre parfois dans le milieu stomacal l'*Oidium albicans*, qui est, comme on le sait, l'agent producteur du muguet. Le rôle fermentatif de ce microbe, en supposant qu'il en ait un, est encore inconnu.

γ) *Bactéries.* — Presque toutes les bactéries qu'on trouve dans l'estomac sont des espèces *saprophytes* qui jouissent à la fois d'un grand nombre de propriétés fermentatives. En dehors du *bacille lactique* de Pasteur et du *bacille butyrique* de Prazmowski, qui semblent posséder une fonction chimique bien définie, la plupart de ces bactéries peuvent intervenir dans les processus fermentatifs les plus divers. Ainsi, sur les quinze formes bactériennes isolées par Abelous dans son propre estomac, trois peptonisaient le lait; neuf coagulaient et redissolvaient ensuite la caséine; dix dissolvaient en partie ou en totalité l'albumine; dix attaquaient ou dissolvaient complètement la fibrine; huit transformaient la lactose en acide lactique; six donnaient de l'alcool avec la glucose; et huit saccharifiaient ou fluidifiaient plus ou moins complètement l'empois d'amidon. Cette diversité des fonctions fermentatives avait été déjà observée par Vignal sur les microbes qui vivent habituellement dans la bouche. Cet auteur a pu même retirer des liquides de culture du *Bacillus mesentericus vulgatus*, qui est un hôte constant de l'estomac, une diastase peptonisante, de l'amylase et de la sucrase. Goyon a vu aussi, en étudiant avec beaucoup de soin les caractères fonctionnels de quelques espèces bactériennes de l'estomac, isolées à l'état pur, que ces espèces peuvent produire les transformations chimiques les plus variées. L'*entérocoque* de Thiercelin n'attaque ni le blanc d'œuf, ni la fibrine; mais il forme, aux dépens de la peptone, de l'acide lactique, de l'acide acétique et des composés ammoniacaux. Ensemencé dans un milieu contenant de la dextrine, de la mannite, de la glucose ou de la lévulose, ce microcoque donne aussi de grandes quantités d'acide lactique et d'acide acétique. Le *Coccus radians* se comporte vis-à-vis des principes albuminoïdes comme le précédent. Il n'exerce aucune action sur le blanc d'œuf; mais il forme, lorsqu'on le met en présence de la peptone, de corps ammoniacaux, de l'acide acétique et de l'acide valérianique. Les *bacilles oolytiques* sont tout à fait remarquables par leur pouvoir de dissociation de la molécule albumineuse. Tout d'abord, ils transforment les matières protéiques en peptone, puis ils décomposent ce dernier corps en faisant naître des acides gras et des produits ammoniacaux divers. Dans leur action sur les hydrates de carbone, ces bacilles ne forment que de l'acide acétique et parfois un peu d'acide formique. Le *bacille incarnat* dédouble également les principes albuminoïdes jusqu'à ses noyaux ultimes. Il intervertit en outre la saccharose et fait disparaître le glucose dans les liquides de culture en donnant de l'acide lactique, de l'acide acétique et de l'alcool. Enfin, dans ses recherches sur les fonctions chimiques du *Bacillus mesentericus vulgatus*, Goyon est arrivé aux mêmes résultats que Vignal.

D'après Strauss, le *Bacillus coli communis* serait le principal agent de production de l'acide sulfhydrique dans le milieu stomacal. Cette hypothèse est sans doute exagérée, mais cependant on ne peut pas contester que le *Bacillus coli* soit capable de déterminer la décomposition des matières protéiques.

Quant au *Bacillus amylobacter*, il produit essentiellement la transformation de la cellulose en donnant naissance à une quantité très grande de gaz, parmi lesquels on trouve l'acide carbonique, l'hydrogène et le formène. La plupart des auteurs pensent que le *Bacillus amylobacter* ne commence à développer son activité que lorsqu'il pénètre dans l'intestin. Toutefois nous avons vu que la fermentation de la cellulose est très active dans la panse des Ruminants.

Ces diverses bactéries saprophytes, ainsi que toutes les autres espèces de microbes qui jouissent de propriétés fermentatives, ne prennent à l'état normal qu'une part tout à fait insignifiante aux phénomènes chimiques de la digestion. Il n'en est pas de même lorsque les fonctions de l'estomac sont troublées par la maladie. Dans ce cas on voit l'intensité des fermentations microbiennes augmenter d'une façon considérable. Pendant longtemps on a cru que ces processus fermentatifs se développaient exclusivement lorsque la sécrétion chlorhydrique diminuait ou disparaissait complètement, en faisant perdre au suc gastrique son pouvoir antiseptique. Aujourd'hui on admet que la cause principale, pour ne pas dire unique, de ces fermentations est l'insuffisance motrice de l'estomac. Le rôle antiseptique du suc gastrique est relégué au second plan. Nous voilà donc loin des idées de BUNGE, qui considérait l'estomac comme n'ayant d'autre but important que celui de produire de l'acide chlorhydrique en vue de la destruction des microbes.

Quoi qu'il en soit de ces hypothèses, il n'en reste pas moins bien établi qu'il faut des conditions pathologiques spéciales pour que l'œuvre chimique des microbes puisse s'accomplir dans l'estomac.

Outre les bactéries saprophytes, l'estomac peut contenir incidemment quelques bactéries pathogènes. H. MEUNIER a pu diagnostiquer la tuberculose pulmonaire chez l'enfant, en faisant l'analyse microscopique du contenu stomacal. Mais il faut dire que cela n'arrive que très rarement, car aussitôt que ces bactéries parviennent dans l'estomac elles y sont tuées par le suc gastrique. Leur résistance vis-à-vis de l'acide chlorhydrique est en effet beaucoup plus faible que celle des autres espèces microbiennes (Voir *Rôle antiseptique de l'acide chlorhydrique*).

E) **Variations de la digestion stomacale dans les diverses conditions physiologiques et pathologiques.** — *a)* **Age.** — Le travail digestif de l'estomac présente, chez les jeunes animaux, une physionomie toute particulière qui résulte des conditions suivantes : 1° du besoin incessant que ces animaux ont de se nourrir; 2° de la faible capacité de leur estomac; 3° de l'insuffisance de leur mastication.

Par suite de la première et de la seconde de ces conditions, les animaux en bas âge mangent très souvent, en prenant chaque fois de petites portions d'aliment. Leur estomac se trouve ainsi soumis à un travail presque continu; car, avant même que cet organe ait eu le temps de se vider, il commence déjà à recevoir de nouvelles quantités d'aliments.

Chez tous ces animaux, même chez ceux qui possèdent des dents au moment de la naissance, la mastication est pour ainsi dire nulle pendant les premiers jours de la vie. Ils ont donc besoin pour se nourrir d'un aliment spécial, ne nécessitant pas l'emploi d'une force mécanique puissante pour être digéré complètement. Cet aliment est représenté chez les Mammifères presque exclusivement par le lait. L'estomac de ces animaux se trouve d'ailleurs admirablement adapté à la digestion de cet aliment. Le labferment y existe en quantité abondante, la pepsine et l'acide chlorhydrique n'y manquent point; mais il semble que la transformation de la caséine se fait surtout dans l'intestin. En tout cas, lorsque le lait est coagulé, un certain nombre des produits albuminoïdes solubles contenus dans ce liquide sont mis en liberté et peuvent être absorbés facilement.

A cause du régime lacté, le milieu stomacal de ces animaux renferme des quantités considérables d'acide lactique. D'après les recherches de WROBLEWSKI, la pepsine de l'enfant atteindrait son maximum d'activité lorsqu'on la met en présence de l'acide lactique. Il est donc possible que cet acide joue un rôle véritablement utile dans la digestion des animaux nouveau-nés.

Avec les progrès de l'âge, l'appareil digestif des jeunes animaux acquiert toutes les conditions nécessaires pour digérer les nouveaux aliments qui vont former le régime de leur vie future. A ce moment leur digestion change de caractère, et tend à se rapprocher du type que nous avons décrit chez les adultes. Toutefois cette évolution ne s'accomplit d'une façon définitive qu'après la première dentition.

Enfin, lorsque l'âge adulte est passé, les fonctions de l'estomac déclinent manifestement, et la digestion devient lente et laborieuse. Ces troubles sont aussi provoqués par l'insuffisance de la mastication, qui est, chez les vieux animaux, très incomplète, par suite de la chute des dents.

b) **Sexe.** — Chez la femelle toutes les manifestations de la vie génitale agissent d'une façon plus ou moins marquée sur le travail digestif de l'estomac. Ainsi, chez la femme, la menstruation s'accompagne très souvent d'un certain nombre de troubles digestifs (abolition ou perversion de l'appétit, vomissements, etc.). Ces troubles augmentent particulièrement d'intensité pendant la grossesse.

c) **État de repos et d'activité.** — D'après une opinion très ancienne, le repos serait une des conditions qui faciliterait le plus la marche de la digestion. Cette opinion se trouve nettement énoncée dans les aphorismes suivants formulés par HIPPOCRATE et par l'école de SALERNE : « *Coctioni magis conducere quietem* » et « *post cænam stabis vel mille passus deambulabis* ». Postérieurement VIRIDET a dit aussi : « *Eadem causa male digerunt qui post pastum motibus violentis indulgent.* » L'étude de cette question n'est cependant entrée dans une phase positive qu'à partir du moment où parurent les recherches de VILLAIN (1849). Cet auteur a montré, par des expériences faites directement sur des animaux, que la digestion se faisait mieux à l'état de repos qu'à l'état d'activité. Il donna à deux chiens de la même taille une même quantité d'aliments, puis il fit courir l'un d'eux, tandis qu'il laissa l'autre en repos. Après un certain temps, il sacrifia ces deux animaux et constata que les aliments n'avaient subi aucune modification chez le chien qui avait couru, tandis que ces substances étaient tout à fait transformées chez le chien qui était resté au repos.

Quarante années plus tard, COHN est arrivé aux mêmes résultats que VILLAIN, en faisant toute une série d'expériences sur le chien et sur l'homme. Pour cet auteur, les mouvements modérés du corps produisent, d'une manière générale, un ralentissement ou une suspension de la digestion gastrique.

A l'inverse de ces deux auteurs, SPIRIG a trouvé que l'activité musculaire n'exerce aucune influence sur les fonctions de l'estomac.

SPIRIG, en opérant sur l'homme, a vu que le repos augmente l'acidité du milieu stomacal, ainsi que la teneur en peptone et en propeptone du contenu gastrique. Au contraire, l'activité motrice de l'estomac diminue pendant le repos. Dans l'exercice modéré l'acidité et la teneur en peptone et en propeptone des liquides digestifs diminuent, mais l'activité motrice de l'estomac augmente. Les autres facteurs de la digestion ne changent pas. Enfin, dans le travail intensif, les variations des phénomènes digestifs sont les mêmes que dans le travail modéré.

SALVIOLI a étudié exclusivement l'influence de la fatigue sur la digestion stomacale. Il a fait la plupart de ses expériences sur des chiens porteurs d'une fistule gastrique qu'il obligeait à courir pendant plusieurs heures dans une roue tournant à la vitesse de neuf kilomètres à l'heure. Voici les conclusions : 1° La fatigue produit une diminution importante dans la quantité de suc gastrique sécrété ; 2° L'acidité et le pouvoir peptique de ce suc sont plus faibles qu'à l'état normal ; 3° Les substances alimentaires, bien que non digérées, passent dans l'intestin avec plus de rapidité chez les animaux qui courent que chez les animaux qui restent au repos ; 4° Ces troubles fonctionnels de l'estomac sont tout à fait passagers ; car le suc gastrique recouvre ses caractères normaux deux heures après la course.

d) **Influences nerveuses.** — L'état psychique de l'animal peut exercer une influence favorable ou défavorable sur la marche de la digestion gastrique. Nous avons vu au cours de cet article que l'appétit compte parmi les conditions psychiques qui favorisent le plus le travail des glandes stomacales. D'après PAWLOW et ses élèves, cet état psychique serait même l'excitant le plus puissant des sécrétions gastriques. On peut donc dire que toutes les causes qui augmentent l'appétit accélèrent le cours de la digestion, tandis que celles qui le diminuent ou le suppriment ralentissent ou arrêtent la marche de cette fonction. D'autres états psychiques, tels que la colère ou la peur, exercent au contraire une influence nuisible sur la digestion gastrique. Ainsi que LECONTE et CANNON l'ont montré, les diverses émotions produisent en effet l'arrêt de l'activité sécrétoire et de l'activité motrice de l'estomac. En dehors de ces influences psychiques, toute excitation réflexe, de quelque nature qu'elle soit, peut aussi troubler la digestion gastrique, pourvu qu'elle atteigne un certain degré d'intensité. Ajoutons que les diverses fonctions de l'estomac s'accomplissent normalement pendant le sommeil.

e) **Influences pathologiques.** — Presque toutes les maladies de l'organisme peuvent, à un moment donné de leur évolution, porter une atteinte plus ou moins profonde au travail digestif de l'estomac. La nature de ces troubles est très variable. Dans certains cas, ce sont les fonctions sécrétoires de l'estomac qui en sont le plus touchées ; d'autres fois, ce sont les fonctions motrices. Tantôt les substances alimentaires passent trop rapidement dans l'intestin ; tantôt elles séjournent trop longtemps dans l'estomac. Dans ce dernier cas, l'activité du suc gastrique étant diminuée, les phénomènes chimiques de la digestion prennent une autre allure qu'à l'état physiologique. Au lieu de trouver dans le milieu stomacal les produits d'une protéolyse très marquée, on y découvre l'existence d'un grand nombre de corps qui proviennent des fermentations microbiennes. Il peut même arriver que ces corps soient tellement abondants dans la cavité gastrique qu'ils finissent par provoquer une véritable intoxication.

F) **Action de quelques agents physiques et chimiques sur la digestion stomacale.** — a) **Température.** — Chez les animaux à sang froid, l'activité de la digestion croît avec la température. Il existe cependant une limite supérieure au delà de laquelle cette fonction ne peut plus s'accomplir. Cette limite oscille entre 30° et 35°. Aux basses températures, la digestion des animaux à sang froid s'arrête aux environs de 0°.

Chez les animaux à sang chaud, les choses se passent tout autrement. Ces êtres gardent leur température constante, en face des variations thermiques du milieu extérieur. Si la chaleur ou le froid modifient leurs fonctions digestives, ces modifications ne peuvent se produire à l'état normal que par voie réflexe. Même lorsque la température organique vient à changer, les troubles digestifs ne semblent pas dus exclusivement à une action directe de la température sur l'estomac. Ils sont d'un ordre général et relèvent en grande partie de l'influence que l'hyperthermie ou le refroidissement exercent sur le système nerveux central. Nous n'avons donc d'autres moyens, pour connaître exactement l'action de la température sur la digestion stomacale des animaux à sang chaud, que de faire agir localement cet agent physique sur l'estomac lui-même.

D'après PAWLOW, un refroidissement intense de la muqueuse gastrique trouble tout à fait la marche des sécrétions stomacales. MICHELI a vu aussi que l'eau produit son meilleur effet sur ces sécrétions entre 35° à 37°. Au-dessus et au-dessous de cette limite, les sécrétions gastriques sont plutôt mal influencées par la température. Néanmoins, d'après cet auteur, l'eau à 2° ou 4° excite beaucoup mieux les sécrétions gastriques que l'eau à la température de la chambre. Nous savons d'autre part, grâce aux expériences de DUCCESCHI, que des températures supérieures à 39° ou inférieures à 37° font décroître rapidement l'activité motrice de l'estomac. Vers 5° on voit même disparaître complètement les mouvements de cet organe. Par conséquent les variations de la température agissant localement sur l'estomac troublent, d'une façon évidente, la marche de la digestion chez les animaux à sang chaud. Naturellement l'intensité de ces troubles, et peut être leur caractère, dépend dans une large mesure de la grandeur des variations thermiques, ainsi que du temps pendant lequel la chaleur ou le froid agissent sur l'estomac.

b) **Électricité.** — En ce qui concerne l'action de l'électricité sur la digestion stomacale, nous ne savons rien de précis. Certains auteurs admettent que l'électrisation directe ou indirecte de l'estomac augmente l'intensité des sécrétions gastriques. D'autres, au contraire, pensent que les excitations électriques ne produisent aucun effet sur l'activité des glandes stomacales. Le même désaccord règne lorsqu'il s'agit d'interpréter l'action des courants électriques sur les mouvements de l'estomac. Toutefois on peut supposer que, sous l'influence de courants très forts, les diverses fonctions de cet organe sont plus ou moins atteintes, et que, dans ce cas, la digestion gastrique elle-même finit par éprouver un changement profond.

c) **Actions mécaniques.** — L'état physique des aliments exerce une influence incontestable sur la durée de la digestion stomacale. Les corps liquides passent beaucoup plus rapidement dans l'intestin que les corps solides, même lorsque le volume de ces derniers ne les empêche pas de franchir le pylore. Ce phénomène semble au premier abord paradoxal. En effet, s'il est vrai que les excitations mécaniques agissent efficacement sur les mouvements de l'estomac, les corps solides, arrivés à un certain degré de division, devraient, au contraire, passer plus vite dans l'intestin que les corps liquides. Néanmoins l'explication de ce paradoxe est relativement simple. L'évacuation stomacale n'a lieu que lorsque le pylore se relâche. Or, tandis que le sphincter s'ouvre facilement pour les corps liquides, il se ferme énergiquement pour les corps solides. A ce moment, la pression intra-stomacale la plus forte ne réussit pas à vaincre la résistance du pylore, de sorte que les corps solides, tout en provoquant des mouvements stomacaux plus actifs que les corps liquides, séjournent plus longtemps que ces derniers dans la cavité gastrique.

Les actions mécaniques extérieures peuvent aussi modifier la marche de la digestion stomacale. Beaucoup de praticiens prétendent que le massage de l'estomac, fait à travers les parois abdominales, excite les sécrétions gastriques et accélère le cours de la digestion.

d) **Actions chimiques.** — Il n'est guère de substance chimique qui ne puisse, dans certaines conditions, avoir une influence plus ou moins marquée sur l'activité de la digestion gastrique. Le tout est de savoir quelle est la nature de cette influence, et surtout de déterminer les conditions dans lesquelles elle se produit. Nous avons vu plus haut qu'une même substance chimique peut agir très différemment sur chacune des fonctions de l'estomac, ainsi que sur l'activité propre du suc gastrique. Cette diversité d'action explique suffisamment qu'on ne puisse formuler sur ce sujet aucune conclusion précise. Voici cependant un court résumé de la manière dont on peut concevoir l'action des diverses substances chimiques sur la digestion stomacale.

α) *Substances minérales.* — 1° L'*eau*, ingérée dans des proportions modérées, n'exerce pas d'influence nuisible sur la digestion gastrique. Si le milieu stomacal est de concentration moléculaire trop élevée, s'il contient trop d'acide ou trop de peptone, l'eau devient même un élément nécessaire, pour rendre à ce milieu des conditions chimiques plus favorables à l'activité de la pepsine. Dans le cas où le milieu stomacal est suffisamment dilué, l'ingestion d'une certaine quantité d'eau cesse naturellement d'être utile; mais en tout cas cette ingestion ne trouble pas sensiblement la marche des phénomènes digestifs; car, aussitôt que l'eau arrive dans l'estomac, elle est chassée rapidement dans l'intestin. D'après Colin, l'eau contribuerait aussi chez certains animaux herbivores (cheval) à faciliter la circulation des matières alimentaires dans le canal digestif. Ce liquide jouerait en outre un rôle très utile dans la digestion des ruminants, en favorisant la macération des aliments, pendant que ces substances séjournent dans les deux premières cavités de l'estomac. Enfin, d'après Leconte, la digestion gastrique des animaux carnivores (chien) n'éprouve aucune modification défavorable à la suite de l'ingestion d'eau.

2° Les *acides* ne sauraient jouer, à l'état normal, aucun rôle utile dans la digestion stomacale; nous dirons même que, du moment que le suc gastrique possède son acidité propre, ces corps ne peuvent que déranger la marche des opérations chimiques en diminuant l'activité de la pepsine. D'autre part, une forte acidité du milieu gastrique trouble profondément les fonctions motrices de l'estomac. En même temps que les contractions des parois stomacales s'exagèrent (Duccesсhi, Roux et Balthazar), le passage du chyme très acide dans l'intestin détermine un réflexe violent de constriction du pylore (Pawlow), réflexe qui peut se prolonger d'une façon anormale, si les sécrétions intestinales ne suffisent pas à neutraliser rapidement l'acidité considérable du chyme.

3° Les *alcalis*, ingérés à petites doses, sont rapidement neutralisés par le suc gastrique et ne produisent pas d'effet bien marqué sur la marche de la digestion stomacale. A doses plus fortes, ces corps s'opposent à l'activité de la pepsine, diminuent l'intensité des contractions gastriques (Duccesсhi), et provoquent en passant dans l'intestin un réflexe inhibiteur du pylore (Pawlow).

4° L'action des *sels* varie beaucoup suivant la nature chimique de ces corps, et la dose à laquelle on les ingère. Les *sels alcalins* se comportent à peu près comme les alcalis. Les *sels neutres* des métaux alcalins et *les sels des métaux alcalino-terreux* modifient l'activité du suc gastrique à une certaine limite de concentration; mais ils n'atteignent presque jamais cette limite; car ils provoquent alors une sécrétion aqueuse abondante de la part de la muqueuse gastrique.

Quant aux *sels des métaux lourds*, tous, plus ou moins, ont des propriétés toxiques très actives, et, au delà d'une certaine dose, troublent considérablement le fonctionnement normal de l'estomac.

β) *Substances organiques.* — 1° *Principes amers.* — D'après Pawlow, les principes amers, tout en n'ayant pas une action directe sur les sécrétions gastriques, augmenteraient l'activité de ces sécrétions en exaltant l'appétit. Ces substances semblent exercer d'autre part une réelle influence sur les mouvements de l'estomac (Terray et Battelli). On peut donc les considérer comme des agents accélérateurs de la digestion gastrique.

2° *Condiments.* — L'action de ces corps doit être assez analogue à celle des principes amers. Toutefois les condiments modifient dans les sens les plus divers l'activité chimique du suc gastrique. D'après Mann, le poivre, la cannelle, les clous de girofle, la noix muscade, accélèrent la digestion. Le vinaigre, le café et le thé agissent aussi dans le même sens, mais d'une façon moins marquée. Au contraire, la moutarde n'exerce aucune influence sur la vitesse de la digestion et le tabac mâché ralentirait même ce processus.

.   3° *Alcaloïdes*. — La plupart de ces corps changent les conditions normales de la digestion stomacale. D'aucuns, comme la *pilocarpine*, excitent à la fois, et même très énergiquement, les fonctions sécrétoires et les fonctions motrices de l'estomac (Riegel et Morat). D'autres, comme l'*atropine*, produisent des effets justement opposés sur les fonctions gastriques (Sanotzki, Riegel, Morat, Schütz, etc.). L'atropine corps ralentit en outre l'activité de la pepsine (Wroblevski). Enfin certains alcaloïdes agissent de la façon la plus variée sur les divers facteurs qui concourent à la digestion stomacale. Ainsi la *caféine* par exemple, qui n'exerce aucune influence sur l'intensité des sécrétions gastriques, exalte sensiblement les mouvements de l'estomac (Schütz, Battelli, etc.) et augmente l'activité de la pepsine (Wroblevski). Au contraire, la *strychnine* gène l'activité de la pepsine (Wroblevski) et ne modifie en rien l'intensité des mouvements de l'estomac (Battelli). L'action de la *morphine* se rapproche tout à fait de celle de l'atropine. On voit donc que certains alcaloïdes semblent favoriser la marche de la digestion stomacale, tandis que d'autres l'inhibent. Il reste à savoir si les effets produits par les premiers de ces corps sont réellement favorables à la digestion, ou si on est là en présence d'un surcroît d'activité anormale, qui trouble, plutôt qu'il ne favorise, l'évolution naturelle des phénomènes digestifs.

4° *Alcool*. — L'alcool est un des corps dont l'action sur la digestion a été le plus étudiée. Kretschi a trouvé sur une femme atteinte d'une fistule gastrique que l'alcool retarde manifestement le cours de la digestion. Buchner, Bikfalvi et Ogata sont aussi arrivés aux mêmes résultats que Kretschi, en opérant, le premier sur l'estomac de l'homme, et le second sur l'estomac du chien. D'après Scheluaas, le vin n'exercerait pas d'influence nuisible sur la digestion, tant que le milieu stomacal contiendrait de l'acide chlorhydrique libre. Pour Gluzinski, l'alcool produit deux sortes d'effets tout à fait différents sur la digestion stomacale. D'une part il ralentirait l'activité protéolytique du suc gastrique; mais, d'autre part, il exciterait les appareils glandulaires de l'estomac en donnant lieu à la formation d'un suc plus abondant et plus acide. Henczinsky n'a étudié que l'influence de la bière sur la digestion gastrique. Il n'a pas pu constater de différences bien sensibles dans la marche des phénomènes digestifs, lorsque cette boisson faisait partie des repas. Par contre, selon Blumenau, l'alcool, ingéré, il est vrai, à la proportion de 25 à 50 p. 100, détermine toujours un ralentissement notable de l'activité chimique du suc gastrique pendant les deux ou trois premières heures de la digestion. Wolffhardt professe aussi cette opinion au sujet de l'alcool absolu; mais certaines boissons alcooliques, comme par exemple le vin, pourraient au contraire accélérer la marche de la digestion. Enfin, d'après Chittenden et ses élèves Mendel et Jackson, l'alcool et les boissons alcooliques, prises en quantités modérées, ont une certaine tendance à ralentir le cours de la digestion, mais le retard qu'on observe dans ces conditions n'est jamais bien appréciable. Ces résultats sont d'autant plus extraordinaires que nous savons que l'alcool à petites doses est un excitant efficace des glandes gastriques (Chittenden) et de la contractilité stomacale (Klemperer, Kann, Battelli). Toutefois, on peut comprendre la diversité de ces résultats en admettant que l'alcool disparaît rapidement de l'estomac (Chittenden, Mendel et Jackson).

Lorsque les quantités d'alcool ingérées sont plus fortes, la digestion éprouve un changement profond. Dans ce cas, l'alcool agit en masse sur les liquides digestifs, en y précipitant les peptones formées, ainsi que la pepsine elle-même. En dehors de ce trouble chimique, l'alcool provoque encore, en passant dans le sang, l'empoisonnement du système nerveux, et consécutivement l'arrêt des fonctions stomacales. Les vomissements sont aussi très fréquents dans l'intoxication alcoolique. L'action de l'*éther* et du *chloroforme* sur la digestion gastrique ne doit pas différer beaucoup de celle de l'alcool. Comme ces derniers corps, l'éther et le chloroforme, irritent la muqueuse stomacale et peuvent provoquer, par voie réflexe, une augmentation dans l'activité sécrétoire et dans l'activité motrice de l'estomac. Ces corps exercent aussi une influence nuisible sur l'activité de la pepsine, mais moins marquée que celle de l'alcool. Enfin, à de fortes doses, l'éther et le chloroforme agissent sur les fonctions de l'estomac de la même manière que l'alcool.

5° *Salive.* — Contrairement à ce que croyaient les anciens auteurs, la *salive* n'est pas un excitant des sécrétions gastriques. Toutefois, si ce liquide n'exerce pas d'influence utile sur les fonctions de l'estomac, il ne gêne pas non plus la marche des phénomènes digestifs. Arrivée avec les aliments dans l'estomac, la salive peut encore accomplir son œuvre chimique pendant un certain temps; puis elle est neutralisée par le suc gastrique, sans que cette neutralisation entraîne une diminution sensible dans l'acidité du milieu stomacal et par conséquent dans l'activité de la pepsine.

6° *Mucus.* — Nous pouvons dire la même chose à propos de l'action du *mucus*. Malgré l'avis contraire de quelques auteurs, ce liquide n'oppose pas un obstacle sérieux à la digestion stomacale. Le mucus peut même être digéré par le suc gastrique, quoique avec une certaine difficulté. En tout cas, si ce liquide exerce une influence nuisible sur la digestion stomacale, cela ne peut être qu'en vertu de sa réaction alcaline; mais alors il en faudrait des quantités considérables pour obtenir un effet appréciable.

7° *Bile.* — L'action de la *bile* sur la digestion stomacale n'est pas plus apparente que celle de la salive et du mucus. La bile peut refluer assez souvent dans l'estomac, sans occasionner le moindre trouble digestif. HERZEN a constaté la présence de ce liquide dans le contenu stomacal d'un malade à fistule gastrique, 107 fois sur 142 observations. Cependant cet individu présentait une digestion absolument normale.

L'innocuité de la bile sur la digestion *in vivo* a été définitivement établie par les expériences de DASTRE et de ODDI. Le premier de ces auteurs a vu tout d'abord, en faisant ingérer à plusieurs chiens des quantités assez considérables de bile de bœuf et de bile de chien (100 à 250 cc. de bile pour des animaux dont le poids variait entre 9 et 14 kil.), que la digestion se faisait comme d'habitude, et que la santé des animaux était excellente. Dans une seconde série d'expériences, DASTRE a voulu connaître les variations chimiques du milieu stomacal à la suite de l'introduction de la bile dans la cavité gastrique. Il s'est alors servi de chiens porteurs d'une fistule stomacale. La bile était introduite directement par la fistule dans l'estomac, aux divers moments de la digestion, puis au bout de quelque temps on retirait une portion du contenu stomacal, et on le soumettait à l'analyse. DASTRE a toujours trouvé dans ces essais que les liquides digestifs contenaient de la pepsine et de la peptone en solution, et qu'ils étaient manifestement acides.

Les expériences de ODDI sur cette question ne sont pas plus démonstratives que celles de DASTRE; mais elles sont assez élégantes. L'auteur italien a réussi, en établissant une fistule *cholécysto-gastrique*, à faire passer continuellement de la bile dans l'estomac. Il a observé que les chiens guéris d'une telle opération ne ressentent aucune perturbation, et augmentent notablement de poids (3 à 4 kilogrammes). En examinant le contenu stomacal à une phase avancée de la digestion, ODDI a constaté, comme DASTRE, la présence des peptones en solution. On peut donc conclure de ces expériences que non seulement la bile n'arrête pas l'activité chimique du suc gastrique, mais qu'elle laisse dans l'état où ils sont les produits digestifs que ce liquide forme.

Mlle SCHIPILOFF a cherché à expliquer pourquoi la bile, qui est si nuisible à la digestion peptique *in vitro*, ne gêne pas la digestion *in vivo*. Elle attribue ce résultat à la présence du *suc intestinal* dans le milieu stomacal. Ce suc pénétrerait avec la bile dans la cavité gastrique, où il continuerait à développer son activité, en prenant ainsi la place de la pepsine. LUBER et BELKOWSKI ont critiqué cette hypothèse en faisant observer que le suc intestinal n'agit pas dans un milieu aussi acide que celui de l'estomac. De plus, l'activité de ce suc n'est pas assez importante pour produire une formation aussi considérable de peptone que celle que ODDI et DASTRE ont constatée dans l'estomac, en présence de la bile.

Nous croyons, avec DASTRE, que la vraie raison de ces différences tient à ce fait que l'estomac peut régler par lui-même les conditions d'activité de son milieu. Dans les expériences *in vitro*, on opère sur des quantités fixes qui ne se renouvellent point, tandis que, dans la cavité gastrique, la même cause qui annule l'action d'une certaine quantité du suc digestif peut accroître sa production, et compenser plus qu'au delà l'obstacle ainsi créé.

G) **Influence de la digestion stomacale sur les autres fonctions de l'organisme.** — Le travail digestif de l'estomac exerce une influence particulièrement importante sur l'activité fonctionnelle des autres organes abdominaux. Aussitôt que les aliments chymifiés pénètrent dans l'intestin, on voit les liquides biliaire, pancréatique et intestinal s'écouler d'une façon abondante. D'après PAWLOW et ses élèves, l'acide chlorhydrique du suc gastrique serait l'excitant le plus efficace de la glande pancréatique. Les graisses, les matières extractives de la viande et les produits de digestion des albumines provoqueraient la sécrétion biliaire. Quant à la sécrétion intestinale, elle prendrait naissance, dans sa partie aqueuse, sous l'influence des excitations mécaniques, et dans sa partie spécifique sous l'influence du suc pancréatique.

Nous voyons donc qu'il existe une relation étroite entre le travail digestif de l'estomac et l'activité fonctionnelle de l'intestin et de ses glandes annexes. Cette relation s'étend encore plus loin. La rate, elle-même, augmente considérablement de volume pendant la digestion, et sa circulation devient à ce moment quatre ou cinq fois plus forte que pendant la période de jeûne. SCHIFF prétend que ce surcroît d'activité de la rate est provoqué par les substances peptogènes qui passent dans le sang après avoir été absorbées par l'estomac; mais en réalité nous ignorons encore le mécanisme de ce phénomène.

L'activité fonctionnelle du rein se trouve aussi soumise aux variations de la digestion stomacale. Ainsi que nous l'avons dit plus haut, la *réaction de l'urine* change aux divers moments de la digestion. Il semble même que la quantité de liquide urinaire diminue pendant les premières heures de l'acte digestif, au moment où les sécrétions gastriques atteignent leur maximum d'intensité pour augmenter ensuite au fur et à mesure que les liquides digestifs passent dans l'intestin, où ils sont rapidement absorbés.

Les grandes fonctions de l'organisme n'échappent pas non plus à l'influence de la digestion stomacale. C'est un fait de connaissance vulgaire, qu'après avoir pris un bon repas on ressent un froid assez intense qu'on appelle le *froid digestif*. Ce phénomène est dû probablement à des modifications circulatoires et n'a qu'une courte durée. Peu de temps après, le travail digestif de l'estomac provoque une réaction générale qui a reçu le nom de *fièvre digestive*, parce qu'elle s'accompagne d'un ensemble de phénomènes qui rappellent ceux de la fièvre. Pendant cette période, la circulation et la respiration sont plus actives. En même temps, le système nerveux se trouve un peu surexcité; puis cette surexcitation cesse, et l'individu ressent une envie plus ou moins grande de dormir.

Quoique on n'ait pas fait d'expériences précises pour connaître le mécanisme de ces divers phénomènes, on peut supposer qu'ils sont provoqués par trois causes différentes : 1° par des actions réflexes; 2° par des modifications circulatoires; 3° par des actions chimiques (passage dans le sang des produits digestifs).

H) **Auto-digestion.** — Le problème de la non-digestibilité de l'estomac par le suc gastrique a été l'objet d'interprétations nombreuses. Nous allons rendre compte de ces diverses interprétations en les faisant suivre des arguments sur lesquels elles se basent et des principales critiques qu'elles soulèvent.

a) **Théorie du mucus.** — CL. BERNARD considérait le mucus comme un des moyens dont dispose la muqueuse stomacale pour se protéger contre l'action digestive du suc gastrique. HARLEY et SCHIFF vont encore plus loin dans ce sens. Ils affirment que le mucus est la cause principale, sinon exclusive, de la résistance de l'estomac à l'auto-digestion. Voici maintenant les arguments qu'on peut citer en faveur et contre cette hypothèse.

α) *Arguments en faveur de la théorie du mucus.* — HARLEY prend l'estomac d'un porc en pleine digestion et le divise en deux parties. Dans l'une il nettoie avec soin le mucus qui baigne les parois gastriques; il laisse l'autre partie telle qu'elle est; puis il remplit ces deux poches de suc gastrique et les porte à une température élevée. Au bout de quelques heures de digestion, la partie de l'estomac dont le mucus a été enlevé se dissout complètement, tandis que l'autre partie ne subit pas de modification appréciable. Cette expérience n'a pas une grande valeur, attendu qu'il est presque impossible d'enlever le mucus des parois gastriques sans léser profondément l'épithélium de la muqueuse. On verra d'ailleurs que, lorsqu'on fait cette même opération *in vivo*, les résultats qu'on obtient sont tout autres.

Les expériences de SCHIFF sont encore moins probantes que celles de HARLEY. Chez des animaux qui portaient une fistule stomacale à bords assez épais, Schiff a rétréci un peu la lumière de la canule fistulaire, en y introduisant un autre tube, dont l'ouverture interne n'avait pas plus de 1 à 1 1/2 centimètres de diamètre. Après avoir fait faire à ces animaux une bonne digestion, destinée à appauvrir leur estomac en pepsine, il a introduit par la fistule une certaine quantité d'aliments, en même temps que des matières peptogènes. Schiff a fixé ensuite un petit morceau de viande ou d'albumine dans la partie la plus interne de la canule qui restait dans le corps de l'animal, et qui, par conséquent, se trouvait à une température convenable. Cette opération faite, Schiff obturait la canule avec un bouchon très court, et attendait 12 ou 16 heures. Au bout de cette période il a constaté, en ouvrant la fistule, que, tandis que la parcelle d'aliment qui était restée dans la canule n'avait pas éprouvé de changement, le contenu stomacal se trouvait complètement digéré. Il explique cette différence en disant que, *très vraisemblablement*, l'orifice interne de la canule a été bouché par le mucus au commencement de la digestion, et que, par suite de cet obstacle, le suc gastrique n'a pas pu agir sur la parcelle de viande ou d'albumine. Ce qui lui fait croire à cette explication, c'est que la canule renfermait le plus souvent du mucus, et que son contenu n'était pas acide. Mais on comprend que d'autres causes, comme par exemple la pression de l'air, ont pu s'opposer au passage du suc gastrique dans la canule.

β) *Arguments contre la théorie du mucus.* — Tous les auteurs qui ont eu l'occasion d'ouvrir l'estomac d'un animal en pleine digestion ont pu s'apercevoir que le contenu stomacal se trouve enveloppé de toutes parts par une couche épaisse de mucus. Néanmoins, malgré cet obstacle, le suc gastrique agit sans difficulté sur les aliments, et la digestion s'accomplit régulièrement. Contejean a vu, d'autre part, que, quand on place dans l'estomac d'un chien à fistule de petits filets contenant des substances sur lesquelles on veut faire agir le suc gastrique, ils sont aussitôt englués de mucus, et cependant leur contenu est rapidement digéré. Cet auteur a fait une autre observation qui n'est pas moins instructive que la précédente. Des mollusques vivants, introduits dans l'estomac d'un chien, sont facilement dissous par le suc gastrique, malgré la quantité considérable de mucus qu'ils sécrètent. On sait aussi que le mucus n'empêche pas l'auto-digestion de l'estomac après la mort (Pavy). Enfin, d'après Fermi, on pourrait adresser les objections suivantes à l'hypothèse du mucus : 1° Pendant la digestion, le mucus se détache de la muqueuse et entoure les aliments. Par suite de cette disposition spéciale, la muqueuse devrait être digérée, tandis que les aliments devraient résister à l'action du suc gastrique ; 2° Si au moyen d'une éponge on enlève le mucus sécrété par la muqueuse, même en introduisant à plusieurs reprises du suc gastrique actif dans la cavité stomacale, l'auto-digestion n'a pas lieu ; 3° Des morceaux de viande bien enveloppés par une couche de mucus et renfermés dans un mouchoir se digèrent sans difficulté dans la cavité gastrique ; 4° L'acide chlorhydrique et la pepsine sont produits sous la couche de mucus et non au-dessus. Les glandes qui sécrètent ces éléments en sont nécessairement imprégnées, de sorte que, si la digestion devait avoir lieu, ce n'est pas le mucus qui l'empêcherait.

b) **Théorie de l'épithélium.** — Les auteurs qui croient que l'épithélium joue un rôle efficace dans la protection de la muqueuse stomacale contre l'auto-digestion, n'interprètent pas ce rôle de la même façon. D'après Cl. Bernard, l'épithélium ne serait pas absolument réfractaire à l'action dissolvante du suc gastrique ; mais, étant donné que ce tissu se renouvelle sans cesse, il opposerait une barrière permanente aux progrès de l'auto-digestion. Inzani et Lussana adoptent aussi cette manière de voir. Au contraire, Sehrwald, Frenzel et Ruzicka croient que l'épithélium offre une résistance véritablement spécifique à l'action digestive du suc gastrique.

α) *Arguments en faveur de la théorie de l'épithélium.* — Cl. Bernard n'apporte aucune expérience à l'appui de son hypothèse. Inzani et Lussana sont arrivés, en détruisant l'épithélium stomacal par divers procédés, à produire des lésions semblables à celles de l'ulcère rond, suivies d'un ramollissement complet des parois gastriques. Schiff a critiqué ces expériences en faisant observer que les physiologistes italiens n'ont pas pris assez de soin pour éviter les traumatismes des parois stomacales. Or l'estomac du lapin, sur lequel Inzani et Lussana ont opéré, est particulièrement sensible aux actions traumatiques. En tout cas, Schiff n'a jamais constaté, en enlevant avec une certaine

délicatesse une partie de l'épithélium de l'estomac du lapin, la moindre trace de digestion dans cet organe. Ajoutons que INZANI et LUSSANA, eux-mêmes, n'ont pas toujours
réussi à obtenir l'auto-digestion de l'estomac dans leurs diverses expériences.

Pour SEHRWALD, l'épithélium stomacal jouirait pendant la vie d'un mode de diffusion
spécial. Ce tissu serait en effet un obstacle sérieux au passage de l'acide du suc gastrique
dans le sang et au passage de l'alcali du sang dans l'estomac. Il a vu, en introduisant
des solutions titrées d'acide phosphorique dans l'estomac d'un animal vivant, séparé par
deux ligatures du reste de l'appareil digestif, que le titre de ces solutions, laissées dans la
cavité gastrique pendant plusieurs heures, ne diminuait que très faiblement. Les phénomènes qu'on observe sont tout autres lorsqu'on opère sur l'estomac d'un animal mort,
soumis à une circulation artificielle, avec des liquides alcalins, ou bien encore lorsqu'on
plonge cet organe dans une solution de soude. Dans ce cas, la diminution d'acidité des
liqueurs phosphoriques introduites dans l'estomac est beaucoup plus manifeste. SEHRWALD
conclut de cette expérience en disant que l'auto-digestion de l'estomac est empêchée pendant la vie, d'une part par l'alcalinité du sang, et, d'autre part, par l'activité de l'épithélium qui s'oppose à la pénétration de l'acide chlorhydrique dans les parois gastriques.
Mais les expériences de cet auteur ne sont pas très démonstratives ; car les liquides
alcalins dont il s'est servi pour l'étude de la diffusion dans l'estomac mort (solution de
soude) peuvent avoir une action beaucoup plus puissante sur les tissus que les sels alcalins
qui se trouvent dans le sang, mélangés avec les éléments les plus divers.

FRENZEL a constaté qu'un certain nombre d'animaux inférieurs, lesquels se nourrissent
par simple imbibition, résistent, s'ils sont vivants, à l'action digestive des solutions artificielles de pepsine et de trypsine. Il compare les cellules de l'épithélium gastro-intestinal à ces êtres, et ajoute qu'on ne peut expliquer la raison de leur résistance aux sucs
digestifs que par deux hypothèses : 1º en supposant que, par une activité sélective spéciale, elles n'absorbent pas les éléments spécifiques des liquides digestifs ; 2º en admettant qu'elles détruisent ces principes dans les cas où elles les absorberaient. FRENZEL ne
se prononce ni sur l'une ni sur l'autre de ces hypothèses ; mais il pense que, si l'on accepte
la seconde, il est possible d'interpréter la destruction des ferments digestifs en supposant que ces divers organismes produisent des *zymases antipeptiques* et *antitryptiques*.
Comme on le voit, cet auteur n'a fait aucune expérience directe sur le rôle protecteur
de l'épithélium dans l'auto-digestion.

C'est dans les expériences de RUZICKA qu'on trouve les arguments les plus sérieux en
faveur de cette hypothèse. En étudiant au microscope l'action du suc gastrique artificiel
sur les divers épithéliums du tube digestif chez des animaux très différents (grenouille,
rat, cobaye, chien), RUZICKA a obtenu les résultats suivants : 1º Les épithéliums de la
langue, de l'estomac et de l'intestin, séparés de la muqueuse, et par conséquent morts,
n'offrent pas la même résistance vis-à-vis du suc gastrique. L'épithélium de la langue se
détruit avec rapidité. Vient ensuite l'épithélium de l'intestin, et en dernier lieu l'épithélium de l'estomac. La résistance de celui-ci est vraiment considérable ; 2º En opérant sur
l'épithélium *in situ*, et dans les conditions les plus normales possibles, le suc gastrique
digère rapidement l'épithélium de la langue, tandis qu'il laisse intact l'épithélium de
l'estomac et celui de l'intestin. Et encore, dans ce dernier cas, faut-il tenir compte de ce
fait que le suc gastrique perd assez vite son activité par son mélange avec les sécrétions
alcalines de l'intestin. RUZICKA attribue cette plus grande résistance de l'épithélium stomacal
vis-à-vis du suc gastrique à une sorte d'adaptation.

β) *Arguments contre la théorie de l'épithélium*. — PAVY a montré, pour la première fois,
qu'on pouvait enlever dans un point quelconque l'épithélium de la muqueuse gastrique
sans que cette lésion provoquât l'auto-digestion de l'estomac. Après lui, SCHIFF et beaucoup d'autres expérimentateurs ont fait la même observation. Les expériences de GRIF-
FINE et VASSALE, ainsi que celles de OTTE et MATTBES méritent d'être retenues.

GRIFFINE et VASSALE ont observé que les lésions peu étendues de l'épithélium stomacal
ne mettent pas à nu les couches profondes de la muqueuse gastrique, en raison de la
rétractilité de la couche musculeuse, qui tend toujours à ramener l'un contre l'autre les
bords de la plaie. Afin d'éviter cet inconvénient, on a incisé coupé la muqueuse profondément et dans une large étendue. Les animaux en expérience étaient sacrifiés de un
à cinquante-cinq jours après cette opération ; puis on examinait leur estomac au

microscope. Par ce moyen GRIFFINI et VASSALE ont pu se convaincre que l'absence de l'épithélium n'est pas une cause suffisante pour que l'auto-digestion ait lieu. La plaie stomacale guérit toujours dans les meilleures conditions, et se recouvre d'une nouvelle muqueuse, au bout d'un certain temps. Cette réparation se fait beaucoup plus vite chez les animaux qui ne mangent pas pendant les premiers jours, ou qui prennent seulement du lait avec un peu de pain. En tout cas, ce processus ne dure d'une façon générale pas plus de huit à dix jours.

OTTE a fait toutes ses expériences sur une anse intestinale ligaturée, dans laquelle il introduisait tantôt du suc gastrique, tantôt du suc pancréatique, après y avoir changé les conditions de vie de l'épithélium en le mettant en contact pendant un temps plus ou moins long avec une solution de nitrate d'argent à 2 p. 100 ou avec une solution de fluorure de sodium à des concentrations variables (0gr,25 p. 100, 0gr,5 p. 100, 2gr,5 p. 100). Ces dernières expériences surtout sont très intéressantes. On sait que HEIDENHAIN a montré qu'une solution de fluorure de sodium au titre de 0gr,05 p. 100, injectée dans une anse intestinale de chien, pervertit complètement les propriétés osmotiques et absorbantes de la muqueuse sans détruire l'épithélium. Si donc ce tissu perd, par son contact avec le fluorure de sodium l'activité spécifique à laquelle on attribue son rôle protecteur contre l'auto-digestion, les anses intestinales dans les expériences de OTTE auraient dû se digérer. Or, contrairement à ses prévisions, OTTE n'a pas observé un seul cas d'auto-digestion dans toutes ses expériences.

MAX MATTHES, de son côté, a pu se convaincre, en enlevant complètement une portion circulaire de la muqueuse gastrique de six centimètres de diamètre, et en empêchant, par un dispositif spécial, la rétraction des parois stomacales, que la couche musculeuse n'est pas attaquée par le suc gastrique. Les animaux qui ont subi cette opération vivent normalement pendant longtemps, et, lorsqu'on les sacrifie, on ne trouve dans leur estomac d'autres lésions que celles que l'on a produites expérimentalement et qui sont, justement, en voie de guérison.

c) **Théorie de l'alcalinité du sang.** — D'après RUZICKA, c'est VIRCHOW qui a émis, avant tout autre, l'idée que la muqueuse stomacale ne se digère pas pendant la vie, grâce à la neutralisation par le sang circulant du suc gastrique qu'elle absorbe. Quoi qu'il en soit de cette question de priorité, il est incontestable que le véritable promoteur de cette théorie est le physiologiste anglais PAVY.

α) *Arguments en faveur de l'alcalinité du sang.* — Cet auteur a constaté tout d'abord que la ligature en masse d'un point quelconque des parois gastriques, ainsi que la ligature isolée des artères qui se rendent dans l'estomac, provoque dans les régions privées de sang des phénomènes d'auto-digestion. Il s'est demandé ensuite quel était le mécanisme de ces phénomènes. Au lieu de les attribuer à une absence de nutrition dans les tissus ischémiés, il les expliqua en disant que, le suc gastrique absorbé par la muqueuse n'étant plus neutralisé par le sang, la pepsine pouvait alors attaquer les parois stomacales et en déterminer la digestion. La preuve en est, dit-il, qu'on peut provoquer des lésions digestives sur un estomac dont la circulation est intacte, en rendant cette neutralisation insuffisante par l'introduction de grandes quantités d'acide dans la cavité gastrique. PAVY rapporte à ce sujet l'expérience suivante : Après avoir lié le tube digestif d'un chien en pleine digestion, au niveau du cardia et du pylore, en respectant les vaisseaux, il introduisit dans l'estomac de cet animal 93 grammes d'acide chlorhydrique commercial contenant 12 *grammes d'acide chlorhydrique pur*. Au bout d'une heure quarante minutes, l'animal mourut. L'autopsie, faite immédiatement après, montra une destruction complète de la muqueuse gastrique avec une perforation de l'estomac près du cardia. Cette expérience n'a aucune signification, attendu que la dose d'acide que PAVY a introduite dans l'estomac était tellement forte que, comme le fait remarquer BUNGE, n'importe quel autre caustique, la potasse par exemple, y aurait produit des lésions tout aussi graves.

L'autre expérience que PAVY a faite pour montrer l'exactitude de son hypothèse est encore plus défectueuse que la précédente. Il prit l'estomac de deux lapins en pleine digestion, et plongea l'un de ces organes dans un bain de sang défibriné, et l'autre dans une solution de gomme et de sucre; puis il transporta les deux dans une étuve à la température de 37°8. Au bout de quatre heures et demie de digestion, l'estomac placé dans la solution de gomme et de sucre avait une perforation, tandis que l'autre ne paraissait pas atteint. Néanmoins, après avoir examiné ce dernier, Pavy vit que toute la muqueuse gastrique était détruite, et qu'il ne restait plus qu'une paroi très mince qui n'avait pas été digérée. Il y avait donc une légère différence dans la manière de se comporter de ces deux organes vis-à-vis du suc gastrique; mais, pour peu qu'on réfléchisse, on comprendra que cette différence pouvait tenir, entre autres choses, à ce que le sang défibriné conserve beaucoup mieux les tissus qu'une solution de gomme et de sucre.

β) *Arguments contre la théorie de l'alcalinité du sang.* — La première et la plus grave objection qui se dresse contre la théorie de Pavy, c'est la résistance qu'offrent les parois intestinales à l'action digestive du suc pancréatique qui cependant, lui, n'agit sur les principes albuminoïdes que dans un milieu alcalin (Bunge, Contejean).

Les expériences de Ruzicka prouvent, d'autre part, que l'alcalinité du sang est insuffisante à empêcher la digestion des tissus vivants par le suc gastrique. En effet, cet auteur a constaté, en étudiant comparativement l'action du suc gastrique sur l'épithélium de la langue de la grenouille, à l'état normal et après l'arrêt de la circulation, que la marche des phénomènes digestifs ne présente pas de différences sensibles dans ces deux cas. L'épithélium se détruit avec la même rapidité, lorsque la circulation de la langue est intacte, que lorsqu'elle a été supprimée.

En dehors de ces objections, il faut encore se rappeler que, si le sang jouissait d'un pouvoir de neutralisation très intense, l'acide chlorhydrique ne prendrait jamais naissance dans les éléments glandulaires de l'estomac, car il serait neutralisé sur place et au fur et à mesure de sa formation par les alcalis du sang circulant (Fermi).

Ajoutons que Samuelson prétend qu'on peut injecter dans la circulation des quantités considérables de divers acides (acide citrique, acétique, chlorhydrique, etc.), sans produire de lésions digestives dans l'estomac. Les animaux succombent à ces injections, mais, en faisant leur autopsie, on s'aperçoit que la muqueuse gastrique, à de rares exceptions près, se trouve absolument indemne.

d) **Théorie de l'enlèvement des principes digérants par la circulation.** — Gaglio croit que la circulation protège l'estomac contre l'action dissolvante du suc gastrique, en le débarrassant des principes digestifs qu'il absorbe. Cette théorie a été acceptée en partie par Gaspardi et Viola, et ensuite par Contejean.

α) *Arguments en faveur de la théorie de l'enlèvement des principes digérants par la circulation.* — Voici l'expérience sur laquelle Gaglio fonde son opinion. Si l'on introduit dans la vessie d'un lapin vivant une certaine quantité de suc gastrique, après avoir lié les uretères pour éviter le mélange de ce liquide avec l'urine, on ne constate pas de phénomènes de digestion. La vessie ne présente aucune lésion après la mort de l'animal, et le suc gastrique qu'elle renferme à ce moment est devenu neutre ou alcalin; mais, une fois acidulé, il est encore capable de digérer la fibrine ou l'albumine.

Ces faits prouvent que toute la pepsine n'a pas été absorbée par la vessie. Quant à l'acide chlorhydrique, rien ne dit qu'il ait totalement disparu par absorption; il a pu aussi être neutralisé en partie par le mucus vésical. Quoi qu'il en soit, l'expérience de Gaglio ne nous renseigne pas sur le mécanisme de ces phénomènes. Tout ce qu'elle démontre, c'est que le suc gastrique n'a pas d'influence nuisible sur la vessie d'un animal vivant.

Les expériences de Gaspardi et Viola, ainsi que celles de Contejean, ne nous conduisent pas non plus à une autre conclusion. Ces auteurs ont bien vu que des tissus vivants, très vascularisés (rate, intestin), introduits dans l'estomac du même animal, ne se digèrent pas du tout, ou se digèrent très difficilement, mais ils n'ont rien fait pour nous apprendre comment ces tissus résistent à l'action du suc gastrique.

β) *Arguments contre la théorie de l'enlèvement des principes digérants par la circulation.* — Fermi pense que l'absorption de la pepsine et de la trypsine par le tube digestif a toujours lieu très lentement. D'autre part, ces ferments adhèrent trop énergiquement aux cellules et aux albuminoïdes, pour que la circulation puisse les enlever de la muqueuse gastrique, *complètement* et avec la *rapidité nécessaire.* Or, étant donné l'activité prodigieuse de ces ferments, les petites quantités qui en resteraient fixées à la muqueuse suffiraient pour la digérer largement. Nonobstant, ajoute Fermi, si l'on admet que ce transport des matériaux existe, et qu'il est très important, alors on ne comprend pas comment le suc gastrique peut se former dans les glandes stomacales; car, aussitôt que la pepsine et l'acide chlorhydrique sont mis en liberté, ils doivent être enlevés par la circulation.

Un autre argument, à l'encontre de cette hypothèse, se trouve dans les expériences de Ruzicka que nous connaissons déjà. L'épithélium de la langue de la grenouille mis en présence du suc gastrique se digère tout aussi facilement, lorsque la circulation est intacte, que lorsqu'elle est arrêtée.

Enfin, si cette théorie était exacte, il serait inexplicable que certains organismes inférieurs, qui ne possèdent pas de circulation, et dont la masse est tout à fait négligeable, puissent résister à l'action digestive du suc gastrique (Frenzel, Fermi). Ce même argument se retourne aussi contre la théorie de l'alcalinité du sang.

e) Théorie nerveuse. — Cette théorie a servi à un certain nombre de médecins pour expliquer le mécanisme pathogénique de l'*ulcère rond* de l'estomac. Après avoir observé, avec Jager, Lenhoseck, Rokitansky, Liébert, Rapp, Geiger, etc., que les maladies nerveuses s'accompagnent assez souvent de l'ulcère rond de l'estomac, ils se sont appuyés sur les expériences de Cameren, de Günsburg, de Schiff, de Ebstein, de Koch, d'Ewald et de Talma, pour dire que les lésions du système nerveux, ainsi que l'excitation des nerfs sensitifs pouvaient diminuer la vitalité de la muqueuse stomacale et faciliter sa digestion par le suc gastrique.

Samuelson a critiqué cette hypothèse en montrant que l'estomac, complètement énervé par la section des deux sympathiques et des deux vagues, supporte pendant longtemps le contact d'un suc gastrique artificiel très actif, sans éprouver de modification appréciable. Otte est arrivé aux mêmes résultats que Samuelson, en faisant agir le suc pancréatique sur l'intestin énervé. Toutefois, ces résultats négatifs n'excluent pas cette hypothèse que les maladies du système nerveux puissent produire, à la longue, l'ulcère rond de l'estomac, en troublant les conditions de vie de cet organe (troubles vaso-moteurs ou troubles trophiques).

f) Théorie vitale. — Hunter a exprimé très nettement l'idée que les tissus suivants ne pouvaient pas être attaqués par le suc gastrique : « S'il était possible, disait-il, d'introduire la main dans l'estomac d'un animal vivant, elle résisterait à la digestion; il n'en serait pas de même si la main était séparée du tronc. » La cause de cette résistance des tissus vivants à l'auto-digestion est attribuée par Hunter à une combinaison des tissus avec le *principe vital.*

Cette théorie, qui est la plus ancienne de toutes, car elle a été formulée en 1772, est en train de devenir aujourd'hui, grâce surtout aux travaux de Matthes et de Fermi, la théorie la plus acceptée parmi toutes celles qui prétendent expliquer l'immunité des organes digestifs, vis-à-vis des sucs que ces organes élaborent.

α) Arguments en faveur de la théorie vitale. — Hunter a observé que, si l'on tue un animal en pleine digestion, et si on le garde à une température favorable, l'estomac et les organes avoisinants (rate, diaphragme, etc.) se digèrent rapidement. Il a trouvé aussi les parois de l'estomac digérées chez des hommes morts subitement en pleine digestion.

Viola et Gaspardi ont fait une expérience que Fermi considère comme une preuve irréfutable en faveur de la théorie vitale. Ces auteurs ont introduit la rate dans l'estomac d'un même animal, en respectant l'intégrité des vaisseaux spléniques. Les animaux ainsi opérés (chiens, chats) survécurent de douze à soixante-quatre heures. A l'autopsie, la rate ne présenta pas de lésion digestive appréciable. Mais, ainsi que Contejean l'a fait remarquer, ces expériences ne sont pas très concluantes, car les animaux se trouvaient en trop mauvais état pour effectuer des digestions bien actives. Il est même probable que ces animaux ne sécrétaient pas du tout de suc gastrique.

L'expérience d'Ewald est à ce point de vue beaucoup plus démonstrative. Cet auteur met à digérer, pendant six heures, dans un extrait d'estomac très actif, la jambe postérieure rasée d'un chien vivant. Afin d'assurer l'immobilité de la jambe, on a commencé par sectionner la moelle de l'animal. Or, malgré la très grande activité du suc gastrique, il ne se produisit pas de lésion digestive dans la jambe. Le seul reproche qu'on peut adresser à cette expérience, c'est que la jambe n'est peut-être pas restée assez longtemps en contact avec le suc gastrique.

Max Matthes a étudié tout d'abord l'action des principes spécifiques du suc gastrique sur la muqueuse intestinale vivante. Il a vu, en irriguant pendant une demi-heure à travers une fistule artificielle une anse de l'intestin grêle avec des solutions qui contenaient tantôt de l'acide chlorydrique seul, tantôt de la pepsine seule, tantôt ces deux corps mélangés, que l'épithélium intestinal était touché par les solutions acides avec ou sans pepsine, tandis qu'il n'éprouvait aucune modification sous l'influence des solutions neutres de ce ferment. Une expérience de contrôle, faite avec des solutions de chlorure de sodium au titre physiologique, donna aussi des résultats négatifs. D'après Matthes, l'action toxique de l'acide chlorhydrique s'exerce surtout sur les portions inférieures de l'intestin grêle; les parties supérieures de cet organe semblent plus réfractaires, probablement parce qu'elles sont habituées au contact du suc gastrique. Cette action nuisible se montre même si l'on ajoute aux solutions acides une certaine quantité de mucus (nouvel argument contre la théorie de Harley). Elle n'est pas non plus empêchée par les alcalis du sang, comme le croyait Pavy.

Dans une seconde série d'expériences, Matthes a cherché à démontrer que la digestion de certains tissus vivants (pattes de grenouille) par le suc gastrique est due précisément à cette action toxique de l'acide chlorhydrique. En effet, si l'on plonge ces tissus dans une solution de pepsine acidulée par l'acide urique ou par l'acide hippurique, corps qui sont beaucoup moins toxiques que l'acide chlorhydrique, la digestion n'a pas lieu; et, cependant, ces mélanges digérants sont encore assez actifs, car ils dissolvent les pattes d'une grenouille morte dans l'espace de dix heures à la température de 40°. Toutefois, nous devons faire remarquer que, dans cette expérience, la température des liquides digestifs était de 15° plus élevée que dans les expériences avec les tissus vivants.

En opérant avec le suc pancréatique et dans des conditions très variées (injection du suc pancréatique sous la peau ou introduction directe des organes vivants dans ce liquide), Matthes n'a jamais constaté de phénomènes de digestion.

De cet ensemble d'expériences, l'auteur conclut : 1° que les ferments protéolytiques sont inactifs vis-à-vis des tissus vivants; 2° que c'est l'acide chlorhydrique qui rend possible la digestion de certains de ces tissus par le suc gastrique, en produisant préalablement la mort des cellules; 3° que les divers tissus de l'organisme ne sont pas également sensibles à l'action toxique de l'acide chlorhydrique. L'épithélium stomacal, par exemple, lui est plus ou moins réfractaire. Ces différences tiennent vraisemblablement à une adaptation fonctionnelle des cellules.

Fermi professe aussi l'opinion que le protoplasme vivant n'est pas attaqué par les sucs digestifs. Il s'appuie sur les résultats suivants :

1° La pepsine en solution hydrochlorique, ainsi que le suc gastrique naturel, n'exerce aucune action ni sur les hypsomycètes, ni sur les blastomycètes. Ces microrganismes se développent même dans les liquides susdits en en altérant la réaction et l'activité.

2° La trypsine est inactive, non seulement sur les hypsomycètes et sur les blastomycètes, mais encore sur tous les schizomycètes. Ces derniers, spécialement, prennent un développement inattendu en présence et même aux dépens de la trypsine.

3° Les amibes, qui n'ont pas de membrane protoplasmique, ne sont ni digérés, ni tués par la trypsine, in vitro ou dans l'intestin.

4° La trypsine n'agit pas non plus sur les cellules vivantes embryonnaires des plantes. Des graines de graminées ou de légumineuses se développent très bien dans les solutions stérilisées de trypsine active.

5° Des Vers et des Insectes, dans le stade larvaire (mouches), plongés dans des solutions de trypsine ne sont pas attaqués. Il en est de même des Vers qui vivent dans l'intestin. Ces faits sont absolument contraires à la théorie de Gaglio.

6° Des injections de pepsine dans des organes végétaux, très acides, ne produisent pas d'effet digestif sur les tissus.

7° Les solutions de trypsine stérilisées, injectées à des doses considérables (2 grammes de pepsine par jour pendant une semaine) sous la peau des grenouilles et des cobayes vivants, sont complètement inoffensives. La trypsine ne fut pas absorbée, comme aurait pu le penser Gaglio, mais détruite in situ par l'albumine vivante. En effet, au bout de cinq heures chez la grenouille et de dix minutes chez le cobaye, même avec la méthode très sensible de la gélatine, on n'en trouva plus de trace dans les organes.

8° La trypsine mélangée avec des organes frais triturés ou avec le sérum des animaux récemment tués, se détruit complètement au bout de vingt-quatre heures. Il n'en est pas de même lorsqu'on soumet préalablement ces divers éléments organiques à l'ébullition.

9° La zymase protéolytique produite par un microrganisme donné ne se digère pas elle-même, et n'attaque pas non plus celles des autres espèces microbiennes.

FERMI compare ces résultats avec la résistance que l'estomac, le pancréas et l'intestin offrent pendant la vie à l'action digestive des sucs que ces organes élaborent et conclut « que de même que le protoplasma vivant (cette combinaison chimique prodigieuse, bien différente du protoplasma mort), peut produire les corps chimiques les plus extraordinaires et montrer les propriétés physiques les plus invraisemblables, de même il résiste facilement aux zymases protéolytiques, auxquelles, d'ailleurs, un bon nombre des substances albuminoïdes mortes en sont plus ou moins réfractaires.

A l'exemple de MATTHES, FERMI croit aussi que l'acide chlorhydrique est toxique pour les cellules de la muqueuse stomacale. Ces éléments supporteraient le contact de l'acide chlorhydrique, comme les cellules des glandes buccales de certains gastéropodes, supportent la présence de l'acide sulfurique, et comme beaucoup des cellules végétales supportent celle des acides les plus divers.

OTTE est aussi un partisan de la théorie vitale. Il a vu, en injectant une certaine quantité de suc gastrique et de suc pancréatique dans une anse d'intestin grêle, isolée par deux ligatures, que ces liquides disparaissent par absorption en laissant intacte la muqueuse intestinale. Même lorsqu'on détruit l'épithélium muqueux par des solutions de nitrate d'argent ou de fluorure de sodium, l'intestin résiste aux ferments digestifs. Au contraire, si on supprime la nutrition de cet organe, en liant les artères qui l'irriguent, alors il est rapidement digéré par le suc gastrique et par le suc pancréatique. D'après OTTE, la section des nerfs mésentériques n'affaiblit en rien la résistance de l'intestin à l'auto-digestion. Cet auteur a constaté aussi, en introduisant des quantités considérables de suc pancréatique dans la cavité pleurale et péritonéale de divers chiens, que la trypsine n'agit pas sur les tissus vivants.

β) *Arguments contre la théorie vitale.* — CL. BERNARD fut le premier auteur qui critiqua les idées de HUNTER, en montrant que le train postérieur d'une grenouille vivante, introduit dans l'estomac d'un chien à fistule, ne tardait pas à être digéré par le suc gastrique, tandis que l'animal continuait encore à vivre. Le corps d'une anguille, dont la tête fut laissée hors de la fistule, se comporta absolument de même. Dans une autre expérience, CL. BERNARD trouva, après avoir injecté une certaine quantité de suc gastrique sous la peau d'un animal, que le tissu cellulaire était attaqué et finalement dissous.

MATTHES et FERMI interprètent les deux premiers résultats de CL. BERNARD, en disant que la température de l'estomac du chien était nocive pour les tissus des animaux à sang froid et que ceux-ci ne pouvaient alors résister à l'action digestive du suc gastrique. Quant au troisième résultat, on peut l'attribuer à des influences microbiennes. Cependant CL. BERNARD soutient qu'il s'agissait là d'une véritable digestion.

Certaines expériences de PAVY ne se prêtent pas aux mêmes objections que celles de CL. BERNARD. L'auteur anglais a introduit l'oreille d'un lapin dans l'estomac d'un chien à fistule, en pleine digestion, en arrangeant l'expérience de telle sorte que la circulation dans les tissus soumis à l'action du suc gastrique ne fût pas gênée. Au bout de deux heures de digestion, il retira l'oreille de la cavité stomacale, et vit que toute la surface de cet organe présentait des érosions nombreuses ayant la grandeur d'une pièce de deux sous. Cependant l'oreille n'était perforée en aucun endroit; mais en l'introduisant de nouveau dans l'estomac, pendant une heure et demie, elle se digéra en grande partie. Les partisans de la théorie vitale voient dans ce résultat la preuve que l'acide chlorhydrique du suc gastrique tue les tissus qui ne sont pas habitués à son contact, en le rendant ainsi apte à être digéré par la pepsine. Mais, par cela même, ces auteurs reconnaissent que l'immunité des tissus vivants vis-à-vis du suc gastrique est loin d'être un fait général.

Voici d'ailleurs quelques expériences de FRENZEL, de CONTEJEAN et de RUZICKA qui démontrent, comme celles de PAVY, que le suc gastrique peut attaquer un certain nombre des tissus vivants et en déterminer la digestion. FRENZEL place des petits vers qui vivent habituellement dans les premières parties de l'intestin grêle des poissons, d'une part dans un mélange de pepsine et d'acide chlorhydrique à 2 p. 1000 et d'autre part dans une solution d'acide chlorhydrique pur au même titre. Ces êtres furent complètement digérés dans la première solution, et moururent dans la seconde, après avoir éprouvé un certain gonflement. La température des liquides digestifs était dans ces expériences de 18°.

Dans une autre série de recherches faites sur des Distomes et des Ascarides, retirés de l'estomac d'un Squale, FRENZEL constata que, tandis que les Distomes meurent au bout de six heures au contact du suc gastrique, les Ascarides résistent à l'action de ces liquides, même pendant deux jours consécutifs. Si, au lieu de se servir de suc gastrique, on se sert de suc pancréatique, les résultats qu'on obtient sont tout à fait semblables. Enfin, lorsqu'on tue les Ascarides avant de les plonger dans les sucs digestifs, ces êtres sont alors rapidement dissous.

Ces expériences montrent très nettement qu'il existe, même parmi les organismes inférieurs que l'on rencontre dans le tube digestif, des espèces qui sont très sensibles à l'action des sucs gastrique et pancréatique, et d'autres qui leur sont plus ou moins réfractaires.

CONTEJEAN a soumis à l'action du suc gastrique *in vivo* des tissus très vascularisés, appartenant au même animal sur lequel il a fait son expérience. Il a introduit et fixé, par une suture dans la cavité stomacale d'un chien, une anse de l'intestin grêle de ce même animal, en ayant soin de respecter la circulation mésentérique. Les animaux ainsi opérés ne succombent pas tout de suite, comme ceux de VIOLA et GASPARDI. Tout au contraire, ils vivent quelques mois, et présentent pendant cette période un appétit excellent suivi de digestions très actives. Néanmoins, si l'on sacrifie ces animaux au bout d'un certain temps, on trouve l'anse intestinale introduite dans l'estomac manifestement attaquée par le suc gastrique. Dans quelques cas, cette anse est même perforée en plusieurs endroits, et le contenu intestinal se vide régulièrement dans l'estomac sans provoquer le moindre trouble digestif. La surface de ces ulcérations de la paroi intestinale est en général recouverte par une muqueuse de nouvelle formation, provenant soit de la muqueuse gastrique, soit de la muqueuse intestinale. Cette expérience ayant été faite avec les tissus d'un même animal prouve, encore plus que celle de PAVY, que le suc gastrique ne respecte pas tous les tissus vivants.

La même conclusion se dégage des expériences de RUZICKA. Cet auteur a observé que l'épithélium vivant de la langue de la grenouille se digère rapidement au contact du suc gastrique. Bien mieux, RUZICKA prétend que cet épithélium se digère tout aussi rapidement lorsqu'il est vivant que lorsqu'il est mort.

Nous voyons donc par ces expériences que, si l'estomac résiste à l'auto-digestion, ce n'est pas seulement parce qu'il est vivant, mais aussi parce qu'il possède une organisation particulière qui le met à l'abri des attaques du suc gastrique. Au point de vue de cette organisation, l'épithélium stomacal doit être placé au premier rang, car, d'après les expériences de RUZICKA, cet épithélium offre une résistance considérable à l'action digestive du suc gastrique, même après la mort. Toutefois, étant donné que la destruction partielle de ce tissu n'entraîne pas l'auto-digestion de l'estomac, il faut bien admettre, avec MATTHES et avec FERMI, que la vie suffit par elle-même pour empêcher, tout au moins pendant longtemps, la digestion de n'importe quel tissu par le suc gastrique. Cette protection doit se faire par l'intermédiaire du sang, qui, en rendant la réaction des tissus alcaline, supprime par cela même l'activité de la pepsine. La théorie de FERMI, que les tissus vivants détruisent les ferments digestifs, ne peut pas être appliquée à la pepsine. On sait, en effet, que cette enzyme se trouve un peu partout dans l'économie *animale* (BRUCKE et KÜHNE). Dans ces derniers temps, FREUND a prétendu que la tension intracellulaire pouvait expliquer cette résistance des cellules vivantes aux ferments digestifs. Pour montrer que cette hypothèse est très vraisemblable, il a fait l'expérience suivante : Dans un petit sac, dont les parois sont formées par du papier filtre et par un tissu de soie, il introduit un flacon de fibrine et diverses substances capables de se gonfler par hydratation, comme par exemple la gomme, la gélatine, l'agar-agar, etc. Après avoir lié fortement le sac, de façon à comprimer autant que possible son contenu, il le plonge dans une solution de chlorure de sodium à 1 p. 100. Au contact de ce liquide, les matières nommées plus haut se gonflent, et ce gonflement provoque une nouvelle augmentation de pression dans l'intérieur du sac. Celui-ci est alors retiré de la solution saline et mis à digérer dans une solution acide de pepsine à la température de 40°. Un autre sac témoin, préparé de la même façon, mais non comprimé, est aussi mis à digérer dans cette solution de pepsine. Au bout d'un quart d'heure de digestion, on ne trouve plus de trace du flocon de fibrine dans ce dernier sac, tandis que dans le premier le flocon de fibrine est encore intact, même après vingt-quatre heures de digestion.

FREUND s'est assuré que le sac comprimé, qui est imperméable pour la pepsine, se laisse traverser facilement par un grand nombre d'autres substances, telles que l'acide chlorhydrique, le sucre et la peptone, et il conclut que les choses doivent se passer de même dans le corps de la cellule vivante. Cette conclusion nous semble cependant un peu osée, car les dispositifs employés par FREUND dans ses expériences est loin de reproduire les conditions physico-chimiques de l'absorption cellulaire. De plus, si cette hypothèse était exacte, on ne comprendrait pas comment la pepsine peut être absorbée par le tube digestif. FREUND lui-même est obligé de convenir que cette absorption existe, mais il dit qu'elle est extrêmement faible, et qu'elle peut se faire par l'estomac, au lieu de se faire à travers les parois cellulaires. En tout cas, il ne fournit aucune preuve à l'appui de cette nouvelle supposition.

Conclusion. — Importance des fonctions de l'estomac. — CZERNY et ses élèves KAISER et SCRIBA ont cherché, pour la première fois (1876), à se rendre compte de l'importance des fonctions de l'estomac, en essayant de pratiquer l'extirpation de cet organe chez le chien. Un des animaux opéré par ces auteurs vivait encore, cinq ans après l'opération, lorsqu'il fut envoyé au laboratoire de physiologie de Leipzig, où LUDWIG fit son autopsie. L'animal, qui avait été sacrifié en pleine digestion, présentait au niveau de la portion cardiaque de l'estomac une poche remplie d'aliments. En présence de ce résultat incomplet, et étant donné la difficulté d'enlever la totalité de l'estomac chez le chien, LUDWIG et son élève OGATA eurent recours à une autre méthode pour étudier les effets produits par la suppression des fonctions gastriques, afin d'en déduire l'importance de celles-ci dans l'économie animale. Ils pratiquèrent sur des chiens une fistule intestinale un peu au-dessous du pylore, par laquelle ils introduisaient les aliments directement dans le duodénum. En même temps, ils obturaient l'orifice pylorique à l'aide d'un ballon en caoutchouc, de façon à éviter le passage du suc gastrique dans l'intestin. Dans ces conditions, les animaux vivaient plusieurs jours sans présenter de trouble appréciable. Mais il fallait les alimenter avec des substances finement divisées ou à l'état liquide. Pour être assimilée, la viande, même hachée, devait être introduite dans l'intestin à l'état cru; la viande cuite était rejetée à peu près intacte par l'anus. La peau de porc hachée et bouillie était, au contraire, digérée beaucoup plus complètement que la peau crue. La composition des fèces ne différait en rien de celle des fèces normales. Cependant, de temps à autre, on y trouvait le tissu conjonctif de la viande moins attaqué qu'à l'état normal. Enfin, avec deux ingestions d'aliments par jour, les animaux se maintenaient en équilibre de nutrition.

Malgré leur défectuosité, ces expériences prouvent que l'intestin et ses organes annexes, dans *certaines conditions d'alimentation*, suffisent pour accomplir tout le travail chimique nécessaire à la digestion complète des aliments.

Néanmoins, comme l'estomac dans ces expériences n'était pas enlevé, on n'avait pas le droit de conclure que cet organe n'était pas nécessaire à la vie; car, en dehors de ses fonctions digestives proprement dites, on pouvait lui supposer d'autres fonctions s'exerçant par d'autres voies, fonctions indispensables à la vie. Ce doute était d'autant plus permis que nous savons que beaucoup d'organes glandulaires possèdent, à côté de leur sécrétion externe, des sécrétions internes qui sont aussi fort importantes.

Tel était l'état de cette question lorsque, en 1893, PACHON et moi nous en reprîmes l'étude, en nous servant de la même méthode qui avait été déjà employée par KAISER et ses élèves. Après quelques insuccès, nous avons été assez heureux pour conserver en vie un chien auquel nous avions fait l'ablation aussi totale que possible de l'estomac, le 22 juin de la même année. Ce chien, qui pesait 10^{kil},100 le jour de l'opération, pesait, cinq mois après, 10^{kil},600, et présentait à ce moment l'aspect général de la plus parfaite santé.

L'histoire de cet animal peut se diviser en trois périodes correspondant aux trois genres d'alimentation que nous avons dû successivement lui donner.

Première période (22 juin-10 juillet). *Alimentation liquide.* — Dès le quatrième jour de l'opération, nous fîmes prendre du lait à cet animal. Le lait fut continué pendant les vingt premiers jours à la dose quotidienne de 1 litre et demi, que nous donnâmes d'abord par précaution bouilli, pendant la première semaine, puis cru. Il nous a été ainsi permis de constater que chez l'animal privé d'estomac la *digestion du lait* était très imparfaite ; les fèces étaient en grande partie diarrhéiques, et l'on y retrouvait des grumeaux de caséine d'une façon constante.

Toute alimentation solide était alors impossible. Quelques miettes de pain avalées par l'animal étaient à peine tolérées deux ou trois minutes et suffisaient à provoquer un vomissement. Le lait lui-même, du reste, pour être toléré, devait être bu par le chien à petites gorgées, se succédant à des demi-heures ou des heures d'intervalle ; si la quantité prise en une fois dépassait 60 à 80 grammes, le vomissement ne tardait pas à se produire. Aussi à ce moment-là ne se passait-il pas de jours sans que l'animal dût maintes fois rejeter la nourriture qu'il venait de prendre.

Deuxième période (10 juillet-10 août). *Alimentation pâteuse.* — Il fallait dès lors obvier à ce double inconvénient d'une nourriture lactée exclusive et imparfaitement digérée. A cet effet, on donna à l'animal, du 10 juillet au 10 août, la bouillie banale des nourrissons (100 à 150 grammes de farine de blé délayée et cuite dans du lait). Cette nouvelle nourriture fut mieux digérée ; les fèces toutefois étaient encore en partie diarrhéiques, et le poids du chien, qui était descendu à 8^{kil},600 le 10 juillet, n'était remonté qu'à 9 kilogrammes le 10 août.

Pendant toute cette période, comme pendant la précédente, un phénomène assez remarquable était l'impression de lassitude, de fatigue, d'abattement même, ressentie par l'animal, pendant le premier moment qui suivait chaque absorption d'aliments. Cet état avait une durée variable, de dix minutes à une demi-heure.

Troisième période (10 août-25 novembre). *Alimentation solide.* — A la date du 10 août, on put enfin donner une alimentation solide à l'animal, une soupe composée de 250 grammes de viande (de cheval) hachée et cuite, et de 150 grammes de pain. Le chien mange cette soupe peu à peu, en prend quelques bouchées, dès qu'on la lui donne, puis se retire, y revient un moment après, et l'achève ainsi. à intervalles divers, en douze à quatorze heures ; il est intéressant de voir comme il mâche pendant quelque temps les morceaux de viande, avant de les avaler, ce que ne fait pas le chien normal. Les vomissements alimentaires ont beaucoup diminué de fréquence, sans toutefois avoir complètement disparu. C'est que l'animal s'est appris, à vrai dire, à régler son bol alimentaire, et à ne pas dépasser, chaque fois qu'il mange, la quantité d'aliments tolérée par son intestin. Les aliments chauds provoquent plus particulièrement le vomissement.

Dans ces conditions, la *digestion de la viande cuite* a toujours été beaucoup plus parfaite que celle de *la viande crue*. Cela résulte non seulement de l'état physique des fèces, mais encore de nombreux dosages d'azote total faits comparativement dans les aliments et dans les fèces.

On voit par ce tableau que, pour une ration alimentaire composée de 10 grammes d'azote environ, le chien en a excrété par les fèces une moyenne de 0^{gr},95 à 1 gramme par jour, quand la viande de l'alimentation était cuite ; de 1^{gr},7 à 1^{gr},8 quand la viande était crue et non hachée, et de 1^{gr},5 à 1^{gr},6 quand la viande était crue et hachée. Ces résultats ne concordent pas avec ceux de Ludwig et Ogata ; mais il faut se rendre compte qu'on ne peut établir aucune comparaison entre les expériences de ces physiologistes et les nôtres.

Le *tissu connectif* (tendons, aponévroses) est absolument inattaqué, et se retrouve intact dans les fèces, tandis que chez un chien normal témoin il est bien digéré.

Quant aux phénomènes de réaction générale présentés par ce chien, pendant la digestion, ils ne se distinguaient en rien de ceux qu'on voit à l'ordinaire sur un chien normal. L'état de somnolence, qui succédait à chaque absorption d'aliments pendant les deux premières périodes, avait absolument disparu.

Tableau des dosages d'azote total dans les aliments et les fèces.

ALIMENTATION.			FÈCES.		
DATE.	NATURE ET POIDS, des aliments.	AZOTE alimentaire.	DATE.	POIDS.	AZOTE total.
1er octobre. . .	Viande de cheval cuite. 250gr / Pain sec. 150	9,8	2 octobre. . . .	81gr	1,023
2 — . . .	Idem.	9,8	3 —	70	0,946
3 — . . .	Idem.	9,8	4 —	60	0,972
4 — . . .	Idem.	9,8	5 —	80	1,034
5 — . . .	Idem.	9,8	6 —	55	0,981
6 — . . .	Idem.	9,8	7 —	72	1,062
7 — . . .	Idem.	9,8	8 —	54	2,041
8 — . . .	Idem.	9,8	9 —	49	
9 — . . .	Idem.	9,8	10 —	61	0,982
10 — . . .	Idem.	9,8	11 —	50	0,956
11 — . . .	Idem.	9,8	12 —	67	0,938
12 — . . .	Idem.	9,8	13 —	49	0,946
13 — . . .	Idem.	9,8	14 —	55	1,031
14 — . . .	Idem.	9,8	15 —	60	2,083
15 — . . .	Idem.	9,8	16 —	65	
16 — . . .	Idem.	9,8	17 —	58	1,010
17 — . . .	Idem.	9,8	18 —	65	1,036
18 — . . .	Idem.	9,8	19 —	45	0,978
19 — . . .	Idem.	9,8	20 —	55	0,964
20 — . . .	Viande crue non hachée. 250gr / Pain sec. 150	9,8	21 —	65	1,827
21 — . . .	Idem.	9,8	22 —	70	3,502
22 — . . .	Idem.	9,8	23 —	80	
23 — . . .	Idem.	9,8	24 —	75	1,746
24 — . . .	Viande crue hachée. . . 250gr / Pain sec. 150	9,8	25 —	65	1,710
25 — . . .	Idem.	9,8	26 —	66	1,672
26 — . . .	Idem.	9,8	27 —	67	1,342
27 — . . .	Idem.	9,8	28 —	60	1,497
28 — . . .	Idem.	9,8	29 —	68	3,201
29 — . . .	Idem.	9,8	30 —	60	
30 — . . .	Idem.	9,8	31 —	60	1,652

Réaction du contenu duodénal. — Comme le chien vomissait facilement, il a été loisible d'examiner la réaction du contenu duodénal, à divers moments de la digestion. Si l'on fait prendre au chien, à jeun, une nourriture neutre, le magma des matières vomies après une demi-heure est neutre (examiné au phénol-phtaléine, à la tropéoline et au tournesol); le magma de matières vomies après deux et trois heures est franchement acide, et les réactifs différentiels (rouge du Congo et tropéoline) indiquent qu'il s'agit ici d'une acidité organique et non minérale.

Réaction de l'urine. — L'urine a toujours donné une réaction franchement acide, soit le matin, à jeun, soit au moment de la digestion.

Tolérance de la viande corrompue. — Le 22 novembre, 250 grammes de viande de cheval sont mis à l'étuve, à 37°, pendant vingt-quatre heures. La viande, dégageant une forte odeur de putréfaction, est alors donnée par moitié, d'une part à un chien normal, d'autre part au chien sans estomac. Aucun signe d'intoxication ne s'est manifesté chez les deux animaux, ni le jour de l'expérience, ni les jours qui ont suivi. Cette expérience, répétée un certain nombre de fois, a toujours donné le même résultat. On peut donc dire, contrairement aux idées de Bunge, que la présence de l'estomac n'est nullement nécessaire à la défense de l'organisme contre les infections venant par l'appareil digestif.

Ajoutons, pour terminer l'histoire du chien *agastre*, que cet animal succomba à la suite d'une nouvelle opération (extirpation de la rate) et qu'à l'autopsie, nous trouvâmes l'intestin grêle hypertrophié se continuant sans démarcation appréciable avec l'œsophage. Toutefois, en incisant longitudinalement cette portion de tube digestif, nous avons pu remarquer l'existence d'un reste de muqueuse stomacale correspondant à l'orifice cardiaque; mais, ainsi qu'il était à prévoir, cette région de la muqueuse manquait de glandes peptiques. Notre observation restait donc valable à bien des points de vue, car nous avions complètement extirpé les éléments qui font de l'estomac un organe véritablement différencié et spécifique, c'est-à-dire les éléments glandulaires peptiques et les éléments moteurs.

Peu de temps après la publication de notre expérience, de FILIPPI et MONARI publièrent de leur côté une expérience semblable. Le chien opéré par ces auteurs conservait aussi une petite portion du cardia qui avait échappé à l'extirpation. Au point de vue digestif, ce chien présentait les mêmes particularités que le nôtre. Il digérait beaucoup mieux la viande cuite que la viande crue. Les fèces étaient absolument normales et n'offraient d'autre phénomène caractéristique que l'absence constante des acides biliaires. Ce fait avait été déjà signalé par OGATA. Les urines de ce chien ne présentaient non plus aucun caractère distinctif.

Découragés par nos tentatives infructueuses d'extirpation complète de l'estomac chez le chien, et voulant quand même trancher définitivement la question de savoir si la vie était possible sans estomac, nous avons changé de sujet d'expérience, ce qui nous a permis d'atteindre le but que nous poursuivions. Le chat se prête admirablement à l'opération de la *gastrectomie absolument totale*. Grâce à l'extrême mobilité du tube digestif au point de son passage à travers le diaphragme, on peut, chez cet animal, réséquer même une partie de l'œsophage. Nous sommes donc arrivés, avec un peu de patience, à conserver en vie un chat auquel nous avions extirpé totalement l'estomac le 20 novembre 1894.

L'observation de cet animal présentait beaucoup d'analogies avec celle du chien. Comme celui-ci, le chat sans estomac digère mal le lait et la viande crue; mais, lorsqu'on lui donne des aliments convenables, il en profite suffisamment pour se maintenir en équilibre de nutrition. C'est ainsi que ce chat, dont le poids était de 2 kilogrammes le jour de l'opération, pesait, le 7 mars 1895, soit trois mois et demi après l'opération, 2 kil. 150. On peut donc conclure que, pour juger *in vivo* de la valeur quantitative et qualitative de la digestion pancréatico-intestinale, les expériences de gastrectomie *presque totale* sont aussi démonstratives que les expériences de gastrectomie *totale*.

La seule différence profonde qui existait, sous le rapport digestif, entre ces deux animaux sans estomac, consistait en ce fait que le chat agastre a présenté pendant sa survie post-opératoire une très grande *paresse à se nourrir*. Cette paresse, très nette pendant les deux premiers mois qui suivirent l'opération, semblait avoir disparu au troisième mois. Tandis que nous avions été obligés jusqu'alors de suppléer souvent par le gavage à l'insuffisance de l'alimentation volontaire, l'animal s'était mis à manger spontanément la nourriture que nous lui donnions, nourriture constituée par une bouillie faite de lait, farine de riz, œufs et sucre. Mais ce nouvel état de choses fut passager, et nous fûmes de nouveau obligés de gaver notre chat qui refusait de se nourrir spontanément. Avec le gavage, la digestion se faisait convenablement, et l'animal se maintenait en équilibre de nutrition. On assistait à ce fait curieux que l'animal était capable de digérer l'alimentation qui lui était offerte, mais paraissait ne ressentir aucun besoin de manger. Quel que fût l'aliment présenté à notre opéré, qu'on lui présentât de la viande cuite ou crue, une solution de sucre, un morceau de poumon, dont les chats sont ordinairement si avides, notre chat restait impassible devant cette nourriture; et il refusait de manger spontanément. Finalement, las des soins que nous devions donner à cet animal, nous l'abandonnâmes à lui-même, et il mourut six mois après l'opération, sans que l'autopsie, faite minutieusement, nous révélât la moindre trace de lésion dans aucun de ces organes.

Nous avons cherché à interpréter ce résultat, et nous avons supposé que la perte de la faim chez cet animal pouvait être en rapport avec la disparition de l'estomac en tant qu'*organe sensitif périphérique*. Malheureusement il n'est guère facile de confirmer cette opinion par de nouvelles expériences.

Toutefois, Schlatter, qui a réussi à extirper totalement l'estomac, chez une femme atteinte d'un cancer diffus, s'étendant du cardia au pylore, ne fait aucune allusion à ces phénomènes d'inappétence. Cette femme, qui fut opérée le 6 septembre 1897, fut alimentée d'abord au moyen de lavements nutritifs; mais elle essaya, dès le lendemain de l'opération, de prendre par la bouche un peu de thé au lait qu'elle supporta très bien; puis peu à peu elle but de plus grandes quantités de lait, de vin et de bouillon. Ce n'est que vingt jours après l'opération qu'on essaya de la nourrir au moyen d'aliments solides, finement divisés et par petites quantités à la fois. A part quelques vomissements, cette alimentation fut si bien supportée que, deux mois après l'opération, l'augmentation de poids de la malade était de plus de quatre kilogrammes.

Hoffmann et Wroblewski ont fait sur cette femme quelques recherches intéressantes. Le premier de ces auteurs a dosé l'azote de l'alimentation des fèces et des urines à une période assez avancée, quatre et cinq mois et demi après l'opération. Il a trouvé que, malgré l'absence de l'estomac, l'échange des matières azotées et l'assimilation de ces matières se faisait normalement. En effet, cette femme assimila, pendant les six jours que durèrent les premières recherches, $4^{gr},24$ d'azote, soit $26^{gr},5$ d'albumine; et, pendant les neuf jours que durèrent les secondes, 14 grammes d'azote, soit $87^{gr},5$ d'albumine. Les dosages de chlorure de sodium, faits par ce même auteur, montrèrent en outre que c'était bien l'albumine circulante qui était assimilée. Quant aux graisses, leur assimilation se rapprochait beaucoup du chiffre normal, la malade ne perdant dans les selles que 5,5 p. 100 des graisses ingérées.

Wroblewski a étudié aussi avec beaucoup de détail la composition chimique de l'urine et des fèces de cette femme. Il a constaté que les acides sulfo-conjugués se trouvaient en petite quantité dans l'urine, ce qui prouve que les processus de putréfaction intestinale n'étaient pas très développés, malgré l'absence de l'acide chlorhydrique. Un fait important, relatif à la composition de l'urine, était la faible teneur en chlore de ce liquide. Wroblewski voit là un argument en faveur de la théorie de l'origine alimentaire de l'acide chlorhydrique du suc gastrique. L'urine de cette femme présentait en outre une très forte acidité. On sait qu'après le repas de midi la réaction de l'urine est normalement faiblement acide, neutre ou alcaline. Contrairement à ce résultat, Wroblewski a trouvé que l'acidité de l'urine chez la malade gastrectomisée était à ce moment de 18 et 20 unités d'acide.

Les fèces de cette femme contenaient, comme à l'état normal, de l'indol, du scatol et des acides biliaires libres. Ces derniers corps ne prendraient donc pas naissance sous l'influence de l'acide chlorhydrique, ainsi que Ogata l'avait soutenu.

En examinant une fois les matières vomies par cette femme, Wroblewski a constaté que ces matières avaient une réaction fortement acide; mais cette acidité était due à l'acide lactique. Enfin, dans la masse des substances vomies, Wroblewski a pu remarquer la présence des matières colorantes de la bile et de très fortes quantités d'acides biliaires.

Cette femme, qui a été l'objet de tant de recherches, est morte quatorze mois après l'opération, à la suite d'une généralisation cancéreuse, dont le point de départ fut les ganglions mésentériques. Toute une année elle a vécu sans estomac, n'éprouvant ni douleurs, ni troubles digestifs appréciables. Dans les premiers jours de septembre 1898, elle a commencé à se plaindre de douleurs dans l'hypochondre gauche, après l'ingestion d'aliments solides. Le 2 décembre, on sentait déjà une tumeur du volume d'une tête d'enfant. Dès lors la marche de la maladie fut rapide, et la femme gastrectomisée succomba le 29 décembre. A l'autopsie, on trouva que ni l'œsophage, ni l'intestin ne présentaient aucune dilatation sacciforme faisant l'office d'estomac. Il est vrai que le segment inférieur de l'œsophage était légèrement dilaté; mais cela n'avait aucune analogie avec un réservoir pour les aliments. L'extirpation de l'estomac, chez cette femme, fut donc complète, ainsi que le faisait prévoir l'examen microscopique des parties enlevées par l'opération.

On peut donc conclure de ces diverses expériences que l'estomac, quelque essentielles que soient ses fonctions, n'est pas immédiatement indispensable à la vie, et que d'autres organes peuvent lui suppléer, soit comme organes de digestion, soit comme organes de défense contre les infections, soit comme organes de sécrétion interne. En tout cas, il est le véritable régulateur du travail digestif de l'intestin. Il permet de prendre dans un seul repas presque tout l'aliment nécessaire à l'entretien de la nutrition, sans occasionner aucune surcharge à l'intestin. Il contribue à la division et à la trituration des substances alimentaires, rôle extrêmement important, surtout chez les espèces granivores qui n'ont pas de dents. Il prend certainement une part active à la transformation chimique des principes albuminoïdes. Enfin, quoique les propriétés antiseptiques du suc gastrique aient été beaucoup exagérées, il est indéniable que l'estomac tue, en grande partie, les microbes pathogènes qui pénètrent dans le tube digestif avec les aliments.

J. CARVALLO.

Bibliographie[1]. — **Estomac en général.** — CLAUDE BERNARD. *Leç. sur les propriétés physiol. et les altérations pathol. des liquides de l'organisme*, 2 vol. 1859; *Leç. de Physiol. expérim.*, 1856, II. *Du suc gastrique et de son rôle dans la nutrition*, D. Paris, 1843. — BIDDER et SCHMIDT. *Die Verdauungssäfte und der Stoffwechsel*. Mittau et Leipzig, 1852. — BLONDLOT. *Traité analytique de la digestion*. Paris, in-8, 1843. — BOUCHARDAT et SANDRAS. *Rech. sur la digestion* (*A. Chim. Phys.*, 1842, V, 478-492). — CARVALLO (J.) et PACHON (V.). *Recherches sur la digestion chez un chien sans estomac* (*A. d. P.*, 1895, (5), VI, 106-112). (*Trav. du Lab. de Physiol. de* CH. RICHET, 1895, III, 445-458). *Considérations sur l'autopsie et la mort d'un chat sans estomac* (*A. d. P.*, (5), VII, 1895, 766-770). — CONTEJEAN (C.). *Contribution à l'étude de la physiologie de l'estomac* (*Journ. de l'anat. et de la physiol.*, Paris, 1893, XXIX, 94; 370, 2 diag. — DEGANELLO (U.). *Échange matériel d'une femme à laquelle on avait extirpé l'estomac* (*A. i. B.*, 1900, XXXIII, 118-132); *Échange matériel de l'azote et digestion gastrique chez les personnes opérées de gastro-entérostomie* (*Ibid.*, 132-144). — DUCCESCHI (VIRG.). *Sui rapporti fra meccanica e chimica della digestione gastrica. Rivista sintetica* (*Settimana med. Sperim.*, 1897, 41, n° 13, seq.). — EDINGER. *Zur Physiol. und Path. des Magens* (*Arch. f. klin. Med.*, 1881, XXIX, 555-578). — FILIPPI et MONARI. *Recherches sur les échanges organiques du chien gastrectomisé et du chien privé des longues portions de l'intestin grêle* (*A. i. B.*, 1894, XXI, 445-447). — HERZEN (A.). *Digestion stomacale*, in-12, Lausanne, 1888. — HOFFMANN (A.). *Stoffwechseluntersuchungen nach totaler Magenresection* (*Münch. med. Woch.*, 1898, 560-564). — KLUG (F.). *Untersuchungen über Magenverdauung* (*Ungar. Arch. f. Med.*, III, 1894, 87-116). — KÜSS (G.). *Contribut. à l'étude du chimisme stomacal.* (*Bull. gén. de Thérap.*, 1900, CXL, 353-392).⸿— LESCŒUR et MALIBRAN. *Contribution à l'étude de la digestion normale et pathologique* (*Bull. méd. du Nord*, 1892, XXXI, 305-315). — LÉVY (W.). *Versuche zur Resection der Speiseröhre* (*Allg. med. Central Ztg.*, 1896, LXV, 1009). — MERING (J.). 1897. *Zur Funktion des Magens* (*Verh. Congr. inn. Med.*, Wiesbaden, XV, 433-448). — MESTER (B.). *Ueber Magensaft und Darmfäulniss.* (*Zeitschr. f. klin. Med.*, 1894, XXIV, 441-459). — MORITZ (FR.). *Ueber die Functionen des Magens* (*Munch. med. Woch.*, 1895, XLIII, 1143-1147). — MICHELI (F.). *Influenza della temperaturi degli ingesti sulle funzione gastriche* (*Arch. ital. di. clin. med.*, Milan, 1896, XXXV, 205-224). — MONARI (U.). *Ricerche sperimentali sullo stomaco e l'intestino del cane*, Bologne, 1896, 28 d. in-8. — OPPEL (A.). *Ueber die Funktionen des Magens; eine physiologische Frage im Lichte der vergleichenden Anatomie* (*Biol. Central.*, Leipz., 1896, XVI, 406-410). — OGATA. *Verdauung nach der Ausschaltung des Magens* (*A. P.* 1883, 89-116). — QUINCKE (H.). *Ueber Temperatur und Wärmeausgleich im Magen*, in-8, 9. — PAWLOW. *Die Arbeit der Verdauungsdrüsen. Vorlesungen*, 1 vol. in-8, Bergmann, Wiesbaden, 1898. Trad. franç., par PACHON et SABRAZÈS, Paris, 1901. — PENZOLDT. *Beitr. zur Lehre von der menschlichen Magenverdauung unter*

---

[1]. Cette bibliographie de la physiologie de l'estomac, si détaillée qu'elle soit, n'a pas la prétention d'être complète; car la physiologie pathologique, notamment, et l'histologie, ne peuvent comporter ici qu'une bibliographie très restreinte, hors de toute proportion avec le grand nombre de mémoires qui ont paru sur le sujet.

Pour faciliter la recherche, nous avons groupé autant que possible les travaux et les mémoires en divers chapitres distincts; mais il faut se rappeler que cette distinction est le plus souvent assez artificielle, et que, par exemple, pour étudier l'histoire de la pepsine, il ne faut pas se contenter de consulter les mémoires inscrit à la rubrique *Pepsine*; mais que bien d'autres chapitres (*Peptonisation, sécrétion stomacale*, etc.) doivent aussi être consultés.

J. C. et CH. R.

normalen und abnormen Verhältnissen (Chem. Centrbl., 1895, i, 287). —RIASANTSEW (N.). *Sur le suc gastrique du chat (Arch. des Sc. biol. Saint-Pétersb.*, 1894, iii, 216-225). — RICHET (CH.). *Du suc gastrique chez l'homme et les animaux (Journ. de l'Anat. et de la physiol.*, 1878, xiv, 170-333; et 1 vol. in-8, Paris, Germer Baillière, 1878). — SCHIFF (M.). *Leçons sur la physiologie de la digestion*, 2 vol., 1868, Genève. — SCHOUMOW SIMA-NOWSKI. *Sur le suc stomacal et la pepsine chez les chiens (Arch. des sc. biol. de Péters-bourg*, 1893, ii, 463-403, et *A. P. P.*, 1893, xxxiii, 336-352). — SPALLANZANI. *Expériences sur la digestion de l'homme et de différentes espèces d'animaux* (par SENEBIER). In-8, Genève, Chirol, 1803; *Réimpress. dans la Bibl. rétrospective*, Paris, Masson, 1891, in-12. — TIE-DEMANN et GMELIN. *Rech. expérim., physiologiques et chimiques sur la digestion* (trad. franç. par JOURDAIN, 1827, i, 92). — VULPIAN. *Leçons sur le suc gastrique (Ecole de médecine*, Paris, 1874, 26-71). — WROBLEWSKI. *Eine chemische Notiz zur Schlatter's totalen Magenextirpation (C. P.*, 1898, xi, 665-668).

Digestion stomacale en général. — BASTEDO (W. A.). *The examination of stomach-contents (Med. News, N. Y.*, 1900, lxxvii, 726-728). — BOUVERET (L.). et MAGNIEN (L.). *Le chimisme stomacal normal et pathologique* d'après HAYEM et WINTER (*Lyon méd.*, 1891, lxvii, 425, 454; 492). — BOVET. *Du pain dans le chimisme stomacal (Bull. et Mém. de la Soc. de thérap.*, 1891, 113-128). — CAHN. *Die Magenverdauung im Chlorhunger (Z. p. C.*, 1886, x, 522). — CHITTENDEN. *Digestive proteolysis (Med. Rec.*, 1894, xlv, 417, 449, 481, 513, 545, 577). — CHITTENDEN (R. H.) et AMERMANN (G. L.). *A comparaison of artificial and natural gastric digestion, together with a study of the diffusibility of proteoses and peptone (J. P.*, 1893, xiv, 483-508). — COHN (M.). *Untersuchungen über den Speichel und seinen Einfluss auf die Magenverdauung (D. Med. Woch.*, 1900, xxvi, 68-70). — CROCE (H.). *Die Aufenthalt-dauer von Speisen im Magen (Chem. Centralbl.*, 1892, 759). — FRASER (J. W.). *On the action of infused beverages on peptic and pancreatic digestion*, 1897 (*Journ. Anat. Physiol.*, xxxi, 469-512). — GLUSZINSKI et RUZDYAN. *Contribution à l'étude microsc. du contenu de l'estomac* (en polonais) (*Przegl. lek. Karkerv*, 1891, xxx, 616). — GÜRBER. *Die Rolle der Salzsäure bei der Pep-sinverdauung (Sitsber. Würzb. phys. med. Ges.*, 1895, 67). — HAAN (P.). *Causes d'erreurs dans les résultats fournis par le repas d'EWALD, dues à l'usage de différents pains et de différents thés,* (B. B., 1897, 490-493). — HEWES (H. F.). *Some results of an investigation of the normal gastric digestion (Journ. Boston Soc. Med. Sc.*, 1897, 3-6). — LINOSSIER (G.). *La recherche des produits de digestion dans les liquides gastriques; sa valeur séméiologique* (B. B., 1894, 29-32). — MASANORI OGATA. *Einfluss der Genussmittel auf die Magenver-dauung (Arch. f. Hyg.*, 1885, iii, 204-214). — MATHIEU (A.). *Rech. sur la digestion stoma-cale (Rev. de Méd.*, 1889, ix, 708-715). — MATHIEU (A.). et RÉMOND. *Note sur un moyen de déterminer la quantité de travail chlorhydropeptique effectué par l'estomac et la quantité de liquide contenu dans cet organe* (B. B., 1890, 591-593); *Les divers facteurs de l'aci-dité gastrique* (Ibid., 1891, 13-20). — NEUMEISTER. *Beiträge zur Chemie der Verdauungsvor-gänge (Physiol., Centralbl.*, 1889, iii, 150). — PENZOLDT (F.). *Beiträge zur Lehre von der menschlichen Magenverdauung unter normalen und abnormalen Verhältnissen. III. Das che-mische Verhalten des Mageninhalts während der normalen Verdauung (Deutsch. Arch. f. klin. Med.*, 1894, liii, 209-234). — PFAUNDLER. *Ueber eine neue Methode zur klin. Funk-tionsprüfung des Magens und deren physiologische Ergebnisse (Arch. f. klin. Med.*, 1899, lxv, 255-284). — PIAZZA (P.). *Alcune osservazioni sull'influenza del succo gastrico e dell' acido idroclorico sulla fermentazione amigdalica (Ebd. Clin. di Bologna*, 1863, ii, 332-334). — PURKINJE et PAPPENHEIM. *Untersuch. über künstliche Verdauung* (A. P., 1838, 1-15). — REICHMANN. *Exp. Unt. über die Milchverdauung im menschlichen Magen, zu klinischen Zwecken vorgenommen (Zeitsch. f. klin. Med.*, 1885, ix, 565-587). — RUATA (A.). *Nouvelle méthode d'examen du contenu gastrique* (A. i. B., 1895, xxii, 109, et XI° *Congrès de médecine* Rome, 1894). — SALKOWSKI (E.). *Ueber das Verhalten des Caseins bei der Magenverdauung und die Verdauung der Fette* (C. W., 1893, xxxi, 467-469). — SCHIPILOFF (C.). *Recherches sur les ferments digestifs (Arch. des sc. phys. et natur.*, 1891, xxvi, 462). — SCHUTZ. *Zur Kenntniss der quantitative Pepsinwirkung (Z. p. C.*, 1900, xxx, 1-15). — SPIRIG (W.). *Ueber den Einfluss von Ruhe, mässiger Bewegung und körperlicher Arbeit auf die normale Magenverdauung des Menschen.* (Diss. Berl., 1893, 20 p.). — SPITZER (W.). *Eine eigen-thümliche Reaktion des Mageninkaltes (C. f. klin. Med.*, 1891, xii, 163-166). — STUTZER (A.). *Unters. über Veränderungen welche bezüglich der Verdaulichkeit der Eiweisstoffe durch*

Erwärm. der Nahrungs und Futtermittel eintreten (*Landw. Vers.*, 1891, xxxviii, 267-276); *Uebt die Gegenwart mässiger Mengen von Fett oder fetten Oelen einen hindernden Einfluss auf die Verdaulichkeit der Eiweisssubstanzen durch Magensaft* (*Landw. Vers.*, 1881, xxxviii, 277); *Wirkung des Kochsalzes in Verdauung* (*Ibid.*, 262). '— Strumpell (A.). *Ueber die Untersuchung des Mageninhaltes* (*Aerztl. Mon.*, 1900, iii, 2-11). — Surmont (H.). et Brunelle. *De l'influence de l'exercice sur la digestion gastrique* (*B. B.*, 1894, 705-706). — Verhaegen (A.). *Nouvelles recherches sur les sécrétions gastriques,* (*La Cellule*, 1897, xiii, 391-411). — Wittich. *Des Pepsin und seine Wirkung auf Blutfibrin* (*A. g. P.*, 1871, v, 435-469). — Wittmann (R.). *Beitrag zur quantitativen Analyse des Mageninhalts* (*Jahrb. f. Kinderk.*, 1892, xxxiv, 1-4).

Composition normale du suc gastrique. — Akermann (J. H.). *Experimentelle Beiträge zur Kenntniss des Pylorussecretes beim Hunde* (*Skandin. Arch. für Physiol.*, 1894, v, 134-149). — Arnaud (F.). *Les diverses méthodes d'analyse du suc gastrique, leur valeur au point de vue clinique* (*Ann. de l'École de méd. et de pharm. de Marseille*, Paris, 1893, i, 48). — Cassaet (E.) et Ferré (G.). *De la toxicité du suc gastrique* (*B. B.*, 1894 (10), i, 532). — Hallopeau (L. A.). *Sur l'analyse quantitative du suc gastrique* (*J. de Pharm. et Chim.*, Paris, 1893, (5), xxvii, 126-128). — Baldi (C.). *Sopra un importante modificazione del succo gastrico negli animali dopo l'estirpazione della glandola tiroide* (*Bull. d. sc. med. di Bologna*, 1896, vii, 191). — Contejean (Ch.). *Das Pylorussecret beim Hunde* (*Erwiderung an Herrn Dr. Akermann*) (*Skandin. Archiv f. Physiol.*, 1895, vi, 252-254). — Dhéré (Ch.). *Le fer dans la sécrétion gastrique* (*Congr. intern. de méd.*, 1900 (*Sect. de Physiol.*, 1900, 118-119). — Cordier. *Sur le dosage du suc gastrique* (*C. R.*, 1898, cxxvi, 353-356). — Frémont. *Essai sur les applications thérapeutiques du suc gastrique* (Vichy, 1896, A. Wallon, 24 p.). — Frouin (A.). *Sur l'acide sulfocyanique du suc gastrique* (*B. B.*, 1899, 583); *Sécrétion continue du suc gastrique* (*Ibid.*, 1899, 498). — Mussi (U.). *Sopra un nuovo fermento digestivo : la cardine* (*Rif. med.*, 1891, vi, 249). — Nencki (M.). *Ueber das Vorkommen von Sulfocyansäure im Magensafte* (*Ber. d. d. Chem. Ges.*, Berlin, 1895, xxviii, 1318). — Nencki et Schoumow-Simanowski. *Étude sur le chlore et les halogènes de l'organisme animal* (*Arch. de sc. biol.*, Saint-Pétersbourg, 1895, iii, 191-212). — Pfleiderer (R.). *Ein Beitrag zur Pepsin-und Labwirkung* (*A. g. P.*, lxvi, 605-635.) — Schierbeck (N. P.). *Untersuchungen über das Auftreten der Kohlensäure im Magen* (*Skandin. Arch. f. Physiol.*, 1893, v, 1-12). — Schoumow-Simanowsky (E. O.). *Sur le suc stomacal et la pepsine chez les chiens* (*Arch. des scienc. biol. de Saint-Pétersbourg*, 1893, ii, 463-493, et *A. P. P.*, 1893-94, xxxiii, 336-332). — Storck (J.-A.). *Practical analysis of the gastric juice* (*Proc. Orleans Med. Soc.*, N. Orl., 1895, ii, 113-116). — Winter (J.). *De l'équilibre moléculaire des humeurs* (suc gastrique) (*A. d. P.*, 1896, 296-310). — Winter (J.) et Falloise (A.). *Rapport de l'azote aux chlorures dans le suc gastrique* (*Presse méd.*, Paris, 1900, 354-357).

Fistule gastrique (sur l'animal). Procédés opératoires. — d'Amore (L.). *Cannula a linguette per fistola gastrica* (*Riforma medica*, 1895, xi, 351-353). — Bardeleben. *Beiträge zur Lehre von der Verdauung* (*Arch. f. physiol. Heilk.*, 1849, viii, 1-9). — Bassow. *Voie artificielle dans l'estomac des animaux* (*Bull. de la Soc. des naturalistes de Moscou*, 1843, xvi, 315). — Blondlot. *Réclamation relative au suc gastrique* (*Journ. de Chimie médicale*, 1857, iii, 6-8); *Sur quelques perfectionnements à apporter dans l'établissement des fistules gastriques artificielles* (*Journ. de la physiol. de l'h.*, 1858, i, 80-94). — Bocci (B.). *Nuovo metodo per practicare la fistola gastrica nei cani* (*Giorn. intern. d. sc. med.*, 1880, ii, 785-792); *Metodo facile de practicare la fistola gastrica* (*Ibid.*, 1880, ii, 19-20; *Transact. intern. med. Congress.*, i, 243-245). — Carvallo (J.) et Langlois (P.). *Canule obturatrice pour fistule gastrique* (*A. d. P.*, (5), vii, 1895, 415-417). — Casati. *Nuovo processo per la fistola gastrica* (*Atti Acc. d. sc. med.*, in *Ferrara*, 1897, lxxii, 37-39 et *Raccoglitore medico*, 1898, 129-131). — Contejean. *Opération de la fistule gastrique chez le chien. Obturateur nouveau* (*Bull. de la Soc. philomath. de Paris*, 1891, 10). — Dastre (A.). *Opération de la fistule gastrique. Nouvelle canule à fouloir* (*B. B.*, 1887, 598). — Defays (F.). *Modifications apportées aux procédés opératoires de la fistule gastrique chez le chien* (*Journ. de méd. chir., et pharm. de Bruxelles*, 1870, li, 319-322). — Frémont. *Physiologie de l'estomac* (*Bull. de l'Acad. de médecine de Paris*, 1895). — Frouin (A.). *Isolement et extirpation totale de l'estomac du chien* (*B. B.*, 1899, 397). — Kumesry. *Méthode pour obtenir du suc gastrique pur* (en russe) (*Vratch*, 1894, lxi, 243-246). — Klemensiewicz (R.). *Ueber den Succus pyloricus* (*Ak. W.*,

1875, LXXI, 249-296). — LAUNOIS. *La récolte du suc gastrique chez le chien. L'isolement de l'estomac (Bull. et Mém. de la Soc. méd. des hôpitaux.* 1900, XVII, 96-99 et *Journ. des Praticiens,* 1900, XIV, 101-102). — LEVI (C.). *Canule gastrique (A. i. B.,* 1885, XXII, 93; XI° Congrès de médecine,* Rome, 1894). — MACDONALD. *Gastric fistula caused by hydatid cyst (Austral. med. Gaz.,* Sydney, 1898, XVII, 348). — MUSELLI (J. M.). *De la fistule gastrique. Étude pathol., physiol. et chirurgicale (Diss. in.,* Bordeaux, 1881). — PAKUM. *Du suc gastrique dans la pratique médicale et procédés nouveaux pour pratiquer la fistule gastrique chez le chien* (en suédois) (*Nord. med. Ark.,* 1871, III, 1-16). — SOLERA (L.). *Caso di chiusura spontanea della fistula gastrica in un cane (Atti di Acc. Giœnia di sc. nat. in Catania,* 1881, XV, 121-125). *Description d'un instrument pour pratiquer la fistule gastrique (B. B.,* 1882, 259-263).

Fistules gastriques chez l'homme. — BEAUMONT (W.). *Experiments and observations on the gastric juice and the physiology of digestion,* in-8, Plattsburgh, 1833. — BOAS. *Allgemeine Diagnostik und Therapie der Magenkrankheiten,* 1897, Berlin, 4° édit. — BURROWES. *Account of a fistulous opening in the stomach (Med. Facts and Observer,* London, 1794, V, 285-190). — CAVAZZANI. *Osservazioni sulla temperatura dello stomaco in un caso di fistola gastrico nell' uomo (Riv. veneta di sc. med.,* 1897, XXVII, 125-132). — CÉRENVILLE et HERZEN. *Un cas de fistule gastrique (Bull. méd. de la Suisse rom.,* 1884, tir. à part, Georg, Genève, in-8, 15 p.). — COOK (J. H.). *Notes of a case of fistulous opening of the stomach, successfully treated (Lond. med. Gaz.,* 1835, XIV, 541). — FENGER. *Om Anlæggelsen af en kunstig mavemundig nos mennesket ved mavesnit (Hosp. med. Kjobenhahn,* 1853, VI, 417-457). — FISCHER. *Vorstellung einer Patientin mit Magenfistel (Verh. d. d. Gesell. f. Chir.,* Berlin, 1889, XVIII, 119-121). — FILLENBAUM. *Ein Fall von Magenfistel (Wien. med. Woch.,* 1875, XXV, 1076, 1101). — GAUTHIER (P.). *Les fistules gastro-cutanées (Diss. in.,* Paris, 1877). — GOMEZ (J. J.). *Observacion sobre una fistula del stomazo (Decadas de med. y cirurg. pract.,* Madrid, 1821, (2), 349-359). — GRUENWALDT (O.). *Succi gastrici humani indoles physica et chemica ope fistulæ stomachalis indagata (Diss.,* in-8, Dorpat, 1853); *Untersuch. über den Magensaft des Menschen (A. P.,* Heilk., 1854, XII, 37-42). — HALLÉ. *Réflex. génér. sur les ouvertures fistuleuses de l'estomac (J. de méd. chir. pharm.,* 1802, IV, 103-115). — HAMILTON (W.). *Case of external fistula probably connected with scirrhus of the stomach (Lancet,* 1831, (1), 612-614). — HEINSHEIMER (F.). *Stoffwechseluntersuchungen bei zwei Fällen von Gastroenterostomie (Mitth. Grenzgeb. Med. Chir.,* 1897, I, 348). — HERZEN. *Altes und Neues über Pepsinbildung, Magenverdauung bei Krankenkur, gestützt auf eigene Beobachtungen an einem gastrotomirten Manne,* in-8, Stuttgart, 1895. — JENRICH. *Fistula ventriculi (Woch. d. ges. Heilk.,* 1839, 833). — KÖEHLER(C. A.). *De gastrotomia fistulosa sive de incisione ventriculi ad excitandam fistulam ejus artificialem (Diss.,* Leipzig, in-8, 1854). — KIONIG. *Fistula gastrico-abdominalis (Norsk. Mag. f. Lægevidensk.,* 1877, VII, 589-597). — KRETSCHY (F.). *Beobachtungen und Versuche an einem Magenfistelkranken (Arch. f. klin. Med.,* 1876, XVIII, 527-541). — LADENDORF (A.). *Zur Casuistik der Magenfisteln (Centr. f. Chir.,* 1876, III, 753-757). — LANGENBUCH. *Demonstration eines Magens an welchem 9 Monate zuvor eine Magenfistel angelegt worden war (Verh. d. d. Ges. f. Chir.,* Berlin, 1881, IX, 56). — ISRAEL (I.). *Gelungene Anlegung einer Magenfistel (Verh. d. Berl. med. Ges.,* 1880, 53-58; et *Berl. klin. Woch.,* 1879, XVI, 89). — LAHO. *Sur deux cas de fistule gastrique (Journ. de méd. chir. et pharm.,* Bruxelles, 1895, 146-148). — LEFLAIRE (E.). *Fistule gastro-cutanée consécutive à un cancer de l'estomac (Bull. Soc. anat. de Paris,* 1885, LX, 330). — MALIEV. *Fistule gastrique* (en russe) (*Med. Vestnik,* 1866, VI, 529). — MARCUS (R.). *De fistula ventriculi (Diss.,* Berlin, 1825). — MENTZELIUS (C.). *De vulnere ventriculi ultra undecim annos aperto, superstite viro (Misc. Ac. nat. curios.,* 1686 et 1687; et *Coll. Acad. des Mém., etc.,* Dijon, 1755, III, 673). — MEYERSON. *Fistule gastrique* (en polonais) (*Gaz. lekars.,* 1873, XV, 326, 337). — MIDDELDORPF (A. T.). *Commentatio de fistulis ventriculi externis et chirurgica earum curatione, accedente historia fistulæ arte chirurgorum plastica prospere curatæ,* in-4, Vratislaviæ, 1859; *Die Magenbauchwendfistel und ihre chirurgische Behandlung an einem glücklich operirten Fall erläutert (Wien. med. Woch.,* 1860, X, 33, 49, 68, 84). — MURCHISON. *Case of communication with the stomach through the abdominal parietes, produced by ulceration from external pressure, with observations on the cases of gastro-cutaneous fistulæ already recorded (Med. Chir. Transact.,* 1858, XLI, 1-52; et *Lancet,* 1857, (2), 578). — MÜLLER. *Magenfistel (Med. Corrbl. d. Würt. ärtzl. Ver.,* 1862, XXXII, 211-213). — NEBEL (D. W.). *De ulcere prope* *umbilicum sinuoso in ventriculum penetrante ex quo alimenta effluebant* (Diss., Heidelberg, 1782, in-4). — PARPHENENKO. *Fistule gastrique. Opération et guérison* (en russe) (*Med. Sbornik*, Tiflis, 1866, 37-45). — PARSONS. *Case of enlargement of the left arm and of gastric fistula, both produced artificially* (*Liverpool med. and surg. Rep.*, 1871, v, 178). — QUINCKE. *Beobachtungen an einem Magenfistelkranken* (*A. P. P.*, 1888, xxv, 369-374). — RICHET (CH.). *Rech. sur l'acidité du suc gastrique de l'homme et observat. sur la digestion stomacale faites sur une fistule gastrique* (*C. R.*, 1877, LXXXIV, 430-432). — ROBERTSON (W.). *Case of communication between the stomach and external surface of the abdomen* (*Monthly journ. med. Sc.*, 1851, XII, 1-3). — ROTH. *Expér. sur la digestion* (en hongrois) (*Gyogyaszat*, 1881). — RUBIO Y GALI. *Abertura gastrica situada debajo de los cartilagos de las costillas del lado izquierdo entre estos y el borde externo del musculo recto, y observaciones acerca de la digestion* (*Siglo med.*, Madrid, 1880, xxvII, 646-648). — SCHRŒDER. *Succi gastrici humani vis digestiva ope fistulæ stomachalis indagata* (*Diss.*, in-8, Dorpat, 1853). — TRENDELENBURG. *Demonstration eines Kranken mit angelegter Magenfistel* (*Verh. d. d. Ges. f. Chir.*, Berlin, 1879, VIII, 40-44). — TODD (C. A.). *Spontaneous closure of an artificial gastric fistula in a dog* (*St-Louis Courr. med.*, 1880, III, 541-543). — TOISON (J.). *Contribution à l'étude des fistules gastro-cutanées* (*J. des sc. méd. de Lille*, 1887, (2), 97, 121). — WEINLECHNER. *Ueber die Anlegung von Œsophagus und Magenfisteln bei Undurchgängigkeit des Œsophagus* (*Wien. med. Woch.*, 1879, XXIX, 1290). — WENCKER (A.). *Diss. sistens observationem rariorem de virgine ventriculum per viginti tres annos perforatum alente* (*Diss.*, Argentorati, in-8, 1735 et 1743). — WÖLFLER (A.). *Die Magenbauchwand Fistel und ihre operative Heilung nach Prof Billroth's Methode* (*Arch. f. klin. Chir.*, 1876, xx, 577-599). — X... *A bit of history relating to the study of stomach digestion through gastric fistulæ* (*North. Carol. med. Journ.*, 1891, XXVIII, 153-157).

Acide du suc gastrique. — Dosage qualitatif et quantitatif. — ALT (K.). *Ueber einige neuere Methoden zum Nachweis der freien Salzsäure im Magensaft* (*Centr. f. klin. Med.*, 1888, IX, 41-44). — ARNOLD (J. P.). *A new test for lactic acid in the gastric contents and a method of estimating approximately the quantity present* (*Journ. Amer. med. Assoc.*, 1897, XXIX, 371). — BÉCLARD (J.). *Quel est l'acide du suc gastrique?* (*Trib. méd.*, 1877, IX, 263-273). — BELLINI (R.). *Della existenza dell acido cloridrico libero nel succo gastrico* (*Sperimentale*, 1870, xxv, 248, 441). — BERNARD (CL.) et BARRESWIL. *Sur les phénomènes chimiques de la digestion* (*C. R.*, XIX, 1284-1289). — BLONDLOT. *Sur le principe acide du suc gastrique* (*J. P.*, 1838, I, 308-320). — BLUM (F.). *Ueber die Salzsäurebindung bei künstlicher Verdauung* (*Zeitsch. f. klin. Med.*, 1892, XXI, 338-371). — BOAS (J.). *Beitrag zur Methodik der quantitativen Salzsäurebestimmung des Mageninhalts* (*C. f. klin. Med.*, 1891, XII, 33-37). — BOAS et EWALD. *Ueber die Säuren des gesunden und kranken Magens bei Einführung von Kohlenhydraten* (*C. W.*, 1888, xxvI, 241-243). — BOAS (J.). *Ein neues Reagens für den Nachweis freier Salzsäure im Mageninhalt* (*C. f. klin. Med.*, 1888, IX, 817-820); *Ueber das Vorkommen von Milchsäure im gesunden und kranken Magen nebst Bemerkungen zur Klinik des Magencarcinoms* (*Zeitschr. f. klin. Med.*, 1894, xxv, 285-302). *Eine neue Methode der qualitativen und quantitativen Milchsäurebestimmung im Mageninhalt* (*Deutsche med. Wochenschr.*, 1893, 940-943). — BONDZYNSKI (S.). *Ueber die Sjöqvist'sche Methode zur Bestimmung der freien Salzsäure im Magensaft* (*Zeitschr. f. anal. Chem.*, Wiesb., 1893, XXXII, 296-302). — BOURGET. *Nouveau procédé pour la recherche et le dosage de l'acide chlorhydrique dans le liquide stomacal* (*Arch. de méd. exp. et d'an. path.*, 1889, I, 844-851). *Rech. clinique des acides de l'estomac* (*Rev. méd. de la Suisse romande*, 1888, VIII, 103-106). — BRAUN (A.). *Die Entstehung der freien Salzsäure im Magensaft* (*D.*, in-8, Würzburg, 1888). — BRUNON (R.). *Procédé rapide* (*P. de GÜNZBURG*) *pour l'examen du suc gastrique* (*Bull. de la Soc. méd. de Rouen*, 1892, v, 9-17). — BUNNEMANN (O.). *Ueber den Werth der zum Salzsäurenachweis im Mageninhalt benutzten Farbenreactionen* (*D.*, in-8, Göttingen, 1888). — CAHN et MERING. *Die Säuren des gesunden und kranken Magens* (*D. Arch. f. klin. Med.*, 1886, XXXIX, 235-253). — CATRIN. *Les acides de l'estomac* (*Arch. gén. de méd.*, 1887, XIX, 455; 584). — CAVALLERO et RIVA ROCCI. *La sécrétion chlorée de l'estomac* (*A. i. B.*, 1892, XVI, 399). — COHNHEIM (O.). *Ueber das Salzsäurebindungsvermögen der Albumosen und Peptone* (*Z. B.*, 1896, XXXIII, 488-520). — DISCHINGER (M.). *Entstehung und Nachweiss freier Salzsäure des menschlichen Magensaftes* (*Nürnberg, G. Grotrock, in-8, 20 p., 1891*). — DMOCHOWSKI (L.). *Einige kritische Bemerkungen über die Sjöqvist'sche Methode, etc.* (*Intern. klin. Rundschau,* v, 1891, 1881-1885). — Dusart. *Quel est l'acide libre du suc gastrique?*(Répert. de pharm., 1874, 13-19). — Edinger. *Ueber die Reaction der lebenden Magenschleimhaut* (A. g. P., 1882, xxix, 247-256). — Edsall (D. L.). *On the estimation of hydrochloric acid in gastric contents* (Univ. Med. Mag. Phila., 1897, ix, 797-809). — Ellenberger et Hofmeister. *Ueber den Nachweiss der Salzsäure im Mageninhalte* (Ber. ù. d Veterinarw. im Kön. Sachs., Dresde, 1882, xxvi, 168-172). — Ewald (C. A.). *Ueber das angeblichen Fehlen der freien Salzsäure im Magensaft* (Z. f. klin. Med., 1879, i, 619-630). *Ueber den Coefficient de partage und uber das Vorkommen von Milchsäure und Leucin im Magen* (A. A. P., xv, 1882). — Fawizky. *Nachweis und quantitative Bestimmung der Salzsäure im Magensaft* (A. A. P., 1891, cxx, 292-309). — Frouin (A.). *Sur l'acidité du suc gastrique* (Journ. de la Physiol. et de la Path. gén., 1899, i, 447-455). — Geigel (R.). *Absolut und relativ Salzsäuregehalt des Magensaftes* (Vorl. Mittheil.) (Sitzb. d. phys. med. Ges. zu Würzburg, 1891, 42-44). — Geigel (R.) et Blass (E.). *Procentuale und absolute Acidität des Magensaftes* (Zeitsch. f. klin. Med., 1892, xx, 232-238). — Georges (L.). *Etude chimique du contenu stomacal et de ses rapports avec le diagnostic et le traitement des maladies de l'estomac* (Diss. Paris, 1890). — Gilbert (A.) et Dominici (S. A.). *Action de l'acide lactique sur le chimisme stomacal* (Mémoires de la Soc. d. Biol., 1893, 165-171). — Grundzach (J.). *Wie entdeckt man Milchsäure im Mageninhalte mit Hülfe von Reagentien?* (A. A. P., 1888, cxi, 605-607). — Günzburg (A.). *Eine neue Methode zum Nachweis freier Salzsäure im Mageninhalt* (C. f. klin. Med., 1887, viii, 737-740). — Haan (P.). *Variation de l'acidité totale du suc gastrique retiré par aspiration et conservé à l'air* (B. B., iii, (10), 1896, 43-44). — Haas (F.). *Ueber die praktischen verwendbaren Farbenreactionen zum Säurenachweis im Mageninhalt* (Münch. med. Woch., 1888, xxxv, 76, 96, 111). — Hayem et Winter, *Le Chimisme stomacal*, 1892, Paris. — Heintz. *Ueber die Natur der Säure im Magensaft* (len. Ann. f. Physiol. u. Med., 1849, i, 222-234). — Heubner (O.). *Ueber das Verhalten der Säuren während der Magenverdauung der Säuglinge* (Jahrb. f. Kind., 1891, xxxii, 27). — Hirsch (A.). *Beiträge zur Bestimmung der Acidität des Magensaftes beim Gesunden* (Diss., in-8, Würtzburg, 1887). — Hoffmann et Vollardt. *Die Anwendung des Theilungscoefficienten bei der Milchsäurebestimmung im Magensaft* (A. P. P., 1888, xxviii, 423-431). — Hoffmann. *Die Bindung der Salzsäure im Magensäfte* (Centr. f. klin. Med., 1891, xii, 793-795). — Honigmann (G.). *Epikritische Bemerkungen zur Deutung des Salzsäurebefundes im Mageninhalt* (Berlin. klin. Wochenschr., 1893, 351-354; 384-385). — Jones (A.-A.). *The role of lactic acid in gastric digestion* (Med. News, 1893, lxiii, 733-735). — Horsford. *Source of free hydrochloric acid in the gastric juice* (New-York med. Journ., 1869, viii, 384-390). — Jaksch (R.). *Zur quantitative Bestimmung der freien Salzsäure im Magensafte* (Ak. W., 1889, xcviii, 211-213 et Zeitsch. f. klin. Med., 1890, 383). — Jolles (H.). *Eine neue quantitative Methode zur Bestimmung der freien Salzsäure des Magensaftes* (Wien. med. Presse, 1890, xxxi, 2009-2014). — Katz (A.). *Eine Modification des Sjöqvistschen Verfahrens der Salzsäurebestimmung im Magensafte* (Wien. med. Woch., 1890, xi, 364-367). — Kelling (G.). *Ueber Rhodan im Mageninhalt, zugleich ein Beitrag zum Uffelmann'schen Milchsäure-Reagens und zur Prüfung auf Fettsäuren* (Z. p. C., 1893, xviii, 397-408). — Kijanowski (B. J.). *Analyse quantitative de l'acide chlorhydrique du contenu stomacal* (en russe) (Vratch, 1890, xi, 364-367). — Kinnicutt (F.). *On the chemical examination of the gastric secretions for diagnostic and therapeutic purposes* (Med. Record, New-York, 1888, xxxiii, 598). — Kossler. *Beiträge zur Methodik der quantitativen Salzsäurebestimmung im Magengehalt* (Z. p. C., 1892, xvii, 91-116). — Köster (H.). *Méthode pour déterminer l'acidité du suc gastrique, etc.* (en suédois) (Upsala Läk. För., 1885, xx, 355-438). — Kossler (A.). *Beiträge zur Methodik der quantitativen Salzsäurebestimmung im Mageninhalt* (Z. p. C., 1892, xvii, 91-116). — Kost (G.). *Ueber eine Modification der Methylviolettreaction zum Nachweis freier Salzsäure im Magensaft* (D., in-8, Erlangen, 1887). — Kraus (F.). *Notiz ueber Ultramarin und Zinksulfid als brauchbare Reagentien zum Nachweis freier Säure im Mageninhalt* (Prag. med. Woch., 1887, xii, 439-441). — Krukenberg (R.). *Ueber die diagnostische Bedeutung des Salzsäurenachweis beim Magenkrebs* (D., in-8, Heidelberg, 1888). — Kühn (H.). *Ueber den Werth der Farbstoffreagentien zum Nachweis der freien Salzsäure im Mageninhalt* (Ibid., in-8, Giessen, 1887). — Kumagava et Salkowski (E.). *Ueber den Begriff der freien und gebundenen Salzsäure im Magensaft* (A. A. P., cxxii, 1890, 235-252). — Laborde (J. W.). *Nouvelles recherches sur l'acide libre du suc gastrique* (B. B., 1874, 63-80); *Réaction instantanée montrant qu'il n'y a pas d'acide chlorhydrique libre à l'état physiologique dans le suc gastrique* (B. B., 1879, 285-288). — LANGERMANN. *Quantitativen Salzsäurebestimmung in Mageninhalt* (A. A. P., 1892, CXXVIII, 408-444). — LANGGUTH. *Nachweiss und diagn. Bedeutung der Milchsäure im Mageninhalt* (*Arch. f. Verd.*, 1895, I, 355). — LASSAIGNE. *Nouv. rech. chim. sur le principe qui donne au suc gastrique son acidité* (*Journ. de chim. méd.*, 1844, X, 73 et 183). — LAUNOIS (M.). *Réactions chimiques des sécrétions stomacales au point de vue clinique; revue critique* (*Rev. de méd.*, 1887, VII, 420-439). — LENEY (L.) et HARLEY (V.). *An experimental inquiry into the quantity of volatile acids in the stomach* (*Brit. M. J.*, 1900, in-8, 8 p., 6 tabl.). — LEO (H.). *Beobachtungen zur Säurebestimmung im Mageninhalt* (*D. med. Woch.*, 1891, XVII, 1145-1147); *Bestimmung freier Säure im Mageninhalte durch kohlensäure Kalk* (*C. f. klin. Med.*, 1890, XI, 865-867). — LÉPINE (R.). *Rech. exp. sur la question de savoir si certaines cellules des glandes (dites à pepsine) de l'estomac présentent une réaction acide* (B. B., 1873, 351-358). — LERESCHE (W.). *Influence du sel de cuisine sur l'acidité du suc gastrique* (*Rev. méd. d. la Suisse romande*, 1884, 5 p.). — LESCŒUR (H.). *Sur le chlore dit organique de la sécrétion gastrique* (C. R., 1894, CXIX, 909-912). — LIPPMANN (G.). *Untersuch. über den Säuregrad des Mageninhaltes bei Anwendung verschiedener Indikatoren* (*Neuvied*, Henser, 1891, 24 p.). — LUSSANA (F.). *Del principio acidificante del succo gastrico* (*Gazz. med. ital. lomb.*, 1862, 69, 109, 136, 141, 157, 165, 185; et J. P., 1862, V, 282-288). — LÜTTKE (J.) *Eine neue Methode zur quantitativen Bestimmung der Salzsäure in Mageninhalt* (*D. med. Woch.*, 1891, XVII, 1325-1327). — LUTTKE et MARTIUS. *Die Magensäure des Menschen*, 1 vol. in-8, Enke, Stuttgart, 1892, 199 p.). — LYON (G.). *L'analyse du suc gastrique*, Paris, Steinheil, in-8, 171 p., 1891. — MARTIUS (F.). *Quantitative Salzsäurebestimmung des Mageninhaltes* (*Congr. f. innere Med.*, Wiesbaden, 1892, XI, 368-373). — MATHIEU et RÉMOND. *Les divers facteurs de l'acidité gastrique* (*Mém. Soc. Biol.*, 1891, 13-20). — MEYER (A.). *Ueber die neueren und neuesten Methoden des qualitativen und quantitativen Nachweises freier Salzsäure im Mageninhalt* (D., in-8, Berlin, 1890). — MIERZYNSKI (Z.). *Acide chlorhydrique de l'estomac* (en russe) (*Gaz. lek.*, 1892, XII, 885-892). — MINTZ (S.). *Ueber die Winter Hayem'sche Methode, etc.* (*D. med. Woch.*, 1891, XVII, 1397-1400). *Eine einfache Meth. zur quantitat. Bestimm. der freien Salzsäure im Mageninhalt* (*Wien. klin. Woch.*, 1889, 400). — MIZERSKI et NENCKI. *Revue critique des procédés de dosage de l'acide chlorhydrique du suc gastrique* (*Arch. des sc. biol.*; Saint-Pétersbourg, I, 1892, 235-257). — MIZERSKI (A.). *Notes critiques sur les divers procédés pour déterminer l'acidité chlorhydrique du suc gastrique* (en russe) (*Gaz. lek.*, 1892, 357, 384). — MOHR (P.). *Beiträge zur titrimetrischen Bestimmung der Salzsäure nach Dr G. Toepfer* (Z. p. C., 1894, XIX, 647-650). — V. NOORDEN (C.). *Bemerkungen über den Werth der Salzsäurebestimmungen im Mageninhalt* (*Berl. klin. Wochenschr.*, 1893, 448-449). — MORITZ (F.). *Ueber Bestimmung und Nachweis der Salzsäure im Magensafte* (*Sitz. d. Ges. f. Morph. und Physiol. im München*, 1889, IV, 122-127 et D. Arch. f. klin. Med., 1889, XXXIV, 277). — MÖRNER. *Méthode simple pour mesurer l'acidité du suc gastrique* (en suédois) (*Ups. läk. For.*, 1888, XXIV, 483-494). — OPIENSKI (J.). *Méthodes pour déterminer l'acidité chlorhydrique du contenu stomacal* (en tchèque) (*Przegl. lek.*, 1892, XXXI, 429-431). — PFLUNGEN (R.). *Ueber den quantitativen Nachweiss freier Salzsäure im Magensafte nach der Methode von Sjöqvist mit der Modifikation von v. Jaksch* (Z. f. klin. Med., 1891, XIX, suppl., 224-239). *Beiträge zur Bestimmung der Salzsäure im Magensafte* (*Wien. Klin. Woch.*, 1889, 106, 129, 156, 176, 200). — PUTEREN. *Einiges über die Säure im Magen der Embryonen* (*Mitth. a. d. embryol. Inst. d. k. Univ. Wien.*, 1877, 95-106). — PROUT (W.). *Sur la nature de l'acide et des bases salifiables qui existent dans l'estomac des animaux* (J. de physiol. exp., 1824, IV, 294-299; et A. C. P., XXVII, 36). — RABUTEAU. *Rech. sur la compos. chim. du suc gastrique. L'acide chlorhydrique est l'acide libre contenu dans ce liquide. Absence complète de l'acide lactique dans le suc gastrique normal* (B. B., 1875, 400-404; C. R., 1875, LXXX, 61-63). *Rech. sur la composition chimique du suc gastrique* (B. B., 1875, 400-404; C. R., 1875, LXXX, 61-63). — REISCHAUER (F.). *Ueber Salzsäure und Milchsäure-Nachweis im Mageninhalt* (D., in-8, Berlin, 1888). — REOCH (J.). *The acidity of gastric juice* (*Journ. of Anat. and Physiol.*, 1874, VIII, 274-284). — RICHET (CH.). *De la dialyse de l'acide du suc gastrique* (C. R., 1883, CXVIII, 682-685). — RIVA-ROCCI (S.). *Ueber die Winter Hayem'sche Methode* (D. med. Woch., 1892, XVIII, 119). — ROSENHEIM (T.). *Ueber die Säuren des gesunden und kranken Magens bei Einführung von Kohlehydraten* (A. A. P., 1888, CXI, 415-433). *Ueber Magensäure bei Genuss von Kohlehydraten* (C. W., XXVI, 274). *Beiträge zur Methodik der Salzsäurebestimmung im Mageninhalt* (D. med. Woch., 1891, xvii, 1323-1325). *Ueber Magensäure bei Amylaceenkost* (C. W., 1887, xxv, 865). *Ueber die praktische Bedeutung der quantitativen Bestimmung der freien Salzsäure im Mageninhalt* (D. med. Woch., 1892, xviii, 280, 309). — ROTHSCHILD (S.). *Unters. über des Verhalten der Salzsäure des Magensafte in den verschiedenen Zeiten der Verdauung beim gesunden Magen und beim Magengeschwür* (D. Strasbourg, 1886). — SAINT-AGNÈS (F.). *Analyse du suc gastrique* (Bull. de la Soc. méd. de Toulouse, 1892, ii, 143-156). — SALKOWSKI (E.). *Ueber die Bindung der Salzsäure durch Amidosäuren* (C. W., 1891, xxix, 945-948). *Bemerkungen über den Nachweis der Salzsäure im Magensaft* (C. f. klin. Med., 1891, xii, 90-92). — SANSONI (L.). *Contributo alla conoscenza del modo di comportarsi dell'HCl con gli albuminoïdi in rapporto all esame chimico dello succo gastrico* (Rif medica, 1892, viii, 3, 38, 52). *Il metodo d'Hayem Winter per la ricerce quantitativa dell'acido cloridrico libero e combinato del contenuto stomacale* (Ibid., 1892, viii, 123). — SCHÄFFER (R.). *Ueber den Werth der Farbstoffreactionen auf freie Salzsäure in Magensaft* (Zeitsch. f. klin. Med., 1888, xv, 162-178). *Das Congopapier als Reagens auf freie Salzsäure in Mageninhalt* (C. f. klin. Med., 1888, ix, 841-846). — SCHERK (C.). *Das Verhältniss der Chloride zur Salzsäurebildung im Magensaft* (D. med., Woch., 1896, xvii, 729). — SCHWANN (H.). *Salzsäurebestimmung in Magen.* (Zeitsch. f. klin. Med., 1882, v, 272). — SEEMANN. *Ueber das Vorhandescin von freies Salzsäure im Magen* (Zeitsch. f. Klin. Med., v, 1883). — SJOQVIST (J.). *Einige Bemerkungen über Salzsäurebestimmungen im Mageninhalte* (Ibid., xxxii, 431-465). *Méthodes pour déterminer l'acide chlorhydrique libre du suc gastrique* (en suédois) (Hygiæa, 1888, i, 509-523; et Z. p. C., xiii, 1-11). — SLOSSE (A.). *De la sensibilité et de la fidélité des divers réactifs de l'acide chlorhydrique dans le suc gastrique* (Journ. de méd. chir. et pharm. de Liège, 1891, xci, 552-565). *Contribution à l'étude de l'analyse du suc gastrique* (Journ. de méd. chir. et pharm., Bruxelles, 1892, 805-807). — SNYERS (P). *Les acides de l'estomac sain et malade; analyses* (Ann. Soc. méd. ch. de Liège, 1886, xxv, 413-416). — SPAETH (F.). *Eine einfache Methode des Nachweises der Säureverhältnisse im Magen* (Munch. med. Woch., 1887, xxxiii, 561, 580; et xxxiv, 1011-1013). — STERN (R.). *Ueber Vorkommen, Nachweis und diagnostische Bedeutung der Milchsäure in Mageninhalt* (Fortschr. d. Med., 1896, xiv, 569). — STUTZER (A.). *Einwirkung verschiedener organischer Säuren bei der Verdauung der Eiweissstoffe* (Landw. Vers., 1891, xxxviii, 237). — ¦STRAUSS (A.). *Ueber eine Modification der Uffelmannsschen Reaction zum Nachweis der Milchsäure im Mageninhalt* (Berl. klin. Woch., 1893, xxxii, 805-807). — STRAUSS (H.). *Ueber das Vorkommen von Ammoniak im Mageninhalt und die Beeinflussung der neueren Salzsäurebestimmungsmethoden durch dasselbe* (Ibid., 1893, 398-402). — WIENER (H.). *Ueber die klinische Brauchbarkeit der gasvolumetrischen Salzsäurebestimmung in Magensafte* (Centrabl. f. inn. Med., Leipz., 1895, xvi, 289). — SZABO (D.). *Beiträge zur Kenntniss der freien Säure des menschlichen Magensaftes* (Z. p. C., 1877, i, 140-156). — THOMSON (R. D.). *On the proofs of the presence of free muriatic acid in the stomach during digestion* (Lancet, 1839, (2), 93). — TOEPFER (G.). *Eine Methode zur titrimetrischen Bestimmung der hauptsächlisten Factoren der Magenacidität* (Z. p. C., 1894, xix, 104-122). — THOYER. *Valeur digestive relative des acides* (Mém. Soc. Biol., 1891, 1; Diss. in., Lille, 1891). — TRAPPE. *Säurebildung im Magen* (Diss. Halle, 1892). — TSCHLENOFF. *Acidität und Verdauung* (Corrbl. f. schw. Aerzte, 1891, xxi, 681-684). — UFFELMANN (J.). *Ueber die Methode der Untersuchungen des Mageninhalts auf freie Säuren. Versuche an einem gastrotomirten* (D. Arch. f. klin. Med., 1880, xxx, 431-454). *Ueber die Methoden des Nachweises freier Säuren im Mageninhalte* (Zeitsch. f. klin. Med., 1884, viii, 392-406). — VELDEN. *Ueber Vorkommen und Mangel der freien Salzsäure im Magensaft bei Gastrektasie* (D. Arch. f. klin Med., 1879, xxiii, 369-399). *Ueber das Fehlen der freien Salzsäure im Magensaft* (Ibid., 1880, xxvii, 186-192). — VERHAEGEN (F.). *Les sécrétions gastriques. Contribution à l'étude de la physiologie normale et pathologique de l'estomac* (La Cellule, 1897, xii, 33-97). — WAGNER (K. E.). *La méthode de WINTER comparée à celle de SJOQVIST et de MINTZ* (en russe) (Vratch, xii, 1891, 141, 170, 201 et A. d. P., 1891, iii, 440-454). — WESENER (J.-H.). *Is hydrochloric acid secreted by the mucous membrane of the stomach?* (Medicine, Détroit (Mich.), 1895, 476). — WINKLER (F.). *Der Nachweis freier Salzsäure im Mageninhalt mittels Alphanaphtol* (Centr. inn. Med., xviii, 1009-1011). — WINTER (J.). *Nouvelles considérations sur le chimisme stomacal* (B. B., 1891, 141-144). — WOHLMANN (L.). *Ueber die Salzsäure produktion des Säuglingsmagens im gesunden und kranken Zustande* (Jahrb. f. Kind., 1891, xxxii, 297-332). — Wolff (L.). *Rapport entre l'acidité et l'activité du suc gastrique* (en suédois) (*Hygiaea*, 1889, li, 782-796).

Pepsine. — Albertoni (P.). *Ueber die Wirkung des Pepsins auf das lebende Blut* (C. W., 1878, xvi, 641-644). — Arthus. *Nature des enzymes* (1 vol. in-12°, Jouve, Paris, 1896). — Biernacki. *Das Verhalten der Verdauungsenzyme bei Temperaturerhöhungen* (Z. B., 1891, xxviii, 49-71). — Brücke. *Beitr. zur Lehre von der Verdauung.* (Ak. W., 1859, xxxvii, 131); et *Unters. z. Nat. d. Mensch. u. d. T.*, 1860, vi, 479; 1862, viii, 325). — Dana (C.). *The digestive power of commercial pepsin in artificial digestion and in the stomach*, 1882. — Ebstein et Grützner. *Ueber den Ort der Pepsinbildung im Magen* (A. g. P., 1872, vi, 1-19, et viii, 1874, 122-151). — Eberle. *Physiologie der Verdauung*, Würtzburg, 1834. — Finkler. *Ueber verschiedene Pepsinwirkungen* (A. g. P., 1875, x, 372). *Isopepsin* (A. g. P., 1877, xii, et 1879, xiv, 128). *Ueber verschiedene Pepsinwirkungen* (*Ibid.*, x, 1875). — Fiumi (A.). *Contributo allo studio della pepsinogenesi nell'uomo*, Assisi, 1884. — Friedinger (E.). *Welche Zellen in den Pepsindrüsen enthalten das Pepsin?* (Ak. W., 1871, lxiv, 325-332). — Gruenhagen (A.). *Neue Methode die Wirkung des Magenpepsins zu veranschaulichen und zu messen* (A. g. P., 1871, v, 203). — Grützner (P.). *Neue Unters. über die Bildung und Ausscheidung des Pepsins*, in-8, Breslau, 1875); *Neue Methode Pepsinmengen colorimetrisch zu bestimmen* (A. g. P., 1873, viii, 452-459). — Hammerschlag. *Ueber eine neue Methode zur quantit. Pepsinbestimmungen* (*Intern. klin. Rundsch.*, 1894, 39). — Heidenhain (R.). *Ueber die Pepsinbildung in den Pylorusdrüsen* (A. g. P., 1878, xviii, 169-171). — Herzen (A.). *De la pepsinogénie chez l'homme*, 1884 (*Bull. méd. Suisse rom.*, in-8, 6). — Huppe. *Ueber das Verhalten ungeförmter Fermente gehen hohe Temper.*, (*Mitth. aus dem Kais. Gesundtheitsamte.*, i, 339). — Huppert et Schutz. *Ueber die quantitativen Pepsinbestimmungen* (A. g. P., 1900, lxxx). — Johannessen (A.). *Studien über die Fermente des Magens* (*Zeitsch. f. klin. Med.*, 1890, xvii, 304-320). — Jaworski (W.). *Methoden zur Bestimmung der Intensität der Pepsinausscheidung aus dem menschlichen Magen und Gewinnung des natürlichen Magensaftes zu physiologischen Versuchszwecken* (*Münch. med. Woch.*, 1887, xxxiv, 634-637). — Klug (F.). *Beiträge zur Pepsinverdauung* (A. g. P., lxv, 336-342, 1896). — Krüger (F.). *Zur Kenntniss der quantitativem Pepsinwirkungen* (L. B., 1901, xxiii, 378-392). — Leo (H.). *Ueber das Schicksal des Pepsins und Trypsins im Organismus* (A. g. P., 1885, xxxvii, 223-231). — Linossier. *Rech. et dosage de la pepsine dans le contenu gastrique des dyspeptiques* (J. d. P., 1899, i, 281-292). — Mays (K.). *Ueber die Wirkung von Trypsin in Säuren, und von Pepsin und Trypsin auf einander* (*Physiol. Inst. der Univ. zu Heidelberg*, 1879, iii, 378-393). — Mialhe et Pressat. *De la pepsine et de ses propriétés digestives*, 1860, Paris, Masson, in-8, 32. — Paschutin (V.). *Ueber Trennung des Verdauungsfermente* (A. P., 1873, 382-396). — Pekelharing. *Neue Darstellungsweise des Pepsins* (Z. p. C., 1896, xxii, 233-244). — Petit (A.). *Recherches sur la pepsine*, 1881, Paris, Masson, in-8, 64). — Podwyssowski (W.). *Zur Darstellung von Pepsinextracten* (A. g. P., 1886, xxxix, 62-74). — Samoisloff. *Détermination du pouvoir fermentatif des liquides contenant de la pepsine par le procédé de* Mette (*Arch. des sc. biol. de Pétersbourg*, 1893, ii, 669). — Sandberg. *Ein Beitrag zur Kenntniss des Pepsins* (Z. p. C., 1885, ix, 319-322). — Schiff (M.). *Enstehung des peptischen Magensaftes. Abhängigkeit desselben von der Blutmischung* (*Arch. d. Heilk.*, 1861, ii, 232-268). — Schüle. *Ueber die Pepsinabsonderung im normalen Magen* (*Zeitsch. f. klin. Med.*, 1897, xxxiii, 538). — Schütz. *Ueber den Pepsingehalt des Magensaftes bei normalen und pathologischen Zuständen* (*Zeitsch. f. Heilk.*, 1884, v, 401-432). *Eine Methode zur Bestimmung der relativen Pepsinmenge* (Z. p. C., 1884, ix, 577-590). — Schwann. *Ueber das Wesen des Verdauungsprocesse* (A. P., 1836, 90-138). — — Unge (V.). *Experimentel pröfning af* Schiff *theori för pepsinbildningen* (*Upsala Läk.*, 1872, viii, 198-209). — Wasmann (A.). *De digestione nonnulla.* D. Berlin, 1839. — Wedemeyer. *Zur Methode der künstlichen Verdauung stickstoffhaltiger Futterbestandttheile* (*Landw. Vers.*, 1899, li, 375-385). — Wittich. *Neue Methode zur Darstellung künstlicher Verdauungsflussigkeiten* (A. g. P., 1869, ii, 193). *Weitere Mittheil. über Verdauungsfermente* (A. g. P., 1872, v, 435-468). — Wolfhügel. *Ueber Pepsin und Fibrinverdauung ohne Pepsin* (A. g. P., 1873, vii, 180-200). — Wroblewski (A.). *Zur Kenntniss des Pepsins* (Z. p. C., 1896, xxi, 1-18).

Labferment. Présure. Coagulation du lait. — Achard (Ch.) et Clerc (A.). *Sur le pouvoir antiprésurant du sérum à l'état pathologique* (C. R., 1900, cxxx, 1727-1729). — Arthus et Pagès. *Rech. sur l'action du lab et la coagulation du lait dans l'estomac* (A. d. P., 1890,

331); *Sur le labferment de la digestion du lait (Ibid.*, 540). — ARTHUS (M.). *Sur la labogénie; remarques sur le labferment (Ibid.*, 1894, (5), VI, 257-268). *Le labferment est un élément constant de la sécrétion gastrique des mammifères adultes* (B. B., 1894, (10), I, 178-180). — BANG (J.). *Ueber Parachymosin, ein neues Labferment* (A. g. P., 1900, LXIV, 425-441). — BENJAMIN (R.). *Beiträge zur Lehre von der Labgerinnung* (A. A. P., 1896, CXLV, 30-49). — BOAS. *Labferment und Labzymogen im gesunden und kranken Magen (Zeitsch. f. klin. Med.*, 1888, XIV, 256). — BRIOT. *Présence dans le sang d'une substance empêchant l'action de la présure sur le lab (Rép. de pharm.*, 1899, 311). — BRODIE et HALLIBURTON. *Pancreatic juice on milk.* (J. P., 1896, XX, 183-112). — CAMUS (L.) et GLEY (E.). *Action du sérum sanguin et des solutions de propeptones sur quelques ferments digestifs* (A. d. P., IX, 1897, 765-769); *Persistance d'activité de la présure à des températures basses ou élevées* (C. R., 1897, CXXV, n° 4, 256-259). — CHANOZ (M.) et DOYON (M.). *Action des basses températures sur la coagulabilité du sang et du lait et le pouvoir coagulant de la présure (Lyon méd.*, 1900, XCIV, 192-193).' — COHN (H. W.). *Isolirung eines Labfermentes aus Bacterienculturen (Centr. f. Bakt.*, 1892, XII, 223-227). — CORIAT. *Action of rennin upon milk digestion (Phil. med. Journ.*, 1900, VI, 84-86). — COURANT (G.). *Ueber die Reaktion der Kuh und Frauenmilch und ihre Beziehungen zur Reaktion des Caseins und der Phosphate* (A. g. P., 1891, L, 109-165). — DEVARDA (A.). *Ueber die Prüfung der Labpräparate und die Gerinnung der Milch durch Käselab (Deutsche landwirtsch. Versuchsst.*, 1897, XLVIII, 401). — DUCLAUX. *Action de la présure sur le lait* (C. R., 1884, XCVIII, 526-528). *Mémoire sur le lait* (Ann. de l'Institut agron., 1882, IV, 37). — EDMUNDS (A.). *Notes on rennet and on the coagulation of milk* (J. P., XIX, 466-477). — EPSTEIN. *Beitrag zur Kenntniss des Labenzym nach Beobachtungen an Säuglingen (Jahrb. f. Kind.*, 1892, XXXIV, 411). — EUGLING. *Studien über das Kasein in der Kuhmilch und über Labfermentwirkung (Landw. Vers.*, 1885, XXXI, 391-405). — FICK. *Ueber die Wirkungsweise der Gerinnungsfermente* (A. g. P., XLV, 1889, 293). — FRIEDBURG (L. H.). *On the active principle of rennet, the so-called chymosin (Journ. Amer. Chem. Soc.*, 1888, X, 98-112). — GLEY (E.). *Influence de la peptone sur la coagulation du lait par la présure* (B. B., 1896, 591-594). *Action anticoagulante de la peptone sur le lait (Ibid.*, 626). — GORINI. *Das Prodigiosus Labferment (Hyg. Rundsch.*, 1893, III, 381). *Sopra una nuovo clasa di bacteri coagulanti del latte (Giorn. d. r. Soc. ital. d'ig.*, Milano, 1894, 129-141). — GUNTHER et THIERFELDER. *Bakter. und Chem. Unt. über spontane Milchgerinnung (Arch. f. Hyg.*, 1895, XXV, 164-195). — GUTZEIT. *Ueber Änderungen in der physikalischen Beschaffenheit der Milch unter Einwirkung von Labflüssigkeit vor Eintritt der Gerinnung (Milchzeitung*, 1895, XXIV, 745; *An. Jhreb. f. Thierchem.*, 1896, 242). — HAAN (J. DE) et HUYSSE. *Die Coagulation der Milch durch Cholera-Bacterien (Centr. f. Bakt.*, 1894, XV, 268). — HAMMARSTEN. *Ueber die Milchgerinnung und die labwirkenden Fermente der Magenschleimhaut (Ups. Läk. For.*, [1872, 63-86; Z. p. C., 1872, II, 118). *Zur Kenntniss des Caseins und das Wirkung der Labferment*, Upsala, 1877). *Ueber den chemischen Verlauf bei der Gerinnung des Caseins mit Lab.* (Z. p. C., 1874, IV, 135; et Ups. Läk. For., 1877, IX, 363-452). *Ueber das Verhalten des Paracaseins zu dem Labenzyme* (Z. p. C., 1896, XXII, 103-127). — HARRIS et GOW. *Fermentation of the pancreas in different animals* (J. P., 1892, XIII, 469-493). — HEINTZ. *Ueber die Ursache der Coagulation des Milchcaseins durch Lab (Journ. prakt. Chem.*, 1872, VI, 374). — HILLMANN (P.). *Beiträge zur Kenntniss der Wirkung des Labferments auf die Eiweissstoffe der Milch (Mitth. landwirthsch. Institutes Univ.*, Leipzig, 1897, I, 113). — JOHNSON (E. G.). *Présure de l'estomac de l'homme dans les conditions pathologiques* (en suédois) (Arsb. f. Sabbatsbergs, Sjukh. i. Stockholm., 1888, 53-61). *Vorkommen des Labferments im Magen des Menschen (Zeitsch. klin. Med.*, 1888, XIV, 256). — KLEMPERER (G.). *Die diagnostiche Verwerthbarkeit des Labferments (Ibid.*, 1888, XIV, 280-288). — KOSTER. *Zur Kenntniss des Caseins und seiner Gerinnung mit Labferment* (Z. p. C., 1881, XI, 14). — LATSCHENBERGER. *Ueber die Wirkungsweise der Gerinnungsfermente* (C. P., 1891, IV, 3). — LEE et DICKINSON. *Notes on the mode of action of rennin and fibrinferment* (J. P., 1890, XI, 307-314). — LÉZÉ et HILSONT. *Essai des laits par la présure* (C. R., 1894, CXVIII, 1069-1071). — LOCKE (F. S.). *Note on the influence of « peptone » on the clotting of milk by rennet (Journ. exper. med.*, 1897, II, 493-499). — LÖRCHER (G.). *Ueber Labwirkung* (A. g. P., 1898, LXIX, 141-199). — MEUNIER (L.). *Recherche quantitative du lab-ferment dans le suc gastrique* (J. de Pharm. et Chim., 1900, (6), XII, 457-465). — MORGENROTH. *Zur Kenntniss der Labenzyme und ihrer Antikörper* (C. f. Bakt., 1900,

XXVII, 721-724). — OKUNOFF. *Rôle du labferment dans les processus d'assimilation de l'orga-*
nisme (Diss. in., Krakow, 1896; *An. in Jb. f. Thier. Chem.,* 1896, XXV, 291). — PAGÈS (C.).
Variations de la période latente de coagulation du lait présuré (C. R., 1894, CXVIII, 1291-
1293). *Rech. sur la pexine (Diss. in.,* Paris, 1888). — PETERS (R.). *Untersuch. über da-*
Lab und die labähnlichen Fermente (Naturwiss. Rundsch., X, 128). — PORTELE (K.). *Labs-*
conserve oder ein neues Labextract (Centr. f. Agriculturchemie, 1889, XVIII, 720). — RAUD-
NITZ. *Ueber das Vorkommen des Labferments im Säuglingsmagen (Prag. med. Woch.,* 1887,
24). — RINGER (S.). *Action of lime salts on casein and milk* (J. P., 1890, XI, 464-477). —
RINGER et SAINSBURY. *The influence of certain salts upon the act of clotting (Ibid.,* 1890, XI,
369-383). — RÖHMANN. *Ueber einige salzartige Verbindungen des Caseins und ihre Verwen-*
dung (Berl. klin. Woch., 1895, XXXII, 517-522). — SCHMIDT. *Beitr. zur Kenntniss der Milch*
(Dorpat, 1874). — SCHNÜRER. *Zur Kenntniss der Milchgerinnung im menschlichen Magen*
(Jahrb. f. Kinderk., 1899, 389). — SCHUMBURG (W.). *Ueber das Vorkommen des Labferments*
im Magen des Menschen (Diss. Berlin, in-8, 1884, et *A. A. P.,* 1884, XCVII, 260-278). —
SOMMER (L.). *Beiträge zur Kenntniss des Labferments und seiner Wirkung (Arch. Hyg.,* XXXI,
319-335). — STORCH. *Die Spaltung des Caseinogens der Kuhmilch durch Aussalzung (C. P.,*
1898, XI, 221). — SZYDLOWSKI. *Ueber das Verhalten des Labenzym im Säuglingsmagen (Prag.*
med. Woch., 1892, 366). — WALTER (P. A.). *Action du lab sur la digestion de la caséine*
(en russe) (*Vratch,* 1890, XI, 9, 56, 94, 111). — WALTHER. *Ueber Fick's Theorie der Labwir-*
kung und Blutgerinnung (A. g. P., 1891, XLVIII, 529-536). — WARREN (J. W.). *On the pre-*
sence of a milk-curdling ferment (pexin) in the gastric mucous membrane of Vertebrates
(Journ. exp. med., 1897, II, 475-492).

Action du suc gastrique sur les mat. albuminoïdes. Peptonisation. — ALEXANDER. *Zur*
Kenntniss des Caseins und seiner peptischen Spaltungsprodukte (Z. p. C., 1898, XXV, 411-
430). — CHANDELON. *Sur la syntonipepsine au point de vue de la théorie chimique de la diges-*
tion (Bull. Ac. de médecine de Belgique, 1887, I, 289-304). — CHITTENDEN (R. H.). *Pepto-*
nization in the stomach (Dietet. et Hyg. Gaz., N. Y., 1893, IX, 125-129). — CHITTENDEN et
GOODVIN. *Myosin-peptone (J. P.,* 1890, XII, 34). — CHITTENDEN et SOLLEY. *The primary cleavage*
produktes formed in the digestion of gelatine (Ibid., XII, 23). — CHITTENDEN et HARTWELL.
The relative formation of proteoses and peptones in gastric digestion (Ibid., XII, 1891, 12-
42; et *C. P.,* 1891, V, 310-313). — CHITTENDEN et HART. *Elastin und Elastosen (Z. B.,* 1889,
VII, 368). — CHITTENDEN et PERCY BOLTON. *Eieralbumine und dessen Albumosen (D. Chem.*
Ges., 1888, 447). — CHITTENDEN et KÜHNE. *Globulin und Globulosen (Z. B.,* 1886, IV, 409).
Peptone, (1886, *ibid.,* IV, 423). — CHITTENDEN et ALLEN. *Influence of various inorganic and*
alkaloïd salts on the proteolytic action of pepsin hydrochloric acid (Stud. Lab. Physiol. Che-
mistry, New-Haven, 1885, 76-99). — CRONER (W.). *Zur Frage der Pepsinverdauung (Arch.*
path. Anat., 1897, CL, 2, 260-271). — CUMMINS (W.). *On the relative digestibility of fish*
flesh in gastric juice, 1884, in-8, 14. — DANILEWSKI (A.). *Hydratationsvorgang bei der Pep-*
tonisation (C. W., 1880, XVIII, 769-772). *Ueber die Verschiedenheit der Hydratationsvor-*
gänge der Peptonisation unter verschiedenen Bedingungen (Ibid., 1881, XIX, 66-81). — EBBE.
Basische Spaltungsprodukte des Elastins beim Kochen mit Salzsäure (Z. p. C., 1898, XXV,
337-344); — FERMI (C.). *Die Auflösung des Fibrins durch Salze und verdünnte Säuren (Z. B.,*
1891, XXVIII, 229-237). — FICK. *Bemerk. über Pepsinverdauung und das physiologische Ver-*
halten ihrer Produkte (Physiol. Lab. der Wurzburg. Hochsch., 1872, 54-64). — FOLIN. *Spal-*
tungsprodukte der Eiweisskörper (Z. p. C., 1898, XXV, 152-165). — GILLEPSIE (A. L.). *On the*
gastric digestion of proteids (Journ. of anat. and physiol., 1893, XXVII, 195-223). — GLAESS-
NER. *Ueber die Vorstufen der Magenfermente (Beitr. z. chem. Physiol. u. Path.,* 1901, I, 1-23).
Über die örtliche Verbreitung der Fermente in der Magenschleimhaut (ibid., 24-33). —
HARLEY. *Caracteres différentiels des produits de la digestion pepsique et de la digestion pan-*
créatique de la fibrine (B. B., 1899, 70). — HASEBROCK. *Ueber erste Produkte der Magenver-*
dauung (Z. p. C., 1887, XI, 348). — HENNINGER (A.). *Nature et rôle physiologique des*
peptones (D., Paris, 1878. — HERZEN. *Sur la digestion de l'albumine d'œuf crue par la pep-*
sine (Rev. méd. de la Suisse rom., 1891, XIII, 221). *Pepsinogènes et succagogues. (Congr.*
intern. de méd. Paris, 1901, 14-25). — HORBACZEWSKI (J.). *Ueber das Verhalten des Elastins*
bei der Pepsinverdauung (Z. p. C., 1882, VI, 330-345). — JESSEN. *Einige Versuchen über die*
Zeit welche erforderlich ist, Fleisch und Milch in ihren verschiedenen Zubereitungen zu
verdauen (Z. B., 1883, XIX, 129-153). — KLUG (F.). *Verdaulichkeit des Leims (A. g. P.,*

1890, xlviii, 100); *Verdauungsprodukte des Leims* (C. P., iv, 189): *Untersuch. über Pepsinverdauung* (A. g. P., 1895, lx, 43-71). — Kostjurin (S.). *Action de la pepsine sur les matières amylacées* (Arch. slaves de biologie, 1886, ii, 56-61). — Krüger (F.). *Weitere Beobacht. über die quantitative Pepsinverdauung* (Z. B., 1901, xli, 467-484). — Kühne et Chittenden. *Ueber die nächste Spaltungsprodukte der Eiweisskörper* (Z. B., 1883, i, 159); *Myosin und Myosinosen* (Ibid., 1889, vii, 358). — Kühne. *Albumosen und Peptone* (Verh. d. nat. med. Ver. zu Heidelberg, 1886, iii, 286-294); *Weitere Erfahr. über Albuminen und Peptonen* (Z. B., 1894, 221). — Lawrow (D.). *Zur Kenntniss des Chemismus der peptischen und tryptischen Verdauung der Eiweissstoffe* (Z. p. C., 1899, xxvi, 513-523). — Longet (A.). *Action du suc gastrique sur les matières albuminoïdes et du fluide séminal sur les corps gras neutres*, Paris, Masson, 1855, in-8, 16 p. — Malfatti (H.). *Beitrag zur Kenntniss der peptischen Verdauung* (Z. p. C., 1900, xxxi, 43-48). — Mark-Schnorf. *Beiträge zur Physiologie der Verdauung. Zwei pepsinbildende Stoffe* (A. g. P., 1901, lxxxv, 143-148). — Mathieu (A.) et Hallopeau (L. A.). *Recherches sur le processus de peptonisation dans l'estomac* (Arch. de méd. expér. et d'anat. path., 1893, v, 341-353). — Mayer (A.). *Ueber die Wirkungsweise des Pepsins bei der Verdauung* (Z. B., 1869, v, 311-318); *Einige Bedingungen der Pepsinwirkung quantitativ studirt* (Ibid., 1881, xvii, 351-360). — Meissner. *Unters. über die Verdauung der Eiweisskörper* (Zeitsch. f. rat. Med., 1859, fasc. 7, 8, 9). — Müller (P.). *Zur Trennung der Albumosen von den Peptonen* (Z. p. C., 1898. xxvi, 48-56). — Neumeister. *Albumosen* (Z. B., 1887, v, 381-402); *Vitellosen* (Ibid., 402); *Reactionen der Albumosen und Peptonen* (Ibid., 1890, viii, 335-337). — Pfaundler (M.). *Zur Kenntniss der Endprodukte der Pepsinverdauung* (Z. p. C., 1900, xxx, 90-100). — Pick. *Unters. über Proteinstoffe* (Ibid., 1897, xxiv, 246-276); *Zur Kenntniss der peptischen Spaltungsprodukte des Fibrins* (Ibid., 1899, xxviii, 219-288). — Poehl. *Ueber das Vorkommen und die Bildung des Peptons ausserhalb des Verdauungsapparats und über die Rückbildung des Peptons in Eiweiss.* (Diss. Dorpat, 1882). — Pupo (C.). *Rech. exp. sur la digestion artificielle de l'albumine* (Diss. Genève, 1899; Trav. du Lab. de Physiol. de Genève, 1899, i, 154-183). — Salkowski (E.). *Ueber das erste Produkt der Verdauung des Kaseins durch Pepsinsalzsäure* (Z. p. C., 1899, xxvii, 297-302); *Ueber das Verhalten des Caseins zu Pepsinsalzsäure* (A. g. P., 1896, lxiii, 401-422). — Sawjalow. *Zur Theorie der Eiweissverdauung.* (A. g. P., 1901, lxxxi, 171-213). — Schütz (J.). *Zur Kenntniss der quantitativen Pepsinwirkung* (Z. p. C., 1900, xxix, 1-14). — Schütz et Huppert. *Ueber einige quantitative Verhältnisse bei der Pepsinverdauung* (A. g. P., 1900, lxxx, 470-526). — Stutzer (A.). *Unters. über die durch Magensaft unlöslich bleibenden stickstoffhaltigen Substanzen der Nahrungs und Futtermittel* (Z. p. C., 1883, ix, 211-221). — Umber (F.). *Die Spaltung des kryst. Eier-und Serumalbumins, sowie des Serumglobulins durch Pepsinverd.* (Ibid., 1898, xxv, 238-282). — Zunz (E.). *Ueber den quantitativen Verlauf der pept. Eiweisspaltung* (Ibid., 1899, xxviii, 132-173); *Die fractionirte Abscheidung der pept. Verdauungsprodukte mittelst Zincsulfat* (Ibid., 1899, xxvii, 219-249). *Digestion peptique et gastrique des subst. alb.* (Ann. de la Soc. Roy. des sc. méd. de Bruxelles, 1902, xi, 1-188).

Digestion des hydrates de carbone. — Ferré (G.). *De la transformation du sucre de canne dans l'estomac* (J. de Méd. de Bordeaux, 1890, xx, 326-329). — Ferris et Lusk. *The gastric inversion of cane sugar by hydrochloric acid* (Americ. J. P., 1898, i, 277-281). — Friedenthal. *Ueber die Amylaceen Verdauung im Magen der Carnivoren* (A. P., Suppl., 1899, 383-390). — Godart-Danhieux. *Le rôle du ferment salivaire dans la digestion* (Ann. d. la Soc. d. sc. méd. de Bruxelles, 1898, vii, 1-133). — Müller (M.). *La dig. de l'amidon dans la bouche et l'estomac de l'homme* (Sem. méd., 1901, 141). — Oehl. *Sur la saccharification de l'amidon dans l'estomac digérant.* (A. i. B., xxxii, 1899, 93-114). — Pautz (W.) et Vogel (J.). *Ueber die Einwirkung der Magen und Darmschleimhaut auf einige Biosen und auf Raffinose* (Z. B., 1895, xxxii, 304-307). — Pavy (A.). *Product derived from glucose by bringing it in contact with gastric or intestinal muccus membrane* (Proc. physiolog. Soc., 1884, 7). — Robertson Aitchison (W. G). *Dig. of starch in the Stomach* (Edimb. med. Journ., 1896, 1010). — Southall (G.) et Haycraft (J.B.). *Note on an amylolytic ferment found in the gastric mucous membrane of the pig* (Journ. An. and Physiol., 1888, xxiii, 452-454).

Digestion des graisses. — Klemperer et Scheurlen. *Das Verhalten des Fettes im Magen* (Zeitsch. f. klin. Med., 1888, xv, 370-378). — Virschoubski (A. M.). *Action des glandes* *gastriques dans la digestion des graisses* (en russe) (*Bolm. Gaz. Botkina*, 1900, xi, 1177-1183). —VOLHARD (F.). *Resorption und Fettspaltung im Magen* (*Münch. med. Woch.*, 1900, XLVII, 141-146); *Sur le ferment lipolytique de l'estomac* (*Sem. méd.*, 1901, 141); (*Zeitsch. f. klin. Med.*, 1901, XLII, 414-429).

Sécrétion stomacale. — AKERMANN (J. H.). *Exper. Beitr. zur Kenntniss des Pylorussecretes beim Hunde* (*A. P.*, 1895, vi, 134-149). — ALDEHOFF et MERING. *Einfl. des Nervensystems auf die Functionen des Magens* (*Verh. d. Congr. f. inn. Med.*, 1899, 332-335). — ALDOR (L.). *Ueber die künstliche Beeinflussung der Magensaftsecretion* (*Zeitsch. f. klin. Med.*, 1900, XL-248-265). — BARBÉRA (A. G.). *Influence des clysteres nutritifs sur l'élimination de la bile et sur la sécrétion du suc gastrique. Contribution à une nouvelle interprétation de la signification physiologique de la bile* (*A. i. B.*, 1896, xxvi, 253-278). — Bocci (B.). *La fisiologia della porzione pilorica dello stomaco* (*Giorn. inter. di sc. med.*, 1880, ii, 897-916). — BORUTTAU H.). *Weitere Erfahrungen über die Beziehungen des N. vagus zur Athmung und Verdauung*, (*A. g. P.*, LXV, 1897, 26-39). — BUFALINI. *Sulla formazione dell'acido cloridico nel succo gastrico* (*Raccogl. med.*, 1883, xx, 121-139). — CAPORALI (R.) et SIMONELLI (L.). *Alcune ricerche sul chimismo gastrico fisiologico e patologico* (*Il Morgagni*, 1897, xxxviii, 773). — DRECHSEL (E.). *Können von der Schleimhaut des Magens auch Bromide und Iodide zerlegt werden?* (*Z. B.*, 1888, vii, 396-399). — EDKINS. *Mecanism of secretion of gastric, pancreatic and intestinal Juices* (*Schaefer's Text Book of Physiology*, 1898, i, 531-569). — ELSNER. *Einfluss der Menstruation auf die Thätigheit des Magens* (*Arch. f. Verd. Krankh.*, 1899, v). — EINHORN. *Weitere Erfahrungen über die directe Electrisation des Magens* (*Zeitsch. f. klin. Med.*, 1893, xxiii, 369-384). — FLAUM (M.). *Ueber den Einfluss niedriger Temperaturen auf die Functionen des Magens*, in-8, 17. — FROUIN. *Sur l'excrétion continue du suc gastrique* (*B. B.*, 1899, 498). — GIRARD (H.). *Rech. sur la sécrétion du suc gastrique actif* (*A. d. P.*, 1889, i, 369-387). — HERWEH. *Influence du cerveau sur la sécrétion du suc gastrique* (en russe) (*Vratch*, 1899, 1404). — HOFFMANN (A.). *Einfluss des galvanischen Stromes auf die Magensaftabscheidung* (*Berl. klin. Woch.*, 1889, xxvi, 245, 275). — IVANOF. *Rech. clin. sur les variations qualitatives du suc gastr. sous l'influence de la faradisation de la région splénique* (en russe). *Diss.* Saint-Pétersbourg, 1889. — JAWORSKI. *Ueber die Verschiedenheit in der Beschaffenheit des nüchternen Magensaftes bei Magensaftfluss* (*Verh. d. Congr. f. inn. Med.*, Wiesbaden, 1888, vii, 280-289). — JURGENS. *Sur la sécrétion stomacale chez les chiens ayant subi la section sous-diaphragmatique des nerfs pneumogastriques* (*Arch. Sc. biol.*, Saint-Pétersbourg, 1892, i, 328). — KHIGINE (P.). *Études sur l'excitabilité sécrétoire spécifique de la muqueuse du canal digestif.* 3ᵉ mémoire. *Activité sécrétoire de l'estomac du chien* (*Arch. Sc. Biol.* Saint-Pétersbourg, 1895, iii, 461-525). — KLEMENSIEWICZ. *Succus pyloricus* (*Ak. W.*, 1875, LXXI, 249-296). — KRESTEFF. *Contribut. à l'étude de la sécret. du suc pylorique* (*Trav. du Lab. de Physiol. de Genève*, 1899-1900, 120-154). — KŒPPE (H.). *Ueber den osmotischen Druck des Blutplasmas und die Bildung der Salzsäure im Magen* (*A. g. P.*, LXII, 1896, 367-602). — KETSCHER. *Réflexe de la cavité buccale à la sécrétion du suc gastrique* (*Diss.* Saint-Pétersbourg, 1890). — KOSTJURIN. *Der Einfluss heissen Wassers auf die Schleimhaut des Magendarmcanal's des Hundes* (*Pet. med. Woch.*, 1879, iv, 84-86). — KOZMINYKH (N. I.). *Sur l'influence du bouillon de viande sur les fonctions de l'estomac chez l'homme sain* (*Rev. sc. méd.*, 1895, XLVI, 33 (An.). — KÜLZ (E.). *Können von der Schleimhaut des Magens auch Bromide und Iodide zerlegt werden?* (*Z. B.*, 1886, xxiii, 460-474). — LECONTE. *Fonctions gastro-intestinales. Étude physiologique* (*La cellule*, 1900, xvii, 285-318). — LIEBERMANN (L.). *Studien über die chemischen Processe in der Magenschleimhaut* (*A. g. P.*, 1891, L, 25-54). — LOBASSOF (J. O.). *Sur l'excitabilité sécrétoire spécifique de la muqueuse du canal digestif.* 4ᵉ mémoire : *Sécrétion gastrique chez le chien* (*Arch. Sc. Biol.* Saint-Pétersbourg, 1897, v, 425). — MALY. *Ueber die Quelle der Magensaftsäure* (*Ak. W.*, 1874, LXIX, 36-40 et 251-266). — MANTEGAZZA (P.). *Dell'azione del dolore sulla digestione e sulla nutrizione* (*R. Ist. Lomb. di sc. e lett.*, 1870, iii, 815-817). — METZGER (L.). *Ueber den Einfluss von Nährklysmen auf die Saftsecretion des Magens* (*München. med. Woch.*, 1900, XLVII, 1553-1555). — MEYER (A.). *Diät und Salzsäuresecretion* (*Arch. f. Verdauungskrankh.*, 1900, vi, 299-315). — NASSE (H.). *Ueber die Schwankungen in der Absonderungsgrösse des Magensaftes der Hunde* (*Arch. d. Ver. d. Wiss. Heilkunde*, Göttingen, 1863, vi, 609-620). — PAVLOW (I.). *Rem. histor. sur le travail sécréteur de l'estomac* (*Arch. Sc. biol.*, Saint-Pétersbourg, 1896, iv, 520-522). — PAWLOW (J. P.) et SCHUMOWA-SIMANOWSKAJA (E. O.).

Beiträge zur Physiologie der Absonderungen. Die Innervation der Magendrüsen beim Hunde. *Vierte Mittheilung (A. P.*, 1895, 53-69). — Postempski et Bocci. *Se la secrezione del succo gastrico sia continua o intermittente (Boll. della Soc. Lancisiana d. Osp. di Roma*, 1891, x, 173-178). — Pfaundler. *Ueber den zeitlichen Ablauf der Magensaftsekretion (Verh. d. Congr. f. inn. Med.*, 1899, 336-344). — Pick (E.). *Beitr. z. Kenntniss der Magensaftabscheidung beim nüchternen Menschen (Prag. med. Woch.*, 1889, xiv, 203-209). — Pouchkine (A. S.). *Influence de l'application locale de la chaleur à la région stomacale sur les fonctions gastriques chez l'homme sain (Rev. d. sc. médic.*, 1896, xlvii, 435-436. (An). — Rosenberg (S.). *Einfluss körperlicher Anstrengung auf die Ausnützung der Nahrung (A. g. P.*, 1893, lii, 401). — Rosin (H.). *Ueber das Secret des nüchternen Magens (D. med. Woch.*, 1888, xiv, 966-968). — Salvioli. *Influenza della fatica sulle digestione stomacale (Acc. dei Lincei*, 1892, i, 182; *A. i. B.*, 1892, xvii, 248-255). — Sansoni (L.). *La secrezione dello stomaco dei Succi il digiunatore (Giorn. d. r. Acc. di Torino*, 1893, xli, 313-320). — Sasselzki. *Einfluss des Schwitzens auf die verdauende Kraft des Magensaftes, sowie auf den Säuregrad des Magensaftes und Harn (Pet. med. Woch.*, 1897, n° 2). — Schierbeck (H.). *Nouvelles recherches sur l'apparition de l'acide carbonique dans l'estomac*, 1893, Copenhague, Luno, in-8, 16. — Schneyer (J.). *Magensecretion unter Nerveneinflüssen. Theorie der Magensecretion (Wien. klin. Rundschau*, 1896, x, 49-51). — Schreiber. *Die spontane Saftabscheidung des Magens im Nüchternen und im Fasten (A. P. P.*, 1888, xxiv, 365-388). — Schreuer (M.) et Riegel (A.). *Ueber die Bedeutung des Kauaktes für die Magensaftsekretion, (Ztschr. f. diätet. u. physik. Therap.*, Leipz., 1900, iv, 472-477). — Schüle. *Ueber den Einfluss verschiedener Nahrung auf die Absonderung der Magensecrete, speciell der Salzsäure (Therap. Mon.*, 1899, xiii, 601). — Simon (A.). *Ueber den Einfluss des künstlichen Schwitzens auf die Magensaftsekretion (Zeitsch. f. klin. Med.*, 1899, xxxviii, 140-168). — Sollier (P.) et Parmentier (E.). *De l'influence de l'état de la sensibilité de l'estomac sur le chimisme stomacal (A. d. P.*, vii, 1895, 335-348). — Spirig (W.). *Einfluss von Ruhe, mässiger Bewegung und körperlicher Arbeit auf die normale Magenverdauung des Menschens (Diss. Berlin*, 1893, 20 p.). *Einfluss körperlicher Strenge auf die Magenverdauung (D. med. Woch.*, 1891, 54). — Surmont et Brunelle. *Influence de l'exercice sur la digestion gastrique (B. B.*, 1894, 705-706). — Tangl. *Ueber den Einfluss der Körperbewegung auf die Magenverdauung (A. g. P.*, lxiii, 1896, 543-574). — Verhaegen. *Physiologie et pathologie de la sécrétion gastrique suivie de la technique complète du cathétérisme de l'estomac et de l'examen méthodique du liquide gastrique*, 8°, 40 p.). — Wesener. *Ueber Köppe's Theorie der Salzsäurebildung im Magen (A. g. P.*, lxxvii, 483-484). — Wittich. *Die Pylorusdrüsen (A. g. P.*, 1874, viii, 444-452). — Wessener (J. H.). *Is hydrochloric acid secreted by the mucous membrane of the stomach (Medicine*, Detroit, 1895, 497). — Wolffhügel. *Magenschleimhaut neugeborener Säugethiere (Z. B.*, 1876, xii, 217-225). — Wirschillo (W. A.). *Influence du beurre sur la sécrétion gastrique (en russe) (Vratch*, 1900, xxi, 423-424).

Rapports de la sécrétion avec la morphologie de la muqueuse stomacale. — Bensley (R. R.). *The Histology and Physiology of the Gastric Glands (Proc. Canad. Inst.*, 1897, n. s., i, 11-16). — Braun (A.) et Ebstein (W.). *Exp. Beiträge zur Physiol. der Magendrüsen (A. g. P.*, 1870, iii, 565-574). — Carlier. *Changes that occurr in some cells of the stomach during digestion (Proc. Roy. Soc. Edinb.*, 1900, xxii, 673-691). — Centanni (E.). *Ric. intorno alla reazione e alla rigeneraz. sperimentale degli epitheli di rivestimento e ghiandolari dello stomaco (Gaz. d. Osp.*, Milano, 1886, 379). — Contejean. *Sur les fonctions des cellules des glandes gastriques (A. d. P.*, 1892, 554-561); *Sécrétion pylorique chez le chien (C. R.*, 1892, cxiv, 557). — Ebstein (W.) et Grützner. *Kritisches und Experimentelles über die Pylorusdrüsen (A. g. P.*, 1874, viii, 617-623). — Fränkel (S.). *Beitr. zur Physiologie der Magendrüse (Ibid.*, 1891, xlviii, 63-73). — Griffini et Vassale. *Ueber die Reproduction der Magenschleimhaut (Beitr. z. path. Anat. u. allg. Path.*, 1888, iii, 423-448). — Hari. *Uber das normale Oberflächen Epithel des Magens und uber Vorkommen von Randsaumepithelien und Becherzellen in der menschlichen Magenschleimhaut (Arch. mikr. Anat.*, 1901, lviii, 685-726). — Heidenhain (R.). *Ueber die Absonderung der Fundusdrüsen des Magens (A. g. P.*, 1879, xix, 148-166); *Pepsinbildung in den Pylorusdrusen (Ibid.*, 1878, xviii, 169-171). — Klug (F.). *Die Belegzellen der Magenschleimhaut bilden ausser der Säure auch das Pepsin (Ung. Arch. f. Med.*, 1893, i, 35-37). — Langley. *On the histology of the mammalian gastric glands and the relation of pepsin to the granules of the chief cells (J*

P., 1881, iii, 269-291). — Montanel. *Dualité anatomique et fonctionnelle des éléments des glandes gastriques chez le fœtus* (B. B., 1898, 848; 1889, 233, 314-316, 426-428). — Pilliet (A. H.). *Sur les différences d'activité sécrétoire que l'on rencontre dans la même muqueuse gastrique* (Ibid., 1895, xlvii, 759-763). — v. Puteren (M.). *Einiges über die Säure im Magen der Embryonen* (Embryol. Inst. d. K. Univ. in Wien, 1877, i, 95-106). — Rollett (A.). *Bemerk. zur Kenntniss der Labdrüsen und der Magenschleimhaut* (Unt. a. d. Inst. f. Physiol. u. Hist. in Graz, 1871, 143-193). — Schmidt (A.). *Untersuch. über das Magenepithel unter normalen und pathologischen Verhältnissen* (A. A. P., 1896, cxliii, 477-508). — Schuyten. *Contr. à nos connaissances du chimisme stomacal* (Bull. de l'Ac. des sciences de Belgique, 1899, 775-788). — Sehrwald (E.). *Die Belegzellen des Magens als Bildungsstätten der Säure* (Munch. med. Woch., 1889, xxxvi, 177-180). — Sewall. *Development and Regeneration of the gastric glandular epithelium during fœtal life and after Birth* (J. P., 1879, i, 321-334).

Rapports de la sécrétion gastrique avec la réaction de l'urine et du sang. — Baldi. *L'alcalinita del sangue e della saliva durante la digestione gastrica* (Sperim., 1885, 400j. — Bence Jones. *On animal chemistry in its application to stomach and neural diseases,* London, 1849). — Canard. *Essai sur l'alcalinité du sang* (Diss. Paris, 1878). — Drouin. *Hémo-alcalimétrie* (Ibid., Paris, 1872). — Gley et Lambling. *Sur les relations qui existent entre l'acidité de l'urine et la digestion stomacale* (Rev. biol. du Nord de la France, 1888, nº 1). — Görges. *Ueber die unter physiol. Verhältnissen eintretende Alkalescenz des Harnes* (A. P. P., 1887, 156). — Greene. *Chemistry of gastric juice and urine* (Phil. med. Times, 1879, ix, 303-305). — Guichard. *Réaction de l'urine dans l'hypochlorhydrie* (Diss. Lyon, 1893). — Haussmann. *Ueber die Säureausfuhr im menschlichen Harn unter physiol. Bedingungen* (Zeitsch. f. klin. Med., 1896, xxx, 350-370). — Lailler. *De l'acidité urinaire* (Journ. de pharm. et de chimie, 1897, v, nº 1). — Noorden. *Magensaftsecretion und Blutalkalescenz* (A. P. P., xxii, 1888, 325). — Quincke. *Ueber einige Bedingungen der alkalische Harnreaction* (Zeitsch. f. klin. Med., 1884, vii, 22). — Rosenthal. *Ueber vomitus hyperacidus und das Verhalten des Harns* (Berl. klin. Woch., 1887, xxiv, 505-507). — Sticker et Hubner. *Wechselbeziehung zwischen Secreten und Excreten* (Zeitsch. f. klin. Med., 1887, xii, 114). — Trebeux. *Acidité de l'urine après le repas chez l'homme sain et le dyspeptique* (Diss. Paris, 1895).

Auto-digestion de l'estomac. — Benere. *Beobachtung eines Selbstverdauung des Magens und Zwerchfells* (Arch. d. Ver. f. wiss. Heilk., 1864, i, 253-255). — Bernard (Cl.). *Du suc gastrique et de son rôle dans la nutrition* (1 vol. in-4º, Paris, 1843). — Bocci (B.). *Sulla autodigestione dello stomaco, studio sperimentale* (Riv. clin. d. Bologna, 1880 (2), x, 15-21). — Contejean. *Résistance prolongée des tissus vivants et très vascularisés à la digestion gastrique* (A. d. P., 1894, 804-809). — Fermi. *Die Wirkung der proteolytischen Enzyme auf die lebendige Zelle als Grund einer Theorie über die Selbstverdauung* (C. P., 1895, viii, 657); *Bemerkungen zu meiner Mittheilung über die Wirkung der proteolytischen Enzyme auf die lebendige Zelle als Grund einer Theorie der Selbstverdauung* (Ibid., 1895, ix, 57); *L'action des zymases proteolytiques sur la cellule vivante* (A. i. B., 1895, xxiii, 433). — Frenzel (J.). *Verdauung lebenden Gewebs und Selbstverdauung* (Biol. Centr., 1887); *Die Verdauung lebenden Gewebes und die Darmparasiten* (A. P., 1891, 293). — Freund. *Zur Frage der Selbstverdauung des Magens* (Wiener klin. Wochenschr., 1897, 637). — Frouin (A.). *Auto-digestion expérimentale de l'estomac* (B. B., 1900, 747-749); *Des causes de la résistance de l'estomac à l'auto-digestion* (Ibid., 749-751). — Gaglio (G.). *Sull' autodigestione* (Lo Sperimentale. Firenze, 1884, lvi, 260-268). — Harley. *Contribution to our knowledge of Digestion* (Brit. med. chir. Rev., 1860, xxv, 211). — Hunter (J.). *On the digestion of the stomach after death* (Phil. Trans., 1772, xxiii, 447-454). — Matthes (M.). *Untersuchungen über die Pathogenese des Ulcus rotundum ventriculi und über den Einfluss von den Verdauungsenzym auf lebendes und todtes Gewebes* (Diss. Iéna, 1893); *Zur Wirkung von Enzymen auf lebendes Gewebe, speciell auf die Magen und Darmwand* (Verhandl. der xii. Congr.. für inn. Med. Wicsb., 1893). — Otte (P.). *Rech. crit. et expér. sur la digestion des tissus vivants* (Arch. de biol., Liège, 1896, xiv, 28 p.). — Pavy (F. W.). *On the immunity enjoyed by the stomach from being digested by its own secretion during life* (Phil. Transact., 1863, 161-171). — Robin (Ch.). *Note sur quelques phénomènes de digestion se continuant après la mort et sur leur influence sur la réussite des injections* (B. B., 1853, 134). — Ruzicka (St.). *Experimentelle Beiträge zur Lehre von der Selbstverdauung des Magens* (Wiener med. Presse, 1897, nº 10, 26). — Samuelson. *Die Selbstverdauung des Magens* (Samml. physiol. Abhandl., Iéna,

1879, 6). — Schiff (M.). Sull' autodigestione dello stomaco dopo la morte e durante la vita (Imparziale, 1869, ix, 133, 165). — Sehrwald (E.). Was verhindert die Selbstverdauung des lebenden Magens? (Ges. klin. Arb., Iéna, 1890, 243-265). — Viola et Gaspardi. Sull' auto-digestione dello stomaco (Atti e rend. d. Accad. med. chir. di Perugia, 1889, i, 140-150). — Warren. Notes on the digestion of living tissues (Bost. med. and surg. Journ., 1887, cxvi, 249-252).

Action antiseptique : Fermentations microbiennes stomacales. Gaz de l'estomac. — Abe-lous (J). Rech. sur les microbes de l'estomac à l'état normal et leur action sur les substances alimentaires (Diss. Montpellier, 1889, et C. R., 1889, cviii, 310-303; B. B., 1889, 86-89). — Albertoni (P.). Potere conservatore del succo gastrico sugli elementi albuminoïdi (Gazz. med. ital. proveneta, 1873, xvi, 377). — André (G.). Les microbes du tube digestif (Midi médical, i, 1892, 349, 361). — De Bary (W.). Beitrag zur Kenntniss der niederen Organismen im Magen-inhalt (A. P. P., 1885, xx, 243-270). — Béchamp (A.). Sur les microzymes gastriques (B. B., 1882, 255, 286). — Bial (M.). Ueber den Mechanismus der Gasgährungen im Magensaft (Berl. klin. Woch., xxxiii. 1896, 51-57). — Biernatzki. Ueber die Darmfäulniss bei Niere-nentzündung und Icterus (Arch. f. klin. Med., 1890, xlix). — Biegel (H.). Case of abundant development of vegetable growth in the human stomach (Trans. Path. Soc. London, 1866, xviii, 287). — Boas (J.). Schwefelwasserstoff im Magen. (D. med. Woch., 1892, 1110); Ueber Duo-denalstenosen (Berl. klin. Woch., 1891, 949). — Capitan et Marfan. Rech. sur les micror-ganismes de l'estomac (B. B., 1889, 25). — Cohn (P. O.). Ueber die Einwirkung des künst-lichen Magensaftes auf Essigsäure und Milchsäuregährung (Z. p. C., 1889, xiv, 75-105). — Dauber. Schwefelwasserstoff im Magen (Arch. f. Verdauungskrankh., 1898, iii, 57-70). — Ferranini (A.). L'azione antifermentativa dell' acido cloridrico, 1889 (Riform. med., 26). — Fiorentini (A.). Intorno ai protisti dello stomaco dei bovini (Journ. de micrographie, 1890, xiv, 23, 79, 178). — Fraser Harris. Notes on the Chemistry and Coagulation of Milk (Physiol. Lab. of Glascow, 1892, 188-200). — Gillespie. The bacteria of the stomach (J. P., 1892, 24 p.); Some obser. on the chemistry of the contents of the alimentary tract... and on the influence of the bacterie present in them (Proc. Roy. Soc., 1898, lxii, 4-11). — Goyon (A.). Flore microbienne de l'estomac (Diss. Paris, 1900). — Gruby. Note sur les plantes cryp-togamiques se développant en grande masse dans l'estomac d'un individu atteint depuis huit ans de difficulté dans la déglutition des aliments (C. R., 1844, xviii, 586-588). — Hamburger (H.). Wirkung des Magensaftes auf pathogene Bacterien (Centr. f. klin. Med., 1890, xi, 425-437). — Hirschfeld (E.). Ueber die Einwirkung des künstlichen Magensaftes auf Essigsäure und Milchsäuregährung (A. g. P., 1890, xlvii, 510-542). — Hoppe-Seyler. Zur Beurtheilung der Mageninhalte in Bezug auf Säuregehalt und Gährungsproducte (Munch. Med. Woch. 1895, xliii, 1161); Ueber Magengährung mit besonderer Berückti-chtigung der Gaze des Magens (Congr. f. innere Med., Wiesbaden, 1892, xi, 392 398). — Kaurhel (G.). Ueber die Einwirkung des künstlichen Magensaftes auf pathogene Mikrorga-nismen (Arch. f. Hyg., 1890, x, 382-396). — Kast (A.). Ueber die quantitative Messung der antiseptischen Leistung des Magensaftes (Festsch. z. Eröffn. d. n. allg. Krankenhause zu Hamburg. Eppendorff, Hamb., 1-10, 1889). — Kijanowski. Antimikrobiellen Eigens-chaften des Magensaftes (Centr. f. Bact., 1891, x, 235). — Kuhn. Hefegährung und Bil-dung brennbarer Gase im menschlichen Magen (Z. klin. Med., 1892, xxi, 572). — London (E. S.). Sur l'action bactéricide du suc gastrique, (Arch. Sc. Biol. 1897, v, 417-424). — Macfadyen. The behavious of bacteria in the digestiv tract (Journ. of An. and Physiol., 1887, xxi, 227 et 413). — Mac Naught (J.). On a case of dilatation of the stomach accom-panied by eructation of inflammable gas (Med. Press, 1890, xlix, 552-555). — Mester. Ueber Magensaft und Darmfäulniss (Zeitsch. f. klin. Med., 1889, xxiv, 441-559). — Rappin. Sur les microorganismes des voies digestives, Nantes, (Imp. Centrale, 1893, in-8, 26 p.). — V. Recklinghausen. Mykose der Magenschleimhaut (A. A. P., 1864, xxx, 366-370). — Reisz (C.). Oidium albicans pa ventriklens slimhinde (Nord. med. Ark., 1869, 1-10). — Rosenheim (T.). Ueber das Vorkommen vom Ammoniak im Mageninhalt (Centr. f. klin. Med., 1892, xiii, 817-819). — Rummo (G.) et Ferranini (A,). Influenza degli acidi del contenuto gastrico sulle fermentazioni dello stomaco (Riforma medica, 1889, 1076, 1082, 1088, 1094, 1100). — Sabrasès. Action du suc gastrique sur les propriétés morphologiques et sur la virulence du bacille de Koch. Échec des tentatives d'immunisation du cobaye à l'aide des bacilles mis en digestion (B. B., 1898, v, 644-646). — Schierbeck (H.). Recherches sur *l'apparition de l'acide carbonique dans l'estomac*, 1893 (Copenhague, Lumo, in-8, 16). — Schlesinger et Kauffmann. *Ueber einen milchsäurebildenden Bacillus und [sein Vorkommen im Magensaft* (*Wien. klin. Rundsch.*, 1895, n. 15). — Schmitz (K.). *Die Beziehung der Salzäure des Magensaftes zur Darmfäulniss* (Z. p. C., 1894, xix, 401-410). — Schotin (E.). *Ueber Gährung im Magen* (Arch. d. Heilk., 1860, i, 109-120). — Schuberg (A.). *Bemerkungen zu den Untersuchungen Angelo Fiorentini ueber die Protozoen des Wiederkauermagen* (Centr. f. Bact. u. Par.,), 1894, xi, 280-283). — Severi (D.). *Ueber die Einwirkung des Magensaftes auf einige Gährungen* (Med. chem. Unters. a. d. Lab. zu Tübingen, 1866, 257). — Straus (I.) et Würtz (R.). *Action du suc gastrique sur quelques microbes pathogènes* (Arch. de Méd. exp. et d'anat. path., 1889, i, 370-384). — Tappeiner. *Die Gase des Verdauungsschlauches der Pflanzenfresser* (Z. B., 1883, xix, 228-279). — Wahl (E.). *Uber einen Fall von Mycose des Magens* (A. A. P., 1861, xxi, 579-581). — Wasbutzi. *Einfluss von Magensaftgährungen auf die Faulnissvorgänge im Darmcanal* (A. P. P., 1889, xxvi, 133). — Wauthey. *Gaz de l'estomac* (Diss. Lyon, 1896). — Vignal. *Recherches sur les microorganismes de la bouche et des matières fécales* (A. d. P., 1886-87). — Zalesky. *Ein Fall von Soor im Magen* (A. A. P., 1864, xxxi. 426-430).

Action de la bile sur la digestion gastrique. — Belkowski (J.). *Du rôle de la bile et du suc brunnérien dans la digestion stomacale* (Rev. méd. de la Suisse Rom., 1894, xiv, 129-150). — Dastre (A.). *Recherches sur la bile* (A. d. P., 1890, 315-330). — Hammarsten. *Ueber den Einfluss der Galle auf die Magenverdauung* (A. g. P., 1870). — Herzen (A.). *Warum wird die Magenverdauung durch die Galle nicht aufgehoben* (C. P., 1890, iv, 293-294), — Luber (W.). *La bile et la digestion stomacale* (Rev. méd. de la Suisse rom., 1898, x, 640-645). — Moleschott. *Einvirk. der Galle und ihrer wichtigsten Bestandttheilen auf Peptone* (Unt. z. Nat., 1875, xi). — Oddi. *Azione della bile sulla digestione gastrica* (Perugia, 1887). — Schiff (M.). *Wirk. der Galle auf den Chymus* (A. g. P., 1870, ii).

Action de diverses substances sur la digestion gastrique. — Ankindinoff. *Influence de la ligature des uretères sur la sécrétion et la composition du suc gastrique* (en russe) (Diss. Saint-Pétersbourg, 1895). — Bartels. *Ueber den Einfluss des Chloroformes auf die Pepsinverdauung* (A. A. P., 1892, 497). — Binet (P.). *Rech. sur l'éliminat. de qqs. subst. médicamenteuses par la muqueuse stomacale* (Rev. méd. de la Suisse romande, xv, 5). — Bongers (P.) *Ueber die Ausscheidung fremder Stoffe in dem Magen* (A. P. P., 1895, xxxv, 415-437. — Blumenau (E.). *Influence de l'alcool sur la fonction gastrique* (en russe) (Diss. Saint-Pétersbourg, 1891). — Bokai (A.). *Wirkung des Quassins und Columbins auf die Magendrüsen* (Ung. Arch. f. Med., 1893, 295-302). — Bubnoff. *Einfluss des Eisenoxydhydrats und der Eisenoxydulsalze auf künstliche Magenverdauung und Fäulniss mit Pancreas* (Z. p. C., 1883, vii, 315-353). — Büchner (W.). *Einwirkung des Alkohols auf die Magenverdauung* (D. Arch. f. klin. Med., xxix, 1881, 537-554). — Buzdygan (Nic.). *Ueber den Einfluss des Eisens auf die Magensaftausscheidung* (Wiener klin. Wochenschr., 1897, 713). — Chassevant. *Action de la saccharine sur la digestion gastrique* (B. B.,1901,206).—Chittenden, Lafayette, Mendel et Holmes Jackson. *Influence of alcohol and alcoholic drinks upon digestion, with spec. reference to secretion* (Am. Journ. of Physiol., 1894, i, 164-209). — Ciancio, *Azione di alcune sostanze sulla temperatura dello stomaco* (Rif. med., 1890, vi, 1418-1420). — Dhéré (Ch.). *Sur l'élimination du fer par le suc gastrique* (B. B., 1900, 597-599). — Dubs. *Einfluss des Chloroforms auf die künstliche Pepsinverdauung* (A. A. P., 1893, 'cxxxiv, 519-540). — Du Mesnil. *Einfluss von Säuren und Alkalien auf die Acidität des Magensaftes gesunder* (D. med. Woch., 1892, xviii, 1112-1114). — Eichenberg. *Ueber die Aufenthaltsdauer von Speisen im Magen bei Zufuhr von Salzsäure, Alkohol und andere Reizmitteln* (Diss. Erlangen, 1889). — Ferranini (A.). *Ric. sulla influenza degli alcool, delle b. alcooliche, del caffé, del thé, del cloruro di sodio sulla proteolisi gastrica* (Rif. Medica, 1890, 1124). — Fiumi et Favrat. *Influence du chloral sur la digestion stomacale* (A. i. B., 1884, vi, 412-418). — Frouin (A) et Molinier. *Action de l'alcool sur la sécrétion gastrique* (B. B., 1901, 418-421). — Gilbert et Modiano. *Action du bicarbonate de soude sur le chimisme stomacal dans l'hypopepsie* (B. B., 1894, 607-610 et B. B., 1893, 147-154). — Gilbert et Dominici. *Action de l'acide lactique sur le chimisme stomacal* (B. B., 1893, 165-171). — Guinard (F. M.). *Recherches sur l'action de l'acide lactique sur la digestion gastrique*, 1889, 19 fig. — Guinard (F.). et Laboulais. *Note relative à l'action de l'acide lactique sur la sécrétion chlorurée d'un estomac normal*, 1898 (B. B., iv, 738-740). — Haan (P.). *Variations du chimisme stomacal et de la motilité gastrique sous l'action de doses élevées et prolongées d'alcool (B. B., 1895, XLVII,* 815-817). — HALLIDAY (A.). *Action of certain drugs on the gastric secretions (Brit. med. Journ.,* 1897, 1716). — HAMPER. *Action de la strychnine sur les fonctions stomacales (Diss. Saint-Pétersbourg,* 1891) (en russe) *(Lond. med. Rec.,* 1891, 50). — KAUDEWITZ. *Pilocarpinum Muriaticum und Atropinum sulfuricum. Einfluss auf die Magenverdauung (Sitzb. d. Phys. Soc. zu Erlangen,* 1890, 62). — KLIKOWICZ. *Einfluss einiger Arzneimittel auf die künstliche Magenverdauung (A. A. P.,* 1885, CII, 360-396). — JAWORSKI (W.). *Exp. Ergebnisse über das Verhalten der Kohlensäure, des Sauerstoffs und des Ozons im menschlichen Magen (Z. B.,* 1883, XX, 234-254). — KLEINE (F. K.). *Der Einfluss des Morphiums auf die Salzsäuresekretion des Magens (Deutsche med. Wochenschr.,* 1897, 321-324). — LABORDE. *Infl. de quelques alcools sur la digestion des albuminoïdes par la pepsine et la trypsine (Journ. de pharm. et de chimie,* 1899, X, 484). — LEUBUKCHER et SCHAEFER. *Einfluss einiger Arzneimittel auf die Salzsäureabsscheidung des Magens (D. med. Woch.,* 1892, 1038-1040). — LUSSANA et CIOTTO. *Sull passagio dell'acido salicilico libero nel succo gastrico e nelle urine,* (Padova, *Gaz. med.* 1877, 15 p.). — MARCONE. *Influenza degli amari e degli aromatici sulla secrezione gastrica e sulla digestione (Morgagni,* 1891, (2), 397). — MARLE. *Einfluss des Quecksilbersublimate auf die Magenverdauung (A. P. P.,* 1875, III). — NICOLAS (J.). *Influence du persulfate de soude ou persodine sur les digestions artificielles (B. B.,* 1900, 411, 406-408). — PFEIFFER. *Ueber den Einfluss einiger Salze auf verschiedene künstliche Verdauungsvorgänge (An. Jahresber. u. d. Fortsch. der Physiol.,* 1885, 220). — POTAPOFF. *Influence de quelques aliments et principes alimentaires sur la quantité et la qualité du suc gastrique.* (Diss. Genève, 1901, et *Rev. méd. de la Suisse rom.,* 1901, XXI, 69-83). — PUTZEYS. *Influence de l'iodure et de bromure de potassium sur la digestion stomacale (Bull. Ac. Roy. de Belgique,* 1877). — RANDOLPH. *A note on the behavior of hydrobromic acid and of potassium iodide in the digestiv tract (Physiol. Laborat. of the Univ. of Pennsylvania,* 1885, 34-41). — REICHMANN (M.). *Exp. Unters. über den localen Einfluss des Chlornatriums auf die Magensaftsecretion (A. P. P.,* 1887, XXIV, 78-84); *Einfluss der bitteren Mittel auf die Function des gesunden und krankens Magens (Z. klin. med.,* 1888, XIV, 177-193). — REUSZ. *Pepsin und Trypsinverdauung in Gegenwart bitterer Stoffe (Ung. Arch. f. med.,* 1894, 303-314). — RIEGEL. *Ueber medikamentöse Beeinflussung der Magensaftsekretion* (*Zeitsch. f. klin. Med.,* 1899, XXXVII, 381-403). — SCHIFF (A.). *Beitr. zur Physiol. und Path. der Pepsinsekret. und zur medicamentöse Beeinflussbarkeit der Magensaftsecretion durch Atropin und Pilocarpin (Arch. f. Verd. Krankh.,* 1900, VI, 107-150). — SCHULTZ-SCHULSTEIN. *Einfluss von Caffee und Thee auf künstliche Verdauung (Z. p. C.,* 1893, XVIII, 131-132). — SCHUTZ, *Einfluss des Alkohols und der Salicylsäure auf die Magenverdauung* (Prag. med. Woch., 1885, n° 20.) — SCHWANERBERGER. *Einfluss der Alkalisalze auf die Magenverdauung,* (Diss. Erlangen, 1890). — SIMON(A.). *Zur Frage über den Einfluss des Pilocarpins auf die Magensaftsecretion (Ztschr. f. klin. Med.,* 1900, XLI, 496-497). — SUTZER (A.). *Beeinträchtigt Fählberg's Saccharin die Verdaulichkeit der Eiweissstoffe durch Magensaft (Landw. Vers.,* 1881, XXXVIII, 63-68).] — WOLFF.[*Einwirkung verschiedener Genuss und Arzneimittel auf den menschlichen Magensaft (Zeitsch. f. klin. Med.,* 1889, XVI, 222). — WOLFFHARDT. *Einfluss des Alcohols auf die Magenverdauung (Sitzb. d. phys. med. Soc.,* Erlangen, 1890, 22, 159).

Estomac. Physiologie comparée. — BLANCHARD (R.). *Sur les fonctions des appendices pyloriques (C. R.,* 1883, XCVI). — BONDOUY. *Action du suc des tubes pyloriques de la truite sur la fibrine (B. B.,* 1899, 433); *Rech. sur la valeur physiol. des tubes pyloriques de quelques Téléostéens (C. R.,* 1899, CXXVIII, 745-746). — CONTEJEAN (CH.). *Digestion stomacale de la grenouille (C. R.,* 1891, [CXII, 954-957). — EDELMANN. *Vergl. anat. und physiol. Unters. über eine besondere Region der Magenschleimhaut (Cardialdrüsenregion) bei den Säugethieren (D. Arch. f. Thiermed.,* 1889, XV, 165-214). — ELLENBERGER et HOFMEISTER. *Der Magensaft und die Histologie der Magenschleimhaut der Schweine (Arch. f. wiss. u. prakt. Thierheilk.,* 1885, XIX, 249-269); *Ueber die Verdauungssäfte und die Verdauung des Pferdes (Arch. f. wiss. u. prakt. Thierheilk.,* 1883, XI, 141-174; 1884, X, 328-365; 1883, IX, fasc. 3, 4 et 5). — FICK. *Ueber das Magenferment kaltblütiger (Lab. d. Würzb. Hochsch.,* 1872-1878, 181). — FRÄNKEL (S.). *Bem. zur Physiol. der Magenschleimhaut der Batrachiern (A. g. P.,* 1891, L, 293-297). — GOLDSCHMIDT. *Die Magenverdauung des Pferdes (Z. p. C.,* X, 389). — GREENWOOD (M.). *Observat. on the gastric glands of the pig (J. P.,* 1884, V, 195-208). — HEDENIUS. *Composition chimique de la muqueuse de l'estomac chez les Oiseaux (en* suédois) (*Ups. Läk.* 1891, XXVI, 380-390). — HOPPE-SEYLER. *Ueber Unterschiede in chemischen Bau und der Verdauung höherer und niederer Thiere* (*A. g.* P., 1877, XIV, 395). — KNAUTHE. *Zur Kenntniss des Stoffwechsels der Fische* (*A. g.* P., 1898, LXXIII, 490-500). — KRUKENBERG. *Grundzüge einer vergleichenden Physiologie der Verdauung* (*Vergl. physiol. Studien*, Heidelberg, 1882). — LUCHAU. *Magen und Darmverdauung bei einigen Fischen.* (*Diss.* Königsberg, 1878. — MOROT (CH.). *Les pelotes stomacales des Léporidés* (*Mém. de la Soc. centr. de médec. vétér.*, 1882, 1 br. in-8, Asselin, 103 p., 1882. — MURISIER. *Ueber das Magenferment kaltblütiger Thiere* (*Verh. d. phys. med. Ges. zu Wurtzburg*, 1873, IV, 120). — PARTSCH. *Beitr. zur Kenntniss des Vorderdarmes einiger Amphibien und Reptilien* (*Arch. f. mikr. Anat.*, 1877, XIV, 179-203). — RIASANTZEW. *Suc gastrique du chat* (*Arch. des sc. biol.*, Pétersbourg, 1895, III, 189-216). — RICHET (CH.). *Quelques faits relatifs à la digestion chez les Poissons* (*A. d. P.*, 1882, 536 et *Trav. du Laborat.*, 1893, II, 234-259). — SANQUIRICO (C.). *Sulla digestione peptica delle rane* (*Acc. di med. di Torino*, 1880, 451-470). — SEWALL (H.). *A note on the processes concerned in the secretion of the pepsinforming glands of the frog* (*Stud. Biol. Lab.*, Baltimore, 1884, II, 131-134). — STAMATI. *Fistule du jabot chez les pigeons* (B. B., 1884, 642-643). — STIRLING (W.). *On the ferment or enzymes of the digestive tract in Fishes* (*Journ. of. An. and Physiol.*, XVIII, 1884). — SWIECICKI (H.). *Untersuchung über die Bildung und Ausscheidung des Pepsins bei den Batrachiern* (*A. g.* P., 1876, XIII, 444-452). — SWIRSKI (G). *Zur Frage über die Retention des festen Mageninhaltes beim hungernden Kaninchen* (*A. P. P.*, 1898, XLI, 143-147). *Einfluss des Curarin auf die Fortbewegung des festen Mageninhaltes beim Frosch.* (*A. g.* P., 1901, LXXXV, 226-236). — WEINLAND (E.). *Zur Magenverdauung der Haifische* (Z. B., 1900, XLI, 35-68; 1901, XXIII, 275-294). — YUNG (ÉMILE). *De la digestion gastrique chez les Squales* (C. R., CXXVI, 1885-1887); *Recherches sur la digestion des poissons* (*Arch. de zool. nat. et génér.*, 1899, VII, 121-201). — ZUNTZ (N.). *Ueber die Verdauung und den Stoffwechsel der Fische* (A. P., 1898, 149-154).

Pathologie de l'estomac. Physiologie pathologique. — BACHMANN. *Exp. Studien über die diätetische Behandlung bei Superacidität* (*Arch. f. Verd. Krank.*, 1899, V, 336-378). — BOAS. *Diagnostic und Therapie der Magenkrankheiten*, Berlin, 1897. — BOUVERET. *Traité des maladies de l'estomac*, Paris, 1893. — DEBOVE et RÉMOND. *Traité des maladies de l'estomac*, 1 vol. in-8, Paris, 1892. — EWALD (C. A.). *Ueber Magengährung und Bildung vom Magengazen mit gelbbrennender Flamme* (*Arch. f. An. Physiol. u. wiss. Med.*, 1874, 217-233); *Klinik der Verdauungskrankheiten*, Berlin, 3º édit., 1893. — GILBERT et CHASSEVANT (A.). *Nouvelle classificat. chim. des dyspepsies* (B. B., 1900, 462-464). — GLYZINSKI. *Ueber das Verhalten des Magensaftes in fieberhaften Krankheiten* (*D. Arch. f. klin. Med.*, 1889, XLII, 481-491). — HAYEM et LION. *Maladies de l'estomac* (in *Traité de médecine de* BROUARDEL et GILBERT, IV, 1897). — JAWORSKI. *Ueber continuirliche Magensaftsecrétion* (*D. med. Woch.*, 1887, XIII, 695). — JURGENSEN. *Les fonctions de l'estomac et le défaut d'acide chlorhydrique dans les maladies de l'estomac*, in-4, Copenhague, 1889. — KLEMPERER (G.). *Zur chemischen Diagnostik der Magenkrankheiten* (*Zeitsch. f. klin. Med.*, 1888, XIV, 147-169). — LEO. *Diagnostik der Krankheiten der Verdauungsorganen*, Berlin, 1890. — LION (G.). *Du chimisme stomacal : ses applications aux dyspepsies* (*Arch. gén. de méd.*, 1891, I, 329-347). — MAGNAUX (A.). *Du chimisme stomacal dans la dyspepsie de la seconde enfance*, 71 p., 5 fig. — MATHIEU. *Maladies de l'estomac* (in *Traité de médecine de* CHARCOT et BOUCHARD, 1893, III). — V. NOORDEN. *Pathologie des Stoffwechsels*, Berlin, 1893. — PERNICE (B.). *Effetti della stenosa sperimentale del piloro* (*Rif. med.*, 1890, VI, 1214, 1220, 1226). — PLESOIANU (C.). *Contribution à l'étude de l'hyperchlorhydrie et de son traitement*, 157 p. — REICHMANN. *Troubles produits par la maladie dans la sécrétion gastrique* (en polonais) (*Gaz. lek.*, 1882, 516-522; et *Berl. klin. Woch.*, 1882, XIX, 606-608). — RIEGEL (F.). *Die Erkrankungen des Magens*, Vienne, 1897; *Ueber continuirliche Magensaftsecretion* (*D. med. Woch.*, 1887, XIII, 637-640); *Beitr. z. Lehre von den Störungen der Saftsecretion des Magens* (*Zeitsch. f. klin. Med.*, 1886, XI, 1-19). — ROTH. *Zur Frage der Pepsinabsonderung bei Erkrankungen des Magens* (*Ibid.*, 1900, XXXIX, 1-12). — SCHREIBER. *Ueber den continuirlichen Magensaftfluss* (*D. med. Woch.*, 1893, 80); *Der nüchterne und der leere Magen in ihrer Beziehung zur continuirlichen Saftsecretion* (*D. Arch. f. klin. Med.*, 1894, III, 90-101). — R. V. D. VELDEN. *Hypersecretion und Hyperacidität des Magensaftes* (*Volkm. Samml. klin. Vortr.*, 1886, nº 280). — WILKENS. *Un cas de flux périodique de suc gastrique* (en suédois) (*Arsb. f. sabb. Sjukh. i. Stockholm*, 1887, 185-194). — WILLE (V.). *Die chemische Diagnose der Magen-*

krankheiten und die daraus resultirenden therapeutischen Grundsätze, 1 vol. in-8, Münich, 1899. — ZAWRIEW. *Physiologie et path. expér. des glandes gastriques du chien* (en russe) (*Vratch*, 1899, 1403).

Absorption dans l'estomac. — ANREP. *Die Aufsaugung im Magen des Hundes* (*A. g. P.*, 1881, 504-514). — BERSONOFF (P. M.). *Influence de l'alcool, du sucre de canne, des subst. mucilag. et amidonnées sur l'absorpt. de quelques médicam. dans l'estomac de l'homme sain* (*R. d. sc. méd.*, Paris, 1896, XLVII, 480 (An.). — BRANDL (J.). *Ueber Resorption und Secretion im Magen und deren Beeinflussung durch Arzneimittel* (Z. B., 1892, EXIX, 277-388). — DEMIDOWITCH (W. P.). *Influenza dell'eta e della vita sessuale sulla velocita dell' assorbim. di certe sostanze terapeut. dallo stomacho in donne sane* (*Riv. intern. d'ig.*, Napoli, 1895, VI, 425-431). — DENKER (A.). *Ein Beitrag zur Lehre von der Resorptionsthätigkeit der Magenschleimhaut.* (*Diss.*, Kiel, in-8, 1890). — GLEY et RONDEAU, *De la non absorption d'eau par l'estomac* (B. B., 1893, (2), V, 516-517). — HERMANN (L.). *Weitere Beiträge zur Lehre von der Resorption* (*A. g. P.*, 1884, XXXIV, 506-509). — MALININ (I.-P.). *L'influence de la plénitude et de la vacuité de l'estomac, comme condition de la rapidité d'absorption des différents médicaments, et leur excrétion du corps de l'homme bien portant* (en russe), St.-Pétersb., 1895, A. S. Khomski, 113 p., in-8. — MAYONI et FERRANINI. *Il potere di assorbimento dello stomaco nell'uomo sano e negl'infermi gastropatici* (*Rif. med.*, 1890, VI, 1527, 1532, 1538). — MEADE SMITH. *Die Resorption des Zuckers und des Eiweisses im Magen* (*A. P.*, 1884, 481-496). — METZER (J.-S.). *Ueber die Unfähigkeit der Schleimhaut des Kaninchen-Magens Strychnin zu resorbiren* (C. P., 1896, X, 281-284). — MELTZER (S. J.). *On absorption of strychnine and hydrocyanic acid from the mucous membrane of the stomach. An experimental study on rabbits* (*Journ. exp. med.*, 1898, 1, 3). — MERING. *Ueber die Function des Magens* (*Terap. Monatsh.*, 1893, n° 5). — OTT. *Bildung von Serumalbumin im Magen* (*A. P.*, 1883, 1-26). — QUEITSCH. *Ueber die Resorptionsfähigkeit der menschlichen Magenschleimhaut im norm. und path. Zustande* (*Berl. klin. Woch.*, 1884, XXI, 353-355). — ROTH et STRAUSS (H.). *Unters. über den Mechanismus der Resorption und Sekretion im menschlichen Magen* (*Zeitsch. f. klin. Med.*, 1899, XXVII, 144-193). — SEGALL (M.). *Versuche über die Resorption des Zuckers im Magen* (*Med. Centralbl.*, 1889, 610-611, et Diss., München, 1889). — SOKANOWSKI (P. M.). *Infl. du repos et des mouvements sur la rapidité de l'absorption de quelques médicaments dans l'estomac chez l'homme sain* (*Rev. d. sc. méd.*, Paris, 1896, XLVII, 480-481. (An.). — TAPPEINER (H.). *Resorption im Magen* (Z. B., 1880, XVI, 497-507). — UFER (E.). *Resorptionsfähigkeit desmenschlichen Magenschleimhaut im normalen und path. Zustand und im Fieber* (*Diss.*, Bonn, 1889).

Mouvements de l'estomac. — BARBÈRA (A. G.). *Ueber die Reizbarkeit des Froschmagen* (Z. B., XXXVI, 239-259, 1 Taf.). — BASSLINGER (J.). *Rhythmische Zusammenziehungen an der Cardia des Kaninchenmagens* (*Unters. z. nat. d. Menschen u. d. Th.*, 1860, VII, 359-366). — BASTIANELLI. *Die Bewegungen des Pylorus* (*Unters. zur Nat. d. Mensch. u. d. Th.*, 1889, XIV, 59-94). — BATTELLI (F.). *Influence des médicaments sur les mouvements de l'estomac*, in-8 br., 1896, Genève, Dubois, 180 p.; *Le nerf spinal est le nerf moteur de l'estomac* (*Trav. du Lab. de Genève*, 1899-1900, 37-46). — BIANCHI (A.) et COMTE (CH.). *Des changements de forme et de position de l'estomac chez l'homme pendant la digestion, étudiés par la projection phonendoscopique* (*A. P.*, 1897, (5), IX, 891-909). — BOAS (J.). *Ueber peristaltische Magen- und Darmunruhe* (*Verh. Congr. inn. Med. Wiesbaden*, 1897, XV, 479-486). — BOCCOLARI. *Studio grafico dei movimenti dello stomaco* (*Rass. di sc. med.*, Modena, 1889, IV, 249-254). — BOWDITCH (H. P.). *Automatic activity of smooth muscular fibre* (*Journ. Boston Soc. Med. Sc.*, 1897, 11). — CANNON. *The movements of the stomach studied by means of the Röntgen Rays* (*Americ. J. P.*, 1898, I, 360-382). — CONSIGLIO (M.). *Sulle fibre motrici dello stomaco ne tronco del vago* (*Sperimentale*, 1894, XLVIII, 95-118). — CONTEJEAN (CH.). *Innervation de l'estomac chez les Batraciens* (B. B., 1896, III, (10), 1050-1051). — COURTADE (D.) et GUYON (J. F.). *Innervation motrice de la région pylorique de l'estomac* (B. B., 1898, (10), V, 807-809); *Innervation motrice du cardia* (*Ibid.*, 1898, Paris, (10), V, 313-315). — DAMEUVE (A.). *Des mouvements de l'estomac chez l'homme*, 1889, Paris, Parent, in-4, 68). — DOYON (M.). *Contribution à l'étude des phénomènes mécaniques de la digestion gastrique chez les oiseaux* (*A. d. P.*, 1894, (3), 869-878); *Sur l'inhibition du tonus et des mouvements de l'estomac chez le chien par l'excitation électrique du bout périphérique du pneumogastrique sectionné au cou* (*Ibid.*, (5), VII, 1895, 374-384). — DUCCESCHI (VIRG.). *Sulle funzioni*

motrici dello stomaco (Arch. p. l. sc. med., XXI, 121-189, 19 figg.; et A. i. B., XXVII, 61-82).
— EINHORN (M.). *Weitere Erfahrungen über die directe Electrisation des Magens* (Zeitsch.
f. klin. Med., 1893, XXIII, 369-384); *Einige Experimente über den Einfluss der direkten
Magenelektrisation* (Arch. Verdauungskrankh., 1897, II, 454). — ELLENBERGER. *Ein Beitr.
z. Lehre von der Lage u. Function der Schlundrinne der Wiederkäuer* (Arch. f. wiss. u.
prakt. Thierheilk., 1895, XXI, 62). — FODERA (F. A.) et CORSELLI (G.). *Il betolo per la misura
del potere eccito-motore dello stomaco* (Atti d. r. Accad. d. sc. med. in Palermo, 1893, 1894,
129-138); *I modificatori del potere di movimento dello stomaco* (Arch. di farm. e terap.,
Palermo, 1894, II, 72-97). — FRENKEL (H.). *La motilité de l'estomac* (Arch. méd. de Toulouse, 1900, VI, 102-112). — GILIBERTI (A. R.). *L'innervazione motrice dello stomaco* (Arch. p.
l. sc. med., 1883, VII, 291-299). — GOLDSCHMIDT (E.). *Ueber praktische und wissenschaftliche
Methoden zur Bestimmung der motorischen Function des menschlichen Magens, nebst Angabe
eines und einfachen Verfahrens zur Bestimmung der Grösse des flüssigen Mageninhaltes* (München. med. Wochenschr., XLIV, 332-334). — V. GUBAROFF. *Ueber den Verschluss des menschlichen Magens an der Cardia* (Arch. f. An. u. Entw., 1886, 395-402). — HEICHELHEIM (S.).
Ueber Jodipin als Indicator für die motorische Thätigkeit des Magens (Ztschr. f. klin. Med.,
1900, 321-334, 3 tab.). — HIRSCH. *Weitere Beiträge zur motorischen Funktion des Magens
nach Versuchen an Hunden mit Darmfisteln* (Centralbl. f. klin. Med., Leipz., 1893, XIV,
377-383). — HOFMEISTER (F.) et SCHÜTZ (E.). *Ueber die automatischen Bewegungen des
Magens* (A. A. P., 1885, XX, 1-33). — HUBER (A.). *Bestimmung der motorischen Thätigkeit
des Magens* (Munch. med. Woch., 1889, XXXVI, 325-327 et Cor. Bl. f. sch. Aerzte, 1890, XX,
65-74). — LABORDE. *Recherches sur des suppliciés* (Gaz. des hôpit., 1887, LX, 445 et 449).
— LION (G.) et THÉOHARI (A.). *Modificat. histolog. de la muqueuse gastrique à la suite de la
sect. des pneumogastriques* (B. B., 1900, LII, 203-205). — LANGLEY. *On inhibitory fibres in
the vagus for the end of the [œ]sophagus and the stomach* (J. P., 1898, XXIII, 407-414). —
LÜDERITZ. *Das motorische Verhalten des Magens bei Reizung seiner äusseren Fläche* (A. g. P.,
1891, XLIX, 158-174). — LUSSANA (F.) et INZANI. *Innervazione del ventriculo e influenza dei
nervi sulle funzioni del ventriculo* (Ann. univ. di med., 1862, CLXXXI, 465-528). — MARHAIX
(D.). *Le passage pylorique* (La Cellule, 1898, XIV, 251-330). — MATHIEU (A.). *Note sur la
motricité stomacale et le transit des liquides dans l'estomac à l'état pathologique* (B. B.,
(10), III, 1896, 110-114, 186-189); *Note sur une méthode permettant de mesurer la motricité de l'estomac et le transit des liquides dans sa cavité* (Ibid., 1896, III, (10), 74-76). —
MELTSING (C. A.). *Magendurchleuchtungen. Unters. über Grösse, Lage, und Beweglichk.
des gesunden u. des kranken menschl. Magens* (Zeitschr. f. klin. Med., 1895, XXVII, 193).
— MELTZER (S. J.). *The experiments on the Faradisation of the stomach of animals; a
reply to Dr. Einhorn's criticism, with a communication of some new experiments* (New
York Med. Journ., LXV, 545-551); (Deutsch. Arch. Verdauungskrankh., III, 127). — MORAT
(J. P.). *Sur quelques particularités de l'innervation motrice de l'estomac et de l'intestin*
(A. d. P., 1893, (5), V, 142-153); *Innervation motrice de l'estomac* (Lyon méd., 1882,
XL, 289, 335). — MORITZ. *Studien uber die motorische Thätigkeit des Magens* (Z. B.,
1895, XXXII, 313-369), et 1901, XLII, 568-612.) — OPENCHOWSKY. *Ueber Centren und Lei-
tungsbahnen für die Musculatur des Magens* (C. P., 1889, 549-556); *Ueber die nervöse
Vorrichtungen des Magens* (C. P., 1889, III, 1-10). — OPPENHEIMER (Z.). *Motorische
Vorrichtungen des Magens* (D. med. Woch., 1889, XV, 125-128). — OSER (L.). *Innervation
des Pylorus* (C. W., 1884, XXIX, 449, et Med. Jahrb., 1884, 385-406). — PINZANI. *L'uttivita
motoria dello stomaco nella gravidanza, nel puerperio e nell allattamento* (Riv. sp. del.
laborat. di Albertoni, Bologna, 1890-1891, 24 p.). — PFUNGEN. *Bewegungen des Antrum
pyloricum beim Menschen* (C. P., 1887, I, 220-223). — QUINAN (C.). *A method for the gra-
phic study of gastric peristalsis* (Phil. med. Journ., 1900, VI, 170-173). — ROSSBACH. *Bewegungen des Magens, des Pylorus und Duodenum* (Ges. klin. Arb., 1890, 235-242). — ROUX
(J. C.). *Sur l'évacuation spontanée et artificielle du contenu de l'estomac par le pylore* (B.
B., 10, III, 1896, 983-985). — ROUX (J. CH.) et BALTHAZARD. *Sur l'emploi des rayons de
Röntgen pour l'étude de la motricité* (B. B., 1897, (10), IV, 567-569, 704-706, 785-787);
Note sur les fonctions motrices de l'estomac du chien (Ibid., 1897, (10), IV, 704-706). —
RUSSELL (J. W.). *The estimation of the motor power of the stomach* (Birmingh. med. Rev.,
1894, XXXVI, 157-165). — SCHIFF (M.). *Einfluss des Vagus auf die Bewegung des Magens*
(Unt. zu Naturl. d. Mensch., 1862, VIII, 523-530); *Ueber die Gefässnerven des Magens und*

die Function der mittlern Stränge des Rückenmarkes (*Arch. f. phys. Heilk.*, 1854, XIII, 30-38). — SENÈS. *De la force de l'estomac* (*Hist. Ac. Roy. des sciences de Paris, Mém.*, 1719, 349-371). — SERDINKOW. *Eine der wesentlichen Bedingungen des Durchganges der Speise aus dem Magen in dem Darme* (*An. in. Jahresb. ü. d. Fortschr. des Physiologie*, 1899, VIII, 214). — WERTHEIMER (E.). *Inhibition réflexe du tonus et des mouvements de l'estomac*, Paris, Masson, 1894, in-8, 7 p.

Sommaire.

d'absorption, 807 ; *d.* Phénomènes moteurs, 807 ; *e.* Phénomènes nerveux, 808 ; *f.* Phénomènes circulatoires, 808 ; *g.* Phénomènes thermiques, 808 ; *h.* Phénomènes électriques, 809. — *B.* Physiologie comparée de la digestion stomacale, 809 ; *a.* Poissons, 809 ; *b.* Batraciens, 810 ; *c.* Reptiles, 810 ; *d.* Oiseaux, 811 ; *e.* Mammifères, 812. — *C.* Digestibilité des aliments dans l'estomac, 821. — *D.* Examen du contenu stomacal, 824 ; *a.* Examen chimique, 824 ; *b.* Examen microscopique, 826 ; *c.* Parasites de l'estomac, 830. — *E.* Variations de la digestion stomacale dans les diverses conditions physiologiques et pathologiques, 834. — *a.* Age, 834 ; *b.* Sexe, 834 ; *c.* État de repos et d'activité, 835 ; *d.* Influences nerveuses, 835 ; *e.* Influences pathologiques, 835. — *F.* Action de quelques agents physiques et chimiques sur la digestion stomacale, 836 ; *a.* Température, 836 ; *b.* Électricité, 836 ; *c.* Actions mécaniques, 836 ; *d.* Actions chimiques, 837. — *G.* Influence de la digestion stomacale sur les autres fonctions de l'organisme, 840. — *H.* Autodigestion, 840 ; *a.* Théorie du mucus, 840 ; *b.* Théorie de l'épithélium, 841 ; *c.* Théorie de l'alcalinité du sang, 843 ; *d.* Théorie de l'enlèvement des principes digérants par la circulation, 844 ; *e.* Théorie nerveuse, 845 ; *f.* Théorie vitale, 845. — Conclusion. Importance des fonctions de l'estomac, 849.

III. Bibliographie, 854. — Estomac en général, 854. — Digestion stomacale en général, 855. — Composition normale du suc gastrique, 856. — Fistule gastrique (sur l'animal). Procédés opératoires, 856. — Fistules gastriques chez l'homme, 857. — Acide du suc gastrique. Dosage qualificatif et quantitatif, 858. — Pepsine 862. — Labferment. Présure. Coagulation du lait, 862. — Action du suc gastrique sur l'albumine. Peptonisation, 864. — Digestion des hydrates de carbone, 865. — Digestion des graisses, 865. — Sécrétion stomacale, 866. — Rapports de la sécrétion avec la morphologie de la muqueuse stomacale, 867. — Rapports de la sécrétion gastrique avec la réaction de l'urine et du sang, 868. — Antodigestion de l'estomac, 868. — Action antiseptique. Fermentations microbiennes stomacales, 868, — Action de la bile sur la digestion gastrique, 870. — Action de diverses substances sur la digestion gastrique, 870. — Physiologie comparée, 871. — Physiologie pathologique, 872. — Absorption dans l'estomac, 873. — Mouvements de l'estomac, 873.

J. C. et CH. R.

ÉTAIN (Sn = 118). — **Chimie.** — L'étain pur est un métal blanc jaunâtre, mou, malléable, à texture cristalline; il fond à 228°, sa densité est de 7,1. Il ne s'altère pas sensiblement à l'air à la température ordinaire, mais sous l'influence de la chaleur il s'oxyde et se convertit d'abord en protoxyde SnO, puis en bioxyde SnO^2.

A ces deux oxydes correspondent deux séries de sels; les sels stanneux et les sels stanniques.

L'acide sulfurique n'attaque pas l'étain à froid.

L'acide chlorhydrique concentré le dissout; il se forme du protochlorure d'étain, sel cristallisé en petites aiguilles, de saveur styptique et d'odeur désagréable; le protochlorure d'étain est soluble dans une petite quantité d'eau; si la proportion d'eau ajoutée est plus considérable, il se décompose en donnant un oxychlorure insoluble. Pour avoir une solution limpide de chlorure d'étain, il faut y ajouter une certaine quantité d'acide chlorhydrique. Le protochlorure d'étain est un réducteur énergique.

Le bichlorure d'étain, liqueur fumante de Libavius, SnCl^4, s'obtient en faisant passer un courant de chlore sur de l'étain légèrement chauffé; c'est un liquide incolore, qui répand à l'air des fumées blanches; il se dissout dans l'eau en formant un hydrate; c'est un liquide très caustique et corrosif, qu'on a employé en thérapeutique dans le traitement des ulcères cancéreux.

Nous ne parlerons pas des autres sels d'étain à cause de leur peu d'importance pour le physiologiste.

L'étain est surtout employé à l'état métallique ou sous forme d'alliage.

L'étain pur, laminé en feuilles minces, sert à envelopper diverses substances alimentaires.

On recouvre fréquemment les surfaces de certains métaux d'un dépôt superficiel d'étain dans le but d'éviter l'oxydation de ces métaux : c'est l'étamage (fer-blanc). Comme on considère l'étain comme inoffensif, on emploie fréquemment l'étamage comme préservatif des métaux qui peuvent être toxiques et servent à la préparation des substances destinées à l'alimentation (vaisselle de cuivre étamée).

L'étain du commerce est rarement pur, il renferme d'ordinaire des traces d'arsenic; on y trouve aussi du fer, du plomb, de l'antimoine.

L'étain pur, en raison de sa texture, ne peut pas être employé à la fabrication des divers objets usuels; mais l'étain entre dans la composition de nombreux alliages. Les fabricants additionnent l'étain de quantités variables de plomb; les vases en étain pour mesurer les liquides contiennent de 5 à 10 p. 100 de plomb; cette composition est réglementée par l'autorité, pour sauvegarder l'intérêt des consommateurs, la plupart des accidents toxiques causés par l'usage de la vaisselle d'étain étant dû au plomb ou à l'arsenic qu'elle renferme, lesquels, se dissolvant dans les produits alimentaires, pénètrent dans l'organisme. Les feuilles d'étain qui servent à envelopper les produits alimentaires doivent être en étain pur; mais on y ajoute toujours du plomb, et on a vu des papiers de ce genre contenir jusqu'à 90 p. 100 de plomb.

Physiologie. — BAYEN et CHARLARD, en 1781, PROUST, considèrent que l'étain n'est pas vénéneux et mettent sur le compte des impuretés qu'il renferme, arsenic et surtout plomb, les accidents nombreux signalés dès cette époque; GMELIN signale cependant un empoisonnement qu'il a attribué à l'étain. Il a constaté un commencement d'empoisonnement dans une famille, où l'on avait par mégarde salé la soupe avec du chlorure d'étain au lieu de sel ordinaire, et signale des accidents diarrhéiques chez ceux qui en avaient consommé même en petite quantité.

ORFILA a fait diverses expériences avec l'oxyde d'étain et le protochlorure d'étain; les résultats qu'il a obtenus l'ont amené à considérer l'oxyde d'étain et surtout le chlorure comme toxiques.

En 1880, P. WHITE reprend l'étude de la toxicité de l'étain et emploie dans ses expériences deux sels organiques : l'acétate de triéthylstannyle Sn (C²H⁵)³,C²H³H² et le tartrate double d'étain et de sodium.

L'acétate de triéthylstannyle est toxique, l'inhalation des vapeurs qui se dégagent au cours de la préparation de ce composé provoque chez l'homme des maux de tête, des nausées, de la diarrhée. Chez la grenouille, une dose de 0ᵍʳ,0025 à 0ᵍʳ,003 d'acétate de triéthylstannyle suffit pour amener la mort en huit à dix heures.

L'acétate de triéthylstannyle injecté sous la peau d'un lapin à trois reprises, à la dose de 0ᵍʳ,02, a provoqué la mort. Les chiens ont succombé à la suite d'une injection intraveineuse de 0ᵍʳ,075 injectés en deux fois à 24 heures d'intervalle. Les phénomènes observés et l'activité toxique sont considérés par WHITE comme spécifiques à l'étain et non pas à l'action du composé complexe qu'il a employé.

Les manifestations toxiques ont surtout porté sur le tube digestif et les centres nerveux; les premiers sont plus manifestes chez le chien que chez le lapin. Les symptômes primordiaux sont la perte d'appétit, la soif, des diarrhées profuses, des coliques violentes. A l'autopsie, on constate une hyperhémie de la paroi intestinale, du catarrhe de l'estomac. Chez le lapin, les symptômes de l'action sur les voies digestives ne se manifestent que par une diarrhée peu abondante.

L'action toxique sur le système nerveux central se manifeste par des phénomènes de paralysie, une diminution de l'excito-motricité et de l'excitabilité électrique des muscles. On observe aussi du tremblement généralisé, une respiration de plus en plus fréquente, et souvent des convulsions généralisées. Le pouls plein et tendu diminue de fréquence vers la fin.

WHITE a poursuivi ses recherches en employant le tartrate double d'étain et de sodium; les résultats sont les mêmes; mais ils sont plus lents à se manifester. En injection intraveineuse, 0ᵍʳ,026 d'étain, sous forme de tartrate double, tue un petit chien en quatre jours. En ingestion gastrique 0ᵍʳ,24 d'étain ingéré à l'état de tartrate, en 15 jours, par doses de 0ᵍʳ,015 à 0ᵍʳ,020 par jour, a amené la mort.

En 1886, PATENKO constate que l'étain métallique peut être ingéré à forte dose sans provoquer aucun effet nuisible à la santé. Le protochlorure d'étain en injections souscutanées à petites doses provoque une anesthésie locale. A plus fortes doses, on voit apparaître un foyer gangréneux qui s'étend en profondeur et en largeur. Injecté dans la cavité péritonéale, le protochlorure d'étain détermine des accidents dus à ses propriétés caustiques. La dose toxique en injection intraveineuse est de 0ᵍʳ,02 à 0ᵍʳ,05 pour un chien de 7 kilogrammes. Introduit par la voie stomacale, on n'observe aucun effet à faibles doses; une dose plus forte provoque des vomissements.

En 1892, A. RICHE et LABORDE étudient l'action du protochlorure d'étain sur le chien et obtiennent les mêmes résultats que PATENKO.

878 ÉTHER.

Il semble résulter de ces expériences que l'étain n'est pas aussi inoffensif qu'on le professe généralement.

Certains accidents ont été attribués au plomb ou à l'arsenic, alors que l'étain était vraisemblablement le seul coupable.

En 1878, MUNKE et en 1880 HEHNER ont constaté la présence de l'étain dans les substances alimentaires contenues dans des boîtes de conserves étamées. En 1883, UNGAR et BODTANDER, appelés à analyser des asperges conservées qui avaient déterminé chez deux personnes des troubles gastro-intestinaux, n'ont trouvé dans ces aliments que de l'étain. Ils ont alors examiné diverses conserves placées dans des boîtes étamées, asperges, abricots, fraises, provenant de différentes fabriques. Dans tous ces aliments ils ont retrouvé l'étain; les fraises contenaient 0gr,0175 p. 100 d'étain; les asperges, 0gr,0269 p. 100. L'étain était fixé dans le tissu des asperges, la saumure ne renfermait pas traces de ce métal.

Les animaux, chiens et lapins, qui ont ingéré ces conserves, ont absorbé l'étain qu'elles renfermaient. On a en effet retrouvé de l'étain dans la plupart de leurs organes et de leurs liquides : urine, foie, rein, rate, pancréas, ganglions mésentériques, muscles, cerveau et moelle. Le sang et le poumon ne renfermaient pas d'étain.

BODTLANDER a consommé pendant trois jours des conserves qui contenaient de l'étain sans observer aucun inconvénient; son urine contenait de l'étain.

Cependant ces auteurs pensent que l'usage journalier d'aliments contenant de l'étain ne saurait être indifférent pour la santé, quoique jusqu'à présent on n'ait pas signalé d'accidents mortels reconnaissant l'étain comme origine.

Recherche toxicologique. — OGIER prétend que la séparation de l'étain se fait bien lorsqu'on détruit les matières organiques par le chlorate et l'acide chlorhydrique; la liqueur renferme du chlorure stannique, lequel est volatil et peut en grande partie disparaître si on chauffe le liquide à l'air libre.

On peut employer, comme pour l'arsenic, la méthode de destruction des matières organiques de A. GAUTIER par l'acide nitrique et sulfurique. On obtient de l'acide métastannique que l'on réduit par le charbon et que l'on transforme en chlorure. Le protochlorure d'étain donne avec l'hydrogène sulfuré un précipité noir marron. Le perchlorure d'étain donne avec le même réactif un précipité jaune.

L'étain est dosé à l'état d'acide métastannique. L'étain et le sulfure d'étain se transforment facilement par l'action de l'acide azotique en acide stannique, blanc, insoluble dans l'eau et dans l'acide azotique.

Bibliographie. — ABBOTT. *The desinfectant value of stannious chloride* (*Med. News, Phil.*, 1886, XLVIII, 120). — BAYEN et CHARLARD. *Recherches chimiques sur l'étain*, Paris, 1781. — HAZELTINE. *Poisoning by bichloride tin* (*Boston medical Journ.*, 1844-1845, XXXI, 38). — HEHNER. *The Analyst*, décembre 1880. — LOEBISCH (*Wiener med. Presse.*, 1882, n° 48). — LUFF et METCALFE. *4 cases of tin poisoning caused by tinned cherries* (*Brit. med. J.*, 1890, I, 883). — MUNKE (*Chemical News*, juillet 1878). — ORFILA. *Traité de toxicologie*, 5e éd., 1852, II, 3. — PATENKO. *Étude expérimentale des effets toxiques et physiologiques des sels d'Étain* (*A. de P.*, 1er janv. 1886). — RICHE (A.) (*Journal de pharmacie et de chimie*, (5), XXV, 434, 1892). — SEDJWICK. *Noxious salts of tin in fruits prepared in tin vessels* (*Lancet*, 1888, 1129). — UNGAR et BODLANDER. *Der Zinkgehalt der in vergifteten Conserve-büchsen aufbewarten Nahrungs und Genussmittels und seine hygienische Bedeutung* (*Centralbl. f. allg. Ges.*, 1883-1884, I, 49-70). — WHITE. *Ueber die Wirkungen des Zinns auf den thierischen Organismus* (*A. P. P.*, 1880-1881, XIII, 53-69).

ALLYRE CHASSEVANT.

ÉTHER ($C^2H^5O^2$). *P. moléculaire* = 74. — Syn. *Éther ordinaire*, *Éther sulfurique*, Éther hydrique, Éther vinique, Oxyde d'éthyle, Éthane-oxy-éthane.

L'éther se forme dans un grand nombre de circonstances, toutes les fois qu'on déshydrate l'alcool; particulièrement sous l'influence de certains acides : *sulfurique, phosphorique, arsénique*, et de certains sels : *chlorures et fluorures métalliques*. On le prépare en général en faisant arriver un filet d'alcool dans un mélange d'acide sulfurique et d'alcool porté à l'ébullition.

Propriétés. — L'éther est un liquide incolore, limpide, d'une odeur aromatique spéciale, d'une saveur àcre et brûlante, puis fraîche, de réaction neutre. La densité à 0° est de 0,736. L'éther cristallise à — 129°, fond à — 117 et bout à + 34°,5. Sa densité de vapeur est de 2,565.

L'éther est peu soluble dans l'eau qu'il surnage; l'eau en dissout environ 1/10 de son volume. L'éther agité avec l'eau s'hydrate légèrement en retenant 1/36 de son volume d'eau. La solubilité de l'éther dans l'eau diminue avec l'élévation de la température. C'est un excellent dissolvant des graisses, des cires, des résines, de la plupart des alcaloïdes, des glucosides, de beaucoup de substances organiques, ainsi que de certains métalloïdes, tels que l'iode, le brome, etc.; il dissout aussi le bichlorure de mercure, qu'il enlève à sa solution aqueuse. L'éther est un des dissolvants le plus employé en chimie.

L'éther destiné à l'anesthésie doit être purifié. On enlève les acides en lavant l'éther avec une solution alcaline; puis on le rectifie par distillation fractionnée. L'éther passe en premier, entraînant un peu d'eau et d'alcool; on le débarrasse d'alcool par un lavage à l'eau, puis on le met en contact avec 1/10 de son poids de chaux pour le dessécher; on le rectifie ensuite par distillation fractionnée. Lorsqu'on veut avoir de l'éther parfaitement anhydre, il faut encore traiter l'éther déjà déshydraté par le sodium et le soumettre à une nouvelle distillation sur ce métal.

L'éther qui sert à la préparation des teintures éthérées en pharmacie marque 56° Baumé, correspondant à une densité de 0,758. On trouve, dans le commerce, de l'éther à 62° Baumé, ce qui correspond à une densité de 0,734. Enfin l'éther pur marque 65° Baumé, et correspond à une densité de 0,720 à 15° de 0,736 à 0°.

L'éther à 56° possède la composition suivante :

> Éther pur absolu 71,394
> Alcool absolu 25,746
> Eau 2,860

On peut obtenir cet éther à 56° en mélangeant 720 parties d'éther pur et 280 parties d'alcool à 90°.

L'éther à 62° fourni couramment par l'industrie possède la composition suivante :

> Éther absolu 90,896
> Alcool absolu 7,746
> Eau 1,358

Ces variations de composition ont une grande importance, surtout en ce qui concerne la composition des extraits éthérés en principes actifs.

Sous l'action de l'air, ou de l'oxygène, surtout en présence de la lumière, il y a formation de produits d'oxydation, notamment d'acide acétique; il se forme aussi de l'acétate d'éthyle.

L'éther ainsi altéré n'est plus propre à l'anesthésie, et doit subir de nouveau les purifications et rectifications décrites plus haut. L'éther pur doit être parfaitement neutre au tournesol. Quelques gouttes placées sur un papier à filtre doivent s'évaporer sans laisser de traces. Lorsqu'on ajoute un cristal de fuchsine dans l'éther pur, il n'y a aucune coloration, la fuchsine étant insoluble dans l'éther absolu. Si, au contraire, l'éther renferme des traces d'eau, ou d'alcool, on voit se manifester une coloration rose qui est d'autant plus accentuée que l'éther est moins pur.

Effets généraux de l'éther. — L'action de l'éther est comparable à celle du chloroforme, mais elle en diffère en ce que l'apparition de l'anesthésie est moins rapide, et sa durée moindre.

Lorsqu'on fait inhaler de l'éther mélangé d'air pour éviter les accidents, on observe trois périodes : 1° Une excitation, due soit à l'action de l'éther sur les voies respiratoires, soit à une impression sur les éléments nerveux; 2° Une période de diminution de la sensibilité, sans que les mouvements réflexes soient nécessairement anéantis; 3° Une période de résolution musculaire. A ce moment les pupilles sont dilatées, et le pouls se ralentit

L'étude du mécanisme de cette action de l'éther en inhalations nous apprend que l'action intime sur le système nerveux central est la même que celle du chloroforme. (Voy. **Anesthésiques, Chloroforme, Chloral.**)

D'après GUBLER, l'action sur le système nerveux central aurait les gradations suivantes : 1° Les centres encéphaliques sont atteints, moins la protubérance; on observe alors des troubles de l'intelligence et de l'équilibre moteur ; 2° La protubérance est frappée; la sensibilité diminue, les mouvements volontaires sont supprimés; 3° La moelle est ensuite impressionnée; suppression des réflexes; 4° Le bulbe est atteint à son tour; asphyxie et mort.

WILLIÈME admet aussi quatre périodes : 1° Suppression des fonctions des hémisphères cérébraux : *sommeil;* 2° Suspension des fonctions de la protubérance: perte des impressions sensitives : *anesthésie;* 3° Action sur les centres cérébro-spinaux excito-moteurs : *résolution musculaire;* 4° Suspension des fonctions du bulbe et des nerfs du système organique : *cessation de la respiration,* **arrêt du cœur, mort.**

Action sur les nerfs sensitifs et moteurs. — Sur une grenouille anesthésiée, les nerfs moteurs conservent encore leur excitabilité, alors que les nerfs sensitifs l'ont déjà perdue; ce qui explique pourquoi la période d'insensibilité précède la résolution musculaire, et pourquoi, lorsqu'on désire obtenir la résolution musculaire complète, il faut pousser l'anesthésie jusqu'à la période bulbaire.

CLAUDE BERNARD a montré que, chez un animal (chien) incomplètement éthérisé, la sensibilité récurrente du bout périphérique de la racine antérieure de la septième paire lombaire avait disparu, tandis que la racine postérieure correspondante était encore sensible. La sensibilité à la douleur, lorsqu'on pinçait le bout périphérique du facial, était conservée, la conjonctive était encore sensible, alors que la sensibilité avait déjà disparu pour les nerfs lombaires. Ce fait semble prouver que la sensibilité nerveuse récurrente du facial s'éteint plus tard que celle des racines lombaires.

CLAUDE BERNARD considère l'éther comme l'anesthésique qu'il faut employer dans la recherche de la sensibilité récurrente.

Action sur le cœur, la respiration et la circulation. — PAUL BERT a montré que la période d'excitation est due à l'irritation locale des voies respiratoires supérieures, et a pu la supprimer en faisant arriver les vapeurs d'éther directement par la trachée. Mais il a probablement exagéré cette influence irritante de l'éther sur les voies aériennes.

Au cours de l'inhalation d'éther, on observe une accélération du cœur, de 150 à 160 pulsations; la pression sanguine s'élève, puis s'abaisse, malgré l'accélération croissante du cœur qui atteint 200 pulsations, parce que les battements deviennent petits, et les contractions incomplètes. Tout à coup le cœur se ralentit, marque quelques systoles allongées, pénibles, puis s'arrête. Les mouvements respiratoires se précipitent, deviennent superficiels; 3 à 4 respirations convulsives précèdent la mort.

Si à ce moment on suspend l'inhalation de l'éther, la respiration se rétablit, puis le cœur reprend à son tour ses battements.

L'accélération du cœur et l'augmentation de la tension sanguine artérielle sont sous l'influence des centres bulbo-médullaires et sympathiques. Si J. COATS, W. RAMSAY et J. MOEDRICK ont prétendu, contrairement à l'opinion générale, que l'éther n'avait pas d'effet sur la pression artérielle, c'est qu'ils n'ont jamais poussé les inhalations plus loin que le début de l'anesthésie.

CLAUDE BERNARD, SYDNEY RINGER, GREGOR ROBERTSON et KRONECKER ont montré que l'éther agit directement sur le muscle cardiaque et ralentit les mouvements du cœur; ce ralentissement est précédé d'une accélération due à une excitation préparalytique.

G. ROBERTSON et H. KRONECKER ont constaté que, plongé dans un mélange de :

> 2 parties d'une solution de NaCl à 6 p. 100,
> 1 partie de sang de lapin,
> 1 p. 100 d'éther,

le cœur de la grenouille accélérait ses battements.

1,5 p. 100 d'éther ralentissent le cœur; 2 p. 100 arrêtent le cœur de la grenouille pour longtemps. Plongé dans le sang pur, le cœur se ranime.

La circulation subit les mêmes variations que le cœur. On observe au début une augmentation de pression; la rapidité d'écoulement du sang dans les artères diminue, le pouls est bref; puis la pression s'abaisse, la rapidité d'écoulement augmente, le pouls devient polycrote; enfin, lorsque l'éthérisation est poussée plus loin, les pulsations très affaiblies deviennent catacrotiques.

L'éther agit sur la pression sanguine autrement que le chloroforme. ARLOING a montré, à l'aide du cardiographe à ampoule de CHAUVEAU, placé dans le cœur droit, que, sous l'influence de l'éthérisation, la pression baisse dans le ventricule droit, d'où il conclut que la résistance éprouvée dans la circulation diminue. Ce fait est l'inverse de celui qu'on constate au cours de la chloroformisation.

Quant à la circulation générale, on constate encore une différence entre l'action de l'éther et celle du chloroforme; à la légère élévation de tension artérielle correspond une légère élévation de la tension veineuse; puis, à la chute de la pression artérielle correspond une légère diminution de la pression dans les veines; dans l'anesthésie confirmée, la pression artérielle reste abaissée, tandis que la pression veineuse remonte. La pression artérielle et la pression veineuse sont divergentes (ARLOING).

La circulation dans les capillaires périphériques ne se modifie pas sensiblement pendant l'anesthésie par l'éther. Il n'en est pas de même dans les capillaires du cerveau. HAMMOND, ALBERTONI et MOSSO, GUBLER, BOUCHUT, LANGLET, LAUBÉ et ARLOING ont constaté que l'éther dilate les capillaires cérébraux et augmente la vitesse de la circulation cérébrale. Donc l'anesthésie par l'éther provoque l'hyperhémie cérébrale.

MAC KENDRICK, J. COATS et NEWMANN, en examinant comparativement l'activité de la circulation capillaire, dans le poumon et la membrane interdigitale de la grenouille, ont constaté que la circulation pulmonaire est considérablement ralentie, et même qu'elle s'arrête si l'on prolonge l'action de l'éther. L'éther arrête d'abord la respiration; et le cœur continue à battre après l'arrêt de la respiration.

Chaleur animale. — Pendant la période d'excitation du début de l'anesthésie, la température s'élève de $0°,1$ à $0°,8$ (SIMONIN), et même d'une quantité plus forte (DUMÉRIL, DEMARQUAY, ARLOING), ce qui tient sans doute aux efforts que l'animal fait pour se débattre. Si l'on pousse l'éthérisation sans arrêt, la mort survient au bout de quinze minutes (minimum), de quarante-cinq minutes (maximum), ainsi que l'ont constaté DUMÉRIL et DEMARQUAY. L'abaissement de la température est plus rapide chez les Oiseaux que chez les Mammifères; au bout de quarante-cinq minutes on observe un abaissement d'environ $2°,5$ à $2°,75$. Lorsqu'on introduit l'éther directement dans les veines, l'abaissement de la température est plus considérable encore. On a invoqué tour à tour diverses causes pour expliquer cet abaissement de température : une action spéciale de l'éther sur les centres nerveux modérateurs de la calorification, le ralentissement de la circulation, la dilatation des vaisseaux périphériques, le rayonnement extérieur, la diminution de l'oxygénation du sang et des oxydations organiques (DUMÉRIL et DEMARQUAY, BOUISSON, SCHNEISSON, TRINQUART, etc.). SCHNEISSON a insisté sur la diminution de la production de la chaleur. ARLOING a démontré qu'il y avait diminution de l'oxygène absorbé et des combustions organiques. Il y a lieu de tenir compte aussi de l'augmentation du rayonnement.

Échanges gazeux. — On a dit autrefois que l'acide carbonique exhalé augmentait pendant l'anesthésie. Mais tous les physiologistes admettent aujourd'hui le contraire. ARLOING a montré qu'il y avait une diminution en valeur absolue de la quantité d'acide carbonique exhalé. En outre le rapport $\frac{CO^2}{O^2}$ se modifie et augmente de valeur. Avant l'éthérisation, il varie de 0,83 à 0,85; il s'élève après éthérisation à 0,92 et même à 1,13. Résultat qui est dû à ce que l'absorption de l'oxygène est diminuée dans de très fortes proportions au cours de l'éthérisation.

La proportion d'oxygène est augmentée dans le sang artériel, la quantité d'acide carbonique est diminuée en valeur absolue (CL. BERNARD, PAUL BERT, MATHIEU et URBAIN, ARLOING). Il y a donc au cours de l'éthérisation un ralentissement des oxydations.

Action sur le protoplasma. — Sous l'influence de l'éther, le protoplasma cellulaire devient opaque. CLAUDE BERNARD a comparé cette modification de l'aspect de la cellule à ce qu'on observe lorsque de la vapeur d'eau se dépose sur une vitre; puis, au fur et à mesure que l'éther s'élimine, le protoplasma s'éclaircit, redevient transparent et fluide ; la sensibilité reparaît. Cette action de l'éther sur le protoplasma est générale pour tous les protoplasmas vivants, animaux ou végétaux. En 1849, CLEMENS avait vu que l'éther anéantit les facultés motrices des épithéliums à cils vibratils. L'éthérisation abolit les mouvements de la sensitive et des étamines, en un mot tous les mouvements qui, chez les êtres vivants, s'effectuent en vertu d'une irritabilité quelconque.

L'éther endort les plantes, empêche la germination des graines, arrête les échanges dus à la fonction chlorophyllienne, empêche l'activité fermentative de la levure de bière.

Chez les êtres supérieurs, la cellule nerveuse, étant la plus sensible, est la première atteinte. CLAUDE BERNARD a constaté que l'éther coagule le protoplasma de l'élément nerveux, et qu'il coagule aussi le contenu de la fibre musculaire ; l'injection intramusculaire d'éther provoque une rigidité analogue à la rigidité cadavérique.

Action sur les sécrétions et l'absorption. — L'éther est un excitant de tout le système glandulaire. Introduit dans le tube digestif, il provoque une congestion intense sur toute la surface des muqueuses. Les diverses glandes annexes entrent en sécrétion, et l'activité de l'absorption est augmentée.

On admet en général que les sécrétions possèdent les mêmes caractères lorsqu'elles sont déterminées par l'éther que lorsqu'elles reconnaissent pour cause l'excitation normale d'origine alimentaire. Cette propriété est utilisée en physiologie pour obtenir certains produits de sécrétion : salive, suc pancréatique.

On avait cru que l'éther pouvait être considéré comme un bon contre-poison, que son emploi pouvait ralentir ou même empêcher l'absorption de certains poisons ; CLAUDE BERNARD a montré, au contraire, que, lorsqu'on administre la substance toxique mélangée à de l'éther, l'empoisonnement se produit plus vite. Le ferrocyanure de potassium administré mélangé à de l'éther passe plus vite dans les urines que lorsqu'il est ingéré seul ; c'est une preuve directe du surcroît d'activité imprimé par l'éther aux fonctions d'absorption.

Voies d'éliminations. — L'éther s'élimine par les poumons avec une très grande rapidité ; cette élimination suit la loi de DALTON sur la tension des vapeurs. Si la tension de la vapeur d'éther dans les poumons est supérieure à celle qui existe dans le sang, il y aura absorption ; si les poumons se ventilent au contraire normalement, l'élimination se fera rapidement.

Aussi la méthode d'inhalation est-elle le procédé de choix pour obtenir l'anesthésie ; car l'éther s'élimine au fur et à mesure par les poumons. L'éther introduit par les voies digestives, par injection sous-cutanée, par injection intra-veineuse, provoque, après absorption dans l'organisme, les mêmes phénomènes d'excitation ; mais l'anesthésie n'existe pas. Il y a obtusion des sens, vertiges, ivresse légère ; mais point d'anesthésie véritable.

Certains auteurs ont cependant tenté de réaliser l'anesthésie générale en introduisant l'éther en vapeurs par la voie rectale d'une façon progressive et continue, par insufflation. MOLLIÈRE, sur le conseil d'AXEL YVERSEN, a endormi six malades et obtenu par cette méthode un sommeil rapide, sans une préalable période d'excitation. COMTE, STORKE, BOECKEL, DELORE, DUBOIS, REVERDIN ont aussi employé cette méthode ; PONCET la condamne ; elle est justement retombée dans l'oubli.

Action locale. — L'éther détermine sur la peau une sensation de froid due à l'évaporation rapide qui se fait à température peu élevée. On augmente cet abaissement de température en activant l'évaporation au moyen d'appareils vaporisateurs (RICHARDSON, GUÉRARD, A. RICHET) (1853) ; cet abaissement de température produit une anesthésie locale. On peut atteindre — 12° à — 15° et provoquer la congélation des tissus. Si l'application locale est excessive et prolongée, il y a production d'une escharre analogue aux escharres de gelure et de brûlure. Lorsqu'on applique de l'éther sur la peau dénudée, on observe une rougeur subite, accompagnée d'une sensation de brûlure ; l'irritation est suivie de torpeur et d'engourdissement.

Voies digestives. — L'éther introduit dans l'estomac s'y réduit en vapeur, le distend et peut le rompre (?) (CL. BERNARD) ; dans d'autres cas, la dilatation excessive de cet organe refoule le diaphragme, et peut amener l'asphyxie (NOTHNAGEL et ROSSBACH). Lorsque la quantité ingérée n'est pas suffisante pour provoquer ces accidents, on observe une ébriété fugace, une sensation de chaleur à l'épigastre, une surexcitation momentanée des forces ; il y a en même temps une excitation de tout le système glandulaire et de la muqueuse du tube digestif; la salive, le suc pancréatique sont sécrétés en abondance.

Lorsqu'on injecte de l'éther dans la veine porte d'un animal, on le rend diabétique (CL. BERNARD); les sécrétions hépatiques sont activées par excitation directe. REYNOSO a observé que, sous l'influence de l'éthérisation, les urines devenaient momentanément sucrées : il avait cru que la cause de ce phénomène était le défaut d'oxydation du sucre dans le poumon. CLAUDE BERNARD a constaté que la glycosurie n'est pas constante, et qu'on l'observe principalement chez les chiens en pleine digestion.

L'éther introduit dans l'organisme par les voies digestives ne peut pas produire l'anesthésie générale, car son élimination par les poumons est trop rapide.

L'éther, introduit par injection sous-cutanée, provoque des phénomènes d'excitation générale, et une augmentation de la tension artérielle. On a souvent recours à ces injections dans les cas de collapsus et de dépression avec stupeur.

Plusieurs auteurs ont signalé des paralysies consécutives aux injections d'éther ainsi que l'apparition de névrites. En 1882, ARNOZAN signala le premier ces paralysies et en étudia le mécanisme; il constata que c'est surtout lorsqu'on fait une injection profonde, intra-musculaire, pour éviter la douleur provoquée par l'injection superficielle, que l'on observe les paralysies les plus tenaces. Il a reproduit sur le lapin les mêmes phénomènes, expérimentalement; l'examen histologique a montré que les lésions sont inégalement réparties. Avec son élève SALVAT, il constate que ces paralysies sont dues à des névrites, qu'elles offrent beaucoup d'analogie avec les paralysies périphériques du facial, et qu'elles guérissent spontanément. Plusieurs auteurs ont publié, depuis, de nombreuses observations sur ce sujet : DESCHAMPS, PITRES et VAILLARD, VELTMANN, SAMTER. (Voyez plus loin la *Bibliographie.*)

L'éther comme anesthésique. — Quant aux avantages ou inconvénients de l'éther envisagé comme anesthésique, nous renverrons le lecteur à l'article **Anesthésie et Anesthésiques** (I, 513).

De nombreux travaux ont été publiés sur les avantages et les inconvénients de la narcose par l'éther et la comparaison avec le chloroforme; nous en donnerons la bibliographie résumée, ainsi que celle de divers cas de morts, causée par l'éther, que nous avons trouvés dans la littérature médicale.

Bibliographie. — ANGELESCO. *Respiration et pouls dans l'anesthésie par l'éther (Mercredi méd.*, VI, 253, 255, 1893). — ARLOING. *Recherches expérimentales et comparatives sur l'action du chloral, chloroforme, éther (Diss.* Lyon, 1879). — ARNOZAN. *Paralysies consécutives aux injections d'éther (Bull. Soc. anat. et physiol. de Bordeaux,* III, 65, 1882; *Journal de Méd. de Bordeaux,* XI, 526-529, 1881-82). — ARNOZAN et SALVAT. *Paralysie du petit doigt gauche consécutif à une ingestion d'éther (Bull. Soc. anat. et physiol. de Bordeaux.* IV, 191, 1883). *Névrites consécutives aux injections sous-cutanées d'éther (Ibid.,* V, 193-197, 1884). — BENNETT. *Anesthesic gas and ether (Med. Rec.,* LII, 296-298, 1898). — CLAUDE BERNARD. *OEuvres complètes,* I, 237 ; III, 403, 414, 426, 435 ; IV, 90 ; VII, 466 ; VIII, 314 ; XI, 77 ; XII, 40 ; XIV, 539 ; XVIII, 225, 235. — BERRUTI. *Esperienze sulla virtu stupefaciente dello etero sulfurico (Soc. med. chir. di Torino,* XXVIII, 311-325, 1847). — BINZ. *Der Æther gegen den Schmerz (Janus,* juillet-août 1896). — BLACK. *Caution against the use of ether near fire and light (Phil. med. Times,* IV, 552, 1873). — BLAKE. *The general after effects of ether (J. Boston Soc. med. Sc.,* n° 15, 12-28, 1897). — BOSSI. *Sull'azioni dei vapori d'etero sulfurico nel corpo umano (Gaz. med. di Milano,* VI, 54, 1847). — BOUCHARD. *De l'anesthésie par l'éther (Journ. de méd. de Paris,* (2), X, 90, 1898). — BOWDITCH. *The action of sulphuric ether on the peripheral nervous system (Amer. Journ. of med. sc.,* XCIII, 444, 1887). — BRIERRE de BOISMONT. *Influence de l'éther sur les rêves (Rev. Méd. franç. et étrangère,* II, 218-225, 1847). — BROWN. *On the pathological and physiological effects of etherial inhalation (Bost. med. and surg. Journ.,* XXXVI, 369-378 1847). — BUCHANAN. *Physiological effect of the inhalation of ether (London med. Gaz.,* IV, 929, 1847). — BULL. *Etherization by the rectum (N. Y. Med. Record.,* 3 mars 1884). — BUTLIN. *Ether as an anesthesic (Brit. med. Journ.,* II, 463, 1872). — BUTTER. *Uber Æthernarcose (Arch. f. klin. Chir.,* XL, 66-71, 1890). — CASTEL. *Explication physiologique des phénomènes qui sont produits par l'éther (Gaz. méd. de Paris,* 1847, 552). — CHAMBERT. *Des effets physiologiques et thérapeutiques de l'éther (Diss.* Paris, 1848). — COATS (J.),

Ramsay (W.). et Mackendrick (J.). *L'éther n'a pas d'effet sur la pression sanguine des animaux* (*Brit. Med. Journ.*, 1, 1879, 921). — Cohn. *Uber den Missbrauch des Æthers* (*Vierterlj. f. ger. Med.*, 1898). — Coze. *Nouvelle expérience sur le mécanisme physiol. de l'éthérisation* (*Gaz. Méd. Paris*, (3), III, 993, 1848). — Deschamps. *Paralysie motrice consécutive à une injection hypodermique d'éther* (*France médicale*, 1, 590-596, 1885). — Doyère. *Étude physique et physiologique de l'éthérisation* (*Gaz. Méd. Paris*, (3), II, 121, 1847). — Draper. *Use of ether as intoxicant in North of Ireland* (*Med. Press and Circular*, IX, 117, 1870; XXI, 1, 425, 1877). — Dumont. *Uber Æthernarcose* (*Corrbl. f. Schweiz. Arzt.*, XVIII, 713, 721). — Dupuy. *Injection sous-cutanée d'éther et applications au traitement du choléra* (*Progrès médical*, 10, 17, 24 décembre 1881; 7, 21, 28 janvier 1882; 11 février 1882). — Duvernoy. *Vergiftung mit Schwefeläther* (*Med. Corrbl. der Würt. A.*, XX, 125, 1850). — Dyakonoff. *Effet de l'éther sulfurique sur la moelle épinière* (*Med. Vestnik*, VII, 109, 417, 429, 453, 1867). — Escherich. *Der Schwefeläther* (*Med. Cor. Bayer. Aerzte*, VIII, 193, 1848). — Eulenburg. *Uber Wirkungen der Anæsthetica auf Reflex phenomene* (*C. W.*, n° 61, 1881). — Fielden. *Ether as an anesthesic* (*Brit. Med. Journ.*, 1, 59, 1873). — Fontan. *Du sommeil par l'éther* (*Lyon médical*, XXIII, 154-158, 1876). — Fornazi. *Sull'azione stupefaciente dei vapori d'ettero* (*Ann. univ. di med., Torino*, CXXI, 652, 1847). — F. Fueter. *Klin. und exp. Beobacht. über die Æthernarkose* (*D. Z. f. Chir.*, XXIX, 1-43, 1889). — Gallard. *Intoxication chronique par l'éther* (*Gazette des hôpitaux*, XLIII, 213, 1870). — Garré. *Æthernarkose* (*D. med. Woch.*, XIX, 959, 1893). — Gellé. *Hyperesthésie auditive douloureuse chez un éthéromane* (*B. B.*, (10), IV, 183, 1897). — Gorton. *Mania following ether* (*Am. Journ. Insan. Utica, N. Y.*, XLVI, 454-456, 1889, 1890). — Grasset. *Éthéromanie* (*Sem. méd.*, 1885, 231). — Guryeff. *Action de l'éther sur les fonctions de l'estomac de l'homme sain* (*Diss.* Saint-Pétersbourg, 1891), (russe). — Hart. *Ether drinking* (*Brit. med., Journ.*, 1890, II, 885-890). — Hartshorne. *Inf. of ether on the nervous centres* (*Trans. coll. physiol. Phila.*, II, 331-334, 1856). — Hayem. *De la valeur des injections sous-cutanées d'éther dans les cas de mort imminente par hémorrhagie* (*Bull. gén. thér*, III, 529, 1882). — Keefe. *Anesthesia by ether* (*N. Y., Med. Journ.*, XLIV, 571, 1886). — Keith. *The use of sulphuric ether as anesthetic* (*Brit. Med. Journ.*, 1, 136, 1875). — Kerr. *Ether inebriety* (*J. Amer. Med. Ass. Chicago*, XVII, 791, 1891). — Knoll. *Uber die Wirkung von Chloroform and Æther* (*Ak. W.*, 233, 1876). — Knopf. *Æther anesthesicus* (*D. med. Woch.*, 453, 1896). — Koch. *Over Æthernarkose* (*Gencesk. Courant*, LXV, 18, 1891). — Lach. *Éther sulfurique et son action physiologique* (*Diss.* Paris., 1847). — Lautaret. *Complications locales et infectieuses consécutives aux injections d'éther* (*Diss.* Paris, 1898). — Legrand du Saulle. *Note médico-légale sur un cas rare de dipsomanie* (*Ann. d'hygiène*, (3), VII, 416, 1882). — Lente. *Some further evidence of the efficiency of sulphuric ether as a anæsthetic* (*Am. Med. Times*, VII, 95, 1863). — Lépine. *De l'emploi de l'éther comme agent habituel de l'anesthésie chirurgicale* (*Sem. méd.*, XIV, 301-302, 1894). — Leppmann. *Exp. Unters. uber die Aethernarkose* (*Grenzgebiete d. Med. u. Chir.*, 1898, IV, 21-30). — Lerber. *Einwirkung der Aethernarkose auf Blut und Urin.* (*Diss.* Berne, 1896). — Longet. *Exp. relat. aux effets de l'inhalation d'éther sulfurique sur le système nerveux* (*Ann. med. psych.*, IX, 157, 1847); (*Union med.*, 1, 70, 1847); (*Bull. Acad. méd.*, XII, 361-370, 1847). — Martin. *Zur Physiologie und Pharmakodynamik des Ætherismus* (*Diss.* Munchen, 1847). — Mercier. *Éther considéré comme agent d'anesthésie générale* (*Diss.* Paris, 1885). — Mertens. *Statistik der Aethernarkosen*, in-8, München, 1901. — Minor. *One of the causes of vomiting after etherization* (*Virg. med. Monthly, Richmond*, VI, 512-514, 1879-80). — Mollien. *Note sur l'éthérisation par voie rectale* (*Lyon médical*, 30 mars 1884). — Montalti. *Les buveurs d'éther* (*J. Conn. méd. prat.*, (3), 1, 92, 1879). — Ocounkoff. *Rôle physiol. de l'éther* (*Diss.* Paris, 1877). — Ollivier. *Des injections sous-cutanées d'éther dans les états adynamiques* (*Diss.* Paris, 1883). — Ory. *Intoxication chez un buveur d'éther* (*Journ. méd. de Paris*, 1887, XII, 644-649). — Parchappe. *Action toxique de l'éther sulfurique* (*Ann. méd. psych.*, XI, 179, 1848). — Parke. *Ether drinking in the North of Ireland* (*Med. Presse and Circular*, XXII, 481, 1877). — Pickford. *Beitrage z. der physiol. Wirk. des Schwefeläthers nebst therapeutische Vorschlagen* (*Ztschr. f. rat. Med.* VI, 66-74, 1847). — Pitres et Vaillard. *Troubles trophiques développés sur les pieds d'un cobaye consécutivement à des injections d'éther pratiquées au voisinage des nerfs sciatiques* (*B. B.*, (8), IV, 365, 1887). — Poncet. *Sur l'éthérisation par le rectum* (*Lyon médical*, 22 juin 1884). — Post (Abner). *Etherization by the rectum* (*Boston Med. and Surg. Journ.*, 8 mai 1884). — Richardson. *On ether drinking, etc.* (*Popul. Sci*

Monthl., N. Y., 1878, xix). — Richmond. *Ether as an anaesthetic (Kansas med. Journ.*, ii, 455, 1890). — Ringer (Sydney). *Influence of anæsthesics on'the frog's hearth (The Practitioner*, xvi, 6; xxvii, 1.) — Ritti. *Un cas d'éthéromanie (Ann. Méd. psych.*, (7), vii, 55-60, 1888). — Robertson (Mac Gregor) et Kronecker (H.). *Ueber die Wirkung des Æthers auf das Froschherz (Verh. d. physiol. Ges. z. Berl.*, 11 mars 1881); (R. S. M., xxi, 481). — Roux. *Étude sur l'embrasement des vapeurs d'éther et sur les dangers de l'anesthésie par cet agent dans certaines opérations (Diss. Lyon*, 1879). — Salemi. *Congestion pulmonaire consécutive à une éthérisation pour une version (Abeille médicale*, lv, 267, 1898). — Salvat. *Étude sur les névrites consécutives aux injections d'éther (Diss. Bordeaux*, 1884). — Samter. *Ueber Lähmung durch Schwefeläther (Diss. Berlin*, 1891). — Sedan. *Un éthéromane (Gaz. des hôp.*, 1883, lvi, 841). — Shipilin. *Effets de l'éther sulfurique sur l'assimilation et le métabolisme de l'azote chez l'homme sain (Diss. Saint-Pétersbourg*, 1892 (russe). — Shœmaker. *Recollection after ether inhalation psychical and physiological (Therapeutic. Gaz. Detroit*, (3), ii, 524-526, 1886). — Shrady. *Some of the abuse of etherization (Med. Rec.*, xxxv, 205). — Shreve. *Etherization and its dangers (Practitioner*, xix, 81-89, 1877). — Silex. *Ueber Æthernarkose (Berl. klin. Woch.*, xxvii, 169, 1890). — Trinquart (*Diss. Paris*, 1877). — Vallas. *Anesthésie par l'éther et ses résultats dans la pratique des chirurgiens lyonnais (Rev. chir. de Paris*, n° 4, 289, 1893). — Veltmann. *Ueber Lähmung nach Etherization (Diss. Wurzbourg*, 1888). — Vulpian. (C. R., 1878, 1879). — Weir. *Does ether anæstesia injuriously affect the Kidneys (N. Y. med. Journ.*, xli, 223, 1890; lxii, 617, 1895). — Wood. *The elimination of ether and its relation to the Kidneys (Med. Mag. Phil.*, vi, 802-811, 1894). — Wynkoop. *Ether as an anæsthetic (Med. Rec.*, 1901, 852-853).

Accidents mortels dus à l'éther. — 1845. — Miller. *A case of phrenitis remitting in death, from the inhalation of sulphuric ether (West. J. M. et S. Louisville*, (3), iv, 25-30).

1847. — Eastment. *Case of fatal effects of ether (London Med. Gaz.*, iv, 631). — *Fatal operation under the influence of ether (Lancet*, i, 240, 242). — Hearne. *On ether vapour and the fatal case of Mrs. Parkinson (Lancet*, i, 533). — Nunn. *Fatal effects of ether in a case of lithotomy (Med. Gaz.*, xxxix, 414).

1848. — Nagy. *Erscheinung eines Trippers in Folge von Aethereinathmung (Œst. med. Wochenschr.*, 129-131).

1849. — Eve. *Deaths from inhalation of sulphuric ether (South. Med. Surg. Journ., Augusta*, 1849, v, 342). — Donders (*Onderzoek. ged. in h. physiol. lab. Utrecht Hoogesch.*, ii, 49, et *Nederl. Lancet, Gravenh.*, v, 377-383).

1858. — Haynes. *Todt durch Einathmen von Schwefeläether (Bl. f. gerichtl. Anthrop.*, x, 4, 74-77).

1859. — Clark. *Tumor of the cerebellum : death following the inhalation of ether (N. York med. Journ.*, (3), vii, 99-102).

1861. — Clark. *Death from Ether as an anæsthetic (Amer. Med. Times*, iii, 308-310). — Mussey. *Death from ether (Cincin. Lancet and Obs.*, iv, 21-28).

1867. — Gayet. *De l'enquête pour les cas de mort par éthérisation (Gaz. méd. Lyon*, xix, 267). — Hénocque. *Rapport sur les cas de mort survenus à Lyon (Gaz. hebd. méd.*, (2), iv, 753). — Laroyenne. *Cas de mort à la suite d'anesthésie par l'éther (Mém. et C. R. Soc. sc. méd., Lyon*, 1868, vii, 48-66).

1870. — Burnham. *Death from the effects of sulphuric ether (Boston Med. Surg. Journ.*, lxxxiii, 377). — Martin. *Deaths from sulphuric ether ; its actual relative mortality probably higher than that from chloroform (J. Gynaec. Soc. Bost.*, iii, 26-34).

1872. — Dunning. *Death from ether (Med. Rec. N. Y.*, vii, 411). — Hand. *Death from ether (Northwest Med. and Surg. Journ., Saint-Paul*, iii, 331-334). — Marduel. *Mort par l'éther (Gaz. hebd. de méd.*, (2), ix, 743).

1873. — Marduel. *Death from ether. (Boston Med. Surg. Journ.*, lxxxix, 518-537). — Hutchinson. *Case of death after the use of ether (Brit. Med. Journ.*, i, 247).

1875. — Hardie. *Death from ether inhalation (Med. Times et Gaz.*, i, 425).

1876. — Cabot. *Death during etherization (Boston Med. Surg. Journ.*, lxxxviii, 545). — Finnel. *Death from ether (N. York Med. Journ.*, xxiii, 179). — Holmes. *Death following the administration of ether (Chicago med. and Exam.*, xxxiii, 409-413). — Jacobson. *Symptomes resembling those of profund intoxication, following anæsthesia by ether (Brit. med. Journ.*, ii, 789). — Mathewson. *A case of cerebral hæmorrage and death following the administration of ether (Boston med. and surg. Journ.,* xcv, 401). — Morton. *Apparent failure of heart's action during inhalation of ether (Lancet,* ii, 534). — Orr. *Narrow escape from death by ether (Clinic. Cincin.,* xi, 174). — Sinclair. *Case of deaths occurring during the administration of ether (Boston med. and surg. Journ.,* xcv, 116). — Tripier. *Recherches sur les accidents dus à l'anesthésie par l'éther chez les jeunes sujets (Gaz. hebd. de méd.,* xiii, 582-584).

1877. — Gillette. *Died from ether (Amer. J. Obst., N. Y.,* x, 87-89). — Gay. *Deaths from ether (Ohio N. Recorder,* Columbus, i, 504). — Lowe. *Sudden deaths during the inhalation of ether (Brit. med. Journ.,* ii, 692). — Marduel. *Accidents dus à l'anesthésie par l'éther chez un enfant de dix ans (Assoc. franç. pour l'avanc. d. sc..* Paris, vi, 854-856). — Pye-Smith. *Case of syncope from ether inhalation (Brit. med. Journ.,* i, 609-708). — Robinson. *Case of deaths during anæsthetization by ether (Virginia med. Monthly, Richmond,* iv, 30-33). — Saundby. *Case of death subsequent to the administration of ether (Brit. med. Journ.,* ii, 515). — Tripier. *Recherches sur les accidents dus à l'anesthésie par l'éther chez un jeune sujet (Assoc. franç. pour l'avanc. d. sc.,* Paris, v, 720-722). — *A death after ether (Med. Press. Circ.,* xxiii, 328). — *Death under ether at the London Hospital (Med. Times and Gaz.,* i, 544).

1878. — Dawson. *Deaths from ether (Brit. med. Journ.,* i, 289-293).

1880. — Dandridge. *Death from the effects of ether (Cincin. Lancet and Clin.,* v, 380-385). — Gillespie. *Does ether kill (Phil. Med. Times,* xi, 772-775). — Hartley. *Sudden death during ether administration (Lancet,* 1880, ii, 376).

1881. — Churton. *Administration of ether during removal of a tumour on chest : death (Brit. med. Journ.,* i, 14). — F. *Death from ether (Cincin. Lancet and Clin.,* vi, 124). — Sangster. *Death from ether (Lancet,* i, 1014). — Swain. *Shock or ether? (Brit. med. Journ.,* i, 47).

1882. — Parsons. *Death following the administration of ether (Med. News,* xl, 295). — Roberts. *The fatality of etherization in chronic Kidneys disease (M. et S. Reporter, Phila.,* xlvi, 622-624). — Tait. *Death under ether (Brit. med. Journ.,* ii, 103).

1887. — Agnew. *A death during and a death before the administration of ether (Med. News,* i, 589). — Atkins. *An accident with ether (Med. News.,* i, 109). — Reeve. *Some case of sudden death under ether (Med. News.,* i, 89-92). — *Was it a death due to ether? (Med. News,* i, 647).

1888. — Jay. *A case in office practice (Dental Reg. Cincin.,* 1888, xlii, 238).

1889. — Mc. Kim. *A death from ether (N. York Med. Journ.,* xlix, 598).

1890. — Mc. Kim. *Death under the administration of ether (Lancet,* 1890, ii, 584). — Hunt. *Death under the administration of ether (Lancet,* 1890, ii, 587, 846). — Kaarsberg. *Mort par anesthésie par l'éther (Hosp. Tidende,* liii, 895). — Perman. *Ett döds fall till följd al eternarkos (Hygiæa,* lii, 370-374). — Perman. *Cancer gastrique. Mort et collapsus produits par l'éther (Hygiæa,* lii, 515).

1891. — Brown. *Death from ether (Med. News,* lix, 102). — *Death unter ether (Brit. Med. Journ.,* 1891, i, 82). — Mc. Whannell. *Death unter ether (Brit. med. Journ.,* i, 1 et 7).

1893. — Barling. *Cardiac and respiratory depression and death produced by inhalation of æther (Birmingh. med. Rev.,* xxxiv, 89). — Chilcott. *Death under ether (Lancet,* i, 1035). — Davies-Colley. *A case of cardiac failure during the administration of ether (Lancet,* ii, 1186). — Thompson. *Death under ether at the Leeds Infirmary (Brit. med. Journ.,* 1893, ii, 697).

1896. — Thompson. *Death during the administration of ether (Lancet,* 1896, i, 639). — Garceau. *A case of death under ether anesthesia (Boston med. and surg. Journ.,* cxxxv, 491). — Phelps. *A case of asphyxia from vomiting during the administration of ether (N. York med. Journ.,* lxiii, 377-388).

1897. — Phelps. *Deaths under anæsthetics; ether (Brit. med. Journ.,* 1897, ii, 1193). — Spellissy. *A death during administration of ether (Ann. Surg. Phila.,* xxv, 183).

1898. — Eve. *Death from ether (South. Pract., Nashville,* xx, 113). — Morton. *Accident death by suffocation during ethernarcosis in an exploratory operation for carcinoma of the stomach. (Phila. Med. Journ.,* 1898, i, 165-167).

Voir pour plus de documents *Index Catalogue. Ether (as anæsthesic. Deaths from ether.* N. s., v, 1900, 144 et 1e s., iv, 1883, 363).

A. CHASSEVANT.

ÉTHÉROMANIE.

ÉTHÉROMANIE. — Certaines personnes abusent de l'emploi de l'éther, soit en inhalation, soit en boisson, pour se procurer la sensation d'ivresse particulière que provoque cet anesthésique.

Le nombre des buveurs d'éther augmente chaque année : ils se recrutent dans la classe pauvre en Écosse, en Irlande et en Prusse; dans les autres pays, en France notamment, ce sont les gens riches, surtout les femmes, qui satisfont cette passion.

L'augmentation de l'éthéromanie dans la classe pauvre, en Irlande et en Prusse, reconnaît une cause économique. Les malheureux demandent à l'éther une ivresse à bon marché que leurs maigres ressources ne leur permettent pas d'obtenir avec l'alcool. Cohn, qui a jeté le cri d'alarme, constate que la consommation de l'éther ne cesse de croître dans la population rurale de Prusse, car un litre d'alcool coûte 1 fr. 50, tandis qu'un litre d'éther ne coûte qu'un franc.

L'ivresse obtenue par l'éther est plus rapide à se manifester; les songes et les hallucinations provoqués sont plus riants et plus légers; de plus, cette ivresse dure moins longtemps, et au réveil on ne ressent ni le mal de tête ni l'empâtement de la bouche que produit l'ivresse alcoolique.

Les méfaits de l'ivresse éthérée sont encore plus considérables que ceux de l'alcoolisme. L'éthéromane se cachectise rapidement, et est atteint fatalement, dans un délai très court, de troubles nerveux et de troubles cérébraux.

Nous avons, dans la bibliographie de l'éther, indiqué les travaux ayant trait à ce vice et aux accidents qu'il provoque. Voyez en outre : Christian. *Cas rare de dipsomanie (Ann. de Psychiatrie et d'Hypnologie,* 1892, 314-320). — Cursino de Moura. *Empoisonnement par l'éther (Gaz. hebd. de méd.,* 1887, 169). — Tichborne. *Ether and methylated spirit drinking* (*Health. Rec.,* Dublin, 1891, 25).

A. CH.

ÉTHYLE (Dérivés de l').

ÉTHYLE (Dérivés de l'). — L'éthyle est un radical monovalent (C^2H^5) jouant dans les combinaisons le rôle d'un véritable corps simple monoatomique.

L'éthyle, radical monoatomique, ne peut pas exister à l'état de liberté. Toutes les fois qu'on cherche à l'isoler, il se polymérise en donnant le diéthyle (C^4H^{10}), qui n'est autre qu'un carbure saturé, le *butane* ou *hydrure de butylène.*

L'éthyle fixe un atome d'hydrogène pour donner naissance à un carbure saturé, *l'éthane,* ou hydrure d'éthylène C^2H^6 (*diméthyle*). L'éthane est un gaz incolore, presque insoluble dans l'eau, assez soluble dans l'alcool, ne présentant aucune propriété physiologique intéressante.

L'éthyle, se substituant à un atome d'hydrogène dans une molécule d'eau, donne *l'hydrate d'éthyle* ou alcool éthylique (C^2H^3OH) (Voy. Alcool, 1, 234).

Le radical éthyle est susceptible de se substituer à tous les hydrogènes typiques des acides minéraux et organiques, jouant le rôle d'un métal; dans ces conditions, il se forme des substances volatiles, neutres, que l'on désigne sous le nom d'*éthers.*

Les combinaisons avec les hydracides, HCl, HBr, HI sont identiques aux dérivés de substitution chlorés, bromés, iodés, du carbure saturé *éthane* et aux produits d'addition formés par la combinaison de *l'éthylène* avec ces hydracides.

On les désigne en général sous le nom d'*éthers simples.*

L'oxygène se combine avec deux radicaux éthyle pour donner *l'oxyde d'éthyle* $(C^2H^5)^2O$ qui n'est autre que l'éther ordinaire (Voir **Éther,** v, 879).

Le soufre se combine aussi à l'éthyle. On en connaît plusieurs dérivés : le *sulfhydrate d'éthyle* $(C^2H^5)SH$, le sulfure $(C^2H^5)^2S$, le *bisulfure* $(C^2H^5)^2S^2$, le *trisulfure* $(C^2H^5)^2S^3$.

Le sulfhydrate d'éthyle est souvent désigné sous le nom de *mercaptan,* à cause de son action sur le mercure, avec lequel il a une grande tendance à s'unir.

Le mercaptan est un liquide incolore, très mobile, d'une odeur d'ail désagréable. William et J. Smith ont fait prendre 2 grammes de mercaptan à une chienne; ils ont constaté que le soufre ainsi introduit dans l'organisme ne s'élimine pas sous forme de sulfate; mais sous forme de *sulfone.*

L'éthyle, en se combinant avec les acides oxygénés, donne naissance aux *éthers composés.*

Lorsque l'acide est monovalent, il ne peut y avoir qu'un composé neutre :

> Ex. L'azotate d'éthyle $(C^2H^5)AzO^3$ dérivé de l'acide azotique.
> L'azotite d'éthyle $(C^2H^5)AzO^2$ dérivé de l'acide azoteux.

Avec les acides polyvalents on peut obtenir plusieurs composés, certains d'entre eux possèdent en même temps que la fonction éther une ou plusieurs fonctions acides.
L'acide sulfurique donne deux dérivés :

> L'acide sulfovinique. . . . . $(C^2H^5)SO^4H$.
> Le sulfate d'éthyle. . . . . $(C^2H^5)^2SO^4$.

L'acide phosphorique donne trois dérivés :

> L'acide éthylphosphorique ou phosphovinique. $(C^2H^5 PO^4H^2$.
> L'acide diéthylphosphorique . . . . $(C^2H^5)^2PO^4H$.
> Le phosphate triéthylique. . . . . $(C^2H^5)^3PO^4$.

L'éthyle est aussi susceptible de se combiner avec les métaux pour donner des dérivés *organo-métalliques*, dont on a très peu étudié les propriétés physiologiques (Voy. **Mercure, Zinc**).

L'éthyle se substitue aux hydrogènes de l'ammoniaque pour donner des ammoniaques composées : les *éthylamines*.

L'éthylamine $(C^2H^5)AzH^2$ est un liquide léger, mobile, bouillant à $18°,7$, doué d'une odeur ammonicale très pénétrante; elle est aussi caustique que l'ammoniaque. Elle donne avec les acides des sels bien cristallisés. La diéthylamine $(C^2H^5)^2A^2H$ est un liquide inflammable, qui bout à $57°$, qui ressemble beaucoup à l'éthylamine dans toutes ses réactions. La triéthylamine $(C^2H^5)^3Az$ est un liquide incolore, inflammable, plus léger que l'eau dans laquelle elle est peu soluble, elle bout à $91°$. L'hydrate de tétréthylammonium $(C^2H^5)^4AzOH$ en solution dans l'eau possède les principaux caractères et les réactions de la potasse; il est fortement alcalin, d'une saveur très amère et très caustique, et agit sur l'épiderme comme la potasse.

Tous ces composés donnent avec les acides des sels bien cristallisés.

On retrouve ces dérivés dans les produits de putréfaction des matières azotées et albuminoïdes. L'*éthylamine* a été signalée dans la farine putréfiée et dans la levure de bière avancée. On a rencontré la *diéthylamine* dans les poissons altérés par la putréfaction, dans des saucisses et autres préparations de viandes conservées et altérées, dans le bouillon putréfié. La *triéthylamine* a été retrouvée à côté de la *mono* et de la *diéthylamine* dans les produits de putréfaction des peptones. A. Gautier les range au nombre des ptomaïnes cadavériques d'origine bactérienne indéterminée.

Nous n'entrerons pas dans de plus amples détails sur les très nombreux dérivés de l'éthyle. Nous n'étudierons que ceux qui ont été l'objet d'applications thérapeutiques ou de recherches physiologiques.

Chlorure d'éthyle (C^2H^5Cl). — *Éther chlorhydrique* ou *éthane monochloré*. Ce composé était connu des anciens chimistes, mais Robiquet et Collix ont les premiers fait connaître sa composition. On le prépare en faisant réagir l'acide chlorhydrique sur l'alcool. C'est un liquide incolore, d'odeur aromatique assez forte, légèrement alliacée, de densité $= 0,9214$ à $0°$. Il bout à $11°$ et se solidifierait à $- 18°$ (Löwig). Les vapeurs de ce composé sont très combustibles et brûlent avec une flamme bordée de vert en dégageant de l'acide chlorhydrique.

L'éther chlorhydrique est souvent employé mêlé à son poids d'alcool. Ce mélange constitue l'éther muriatique alcoolisé des pharmacies. En raison de sa grande volatilisation, on utilise ses propriétés réfrigérantes comme anesthésique local. Il faut prendre quelques précautions pour éviter une gelure par une application trop prolongée du jet réfrigérant. Les dangers de l'emploi du chlorure d'éthyle sont les mêmes que ceux du chlorure de méthyle; mais sensiblement atténués en raison de la différence des points d'ébullition. Les vapeurs de chlorure d'éthyle, en inhalations, provoquent l'anesthésie générale, par un mécanisme analogue à celui de l'éther. L'anesthésie obtenue est rapide; mais fugace. Son action est semblable à celle de l'éther. La commission anglaise des anesthésiques a constaté que le chlorure d'éthyle n'était pas inoffensif, que son inhalation continue provoque rapidement des convulsions, puis l'arrêt de la respiration.

Bromure d'éthyle (C^2H^5Br). — *Éther bromhydrique. Éther bromé.* — Le bromure d'éthyle se prépare en faisant réagir le brome sur l'alcool en présence du phosphore rouge. C'est un liquide incolore, transparent, plus lourd que l'eau dans laquelle il est insoluble, d'odeur éthérée, de saveur sucrée, désagréable, puis brûlante. Sa densité est de 1,40; il bout à 40°,7; ses vapeurs sont très denses.

En raison de sa volatilité extrême, le bromure d'éthyle déposé sur la peau se volatilise rapidement en provoquant un abaissement considérable de la température locale; il provoque ainsi de l'anesthésie locale par réfrigération, par un mécanisme analogue à celui de l'éther.

Les premières recherches sur l'action anesthésique du bromure d'éthyle sont dues à NUNNELEY (1849). RABUTEAU (1876) en a fait l'étude physiologique. D'après cet auteur, le bromure d'éthyle est plus facilement absorbable que le chloroforme, soit par les voies respiratoires, soit par le tube digestif.

RABUTEAU a ingéré en une fois 1gr,25 et 1gr,30 de bromure d'éthyle, sans inconvénient ; au début aucune sensation appréciable, puis sensation de passage dans l'intestin; apparaît alors un commencement d'anesthésie, accompagnée de bourdonnements d'oreilles et de ralentissement du cœur.

Le bromure d'éthyle en inhalations provoque chez le chien, le lapin, le cochon d'Inde et la grenouille les mêmes phénomènes d'anesthésie que le chloroforme. Au bout de quatre à cinq minutes, l'insensibilité est absolue, les pupilles sont dilatées et insensibles, la respiration normale, et les battements cardiaques réguliers.

On n'observe pas de convulsions, et l'anesthésie cesse au bout de 6 à 7 minutes.

Le bromure d'éthyle s'élimine en nature sans avoir subi aucune modification dans l'organisme : l'élimination se ferait presque totalement par les voies respiratoires ; RABUTEAU n'en a pu déceler que de minimes proportions dans les urines. Chez l'homme, les urines, après absorption du bromure d'éthyle par les voies digestives, n'ont pas été plus abondantes que de coutume; chez les chiens, lapins, cobayes soumis aux expériences d'anesthésie, les urines plus abondantes conservent leur réaction antérieure et ne renferment ni sucre ni albumine.

H. DRESER a expérimenté l'action des vapeurs de bromure d'éthyle sur les rats, et constaté que l'inhalation de ce composé, même pendant un temps très court et à doses faibles et insuffisantes pour produire l'anesthésie, est mortelle ; les rats soumis aux expériences mouraient tous le lendemain ; à l'autopsie, on retrouve dans la vessie des urines sanguinolentes. Il semble résulter de ses expériences, que le bromure d'éthyle ne s'élimine pas complètement par les poumons; une partie pénètre dans l'organisme, s'y décompose et produit des désordres mortels. Il rapproche de ses expériences mortelles sur les rats le cas observé par JENDRITZA d'une jeune fille qui, anesthésiée par le bromure d'éthyle pour une opération dentaire, s'est trouvée mal plusieurs heures après, et a présenté pendant une heure et demie des symptômes inquiétants : cyanose de la face et des extrémités, constriction des maxillaires.

L'emploi du bromure d'éthyle comme anesthésique général en chirurgie fut l'objet de nombreuses tentatives tant en France qu'à l'étranger : BERGER, LEWIS, TERRILLON, TURNBULL l'ont employé pendant quelque temps.

On reproche à cet anesthésique une irritation très vive des muqueuses, qui persiste après l'anesthésie, accompagné de dyspnée et de toux. WOOD et MOORE lui ont reproché de produire une violente excitation, des vomissements, des engorgements veineux. TURNBULL a observé un abaissement thermique d'un demi-degré qui cesse avec l'administration du bromure d'éthyle. L'urine ne contient ni albumine ni sucre. On observe de la rigidité des membres et des tremblements.

Récemment RICHELOT a proposé de commencer l'anesthésie générale chloroformique par une courte et préalable période d'inhalations de bromure d'éthyle (*Bull. de l'Ac. de méd. de Paris*, mars 1902).

TURNBULL considère l'anesthésie par le bromure d'éthyle comme très avantageuse dans les petites interventions, qui ne nécessitent pas une anesthésie prolongée. En observant les précautions convenables, le sujet doit s'endormir en 2 ou 3 minutes.

L'emploi du bromure d'éthyle s'est généralisé pour les petites opérations de la laryngologie et de la stomatologie, et en obstétrique (Voy. **Anesthésiques**, ı, 532).

Iodure d'éthyle (C^2H^5I). — *Éther iodhydrique.* Ce composé se prépare de la même façon que le bromure d'éthyle, en faisant réagir l'iode sur l'alcool en présence du phosphore rouge. C'est un liquide incolore, d'une odeur très forte, particulièrement piquante. Il est insoluble dans l'eau : sa densité est de 1,94. Il bout à 70°.

Rabuteau a étudié ses effets anesthésiques sur des cobayes. L'anesthésie est complète au bout de 5 minutes.

L'iodure d'éthyle se décompose dans l'organisme. Les urines de l'homme et des animaux qui ont absorbé de l'iodure d'éthyle renferment toutes de l'iode, probablement à l'état d'iodure de sodium.

L'iodure d'éthyle est un anesthésique qui agit plus lentement que le bromure, mais dont les effets persistent plus longtemps.

Nitrite d'éthyle ($C^2H^5.AzH^2$). — *Éther nitreux.* C'est un liquide jaunâtre, d'une agréable odeur de pomme de reinette, peu soluble dans l'eau, soluble dans l'alcool en toute proportion : il bout à 18°, se décompose à la longue, surtout en présence de l'eau ; dans cette réaction il se forme du bioxyde d'azote, souvent en assez grande quantité pour briser les vases qui renferment le produit.

L'éther nitrique alcoolisé, ou *liqueur anodine nitreuse* des pharmacies, est une solution alcoolique d'azotite d'éthyle.

En inhalation, à faible dose, le nitrite d'éthyle détermine de la céphalalgie, de l'asphyxie et l'arrêt de la respiration (Mac Kendrick, J. Coats, Newmann, Guéneau de Mussy, Mune), 10 gouttes administrées à de petits animaux provoquent des convulsions violentes suivies de mort (Flourens, Richardson).

Peyrusson a proposé l'emploi des vapeurs de nitrite d'éthyle comme désinfectant et antiputride. Les vapeurs d'éther nitreux à la dose de 90 grammes suffisent pour détruire l'odeur nauséabonde d'une salle d'hôpital de 280 mètres cubes.

Le nitrite d'éthyle est un poison dangereux. L'inhalation de ses vapeurs a causé plusieurs accidents mortels. Hill et Lawrence ont publié deux cas d'empoisonnement causé par cet agent.

Lapicque a constaté la toxicité du cyanure d'éthyle. La dose toxique est de 5 centigrammes par kilogr., et les effets sont ceux de l'acide cyanhydrique et des cyanures.

Éthers dérivés des acides organiques. — Rabuteau, qui a fait l'étude physiologique de plusieurs de ces composés, a remarqué que certains d'entre eux ont une activité réelle vis-à-vis des animaux à sang froid, alors qu'ils sont dénués de toute action spécifique chez les animaux à sang chaud ; il suppose que cette différence d'action est due à ce que, dans l'organisme de l'animal à sang chaud, la saponification de l'éther est presque immédiate et qu'il se forme de l'alcool et le sel de soude de l'acide organique régénéré.

L'acétate d'éthyle est un liquide incolore, d'odeur suave, rappelant celle de l'acide acétique.

Rabuteau a placé sous une cloche une grenouille et un cobaye à côté d'une éponge imbibée d'éther acétique ; au bout de 4 à 5 minutes, la grenouille est complètement anesthésiée, alors que le cobaye ne manifeste aucune réaction ; 1ᵍʳ,50 d'acétate d'éthyle injecté sous la peau d'un cobaye provoque un début d'anesthésie, à peine appréciable.

L'acétate d'éthyle se décompose rapidement dans l'organisme en alcool et acétate de soude. Chez l'homme, l'ingestion d'acétate d'éthyle favorise l'ivresse ; Rabuteau a pris au déjeuner 500 c. c. de vin blanc de chablis additionné de 1ᵍʳ,25 d'acétate d'éthyle, il a ressenti un début d'ébriété avec propension au sommeil.

Isidore Pierre a découvert que les vins capiteux étaient riches en acétate d'éthyle ; leur bouquet en renferme 1/6 p. 100 environ.

Les éthers à acides organiques ont tous des odeurs particulières, et constituent les bouquets des vins et essences des fruits et liqueurs. Leur étude physiologique n'a pas été faite systématiquement.

Le *formiate d'éthyle* est un liquide incolore à odeur agréable de rhum. Rabuteau a répété avec cet éther les mêmes expériences qu'avec l'acétate d'éthyle et a obtenu les mêmes résultats. Le formiate d'éthyle sert à falsifier le rhum.

Le *butyrate d'éthyle* possède l'odeur de l'essence d'ananas.

Le *valérianate d'éthyle* rappelle l'essence de pommes; ce corps serait plus toxique que l'acétate d'éthyle.

L'*œnanthate d'éthyle* est le composé qui communique aux vins vieux de Bordeaux leur bouquet particulier. L'éther œnanthique ne serait pas dangereux, et se comporterait comme l'acétate d'éthyle; il s'élimine partiellement en nature, et se décompose dans l'organisme comme l'éther acétique.

Le *benzoate d'éthyle* possède les mêmes propriétés que l'acétate d'éthyle, il est anesthésique pour les animaux à sang froid et se décompose dans l'organisme des animaux à sang chaud.

Le *lactate d'éthyle* a été l'objet de quelques recherches physiologiques. P. Pellacani et G. Bertoni ont observé qu'à faible dose le lactate d'éthyle produit une légère action soporifique sans trouble de la sensibilité, ni des réflexes, ni des centres automoteurs; qu'à dose plus forte l'action anesthésique est plus appréciable, la sensibilité réflexe diminue; il en est de même de la sensibilité respiratoire. A forte dose on arrive à obtenir l'anesthésie complète avec résolution musculaire, mais alors apparaissent des troubles respiratoires. Sur l'homme, 8 grammes de lactate d'éthyle dissous dans 100 grammes d'eau ont provoqué une action sédative marquée sans phénomènes appréciables du côté de la respiration.

Propriétés physiologiques du radical éthyle (C^2H^5). — Il semble résulter de l'ensemble des propriété des composés de l'éthyle que nous venons d'étudier, que le radical (C^2H^5) est hypnotique par lui-même, et cette action hypnotique se manifesterait toutes les fois que dans une combinaison quelconque on trouve ce groupement fonctionnant comme éthyle; toutes les combinaisons de ce groupe avec le chlore, le brome, l'oxygène, le soufre sont hypnotiques.

Toutes les sulfones qui renferment des radicaux éthyliques sont hypnotiques, et ces propriétés hypnotiques sont d'autant plus considérables que le nombre des groupes éthyle est plus considérable. Sulfonal, trional, tétronal.

Plusieurs auteurs se sont efforcés de déterminer expérimentalement les modifications apportées à l'activité d'un corps par la substitution dans sa molécule d'un radical éthyle à d'autres radicaux monovalents ou à l'hydrogène.

Turnbull le premier, en 1855, a fait des recherches intéressantes sur ce sujet; mais n'a pas obtenu de résultats bien probants.

Brown et Fraser ont aussi étudié les modifications de l'activité de divers alcaloïdes : atropine, morphine, conine, nicotine, lorsqu'ils ajoutent à leur molécule des radicaux méthyle, éthyle, etc.

Mais ces travaux très intéressants ne peuvent en aucune façon nous donner de renseignements sur les propriétés des radicaux ajoutés. Il suffit de remarquer que, dans le cas de substitutions dans la molécule des alcaloïdes, on transforme une base ternaire en hydrate ou sel d'ammonium quaternaire. Cette modification de la molécule a certainement une bien plus grande action sur les propriétés physiologiques du composé que la nature du radical ajouté.

Du reste, les dérivés méthylés, éthylés, propylés ont à peu près les mêmes propriétés. Ce fait a été bien mis en lumière par les expériences de Nebelthau. Cet auteur, étudiant le pouvoir narcotique de la benzamine comparativement avec les monométhyl, monoéthyl, diméthyl et diéthylbenzamine, constate que la substitution de 1 ou 2 méthyle, 1 ou 2 éthyle aux hydrogènes du résidu ammoniacal diminue le pouvoir narcotique.

Cela semble au premier abord surprenant, puisque, dans les sulfones, la multiplication des radicaux éthyle augmente le pouvoir hypnotique, et que la plupart des dérivés de l'éthyle sont hypnotiques.

Mais nous devons remarquer que, dans les expériences de Nebelthau, on transforme la benzamine (*amine primaire*) en éthylbenzamine (*amine secondaire*) et en diéthylbenzamine (*amine tertiaire*). Comme dans les expériences de Brown et Fraser, c'est à la modification de la fonction plutôt qu'à la nature du radical substitué qu'il faut attribuer les modifications des propriétés physiologiques.

Ces très intéressantes recherches et les hypothèses qu'elles suggèrent demandent à être confirmées.

Bibliographie. — **Composés de l'Éthyle en général.** — HEMMETER. *On the comparative physiological effects of certain members of the ethylic alcohol series on the isolated mammalian heart* (John's Hopkins Univ. Stud. Biol. Laborat., 1887, IV, 225-260). — NEBELTHAU. *Ueber die Wirkungsweise einiger aromatischen Amide und ihre Beeinflussung durch Einführen der Methyls oder Aethyl gruppe* (A. P. P., 1893, XXXVI, 451-466). — PÉLISSARD. *Act. physiol. de l'éthylconine et de l'iodure de diéthyleonium comparée à celle de la conine* (Bull. Soc. de thér. de Paris, 1871, II, 80-91). — TURNBULL. *Researches on the physiolog. and medicinal properties of some of the compounds of the organic radicals : methyle, ethyle and amyle* (Gaz. méd. de Paris, 1855, X, 424; 440). — VIDAL (R.). *Des alcaloïdes dérivés de l'hydrate de triméthylammonium par modification du radical éthyle, névrine, neurine, muscarine, oxynévrine, bétaïne* (Diss. Montpellier, 1888). — VULPIAN. *Act. physiolog. de l'iodure de phosphéthylium* (A. d. P., 1868, I, 472). — WILLIAM et SMITH. *Zur Kenntniss der Schwefelsäurebildung in Organismus* (A. g. P., LV, 542; LVII, 418).

Azotite d'éthyle. — PEYRUSSON. *Des germes morbides qui sont dans l'air et leur destruction au moyen des vapeurs d'azotite d'éthyle* (J. Soc. de méd. et de pharm. de la Haute-Vienne, 1881, V, 49-53). — LEECH. *Nitrite of ethyl* (Med. Chron., Manchester, 1888, IX, 177).

Benzoate d'éthyle. — GENHART (H.). *Die Oxydation des Æthylbenzols im Thierkörper* (Diss. Berne, 1880).

Bromure d'éthyle. — Voy. *Index Catalogue : Ethyl* [Bromide of], 1900, V, 161-162 et consulter les thèses et dissertations suivantes : BRADEN. Heidelberg, 1894. — FRÆNKEL. Paris, 1894. — FRÈCHE. Bordeaux, 1893. — GRELET, Paris, 1894. — POUCHIN. Paris, 1894. — REGLI, Berne, 1892. — Voy. aussi **Anesthésiques,** I, 548 (Bibliographie). — ASCH. *Ther. Monatshefte*, 1887, I, 54-57. — BARACZ. Wien. klin. Woch., 1892, V, 383-385. — BOSSCHE. Nederl. Tidjs. v. Geneesk., 1894, XXX, 1091-1102. — ESCHRICHT. D. med. Woch., 1889, XV, 626. — HARTMANN et BOURBON (Rev. de chir., 1893, XIII, 701-736). — HEYMANS. *Le bromure d'éthyle comme anesthésique opératoire chez les Céphalopodes* (Bull. Ac. de méd. de Belgique, 1896, XXXII, 578-586). — LUTAUD (Bull. Soc. méd. de Paris, 1881, XV, 100-107). — OTT. *Bromid of ethyl; its physiological action* (Detroit Lancet, 1879, III, 440-446). — PAWLOFF. *Sur l'anesthésie mixte brométhylchloroformique* (Sem. méd., 1894, XIV, 47). — TURNBULL. J. Am. Med. Assoc., 1885, V, 561-566. — WITZEL. *Bericht über 465 Bromäthernarkosen* (D. Mon. f. Zahnh., 1891, IX, 421-428). — WOOD. (H. C.). *Notes on anesthetics. Chloride and Bromid of Aethyl* (Phil. med. Times, 1880, X, 370-384). — YERWANT (Riv. veneta di sc. med., 1894, XXI, 303-317).

Accidents dus au bromure d'éthyle. — (Bull. méd. 1890, IV, 558). — (Phil. med. Journ., 1899, IV, 367). — ADAMS. *Fatal case from the use of bromid of ethyl* (Med. Gaz., 1880, VII, 273). — BOURNEVILLE. *Deux cas probables de paralysie toxique consécutive aux inhalations prolongées de bromure d'éthyle* (Rech. clin. et thérap. sur l'hystérie. Paris, 1883, III, 133-148). — BRINTON. *Dangers of anæsthesia by ethyl bromide* (Ther. Gaz., 1892, VIII, 227). — GLEICH. *Ein Todesfall nach Bromæthylnarkose* (Wien. klin. Woch., 1892, V, 167). — HORN. *Zur Toxicologie des Æthylenbromids* (Diss. Würtzburg, 1896). — JORISSENNE. *Dangers du brom. d'éthyle* (Ann. soc. méd. chir. de Liége, 1881, XX, 129-132). — KÖHLER. *Bromæthylnarkose* (Progrès dentaire, XXII, 1893, 219). — KRUSEN. *Ethylbromid in obstetrics and gynecology* (Phil. med. Journ., 1900, VI, 821-872). — MITTENZWEIG. *Tödtliche Nachwirkung der Bromæthylnarkose* (Zeitsch. f. med. Beamte, 1890, III, 40-43; et 373-377). — POMERANTZEFF. *Dangers du bromure d'éthyle* (en russe) (Khirurgia, 1897, I, 7-44). — RABUTEAU. *Rech. sur les effets du bromure d'éthylène* (B. B., 1876, 404-407). — RITTER. *Bromäthyl in seinen Nachwirkungen* (D. med. Zeit., 1894, XV, 871). — ROBERTS. *Death during the administration of bromide of ethyl* (Phil. med. Times, 1879, X, 521). — SCHULER. *Vergiftung durch Brommethyl?* (D. Viert. f. off. Ges., 1899, XXXI, 696-704). — SZUMAN. *Dangers du bromure d'éthylène substitué au bromure d'éthyle* (en polonais) (Gaz. lek., 1890, X, 706-711).

Chlorure d'éthyle. Éthylène chloré. — BRODSBECK. *Suggerirte Narkosen vermittelst Æthylchlorid* (Schw. Viert. f. Zahnheilk., 1898, VIII, 272-282). — DAISH. *Chloride of ethyl* (Austr. med. Journ., 1895, XVII, 549-553). — DUBOIS (R.). *Act. physiol. du chlorure d'éthylène sur la cornée* (C. R., 1888, CVII, 482-484; 695; et 1889, CVIII, 191). — FLOURENS. *Note touchant les effets de l'éther chlorhydrique chloré sur les animaux* (C. R., 1851, XXXII, 25-27). — GANS. *Æthylchlorid* (Therap. Monatshefte, 1893, VII, 113-115). — HAFNER. *Kritische Betrachtungen zum Chloræthyltod.* (Schw. Viertelj. f. Zahnheilk., 1901, XI, 115-116). —

Henry (L.). *Sur le chloral et les éthers éthyliques chlorés* (*Bull. Ac. des sciences de Belgique*, 1874, xxxvii, 489-511). — Hodges. *Simultaneous arrest of heart's action and respiration during administration of ethylene dichlorid*. *Recovery* (*Brit. med. Journ.*, 1881, (1), 431). — Langenbeck. *Ein neues Anæstheticum, Æthyliden chlorid* (*Berl. klin. Woch*, 1870, vii, 401). — Lotheissen (G.). *Ueber die Narkose mit Æthylchlorid* (*Arch. f. klin. Chir.*, 1898, lvii, 865-872). — Ludwig (A.). *Narkose mit Æthylchlorid* (*Beitr. z. klin. Chir.*, 1897, xix, 639-664). — Mc. Casdie. *A few cases of ethyl chlorid narcosis* (*Lancet*, 1901, (i), 698). — Newman. *Comparative value of chloroform and ethidene dichloride as anæsthetics agents* (*Journ. of Anat. a. Physiol.*, 1880, xv, 110-117). — Nogué. *L'anesthésie générale par le chlorure d'éthyle pur* (*Arch. de stomat.*, 1900, i, 97-100). — Nunneley. *Chloride of olefiant gas as an anæsthetic* (*Med. Times*, 1848, xix, 388). — Panas. *Action des inhalations du chlorure d'éthylène pur sur l'œil* (*C. R.*, 1888, cvii, 921-923). — Rabuteau. *Rech. sur les effets du chlorure d'éthylène, du tétrachlorure de carbone et du chlorure d'éthylidène; comparaison des éthers dérivés de radicaux d'alcools monoatomiques et des éthers dérivés de radicaux d'alcools diatomiques* (*B. B.*, 1885, ii, 377-381). — Reichert (G.). *Ethylene bichloride as an anæsthetic agent; with a consideration of ethylene methylethylate, ethylene, ethylate, ethyl-nitrate, and ethylidene bichloride* (*Phil. med. Times*, 1880, xi, 490; 518; 553). — Reichert. *Ethidene poisoning* (*Med. News*, 1882, xl, 206-208). — Seitz. *Chloræthyltod* (*Schw. Viertelj. f. Zahnheilk.*, 1901, xi, 112-115). — Severeano. *Anest. gén. par le kélène (chlorure d'éthyle pur)*. *Congr. intern. de med. (chir. gén.)*, 1900, Paris, 792-796. — Speier. *Locale und allgemeine Anästhesie mit Chloræthyl und Chlormethyl* (*Zahnärtzl. Rundschau*, 1900, ix, 6839-6840). — Stockun. *Chloræthylnarkose* (*Nederl. Tidj. v. Geneesk.*, 1901, xxxvi, 1098-1106). — Steffen (A.). *Ueber das Æthyliden chlorid* (*Berl. klin. Woch.*, 1872, ix, 68). — Tauber. *Zwei neue Anästhetica. Ueber die Wirkung des Monochloräthylidenchlorids und des isomeren Monochloräthylenchlorids auf den thierischen Organismus* (*Versammlung deutscher Naturf. u. Ærzte, Danzig*, 1880, 229-233). — Ward (S. M.). *A case of possible poisoning by chloric ether and a bromide* (*Med. Surg. Reporter*, 1883, xlix, 678-680). — Ware. *The field for ethylchloride narcosis* (*Med. Rec.*, 1901, lix, 533-535). — Wiesner. *Æthylchlorid narkose* (*Wien. med. Woch.*, 1899, xlix, 1333-1337).

Cyanure d'éthyle. — Lapicque (L.). *Toxicité du cyanure d'éthyle* (*B. B.*, 1889, i, 251). — Schumacher. *Beitr. zur Kenntniss der Wirkung des Æthylencyanid* (*Diss.* Kiel, 1897).

Formiate d'Éthyle. — Byasson. *Note sur l'action physiologique de l'éther formique* (*Journ. de l'Anat. et de la Physiol.*, 1872, viii, 300).

Iodure d'éthyle. — Huette. *Rech. sur les propriétés physiol. de l'éther iodhydrique* (*B. B.*, 1851, ii, 47-54). — Lawrence. *Therap. value of the iodid of ethyl* (*Med. Rec.*, 1880, xvii, 688-690). — Rabuteau. *Propriétés anesthésiques et mode d'élimination de l'iodure d'éthyle. Influence sur la germination* (*B. B.*, 1878, 57-60).

Lactate d'éthyle. — Pellacani et Bertoxi. *Le lactate d'éthyle* (*A. i. B.*, 1886, vii, 201-208).

Oxalate d'éthyle. — Schultz (H.). *Ueber einige Wirkungen des salzsäuren Oxaläthylin* (*A. P. P.*, 1880, xiii, 304-316).

ALLYRE CHASSEVANT.

ETTIDINE (C¹⁵H¹⁹Az.) — Alcaloïde homologue de la quinoléine qu'on trouve dans les produits de fractionnement de la quinoléine.

EUCALYPTOL. — ($C^{10}H^{18}O$) ou *cinéol*, essence qu'on trouve dans l'essence d'eucalyptus, dans l'essence de semen-contra, et dans l'essence de cajeput; c'est un liquide qui cristallise à 0° et bout à 174°. Par déshydratation il donne divers carbures; entre autres l'eucalyptène ($C^{10}H^{16}$).

EUCASINE. — Combinaison d'ammoniaque et de caséine, préparée par Salkowski, considérée comme un aliment azoté dont l'assimilation n'entraîne pas une augmentation d'acide urique dans l'urine (Zuntz. *Enc. d. Therapie*, 1897, ii, 240).

EUGÉNOL ($C^{10}H^{12}O^2$). — Substance liquide qui bout à 247°, et qui constitue 92 p. 100 de l'essence de girofle (*Caryophyllus aromaticus*), de l'essence des feuilles de cannellier (*Cinnemomum zeylanicum*), de l'essence de sassafras, et de diverses autres essences. L'eugénol par oxydation peut donner la vanilline. Il donne de nombreux composés éthérés. Il est plus antiseptique que le phénol, et empêche la fermentation à la dose de 2^{gr},50 p. 100. Il passe dans l'urine sous la forme d'éther sulfurique, composé instable qui se détruit en dégageant une odeur de girofle. Il est toxique pour l'homme à une dose supérieure à 3 grammes, et produit de l'hypothermie (GIACOSA, cité in *D. W. Suppl.*, 2,668). L'eugénol est un allylgaiacol (MOUREU). L'iso-eugénol est le propylène-gaiacol.

EUNUQUES. — Voyez **Castration,** II, 476.

EUPHORBINE ($C^{20}H^{36}O$). — Corps dextrogyre ($\alpha = \div 15°88$ à 18°) fusible à 67° et sublimable, qu'on peut extraire de la racine d'euphorbe.

EVERNINE. — Substance analogue aux sucres extraite de *Evernia Prunestri* ($C^9H^{14}O^7$). On peut encore extraire du même lichen l'acide évernique; ($C^{17}H^{15}O^7K$) évernate de potassium.

EVONYMINE. — Substance extraite des baies de fusain. L'*évonymite* serait un sucre, identique à la dulcite, qu'on peut extraire du cambium des branches de fusain.

EXALGINE. — Voyez **Méthylacétanilide.**

EXCITABILITÉ. — Voyez **Irritabilité.**

EXCRÉTINE. — $C^{78}H^{156}SO^2$. Composé sulfuré, extrait par l'alcool des matières fécales. HINTERBERGER (*D. W., Suppl.*, I, 719) pense que le soufre est une impureté, et que la formule de l'excrétine pure est $C^{20}H^{36}O$.

EXOPHTHALMIE. — Voyez **Thyroïde, Sympathique.**

EXOSMOSE. — Voyez **Osmose.**

EXPÉRIMENTALE (Méthode). — **I. La Physiologie, science expérimentale, et les sciences expérimentales en général.** — Il y a diverses méthodes pour arriver à la connaissance des choses.

S'il s'agit de faits anciens, la seule méthode est la méthode historique ou traditionnelle. Tout un ordre de sciences, les sciences historiques, et, dans une certaine mesure, les sciences philologiques ne sont abordables que par la tradition, l'histoire, l'étude des textes, des monuments, des documents, des livres.

S'il s'agit des sciences physiques et naturelles, c'est à l'observation et à l'expérience qu'il faut avoir recours.

Enfin, dans les sciences mathématiques, le raisonnement et l'induction sont tout.

La physiologie est une science qui ne procède ni par la méthode historique, ni par la méthode mathématique. Elle peut, il est vrai, en de rares occasions, appeler à son aide soit les mathématiques, soit la tradition; mais ce n'est que très exceptionnellement, et d'ailleurs, quand il s'agit d'un phénomène physiologique, les données mathématiques ou historiques auront toujours besoin d'être contrôlées par l'expérience directe.

En effet, la certitude historique est d'un autre ordre que la certitude mathématique et que la certitude expérimentale.

Brutus a tué César. Voilà un fait d'ordre historique, absolument certain; mais cette certitude diffère de la certitude que donne une science expérimentale. Par exemple, lorsqu'on dit : l'oxygène se combine à l'hydrogène pour former de l'eau, il s'agit d'une certitude expérimentale. Enfin je puis énoncer un troisième fait, plus certain encore, si possible, que les deux premiers. Les trois angles d'un triangle sont égaux à deux droits. C'est une certitude mathématique.

Ce qui caractérise les faits des sciences expérimentales, c'est qu'ils sont toujours accessibles à la preuve immédiate. Il me sera impossible de prouver que Brutus a tué

César autrement que par l'étude des textes anciens, sujets à contestation peut-être, tandis que, si quelqu'un vient à douter que l'hydrogène brûle dans l'oxygène pour former de l'eau, il me sera toujours possible de lui donner immédiatement la démonstration de ce phénomène. Quant à la vérité mathématique, elle s'impose à nous, de par la constitution même de notre esprit, dès que certaines définitions ont été données.

Les sciences d'*observation* sont les sciences qui étudient des phénomènes qui n'ont pas été provoqués, et qui le plus souvent ne peuvent pas l'être.

A certains points de vue, elles se rattachent aux sciences expérimentales, et, à d'autres points de vue, aux sciences historiques.

Voici, par exemple, la chute d'un aérolithe. Il est impossible à l'homme de provoquer ce phénomène cosmique. Tout au plus pourra-t-il noter avec exactitude le moment de la chute, le lieu où le bolide est tombé, les conditions météorologiques ambiantes, pression barométrique, états thermique, électrique, hygrométrique de l'atmosphère. On pourra à la rigueur déterminer la direction et la trajectoire du bolide pendant sa chute, son échauffement, ses dimensions, sa composition chimique, etc. Mais le plus souvent, comme le phénomène est survenu inopinément, toutes ces constatations seront impossibles, et la connaissance de l'aérolithe se ramènera presque toujours à une donnée unique : poids et composition chimique.

Il est des sciences qui sont nettement sciences d'observation, et d'autres qui sont nettement expérimentales. Ainsi, comme le dit LAPLACE (cité par CL. BERNARD, *Introd. à l'étude de la médecine expérimentale*, 1865, 33), l'astronomie est une science de pure observation. L'anatomie, ou science descriptive des formes, n'est que de l'observation, qu'il s'agisse de botanique, de zoologie ou d'anatomie humaine ; et je n'ai jamais pu, à mon grand regret, très bien comprendre comment mon illustre maître, H. DE LACAZE-DUTHIERS, parle d'une *zoologie expérimentale*. En réalité, la zoologie expérimentale, c'est la physiologie comparée. Pourquoi ne pas lui donner ce nom ?

CLAUDE BERNARD a admirablement montré que l'expérimentation est toujours, en fin de compte, une observation véritable ; mais c'est une observation provoquée. « Il n'y a pas, dit-il, au point de vue de la méthode philosophique, de différence essentielle entre les sciences d'observation et les sciences d'expérimentation. Le seul caractère différentiel qui les sépare, c'est que l'expérience est une observation provoquée. »

On voit tout de suite que, pour bon nombre de sciences, l'observation ne peut jamais être provoquée. On ne provoque pas la chute d'un aérolithe ; on ne modifie guère la constitution géologique de l'écorce terrestre, ou le nombre de pattes d'un crustacé, ou la direction des faisceaux ligneux dans un arbre, ou l'occultation du soleil par une planète. Ce sont phénomènes soustraits à notre influence et que nous ne pouvons étudier s'ils ne se présentent pas à nous.

Ce n'est pas à dire que nous ne puissions, dans une certaine mesure, aller à leur recherche : mais cette recherche n'est pas une expérience. L'entomologiste qui va chercher une espèce rare d'insecte ne fait que poursuivre une observation. Des mesures scientifiques, si précises qu'on les suppose, ne peuvent pas transformer une science d'observation en une science expérimentale. Les éruptions volcaniques sont prédites dans une certaine mesure par les phénomènes électro-magnétiques qui les précèdent, et des instruments très délicats nous font connaître les moindres oscillations de l'écorce terrestre ; mais ce ne seront jamais que des observations, car on ne pourra ni provoquer, ni modifier l'apparition de phénomènes sismologiques ou volcaniques.

Que l'expérimentation intervienne dans certaines sciences d'observation, cela n'est pas douteux. Car il est certaines sciences qui, tout en étant principalement sciences d'observation, peuvent parfois être éclaircies par des observations provoquées, c'est-à-dire par des expériences. DAUBRÉE a fait un livre sur la géologie expérimentale, et il a donné, par des expériences de chimie et de minéralogie, l'explication de certains faits relatifs à la structure de l'écorce terrestre. L'étude des monstres, ou tératologie, a, depuis DARESTE, passé franchement dans le domaine de l'expérimentation, puisque ces formes étranges que GEOFFROY SAINT-HILAIRE avait si soigneusement cataloguées, en observateur impartial et attentif, ont pu être en partie au moins artificiellement reproduites. Même pour les faits sociaux, dans lesquels l'économiste (et le législateur lui-même) ne peut guère intervenir, on a parlé de science expérimentale, et DONNAT a écrit un livre sur la politique expérimentale, en confondant d'ailleurs assez ingénûment l'observation et l'expérience.

La médecine était restée pendant des siècles une science d'observation. Les phénomènes morbides paraissaient soustraits à toute provocation expérimentale. Hunter, Claude Bernard, et surtout Pasteur, ont transformé la pathologie, et lui ont permis de devenir science expérimentale. Assurément, l'expérimentation ne peut pas créer toutes les maladies. Il en est — comme l'hystérie, par exemple, ou l'épilepsie idiopathique, — que nulle vivisection et nulle intoxication ne produisent. Le diabète même, que Claude Bernard a réalisé sur l'animal, n'est pas identique sur l'animal opéré et sur le malade; et il faut être assez prudent quand on veut appliquer au diabète idiopathique ce qui a été découvert sur le diabète par ingestion de phloridzine, par piqûre du quatrième ventricule, ou par ablation du pancréas. Mais, en tout cas, il est bon nombre de maladies, l'érysipèle, la rage, le charbon, la tuberculose, la diphtérie, etc., qui sont inoculables, et par conséquent relèvent tout à fait de l'expérience.

En un mot, il est des sciences uniquement descriptives et d'observation, comme l'anatomie, l'astronomie, la météorologie. Il est des sciences mixtes dans lesquelles peuvent concourir l'observation et l'expérience, comme la pathologie et la tératologie. Il est enfin des sciences exclusivement expérimentales, comme la physiologie, la chimie et la physique.

II. De l'expérimentation en physiologie. Répétition et comparaison. — Cette distinction étant bien établie, voyons en quoi consiste une expérimentation.

Claude Bernard en a si bien défini les conditions que nous ne saurions mieux faire que de résumer ce qu'il dit à ce sujet.

L'expérimentation est une observation provoquée, laquelle, par conséquent, peut alors être poursuivie dans les meilleures conditions. Je suppose qu'il s'agisse d'étudier la contraction musculaire. Si je fais une expérience sur le muscle, je pourrai m'entourer d'appareils divers, très précis, qui me donneront des détails multiples, thermomètres, myographes, galvanomètres, etc. Plus je serai maître de reproduire *ad libitum* mon expérience, plus je pourrai la faire correctement, en lui donnant tout le développement nécessaire, et en étudiant toutes ses conditions; tandis que, si elle survient à l'improviste, il me sera impossible d'accumuler les conditions d'une observation vraiment fructueuse.

Le principal avantage de cette observation provoquée, ou expérience, sur l'observation simple, non provoquée, c'est qu'elle permet la *comparaison* entre deux phénomènes presque identiques.

Tout phénomène dépend d'une multitude de conditions qui ne se laissent pas débrouiller facilement tout d'abord. Soit par exemple la contraction musculaire. De combien de conditions va dépendre la forme de cette contraction? L'espèce de l'animal observé, la nature du muscle, la température de ce muscle, le poids qu'il doit soulever, la quantité d'électricité qui va irriter la fibre musculaire, la teneur de ce muscle en sang, la durée de l'excitation, l'influence des excitations antérieures, le temps qui s'est écoulé depuis la mort, etc. Les phénomènes sont tellement complexes que, si je ne les dissocie pas, je ne pourrai jamais en comprendre clairement la nature.

L'expérience alors consiste à faire *l'analyse* du phénomène. On prend les éléments qui le constituent; on cherche à les connaître tous, et, une fois qu'on les a bien connus, on les met tous en jeu dans une double expérience où ils sont tous identiques, tous, sauf un seul qu'on fait varier. La différence entre les deux phénomènes qui se produisent alors nous révèle l'influence de cette cause qui a été la seule variable.

Par exemple, dans le cas dont il s'agit (contraction musculaire), tout est identique : espèce animale, nature du muscle, tension électrique, poids qui tend le muscle, quantité de sang, température, etc. Un seul élément, je suppose, est variable, c'est que dans un cas il s'agit d'un muscle frais, et dans l'autre d'un muscle fatigué par des excitations antérieures. La différence des résultats myographiques dans les deux cas me donnera précisément ce que je cherche, c'est-à-dire l'influence de la fatigue sur la contraction musculaire.

L'habileté de l'expérimentateur consiste en grande partie à démêler les éléments multiples qui régissent un phénomène, qui le *déterminent*, suivant la forte expression de Claude Bernard; de sorte que la tâche du physiologiste consiste presque toujours à faire une double expérience, en ne laissant varier qu'un seul de ses éléments pour en saisir l'influence.

Dans l'exemple du muscle et de la contraction musculaire, cette analyse expérimen_tale est facile, ou au moins elle est devenue facile aujourd'hui, grâce aux beaux travaux relatifs à la myographie. Mais, dans d'autres cas, la détermination est beaucoup plus ardue; car les phénomènes s'enchaînent si étroitement, que le lien causal qui les réunit n'est pas simple à discerner.

Soit, par exemple, la section des deux nerfs vagues déterminant sur quatre chiens la mort. Quoique toutes les conditions soient en apparence les mêmes, l'un meurt en quelques minutes; l'autre en vingt-quatre heures; l'autre en trois jours; l'autre en dix jours.

Pourquoi cette différence, alors qu'on croit avoir fait la résection des vagues dans les mêmes conditions chez ces quatre animaux? Legallois a observé que, si l'animal est très jeune, il meurt en quelques minutes; et il a pu en donner la cause. Mais on n'est pas encore arrivé à savoir pourquoi il est des chiens résistant deux jours, d'autres cinq jours, d'autres dix jours. C'est une analyse expérimentale qui est encore à faire. Et alors il faudra tout examiner : l'âge des animaux, la race à laquelle ils appartiennent, le sexe, la température extérieure, la nutrition avec des aliments liquides, ou solides (facilement ou difficilement digestibles), l'état du cœur, l'état des poumons (microbes contenus dans le poumon, pneumonie), la pression artérielle, la température de l'organisme, la congestion pulmonaire, etc., toutes conditions variables, très délicates à étudier, puisque, malgré un nombre considérable d'expériences, la cause directe de la mort après la section des vagues n'est pas encore irréprochablement connue.

Que d'erreurs ont été commises parce que les conditions déterminantes du phénomène n'ont pas été suffisamment précisées! Que d'erreurs n'ont été évitées, parce qu'on n'a pas daigné faire cette analyse expérimentale, cette expérience de contrôle, qui est presque toujours nécessaire, même lorsqu'on est tenté de la croire superflue. J'en citerai seulement deux exemples qui me sont personnels.

Ayant constaté que les lapins, les chiens, les oiseaux perdent constamment, minute par minute, une certaine quantité de leur poids, par le fait de la respiration, j'ai voulu reproduire cette expérience sur des tortues, par la méthode graphique, et je plaçais à cet effet des tortues dans une cage sur la balance enregistrante. Or j'observais constamment le même fait paradoxal : les tortues diminuaient de poids pendant le jour; elles augmentaient pendant la nuit. J'ai voulu alors savoir ce que donnerait une tortue morte, par comparaison, et j'ai constaté (à ma grande surprise) le même phénomène. Je l'ai constaté encore quand je mettais un kilogramme de plomb dans la cage au lieu de tortue. Le phénomène était dû tout simplement à l'absorption de l'eau dans la nuit par le bois hygrométrique de la cage.

Dans une autre expérience, je voyais qu'en plongeant une tige de cuivre dans du mercure, si le cuivre et le mercure sont reliés à deux électrodes excitant le nerf d'une grenouille, on provoque une contraction musculaire chaque fois que le cuivre touche le mercure. L'expérience est parfaitement exacte. Mais ce n'est pas, comme je l'ai cru d'abord, la répétition de l'expérience de Galvani; car, si le mercure est parfaitement sec, il n'y a pas de contraction. Au contraire, la contraction se produit dès que la surface du mercure est très légèrement humide. Il suffit de s'approcher un peu pour que l'eau de l'haleine expirée humidifie le mercure, et alors il y a contact de métaux humides, et non plus de métaux secs.

On pourrait multiplier à cet égard les exemples. Tout doit être pesé, déterminé, contrôlé exactement. Et, en une science aussi complexe que la science des êtres vivants, il ne faut omettre aucune des conditions déterminantes, même celles qui en apparence n'ont aucune importance. Par exemple, on trouve que sur tel chien la peptone rend le sang incoagulable; que sur tel autre elle n'a pas d'effet. Le fait reste incompréhensible tant qu'on n'a pas constaté que sur les chiens à jeun et sur les chiens en digestion l'action de la peptone n'est pas identique; et que des injections antérieures de peptone vaccinent contre l'action anti-coagulante de ce poison.

Mais le plus mémorable exemple de ces expériences comparatives nous a été fourni par Claude Bernard, auquel il faut toujours revenir quand il s'agit de la méthode expérimentale, soit comme théorie, soit comme application.

Étudiant l'absorption et le sort du sucre ingéré, il analyse le sang de la veine porte des animaux nourris au sucre, et il trouve du sucre en abondance.

Il semblait que ce résultat fût suffisant. Mais il ne s'en contente pas, et, pour bien établir que le sucre qu'il trouve dans la veine porte est le sucre de l'alimentation, il examine le sang portal d'animaux nourris sans sucre, et il y trouve aussi du sucre. On sait quelles furent les conséquences de cette admirable découverte. Il fallait pousser à un degré extraordinaire l'amour de la précision expérimentale et le culte des comparaisons pour douter que le sucre du sang portal des animaux nourris au sucre ne fût pas le sucre de l'alimentation.

Que de grandes et fécondes découvertes sont dues uniquement à ce qu'une vérification a été entreprise, une comparaison instituée!

Il faut donc, toujours sans se lasser, faire des expériences comparatives. Je ne crains pas de dire que cette comparaison est la base de la méthode expérimentale. C'est parce que la comparaison ne peut pas se faire dans des conditions rigoureuses, que les sciences d'observation sont inférieures, au point de vue de la méthode, aux sciences expérimentales. Quand on inocule des cobayes, des chiens ou des lapins avec le virus tuberculeux, on peut se placer dans des conditions, sinon identiques entre elles, au moins très voisines, quant à l'âge, le sexe, le poids, la nutrition des animaux inoculés, quant à la virulence, la quantité, la nature du virus injecté, tandis que le médecin qui observe des tuberculeux est forcé d'accepter les faits que le hasard de la clinique lui apporte. Rien n'est comparable. Il ne sait rien ou presque rien sur le moment de l'infection, sur la qualité du virus infectieux; et les conditions de nutrition ou d'hygiène des malades qu'il a mission de guérir sont toutes fort différentes. La comparaison devient très difficile : en tout cas elle est très longue, et elle ne peut jamais être aussi précise que dans les études de pathologie expérimentale.

Ainsi donc, si un conseil était à donner aux expérimentateurs, ce serait de ne jamais conclure, sans avoir fait, et même fait plusieurs fois, l'expérience de contrôle, l'expérience comparative. Souvent les médecins, quand ils font de la pathologie expérimentale, se contentent d'une ou deux expériences, comme s'ils avaient peur, en les renouvelant, de découvrir qu'ils se sont trompés. Or cette limitation dans le nombre des expériences est une méthode absolument défectueuse. D'une expérience unique on ne peut presque jamais rien conclure, car on ne doit pas se flatter d'avoir noté toutes les conditions expérimentales dans lesquelles le phénomène s'est manifesté. *Experientia una, experientia nulla*.

La comparaison et la répétition sont les deux bases de la méthode expérimentale.

La distinction fondamentale entre l'observation et l'expérience, c'est que l'observation n'est comparative qu'indirectement, tandis que l'expérience est résolument et directement comparative.

Une observation est comme une équation où se trouvent quantité d'inconnues, dont on ne peut pas dégager la valeur. Au contraire, dans une expérience comparative, tout est identique, sauf l'inconnue unique qu'on veut dégager. On peut alors arriver à la déterminer. On a ramené une équation de plusieurs inconnues, insoluble, à n'être plus qu'une équation à une seule inconnue.

Sous une autre forme, cette comparaison est ce que Claude Bernard appelait le déterminisme. Tout dépend, disait-il, de la détermination des conditions expérimentales, et c'est à cela que doit s'attacher l'observateur. Or il ne peut arriver à cette détermination que par la répétition des expériences et la comparaison. On a beau faire; il reste toujours quantité de conditions déterminées d'une manière incomplète. On croit avoir tout observé, mais en réalité un élément a échappé. Alors il ne faut pas craindre de recommencer, en se plaçant dans des conditions tout à fait identiques, sauf bien entendu celle qu'on fait varier, pour en apprécier la nature.

Heureux ceux qui peuvent tout de suite, par un petit nombre d'expériences, dissocier les multiples conditions dans lesquelles elles ont été effectuées. Pour ma part jamais je n'ai réussi d'emblée, quand il s'agissait d'une expérience nouvelle, à comprendre le phénomène. Il m'a toujours fallu recommencer souvent et longtemps. Chaque expérimentation m'éclairait sur un point de détail, mais en laissait beaucoup d'autres dans l'ombre, et ce n'est qu'à la longue, à force de répéter les mêmes conditions expérimentales, que je parvenais à me faire quelque idée du phénomène.

Il s'ensuit que l'expérience la mieux faite n'est jamais la première expérience. Ce n'est qu'à la suite d'une longue série d'essais que l'on a enfin pu établir l'expérience définitive, celle qu'il faut publier, celle qui délimite exactement le phénomène. Tout ce qui a précédé celle-ci peut à la rigueur être considéré comme non avenu, ne nous ayant servi qu'à mieux faire l'expérience ultime.

Certes on a le droit aussi d'établir des moyennes, et de chercher dans ces moyennes, résultant de chiffres aussi nombreux que possible, la confirmation de telle ou telle vérité, la constatation de tel ou tel chiffre. Mais ces moyennes ne seront utiles que si les conditions expérimentales sont, sinon identiques, au moins très analogues.

Il semble que, pour les physiologistes, plus encore que pour les chimistes ou les physiciens (car la physiologie est une science plus compliquée et généralement plus obscure), le seul moyen d'éviter d'irrémédiables erreurs est de répéter, sans se lasser, toutes les expériences. Qu'on ne craigne pas de *piétiner sur place;* quand on sait et qu'on veut observer, il y a, dans chaque expérimentation, un large champ ouvert à l'observation et à la constatation de phénomènes nouveaux. Cette méthode de la répétition fréquente, presque incessante, quoiqu'elle paraisse fort lente, en réalité est la plus rapide; car elle évite tout retour en arrière, et chaque pas qu'on a fait est définitif.

On voit donc que finalement les qualités de l'expérimentateur, outre les qualités d'invention et d'imagination, doivent être toutes celles de l'observateur. Si l'on a bien observé, on est bien près d'avoir fait une bonne expérience. Mais il ne faut pas s'imaginer qu'il soit facile de bien observer. Combien de savants, dit quelque part P. Bert, se conduisent comme de véritables somnambules, ne voyant que ce qu'ils veulent voir, ne cherchant que ce qu'ils veulent chercher!

C'est là une erreur déplorable. Quand on expérimente, il ne faut pas avoir d'idée préconçue, ni de parti pris. Il faut tout examiner *sine irâ et studio.* A supposer qu'on ait édifié une hypothèse dont on désire voir la confirmation, n'est-il pas plus intéressant de trouver que cette hypothèse était fausse au lieu de constater qu'elle était justifiée? Si l'hypothèse était probable ou rationnelle, et que le phénomène ne se produise pas, c'est qu'il y a quelque chose d'imprévu, d'inusité, qu'il est bien plus utile de poursuivre que le phénomène vulgaire auquel on s'attendait.

L'observateur doit donc être impartial, plus impartial peut-être qu'un juge. Une fois que l'expérience a commencé, il ne doit plus se préoccuper que de tout bien regarder, sans se laisser aveugler par les théories. A ce moment, les faits sont là, les théories ne comptent plus.

Magendie, qui a été le maître de Claude Bernard, et dont le génie perspicace a été si utile à la physiologie, Magendie disait qu'il fallait expérimenter comme une *bête;* et Darwin, qui ne connaissait probablement pas le mot de Magendie, se vantait de faire des expériences d'*imbécile.* Ces deux grands savants voulaient dire par là que, lorsque les faits sont devant nous, il faut oublier toutes les doctrines que l'École nous a apprises, pour regarder sans parti pris ce qui se présente à nous, et tout observer. Si quelque point est défectueux dans cette observation, rien n'est plus facile que de la recommencer et de regarder de nouveau.

III. De l'invention et de l'imagination dans les sciences expérimentales. — La répétition et la comparaison ne sont pas les seuls avantages de la méthode expérimentale. Il en est un autre plus précieux encore, si possible; c'est l'*invention.*

Claude Bernard a exposé avec une netteté éloquente que l'idée *a priori* était nécessaire dans les sciences d'expérimentation. Celui qui se contente d'observer les phénomènes, sans les provoquer, n'a pas un champ très vaste devant lui. Il faut qu'il essaye d'expliquer ces phénomènes. La cause ultime échappera toujours assurément; mais ce n'est pas cette cause ultime, inabordable, que nous cherchons; comme les phénomènes dépendent les uns des autres, reliés par des séries de phénomènes qui sont des causes, mais des causes secondes, on peut avancer de plus en plus vers la cause dernière, sans jamais l'atteindre. Ce sera déjà beaucoup que d'avoir atteint les causes secondes ou médiates.

Or, pour trouver ces causes médiates qui expliquent une partie des phénomènes, l'observation simple ne suffit pas : car, si l'observation avait été suffisante, depuis long-temps sans doute l'explication eût été trouvée par les hommes. Par exemple, qu'aurait-on pu découvrir en chimie par la simple observation? Jamais, dans les conditions ordi-naires, sans une expérimentation des plus compliquées, le chlorure de sodium ne se dédouble en chlore et en sodium. Les conditions normales physico-chimiques, météoro-logiques, physiologiques, n'auraient jamais permis aux hommes de savoir qu'il y a dans le chlorure de sodium un métal qui se décompose par l'eau. L'observation la plus péné-trante de milliers et de milliers d'observateurs n'eût pu conduire à cette donnée, sans une expérimentation préalable.

De là la nécessité absolue pour les sciences de provoquer des conditions spéciales qui permettront à l'observation de s'exercer.

C'est précisément dans l'invention de ces conditions nouvelles que consiste le génie de l'expérimentateur.

La nature se lasserait moins de fournir que l'esprit de concevoir, a dit à peu près PASCAL. Il est de fait que nous sommes vraiment très pauvres en idées, par rapport à la puissance inépuisable du fait, qui chaque fois, dans sa variété, fournit des documents nouveaux, quand on a su varier l'expérience. Enseignements qui ne sont pas seulement nouveaux, mais imprévus, et par cela même d'autant plus intéressants, car chacun d'eux, par une concaténation admirable, va nous entraîner dans de nouvelles hypothèses, lesquelles conduiront à des expériences nouvelles, devant, elles aussi, fournir encore des faits imprévus.

L'invention expérimentale comprend deux éléments; il s'agit de savoir d'abord quel est le problème à résoudre, et ensuite par quels procédés on en cherchera la solution.

Les problèmes à résoudre sont innombrables; mais ils n'ont pas tous le même intérêt ; et le principal mérite des savants qui ont laissé un nom dans la science par leurs fécondes découvertes, c'est précisément d'avoir su discerner, dans l'amas immense des questions inconnues et litigieuses, celles qui avaient une grande portée, et celles qui étaient de médiocre intérêt. De plus, il faut en quelque sorte prévoir celles dont la solution sera possible, et celles qui échapperont à toute solution. Probablement chacun de nous a eu, dans sa carrière, l'occasion de passer des semaines, des mois, des années peut-être, à la solution de problèmes insolubles, qui paraissaient directement abor-dables, qu'il aurait cependant dû, avec plus de perspicacité, ne pas aborder, afin de ne pas perdre un temps très précieux.

D'autre part, dans l'œuvre de tout savant, ne trouve-t-on pas beaucoup de temps consacré, avec assez peu de profit, à étudier de petites questions qui importent peu?

Parfois le contraste est saisissant entre tel ou tel travail qu'on a effectué. Tantôt il s'agit d'une œuvre féconde et utile qui a cependant coûté peu de temps et d'efforts. Tantôt, au contraire, un très long travail n'a abouti qu'à de minces résultats. Le temps employé à une recherche est de nulle importance pour apprécier sa valeur, et il y a des disproportions, parfois douloureuses, entre le minime profit scientifique d'une recherche, et la patience, l'ingéniosité, le labeur qu'on y a déployés.

On dit souvent que c'est un effet de hasard ou de chance. *Habent sua fata libelli.* Mais il ne paraît pas que le mot de hasard soit tout à fait juste. Car c'est presque un défaut de perspicacité que de s'être acharné à une question soit inabordable, soit médiocrement intéressante.

Je prendrais volontiers pour exemple de ces médiocres problèmes, poursuivis avec une ingéniosité et une persévérance incomparables, l'étude des propriétes électro-physiologiques des muscles par E. DU BOIS-REYMOND. Ce grand savant, esprit perspicace et généralisateur, physicien et mathématicien, autant que philosophe et physiologiste, a consacré quarante ans d'un labeur opiniâtre à l'étude des variations électriques des nerfs sous l'influence de l'excitation, et cela dans un laboratoire richement pourvu, avec un nombreux personnel d'assistants zélés et habiles. Cependant ce grand effort n'a pas donné tout ce qu'on eût pu espérer. Le problème à résoudre a été (partiellement) résolu ; mais le résultat, au point de vue de la biologie générale, a été assez mince et quelque peu décourageant.

Il est donc évident que la première tâche de l'expérimentateur est de pressentir quelles sont les questions méritant une recherche approfondie.

On voit tout de suite que l'érudition est nécessaire. Comment oser aborder une question sans savoir ce qu'on a fait jusque alors pour la résoudre?

Ce n'est même que par la lecture des ouvrages ou mémoires de physiologie qu'on acquerra quelque idée inventive. Les profanes qui ne connaissent pas la physiologie n'ont jamais eu que des idées ridicules pour l'invention d'expériences nouvelles.

Un détestable axiome sans cesse répété par les ignorants, c'est que l'érudition tue l'originalité.

Or, il me semble, pour ma part, qu'on devrait dire exactement le contraire. La lecture d'un mémoire de physiologie donne des idées qu'autrement on n'aurait jamais pu avoir, et, si elle est faite avec attention, elle développe l'esprit inventif. Toutefois il faut qu'on sache nettement distinguer, dans l'œuvre qu'on vient de lire, ce qui est hypothétique et ce qui est certain. Souvent, sinon toujours, il faut être, quant à la théorie, plus sévère que l'auteur lui-même, et ne pas se contenter des preuves qu'il donne. Une théorie, même fausse, a eu parfois ce grand avantage de provoquer des expériences nouvelles. Quant aux faits, il faut les étudier avec soin, pour chercher à y découvrir quelque détail ayant peut-être échappé à l'auteur, et conduisant soit à une interprétation, soit à une expérimentation nouvelle.

L'expérience, étant, par définition même, une observation provoquée, ne peut l'être que par un effort d'imagination ou d'invention. Mais l'invention ne naît pas spontanément : elle ne peut être, sauf de rarissimes exceptions, que le fruit d'un long effort. Le savant, vraiment digne de ce nom, doit, à chaque instant, se poser certaines questions. Le monde qui l'entoure doit être par lui considéré comme une énigme, dont son devoir est de poursuivre la solution. Il doit toujours se dire : pourquoi et comment? ne pas se tenir satisfait des réponses presque toujours insuffisantes qui ont été données ; et son esprit toujours en éveil doit être animé d'une curiosité perpétuelle. Cette curiosité, qui est la qualité dominante de tout expérimentateur, est essentiellement féconde, puisqu'elle a pour conséquence immédiate la provocation à une expérience ; c'est-à-dire l'invention, l'imagination d'une tentative nouvelle.

Certes l'esprit critique est nécessaire, indispensable. Sans cet esprit critique qui empêche les erreurs de théorie ou d'observation, sans l'érudition qui empêche de refaire des expériences déjà faites depuis longtemps, ou qui évite de prendre une voie reconnue fausse, nulle expérimentation n'est valable. Mais, de même que l'érudition, l'esprit critique, par lui-même, est assez peu de chose : il faut une invention originale, féconde.

Je ne comprends pas bien comment notre grand PASTEUR, qui posséda plus que tout autre le don de l'invention géniale, inaugurant un monde nouveau, a osé mettre au premier rang des qualités scientifiques l'esprit critique. S'il n'avait été qu'un critique, il eût fait un excellent et sagace chimiste, il n'aurait pas été l'immortel PASTEUR. VULPIAN, dont l'intelligence était si perspicace et si sûre, fut un excellent physiologiste, doué d'un esprit critique irréprochable ; mais, malgré cela, peut-être même à cause de cela, son œuvre est assez médiocre, et, après un quart de siècle, il ne reste presque rien de lui. Tous les grands physiologistes, HARVEY, SPALLANZANI, GALVANI, LAVOISIER, MAGENDIE, J. MULLER, CLAUDE BERNARD, ont eu ce don de l'invention, et c'est ainsi que la science physiologique a pu avancer; car l'invention est nécessaire au progrès.

Quant à caractériser l'invention, on peut dire, d'une manière, il est vrai, trop générale pour être rigoureusement exacte, que l'invention consiste dans un rapport nouveau inaperçu jusque alors entre les faits.

Aussi ne faut-il pas craindre de tenter souvent des expériences qui paraissent peu justifiées. On ne court d'autre risque que d'échouer. Il n'y a aucun inconvénient à être très téméraire et très audacieux, parfois même absurde, dans l'hypothèse, à condition que cette audace soit tempérée par une extrême rigueur dans la critique des conditions expérimentales, et une sévère prudence dans la théorie. Quand on médite une expérience, il ne faut pas trop se laisser arrêter par les objections théoriques données dans les livres classiques ; et on a bien rarement à regretter d'avoir été trop aventureux. Le plus souvent on pèche par timidité.

A vrai dire, une fois que l'expérience est commencée, par une malheureuse contradiction, on pêche par défaut de rigueur.

Or on doit être aussi hardi dans l'invention de l'hypothèse que rigoureux dans sa démonstration; et trop souvent, c'est l'inverse qu'on pratique. On est timide dans l'hypothèse, et on se satisfait à bon compte quand il s'agit de la vérifier.

On a remarqué souvent que c'est à la limite de deux sciences que se font les découvertes, justement parce que les savants qui étudient profondément une question l'étudient d'après les méthodes de la science dans laquelle ils sont plus spécialement versés, et non avec les méthodes et les points de vue différents de la science voisine. Mais il n'y a pas de conseils à donner aux inventeurs. Il n'est même pas besoin de leur rappeler le mot, plus ou moins authentique, de NEWTON, à qui on demandait comment il avait découvert l'attraction et qui répondit : « En y pensant toujours. »

En tout cas, au point de vue pédagogique, me sera-t-il permis d'insister sur l'erreur qu'on commet lorsqu'on s'efforce d'atténuer, effacer, corriger, éteindre l'imagination des enfants et des jeunes gens. C'est surtout pour ceux qui doivent faire de la science que l'imagination inventive est précieuse. Pour les sciences mathématiques comme pour les sciences expérimentales, l'imagination est un don essentiel; et tout ce qui peut contribuer à la développer, soit chez l'enfant, soit chez l'étudiant, doit être encouragé par les éducateurs.

IV. — Des dispositions expérimentales et de l'institution d'une expérience. — Une fois qu'on a résolu de faire telle ou telle expérience, l'invention et l'esprit critique doivent être, à doses égales, mis en œuvre.

D'abord l'invention est nécessaire, car tout dépendra peut-être de la manière plus ou moins originale dont le problème sera abordé. Le plus souvent, la question qu'on veut résoudre a déjà été agitée par de nombreux savants, et il est presque inutile de reprendre des expériences qui ont échoué déjà.

C'est par des moyens très détournés que le physiologiste est forcé de procéder, dans un grand nombre de cas. S'il attaque de front le problème, il n'arrivera à rien. Il importe alors qu'il connaisse exactement la technique expérimentale classique, et qu'il soit, au besoin, en état d'imaginer de nouvelles méthodes techniques.

L'instrumentation actuelle en physiologie est devenue très compliquée; avec les anesthésiques, les chronographes, les enregistreurs divers, les thermomètres, les manomètres, et tant d'autres mesures de précision, c'est tout un attirail qui permet au phénomène de s'inscrire automatiquement, sans presque que l'expérimentateur ait à intervenir. Mais tout ce luxe, nécessaire d'ailleurs, de mensurations exactes ne doit pas faire illusion; et il faut que l'observation reste aussi éveillée qu'elle devait l'être jadis, au temps de HUNTER ou de SPALLANZANI, quand on n'avait ni téléphone, ni chronographe, ni hématomètre, ni sphygmoscope.

Si la méthode graphique n'était pas ainsi comprise, et si elle avait le malheur de supprimer l'observation directe, attentive et scrupuleuse, de tous les phénomènes, attendus ou non, qui doivent survenir, la méthode graphique serait plus nuisible qu'utile. Il faut surtout qu'on se souvienne qu'elle est un *moyen* et non un *but*. C'est une méthode d'investigation précise, dont la fidélité est incomparable : mais elle ne peut donner que ce qu'on lui demande, et tout dépend de la manière dont on l'interroge. Si l'interrogation est défectueuse, la réponse ne peut être que falsifiée, et, si on la prenait au pied de la lettre, elle conduirait à de funestes méprises.

De plus — et c'est un point essentiel sur lequel nous appelons l'attention, — quand on dispose une expérience avec la méthode graphique, c'est parce qu'on a une idée préconçue, et parce qu'on a déjà fait une première hypothèse, une de ces hypothèses *a priori* qui sont les instigatrices de toute bonne expérience. Mais il n'est pas certain que cette hypothèse sera justifiée par le fait, et, dans quelques cas, comme un phénomène imprévu peut se manifester, la méthode graphique n'aura pas été disposée pour l'enregistrer et le recueillir, de sorte qu'il y aurait de grands dangers à se contenter de la lecture du tracé graphique obtenu, et à ne pas vouloir regarder les phénomènes qui vont se passer, sous prétexte que les appareils sont là pour les constater. Ils en constatent quelques-uns, ils ne constatent pas tous; or il est indispensable que tous soient observés, et bien observés.

Claude Bernard avait coutume de dire que la réponse de la nature à la question qu'on lui pose est toujours d'une précision irréprochable, si la question est bien posée. Par exemple, qu'il s'agisse de savoir si les sels d'ammoniaque élèvent ou abaissent la température, la réponse sera toujours très nette, mais à condition qu'on ait bien déterminé la dose. Un gramme d'acétate d'ammoniaque élève la température ; mais trois grammes l'abaissent énormément. Il ne faut donc accuser que soi-même si l'on n'a pas une réponse satisfaisante et toujours identique. Dans des conditions comparables quant à la dose, sur des animaux de même poids, de même espèce, de même âge, la réponse sera toujours la même.

Une fois que l'expérience a été instituée, il faut tout observer, tout enregistrer, tenir compte de toutes les conditions, même les plus insignifiantes, ne pas craindre de se donner du mal inutilement, en prenant avec un peu d'exagération les mesures de température, de pression artérielle, de rythme respiratoire, etc., en faisant des dosages d'urée, d'acide carbonique, d'hémoglobine, etc.

On ne doit jamais se fier à sa mémoire, et il faut immédiatement que les données observées soient enregistrées avec le plus grand soin et consignées dans le cahier général des observations.

Qu'on ne néglige pas de contrôler sans cesse les appareils qu'on emploie. Ayons toujours présente à l'esprit la mésaventure de ce physiologiste qui prit dix mille températures, chez l'homme, avec des thermomètres reconnus plus tard comme peu exacts.

Bien d'autres conditions encore dans le détail desquelles je ne peux entrer ici (voyez Graphique [Méthode] et Vivisection) sont nécessaires pour que l'expérimentation soit fructueuse. Qu'on n'oublie pas surtout que, si l'invention et l'originalité ne sont pas permises à tous, du moins la scrupuleuse et exacte observation est un devoir. C'est une qualité *sine quâ non*. On n'est pas digne d'être un savant, si, pour appuyer une hypothèse ou confirmer une théorie, on altère, aussi légèrement que ce soit, plus ou moins consciemment, par négligence, par omission ou par paresse, les résultats que l'expérimentation a donnés.

C'est aux faits contradictoires, qui gênent ou troublent nos théories, qu'il faut toujours donner le plus d'importance, et, au lieu de les garder sous le boisseau, on doit les mettre résolument en pleine lumière.

On sera certain ainsi de n'avoir pas embarrassé la science de faits erronés, et d'avoir accompli une œuvre utile, si petite qu'elle soit. L'histoire de la science nous apprend que certaines erreurs, dues à d'incomplètes observations, ont retardé pendant longtemps la marche du progrès. « Souvent, dit du Bois-Reymond, une mauvaise expérience, qui a duré une heure à peine, a exigé, pour être combattue et réfutée, plusieurs années de travail. »

CHARLES RICHET.

EXPRESSION. — Voyez Facial (Nerf).

EXTASE. — Voyez Hystérie.

F

FACIAL (Nerf). — Pour Cl. Bernard, la paire nerveuse de la face comprenait un élément sensitif, la grosse portion du trijumeau, des éléments moteurs, constitués principalement par le facial et accessoirement par le nerf masticateur de la Vᵉ paire, enfin un élément sympathique que représentait le nerf intermédiaire de Wrisberg avec le ganglion géniculé. Le ganglion qui dans la paire cranienne à laquelle appartient le facial est l'analogue du ganglion intervertébral, c'est le ganglion de Gasser (*Syst. nerveux*, ii, 106, 1858). Ce qui confirmait encore Cl. Bernard dans cette opinion c'est que le facial reçoit sa sensibilité récurrente du trijumeau ; or c'est sur ce mode d'association des filets moteurs avec les filets sensibles de l'axe encéphalo-médullaire qu'il a fait reposer la détermination de la paire nerveuse physiologique.

Fr. Franck (*Trav. Lab. Marey*, 1875, 316) a considéré le facial comme un nerf commun au groupe trijumeau d'une part, au groupe pneumogastrique de l'autre, s'appuyant au point de vue physiologique sur ce que la sensibilité de la VIIᵉ paire provient en partie du nerf vague, sensibilité directe toutefois et non récurrente.

On tend aujourd'hui à faire du facial un nerf mixte dont la racine sensitive est représentée par le nerf de Wrisberg : celui-ci a son centre, comme tous les autres nerfs craniens centripètes, en dehors de l'axe nerveux, dans le ganglion géniculé. Si, chez l'homme et les vertébrés supérieurs, le domaine sensitif du facial est considérablement réduit, il n'en serait plus de même chez les vertébrés inférieurs : chez ceux-ci, il peut égaler et même dépasser en importance le territoire moteur. Chez certains animaux, comme le Petromyzon, le facial serait même exclusivement sensitif (*Anat.* Poirier, iii, 839). Chez l'homme, le territoire sensitif du facial est limité aux deux tiers antérieurs de la langue, à laquelle il ne donnerait même que la sensibilité spéciale, gustative. On verra plus loin ce qu'il faut penser de cette dernière assertion. Sans rien préjuger de la fonction de la petite racine de la VIIᵉ paire, nous aurons donc à étudier : 1° le nerf facial proprement dit ; 2° le nerf de Wrisberg.

Historique. — Avec Meckel (1751) on s'accordait à croire que la Vᵉ et la VIIᵉ paire présidont à la fois à la sensibilité et aux mouvements, lorsque Bellinger (1818) eut le premier l'idée, au dire de Longet (*T. P.*, iii, 456, 1873), d'attribuer à chacune d'elles des usages différents. Malheureusement, la plupart de ses assertions étaient précisément contraires à la vérité : il croyait, en effet, que la sensibilité tactile est due à l'influence du facial, que la portion ganglionnaire du trijumeau fait contracter involontairement les muscles de la face pour exprimer les diverses émotions de l'âme.

Mais, en 1821, Ch. Bell et à sa suite J. Shaw, ayant expérimenté sur divers animaux, annoncèrent qu'après la section du facial la sensibilité de la face ne subit aucune diminution et que les mouvements seuls y sont abolis. Après avoir coupé le nerf d'un côté, Ch. Bell avait constaté que les mouvements de la narine du côté correspondant cessaient, tandis que, du côté où le nerf facial était resté intact, la narine était animée de mouvements alternatifs de dilatation et de resserrement, qui correspondaient aux mouvements du thorax. Il nota de plus le changement d'expression de la face du côté paralysé et l'impossibilité du rapprochement des deux paupières.

Cependant Ch. Bell, au début de ses expériences, ne se faisait pas du rôle respectif du facial et du trijumeau l'idée que nous en avons aujourd'hui. C'est un point sur lequel Vulpian a particulièrement insisté, au point de vue de l'historique de cette question (*Leçons sur la physiol. du syst. nerv.*, 113, 1866). Ch. Bell crut d'abord qu'après la section du facial, les lèvres et les joues continuaient à exécuter leurs mouvements normaux pendant la mastication, et il attribuait leur persistance à l'influence du trijumeau. En coupant les rameaux sus et sous-orbitaires du trijumeau d'un côté, il produisait, disait-il, en même temps que l'abolition de la sensibilité de la peau de la face, celle des mouvements de mastication de ce côté.

Il ne faut pas s'y méprendre, fait remarquer VULPIAN. Le nerf facial n'est pas, pour Ch. BELL, le nerf qui préside aux mouvements volontaires de la face. « Non : c'est aux mouvements involontaires qu'il sert; il tient sous sa dépendance les mouvements respiratoires et les mouvements expressifs; il fait partie de cette classe de nerfs que Ch. BELL appelle surajoutés, nerfs qui ont des fonctions particulières, différentes de celles des nerfs ordinaires. Il suffit de lire avec la moindre attention le mémoire de Ch. BELL pour se convaincre sur ce point. La section du nerf facial n'abolit, d'après lui, que les mouvements de la face qui sont en relation avec ceux qu'exécutent le thorax pour la respiration et, d'autre part, les mouvements d'expression. Mais les mêmes muscles qui ont perdu cette partie de leurs fonctions répondent encore librement aux incitations volontaires, tant que le trijumeau reste intact. »

Si, en effet, à défaut des mémoires originaux que VULPIAN a pu consulter, on parcourt les analyses ou les traductions des mémoires de Ch. BELL et de J. SHAW qui ont paru dans le Journal de physiologie (1821 et 1822), on y trouve des passages qui ne laissent aucun doute sur la manière de voir des auteurs. Dans le premier mémoire de Ch. BELL (1821, 484), on lit, par exemple, qu'après la section du facial il ne semblait y avoir que le rapport des muscles de la face

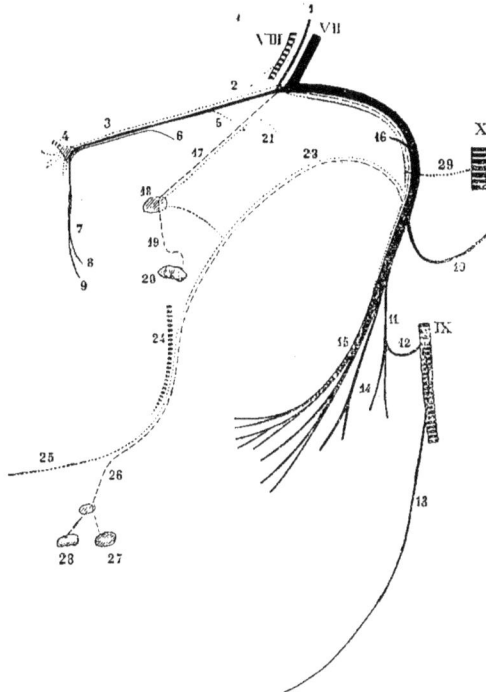

FIG. 268. — Nerf sciatique (fig. schématique, d'après BEAUNIS).
VII, nerf facial. — VIII, nerf auditif. — IX, nerf glosso-pharyngien. — X, nerf pneumogastrique. — 1, nerf de WRISBERG. — 2, grand pétreux superficiel. — 3, nerf vidien. — 4, ganglion de MECKEL. — 5, anastomose du grand pétreux avec le nerf de JACOBSON. — 6, rameau sympathique. — 7, nerf palatin postérieur. — 8, nerf du péristaphylin interne. — 9, nerf du palato-staphylin. — 10, rameau auriculaire. — 11, rameau du stylo-hyoïdien et du digastrique. — 12, anastomose avec le glosso-pharyngien. — 13, rameau du stylo-pharyngien. — 14. rameau du stylo-glosso et du glosso-staphylin. — 15, branches terminales. — 16, rameau du muscle de l'étrier. — 17, petit pétreux superficiel. — 18, ganglion otique. — 19, anastomose avec l'auriculo-temporal et filets parotiens. — 20, parotide. — 21, anastomose du nerf de JACOBSON avec le petit pétreux. — 22, anastomose du ganglion otique avec la corde du tympan. — 23, corde du tympan. — 24, nerf lingual. — 25, filets gustatifs de la corde. — 26, ses filets glandulaires. — 27, glande sous-maxillaire. — 28, glande sublinguale. — 29, anastomose avec le pneumogastrique.

avec les autres muscles de la respiration qui fût interrompu. Dans un travail postérieur (1822, 66), le facial est appelé le nerf respirateur de la face, et le trijumeau le nerf des mouvements volontaires des mêmes parties. En y rendant compte de ses expériences sur la section de la branche sous-orbitaire de la Vᵉ paire, Ch. BELL, après avoir décrit les troubles moteurs qui en résultent, ajoute : la perte des mouvements fut si évidente que l'on jugea inutile de couper les autres branches de la Vᵉ paire. Il faut ajouter que le terme de nerf respirateur appliqué au facial se rattache si bien, dans l'esprit de Ch. Bell, à l'idée des mouvements involontaires et d'expression que, pour les mêmes motifs, il a appelé le pathétique le nerf respiratoire de l'œil.

Shaw (1822, 77) montre de son côté que les muscles de la face ne sont pas animés seulement par le facial. Chez un âne, après la section de la branche sous-orbitaire gauche, les mouvements de la narine continuaient pendant la respiration, mais les muscles de la lèvre de ce côté étaient devenus inhabiles à la mastication et aux mouvements volontaires. Dans un mémoire sur la paralysie isolée du facial (1822, 136), Shaw émet cette réflexion, que les circonstances qui accompagnent la paralysie du facial suffisent pour prouver que les mêmes muscles de la bouche qui étaient paralysés dans leur action relative à l'expression et à la respiration ne l'étaient pas dans leur action soumise à la volonté. Puis c'est de nouveau Ch. Bell (1822, 364) qui dit que, par la section du facial, on peut priver ces parties de leur action relative à la respiration en laissant intacts leur sensibilité et leur mouvement volontaire.

Il ne paraît donc pas douteux que Ch. Bell n'ait vu d'abord dans le facial que le nerf moteur involontaire de la face et dans le trijumeau non seulement le nerf de la sensibilité, mais aussi celui des mouvements volontaires : d'après Vulpian, il n'aurait rectifié son erreur et même son texte que sous l'influence des travaux de Magendie. Quoi qu'il en soit, on ne saurait contester au physiologiste anglais le mérite d'avoir prouvé ce fait capital que le facial est un nerf purement moteur, et que c'est le trijumeau qui préside à la sensibilité de la face.

Pour terminer ce chapitre d'historique, il y a encore une curieuse remarque à faire en ce qui concerne l'opinion de Ch. Bell sur les nerfs qui animent les muscles des lèvres et de la joue. La principale cause de son erreur sur certaines attributions des nerfs de la Ve et de la VIIe paire paraît avoir été le résultat d'une loi qui avait donné le résultat du rameau sous-orbitaire du maxillaire supérieur et qui lui avait fait croire que les mouvements des lèvres étaient sous la dépendance du trijumeau. Magendie avait déclaré qu'en répétant cette expérience l'influence de la section du nerf sous-orbitaire sur la mastication ne lui avait pas paru évidente. Plus tard, Ch. Bell, prenant, dit-il, en considération l'affirmation de Magendie, attribue les mouvements de mastication des joues et des lèvres à une autre branche du trijumeau, le nerf buccal (*Journ. de physiol.*, 1830, 1). Or, comme nous le verrons, cette opinion est inexacte, tandis que les conséquences de la section du rameau sous-orbitaire sur les mouvements des lèvres ont été vérifiées par de nombreux expérimentateurs; mais l'interprétation de ces faits est tout autre que celle qu'en avait donnée Ch. Bell. On y reviendra plus loin.

Opérations qui se pratiquent sur le facial et sur ses branches. — On peut sectionner le facial soit dans le crâne, entre la protubérance et le conduit auditif interne, soit dans son trajet intrapétreux, soit dans son parcours extracranien.

Section intracranienne. — a) Par le trou mastoïdien. — Cl. Bernard a coupé le facial à son origine en pénétrant dans le crâne par le trou de passage de la veine mastoïdienne qui se rend dans le sinus occipital, l'instrument étant alors dirigé vers le conduit auditif interne.

b) Par la fossette occipitale (Jolyet et Laffont. *B. B.*, 1879, 374; Vulpian. *Mém. Soc. Biol.*, 1879, 165). — Si l'on examine la région occipitale du crâne d'un chien, on voit que la ligne courbe occipitale supérieure se termine à son extrémité externe par un tubercule d'où partent, en avant, la racine supérieure de l'apophyse zygomatique, et en arrière, la crête mastoïdienne du temporal qui se dirige en bas. C'est dans l'angle formé par l'extrémité externe de la ligne courbe occipitale et la crête mastoïdienne et à égale distance du sommet de cet angle et du condyle de l'occipital qu'il faut faire pénétrer l'instrument : l'os est, en effet, très peu épais en cet endroit. On pratique donc une incision qui met à nu cette partie de l'occipital; quand le perforateur, tranchant d'un côté, a été introduit dans le crâne au-dessous de la tente du cervelet, on le dirige obliquement du point perforé vers l'œil du côté opposé. L'instrument ayant cette direction va buter contre la paroi de l'aqueduc de Fallope : on lui imprime alors de petits mouvements de haut en bas, et on sectionne le facial.

D'après la description qu'a donnée Rochefontaine du procédé de Vulpian, qui diffère d'ailleurs peu du précédent, on incise les téguments en arrière de l'oreille, de manière à découvrir l'interstice musculaire entre le temporal et les muscles cervicaux; on fait une incision longitudinale de ces derniers muscles dans une étendue de 3 à 4 centimètres, immédiatement en arrière de la ligne courbe occipitale supérieure. On met à nu la fossette occipitale au fond de l'incision au moyen d'une rugine. Avec un ciseau et un marteau on enlève cette portion de l'occipital, ou, si elle est suffisamment mince, on la traverse avec un perforateur. Avec un couteau à lame triangulaire, mousse à son extrémité terminale, on perfore la dure-mère et on arrive au conduit auditif interne en faisant glisser l'instrument le long du rocher.

Section dans le trajet intrapétreux. — a) Rappelons pour mémoire le procédé que MAGENDIE a employé chez le lapin : il introduisait dans la fosse temporale la branche d'une simple paire de ciseaux; puis, arrivé au bord supérieur du rocher, il coupait l'os d'arrière en avant. Le peu de résistance du tissu du rocher chez le lapin rend, dit-il, la section assez facile.

b) Section dans la caisse du tympan (CL. BERNARD). — On cherche d'abord à sentir la caisse du tympan, ce qui est facile chez les chiens, les chats, les lapins à cause de la saillie que forme au-dessous de l'apophyse mastoïde cette portion de l'oreille moyenne. Avec un instrument bien trempé et en forme de ciseau, on pénètre directement dans la caisse par la paroi inférieure qui est très mince. Alors l'instrument se meut avec facilité dans l'oreille moyenne. On dirige sa pointe en haut et en arrière, en la faisant marcher transversalement, et, en appuyant fortement sur l'os, on divise le nerf facial à son troisième coude, lorsqu'il s'infléchit en bas vers le trou stylo-mastoïdien. Lorsque au lieu de porter l'instrument vers la partie postérieure de la caisse, on le porte vers sa partie antérieure et supérieure, on peut aller détruire le facial au moment de son entrée dans le canal spiroïde. Comme conséquence de la section simultanée de l'acoustique et des canaux semi-circulaires, dans cette dernière manière d'opérer, CL. BERNARD signale une inclinaison de la tête du côté opéré.

Chez le chien, chez le chat, à la rigueur même chez le lapin, on pourrait encore, au lieu de pénétrer par la partie inférieure de la caisse, introduire l'instrument par le conduit auditif en perforant la membrane du tympan (*Syst. nerveux*, II, 19).

c) Procédé de la fenêtre ronde (TRIBONDEAU. *Journ. de méd. de Bordeaux*, 1893. LAFFAY, *Th. Bordeaux*, 1896. A. de P., 1897, 698).

Le procédé imaginé par TRIBONDEAU est basé sur ce fait qu'un instrument perforant, introduit par la fenêtre ronde du chien, arrive très facilement jusque dans le conduit auditif interne où il sectionne le facial en même temps que l'auditif et l'intermédiaire.

Le procédé comprend trois temps : le premier temps consiste à inciser les tissus jusqu'à ce qu'on arrive au conduit auditif externe osseux, puis à créer dans la paroi externe de la caisse du tympan une brèche suffisante pour apercevoir sa paroi interne : le deuxième temps ou temps principal consiste à introduire par la fenêtre ronde un perforateur qui va atteindre et interrompre le facial au niveau du conduit auditif interne. Le troisième temps a pour but d'assurer l'hémostase et de fermer la plaie.

D'après les indications données par TRIBONDEAU, il faut choisir un chien de moyenne taille à long cou. On fait, de préférence en arrière du pavillon de l'oreille — car en avant les vaisseaux sont très nombreux — une longue incision verticale, et l'on coupe les tissus, en pinçant les vaisseaux qui saignent jusqu'à ce qu'on arrive sur l'arête où l'on rencontre la ligne occipitale supérieure et de la ligne temporale.

Au-dessous de cette dernière, juste en arrière du conduit auditif externe qu'on suit surtout bien en introduisant une sonde cannelée dans son intérieur, est une paroi osseuse qu'on fait sauter à la gouge. L'oreille moyenne est ouverte du coup ; si l'orifice n'est pas assez vaste, rien n'empêche d'exciser le bout profond du conduit auditif cartilagineux.

La caisse du tympan est alors visible : elle se montre divisée en deux parties par une très mince ligne osseuse saillante, à direction générale antéro-postérieure. La partie inférieure est la bulle tympanique, la partie supérieure présente une sorte de cône très apparent, terminé par un orifice fermé par une membrane : c'est la fenêtre ronde.

C'est par cette fenêtre qu'il faut pénétrer en introduisant une fraise mise en rotation par un foret qu'on dirige en haut et en arrière. Une première résistance due à l'étroitesse de la fenêtre est vaincue. L'instrument se meut alors dans une cavité qui n'est autre que le limaçon. A ce moment, l'animal dont l'oreille est ainsi lésée présente du nystagmus. Quelques tours de plus dans la même direction, et la très mince cloison qui sépare le limaçon d'avec le conduit auditif interne est perforée. Un flot de liquide céphalo-rachidien envahit la plaie : c'est le signe de réussite. Sans enfoncer davantage l'instrument, on lui fait subir des mouvements de rotation plus étendus, destinés à détruire complètement le facial. On lie les vaisseaux; on suture.

Laffay a modifié surtout le premier temps de l'opération : il trouve plus avantageux, au lieu de suivre la voie postérieure, d'inciser en avant et en bas du pavillon de l'oreille de façon à aboutir à la bulle tympanique en suivant la partie antéro-inférieure du conduit auditif. Il a également simplifié et amélioré l'instrumentation. Le perforateur dont il se sert est porté sur un manche, et est plus en main qu'un foret. La partie perforante est une fraise de dentiste de un millimètre et demi de diamètre, à bout conique. Cette fraise est soudée dans un tube de façon que celui-ci n'en laisse dépasser qu'une longueur de huit millimètres, suffisante pour atteindre le nerf. La présence du rebord du tube, en saillie sur la fraise, délimite mécaniquement le mouvement de perforation, et empêche l'instrument, au cas où il subirait de la part de l'opérateur une impulsion rotatoire trop brusque, d'aller s'enfoncer dans le cerveau ou le cervelet.

d) *Section en dehors du crâne*. — La section du nerf au niveau du trou stylo-mastoïdien est facile, et ne nécessite pas une description spéciale. On peut aussi, comme l'a fait Cl. Bernard, l'arracher à ce niveau; l'opération réussit assez facilement sur les chats et les lapins, mais elle est à peu près impossible chez le chien, dont le tissu cellulaire est trop dense. On arrive aussi quelquefois à arracher le ganglion géniculé avec le nerf; d'autres fois le nerf de Wrisberg reste intact, ainsi que le ganglion.

On peut enfin avoir à diviser isolément une des branches terminales du facial. On trouvera une étude détaillée de leur trajet et de leur répartition chez le chien, le lapin, le cheval et l'âne dans un travail d'Arloing et Tripier (*A. de P.*, 1876, 11 et 105). Chantre a consacré une description particulière aux filets de l'orbiculaire (*Ibid.*).

e) *Section du grand nerf pétreux superficiel*. — Campos (*Diss.* Paris., 1897) est arrivé à sectionner isolément ce rameau du facial chez le singe.

f) *Section du petit pétreux*. — Schiff (*Leçons sur la digestion*, i) a divisé ce filet chez le lapin : comme il passe pendant une courte partie de son trajet sous la dure-mère, à la surface du rocher, tout près du bord externe du tronc du trijumeau, on peut l'atteindre en ce point. On se sert d'un instrument semblable à celui dont on fait usage pour sectionner le trijumeau dans le crâne. On introduit l'instrument en avant de l'anneau osseux qui entoure l'orifice du conduit auditif externe. Avançant lentement et avec beaucoup de précaution le long de la base du crâne jusqu'au trijumeau, on épie le moment où les signes de douleur de l'animal indiquent que l'on est arrivé dans le voisinage du nerf sensible qu'il s'agit de ne pas léser. On arrête alors immédiatement la marche de l'instrument, et on le retire à peu près d'un demi-millimètre. Dans cette position, le tranchant de l'instrument étant tourné en bas, on appuie fortement la lame sur la base du crâne, et on la retire par un mouvement rapide, coupant de cette manière toutes les parties molles qui recouvrent la partie externe et antérieure de la surface cranienne du rocher.

g) *Section de la corde du tympan*. — On peut facilement atteindre ce nerf dans la caisse du tympan. L'animal étant maintenu, on fixe sa tête avec la main gauche, et, au moyen d'un instrument tranchant analogue à celui que l'on emploie pour sectionner la V⁰ paire dans le crâne, on pénètre dans la caisse du tympan par le conduit auditif externe; au moment où l'on perfore la membrane du tympan pour pénétrer dans la caisse, on entend un bruit particulier, et l'on a une sensation de papier déchiré. On dirige alors le tranchant de l'instrument en haut, et l'on incline le manche en bas : de cette façon, on accroche le nerf dans son passage par la caisse du tympan, et il est presque impossible, dit Cl. Bernard, de ne pas le couper. Il ne faudrait pourtant pas s'y fier absolument : et il sera toujours prudent de ne s'en rapporter qu'aux résultats de l'examen microscopique ou de l'autopsie : j'ai souvent constaté que la corde du tympan fuyait sous l'instrument, et Prévost a aussi fait la même remarque.

La description du procédé qui sert à mettre à nu et à exciter la corde du tympan au moment où elle se détache du lingual appartient à l'étude de la sécrétion salivaire.

h) *Section du rameau anastomotique avec le pneumogastrique*. — Cl. Bernard a divisé ce filet sur des gros chiens : on abat l'oreille, et on suit le facial à partir du trou stylomastoïdien en sculptant le rocher avec la gouge et le maillet.

Noyau du facial. — Les fibres motrices du facial représentent les prolongements cylindraxiles des cellules constituantes d'un noyau situé aux limites de la protubérance et du bulbe. Ce noyau, assez volumineux, est placé en arrière des fibres protubérantielles, entre l'olive supérieure, qui est en dedans, et la racine descendante du trijumeau, qui est en dehors. Il fait partie de la colonne grise qui continue vers l'encéphale le groupe cellulaire antéro-externe de la corne antérieure de la moelle, du même système que le noyau ambigu qui lui est sous-jacent et que le noyau masticateur qui est placé au-dessus de lui. Les fibres sorties de ce noyau se dirigent en arrière et en dedans vers le plancher du 4e ventricule. Arrivées tout près du raphé médian, elles changent de direction, deviennent verticalement ascendantes. Après un trajet de quelques millimètres, ce faisceau se recourbe horizontalement en dehors, contournant ainsi la face postérieure du noyau d'origine de l'oculo-moteur externe, en formant à ce niveau ce qu'on a appelé le genou du facial. La branche ascendante du facial et le genou, en contournant le noyau de la VIe paire, constituent le *fasciculus* et l'*eminentia teres* ou éminence médiane du plancher du 4e ventricule. Arrivé au bord externe du noyau de l'oculo-moteur externe, le facial se recourbe une troisième fois en bas, en avant et en dehors, passe entre son propre noyau d'origine et la racine descendante du trijumeau pour sortir au niveau du sillon qui sépare le bulbe de la protubérance (voy. fig. 269-272). MATHIAS DUVAL, TESTUT ont admis que le faisceau radiculaire du facial, en contournant le noyau d'origine de la VIe paire, reçoit de lui un certain nombre de fibres. Aussi a-t-on désigné pendant quelque temps ce noyau sous le nom de noyau commun au facial et à l'oculo-moteur ou noyau supérieur, par opposition au noyau propre du facial ou noyau inférieur. Les observations et les expériences les plus récentes, que nous résumons plus loin, tendent aujourd'hui à faire admettre que ce dernier noyau représente l'origine de la totalité des fibres du facial, et qu'il est subdivisé en un certain nombre de groupes secondaires.

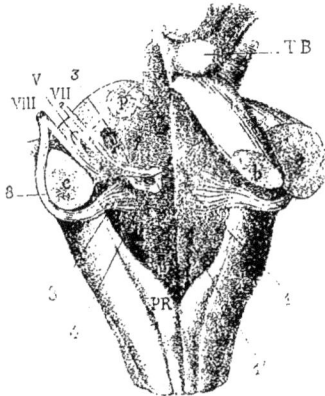

FIG. 269. — *Figure demi-schématique montrant le trajet du facial avec ses inflexions :* ce trajet est marqué VII, 7, 7'. 4, 3, de l'émergence vers le noyau (3).

1, saillie correspondant au *fasciculus teres*. — P, cordons pyramidaux. — V, racine bulbaire du trijumeau. — VIII, nerf acoustique avec ses racines interne et externe 8. — H, colonne correspondant au noyau de l'hypoglosse. — M, colonne correspondant au noyau des nerfs mixtes. — A, colonne correspondant au noyau de l'acoustique. — PR, pyramides postérieures. — C, coupe du corps restiforme. — a, pédoncule cérébelleux moyen. — b, pédoncule cérébelleux supérieur.

Un autre point soumis à discussion est celui de l'existence d'une décussation partielle entre les fibres radiculaires du facial. STIEDA, NISSL, OBERSTEINER ont admis l'entrecroisement partiel ; KÖLLIKER et M. DUVAL le nient. Sur l'embryon du poulet, VAN GEHUCHTEN a pu constater manifestement que le faisceau radiculaire d'un côté reçoit un certain nombre de fibres nerveuses qui viennent du côté opposé. LUGARO a confirmé cet entrecroisement partiel pour les fibres radiculaires du facial chez le lapin. CAJAL a fait tout récemment la même observation sur la souris nouveau-née. VAN GEHUCHTEN dit n'avoir pu poursuivre ces fibres jusqu'à leurs cellules d'origine.

Par contre, NISSL a vu chez le lapin, MARINESCO chez le chien, que, si l'on coupe le facial d'un côté, il se produit toujours une réaction à distance, non seulement dans le noyau homolatéral du facial, mais aussi une réaction partielle du même genre dans le noyau controlatéral (*Revue neurolog.*, 1898, 30).

La question des origines du facial, que nous venons d'exposer sommairement, a passé par des phases diverses qu'il est intéressant de suivre, parce qu'elle s'est modifiée non seulement avec les doctrines régnantes soit en anatomie, soit en physiologie, mais aussi avec les enseignements de la clinique et de l'expérimentation. D'abord on fait venir le facial, comme tous les nerfs en général, des faisceaux blancs. Puis on le conduit jusqu'à la substance grise. Mais cela ne suffit pas ; comme il résulte des observations pathologiques que le nerf anime deux territoires en quelque sorte distincts, l'un supérieur, l'autre inférieur, qui paraissent pouvoir être frappés isolément, on s'évertue aussi à lui trouver deux foyers d'origine. Puis les travaux les plus récents viennent montrer que les faits cliniques ont été incomplètement étudiés ou mal interprétés, et qu'ils cadrent très bien avec l'existence d'un noyau unique ; et bientôt les méthodes nouvelles de recherches assignent, en effet, aux deux parties du facial une origine commune.

Longet faisait provenir le facial du faisceau latéral du bulbe, considéré comme le

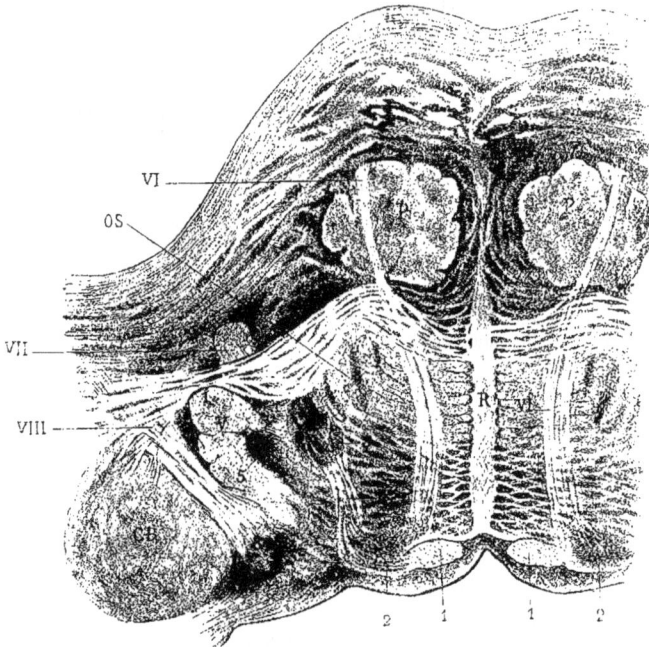

Fig. 270. — Coupe au niveau du bord inférieur de la protubérance chez l'homme (M. Duval).

PP, cordons pyramidaux. — VI, fibres du moteur oculaire externe. — 1, fasciculus teres. — 2, noyau de l'oculo-moteur externe. — 3, partie supérieure du noyau du facial. — 4, fibres réunissant les groupes de ce noyau et allant à la partie transverse des fibres émergentes du facial. — OS, olive supérieure. — VII, le facial, près de son émergence, plongeant sous les fibres transversales inférieures de la protubérance. — V, racine bulbaire du trijumeau. — 5, substance gélatineuse placée en dedans de cette racine. — CR, coupe du corps restiforme.

prolongement du faisceau latéral ou respiratoire de Ch. Bell. Vulpian a décrit, le premier, le coude que forme le nerf sous le plancher du 4e ventricule. Gratiolet reproduit la description de Vulpian en faisant remarquer que c'est dans la substance grise, et non dans les colonnes blanches, qu'il faut chercher l'origine de ce nerf.

Stilling (1846) localise l'origine du nerf dans un noyau commun avec l'oculo-moteur externe, noyau appelé plus tard noyau supérieur : Schroeder van der Kolk (1859), J. Dean, de même. Schroeder confond en une masse commune la formation olivaire à petites cellules avec la masse grise adjacente à grosses cellules qui est le noyau propre du facial. De cet ensemble de substance grise il a bien vu des fibres se dirigeant vers le nerf, mais il croit que ces filets sont destinés à établir une connexion entre le facial et l'appareil olivaire. Il fait, comme l'a dit Mathias Duval, de l'anatomie de commande, guidé par ses conceptions physiologiques. De même qu'il considère l'olive bulbaire comme un appareil accessoire annexé au grand hypoglosse, comme un centre de coordination de l'expression par la parole, de même l'olive supérieure n'est si développée chez les carnivores que parce que les passions, notamment la colère, sont surtout exprimées par les mouvements des lèvres.

Deiters, le premier (1865), fit voir que les fibres du facial forment au niveau du noyau de l'oculo-moteur externe un genou à convexité postérieure, et qu'elles se recourbent de la sorte pour aller se mettre en rapport avec un autre groupe cellulaire situé un peu plus bas et qui est leur véritable noyau : il admet cependant les relations d'origine du facial avec le nerf de la VIe paire.

L'anatomie pathologique et le tableau clinique de l'affection décrite par Duchenne sous le nom de paralysie labio-glosso-pharyngée, vinrent de nouveau

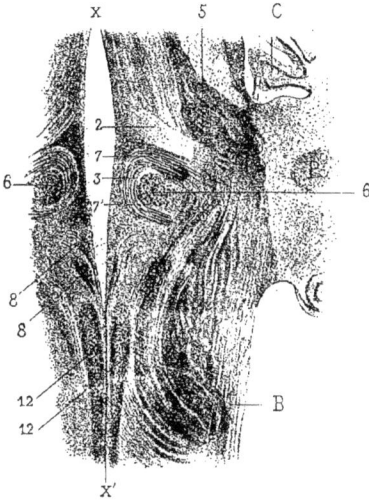

FIG. 271. — Coupe longitudinale du bulbe et de la protubérance de l'homme.

XX', ligne de section du 4e ventricule. — P, protubérance. — B, bulbe. — 2, racine moyenne du trijumeau. — 7, branche supérieure de l'anse du facial. — 3, branche moyenne, fasciculus teres. — 7', branche inférieure de cette anse. — 6, noyau du moteur oculaire externe. — 8, 8, noyaux de l'acoustique. — 12, noyau de l'hypoglosse. — C, lamelle du cervelet. — 5, noyau masticateur du trijumeau.

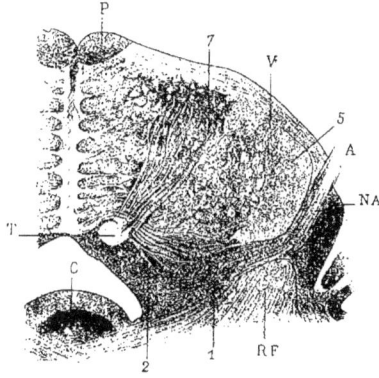

FIG. 272. — Coupe au niveau du noyau du facial chez le rat (M. Duval).

7, noyau dit inférieur ou antérieur du facial. — T, fasciculus teres. — 1, racine externe et supérieure de l'acoustique. — NA, ganglion annexé à l'acoustique. — P, pyramides. — V, substance gélatineuse de Rolando. — 5, racine bulbaire du trijumeau. — RF, corps restiforme. — C, cervelet.

égarer les recherches relativement au noyau propre du facial. Dans cette maladie, le nerf est, comme on sait, frappé d'une manière particulière : les muscles supérieurs de la face, l'orbiculaire des paupières ne sont pas paralysés; ceux de la moitié inférieure de la face au contraire ne se contractent plus. La maladie divise ainsi le facial, quant à ses fonctions, en deux parties : le facial supérieur, demeuré intact, et le facial inférieur, frappé de paralysie. Par conséquent, si l'on a été amené à considérer, une fois de plus, le premier comme originaire ou voisin du noyau d'un des nerfs oculo-moteurs, lesquels avaient également conservé leurs fonctions, on supposa que le noyau du facial inférieur devait être cherché au voisinage de celui de l'hypoglosse, dont la paralysie accompagnait ou plutôt précédait celle du nerf de la VIIe paire. Cette hypothèse avait été émise par Duchenne, et Lockhart Clarke (1868) ne tarda pas à décrire, dans le bulbe inférieur et tout près du noyau de l'hypoglosse, un petit amas cellulaire dans lequel il fit terminer le facial inférieur. Sur la foi de Duchenne et de Clarke, Charcot se rangea à cette manière de voir. Mais on constata bientôt que le noyau décrit par Clarke fait en réalité partie de l'acoustique, et qu'il n'est pas atrophié dans la paralysie labio-glosso-pharyngée.

Entre temps, MEYNERT, HUGUENIN et STIEDA acceptaient et confirmaient la description de DEITERS. MATHIAS DUVAL lui apportait également l'appui de ses recherches personnelles (*J. de l'Anat.*, 1877, 181 ; 1878, 1); il montrait en même temps que le noyau dit inférieur ou propre du facial, confondu par MEYNERT en un noyau commun avec l'origine du nerf masticateur, en était bien distinct, et de plus qu'il était atrophié dans la paralysie labio-glysso-pharyngée.

La distinction des deux noyaux du facial est restée classique pendant quelques années. L'existence du noyau propre du nerf est alors bien établie, mais bientôt c'est l'étude du noyau supérieur qui, à son tour, est soumise à une revision sérieuse. DÉJERINE, GOWERS (*Centralbl. f. med. Wiss.*, 1878) montrent qu'une dégénérescence totale du noyau de la VIe paire laisse le facial indemne, alors qu'après la dégénérescence des deux nerfs oculo-moteurs externes le noyau supposé commun aux deux nerfs a complètement disparu. GUDDEN trouve de même qu'après l'arrachement du facial dans le crâne, l'atrophie est limitée au noyau facial propremet dit, qu'inversement l'arrachement du moteur externe

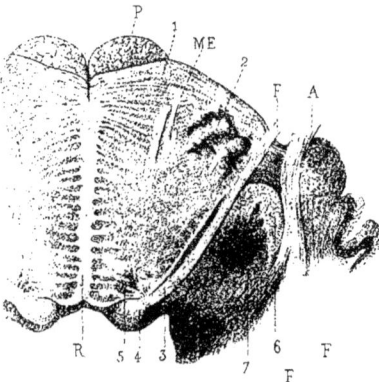

FIG. 273 (M. DUVAL). — *Coupe du bulbe du chat passant par le point d'émergence du nerf facial.*

P, pyramides. — ME, quelques fibres du moteur oculaire commun. — F, émergence du facial. — A, émergence du nerf acoustique. — 1, fibres arciformes. — 2, olive supérieure. — 3, fibres radiculaires du facial. — 4, *fasciculus teres*. — 5, extrémité supérieure du noyau du moteur oculaire externe. — 6, racine bulbaire du trijumeau. — 7, substance gélatineuse.

et la lésion de son noyau n'ont aucun retentissement sur le facial (cité *in* POIRIER, *Anat.*, III, 500). Dans ses recherches sur l'embryon du poulet, VAN GEHUCHTEN n'a jamais vu les cellules d'origine du nerf de la VIe paire donner des prolongements radiculaires aux faisceaux du facial, et il cite des résultats semblables de CAJAL.

Comme il faut néanmoins expliquer l'intégrité apparente des muscles innervés par le facial supérieur dans l'hémiplégie vulgaire, on cherche le noyau correspondant dans une autre direction. GOWERS émet l'idée qu'il se trouve près du noyau de l'hypoglosse. MENDEL au contraire, le place à l'autre extrémité du bulbe, près du noyau de l'oculo-moteur commun. Chez un lapin nouveau-né, il détruit les muscles innervés par le facial supérieur, et constate au bout de quelque temps une dégénérescence des parties postérieures du noyau de la IIIe paire du même côté, alors que le noyau de la VIe paire est intact : au contraire, après la destruction des racines de l'oculo-moteur commun, la région la plus postérieure du noyau de ce nerf reste indemne (*Neurolog. Centralbl.*, 1887; voir aussi TESTUT, *Anat.*, II, 461). Les fibres qui proviennent de ce noyau supérieur suivraient le faisceau longitudinal postérieur jusqu'au genou du facial pour s'appliquer à ce niveau contre les autres fascicules nerveux. Cette opinion était séduisante en ce qu'elle établissait, comme celle qu'elle tendait à supplanter, des relations anatomiques entre le muscle orbiculaire palpébral et les muscles intrinsèques de l'œil, c'est-à-dire entre des muscles qui sont, dans une certaine mesure, associés fonctionnellement. Mais KÖLLIKER n'a pas vu le faisceau longitudinal fournir des fibres au facial.

BRUCE cependant admet aussi que ce faisceau amène au nerf des fibres croisées, que le facial a des origines multiples, dans son noyau propre, d'une part, dans ceux de l'oculo-moteur commun, de l'hypoglosse, d'autre part. (*Sem. méd.*, 1896, 278. *Rev. neurol.*, 1899, 245.)

Les idées toutefois se sont modifiées, depuis qu'un examen plus attentif est venu montrer que le facial supérieur est, en règle générale, frappé, lui aussi, dans les hémiplégies ordinaires, et des recherches récentes portent à croire que son noyau, dont le siège est tant discuté depuis de longues années, fait en réalité partie intégrante du noyau commun.

MARINESCO (*Rev. gén. Sciences*, 1898, 775; *Revue de méd.*, 1899, 283), d'après des observations faites chez les animaux et chez l'homme, est arrivé à distinguer dans le noyau du facial trois groupes, un interne, un moyen, un externe. Si l'on coupe le tronc du facial chez un chien à son point d'émergence, on trouve, après huit à dix jours, les lésions de réaction à distance très manifestes dans la plupart des cellules du noyau sur toute son étendue. Si, au lieu de pratiquer la section du tronc nerveux, on résèque sa branche supérieure seulement, celle qui se rend au frontal, à l'orbiculaire, au sourcilier, alors la réaction reste cantonnée dans le segment postérieur du groupe moyen : il n'y a que de légères différences suivant l'espèce animale. Le groupe interne chez le lapin correspond à l'origine du nerf auriculaire; de même chez le chien.

Ainsi chez cet animal le tronc du facial, à sa sortie du tronc stylo-mastoïdien, se divise en 4 branches principales : 1° la branche auriculaire; 2° la branche zygomatico-temporale; 3° la branche bucco-labiale supérieure; 4° la branche bucco-labiale inférieure. A la première correspond la partie externe du groupe interne du noyau, comme l'avait déjà dit VAN GEHUCHTEN. A la deuxième, correspond la partie postérieure du groupe moyen : le noyau du facial supérieur fait partie de ce groupe, et sur certaines coupes on a l'impression que son noyau d'origine est constitué par un noyau particulier, par le groupe postérieur de VAN GEHUCHTEN. La branche bucco-labiale supérieure tire son origine principale du groupe externe du noyau commun, tandis que la branche bucco-labiale inférieure a son origine dans la partie ventrale du groupe moyen.

Chez le fœtus humain on observe aussi trois groupes, dont un noyau moyen divisé en un segment antérieur et un segment postérieur ou dorsal.

VAN GEHUCHTEN, en étudiant de même les phénomènes de chromatolyse consécutifs à la section du tronc du facial et de ses branches, trouve qu'il existe chez le lapin quatre noyaux, trois antérieurs juxtaposés, parallèles, et un noyau postérieur. Il a délimité dans le groupe interne deux parties, une externe, en rapport, comme il a été dit plus haut, avec les muscles auriculaires, et une interne pour les muscles que le facial innerve pendant son trajet dans le canal de FALLOPE. Les noyaux moyen et externe constituent l'origine du facial inférieur, et enfin le noyau postérieur ou dorsal est le point d'origine du facial supérieur (*Rev. neurolog.*, 1898, 353).

MARINESCO fait remarquer aussi que les paralysies nucléaires du facial ou bien les hémiplégies faciales d'origine bulbaire confirment l'opinion que le noyau du facial supérieur fait partie du noyau commun : en effet, il existe des cas de ce genre avec participation des muscles orbiculaire, sourcilier et frontal. Il en est encore de même dans l'affection décrite sous le nom de paralysie bulbaire progressive infantile et familiale, qui s'accompagne de la paralysie atrophique des trois muscles innervés par le facial supérieur. La disposition anatomique décrite peut toutefois, comme le dit VAN GEHUCHTEN, expliquer la bizarrerie de certaines paralysies nucléaires où le facial supérieur est respecté.

En résumé, ce qui résulte de ces données, c'est que le noyau du facial supérieur, tout en n'étant pas séparé du noyau commun, forme cependant un segment distinct, le segment postérieur du groupe cellulaire moyen, et conserve ainsi une certaine autonomie : d'autre part, le noyau commun est constitué par une série de groupes secondaires dont chacun est en rapport avec l'innervation de territoires musculaires spéciaux, disposition qui rappelle celle bien connue du noyau de la IIIe paire, mais qui n'avait pas encore été décrite pour le facial.

Centre du facial. — Le noyau d'origine du facial est mis en relation avec un centre cortical situé au niveau de la zone rolandique. Les fibres qui partent de cette région de l'écorce contribuent à former le faisceau géniculé, ainsi appelé parce qu'il passe par le genou de la capsule interne : ce faisceau suit alors le pédoncule cérébral dont il occupe le cinquième interne, arrive dans l'étage ventral de la protubérance, où il est situé en avant et en dedans du faisceau pyramidal, puis franchit la ligne médiane au niveau de la partie moyenne de la protubérance pour se terminer dans le noyau décrit ci-dessus. La décussation de la voie motrice centrale du facial se fait donc plus haut que celle de la voie pyramidale, c'est-à-dire que celle des fibres destinées aux mouvements des membres. Sur une coupe transversale normale, on voit nettement des fibres arciformes se porter de l'étage ventral du pont vers le noyau du facial. Cependant, d'après MONAᴋᴏᴡ, on n'a pas encore, chez l'homme, suivi avec certitude jusqu'à ce noyau la dégénérescence secondaire, à la suite des foyers cérébraux (*Spec. Pathol.*, Nᴏᴛʜɴᴀɢᴇʟ, ɪx, 1, 79).

Chez le singe, Mᴇʟʟᴜs, après l'ablation de la zone corticale du facial, a vu des fibres dégénérées se rendre vers le noyau facial de l'un et de l'autre côté (*Proceed. Roy. Soc.*, 1895, 58, 209). ·

Nous n'avons parlé que d'un seul centre facial : mais, d'après l'opinion encore généralement admise, l'existence d'un noyau facial supérieur implique aussi celle d'un centre spécial correspondant. Cependant, jusqu'à présent, on n'a pu le découvrir. Mᴇɴᴅᴇʟ avait pensé qu'il pourrait bien se trouver près de celui de l'oculo-moteur commun, peut-être dans le lobule pariétal inférieur. Cʜᴀʀᴄᴏᴛ et Pɪᴛʀᴇs ont montré que cette assertion n'est pas fondée (*Rev. neurolog.*, 1894, 705). Pour Mᴀʀɪɴᴇsᴄᴏ, le centre qui anime les muscles péri-orbitaires n'aurait pas d'existence distincte, et il se trouverait dans la zone rolandique ou dans son voisinage. Il nous paraît que cette question aurait déjà pu être résolue depuis plusieurs années dans le sens indiqué par Mᴀʀɪɴᴇsᴄᴏ, d'après les expériences pratiquées sur le singe. Si l'on consulte en effet la topographie des centres corticaux de l'orang-outang, telle qu'elle a été établie par Bᴇᴇᴠᴏʀ et Hᴏʀsʟᴇʏ, il est facile de s'assurer que le centre du mouvement d'occlusion des paupières se trouve dans la région rolandique, au voisinage du territoire qui correspond aux autres muscles de la face. Il est vraisemblable qu'il en est de même chez l'homme. On trouvera plus loin, dans les faits empruntés à la pathologie humaine, les arguments qui militent en faveur de cette opinion.

Chaque aire motrice corticale du facial est en rapport avec les muscles des deux moitiés de la face. SᴄʜÄғᴇʀ et Hᴏʀsʟᴇʏ, SᴄʜÄғᴇʀ et Mᴏᴛᴛ, Bᴇᴇᴠᴏʀ et Hᴏʀsʟᴇʏ ont déterminé d'une façon très précise les points de la région rolandique dont l'excitation chez divers singes provoque des mouvements soit croisés, soit bilatéraux, des divers muscles de la face. La représentation bilatérale n'est cependant pas complète, en ce sens que l'occlusion des paupières, par exemple, est plus prononcée du côté croisé que du côté correspondant à l'excitation (*Philosoph. Transact.*, 1888-1891).

JÄɴɪᴄᴋᴇ (*Centrabl. f. klin. Med.*, 1883, 177), Pᴀɴᴇᴛʜ (*A. g. P.*, xxxvɪɪ, 523), Exɴᴇʀ et Pᴀɴᴇᴛʜ (*A. g. P.*, xʟɪ, 349) avaient déjà fait des observations semblables sur le chien et le lapin. Chez le chien, les centres pour les mouvements de la face se trouvent à la partie antérieure de la deuxième et surtout de la troisième circonvolution longitudinale. Sur l'extrémité antérieure de cette dernière qui forme immédiatement en dehors du gyrus sigmoïde le gyrus coronalis, on délimite en particulier plusieurs points qui sont en rapport avec les mouvements de l'orbiculaire des paupières, et même, pour une certaine intensité du courant, leur excitation ne produit qu'une contraction exclusivement localisée au côté opposé, tout à fait semblable au clignement normal (Eᴄᴋʜᴀʀᴅ, *C. P.*, 1898, 12, 1).

Pᴀɴᴇᴛʜ, il est vrai, avait obtenu presque constamment des contractions bilatérales de l'orbiculaire par l'excitation de cette région. Mais, dans des expériences reprises plus tard en collaboration avec Exɴᴇʀ, les deux physiologistes se sont assurés que les mouvements homolatéraux de clignement étaient dus en règle générale à une excitation réflexe de la dure-mère. Ils admettent cependant aussi chez le chien une influence bilatérale de l'écorce sur les membres de la face, par analogie avec ce qu'ils ont observé chez le lapin. Chez cet animal, Exɴᴇʀ et Pᴀɴᴇᴛʜ ont porté leur attention sur les mouvements des lèvres, et ils ont vu que l'excitation du territoire cortical du facial met en action les muscles de l'un et de l'autre côté : mais les mouvements homolatéraux exigent un courant plus intense, et sont plus faibles que ceux du côté croisé.

Pour déterminer les voies de la conduction homolatérale, Exɴᴇʀ et Pᴀɴᴇᴛʜ ont sectionné le corps calleux, les commissures cérébrales, extirpé la zone motrice du côté opposé, et ils n'ont pu empêcher ainsi les contractions du côté correspondant à l'excitation, mais celles-ci cessaient si l'on divisait la protubérance et la moelle allongée sur la ligne médiane. Ils en ont conclu que les voies centrales du facial subissent une décussation totale, mais que quelques-unes des fibres traversent de nouveau la ligne médiane après un premier entre-croisement pour aboutir au noyau facial de l'autre côté. Wᴇʀᴛʜᴇɪᴍᴇʀ et Lᴇᴘᴀɢᴇ ont montré que cette opinion, qu'on a invoquée également pour expliquer les mouvements homolatéraux des membres, ne pouvait être soutenue en ce qui concerne ces derniers (*A. de P.*, 1897, 168); elle est probablement inexacte aussi pour les mouvements de la face. On se rend plus simplement compte des résultats obtenus par Exner et Paneth, si l'on admet l'entre-croisement d'un certain nombre de fibres radiculaires qui servirait à assurer l'action bilatérale de l'écorce. Ces expériences demanderaient d'ailleurs à être répétées chez le chien pour bien établir que les mouvements homolatéraux cessent après section de la protubérance et du bulbe sur la ligne médiane : peut-être ne donneraient-elles pas les mêmes résultats que chez le lapin. Il nous paraît en effet très probable qu'il y a, pour le facial comme pour les membres, des fibres reliant directement l'écorce au noyau homolatéral : les observations de Mellus rapportées plus haut fournissent du reste une indication dans ce sens.

Un fait curieux signalé par Eckhardt (*loc. cit.*), c'est que l'ablation unilatérale du centre de l'orbiculaire chez le chien ne produit aucune modification dans le degré d'ouverture de la fente palpébrale du côté croisé : autrement dit, le muscle n'est pas paralysé. Les mouvements de clignement spontanés ou provoqués persistent également dans les deux yeux. L'extirpation bilatérale des zones symétriques de l'écorce n'a pas plus d'effet. Ces observations furent prolongées pendant plusieurs jours, et Eckhardt en conclut que le territoire cortical de l'orbiculaire n'a chez le chien aucune influence sur l'activité réflexe ou spontanée du centre subcortical du clignement [1].

Nothnagel, Bechterew, Brissaud admettent qu'il existe des centres et des voies de conduction différents pour les mouvements volontaires de la face et les mouvements d'expression émotionnels : le centre de ces derniers se trouverait dans la couche optique (V. Bulbe, 341).

Sensibilité du facial. — Le facial est, par ses fibres propres, étranger à la transmission des impressions sensitives. L'anatomie qui nous fait voir leur origine dans des cellules du type moteur suffirait déjà à le prouver : l'expérimentation nous apprend également qu'après la section intra-cranienne du trijumeau la sensibilité est abolie dans le domaine périphérique du nerf de la VII° paire. On peut alors, dit Longet, cautériser au fer rouge et détruire entièrement une moitié de la face sans que l'animal réagisse.

Magendie, Cl. Bernard assurent avoir pu reconnaître directement l'insensibilité du facial à son origine. Longet dit que cette expérience a toujours été impraticable pour lui ; ou, du moins, quand il est parvenu à atteindre le nerf, les conditions dans lesquelles se trouvait l'animal étaient trop défavorables pour permettre une conclusion rigoureuse. D'ailleurs Cl. Bernard fait remarquer seulement que le facial n'est pas sensible d'une manière évidente. Il y a en effet une question qui se pose à ce sujet. Magendie et Cl. Bernard excitaient très probablement le nerf facial en même temps que le nerf de Wrisberg ; si celui-ci représente réellement, comme tout porte à le croire, une racine sensitive, comment se fait-il qu'il ne réponde pas aux excitations centripètes. Faut-il admettre qu'il ne jouit que de la sensibilité spéciale, gustative?

Quoi qu'il en soit, si le facial s'est montré insensible à son origine, il est devenu très sensible à la périphérie. Lorsqu'on met à découvert les branches principales du nerf chez les différents animaux, leur pincement et leur section provoquent des manifestations évidentes de douleur. Chez le lapin cependant, Magendie et Longet ont trouvé la branche inférieure du nerf insensible.

La sensibilité des rameaux périphériques du facial est une sensibilité d'emprunt qui leur vient des anastomoses de la V° paire. Mais si l'on remonte plus haut vers le tronc du nerf, on trouve que son bout central est déjà sensible à sa sortie du trou stylo-mastoïdien. Cette sensibilité, qui avait été méconnue par Ch. Bell, a été ensuite mise en évidence par Magendie, Herbert-Mayo et tous les autres expérimentateurs. D'après Longet, elle proviendrait également du trijumeau. Ce physiologiste dit avoir pu constamment démontrer la complète insensibilité du facial au niveau du trou stylo-mastoïdien, après la section intra-cranienne du trijumeau. Pour plus de rigueur dans l'expérience, il ne mettait le facial à nu que le lendemain de l'opération pratiquée sur la V° paire, et il trouvait alors que le pincement et la section étaient très douloureux du côté sain, tandis qu'ils n'étaient pas perçus de l'autre. Longet n'a d'ailleurs fait que reproduire sur ce point l'opinion de Magendie (*Système nerveux*, II, 189 et 232, 1841).

1. Pour le centre de l'orbiculaire des paupières, voir aussi Ziehen (*A. P.*, 1899, 158).

J. Muller admet au contraire qu'après la section du trijumeau le facial conserve un reste de sensibilité, qu'il attribue à son anastomose avec le rameau auriculaire du pneumogastrique. Cl. Bernard a confirmé cette manière de voir : il sectionne le facial au-dessous de son anastomose avec le pneumogastrique et constate la sensibilité des deux bouts du nerf : il coupe alors le rameau auriculaire et voit que la sensibilité a disparu dans le bout central. D'autres expériences encore sont contraires à celles de Longet : pour lui, la sensibilité acquise par le facial dans son trajet intra-pétreux lui vient du nerf grand pétreux superficiel : mais Prévost a montré que ce nerf ne subit pas de dégénérescence après l'ablation du ganglion sphéno-palatin. Vulpian, il est vrai, a trouvé après la section du facial quelques fibres saines dans le grand pétreux (C. R., 1878, 86), mais elles ne peuvent provenir du trijumeau, si l'on s'en rapporte à l'observation de Prévost.

Il faut encore songer pour le tronc du facial à une autre source possible de sensibilité. Une partie des fibres du nerf de Wrisberg pourrait accompagner le facial jusque dans ses ramifications périphériques, comme l'a supposé V. Lenhossek (cité par Van Gehuchten, Anat. syst. nerveux, 532, 1897).

Il n'a été question jusqu'à présent que de la sensibilité directe du nerf facial et de ses branches, c'est-à-dire de celle de leur bout central. Mais le nerf jouit aussi de la sensibilité récurrente. Si l'on divise les trois principales branches du facial de manière à faire six bouts, trois libres ou périphériques et trois adhérents au tronc nerveux, les uns et les autres se montrent fort sensibles au pincement : cependant, chez le chien, d'après Longet, le bout libre de la branche moyenne est insensible. Le facial tient sa sensibilité récurrente de la Vᵉ paire, ce qui, pour Cl. Bernard, prouve, comme nous l'avons déjà dit, que celle-ci joue par rapport à ce nerf le rôle d'une racine postérieure. Toujours est-il que si l'on détruit le trijumeau, la sensibilité récurrente disparaît.

Il faut noter aussi qu'elle n'est pas également développée chez les différentes espèces animales. Cl. Bernard dit l'avoir toujours rencontrée chez le chien, tandis que chez le cheval, le lapin, elle est quelquefois très obscure et paraît même manquer. D'après Chauveau, elle ferait défaut chez le cheval quand la section est faite au voisinage de la parotide.

Arloing et Tripier (A. de P., 1876, 11 et 105) ont montré que, chez certains animaux, cette propriété du facial a pu échapper aux expérimentateurs qui interrogeaient le bout périphérique trop près du centre, parce qu'elle est en effet d'autant plus réduite qu'on se rapproche davantage du trou stylo-mastoïdien. Cependant le facial des solipèdes et des rongeurs possède la sensibilité récurrente aussi bien que celui des carnassiers ; mais, chez le cheval en particulier, alors qu'elle est encore très accusée au bord antérieur du masséter, elle s'épuise à mesure qu'on se rapproche de la parotide. Et encore les fibres récurrentes ne font-elles pas défaut chez le cheval, même au-dessous de la glande : après la section du facial, on trouve toujours à ce niveau parmi les fibres altérées quelques fibres saines : le nombre des tubes récurrents diminue toutefois de la périphérie vers le centre.

Fonctions du facial. Action motrice. — Le facial tient surtout sous sa dépendance les contractions des muscles peauciers de la face et du cuir chevelu auxquels il faut joindre aussi le peaucier du cou : il donne ainsi le mouvement aux parties extérieures des principaux organes des sens. Il fournit aussi des rameaux au digastrique et au stylo-hyoïdien, aux muscles styloglosse et glosso-staphylin, au muscle de l'étrier, enfin, d'après l'opinion classique que nous aurons à discuter, à certains muscles du voile du palais, c'est-à-dire au péristaphylin interne et au palato-staphylin.

Pour s'assurer de l'action motrice du facial, il suffit de soumettre à l'excitation électrique ou mécanique le bout périphérique du tronc nerveux, et l'on obtiendra des contractions très apparentes des muscles auxquels il se distribue. Inversement, leur paralysie est la conséquence immédiate et constante de sa section. Backer a rendu cette expérience peut-être plus frappante, en divisant le nerf facial chez un animal empoisonné par la strychnine ; les muscles sous-cutanés de la face rentrèrent au repos, tandis que ceux des autres parties du corps continuèrent à être agités par de violentes convulsions.

Chez l'homme, l'observation clinique fournit de nombreux exemples de paralysie faciale consécutive à une lésion traumatique ou à une altération pathologique du nerf.

Nous n'avons pas ici à envisager isolément le mode d'action de chacun des muscles peauciers de la face innervés par le facial : nous renverrons aux remarquables études qu'en a faites Duchenne de Boulogne. Pour nous rendre compte du rôle du nerf, nous examinerons surtout, comme on le fait d'habitude, les conséquences de sa paralysie.

1° Le nerf facial préside à l'expression de la physionomie. « Que les traits de l'homme soient épanouis par la joie ou concentrés par la douleur, qu'il exprime l'indignation, la surprise ou la colère, c'est toujours la contraction musculaire qui vient dessiner sur sa face, et quelquefois en dépit de lui-même, la passion qui l'agite à l'intérieur. Le nerf de la VIIᵉ paire préside à ces contractions. » (Bérard.)

Aussi, quand le facial est paralysé des deux côtés, les deux moitiés de la face sont-elles muettes : le malade ressent les impressions opposées de la joie et de la tristesse sans qu'il puisse en témoigner rien ; la figure semble couverte d'un masque sous lequel les globes oculaires seuls ont conservé leur mobilité.

Dans la paralysie unilatérale, le côté paralysé seul est devenu étranger à l'expression mimique. Chez l'adulte, il y a effacement des sillons et des plis du côté malade. Les deux moitiés de la face ne sont plus symétriques : même à l'état de repos, les traits sont déviés vers le côté sain sous l'influence restée sans contrepoids des muscles de ce côté : la commissure labiale du côté sain est attirée en haut et en dehors, celle du côté malade est abaissée et portée en dedans. Dans les cas types, le déplacement des traits est tel que le côté paralysé se présente en avant et immobile, et que la moitié vivante et expressive, semble en quelque sorte se dérober derrière l'autre.

Lorsque les muscles sains entrent en mouvement, soit que le malade parle, soit surtout qu'il rie, le contraste qu'on observe entre les deux côtés de la physionomie se prononce encore davantage. Bérard rappelle à ce sujet l'expérience faite par Schaw sur un singe très expressif : « La physionomie de cet animal devint si singulière que personne ne pouvait le regarder sans rire. On lui trouva de la ressemblance avec un acteur anglais depuis longtemps en possession d'égayer le public, par le désaccord qui existait entre les deux côtés de la figure, et l'on reconnut alors que cet homme avait mis à profit pour exciter le rire une hémiplégie faciale incomplète dont il avait été atteint. »

Chez les chiens, les lapins, d'après Cl. Bernard, et aussi Brown-Séquard (J. de P., 1862, 655), la face est déviée non du côté sain, mais du côté paralysé. Cependant Schauta (Ak. W., lxv, 105) dit que, chez des lapins opérés récemment, la déviation s'est faite du côté sain après l'opération, comme, ajoute-t-il, on la décrit habituellement.

2° Le facial commande à l'occlusion des paupières et au clignement. Après sa section, les paupières sont immobiles, l'œil du côté opéré est plus ouvert que celui du côté opposé, et ne peut plus se fermer, même pendant le sommeil. Le degré plus grand d'ouverture des paupières dépend du muscle releveur dont l'action persistante n'est plus contrebalancée par celle de l'orbiculaire : le clignement, soit spontané, soit provoqué, ne se produit plus.

Chez le cheval, contrairement à ce qui se passe chez les autres animaux, la paralysie faciale s'accompagnerait d'un rétrécissement plus ou moins marqué de la fente palpébrale, d'après Dexler (C. P., 1896, 709). Dans trois cas, que ce dernier a eu occasion d'étudier, le globe oculaire se trouvait caché en partie par la chute de la paupière supérieure, et cependant les animaux pouvaient contracter volontairement le releveur de la paupière : Dexler s'est d'ailleurs assuré dans un des cas que ce muscle fonctionnait normalement lorsqu'on excitait l'oculo-moteur commun, tandis que le facial paralysé était inexcitable. L'examen microscopique du nerf de la IIIᵉ paire et de son noyau n'a, en outre, rien montré d'anormal.

Enfin, en sectionnant le tronc du facial chez un cheval sain, Dexler a obtenu également la chute de la paupière, qui serait due, en définitive, à une insuffisance du mouvement d'élévation de cette membrane, par suite de la paralysie des muscles frontaux : celle-ci agirait autrement chez le cheval que chez les autres animaux, parce que chez lui la paupière supérieure est très développée, et qu'en même temps le rétracteur du globe de l'œil est très puissant. Il n'y en a pas moins chez le cheval occlusion incomplète de la fente palpébrale, à cause de la paralysie de l'orbiculaire.

Chantre (A. de P., 1891, 629) a consacré une étude spéciale aux conséquences de la section des nerfs de l'orbiculaire des paupières. Ce muscle est innervé chez le chien, l'âne, le cheval par deux branches, l'une externe, l'autre interne. Si l'une de ces branches vient à être sectionnée, l'autre la suppléera, et pourra toujours, en agissant sur son propre territoire, amener une fermeture des paupières plus ou moins parfaite. Pourvu donc qu'une moitié de l'orbiculaire ait conservé son innervation, la lubréfaction de la surface cornéenne se produira toujours, et il n'y aura pas de larmoiement.

Immédiatement après la section simultanée des deux branches, la paupière supérieure présente, il est vrai, des mouvements d'abaissement et d'élévation, mais ils sont passifs et tiennent à la rétraction réflexe du globe oculaire. Chaque fois que les paupières de l'œil sain clignent, il se produit synergiquement un enfoncement de l'œil du côté opéré qui fait que la paupière supérieure vient par son propre poids lubréfier une partie de la surface cornéenne. Il ne semble pas que sous ce rapport le cheval se comporte autrement que le chien et l'âne. L'une des expériences rapportées par CHANTRE a été pratiquée sur le cheval et ne concorde pas avec les observations de DEXLER : on y voit qu'après la section des deux branches palpébrales « l'œil reste grand ouvert, et les paupières ont perdu tout pouvoir de se contracter. Il existe cependant vers le tiers moyen de la paupière supérieure un léger mouvement d'abaissement et d'élévation, mais il semble produit par la rétraction du globe de l'œil et son retour à la position normale. Ces mouvements de la paupière sont synergiques avec ceux du côté opposé; tandis qu'en touchant les cils du côté sain, on amène l'occlusion des paupières, du côté malade on produit des mouvements affolés du globe oculaire et en même temps et surtout sa rétraction. Celle-ci est si prononcée que la membrane clignotante vient recouvrir presque la moitié de l'œil, les mouvements peuvent faire croire à une mobilité propre de la paupière supérieure. » Ainsi la chute de la paupière supérieure ne se produit qu'à l'occasion du clignement provoqué ou spontané, tandis que, d'après DEXLER, elle serait permanente.

De plus, CHANTRE a observé qu'au bout d'un certain temps après les sections nerveuses, l'occlusion des paupières peut s'opérer par un mécanisme nouveau et singulier. C'est la paupière inférieure dont les mouvements à l'état normal sont très réduits qui ira, poussée par les muscles de la face, à la rencontre de la supérieure et assurera la lubréfaction et l'occlusion de l'œil. Tandis que la paupière supérieure s'abaisse toujours par suite de la rétraction oculaire, la paupière inférieure s'élève comme si une force tirerait à partir de la commissure et de l'apophyse zygomatique sur la lèvre supérieure, la forçant à se soulever et à repousser en haut les tissus situés au pourtour inférieur de l'orbite. En touchant les grands poils de la moustache, on obtient la fermeture de l'œil avec mobilité de la lèvre, tandis que du côté sain on a la fermeture de l'œil, mais rien au niveau de la lèvre. Les mêmes phénomènes s'observent quand l'animal ferme les yeux spontanément.

Ainsi l'excitation sensitive partant de la conjonctive ne pouvant plus se réfléchir par la voie ordinaire, c'est-à-dire par le facial supérieur, prend un autre chemin, celui du facial inférieur, et alors l'œil se ferme par la contraction des muscles de la face qui repoussent en haut la paupière inférieure, en même temps que par l'action du muscle rétracteur du globe de l'œil.

Ce n'est pas tout de suite après l'opération que l'animal devient apte à rapprocher ainsi les paupières; il faut environ deux mois et demi chez le chien (ces observations, semble-t-il, n'ont porté que sur cet animal). Ce n'est donc qu'à la suite d'un certain exercice du centre réflexe, que la branche nerveuse devient habile à reproduire cette manière de fermeture palpébrale.

Au début, les mouvements des muscles de la face sont volontaires. L'animal incommodé par les poussières ou la sécheresse de la cornée, remonte volontairement et énergiquement les tissus de la face afin de lubréfier son œil. Puis ces mouvements finissent par devenir réflexes et se produisent synergiquement avec le clignement de l'œil opposé. Ils sont donc le résultat de la gymnastique d'un centre fonctionnel qui est ordinairement en repos pour cette fonction-là, l'occlusion palpébrale.

L'excitabilité de ce centre, après qu'il a été soumis à ce nouvel exercice, est telle que le plus petit attouchement pratiqué sur les moustaches détermine immédiatement la rétraction de la lèvre supérieure en même temps que l'occlusion des paupières par l'élévation des tissus de la face et le retrait du globe oculaire. Du côté opposé, où les nerfs sont intacts et où les réflexes suivent leur voie habituelle, on n'observe rien de semblable : tout au plus, quand on insiste sur l'excitation, peut-on voir un léger soulèvement de la lèvre, mais sans trace d'aucune propagation.

Une autre preuve de l'hyperexcitabilité de ce centre est celle-ci : quand on frappe doucement le front de l'animal, les deux yeux se ferment à chaque coup, mais du côté opéré il se joint à la fermeture des paupières le soulèvement énergique de la lèvre supérieure.

Une des conséquences de la paralysie de l'orbiculaire, c'est le larmoiement; pour que ce phénomène se produise, il serait nécessaire, du moins d'après certaines observations récentes, que le facial fût intéressé au-dessous de l'origine du grand nerf pétreux : on verra pourquoi plus bas. Quand la sécrétion des larmes se fait normalement, le défaut d'action de l'orbiculaire met obstacle au passage de ce liquide dans ses voies naturelles de diverses façons : la paralysie du muscle de HORNER amène le renversement en dehors des points lacrymaux; ce même faisceau musculaire ne peut plus intervenir, pour dilater, comme il le fait normalement, le sac lacrymal et pour y appeler ainsi les larmes; enfin l'action propulsive due au clignement est également supprimée.

D'après CL. BERNARD, aucun trouble de nutrition ne s'observe du côté de l'œil après la paralysie ou la section du facial. Cela n'est pas tout à fait exact; ces troubles ne sont pas communs, il est vrai, mais de ce que les paupières ne balayent plus la surface de l'œil, n'entraînent plus les corps étrangers et les microrganismes qui se déposent sur la conjonctive et la cornée, il peut résulter dans certains cas des inflammations et des ulcérations des membranes de l'œil. Déjà CH. BELL (cité par LONGET) a rapporté un exemple d'opacité de la cornée à la suite d'une paralysie faciale : cependant les altérations n'ont pas habituellement cette gravité.

BORDIER et FRENKEL (Sem. médic., 1897, 329) ont appelé l'attention sur un phénomène particulier qui est lié à la paralysie de l'orbiculaire, mais qui est intéressant aussi pour la physiologie normale. Lorsqu'on engage un malade atteint de paralysie faciale périphérique grave, disent ces auteurs, à fermer les yeux au moment où ils se trouvent en position primaire, on constate que l'œil du côté sain se ferme énergiquement, tandis que du côté malade, après une très légère diminution de la fente palpébrale, le globe oculaire resté visible à l'observateur se porte d'abord en haut et ensuite légèrement en dehors pendant que la paupière finit par s'abaisser d'une certaine quantité, variable avec le degré de paralysie du muscle orbiculaire. L'agent du mouvement du globe oculaire, c'est le petit oblique; ajoutons aussi que l'abaissement de la paupière supérieure tient très probablement au relâchement simultané de son releveur. BORDIER et FRENKEL ont étudié la valeur diagnostique et pronostique de ce phénomène, ce dont nous n'avons pas à nous occuper ici.

Le point à retenir est qu'il s'agit évidemment d'une association entre l'innervation d'un muscle péri-oculaire, le muscle orbiculaire et celle de l'un des muscles intrinsèques de l'œil, bien que la contraction du premier reste inefficace en raison de sa paralysie.

BORDIER et FRENKEL ont pensé trouver une explication facile de la relation fonctionnelle de l'orbiculaire avec le petit oblique, dans les rapports anatomiques qui d'après MENDEL unissent le noyau du facial supérieur à celui de la IIIᵉ paire. On a vu, en effet, que, pour cet auteur, le premier de ces deux noyaux serait situé immédiatement en arrière du second; d'autre part, le groupe des cellules nerveuses qui donnent naissance au rameau du petit oblique, se trouve être le plus postérieur des différents segments nucléaires de la IIIᵉ paire : l'association des deux muscles se comprendrait donc sans difficulté. Mais comme il a été dit, l'opinion de MENDEL est loin d'être prouvée.

D'autre part, BORDIER et FRENKEL avaient cru que ce phénomène ne peut s'observer que dans les paralysies périphériques graves avec réaction de dégénérescence. Il serait nécessaire pour qu'il se produise, pour que la décharge nerveuse puisse diffuser en quelque sorte au noyau du petit oblique, que l'obstacle à la périphérie soit très considérable, comme cela a lieu dans les paralysies destinées à être longues et durables.

Mais peu après, BERNHARDT (Berl. klin. Wochenschr., 1898, 33, 166) vint montrer que le signe de BORDIER et FRENKEL avait déjà été parfaitement décrit par CH. BELL, qu'il peut s'observer à l'état normal, comme l'avait également reconnu le célèbre physiologiste anglais. Si, en effet, chez un sujet sain, on fait doucement fermer les paupières, les globes oculaires gardent leur position de repos; mais ils se portent en haut et en dehors, plus rarement en haut et en dedans, si l'on empêche, par l'écartement forcé des paupières, l'occlusion de se produire, de manière à provoquer une contraction énergique de l'orbiculaire. Cette expérience, déjà faite par Ch. Bell, qui avait aussi justement attribué la rotation de l'œil en haut et en dehors à l'action du petit oblique, a été répétée avec succès par Bernhardt. On doit encore à Ch. Bell l'observation suivante : lorsque, pendant le sommeil, on examine un sujet dont les paupières ne joignent pas complètement, on peut s'assurer que la cornée est portée en haut sous la paupière supérieure et que la pupille est cachée. Dans ce cas également, l'occlusion de l'œil s'accompagne d'un mouvement du globe oculaire, en même temps que du relâchement de la paupière supérieure. Comme ici la volonté n'intervient pas, il faut admettre qu'il y a dans cette association un mécanisme préétabli, grâce à certaines connexions anatomiques. C'est en vertu de ce mécanisme que la même impulsion volontaire qui ferme les paupières par la voie du facial se transmet aussi à l'un ou à plusieurs des muscles de l'œil, surtout au petit oblique, dans certains cas au droit supérieur, en même temps qu'elle inhibe le releveur de la paupière supérieure. Telle est la théorie de Bernhardt, qui n'a fait d'ailleurs que développer sur ce point les idées de Ch. Bell.

P. Bonnier (Gaz. hebdomad., 1897, 1081 ; Revue neurolog., 1898, 236) a proposé une autre explication : toutes les fois que le globe oculaire n'est pas fixé par l'acte du regard volontaire, il a tout naturellement tendance à remonter en haut et en dehors : c'est son attitude de repos, c'est sa position normale physiologique et anatomique. Ainsi, quand nous luttons contre le sommeil, dans le vertige, la nausée, la syncope, toutes les fois en un mot que le regard cesse, le globe prend cette position. Il la prend encore quand le sujet s'efforce d'abaisser la paupière, parce que cet effort, même alors qu'il ne peut se réaliser, est incompatible avec le regard : c'est ce qui arrive dans la paralysie faciale. Dans ce dernier cas, si l'on recommande au malade de fermer les paupières, l'œil reprend donc l'attitude que Bonnier considère comme normale. Il peut y revenir tranquillement : mais parfois il y a quelque chose de plus : les mouvements du globe oculaire ont un caractère incohérent, impulsif et spasmodique. Il faut attribuer ce désarroi à une irritation nucléaire des oculo-moteurs par l'intermédiaire de l'appareil ampullaire. Celui-ci serait en cause pour deux raisons : parce que la paralysie faciale, supprimant l'action frénatrice du muscle de l'étrier, trouble l'équilibre de la tension labyrinthique ; en second lieu, la paralysie faciale périphérique serait souvent liée à une irritation congestive de l'oreille interne.

En ce qui concerne ce dernier point, Bernhardt a objecté à Bonnier que le signe de Bell se manifeste alors qu'il ne peut nullement être question de troubles du côté du labyrinthe, et que les rameaux de l'orbiculaire sont seuls paralysés. Quant à l'attitude physiologique de l'œil dans certaines conditions déterminées, l'explication de Bonnier ne nous dit rien sur son mécanisme, tandis que celle de Ch. Bell et de Bernhardt invoque du moins une association préétablie entre certains muscles extrinsèques et intrinsèques de l'œil. Elle nous montre aussi par divers exemples que la contraction de l'orbiculaire s'accompagne de la contraction du petit oblique d'une part, et du relâchement du releveur de la paupière supérieure d'autre part. Pour J. V. Michel (C. P., 1900, xiii, 648), les relations des deux premiers muscles seraient déjà établies dans l'écorce cérébrale.

Ce qui est certain, c'est qu'il n'est pas besoin d'une paralysie faciale pour produire le phénomène du signe de Ch. Bell, comme on l'appelle maintenant. De même que Bernhardt, Campos (Progrès médic., 1898, 98), Kustner (Rev. neurolog., 1899, 105), J. V. Michel ont fait ressortir qu'il s'agit d'une manifestation essentiellement physiologique. Mais elle devient plus facile à observer quand l'occlusion de l'œil n'est plus possible à cause de la paralysie, et que, par suite, l'impulsion volontaire qui arrive à ce muscle est considérablement renforcée. On comprend aussi que le phénomène se constate surtout dans les paralysies périphériques parce que dans les paralysies centrales l'orbiculaire est peu intéressé.

Il faut rapprocher du phénomène de Bell un autre mouvement associé, le réflexe orbiculo-pupillaire de Gifford (cité par Bonnier et Frenkel). Cet auteur a montré que, si l'on engage un sujet à faire un effort considérable pour fermer les paupières, alors qu'on s'y oppose au moyen d'un blépharostat, on observe une contraction de la pupille. Cette réaction, qu'on peut rencontrer aussi chez des aveugles, est due à une stimulation énergique de l'innervation de l'orbiculaire, et c'est à ce titre qu'elle nous intéresse ici, comme le signe de Ch. Bell.

3° *Mouvements des narines.* — Dans la paralysie faciale, la faculté olfactive éprouve un notable affaiblissement par suite du défaut d'action des muscles dilatateurs de l'aile du nez. Le malade ne peut plus flairer, et le courant d'air, chargé des principes odorants, n'est plus dirigé vers la partie supérieure des fosses nasales, siège du sens de l'odorat. Ch. Bell dit avoir fait respirer sans résultat de l'ammoniaque à un homme atteint d'hémiplégie faciale, de même qu'à un chien auquel il avait sectionné le facial. Shaw aurait répété avec succès des observations du même genre. On comprend que Longet ait obtenu des résultats beaucoup moins nets, puisque les substances employées par les deux expérimentateurs précédents doivent encore agir sur la sensibilité générale de la pituitaire. Longet affirme cependant que, dans les cas d'hémiplégie faciale complète chez l'homme, il n'a jamais vu les malades, lorsque la narine saine et les yeux étaient fermés, pouvoir discerner le tabac, le musc, le camphre, malgré des inspirations réitérées et profondes.

Chez le cheval, la suppression des mouvements de l'aile du nez à la suite d'une paralysie bilatérale du facial est suivie de troubles plus graves. Chaque mouvement d'inspiration par l'appel d'air qu'il produit aplatit la narine devenue flasque et en amène l'occlusion, comme cela arrive au niveau de la glotte, après la section des nerfs récurrents qui paralyse les dilatateurs de cet orifice. D'autre part, le cheval n'a pas la ressource de respirer par la bouche; le larynx chez lui remonte assez haut pour que l'épiglotte vienne se mettre en rapport avec l'ouverture postérieure des fosses nasales. Par conséquent, à la suite de la section des deux nerfs faciaux, le cheval meurt asphyxié, d'après Cl. Bernard. Cependant Ellenberger, après cette opération (*J. P.*, 1882, ii, 67), n'a observé chez le cheval que des troubles peu marqués de la respiration, quand l'animal restait au repos; la dypsnée ne devenait très intense que quand il faisait des efforts.

4° *Mouvements des lèvres et des joues* — La mastication est entravée par la paralysie du facial, parce que les lèvres et les joues ne peuvent plus ramener, au fur et à mesure, les parcelles alimentaires sous les arcades dentaires. Chez les animaux, les aliments s'accumulent sous les joues et les gonflent au point de gêner les mouvements des mâchoires. Par suite de la paralysie des lèvres, si les deux nerfs sont sectionnés, l'animal est réduit à saisir les aliments avec les dents, et il est obligé de les mâcher en levant la tête, sans quoi ils lui échappent.

Chez l'homme, l'action de souffler, le jeu des instruments à vent sont empêchés; la prononciation des labiales est troublée, et peut rendre la parole confuse et indistincte. La joue se laisse distendre passivement par chaque expiration : on dit que le malade fume la pipe : la salive s'écoule par la commissure labiale paralysée.

Une partie de ces accidents est due à la paralysie du buccinateur. Ch. Bell avait dit à tort que c'est le nerf buccal, branche du maxillaire inférieur, qui fournit de nombreux rameaux aux muscles des joues et des lèvres afin de mettre en rapport, pensait-il, leurs mouvements avec ceux des mâchoires.

Il est certain que le muscle buccinateur est, lui aussi, comme l'orbiculaire des lèvres, sous la dépendance du facial. Les effets de la section de ce nerf chez les différents animaux, le démontrent nettement. Longet, ayant divisé de chaque côté le nerf facial chez le cheval, a vu que l'animal ne pouvait plus prendre l'avoine qu'avec les dents, et qu'il exécutait des mouvements de mastication auxquels les lèvres et les joues restaient tout à fait étrangères. Sur le cheval encore il galvanise à plusieurs reprises le nerf buccal, sans obtenir la moindre réaction du buccinateur et de l'orbiculaire labial. Herbert Mayo est arrivé aux mêmes résultats négatifs chez l'âne, en irritant mécaniquement le nerf buccal. Wertheimer a aussi noté incidemment que, chez le chien, l'excitation de ce nerf ne détermine aucune contraction du buccinateur (*A. P.*, 1890, 632). D'après Debierre et Lemaire, il ne donnerait même au buccinateur ni fibres motrices, ni fibres sensitives (*B. B.*, 1895, 547).

Le peaucier est également sous la dépendance du facial. Si l'on recommande à un malade atteint de paralysie de ce nerf d'abaisser la lèvre inférieure, contraction à laquelle participe ce muscle, on peut assurer qu'il reste inactif (Gowers). Dans les formes périphériques graves de paralysie, REMAK a vu aussi le peaucier présenter des modifications de son excitabilité électrique.

5° *Mouvements des oreilles.* — Chez l'homme, l'influence du nerf est peu apparente en ce qui regarde le pavillon de l'oreille, mais, dans un grand nombre d'espèces animales, celui-ci, très ample, est mû par des muscles assez puissants pour qu'il puisse s'adapter de façon à recueillir sous l'incidence la plus favorable les ondes sonores. Chez le lapin, l'âne en particulier, l'oreille est tombante après la section du facial.

6° *Mouvements de déglutition et mouvements de la langue* — CL. BERNARD attribue à la paralysie du digastrique du stylo-hyoïdien après la section du facial, des troubles de déglutition (*Syst. nerv.*, II, 39) : le mouvement de soulèvement de la base de la langue en haut et en arrière, par conséquent aussi le rétrécissement de l'isthme du gosier serait gêné; le mouvement d'élévation de la pointe de la langue est également difficile, à cause de la paralysie du lingual superficiel (*Ibid.*, 138). Les animaux mangent donc lentement et difficilement, ne peuvent plus se nourrir suffisamment et finissent par mourir de faim, mais peut-être aussi étouffés par les aliments qui s'accumulent dans la bouche. BROWN-SÉQUARD (*loc. cit.*) a trouvé aussi que les animaux auxquels on a coupé le facial des deux côtés meurent de faim parce qu'ils ne peuvent plus avaler. D'après SCHIFF, au contraire (*Leçons sur la digestion*, I, 237, 1867), l'obstacle ne siège pas dans l'appareil de la déglutition, mais dans celui de la mastication, gêné dans son fonctionnement régulier parce que les aliments ne peuvent plus être retenus dans la bouche. La paralysie bilatérale pour lui n'est dangereuse et même mortelle que chez les enfants à la mamelle par l'impossibilité de téter qui en résulte.

On a aussi signalé dans l'hémiplégie faciale une déviation de la langue vers le côté sain, laquelle dépendrait de la paralysie du digastrique et du stylo-hyoïdien qui ne fixent plus suffisamment l'os hyoïde. ERB, EULENBURG, EICHHORST nient toute influence du facial sur les mouvements de la langue. Lorsqu'on fait tirer au malade cet organe au dehors, il paraît se rapprocher de la commissure labiale du côté paralysé, mais la déviation ne serait qu'apparente et tiendrait uniquement à ce que la bouche tout entière est entraînée vers le côté sain.

HITZIG et BERNHARDT ont observé aussi une déviation de la langue, non vers le côté malade, mais vers le côté sain. Mais, si l'observateur a le soin de donner à la bouche sa direction normale, la langue se porte directement en avant, sans déviation, de sorte que la position prise par l'organe ne dépend pas de quelque paralysie musculaire, mais, d'après HITZIG, d'une disposition instinctive du sujet à maintenir la langue dans ses rapports normaux avec les commissures labiales.

7° *Action sur le muscle de l'étrier.* — On croyait, il n'y a pas encore longtemps, que le nerf facial fournit non seulement un filet direct au muscle de l'étrier, mais encore des filets indirects, par l'intermédiaire du petit pétreux et du ganglion otique, au muscle du marteau. L'expérience a démontré que ce dernier est sous la dépendance de la branche motrice du trijumeau : l'embryologie nous apprend aussi que le marteau appartient à l'arc maxillaire, et comme tel, son muscle est innervé par le nerf masticateur, tandis que le muscle de l'étrier appartient à l'arc hyoïdien et est innervé par le facial (DUVAL). L'influence du facial sur ce petit muscle a été étudiée expérimentalement par LUCAE. Sa contraction peut s'associer synergiquement à celle des autres muscles innervés par le facial, en particulier à celle de l'orbiculaire : certains sujets perçoivent, au moment d'une occlusion énergique des paupières, un bruit grave, dû à cette cause : inversement, en poussant une injection dans la cavité du tympan, on a pu provoquer, en même temps qu'une contraction réflexe du muscle de l'étrier, du blépharospasme.

C'est à la paralysie du muscle de l'étrier qu'il faut attribuer la sensibilité exagérée de l'ouïe signalée pour la première fois par ROUX dans l'hémiplégie faciale et étudiée ensuite par LANDOUZY. L'oreille est péniblement impressionnée par les sons de toute nature, mais surtout par les sons graves. Cette *hyperacousie*, comme on a appelé ce symptôme, tient à ce que, par la paralysie de son muscle, l'étrier est devenu mobile dans la fenêtre ovale : l'action du muscle du marteau restant sans contrepoids, tous les mouvements de la membrane du tympan sont transmis avec force au labyrinthe et y provoquent des variations considérables de pression. D'après l'origine du rameau de l'étrier, il est

facile de voir que l'hyperacousie devra accompagner les paralysies dites profondes, celles
où le tronc nerveux est lésé assez haut dans le canal de FALLOPE.

Cependant, dans les paralysies qui ne portent que sur les branches périphériques, les
malades accusent aussi quelquefois la production de bourdonnements lorsqu'ils cherchent
à contracter les muscles de la face. Ce n'est ici qu'une exagération du phénomène que
nous avons vu parfois se produire chez des sujets normaux : l'impulsion volontaire, par
cela même qu'elle ne peut plus imprimer le moindre mouvement aux muscles paralysés,
s'irradie avec plus d'intensité à ceux qui ont été respectés, et par conséquent au muscle
de l'étrier qui, dans les conditions normales, resterait inactif.

8° *Action sur le voile du palais.* — Dans un grand nombre d'observations pathologiques,
on signale, comme une des conséquences de la paralysie faciale, des troubles moteurs du
côté du voile du palais. La luette serait déviée vers le côté sain, le voile du palais tout
entier pourrait être entraîné de ce côté, tandis que la moitié qui correspond à l'hémiplégie est affaissée et flasque, reste immobile pendant la phonation ou sous l'influence
d'excitations réflexes : le nasonnement et le reflux des liquides vers les fosses nasales
seraient d'autres indices de la paralysie du voile. Le facial, d'après l'opinion classique, innerverait, en effet, plusieurs muscles du voile du palais, spécialement le péristaphylin interne et le palatostaphylin par des filets qui vont par le grand nerf pétreux
superficiel et le ganglion de MECKEL aux nerfs palatins postérieurs.

L'influence du facial sur les mouvements du voile du palais est cependant très douteuse ; en tout cas, comme l'a récemment montré LERMOYEZ (*Revue méd.*, 1898, 243), aucun
fait expérimental ne permet de l'admettre. REID, qui semble avoir été le premier à demander
à la physiologie la solution du problème, constate d'emblée que le facial ne donne pas de
mouvements au voile. VOLKMANN est plus affirmatif encore. DEBROU (*D. P.*, 1842) reprend
les expériences de VOLKMANN et les confirme. Cependant, dans sa première expérience,
galvanisant, immédiatement après la mort, les nerfs intra-craniens d'un chien, il fait
contracter le voile en excitant le facial, mais il s'assure qu'il y a eu diffusion aux nerfs
du trou déchiré postérieur. Cette faute étant évitée, l'excitation du facial reste toujours
négative. HEIM, en Allemagne, CHAUVEAU, VULPIAN en France, BEEVOR et HORSLEY, en Angleterre, constatent invariablement que l'application de courants sur le bout périphérique
du facial, sectionné avant son entrée dans le trou auditif interne, ne provoque jamais le
moindre mouvement du voile du palais, même quand les muscles de la face entrent en
contraction violente et cela chez le chien, le chat, l'âne, le singe. Tout récemment, RETHI
est arrivé à des résultats analogues. Il s'applique à rechercher les causes d'erreur qui
peuvent tenir, soit à ce qu'on emploie un courant trop fort, soit à ce qu'on attribue à
une contraction des muscles vélo-palatins le soulèvement passif du voile produit par des
mouvements de la langue. Et il montre que si probablement, seul parmi les expérimentateurs, NUHN a obtenu des contractions du voile, c'est qu'il n'a pas su se garder de
pareilles fautes. C'est LONGET, dit LERMOYEZ, qui est surtout responsable de l'erreur classique. Il est d'ailleurs étonnant que ce physiologiste ait admis que le facial donne le
mouvement au voile, alors que ses expériences lui avaient démontré le contraire. C'est
qu'en effet il attribuait les résultats négatifs de l'excitation à l'interposition du ganglion
géniculé, rappelant que la galvanisation du nerf oculo-moteur commun ne provoque pas
non plus d'ordinaire la contraction pupillaire, parce que, selon lui, ses fibres sont également obligées de traverser d'abord un ganglion, le ganglion ophtalmique : et cependant
les effets de la section ou de la paralysie de la IIIe paire ne permettent pas de douter de
son influence sur la contractilité de l'iris.

Il est certain que la présence d'un ganglion sympathique sur le trajet d'un nerf peut,
dans une certaine mesure, modifier les résultats de son excitation, comme l'a montré
récemment LANGENDORFF précisément pour l'oculo-moteur commun (*A P.*, 526). Mais, d'une
part, le ganglion géniculé ne doit pas être considéré comme un ganglion du sympathique,
et, d'autre part, l'excitation du nerf de la IIIe paire, faite dans de bonnes conditions,
détermine réellement une contraction de la pupille, tandis que l'excitation du facial
s'est toujours montrée inefficace à l'égard des mouvements du voile du palais.

CL. BERNARD cependant croyait à l'action du facial sur le voile. Chez un animal récemment sacrifié, l'excitation du bout central du glosso-pharyngien lui donne des contractions du voile du palais ainsi que de ses piliers; mais, s'il arrache le facial dans le crâne,

la même excitation ne provoque plus que des mouvements des piliers, preuve que le facial agit sur le voile lui-même. Il faut reconnaître que ces expériences n'ont pas la valeur de la preuve directe, qui est négative.

Mais que dire alors des nombreux cas de paralysie du voile du palais signalés dans les paralysies faciales. Tout d'abord, on a fait remarquer depuis longtemps que la déviation de la luette ne prouve rien parce qu'elle se rencontre souvent normalement, qu'une luette mal conformée, une hypertrophie unilatérale de l'amygdale, peuvent induire en erreur; on ajoute que, dans les cas où les signes de paralysie existaient réellement, il y a probablement eu une lésion concomitante, mais passée inaperçue, des véritables nerfs moteurs du voile du palais, qui sont fournis par le pneumogastrique pour les uns, par le spinal pour les autres. LERMOYEZ cite des cas nombreux dans lesquels la paralysie du voile du palais était associée à la paralysie du récurrent, à celle du trapèze et du sterno-mastoïdien. Il rapporte une observation personnelle de ce genre avec intégrité absolue du facial et du grand pétreux superficiel.

GOWERS, qui a recherché la paralysie du voile du palais dans 100 cas, ne l'a trouvée qu'une fois, et cela du côté opposé à la paralysie faciale.

OPPENHEIM, cité par BERNHARDT (Spec. Pathol. de NOTHNAGEL, XI, II, 38, 1897), nie aussi toute participation du voile du palais au tic facial. Dans les quelques cas où l'on a signalé des mouvements rythmiques du voile, ceux-ci doivent être considérés comme des mouvements associés, d'après GOWERS.

Paralysie centrale et paralysie alterne du facial. — Le physiologiste expérimente plus habituellement sur la voie motrice périphérique du facial, mais la maladie frappe souvent la voie motrice centrale, celle qui apporte au noyau du nerf les impulsions parties de l'écorce cérébrale.

Ces paralysies dites centrales, celles qui sont par exemple la conséquence d'une hémorrhagie cérébrale, se caractérisent surtout parce qu'elles intéressent plus gravement le facial inférieur que le facial supérieur : comme l'étude de cette question se rattache directement à celle des centres corticaux du facial, elle doit nous occuper ici. Un fait certain, c'est que les cas de paralysie centrale dans lesquels le facial supérieur est atteint au même degré que le facial inférieur sont rares, on peut dire exceptionnels. HALLOPEAU qui, en 1879, en a réuni quelques-uns, les rattachait à une lésion du noyau lenticulaire : il les expliquait du reste par les rapports de la portion lésée de ce noyau avec le faisceau géniculé (Revue de médecine, 1879, 937). Nous ne savons s'il a été publié depuis lors d'autres exemples du même genre.

En mettant à part ces faits isolés, on considérait en général comme indemnes, ou à peu près, l'orbiculaire des paupières, le frontal et le sourcilier : ce qui concordait bien, comme il a déjà été dit, non seulement avec l'existence de deux foyers nucléaires, qu'on pouvait regarder comme démontrée, mais aussi avec celle d'un double centre cortical. Si le centre du facial supérieur restait encore à déterminer, la participation de son territoire de distribution à certains cas de paralysie centrale semblait précisément indiquer la présence d'une voie motrice spéciale, qui, exceptionnellement, pourrait être lésée en même temps que celle du facial supérieur.

Mais, depuis que l'attention s'est fixée sur ce point, on a constaté que la paralysie du facial supérieur est de règle dans les hémiplégies vulgaires (PUGLIÈSE et MILLA, Rev. neurolog., 1897, 114) : la fermeture de l'œil, le plissement du front, se produit plus difficilement que du côté sain. L'œil du côté paralysé ne peut plus être fermé isolément, alors que le patient exécutait facilement ce mouvement avant l'attaque : signe de l'orbiculaire de RÉVILLIOD (Rev. méd. Suisse Rom., 1889). D'après MARINESCO également (loc. cit.), presque tous les malades atteints d'hémiplégie cérébrale présentent de la parésie dans les muscles innervés par le facial supérieur : mais elle est beaucoup plus marquée immédiatement après l'attaque et s'atténue petit à petit.

Ces observations ne sont d'ailleurs pas aussi nouvelles qu'on serait porté à le croire : POTAIN avait déjà fait la remarque que souvent les mouvements de l'orbiculaire ne s'accomplissent régulièrement du côté malade que s'ils sont associés aux mouvements du côté sain, et qu'ils ne peuvent se produire isolément. Un de ses élèves, SIMONNEAU, a constaté le fait dans onze observations (D. P., 1877). HALLOPEAU, à qui nous empruntons ces indications, dit avoir reconnu plusieurs fois, surtout dans les hémiplégies récentes, que l'occlusion des paupières se faisait plus difficilement, plus lentement et moins complètement du côté malade que du côté opéré; ce qui indique, ajoute-t-il, que, si les filets de l'orbiculaire ne sont pas confondus avec ceux qui se distribuent à la partie inférieure de la face, ils n'en sont toutefois pas très éloignés.

Ce qui semble résulter des études plus récentes, c'est que la paralysie du facial supérieur est non seulement fréquente, mais constante, dans les paralysies centrales. Chez trente hémiplégiques examinés par MIRALLIÉ (*B. B.*, 1898, 767), le facial supérieur s'est toujours montré plus ou moins touché. Le sourcil est abaissé, les rides frontales sont moins prononcées : c'est surtout à l'occasion du mouvement volontaire que la parésie du facial supérieur est facile à mettre en lumière. Si l'on commande au malade d'élever le sourcil du côté sain, il s'élève rapidement à son maximum. Du côté paralysé, il traîne, en retard sur le côté sain; il s'élève par secousses et s'arrête moins haut; des différences semblables s'observent dans l'abaissement du sourcil.

Bien qu'en définitive, dans la grande majorité des cas, les troubles dans le domaine du facial supérieur soient notablement moindres que dans celui du facial inférieur, néanmoins les faits que nous venons de résumer sont contraires à l'hypothèse d'une dissociation centrale des deux territoires moteurs. On a pensé que, si les mouvements de l'orbiculaire sont moins compromis dans les paralysies centrales, c'est parce qu'ils sont soumis à l'influence des deux hémisphères cérébraux : il faut alors ajouter que, chez l'homme, la représentation bilatérale des mouvements des paupières est plus parfaitement réalisée dans l'écorce que celle des mouvements des lèvres et de la bouche; car, chez le singe, quelques-uns de ces derniers sont vraiment bilatéraux, tandis que ceux de l'orbiculaire des paupières en particulier ne le sont qu'incomplètement. Conformément d'ailleurs aux données de la physiologie expérimentale, FÉRÉ (*B. B.*, 1893, 830) a noté que les troubles de la motilité de l'orbiculaire des lèvres chez les hémiplégies ne sont pas nécessairement en rapport avec les troubles de la motilité des autres muscles de la face : quelquefois, avec une paralysie faciale très prononcée, on constate une motilité à peu près normale de cet orbiculaire; le plus souvent la paralysie de ce muscle est moins intense que celle des autres muscles de la face.

Nous venons de voir que l'intégrité de l'orbiculaire des paupières ne peut pas être considérée comme une caractéristique de la paralysie centrale du facial : inversement l'on a noté des cas où une destruction du nerf à la périphérie a laissé les muscles oculofrontaux, sinon indemnes, du moins encore en état de se contracter activement. Dans trois cas d'extirpation de la parotide avec le facial, rapportés par JABOULAY, la parésie qui existait avant l'opération ne fut point augmentée, et l'occlusion palpébrale put se faire presque complètement (*Lyon médic.*, 1897, 86, 450). Il existait un mouvement véritable de translation des deux paupières mais plus accusé du côté de la paupière supérieure; HASSE, LAVRAND (*Journ. des Sc. méd.*, Lille, 1888), ont publié des cas de ce genre. Du reste, BÉRARD déjà avait cherché à les interpréter de la façon suivante : « Les tendons des muscles de l'œil envoient des prolongements dans l'aponévrose orbitaire, et celle-ci en envoie dans les paupières ; or, chaque fois qu'on dit à une personne atteinte d'hémiplégie faciale de fermer l'œil, on voit que pendant l'effort infructueux qu'elle fait pour rapprocher ses paupières, les muscles de l'œil se contractent fortement pour abriter la pupille sous la voûte orbitaire[1]. J'ai pensé que c'est cette action des muscles de l'œil qui, propagée à la paupière, y détermine le léger mouvement qu'on y observe. » Mais JABOULAY fait remarquer que les prolongements des muscles moteurs de l'œil à l'aponévrose orbitaire ne peuvent qu'ouvrir les paupières et non les fermer.

CL. BERNARD ayant montré que le ganglion cervical supérieur a une action sur le muscle orbiculaire, LARCHER s'est servi de ce fait pour expliquer l'immunité du muscle dans les cas de ce genre : mais l'explication ne convient pas, dit avec raison JABOULAY, puisque le sympathique excité fait ouvrir les paupières. Il en arrive alors à admettre que l'orbiculaire palpébral peut être actionné « par une force autre que celle qui lui vient du facial ».

Mais l'anatomie, aussi bien que les résultats immédiats de la section des branches de

---

1. On voit que BÉRARD connaissait aussi le signe décrit par BORDIER et FRENKEL, soit qu'il l'ait emprunté à CH. BELL, soit qu'il l'ait observé par lui-même.

l'orbiculaire, contredisent cette assertion. L'explication la plus plausible, c'est que l'occlusion des paupières est due en réalité à l'influence du sympathique au moment où ce nerf a acquis les propriétés dites pseudo-motrices dont il sera question plus loin; si, en effet, dans les conditions normales, l'excitation du sympathique tend à ouvrir les paupières, il peut arriver à les fermer quand les propriétés en question se sont développées. Si cette interprétation est exacte, l'occlusion des paupières ne doit commencer à devenir possible que quelques jours après le début de la paralysie : en tout cas, dans les observations de Jaboulay, on peut très bien admettre que, les propriétés pseudo-motrices du sympathique étant établies au moment de l'ablation du facial déjà parésié, elles ont continué à s'exercer après l'opération. Il faut supposer également que le sympathique devienne apte à répondre aux impulsions volontaires. La pseudo-motricité du trijumeau, signalée par Schiff (voir plus loin), pourrait aussi intervenir.

Un caractère distinctif important entre les paralysies périphériques et les paralysies centrales, ce sont les modifications de l'excitabilité électrique, très marquées habituellement dans celles-là, nulles ou à peu près dans celles-ci : il y a cependant des cas de paralysies périphériques où elles sont peu prononcées, et où elles peuvent même manquer complètement.

Il reste encore quelques particularités intéressantes à signaler en ce qui concerne les lésions qui portent sur la voie motrice centrale du facial. Ce nerf pourrait être, d'après quelques observations, paralysé isolément ou à peu près, par une altération localisée au faisceau géniculé.

D'autre part, lorsqu'un foyer linéaire intéresse la capsule interne, il peut en résulter une forme tout à fait caractéristique de l'hémiplégie. Tandis que, dans l'hémiplégie ordinaire, c'est le bras qui est le plus compromis, ici, c'est la paralysie du membre inférieur qui existe ou qui prédomine à côté de la paralysie faciale, et le bras peut être à peine pris ou même complètement libre : l'arrangement des divers faisceaux de la voie pyramidale, au niveau de la capsule interne explique cette répartition des phénomènes paralytiques (Monakow, loc. cit., 81). Enfin, quand une lésion porte sur la partie inférieure de la protubérance, on observe l'hémiplégie dite alterne de Gubler, celle dans laquelle la face se trouve paralysée en même temps que les membres du côté opposé. Supposons en effet un foyer morbide au niveau indiqué et à droite. Si les filets radiculaires du facial droit se trouvent rompus dans leur trajet, ou si son noyau d'origine se trouve désorganisé, ou même si l'altération n'intéresse que les fibres déjà entre-croisées de la voie motrice centrale, il y aura forcément paralysie de la moitié correspondante de la face, mais comme, d'autre part, la décussation des faisceaux pyramidaux n'a lieu que plus bas, il y aura en même temps paralysie des membres du côté gauche. Comme la paralysie faciale est due habituellement dans ces cas à la désorganisation du noyau du nerf ou de ses fibres radiculaires, elle se comporte comme les paralysies périphériques; elle sera aussi complète que si l'on avait coupé le nerf du côté droit au niveau de son émergence, c'est-à-dire que le facial supérieur sera beaucoup plus compromis que dans l'hémiplégie ordinaire; il se produira de plus, en règle générale, les variations caractéristiques de l'excitabilité électrique et la réaction de dégénérescence.

Cependant, ici encore, la paralysie faciale peut être incomplète, prédominer dans le domaine du facial inférieur, et n'influencer que faiblement la réaction électrique : il faut d'ailleurs considérer qu'à la rigueur la lésion ne pourrait avoir intéressé que les fibres déjà décussées de la voie motrice centrale du nerf et qu'on se trouverait alors dans les conditions d'une paralysie centrale.

Suites éloignées de la section du facial. — La dégénérescence du nerf, consécutive à sa section, ne se produit pas dans les mêmes délais chez les différentes espèces animales. C'est un point sur lequel Arloing a appelé l'attention (A. P., 1896, 75). Longet avait fixé à quatre jours la persistance de l'excitabilité du bout périphérique des nerfs : chez le chien, cette durée est en effet la règle. On sait cependant que Waller et Ranvier ont montré qu'elle varie suivant les espèces, et qu'elle peut être plus courte. Chez le cheval, par contre, elle est beaucoup plus longue. Paul Maignien, en 1866, a trouvé plusieurs fois le bout périphérique du facial excitable huit jours après la section.

En effet, chez le cheval, l'âne, le mulet, l'excitabilité du facial disparaît du huitième au dixième jour, et ses altérations de structure sont moins prononcées au huitième jour qu'elles ne le sont chez le chien au quatrième. Il y a aussi des différences individuelles. Chez des chiens, Arloing a trouvé quelquefois le bout périphérique du facial excitable après cinq jours ; chez un âne l'excitabilité subsistait encore nettement après treize jours, et sur les branches terminales d'un animal de cette espèce on a constaté des traces d'excitabilité jusqu'au trente et unième jour.

D'après Schiff (C. P., 1892, 36 et 65), si l'on soumet, quelques jours après la section, les muscles à l'action du courant galvanique unipolaire, on constate que l'effet du pôle négatif est toujours plus rapide et plus puissant. Les lésions traumatiques des nerfs, pour Schiff, n'amèneraient jamais la réaction de dégénérescence, contrairement à une opinion très répandue : l'effet des courants induits a naturellement diminué.

Lorsque le facial est devenu inexcitable, on voit se manifester ces propriétés nouvelles si curieuses acquises par le sympathique, auxquelles nous avons déjà fait allusion. La motricité qui se développe dans la corde du tympan après la section de l'hypoglosse et dont il sera question plus loin avait fait supposer à Heidenhain que d'autres nerfs vaso-dilatateurs se comporteraient peut-être de la même façon après la section de certains nerfs moteurs. L'expérience, entre les mains de Rogowicz, a justifié cette prévision (A. g. P., xxxvi, 1885, i). Si l'on veut obtenir nettement les effets cherchés, il faut attendre de douze à quatorze jours après la section. L'animal étant couché sur le dos, si l'on excite le bout céphalique des branches de l'anneau de Vieussens, la lèvre supérieure tombante se soulève lentement et s'applique sur l'arcade dentaire ; si l'on renforce l'excitation, on voit le sillon naso-labial et la cloison des narines entraînés du côté correspondant. Quelquefois l'ouverture palpébrale se rétrécit par contraction de l'orbiculaire : cependant, le plus souvent, son action est surmontée par celle du muscle qui normalement, sous l'influence du sympathique, dilate la fente palpébrale.

Tous ces mouvements ont les mêmes caractères que ceux qui se produisent du côté de la langue par l'excitation de la corde à la suite de la dégénérescence de l'hypoglosse ; c'est ainsi que l'empoisonnement par la nicotine qui a une influence puissante sur ces mouvements peut amener une occlusion de l'œil.

Cependant Wertheimer (loc. cit.), en excitant chez des chiens un autre nerf, que les expériences de Jolyet et Lafont permettent de considérer comme un vaso-dilatateur type, le nerf buccal, n'a pas obtenu après la section du facial de mouvements dans les parties auxquelles se distribue la branche de la Vᵉ paire. Dans un cas seulement, il a remarqué une augmentation des mouvements fibrillaires spontanés de la lèvre inférieure.

Brown-Séquard (loc. cit.) a signalé depuis longtemps les contractions toniques, les contractures et les secousses cloniques dont les muscles de la face sont le siège quelque temps après la section du nerf chez certains animaux, surtout chez les lapins et les chats. Dans un cas, vingt et un mois après l'opération, la contracture persistait.

Chez l'homme, lorsque dans les paralysies périphériques la guérison s'établit, il se produit aussi souvent des contractures avec le retour des mouvements volontaires. Le sillon naso-labial qui était effacé se marque de nouveau et même se creuse davantage qu'à l'état normal, la bouche est déviée du côté malade, la fente palpébrale devient plus étroite, de sorte qu'il est souvent difficile de distinguer au premier abord le côté sain du côté qui vient d'être paralysé. Il y a aussi souvent des contractions fibrillaires.

Il se produit de plus, à l'occasion des mouvements volontaires, une série de contractions associées. Si l'on invite le sujet à fermer les yeux, la commissure labiale est déviée ; en même temps, la joue s'applique fortement contre la gencive. Si l'on engage le sujet à ouvrir la bouche, les yeux se ferment, etc.

Entre autres explications de ces mouvements associés et de ces contractures, il en est une qui nous paraît la plus satisfaisante, c'est la suivante. L'excitabilité du noyau d'origine du facial a été exagérée pendant la durée de la paralysie, parce que les excitations volontaires lui arrivaient d'autant plus énergiques que le nerf ne pouvait plus y répondre ; d'autre part, comme ces impulsions s'efforcent à mettre en jeu tout le territoire musculaire innervé par le facial, l'aptitude à provoquer une action isolée de tel ou tel groupe des muscles s'est perdue en partie. On comprend ainsi que, quand reviennent les propriétés conductrices du nerf, l'excitation, au lieu de rester isolée à un seul groupe de cellules nerveuses, s'irradie aux groupes voisins. Leur tonicité étant également exagérée, il en résulte des contractures. Les expériences de Chantre, rapportées plus haut, nous paraissent venir à l'appui de cette manière de voir : on y observe, en effet, qu'après la section d'une des branches du facial l'excitation volontaire, impuissante à faire entrer en activité les muscles qui en dépendent, provoque, en raison même des efforts qu'elle est obligée de déployer, des mouvements convulsifs dans le domaine des muscles intacts.

D'après les curieuses expériences de Schiff sur les animaux, une certaine variété de ces mouvements consécutifs à la section du facial pourrait avoir une tout autre origine. L'éminent physiologiste a donné de ces phénomènes moteurs un tableau d'ensemble que nous allons résumer. Du quatrième au cinquième jour apparaissent les oscillations paralytiques, c'est-à-dire les mouvements fibrillaires : ceux-ci se montrent au niveau des poils des lèvres, puis autour des poils qui entourent le nez et l'œil, sous la muqueuse des lèvres, au voisinage des incisives supérieures et inférieures ; les secousses sont destinées à durer aussi longtemps que la paralysie elle-même. Lorsque le nerf se régénère, elles cessent peu à peu, mais seulement un certain temps après la régénération. Du sixième au huitième jour, le sympathique cervical commence à prendre son influence pseudo-motrice ; les mouvements qu'il provoque, d'abord très faibles, gagnent ensuite en énergie et en rapidité ; mais, au bout de deux mois, ils diminuent de nouveau, de sorte qu'on ne les retrouve plus que difficilement ou même pas du tout. Schiff ajoute que, chez quelques chiens, l'action pseudo-motrice existe normalement à un faible degré avant la paralysie du facial et n'est que renforcée par cette dernière.

Un spectacle nouveau et étonnant commence de la onzième à la seizième semaine. Aux mouvements fibrillaires viennent maintenant s'ajouter des secousses de faisceaux musculaires tout entiers au niveau des lèvres et des différentes parties du visage. La lèvre supérieure est projetée en avant ; la commissure labiale est tirée en arrière ; les paupières se rapprochent au point de ne plus laisser persister entre elles qu'une fente assez étroite, et cela à l'occasion de tous les mouvements de l'animal. Ces secousses peuvent être provoquées par des excitations réflexes qui n'agissent pas directement sur la tête ; par exemple quand l'observateur approche la main des yeux de l'animal sans les toucher. Elles deviennent d'ailleurs de plus en plus rapides et fortes, mais chaque secousse isolée est de courte durée. Au bout de quelques mois, le nez est mobile, et il est dévié en totalité vers le côté paralysé ; cependant jamais les narines ne s'associent plus aux mouvements de respiration.

Si l'on examine ces animaux quelques mois après la résection du nerf, on a de la peine à se convaincre, au cas où l'on n'est pas prévenu, qu'il existe chez eux une hémiplégie faciale ; et cependant il est facile de s'assurer qu'il ne se produit aucun mouvement de la moitié correspondante de la face, lorsqu'on applique le courant faradique au niveau du trou stylo-mastoïdien, tandis que du côté sain la même excitation produit des contractions énergiques. Schiff a vu persister ces mouvements, qu'il appelle compensateurs, près de quatre ans avec une paralysie persistante du facial.

Lorsque la régénération du nerf a lieu, ils cessent progressivement. Alors on passe par une période pendant laquelle se produisent des sortes d'accès convulsifs, trois à quatre fois à la minute, comme dans le tic convulsif de la face chez l'homme. Ces convulsions dépendent déjà, d'après Schiff, de la régénération du nerf, sans que cependant les mouvements respiratoires des narines soient encore revenus ; elles ne sont pas une transformation des mouvements compensateurs ou fasciculaires précédemment décrits ; ceux-ci, au contraire, deviennent plus lents et plus faibles. Cependant les mouvements fibrillaires persistent encore : ils disparaissent quand la régénération du nerf est terminée, ce qui se marque par le retour de la respiration nasale.

Les mouvements compensateurs sont sous la dépendance du trijumeau ; si l'on sectionne la grosse racine de ce nerf, entre le ganglion de Gasser et la protubérance, chez un chien sur lequel ils sont bien développés, ils cessent et ne se reproduisent plus, même si l'observation se prolonge pendant plusieurs mois, et alors que la racine motrice reste tout à fait intacte. Les mouvements fibrillaires, au contraire, continuent malgré la section du trijumeau.

Si l'on divise simultanément le facial et la grosse racine du trijumeau, les mouvements fibrillaires se produisent d'ailleurs régulièrement, mais les mouvements fasciculaires compensateurs font défaut.

Schiff se demande alors si le trijumeau est véritablement devenu, dans ces conditions, un nerf moteur agissant dans la direction centrifuge, ou bien s'il n'intervient que comme un nerf centripète dont l'excitation serait transmise à un nerf moteur vrai. Mais le sympathique, auquel seul on pourrait songer, a perdu depuis longtemps sa propriété pseudo-motrice lorsque les mouvements compensateurs débutent. D'autre part, sa section, ou l'extirpation du ganglion cervical inférieur, ne modifie pas les résultats. L'expérience suivante répond, au surplus, à la question posée. Chez un chien auquel on a sectionné plusieurs mois auparavant le facial, on divise le bulbe en travers, on enlève le cerveau, tout en entretenant la respiration artificielle, et on va exciter le trijumeau : cette excitation produit, en même temps que la contraction des muscles masticateurs, des contractions dans tous les muscles de la face, comme le ferait celle du facial lui-même.

L'excitation du facial pratiquée au niveau du conduit auditif interne ne produit aucune apparence de mouvement, celle du trijumeau du côté opposé n'amène, comme à l'ordinaire, que des mouvements du maxillaire. Ce que fait le facial du côté sain, c'est maintenant le trijumeau du côté opéré qui l'exécute.

On peut employer le courant galvanique, les chocs d'induction isolés ou fréquemment répétés avec les mêmes résultats. Il ne peut pas être question de courants dérivés jusqu'au facial, puisque celui-ci n'existe plus. Si l'on sépare la grosse racine du trijumeau de la petite, la première seule agit sur les muscles de la face.

On réussit quelquefois à tomber sur une période dans laquelle le facial étant en voie de régénération, les mouvements qui dépendent du trijumeau sont déjà affaiblis, tandis que ceux qui dépendent du facial sont déjà très énergiques. Si l'on sacrifie l'animal dans cette période, et si l'on excite les deux nerfs à la base du crâne, les contractions dues au trijumeau ont pris tous les caractères pseudo-moteurs, c'est-à-dire qu'on les provoque plus difficilement par des chocs d'induction isolés, et ils sont si lents que les muscles masticateurs font claquer les dents avant que les convulsions de la face ne se manifestent; les mouvements dus au facial, au contraire, sont déjà devenus « rapides comme l'éclair ».

Ces phénomènes de motricité dans la sphère du trijumeau ne peuvent pas avoir leur cause dans une modification des appareils terminaux, y compris le muscle, puisque, par l'intermédiaire de ces derniers, on peut provoquer soit des mouvements rapides normaux, soit des mouvements lents, suivant que le facial est encore complètement paralysé ou déjà en voie de régénération. D'autre part, le long délai qui s'écoule entre la section du facial et la manifestation de l'influence motrice de la Vᵉ paire n'est pas non plus favorable à l'opinion que l'apparition des phénomènes pseudo-moteurs est liée à une variation de l'excitabilité du muscle, comme celle qui, d'après SCHIFF, est probablement la cause des mouvements fibrillaires.

Il ne reste plus qu'à admettre que la modification porte sur le tronc du trijumeau lui-même, et qu'un nerf sensible déterminé peut devenir moteur comme un nerf moteur ordinaire. SCHIFF s'élève avec quelque raison contre la dénomination de phénomènes pseudo-moteurs, employée par HEIDENHAIN : la motricité est réelle, et non apparente; il préférerait appeler ces effets des effets moteurs secondaires.

La transformation du nerf sensible a-t-elle son point départ dans les centres ou à la périphérie? C'est à quoi répondent les expériences suivantes. Si l'on sectionne la Vᵉ paire seule à son émergence, et si l'on excite au bout de quelques mois la grosse racine dans le crâne, on n'obtient pas de mouvements; le nerf d'ailleurs gardé sa structure normale, puisque le ganglion de GASSER a été respecté. Dans une autre série d'expériences, on sectionne simultanément le trijumeau et le facial dans le crâne, le premier aussi près que possible de la protubérance. Il ne se produit naturellement aucuns mouvements compensateurs. Après onze mois, on excite le facial immédiatement après la mort : rien; au contraire, l'excitation du trijumeau provoque dans tout le domaine de la face des mouvements : seuls les muscles de la mâchoire restent immobiles, puisque le nerf masticateur a été sectionné. Le résultat est le même si le facial est sectionné à sa sortie du trou stylo-mastoïdien. L'expérience suivante parle dans le même sens. Le facial est sectionné derrière l'oreille : quatre mois plus tard, quand les mouvements compensateurs de la face sont devenus très visibles, on sectionne la Vᵉ paire; les mouvements secondaires cessent, mais ils deviennent très manifestes lorsqu'un an après la première opération, le trijumeau est excité dans le crâne. D'autres faits pareils montrent, en définitive, que le nerf sensible se transforme en nerf moteur, après la paralysie du facial, que le trijumeau soit ou non séparé du cerveau : il perd son influence si le facial se régénère. C'est donc à la périphérie que doit s'exercer l'action d'un des nerfs sur l'autre. Mais Schiff ne fournit pas de plus ample explication de ces phénomènes si singuliers et encore énigmatiques : il émet l'avis que la contracture, qui chez l'homme et le lapin suit la paralysie faciale ou celle d'autres nerfs moteurs, est l'analogue de ces manifestations pseudomotrices observées chez le chien. Lui, cependant, n'a pu mettre en évidence les propriétés nouvelles acquises par le trijumeau à la suite de la section du facial (Virchow et Hirsch's, Jb., l, 1894, 215).

Des oscillations paralytiques observées à la suite de la section du facial, il y a peut-être lieu de rapprocher les faits signalés par Mayer (cité in Ch. Richet, Muscles et nerfs, 1882, 266). Si par la ligature des artères du cou on intercepte pendant quinze à trente minutes la circulation dans la face, au bout de ce temps les muscles sont paralysés des mouvements volontaires. Si l'on laisse revenir le sang dans la face anémiée, le retour du sang provoque les mouvements fibrillaires dans les muscles. Ces phénomènes ne peuvent être attribués à l'excitation cérébrale : car, après avoir coupé le nerf facial, les mouvements fibrillaires ont encore lieu, et d'ailleurs, au bout de quinze minutes d'anémie le cerveau est mort. Mais si l'animal a été curarisé, le tremblement fibrillaire n'a pas lieu : c'est donc probablement à l'excitation des extrémités motrices terminales des nerfs qu'il est dû.

Une des conséquences possibles de la section du facial est le développement asymétrique des os du crâne, de telle sorte que le squelette semble incurvé du côté paralysé. Schauta, qui a appelé l'attention sur ces troubles de nutrition, invoque, entre autres causes, l'influence indirecte exercée par les contractions musculaires sur la circulation de la face, et qui naturellement fait ici défaut.

Borel a vu aussi que, chez de très jeunes lapins, les os du côté paralysé étaient de moitié plus petits que ceux du côté sain (Rev. méd. Suisse rom., 1885, 99).

Enfin, chez un lapin auquel Beaunis avait coupé le facial depuis environ trois ans, il a été observé un rétrécissement de la fente palpébrale du côté opéré, tel que l'œil était presque complètement fermé : ce rétrécissement paraissait être de nature atrophique : il y avait aussi atrophie du côté correspondant de la face. Beaunis rappelle à ce propos qu'il a constaté chez d'autres lapins, ayant subi la même opération, des troubles trophiques du côté de l'oreille. Il se demande cependant si ces phénomènes sont dus à la paralysie faciale ou à une autre influence nerveuse.

De l'arc sensitivo-moteur de la face. — Les muscles de la face peuvent être paralysés non seulement parce que leur nerf moteur est lésé ou parce que les relations de son noyau d'origine avec l'écorce cérébrale sont interrompues, mais encore parce que les excitations centripètes que conduit normalement le trijumeau ne parviennent plus aux centres. Nulle part peut-être l'influence de la sensibilité sur le mouvement n'est plus manifeste que dans le domaine des muscles innervés par le facial, sans doute parce que la plupart des autres régions du corps reçoivent leur sensibilité de sources multiples, tandis que la face la doit à une source unique. La section des diverses branches du trijumeau a comme conséquence une série de troubles moteurs tels que leur tableau ressemble singulièrement à celui de la paralysie faciale ordinaire.

L'état d'immobilité des paupières et la suppression du clignement après la division du trijumeau est trop connu pour qu'il soit nécessaire d'y insister. Dès le début de ces expériences, Ch. Bell a noté aussi, comme on l'a vu, les effets de la section des rameaux sous-orbitaires du maxillaire supérieur sur les mouvements des lèvres et des joues. A la suite d'une double opération de ce genre sur l'âne, il a vu que l'animal ne pouvait plus saisir l'avoine avec ses lèvres, qu'il avait perdu la faculté de les élever et de les projeter en avant, qu'il était obligé d'appliquer la bouche contre terre et de ramener les graines avec la langue. Il ajoute encore qu'un animal a qui on a coupé soit la VIIe, soit la Ve paire, a également perdu la faculté de prendre l'aliment avec les lèvres, mais pour deux raisons différentes : dans un cas c'est par la perte du mouvement; dans l'autre c'est par la perte de la sensibilité (cité par Exner, A.g. P., 1891, 592). Magendie avait d'abord déclaré que l'influence du nerf sous-orbitaire sur le mouvement ne lui avait pas paru évidente. Et cependant, dans ses leçons sur le Système nerveux (1841, ii, 137), le passage suivant confirme absolument le fait : « Nous trouvons ici, pour la section isolée des branches de la V° paire, un fait singulier que nous avons déjà eu l'occasion de signaler en coupant le tronc même du nerf : c'est que le mouvement est perdu partout où la sensibilité est détruite. Ainsi le nerf ophtalmique est coupé : paralysie du mouvement dans les parties où ce nerf va se rendre. Le maxillaire supérieur est coupé : même paralysie du mouvement dans les parties qui reçoivent ses divisions ; et cependant la VII° paire est bien certainement le nerf du mouvement de la face. Pourquoi donc ne peut-elle agir seule ? pourquoi a-t-elle besoin du concours d'un nerf sensible pour remplir ses fonctions de nerf moteur ? En résumé, Messieurs, nous sommes plus riches en faits qu'en explications. »

Et plus loin (179) : « Il est bien vrai que le nerf facial est le nerf moteur de la face, puisque sa section entraîne la perte de tout mouvement dans cette partie ; mais, par une circonstance que je serais presque tenté d'appeler bizarre, le nerf facial perd l'exercice de ses propriétés motrices dès l'instant où la V° paire est coupée, bien qu'il ne reçoive pas de la V° paire ses propriétés de nerf moteur. Comment concilier cela, je n'en sais rien. Cependant le fait est incontestable, et vous en avez la preuve sous les yeux. L'un de nos animaux a la moitié supérieure de la face privée de mouvement ; sur l'autre, au contraire, c'est la partie inférieure. Ainsi le mouvement est aboli chez tous les deux dans les mêmes parties que la sensibilité, et pourtant chez tous les deux aussi le nerf facial est intact. »

PINELES a répété l'expérience de CH. BELL sur le cheval avec le même résultat (C. P., 4, 741). Les animaux auxquels il avait coupé les deux nerfs sous-orbitaires se comportaient presque entièrement comme si leur lèvre supérieure était paralysée. On pouvait, il est vrai, en poursuivant l'observation pendant quelques semaines, apercevoir de temps en temps des mouvements actifs de cette partie ; mais en règle générale, elle pendait flasque et inerte, et ne pouvait être utilisée pour la préhension des aliments. Chez les lapins, il n'est pas douteux non plus que les mouvements des lèvres et du nez ne soient compromis par la section des nerfs sous-orbitaires. EXNER cite encore MAYO et SCHOEPS comme ayant obtenu des résultats semblables. Chez le chien, PINELES n'a pas obtenu d'effets bien nets ; par contre, TISSOT et CONTEJEAN (B. B., 1893, 569) ont observé chez cet animal une parésie des muscles de la lèvre, même après une section unilatérale du rameau sous-orbitaire.

FILEHNE (A. P., 1886, 432) a vu aussi, chez des lapins auxquels il avait coupé la V° paire, l'oreille du côté correspondant retomber en arrière du côté de la nuque et rester presque constamment en cette position, comme si le pavillon de l'oreille était paralysé.

L'observation avait déjà été faite par MAGENDIE (loc. cit., I, 255) : « Voyez l'attitude de cet animal. Il a l'oreille droite renversée et pendante vers la nuque : la gauche, au contraire, est dressée et même inclinée vers le front. Elles sont toutes les deux dirigées en sens inverse.

« Voici un autre lapin dont l'attitude est parfaitement la même. Il a également l'oreille droite renversée en arrière, et l'oreille gauche penchée en avant. Ces animaux ont-ils donc l'un et l'autre été soumis à la même expérience ? Non, car l'un de ces lapins a la sensibilité de la face intacte, tandis que l'autre est paralysé de la sensibilité dans toute une moitié de la face. C'est que chez le premier, j'ai coupé la VII° paire et chez le second, la V°. La similitude des résultats dépend ici de cette circonstance physiologique fort curieuse que ces deux nerfs s'influencent au point que l'un, par la perte de ses propriétés sensitives, prive l'autre de ses propriétés motrices. »

CL. BERNARD, dans des expériences semblables, ne s'est pas contenté de couper la V° paire ; mais pour priver complètement l'oreille de sa sensibilité, il a, en plus, sectionné le plexus cervical et il a vu alors que l'organe anesthésié « semblait avoir perdu complètement sa mobilité » (Syst. nerv., II, 70).

Ainsi suppression du clignement, paralysie des lèvres, chute de l'oreille, le tableau est complet, et offre la plus grande analogie avec celui de la paralysie faciale ordinaire. Il n'y manque même pas la paralysie de la joue. Après avoir fait remarquer qu'après la section du trijumeau la paupière reste immobile et n'est le siège d'aucun mouvement volontaire, CL. BERNARD ajoute : « La joue paraît être de même ; elle est comme flasque et sans mouvement. » KRAUSSE (C. P., 1897) a aussi noté, d'après plusieurs cas de résec-

tion du ganglion de GASSER chez l'homme, que la mobilité des muscles de la face était
influencée, que l'action de flairer était devenue plus difficile, que, si le sujet gonfle les
joues, l'air s'échappe souvent des lèvres mal jointes, que parfois l'opéré ne peut plus
siffler, ni avancer les lèvres. FILEHNE a également réuni quelques observations analogues
empruntées à la pathologie humaine.

Il y a cependant, fait remarquer CL. BERNARD, un mouvement qui continue toujours
après la section de la Vᵉ paire, et qui a suffi à faire penser que des mouvements du
facial étaient inaltérés d'une manière complète à la suite de cette section. Ces mouvements sont ceux des narines, qui persistent en effet d'une manière très évidente après
la section de la Vᵉ paire. Mais CL. BERNARD est si bien persuadé de l'influence toute-puis-
sante du sentiment sur le mouvement, qu'il fait immédiatement observer que, lorsque le
trijumeau est coupé, le facial reçoit encore des anastomoses sensitives d'autres nerfs, du
plexus cervical superficiel, un peu du glosso-pharyngien et particulièrement du nerf
vague.

Aussi a-t-il voulu voir si la persistance des mouvements de la narine du côté où
la Vᵉ paire a été coupée n'était pas due à la persistance de cette anastomose. Après sa section, il n'y eut pas abolition complète des mouvements respiratoires : néanmoins on
ne put s'empêcher de reconnaître qu'il y avait une influence évidente exercée par la
section de cette anastomose.

Ainsi chez un lapin auquel cette opération avait été pratiquée à gauche, consécutivement à la section de la Vᵉ paire, la narine du côté correspondant paraissait immobile
et élargie. Du côté opposé, sa mobilité était parfaite. Lorsqu'on comprimait la trachée
de l'animal, les mouvements apparaissaient très forts dans les deux narines, mais la
narine gauche paraissait se dilater un peu différemment, surtout aux dépens de la demi-
circonférence inférieure constituée par la lèvre.

De même, sur un autre lapin, les mouvements de la narine disparaissaient quand
l'animal était tranquille pour reparaître quand on gênait la respiration en comprimant la
trachée.

Sur un lapin encore, CL. BERNARD sectionne d'abord l'anastomose du pneumogastrique
avec le facial; les mouvements de l'aile du nez cessèrent. La narine cependant se dilatait
encore, mais la dilatation avait lieu seulement par l'abaissement de la demi-circonfé-
rence inférieure constituée par la lèvre. Il n'y avait plus de mouvement appartenant au
lobe du nez. On coupa ensuite tous les nerfs sensibles, trijumeau, plexus cervical, pour
rendre la face complètement insensible. Après toutes ces opérations, il n'y avait rien eu
d'appréciable dans les mouvements de la narine, qui étaient peut-être un peu plus affaiblis.
Mais, ajoute encore CL. BERNARD, il aurait fallu, pour que l'expérience fût complète, couper
la Vᵉ paire du côté opposé, à cause de la sensibilité récurrente. A l'autopsie d'ailleurs,
la branche maxillaire inférieure et l'anastomose du facial avec l'auriculo-temporal
étaient intactes.

Il résulte en définitive de quelques-unes de ces expériences de CL. BERNARD que, par la
perte de la sensibilité, les mouvements des narines peuvent eux-mêmes disparaître, du
moins au repos, mais que, sous l'influence de la dyspnée, ils reviennent plus ou moins
complètement : ce qui s'explique facilement si l'on admet avec la doctrine classique que
les mouvements respiratoires n'ont pas leur point de départ dans des excitations réflexes,
mais qu'ils sont de nature automatique, en donnant à ce terme la signification qui lui
est communément attribuée en physiologie.

Quoi qu'il en soit, la manière dont CL. BERNARD a traité cette question, dans ce passage
qui n'a pas attiré l'attention des auteurs qui se sont récemment occupés de ces phénomènes, montre bien combien à ses yeux le fonctionnement du nerf moteur est entièrement lié
à l'intégrité du nerf sensitif correspondant. Nous n'avons pas à faire ici la théorie générale
de cet ordre de faits : le lecteur pourra consulter entre autres avec fruit le travail cité
d'EXNER sur la senso-motilité, un mémoire de CHAUVEAU qui a paru vers la même époque
(*Mém. Soc. Biol.*, 1891); nous nous bornerons à quelques remarques. D'après FILEHNE,
la position prise par l'oreille à la suite de la section du trijumeau est simplement la
conséquence de la perte de la tonicité : le lapin dont l'oreille pend sur la nuque peut la
dresser quand son attention est éveillée pour une raison ou pour une autre, ou à la suite
de certaines excitations. Si on fait la section du trijumeau chez un animal auquel on a

enlevé les deux hémisphères cérébraux, l'oreille n'en tombe pas moins. Sans doute : il n'en est pas moins vrai que l'acte volontaire, l'acte cérébral, est lui-même gravement influencé quand le trijumeau est coupé : le cheval ou l'âne qui *veut* manger ne peut plus se servir de sa lèvre supérieure.

L'explication qu'a donnée BASTIAN (*Proceed. Roy. Soc.*, 1895, LXVIII, 89) des paralysies du même genre observées par MOTT et SHERRINGTON (*Proceed. Roy. Soc.*, 1895, LXVII, 491), à la suite de la section des racines rachidiennes postérieures, est déjà plus satisfaisante : la perte du mouvement résulte d'une diminution de l'activité fonctionnelle des centres bulbo-médullaires : l'absence de stimulations périphériques a diminué leur excitabilité, de sorte qu'ils ne sont plus capables de répondre aux incitations volontaires. Cependant les conditions sont sans doute plus complexes encore : et nous touchons ici à la question du sens et de la conscience musculaire, qui ne doit pas nous arrêter.

Influence du facial sur les sécrétions. — 1° Sécrétion salivaire. — *a) Sécrétion sous-maxillaire.* — LUDWIG, le premier, a montré (*Zeitschr. f. rat. Med.*, 255, 1851) que l'excitation de certains nerfs qui vont à la glande sous-maxillaire produit la sécrétion. SCHIFF avait aussi, dès 1851, noté que c'est par les filets qu'il reçoit de la corde du tympan que le lingual agit sur la glande salivaire. « La corde du tympan, dit-il, comme on l'a déjà maintes fois présumé, et comme j'ai réussi à le prouver par l'expérience pour la première fois l'année dernière sur des chats, est un nerf moteur pour les glandes salivaires. Comme je le montrerai en détail dans mon travail sur les nerfs du goût, en excitant la corde du tympan on provoque l'accélération de la sécrétion salivaire ; en détruisant ce nerf, on empêche cette accélération. » (Cité par VULPIAN, *Vasomoteurs*, I, 153.) Mais ce qui n'avait été qu'indiqué par SCHIFF fut démontré de la façon la plus complète par CL. BERNARD, qui, par des expériences variées, établit le rôle respectif des filets centripètes du lingual et des filets centrifuges de la corde. On n'avait encore jamais jusque-là agi sur ce rameau nerveux avant son union avec le lingual. CL. BERNARD fait l'expérience décisive : un tube étant introduit dans le canal de WHARTON, on verse quelques gouttes de vinaigre sur la langue de l'animal, et aussitôt on voit la salive s'écouler abondamment par le tube. Il divise alors la corde du tympan dans l'oreille moyenne, et, versant de nouveau un peu de vinaigre sur la langue, il constate que la sécrétion de la glande sous-maxillaire est supprimée. Après avoir, par la section de la corde du tympan, arrêté la sécrétion de la glande sous-maxillaire, on galvanise le bout périphérique du nerf coupé, la sécrétion se produit. D'autres expériences montrent que le nerf lingual sert d'excitateur centripète à l'égard de la corde. CARL, atteint d'une perforation de la membrane du tympan, a pu constater sur lui-même que l'excitation mécanique de la corde du tympan provoque la sécrétion.

Il était également réservé à CL. BERNARD de découvrir l'action vaso-dilatatrice de la corde du tympan sur la glande. Ayant mis à nu cet organe chez un chien, il voit que, quand elle est au repos, le sang qui revient par les veines est très noir. Mais, si on excite la corde du tympan, ou si on fait sécréter la glande en mettant une goutte de vinaigre sur la langue, les vaisseaux se dilatent immédiatement, le sang qui sort par les veines est rutilant, sa vitesse est quatre fois plus considérable ; si l'on a mis à découvert le tronc veineux principal qui ramène le sang de la glande, on voit qu'il se dilate et se gonfle, et est bientôt animé de battements rythmiques, isochrones à ceux de l'artère : si la veine est sectionnée, le sang s'échappe en jets saccadés comme d'une artère.

Nous n'avons à étudier ici ni les rapports entre les phénomènes sécrétoires et les phénomènes circulatoires, ni la distinction qu'on a cherché à établir entre les filets sécrétoires eux-mêmes, ni le mécanisme de leur action ; toutes ces questions appartiennent à l'étude de la sécrétion salivaire.

Mais nous avons à nous demander quelle est la provenance des filets sécrétoires et des filets vaso-dilatateurs contenus dans la corde. Appartiennent-ils en propre au facial ou lui viennent-ils de quelqu'une de ses anastomoses ? Les réponses à cette question ne sont pas concordantes.

JOLYET et LAFONT ont observé (*B. B.*, 1879, 356) que, quinze jours, trois semaines après la section du facial dans le crâne, l'excitation de la corde du tympan, qui n'a plus d'action sur la sécrétion, salivaire, amène encore la dilatation des vaisseaux de la glande sous-maxillaire et de la langue. Donc le facial ne contient pas les nerfs vaso-dilatateurs de la corde. D'autre part, l'excitation du bout périphérique du trijumeau sectionné, à son émergence, produit les phénomènes caractéristiques de la vaso-dilatation, mais aucun effet sécrétoire. Donc c'est le trijumeau qui fournit au facial les filets vaso-dilatateurs que ce dernier contient dans son trajet intra-pétreux.

Jolyet a encore ajouté plus récemment (*T. P.*, 1894, 210) que l'excitation du facial dans le crâne provoque la sécrétion sous-maxillaire sans dilatation des vaisseaux de la glande ou de la langue.

L'opinion de Vulpian, qui s'est à différentes reprises occupé de cette question, a beaucoup varié en ce qui la concerne. D'abord, il va plus loin même que Jolyet et Lafont. Tout en confirmant les résultats obtenus par ces physiologistes, il ne croit pas, d'après Bochefontaine qui reproduit sa manière de voir (*Mém. Soc. Biol.*, 1879, 165), que les expériences dont il s'agit permettent de considérer les nerfs excito-sécrétoires eux-mêmes comme émanant du nerf facial. Il semble bien que la corde du tympan tout entière ne tire pas son origine du facial. D'ailleurs d'expériences publiées l'année précédente et dont il sera question plus loin à propos du nerf de Wrisberg (*C. R.*, 1878, lxxxvi, 1054), il avait conclu qu'on était peut-être autorisé à penser que la corde du tympan provient non du facial ou du nerf de Wrisberg, mais bien du nerf trijumeau. « Cependant toutes les incertitudes, ajoutait-il, ne paraissent pas encore complètement dissipées, et j'ai dû recourir à d'autres expériences qui décideront de la valeur de celles que je viens de mentionner. » Ce n'est pourtant qu'en 1885 (*C. R.*, ci, 851) que Vulpian rend compte de nouvelles recherches sur ce sujet, et alors ses idées se sont complètement modifiées en présence des résultats obtenus. L'électrisation du facial provoque un abondant flux de salive par le canal de Wharton. L'excitation du trijumeau ne produit ni vaso-dilatation ni sécrétion, ou bien l'effet est si faible qu'on peut l'attribuer à une diffusion du courant jusqu'au facial par l'intermédiaire des os. Par conséquent, les fibres nerveuses glandulaires et les fibres vaso-dilatatrices sortent du bulbe rachidien au niveau du nerf facial, et aucune d'elles n'émane du nerf trijumeau. Toutes les fibres à fonction connue de la corde du tympan proviennent du nerf facial. En d'autres termes, la corde n'est pas le produit d'anastomoses fournies au facial par d'autres troncs nerveux, elle est véritablement une branche du facial lui-même, ou plutôt elle est la continuation du nerf de Wrisberg. Morat (*C. R.*, 1897, cxxiv, 1389) est arrivé récemment à des résultat à peu près semblables : si l'on fait la section intra-cranienne du facial et du nerf intermédiaire, la plus grande partie des fibres vaso-dilatatrices et sécrétoires de la corde dégénèrent. Après six jours, l'excitation de ce rameau nerveux ne provoque plus qu'une dilatation vasculaire et une sécrétion fort atténuées. C'est le ganglion géniculé qui doit être considéré comme le centre trophique des fibres restées intactes (Morat et Doyon, *Circulation, T. P.*, 197).

b) Sécrétion parotidienne. — Pour Cl. Bernard, le facial commande également à la sécrétion de la glande parotide. C'est par étapes successives qu'il a poursuivi la voie de ces filets glandulaires. Si l'on coupe le facial à sa sortie du trou stylo-mastoïdien, l'excitation de son bout périphérique ne produit pas de salivation ; mais l'application de vinaigre sur la langue est encore suivie de l'apparition d'un jet de salive par le canal de Sténon. Si le nerf sécréteur naît du facial, il doit donc venir de sa portion intracranienne. Lorsqu'en effet on détruit le tronc nerveux en pénétrant par l'oreille moyenne jusqu'au conduit auditif interne, la sécrétion s'arrête. Les fibres glandulaires ne passent pas par la corde du tympan; car sa section dans l'oreille moyenne n'empêche pas la salivation parotidienne de se produire. Il était donc à présumer que les filets cherchés devaient se trouver dans le grand ou le petit nerf pétreux : mais la section du premier, ou l'ablation du ganglion de Meckel laissent la sécrétion intacte : au contraire, l'ablation du ganglion sphéno-palatin ou la section du petit pétreux la supprime. D'autres expériences montrent que les filets sécréteurs que le petit pétreux fournit à la glande arrivent à cette dernière par l'intermédiaire du nerf auriculo-temporal. Cl. Bernard a pu mettre à nu un filet qui se détache de cette branche, qui chemine sur une certaine longueur le long de l'artère maxillaire interne, en sens inverse du courant sanguin, et dont l'excitation et la section ont sur la glande parotide les mêmes effets que celles de la corde du tympan sur la glande maxillaire (*Syst. nerv.*, ii, 1858, 153) (*Leçons de Physiol. opérat.*, 1879, 517).

Schiff (*Leçons sur la digestion*, i), Nawrocki (cité par Heidenhain, *Il. H.*, v, 37) sont arrivés à des résultats semblables.

Le trajet des nerfs excito-sécrétoires de la parotide était donc établi de la façon suivante : facial, petit nerf pétreux, ganglion otique, nerf maxillaire inférieur, rameaux parotidiens du nerf auriculo-temporal. Comme les anatomistes signalent des anastomoses entre le ganglion otique et le nerf auriculo-temporal, peut-être des filets sécréteurs vont-ils aussi directement du ganglion à ce nerf.

Mais, comme l'a fait remarquer Heidenhain, leur parcours n'était ainsi déterminé avec certitude que jusqu'au petit pétreux. Cl. Bernard avait, il est vrai, vu cesser la sécrétion en sectionnant le facial au niveau du trou auditif interne, mais le procédé par lequel il était arrivé jusqu'à son origine l'exposait forcément à détruire tous les filets anastomotiques contenus dans l'oreille moyenne, c'est-à-dire ceux qui viennent au facial du glosso-pharyngien, par l'intermédiaire du rameau de Jacobson.

D'après les expériences de Eckhardt et de Loeb, c'est en effet ce dernier nerf qui par la voie du petit pétreux profond amène à la glande ses filets excito-sécrétoires. Ces physiologistes, après avoir sectionné le facial au niveau du conduit auditif interne, n'ont pas vu la sécrétion parodienne s'arrêter : ils sont arrivés, au contraire, à la supprimer par la section du glosso-pharyngien dans le crâne ou celle du rameau de Jacobson. Heidenhain (*loc. cit.*) a confirmé ces expériences et y a ajouté que l'excitation électrique ou chimique de ce rameau provoque une salivation abondante.

Il semble donc que le nerf facial soit étranger à la sécrétion parotidienne : on aurait pu admettre que quelques-uns de ses filets propres y participent, si les physiologistes que nous venons de citer n'assuraient qu'elle est entièrement abolie par la section du glosso-pharyngien ou celle de son rameau tympanique.

D'ailleurs Vulpian (*C. R.*, 1885, ci, 851) a vu, de son côté, que pendant l'électrisation du facial à son origine, « il ne se montre pas la plus petite gouttelette de salive à l'extrémité de la canule fixée dans le conduit de Sténon ». (Voir aussi Vulpian et Journiac, *C. R.*, 1879, lxxxix ; Vulpian, *C. R.*, xci, 1880.)

Heidenhain (44) dit que la question de l'origine des fibres excito-sécrétoires de la parotide chez le lapin demande aussi à être revisée d'après les observations faites chez le chien. Rahn, en effet, avait obtenu de la salivation par l'excitation soit de la portion intracranienne du trijumeau, soit de la portion intracranienne du facial. Czermak, de même, en excitant ce dernier nerf au niveau du conduit auditif interne sur une tête de lapin fraîchement détachée du tronc. Cependant quelques-unes des expériences de Vulpian ont été faites sur le lapin ; d'autres sur le chat.

Chez le bœuf, le nerf sécréteur de la parotide est fourni par le buccal. Chez le cheval, le mouton, le porc, il vient également soit de ce nerf, soit d'autres branches du maxillaire inférieur, d'après les recherches de Moussu (*B. B.*, 1888, 280 ; *A. de P.*, 1890, 68). Chez ces divers animaux, les filets glandulaires parotidiens peuvent être considérés aussi, au moins au point de vue de l'anatomie, comme une dépendance du nerf trijumeau ; mais rien ne prouve que, de même que chez le chien, ils n'aient pas leur origine réelle dans le facial, ou peut-être plutôt dans le glosso-pharyngien ; les expériences rapportées par Moussu nous paraissent insuffisantes pour autoriser à conclure, comme il l'a fait, que les nerfs excito-sécrétoires des parotides partent de la racine motrice du trijumeau et non du facial.

Sécrétion lacrymale. — On avait, jusque dans ces derniers temps, considéré le trijumeau comme le nerf sécréteur des larmes. En 1893, Goldzieher (*Arch. f. Augenheilk.*, 28) a appelé l'attention sur ce fait que, quand il existe une paralysie du facial par lésion du nerf au-dessus du ganglion géniculé, l'œil normal pleure seul sous l'influence des émotions ou des excitations réflexes, tandis que l'œil du côté malade reste absolument sec ; il a fait remarquer en même temps qu'il fallait faire une distinction entre l'humidité normale de l'œil, due à la sécrétion des glandes spéciales contenues dans la conjonctive et la production de larmes, qui est seule un phénomène d'activité des glandes lacrymales. Lorsque la lésion siège au niveau ou au delà du trou stylo-mastoïdien, la sécrétion n'est pas modifiée. Ces observations ont été confirmées par Jendrassik (*Rev. neurolog.*, 1894, 186). Divers chirurgiens ont, il est vrai, en pratiquant l'élongation du facial au voisinage du trou stylo-mastoïdien, constaté qu'au moment de la traction, il se produisait une sécrétion abondante de larmes, mais celle-ci est due alors à l'excitation réflexe des filets sensibles accolés au facial.

Le trajet des fibres sécrétoires serait le suivant : parties du facial au niveau du ganglion géniculé, elles suivent le grand nerf pétreux superficiel, pour se jeter dans le ganglion sphéno-palatin, traversent ensuite le nerf maxillaire supérieur pour aboutir à la glande par l'intermédiaire du rameau orbitaire qui s'anastomose avec le lacrymal. Du reste, d'après LAFFAY (loc. cit.), le rameau orbitaire du maxillaire supérieur serait toujours plus volumineux que le lacrymal lui-même, qui est un filet très petit.

TEPLIACHINE, cependant, qui refuse au facial toute action sécrétoire sur les larmes, prétend que le nerf maxillaire n'entre en rapport avec le ganglion sphéno-palatin que quand le rameau orbitaire s'est déjà détaché du nerf : mais rien n'empêcherait d'admettre que les filets sécréteurs venus du ganglion suivent un trajet récurrent ; et d'ailleurs, d'après LAFFAY, le rameau lacrymo-palpébral prend bien son origine sur le tronc du maxillaire supérieur, au niveau même des points d'implantation des filets du ganglion sphéno-palatin. LAFFAY a, de plus, décrit des filets qui vont directement du ganglion sphéno-palatin au rameau orbitaire du maxillaire supérieur. TEPLIACHINE s'appuie encore sur un autre argument, à savoir que chez l'homme l'anastomose du rameau orbitaire avec le lacrymal ne serait pas constante. CAMPOS (Diss., Paris, 1897) soutient au contraire l'avoir toujours rencontrée.

Pour GOLDZIEHER, le lacrymal, branche de l'ophtalmique, peut manquer parfois, et l'innervation de la glande lacrymale serait alors exclusivement formée par le rameau orbitaire du maxillaire.

Si nous passons aux faits expérimentaux, TRIBONDEAU a vu, trois semaines après la section du facial, l'œil du côté opéré moins humide que celui du côté non opéré : en faradisant les deux conjonctives, il n'a obtenu aucune sécrétion du côté de la section, tandis que les larmes se produisaient abondamment du côté sain. D'autre part, la plupart des fibres du lacrymal du côté opéré présentaient les signes de la dégénérescence wallérienne.

LAFFAY a observé qu'immédiatement après l'opération pratiquée à gauche, par exemple, l'œil du côté opéré est rempli de larmes : mais si, au bout d'une quinzaine de jours, il excite la conjonctive ou la cornée, l'œil droit devient le siège d'une vive hypersécrétion, tandis que l'œil gauche ne présente pas de larmoiement. L'introduction d'huile essentielle de moutarde dans les fosses nasales détermine du larmoiement du côté sain seulement. L'injection de pilocarpine amène une réaction plus rapide et plus abondante à droite. La faradisation de la conjonctive et de la cornée a donné à LAFFAY les mêmes résultats qu'à TRIBONDEAU.

Chez un autre chien soumis à la section du facial gauche, on injecta, quelques jours après l'opération, de la pilocarpine : l'œil droit seul se remplit de larmes. L'excitation du bout périphérique du nerf lacrymal et du sous-cutané malaire resta sans résultat, tandis que l'œil droit pendant cette opération très douloureuse s'est manifestement rempli de larmes.

Chez un lapin, LAFFAY arracha la portion pétreuse du facial à gauche, entraînant avec elle le ganglion géniculé. Pendant les sutures, après l'opération, il s'est produit une sécrétion lacrymale intense du côté sain, beaucoup moins marquée du côté lésé. Deux jours après, la conjonctive est humide des deux côtés, mais l'œil sain seulement se remplit de larmes, quand des excitations sont portées sur la cornée. Au bout de vingt jours, une injection de pilocarpine sur le milieu du front détermine un larmoiement du côté sain : l'autre œil ne se remplit que d'une sécrétion lactescente ; faradisation de la cornée à gauche, pas de sécrétion : à droite, sécrétion manifeste. Après cela, on termine l'expérience en excitant le bout périphérique du nerf lacrymal : l'excitation du lacrymal gauche a été négative ; du côté droit, on observe de l'hypersécrétion. L'examen histologique du nerf lacrymal et du nerf du rameau sous-cutané malaire d'un chien et d'un lapin auxquels LAFFAY avait coupé un mois auparavant le nerf facial montra un très grand nombre de fibres dégénérées.

La présence dans le facial de fibres excito-sécrétoires pour les glandes lacrymales permettrait aussi d'expliquer certains résultats obtenus par VULPIAN et JOURNIAC. Si l'on faradise la caisse du tympan chez un lapin curarisé, l'œil du côté correspondant se couvre d'une certaine quantité de fluide lacrymal ; l'expérience est faite ensuite sur deux lapins qui avaient eu toute la partie intra-pétreuse et intra-cranienne du nerf facial gauche arraché quelques jours auparavant. La faradisation de la caisse du côté gauche n'amena un faible écoulement de ce liquide laiteux qu'après avoir été maintenue longtemps et à plusieurs reprises, tandis que, très peu d'instants après le début de la faradisation de la caisse à droite, il y avait écoulement de liquide blanc laiteux dans l'angle interne de l'œil correspondant. Chez ces deux lapins, la sécrétion lacrymale était plus marquée aussi du côté droit que du côté gauche. La sécrétion du liquide laiteux serait due à la glande de HARDER. LAFFAY a répété l'expérience de VULPIAN et JOURNIAC avec le même succès.

Parmi les expérimentateurs qui se sont récemment occupés de cette question, TEPLIACHINE est le seul à admettre que le nerf facial n'a aucun rapport avec la sécrétion lacrymale, et que son excitation intra-cranienne ne donne que des résultats négatifs. L'opinion qui fait provenir du facial les filets excito-sécrétoires de la glande lacrymale a cela de séduisant qu'elle explique bien comment l'afflux de larmes s'associe à la contraction des muscles qui expriment la douleur. LAFFAY rappelle à ce propos que DUCHENNE affirme n'avoir jamais vu les larmes couler pour une cause morale sans que le muscle petit zygomatique entrât en action.

Faut-il maintenant conclure des faits précédents que le trijumeau n'a aucune part à la sécrétion des larmes, en tant que nerf excito-sécrétoire ? C'est une conclusion à laquelle arrivent quelques-uns des auteurs que nous avons cités : mais la discussion des expériences de MAGENDIE, CZERMAK, HERZENSTEIN, WOLFERZ, DEMTSCHENKO, REICH appartient à l'histoire du trijumeau (voyez ce mot). Signalons seulement que d'après KRAUSE la diminution de la sécrétion lacrymale à la suite de la résection du ganglion de GASSER doit être attribuée à la lésion du grand nerf pétreux qui chemine au voisinage du ganglion et peut ainsi être sectionné ou englobé plus tard dans du tissu cicatriciel (C. P., 1897, 101[1]).

D'ailleurs, dans deux cas publiés par GÉRARD MARCHANT et HERBET (Revue de Chirurg., 1897), la résection du ganglion de GASSER n'a produit aucune modification de la sécrétion lacrymale : il existe encore d'autres observations semblables.

Quoi qu'il en soit du trijumeau, il résulte des expériences de CAMPOS que le facial n'est pas le seul nerf excito-sécrétoire de la glande lacrymale. Cet auteur expérimente sur le singe : l'excitation du bout périphérique du rameau orbitaire du maxillaire supérieur produit, si l'on emploie un fort courant, un flux abondant de larmes. Mais la section du grand nerf pétreux n'abolit pas la sécrétion : trois semaines environ après que cette opération eut été pratiquée, le singe fut placé sous une cloche avec du chloroforme : le larmoiement se produisit abondamment du côté opéré, d'où CAMPOS conclut que le nerf lacrymal possède des fibres sécrétoires très nombreuses, absolument indépendantes du facial.

Sécrétion sudorale. — VULPIAN et RAYMOND avaient trouvé que, si chez le cheval on excite le bout périphérique du facial au niveau du bord postérieur de la branche montante du maxillaire, la joue du côté correspondant se couvre de sueur.

Mais cette excitation provoquait à la fois une douleur extrêmement vive et la contraction répétée de divers muscles. Comme le fait remarquer FR. FRANCK (Art. Sueur du Dict. enc.), si l'on se reporte aux expériences d'ADAMKIEWICZ sur les rapports entre les contractions musculaires et l'apparition de la sueur, si l'on tient compte aussi des manifestations très vives de sensibilité notées dans cette expérience, on pourra émettre des doutes sur la subordination directe de la sudation observée à l'excitation du facial.

En effet, chez le cheval narcotisé, LUCHSINGER n'a pas amené la moindre trace de sueur en excitant le bout périphérique du facial, sectionné à sa sortie du trou stylo-mastoïdien. De même, dans des expériences faites par NAWROCKI sur des cochons de lait chloroformés ou chloralisés, l'irritation du facial et de ses branches se montra complètement inefficace.

Le défaut de sudation paraît donc bien dû à l'absence de filets sudoraux dans ce nerf, dont l'irritation n'a plus pu donner lieu à des réflexes sensitifs, quand les animaux étaient narcotisés.

---

1. Cependant, dans une autre analyse d'un travail de KRAUSE (C. P., 1895), la diminution de la sécrétion lacrymale est attribuée à une influence directe du trijumeau.

On n'est pas autorisé cependant à conclure que chez l'homme le facial ne renferme pas de fibres excito-sudorales, en présence des faits observés par Strauss et Bloch. Strauss explore l'aptitude sudoripare de la peau de la face dans les paralysies faciales à l'aide de l'injection d'une faible dose de nitrate ou de chlorhydrate de pilocarpine. Dans les paralysies graves avec réaction de dégénérescence, il constate quatre fois sur cinq un retard manifeste, variant d'une demi-minute à deux minutes, de la sudation du côté malade sur la sudation du côté sain. Dans les paralysies périphériques de forme légère, Bloch a montré que la sudation provoquée par la pilocarpine est égale des deux côtés de la face.

Il y a donc, dit Strauss, une sorte de parallèle à établir entre les modifications éprouvées par les terminaisons nerveuses motrices et par les muscles dans les paralysies périphériques et celles que subissent dans les mêmes circonstances les filets sudoraux et peut-être les glandes sudoripares elles-mêmes.

Cette analogie n'existe pourtant que dans une certaine mesure, et la réaction de dégénérescence est loin d'être aussi nette pour les glandes sudoripares que pour les muscles et les nerfs. C'est que les muscles de la face sont innervés exclusivement par le nerf facial, tandis que ce nerf ne contient qu'une partie des nerfs sudoraux de la peau de la face, la plus grande partie provenant sans doute du trijumeau (Art. **Sueur** de Fr. Franck).

Influence du facial sur la gustation (Cl. Bernard. *Syst. nerv.*, ii. — Schiff, *Leçons sur la Dig.*, i, 98. — Lussana. *A. de P.*, 1869, 20 et 197. *Ibid.*, 1871-1872, 150, 334 et 522. — Prévost. *A. de P.*, 1873, 253 et 375. — Gley. Art. *Gustation* du *Dict. encycl.* — M. Duval. Art. *Gustation* du *Dict. de Méd.* — V. Vintschgau, in *II. H.*). — Ce chapitre de l'histoire du facial devrait peut-être se rattacher à la physiologie du nerf de Wrisberg : cependant, comme il reste encore bien des doutes et bien des incertitudes sur la question, nous avons pensé qu'il était préférable de lui donner immédiatement place ici, mais de renvoyer cependant la discussion des faits au moment où nous nous occuperons de la racine sensitive de la VIIᵉ paire.

1º Au dire de Lussana, divers physiologistes italiens, Bellingeri, Caldani, Scarpa, Biffi et Morganti avaient déjà signalé l'influence du facial et de la corde du tympan sur la gustation, mais c'est surtout Cl. Bernard qui a démontré vraiment le fait. Son premier travail remonte à 1843 (*Arch. génér. de méd.*, ii, 332). Il sectionne le facial en introduisant un neurotome par le trou qui livre passage à la veine mastoïdienne, et il constate que les saveurs, celles de l'acide citrique, du sulfate de quinine sont perçues plus lentement du côté où l'expérience a été faite que du côté opposé : les chiens opérés furent d'ailleurs examinés pendant longtemps.

Dans ses *Leçons sur la physiol. du système nerveux*, il étudie plus complètement la question. Il montre que chez l'homme, dans la paralysie faciale, beaucoup de malades se plaignent d'une altération du goût. Si chez ces sujets on dépose une substance sapide, de l'acide citrique, par exemple, alternativement du côté sain et du côté malade, la sensation d'une saveur acide est immédiatement et très nettement perçue du côté sain. Du côté de la paralysie, au contraire, il y a seulement perception d'une sensation obscure, et encore cette sensation n'est-elle pas immédiate. Si maintenant on vient à toucher la langue alternativement à droite et à gauche, on voit que la sensibilité générale est nette des deux côtés.

L'altération du goût peut aussi se constater chez les animaux ; chez des chiens apprivoisés à cet effet et auxquels on avait pratiqué la section du facial, le contact des substances sapides avec la muqueuse de la langue du côté sain fait naître une sensation instantanée, l'animal retire immédiatement sa langue. Lorsque l'acide tartrique employé était déposé sur le côté correspondant à la section, la sensation n'était plus perçue aussi rapidement, le chien ne retirait pas la langue tout de suite, et il la retirait moins vivement, la sensation paraissait émoussée. Mêmes résultats sur le lapin.

2º Il était assez naturel d'attribuer les lésions du goût observés dans les paralysies faciales ou dans les expériences faites sur les animaux à une altération de la corde du tympan, ce nerf établissant la seule communication qui existe entre la muqueuse linguale et le facial. En effet, lorsqu'on a examiné avec soin les malades chez lesquels une lésion du goût se rattache à la paralysie de ce nerf, on a vu que celui-ci était atteint très haut dans son trajet intra-pétreux.

Nous savons, d'autre part, que la corde du tympan fournit des filets qui se distribuent avec le lingual aux deux tiers antérieurs de la langue. Vulpian avait d'abord cru voir que ce rameau nerveux se termine entièrement dans le ganglion sous-maxillaire, parce qu'après avoir arraché le facial au niveau du trou stylo-mastoïdien, il n'avait pas trouvé de fibres dégénérées dans les branches terminales du lingual (A. de P., ii, 209). Mais Prévost arriva à des résultats tout à fait contraires (A. P., 1873) et, d'ailleurs, entre temps, Vulpian lui-même était revenu sur son erreur (B. B., 1872). Il est d'ailleurs à noter que Cl. Bernard avait déjà parfaitement dit que la corde du tympan se divise en deux filets au niveau du ganglion sous-maxillaire, l'un qui se rend à la glande sous-maxillaire, l'autre qui se confond avec le nerf lingual et se rend avec lui à la langue.

Il n'y a, au surplus, comme l'a fait Cl. Bernard, qu'à sectionner la corde du tympan pour obtenir les mêmes troubles de la gustation que ceux qui suivent la section du tronc du facial. Lussana a observé avec Inzani une femme à qui un charlatan avait coupé la corde du tympan dans l'oreille moyenne : le goût était aboli dans les deux tiers antérieurs de la langue.

On peut faire aussi la contre-épreuve. On sectionne le nerf lingual à droite, par exemple dans la cavité sphéno-maxillaire, au-dessus de son anastomose avec la corde : du côté opposé, on sectionne le lingual mixte, le tronc tympanico-lingual : la sensibilité gustative persiste à droite dans la partie antérieure de la langue ; elle est abolie à gauche (Lussana, Schiff).

Les résultats obtenus dans certains cas par l'excitation de la corde du tympan dans l'oreille moyenne ne sont pas moins démonstratifs. Duchenne de Boulogne introduit une électrode dans le conduit auditif externe, préalablement rempli d'eau, applique l'autre électrode sur la nuque; quand le circuit est fermé, le sujet accuse un goût métallique, comme cuivreux, dans la partie antérieure de la langue (Arch. gén. de Méd., 1850, 24, 385). Wilde, cité par Schiff, rapporte l'observation d'une femme atteinte d'otorrhée qui percevait au moment où l'on cautérisait les excroissances de la membrane du tympan une sensation (gustative?) qui se propageait le long du bord de la langue, d'arrière en avant, jusque près de la pointe. Urbantschitsch (in Landois, T. P.) a noté aussi, chez un homme dont la corde du tympan était à nu, que l'excitation du rameau nerveux donnait lieu à des sensations gustatives. Un cas de Blau est peut-être encore plus net : un enfant de 12 ans était atteint d'otorrhée gauche, sans paralysie faciale. Tout le temps qu'a duré le traitement, on a constaté du côté de la langue des phénomènes qui tenaient évidemment à l'irritation de la corde du tympan : sensation d'amertume très vive sur la partie moyenne du bord gauche de la langue, à chaque manœuvre thérapeutique, quelle qu'elle fût ; ces sensations disparaissaient quelques secondes après la cessation de l'excitation.

3° De quelle nature est cette influence exercée par la corde du tympan? On sait que pour Cl. Bernard, c'est en tant que nerf moteur qu'elle agirait sur la gustation, soit parce qu'en raison de son rôle vaso-dilatateur sa section amène des troubles de la circulation qui réagiraient sur le goût, soit parce qu'elle produirait sur les papilles linguales « une modification qui changerait les phénomènes de leur mise en rapport avec la substance sapide ». C'est en érigeant les papilles que la corde les adapterait en quelque sorte à la perception des saveurs.

Rien n'est venu justifier cette hypothèse, et il faut considérer les filets de la corde du tympan comme des filets à action centripète. Bien que cette opinion ne soit plus contestée, on peut cependant invoquer pour l'appuyer des expériences intéressantes de Fr. Franck et de Gley. « Si l'on excite le bout central de la corde du tympan à droite, on provoque un réflexe salivaire du côté opposé. L'expérience peut encore être réalisée d'une autre manière : on coupe les deux linguaux au-dessus de leur anastomose avec la corde, ainsi que les deux glosso-pharyngiens. Si l'on applique des corps sapides sur cette langue qui ne reçoit plus en dehors de ses nerfs moteurs que la corde du tympan, on provoque la sécrétion sous-maxillaire réflexe des deux côtés.

« Et l'on s'est attaché à éliminer toutes les influences qui pourraient intervenir en dehors des impressions localisées à la muqueuse linguale : on a pris des corps sapides non odorants, coloquinte fraîche, sucre, sel ; ou bien on a détruit préalablement les lobes olfactifs ou bouché les narines de l'animal ; on lui a fermé les yeux, et, après s'être ainsi gardé contre le réflexe olfactif et contre le réflexe oculaire, on s'est gardé encore contre le réflexe provenant d'une sécrétion gastrique possible, en ayant soin que le chien ne soit pas à jeun (GLEY). » Si l'on peut faire à la première forme de l'expérience l'objection qu'on a peut-être agi sur des filets de sensibilité générale accolés à la corde, il n'en est plus de même pour la seconde : la sécrétion salivaire réflexe doit être envisagée comme un phénomène réflexe réactionnel, lié à l'exercice de la fonction gustative qui n'est plus desservie que par la corde du tympan.

4° La sensibilité gustative des deux tiers antérieurs de la langue est-elle exclusivement sous la dépendance de la corde du tympan? Il ne paraît pas qu'il en soit ainsi. Comme l'a fait remarquer CL. BERNARD, les malades atteints de paralysie faciale auraient une sensation obtuse, mais non une sensation abolie. Même, d'après SCHIFF, lorsque les deux cordes sont sectionnées, les parties antérieures de la langue perçoivent les saveurs presque normalement, l'impression n'est pas retardée, mais peut-être un peu affaiblie. Dans d'autres expériences cependant, il constate une diminution notable de la sensibilité gustative.

PRÉVOST est arrivé sur ce point aux conclusions suivantes :

« Un certain retard dans les perceptions gustatives a été en effet produit par cette opération, mais il n'y a eu chez ces animaux que retard ou affaiblissement, ils percevaient encore les saveurs amères ou acides et abandonnaient les aliments imprégnés de coloquinte ou de diverses autres substances sapides. » Cependant, plus loin, PRÉVOST ajoute : « La conviction que nous avons acquise de la conservation du goût après la section des cordes du tympan a été ébranlée par notre expérience VIII, concernant un chat dont le goût subsistait encore, quoique affaibli, après la section des glosso-pharyngiens, et chez lequel la section des cordes du tympan a produit un tel affaiblissement du goût que nous considérons ce sens chez lui comme complètement aboli. » Pour LUSSANA, la faculté gustative des parties antérieures de la langue réside tout entière dans la corde du tympan : la section des deux cordes chez des chiens auxquels il avait préalablement coupé les deux glosso-pharyngiens amena l'abolition complète de la gustation.

L'opinion de LUSSANA paraît trop absolue : il y a probablement dans le lingual un certain nombre d'autres fibres gustatives indépendantes de celles de la corde du tympan : nous aurons à nous demander plus tard quelle est leur provenance. Mais nous devons maintenant rechercher quelle est l'origine des fibres gustatives de la corde du tympan elle-même.

5° Appartiennent-elles en propre à la VII° paire ou dérivent-elles de ses anastomoses avec d'autres nerfs craniens? Pour SCHIFF, elles viennent du trijumeau. Ce qui le prouve, c'est que la section intra-cranienne du trijumeau abolit le goût dans les deux tiers antérieurs de la langue : les observations pathologiques de destruction du ganglion de GASSER parlent, d'après lui, dans le même sens. Mais les fibres en question ne passent pas par la branche maxillaire inférieure. SCHIFF a vu, et sur ce point il est d'accord avec LUSSANA, que la section de cette branche, immédiatement à sa sortie du crâne, laisse intacte la sensibilité gustative. Celle-ci est au contraire abolie s'il sectionne soit la branche maxillaire supérieure au-dessus de l'origine des rameaux qui se rendent au ganglion sphéno-palatin, soit le nerf vidien, ou s'il arrache le ganglion sphéno-palatin. Comme contre-épreuve il pratiqua après ces opérations une fistule salivaire, et l'application des corps sapides ne provoqua pas le moindre signe de dégoût, et n'augmenta pas l'écoulement de salive.

Les filets gustatifs viendraient donc, non de la branche maxillaire inférieure, mais de la branche maxillaire supérieure. Leur trajet est le suivant : elles quittent l'encéphale avec les racines du trijumeau, sortent du crâne avec le maxillaire supérieur, entrent dans le ganglion sphéno-palatin, et de là se rendent, soit directement par le nerf sphénoïdal à la troisième branche (?), soit par les nerfs vidiens au ganglion géniculé du facial pour s'accoler ensuite au tronc du maxillaire inférieur au niveau du ganglion otique, ou pour se jeter dans le nerf lingual avec les filets compris sous le nom de corde du tympan. Dans ce passage, que nous reproduisons textuellement, SCHIFF semble vouloir admettre, avec des réserves toutefois, une communication directe entre le ganglion sphéno-palatin et le nerf maxillaire inférieur : mais ce nerf sphénoïdal que VALENTIN a décrit chez le chien n'existe pas chez l'homme. Dans la dernière forme que ce physiologiste a donnée à la description du trajet des fibres gustatives, celles-ci, après avoir rejoint le facial par le nerf vidien, parviennent au maxillaire inférieur par la corde du tympan et par le petit nerf pétreux qui aboutit comme on sait au ganglion otique.

Le pivot de la théorie de SCHIFF, c'est le ganglion sphéno-palatin. Mais déjà ALCOCK, en 1836 (cité par LONGET), avait enlevé les ganglions sphéno-palatins sans observer aucune modification du goût. Tel fut aussi le résultat de cette opération entre les mains de PRÉVOST. SCHIFF a reproché à PRÉVOST de n'avoir pas préalablement sectionné chez ces animaux les glosso-pharyngiens ; car les corps sapides peuvent glisser jusqu'à la base de la langue, et les impressions se transmettre par ces nerfs : il faudrait, dit SCHIFF, établir une fistule salivaire pour juger si la muqueuse buccale a conservé ses propriétés réflexes.

PRÉVOST a refait alors ces expériences dans les conditions indiquées par SCHIFF. Il vit que les animaux, après la section préalable des glosso-pharyngiens, tout en manifestant un dégoût moindre qu'à l'état normal pour les macérations de coloquinte, abandonnaient cependant, souvent pour toujours, les aliments imbibés de cette substance.

Or l'ablation ultérieure des ganglions sphéno-palatins ne changea rien à ces résultats. Si pourtant on sectionnait ensuite les nerfs linguaux, le goût était complètement aboli. Dans une de ces expériences, PRÉVOST établit également une fistule salivaire; après la section des glosso-pharyngiens et l'ablation des ganglions, la sécrétion salivaire se fit encore avec abondance sous l'influence des corps sapides.

Un argument également très important à faire valoir contre l'opinion de SCHIFF, c'est que l'ablation des ganglions sphéno-palatins laisse intactes, comme il a déjà été dit, les fibres du grand nerf pétreux.

Il n'y a plus lieu de discuter l'opinion de STICH qui a fait provenir les fibres gustatives de la corde, non pas d'une anastomose intracranienne du trijumeau, mais d'anastomoses périphériques : celles-ci, venues des branches terminales de la Ve paire, remonteraient dans le facial de dehors en dedans, et quitteraient plus haut le tronc nerveux pour former la corde du tympan. Il faudrait alors que la destruction du facial au-dessous de l'émergence de la corde du tympan amenât des troubles de la gustation. C'est en effet ce que prétendait avoir observé STICH ; à tort, puisque les troubles de la gustation n'accompagnent que les paralysies profondes du facial et non les paralysies superficielles.

Au lieu de chercher l'origine des fibres d'origine de la corde du tympan dans le trijumeau, d'autres l'ont cherchée dans le glosso-pharyngien. Déjà DUCHENNE avait émis cette idée; mais c'est surtout sur une observation de CARL que se fondent les partisans de cette opinion. Ce médecin, qui a publié son auto-observation (*Arch. für Ohrenheilk.*, 1875, x, 152), présentait à la suite d'une affection de l'oreille moyenne, à gauche, une abolition complète du goût dans la moitié antérieure de la langue, tandis que la sensibilité gustative était intacte à droite. Il n'y avait aucun trouble ni dans le domaine du trijumeau, ni dans celui du facial. D'autre part, la corde du tympan à gauche devait être inaltérée, puisque son excitation mécanique dans la cavité tympanique déterminait une salivation abondante par la caroncule salivaire gauche et une sensation de picotement. Par conséquent, la corde ne possède pas par elle-même de fibres gustatives, et c'est la destruction du nerf de JACOBSON dans l'oreille moyenne qui a dû amener la perte du goût. Le trajet de ces fibres a été décrit par CARL de la manière suivante.

« Du rameau de JACOBSON elles passent par le petit nerf pétreux profond dans le ganglion otique et de là dans le lingual. » Cependant, CARL reconnaît que la corde du tympan doit contenir aussi, mais en plus petit nombre, des fibres gustatives, qui du rameau de JACOBSON vont au ganglion géniculé par l'intermédiaire du *ramus communicans cum plexu tympanico* et passent ensuite par le facial et la corde [1].

Enfin l'opinion qui paraît aujourd'hui la plus vraisemblable est celle de LUSSANA : les filets gustatifs de la corde viennent du nerf intermédiaire de WRISBERG, branche sensitive du facial, que l'on peut toutefois rattacher au nerf glosso-pharyngien.

6° La corde du tympan renferme-t-elle, à côté des fibres de sensibilité spéciale, d'autres fibres de sensibilité générale ? SCHIFF et LUSSANA s'accordent à lui refuser ces dernières;

1. Pour comprendre cette partie du trajet, il est bon de savoir que la description donnée par les anatomistes allemands du rameau de JACOBSON et de ses anastomoses n'est pas tout à fait la même que la nôtre (Voy. POIRIER, *Anat.*, III).

la section du lingual au-dessus de la corde abolirait entièrement la sensibilité tactile et douloureuse.

Cependant DUCHENNE déclare avoir éprouvé très nettement sur lui-même une sensation de chatouillement ou de picotement dans le côté de la langue correspondant à l'excitation du nerf, sensation, dit-il, qui masque souvent la sensation gustative qui l'accompagne : il n'hésite pas à conclure que la corde du tympan partage avec le nerf lingual la faculté de présider à la sensibilité générale des deux tiers antérieurs de la langue. THOELTSCH, URBANTSCHICH ont aussi, d'après LANDOIS, fait des observations semblables à celles de DUCHENNE. GLEY (Art. Gustation du Dict. encycl.) a vu se produire, sous l'influence des excitations du bout central de la corde, des réactions vasculaires et pupillaires analogues à celles qui surviennent à la suite de l'excitation

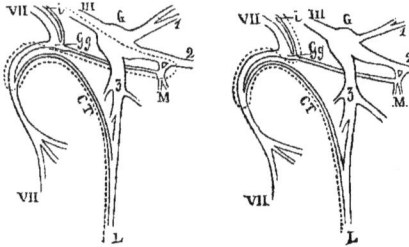

FIG. 274. — Origines de la corde du tympan (Hypothèse de SCHIFF et hypothèse de LUSSANA), d'après M. DUVAL.

III, trijumeau. — VII, nerf facial. — G, ganglion de GASSER. — i, nerf intermédiaire de WRISBERG. — Gg, ganglion géniculé. — CT. corde du tympan. — L, nerf lingual. — 1, ophtalmique. — 2, maxillaire supérieur. — 3, maxillaire inférieur. — M, ganglion de MECKEL. — La ligne pointillée indique le trajet des fibres gustatives.

d'un nerf sensitif, moins marquées cependant. Enfin BERNHARDT (loc. cit.) a observé aussi des troubles de sensibilité générale dans le tiers antérieur de la langue, à la suite de paralysies faciales périphériques.

Nerf de Wrisberg, nerf intermédiaire. — L'idée de faire du nerf de WRISBERG la racine sensitive du facial n'est pas nouvelle : mais elle avait généralement été repoussée jusqu'à présent par les auteurs classiques, sous l'influence de l'enseignement de CL. BERNARD et de LONGET.

Émise par BISCHOFF, BARTHOLD, GAETHGENS, elle a été reproduite par MORGANTI, puis par CUSCO, qui prétendait avoir établi les connexions du nerf de WRISBERG avec les cordons postérieurs de la moelle. Mais c'est surtout le nom de LUSSANA qui est resté attaché à cette conception, à cause de l'application qu'il en a faite à l'étude de la gustation. Comme CUSCO, du reste, LUSSANA a soutenu que le nerf de WRISBERG est la continuation de la corde du tympan.

Il y a donc deux questions qui se posent relativement à ce rameau nerveux. Le nerf de WRISBERG est-il une racine sensitive du facial? La corde du tympan doit-elle être considérée comme son prolongement? Nous pouvons dire immédiatement que toutes les recherches récentes répondent affirmativement.

1° Voici ce que dit à ce sujet VAN GEHUCHTEN : « SAPOLINI, qui a fait du nerf de WRISBERG une étude macroscopique très détaillée, l'a poursuivi vers les centres jusque dans le voisinage du cordon de GOLL. Du côté périphérique, il a poursuivi le nerf intermédiaire dans le ganglion géniculé du facial au delà duquel il se continue avec un faisceau de fibres nerveuses qui passe tout entier dans la corde du tympan. Pour SAPOLINI, le nerf de WRISBERG, le ganglion géniculé et la corde du tympan ne constituent que les trois parties d'un même nerf. Ce qui confirme cette manière de voir, c'est que HIS (1887) et MARTIN (1890) ont trouvé dans le ganglion géniculé du facial des cellules bipolaires identiques aux cellules bipolaires, qui constituent chez l'embryon tous les ganglions cérébro-spinaux, et que RETZIUS a décrit dans le même ganglion du chien, du chat et de l'homme adultes des cellules unipolaires identiques aux cellules des ganglions cérébro-spinaux des mammifères adultes. Plus récemment encore, LENHOSSEK (1894) a décrit et figuré les cellules constitutives du ganglion géniculé du facial chez des souris nouveau-nées par la méthode de GOLGI. Ce sont des cellules identiques aux cellules des ganglions spinaux, dont le prolongement unique, après un court trajet d'une longueur variable, se bifurque en une branche périphérique et une branche centrale. Toutes les branches centrales réunies constituent le nerf intermédiaire de WRISBERG, tandis que les branches périphériques se joignent aux fibres du nerf facial. V. Lenhossek n'a pu les poursuivre assez loin pour pouvoir établir leur terminaison. Il admet comme l'opinion la plus probable que ces branches périphériques deviennent les fibres constitutives de la corde du tympan : quelques-unes d'entre elles resteraient peut-être dans le facial lui-même. »

Le ganglion géniculé doit alors être considéré comme un ganglion cérébro-spinal. Il ne peut appartenir au facial, nerf exclusivement moteur : mais il représente la partie sensitive de ce nerf. Il n'y a pas de raisons pour en faire, avec Sapolini, un nerf distinct, le 13ᵉ nerf cérébral.

Quoi qu'il en soit, les prolongements périphériques des cellules du ganglion géniculé s'accolent au facial pour passer dans la corde du tympan, tandis que les prolongements centraux vont se mettre en rapport avec un noyau gris du bulbe.

Rosario Amabilino (Revue neurologique, 1898, 610) a aussi étudié les rapports du ganglion géniculé avec la corde du tympan et le facial, en recherchant par la méthode des réactions à distance, quel était l'état des cellules du ganglion géniculé après l'ablation de l'un et de l'autre de ces deux nerfs. Chez des chiens adultes, la résection du facial fut pratiquée immédiatement au-dessous du trou stylo-mastoïdien, celle de la corde dans l'oreille moyenne. Les animaux furent sacrifiés du 12ᵉ au 40ᵉ jour. Après la section de la corde du tympan, on trouva que les 4/5 environ des cellules du ganglion présentaient une chromatolyse plus ou moins accentuée, avec déplacement des noyaux à la périphérie. Si 1/5 des cellules reste inaltéré, il ne faut pas admettre que celles-ci demeurent indifférentes à la section de leur prolongement nerveux : mais il est probable que leurs prolongements nerveux ne vont pas dans la corde du tympan. L'auteur pense que ces prolongements se ramifient dans le ganglion géniculé lui-même, comme Dogiel l'a signalé pour certains prolongements des ganglions spinaux. Nous croyons, quant à nous, que ce fait s'explique plus aisément si l'on admet que ces prolongements vont ailleurs qu'à la corde. Quant à la résection du facial, elle n'est jamais suivie de chromatolyse dans les cellules du ganglion géniculé. La conclusion est que les cellules de ce ganglion appartiennent au type des ganglions spinaux et envoient la branche périphérique de leur prolongement dans la corde du tympan; mais qu'aucune de ces cellules n'est en continuité avec les fibres du facial. Cette deuxième conclusion est donc en opposition avec l'hypothèse, mentionnée plus haut, de V. Lenhossek.

2° Voyons maintenant ce que fournit la méthode de la dégénération wallérienne. C'est surtout aux expériences de Vulpian qu'il faut demander des renseignements. Bien qu'elles soient malheureusement un peu contradictoires, on peut cependant en dégager quelques points essentiels.

Après la section du facial et du nerf intermédiaire à leur entrée dans le conduit auditif interne, Vulpian trouva que les fibres nerveuses de la corde du tympan, à l'exception d'un très petit nombre, 5 ou 10 tout au plus, étaient constamment dans l'état le plus sain. De cette première série d'expériences, dit alors Vulpian, on pourrait être tenté de conclure que la corde du tympan ne provient ni du facial proprement dit, ni du nerf intermédiaire de Wrisberg. Mais une telle conclusion serait discutable. « Il se peut en effet que la corde du tympan, bien qu'émanant en réalité du nerf facial ou du nerf intermédiaire de Wrisberg, ait pour centre trophique le ganglion géniculé, lequel remplirait, à l'égard du rameau nerveux, le rôle que jouent les ganglions des racines postérieures par rapport à ces racines. »

Ces résultats si précis viennent donc s'ajouter à ceux que nous avons déjà groupés pour montrer que la corde du tympan a son origine dans le ganglion géniculé. Nous devons cependant ajouter qu'à côté des expériences précédentes Vulpian en rapporte immédiatement d'autres qu'il est difficile de concilier avec les premières. Il pratique la section intracranienne du trijumeau sur des lapins et recherche ce que devient maintenant la corde du tympan. Bien que nombreuses, ces expériences n'ont donné, dit-il, que peu de résultats significatifs, parce que, chez quelques animaux, le facial a été lésé en même temps que le trijumeau. Dans les cas où, le nerf trijumeau ayant été bien coupé à l'intérieur du crâne, les animaux ont survécu au moins de huit à dix jours, on trouva constamment les fibres de la corde du tympan plus ou moins altérées, lorsque le nerf facial avait été coupé ou contusionné en même temps que le trijumeau.

Lorsque le trijumeau avait été seul intéressé, les résultats ont varié selon que la section était plus ou moins complète. Dans un cas où tout le nerf trijumeau avait été coupé, sauf une partie de la branche maxillaire supérieure, et où le nerf facial avait échappé à toute atteinte de l'instrument, la corde du tympan était complètement altérée. On voit que les résultats de cette deuxième série d'expériences sont, sauf ce dernier cas, peu précis. Il est d'ailleurs difficile de voir ce que la section du facial peut ajouter ou enlever à leur signification, comme VULPIAN paraît l'admettre ; puisque, étant isolée, elle ne retentit pas sur l'intégrité de la corde, il n'y a pas de raison pour que, étant associée à la section du trijumeau, elle ait quelque influence.

Nous pouvons donc nous en tenir à la première partie de ces expériences. C'était, du reste, l'avis de VULPIAN lui-même, puisque, plus tard, lorsqu'il arrive à considérer la corde du tympan comme provenant exclusivement du facial, il dit qu'elle est soumise tout entière à l'influence trophique du ganglion géniculé, et ajoute : « C'est pour cela que, comme je l'ai montré en 1878, les fibres de la corde du tympan restent intactes à la suite de la section intracranienne du facial, tandis que celles des autres branches de ce nerf subissent toutes l'altération atrophique. »

Quand on croyait que tous les nerfs craniens avaient leur centre trophique dans l'axe gris, l'absence d'altération de la corde du tympan à la suite de la section du facial et du nerf de WRISBERG a précisément servi d'argument pour nier la continuation de la corde avec le nerf intermédiaire : aujourd'hui que nous savons que les nerfs sensitifs craniens ont leur centre d'origine en dehors de l'axe, elle est au contraire une preuve de plus en faveur de cette continuation. Si VULPIAN avait porté son attention sur le nerf de WRISBERG lui-même, il eût sans doute trouvé son bout ganglionnaire intact, comme la corde du tympan elle-même, et son bout bulbaire dégénéré.

Tous ces faits concordent, pour faire de la corde du tympan, du ganglion géniculé et du nerf de WRISBERG, un même système, à fonction sensitive. SAPOLINI, comme on l'a vu, a proposé de lui réserver une place à part comme 13e nerf cranien. Mais ainsi que le fait remarquer CUNÉO (*Anat.* de POIRIER, III), cette manière de voir est passible de multiples objections. En premier lieu, la corde du tympan ne contient pas seulement des fibres sensitives, elle possède également des fibres centrifuges, égales, et peut-être même supérieures, en nombre aux fibres gustatives. De plus, toutes les fibres de l'intermédiaire ne passent pas par la corde, puisque HIS a trouvé que le ganglion géniculé possédait sept fois plus de cellules nerveuses que la corde du tympan ne contient de fibres. Il faut donc admettre qu'une partie des fibres de l'intermédiaire aboutit à d'autres rameaux que la corde. C'est, comme on le voit, la conclusion que nous avons aussi cru pouvoir tirer des observations de ROSARIO AMABILINO.

3° Cependant, tout en considérant le nerf de WRISBERG comme la partie sensitive du facial, il est permis de le rattacher à la IXe paire. On sait que cette opinion a été soutenue par DUVAL, qui avait tiré de ses recherches la conclusion que le nerf de WRISBERG est une racine erratique du glosso-pharyngien (Voir aussi CANNIEU, *C. R.*, 1895, 120) : celui-ci devenait donc le seul nerf du goût en donnant directement la sensibilité gustative à la base de la langue par ses filets propres et médiatement par la corde du tympan à la partie antérieure de l'organe.

DUVAL avait dit, à l'appui de sa manière de voir, que les derniers filets radiculaires auxquels la colonne grise du glosso-pharyngien donne naissance par son extrémité supérieure, forment le nerf de WRISBERG (Voir fig. 275, 276 et 277).

D'après VAN GEHUCHTEN, les idées que nous avons acquises maintenant permettraient de rejeter cette interprétation. Le trigone du glosso-pharyngien et du nerf vague n'est pas, dit-il, un noyau qui donne naissance à des fibres périphériques, mais un noyau terminal. Les noyaux d'origine des nerfs sensitifs se trouvent en dehors de l'axe cérébro-spinal. Il est vrai : mais si, au lieu de dire avec DUVAL que les fibres du nerf de WRISBERG naissent du noyau du glosso-pharyngien, nous disons que, nées du ganglion géniculé, elles aboutissent à ce noyau, la communauté anatomique et physiologique redevient évidente. De même que, parmi les fibres contenues dans le tronc même du glosso-pharyngien, les unes ont leur centre d'origine dans le ganglion d'ANDERSCH, d'autres dans le ganglion d'EHRENRITTER, un certain nombre d'entre elles trouvent leur centre dans le ganglion géniculé ; mais, en définitive, les trois groupes de fibres convergent vers un noyau terminal unique.

Et c'est bien ainsi que les choses se passent, si nous nous en rapportons à la description de Cunéo (*Anat. de* Poirier, iii, 865. Voir aussi Testut, *Anat.*, 1897, ii, 463). La branche centrale des cellules unipolaires du ganglion géniculé se dirige vers le bulbe par le nerf de Wrisberg. Chacun de ces prolongements cellulifuges se bifurque, comme le font les nerfs sensitifs, en deux branches, qui vont toutes deux se terminer dans la partie supérieure du noyau annexé au faisceau solitaire. Ce noyau, commun à la partie sensitive des IXᵉ et Xᵉ paires, constitue donc aussi le noyau sensitif terminal du nerf de Wrisberg.

Or il résulte précisément des recherches toutes récentes de van Gehuchten que le glosso-pharyngien ne se termine pas, comme on l'avait cru, dans l'aile grise, mais qu'il n'a qu'un seul noyau sensitif terminal, le noyau du faisceau solitaire (*Journ. de Neurol.*, 1898 et 1899, *cité in Anat. de* Poirier).

De sorte que, si le nerf de Wrisberg est bien une racine sensitive du facial, rien n'empêche, il nous semble, de le considérer encore aujourd'hui comme un faisceau erratique

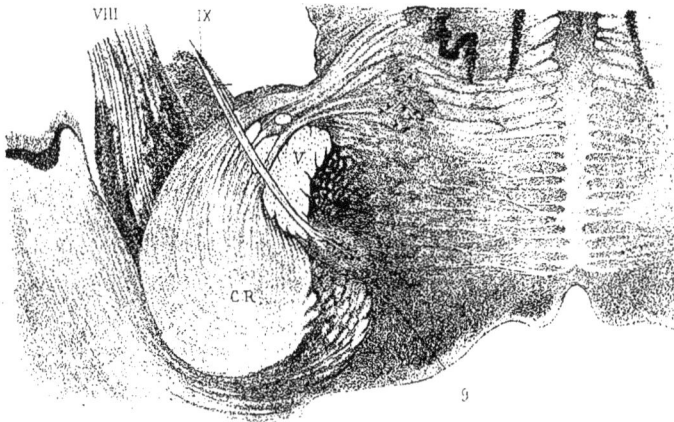

Fig. 275 (M. Duval). — *Coupe du bulbe humain au niveau des radicules les plus élevées du glosso-pharyngien.*
IX, leur émergence, 9, leur noyau. — VIII, nerf acoustique. — V, racine bulbaire du trijumeau.
R, raphé.

de la IXᵉ paire. On a déjà vu comment, par la corde du tympan, il assure la sensibilité gustative à la partie antérieure de la langue; d'après une observation de Vulpian, il présiderait de même à celle du voile du palais par l'intermédiaire du grand nerf pétreux (*C. R.*, 1885, ci, 1037; *Ibid.*, 1447).

Chez un sujet atteint d'hémiplégie alterne, qui présentait d'une part un affaiblissement notable de la motilité dans les deux membres du côté gauche, avec diminution de la sensibilité de toute la moitié correspondante du corps, y compris la face, et, d'autre part, une paralysie faciale à droite, Vulpian a observé les particularités suivantes : la sensibilité gustative était affaiblie dans la partie antérieure de la langue à droite, et en même temps les saveurs étaient moins bien senties par le voile du palais, du côté de la paralysie faciale, que du côté opposé, où c'était la sensibilité générale qui se trouvait affaiblie. En appliquant du sulfate de quinine sur ces parties, on s'assura à différentes reprises que la moitié droite de la langue, comme la moitié correspondante du voile, percevaient moins bien les saveurs. A l'autopsie, on trouva une tumeur du volume d'une petite noisette siégeant dans la partie supérieure de la moitié droite du bulbe, et remontant en haut sous le plancher du 4ᵉ ventricule.

En laissant de côté ces filets du voile, dont le trajet ne peut être considéré comme résolu d'après cette observation unique un peu complexe, on peut, à notre avis, concevoir de la manière suivante l'origine et la répartition des fibres gustatives : le nerf de Wrisberg fournirait des filets de sensibilité spéciale aux deux tiers antérieurs de la langue, non seulement par l'intermédiaire de la corde du tympan, mais aussi par l'intermédiaire du petit pétreux superficiel, lequel les conduit du ganglion géniculé au ganglion otique et au nerf maxillaire inférieur. En d'autres termes, les prolongements périphériques des cellules du ganglion géniculé vont les uns dans la corde du tympan, les autres dans le petit pétreux (quelques-uns peut-être dans le grand pétreux, si l'on s'en rapporte à l'observation de VULPIAN) : les prolongements centraux des cellules correspondantes constituent le nerf de WRISBERG. On a vu que SCHIFF aussi fait provenir un certain nombre de fibres gustatives du petit pétreux superficiel, mais il les fait partir du

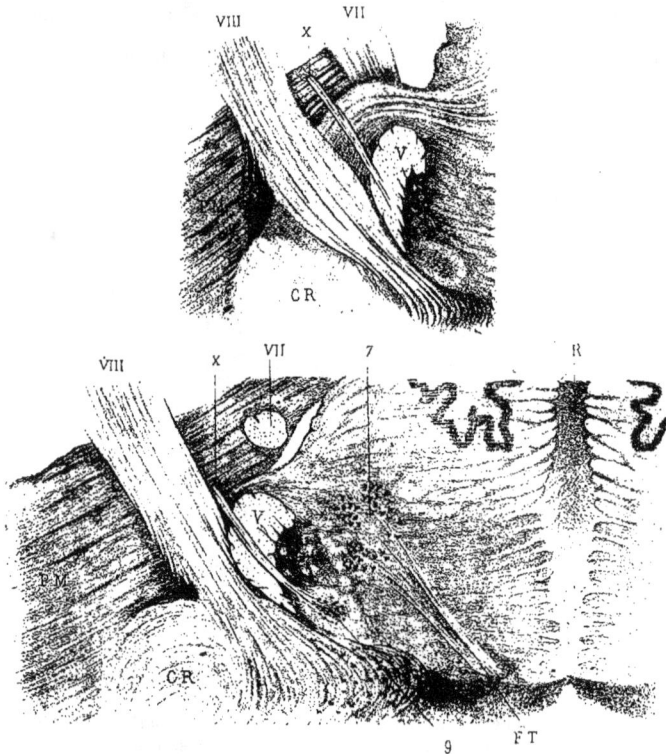

FIG. 276 et 277. — *Coupes se succédant de bas en haut au-dessus de la précédente pour montrer l'émergence (X, X,) du nerf intermédiaire et ses rapports avec le noyau 9.*

VIII, nerf acoustique. — VII, nerf facial. — 7, noyau du facial. — FT, commencement du *fasciculus teres.* — V, racine bulbaire du trijumeau. — PM, pédoncule cérébelleux moyen. — R, raphé.

maxillaire supérieur, remonter dans le nerf vidien jusqu'au ganglion géniculé, d'où ils passent dans le petit pétreux.

Si l'on admet au contraire la manière de voir que nous soutenons, on comprendra d'abord pourquoi les observations de HIS et de ROSARIO s'accordent à montrer qu'un certain nombre de cellules du ganglion géniculé ne sont pas en rapport avec les fibres de la corde du tympan : on comprend aussi que si, d'une part, la section du lingual immédiatement au-dessous du trou ovale, c'est-à-dire au-dessus du ganglion otique, laisse intacte la sensibilité gustative des deux tiers antérieurs de la langue, d'autre part, la section de la corde du tympan seule, ou celle du nerf pétreux seul, ne fait que l'émousser, comme l'a dit SCHIFF (voir, en particulier, *Rev. méd. de la suisse romande*, 1887, et

Herzen in Waller, *T. P.*, 1898, 585). On comprend encore les contradictions reprochées par Lussana à Schiff, qui tantôt, dit-il, accorde une influence prépondérante à la corde du tympan, tantôt au petit nerf pétreux, puisque en effet les filets du nerf de Wrisberg peuvent se répartir inégalement entre les deux. Faut-il ajouter qu'on s'explique aussi de la sorte les résultats négatifs de l'ablation du ganglion sphéno-palatin? Enfin, on se rend compte également, comme il sera dit plus loin, des troubles gustatifs observés parfois dans les affections du trijumeau.

4° Nous venons de voir à quel point les données anatomiques les plus précises concordent avec les résultats des méthodes de dégénérescence pour faire de la corde du tympan la continuation du nerf de Wrisberg. Comment les concilier avec les expériences et les observations cliniques qui tendent à faire provenir la corde du tympan, soit du plexus tympanique du rameau de Jacobson, soit du trijumeau? La tâche n'est pas aisée; cependant après avoir, dans le chapitre consacré à l'influence gustative du facial, énuméré les faits, nous croyons devoir exposer les réflexions qu'ils suggèrent.

L'opinion de Carl, qui a trouvé d'assez nombreux partisans, a pour elle un fait bien observé, mais unique; et d'ailleurs, s'il fallait en tirer une conclusion rigoureuse, ce ne pourrait être que celle-ci : la corde du tympan ne renferme pas de fibres gustatives : l'abolition complète de la sensibilité gustative concordant avec l'intégrité foncti nnelle parfaite de la corde ne peut pas signifier autre chose. Carl cependant n'a pas osé aller jusque-là; mais, s'il admet des fibres gustatives dans la corde du tympan, c'est d'après d'autres observations que la sienne[1]. Les physiologistes ou les cliniciens qui invoquent le cas en question devraient donc admettre que la corde ne sert pas à la gustation.

Quant aux fibres que Carl fait passer du rameau de Jacobson jusque dans la corde du tympan, nous pouvons prouver qu'elles n'existent pas. Vulpian a en effet noté incidemment qu'après l'avulsion du ganglion d'Andersch, la corde du tympan du côté de l'opération reste absolument saine : on ne constate pas une seule fibre en voie d'altération (*C. R.*, 1880, 91, 1034). Peut-être le rameau de Jacobson fournit-il des fibres gustatives au lingual par l'intermédiaire du petit pétreux et du ganglion otique, mais il est plus probable que les fibres qui suivent cette dernière voie ont l'origine que nous lui avons attribuée.

Reste l'opinion de Schiff, qui est acceptée encore aujourd'hui par beaucoup de cliniciens, surtout en Allemagne. Ce physiologiste invoque d'abord un résultat expérimental qui, en effet, à lui tout seul, suffirait pour prouver que les fibres gustatives de la partie antérieure de la langue proviennent du trijumeau : c'est que la section intra-cranienne de la Ve paire abolit totalement la sensibilité gustative dans cette partie de l'organe. Schiff, dans ses leçons sur la digestion, rappelle, à l'appui de son opinion, les expériences de Magendie : mais il ne faut pas oublier que Magendie avait soutenu que la sensibilité gustative de la langue tout entière est sous la dépendance du trijumeau : une partie au moins de cette assertion a été reconnue inexacte. Je ne sache pas, d'autre part, que la double section intra-cranienne du trijumeau ait été pratiquée par d'autres physiologistes que Schiff au point de vue spécial de la gustation.

Mais, si nous remarquons que, d'après Schiff lui-même, la section du maxillaire inférieur au-dessous du trou ovale n'agit pas sur la gustation, que, d'autre part, l'ablation du ganglion sphéno-palatin, ainsi que l'a bien montré Prévost, n'agit pas davantage, et qu'en tout cas elle n'entraîne pas à sa suite la dégénérescence du grand nerf pétreux, comme l'exigerait l'opinion soutenue par Schiff, l'influence du trijumeau sur la gustation paraît bien douteuse[2].

Que nous apprennent sur ce point les cas de lésions intra-craniennes du trijumeau et les résections du ganglion de Gasser? Au premier abord, rien de bien précis : les symptômes sont si peu univoques que Lussana et Schiff ont pu, l'un comme l'autre, invoquer, à l'appui de leur opinion contraire, les observations cliniques. Les altérations du ganglion de Gasser, d'après le premier, laissent intactes la sensibilité gustative de la partie antérieure

1. N'ayant pas eu le travail original de Carl à notre disposition, nous n'en parlons que d'après ce que nous en avons lu dans les auteurs consultés.

2. Gley a rapporté quelques expériences qui paraissaient favorables à l'opinion de Schiff (*B. B.*, 1886); mais il ne les a pas considérées lui-même comme suffisamment probantes.

de la langue, tandis que pour le second elles l'abolissent entièrement. Il paraît cependant prouvé (BERNHARDT, NOLHNAGEL's, *Spec. Pathol.*, XI, 1, 149) qu'une affection du trijumeau sans participation du facial peut s'accompagner de troubles de la gustation analogues à ceux que produit la paralysie du facial.

A la suite de la résection du ganglion de GASSER, KRAUSE (*loc. cit.*) a trouvé le goût, dans les deux tiers antérieurs de la langue, tantôt diminué, tantôt complètement intact, mais il en conclut que, chez beaucoup de sujets, cette partie de l'organe est innervée non seulement par le trijumeau, mais aussi par le glosso-pharyngien.

C'est donc à tort que GÉRARD MARCHANT et HERBET, après avoir écrit qu'à la suite de la résection du ganglion de GASSER les résultats n'ont pas été les mêmes chez les différents sujets, ajoutent que toujours cependant le trijumeau a paru renfermer des faisceaux qui recueillent certaines sensations gustatives. Sur deux observations personnelles que publient ces auteurs, il en est d'ailleurs une dans laquelle ils notent qu'il n'y eut pas de troubles appréciables du goût du côté opéré, alors que cependant la partie antérieure de la langue de ce côté était anesthésiée. Cette observation est d'autant plus intéressante que non seulement le nerf maxillaire inférieur avait été sectionné complètement, mais aussi le nerf maxillaire supérieur, et cela au ras du trou grand rond. Et il ne faut pas oublier que c'est sur le passage des fibres gustatives dans ce dernier nerf que repose toute la théorie de SCHIFF.

L'observation de GÉRARD MARCHANT et HERBET peut donc être considérée comme une confirmation chez l'homme des résultats obtenus par PRÉVOST chez les animaux.

Si, d'autre part, les troubles de la gustation se sont montrés inconstants et en général, paraît-il, peu marqués, à la suite des lésions intra-craniennes du trijumeau ou de la résection du ganglion de GASSER, ne faut-il pas y voir la preuve qu'ils tiennent à quelque circonstance accessoire et surajoutée? Ne peut-on pas les attribuer avec vraisemblance à la lésion du petit nerf pétreux qui chemine sous le ganglion de GASSER et qui pourrait ainsi tantôt se trouver altéré ou sectionné en même temps que ce ganglion, tantôt au contraire rester intact?

Il reste cependant encore un fait important sur lequel on s'appuie pour admettre que le nerf de WRISBERG n'est pour rien dans la transmission de la sensibilité gustative, c'est le suivant : les cliniciens enseignent que si, d'une part, les lésions du facial au-dessous de l'émergence de la corde du tympan ne compromettent pas la sensibilité gustative, il en est encore de même quand elles atteignent le nerf entre le ganglion géniculé et son point d'implantation sur l'encéphale : l'absence de troubles gustatifs, jointe aux autres signes de la paralysie dite profonde du facial servirait à localiser le siège de la lésion au-dessus du ganglion géniculé : l'abolition du goût ne s'observerait que quand le nerf est intéressé entre le ganglion géniculé et la corde du tympan. Il est évident en effet que, si une lésion du facial et du nerf de WRISBERG, au niveau du trou auditif par exemple, laisse la gustation intacte, c'est que les impressions gustatives arrivent encore au sensorium, soit par le trijumeau, soit par l'intermédiaire du rameau de JACOBSON. Mais ces observations cliniques sont-elles suffisamment précises? l'examen microscopique a-t-il nettement établi que le nerf de WRISBERG, dans les cas de ce genre, participe à l'altération du facial? C'est ce que nous ne saurions dire. Il est permis cependant de faire remarquer que la paralysie du voile du palais, qui, elle aussi, avec les troubles de la gustation, joue un si grand rôle dans le diagnostic du siège de la paralysie, est aujourd'hui formellement niée par beaucoup de cliniciens : il faut donc qu'il y ait eu déjà, au moins sur ce point, des erreurs d'observation. D'autre part, nous voyons LUSSANA soutenir, dans son mémoire de 1869, que ce sont exclusivement les lésions de la portion du facial comprise entre son entrée dans le conduit auditif interne et l'émergence de la corde du tympan qui produisent l'abolition du goût.

L'expérimentation devrait pouvoir trancher le différend : il suffit d'aller sectionner le facial et le nerf de WRISBERG au moment où ils vont pénétrer dans le conduit auditif interne et de rechercher ce que devient le goût dans la partie antérieure de la langue. Mais, ici encore, les données sont contradictoires. SCHIFF soutient qu'après cette opération le goût n'est nullement altéré (*Revue méd. de la Suisse rom.*, 1887).

CL. BERNARD, au contraire, s'est assuré dès ses premières recherches que la section du facial au niveau du trou auditif produit des troubles de la gustation, et, dans ses expériences ultérieures, dans ses *Leçons sur le système nerveux*, il les retrouve constamment, et les décrit, comme on l'a vu, avec la plus grande précision.

Il faut ajouter encore que BIGELOW (cité par GLEY), ayant sectionné le nerf de WRISBERG dans l'aqueduc de FALLOPE derrière le ganglion géniculé, a trouvé le goût aboli dans les deux tiers antérieurs de la langue.

Si maintenant on considère que seuls les résultats expérimentaux obtenus par CL. BERNARD et BIGELOW peuvent se concilier avec les recherches anatomiques récentes sur le ganglion géniculé, on n'hésitera pas à admettre qu'ils sont l'expression de la vérité, et que le nerf de WRISBERG prolonge jusqu'aux centres les fibres gustatives de la corde du tympan et sans doute aussi celles du petit nerf pétreux. Rappelons pour mémoire l'hypothèse injustifiée de LONGET qui considérait le nerf de WRISBERG comme le nerf moteur des muscles intrinsèques de l'oreille. CL. BERNARD, comme on l'a vu, en faisait une racine sympathique du facial. Son opinion a été appuyée récemment par MORAT (*loc. cit.*).

Anastomoses du facial. — Pour terminer l'étude des fonctions du facial, il nous reste à résumer, et sur certains points à compléter, ce que nous avons dit du rôle de ses principales anastomoses.

Les attributions de la corde du tympan, que BÉRARD appelait « une énigme proposée à la sagacité des physiologistes », sont aujourd'hui à peu près connues. Elle renferme, comme on l'a vu, des fibres centripètes, les unes gustatives, les autres, moins nombreuses, pour la sensibilité générale. Celles-ci sont probablement, comme celles-là, les prolongements périphériques des cellules du ganglion géniculé. Les fibres centrifuges sont destinées à la glande sous-maxillaire et à la glande sublinguale : fibres sécrétoires et fibres vaso-dilatatrices. D'après JOLYET et LAFONT, les premières viendraient du facial, les secondes du trijumeau ; d'après VULPIAN et MORAT, les unes et les autres tirent leur origine du facial et du nerf de WRISBERG.

A côté des fibres vaso-dilatatrices pour les glandes, il faut signaler aussi celles que la corde du tympan fournit aux deux tiers antérieurs de la langue et dont l'action a été découverte par VULPIAN. Si l'on excite le bout périphérique du lingual, la muqueuse de la langue du côté correspondant devient d'un rouge intense, et cette congestion s'accompagne du cortège habituel de phénomènes liés à la vaso-dilatation active (VULPIAN, *Vaso-moteurs*, I, 155). Les mêmes effets s'obtiennent si on excite la corde du tympan dans l'oreille moyenne : ils font défaut si on excite le lingual après arrachement et dégénérescence de la corde.

Nous avons déjà fait allusion plus haut à la singulière modification physiologique qui se produit dans la corde du tympan après la section et la dégénérescence de l'hypoglosse. Quand ce dernier nerf ne répond plus aux excitations, le nerf lingual, qui n'a normalement aucune action motrice sur les muscles de la langue, provoque, s'il est excité, des contractions dans cet organe. Ces nouvelles propriétés, il les doit à la corde du tympan (VULPIAN, *A. de P.*, 1873, 597).

HEIDENHAIN a consacré une étude particulière aux mouvements qui se produisent sous l'influence de l'excitation du lingual, en les comparant avec ceux que l'on provoque par l'intermédiaire de l'hypoglosse normal. Nous empruntons à MORAT (*A. de P.*, 1890, 430) le résumé de ces expériences : « Le temps de latence, qui est pour l'hypoglosse normal de 0″,02, est pour le lingual d'au moins 0″,08, parfois une seconde et même plus. Avec l'hypoglosse, le tétanos commence dès le début de l'excitation, et cesse avec elle. Avec le lingual, le tétanos s'établit lentement et cesse lentement après l'excitation. A excitation égale, l'énergie de la contraction est beaucoup moindre avec le lingual qu'avec l'hypoglosse. Quand les décharges d'induction sont espacées, une décharge isolée, quelle que soit sa force, n'engendre jamais qu'une contraction faible. En d'autres termes, le mouvement de la langue ne devient bien apparent qu'avec une série de décharges par un effet d'addition des excitations. L'effet de chaque excitation s'ajoutant à celui de la précédente, produit le tétanos à sommet arrondi signalé plus haut. L'excitation de l'hypoglosse amènerait au contraire d'emblée une contraction maximum. L'eau salée excite l'hypoglosse ; elle n'excite nullement le lingual. La nicotine injectée dans le sang n'a pas d'action sur l'hypoglosse ; pour ce qui est du lingual, elle l'excite d'abord fortement, puis amène sa paralysie. »

HEIDENHAIN ajoute encore que chez l'animal curarisé l'excitation du lingual n'a plus d'effet : de même la nicotine ; preuve que l'action du nerf, comme celle du poison, s'exerce par l'intermédiaire des plaques motrices. Une autre particularité signalée par ROGOWICZ, c'est que les contractions de la langue provoquées par l'intermédiaire du nerf lingual ne s'accompagnent pas de bruit musculaire.

En raison des caractères qui distinguent ces mouvements des mouvements normaux de la langue, HEIDENHAIN a proposé de désigner ces phénomènes sous le nom de *pseudo-moteurs*, dénomination qui, comme l'a fait remarquer SCHIFF, ne paraît pas bien heureuse, car ce sont des mouvements vrais et non des pseudo-mouvements que l'on observe. Peut être vaudrait il mieux les appeler phénomènes *néo-moteurs*.

Quoi qu'il en soit, le difficile problème qui se pose est donc le suivant. Comment un nerf tel que la corde du tympan, qui n'entre d'aucune manière en rapport direct avec les fibres musculaires de la langue, pas plus après la section et la dégénérescence de l'hypoglosse qu'avant (HEIDENHAIN), peut-il déterminer des contractions de ces fibres?

HEIDENHAIN a répondu à la question en ces termes : C'est en tant que nerf vaso-dilatateur que le lingual devient pseudo-moteur, et, comme il ne fournit pas de filets allant se terminer directement dans les fibres musculaires, il ne peut agir sur elles que par une voie détournée. L'excitation du nerf vaso-dilatateur s'accompagne d'une production considérable de lymphe, et l'abondance de cette transsudation devient à son tour une cause d'excitation pour les plaques motrices de l'hypoglosse, respectées par la dégénérescence.

Mais il est bien difficile d'admettre cette théorie devant le fait que la motricité du lingual persiste, soit alors qu'on a supprimé toute circulation dans la langue, soit plus d'une demi-heure après la mort. Des expériences de HEIDENHAIN, de ROGOWICZ, de MORAT, il semblait résulter cependant que, pour qu'un nerf acquière les propriétés pseudo-motrices après la dégénérescence du véritable nerf moteur de la région, il faut qu'il soit vaso-dilatateur. WERTHEIMER a montré que cette condition n'est pas toujours suffisante. Des observations de SCHIFF sur l'influence pseudo-motrice de la grosse racine du trijumeau, exposées plus haut en détail, semblent aussi indiquer qu'elle n'est même pas nécessaire. Sans doute on pourrait supposer que le tronc de la Vᵉ paire est accompagné de fibres vaso-dilatatrices au point où il émerge de la protubérance : mais il ne faut pas oublier qu'il est pseudo-moteur onze mois après qu'il a été sectionné entre le ganglion et la protubérance, et qu'à ce moment les fibres centrifuges vaso-dilatatrices doivent être depuis longtemps dégénérées : à moins qu'on n'admette qu'elles aient leur centre trophique dans le ganglion de GASSER. Le mécanisme de cette modification singulière des propriétés des nerfs est loin d'être élucidée et ne le sera probablement pas de sitôt; la solution du problème exige une connaissance plus complète que celle que nous avons aujourd'hui du mode de transmission des excitations nerveuses du muscle dans les conditions normales.

Le grand pétreux superficiel renfermerait : d'abord des fibres allant du trijumeau au facial, et d'autres cheminant en sens inverse. Parmi les premières, les unes seraient centripètes; les autres, centrifuges. Les filets centripètes communiqueraient au facial et à ses branches sa sensibilité gustative, d'après SCHIFF; d'autres donneraient la sensibilité à la portion intra-pétreuse du nerf, d'après MAGENDIE et LONGET. Mais, ou bien ces filets, que l'on suppose venir du trijumeau et qui auraient par conséquent leur centre trophique dans le ganglion de GASSER, trouvent un relai dans le ganglion sphéno-palatin ou bien ils le traversent directement : dans les deux cas, l'ablation de ce ganglion devrait amener la dégénérescence de ces fibres : les expériences de PRÉVOST et de VULPIAN montrent qu'il n'en est rien. D'après JOLYET et LAFONT, il faudrait admettre aussi des fibres centrifuges vaso-dilatatrices allant du trijumeau au facial pour émerger par la corde du tympan; mais elles sont, comme nous l'avons vu, niées par VULPIAN.

Les filets qui vont du facial au ganglion de MECKEL étaient surtout destinés, d'après l'opinion encore classique à certains muscles du voile du palais; mais leur existence est pour beaucoup d'auteurs, plus que douteuse. Il ne resterait donc plus au grand nerf pétreux superficiel que les fibres sécrétoires pour la glande lacrymale, récemment signalées. Ajoutons cependant que, pour VULPIAN, il conduirait au voile du palais des fibres gustatives, appartenant au nerf de WRISBERG, et en outre des fibres vaso-dilatatrices.

Quant au petit pétreux superficiel, il est fort douteux, comme nous l'avons dit, qu'il renferme des fibres sécrétoires pour la parotide, venant du facial; celles qu'il amène à la glande lui viennent de son anastomose avec le petit nerf pétreux profond. Mais il renferme très probablement des fibres gustatives appartenant au trijumeau, d'après Schiff; au rameau de Jacobson, d'après Carl; au nerf de Wrisberg, d'après notre hypothèse.

Le rameau auriculaire du pneumogastrique donnerait la sensibilité, d'après Cl. Bernard, à la portion intra-pétreuse du facial : on tend d'ailleurs aujourd'hui à ne plus lui reconnaître que des filets sensitifs, naissant de la Xe paire.

E. WERTHEIMER.

TABLE DES MATIÈRES

DU CINQUIÈME VOLUME

PARIS. — TYP. PHILIPPE RENOUARD, 19, RUE DES SAINTS-PÈRES. — 40461.

DICTIONNAIRE

DE

PHYSIOLOGIE

PAR

CHARLES RICHET

PROFESSEUR DE PHYSIOLOGIE A LA FACULTÉ DE MÉDECINE DE PARIS

AVEC LA COLLABORATION

DE

MM. E. ABELOUS (Toulouse) — ANDRÉ (Paris) — S. ARLOING (Lyon) — ATHANASIU (Paris)
BARDIER (Toulouse) — BEAUREGARD (Paris) — R. DU BOIS-REYMOND (Berlin) — G. BONNIER (Paris)
F. BOTTAZZI (Florence) — E. BOURQUELOT (Paris) — ANDRÉ BROCA (Paris)
J. CARVALLO (Paris) — CHARRIN (Paris) — A. CHASSEVANT (Paris) — CORIN (Liège) — A. DASTRE (Paris)
R. DUBOIS (Lyon) — W. ENGELMANN (Berlin) — G. FANO (Florence) — X. FRANCOTTE (Liège)
L. FREDERICQ (Liège) — J. GAD (Leipzig) — GELLÉ (Paris) — E. GLEY (Paris) — L. GUINARD (Lyon)
M. HANRIOT (Paris) — HÉDON (Montpellier) — F. HEIM (Paris) — P. HENRIJEAN (Liège)
J. HÉRICOURT (Paris) — F. HEYMANS (Gand) — J. JOTEYKO (Bruxelles). — H. KRONECKER (Berne)
P. JANET (Paris) — LAHOUSSE (Gand) — LAMBERT (Nancy) — E. LAMBLING (Lille)
LAUNOIS (Paris) — P. LANGLOIS (Paris) — L. LAPICQUE (Paris) — CH. LIVON (Marseille) — E. MACÉ (Nancy)
GR. MANCA (Padoue) — MANOUVRIER (Paris) — L. MARILLIER (Paris)
M. MENDELSSOHN (Pétersbourg) — E. MEYER (Nancy) — MISLAWSKI (Kazan) — J.-P. MORAT (Lyon)
A. MOSSO (Turin) — NEVEU-LEMAIRE (Paris) — M. NICLOUX (Paris) — J.-P. NUEL (Liège)
F. PLATEAU (Gand) — M. POMPILIAN (Paris) — G. POUCHET (Paris) — E. RETTERER (Paris)
P. SÉBILEAU (Paris) — C. SCHÉPILOFF (Genève) — J. SOURY (Paris) — W. STIRLING (Manchester)
J. TARCHANOFF (Pétersbourg) — TRIBOULET (Paris — E. TROUESSART (Paris) — H. DE VARIGNY (Paris)
E. VIDAL (Paris) — G. WEISS (Paris) — É. WERTHEIMER (Lille)

TROISIÈME FASCICULE DU TOME V

AVEC GRAVURES DANS LE TEXTE

PARIS

FÉLIX ALCAN, ÉDITEUR

ANCIENNE LIBRAIRIE GERMER BAILLIÈRE ET Cie
108, BOULEVARD SAINT-GERMAIN, 108

1902

15

DICTIONNAIRE

DE

PHYSIOLOGIE

PAR

CHARLES RICHET

PROFESSEUR DE PHYSIOLOGIE A LA FACULTÉ DE MÉDECINE DE PARIS

AVEC LA COLLABORATION

DE

MM. E. ABELOUS (Toulouse) — ALEZAIS (Marseille) — ANDRÉ (Paris) — S. ARLOING (Lyon)
ATHANASIU (Bukarest) — BARDIER (Toulouse) — BEAUREGARD (Paris) — R. DU BOIS-REYMOND (Berlin)
G. BONNIER (Paris) — F. BOTTAZZI (Florence) — E. BOURQUELOT (Paris) — ANDRÉ BROCA (Paris)
CAMUS (Paris) — J. CARVALLO (Paris) — CHARRIN (Paris) — A. CHASSEVANT (Paris) — CORIN (Liège)
E. DE CYON (Genève) — A. DASTRE (Paris) — R. DUBOIS (Lyon) — W. ENGELMANN (Berlin)
G. FANO (Florence) — X. FRANCOTTE (Liège) — L. FREDERICQ (Liège) — J. GAD (Leipzig) — GELLÉ (Paris)
E. GLEY (Paris) — L. GUINARD (Lyon) — M. HANRIOT (Paris) — HÉDON (Montpellier)
F. HEIM (Paris) — P. HENRIJEAN (Liège) — J. HÉRICOURT (Paris) — F. HEYMANS (Gand)
H. KRONECKER (Berne) — J. IOTEYKO (Bruxelles) — PIERRE JANET (Paris) — LAHOUSSE (Gand)
LAMBERT (Nancy) — E. LAMBLING (Lille) — P. LANGLOIS (Paris) — L. LAPICQUE (Paris)
LAUNOIS (Paris) — CH. LIVON (Marseille) — E. MACÉ (Nancy) — GR. MANCA (Padoue) — MANOUVRIER (Paris)
L. MARILLIER (Paris) — M. MENDELSSOHN (Pétersbourg) — E. MEYER (Nancy) — MISLAWSKI (Kazan)
J.-P. MORAT (Lyon) — A. MOSSO (Turin) — J.-P. NUEL (Liège) — PACHON (Bordeaux) — F. PLATEAU (Gand)
E. PFLUGER (Bonn) — M. POMPILIAN (Paris) — G. POUCHET (Paris) — E. RETTERER (Paris)
P. SÉBILEAU (Paris) — C. SCHÉPILOFF (Genève) — J. SOURY (Paris) — W. STIRLING (Manchester)
J. TARCHANOFF (Pétersbourg) — THOMAS (Paris) — TRIBOULET (Paris) — E. TROUESSART (Paris)
H. DE VARIGNY (Paris) — E. VIDAL (Paris) — G. WEISS (Paris) — E. WERTHEIMER (Lille)

DEUXIÈME FASCICULE DU TOME V

AVEC GRAVURES DANS LE TEXTE

PARIS

FÉLIX ALCAN, ÉDITEUR

ANCIENNE LIBRAIRIE GERMER BAILLIÈRE ET Cie
108, BOULEVARD SAINT-GERMAIN, 108
—
1901

14

Librairie FÉLIX ALCAN, 108, boulevard Saint-Germain, Paris.

EXTRAIT DU CATALOGUE

BIBLIOGRAPHIA MEDICA

Recueil Mensuel de Bibliographie Internationale

Directeurs : MM. Ch. POTAIN et Ch. RICHET

Rédacteur en chef : Dr Marcel BAUDOUIN

Ce journal, qui contient chaque mois trois mille indications bibliographiques concernant l'ensemble des sciences médicales, est la continuation de l'*Index Medicus*.

Institut de Bibliographie, 93, Boulevard Saint-Germain, Paris

Prix : 50 fr. pour la France ; 60 fr. pour l'Étranger.

PHYSIOLOGIE

TRAVAUX DU LABORATOIRE

DE

M. CHARLES RICHET

EXTRAIT DU CATALOGUE

BALLET (Gilbert). La Parole intérieure et les diverses formes de l'Aphasie. 1 vol. in-18, 2e édition. . . . . 2 fr. 50

BEAUNIS (H.). Les Sensations internes. 1 vol. in-8. Cart. 6 fr.

COURMONT. Le Cervelet et ses fonctions. 1 vol. in-8. . 12 fr. Ouvrage récompensé par l'Académie des Sciences (Prix Mège).

DEBIERRE (Ch.). Les Centres nerveux (moelle épinière et encéphale), avec applications physiologiques et médico-chirurgicales. 1 vol. in-8, avec grav. en noir et en couleurs. 12 fr.

FÉRÉ (Ch.). Sensation et Mouvement. 2e édit. 1 v. in-18. 2 fr. 50

FERRIER (D.). Nouvelles leçons sur les localisations cérébrales. In-8. . . . . 3 fr. 50

JAELL. La Musique et la Psycho-Physiologie. 1 vol. in-18 2 fr. 50

JANET (Pierre). L'Automatisme psychologique. 3e édition, 1 vol. in-8. . . . . 7 fr. 50

LAGRANGE (F.). Physiologie des exercices du corps. 1 vol. in-8. 7e édition. Cart. à l'angl . . . . 6 fr.

LUYS. Le Cerveau, ses fonctions. 1 vol. in-8, 7e édit., avec figures. Cart. . . . . 6 fr.

MAREY. La Machine animale. 5e édit., 1 vol. in-8. Cart. 6 fr.

Mosso. La Peur, étude psycho-physiologique, traduit de l'italien par M. F. HÉMENT. 2e édit. 1 vol. in-18, avec fig. dans le texte. . . . . 2 fr. 50

Mosso. La Fatigue, étude psycho-physiologique, traduit de l'italien par le docteur LANGLOIS. 1 v. in-18, avec fig. 2 fr. 50

PREYER. Éléments de physiologie générale, traduit de l'allemand par M. JULES SOURY. 1 vol. in-8 . . . . 5 fr.

PREYER. Physiologie spéciale de l'embryon, avec grav. dans le texte et 6 planches hors texte. . . . . 7 fr. 50

RICHET (Ch.). La Chaleur animale. 1 vol. in-8 avec fig. 6 fr.

RICHET (Ch.). Du Suc gastrique chez l'homme et chez les animaux, 1 vol. in-8, avec une planche hors texte. . 4 fr. 50

RICHET (Ch.). Structure des circonvolutions cérébrales (thèse de concours d'agrégation). In-8, 1878. . . . . 5 fr.

SERGI (G.). La Psychologie physiologique. 1 vol. in-8, avec 40 fig. dans le texte. . . . . 7 fr. 50

SERGUEYEFF. Physiologie de la veille et du sommeil, le sommeil et le système nerveux. 2 forts vol. in-8. . . . 20 fr.

SOURY (J.). Les Fonctions du cerveau, doctrines de l'école de Strasbourg et de l'école italienne. In-8, avec fig. . . 8 fr.

TISSIÉ. Les Rêves. Physiologie et pathologie. Préface de M. le professeur AZAM. 1 vol. in-18, 2e édition . . 2 fr. 50

VULPIAN. Leçons sur l'appareil vaso-moteur (physiologie et pathologie), recueillies par le docteur H. CARVILLE. 2 vol. in-8. . . . . 18 fr.

WUNDT. Éléments de psychologie physiologique, traduits de l'allemand par M. le docteur ROUVIER. 2 forts vol. in-8, avec nombreuses figures dans le texte. . . . . . . 20 fr.
— Hypnotisme et suggestion. 2e édit. 1 v. in-12. 2 fr. 50

BIBLIOGRAPHIA PHYSIOLOGICA

INDEX BIBLIOGRAPHIQUE DES TRAVAUX PHYSIOLOGIQUES POUR 1893-1894

Un volume. . . . . **7** fr. »

INDEX BIBLIOGRAPHIQUE DES TRAVAUX PHYSIOLOGIQUES POUR 1895

Un volume. . . . . **3** fr. **50**

INDEX BIBLIOGRAPHIQUE DES TRAVAUX PHYSIOLOGIQUES POUR 1896

EN DEUX FASCICULES

Chaque fascicule . . . . **2** fr. »

INDEX BIBLIOGRAPHIQUE DES TRAVAUX PHYSIOLOGIQUES POUR 1897

Cinq fascicules ensemble. . . . . **7** fr. **80**

PHYSIOLOGIE

TRAVAUX DU LABORATOIRE

DE

M. CHARLES RICHET

TOME I. — **Système nerveux, Chaleur animale.** 1 vol. in-8, 96 fig., 1893. *Épuisé.*

TOME II. — **Chimie physiologique, Toxicologie.** 1 vol. in-8, 129 fig., 1894. **12** fr.

TOME III. — **Chloralose, Sérothérapie, Tuberculose.** 1 vol. in-8, 25 fig., 1895. **12** fr.

TOME IV. — **Appareils glandulaires, Nerfs et Muscles, Sérothérapie, Chloroforme.** 1 vol. in-8, 57 fig., 1898 . . . . **12** fr.

TOME V. — **Nerfs et Muscles, Zomothérapie, Traitement de l'épilepsie, Tuberculose, Réflexes psychiques.** 1 vol. in-8, 65 fig., 1902. . . . . . **12** fr.

Paris. — Typ. PHILIPPE RENOUARD, 19, rue des Saints-Pères. — 40461

www.ingramcontent.com/pod-product-compliance
Lightning Source LLC
Chambersburg PA
CBHW060711220326
41598CB00020B/2056